同位素水文学

主　编　顾慰祖
副主编　庞忠和　王全九　宋献方　叶念军
　　　　张之淦　陆家驹　陆宝宏　瞿思敏

科 学 出 版 社
北　京

内 容 简 介

本书论述了同位素水文学的原理和应用，讨论了从降水到地面和地下各种水体的同位素特征，同位素和核方法在水资源、水环境、水文基础、土壤侵蚀及地震等领域的应用，以及水中同位素的测定方法和采样方法等。

全书26章，大体分为6部分。第一部分，基本理论，1～6章：讨论同位素水文学的学科特点和研究方法；原子核衰变和原子核反应；稳定同位素质量相关分馏和质量不相关分馏；陆地水中核素的各种成因；从海水到降水的氢、氧稳定同位素基本关系、演化和分异。第二部分，水体中同位素特征和应用，7～17章：降水同位素特征；河、湖中同位素分布和平衡；地下水补给、地下水污染、地下水测年的多种同位素研究方法及实例；矿区地下水特征和突水的同位素分析；卤水、盐湖水、地热水同位素特征和分馏及水同位素地温计；水文地质应用方法等。第三部分，生态同位素研究，18章：讨论淡水水文系统天然和人为有机物的稳定同位素示踪。第四部分，同位素环境应用，19～20章：土壤侵蚀同位素研究；地震前兆与地下水同位素异常。第五部分，同位素水文基础应用，21～23章：水文测验核方法；同位素水文实验等。第六部分，水中同位素分析和测定方法，24～26章：质谱学原理和稳定同位素质谱分析方法；水中氚、碳、惰性气体同位素和氯氟烃测定方法；同位素水文研究野外采样方法。

本书可作为高等院校本科生和研究生的教材，也可供教学、研究及同位素实验室相关人员参考应用。

图书在版编目（CIP）数据

同位素水文学/顾慰祖主编. —北京：科学出版社，2011.6

ISBN 978-7-03-031362-1

Ⅰ.①同…　Ⅱ.①顾…　Ⅲ.①同位素-水文地质-研究　Ⅳ.①P641.3

中国版本图书馆CIP数据核字（2011）第104874号

责任编辑：吴三保/责任校对：宋玲玲

责任印制：徐晓晨/封面设计：耕者设计室

科学出版社出版

北京东黄城根北街16号

邮政编码：100717

http://www.sciencep.com

北京建宏印刷有限公司印刷

科学出版社发行　各地新华书店经销

*

2011年6月第　一　版　　开本：787×1092　1/16

2025年1月第六次印刷　　印张：73

字数：1 700 000

定价：198.00元

（如有印装质量问题，我社负责调换）

Isotope Hydrology

Editor in chief

Gu Weizu

Editors

Pang Zhonghe Wang Quanjiu Song Xianfang Ye Nianjun
Zhang Zhigan Lu Jiaju Lu Baohong Qu Simin

Science Press
Beijing

编　著　者

（按姓氏汉语拼音为序）

包为民	河海大学	wmbao163@163. com
陈陆望	合肥工业大学	luwangchen8888@163. com
陈廷扬	南京大学	tychen@nju. edu. cn
顾慰祖	南京水利科学研究院	gweizu@163. com
桂和荣	宿州学院/安徽理工大学	hrgui@163. com
韩良峰	International Atomic Energy Agency（国际原子能机构）	l. han@iaea. org
侯建才	河南省水利厅	hjc@hnsl. gov. cn
胡海英	华南理工大学	cthyhu@scut. edu. cn
霍卫国	中国科学院地质与地球物理研究所	wending@mail. iggcas. ac. cn
焦鹏程	中国地质科学院矿产资源研究所	jiaopengcheng@263. net
Kendall Carol	U. S. Geological Survey（美国地质调查局）	ckendall@usgs. gov
李占斌	西安理工大学/中国科学院水利部水土保持研究所	zhanbinli@126. com
刘　鑫	中国科学院地理科学与资源研究所	liux. 04s@163. com
陆宝宏	河海大学	lubaohong@126. com
陆家驹	南京水利科学研究院	jjlu@nhri. cn
庞忠和	中国科学院地质与地球物理研究所	z. pang@mail. iggcas. ac. cn
瞿思敏	河海大学	wanily@hhu. edu. cn
任立良	河海大学	rll@hhu. edu. cn
宋献方	中国科学院地理科学与资源研究所	songxf@igsnrr. ac. cn
谭忠成	河海大学	tanzhongcheng@hhu. edu. cn
童海滨	河南大学	lbthb@tom. com
王东升	中国地质科学院水文地质环境地质研究所	wangds@heinfo. net
王　坤	天津市国土资源和房屋管理局地热管理处	kun1302@sina. com
王全九	西安理工大学	wquanjiu@163. com
王瑞久	中国地质环境监测院	wangrj@mail. cigem. gov. cn
王永森	济南大学	wyongsen@163. com
叶念军	中国地质调查局南京中心/南京地质矿产研究所	ynj2772@sina. com
张翠云	中国地质科学院水文地质环境地质研究所	cuiyunzhang2000@yahoo. com. cn
张福松	中国科学院地质与地球物理研究所	wending@mail. iggcas. ac. cn
张建伟	吉林大学	dragonzjw@yahoo. com. cn
张　钰	兰州大学	gszhangyu@126. com
张之淦	中国地质科学院岩溶地质研究所	zzgkarst@163. com
赵　霞	江苏省地震局	oldbump@163. com

CONTRIBUTORS

Bao Weimin	Hohai University, Nanjing	*wmbao163@163.com*
Chen Luwang	Hefei University of Technology, Hefei	*luwangchen8888@163.com*
Chen Tingyang	Nanjing University, Nanjing	*tychen@nju.edu.cn*
Gu Weizu	Nanjing Hydraulic Research Institute, Nanjing	*gweizu@163.com*
Gui Herong	Suzhou College/Anhui University of Technology, Suzhou and Huainan	*hrgui@163.com*
Han Liangfeng	International Atomic Energy Agency, Vienna, Austria	*l.han@iaea.org*
Hou Jiancai	Department of Water Conservancy of Henan Province, Zhengzhou	*hjc@hnsl.gov.cn*
Hu Haiying	South China University of Technology, Guangzhou	*cthyhu@scut.edu.cn*
Huo Weiguo	Institute of Geology and Geophysics, Chinese Academy of Sciences, Beijing	*wending@mail.iggcas.ac.cn*
Jiao Pengcheng	Institute of Mineral Resources, Chinese Academy of Geological Sciences, Beijing	*jiaopengcheng@263.net*
Kendall Carol	U. S. Geological Survey, Menlo Park, USA	*ckendall@usgs.gov*
Li Zhanbin	Xi'an University of Technology, Xi'an Institute of Soil and Water Conservation, Chinese Academy of Sciences & Ministry of Water Resources, Yangling	*zhanbinli@126.com*
Liu Xin	Institute of Geographic Sciences and Natural Resources Research, Chinese Academy of Sciences, Beijing	*liux.04s@163.com*
Lu Baohong	Hohai University, Nanjing	*lubaohang@126.com*
Lu Jiaju	Nanjing Hydraulic Research Institute, Nanjing	*jjlu@nhri.cn*

Pang Zhonghe	Institute of Geology and Geophysics, Chinese Academy of Sciences, Beijing	*z.pang@mail.iggcas.ac.cn*
Qu Simin	Hohai University, Nanjing	*wanily@hhu.edu.cn*
Ren Liliang	Hohai University, Nanjing	*rll@hhu.edu.cn*
Song Xianfang	Institute of Geographic Sciences and Natural Resources Research, Chinese Academy of Sciences, Beijing	*songxf@igsnrr.ac.cn*
Tan Zhongcheng	Hohai University, Nanjing	*tanzhongcheng@hhu.edu.cn*
Tong Haibin	Henan University, Kaifeng	*lbthb@tom.com*
Wang Dongsheng	Institute of Hydrogeology and Environmental Geology, Chinese Academy of Geological Sciences, Shijiazhuang	*wangds@heinfo.net*
Wang Kun	Geothermal Management Department, Tianjin Land Resources and Housing Administrative Bureau, Tianjin	*kun*1302@*sina.com*
Wang Quanjiu	Xi'an University of Technology, Xi'an	*wquanjiu*@163.*com*
Wang Ruijiu	China Institute of Geo-Environment Monitoring, Beijing	*wangrj@mail.cigem.gov.cn*
Wang Yongsen	Jinan University, Jinan	*wyongsen*@163.*com*
Ye Nianjun	Nanjing Center, Chinese Geological Survey, Nanjing	*ynj*2772@*sina.com*
Zhang Cuiyun	Institute of Hydrogeology and Environmental Geology, Chinese Academy of Geological Sciences, Shijiazhuang	*cuiyunzhang*2000@*yahoo.com.cn*
Zhang Fusong	Institute of Geology and Geophysics, Chinese Academy of Sciences, Beijing	*wending@mail.iggcas.ac.cn*
Zhang Jianwei	Jilin University, Changchun	*dragonzjw@yahoo.com.cn*
Zhang Yu	Lanzhou University, Lanzhou	*gszhangyu*@126.*com*
Zhang Zhigan	Institute of Karst Geology, Chinese Academy of Geological Sciences, Guilin	*coolkarst*00@*yahoo.com*
Zhao Xia	Earthquake Administration of Jiangsu Province, Nanjing	*oldbump*@163.*com*

序

水文学经过了漫长的时期到20世纪初才随大规模的水利建设和理论深入进入工程水文学与地球物理的发展阶段，但很快在20世纪50年代以后进入了水资源水文学的新阶段。现在面对水危机和环境危机特别是应对全球气候变暖，本世纪人类是否会面临水资源灾难，水文学将负有重大的时代使命，这也促使传统水文学必须发生变革以适应需要。传统水文学的变革，既是方法上的，也是概念上的，而且首先是概念上的。概念指的是水文循环概念，它不仅是水分循环，而且包括了能量和各类溶质的水文循环；它不仅是地面水体和浅层水圈，而且包括了地下水体和深层水圈；它不仅是大气水文循环，而且包括了地质水文循环；它不仅是现代尺度而且包括了历史时期和地史时期的水文循环演变。基于当代地球系统科学理论，对地球水循环的深入了解，是解决世界目前各种水资源问题的机遇与挑战的关键所在。

传统水文学所发生的变革，可以说有两个极端的方面：一方面，从流域水文循环延伸为联系海洋-大气-陆面的水文循环，在宏观上发展成为全球尺度水文学，把遥感技术引进了传统水文学；另一方面，则是由于面临更多更复杂的现代水问题，需要洞察水文循环过程及其发生机制，于是需要进入系统内部，从而可在时程上联系地质时期，在空间上甚至可识别是否有地壳或地幔对水圈的贡献，这就是微观尺度上、原子核层面上的水文学，即同位素水文学，把核物理原理引进了传统水文学。水文学和水文地质学各有其侧重的领域，历来是两个学科，而在同位素水文学中却把两者融合了。

20世纪50年代对天然水中稳定同位素的突破性研究，促使了同位素水文学的形成，随后质谱仪的发展和成熟，促使了同位素水文学的应用。作为学科的形成，大约是在1970年，现在还是一个正在发展中的学科。中国从利用核方法施测水量平衡要素开始，逐步发展到使用环境同位素研究流域尺度的水文和水资源问题。1980年水利部建立了滁州水文实验基地，国内与中国科学院地理研究所、南京大学合作，国外与多国研究机构和大学合作，进行同位素水文学基础和应用方法研究，包括对环境同位素、天然放射系、惰性气体同位素等的应用实验。中国科学院地理研究所还逐步建立起从大气降水到大江大河等全国范围的"中国同位素"观测网络，包括中国大气降水同位素网络(CHNIP)、中国大江大河同位素网络(CHNIR)、中国SPAC系统同位素网络(CHMIBA)以及重点流域水循环同位素研究等。这不仅在水资源方面，而且可在流域生态、流域系统碳通量等方面进行工作。

本书由国内不同部门的许多学者通力合作编著。我认为，顾慰祖教授所主编的这本专著一定能在推动中国同位素水文学的发展和在各个领域的应用中发挥重要作用。

中国科学院院士

刘昌明

2010年1月1日

Foreword

The water crisis, consisting on the one hand of insufficient water quantities in most of the arid and semi-arid zones and even more so on the world-wide deterioration of the water quality, has prompted an intense research effort to follow the water throughout the hydrological cycle using a variety of research methods. In this effort the use first of radioisotope tracers and of radiation measurements and subsequently of variations of the abundance of primarily hydrogen and oxygen isotopes in water as well as that of isotopes of accompanying chemicals, has assumed great importance. It is to be noted that some of the seminal investigations were performed on Chinese hydrological systems. The present volume on *Isotope Hydrology*, edited by Weizu Gu, serves the welcome purpose of introducing this methodology in its widest array to a wider Chinese audience. It is to be hoped that this publication will thus serve to catalyze the further utilization of isotope methods in hydrological research throughout China.

Department of Environmental Science and Energy Research
The Weizmann Institute of Science
Rehovot, Israel
2009-12-01

Foreword

Isotope Hydrology is a field that has grown enormously over the past few decades. Following the early work with oxygen-18 and deuterium on the time source components of catchment storm runoff and tritium-based analysis of surface water residence time, the scope of isotope applications in the hydrological sciences has grown massively in recent years: with new tracers (e. g. noble gases) and new research topics (e. g. groundwater recharge). Like flow measurements in streams, isotope values of sampled waters in the hydrosphere makes sense across all time and space scales. As such, isotopes are being used increasingly as tools for testing and evaluating hydrological models and for informing new model structures.

Isotope Hydrology edited by Prof. Weizu Gu offers a complete overview of the field of Isotope Hydrology—from methods, to applications to theory. Prof. Gu draws upon his extensive international experience and many years of collaboration with groups inside and outside of China (including the International Atomic Energy Agency) to synthesize Isotope Hydrology for students and practitioners alike. The book begins with chapters that address some of the necessary background in radionuclide decay, fractionation and isotopic-geochemical evolution. It then goes on to detail applications in river waters, groundwater, lakes and reservoir and soil erosion. The books spans the full range of the hydrological cycle, from soil pores to continental waters. Prof. Gu has assembled a great team for this edited work that will stand as a testament for further development of Isotope Hydrology in China.

Prof. JJ McDonnell

Oregon State University Corvallis, USA

2009-12-25

Dr. Carol Kendall

U. S. Geological Survey, Menlo Park, USA

2009-12-25

前　　言

现代，人类面临空前水危机和众多水问题，促使水文学研究理论和方法不断深化，由此催生了同位素水文学。同时，也推动了传统水文学的变革。事实上，许多水问题，包括水资源开发与配置、水污染治理，以及由此引发的灾害性后果，都是源于对水文学及水文学概念本身认识的滞后。水文学尚不成熟，其科学基础还很“软”。目前，对很多水文现象的认识，相当部分是经验性的、构思性的，有些则是不充分、不准确的。这是由于水文实验研究困难所致。因为与其他自然科学不同，水文现象不可能整体地放到实验室去进行研究，所以传统水文学概念主要涉及地表和浅层水圈，而且其技术方法的物理基础尚有不足，也难以探讨与深部水圈的相互作用，探讨大尺度水文系统的水源关系。同位素水文学则在微观上进入了元素的原子核，在宏观上进入了流域的三维空间，在时间上进入了历史时期和地质时期，因此它可能成为推动水文学变革的重要研究工具。

天然水文系统是天、地、人、生(物)在时间上远到地质时期、空间上达到广义水圈的综合，但仅是以某种尺度的水现象表现出来。这种表现在物质原子核基本层面上使得各种“源”的众生相得以识别、评价、模拟，这就造成了分支学科发生融合的基础。同位素水文学作为水文学的一个分支学科，正是它促使了水文学许多分支学科的融合。

然而，归根结底，同位素水文学和水文学本身一样还是实验科学。尽管同位素水文学能攀附成熟的核科学取其所需，但是无论其同位素分馏的理论基础，还是众多同位素的应用基础，都还需要通过野外和实验室的试验研究。

本书试图从阐述同位素水文学的基础理论开始，重点讨论同位素在各类水体特别是地下水中的基本现象、特征、演化和应用，讨论同位素在水文学基础研究中的应用，讨论生态水文系统，讨论在环境方面的有关应用，也讨论在各类水体中同位素的采样方法以及各类同位素的实验室测定方法。

本书是中外学者合作的成果。在写作中，国内作者曾受益于下列名著：张人权先生的《同位素方法在水文地质学中的应用》(1983)，刘存富和王恒纯先生的《环境同位素水文地质学基础》(1984)，张之淦先生的《环境同位素水文地质概论》(1984)，沈照理等先生的《水文地球化学基础》(1986，1993)，沈渭洲先生的《稳定同位素地质》(1987)，尹观先生的《同位素水文地球化学》(1988)，王恒存先生主编的《同位素水文地质概论》(1991)，等等。同时，也引用了其他诸多专家学者的论著与成果，谨向他们和有关出版社及期刊致谢。

在本书创编过程中，笔者得到南京水利科学研究院张建云院士、南京水利科学研究院水文水资源研究所所长刘九夫教授、河海大学任立良教授多年的鼓励、扶持和帮助，否则本书恐难实现，深表感谢。同时，深深感谢刘国纬教授多年来给予鼓励和力量，陈建生教授的大力帮助，科学出版社吴三保先生 20 多年来对本书的策划、支持和几易其稿的反复编审和辛勤努力。

深为感谢中国科学院地理科学与资源研究所刘昌明院士多年来的知遇、帮助和支持；感谢夏军教授、于静洁教授的鼓励和帮助；深为感谢中国科学院地质与地球物理研究所汪集旸院士多年的关心和帮助。

深为感谢西安理工大学沈晋先生多年来的盛情帮助。深深感谢他的许多博士们多方面的帮助。深为感谢中国地质环境监测院李文鹏教授、王瑞久教授的帮助和支持。

衷心感谢水利部水文局、南京水文研究所历届领导和专家们，在当时还不具备同位素分析的困难条件下给予的许多支持和帮助。

本书出版，分别得到南京水利科学研究院出版基金资助，河海大学“211 工程”水文学及水资源重点学科建设项目，以及教育部、国家外国专家局“高等学校学科创新引智计划”（B08048）水文学及水资源学科河海大学创新引智项目资助，南京水利科学研究院水文水资源与水利工程科学国家重点实验室“可控/天然小流域陆面水文过程科学实验研究”项目资助。感激之情，无以言表。

在本书付梓之际，非常感谢赵珂经先生引领笔者进入同位素水文学之门，良师益友赖佩英先生几十年的帮助，王郁昭、吴炎武先生多年知遇之恩，从定远农民经滁州到南京水文研究所。

苔花如米小，也学牡丹开。本书虽然篇幅不小，但实际上只是如米苔花的学步而已。期望专家学者和广大读者批评指正、增补更新。众人拾柴火焰高，希望中国的同位素水文学能在大家的扶持和参与下成长为牡丹。

南京水利科学研究院水文水资源研究所

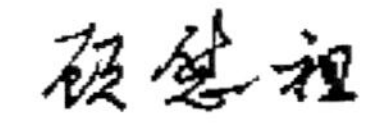

2010 年 1 月 1 日初稿

2010 年 9 月 18 日定稿

Acknowledgements

The editor in chief is deeply grateful to those who have so kindly and generously offered him very valuable help, support, teaching and encouragement. They are:

Aggarwal, P. K., IAEA

Ferronsky, V. A., Moscow, Russia

Froehlich, K. F. O., Vienna, formerly at IAEA

Gat, Joel. Rehovot, Israel

Geyh, M. A. Hannover, Germeny

Kendall, Carol. Menlo Park, USA

Kennedy, Vance C., Menlo Park, USA

Kinzelbach, Wolfgang. ETH, Zurich, Switzerland

Leibundgut, Ch., Freiburg. Germany

Longinelli, Antonio. Trieste, Italy

McDonnell, Jeffrey. Corvallis, USA

Mah, Donald. Fairfield, USA

Peters, Norman E. Atlanta, USA

Seiler, Klaus-Peter. Muenchen. Germany

Shen, Jenny. Oakland, USA

Sklash, Michael. Windsor, Canada

Shiklomanov, Igor A., Saint Petersburg, Russia

Verhagen, Balthazar. Johannesburg, South Africa

Yen, Chia-Kuai. Vienna

Zaslavsky, Dan. Haifa, Israel

We also like to express our hearty thanks to authors and Journals with which many figures and experiences have been cited in this book for the Chinese readers.

The editor in chief is much debated to Earthwatch Institute of US, its President Dr. Wilson Edward and his colleagues for their very kind support to have 322 volunteers from 20 countries/regions within 11 years, they were helping for field hydrological experiment, data collection and isotopic sampling within an area more than 10×10^4 km^2 of Gobi desert.

Editor in Chief

Gu Weizu

目　　录

Contents

第一章　水文学和同位素水文学

任立良　顾慰祖

第一节　水文学和原子核层面的水文学

一、水　文　学

自然科学中，水文学大概是最难以准确界定的了。之所以难，是因为它年轻、在发展。1912年时还没有普遍认同它是一门科学(Wisler and Brater，1949)。20世纪30年代就水文科学的领域进行讨论(Horton，1931)，虽然在这期间有了单位线、降水下渗、Horton水文实验等许多水文研究，但直到1949年时还是“自然科学中最新的学科之一”(Wisler and Brater，1949)。1968年Price和Heindl研究了100年内水文学的许多定义，然而对于“what is hydrology”的问题，还没有能够得到解决(Brutsaer，2005)。1970年Biswas在其出版的《水文学史》时还说：“主要难题之一是，如何确定一个公认的水文学定义，遗憾的是这样的定义并不存在”(刘国纬译，2007)。何况水文学还算不上是一门精确(exact)科学(Chow，1964)，到现在，恐怕基本上还是这样。这是因为水文学的研究对象水圈涉及整个自然界和其他地球圈层，而又不可能把它带到实验室去研究。这不是水文学工作者的过错，如果要抱怨的话，那就是对水文实验在某种程度上的遗忘。

水文学实际上是在人与水和自然抗争而又索取的过程中被动地发展起来的。这一过程的发展是如此迅猛，不过几十年，水文学从工程水文学很快进入多元方向，甚至要被迫去面对关系到人类生存的世界性水资源和水环境问题。

几十年前，“春来江水绿如蓝”的江南，一家一井。那时水文学所涉及的主要是陆面和表层水圈，包括河流水系、高不过百米的大气近地面层、深不过几百米的非饱和带和饱和带。此后，江南要用到二承压深层水，华北更如此，还需要跨流域引水，水文学从表层水圈扩充到了浅层水圈，可深入地下10 km以内。而且，现时从人类生存的宏观水资源讨论，涉及地壳、地幔超临界水和原生水，甚至由于氢可向外层空间逃逸，地球水文循环会不会是开放系统等问题。目前，水文学实际上已扩充到了我们主张的广义水圈范围(见本章以下讨论)。而且，无论是狭义或广义水圈，都必定要承受其他地球圈层的干扰并互为影响。这就是今天水文学的领域。

如果统计和比较一下水文学定义，迄今有30个以上。相比之下，中国有过一些不断改进的定义(顾慰祖，1984；施成熙等，1987；黄锡荃等，1993；芮孝芳，2004)。稍加修改则是：水文学是研究水圈的地球科学，研究水的起源、存在、分布、运动和循环，以及水圈与其他地球圈层的相互作用。这里需要说明的是，在其他地球内、外圈层中还应包括“人类圈”（或“智力圈”。见以下本章），因为它已经成为威胁人类自己生存的主要源头了。

这其实是广义的水文学了，而传统水文学则面临空前的变革机遇。需要看到的是，与上述水文学迅猛发展过程同步的还有技术科学的发展，它们必然将渗入和推动传统水文学的变革，去适应关系到人类生存的世界性水资源和水环境问题的需要。

二、原子核层面的水文学：同位素水文学

水文学的发展，从远古到约 14 世纪末，是水文现象定性描述阶段，开始原始观测。此后，一般认为有三个发展阶段（黄锡荃等，1993；芮孝芳，2004）：15 世纪初到 19 世纪末是水文科学体系的形成阶段，或是水文学的奠基阶段，引进了水力学理论，其中 1674 年被作为科学水文学的开始。20 世纪初到 50 年代，工程水文学开始兴起和发展。20 世纪 50 年代以后，由于新技术的应用和水资源和环境问题开始凸现，水文学进入多元方向为第三阶段。此三阶段也相应称为地理水文学阶段、工程水文学阶段和水资源水文学阶段（陈家琦，王浩，1986）。

从几个世纪漫长的地理水文学描述阶段到工程水文学阶段，水文学包括众多水文模型，最主要的涵盖内容实际上是从洪水到干旱，从降水到径流，它的核心是水量。因此，可以说长期以来是水量层面上的水文学，这个时期，水力学理论理所当然成为其科学基础。毫无疑问，水量是水文学永恒的最重要的核心内容之一，但今后也许永远不再可能是水文学的唯一内容了。这大概也是传统水文学需要变革的原因。

随着水危机和环境问题的迫近甚至已部分地来临，迫使水文学扩充其领域。约 20 世纪 50 年代后，开始注意水化学观测和研究，可以说水文学开始进入分子和原子层面，水文地球化学理论对于解决地表水和地下水的成分演化问题开始发挥作用。水文学的这种从水量层面到分子和原子层面，实际上是必然的也是很自然的发展过程。

然而到了上述水文学的多元阶段或水资源水文学阶段，一方面要面对作为水资源的地球上各种形态的天然水，需要对此有更周详的了解；另一方面要探讨其可更新的部分，加强和保护其可更新机制，修复其中被污染损坏了的部分；再则，与之相应的水文学基础理论，由于它们多半还是基于在水文学早前水量阶段的实验研究，因此也需要变革。这就有了更多难题，也说明虽然从水量层面发展到了分子和原子层面，但对许多这些难题还是捉襟见肘甚或无能为力，于是就促使水文学进一步发展为原子核层面，引进了同位素地球化学和核物理理论。它如何能从水量层面逐步发展，见表 1-1 的比较，表中的同位素符号见本章以下各节。

这一应运而生的原子核层面的水文学，即同位素水文学。作为水文学的分支学科，同位素水文学可定义为：使用同位素方法和核技术研究水圈水的起源、存在、分布、运动和循环，以及与其他地球圈层的相互作用。关于同位素水文学的发展、形成和基本原理，在本章末讨论。

表 1-1　不同层面水文学的比较

水文学发展时期	15 世纪至 19 世纪末	20 世纪初	20 世纪 50 年代以后
发展方向	地理水文学方向	工程水文学方向	多元水文学方向或水资源水文学方向
研究层面	水量层面上的水文学	分子和原子层面上的水文学	原子核层面上的水文学
除水文学基础理论外引进和主导的学科	水力学	水力学＋水文地球化学	水力学＋水文地球化学＋同位素地球化学
主要理论基础	质量守恒和能量守恒原理	质量守恒和能量守恒原理＋热力学原理	质量守恒和能量守恒原理＋热力学原理＋核物理原理和同位素分馏原理
研究内容比较举例	水量 H_2O	水量 H_2O	^{2}H 和 ^{18}O 识别各种水源组成，$^{3}H/^{3}He$ 识别现代降水补给，^{17}O 研究水环境
		HCO_3^{2-}，CO_3^{2-}，溶解气体 CO_2	^{13}C 识别环境变化，识别有机、无机碳来源，^{14}C 地下水测年
		其他溶解气体	$^{3}He/^{4}He$ 识别补给区，Ne，Ar，Kr，Xe 研究降水补给和气候变化
		SO_4^{2-}	^{34}S 研究水生态
		NO_3^-	^{15}N 识别污染源
		Cl^-	^{36}Cl 估算降水补给率
		U	$^{234}U/^{238}U$ 识别降水补给源

三、水文学的“两极分化”

如上所述，水文学一方面从水量层面发展到了原子核层面，进入原子核微观尺度。另一方面却在空间上进入全球尺度，需要建立全球尺度水文学（Eagleson，1986），认为环境变化和气候变化要研究全球尺度而不仅是流域尺度的水文循环，需要在全球尺度上联系海洋-大气-陆面，对此进行动力模拟，水文学将进入全球的宏观尺度。

水文学的这种“两极分化”，实际上代表了现代水文学多元方向的两极。

第二节　同位素和环境同位素

一、原子和原子核

（一）原子和原子结构

自然界的一切物质，都由各种化学元素所组成，这些元素在物理上和化学上完全不同。原子则是元素保持其基本属性的最小单位。从卢瑟福(Rutherford Lord)第一次提出和证明原子核的存在以后，对于原子和其内部结构已经有了很多深入的认识，然而就同位素水文学而言，对此只需要有一简化的概念。

原子包括一个小而重的核心即原子核，以及包围着它的若干核外粒子。按不同测定方法所测得的原子半径是不同的，但是有相同的数量级为 10^{-10} m，这一原子尺度的长度单位记为“埃”或 Å，即 1Å=10^{-8} cm。原子的中心是原子核，带正电荷，其半径由实验测定在 10^{-15} m 到 10^{-14} m 范围，体积则仅是原子的 10^{-12}到 10^{-15}，而质量却占整个原子的约 99.95%。各种原子核的密度却是相同的(褚圣麟，1979)，约为 10^{17} kg/m^3，是水密度 10^3 kg/m^3 的 10^{14}倍，像中子星达到约 1×10^8 t/cm^3 那样不可思议的密度。核外粒子因带负电荷称为电子，其质量为 $9.109\ 56\times10^{-28}$g，电子电荷在核物理中把它作为电荷的自然单位 e，其值为 1.6×10^{-19} C(库伦)，相当于 1 A(安培)电流通过时，每秒流过截面的电子约有 6×10^{18}个。对于中性原子，全部电子的负电荷等于原子核整体的正电荷。有趣的是，迄今所有带电粒子，其电量都是 e 的整倍数，而理论上应带有+2/3 e 和-1/3 e 的所谓夸克的亚原子粒子，至今还没有出现。重要的是，围绕原子核运动的电子，却决定着物质的主要物理性质和物质的化学反应。这样的一个所谓原子的核式结构模型(杨福家等，2002;陈宏芳，1997)，在卢瑟福提出后经过许多实验，已被公认为它代表了原子的实际情况。然而，原子结构中电子的具体排列和性状，却还没有能够作出精确的分析，只能是基于实验的近似模拟。这大体上可归结为两个基本类型:一种是行星式模型或轨道模型，电子按一定轨道围绕处于中心的原子核运行;另一种则是量子力学的结果，探讨电子出现于给定空间的几率密度，而它的图像表示，即是所谓的电子云，当然这并不意味着把电子本身看作是一片弥散云。

(二) 原子核和原子核结构

原子核包含有多种基本粒子，其主要组成成分是质子和中子，因为用它们就足以对原子核的质量和电荷有成功的解释，它们通称为核子(nucleon)。

质子(proton)是稳定粒子，是所有原子核的组成成分，带有单位正电荷，电荷大小与电子等同，而极性相反，因而对于中性原子，质子数等于其核外电子数。质子质量为 $1.672\ 61\times10^{-24}$ g，比电子大 1836 倍。任何化学元素的原子序数即是其原子核中的质子数。质子也还是初级宇宙射线的主要成分，也是某些人工核反应的产物，地球的高层大气中有一个区域称为质子层，以质子为主要成分，它是离子层的最外部分。

中子(neutron)不带电荷，可自由通过原子内部的电场，其质量比质子略大为 $1.674\ 82\times10^{-24}$ g。中子与质子按不同比例结合成为各种元素的原子核。束缚于原子核中的中子是稳定的，但是在核外的自由中子却是不稳定的。在人工核反应中也可获得自由中子，并按其能量进行分级，这在同位素水文测验中，以及研究水的元素组成方面都有重要应用，在以下有关章节还要作进一步的讨论。

原子核结构目前还只能使用各种模型进行探讨，核模型有两大类。独立核子模型，假定构成原子核的质子和中子之间，很少或没有相互作用，它们在各自的轨道上运动。例如，壳层模型，假定中子和质子分别有各自的壳层，并按能量顺序逐一填充各个壳层，中子或质子正好使某个壳层填满的称为满壳核或闭壳核，这用于解释核的稳定性。此外还有假定中子和质子相互耦合的另外一些模型。

需要说明的是，如上所述原子核是由质子和中子所组成，只是一种近似（杨福家等，2002）。因为已经发现质子和中子并不是如 20 世纪初期的一些认识那样，是不可再分的基本粒子，它们也还有其相应的内部结构。例如不带电的中子，居然会有磁矩，而磁矩本来是对于原子核的，因为原子核是带电系统，才有自旋，才有磁矩。而中子有磁矩，表明它存在着内部结构。对于这种深层次的粒子物理，需要使用更高能量的设备，因而也称为高能物理。粒子物理体系中的“标准模型”认为，物质的基本组成单元是所谓的轻子与夸克，而它们却也还有不同种类，但是至今一个自由夸克还没有找到。然而，在相对于高能的低能核物理中，原子核是由质子和中子所组成的这种近似就已经足够了，而且它是一个很好的近似（杨福家等，2002）。

二、核素和同位素

（一）核素和核体系

对于原子核组成的描述，使用存在于核中的核子数，即质子的个数 Z（亦即元素的原子序数），中子的个数 N。而质子和中子的总数则定义为该原子的质量数（mass number）A，于是有

$$A = Z + N \tag{1-1}$$

这也可以认为是表示原子核组成的关系式。

由此导出以下符号用以标识某元素 X 的一个具有特定质子数目 Z 和中子数目 N 的原子即

$$^{A}_{Z}X_{N} \tag{1-2}$$

这样的特定原子核的原子称为核素（nuclide）。核素一词是 1947 年由 Kohman T. P. 提出，也可用于原子核。例如，核素$^{14}_{6}C_{8}$，即是具有 6 个质子、8 个中子，核子总数即原子的质量数为 14 的碳原子，当原子是中性时，具有 6 个电子。实际上有了元素符号 X 后，其原子序数已经肯定，不一定有必要再标出 Z，因此通常将（1-2）式简化为

$$^{A}_{Z}X \text{ 或 } ^{A}X \tag{1-3}$$

例如，$^{14}_{6}C_{8}$一般标为^{14}C，其中子数可据式（1-1）推定。它也可写作‘碳-14’，carbon-14。旧文献中曾写作 C^{14}，C-14。

核素也以 Z 和 N 为坐标的核素图表示，图 1-1 为核素图的一小部分（概略的全核素图见图 1-3）。图中相应于 Z 和 N 的每一个位置即代表一个核素，即是由质子数为 Z 中子数为 N 所组成的核。

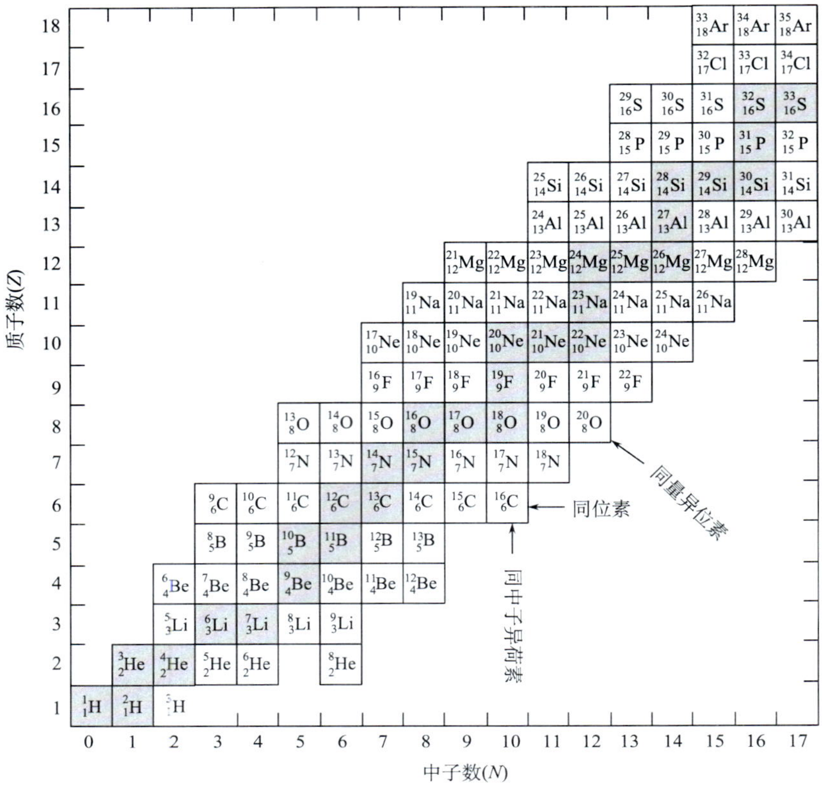

图 1-1a　中子数在 17 及以下的部分核素图(Faure,1977,有修改)

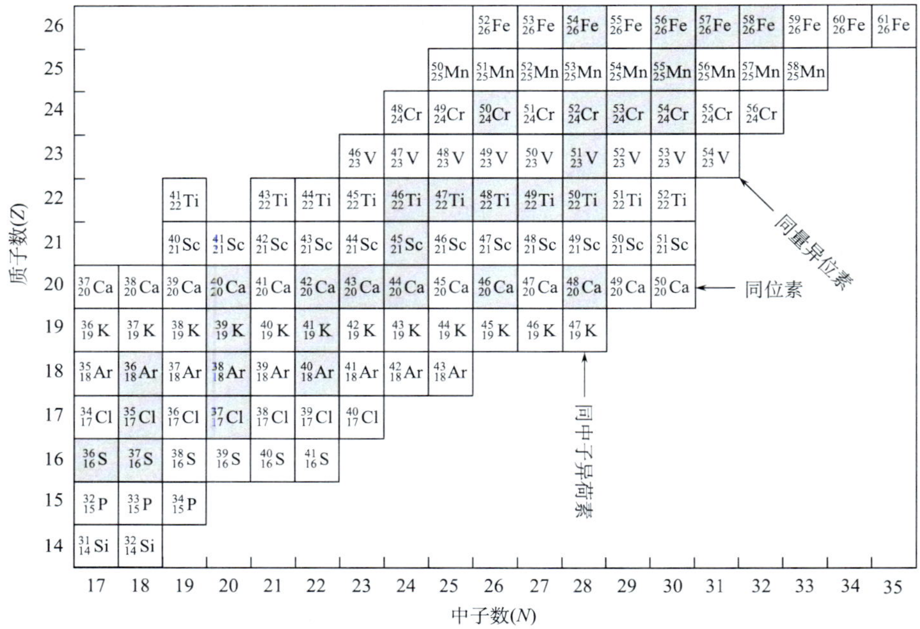

图 1-1b　中子数 17 到 35 的部分核素图(Sulzman,2007。有修改)

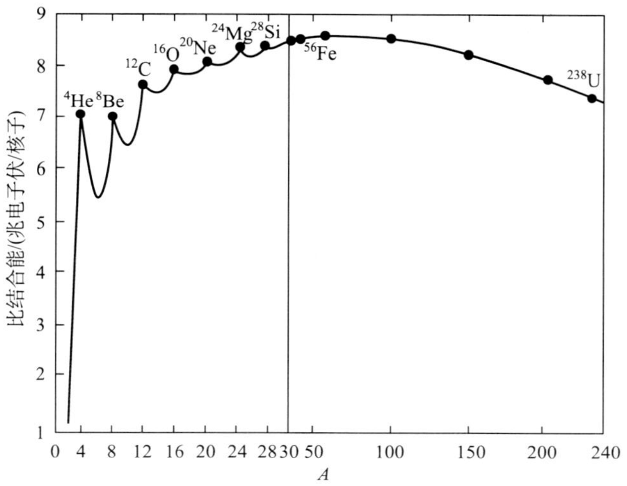

图 1-2 比结合能曲线(褚圣麟,1979)

各种核素实际上是核子的不同组合。有些核是稳定的,如图 1-1 中有阴影的方格,特指稳定性核素。而大部分是不稳定的,自发地通过发射出粒子或能量脉冲来耗散其所具有的过剩能量,即所谓放射性,这些核素称为放射性核素,如图 1-1a、b 中的白方格部分。

按 Z 和 N 相同或不同的区分,核素有以下三种:

1. 同位素(isotope)

为 Z 相同而 N 不同的核素,在核素图中排在相应于 Z 的同一横行中。此类核素因 Z 相同,所以是同一种元素的不同原子,它的存在和特性构成为同位素水文学的基础。核素不是同位素的同义语,同位素只是核素中 Z 相同而 N 不同的一组。同位素一词是 1913 年由 Frederick Soddy 命名,他用两个希腊文 isos(ισο,相同)和 topos(τοποε,位置)拼合而成。

2. 同中子异荷素(isotone)

为 N 相同而 Z 不同的核素,在核素图中排在相应于 N 的同一纵列中。此类核素因 Z 不同,所以是不同元素的原子。

3. 同量异位素(isobar)

为 A 相同而 Z 和 N 都不同的核素,在核素图中排在对角线斜列中。此类核素因 A 相同,所以是核子数相同的不同元素,但有相似的质量。它在放射性衰变中有特殊意义,在 β 衰变中(见第二章),母核和子核总是同量异位素。

此外,还有一类特殊的核素称为核同质异能素(isomer),它或是在核反应中发生,或是放射性系核衰变的中间产物(见第二章)。是 Z 和 N 都相同、但能量和放射性核衰变方式不同的核素，如^{58}Co，已知有低能和高能的两种核同质异能素。此类核素在同位素水文学中并不重要。

（二）稳定同位素和放射性同位素

1. 稳定同位素

核素中不具有放射性的同位素，称为稳定同位素(stable isotope)。其实稳定是相对概念，实际上现有的稳定同位素(例如图 1-1 中有阴影部分)，只是迄今尚未发现其有自发衰变现象的同位素。或定义为无可测放射性的同位素(郑永飞，陈江峰，2000)。

2. 放射性同位素

核素中具有放射性的同位素。即能够自发地放射出粒子、发生衰变而形成为另一种同位素的即是放射性同位素(radioactive isotope)。放射性核素衰变的最后归宿是形成为稳定核素，即所谓放射性成因稳定同位素。放射性核素的衰变过程各有不同，并经历不同的时间，把衰变掉原有核素的一半所需的时间称为半衰期(详见第二章)。

自然界中的放射性同位素有以下四类：

(1) 原始天然放射性同位素。在地球形成之初形成以来，由于其衰变速率极其缓慢，因而至今还没有完全衰变完，如$^{238}_{92}U$，$^{235}_{92}U$，$^{232}_{90}Th$，$^{40}_{19}K$ 等。

(2) 长寿命天然放射性同位素衰变的产物，如$^{234}_{92}U$，$^{230}_{90}Th$，$^{226}_{88}Ra$ 等。

(3) 自然界发生的核反应所产生的放射性同位素。主要是宇宙射线与上层大气所产生的放射性同位素，如$^{14}_{6}C$，$^{10}_{4}Be$，$^{32}_{14}Si$ 等。

(4) 人为产生的放射性同位素。主要是热核爆炸，还有核工业等设施因运转特别是发生事故所造成的，如$^{3}_{1}H$，$^{137}_{55}Cs$，$^{90}_{38}Sr$，$^{85}_{36}Kr$ 等。

同位素水文学不仅对天然放射性同位素，而且还涉及其他各类放射性同位素。上述(3)、(4)两类放射性同位素在同位素水文学中都有重要应用。

关于稳定同位素，还需要对原子核的结合能有点概念。原子核由中子和质子组成，那么推理原子核质量应是核内中子和质子质量之和，而实际上却不是，前者总是小于后者，好像是 $1+1\neq2$(杨福家等，2002)。其实，核子为了要把中子和质子结合起来并维持其结构，也需要付出，即需要用其部分质量转化为能量释出，称为结合能。核子的平均结合能(比结合能)与其质量数有如图 1-2 的关系。对于 A 小于 30 的核素，结合能有周期性变化，在 A 为 4 的整倍数时，比结合能有峰值，而且 $Z=N$，有$^{4}_{2}He$，$^{8}_{4}Be$，$^{12}_{6}C$，$^{16}_{8}O$，$^{20}_{10}Ne$，$^{24}_{12}Mg$，它们结合最紧，也最稳定。这是核稳定性的所谓对称规律。图 1-2 的曲线在达到极大值以后平滑下降。由图可见，核结合能发生变化时可有能量释放。重核例如^{235}U 受中子打击而分裂为两个碎块时，会释出大量能量，此为核裂变；轻核例如把氘核聚合为氦时也可得到能量，此为核聚变。两者都用以制造核武器，而后者是地球将来的能源之星。我们关心的是在以下要讨论的在地球内部圈层所产生的许多与水文研究有关的同位素，除了一般核反应生成的之外，是否也会发生核聚变而产生有关的同位素呢？也许有，例如氘和氦。

再回到原子序数低的核素图 1-1a,其一般情况是,对于稳定核素,中子数与质子数之比 N/Z 为 1 或接近于 1。但是,那些质子数或中子数大于 20 的稳定核素,N/Z 比值总大于 1(图 1-1b),并随 Z 的增大而增大,N/Z 的比值愈益偏离 1(图 1-3),对于最重的稳定核,它可高达 1.5。这是因为由于 Z 的增大,原子核中带正电荷质子之间的库伦斥力也随之快速加大,于是如要保持稳定,必须有更多的中子进入原子核,使 N/Z 大于 1 并渐次增大。图 1-3 是很概略的核素图,但可以看到其中的黑色稳定核素区,可拟合为一经验曲线,称为 β 稳定线(在第二章解释),位于此线上侧的核素,相对而言称为缺中子区,而其下部则是丰中子区。随着 Z 的增大,稳定核素的中子数比质子数就越来越多,当 Z 大到一定程度时,稳定核素就不存在了,而 Z 再增大时,那么连长寿命的放射性核素也不存在了,于是已知的核素区连同稳定核素区就都终止了(图 1-3)。这个已知的核素区(图 1-3 中长条阴影),好像是位于不稳定海洋中的“半岛”,目前已经发现和人工合成的核素就在这个半岛之内。然而理论上允许存在的核素则大大超出这个所谓的半岛范围,在它的两边,可以有更多的核素,至少会有 5000 多个。在 1966 年左右,理论分析还预告,在 $Z=114$、$N=184$ 附近,应该有一个超重元素稳定岛(图 1-3 中右上部的小阴影岛)。1974 年更有预言说,在不稳定海洋更远处还存在有更多稳定核素的“稳定洲”,但至今“渡海登岛”尚未成功,这些理论还有待实验考验(杨福家等,2002)。

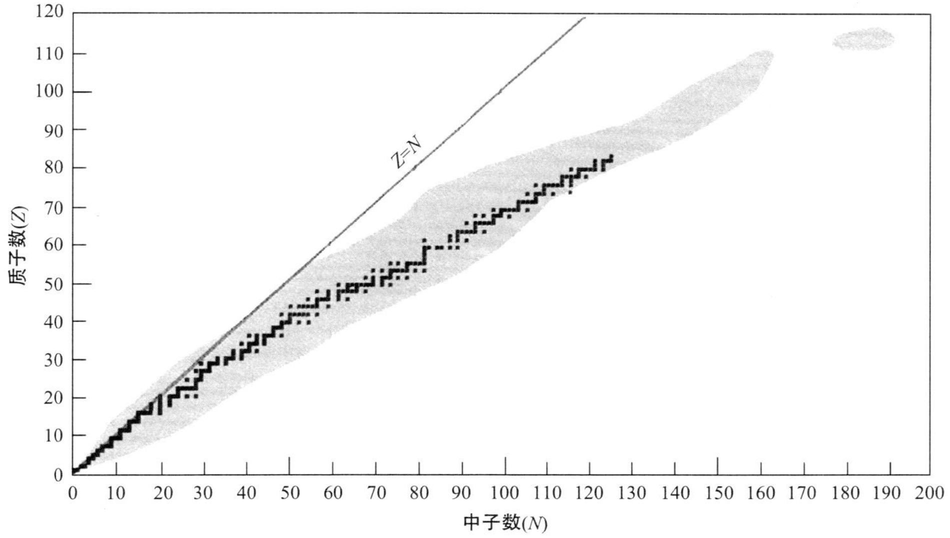

图 1-3　概化的核素图和稳定线(McMurry and Fay,2004。有修改)

三、环境同位素

同位素水文学中的环境同位素,是指已存在于自然环境中的同位素。它们或是自然起源,或是人为产生,但现在它们在环境中的变化只受天然过程的制约,而再不受任何人为控制。它以全球尺度或区域尺度存在着，也有稳定的和放射性的两类。例如氚，它既有上述宇宙射线成因的，也有因热核爆炸在 1954 年到 1963 年间大量产生的。后者虽系人为造成，但它的变化已不再受任何人为制约，而只有自身的衰变才能产生影响。

这样，除了人工制造的核素以外，几乎在自然环境中的所有现存核素，都可归属于环境同位素范畴。然而，从实际应用特别是在水圈中的应用而言，其中只有少数核素在同位素水文学中起着关键性的作用，也有些发挥着重要作用。但是，随着同位素测验手段的不断更新和新方法的陆续涌现，有些同位素也随之显示其重要潜力。例如，随着加速质谱(AMS)技术的发展，^{36}Cl 在地下水研究中已经展现了它特有的功能。

第三节　水和水圈

一、水的起源

水的起源必然与地球起源相联系，而地球起源又以宇宙演化为背景。因而，水的起源必须追溯到宇宙物质的起源和宇宙本身的起源。然而宇宙、太阳系和地球的起源和演化，仍然是未有最终答案的问题，于是衍生了各种学说和模型。到现在，只有对各种现象和数据有相对最优而并不是完善的学说，用以解释它们的起源和演化。因此，水的起源也只能在这样的基础上来进行讨论。

按照大爆炸宇宙学，在大约 150 亿年前，宇宙只是个原始火球，因未知原因而发生大爆炸，此时时间为零。于是迅速膨胀降温，辐射和物质均匀分布，一切组成都处在热平衡态。当宇宙温度从 10^{32} K 降到 10^{27} K 时，宇宙空间充满辐射，只有电子、夸克等最基本的粒子形态的物质。在极短时间内，宇宙温度降到 10^{13} K 时，夸克结合形成质子和中子，接着宇宙温度又迅速降到 10^{9} K，质子和中子结合形成氢原子核和氦原子核。此后经过约 30 万年，温度才适合于这些核子形成氢原子和氦原子，宇宙这才进入原子时代。直到约 10 亿年后，氢原子和氦原子开始凝聚形成原始恒星和星系，宇宙才进入物质时代(陈骏，王鹤年，2004)。太阳及其行星亦是由弥漫于宇宙间的原始物质凝聚演化而成。在约 46 亿年前才诞生了地球。它起源于太阳星云，在地球胎形成之初，温度不高，只是后来因为收缩和放射性致热等原因而使得它有很高的温度，于是发生熔融和物质分异，“混沌初开，乾坤始奠，轻清者上升为天，重浊者下沉为地”。而对于讨论水的起源很重要的一点是，一般认为，地球是由组成太阳和其他行星的同样物质所形成的。

那么，宇宙间从最早只有氢原子和少量氦原子(陈骏，王鹤年，2004)，怎样由此演化出众多元素特别是氧，就像古时幻想的点金术，把一种元素变成另一种，其实就是把质子和中子加以组合罢了。从原始星云中诞生的太阳这样的恒星，正是经历了“恒星合成元素”的过程(详见陈骏，王鹤年，2004，14-15 页)，主要的就是由氢核聚变，以及此后的氦聚变和其他反应而在恒星内部逐步组合质子和中子，形成了自然界所有元素及其天然同位素。这样，从宇宙到所有物质，正应着中国古代哲学的理念：“道生一，一生二，二生三，三生万物”。一是指原始浑沌的统一体，正是宇宙。我们所关心的组成水的氧，在氢核聚变的过程中已早于多种其他元素而诞生了。这就为水的诞生创造了条件。

有研究认为，在低温的宇宙空间，氢与氧的结合最为显著，如果把宇宙中氢、氧元素丰度以及它们形成 OH(气)和 H_2O(气)的结合能综合考虑的话，构成 OH(气)和 H_2O(气)这样的化学形式，其概率最高。在最初形成的星体红外线星中发现有 OH 构成的光谱，在银河系中发现存在有 OH(气)或 H_2O(气)，证明 OH 或 H_2O 在恒星生成初期就一直存在着。因此可以认为，行星在太阳系中生成之时，水是重要的成分之一(堀部纯男等，1970)。另外，被称为"脏雪球"的彗星，更是有水，而对于它的起源，无论认为是在太阳系的边远区有其储库或者认为是从木星等行星及其卫星中火山喷发的结果，都表明了宇宙中水的存在。

既然如此，而且还认为，地球是由组成太阳和其他行星的同样物质所形成，那么，从太阳系的其他行星特别是陨石是否可以得到水的信息呢？回答是肯定的。首先是，陨石来自于火星和木星之间的小行星带，其母体在组成和构造上与地球极为相似(陈骏，王鹤年，2004)。陨石中的 92%是所谓石陨石，主要是硅酸盐矿物。另外，陨石是含水的。1976 年 3 月吉林地区遭遇了散落面积达到约 500 km^2 的石陨石雨，其中最重的达 1770 kg，是人类迄今得到的最大的石陨石，测得年龄为 45 亿～46 亿年，说明其母体的固化年龄与地球相似。从三处取得的石陨石分析，得到其重量含水率分别为 0.32%，0.17%和 0.12%(陈骏，王鹤年，2004)。其他陨石的有关资料，以碳质球粒陨石的重量含水率最高，它有三种类型，分别为 18%～22%，2%～16%和 0.3%～3%，主要是含水矿物形式。除了从陨石探讨外，还通过与金星比较(堀部纯男，1970)。这些工作的结果是，在前述星云凝聚后直到温度大约为 400 K 时，含水硅酸盐形成，原始地球内部必定保持有含水矿物和原生水，本章以下对此还要有所讨论。

原生水和同生水是两个概念，后者是与岩石形成时同时进入的水。从以上讨论来看，水的存在早于地球。是否还可以说，如果没有水，大概也形不成天体，它们就不可能吸积而为巨大的形体，正如巴丹吉林沙漠的高大沙山那样，如果没有水，沙早被吹走了，只能形成小沙丘。

二、天然水的性质

(一) 水的异常特性

水是一种特殊物质。其实，所有的天然水都是溶液。在水中可以含有几乎所有的地壳元素和同位素，溶解或未溶解的气体，各种类型的胶质颗粒和悬浮质以及微生物。它的所有物理-化学性质几乎都是异常的，是所有单一化合物中最复杂的一种。

这些异常都来自它的特殊结构。水分子 H_2O 的两个氢(H)原子和一个氧(O)原子共价结合，形成了氧原子在两个氢原子之间、呈三角形排列的特殊结构(图 1-4)，两个氢原子和中心氧原子的键角为 $104°45'$，这些核就浸在核外电子云中。奇怪的是，在氧原子的另一面、相对于两个氢原子的相反方向，却存在着两个带负电的电子云，它们吸引着另

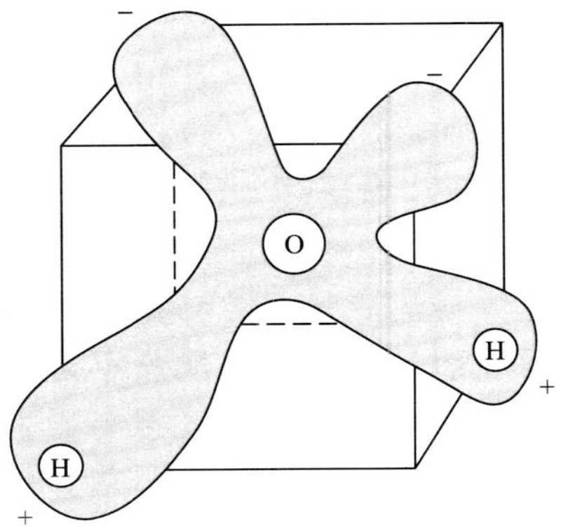

图 1-4　水分子结构(霍恩,1969)

外水分子的氢核而形成氢键,这是水之所以具有特殊性质的关键。氢键使水分子排列成特殊的立体构型,发生缔合作用形成$(H_2O)_n$巨型分子(图 1-5),n可达 860 之多,液态和固态时都是不同 n 的巨型分子,只在气态时才可能是单分子水,在 250～300℃时 n 才接近于 1,即此时才是 H_2O(李学礼,1988;沈照理等,1993)。不像其他流体的分子,它们总是彼此独立、无序地运动着,液态水分子却总是因氢键而紧密相粘,使得水的表面张力、熔点、沸点、热容、熔化热、汽化热等都异常地高(具体数值参见沈照理等,1999)。也正是因为这些异常特性,才使得地球上还能有液态水存在,才能使地球上的气候得到调节并有人类。岂不是因为水的特性才造就人类,大概真是这样。

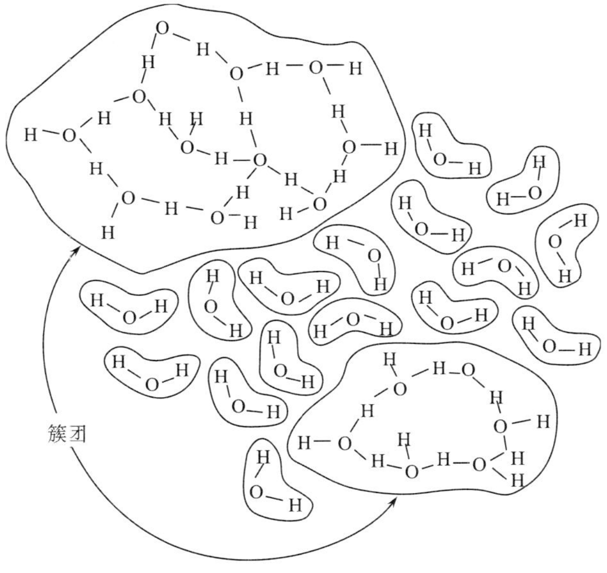

图 1-5　液态水的闪动簇团模型(Hillel,1980)

簇团不断地转化和动荡,一处氢键解开,另一处又立即缔合,簇团与非簇团水分子之间也相互转化(黄锡荃等,1993)

另一方面,由于水分子氢和氧那样的排列,分子是弯曲的 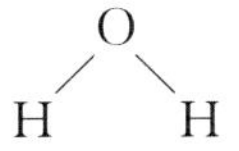 而不是线形的 H—O—H,其静电引力中心不重合,因而有很强的偶极距,氧原子和氢原子相应成为两个极。水中多种盐类的离子(极性溶质)因此被它吸引,被水分子所包围而形成有序结构,即所谓盐类离子的水化作用(图 1-6),使得众多盐类能溶于水。此外,有些溶质却是水结构的破坏者,巨型分子的内层分子被某些溶质强力控制着,于是,当溶质从水溶液中结晶出来时,水分子只好黏结在溶质上而成为水合水。水还可以离解为 H^+ 和 OH^-,而 H^+ 是质子,它不能单独存在,于是在水溶液中会和 H_2O 缔合成$(H_3O)^+$的形式存在,称为水合离子(以下多处述及 H^+,同上不再说明)。

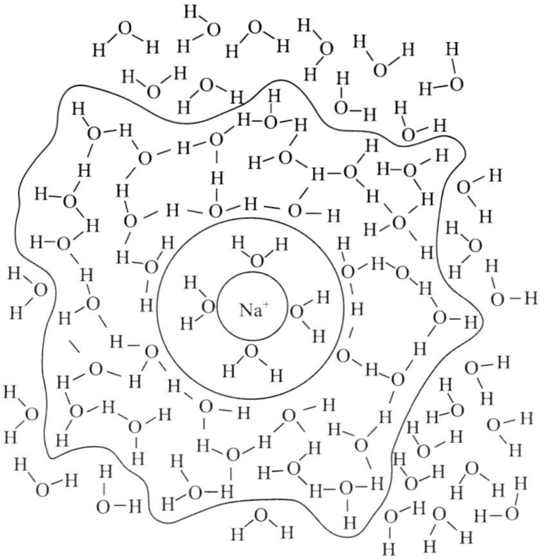

图 1-6　盐类离子水化作用模型一例,Na^+ 离子簇团漂浮在"自由水的海洋"中(Hillel,1980)

水的液、固、气三相有其独特的相平衡,相的变化取决于温度和压力。天然水都是溶液,因此需要从蒸馏水出发来了解其相变和平衡,即所谓单元系条件,可对没有空气的闭合系统,得出所谓相图(图 1-7),表示在不同温度和压力组合时三相的变化。图中单相系可用面积表示(图中不同灰度部分),分别表示液、固、气三相;两相系用线表示,OA,OB,OC 分别是气化、融解和升华曲线;三相系用点表示,O 点称为热动力平衡的三相点,它相应于液、固、气相有可能共同存在的温度和压力条件,实验室内可得到这样的共存。水的三相点所相应的温度、压力见图 1-7。K 点为临界点,此时液态和气态之间的所有区别都不复存在,它们的所有性质也都相同,曲线 OK 到 K 点也就断了。超过 K 点这个温度,无论压力多大也不能使气体液化,此为临界温度;而超过 K 点这个压力,无论温度多高也不能使液体气化,此为临界压力。此时水达到其临界密度为 0.324 g/ml,上述水的巨型分子将解开为单分子。

那么,在超临界情况下的"水"会是什么样呢?现在还不很清楚,"水"成为了超临界流体,它既非真正的液体而又非真正的气体。这个问题由于涉及地壳地幔的水分,因而会是未来很有意义的课题。还有研究认为存在有聚合水,它小于 500℃时都稳定。而在地下 200 km 以深,只有超临界状态的水才有存在的可能(堀部纯男等,1970)。

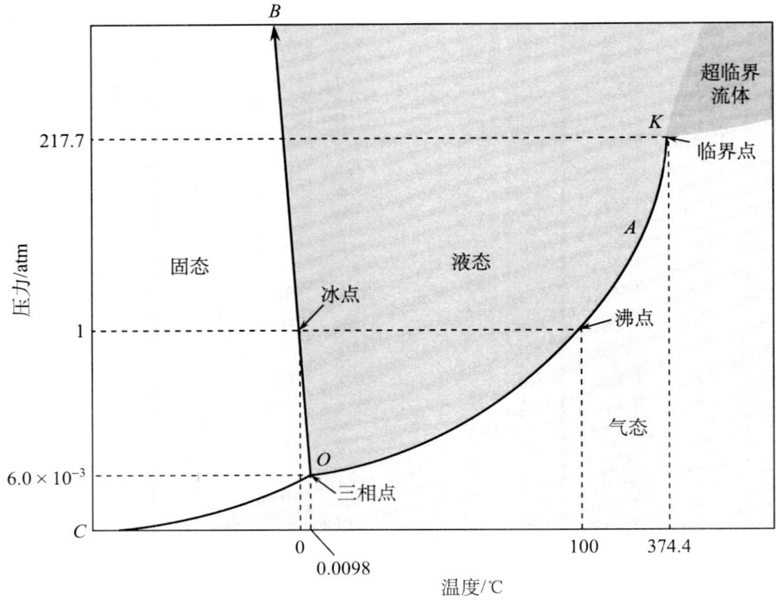

图 1-7　水的相图(McMurry and Fay,2004)

(二) 水的同位素组成

组成水分子的氢、氧同位素,氢有^{1}H(氕或 H)、^{2}H(氘或 D)、^{3}H(氚或 T),氧则有^{16}O、^{17}O和^{18}O。氢同位素在水中的丰度(%)相应为 99.984、0.016 和 $0\sim10^{-15}$,氧同位素在水中的丰度(%)相应为 99.76、0.04 和 0.20。理论上可组成 18 种同位素水分子,如表 1-2。

表 1-2　同位素水分子

水同位素组合	^{16}O	^{17}O	^{18}O
HH	$H^{16}OH$	$H^{17}OH$	$H^{18}OH$
HD	$H^{16}OD$	$H^{17}OD$	$H^{18}OD$
DD	$D^{16}OD$	$D^{17}OD$	$D^{18}OD$
HT	$H^{16}OT$	$H^{17}OT$	$H^{18}OT$
DT	$D^{16}OT$	$D^{17}OT$	$D^{18}OT$
TT	$T^{16}OT$	$T^{17}OT$	$T^{18}OT$

但是,实际上含有氚的水分子含量极低,只有 $n\times10^{-16}\%$,所以没有实际意义,一般只考虑表中上部 9 种。

由于这些水分子的分子量不同,于是与之有关的一系列物理性质也就不同。

同位素分子的一个重要性质是所谓零点能(ZPE)。零点能的概念是从量子力学原理产生的，是指分子在绝对零度时仍然保有的振动能，此时分子似应进入静止状态，然而分子中的原子仍然保持着其基态振动，它与其频率有关，相应的能量即是零点能。图 1-8 概念性地表示了双原子同位素分子、其原子间的距离和能量的关系。能量是电子能量和原子核势能之和，对于原子核的运动而言，实际起着势能作用，它随核间距离的变化而有图中的曲线形式。设参照点为核间距离很远处(如图 1-8 中的右方)，随着核间距离变化，因库伦力的引、斥，此“势能”在理论上发生图中曲线由右向左的变化。然而，只有当上述这个势能出现最低值时，分子才能构成，相应的核间距离为 r_0，称为平衡距离，原子就在这附近一个范围内振动，否则分子就不能构成。当原子在激发态时就没有这样的最低值，二原子只能接近片刻就要分开，总不能结合而为分子。例如，测得氢分子的 r_0 为 0.7416×10^{-8} cm，相应能量为 4.476 eV，它实际上即是 HH 的结合能。图 1-8 的一般表示，是把核间距离很远处的相应能量设定为零势能，那么从这样的参照点，上述能量为负值，这是从核物理中要求许多公式最简单而这样设定的，而不是必须这样做，所以图中已经加以概化，以便于说明而没有出现负值。那么很明显了，要把 DD 键解离，比起 HH 键来，要多出大概 2 摩尔千卡的能量。相对而言，DD 键就较 HH 键为稳定。对于分子结构有关量子力学的详细讨论请参考有关著作(褚圣麟，2005)。另在第三章中还有进一步的讨论。

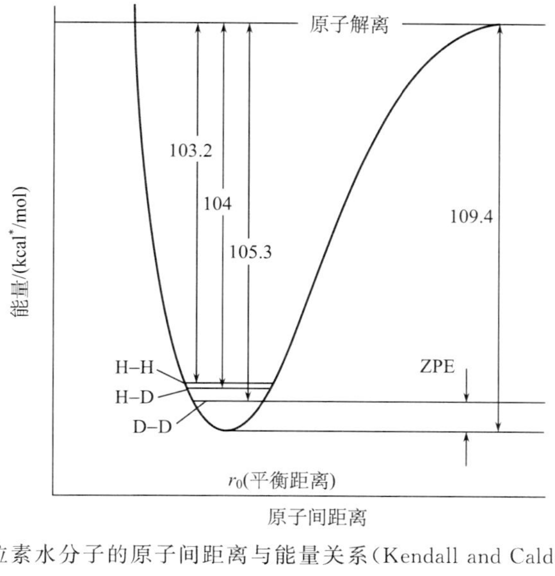

图 1-8　同位素水分子的原子间距离与能量关系(Kendall and Caldwell，1998)

1 cal＝4.1868 J

三、水　　圈

(一) 地球系统

地球系统包括由不同状态和不同物质的内、外圈层所组成，是各圈层有机联系着的非线性巨系统。其中,外部圈层(外三圈)包括大气圈、水圈和生物圈,内部圈层(内三圈)包括地壳、地幔和地核。同位素水文学涉及其中的大部分圈层。

地球系统的核心概念,是认为地球内、外圈层是有机地联系着的。存在着物理、化学和生物三大基本过程的相互作用,存在着生命系统与无生命系统即人类与地球系统之间的相互作用(陈泮勤,1998)。同位素水文学就产生在地球系统各个圈层的界面上。例如,应用了多年的^{14}C测年,它通过测定地下水中的溶解无机碳而且假定它与地下水的动力行为同步来推测地下水年龄,事实上地下水中的溶解无机碳本身,就涉及从大气圈上层到岩石圈的许多问题,因而不得不作出许多改正。

(二)岩石圈

对于地球的内部构造,能够通过钻井进行直接观察和研究的,直到1986年还只不过是地球半径的1/530(俄罗斯科拉半岛世界最深钻孔为12 300 m)。此外,主要是通过地球物理的地震波方法进行探测。它在地表下不同深度处发生急剧变化的位置,即其不连续面,成为内部圈层的分层依据,并以首先发现者命名。虽然,已经公认地球内部可分为地壳、地幔和地核三个层圈,然而对于各个层圈的厚度、次一级的划分、深度界面、物质构成等,还有不同的观点。

地壳是从地表到莫霍面以上的固体硬壳(A层,图1-9),主要由沉积岩、岩浆岩和变质岩组成,但由于莫霍面深度的变化,其厚度不一,以海洋最浅,平均厚度仅7 km,青藏高原可达70 km。全球大陆地壳平均厚度为37~40 km(王鹤年,2004)。

水文学特别关注大陆地壳最表层的风化壳,其下是沉积岩。构成风化壳的物质也是在运动和转化中。实际上,它是地球化学中地壳物质循环中最积极的部分(图1-10),因为它直接与大气圈和水圈中循环最活跃的部分相连,而且成为它们的一部分。由图1-10可见,风化与搬运的结果,产生了土壤圈,它处在风化壳的最上层,是一个不连续圈层(图1-9),其厚度也有很大变化。土壤圈连同其下的沉积岩部分,是陆地地下水最积极的赋存空间,也是水文学应用问题的重要空间。

地幔指莫霍面以下到古登堡面以上的圈层,包括上地幔B、C两层和下地幔D层。地壳(即A层)和B层中的上层或称橄榄岩层,合称为岩石圈见图1-9(卢耀如等,1999)。大陆岩石圈厚度一般大于100 km,平均120 km(盖保民,1991)。在地表下100~200 km范围内,有一层存在着比其上、下岩体更软的物质,称为软流圈,它以地震波的低波速、低黏滞性、较高的导电性为特征,然而其厚度尚无定论(卢耀如等,1999),它的上部即被作为是岩石圈之底。软流圈在地质学中,一般将其作为上地幔B的下部,但更符合其功能的是将其作为上、下地幔之间的独立圈带,而其下即可认为是下地幔(图1-9)。因为软流圈有着非常重要的作用,岩石圈就是在这样的熔融圈上构成地球板块漂移,它们发生相互作用而又极不均匀,于是既能因其岩浆向上部地壳侵入、形成矿产资源造福人类,而又以其运动和能量形成地壳升降、地震、火山喷发等使地球不安宁。它的热量来自放射性同位素衰变和其他热来源,其物质还包括由下地幔物质圈层分化出来的水(卢耀如等,1999),对于水文学有着特殊意义。

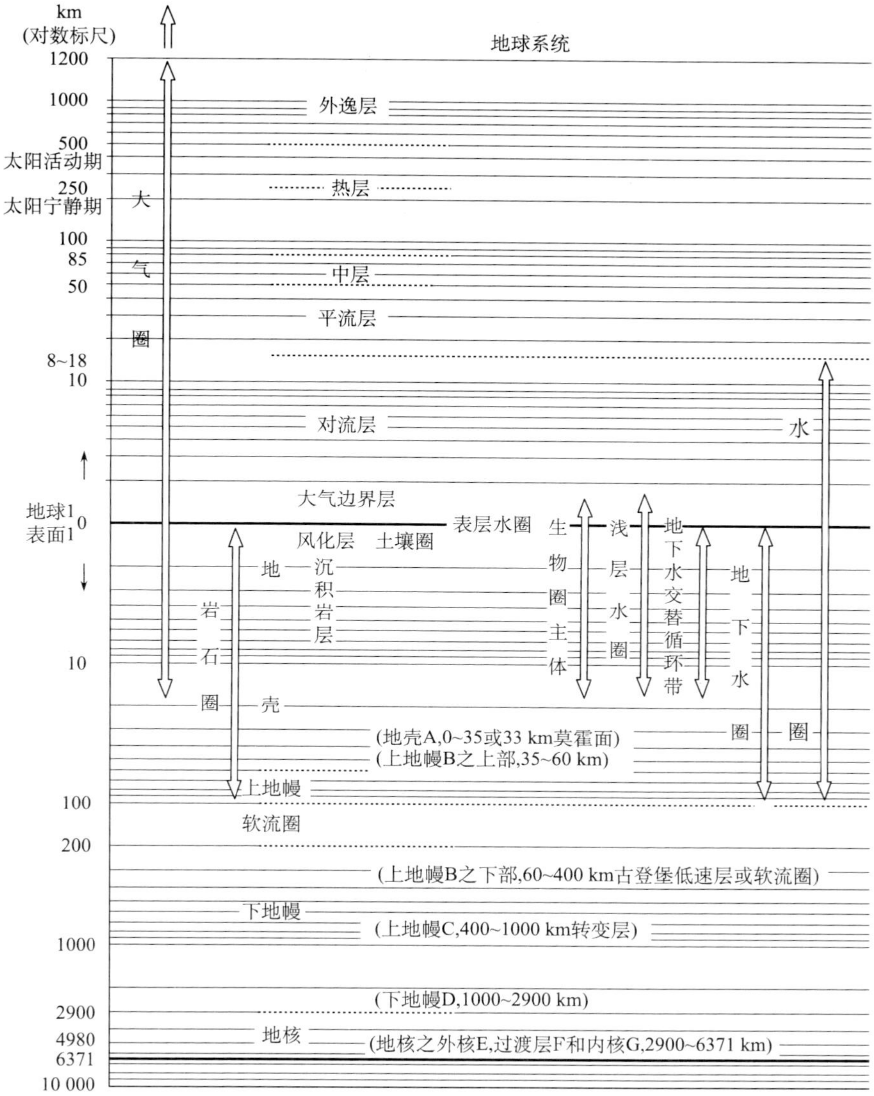

图 1-9 地球系统的圈层

图中对于地壳、地幔的划分据卢耀如等,1999。括号内为地质学划分,据宋春青等,1996;对于大气圈的划分主要据季峻峰,2004

(三)大气圈和广义的大气圈

一般定义地球大气为包围地球的气壳,或是在地球引力作用下气体在地球周围所形成的包层,这样就把大气圈的下部边界定为地球表面。通常认为大气圈厚度为 1200 km,在 2000 km 高度以上,向行星空间过渡而无明显的上界。大气圈总质量约为 5.136×10^{21} g(卢耀如等),其 90%集中在地面以上 15 km 范围内,99.9%在 50 km 范围内。

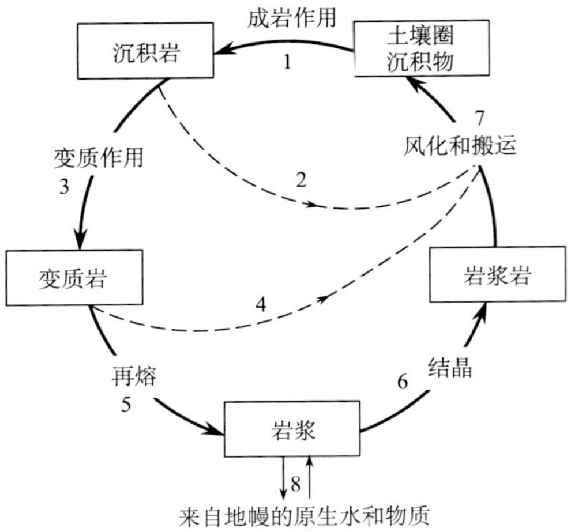

图 1-10　地壳物质循环和土壤圈
(中山大学等,1978。有修改)
图中数字在第四节中讨论

大气圈一般分为 5 层(图 1-9)(季峻峰,2004):①对流层。它是紧贴地面的大气底层。厚约 8 km(两极地区)到 18 km(赤道地区),因纬度、季节等条件而变,中纬度地区约 10～12 km,夏厚冬薄。层内温度随高度而直线下降,并集中了大气总质量的约 75%。正是由于地面因吸收太阳辐射而得到热能,并将热能向底层大气输送,使得地面与上层有很大的温差,于是在此层内造成强烈的、从不停止的湍流和对流。在此层内还集中了大气圈中约 90%的水汽(季峻峰,2004),大多数的云和降水等天气现象以及海-陆之间的大气环流,都发生在这一层内。在其顶部有一约几百米到 1～2 km 的向平流层的过渡层,称为对流层顶,此层对垂直气流起阻挡作用,把水汽等都堵在其下部。因此,对于水文学而言,对流层是大气圈中最具重要意义的一层。对流层下部靠近地球表面,有受地面摩擦阻力影响的一层大气,在此层内的温度、湿度有明显的日变化,包括水汽在内,其垂向梯度特别大,称为大气边界层。地面和大气之间的物质能量交换都通过此层进行。其厚度随地面粗糙度以及风速和大气不稳定度而变,范围可从 0.3 km 到约 2 km。②平流层(同温层)。指对流层顶到高度约 50～55 km 的大气层。此层内大气垂直对流十分微弱,主要是平流运动。由于水、汽含量少,不发生对流层中的那些气象现象。但是污染物一旦进入平流层后就能长期存在,而且会形成气流随着地球旋转分布到全球。核试验所产生的大量放射性核素就早已进入平流层了。在其上部 15～35 km 范围内的臭氧层对于地球有着重要意义,南极上空出现的臭氧层空洞是地球系统所发生的重要事件之一。③中层(中间层)。是从平流层顶到 80～85 km 左右的大气层。层内温度随高度的增加而迅速递减,但是由于垂直对流比较强烈,有时能出现所谓的夜光云。④热层(电离层)。指中层顶到250 km左右(太阳宁静期)或 500 km 左右(太阳活动期)的大气层。温度随高度增加而上升。热层顶的温度可达 1200℃左右。那里的大气密度很小,在 370 km 处只有地面大气密度的约 10^{-11}(季峻峰,2004),而且空气处于电离状态。⑤外逸层(散逸层)。一般是指离地面约 500 km 以上即热层以上、十分稀薄的大气层,可向外空间散逸,也称外大气层。

如上所述,通常都把大气圈的下部边界定为地球表面,然而,对于同位素水文学而言,这样并不完整。因为在同位素水文学系统中,在地面下发生的水文现象,是在水、气交错,交融,相互制约的条件下发生的。实际上从地面向下到很深的位置处,都同时存在着气、水。当然,对于水文学最具重要意义的是土壤圈及其以下的沉积层。可以把与传统大气圈相通、源于大气的这部分,它或者是如潜水面以上那样直接与传统大气圈连接的非饱和包气带,或是存在于孔隙承压水和裂隙水区域中、间接与其相连,相应于地下水的交替循环带(见以下有关水圈的讨论),作为广义大气圈地下的一部分(图 1-9)。这个带层中的气体，大量的是从传统大气圈而来，也有因水的存在而由生物-化学作用使有机或无机物发生反应而产生的气体，即是地球内部外泄气体的过渡带。

这个被名之为地下水的交替循环带的厚度，大概与土壤圈及其下伏的沉积层圈相应，它们都是岩石圈的一部分或其最上部，也重叠于以下将要讨论的浅层水圈的地下部分。广义的大气圈当到此为止，它是包围着地球、在地球外部(传统大气圈)及其穿入地面之下相当深度并参与水循环的层圈。

那么，在不与传统大气圈相连的部分岩石圈和以下呢？主要是从地幔甚至地核上涌的气体，例如氦同位素有时也进入交替循环带的地下水中，在以后地下水补给一章中还要讨论。如曾有认为在深度 2878～3000 km 处存在有一高温、高压、高密度的气态圈(霍明远，1993)，是否可称为"原生气层"。它是气层，但是它涌入地壳而间接与大气联系，已不是严格意义上的大气了。

（四）水圈和广义水圈

1. 水圈起源

从水的起源出发，水圈的形成与大气圈的形成密切相关。

原始大气主要是在原地球转变为地球过程中，从星云中吸积的气体，它在太阳早期喷发巨量物质形成太阳风，以及地球在吸积增大时温度大幅升高而被刮走或逸失了。第一个真正的大气圈则是次生成因的大气圈。地球因绝热收缩和放射性元素衰变等原因而释出热量，使地球物质受热分化，其难熔相形成地核、地幔，易熔相形成地壳，挥发分则在地表集聚。在地球形成时积聚在其内部的气体大量地排出来，特别是由于太古宙时剧烈的火山喷发，它持续了 15 亿年，因去气(脱气)作用，从地球内部带出大量气体和水蒸气，一方面造成了次生的大气圈，也称为原始大气圈亦即所谓火山气圈。另一方面也因其中的水汽凝结而形成原始水圈(曹励明，1989)。所以，水圈水主要是从地球构造圈中的物质分异演化而来，地幔带是水的原生源域。例如当玄武岩浆溢出地表时，它所含有的 7%的岩浆水(同生水)，会因强烈的去气作用而以蒸汽形式释出。由于原始大气圈是富含 CO_2 的还原性气圈，因而原始水圈受此影响而为酸性水，除溶解原始大气圈的成分外，还溶有风化岩石中的元素。水圈形成时的水量仅约相当于现在的 1/10，经历了约 10 亿年的增长，到太古宙末期，约有相当于现在水量的 70%(夏树芳，1989)，并随着火山气圈向正常气圈的演化，由酸性水转变为弱碱性水，到元古宙时因有大量碳酸盐沉积则更明显地呈弱碱性了。地球上最古老的岩石为 38 亿年而地球年龄则是 46 亿年，这表明了地球演化的地质阶段(曹励明，1989)，即逐步形成地壳、原始大气圈和原始水圈的时期。地层记录则有 35 亿年前由沉积作用的生成物(如南非超铁镁质岩石中的钙质岩层)，可以估计当时已经出现水圈了。

2. 浅层水圈

表层水圈包括海洋和江河、湖泊、冰川等陆面水体。浅层水圈是表层水圈的扩充，包括地下水体，或也包括大气边界层的水体在内(图 1-9)。

包括于浅层水圈内的地下水体是地下水交替循环带，主要在沉积岩层中（图 1-9），可根据水动力条件划分为以碳酸型水为主的强径流带（水交替循环积极带）、以硫酸型水为主的缓慢径流带（水交替循环缓慢带）和以氯化物水为主的相对停滞径流带（水交替循环极困难带）（周福俊等，1993）。

3. 地下水圈

地下水圈上部即是浅层水圈中的地下水交替循环带，在此带下部主要是赋存于岩石圈下部的水，而且还包括了处于高温高压下的水的单分子带，此时水已不是溶剂而是化学反应的参加者（沈照理，1993）。分为两部分的地下水圈即是岩石圈的范围。

4. 广义水圈

从同位素水文学系统来考虑，水圈要大大超出传统意义上的水圈（表层水圈和浅层水圈）范围。广义水圈从地面向上，可认为直到对流层顶层（图 1-9）。因为如上所述，对流层顶为平流层，而平流层对水汽起着阻挡作用，且平流层内的水汽含量已经极少，但是许多用于水文示踪的同位素却是在平流层形成，进入到对流层从而进入水文循环的。广义水圈从地面向下，包括了全部地下水圈。首先是上述地下水的交替循环带，与之相应的土壤圈及其下伏的沉积层圈，这是水圈上层最活跃、最复杂的循环带。然后，通过地壳和上地幔，即包括了整个岩石圈而直达软流圈以上的地幔，这层曾不确切地被称为全球性隔水带（加弗里连科，1981），而且水中的溶解物质和气体，其主要来源也是岩石圈。

在广义水圈之下，即岩石圈下部的软流圈和下地幔，所生成的高温高压水汽还是可以向上输送，即是壳幔深层保水输水带。认为地幔带也是地下水的原生源域。下地幔是内生水带，在其上的软流圈聚集下地幔上涌的水和气，成为活跃的三相流运动带（卢耀如等，1999）。

（五）生物圈与水圈

生物圈是生物生存和分布的地球圈层，它是一种以物质和能量流循环为特点的系统。有了大气圈、岩石圈和水圈以后，经过漫长的地质时期由于太阳才出现生物，而生物又不断地影响和改变包括大气、水、土壤和岩石在内的环境。其主体部分包括大气圈下部边界层和地下水交替循环带，即与浅层水圈相重合。因为，如果把有生物分布的范围作为生物圈的话，那么，在 33 000 m 高空还发现有孢子及细菌（宋春青等，1996），它将有更大的范围。

然而，生物圈的概念现在已经不能涵盖人类活动所产生的巨大影响了，因而产生了“人类圈”或“智力圈”的概念。地球环境产生了生物圈，它的发展又孕育了人类，人类社会的繁荣却衍生了威胁生物圈也包括人类自己健康发展和生存的因素。能够使得生物灭绝的因素，当然有来自地外宇宙的和地球本身演化的因素，然而，人类圈或智力圈的影响却迅猛得多。其中，水圈首当其冲，起着关键作用。

第四节　水循环和水文循环

自然界的水循环概念，我国早在战国时期就已有相当准确的描述："云气西行，云云然，冬夏不辍；水泉东流，日夜不休；上不竭，下不满，小为大，重为轻，圜道也"(《吕氏春秋》，250-238BC)。耶路撒冷圣经也有类似的描述："into the sea all the rivers go and yet the sea is never filled，and still to their goal the rivers go"(转引自 Gat，1996)。由于水循环是那么错综复杂，对它的认识随着近代科学的发展还在不断深化。

水循环是水圈中能量流和物质流周而复始的连续动态系统，由一组路径所构成，其过程往复进行、无始无终。为讨论方便起见，把不同类型的水循环分别加以定义：只讨论水量的水循环，建议定义为水分循环；水连同其溶质一起循环为水文循环，更广义的水文循环则包括对组成水本身的水同位素和包含于溶质中的各种元素同位素。此外，还有一类是涉及直到地幔的深层水循环。上节已讨论过，地下水圈的很大范围赋存于岩石圈内(图 1-9)，而且在设定的地下水圈下部边界以下，也还存在水分并发生向地下水圈的上移，水在这样的深部圈层中的循环通称为水的地质循环。因此，水循环是水分循环、水文循环、广义水文循环以及水的地质循环的总和。水分循环是水循环的基础，其基本动力是重力和太阳辐射。没有水分循环就不存在水循环。实际上它们分别是在水量层面、分子层面和原子层面、原子核层面以及地质层面上进行讨论的水循环，为质量守恒、热力学、同位素分馏和地质作用所制约。水循环耦合了大气圈、岩石圈和生物圈，但在不同条件下，在时间和空间上有着不同尺度的表现，而同位素水文学也不可避免地在不同程度上相应地会涉及各圈层的水循环。

一、水的浅层水圈循环

浅层水圈包括表层水圈和沉积岩层中的地下水(图 1-9)。水的浅层水圈循环可设想从最大水体海洋开始。海洋所蒸发的水汽，约有 90%又以大气降水方式回归海洋，仅有约 10%左右进入陆地，在适当条件下又成为降水，它又因蒸散发在陆地反复循环，或成为河川径流或成为地下径流回归海洋。在水文循环过程中，还有一些中间存储水体，如冰川、深层地下水等，大气中的水分实际上也是水文循环中的一种存储。所以，浅层水圈水文循环系由海洋-大气和陆地-大气两大系统组成。连接这两大系统的纽带则是水文循环的陆面过程和水文循环的大气过程。陆面过程的主要功能是将陆地上的水汇集并输送到海洋，而大气过程则是海洋和陆地上空间的水汽输送和陆地不同区域上空的水分交换(刘国纬，1997)。

在浅层水圈水文循环过程中，水的运动可归纳为三种基本形态：①水分汽化而进入大气的蒸散发；②大气中水汽凝结而为各种降水；③通过地面、地下途径运动的各种形式的水流。每一种基本形态，都可能发生以下三或四种情况：①运移；②临时储存；③相态变化；④混合。但水中同位素则还有第五种情况即同位素演化和分馏。

空间尺度和时间尺度是浅层水圈水文循环过程的基本属性，它反映了水文循环的范围和规模。可分为外循环(大循环)和内循环(小循环),前者是全球尺度的、发生在海洋和陆地之间的水文循环;后者则是局部尺度的、发生在海洋与大气之间或陆地与大气之间的水文循环。还有发生在海洋内部的、海洋与海底之间和陆面内部的水文循环。无论是前者或后者,都是与时间尺度相匹配、既包括了水分也包括了水文循环。而各种时间尺度和空间尺度水文循环的总和,构成全球水文循环过程。

(一) 浅层水圈的全球尺度水文循环

浅层水圈全球水文循环可近似为闭合系统。地球与宇宙空间之间虽存在着水分交换,但极为微弱,每年不到地球总水量的 15 亿分之一。然而,从水中同位素观点看,严格而言则是开放系统,因为在大气上层产生着宇宙射线成因的同位素输入。此外,还有少量的行星际物质进入。这一点在以下还将有进一步的讨论。

全球水文循环中以海洋为中心,水分以蒸发和降水形式作垂向交换,并以水汽输送和河川径流、地下径流形式作横向交换(图 1-11)。由图可见,水分垂向交换中的蒸发和降水有三种情况:①在海洋上,蒸发大于降水。②在陆地湿润地区,降水大于蒸发。③在陆地干旱地区,全部降水耗于蒸发。水分横向交换中,海洋上空向陆地输送的水汽量大于陆地向海洋输送的量。对陆地而言,这一差值即是有效水汽输送量,它构成了陆地径流现象并回归海洋。

图 1-11　全球水文循环概念模型(Gat,1996)

图中数字为通量的相对单位,海洋蒸发为 100

(二) 浅层水圈的大陆尺度和大陆区域尺度水文循环

这是大尺度水文循环的陆面过程,都是有输入、输出的开放系统。大陆尺度包括洲大陆

第四节 水循环和水文循环

自然界的水循环概念，我国早在战国时期就已有相当准确的描述："云气西行，云云然，冬夏不辍；水泉东流，日夜不休；上不竭，下不满，小为大，重为轻，圜道也"（《吕氏春秋》，250-238BC）。耶路撒冷圣经也有类似的描述："into the sea all the rivers go and yet the sea is never filled，and still to their goal the rivers go"（转引自 Gat，1996）。由于水循环是那么错综复杂，对它的认识随着近代科学的发展还在不断深化。

水循环是水圈中能量流和物质流周而复始的连续动态系统，由一组路径所构成，其过程往复进行、无始无终。为讨论方便起见，把不同类型的水循环分别加以定义：只讨论水量的水循环，建议定义为水分循环；水连同其溶质一起循环为水文循环，更广义的水文循环则包括对组成水本身的水同位素和包含于溶质中的各种元素同位素。此外，还有一类是涉及直到地幔的深层水循环。上节已讨论过，地下水圈的很大范围赋存于岩石圈内（图 1-9），而且在设定的地下水圈下部边界以下，也还存在水分并发生向地下水圈的上移，水在这样的深部圈层中的循环通称为水的地质循环。因此，水循环是水分循环、水文循环、广义水文循环以及水的地质循环的总和。水分循环是水循环的基础，其基本动力是重力和太阳辐射。没有水分循环就不存在水循环。实际上它们分别是在水量层面、分子层面和原子层面、原子核层面以及地质层面上进行讨论的水循环，为质量守恒、热力学、同位素分馏和地质作用所制约。水循环耦合了大气圈、岩石圈和生物圈，但在不同条件下，在时间和空间上有着不同尺度的表现，而同位素水文学也不可避免地在不同程度上相应地会涉及各圈层的水循环。

一、水的浅层水圈循环

浅层水圈包括表层水圈和沉积岩层中的地下水（图 1-9）。水的浅层水圈循环可设想从最大水体海洋开始。海洋所蒸发的水汽，约有 90％又以大气降水方式回归海洋，仅有约 10％左右进入陆地，在适当条件下又成为降水，它又因蒸散发在陆地反复循环，或成为河川径流或成为地下径流回归海洋。在水文循环过程中，还有一些中间存储水体，如冰川、深层地下水等，大气中的水分实际上也是水文循环中的一种存储。所以，浅层水圈水文循环系由海洋-大气和陆地-大气两大系统组成。连接这两大系统的纽带则是水文循环的陆面过程和水文循环的大气过程。陆面过程的主要功能是将陆地上的水汇集并输送到海洋，而大气过程则是海洋和陆地上空间的水汽输送和陆地不同区域上空的水分交换（刘国纬，1997）。

在浅层水圈水文循环过程中，水的运动可归纳为三种基本形态：①水分汽化而进入大气的蒸散发；②大气中水汽凝结而为各种降水；③通过地面、地下途径运动的各种形式的水流。每一种基本形态，都可能发生以下三或四种情况：①运移；②临时储存；③相态变化；④混合。但水中同位素则还有第五种情况即同位素演化和分馏。

空间尺度和时间尺度是浅层水圈水文循环过程的基本属性，它反映了水文循环的范围和规模。可分为外循环(大循环)和内循环(小循环),前者是全球尺度的、发生在海洋和陆地之间的水文循环;后者则是局部尺度的、发生在海洋与大气之间或陆地与大气之间的水文循环。还有发生在海洋内部的、海洋与海底之间和陆面内部的水文循环。无论是前者或后者,都是与时间尺度相匹配、既包括了水分也包括了水文循环。而各种时间尺度和空间尺度水文循环的总和,构成全球水文循环过程。

(一) 浅层水圈的全球尺度水文循环

浅层水圈全球水文循环可近似为闭合系统。地球与宇宙空间之间虽存在着水分交换,但极为微弱,每年不到地球总水量的 15 亿分之一。然而,从水中同位素观点看,严格而言则是开放系统,因为在大气上层产生着宇宙射线成因的同位素输入。此外,还有少量的行星际物质进入。这一点在以下还将有进一步的讨论。

全球水文循环中以海洋为中心,水分以蒸发和降水形式作垂向交换,并以水汽输送和河川径流、地下径流形式作横向交换(图 1-11)。由图可见,水分垂向交换中的蒸发和降水有三种情况:①在海洋上,蒸发大于降水。②在陆地湿润地区,降水大于蒸发。③在陆地干旱地区,全部降水耗于蒸发。水分横向交换中,海洋上空向陆地输送的水汽量大于陆地向海洋输送的量。对陆地而言,这一差值即是有效水汽输送量,它构成了陆地径流现象并回归海洋。

图 1-11　全球水文循环概念模型(Gat,1996)

图中数字为通量的相对单位,海洋蒸发为 100

(二) 浅层水圈的大陆尺度和大陆区域尺度水文循环

这是大尺度水文循环的陆面过程,都是有输入、输出的开放系统。大陆尺度包括洲大陆尺度和国家(如中国)大陆尺度的水文循环。大陆区域尺度则是按地理区划划分的区域水文循环。中国大陆和大陆区域这两种尺度的水文循环特征,正是中国降水同位素站网总体规划的重要依据(赵珂经等,1995)。表征水文循环特征的参数主要有:①水文外循环系数 K_I,指从境外输入到区域上空的水汽净输入量与降水量之比。②水文内循环系数 K_E,指当地蒸发的水汽与降水量之比。③水文循环系数 K,指从境外输入到区域上空的水汽所形成的降水量与降水量之比。④水汽滞留时间 τ(刘国纬,1997)。中国大陆尺度的水文循环和西北区域尺度的一例(西北干旱区)见图 1-12、图 1-13,相应的系数 K 值见图注。

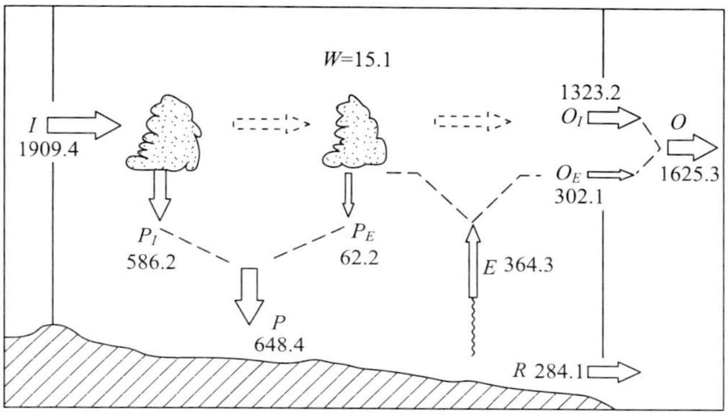

图 1-12 中国大陆尺度水文循环概念模型(刘国纬,1997)

$K_I = 0.48, K_E = 0.17, K = 0.90, \tau = 8.5$ 天

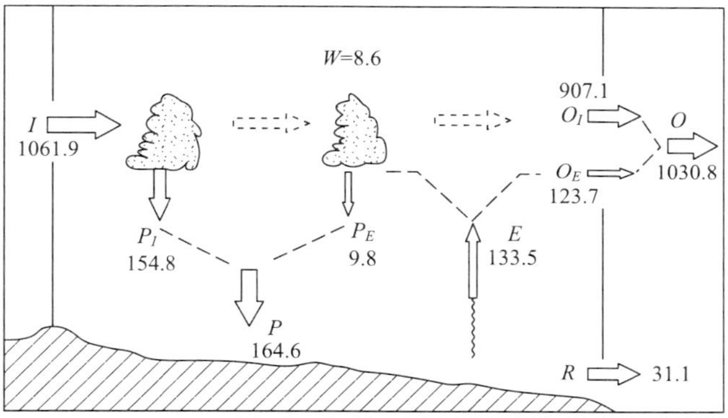

图 1-13 中国西北区水文循环概念模型(刘国纬,1997)

$K_I = 0.20, K_E = 0.07, K = 0.94, \tau = 19.1$ 天

(三)浅层水圈的局部尺度水文循环

所有局部尺度的内循环(小循环)也都是有输入、输出的开放系统。这包括发生在海洋和陆地的局部尺度水文循环,它们都还各有一些次一级的水文循环。

海洋局部尺度水文循环有:①海洋内的水文循环,降水和蒸发为其主要因素。②边缘海水文循环,发生在海洋与陆地边缘,除降水、蒸发外,还发生地下水交换。③海底水文循环，以海水及其底部的元素和同位素交换为主要因素，并与地壳中的水文循环和地质循环相联系。

陆地局部尺度水文循环有：①外流区水文循环，既有与大气的又有与地下的垂向水分交换，并有侧向的地面和地下的水分交换，其水汽来源主要是从海洋输送而来，但也有由陆面蒸发造成的。②内流区水文循环，有垂向水分交换，但只可能有局部范围的、侧向的地面和地下水分交换。例如，发生在沙丘间、内陆河与其邻近戈壁间的水分交换。其水汽来源既有海洋输送也有由本身陆面蒸发造成的，但与外流区相比，数量上要少得多。③特殊条件的水文循环，如由特殊地质条件形成的地热水、卤水系统等，以浅部和深部地下水交换为主。④流域水文循环，以地面或地下集水边界为范围的陆地水文循环，它有特殊的水文意义。其侧向的地面和地下水分交换，一般都涉及更多的水文因素。

浅层水圈水文循环包括了各种类型的地面水和地下水(图 1-9 中浅层水圈部分)。值得注意的是，地面水和地下水实际上是有机地联系着的、不可分割的一个整体的两部分，地面水中有着地下水的贡献，地下水中更有地面水补给，而传统水文学由于难以对此识别而往往有所忽略。另外一个值得注意的现象是，除降水下渗机制外，大孔隙水流、特别是因地质构造发生的，例如沿断层的渗入和运移，有时会很重要。而因火山喷发，位于地壳深部的原生水也会进入浅层地下水甚至地表水系统中去。

二、水的地质循环

浅层水圈特别是地下水圈上部即所谓地下水交替循环带的水文循环，其水动力学是以静水压力为前提，而水的地质循环则并不以此为主要条件。两类水循环大体上可以沉积岩层底作为分界，各发生在不同的圈层中。而实际上沉积岩层底既是分界而又是两类循环耦合的边界。图 1-14(王大纯等，1995)形象地概化了自然界的这两类水循环及其耦合关系。

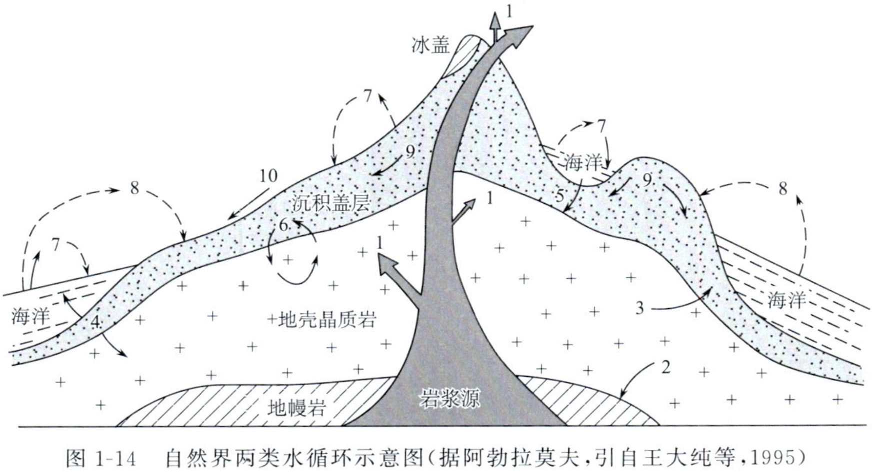

图 1-14 自然界两类水循环示意图(据阿勃拉莫夫，引自王大纯等，1995)

1. 来自地幔源的原生水(初生水)；2. 返回地幔的水；3. 重结晶脱出水(再生水)，相当于图 1-10 中的 6；4. 沉积成岩时排出的水；5. 和沉积物一起形成的埋藏水，5 和 4 相当于图 1-10 中的 2；6. 地内循环；7～10. 浅层水圈的水循环一方面,水的地质循环(或地质水文循环)发生在浅层水圈以下的地下水圈中(图 1-9、图 1-15)。但地下水圈的下界只是一种概略的设定,并不意味着在此以下就不存在水了。如前所述,在其下界软流圈和下地幔包括地核表层都可能存在着水分,可上移进入地下水圈中,也可由火山喷发直接进入表层水圈。另一方面,它还与包含有沉积岩层的浅层水圈发生重叠,并与之发生相互转化过程。所以,水的地质循环中的水主要是地球的深部水,只在其与浅层水圈发生相互转化过程时,才与部分源于大气降水的浅层水圈水发生混合。

1. 幔壳原生水(或初生水)

地核可分为外核、过渡层和内核。外核呈液态,积聚了由原始地核物质中分离出来的物质和水分。外核的液体当然是下地幔和软流圈中液体的来源。而地幔中保留的水至少 3 倍于由去气作用所形成的海洋水(卢耀如等,1999)。也还有估计地幔物质约含有 5%～7%的水(王大纯等,1995)。在 3000 km 附近地下深部的高温、高压、高密度气态圈,认为在那里存在有原生水体,既可能是固、气、液态,也可能有混合形式的水分(霍明远,1993)。因而有学者认为地幔带是地表水和地下水的唯一原生源域(Виноградов,1959;卢耀如等,1999),因为原生水实际上造就了地球水圈(见本章第三节)。按卢耀如等(1999)所划分的四带理论,此为地核-地幔的内生水带。其他是:软流圈的聚水-三相流运动带、壳幔深层保水-输水带和水圈上层积极循环带。

2. 软流圈水

软流圈密度高于其上覆地幔又低于其下的下地幔,而成为上、下地幔之间的特殊圈层。其中的水分有两方面来源:一方面得到下地幔因分异作用而上移的水、气等物质;另一方面由于岩石圈漂浮其上,使沉入其中的重厚岩体发生侵蚀、熔融,并接受其物质包括岩石中的同生水分。软流圈中熔岩流是其基本物质流,但认为其组分是包括半固相、液相和气相的三相物质流,而火山虽然发生在岩石圈内,但是其喷发物质包括气、水、固体和熔融岩浆,却是来自软流圈(卢耀如等,1999)。因而称之为软流圈的聚水-三相流运动带。水和 CO_2 是岩浆中最主要的挥发分,占氧化物的重量百分比达 0.5%～8.0%之多。水分可从岩浆中分离,在压力和深度较大条件下,岩浆蒸馏可导致超临界溶液分离,冷却时直接转变为压缩热水溶液,在压力大于 70MPa 情况下,在很大深度中水可形成液态。在压力较低、深度较浅条件下,岩浆蒸馏导致水呈类蒸汽状态逸出,此后冷凝成热水溶液。这种从岩浆中分离出水的现象,早在岩浆结晶时就产生了,而且延续时间很长(霍明远,1993)。在水的地质循环中,水分子常有分解与合成,其离解组分 H^+,OH^- 等,在其上移时,可结合为自由态水(区永和等,1988;王大纯等,1995)。此外,岩石圈在软流圈上漂浮,是造成板块运动的原因,当含水地壳岩石板块俯冲嵌入地幔时,又能把浅层圈的水带进地幔,这大概是浅层水圈水混入原生水的重要途径。

上述由地幔和软流圈所聚集的水分,向上运移到上地幔以上而发生停滞储集,卢耀如等(1999)将其划为壳幔深层保水-输水带。

3. 岩石同生水

岩石圈在其形成时结合了分子态的水，它与岩石形成同步，可称为同生水或结合水。如占岩石圈质量 95％的岩浆岩（火成岩）中，水的重量百分比有：酸性花岗岩 0.77％，中性安山岩 1.17％，基性玄武岩 0.95％，超基性橄榄岩 3.91％（马东升，2004）。各类岩石在其风化、成岩、变质过程中以及再熔、结晶过程中（图 1-10），或从岩石中脱出，或再进入，或发生水分子的变化。相应于图 1-10：图中 1、2 是沉积岩从沉积物压实、成岩过程中所释出的水，2 可称为沉积成因水。图中 3、4 是沉积物转化为沉积岩后，在变质或风化过程中所释出的变质作用再生水，4 也可称为变质成因水。图中 5 是熔融吸水。图中 6 是重结晶脱出水（再生水）。图中 7 是岩石风化时固定水。在化学风化过程中，一方面发生水化（或水合）作用，即水进入矿物成为结晶水，从而产生新矿物；另一方面又发生水解作用，即水的 H^+ 和 OH^- 离子夺取原矿物中的阳离子，破坏了它而形成新矿物。图中 8 是涌入岩浆的原生水和回归于地幔的水分。

值得注意的是，上述岩石同生水的地质过程，不仅发生在深部圈层，而且也可在浅部圈层发生。而幔源原生水和软流圈水则可能进入上述的水圈上层积极循环带。这在第十章地下水分类中，还要作进一步的讨论。

水的地质循环涉及的各种形式的水，参见图 1-15。

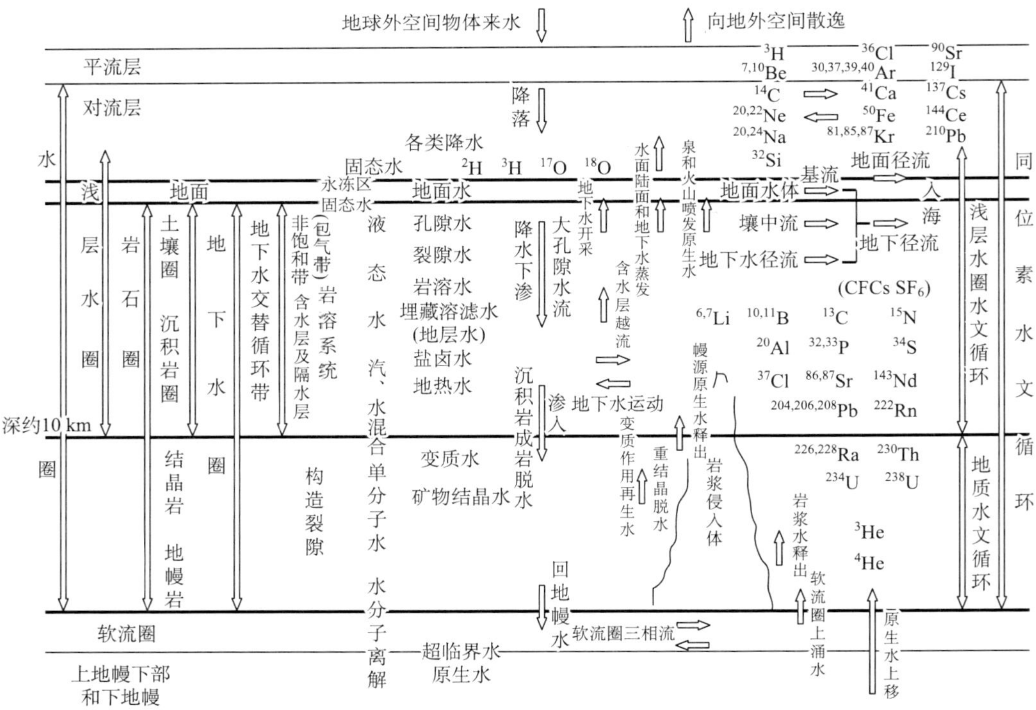

图 1-15　同位素水文循环要素示意图

三、同位素水文循环

同位素水文循环涵盖上述浅层和深层水圈水文循环，包含了水及组成水分子的氢、氧同位素的水文循环，以水为载体的溶质同位素循环。后者涉及各种来源和成因的同位素，详见第四章。参与同位素水文循环的这些核素，其类型、组成、变化，是浅层和深层水文循环的总和。很好的例子是地下水中测得的^{3}He是大气源的^{3}He、因大气源和岩石圈中氚衰变生成的^{3}He、壳源^{3}He，以及幔源^{3}He的总和。这些循环所涉及的水文要素概化如图1-15所示，其中从大气到地幔，各有不同类型的同位素，已择其要者特别是在同位素水文学中有所应用的列在图中，大体上分为三组，即水同位素^{2}H，^{3}H，^{17}O，^{18}O列在图中地面附近；宇宙性成因和人为成因核素列在图中大气圈的位置中；地壳性成因核素则全列在图中地面以下包括地幔的位置，但并不意味着它们实际产生的位置，只^{3}He与^{4}He列在地幔位置以表示它们有原生来源。这些将在第四章中讨论。

常规水文学概念往往认为，溶于水中的各种化学元素不可能像水分那样，构成完整的循环系统。其实并非如此，水中H，O，C，S等许多同位素既有全球尺度的也有各种局部尺度的水文循环。如图1-16所示，为^{226}Ra的全球水文循环，还可划分出它在大气、海洋、地壳、生物等尺度或系统中的循环。值得注意的是，有些同位素却并不完全遵循水分循环的规律，如^{32}Si，^{32}P，^{33}P，它们主要因吸收和同化作用存在于生物圈中，其循环多半受生物循环的制约。

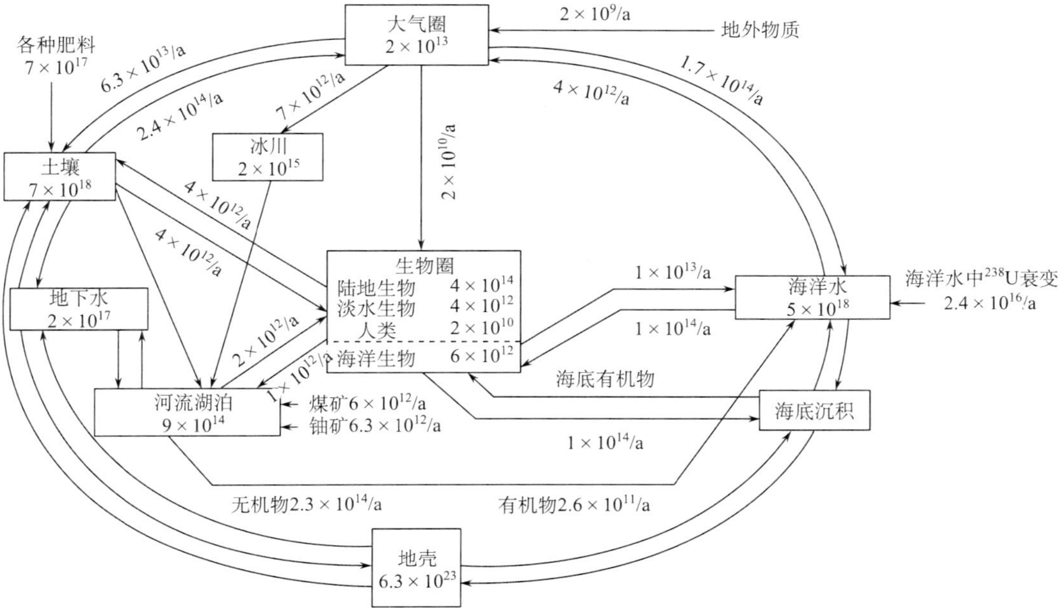

图1-16　^{226}Ra的全球水文循环（Jaworowski，1990）

储库总量和年流率：B_q

四、地球水文循环之谜

（一）深层水圈水文循环的终极之谜

深部水上升，经不同变化和组合，最后进入浅层水圈水文循环带即地下水交替循环带而与大气降水补给的地下水混合。

问题是有研究认为，此类深部水的上升速度从6000万年以来没有什么变化，估算地球深部水分是现有海洋水体积的1.5倍，那么约10 000年以后，海平面将上升约90 m，所有水文循环将发生根本性变化。而且，此深部水因有极限而会枯竭（奥尔列诺克，1991；霍明远，1993）。

（二）地球水文循环是开放系统之谜

在前述浅层水文循环中，已经讨论了水文循环的性质。认为浅层水圈全球水文循环可近似为闭合系统。因为地球与宇宙空间之间的水分交换极为微弱，而且是有进有出，每年不到地球总水量的15亿分之一。从同位素水文学观点看，由于存在着宇宙射线成因的同位素输入，和行星际物质进入，严格而言则是开放系统。尽管如此，实际上还是意味着永无休止的水文循环。

对这一观点挑战的关键是，图1-15同位素水文循环要素中"向地外空间散逸"这一部分，有一个光解损耗观点（奥尔列诺克，1991），水汽在大气圈中被光解为氢和氧：

$$2H_2O(\text{水汽}) \xleftrightarrow{\text{光解}} 2H_2 + O_2$$

其中氢将逸入宇宙空间而散逸。

如果这一理论成立，那么，地球水文循环就因为有了这么一个固定的向地外空间散逸的要素，而成为开放系统。因为地球所有的水包括深部水是定量的，那么经过许多亿年，水岂不是要从地球消失吗？但愿这仅是猜想。

但是，1996年的极地探测卫星发现，每天有几万个含冰的小"脏雪球"撞入地球大气层，这能够年年如此，可以补偿以上那种向地外空间的散逸吗？

第五节　同位素水文学

因世界性水资源和水环境危机的迫近，促使水文学从水分子层面深化进入原子核层面以应对诸多现代水问题。在本章第一节中已经建议了一个作为水文学分支学科的同位素水文学定义：使用同位素方法和核技术研究水圈水的起源、存在、分布、运动和循环，以及与其他地球圈层的相互作用。作为本章的结束，对同位素水文学的形成作一点归纳，另外对同位素水文学的一些基本原理和基本方法也提出一些讨论。

一、同位素水文学的形成和发展

(一) 同位素发现时期

放射性现象的发现至今才100多年。1898年居里夫人(Marie Sklodowska Curie)和Pierre Curie宣布发现钋和镭,同年居里夫人第一次使用放射性这个名词,并证实有三种不同的射线,后来E. Rutherford称之为α,β,γ射线。F. Soddy与Rutherford一起由1900年起的工作,把放射性衰变和增长的理论系统化。1910年F. Soddy提出,一种特定元素在周期表中的位置可以容纳一种以上的原子,称之为同位素。1913年,J. Thomson观察到氖的两种同位素,从而使这一概念得到实验证明。接着F. W. Aston改进了Thomson的阳离子射线仪改称为质谱仪,并建立了精度更高的质谱仪。1919年Rutherford提出了质子的名称,一年后他假设原子核含有中性粒子。1922年以前,Aston使用他改进的质谱仪,发现了287种天然同位素中的212种。1925年P. M. S. Blackett观察到了^{17}O。1929年,W. F. Giaugue和H. L. Johnston发现^{18}O。1931年H. C. Urey发现^{2}H。1931年R. Mecke和W. N. J. Childs首次确定了$^{16}O:^{18}O:^{17}O$的比值,接着Aston(1932),Smythe(1934)和Nier(1950)对此不断修改。Rutherford于1919年所假设的中性粒子直到1932年才由另外的一些实验所证明而发现了中子。1938年发现中子能引起重原子核裂变,1940年后开始有反应堆,可用以生产各种人工放射性同位素了。氚的发现则经历了曲折的过程,对它的寻找始于1931年,直到1939年、1940年才确定它是放射性的,并求得了它的衰变过程。^{14}C的发现大体与氚同步,1934～1936年Kurie等发现了由中子辐照氮产生放射性碳的核反应$^{14}N(n,p)^{14}C$。

(二) 人工放射性同位素应用时期

放射性同位素应用于有关水文问题,首先是从核科学家开始,直到20世纪50年代出现了较廉价的人工同位素后,才引起水文学界的注意和学科合作,主要是应用人工放射性同位素于水文要素的测验,即用以改进常规水文测验方法。1922年爱尔兰J. Joly首先提出了利用放射性同位素测定河流流量的设想。1941年B. Pontecorvo为石油开采应用了中子测井,开始了不取样的实地土层测定。1952年W. R. Gardner等将1950年美国设计用于研究机场跑道土壤状况的中子法引入土壤水分测定后,引起了大量研究和广泛应用。1952年C. S. Foxs使用放射线同位素示踪地下水运动。1956年F. M. Ashton使用γ辐射测定土壤水分等等。在这一时期,还使用了多种人工放射性同位素测定各种地下水参数。

(三) 环境同位素应用时期

如果说人工放射性同位素的使用,只仅仅是水文测验的一种方法的话,那么使用环境同位素则使得同位素在水文领域的应用发生了飞跃。A. O. Nier(1947)和C. R. McKinney

(1950)高精度质谱仪的研制，对天然水的同位素丰度测验取得了突破，同时 H. C，Urey (1947)对稳定同位素分馏现象的研究，都是最重要的基础。1952 年 W. Libby 提出了使用^{14}C 对地下水测年。1953 年 V. V. Cherdynstevh 和 P. I. Chalov 发现和讨论了铀放射系不平衡，随后研究了它的应用。1954 年 A. R. Kaufman 和 W. Libby 首先测定降水中氚含量，并研究了它在水文学中应用的可能性。1963 年 R. Gonfiantini 等提出了利用同位素组成划分流量过程线的方法等等。到现在则有几十种环境同位素被应用于各种不同水文问题的研究，而且发展到了大流域尺度。

（四）同位素水文学的形成

20 世纪 50 年代对天然水中的稳定同位素研究有了一系列的突破，包括：①统一定义和使用了对稳定同位素的 δ 表示法，特别是使用统一的国际参照标准。如 H. Craig 定义的 SMOW(1961)。②对同位素分馏现象的研究有了深入发展。特别是引入了 Lord Rayleigh 导出的 Rayleigh 方程。③对天然水中的同位素研究有了进展。如 H. Craig 和 L. I. Gordon 对海水和海洋大气中^{2}H 和^{18}O 变化的工作(1956)和对水蒸发过程中同位素效应的研究(1963)，深化了对水文循环中同位素的研究。④1961 年国际原子能机构(IAEA)和世界气象组织(WMO)开始建立全球降水同位素站网(GNIP)，是同位素水文研究中的重要事件。⑤同年 Craig 发表了后来被称为 Craig 线的降水中^{2}H 和^{18}O 关系，此后并在理论上得到了证明。这实际上奠定了同位素水文学的基础。

与此同时，放射性环境同位素的应用也有了很大的发展，特别是^{3}H 和^{14}C 在地下水研究中得到了广泛的应用。

国际原子能机构于 1958 年开始同位素水文学工作，从 1963 年起，开始组织同位素在水文学中的研究和应用方面的国际讨论会，每隔 4 年左右召开一次，极大地推动了同位素水文学的发展和形成。这些讨论会是："水文学中的放射性同位素"(1963 年，东京)，"水文学中的同位素"(1966 年，维也纳)，"同位素水文学"(1970 年，维也纳)，"地下水文学中的同位素方法"(1974 年，维也纳)，"同位素水文学"(1978 年，德国 Neuherburg)，"同位素水文学"(1983 年，维也纳)，"水资源发展中的同位素方法"(1987 年，维也纳)，"水资源发展中的同位素方法"(1991 年，维也纳)，"水资源管理中的同位素方法"(1995 年，维也纳)，"水资源发展和管理中的同位素方法"(1999 年，维也纳)，"同位素水文学和水资源综合管理"(2003 年，维也纳)，"同位素水文学进展及其在水资源可持续应用中的作用"(2007 年，维也纳)。从中可以看到同位素应用的发展，由主要应用放射性同位素开始，很快转向环境同位素的应用，转向了水资源水文学，现在则更进一步趋向全球严峻的水资源可持续应用问题，特别是环境污染和生态以及气候变化的影响。中国自 1984 年参加国际原子能机构后，1985 年开始参与其同位素水文学活动(水利部水文司，1997)，从 1987 年起开始参加其历届同位素水文学讨论会并发表文章(附录 1)。庞忠和曾在国际原子能机构同位素水文学部工作(1997～2005)，顾慰祖曾担任国际原子能机构赴蒙古国专家(1998～1999)短期工作。

同位素水文学方面的研究，从 1970 年开始才有较大的发展。如稳定同位素水文研究方面，1960 年前全世界每年发表的文献只有 10 篇左右，到 1970 年每年就有近百篇。同位素水文学作为学科的形成，建议从 1970 年开始，即 IAEA 首次在其国际讨论会中使用同位素水文学这一术语开始。

二、同位素水文学的基本原理

同位素方法引入水文学以后，从一个独立的研究方向即同位素在水文学中的应用或水文核技术，发展为同位素水文学学科，其所形成的基本概念和原理可归结为三方面。一是一切地球科学所共有的，即“整类问题”的一般性原理和方法。这包括建立学科发展的上层知识结构和提供学科解决问题的中间知识结构。这其实是一种学科哲学，或是战略性方法。二是涉及同位素水文学这一专门学科所特有的概念和原理。它是学科的基础。三是从这些基础出发，或者说从其特有的视角出发确立对自然的认识，提出对研究对象的阐释，从而归结为学科的基础应用和实际应用，或是战术性方法。

上述三方面作为同位素水文学的方法论，以及其基础应用和实际应用，将在本书以下各章中讨论。本节概述作为同位素水文学学科基础的主要概念和基本原理、基本方法。

（一）同位素水文学的“元语言”

同位素水文学之所以能发展成为独立的学科，就是因为它在地球科学共有的一般原理基础上，发展并形成了它所特有的基本概念和原理，从而导致了其特有的学科方法、开辟出阐述现象和解决实际问题的新途径。它与相关学科虽有共同“语言”，但却生长了其独特的“语言”。或者从哲学概念而言，正是因为同位素水文学形成了它所特有的新一类“元语言”(meta language)，它才成为新的学科。具体而言有两类“语言”，一类是已经存在着的、分别描述水文学、地球化学和核科学这些独立学科的“语言”(图 1-17)。另一类则是源于这些学科所产生的新“语言”。同位素水文学学科提供描述此交叠部分的“语言”，它是水文学、地球化学和核科学所共同形成的“元语言”。它是水文学，是地球化学，也是核科学，然而却又都不全是。它由此提供了研究与这三种学科相关联着的新途径，这是三种学科中任何单独一种所不能处理、认识和诠释自然的独特的途径。然而，也恰恰正是因为第一类“语言”在诠释自然和解决问题方面的不可判定性和不完整性，才衍生出来有其特殊功能的，并超越第一类“语言”的第二类“语言”。

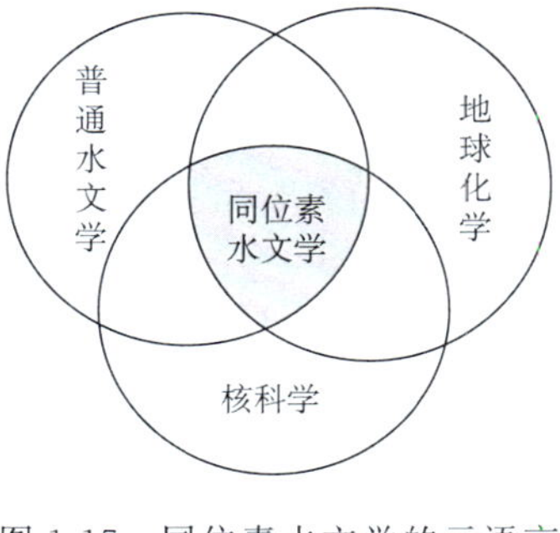

图 1-17　同位素水文学的元语言

（二）同位素水文学的基本原理

用以描述上述元语言的同位素水文学基本概念和原理，可归结为 7 项，分别是同位素水文学的一般性基础、反映水文循环过程的基础、反映水文系统空间过程和时间过程的基础、同位素水文学的中心概念和同位素水文学的方法性概念。分述如下。

1. 同位素变化

水圈中同位素的丰度并不保持恒定,它或发生于同位素本身,或由于相互作用而发生变化。前者为主动成因,为同位素的天然变化,这有两方面:一是各种类型的核过程可引起同位素组成较大的变化,即放射性同位素的衰变和生成;二是各种类型的物理、化学过程可引起同位素组成相对而言为微小的变化,即稳定同位素分馏。后者则为被动成因,或由于不同水文系统的耦合,或因输入、输出的混合,或源于水、岩系统的相互作用等所引起。而这些同位素丰度的变化正是水文过程、地球化学过程、水文环境、外部条件等的综合反映,成为推断、识别水文系统或反演水文过程的依据。

同位素丰度变化特别是其天然变化的机制和理论,是同位素水文学最重要的一般性基础,将在以下有关章节中讨论。

2. 同位素地球化学流

对不同尺度的同位素水文系统,随着水循环而发生不同类型的同位素循环。对特定的水文系统,这由以下三部分组成:①通过此系统的同位素流入和流出;②系统内的同位素迁移及各种不同的流型式;③系统内与水量平衡相应的同位素质量平衡。它们反映着同位素水文系统的宏观结构性、迁移过程的地球化学特殊性和同位素的地球化学条件。它们在时间上整合不同的历史时期,在空间上耦合不同的圈层或系统。

同位素地球化学流概念是同位素水文学反映特定尺度水文系统水文循环过程的基础。这在第四章中讨论。

3. 同位素地球化学梯度

梯度是联系环境条件和环境因素空间分布的一个重要概念。如生态学中用以描述植被类型随环境条件的变异即是。特定同位素水文系统中的同位素梯度,包括连续梯度和不连续梯度两类概念。连续梯度往往是系统区域水文特征和环境条件的综合。不连续梯度则是特殊环境条件如地质构造的反映,同位素的迁移行为在这里发生明显改变或突变,也可称为同位素地球化学障(或称垒)。它们都可能是天然成因的或人为影响的结果。

同位素地球化学梯度概念,是同位素水文学反映特定尺度水文系统空间过程的基础。

4. 同位素演化

同位素水文系统中的不同同位素,实际上是不同时间尺度的历史演化结果,或者说它具有形成同位素丰度组成的气候、地质、生态及其他环境事件的顺序时间指标,或是与此相关的时期标度。这包括两类:一类是时间上的连续过程,即在地质时期、土壤时期、生态时期和技术时期的演化过程。另一类则是时间上的孤立事件,多半是人为因素产生的,如核泄漏、核试验所构成的同位素变化。

同位素演化概念是同位素水文学反映特定尺度水文系统时间过程的基础。这在第五章中讨论。

5. 同位素混合

天然水文系统所研究的往往是几个系统(基本系统或"源"系统)以不同方式和比例的组合,而各该源系统有其独特的同位素组成。源系统可能是空间上的不同系统,如河流流量,其源系统是地面径流、壤中流、地下水径流。源系统也可能是时间上的不同系统,如非饱和带^{36}Cl,可以是现代和历史时期甚或地质时期降水补给的组合。而流域水文系统的源系统更可能同时是空间和时间的复合,如地下水水源,既有不同的补给区也有现代降水和地质时期的古水。很明显,由于环境同位素的持恒性,才可以对混合系统进行识别。

同位素混合是水文系统识别的方法性基础,在地下水补给等几章中讨论。

6. 降水同位素关系

降水中氢、氧同位素组成即稳定同位素^{2}H与^{18}O有明显的近似于线性的关系,并因地区环境条件、水汽源地、降水机制等发生地区性分异。正如同生态学中的有效生态系统概念那样,它可以同地方的、区域的和全球的生态研究相联系,因而成为生态学的中心概念。降水同位素关系则是同位素水文学的中心概念。其重要性也正如同降水之在水文学中的地位那样。实际上,地球化学却缺少这样一个中心概念,而不得不以地球化学循环作为最近似的中心概念。

对同位素水文学的这一中心概念,在第五章中讨论。

7. 背景和制约

天然水文系统是自然环境的水文响应。对获取的同位素水文数据作任何分析和解释,都必须建立在研究系统所在的水文条件、地球化学条件特别是地质条件的基础之上。

环境同位素数据有点像DNA那样的识别功能,但是绝对不是DNA,用它对水文系统的识别和解释,必须受水文学(如水量平衡)、水力学(如连续性)、地球化学(如所用元素的地球化学)和地质学基本理论(如构造和断层)的制约。

这是应用同位素水文学的基本原则,否则会发生错误。

三、同位素水文学涉及广义水圈的研究特点

第三节中所述同位素水文学概念中的广义水圈,作为其研究对象,有其特殊的属性。这些属性决定了它具有与其内、外环境显著不同的物质与能量交换系统,而也正是这些属性,决定了同位素水文学的研究方法和途径。这些属性主要有:

1. 空间上联系着地球各主要圈层

浅层水与深层水以及深到地幔甚至软流圈的水及其演化都有着内在联系,往往需要在地下水研究中注意识别。水圈是最特殊的一种自然地理面,它渗透于大气圈、岩石圈和生物圈之中,实际上也构成为它们的一部分,必须想到其间的相互关系。

2. 时间上联系着地球各地质时期

水圈中共存着从现代水到各个地质时期的水，包括古水、原生水，其时间跨度甚至可上溯到太古宙。由不同目的而划分出的同位素水文系统，往往是不同类型水源的混合体系，如常见的岩溶水往往有起源于早古生代的寒武-奥陶系水，并与不同地质时期直至现代水相混合。

3. 宏观和微观上存在着多种界面

界面是一种特殊的存在条件，其物理化学特性必定既具有与有关界面相同而又有显著不同的表现。不同尺度的同位素水文系统或处于液-气界面、液-固界面上，而大部分则处于液-气-固三相界面上，几乎所有尺度的地下水系统都是如此。这不仅是水量和水动力概念上的界面。如以后要讨论的地下水中氦同位素，它既受大气输入的制约，又受到围岩同位素交换和地幔源的影响，如果有所忽略，则必定导致错误。在放射性碳同位素测年中，地下水中放射性碳同位素含量当然是主角，但必须考虑到大气和土壤空气中 CO_2、硅酸盐风化、碳酸盐岩同位素交换、含水层中有机物氧化等问题。

4. 能量上叠加了内、外能量系统的影响

水中物质特别是其同位素的迁移、循环、变化和历史过程，都接受着由内能导致的内力地质作用（构造运动、变质作用等）和外能引起的外力地质作用（风化、沉积等）的影响。一些水体氢、氧同位素关系的显著差异，其自然地理特点往往并非直接原因，实际上则是内、外力作用，综合影响了其物质和能量平衡所致。地热水的形成、类型和补给等，更显著地带有此类叠加影响的烙印。

5. 生态上它造就了生物圈却承受人为活动的强烈影响

人为活动对水环境的影响是水文学的重要课题。同位素水文学一方面使用氮、硫等同位素研究水环境变化，识别污染源，另一方面则还用以研究水圈。如核爆所造成的大量氚，却成为过去半个世纪以来研究地下水的有用工具。CFCs 已被证明是破坏环境的潜在杀手，但它已成为对年轻地下水测年的方法之一。

四、同位素水文学的研究方法

对于较大尺度的流域水文问题或对于水文基础研究的实验流域尺度水文问题，以及对于小尺度水文问题，大体上相应有 7 方面的研究步骤（图 1-18）。

（1）确定所研究系统的边界。由历史资料包括地质条件开始，但必须通过野外勘测，切忌闭门造车，特别是地下边界。有时确定边界本身就是一个研究系统，而需要除常规水文和水文地质方法以外的同位素方法。这是决定成败的一个关键。如前所述，当有导水断层通过时，需要另作输入、输出处理。

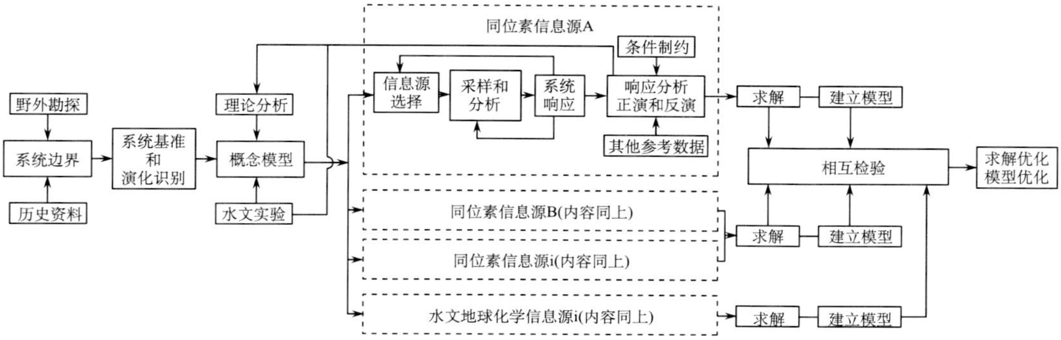

图 1-18　同位素水文研究的一般步骤

(2) 系统基准和演化识别。这是同位素水文系统所特有的。对于流域水文问题包括其地下水问题,降水稳定同位素关系即降水线是必要的一种基准,所以必定首先要有 ^{18}O 和 ^{2}H 测验。从这一基准出发来识别所研究的水文过程问题相对于降水的演化方向(例如对浅层和深层地下水),可从其演化关系推测其起源。有关降水线以及在水文过程中氢、氧稳定同位素的演化和分异,在第五章中有一般性的讨论。对于小尺度系统例如由非饱和带研究降水补给,需要有如 ^{36}Cl 或 CFC 的输入函数作为其基准。识别其演化和分异的目的,是提供大体上的研究方向以及作为概念模型的基础。

(3) 概念模型。根据理论分析和上述系统的一般演化方向,建立概念模型。例如在研究实验流域产流问题时,可利用一些已有的模型作为开始研究的概念模型,或通过实验研究加入一些新的概念(例如根据土壤水动力学原理设计对壤中流的概念模型)。

(4) 信息源选择。选择可以提供所研究系统信息的同位素类型,或其他有示踪意义的元素和化合物(如 He 或氯氟烃等)。由于研究的系统本来就是未知,因而哪一种环境同位素的信息度最佳,也属未知,只能按过去有关经验作出选择,重要的是需要采用多种同位素或也包括示踪元素和化合物,这其实是同位素水文研究的一项原则。此外,必须平行使用其他地球化学信息源特别是水文地球化学的信息源(如常规的八大离子等),注意这是同位素水文研究的另一项原则。严格而言,只使用同位素信息源得到的结果,不可能是成功的,必须要两条腿走路。

(5) 采样和分析。采样是决定研究成败的另一关键,研究者必须亲自到野外采样,还必须严格按不同同位素的采样方法包括水样容器等要求(有专章进行讨论)。水样的分析是又一关键,需要严格按有关规定操作以保证分析精度。至关重要的是必须选择分析质量和信誉好的实验室。必须有若干水样送权威性实验室作交叉分析以为校核。一般应留有较之送实验室分析更多的水样,以备有可能要重新做分析,或发现新问题而要进一步工作之需。

(6) 正演和反演等方法的数据分析。作为所研究系统对某示踪同位素响应的数据进行分析研究,常用正演和反演方法。正演是设定了概念模型,推算出系统响应的理论值与实测值比较,再修改概念模型,如地下水补给源,在二元或三元假定下,由众多实测地下水数据推演。反演是概念模型比较确定即机制清楚，使用实测数据反推需要研究的未知量，典型的例子如地下水补给温度，有比较成熟的模型，所求补给温度还与大气压等有关，因而模型中会同时有几个未知数，于是通过如氖、氩、氪、氙分别测定其中的可测参数，从而求得所有未知数。实际上，更多的是反演方法。

（7）求解或建立模型。需要由不同示踪剂得出的解相互检验，最后求得优化结果或演化模型。

第二章 原子核衰变和原子核反应

陈廷扬 顾慰祖

在第一章中已讨论了与原子核结合能有关的核素稳定性，而且，在所有已经发现的核素中，绝大部分是不稳定核素，它们会自发地蜕变形成另外一种核素，伴随着的是放出不同类型的射线。核素的这种性质称为放射性，这种现象即是放射性衰变，准确而言，是原子核衰变。这是原子核的自发转变，其转变的方向，永远是从放射性核素向着稳定核素的方向。

相对于核素的自发蜕变即原子核的自发转变，或者说它是主动的转变。那么，从原子核结合能出发，原子核应该也可以有另一类的被动转变，即以外来的具有相当高能量的粒子来轰击核素，从而迫使核素性质发生改变而成为另一类核素。这种过程即是原子核反应，这是原子核的被动转变。从外来高能量粒子而言，既有天然的如宇宙射线，也必定有人工的。所以原子核反应也有两类，而这人工的一类，可以说是人为造成另一种核素的“点金术”。古人的梦想并不错，而且很“先进”：人为改变核素，不过，只是用能够炼剑的能量，是不可能把一种核素变成为另一种的，而第一个成功的“点金术”直到 1919 年才得到，这就是卢瑟福用^{212}Po 放射出来的 α 粒子来轰击氮，得到了^{17}O，但是却只有五万分之一的几率(杨福家等，2002)。在同位素水文学中应用的许多放射性同位素都是通过原子核反应人工制造的。

对同位素水文学中涉及的原子核衰变和原子核反应，分别简述如下。

第一节 原子核的放射性衰变类型

原子核在其放射性衰变过程中，虽然变成了另外一种元素的原子核，但电量、质量、能量、动量这四者却保持守恒。作为原子核发生的自发变化现象，放射性衰变有多种类型。

一、α 衰 变

原子核衰变放射出 α 射线的称为 α 衰变。α 射线是带正电的高速粒子流，也称 α 粒子。其能量分布一般在 4～9 MeV 范围，它由两个质子和两个中子组成，因而带两个正电荷，它们束缚在一起，实际上组成的是氦原子核。因为它带正电，所以在磁场中会发生偏转。

放射出 α 射线的原子核在放出一个 α 粒子后，其原子序数减少 2，质量数减小 4，于是

成为了另一个原子核。因此,母核为X、产生的子核为Y的α衰变,一般地表示为

$$ {}^{A}_{Z}X \rightarrow {}^{A-4}_{Z-2}Y + {}^{4}_{2}He \qquad (2\text{-}1) $$

例如

$$ {}^{238}_{92}U \rightarrow {}^{234}_{90}Th + {}^{4}_{2}He \qquad (2\text{-}2) $$

从能量守恒定律可以导出,一个核素要发生α衰变,衰变前母核的原子质量必须大于衰变后的子核原子和氦原子质量之和(杨福家等,2002)。实际上,α衰变主要发生于重核。但是,核素在α衰变中,放射出的α粒子,其能量却不是一样的,而往往有几组。例如,^{238}Pu衰变为^{234}U时,可放出5组能量不同的α粒子。

α粒子在核物理历史上有过重要作用,1932年J. Chadwick就是使用α粒子轰击铍而发现了中子,然后W. Heisenberg就提出了原子核是由质子和中子组成的模型。在以下同位素水文测验中,还应用到α粒子轰击铍产生中子的反应。

二、β 衰 变

一般把β衰变与α衰变比拟,表述为是放射出β射线的原子核衰变。其实,β衰变的本质是电子,而且不仅是核内放射出电子的β^-衰变、β^+衰变,还有第三类轨道电子俘获。因而,定义放射出β射线的称为β衰变,并不准确。一般而言,原子核的β衰变,是核电荷改变而不改变核子数的核衰变。值得注意的是,β衰变不像α衰变主要发生于重核,它几乎可发生于整个周期系。它有很宽的能量分布范围,可从十几keV到十几MeV(杨福家等,2002)。β射线在磁场中也会发生偏转,其偏转程度比α射线的要大,而方向相反。

1. β^-衰变

称为负电子衰变。核内一个中子转变成一个质子并放射出β粒子,β粒子即负电子。原子核发射出一个负电子e^-,或称为放射负β射线,它的电荷增加1单位,成为原子序数增加了1的一个新原子核。一般表示为

$$ {}^{A}_{Z}X \rightarrow {}_{Z+1}^{A}Y + e^- + \bar{\upsilon}_e \qquad (2\text{-}3) $$

式中$\bar{\upsilon}_e$为反中微子,其脚注e表示是伴随电子而产生的中微子,在以下说明。发生β^-衰变的能量条件是两个同量异位素(图1-1),其电荷数分别为Z和$Z+1$,只有前者的原子量大于后者的原子量时,β^-衰变才能发生(杨福家等,2002)。例如

$$ {}^{3}_{1}H \rightarrow {}^{3}_{2}He + e^- + \bar{\upsilon}_e \qquad (2\text{-}4) $$

这是在同位素水文学中要应用的一个关系。

2. β^+衰变

也可称为正电子衰变。核内一个质子转变成一个中子并放射出β^+粒子。β^+粒子是正电子,其质量与电子相等,但电子带负电而β^+粒子带正电。原子核放射正β射线后,成为原子序数减小了1的一个新原子核。一般表示为

$$ {}^{A}_{Z}X \rightarrow {}_{Z-1}^{A}Y + e^+ + \upsilon_e \qquad (2\text{-}5) $$

式中 υ_e 为中微子。发生 β^+ 衰变的能量条件是，两个同量异位素，只有在电荷数为 Z 核素的原子静质量大于电荷数为 $Z-1$ 的原子静质量一个特定值时，β^+ 衰变才能发生（杨福家等，2002）。例如

$$^{13}_{7}\mathrm{N} \rightarrow {}^{13}_{6}\mathrm{C} + e^+ + \upsilon_e \tag{2-6}$$

3. 轨道电子俘获（EC）

与以上不同，原子核（母核）不是发射电子，而是从核外电子壳层中俘获一个轨道电子。这时，核中一个质子转变为一个中子，形成新核（子核），同时也放出一个中微子，称为轨道电子俘获。因为俘获 K 层轨道电子的几率最高，所以有时也称为 K 俘获。一般表示为

$$^{A}_{Z}\mathrm{X} + e_i^- \rightarrow {}_{Z-1}^{\ \ A}\mathrm{Y} + \upsilon_e \tag{2-7}$$

发生轨道电子俘获的能量条件是，两个同量异位素，只有当母核的原子质量与子核的原子质量之差大于第 i 层的电子结合能的相应质量时，才能发生（杨福家等，2002）。例如

$$^{7}_{4}\mathrm{Be} + e_k^- \rightarrow {}^{7}_{3}\mathrm{Li} + \upsilon_e \tag{2-8}$$

4. β 衰变的本质

从以上 β 衰变的基本关系式和举例中可见，在原子核的 β 衰变过程中，核子数 A 不发生变化，发生了放出电子或俘获电子的现象，于是核电荷改变了。这就产生了一个问题，在第一章的讨论中，原子核中只有质子和中子，哪有电子？而且，质子如何又能转化为中子？这实际上是早在 β^- 射线发现之初，就存在着的难题。中微子假设解释了它，但直到 1956 年直接观察到中微子的存在，这一假说才得到证实。

认为在 β^- 衰变中，放出了电子和反中微子[式(2-3)，式(2-4)]，在 β^+ 衰变中，则放出了电子和中微子[式(2-5)，式(2-6)]，而在 EC 中，只放出中微子[(式 2-7)，式(2-8)]。中微子电荷为零，其静止质量非常小或是零，但是它可以有各种动能，并不与物质发生相互作用，其能量与电子能量之和为常数，它们随电子而产生。所以有脚注 e，因为还有其他类型的中微子，那是粒子物理的范畴了。中子过多的不稳定核素会发生 β^- 衰变，它的本质是核内一个中子变为质子，而质子过多的不稳定核素则会发生 β^+ 衰变和 EC，其本质则是核内一个质子变为中子。第一章图 1-3 中，下侧为丰中子核素区，其趋势是发生 β^- 衰变向稳定过渡，而上侧则是缺中子核素区，其趋势是发生 β^+ 衰变向稳定过渡，于是才有在叙述图 1-3 时的所谓 β 稳定线。中子和质子实际上可认为是核子不同的两个状态，而电子和中微子只是在它们的转化过程中才产生出来的（杨福家等，2002）。例如中子转变为质子有下式

$$\mathrm{n} \rightarrow \mathrm{p} + e^- + \bar{\upsilon}_e \tag{2-9}$$

三、γ 衰　变

原子核经过 α 衰变和 β 衰变所形成的子核，往往处于不稳定的激发态，当然原子核也会因其他方式而被激发。处于激发态的原子核，降到较低激发态或回到正常的所谓基态

时，即以光子形式放出 γ 射线，是波长极短的电磁辐射。这是直接放出 γ 光子的、γ 跃迁方式的 γ 衰变。

上述处于不稳定激发态的原子核除了以光子形式的跃迁外，也有把激发能直接转给其核外电子而回归低能态，获得能量的电子则用以克服结合能而脱离原子，称为内转换现象(IC)。这是直接放出内转换电子的、非辐射跃迁方式的 γ 衰变。

核衰变中 γ 射线的能量，与 β 衰变相仿，也有很宽的能量分布范围，从十几 keV 到十几 MeV。γ 射线不带电，在磁场中不会偏转。所以，γ 衰变只引起核能量发生变化，其原子序数和质量数都不发生改变。

由于物理性质有本质上的区别，γ 射线穿透物质的能力最强。以有上述三种衰变且能量在各该类型衰变为最高的天然放射性核素为例，对发生 γ 衰变、能量为 2.61 MeV 的 $^{208}_{81}Tl$，要有约 15 mm 的铅板或 70 mm 的铝板才能使射线强度减弱一半，对发生 β 衰变、能量为 3.26 MeV 的 $^{214}_{83}Bi$，却只要约 6 mm 的铝片就可完全阻挡其辐射，而对发生 α 衰变、能量甚至达 10.55 MeV 的 $^{212}_{84}Po$，大约 11.6 cm 的空气层就足以把 α 射线挡住了(江藤秀雄等，1978)。

γ 射线与物质的相互作用，在同位素水文测验中有重要应用，在第二十章中讨论。这里先讨论一些有关概念。γ 射线穿过物质，有三种方式吸收光子(褚圣麟，1979)：一个原子吸收整个光子而放出一个电子的光电效应；光子被电子散射，把部分能量给了电子的康普顿效应；光子转变为一对电子的电子偶效应。定义放射性强度为单位时间内发生衰变的原子核数，那么，强度为 I_0 的 γ 射线穿过厚度为 X 的吸收物质后，强度衰减到了 I，则有以下关系(参见式(2-13))：

$$I = I_0 e^{-\mu X} \tag{2-10}$$

式中，μ 为该物质的衰减常数(或线性吸收系数)，重要的是，对于一定能量的 γ 射线，某种物质有一定的 μ 值。

为了解释与此式有关的所谓“截面”概念，为便于理解，褚圣麟(1979)把 γ 射线通过吸收物质时的衰减，比喻为要被该物质的原子所阻挡。于是，由图 2-1，设一束 γ 射线垂直射到一片厚度为 Δx 的物质面上，该物质单位体积中有 N 粒原子，而 γ 射线束的横截面为 A，则 γ 射线束要遭遇到 $NA\Delta x = \Delta N$ 粒原子，设每一个原子能阻挡住 γ 射线束的面积是 σ，称之为原子截面，那么，这束 γ 射线被遮挡的总面积就是：$\sigma NA\Delta x = \sigma\Delta N$。这样，强度减弱量 ΔI 与总强度之比应等于被阻挡面与 γ 射线束的横截面之比(褚圣麟，1979)：

$$\frac{\Delta I}{I} = \frac{\sigma\Delta N}{A} = \frac{\sigma NA\Delta x}{A} = \sigma N\Delta x \tag{2-11}$$

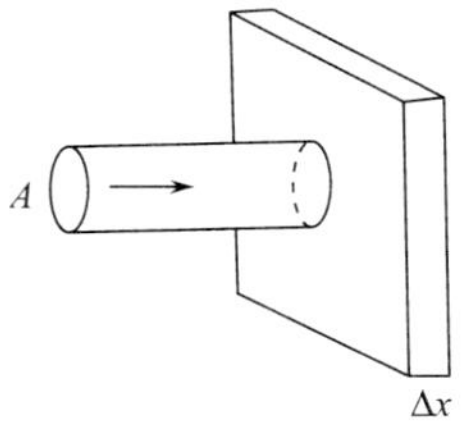

图 2-1　截面概念的解释
(褚圣麟，1979)

于是有

$$-\frac{dI}{I} = \sigma N dx \tag{2-12}$$

式中负值表示强度减弱。可有

$$I = I_0 e^{-\sigma N x} \tag{2-13}$$

与式(2-10)比较，有

$$\mu = N\sigma \tag{2-14}$$

这里有两个重要结果，一是该物质的衰减常数（线性吸收系数）μ 与原子截面 σ 的关系，二是原子截面不是原子的几何截面，是原子对 γ 射线起遮挡作用的概率，不过它有面积的量纲而已。

四、自发裂变和放射中子的衰变

1. 自发裂变

裂变是重核分裂为两个或多个质量相近的轻原子核的过程。如发现裂变的反应，用中子轰击 Z 为 92 的铀，得到 Z 分别为 56 和 36 的钡核和氪核，它们又立即继续衰变，两个碎片的质量比约为 3∶2。这是由中子引发的裂变，称为诱发裂变。除中子外的其他粒子也可诱发。随后就发现了也存在有自发裂变（SF），并证实有 20 种以上的重核发生自发裂变，成为一种特有的衰变方式，而对于一些合成的超铀元素，还是其主要的衰变方式（Faure，1977）。裂变过程可用核的液滴模型来解释，假设重原子核的行为类似于液滴，“表面张力”使之成为圆形，而库伦斥力将之拉长为椭球，就有可能将其分裂为二，当原子核的 Z^2/A 比值大到一定程度时，就有可能发生自发裂变。然而，即使是有可能发生自发裂变的核素如 ^{232}Th，其裂变速率低到每秒每克 6×10^{-8} 次裂变，相当于半衰期 10^{21} 年（皮科克，1978），远长于其 α 衰变的半衰期，因而也不成为主要衰变方式。但是对一些人工制造的核素有时却是其主要衰变方式，如 ^{254}Cf，SF 占 99.69%，其 α 衰变仅占 0.31%（杨福家等，2002）。

2. 放射中子的衰变

在有些富中子的裂变产物，如 ^{87}Br 和 ^{137}I 等在其衰变过程中，既能发射 β^- 粒子，而且还能发射中子。这种发射中子的衰变方式，实属罕见，实际上只发生在 SF 的产物中。但不宜称为中子衰变，中子衰变是自由中子本身不稳定而放射粒子。需要在这里叙述这样特殊的 SF 和发射中子衰变的原因，是在同位素水文测验中会有所应用，特别是 ^{252}Cf，虽然 SF 只占 3%，但是正因为它能自发放射中子，而且半衰期还有 2.65 年，于是就成为有很多优点的难能可贵的便携式中子源，用于野外工作。

此外，还有一些其他的罕见衰变方式，如放射质子的衰变等，在同位素水文学中不重要，有兴趣的读者请读杨福家等（2002）的著作。

第二节　天然放射系

自然界的放射性核素，有的经过一次衰变就成为稳定核素了。例如 ^{87}Rb 就是这样，它经过一次 β 衰变成为稳定核素 ^{87}Sr 后，就不再发生衰变了。而有些放射性核素（母体核素），其衰变而成的中间衰变产物（子体核素）则还是一些不稳定的放射性核素，它们又相继发生衰变，直至成为稳定核素为止，这称为级联衰变或递次衰变（也有称为连续衰变的），而这种衰变系列即是放射性衰变系或放射系。

自然界存在的一些重的天然放射性核素，形成有 4 个相互间没有亲缘关系的放射系，其成员绝大部分是 α 放射性核素，另一些则具 β 衰变，但没有一个 β^+ 衰变和 EC，而且都伴随有 γ 射线发射。见表 2-1。

表 2-1 天然放射系（Ivanovich et al.，1992。有修改）

放射系	各核素的质量数 A	最终稳定核	起始核素	
			母体	半衰期（年）**
钍 系	$A=4n^*$	$^{208}_{82}Pb$	$^{232}_{90}Th$	1.41×10^{10}
镎 系	$A=4n+1$	$^{209}_{82}Pb$	$^{237}_{93}Np$	2.14×10^{6}
铀 系	$A=4n+2$	$^{206}_{82}Pb$	$^{238}_{92}U$	4.468×10^{9}
锕 系	$A=4n+3$	$^{207}_{82}Pb$	$^{235}_{92}U$	7.038×10^{8}

* n 为正整数；** 杨福家等，2002。

表中 $A=4n+1$ 的镎衰变系，寿命最长的母体核素是 ^{237}Np，其半衰期要比地球年龄小三个数量级，因此它早已不复存在，只能由人工合成。所以地壳中实际存在的只有三个天然放射性衰变系，即分别由 ^{232}Th、^{238}U 和 ^{235}U 等母体核素开始的钍系（^{232}Th 系）、铀系（^{238}U 系）和锕系（^{235}U 系）。这三个衰变系所属的核素，其核子总数 A（质量数）分别符合以下规律：钍系 $A=4n$（n 为正整数），铀系 $A=4n+2$，锕铀系 $A=4n+3$。锕系从元素 $^{237}_{89}Ac$ 得名，可是直到 1935 年才发现原来这一放射系的始祖却是 $^{235}_{92}U$，因而有时也称为锕铀系。

每个放射系都存在有 α 衰变和 β 衰变，每发生一次 α 衰变，核中发射出 2 个中子和 2 个质子，由此产生的新核素，其质量数减少 4 而原子序数减少 2，在元素周期表中左移 2 位。每发生一次 β 衰变，质量数不变，原子序数增加 1，在元素周期表中右移 1 位。而由

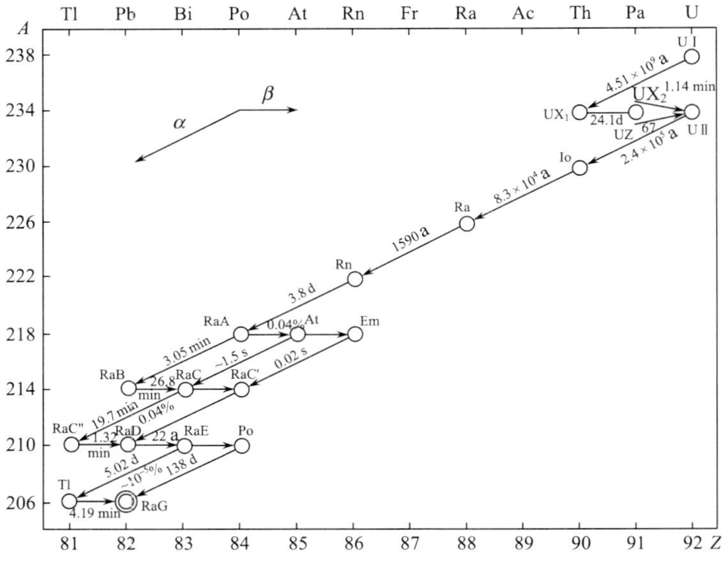

图 2-2a ^{238}U 放射性衰变系（Ferronsky and Polyakov，1982）

UI＝^{238}U，UII＝^{234}U，RaG＝^{206}Pb

于 α 和 β 衰变之间的竞争，各放射系都产生分支衰变，对于偶 A 系（$4n$ 和 $4n+2$ 系）的衰变主支，有 α—β—β—α 顺序。$4n+2$，$4n$ 和 $4n+3$ 三个放射系的衰变过程见图 2-2。图中同时标出了一些沿袭放射性研究的历史名称如 RaA 等。

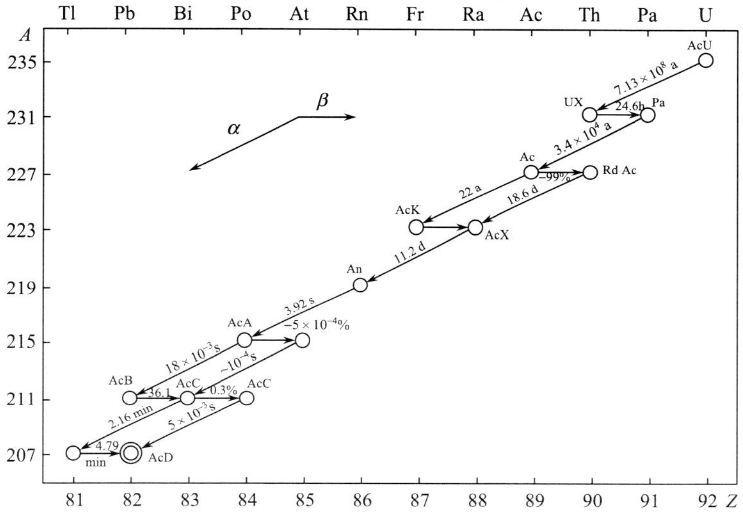

图 2-2b　^{235}U 放射性衰变系(Ferronsky and Polyakov，1982)

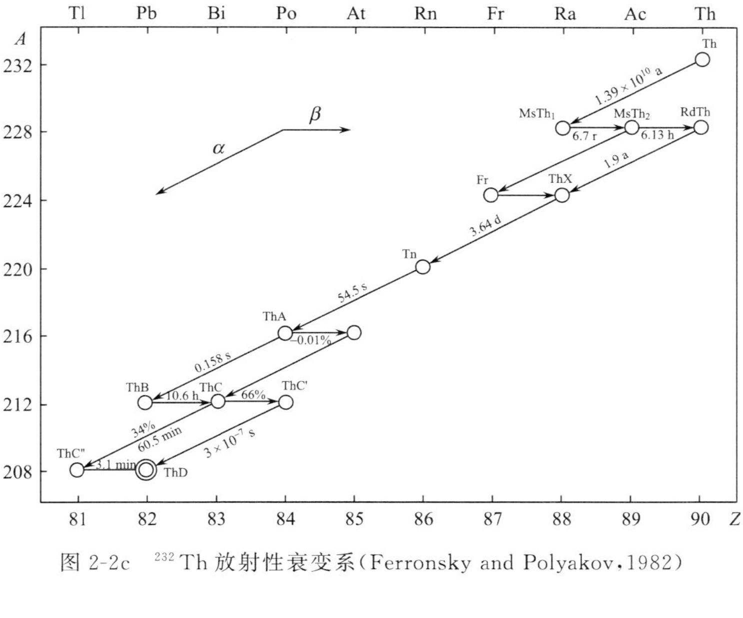

图 2-2c　^{232}Th 放射性衰变系(Ferronsky and Polyakov，1982)

由表 2-1 可见，现存三个天然放射系有一些共同特点，表中列有其二。一是其半衰期都很长且长于地球年龄，二是衰变系都以铅的稳定同位素终结。此外，还有一个共同特点是在衰变过程中(图 2-2)，都产生气体放射性核素 ^{219}Rn，^{220}Rn，^{222}Rn。

同位素水文学中最重要的是铀系，它是上述天然放射系中最长的衰变系。其起始核素^{238}U是天然铀的主要组分，其丰度达99.27%，为α发射体，它历经连续的α跃迁，在再次经过$Z=92$后，重复α—β—β顺序，最终成为不具放射性的铅同位素^{206}Pb(图2-2)。其中的RaA($^{218}_{84}Po$)可经α衰变为RaB($^{214}_{82}Pb$)而又经β衰变为RaC($^{214}_{83}Bi$)，但RaA还可经β衰变为$^{218}_{85}At$，然后再由α衰变为RaC($^{214}_{83}Bi$)，从RaA到RaC有了两个途径，称为分支衰变。铀系除了天然系以外，还发现了人工放射性同位素$^{230}_{91}Pa$也存在有它特有的衰变系，它先经β衰变为$^{230}_{92}U$，此后再经若干次α衰变经$^{226}_{90}Th$，$^{222}_{88}Ra$，$^{218}_{86}Rn$而为$^{214}_{84}Po$，与RaC′汇合(图中没有标出此人工放射性同位素的衰变系，请读者由图2-2a的下部横坐标Z和纵坐标A，据上部横坐标的核素名称给以标记)。

人工放射性同位素中也有历经几代的衰变系，除上述$^{230}_{91}Pa$系外，还有例如

$$^{90}_{38}Sr \xrightarrow{\beta^-} {}^{90}_{39}Y \xrightarrow{\beta^-} {}^{90}_{40}Zr$$

$$^{140}_{54}Xe \xrightarrow{\beta^-} {}^{140}_{55}Cs \xrightarrow{\beta^-} {}^{140}_{56}Ba \xrightarrow{\beta^-} {}^{140}_{57}La \xrightarrow{\beta^-} {}^{140}_{58}Ce$$

第三节　放射性衰变和放射性平衡

一、放射性衰变的基本规律

放射性衰变是一个随机过程，其衰变速率正比于当时该核素的原子数。某一种放射性核素的衰变，实际上是化学动力学中零级到三级反应的一级反应。如果没有新的放射性原子补充，那么，在dt时间内的核衰变数目$-dN$，当正比于当时所有的原子核数目N，dN为N的减少量，故取负号。于是有

$$-dN = \lambda N dt \tag{2-15}$$

或

$$dN/dt = -\lambda N \tag{2-16}$$

λ为比例常数，或衰变常数。由式(2-16)得

$$\lambda = [-dN/dt]/N \tag{2-17}$$

这表明，λ是其时所有的原子核数目中，在dt时间内发生衰变的原子核数目。如果放射性核素的原子数N很大，而且每个原子在给定时间内有一样的衰变机会，那么很明显，衰变常数λ的物理意义其实就是，原子核在单位时间内发生衰变的概率值。λ的量纲是时间的倒数。

由式(2-16)，可得出以下放射性核素的基本衰变规律

$$N_t = N_0 e^{-\lambda t} \tag{2-18}$$

式中，N_0为$t=0$时，即起始时刻放射性核素的初始原子数；N_t为经过时间t后，该放射性核素所剩余的原子数；t为衰变时间；λ为该放射性核素的衰变常数，它与时间无关，也与一切物理和化学状态无关。

定义放射性核素的原子数衰减到原来原子数数量的一半所需要的时间为半衰期 T，即当 $t=T$ 时，$N_T=N_0/2$。由式(2-18)得

$$(N_0/2) = N_0 e^{-\lambda t}$$

$$T = \ln 2/\lambda = 0.693/\lambda \tag{2-19}$$

式(2-18)和式(2-19)表明了半衰期与放射性原子数的关系，见图 2-3。这说明，在经过一个半衰期后，放射性原子核的数目剩下一半，再经过另一个半衰期后即两个半衰期时，剩下的是原原子核数目的 1/4 即 $(1/2^2)\times N_0$，而经十个半衰期后，所剩下的只有约 1‰即 $(1/2^{10})\times N_0=N_0/1024$ 了。

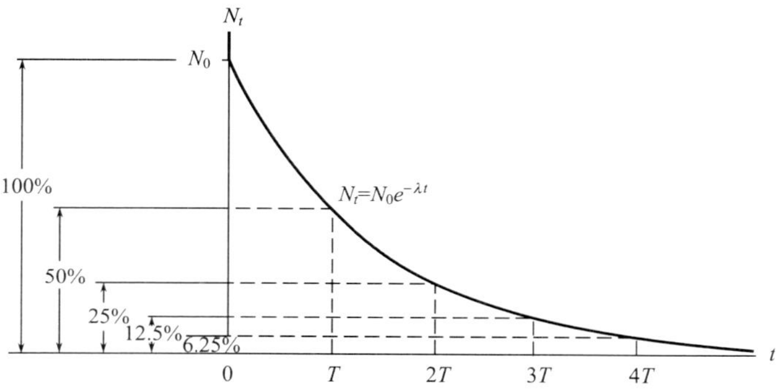

图 2-3　放射性核素衰变规律

式(2-18)实际上提示着一个事实，即 N_0 中的任何原子在给定时段内的衰变都有其一定概率，在给定时段内任何时候都可能发生衰变，但这也并不说明这些原子的衰变是同时开步走，应该是有先后，有的可能在开始时就衰变掉了，而有的可能甚至要到很长时间以后才发生衰变。这样，对于某种放射性核素的原子就有一个寿命的概念了。

在时间从 t 到 $t+\mathrm{d}t$ 时段内，即 $\mathrm{d}t$ 时间内的核衰变数目 $-\mathrm{d}N$，由式(2-15)，为

$$-\mathrm{d}N = \lambda N\ \mathrm{d}t$$

这些放射性核的生存时间(或“年龄”)为 t，相对于 $t=0$ 时，即起始时刻放射性核素的初始原子数 N_0，每个放射性原子都衰变完的该核素的平均寿命 τ，可从这些放射性衰变原子与其到衰变完的生存时间之积的总和 $\int_0^\infty t\times\lambda N\mathrm{d}t$，除以 N_0 而得

$$\tau = \frac{1}{N_0}\int_0^\infty \lambda N t\,\mathrm{d}t \tag{2-20}$$

则由式(2-18)

$$\tau = \frac{1}{N_0}\int_0^\infty \lambda N_0 t e^{-\lambda t}\,\mathrm{d}t = \lambda\int_0^\infty t e^{-\lambda t}\,\mathrm{d}t \tag{2-21}$$

分部积分

$$\tau = \lambda\left[\frac{te^{-\lambda t}}{-\lambda}\right]_0^\infty - \lambda\int_0^\infty \frac{e^{-\lambda t}}{-\lambda}\mathrm{d}t = \lambda\left[-\frac{te^{-\lambda t}}{\lambda} - \frac{e^{-\lambda t}}{\lambda^2}\right]_0^\infty = \frac{1}{\lambda} \tag{2-22}$$

所以还有

$$\tau = \frac{1}{\lambda} = \frac{T}{\ln 2} = 1.443T \tag{2-23}$$

这样，对于某一特定放射性核素衰变特征的描述，就有三个参数，即半衰期 T，衰变常数 λ 和该放射性核素的平均寿命 τ，它们是互有关联的，即上述式(2-19)和式(2-23)。例如^{14}C，其半衰期 T 为 5730 年(Geyh，2000；Mook，2000)，于是平均寿命 $\tau=8268$ 年，而衰变常数 $\lambda=1/8268$，由 λ 的定义可知每 8.3 年其活度约减少 1‰。

从以上特征参数还可引申出一个重要参量，即放射性强度，或放射性活度 A，定义为单位时间内某特定放射性核素发生衰变的原子核数目，由式(2-16)和式(2-18)，有

$$A = \frac{-\mathrm{d}N}{\mathrm{d}t} = \frac{\lambda N\mathrm{d}t}{\mathrm{d}t} = \lambda N_0 e^{-\lambda t} = A_0 e^{-\lambda t} \tag{2-24}$$

这里有一个重要概念，决定放射性强度的是上式中的 A，而不是其他，既不是 λ，更不是 N。杨福家(2002)对此有一个很好的说明：天然钾存在有放射性核素^{40}K，几乎普遍存在在我们周围许多玻璃物件甚至戴的眼镜中，其原子核数目 N 并不少，就是因为半衰期很长，达1.3×10^9 年，于是 λ 就很小，亦是发生衰变的几率非常小，A 就很小，所以不会对健康造成影响。

有关放射性强度等单位，在第二十五章中还有讨论。

二、放射性核素的衰变、生长和放射性平衡

(一) 单衰变

最简单的衰变是：母核是放射性核素，子核则是稳定核素。这是对以下要讨论的系列衰变(级联衰变)的准备，并可对放射性衰变概念能有更清楚的了解。Faure(1977)用了一个假设图来作说明(图 2-4)。设 $t=0$ 时，母核数 N_0(图中设为 120)，稳定子核数 D 为零。对于封闭系统而言，无论是母核还是子核都既不添入系统也不从系统中丢失，那么任一时刻母核数 N，稳定子核数 D^*，就有 $D^*=N_0-N$ 的关系，表明母核因衰变而减少的原子数就是相应所生成的子核数。图中每经过一个半衰期母核数目就减少一半，相应于第 1，2，3，4，5 个半衰期末，经衰变减少所留下来的原子数为 60，30，15，7.5 和 3.75，经过 n 个半衰期就减少为 N_0 的 2^{-n}倍。而由此产生的稳定子核数，平均而言，相应为从零增加到 60，(60+30)，(60+30+15)等等，到 $t\to\infty$时最终趋近于 N_0(120)。由此可见，在每个半衰期时段内的衰变速率并非常数，只有其衰变核数的比例不变(图 2-4)。

图中的母核衰变线是式(2-18)即　$N=N_0e^{-\lambda t}$

图中稳定子核的生长线则是

$$D^* = N_0 - N = N_0 - N_0e^{-\lambda t} = N_0(1-e^{-\lambda t}) \tag{2-25}$$

或

$$D^* = N(e^{-\lambda t}-1) \tag{2-26}$$

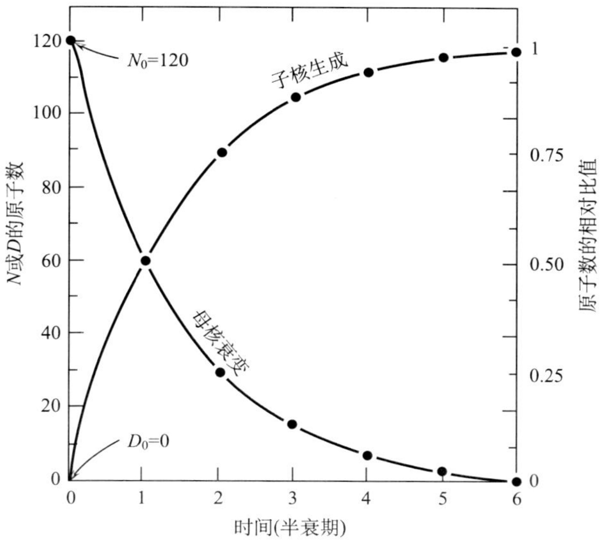

图 2-4　设想的母核衰变和子核生长(Faure,1977。有修改)

(二) 三核素级联衰变

对于天然放射系而言,它是从母体核素开始的衰变链,或是级联衰变或递次衰变。当母体核素衰变所生成的子体核素也是放射性核素时,那么该子体核素在它产生时刻起,将按它自身的衰变规律开始衰变,而且由于母体核素还在不断进行衰变,因此该子体核素还不断得到新的补充,其结果是,它将会按照一定的规律生长,或者积累着。在天然放射性衰变系中,从母体核素开始,越向下代的子体核素,由于受到其以上各代核素的数量和衰变常数的影响,这样的积累过程也就越复杂。

设母体核素为 A,衰变常数 λ_A,其子体核素为 B,衰变常数 λ_B。而子体 B 是放射性核素,将生成下一代子体核素 C。这是最简单的级联衰变,即从 A 到 B 又到 C 的两代衰变。A 按照式(2-18)的指数规律、以它的衰变常数 λ_A 衰变着并产生 B。而 B 则一方面也按照式(2-18)的指数规律、以它自己的衰变常数 λ_B 衰变着并产生 C。另一方面,它还不断从 A 的衰变得到补充,它在增长着、积累着。那么,经过 t 时间后,B 核素原子核数在单位时间内的变化将取决于:因母核衰变的 B 核素生长和它本身衰变之差,即

$$\mathrm{d}N_B/\mathrm{d}t = N_A\lambda_A - N_B\lambda_B \tag{2-27}$$

式中,N_A,N_B相应为 t 时刻各该核素的原子核数。如果母体核素再没有新来源,其唯一来源是 $t=0$ 时的初始数,即 N_{A0},因 $N_A=N_{A0}e^{-\lambda_A t}$,于是式(2-27)为

$$\mathrm{d}N_B/\mathrm{d}t = N_{A0}\lambda_A e^{-\lambda_A t} - N_B\lambda_B \tag{2-28}$$

或
$$\frac{\mathrm{d}N_B}{\mathrm{d}t}+\lambda_B N_B-\lambda_A N_{A0}e^{-\lambda_A t}=0$$

求解此式,先乘以 $e^{\lambda_B t}$,化简可得

$$\frac{d}{dt}(N_B e^{\lambda_B t}) = \lambda_A N_{A0} e^{(\lambda_B - \lambda_A t)t} \tag{2-29}$$

将上式积分，设初始条件当 $t=0$ 时，$N_A = N_{A0}$，$N_B = N_{B0}$，在解出后再除以 $e^{\lambda_B t}$，可求得式(2-28)的解是

$$N_B = N_{A0}[\lambda_A/(\lambda_B - \lambda_A)](e^{-\lambda_A t} - e^{-\lambda_B t}) + N_{B0} e^{-\lambda_B t} \tag{2-30}$$

式中，N_{A0}，N_{B0} 相应为 $t=0$ 时 A 与 B 核素的原子核数；N_B 则是 t 时刻 B 核素的原子核数。式中第一项给出的是由 N_A 衰变产生还没有衰变的 N_B 原子核数，第二项则是从初始的 N_{B0} 中保留下来的 N_B 原子核数。

如用式(2-25)放射性活度表示，式(2-30)成为

$$N_B\lambda_B = N_{A0}\lambda_A[\lambda_B/(\lambda_B - \lambda_A)](e^{-\lambda_A t} - e^{-\lambda_B t}) + N_{B0}\lambda_B e^{-\lambda_B t} \tag{2-31}$$

由于 t 时刻母核的放射性活度是 $N_A\lambda_A = N_{A0}\lambda_A e^{-\lambda_A t}$，式(2-30)成为

$$N_B\lambda_B = N_A\lambda_A[\lambda_B/(\lambda_B - \lambda_A)](1 - e^{-(\lambda_B - \lambda_A)t}) + N_{B0}\lambda_B e^{-\lambda_B t} \tag{2-32}$$

当 $t=0$ 时，$N_{B0}=0$，式(2-32)简化为

$$N_B\lambda_B/N_A\lambda_A = [\lambda_B/(\lambda_B - \lambda_A)](1 - e^{-(\lambda_B - \lambda_A)t}) \tag{2-33}$$

如果母体核素的寿命远长于子体，即 $\lambda_A \ll \lambda_B$，此时，$\lambda_B - \lambda_A \approx \lambda_B$，那么，即使经历了许多个子体核素的半衰期，母体核素的放射性活度却没有明显的变化。此时式(2-33)成为

$$N_B\lambda_B = N_A\lambda_A(1 - e^{-\lambda_B t}) \tag{2-34}$$

上式说明，子体核素的放射性活度以其自身的衰变常数为参数而生长或积累着，当经历时间远大于子核的半衰期，即 t 很大时，$(1-e^{-\lambda_B t})$ 趋近于 1，此刻单位时间内 B 核素衰变的原子数将等于 A 核素衰变的原子数，即两核素的放射性活度相等，子体核素与母体核素之间达到了所谓的放射性平衡，这种状态则称为久期平衡，而有

$$N_B\lambda_B = N_A\lambda_A \tag{2-35}$$

或

$$\lambda_A/\lambda_B = N_B/N_A \tag{2-36}$$

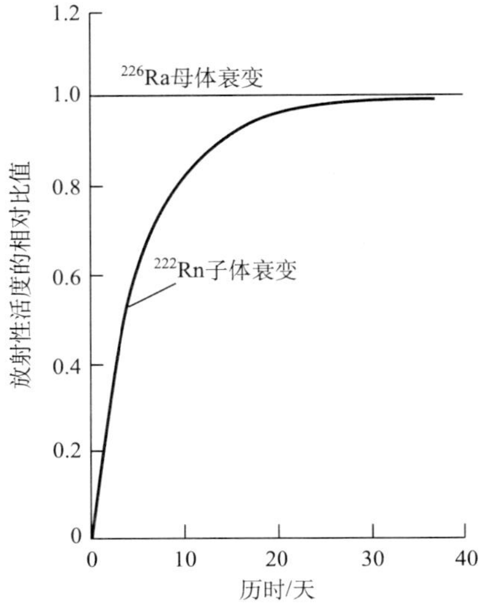

图 2-5　由 $^{226}_{88}$Ra 衰变为 $^{222}_{88}$Rn（江藤秀雄，1978）

理论上要使得$(1-e^{-\lambda_B t})$趋近于 1，t 时间要无限长。实际上当 $t=10\ T_B$ 时，$N_B\lambda_B \approx 0.999 N_A\lambda_A$，可以近似地认为已经建立了放射性平衡。这种类型如图 2-5 所示，由 $^{226}_{88}$Ra（半衰期 1620 年）衰变为 $^{222}_{88}$Rn（半衰期 3.8 天）（半衰期据褚圣麟，1979，下同）。

以上是母体核素的半衰期远长于子体，即 $\lambda_A \ll \lambda_B$ 的情况。此外还可有两种情况（江藤秀雄，1978）：

（1）母体核素的半衰期长于子体（$\lambda_A < \lambda_B$）。此时，在下式中[即式(2-30)]

$$N_B = N_{A0}[\lambda_A/(\lambda_B - \lambda_A)](e^{-\lambda_A t} - e^{-\lambda_B t}) + N_{B0} e^{-\lambda_B t}$$

$e^{-\lambda_B t}$ 与 $e^{-\lambda_A t}$ 相比之下可予以忽略，于是上式成为

$$N_B = \frac{\lambda_A N_{A0}}{\lambda_B - \lambda_A} e^{-\lambda_A t} \tag{2-37}$$

或

$$N_B = N_A \frac{\lambda_A}{\lambda_B - \lambda_A} = N_A \frac{T_B}{T_A - T_B} \tag{2-38}$$

上式表明，子体的原子数与母体的原子数之比是一定的，于是，子体的放射性活度与母体的放射性活度之比也是一定的。这也是建立了平衡，但与上述的久期平衡不同，称为过渡平衡(江藤秀雄，1978)。这种类型例见图 2-6，由${}^{228}_{90}$Th(半衰期 19 年)衰变为${}^{224}_{88}$Ra(半衰期 3.64 天)。

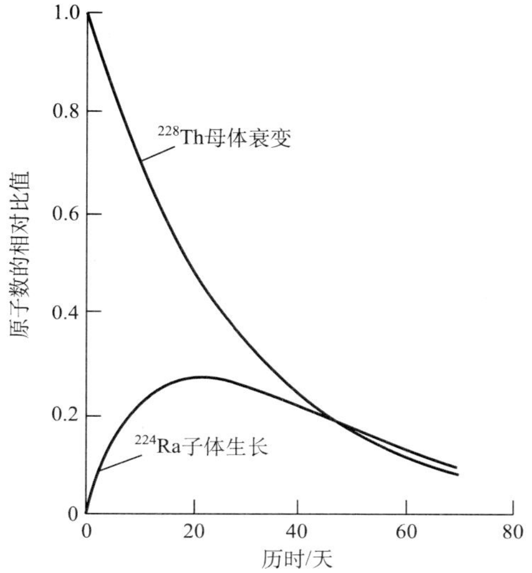

图 2-6　由${}^{228}_{90}$Th 衰变为${}^{224}_{88}$Ra

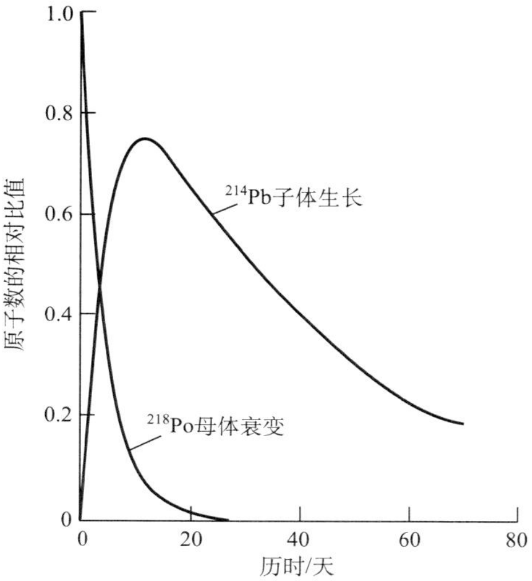

图 2-7　由${}^{218}_{84}$Po 衰变为${}^{214}_{82}$Pb

(2) 母体核素的半衰期短于子体($\lambda_A > \lambda_B$)。此时，母体很快衰变而几乎只有子体了，且子体原子数率先达到最大值然后继续衰变。这种类型例见图 2-7，由${}^{218}_{84}$Po(半衰期 3.05 分)衰变为${}^{214}_{82}$Pb(半衰期 26.8 分)。

(三) 多核素级联衰变

对于有 n 个核素 A，B，C，D 等的整个放射性衰变系而言，当母体核素 A 的半衰期非常长，即

$$\lambda_A << \lambda_B, \lambda_C, \lambda_D, \cdots, \lambda_{n-1}, \lambda_n$$

那么，在经过若干个相当于子体核素中相对最长寿的半衰期后，达到了上述的久期平衡，于是式(2-35)可引申为

$$\lambda_A N_A = \lambda_B N_B = \lambda_C N_C = \lambda_D N_D = \cdots = \lambda_{n-1} N_{n-1} = \lambda_n N_n = \text{常数} \tag{2-39}$$

或

$$N_A : N_B : N_C : \cdots : N_n = \frac{1}{\lambda_A} : \frac{1}{\lambda_B} : \frac{1}{\lambda_C} : \cdots : \frac{1}{\lambda_n} = T_A : T_B : T_C : \cdots : T_n \tag{2-40}$$

因此，在达到久期平衡以后，由式(2-39)可得到任何一个放射性子核，其原子数 N_i 有

$$N_i = \frac{\lambda_A}{\lambda_i} N_A \tag{2-41}$$

那么,久期平衡时在衰变系中所形成的稳定子核数,按式(2-25)推广,有

$$\begin{aligned} D^* &= N_{A0} - N_A - N_B - N_C - \cdots - N_n = N_{A0} - N_A - N_A \frac{\lambda_A}{\lambda_B} - N_A \frac{\lambda_A}{\lambda_C} - \cdots - N_A \frac{\lambda_A}{\lambda_n} \\ &= N_{A0} - N_A \left(1 + \frac{\lambda_A}{\lambda_B} + \frac{\lambda_A}{\lambda_C} + \cdots + \frac{\lambda_A}{\lambda_n}\right) \\ &\approx N_{A0} - N_A = N_A (e^{\lambda t} - 1) \end{aligned} \tag{2-42}$$

有趣的是,这居然与单衰变的式(2-26)相同。这说明一个事实:从长寿命的母核开始经过了一系列的级联衰变直到最终稳定子核,其原子数只与母体的衰变有关,却与所经历的中间衰变无关,而可以作为上述单衰变方式处理。这认为是用铀-钍-铅法作测年的基础(陈道公等,1994)。

由式(2-39),可得

$$\frac{\lambda_A N_A}{\lambda_B N_B} = \frac{\lambda_B N_B}{\lambda_C N_C} = \cdots = \frac{\lambda_{n-1} N_{n-1}}{\lambda_n N_n} = 1 \tag{2-43}$$

这正是衰变系在达到久期平衡后的一个特殊现象。其中任何一对核素的放射性活度之比都为1。那么前述现存的三个天然放射系,在漫长的地球历史过程中,应该都早已达到了久期平衡,这是没有问题的。奇怪的是,在天然水中,居然发现了铀放射系不平衡。这就帮助了同位素水文学而成为一个重要工具,也是本节所以要从单衰变开始讨论级联衰变的原因。在第十章中讨论了铀放射系不平衡在地下水研究中的应用。

另外,式(2-36)所说明的当达到放射性平衡时,核素的原子核数之间有一定的比例关系,如自然界中与1 g铀处于平衡时的镭量是3.4×10^{-7} g,它们在不同水体中发生的变化也反映了这些水体的信息。

第四节　原子核反应

以上讨论了原子核衰变,也是放射性核素向着稳定核素方向的自发转变。原子核反应则是因外来粒子撞击核素,从而迫使核素发生被动转变,是受激的变化。一方面涉及各种各样的核,另一方面又涉及很大的能量范围,小到1eV,大到几百GeV(杨福家等,2002)。本节仅讨论在同位素水文学应用中有关的一些基本概念。

一、原子核反应式

原子核反应是用入射粒子轰击核素原子核(称为靶核),而生成为出射粒子和剩余核。一般情况可用下式表示:

$$a + A \rightarrow b + B \tag{2-44}$$

式中,a为入射粒子,它可以是中子和带电粒子如质子、氘核、氚核、氦核(^3He和^4He)、γ

光子、碳核甚至铀离子等；A 为靶核；b 是反应后的出射粒子，它也有多种类型包括中子、质子、γ 光子和 α 粒子等；B 则是剩余核。上式一般简化为 $A(a,b)B$，有时对于特定的核反应还可简化为(a,b)。

例如，发现中子的核反应

$$^{9}_{4}Be + ^{4}_{2}He \rightarrow ^{12}_{6}C + ^{1}_{0}n \quad 或简写为 ^{9}Be(\alpha,n)^{12}C \tag{2-45}$$

由人类历史上第一次人工"点金术"，把一个元素变成了另外的一个元素（杨福家等，2002）的核反应

$$^{14}_{7}N + ^{4}_{2}He \rightarrow ^{17}_{8}O + ^{1}_{1}H \quad 或简写为 ^{14}N(\alpha,p)^{17}O \tag{2-46}$$

第一次产生人工放射性核素的核反应

$$^{27}_{13}Al + ^{4}_{2}He \rightarrow ^{30}_{15}P + ^{1}_{0}n \quad 或简写为 ^{27}Al(\alpha,n)^{30}P \tag{2-47}$$

已知的原子核反应有 1000 多种，并有多种类型包括中子核反应如(n,γ)，质子(p)和氘核(d)的核反应如(p,n)、(d,p)，α 粒子的核反应如(α,n)，光致核反应如(γ,n)（褚圣麟，1979）。原子核反应的结果，与靶核相比，其剩余核或产生的核素的原子序数和质量数往往会有变化，同位素水文学中涉及的一些核反应类型和发生的变化如表 2-2 所示。

表 2-2 原子核反应靶核与生成核的关系（皮科克，1978）

反应类型		(p,n)	(n,p)	(α,n)	(n,α)	$(n,2n)$	(d,p)	(n,γ)
生成核与靶核的关系	质量数 A	相同	相同	+3	−3	−1	+1	+1
	原子序数 Z	+1	−1	+2	−2	相同	相同	相同

值得注意的是，同位素水文学中应用的许多放射性同位素示踪物，都是利用上述原子核反应在反应堆中制造的，许多是应用了(n,γ)反应，但反应堆中的中子，还包括了快中子和慢中子。例如，利用慢中子有以下反应

$$^{23}_{11}Na + ^{1}_{0}n \rightarrow ^{24}_{11}Na \quad 和 \quad ^{35}_{17}Cl + ^{1}_{0}n \rightarrow ^{36}_{17}Cl \tag{2-48}$$

二、原子核反应模型

核反应已经有了许多模型（杨福家等，2006），以下是对于核反应过程比较直观的 Weisskopf(1957)的三阶段描述（图 2-8）。

第一阶段是所谓独立粒子阶段。此时入射粒子作独立运动。粒子在靶核所产生的势场中，可能被散射出去，称势弹性散射。也会有一部分被吸收进靶核去而进入下一阶段。

第二阶段是所谓复合系统阶段。此时入射粒子与靶核发生种种能量交换，也是最复杂的阶段。这有三类：一是入射粒子或在靶核表面，或在其体内直接发生作用，交点能量给它后就逃逸飞走了。二是入射粒子与靶核的大量粒子遭遇和碰撞，形成新核，称为复合核，发生集体激发。三是介于一、二类之间的中间过程，在形成复合核以前就发射粒子了，称为预平衡发射。

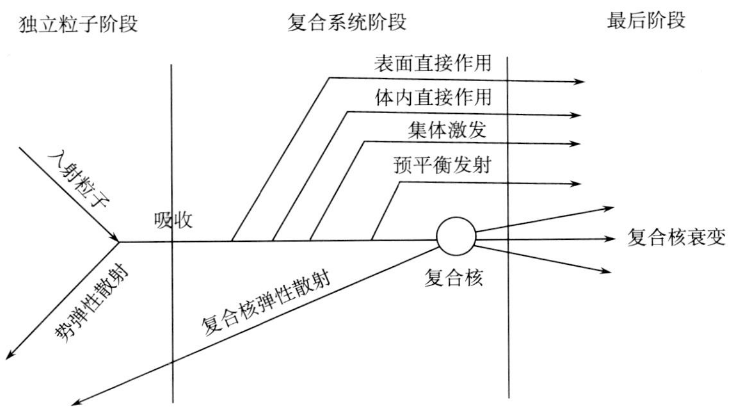

图 2-8　核反应过程的三阶段描述(杨福家等,2002)

第三阶段就是核反应的最后阶段。复合核分解成出射粒子和剩余核,也有复合核的弹性散射。

当入射粒子为中子时则有中子核反应。在上述独立粒子阶段,发生有弹性散射,靶核与中子的动能之和不变。在生成复合核后,也有弹性散射(n,n)和因能量差异的非弹性散射(n,n′),或因中子被原子核俘获而发出 γ 光子为俘获反应(n,γ),或放出质子、α 粒子及其他粒子,称为粒子放出反应(n,x),或发生裂变为裂变反应(n,f),在中子能量很高时,还可引起散裂和爆裂反应(柴之芳,1982)。

第三章　稳定同位素分馏

童海滨　王永森　韩良峰

第一节　同位素效应

一、同位素效应及其大小的估计

因质量差导致的同位素的物理和化学行为差异，称为同位素效应(isotope effect)(王恒纯，1991)。它影响分子的扩散速率、化学反应速度等。该效应的强烈程度与质量差的大小呈正相关。例如，由于 D 和 H 间的相对质量差大于^{18}O 和^{16}O 间的质量差，因此，在蒸发过程中，同样的温度和湿度条件下，D 在汽液相间的百分含量差别要比^{18}O 在汽液相间的百分含量的差别大(图 3-3)。

同位素效应是研究同位素分馏(关于同位素分馏的定义请见本章第二节)机理的理论基础，同位素分馏是同位素效应的结果与外在表现。

零点能给出了关于同位素效应的定性概念和效应大小的粗略估计(王恒纯，1991)。零点能是量子力学的一个概念，是分子能级处于最低时的能量值。由量子力学可知，分子能量由电子能量、平动能量、振动能量、转动能量与核自旋能量五部分组成，就同一种元素不同的同位素来讲，核外电子数与核外电子结构完全一致，因而电子能量相同，核自旋能量极小，一般忽略不计；而平动能量与转动能量随存在差异，但对于同位素交换反应的影响较小，因此对于分子起离解作用能量的主要是振动能量 E_v。

下面我们以双原子分子为例对零点能进行说明。

对于一个作直线振动的振子，如果取其平衡位置为原点，取其运动轨道沿 x 轴，那么当质点离开平衡位置的位移 x 随时间 t 变化的规律，遵从余弦函数或正弦函数时，这一直线振动便是简谐振动，其粒子势能为$\frac{1}{2}m\omega^2x^2$(m 为粒子的质量，ω 为常数，x 为与平衡位置 r_e 的距离)。这种粒子常称为线性谐振子。通常用弹簧振子来研究简谐运动的规律，其势能曲线见图 3-1。由于粒子势能曲线的形状像阱，通常称作势能阱或能量阱。在量子力学中，对于双原子分子的振动可以近似的看作线性谐振子，其势能曲线与简谐振动的势能曲线有所区别(在下文介绍)。被束缚在势能阱内的分子，其能量是量子化的(离散的)，分子的能级可以根据波尔兹曼能量分布定律来推算，其简谐振动能可以由下式表示：

$$E_{vn}=\left(n+\frac{1}{2}\right)h\upsilon \tag{3-1}$$

式中，h 为普朗克常数($h=6.6262\times10^{-14}$ J · s，J 表示焦耳，s 表示秒)；υ 为分子中原子的相对振动频率，指在单位时间内原子在平衡点振动的次数；n 为振动量子数(能量级)($n=0,1,2,3,\cdots$)。在绝对零度(－273.15℃)时，$n=0$，原子处于能量阱的基态，亦称为零点振动能，简称零点能。此时原子以频率 υ 在平衡点处做简谐振动，可以得到下式：

$$E_{\upsilon0}=\frac{1}{2}h\upsilon \tag{3-2}$$

由上式可以看出，零点能不是能量曲线的最低点，线性谐振子的零点能与主要分子中原子的振动频率有关，而振动频率主要由分子的约化质量决定，约化质量越大其振动频率 υ 越小。

$$\upsilon=\frac{1}{2}\sqrt{\frac{f}{\mu}} \tag{3-3}$$

式中，f 为原子间的弹力常数；μ 为约化质量。

以两原子分子为例，分子的约化质量定义为：

$$\mu=\frac{m_1m_2}{m_1+m_2} \tag{3-4}$$

式中，m_1m_2 为两原子的实际质量；μ 为约化质量。

由式(3-4)变形得

$$\mu=\frac{1}{1/m_1+1/m_2} \tag{3-5}$$

由式(3-5)可知，约化质量随着组成原子质量的增加而增加。

以下通过势能阱进一步说明零点能对于同位素分子反应速率的影响：

图 3-1 为双原子分子的势能曲线，双原子分子的能量与原子间距有关，注意连续曲线上的每一点的能量并不全是分子具有的，分子能量只限于某些不连续的能级。r 是两原子之间的距离。设其中一个原子静止于 0 点 r_e 处，r_e 处曲线斜率为零，此时两原子相互作用力为零，r_e 为分子内两原子间的平衡距离。当 $r<r_0$ 时原子间作用力表现为斥力，$r>r_0$ 时原子间作用力表现为引力。当双原子分子系统的总能量在零点能时，另一原子的运动不会越出势能阱，只能在平衡位置附近振动，处于稳定状态；若总能量 $E\geqslant E'$，则另一原子就能越出势能阱，于是分子离解成两个单独的原子。这里，我们解释一下双原子分子的势能曲线与简谐振动的势能曲线的区别，对于弹簧谐振子的振动势能，表达式为：$V=\frac{1}{2}kx^2$(x 是振动物体的位移，k 是弹簧的劲度系数)，如图 3-1 中虚线所示。而双原子分子势能曲线不具有严格的简谐性，在平衡距离 r_e 附近与简谐振动相似，当 r 值增大时，分子会解离，形成两个中性原子，此时势能会趋于一常数。如图 3-1 所示，实线为实际分子的势能曲线，它与简谐振动近似下的势能曲线的偏差是由于力学的非谐性造成的。

与势能曲线最低点相应的能量称为平衡离解能 W。离解能 D_0 定义为一个处于最低能态的分子分解为完全独立的原子时，从外界吸取的最小能量，是平衡离解能 W 与零点能之差，用下式表示：

$$D_0=W-E_0 \tag{3-6}$$

对于同位素分子来讲，D 的大小决定了分子活性，D 越小分开原子所需要的能量越

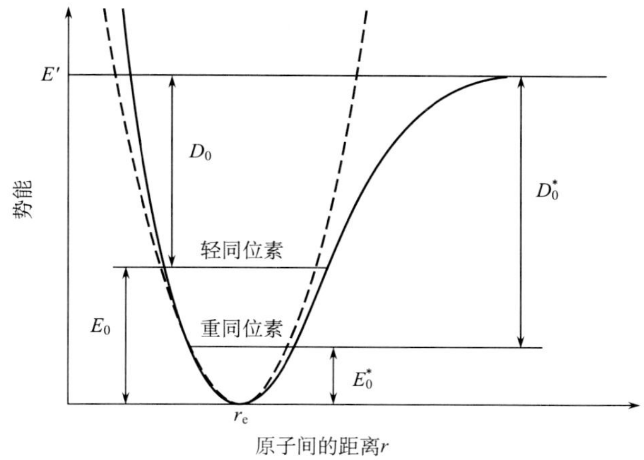

图 3-1　势能与同一种分子重同位素与轻同位素原子间距离的关系示意图
虚线表示弹簧谐振子的势能曲线图

小，其化学键易于破坏，分子活性越大，越易于发生反应。

对于重同位素形成的分子来讲，其约化质量要大于轻同位素形成的分子的约化质量，对应的振荡频率 υ 亦越小，相应的零点能 $E_0^* < E_0$（* 表示含有重同位素的分子）。考虑化学式相同的分子平衡离解能不变，由式(3-17)知离解能 $D_0^* > D_0$，重同位素分子在势能阱内的位置低于轻同位素的分子，不容易逃逸，可知较重同位素组成的分子具有较小的振动能与较大的离解能。如图 3-1 所示，上述特征意味着重同位素形成的键能要大于轻同位素的，这亦是重同位素反应速度偏慢的原因。以 H_2，HD 和 D_2 分子为例，H_2 的离解能最小，为 4.478 00 eV，HD 和 D_2 分子的离解能分别为 4.513 69 eV 和 4.556 18 eV。

二、同位素效应的分类

同位素效应总的来说分为热力学同位素效应、动力学同位素效应两种。也有把它们和物理化学同位素效应、生物化学同位素效应一并列举的(张之淦，1984)，但实际上这四个概念不属于同一个层次。视不同的系统和系统所处的具体状态，物理化学同位素效应和生物化学同位素效应可以属于热力学同位素效应或动力同位素效应，但不可能在同一瞬间既属于热力学同位素效应又属于动力学同位素效应。例如，水体在相对湿度为 100%的大气环境中(达到相平衡状态)的蒸发过程所发生的 D 和 ^{18}O 的分馏即是由热力学同位素效应所致。

(1) 热力学同位素效应。不同质量的分子和原子，在同样温度下，其在分子热运动状态下的能态不同(见零点能一节中有关论述)，该作用会导致同一元素的轻重不同的同位素分子以不同的比例分配于不同的物质中或物相中。该作用即称为热力学同位素效应。它发生于同位素原子交换反应系统中。该反应系统从分子层面而言，可以属于化学平衡系统或相平衡系统。例如，空气相对湿度为 100%的封闭系统中持续进行的蒸发-凝结过程。

(2) 动力学同位素效应。同一元素的不同同位素的分子和原子，其质量数和能态不同,由此两项差异造成在物理或化学反应过程中,其反应速度有所差异,一般质量小的反应较快,质量大的反应较慢。这种因不同分子的质量差而导致不同分子具有不同反应速度的作用,称为动力同位素效应。例如,溶液中由化学反应生成的 $CaCO_3$ 因达到过饱和状态而催生的沉淀过程。

这两种分类方式是从同位素效应的发生机制(热力、动力)来划分的。如果从同位素效应所属的领域来说,有物理化学同位素效应和生物化学同位素效应之分。

(1) 物理化学同位素效应。物理化学反应过程的进行会导致同种元素的不同同位素在不同物质或物相中的分配差异,该作用称为物理化学同位素效应。比如水在吸收能量后由液相变为气相。

(2) 生物化学同位素效应。生物化学反应过程的进行会导致同种元素的不同同位素在不同物质或物相中的分配差异,该作用称为生物化学同位素效应。比如反硝化细菌通过自身作用把硝酸盐转化为氨和其他物质。

第二节　同位素分馏

一、同位素分馏及其分类

同种元素的各同位素原子以不同比例分配于不同物质或物相中的现象,称为同位素分馏。如在开放体系的液相水蒸发时,轻水分子脱离水面的净速率(蒸发速率－凝结速率)比重水分子的大,因而,随蒸发的进行,剩余水体中重水分子占所有液相水分子的比例要大于逃逸到空中的气相水中的重水分子占所有气相水分子的比例。

物理化学过程和生物化学过程都能引起同位素分馏。按照分馏机制来分,同位素分馏可分为两种类型:质量相关分馏和质量不相关分馏(两者的详细定义及区别详见本章第六节"同位素的质量不相关分馏")。其中,质量相关分馏又可进一步分为平衡分馏和非平衡分馏。平衡分馏等同于"纯粹"的热力分馏,动力分馏可视作一种"极端的"非平衡分馏,扩散分馏也是非平衡分馏的一种。详见图 3-2。

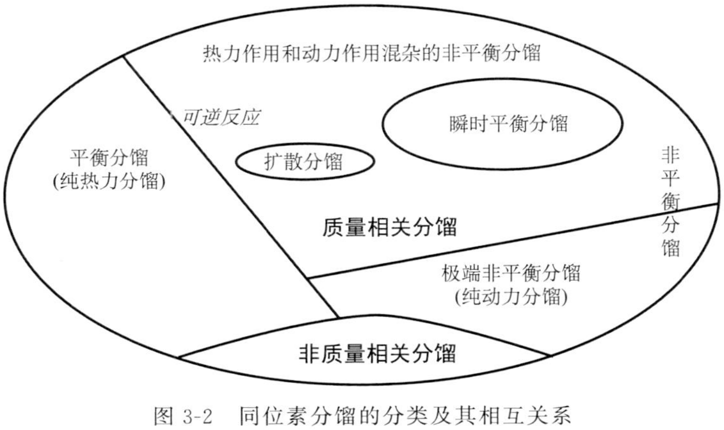

图 3-2　同位素分馏的分类及其相互关系

二、同位素分馏的表示方法

1. 同位素浓度 *C* 和同位素比值(比率)*R*

某种物质 A 的某一元素 X 的质量数为 q 的同位素原子的摩尔数占物质中该元素的所有种类的同位素原子的总摩尔数的比例,称为该种同位素原子在该物质中的同位素浓度。可表示为

$$C({}^{q}X_{A}) \triangleq [{}^{q}X_{A}] \triangleq [{}^{q}X] = \frac{N({}^{q}X_{A})}{\sum_{m} N({}^{m}X_{A})} = \frac{N({}^{q}X_{A})}{N({}^{m1}X_{A}) + \cdots + N({}^{q}X_{A}) + \cdots + N({}^{mk}X_{A})} \tag{3-7}$$

例如,已知氧元素有三种同位素分别为^{16}O,^{17}O 和^{18}O。某一钢瓶内充满了液态氧,则该钢瓶内的质量数为 18 的氧同位素原子的同位素浓度。用上式可表示为

$$C({}^{18}X_{钢瓶中的液态氧}) \triangleq [{}^{18}X_{钢瓶中的液态氧}] \triangleq [{}^{18}X] = \frac{N({}^{18}X_{钢瓶中的液态氧})}{N({}^{16}X_{钢瓶中的液态氧}) + N({}^{17}X_{钢瓶中的液态氧}) + N({}^{18}X_{钢瓶中的液态氧})} \tag{3-8}$$

所谓物质 A 中某元素的同位素比值,特指 A 物质中所含该元素的稀有同位素分子的摩尔数/摩尔浓度与丰有同位素分子的摩尔数/摩尔浓度之比。

比如物质 A 中质子数为 n 的元素共有两种同位素——质量数为 p 的丰有同位素 X 和质量数为 q 的稀有同位素$^{*}X$,其在物质 A 中的摩尔浓度分别为$[X]$和$[^{*}X]$,则该元素在物质 A 中的同位素比值${}^{q}R_{A}$的计算式为:

$${}^{q}R_{A} = \frac{[{}^{*}X]}{[X]} \tag{3-9}$$

标在符号 R 前面作为上标的质量数用于表示稀有的同位素。例如,对氢元素而言,${}^{2}R = \frac{[D]}{[H]}$;对氧元素而言,${}^{18}R = \frac{[{}^{18}O]}{[{}^{16}O]}$;对水同位素而言,${}^{2}R_{水} = \frac{[D]}{[H]} = \frac{[{}^{2}H^{16}O^{1}H] + [{}^{2}H^{17}O^{1}H] + [{}^{2}H^{18}O^{1}H] + 2[{}^{2}H^{16}O^{2}H] + \cdots}{2[{}^{1}H^{16}O^{1}H] + 2[{}^{1}H^{17}O^{1}H] + 2[{}^{1}H^{18}O^{1}H] + [{}^{1}H^{16}O^{2}H] + \cdots} \approx \frac{[{}^{2}H^{16}O^{1}H]}{2[{}^{1}H^{16}O^{1}H]}$,${}^{18}R_{水} = \frac{[{}^{18}O]}{[{}^{16}O]} \approx \frac{[H_2{}^{18}O]}{[H_2{}^{16}O]}$。

2. 分馏系数 *α*

当某一反应体系发生同位素分馏时,其分馏程度的大小用同位素分馏系数来表示。它是用反应系统中生成物 A 中某元素的两种特定同位素含量的比值与反应物 B 中同一元素的同样两种同位素含量的比值的商来表示。

$$\alpha_{A/B} = \frac{R_A}{R_B} \tag{3-10}$$

式中,R_A 和 R_B 分别表示所研究的特定同位素在物质 A 和 B 中的同位素比值。

关于同位素分馏系数，除了式(3-10)的写法，还可采用下面的写法：

$$\alpha_{A}(B) = \alpha_{B/A} = \frac{R(B)}{R(A)} = \frac{R_B}{R_A} \tag{3-11}$$

式中，下标 B/A 表示某特定同位素在物质 B 中的同位素比值相对于 A 物质中的同位素比值(之商)。

3. δ,δ(‰)和 Δ

由于测验方法方面的原因，对天然水和其他许多天然物质，通常并不能准确测定其中稳定同位素的绝对丰度，而只能测定出该元素的重同位素与丰有的轻同位素的比值 R_A 与某种特定的标准参照物相应比值 R_r 之相对差值。该差值即为同位素组成的 δ 表示或 δ 标度。其定义式为

$$\delta_{A/r} = \frac{R_A - R_r}{R_r} = \frac{R_A}{R_r} - 1 \tag{3-12}$$

δ 值可用下式转换为 R 值(由式(3-12)可得)：

$$R_A = R_r(1 + \delta_{A/r}) \tag{3-13}$$

R 一般都很小，R_A 与 R_r 之间的差异通常也很小，从而 δ 也很小，书写较为不便。因此，常用‰来表示 δ 值，并名之为“千分偏差”，其计算式(注：和其他某些文献不同，该式为一数学恒等式)为

$$\begin{aligned}\delta &= \delta \times 1000‰ \\ &= \frac{R_A - R_r}{R_r} \times 1000‰ \\ &= \left(\frac{R_A}{R_r} - 1\right) \times 1000‰\end{aligned} \tag{3-14}$$

现在质谱仪测验所求得的 δ 值，均以千分之几表示。早期文献特别是俄文地球化学文献中，$\delta^{18}O$，δD 还以%表示。亦即

$$\delta = \delta \times 100\% \tag{3-15}$$

在许多文献中，还可以看到千分偏差的如下定义式：

$$\begin{aligned}\delta(‰) &= \frac{R_A - R_r}{R_r} \times 1000 \\ &= \left(\frac{R_A}{R_r} - 1\right) \times 1000\end{aligned} \tag{3-16}$$

笔者不提倡这种写法，因为它容易导致理解和计算上的混乱和错误。这里 δ(‰)就比较令人费解，如果非要深究其意义，可以通过以下步骤来探讨。

把 δ 的定义式(3-12)代入 δ(‰)的定义式(3-16)，得

$$\delta(‰) = \delta \times 1000 = \delta \div ‰ = \delta / ‰ \tag{3-17}$$

和

$$\delta = \frac{\delta(‰)}{1000} \tag{3-18}$$

这是有关 δ(‰)的更为直观一些的算式。

如果 $\delta_A < \delta_B$，常称 A(的同位素组成)比 B(的同位素组成)贫化(depleted)；反之，富集(enriched)，亦称 A 较 B 为负，反之，为正。或 A(的同位素组成)低于 B(的同位素组成)，反之，A 高于 B。

前述分馏系数 α 描述的是同一反应系统中生成物的同位素组成与反应物的同位素组成之间的关系，为了表示不管两种化合物是否反应，该两种化合物中所含相同元素的同位素组成之间的差异，人们又规定了术语"同位素差异"，用符号 Δ 表示，当两种化合物的 δ 值使用相同的参照标准 r 时，有：

$$\Delta_{(A-B)/r} = \delta_{A/r} - \delta_{B/r} \tag{3-19}$$

4. 氢氧稳定同位素组成 $^2\delta$ 和 $^{18}\delta$ 的参照标准

如上所述，在确定某样品的 δ 值时需要特定的样品用作该样品和其他样品相互比较时的参照，特别是国际通用的参照。从质谱仪作稳定同位素测验开始，称其为"参照标准"(reference standard)，习惯上简称为标准。各种同位素都有其特定的标准。

对氢、氧稳定同位素，曾普遍使 Craig(1961)定义的标准平均海水 SMOW(Standard Mean Ocean Water)。选择平均海水作为参照标准的一个主要优点是它在全球水文循环中的独特作用已见前述，且它有相当稳定的稳定同位素组成，而唯一的缺点是由于同位素在水文循环过程中所经受的分馏作用，使得降水成因的各类天然水以 SMOW 为参照时其 δ 值往往表现为负值。

但实际上 SMOW 并不是实际存在的水样，Craig(1961)根据美国标准局 01 号蒸馏水即 NBS-1 由以下关系加以定义：

$$\left(\frac{^{18}O}{^{16}O}\right)_{SMOW} = 1.008\left(\frac{^{18}O}{^{16}O}\right)_{NBS-1} \tag{3-20}$$

$$\left(\frac{D}{H}\right)_{SMOW} = 1.050\left(\frac{D}{H}\right)_{NBS-1} \tag{3-21}$$

Craig 确定的 SMOW 同位素比则是：

$$\frac{^{18}O}{^{16}O} = (1993.4 \pm 2.5) \times 10^{-6} \tag{3-22}$$

$$\frac{D}{H} = (158 \pm 2) \times 10^{-6} \tag{3-23}$$

1966 年国际原子能机构(IAEA)委托 Craig 制作了同位素组成尽可能接近 SMOW 的实际水样 VIENNA-SMOW(即 V-SMOW)，其同位素组成后来测定为：

$$\left(\frac{^{18}O}{^{16}O}\right)_{V\text{-}SMOW} = (2005.20 \pm 0.45) \times 10^{-6}\ (\text{Baertchi, 1976}) \tag{3-24}$$

$$\left(\frac{D}{H}\right)_{V\text{-}SMOW} = (155.6 \pm 0.12) \times 10^{-6}\ (\text{Tse et al., 1980}) \tag{3-25}$$

从实际应用而言，可以认为以 SMOW 和 V-SMOW 作为参照标准所求得的结果并没有明显差别，并定义其 $\delta^{18}O=0$，$\delta D=0$。其平均和最佳测验精度对 $\delta^{18}O$ 相应为±0.10‰和±0.03‰，对 δD 则分别为±1.5‰和±0.3‰(Gat，1999)。

除以上国际标准外，一些实验室还使用其工作标准，然后转换为相应于国际标准的结果。对同一水样 S，当使用参照标准 A、B 时，其结果分别为 $\delta_{S/A}$，$\delta_{S/B}$，则其间有以下转换关系(此外，还有一等价转换式，见后文式(3-41))：

$$\delta_{S/B}=\delta_{S/A}+\delta_{A/B}+\delta_{S/A}\delta_{A/B} \tag{3-26}$$

式中，$\delta_{A/B}$ 为标准 A 相应于标准 B 时的 δ 值，这需事先加以测定。

因而，在标记 δ 值时，需要标明其参照标准。对 V-SMOW 有时不规范地简写为 SMOW，而标明 V-SMOW 时则说明，在分析时使用了 IAEA 分发的参照标准或其参照标准经 IAEA 率定。

5. 富集系数 ε 及 ε(‰)

通常 α≈1。因此，α 对 1 的偏离量(称之为“富集系数”，某些书上亦称为“分馏”或“分馏因子”)应用更广。富集系数 $\varepsilon_B(A)$ 表示某反应系统中生成物 A 的同位素组成相对于反应物 B 中同位素组成的富集程度(ε>0)或者是贫化程度(ε<0)，其计算式如下：

$$\varepsilon_B(A)\triangleq\varepsilon_{A/B}=\alpha_{A/B}-1 \tag{3-27}$$

同理，B 相对于 A 的富集系数可以表示为 $\varepsilon_{B/A}$ 或 $\varepsilon_A(B)$。根据 ε 的定义我们可以推出：

$$\varepsilon_{B/A}=\alpha_{B/A}-1=\frac{R_B-R_A}{R_A}=\frac{\dfrac{-(R_A-R_B)}{R_B}}{\dfrac{R_A}{R_B}}=\frac{-\varepsilon_{A/B}}{1+\dfrac{R_A-R_B}{R_B}}=\frac{-\varepsilon_{A/B}}{1+\varepsilon_{A/B}}\approx-\varepsilon_{A/B} \tag{3-28}$$

(注：“≈”成立，是因为在自然界中 $|\varepsilon_{A/B}|\ll 1$)

和 δ 类似，ε 的值通常也较小，因而为方便起见，常用‰来表示：

$$\varepsilon_{A/B}=\varepsilon_{A/B}\times 1000‰ \tag{3-29}$$

同 δ(‰)一样，很多文献上也有所谓的 ε(‰)，它和 ε 的关系类似于 δ(‰)和 δ 的关系：

$$\varepsilon=\frac{\varepsilon(‰)}{1000} \tag{3-30}$$

6. $\delta,\varepsilon,R,C,\alpha$ 之间的换算关系

1) 同位素比率 R 和同位素浓度 C(或[X])之间的换算关系

同位素比率和同位素浓度不是一个概念。比如质子数为 n 的元素共有两种同位素 X 和 *X，则其稀有同位素 *X 的浓度 C 与比率 R 之间的关系为

$$C=\frac{[^{*}X]}{[X]+[^{*}X]}=\frac{\frac{[^{*}X]}{[X]}}{1+\frac{[^{*}X]}{[X]}}=\frac{R}{1+R} \tag{3-31}$$

综合前述 δ 与 R 的关系以及同位素浓度 C 与 R 的关系，可得同位素浓度 C 和 δ 的转换式为：

$$\begin{aligned}\delta&=\frac{R_{\mathrm{A}}-R_{r}}{R_{r}}\\&=R_{\mathrm{A}}\times\frac{1}{R_{r}}-1\\&=\frac{[^{*}X]}{[X]}\times\frac{1}{R_{r}}-1\\&=\frac{[^{*}X]}{[X]+[^{*}X]-[^{*}X]}\times\frac{1}{R_{r}}-1\\&=\frac{\frac{[^{*}X]}{[X]+[^{*}X]}}{\frac{([X]+[^{*}X])-[^{*}X]}{[X]+[^{*}X]}}\times\frac{1}{R_{r}}-1\\&=\frac{\frac{[^{*}X]}{[X]+[^{*}X]}}{1-\frac{[^{*}X]}{[X]+[^{*}X]}}\times\frac{1}{R_{r}}-1\\&=\frac{C}{1-C}\times\frac{1}{R_{r}}-1\end{aligned} \tag{3-32}$$

2) δ 值、δ(‰)与 α 之间的换算关系

有了 α 和 R 的关系式(3-10)和 δ 与 R 的关系式(3-13)，可以直接推出 α 和 δ 值之间的换算关系：

$$\alpha_{\mathrm{A/B}}=\frac{R_{\mathrm{A}}}{R_{\mathrm{B}}}=\frac{(1+\delta_{\mathrm{A}})\cdot R_{r}}{(1+\delta_{\mathrm{B}})\cdot R_{r}}=\frac{1+\delta_{\mathrm{A}}}{1+\delta_{\mathrm{B}}} \tag{3-33}$$

联立(3-33)和式 $\delta=\frac{\delta(‰)}{1000}$，还可以推出 δ(‰)与 α 的换算关系：

$$\alpha_{\mathrm{A/B}}=\frac{1+\delta_{\mathrm{A}}}{1+\delta_{\mathrm{B}}}=\frac{1+\frac{\delta_{\mathrm{A}}(‰)}{1000}}{1+\frac{\delta_{\mathrm{B}}(‰)}{1000}}=\frac{1000+\delta_{\mathrm{A}}(‰)}{1000+\delta_{\mathrm{B}}(‰)} \tag{3-34}$$

但是有些文献上把 δ(‰)与 α 的换算关系写为如下计算式：

$$\alpha_{\mathrm{A/B}}=\frac{1000+\delta_{\mathrm{A}}}{1000+\delta_{\mathrm{B}}}$$

这就混淆了 δ(‰)和 δ 之间的意义了，而且容易造成理解和计算上的障碍。δ 就是一个数值，不带任何单位。如果该值用‰表示，仅仅是为了书写和表达上的方便。而 δ(‰)

是一个整体，不可分割，并且 $\delta(‰)$ 不等于 δ[见公式(3-17)和(3-18)]，二者不可以不经过转换就直接互相替代。

3) ε、$\varepsilon(‰)$和 R 的关系

由 $\varepsilon_B(A) \triangleq \varepsilon_{A/B} = \alpha_{A/B} - 1$ 和 $\alpha_{A/B} = \frac{R_A}{R_B}$ 可得：

$$\varepsilon_{A/B} = \frac{R_A}{R_B} - 1 = \frac{R_A - R_B}{R_B} = \left(\frac{R_A}{R_B} - 1\right) \times 1000‰ \tag{3-35}$$

考虑式 $\varepsilon = \frac{\varepsilon(‰)}{1000}$，还有：

$$\varepsilon_{A/B}(‰) = \left(\frac{R_A}{R_B} - 1\right) \times 1000 \tag{3-36}$$

（注：这里，某些文献在 $\varepsilon(‰)$ 上犯了比前面列举的 $\delta(‰)$ 上更为严重的错误。直接出现了如下形式：

$$\varepsilon_{A/B} = (\frac{R_A}{R_B} - 1) \times 1000$$

我们说，$\varepsilon_{A/B} = \varepsilon_{A/B} \times 1000‰$ 是正确的，因为它是一个恒等式；$\varepsilon_{A/B} = \alpha_{A/B} - 1$ 也是正确的，因为等式两边都为无量纲数（亦可看做其量纲为 1），$\varepsilon(‰) = (\frac{R_A}{R_B} - 1) \times 1000$ 也是正确的，因为它呼应了 $\delta(‰)$ 的定义式(3-16)，虽然同样令人费解，但 $\varepsilon_{A/B} = (\frac{R_A}{R_B} - 1) \times 1000$ 就不对了，同样错在不能明确 $\varepsilon(‰)$ 和 ε 之间的关系。）

4) 富集系数 ε 及 $\varepsilon(‰)$ 与 α 的关系

变换(3-27)式可以得到

$$\alpha_{A/B} = 1 + \varepsilon_{A/B} \tag{3-37}$$

注意到 $|\varepsilon_{A/B}| \ll 1$，把式(3-37)两边取对数，并结合式(3-30)，可得

$$\begin{aligned} & 1000 \times \ln\alpha_{A/B} \\ & = 1000 \times \ln(1 + \varepsilon_{A/B}) \\ & \approx 1000 \times \varepsilon_{A/B} \\ & = 1000 \times \frac{\varepsilon_{A/B}(‰)}{1000} \\ & = \varepsilon_{A/B}(‰) \end{aligned} \tag{3-38}$$

（注：该式用到了数学近似式 $\ln(1+\varepsilon) \approx \varepsilon$，当 $|\varepsilon| \ll 1$ 近似式成立）

5) 同一物质的同种元素在不同标准参照物下的 δ 之间的换算关系

如果记物质 A 相对于标准物质 r' 的千分偏差为 $\delta_{A/r'}$，相对于标准物质 r 的千分偏差

为$\delta_{A/r}$，那么$\delta_{A/r'}$和$\delta_{A/r}$有如下确定的换算关系，推导过程如下：

$$\frac{R_A}{R_{r'}} = \frac{R_A/R_r}{R_{r'}/R_r} \tag{3-39}$$

把式(3-12)$\delta_{A/r}=\frac{R_A}{R_r}-1$应用于(3-39)式，有

$$1+\delta_{A/r'} = \frac{1+\delta_{A/r}}{1+\delta_{r'/r}} \tag{3-40}$$

即

$$\delta_{A/r'} = \frac{\delta_{A/r}-\delta_{r'/r}}{1+\delta_{r'/r}} \tag{3-41}$$

令$r'=B$，$r=A$，则(3-41)变为

$$\delta_{A/B} = \frac{\delta_{A/A}-\delta_{B/A}}{\delta_{B/A}+1} \approx -\delta_{B/A} \tag{3-42}$$

$$\left(注：\delta_{A/A} = \frac{R_A-R_A}{R_A} = 0 \text{ 且 } |\delta_{B/A}| \ll 1\right)$$

6）ε 和 δ 之间的换算关系

比较 ε[式(3-35)]和 δ[式(3-12)]的定义，可知 δ 实质为一种物质(A)相对于标准参照物(r)的 ε。

当$\delta_{A/r}$较小时，ε 和 δ 有如下近似式：

$$\varepsilon_{B/A} = \alpha_{B/A}-1 = \frac{R_B-R_A}{R_A} = \frac{(1+\delta_{B/r})R_r-(1+\delta_{A/r})R_r}{(1+\delta_{A/r})R_r} \approx \delta_{B/r}-\delta_{A/r} \tag{3-43}$$

通常也用δ_A或$\delta(A)$代替$\delta_{A/r}$和$\delta_r(A)$来表示样品相对于标准物质的千分偏差。

由式(3-43)，δ 和 ε 值的关系可近似表示为

$$\delta B \approx \delta A + \varepsilon_{B/A} \tag{3-44}$$

为便于读者应用上述各种换算关系，特总结如表 3-1。

表 3-1　与稳定同位素组成有关的各种符号及其换算关系

符号	C	R	α	δ	ε
C		$C=\frac{R}{1+R}$		$\delta=\frac{C}{1-C}\times\frac{1}{R_r}-1$	
R	$C=\frac{R}{1+R}$		$\alpha_{A/B}=\frac{R_A}{R_B}$	$\delta_{A/r}=\frac{R_A-R_r}{R_r}$	$\varepsilon_{A/B}=\frac{R_A-R_B}{R_B}$
α		$\alpha_{A/B}=\frac{R_A}{R_B}$	$\alpha_{A/B}=\frac{1}{\alpha_{B/A}}$	$\alpha_{A/B}=\frac{1+\delta_A}{1+\delta_B}$	$\varepsilon_{A/B}=\alpha_{A/B}-1$
δ	$\delta=\frac{C}{1-C}\times\frac{1}{R_r}-1$	$\delta_{A/r}=\frac{R_A-R_r}{R_r}$	$\alpha_{A/B}=\frac{1+\delta_A}{1+\delta_B}$	$\delta_{A/r'}=\frac{\delta_{A/r}-\delta_{r'/r}}{1+\delta_{r'/r}}$ $\delta_{A/B}=\frac{-\delta_{B/A}}{\delta_{B/A}+1}$	$\varepsilon_{B/A}=\frac{\delta_{B/r}-\delta_{A/r}}{1+\delta_{A/r}}$
ε		$\varepsilon_{A/B}=\frac{R_A-R_B}{R_B}$	$\varepsilon_{A/B}=\alpha_{A/B}-1$	$\varepsilon_{B/A}=\frac{\delta_{B/r}-\delta_{A/r}}{1+\delta_{A/r}}$	$\varepsilon_{B/A}=\frac{-\varepsilon_{A/B}}{\varepsilon_{A/B}+1}$

本表未收录前述和 δ(‰)、ε(‰)有关的算式，并且也未收录带“≈”的算式。前面已说明，δ(‰)、ε(‰)容易引起误解，而带“≈”的算式，其成立条件建立在“等价无穷小”的基础上，如果某量和 1 相比不是足够小，则约等式不成立。另外，由于便携式移动计算设备的普及，使这些“约等”算式的“口算/心算”的“速算”价值也下降了，故不收录。

第三节　同位素平衡分馏

一、同位素平衡状态及同位素平衡分馏

对于许多机理很不相同的物理化学过程，当反应进行到某一阶段后，正逆反应速度相等，只要体系的其他物理、化学性质不发生变化，同位素在不同物质或物相中的分布就维持不变，此时就称为该反应已处于同位素平衡状态。体系处于平衡状态时，同位素在两种物质或物相间中的分馏称为同位素平衡分馏。反应系统可以是达到平衡的化学反应系统、同一物质的两相系统或者由不同取代级的同位素分子组成的单相系统。

同位素平衡建立在同位素原子交换反应达到平衡状态的基础上，而原子是比分子更加微观的一个层次，因此原子交换反应的平衡状态要以该反应所隶属的分子交换反应系统(化学平衡或物相平衡系统)先期达到平衡为前提。对于已经达到原子交换反应平衡状态的系统，如果其所隶属的分子交换反应系统的平衡状态被打破，那么该原子交换反应的平衡状态将随之被打破(张之淦，1984)。

例如在温度恒定、相对湿度为 100％的密闭容器中进行的，并已达到原子交换反应平衡状态的液相水的蒸发过程，如果突然提高容器中气相空间的温度，那么由于温度的增加，将导致容器中空气对水汽的承载能力(饱和含水量)增加，从而相对湿度由 100％降为＜100％，因此容器中的汽液相平衡被打破，而原子层面的原子交换反应平衡状态也随之被打破。

在同位素原子交换反应过程(亦即分子层面而言的化学平衡反应或相平衡反应过程)中，伴随着分子解离为原子的过程和原子重新结合为分子的过程。如本章第一节第一部分所言，相比重同位素分子而言，轻同位素分子所需的离解能量较小，因而具有更大的活性，更易实现从高密度相到低密度相的转变。最终结果是轻同位素分子倾向于以更大的比例分配于低密度相中(克拉克，弗里茨，2006)。

下面列举几个平衡分馏的例子：

(1) 可逆的物理过程——蒸发/凝结：

$$H_2{}^{18}O(\text{气态}) + H_2{}^{16}O(\text{液态}) \Leftrightarrow H_2{}^{16}O(\text{气态}) + H_2{}^{18}O(\text{液态})$$

(2) 可逆的化学平衡系统——CO_2 在水中的溶解

$$H_2{}^{16}O + C^{18}O^{16}O \Leftrightarrow H_2C^{18}O^{16}O_2 \Leftrightarrow H_2{}^{18}O + C^{16}O_2$$

(3) 水岩相互作用——H_2O-$CaCO_3$ 系统

$$CaC^{16}O_3 + H_2{}^{18}O \Leftrightarrow CaC^{18}O^{16}O_2 + H_2{}^{16}O$$

二、平衡常数及其与同位素平衡分馏系数的关系

如上一部分所述，发生于化学反应平衡系统（或物相平衡系统）中的原子交换反应达到平衡时，其分子层面的反应（化学反应或物相反应）已先期达到平衡状态，因而可以据此推测，化学反应平衡常数（或物相反应平衡常数）可能和（原子层面的）平衡分馏系数有某种数量上的联系。

当原子交换反应系统达到平衡状态后，其分子反应（化学反应或物相反应）也已达到平衡状态，而达到这种状态的前提是，反应在正逆两个方向上的速度相等（不如此无可保证反应系统中各组分在不同时刻的恒定性）。依据此条件以及（平衡）分馏系数的定义式即可推导出化学反应/物相反应平衡常数和平衡分馏系数的关系。举例如下：

设同位素原子交换反应式为

$$\mathrm{AX} + \mathrm{BX}^* \underset{K^-}{\overset{K^+}{\rightleftharpoons}} \mathrm{AX}^* + \mathrm{BX} \tag{3-45}$$

其中 X 和 X^* 表示同一种元素的两种不同质量的同位素。

令 $K_{正}$ 和 $K_{逆}$ 分别表示正、逆反应的速度系数，$V_{正}$ 和 $V_{逆}$ 分别是正、逆反应速度，[]是组分的活度，由本部分第二段的论述知 $V_{正}=V_{逆}$，从而有：

$$V_{逆} = K_{逆}[\mathrm{BX}][\mathrm{AX}^*] = K_{正}[\mathrm{AX}][\mathrm{BX}^*] = V_{正} \tag{3-46}$$

由反应平衡常数的定义式：

$$K = \frac{[\mathrm{AX}^*][\mathrm{BX}]}{[\mathrm{AX}][\mathrm{BX}^*]} \tag{3-47}$$

得

$$\begin{aligned} K &= \frac{[\mathrm{AX}^*][\mathrm{BX}]}{[\mathrm{AX}][\mathrm{BX}^*]} \\ &= \frac{[\mathrm{AX}^*]}{[\mathrm{AX}]} \div \frac{[\mathrm{BX}^*]}{[\mathrm{BX}]} \\ &= \left(\frac{[\mathrm{X}^*]}{[\mathrm{X}]}\right)_{\mathrm{AX}} \div \left(\frac{[\mathrm{X}^*]}{[\mathrm{X}]}\right)_{\mathrm{BX}} \\ &= \frac{R_{\mathrm{AX}}}{R_{\mathrm{BX}}} = \alpha_{\mathrm{AX/BX}} \end{aligned} \tag{3-48}$$

如上式，大多数达到平衡状态的只有一个交换原子的同位素交换反应系统，其 $\alpha=K$。对于多于一个交换原子的同位素交换反应的情况，$\alpha=K^{\frac{1}{m}}$（张之淦，1984）。m 是可交换原子的最大值。

例如对于反应

$$^{12}\mathrm{CO_2(g)} + {}^{13}\mathrm{CO_2(aq)} = {}^{13}\mathrm{CO_2(g)} + {}^{12}\mathrm{CO_2(aq)} \tag{3-49}$$

其化学反应平衡常数 K 和原子交换反应平衡分馏系数 α 的关系为

$$K = \frac{[^{13}\mathrm{CO_2(g)}][^{12}\mathrm{CO_2(aq)}]}{[^{12}\mathrm{CO_2(g)}][^{13}\mathrm{CO_2(aq)}]}$$

$$= \frac{[^{13}CO_2(g)]}{[^{12}CO_2(g)]} \div \frac{[^{13}CO_2(aq)]}{[^{12}CO_2(aq)]}$$

$$= \left(\frac{[^{13}C]}{[^{12}C]}\right)_{(g)} \div \left(\frac{[^{13}C]}{[^{12}C]}\right)_{(aq)}$$

$$= \frac{^{13}R_g}{^{13}R_{aq}} = {}^{13}\alpha_{g/aq} \tag{3-50}$$

三、分馏系数和温度及盐度的关系

由理论推导得到的液-气相变系统的平衡分馏系数 α 与绝对温度(T)的关系式 $\alpha = Ae^{\frac{B}{T}}$(Mook,2001)可近似为以下级数形式(Gat et al.,1981):

$$\varepsilon \approx \ln(1+\varepsilon) = \ln\alpha = \frac{A}{T^2} + \frac{B}{T} + C \tag{3-51}$$

式中,常数 B 常与 A 的符号相反,这样当高温时 α 将趋近于 1,见图 3-3。

按(Majoube,1971),并结合式(3-38),式(3-51)在液-气相平衡条件下的 D 和 ^{18}O 分馏系数和温度的关系为

$$^{18}\varepsilon_{w\text{-}v}(‰) \approx 10^3\ln{}^{18}\alpha_{w\text{-}v} = 1.137\cdot(10^6\cdot T^{-2}) - 0.4156\cdot(10^3\cdot T^{-1}) - 2.0667 \tag{3-52}$$

$$^{2}\varepsilon_{w\text{-}v}(‰) \approx 10^3\ln{}^{2}\alpha_{w\text{-}v} = 24.844\cdot(10^6\cdot T^{-2}) - 76.248\cdot(10^3\cdot T^{-1}) + 52.612 \tag{3-53}$$

图 3-3 给出了 $^{18}\varepsilon$(‰)-t 和 $^{2}\varepsilon$(‰)-t 函数曲线。由图可见,在相同条件下,水中氢元素的分馏程度比氧元素的大。

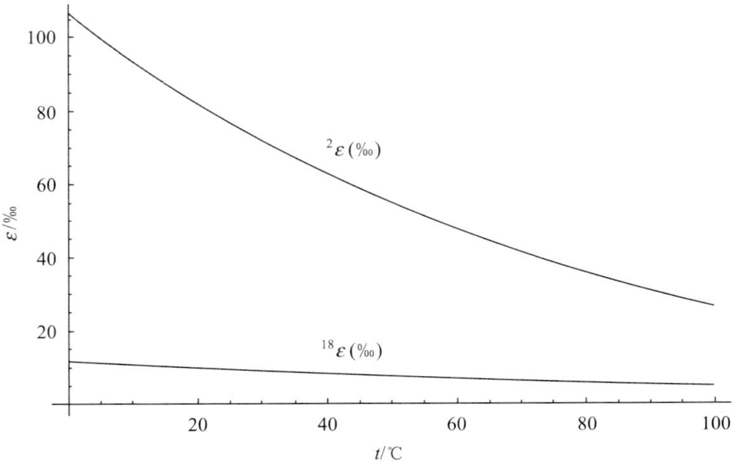

图 3-3　液-气相平衡条件下的 D 和 ^{18}O 的富集系数 ε(‰)和温度的关系

含盐的水溶液中离子水合层中的水合作用不仅会降低盐溶液的总的蒸气压，还会改变水汽平衡中的同位素分馏系数。在离子的水合作用影响下，盐溶液中的重同位素水分子的活度系数（溶液中某组分的活度与其浓度的比称为活度系数）与相应的轻同位素水分子的活度系数的比不等于1（Gat et al.，1981）。

换言之，在盐溶液中，同位素分馏系数不仅是温度的函数，而且也是盐度的函数。该现象称为同位素分馏的盐分效应（salt effect）。在氯化钠和海水中，盐分效应对^{18}O的影响可以忽略，在其他情况下，阴离子对氧同位素分馏的影响也微不足道，但阳离子对其影响则较大，尤其是Ca^{2+}和Mg^{2+}。分别与卤水和淡水达到同位素平衡的水蒸气之间的同位素存在下述差别：

$$\Delta^{18}\delta = 1.11M_{CaCl_2} + 0.47M_{MgCl_2} - 0.16M_{KCl} \tag{3-54}$$

（Sofer and Gat，1972）

$$\Delta^{2}\delta = 6.1M_{CaCl_2} + 5.1M_{MgCl_2} + 2.4M_{KCl} + 2.4M_{NaCl} \tag{3-55}$$

（Horita and Gat，1989）

而溶液（包括Na盐溶液）中的阴离子对氢同位素分馏系数的影响就显著了（Stewart and Fiedman，1975）。

四、平衡分馏算例——水在封闭系统中的蒸发

有了前面介绍的与同位素分馏有关的各种基本概念，以及各种表示同位素组成的符号及其换算关系、计算氢氧同位素平衡分馏系数的经验关系式等前期准备之后，这里列举一个算例，以期使读者进一步巩固上述理论、概念与算式。

本例主要以水的蒸发为例讲述用于描述闭系统中平衡分馏的数学模型，以期为定量研究同位素分馏提供数学工具。

蒸发和凝结是水循环中的重要现象，它是造成氢氧同位素发生分馏的主要过程，在同位素水文中占有重要地位。蒸发和凝结过程中出现的同位素分馏是因同位素分子的蒸汽压和扩散速度不同而引起的。它受体系的热力学平衡情况、封闭情况、温度和蒸发水体的含盐度等因素的支配。按封闭条件分为封闭系统和开放系统。本小节讲述封闭系统下的一个算例。

1. 封闭系统中的平衡蒸发过程概述

假设有一摩尔液相水置于某干燥的封闭系统中，该系统从周围环境中吸收能量后，其中的液态水中便有部分分子挣脱表面张力和分子间力的束缚而向空中逃逸。因为气相水分子在封闭系统中是做不定向的无规则热运动的，所以总有部分分子发生“碰壁”现象：碰到容器壁，在重力作用下往下流（我们在密闭的玻璃盛水容器中可以看到此现象），碰到水面，被分子间力和表面张力重新俘获，而又变为液态。然而，在气相中的水汽含量尚未达到极限（称为一定温度下空气的饱和含水量）之前，逃出液相的水分子的摩尔数总是大于

重新被水面所俘获的水分子的摩尔数。这种情况一直持续到该封闭系统中气相中的水汽含量达到极限值(空气的饱和含水量)时,在此之后,“逃逸”和“俘获”运动并未终止,而是照常进行,然而此时“逃逸”的水分子的摩尔数和“俘获”的水分子的摩尔数在数值上是相等的。此时,也就进入了一种稳定状态(简称“稳态”),亦即气-液相反应平衡状态。在此过程中,水的重同位素分子的行为、轻同位素分子的行为是不同的(详见同位素交换反应的机理部分),最终导致封闭系统中的水的轻同位素分子以(相对于液相而言)更大的比例分配于气相水中。根据本章第三节第三部分的内容可知,该比例受系统所处外部环境温度的影响。

2. 一个封闭系统中平衡蒸发的算例

如本章第三节第三部分所述,水汽交换平衡条件下绝对温度 T 与 D 和 ^{18}O 分馏系数的回归方程可表示如下(Majoube,1971):

$$10^3\ln^{18}\alpha_{w\text{-}v} = 1.137\cdot(10^6\cdot T^{-2}) - 0.4156\cdot(10^3\cdot T^{-1}) - 2.0667 \qquad (3\text{-}56)$$

$$10^3\ln^{2}\alpha_{w\text{-}v} = 24.844\cdot(10^6\cdot T^{-2}) - 76.248\cdot(10^3\cdot T^{-1}) + 52.612 \qquad (3\text{-}57)$$

下面列举一个计算封闭系统中平衡状态下水汽的同位素组成的例子,以便读者熟悉同位素组成的各种表示方法。

例:已知从$-20\sim30$℃,水汽饱和空气的水分承载能力随温度呈指数增加,函数关系如下(温度 t 的单位为℃,水汽的单位为 g/m^3)(克拉克,弗里茨,2006):

$$\rho = 0.0002\cdot t^3 + 0.0111\cdot t^2 + 0.321\cdot t + 4.8 \qquad (3\text{-}58)$$

D 和 ^{18}O 的水汽平衡分馏系数与温度的关系如式(3-56)和式(3-57)所示,现在把体积为 $0.1\ m^3$、$\delta D=0$ 并且 $\delta^{18}O=0$ 的纯净水倒入温度为 25℃、体积为 $1\ m^3$、容器内的空气保持干燥(相对湿度 $h=0\%$)的恒温箱内,经过 t 小时以后,水箱内的湿度计显示该箱内气相中水汽相对湿度已达到 100%,假定这时液气两相的同位素也达到了平衡状态,请问这时液气两相的氢氧稳定同位素组成(δ 值)各是多少?

解:设液汽相达到平衡时,液相的体积为 $x\cdot m^3$,则气相体积为 $(1-x)\cdot m^3$,当气相的湿度达到 100%时,该气相中空气所含水汽的份数达到了(或者说等于)水汽饱和空气的承载能力,从而该气相所含水分换算为液态下的体积为

$$\frac{(1-x)\cdot m^3\cdot\rho(25℃)\cdot\frac{g}{m^3}}{10^6\ g/m^3}$$

对刚放入容器中的水和 t 小时后的气-液两相平衡中的水建立质量守恒方程:

$$\frac{(1-x)\cdot m^3\cdot\rho(25℃)}{10^6\ g/m^3} + x\cdot m^3 = 0.1\cdot m^3 \qquad (3\text{-}59)$$

由式(3-58),得

$$\rho(25℃) = 22.8875\cdot\frac{g}{m^3} \qquad (3\text{-}60)$$

所以式(3-59)可化为

$$\frac{(1-x)\cdot \mathrm{m}^3\cdot 22.8875\cdot \frac{\mathrm{g}}{\mathrm{m}^3}}{10^6\ \mathrm{g/m}^3}+x\cdot \mathrm{m}^3=0.1\cdot \mathrm{m}^3 \tag{3-61}$$

亦即

$$\frac{(1-x)\cdot 22.8875}{10^6}+x=0.1 \tag{3-62}$$

解之得,液气两相平衡时,液相水的体积为

$$x=0.099\,979\,4(\mathrm{m}^3) \tag{3-63}$$

从而液气两相平衡时,气相水(换算为液相水)的体积为

$$0.1-x=0.000\,020\,6(\mathrm{m}^3) \tag{3-64}$$

把 25℃换算为开氏(开尔文)温度为

$$T=25+273=298(\mathrm{K}) \tag{3-65}$$

根据式(3-56)和式(3-57),得

$$10^3\ln{}^{18}\alpha_{\mathrm{w\text{-}v}}(298\ \mathrm{K})=9.342\,146 \tag{3-66}$$

$$10^3\ln{}^{2}\alpha_{\mathrm{w\text{-}v}}(298\ \mathrm{K})=76.508\,401 \tag{3-67}$$

从而有

$${}^{18}\alpha_{\mathrm{w\text{-}v}}(298\ \mathrm{K})=1.009\,386 \tag{3-68}$$

$${}^{2}\alpha_{\mathrm{w\text{-}v}}(298\ \mathrm{K})=1.079\,511 \tag{3-69}$$

对刚放入容器内时的水和液气两相平衡时的水中稀有同位素 D 和 ^{18}O 建立质量守恒方程:

$$N_0{}^{18}R_0=N_{\mathrm{w}}{}^{18}R_{\mathrm{w}}+N_{\mathrm{v}}{}^{18}R_{\mathrm{v}} \tag{3-70}$$

$$N_0{}^{2}R_0=N_{\mathrm{w}}{}^{2}R_{\mathrm{w}}+N_{\mathrm{v}}{}^{2}R_{\mathrm{v}} \tag{3-71}$$

式中下标 0 指初始水体,w 指液气相平衡时的液相,v 指的是液气相平衡时的气相。N 指水的体积(此处亦可看作摩尔数),R 指同位素的比率。

由 R 和 δ 的换算关系知:

$$\begin{aligned}{}^{18}R_0&=(1+{}^{18}\delta_0)\,{}^{18}R_r\\ {}^{18}R_{\mathrm{w}}&=(1+{}^{18}\delta_{\mathrm{w}})\,{}^{18}R_r\\ {}^{18}R_{\mathrm{v}}&=(1+{}^{18}\delta_{\mathrm{v}})\,{}^{18}R_r\end{aligned} \tag{3-72}$$

$$\begin{aligned}{}^{2}R_0&=(1+{}^{2}\delta_0)\,{}^{2}R_r\\ {}^{2}R_{\mathrm{w}}&=(1+{}^{2}\delta_{\mathrm{w}})\,{}^{2}R_r\\ {}^{2}R_{\mathrm{v}}&=(1+{}^{2}\delta_{\mathrm{v}})\,{}^{2}R_r\end{aligned} \tag{3-73}$$

把它们代入式(3-70)和式(3-71),约去$^{18}R_r$和$^{2}R_r$得

$$N_0(1+{}^{18}\delta_0)=N_{\mathrm{w}}(1+{}^{18}\delta_{\mathrm{w}})+N_{\mathrm{v}}(1+{}^{18}\delta_{\mathrm{v}}) \tag{3-74}$$

$$N_0(1+{}^{2}\delta_0)=N_{\mathrm{w}}(1+{}^{2}\delta_{\mathrm{w}})+N_{\mathrm{v}}(1+{}^{2}\delta_{\mathrm{v}}) \tag{3-75}$$

由 α 和 R 的换算关系可得

$$^{18}\alpha_{\text{w-v}} = \frac{^{18}R_{\text{w}}}{^{18}R_{\text{v}}} = \frac{(1+^{18}\delta_{\text{w}})^{18}R_{r}}{(1+^{18}\delta_{\text{v}})^{18}R_{r}} = \frac{(1+^{18}\delta_{\text{w}})}{(1+^{18}\delta_{\text{v}})} \tag{3-76}$$

$$^{2}\alpha_{\text{w-v}} = \frac{^{2}R_{\text{w}}}{^{2}R_{\text{v}}} = \frac{(1+^{2}\delta_{\text{w}})^{2}R_{r}}{(1+^{2}\delta_{\text{v}})^{2}R_{r}} = \frac{(1+^{2}\delta_{\text{w}})}{(1+^{2}\delta_{\text{v}})} \tag{3-77}$$

把 $N_0=0.1\ \text{m}^3$，$N_{\text{w}}=0.099\,979\,4\ \text{m}^3$，$N_{\text{v}}=0.000\,020\,6\ \text{m}^3$，$^{18}\delta_0=0$，$^{2}\delta_0=0$，$^{18}\alpha_{\text{w-v}}(298\ \text{K})=1.009\,386$，$^{2}\alpha_{\text{w-v}}(298\ \text{K})=1.079\,511$ 分别代入式(3-74)～(3-77)，可得

$$0.1\cdot(1+0) = 0.099\,979\,4\cdot(1+^{18}\delta_{\text{w}}) + 0.000\,020\,6\cdot(1+^{18}\delta_{\text{v}}) \tag{3-78}$$

$$0.1\cdot(1+0) = 0.099\,979\,4\cdot(1+^{2}\delta_{\text{w}}) + 0.000\,020\,6\cdot(1+^{2}\delta_{\text{v}}) \tag{3-79}$$

$$\frac{(1+^{18}\delta_{\text{w}})}{(1+^{18}\delta_{\text{v}})} = 1.009\,386 \tag{3-80}$$

$$\frac{(1+^{2}\delta_{\text{w}})}{(1+^{2}\delta_{\text{v}})} = 1.079\,511 \tag{3-81}$$

解由式(3-78～3-81)组成的方程组，得

$$^{18}\delta_{\text{v}} = -0.009\,293 = -9.293‰ \tag{3-82}$$

$$^{18}\delta_{\text{w}} = 0.000\,006 = 0.006‰ \tag{3-83}$$

$$^{2}\delta_{\text{v}} = -0.073\,637 = -73.637‰ \tag{3-84}$$

$$^{2}\delta_{\text{w}} = 0.000\,019 = 0.019‰ \tag{3-85}$$

有了上述数据，还可以计算一下它们的衍生量：

$$^{18}\Delta_{\text{w-v}} = ^{18}\delta_{\text{w}} - ^{18}\delta_{\text{v}} = 0.000\,006-(-0.009\,293) = 0.009\,299 = 9.299‰ \tag{3-86}$$

$$^{2}\Delta_{\text{w-v}} = ^{2}\delta_{\text{w}} - ^{2}\delta_{\text{v}} = 0.000\,019-(-0.073\,637) = 0.073\,656 = 73.656‰ \tag{3-87}$$

$$^{18}\varepsilon_{\text{w-v}} = ^{18}\alpha_{\text{w-v}} - 1 = 1.009\,386-1 = 0.009\,386 = 9.386‰ \tag{3-88}$$

$$^{2}\varepsilon_{\text{w-v}} = ^{2}\alpha_{\text{w-v}} - 1 = 1.079\,511-1 = 0.079\,511 = 79.511‰ \tag{3-89}$$

第四节　同位素非平衡分馏

自然界中不纯粹由热力效应导致的同位素分馏过程即为非平衡分馏。

一、同位素动力分馏

动力学分馏指偏离同位素平衡过程而与时间有关的分馏，即同位素在物相之间的分配随时间和反应进程而不断变化。它来自于单向的(不可逆的)物理和化学过程。

只要原子交换反应系统没有达到100%的平衡状态，那么这其中总会掺杂一部分非平衡分馏的成分在里面。根据化学平衡(及相平衡)和同位素平衡的关系可知，如果化学反应和(或)物相反应进行得不彻底，亦即尚未达到化学/相平衡状态，那么该系统的原子交换反应不可能达到平衡状态，此时会有动力分馏的成分包含在该原子交换反应系统中。

其次，即便原子交换反应系统已达到平衡状态，然而由于外界条件的变化(温度、压力、反应系统的体积等)或反应物/生成物的添加/去除，从而导致本已相等的正逆相反应速度有了差异，从而分子层面的平衡被打破，导致原子层面的平衡同时被打破，此时亦同时引起动力分馏现象的发生。

自然界的许多同位素分馏具有化学动力学性质，例如单向化学反应、蒸发、气体的吸收及扩散和生物过程等。

来自于动力作用的分馏常比平衡状态占优。而且，在动力分馏过程中生成物中的稀有同位素较为贫化，而在相应的平衡过程下相对富集。

二、同位素扩散分馏

如本章第一节第三部分所述，同位素扩散分馏属于同位素非平衡分馏之一种，从实质意义上说，它也"是"动力分馏。原子扩散或分子在浓度梯度作用下的运动都可以引起扩散分馏。它可以发生于一种物质在另一种介质(或真空)内的运动过程中。同一元素的不同同位素分子的扩散速度互不相同时，便会发生同位素扩散分馏。

对于在真空中发生的扩散，扩散分馏系数计算公式为

$$\alpha_{({}^{*}m/m)} = \frac{{}^{*}v}{v} \tag{3-90}$$

记 v,v^{*} 分别为轻、重同位素分子的扩散速度，k 为玻尔兹曼常数($k=n\times 1.380\ 658\times 10^{-23}$ J/K)，m 和 m^{*} 为轻、重同位素分子的质量，T 为绝对温度，则轻重同位素分子的扩散速度计算式(克拉克，弗里茨，2006)分别为

$$v=\sqrt{\frac{kT}{2\pi m}} \tag{3-91}$$

$$v^{*}=\sqrt{\frac{kT}{2\pi m^{*}}} \tag{3-92}$$

最终，扩散分馏系数计算公式可表示为

$$\begin{aligned}\alpha_{{}^{*}m/m} &= \frac{{}^{*}v}{v} \\ &= \frac{\sqrt{\frac{kT}{2\pi {}^{*}m}}}{\sqrt{\frac{kT}{2\pi m}}} \\ &= \frac{\sqrt{m}}{\sqrt{{}^{*}m}} \\ &= \frac{\sqrt{M}}{\sqrt{{}^{*}M}}\end{aligned} \tag{3-93}$$

式中，$^*M$ 和 M 为重、轻同位素分子的摩尔质量。

一种物质在另一种介质中的运动过程中发生的扩散分馏，分馏系数的计算式与上面的类似，唯一不同的是用约化质量（μ，$^*\mu$）代替分子的实际质量（m，$^*m$）/摩尔质量（M，$^*M$）。约化质量的计算式为

$$\mu = \frac{m_a \cdot m_b}{m_a + m_b} = \frac{M_a \cdot M_b}{M_a + M_b} \tag{3-94}$$

$$^*\mu = \frac{^*m_a \cdot m_b}{^*m_a + m_b} = \frac{^*M_a \cdot M_b}{^*M_a + M_b} \tag{3-95}$$

从而分馏系数的计算式为

$$\begin{aligned}\alpha_{^*m/m} &= \frac{\sqrt{\mu}}{\sqrt{^*\mu}} \\ &= \frac{\sqrt{\dfrac{m_a \cdot m_b}{m_a + m_b}}}{\sqrt{\dfrac{^*m_a \cdot m_b}{^*m_a + m_b}}} \\ &= \frac{\sqrt{\dfrac{M_a \cdot M_b}{M_a + M_b}}}{\sqrt{\dfrac{^*M_a \cdot M_b}{^*M_a + M_b}}}\end{aligned} \tag{3-96}$$

式中：$^*M_a$ 和 M_a 分别是物质 a 的重轻同位素分子的摩尔质量；M_b 是介质 b 的摩尔质量。

现以水蒸气在空气中扩散（Mook，2001）时，氧元素的分馏系数为例，说明具体计算方法。

此例中，扩散物质是水，介质是空气，M_a 是 $H_2{}^{16}O$ 的摩尔质量，$^*M_a$ 是 $H_2{}^{18}O$ 的摩尔质量，M_b 是空气的摩尔质量。

$$M_a = M(H_2{}^{16}O) = 1 \times 2 + 16 = 18 \tag{3-97}$$

$$M_a^* = M(H_2{}^{18}O) = 1 \times 2 + 18 = 20 \tag{3-98}$$

$$\begin{aligned}M_b &= M(^{14}N_2) \times 0.79 + M(^{16}O_2) \times 0.21 \\ &= 14 \times 2 \times 0.79 + 16 \times 2 \times 0.21 \approx 29\end{aligned} \tag{3-99}$$

（注：因为空气中含有 79% 的 N_2 和 21% 的 O_2）.

$$\begin{aligned}{}^{18}\alpha &= {}^{18}\alpha(\text{扩散后的水 / 扩散前的水}) \\ &= \frac{\sqrt{\dfrac{M_a \cdot M_b}{M_a + M_b}}}{\sqrt{\dfrac{^*M_a \cdot M_b}{^*M_a + M_b}}} \\ &= \frac{\sqrt{\dfrac{18 \times 29}{18 + 29}}}{\sqrt{\dfrac{20 \times 29}{20 + 29}}}\end{aligned}$$

$$=\sqrt{\frac{20+29}{20\times 29}\frac{18\times 29}{18+29}}$$

$$=0.968\ 658 \tag{3-100}$$

也就是说，水蒸气在空气中扩散的过程中，^{18}O 将减少 31‰，亦即$^{18}\varepsilon={}^{18}\alpha-1=-31‰$。同理可得$^{2}\alpha=0.983\ 629$（$^{2}\alpha=\sqrt{\frac{18\times29}{18+29}}\div\sqrt{\frac{19\times29}{19+29}}$）。

三、瞬时平衡状态

开放系统中的相分离过程属于一种特殊的非平衡分馏过程。以开放系统中液相水的蒸发为例。对刚脱离液面，却又离液面很近（处于所谓的平衡区域）时，这时气相水在刚脱离液面的瞬间和液相水还是处于原子层面的热力学平衡状态。但只要一离开这种平衡区域，扩散作用下的动力分馏作用会立即发生在不同质量的同位素水分子之间。因而前述的发生于“平衡区域”的平衡分馏状态称之为“瞬时平衡状态”（克拉克，弗里茨，2006）。由于在开放系统中因蒸发作用而逸出液面的水汽不会100％的在返回原“瞬时平衡”系统，而是总有一部分会脱离该系统。从而这种“瞬时平衡”状态下的液相水的同位素组成不能够像封闭系统下的平衡分馏状态下的液相水的同位素组成那样保持同位素比值的恒定，而是随蒸发过程的不断进行而持续变化。对于分离出去的气相水和留在体系内的液相水而言，上述“平衡区域”仅是更大空间上的“非平衡分馏系统”的一个组成部分。

下节将要介绍的瑞利分馏模型就适合描述这种开放系统相分离过程中的“瞬时平衡状态”下的分馏（当然，经改进后，也可用于描述普通的非平衡分馏）。

第五节　瑞利分馏模型：用于描述非平衡分馏过程的数学模型

瑞利分馏模型本源于描述相反应过程中混合在一起的两种不同溶液的蒸馏过程，后被用于描述开放系统中稳定同位素的非平衡分馏过程。引起非平衡分馏的具体反应机制有所不同（如生物化学效应、物理化学效应），但大多可以用瑞利分馏模型来描述。同位素水文中的瑞利分馏模型用于描述开放系统下相分离过程中所发生的分馏过程以及与此类似的分馏过程。它在假定蒸汽从液相蒸发后立即从系统中分离出去的前提下，讨论残留溶液中两种液体比值的变化规律。如果把该模型中的不同种类的液体看作是同一元素不同种类的同位素分子，那么该模型即可用于研究蒸发和凝结过程中水体的同位素组成的变化规律（王恒纯，1991）。最初推导该模型所用的假定之一为：分馏系数是恒定的（即不随时间变化），但该假定并未详细说明这一恒定的分馏系数是系统处在何种状态下产生的，因而本小节在除介绍瑞利模型最初的推导过程外，随后又分“瞬时平衡”状态下的分馏和普通的非平衡分馏两种情况对瑞利分馏模型做了进一步展开。后一种情况包含了对该模型的一点点改进。并且这两种情况下，都给出了具体的算例，以强调瑞利模型各种具体条件下的应用步骤和细节。随后，又指出了该假定（分馏系数恒定）和自然界中实际的开放系统不甚吻合的缺陷。

一、分馏系数恒定条件下瑞利公式的推导

如图 3-4 所示，“⇧”号下边的矩形表示某一时刻正在经受蒸发的水体。其中 N 代表分子总数，R 是稀有同位素分子与常见同位素分子浓度之比（同位素比率），从而 $N/(1+R)$ 是富集同位素分子数，$RN/(1+R)$ 是稀有同位素分子数；“⇧”号上边的矩形代表蒸发到空气中变成水蒸气的水体微元及其同位素组成；“⟹”号右面的矩形代表一个微元的水体被蒸发以后的剩余水体及其同位素组成。

设蒸发过程中，水蒸气相对于水的分馏系数为 $\alpha_{V/L}$，简记为 α。根据质量守恒定律，蒸发前水体的稀有同位素的摩尔数应等于蒸发后剩余水体的稀有同位素的摩尔数和蒸发到空中的微元水体的稀有同位素的摩尔数之和，从而有下述关系式成立（Mook，2001）：

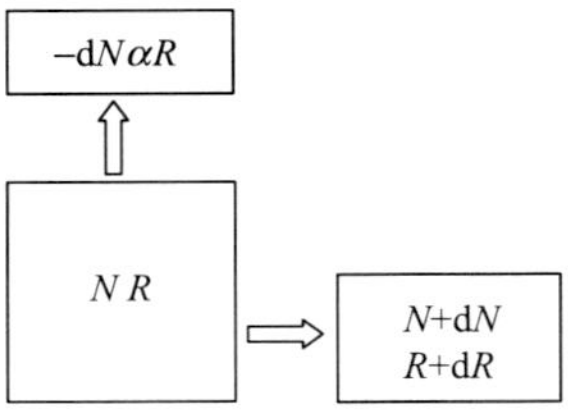

图 3-4　瑞利分馏过程示意图
N 是同位素分子总数，R 是同位素比率，α 是分离因子（瞬时平衡分馏或动力分馏）

$$\frac{R}{1+R}N = \frac{R+\mathrm{d}R}{1+R+\mathrm{d}R}(N+\mathrm{d}N) - \frac{\alpha R}{1+\alpha R}\mathrm{d}N(\text{注：}\mathrm{d}N\text{ 为负值}) \tag{3-101}$$

进一步将总分子数近似为常见同位素的分子数：亦即 $1+R\approx 1+R+\mathrm{d}R\approx 1+\alpha R$（这与完全忽略 R 不同）。稀有同位素的质量守恒关系变为

$$RN = (R+\mathrm{d}R)(N+\mathrm{d}N) - \alpha R\,\mathrm{d}N \tag{3-102}$$

忽略微分项的乘积项并整理，得

$$\mathrm{d}R/R = (\alpha - 1)\mathrm{d}N/N \tag{3-103}$$

如果在蒸发过程中，分馏系数 α 恒定，整理并应用边界条件：在 $N=N_0$（所有项都未被忽略）时，$R=R_0$。由此可得

$$\frac{R}{R_0} = \left(\frac{N}{N_0}\right)^{\alpha-1} \tag{3-104}$$

式中，N/N_0 表示蒸发后剩余水体的摩尔数与初始水体的摩尔数之比，代表了初始水体所受蒸发的程度，因而又称为蒸发度，用 f 表示，从而式(3-128)又可表示为

$$R = R_0 \cdot f^{\alpha-1} \tag{3-105}$$

上式即是静止水体的同位素变化展开为蒸发度的函数关系式。瑞利公式也可以用 δ 值表示：

$$\frac{R}{R_0} = \frac{(1+\delta)\cdot R_r}{(1+\delta_0)\cdot R_r} = \frac{1+\delta}{1+\delta_0} = f^{\alpha-1} \tag{3-106}$$

二、瞬时平衡分馏条件下的瑞利蒸发模式

瑞利模型应用于（瞬时）平衡蒸发模式，其条件是，蒸发在（瞬时）相平衡的条件下进

行；每一瞬时蒸发的水汽立即脱离反应系统（请参见本章第四节第三部分的有关论述），剩余水体的同位素组成服从公式(3-105)，而瞬时蒸发出去的水汽的同位素组成 R_V 和该时刻的剩余水体的同位素组成 R_L 的比为分馏系数 $\alpha_{V/L}$（后文简记为 α），亦即

$$R_L = R_0 \cdot f^{\alpha_{V/L}-1} \tag{3-107}$$

$$R_V = R_L \cdot \alpha_{V/L} = R_0 \cdot f^{\alpha_{V/L}-1} \cdot \alpha_{V/L} \tag{3-108}$$

而此刻蒸发出去的所有水汽的平均同位素组成$\overline{R_V}$可以通过对初始时刻和此刻气液两相中的重同位素建立质量守恒方程而求得

$$1 \cdot R_0 = f \cdot R_L + (1-f) \cdot \overline{R_V} \tag{3-109}$$

把式(3-107)代入式(3-109)，得

$$1 \cdot R_0 = f \cdot R_0 \cdot f^{\alpha-1} + (1-f) \cdot \overline{R_V} \tag{3-110}$$

从而

$$\overline{R_V} = R_0 \cdot \frac{1-f^{\alpha}}{1-f} \tag{3-111}$$

为使读者对这三个量(R_L,R_V,$\overline{R_V}$)有一个直观的概念。举例如下。

例：已知初始水体的氧同位素组成$^{18}\delta_0=0$，气液相氧同位素分馏系数$^{18}\alpha_{V/L}=0.991\,08$，随着蒸发的进行，蒸发度 f 将从 1 逐渐减小到零。请给出$^{18}\delta_L$，$^{18}\delta_V$和$\overline{^{18}\delta_V}$随蒸发度 f 变化的函数关系式。

解：由 $R_L=R_0 \cdot f^{\alpha_{V/L}-1}$ 和 $\delta_{A/r}=\dfrac{R_A-R_r}{R_r}$，得

$$\delta_L = (1+\delta_0) \cdot f^{\alpha_{V/L}-1} - 1 \tag{3-112}$$

又$^{18}\delta_0=0$，$^{18}\alpha_{V/L}=0.991\,08$，所以

$$\delta_L = (1+0) \cdot f^{0.991\,08-1} - 1 = f^{0.991\,08-1} - 1 = (f^{-0.008\,92} - 1) \cdot 1000‰ \tag{3-113}$$

又 $R_V=R_L \cdot \alpha_{V/L}$，$\delta_{A/r}=\dfrac{R_A-R_r}{R_r}$，所以

$$\begin{aligned}\delta_V &= (1+\delta_L) \cdot \alpha_{V/L} - 1\\ &= \{1+[(1+\delta_0) \cdot f^{\alpha_{V/L}-1} - 1]\} \cdot \alpha_{V/L} - 1\\ &= (1+\delta_0) \cdot f^{\alpha_{V/L}-1} \cdot \alpha_{V/L} - 1\end{aligned} \tag{3-114}$$

又$^{18}\delta_0=0$，$^{18}\alpha_{V/L}=0.991\,08$，所以

$$\delta_V = (1+0) \cdot f^{0.991\,08-1} \cdot 0.991\,08 - 1 = f^{-0.008\,92} \cdot 0.991\,08 - 1 \tag{3-115}$$

由$\overline{R_V}=R_0 \cdot \dfrac{1-f^{\alpha}}{1-f}$和$\delta_{A/r}=\dfrac{R_A-R_r}{R_r}$，得

$$\overline{^{18}\delta_V} = (1+\delta_0) \cdot \frac{1-f^{\alpha}}{1-f} - 1 \tag{3-116}$$

又$^{18}\delta_0=0$，$^{18}\alpha_{V/L}=0.991\,08$，所以

$$\overline{^{18}\delta_V} = (1+0) \cdot \frac{1-f^{0.991\,08}}{1-f} - 1 = \frac{1-f^{0.991\,08}-(1-f)}{1-f} = \frac{f-f^{0.991\,08}}{1-f} \times 1000‰ \tag{3-117}$$

图 3-5 给出了在初始水体的氧同位素组成$^{18}\delta_0=0$，气液相氧同位素分馏系数$^{18}\alpha_{V/L}=0.99108$情况下，剩余水体的同位素千分偏差$^{18}\delta_L$、瞬时蒸发出去的水汽的同位素千分偏差$^{18}\delta_V$和蒸发出去的所有水汽的平均同位素组成$\overline{^{18}\delta_V}$随$(1-f)$的变化曲线。

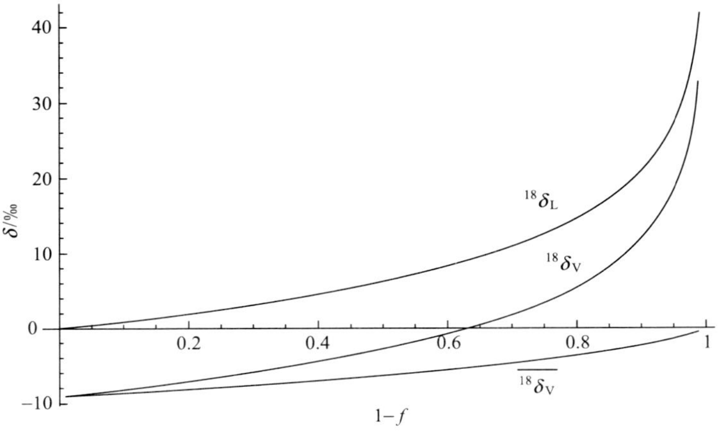

图 3-5　平衡蒸发模式下的瑞利模型中$^{18}\delta_L$，$^{18}\delta_V$，$\overline{^{18}\delta_V}$与水体的蒸发度f之间的函数关系曲线（假定$^{18}\delta_0=0$，$^{18}\alpha_{V/L}=0.99108$）

尽管瑞利方程最初是在流出物与储存库中的物质处于瞬时同位素平衡的条件下推导得来的，但类似的方程也被用于其他情况，如动力过程或扩散过程。很明显，对于这些情况，有必要采用合适的同位素分馏系数，从而代替热力（平衡）分馏系数。下面就来讨论开放系统非平衡分馏条件下的瑞利蒸发模式。

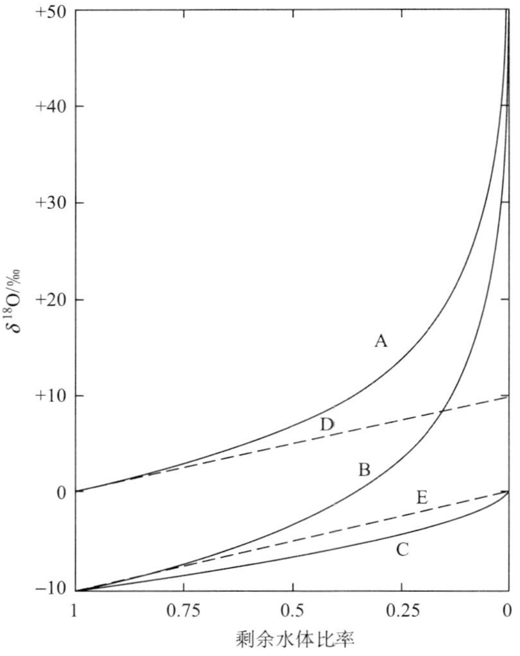

图 3-6　在开放和封闭系统的瑞利蒸发模式下水体中氧同位素组成的变化（初始水体的$^{18}\delta_0=0$，$^{18}\alpha_{L/V}=1.01$）

图 3-5 即是一些经典文献中图 3-6（Gat et al.，1981）的实线部分，图 3-6 的虚线部分（虚线 D 和虚线 E）描述的是封闭系统中气液两相的同位素组成在平衡蒸发条件下的变化规律，经推导实际上是不正确的。

三、开放系统（瞬时）非平衡分馏条件下的瑞利蒸发模式

Craig 和 Gordon（1965）提出的开启水面蒸发模型把水汽界面分为四层：水层、饱和层、扩散层和紊流层（图 3-7）。在水层和

饱和层之间的分馏属于平衡分馏(饱和层相对湿度为100%)。饱和层和紊流层之间的扩散层通过分子扩散作用,水蒸气向两个方向运动,也就是在该层产生了非平衡富集。分子扩散是一个分馏过程,因为轻水分子在空气中的扩散系数比重水分子的大。

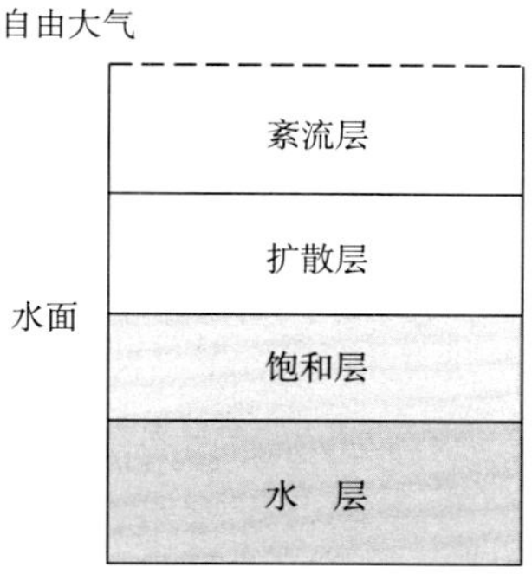

图 3-7　开启水面蒸发模型示意图

在高湿度($h=100\%$)条件下,过渡带向两个方向的扩散相等,不发生净分馏。然而,当湿度较小时,就会发生饱和层向紊流层的净扩散。这样饱和层中扩散较强的轻水分子减少,而重水分子相对富集。根据空气中气体的扩散分馏公式可以计算出这种扩散效应所产生的最大动力富集(见第本章第四节第二部分):

$$^{18}\alpha_{饱和层-紊流层\max} = \frac{1}{0.968\,658} \approx 1.032\,36 \tag{3-118}$$

$$^{2}\alpha_{饱和层-紊流层\max} = \frac{1}{0.983\,629} \approx 1.016\,64 \tag{3-119}$$

从而

$$^{18}\varepsilon_k = {}^{18}\varepsilon_{饱和层-紊流层} = {}^{18}\alpha_{饱和层-紊流层} - 1 \approx 1.0323 - 1 = 32.3‰ \tag{3-120}$$

$$^{2}\varepsilon_k = {}^{2}\varepsilon_{饱和层-紊流层} = {}^{2}\alpha_{饱和层-紊流层} - 1 \approx 1.0166 - 1 = 16.6‰ \tag{3-121}$$

实际上由于湿度很少接近0,从而动力(扩散)分馏效应没有这么显著。Gonfiantini(1986)用下述关系式描述了湿度 h 与动力效应 ε_k 的关系:

$$\Delta^{18}\varepsilon = {}^{18}\varepsilon_k = {}^{18}\varepsilon_{饱和层-紊流层} = 14.2\times(1-h)‰ \tag{3-122}$$

$$\Delta^{2}\varepsilon = {}^{2}\varepsilon_k = {}^{2}\varepsilon_{饱和层-紊流层} = 12.5\times(1-h)‰ \tag{3-123}$$

因此,水层与紊流层之间的总分馏系数(记作 $\alpha_{水层-紊流层}$)为水汽交换平衡分馏系数(记作 $\alpha_{水层-饱和层}$)和动力分馏系数($\alpha_{饱和层-紊流层}$)之积:

$$\begin{aligned}\alpha_{水层-紊流层} &= \frac{R_{水层}}{R_{紊流层}} = \frac{R_{水层}}{R_{饱和层}}\cdot\frac{R_{饱和层}}{R_{紊流层}} = \alpha_{水层-饱和层}\cdot\alpha_{饱和层-紊流层} \\ &= (1+\varepsilon_e)\cdot(1+\Delta\varepsilon) = 1+\varepsilon_e+\Delta\varepsilon+\varepsilon_e\cdot\Delta\varepsilon \approx 1+\varepsilon_e+\Delta\varepsilon\end{aligned} \tag{3-124}$$

从而总的富集系数($\varepsilon_总$)为

$$\varepsilon_总 = \alpha_{水层-紊流层} - 1 \approx \varepsilon_e + \Delta\varepsilon \tag{3-125}$$

进而开放系统非平衡分馏条件下的瑞利蒸发公式可以写为

$$\begin{aligned}\frac{R}{R_0} &= \frac{1+\delta}{1+\delta_0} = f^{\alpha_{非平衡}-1} \\ &= f^{\alpha_{水层-紊流层}-1} = f^{\varepsilon_总} \approx f^{\varepsilon_e+\Delta\varepsilon} \\ &= f^{\varepsilon_e(T)+\Delta\varepsilon(h)}\end{aligned} \tag{3-126}$$

亦即

$$\delta \approx (1+\delta_0) f^{\varepsilon_e(T)+\Delta\varepsilon(h)} - 1 \tag{3-127}$$

当然,也可以保留其精确形式:

$$\delta = (1+\delta_0) f^{\varepsilon_e(T)+\Delta\varepsilon(h)+\varepsilon_e(T)\cdot\Delta\varepsilon(h)} - 1 \tag{3-128}$$

四、瑞利模型的一个算例——开放系统(瞬时)非平衡分馏条件

为了让读者熟悉瑞利分馏模型在(瞬时)非平衡条件下的应用步骤,举下例说明。

一个圆柱形盛水容器中装有 1 m 深的 $\delta D=0$ 并且 $\delta^{18}O=0$ 的纯净水。把该容器放入温度为 25℃、湿度为 85%的房间内。假定由于房间很大,从容器中蒸发出的水汽对房间内空气湿度的影响可以忽略不计。试问,当该容器中的水被蒸发到原来的一半时(即剩余水体的体积为原来的 1/2 时),该容器中水的氢氧稳定同位素组成($^2\delta_L$ 和 $^{18}\delta_L$)是多少? 在容器中的水被蒸发到原来体积一半的瞬间,此刻从容器中蒸发出去的水汽的瞬时同位素组成($^2\delta_V$ 和 $^{18}\delta_V$)是多少? 如图 3-8 所示。

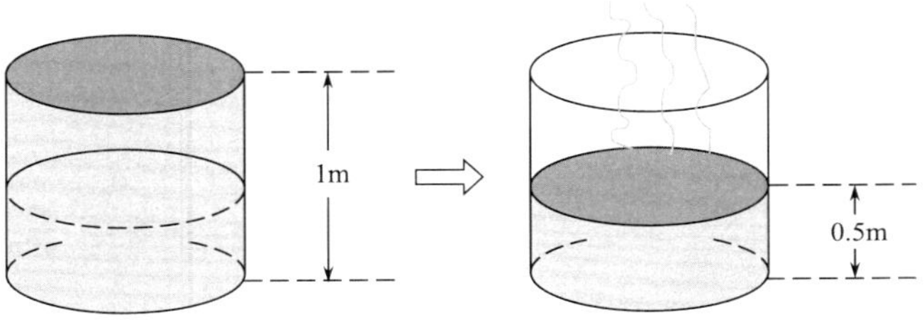

图 3-8　圆柱形容器中的水在恒定温度和湿度的大气环境下的蒸发

解:由式(3-52)和式(3-53)知:

$$^{18}\alpha_{e(L/V)}(25℃) = {}^{18}\alpha_{w\text{-}v}(298\ K) = 1.009\ 386 \tag{3-129}$$

$$^{2}\alpha_{e(L/V)}(25℃) = {}^{2}\alpha_{w\text{-}v}(298\ K) = 1.079\ 511 \tag{3-130}$$

又由式(3-122)和式(3-123)知:

$$\Delta^{18}\varepsilon = {}^{18}\varepsilon_{饱和层-紊流层} = 14.2 \times (1-h)‰$$

$$\Delta^{2}\varepsilon = {}^{2}\varepsilon_{饱和层-紊流层} = 12.5 \times (1-h)‰$$

所以

$$\begin{aligned} ^{18}\alpha_{k(L/V)}(85\%) &= 1 + {}^{18}\varepsilon_k(85\%) = 1 + \Delta^{18}\varepsilon(85\%) \\ &= 1 + 14.2 \times (1-85\%) \div 1000 = 1.002\ 13 \end{aligned} \tag{3-131}$$

$$\begin{aligned} ^{2}\alpha_{k(L/V)}(85\%) &= 1 + {}^{2}\varepsilon_k(85\%) = 1 + \Delta^{2}\varepsilon(85\%) \\ &= 1 + 12.5 \times (1-85\%) \div 1000 = 1.001\ 875 \end{aligned} \tag{3-132}$$

从而

$$^{18}\alpha_{L/V} = {}^{18}\alpha_{e(L/V)} \cdot {}^{18}\alpha_{k(L/V)} = 1.009\ 386 \times 1.002\ 13 = 1.011\ 535\ 992\ 18 \approx 1.011\ 536 \tag{3-133}$$

$$^{2}\alpha_{L/V}={}^{2}\alpha_{e(L/V)}\cdot{}^{2}\alpha_{k(L/V)}=1.079\ 511\times1.001\ 875=1.081\ 535\ 083\ 125\approx1.081\ 535 \tag{3-134}$$

所以

$$^{18}\alpha_{V/L}=\frac{^{18}R_V}{^{18}R_L}=\frac{1}{^{18}R_L/^{18}R_V}=\frac{1}{^{18}\alpha_{L/V}}=\frac{1}{1.011\ 536}\approx0.988\ 596 \tag{3-135}$$

$$^{2}\alpha_{V/L}=\frac{^{2}R_V}{^{2}R_L}=\frac{1}{^{2}R_L/^{2}R_V}=\frac{1}{^{2}\alpha_{L/V}}=\frac{1}{1.081\ 535}\approx0.924\ 612 \tag{3-136}$$

把式(3-107)和式(3-108)分别应用于氢氧稳定同位素，得

$$^{2}R_L={}^{2}R_0\cdot f^{(^{2}\alpha_{V/L})-1} \tag{3-137}$$

$$^{2}R_V={}^{2}R_L\cdot{}^{2}\alpha_{V/L}={}^{2}R_0\cdot f^{(^{2}\alpha_{V/L})-1}\cdot{}^{2}\alpha_{V/L} \tag{3-138}$$

$$^{18}R_L={}^{18}R_0\cdot f^{(^{18}\alpha_{V/L})-1} \tag{3-139}$$

$$^{18}R_V={}^{18}R_L\cdot{}^{18}\alpha_{V/L}={}^{18}R_0\cdot f^{(^{18}\alpha_{V/L})-1}\cdot{}^{18}\alpha_{V/L} \tag{3-140}$$

把已知条件 $f=\dfrac{N}{N_0}=\dfrac{1}{2}$，$^{2}\delta=0$，$^{18}\delta=0$ 和式(3-135)、式(3-136)、式(3-13)分别代入式(3-137～3-140)得

$$^{2}\delta_L=(1+{}^{2}\delta_0)\cdot f^{(^{2}\alpha_{V/L})-1}-1=1\cdot\left(\frac{1}{2}\right)^{0.924\ 612-1}-1=53.644‰ \tag{3-141}$$

$$^{2}\delta_V=(1+{}^{2}\delta_L)\cdot{}^{2}\alpha_{V/L}-1=(1+\frac{53.644}{1000})\cdot0.924\ 612-1=-25.788‰ \tag{3-142}$$

$$^{18}\delta_L=(1+{}^{18}\delta_0)\cdot f^{(^{18}\alpha_{V/L})-1}-1=1\cdot\left(\frac{1}{2}\right)^{0.988\ 596-1}-1=7.936‰ \tag{3-143}$$

$$^{18}\delta_V=(1+{}^{18}\delta_L)\cdot{}^{18}\alpha_{V/L}-1=(1+\frac{7.936}{1000})\cdot0.988\ 596-1=-3.559‰ \tag{3-144}$$

五、凝结过程中的瑞利分馏模型

产生降水的唯一途径是冷却水蒸气汽团，如果温度不降，就不会下雨。冷却有两个途径：或者通过绝热膨胀，即热空气上升到较低压力区；或者通过辐射热下降。当经过露点(湿度为 100％时的温度)时，水蒸气冷凝以保持热力学平衡，开始降雨(或雪)。如果温度不变或变热，冷凝停止或向相反方向进行，湿度下降。

由于凝结过程和蒸发过程在物理上互为逆过程，从而凝结过程也可以用瑞利模式来模拟。在实际降水过程中所发生的分馏往往接近平衡分馏模式，因而大多数降水过程中的分馏都可以用瑞利平衡分馏模式来模拟。例外是在周围空气十分干燥且降水量较小时，降水下落过程中的二次蒸发所导致的分馏效应包含较大的动力学同位素效应的成分(Joel et al.，2001)。

下面以云团中水汽的凝结过程为例，说明瑞利模型在描述降水的氢氧稳定同位素组成变化规律中的表述方法。

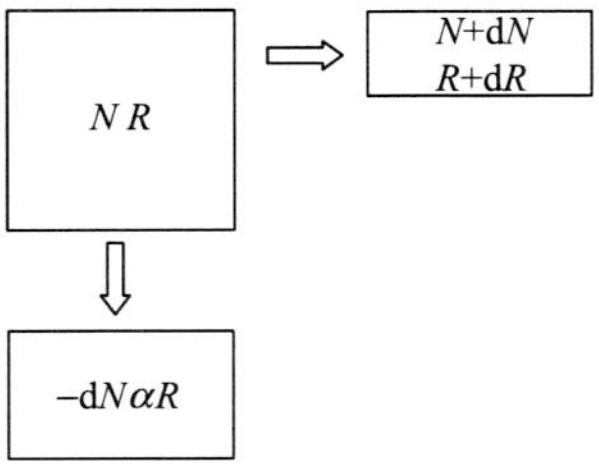

图 3-9　凝结过程中的瑞利分馏模型示意图

如图 3-9 所示，最左边方块表示某一时刻正在发生凝结的水蒸气，其中 N 代表云团中气相水的分子总数（或摩尔数），R 是云团中气相水的稀有同位素分子与常见同位素分子浓度之比（同位素比率），从而 $N/(1+R)$ 是丰有同位素分子数，$RN/(1+R)$ 是稀有同位素分子数；“⟹”号右边方块代表被凝结后的剩余水蒸气的水体微元及其同位素组成；“⇩”号下面方块代表凝结后生成的水体及其同位素组成。$\alpha_{L/V}$ 代表平衡分馏条件下水的液相同位素组成相对于气相同位素组成的分馏系数。

对云团水汽中的稳定同位素分子建立凝结前和凝结后的质量守恒方程式。

$$\frac{R}{1+R}N = \frac{R+\mathrm{d}R}{1+R+\mathrm{d}R}(N+\mathrm{d}N) - \frac{\alpha_{L/V}\cdot R}{1+\alpha_{L/V}\cdot R}\mathrm{d}N \qquad (3\text{-}145)$$

整理，得

$$\frac{\mathrm{d}R}{R} = (\alpha_{L/V}-1)\frac{\mathrm{d}N}{N} \qquad (3\text{-}146)$$

应用初始条件

$$R|_{N=N_0} = R_0, \alpha_{L/V}|_{N=N_0} = \alpha_0 \qquad (3\text{-}147)$$

并对式(3-145)两边积分，得云团中剩余的气相水的同位素组成随剩余气相水的摩尔数的变化规律：

$$R = R_0 \cdot \frac{N^{\alpha-1}}{N_0^{\alpha_0-1}} \cdot e^{-\int_0^N \ln N \mathrm{d}\alpha_{L/V}} \qquad (3\text{-}148)$$

假定云团中的水汽在凝结过程中，温度变化不大，从而平衡分馏系数 $\alpha_{L/V}$ 可以近似地看作常量（实际上 N 和 $\alpha_{L/V}$ 都是温度 T 的函数），则式(3-148)又可写为

$$R = R_0 \cdot \left(\frac{N}{N_0}\right)^{\alpha_{L/V}-1} \qquad (3\text{-}149)$$

如果记 $f=N/N_0$ 表示剩余水汽的摩尔数占初始水汽的摩尔数之比，则式(3-149)又可写为

$$R = R_0 f^{\alpha_{L/V}-1} \qquad (3\text{-}150)$$

如果以 δ 值形式表示，则为

$$\delta = (1+\delta_0)\cdot f^{\varepsilon_{L/V}} - 1 \qquad (3\text{-}151)$$

R_0 和 δ_0 是初始水汽的同位素组成，$\varepsilon_{L/V}=\alpha_{L/V}-1$。图 3-10 用 Mathematica 软件画出了云团初始水汽的同位素组成 $\delta_0=-0.005$，液相水相对于气相水的富集系数 $\varepsilon_{L/V}=0.01$（注：水的氧同位素在 25 摄氏度时的富集系数比较接近于此数值）时，云团中气相水的同位素组成随剩余水汽的摩尔数占初始水汽的摩尔数之比 f 的变化规律。

六、瑞利模型的局限性

多年来对瑞利模型的推导，都是在假定分馏系数不随时间变化的理想前提下进行的。然而，就自然界中水在蒸发和凝结过程中发生的氢和氧同位素分馏现象来说，符合分馏系

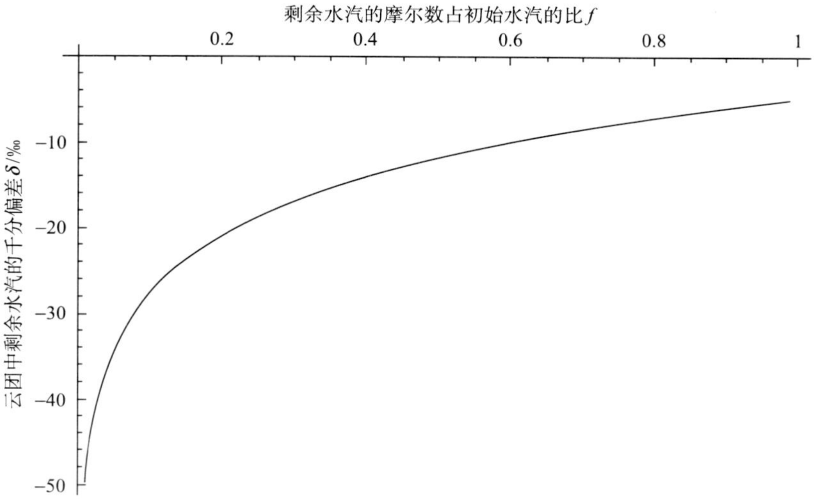

图 3-10　云团中气相水的同位素组成随剩余水汽的摩尔数占初始水汽的摩尔数之比 f 的变化规律

数不随时间变化这种理想前提条件的情况实际上是不存在的(正如本章第五节第三部分提到的内容所述,对于开放体系下液相水的蒸发过程,其分馏系数既受蒸发面温度的影响也受蒸发面以上空气湿度的影响,而这两个参数在不同季节甚至同一天的不同时刻都是不同的,从而受这两个因素影响的分馏系数显然也不能看作不随时间变化的量)。然而,添加了这种假定而推出的瑞利模型的解析式却有助于我们认识最简单的(理想)情况下的"规律"应当是什么"模样"。为了给出更符合实际情况的瑞利分馏模型,改变过于理想的前提,推导了"分馏系数随时间变化的瑞利分馏模型",并从数学上证明了"分馏系数恒定的瑞利分馏模型"可以看作"分馏系数随时间变化的瑞利分馏模型"的一个特例(具体见童海滨等,2007),部分内容参见本书第七章。

第六节　同位素的质量不相关分馏*

一、同位素质量不相关分馏的基本概念

在自然界中,伴随物理或化学过程所发生的同位素分馏基本上全都与质量相关,例如氧,在发生同位素分馏时,因为质量不同,所以氧-18 的分馏比氧-17 大:

$$\delta^{17}O \approx 0.52\delta^{18}O \tag{3-152}$$

由于与同位素的质量有关,故这种分馏称为同位素的质量相关分馏(mass-dependent isotope fractionation)。

* 本节由国际原子能机构韩良峰撰写。

根据分馏的定义，为了确定发生了同位素的分馏，需要两个同位素之间互比。而为了确定同位素的分馏与质量相关，则至少需要有三个同位素，如上例中由^{16}O，^{17}O和^{18}O构成的体系。

对不同的物质体系(例如水和岩石)以及不同的物理或化学过程(例如平衡分馏和动力分馏)，公式(3-152)中的因子也略有不同，0.52则代表了大多数分馏关系的平均值。

若同位素的分馏遵从公式(3-152)所示的规律，则可根据公式(3-152)从$\delta^{18}O$值计算得到相应过程的$\delta^{17}O$值。若用$\delta^{17}O$对$\delta^{18}O$作图，可得一条斜率近似为0.52的直线(参看图3-11中的虚线)。

同样，绝大多数硫同位素的分馏也与质量相关：

$$\delta^{33}S \approx 0.52\delta^{34}S \tag{3-153}$$

$$\delta^{36}S \approx 1.90\delta^{34}S \tag{3-154}$$

长期以来，人们以为自然界中只存在同位素的质量相关分馏。20世纪70年代，Clayton等首次在陨石中发现了氧同位素的分馏不符合公式(3-152)所示的关系。因为是在地球以外的物质中发现的，所以这个现象最初被认为只具有宇宙化学的意义，而且只能由核过程而非化学过程引起。20世纪80年代，Heidenreich和Thiemens用实验证明了化学反应也能引起氧同位素的分馏不符合公式(3-152)所示的关系。此后，人们发现地球平流层内的光化学反应能导致气体的同位素分馏不按公式(3-152)～(3-154)所示的规律发生，认识到地球上除了普遍存在同位素质量相关分馏以外，还存在同位素的质量不相关分馏(mass-independent fractionation；non-mass-dependent fractionation)。

所以，同位素的质量不相关分馏，是指不符合公式(3-152)～(3-154)所示规律的同位素分馏。

二、氧同位素的质量不相关分馏

同位素的质量不相关分馏的极端例子是氧同位素。在氧同位素的质量不相关分馏过程中氧-17和氧-18的分馏可用下式表示：

$$\delta^{17}O \approx \delta^{18}O \tag{3-155}$$

因此，若用$\delta^{17}O$对$\delta^{18}O$作图，则过程前后体系的同位素组成将落在一条斜率近似为1的直线上(参看图3-11中的实线)。

平流层内的光化学反应能够使氧气和臭氧发生同位素交换，反应使臭氧中的重同位素富集，同时使氧气中的重同位素贫化。实验室中的模拟反应表明，氧气和臭氧发生的同位素交换以质量不相关分馏的方式进行。故臭氧中的氧-17和氧-18按1∶1的比例富集，而氧气中的氧-17和氧-18则按相同的比例贫化，同位素组成发生的改变如图3-11所示。

除了氧和臭氧之间的同位素交换外，平流层内的光化学反应还能够使臭氧和二氧化碳发生同位素交换：

$$O_3 + h\nu \rightarrow O(^1D) + O_2$$

$$O(^1D) + CO_2 \rightarrow CO_3^* \rightarrow CO_2 + O(^3P)$$

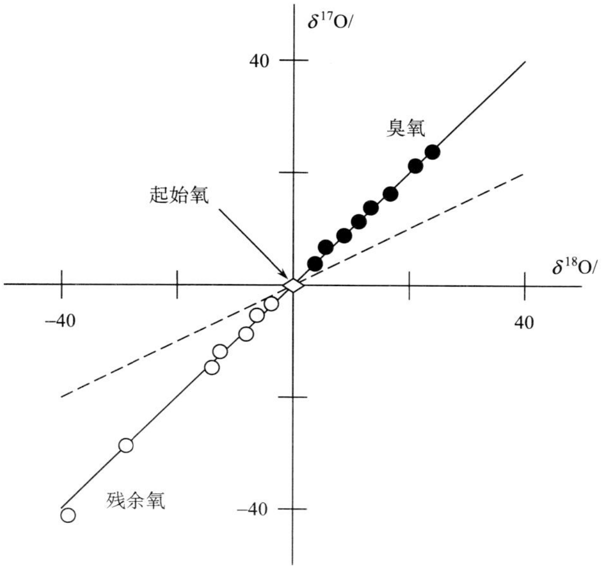

图 3-11　实验室中模拟的臭氧生成过程中氧同位素的质量不相关分馏

菱形代表反应起始时刻氧的同位素组成（因为还未分馏，故 $\delta^{17}O=\delta^{18}O=0$），黑色的圆点为臭氧的同位素组成（和起始氧相比较重同位素得到富集），白色的圆圈为残余的氧的同位素组成（和起始氧相比较重同位素发生贫化），实线为氧同位素的质量不相关分馏线，斜率约等于 1［参看公式(3-155)］，虚线为同位素的质量相关分馏线，斜率约为 0.52［参看公式(3-152)］

其中 CO_3^* 是短寿命的过渡态分子，$O(^1D)$ 和 $O(^3P)$ 分别是激发态和基态的氧。

为了便于理解，不妨设想一种简单的情况，即在图 3-11 所示的实验中加进二氧化碳，其同位素组成和起始氧的相同，如图 3-12 所示。图中的坐标代表了同位素交换导致的分馏，故二氧化碳被加入后首先落在原点。由于过程以质量不相关分馏的方式进行，则同位素交换后二氧化碳中同位素组成的变化应落在图 3-11 所示的氧-臭氧质量不相关分馏线上。

自然界里绝大多数过程都符合图 3-12 中的虚线所示的关系。例如水分子中的氧（大气水、海水、湖水、植物中的水分等），生物过程产生的氧气，岩石中的氧，化肥中以及硝化过程产生的 NO_3^- 等，其中的 $\delta^{17}O/\delta^{18}O$ 关系都可以用 $\delta^{17}O-0.52\delta^{18}O=0$ 表达。

当氧同位素的分馏不遵从 $\delta^{17}O-0.52\delta^{18}O=0$ 的规律时，即 $\delta^{17}O-0.52\delta^{18}O\neq0$，就会出现反常的情况，此时不能根据公式(3-152)从 $\delta^{18}O$ 值推算出 $\delta^{17}O$ 值。仍以上面简化了的氧-臭氧-二氧化碳体系为例，从图 3-12 可看出，对于某一确定的 $\delta^{18}O$ 值，例如 c 点，正常情况下按虚线计算，$\delta^{17}O$ 值应当落在 a 点，但由于同位素的分馏与质量不相关，因此 $\delta^{17}O$ 值实际落到了 b 点，二者之间的差值为

$$\Delta^{17}O=\delta^{17}O-0.52\delta^{18}O \tag{3-156}$$

$\Delta^{17}O$ 值反映了对正常的质量相关分馏的偏离，称作氧-17 异常（^{17}O anomaly）。公式(3-156)即是对氧-17 异常的定义。

臭氧的化学性质活泼，除了可以和二氧化碳交换同位素以外，还可以和许多其他气体

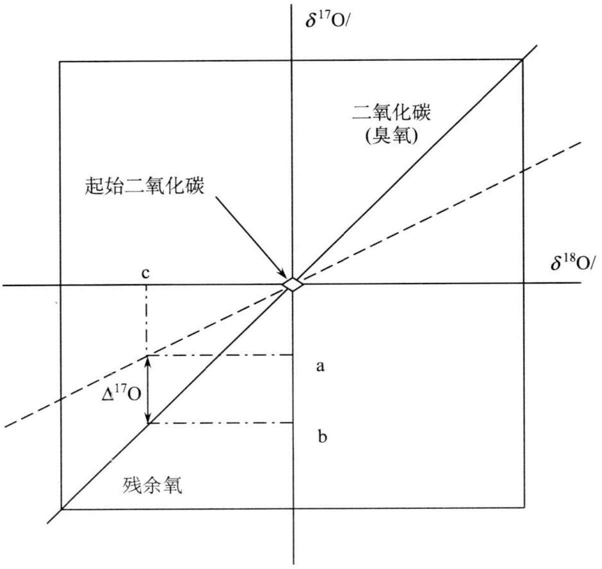

图 3-12　光化学反应所致氧-臭氧-二氧化碳体系同位素的质量不相关分馏示意图

实线表示的是同位素的质量不相关分馏线，斜率约等于 1；虚线表示的是同位素的质量相关分馏线，斜率约为 0.52

交换同位素，目前已知地球平流层内发生的光化学反应能够导致 O_3，O_2，CO_2，CO，N_2O，H_2O_2，硫酸盐和硝酸盐的气溶胶的同位素组成出现^{17}O异常。此外，还发现对流层中的氧、水中的 NO_3^- 以及有些沙漠和极地地区的硫酸盐也存在^{17}O异常。除了氧同位素以外，在前寒武纪的硫酸盐和硫化物里也发现硫的同位素存在质量不相关分馏。

同位素的质量不相关分馏使三元同位素组成（triple-isotope composition）作为独特的指示剂，被用在对许多问题的研究中，例如：

- 二氧化碳的循环以及大气的环流运动；
- 全球生物圈的产氧能力；
- 海洋以及局部水域生物的产氧能力；
- 不同地质历史时期生物圈的产氧能力以及气候变化引起的生物圈产氧能力的改变；
- 生物氮在水中的循环速度；
- 硝酸盐、硫酸盐和硫化物的起源、迁移以及不同地质历史时期的环境条件。

对流层中（近地球表面）的二氧化碳通过和水交换、生物固碳以及燃烧等反应以质量相关的方式发生同位素分馏（图 3-12 中的虚线），而平流层中的二氧化碳则通过和臭氧反应以质量不相关的方式发生同位素分馏（图 3-12 中的实线）。当平流层和对流层的气体互相混合时，混合气中二氧化碳的 $\Delta^{17}O$ 值主要取决于：①大气的混合速率，这一过程使近地球表面的二氧化碳中的^{17}O趋于异常；②二氧化碳在生物圈和水圈中的交换速率，这一过程趋于抵消二氧化碳中的^{17}O异常。因此，大气中二氧化碳的 $\Delta^{17}O$ 值不仅能揭示二氧化碳在大气中的循环，还能够作为研究二氧化碳平衡关系的有效的指示剂。

二氧化碳中的^{17}O异常随高度递增，故测二氧化碳的$\Delta^{17}O$还可以揭示空气的环流运动，对平流层和中层的大气运动状态的研究尤为重要。

大气圈氧同位素的$\Delta^{17}O$值主要取决于：①生物圈通过光合作用产生的氧的同位素组成，以及由呼吸作用引起的氧同位素的分馏，这些过程使氧同位素以质量相关的方式发生分馏；②平流层中的光化学反应导致的氧和二氧化碳等气体交换同位素，引起氧同位素的质量不相关分馏。生物圈的产氧能力越强，大气圈氧同位素的^{17}O异常越小，反之亦然。因此，借助适当的模型可根据大气圈氧同位素的$\Delta^{17}O$值估计出全球生物圈的产氧能力。

水中溶解的氧的$\Delta^{17}O$值主要取决于：①水中的空气和大气的交换速率，这一过程使溶解的氧中的^{17}O趋于异常；②水中生物氧的循环速率，这一过程趋于抵消溶解的氧中的^{17}O异常。因此，测水中溶解的氧，根据$\Delta^{17}O$值可判断水中生物的产氧能力。

测极地冰芯中的氧气，还可以根据$\Delta^{17}O$值推测不同地质历史时期全球生物圈的产氧能力，了解气候变化以及气候变化引起的全球生物圈产氧能力的改变。

和水中溶解的氧类似，水中的NO_3^-的$\Delta^{17}O$值主要取决于：①大气源的NO_3^-进入水体的速率，这一过程使水中NO_3^-的^{17}O趋于异常；②水中生物氮的循环速率，这一过程趋于抵消NO_3^-中的^{17}O异常。因此，水中NO_3^-的$\Delta^{17}O$值可作为研究二者平衡关系的有效的指示剂。

由于只有特殊条件下的化学反应能够导致同位素的质量不相关分馏，因此从地球表面的硝酸盐、硫酸盐以及硫化物中保留的同位素质量不相关分馏的信息，可判断其中部分组分的起源、迁移以及不同地质历史时期的环境条件。

在上述应用中，所测的都是气体（包括水中溶解的气体）或固体中的三元同位素组成（例如^{16}O，^{17}O，^{18}O），与此相比，很少有对水分子中的三元氧同位素组成关系的研究。显然，如果用常规的分析水分子氧同位素的技术，即用测二氧化碳的方法间接测定水的同位素组成，因为碳-13的干扰，所以很难精确测定氧-17的组成（参看第二十五章中的表25-1）。

为了了解水分子中的三元氧同位素的组成关系，Meijer 和 Li(1998)用电解的方法从水制备氧，分析了所制备的氧气中的^{16}O，^{17}O和^{18}O的组成。被分析的样品包括各种大气水、海水、湖水，甚至果汁，由此得到水中的三元氧同位素的组成关系为$\delta^{17}O=0.5281(\pm0.0015)\delta^{18}O$。

由于水的变化总是伴随着同位素的质量相关分馏，且在水的氧同位素质量相关分馏中尽管理论上不同过程对公式$\delta^{17}O=0.5281\delta^{18}O$都或多或少有所偏离，但偏离相对很小，因此和二元氧同位素（^{16}O和^{18}O）的测定相比较，测水的三元氧同位素组成至少在目前还不能为水文研究提供更多的信息。

三、三元氧同位素的应用举例

1. 用$\Delta^{17}O$对生态综合体系中大气源硝酸根的示踪

人类的活动改变了地球上的氮循环。目前每年通过人类活动将空气中的氮转化为含氮化合物（如硝酸盐，氨，二氧化氮）的数量已超过了全球生物固氮的二倍。据预测，人类固氮的数量到 2030 年还将再翻一番。除了人类固化的氮以外，还有大量由生物固化的、储存在煤和石油中的氮也被人类以燃烧的方式释放到大气中。人类以燃烧方式释放到大气中的氮氧化物(NO_x)①最终转化为硝酸根(NO_3^-)，并通过湿沉降或干沉降等过程到达地球表面，参与生态体系中的氮循环。

过多的(固化)氮(以 N 表示，以区别于 N_2)投入到生态体系中会影响生物物种之间的竞争与组成，使土壤酸化，森林退化，海岸、港湾水富营养化，地表、地下水质变差等。

除了通过沉降从大气进入生态体系，N 还可以通过许多其他途径引入到生态体系中，例如使用化肥，动物的排泄物，人类的生活垃圾、工业排放等②。因此，为了了解大气源的 N 对生态体系的影响，就需要有能够识别大气源 N 的分析方法。

近年来观测发现，大气中硝酸根中的氧-17 含量异常偏高，即，根据(3-156)式算得的 $\Delta^{17}O$ 明显不为零。$\Delta^{17}O$ 偏高是由于臭氧和氧化氮之间的氧交换造成的。由于只有大气中的光化学反应才能引起 $\Delta^{17}O$ 异常，因此可以通过测生态体系中硝酸根的 $\Delta^{17}O$ 值，来推测体系中大气源的硝酸根含量。

Michalski 等通过测硝酸根中的 $\Delta^{17}O$ 值发现，①在所研究的半干旱生态综合体系中，硝酸根在土壤和水中的 $\Delta^{17}O$ 值普遍偏高，表明土壤和水中含有大气源的硝酸根；②空气污染越严重的地区，硝酸根中的 $\Delta^{17}O$ 值越高，表明空气污染和当地的硝化速率有正相关的关系；③土壤中保留 $\Delta^{17}O$ 偏差，表明生物对 N 的吸收效率低。由于硝酸根在被生物利用之前即被从土壤中洗出，还导致了河流和地下水中的硝酸根偏高。因为土壤中 N 含量的增高在当地已引起明显的生态体系变化，所以 Michalski 等的发现有很大的现实意义。

2. 用三元氧同位素研究地球的气候变化

地球上水圈、生物圈和大气圈中的氧始终处于交换过程中，其中水圈和大气圈中的氧的交换是通过生物圈的活动进行的(图 3-13)。

- 水圈：海水蒸发再变为大气降水，大气降水中重氧同位素含量降低，过程中同位素含量的变化可用直线 1 表示(斜率＝0.528)。
- 生物圈：陆地植物在生命活动中吸收大气降水，水分通过叶片蒸发，其中的重同位素含量增高，过程中同位素含量的变化可用直线 2 表示(斜率＝0.517)；植物在生命活动中通过光合作用和呼吸过程不断释放和吸收氧气，使大气中的轻同位素富集在植物体内，引起陆地上方大气中的重氧同位素含量增高，过程中同位素含量的变化可用直线 3 表示(斜率＝0.515)。与陆地植物类似，海洋植物的生命活动也引起海洋上方大气中的重氧同位素含量增高，过程中同位素含量的变化可用直线 4 表示(斜率＝0.519)。和陆地植物不同的是，海洋植物没有叶片蒸发水分的过程。
- 大气圈：海洋生物和陆地生物产生的氧相互混合(不包括和平流层的气体相互混合)，使大气中的氧同位素含量值落在"•"处。

---

①② 人类活动离不开燃烧。燃烧可以使空气中的氮氧化为氮氧化物气体(NO_x)，也使燃料中的含氮化合物变成氮氧化物气体排放到大气中。

以上过程引起的水的变化总是伴随着同位素的质量相关分馏，所以各个过程中 $\delta^{17}O$ 和 $\delta^{18}O$ 的变化关系基本遵循公式 $\delta^{17}O = 0.52\delta^{18}O$。

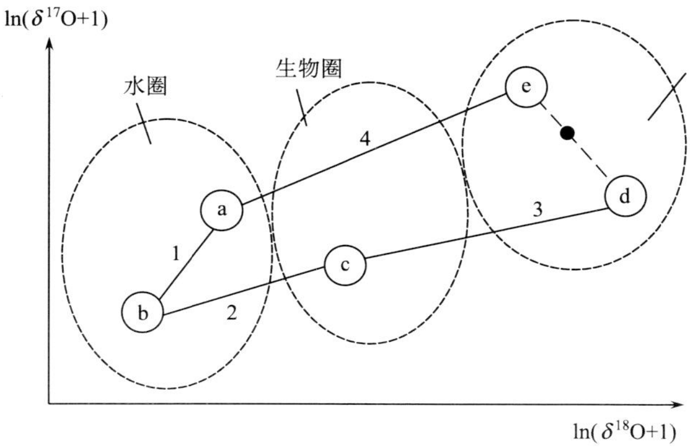

图 3-13　地球上水圈、生物圈和大气圈中的氧同位素组成的动态平衡。
同位素组成：a. 海水；b. 大气降水；c. 陆地植物中的水；d. 陆地上方的氧气；e. 海洋上方的氧气；• 大气中氧同位素含量的平均值。虚线为混合线，混合结果取决于两个端元体，即，陆地上方的氧气和海洋上方的氧气的同位素含量以及相对数量关系

由图可见，许多因素都可以导致大气圈中的氧同位素含量发生变化，即，"•"点在图 3-13 中发生偏移。

- 海水平面下降，引起海水的重同位素含量偏高（a 向右上方位置移动）。
- 海水的重同位素含量偏高，引起全球大气降水的重同位素含量偏高（b 向右上方位置移动）。
- 空气湿度减低、蒸腾速度加快，叶片水的重同位素含量偏高（c 向右上方位置移动）。
- 相对于海洋生物，陆地生物活动减少（海洋生物对大气氧影响的权重增加，导致图中的混合点"•"向左上方位置移动）。
- 全球生物活动增加（e 和 d 都向右上方位置移动）。

"•"点发生变化将导致和平流层的气体混合后地球表面大气的 $\Delta^{17}O$ 值改变，因此，分析从极地冰芯里提取的氧气，根据其中的三元氧同位素的含量可以推测地球气候的变迁。

第四章　陆地水的同位素地球化学流

顾慰祖

第一节　同位素水文系统

系统是将输入和输出相互联系起来的一种动态体系，而有输入、输出与状态三种变量，它们有各自的向量空间。不同类型的物理现象和过程，都可构成各自的系统，但各有其特有的组成部分。状态变量是系统的基本性质，但对它起制约作用的，一方面是系统内部的组成因素和它们的条件，或是组成系统的概念和性质；另一方面则是组成因素的机制和自身规律，或是组成系统所遵循的物理规律（图 4-1）。

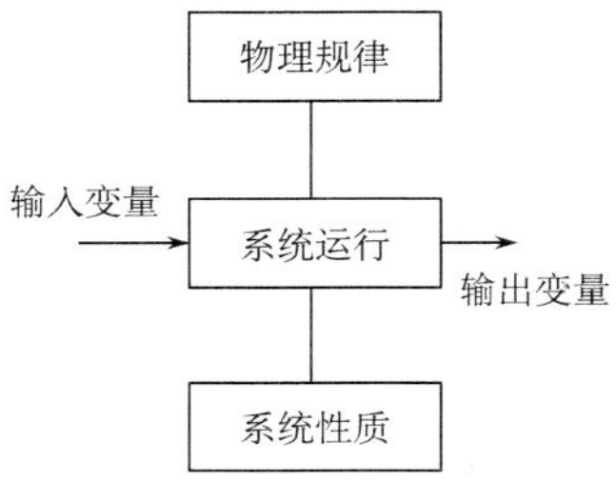

图 4-1　状态变量的制约因素（Dooge，1973）

水文系统以描述和研究水文循环和水文过程为目的，它由许多具体部分所组成。而这些具体部分随系统划分和界定而异，即在颇大程度上取决于研究对象本身以及研究要求和程度。最简单的如果只注意输入与输出的关系，而且只用到这两种变量，即是水文系统的黑箱方法。如果从系统的状态概念出发，那么与自然界的物理系统那样，它应是多输入、多输出系统，而且大多是非线性系统和时变系统。对任何这样的系统，一方面需要由水文测验研究其状态，另一方面还必须由水文实验研究其物理规律和机制，它们是系统识别和模型建立的必要条件。

同位素水文系统是上述水文系统的发展，在系统的输入、输出和系统性质及其物理规律方面叠加了一些有关环境同位素的示踪、变化和规律，于是增加了对复杂水文系统求解的可能性。

同位素水文系统与常规水文系统的异同见表 4-1。

表 4-1　同位素水文系统与常规水文系统的区别

系统	常规水文系统	同位素水文系统	
		相同的	叠加的
输入和输出	水量和水化学组分	同左	宇宙性成因核素，地壳和地幔放射性成因核素，大气和原生惰性气体，人工核素，有机卤素化合物
系统性质	表层水圈的水文过程和水循环（水分循环）	同左	广义水圈和其他圈层的影响和关系包括环境同位素和其他类型示踪物的水文循环

续表

系统	常规水文系统	同位素水文系统	
		相同的	叠加的
物理规律	水文学、水力学和热力学原理	同左	稳定同位素分馏原理，核物理原理
求解	黑箱方法、经验统计途径、水文数学模型	同左	数学物理方法识别

第二节　同位素地球化学流

对于各种尺度的同位素水文系统，其同位素水文循环和平衡，实质上是由系统内及与系统有关的系统外，即系统广义环境的各种同位素地球化学流的组合和消长。地球化学流泛指环境景观中化学物质和其他物质的流动（科兹洛夫斯基，1972）。同位素水文系统的同位素地球化学流则特指水和水中各种同位素的同位素流，它既是现时的也是历史的结果。它不仅是自由迁移物，而且还包含了从属于各种类型水流的迁移元素，综合构成水文系统中的迁移相，形成迁移流。它们沿系统中的地球化学通道流动，这取决于系统的地球化学结构，主要是地质时期和土壤时期的迁移结构。迁移流不仅取决于水迁移，而且还取决于大气迁移、生物迁移和地质迁移。所以，同位素地球化学流在空间上各有关圈层是耦合的，而且在时间上也是耦合的。

因而，同位素水文系统一方面当然以水循环和水平衡为主体，但另一方面又不同程度地耦合了各种类型同位素所特有的循环和平衡。这也就是上述同位素水文系统与普通水文系统既相同而又不相同的原因，也是在第一章中所述同位素水文方法具有更多信息度的原因。

一、地球化学流的型式

某种尺度的系统，可相应于图 1-15 中的一部分加以界定。设将同位素水文系统概化为从大气圈、生物圈直到岩石圈的棱柱体，各种类型和不同目的的系统由其中不同的边界所组成。则以水为载体的同位素地球化学流可有如下 3 种主要的流型式。

1. 地球化学垂向流（Ⅰ）

发生于系统外或由系统内、外成因而发生的以垂向为主的同位素流，或正或负，它既包括稳定同位素也包括放射性同位素和惰性气体同位素（图 4-2a）。就地面水文系统而言，这是最接近于常规水文系统的流形式，包括降水、蒸发、下渗等。就具有地下边界的水文系统而言，则还有另一类以垂向为主、出入地下边界的流形式，如深层地下水越流、原生水上移等，参见图 4-2。

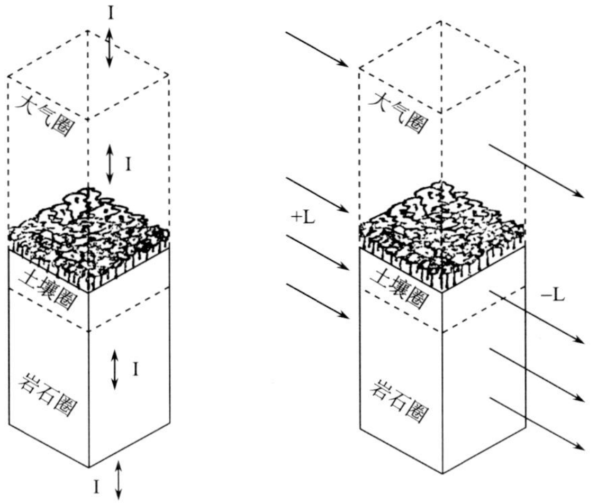

图 4-2　同位素地球化学流(福蒂斯丘,1980。有改动)

a. 垂向流;b. 侧向流;c. 迁移循环流

2. 地球化学侧向流(L)

发生于系统外或流向系统外、以侧向为主的同位素流(图 4-2b),造成入流(+L)或出流(-L)。从途径而言有:①大气圈途径:经大气水平输送进入系统,它可经由降水转化为Ⅰ,或仍由相同机制移出系统。②地面途径:经由地表水文网进入系统,它可转化为垂向流,也可转化为下述的循环流或仍流出系统。③地下途径:经由浅层、深层地下水系统流入或流出。并因地质结构可发生各种类型的转化,既可转化为地面、地下途径的 L,也可进入深层循环。

以上各种途径往往相互组合、相互转化,而且在同一系统中,也往往发生几个同时存在的侧向流。同位素地球化学侧向流是构成同位素混合体系的主要机制,这已成为同位素水文研究的方法。

3. 地球化学迁移循环流(M)

这是指发生在系统内部由于动力学、热力学和化学条件包括同位素的不平衡及地球化学梯度所导致的迁移和循环流(图 4-2c)。同位素迁移循环流的特点有:①多层参与。同位素迁移循环流因所取系统的不同而涉及一个或几个地圈。通常经由贴地气层、土壤直至深部岩石圈发生迁移循环,往往发生相互渗透、垂向混合的多层参与。②生物圈参与。在其迁移循环过程中发生与生物圈的耦合。这包括各种生物必需元素和微量营养分,甚或一些非必要元素包括污染成分在内的各种类型同位素参与循环。对某些同位素如硫,在其迁移循环流中往往有微生物参与并发生重要影响,这是同位素水文学的一个特异点,环境同位素在水文过程中的行为不仅受景观地球化学结构的制约,而且还受到生态系统结构稳定性的支配，这实际上已成为新的研究方向。③围岩参与。在其迁移循环过程中发生与土壤-岩石圈的耦合。因系统内同位素迁移和循环流发生水与围岩、水与土壤以及水与气体的相互关系，从而产生不同类型的同位素交换和变化，通称水岩关系、水土关系及水气关系。特别是各种类型的地球化学性溶质同位素，包括各种地壳性同位素，必须通过水岩、水土关系，即必须通过迁移循环流才能进入同位素水文系统。

二、地球化学流的整合

（一）整合型式

上述 3 种同位素地球化学流型式，由系统内、外各种同位素流整合为系统的同位素循环和同位素平衡，对不同的同位素水文系统，表现为不同的整合型式。

1. 闭合型

只有全球同位素循环可近似为闭合型，与宇宙空间只发生能量交换而忽略其物质交换。因而仅有 M 流（图 4-3a）。

2. 开放型

实际上除全球系统外，所有其他各种同位素水文系统实际上都是开放型，但有不同的同位素地球化学流的组合，分述如下。

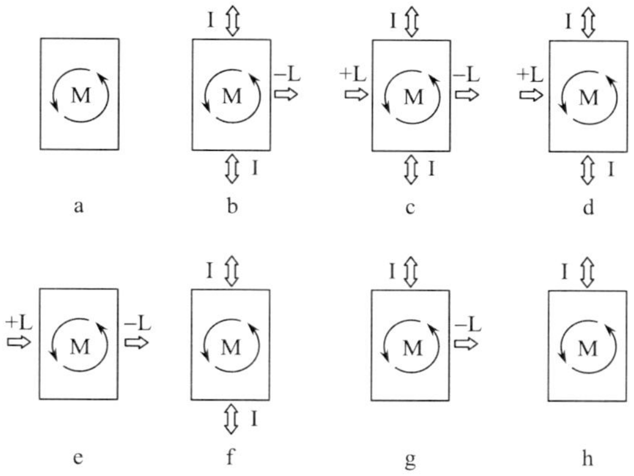

图 4-3　同位素地球化学流的整合型式

（1）水文流域。以水文流域为研究对象的同位素水文系统。当其地面、地下都具有分水线即地面、地下的集水范围具有闭合边界时，有 ±I，−L 和 M（图 4-3b）；当仅地面集水范围闭合而地下则否时，则兼有 ±L（图 4-3c）。

（2）水体。海洋近似为具有 ±I，M 但只有 +L 的型式（图 4-3d），湖泊、水库除特殊情况外均为图 4-3 c 型式。

（3）含水层和地下泉域。潜水均属兼有 I，L，M 流型（4-3c）。泉域当有闭合边界时，虽无 +L，但或有各类侧向排泄而有 −L，即为图 4-3b 型，当有不确定边界时则为图 4-3 c 型。深层地下水和地热水系统一般均为图 4-3 c 型，承压水间或有图 4-3 b 及 4-3 e 型。

（4）植物群落。必具有 I，M 流，有时或有特殊类型的 −L，所以为图 4-3b 型或为图 4-3f 型。值得注意的是，其同位素迁移循环流 M 却与其他同位素水文系统的 M 不同，常取相反方向，即往往由土壤到根系而到树叶、大气，又经由残落物回归土壤。

（5）特殊的同位素水文系统。主要是一些特殊的水文实验系统。如实验流域由于有设定的人工边界，有时可构成特殊的流型式（如图 4-3g）。若以非饱和带同位素行为和潜水蒸发研究为目的所设计的特殊系统，则有 4-3h 类型。

由此可见，对不同类型的同位素水文系统，其同位素地球化学流的整合类型共为8种，因特殊目的而划分的天然系统或为此设计的人为系统，则还可能有其他类型。但对天然陆面水文系统而言，主要是图4-3中b,c,e,f型。所有这些类型的不同点主要在于同位素地球化学垂向流和侧向流的组合，而共同点则是都存在着系统内的同位素迁移循环流。也就是说，多层参与、围岩参与和生物圈参与是同位素水文系统的一般现象。

（二）宏观结构

1. 空间连续性

同位素地球化学流所反映的系统，即使是一个很小的实验水文系统，空间上也必然涉及系统外的同位素流和系统内的循环流，这两者一起构成自大气、土壤、植被到围岩的连续流，而成为同位素地球化学流的空间功能单元。

2. 时间延续性

同位素地球化学流在时间上虽然仅是少数研究时段的反映，然而实际上它是所研究同位素在其连续时程中的累计，因而不同同位素将有其不同的时间功能单元。它实际上也不能加以割裂而必须追溯其渊源和演变，从而，这使系统中的水带有了时序性。

（三）混合体系

从以上所讨论的同位素流组合型式的共性，可以看到几乎所有的同位素水文系统包括天然的和人为的，实际上都是同位素的混合体系。亦即被研究的同位素水文系统，都是由一个或若干个具有不同同位素组成的原始体系，或其他混合体系与之发生不同比例的混合结果，这往往是一种复杂的组合关系（图4-4）。混合体系的发生，其成因既有上述的外部侧向流也有内部的迁移循环流。同位素混合体系的研究，对水文现象的发生机制、物理过程，特别是其水源组成和来源提供了有效的定量方法。

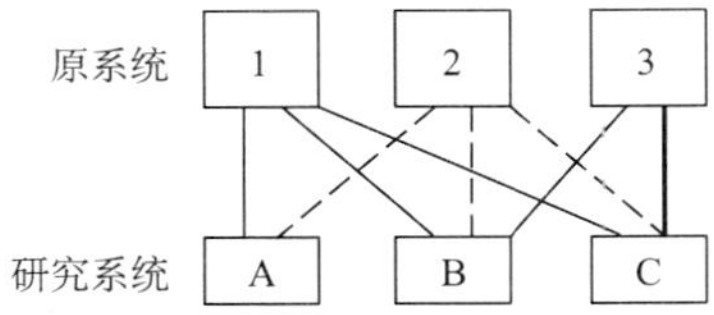

图4-4　同位素混合体系示意图
（陈道公等，1994。有修改）

（四）综合体系

任何同位素水文系统实际上都是由多种同位素体系的综合，即它是由各别同位素的混合体系所综合（图4-5）。水文系统中不同类型的水文过程，既有对水文系统具有普遍性的同位素流，也有对此特定水文过程有标识性的同位素流与之相对应。同位素地球化学垂向流引入各种成因的不同类型核素（见下节），而系统内部因循环流发生的水-岩相互作用又引入另外一些类型的核素，它们分别进入流域水文系统的各子系统中。因而，对各别的子系统而言，必有相应于其自然地理条件的起标识作用的核素。很明显，同位素水文系统的这种性质，必然会对流域水文现象和其发生机制有更多视角的观察，提供多元的、可相互校核的研究途径，从而可解决一些单纯由水量这样的水文方法所难以解决或不可能认识的问题，并且也最终会有更多的发现，使水文学改观。

三、地球化学流中的同位素

参与同位素水文系统地球化学流的同位素，从其性质、行为和作用，大体上可分为两类：

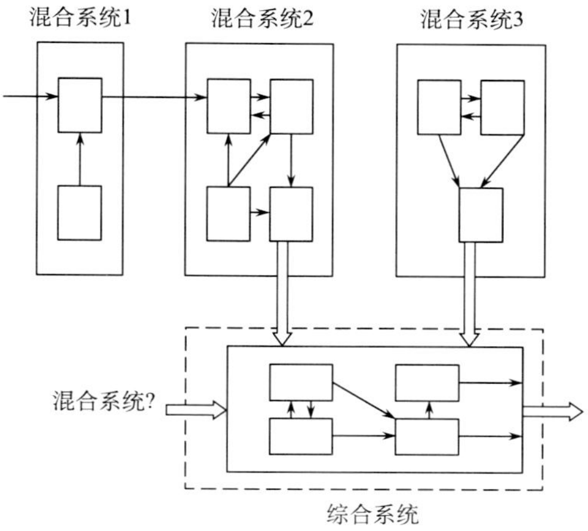

图 4-5 同位素综合体系示意图

1. 水同位素

它们参与构成水分子本身，即 H、O 的各种同位素。

2. 溶质同位素

可有三类即：生物化学性溶质同位素，主要有 S、N、C 的一些同位素；地球化学性溶质同位素，包括各种地壳性同位素如 Sr、Ra、U、Pb、Li；惰性气体 He、Ne、Ar、Kr、Xe、Rn 等的一些同位素。另外还应用一些不属于同位素的有机卤素化合物，主要有氯氟烃(CFCs)、SF_6 等。

水同位素在地球化学流过程中，除了在高温条件下，与任何有机物和围岩物质的相互作用都可以忽略不计，可以认为是保守性(持恒性或守恒性，conservative)的。主要只有两个过程可以支配其稳定同位素的组成即：分馏和混合。对氚而言，只有它自身的衰变和系统混合，因此它们给出的信息是框架性的、确定性的。

溶质同位素与有机物和围岩物质往往有一定的相互作用，从另一个方向说明为何能使它在水中存在和它因何种环境而发生变化，而一些惰性气体则是守恒性的，它在水中的过程密切与环境相应。它们是各自独立的方法而各有其信息度，有些还具有时间尺度，并且相对而言可以定量。所以，对于各种实际问题的研究，都必须将水同位素与其他溶质同位素相结合，相辅相成，相互验证。所以多元同位素方法，应该是同位素水文研究的一个原则。

以上这些同位素就其成因和起源而言，可分别为两类：

1. 天然成因核素

按其起源可分为三类：

(1) 宇宙性成因(cosmogenic)核素。由宇宙辐射(宇宙射线)连续产生的放射性核素。

(2) 地球内部圈层放射性成因(radiogenic)核素。在地球内部圈层中的放射性衰变产物或由核反应所产生的核素。理论上它们发生在所有地球圈层内，但主要是在岩石圈内(图 1-9，图 1-15)，因此也可称为地壳性成因或岩石圈成因(lithogenic)核素。

(3) 地幔原始成因(inherited,primordial)核素。在行星形成时就已存在了,主要是氦,在第十章中讨论。

2. 人为成因核素

只在20世纪40年代以后才产生,有两类:

(1) 热核成因核素,来自各种热核爆炸。

(2) 核设施成因核素,来自核电站以及各种类型的核事故和核废物。

上述三类天然成因核素构成同位素水文系统的同位素来源,在以下各节中讨论。也有把人为成因的核素与由宇宙辐射产生的核素归为一类(Kendall and McDonnell,1998),并把上述地壳性成因核素的第三类也包括在内。认为它们本质上都是核反应(见第二章)的结果。

第三节 宇宙性成因核素

一、大气中的宇宙辐射成因核素

1. 宇宙射线成因核素

这是宇宙辐射成因核素中最主要的一类,它是由宇宙射线与大气原子核发生相互作用所形成的。宇宙射线是来自宇宙空间连续不断地轰击地球的高能粒子流,主要来自新星和超新星爆发。到达地球大气层上部的称为初级(或一次)宇宙射线(图4-6),由各种原子核组成,主要是质子和氦原子核,另外只有1%~2%是原子序数$Z \geqslant 3$的核和高能电子。这些粒子接近地球时的速度竟达到300 km/s(Ферронский et al.,1984),而每个质子的能量可达10^9 eV,还有超过10^{20} eV的,为一般辐射能量所无法比拟(江藤秀雄,1978)。初级宇宙射线与大气层原子核和离子发生相互作用并受到地磁场影响,产生能量较低的粒子流,为次级(或二次)宇宙射线(图4-6)。高能重核和质子在大气中发生核反应所产生的粒子主要是π介子,可穿透15 cm以上的铅(环境放射性监测方法,1977),它或衰变产生μ介子、中微子ν或γ光子,而μ介子则衰变为中微子和电子,而γ光子在大气中形成级联簇射。这样多代次级倍增过程,一个初级粒子可产生10^8个次级粒子(科恩,1976)。在海平面观测到的次级宇宙射线,主要是介子(约70%)和电子(约30%)(环境放射性监测方法编写组,1977)。

宇宙射线与大气原子核发生相互作用而产生宇宙辐射成因核素,特别是与占对流层大气体积78.08%的N_2,20.95%的O_2和0.934%的Ar(Marson,1966),所发生的核反应主要有(n,p),(n,2n),(n,α),(n,γ),(p,n),(p,2n),(p,2p)等类型,其大部分即约70%形成于大气圈上部,只有约30%形成于对流层中(Ферронский et al.,1984)。在同位素水文学中有应用意义的(Nimz,1998)如下:

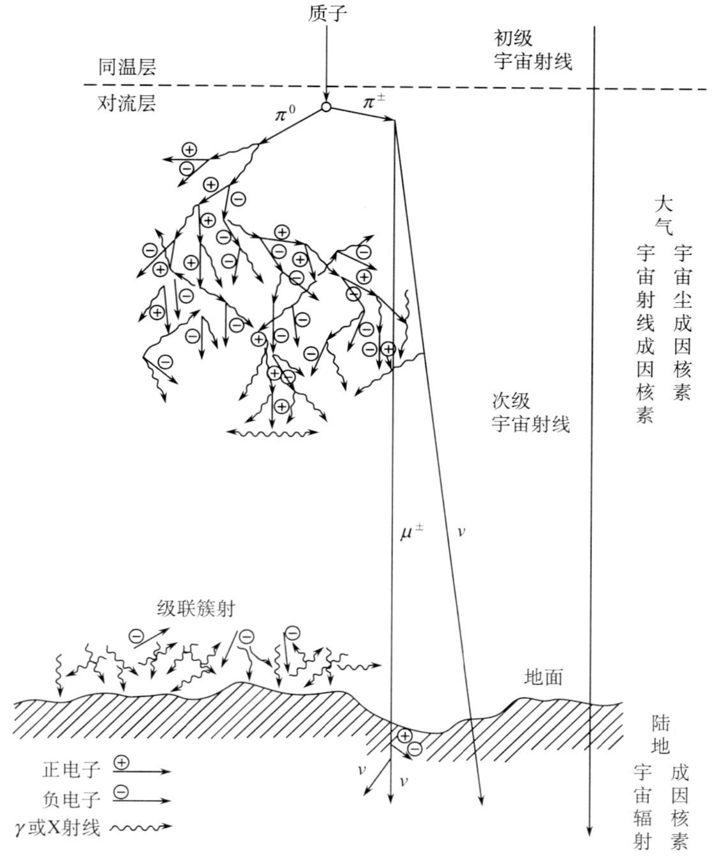

图 4-6　宇宙射线和宇宙辐射成因核素形成位置示意图
(宇宙射线示意图据江藤秀雄,1978)

与大气中的^{14}N和^{16}O反应所产生的^{3}H,^{7}Be,^{10}Be,^{14}C;与^{40}Ar反应所产生的^{22}Na,^{33}P,^{32}Si,^{35}S和^{36}Cl;与^{82}Kr反应所产生的^{81}Kr和^{41}Ca;与^{131}Xe反应所产生的^{129}I等。

此类核素往往同时由几类机制形成。如在地下水研究中应用的^{36}Cl,它一方面与大气中的^{36}Ar、次级中子发生$^{36}Ar(n,p)^{36}Cl$的核反应而产生,另一方面还可因大气中的^{40}Ar原子核被高能粒子击碎而产生,它可产生^{36}Cl的约67%(Andrews and Fontes,1991)。但是它在大气圈中连续生成的产额,取决于大气中次级中子和质子流率的强度,往往随纬度和高度而有一定变化(图4-7),这是影响大气宇宙辐射成因核素的一个重

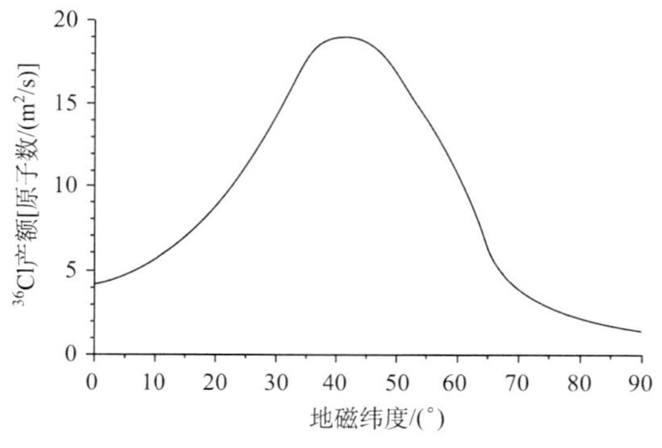

图 4-7　宇宙辐射成因核素^{36}Cl产额与地磁纬度的关系
(Andrews and Fontes,1991)

要因素，在地下水研究中需要考虑。

2. 宇宙尘成因核素

因宇宙尘在其飘落过程中受宇宙辐射而形成的核素。当然从形成机制而言，本质上与上述相似，只是其来源不同。此类宇宙辐射成因核素在同位素水文学中有意义的有 ^{10}B，^{14}C，^{22}Na，^{26}Al，^{36}Cl，^{39}Ar，^{53}Mn，^{59}Ni 等。它们并非如想象的那样可以忽略不计，因为每年可有约 10^8～10^9 kg 的宇宙尘落向地面（Ферронский et al.，1984）。有些此类核素则因此而可有其特有的信息，如 ^{53}Mn 和 ^{59}Ni 并不在地球大气圈内产生而只有从宇宙尘而来。类似的还有 ^{26}Al，它在大气中的生成率很低而主要也是从宇宙尘而来。

宇宙辐射成因核素在大气圈中生成以后，除放射性气体外，大部分都很快被氧化，随后即被气溶胶所吸收。只有氚和含有 ^{14}C 的 CO_2 仍保持其自由态。当它们进入对流层后即通过降水进入水文循环，是降水中相应核素的主要来源。降水中放射性核素的浓度大致正比于大气中相应核素的浓度。

二、陆地的宇宙辐射成因核素

虽然大气层可使宇宙辐射强度大为减弱，但经过大气层簇射的二次（次级）宇宙射线其一部分可以继续进入到地面下一定深度范围。另一方面，大部分与空气分子发生核反应后形成一些次级的粒子流，如 μ 介子、中微子 ν 和中子，也还会继续产生级联簇射到达地面或也还直接穿入地下（图 4-6）。地下几米内就有 μ 介子的作用，在相当于 400 kg/cm^2 压强的地下深度处，就发现既有次级也有初级宇宙辐射所发生的中微子与核素的相互作用（Ферронский et al.，1984），Lal and Peters（1967）认为 μ 介子可到达相当于 0.7 kg/cm^2 压强的地下深度上。这些也以上述类似机制在地面和地面下一定深度范围产生宇宙辐射成因核素。

这一机制所构成的核素产额，相对于大气圈而言当然要小得多，因而曾认为即使在地壳表层（Ферронский et al.，1984），或大于 50 m 深度的围岩（Andrews and Fontes，1991），可以忽略不计，但由于它的影响可进入地下达一定深度，因此应予以一定注意。

第四节　地球内部圈层放射性成因核素

地球内部圈层是从地面起，包括地壳、地幔和地核的各个圈层。内部圈层放射性成因核素有三类：①由各该圈层中的原始天然放射系所衰变产生。②由此外的其他放射性核素所衰变产生。③因其在衰变过程中所产生的辐射而与围岩发生核反应而间接产生。前两类可简称为天然放射性成因核素，后一类即原位性（或原地性，in situ）成因核素。它们在各圈层内广泛存在，但在不同类型的岩石圈中却有不同的丰度，一般而言以地壳圈层为富，于是也称为地壳性成因核素。而岩石圈一般泛指地壳圈层和上地幔（见第一章，图 1-9，图 1-15），所以也有称为岩石圈成因核素。实际上它发生在地球所有内部圈层之中，只是以地壳圈层较富而已。第一章中提过一类核聚变也可能产生与水文学有关的同位素，这显然不属于本节讨论的放射性成因，但由于内容少，就附于本节之后。

一、天然放射性成因核素

铀系、锕铀系和钍系在地球形成之初即已存在，由于其母体都有特长的半衰期与地球相当，因而至今仍在地壳中存在着，产生各种放射性子体核素，最终产生铅的稳定同位素。这三个天然放射系不仅在地质学，而且也在同位素水文学中有着重要意义。其衰变系已在第二章中讨论过，一般可表示为

$$
\begin{aligned}
{}^{238}\mathrm{U} &\rightarrow 8\alpha + 6\beta^{-} + {}^{206}\mathrm{Pb} \\
{}^{235}\mathrm{U} &\rightarrow 7\alpha + 4\beta^{-} + {}^{207}\mathrm{Pb} \qquad (4\text{-}1) \\
{}^{232}\mathrm{Th} &\rightarrow 6\alpha + 4\beta^{-} + {}^{208}\mathrm{Pb}
\end{aligned}
$$

以上每个系都产生核素 Ra，Rn 等，^{222}Rn 成为进入大气的放射性核素。而 α 粒子衰变就直接产生^{4}He 了。

除以上天然放射系外，还有原子序数在 83 以下的天然放射性核素及其衰变产物，它们不成系列。如具有长半衰期的^{40}K 以及^{50}V，^{87}Rb，^{138}La，^{144}Nd，^{147}Sm，^{176}Lu，^{190}Pt 等。这一类天然放射性核素在内部圈层中也有相当的重要性，如^{40}K 占到天然 K 的 0.118%和浅部岩石圈的 2.6%，其总的平均重量丰度则与铀相当，且相当于钍的约 1/4(Adams，1962)。

这些天然放射性核素因地球化学过程而非常错综复杂。虽然如此，仍有一些一般性的规律可循。例如，岩浆岩(火成岩)的放射性与硅酸盐含量有关，在酸性岩类中最高、超基性岩类中最低(如纯橄榄岩)。岩浆岩的放射性一般高于沉积岩，而变质岩的放射性则与其成因和原岩有关。某些沉积岩包括页岩和磷酸岩往往有较高的放射性，石灰岩和各种蒸发岩(如石盐、硬石膏、石膏等)的放射性核素含量往往很低。作为一般概念，表 4-2 列举了各类岩石中主要放射性核素的组成情况(NCRP，1976)。

表 4-2　岩石中的放射性核素(NCRP，1976)

岩石类型	K/%	U/ppm	Th/ppm
火成岩			
酸性岩(如花岗岩)	3.3	4.7	20.0
中性岩(如闪长岩)	2.3	1.8	8.0
基性岩(如玄武岩)	0.8	0.9	2.7
超基性岩(如橄榄岩)	0.5	0.03	6.0
沉积岩			
石灰岩	0.3	2.2	1.7
碳酸盐岩	—	2.1	1.9
砂岩	1.2	到 1.5	到 3.0
页岩	2.3	3.5	11.0
地壳平均	2.3	3.0	11.4

土壤圈中的天然放射性核素颇大程度上取决于其母质以及它的成土过程和运移条件，但有时并不与其下伏基岩的放射性核素相一致，而有较大的空间变化并随深度而异。土壤圈中的天然 α 放射性是来自钍系和铀系，其贡献相应约为 2 ∶ 1；天然 β 放射性则至少有一半来自^{40}K，其余则来铀系、钍系和^{87}Rb；至于土壤圈中的天然 γ 辐射，则主要来自钍系和^{40}K，它们的贡献各占约 40%，铀系的贡献约为 20%（高万林等，1980）。在同位素水文测验中（第二十章）要涉及岩石和土壤圈这些天然放射性的利用。表 4-3 为土壤中主要放射性核素的组成情况（NCRP，1976）。

表 4-3　土壤中的放射性核素（NCRP，1976）

放射性核素	土壤中浓度/($g/g_{土壤}$)	
	典型值范围	世界平均
^{40}K	$(0.5-3.0)\times10^{-6}$	1.5×10^{-6}
^{87}Rb	—	4.0×10^{-5}
^{226}Ra	$(0.5-2.0)\times10^{-12}$	8.0×10^{-13}
^{232}Th	$(2-12)\times10^{-6}$	6.0×10^{-6}
^{238}U	$(1-4)\times10^{-6}$	2.0×10^{-6}

这些天然放射性核素分布于从土壤圈、岩石圈直到地幔中。从以上两表可见，几乎是无处不在，所以是地球内部圈层放射性成因核素或地壳性成因核素的主角，同时也是形成同位素水文系统中地球化学梯度的主要背景。

二、原位成因的天然放射性核素

原始天然放射系在衰变过程中所产生的辐射，与围岩原子核发生相互作用，而后就在那里产生新的核素，即所谓原位成因（in situ production）（Nimz，1998）的天然放射性核素，是直到近些年来才在同位素水文研究中引起重视并有应用的一类核素。

1. 产生中子的机制

实际上，由铀和钍衰变导致产生原位成因核素核反应的辐射，都属中子辐射。成为中子辐射来源的机制则有两方面：

（1）由（α，n）作用产生次级中子。如第二章所述，铀和钍衰变系都发射 α 粒子，可与周围原子发生（α，n）核反应而产生中子。对地壳而言，主要是对丰度高的那些元素，如硅质岩的 Al，Na，Si，O，Hg 等，碳酸盐岩的 O，Mg 等。铀和钍衰变系列中能量最高的 α 粒子（8.78 MeV）在空气中的最大行进距离为 8.7 cm，在硅质和碳酸盐岩基质中则只有 37 μm（Andrews and Fontes，1991）。因而只能在原位置处发生（α，n）反应。这也是为什么称之为原位成因核素的原因。

（2）自发裂变。铀在自发裂变时，分裂为 2 个或 n 个质量大体相等的碎片，同时还发射出中子和释出能量。此类中子与岩石或水中的 Si 或 O 发生(n,n)反应时,还会进一步生成中子。自然条件下这主要发生于^{238}U。此类自发裂变的半衰期要比其放射性衰变长得多,几乎可长到 6 个数量级。然而对典型的天然围岩基质而言,由这种自发裂变所产生的中子产额却比上述因 α 成因的产额要少得多。

2. 产生核素的机制

上述机制所产生的中子,与周围原子发生核反应而产生新的所谓原位成因核素,有以下两例。

1) 原位成因核素^{36}Cl

由上述(α,n)作用所产生的中子流以及因自发裂变所产生的中子流与围岩中的^{35}Cl发生以下反应而生成,其半衰期为 3.01×10^5 年。

$$^{35}Cl(n,\gamma)^{36}Cl$$

这一反应对于具有高 Cl^- 的围岩和地下水特别重要。而因^{238}U 直接裂变产生的中子所发生的上述反应只占约 10%～20%。

此外,^{36}Cl 还可由以下一些反应生成

$$^{39}K(n,\alpha)^{36}Cl$$

$$^{40}Ca(n,p\alpha)^{36}Cl$$

它也可用于地下水测年。

2) 原位成因核素^{14}C

在地下水中,特别是在大于 100 m 的深层水文地质条件下,由 U 及 Th 放射系所直接、间接形成的此类原位成因^{14}C,已成为改变传统地下水^{14}C 测年的一种潜在问题和可能方法(Andrews and Fontes,1991)。此类^{14}C 的形成有以下方式:

在岩石和流体中 $^{17}O(n,\alpha)^{14}C$

和 $^{11}B(\alpha,p)^{14}C$

对地下流体中的硝酸盐和溶解氮则有 $^{14}N(n,p)^{14}C$

当围岩含铀较高且直接与裂隙地下水接触时,由于上述反应所产生的^{14}C 的将可较容易地进入地下水,这将大大影响使用无机碳作地下水测年的方法。

3) 原位成因核素^3H

氚其实并不完全在大气中天然或核爆生成,也可由 U 及 Th 放射系衰变产生的 α 粒子以以下方式形成

$$^{6}Li(n,\alpha)^{3}H$$

虽然其产额与大气氚不能相比,但一方面对于氚存在有这样的产生机制,而另一方面,也是地球内部圈层中所谓氚生氦$^3He(^3H)$(见第十章、第二十五章)的一个来源。

三、核聚变成因产生的核素

这主要是关于氚，是否有地球内部的地源氚，而对于氦，除了原生氦外，是否也有地源性的，理论上是存在的(图 1-2)，因为这是典型的轻核聚变(褚圣麟，1979)：

$$^{2}H+^{2}H\rightarrow^{3}He+^{1}n+3.25MeV$$

$$^{2}H+^{2}H\rightarrow^{3}H+^{1}H+4.00MeV$$

但是，对于在地球内部的生成，迄今还只是一种猜测。因为在地球深部虽然有高温高压的条件，但核聚变还需要具备另外更苛刻的条件(杨福家等，2002；褚圣麟，1979)，因而是否能发生核聚变还不能肯定。

第五节　人为成因放射性核素

人为成因核素有多种来源。20 世纪 70 年代以前这主要是热核试验和与之相关的核工业如反应堆等，发展到现在，各种核设施主要是核电站已成为人为成因放射性核素的主要来源了。此外，核意外事故可造成放射性核素对大气圈和水圈、土壤圈的突发性输入，核废料则正逐渐成为核素由岩石圈进而进入水圈的潜在来源。

一、热核成因放射性核素

人为成因放射性核素明显地分布到全世界范围，是从 1952 年在太平洋上的热核试验后开始的。1945～1973 年的 936 次核试验中，有 422 次在大气层中进行(IAEA，1973)，特别是 1958～1959 年频繁的热核试验，造成了大量放射性核素注入平流层和对流层中。由于此类放射性核素在平流层中有很长的停滞时间，因而它们成为全球性对流层中沉降物的持续来源，也称为核爆脉冲性核素或热核核素。

各种核爆炸包括大气层核试验的直接后果和地下核试验的间接影响，在大气中形成了大约 220 种放射性核素及其子代产物，这包括由于核爆时的中子与大气原子核发生相互作用的产物。其中，在可检测范围之内，且广泛分布的主要核素有^{3}H，^{14}C，^{36}Cl，^{54}Mn，^{55}Fe，^{60}Co，^{65}Zn，^{85}Kr，^{90}Sr，^{90}Y，^{95}Zr，^{95}Nb，^{106}Ru，^{125}Sb，^{129}I，^{134}Cs，^{137}Cs，^{144}Ce，^{238}Pu，^{239}Pu，^{240}Pu，^{241}Pu，^{241}Am 等(NCRP，1976)。此外，在核试验现场和核设施区域还发现有^{41}Ar，^{138}Xe，^{133}Xe，^{87}Kr，^{88}Kr，^{138}Cs，^{88}Rb，^{131}I 等。此外，还有一些半衰期相对较短，但分布却相当广泛的核素如^{14C}Ba-^{140}La，^{124}Sb，^{103}Ru，^{41}Ar 等。

核爆后所产生的各类核素以高分散气溶胶形式进入大气。地爆产生的此类粒子最大可达 2000 μm；空爆的最大只有几十微米，大多数为几微米或小于 1 μm 的粒子。它们顺大气环流运行并发生沉降而有以下一些主要类型：①局部沉降，即在核爆近区中发生或是初期沉降，主要是干性尘粒，在核爆后数十小时内可随爆点下风带形成数百公里的强辐射区。②对流层沉降，分布于对流层顶以下的大气层内，含有大量半衰期较短的核素，它可影响本半球的大部分地区，它主要随降水发生沉降。③平流层沉降，热核试验高空爆炸时的裂变产物几乎都在平流层内，它可绕地球长期漂移，但一旦进入对流层即可随降水进入水循环，也可影响到全球。这主要是长半衰期的核素，如^{90}Sr，^{137}Cs，^{14}C 等。事实上热核爆炸的产物经由降水发生的沉降（所谓湿沉降）远比直接到达地面的干沉降为大，甚至可高达百倍。如^{90}Sr，其约 80%～90%就是随降水而沉降的。

二、核设施成因放射性核素

从 20 世纪 50 年代中期世界上第一座核电站（NPP）运行以来，现在已有了 400 座以上，而且还有几十座在建。中国也从无到有，开始了核电时代。核电站在正常运行中以及核燃料后处理过程中所形成和从水、气释出的核素，主要有：^{3}H，^{24}Na，^{46}Sc，^{54}Mn，^{58}Co，^{60}Co，^{65}Zn，^{82}Br，^{83}Br，^{85}Kr，^{90}Sr-^{90}Y，^{106}Ru-^{106}Rh，^{129}I，^{131}I，^{131m}Xe，^{133}Xe，^{134}Cs，^{137}Cs-^{137m}Ba，^{239}Pu，^{240}Pu，^{241}Pu，^{241}Am 等，以及放射性气体和气溶胶如^{41}Ar 等。

核电站个例研究，如立陶宛 Ignalina NPP（Jasiulionis et al.，1995），以过滤法每小时滤过 2000 m^{3} 空气所取得的气溶胶样品，测得空气中存在放射性核素^{7}Be，^{51}Cr，^{54}Mn，^{58}Co，^{59}Fe，^{60}Co，^{95}Nb，^{95}Zr，^{134}Cs，^{137}Cs。不同核素的浓度不同，但年复一年，变化不大，例见图 4-8。另由面积为 6 m^{2} 的坡面设施收集月降水水样，可分出溶解相核素和非溶解相飘尘中的核素。接纳排水的湖水中氚过程（图 4-9）则表明，现时 NPP 可能已成为^{3}H 进入水环境的重要来源了。

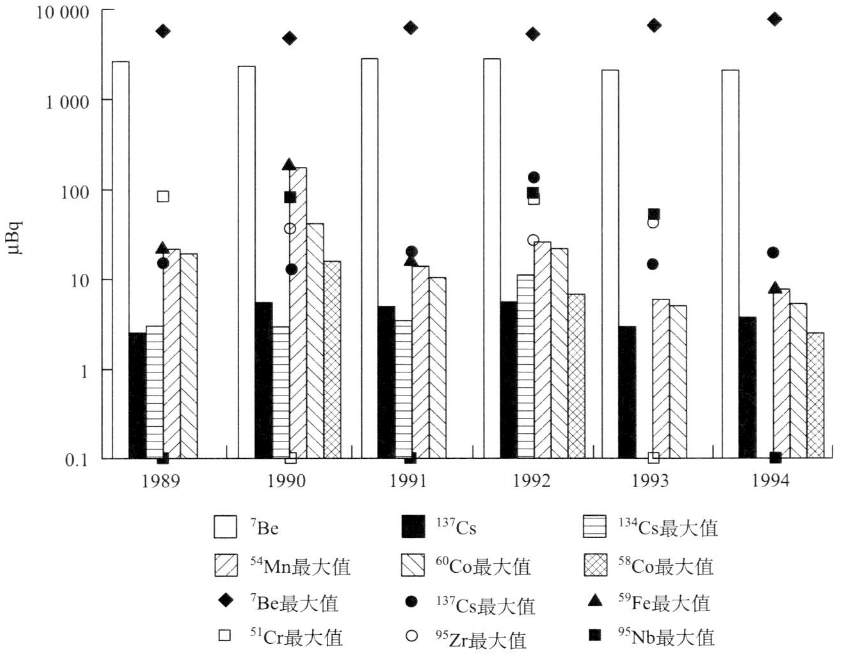

图 4-8 核电站区域内空气中的放射性核素（Jasiulionis et al.，1995）

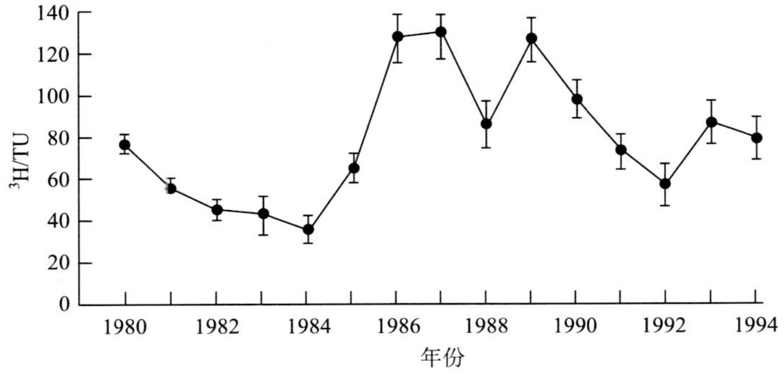

图 4-9 核电站区域内湖水中的^{3}H(Jasiulionis et al.,1995)

反应堆如排水入河,会给河流造成严重放射性污染,并影响到地下水。图 4-10 为早年在反应堆群下游 145 km 河段淤泥中几种放射性核素的分布。

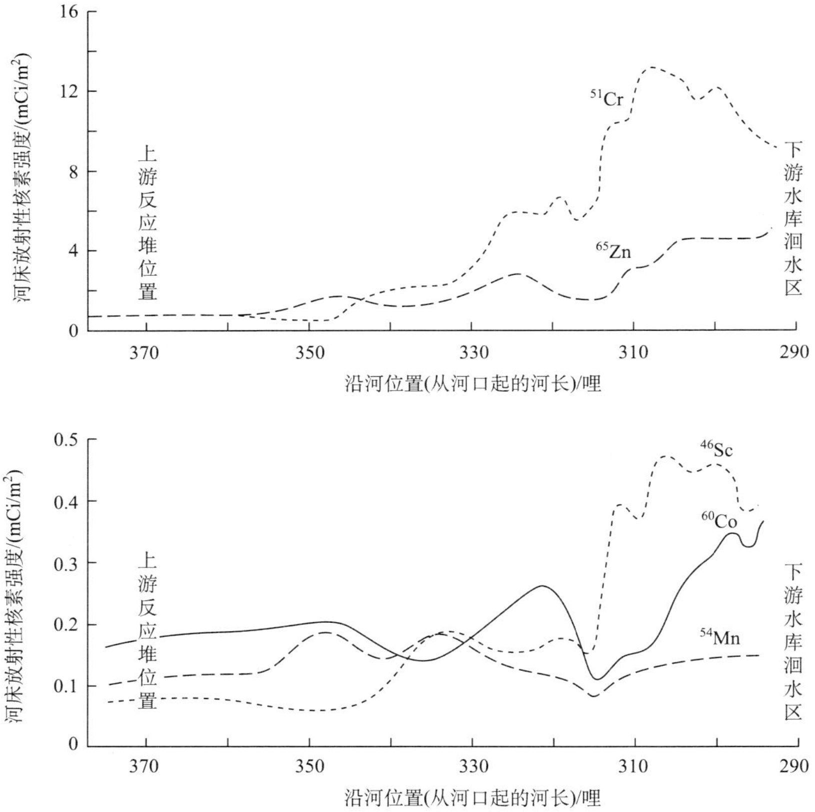

图 4-10 反应堆群下游河段淤泥中放射性核素的分布(Nelson et al.,1970)

($1Ci=3.7\times10^{10}Bq$)

由此可见,对于核电站附近的环境需要有长期的降水、地表水水体包括悬沙和底沙、地下水和土壤等的监测。

三、核事故成因放射性核素

这包括因核电站和其他核设施发生意外事故所形成和释出的核素。一般情况下其尺度较小，只对局部地区的水文过程产生影响。迄今最严重的是 1986 年 4 月 26 日在乌克兰切尔诺贝利(Chernobyl)核电站所发生的核事故。这次事故释出了大量放射性物质，波及了许多国家。在大气气溶胶中探测出许多类型的放射性核素，主要有^{90}Sr，^{99}Mo，^{99}Tc^{m}，^{103}Ru，^{127}Sb，^{129}Te，^{132}Te，^{131}I，^{132}I，^{133}I，^{134}Cs，^{137}Cs，^{140}Ba，^{140}La 等，其中最重要的是^{131}I，^{134}Cs 和^{137}Cs。进入水体的放射性核素，除了降水中随同大气气溶胶进入的以外，还有被降雨和降雪溶解和冲刷而产生的，除上述那些放射性核素外，还有^{95}Zr，^{95}Nb，^{103}Ru，^{141}Ce 等。图 4-11 为事故约两周后^{137}Cs 污染的分布。远在 1000 km 以外的芬兰，很快在牛奶中发现^{137}Cs 放射性增大了两个数量级(图 4-12)。此外，从这次空前严重的核事故所释出的放射性物质中，识别出一类存在潜在危害的混合性放射性核素，特称之为"热粒子"，它是发生 α 和 β 衰变具有高放射性活度(达到 40kBq/粒子)的一些核素团粒。这有两类：一类是由核燃料产生的裂变混合物；另一类是一些放射性核素如 Ru，Ce，Sr 等的混合物。热粒子可发生垂向迁移并深入到土壤层深部，也可因风蚀而重新飘落，随径流特别是融雪径流迁移，并可为植物根系所吸收。

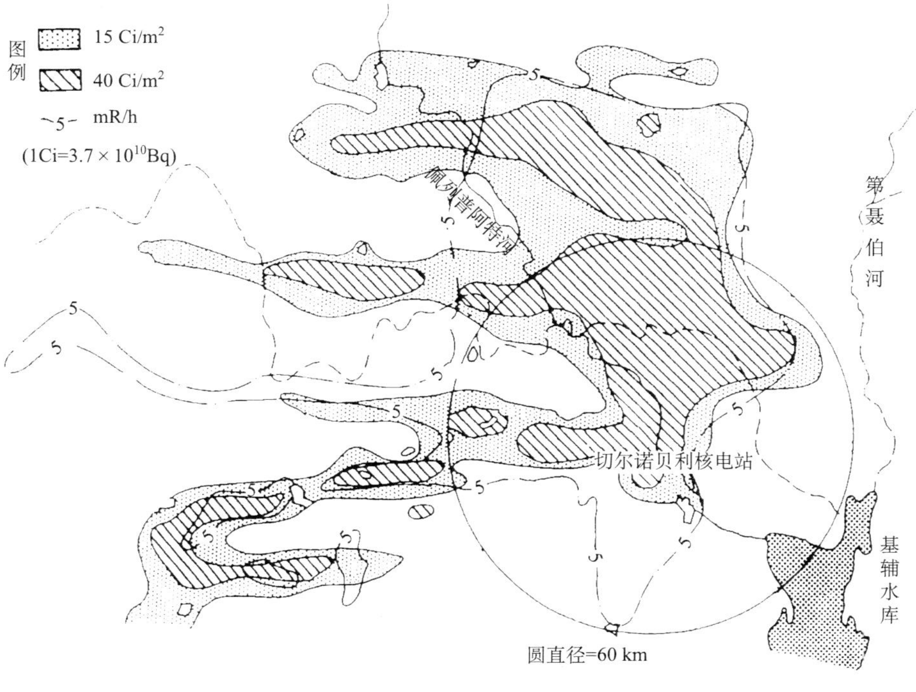

图 4-11　Chernobyl 核电站事故后^{137}Cs 污染的分布(1986 年 5 月 10 日)
(Izraehl，1990)

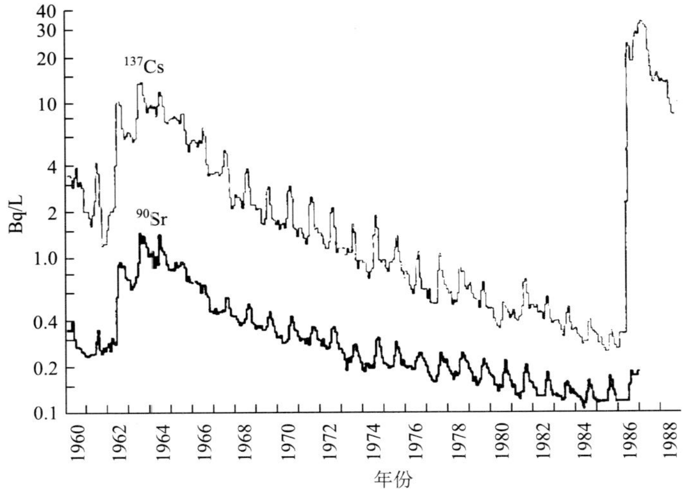

图 4-12　芬兰牛奶中 ^{137}Cs 和 ^{90}Sr 年变化与切尔诺贝利核电站事故的强烈影响(Rantavaara,1990)

第五章　水循环中氢、氧稳定同位素的基本关系与分异

顾慰祖

氢和氧的同位素通称为水同位素。不同于溶于水中的其他同位素，它们本身就是水分子的构成部分，因而在水文循环和各类水文过程中最具重要意义。而它们在天然水中的变化，实际上构成了同位素水文学的基础。对其行为规律的研究和应用，也可称之为水同位素水文学。

需要特别说明的是，降水的氢、氧稳定同位素关系，是同位素水文学的核心概念。所谓核心概念，有两方面的含义。一是它的主导作用，这与普通水文学中的降水一样，是水文循环的主体，因而其氢、氧稳定同位素关系也必然成为水文系统中同位素关系的主导。二是它的普遍意义，这与生态学中的有效生态系统概念那样，可与地方的、区域的和全球的生态研究相联系。降水的氢、氧稳定同位素关系既具有全球特征，也发生地方的、区域的演化分异，而且在水文循环过程中也存在着演化分异，亦各有特点，都是研究其相互关系和因果关系的依据。

本章讨论氢、氧稳定同位素从海洋水、大气水汽、降水到陆面水文过程中的一般特点、演化和基本关系，包括降水中氢、氧稳定同位素的经验关系，它在陆地水循环过程中发生演化分异的一般概念。对于氢、氧稳定同位素在降水和蒸发中的理论关系集中在第七章讨论。而第六章则着重讨论中国降水同位素特征和各种影响因素。

第一节　氢、氧稳定同位素

氢有三种同位素，即$^{1}_{1}H$(protium，或简为^{1}H，氕)、$^{2}_{1}H$(deuterium，^{2}H或D，氘)和$^{3}_{1}H$(tritium，^{3}H或T，氚)。其中^{3}H为具有半衰期12.43年的β衰变放射性同位素，以后还将作进一步的讨论。氢稳定同位素的相对丰度^{1}H：^{2}H为99.9844：0.01557(Coplen et al.，2002)。

氧有八种同位素，即$^{13}_{8}O$，$^{14}_{8}O$，$^{15}_{8}O$，$^{16}_{8}O$，$^{17}_{8}O$，$^{18}_{8}O$，$^{19}_{8}O$和$^{20}_{8}O$，其中$^{13}_{8}O$，$^{14}_{8}O$，$^{15}_{8}O$，$^{19}_{8}O$，$^{20}_{8}O$均为半衰期极短(以秒计)的放射性同位素，其余则为稳定同位素$^{16}_{8}O$($^{16}_{8}O$)，$^{17}_{8}O$($^{17}_{8}O$)及$^{18}_{8}O$($^{18}_{8}O$)。在空气中氧同位素的相对丰度$^{16}_{8}O$：$^{18}_{8}O$：$^{17}_{8}O$为99.759：0.0374：0.2039(Gat et al.，1981)相当于$^{18}_{8}O/^{16}_{8}O$之比为1：489。在海洋水中的丰度比相应为99.764：0.0375：0.1995。在陆面上的平均比为99.7621：0.03790：0.2004(Coplen et al.，2002)。

表 5-1　水汽中水同位素分子的平均天然丰度(Sharp,2006)

水的同位素分子	平均丰度/%
$H_2{}^{16}O$	99.730 98
$H_2{}^{18}O$	0.199 978
$H_2{}^{17}O$	0.037 888
$HD^{16}O$	0.031 460
$HD^{18}O$	0.000 0006
$HD^{17}O$	0.000 000 1
$D_2{}^{16}O$	0.000 000 02
$D_2{}^{17}O$	0.000 000 000 01
$D_2{}^{18}O$	0.000 000 000 05

因而,天然水中由稳定同位素组成有意义的水分子有 $H_2^{16}O$,$HD^{16}O$,$D_2^{16}O$,$H_2^{17}O$,$HD^{17}O$,$D_2^{17}O$,$H_2^{18}O$,$HD^{18}O$ 和 $D_2^{18}O$9 种,其天然丰度见表 5-1。由表 5-1 可见,其中重要的则是 $H_2^{16}O$,$H_2^{18}O$,$HD^{16}O$,$H_2^{17}O$,每 10^6 个水分子中只有约 2000 个 $H_2^{18}O$ 分子、420 个 $H_2^{17}O$ 分子和 320 个 $HD^{16}O$ 分子。这些水分子,仅有不同的同位素组成,所以从定性而言其整体的水性质相同,但定量而言,却各有其不同的物理化学性质。以 $H_2^{16}O$,$H_2^{18}O$ 和 $D_2^{16}O$ 为例,见表 5-2。而正由于表列的差别,才衍生不同能态,发生第三章所述的同位素分馏,这才有同位素水文学。

表 5-2　$H_2^{16}O$、$H_2^{18}O$ 和 $D_2^{16}O$ 的一些特征常数(Hoefs,1987;王恒纯,1991)

物理性质	$H_2^{16}O$	$H_2^{18}O$	$D_2^{16}O$
分子量	18.010 57	20.014 81	20.023 12
密度/(g/cm^3)(20℃时)	0.997 9	1.110 6	1.105 1
最大密度时的温度/℃	3.98	4.30	11.24
融点/℃	0.00	0.28	3.81
沸点/℃	100.00	100.14	101.42
蒸气压/Pa(100℃时)	101 325.0	100 831.7	96 205.4
黏度/10^{-3}Pa·S(20℃时)	1.002	1.056	1.247

天然物质中 δD 和 $\delta^{18}O$ 的一般范围见图 5-1。$\delta^{18}O$ 总的变化范围约为+50‰至-50‰,而 δD 则约为+300‰至-900‰。需要说明的是,包括水在内,不同物质的这些同位素组成,只是在现有技术手段条件下所获得的,今后必定还会有更多与此不同的结果。

迄今认为地球表面的氧同位素总量基本上是不变的。$\delta^{18}O$(SMOW)的平均值,如以标准平均海洋水为 0‰,并设冰盖的平均值为-30‰,则水圈中所有水的加权平均约为-0.64‰(Craig and Gorden,1965),降水平均接近于-4‰,地下水平均约为-7‰(或-8‰)(Sharp,2006)。冰盖融化可使海洋水 $\delta^{18}O$ 平均达到-0.6‰(Gat et al.,2001)。

天然水中 D/H 的变化范围由极地降水的最低值,至干旱地区封闭水体为最高值,绝对值的变化范围为 0.000 079 到 0.000 195,达 147%。而 $^{18}O/^{16}O$ 的变化范围也是由极地降水的最低值,至溶于海洋水中的氧为最高值,绝对值的变化范围为 0.001 887 到 0.002 083,为 10%。这样,氘的变化要比 ^{18}O 大一个数量级,而且氘和氕的原子量之差也很大。这表明,在天然过程中,其同位素分离更为明显。所以,从地球化学和同位素水文学观点而言,D/H 是稳定同位素中最有用的。而在水分子中,氧和氢本来就是一对,Friedman(1953)早就发现在降水中任何 $H_2^{18}O$ 浓度的变化,必定伴随着 ^2HHO 的变化。而且氧可与许多元素形成氧化物,其绝对值的变化范围虽然远不如 D/H,但是相对于其他稳定同位素比而言,还是相当大(表 5-3)。在天然水中与 D/H 的分馏体系彼此相似,

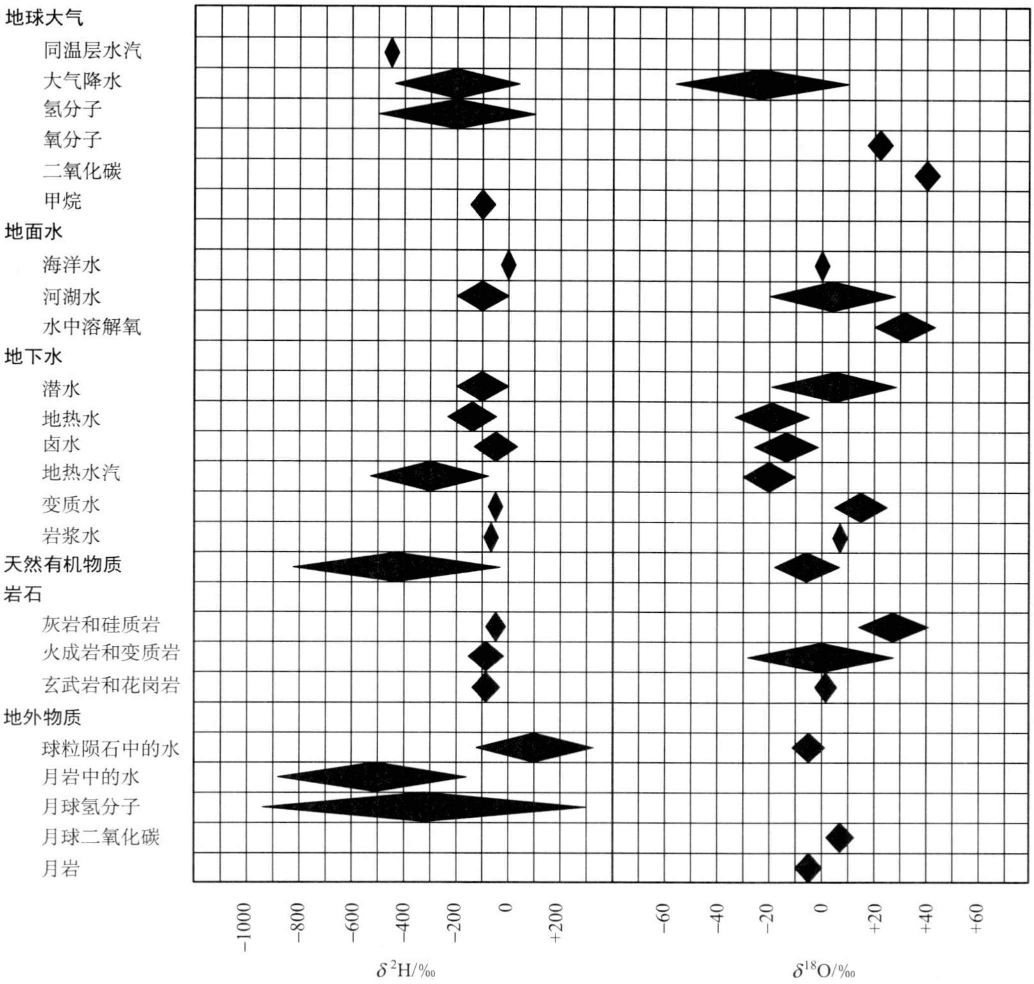

图 5-1　天然物质(包括地外物质)中 $\delta^{18}O$ 和 δD 的一般分布(Ferronsky and Polyakov,1982。有修改)

分馏系数在低常温条件下对温度的函数也相似,而且其变异也经常表现为同步的(郑永飞等,2000)。这样,D/H 和 $^{18}O/^{16}O$ 就成为应用最广的最优匹配,而对于它们的应用,实际上早在 1950 后期就已经开始了。

表 5-3　稳定同位素比的变化范围(Ferronsky and Polyakov,1982)

元素	同位素比	变化范围(绝对值)	极值的相对变化/%
H	D/H	0.000 079～0.000 195	147
Li	$^{8}Li/^{7}Li$	0.079～0.084	6
B	$^{10}B/^{11}B$	0.226～0.234	3.5
C	$^{13}C/^{12}C$	0.010 79～0.012 25	13
O	$^{18}O/^{16}O$	0.001 887～0.002 083	10
Si	$^{30}Si/^{28}Si$	0.0332～0.0342	0.5
S	$^{34}S/^{32}S$	0.0427～0.0491	15

第二节 海 洋 水

海洋水占有水圈总体积的97.25%(陈骏、王鹤年,2004)。作为天然水唯一的最大水体和水文循环的起源与归宿,其氢、氧同位素组成与陆地水相应的同位素组成存在着血缘关系,因而也具有根本性的影响。

一、海洋水氢、氧稳定同位素的一般组成

可以认为,对海洋水总体而言,其物理化学特性以及同位素组成基本上维持不变。而且,对于同位素的分布而言,它具有使同位素组成匀化的天然趋势。虽然从海洋表面总有大量水分在蒸发,而且在水文循环过程中,还发生氢、氧同位素的复杂变化,但它实际上并没有引起海洋水同位素在整体上的任何明显变化。对此唯一可以解释的是,所有蒸发的水分最终还是回归于海洋了。然而维持海洋水同位素组成这样长期不变,其必要条件是地球热量平衡总体维持不变。一旦地球热量平衡遭遇本质上的变化,那么,海洋水同位素组成也将随之而异。事实上在近百万年的地质时期内,地球热量平衡并没有发生明显的变化,海面温度变化不大,相应的氢、氧稳定同位素组成也只有很小的变化。而且,Ferronsky等(1982)还认为海洋水的化学组成和同位素组成很可能在以往2.5亿年甚或3亿年期间内也并没有发生明显变化。

1. 海洋表层水

从同位素组成观点结合海洋水随深度而异的混合情况,可将海洋水大体分为三层。表层指深度500 m以浅,深层指1000 m以下,中间层则相应于500～1000 m深度范围。同位素组成以深层最为均匀,表层的区域或局部变化最大(Ferronsky and Polyakov,1982)。

海洋表层水的氢、氧同位素组成,有明显的纬度(也即温度)影响,其变化范围$\delta^{18}O$约为3‰,而δD可约达35‰。显然,以具强烈蒸发的地区为最富,地中海表层海水$\delta^{18}O$可达+1.68‰(Gat et al. ,1996)或+2.3‰(Fontes et al.,1965);而以具有融冰的地区为贫,高纬度表层洋水冻结地区因发生冰-水系统的氢、氧同位素分馏而更为贫化。

导致海洋表层水同位素组成发生变化的因素有:洋面蒸发量、洋面降水量、大陆陆面径流和地下径流、海水冻结和极地冰盖融解情况,以及与深部海水的交换包括洋流等等。但其中最重要的因素则是蒸发量与降水量之比。据Craig和Gordon(1965),这一比值以40°以上的高纬带最小为0.5,副热带季风地区最大为2.0,赤道地带为0.67。以$\delta^{18}O$而言,红海和地中海可达+2‰(Gat et al. ,1996)。

对寒带以外的海洋表层水,其氢、氧同位素组成极大程度上随纬度而异,一般有以下经验关系。

$$\delta D = n\delta^{18}O \tag{5-1}$$

式中,n值主要取决于蒸发量和降水量之比。如红海n为6,北大西洋为6.5,而北太平洋则为7.5(Ферронский et al.,1975)。

2. 海洋深层水

在 1000 m 以下的海洋水，其氢、氧同位素组成是相当均匀的，只有很小的变化范围，δD 由 +2.2‰至 −1.7‰(Redfield and Friedman，1964)，δ^{18}O 由 +0.12‰至 −0.45‰，其盐度相近为 34.93‰～34.65‰(Craig and Gorden，1965)。这大概也是 Craig 建议以海水作为天然水^{18}O 与 D 标准的原因。

海洋水同位素组成的深度分布见图 5-2。它虽然是一个特定剖面，但实际上却反映了同位素组成分布的一般状况。

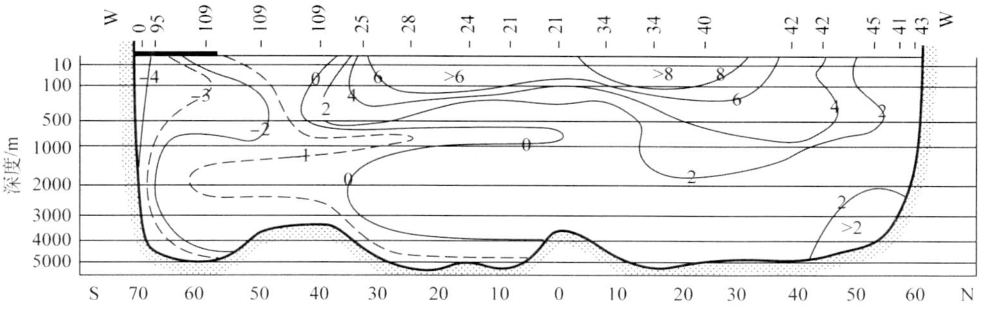

图 5-2　海洋水 δD(‰)分布一例，剖面由南极洋经大西洋至格陵兰(Redfield and Friedman，1964)

一般认为，北半球的海洋水较之南半球更富 D 和^{18}O。太平洋和印度洋深层水的 D 和^{18}O 组成极为均匀，仅在南半球高纬度那里有些变化，向低纬度方向有渐富的趋势。太平洋深海槽中^{18}O 相对于其一般深层水，约有 0.02‰的增大。

大西洋深层水同位素组成大体上与太平洋相近，不同的是，即使在北半球副热带地区，其同位素组成还有明显的变化，而且深层水有从南向北为主的混合。

深层海洋水同位素组成总体而言，也有式(5-1)那样的经验关系，n 约为 10，不同地区也有所不同。

二、海洋水氢、氧稳定同位素组成与盐度的关系

海洋水氢、氧稳定同位素组成与其盐度之间并没有机制上的因果关系，而只是一种经验关系。然而，将此组成与其有关参数如温度、盐度等相联系，虽然是经验关系，但却是与海洋水文学和动力学等一些因素有关的综合表现，已经证明它们包含有许多信息。

这种经验关系一般表现为线性关系。可有两种表示方式。一是表层海水 δ^{18}O 与其盐度的关系，但得出的是相应于某种盐度均值的 δ^{18}O：

$$(\delta^{18}\mathrm{O})_{\bar{S}} = AS - B \qquad (5\text{-}2)$$

式中，S 为表层海水盐度观测值(‰)；$\bar{S}$为相应于中层海水的盐度均值，如 Eremeev(1972)取 34.8‰；$(\delta^{18}\mathrm{O})_{\bar{S}}$则为与均值盐度 34.8‰相应的 δ^{18}O；A，B 为常数。如对中纬度大西洋表层水有

$$(\delta^{18}O)_{34.8} = 0.26S - 6.7‰ \quad (5\text{-}3)$$

另一类为常见的线性关系，直接以盐度及其相应的 δD 或 $\delta^{18}O$ 相关。如求得有沿海海水盐度和 δD 的简单线性关系。盐度及其相应的 $\delta^{18}O$ 关系见图 5-3、图 5-4。其斜率主要与地区有关，但也包含着稳定同位素大陆效应的影响。由图 5-3 可见，太平洋表层水在很大范围内这一关系的斜率变化不大，只有南、北之别。图中并对几个洋的深层水作了比较。图 5-4 却表明了大西洋表层水的斜率有很大的变化，这与前述其同位素组成不如太平洋那么均匀有关。

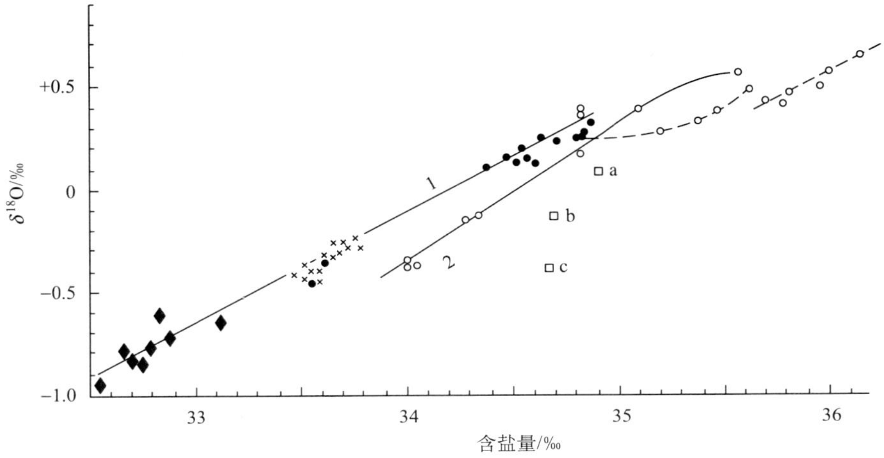

图 5-3　太平洋海洋水 $\delta^{18}O$ 与盐度的关系(Craig and Gordon,1965)

表层水：1. 北太平洋；2. 南太平洋；深层水：a. 北大西洋；b. 太平洋深部平均；c. 南极

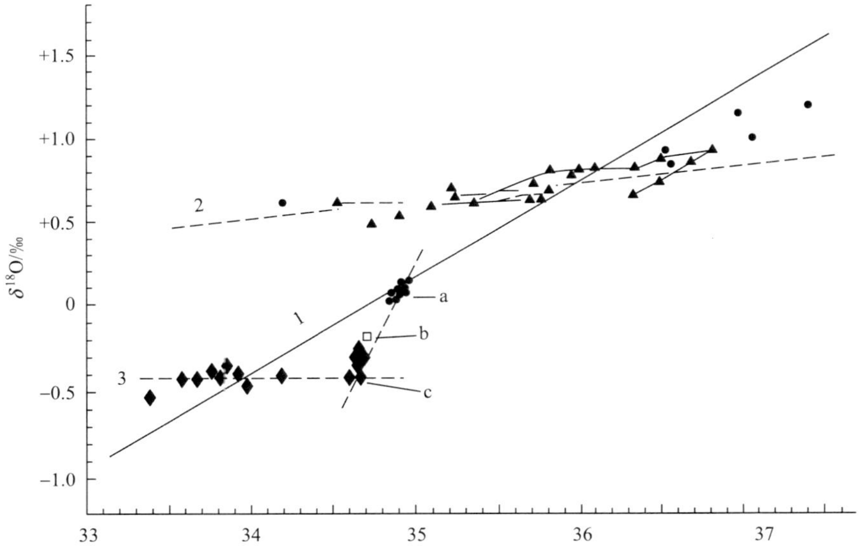

图 5-4　海洋水 $\delta^{18}O$ 与盐度的关系(Craig and Gordon,1965)

表层水：1. 北大西洋；2. 大西洋赤道区；3. Weddett 海深层水：a. 北大西洋；b. 太平洋和印度洋；c. 南极

在相同^{18}O含量情况下，南太平洋高纬表层水（图5-3中2）较之北太平洋有更高的盐度，而且，它与大西洋的同位素-盐度关系（图5-4中1）相似。这表明，都受到了南极地区极地洋流的影响。而且进一步还可看到，北大西洋深层水和南极深部洋水（相应于图5-4中a和c）更新着太平洋和印度洋深层水（相应于图5-4中b），或者也可以说是该深层水的两个水源，但并非简单的混合，因为图中明显表示了它还有第三个水源，它应有较低盐度但有相近的同位素组成，这也许是太平洋和印度洋的中层水（Craig and Gordon，1965）或是南极洋中层水（Ферронский，1975）。这样看来，南极洋虽离我们甚远，但却对太平洋水有着重要影响。

以上这些例子可以说明，海洋水的水同位素组成与盐度的经验关系，也还包含了许多重要信息。

三、地质时期海洋水氢、氧稳定同位素组成

对海洋水氢、氧稳定同位素组成研究的一个重要结论是，在第四纪250万年里，虽然地球经历了冰期、间冰期交替出现的气候变化以及过去73万年布容正向期间平均时间尺度为10万年的气候变化旋回，但海洋水氢、氧同位素组成甚或其水化学组成却并没有什么变化，而且Ferronsky（1982）还认为，在过去2.5亿年至3亿年期间并无显著变化。有的研究还提出寒武纪海洋水的D和^{18}O含量与近代海水相比也无明显变化（Soyfer et al.，1967）。这一结论，对于水文循环中的同位素组成和同位素水文学中的许多应用都至关重要。

1. 冰期海洋水

对于冰期地球冰盖体积有多种估算。Fairbridge（1964）估算冰期大陆冰盖约有$80\times10^6\ km^3$。Bowen（1966）据此推求更新世冰期冰盖增加了$40.2\times10^6\ km^3$，相当于间冰期海洋水体积增大约4%。如果冰盖的平均$\delta^{18}O$为$-15‰$，则冰期海洋水^{18}O含量的变化约为$+0.5‰$（Emiliani，1970）。

从冰期植物纤维分析求得北美更新世冰盖$\delta^{18}O$约为$-12‰$至$-15‰$（Yapp and Epstein，1977）。设如玉木冰期时北美冰盖$\delta^{18}O$为$-15‰$，而其他地区冰盖$\delta^{18}O$为$-30‰$至$-40‰$，则海洋水$\delta^{18}O$平均可增大约$+0.8‰$，但深层海洋水$\delta^{18}O$可能贫化为$-0.2‰$。

另外，从太平洋赤道地区所得更新世海相有孔虫贝壳与其近代贝壳的比较分析，求得末次冰期海洋水$\delta^{18}O$富$+1.1‰$（Shackleton and Opdyke，1973）。根据深海碳酸钙求得，世界海洋水$\delta^{18}O$的变化在$+0.5‰$到$+0.8‰$范围内（Savin et al.，1981）。另外的研究认为，$\delta^{18}O$的变化不超过$+1.3‰$，而相应的δD则不超过$+6.5‰$（Duplessy et al.，1980）。

综合而言，认为冰期和间冰期海洋水δD的变化不超过$+10‰$，而$\delta^{18}O$不超过$\pm1‰$，更新世最后一次冰期平均为$+1‰$（Ферронский，1975）。

2. 中生代海洋水

认为中生代海洋水的同位素组成与近代相近,即至少约3亿年来很可能保持着没有明显变化,其主要依据是比较不同地质时代软体动物贝壳和燧石的氧同位素组成(Bowen,1966;Knauth and Epstein,1976)。例如,软体动物化石贝壳中的 $SrCO_3$ 与 $MgCO_3$ 浓度,Sr/Ca 和 Mg/Ca 以及氧同位素组成,其变化范围都在近代样本变化幅度之内,因而表明海洋水中的氧同位素组成未变。

对氢同位素组成则没有这么简单,因为它涉及地质时代地球上氢同位素的平衡问题。地球上氘的积聚当来自第4章所讨论的初始宇宙辐射与地球大气的相互作用。然而问题来自氢向宇宙空间的散逸,HD 会与 H_2 一起出逃,这将导致 D 的增大。Ферронский(1975)曾按扩散过程那样作过估算,H_2 与 HD 的逃逸速度正比于 $\sqrt{M_{HD}/M_{H_2}}=1.22$,$M$ 为分子量。那么如果海洋中 D 增大 2%的话,因氢的逃逸,最终会使大气氧增为现时的约100倍,这当然是不可能的。理论计算也认为,在过去5亿年间因氢向宇宙空间散逸,实际上并没有使 D 浓度有实质上的增大(Soyfer et al.,1967)。

3. 前寒武宙海洋水

前寒武宙海洋水的氢、氧同位素组成还难以定论,事实上也涉及海洋本身的成因。通常认为,地球水圈是因地壳去气作用所形成,与此不同,原苏联一些学者则认为是凝结成因(弗隆斯基,1982)。其主要依据即来自水同位素组成的分析,并认为在水圈形成的全部地史时期内,海洋水的同位素组成都保持未变,而水圈如果按去气作用的形成假设,那么起始海洋水与近代海洋水相比,前者的 ^{18}O 将富 6‰~8‰,而 D 将贫 50‰~80‰,并不合理。

对前寒武宙海洋水的同位素组成也曾有过许多研究。这是因为通过分析不同地史时期海洋碳酸盐和硅酸盐沉积物中的氧同位素含量,发现随着时期的久远有逐渐减少的趋势。这样的探讨主要有两方面:一是通过燧石所作出的分析;二是由海洋沉积物所进行的分析。从燧石分析,认为所以发生氧同位素含量随地史时期而异的原因,是前寒武宙地球表面温度高达70℃的缘故,而那时海洋水的同位素组成已经很接近于现代洋水了(Kolodny and Epstein,1976)。另一方面,取自西澳大利亚22亿年时的沉积物,其氧同位素比要比现代沉积物低10‰至11‰,要么,可求得前寒武宙海洋水 $\delta^{18}O$ 的上限应为−3.5‰(Becker and Clayton,1976)。所有这些实际上都认为前寒武宙海洋水的同位素组成与近代海洋水相比并无明显的差异。

第三节　大气水汽与降水

一、大 气 水 汽

水圈中海洋水占有了约97.25%的水量,作为水圈的另一部分即存在于大气圈中的水汽，其总量只占有水圈的约 0.001%（陈骏，王鹤年，2004）。大气中氮和氧的浓度占了 99.03%，而近地面水汽浓度只有（0.4～400）×10^2 ppm（1 ppm=10^{-6}）（Gat et al.，2001）。这看来只是很小的一部分，但却是水圈中最活跃的部分，它构筑了海洋水和陆地水包括地表水和地下水之间的相互关系和其间的同位素关系。近地面水汽的平均滞留时间约为 10 天（Gat et al.，2001），这与水圈中其他水体相比，它有着很强的交换过程。

1. 大气水汽

云层水汽中的同位素组成，随着高度增大，D 和^{18}O 也越贫。在北半球中纬度上空，大气水汽中 δD 的一些实测垂直剖面见图 5-5。由图可见，在对流层下部的垂向梯度很大，其极值可达－500‰，到对流层顶以上，水汽中 δD 则逐渐增大直到约－300‰，认为是由于平流层中甲烷氧化为 H_2O 的缘故。

对近地气层水汽的许多观测表明，水汽 δD 和空气比湿之间存在着正相关关系（Araguas et al.，2000）。重要的是，根据地面高度处实测的当地水汽和降水来看，温带绝大部分情况下它们维持着同位素平衡。

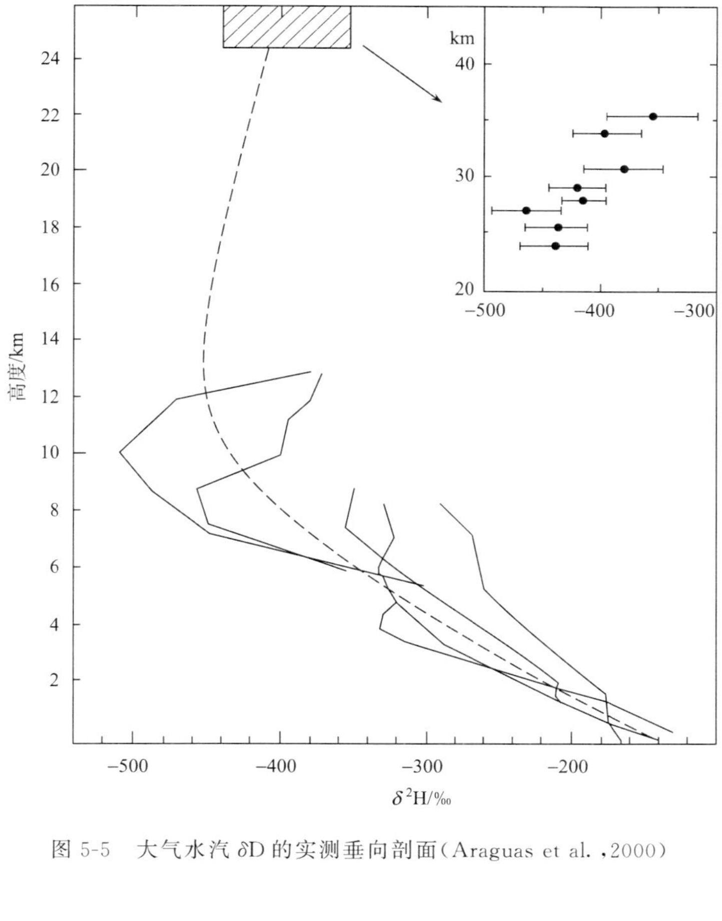

图 5-5　大气水汽 δD 的实测垂向剖面（Araguas et al.，2000）

2. 洋面水汽

对于降水特别是其同位素组成的形成，洋面水汽为其首要的起始环节。它以常量不断通过蒸发由洋面进入大气，从而构成经由这样特定的水-气系统而演化出其同位素特征。此后在向陆地和洋面形成降水时，又经由气-水转换而进一步发生同位素特征的演化。

洋面蒸发实质上是海洋水面与大气之间发生水分相互关系的结果。海洋面上一方面有由水面向大气的水分通量，另一方面也存在着由大气向水面的、方向相反的水分通量。这两类水分通量的平衡状况，取决于一些环境因素。当海洋面上的大气为非饱和时，则其结果将产生指向大气的净水分通量，即洋面蒸发。它构成海洋大气中的水汽源。

有关洋面水汽和洋面蒸发机制的一个重要基础即是上述洋面大气为非饱和。洋面蒸发为从水面进入洋面自由大气的过程，其间经由洋面与自由大气之间的边界层。水分子脱离液态水成为气态水分子的过程，即是它经由边界层进入自由大气的过程。一般认为水面处有从液态水中逸出的气态水分子，它构成分子尺度的薄层，这里是饱和的。此后气态水分子以扩散机制进入边界层，因紊流混合而进入自由大气。这样，洋面蒸发过程主要是扩散机制，于是它具有动力学非平衡分馏特征，同位素在液-气相之间的分配随着分离过程而变化。于是洋面大气中由海水蒸发所构成的水汽，其同位素组成与海水同位素组成不属热力学平衡分馏，因而其 δD 与 δ^{18}O 均较平衡条件下相应的 δ 为贫，较海水相应的 δ 更贫，对此已有许多验证。例见图 5-6。图中洋面水汽均在船桅高度处采集。

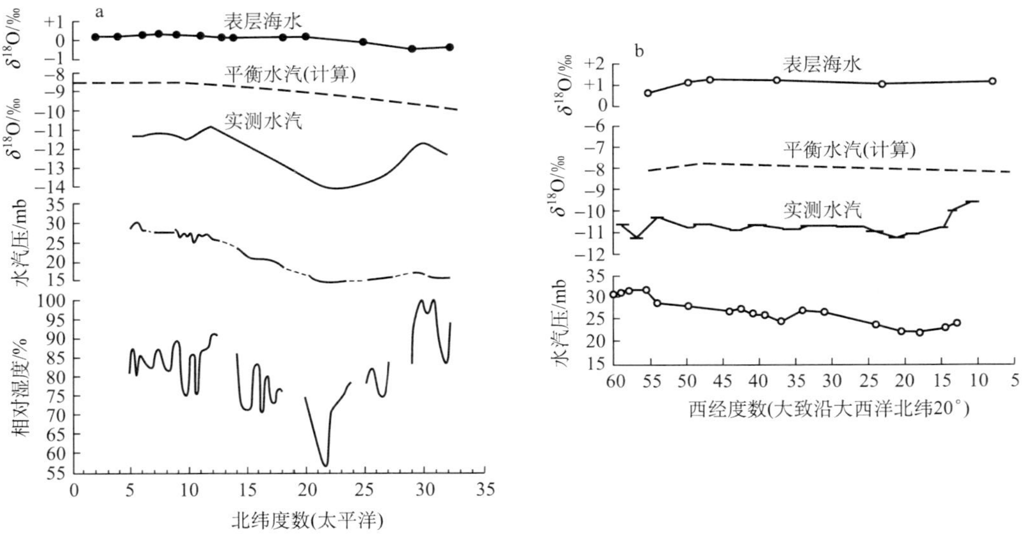

图 5-6　洋面水汽 δ^{18}O(Craig and Gordon，1965)

a. 不同纬度(太平洋)洋面水汽；b. 不同经度(大西洋沿 20°N)洋面水汽

由图 5-6 可见：

(1) 洋面实测水汽 δ^{18}O 远贫于海水 δ^{18}O。

(2) 与计算的平衡分馏条件下的 $\delta^{18}O$ 相比，它明显较此为贫，其最大差异达 $-4.5‰$，它发生在北纬 18°～26°季风带(图 5-6a)，亦即蒸发最强烈的海面地带。

(3) 它随纬度的变化与洋面相对湿度有相应的变化趋势，饱和差越大，上述差异也越大。在相对湿度 75%条件下，大部分北太平洋洋面水汽 $\delta^{18}O$ 在 $-10.5‰$和 $-14‰$之间。

(4) 沿同纬度经向只有很小的局部变化(图 5-6b)，总体上水汽 $\delta^{18}O$ 已相当均匀，较之平衡条件约贫 3‰。

上述洋面水汽实测资料很少，而且在高度上还远不完整。因此对全球洋面水汽 $\delta^{18}O$ 与 δD 平均组成往往由降水、蒸发总的水量平衡作出估算。由于整体而言降水量与蒸发量相等，于是认为 $\delta_{蒸发}=\delta_{降水}$，亦即当蒸发水量回归海洋时，同位素组成又修复了。

由于降水蒸发比的不同，因此可得出不同纬度地带海洋水汽的 $\delta^{18}O$。如 0°～20°海洋带中 $\delta^{18}O$ 最富为 $-2‰$，40°～90°最贫为 $-15‰$，其余地带为 $-5‰$。Craig(1961a)据此推导出洋面水汽和降水 δ 的理论值为 $\delta^{18}O=-4‰$，$\delta D=-22‰$。这实际上已接近于大陆降水 δ 的平均值，但与上述高纬度海洋带水汽和降水的 δ 值相比，后者显然要较此贫得很多。这是因为对全球降水而言，后者所占比重较小。作为验证，此后 Craig 和 Gordon (1965)通过对北美大陆同位素水文平衡求得相应均值为 $\delta^{18}O=-5‰$，$\delta D=-30‰$，认为与上述 δ 理论值相符。

问题是，这显然与上述洋面水汽实测资料(图 5-6)大相径庭。实测 $\delta^{18}O$ 在 $-10.5‰$至 $-14‰$之间。不仅如此，如前所述，即使洋面蒸发在没有任何动力学影响的平衡分馏条件下，其 $\delta^{18}O$ 约为 $-9‰$(图 5-6)。即较 Craig 理论值 $-4‰$还要贫得多。造成这种看来极为矛盾的原因，主要是大气环流的存在。因为大气环流不仅是挟带水汽和构成水汽运动的决定性条件，而且也是导致水汽凝结、构成降水机制的主要条件。如季风区内干冷空气向洋面沉降，在获取水汽后转向赤道和高纬度方向，在那里行云降水。一般条件下在此类稳定的大气环流系统中，其空气湿度和水汽同位素变化是大气运行和混合的结果。因而在自然条件下不会有任何水汽饱和的大气层，只有当发生强对流条件时才会形成含饱和水汽的积云，然而这只是局部的。所以 Ферронский(1975)认为，洋面上的水汽不可能与海水有同位素平衡的条件。

二、Craig-Gorden 水汽-降水双层模型

南纬 30°到北纬 30°的大洋区，占全球面积的约 50%、全球年降水量和蒸发量的约 75%，在全球水文循环和水量平衡中起着主导作用。针对这一地区，Craig 和 Gorden (1965)曾有一简化的、单阶段(single-stage)的双层模型(图 5-7)，研究其洋面水汽和降水的同位素变化，它至今仍不失为同位素水文学中一个经典概念。

1. 分层

对于海洋-大气系统的同位素探讨，没有把陆面包括在内，只考虑海洋部分。因为只有约 10%的洋面蒸发水汽输送至陆面，从而又把它近似为一闭合系统。并将海洋上的大

气设定为两层：①下层。它始于洋面以上到云底位置处，以 600 m 高度为界，为紊流混合均匀层，其相对湿度只在近洋面 10～20 m 内有剧烈变化，20 m 以上即可设为常量即 75%。②上层。它是对流混合的云层，包括大尺度干气团和局部范围含大量水汽的小尺度上升气流，这一层的厚度直达 2000 m。这两层之间有一厚为 100～300 m 的比湿过渡层，其相对湿度由下层的 75%过渡为约 50%。上层之上即为对流层了，已见前述。

2. 同位素组分

表层海水 $\delta^{18}O=+1‰$，$\delta D=+10‰$。因考虑海洋-大气系统为闭合系统，故海洋区降水量(P)等于蒸发量(E)，设 $\delta_E=\delta_P$。降水同位素考虑为全球降水的近似平均值 $\delta^{18}O=-4‰$，$\delta D=-22‰$。由观测资料表明，下层均匀层中的水汽，$\delta^{18}O=-13‰$，$\delta D=-94‰$，认为是海水蒸发的水汽与上层降水后剩余水汽的混合。

3. 水量平衡

由闭合系统水汽质量平衡有

$$p=I(h_H-h_C)=p_H=p_C \tag{5-4}$$

式中，p 为降水量；h_H，h_C 分别为下层(均匀层)和上层(云层)的相对湿度，分别为 75%和 50%；I 为上、下层之间空气交换的体积常数，在饱和水汽条件下，它即为两层间的水汽流率。

因 $p=1$ m/a，由 h_H 与 h_C，则可求得 $I=4$ m/a，这样就相当于下层进入上层的水量为 3 m/a($I\times h_H=4\times75\%$)，而上层返回下层的水量为 2 m/a。

4. 同位素平衡

对于上、下层间的水汽同位素组成，由水量平衡原理和同位素质量守恒定律可得

$$p+p_C=p_H \tag{5-5}$$

$$p\delta_p+p_C\delta_C=p_H\delta_H \tag{5-6}$$

由式(5-4)得

$$h_H(\delta_p-\delta_H)=h_C(\delta_p-\delta_C) \tag{5-7}$$

即

$$\delta_p(h_H-h_C)=h_H\delta_H-h_C\delta_C \tag{5-8}$$

式中，下标 p，H，C 分别代表降水、下层、上层。δ 为同位素 δ 值。对于 $\delta^{18}O$，当 $h_H=0.75$，$h_C=0.50$ 时，应用前述 $\delta_p=-4‰$，$\delta_H=-13‰$，由式(5-8)可求得 $\delta_C=-17.5‰$。对于 δD，应用前述 $\delta_p=-22‰$，$\delta_H=-94‰$，由式(5-8)可求得 $\delta_C=-130‰$。即为图 5-7 中的数值。

以上是按我们理解所作的推导(原文未详)。值得注意的是：

(1) 这一模型表明，构成海洋上空的水汽云团，并不单纯地是来自海面所发生的不平衡蒸发，而是一个相当复杂的混合结果，一方面是蒸发出来的水汽，另一方面则还有经云间冷凝降水后的剩余水汽。

(2) 将海洋大气设定为闭合系统，同时还假定 $\delta_E=\delta_p$，全球降水的平均氢、氧稳定同

位素组成也与洋面蒸发水汽的相等。

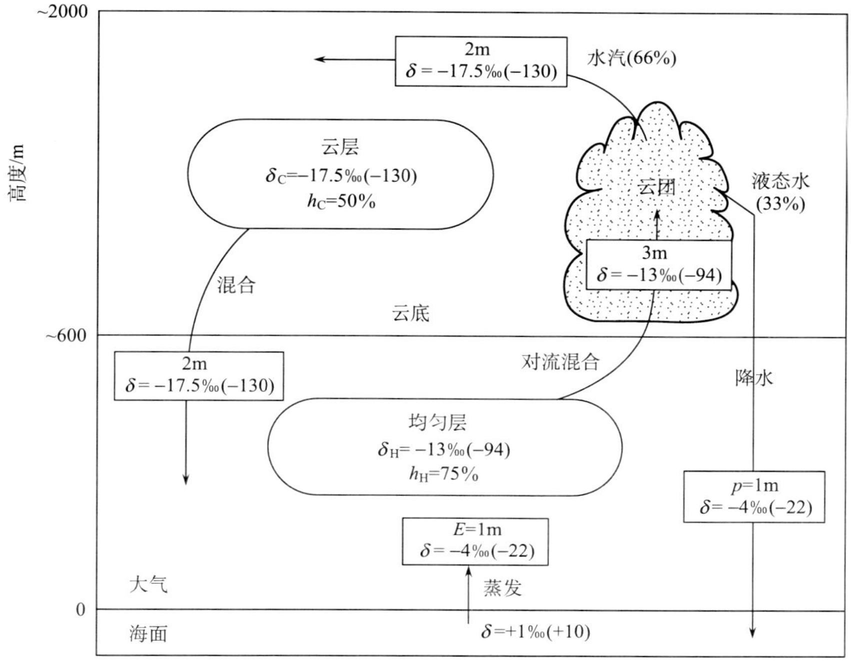

图 5-7 季风区海洋-大气系统中水汽和降水同位素组成的 Craig-Gorden 两层模型(1965)
图中 δ 值分别为 $\delta^{18}O$ 和 δD(在括号内)

由世界降水同位素站网(GNIP)的岛屿站和一些气象船上所测得的海洋降水同位素资料表明,除特例外,它并非均匀的,其平均同位素组成也与上述模型有所不同,$\delta^{18}O$ 为 $-2.5‰$至$-3.0‰$。因而 Gat 曾对此作了修改(图 5-8),其中各组分的 $\delta^{18}O$ 和 δD 分别为:海洋表层水改为$+1‰$和$+6‰$,降水改为$-3.0‰$和$-14‰$,蒸发保持原来的不变为$-4‰$和$-22‰$,海洋水汽相应为$-12‰$和$-86‰$。而最终由大陆回归海洋的总径流,其同位素组成还是与图 5-7 中云团的相同即$-13‰$和$-94‰$(Gat,1996,2001)。

图 5-8 中标明了大气云团不断由海洋向陆地、低纬向高纬、平地向山区行进时,因上升、降温、冷凝而形成降水时,水汽和降水两者的氢、氧稳定同位素组成都越趋贫化。这是一个重要概念,图中∞表示降水和周围大气水汽之间假定达到同位素平衡状态。

为阐述这一概念,以图 5-9 作进一步的说明。图 5-9a 是以具体数据描述了云团由海洋上空向高纬度、高海拔的内陆地区运动时,云团内水汽和降水以及剩余云团水汽重同位素组成不断贫化的情况(Siegenthaler,1979),其洋面上云团内水汽的同位素 $\delta^{18}O$ 值为$-13‰$,是应用了图 5-7 中洋面上层云团的值。此后渐趋贫化的数值没有具体说明来源,显然不可能是任意的。现用图 5-9b 即简化了的海洋蒸发和陆地降水的 Rayleigh 式求解(参见第三章)来推求。从云层输往大陆过程中,平衡分馏因子 ε 与凝结温度有关系,是不断变化的,图 5-9a 实际上是简化地使用了常数 10‰。这样,$\delta_{V0}=-13‰$,于是,降水的同位

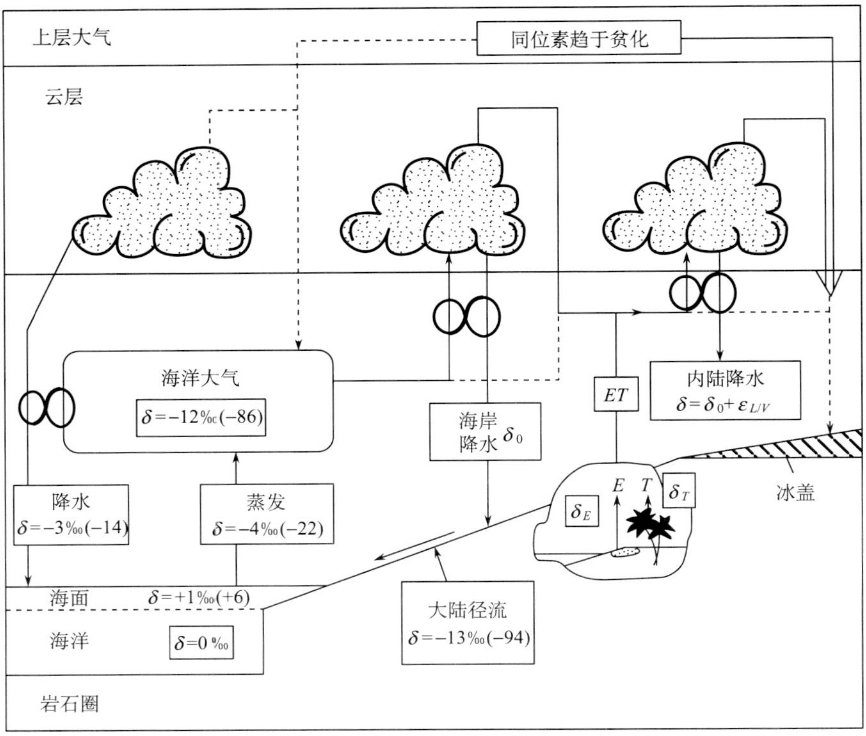

图 5-8　包括陆面的 Craig-Gorden 模型的修改(Gat,1996)

素 $\delta^{18}O$ 值 $\delta_{L1}=(1+\delta_{V0})\cdot\alpha_{L/V}-1=(1-13‰)\cdot(1+10‰)-1=-3‰$。由同位素质量守恒可知,当有 1/6 的云层水汽以降水的形式降落地面时,可推得 $\delta_{V1}=\frac{6}{5}\left(\delta_{V0}-\frac{1}{6}\delta_{L1}\right)=-15‰$。以下由此类推。实际上图 5-9b 中的分馏系数会因凝结温度而不断变化,是大为简化了的。

a

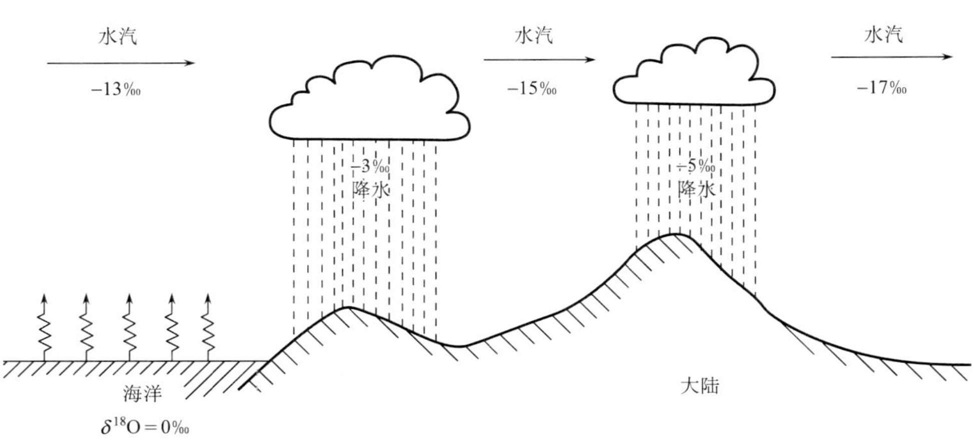

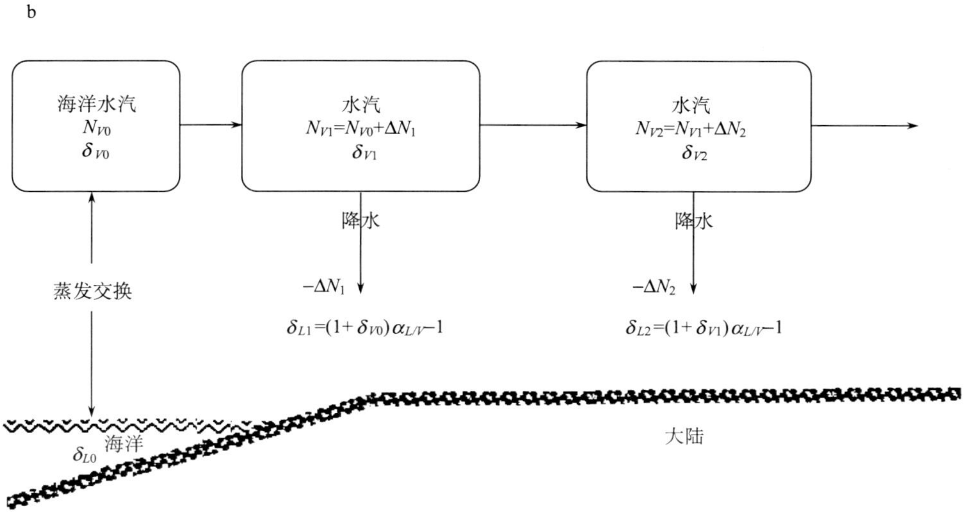

图 5-9　云团由海洋上空进入大陆时水汽和降水同位素分馏示意图

（a 据 Siegenthaler，1979；b 据 Gat et al.，2001。有修改）

$\delta_L=(1+\delta_V)\cdot\alpha_{L/V}-1$ 可由第三章基本公式导来。δ_{L0} 是海洋水的初始 ^{18}O，N_{V0} 是海洋水汽的初始摩尔数，δ_{V0} 是相应的初始 ^{18}O，$-\Delta N_1$ 是第一次降水的摩尔数，δ_{L1} 是第一次降水的 ^{18}O，N_{V1} 是云团第一次降水后剩余水汽的摩尔数，δ_{V1} 是与此相应的 ^{18}O，以下类推

第四节　降水氢、氧稳定同位素的线性关系

如前所述，降水的氢、氧稳定同位素关系是同位素水文学的核心概念，也是水同位素应用的主要基础。事实上，水文循环过程中的稳定同位素组成，究其根源还是以降水为肇始。如同遗传因子，降水同位素特性为各类水体所继承，是其同位素组成的本质性输入，此后只是在此基础上所发生的各类时程和空间的演化和分异。

至于降水同位素的变化，则是以第三章同位素分馏理论为基础。特别是从海洋水面蒸发到成云、冷凝、降水的过程中，气态水汽和液态水之间的分馏，更是分馏理论的核心。

与普通水文学不同，同位素水文学中有大气水（meteoric water）的概念，但并不完全是气象水（meteorological water）概念。是特指在近期参与了大气循环的水（White，1957）；或认为是：源于大气的水（Mook，2000）；或与海洋水相比较，而是：大气水汽、降水和起源于此的地面水、地下水（Gat，1971）；或认为：大气水是从天空降落的，或已经降落了的液态或固态水，它们居留和存在于地球上的冰川、地下水系统和河流湖泊中，大气水的平均 $\delta^{18}O$ 为 $-8‰$（Sharp，2006）。这在以下还要讨论。

一、降水氢、氧稳定同位素的经验关系

早期从非海洋环境中获取的非海洋水、大气水水样分析中，就发现了其氢、氧稳定同位素的相关性，而且也还发现了它们之间的线性关系（Epstein and Mayeda，1953；Friedman，1953）。接着 Craig 分析了大约 400 个水样（Craig，1961a），包括在不同地理位置采集的河水、湖水、雨水和雪水水样，其中 40％来自美国。除了相关线上端一些东非水样外，有以下线性方程：

$$\delta^2 H = 8\delta^{18}O + 10 \tag{5-9}$$

这被称为“大气水线”或“Craig 线”。在这里，大气水实际上包括了除海水以外的大气降水和源于降水的河湖水。式(5-9)还是属于经验公式，然而 $\delta^{18}O$ 包括了从约＋6‰到约－40‰的范围，因而很快发现它在地下水研究中的重要功能并得到广泛而成功的应用。这也引发了全球范围的降水同位素研究包括 GNIP 的发展。这也是在稳定同位素研究早期阶段两个涉及全球性的重要经验关系之一。而另一个就是稍后 Dansgaard(1964)提出的年平均降水中 $\delta^{18}O$ 和地面气温的关系。

二、全球大气降水线(GMWL)

1. GMWL

在 Craig 线之后，从世界降水同位素站网(GNIP，详见下一章)的资料分析，发现广大范围内的降水氢、氧稳定同位素，一般都可拟合为式(5-9)，或稍有差别。

根据 GNIP 资料，IAEA 有过多次分析。曾有根据 1960～1978 年和 1960～1987 年 GNIP 资料的分析（Yurtsever and Gat，1981；IAEA，1992；Rozanski et al.，1993）。1988 年加入了包括世界海拔最高的拉萨在内的中国资料（越珂经等，1995），IAEA 全面分析了 1961～2000 年近 40 年、410 个站的资料，按算术平均求出各站 $\delta^{18}O$ 和 δD 均值，得出（Gourcy et al.，2005）：

$$\delta^2 H = 8.07(\pm 0.02)\delta^{18}O + 9.9(\pm 0.1) \quad (R^2 = 0.98) \tag{5-10}$$

又使用至少有一年以上资料的所有站，按降水量加权平均，则有以下关系：

$$\delta^2 H = 8.14(\pm 0.02)\delta^{18}O + 10.9(\pm 0.2) \quad (R^2 = 0.98) \tag{5-11}$$

另外，对于有近 40 年(1961～2000 年)长系列资料的 31 个站，则有以下结果：

$$\delta^2 H = 8.22(\pm 0.27)\delta^{18}O + 11.8(\pm 1.2) \tag{5-12}$$

这虽然系列最长，但是正由于长系列而使得其面分布受到限制，中国就没有包括在内，因而其全球代表性却并不如式(5-10)与式(5-11)那样好。

由于从海洋蒸发到云中凝聚、雨滴形成，按瑞利蒸馏(Rayleigh distillation)过程，有了很多理论探讨(Gat，1971；Gat et al.，1981，2001)，这样就脱离了原来的经验范畴，于是被称之为全球大气水线 GMWL(Global Meteoric Water Line)(Yurtsever and Gat，1981；

Gat et al.,2001)。早期文献也有称为WMWL(World Meteoric Water Line)的。事实上，GMWL已完全是从降水资料导来，而不再包括河、湖水，因而更多地称为“(全球)大气降水线”了。然而，由于它广泛地用以识别起源于大气降水的地面水特别是地下水，或还包括与大气降水相混合的各类地下水。这样，从广义而言，也可以说是大气水线了。

虽然从Craig线以后，GNIP积累了大量资料，IAEA也有了许多分析，然而在地表水和地下水的应用中，人们似乎还是习惯于使用式(5-9)，即Craig线，并往往也称之为全球降水线、全球大气水线。这主要是：一方面差别本来不大，Craig线形式简单；另一方面从对于GMWL的理论认识而言，它本来就是统计平均。因而GMWL更多地还是一种基准功能。

2. GMWL的截距

如果把GMWL写为$\delta D=a\delta^{18}O+b$，以下讨论这一线性关系的截距b。

GMWL是从经验关系开始，又由全球资料验证，才被认定它代表了降水中氢、氧稳定同位素的一般规律。它有普遍意义，而又有分异。从Craig-Gorden模型可见，从海洋水蒸发到成云降水，降水同位素的构成有着复杂的过程。对GMWL的认识，需要从海洋水蒸发开始。

为说明方便起见，首先假设在海洋上空的水汽是由平衡蒸发作用所造成。因分馏系数是温度的函数，$\alpha=f(T)$，可通过实验测定，常用多项式拟合，如广泛使用的Majoube(1971)关系式为：

$$10^3\ln\alpha^{18}O_{W-V} = 1.137(10^6/T^2) - 0.4156(10^3/T) - 2.0667 \qquad (5\text{-}13)$$

$$10^3\ln\alpha^2H_{W-V} = 24.844(10^6/T^2) - 76.248(10^3/T) + 52.612$$

式中，脚注$W-V$表示由水到汽。那么从相应于海洋水面某温度时的α_{W-V}(这可由表查得)，已知海水$\delta^{18}O=\delta D=0$，则可求得在平衡分馏条件下蒸发水汽的同位素值。例如，它在图5-10中的A点，必定是在通过原点O(SMOW)的直线AO上。如果它冷凝而成雨，那是平衡分馏过程，其最初成雨的同位素值，应沿直线AO落到某点P_A处。而直线AO则是：

$$\delta^2H = 8\cdot\delta^{18}O \qquad (5\text{-}14)$$

式中，直线斜率可以通过计算推求，它很接近于8，或求得略大于此数，在这里以8计，其截距b则为零。

实际上，海水蒸发形成水汽，是一个包含了动力效应的复杂过程。作为概化，可认为在水和汽之间的总的分馏效应Δ_N，是水-汽交换的平衡分馏Δ_E和动力分馏效应Δ_K的叠加，即$\Delta_N=\Delta_E+\Delta_K$。由图5-10，由于动力效应的存在，海水蒸发形成的水汽同位素组成，不在A点而是位于C点，那么，OA是平衡分馏而AC则是动力分馏效应的贡献了。如果动力分馏效应是因水汽中同位素分子$^1H_2^{16}O$，$^1H^2H^{16}O$和$^1H_2^{18}O$的扩散分馏而来，Craig-Gorden(1965)则把动力分馏α_K表示为下式：

$$\alpha_K = \left(\frac{m'}{m}\right)^{\frac{N}{2}} \qquad (5\text{-}15)$$

式中，m'，m 分别为含重同位素分子的分子量(19 或 20)和没有重同位素分子的分子量(18)；N 为 0 到 1 之间的常数，取决于动力分馏效应的程度。图 5-10 中 C 点则相应为 $N=0.1$。

而 C 点的水汽，在云内最初冷凝成雨的同位素值，应沿直线 CC_O 落到例如 P_C 点，为平衡分馏过程，而 CC_O 线则平行于 AO 线，其截距 b 为 40.5：

$$\delta^2 H = 8 \cdot \delta^{18} O + 40.5 \tag{5-16}$$

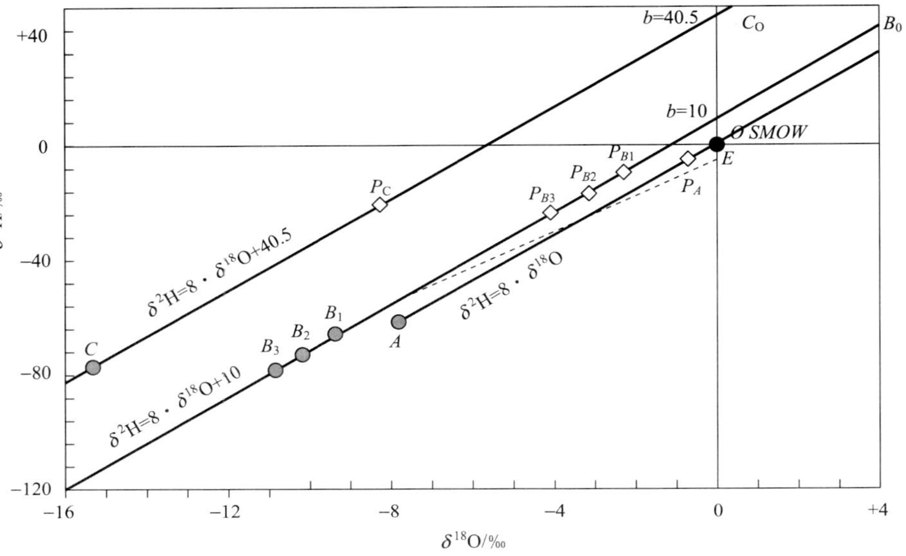

图 5-10 由于海面蒸发动力分馏而产生的降水线类型和 GMWL(Gat et al.，2001。有修改)

同理，当 $N=0.025$ 时，海水蒸发水汽为图中 B_1 点。它有 B_1B_0 线，斜率 8，截距 b 则为 10，这就是降水线 GMWL 了：$\delta^2 H=8 \cdot \delta^{18} O+10$。$B_1$ 点的水汽，在云内最初冷凝成雨的同位素值，应沿直线 B_1B_0 落到例如 P_{B1} 点。此时在降水后的剩余水汽，因同位素贫化(图 5-9)而落到例如 B_2 点，再降水将在 P_{B2} 点，依此类推。

包含于式(5-15)，影响海水蒸发的动力因素较多，蒸发本身的存在就会限制水-汽交换从而破坏平衡分馏，还有海水含盐量、水面温度、风速等，而最重要的则是空气湿度，湿度越低，水-汽之间的交换就越弱，不平衡过程也就越强，本质上还是由于扩散过程的影响。对此有一些理论研究、实验和模型(Craig and Gorden，1965；Gonfiantini，1965，1986；Gat，1971，2001)。

于是，可以按海洋表面上空的空气湿度 h，用分馏系数作出计算。当 h 为 100%时，水汽与海水处于同位素平衡(Clark and Fritz，1997)，初凝降水将落在沿图 5-10 中的 AO 线上，此线通过 SMOW 原点，即式(5-12)。相应于图中 CC_O 线的 h 则已接近于 40%，此线与 AO 线平行而有 b 为 40.5‰，即式(5-14)，但这只是用于比较的理论情况，在海洋上大概自古以来是不大会发生的。而当 h 略大于 85%时，即是图中 BB_0 线，平行于它们但 b 为 10‰，这就是 GMWL 了。

不同的实验数据和模型，可有不同的估算方法和结果。例如认为为 GMWL 的相应 h 不到 85%。也有研究认为，h 每增加 10%，b 可降低约 10‰(Rozanski，1985)。但这些都无关紧要，因为并没有本质上的差别。

3. GMWL 的斜率

以下讨论 GMWL 线性关系的斜率 a。

图 5-10 推导出来的降水线，其水汽 A，B_1 和 C 是因源地海水蒸发的不同动力分馏而来，造成了降水线的截距。但是看来其相近的斜率，却是这些水汽在云团中冷凝成降水的平衡分馏过程。因为在冷凝相形成后，构成的降水物会迅速与其母体云团的汽相脱离，而是瑞利平衡蒸馏（或分馏）过程，由其基本公式（详见第三章）。可导出：

$$\frac{\delta^{18}O + 1000}{(\delta^{18}O)_0 + 1000} = f^{(\alpha_{^{18}O} - 1)} \tag{5-17}$$

和

$$\frac{\delta D + 1000}{(\delta D)_0 + 1000} = f^{(\alpha_D - 1)} \tag{5-18}$$

式中，$\delta^{18}O$，δD 和 $(\delta^{18}O)_0$，$(\delta D)_0$ 分别为冷凝相降水物的同位素组成及其起始组成；f 为水汽的剩余份额；$\alpha_{^{18}O}$ 和 α_D 分别为 ^{18}O 和 D 的分馏系数。

对以上两式分别取自然对数，可得：

$$\delta^{18}O - (\delta^{18}O)_0 \approx (\alpha_{^{18}O} - 1)\ln f \cdot 1000 \tag{5-19}$$

$$\delta D - (\delta D)_0 \approx (\alpha_D - 1)\ln f \cdot 1000 \tag{5-20}$$

于是降水线的斜率 a（或与其他章一致为 S）则为

$$S = \frac{\delta D - (\delta D)_0}{\delta^{18}O - (\delta^{18}O)_0} \approx \frac{\alpha_D - 1}{\alpha_{^{18}O} - 1} \tag{5-21}$$

式中，α_D 和 $\alpha_{^{18}O}$ 均为通过实验求得的随温度(T)而有变化的常数。例如，从现时较为广泛应用的上述式(5-13)，一般由相应的数表即可得到 $10^3\ln\alpha^{18}O_{W-V}$ 和 $10^3\ln\alpha^2H_{W-V}$，于是直接得到式(5-21)中的 $(\alpha_D - 1)$ 和 $(\alpha_{^{18}O} - 1)$，可求得 S。见表 5-4。表中也列出了其他研究结果，以作比较。由此可见，降水线斜率本来就不可能都相同为 8，只是在实际的洋面温度范围内（远小于表列温度范围），其统计平均很接近于 8 罢了。

表 5-4　由式(5-21)求得的降水线斜率

温度/℃	10	15	20	25	30	40	50
降水线斜率 按 Majoube(1971)	8.77	8.53	8.45	8.17	7.98	7.56	7.33
降水线斜率 按 Dincer(1968)			8.36			7.84	

另外，有一个影响降水线斜率的因素是降水再蒸发，这是降水通过的大气层或近地气

层的空气湿度很低，于是使得降水在达到地面时其降水物遭遇蒸发。这一般可引起降水线斜率趋缓(例如图5-10中E线)。还有降水物在云团中与上升水汽发生同位素交换，也会使得降水同位素组成发生变化(Friedman et al.,1962)。

4. 氘盈余

Dansgaard(1964)首先定义降水线中的参数d，名之为氘盈余(deuterium excess, d-excess parameter)：

$$d \equiv \delta(^{2}H) - 8 \cdot \delta(^{18}O) \tag{5-22}$$

氘盈余反映了水汽源地、空气湿度、海洋水蒸发分馏条件、水汽路径等。对于洋面湿度变化，d更是一个敏感指标，因此有着广泛的应用。第六章中对此还有进一步的讨论。

这里需要说明的是，对于降水线$\delta D = a\delta^{18}O + b$，不要把氘盈余参数$d$和所有降水线的截距$b$相混淆，一则有时后者的斜率不等于8，再者$b$是针对一组水样点而言的(张之淦，1984)。

事实上，在使用氘盈余的研究中有一些误区，因而Gat(2005)有一段话值得注意：Obviously, unless "a" has the value of $a = 8$, one should not equate b with the d-excess concept, as has often been done erroneously。

三、地区大气降水线(LMWL)

1. 地区大气降水线(LMWL)

前已说明GMWL更多的是其基准功能。然而，从以上GMWL的截距b和斜率a分析可见，对于某特定地区而言，必定有其特有的影响降水线参数的气象条件，主要包括水汽源地、途径、降水成因、降水过程中的再蒸发等气象条件，从而应该会有地区性的大气降水线LMWL，一般还会具有与GMWL差别不大的a和b，用以作为水文和水文地质研究的地区性基准。很明显，如第一章所述，现时由于地球环境的变化，有成堆的关系到人类生存的水问题或难题，需要使用在原子核层面上的水文学帮助求解。如果是这样，地区的大气降水线就绝对需要。但是遗憾的是，它不可能一蹴而就，而需要有多年的积累，有的地区已经有了半个世纪以上的连续记录。虽然Craig线所用400多个水样的点据，没有说明有月或年的概念，但后来则认为，大气降水线必须要用月资料加权平均为年数据(Gat and Dansgaard,1972)。更多也认为必须是年的数据才可用来导出地区降水线(Ferronsky et al.,1982)，那么如果只有几年资料即只有几个点，就做不好线了。因而也有认为，有一年以上即可由月降水资料得到LMWL(Clark and Fritz,1997)，其实，这主要取决于对资料背景的了解和数据的正确处理。例如，地中海东部地区大气降水线(Gat and Carmi,1970)，简称EMWL，曾得到较多的应用：

$$\delta^{2}H = 8\delta^{18}O + 22 \tag{5-23}$$

它的特点是有相当高的氘盈余，这是由于形成该地区的水汽在输送途中有强烈不平衡条件，海洋水强烈蒸发而又遭遇干热大气所致。

GMWL 的统计平均性质，实际上也可以认为 GMWL 就是许多 LMWL 的综合。例如图 5-11 中有从极地到热带的 8 个站由月平均求出的 LMWL，其 a 和 b 有不小的差别（见图中所注），但是它们总体而言，看来与 GMWL 拟合得还不错。

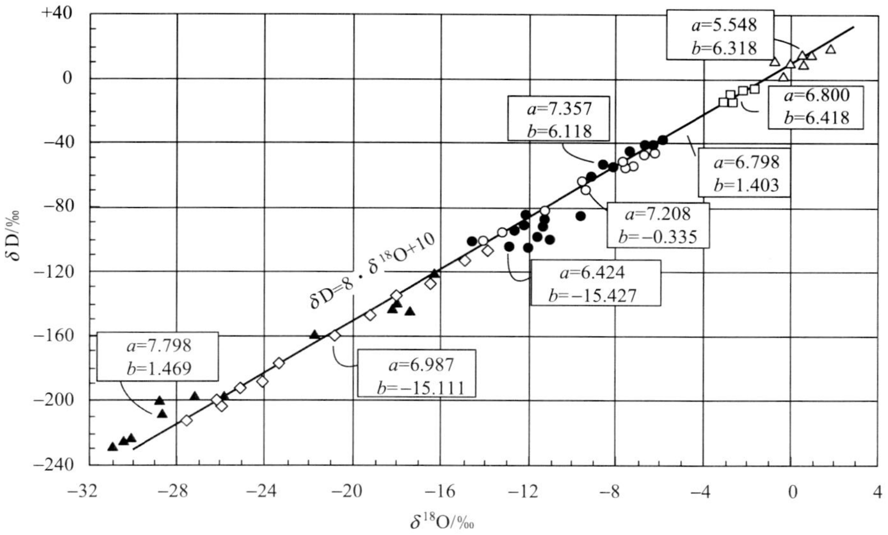

图 5-11　八个站的月平均降水 $\delta^{18}O$、δD 拟合 GMWL（Gat et al.，2001）

图中 a 为大气水线的斜率，b 为截距

与此类似的是，认为 GMWL 是许多 LMWL 的加权平均（Sharp，2006）。然而，与上述所有研究全从降水资料而来不同，是根据美国大陆大小河流上 391 个测站的 4800 个河水水样求得的 $\delta^{18}O$ 与 δD 关系（Kendall and Coplen，2001），认为这些河水水样在正常情况下是现代降水很好的代表（Sharp，2006），并以这些河水线作为 LMWL 而得出上述结论。实际上，由于河水情况复杂，寻求 LMWL 还是要依据降水资料，此法似不可取。

中国曾有许多有关这方面的工作，将在下一章中讨论。

2. 地区大气降水线（LMWL）的一些讨论

由于观测期较短，往往把一些月平均资料综合为 LMWL，因此需要注意一些根本性的问题，而且往往会有些错误的判断。例如：

（1）把降水线误为蒸发线。例如图 5-12，看来像蒸发线，实际上是干旱地区经常发生的现象，即云团发生降水后，降水水滴在其到达地面前又发生蒸发（Gat，2005）。

（2）不同水源数据需要分别处理。例如图 5-13，为 5 年的月平均数据，看来很分散，其实冬季（11～2 月）水汽源于日本海，而 4～9 月源于太平洋，其他两个月为过渡期（Osamu，2002），做不成一条线。

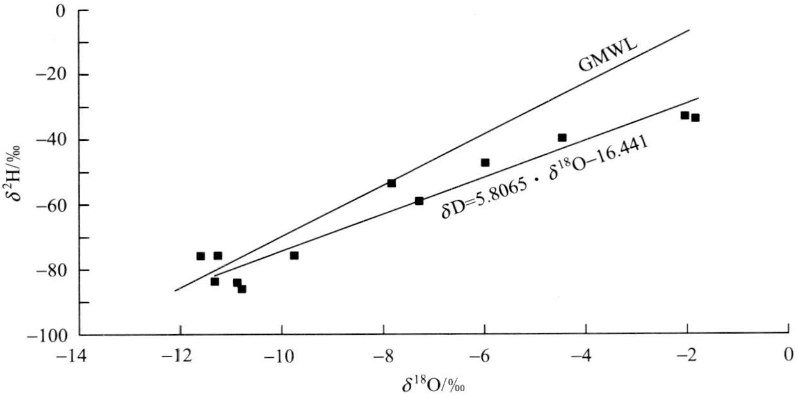

图 5-12　大气降水线误为蒸发线(Gat,2005)

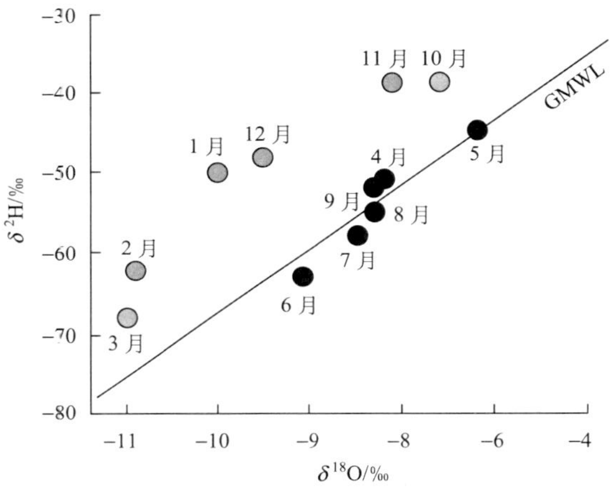

图 5-13　需要判断不同水源(Osamu,2002)

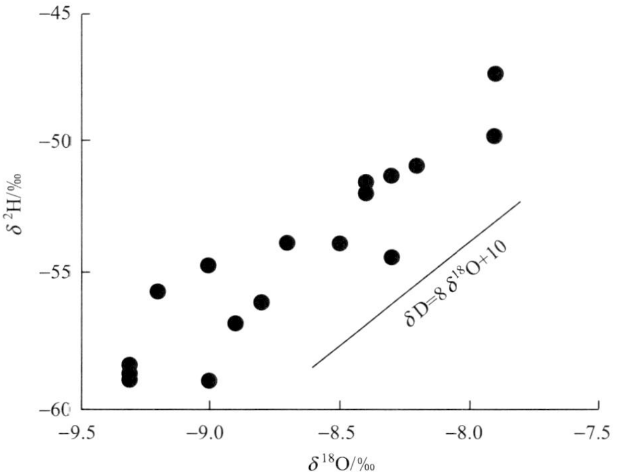

图 5-14　LMWL 需要多年月平均值(Osamu,2002)

(3) 最好需要有多年数据。例如图 5-14,用 19 年资料定 LMWL(Osamu,2002)。

(4) 空间相关性。示意图 5-9 表明了一次云团降水同位素有空间相关性,沿着水汽路径有着积累效应。因而 LMWL 不大可能发生剧变,必须与前后左右比较。

四、大气降水线的其他观点

Craig 曾经认为,全球范围的大气降水线,可以考虑是地面水汽和大尺度云团系统顶部重同位素很贫化的水汽之间的混合线(Gat,1981)。那么,全球尺度发生的分馏过程更多的是垂向的,大气水稳定同位素关系的类型,主要由上部对流层大气和海洋水汽之间的混合模式所控制。这样,大气水线的斜率 8 是由上部大气和地面气团之间的平均同位素所发生的组合。而在不同地区就应该会有大气降水线"家族",每一根线对应于形成降水云团的局部系统。其中,在全球大气稳定同位素分布模式方面起核心作用的,则是对流层大气在全球尺度上的混合和循环模式。

Gat(2005)认为大气水汽缺乏系统数据是一大缺陷,需要有世界大气水汽同位素监测站网(GNIAM),它看来是有点姗姗来迟了。

从以上讨论可见,在同位素水文研究中,LMWL 是重要的也是必要的,但必须慎之又慎,必须判明它与 GMWL 发生差异的原因,不能说"我这里就是这样的"。而 GMWL 是一个整体性的框架,不能逾越。Froehlich(2006)(私人通信)主张,在资料不足的情况下,与其用不确定性高而又难以判定的一个牵强的 LMWL,不如就用 $\delta D=8\delta^{18}O+10$ 也罢。

如此看来,GMWL 岂不是有点像哲学家 V. F. Weisskopf 所说的那样,是奥地利的火车时刻表了,因为它经常不正点。那么,试问:"干吗还要时刻表呀?"答曰:"有了时刻表才知道火车的晚点呀!"

第五节　降水氢、氧稳定同位素关系的演化和分异

水循环中降水氢、氧稳定同位素关系(GMWL、LMWL)发生分异的过程可有四种类型:第一类是由于相态变化,包括从液态和气态间的蒸发、凝结以及向固态的冰冻。第二类是在不同水体中的分异,包括在降水径流过程中的演化。以上一般是浅层水圈水文循环中所发生的主要过程。第三类是由于与其他物质发生同位素交换,包括与围岩和气体在高温或常温条件下的同位素交换,这一般是深部水圈水文循环中所发生的主要过程。第四类则是混合过程,也往往伴随着以上两种过程发生。

一、相态变化发生的分异

以下对于上述第一类作一些概念性的讨论。相态变化这样的演化和分异在 δD 和

$\delta^{18}O$关系图中的一般表现见图 5-15，概述如下。

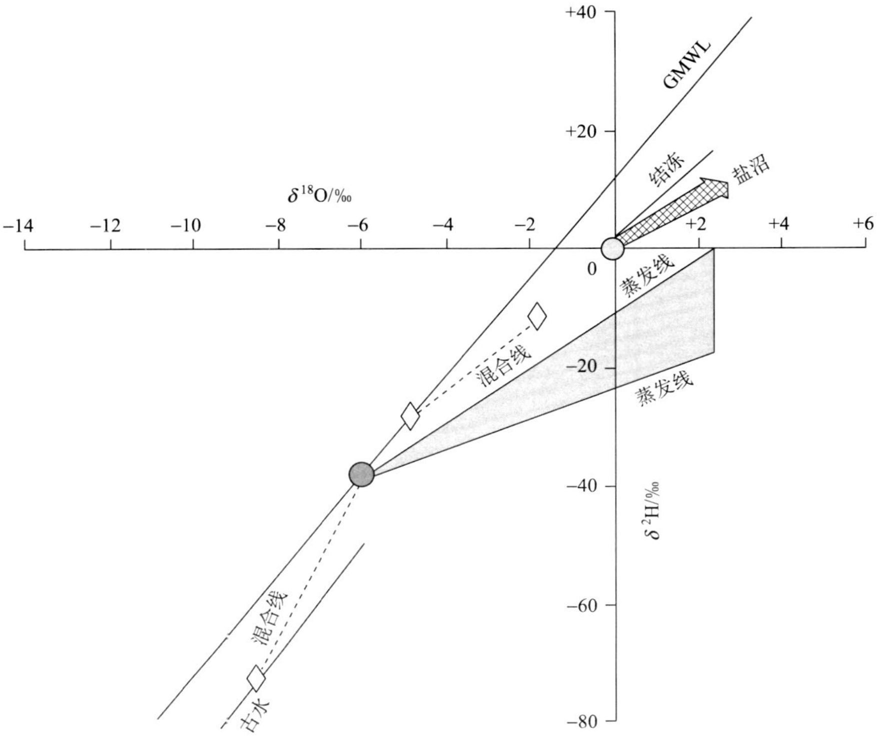

图 5-15 降水氢、氧稳定同位素关系发生演化和分异的相态变化过程示意图

1. 蒸发

Craig-Gordon 模型(1965)把从开敞水体到大气的蒸发过程中所发生的同位素分馏，考虑为几个阶段(图 5-16)。在紧贴蒸发水面的边界层中，在水和水汽之间维持着同位素平衡。然后是在黏滞扩散薄层中，水汽分子之间发生动力分馏。再向上则有紊流混合薄层，其间不再发生同位素分馏。由此可以导出净蒸发量的同位素组成 δ_E(详见 Gat et al.，2001；Rozanski et al.，2001)，它是环境参数的函数，主要是空气湿度。推导实际上是基于 Langmuir 的线性阻力模型(Gat，1996)。

考虑水(E)和同位素分子(E_i，要么是$^1H^2H^{16}O$，要么是$^1H_2^{18}O$)的标准通量方程为：

$$E = (1 - h_N)/\rho \quad 其中\ \rho = \rho_M + \rho_T \tag{5-24}$$

$$E_i = (\alpha_{V-W} R_W - h_N \cdot R_A)/\rho \quad 其中\ \rho_i = \rho_{iM} + \rho_{iT} \tag{5-25}$$

ρ 表示相应的阻力，下标 M 和 T 分别表示黏滞扩散层和紊流混合层；下标 A 表示远离蒸发面上方的大气；下标 W 指的是液体(表面)；

蒸发水汽的同位素组成为：

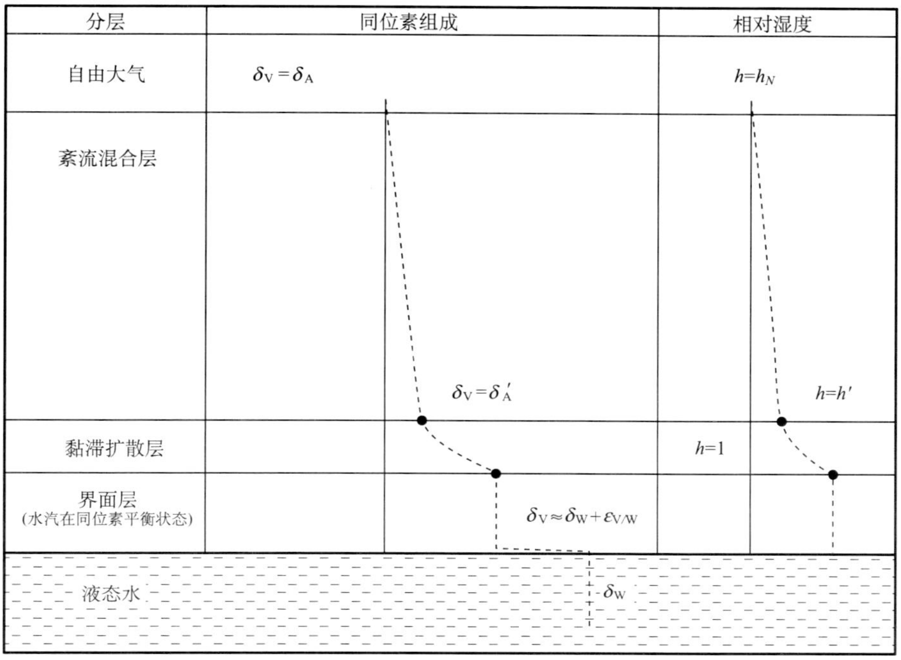

图 5-16　Craig-Gordon 蒸发模型(Rozanski et al.,2001)

$$R_E = E_i/E = \frac{\alpha_{V-W}R_W - h_N \cdot R_A}{(1-h_N)\cdot \rho_i/\rho} \tag{5-26}$$

转换为 δ 得:

$$\delta_E = (\frac{R_E}{R_s}-1)\cdot 10^3 = (\frac{\alpha_{V-W}R_W - h_N \cdot R_A}{R_s\cdot(1-h_N)\cdot \rho_i/\rho}-1)\cdot 10^3 \tag{5-27}$$

整理得:

$$\delta_E = (\frac{\alpha_{V-W}\delta_W - h_N\cdot\delta_A + \alpha_{V-W} - (1-h_N)\cdot \rho_i/\rho}{(1-h_N)\cdot\rho_i/\rho})\cdot 10^3 \tag{5-28}$$

化简得:

$$\delta_E = \frac{\alpha_{V-W}\delta_W - h_N\delta_A + \varepsilon_{V-W} + \varepsilon_{diff}}{1-h_N-\varepsilon_{diff}/10^3} \tag{5-29}$$

其中 $\varepsilon_{V-W}=(\alpha_{V-W}-1)\cdot 10^3$,$\varepsilon_{diff}=(1-h_N)\cdot(1-\frac{\rho_i}{\rho})\cdot 10^3$

式中,h_N 为相应于水面温度 $T_{水面}$ 的空气湿度,可由相应于空气温度 $T_{空气}$ 的空气湿度乘以其饱和水汽压之比($p_{T_{空气}}/p_{T_{水面}}$);α_{V-W} 为水汽和液态水之间、相当于水面温度的平衡分馏系数[式(5-13)];δ_W 和 δ_A 分别为水和水面上自由大气的同位素组成,δ_A 实测比较困难,也可由邻近测站的降水同位素数据 δ_P 推求($\delta_A\approx\delta_P+\varepsilon_{V-W}$);$\varepsilon_{V-W}$ 为富集系数,表达式为 $(\alpha_{V-W}-1)\cdot 10^3$;$\varepsilon_{diff}$ 为扩散分馏的富集系数,由实验求得一般为常数,因而可合并为 $\varepsilon_{tot}=\varepsilon_{V-W}+\varepsilon_{diff}$。

可求得图 5-15 中的蒸发线斜率为

$$S=\frac{h_N[(\delta D)_A-(\delta D)_W]-(\varepsilon D)_{tot}}{h_N[(\delta^{18}O)_A-(\delta^{18}O)_W]-(\varepsilon^{18}O)_{tot}} \quad (5\text{-}30)$$

蒸发线斜率 S 的范围，通常情况约为 3.5 到 6 左右（Gat，1981）或 4 到 6 左右（Horita，2005）。前曾说明，重同位素相对较贫的水汽脱离水面（表示如图 5-17 中的空心箭头方向），导致剩余水体富集重同位素（图中黑色箭头方向）。

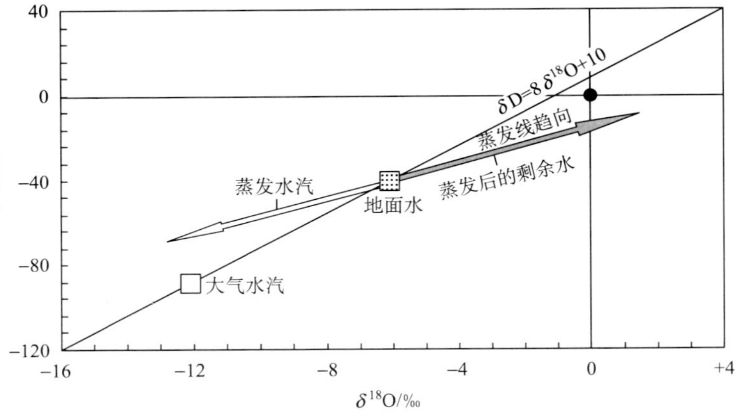

图 5-17　大气水蒸发过程中同位素关系的分异（Gat，2001）

蒸发线斜率 S

云层中雨滴的产生过程可以近似为一瑞利平衡分馏过程，降水同位素 δ 与大气水汽的关系为：$\delta_p=\delta_a+\varepsilon^*$，其中 δ_p 为降水的同位素比值（图 5-17 中的“地面水”），δ_a 为大气水汽的同位素比值，ε^* 为液态水和大气水汽平衡时的富集系数。蒸发后的剩余水体富集重同位素，其趋势沿着蒸发线，在 δD-$\delta^{18}O$ 坐标系中其斜率通常小于 8。而蒸发的水汽富集轻同位素，落在同一蒸发线上，但朝相反的方向，如图所示。一般认为 s 的大小主要取决于相对湿度 h，Gonfiantini 提出了这个关系式的数学基础，如图 5-18。当 h 值较小时动力

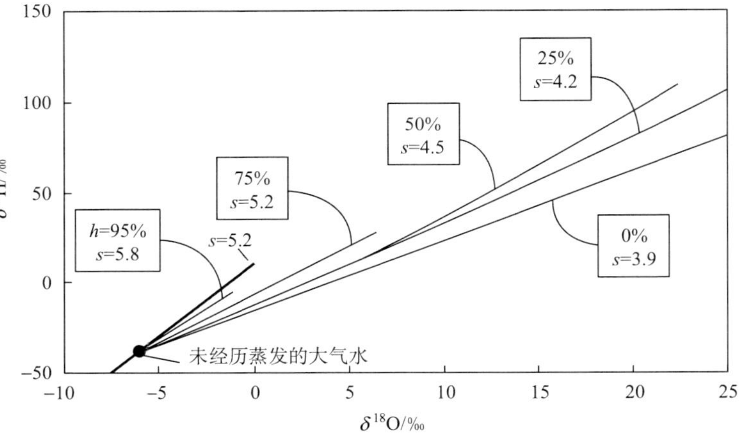

图 5-18　蒸发过程中湿度对蒸发线斜率的影响（Gounfiantini，1986）

效应蒸发最大，s 值较低。Gat(1971)计算结果表明，当相对湿度很低时(大约 0.25)，s 值接近 4，而当 h 值大约为 0.75 时 s 值大于 5，而 h=0.9 时斜率接近 8。

2. 冻结

水发生冻结时，也使剩余水中的重同位素富集，然而其分馏要比上述蒸发过程要小。在图 5-15 中的斜率一般约为 7 左右(Horita，2005)。

二、不同水体中的分异

(一) 土壤水

非饱和带在水文过程中，特别在降水径流和地下水补给过程中起着决定性作用。非饱和带孔隙水主要是土壤水，此外还包括了尚未发育成为土壤因而不属于土壤范畴的土质所构成的非饱和带水(如沙漠)。降水经非饱和带下渗，在垂向上补给地下水，在侧向上也产生非饱和带径流(壤中流)。对于其氢、氧稳定同位素的基本关系分别在以下几段中讨论。

降水和蒸发的同位素特征和变化规律，到 20 世纪 60 年代已经有了很多研究，然而对土壤水这样的重要角色，却到 60 年代后期才开始有实验研究(Zimmerman et al.，1967)，而且只是对饱和沙。对非饱和带的主要工作直到 20 世纪 80 年代才奠定基础(Munnich et al.，1980；Allison，1982；Barnes and Allison，1983)。饱和沙柱剖面中水的同位素组成在蒸发条件下近似于指数分布，在地面处有最大值。而在蒸发锋面以下的非饱和土柱，其同位素剖面也与饱和条件下有类似的指数分布形式，例见图 5-19，分别是实验室土柱和干旱地区沙丘的实测结果。

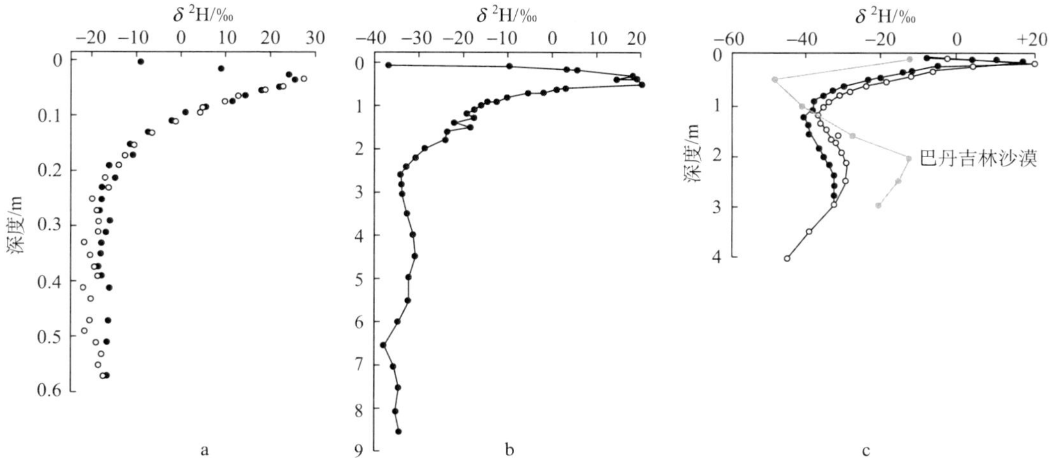

图 5-19　蒸发条件下非饱和土壤水中氘的剖面分布(深色：Barnes and Allison，1988；浅色：顾慰祖，2007)

a. 实验室土柱(Allison et al.，1983)；b. 野外(Barnes and Allison，1982)；c. 干旱地区沙丘孔隙水中氘剖面的比较

同样在稳态蒸发条件下，饱和和非饱和土柱中土壤水^{18}O和^{2}H关系线即蒸发线的主要差别是，非饱和的蒸发线斜率趋于减小(Allison et al.,1983)。这是由于随着蒸发锋面下移，锋面以上土层中的水汽扩散运移加剧，这就使得动力分馏也渐趋重要。例见图 5-20(Barnes and Allison,1988)。

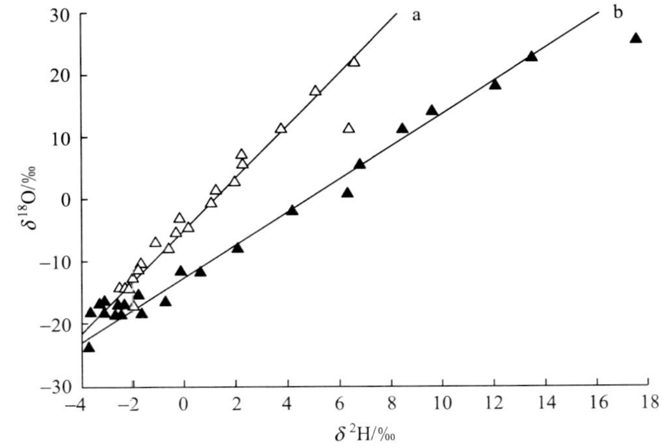

图 5-20　实验室土柱在稳态蒸发条件下的蒸发线(Bernes and Allison,1988)

a. 饱和条件；b. 非饱和条件

图 5-19 那样的土壤水同位素剖面，可用于估算地下水补给、土壤蒸发和潜水蒸发，也可用于研究植被汲取土壤水的深度。对于使用土壤水氢、氧稳定同位素剖面估算地下水补给，在地下水补给一章中讨论。对于土壤蒸发估算，一般主要还是利用在蒸发锋面以下的氢、氧稳定同位素剖面，包括使用剖面中的最大值位置进行估算(Fontes et al.,1986)，或甚至利用在蒸发锋面以上的稳定同位素剖面来进行估算。值得注意的是，除非地下水面离地面很近，要建立起土壤水环境同位素的稳态剖面，往往需要很长时间，几十甚至几百年或更长时间，在地下水补给章中有一些实例。

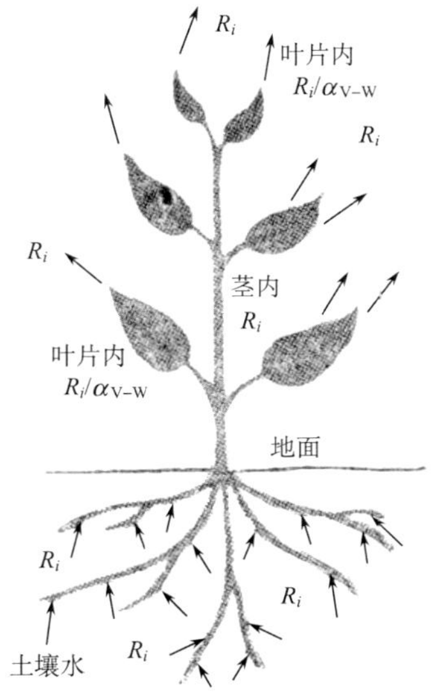

图 5-21　作物水分同位素组成示意图

(二) 作物水

作物根系从土壤中汲取同位素组成为 R_i 的水分，这一过程不发生同位素分馏。另一方面，植物茎在通过毛管作用输送水分时，也不发生同位素分馏。这样，在植物茎内的水分(细胞液)其同位素组成还是 R_i。水分到了叶片以后，由于蒸发而在叶片内发生同位素分馏。同前所述，分馏系数设为 α_{V-W}，叶片水分富集重同位素，其组成即为 R_i/α_{V-W}。有趣的是，在发生蒸腾(或植物散发)时，向大气散发的水分其同位素组成却仍然与从土壤中汲取来的水分相同，即为 R_i(图 5-21)。而且，由于植物茎内部极为微小的毛管，使得其中的流率却相当的高，这就能够阻止富集重同位素的叶片水分向茎部扩散回流。然而，降水有季节性，不构成地下水补给的降水会较多地在根系层徘徊，因而好像根系有所选择似的，这就使得作物所汲取的水分，其同位素组成也不总是与土壤水相同。

图 5-22 为不同生长条件下，树木茎部树液其氢、氧稳定同位素组成的两年监测结果，由图可见，与土壤水的关系相近，其关系大体上与降水线平行。

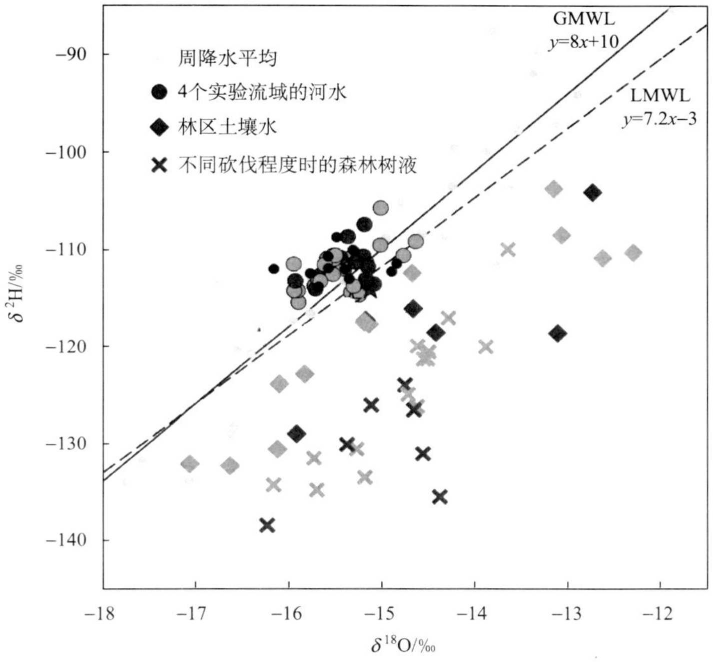

图 5-22　不同生长条件的树木其茎部细胞液氢、氧稳定同位素组成和土壤水的比较(Koeniger，2007)

(三) 下渗水

下渗是介于降水和地下水之间的非饱和带过程。如第一章所述的同位素水文循环，一方面是水分循环过程，降水通过下渗形成地下水，而同时又因水文地球化学过程，降水同位素组成通过下渗发生演化而形成地下水同位素组成。在下渗过程中的水可命名为下渗水，或可名之为补给水或下渗补给水，专指已进入非饱和带但还没有达到地下水面的水。这实际上成为了土壤水，但是是降水进入非饱和带后形成的土壤水，需要与原来已经存在于非饱和带中的土壤水有所区别。下渗水的同位素形成，随后对于地下水的同位素组成有着几乎是决定性的影响。

示意图 5-23 从降水经下渗到形成地下水，对氢、氧稳定同位素组成的演化作了概念性的解释。

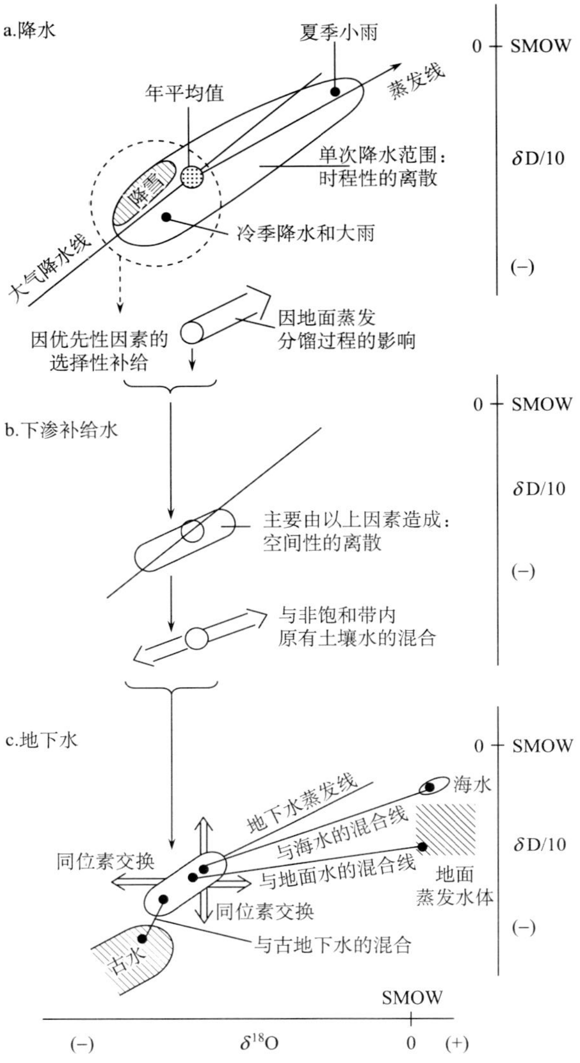

图 5-23　由降水下渗到形成地下水过程中同位素组成的演化示意图

（Gat，1971，1981。有修改）

下渗补给水同位素组成的形成，有以下几方面的影响：

1. 降水同位素组成的后续

不同时期所测得的降水同位素组成必定会有相当大的差异，表现在 $\delta^{18}O$ 和 $\delta^{2}H$ 图中就是点据离散，各次降水同位素的离散范围很大，图中概念性地标出了不同降水类型的位置。因为这样的离散是不同季节、不同场次降水所造成，所以可以认为是时程性的离散。其中特别重要的则是年平均降水，实际上上一节讨论的大气降水线是由年平均值导来，而不是从次降水导来的。

2. 地面的表层蒸发

降水进入地面即下渗水的开始，就会遭遇地面蒸发而使其同位素组成发生变化。一般情况下，这主要发生在非饱和带土壤的顶层，或严格而言，发生在零通量面以上土层（见第十章地下水补给）。而不同季节、不同降水量和降水强度的降水，将因地面蒸发而有不同程度的同位素分馏，下渗水所继承的同位素组成，是这些经不同分馏以后的组合，往往表现为与直接按降水量加权平均的同位素组成有所不同。这是由于某些场次的降水有更大的权重，好像有些优先性似的。

3. 选择性下渗补给

这一概念首先由 Gat 和 Tzur(1967)提出，其原意是不同季节、不同蒸发和散发损失的降水下渗，以不同比例进入地下成为下渗补给水。例如，有些地区冬季下渗水大于其他季节(Sauzay，1974)，有的地区的下渗补给水主要来自大降雨(Vogel et al.，1975)等，都是造成其地下水同位素组成特征的原因。我们把这一选择性下渗概念引申为不仅是由于降水条件，还更多地来自下垫面条件。这有多种类型：如非饱和带中有大孔隙、裂隙等，使下渗水从这里优先到达地下水面形成补给（在第十章地下水补给中还要作进一步的讨论）；如不同植被条件会导致不同下渗，裸地或草地的下渗补给大于林地（也在第十章中讨论）；如因不同地质时期地层出露，因洪积、冲积或风积的区别而使下渗发生时会有很大的不同，很明显，砂砾剖面就会有更快的下渗，也好像是有优先性。凡此种种，都将使下渗水发生同位素组成的变化，然而这一类的变化与直接因系统性分馏而发生同位素组成变化不同，是因下渗发生有选择性过程所致。这样在 $\delta^{18}O$ 和 $\delta^{2}H$ 图中造成的点据离散，一般会小于上述因降水发生的离散，可以认为是空间性的离散。

4. 非饱和带的弥散混合

下渗水进入非饱和带后，破坏了原有土壤水的能态，从而发生强烈的弥散，并与原有的土壤水发生混合。值得注意的是，下渗水在非饱和带中的运动往往很慢，有些在砂壤土上当下渗补给为 100～150 mm 的试验中，得到的下渗速率只有 50～100 cm/a(Zimmermann et al.，1967)。这是一个重要概念，因为这意味着非饱和带可能储存长时间的甚至历史时期降水下渗补给的信息。在第十章中将讨论这一概念的应用，可以看到有些地方甚至储存有几千上万年的信息。

当下渗补给水达到地下水面后，就是地下水的同位素演化过程了（图 5-23 中 c）。

（四）径流和河水

1. 径流

降水到达流域地面后，以各不相同的径流产生机制或在地面产生径流，或下渗非饱和带，补给地下水，并产生不同类型的地面下径流，形成各种径流组分(图 5-24)。降水氢、氧同位素组成随之发生演化，从而形成不同径流组分所特有的同位素组成，实际上这些径流组分特别是非本次降雨组分，连同其产流机制，也正是通过其氢、氧同位素组成的分异而得到识别的(见第二十一章)。

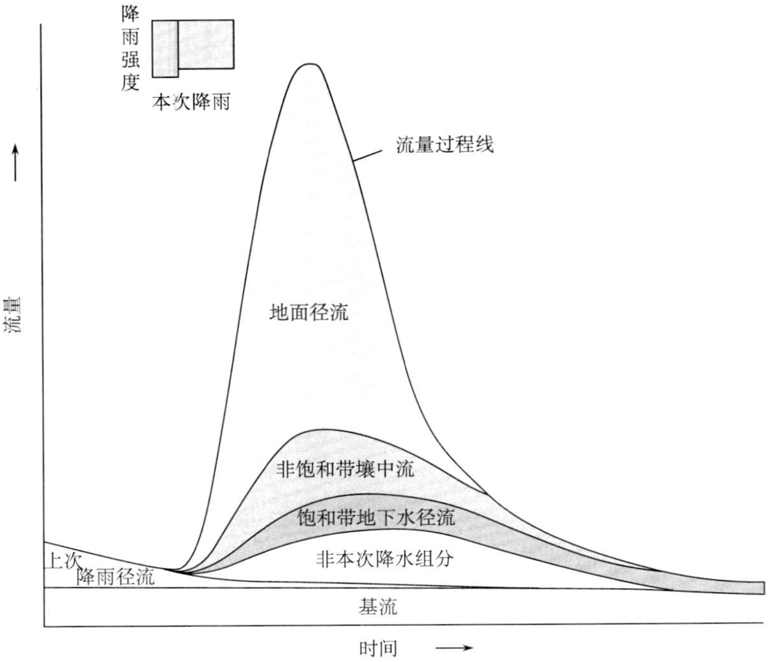

图 5-24　由氢、氧稳定同位素示踪识别的流域径流组成示意图
图中径流组成随降水和流域条件有不同的组成比例

流域降水径流是水文学的基本问题，影响到水文学应用的许多方面，实际上对径流组成的认识曾停滞多年，长期以来都还是经验和推理模式，氢、氧稳定同位素进入水文实验领域后才开始'破冰'而开始有新的认识。其实图 5-24 这样的径流组成还有待进一步的深入，希望能得到既相应于降水时程而又相应于流域空间的图 5-24 那样的径流组分(图 5-25)，对此唯一的途径是水文实验，唯一的手段则是同位素示踪，而其中的主导方法则是氢、氧稳定同位素。

2. 河水

各种类型的降水径流，经地面和地下途径，由溪流网逐级汇入河流，构成河水，并也综合构成其氢、氧同位素组成，因而也称之为流域同位素效应。影响河水氢、氧同位素组成的主要因素有二：一是继承了降水同位素特征的上述各种径流成分的同位素组成；二是蒸发分馏。在 δ^2H 和 δ^{18}O 关系上，几乎所有的河水都有类似于蒸发线的形式，极少例外，然而其与降水线的交点、不同位置、其斜率等则主要是其水源组成的响应(图 5-26b 为以浅

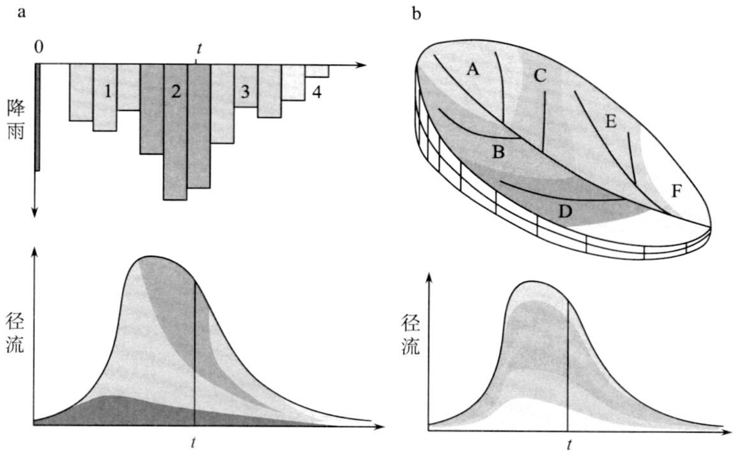

图 5-25　流域径流组成的理想模式(McDonnell,2009)

层地下水补给为主的一例)。而水源组成实际上也是流域气候区、流域面积、其地质、水文地质、地貌条件等的综合反映。

需要注意的是,上述地面和地下的径流组成,实际上只涉及潜水的浅循环。但许多流域的河水特别是大河往往还有深层地下水补给,甚至还有深循环补给,这将进一步使其 δ^2H 和 $\delta^{18}O$ 关系发生分异,需注意识别。

第八章对河水还有进一步的讨论。

(五) 地下水

在第一章中讨论了较为广义的地下水圈和在此范畴内狭义些的浅层水圈和地下水交替循环带的观点和概念。地下水实际上是广义地下水圈的局部表现,是水文循环和水文地质循环在时程和空间上演化的混合水(详见第十章)。虽然现在更多的是关注浅层地下水,但需要想到其局限性,浅层地下水往往会有深层甚或深循环地下水的越流来源。

以上这些可总体性地反映为地下水氢、氧稳定同位素 δ^2H 和 $\delta^{18}O$ 这样的基本关系,是对任何类型地下水有所了解或进行研究的总纲性框架。对于地下水起源、补给、含水层及水体之间的相互关系甚至其年龄信息,都提供了一个不可逾越的概念性范畴。当然这只是框架性的,需要更多下续研究,包括使用其他环境同位素和水化学等方法才能有更多全面了解,但是整体上还都在此基本关系的框架之内。

图 5-26 归纳了一些主要类型:①没有蒸发影响的极端类型(图 5-26a,加拿大)。认为在地下水补给过程中,蒸发影响以及地下水与含水层围岩之间的同位素交换都不明显(Fritzet et al.,1974)。②蒸发和补给的混合类型(图 5-26b,中国淮北)。一方面不同井深地下水随地下水埋深增加逐渐向降水线靠拢,另一方面其同位素原始组成表明有深层越流补给(Ye et al., 2007)。③浅层和深层地下水分组类型(图 5-26c,阿尔及利亚)。浅层

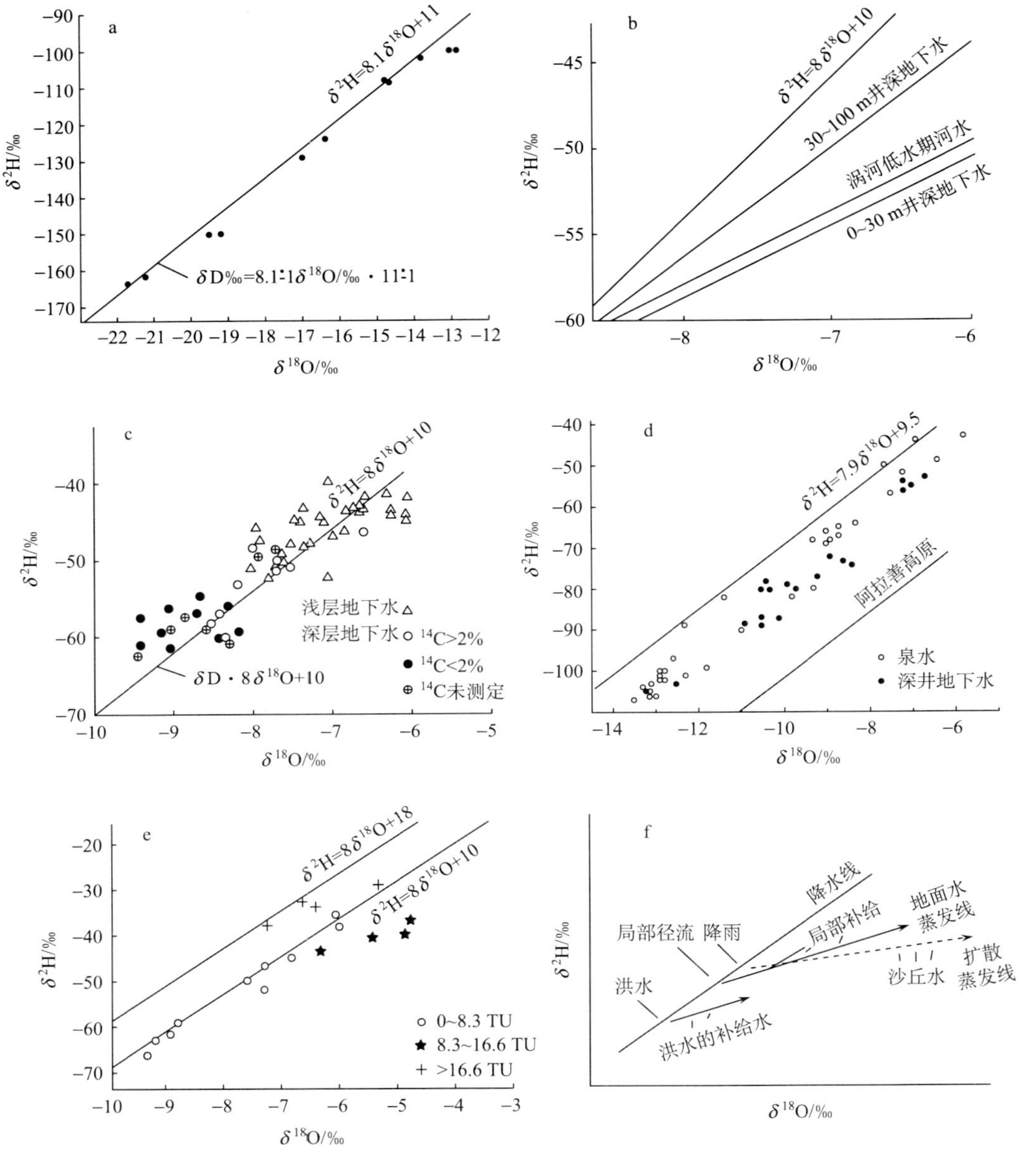

图 5-26　地下水氢、氧稳定同位素 δ^2H 和 $\delta^{18}O$ 基本关系的一些类型

a. Fritzet et al.,1974; b. Ye et al.,2007; c. Gonfiantini et al.,1974;

d. Fritz et al.,1979; Geyh and Gu,1999; e. Lamouroux et al.,2006; f. Gat,1981

地下水和由^{14}C识别的深层地下水，数据虽然离散但分组明显，且都属同一降水线，认为构成深层古地下水的降水其气候条件与浅层的类似(Gonfiantini et al.,1974)。④与降水线分异的类型(图 5-26d,智利)。地下水和泉水点据都落在降水线的下方，有着与降水线相平行的趋势，认为其主要原因是这些古地下水源于与现代不同的气候条件所致(Fritz et al.,1979)。图中附有阿拉善高原一些地下水与此类似的关系线(Geyh and Gu,1999;Geyh et al.,1998)(中国内蒙古),认为除上述气候条件的原因外,还由于构成地下水补给的下渗水在下渗前又发生了蒸发分馏所致。⑤与地区降水线分异的类型(图 5-26e,阿尔及利亚)。一些地下水点据落在了 GMWL 的上方,实属罕见,最后的研究则表明都在 LMWL 的下方,不过一些古地下水则落在 GMWL 上或在其下方(Lamouroux et al.,2006)。⑥不同水源类型(图 5-26f,以色列)。在干旱地区不同水源补给的地下水表现为不同斜率的蒸发线型式(Gat,1981)。

对于古地下水氢、氧稳定同位素 δ^2H 和 δ^{18}O 的基本关系等,在第十章有进一步的讨论。

按温度分类的地下水系统,以上讨论的都属低温地下水系统(Geyh,2000),指水温小于 90℃的地下水。水温在 90～150℃的为中温地下水,而高于 150℃的则为高温地下水,在地热水一章中讨论。

(六) 地下水盐分演化

近海地区的地下水包括海水入侵地下水,往往有较高含量的总溶解固体和含盐量。如果不考虑人为活动因素,盐分进入地下水系统的途径,或是海水入侵,或是与卤水混合,再就是地面积盐,或土层内及含水层围岩中的蒸发岩分解和溶解。因而含盐地下水的同位素演化也包括了蒸发、交换和混合三部分。蒸发在湖泊一章中讨论,交换和混合也随后在本节另行讨论。这里只讨论地下水盐分变化与其氢、氧同位素的一般性关系。

由图 5-27 可见,对 δ^{18}O 发生较大影响的还是交换、蒸发和混合,而当降水淋溶干土盐分或蒸发岩时,可使地下水盐分增大但一般对 δ^{18}O 没有影响。

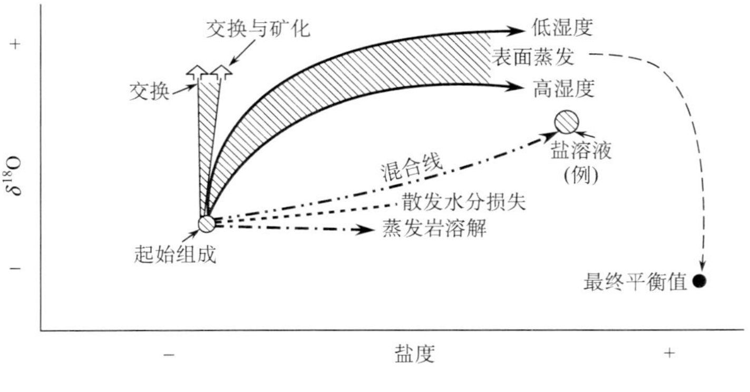

图 5-27 盐分变化过程与地下水同位素组成的演化关系(Gat,1981)

图 5-28 描述了可能进入地下水的一些特殊来源,如卤水、原生水、地热水、蒸发岩结晶水等的 δ^{18}O 组成及其一般演化,在研究地下水水源时,可利用其同位素和水化学特征帮助识别,或进行混合估算。

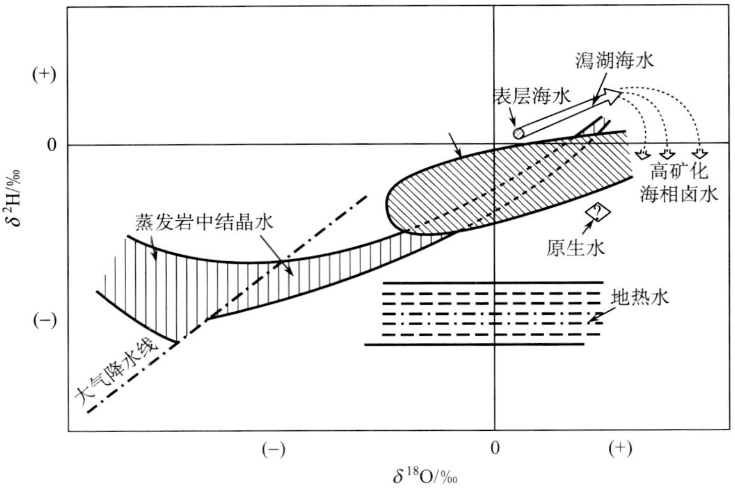

图 5-28　各种矿化水源的同位素组成(Gat,1975)

三、同位素交换

以上讨论了降水经下渗水到地下水的同位素演化，而同位素交换则是地下水的三种同位素演化中的一类。这里的同位素交换，是地下水与围岩、矿物或其他溶质组分的分子间、物质间相同元素的不同同位素，发生互相交换的一种特殊的化学反应，其结果是反应两方相同元素的同位素进行了互换性质的再分配，却并不发生化学变化。同位素交换属于平衡分馏。低温条件下的交换反应缓慢，需要很长时间才有可能达到交换平衡，所以冷水能够“记忆”上百万年的同位素信息(张之淦，1984)。但在大于 80℃的高温条件下，则交换大为加快。同位素交换的程度，取决于很多因素，主要是温度、分馏系数($\alpha_{矿物-水}$)、水与围岩的接触面积及接触时间等。正是由于同位素交换达到平衡时的同位素分馏与温度密切有关，因此就可以通过实验推求氢、氧同位素分馏与温度的关系，并用以估算平衡温度，此即所谓的同位素地质测温，这在地热水一章中还要有进一步的讨论。这里因为需要对大气降水线的演化和分异有一比较全面的概念，所以与此有关的同位素交换，在以下先有一简单的叙述。

大气降水线因同位素交换发生的演化和分异在 δD 和 $\delta^{18}O$ 关系图中的一般表现见图 5-29(图中各种同位素交换的起点和坐标值都是为叙述方便而设定的)。对其主要部分概述如下。

1. 与围岩的高温交换：^{18}O 漂移

由图 5-1 可见，$\delta^{18}O$ 在碳酸盐岩、硅质岩中最高，在火成岩和变质岩中也很高，往往高

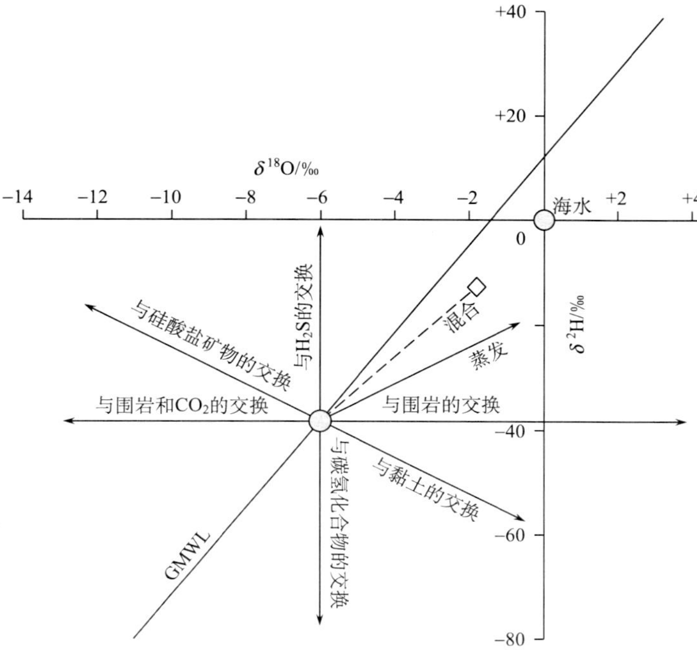

图 5-29　降水氢、氧稳定同位素关系发生演化和分异的同位素交换过程示意图

于所有各类水，如碳酸盐岩的 $\delta^{18}O$ 可高达＋25‰或以上。而 δ^2H 则不同，在所有岩石中都偏贫而在水中却富集，而且含氢的成岩矿物极少。因此在这样的水-岩系统中，当同位素交换向着平衡方向演化，在高温条件下因分馏系数变化会使这一过程加速，导致水的 $\delta^{18}O$ 增高而 δ^2H 一般变化很小。例见图 5-30。从点 1 起，随着温度由 17℃增高到大于 300℃，水质也由淡水(1500 ppm)(1 ppm＝10^{-6})改变为卤水(182 000 ppm)，水不断与围岩进行氧同位素交换，其结果是：$\delta^{18}O$ 很快富集，由－10‰左右增大到约＋3‰以上，而 δD 却保持常数，并相当于该地区大气水中的含量。此即所谓的地热水 ^{18}O 漂移。图中另有两条地面水线作比较，很明显是前述的蒸发线。

然而，并非所有地热水都有这种形式的 ^{18}O 漂移。图 5-31 主要是酸性地热水的 δD-$\delta^{18}O$ 关系。不同地热田几近平行的线，并不表现为单纯的 ^{18}O 漂移，而叠加有蒸发影响，这些直线的斜率明显表现了在蒸发过程中的动力分馏，相当于约 70～90℃时的蒸发过程。

深部沉积岩层孔隙水的原始同位素组成在低温条件下，也可因水-岩相互作用而发生变化，当温度在 50～100℃时，因碳酸盐岩沉积与液体之间的氧交换，可导致向着碳酸盐岩富 ^{18}O 方向漂移(Clark and Fritz，1997)。

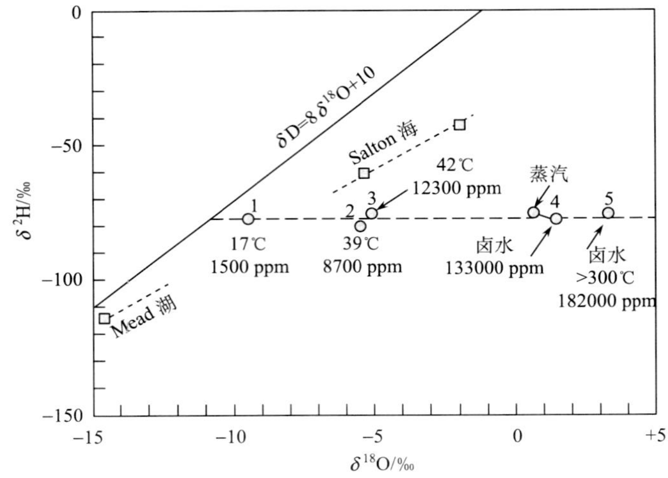

图 5-30　Salton 海地热田地下水氢、氧稳定同位素关系(Craig,1966)

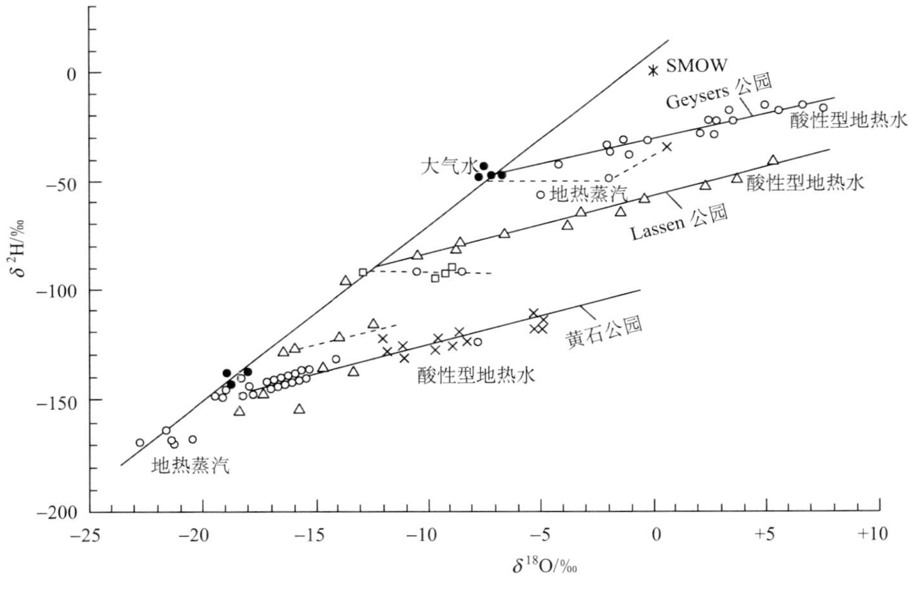

图 5-31　美国地热田酸性型热泉和地热蒸汽有
蒸发影响的氢、氧稳定同位素关系(Craig,1963)

2. 与 CO_2 的低温交换

CO_2 是地下水中的主要气体组分之一。其普遍来源是大气,或在地面或在地下。土壤中生物化学作用也会产生 CO_2。此外,碳酸盐分解也产生 CO_2。因而在水与 CO_2 之间常发生如下的同位素交换反应:

$$C^{16}O_2 + 2H_2{}^{18}O \leftrightarrow C^{18}O_2 + 2H_2{}^{16}O \tag{5-31}$$

这一交换反应经常发生，而且速度相当快。如果 CO_2 的 $^{18}O/^{16}O$ 比水的低，那么 CO_2 就将趋于富集 ^{18}O 而水则趋于贫化。这可通过分馏系数计算，如 25℃时，$\alpha_{CO_2(气)-H_2O(水)}=1.0412$（O'Neil and Epstein，1966，1975），因此，水的 $\delta^{18}O$ 相对要低约 40‰，因为 δD 没有什么变化，结果则表现为图 5-29 中的向左平移。例见图 5-32。

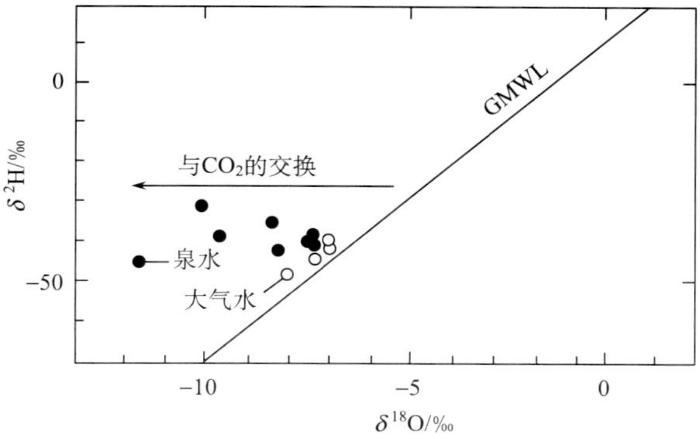

图 5-32　与 CO_2 低温交换的氢、氧稳定同位素关系
（Ferrara et al.，1965）

3. 与 H_2S 交换：^2H 漂移

H_2S 在还原环境地下水中所常见，在卤水和油田地下水中往往有较高的浓度，与水发生如下的同位素交换反应：

$$H_2S + HDO \leftrightarrow HDS + H_2O \tag{5-32}$$

另外，在高温条件下，CH_4 可大量溶于地下水，为卤水和油田地下水中所常见，而且当存在有硫酸盐时，CH_4 可促使其还原而生成 H_2S 而发生上述反应。

以上同位素交换反应的结果是：H_2S-H_2O 体系或是 CH_4-H_2O 体系中的同位素交换，可使水中的 δD 增高，而在图 5-29 中则表现为沿 δD 轴向上移动，称为 ^2H 漂移。Clark 和 Fritz（1997）指出，要有大量硫酸盐还原才能改变地下水的原有 ^2H 组成，而从质量平衡计算，产生 0.1 mole 的 H_2S，可使水中 ^2H 富集 1‰即发生 1‰的 ^2H 漂移。更具体而言，要发生明显的水同位素 ^2H 漂移，例如 5‰，那么就要产生约 17.6 g/L 的硫化物，而参与反应的 SO_4^{2-} 就需要有约 50 g/L（相当于 70 g/L 石膏）。

4. 与硅酸盐矿物的交换

图 5-29 中的与硅酸盐矿物的交换，也称为与硅酸盐的水合（hydration）作用（Geyh，2000；Clark and Fritz，1997）。在高温和低温地下水系统中都有发生。在低温条件下，这样的交换只有在经历了漫长的地质时期才有可能发生。常见的有如以下这些反应：

$$Si^{16}O^{18}O + H_2{}^{16}O \leftrightarrow Si^{16}O_2 + H_2{}^{18}O \tag{5-33}$$

$$CaAl_2Si_2{}^{16}O_7{}^{18}O + H_2{}^{16}O \leftrightarrow CaAl_2Si_2{}^{16}O_8 + H_2{}^{18}O \quad (5\text{-}34)$$

Clark 和 Fritz(1997)认为，在 300℃温度以下，影响结晶岩中水同位素演化的重要反应是硅酸盐矿物的水合作用。富^{18}O(如 5‰～10‰)的硅酸盐矿物在水合过程中吸收^{18}O较之贫得多的水，使之向与其平衡的方向演化，这样的分馏使^{18}O配分进入矿物基质，结果是剩余水的^{18}O贫化。然而氢只在相对较富^{18}O的水和矿物的结合水之间发生分馏，结果是矿物^{2}H贫化而剩余水的^{2}H富集。

5. 与黏土的交换

图 5-29 中的与黏土的交换，或也认为是黏土的去水(dehydration)作用(Geyh,2000; Gat,1981)。黏土是低温形成的低温矿物，其氢、氧同位素组成与产地降水的组成相对应(Lawrence and Taylor,1971)，可以导出黏土矿物大体平行于降水线的$\delta^{18}O$-$\delta^{2}H$关系线，如高岭石线的斜率 7.6，而截距达 224。具有这些特点的此类黏土矿物与水之间的交换反应，在实验室温度≥100℃条件下可以发生(O'Neil and Khoraka,1976)。在自然界中，有的研究表明，表生风化形成的黏土在地质时期保持了其原始的$^{2}H/^{18}O$(Sheppard et al.,1969)；海相沉积物中，只有细颗粒碎屑黏土在10^{6}年或更长的时期，可检测到^{18}O交换(Savin and Epstein,1970)。Geyh 则认为当黏土发生去水作用时，会发生图 5-29 中那样方向的演化。这实际上是趋于与高岭石线或与之平行的黏土矿物线方向发生混合。

6. 与碳氢化合物的交换

在图 5-29 中这个方向的演化，Gat(1981)认为是与黏土或碳氢化合物的^{2}H交换。在煤系地层中，主要是与各种烃基类含氢物质发生交换反应而发生氢同位素交换(桂和荣等,2007)。见本书第十三章图 13-4。

$$H_2O + D_{煤系} \leftrightarrow HDO + H_{煤系} \quad (5\text{-}35)$$

四、水源混合

前述地下水同位素演化有三个重要部分：蒸发、交换和混合。在低温条件下，上述同位素交换极为缓慢。这样，混合作用就是在含水层中使水同位素发生改变的重要原因了。例如，来自垂向和侧向对地下水不同补给水的混合。这里的混合，不是水力学意义上的混合(如河流干流与支流水的混合)，而是水在多孔介质中流动时发生的渗流场混合，也可称为弥散混合。

(一) 二元混合

这是最简单的混合体系，常见的如大气水与其他各种类型水的混合。根据上述氢、氧稳定同位素的持恒性(也可使用其他环境同位素或具持恒性的其他水化学参量)，可用以定量分析。见图 5-33。在具有同位素组成δ_A的地下水 A 和具有同位素组成δ_B的地下水

B的所谓两端元(两组分)的混合系统中,混合水样的同位素组成 $\delta_{混合}$ 直接相应于其在混合线上所处位置而有下式:

$$\delta_{混合} = f \cdot \delta_A + (1-f) \cdot \delta_B \tag{5-36}$$

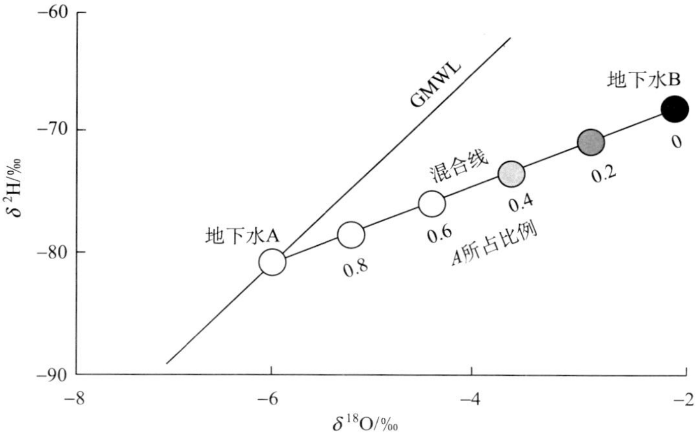

图 5-33　两端元混合系统(据 Masaya Yasuhara,2002)

式中,$f=\dfrac{A}{A+B}$为地下水 A 在 $\delta_{混合}$ 中的组分;$(1-f)$则为地下水 B 在 $\delta_{混合}$ 中的组分。由上式可见,$\delta_{混合}$ 与 f 有线性关系,$\delta_{混合}$ 可以是 δ^{18}O 或 δ^2H。这样的两端元(两组分)混合,有着广泛应用。更多的是往往需要推求水源 A 所占比重 f(如下式),于是水源 B 所占比重即为$(1-f)$。

$$f = \frac{\delta_{混合} - \delta_B}{\delta_A - \delta_B} \tag{5-37}$$

在流量过程线划分(详见第二十一章)中,已知某时刻流量 Q 及其某种环境同位素(或水化学离子)的组成 δ_Q(δ^{18}O 或 δ^2H),需要推求其中本次降水组分 Q_e 和非本次降水组分 Q_{pe} 的贡献,就是二元混合问题。这里需要推求的是两类水源(本次降水和非本次降水)的组分,即 f 和$(1-f)$。设如本次降水和非本次降水的某种环境同位素(或水化学离子)组成已知为 δ_e 和 δ_{pe},即可有该时刻的质量平衡方程组

$$\begin{aligned} Q &= Q_e + Q_{pe} \\ \delta_Q Q &= \delta_e Q_e + \delta_{pe} Q_{pe} \end{aligned} \tag{5-38}$$

则可得

$$f = \frac{Q_e}{Q} = \frac{\delta - \delta_{pe}}{\delta_e - \delta_{pe}} \tag{5-39}$$

此即式(5-39)。

上述这种渗流场混合,有两方面的意义:

1. 水体水源混合

可在多种水源之间发生,包括海水、地面水、不同来源的地下水。例如,源于大气降水

的地下水与海水的混合、与深层地下水的混合以及深层地下水与海水的混合（图 5-34、图 5-35）。可用以推算地下水水源组成的比重，其前提是，不同混合水源之间要有明显的同位素差异。

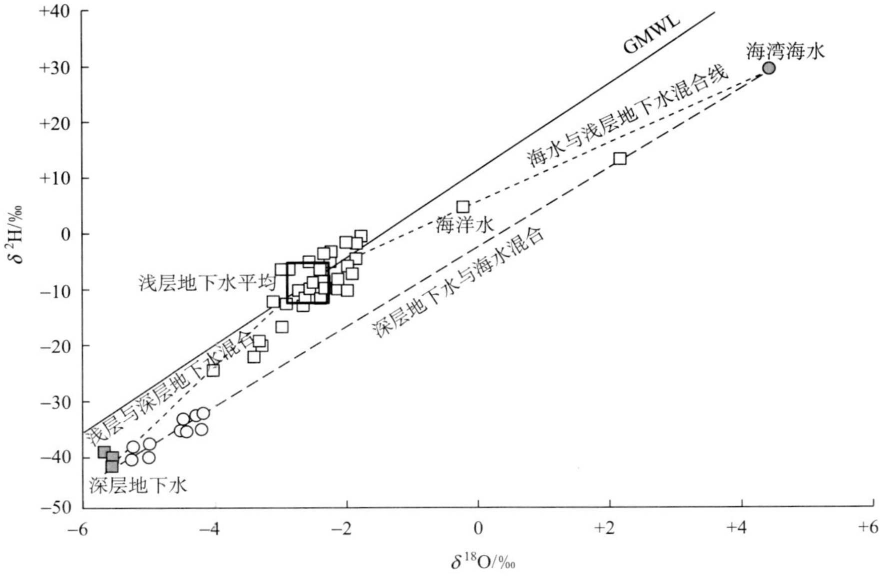

图 5-34　几种混合系统举例（卡塔尔半岛）（Yurtsever and Payne，1979）

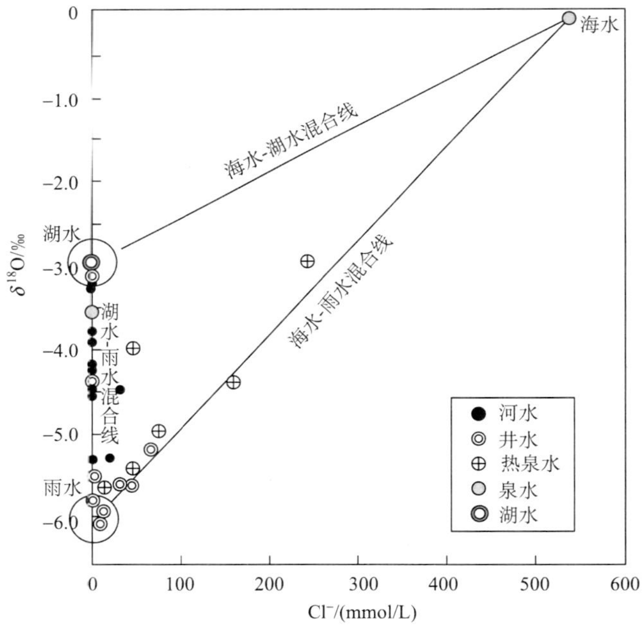

图 5-35　几种混合系统举例（Kawanable et al.，1999）

2. 地貌单元水源混合

不同地貌单元的水源混合，其同位素差异一方面来自地貌本身的影响，而另一方面则源于高程效应，因降水 $\delta^{18}O$ 有其高程梯度。于是可用以识别高程，其分辨率随现有一般质谱仪的精度而异，在理想条件下可达 100 m 或更小。

以上各式实际上都把水源视为均匀的，然而这只是相对的。以上讨论过降水同位素有着明显的时程变化，然而这样的变化会随着下渗而衰减变小，但是空间上则有相对比较大的分异，因而在剖面上，下渗可以缩小降水同位素在时间上造成的不均匀性，却不可能减弱在空间上下渗水的同位素不均匀性，下渗水同位素的这种空间不均匀性，只能通过含水层的渗流混合即弥散混合来均匀化。所以，降水同位素的时间变化大于空间变化，而地下水的空间变化却大于时间变化。于是不同水文流域、含水层、泉域就可能有其同位素差异。可以认为，含水层本身是介于像地表水体那样的全混合系统和像河沙那样的非混合系统之间的一种混合系统。

然而，需要了解的是，二元混合的基本方程(5-38)实际上是一个近似式，因为这里是 $\delta^{18}O$ 的混合而不是 ^{18}O 的直接混合。仍以式(5-38)导来时为例，设地下水 A 中 ^{18}O 和 ^{16}O 分子共有 N_A 个，其同位素比为 $R_A(={}^{18}O/{}^{16}O)$，那么，^{18}O 个数应是 $(R_AN_A)/(1+R_A)$。同理有 $(R_BN_B)/(1+R_B)$。由质量守恒，有

$$\frac{R_{A+B}(N_A+N_B)}{1+R_{A+B}}=\frac{R_AN_A}{1+R_A}+\frac{R_BN_B}{1+R_B} \tag{5-40}$$

由 δ_A 定义，可用 $R_{标准}\cdot(1+\delta_A)$ 代替 R_A，$R_{标准}\cdot(1+\delta_B)$ 代替 R_B，$N=N_A+N_B$，如前所述，$f=\dfrac{A}{A+B}$ 为地下水 A 在 $\delta_{混合}$ 中的组分，$(1-f)$ 则为地下水 B 在 $\delta_{混合}$ 中的组分，那么 $\delta_{混合}$ 有(据 Mook，2001 修改)：

$$\delta_{混合}=\frac{f\delta_A[1+R_{标准}(1+\delta_B)]+(1-f)\delta_B[1+R_{标准}(1+\delta_A)]}{1+R_{标准}[f(1+\delta_B)+(1-f)(1+\delta_A)]} \tag{5-41}$$

Mook 认为，同位素自然丰度 δ 在 100‰范围内时，上式才可近似(在±0.03‰范围)为 $\delta_{混合}=f\cdot\delta_A+(1-f)\cdot\delta_B$，即式(5-38)。

(二) 不同浓度的二元混合

以上这样的混合模式，实际上有两个假定：

(1) 两端元之间的混合，遵循线性规律。

(2) 这样的线性规律，其机制只是水量的混合而没有任何其他原因。

上例是同位素组成 δ_A 的地下水 A 和同位素组成 δ_B 的地下水 B 的混合，图 5-34 与图 5-35 也是不同类型水之间的混合。现设有氮同位素组成 $\delta^{15}N_A$ 的地下水 A 和氮同位素组成 $\delta^{15}N_B$ 的地下水 B 相混合，而地下水 A 和地下水 B 却各有其不同的硝酸盐浓度 $[NO_3^-]_A$ 和 $[NO_3^-]_B$，混合后的硝酸盐浓度为 $[NO_3^-]_{混合}$，那么，可导出与氮同位素组成 $\delta^{15}N$ 混合的关系为

$$\delta^{15}N_{混合} = (\delta^{15}N_A) \cdot \frac{[NO_3^-]_A \cdot f}{[NO_3^-]_{混合}} + (\delta^{15}N_B) \cdot \frac{[NO_3^-]_B \cdot (1-f)}{[NO_3^-]_{混合}} \tag{5-42}$$

具有以下形式

$$\delta^{15}N_{混合} = \frac{a}{[NO_3^-]_{混合}} + b \tag{5-43}$$

式中，a，b 为常数。这表明是 $\delta^{15}N$ 混合和$[NO_3^-]_{混合}$的双曲线函数。对于前述一般不同水源之间的二元混合，不存在不同浓度问题，式(5-44)成为了式(5-38)。

很明显，如果取 $\delta^{15}N$ 混合与 $1/[NO_3^-]_{混合}$，就可成为线性关系了。例如，图 5-36a 中的实线即是硝酸盐浓度各为 10 mg/L 和 0.2 mg/L 的 A、B 水的双曲线型混合线。

然而，以上是在上述第二项假定条件下的结果。

事实上，因同位素分馏，也可造成例如水 A 的同位素组成发生变化。水 A 因脱氮作用发生分馏，在 ε 为－4.1‰时，使其 $\delta^{15}N$ 从 $\delta^{15}N_A$（本例为 5‰）起发生如 5-36a 中虚线的变化，直到相当于水 B 的 $\delta^{15}N_B$，并有相应的硝酸盐浓度变化$[NO_3^-]$。这看起来就像是 A 和 B 之间的混合线，可是事实上不是。在 ε 为－8.1‰时则有另外的线。与式(5-44)不同，由于分馏而发生的同位素变化过程遵循瑞利分馏模式，因而不是双曲线函数，也不可以硬把它改变为式(5-45)那样的线性关系。由于瑞利分馏是指数关系（见第三章），因此若取 $\ln[NO_3^-]$，则对于不同的 ε，可得到不同的 $\ln[NO_3^-]$与 $\delta^{15}N$ 的线性关系（图 5-36b）。

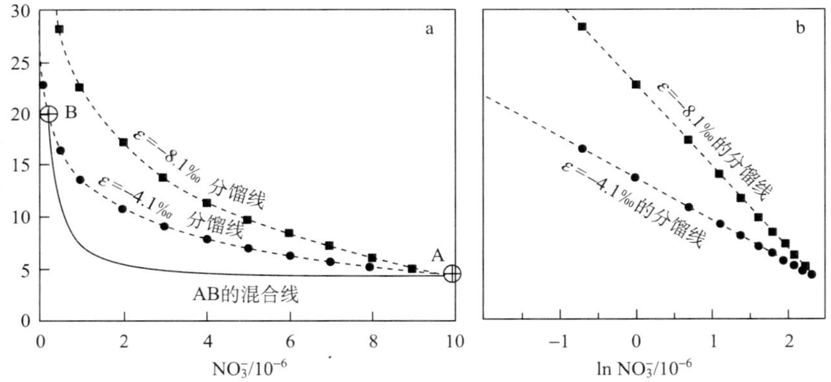

图 5-36　不同浓度的二元混合

a 图实线为水 A 和水 B 的混合线，虚线为 NO_3^- 浓度为 10‰的水 A 在脱氮过程中不同 ε 时的理论分馏线；b 图为取 $\ln(NO_3^-)$时的分馏线

（Mariotti et al.，1988；Kendall，1998 修改）

（三）三元混合

在研究水源组成问题时，常常用到三元混合。即寻求某地下水的三个水源及其各占比重，这是地下水补给研究中的主要问题之一。其实质是将式(5-40)扩充为三个方程式，由此求解。参见第十章式(10-88)、式(10-89)、式(10-90)。

需要注意的是，许多情况的三元混合，往往也涉及水源的不同浓度问题。例如美国中部大陆地下水所识别出来的三个水源中，一个是卤水型水 C，另两个 A，B 均源于降水。其 δ^2H 和 δ^{18}O 关系（图 5-37a）雷同于上述图 5-34。但因浓度影响，各水源之间的关系并非线性（图 5-37b）。所以严格而言，使用线性关系推算三水源组成，实际上往往只是近似解。

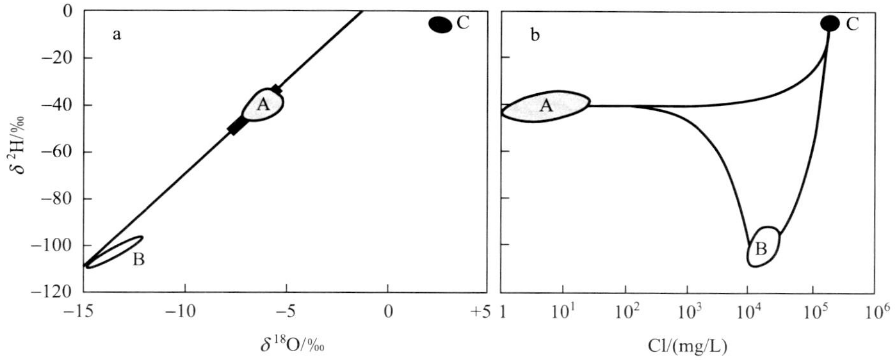

图 5-37　美国中部地下水的三个水源（Musgrove and Banner，1993）

第六章 降水的氢、氧同位素特征

王东升　王　坤

第一节 降水同位素监测

降水在化学上，属于溶液，由溶剂水分子和溶解物质(溶质)组成。在这个意义上，降水中有两类同位素：第一类是组成溶剂水分子的氢和氧元素的同位素；第二类是组成水中溶解物质(溶质)的各种元素的同位素。本章仅讨论前者。

“在水文循环中，水的同位素组成和变化，首先发端于水进入大气层的阶段和通过大气层的过程。由此形成的特殊同位素标记，随后传递给了陆地水体，为在多种水文地质学研究中应用同位素技术奠定了基础。而详细研究这些复杂和多变的过程，则成为应用同位素工具研究现代和古代气候系统之必要前提。然而，对于易变和多变的大气来说，以长期降水样品为主体的资料十分缺乏，我们只好借助于大量的大气过程的物理模型和同位素分馏模型”(Gat et al.，2001)。这段话概括了研究地球降水同位素的意义和方法。

国际原子能机构(IAEA)与世界气象组织(WMO)合作，从 1961 年开始运行全球降水同位素监测网(GNIP，Global Network for Isotopes in Precipitation)。检测降水同位素组成的重要性和必要性在于：降水是大气圈和水圈之间物质与能量交换过程中最积极的因子，水循环是连接物理气候系统和生物地球化学循环的主要环节，降水同位素组成是随时间和空间变化的，监测可为应用同位素技术研究现在和过去气候条件下的水文循环提供背景数据。对于具有随时间和空间而变化的降水同位素组成，原始数据的获取方法主要是按照 IAEA 的统一要求，对降水进行逐次采样，逐月收集混合样本和检测。

GNIP 在建立之初，在中国疆域内只有香港一个台站。在此段时间，多位中国专家学者对中国大气降水的同位素组成进行了开拓性的短时检测(卫克勤等，1980；郑淑惠等，1983；于津生，1987)和局部地区的连续监测(张生春，1989)。

中国内地首次出现在当时 IAEA 每 4 年刊布一次的 GNIP 资料中的是 1984～1987 年卷的石家庄、广州、昆明和西安站(IAEA，1990)，它们是原地质矿产部水文地质工程地质研究所(IHEG)所设站网的一部分(张之淦、王东升主持)，接着在 1988～1991 年卷中新增了由桂林岩溶地质研究所设立的桂林(刘东生、涂琳玲等主持)以及由水利部南京水文水资源研究所设立(水利部“中国降水同位素站网”，顾慰祖、顾文燕主持)的拉萨、银川、和田、齐齐哈尔、天津、海口、贵阳、长沙、福州和南京(滁州)10 台站(IAEA，1994)。

所有按照 IAEA 统一要求运行，并向 GNIP 汇交检测数据的台站，标示于表 6-1 和图

6-1。其中,IHEG 于 1985 年发起的监测有 23 个台站[①],运行了 8 年;然后经过调整和优化,于 1996 年重新启动了 10 个台站(石家庄、哈尔滨、长春、乌鲁木齐、天津、张掖、银川、昆明、成都和海口),2002 年至今有 6 个台站在运行。

表 6-1　中国大气降水同位素监测台站(根据 GNIP 数据库)

采样位置标识(I. D.)	台站名称	纬度/°N	经度/°E	高程/m
5074500	齐齐哈尔	47.3833	123.917	147
5095300	哈尔滨	45.68	126.62	172
5182800	和田	37.1333	79.9333	1375
5182801	乌鲁木齐	43.78	87.62	918
5265200	张掖	38.93	100.43	1483
5288900	兰州	36.05	103.88	1517
5361400	银川	38.4833	106.217	1112
5369800	石家庄	38.0333	114.417	80
5369801	烟台	37.53	121.4	47
5377200	太原	37.78	112.55	778
5416101	长春	43.9	125.217	237
5433700	锦州	41.13	121.1	66
5452700	天津	39.1	117.167	3
5452701	包头	40.67	109.85	1067
5559100	拉萨	29.7	91.1333	3649
5629400	成都	30.67	104.02	506
5677800	昆明	25.0167	102.683	1892
5703600	西安	34.3	108.93	397
5708300	郑州	34.72	113.65	110
5749400	武汉	30.62	114.13	23
5751600	重庆寸滩	29.62	106.6	192
5767900	长沙	28.2	113.067	37
5771300	遵义	27.7	106.88	844
5781600	贵阳	26.5833	106.717	1071
5795700	桂林	25.07	110.08	170
5823800	南京	32.18	118.18	26
5884700	福州	26.0833	119.283	16
5904600	柳州	24.35	109.4	97
5928700	广州	23.13	113.32	7
5975800	海口	20.0333	110.35	15
450400	香港	22.317	114.17	66

① 先后参加此项监测的单位还有:全国地质环境监测总站、包头环境水文地质监测站、长春科技大学(原长春地质学院)、寸滩水文站、四川地质环境监测总站、福建省第二水文地质大队、广东省环境地质总站、哈尔滨地质环境监测站、海南省地质环境监测总站、辽宁地矿局第一水文地质大队、云南省环境地质监测站、兰州市市政工程设计院、兰州地质环境监测站、西藏地矿局地质科、广西水文工程地质勘察院、江苏地矿局第一水文地质大队、山西地矿局第一水文地质大队、天津地热勘察开发设计院、湖北地质环境监测总站、武汉气象站、新疆地质矿产局地质环境监测总站、西安地质学院、陕西省地矿局、烟台环境水文地质站、宁夏地质环境监测总站、甘肃第二水文地质队、河南环境地质总站、遵义地质环境监测站等。

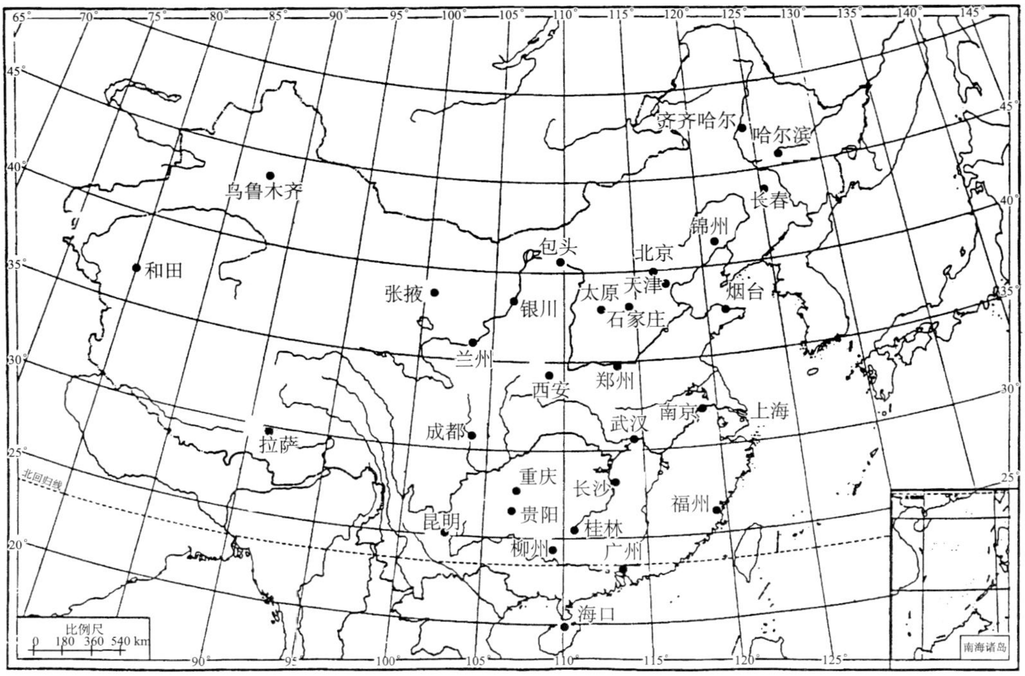

图 6-1　中国降水同位素检测网站分布图

鉴于目前生物圈和大气圈水分的稳定同位素数据短缺，而这些数据，对于补充 GNIP 的数据，提高参与水循环的其他水体同位素数据的效用，整合水文循环、碳循环和气候研究中同位素的应用是至关重要的，因此，国际原子能机构（IAEA）于 2005 年设立了生物圈和大气圈水分同位素组（IAEA-MIBA），发起建立监测植物、土壤和大气水分之同位素组成的监测。

第二节　降水中的氚

一、降水中氚的来源

氚是氢的放射性同位素，质量数为 3（^{3}H），半衰期 12.32 年（Lucas and Unterweger，2000）。因此，它与许多水文过程终生相伴。氚浓度通常以 TU（氚单位）表示，其物理意义是比值：$^{3}H/^{1}H=10^{-18}$，因此，又有 TR（氚比值）与 TU 并用。1TU＝0.118 $Bq/L_{水}$（＝3.19 $pCi/L_{水}$）或者：1 Bq/L＝8.47 TU。

目前，降水中的氚，按照成因可以划分为两种类型：由宇宙射线等自然因素形成的天然氚和由人类核活动形成的人工氚。

1. 天然氚

天然氚来源于同温层下部(70%)和对流层顶部(30%)宇宙射线和大气成分相互作用。其中,最主要的是中子与氮的反应:

$$^{14}N(n,{}^{3}H)^{12}C$$

其次是高能裂变反应和太阳风的直接生成(Nir et al.,1966)。如表 6-2 所示。还有例如宇宙射线中的质子与大气中的氮和氧发生核反应,只是生成量相对较少。此外,极少量氚来源于宇宙尘和陨石。这种主要由宇宙射线生成的氚,简称"天然氚",在地球上的总量约 3～10 kg,绝大部分分布在水圈。

表 6-2　大气圈中宇宙射线生成氚的反应(Ferronsky et al.,1989)

反应	粒子能量/MeV	核反应截面/mbam	生成速率/[atom/(cm² · s)]
$^{14}N(n,{}^{3}H)^{12}C$	>4.4	11±2	0.1～0.2
$^{16}O(p,{}^{3}H)^{14}O$	>100	25	0.08
$^{14}N(p,{}^{3}H)^{12}N$	>100	25	0.08
$^{16}O(p,{}^{3}H)^{14}O$	10～100	—	0.01
$^{14}N(p,{}^{3}H)^{12}N$	10～100	—	0.01
$^{14}N(p,{}^{3}H)^{12}N$	<10	—	0.05
$N,O(\gamma,{}^{3}H)$	—	—	10^{-5}

2. 人工氚

自 20 世纪 50 年代以来,氚部分地来源于大气层热核装置爆炸和核设施泄漏,谓之"人工氚"。1963 年北半球降水氚浓度的峰值,大约是 5000TU,局部地区有更高记录。粗略估计对流层总产量约为 2×10^{16} kg(≈4 g/cm²),那么,北半球对流层氚应该是 10 kg 或者 3 kmole。核爆炸产生的氚,主要来自核炸弹的直接释放,其次是爆炸释放的中子引起的核反应。

降水中氚分布的总体特征是随空间和时间变化,详见下述。

二、降水中氚的分布

1. 氚分布随空间的变化格局

根据 20 世纪 80 年代和 90 年代的监测数据,可以把中国降水中氚分布概括为:"一高二低"的基本格局和北高南低及内陆高沿海低的总体走向(表 6-3、图 6-2 和图 6-3)。

表 6-3　中国降水氚浓度(TR)分布格局(一高二低)

区　域	20 世纪 80 年代中期	20 世纪 90 年代初期	20 世纪 90 年代末期
张掖高氚带	≥60	≥40	≥30
闽粤低氚带	≤25	≤15	≤5
西藏低氚带	≤25	≤15	≥30

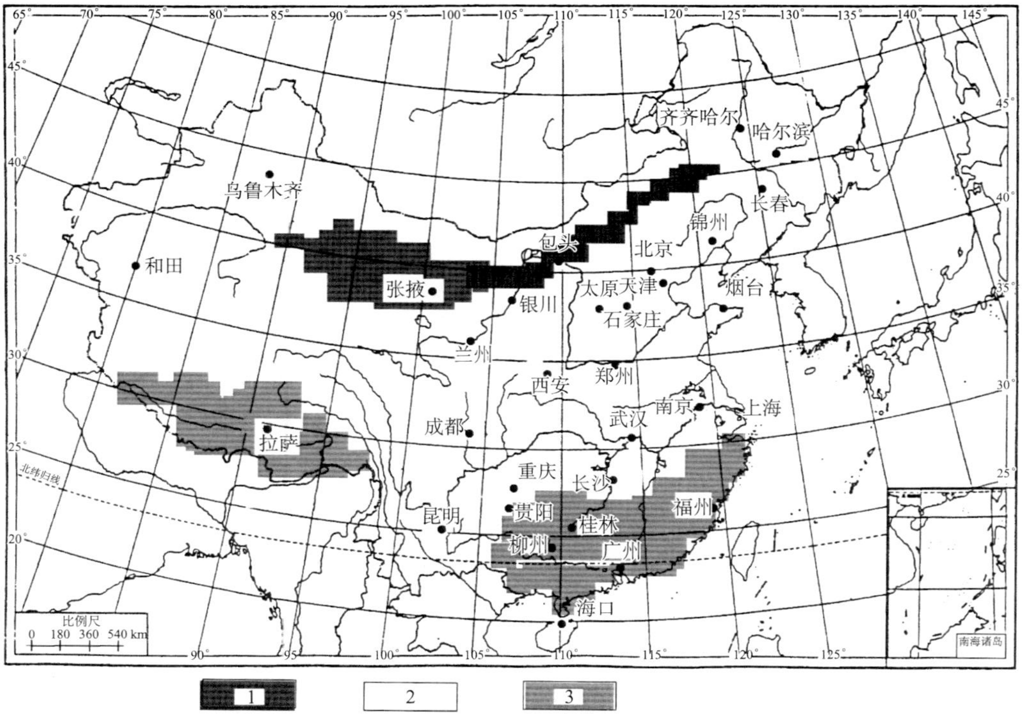

图 6-2　20 世纪 80～90 年代中国降水氚分布的空间格局示意图

氚浓度年平均值(TR)的范围：

80 年代中期：1. 高氚带>60；2. 中氚带 60～25；3. 低氚带<25；

90 年代初期：1. 高氚带>40；2. 中氚带 40～15；3. 低氚带<15

如图 6-2 所示，"一高"是指一个高氚带，在北纬 40°附近，以张掖为高值中心，称"中纬度高氚带"，其氚浓度(TR)在 80 年代中期大于 60，在 90 年代初期衰减至大于 40。"二低"是指二个低氚带，在闽粤一带的"东南低氚带"和在雅鲁藏布江流域的"西藏低氚带"，其氚浓度(TR)在 80 年代中期小于 25，在 90 年代初期衰减至小于 15。在一个高氚带和二个低氚带之间为中氚带，在那里氚浓度呈现北高南低和内陆高沿海低的走向。

但是，西藏在 1998 年一度由低氚带演化为高氚带(表 6-3)。据宁爱凤、尹观和刘天仇(2000)检测和研究，拉萨河地区的降水氚浓度为 10.3～60.8TU，异常值出现在 1998 年 7 月，可能与 1998 年 5 月份印度、巴基斯坦的核试验有关。

2. 氚分布随时间的演化趋势

1)中国

根据实测数据绘制的图 6-2,示出了 20 世纪 80～90 年代中国降水氚分布随时间衰减、趋向天然水平的总趋势中,具有年际升降波动。由于缺乏实测数据,在欧洲,Begemann(1960)和 Roether(1967)根据已知年龄的葡萄酒样本,分别评估了 20 世纪 50 年代系列核试验开始之前欧洲中部雨水的氚浓度大约为 5TU。在中国,根据黄土孔隙水氚剖面,经过衰变校正和弥散校正,重建了石家庄地区 1950 年至 1985 年的古降水氚浓度(王东升等,1989)。在此基础上,结合实测数据,编绘了石家庄降水氚浓度变化曲线(图6-3)。由该曲线可以看出,氚浓度在 20 世纪 60 年代前期一度大幅度升高接近 2000TU,从 70 年代中期开始显著的,但是并非单调的降低,在总体衰减趋近天然水平的过程中,存在着年际的升降波动。

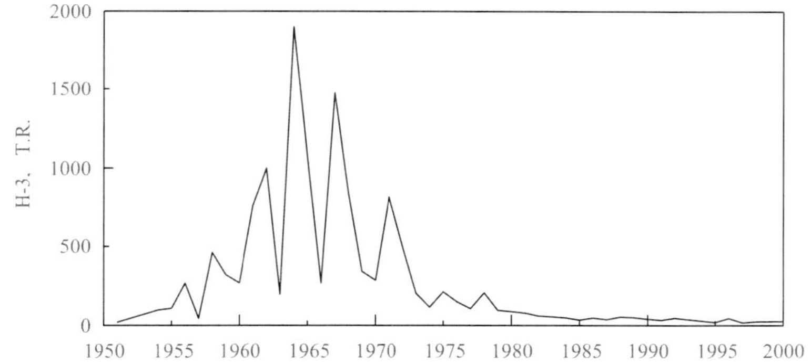

图 6-3　石家庄降水中氚分布随时间的演化趋势示意图

降水中氚分布不仅有年变化,而且有月变化。虽然不同月份降水皆出现过高值,但是以 6 月份出现率最高,其次是 2 月份。

2) 北半球

如图 6-4 和图 6-5 所示,1963 年北半球降水氚浓度的峰值,大约是 5000TU,达到 3 个数量级的巨量增长。维也纳(Vienna)和渥太华(Ottawa)站氚随时间的变化尽管有微小的振幅改变和相位移动,但是其共同特征有二:一是高峰值衰减较快,存在着年变化;

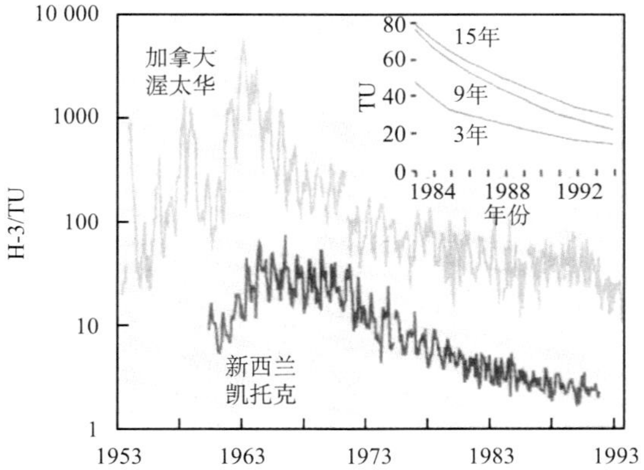

图 6-4　北半球渥太华(Ottawa)和南半球凯托克(Kaitoke)1953～1993 年间降水氚分布对比图(Ulrich Schotterer et al.,1996)

二是存在月变化，每年春夏呈现最大值和冬季呈现最小值。月变化归因于氚从同温层向对流层的传输具有季节性。核爆炸成因氚的瞬时状态，为研究短周期水文过程提供了独特的机会。以氚输入浓度为基础，运用模型可以计算地下水的滞留时间。图 6-4 中嵌入的图形表示北半球近 10 年期间氚的输出浓度(指数模型)。

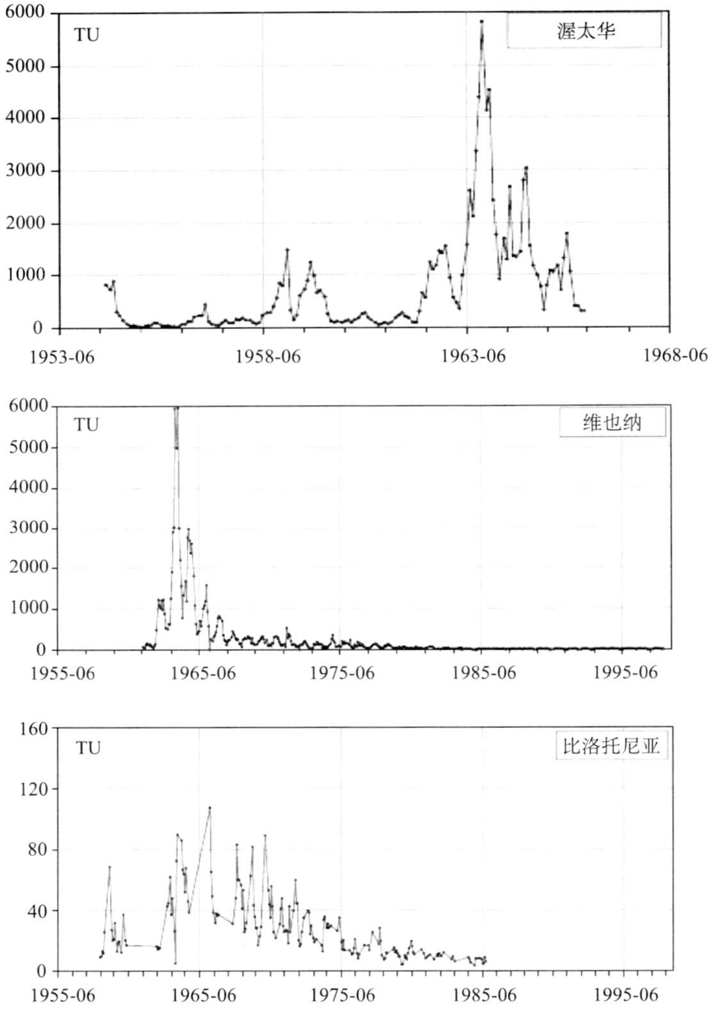

图 6-5　北半球维也纳(Vienna)渥太华(Ottawa)和
南半球比洛托尼亚(Pretoria)降水氚分布对比图(Gat et al.,2001)

渥太华氚浓度在 1953 年已经升高。北半球台站曲线最显著的特征是，每年春夏呈现最大值和冬季呈现最小值，构成周期性循环。1952 年以来，在长期变化层面上的这种年循环达到 3 个数量级的巨量变化。最高浓度在北纬 30 度线，最低浓度在 5 度左右的低纬度和热带台站。在南半球(以 Pretoria 台站为代表)年周期中的季节被半年取代，而且大气水分中氚平均浓度低于北半球可以比较的同纬度台站。这是由于主要的核武器试验场位于北半球，以及氚在两半球之间的传输较慢。因此，南半球氚浓度的增长较小，为 10～100TU

3）南半球

图 6-4 和图 6-5 示出了南半球比洛托尼亚（Pretoria）和凯托克（Kaitoke）的氚浓度曲线。南半球的季节变化和北半球相位相反。如果以冬半年（10 月至 5 月）和夏半年（4 月至 9 月）为统计单位，则北半球降水的氚浓度冬低夏高，南半球反之，且变化幅度较小。

由于热核试验主要发生在北半球，且南半球海域面积较大，因此在南半球大气水分中氚平均浓度低于北半球可以比较的同纬度台站。在热核实验高峰期，南半球氚浓度增长较小，为 10～100TU，其原因是在全球气团环流中存在赤道屏障，以及氚每年春季自同温层注入对流层后，需要数周传输时间。近年来，北半球和南半球氚浓度之差已不悬殊。

4）全球

由图 6-6 和图 6-7 可以看出。从 1963 年到 1969 年，虽然全球大气降水氚分布格局未变，但是氚浓度有所衰减，最高浓度已经由 5600TU 下降到 400TU。限制在三圈进行核试验条约实施后，大气降水氚浓度继续降低。

如果单纯依靠放射性衰变，从 1963 年的氚浓度高峰减少天然水平，需要大约 120 年，相当于 10 个半衰期。实际上，经过三个半衰期，氚浓度总体上已经趋近天然水平，这表明，除了放射性衰变，氚浓度的变化还与其他因素有关。这些因素包括：①平流层氚储存量和人工来源的减少，氚自平流层向对流层的传输；②氚化水在对流层滞留时间很短，仅几个星期，后随大气降水即从对流层巨量移出，等。

但是，近年来，人类核工业活动日渐增多，核军事活动此伏彼起，核泄漏导致大气降水氚浓度，在趋向背景的过程中，出现局部和短期升高。

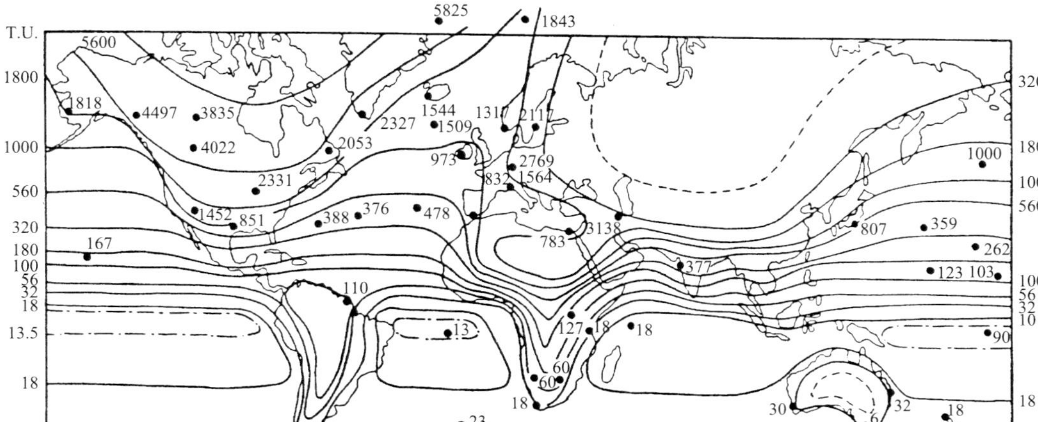

图 6-6 1963 年全球降水氚分布图（IAEA，1968）

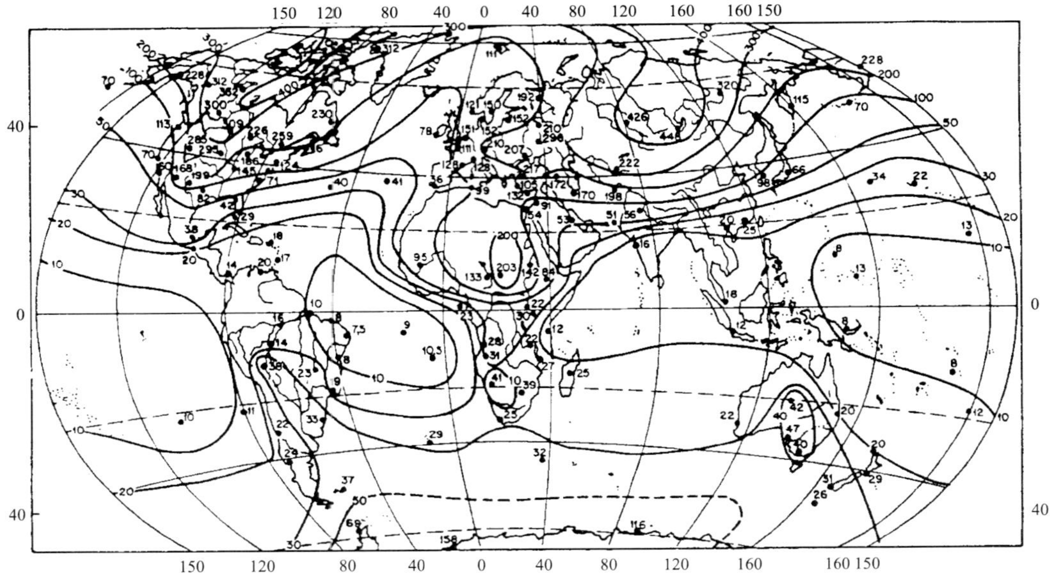

图 6-7　1969 年全球降水氚分布图(IAEA,1983)

三、降水中氚分布的影响因素

1. 人工氚的加入和氚的放射性衰变

影响降水中氚分布的首要因素,是人工氚的加入,其次是氚的衰变。天然氚和人工氚,无论何时何地,放射性衰变都会使之发生大约每年 5.4%的减少。

2. 纬度效应和海洋-陆地效应

天然氚和人工氚,二者虽然成因不同,但是都以同温层为共同的储存库,以水汽和降水为共同的传输媒体,以海洋和地下水为共同的接收库,以类似的格局在全球分布:天然氚,在低纬度沿海地区≤5TR,在高纬度内陆地区大约为 20TR;人工氚,陆地高于海洋,北半球高于南半球,北半球北高南低。

二者的合成强化了"北高南低"和"内陆高沿海低"的特征。北半球降水中氚分布"北高南低"的格局表明,纬度高低是氚分布的一个主要空间变量。最高浓度在北纬 30°线,最低浓度在 5°左右的低纬度和热带台站。随纬度的升高,氚浓度增大,谓之"纬度效应"。

降水中氚分布"内陆高沿海低"走向显示,距海远近是氚分布的另一个空间变量。沿着由海洋向内陆方向,氚浓度趋向增大,谓之"海洋-陆地效应"。海洋是氚的最大的储存库,它导致近海地区水蒸气和降水中氚的贫化。

中国位于世界最大的大陆-欧亚大陆的东部,濒临世界最大的大洋-太平洋。中国以张掖为高值中心的"中纬度高氚带",正是巨大的海洋-陆地作用、内陆干旱气候和邻近当年核试验场等多种因素复合作用的结果。因此，直到 2001 年，那里依然保持 39～125TU 的氚浓度，高出海口 4～5 倍。

纬度效应和海洋-陆地效应是控制氚分布的主要因素，也是多种有效因素的作用结果。

3. 与氚生成有关的因素

(1) 宇宙射线的中子流密度。天然氚 30%生成于对流层上部①和 70%生成于同温层(平流层)下部，平均自然产出率大约为 0.2 个原子/$cm^2 \cdot s$。但是，由于宇宙射线的中子和质子密度随纬度和高度而变化(如图 6-8 所示)，北美大陆 1000 m 上空中子流密度随纬度升高而增大，在中高纬度地区上空急剧上升，因而那里能生成更多的氚。两极附近放射性同位素的产生速率比赤道地区上空高一个数量级。氚的自然产出率不仅随空间变化，而且存在年变化，后者引起氚浓度的年际波动。

天然氚分布的控制因素主要是：宇宙射线的中子流密度、大气环流、空气湿度、水汽混合及同位素交换反应等。人工氚分布的影响因素主要是：人工核事件的性质、规模、强度、时间和地域等。

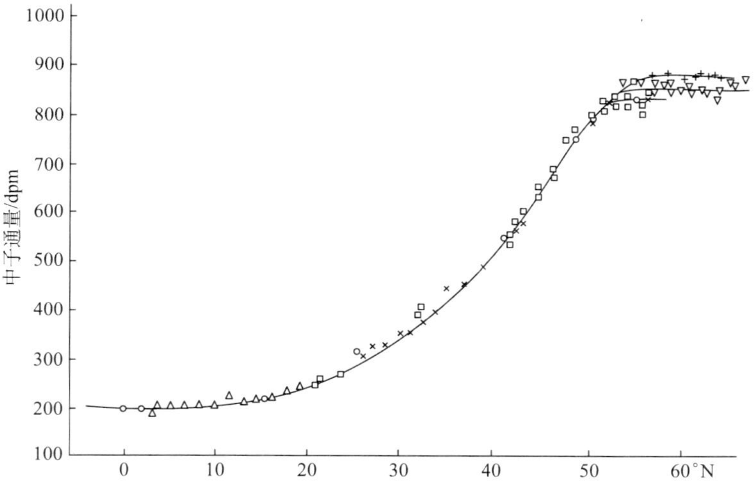

图 6-8　北美 1000 m 上空中子通量和纬度的关系(Eriksson，1966)

(2) 裂变核试验和聚变核试验。无论一个重原子核(例如铀或钚)的分裂过程(裂变)，两个氢原子核(例如氢的同位素)的结合过程(聚变)，都伴随质量亏损，损失的质量转化为能量，释放出 γ 射线中子和大量热能。聚变核试验产生的氚量比裂变核试验大 1～2 个数量级。图 6-9 示出了自从热核试验以来大气圈中氚分布情况。

---

① 空气温度随高度的递减变化突然中断的气流层，称为对流层顶。从地面到对流层顶有一湍流和高速混合区，称为对流层。对流层顶之上是平流层，那里没有湍流，仅有纵向慢速混合。

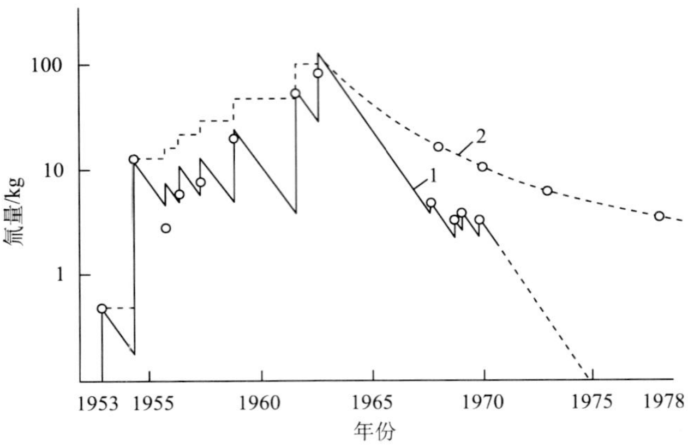

图 6-9　大气圈中热核氚含量的增长情况(Eriksson,1966)

1. 进入降雨中的量;2. 对流层中自然衰变的量

截至 1968 年,核武器试验共计向大气层投放了大约 220 kg 的人工氚(刘存富,1984),远高于全球天然的稳态氚总量 7 kg(何开辉,2000)。但是,二者(天然氚与核武器试验产生的氚)残余量的总和,目前已然被核工业产生的氚量超过。

(3) 核爆炸的位置和当量。小当量的核装置(几十万吨级)在地面或者地面附近爆炸,不能把裂变物质抛至平流层,所以,几分钟之内就会出现局部沉降,而对流层的放射性物质经过几周之内会被降水带至地面,在西风环流影响下,分布在与试验场同纬度地带。

百万吨级以上大当量核装置爆炸时,除局部沉降外,裂变物质可以被抛至平流层,并向爆炸点所在半球的极区运动,经过数月或者数年之后,在对流层顶缺口附近降落于对流层,停留大约 30～90 天。由于大部核试验发生在北半球,所以,氚化水主要沉降于北半球的中纬度地区。

原苏联在北纬 50°进行核试验,被抛掷到平流层下部的裂变物质的半停留时间(half-residence time),即其半数降落至地面所需时间,不到一年,与爆炸的季节有关。美国和英国的试验主要在热带进行,半停留时间为 1～5 年以上,与抛掷的高度有关。

由于 1954 年、1955 年、1958 年、1961 年和 1962 年的核试验几乎都发生在北半球,加之南半球的陆地面积远远小于海洋,因此造成了氚分布的南北半球差异。

(4) 核爆炸的时间、次数和裂变产物总量。最大规模的核试验是美国和原苏联在 1961～1962 年进行的。这一时期大约产出 200 kg 氚进入平流层。估计有 3100 Mci 的氚 1963 年进入大气圈和水圈,导致当年北半球降水氚浓度比宇宙成因氚增加三个数量级,南半球增加两个数量级。

美国于 1945 年 7 月 16 日进行首次核试验,于 1958 年在 4～7.5 km 高空进行首次百万吨当量核试验。到 1973 年所进行的 936 次核试验情况,其中 422 次是在大气圈中进行的。到 1989 年各国共进行了 1800 多次核试验,其中美国 900 多次,苏联 600 多次,法国 180 多次。随后,1964 年 10 月 16 日和 1966 年 12 月 28 日中国先后进行了原子弹和氢弹爆炸。在20世纪末，印度在1974年8月11日首次核试验之后，于1998年5月13日再次试验(＜2×10^4 t当量)。大约两周之后，巴基斯坦于5月28日进行第一次核试验(4×10^4 t当量)，5月30日进行了两组五次核试验。最近核试验是朝鲜在2006年10月9日进行的。

产生100×10^4 t能量的核裂变所释放的裂变产物总量，称为100万吨"裂变产额总量"。1962年前，美国和英国进行的大气层的"裂变产额总量"为82，原苏联为111。

(5) 对流层顶缺口。在热带和极区的对流层顶之间有一不连续区，称作对流层顶缺口，在它附近，平流层向对流层的气流移动和混合比较快，以冬末春初时为最快。平流层的天然氚和人工氚都是从中纬度对流层顶的缺口进入对流层。氚自同温层迁出率不仅存在季节变化，而且存在年变化。据估算，在60年代迁出率高达40%/a(年)，到70年代为15%～20%/a。而在80年代减少的速率进一步放慢，为5.5%/a，相当于氚的放射性衰变速率，这说明同温层的氚储存库得到了核设施泄漏的补充。

(6) 核工业。按照近几年的规模，全世界核工业产出的总氚量，将比宇宙射线成因的氚高四个数量级。与核爆炸不同，此类氚很少进入平流层，因此，它主要影响附近地区。如果做好回收或者存储，逸散到环境中的量可以很小。但是，核泄漏具有突发性和偶然性，例如1986年4月26日发生在乌克兰小市镇切尔诺贝利的核事件。某些与氚有关的试验室、医院和工厂可能发生的泄漏，也是不容忽视的。

核工业包括核电站、核反应堆、具有核燃料的工厂，它们的氚产出量取决于反应堆和核燃料的类型及技术因素。在反应堆中，铀和钚通过裂变反应产生不同能量的中子和再生的粒子，它们与冷却剂(轻水、重水、惰性气体或者熔融的金属钠等)发生核反应产出氚，例如，$U(n,f)^3H$，$U(n,f)^6Li$，$^6Li(n,\alpha)^3H$，$^{10}B(n,2\alpha)^3H$，$H(n,\gamma)^2H(n,\gamma)^3H$，$^9Be(n,\alpha)^6Li(n,\alpha)^3H$等。

在蒸汽反应堆、水压反应堆、重水反应堆等各种类型的反应堆中，氚产出量以快中子反应堆为最大。在可控热核反应堆中，氚大部分呈气态(HT，DT，T^2)和部分呈液态(HTO)形式进入大气，在对流层中的平均驻留时间为21～40天。HTO在浅海混合层(厚度50～100 m，平均75 m)平均驻留时间为22年。人体排除一半所需平均时间为数百天。

4. 与氚传输有关的因素

(1) 大气环流。北半球降水中氚浓度北高南低的格局与地球行星风带和大气环流对氚的扩散作用有关。每年春季氚自同温层注入对流层后，部分地为大气涡流运移到赤道地区，造成对流层氚浓度的北-南梯度。

(2) 水汽分配。对流层氚浓度存在北-南梯度。这一梯度因对流层水汽分配由高纬度带向赤道增加而得到强化。例如，在赤道附近水汽占空气混合物总体积的百分比，10倍于北纬70°地区。

(3) 赤道屏障。南半球氚浓度低于北半球的原因，除了大气层热核武器试验场主要位于北半球之外，还与氚在两半球之间的传输较慢有关。这首先是由于在全球气团环流中存在赤道屏障，其次氚每年春季自同温层注入对流层后，需要数周传输时间。

(4) 海洋的贫氚作用。对流层水交替的时间大约只需 8～10 天，之后氚即从对流层中移出，并进入海洋。由于海洋是^1H 的巨大储存库，加之水在海洋中的滞留时间长，造成海洋水贫氚。据 80 年代监测资料，中国陆域降水氚浓度在 25～60TU 以上，而太平洋和印度洋仅为 1～6TU。

地球上 80%以上的水汽生成于海洋，主要是低纬度信风区海域。那里的海水和海面空气温度较高、空气相对湿度很大，有利于海洋表面分子交换作用的进行。空气中的氚通过分子交换进入海洋，导致海域大气贫氚，进而导致降水氚浓度的陆-海梯度和北-南梯度。

(5) 陆地的富氚作用。而在内陆，通过雨水和土壤的蒸发，来自降水的氚又重返大气。因此，夏季大陆蒸发为当地大气提供了氚的附加来源。

(6) 内陆滞留水体。内陆滞留水体，例如水库的蒸发对当地降水氚分布的影响，取决于该水体本身的氚浓度，和当时大气的氚水平。具有高氚浓度的核工业废水的蒸发将显著影响降水的氚分布。如果这种影响，与纬度效应和海洋效应叠加，内陆氚梯度将被成倍的增大。中国的高氚中心就是这样形成的。

(7) 地下水灌溉。在地下水中氚分布随时间和三维空间变化。通常，在干旱和半干旱地区，地下水的开发规模和深度逐渐增大，氚浓度不同的地下水的引出和蒸发，对当地降水氚分布的影响也是随时间和空间变化的。

(8) 区域地势和地貌。青藏高原是南北气流循环的天然屏障。它阻止了北部高纬度地区高氚气流的南进，也阻挡了低纬度地区贫氚西南气流的北上，在高原南坡和东坡形成大量降雨，因而导致拉萨一带降水氚值明显低于相同纬度的其他地区。与青藏高原毗邻的云贵川地区，既有高原，又有纵横高山深谷，造成区域气候极为复杂，遵义一带降水氚浓度冬季较高，夏季较低。

第三节　降水中的氘和氧-18

降水中氘和氧-18 的量化，是使用质谱仪检测同位素比$^2H/^1H$ 和$^{18}O/^{16}O$，以相对于维也纳平均大洋水标准(V-SMOW)的千分偏差，即 δD 和 $\delta^{18}O$ 来表示。根据 V-SMOW，$^2H/^1H=156\cdot10^{-6}$和$^{18}O/^{16}O=2005\cdot10^{-6}$

一、降水中氘和氧-18 的分布

1. 氘和氧-18 分布随空间的变化

依据 CNIP 和 GNIP 的资料，如表 6-4 和图 6-10 所示，中国降水年均 δD 值变化于 −17‰至 −134‰之间，$\delta^{18}O$ 变化于 −3.6‰至 −13.9‰之间。其分布格局，可以概括为：三高四低。所谓三高，是指闽粤高值区、张掖高值区与和田高值区。所谓四低，是指黑龙江低值区、北疆低值区、西藏高原低值区与云南低值区。在这些高值区和低值区之间分布着“中值过渡区”。各分区的主要特征列于表 6-4。

表 6-4 中国降水 $\delta^{18}O$ 和 δD 加权年平均值分区表(GNIP 数据库,2001)

采样地址	纬度°N	经度°E	高程/m	降水量/mm	Vp	气温/℃	$\delta^{18}O$	δD	*d*-函数
闽粤高值区									
长沙	28.12	113.04	37	1091～1383		17.2	−4.1～−6.9	−20～−40	13.1～14.9
福州	26.05	119.17	16	1272～1880	17.9～19.7	19.3～20.8	−5.5～−7.6	−39～−54	5.3～7.1
桂林	25.07	110.08	170			18.8～19.6	−4.7～−7.6	−29～−45	16.6～15.8
广州	23.13	113.32	7	1896～1983	21.3	22.6～21.7	−4.9～−7.4	−31～−52	7.1～8.2
海口	20.02	110.21	15	1242～1405	25.4～25.6	24.8～24.3	−3.6～−7.6	−17～−50	11～12.1
张掖高值区									
张掖	38.93	100.43	1483	138～85	6.8～6.5	7.8～7.6	−4.43～−6.65	−26～−51	2.1～9.6
兰州	36.05	103.88	1517	199～314	9.7～7.7	10.6～9.5	−4.6～−8.43	−50～−22	12～17.7
和田高值区									
和田	37.08	79.56	1375	294～80	13.2～8.7	10～9.5	−4.5～−6.71	−26～−43	10.6～11
哈尔滨-黑龙江低值区									
齐齐哈尔	47.23	123.55	147	350～515	7.9～8.0	4.3～4.9	−9.9～−11.5	−72.4～−88.4	3.2～6.8
哈尔滨	45.68	126.62	172	470～476	17～9.3	19.4～7.2	−10.8～−8.4	−79～−69	2.3～7.8
北疆低值区									
昌吉	43.78	87.62	918	374～290	6.7～6.4	6.3～7.6	−7.5～−13.9	−49～−95	11.1～15.8
西藏低值区									
拉萨	29.42	91.08	3649	288～312	5.2～1.9	7.9～7	−17.9～−13.8	−134～−106	4.4～9.6
云南低值区									
昆明	25.01	102.41	1892	659～793		15.3～14.9	−9.5～−11.5	−59～−81	10.8～16.3
中值过渡区									
长春	43.9	125.22	237	450.8		5.6	−10.1	−63.3	17.4
锦州	41.13	121.1	66	676	9.6	8.8	−8.54	−59	9
天津	39.06	117.1	3	662～458.3		15.8	−8.4～−7.7	−56～−44	10.5～18.2
银川	38.29	106.13	1112	176～293	6.5～10.3	8.4～8.8	−53～−86	−35～−55	2.4～13.7
石家庄	38.02	114.2	80	255～374.8		12.4～18.1	−12.3～−6.5	−86～−40	12.1～12.3
烟台	37.53	121.4	47	354～839	11.2～12.3	13.3～13.2	−6.1～−8.0	−45～−56	3.7～7.8
西安	34.3	108.93	397	349～460	13.2	11.3～13.7	−4.3～−8.1	−25～−57	9.4～8.4
郑州	34.72	113.65	110	586～534	13.5～13.2	14.6～14.1	−5.8～−9.2	−39～−68	5～7.9
南京	32.18	118.18	26	1065～1518	17～15.9	15.5～14.7	−7.8～−9.4	−49～−63	13.4～12.8
武汉	30.62	114.13	23	731～500	13.7～17.6	13.9～18.6	−3.4～−9.0	−17～−68	4.1～10.6
成都	30.67	104.02	506	779～1015	14.7～16.6	14～17.1	−5.2～−8.2	−46～−58	−4.3～7.5
重庆寸滩	29.62	106.6	192	516			−10.4	−70	13.7
遵义	27.7	106.88	844	800～930	14.7～14.9	15.2～15.4	−6.9～−9.1	−46～−61	9.6～11.8
贵阳	26.35	106.43	1071	1043～1148		14～14.5	−6.2～−9.6	−35～−63	13.2～14.9
柳州	24.35	109.4	97	914～965	184～189	20.5～20.8	−6.2～−7.4	−40～−52	7.5～9.9
香港	22.317	114.17	66	2433～2678	22.6～22.7	22.8～22	−8.8～−5.0	−63～−27	7.9～13

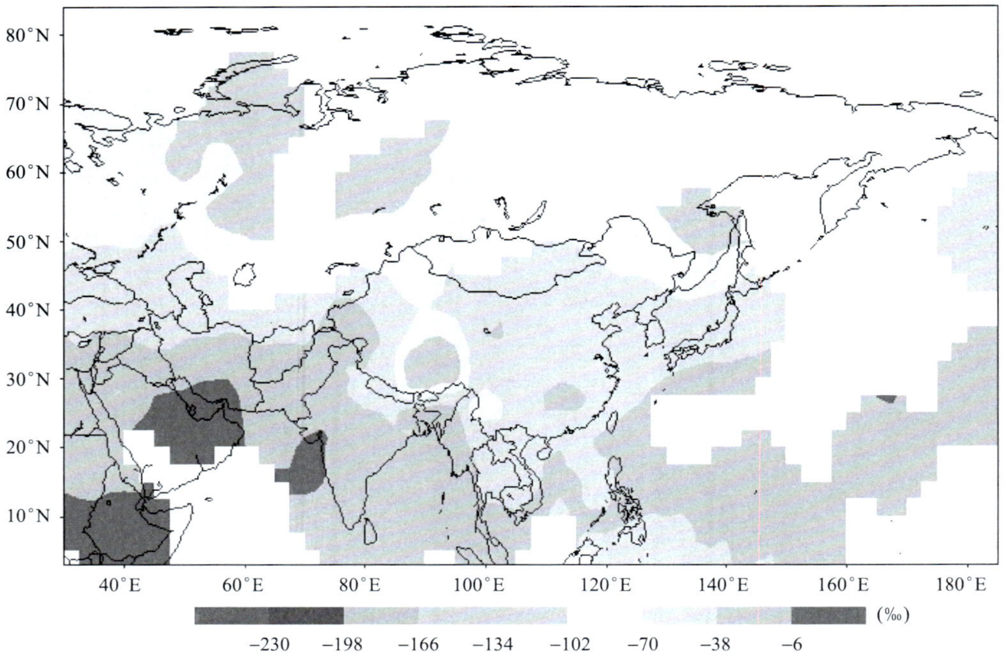

图 6-10　亚洲降水年均 δD 分布图(GNIP,2001)

降水 δD 值,从中国东南沿海(>−30‰)向西随着高程升高,向北随着纬度升高而降低,至长江流域 δD≈−40‰,至黄河流域,δD≈−50‰;至北疆、黑龙江和西藏高原,δD≤−60‰。

依据 GNIP 的资料,如图 6-11 所示,全球降水年均 δD 值变化于+13‰至−222‰之间,$\delta^{18}O$ 变化于+0.5‰至−29‰之间。其主体分布格局,可以概括为:三低一高,即北极低值区、南极低值区、西藏高原低值区和低纬度蒸发海域-陆域高值区。

在这些极值区之间分布着中值过渡区。与其他大陆相比较,中国的中值过渡区,δ 值较低,或者说,较低值域分布较广。其原因是,中国除了在北极气流控制下,发育了黑龙江低值区和北疆低值区外,还就近受到西藏高原的影响。

总体上,降水年平均 δ 值分布,在其他条件相同的情况下,具有下列规律:向远离水汽源区的方向降低,表现为海洋-陆地效应;沿纬度升高方向降低,表现出纬度效应;沿着高程增加方向减少,表现出高程效应;随地面气温的升高而增大,表现出温度效应等。

2. 氘和氧-18 分布随时间的变化

1) 季节变化

(1) 中国陆域的季节变化。降水稳定同位素组成的季节变化的显著特征,如图 6-12 所示,是在气象态势的控制下 δ 值发生周期性的时-空变化。为叙述方便,对 $\delta^{18}O$ 值(‰,

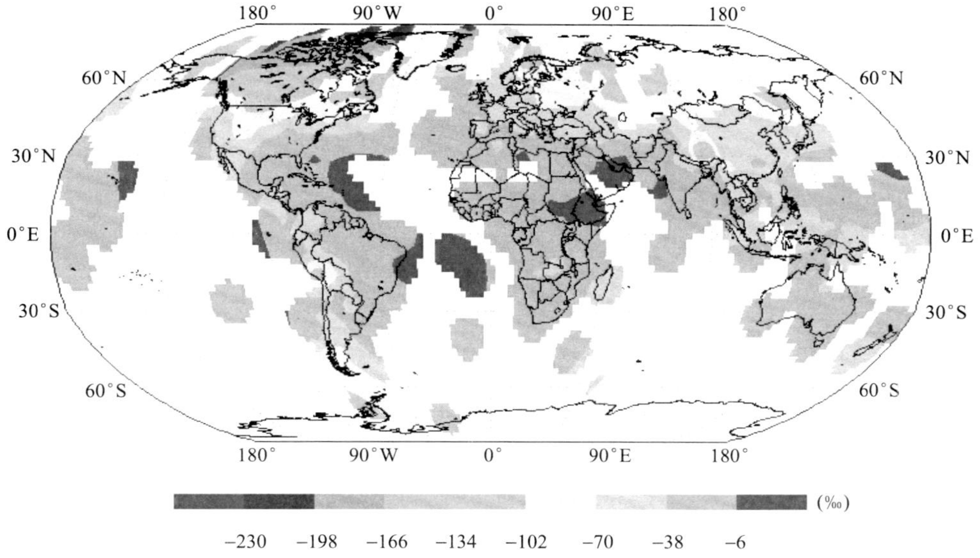

图 6-11　全球降水年均 δD 分布图(GNIP,2001)

VSMOW)作如下分级:CG-超高值($\delta^{18}O>-2$),G-高值($-2>\delta^{18}O>-6$),Z-中值($-6>\delta^{18}O>-10$),D-低值($-10>\delta^{18}O>-14$),CD-超低值($-14>\delta^{18}O$)。

1 月份北低南高。东亚在 1 月份存在两个大气活动中心,即大陆上的蒙古高压和海洋上的阿留申低压。中国陆域盛行偏西及西北风,强势的北极寒流周期性地南下,覆盖中国全境。沿途遭遇西南暖湿气流,后者抬升形成锋面降水。由于降水是由北向南逐次形成,造成 $\delta^{18}O$ 值呈现北低南高的分带:在昆仑山—祁连山—燕山(相当于-12℃等温度线)以北,为自西向东连续的"北方超低值带"。其南缘为不甚发育的"低值带",藏北和中原为"中值带",藏南和江南为"高值带"。$\delta^{18}O$ 值分布与气温的一致性较好。与 1 月份类似,12 月和 2 月 $\delta^{18}O$ 值分布也属于"北低南高"型。不同之处是,12 月西藏为"超低值带",2 月份西藏和云南为"超高值带"。

4 月份西低东高。东亚在 4 月份存在 4 个大气活动中心:大陆上有蒙古高压和印度低压;西太平洋上有鄂霍茨克低压和黄海高压。其中黄海高压及印度低压处于强势状态。伴随来自孟加拉湾和印度洋的西南暖湿气流绕过青藏高原与东南气流联合强势北上,导致地区降水 $\delta^{18}O$ 值呈现西低东高的分区:西部以低值区为主,仅藏南为局部中值区;东部以高值区为主,自南向北为高值区、低值区和超低值区。与 4 月份类似,3 月和 5 月 $\delta^{18}O$ 值分布也属于西低东高型。不同之处是,西部 3 月份为超低值区,5 月份为中值区。

7 月份西高东低。东亚在 7 月份存在两个大气活动中心:大陆上的印度低压和海洋上的太平洋高压。由于强势的印度低压向西移动到印度河流域,来自阿拉伯海和孟加拉湾的暖湿气流进入新疆西部,形成和田超高值和高值区。与之并存的极值区,有

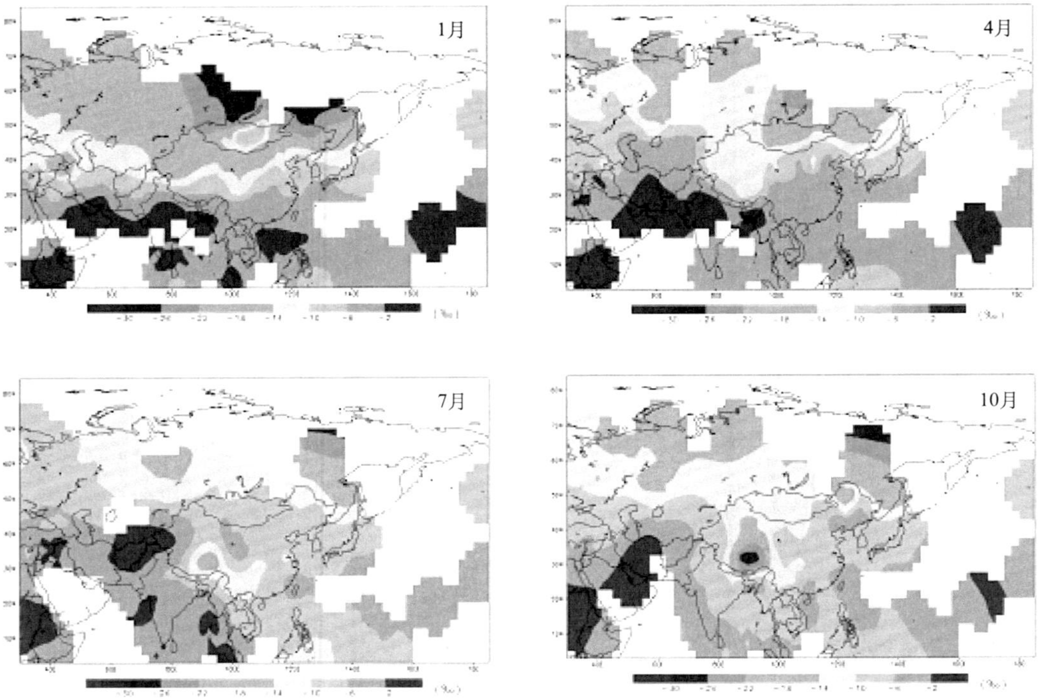

图 6-12　中国降水 1 月、4 月、7 月和 10 月加权平均值 $\delta^{18}O$ 分布图(GNIP 数据库,2002)
参加绘图协作者有 J. Birks 和 T. Edwards,加拿大沃特卢(Waterloo)大学

张掖高值区和闽粤高值区、西藏超低值区、云贵低值区和黑龙江低值区。总之,7 月份是以中值区为主体,多极并存,总体上呈现西高东低的趋势。6 月份以中值区为主体,极值区有和田高值区、张掖高值区和黑龙江低值区。和田高值区与境外的西亚超高值区连成一体,使得西高东低的趋势更为明显。8 月份与 7 月份相似,和田超高值区和西藏南部超低值区都有所发展,张掖高值区和黑龙江低值区依然存在,其余广大区域是中值区。

10 月西低东高。西部存在和田高值区,但是,新疆北部超低值区、西藏低值区和云贵低区连成强势的一体。东部存在黑龙江低值区、渤海高值区、闽粤高值区,广大区域分布中值区。因此,10 月份总体趋势是西低东高。9 月份存在西藏南部超低值区、云贵低值区和黑龙江低值区,其余广大地域是中值区。11 月份新疆北部超低值区、西藏南部低值区构成西部主体,黑龙江超低值区与渤海高值区、云贵高值区并存,中值区为东部主体,西低东高的趋势明朗化。

极值区(由高值区和低值区构成)的分布,反映了气象态势,特别是主体气流的形成和演化历史(表 6-5)。

表 6-5　中国降水 δD 加权月平均值极值区的分布

极值区名称	δD/‰(VSMOW)		CD-超低值,D-低值,Z-中值,G-高值,CG-超高值											
	年均值区间	月均值区间	1月	2月	3月	4月	5月	6月	7月	8月	9月	10月	11月	12月
黑龙江	−72～−88	−65～−195	CD	CD	CD	CD	D	D	D	D	D	CD	CD	CD
新疆北部(昌吉)	−49～−95	−32～−152	CD	CD	CD	Z	Z	Z	Z	Z	Z	D	D	CD
张掖	−26～−51	−28～−145	CD	D	D	Z	G	G	G	G	G	Z	D	D
新疆南部(和田)	−26～−43	8.7～−147	CD	CD	CD	D	G	G	CG	CG	G	Z	Z	CD
西藏南部(拉萨)	−106～−134	−35～−166	G	CG	CD	D	G	Z	CD	CD	CD	CD	D	D
云贵	−35～−81	−4～−89	G	G	CG	G	CG	Z	D	D	D	D	G	Z
渤海	−56～−44	−28～−67	Z	Z	G	G	G	Z	G	Z	Z	G	Z	G
闽粤	−17～−63	−16～−67	G	CG	G	G	G	Z	G	Z	Z	G	Z	G

(2) 单台站的季节变化。如果把东亚自然天气季节粗略地分为夏半年和冬半年[①],那么在中国西部新疆和西藏,以及东部秦岭以北中纬度内陆台站,月均高 δ 值出现在夏半年,例如,乌鲁木齐、包头、张掖、兰州、和田和齐齐哈尔等;在秦岭以南低纬度(30°N 以南)沿海台站,月均高 δ 值出现在冬半年,例如,柳州、广州、桂林、贵阳、海口和香港等;δ 值的季节分布与地面气温分布对应性较差的台站,位于上述两类台站之间,即中纬度近海地区,例如,石家庄、郑州、天津和烟台等。图 6-13 给出了香港和梅林根(Meiringen)降水中氧-18 的季节分布与纬度、降水量和温度的关系。

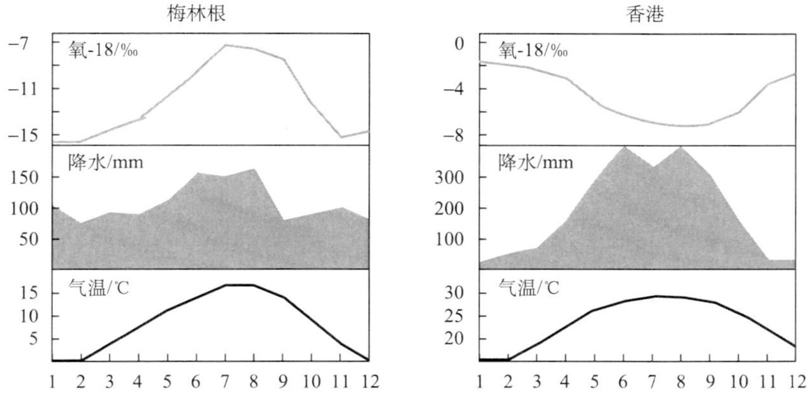

图 6-13　香港和梅林根降水中氧-18 的季节分布与纬度、降水量和温度的关系(Ulrich Schotterer et al.,1996)

此外,在高纬度地区(60～90°N)的情形,全球数据显示,恰与中纬度内陆台站相反。在南半球,因与北半球季节相反,具有性质上类似和方向上相反的规律。

① 东亚的冬半年(11 月至 3 月),存在两个大气活动中心,大陆上的蒙古高压和海洋上的阿留申低压;夏半年(4 月至 10 月)也有两个中心,大陆上的印度低压和海洋上的太平洋高压。

2）年变化

近 20 年来石家庄降水年平均 δ^{18}O 与年平均地面气温的复合曲线，显示了降水同位素组成的年际变化、地面气温的增加趋势，以及这两种变化的相关性（图 6-14）。欧洲的情形与此雷同（图 6-15）。两幅图的纵坐标是相对于多年平均值的增量表示，排除了季节变化的影响。

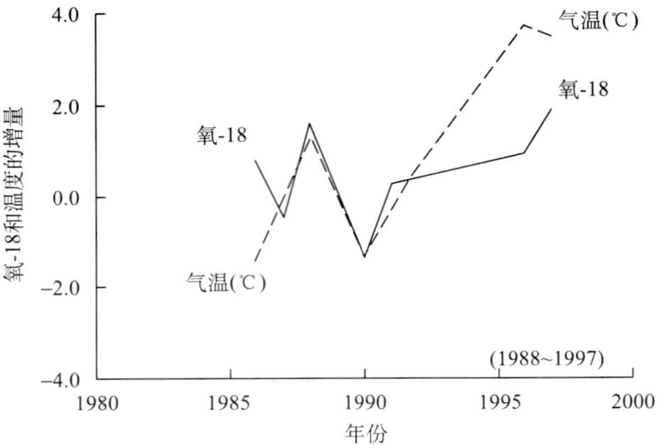

图 6-14　中国石家庄历年来降水 δ^{18}O 和地面气温的变化曲线

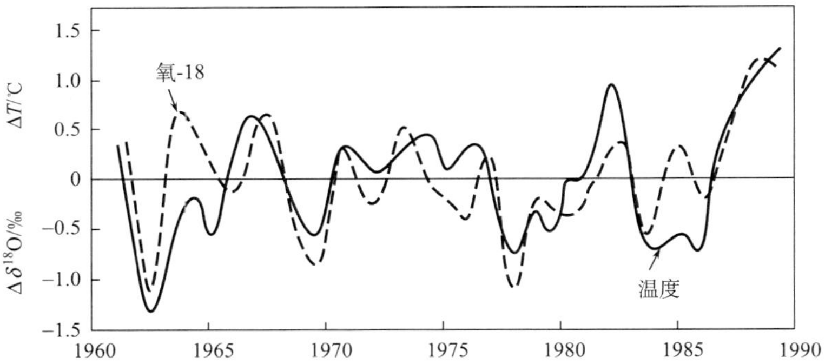

图 6-15　欧洲降水 δ^{18}O 和地面气温（℃）的年变化曲线（Ulrich Schotterer et al.，1996）

全球气象资料表明，20 世纪全球气候趋向变暖，50 年代以来变暖较为显著，而 80 年代以来是 100 年中气温最高的 10 年。由此可以分析，100 年来降水稳定同位素组成的变化。

二、降水中氘和氧-18 分布的影响因素

1. 与水自身性状有关的因素

同位素在时间和空间上的分布，归因于水分子的相态（固态、液态、气态）变化和同位

素分馏。它们都与水自身在分子和原子核层次上的性状有关。

(1) 水的饱和水汽压。水的饱和水汽压随气温的变化很大，气温每升高 10℃，饱和水汽压的增大几乎要翻一番。这使得大气能够持续不断的吸收水汽，在较宽的温度和湿度范围内加工成各种形式的降水。

(2) 大气的比热。大气的比热很小，只要吸收很少一点热量，就会引起很大的气温变化，进而引起饱和水汽压的变化。因此，水能够在常温下发生相态(固态、液态、气态)变化，并且伴随巨大的能量吞吐，成为大气运动的超级热机，形成不同尺度的水循环，为降水同位素组成的分布提供了宏观背景。

(3) 同位素水分子的质量数。在原子核层次上，水分子的各种同位素形式具有不同的蒸气压和冰点。它们的蒸气压与其质量数成反比。较重的水(例如$^{1}H^{1}H^{18}O$和$^{2}H^{1}H^{18}O$)饱和蒸气压显著的低于较轻的水(例如$^{1}H^{1}H^{16}O$)的饱和蒸气压。这导致水在蒸发和凝聚过程中发生同位素分馏。水汽从它起源的强蒸发海域，向温度较低的高纬度和高海拔地区运移，水汽逐渐凝聚成雨，并迅速和优先的失去 $H_2^{18}O$，造成剩余水汽和后期降雨愈益耗尽^{18}O和^{2}H。因此，某个特定时间和给定位置的降水，它的同位素组成取决于它的形成历史、水汽源区和降水地点的环境参数。

2. 与水汽源区有关的因素

降水的几乎所有水分子都起源于海洋，并且最终通过水循环再度返回海洋。水汽平均滞留时间的范围极为宽阔，在大气层为几天至几个月，在大陆和海洋为几年，几百年至几千年，在南极洲达数十万年。源区的位置和海陆分布的差异，强烈影响降水的同位素组成。

(1) 水汽源区的位置。源区的位置控制降水的稳定同位素组成，在赤道氧-18 为 0～−10‰，在北极最小为−25‰，在南极最小为−20‰。热带海域是水汽主要来源。水汽从那里向两极地区传输，导致逐次降雨，并且使残余水汽和后期降水中氘和氧-18 贫化。这与地面气温和水汽总量沿纬向变化趋势相一致。

(2) 水汽输送强度。在影响中国大陆的水汽中，以西南气流(孟加拉湾、阿拉伯海、印度洋水汽)，输送强度为最高，约 1000 g/(cm · s)；东南气流太平洋水汽次之，强度约为 800 g/(cm · s)；最后是西北大西洋和北冰洋水汽，强度较弱，仅在到达我国东部时加入了南方的水汽后，强度可达到 800 g/(cm · s)。气流自身强度具有季节变化，其影响范围受山岭走向的控制。

(3) 源区的蒸发条件。源区的蒸发强度决定水汽的同位素组成。局限海和开阔海，不同纬度海域或者同一海域在不同时间里，都可能具有不同的蒸发条件。接受经过局限海阿拉伯海和印度洋水汽补给，是“和田超高值区”形成的重要条件。著名的厄尔尼诺(elnino)现象，发端于赤道东太平洋海水温度的异常增高，比常年同期多年平均值高 0.5℃以上，甚至 2℃以上。厄尔尼诺对中国的影响，例如 1997 年，表现为登陆中国的台风和热带风暴次数由常年的 7～8 次减少到 4 次，夏季降水量减少，梅雨姗姗来迟，出现冬暖气候(王亚平，王小莺，1998)。厄尔尼诺式的海水增温导致洋流和水面蒸发条件的改变，进而改变降水的分布和降水的同位素组成。1997年降水比常年富集重同位素，δD增长百分率为：哈尔滨19%，石家庄15%，昆明5%，乌鲁木齐3.5%。这反映了1997年减弱了的东亚季风的影响程度和范围，也说明影响中国大陆的两股主要气流——东亚季风和西南季风在自身同位素组成上和对降水同位素组成的贡献上有所不同。

3. 与降水区有关的因素

(1) 降水区距海岸远近。海洋是水汽的主要来源，假定水汽再蒸发不起主要作用，那么当水汽从信风区海域（地球水汽主要生成区）向两极和陆地运移时，由于多次降水-蒸发过程中同位素分馏而使水汽不断损失重同位素（^{2}H 和 ^{18}O），导致降水年平均 δ 值由海洋向内陆、向远离水汽源区的方向降低，这被称作陆性率、大陆度或海洋度。在不同的学科领域，这些概念都有各自定义，具体的异同。由同位素定义的陆性率的程度，是海洋与内陆之间温度梯度的函数。这里姑且称之为海洋-陆地效应，用来表述降水稳定同位素组成因距离海岸的远近而发生的变化。可以证明，这种变化远大于由温度效应引起的变化。譬如，在海洋观测站可测得 $\delta^{18}O=-5‰$，在距海岸较远处 $\delta^{18}O=-10‰$，在接近极地气候区 $\delta^{18}O=-50‰$。

根据中国降水年平均值统计，得到 δD 的梯度为：(−0.063～−0.023)‰/km，$\delta^{18}O$ 为(−0.0086～−0.034)‰/km。

根据中国降水月均值统计则发现，在纬度相近的情况下，沿远离海岸线的方向，降水 δ 值的季节变差（最大值与最小值之差，‰）趋向增大，例如，沿烟台、石家庄、西安、银川、张掖和和田一线，δD 变差依次为 18‰，42‰，43‰，61‰，117‰和 234‰。这里，起主要作用的是，距海岸愈远，内陆蒸发的大气水汽参加再循环愈多，受夏季风的影响愈小。同时，沿此方向，伴随高程增大，降水形成过程中气温降低，强化了降水中重同位素的亏损。

张掖高值区的形成与它深入内陆和夏季炎热干旱的气候条件有关。

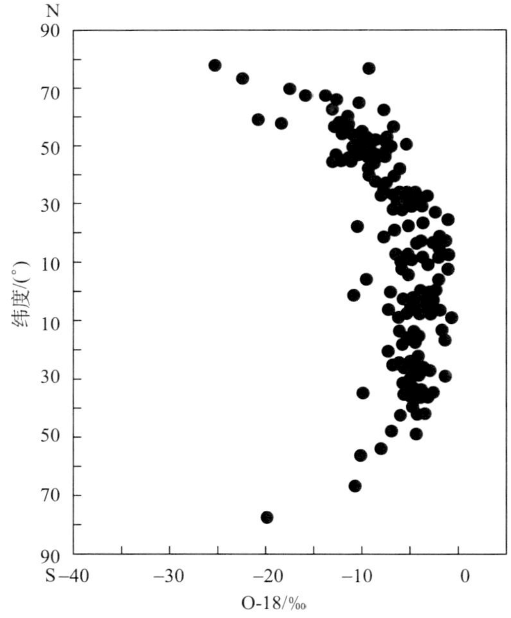

图 6-16　降水中 $\delta^{18}O$ 多年平均值随纬度的分布
(Ulrich Schotterer et al.，1996)
源于热带海洋的水汽向南极和北极传输，逐次降雨，使得剩余水汽亏损氘和氧-18

(2) 纬度效应。当水汽从信风区海域向两极运移过程中，重同位素的贫化导致降水 δ 值随纬度升高而降低，表现出纬度效应（图 6-16）。在中国东部，由南向北，随着纬度由 20°N 增至 46°N，δD 值由 −30‰降到 −77‰以下，该区 δ 值与纬度（L）呈如下线性关系：

$\delta D=-1.7L+9.0$ 和 $\delta^{18}O=-0.23L+4.8$

这就是说,伴随纬度每升高1度,在中国东部地区 $\delta^{18}O$ 减少0.23‰,在欧洲和美洲的台站 $\delta^{18}O$ 减少0.6‰,在南极大陆 $\delta^{18}O$ 减少2‰。

纬度效应还表现为:在不同的纬度带,降水同位素组成与季节的关系有所不同。

此外,在不同的纬度带,气温、湿度和蒸发力都不相同。例如,水蒸气在空气混合物中的平均比例,在赤道为2.6%,在北纬70°为0.2%,在北纬90°为0.9%。

(3) 高程效应。高程效应涉及空气的上升和冷却。空气的上升有四种:一是因为地面受热不均,而发生的"对流上升"。其速度为1～10 m/s,其高度可以达到几百米到十几公里,但是范围较小,直径几百米到几公里。二是由于空气从周围高气压区和低气压中心流动,逆时针旋转,形成气旋,并在地形影响下形成的"辐合上升"。其速度较小,从几厘米/秒到几十厘米/秒,但是范围大,直径为对流上升的10 000倍。三是地形抬升。四是由于地形或其他原因造成的大气波动。空气有两种绝热冷却过程:一种是饱和水分的气团上升,因为降温发生凝聚,并释放凝聚潜热,使得降温过程减缓,气团每上升100 m气温下降0.6℃,称为湿绝热递减率。另一种是气团上升,伴随气压下降和体积膨胀,导致降温和水汽凝结,每上升100 m气温下降1℃,称作干绝热递减率。这两种绝热冷却,是大气最重要的降温过程,每上升1000 m会造成6～10℃的降温,上升5000 m会造成30～50℃的降温过程。高程效应主要是讨论地形抬升和湿绝热递减率。严格地讲,任何的降水过程,都存在高程效应。

中国南部低纬度地带,从东到西,随着高程(ALT)由7 m增至3600 m以上,δD值由－30‰降至－111‰,表现出高程效应:

$$\delta D = -0.02ALT(m) - 27;\delta^{18}O = -0.003ALT(m) - 4.3$$

换言之,δD的梯度为－2‰/100m,$\delta^{18}O$ 为－0.3‰/100m。

(4) 温度效应。天然水的蒸发-凝聚和在这一过程中的氢氧稳定同位素的分馏都受温度控制,同位素分馏强度与温度呈反比,因此,温度是降水同位素组成的主要控制因子。温度效应具体地表现为高程效应和季节效应,部分地表现为纬度效应,并且成为引起降水δ值发生年际变化或多年变化的主要因素。在国际原子能机构合同研究项目支持下,从1998年起对中国降水氧同位素与地面气温之间的关系进行研究(王东升等,1999,2001),取得如下几点主要认识:

可用下式表述降水δ值与地面气温(T)之间的线性关系:

$$\delta = B \times T + A$$

式中,A 是直线的截距(‰);B 是直线的斜率或称作温度系数(‰/℃),其含义是δ值随温度的变化率。在中国降水多年平均δ值与多年平均地面气温(T)之间存在良好的线性关系:δD的温度系数 $B(\delta D)=3.1$‰/℃,显著性水平 $\alpha=0.01$,相关指数 $R^2=0.67$;$\delta^{18}O$ 的温度系数 $B(\delta^{18}O)=0.36$‰/℃,显著性水平 α 高达0.01,$R^2=0.64$(图6-17)。

在中国降水 $\delta^{18}O$ 月均值与地面气温月均值之间的关系比较复杂,存在三种情况(表6-6)。

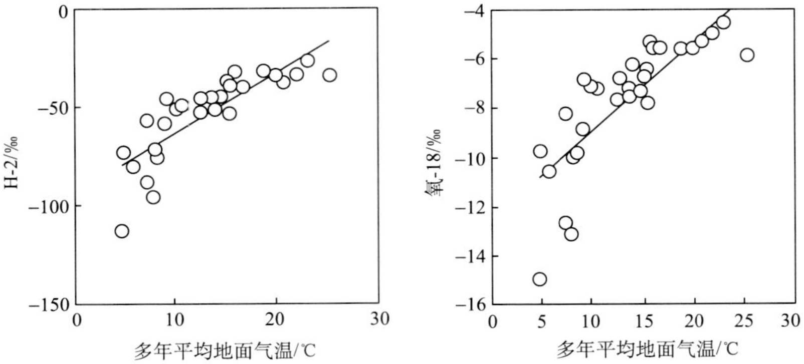

图 6-17　中国降水同位素多年平均 δ 值与地面气温的关系

左图为氘(纵坐标)和地面气温(横坐标)的关系;右图为氧-18(纵坐标)与地面气温(横坐标)的关系

表 6-6　中国降水 $\delta^{18}O$ 与地面气温相关性的显著性水平

台站	B	A	H	U	Q	R^2	$F=(N-2)U/Q$	$F^{0.10}$	$F^{0.05}$	$F^{0.01}$
和田	0.65	−16.03	48	2047.6	836.6	0.71	112.6	2.84	4.08	7.31
张掖	0.51	−14.76	60	1926.2	743.9	0.72	150.2	2.84	4.08	7.31
乌鲁木齐	0.41	−15.66	102	3190.9	1192.4	0.73	267.6	2.79	4	7.08
齐齐哈尔	0.39	−16.93	50	1600.1	1121.0	0.59	68.5	2.84	4.08	7.31
兰州	0.38	−12.99	42	388.2	477.6	0.45	32.5	2.84	4.08	7.31
银川	0.30	−12.24	32	340.0	499.6	0.41	20.4	2.88	4.17	7.56
北京	0.21	−10.34	9	37.0	29.4	0.56	8.8	3.59	5.59	12.25
包头	0.20	−10.57	62	283.2	612.5	0.32	27.7	2.79	4	7.08
长春	0.15	−12.17	19	72.5	56.7	0.56	21.7	3.03	4.45	8.4
石家庄	0.12	−9.37	122	193.1	1187.9	0.14	19.5	2.75	3.92	6.85
哈尔滨	0.12	−11.69	37	45.2	283.4	0.14	5.6	2.88	4.17	7.56
天津	0.10	−8.99	54	58.5	388.5	0.13	7.8	2.84	4.08	7.31
太原	0.10	−8.75	21	8.1	250.2	0.03	0.6	2.99	4.38	8.18
西安	0.07	−8.43	61	25.1	543.4	0.04	2.7	2.84	4.08	7.31
烟台	0.03	−7.28	45	3.1	280.3	0.01	0.5	2.84	4.08	7.31
拉萨	0.02	−13.53	43	0.7	1982.1	0.0004	0.02	2.84	4.08	7.31
香港	−0.44	5.65	33	136.3	122.1	0.53	34.6	2.88	4.17	7.56
昆明	−0.41	−1.25	122	350.4	1811.0	0.16	23.2	2.75	3.92	6.85
海口	−0.38	4.41	58	137.9	454.3	0.23	17.0	2.84	4.08	7.31
遵义	−0.33	−1.34	84	451.5	705.5	0.39	52.5	2.79	4	7.08
柳州	−0.32	1.35	53	249.5	202.8	0.55	62.7	2.84	4.08	7.31
桂林	−0.29	−0.02	93	428.6	406.1	0.51	96.1	2.79	4	7.08
贵阳	−0.29	−2.39	59	266.7	542.9	0.33	28.0	2.84	4.08	7.31
广州	−0.27	1.66	31	38.2	126.9	0.23	8.7	2.89	4.18	7.6
成都	−0.16	−2.32	69	80.5	635.3	0.11	8.5	2.79	4	7.08
福州	−0.16	−2.46	71	76.8	475.4	0.14	11.2	2.79	4	7.08
武汉	−0.09	−4.10	52	29.6	420.9	0.07	3.5	2.84	4.08	7.31
南京	−0.07	−6.27	58	24.2	340.1	0.07	4.0	2.84	4.08	7.31
长沙	−0.04	−4.29	24	2.2	154.8	0.01	0.3	2.95	4.3	7.94
锦州	−0.01	−6.67	13	0.1	41.5	0.003	0.03	3.23	4.84	9.65
郑州	−0.005	−6.24	59	0.1	551.1	0.0002	0.01	2.84	4.08	7.31
台站	B	A	N	U	Q	Rs	F	$F^{0.10}$	$F^{0.05}$	$F^{0.01}$

在中国北方(即秦岭—淮河以北),根据显著性水平 $\alpha=0.01$,斜率 $B>0$,西部 $R^2=0.41\sim0.73$,而东部 $R^2=0.14\sim0.56$,以及 $B=0.10\sim0.65$ 判断,在中国北方降水 $\delta^{18}O$ 月均值与地面气温月均值之间存在正相关关系,降水 $\delta^{18}O$ 月均值随地面气温月均值升高而增大。这就是通常所说的温度效应,它导致中国北方地面气温月均值每增加 1℃引起 $\delta^{18}O$ 月均值升高 0.10‰至 0.65‰。但是,这种温度效应自西向东减弱。温度效应对 $\delta^{18}O$ 月均值变化的贡献率:在西部内陆台站约为 70%～40%以上;在东部台站为56%～13%。

在中国南方(秦岭和淮河以南),根据 $\alpha=0.01$,$B<0$,多数 $R^2<0.5$ 判断,中国南方降水 δO^{18} 月均值与地面气温月均值呈较弱的负相关,降水 δO^{18} 随地面气温的增高而略有减少。实际上,海口和香港等低纬度台站代表热带季风气候,巨量降雨掩盖了温度效应,并导致重同位素的亏损。这就是通常所说的降水的总量效应。

然而,南京、武汉和长沙等台站位于长江中下游,北纬 28°至 33°之间,拉萨、西安和太原站属于山谷局部气候,这些台站的统计参数(α=non,$0.0002<R^2<0.14$,$-0.005<B<0.2$)都表现出降水 $\delta^{18}O$ 的变化几乎与地面气温无关。

根据统计学理论,斜率 B 作为同位素温度系数,它的重现性在很大程度上取决于相关指数和温度的取值范围。相关指数愈大,同位素温标的重现性愈好;地面气温取值范围愈大,同位素温标的重现性愈好。

气象态势控制降水的同位素组成,也控制地面气温梯度。北极气流居优势地区或时期的地面气温梯度总大于北极气流居弱势地区或时期的地面气温梯度。因此,中国大陆地面气温梯度是,冬季大于夏季,纬度较高地区大于纬度较小地区,内陆大于沿海,山体北坡大于山体南坡。

(5) 降水总量效应。巨量的夏季降水掩盖了温度效应,导致明显的同位素亏损,这是造成低纬度沿海台站降水氧-18 和温度成反相关的一个主要原因(计算结果见表 6-6)。香港和梅林根(Meiringen)(46°N,08°E)的例子见图 6-13。

(6) 大陆地形。同位素信号也是大陆地形的反应。气团在运移过程中遇到山脉或高原,不仅通过地形降水,使剩下的云亏损水分和重同位素,控制降水的同位素分布,而且造成云团的波动和波动的传递,影响随后的天气过程。

三、降水中氘和氧-18 的相关性

1. 氘和氧-18 的线性关系

(1) 全球降水线(GMWL)。在蒸发和凝聚过程中,存在于 H_2O 和 HDO 之间的蒸气压的变化与 $H_2^{16}O$ 和 $H_2^{18}O$ 之间的蒸气压的变化成比例,导致氢同位素的分馏与氧同位素的分馏成比例。因此,在降水中氘和氧-18 之间,在统计学上存在密切和相容的关系,并与直线方程

$$\delta D = 8\delta^{18}O + 10 \text{(Craig,1961)}$$

构成最佳匹配。这条直线通常被称作全球降水线(GMWL),已在第五章中讨论。

(2) 中国降水线(CMWL)。根据多年均值,如图 6-18 所示,中国降水线(CMWL)方程为:

$$\delta D = 7.7\delta^{18}O + 7.0$$

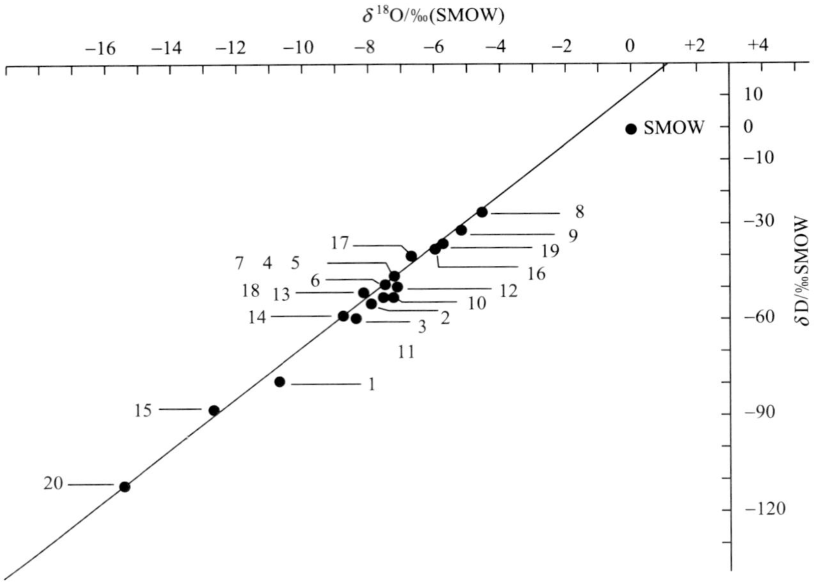

图 6-18　中国降水 δD-$\delta^{18}O$ 关系图

台站编号:1. 哈尔滨;2. 锦州;3. 石家庄;4. 烟台;5. 郑州;6. 南京;7. 武汉;8. 福州;9. 广州;10. 太原;11. 包头;12. 西安;13. 兰州;14. 张掖;15. 乌鲁木齐;16. 柳州;17. 遵义;18. 昆明;19. 成都;20. 拉萨

但是,在相对湿度大于 70%、干燥度小于 1.0 的中国东南部,直线方程为:

$$\delta D = 7.5\delta^{18}O + 5.4$$

在相对湿度介于 50%~70%、干燥度介于 1.0~2.0 之间的中国中部:

$$\delta D = 8.0\delta^{18}O + 9.2$$

在相对湿度小于 50%、干燥度大于 2.0 的中国西部:

$$\delta D = 8.0\delta^{18}O + 9.2$$

据王军、刘天仇和尹观(2000)研究,在雅鲁藏布江流域,降水线为:

$$\delta D = 7.54\delta^{18}O + 15.92$$

表现为强烈蒸发特征。δD 和 $\delta^{18}O$ 东部高,西部低;氘值东部低,西部高。这与孟加拉湾水汽的运移路径及沿途地形和气候的演变有关。

2. 氘盈余

(1) 氘盈余的定义。为评价地区降水因地理与气候因素偏离全球降水线的程度,Dansgaard(1964)提出"氘盈余"(deuterium excess)或"d 参数"的概念:

$$d = \delta D - 8\delta^{18}O(‰)$$

(2) 氘盈余的全球分布。氘盈余高值区(d=12～18 以上)分布在干燥陆地包围的海域,如地中海东部和红海;低纬度强蒸发海洋、岛屿或陆地区域,如马六甲海峡、孟加拉湾南部、苏拉威西海;中纬度干旱带,如马达加斯加岛、澳大利亚大部;被海岸山系屏蔽的谷底,如北美洲东部的圣老伦斯流域;以及干旱的内陆,如帕米尔高原。氘盈余低值区(d=0～3)主要分布在极地附近,如德雷克海峡、白令海、阿拉斯加和格陵兰南部等。其余地区,在上述极值区控制下,分布中值区(d=3～12)。

(3) 氘盈余在中国的分布。在全球各大陆中,亚洲大陆的特征是大范围分布中值区(d=3～12)。以此为背景,中国的特征是总体上西部高(d=8～12)东部低(d=4～12),东部则是南部高(d=8～16)北部低(d=4～8)。如表 6-5 所列和图 6-19 所示,主要高值区,一是西北高值区,包括乌鲁木齐(d=9～16)、和田(d=10～13)、兰州(d=12～18)和张掖(d=2～15);二是西南高值区,包括昆明(d=11～16)、贵阳(d=13～15)、桂林(d=16～17)、遵义(d=4～15)和拉萨(d=4～13)。其他高值区有:山间盆地长沙(d=12～15);火盆城市南京(d=11～13)和重庆(d=14);环渤海地区,例如天津(d=9～18)和石家庄(d=2～13)。低值区主要分布在东部地区,如齐齐哈尔(d=3～7)、哈尔滨(d=2～8)、锦州(d=9)、烟台(d=2～9)、郑州(d=4～8)、武汉(d=4～11)、福州(d=5～7)、广州(d=3～8)和海口(d=0.7～12)。

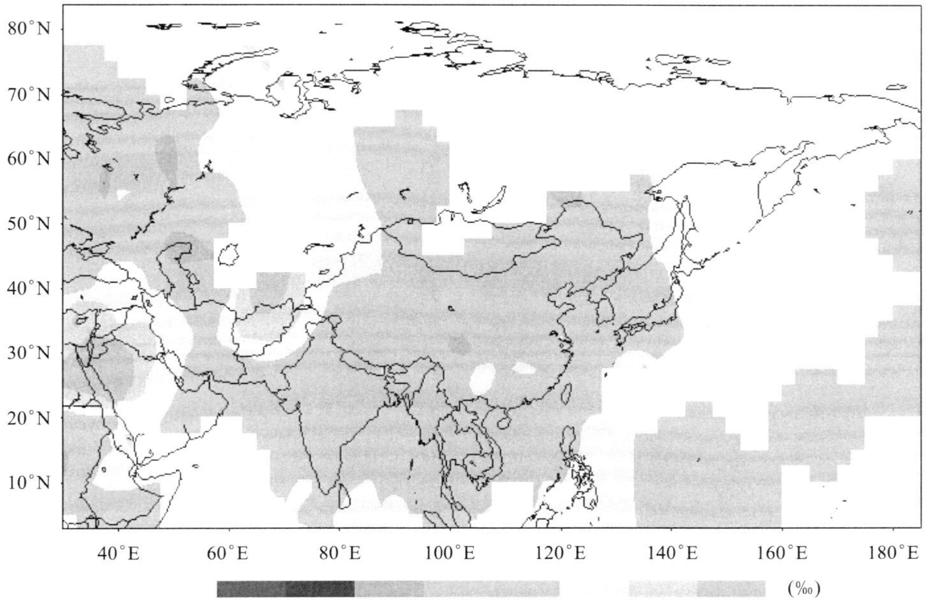

图 6-19 中国降水氘盈余分布图(IAEA 数据库,2004)

(4) 氘盈余的影响因素。氘盈余的物理意义,可表述为开放系统二相凝聚过程的瑞利分馏加上蒸发引起的氧-18 的动力学分馏。氘盈余的变化与区域气候条件有关。

首先，氘盈余(d)的主要控制因素是水汽源区的海面温度、风速和相对湿度(图 6-20)。在极地附近，$d<10$；在开阔的热带海洋，$d=9\sim12$；在封闭的内陆海地中海东部和红海北部、帕米尔高原，$d>21$；在澳大利亚、非洲和近东，$d\approx12\sim18$。当水汽源区的空气相对湿度 $h=75\%$，氘盈余 $d=10$；当 $h=85\%$，$d=5$。

其次，氘盈余与水汽供给的季节变化有关。季节变化引起北半球降水的氘盈余呈现夏低冬高现象，南半球反之(图 6-21)。

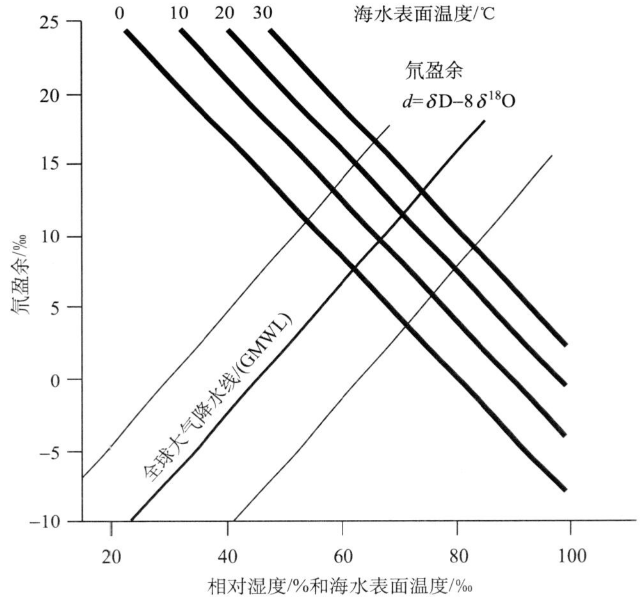

图 6-20　氘盈余与海面温度和相对湿度的关系(Ulrich Schotterer et al.,1996)

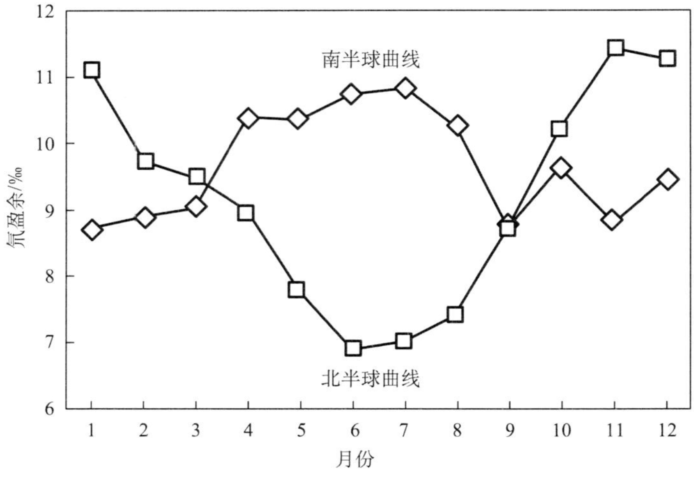

图 6-21　全球降水氘盈余变化对季节的响应(Ulrich Schotterer et al.,1996)

氘盈余受海面温度、风速和相对湿度的控制，北半球夏季降水氘盈余呈最低值，南半球反之再次，氘盈余还与不同云团的轨迹和混合、云团底部的蒸发作用和同位素交换等有关。

第四，氘盈余的增加可能是由于干燥水汽的显著增加，干燥水汽来自大陆盆地和途经内陆。如果氘盈余平均值为10‰的降水被再度蒸发，则较轻的$^{2}H^{1}H^{16}O$分子重新返回水汽，必然导致降水氘盈余的增大。这种富氘降水的例子，有著名的北美五大湖地区(图 6-22)。

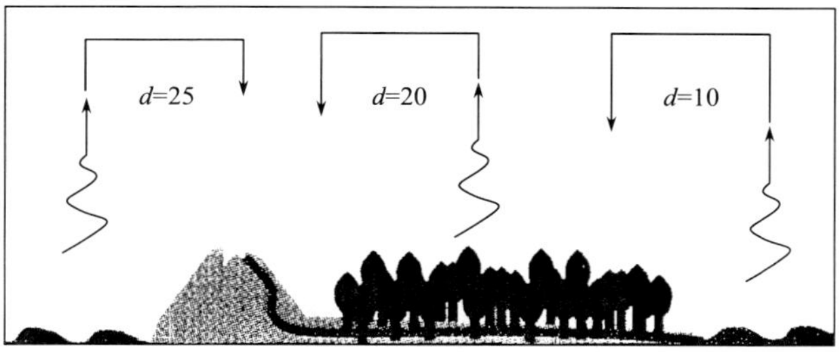

图 6-22　氘盈余与水汽源区的关系(引自 IAEA)(Ulrich Schotterer et al.,1996)
来自大陆盆地和途经内陆的干燥水汽的显著增加，或者下降雨滴的再蒸发，
必然导致降水氘盈余的增大

第七章　蒸发与凝结作用下常见水体氢、氧稳定同位素组成间的理论关系*

童海滨　王永森

第一节　从经验型的氘和氧-18关系线到解析型的氘和氧-18关系线

在第五章氘和氧-18关系线的内容中，我们看到该关系线在数学形式和图形直观上都采取了直线式，从其起源来说，源自Craig(1961b)和Dansgaard(1964)通过研究全球降水资料而发现GMWL的走向近乎“直线”。那么有没有表述更加精确合理、基础更加清晰牢靠的氘和氧-18关系？这就是本章要讨论的中心内容。对于氘和氧-18关系，推导的依据是，对所研究的给定水体，首先在瑞利分馏和质量守恒等规律的基础上，分别考察氢、氧稳定同位素各自的变化规律，在此基础上试图发现氘和氧-18关系的更为精确的表达形式。

回顾第三章第五节第一部分“开放系统中的瑞利模型”，在那里推导了分馏系数恒定条件下的瑞利模型的解析表达式为：(以下各式中符号与第三章第五节相同)

$$R = R_0 \cdot f^{\alpha-1} \tag{7-1}$$

但在这里没有指明该表达式是针对水体中的D，还是^{18}O，因为该两者都服从瑞利分馏原理，因而，对于同一水体就有下列两式同时成立：

$$^2R = {}^2R_0 \cdot f^{^2\alpha-1} \tag{7-2}$$

$$^{18}R = {}^{18}R_0 \cdot f^{^{18}\alpha-1} \tag{7-3}$$

既然是同一水体，那么宏观量——蒸发度f在这两个式子中指的就是同一个数。把以上两式变形，反解f，得：

$$f = \left(\frac{^2R}{^2R_0}\right)^{\frac{1}{^2\alpha-1}} \tag{7-4}$$

$$f = \left(\frac{^{18}R}{^{18}R_0}\right)^{\frac{1}{^{18}\alpha-1}} \tag{7-5}$$

综合以上两式，消去f，有：

---

* 本章为了推导方便，$\delta^{18}O$表示为$^{18}\delta$，δ^2H表示为$^2\delta$。

$$\left(\frac{^{2}R}{^{2}R_0}\right)^{\frac{1}{^{2}\alpha-1}} = \left(\frac{^{18}R}{^{18}R_0}\right)^{\frac{1}{^{18}\alpha-1}} \tag{7-6}$$

整理得：

$$^{2}R = {}^{2}R_0 \cdot \left(\frac{^{18}R}{^{18}R_0}\right)^{\frac{^{2}\alpha-1}{^{18}\alpha-1}} \tag{7-7}$$

这就是用同位素比值 R 来表示的氘氧关系线的解析式了，当然也可以用 δ 来表示式(7-7)：

$$\left(\frac{(1+{}^{2}\delta)\cdot R_r}{(1+{}^{2}\delta_0)\cdot R_r}\right)^{\frac{1}{^{2}\alpha-1}} = \left(\frac{(1+{}^{18}\delta)\cdot R_r}{(1+{}^{18}\delta_0)\cdot R_r}\right)^{\frac{1}{^{18}\alpha-1}} \tag{7-8}$$

整理得：

$$^{2}\delta = \frac{1+{}^{2}\delta_0}{(1+{}^{18}\delta_0)^{\frac{^{2}\alpha-1}{^{18}\alpha-1}}}\cdot(1+{}^{18}\delta)^{\frac{^{2}\alpha-1}{^{18}\alpha-1}} - 1 \tag{7-9}$$

$^{2}\delta_0$ 和 $^{18}\delta_0$ 是指初始水体的氘和氧-18 同位素组成(见上页)，对于唯一给定水体和唯一给定初始时刻，这两者都是常数；另外在第三章瑞利模型的推导还假定分馏系数恒定，亦即 $^{2}\alpha$ 和 $^{18}\alpha$ 都是定值；从而 $\dfrac{1+{}^{2}\delta_0}{(1+{}^{18}\delta_0)^{\frac{^{2}\alpha-1}{^{18}\alpha-1}}}$ 和 $\dfrac{^{2}\alpha-1}{^{18}\alpha-1}$ 皆为定值。现在不妨定义常数 A 和 B，并令：

$$K_0 = \frac{1+{}^{2}\delta_0}{(1+{}^{18}\delta_0)^{\frac{^{2}\alpha-1}{^{18}\alpha-1}}} \tag{7-10}$$

$$K_\alpha = \frac{^{2}\alpha-1}{^{18}\alpha-1} \tag{7-11}$$

则式(7-11)可写为：

$$^{2}\delta = K_0\cdot(1+{}^{18}\delta)^{K_\alpha} - 1 \tag{7-12}$$

对比 Craig(1961b)和 Dansgaard(1964)通过研究全球降水资料而发现的 GMWL 和后人定义的 LMWL 和蒸发线的关系式：

$$^{2}\delta = s\cdot{}^{18}\delta + d \tag{7-13}$$

虽然两者都有两个参数，但是两相比较，式(7-12)中 A 和 B 有明确的定义和计算式，然而式(7-13)中的 s 和 d 的意义就没有这么明确了。查阅一些关于 d 的讨论，可以知道人们对 d 的影响因素的讨论是很多的，d 的物理意义本身不明确恐是该现象的原因之一。

由于自然界中水体类型众多，因此其氘和氧-18 的浓度变化规律也就不尽相同，从而建立在这两规律之上的氘和氧-18 关系也不尽相同，因而如果笼统的套用直线型的氘和氧-18 关系线来分析有关同位素数据，以期解决各相关的理论与应用问题，则必然引起某些混乱和相当程度的偏差。不论何种水体，其稳定同位素组成总是要受到同位素水文学的基本规律(例如瑞利分馏原理和质量守恒定律)的制约，因此下面几节主要就是着眼于利用这两个规律来研究几种常见水体的氢、氧稳定同位素组成及其变化规律，并试图分别得出这几类常见水体的氘和氧-18 间的理论关系式。

第二节 受温度和湿度影响的蒸发水体中氘和氧-18的理论关系

一、考虑温度和湿度条件影响下的瑞利分馏模型

在第三章介绍并推导瑞利分馏模型的关系式 $R=R_0 \cdot f^{a-1}$ 时，是把分馏因子当作常量来看待，然而在自然界的实际情况不是这样的。就平衡分馏来说，分馏因子 ε_e 和温度是相关的，而在实际的水文系统中，水面蒸发的温度是随着时间而变化的。就动力分馏来说，在平衡分馏的基础之上，还有一个附加的分馏因子 ε_k，它和湿度等因素是相关的，而湿度也是随时间而变化的。

Saxena(1987)的试验给出了在动力蒸发条件下蒸发水体中稳定同位素比率的变化及与温度、大气湿度的关系。

$$\delta_e = \frac{\frac{1}{a} \cdot (1+\delta_L) - h \cdot (1+\delta_\alpha)}{(1-h) \cdot \beta} - 1 \tag{7-14}$$

移项得

$$1+\delta_e = \frac{\frac{1}{a} \cdot (1+\delta_L) - h \cdot (1+\delta_\alpha)}{(1-h) \cdot \beta} \tag{7-15}$$

方程两边同乘以 R_r

$$(1+\delta_e) \cdot R_r = \frac{\frac{1}{a} \cdot (1+\delta_L) \cdot R_r - h \cdot (1+\delta_\alpha) \cdot R_r}{(1-h) \cdot \beta} \tag{7-16}$$

结合 $R=(1+\delta) \cdot R_r$ 得

$$R_e = \frac{\frac{1}{a} \cdot R_L - h \cdot R_\alpha}{(1-h) \cdot \beta} \tag{7-17}$$

从而

$$\alpha = \frac{R_e}{R_L} = \frac{\frac{1}{a} - h \cdot \frac{R_\alpha}{R_L}}{(1-h) \cdot \beta} \tag{7-18}$$

式中 $\beta=\frac{1}{\gamma_{\alpha L}}$，其值(>1)和风速有关，在其他条件不变的情况下，风速越大，蒸发越强，β 值越低。反之，风速越小，β 值越高。$\gamma_{\alpha L}=\frac{k'_{\alpha L}}{k_{\alpha L}}$，$k'_{\alpha L}$ 为由气相指向液相的重同位素成分物质流的阻力系数，$k_{\alpha L}$ 为由气相指向液相的轻同位素成分物质流的阻力系数。a 为稳定同位素的平衡分馏系数，$a=\frac{\gamma_{\alpha L}}{\gamma_{L\alpha}}$，$\gamma_{L\alpha}=\frac{k'_{L\alpha}}{k_{L\alpha}}$；$k'_{L\alpha}$ 为由液相指向气相的重同位素成分物质流的阻力系数，$k_{L\alpha}$ 为由液相指向气相的轻同位素成分物质流的阻力系数。h 为相对湿度，R_α 和 δ_α 分别为大气水汽中的稳定同位素比率和千分偏差，R_e 和 δ_e 分别为蒸发水汽中的稳定同

位素比率和千分偏差。其中 $\delta^{18}O_\alpha=\frac{^{18}R_\alpha-{}^{18}R_s}{^{18}R_s}=\frac{0.39T-22.8}{1000}$，$\delta D_\alpha=\frac{^{2}R_\alpha-{}^{2}R_s}{^{2}R_s}=\frac{3.0T-169.0}{1000}$。$R_L$ 和 δ_L 分别为剩余液相水体中的稳定同位素比率和千分偏差（张新平，姚檀栋，田立德，2003）。

对第三章式(3-103)稍加变形，可得[为避免符号混淆，式(3-103)中的 N 在此处用 n_L 表示，意即液相水的摩尔数或体积，式(3-127)中的 R 在此用 R_L 表示，意即液相水的同位素比值]：

$$\frac{\mathrm{d}\ln(R_L)}{\mathrm{d}\ln(n_L)}=\alpha-1 \tag{7-19}$$

把式(7-18)代入式(7-19)得：

$$\begin{aligned}\frac{\mathrm{d}\ln(R_L)}{\mathrm{d}\ln(n_L)}&=\alpha-1=\frac{\frac{1}{a}-\frac{R_\alpha}{R_L}\cdot h}{\beta\cdot(1-h)}-1=\left(\frac{1}{a\cdot\beta\cdot(1-h)}-1\right)-\left(\frac{R_\alpha\cdot h}{\beta\cdot(1-h)}\right)\cdot\frac{1}{R_L}\\&=M-N\cdot\frac{1}{^{2}R_L}\end{aligned} \tag{7-20}$$

（其中 $M=\frac{1}{a\cdot\beta\cdot(1-h)}-1$，$N=\frac{R_\alpha\cdot h}{\beta\cdot(1-h)}$）。

假设初蒸发水体的初始同位素比值为

$$R_L\big|_{n_L=n_0}=R_0 \tag{7-21}$$

则式(7-20)、式(7-21)组成定解问题：

$$\begin{cases}\dfrac{\mathrm{d}\ln(R_L)}{\mathrm{d}\ln(n_L)}=M-N\cdot\dfrac{1}{R_L}\\ R_L\big|_{n_L=n_0}=R_0\end{cases} \tag{7-22}$$

解之得

$$R_L(n_L)=\frac{N}{M}+\left(R_0-\frac{N}{M}\right)\cdot\left(\frac{n_L}{n_0}\right)^M=\frac{N}{M}+\left(R_0-\frac{N}{M}\right)\cdot f^M \tag{7-23}$$

（其中：$M=\frac{1}{a\cdot\beta\cdot(1-h)}-1$，$N=\frac{R_\alpha\cdot h}{\beta\cdot(1-h)}$，$f=\frac{n_L}{n_0}$）。

此式即考虑温度和湿度对分馏系数影响情况下，氢、氧稳定同位素组成随剩余水量而变化的关系式（童海滨，2007）。

二、受温度和湿度影响下的蒸发水体中氢、氧稳定同位素组成间相互关系

对 D 和 ^{18}O 应用关系式(7-20)，该式中 M，N 相应于 D 和 ^{18}O 分别为 M_H，M_O，N_H，N_O：

$$\frac{\mathrm{d}\ln(^{2}R_L)}{\mathrm{d}\ln(n_L)}=M_H-N_H\cdot\frac{1}{^{2}R_L} \tag{7-24}$$

$$\frac{\mathrm{dln}(^{18}R_{\mathrm{L}})}{\mathrm{dln}(n_{\mathrm{L}})}=M_{\mathrm{O}}-N_{\mathrm{O}}\cdot\frac{1}{^{18}R_{\mathrm{L}}} \tag{7-25}$$

式(7-24)/式(7-25)得：

$$\frac{\mathrm{dln}(^{2}R_{\mathrm{L}})}{\mathrm{dln}(^{18}R_{\mathrm{L}})}=\frac{\left(M_{\mathrm{H}}-\dfrac{N_{\mathrm{H}}}{^{2}R_{\mathrm{L}}}\right)\cdot\mathrm{dln}n_{\mathrm{L}}}{\left(M_{\mathrm{O}}-\dfrac{N_{\mathrm{O}}}{^{2}R_{\mathrm{L}}}\right)\cdot\mathrm{dln}n_{\mathrm{L}}}=\frac{M_{\mathrm{H}}-\dfrac{N_{\mathrm{H}}}{^{2}R_{\mathrm{L}}}}{M_{\mathrm{O}}-\dfrac{N_{\mathrm{O}}}{^{2}R_{\mathrm{L}}}} \tag{7-26}$$

整理得：

$$\frac{\mathrm{d}^{2}R_{\mathrm{L}}}{\mathrm{d}^{18}R_{\mathrm{L}}}=\frac{\left(M_{\mathrm{H}}-\dfrac{N_{\mathrm{H}}}{^{2}R_{\mathrm{L}}}\right)\cdot{}^{2}R_{\mathrm{L}}}{\left(M_{\mathrm{O}}-\dfrac{N_{\mathrm{O}}}{^{18}R_{\mathrm{L}}}\right)\cdot{}^{18}R_{\mathrm{L}}}=\frac{M_{\mathrm{H}}\cdot{}^{2}R_{\mathrm{L}}-N_{\mathrm{H}}}{M_{\mathrm{O}}\cdot{}^{18}R_{\mathrm{L}}-N_{\mathrm{O}}} \tag{7-27}$$

设定解条件为

$$^{2}R_{\mathrm{L}}\mid_{^{18}R_{\mathrm{L}}={}^{18}R_{0}}={}^{2}R_{0} \tag{7-28}$$

则式(7-27)和式(7-28)组成定解问题：

$$\begin{cases}\dfrac{\mathrm{d}^{2}R_{\mathrm{L}}}{\mathrm{d}^{18}R_{\mathrm{L}}}=\dfrac{M_{\mathrm{H}}\cdot{}^{2}R_{\mathrm{L}}-N_{\mathrm{H}}}{M_{\mathrm{O}}\cdot{}^{18}R_{\mathrm{L}}-N_{\mathrm{O}}}\\ ^{2}R_{\mathrm{L}}\mid_{^{18}R_{\mathrm{L}}={}^{18}R_{0}}={}^{2}R_{0}\end{cases} \tag{7-29}$$

解之得

$$^{2}R(^{18}R)=\frac{N_{\mathrm{H}}}{M_{\mathrm{H}}}+\left(^{2}R_{0}-\frac{N_{\mathrm{H}}}{M_{\mathrm{H}}}\right)\cdot\left(\frac{M_{\mathrm{O}}\cdot{}^{18}R-N_{\mathrm{O}}}{M_{\mathrm{O}}\cdot{}^{18}R_{0}-N_{\mathrm{O}}}\right)^{\frac{M_{\mathrm{H}}}{M_{\mathrm{O}}}} \tag{7-30}$$

又

$$^{2}R=(1+{}^{2}\delta)\cdot{}^{2}R_{\mathrm{s}} \tag{7-31}$$

$$^{18}R=(1+{}^{18}\delta)\cdot{}^{18}R_{\mathrm{s}} \tag{7-32}$$

把式(7-31)、式(7-32)代入式(7-30)得

$$(1+{}^{2}\delta)\cdot{}^{2}R_{\mathrm{s}}=\frac{N_{\mathrm{H}}}{M_{\mathrm{H}}}+\left((1+{}^{2}\delta_{0})\cdot{}^{2}R_{\mathrm{s}}-\frac{N_{\mathrm{H}}}{M_{\mathrm{H}}}\right)\cdot\left(\frac{M_{\mathrm{O}}\cdot(1+{}^{18}\delta)\cdot{}^{18}R_{\mathrm{s}}-N_{\mathrm{O}}}{M_{\mathrm{O}}\cdot(1+{}^{18}\delta_{0})\cdot{}^{18}R_{\mathrm{s}}-N_{\mathrm{O}}}\right)^{\frac{M_{\mathrm{H}}}{M_{\mathrm{O}}}} \tag{7-33}$$

整理得

$$^{2}\delta=\left(\frac{N_{\mathrm{H}}}{M_{\mathrm{H}}\cdot{}^{2}R_{\mathrm{s}}}-1\right)+\left(^{2}\delta_{0}-\left(\frac{N_{\mathrm{H}}}{M_{\mathrm{H}}^{2}R_{\mathrm{s}}}-1\right)\right)\cdot\left(\frac{^{18}\delta-\left(\dfrac{N_{\mathrm{O}}}{M_{\mathrm{O}}\cdot{}^{18}R_{\mathrm{s}}}-1\right)}{^{18}\delta_{0}-\left(\dfrac{N_{\mathrm{O}}}{M_{\mathrm{O}}\cdot{}^{18}R_{\mathrm{s}}}-1\right)}\right)^{\frac{M_{\mathrm{H}}}{M_{\mathrm{O}}}} \tag{7-34}$$

令：

$$A=1-\frac{N_{\mathrm{O}}}{M_{\mathrm{O}}\cdot{}^{18}R_{\mathrm{s}}} \tag{7-35}$$

$$B = 1 - \frac{N_{\mathrm{H}}}{M_{\mathrm{H}} \cdot {}^{2}R_{s}} \tag{7-36}$$

则式(7-34)可写为

$${}^{2}\delta = -B + ({}^{2}\delta_{0} + B) \cdot \left(\frac{{}^{18}\delta + A}{{}^{18}\delta_{0} + A}\right)^{\frac{M_{\mathrm{H}}}{M_{\mathrm{O}}}} = -B + \frac{({}^{2}\delta_{0} + B)}{({}^{18}\delta_{0} + A)^{\frac{M_{\mathrm{H}}}{M_{\mathrm{O}}}}} \cdot ({}^{18}\delta + A)^{\frac{M_{\mathrm{H}}}{M_{\mathrm{O}}}} \tag{7-37}$$

再令：

$$K_{0} = \frac{({}^{2}\delta_{0} + B)}{({}^{18}\delta_{0} + A)^{\frac{M_{\mathrm{H}}}{M_{\mathrm{O}}}}} \tag{7-38}$$

$$K_{\alpha} = \frac{M_{\mathrm{H}}}{M_{\mathrm{O}}} \tag{7-39}$$

式(7-37)最终可写为

$${}^{2}\delta = K_{0} \cdot ({}^{18}\delta + A)^{K_{\alpha}} - B \tag{7-40}$$

此式即受温度和湿度影响下的蒸发水体中氢、氧稳定同位素组成间相互关系的解析表达式(童海滨，2007)。

第三节　河道水体蒸发过程中氢、氧稳定同位素变化规律及其相互关系

在本章第一节，推导静止水体在分馏系数恒定的瑞利蒸发模式下的氘氧关系时，通过消掉氘和氧-18各自的浓度变化表达式中的共有变量——蒸发度 f，得到了该水体的氘和氧-18关系的解析表达式。本节我们再来考察运动水体在分馏系数恒定的瑞利蒸发模式下的氘和氧-18关系式。在推导过程中，也要消掉氘和氧-18中浓度变化表达式中的共有变量，但问题的关键不在这里，而在首先推导出正确的氘和氧-18的浓度变化规律。

基本的思路如下：首先根据前人对河水运动规律的表述列出河水本身所遵循的连续性方程和动量方程。其次在质量守恒定律和瑞利分馏定律的约束下，列出河水稳定重同位素(D和 ^{18}O)的连续性方程。然后，联立这三个方程，就得到了表述河水稳定重同位素浓度变化的耦合方程组。解该方程，并把结果分别应用于氘和氧-18，就得到了各自的浓度变化表达式，综合这两个表达式，就得到河水氘和氧-18关系的解析解。

一、河道水体的同位素浓度场-流场耦合微分方程模型

为简化对问题的讨论，现假设河道和地下水之间没有相互补排关系，没有降水和其他水系的水体流入河道，河道中水体的同位素组成只受到蒸发作用的影响，河道同一断面不同深度处的同位素组成是相同的(亦即没有垂向分层现象)，取单宽河道作为研究对象。

在列河水的连续性方程时，请读者注意，因为蒸发是河水水体的同位素组成发生变化

的根源，因此我们在河水的连续性方程中不能忽略蒸发项(虽然研究河道洪水演进时可以忽略，但对同位素水文来说，其他学科所忽略的微观世界的细微差异正是其所要关注的)。

取单宽河道作为研究对象，而且不忽略蒸发的影响，则河道洪水波的运动简化为一维缓变不稳定浅水波。这种水流运动的基本微分方程由 1871 年法国的圣维南导出。本模型的河道洪水波运动所服从的圣维南方程组表现为下述形式：

$$\frac{\partial h}{\partial t}+\frac{\partial q}{\partial x}+E=0 \tag{7-41}$$

$$v\frac{\partial v}{\partial x}+\frac{\partial v}{\partial t}+g\frac{\partial h}{\partial x}+g\cdot(i_f-i_0)=0 \tag{7-42}$$

下面根据质量守恒定律推导河水中重同位素(D 或^{18}O)的连续性方程：

取空间 x 轴上的区间$\left[x-\frac{\Delta x}{2},x+\frac{\Delta x}{2}\right]$上的水体作为微元，考察它在 Δt 时段里的稳定同位素组成的变化情况(图 7-1)：

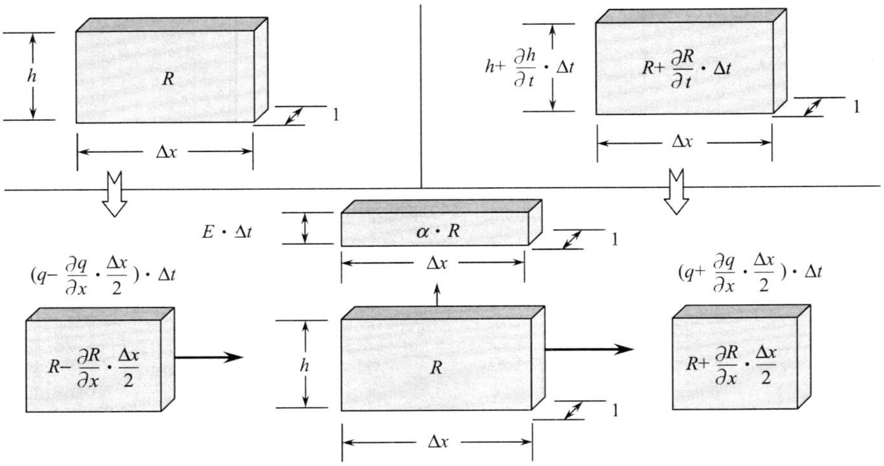

图 7-1　用于推导河水中重同位素浓度的连续性方程的水体微元

在 Δt 时段内流入微元的重同位素的量为$\left(q-\frac{\partial q}{\partial x}\cdot\frac{\Delta x}{2}\right)\cdot\left(R-\frac{\partial R}{\partial x}\cdot\frac{\Delta x}{2}\right)\cdot\Delta t$；流出微元的重同位素的量为$\left(q+\frac{\partial q}{\partial x}\cdot\frac{\Delta x}{2}\right)\cdot\left(R+\frac{\partial R}{\partial x}\cdot\frac{\Delta x}{2}\right)\cdot\Delta t$；蒸发掉的重同位素的量为 $E(x,t)\cdot R(x,t)\cdot\alpha(x,t)\cdot\Delta x\cdot\Delta t$；而水流微元中重同位素的改变量为：$\left(h+\frac{\partial h}{\partial t}\cdot\Delta t\right)\cdot\left(R+\frac{\partial R}{\partial t}\cdot\Delta t\right)\cdot\Delta x-h\cdot R\cdot\Delta x$。

根据质量守恒定律，流入微元的重同位素的量减去流出微元的重同位素的量再减去蒸发掉的重同位素的量等于微元中重同位素的改变量：

$$\left(q-\frac{\partial q}{\partial x}\cdot\frac{\Delta x}{2}\right)\cdot\left(R-\frac{\partial R}{\partial x}\cdot\frac{\Delta x}{2}\right)\cdot\Delta t-\left(q+\frac{\partial q}{\partial x}\cdot\frac{\Delta x}{2}\right)\cdot\left(R+\frac{\partial R}{\partial x}\cdot\frac{\Delta x}{2}\right)\cdot\Delta t$$

$$-E\cdot\alpha\cdot R\cdot\Delta x\cdot\Delta t=\left(h+\frac{\partial h}{\partial t}\cdot\Delta t\right)\cdot\left(R+\frac{\partial R}{\partial t}\cdot\Delta t\right)\cdot\Delta x-h\cdot R\cdot\Delta x \tag{7-43}$$

整理并忽略掉高阶无穷小项得

$$\frac{\partial(hR)}{\partial t}+\frac{\partial(qR)}{\partial x}+E\cdot\alpha\cdot R=0 \tag{7-44}$$

把式(7-44)展开得

$$h\cdot\frac{\partial R}{\partial t}+R\cdot\frac{\partial h}{\partial t}+q\cdot\frac{\partial R}{\partial x}+R\cdot\frac{\partial q}{\partial x}+E\cdot\alpha\cdot R=0 \tag{7-45}$$

把式(7-41)代入式(7-45)，整理得

$$h\frac{\partial R}{\partial t}+q\frac{\partial R}{\partial x}+E\cdot R\cdot(\alpha-1)=0 \tag{7-46}$$

记标准水样同位素比值为 R_r，则河水的 R 值可写为

$$R=(1+\delta)R_r \tag{7-47}$$

把式(7-47)代入式(7-46)得

$$h\frac{\partial[(1+\delta)R_s]}{\partial t}+q\frac{\partial[(1+\delta)R_s]}{\partial x}+E\cdot[(1+\delta)R_s]\cdot(\alpha-1)=0 \tag{7-48}$$

整理得

$$h\frac{\partial\delta}{\partial t}+q\frac{\partial\delta}{\partial x}+E\cdot(1+\delta)\cdot(\alpha-1)=0 \tag{7-49}$$

从而完整的流场和同维素浓度场的耦合微分方程组为(童海滨，陈建生，汪集旸，2007)：

$$\begin{cases}\dfrac{\partial h}{\partial t}+\dfrac{\partial q}{\partial x}+E=0\\[2ex] v\dfrac{\partial v}{\partial x}+\dfrac{\partial v}{\partial t}+g\dfrac{\partial h}{\partial x}+g\cdot(i_f-i_0)=0\\[2ex] h\dfrac{\partial\delta}{\partial t}+q\dfrac{\partial\delta}{\partial x}+E\cdot(1+\delta)\cdot(\alpha-1)=0\end{cases} \tag{7-50}$$

二、河道水体氢、氧稳定同位素浓度的变化规律

限于目前数学物理耦合方程组解析求解技术的研究现状和笔者的水平，本节只求解单宽河道水体中的流场和同位素浓度场耦合微分方程组在稳态情况下的解。

考虑一维单宽河道，并作如下假定：

(1) 河道中的水流为恒定流。

(2) 河道仅受蒸发作用，蒸发率沿流向无变化，不存在河水与地下水之间的相互补排关系。

(3) 河道中水体的氢、氧稳定同位素在垂向上完全混合，沿水流方向的氢、氧稳定重同位素的机械弥散和分子扩散作用可以忽略不计。

恒定流条件下河水的同位素浓度场和流场的耦合微分方程组可以参照方程组

(7-50)，并去除时间因素而得到

$$\frac{\mathrm{d}q}{\mathrm{d}x} + E = 0 \tag{7-51a}$$

$$v\frac{\mathrm{d}v}{\mathrm{d}x} + g\frac{\mathrm{d}h}{\mathrm{d}x} + g \cdot (i_f - i_0) = 0 \tag{7-51b}$$

$$q\frac{\mathrm{d}\delta}{\mathrm{d}x} + E \cdot (1+\delta) \cdot (\alpha - 1) = 0 \tag{7-51c}$$

其中把水流的连续性方程(7-51a)$\frac{\mathrm{d}q}{\mathrm{d}x}+E=0$ 代入稀有同位素的连续性方程(7-51c)得

$$q\frac{\mathrm{d}\delta}{\mathrm{d}x} - \frac{\mathrm{d}q}{\mathrm{d}x} \cdot (1+\delta) \cdot (\alpha - 1) = 0 \tag{7-52}$$

化简得

$$\frac{\mathrm{d}\delta}{1+\delta} = (\alpha - 1)\frac{\mathrm{d}q}{q} \tag{7-53}$$

设初始条件为

$$\delta\big|_{q=q_0} = \delta_0 \tag{7-54}$$

式(7-53)和式(7-54)可以组定解问题：

$$\begin{cases} \dfrac{\mathrm{d}\delta}{1+\delta} = (\alpha - 1)\dfrac{\mathrm{d}q}{q} \\ \delta\big|_{q=q_0} = \delta_0 \end{cases} \tag{7-55}$$

积分式(7-53)，并利用定解条件(7-54)得

$$\delta = (1+\delta_0) \cdot \left(\frac{q}{q_0}\right)^{(\alpha-1)} - 1 \tag{7-56}$$

把式(7-56)分别应用于$^2\delta$ 和$^{18}\delta$，得

$${}^2\delta = (1+{}^2\delta_0) \cdot \left(\frac{q}{q_0}\right)^{({}^2\alpha-1)} - 1 \tag{7-57a}$$

$${}^{18}\delta = (1+{}^{18}\delta_0) \cdot \left(\frac{q}{q_0}\right)^{({}^{18}\alpha-1)} - 1 \tag{7-57b}$$

此即稳定流条件下氢、氧稳定同位素组成展开为流量和分馏系数的函数关系式(童海滨，2007)。

三、河道水体蒸发过程中氢、氧稳定同位素组成的相互关系

把式(7-53)分别应用于氢、氧稳定同位素：

$$\frac{\mathrm{d}^2\delta}{1+{}^2\delta} = ({}^2\alpha - 1)\frac{\mathrm{d}q}{q} \tag{7-58a}$$

$$\frac{\mathrm{d}^{18}\delta}{1+{}^{18}\delta} = ({}^{18}\alpha - 1)\frac{\mathrm{d}q}{q} \tag{7-58b}$$

令式(7-58a)/式(7-58b)得

$$\frac{d^2\delta}{d^{18}\delta}=\frac{^2\alpha-1}{^{18}\alpha-1}\cdot\frac{1+^2\delta}{1+^{18}\delta} \tag{7-59}$$

记：

$$K_\alpha=\frac{^2\alpha-1}{^{18}\alpha-1} \tag{7-60}$$

则式(7-59)变为

$$\frac{d^2\delta}{d^{18}\delta}=K_\alpha\cdot\frac{1+^2\delta}{1+^{18}\delta} \tag{7-61}$$

把式(7-54)分别应用于氘和氧-18，有

$$^2\delta\big|_{q=q_0}={}^2\delta_0 \tag{7-62a}$$

$$^{18}\delta\big|_{q=q_0}={}^{18}\delta_0 \tag{7-62b}$$

从而方程(7-61)的定解条件可以写为：

$$^2\delta\big|_{^{18}\delta={}^{18}\delta_0}={}^2\delta_0 \tag{7-63}$$

解式(7-61)和式(7-63)所组成的奇次型一阶常微分方程：

$$\begin{cases}\dfrac{d^2\delta}{d^{18}\delta}=K_\alpha\cdot\dfrac{1+^2\delta}{1+^{18}\delta}\\ ^2\delta\big|_{^{18}\delta={}^{18}\delta_0}={}^2\delta_0\end{cases} \tag{7-64}$$

得(童海滨，2007)：

$$^2\delta=\frac{1+^2\delta_0}{(1+^{18}\delta_0)^{K_\alpha}}\cdot(1+^{18}\delta)^{K_\alpha}-1 \tag{7-65}$$

不妨令

$$K_0=\frac{1+^2\delta_0}{(1+^{18}\delta_0)^{K_\alpha}} \tag{7-66}$$

则式(7-65)可写为：

$$^2\delta=K_0\cdot(1+^{18}\delta)^{K_\alpha}-1 \tag{7-67}$$

逐对对比式(7-12)和式(7-67)、式(7-10)和式(7-66)、式(7-11)和式(7-60)，可以看到二者在函数形式和参数定义上有着诸多相似处，再结合式(7-40)，让我们有理由推测形如$^2\delta=K_0\cdot(^{18}\delta+A)^{K_\alpha}-B$的形式，可能是在解析形态下较为通用的一个氘和氧-18关系的表达式。式(7-58a～7-67)给出的只是推导氘和氧-18关系的一种途径，其实也可以直接用式(7-57a)、式(7-57b)两者直接推出来，和式(7-58a～7-67)是异曲同工，并且采用式(7-57a)、式(7-57b)更为简洁，那又何必兜式(7-58a～7-67)这么大一个圈子？这是因为，在氘和氧-18浓度变化规律的表达式较为简单时[如式(7-57a)、式(7-57b)所示]，采用直接消去法是可以的，如果两者的表达式都非常复杂，那么走式(7-58a～7-67)的路子反而比较简单容易。因而，此处兜圈子只是为了给读者多提供一种求解问题的方法。

另外,如果要考察温度和湿度影响下的河水水体的氘和氧-18各自的浓度变化规律及其两者的相关关系(氘和氧-18关系线),和本章第二节的思路相似,可以把式(7-18)代入式(7-49),按和式(7-50～7-67)类似的步骤进行,相关公式记号较为繁琐,其详细结果见文献(童海滨,2007),请有兴趣的读者自查。

第四节　潜水蒸发过程中氢、氧稳定同位素变化规律及其理论关系

一、潜水系统在蒸发条件下氢、氧稳定同位素的浓度变化规律

现以一维潜水系统中经受蒸发损耗的水体为例,来研究潜水系统中氢、氧稳定同位素的浓度变化规律,具体流程和本章第三节类似。

在本章第三节推导河水稳定同位素的连续性方程时,由于一般河水流速较快,因而水体中重同位素的扩散作用所引起的同位素组成的变化可忽略不计。在潜水系统中,如果流速较大,或所研究区域面积较大时,仍然可以作这种忽略(即所谓对流占优),但是,也存在不可忽略的情况。下面按不忽略扩散作用的情况来推导相关的方程,仅在求解时,为求解方便,才忽略之。

取以 x 为中心的空间坐标区间 $\left[x-\dfrac{\Delta x}{2},x+\dfrac{\Delta x}{2}\right]$ 上的水体微元为研究对象,考察它在 $[t,t+\Delta t]$ 时段内稳定同位素的变化,由质量守恒定律、Fick 定律和瑞利分馏原理可知,在 $[t,t+\Delta t]$ 时段内,通过对流和扩散作用进入微元水体的重同位素的量减去因对流和扩散作用而流出微元的重同位素的量再减去因蒸发作用而损失的重同位素的量,等于该时段该微元水体中重同位素的变化量(图 7-2)。用公式表示如下:

$$
\begin{aligned}
&\mu\cdot H(x,t)\cdot\Delta x\cdot R(x,t)-\varepsilon\cdot\Delta x\cdot\Delta t\cdot R\cdot\alpha\\
&+\left(q(x,t)-\frac{\partial q}{\partial x}\cdot\frac{\Delta x}{2}\right)\cdot\Delta t\cdot\left(R(x,t)-\frac{\partial R}{\partial x}\cdot\frac{\Delta x}{2}\right)\\
&-\left(q(x,t)+\frac{\partial q}{\partial x}\cdot\frac{\Delta x}{2}\right)\cdot\Delta t\cdot\left(R(x,t)+\frac{\partial R}{\partial x}\cdot\frac{\Delta x}{2}\right)\\
&-E\cdot\left.\frac{\partial R}{\partial x}\right|_{\left(x-\frac{\Delta x}{2},t\right)}\cdot\mu\cdot H\left(x-\frac{\Delta x}{2},t\right)\cdot\Delta t\\
&+E\cdot\left.\frac{\partial R}{\partial x}\right|_{\left(x+\frac{\Delta x}{2},t\right)}\cdot\mu\cdot H\left(x+\frac{\Delta x}{2},t\right)\cdot\Delta t\quad(\mu\text{ 为孔隙度})\\
=\ &\mu\cdot\left(H(x,t)+\frac{\partial H}{\partial t}\cdot\Delta t\right)\cdot\Delta x\cdot\left(R(x,t)+\frac{\partial R}{\partial t}\cdot\Delta t\right)
\end{aligned}
\tag{7-68}
$$

(E 为稳定重同位素的扩散系数,ε 为蒸发率)

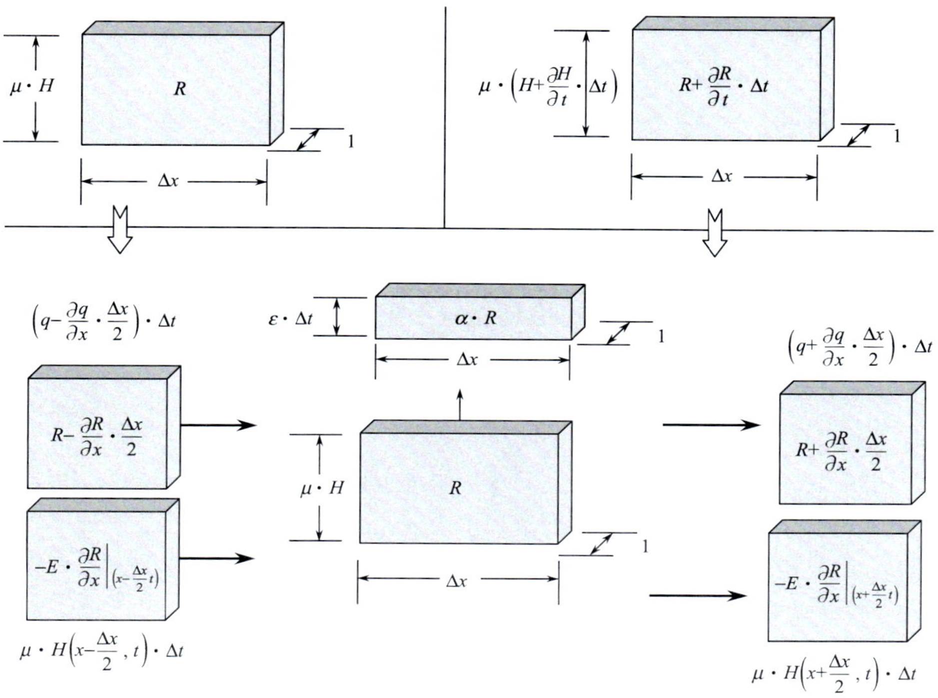

图 7-2　用于推导潜水系统在蒸发条件下的水体重同位素浓度连续性方程的水体微元

方程两边同除以 $\Delta x \cdot \Delta t$，令 $\Delta x \to 0, \Delta t \to 0$，方程两边取极限，并化简展开，得

$$\mu \cdot H \cdot \frac{\partial R}{\partial t} + q \cdot \frac{\partial R}{\partial x} + R \cdot \left(\mu \cdot \frac{\partial H}{\partial t} + \frac{\partial q}{\partial x}\right) + \varepsilon \cdot \alpha \cdot R = \mu \cdot E \cdot \left(H \cdot \frac{\partial^2 R}{\partial x^2} + \frac{\partial R}{\partial x} \cdot \frac{\partial H}{\partial x}\right) \tag{7-69}$$

忽略掉式(7-69)右端的 $\mu \cdot E \cdot \frac{\partial R}{\partial x} \cdot \frac{\partial H}{\partial x}$ 项，得

$$\mu \cdot H \cdot \frac{\partial R}{\partial t} + q \cdot \frac{\partial R}{\partial x} + R \cdot \left(\mu \cdot \frac{\partial H}{\partial t} + \frac{\partial q}{\partial x}\right) + \varepsilon \cdot \alpha \cdot R = \mu \cdot E \cdot H \cdot \frac{\partial^2 R}{\partial x^2} \tag{7-70}$$

又，在经受蒸发条件下，潜水系统的连续性方程为：

$$\mu \cdot \frac{\partial H}{\partial t} + \frac{\partial q}{\partial x} + \varepsilon = 0 \tag{7-71}$$

把式(7-71)代入式(7-70)，并整理得

$$\mu \cdot H \cdot \frac{\partial R}{\partial t} + q \cdot \frac{\partial R}{\partial x} + \varepsilon \cdot (\alpha - 1) \cdot R = \mu \cdot E \cdot H \cdot \frac{\partial^2 R}{\partial x^2} \tag{7-72}$$

把公式 $R = (1+\delta) \cdot R_r$ 代入上式得

$$\mu \cdot H \cdot \frac{\partial \delta}{\partial t} + q \cdot \frac{\partial \delta}{\partial x} + \varepsilon \cdot (\alpha - 1) \cdot (1 + \delta) = \mu \cdot E \cdot H \cdot \frac{\partial^2 \delta}{\partial x^2} \tag{7-73}$$

把式(7-71)、式(7-73)和达西定律联立，即得潜水系统在经受蒸发条件下的稳定同位素浓

度场与流场耦合的微分方程组(童海滨,2007):

$$\begin{cases}\mu\cdot H\cdot\dfrac{\partial\delta}{\partial t}+q\cdot\dfrac{\partial\delta}{\partial x}+\varepsilon\cdot(\alpha-1)\cdot(1+\delta)=\mu\cdot E\cdot H\cdot\dfrac{\partial^2\delta}{\partial x^2}\\ \mu\cdot\dfrac{\partial H}{\partial t}+\dfrac{\partial q}{\partial x}+\varepsilon=0\\ v=-K\cdot\dfrac{\partial H}{\partial x}\end{cases}\tag{7-74}$$

同样,在不同的流态、不同的假定和定解条件下,该方程组的解也是多种多样的。本章的宗旨是给出探讨各种水体的氘、氧-18浓度变化规律及相互关系的一般思路,没必要也不可能穷举方程组中可能出现的各种定解问题。因此,下面仅给出了最为简单的一种情况[其他各种复杂情况请查看文献(童海滨,2007)]。假定潜水系统中的水流和同位素组成情况如下:

(1) 潜水流处于稳态(恒定流),其同位素组成也处于稳态(不随时间变化)。

(2) 流动水体中的氢、氧稳定同位素在垂向上完全混合。

(3) 水的流速较快,水岩相互作用导致的潜水稳定同位素变化可以忽略。

(4) 氢、氧稳定同位素在纵向上的扩散作用可以忽略,分馏系数恒定。

在上述假定下,潜水系统在经受蒸发条件下的稳定同位素浓度场与流场耦合的微分方程组式(7-74)表现为

$$q\frac{\mathrm{d}R}{\mathrm{d}x}+\varepsilon\cdot R\cdot(\alpha-1)=0\tag{7-75a}$$

$$\frac{\mathrm{d}q}{\mathrm{d}x}+\varepsilon=0\tag{7-75b}$$

$$q=-K\cdot\frac{\mathrm{d}H}{\mathrm{d}x}\cdot h\quad(q\text{ 为单宽流量,有 }q=v\cdot h)\tag{7-75c}$$

其中,在自然界中实际发生的潜水蒸发的经验关系常可用下式表示:

$$\varepsilon=\varepsilon(h)=\begin{cases}\varepsilon=\varepsilon_{\max}\quad(h>h_s)\\ \varepsilon=0\quad(h<h_s-d)\\ \varepsilon=\varepsilon_{\max}\cdot\left[\dfrac{h-(h_s-d)}{d}\right]\quad(h_s-d<h<h_s)\end{cases}\tag{7-76}$$

但为简单起见,此处也把 ε 看做常数。下面利用方程组(7-75)讨论潜水系统中氢、氧稳定同位素各自的浓度场和流场的关系。在 ε 被视为一个常数的前提下,把式(7-75c)分别代入式(7-75b)和式(7-75a)得

$$\frac{\mathrm{d}\left(\dfrac{\mathrm{d}H}{\mathrm{d}x}\cdot h\right)}{\mathrm{d}x}=\frac{\varepsilon}{K}\tag{7-77}$$

$$\frac{\mathrm{d}R}{R}=\frac{-\varepsilon\cdot(\alpha-1)}{q}\mathrm{d}x\tag{7-78}$$

把式 $R=(1+\delta)\cdot R_s$ 代入式(7-78),又得

$$\frac{\mathrm{d}\delta}{1+\delta}=\frac{-\varepsilon\cdot(\alpha-1)}{q}\mathrm{d}x \tag{7-79}$$

假定含水层底板水平，流场的边界条件如下：

$$h\big|_{x=0}=h_1 \tag{7-80}$$

$$h\big|_{x=1}=h_2 \tag{7-81}$$

关于流场的定解问题可以写为：

$$\begin{cases}\dfrac{\mathrm{d}\left(\dfrac{\mathrm{d}h}{\mathrm{d}x}\cdot h\right)}{\mathrm{d}x}=\dfrac{\varepsilon}{K}\\ h\big|_{x=0}=h_1\\ h\big|_{x=1}=h_2\end{cases} \tag{7-82}$$

解之得

$$q=W-\varepsilon\cdot x \tag{7-83}$$

其中：

$$W=K\cdot\frac{h_1^2-h_2^2}{2\cdot l}+\frac{1}{2}\cdot\varepsilon\cdot l \tag{7-84}$$

把式(7-83)代入式(7-79)，得

$$(W-\varepsilon\cdot x)\cdot\frac{\mathrm{d}\delta}{\mathrm{d}x}+\varepsilon\cdot(\alpha-1)\cdot(1+\delta)=0 \tag{7-85}$$

设同位素浓度场边界条件为

$$\delta\big|_{x=0}=\delta_0 \tag{7-86}$$

则式(7-85)和式(7-86)组成定解问题：

$$\begin{cases}(W-\varepsilon\cdot x)\cdot\dfrac{\mathrm{d}\delta}{\mathrm{d}x}+\varepsilon\cdot(\alpha-1)\cdot(1+\delta)=0\\ \delta\big|_{x=0}=\delta_0\end{cases} \tag{7-87}$$

解之得

$$\delta(x)=(1+\delta_0)\cdot\left(1-\frac{\varepsilon}{W}\cdot x\right)^{\alpha-1}-1 \tag{7-88}$$

把上式分别应用于氢、氧稳定同位素，得(童海滨，2007)：

$${}^{2}\delta(x)=(1+{}^{2}\delta_0)\cdot\left(1-\frac{\varepsilon}{W}\cdot x\right)^{{}^{2}\alpha-1}-1\quad\left(\text{其中 }W=K\cdot\frac{h_1^2-h_2^2}{2\cdot l}+\frac{1}{2}\cdot\varepsilon\cdot l\right) \tag{7-89}$$

$${}^{18}\delta(x)=(1+{}^{18}\delta_0)\cdot\left(1-\frac{\varepsilon}{W}\cdot x\right)^{{}^{18}\alpha-1}-1\quad\left(\text{其中 }W=K\cdot\frac{h_1^2-h_2^2}{2\cdot l}+\frac{1}{2}\cdot\varepsilon\cdot l\right) \tag{7-90}$$

式(7-89)、式(7-90)即是垂向存在蒸发时的潜水恒定流中氢、氧稳定同位素组成沿流向变化的解析式。

二、潜水蒸发过程中氢、氧稳定同位素理论关系线

把式(7-79)分别应用于氢、氧稳定同位素，得

$$d^2\delta = -\frac{\varepsilon}{q}\cdot({}^2\alpha - 1)\cdot(1 + {}^2\delta)\cdot dx \tag{7-91}$$

$$d^{18}\delta = -\frac{\varepsilon}{q}\cdot({}^{18}\alpha - 1)\cdot(1 + {}^{18}\delta)\cdot dx \tag{7-92}$$

由式(7-91)/式(7-92)，得

$$\frac{d^2\delta}{d^{18}\delta} = \frac{({}^2\alpha - 1)}{({}^{18}\alpha - 1)}\cdot\frac{(1 + {}^2\delta)}{(1 + {}^{18}\delta)} = K_\alpha\cdot\frac{(1 + {}^2\delta)}{(1 + {}^{18}\delta)} \tag{7-93a}$$

其中

$$K_\alpha = \frac{({}^2\alpha - 1)}{({}^{18}\alpha - 1)} \tag{7-93b}$$

设同位素浓度场的定解条件为

$${}^2\delta\big|_{{}^{18}\delta = {}^{18}\delta_0} = {}^2\delta_0 \tag{7-94}$$

有定解问题：

$$\begin{cases} \dfrac{d^2\delta}{d^{18}\delta} = K_\alpha\cdot\dfrac{(1 + {}^2\delta)}{(1 + {}^{18}\delta)} \\ {}^2\delta\big|_{{}^{18}\delta = {}^{18}\delta_0} = {}^2\delta_0 \end{cases} \tag{7-95}$$

利用分离变量法，解之得(童海滨，2007)：

$${}^2\delta = (1 + {}^2\delta_0)\cdot\left(\frac{1 + {}^{18}\delta}{1 + {}^{18}\delta_0}\right)^{K_\alpha} - 1 \tag{7-96}$$

如果再令

$$K_0 = \frac{(1 + {}^2\delta_0)}{(1 + {}^{18}\delta_0)^{K_\alpha}} \tag{7-97}$$

那么式(7-96)又可以写成在前三节中早已熟悉的函数形式：

$${}^2\delta = K_0\cdot(1 + {}^{18}\delta)^{K_\alpha} - 1 \tag{7-98}$$

此式即存在垂向蒸发时，潜水稳定流中氢、氧稳定同位素组成的相互关系式(蒸发线的解析式)。

第五节　降水过程中氢、氧稳定同位素的理论关系

一、开放系统降水过程中氢、氧稳定同位素的理论关系

降水过程是水蒸气气团冷却的过程。由于凝结过程和蒸发过程在物理上互为逆过程，因此凝结过程也可以用瑞利模式来模拟，云团内水蒸气的氢、氧稳定同位素组成的表

达式第三章已给出。

$$R = R_0 \cdot \frac{N^{\alpha_{L/V}-1}}{N_0^{\alpha_0-1}} \cdot e^{-\int_0^N \ln N d\alpha_{L/V}} \tag{7-99}$$

它显示了云团内水蒸气在凝结过程中剩余蒸汽的重同位素比值随着凝结发生变化的规律。式中 N 代表凝结过程中云团剩余蒸汽分子总数(或摩尔数),N_0 代表云中水汽尚未发生凝结时(或初始时刻)所含水分子的摩尔数,R 是云团剩余水蒸气的稀有同位素分子与丰有同位素分子浓度之比(同位素比率),$\alpha_{L/V}$ 为云团降水过程中云团中液相水相对于气相水的平衡分馏系数。

假定云团中的水汽在凝结过程中温度变化不大,从而平衡分馏系数 $\alpha_{L/V}$ 可以看作常数,即 $\alpha_{L/V}$ 也不随 N 的变化而变化(实际上 $\alpha_{L/V}$ 和 N 都受温度 T 的影响),记 $f=N/N_0$,则式(7-99)用 δ 标度又可写为:

$$\delta_V = (1+\delta_{V_0}) \cdot f^{\alpha_{L/V}-1} - 1 \tag{7-100}$$

分别对氘和氧-18 应用上式得:

$$^2\delta_V = (1+{}^2\delta_{V_0}) \cdot f^{{}^2\alpha_{L/V}-1} - 1 \tag{7-101}$$

$$^{18}\delta = (1+{}^{18}\delta_{V_0}) \cdot f^{{}^{18}\alpha_{L/V}-1} - 1 \tag{7-102}$$

$^2\delta_V$、$^{18}\delta_V$ 分别为云团剩余水蒸气的氘和氧-18 的同位素 δ 值。消去式(7-101)和式(7-102)中的共有变量 f,得云团水蒸气在凝结过程中氘和氧-18 理论关系线(王永森等,2009):

$$^2\delta_V = (1+{}^2\delta_{V0}) \cdot \left(\frac{^{18}\delta_V+1}{^{18}\delta_{V0}+1}\right)^{\left(\frac{^2\alpha_{L/V}-1}{^{18}\alpha_{L/V}-1}\right)} - 1 \tag{7-103}$$

不妨令

$$K_{\alpha(L/V)} = \frac{^2\alpha_{L/V}-1}{^{18}\alpha_{L/V}-1} \tag{7-104}$$

$$K_0 = \frac{(1+{}^2\delta_0)}{(1+{}^{18}\delta_0)^{K_{\alpha(L/V)}}} \tag{7-105}$$

则式(7-103)又可改写为

$$^2\delta = K_0 \cdot (1+{}^{18}\delta)^{K_{\alpha(L/V)}} - 1 \tag{7-106}$$

若忽略温度的影响,平衡分馏系数 $\alpha_{L/V}$ 不随 N 的变化而变化,视为常数,则降水过程中降水的稳定同位素比值为

$$R_L = R_V \cdot \alpha_{L/V} = \alpha_{L/V} \cdot \left(R_0 \cdot \left(\frac{N}{N_0}\right)^{\alpha_{L/V}-1}\right) = (\alpha_{L/V} \cdot R_0) \cdot \left(\frac{N}{N_0}\right)^{\alpha_{L/V}-1}$$
$$= R_{L0} \cdot \left(\frac{N}{N_0}\right)^{\alpha_{L/V}-1} \tag{7-107}$$

以 δ 值形式表示,则为

$$R_{\mathrm{L}} = R_{\mathrm{L0}} \cdot \left(\frac{N}{N_0}\right)^{\alpha_{\mathrm{L/V}}-1} \tag{7-108}$$

化为标准形式，用 δ 表示为

$$\delta_{\mathrm{L}} = (1+\delta_{\mathrm{L0}}) \cdot f^{\alpha_{\mathrm{L/V}}-1} - 1 \tag{7-109}$$

同理，可求得降水过程中的氘和氧-18 理论关系线为(王永森等，2009)：

$$^{2}\delta_{\mathrm{L}} = K_0 \cdot (1+{}^{18}\delta_{\mathrm{L}})^{K_{\alpha(\mathrm{L/V})}} - 1 \tag{7-110}$$

式(7-110)中

$$K_{\alpha(\mathrm{L/V})} = \frac{{}^{2}\alpha_{\mathrm{L/V}}-1}{{}^{18}\alpha_{\mathrm{L/V}}-1} \tag{7-111}$$

$$K_0 = \frac{(1+{}^{2}\delta_{\mathrm{L0}})}{(1+{}^{18}\delta_{\mathrm{L0}})^{K_{\alpha(\mathrm{L/V})}}} \tag{7-112}$$

R_{L0} 和 δ_{L0} 是云团水汽刚开始凝结时形成的降水的同位素组成，R_{L} 和 δ_{L} 是云团水汽在凝结过程中降水的同位素组成。

实际情况下，降水过程中，云团内部的水蒸气和雨滴的质量都是在不断变化的，随着降水的不断进行，云团的总质量(包括气态和液态)在不断减少，水滴有一部分以降水的方式降落到地面上，瞬时降水的同位素的组成 R_i 与保留在云层中的水滴的同位素 R_{L} 不发生同位素分馏，即它们同位素组成相同，因此可以用 R_{L} 代替 R_i。V，L 分别表示云团中气态和液态。在云层内部，水汽往往处于过饱和状态，空气湿度 h 比较高，云层内部液态与气态水在物理上处于相平衡状态，其各自的同位素组成可以认为不存在动力分馏，处于同位素反应的平衡状态。参见图 7-3。

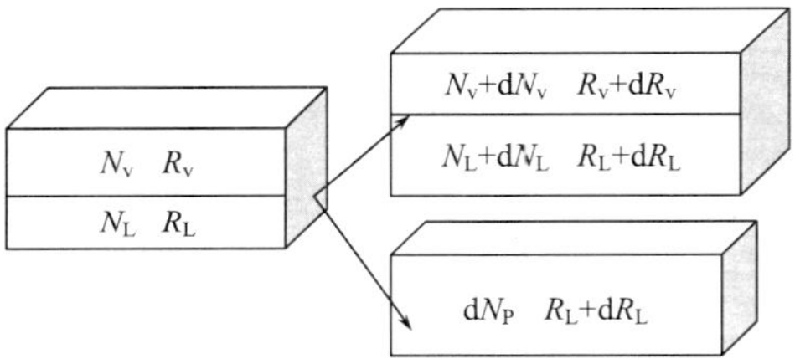

图 7-3　降水过程中的稳定同位素变化示意图

由重同位素(D 或 ^{18}O)质量守恒定律求连续性方程：

$$N_{\mathrm{v}}R_{\mathrm{v}} + N_{\mathrm{L}}R_{\mathrm{L}} = (N_{\mathrm{v}}+\mathrm{d}N_{\mathrm{v}})(R_{\mathrm{v}}+\mathrm{d}R_{\mathrm{v}}) + (N_{\mathrm{L}}+\mathrm{d}N_{\mathrm{L}})(R_{\mathrm{L}}+\mathrm{d}R_{\mathrm{L}}) + \mathrm{d}N_{\mathrm{p}} \cdot (R_{\mathrm{L}}+\mathrm{d}R_{\mathrm{L}}) \tag{7-113}$$

对云团中各形态水建立瞬时降水过程前后的水量平衡方程：

$$N_{\mathrm{v}} + N_{\mathrm{L}} = (N_{\mathrm{v}}+\mathrm{d}N_{\mathrm{v}}) + (N_{\mathrm{L}}+\mathrm{d}N_{\mathrm{L}}) + \mathrm{d}N_{\mathrm{p}} \tag{7-114}$$

记

$$\alpha^{*} = \frac{R_{\mathrm{v}}}{R_{\mathrm{L}}} \quad (\text{注：}\alpha^{*} < 1) \tag{7-115}$$

把式(7-114)，(7-115)代入式(7-113)，整理，并忽略高阶无穷小，得

$$\frac{\mathrm{d}R_{\mathrm{L}}}{R_{\mathrm{L}}} = \frac{1-\alpha^{*}}{\alpha^{*} \cdot N_{\mathrm{v}} + N_{\mathrm{L}}}\mathrm{d}N_{\mathrm{v}} \tag{7-116}$$

此微分方程 N_L 和 N_v 都是时间 t 的变量，二者的关系比较复杂，跟温度、气压以及凝结核和云团的质量有关系。在这里为了探讨降雨同位素组成的变化，不妨令 $N_L=\lambda N_v$。λ 为液汽比，因降雨过程中随着降雨的不断进行，云中的液态水不断减少，同时云中水汽不断凝结，也在不断减少，为了简化问题的讨论，方便得到方程的解析解，姑且把 λ 看为常数。把液汽比

$$\lambda=\frac{N_L}{N_v} \tag{7-117}$$

代入式(7-116)得：

$$\frac{dR_L}{R_L}=\frac{1-\alpha^*}{\alpha^*+\lambda}\cdot\frac{dN_v}{N_v} \tag{7-118}$$

设初始时刻有

$$N_v=N_{v0} \tag{7-119}$$

$$R_L=R_{L0}=R_{p0} \tag{7-120}$$

解式(7-118～7-120)组成的定解问题，得

$$\frac{R_L}{R_{L0}}=\left(\frac{N_v}{N_{v0}}\right)^{\frac{1-\alpha^*}{\alpha^*+\lambda}} \tag{7-121}$$

令

$$f=\frac{N_v}{N_{v0}} \tag{7-122}$$

则式(7-121)可简写为

$$R_L=R_{L0}\cdot f^{\frac{1-\alpha^*}{\alpha^*+\lambda}} \tag{7-123}$$

和式(7-100～7-103)类似，可求得降雨过程中的氘和氧-18 理论关系线为（王永森等，2009）：

$${}^2\delta_L=K_0\cdot(1+{}^{18}\delta_L)^{K_{\alpha(\lambda)}}-1 \tag{7-124}$$

式(7-123)中

$$K_{\alpha(\lambda)}=\left(\frac{1-{}^2\alpha^*}{{}^2\alpha^*+\lambda}\right)\Big/\left(\frac{1-{}^{18}\alpha^*}{{}^{18}\alpha^*+\lambda}\right) \tag{7-125}$$

$$K_0=\frac{(1+{}^2\delta_{L0})}{(1+{}^{18}\delta_{L0})^{K_{\alpha(\lambda)}}} \tag{7-126}$$

现在讨论当 λ 为 0 时降雨同位素组成。当 λ 为 0 时代表形成的水滴立即从云层中分离出去，即云层中只有水蒸气，形成的雨滴不会停留在云中。很明显这是一个开放系统，就是前面介绍的的瑞利分馏。当 λ 为 0 时，式(7-123)变为：

$$R_L=R_{L0}\cdot f^{\left(\frac{1}{\alpha^*}-1\right)}=R_{L0}\cdot f^{\left(\frac{1}{R_v/R_L}-1\right)}=R_{L0}\cdot f^{\left(\frac{R_L}{R_v}-1\right)}=R_{L0}\cdot f^{(\alpha_{(L/V)}-1)} \tag{7-127}$$

而这和式(7-108)所代表的意义相同，同理可得，在 λ 为 0 时，式(7-124)～式(7-126)分别与式(7-109)～式(7-112)等价。

二、封闭系统降水过程中氢、氧稳定同位素变化规律及其理论关系

瑞利模式适合应于开放系统，云中水蒸气凝结成的小水滴（未降落）与水蒸气可以看成封闭系统，如图 7-4 所示。

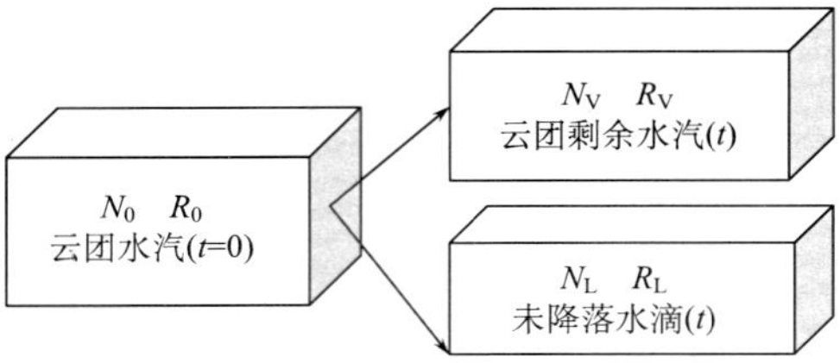

图 7-4 封闭系统降水过程中的稳定同位素变化示意图

在初始时刻 $t=0$ 时，云团中水蒸气的摩尔数为 N_{V0}，在某一时刻 t 时，转化为小雨滴的蒸汽的摩尔数为 N_L，则有

$$\begin{aligned} N_L &= N_0 - N_V \\ N_{L0} &= N_0 - N_{V0} \end{aligned} \tag{7-128}$$

分馏系数定义为

$$\alpha = \alpha_{L/V} = \frac{R_L}{R_V} \tag{7-129}$$

定义

$$f = \frac{N_V}{N_{V0}} \tag{7-130}$$

在某一时刻，对云团内各形态水体建立凝结前后的的稀有同位素质量守恒方程：

$$N_L \cdot R_L + N_V \cdot R_V = N_0 \cdot R_0 \tag{7-131}$$

把式(7-128～7-130)代入式(7-131)得

$$(1-f) \cdot R_L + f \cdot \frac{R_L}{\alpha} = R_0 \tag{7-132}$$

从而有

$$R_L = \frac{\alpha \cdot R_0}{\alpha - f \cdot (\alpha - 1)} \tag{7-133}$$

化为标准形式，用 δ 表示为：

$$\delta_L = \frac{\alpha \cdot \delta_0 + f \cdot (\alpha - 1)}{\alpha - f \cdot (\alpha - 1)} \tag{7-134}$$

对^2H,^{18}O应用上式,计算封闭系统降水过程中的氘和氧-18理论关系:

$$^2\delta_L = \frac{1+^2\delta_0}{1-a+a\cdot(1+^{18}\delta_0)/(1+^{18}\delta_L)}-1 \tag{7-135}$$

其中

$$a = \frac{^{18}\alpha\cdot(^2\alpha-1)}{^2\alpha\cdot(^{18}\alpha-1)} \tag{7-136}$$

式(7-136)即为封闭系统降水过程中的氘和氧-18理论关系。当考虑分馏系数为常数时(忽略温度和湿度的变化)a为常数。可见封闭系统的降水过程中的氘和氧-18关系线也不是线性的。

第六节　曲线型氘和氧-18关系式和直线型氘和氧-18关系式的数学关系

考察式(7-12)和式(7-67)、式(7-10)和式(7-66)、式(7-11)和式(7-60),式(7-98)、式(7-106)、式(7-110)、式(7-124),似乎让我们有理由认为,开放系统瑞利模式下的氘和氧-18关系线似乎都可以表达为:

$$^2\delta = K_0\cdot(A+^{18}\delta)^{K_\alpha}-B \tag{7-137}$$

的形式。不过保守一点的论述可能更好:它可能是一个开放系统瑞利模式下用于表达氘和氧-18关系的一个形式上较通用的形式,但还没证据表明任何开放系统的瑞利模式下的氘和氧-18关系都遵循该关系式。更重要的是在不同情况下,式中参数K_0,K_α,A,B分别有不同的定义式。

那么,究竟$^2\delta=K_0\cdot(A+^{18}\delta)^{K_\alpha}-B$和$^2\delta=s\times{}^{18}\delta+d$这两种形式之间有什么联系呢?如果非要在二者之间揭示些什么,这种讨论也不是没有意义的——至少以后讨论氘和氧-18关系线的斜率s、截距d等参数时,可以减少若干的不确定性,使这些参数的影响因素更明了一些。

注意到$^{18}\delta\ll1$,$A\approx1$,对式(7-137)的右端展开,则得到:

$$\begin{aligned}
^2\delta &= K_0\cdot(A+^{18}\delta)^{K_\alpha}-B \\
&= K_0\cdot\left[A\left(1+\frac{^{18}\delta}{A}\right)\right]^{K_\alpha}-B \\
&\approx K_0\cdot A^{K_\alpha}\cdot\left(1+\frac{^{18}\delta}{A}\times K_\alpha\right)-B \\
&= (K_0\cdot K_\alpha\cdot A^{K_\alpha-1})\times{}^{18}\delta+(K_0\cdot A^{K_\alpha}-B)
\end{aligned} \tag{7-138}$$

比较式(7-13)和式(7-138),可以得到

$$s = K_0\cdot K_\alpha\cdot A^{K_\alpha-1} \tag{7-139}$$

$$d = K_0\cdot A^{K_\alpha}-B \tag{7-140}$$

在 $A=B=1$ 的特殊情况下,式(7-137)变为

$$^{2}\delta = K_0 \cdot (1 + {}^{18}\delta)^{K_\alpha} - 1 \tag{7-141}$$

而式(7-138)变为

$$^{2}\delta \approx (K_0 \cdot K_\alpha) \cdot {}^{18}\delta + (K_0 - 1) \tag{7-142}$$

相应地,式(7-139)和式(7-140)变为

$$s = K_0 \cdot K_\alpha \tag{7-143}$$

$$d = K_0 - 1 \tag{7-144}$$

有了式(7-137～7-144),讨论 s,d 等参数的影响因素就比较方便了。但如前所述,需要读者注意的是,在不同情况下,式中参数 K_0,K_α,A,B 分别有不同的定义式。本文以及文献(童海滨,2007)没有涉及的情况,尚需读者自己推导扩充。

第八章 江 河 水

宋献方 刘 鑫

江河水是流域水文循环的积分输出响应，江河水的同位素组成则是流域同位素水文循环的积分输出响应。流域同位素水文循环涵盖了浅层水圈的水文循环和深部水圈的地质水文循环，包含了组成水分子的氢、氧同位素的水文循环，以及以水为载体的溶质同位素水文循环(第一章)，它们具体构成了作为流域积分输出响应的江河水的同位素组成。或者说，江河水同位素组成承载了流域多方面的信息，既来自大气圈，也来自浅层和深层水圈、土壤和岩石圈以及生物圈，因而也是其间复杂相互关系的反映(参见图 1-16)。通过江河水同位素组成可了解构成流域水文循环和水资源条件的背景甚或进行反演(如气候变化)。

第一节 江河水的氢、氧同位素组成及其变化

河水中氢、氧同位素组成的时程变化和空间分布，受到流域地形、地貌和人为活动的制约，是对流域内降水、冰雪融水、地下水等补给源的氢、氧同位素特征以及河水所受蒸发影响的综合响应。

一、江河水氢、氧同位素组成的时程变化

小河流域降水径流量占河川径流的比重往往较大，河川径流对降水响应快，因此河水氢、氧同位素组成的时程变化与降水的同位素组成有更直接的联系，主要体现了径流补给源的变化，而蒸发分馏的影响则相对较弱；大江大河河水还受到沿程蒸发、不同补给源来水的混合以及人为活动等的综合影响。从年内或多年变化看，河水氢、氧同位素组成的变幅小于降水的变幅，而且大体上也在年降水同位素组成平均值附近波动，因径流形成过程受流域因素影响，河水的平均同位素组成一般比降水更富集。

1. 山区小流域河水的典型变化

上述特征例见江西宜丰河藤桥流域(303 km^2)的观测。

(1) 次降雨径流的 $\delta^{18}O$ 过程(图 8-1)。年内一次主要降雨径流过程包括了流量、雨量、地下水过程和相应的 $\delta^{18}O$ 过程(图 8-1a)。降水过程中的 $\delta^{18}O$ 变化显著，尤以构成最大洪峰的降雨为甚，各次洪峰与降雨的 $\delta^{18}O$ 过程有一定的对应关系，流量峰值只略滞后

于 $\delta^{18}O$ 值贫化的降雨峰值，而且浅层地下水的 $\delta^{18}O$ 过程也与之对应。这是山区中、小流域的一般规律。在一些特殊情况下（图 8-1b），流量峰值却对应于降雨富 $\delta^{18}O$ 的峰值，这次过程是该年首次明显的径流过程，集中于流域谷地的占流域面积约 20％的水稻田积水随之泄出，水田积水由于已经历几个月的蒸发而明显富集 $\delta^{18}O$。

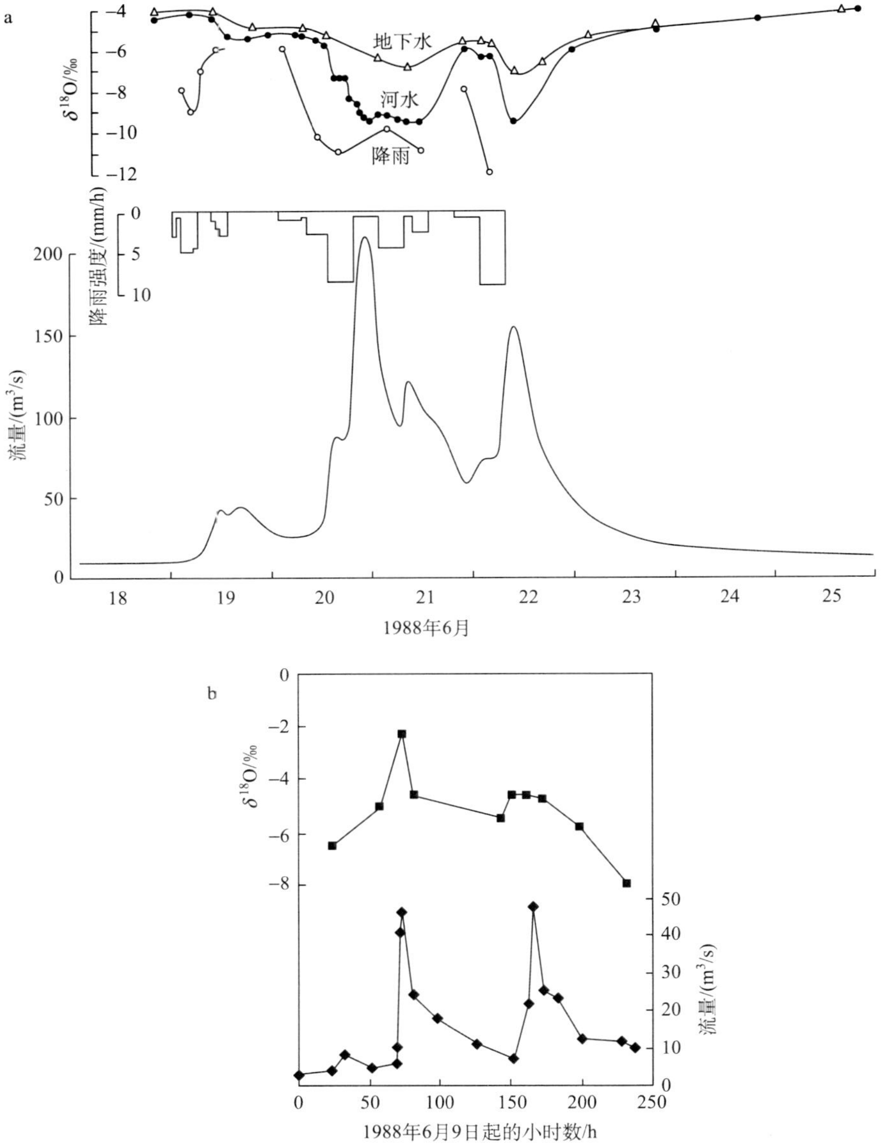

图 8-1　宜丰河藤桥流量和 $\delta^{18}O$ 过程（顾慰祖等，1997）

a. 1988 年 6 月 19 日洪峰；b. 1988 年 6 月 9 日洪峰

测验、采样：熊水清、何灿辉、隆国忠；同位素分析：原苏联科学院水问题研究所 Ферронский ВИ

(2) $\delta^{18}O$ 的年内变化。该处河水近一年的 $\delta^{18}O$ 时程变化见图 8-2。其变化与流量过程相对应，表明降水是流域径流最主要的水源。在此期间，时段降水 $\delta^{18}O$ 的变幅达 −10‰，对各次降雨按降水量加权平均的 $\delta^{18}O$ 为 −8.0‰，河水 $\delta^{18}O$ 的变幅较此为小，按日平均流量加权平均计算的 $\delta^{18}O$ 为 −7.3‰，较降水加权平均值略富。

以上是山区小流域河水 $\delta^{18}O$ 组成时程变化的一些典型特征。

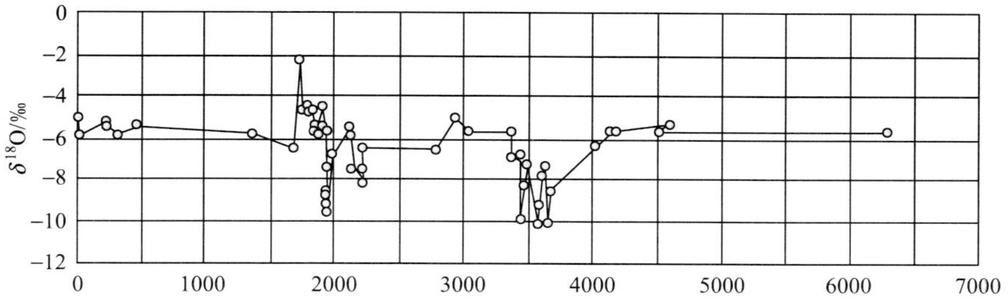

图 8-2　宜丰河藤桥水文站河水 $\delta^{18}O$ 过程(顾慰祖提供)

采样和同位素分析同图 8-1

2. 不同水源在时程变化中的反映

位于西欧的莱茵河主要接受瑞士阿尔卑斯山 $\delta^{18}O$ 较贫化的冰雪融水补给，而荷兰境内的默兹河则主要接受降水补给。前者 $\delta^{18}O$ 的均值明显要低于后者。另外，两者河水同位素组成 $\delta^{18}O$ 的季节变化呈截然相反的分布样式(图 8-3)。正是夏季冰雪融水补给，使时程变化分布样式发生这样的逆转。如果莱茵河河水是来自上游阿尔卑斯山区和其下区间两部分来水的混合，可求得夏季上游山区来水约占总水量的 50%，而冬季则只有约 20%(Mook，1970)。

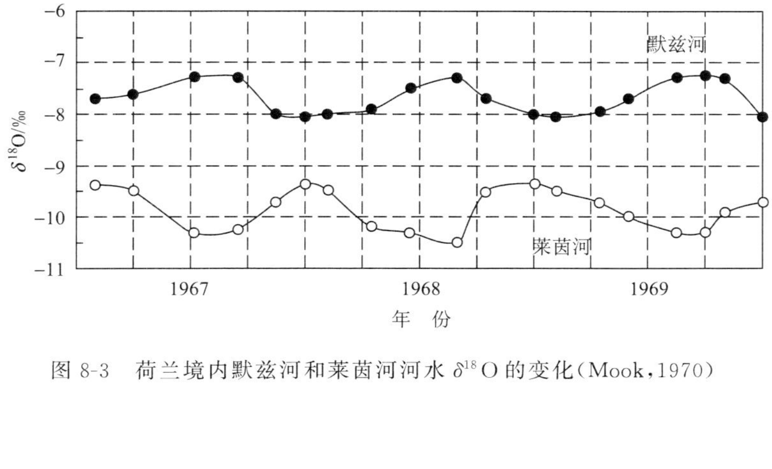

图 8-3　荷兰境内默兹河和莱茵河河水 $\delta^{18}O$ 的变化(Mook，1970)

3. 大江大河河水的时程变化

随着流域面积增大，地面径流的沿程滞流作用、地下水和湖泊等水体的调节作用都有所增强。此外，流域内降水的高程效应也影响大河河水的同位素组成。一般而言，大流域河川径流 $\delta^{18}O$ 的时间变化比中、小流域平缓，但仍有一定的变化规律，包括季节效应或多年变化趋势等。这些规律体现了补给比例的变化以及补给源的同位素效应。有以下两例。

(1) 青藏高原那曲河。怒江水系上游那曲水文站以上流域面积 8478 km^2，以丘陵山地为主，流域内有两个湖泊。1998 年 5 至 9 月夏季日降水量、日径流量和相应的 $\delta^{18}O$ 见图 8-4。在此期间，河水与降水 $\delta^{18}O$ 的时程变化趋势相似，河水的 $\delta^{18}O$ 变幅(<－10‰)远小于降水(接近－30‰)，说明河水 $\delta^{18}O$ 的时程变化除了降水因素以外，还受地下水补给和流域内湖泊的调节影响。图中 6 月 30 日前为枯季径流，$\delta^{18}O$ 平均值达－10.66‰，为观测期间之最富，表明主要来自地下水补给和湖泊蓄水。此后则进入季风活动期，河水以降水补给为主，$\delta^{18}O$ 随着降水 $\delta^{18}O$ 的贫化而贫化(田立德等，2002)。

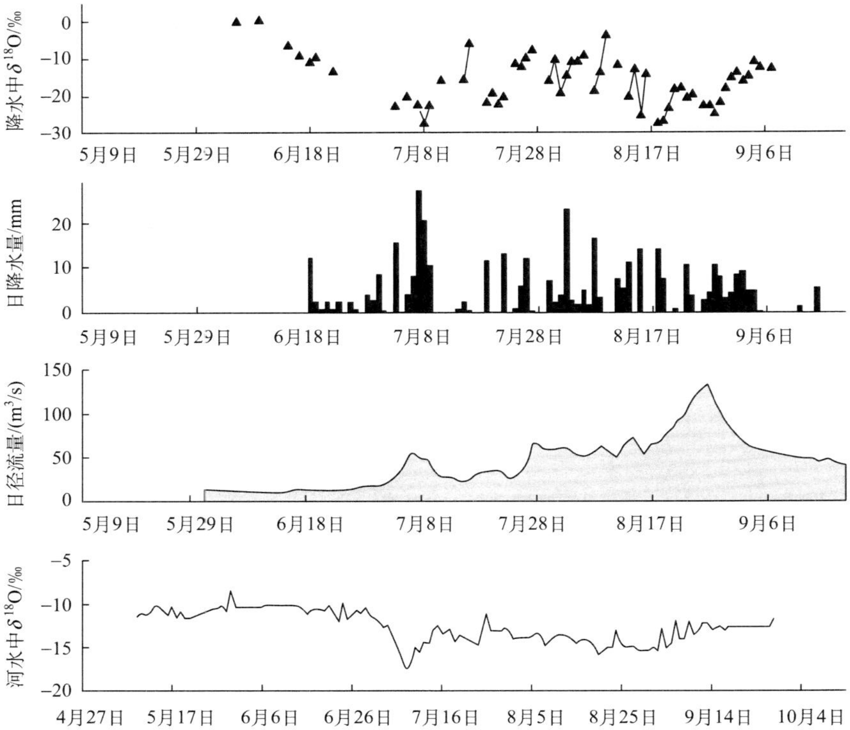

图 8-4　那曲水文站 1998 年夏季降水、径流过程及其相应的 $\delta^{18}O$ 过程
(田立德等，2002。有修改)

（2）黄河。图 8-5 是 2004～2007 年黄河三个断面上河水 $\delta^{18}O$ 与 δD 的旬变化①。可以看出，大江大河河水氢、氧同位素的时程变化并不如想象的那样平缓，有时相当强烈。引起河水 $\delta^{18}O$，δD 发生明显变化的原因，在中、上游地区主要是不同水源水体的混合，而在河水补给地下水的下游段，则主要是蒸发和经历了强烈蒸发水体的混合。

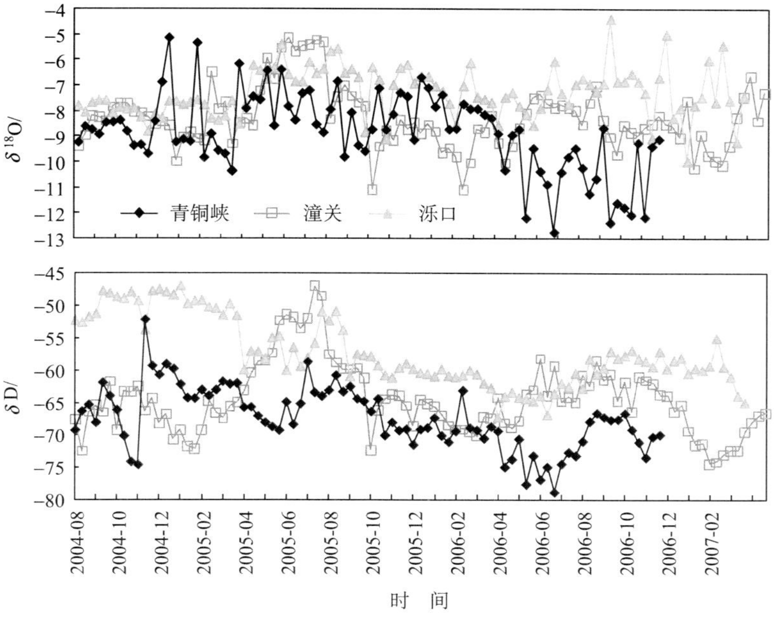

图 8-5　2004～2007 年黄河青铜峡、潼关和泺口断面 δD 与 $\delta^{18}O$ 的旬变化

4. 河水氚的多年变化与降水氚时程变化的关系

环境同位素氚也随着水分子的运动而迁移。自然状态下氚含量不高，核试验后降水中的氚含量剧增，江河水中的氚也随之升高，总体而言，其时程变化是对降水的响应。下页图 8-6（Rank et al.，1998）是观测序列最长的降水和河水氚的变化过程，河水氚的年变化趋势几乎与降水相同。然而河水的氚含量却与降水氚过程的高值相对应，这反映了降水转化为河川径流的匀化过程。图中个别河水的氚含量明显大于降水氚，可能和核电站泄漏等环境污染事件有关。

二、江河水氢、氧同位素组成在流域内的空间分布

河水氢、氧同位素组成的空间分布，实际上也是上述时程变化在空间上的分布，反映

① 引自宋献方："973"国家重点基础研究发展规划项目"中国陆地生态系统碳循环及其驱动机制研究"中"长江和黄河碳输运的对比观测"专项结题总结报告。

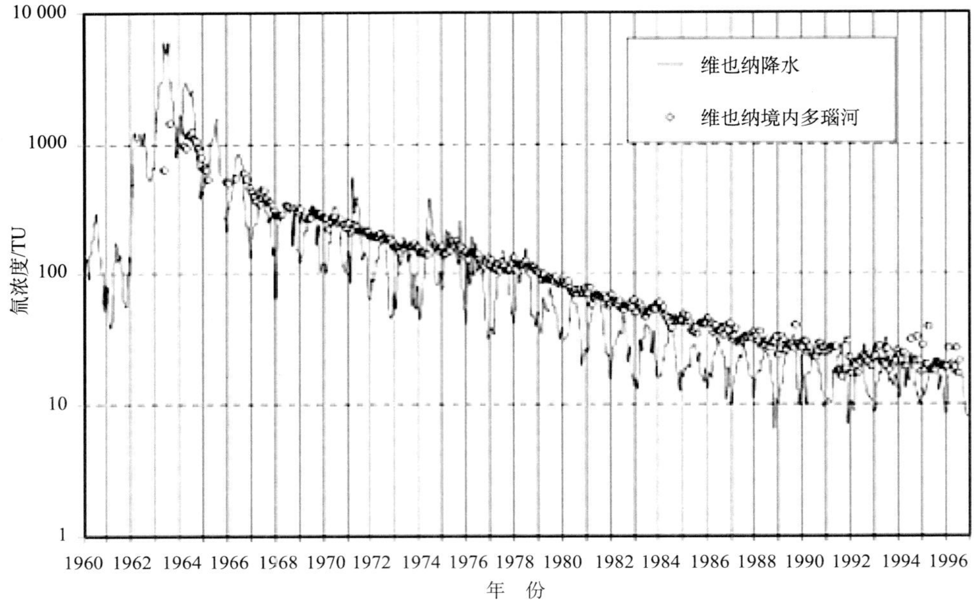

图 8-6　1960～1996 年维也纳降水及多瑙河河水(流域面积 101 700 km^2)的氚同位素变化
(Rank et al. ,1998)

了流域内不同位置的降水同位素效应(如高程效应、纬度效应)、补给源的组成与混合作用、沿程蒸发作用以及人为活动等的影响。小流域的空间分布主要是上述某些影响的集中反映,而大江大河氢氧同位素的空间分布则更多地是上述各种影响的综合反映。

1. 蒸发对中小流域河水同位素组成空间分布的影响

以黄土高原无定河二级支流岔巴沟为例。在曹坪水文站以上 187 km^2 的流域范围内沟壑纵横,沟道密度达 1.05 km/km^2,20 世纪六七十年代以来在各支沟上修建了 450 座以上的水土保持工程淤地坝(图 8-7)。由于当地降雨径流的消退速度快,降雨径流过程后河水流量小,因而河水的同位素组成受到明显的蒸发影响。淤地坝对地表径流的同位素组成的影响在于两个方面:一方面有效滞蓄了 δ 值往往较贫化的大雨和暴雨的降雨径流;另一方面,减缓了地表径流的水流速度、增大了蒸发面积,强化了地表水滞留过程中的蒸发。图 8-8 是在全流域降雨径流过程后,岔巴沟主沟和 12 条支沟在 2005 年 8 月中旬实测 δD 的空间分布。可以看出,δD 相对贫化的支沟地表水大体上都对应于相对最贫的降雨 δD(图 8-9)。此外,右岸各支沟地表水的 δD 都从上游向下游逐渐富集,只毕家尨沟最上游两处由于流量很小而更为富集,表现出强烈的蒸发影响。如高家沟在约 3000 m 的沟长范围,地表水的 δD 由 −68.6‰ 富集至 −57.3‰。主河道的河水也经历显著的蒸发作用:8 月份,在 21.7 km 长的河道内,δD 由 −67.3‰富集至 −57.2‰;而在前期干旱的 6 月份,河水蒸发更明显,沿主沟仅 16 km 长的范围内,δD 即由 −61.7‰富集至 −45.7‰(图 8-10)。蒸发的影响在地表水的关系曲线中也很明显(图 8-11)(宋献方等,2009)。

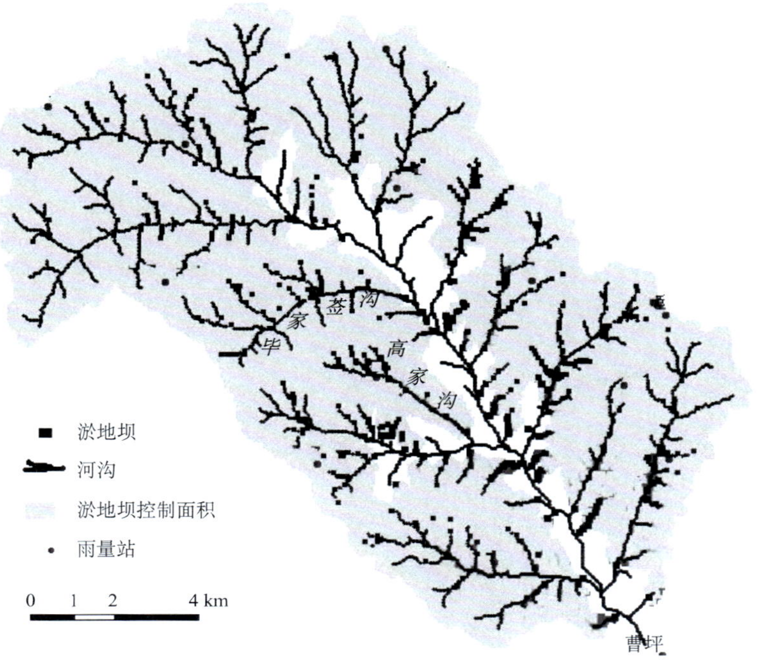

图 8-7 岔巴沟流域的淤地坝分布

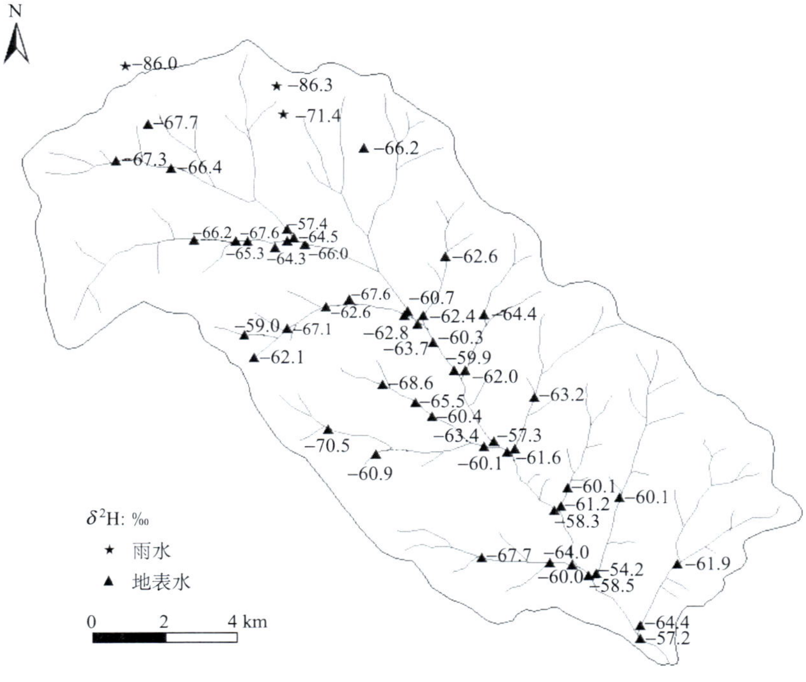

图 8-8 2005 年 8 月岔巴沟流域地表水 δD 的空间分布

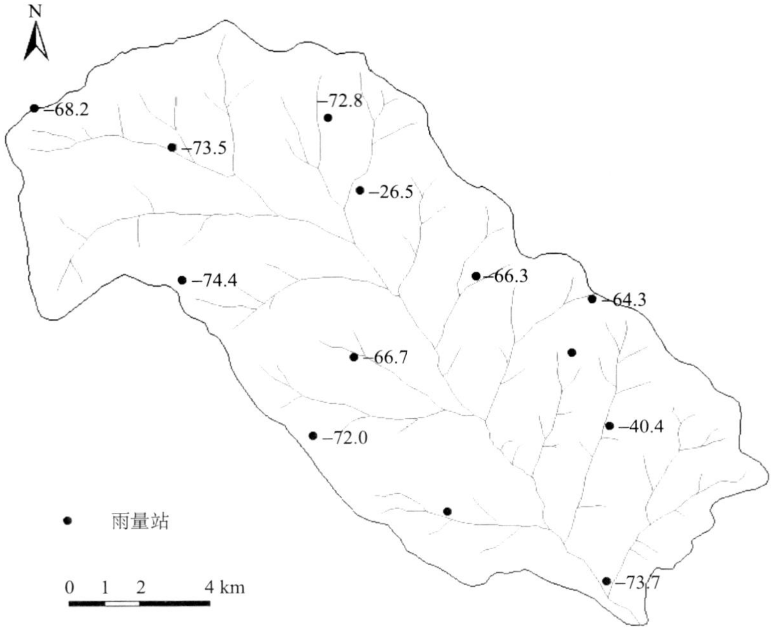

图 8-9　2005 年 8 月岔巴沟流域降雨 δD 的空间分布

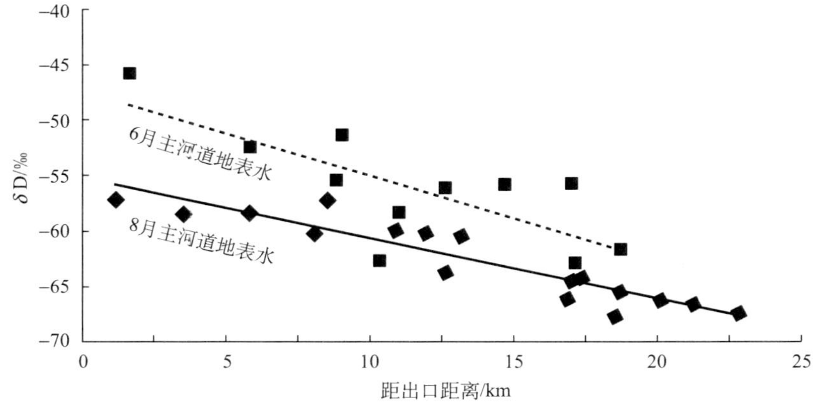

图 8-10　2005 年 6 月、8 月岔巴沟流域主河道地表水 δD 沿程变化的比较

2. 蒸发和地下水补给对干旱地区河水同位素组成空间分布的综合影响

联合分析河水的 δD 与 $\delta^{18}O$ 值可以定量确定河水的沿程蒸发及河水与地下水的混合过程，这在澳大利亚墨累河、非洲尼罗河、北美洲特拉基河和印度一些河流都有应用，定量确定了蒸发效应及河水与临近地下水的混合过程（Simpson et al., 1991; Vrbka et al., 1993; Mckenna et al., 1992; Lambs et al., 2005）。Gremillion 等(2000)1992 年对佛罗里达

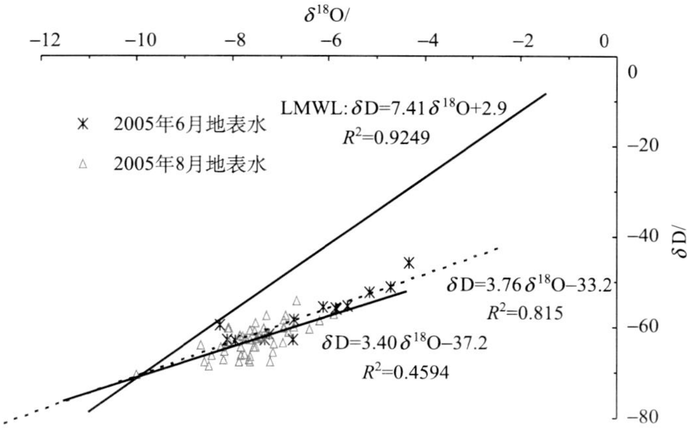

图 8-11　岔巴沟流域主沟和支沟沟水的 $\delta^{18}O$-δD 关系

中心的一个亚热带地形低缓流域进行研究发现，河水的 $\delta^{18}O$ 值比地下水、降水高约 1‰，全流域（620 km^2）和一子流域（70 km^2）的其他监测和水量平衡研究都表明，沿程蒸发对河水氢、氧同位素组成的显著影响。作者由此认为，河水的沿程蒸发作用应当被作为采用氢氧同位素进行流量过程线划分时需要考虑的重要因素。

黄河支流都思兔河流域面积 4160 km^2，属于旱季风气候区。各含水岩组的地下水位等值线表明，河水一般接受地下水补给，但在下游地区却是河水补给地下水（钱会等，2007）。图 8-12a 是 2004 年 9 月当地长期没有降雨情况下从上游到下游的沿程河水流量，在 6 号位置最大达 106 L/s，如果仅从河水流量来看，河水从 1 号位置起就得到地下水补给，在 5 号到 6 号位置这一河段，地下水对河流有强烈的补给。但图 8-12b，c 沿程河水的 $\delta^{18}O$ 和 δD 却并不与流量变化相对应，因此河水的同位素组成变化体现了地下水补给和蒸发的综合影响。已知地下水的同位素组成比河水贫化，于是，在河源附近的 1 号位置，河水尚未受到蒸发影响，接近地下水的同位素组成，在 2 号位置处，由于河水流量低、河床宽浅，蒸发分馏引起河水 δ 值富集，在 5 号、6 号位置这一河段，在地下水强烈补给与河水蒸发的综合影响下，河水 $\delta^{18}O$

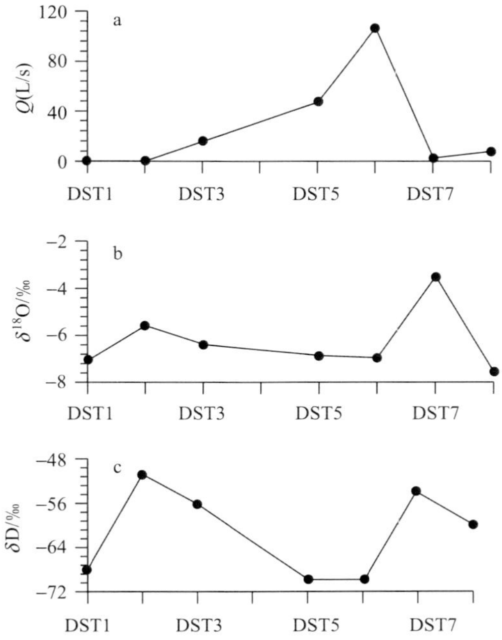

图 8-12　都思兔河河水的流量及其 δD 与 $\delta^{18}O$ 的沿程变化（钱会等，2007）

a. 河流流量；b. 河水 $\delta^{18}O$；c. 河水 δD

和 δD 仍与地下水的相近，到 7 号点位置时，由于河水流量很低、蒸发加剧，河水 $\delta^{18}O$ 和 δD 富集强烈。结合径流量变化，估算出河水的累计蒸发比例约为 20%～48%（钱会等，2007）。

3. 大江大河河水同位素组成的空间分布

大江大河流域往往跨越不同气候区，从上游到下游，河水的氢、氧同位素组成受到不同补给源、地面水体、人为活动和蒸发的影响，同时还受到降水同位素大陆效应、高程效应的影响。对于源于高山地区冰雪融水的大河来说，上游地区受源头气温以及降水的同位素效应等因素的影响更明显，同位素组成较贫化且季节变化显著。愈向下游，随着径流量增加，当地降水对河川径流的影响逐渐减弱，仅在洪水季节所占比重较大，而支流、湖水、地下水、灌溉回归水以及沿程蒸发作用对河川径流的影响逐渐增强，因此河水 δ 值往往与当地降水有较大差异，降水补给与地下水补给的混合也愈益复杂。

（1）黄河河水雨季和旱季氢、氧同位素的沿程变化。苏小四等（2003）首次研究了黄河从上游源头附近的玛多直到入海口 5194 km 河长的 18 个断面的河水在雨季和旱季的氢氧同位素组成。图 8-13、图 8-14 分别为雨季和旱季沿程河水的 $\delta^{18}O$，δD 和氚含量。无论雨季或旱季，河水的 $\delta^{18}O$ 与 δD 组成都从下游到上游趋于贫化，反映了与降水相似的同位素大陆效应和高程效应。除源区外，旱季（3～4 月）河水一般比雨季（8～9 月）更负。而

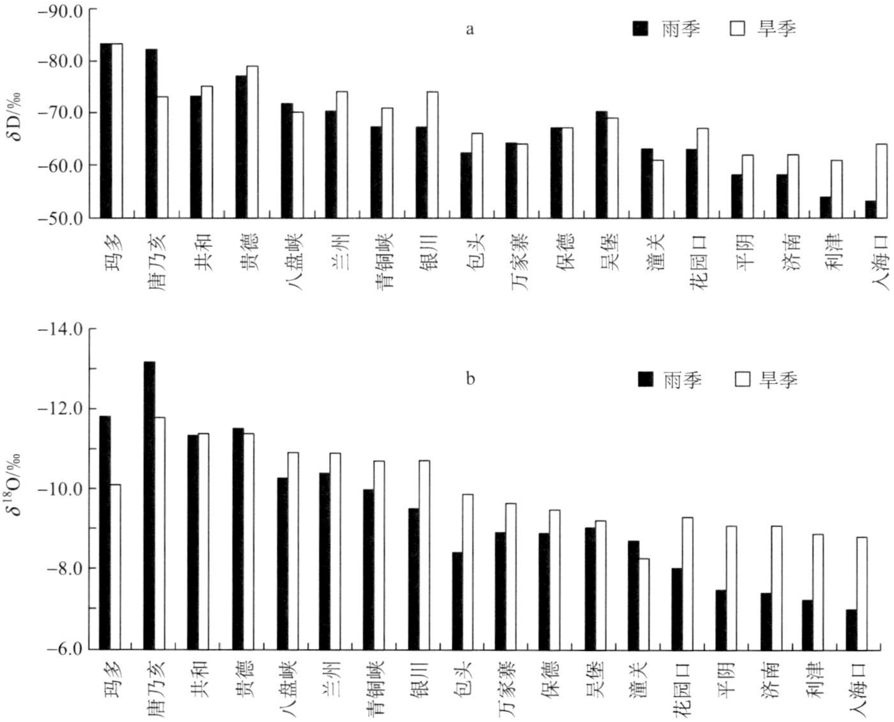

图 8-13　黄河 2000 年雨季与 2001 年旱季河水 $\delta^{18}O$ 与 δD 的沿程变化（苏小四等，2003）

氚大体上是上游(均值 39.6TU)高于下游(均值 21TU)。作者认为,影响黄河水同位素组成的主要因素是:不同补给水源的混合、河水的沿程蒸发和人为活动影响。在兰州以上的河源区,以包括冰雪融水在内的降水补给为主,间有地下水补给,且旱季大于雨季;中游有当地降水和岩溶水补给,并有同位素组成不同的一些支流发生混合;旱季的河水蒸发对兰州—包头段和花园口以下的下游段的同位素组成则有明显影响,雨季的影响相对较小,而灌溉回归水可能是雨季同位素组成变化的重要影响因素。

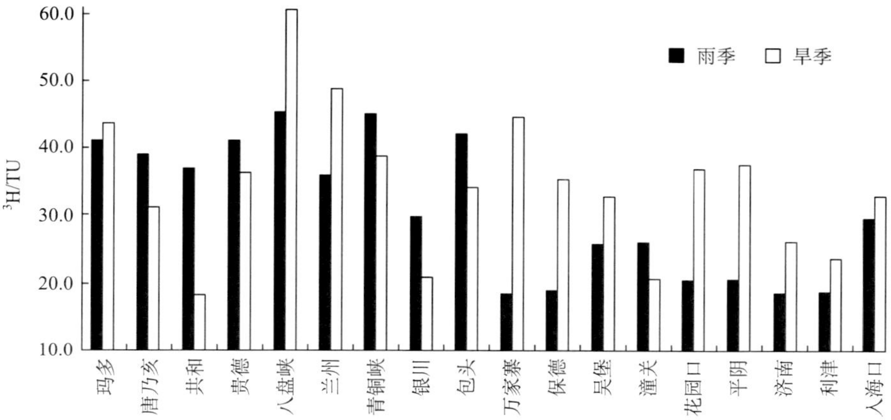

图 8-14　黄河 2000 年雨季与 2001 年旱季河水氚的沿程变化(苏小四等,2003)

(2) 黄河河水 2004～2007 年 $\delta^{18}O$ 和 δD 的沿程变化。见上述图 8-5,从上游青铜峡(宁夏)起,经潼关(陕西)到最下游泺口(山东),河水的 $\delta^{18}O$ 和 δD 组成整体上以青铜峡最贫化,越向下游越富集,但在部分时段 $\delta^{18}O$ 和 δD 变化趋势不一致,表明河水同时存在着蒸发和混合作用,从而引起氢、氧同位素组成的不同步变化。而且可以看到,从潼关到泺口段这一作用表现得最为明显,实际上从潼关开始,引黄和灌溉影响大为增强,更加剧了蒸发和混合作用。

(3) 长江河水。陆宝宏等首次从重庆起直到上海对长江干流江水作了同步监测,在 2003 年 1 月的 2 周内对三峡库区 11 个断面、库区以下 30 个断面进行了采样。长江干流江水 $\delta^{18}O$ 的沿程变化见图 8-15。以洪湖和枝江为界,大体上可分三组:$\delta^{18}O$ 小于 −11.0‰的枝江以上各断面,河川径流来自上游区,蒸发作用较小;$\delta^{18}O$ 接近于 −10.0‰的枝江到洪湖段,因湖泊、水库蒸发导致 $\delta^{18}O$ 增大;$\delta^{18}O$ 大于 −9.0‰的洪湖以下各断面,受感潮和蒸发的双重影响。这与中国地形的三级阶梯并不完全一致,表明影响长江江水氢、氧稳定同位素变化的原因除了纬度效应和高程效应以外,还叠加有降水、冰雪融水和地下水补给以及沿程蒸发、支流汇水混合等影响(陆宝宏等,2009)。

(4) 墨累河河水。Simpson 等(1991)通过分析 1988 年 12 月到 1989 年 7 月澳大利亚墨累河沿程 2300 km 河水的氢、氧同位素及氯化物浓度的变化(图 8-16)发现,在研究期的前 3 个月,河道天然径流量很低,需要从水库引水灌溉,而后 3 个月水量明显上升,灌溉回水和蒸发引起氢、氧同位素的变幅达 50‰和 9‰,氯化物也逐渐达到 180 g/L,这主要

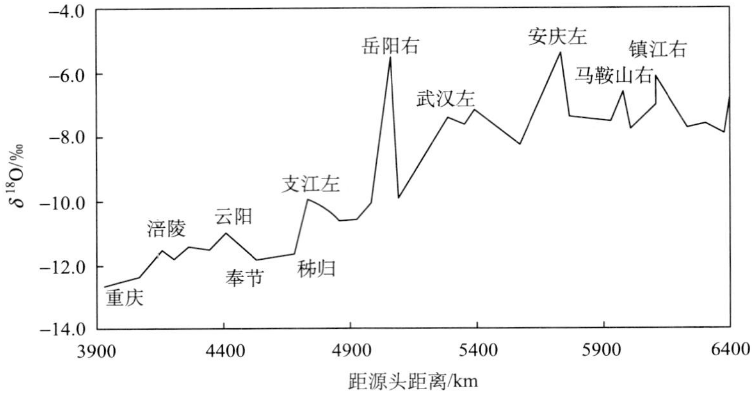

图 8-15　长江干流江水 $\delta^{18}O$ 值的沿程变化(陆宝宏等,2009)

归因于河道或水库储水设施引起水体蒸发、重同位素富集的灌溉回归水汇入以及盐化地下水的补给。根据同位素组分得到,河道表面或者灌溉地区的蒸发损失占水库释水量的40%±15%,几乎与该流域的蒸腾通量相同,将近一半的氯化物是由河流中段的灌溉回归水造成的。

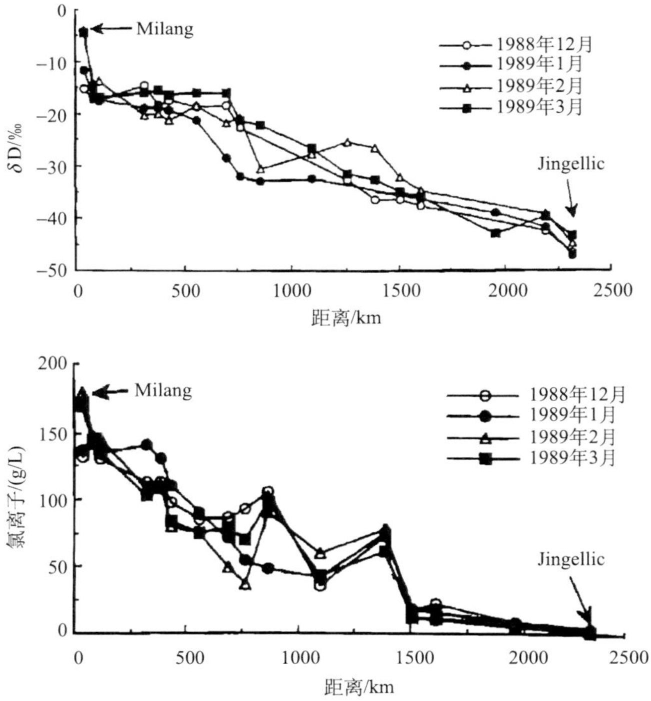

图 8-16　墨累河河水 δD 和氯化物的沿程变化(Simpson et al.,1991)

4. 大面积江河水 $\delta^{18}O$ 和 δD 等值线的讨论

Kendall 等曾根据美国 391 个站点共 4800 个河水水样的 δD 和 $\delta^{18}O$ 作出了美国河水 $\delta^{18}O$ 等值线(图 8-17)、氘盈余和各站 δD-$\delta^{18}O$ 河水线斜率的空间分布等值图,并将其与环境参数(温度、降水量、潜在蒸散发、高程等)回归分析,最后提出用河水线近似代替当地大气水线进行古气候及水文地质重建的设想(Kendall et al.,2001)。由以上讨论,即使是中小尺度的岔巴沟流域,其河水线与大气水线也有着显著的差异(图 8-11),其实以上未列出河水 δD-$\delta^{18}O$ 关系线的所举各例也都是如此,说明该假设存在一定的局限性。由于除降水补给以外的对江河水氢、氧稳定同位素组成发生影响的非降水补给,以及不同水体的混合、江河水沿程蒸发以及人为活动等因素,都可导致河水线斜率的大幅降低,从而与大气降水线有很大差异,失去了直接由河水线进行气候还原的意义。Dutton 等(2005)通过对美国一些降水线及河水线关系对比后,得出了"河水与雨水组分可能存在较大不同,用河水线进行古气候重建时应慎重"的观点,Gremillion 等(2000)也认为,不考虑当地气候条件或人类活动对地表水的影响而直接用河水线代替当地大气水线进行气候重建或不考虑地表水沿程蒸发的流量过程划分是有风险的。此外,从理论上看,只有在空间上存在连续分布的水文因素(如降水量)才存在等值线概念,即使是小面积降雨,只要有一定数量的测点,就可以作出等值线。然而河水氢、氧稳定同位素组成是该测验断面以上流域综合自然地理条件的综合反映,和相邻流域不存在连续分布的必然性,因此以站点位置作等值线的方法值得商榷。

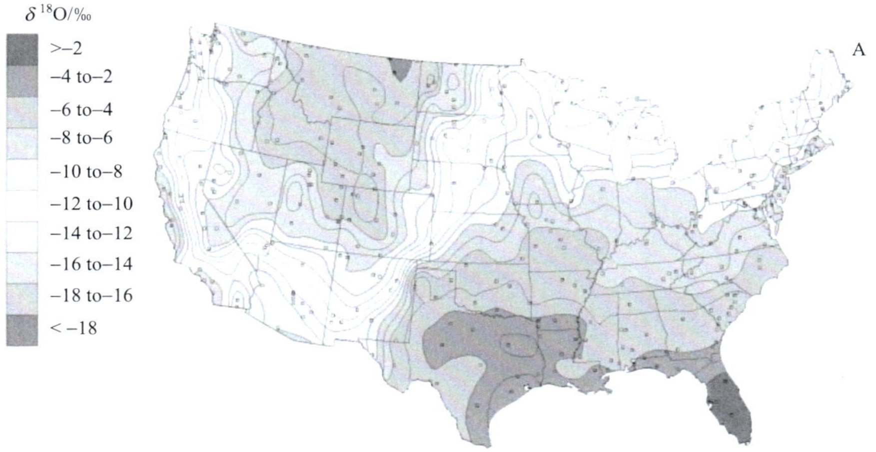

图 8-17 美国主要区域河水 $\delta^{18}O$ 等值线(Kendall et al.,2001)

第二节 江河水其他环境同位素的组成及其变化

河流是陆地与海洋之间主要的物质传输通道,是水以及水中的溶解质、悬移质和推移质的传输通道,因此河流是同位素水文循环中的主要一环。第一章图 1-16 讨论的 ^{226}Ra

的全球循环就显示了河流在同位素水文循环中的重要地位。本节要叙述的江河水中的若干环境同位素，大体上与之有着类似的循环模式。

一、^{13}C

河流碳循环是流域碳循环的核心。前述图 1-15 的同位素循环模式说明江河水中的碳存在多种形态，可以分为无机碳和有机碳两大类。其中无机碳包括 DIC（溶解无机碳）、PIC（颗粒无机碳），有机碳包括 DOC（溶解有机碳）、POC（颗粒有机碳）。这些还有更多细分，如 DIC 还可以分为溶解 CO_2、溶解碳酸（H_2CO_3）、溶解重碳酸盐（HCO_3^-）、溶解碳酸盐（CO_3^{2-}）等。正是这些众多的存在形式，使河流中的碳的来源及循环过程变得复杂。这里主要讲述江河水中的溶解碳的碳同位素组成的时空变化。

正如第一章表 1-1 举例比较不同层面水文学的功能时所示，需要应用^{13}C 的原因或其功能，主要是因为仅仅分析 DIC、DOC 等存在形式的数量变化已不能满足要求，需要对此有更深层次的了解，特别是对其形成机制的了解，这就必须深入到原子核层面。碳酸平衡历来是水文地球化学的核心理论基础之一（沈照理等，1999；Mook，2000），也是同位素水文学所必须遵循的理论基础，在第十章地下水测年中对于应用^{14}C 的许多理论问题，就是建立在水文地球化学碳酸平衡的理论基础上，再叠加同位素衰变和同位素分馏原理而成。同样，在河流碳循环方面也需要叠加同位素分馏，因为正是分馏作用才使不同物质来源的 $\delta^{13}C$ 有很大区别（例见第十章图 10-9）。

1. 小流域河水溶解无机碳的 $\delta^{13}C$

河川径流的形成和产生，或通过地面途径，或经由地下途径，因而江河水的 DIC 或 DOC，除了降水外，主要取决于地面途径和地下途径的各种来源以及江河生态系统。其中土壤岩石圈无疑最为关键，不同尺度的流域对河水 DIC 和 DOC 会有不同程度的影响。图 8-18 为一个面积 111 km^2 的流域中地质条件相似的 3 个上游支流集水区，在融雪过程中河水 DIC 的 $\delta^{13}C$ 与 $\delta^{18}O$ 关系。选择融雪过程进行比较的原因，是融雪过程中的径流更多地源自土壤非饱和带。土壤中 DIC 的形成首先是土壤母质，然后是由根呼吸和土壤有机质分解形成的土壤空气 CO_2，融雪下渗水溶解等所生成的 CO_2，HCO_3^-，CO_3^{2-} 进入河水。图 8-18 清楚地反映了 3 个集水区因土层厚度不同而发生 $\delta^{13}C_{DIC}$的明显差异。

2. 大河河水溶解无机碳的 $\delta^{13}C$

Buhl 等（1991）讨论了莱茵河干流和支流河水溶解无机碳的 $\delta^{13}C_{DIC}$沿程变化情况。图 8-19 表明，$\delta^{13}C_{DIC}$沿干流向下游逐渐减小，支流大多明显小于主河道。假设有机碳源产生的 $\delta^{13}C_{DIC}$为 −25‰，而碳酸盐的溶解及其与大气的交换过程使 $\delta^{13}C_{DIC}$在 0‰左右，从这两个端元计算的结果表明，在阿尔卑斯莱茵河段，有机碳源产生的 DIC 不少于 18%，与主河道汇流后该比例增至 43%，这是由于支流的 DIC 有 60%是有机碳源所产生。研究还表明，河流中过量的 CO_2 是河水在富营养化影响下微生物的呼吸作用产生的，支流强

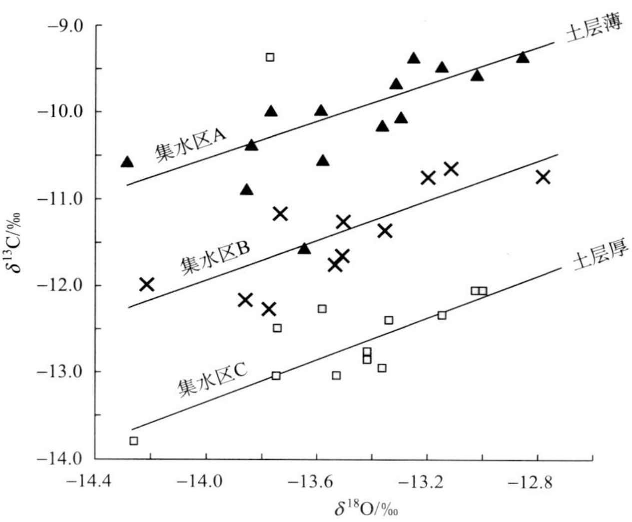

图 8-18 不同土层厚度集水区河水溶解无机碳的 $\delta^{13}C$ 和 $\delta^{18}O$ 的关系(Bullen and Kendall,1998)

烈影响甚至控制着莱茵河的 CO_2 收支平衡,而且支流微生物呼吸作用产生 HCO_3^- 的 $\delta^{13}C_{DIC}$往往更贫化,对主河道河水 $\delta^{13}C_{DIC}$ 有重要影响。这在很多河流中都有类似结果。圣劳伦斯河干流 $\delta^{13}C_{DIC}$ 为 $-4.7‰\sim+0.7‰$,支流为 $-16.5‰\sim-6.7‰$。这表明支流上的细菌呼吸作用产生的 CO_2 对河流 $\delta^{13}C_{DIC}$ 有重要影响,而主河道五大湖区地表水与大气间的长时间交换作用的结果,使细菌呼吸作用的影响不明显了。

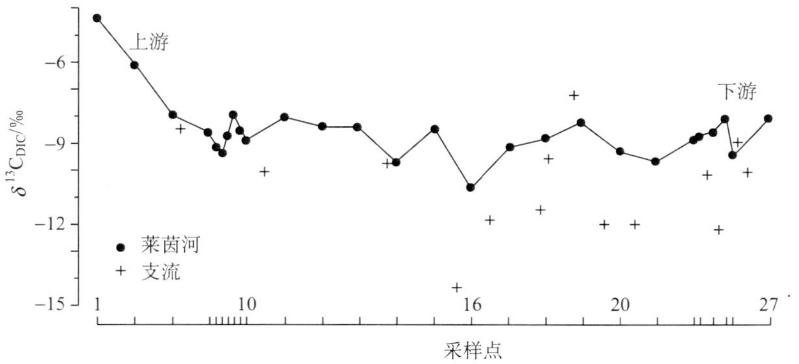

图 8-19 1989 年秋莱茵河及其支流中 $\delta^{13}C_{DIC}$ 值的沿程变化(Buhl et al.,1991)

3. 大河河水溶解无机碳和溶解有机碳的 $\delta^{13}C$

刘丛强等(2007)首次对流域面积较大的乌江和沅江水系舞阳河、清水江等江河干、支流枯水期和丰水期作了 DOC 和 DIC 及其 $\delta^{13}C$ 的系统测验和研究。

(1) 整体规律。对乌江、沅江干流和支流丰水期与枯水期河水 DIC 及 DOC 的 $\delta^{13}C_{DIC}$

和 $\delta^{13}C_{DOC}$ 测验结果见图 8-20、图 8-21。图中还标出了丰水期和枯水期河水 $\delta^{13}C$ 的差值。乌江和沅江水系的舞阳河、清水江河水 $\delta^{13}C_{DIC}$ 和 $\delta^{13}C_{DOC}$ 在时程变化和空间分布上都变幅较大(图 8-20a,c;图 8-21a,c),丰水期的 $\delta^{13}C_{DIC}$ 比枯水期更负(图 8-20b,d)。但 $\delta^{13}C_{DOC}$ 却与此不同,大多数数据表明,丰水期的 $\delta^{13}C_{DOC}$ 比枯水期为富(图 8-21b,d)。

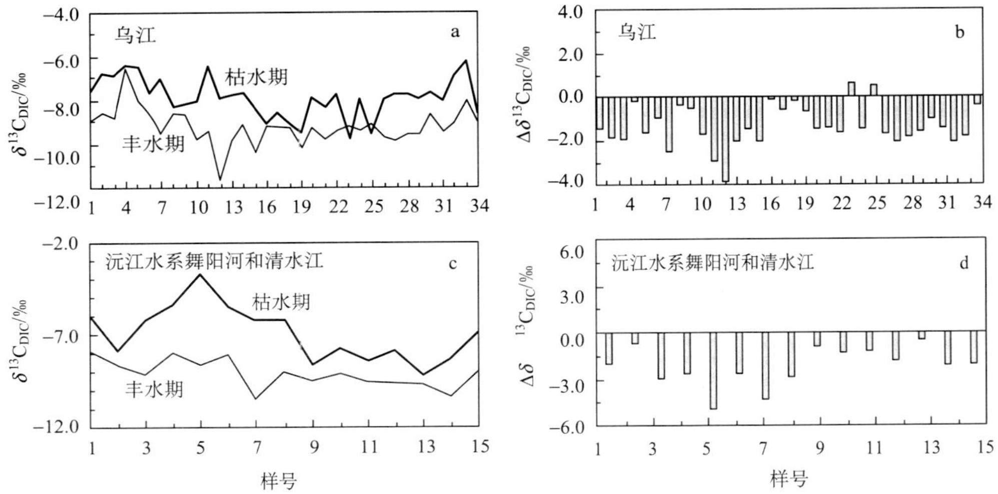

图 8-20　乌江和沅江水系舞阳河、清水江枯水期和丰水期江水的 $\delta^{13}C_{DIC}$ 及两季相应 $\delta^{13}C_{DIC}$ 的差($\Delta\delta^{13}C_{DIC}$)随水样号的变化(刘丛强等,2007)

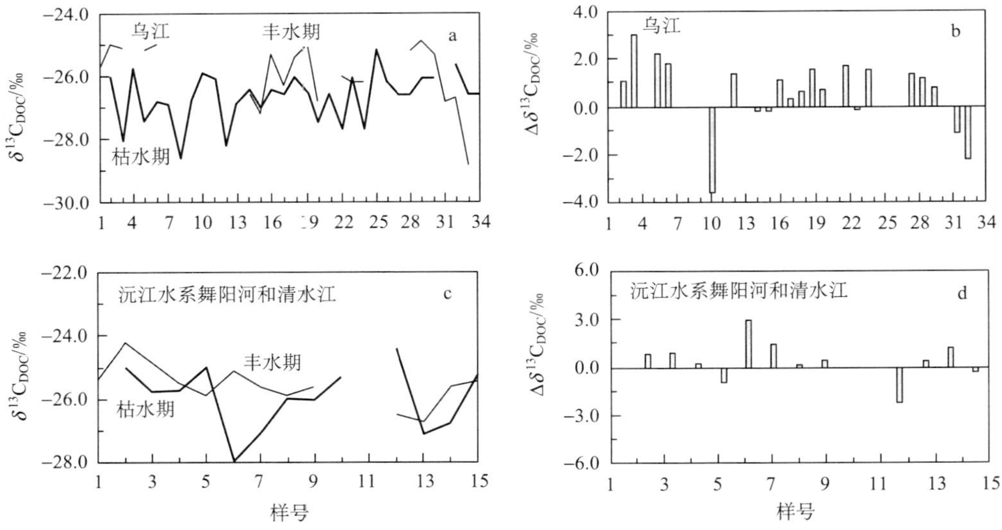

图 8-21　乌江和沅江水系舞阳河、清水江枯水期和丰水期江水的 $\delta^{13}C_{DOC}$ 及两季相应 $\delta^{13}C_{DOC}$ 的差($\Delta\delta^{13}C_{DOC}$)随水样号的变化(刘丛强等,2007)

(2) 河水 DIC 的来源。由 $\delta^{13}C$ 并结合母岩、土壤碳酸盐岩等 $\delta^{13}C$ 的综合分析，讨论了江河水 DIC 的来源。研究认为，土壤有机碳分解对此有相当大的贡献(P_{SOC},%)。乌江和沅江水系舞阳河、清水江在冬季枯水期江水的 P_{SOC} 分别达到 36.3%～52.6%，43.3%～49.8%，24.2%～43.7%。然而，在夏季丰水期江水的 P_{SOC} 还要高，一般都大于50%，分别达到 43.8%～71.4%，57.3%～64.3%，50.8%～64.9%，认为除了土壤有机碳的贡献比枯水期更大以外，非碳酸盐岩风化以及土壤本身的 DIC 也随丰水期的地面径流进入了河水。

(3) 河水 DOC 的来源。上述三条江河水的大多数数据表明，夏季丰水期江水 $\delta^{13}C_{DOC}$ 要比冬季枯水期为富，表明更富集 $\delta^{13}C$ 的碳水化合物或者 C4 型植物的贡献有所增加。又由于水生植物 $\delta^{13}C$ 一般小于－30‰，而三条江河的河水 $\delta^{13}C_{DOC}$ 都大于－30‰，说明 DOC 主要源于陆地生态系统。

二、^{15}N

硝酸盐是目前河流系统的重要污染物，也是全球氮循环的重要组成。水中的氮主要以 N_2，NH_4^+，NO_3^-，NO_2^- 和有机氮等形式存在，这些存在形式之间可以相互转化，转化过程伴随着氮同位素组分 $\delta^{15}N$ 的变化而变化。生物固氮作用引起的氮同位素分馏在－3‰～＋1‰左右(Fogel et al.,1993)；矿化作用(有时称氨化作用)通常只引起土壤有机物和 NH_4^+ 的分馏，在－1‰左右(Holland et al,2003)；吸收同化作用倾向于优先利用 ^{14}N，因此藻类的同化作用能引起大范围的氮同位素分馏(－27‰～＋0‰)，也能导致硝酸盐中的氧同位素分馏(Fogel et al.,1993)；硝化作用是在氧化条件(Eh＞ 300 mV)、硝化菌的参与下 NH_4^+ 被氧化成 NO_3^- 的过程，该作用能使铵转化成的硝酸盐氮同位素比剩余铵的氮同位素轻；反硝化作用使 ^{14}N 优先被还原，能引起同位素大范围的分馏(－40‰～－5‰)，导致 ^{15}N 和 ^{18}O 均在残余硝酸盐中富集，且二者以接近 2∶1 的比例富集(Amberger et al.,1987;Kendall,1998;Devito et al.,2000;Hill et al.,2000)。由于生物体总倾向于利用较轻的同位素，因此生物作用生成的几乎所有物质的同位素都比本源的同位素轻(陈法锦等,2007)。图 8-22 是不同来源的硝酸盐中的 $\delta^{18}O$ 和 $\delta^{15}N$ 的变化范围(Kendall,1998)。可以看出，铵的硝化作用、有机废物以及肥料和降水中的有机氮，都能引起 $\delta^{15}N$ 的大幅变化。由于微生物驱动的氮循环中不同过程的同位素分馏特征差异明显，生物固氮、土壤有机氮矿化过程中的氮同位素分馏效应小，而吸收同化、硝化和反硝化过程中同位素分馏较大，因此可以利用各过程的同位素分馏特征示踪含氮物质的来源、转化和迁移(陈思亮等,2002)。

河流硝酸盐的潜在来源可分为天然硝酸盐和非天然硝酸盐两种。前者源于天然有机氮的降解和硝化作用，后者则与人造化肥、污水、粪便等人类活动密切相关。河水中硝酸盐的来源分为点源和面源两种，而且氮循环过程中伴随着复杂的物理、化学、生物作用，使得很难通过浓度的变化来研究自然要素或人类活动对河流硝酸盐浓度的影响。与此同时，由于不同来源硝酸盐的氮同位素可能重叠在一起，单独使用氮同位素不能很好地区别

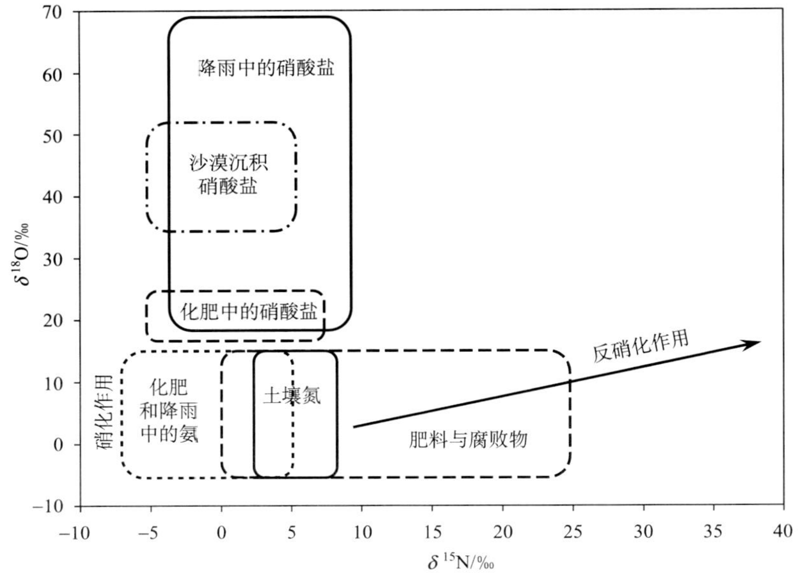

图 8-22　不同来源的硝酸盐中 $\delta^{18}O$ 和 $\delta^{15}N$ 的变化范围(Kendall,1998)

反硝化程度,因此联合应用硝酸盐氮氧同位素方法来研究河流中硝酸盐的来源以及氮的循环过程逐渐受到国内外学者的广泛青睐。铵肥、土壤有机质、牲畜粪便等组分的 $\delta^{18}O$ 值重叠,$\delta^{15}N$ 可用来区分这些不同的来源;当 $\delta^{15}N$ 值存在一定的重叠时,$\delta^{18}O$ 值往往有较大差异,此时可通过分析硝酸盐的 $\delta^{18}O$ 和 $\delta^{15}N$ 值进行研究。

研究表明,大气降水往往是城镇区域河流硝酸盐的主要贡献源。Ging 等(1996)研究美国得克萨斯州奥斯汀市的郊区流域发现,其基流的矿化度较高,硝酸盐的 $\delta^{15}N$ 值在10‰左右,$\delta^{18}O$ 值约为 15‰;而在矿化度低的暴雨径流中,硝酸盐的 $\delta^{15}N$ 值约为 5‰,$\delta^{18}O$值则高达 20‰～30‰。不同流量时 $\delta^{15}N$ 和 $\delta^{18}O$ 值间的相关性表明,在洪水期,河水硝酸盐主要来自大气降水和化肥,而在基流为主的旱季,河水硝酸盐主要是城市污水和其他来源的混合。

河流系统的反硝化是全球氮循环的重要过程(Howarth et al.,1996;Billen et al.,1999),这一过程通常发生在土壤硝酸盐进入河水的河滨地带或河床沉积物中,确定反硝化发生的位置和范围对控制地表水的硝酸盐污染具有重要意义。根据水流模型和氮平衡可以估算河滨和河底反硝化作用对去除硝酸盐的贡献,但估算结果由于边界条件的不确定性而存在误差,现场实测的反硝化速率难以外推至大尺度流域。河水硝酸盐则是大范围氮循环过程的"指纹",从中可以了解到反硝化的地球化学信息,在研究反硝化作用中很有潜力(陈法锦等,2007)。

一般来说,对江河水氮同位素的研究多与湖泊结合起来研究。刑光熹等(2001)研究了苏州和无锡地区水体氮污染和农田氮向水体迁移的规律。根据河水、湖水和井水中不同形态的无机氮及磷酸根的浓度变化,以及 $\delta^{15}NH_4$,$\delta^{15}NO_3^-$ 的组成和 N_2O 的浓度,比较了不同年份、不同季节以及不同水体氮污染的变化趋势,并发现了水体反硝化的证据。肖化云等(2004)研究了贵州红枫湖各输入河流以及主要工业废水源的氮污染,发现农业输入性河流的氮污染变化较小,硝酸盐、铵盐的含量及氮同位素组成均较低;而工业污染河流的氮污染具有旱季和雨季变化,旱季的硝酸盐、铵盐及氮同位素均很高,而雨季则因为稀释作用使浓度降低。

三、^{34}S

硫在环境地球化学循环中扮演着重要角色。自然界排放的大量生物成因硫以及燃煤过程排放的硫,是影响大气硫同位素的重要因素。除此之外,作为气溶胶出现的海盐、火山气体中的 SO_2 和 H_2S 等也是局部地区大气硫同位素的来源,进而影响降水中的硫同位素组分。生物成因硫是微生物作用还原水体(海洋、湖泊、河流、沼泽等)中 SO_4^{2-} 产生或者由动、植物组织中的含硫物质分解而成,以 $\delta^{34}S$ 值较低的 H_2S 和 DMS(二甲基硫化合物)等形式释放出来。不同自然条件下的生物成因硫的 $\delta^{34}S$ 值也可能差异明显,海洋生物成因硫的 $\delta^{34}S$ 值为 15‰,沿海地区在 0‰左右,局部地区低于−2‰。燃煤排放 SO_2 的 $\delta^{34}S$ 取决于煤的总硫同位素组成,视产地不同而有很大差异,变化范围达−30‰～+30‰。火山气体的硫同位素组成在 0‰左右,取决于 SO_2 和 H_2S 的比例和火山的活动性,但整体上火山气体对全球大气硫循环的影响有限。

地表水中的硫主要以硫酸盐形式存在,来源包括大气降水、硫化物氧化风化、石膏溶解、化石燃料燃烧所排放的 SO_2 等酸性气体和酸雨等,这些均会影响地表水的 SO_4^{2-} 含量以及 $\delta^{34}S$ 值。这些变化反映了硫的地球化学行为和生物地球化学循环特征。

世界主要大河河水中的硫同位素组成变化显著,参见表 8-1。江河水中 $\delta^{34}S$ 的时程和空间分布,有以下几例。

表 8-1　世界一些主要大河的硫同位素组成(Krouse et al.,1991;洪业汤等,1995)

河　流	$\delta^{34}S_{SO_4^{2-}}$/‰		数据来源
	变化范围	平均	
黄河	+3.57～+11.1	+8.4	洪业汤等,1995
长江	−3.47～+5.94	+2.3	
亚马逊河	+6.0～+8.3	+7.3	Krouse et al.,1991
原苏联河流	−5～+32		
加拿大马更些河	−24～+20	<+5	
北美洲河流		～+4	
南美洲河流		～+7	
欧洲河流		～+6	
日本等太平洋岛弧河流		～+5	
澳大利亚河流		～+12	
非洲河流		～+2	

1. 降水和小流域河水硫酸盐 $\delta^{34}S$

大气降水和地表水的硫同位素组成都存在着区域分异现象。在全球范围内，大气降水和地表水的硫同位素组成呈夏季低、冬季高的季节变化，变幅约为1‰～11‰。中国长江以南地区大气降水的 $\delta^{34}S$ 值为负值，长江以北为正值。如1994年密云地区1～6月雨水 $\delta^{34}S$ 值为6.1‰。图8-23是1994年北京郊区密云、城区什刹海等地的河流、湖泊等地表水中硫酸盐的硫同位素组成的时间变化，$\delta^{34}S$ 值都高于上述大气降水的 $\delta^{34}S$ 值，全年在6‰～10‰之间，呈明显的季节变化，以冬季(2月左右)最高、夏秋之交(9月左右)较低。不同的生态地理环境中，水体硫酸盐的硫同位素组成有明显差别，密云水库来水的 $\delta^{34}S$ 值一般低于同时期的水库蓄水；什刹海地表水的全年硫同位素组成与密云水库水(白河坝和潮河坝)接近，只是11月数据相差较大，这可能受生物成因硫释放的影响。此外，开春时节(4月左右)流入密云水库的白河和潮河水的 $\delta^{34}S$ 值小，表明地表水接受上游山区冰雪水补给(储雪蕾，2000)。

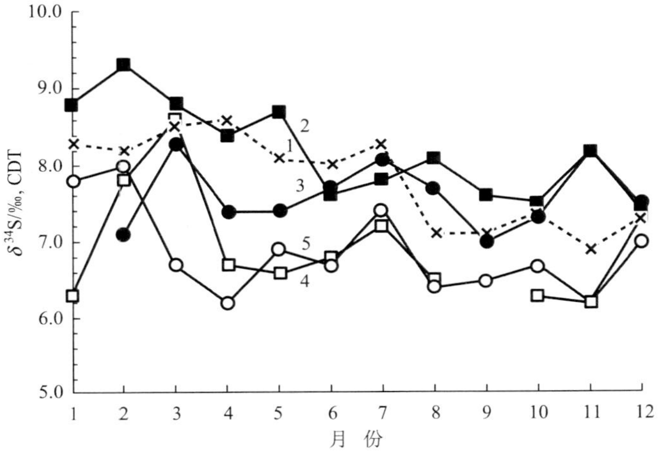

图8-23　1994年密云、什刹海等地地表水的硫同位素组成变化(储雪蕾，2000)

1. 什刹海；2. 白河坝；3. 潮河坝；4. 大观桥；5. 辛庄

2. 江水硫酸盐 $\delta^{34}S$ 的地区性差异和季节性变化

刘丛强等研究了2002年乌江水系干、支流枯水期和丰水期的 SO_4^{2-} 浓度及其 $\delta^{34}S$。结果表明，乌江水系河水以富集轻硫同位素为主要特征。其枯水期和丰水期 $\delta^{34}S$ 的全水系空间分布见图8-24，有明显的区域性差异和季节性变化。以图中江界河为界，枯水期其上游各支流河水 SO_4^{2-} 的 $\delta^{34}S$ 之间的差异达13‰左右，而平均值比下游低10.5‰，下游各支流河水的 $\delta^{34}S$ 则相差约8‰，且都是正值。在丰水期，上、下游支流之间和上游各支流之间的差异都明显减小，但下游支流之间的差别却增大到了20‰。该区域性差异表明，上、下游河水 SO_4^{2-} 有不同来源。河水 SO_4^{2-} 的 $\delta^{34}S$ 随 SO_4^{2-} 浓度增加而降低，表明是河水中生物成因硫的贡献在增加。图中还表明,河水 SO_4^{2-} 的 $\delta^{34}S$ 有明显的季节性变化,干流丰水期河水 $\delta^{34}S$ 的平均值较枯水期降低约 3‰,上游各支流河水 $\delta^{34}S$ 在枯水期和丰水期与干流的相近,但下游各支流平均降低了 8‰。引起季节性变化的原因,还要进一步讨论(刘丛强等,2007)。

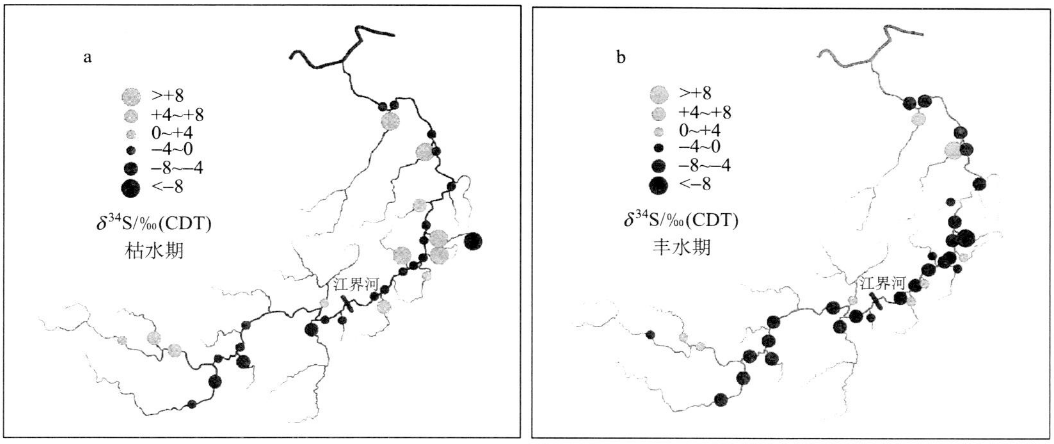

图 8-24 乌江水系河水硫酸盐 $\delta^{34}S$ 的空间分布(刘丛强等,2007)

3. 长江与黄河河水的硫酸盐 $\delta^{34}S$

洪业汤等(1993)对黄河从上游玛曲直至下游利津 15 个断面以及长江的 13 个断面,施测了江河水的硫酸盐及其 $\delta^{34}S$,比较了黄河、长江河水硫酸盐及其 $\delta^{34}S$ 组成(图 8-25),其变化范围及平均值见表 8-1。黄河硫酸盐及其 $\delta^{34}S$ 都有很大的变幅,其间近似有线性相关关系。从表 8-1 中看出,黄河可能是全球河水硫酸盐 $\delta^{34}S$ 平均值最大的大河,而长江则属硫酸盐影响最轻的大江。图 8-26 是黄河干流河水硫酸盐浓度、硫酸盐 $\delta^{34}S$ 和含沙量的沿程变化。上游段玛曲、循化的含沙量、硫酸盐浓度和硫酸盐 $\delta^{34}S$ 都是黄河最低的,此后进入黄土覆盖区,硫酸盐浓度和 $\delta^{34}S$ 值均急剧增大;随后又流经乌兰布和沙漠、库布齐沙漠边缘以及黄土高原严重侵蚀区时,受蒸发量加大、沙漠风沙和河段区域蒸发岩影响,硫酸盐浓度、$\delta^{34}S$ 再次急剧增大、增重;过三门峡后逐步进入下游,成为河流被约束于大堤内的特殊泥沙沉积环境。值得注意的是,此后河水硫酸盐 $\delta^{34}S$ 稍有转轻的趋势,这是否是泥沙大量沉积引发的硫同位素分馏,还有待探讨。认为黄河之所以成为含沙量、硫酸盐浓度和硫酸盐 $\delta^{34}S$ 都很高的大河,正是由于青藏高原的隆起引发的西北地区趋于干旱的气候变化和沙漠化、黄土堆积等重大地质过程而形成的。由秦岭相隔的黄河、长江形成显著的地球化学分异,两个流域也由此成为中国两类不同的硫地球化学循环系统(洪业汤等,1995)。

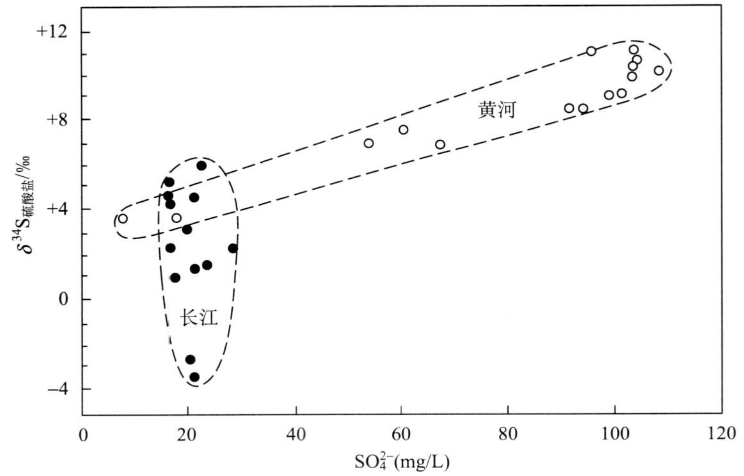

图 8-25 黄河与长江江河水硫酸盐 $\delta^{34}S$ 的分异(洪业汤等,1995)

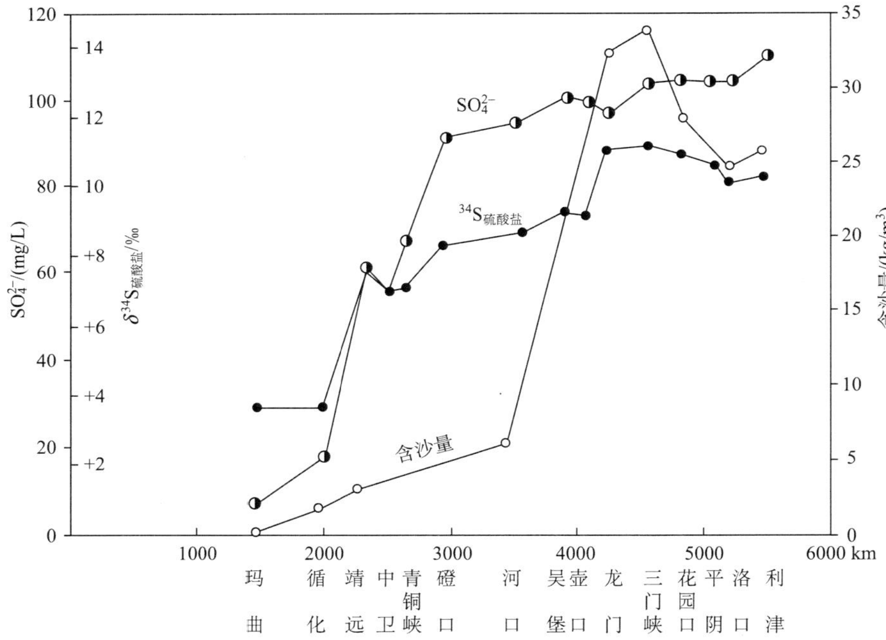

图 8-26 黄河干流硫酸盐浓度、硫酸盐 $\delta^{34}S$ 和含沙量的沿程分布(洪业汤等,1995)

四、$^{87}Sr/^{86}Sr$

稳定同位素^{87}Sr是^{87}Rb(半衰期 4.8×10^{10} 年)经过 β 衰变的产物,其量的多少由地质体中$^{87}Rb/^{86}Sr$比值大小和地质体年龄确定,流域中岩石越古老,岩石含 Rb 丰富的硅酸盐越多,发生水岩作用的水中$^{87}Sr/^{86}Sr$越高。对世界河流的研究表明,流经不同岩性地层河水的锶同位素比值$^{87}Sr/^{86}Sr$明显不同，变化范围为0.703～0.943(Goldstein and Jacobsen，1987；Wadleigh et al.，1985)，且$^{87}Sr/^{86}Sr$与$1/Sr^{2+}$之间呈正相关，说明河水有两类不同的来源。一类是以石灰岩为代表的地层，风化产生的淋滤溶液的Sr^{2+}浓度高、$^{87}Sr/^{86}Sr$低(0.706～0.709)；另一类是以硅酸盐岩为代表，风化后的淋滤溶液中Sr^{2+}浓度较低，但$^{87}Sr/^{86}Sr$较高(>0.710)(Palmer and Edmond，1992；Faure，1986)。因此，流经不同地层河水的Sr^{2+}浓度和$^{87}Sr/^{86}Sr$比值存在差异。可以据此研究河水的来源和流域的风化速率，使用不同的元素对或离子对的比值与$^{87}Sr/^{86}Sr$比值的变化关系，还可以区别河水中不同端元物质的化学和同位素组成特征，或能明确区分不同的物质来源(刘丛强等，2007)。通常对比$^{87}Sr/^{86}Sr$与Na^{+}/Sr^{2+}，Mg^{2+}/Sr^{2+}，Ca^{2+}/Sr^{2+}或Mg^{2+}/Ca^{2+}的变化关系，来确定河水的端元组分。刘丛强等(2007)根据枯水期和丰水期乌江与沅江水系河水的$^{87}Sr/^{86}Sr$与Mg^{2+}/Ca^{2+}的变化关系发现，所有河水的锶和相关阳离子主要来自三个端元物质的化学风化，即石灰岩、白云岩和硅酸盐碎屑岩。

第三节 中国江河同位素观测网络

继国际原子能机构(IAEA)在全球范围建立全球大气降水同位素观测网络(GNIP，Global Network of Isotopes in Precipitation)、大江大河同位素观测网络(GNIR，Golbal Network of Isotopes in River)和植物水同位素观测网络(LeafNet)后，中国也陆续建立了中国大气降水同位素网络(CHNIP，China Network of Isotopes in Precipitation)、中国大江大河同位素网络(CHNIR，China Network of Isotopes in River)等全国范围的观测网络，并在很多流域开展了不同尺度的研究，共同构成了比较系统的“中国同位素”(China Isotope)观测网络。

图8-27是基于中国生态系统观测网络(CERN)的31个台站建立的中国大气降水同位素观测网络的站点分布图，涵盖了农田生态站、森林生态站、草地生态站、荒漠生态站、沼泽生态站、湖泊和海湾生态站等生态系统类型。通过在各站点观测常规水文气象信息并采集每月的混合降水样用于氢氧同位素分析，可以确定降水稳定氢氧同位素与各气候因子之间的关系，利用降水中稳定氢氧同位素组成在全国范围的时空分布来反演降水的水汽来源及其运动路径，进而反演我国天气系统的形成及大气环流模式等(宋献方等，2007)。不仅如此，对每月降水氢氧同位素的研究，还可以更好地认识我国大江大河氢氧同位素时空分布规律以及进行气候反演等。

通过对长江、黄河等大江大河的河水进行定期的环境同位素监测，可以分析生态系统的气候变化规律及气候效应、土壤-植物-大气界面的水分及物质传输规律，研究大江大河的水、碳、氮循环规律及其对气候变化、土地利用变化的响应机制。目前，在长江干流选择了屏山、寸滩、北碚、万县、伍相庙、宜昌、汉口、大通8个断面(图8-28)，在黄河干流选取青铜峡、潼关和泺口3个断面，每10天观测河流流量并对河水进行采样，现场分析与实验室分析相结合，测定河流中各种形态碳的含量(包括DIC，DOC，PIC，POC)、$\delta^{13}C$、悬浮体含量、输沙量及相关水化学参数(pH，Ca^{2+}，Mg^{2+}，Na^{+}，SO_4^{2-}，NO_3^{-}等)的动态变化，利用河

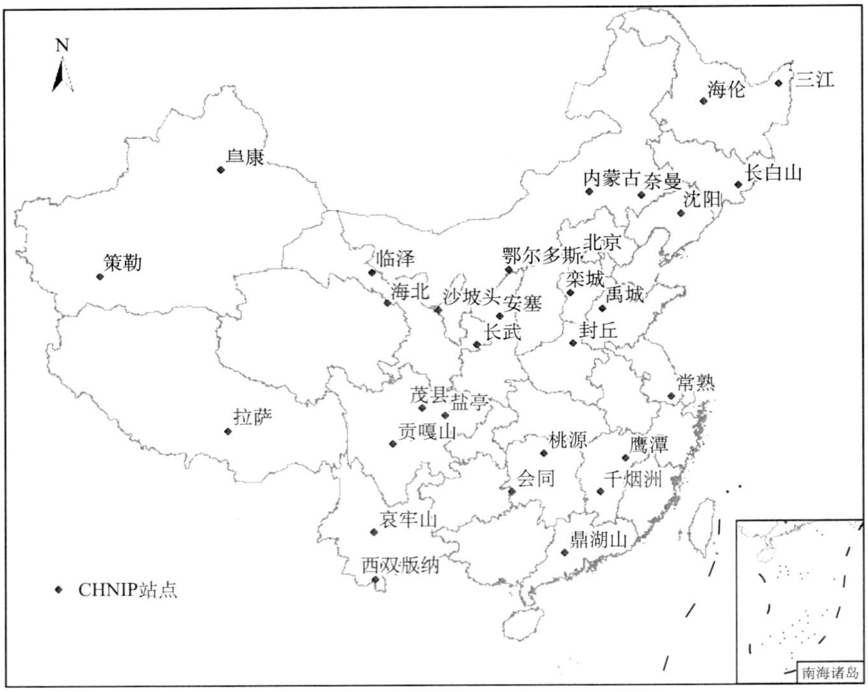

图 8-27　基于中国生态系统观测网络台站的 CHNIP(宋献方等,2007)

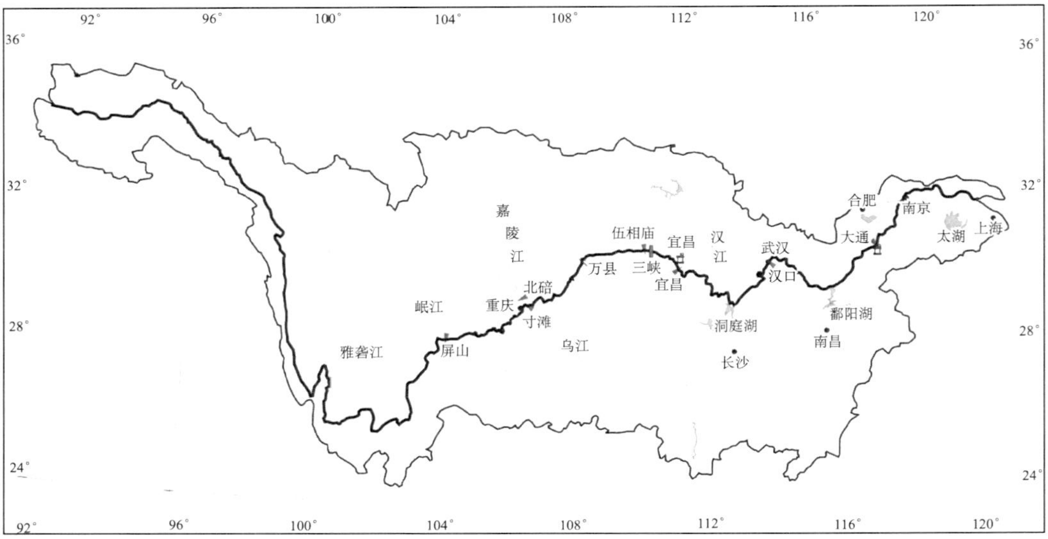

图 8-28　长江流域河水氢、氧同位素观测站点分布图(宋献方,2007)

流水文和气象资料，推算不同时期长江和黄河的碳输运，评价人类活动在河流碳输运中的作用，阐明水土流失与河流碳输运之间的关系。同时，研究还分析了河水的氢氧同位素组分，为我国在气候变化研究等方面积累了大量基础观测资料。尹观、高志友等分别对四川九寨沟、雅鲁藏布江的河水进行了一些研究（高志友等，2007）。

国内基于地表水与地下水环境同位素瞬时采样的水体转化研究已有很多（张应华等，2005；Song Xianfang et al.，2006）。近年来我国开展的很多中小尺度的流域水循环研究，将降水、地表水、土壤水和地下水的环境同位素组分变化联合起来进行分析，有些还将植物水加入进来，组成基于氢氧环境同位素的流域“四水”或“五水”转化关系研究。其中均涉及地表水的相关研究，可以以此确定降雨一径流形成过程、河水的来源比例以及确定水保措施等人类活动对河水水质、水量的影响等。

西南地区是我国地表水资源丰富的地区，水文地球化学循环相对强烈，也是环境同位素在江河水方面应用较多的区域。刘丛强等（2007）在西南喀斯特地区的乌江和西江流域针对大气沉降物、河水、湖水和地下水开展了生物地球化学循环研究。其中在河水研究方面，采用氘、氧、碳、硼、锶、硫等环境同位素以及水化学方法，研究了元素的来源及相关循环过程，为深入了解喀斯特地区的生物地球化学循环过程提供了依据。在氮循环研究方面，国内对氮含量变化的关注较多，如兰州大学和中国科学院寒区旱区环境与工程研究所，发现我国内陆河流域地表水体氮、磷含量呈逐年增加的趋势（王根绪等，2003）。而对氮氧同位素的研究较少且起步较晚，已有研究中又以地下水居多。近年来地表水水质日益恶化，对河水、湖泊氮含量及硝酸盐中的氮、氧同位素的研究越来越多。在室内模拟方面，也有研究利用土柱模拟河流渗滤系统对氮污染源转化的影响，同时通过室内实验与野外实验结果的结合来研究河水污染物的迁移转化过程及对河道附近地下水的影响。

第九章　湖泊与水库

胡海英　谭忠成　包为民

湖泊水资源是最容易获取的水资源之一，在地表水资源中有着其特殊的功能。在有机物、岩屑、有机盐以及碳酸盐和蒸发盐沉降过程中，湖泊对陆地上的碳循环、氮循环、磷循环也起着重要作用。湖泊沉积物也是研究大陆气候和环境变迁的一个重要资料来源。同位素在湖泊水文学中的研究通常有如下几个方面：水均衡计算、浓度动力学调查、湖泊水平均滞留时间、湖泊沉积物研究、湖泊内的物质循环等。

本章中既考虑天然洼地形成的天然湖泊，也考虑诸如池塘、人工开挖的湖泊以及水坝建筑物建成的人工水库之类的人造水体。湖泊、水库中所发生的物理、化学和生态现象和过程，参见有关水文学和湖泊学著作。本章仅讨论湖泊、水库中所发生的同位素现象和过程，特别是与湖泊、水库水量平衡相关联的氢、氧稳定同位素平衡，可用以探讨和处理其水平衡要素方面的一些难题，而这些问题如果只应用常规水文方法是难以、或不可能解决的。对于湖泊管理而言，建立湖水的水量预测，在指定的时间段内量化湖泊包括地下的出、入水量是必要的，稳定同位素方法是很有用的一个工具。

第一节　湖泊、水库的同位素水文平衡

一、同位素水文平衡的基本方程

在用同位素方法研究湖泊、水库时，最常用的两个基本方程是湖、库水（以下简称湖水）水量平衡方程和湖水同位素质量平衡方程。

水量平衡方程：

$$\frac{dV}{dt} = I_{tot} - O_{tot} - E \tag{9-1}$$

同位素质量平衡方程：

$$\frac{d(\delta_L V)}{dt} = \delta_{in} I_{tot} - \delta_{out} O_{tot} - \delta_E E \tag{9-2}$$

式中：V 为湖水体积；I_{tot}为总入湖水量；O_{tot}为总出湖水量；E 为湖水蒸发量；δ_L，δ_{in}，δ_{out}，δ_E分别为湖水、入湖水、出湖水、湖泊蒸发水汽的同位素组成（图 9-1）。式(9-1)和式(9-2)各项可进一步细化，则有：

$$\frac{dV_L}{dt} = I_S + I_G + P - O_S - O_G - E \tag{9-3}$$

$$\delta_L \frac{dV_L}{dt} + V_L \frac{d\delta_L}{dt} = \delta_{IS} I_S + \delta_{IG} I_G + \delta_P P - \delta_{OS} O_S - \delta_L O_G - \delta_E E \tag{9-4}$$

式中：V_L 为湖水体积；I_S，I_G，O_S 和 O_G 分别代表地表、地下水的入流量以及地表、地下水的出流量；P 为湖泊水面的降水量；E 为湖泊蒸发量；δ 值为 δD 或 δ^{18}O。

以上同位素质量平衡方程理论上可应用于水中各种同位素，常用的还是 D 和 ^{18}O。式(9-1)和式(9-2)更多地还是相应于湖泊系统的平均状态，即状态特征的长期平均值。此外，如果参数的变化幅度比较小，湖泊系统也相对固定，则认为该湖泊系统处于稳态。

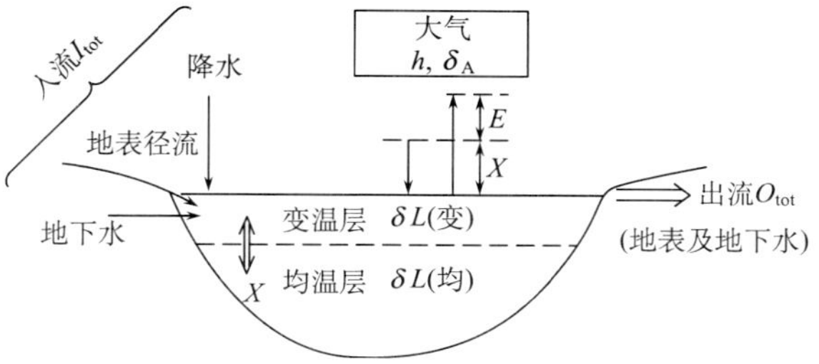

图 9-1　湖泊、水库系统的水文过程与同位素组成(Gat，1995)

(一) δ_E 的理论计算

基于 Craig-Gordon 线性阻尼模型(linear resistance model)，蒸发通量的同位素组成(δ_E)可以用下式表示：

$$\delta_E = \frac{\alpha^* \delta_L - h\delta_A - \varepsilon}{(1-h) + \Delta\varepsilon/1000} \approx \frac{\delta_L - h\delta_A - \varepsilon}{1-h} \tag{9-5}$$

式中：h 为空气的相对湿度；δ_A 为水体上方自由大气的同位素组成；δ_L 为湖泊水同位素组成；α^* 为平衡分馏系数；ε 为总富集系数；$\Delta\varepsilon$ 为反映动力分馏的因子。由 α^* 可以导出$\varepsilon^* = 1000(1-\alpha^*)$；$\varepsilon = \varepsilon^* + \Delta\varepsilon$，$\Delta\varepsilon = (1-h)C_K$，$C_K$ 为一个反映非平衡分馏程度的参数。该非平衡分馏发生在汽/液交界面，是由同位素水分子的扩散作用所引起的。对于包含在上式中各参数，讨论如下。

1. 平衡分馏因子 α^*

在瑞利蒸发模型中，温度是影响蒸发水体中稳定同位素分馏最重要的外部因子，平衡分馏的进程完全取决于温度。Majoube 提出当温度从 273.15 K 到 373.15 K 变化时，平衡分馏系数 α^* 与温度(T)的关系为：

$$\alpha_{^{18}O} = e^{\{(-1.137T^{-2})\times 10^3 + (0.4156T^{-1}) + 2.0667\times 10^{-3}\}} \tag{9-6}$$

$$\alpha_D = e^{\{(-24.844T^{-2})\times 10^3 + (76.248T^{-1}) - 52.612\times 10^{-3}\}} \tag{9-7}$$

2. 湿度 h 和空气中同位素的组成 δ_A

利用空气柱实验，可以测得空气的相对湿度 h 和空气中同位素的组成 δ_A。因为空气中水汽没有明显的源和汇，所以假设 h 和 δ_A 不随高度变化。但是，需要说明的是，在面积很大的湖泊中，湖水蒸发量是空气水汽平衡的一个很重要的组成部分，在空气混合条件很差的情况下，假设不一定完全成立。

3. 动力分馏因子 Δε

方程(9-5)中，动力分馏因子 Δε 反映了因气—液界面间水分子的扩散作用所引起的分馏作用，有下式(Craig and Gordon，1965)：

$$\Delta\varepsilon = (1-h)\left[\frac{\rho_A}{\sum\rho}\left(\frac{\rho_{i,A}}{\rho_A}-1\right)+\frac{\rho_B}{\sum\rho}\left(\frac{\rho_{i,B}}{\rho_B}-1\right)\right]=(1-h)\frac{\rho_A}{\sum\rho}\left(\frac{\rho_{i,A}}{\rho_A}-1\right) \quad (9\text{-}8)$$

式中：ρ 为空气阻力，下标 i 表示同位素种类，下标 A，B 分别表示气—液界面间的扩散层和紊乱层；扩散层 A 以水分子扩散作用为主，除了扩散层 A 外，其他层均没有动力分馏作用，$\left(\frac{\rho_i}{\rho_n}-1\right)_{n\neq A}=0$。令 $\left(\frac{\rho_{i,A}}{\rho_A}-1\right)\equiv C_K$。在开放水体中，对于 D，C_K 取值约为 −13‰；对于 ^{18}O，C_K 取值约为 −15‰(Merlivat，1970)。

通常，δ_A 和 h 的取值取决于气—液界面间扩散层 A 的变化，考虑主要因素 ρ_A 的影响，相对于 ρ_A，ρ_B 的影响很小可忽略不计，方程(9-8)可化简为：

$$\Delta\varepsilon = (1-h)\cdot C_K \quad (9\text{-}9)$$

(二) δ_E 的实验估算

通过实验方法先推求 δ_A，然后求 δ_E。

1. 由 δ_P 推求

由月平均 δ_P 值计算 δ_A，前提是假定它们在地面温度条件下有同位素平衡。从降水和大气水汽同位素组成的同步监测数据表明：在温和气候条件下这个假定是成立的。只有在冬季当降水的主要形式是降雪的时候，降水中同位素相对于平衡值则会有较大贫化。在干旱半干旱地区，或在热带地区特别干旱的时期，这种简单估计 δ_A 的方法效果也不是很好。

2. 蒸发器实验

通过标准蒸发器估算 δ_A。蒸发器盛有一定体积的湖水，设置于湖岸边或漂浮于湖面上(Rozanski et al.，2001)，则由式(9-5)，可得

$$\delta_A = \frac{\alpha_{V/L}\delta_{LP}-\delta(1-h-\Delta\varepsilon)+\varepsilon}{h} \quad (9\text{-}10)$$

在上述操作有困难时，则可使用其蒸发线，因斜率有如下近似关系(Froehlich，2000)：

$$S_{LP}\approx\frac{(\delta_L-\delta_A)h+\varepsilon}{1-h} \quad (9\text{-}11)$$

现定义 $F=\frac{V}{V_0}$。式中 F 为剩余水比率，V 和 V_0 分别为蒸发器中的实际水量和初始水量。那么，每天从蒸发器中取样，并读取蒸发器中的水量变化，由 F 和剩余水中 δ 值，即可求得蒸发线斜率，由此推求 δ_A。但必须用同一蒸发器每月换水，在没有降水条件下做同样的试验。此外，还必须同时作气象要素观测，这包括湖面空气温度、相对湿度、湖泊表面水温等，并尽量在湖泊沿岸和湖面漂浮平台上多做一些此类观测。

3. 终端湖实验

如果在研究湖泊附近有一终端湖，即该湖泊没有出流(地表或地下)，则终端湖湖水的同位素组成与入流的同位素组成，可用以下近似方程表示(Gat and Bowser，1991)：

$$\Delta\delta=\delta_{LS}-\delta_{in}\approx h(\delta_A-\delta_{in})-\varepsilon \tag{9-12}$$

式中：δ_{LS}为终端湖稳态条件下的同位素组成；δ_{in}为终端湖总入流的同位素组成；h 为湖泊上方的相对湿度。由上式就能得到 δ_A 值。

由以上方法求得 δ_A 值后，代入方程(9-5)，即可计算出 δ_E(Dinçer，1968)。

二、同位素水文平衡基本方程的简化应用

在应用上述同位素质量平衡方程时，有时需要有一些简化，以便能比较清楚地说明现象和问题。或需对于其边界条件加以概化，否则求解过于复杂。有时也可能因为实际条件的限制，不可能有完整、理想的观测和实验，也需要有所简化。

1. 当 V=常数，$\delta_{out}=\delta_L$ 时

假定出湖水流相对于湖泊水的同位素组成而言没有发生分馏，即认为 $\delta_{out}=\delta_L$。那么，当湖水的体积保持一定(V=常数)，且 $I_{tot}=O_{tot}+E$ 时，方程(9-5)代入方程(9-2)可得到下式：

$$\frac{d\delta_L}{dt}=\frac{I_{tot}}{V}(\delta_{in}-\delta_L)-\frac{E}{V}\left[\frac{h(\delta_L-\delta_A)-\varepsilon}{1-h}\right] \tag{9-13}$$

式中：I_{tot}为湖泊总入流量(地表和地下入流包括降水)；E 为蒸发量；h 为湖泊上方的空气相对湿度；δ_{in}为入湖水流的加权平均同位素组成；δ_{out}为出湖水流的加权平均同位素组成；δ_A 为湖泊上方大气水分的同位素组成，可用以上所述方法推求；δ_L 为湖水同位素组成；ε 为同位素分馏系数，$\varepsilon=\varepsilon^*+\Delta\varepsilon$。

方程(9-13)的稳态解 δ_{ss}(从同位素的角度来看)，也即在方程(9-13)中，令$\frac{d\delta_L}{dt}=0$，所求解得到的 δ_L 即为 δ_{ss}。求得：

$$\delta_{ss}=\left[\frac{I_{tot}}{E}\frac{(1-h)}{h}\delta_{in}+\delta_A+\frac{\varepsilon}{h}\right]\Big/\left[1+\frac{I_{tot}}{E}\frac{(1-h)}{h}\right] \tag{9-14}$$

那么，由 δ_{ss}可以导出湖泊水重同位素富集(相对于入流而言)的表达式：

$$\Delta = \delta_{ss} - \delta_{in} = \frac{\delta_A - \delta_{in} - \varepsilon/h}{1 + \frac{I_{tot}}{E}\frac{(1-h)}{h}} \tag{9-15}$$

根据此方程，给定了 δ_A 和 δ_{in} 的值，则重同位素富集表达式所确定的这些参数，一方面是与相的转变(即 ε^* 和 C_K)相联系的内在的分馏因素；另一方面，从此公式中明显地可以看出湿度是唯一的环境参数。然而，环境温度却以一种隐含的方式出现，因为 ε^* 和 C_K 都是水体表面温度的函数。此外，C_K 的值还受水/汽交界面处的风和紊流状况所控制。

2. 当 $\boldsymbol{\delta_A = \delta_{in} - \varepsilon^*}$ 时

对于单一的湖泊而言，h 和 δ_A 均由当地的气象条件所确定，δ_{in} 由湖泊的水文条件所决定。在中等大陆性气候地区，降雨和径流(二者共同构成 δ_{in})以及大气湿度经常处于同位素平衡状态。如果大气水汽与湖泊总入流处于同位素平衡状态，即 $\delta_A = \delta_{in} - \varepsilon^*$，则(9-15)式可进一步简化为下式：

$$\Delta = \delta_{LS} - \delta_{in} \approx \frac{(1-h)(\varepsilon^* + C_K)}{[h + (1-h)\frac{I_{tot}}{E}]} \tag{9-16}$$

式中：ε^* 为液态水与气态水之间的平衡分馏系数。

3. 当 $\boldsymbol{\delta_{OS} = \delta_L}$ 时

这在湖泊水充分混合条件下是成立的。令 I_S，I_G，O_S 和 O_G 分别代表地表、地下水的入流量以及地表、地下水的出流量，因假定 $\delta_{OG} = \delta_L$，于是有 $\delta_{OS} = \delta_L$。这样，当湖泊系统在水文和同位素两方面都处于稳定状态时，则由方程(9-3)和方程(9-4)就可以解出任何两个变量。例如，求地下入流量 I_G 和地下出流量 O_G，可有：

$$I_G = I_S\left(\frac{\delta_{IS} - \delta_L}{\delta_L - \delta_{IG}}\right) + P\left(\frac{\delta_P - \delta_L}{\delta_L - \delta_{IG}}\right) + E\left(\frac{\delta_L - \delta_E}{\delta_L - \delta_{IG}}\right) \tag{9-17}$$

$$O_G = I_S + I_G + P - E - O_S \tag{9-18}$$

4. 当 $\boldsymbol{I_S = I_G = 0}$ 或 $\boldsymbol{O_S = O_G = 0}$ 时

当湖泊没有地表水入流和出流，则方程(9-17)和(9-18)中的第一项可以忽略。相反，如果某系统只有地表水入流和出流，则可由下式求蒸发量：

$$I_S = P\left(\frac{\delta_P - \delta_E}{\delta_E - \delta_{IS}}\right) + O_S\left(\frac{\delta_E - \delta_L}{\delta_E - \delta_{IS}}\right) \tag{9-19}$$

$$E = P - I_S - O_S \tag{9-20}$$

三、同位素水文平衡基本方程在大湖泊中的应用

以上讨论的湖泊系统，实际上是在所处环境中的一个被动的实体。上述同位素质量

平衡方程实际上是包含有一些假设的。例如，假设系统的水文过程和同位素过程是稳态的；假设湖泊表面的年平均温度和区域年平均气温是相同的；假设湖面上大气水汽的平均同位素组成与当地降水同位素组成是平衡的；特别是，假设湖面蒸发不会影响大气组成。对于小尺度的湖泊、水库而言，这些都没有问题。然而对于大湖泊的同位素水文平衡基本方程，就有两个问题需要重新认真考虑，这就是：①对这样的大尺度系统，是否还能看作是均匀的？②聚积在大水体上方的大量水蒸气，会不会对湖泊系统的蒸发产生影响？

由于蒸发原因，开放水体为大气提供了一个连续水源。如果蒸发表面的水平尺度足够大，湖泊上方的水蒸气增长，对原有大气的同位素组成的影响就很重要了。湖泊上方大气水汽的组成依赖于湖泊上方空气的混合程度，受气象参数如风向和风速等和周围环境形态（山区或平原）的影响。如果湖泊蒸发通量对当地大气水汽组成贡献很大，则湖泊上方的大气水汽同位素组成要在原来自由大气同位素组成的基础上进行修正。这样，即使稳定条件下的大水体，也将产生自己的"大气"，这些"大气"的 δ_A 平均值和相对湿度值 h，与一般的邻近湖泊相比较，可能与已有资料和概念会有相当大的偏离（Fontes and Gonfiantini，1970）。当然，如果研究系统的这两个值是可知的（可测量的），则同位素质量平衡方程特别是 δ_E 表达式（9-8）仍是适用的。

因此，对一个大尺度湖泊、水库的同位素水文平衡，其取样方法将集中在以上讨论的两个问题上：即需要注意考察系统的同位素均一性问题，以及怎样获取湖泊上方大气的相关参数（δ_A，h，T_{air}）。实际工作中，对于湖泊上方大气的观测，最好是在湖中小岛上安装取样及测验设备，以观测日降水量、空气温度和相对湿度。困难在于，大尺度湖泊、水库，有降水的不均匀性问题，而且湖面的降水量及其同位素组成与湖泊周围岸上的也会有所不同。为此，必要时可对研究湖泊上方相对湿度和水蒸气同位素成分进行直接测量。但是需要有专门设计的空气样品和水汽样品的采集装置，而且需要在不同季节和不同位置分别进行取样，以考虑水汽同位素的时空变化。

四、同位素水文平衡方法的不确定性

由同位素方法估算湖泊水量平衡具有很重要的意义，但是因为涉及的参数很多，参数测验本身就有其不同程度的不确定性。曾有学者使用敏感性分析的简单方法进行评估，把各个参数的取值确定在一定的范围，改变其中的一个参数的取值，其他参数值不变，代入同位素平衡方程，观察研究对象的取值变化率（Yehdegho et al.，1997）。在近期的个例研究中，基于同位素 ^{18}O 平衡方程估计的蒸发量，与其他方法（能量平衡方法和空气动力学方法）比较，计算误差约是其他估计方法计算值的±10%（Gibson et al.，1996）。对于小湖泊，由于其蒸发分馏富集程度相对较小，控制同位素质量平衡方程的关键参数是湖泊和总入流的同位素组成，因此误差相对较小，可在10%～20%以内（Yehdegho et al.，1997）。

因而，对于大尺度的湖泊、水库，需要有相当规模的测验和专用观测和采样设备，才能达到所需的精度。

五、湖泊、水库蒸发的氢、氧同位素关系

1. 水面蒸发线斜率(s)

湖泊与水库的蒸发属于开放水体蒸发，显然，在其水面进行的蒸发是不平衡蒸发。在蒸发过程中$\delta^{18}O$与δD随蒸发而变化。要确定其水面蒸发过程中$\delta^{18}O$与δD之间的比例关系，即测定湖泊或水库的水面蒸发线的斜率$\left(s=\dfrac{\Delta\delta_D}{\Delta\delta_{18}}\right)$，可通过下式推求得到：

$$s=\frac{[h(\delta_A-\delta_L)+\varepsilon]_D}{[h(\delta_A-\delta_L)+\varepsilon]_{18}} \tag{9-21}$$

式中，下标D、18分别表示D和^{18}O同位素。由上式可知，蒸发线斜率(s)由以下参数决定：空气相对湿度(h)、平衡分馏系数(ε^*)与动力分馏系数($\Delta\varepsilon$)。而这些参数本身又分别取决于温度与边界条件(如水/汽交界面处的风和紊流状况)。如果这些参数随时间变化不大的话，s值也是相对稳定的。由于湖泊水中蒸发分馏的影响，湖水的蒸发线s值小于全球大气降水线方程的斜率值8，其变化范围一般在3.5～6之间。

值得注意的是，当大气水汽与入流处于同位素平衡时，蒸发线斜率(s)将不再依赖于空气相对湿度h；在这种情形下，斜率(s)可用下式表示(Gat，1971)：

$$s=\frac{(\varepsilon^*+C_K)_D}{(\varepsilon^*+C_K)_{18}} \tag{9-22}$$

2. 湖“链”效应

所谓湖“链”，即沿着河流分布由一连串的湖泊(或水库)组成的系统。现在来考虑这种湖“链”蒸发系统的重同位素富集情况。首先按从上游到下游的顺序给各湖泊进行编号(依次为1，2，…，n)，上一个湖泊的出流构成相邻的下一个湖泊的入流。假定蒸发对大气湿度带来的影响微乎其微，故每一个湖泊与大气的相互作用可以用湿度h来刻画，并且具有与大气水汽一样的同位素组成δ_A；显然方程(9-15)描述了在每一步蒸发过程中的重同位素富集。位于下游的湖泊单元的重同位素富集度要远远小于其前面的湖泊单元。一个最简单的原因就是$(\delta_A-\delta_{in,n})<(\delta_A-\delta_{in,1})$，由于$\delta_{in,n}$(第$n$个湖泊单元的入流水的$\delta$值)远远大于$\delta_{in,1}$(第一个湖泊单元的入流水的$\delta$值)。

根据方程(9-15)，并假定第n个湖泊单元的入流水的δ值与第($n-1$)个湖泊单元内的水体的δ值相等，即$\delta_{in,n}=\delta_{L,(n-1)}$，那么第$n$个湖泊单元内水体在蒸发过程中的重同位素富集值($\Delta_{n,n-1}$)可以用下面的表达式给出：

$$\Delta_{n,n-1}=\delta_{L,n}-\delta_{L,n-1}=\frac{\left(\delta_A-\delta_{L,n-1}+\dfrac{\varepsilon}{h}\right)}{\left[1+\dfrac{F_{in}}{E}\dfrac{(1-h)}{h}\right]} \tag{9-23}$$

式中：F_{in}指的是该湖泊单元的入流量，其余符号的含义如前所述。

若记 $\alpha \equiv \frac{F_{in}}{E}\frac{(1-h)}{h}$，则 $\Delta_{n,n-1}$ 与湖"链"中第一个湖泊蒸发单元的 $\Delta_{1,0}$ 的关系如下：

$$\Delta_{n,n-1} = \left[\prod^{(n-1)} \frac{\alpha_x}{1+\alpha_x}\right]\Delta_{1,0} \tag{9-24}$$

如果再作进一步的假定，认为所有的湖泊蒸发单元在水文感应(hydrological sense)方面是相似的，即假定 $\alpha_1 = \alpha_2 = \cdots = \alpha_n$，那么方程(9-24)可以简化为下面的形式：

$$\Delta_{n,n-1} = \left(\frac{\alpha}{1+\alpha}\right)^{n-1}\Delta_{1,0} \tag{9-25}$$

将各个湖泊蒸发单元的重同位素富集值进行叠加，得

$$\begin{aligned}\Delta_{n,0} &= \Delta_{1,0} + \Delta_{2,1} + \cdots + \Delta_{n,n-1} = \delta_{L,n} - \delta_{in,1} \\ &= \left[1 + \sum_{1}^{n-1}\left(\frac{\alpha}{1+\alpha}\right)^x\right]\Delta_{1,0}\end{aligned} \tag{9-26}$$

对于不同的 F_{in}/E 值(最大为极限情形：$F_{in}/E \to 1$)，重同位素的富集是湿度 h 的函数(见图 9-2)。

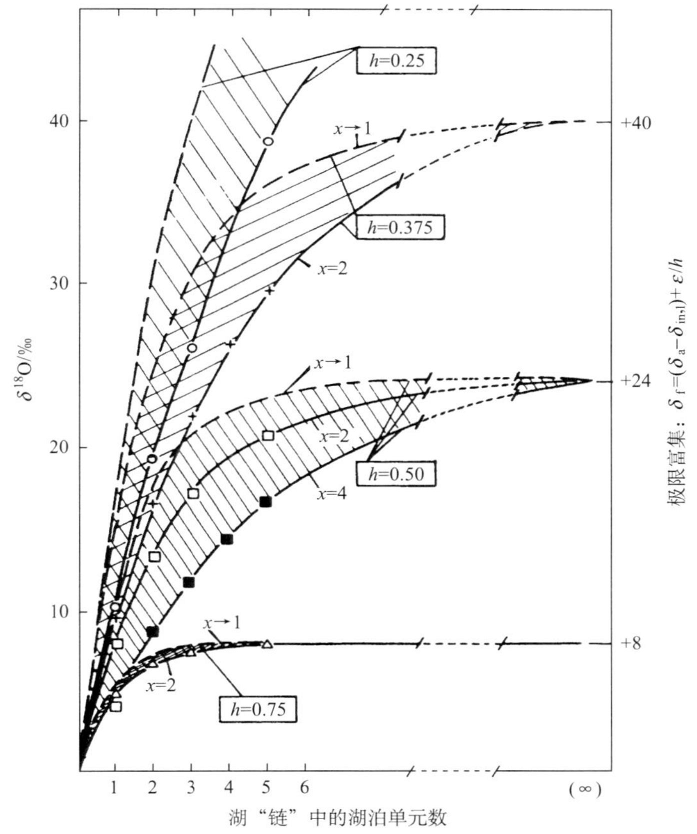

图 9-2 不同湿度 h 及不同的 $x(x=F_{in}/E)$ 条件下湖"链"中的湖泊蒸发单元 ^{18}O 的富集情况

图中右边缘处显示的是当 $n\to\infty$ 时的极限富集：$\delta_f=(\delta_a-\delta_{in,1})+\varepsilon/h$

对于一个由无限多的湖泊蒸发单元组成的湖"链"系统，可以求得的重同位素富集的最大值为：

$$\Delta_{\infty,0} = (1+\alpha)\Delta_{1,0} = (\delta_a - \delta_{\text{in},1}) + \frac{\varepsilon}{h} \tag{9-27}$$

3. 盐湖蒸发

随着含盐度的增高水的活度降低，当湖水中的盐分较多时，由于各种离子会在自己的水合层中优先吸附某一种同位素水分子，从而使得不同的同位素分子的活动减小的程度存在差异。也就是说，湖水中的溶解盐分会引起自由水与约束在水合离子内的水之间产生同位素分馏，结果使得离子水合层比自由水富集重同位素。不过，这些盐分的影响只有在含盐度很高的时候才显著，如在盐湖或干涸型湖泊蒸发的最后阶段。当湖水中的盐分沉淀时，结晶水的结合会加剧这种盐分效应。此外，盐分效应还随着湖泊水温的不同而变化，只是这种变化较为复杂，与盐的种类也有关系。对于 $MgCl_2$ 和 LiCl 来说，盐分效应随湖泊水温的升高而不断减小；对其他盐类而言，盐分效应随温度的变化不是单向的。

第二节 湖泊、水库水体中的氢、氧稳定同位素分布

一、氢、氧稳定同位素组成的季节变化和年变化

影响湖泊同位素组成的参数一般随季节而变，有些敏感的参数，即使变化不大也会引起湖泊同位素组成发生明显的变化。蒸发和降水同位素都随季节和地区而异。降水同位素的季节变化还会直接影响湖泊入流的同位素组成。地下水同位素组成相对而言比较稳定，对湖泊的年内补给变化也不大。δ_{in} 的季节变化取决于当地水文条件。在内陆地区，水汽同位素组成 δ_A 与降水同位素组成 δ_p 之间的差异则取决于以下平衡关系：

$$\delta_A - \delta_p = -\varepsilon^* \tag{9-28}$$

由方程(9-28)可见，输入参数的变化对湖泊水同位素组成的影响取决于湖泊或水库的形态参数，特别是水体的平均滞留时间。尺度越大，湖泊同位素的组成受周围环境的影响也越大。一般而言，湖泊水同位素组成显著依赖于水文变量 $\frac{I_{\text{tot}}}{V}$ 和 $\frac{I_{\text{tot}}}{E}$ 的变化(Rozanski et al.，2001)。

图 9-3a 显示了湖泊水体同位素富集情况与当地水文和气候环境的关系。湖水 ^{18}O 的富集程度表示为 $^{18}\delta = \delta_{\text{LS}} - \delta_{\text{in}}$，它是湿度亏量 $(1-h)$ 和 $F = \frac{I_{\text{tot}}}{E}$ 值(总入流水量与蒸发之比)的函数。该图可作为研究不同系统水量平衡关系的参考。图 9-3b 则表明了在稳态情况下的湖水同位素组成 δ_{LS} 和与此相应的净蒸发水汽 δ_E 的同位素组成，它们都在 $^2\delta$ 与 $^{18}\delta$

的关系线即蒸发线上，并随 $F=\frac{I_{tot}}{E}$ 不同而有相应的变化。图中总入流同位素组成正好落在全球大气水线（$^{18}\delta_{in}=-8‰$ 和 $^{2}\delta_{in}=-54‰$）上，对应的相对湿度是 $h=0.75$。

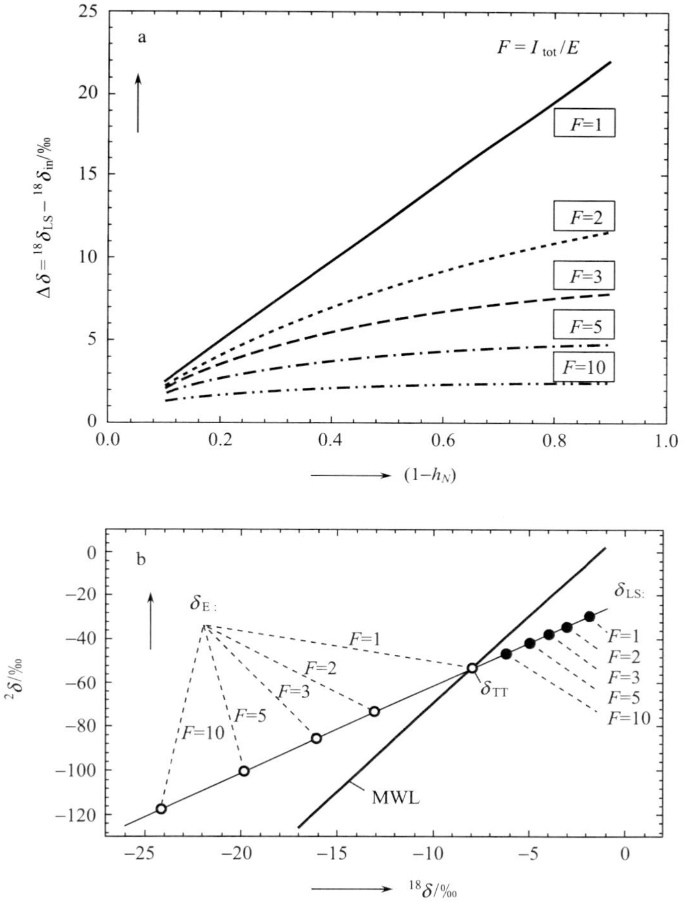

图 9-3　a. 稳定条件下湖水 ^{18}O 的富集程度（$\Delta^{18}\delta={}^{18}\delta_{LS}-{}^{18}\delta_{in}$）与湿度亏量（$1-h$）的关系和 b. 湖泊水与净蒸发水汽的 $^{2}\delta$ 与 $^{18}\delta$ 关系（Rozanski et al.，2001）

Zimmermann 等（1976）通过比较 Kainjii 水库入流、水库水和出流段 Niger 河水的同位素组成，推断出水库有效混合体积与水库总体积的比率，这个比率的变化范围大约从枯水时期的 10％到洪水期间的 60％～80％。

一般在研究水文平衡中各水文要素的多年变化时，可以忽略年内季节变化的影响。干旱地区年入流量的变化是导致湖泊水同位素变化的主要原因（图 9-4），在所有环境参数影响中它也是最大的。由于入流量的年变化，导致 δ^{18}O 有约 2‰以上的改变，相比之下，由于季节变化导致的影响则是 0.5‰（Gat，1971）。由此可见，湖泊水的同位素组成可以看作是区域水文循环中水量变化的指标。

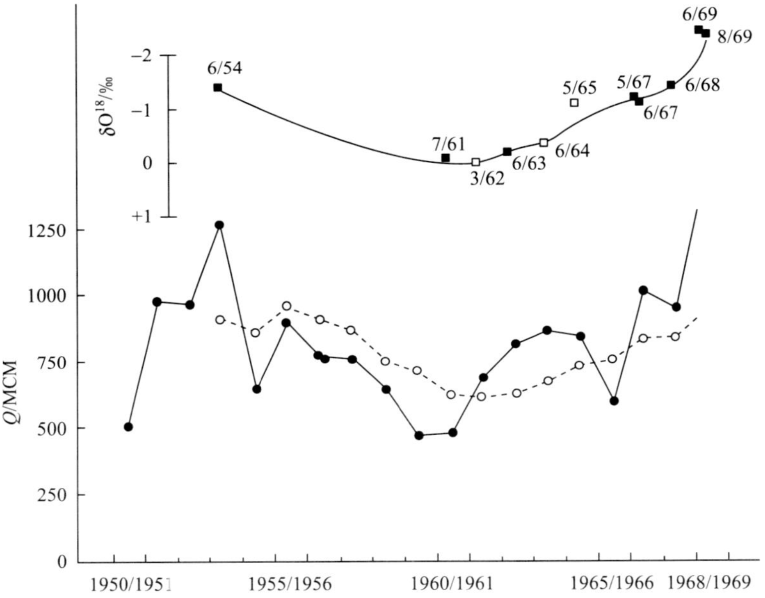

图 9-4　Tiberias 湖湖水 $\delta^{18}O$ 随时间的变化过程（上部）和 5 年平均入流随时间的变化过程（下部）（Gat，1970）

二、不同类型湖泊的氢、氧稳定同位素组成

（一）深层淡水湖

许多深水湖泊都会形成垂向的密度分层，这样的分层常可在年内维持一个相对较长的时间。在湖水水量改变时，深层水与表层水之间相互混合作用有时会非常明显。由于变温层的物质交换，方程（9-8）需要进行修正，若以 $\delta(\mathrm{hyp})$ 表示变温层以下深层湖水的同位素组成，方程（9-8）的右边需要加上以下两项：

$$\frac{+X(\mathrm{epi}-\mathrm{hyp})}{V}(\delta(\mathrm{hyp})-\delta_L)+\frac{\Delta V}{V}\cdot\{\delta(\mathrm{hyp})-\delta_L\} \qquad (9\text{-}29)$$

第一项 $\frac{+X(\mathrm{epi}-\mathrm{hyp})}{V}(\delta(\mathrm{hyp})-\delta_L)$ 考虑了在湖泊混合层体积不变的情况下变温层（hyp）和恒温层（epi）的物质交换；第二项描述了由于变温层作用，恒温层与混合层水量交换的影响，ΔV 为由恒温层流向混合层的湖水体积。虽然 $\{\delta(\mathrm{hyp})-\delta_L\}$ 的数值不大，但是在湖泊水层密度变化较大的时候，相对于水量平衡方程的其他项，作用显著，所以对上面的同位素平衡方程来说，第二项 $\frac{\Delta V}{V}\cdot\{\delta(\mathrm{hyp})-\delta_L\}$ 影响作用相对较大。为了了解这些项的改变情况，需要监测湖泊中 $^{18}\delta(^{2}\delta)$ 的垂向分布，并经常观测温跃层的位置。显然，通过同位素的垂向变化过程也可以定性测定深层水的范围。

图 9-5 为 Tiberias 湖的例子。该湖水深 40 m，湖水平均滞留时间 5 年，混合期在每年

的 12 月到次年 3 月。4 月时，湖水变温层的位置在湖表面以下 5 m 处，随着变温层逐渐向下移动，夏季时可到达湖面以下 18～19 m 处，秋季变温层的范围比较稳定，初冬变温层的位置约在表面以下 25 m 处。在 12 月，随着湖水翻转期（湖泊上部水体与下部水体存在密度差而产生对流混合，发生上下循环，称为湖水翻转）的来临，湖水温度发生逆向变化，分层也消失了。

图 9-5 为该湖分层和体积的年变化对其同位素组成改变的影响。研究结果认为，可用 3 月份均温层湖水的同位素组成代表 Tiberias 湖水的平均同位素组成（Gat，1970）。

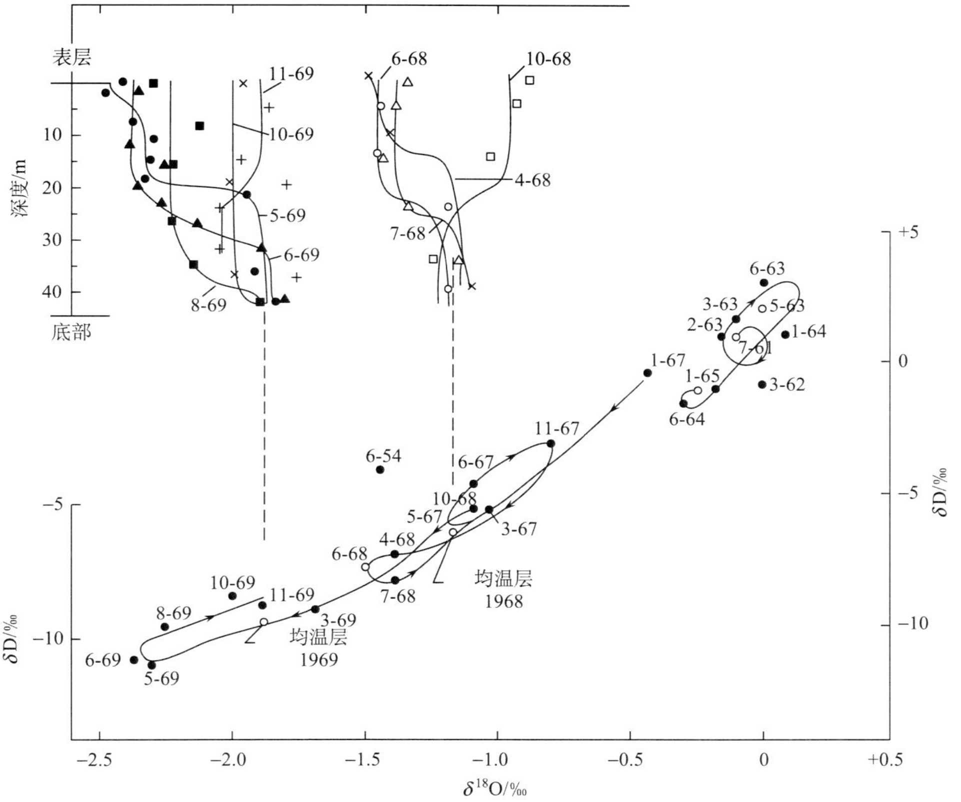

图 9-5　1963～1969 年 Tiberias 湖湖水同位素的时程变化（下部）和深度分布（上部）（Gat，1995）

图 9-6 为水深 20 m Sparkling 湖冬季（冰雪覆盖）和夏季分层时期湖水的同位素随深度的变化。其典型特征是，在冬季冰层以下表层水的重同位素相对贫化，认为这是湖表面冰层的同位素富集，导致冰层以下湖水同位素的相对贫化。夏季湖水同位素分布正常，位于均温层之上的变温层相对富集。

（二）浅水湖泊系统

这里所提及的浅水湖泊系统泛指一些小型的湖泊和水库，此外一些位于丘陵及山区盆地内的塘坝也属于此类，它们的存在往往会是季节性的。图 9-7 列出了几种典型的此

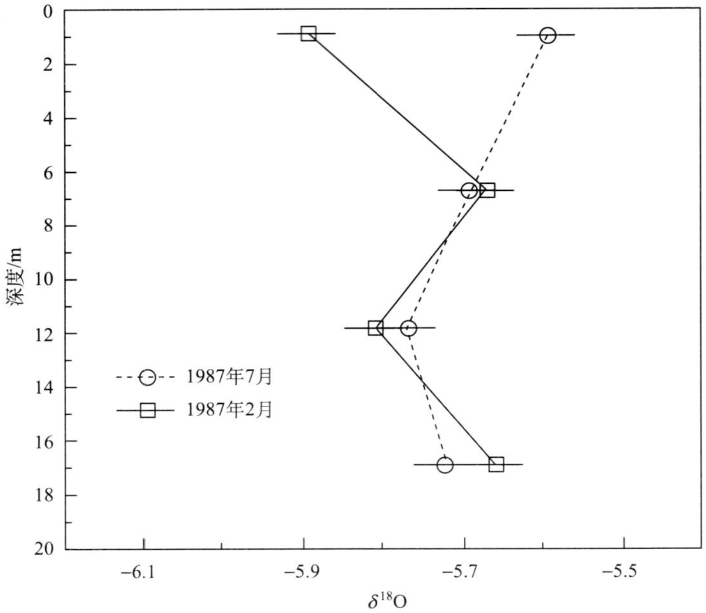

图 9-6　Sparkling 湖冬季和夏季的同位素随深度的变化(Krabbenhoft et al.,1990)

类水体及其从丰水期到枯水期的水文和同位素演化过程(Gat,1995)。

1. 趋向于干涸型湖、塘

见图 9-7 中 a。因蒸发大于补给,它渐趋干涸。有以下同位素关系:

$$\Delta\delta = \delta_{LS} - \delta_0 = \delta_A - \frac{\varepsilon}{h} - \delta_0 = (\delta_A - \delta_0) - \frac{\varepsilon^*}{h} + \frac{(1-h)}{h}C_K \tag{9-30}$$

当 $\delta_A - \delta_0 = \varepsilon^*$ 时:

$$\Delta\delta = \frac{(1-h)(C_K - \varepsilon^*)}{h} \tag{9-31}$$

2. 渗漏型湖、塘

见图 9-7 中 b。这是有输入和输出的类型,可应用上述简化的同位素水文平衡方程。

3. 终端型湖、塘

见图 9-7 中 c。有以下同位素关系:

$$\Delta\delta = \delta_{LS} - \delta_{in} = h(\delta_A - \delta_{in}) - \varepsilon = h(\delta_A - \delta_{in}) - \varepsilon^* + (1-h)C_K \tag{9-32}$$

当 $\delta_A - \delta_{in} = \varepsilon^*$ 时:

$$\Delta\delta = (1-h)(C_K - \varepsilon^*) \tag{9-33}$$

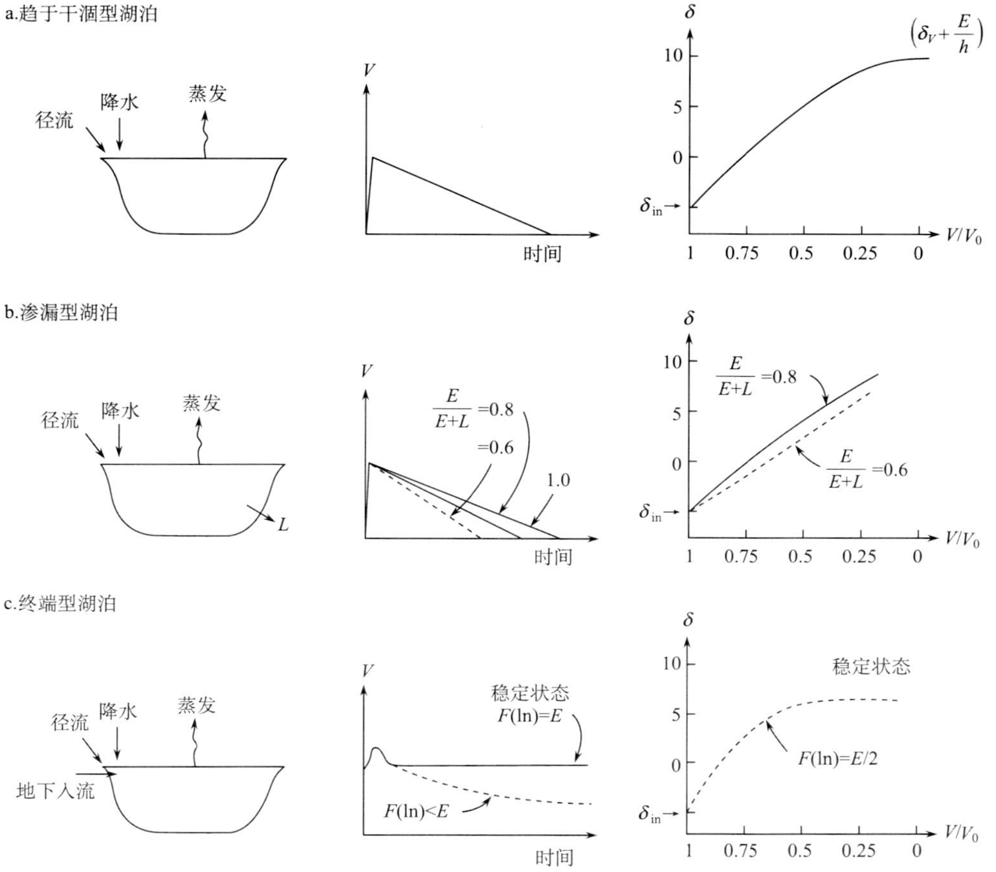

图 9-7　三种不同类型的浅水湖泊系统(Gat,1995)

4. 过渡型湖、塘

这实际上是终端型湖、塘的一种特例,例如人工注水。高水期间被洪水淹没形成的湖泊是类似于此的一种,它在平原的底处(例如行洪区和蓄洪区)形成,最后湖水逐渐变少直至消失。有以下同位素关系:

$$\Delta\delta=\delta_{LS}-\delta_{in}=\frac{\left(\delta_A-\delta_{in}-\frac{\varepsilon}{h}\right)}{1+X\frac{(1-h)}{h}}=\frac{\left[\delta_A-\delta_{in}-\frac{\varepsilon^*}{h}+\frac{(1-h)}{h}C_K\right]}{1+X\frac{(1-h)}{h}} \quad (9\text{-}34)$$

当 $\delta_A-\delta_{in}=\varepsilon^*$ 时:

$$\Delta\delta=\frac{(1-h)(C_K-\varepsilon^*)}{[h+(1-h)X]} \quad (9\text{-}35)$$

以上各式中:h 为周围空气的相对湿度;δ_A 为大气水的同位素组成;δ_0 为水蒸发时的

初始同位素组成；δ_{in}为入流的同位素组成；δ_{LS}为湖泊水的稳定同位素组成；$X=\frac{I_{\mathrm{tot}}}{E}$；$\varepsilon^*$和$C_{\mathrm{K}}$分别为同位素平衡分馏系数与动力分馏系数。

为了更好的说明蒸发过程中湖泊水体同位素的变化规律，这里给出一具体实例（王永森，2008，私人通信）。

以羊卓雍湖流域湖水为研究对象，巩同梁于2004年检测了羊卓雍湖流域的降水、河水与湖水中$\delta^{18}O$的变化规律，本例采用该研究中的数据进行说明。羊卓雍湖属于内陆湖泊，即终端型湖泊（图9-7c），根据检测结果，入湖水的$\delta^{18}O$在$-18.3‰\sim-15.6‰$区间内变化，本文采用$-18.3‰$进行说明，测得湖水的温度为15℃。

考虑水量平衡方程式（9-1）同位素平衡方程式（9-2），由于湖泊属于内陆湖泊，总出湖水量$O_{\mathrm{tot}}=0$，在一定时间内考虑湖水的体积为一常数，可以得到湖水同位素微分方程：

$$V\frac{\mathrm{d}\delta_{\mathrm{L}}}{\mathrm{d}t}=E(\delta_{\mathrm{in}}-\delta_E) \tag{9-36}$$

δ_E的计算方法在上节已经详细陈述，这里不再赘述。式（9-5）中，平衡分馏系数在15℃时，δ_{in}由湖泊的水文条件所决定，这里我们取$\delta_{\mathrm{A}}=\delta_{\mathrm{in}}-\varepsilon^*$，入湖水的同位素以降水的同位素值来表示。由式（9-16）可得：

$$\delta_{\mathrm{LS}}\approx\delta_{\mathrm{in}}+(1-h)(\varepsilon^*+C_{\mathrm{K}}) \tag{9-37}$$

由式（9-6）得：平衡分馏富集系数约为$\varepsilon^*=10.18‰$，C_{K}对于^{18}O取14.3‰湖面不同相对湿度对应的δ_{LS}（表9-1）。

表9-1　不同湿度对应的湖水达到平衡状态时的$\delta_{\mathrm{LS}}^{18}O$值

相对湿度	0.2	0.3	0.4	0.49	0.5	0.6	0.7	0.8
计算值$\delta_{\mathrm{LS}}^{18}O$	1.3	−1.2	−3.6	−5.8	−6.1	−8.5	−11.0	−13.4

由表中可以看出，湿度对湖水$\delta^{18}O$终态值的影响很明显，当湿度在$h=0.49$时，$\delta_{\mathrm{LS}}^{18}O$值（$-5.8‰$）接近于测量的湖水的平均值（$-5.9‰$）。

第十章　地下水补给

顾慰祖

地下水也许会是人类和陆地生态系统除空气外最具重要意义的资源了，而且其重要性还在与日俱增。特别是对不可更新地下水的大规模开采（“水矿”开采），正在使人类最具重要意义的资源面临危机。地下水必将是世界也是中国水资源的核心问题，也必定是同位素水文学需要探讨和研究的重要内容。本书从地下水补给这一章开始，分若干章进行讨论。

第一节　地下水形成的宏观背景和地下水成因分类

一、地下水的概念

什么是地下水？答曰：地下水是地下的水。这其实并不错，广义的概念就包括了地面以下岩土非饱和带（或包气带，略有区别）和饱和带（或饱水带）中赋存的水。但现在通称的地下水，习惯上专指赋存于饱和带中的地下水。

然而，赋存于饱和带中的地下水，即第一章中表层水圈、浅层水圈和地下水交替循环带中的地下水，并不是孤立地存在着的，实际上是包含于岩石圈中整个地下水圈的一部分（图 1-9），它们是联系在一起的整体。

从我们对广义水圈（见第一章）的观点而言，地下水的赋存与动态不只是限于地下水交替循环带，它在时程上是从地质时期、历史时期直到近代和现代的气候产物，在空间上则以不同层位或独立、或交错、或重叠、或相互联系地赋存于包括土壤圈在内的整个岩石圈甚或更深的圈层中，地下水交替循环带或表层水圈地下水只是其局部表现。所以是否可以认为，现代地下水的赋存和循环，以及其水量的和地球化学的特征包括其环境同位素特征，只是其宏观背景下的后续演化、与现代环境包括气候变化影响的叠加而已，而宏观背景则是现代地下水赋存和循环的整体框架。

因此认为，在野外条件的各种类型的地下水，实际上都是第一章所说的水文循环和水的地质循环（地质水文循环）的结果。广义而言，都是上述时程上和空间上演化的混合水，这在本节中归结为图 10-6。

为什么在对地下水的讨论时，必须讨论其演化的宏观背景，因为，如果没有宏观背景的概念，那么对地下水补给的研究就会发生片面性甚或发生错误。

二、气候演化背景

更新世气候变化的一大特点是交替出现冰期和间冰期。冰期中地球气候显著变冷，间冰期则是两次冰期之间的温暖时期。更新世早期就有一次大冰期，认为在 2～3 Ma 的这次冰期，中国除现在的沙漠和一些平原地区外，大部分被冰盖、冰帽和山岳冰川所覆盖(韩同林，2004)。更新世中期有两个冰期和两个间冰期。到晚更新世时期，即距今125 000～10 000 年，地球又经历了一个完整的间冰期和冰期旋回，相应称为末次间冰期和末次冰期。期间也还插有间冰阶，这是冰期中相对温暖的阶段。而在间冰期中相对寒冷的阶段则称为冰阶。而现时正处在冰后期，作为全新世它已经持续了 10 000 年。现在所有深层地下水和古地下水所估算的年龄都与末次冰期或全新世新冰期以及与之相应的气候条件有关，因此成为地下水补给研究的首要宏观背景。从冰期和末次冰期的各种沉积物中包括冰芯、深海岩芯、湖泊沉积层，都可得到气候和环境变迁的记录，中国还从黄土剖面得到有关记录(安芷生，1990；安芷生等，1994)。同位素水文学中，降水中氢、氧稳定同位素可有清楚的年内和年际变化，因而可在冰芯中得到气候变迁相对更为详细的记录，迄今已经把 Dansgaard(1954) 早期所希望的能从冰芯中得到过去几百年的气候变化，推进了几乎三个数量级，从格陵兰和南极冰芯已经有了超过 100 000 年的降水同位素记录(Johnsen et al.，1972)。图 10-1 为格陵兰北部世纪营(Camp Century)0～1373 m 冰芯 $\delta^{18}O$ 记录，其底部年龄已超过了 126 000 年(Dansgaard et al.，1982)。

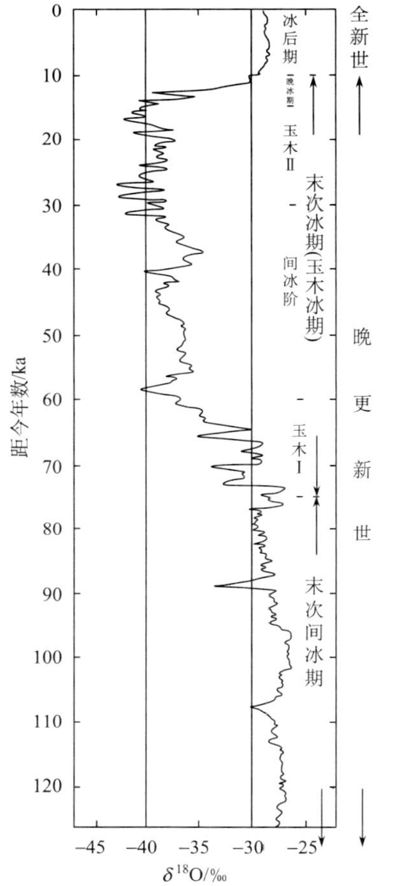

图 10-1　格陵兰北部世纪营(Camp Century)0～1 373 m 冰芯 $\delta^{18}O$ 记录及有关事件(Dansgaard et al.，1971)

晚更新世以来气候变化的各个分期见表 10-1。主要有：

1. 末次间冰期

发生在距今约 12.5 万～7.5 万年间，延续约 5 万年。有三个温暖阶段夹有两个较短的寒冷期，第一个长约 1 万年的温暖期，其气温比现在要高出约 2～3℃。

表 10-1　晚更新世和全新世气候变化概况（据黄春长，2000。综合）

地质时代	气候分期		距今时间/$\times 10^4$ a	气候特征	海面变化
全新世	冰后期		1.0～0.0	温暖湿润，有较小幅度波动变化	黄骅海侵
晚更新世	玉木冰期	晚冰期	1.5～1.0	强烈波动变化	
		玉木Ⅱ	3.0～1.5	寒冷干旱，极盛期在 18 000 a BP	海退
		间冰阶	6.0～3.0	气温有回升，有强烈波动变化	献县海侵，渤海海侵 中间有一次海退
		玉木Ⅰ	7.5～6.0	寒冷干旱	海退
	末次间冰期		12.5～7.5	三个暖期夹有两个短暂的寒冷期	两次沧州海侵 中间有一次海退

2. 末次冰期

发生在距今约 7.5 万年到 1 万年间，延续约 6.5 万年，中国东部称大理冰期或太白冰期，也称珠穆朗玛冰期，即玉木（Wurm）冰期，美国称 Wisconsin 冰期。包括有一个距今 6 万年到 3 万年的间冰阶，早于它的一个冰期（距今 7.5 万年到 6 万年），称玉木Ⅰ，为珠穆朗玛之基龙寺阶段（珠穆朗玛冰期Ⅰ）。晚于它的一个冰期（距今 3 万年到 1.5 万年），称玉木Ⅱ，为珠穆朗玛之绒布寺阶段（珠穆朗玛冰期Ⅱ），其中在距今 18 000 年前后有一寒冷干旱极盛期，称之为 LGM（Last Glacial Maximum），各家有包括 18 000 年及其前后的不同的时段划分。末次冰期陆地降温幅度达 8～12℃。

3. 晚冰期

特指末次冰期之末、距今 1.5 万年到 1 万年的时期，有着强烈的温度变化。在距今 13 000 年突然增温，11 000 年突然降温，到距今 1 万年时又突然增温，在图 10-1 冰芯中的 $\delta^{18}O$ 也反映了这些变化。这是末次冰期消退以来最显著的气候灾变事件，即发生在 ^{14}C 年龄约 11 000～10 000 a BP 的所谓新仙女木期（Younger Dryas Stadial，YD），使某些动物灭绝。经过灾变到距今 10 000 年时突然转暖，陆地才恢复生机而进入全新世（黄春长，1996，2000）。

4. 全新世冰后期

这是晚更新世最后一次冰期包括发生灾变的晚冰期结束以后，气候转暖的最有生机的时期，人类也从此开始了晚期智人的现代人发展阶段并进入新石器时代（黄春长，2000）。但认为这期间还发生有四次寒冷期，统称为“新冰期”，最近的一次发生在公元 1550 年到 1850 年持续约 300 年，称为小冰期（Little Ice-age），其中最寒冷的是 1750 年。小冰期也是中国历史上的一次灾害群发期。

冰后期已经持续了 1 万年，从更新世冰期和间冰期的变化规律，加之现代的全球气候变化，特别是本世纪的气温上升，是否是上述最近的那个小冰期之后的气温回升，还是如有些观点所认为的那样，也许地球正在进入下一个冰期。

表 10-2　中国东部末次冰期极盛期和晚冰期的海平面(徐馨,沈志达,1990)

时间/a BP	海平面所处位置/m
10 000	−20～−30
11 050～10 900	−33
11 600	−26
12 400±200	−35～−50
13 000	−70
13 500	−83
14 440±750	−115
14 780±500(16 000)	−154
18 000	−185
20 550±1000	−136
23 700±900	−110

海平面原则上是地下水排泄的宏观基准。由表 10-1 可见,在晚更新世和全新世期间,曾发生过多次海侵和海退,详见黄春长著《环境变迁》(科学出版社,2000)。末次冰期极盛期和晚冰期的海平面变化,见表 10-2。

其中在空间和时间上对陆地地下水影响最大和最重要的一次海退发生在玉木Ⅱ冰期的极盛期,此时大陆冰川达到了最大规模,导致世界海平面大幅度下降。贝壳堤和贝壳层是古海岸线位置的主要指示物,因为这些软体动物大量地生活在海岸潮间带和浅水区,其遗留的贝壳则被海潮搬运并沉积到潮上带。中国东海大陆架上就有几道这样的贝壳堤,其中最远的一道在 155 m 深处,其^{14}C年龄约 16 000～14780 ±500 a BP,一般认为在玉木Ⅱ冰期极盛期中国东部海平面下降了 155 m(耿秀山,1982;黄春长,2000),也有认为是 185 m(徐馨,沈志达,1990),见图 10-2。此外,根据大陆架前缘古浅水沉积物,研究了其他水系的古海岸线,认为因距今约 18 000 年前的海退,我国东部海岸线在长江口以东约 500 km 处,台湾岛与大陆相连,日本、朝鲜也与我国东部陆地连成一片(黄春长,2000)。这样大的海退,使得众多含水层的排泄基准大幅度下降,水循环也大为加强,早于玉木Ⅱ冰期的古地下水也可能被排走了。

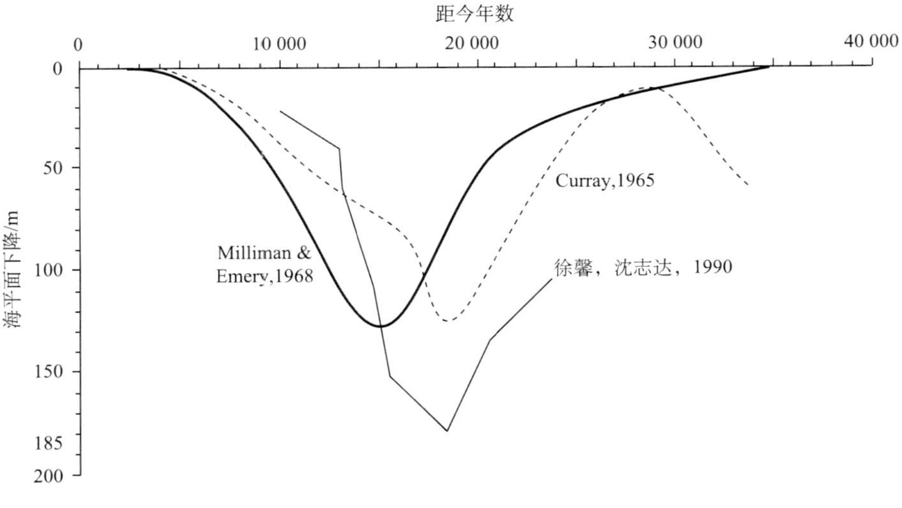

图 10-2　发生在玉木Ⅱ冰期极盛期的大海退(据 Gat 等,1981 修改;据徐馨,沈志达,1990 数据)

折线为据表 10-2 数据,未予匀化处理从表 10-2 可见，在距今约 10 000 年前时，中国东部海平面还在 −20 m 到 −30 m 的位置，直到距今约 6000 年到 4000 年前全球最温暖时期，海平面上升，在我国东部造成黄骅海侵，海岸线内迁最大达 200 km（图 10-3）。但此后海平面则逐渐下降。仍以苏北为例，存在着从距今约 6000 年起到 500 年的 4 道贝壳堤，标志着这一下降过程。这些实际上构成了区域地下水研究的框架。

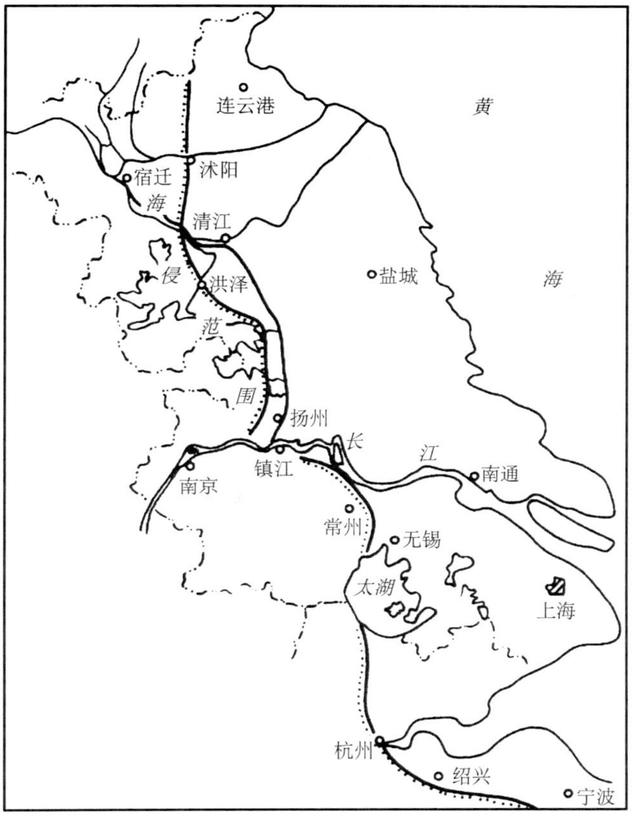

图 10-3　全新世中期的海侵范围（《中国自然地理》，1984）

三、地质演化背景

地下水的地质演化背景包括两部分：

（一）表浅地质环境

在第一章中已经说明，对获取的同位素水文数据作任何分析和解释，都必须建立在水文条件、地球化学条件特别是地质条件的基础之上，这主要是指其地质环境。属于表浅性质的地质环境包括：山前洪积扇环境，河谷平原冲积层环境，湖泊盆地湖积层环境，基岩山区裂隙环境，碳酸盐岩类岩溶环境等（霍明远，1993）。本书第十五章所讨论的地下卤水，属于地台区断陷拗陷盆地,可认为是另一类环境。

(二) 深部地质构造背景

地质和水文地质条件实际上是地质时期的产物和演化结果。起控制作用的宏观背景则是地壳构造运动。最主要的是在第三纪开始的青藏高原隆起抬升,以及发生在第四纪时期的新构造运动和发生在全新世时期的现代构造运动。地壳的大规模差异性升降运动必定伴随有大规模的断裂构造系,从地表浅层断裂到深大断裂,于是就破坏了地下水系统的常规边界。断裂是地下水运移和富集的主要场所(霍明远,1993),对所研究对象的地下水系统可造成甚至是决定性的影响。有两方面:

1. 垂向上促使与内部圈层深部水发生交换

第一章水文循环一节中已就地球各内部圈层的水作了讨论。断裂构造系将促使与深部水的交换,例如在额济纳旗戈壁上一个浅井纳林乌苏,深不过 10 m,几年测验,其地下水^{14}C年龄竟达万年(在德国汉诺威分析)。有些泉和井,其氦组分表现有深部壳源(顾慰祖,2007)。河西走廊永昌盆地地下水还有幔源氦组分(赵霞等,2007)。又如,撒哈拉沙漠北缘有 Continental intercalaire 深部承压含水层,不含^{14}C,$\delta D=-61‰$,是北非的主要淡水含水层之一。它通过构造运动所形成的断层网系,越流补给其上复的 Complex terminal 含水层,使其同位素特征^{14}C为 4 pMC 而$\delta D=-44‰$。而位于其间经由断层排泄的地下水,实际上表现为这两者的混合(Confiantini et al.,1974)。这些都表明了断层系统的垂向影响。

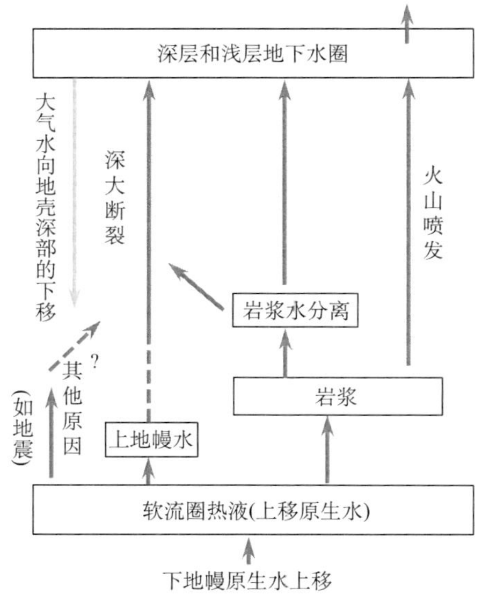

图 10-4 原生水上移进入深层和浅层地下水圈,大气水也可进入地壳深部(图中左部)

第一章的水文循环中,还涉及原生水上移(参见图 1-14)。上例地下水中有来自地幔的原生氦和来自深部壳源的氦,表明了有原生水在向上进入(或补给)深层和浅层地下水圈,在以后将要讨论的地下水惰性气体特征,可以看到与其他水源完全不同的组成来证明其特殊身份,但这直到近几十年才被认识。这一实际上存在的现象,其机制其实还不很明瞭,可概括如图 10-4。其上移途径大概是:①液相从岩浆中分离(见第一章)。②火山喷发,直接从地球深部带到浅层。③因深大断裂而构成通道,使原生水从超临界流体向上而成为热液、到浅部沸腾而发生气相分离,最后进入深层和浅层地下水圈。④其他原因,包括地震等促使原生水向上运移。

其中,值得注意的是除火山喷发和岩浆水分离外,因深大断裂而构成通道,使软流圈的热液上移，以热矿泉形式涌出地表，可有多种地质结构。卢耀如等(1999)称为双水混合循环结构。一种结构是在火成岩体中产生的，如西藏羊八井热田，其 $\delta^{34}S$ 达 9‰到 10.6‰，而浅层热水只有 0.1‰到 7.9‰，地表则近于零或为负值(−5.6‰)。另一种结构是深部热液与碳酸盐岩中的浅层循环水混合，见图 10-5。除了双水混合循环结构外，卢耀如等(1999)还特别划分出一类浅层水的深循环结构，有向斜结构、断陷结构和沉降结构三类浅层水深循环模式(图从略)。认为双水混合循环和浅层水深循环这两种结构，在其结构特征、补给条件、温度状况、水质类型、成分和硫同位素等方面都有所不同：双水混合循环是以地下深部上涌水为主，其 $\delta^{34}S$ 一般小于 20‰；而浅层水深循环仅受少量深部上涌水的影响，其 $\delta^{34}S$ 值以大于 20‰为主，可达 31‰(卢耀如等，1999)。

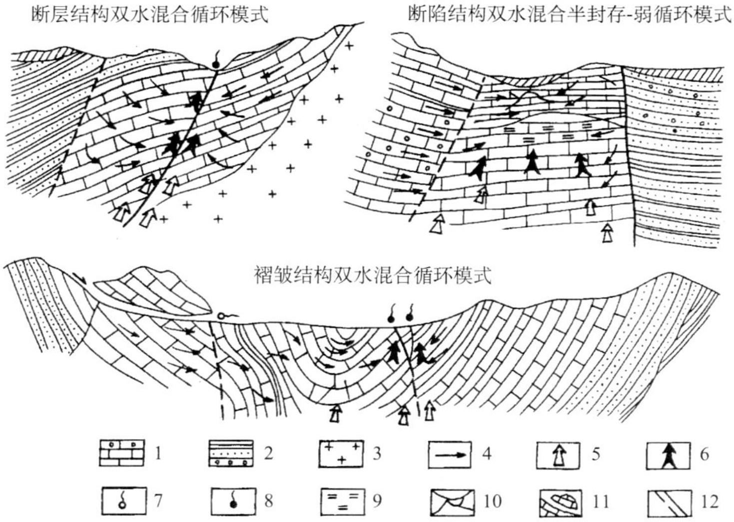

图 10-5　双水混合循环结构模式(卢耀如等，1999)

1. 碳酸盐岩；2. 砂页岩、砾岩；3. 火成岩；4. 常温岩溶水渗流方向；5. 热液深部向上运动方向；6. 混合热矿水；7. 常温岩溶水；8. 混合岩溶热泉；9. 上部半封存混合热矿水；10. 岩溶浅层通道；11. 岩溶伏流进出口；12. 断层

2. 侧向上促使发生地下水的大规模空间分配

这是一个尚有争论的问题。例如对于内蒙古巴丹吉林沙漠地下水来源，有黄河上游两湖经断层系统深循环补给之说，并用一些环境同位素资料加以说明(陈建生等，2006；赵霞，2007)。但断裂富水、导水、远距离连续性的地下水运动，取决于许多条件，而且涉及深循环问题，即机制问题，而深循环机制又涉及许多根本性的地质问题，也许因此可有、也应该会有很多质疑。但是从地质构造宏观尺度方向进行研究，跳出了区域框架，是正确的研究方向，还不能不认为是一个不容忽视的研究方向，况且还有许多难以解释的事实和现象，可以用深大断裂和断层分布来解释，需要的是更多工作和求证。对此在本节末另有讨论。

四、地下水的成因分类

对于表层和浅层水圈中的地下水，常按其赋存特征进行分类，分为：包气带水、潜水和承压水（王大纯等，1995）。从以上关于水文循环和宏观背景的讨论与对地下水的观点，需要涉及更多的圈层和更长的地质时期，也就需要从成因上对地下水进行分类。

（一）各种成因分类概念

在阐述适应于环境同位素研究的地下水成因分类建议之前，需要对过去一些主要的分类概念和界定有所了解。

(1) Gat(1971)提出了非现代水(noncontemporary water)概念，这包括两类。对于起源于长远过去时期降水的称为古水(palaeowater)。另外一类是与大气水循环无关的，起名为 fossil water(化石型水)。

(2) Gat(1981)按起源提出了 4 类。①大气水(meteoric water)，指直接源于降水或地面淡水，并通过非饱和土层补给的地下水。认为此类大气水成因地下水的同位素组成，在湿润地区一般可趋近于当地降水的平均同位素组成，而在干旱区则否。②古水(palaeowater)，认为也是上述大气水，不过是起源于过去气候条件不同的时期，如更新世水(Pleistocene water)，其同位素组成与现代降水有明显不同。而有些地下水虽较此年轻，但只要是起源于不同气候条件的时期，则也归属于古水。③地热水(geothermal water)。④建造水(formation water)。

(3) Fontes(1981) 定义古水是，起源于环境条件与现代不同的地下水，包括建造水、沉积埋藏水和矿物结晶水等。

(4) Rozanski(1985) 将古水一词仅用于末次冰期约距今 10 000～35 000 年的地下水。

(5) Grabczak 和 Zuber(1983) 定义了古下渗水(palaeoinfiltration water)，但却专指是更新世或更早期的下渗水。

(6) Zuber 等(2004)把全新世地下水划分为现代水和核爆前的全新世水，把此前的地下水划分为冰期到全新世过渡期水、冰期水(glacial water)，而把更早的统称为更老的水(older water)。

(7) Edmunds 和 Shand(2004) 把全新世地下水进一步划分为现代水、核爆前的全新世水和工业化前的全新世水，而把全新世前的统称为古水(palaeowater)。

（二）地下水成因分类建议

以下是所建议的地下水分类，供读者讨论。

从第一章同位素水文循环和以上关于宏观背景的讨论，从同位素水文研究和水资源方向出发，地下水只有两类，即水文循环成因的地下水和地质水文循环（水的地质循环）成因的地下水。前者是大气降水补给成因的地下水，而后者则是非大气降水补给成因的地下水，或是地球原生成因的地下水。而所有自然条件下的地下水，理论上都是这两类的混合水(图 10-6),不过有不同比例或后者往往为微量或为零而已。之所以可以这样划分,还是因为同位素方法可以对此两大类地下水进行识别和近似地定量分析。

1. 水文循环成因地下水

水文循环成因地下水即是大气降水成因的地下水。虽然其赋存也有空间尺度,但主要是时间尺度的,覆盖了从现代直到晚更新世甚或更长的地质时期。

作为进一步划分的依据,对地下水可有以下三个地球化学特征界面(图 10-6)。

(1) 氚浓度本底面,或热核试验所产生的氚为零的面($^3H_{热核}=0$)。在热核试验前$^3H_{热核}$的大气沉降为零,但是由于很难对$^3H_{热核}$作出测验识别,因而实际上这个特征面只能是氚接近于零或为该地区本底值的氚本底面,即热核试验前^3H的天然本底值,也即天然成因的氚水平。其产生机制主要是宇宙性成因氚即宇宙射线轰击大气中氮原子所产生,也包括地面下的原位成因氚(第四章),一般在 5～10 氚单位(TU)或更低。氚本底面或也是 CFC(或 BF_6)为零的面。实际上还都取决于氚和 CFC 等的测验精度和可测得的最低值,如氚约为 0.7TU。其实这个面也还可以是$^{36}Cl_{热核}=0$ 和$^{85}Kr=0$ 的面(图 10-6 左部,参见图 10-48)。大气核试验$^3H_{热核}$释放量在 10^{11} Bq 以上,是从 1951 年起(Confiantini,1996),可认为是这一本底面的发生时间,在距今(以公元 2000 年计,下同)50 年左右。

(2) 人为活动过程标型元素(离子、化合物)浓度本底面。标型元素是指其迁移决定着后生过程地球化学特点的元素(李学礼,1988)。人为活动过程可有因地而异的许多不同类型的标型元素、标型离子或标型化合物,如 As,Cd,Cu,Hg,Ni,S,Pb,CH_4 等,其浓度为该地区的天然本底值,或低于测验精度。第二十二章讨论了陆地水元素的背景组成,即是各种元素在天然水中的本底值。图 10-6 中相应的本底面用两个记录来说明。一是图左部,为西藏达索普冰芯 2000 年来温室气体 CH_4 含量的变化,记录显示在 2000 年前约 200 年来大气中 CH_4 呈快速增长趋势(徐柏青等,2001;郑度,姚檀栋等,2004),在 200 年前其本底值约为 0.8 μmol/mol。另一个也在图 10-6 左部,为承德避暑山庄碧峰门松树年轮中硫含量到 2000 年近 200 年的记录(蒋高明,1994),表明硫本底面约在 200 年前的 1800 年左右。图 10-6 将此面的发生时间设在距今 200 年时。

(3) 1 万年^{14}C 年龄面。按全新世起点,为距今 1 万年时。相应于此^{14}C 年龄地下水的 pMC 约在 8 以下,因为在没有碳库影响下相应于^{14}C 年龄 2 万年到 4.2 万年的 pMC 约为 8.4 到 0.5 pMC(Geyh,2008)。

以上三个不同时间的界面,在地层剖面上应发生在不同深度上,但即使在同一地区,实际上也往往是曲面,而大体上会与地层面相应。

按以上界面,对水文循环成因地下水即大气降水成因的地下水,建议划分为以下 4 种类型:

Ⅰ. 现代地下水:在氚浓度本底面,或热核试验所产生的氚为零的面($^3H_{热核}=0$)以近的时段内,即距 2000 年约 50 年内的地下水(图 10-6),以含有热核试验成因的氚、^{85}Kr、^{36}Cl等同位素为主要特征。这与中国现代史从 1949 年起的划分时期大体相同。

Ⅱ. 近代地下水：发生在氚浓度本底面和人为活动过程标型元素浓度本底面之间时段内的地下水(图 10-6)。即距 2000 年约 200 年以近，以不含热核试验成因同位素，但含有明显高于本底浓度的人为活动成因的水化学离子为特征。巧合的是，西方产业革命从 1760 年算起，中国要迟些，而中国近代史从 1840 年算起，这两者与上述标型元素本底面时期即距今约 200 年或稍早或稍迟都相近，因而取名近代地下水。

Ⅲ. 古代全新世地下水：全新世地下水所有除现代和近代地下水以外的都归属于此。中国历史的古代分期上多指 19 世纪中叶以前即以 1840 年作为中国古代和近代的分界线。这一分界正好与上述标型元素本底面时期相近。而中国古代史是从元谋人(有认为在距今 170 万年，从古测年样本等方面考虑，也有认为距今 50～60 万年)起到 1840 年，覆盖了中更新世和晚更新世。因此，可以大体上与中国历史相应，统称之为古代地下水，但将本时段即从 2000 年前约 200 年直至全新世起点时段的称为古代全新世地下水，以既不含热核成因同位素也不含高浓度人为活动成因水化学离子，其^{14}C 年龄不大于 1 万年为特征。相应地在以下将全新世前的称为古代更新世地下水。

Ⅳ. 古代晚更新世地下水(古水)：所有全新世之前的晚更新世地下水都称为古代晚更新世地下水。这包括历时 6.5 万年的末次大冰期以及此前的末次间冰期的水。末次大冰期经过约 6 万年气候条件严酷的玉木Ⅰ，Ⅱ和晚冰期，包括一次突如其来的新仙女木事件，才告结束，气候转暖、海面回升，陆地恢复生机，进入全新世(黄春长，1998)，人类也进入了新石器时代。从更新世进入全新世的分界，即距今约 $11\times10^3\sim10\times10^3$ 年(夏正楷，1997)，正是气候有明显变化的分界。按 Fontes(1981) 把起源于环境条件与现代不同的地下水定义为古水，和上述 Rozanski(1985)，Grabczak 和 Zuber(1983)和 Edmunds 等(2004)的概念，可把全新世以前的地下水统称为古水(palaeowater)。

实际上，这一时期的古地下水，还应分出 4 个亚型：

Ⅳ-1　晚冰期地下水：前已讨论过，晚冰期是指在末次冰期末，距今 1 万年到 1.5 万年、有着强烈温度变化的时期。这期间有着发生环境灾变的新仙女木期(YD)，以及老仙女木、最老仙女木期等 5 个分期。

Ⅳ-2　冰盛期(LGM)地下水：此为末次冰期中温度最低的时期，约距今 1.5 万年到 3 万年(见前)。许多报道认为在在此期间没有降水补给的地下水(见本节末的讨论和实例)。

Ⅳ-3　末次冰期地下水：在冰盛期之前的末次冰期，即约距今 3 万年到 7.5 万年的地下水。

Ⅳ-4　末次间冰期地下水：指末次冰期之前的末次间冰期，即约距今 7.5 万年之前的地下水。

以上古代更新世地下水(古水)(Ⅳ)属于古下渗水，这里界定为是不可更新的地下水。对此类地下水建议可使用化石水(fossil waters)这一名词，即归入化石水，如同称煤炭为化石燃料那样，以强化其不可更新的含义，同时与地下水开采中必须避免开“水矿”(water mining)的意义相对应。

图 10-6 罗列了一些环境记录，包括：10 万年来世纪营冰芯的 $\delta^{18}O$ 变化(Dansgaard et al.,1971);全新世世纪营冰芯的 $\delta^{18}O$ 变化(Dansgaard,2004);近 2000 年青藏高原古里雅冰芯剖面的 $\delta^{18}O$ 变化(姚檀栋等,1997);10 万年来北半球中纬度温度变化(Lamb,1977);3.5 万年温度变化(Lamb,1977);吉林东部全新世温度变化(黄春长,2000);中国近 500 年温度变化(张家诚,1976);英国砂岩含水层惰性气体地下水补给温度(Andrews and Lee,1979);中国内蒙古阿拉善惰性气体地下水补给温度(顾慰祖等,未发表);晚更新世海平面变化(Ivanovich et al.,1992);中国东部末次冰期极盛期海平面变化(徐馨等,1990);全新世海平面变化(夏正楷,1997,2000);西藏达索普冰芯剖面 CH_4 浓度变化(徐柏青等,2001);承德避暑山庄松树年轮中硫浓度变化(蒋高明,1994);以及北半球 ^3H,^{36}Cl,^{85}Kr,CFC和 SF_6 沉降的时程分布等。从图 10-6 中标出的上述三个特征界面可以看出,这些特征面前后的明显变化,特别是 1 万年以前的晚更新世从末次冰期到冰后期的全新世,发生了更为剧烈的变化,这正是据以进行地下水成因分类的依据。

以上Ⅰ,Ⅱ,Ⅲ类地下水,实际上是还属于晚期智人阶段的人类经历严酷的末次冰期、陆地恢复生机后,到作为现代人阶段开始,从山顶洞人和河姆渡母系社会以来的地下水。相当于人类新石器时代(10 000~4000 a BP)(黄春长,2000)及之后青铜器时代、铁器时代,直到现代的地下水。而第Ⅳ类地下水现在作为深层地下水还有发现。这些地下水,经过地质时期好多万年的积累,历史时期几千年的滋养,而在短短 200 年内,就被现代人折腾得面目全非,以至发生水危机的地步,值得深思!图 10-6 中在标出这些类型地下水的同时,还标明了人类的发展阶段如母系氏族等,也意在引起思考。

2. 地质水文循环地下水

地质水文循环(水的地质循环)成因地下水即是非大气降水成因的地下水,或是地球原生成因的地下水。虽然其赋存也有时间尺度,但主要是空间尺度的,涉及到从包括地壳、上地幔的岩石圈(第一章)到下地幔的地球内部圈层。此为另一类成因的地下水水源。

Ⅴ. 上移原生水:如前所述,原生水经火山喷发,或由岩浆水分离,或经断层、深大断裂等地质构造而上移进入深层或浅层地下水圈(图 10-4,10-5)。在第一章水文循环中对此已作了讨论,这是不可等闲视之的地球赋于人类的水。卢耀如等(1999)还指出:以往研究水圈问题时,常常忽略水在深部幔壳中生水—储集—运移的过程,只着重研究狭义上的水圈……也就不能更深入地探讨有关问题。

以上曾讨论过,所有自然条件下的地下水,即赋存于表层水圈、浅层水圈到深层水圈中的地下水,理论上都是以上水循环成因和地质水循环成因的五类水的混合水,实际上可以按其同位素或水化学特征由质量平衡识别各类水在实际地下水中所占的比重(第五章)。

本书第十五章还专门讨论了地下卤水,其中的封存型沉积卤水是在沉积过程中被封存入地下的、靠近古陆边缘和古盆地的海水。此外,还有由于板块运动被封入聚敛型板块边界的海水、或又发生再循环的此类海水,如安山水(andesitic water)。这些都是沉积埋藏水或建造水。但是从其成因而言,实际上也还是上述 5 类水的混合结果,因此都不另分类。

对以上按成因划分的 5 类水,可大体归纳如表 10-3。

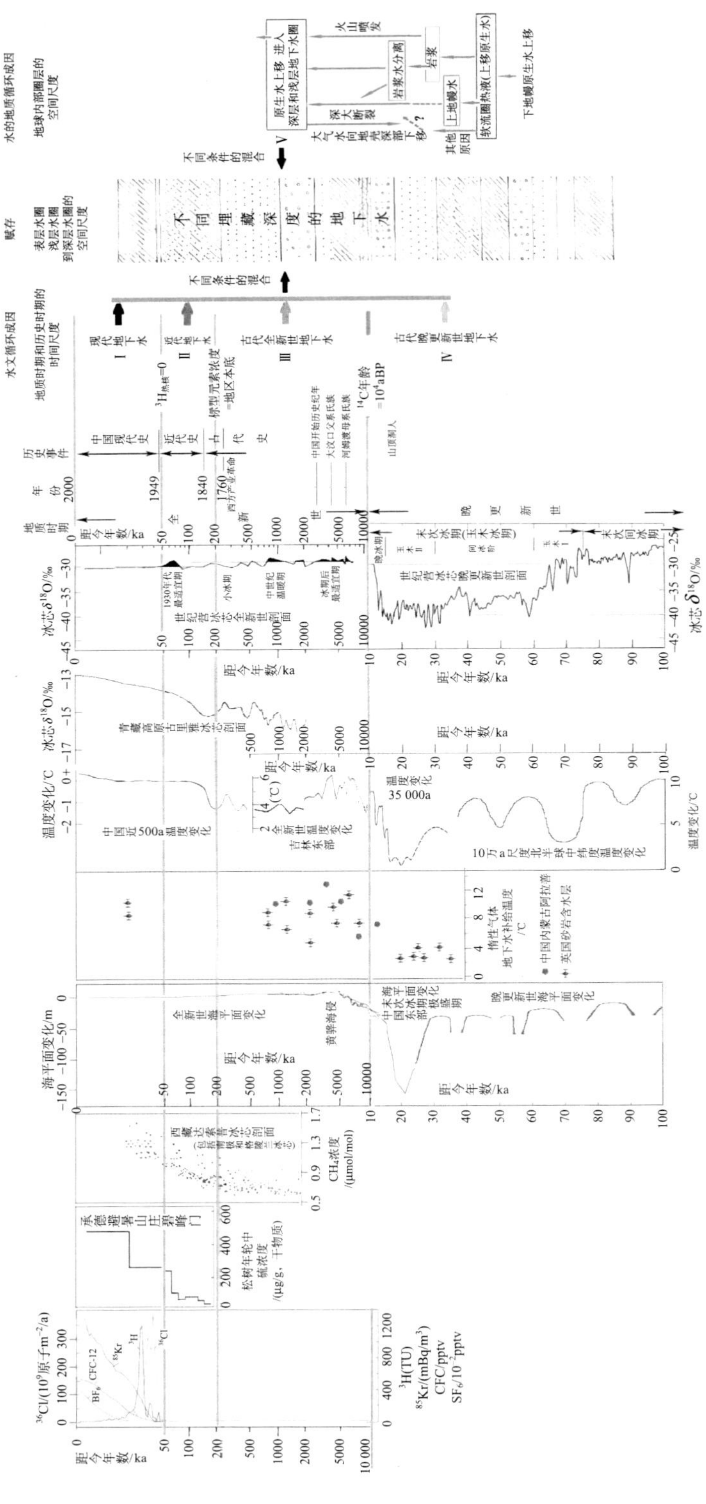

图 10-6　地下水分类建议和有关背景（有关来源见正文）

表 10-3　不同成因 5 类地下水特征举例

地下水成因分类				[距 2000 年年数] /公元年	中国历史（分界年）	冰芯 $\delta^{18}O$/‰（举例）		环境温度变化/℃	惰性气体补给温度/℃（举例）		海平面变化/m（举例）	冰芯 CH_4 浓度/(mol/mol)	年轮 S 浓度/(μg/g)	^{3}H ^{36}Cl ^{85}Kr	CFC SF_6	氦同位素见第七节
成因	分类	水文循环成因的分界面	命名			格陵兰	古里雅		英国	阿拉善						
水文循环（大气降水）	Ⅰ		现代地下水	[0～50]	现代史	相对为富，接近降水 (−29) (−28)	(−13) (−14)	趋暖平稳	(10)		平稳	最高	最高	出现高峰	逐步增高	$^{3}He/^{4}He\approx10^{-6}$ $\delta^{3}He\approx0$
	$^{3}H_{热核}=0$ 氚浓度本底面			[50] (1950)	(1949)											
	Ⅱ		近代地下水	[50～200]	近代史	较以上略贫 (−29) (−29.5)	(−14) (−15)	平稳，早期有降			平稳	由本底开始升高	由 0 开始升高	0	0	接近以上
	标型元素浓度本底面			[200] (1800)	(1840)											
	Ⅲ		古代全新世地下水	[200～10 000]	古代史	变动，可与现代水相近，或略富 (−29)±[200～2000]趋贫		暖期升小冰期降	(9.5)	(10)	平稳有海侵下降	本底	0			混合条件不同
	^{14}C 年龄 10^4 年面			[10 000] (前 8000)												

续表

地下水成因分类				[距2000年年数]/公元年	中国历史（分界年）	冰芯 $\delta^{18}O$/‰（举例）		环境温度变化/℃	惰性气体补给温度/℃（举例）		海平面变化/m（举例）	冰芯 CH_4 浓度/(mol/mol)	年轮 S 浓度/(μg/g)	^{3}H ^{36}Cl ^{85}Kr	CFC SF_6	氦同位素见第七节
成因	分类	水文循环成因的分界面	命名			格陵兰	古里雅		英国	阿拉善						
水文循环（大气降水）	Ⅳ		古代晚更新世地下水（古水）		古代史 山顶洞人							本底	0			混合条件不同
	Ⅳ-1		之晚冰期地下水	[10 000～15 000]	古代史	变动，较全新世水急剧趋贫（−37）		暖趋极冷	—	（11）	下降					
	Ⅳ-2		之冰盛期（LGM）地下水	[15 000～30 000]	古代史	最贫（−40）（−42）		最冷，较现代降7～10℃	[2万～3万]（3.4）		（−180）					
	Ⅳ-3		之末次冰期地下水	[30 000～75 000]	古代史	很贫（−38）（−32）		[3万～6万年]较以上略高，波动[6万～7.5万年]降温			高于冰盛期					
	Ⅳ-4		之末次间冰期地下水	[75 000～125 000]	古代史	富于现代水（<30）（−27.5）		变化，有较以上冷期，也有较暖期			高于冰盛期，有变动、有海侵、有海退					
地质水文循环（非大气降水）	Ⅴ	—	上移原生水	—	—	—	—	—	—	—						$^{3}He/^{4}He$ 壳源 $<10^{-7}$ 幔源 $>10^{-5}$ $\delta^{3}He$ 可到 +100% 以上

五、古地下水的氢、氧稳定同位素组成

作为上述第一类降水补给成因地下水，造成其同位素组成发生变化的原因，已在第五章中有所讨论，大体上有以下因素：①补给区位置和特征。②补给过程包括下渗补给过程中的分馏和演化。③补给时期。④不同补给水源的组成。⑤不同非降水水源的混合，包括上述地球深部原生水上移进入深层和浅层地下水圈。

对于古代全新世地下水和古代晚更新世地下水（古地下水），其同位素组成由于与现代地下水和近代地下水有明显区别，而且在水资源意义上需要重视，因此讨论如下。

1. 古地下水稳定同位素的一般组成

深部含水层地下水的氢、氧稳定同位素组成，因为反映的是古气候条件，所以与现代降水会有较大或很大区别。

对于古地下水氢、氧稳定同位素的组成，往往来自 Gat（1971）的早期概念，后来他修改为图 5-23c 中所示位置（Gat，1981）。但此后已有更多资料表明，古地下水氢、氧稳定同位素组成有较此大得多的变化。

北非 6 国或地区和欧洲 7 国的古地下水，^{14}C 年龄在 15 000 年到 35 000 年之间，其 $\delta^{18}O$ 和 δD 却是相关性很高的线性关系（图 10-7，10-8）。有意义的是，欧洲古地下水线很接近于 GMWL，其氘盈余 d 的频次分布显示大都围绕 10‰，而现代欧洲降水和下渗水却表现有与此相同的关系（Sonntag et al.，1979）。这表明，欧洲降水中的氘盈余 d 至少在 3 万年内没有变化，也就是亚热带大西洋上的相对湿度在这期间也大体上没有变化。然而北非的关系线（图 10-8），虽然也很接近并平行于 GMWL，但却在其稍下位置，氘盈余 d

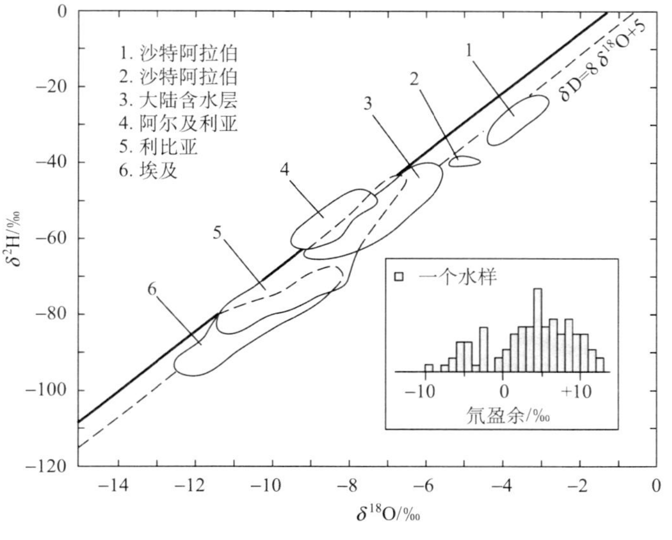

图 10-7　北非古地下水的氢、氧稳定同位素关系（Rozanski，1985）

接近于 5‰。这有两种解释：一是认为末次冰期时，那里的海洋大气其相对湿度高了约 10%。另外的一种解释是在无植被土壤条件下，降水下渗水因反复蒸发，其动力分馏造成了^{18}O和 D 的富集。北非在末次冰期期间却是潮湿多雨，降水补给比现在要大得多，低 d 值是蒸发的结果。另外值得注意的是，对于每个地区而言，$\delta^{18}O$ 和 δD 的变化幅度除英国外，一般都不大，而且相对比较集中。

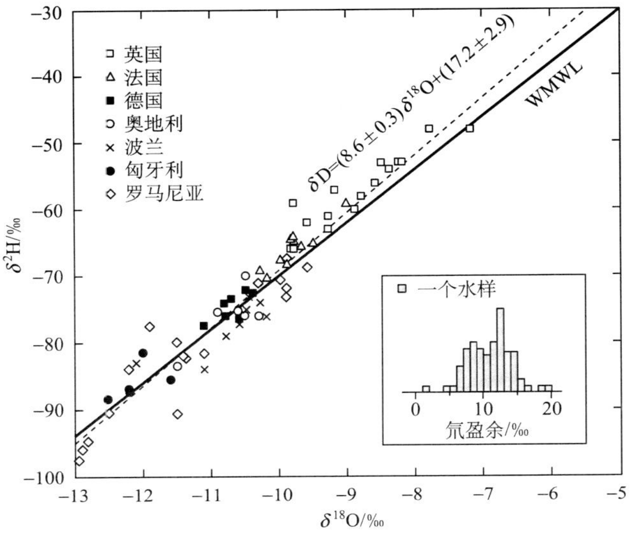

图 10-8 欧洲古地下水的氢、氧稳定同位素关系(Rozanski,1985)

淮北和豫东平原^{14}C年龄在 10 000 年以上古地下水的 $\delta^{18}O$ 和 δD 关系见图 10-9 中实心点，它们相对集中在一个较小的范围。这与阿尔及利亚古地下水相当近似(图 10-10)，不少点据落到了好像是“禁区”的 GMWL 上部。有意义的是，淮北和豫东平原相当于全

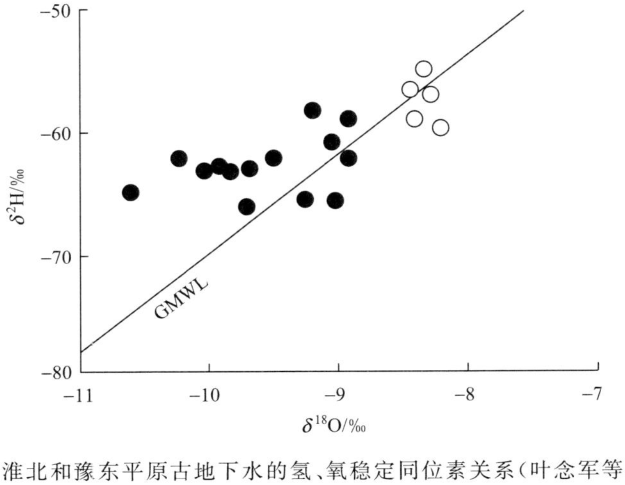

图 10-9 淮北和豫东平原古地下水的氢、氧稳定同位素关系(叶念军等,2006)

实心点为前全新世古地下水；空心点为全新世新冰期古地下水

新世新冰期中第二和第三个寒冷期的古地下水(图 10-9 中空心点),大体上也在此范围内,不过其 $\delta^{18}O$ 和 δD 略高,正是因为新冰期温度已高于末次冰期的缘故。

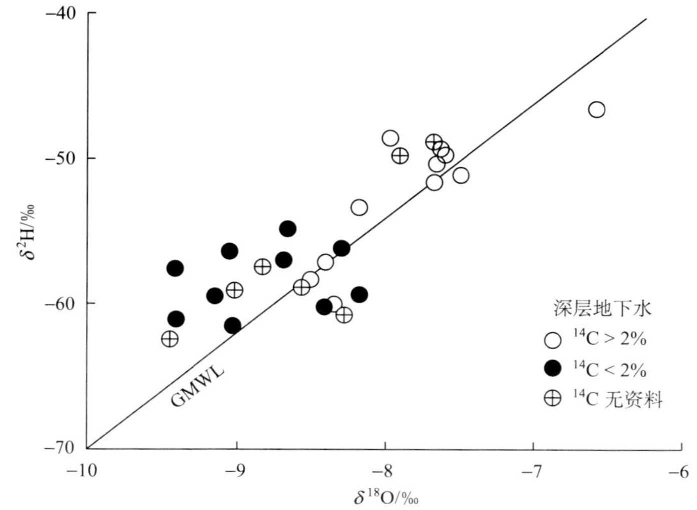

图 10-10　阿尔及利亚古地下水的氢、氧稳定同位素关系(Gofiantini et al.,1974。有修改),与图 10-9 比较

2. 末次冰期的地下水补给现象

在末次冰期中的地下水补给,有以下两种值得注意的现象:

(1) 末次冰期极盛期的古地下水补给。如前所述,末次冰期中在距今 18 000 年前后有一寒冷干旱极盛期。一般常认为在此期间没有降水补给,典型的如图 10-11,明确认为有一段无补给期。在内蒙古阿拉善高原的工作也有这样的现象(图 10-12),这表明在我

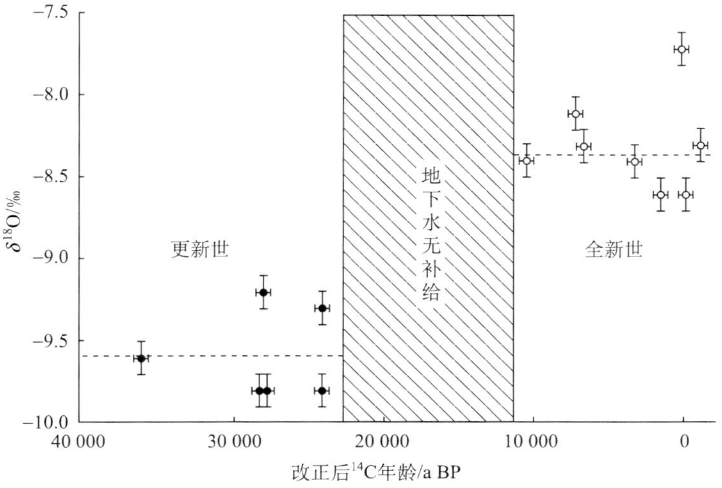

图 10-11　南英格兰晚更新世和全新世的古地下水(Geyh et al.,2000)

国大部分地区冰期时气候干旱寒冷。但是在一些以冬季风降水为主的地区，在末次冰期极盛期却气旋活动频繁，降水量有所增加（黄春长，2000），那样的地区如上述北非，就不会有这样的现象，其氘盈余 d 降低到约 5‰（图 10-8），就是以降水补给来作解释的。

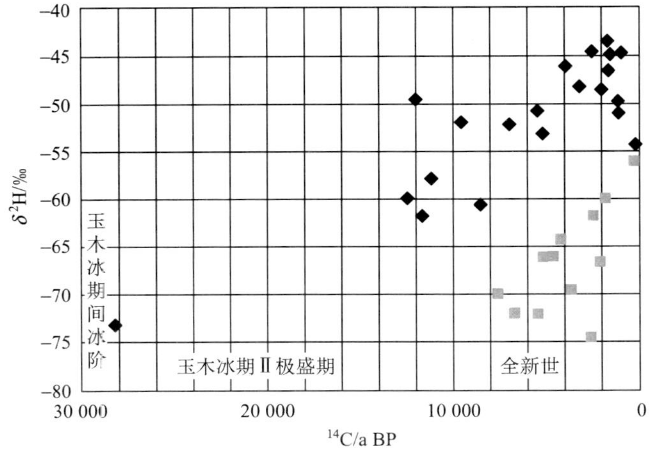

图 10-12　内蒙古阿拉善高原晚更新世和全新世的古地下水

（2）末次冰期到全新世古地下水重同位素组成的变化。从晚更新世到全新世由于温度的变化，特别是在距今约 11 000～10 000 年的剧烈变化，理论上应该会在古地下水同位素组成上有所反映，图 10-13，10-14 是欧洲古地下水之例，图 10-15 是华北平原之例。δD 和 $\delta^{18}O$ 表明，从晚更新世到全新世的过渡突变非常明显，从这里也可看到其中有三例在末次冰盛期还是有补给的。阿拉善高原从晚更新世到全新世，δD 的过渡突变很大（图 10-12），平均可到 12‰之多，越向内陆差别越大，而到阿拉善那样的内陆地区，δD 的变化要比欧洲各例要大得多。以下在应用惰性气体的讨论中，也说明了这种现象（图 10-99）。

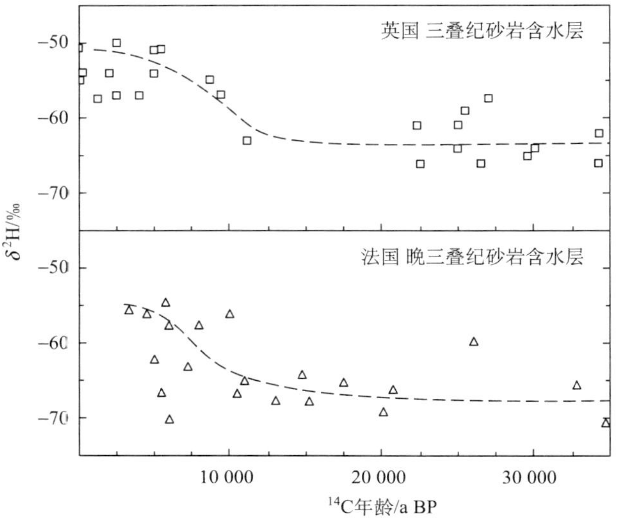

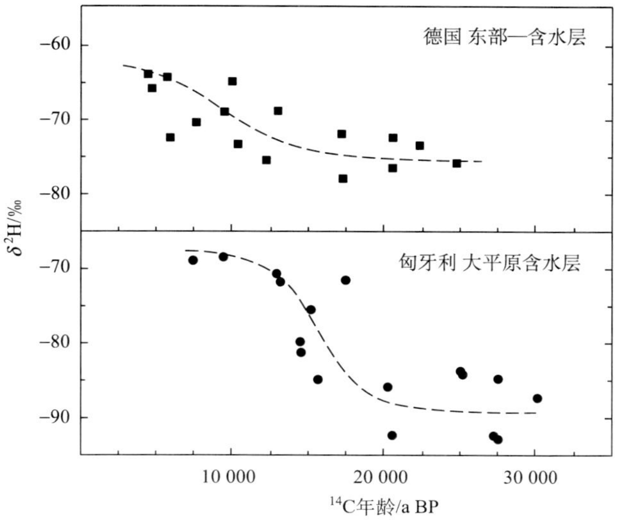

图 10-13　欧洲古地下水从晚更新世到全新世 δD 的过渡突变(Rozanski，1985)

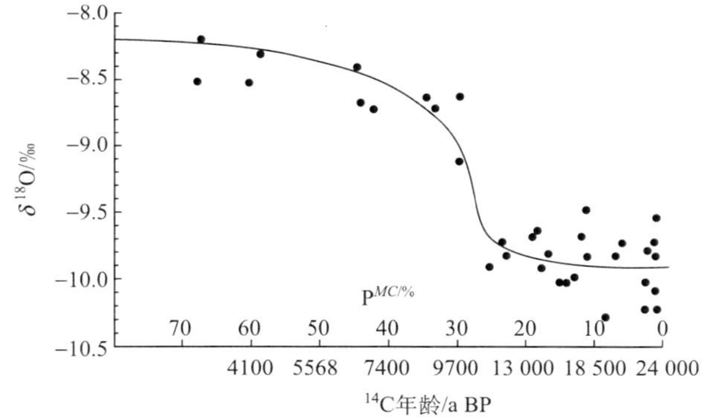

图 10-14　法国 Aquitaine 盆地深层地下水从全新世到晚更新 $\delta^{18}O$ 的变化(Blavoux et al.，1993)

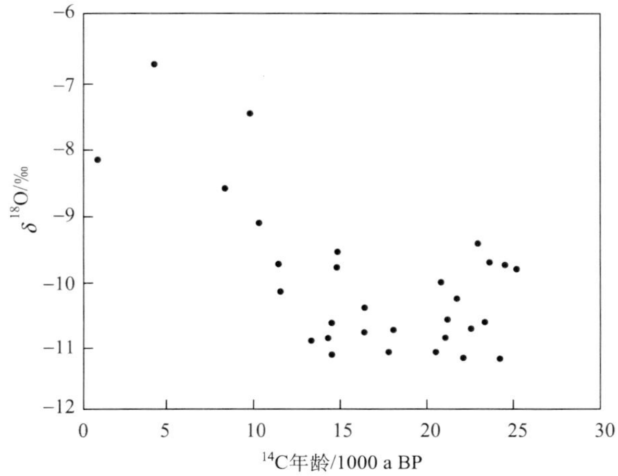

图 10-15　中国华北平原地下水从全新世到晚更新 $\delta^{18}O$ 的变化(张宗祐等，2000)

3. 末次间冰期地下水稳定同位素的一般组成

参见图 10-1，在距今约 12.5 万到 7.5 万年的末次（玉木）冰期前的末次间冰期，其气温高于现代，而冰芯 $\delta^{18}O$ 也富于现代。由于冰期海平面的大幅度下降，曾加速其排泄，因而很少能得到这个时期的地下水水样。图 10-16 为波兰南部晚侏罗纪灰岩含水层和第三系沙层的地下水稳定同位素组成，其中冰期和更古老的间冰期地下水（18 和 19 号）表明了其稳定同位素较冰期水为富的现象。

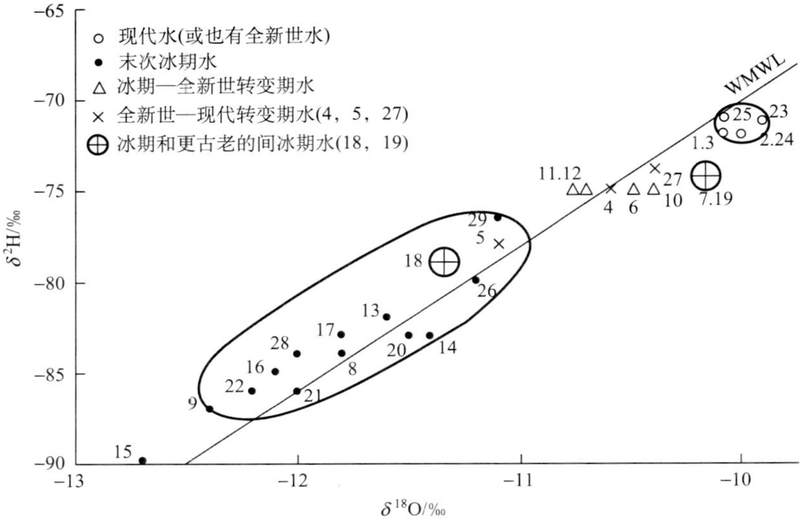

图 10-16　波兰 Cracow Malm 含水层和第三系沙层地下水的稳定同位素组成，显示了现代水、冰期水和间冰期水的区别（Zuber et al.，2004。圈形据王瑞久、杨巧凤，2009）

六、中国“水极”的猜想

以上就地质演化背景，分别对表浅地质环境和深部地质环境进行了讨论。后者有两部分：在垂向上促使与内部圈层深部水发生交换以及在侧向上促使发生地下水的大规模空间分配。这侧向空间分配是一个复杂问题，而且是涉及中国水资源的一个值得探讨的问题，也许是一个有意义的猜想。

因 65～55 Ma 以来印度板块与欧亚板块碰撞形成的青藏高原，以占国土约 1/4 的面积及其平均海拔 4000 m 的高程雄踞于世界。高原隆起对其自身及毗邻地区自然环境的演化和分异影响深刻（郑度，姚檀栋等，2004）。宏观上对周围地域地下水必定会产生影响，但是，是否会有可能对周围更远的地域发生深层地下水补给？而且，是否是我国北方地下水的一个外源即有些无法由当地降水补给作出解释的一些水源之源？在国内可达的影响范围如何？这应该是有关中国水资源的一大课题：它会是控制并影响广大地区深层地下水补给的中国“水极”吗？很可能是，但需要深入工作，因此现在只能是猜想：中国水极的猜想。

有四方面的问题：

1. 地质构造，是否存在大型断裂带

毋庸置疑，地壳的差异性升降运动和青藏高原抬升必然要构成大规模断层系统。西藏高原就有明显的两条重要的南北向或近南北向构造（陈建生，2005；张进，2004）。主要的有元古代形成的日喀则－狼山断裂带（袁学诚，1995），其南段为亚东—羊八井—那曲走滑断层，北段狼山—武威—共和断裂带则是左行走滑兼有纵张的隐伏断裂带，由数条断层组成而总体呈 NNE 展布（李百祥，2002）。此日喀则—狼山断裂带是位于西域克拉通（稳定地块）与东亚克拉通之间接近经向的基底断裂构造，认为是我国仅次于郯庐断裂带的第二大基底断裂带。它在两克拉通之间的蒙藏元古代增生陆块中部通过，直指阿拉善高原，造成了蒙、甘、青地区在地球物理场和区域构造格架上东西分块的基本格局。再因高原隆升使软流层发生塑性变形，东亚克拉通向约束力最小的东部发生整体位移，使此断裂带受拉形成大型的张性断裂构造，断裂带南部还出现了谷路—亚东裂谷。此外，还有杂多—都兰—雅布赖山北东向构造带，断层成群出现在其中，还有一些规模较小的近经向的断裂带（张进等，2004）。此外，还有作为西域克拉通与青藏高原分界线的阿尔金左旋走滑断裂，它切断祁连山，过玉门而消失在巴丹吉林沙漠之中（袁学诚，1995）。

2. 深大断裂是否导水

对于上述日喀则—狼山断裂带，其破碎带延深可达 20～30 km（袁学诚，1995）。有以下几点表明其导水的可能性（陈建生，2005）：

（1）南部走滑断层沿断裂带有一系列断陷盆地、强震活动和温泉分布（袁学诚，1995）。温泉及地热异常成群、成带分布，有控震、控热特征（李百祥，2002）（图 10-17）。断裂带上温泉的温度 24.5～93℃，距离断裂带越近的温泉水温越低，而距离较远的温泉反而温度越高，而且在断裂带上并没有温泉。

（2）泉水的深循环。武威药王温泉水的循环深度，利用 K，Na，Ca 温标计算热储平均温度和地温梯度，求得地下水的循环深度为 2450～3180 m（曹兴山等，2001）。

（3）流经断裂带的一些小河消失了。例如青海共和的沙珠玉河，该河由十几条小河流汇聚而成，经过日喀则—狼山断裂带时消失。

（4）青海湖湖底的泉华表明其湖底补给很可能来自该断裂。青海湖东南湖湾水深 21 m湖底的泉华，矿物组成为文石，并含有少量水菱镁矿。因此，可以认为此泉华的主要成分为碳酸盐（张倩等，1994）

（5）雅鲁藏布江干流及其支流年楚河等河流经过日喀则－狼山断裂带后流量明显减少。日喀则以东的径流深度分布有一个长度为 300 km、宽度为 80 km 的低槽，甚至在拉萨市以南以 50 km 为中心的约 4000 km^2 范围内存在一个径流深度仅为 100 mm 的异常区，很可能是断裂影响造成（陈建生，2005）。

（6）地震可引起数千公里以外地下水位异常，甚至出现井喷。2004 年 12 月 26 日在

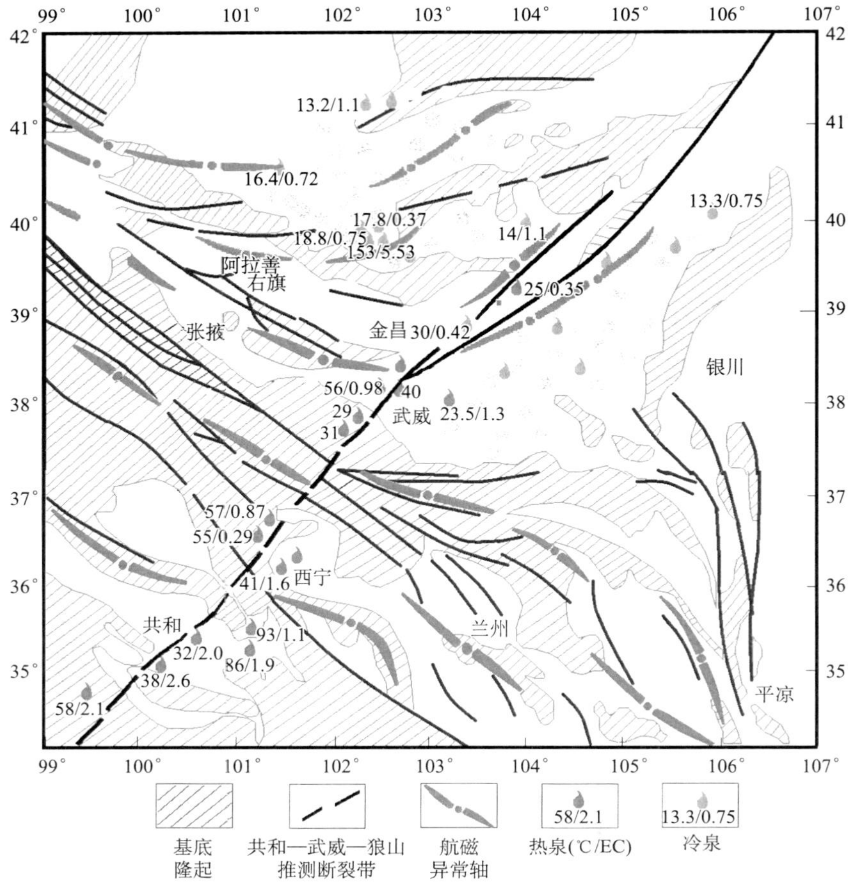

图 10-17　狼山—武威—共和断裂带温泉分布(李百祥,2002;陈建生补充,2005)

印度尼西亚苏门答腊发生 8.7 级地震后,远在广东梅州深 800 m 的地震观测井突然发生井喷,最高达 50 m,连续喷发了 12 天(万永芳等,2006)。甘肃平凉和江苏句容地下水位对于苏门答腊和汶川地震,也都表现了明显的响应,见图 10-18。1976 年唐山地震后,开滦煤矿各矿井下涌水量成倍增长,矿井水位迅猛上涨,其中地下水位上升的幅度达到30~40 m/d,8 个矿区震后井下最大积水量高达 1668.9×10^4 t,地下水量增加了 7.5×10^8 m^3(徐常芳,2003)。

(7) 断裂与电性高导层。青藏高原西缘许多断裂构造往往伴随有电性高导层(金胜等,2007)。高导层分布深度从数公里直到 100 km 以下普遍存在,在有些断裂附近的高导层已接近地表。显然高导层不可能是熔融的岩浆,很可能是存在地下水的地层(陈建生,2005)。

(8) 不同时期成矿或成岩包裹体中所含的水有来自大气降水或海水的组分,并不完全是岩浆水或变质水,有时前者还占有很大比例,如图 10-19(郑有业等,2006)。这种现象表明,大气水曾因深循环而到达了深部岩石圈中。

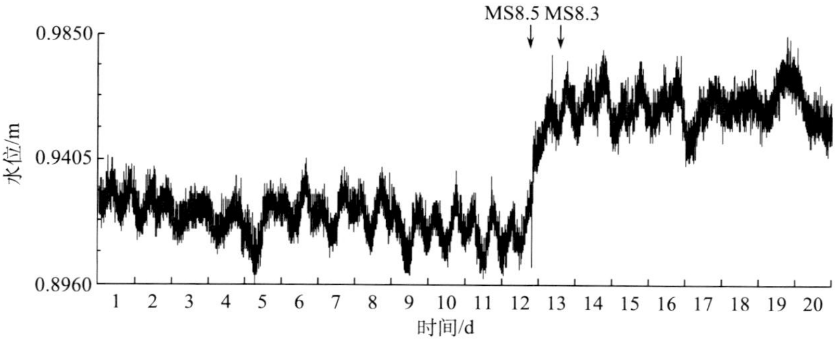

a. 2007年9月印度尼西亚苏门答腊8.5与8.3级地震

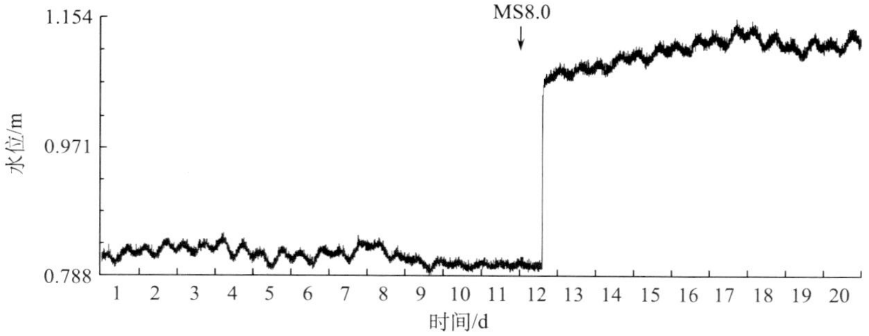

b. 2008年5月12日汶川8级地震

图 10-18　江苏句容地下水位的地震响应(赵霞,2008)

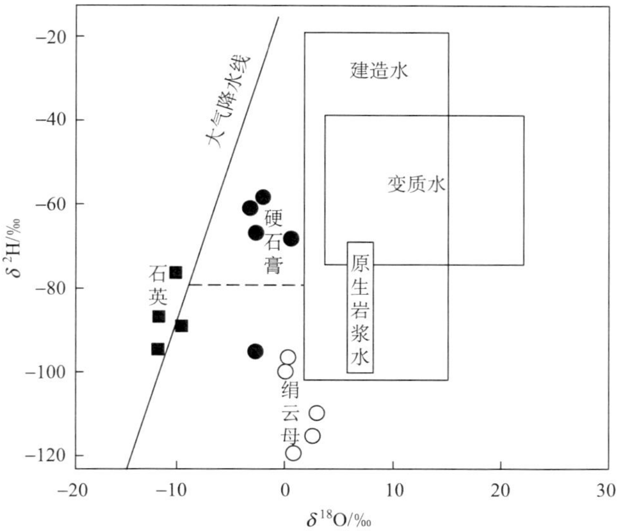

图 10-19　驱龙矿床硬石膏、石英和绢云母化合水的氢、氧同位素组成(郑有业等,2006)

3. 水量来源

有两方面的可能：

(1) 因水的地质循环(见第一章)而发生原生水向上进入深层和浅层地下水圈，见上述本节“四”和图 10-4。

(2) 由于深大断裂等地质构造而造成大气水向地壳内部和深部的下渗(图 10-4)。藏北广大的内流区可能还是产水区。陈建生(2005)估算，上述日喀则以东的年径流深度异常区的渗漏量可能很大。

4. 深循环机制:“陈建生空洞层假说”

图 10-4 只是一个简略的概念模型。其右部即原生水因火山喷发等向上进入深层和浅层地下水圈的机制相对而言是明确的。然而，其左部即进入地壳深部的大气水连同原生水如何能通过深循环而向上进入深层和浅层地下水圈的机制则未知。很明显，这涉及包括超临界流体等一系列地质问题，用传统理论尚难以作出完整的解释甚至是否定的解释。

陈建生(2008)提出以下假说来解释上述机制问题，包括四部分。

1) 板块碰撞引起岩浆与热液涌出

岩石圈是一个密闭系统，当大洋板块或大陆板块俯冲插入另一个大陆板块之下时，插入在软流圈中的板块引起地幔岩浆压强突然升高，高压岩浆呈辐射状向低压流动，并通过断裂带涌出地表。微板板缝合带最容易成为岩浆和热液的上涌通道，地幔岩浆涌出使其拉张伸展。俯冲插入地幔板块中的孔隙介质中携带大量水分包括结晶水与结合水等，这些水在插入高温地幔后发生脱水作用，从板块中析出进入地幔岩浆中，由于地幔岩浆的温度和压力远高于 374.15℃和 22.1 Mpa，水分子很快就成为超临界态(SCW)，SCW 分子由于密度小而向上移动，移动过程中大量萃取岩浆和岩石中的铁、镁等金属元素而形成超临界态流体(SCF)(谢鸿森等，2000)，SCF 浮在岩浆之上并随着岩浆喷发涌出形成矿床。由于地幔岩浆的密度大于地壳，所以上涌地幔岩浆在缝合带中的运动也造成重力梯度异常。

2) 热液在断裂带中聚集

地幔软流圈岩浆的压强随着岩浆的不断涌出而下降，当插入板块所产生的高压被岩浆的溢出所释放后，地幔岩浆向地表的喷发逐渐停止，不流动的岩浆凝结成岩，并且将微板块之间缝合带中的岩浆和热液的通道封堵。但插入板块的运动并没有停止，地幔的高温仍然将板块中的水脱离出来，继续产生超临界态的并向岩石圈断裂带汇聚。由于热液的通道已经被凝固的岩浆所封堵，超临界态的流体只能聚集在岩浆尚未凝固的克拉通之间的接缝中并浮在岩浆之上，随着 SCF 不断聚集，岩浆被 SCF 挤出了缝合带并回到了上地幔，随着脱水量不断增加，SCF 不但充满了缝合带，而且还在壳幔边界上进行汇聚。由于水-岩反应的速率与流体的流速呈反相关，与流体在体系内的停顿时间呈正相关，因此静止的流体对围岩的溶解速度最大；在超临界水存在的断裂缝合带中的硅酸盐等矿物质解体，岩石被淋失（张荣华等，2007）。于是，中、下地壳的缝合带以及壳幔边界都被 SCF 所占据。并认为，液态水与 SCW 的分界面就是康拉德面，这是一个物理界面。

3）断裂带中地壳空洞层的形成

俯冲插入地幔的板块的温度低于软流圈，所以插入板块附近软流圈的温度在不断地降低；插入板块脱出的水分子向上运动并通过对流方式降低了地幔的温度。由于俯冲板块屏蔽了地幔的热能，造成俯冲板块下部地幔的热能不能传递给上覆的岩石圈。俯冲板块的不停运动使地幔的降温过程持续地进行，降温造成了岩石圈温度梯度不断地降低。当中地壳温度降低到 SCW 以下时，保存在中地壳断裂带中的热液由 SCF 变成液态，液态水的密度高于 SCW 而向下流动，水在向下运动过程中又被加热成为了 SCW，但是同时也降低了深部断裂带的温度。水通过这种反复的对流，最终将中、下地壳断裂空隙带中的温度降低到了 SCW 以下，SCF 中的水与矿物发生分离，镁铁质-超镁铁质以结晶矿物沉积在下地壳断裂带及其壳幔边界，液态水被保留在中地壳。于是，微板块之间的缝合带演变成为封存大量地下水的空洞层。

4）中地壳空洞层演变成为深层承压水的导水通道

因岩石圈温度的降低和俯冲板块的屏蔽作用，中地壳的温度逐渐降低，缝合带中水的压力也随着温度的降低而下降，在上地壳流动的地下水通过活动断裂带渗入到中地壳的空隙带中，进入中地壳的地下水很快被加热，水的温度升高密度降低上浮到了地表形成温泉，中、下地壳的热量通过垂向对流的方式被逐渐冷却带出地表。

地下水的垂向循环将空隙带中的温度进一步降低，渗漏水也使地层出现高导低速特征，而且还会引起地温梯度降低。这是因为在深部地层中循环的地下水将岩石圈断裂通道附近岩石的热量带走了，深部地幔的热量不能通过热传导传递到地表，于是就造成了导水断裂带附近的温度梯度的下降，而且所有出现低值地温梯度的点都存在深层承压水。中国 35°N 以北大陆地温梯度低于 13.2℃/km 的点，有可能就是地下水在深部循环所造成的。所以理论上可以根据地温梯度来判定深部岩石圈导水断裂带的走向。

* * *

许多假设，往往看似荒诞不经，但可以对说不清的一些现象作出相对比较圆满的解释，要经多年努力才能得到证实。在第二章中对于 β 衰变的中微子假设，当时可以圆满地解释 β^- 衰变和 β^+ 衰变以及有关的难题，诸如核内何来电子等。但对此假设也颇有争议，直到 26 年后才发现中微子的存在而使此假设得到证明。

也许青藏高原这个“冷极”，大规模地控制并影响着中国北方深层地下水补给而成为中国“水极”。但可以认为，在没有破解它之前，希望不要贸然建造人工地面水系从青藏高原进行大规模引水。因为如果大规模引水，也许会对广大地区地下水的天然补给体系造成大规模的影响甚至破坏。

第二节　水文循环成因地下水的补给和类型

一、地下水补给的概念

在上一节中讨论了地下水的总体属性、宏观背景和成因分类。很明显，对于水文循环成因的地下水，大气降水是其补给水源。而大气降水首先进入表层水圈和浅层水圈的地下部分，在土壤和岩石圈的孔隙、裂隙、溶穴中赋存，运动于地下水交替循环带（图 1-9）中，甚或进入更深的地球圈层（图 10-4）。降水不断补给地下水，是地下水和水资源的核心问题。

本节主要讨论水文循环成因的地下水补给，有以下概念需要说明。

1. 地下水补给率

这是地下水补给的量化，在单位时段内（如年）地下水得到的补给量。需要设法尽可能准确地估算地下水的天然补给率或简称为地下水补给。这其实是要划定地下水长期安全开采的“红线”：地下水的开采量理论上不允许超过地下水的天然平均补给量。这应该是水资源管理的铁律，否则从长远而言，将会对环境和子孙后代产生严重后果。

一般定义地下水补给是到达地下水面、并给地下水库以水分增量的向下水流（Jacobus and Ian，2002），或是到达地下水面的向下水分运动（Scanlon et al.，2006）。但是对于水文循环地下水补给，不能限定于对潜水的补给。例如，郑州到开封段黄河对于两侧地下水的补给，可达到约 200～300 m 的深度（赵云章等，2004），已经进入晚更新世地层或已经造成了对于深层地下水的补给，而且在空间上也达到了相当大的范围（Ye et al.，2007），这已经超越潜水层而是对更深层含水层的补给了。

对于占我国国土面积约 1/3 的干旱、半干旱地区，地下水补给问题需要格外关注。从世界 140 处所报道的地下水补给研究统计，面积由 40～374 000 km^2 的干旱、半干旱地区，其地下水补给率除个别特例外，一般为每年 0.2～35 mm，即只有年平均降水量的约 0.2%～5%（Scanlon，et al.，2006），或为 0%～2%（Tyler et al.，1996）。那里所使用的主要是不可更新的深层地下水，所以其生态环境特别脆弱，在降水补给的研究方法方面也更需要关心。

2. 需要识别非水文循环补给

水文循环地下水补给是地下水补给的主体。但是，既然存在有地质水文循环的非水文循环源，而又有可能进行识别，因此在进行地下水补给研究之初就必须在采样等方面有所考虑。本节以下将讨论这方面的内容。为此，我们主张定义地下水补给是从任何方向（向下、向上和侧向）到达任何含水层的水量。这包括了非水文循环成因的地下水补给在内。

3. 地下水水源组成

对于需要开发的尤其是已经发生问题的区域性地下水和含水层，需要设法尽可能准确地识别其起源和组成，这是同位素方法在这一方向上的优势。因而认为地下水补给有平行的两个方面：补给率估算和补给源识别。

这对于旱半干旱地区尤为重要。对于流域治理、跨流域引水，需要评价对地下水系统主要是对于其水源组成所构成的影响。例如，地处黑河下游的额济纳旗，主要使用深层地下水，为要判断黑河工程会不会对此产生负面影响，需要识别其深层地下水的水源组成及其与工程的关系。对于地下水开采，按规范经抽水试验评价日开采量的常规方法还是不够，还需要识别其地下水水源组成，以判断此开采量是否会“劫夺”其他已有开采井的水源，或甚至造成某些泉的枯竭。此类水源识别结果，作为特定对象的地下水的一个或几个来源，也可以看作是该地下水的“补给”。但是，在概念上需要与上述通称补给的补给率加以区别，因为这不是严格意义上发生地下水水量增加的补给了。

二、水文循环成因地下水的补给类型

对于水文循环成因地下水的补给，有各种各样的分类。建议可分为以下三类：

1. 降水补给

指降水经由地面直接下渗进入地下，通过非饱和带并到达地下水面的补给。这是地下水最重要的天然补给。由于降水一般分布在相当大的范围内，所以也称为散布型补给(diffuse recharge)(Scanlon, et al., 2002)。Lerner(1997) 称之为直接补给(direct recharge)。也有称为净下渗(net infiltration)、渗滤(或渗漏)(percolation)的，还有称为(内部)排水(drainage)的，都是指地面下渗经过植物根系层以后补给地下水的水分运动(Scanlon, et al., 2002)。还有进一步定义上述净下渗是在某深度上的渗漏率，在该深度以下它不再受蒸发的影响了(Flint et al., 2002)。因而，将降水经地面下渗进入地下的统称为地下水的“可能补给”，将实际上能够到达地下水面的称为地下水的“实际补给”。

2. 地面水体补给

指各种天然地面水体的水量经由地面下渗进入地下，通过非饱和带并到达地下水面的补给。河流是最主要的天然地面水体，此外还有湖泊、水库、洼地水等。相对于上述降水补给而言，天然地面水体对地下水的补给机制是局部的和集中的，因而称为集中型补给(focused recharge)，(Scanlon, et al., 2002) 或局部型补给。Lerner 将此项归入间接补给，并在上述直接补给和此项间接补给之间，还划出介于其间的另一类，专指那些通过一般是在地下的构造性节理等所形成的补给，也称之为局部型补给。

地面水体其实包括降落在这些水体上的降水，从其地面集水区汇入的降水径流，以及从其地下集水区汇入的地下水径流，它们以不同的组合方式作为地下水的可能补给来源。

这样，天然地面水体对地下水的补给其实也还包括了一部分直接来自降水的补给。

以上的降水补给和天然地面水体对于地下水的补给，可合并称为是地下水的天然补给。

3. 人为补给

人为（或人工）补给是相对于上述天然补给而言的，其实应该是“人为干预条件下的地下水补给”，是人为地改变地下水的天然补给条件或补给分布，而并不是制造出来的一个水源。广义而言，这样的人为影响和措施，有正面和负面的两方面。前者是设法使地下水多得到一些补给，后者则是改变地下水补给的天然条件，强迫其服从人为分配，或集中于某些需求。由于需要应对水危机，人为补给地下水的重要性也就日益显著。为此，对于人为补给的研究也应该包括正面和负面两方面：尽量采取属于正面的、对环境和生态有益的措施；抑制或者改造和纠正那些对环境和生态发生负面影响的各种水利工程和措施。如有些水库就是。

由于都市发展，地下水的天然补给条件和补给分布也发生了很大变化，这也属于人为条件下的地下水补给类型范筹。

三、天 然 补 给

（一）降水补给

1. 地面和地下众多因素的综合响应

从一般概念出发，降水补给过程和机制是水文学中熟知的降水下渗（芮孝芳，2004）加上非饱和带的土壤水分运动和平衡问题（雷志栋等，1988）。对于非饱和带厚度不大、特别是松散岩类的地层，其地层条件相对较为均匀，降水对其浅层地下水补给相对比较简单。但一般而言却并非如此，例见图 10-20。该图为一 60 km^2 范围的 Yucca 山区，由于是储存高放射性核废物的候选地，因而必须评价降水对地下水的补给问题。其非饱和带厚达 550～750 m，表层土壤以下有一系列不同地质时期的地层，而且其组成各有特点，并为 4 组垂向断层所分割。于是，对于其降水补给，认定将是降水条件、地形、土壤厚度、非饱和带分层、复杂地质构造包括裂隙和断层等众多因素相互作用的结果（Flint，et al.，2002），因而必须以这样的认识和尽可能详尽的野外工作为基础，设计出对降水补给的多种的而不是单一的研究方法。很显然，面临这样一个复杂的地块，应用传统水文学方法即使不是不可能，也是非常困难而且难以达到需要的精度，例如其边界条件就难以确定。

2. 时程分布

这和年径流变化类似。地下水的天然补给有很大的年内和年际变化，因此对于某地地下水天然补给的评价，需要有多年资料。这对于应用环境同位素方法研究地下水天然补给就会有一个问题，作为有其特殊优点，特别是近期发展起来的方法如氯平衡，虽然能

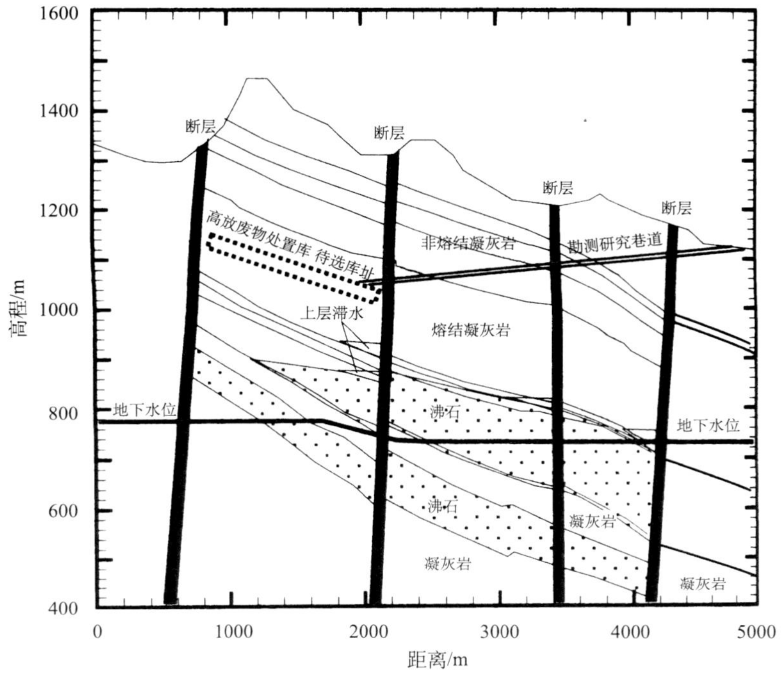

图 10-20　Yucca 山区高水平放射性核废物处置预选库址(Flint et al.,2002)

有多年降水资料,但不可能有长期的降水氯资料,因而还需要结合常规水文学方法和古水文方法,并结合长系列水文资料设法寻求天然补给的年际变化。

3. 空间分布

在一个研究区域内的降水补给往往是不均匀的,有时其空间分布的变异还很大。上述地块(图 10-20)用多种方法特别是同位素方法的研究结果是,降水补给率从每年约 1 mm到约 12 mm。美国得克萨斯和新墨西哥的高平原,其降水的总补给为每年 11 mm。其中 15%～35% 是集中于 6%的面积,而来自其他 94%的面积的补给中,只有约 5%是由常规水文学的下渗机制形成的(Wood et al.,1997)。以上两个区域,如果用常规水文学概念来处理,那肯定是差之千里了。

4. 时间响应

地下水的天然补给情况往往可在地下水的年龄中得到反映。在高降水地区的浅层地下水其年龄甚至短到只有几小时或几天,而在干旱条件下对于深层地下水也许会达到几千甚或万年(Tyler et al.,1996)。在上述 Yucca 山区的降水补给到达地下水面的时间为 1 年以内直到几千年。

5. 植被影响

值得注意的是，植被对于天然补给有很大影响，这是地下水天然补给中的一个重要问题。植被影响可用降水下渗过程和土壤水平衡的机制来解释。一般情况下，植被覆盖率减少会使降水补给率增大。天然植被清伐所造成的影响最为突出，例见图 10-21。该图综合了一些国家的工作结果。在天然植被清伐以后的地下水降水补给率较之天然条件，前者甚至可增加到两个数量级之多(Scanlon et al.,2006)。具体如 Niger(Sahel)西南部，由于改变土地利用和植被覆盖率降低，天然降水补给率从原来的每年 5 mm 增加到每年 20 mm(Leduc et al.,2001)。另一方面，对于植被状况的改变也有明显影响，例见图 10-22。图中树林和草地的地下水天然补给率可相差几倍。因而认为对植被的管理，是调整甚或增强天然补给的一种手段。

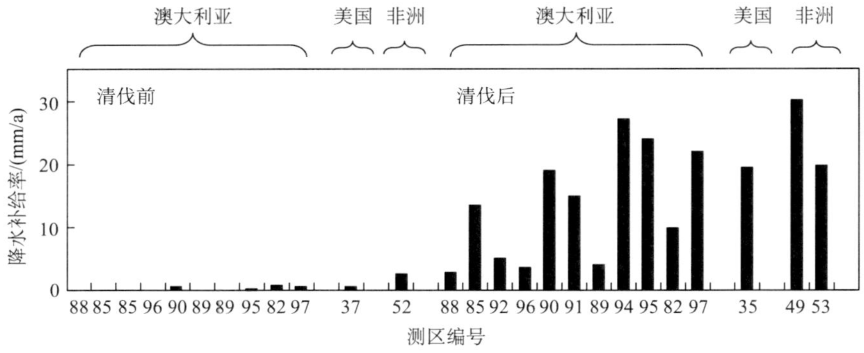

图 10-21 植被清伐对地下水天然补给的影响(Scanlon et al.,2006)

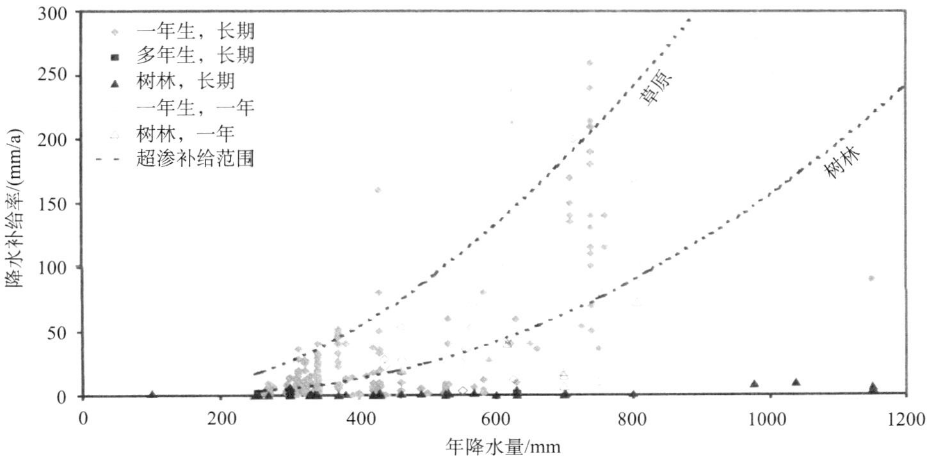

图 10-22 植被类型对地下水天然补给的影响(Petheram et al.,2000;Zhang et al.,2001)

6. 年降水量与年补给量

年降水量和年降水补给量之间不像年降水量和年径流量那样存在有经验关系，同样的年降水量，其年的地下水补给量甚至可相差达100倍之多(图10-23)。

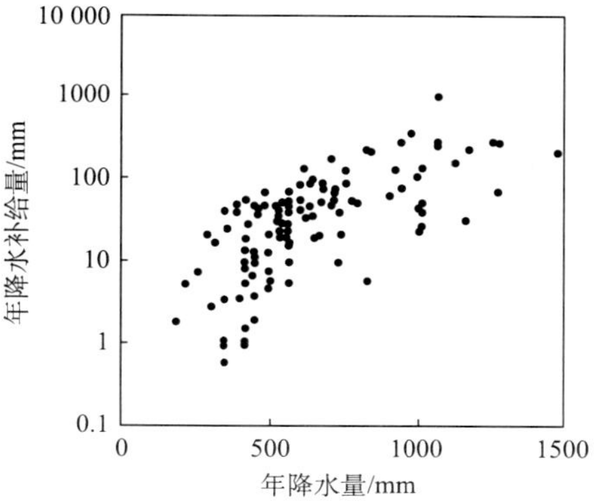

图10-23　南非，博茨瓦纳和津巴布韦的年降水量与年降水补给量(Selaolo，1998)

7. 降水补给的估算和研究内容

降水补给是水资源评价的重要环节，既需要大尺度空间和时间的补给估算和研究，也需要小尺度的研究(例如对不同条件下含水层被污染的脆弱程度)，甚至需要讨论大孔隙和裂隙的影响。降水补给估算和研究一般包括4方面：①降水补给过程和历史。②降水补给率。③降水补给区。④降水补给源。若需比较补给条件，则还有⑤补给时的温度环境。同位素方法在这些方面具有重要意义，有时还是唯一有效方法，有些无机离子也有重要应用。

8. 降水补给的估算和研究方法

从降水到地下水补给，关联着地面以下的非饱和带和饱和带，这就有与此相应的两类研究方法。

(1) 基于非饱和带的方法。有物理型和示踪型两类。前者包括：蒸渗仪方法；结合中子土壤水分测验的零通量面方法；使用达西(Darcy)定律的方法。后者包括：环境同位素方法；人工施放放射性同位素方法；无机离子方法特别是氯平衡方法。

(2) 基于饱和带的方法。也有物理型和示踪型两类。前者包括：潜水水位变动方法和使用达西定律的方法。后者包括：环境同位素方法；放射性同位素测年方法；也有无机离子方法特别是氯平衡方法。

以上各种方法中的一些主要方法包括其在应用中的限制条件和优缺点，将在以下各节分别讨论。应该说，没有一个方法是完善的。可是，如果使用多种方法，相对而言可期望有最佳的结果。这又回到同位素水文学方法的一个基本原则上来了，那就是：需要多项同位素协同和相互校核。

(二) 地面水体补给

地面水对地下水的补给实际上是地面水与地下水相互关系中的一部分。这两者在水文系统中是相互联系着的成分。

天然补给中的地面水对地下水的补给，主要是江河水对地下水的补给。湖泊对地下水的补给作为其水量平衡的一部分，将另章讨论。

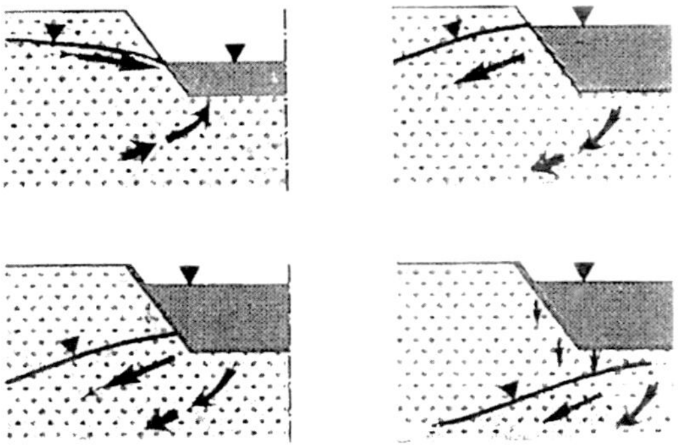

图 10-24　河水和地下水的一般关系示意图
(Seiler,2007)

河水与地下水的补给关系,一般有图 10-24 的一些情况。

作为有水力联系的河流与下伏潜水含水层,其间所发生的水流交换 q,基于达西公式,并结合对一些边界条件的简化考虑,可有下式(Rushton and Tomlinson,1979):

$$q = k_1 \Delta h + k_2 [1\exp(k_3 \Delta h)]$$

式中,$\Delta h = h_a - h_r$,h_a 为含水层水头,h_r 为河水水头,当河水补给地下水时,Δh 和 q 为负值,反之为正;k_1,k_2,k_3 为系数。实际上,q 与许多因素有关,除 Δh 外,还包括非饱和带的水力性质、有效容量、前期孔隙水含水量以及河槽几何形态和尺寸、河底渗漏条件、水流水力条件和过水时间、水温等等,这里用经验系数 k_1,k_2,k_3 来反映和拟合。该式当 Δh 值小时是非线性为主,而当发生大 Δh 时则以线性为主。q 与 Δh 的关系如图 10-25a。如果 q 只取该式中的第二项,则 q 与 Δh 的关系如图 10-25b,而只取第一项时则如图 10-25c、d 和 e。c 是理想情况,d 是河水对地下水的补给率慢于地下水对河水的补给率,而 e 则是特殊情况,不发生河水对地下水的补给。

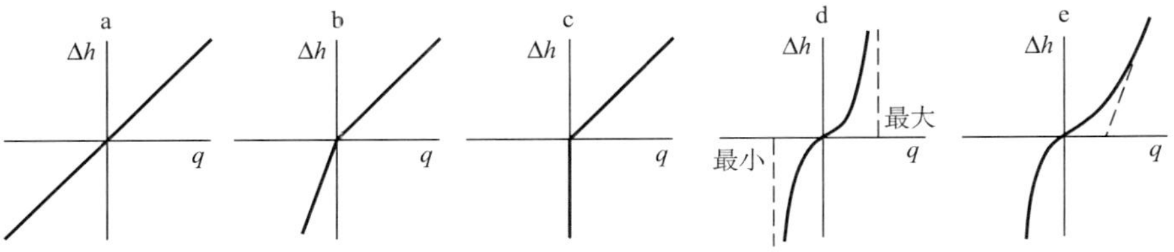

图 10-25　河水与地下水的相互补给关系(Rushton and Tomlinson,1979)

事实上,河流对地下水的补给,远非如此简单,上式只是为说明各种补给现象及其有关概念而用。因为一方面,上述河底渗漏条件就很复杂,河床因泥沙淤积或化学性和生物性结壳可形成对渗漏的阻塞层,对补给造成重要影响。这有两类情况:一是外部阻塞(external clogging),细颗粒淤积在河床表面;二是内部阻塞(internal clogging),细颗粒进入沉积层内部,占据了沉积层孔隙,细颗粒如黏粒淤积一旦形成,在自然条件下将永远存在,由此可以想见河底条件在河长范围内的变化之大。另一方面,河床下的地质和地层条件在河长范围内也千变万化,图 10-26 即是一例。因此,要定量确定江河水对地下水的补给,使用上式一类方法,只能得到补给的一般概念。此外,另有两类方法可以使用。一类是使用以下所述基于非饱和带或饱和带的方法,可求得不同时段的补给率,见以下各节。另一类是使用河水和地下水的环境同位素关系,求得补给影响范围和比重。有以下两例。

图 10-27a 是河水和离河不同距离处地下水中 ^{18}O 的两年同步过程。由简单的两参数混合,可求得离河不同位置处地下水中河水补给的比例(图 10-27b)。

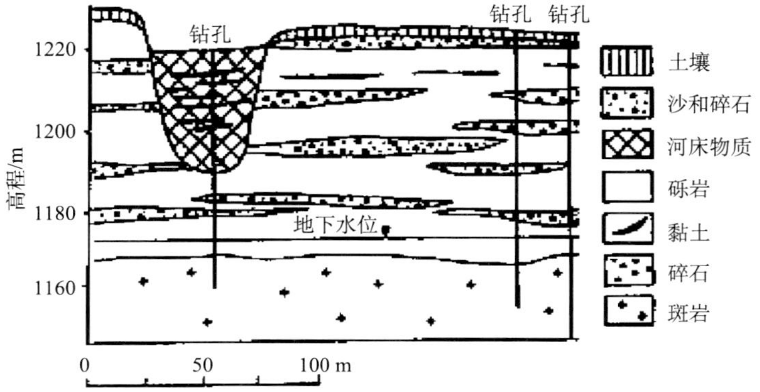

图 10-26　冲积洪积地层的复杂性(Wallace and Renard, 1967)

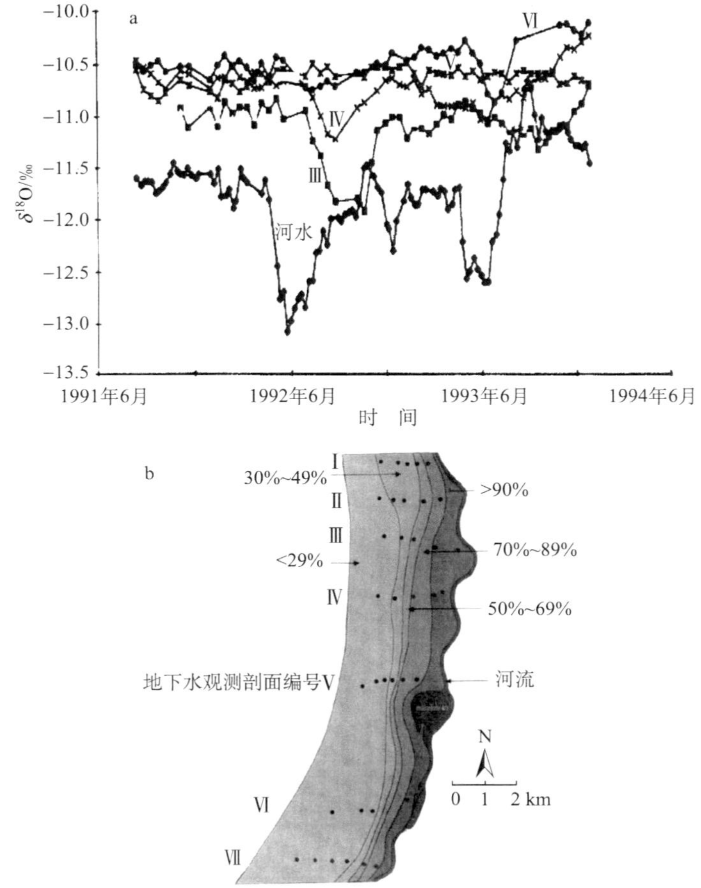

图 10-27　地下水中河水的补给比例(Seiler, 2007)

a. 河水和地下水的 $\delta^{18}O$ 变化过程，Ⅲ～Ⅵ为垂直与河流的排井剖面编号(见 b 图)，地下水 $\delta^{18}O$ 为该排剖面的代表井；b. 7 个排井剖面和根据河水和地下水 $\delta^{18}O$ 求得的地下水中所占河水补给的比例黄河其泥沙的约 1/4 在花园口以下的下游段河道落淤，使之成为地上悬河，河床高出背河地面 3～5 m，最大达 10 m。在郑州、开封等地用 4 个垂直于黄河的剖面对河水、地下水进行水文观测和同位素测验。由氚分布（图 10-28）识别出 3 组渗流域。Ⅰ组是近河浅层潜水，主要由黄河水侧渗补给构成，属黄河补给强影响带；Ⅱ组是离河远的浅层微承压水，降水补给占有一定比重，属黄河补给中等影响带；Ⅲ组是浅层微承压水，也主要由黄河水侧渗补给，属黄河补给中等到弱影响带。由 4 个剖面 ^{18}O 分布（图 10-29）最终得出黄河对于地下水补给的影响深度达到约 250～300 m（赵云章等，2002，2004）。这实际上已经穿过晚更新世地层进入深层地下水，并扩充到了相当大的范围（Ye et al.，2007）。

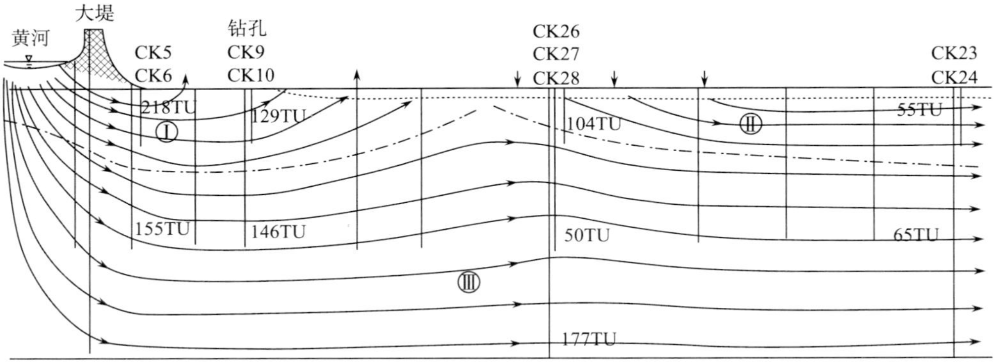

图 10-28　黄河侧渗补给的地下水类型（赵云章等，2002，2004）

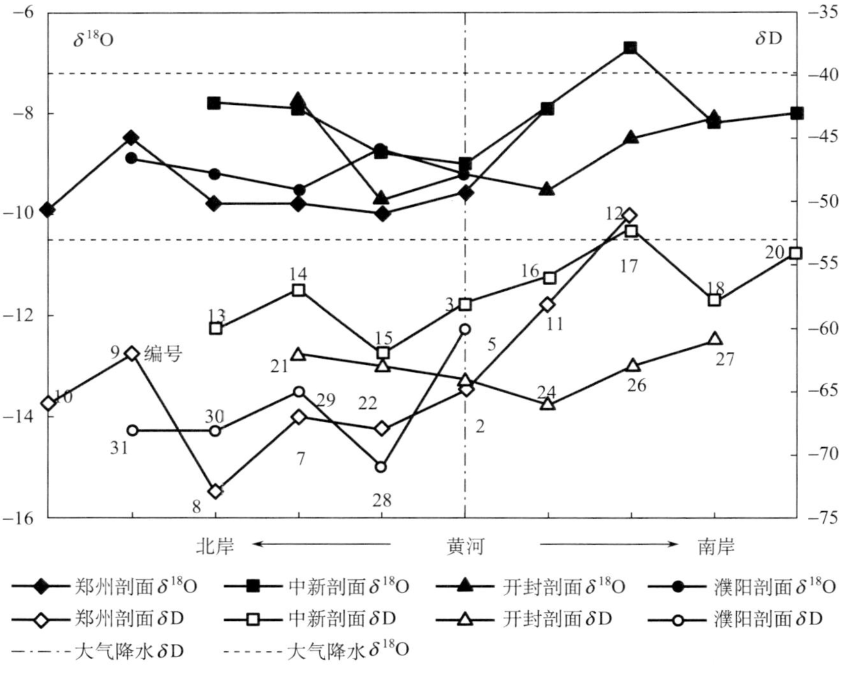

图 10-29　黄河侧渗补给的 ^{18}O 分布（赵云章等，2002，2004）

在干旱-半干旱地区河水补给地下水往往更为明显。常见河流上、下游之间的水量减少(图 10-30),造成对地下水的补给。而且,干旱区地下水水位总是远低于河底,在这种情况下,河流渗漏常是地下水的最大补给源(Stephens,1996)。特别是如果河水水位与地下水位之间的距离超过河流水面宽度的两倍时,河流渗漏量可接近于最大值(Bouwer and Maddock,1997)。

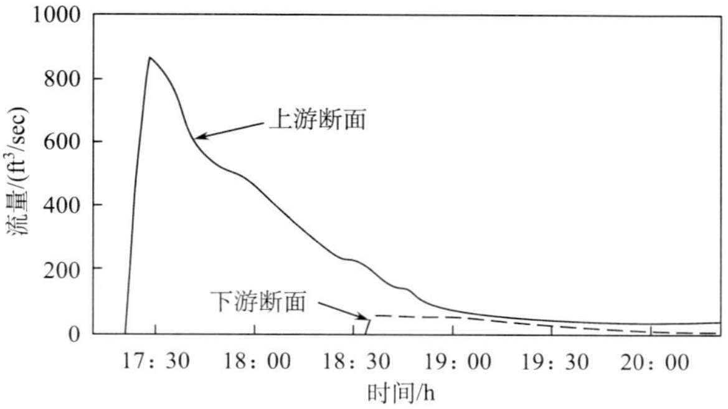

图 10-30　上、下游两水文站之间的水量减少(Keppel and Renard,1959)

例如,源于祁连山的黑河,经正义峡水文站后即进入内蒙古沙漠地区,称弱水,也称额济纳河,到达狼心山分为东、西两河。20 世纪 60 年代正义峡水文站实测年径流量为 10.50×10^8 m^3,而同期额济纳东、西河两个水文站实测年径流量仅为 4.15×10^8 m^3,其间一次洪水的水量差可达正义峡水文站水量之 36%~79%(高前兆,李福兴,1990)。此类水量减少,虽然对于河流而言,可称之为经过沙漠地段的输水损失,但是实际上并不完全是损失而是上述所谓地下水的可能补给。其地下输水送到额济纳旗成为该地区深层地下水的三个重要补给源之一,这可由环境同位素得到识别(Gu et al.,2007)。

但是河水下渗,一般而言由于河床下伏地层的复杂性(如图 10-26 之例),其到达地下水面的补给过程也甚为复杂。上述黑河在沙漠地段的下渗却比较简单,与通常的方式(图 10-24)不同,而是如图 10-31。其实这更有利于减少蒸发损失。

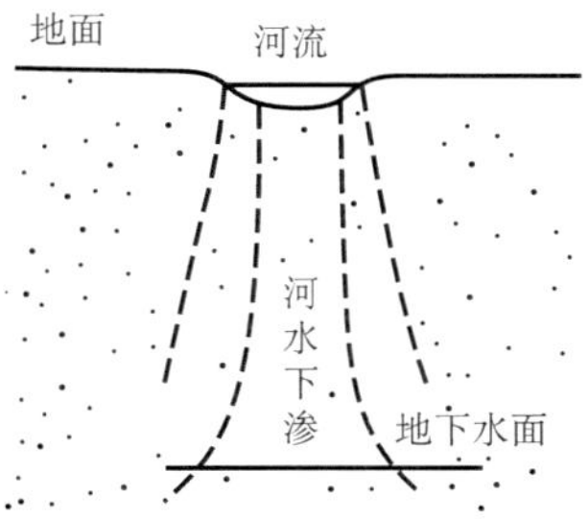

图 10-31　额济纳河河水的渗漏形式(Gu,1990)

(三) 优先型水流的选择性补给

这是在降水补给和天然地面水体补给过程中都存在着的一种特殊机制的补给类型。

降水或地表水通过土壤孔隙介质的下渗,往往是不均匀的。天然条件人工同位素下渗示踪实验表明,在一定的深度上,^{131}I 常常会有一个提前出现的峰值,可称为示踪剂的突变响应,例见图 10-32(Gu et al.,1987)。这似乎与非饱和带水流运动的一般概念相悖。

实际上这样的突变响应往往是发生于非饱和带所存在的大孔隙中，因而称为大孔隙水流（图 10-33）。在流域产流的同位素研究中，无论是地面径流或是地面下径流，都识别出此类产流机制（见第二十一章）。相对于通过土壤或土质颗粒间孔隙的基质水流（matrix flow）而言，称此类可发生突变响应的水流为优先型前行水流（preferential flow），因为它总是走在基质水流之前。优先型水流的发生，需要有特殊通道，而且其驱动是以重力为主而不是毛管力。于是，一般而言，它既包括大孔隙水流，还包括土壤介质中的其他非稳定水流。大孔隙水流发生在土壤和岩石圈的大孔隙、缝隙、裂隙、空隙、溶穴等等的非毛管型孔道中，而在分层沉积的界面处，或土层中有禁锢空气等等则可发生非稳定水流。在径流产流研究中，也发现非饱和壤中流的一种产流机制是积累的水量在达到一定的基质势时瞬时被驱替，实际上也正是此类非稳定水流（Gu et al.，1995）。优先型水流所构成的补给，往往可达到相当深度，有的可达 42 m（Selaolo，1998），还有在山区地面下 440 m 深的巷道中。在断层、裂隙和不同地质单元接触部的许多位置，测得相对于其他位置有 $^{36}Cl/Cl$ 的反常高值，认为正是由于在这些部位发生前行水流所造成（图 10-34）（Flint et al.，2002）。南非求得其某一干旱地区由前行水流构成的补给率达每年 13 mm，远高于每年 1.8 mm 和 5 mm 的一般补给（Butler and Verhagen，2001）。前述美国得克萨斯和新墨西哥的高平原，其降水总补给每年 11 mm 中的 65%～85% 来自 94%的面积。其中只有约 5%是来自常规水文学的下渗机制，而 95%竟是来源于此类优先型前行水流补给。在地下水污染研究中也发现，常常有百分之几的污染物，由于前行水流机制而较之整个污染晕早早就到达地下水面了。这就是为什么看来平常的产流机制，对于地下水补给却如此重要，而需要特别对此提出讨论的原因。

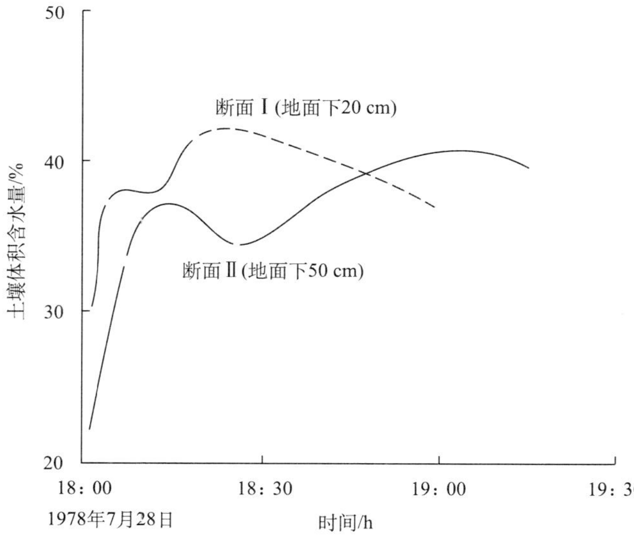

图 10-32　1 号实验流域 ^{131}I 下渗实验中的突变响应（Gu et al.，1987）

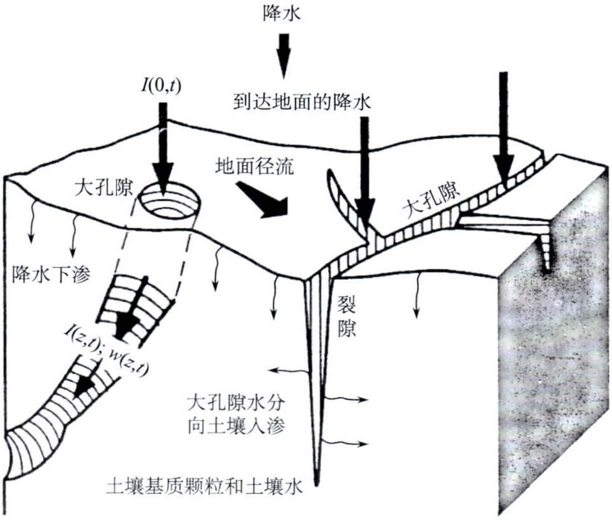

图 10-33　大孔隙水流示意图(Germann,1990。有修改)

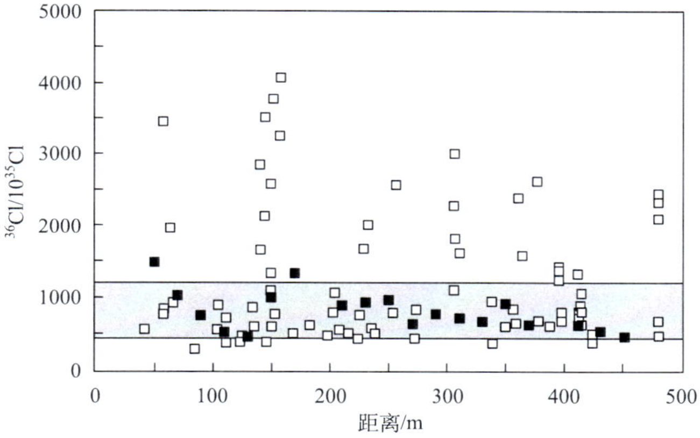

图 10-34　Yucca 山区高放核废物处置预选库址处试验巷道地下水^{36}Cl/^{35}Cl 的比较(Flint et al.,2002)

实心点为系统采集水样;空心点为在特征位置处采集的水样;阴影部分为巷道地下水正常范围

四、人 为 补 给

人为(人工)补给是人为地引水或储水于地面上或地面下,使之下渗进入含水层,成为地下水的水量增量,即人为地增强或改变地下水补给。有两类:一类是原来并不是以地下水补给为目的而实际上影响着地下水补给,各种已经大量存在着的水利工程都属于此类。第二类是专为增强地下水补给而设计的构建系统。

(一) 水利工程:对地下水补给的人为影响

影响地下水补给的水利工程,主要是河川径流调节系统(特别是水库)和灌溉系统。

1. 灌溉系统

大面积灌区发生的深层渗漏对地下水的补给类似于降水补给。灌溉渠系在输水过程中所形成的与地下水的补给关系可概括如图 10-35。实际上一些季节性河流的河床下渗也与此类似。当渠床有完整的衬砌时,或有类似于衬砌那样的泥沙淤积或化学性和生物性结壳等类型的阻塞层时,渗漏补给可降低到很小。

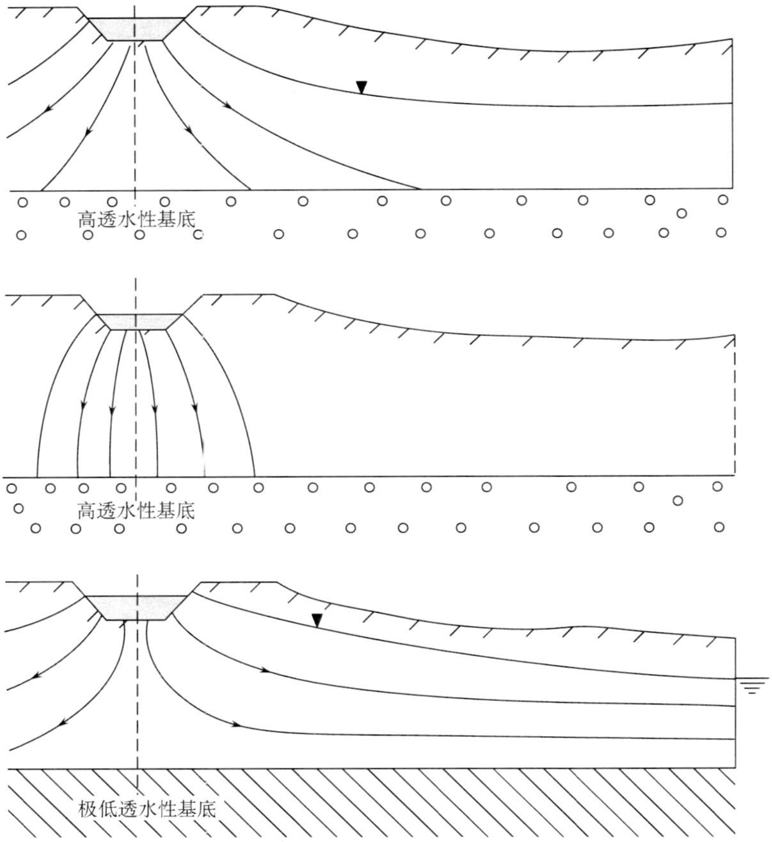

图 10-35　渠道下渗的不同类型(Lerner et al.,1990)

2. 河川径流调节系统

主要是在河流上游筑坝建库,以达到径流调节的目的。水库虽然有防洪、发电、灌溉等功能,但终究还是为了蓄水,其兴利库容往往大于坝址以上的多年平均径流量,并随着库容系数的增大而增大,下游河流往往因此断流。天然河流对地下水的补给条件因之而发生极大的变化。这就好像是把本来属于坝址下游流域的地下水补给量放到了水库之中，以每年大约若干米的蒸发量去消耗它。对于湿润地区，这看来影响不大。然而，对于天然补给量本来就很小的干旱-半干旱地区的流域而言，却经不起这样的折腾，自然界无言的响应，是向着水库方向(溯源)扩大和发展荒漠。河西走廊因为人工拦蓄和引水，天然河流湖泊水系消亡，石羊河水系 6 条河流均因供求失衡而断流，导致其尾闾湖泊在 20 世纪 50 年代消失，从而引起民勤绿洲生态严重恶化。疏勒河、黑河、党河也都是同样的情况(黄春长，2000)。水库不是可持续发展的因素，对于地下水补给的破坏性影响，大概是最主要的。对于已经对环境和生态造成负面影响的一些水库，大概终究会要被废弃(Gu et al.，2007；顾慰祖，2009)。

人类为了自己的生存和寻求更好的生活条件，必然要去战天斗地。人类文化(物质财富和精神财富)250 万年来的发展，虽然经受多次冰期和间冰期交替的严峻环境而能长盛

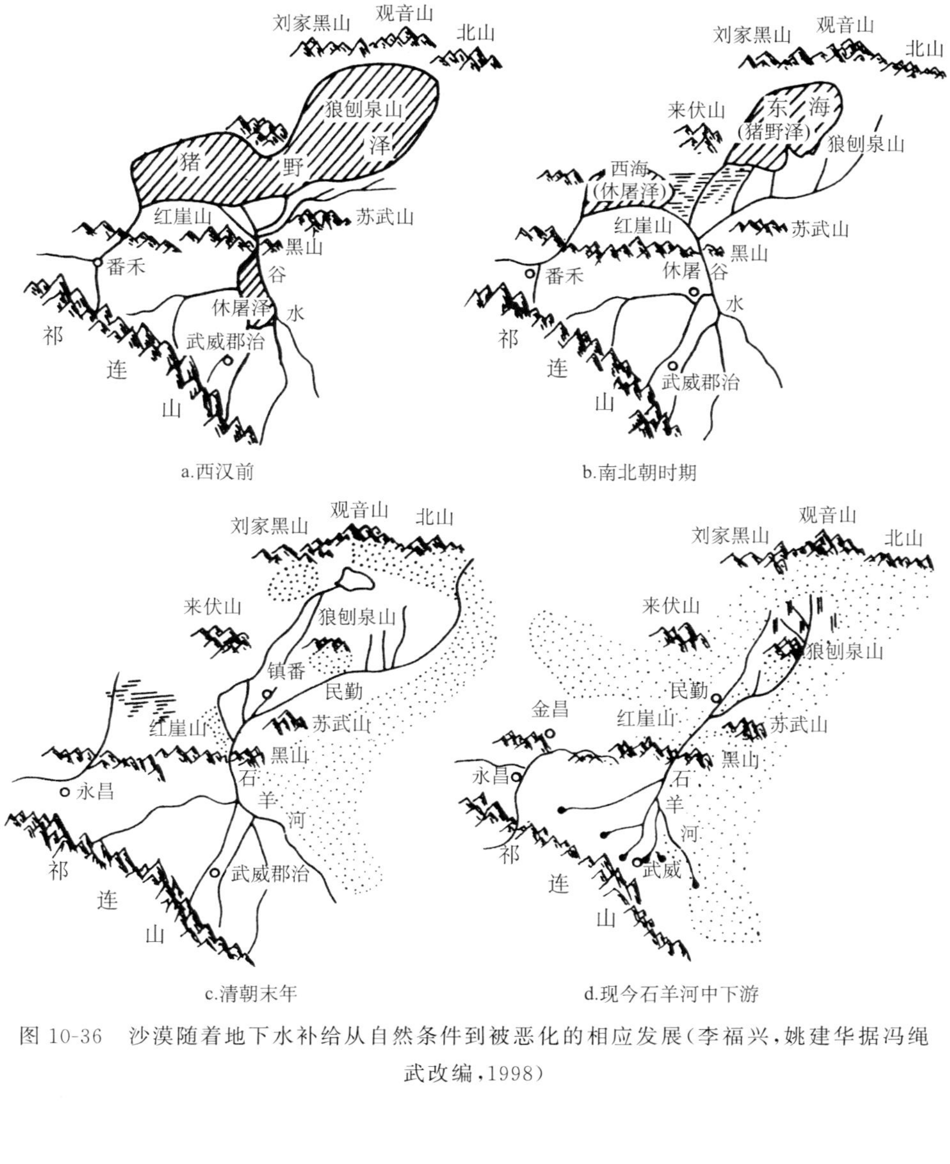

图 10-36　沙漠随着地下水补给从自然条件到被恶化的相应发展(李福兴，姚建华据冯绳武改编，1998)

不衰，正是能够有效地改造和利用自然、趋利避害的结果。水利工程措施本来就是这样的一种有效手段。然而，一旦工程措施应用过分，超出了自然所能够承受的限度，就必定走向反面。流域水环境和生态环境包括人类自己的生存环境，因为地下水补给条件受影响到被恶化，如上述石羊河水系那样（图 10-36），人地关系随着从自然阶段（图 10-36a）到依赖环境阶段（图 10-36b），而到干预环境阶段（图 10-36c），终于发展到了发生环境灾害的阶段（图 10-36d）（黄春长，2000）。

（二）地下水天然补给的人为强化

人为增强只是利用前述地下水补给的影响因素和水力条件，设法使地下水的天然补给得到增强，而并没有将水引入专用的工程设施。有如下两方面。

1. 改变植被

植被对地下水天然补给的影响已如前述，见图 10-21 和图 10-23，其影响非常明显。因而人为地有计划地改变植被，可加大降水对地下水的补给率。包括将深根系植被改为浅根系的，或改为叶面积小因而降水截留量也小的植被，等等。曾有将针叶林改种为阔叶林以增强区域降水补给率的试验（Querner，2000）。

2. 河岸渗入

将开采井或供水井设置于近河位置，使得在抽水降深过程中把更多的河水吸入含水层去。这与直接抽取河水不同，河水经过一段路程才到达地下水面，相当于对河水作了一次处理，类似于以下的图 10-37。

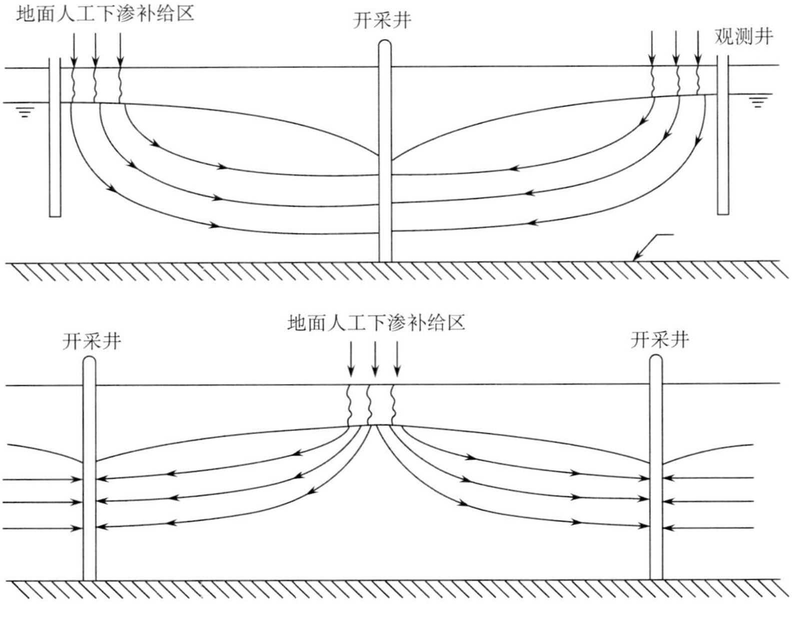

图 10-37　SAT 系统示意图（Bouwer and Rice，1984）

（三）地下水人工补给的工程增益

工程增益是采取设置在地面上，在非饱和带中，或在饱和带中，或综合地在这些带中的工程措施，以使地下水补给得到增益。与以上不同的是，要把水引入专用的工程设施，使之经下渗补给地下水或是直接进入地下水。

1. 地面下渗

在河槽内设置固定的或活动的多重障碍，使河水有更多下渗机会，称为河槽内的下渗补给。而河槽外的下渗补给则是将水引入特设的洼地，使之在大范围内得到下渗机会。

2. 包气带下渗

在包气带内设置垂向的深沟，或尺度更大的"包气带井"（也称为竖坑，或干井）。

3. 饱和带注水

直接把此类补给井设到含水层中，补给水将直接进入其中或进入含水层深部。

4. 综合下渗

综合上述类型的下渗补给，例见图 10-38，包括地面下渗分别结合深沟、包气带井、饱和带注水等方式（Bouwer，1999）。

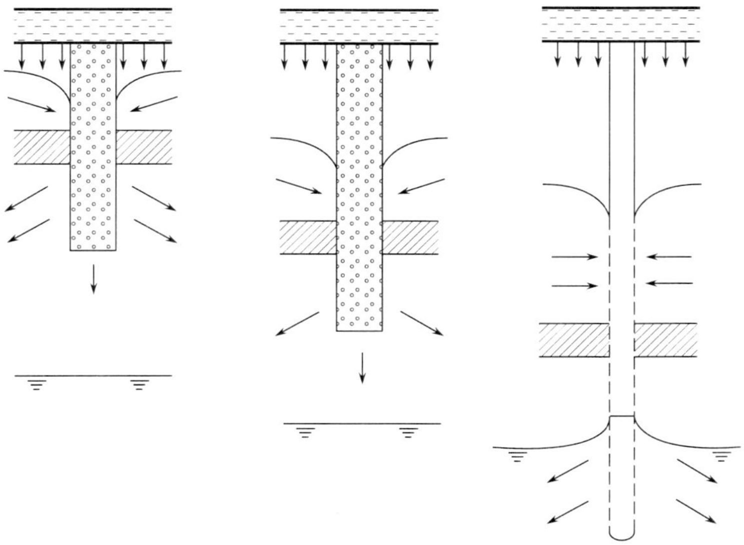

图 10-38　地下水人工补给的综合设施（Bouwer，1999）

左图：地面下渗与深沟结合；中图：地面下渗与包气带井结合；右图：地面下渗与饱和带注水井结合

5. 补给开采结合井

在人工补给实践中得到较快发展的一类所谓 ASR 井(Aquifer Storage and Recovery Well),使之在有多余水时补给地下水,而仅在需要时才抽水,于是可使补给和开采相结合。

6. 经过非饱和带到含水层的处理系统

这是另一种地下水补给系统。它设法在补给过程中,同时使水质状况得到改善,因而称之为 SAT(soil-aquifer-treatment)系统。即在补给过程中先经由土壤层除去补给水中的悬浮物和一些微小的有机物如细菌等,补给水中的三氮含量也有望得到改善。因为这是经由非饱和带地层的一种净化,于是命名为 geopurification 系统(Bouwer and Rice,1984),有时也称为补给和恢复(改善)系统。例见图 10-37。

(四) 都市化对地下水补给的影响

早先曾认为,由于都市化使不透水面积大量增加,因而会使得地面径流增大而对于地下水补给则会减少。现在则普遍认为,较之未建之前的农业地区而言,都市化或大都市地区将增加甚或大幅度增加对当地的地下水补给(Foster,1990)。

都市化使地下水补给发生变化的机制,既来自地面也来自其地下结构。后者包括大量的排水系统或排污管道(包括大量化粪池)。此外,许多城市还有水量巨大的外来引水系统,如香港的引水量要比当地降水量大一个数量级。这些上、下水道和引水系统会发生大量渗水和漏水。俄罗斯托木斯克统计其上、下输水干道每年每公里会发生 4~11 个漏水点,造成的漏水率达 15%~30%(Pokrovsky et al.,1999)。认为一般情况下,漏水率 20%~25%为常见,高的可达 50%(Lerner,1986)。因此,都市地区地下水的补给源有二:降水和漏水。在大都市地区,后者是造成地下水补给增大的主要原因。

对于都市不同类型的上、下水道和引水系统的漏水和对地下水的补给,除了常规水文观测外,示踪是有效的研究方法。最理想的是,不同水源有其独有的示踪剂,且有守恒性,且易于分析。这即使不是没有也是很难寻找,有五类可供候选:

(1) 环境同位素。除^{18}O,^{2}H 外,主要使用^{15}N 和^{34}S。

(2) 常规水化学主要阴、阳离子。K^+,Na^+,Ca^{2+},Mg^{2+},Cl^-,HCO_3^-,CO_3^{2-},NO_3^-,NH_4^+ 等。

(3) 重金属、非金属、其他元素和化合物。B,F,Br,Fe,Pb,Cu,Cd,Cr,Sr,Hg,As,CN 等。

(4) 有机物。CFCs,THMs(Trihalomethanes),PAHs,PCBs,洗涤剂等。

(5) 细菌。大肠菌群,细菌总数。

大都市使地下水补给增大的一般影响,在不同气候区有如图 10-39 的经验趋势。

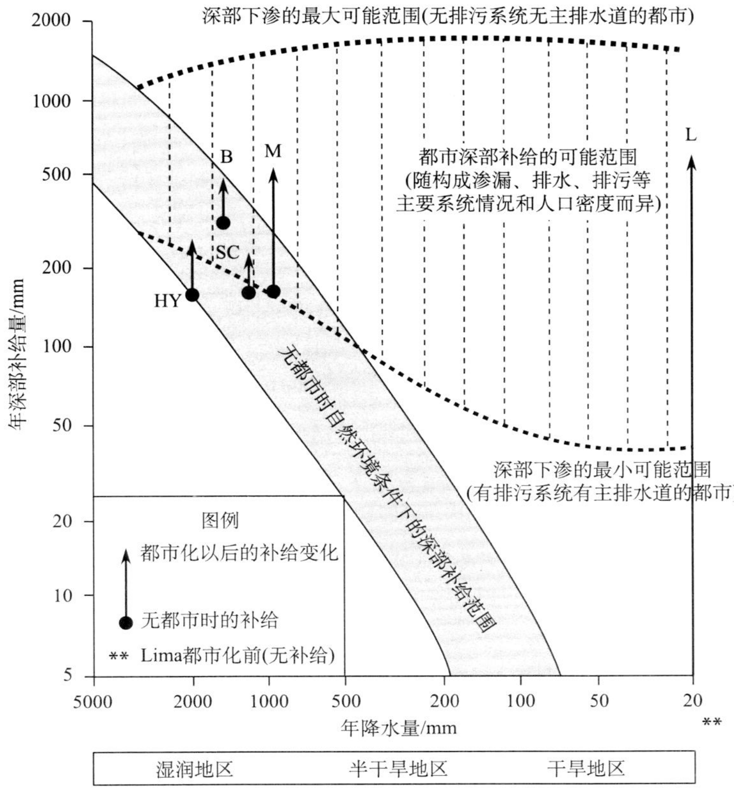

图 10-39　都市化对潜水补给增加的可能趋势(Foster et al.,1999)

B. Bermuda(美国);HY. Hat Yai(泰国);L. Lima(秘鲁);M. Merida(墨西哥);SC. Santa Cruz(玻利维亚)

第三节　基于非饱和带的地下水补给研究:"点"的补给

从水文循环的观点而言,与地下水直接有关的三部分是:地面水体、在地面以下的非饱和带以及饱和带。因此,天然降水对地下水补给的估算,也可有与此相应的三类研究途径。基于这三类水体所做出的估算,有着不同的空间和时间尺度。而每一类研究途径,还可有三种具体的研究方法,即物理方法、示踪方法和数学模拟方法。本章对物理方法只作一般性讨论,主要讨论同位素示踪方法,不讨论数学模拟方法。同位素方法特别是多种同位素示踪,也许是最具优势的方法。

以上三类研究途径中,由地面水体对地下水的补给已在上节中作了一般性讨论,主要是求解水量平衡问题,也可同时使用水量平衡和环境同位素质量平衡,例见湖泊一章。本章主要只讨论基于非饱和带以及饱和带的方法。

基于非饱和带的地下水补给研究,是从非饱和带中获取信息,需要有一定的厚度,更多地用于干旱和半干旱地区。而要从中获取信息,只能通过在其中的剖面来进行测验,因此实际上所得到的是所研究剖面的补给,是小空间尺度的,或可称为是"点"的补给,如同使用雨量器施测降水量,所测到的是一个"点"上的量。当然可以设许多个测点来作面的研究，然而这只是点面关系，而不是直接的面的量。此外，基于非饱和带的地下水补给研究，所得到的是在根系层以下的、向下的非饱和带中的深部排水，概念上是前述的净下渗率，并假定它不会突然转为侧向而溜走，最后到达地下水面，成为对地下水的补给。对以下各种方法的应用以及对所得结果的解释中，必须记取这些条件。

本章具体讨论基于非饱和带的两类研究途径，即物理方法和示踪方法。前者有：蒸渗仪方法和零通量面方法。后者则有：天然示踪方法，人工示踪方法。

一、蒸渗仪方法

Lysimeter 一词源于希腊文 Lysis(溶解)和 metron(测量)。非英语国家一般都从音译(如 Лизиметр)，我国曾称为"地中渗透仪(计)"、测渗仪等，从其功能而言，称蒸渗仪较妥。其雏形是 1688 年法国 De La Hire 用以测草类蒸发的盛沙壤土的铅制容器。一般认为，最早的蒸渗仪是 1796 年在英国和瑞士同时开始的。1937 年位于美国 Ohio 州 Coshocton 的 North Appalachian Experimental Watershed 开始使用称重型蒸渗仪研究水文循环，其面积为 1/500 英亩(1 英亩 $=4.046\ 856\times10^{3}\ m^{2}$)，深 8 英尺(1 英尺 $=0.9144\ m$)。

长期以来蒸渗仪的主要功能是研究蒸发(包括潜水蒸发)和下渗，此后发展为用于研究污染物在非饱和带中的物理、化学和细菌运移过程，近来则还用于研究陆面 CO_2 平衡。

对于地下水的降水补给，事实上只有蒸渗仪才能直接测到其补给率。特别是各种因素包括地质、土壤、植被和气候参数等对于地下水补给影响的机制，以及降水补给过程中环境同位素在地下水、土壤、植被到大气的连续系统中的演化，也主要使用蒸渗仪进行研究。

然而对于地下水补给，相对而言，蒸渗仪只是"点"的研究，即使它本身可以有相当规模的尺度。因此，与以下所述其他"点"的方法一样，都有着代表性问题，这包括土壤性质和结构以及植被等的不均匀性问题，事实上这是所有"点"的方法所必然存在而且是不可能解决的问题。这些方法只提供"点"的结果，类似于土壤水测验那样，存在着点-面关系，这种关系不可能是确定性的转换关系，而往往是经验性和统计性的。

如上所述，传统意义上的蒸渗仪，实际上都是人工构筑的土柱类型。1980 年在南京水文研究所滁州实验基地发展了另一种人工构筑的有边界和不透水底的模拟集水区，面积接近 500 m^2，称为人工构筑的集水区类型蒸渗仪。此外，近年来还发展了一类天然类型的，或者说是广义上的蒸渗仪，往往也以 Lysimeter 名之，但已经不是一种仪器而是一种设施了。

(一) 人工构筑的土柱型蒸渗仪

传统的蒸渗仪都属于人工构建类型。可定义为：装有土柱、置于野外或室内、器口开敞的容器，可进行土柱水文平衡各种参数的测验和水样采集。或方或圆；或是原状土，或是扰动土；或有、或无植被；或有、或无地下水位控制；或有、或无气象参数控制；或是称重型(weighing lysimeter),或是非称重型(pan lysimeter)。两者都可用于蒸发和散发(蒸腾)包括潜水蒸发以及地下水补给研究。蒸渗仪的器口面积,小到 100 cm²,最大的达 300 m²(Ward and Gee,1997)。其深度有几十厘米的,也有深达 10～20 m 的(Gee et al.,1992)。对于器口面积达 100 m² 的大型蒸渗仪,地下水补给的测验精度可达 1 mm/a。例如,一个面积为 100 m² 的蒸渗仪,在 3 年内测得的地下水补给率,为 342～478 mm/a(Kitching et al.,1977);在半干旱地区一个深达 18 m 的蒸渗仪,测得的地下水补给率为 100～200 mm/a(Gee et al.,1992)。非称重型蒸渗仪的一般构造见图 10-40,因为要有地下水位控制深度、土壤和植被的不同处理以及必要的重复,因此实际上往往都是蒸渗仪群。对于它们的布置,必须考虑小气候条件的影响,人员进入地下观测室的地面建筑与蒸渗仪群必须有相当距离,例见图 10-41。整圆形布置,因处于圆心位的地面建筑对处于不同位置的蒸渗仪有可能构成其太阳辐射、风、长波辐射等小气候条件的影响,似不宜应用。

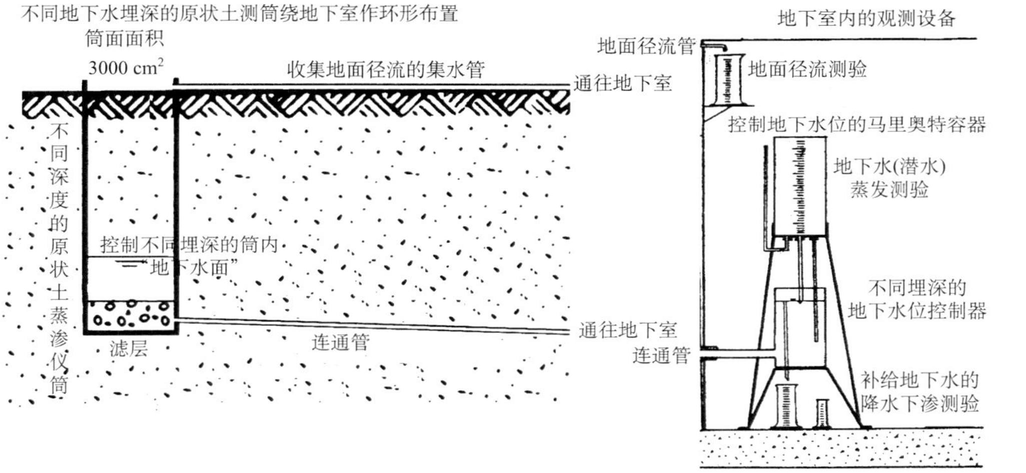

图 10-40　非称重型蒸渗仪的一般构造(双浮实验站,1959;青沟(五道沟)实验站,1964。顾慰祖设计)

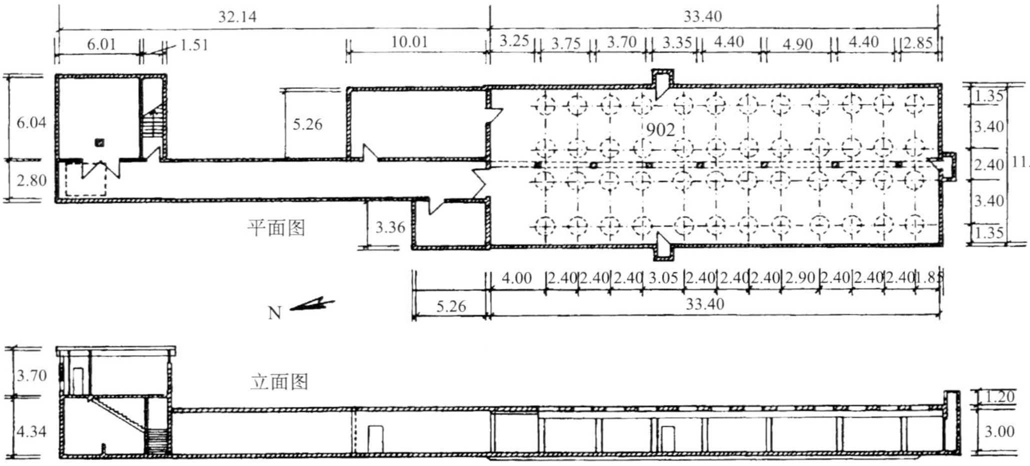

图 10-41　蒸渗仪群的布置(Klotz and Seiler,1998)

安徽使用非称重型蒸渗仪群研究地下水补给，开始于 1959 年双浮实验站，1964 年起在青沟实验站五道沟实验场建立了有两类土壤(原状土)、地下水位控制为 0～2.0 m、器口面积为 0.3 m^2 的蒸渗仪群(顾慰祖等，2003)。从 1990 年起，发展为有两类土壤、有和无作物、地下水位控制达 0～5.0 m、器口面积 0.3 m^2～4.0 m^2 共 60 套蒸渗仪。使用约 40 年连续资料推求降水补给，定义降水入渗补给系数 α 为降水入渗补给量 P_r 与相应降水量 P 的比值，即：$\alpha=P_r/P$。其结果见图 10-42。由图可见，影响 α 值的因素很多，包括包气带岩性、地下水埋深、降水量大小和强度、土壤前期含水量、植被，等等。

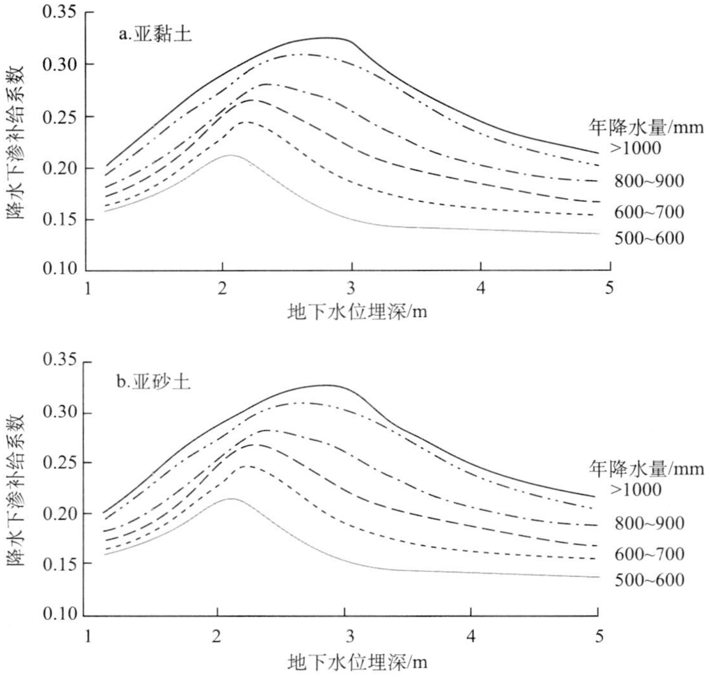

图 10-42　降水下渗补给系数(宋家常等，2004)

对于固定地下水埋深的蒸渗仪，年平均降水量与地下水补给之间，可有近似的下式线性关系，其相关系数在无植被时最高可接近于 1，有针叶树时最低，有一般农作物和阔叶树时则介于其间(Seiler，2007)。

$$P_r = m(P - c) \qquad (10\text{-}1)$$

式中，m，c 为常数，随不同土壤和植被而异。

(二) 人工构筑的集水区型蒸渗仪

此类是介于天然集水区和物理模型之间的模拟集水区，具有按实验要求设计的不透水底、地面坡度和边墙，以及其他水文测验设施，土体系按实际土壤容重分层填土。

(三) 天然“蒸渗仪”

传统蒸渗仪的主体是一个孤立的土柱，或是原状土或是填充土，其共同特点是从野外搬进容器的。另一方面，除了土体表面是开敞的以外，土体周围以容器为边界，全都封在容器之中。而所谓的天然“蒸渗仪”，以具有天然地面和地下分水边界或什么边界都没有的两类。

1. 有天然边界的“蒸渗仪”

有些天然集水区具有明确的地面和地下分水线，于是构成为天然性质的“蒸渗仪”。不过一般情况下，很难遇到，而且需要有详细的地下勘探。南京水文所滁州 1 号南大洼实验流域，面积 7897 m^2，经过 50 个到达其古生代凝灰岩基底的钻孔，求得其基底地形图和地下分水线，表明为一闭合集水区，在下游一适当位置处以到达岩石基底的砖墙予以封闭，成为一具有天然边界的天然性质的“蒸渗仪”（图 10-43）。为研究集水区产流机制以及同位素流量过程线划分而专门建造的 3 号牵牛花实验流域，面积 4573 m^2，有天然边界，设计为没有饱和带和地下水径流，而只发生地面径流和非饱和壤中流的径流成分专一的特殊集水区，也可归属于此类“蒸渗仪”。

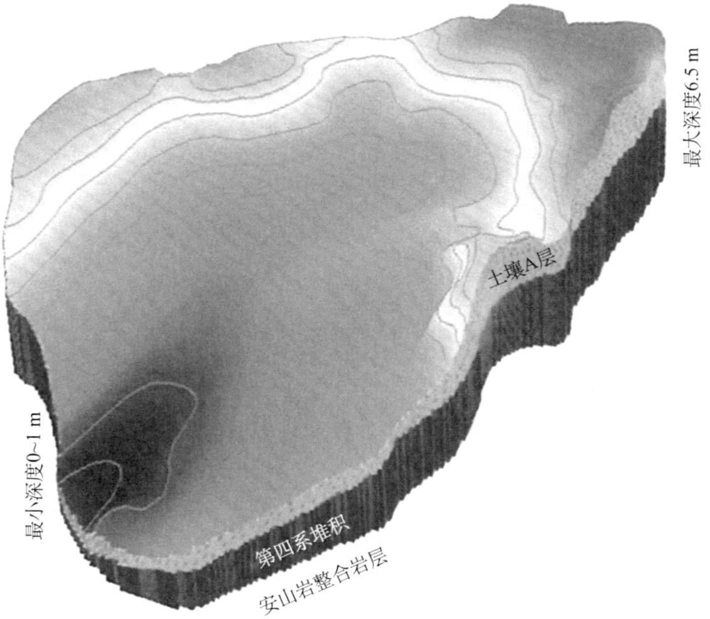

图 10-43　具有天然边界的天然性质“蒸渗仪”，南京水文研究所滁州实验基地 1 号（南大洼）实验流域（图：李润奎，信忠保）

2. 无边界的“蒸渗仪”

不设置土体边界，也没有底部，而只在待研究土体边挖一深坑，从中向土体通过不同深度的水平小钻孔埋入所需要的仪器和采样设备，因而具有与传统蒸渗仪的类似功能（Seiler et al.，2007）。图 10-44 为此类蒸渗仪在不同深度位置水样采集系统实例，对于不同深度处有关参数的传感器，其布置与此相同。然而，此类天然“蒸渗仪”实际上只有蒸渗仪的概念，只能适于地下水运动可近似为一维垂向条件和渗入-蒸发型地下水，而当有地下水侧向运动时将无法应用。

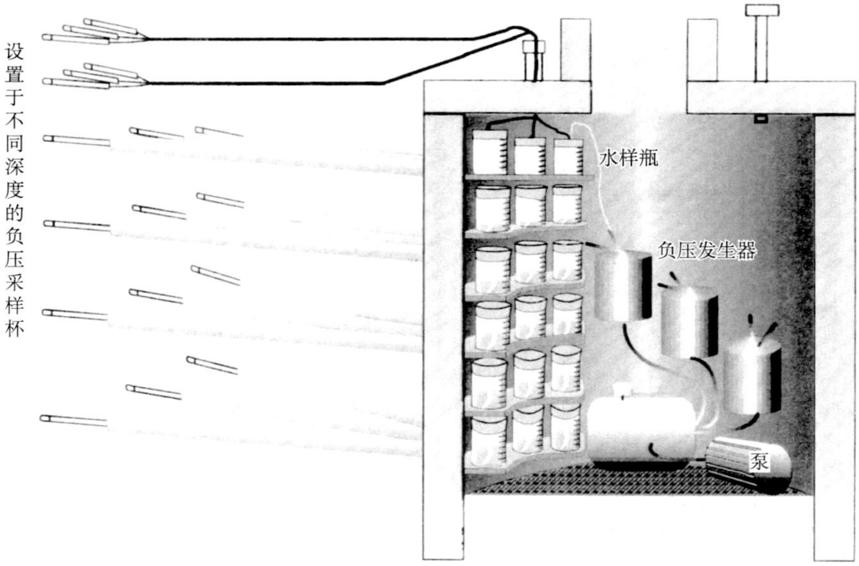

图 10-44 无边界的天然“蒸渗仪”(Klotz and Seiler,1998;Seiler,2007)

（四）蒸渗仪方法的讨论

蒸渗仪方法在降水补给研究方面的主要优点：①可直接测得到达地下水面的降水补给率。②可控制地下水位埋深，求得在严格的不同埋深条件下的补给率，以及各种环境条件包括植被条件的影响。③可进行长期测验，以研究降水稀少的干旱和半干旱地区的地下水补给。④可控制各种环境、土壤和植被条件，进行地下水补给机制的实验研究。⑤可用天然蒸渗仪采集不扰动土层实际发生的降水补给过程中的土壤水和地下水水样，作水化学和同位素研究。⑥人工构筑的集水区型蒸渗仪，在一定程度上改进了降水补给的点的性质，具有小尺度面的性质，由于面积较大，在精度方面也有所提高。

蒸渗仪方法的主要缺点：①对于人工构筑的土柱型蒸渗仪，从建造完成到能够得到如同天然条件那样的蒸发和下渗数据，需要一定的时间，特别是非原状土蒸渗仪。例如，塞浦路斯一个蒸渗仪，第一年测得的地下水补给量只有 5 mm/a，而从非饱和带氯和氚剖面得到的结果应是 50 mm/a(Kitching et al.,1977)。认为 2 m 深的蒸渗仪，当其体积含水量为 20% 而地下水补给率约 100 mm/a 时，从建成到能够接近天然条件，约需要 4 年时间。因而一般都使用原状土，但从精度要求则越大越深越好，而且在某些情况下如对于深根系植物还必须要深。而原状土土柱的采集在达到一定面积和深度时，事实上就不大可能了，这就需要将原状土拼接或使用回填方法。②建造、维护和运行费用都较高。安徽青沟(五道沟)蒸渗仪群运行了 40 多年才有图 10-44 那样的成果。

二、零通量面方法

非饱和带土壤水的能态也具有动能和势能。前者可于忽略，势能即土水势，主要涉及重力势和基质势。非饱和带中任何一点的土壤水，其总水势是 $\psi=\psi_m+Z$，垂向坐标 Z 决定了其重力势 ψ_g，ψ_m 为基质势，可由张力计测定。于是该点位置上的土壤水分通量为

$$q=-K(\psi_m)(\partial\psi/\partial Z) \tag{10-2}$$

式中，$K(\psi_m)$ 为非饱和土壤导水率，负号表示水流方向与水势梯度方向相反。很明显，当水势梯度 $(\partial\psi/\partial Z)$ 为零时，该位置的土壤水分通量为零。在非饱和带总土水势 ψ 随深度的变化即在垂向剖面分布曲线中，$(\partial\psi/\partial Z)$ 为零的位置，必定是除两端（地面和潜水面）外的极值位置（图 10-45）。这样，水势梯度为零的点，它在剖面上相当于一个水平面，称为零通量面 ZFP。

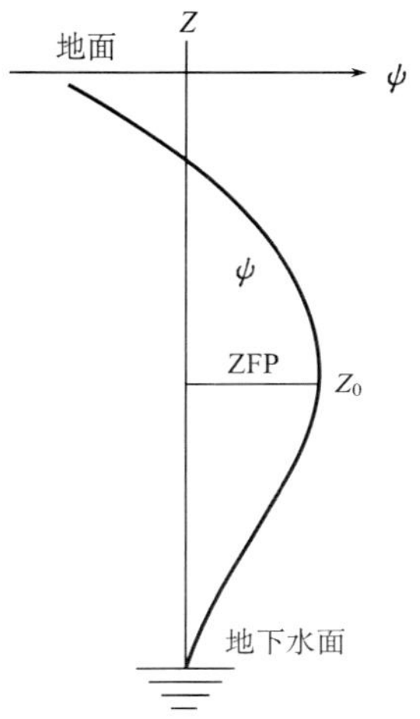

图 10-45　非饱和带土水势剖面的零通量面（发散型）

图 10-45 中在 ZFP 以上，水分向上运动为蒸发，而在 ZFP 以下即是向地下水的下渗。实际上严格而言，这还是如本章开始时所讨论的，只是地下水的可能补给。如果它离地下水的毛管上升带已很近，或没有再向地下水面以外的通道流走，那么它可近似为地下水补给。图 10-45 那样的土水势分布曲线，因为土壤水分自 ZFP 处分别向上和向下运移，因而称为发散型。其实还有其他类型如收敛型（见第二十章。该章关于土壤蒸发一节中，也讨论了零通量方法）。不过在收敛型条件下，水分分别从上和从下向着 ZFP 运移，是向着 ZFP 的下渗和上渗，还不是向地下水的补给。

一般情况下，图 10-45 中的零通量面不是固定不变的。设从时间 t_1 到 t_2，土水势 ψ 随深度的变化即其分布曲线也发生变化（图 10-46），相应的零通量面则由 ZFP_1 变为 ZFP_2。土壤剖面含水量 θ 随深度的分布曲线也相应由 t_1 到 t_2，其间 A 部分是蒸发，而 B 部分即是下渗量 D，如再没有其他损失，就是地下水补给了，可由下式求得（荆恩春，1992）：

$$D=\int_{z_0(t_1)}^{z}\theta(z,t_1)\mathrm{d}z-\int_{z_0(t_2)}^{z}\theta(z,t_2)\mathrm{d}z+\int_{z_0(t_2)}^{z_0(t_1)}\theta[z,t(z_0)]\mathrm{d}z \tag{10-3}$$

式中，$Z_0(t_1)$ 和 $Z_0(t_2)$ 相应为 t_1 和 t_2 时刻的 ZFP 位置；$t(z_0)$ 表示 ZFP 的位置为 z_0 时的时间；$\theta[z,t(z_0)]$ 为 $t(z_0)$ 时刻土壤剖面含水量的分布，可有以下近似

$$\theta[z,t(z_0)]\approx\frac{1}{2}[\theta(z,t_1)+\theta(z,t_2)] \tag{10-4}$$

土壤含水量一般使用中子法，详见第二十章。实际上使用零通量面方法的测验精度以及所能测得的最低补给率，主要还取决于土壤水的测验精度。

零通量面方法的主要优点是：①可通过土壤水分直接测验求得下渗补给，配合使用测

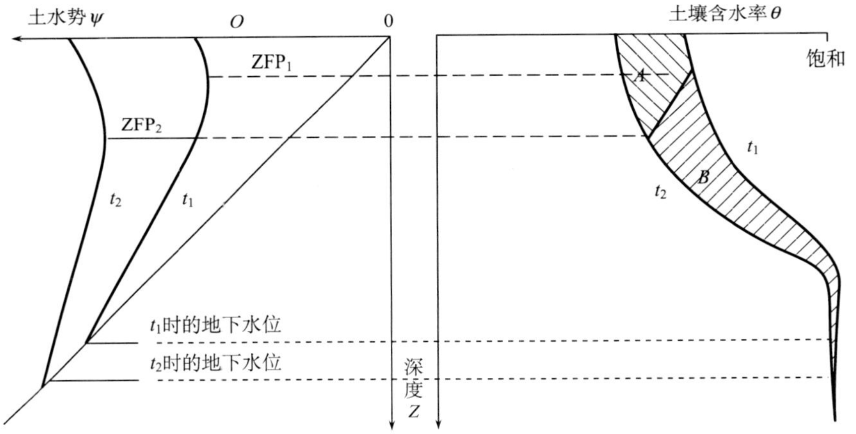

图 10-46　变动零通量面时的蒸发和下渗

点抽样误差较小的中子法，可在不同气候区得到精度较优的结果。如在半干旱地区曾用本法求得 34～149 mm/a 的地下水补给率（Sharma et al.，1991），也得到过高达 345～469 mm/a的补给率（Wellings，1984）。②可连续施测 ZFP 和土壤水分变化，从而可得到长期连续的补给率及其时程变化。③可对不同类型和尺度地貌用加密测验剖面、加长测验时间的措施，在一定程度上弥补"点"补给率的局限性。如美国在 Yucca 山区高放核废物库库址的研究中，曾对阶地、山脊、边坡、洼沟 4 类地貌区用了 99 个中子测孔，连续工作 12 年以估算降水净下渗率即地下水补给（Flint and Flint，2000）。由于地下水位很深，当土壤深度小于 6 m 时，把零通量面定在土-岩界面以下 2 m 处。认为这样求得的结果是净下渗的下限值。因为前述通过大孔隙之类的可能补给未能测到。

零通量面方法的主要缺点是：①存在着"失效期"。即 ZFP 不存在的特殊情况，如出现单纯的下渗剖面时，理论上也可以设法推求地下水补给率。如通过土壤非饱和导水率和剖面中几个位置基质势的测验进行计算，或也可以通过地面处的下渗量和剖面中的土壤水测验等进行，但实际操作困难，也比较复杂，并不是理想的匹配方法。在湿润地区雨量大而又集中的季节，是降雨下渗补给潜水的主要时期，但此时 ZFP 形成、发育和消失的周期也加快，其失效期较长而且发生也较频繁，难以用 ZFP 方法。实验室一次试验表明，实测总下渗补给量为 307.76 mm，但其间 ZFP 有效期所测得的仅为 91.61 mm（荆恩春等，1994）。在潜水位浅埋区，在降雨后因蒸发作用，很快在土壤表层形成 ZFP，并迅速向下发展，使非饱和带土壤水向上蒸发，潜水也向上补给，ZFP 很快会消失。这种情况是 ZFP 方法的"失效期"。②存在着实际上的"失效性"。ZFP 形成和发育过程处于作物根系层时，或处在大孔隙发育带时往往失效。因此，零通量面方法比较适用于干旱、半干旱、湿润、半湿润地区（荆恩春等，1994）。

三、示踪方法中的示踪剂

以上是两种物理型方法。蒸渗仪方法是百年老方法，经过近几十年的弃旧更新，其功能和精度都发生了质的变化，可用以在不同地下水位埋深条件下，直接测得降水补给率。而非饱和带示踪方法的应用，只不过约 40 年(Zimmerman et al.，1967；Andersen and Sevel，1974)，不是直接进行降水补给测定而是通过水文和示踪测验，间接估算降水补给率。

用于示踪的示踪剂在非饱和带和饱和带的降水补给研究中，可分为三类。

(一) 历史事件示踪剂

指在历史时期内在环境中产生的一些化学物质，或是因人为活动生成的如氟里昂(CFCs)，SF_6，或是大气热核试验所产生的放射性物质。在降水补给研究中使用后者，主要是氚(^3H 或 T) 和^{36}Cl。源于工、农业所产生的污染物质如溴化物、硝酸盐、砷等，也属于历史时期的事件示踪剂，理论上也可用于降水补给研究。但一方面它们难有比较固定的输入过程，如污染源位置、时段、浓度等的不确定性；另一方面还有在下渗过程中的守恒性问题。因此这些污染示踪剂有时也可以使用，但一般只能用于降水补给的定性研究。

1. 氚(^3H 或 T)

已在第四章和第六章中叙述。大气成因的天然氚是宇宙射线轰击大气中氮原子而产生，这样生成的氚本来已达到自然平衡，沉降到地面的总共只有 3.5～4.5 kg(O'Brien et al.，1992)。大气降水中的天然氚，有纬度和季节分布，北半球约为 5～10 TU(1 TU＝0.1183 Bq/kg)，世界上还很少有实测记录，往往借助有确定纪年的葡萄酒设法推求(图10-47)。此后因大气热核试验而使人工氚激增。天然氚和人工氚均可与大气 O_2 结合成为氚水汽($^3H^1HO$)从而进入降水。北半球降水中的氚在 1963 年达到峰值，一般达数千TU，而美国 Denvor 在 1963 年 5 月 18 日测得降水中的氚竟达到 12 950 TU(Stewart and Farnsworth，1968)。1963 年后逐步下降，现已接近天然状态，其时程变化见图 10-48，这只是对于氚沉降到地面的历史过程的一般性描述，因为其实际沉降无论是纬度上和季节上都有着强烈变化，然而这样的过程对于降水补给的应用已经够了。因为对于示踪方法而言，最有用的就是降水中氚的特大峰值所发生的年份。

其实天然氚还有地面和地面下的产生机制，人工氚除了因热核爆炸生成以外，也还有其他核设施和核事故产生，参见第四章。

大气核试验给环境和人类带来了灾难，但是却给水文研究带来了良机。氚可构成水分子的一部分是其最大优势，因此可准确无误地示踪水流系统，而且还提供了一个用任何其他方法所不能做到的时间尺度基准。氚只是在水的相变过程中有分馏影响(Solomon and Cook，2000)，但一般影响很小可以忽略，在蒸散发过程的汽相中会有损失(Edmunds，2001)，在非饱和带中往往有扩散影响，因此也认为氚具有一些非守恒性质(Cook，et al.，

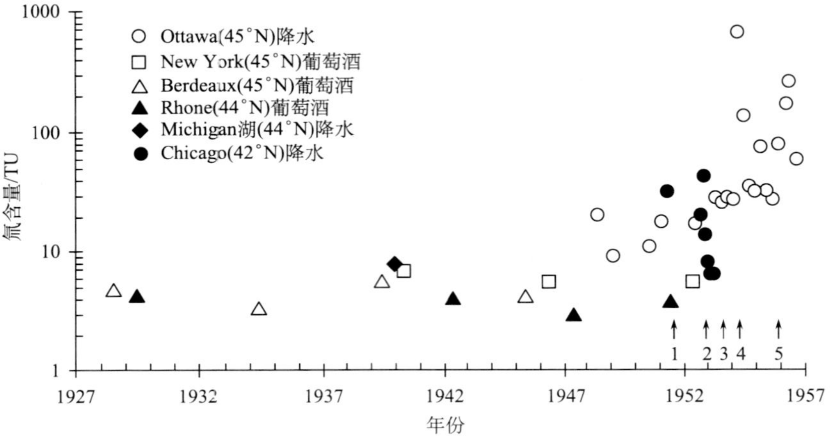

图 10-47 大气热核试验前和试验早期降水中的氚水平(Clark and Fritz,1997)

大气核试验:1. 美国"George"(7.5×10⁴ t);2. 美国"Ivy-Mike"(1000×10⁴ t);3. 苏联"RDS-6s"(40×10⁴ t);4. 美国"Castle 系列"(共 4700×10⁴ t);5. 苏联第二次热核试验(200×10⁴ t)

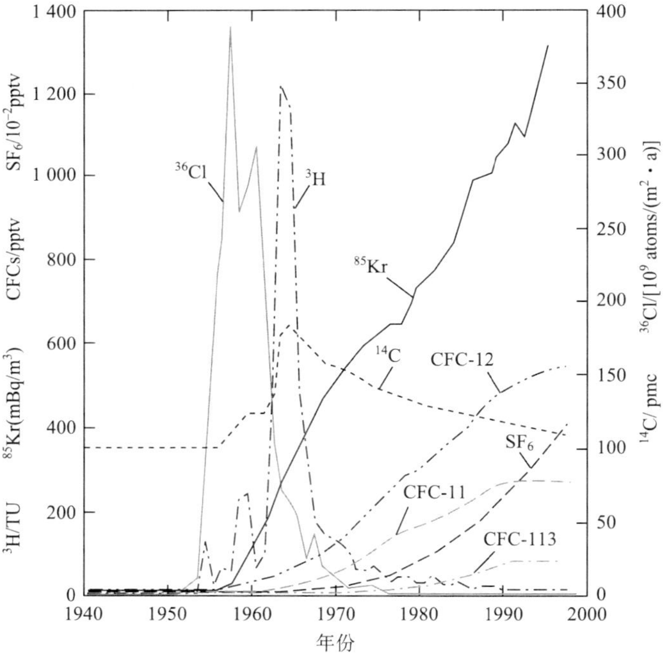

图 10-48 北半球历史示踪剂 ^3H 和 ^{36}Cl 以及 ^{85}Kr,CFC 和 SF_6 沉降的时程分布(Phillips et al.,1988;据 USGS 的 CFC 实验室资料修改)

1994)。但尽管如此,50 年来氚得到了广泛而且是成功的应用,包括在非饱和带中的应用。然而时至今日,由于大规模大气热核试验停止,现在降水中的氚浓度已接近于大气热核试验前的水平。此外,它还有半衰期 $T_{1/2}$ 短($T_{1/2}=12.3$ 年)的弱点,虽然还可使用,但作为水文示踪剂其作用已大为减小。然而,它却准备了继续效劳的"下一代",其衰变子代^{3}He还可服务于水文研究，包括在非饱和带的工作。当^{3}H衰变时，一方面它因衰变而减少，另一方面却又导致其子代产物^{3}He的增加（见第二章）。由其起始浓度$^{3}H_0$经过t时间的衰变（衰变常数λ）而有$^{3}H_t$如下

$$^{3}H_t = {}^{3}H_0 e^{-\lambda t} \tag{10-5}$$

另外有

$$^{3}He_t = {}^{3}H_0(1 - e^{-\lambda t}) \tag{10-6}$$

合并两式，有

$$^{3}He_t = {}^{3}H_t(e^{-\lambda t} - 1) \tag{10-7}$$

^{3}He浓度也可用单位 TU，1 TU＝1 个^{3}He原子/10^{18}个 H 原子。^{3}He的测验值一般必须按当时溶解的大气^{3}He作校正，也用$\delta^{3}He$，单位为（‰大气^{3}He）。然而，^{3}He不像^{3}H那么简单，它有溶解度等问题，将在应用过程中讨论。

2. ^{36}Cl

^{36}Cl是长半衰期（$T_{1/2}$）放射性同位素，$T_{1/2}=(3.01\pm0.02)\times10^{5}$ a。^{36}Cl在同位素水文学应用中得到迅速发展，主要是由于其检测精度因 AMS（加速器质谱仪）的发展而有了大幅度提高，同位素比$R={}^{36}Cl/({}^{35}Cl+{}^{37}Cl)$的灵敏度可达$1\times10^{-15}$。其浓度$A$使用单位为：原子数/L。$^{36}Cl$有天然生成的和大气热核爆炸形成的两类，已在第四章中有初步讨论。

1）天然生成的^{36}Cl。有三种机制

（1）大气中宇宙射线成因。主要由以下散裂反应和活化反应形成：

$$^{40}Ar(p, n\alpha)^{36}Cl \tag{10-8}$$

$$^{36}Ar(n, p)^{36}Cl \tag{10-9}$$

前者可占产额的约 67%，后者为 33%，而总产额由赤道附近的 5 个原子/(m^2·s)到在约 40°N 处接近北极的 28 个原子/(m^2·s)(Bentley et al.，1986)。由散裂反应在大气中的平均产额估算为 11 个原子/(m^2·s)，而活化反应的平均产额则约为 5 个原子/(m^2·s)。由于 AMS 提高了反应截面的测验精度（Hossain，1988），这些数据会有所变化。

（2）地表层中宇宙射线成因。宇宙射线经过大气衰减后，仍有一部分高速质子和粒子到达地表，在海洋表层水和大陆土壤和岩石层中继续由以上核反应产生^{36}Cl。表层几米海水中^{36}Cl产额约为 30 个原子/(m^2·s)，$R(^{36}Cl/Cl)$的平衡值约为1.3×10^{-12}，或通常写为1300×10^{-15}。由于深水循环，海水$^{36}Cl/Cl$的平均值小于4.2×10^{-15}(Finkel et al.，1990)一般认为它在土壤、岩石圈中到达的深度不会超过 50 m，因此此项^{36}Cl产额随深度而变，而且与土层和岩层的Cl^-含量有关。

（3）地壳中天然放射性核素成因。由于地壳中原位成因（in situ production）的天然放射性核素而产生中子，由此产生^{36}Cl（详见第四章）。

2）人为生成的^{36}Cl。有两种类型

（1）大气热核试验成因。第四章已讨论过产生^{36}Cl的中子反应机制：

$$^{35}Cl(n,\gamma)^{36}Cl \tag{10-10}$$

因为^{35}Cl有很大的热中子俘获截面，所以实际上任何能产生大量自由中子的过程或者设施，只要在那里遇到氯，就会产生^{36}Cl。因此，大气热核试验^{36}Cl沉降的大量增加，应该主要是源于1946～1958年在中太平洋马绍尔群岛的比基尼（Bikini）珊瑚岛和其西Eniwetok环礁上的原子弹和氢弹试验。许多次在岛上、船上和水下的试验，产生大量自由中子，而正好有海水供应氯。此后到1962年的一些平流层试验虽然造成大量^{3}H，^{90}Sr等的沉降，但并没有产生很多^{36}Cl。所以认为，几乎所有全球^{36}Cl的沉降，都是来自热核试验，且主要是由这些珊瑚岛热核试验产生的（Phillips，2000）。降水中的^{36}Cl见图10-48。与图中氚的分布一样，只是对^{36}Cl沉降到地面的历史过程作一般性描述，而这样的过程对于降水补给的应用也已经足够了，^{36}Cl的特大峰值要比降水中^{3}H的最大峰值早约10年。

（2）非热核试验成因。其他有关核设施只要产生自由中子而又有氯，就能产生^{36}Cl。所以，绝大多数核设施周围的水体中，其^{36}Cl往往可高于天然水平。

虽然天然成因^{36}Cl也有其应用，但它在水文学和地质学中的应用，主要还是作为历史事件示踪剂的功能。从示踪研究而言，^{36}Cl最重要的优势是从大气沉降进入土层后的守恒性，因而^{36}Cl在土壤水和地下水中的对流、弥散、扩散过程中其守恒性质优于氚。氚在蒸、散发汽态下会有所损失，而^{36}Cl在正常条件下完全不挥发，只因水分蒸发损失而增加其在水中的浓度，在非饱和带中发生积累。所以，^{36}Cl形影不离地跟随着液相水而不进入气相，而且还不是一般的地球化学过程可以把它移走的。因此^{36}Cl可以成为研究地下水补给的优良示踪剂。

非饱和带的根系层，由于溶质随土壤水进入作物水文循环和受植物落叶等的影响而成为^{36}Cl的变动层，这有时也被当作是^{36}Cl的非守恒性，其实不是。不过在特殊条件下，如低pH时会被有机物或某些矿物所吸附，或因形成氯氢化合物而挥发。还有实验得出，因硅质矿化土粒的负电荷排斥氯，使得孔隙中部的流速会稍比平均速度大一些（Phillips，2000）。

（二）环境示踪剂

指在大气中天然形成、存在于环境中用于研究降水补给的化学元素。主要是氯，在土壤水和地下水中氯可说是无处不在，是水化学最主要的8种离子之一。以上已讨论过，它跟随着液相水，其迁移性质与水极为相似，在主要离子中只有氯的扩散系数与水最为接近（Herczeg and Edmunds，2000），而且氯并不参与含水层中那些常有的地球化学反应，成为优良的守恒性示踪剂。其地球化学循环也与水十分相似，只有在发生蒸发时或通过植物散发时，水走了而氯留下，氯发生“富集”，其在剩余液体中的浓度与移走的水量成正比，即水量移走越多，氯的浓度越大。含“富集”氯的下渗水可通过根系层以下的非饱和带进入地下水。这些性质在使用氯研究降水补给时都会遇到。

既然水化学 8 大离子的氯可作为环境示踪剂应用，那么，同样是在大气中天然形成的其他离子是否也可以使用？回答是否定的。因为它们没有像氯那样的守恒性，很容易卷入发生在非饱和带和含水层中的许多水文地球化学反应中去。图 10-49(Lawrence et al., 1976) 仅是普通的混合，Ca^{2+}，Na^{2+} 离子就发生了离子交换，其非守恒性十分明显。SO_4^{2-}，HCO_3^- 在本例灰岩条件下的混合过程中表现有与氯相似的守恒性，但还有其他方面的非守恒性。而 NO_3^-（图中未标出）和 TDS 在降水补给研究中却可以有条件地使用。然而，非守恒性离子在降水补给以外的其他方面，还可作为环境示踪剂应用。如在地下水流研究中可用 Na/Cl，SO_4/Cl，K/Na，Mg/Ca 等。Mg/Ca 还可示踪地下水滞留时间。在淡水和盐水混合研究中除氯以外，还常用 SO_4^{2-}，NO_3^-。

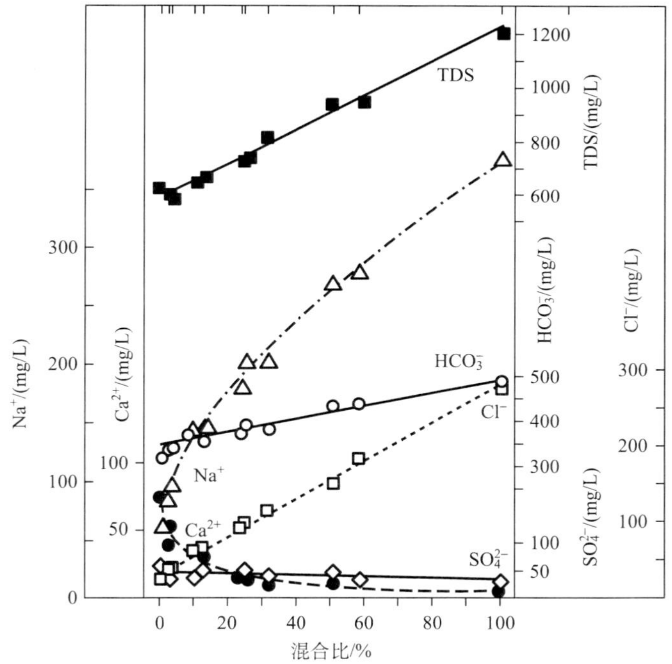

图 10-49　离子在混合过程中的守恒性一例(Lawrence et al., 1976)

环境同位素实际上也是一种环境示踪剂，不过把其中非天然成因的上述的氚和 ^{36}Cl另划出作为历史事件示踪剂，事实上只是在降水补给研究中才采取这样的示踪剂划分。

（三）人工示踪剂

指在降水补给示踪方法中用人工注入非饱和带的示踪剂。这样，示踪剂的输入过程和所需强度都准确已知并可设定。示踪剂的选择，需要在非饱和带中不被吸收、不发生化学变化。在环境中此类示踪剂的天然浓度低，其测验和操作较简单等。这有两种：①需要采样进行测验的，有 Br^-，Cl^-，^{36}Cl，^2HHO，$H_2^{18}O$，^3HHO 等，需要在应用中采集土样再抽取土壤水测定。②不需要采样的，有 ^{60}Co，^{51}Cr，^{124}Xe，^{136}Xe 等，都是放射性同位素，不需要采集土样就可以进行测验，在实验中避免了破坏土层和繁复的采样，特别是可以重复进行。

四、示踪峰方法

利用历史事件示踪剂沉降到地面的浓度峰和与此映照的非饱和带中的浓度峰，估算土壤水分流率从而得出降水对于地下水的补给率。在使用氚和 ^{36}Cl 时，浓度峰实际上是本地降水中氚或降水中 ^{36}Cl 输入过程在非饱和带中的响应，而本地的输入过程在形式上则与图 10-48 相似，只不过因不同地理位置而有具体数量的不同罢了。而这种响应，实际上是溶质在非饱和带中运移的结果。其一维的溶质运移基本方程是

$$\frac{\partial(\theta c)}{\partial t}=\frac{\partial}{\partial z}\left[D_S(v,\theta)\frac{\partial c}{\partial z}\right]-\frac{\partial(q^* c)}{\partial z}+G \tag{10-11}$$

式中：θ 为土壤体积含水量；c 为单位体积土壤水溶液中所含有的溶质质量即溶质浓度；z 为深度；q^* 为土壤水通量即单位时间内通过土壤单位横截面积的土壤水水量；$v=\frac{q^*}{\theta}$ 为土壤水溶液的平均孔隙流速。上式右部第一项为溶质的弥散项，$D_S(v,\theta)$ 为综合扩散-弥散系数。第二项为溶质的对流运移项，溶质的对流通量为溶质浓度 c 和土壤水通量 q^* 的乘积。溶质在非饱和带内因生物作用和地球化学作用而有额外生成或额外消失，则还需加入源汇项，即上式右部第三项 G，是所有可能有的源和汇的代数和。只有在守恒性示踪剂条件下才可以省去此项。而当土壤水溶液在稳定流动状况或稳态条件下，q^*，θ，v 和 D_S 均为常数，于是有

$$\frac{\partial c}{\partial t}=\frac{D_S}{\theta}\cdot\frac{\partial^2 c}{\partial z^2}-v\frac{\partial c}{\partial z} \tag{10-12}$$

只有当土壤水运动为活塞型水流时，上式中的水动力弥散项才可略去，因 $v=\frac{q^*}{\theta}$，就可导出

$$q^*=-\theta\cdot\frac{\partial z}{\partial t} \tag{10-13}$$

对于深度 z 可得

$$q=V\theta \tag{10-14}$$

式中：q 为在深度 z 位置向下的土壤水通量，深度 z 处的净下渗率，或地下水的近似补给率；V 为土壤水溶液的平均孔隙流速；θ 为深度 z 以上的平均土壤体积含水量。

这样，降水补给就简化为对式(10-14)的测验和计算。看似简单，其实包含着一系列条件，在应用中需要考虑在导来时的简化假定条件及其局限性。因而有一定的应用条件，讨论如下。

1. 省略源汇项

前已讨论过，^{36}Cl 在非饱和带中一般不发生生物作用和地球化学作用而导致其发生额外生成或额外消失，只有在很少的特殊情况下其守恒性才有例外。如在低 pH 时，氯可能会被某些矿物和有机物表面所吸附，在很低的 pH 条件下，会形成氯氢化合物而挥发，而在有银离子时发生沉淀等。因此在正常情况下，可以省略源汇项。氚则可能会发生挥发，蒸发过程中可能有损失和分馏影响，因此严格而言，对于应用氚，式(10-11)中需要有源汇项，否则，省略后会产生误差。

2. 省略水动力弥散项

这只有在土壤水运动为活塞型水流时方能成立。Zimmerman 等(1967)先用^{2}HHO后用^{3}HHO标记水，人工喷雨 4 mm，证明了标记的土壤水运动是层状下渗。示踪剂一次输入后，从第 12 天起直到第 159 天共 5 次采样，表明在非饱和带中形成示踪峰，逐步向下运移(图 10-50)。在世界降水氚出现最高值不久，瑞典做了 6 年(1966～1972)饱和带和非饱和带测验(Andersen and Sevel，1974)，1 号孔深达 57 m，直到地下水面以下 35 m，用直径152 mm钻取出所有原状岩芯，每 0.2 m 采样约 5～6 kg，分析土壤体积含水量和土壤水氚浓度。其他孔深达到地下水面以下 2 m。使用 1961～1972 年逐月降水量和降水氚浓度作为输入，以分析氚从非饱和带进入地下水的过程(图 10-51)。结果表明，一方面降水氚的输入过程在非饱和带中有相应的示踪峰响应，并逐年衰减下移。另一方面通过几种模拟计算表明，是以活塞型水流加弥散的方式下移(见图 10-51 中第一个峰)。因此实际上氚示踪剖面使用省略水动力弥散项的式(10-13)有一定误差。在同时测验氚和^{36}Cl 剖面时往往发生矛盾，因氚发生弥散是主要原因，例见图 10-52。实验场地没有植被影响，^{36}Cl 剖面在深度 0.5 m 处有明显峰值，而在深度 1.25 m，该峰以下的^{36}Cl 还是该地核试前的天然^{36}Cl 本底值，表明此峰是相应于降水中热核^{36}Cl 的峰值。而氚剖面则有明显分开的三个峰，表明在下渗过程中少有混合发生，如果是活塞型水流的话，其中最浅的应是最近降水的响应，而最深的则是 1963～1964 年降水中氚峰值的响应了。然而，^{36}Cl 在剖面中的峰却比氚的要浅得多，但实际上降水中^{36}Cl 的峰值比氚的峰值要提前约 8～10 年(已见前述)。在同一非饱和带剖面中^{36}Cl 峰值位置本应较氚峰

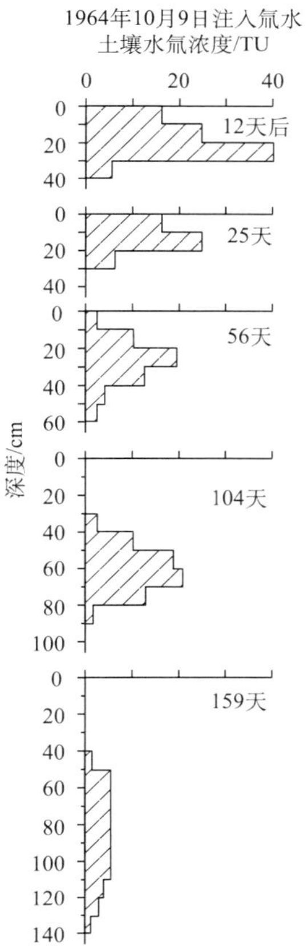

图 10-50 标记土壤水运动的层状下渗(Zimmerman 等，1967)

值的更深才对。由于^{36}Cl的守恒性，不挥发，并只限于液态水流，因此它在图中的剖面位置是正常的。而氚之所以走得那么深，认为是由于氚水汽(^{3}HHO)造成的，按土壤水剖面估算，其水汽流率约达 6 mm/a(Scanlon，1992)。这事实上说明，对于氚，省略水动力弥散项会有相当大的误差，而使用^{36}Cl 则要稳定得多。

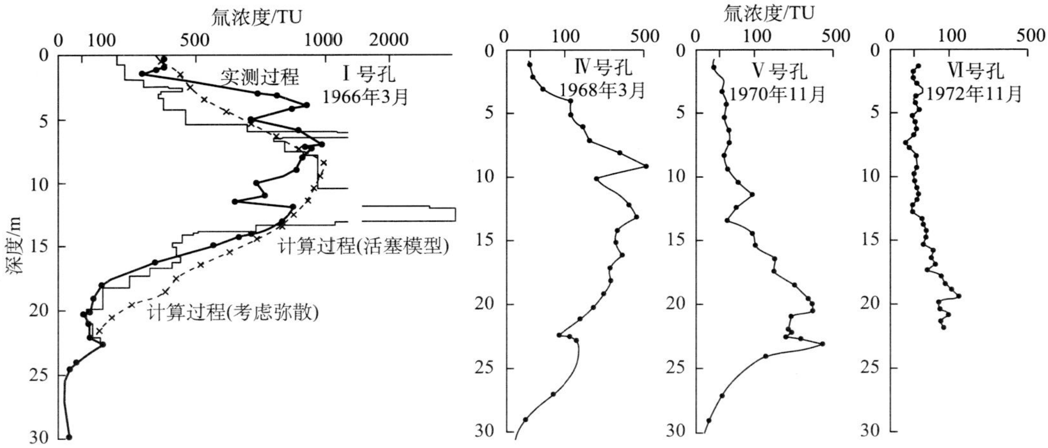

图 10-51 降水氚从非饱和带进入地下水的逐年过程(Andersen and Sevel，1974)

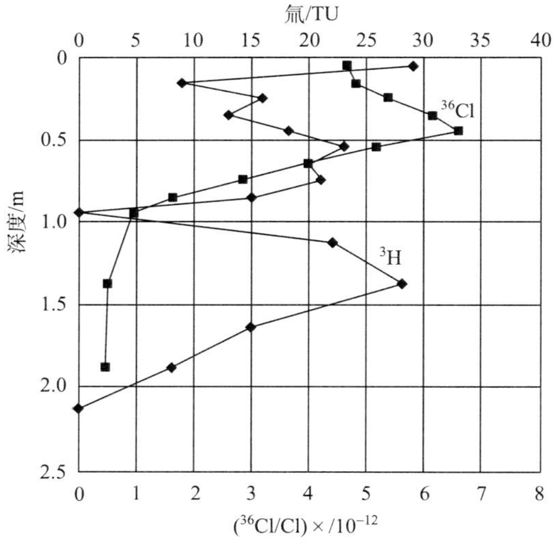

图 10-52 氚和^{36}Cl 剖面的比较(Scanlon，1992)

3. 非渗流流动

所讨论的溶质在非饱和带中或是在饱和带中的运移，有两个前提。一是运移方程实际上属于多孔介质，是连续介质；二是运移的是土壤基质水流，是渗流问题，流动遵循的唯一原则是由土水势高处向低处运移。这样，就不包括图 10-33 中的大孔隙，它们在土层中构成该处多孔介质的不连续性，其流动遵循的原则是水力梯度而非水势。设地面处对大孔隙的输入为 $I(0,t)$，到深度 z 处(图 10-33 左侧)则是 $I(z,t)$ 或另原有土壤水 $w(z,t)$，是水力流动，形成前述的所谓优先型前行水流。而 $I(0,t)$ 进入土壤连续介质后，或进入大孔隙后再向土壤渗入(图 10-33 右侧)，则是渗流流动了。因此，使用本法需要在不发生前行水流的区域进行。当岩土层存在二元孔隙即既有孔隙又普遍发育裂隙时，需要进行识别。

（一）峰值位置方法

式(10-14)的应用关键在于如何确定 V，因而就有不同的处理方法。当利用非饱和带中热核示踪剂出现单一浓度峰的位置时，该式成为

$$q = V\theta = \frac{\Delta z}{\Delta t}\theta \tag{10-15}$$

式中：Δz 为非饱和带中热核示踪峰峰值出现的深度位置；Δt 为与此相应的降水中热核示踪剂峰值出现时起，到非饱和带峰值出现所经过的时段；θ 为非饱和带中示踪峰值位置以上的平均体积含水量，需要分段计算。

应用热核氚的例子见图 10-53(张之淦等，1990)。降水氚输入过程在黄土非饱和带中的响应，有着明显的铃形峰。该剖面 10.5 m 深度以下直到 15 m，是热核试验前的氚本底值，而且可与图 10-48 氚的一般沉降输入过程相映照，因而在此例中可以认为降水氚在非饱和带中的运移接近于活塞型水流类型，也没有明显的大孔隙等前行水流发生的迹象，符合式(10-14)需要的一些假定。求得 1985 年采样时最高氚值在地面以下 5.6 m，相应

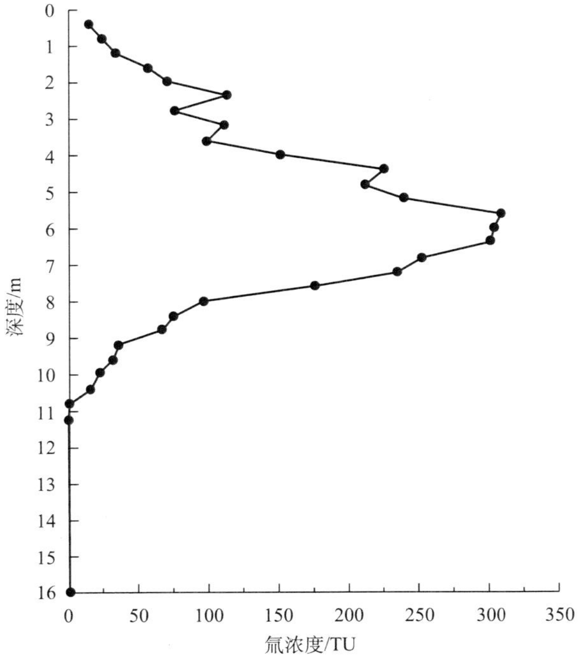

图 10-53 黄土非饱和带中的氚剖面(张之淦等，1990)

于降水中氚值最高的1963年峰值。这样，V为5.6 m/23 a，即约0.25 m/a，6 m内的平均θ为19.3%，因而补给率q为48 mm/a。

应用热核^{36}Cl的两例，见图10-52（Scanlon，1992）和图10-54（Bentley et al.，1986）。此两例的共同要点为：①在非饱和带中的^{36}Cl剖面都有着明显的铃状峰形。②两个铃形峰形状相似，而且与图10-48中^{36}Cl的一般输入过程可以映照。③示踪峰以深剖面中的^{36}Cl已很接近于该地热核试验前^{36}Cl的本底值，前者在2 m以下测点的平均值为717(^{36}Cl/Cl)$\times10^{-15}$，而计算本底为700(^{36}Cl/Cl)$\times10^{-15}$；后者也与此相似。用式(10-15)求得补给率q分别为4 mm/a和0.28 mm/a。

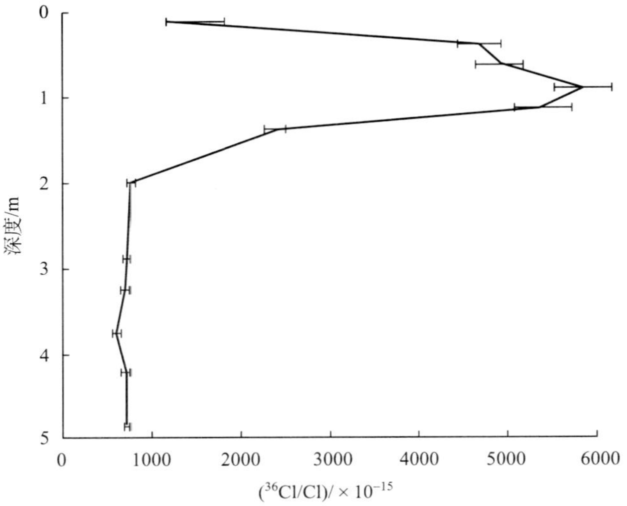

图10-54　亚砂土非饱和带中的^{36}Cl剖面（Bentley et al.，1986）

（二）示踪峰重心方法

当非饱和带中的示踪剂剖面不是上述单一的铃形峰而是多峰、无法与降水示踪剂输入过程一一相映照，则可以通过求示踪剂剖面的质量中心，用以代替上述的示踪峰最高值。质量中心的深度则相当于以下求得的示踪剂总质量之半的位置：

$$M = \int_0^z c(z)\theta(z)\mathrm{d}z \tag{10-16}$$

式中：$c(z)$为不同深度处的示踪剂浓度；$\theta(z)$为不同深度处的土壤体积含水量。

（三）峰值位移方法

在连续施测多次，在非饱和带中形成多个示踪剂剖面，则式(10-15)中的V可通过示踪剂的这些峰值浓度或上述示踪峰重心推求：

$$V = \frac{z_2 - z_1}{t_2 - t_1} \tag{10-17}$$

由式(10-15)可求得 q,为在深度 z 处的净下渗率,或地下水的近似补给率。而在施用人工示踪剂时,由于输入集中、强度大,有时可以推求短时段内的总补给 Q,使用式(10-17),由式(10-15)可得:

$$Q = (z_2 - z_1)\theta \tag{10-18}$$

而

$$Q = q(t_2 - t_1) \tag{10-19}$$

1. 应用人工氚

应用峰值位移法一个很好的实例,是使用人工氚的试验结果,见图 10-55(Saxena and Dressie,1983)。在 2 m×2 m 范围内划成 10 cm^2 方格,在每个节点上的 30 cm 深处,以 10 mL HTO(0.5 μCi/mL)标记土壤水,在融雪前完成标记。4 个多月内在非饱和带中形成轮廓清楚的氚响应,在人工氚峰以深的土壤水中,均是核试验前降水氚的本底值,因而可使用峰值位移法。以两次测验之间氚的峰值位置得出 $(z_2 - z_1)$,由以天数计的 $(t_2 - t_1)$ 求得 V,从而可求得 q 及 Q(mm)。算例见表 10-4 中氚的部分。

2. 应用降雨 ^{18}O

上例中是在融雪前完成氚标记,在非饱和带中观测人工氚剖面的同时,采样作 ^{18}O 分析,图 10-55 主要是进行氚峰值位移研究,因而已将图中 ^{18}O 过程略去。在 1982 年 7 月 22 日以后则使用 ^{18}O 研究,由于贫 ^{18}O 的融雪水首先下渗,接着是相对为富的降雨下渗,

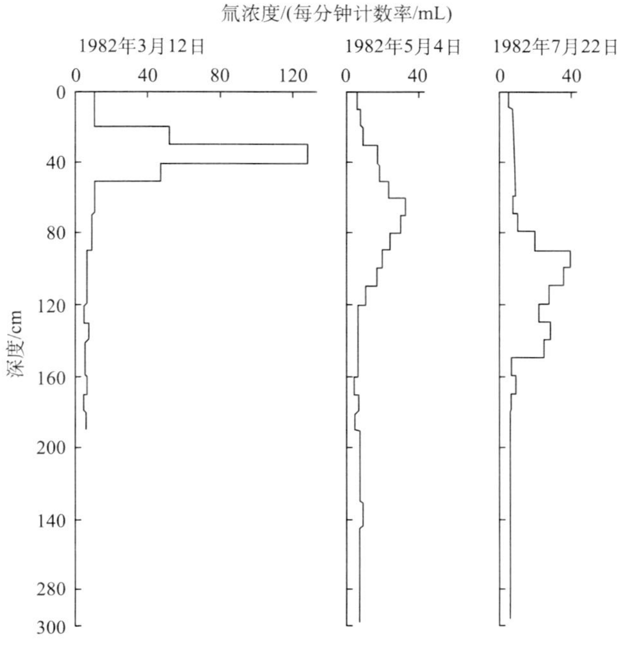

图 10-55　1982 年 2 月 12 日注入氚水后 3 次测验的氚峰值位移法试验(丹麦)
(Saxena and Dressie,1983)

将此贫^{18}O的水层往深部推进，于是可寻求贫^{18}O峰值水层位置(图 10-56)，也用本法估算降雨补给率或时段内的补给量，例见表 10-4 中^{18}O部分。实际上，在小于年的时段内应用土壤水中贫^{18}O水层是在有融雪水条件下的特例，因为后续降雨的^{18}O都较此为富，因而连续几个月内在非饱和带中有峰形明显的响应，于是就适合于应用峰值位移法，需要有若干月的^{18}O剖面并以贫^{18}O水层为基准。

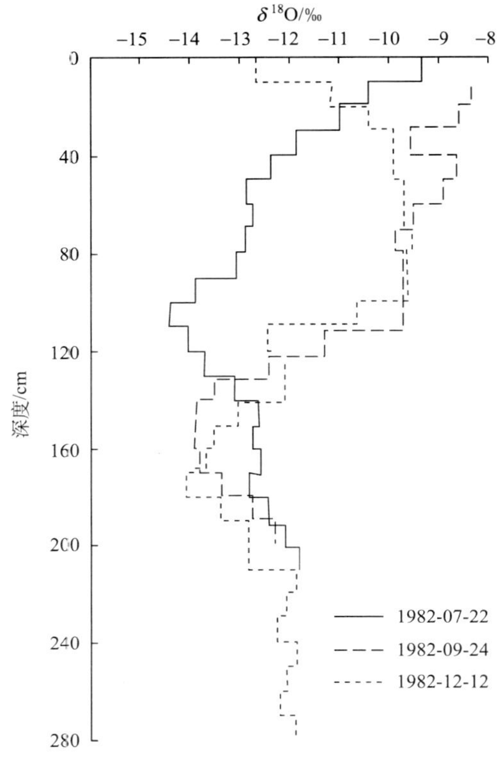

图 10-56　1982 年 7 月以后使用^{18}O贫化峰值的研究(Saxena and Dressie,1983)

表 10-4　峰值位移法算例

时段 (1982 年)	示踪剂	峰值位置 (地面下) /cm	(z_2-z_1) /mm (1)	(t_2-t_1) /天数 (2)	V /(mm/天) (3)=(1)/(2)	θ/% (4)	q /(mm/天) (5)=(3)×(4)	Q /mm (1)×(4)	降水量 /mm
03～12 到 05～04	氚	35～65	300	53	5.7	17.4	0.99	52	193
05～04 到 07～22	氚	65～95	300	77	3.9	17.3	0.67	52	74
07～22 到 09～24	^{18}O	115～155	400	62	6.5	11.2	0.73	45	93
09～24 到 12～12	^{18}O	155～170	150	78	1.9	22.2	0.42	33	104

然而，如果环境同位素在多年的降水过程中也发生周期性明显的峰值，那么是否可以通过土壤水剖面的连续测验，寻找相应的响应呢？特别在非饱和带深的地区，那里在土壤

水中的此类响应还被保留着而没有进入到饱和带中去。作者认为，答案是：可以又不可以。可以，但需要有三个条件。一是降水中^{18}O或D的多年测验符合以上理想情况，即的确有年的周期性，峰值与年内其他时期相比它要高得多，而且不是多峰型。二是非饱和带土壤水中^{18}O或D的多年测验表明，的确存在有明显的峰形响应。三是需要设法识别非饱和带中^{18}O峰所对应的降水^{18}O峰。例如图10-57的降水^{18}O分布，应能大体符合上述第一项条件。在不具备以上条件的地区，难以识别非饱和带中^{18}O峰值所对应的降水^{18}O输入过程，实际上难以应用。

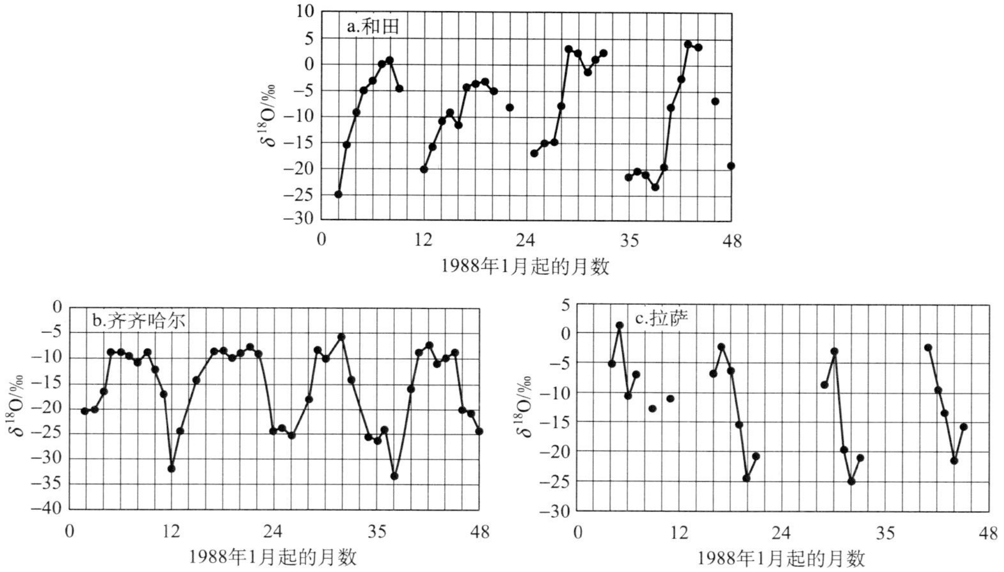

图10-57　降水中月平均^{18}O值变化三例，表明在年内有明显的峰值和周期性

（四）人工示踪法

示踪峰方法的一个基础是地面输入，需要以示踪剂沉降到地面的输入浓度峰和与此相映照的非饱和带中的浓度峰为依据，所以首先是输入浓度峰要有足够的强度和已知过程。天然示踪剂的一个主要弱点是其输入过程往往不是准确已知的，氚和^{36}Cl只有其沉降到达地面的大体过程（图10-48），具体到某研究地区往往是未知的，只能利用其最大峰值。而且需要钻取土样，获取土壤水样，非常繁复，要求很高。如上述瑞典6年实验所述，那是标准的操作要求，因而难以多次重复，还不能在原地重复取样而有天然差异，此外还非常昂贵。而人工示踪法可在任何需要的位置上以已知量在任何需要的时间施放，例如上述在融雪前的时机。而且可以不取土而连续在原地测验，因此对非饱和带中的土壤水分运动包括示踪剂运移以及对地下水的补给就可望有更精确的定量分析。

为此目的的理想人工示踪剂应具备以下条件：①在土壤圈内不会天然生成。②其本底浓度低。③在土壤剖面内不因发生地球化学作用而有变化。④植物一般不吸收。⑤在水内易溶。⑥易于探测，一般可不取土而能连续施测。⑦毒性低。

可用的人工示踪剂有以下类型：

(1) 化学离子：Br^-，Cl^-，I^-，NO_3^-，SO_4^{2-}。

(2) 水同位素：^3H，^2H。

(3) 放射性同位素：^{60}Co，^{51}Cr，^{36}Cl，^{32}P。

(4) 稀有气体同位素：^{124}Xe，^{136}Xe。

其中有些可在土壤层中发生化学反应并被植物吸收，如 I^-，NO_3^-，SO_4^{2-}，^{32}P。其中对于降水补给研究较优的是 Br^-，^3H，^{60}Co。

放射性同位素作为示踪剂的突出优点是可以避免钻取原状土样，示踪峰可使用闪烁探测器，而土壤体积含水量可使用中子法直接测定。^3H 的应用已见上述，使用氚水(HTO)，用方格法注入。^{60}Co 的应用，使用 $K_3^{60}Co(CN)_6$，用圆环法注入，例见图 10-58 (Nair et al.，1978)，使用示踪峰质量中心（图 10-59）推求补给率。

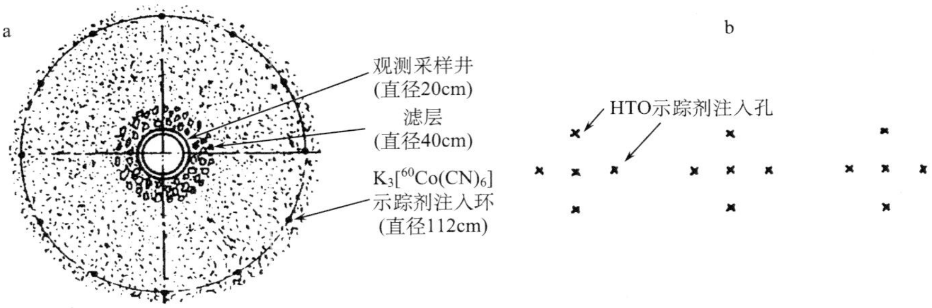

图 10-58　使用 $K_3^{60}Co(CN)_6$ 示踪剂的圆环法注入方法(a)和 HTO 示踪剂注入方法(b)
(Nair et al.，1978)

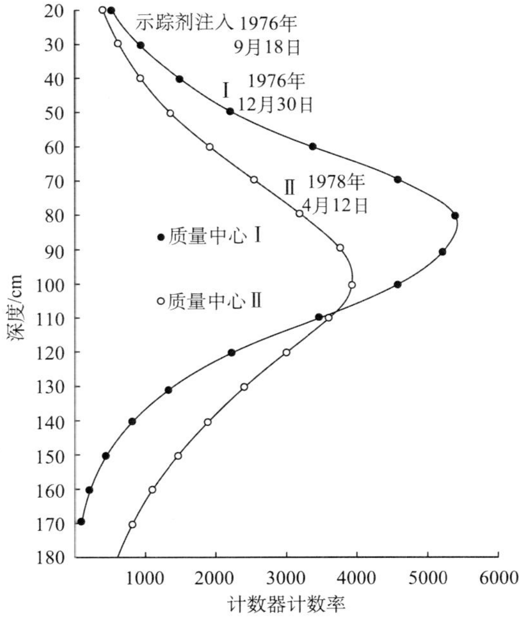

图 10-59　应用示踪峰质量中心求峰值位移(Nair et al.，1978)

Br^-在土壤水运移和降水地下水补给中也有广泛应用。其突出优点是：在一般环境中它的浓度背景值可于以忽略，而且在土壤水中的行为与氯和硝酸盐相似，相对价廉，测验也方便。一个从布局到测验和分析考虑周详的实例(Rice et al.,1986)，是在 6200 m^2的裸地中，均匀施用 13.5 g/m^2 的 Br^-，其目的是研究灌溉水发生的无效深层下渗，亦即发生了向地下水的补给。于第 5,47,126 和 159 天时，在均匀分布的 28 个位置上，在 2.7 m 深度内以 0.30 m 为间距采集土样，分析土壤水分和 Br^-。其间总灌溉水量为 450 mm。2.7 m深度剖面中 Br^- 的分布例见图 10-60，使用在 28 个测点 Br^- 浓度剖面的统计结果(图 10-61)，由示踪峰峰值位置方法推求其深层补给率为 3.3 mm/d，而一般水量平衡方法所求得的却是 0.65 mm/d。在土壤水中如果因为阴离子效应而运移较快的话，也不会超过 15%。结论是由于土壤剖面中的大孔隙等结构而发生了前行水流之故。

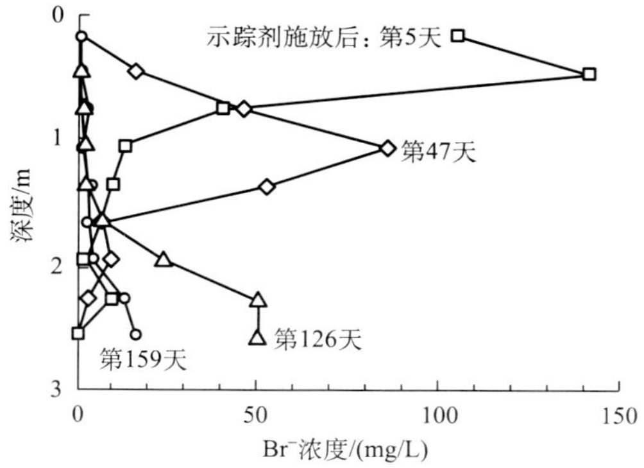

图 10-60 11 号土壤剖面中 Br^- 的浓度分布(Rice et al.,1986)

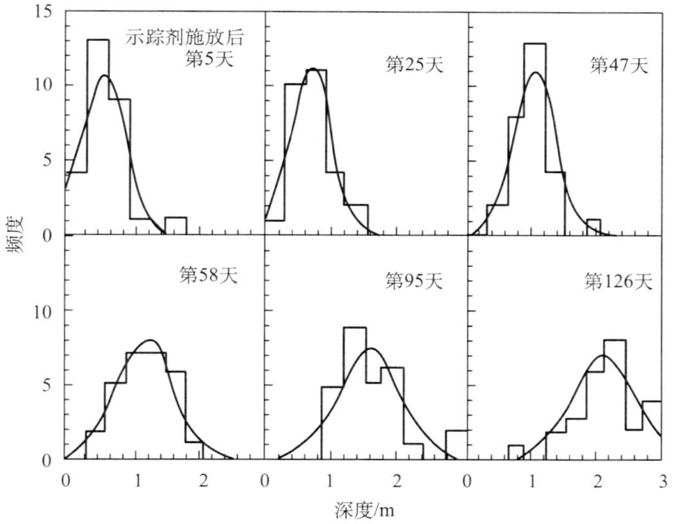

图 10-61 所有土壤剖面 Br^- 浓度分布的统计(Rice et al.,1986)

此外也可使用稀有气体同位素。在降水补给中应用的主要优点，是其化学守恒性，无色无味，由于某些稀有气体同位素的天然丰度极低，因此只需要很少量即可在地下水中探测出来。

(五) 示踪峰方法的适用性

单独应用历史事件热核氚和^{36}Cl 所能估算的是过去约 50 年时段内对地下水的补给。

用示踪峰方法可估算的最低补给率约为 10 mm/a，因为在这样低的补给率条件下，热核示踪峰可能还在非饱和带的表浅部位，在有植被的地区也许还停留在根系层，而示踪峰方法的基本要求式(10-14)之一是需要有准确的 θ。这在根系层中是多变的，只有在浅根系层之下 θ 才可以有确定值，而在深根系层，即使可以准确地测得热核示踪峰的位移，但 θ 的不确定度就太高了，例见图 10-62。对图中 a 的浅根系层情况，由式(10-15)，$q=\frac{\Delta z}{\Delta t}\bar{\theta}$，其中 $\bar{\theta}$ 可准确地由稳态条件下的土壤含水率 θ 平均而得，从而也可得到比较准确的降水补给率。但对图中 b 的深根系层情况，因土壤含水率实际上变化频繁，故 $\bar{\theta}$ 值难以确定，或其不确定性很高，也就很难得到比较可靠的补给率。

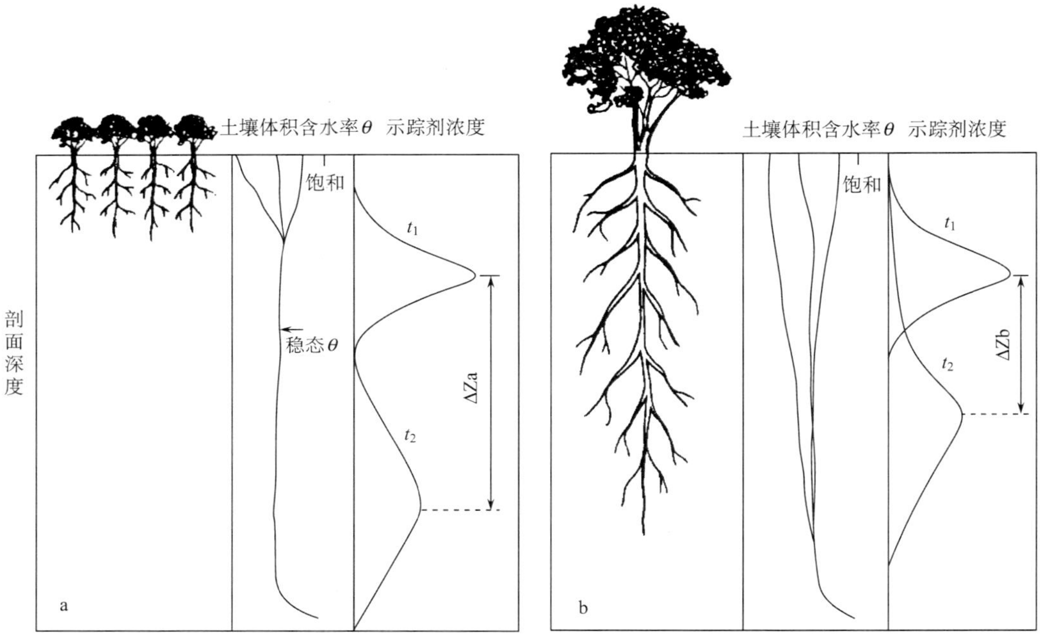

图 10-62　根系层的影响(Sharma，1987)

用示踪峰方法可估算的最高补给率，则主要受地下水埋深的控制，设若式(10-15)中的 Δt 即从沉降峰到达地面起经过了 40 年，θ 为 0.1 m^3/m^3。如果对地下水的补给率是 50 mm/a 的话，那么非饱和带中相应位置 Δz 将达 20 m。因此，从实际操作而言，补给率超过 50 mm/a 时，使用本法虽然不是不可能却是很困难了。

在干旱地区使用本法时需要十分谨慎。因为一方面在时程上降水稀少，另一方面在空间分布上往往是局部的，再加热核氚和 ^{36}Cl 本身的季节变化，所以即使在非饱和带中测到了热核示踪峰，也还难以肯定在时间上它是否相应于降水热核氚和 ^{36}Cl 的沉降峰。何况干旱地区降水下渗往往很慢。如在美国新墨西哥年降水量 230 mm 地区测得的 ^{36}Cl 土壤水下渗率为 2.5～3.0 mm/a(Phillips et al.，1988)，而在得克萨斯年降水量 280 mm 的沙漠地区则是 1.4 mm/a(Scanlon，1992)。

五、氯质量平衡方法

(一) 非饱和带氯质量平衡方法估算降水补给率及其基本假定

非饱和带土壤水中氯质量平衡(CMB)是估算降水补给率最广泛应用的方法,使用大气中天然生成的氯。氯作为环境示踪元素有很多优点已见前述。方法是通过进、出非饱和带系统的氯质量平衡,以推求降水对地下水的补给率和补给量。

在第一章中已经阐述了这样的观点,即传统水文学中的水文循环实际上只涉及水量,而同位素水文学中所讨论的水文循环则往往包括溶质。因而建议前者为水分循环,包括溶质的为水文循环,以资区别。与此相应,传统水文学中的水量平衡概念对应于水分循环,而同位素水文学中的水文平衡则既包括水量也包括溶质。因此,非饱和带氯质量平衡实际上是降水下渗过程中,非饱和带系统包括水和溶质氯的水文平衡。

前述式(10-11)一维溶质运移基本方程导来时,描述包含对流项和弥散项的溶质总通量 J 的平衡方程为:

$$J = -D\frac{\partial C}{\partial z} + qC \tag{10-20}$$

式中:D 为水动力弥散系数;q 为水分通量;C 为单位体积水溶液中所含有的溶质质量;z 为深度。参见示意图 10-63,对于氯在单位时段内从地面单位横截面积上进入研究剖面均质土壤非饱和带系统的质量,即在地面处($z=0$)氯的通量 $J_{z=0}$ 如下(此时 D 的影响可于忽略):

$$J_{z=0} = (qC)_{z=0} \tag{10-21}$$

实际上,q 即是进入均质土壤非饱和带系统的下渗水分通量;C 是与此相应的氯浓度;qC 则是在相应面积上降水径流过程输入—输出的一个水文平衡项。需要注意的是,降水产流过程中有多种径流组分需要进行考虑。

这样,在地面处($z=0$)的氯通量为

$$(qC)_{z=0} = [PC_P + P_D C_{P_D} + IC_I] - [(Q_S C_{Q_S} + Q_M C_{Q_M}) + EC_E] \tag{10-22}$$

式中:P,P_D,I 为时段内的降水量、干沉降量和灌溉水量,相应的氯浓度为 C_P,C_{P_D} 和 C_I。相应时段内所产生的径流量为地面径流 Q_S 和主要由大孔隙形成而直接离开地面的前行水流 Q_M,与此相应的氯浓度为 C_{Q_S} 和 C_{Q_M}。E 为相应时段内的陆面蒸发量,其氯浓度为 C_E。

上式中,干沉降 P_D 相对于降水,其氯的携入量或可以忽略,于是 $P_D C_{P_D}=0$,或在测验时合并于降水 C_P 之中而不再另列。灌溉水或不单独予以考虑,则 $IC_I=0$,或将其等同于 PC_P,而取加权平均$(PC_P+IC_I)/(P+I)$合并于降水项中。于是其右端第一项可简化为 PC_P。右端第二项中的径流项,如假定不发生前行水流,就简化为 $Q_S C_{Q_S}$。又假定不产生地面径流,那么,$Q_S C_{Q_S}=0$。此外,在蒸发过程中,只发生水量损失,因而其 $C_E=0$。于是在上述一系列简化和假定条件下,地面处($z=0$)氯的通量从式(10-22)简化为

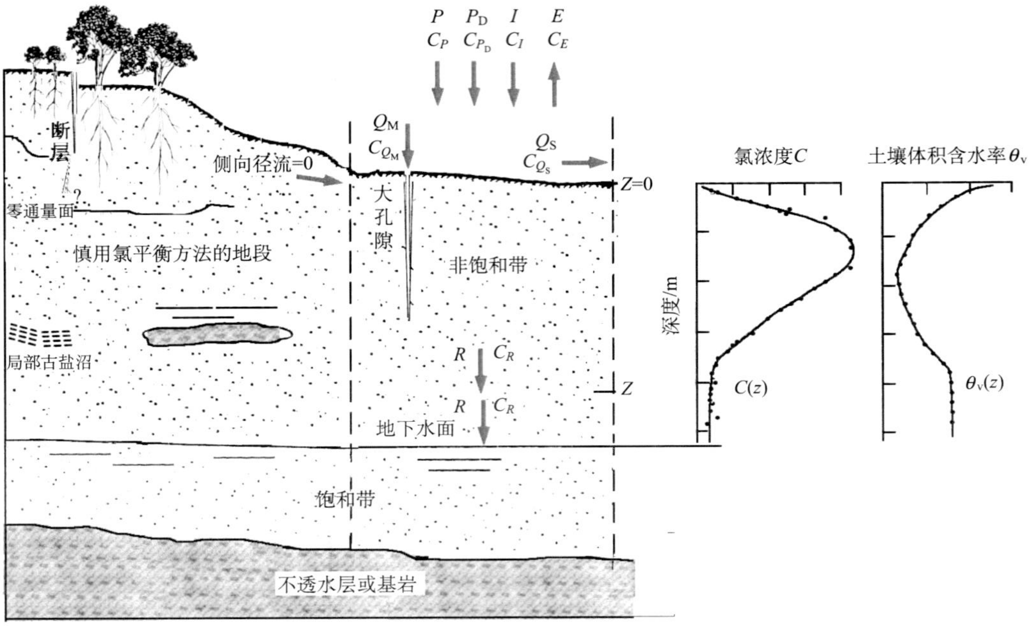

图 10-63 非饱和带土壤水中氯质量平衡方法示意图

图中参数见正文;慎用地段解释见本节末

$$(qC)_{z=0} = PC_P \tag{10-23}$$

相应时段内在非饱和带系统深度为 z 处的氯通量应为

$$(qC)_z = -D\frac{\partial C}{\partial z} + RC_R \tag{10-24}$$

式中:R 为在深度 z 处的深部下渗水分通量,而 C_R 则是其氯浓度。在这里不发生侧向的或前行性的水量变化,因认为氯是守恒性的,也不再发生氯浓度的变化。这样,这里的深部下渗量就是在时段内进入地下水的降水补给量。

在稳态条件下有

$$PC_P = -D\frac{\partial C}{\partial z} + RC_R \tag{10-25}$$

进一步又假定氯在非饱和带中的运移过程只发生对流运移,则

$$PC_P = RC_R \tag{10-26}$$

因此,在该时段内降水对地下水的补给量为

$$R = \frac{PC_P}{C_R} \tag{10-27}$$

这就是由氯质量平衡方法(CMB)估算降水补给率的简化式子。

对于这个看起来很简单的方法,不能忘记的是,它的导来是基于许多假定(图 10-62),主要有:

(1) 均质土壤的一维、垂向、活塞流系统。

(2) 剖面中氯流率在时段内达到动力平衡和完全的稳态,只有地面输入发生有季节性的变化。

(3) 不产生地面径流和壤中流,也不发生大孔隙之类的前行水流。

(4) 不考虑除降(灌)水和干沉降以外的其他氯源。

(5) 补给计算期降水中氯浓度等同于观测期浓度,年平均降水也相同。

对于以上假定将在以下由应用实例进行讨论。

这一方法早期由 Allison and Hughes(1978)在 Eriksson and Khunakasem(1969)工作基础上发展起来,此后得到广泛应用,特别是对于低降水补给率的估算。CMB 在干旱、半干旱地区得到广泛应用的原因,一方面是缺少可用方法,另一方面还由于 R 与 C_R 往往有反比关系,于是补给率较小的变化所相应的氯浓度变化却较大,因而低补给率更为敏感。在短时段情况下,需要考虑与土壤水混合的影响(顾慰祖,2007)。

在以下关于土壤水氯剖面的讨论中将列举应用本法的算例。

(二) 非饱和带氯质量平衡方法分析降水补给历史

实际上非饱和带使用氯质量平衡方法,既可用以估算降水补给率,还可分析降水补给历史。因为许多类型的氯剖面,特别是干旱地区的此类剖面(图 10-63)所反映的不仅是短时段的降水补给,也可以是百年甚至是万年尺度的,于是在一定程度上可用以反映气候变化。

在非饱和带中的土壤水氯剖面上,地面以下深度 z 位置处的氯通量式(10-25),包含着时段内在该位置处降水下渗补给地下水的水分通量,也反映到达该位置的历时信息。设在 z 处的土壤体积含水率(通称含水量)为 $\theta_V(z)$,所含氯浓度为 $C(z)$,那么在 z 处该氯所代表的滞留时间或年龄 t(年)可按地面氯的年输入 PC_P 推算(Tyler et al.,1996)为:

$$t = \frac{1}{PC_P}\int_0^z \theta_V(z)\, C(z)\,\mathrm{d}z \tag{10-28}$$

上式的成立,实际上一方面承袭了上述诸多假定,特别是如果还伴随有水动力弥散,那么相应于式(10-25),上式右端还要有一弥散项。对于 $\theta_V(z)$ 很小的干旱地区,一般可以忽略,但当剖面氯发生剧烈垂向变化即 $\frac{\partial C}{\partial z}$ 高时,水动力弥散往往有一定影响。另一方面,还有一项上述氯平衡方法中所没有的重要假定是,PC_P 在推算的 t 时段内没有实质性的变化,其实这是上式的薄弱环节,因为既然其时间尺度可达千年或万年,如果说天然氯形成的 C_P 可以近似于现代的话,那么多年平均降水量就未必了。所以其结果应该只是相对的,需要特别注意。

在操作中另外一个常见的是 θ_V 问题。由于干旱地区非饱和带往往很深,工作范围需要深达数十米或更深,而土壤体积含水率则需要通过采集非扰动土样进行测验,对于这样的深度,虽然不是不可能却实在是非常困难,因而往往使用重量含水率,这实际上又增加了一个不确定因素而需要在此加以讨论。土壤体积含水率定义为一定土壤体积 V 内土

壤水分 $V_{水分}$ 所占该体积的比值，即 $\theta_V=\frac{V_{水分}}{V}$。土壤重量含水率 θ_W 则是一定土壤体积内土壤水分重量 $G_{水分}$ 与该土壤体积内固相即干土重量 $G_{干土}$ 的比值，即 $\theta_W=\frac{G_{水分}}{G_{干土}}$。这是适应于土壤含水率较方便的测验方法(重量法)。而当干容重即单位体积土壤中的土壤固相重量为 $\gamma_D=\frac{G_{干土}}{V}$ 及水的密为 ρ_W 时，就有

$$\theta_V=\frac{V_{水分}}{V}=\left(\frac{G_{水分}}{G_{干土}}\right)\left(\frac{G_{干土}}{V}\right)\left(\frac{1}{\rho_W}\right)=\theta_W\gamma_D\frac{1}{\rho_W} \tag{10-29}$$

因土壤干容重也随深度而有变化，而水的密度 ρ_W 可认为不随深度而变，于是式(10-28)成为

$$t=\frac{1}{PC_P}\int_0^z\theta_W(z)\gamma_D(z)C(z)\mathrm{d}z \tag{10-30}$$

也有写为下式的(Tyler et al.,1996)：

$$t=\frac{1}{PC_P}\int_0^z\gamma_D(z)M_S(z)\mathrm{d}z \tag{10-31}$$

实际上，$M_S(z)$ 是微元体积内的 $\theta_W(z)C(z)$，即土壤水氯质量与相应干土质量之比，但还是需要随深度而变的土壤干容重。因而无论是使用式(10-30)或式(10-31)时，必须有实测干容重，而在许多应用中往往只有土壤重量含水率，实际上是取了假定的干容重。可以想见，在深度达数十米时，这同样是有问题的。

在以下关于土壤水氯剖面的讨论中，将列举应用本法的算例(表 10-5)。

由降水补给和相应的年龄估算，就有可能对所估算时期内的气候变化作出讨论或重建。由于以上讨论的包含于方法中的一系列假定，特别是稳态条件、忽略弥散项、估算时期内的年平均降水量与氯浓度相应地等同于现代降水量和晚近降水中氯浓度等，因此其结果在颇大程度上只能是相对的，可与定量的冰芯记录作比照和作旁证用。例见以下关于土壤水氯剖面的讨论。

(三) 非饱和带氯浓度剖面的演化和讨论

1. 单一稳态型式

陆面蒸发因水分蒸发而使溶质氯富集，在地面附近和根系层内浓度较高而达峰值，然后随深度而很快下降，以下即维持常量，这是最简单的类型，也是很理想的类型。例见图 10-64(叙利亚，年降水量 $P=220$ mm)和图 10-65(澳大利亚，年降水量 $P=770$ mm)，是典型的稳态条件，由表层氯的高浓度可见，两例的根系层均约为 1 m。叙例 $C_P=7.25$ mg/L，$C_R=988$ mg/L，由式(10-27)得 $R=1.6$ mm/a。澳例 P 为多年平均，C_P 取 1982，1983，1984 各年相应年平均 9.6 mg/L，7.9 mg/L 和 6.4 mg/L 的加权平均 $C_P=8.0$ mg/L。在氯浓度剖面中不计表层 2 m，认为有根系影响，地下水面以上 1 m 也不计，

这样只取其间 3.5 m 土层内 1983 年和 1984 年 7 月和 10 月共 4 个月的氯浓度月平均值为 C_R，分别按式(10-27)推求 R。其中 C_R 最高和最低分别为 44.8 mg/L 和 40.5 mg/L，相应的 R 分别为 137.5 mm/a 和 152 mm/a。此例在 P,C_P,C_R 取值严谨，最大可怀疑的问题似乎是忘了前述式(10-27)在导来时不产生径流的基本假定，年降水量 770 mm 地区的两年 7 月和 10 月内而不产生降雨径流是难以置信的。

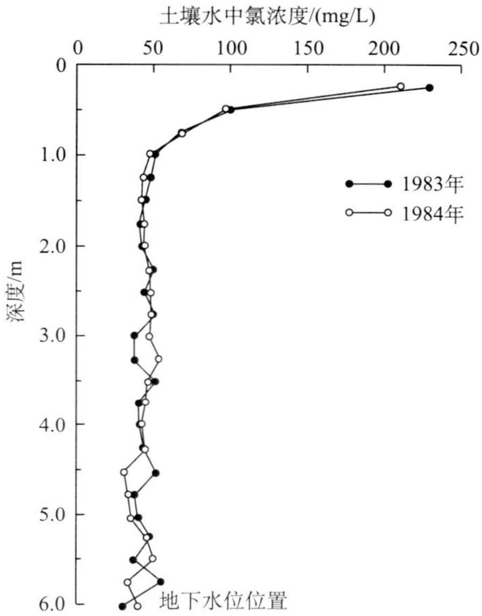

图 10-64 单一型非饱和带氯浓度剖面(叙利亚)(Zakhem and Hafez,2001)

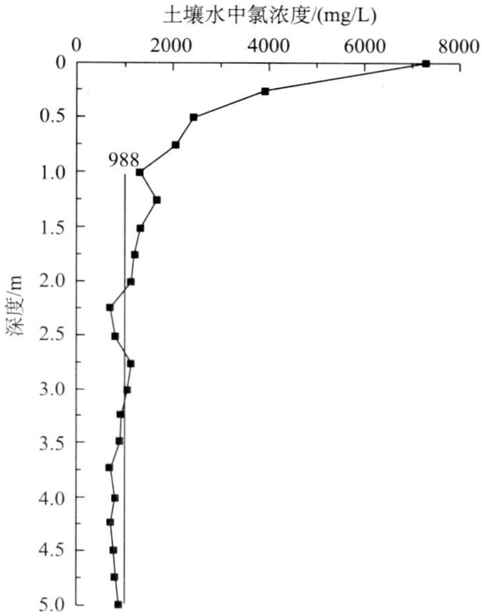

图 10-65 单一型非饱和带氯浓度剖面(澳大利亚)(Farrington and Bartie,1989)

2. 历史时期降水补给的强-弱交替

上述在地面附近因蒸发形成土壤水高氯浓度后，很快到达常量，表明了稳态降水补给。此后因年降水量波动，或是丰水年或是平水或枯水年，从而发生降水补给率的相应波动，在土壤水体积含水率和氯浓度剖面中都有相应的响应。例见图 10-66(印度)(Navada et al.,2001)。该地年平均降水量 240 mm，地下水埋深 23 m，在其 15 m 深度的非饱和带剖面中，其土壤水体积含水率和氯浓度呈现明显的峰、谷波动，表明因气候的干湿交替构成了降水补给的强-弱交替。值得注意的是，剖面中含水率谷与氯浓度峰相应，反之亦然。其实这正是稳态的表现。这些干湿交替应该是发生在不远的历史时期。图 10-67 为著名的塞浦路斯剖面(Edmunds et al.,1988)。该地年平均降水量 406 mm，地下水埋深 29 m，在该深度的非饱和带剖面中，其表层约 4 m 深度的根系层内有高氯浓度，水和溶质氯在此层内反复循环。在土壤水势的零通量面以下发生下渗补给，表现为与上例相似的氯浓度峰、谷波动和降水补给的强-弱交替。这里已判定发生补给的相应年份，是近几十年历史时期中的补给。

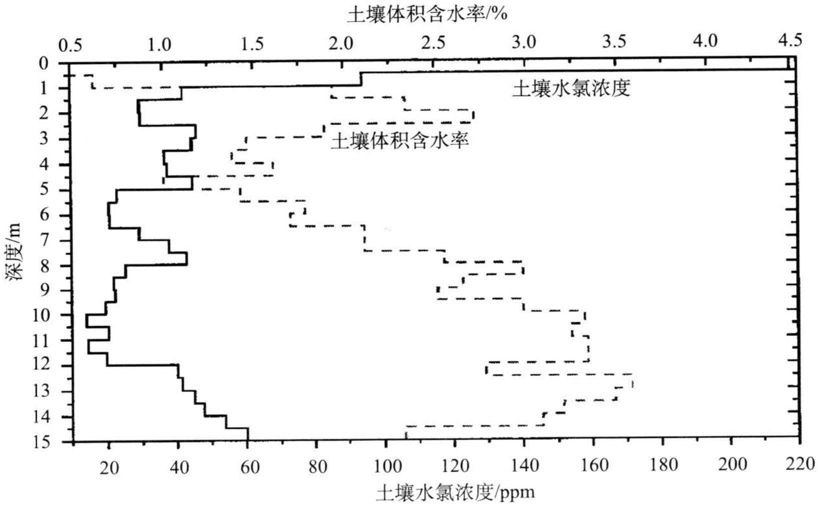

图 10-66　非饱和带氯浓度剖面中历史时期降水补给的强-弱交替(印度)(Navada et al.,2001)

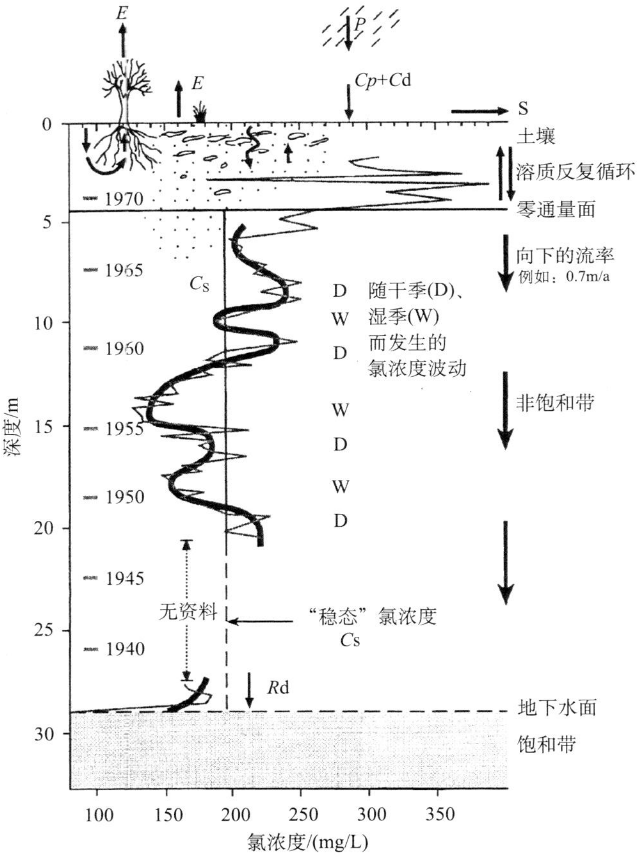

图 10-67　非饱和带氯浓度剖面中历史时期降水补给的强-弱交替(塞浦路斯)(Edmunds et al.,1988)

图中符号未予改变,C_d 相当于图 10-63 中为 C_{PD},S 为 Q_S,C_S 为 C_R,R_d 为 R,其余相同

在干旱地区还可得到更长历史时期的降水补给变化，对照在相近气候区内冰芯等的记录，就可以重建本地区相应的气候变化（马金珠等，2004；Ma and Edmunds，2006）。

3. 地质时期降水补给的变化

非饱和带土壤水氯浓度剖面在地面附近形成峰值然后下降，但并不如单一型那样达到常量，而是发生波动。以上两例即表明在历史时期的降水补给率波动。然而氯浓度剖面在峰值以下发生波动，更多的情况则是发生在地质时期的补给变化，特别是干旱地区更是如此。

图 10-68 是美国得克萨斯 Chihuahuan 沙漠中其最大深度接近 15 m 的 6 个氯浓度剖面，这些剖面在峰值以下的氯浓度有着不同程度的波动，个别的如 50 号孔在峰值以下的氯浓度还接近常量。由图中相应的土壤水剖面，按式（10-30）可求得各个剖面中相应测点位置的氯平衡年龄（图 10-69），达到 10 000～30 000 年的范围。该工作使用标准的重量法（烘干称重法），土样在 48 h 105℃条件下烘干，求得 θ_W 后，根据 27 个土样的分析，将其平均干容重 1.4 g/m^3 用于所有深度按 θ_W 求得 θ_V，然后由式（10-30）求得图 10-69。本例用以说明的是对各剖面土壤水氯年龄的一般比较，并没有用于几十或百年的评价，所以虽然深部干容重会有一定的变化，但并非真正的 θ_V，然而其结果却不会对图 10-69 产生显著的影响。但是，使用式（10-30）就意味着在所求得的氯平衡年龄时段内 PC_P 与进行测验的几年内相同，即前述假定 5，这显然是不可能的。所以更详细的年龄判定，则还需要使用其他参照系和其他同位素方法。

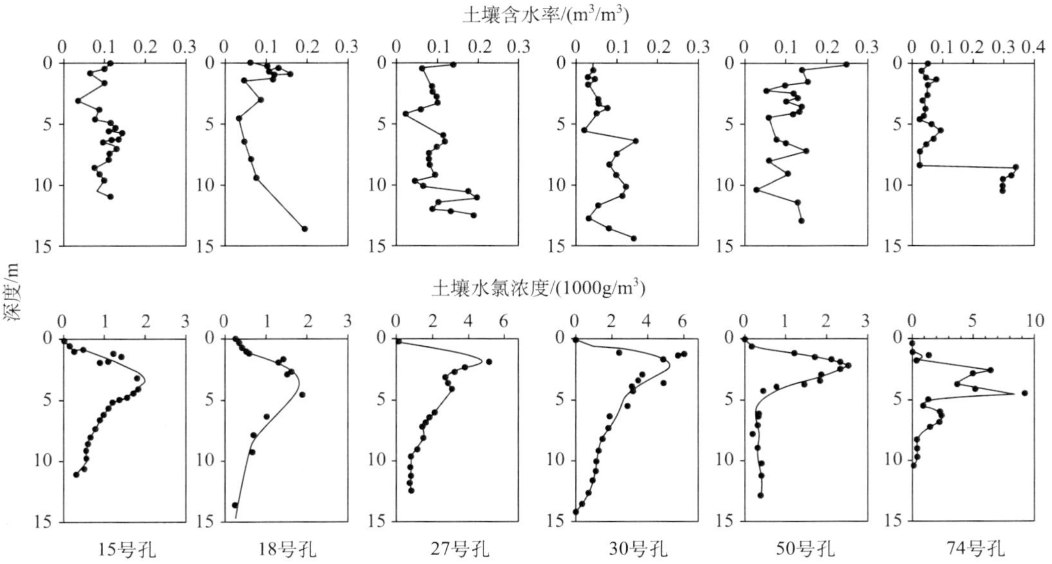

图 10-68 美国得克萨斯 Chihuahuan 沙漠非饱和带 6 个土壤水氯和含水量剖面（Scanlon，1991）

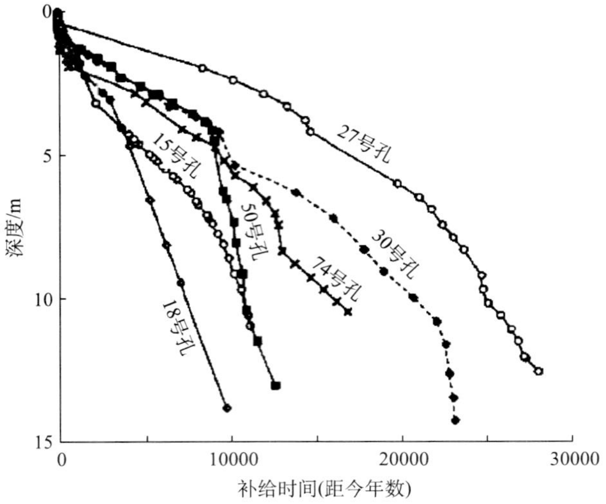

图 10-69 Chihuahuan 沙漠非饱和带 6 个孔隙水剖面求得的氯平衡年龄(Scanlon,1991)

图 10-70 为最大深度达 230 m、3 个剖面的土壤水氯浓度剖面(Tyler et al.,1996)。深部土壤水氯浓度很低而且很均匀,表明曾有相当大的降水补给。本地年平均降水量 P 为 124 mm,C_P 平均为 0.6 mg/L,$PC_P=74.4$ mg/(m^2/a)。与上例不同的是,从本地区有关研究,考虑到在地质时期内降水量较现代要高 50%左右,由此定 $PC_P=105$ mg/(m^2 · a),于是求得当三个剖面深层土壤水氯浓度 C_R 为 13.9 mg/L,23.7 mg/L 和 17.9 mg/L时,相应的补给率为 7.6 mm/a,4.4 mm/a 和 5.9 mm/a。从氯平衡估算达 100~120 ka,见图 10-71。由此还发现,在 60~70 ka 时,该地区曾发生过降水补给的转折事件即干旱期。同时应用了稳定同位素^{36}Cl 和^{14}C,并与包括冰芯的其他记录作了比较。

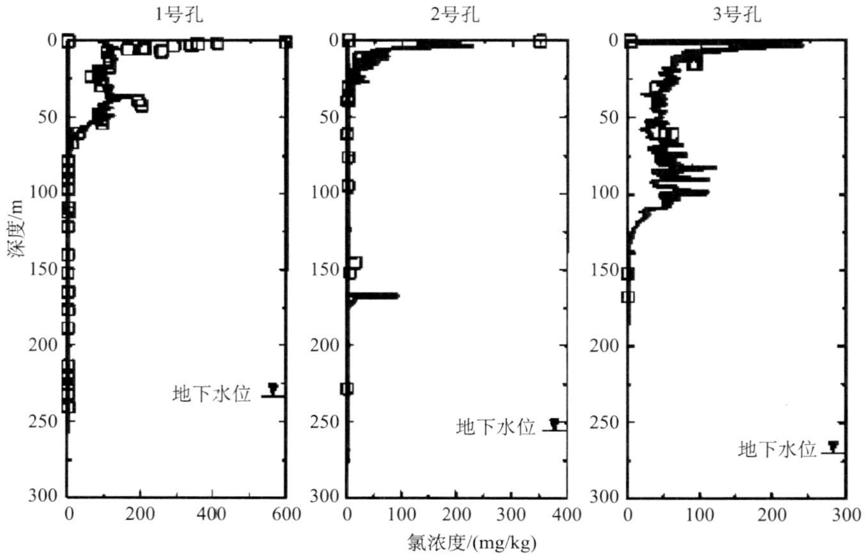

图 10-70 美国内华达州 3 个深孔的土壤水和氯浓度剖面(Tyler et al.,1996)

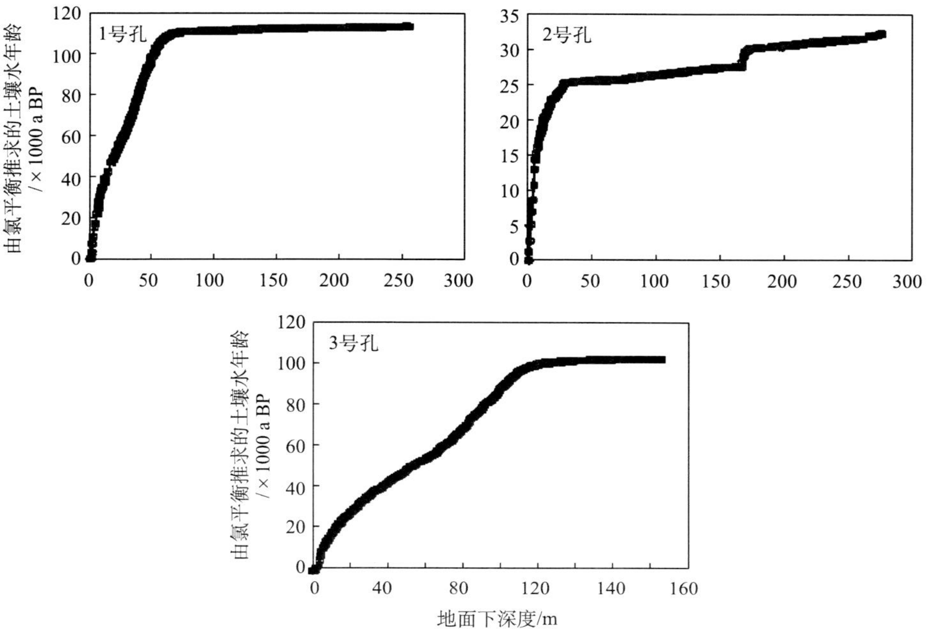

图 10-71　3 个深孔的土壤水氯平衡年龄(Tyler et al.,1996)

所以,对于地质时期降水补给的变化,或分析气候变化,需要有邻近的参照系或其他同位素方法才能奏效,否则只能得到一般性概念。

4. 波动型氯浓度剖面的其他类型

氯浓度剖面在其峰值以下发生波动,除了因以上在历史时期或地质时期随降水波动或因古气候变化而发生相应变化以外,还有其他类型。

图 10-72a 为年降水量 335 mm 的小麦—牧草—休闲轮作地约 13 m 深的土壤水氯剖面,在峰值以下并不趋于常量而是逐步减小(Allison and Hughes,1983)。地下水位较深,对此没有影响,解释是可能由于氯浓度较低的前行水流进入所造成,并由与此相应的土壤水 δD 剖面发生富集(图 10-72b)作为旁证。

5. 非饱和带沉积相和岩性的影响

非饱和带在不同地质时期因洪积、冲积、湖积、风积等不同沉积相和沉积韵律,以及与此有关的岩性变化,无疑是构成土壤水分和氯浓度在剖面中分布的重要因素。当非饱和带深度较大时,构成氯质量平衡方法的均质假定往往难以成立。

图 10-73c 与 d 为叙利亚年降水量 220 mm 的非饱和带土壤水和氯浓度剖面,深 20.6 m,其土壤水表现为多次干、湿交替,然而其氯剖面却在深度 12 m 附近表现与上层有明显区别,从土壤颗粒剖面(图 10-73a)看不出上、下层与此有相应的区别,然而从土壤

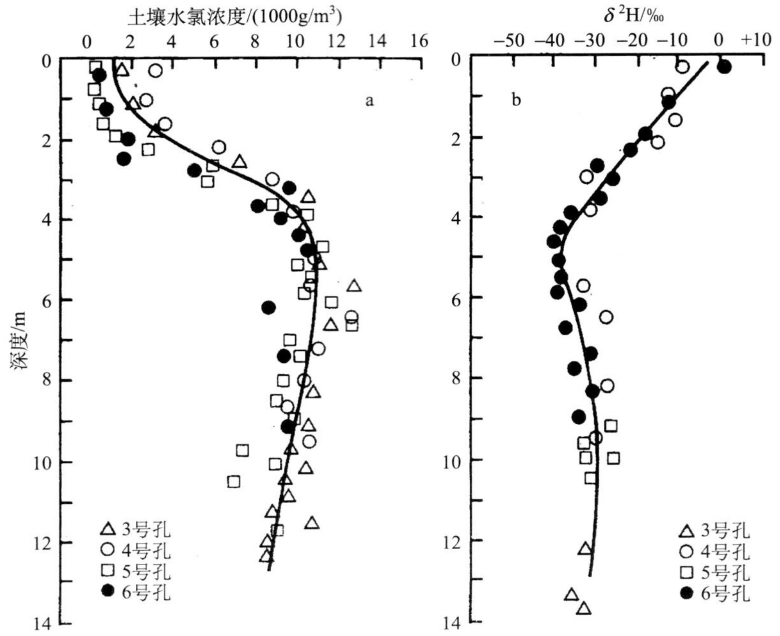

图 10-72　澳大利亚一轮作地的土壤水氯剖面(a)和氘剖面(b)(Allison and Hughes,1983)

矿物组成剖面看,却有明显的相应关系(图 10-73b),上层石英组成明显高于下层。由此,用相应于年平均降水量的氯浓度 7.25 mg/L 和上、下两层土壤水氯浓度平均值838 mg/L 和 269 mg/L,求得补给率相应为 1.9 mm/a 和 5.9 mm/a。

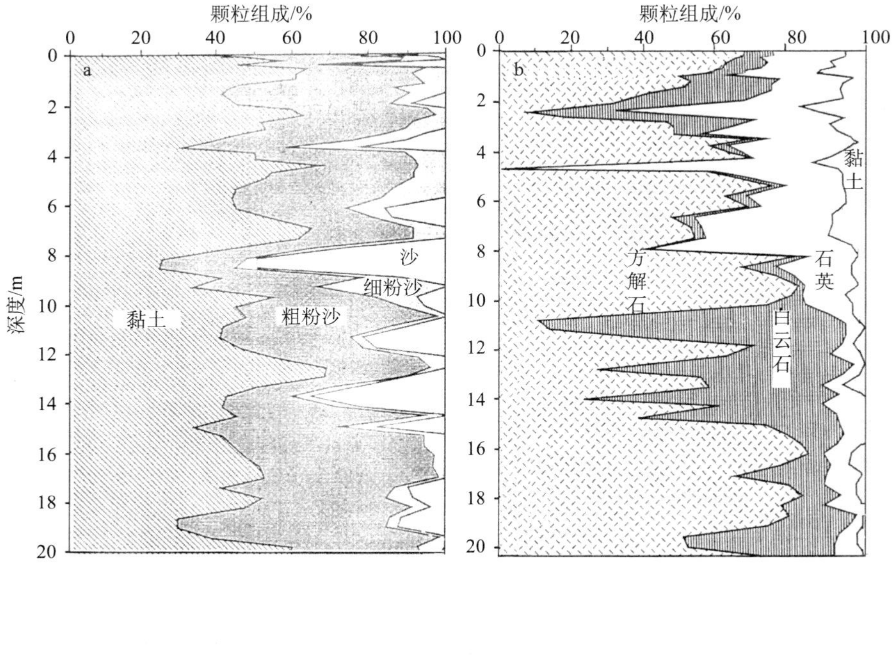

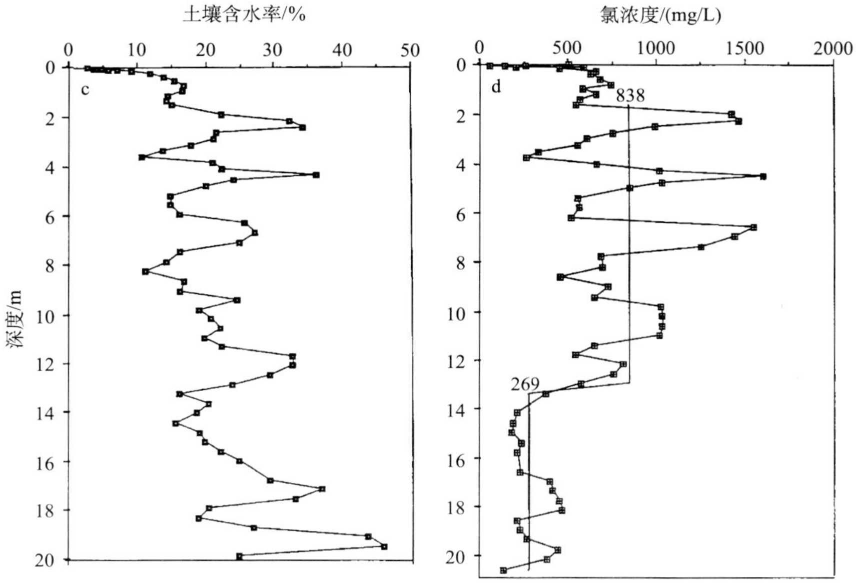

图 10-73　非饱和带土壤水和氯浓度剖面与土壤颗粒级配及土壤矿物组成的关系
(Zakhem and Hafez,2001)
a. 土壤颗粒级配;b. 土壤矿物组成;c. 土壤水;d. 氯浓度

在突尼斯干旱区低洼地一非饱和带剖面中,土壤含水率和土壤水氯浓度两者的变化,都表现为与土壤颗粒级配有一定的关系(图 10-74)。表层每 15cm、以下每 20cm 和 25cm 取土分析。本例可作为氯质量平衡估算降水补给和年龄的计算实例。多年平均降水量 P 为 94.3 mm,降水中氯浓度 P_C 平均为 7 mg/L,计算过程见表 10-5,计算方法也已列在表中。

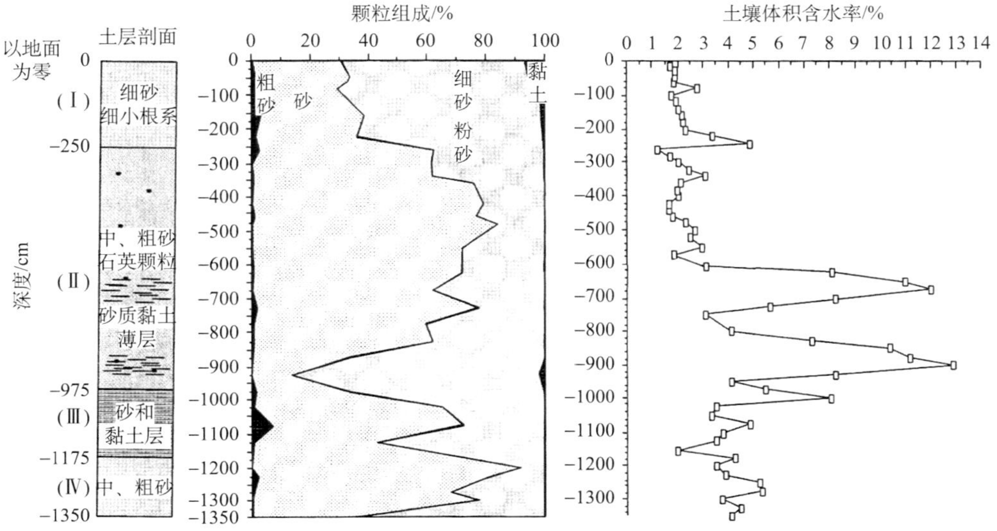

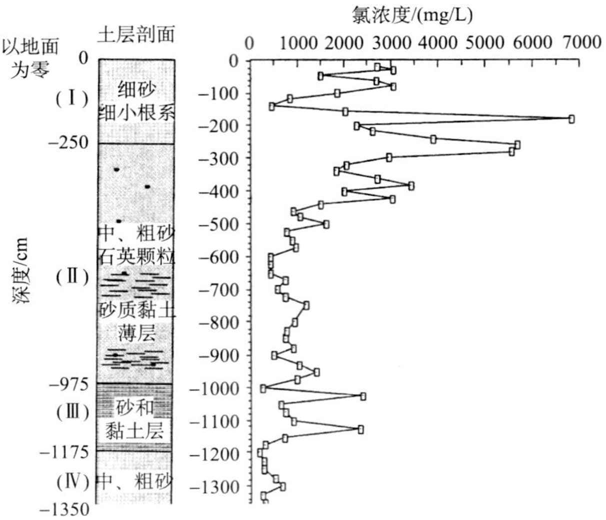

图 10-74　非饱和带土壤颗粒级配、土壤含水率和土壤水氯浓度剖面(Zouari et al.,2001)

表 10-5　氯质量平衡方法土壤水氯年龄计算

1	2	3	4	5	6	7	8	9	10	11	12
Z_1	Z_2	ΔZ	θ_v	θ	$\sum\theta$	C	ΔC	$\sum C$	P	P_C	距今年龄
cm	cm	mm	%	mm	mm	mg/L	g/m²	g/m²	mm	mg/L	a
				(3)×(4)			[(5)×(7)]/1000				$\frac{(9)}{(10)\times(11)}\times1000$
					6.9			21			
30	45	150	2.6	3.9	11	1498	5.84	27	94.3	7.15	40
45	60	150	2.5	3.8	14.8	2696	10.1	37	94.3	7.15	55

注:Z_1. 起始深度;Z_2. 到达深度;$\Delta Z=Z_2-Z_1$。

6. 植被对降水补给的影响

植被对于降水补给会有很大的影响,特别是在干旱和半干旱地区。在澳大利亚一个实验区有两类植被:少部分的一类(Ⅰ)是多年的天然桉树矮林,其根系一般可达 15～20 m;大部分的一类(Ⅱ)则是 50 年以前树林清伐以后,陆续栽植的牧草,地下水埋深 30～35 m。林区(Ⅰ)钻孔深 26～37 m,其土壤水氯剖面见图 10-75,在不同位置处的 4 个剖面有相似的分布形式,而且明显表明受桉树矮林根系的影响,在 2～5 m 内影响最大。牧草区(Ⅱ)钻孔深 10～30 m,其土壤水氯剖面见图 10-76,在不同位置处的 9 个剖面,既包括了裸地和牧草不同生长情况的地块,也包含了土层内部的复杂条件,于是有了各不相同的 7 种类型。由这些剖面按氯质量平衡方法的降水补给估算结果,林区(Ⅰ)为 0.04～0.06 mm/a,而包括裸地的牧草区(Ⅱ),除(Ⅱ)1 剖面不符合稳态假定,不能用于降水补给估算外，其降水补给为 5～33 mm/a，有很大的变幅，而且高达林区（Ⅰ）补给率的两个数量级。

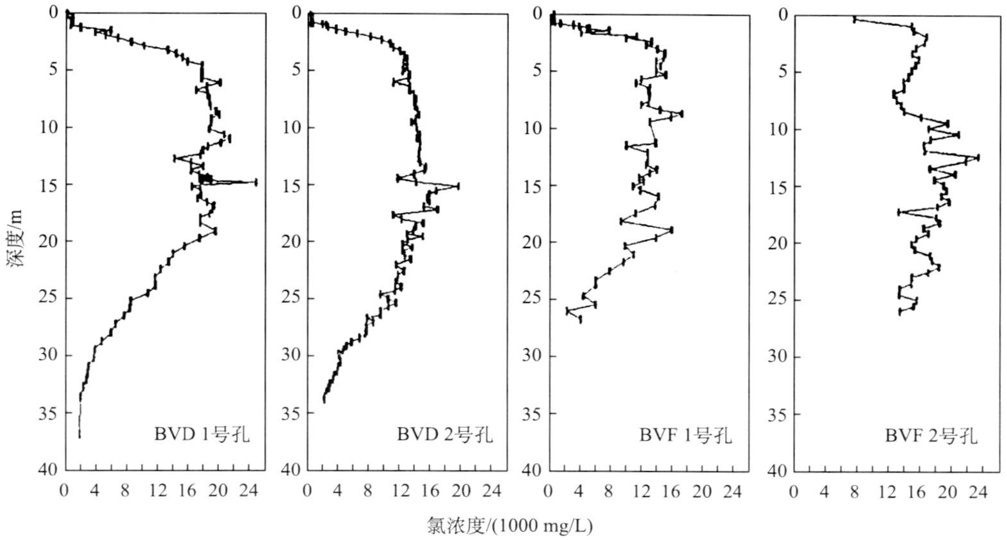

图 10-75　天然桉树矮林区（Ⅰ）非饱和带土壤水氯浓度剖面（Cook et al.,1989）

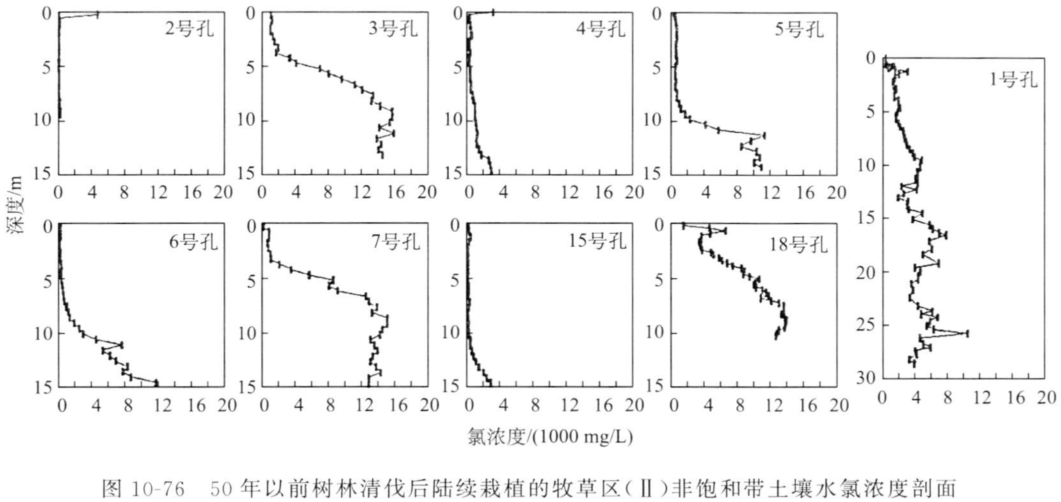

图 10-76　50 年以前树林清伐后陆续栽植的牧草区（Ⅱ）非饱和带土壤水氯浓度剖面（Cook et al.,1989）

裸地使降水补给增加，但是裸地和有植被土壤降水补给的差异程度随土质而异，颗粒越细，其差异越小。使用降水补给的实验结果得到的模型，对于三种土壤 30 年实测降水量补给的模拟结果见表 10-6。

表 10-6　1963～1993 年降水补给(mm/a)的模拟结果(Rockhold et al.,1995。有修改)

土壤类型	裸土			簇草			灌丛		
	平均	最小	最大	平均	最小	最大	平均	最小	最大
沙	22.0	10.5	68.1	5.4	1.5	14.9	0.5	0.2	1.5
粉沙/沙	7.6	4.9	10.7	2.8	1.7	6.4	1.0	0.4	4.4
粉沙	1.5	1.0	2.0	0.6	0.3	1.6	0.2	0.1	0.8

7. 降水补给的空间分布

由于上述非饱和带沉积层和岩性特别是上复植被情况的复杂性,降水补给在空间上往往是不均匀的,有时这种差异还会很大。一个特例是在南非博茨瓦纳一个 200 m×200 m实验场地上取雨季前、后各 4 个氯剖面,在这么小的范围内其剖面中的氯浓度有很大的变化,由此求得降水补给的相应变化达 3 mm/a～26 mm/a(Gieske,1992)。虽然这仅是特例,但在应用非饱和带氯剖面方法时需要考虑到空间分布的问题。

(四) 非饱和带氯质量平衡方法估算降水补给率的测验要求

如果使用估算降水补给率和补给历史的简化式(10-27)和(10-28)或(10-30),就必须受到前述一些基本假定的约束,再有上述发生空间变化的因素,因此在具体测验操作方面需要有以下三方面的考虑:

1. 测验剖面位置的优选

(1) 非饱和带沉积层和岩性。需要首先从地质和水文地质剖面寻找代表性剖面或剖面群。均质土层最好,否则需要进行概化分层。对于任何剖面,应附有地层和土壤颗粒组成剖面,例如图 10-74。

(2) 植被。需要首先从植被分布研究其组成(包括裸地),布置代表性剖面群。

(3) 避免可能发生非稳态的位置。非饱和带剖面中氯流率的稳态条件,本来难以在测验之前准确预测,只能作一般性的判断。实际上可供选择的剖面往往有限,如图 10-63 中的"慎用地段",需要避免断层位置,避免因树林、植被等影响而发生零通量面不确定性的位置,避免剖面中的局部复杂岩层和局部不透水层,避免可能产生除降水以外的其他氯源(如图中古盐沼)等等。

2. 测验时机

避免可能发生地面径流的时期。需要注意的是,简化式(10-27)和(10-28)或(10-30)是一维条件,有时虽然看起来不发生地面径流,但往往还有壤中流产生,需要避免。

测验时段一般以年为妥。

3. 主要测验要求

(1) 降水量和降水中的氯浓度。如前所述,剖面往往涉及历史时期甚或地质时期的补给，简化式中使用的年平均降水量应是多年平均，记录越长越好。在近似情况下，最少要有 3 年（Goni，2001）。

（2）非饱和带土壤孔隙含水率。必须是体积含水率。在近似情况下，使用重量含水率，至少应有部分实测土壤干容重数据或经过论证的近似值。

（3）土壤水提取。此为重要关键。土样分段混合均匀，或直接用离心法获取，或添加无离子水洗提后获取。

（4）其他分析。最好同时分析其他水化学离子和 δ^2H 和 δ^{18}O。

第四节　基于饱和带的地下水补给研究："面"的补给

上节已就与地下水直接有关的非饱和带所相应的天然降水补给估算作了讨论。本节讨论基于饱和带的地下水补给研究，对物理方法也只作一般性讨论，主要讨论同位素示踪方法，这与基于非饱和带的补给研究一样，同位素方法特别是多种同位素示踪，是最具优势的方法。

基于饱和带的地下水补给研究是从饱和带中获取信息的方法，与上述基于非饱和带作补给研究的方法在概念上有两方面的区别。一是，非饱和带方法所获取的是在根系层以下的、向下的非饱和带中的深部排水，概念上是净下渗率，是"可能补给"，只在稳态条件下才成为对地下水的补给。而基于饱和带的方法所获取的则是降水到达地下水面后的信息，概念上是对地下水的实际补给。二是，非饱和带方法以个别剖面进行测验，所测得的是所选剖面位置的降水补给，概念上是"点"的尺度，虽然可以同时作多剖面测验，但还是点的平均。而饱和带方法所获取的是在一定尺度上的积分信息，它所代表的是在地下水流上游一定范围内的平均降水补给。

本节讨论基于饱和带的两类研究途径，物理方法和示踪方法。前者只简述地下水面波动方法；后者是天然示踪方法，包括氯平衡方法、地下水年龄方法和历史事件示踪深度法。分述如下。

一、地下水面波动方法

地下水面波动方法的前提是，认为非承压含水层或潜水含水层的地下水水面升高，完全是由于补给水到达地下水水面的结果。于是有

$$R = \mu_{\Delta h} \frac{\Delta h}{\Delta t} \tag{10-32}$$

式中：R 为地下水补给率；Δh 为在补给时段 Δt 内地下水水面升高度；$\mu_{\Delta h}$ 为 Δh 深度范围内土层的饱和不足量（或以给水度代替，在以下讨论）。也可由上式据每次地下水的水面升高估算较长时段如季的或年的补给，Δh 据地下水退水线延长到地下水面升高峰值位置处计算（图 10-77）。

关于上式的应用，有以下问题需要讨论。

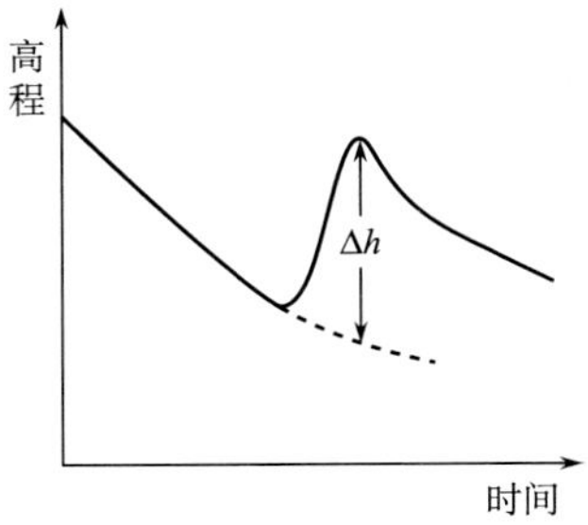

图 10-77　非承压含水层地下水水面升高度

1. 基本假定

对于研究区(或是流域、或是设定的区域)内的潜水含水层,在不考虑越流补给而发生降水补给的情况下,可有以下潜水水均衡式

$$\Delta S = R \pm \Delta Q \pm E \qquad (10\text{-}33)$$

式中:ΔS 为均衡时段内潜水含水层发生的地下水蓄量变化量;R 为该时段内到达潜水面的降水补给量;ΔQ 为该时段内进、出潜水含水层的侧向饱和带径流量(地下水径流量)的差值,或正或负;E 为同时段内发生于潜水面的凝结量(为正)或潜水蒸发量(为负)。如不计凝结量,又设侧向地下水径流量进、出平衡,ΔQ 为零,于是当 ΔS 的变化以潜水水位变化表示,则

$$\Delta S = \mu_{\Delta h}(\Delta h) = R - E \qquad (10\text{-}34)$$

式中:Δh 为潜水含水层地下水位升高度;$\mu_{\Delta h}$ 为土层 Δh 范围内的给水度。可见,潜水水位所发生的变化 Δh 是 R 和 E 的综合结果。只当 E 为零时,Δh 才完全是降水补给的结果,才有式(10-32)。如果有 E 存在,则 Δh 将偏低。

2. 给水度和饱和不足量

给水度是当地下水位发生单位深度下降时,从其单位面积饱和土体中由重力排出的地下水水量,表示为该水量体积与相应土体体积之比。饱和土体因重力水排完后可由毛管力维持的土壤含水量(体积比,以下同)为最大持水量(或田间持水量),因而给水度是土壤饱和含水量与最大持水量之差。然而,当地下水位因降水补给而上升时,补给水需要填充的则是饱和不足量,往往不等于饱和含水量与最大持水量之差,在毛管上升带以上会超过它。但为应用方便,一般仍以给水度代替。

实际上式(10-32)取饱和不足量(或以给水度代替)为固定值,只能是粗略近似。潜水含水层地下水面波动,或因下降而从饱和带释出的孔隙,或因补给上升而向非饱和带填充的孔隙都不是常量,而是波动范围土水势的函数。实验结果也表明,$\mu_{\Delta h}$ 不仅与埋深有关而且随地下水位升高度 Δh 而异(金光炎,2003),见图 10-78。这较之 Duke(1972)导出的 $\mu_{\Delta h}$ 与埋深有关的工作,就更深入了一步。

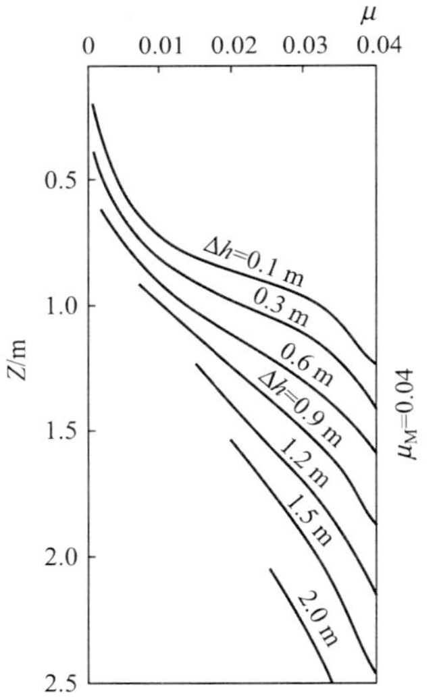

图 10-78　非承压含水层 $\mu_{\Delta h}$ 与埋深和地下水水面升高度的实验结果(黏壤土)(金光炎,2003)

μ_M 为 $\mu_{\Delta h}$ 的最大值

3. 影响非承压含水层地下水水面升高的非降水补给因素

即使在符合式(10-32)基本假定即 ΔQ 与 E 均为零的条件下，图 10-77 中地下水水面升高度 Δh 还有非降水补给的因素。特别是由于 Δh 是从测井所获取的观测数据，而测井是直接向大气敞开的，但实际地层中的地下水水面则否。因而有以下问题使得测井的 Δh 发生有非降水补给的影响。

(1) 大气气压影响。大气气压变化可直接对测井水面构成影响，而土层内实际地下水面发生的响应要滞后得多，于是在没有降水补给时也会产生地下水位波动而观测到了 Δh。但观测井中所造成的这种影响不过若干厘米。另外还可以有一些措施使测井避免大气气压影响(Rasmussen and Crawford，1997)。

(2) 降水下渗过程中土层内发生禁锢气体的影响。安徽淮北平原非承压渗入-蒸发型地下水，50 多年观测表明地下水位对于降水有很明显的响应，还发现地下水位往往升高很快，而且有时其升高度似乎超出正常水量平衡的可能。这其中有前述前行水流影响，另外，在同位素降雨产流机制的研究中，地面径流产流的充分条件是在地面表层形成饱和薄层。这一饱和薄层使得在降雨下渗锋面和地下水面之间的非饱和带发生土壤气体禁锢，可造成测井中地下水位急剧上升。这种影响相对而言较之大气气压影响要大得多。

二、氯质量平衡方法

基于非饱和带氯平衡方法最基本的输入关系是对地面处($z=0$)的氯通量 $J_{z=0}$ 经一系列假定和简化而导出 $(qC)_{z=0}=PC_P$[式(10-23)]。在不发生前行水流，也不产生地面径流和壤中流等侧向水流等假定以及在根系层下为稳态条件时，则有前述式(10-25)

$$PC_P = RC_R - D\frac{\partial C}{\partial z}$$

当分子扩散和动力弥散都可忽略的进一步假定下，就有基于非饱和带的氯质量平衡方法(CMB)估算降水补给率的简化式 $PC_P=RC_R$[式(10-26)]，C_R 是相应于下渗水分通量的氯浓度。

基于饱和带的氯平衡方法，即应用地下水氯浓度 C_R 以作降水补给率 R 估算时，其最基本的输入关系，也还是地面处($z=0$)的氯通量 $J_{z=0}$。而另外考虑的则是到达地下水的稳态垂向氯通量 J_{SR}。

在地下水一维稳态水平流条件下，也不考虑弥散项。但考虑在水平流 x 方向上地下水氯浓度 C_R 的变化，垂向上则考虑为均匀混合而不分层，Eriksson 等(1969)导出以下关系(引用时稍有改动)：

$$R=\frac{J_{SR}}{C_R}-\left(\frac{\mathrm{d}C_R}{\mathrm{d}x}\right)\frac{\int_0^x J_{SR}\,\mathrm{d}x}{C_R^2} \tag{10-35}$$

这表明，基于饱和带氯平衡对降水补给的估算，即使在上述一维概化条件下，也不能只单纯地使用地下水氯浓度了，而需要考虑地下水氯浓度的水平变化以及总含氯量。

然而，在实际应用中，一方面还是假定在地下水系统中氯分布是均匀的，于是上式右端第二项可省略。另一方面则维持了以上式(10-25)导来时的各种假定，特别是稳态条件。于是有

$$J_{SR} = J_{z=0} = (qC)_{z=0} \tag{10-36}$$

而且，与非饱和带的相同，即地面处($z=0$)的氯通量$(qC)_{z=0}=PC_P$[式(10-23)]。于是就有形式上与非饱和带氯平衡式(10-27)相同的简化式：

$$R = \frac{PC_P}{C_R} \tag{10-37}$$

式中：R 是降水补给率，C_R 是地下水氯浓度。

前已讨论过，近地面土层和根系层的氯离子浓度受蒸发影响，^{36}Cl 若以浓度计也会因蒸发过程而富集。但是构成地面输入氯离子浓度和^{36}Cl 浓度的机制却不同，因而可以平行使用作为相互校核。也有与式(10-37)相似的下式

$$R = \frac{PC_{P^{36}\mathrm{Cl}}}{C_{R^{36}\mathrm{Cl}}} \tag{10-38}$$

式中：$C_{P^{36}\mathrm{Cl}}$为降水中^{36}Cl 浓度，而 $C_{R^{36}\mathrm{Cl}}$则是地下水中的^{36}Cl 浓度。

对于面积不大而有实测降水径流量 Q 和相应氯浓度 C_Q 的流域，也可由下式推求降水补给率

$$R = \frac{PC_P}{C_R} - \frac{QC_Q}{C_R} \tag{10-39}$$

基于饱和带氯平衡的这一方法，不仅在松散岩类孔隙含水层中得到应用，而且在裂隙含水层中也有应用。在地下水埋藏很深的地区，对上层滞水也可应用。

三、地下水年龄方法

考虑一个简化的二维均质非承压含水层，其厚度 H，含水层有效孔隙率 n 和饱和导水率 K 均为常数(图 10-79)。设有断面 S，按地下水流线其上游侧的地面面积为 A，降水补给率为 R，则通过断面 S 的流率 q 为

$$q = RA \tag{10-40}$$

由质量平衡，q 应是单位时间通过断面 S 的水量，于是

$$q = RA = \frac{\mathrm{d}V}{\mathrm{d}t} = nH\frac{\mathrm{d}A}{\mathrm{d}t} \tag{10-41}$$

式中，水量 $V=nHA$。于是有(据 Vogel，1967 修改)

$$t = \frac{nH}{R}\int_{A_1}^{A}\frac{\mathrm{d}A}{A} = \frac{nH}{R}\cdot\ln\frac{A}{A_1} = \frac{nH}{R}\ln\frac{H}{h} = \frac{nH}{R}\ln\left(\frac{H}{H-z}\right) \tag{10-42}$$

式中：A_1 到 A 为相应于图 10-79 中由 l_1 到 l 的补给面积。这实际上也是在含水层厚度 H

中的地下水年龄剖面。

地下水年龄是从水进入饱和带起所经过的时间。上式联系了降水补给与年龄，也是通过地下水年龄进行降水补给的基本式子。对于地下水测年的讨论(见第十二章)，有应用从年轻地下水到古老地下水年龄测验的各种同位素和相应的方法。

图10-79是将二维均质非承压含水层概化为等厚度，当然也还可有不同的概化类型，从而导出不同的地下水年龄剖面。

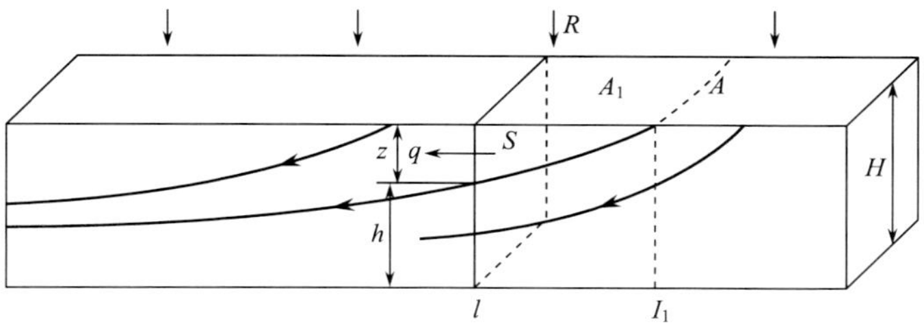

图10-79　二维均质非承压含水层概化图(Vogel，1967。有修改)

(一) 非承压含水层的垂向年龄方法

由式(10-42)可得

$$\mathrm{d}t = \frac{nH}{R} \cdot \frac{\mathrm{d}z}{(H - z)} \tag{10-43}$$

于是

$$\frac{\mathrm{d}z}{\mathrm{d}t} = \frac{R(H - z)}{nH} \tag{10-44}$$

即

$$R = \frac{nH}{(H - z)} \cdot \frac{\mathrm{d}z}{\mathrm{d}t} \tag{10-45}$$

或

$$R = \frac{nH}{(H - z) \cdot \dfrac{\mathrm{d}t}{\mathrm{d}z}} \tag{10-46}$$

当 $z=0$ 时，

$$R = \frac{n}{\left(\dfrac{\mathrm{d}t}{\mathrm{d}z}\right)_{z=0}} \tag{10-47}$$

与前述非饱和带峰值法中式(10-14)类似，上式即

$$R = Vn \tag{10-48}$$

式中：n 为 z 深度以上含水层范围的平均土壤有效孔隙率；V 为垂向平均孔隙流速。

$$V = \frac{1}{\left(\dfrac{\mathrm{d}t}{\mathrm{d}z}\right)_{z=0}} \tag{10-49}$$

于是有

$$R = \frac{n}{\left(\dfrac{\mathrm{d}t}{\mathrm{d}z}\right)_{z=0}} \tag{10-50}$$

式中：$\left(\dfrac{\mathrm{d}t}{\mathrm{d}z}\right)_{z=0}$ 是在地下水面处开始的垂向的年龄梯度，即单位深度的年龄变化(增量)。

1. $^3H/^3He$,CFCs 和^{85}Kr 年龄方法

前述非饱和带示踪峰方法需要有事件示踪剂的输入过程以及非饱和带中详细的垂向剖面,而且在低补给条件下氚还有扩散影响,实际上 1990 年以后其降水补给示踪峰也已不那么明显了。作为氚的替代,$^3H/^3He$,CFCs 和^{85}Kr 是三种有效方法,在饱和带中应用时都不需要输入函数,但需要求出紧靠地下水面处的年龄垂向梯度$\left(\frac{dt}{dz}\right)_{z=0}$。

前已讨论过氚在其衰变过程中产生^3He,然而在非饱和带中^3He 将因扩散而逸失,但氚一旦与大气隔离进入地下水之后,所产生的^3He 却被溶解保留,而且其浓度随年龄增大而变化。例见图 10-80(Cook and Solomon,1997),选了地下水埋深很浅从 0.2 m 到 2 m 的含水层,在不同深度取了 9 个地下水水样。这样的条件,还可以使用示踪峰位置方法,相应于 1963 年降水输入(图 10-48),^3H 和^3He 在含水层中都有明显的峰形响应(图 10-80a),时隔 26 年,^3H 和^3He 的峰值都出现在 11 m 深度处,类似于式(10-14)和式(10-15),降水补给率 R 有

$$R = \frac{\Delta z}{\Delta t}n \tag{10-51}$$

式中:Δz 为饱和带中事件示踪剂峰值出现的深度位置;Δt 为降水中从示踪剂峰值出现时起,到与此相应的饱和带中峰值出现所经过的时段,是非饱和带中示踪峰值位置以上的平均体积含水量;n 为 z 深度以上含水层的平均土壤有效孔隙率(饱和不足率=1-饱和度),本例为 0.35。求得 R 为 0.15 m/a。

在地下水面处的$^3H/^3He$ 年龄为零,另由 9 个不同深度的$^3H/^3He$ 推算地下水年龄,求得其深度分布如图 10-80b。由此可由垂向年龄梯度求得 V 为 0.45 m/a[式(10-49)],由式(10-48),得降水补给率 R 为 0.16 m/a,与以上由峰位置方法求得的相符。

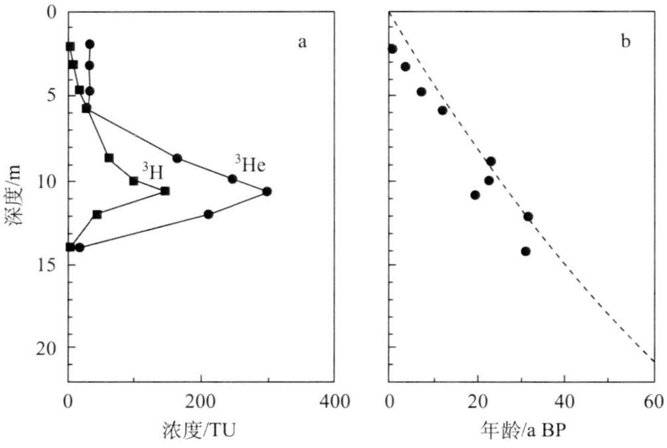

图 10-80　含水层中相应于降水输入的^3H 和^3He 示踪峰和$^3H/^3He$ 年龄的深度分布

(Cook and Solomon,1997)

a. ^3H 和^3He 示踪峰;b. $^3H/^3He$ 年龄的深度分布,虚线为按概化模型推算结果

CFCs 中的 CFCl($CFCl_3$),CFC-12(CF_2Cl_2)和 CFC-113($C_2F_3Cl_3$)都可用于推求年轻地下水的年龄。用于降水补给研究的主要是 CFC-12。本例中,其浓度由地下水面以下 0.6 m 处的 510 pg/kg^{-1}到 10 m 处的小于 50 pg/kg^{-1}(图 10-81),可用上述相同的方法推求 R。

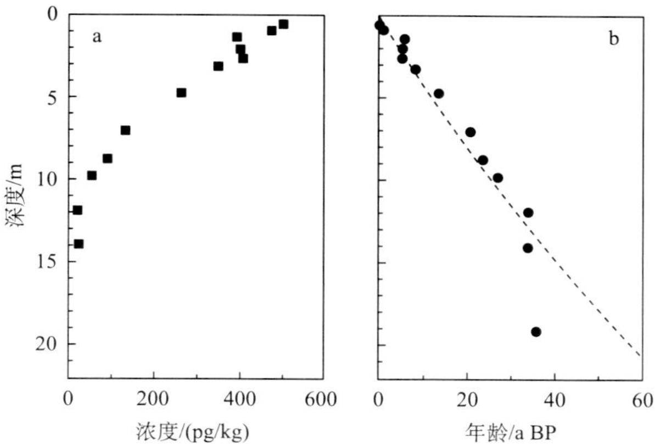

图 10-81 含水层中 CFC-12 浓度和据此求得的年龄深度分布(Cook and Solomon,1997)

a. CFC-12 浓度;b. CFC-12 年龄的深度分布,虚线为按概化模型推算结果

^{85}Kr 作为放射性惰性气体,除了宇宙线天然产生的以外,主要是由热核试验特别是核反应堆的核裂变产物。本例也使用地下水^{85}Kr 年龄由上法推求降水补给(图 10-82)。

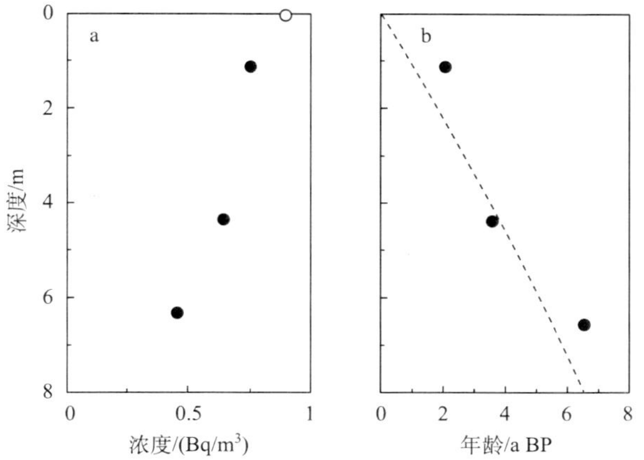

图 10-82 含水层中^{85}Kr 浓度和据此求得的年龄深度分布(Cook and Solomon,1997)

a. ^{85}Kr 浓度;b. ^{85}Kr 年龄的深度分布,虚线为按概化模型推算结果

2. 应用^{14}C 年龄方法

对于^{14}C,由式(2-18)可有

$$C = C_0 e^{-\lambda t} \tag{10-52}$$

式中：C_0 和 C 相应为饱和带深度 z 为零和 H 处的 ^{14}C；λ 为 ^{14}C 的衰变常数。由上式

$$t = \ln \frac{C_0}{C} \frac{1}{\lambda} = \ln \frac{C_0}{C} 8270 \tag{10-53}$$

式中：8270 为 ^{14}C 的半衰期(年)。于是可由 $\frac{dt}{dz}$ 由式(10-50)求 R。

例见南非一砂岩含水层的应用(Verhagen,1991)，以总深度 H 和相应的 C 及其年龄 t 近似代替 dz 和 dt，于是有

$$R = \frac{nH}{\ln \frac{C_0}{C} 8270} \tag{10-54}$$

本例 C_0 = 80～90 pMC，C=63 pMC，H=50 m，n=10%～15%，于是求得 R 的范围为 1.7 mm/a 到 3.8 mm/a。

3. 应用 ^{14}C 年龄考虑钻孔深度的方法

对以上方法的改进是，进一步考虑经非饱和带进入饱和带的钻孔在含水层中到达的不同深度 D(图 10-83)。在饱和带中有地下水 ^{14}C 活度剖面，在地下水面以下深度 z 处的 ^{14}C 活度为 $A(z)$，在 $z=0$ 处地下水的 ^{14}C 活度为 A_0，则有

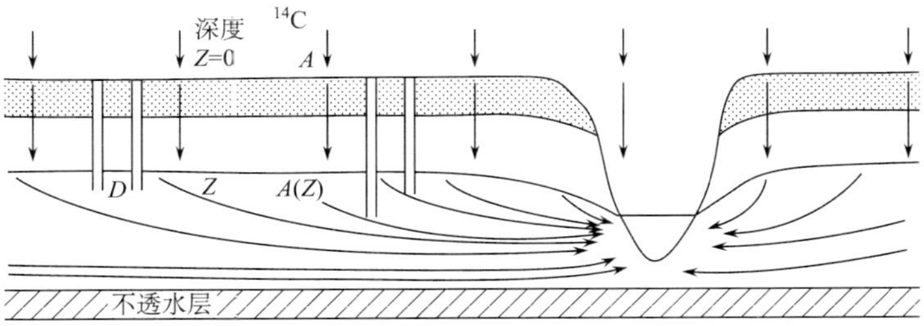

图 10-83 经非饱和带进入含水层不同深度的钻孔(Leaney and Allison,1986)

$$A(z) = A_0 \exp(-\lambda t) \tag{10-55}$$

于是 D 深度内 ^{14}C 的平均活度 $\overline{A}$ 为

$$\overline{A} = \int_0^D \frac{A(z)}{D} dz \tag{10-56}$$

按式(10-42)有

$$t = \frac{nH}{R} \ln\left(\frac{H}{H - z}\right)$$

合并式(10-55)，式(10-56)和上式，令 $b = nH/8270R$，则有

$$\overline{A} = \frac{A_0}{DH^b}\int_0^D (H-z)^b \mathrm{d}z \tag{10-57}$$

于是有

$$\overline{A} = \frac{A_0}{DH^b(-1-b)}[(H-D)^{b+1} - H^{b+1}] \tag{10-58}$$

上式中，降水补给 R 包含于 b 中。其应用实例见澳大利亚一含水层，$H=90\ \mathrm{m}$，$n=0.3$，$A_0=90\ \mathrm{pMC}$，于是可得到从研究区内所有钻孔经校正后的 $\overline{A}$ 与钻孔到达深度 D 的关系（图 10-84），由此求得与其相应的降水补给 G。

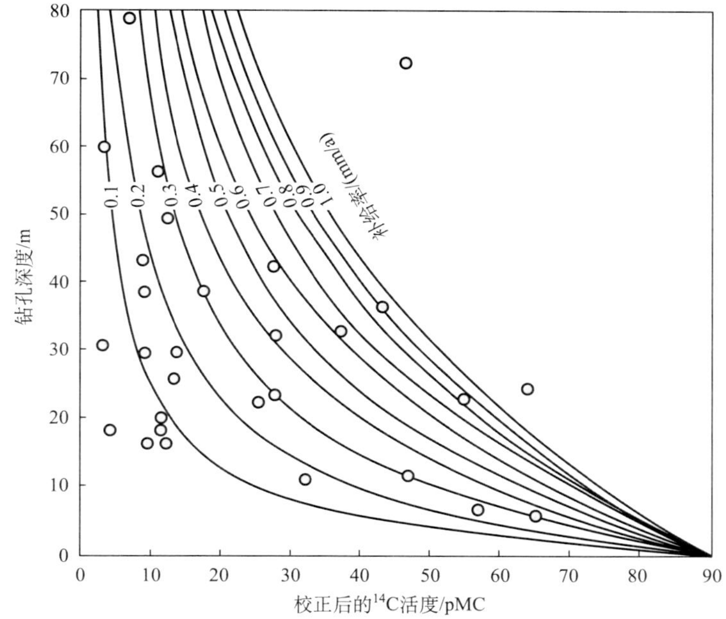

图 10-84　D、$\overline{A}$ 与降水补给 G 的关系（Leaney and Allison，1986）

（二）承压含水层的侧向年龄方法

类似于图 10-79，考虑一个简化的二维均质承压含水层，其厚度 H，含水层有效孔隙率 n 和饱和导水率 K 均为常数，其接受降水补给的单位面积长度为 x，于是有

$$t = \frac{nH}{R}\ln x \tag{10-59}$$

由此可得在含水层中的侧向（或水平方向）平均孔隙流速 V_x 为

$$V_x = \frac{\mathrm{d}x}{\mathrm{d}t} = \frac{Rx}{nH} \tag{10-60}$$

于是

$$R = \frac{V_x n H}{x} \tag{10-61}$$

这样，使用上述不同类型的示踪剂对地下水流方向上若干位置的年龄测定，就可由此求得降水补给率。值得注意的是，对于非承压二维均质含水层，所求得的含水层中侧向平均孔隙流速 V_x 与式(10-60)相同，于是也可由式(10-61)推求降水补给率。

四、历史事件示踪剂界面方法

在均质含水层不同深度处的历史事件示踪剂浓度，一般随深度而降低，于是就有示踪剂零浓度界面的概念，即这一位置附近的示踪剂浓度为零，或虽不为零但已到达该示踪剂的实验室分析的检测极限，如氚一般在 0.7TU 左右，所以示踪剂零浓度界面即是该示踪剂浓度的极低线。这一界面实际上也反映了与地层条件和含水层组条件相关的降水补给特征。在此界面以下的部分实际上是降水补给不能直接到达的深层地下水部分，或只在特殊情况下，或在长时期后才间接得到降水补给，或竟是地质时期的降水补给所遗留，例如可相应于 Q_1 地层，其上的则直接是降水的补给响应区，特别是全新世地层，降水补给最为活跃。但实际上这一零浓度界面在空间分布上是变动的，也不可能是直线。

设地下水面到示踪剂浓度界面之间的深度为 D，含水层此深度范围内的平均有效孔隙率为 n，则在该深度范围内的地下水总量为 nD，而且 D 还远未到达隔水层，则有

$$R = \frac{nD}{T} \pm q_L \pm q_M \tag{10-62}$$

式中：R 为年降水补给率；T 为示踪剂开始进入该含水层起迄今的时间(以年计)；q_L 为由侧向进出的径流率；q_M 为前行水流的进出流率。设 q_L 和 q_M 均为零，则

$$R = \frac{nD}{T} \tag{10-63}$$

若在此期间的降水量为 P，则补给占降水量的比重为

$$R = \frac{nD}{PT} \tag{10-64}$$

应用中的主要不确定性，首先是 q_L 和 q_M 均为零的基本假定，另外在 T 的确定中，其起始时间对于氚和 ^{36}Cl 一般可参见图 10-48 确定，并假定也是进入饱和带的时间，而且还需要假定非饱和带处于稳态条件。

第五节　地下水补给高程识别：氢、氧稳定同位素的应用

降水同位素 ^{18}O 和 $^{2}H(D)$ 的组成，在陆面上随高度增加而趋于贫化，这一高程效应成为示踪和识别地下水补给高程的有效工具。气团上升一方面由于高程增加而发生降温和

水汽凝结，另一方面，还因高程增加而伴随气压下降和体积膨胀，也导致降温和水汽凝结。降水同位素^{18}O和$^{2}H(D)$随高度增加而趋于贫化就是这两种过程的综合，相应地称之为湿绝热递减率和干绝热递减率，见第六章。表现在降水同位素^{18}O随高度的变化梯度一般在－0.1‰/100 m到－0.6‰/100 m范围(Vogel et al.,1975)，而相应$^{2}H(D)$的梯度则约为^{18}O的8倍，但实际上在不同地区还是有相当大的变幅。在地下水补给高程的识别中，主要应用^{18}O，氘只是在校核样品是否发生了蒸发而平行使用。

地下水补给高程识别实际上是在一个假定的基础上，即默认地下水同位素高程关系等同于降水同位素高程关系。这首先需要对地下水^{18}O是否也具有这样的效应作出鉴定，目的是判断该地下水是否从属于研究区域的降水系统或另有来源(如深循环)，或受到其他来源的混合或干扰，否则会发生错误。例见图10-85，使用了同高程多点观测加权平均，分别求得降水、河水和地下水的^{18}O高程效应，表明为基本上是相互平行的直线，随高度增高的变化梯度也相近为－0.26‰/100 m，因此认为在这一地区有着相同的高程关系。

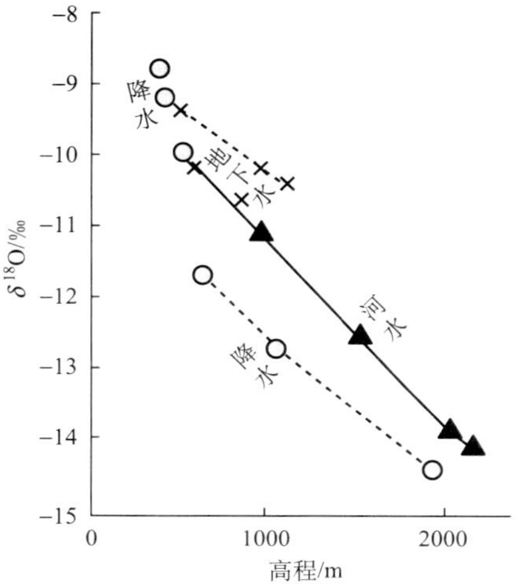

图10-85 降水、河水和地下水的高程效应
(Bortolami et al.,1978)

由于降水同位素还存在有季节温度效应和降水量效应，为防止被这些变化所误导，因此在建立本地的高程效应关系时，一方面需要在不同高程位置上连续进行几年测验，并考虑降水量加权平均，可使用IAEA对于GNIP的降水量采样方法。由此求得降水同位素高程关系，例见图10-86(Bortolami et al.,1978)，而有同位素-高程方程为

$$\delta^{18}O = -3.12\times10^{-3}h - 8.03 \quad (10\text{-}65)$$

$$\delta^{2}H = -24.9\times10^{-3}h - 51.1 \quad (10\text{-}66)$$

式中，h为高程(m)，相应有

$$h = -320\delta^{18}O - 2564 \quad (10\text{-}67)$$

$$h = -40.2\delta^{2}H - 2052 \quad (10\text{-}68)$$

例中为推求位于810 m高程处溶洞泉的补给高程，取了不同季节的水样和相应的$\delta^{18}O_{泉}$和$\delta^{2}H_{泉}$，分别由式(10-67)和式(10-68)推求其补给高程，见表10-7。这里所以不厌其烦地列出这些数据，是需要强调说明一个重要问题，即如果只从某次或某几次测验所求得的$\delta^{18}O_{泉}$和$\delta^{2}H_{泉}$，用以推求补给高程，会发生很大的差别，正确的做法是取多次平均。

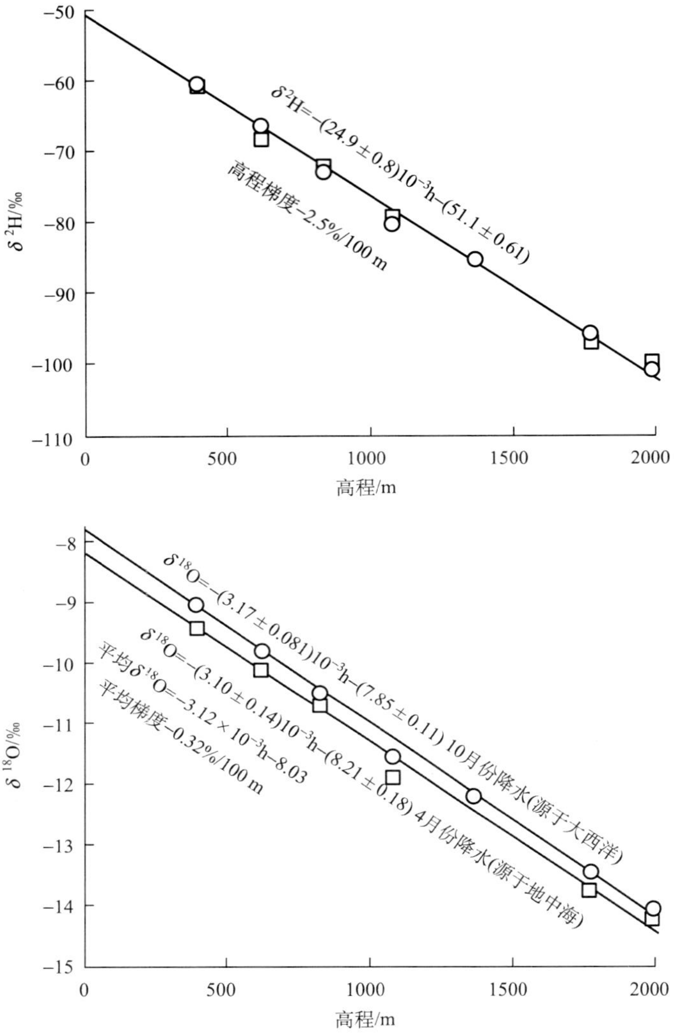

图 10-86　降水同位素高程关系(Bortolami et al.,1978)

表 10-7　应用降水同位素高程关系由地下水同位素组成推算其补给高程(Bortolami et al.,1978)

采样日期 (年-月-日)	地下水同位素组成/‰		推求的地下水补给高程 h/(m asl)	
	$\delta^{18}O$	δ^2H	由 $\delta^{18}O$ 推求	由 δ^2H 推求
1974-10-13	−81.4	−11.70	1220	1180
1976-03-07	−88.4	−12.86	1502	1551
1976-04-09	−94.4	−12.86	1743	1551
1976-04-18	−97.3	−13.83	1859	1861
1976-04-25	−97.6	−13.85	1871	1968

续表

采样日期（年-月-日）	地下水同位素组成/‰		推求的地下水补给高程 h/(m asl)	
	$\delta^{18}O$	δ^2H	由 $\delta^{18}O$ 推求	由 δ^2H 推求
1976-05-01	−90.2	−12.91	1574	1567
1976-05-14	−85.8	−12.34	1397	1385
1976-05-30	−87.6	−12.54	1470	1449
1976-06-06	−87.5	−12.51	1465	1440
平均	−89.93	−12.82	1565	1539
按 $\delta^{18}O$ 和 δ^2H 的平均值计算			1563	1538

前已说明，这样做实际上是假定地下水同位素高程关系等同于降水同位素高程关系，降水关系[式(10-65)和式(10-66)]是由实测资料求得的直线回归方程，可写为

$$\delta = Kh - C \tag{10-69}$$

式中：δ 为降水同位素 $\delta^{18}O$ 或 δ^2H；K 为大气降水同位素 $\delta^{18}O$ 或 δ^2H 的高程效应梯度；C 为常数(‰)。

在推求地下水补给高程时，由上述假定有

$$\delta_{地下水} = Kh_{补给} - C \tag{10-70}$$

在地下水采样点附近高程 $h_{地下水}$ 处的降水同位素为 $\delta_{降水}$，则有

$$\delta_{降水} = Kh_{地下水} - C \tag{10-71}$$

由式(10-70)和式(10-71)可得高程 $h_{地下水}$ 采样点处地下水的补给高程 $h_{补给}$ 为

$$h_{补给} = \frac{\delta_{地下水} - \delta_{降水}}{K} + h_{地下水} \tag{10-72}$$

使用式(10-72)时，其实不一定非要地下水采样点 $h_{地下水}$ 附近的 $\delta_{降水}$，因为实际上是使用如图 10-86 的降水同位素高程关系。所以还是直接使用上述式(10-67)或式(10-68)和表 10-5的方法更简便。

以上使用降水同位素-高程方程推求地下水补给高程，需要注意以下问题：

1. 基本假定

(1) 大气降水在补给区下渗以后直到其采样位置的地下水或泉，没有发生蒸发，也没有发生其他如越流、混合等而使其同位素组成发生改变的因素。这就需要考察研究区是否基本符合此项条件。

(2) 地下水同位素高程关系等同于降水同位素高程关系，即以上式(10-69)和式(10-70)中的 C 相同。由图 10-85 可见，其实还是有差异的。所以实际上所得到的只是一种近似值，还需要根据实际地质和水文地质条件具体分析。例如，法国埃维恩泉补给区用上述方法得出在 790 m 高程处，经与该区水文地质条件对比，对这一高程附近的补给区位置的三种可能作了具体分析，以得出合理结果(图 10-87)(王恒纯，1991)。

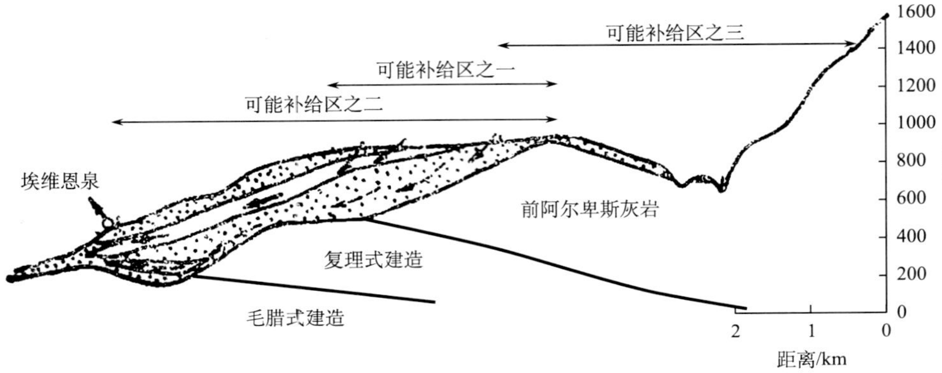

图 10-87　法国埃维恩泉三种可能补给带(王恒纯,1991。已简化)

2. 采样条件

降水同位素高程关系往往涉及降雪,采样时需要特别谨慎。德国一例(Moser and Stichler,1970),对飘雪在 2000 m 到 4000 m 高程范围测得 δ^2H 随高度增高的变化梯度为 -4 ± 1‰/100 m,然而对陈雪包括粒雪,却测得 δ^2H 随高度增高而富集,其梯度竟达 5 ± 3‰/100 m。天山一例这样的 δ^2H 随高度增高而富集竟发生在 3500 m 以上(图 10-88)(Gu et al.,1993)。

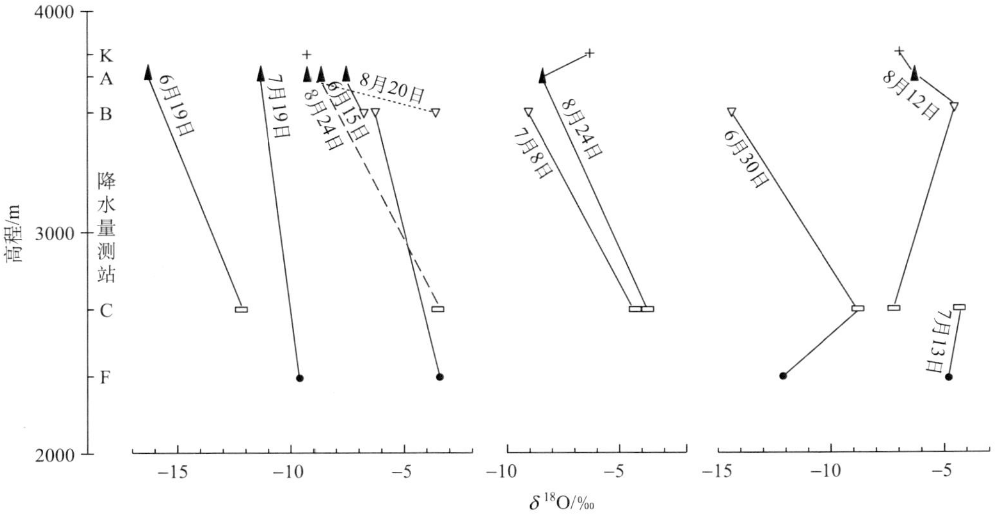

图 10-88　乌鲁木齐河上游 δ^2H 随高程增高的变化(Gu and Longinelli,1993)

3. 假高程效应

在山谷背风面有时因雨滴离开云底后发生同位素蒸发富集,造成高程效应的假象,需要慎重区别。

降水同位素的高程效应也可使用电导度，不过一般都表现为指数函数，例见图 10-89 (Bortolami et al.,1978)。有以下形式：

$$\text{电导度} = 37.2\exp(-0.34 \times 10^{-3}h) \tag{10-73}$$

可使用类似于表 10-5 的方法推求地下水补给高程。

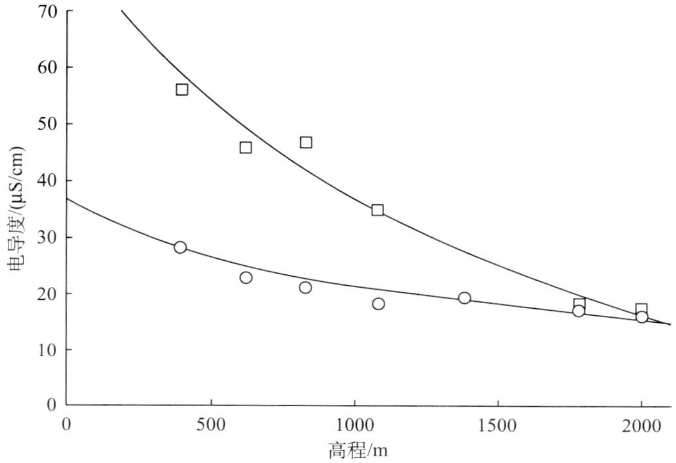

图 10-89　降水电导度的高程效应(Bortolami et al.,1978)

第六节　地下水补给环境条件识别和气候变化：惰性气体氖、氩、氪、氙的应用

一、惰性气体及其同位素

地下水补给研究中所应用的氦(He)、氖(Ne)、氩(Ar)、氪(Kr)、氙(Xe)是元素周期表中的第 18 族(原 0 族或 VⅢA 族)元素，这一族还有氡 Rn(近年发现的 118 号半衰期仅千分之一秒的放射性气体元素 Uuo 也归入此族)。这些元素在常温下都是以单原子为分子的气体，按原子核式结构的轨道模型，最外面的电子壳层是满数即 2,8 或 18。这一族元素曾称为稀有(rare)气体，因为它们总共只占有大气组成的 0.94%，但是氩占有 0.934%，而且如果与大气中其他组分相比，He,Ne,Ar,Kr,Xe 的丰度分别是第 7,6,4,9 和第 15 位，所以很难称之为稀有。另一方面，近几十年来在实验室条件下已经制造出了若干 Kr 和 Xe 的化合物，所以实际上惰性(inert)气体一词也不确切，只是有选择性地发生化学反应。因此，现时改用 noble gases。国内习惯常用稀有气体或惰性气体，本书沿用惰性气体名词。

地下水补给研究中应用的 He,Ne,Ar,Kr,Xe,各有其同位素，见表 10-8。

表 10-8 地下水补给研究中常用的惰性气体及其同位素

元素	原子序数	稳定同位素	天然丰度/%
He	2	^{3}He	0.000 137
		^{4}He	99.999 863
Ne	10	^{20}Ne	90.48
		^{21}Ne	0.27
		^{22}Ne	9.25
Ar	18	^{37}Ar	0.336 5
		^{38}Ar	0.063 2
		^{40}Ar	99.600 3
Kr	36	^{78}Kr	0.35
		^{80}Kr	2.28
		^{82}Kr	11.58
		^{83}Kr	11.49
		^{84}Kr	57.00
		^{86}Kr	17.30
Xe	54	^{124}Xe	0.09
		^{126}Xe	0.09
		^{128}Xe	1.92
		^{129}Xe	26.44
		^{130}Xe	4.08
		^{131}Xe	21.18
		^{132}Xe	26.89
		^{134}Xe	10.44
		^{136}Xe	8.87

二、地下水中的惰性气体组成

（一）开敞水面大气来源惰性气体的溶解平衡

大气是惰性气体的混合库，而且混合充分，其浓度为已知，见表 10-9（Mazor，2004）。

大气气体包括惰性气体溶解进入开敞水体的无波浪平静自由水面，其浓度由气/液相之间的热动力平衡所控制。溶解度一般以标准条件（STP）下单位体积水中的惰性气体体积表示，即"cc STP 惰性气体/cc 水"，通常表达为 cm^3STP/g，当然也可以有 mol/L，mol/mol 等表达形式。而 STP 系指标准温度为 0℃和标准气压为 760 mm/Hg（=1 atm）。不同大气惰性气体在淡水中的溶解度见图 10-90（Mazor，1979）。而实际上，在开敞水体如湖泊，其水面和大气的界面处此类气体交换发生得很快，甚至在一天内可使表层 1 m 水层达到气体的饱和溶解度。所以在一定的环境条件下，开敞水面表层水所溶解的惰性气体可达到与大气热动力平衡时的浓度，称为惰性气体与大气的平衡浓度，所溶解的惰性气体组成与它在大气中的丰度成正比。而这样的平衡浓度反映了在水-气界面处发生惰性气体分配时水体的物理性质即其温度和盐度,以及其环境条件主要是所在高程。为对不同惰性气体的平衡浓度有一个概念,例见表 10-10。需要说明的是,以上讨论只是为说明惰性气体与大气的平衡浓度,实际情况的天然湖泊,表层湖水中的惰性气体浓度一般并不仅是与大气的平衡浓度,而且除了大气来源的以外,还有非大气来源的组分存在,将在以下讨论。

表 10-9 干空气中 1 atm 时(海平面)的惰性气体浓度(体积 ppm)

惰性气体	He	Ne	Ar	Kr	Xe
浓度(体积 ppm)	5.24	18.18	9340	1.14	0.086

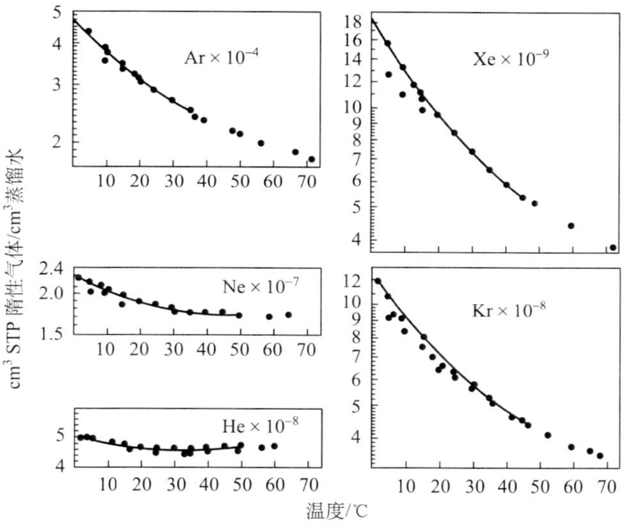

图 10-90 大气惰性气体在海平面(1 atm)淡水中的溶解度(Mazor,1979,2004)

表 10-10 贝加尔湖表层水惰性气体和氮、氧的平衡浓度(Hohmann et al.,1998)

温度 T/℃	平衡浓度/(cm^3 STP/g)						
	He×10^{-8}	Ne×10^{-7}	Ar×10^{-4}	Kr×10^{-8}	Xe×10^{-8}	N_2×10^{-2}	O_2×10^{-3}
4	4.78	2.15	4.47	10.89	1.64	1.66	9.16
10	4.64	2.02	3.86	9.10	1.32	1.45	7.89
20	4.47	1.85	3.12	6.96	0.95	1.19	6.36

注:湖水盐度 S=0.1%,海平面高程,大气压 p=1 atm。

上述某惰性气体 i 与大气的平衡浓度 C_{eq}^{i} 遵循亨利定律,可有

$$p_i = H_i \cdot C_{eq}^{i} \tag{10-74}$$

式中:H_i 为相应于气体 i 的亨利常数或 $H_i(T,S)$,为绝对温度 T 与盐度 S(总溶解固体)的函数;p_i 为该气体的分压压强,可用总大气压压强 p 加以因温度而异的水汽含量

$e_w(T)$校正和该气体在干空气中的体积摩尔组分 z_i 表示，即 $p_i = z_i \cdot [p - e_w(T)]$。于是惰性气体 i 与大气的平衡浓度 C_{eq}^i 可有(Kipfer et al.,2002)：

$$C_{eq}^i = [1/H_i(T,S)] \cdot z_i \cdot [p - e_w(T)] \tag{10-75}$$

此外，还需要有海平面以上高程 h(m)改正，例如有下式

$$p = \exp(-h/8300) \tag{10-76}$$

实际应用中，在推求 He、Ne、Ar、Kr 和 Xe 的 C_{eq}^i 时，对式(10-75)有两组不同的计算式，而且还包含了一些经验参数。式(10-76)也还有不同形式。

如上所述，C_{eq}^i 记录了在水-气界面发生气体分配过程时的主要物理条件 T、h 和 e_w，以及水体本身的 S。

(二) 地下水中的过量空气

如果说上述无波动自由水面表层水中惰性气体浓度很接近于与大气的平衡浓度的话，那么在地下水中的情况就完全不同了。在降水下渗补给地下水的过程中，下渗水经过非饱和带，不断与土壤空气发生气体分配交换，大气源惰性气体不断溶解进入下渗水中，直到靠近地下水面处的毛管上升带可达到平衡浓度。然而，在地下水中测得的各种惰性气体浓度却总比其与大气的平衡浓度明显要大，甚至要比在零度时的溶解浓度还要大，这实际上已成为地下水所具有的一种普遍性质而不是偶然现象。这一现象的描述始于1957年(Oana,1957)，但只是对 Ar。此后，由于认为这部分过量溶解的惰性气体浓度，其相对丰度与大气中的相同，于是称之为过量空气(excess air)(Herzberg and Mazor,1979；Heaton and Vogel,1981)，并沿用至今。然而此后进一步的众多测验，却表明惰性气体在溶解于地下水的过程中有分馏发生，于是其过量溶解组分实际上与空气中惰性气体的相对丰度并不相应，所以严格而言称之为过量空气有点误导，只是作为传统名词沿用罢了。

地下水中过量空气的形成，一般认为是发生在非饱和带和饱和带之间的过渡带，即毛管上升带中，而形成过量空气的主要角色则是这个带中的禁锢空气气泡。当下渗补给地下水时，或地下水面发生周期性升降变化时，这些禁锢空气气泡就被裹挟而进入地下水中。毛管上升带中的禁锢空气不可小视，一般认为可达到有效孔隙率的10%之多。在前述湖泊水面，也总会因波浪而有小气泡进入表层水中，所以也会发生过量空气现象。

至于禁锢空气如何溶解进入地下水而构成过量空气，其机制还不很清楚，但可用一些设想和模型进行解释。最简单的是所有禁锢空气气泡全部溶解而不发生分馏的 UA 模型(Stute,1989)。此外还有：禁锢空气开始时全部溶解，此后部分溶解的过量空气通过地下水面发生分子扩散而散逸的 PR 模型和地下水位周期性变化，反复发生禁锢空气溶解、散逸的 MR 模型(Stute,1995)，以及闭合系统平衡的 CE 模型(Aeschbach-Hertig et al.,2000)。地下水和禁锢空气气泡在一闭合系统中，气泡只部分溶解并达到新的溶解平衡。决定最终过量空气组分的是作用于禁锢空气气泡上的压力而不是气泡本身的体积。此过量空气的某惰性气体组分 i 的浓度(Aeschbach-Hertig et al.,2000)为

$$C_{i,ex}^{CE} = \frac{(1-F)A_e z_i}{1 + FA_e z_i / C_{eq}^i} \tag{10-77}$$

式中：z_i 和 C_{eq}^{i} 已见前述；A_e 为单位质量地下水中的起始禁锢空气量；F 为禁锢空气因溶解和被压缩所减少的体积，描述了禁锢空气在溶解过程中所发生的分馏。

迄今从理论分析和实测验证，认为闭合系统平衡模型为最佳。如 Mazor(2004)在其著作中根本就不讨论上述那些模型，认为对于大气源惰性气体，地下水是一闭合系统，并用冷、热地下水系统的实测资料来验证了这一事实(Mazor，1972；Herzberg and Mazor，1979)。很重要的是，认为地下水中溶解惰性气体的信息，可保存到几千年之久(Mozor，1972)，这当然是指在同一系统而且没有与其他水源发生混合而言。

对于地下水中发生分馏的过量空气估算，一个方便的量度是使用 Ne 的平衡浓度 $C_{\mathrm{eq}}^{\mathrm{Ne}}$，在已知地下水中的 Ne 浓度 C_m^{Ne} 后，可求得 Ne 的相对过量 ΔNe 为

$$\Delta\,\mathrm{Ne}(\%) = \left[\frac{C_m^{\mathrm{Ne}}}{C_{\mathrm{eq}}^{\mathrm{Ne}}} - 1\right]\cdot 100\% \tag{10-78}$$

实际上惰性气体中最适合于过量空气定量的是 Ne，这主要是由于 Ne 几乎只有大气来源，温度对 $C_{\mathrm{eq}}^{\mathrm{Ne}}$ 的影响不那么大，但过量空气的影响却很大，而且往往有相对较大的过量溶解组分，于是即使准确的平衡温度为未知时，也可进行计算。这一点在以下还要讨论。有了 ΔNe 以后，作为近似，就可估算地下水中其他惰性气体的过量组分了。所以，ΔNe 有时还被称为“过量空气指标”。作为一般概念，10％ΔNe 相当于约 $10^{-3}\,\mathrm{cm^3\,STP/g}$ 的溶解气体，需要至少有 0.05 atm 的附加压强(Kipfer et al.，2002)。

干旱和半干旱地区，由于其特殊的降水特征和补给条件，地下水中惰性气体的过量溶解组分更高，例见图 10-91，所有地下水的 ΔNe 都大于 10％，甚至高过 100％。间歇性降水高补给是造成惰性气体发生特高过量溶解组分的主要原因。

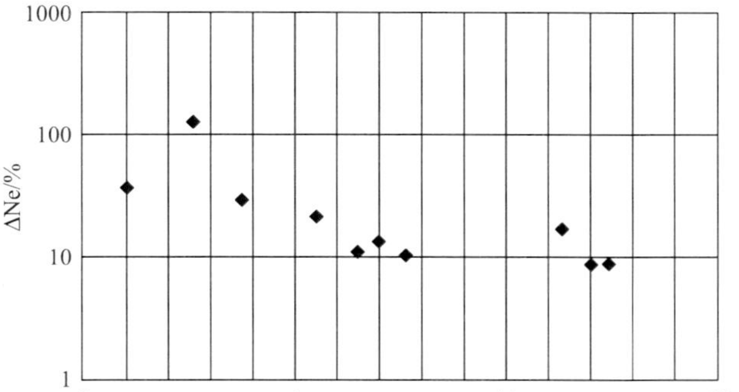

图 10-91　内蒙古阿拉善高原古日乃地下水 ^{14}C 与 Ne 的过量溶解组分(顾慰祖等，2007)

(三) 地下水中惰性气体的来源

地下水中惰性气体的来源有两部分：来自非饱和带的大气源组分以及来自地壳、地幔的非大气源组分(图 10-92)。另见本章第七节。

1. 来自非饱和带的大气源组分

（1）原生陆源（terrestrial）。在第一章第三节中讨论过宇宙从混沌之初只有质子和中子，然后就有氢原子和少量氦原子，此后才逐步形成各种元素。这类氦是原生性的（primordial），这里把它称为原生陆源，意指地球原生性来源的^{3}He。除此以外，^{3}He还可由宇宙尘带来。

（2）核源（nucleogenic）。也可称之为放射性成因（radiogenic）。这有两类：即宇宙性成因和人为成因。前者见第四章第三节中所述大气中的宇宙辐射成因核素。大气中由此类成因的惰性气体核素主要有^{3}He，^{39}Ar和^{81}Kr等。后者见第四章第五节。大气中主要有^{37}Ar和^{85}Kr等。

（3）过量空气主要在非饱和带中形成，已见前述。

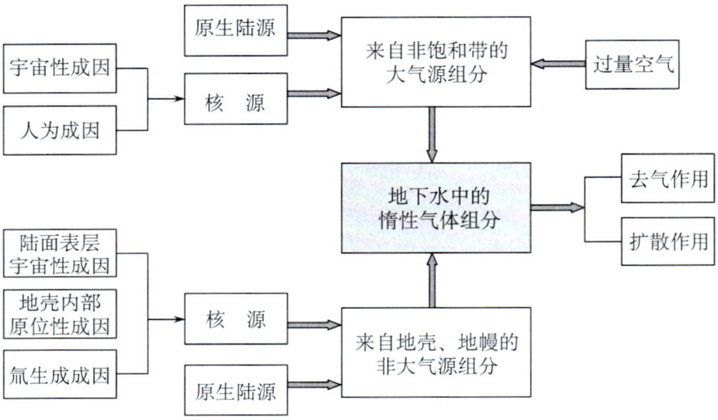

图 10-92　地下水中惰性气体的来源

2. 来自地壳、地幔的非大气源组分

与上述非饱和带大气源组分来源相同，包括原生陆源和核源两类。但原生氦可由地壳甚至地幔上浮进入地下水。核源则主要有发生在陆面表层的宇宙性成因和发生在地壳内部的原位性成因两类。这属于第四章中所述，天然成因包括宇宙性成因、地壳性成因或岩石圈成因。惰性气体主要发生于^{4}He和^{40}Ar。^{4}He是因^{238}U，^{235}U和^{232}Th天然放射系的α衰变而来。^{40}Ar是由^{40}K（占天然K之0.012%）发生电子俘获衰变而产生。一般认为Ne，Kr和Xe都少有核源组分（Lehmann et al.，1993）。在一些应用中可以作这样的简化考虑，但实际上还是有少量的此类组分。如由$^{18}O(\alpha,n)^{21}Ne$和$^{24}Mg(n,\alpha)^{21}Ne$产生^{21}Ne；由^{238}U，^{244}Pu发生自发裂变产生^{83}Kr，^{84}Kr，^{86}Kr和^{131}Xe，^{132}Xe，^{134}Xe，^{136}Xe；^{129}I衰变产生^{129}Xe等，一般都可忽略。另外还专有一类核源成因的氚生氦（tritigenic helium）$^{3}He_{tri}$，是来自氚的衰变而产生$^{3}H \rightarrow {}^{3}He_{tri} + \beta^{-}$，也可由$^{6}Li(n,\alpha)^{3}H$间接产生$^{3}He_{tri}$。

地下水中的惰性气体组分，可因去气作用而减少，因扩散而逃逸。

（四）地下水中惰性气体的组成

一般而言，所测得的地下水中某惰性气体浓度 C_m^i 是各有关组分之和：

$$C_m^i = C_{eq}^i + C_{ex}^i + C_{rad}^i + C_{ter}^i \tag{10-79}$$

式中：C_{eq}^i 为前述该惰性气体 i 与大气的平衡浓度；C_{ex}^i 为其过量溶解组分；C_{rad}^i 为其非大气来源的核源组分，对于氦则还包括 $^3He_{tri}$；C_{ter}^i 为非大气来源的陆源组分。

在实际应用时，就有一个划分问题，目的是需要得到大气源组分的 C_{eq}^i 和 C_{ex}^i。后者取决于过量空气的不同模型，一般应用闭合系统平衡模型（已见前述）。好在非大气源的组分主要只涉及氦，例见图 10-93。其中，所有惰性气体都有过量溶解组分（Xe 的太小，图中未能表示），但只有 ^3He，^4He 有相当大的陆源组分，其核源或放射性成因组分都很少。^3He 理论上必定有氚生组分，然而还是太小以致图中尺度也不能分辨。因而 Ne，Ar，Kr，Xe 都可近似为只有 C_{eq}^i 和 C_{ex}^i 两个组分。所以，惰性气体在地下水的某些应用中往往回避氦，如以下将讨论的地下水补给温度。有些应用却非氦不可，然而应用氦时，就必须涉及如图 10-93 那样的复杂的非大气组分，这就需要借助 Ne[式(10-78)]和一些假定层层进行剖解。

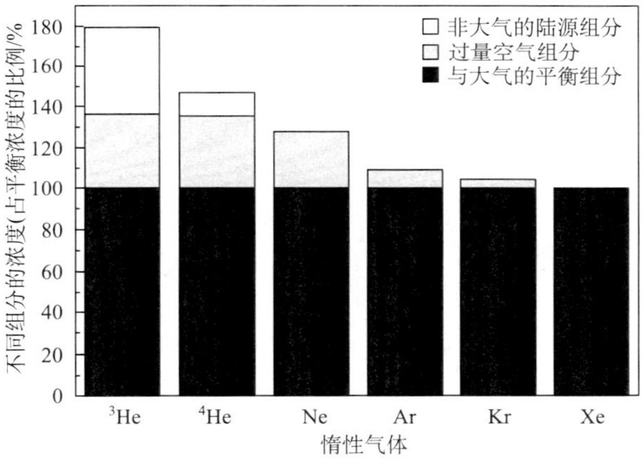

图 10-93　浅层地下水中惰性气体各种组分实例(Kipfer，2002)

各组分均以其平衡浓度为 100％表示。Xe 的过量空气组分和 ^3He、^4He 等的非大气核源组分都因太小，在图中未能显示

三、地下水补给温度

在一定位置的地下水所含众多溶质中，唯有惰性气体其溶解度不受地下水化学组成的影响而只受温度制约，这就使得利用惰性气体浓度是推算地下水在发生降水补给时温度的最佳途径。而且，由于大气组成从古生代以来就没有什么变化，那么，更新世以来地质时期的气候变化正好可利用地下水中惰性气体浓度来研究和作为古温度重建。这些都可深化地下水资源评价。从式(10-74)和式(10-75)可以看到，由惰性气体浓度推求所得

的温度(惰性气体温度),所反映的是惰性气体发生分配交换的水-气界面即地下水面处的地温,并与气温有着一定的关系。这样的"惰性气体温度计",可有两类操作方法。

(一) 应用氖、氩、氪、氙的方法

如果某惰性气体在地下水中的平衡浓度 C_{eq}^{i} 为已知时,就可以由式(10-75)推求温度。问题是地下水中该惰性气体的浓度组成一般而言是式(10-79),包含有过量空气组分和非大气源的组分。从以上讨论,如果不采用有复杂非大气源的氦,那就简化为惰性气体的 C_{eq}^{i} 和 C_{ex}^{i} 的划分问题,即

$$C_{\text{eq}}^{i} = C_{m}^{i} - C_{\text{ex}}^{i} \tag{10-80}$$

可是,困难的是地下水中惰性气体过量空气组成实际上并不是其大气组成的复制,而有分馏。因此,对上式应用 Ne,Ar,Kr,Xe 的实测已知浓度 C_{m}^{i},使用式(10-75)和式(10-76)为其 C_{eq}^{i} 项,而使用闭合系统平衡模型的式(10-77)为其 C_{ex}^{i} 项。如果使用前述的其他模型,则式(10-77)将会不同。这样,对于 Ne,Ar,Kr,Xe 就有 4 个方程,但是包含有 T,S,P,F,A 共 5 个未知数。在淡水条件下 S 为零,则可求解。这样的反演方法(Kipfer et al.,2000)实际上包含了一些有关闭合平衡模型(CE)以及式(10-77)导来时的假定,而且在有些情况下 CE 模型也必然会有其局限性。

现时更常用的是使用 Ne,Ar,Kr,Xe 实测已知浓度的数学寻优非线性回归方法(韩良峰,2007)。利用 $C_{\text{eq}}^{\text{Ne}}$ 受温度影响较小的特点,由式(10-78)求得 Ne 的过量空气组分 $C_{\text{ex}}^{\text{Ne}}$,并由大气组成推求其他惰性气体的过量空气组分,作为第一步近似。于是可得到 Ne,Ar,Kr,Xe 的惰性气体温度的第一近似,它们必定差异很大。然后在第一步近似基础上改变过量空气值,用改变后的值再求温度值,如此往复,直到利用 Ne,Ar,Kr,Xe 求出的 4 个温度值彼此吻合最好为止,从 4 个值可得出平均值和偏差。

对于式(10-80),也有使用上述闭合平衡模型得出下式(Aeschbach-Hertig et al.,2000):

$$C_{m}^{i} = (C_{\text{eq}}^{i} + A_{e}z_{i})\cdot\left[1 + \frac{V_{g}}{V_{w}}\cdot\frac{(P-e)z_{i}}{\rho P_{0}C_{\text{eq}}^{i}}\right]^{-1} \tag{10-81}$$

式中:C_{m}^{i},C_{eq}^{i},A_{e},z_{i} 等均见前述,A_{e} 可通过氖推求;V_{g} 为水中空气的最终体积(可实测);V_{w} 为水的体积(可实测);e 为水的饱和蒸汽压(与温度和盐度有关);ρ 为水的密度(也与温度和盐度有关);P 为已知大气压;P_{0} 为标准压力(=1 大气压)。这样,可通过对各种惰性气体用试算法推求温度。

(二) 应用氩、氮的图解方法

应用两种气体的方法,实际上也还是基于只有大气源而没有核源和陆源的假定。另外,实质上还是使用两种气体由式(10-80)来求解两个未知数。这一图解求解的思路最早是应用氩和氮(Heaton and Vogel,1981)。图 10-94 中首先有淡水与大气在标准大气压(760 托)、不同温度条件下的平衡浓度线(WEA)。降水和河水的测点紧靠此线,有约 4% 的差异,接近于分析精度,也包含有采样误差。而所有地下水的点据全偏离 WEA,这是

过量空气所致。这些点据的外包线，则相当于每公斤水加有STP条件下10 mL的过量空气。而图中点据的菱形范围则表明受不同温度条件下过量空气的影响。通过不同地区的相应点据，可得出与天然丰度比的虚线大致平行的线(图中未标出)。这表明过量组分不发生分馏，于是可就不同地区地下水实测点据相应的平行线延长到WEA线，从而求得该地区地下水的补给温度，本例所得为15～22℃。进一步的工作得到年龄在10 000年以近的全新世地下水，补给温度为18℃，而早于此的冰期地下水其补给温度为13℃(图10-95)(Heaton，1981)。

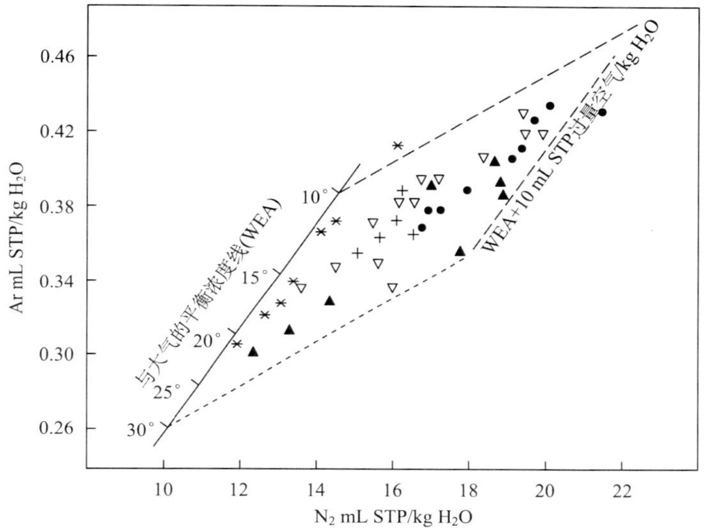

图10-94　地下水中N_2，Ar浓度及过量空气(Heaton and Vogel，1981)

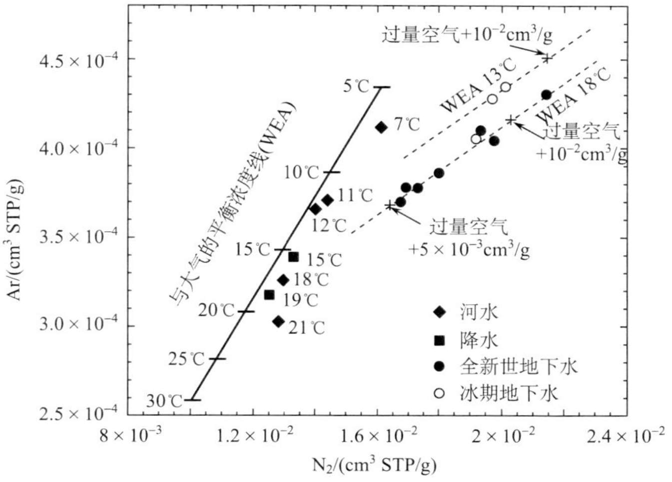

图10-95　地下水中N_2、Ar浓度、过量空气及补给温度(Heaton and Vogel 1981转引自Stute and Schlosser，1993)

（三）应用氖、氙的图解方法

上例中使用氮，其优点是其浓度测定比惰性气体简单得多，而它的缺点是含水层中会有反硝化作用的组分，特别是氮和氩组合的浓度对于温度的敏感性要比 Ne 与 Xe 这一对低，可低到 30%之多(Stute and Schlosser，1993)。其实，Ne 与 Xe 是惰性气体中最有个性的两个，由图 10-90 可见，两者在相同温度时的溶解度差别很大。不仅如此，Ne 的溶解度受温度的影响小而 Xe 则反之，而 Ne 对于过量空气组分的影响很大而 Xe 却反之(图 10-96)。两者对于盐度和压力变化的响应则相似，因而它们就成为研究补给温度的黄金搭档。

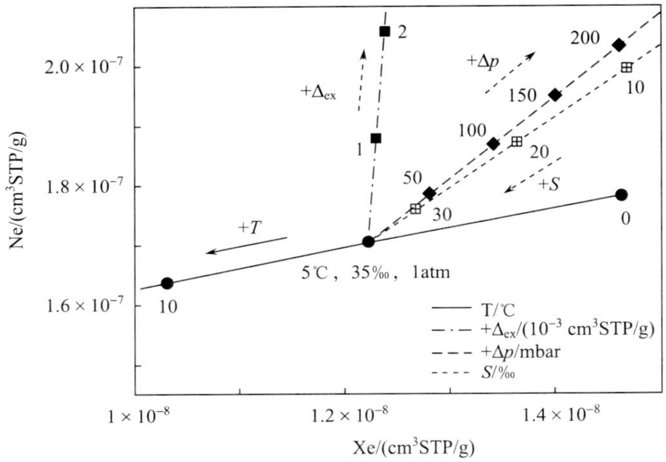

图 10-96　温度(T)、压力(P)、盐度(S)、过量空气(Δ_{ex})对 Xe，Ne 溶解度的影响(Kipfer et al.，2002)

类似于图 10-96，图 10-97 中沿斜线方向为其大气中丰度比的各组数据，受过量组分的影响，其与平衡浓度线的交点则是该组地下水在与大气平衡条件下的平衡浓度和补给温度，用图解求解了这两个未知数。数据分布实际上还是相当分散，这其实也说明需要较多的样本为妥，如果只有几个样本，由于惰性气体的采样和实验室分析过程都比较复杂，因而样本的实际抽样误差会比较大。本例是冲积含水层地下水，分别对其浅层孔和深层孔采样，浅层还分别在冬季和夏季采样。

（四）惰性气体补给温度和地下水^{18}O

利用惰性气体在地下水中的浓度是推算补给时温度的最佳途径，已见前述。但是，地下水氢、氧稳定同位素组成也是环境条件，而且主要还是发生降水补给时环境条件的反映，在本章前几节也有些例子。那么，惰性气体补给温度 T 与相应的氢、氧稳定同位素组成之间应该有一定的关系。在内蒙古阿拉善古日乃草原求得的关系见图 10-98，与欧洲湿润地区比较，T 与 $\delta^{18}O$ 之间都是线性关系，但有明显的差别。古日乃该线的斜率要大得多(图 10-99)。

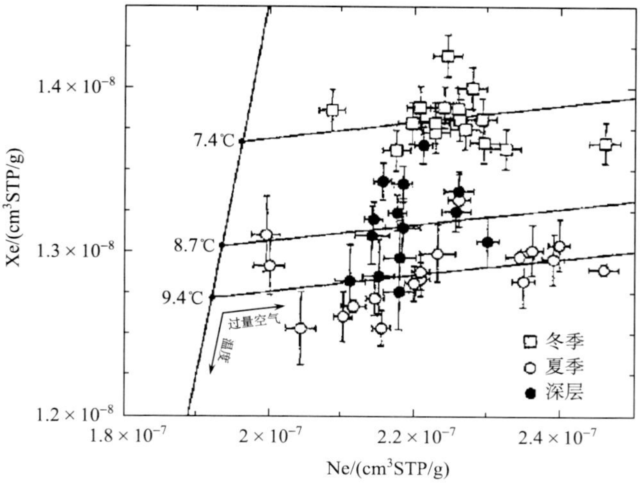

图 10-97　地下水中 Ne、Xe 浓度、过量空气及补给温度(Beyerle et al.,1999)

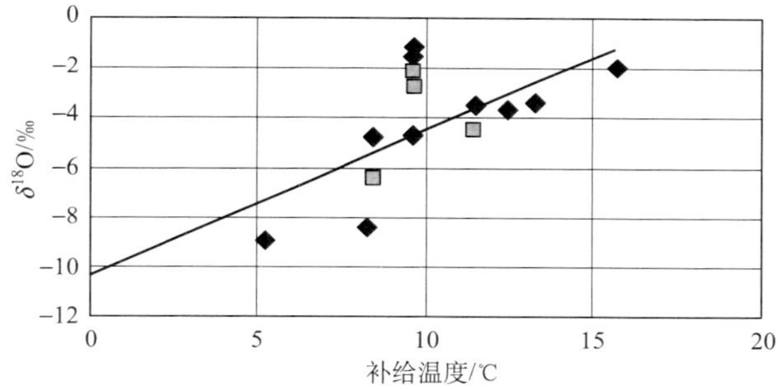

图 10-98　内蒙古阿拉善古日乃草原惰性气体地下水补给温度与^{18}O的关系(顾慰祖,2007)

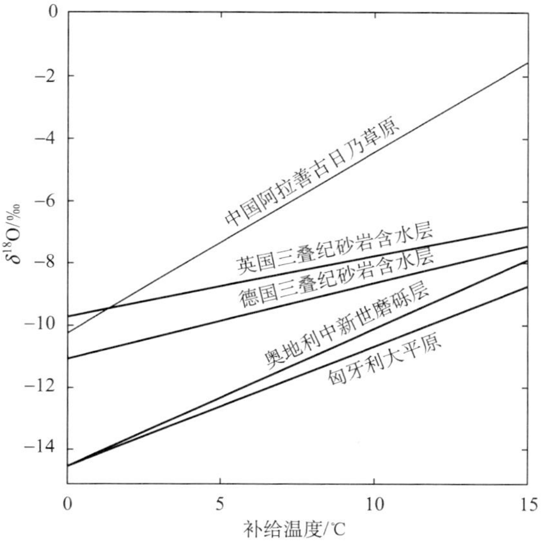

图 10-99　古日乃地下水惰性气体补给温度与^{18}O关系与欧洲关系(Andrews,1993)的比较

四、气候(环境)变化

上述地下水中溶解的大气源惰性气体所具有的独特性质,成为研究气候变化特别是更新世以来气候变化的重要方法。气候(环境)变化的信息可留存在地下水尤其是在承压含水层中的化学组分和同位素组分中,因此研究气候变化需要对两者都进行工作。本章讨论了氯及其同位素和氢、氧稳定同位素的应用。地下水大气源惰性气体 Ne,Ar,Kr,Xe 的主要优势是:对它在地下水中的浓度构成实质性影响的因素相对要少得多。在气候变化研究中,主要应用其过量空气组分和降水补给温度。以南非和纳米比亚两个含水层为例(Stute and Talma,1998),有三方面的结果。

1. 温度变化

使用惰性气体温度。南非 Uitenhage 含水层(U 含水层)应用了上述 N_2 和氩推求地下水补给温度,而纳米比亚 Stampriet 含水层(S 含水层)则使用 Ne,Ar,Kr,Xe 推求。地下水年龄应用 ^{14}C 方法,同时应用 ^{18}O。由图 10-100 可见,S 含水层各测点地下水 ^{14}C 年龄在 10 000 年内的惰性气体补给温度,均值为 26.5℃。这与该地区现时由浅层地下水温度

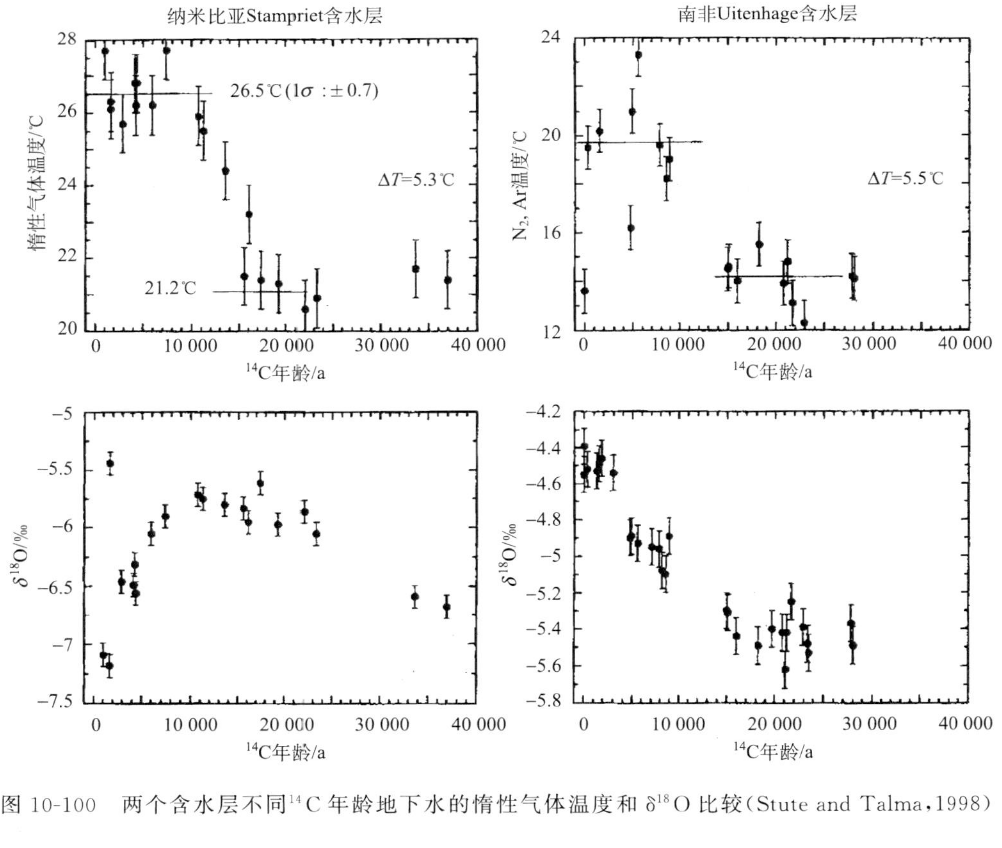

图 10-100　两个含水层不同 ^{14}C 年龄地下水的惰性气体温度和 $\delta^{18}O$ 比较(Stute and Talma,1998)

所代表的平均地温很接近(为 26.7℃)。而地下水^{14}C年龄为 15 000 年及更古老的各测点地下水其惰性气体温度平均为 21.2℃。这说明,在纳米比亚末次大冰期极盛期的年平均温度要低约 5.3℃。而南非 U 含水层用 N_2 和 Ar 得到的结果则是低 5.5℃,两者很接近。刚果用钟乳石方法得到的是 6℃。在北美相近纬度用惰性气体方法得到的为 4℃到 5℃。表明这些地区的降温比较均匀。图 10-101 为法国西南部 Aquitaine 流域含水层得到的惰性气体补给温度,同时期的补给温度要比图 10-100 即南非和纳米比亚要低得多,但末次大冰期极盛期的年平均温度也是低约 4℃到 5℃。

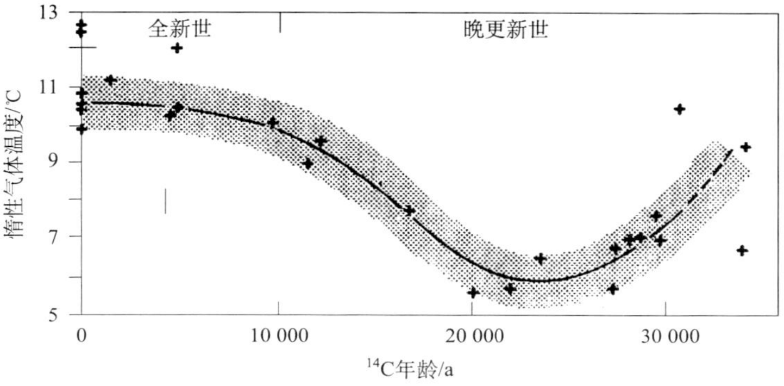

图 10-101　法国 Aquitaine 流域含水层不同^{14}C年龄地下水的惰性气体温度(Blavoux,et al.,1993)

2. 湿度变化

使用过量空气。U 含水层应用过量 Ar 而 S 含水层则使用过量空气指标 ΔNe。由图 10-102,两者有相似的样式。而后者更清楚,都在 6000 年附近发生一明显的峰值。这是由干向湿的转变。由于地下水位上升而禁锢空气气泡也跟着发育,而使 ΔNe 竟超过 200%。

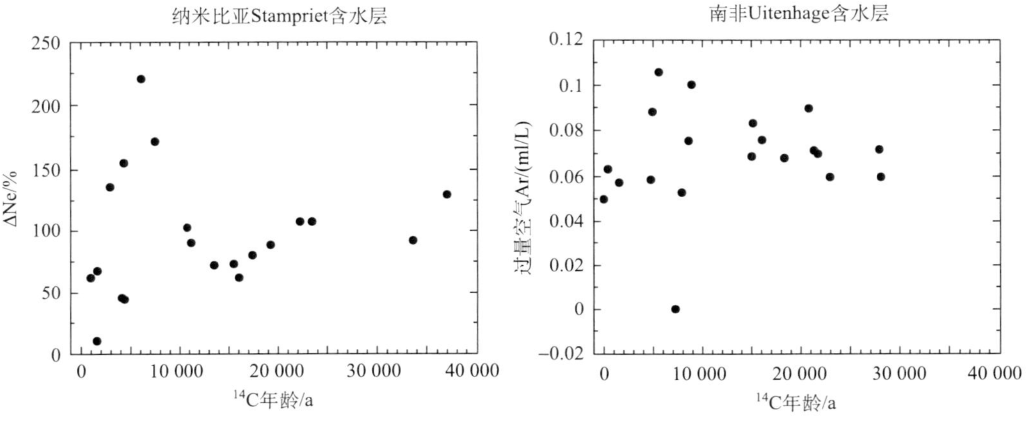

图 10-102　两个含水层不同^{14}C年龄地下水惰性气体过量空气组分的比较(Stute and Talma,1998)

3. δ^{18}O 样式

两者有很大的不同(图 10-100),解释是 U 含水层紧靠海洋,因而其 δ^{18}O 表现为温度低时更贫那样的一般规律。而 S 含水层 δ^{18}O 样式则很特别,在冰期却最高,这与常规相反,这与 S 含水层所处位置有关,解释为大陆影响。这也表明,使用 ^{18}O 会有更多的因素需要考虑。

以上图 10-91 有内蒙古阿拉善高原古日乃草原的 ΔNe。表明从 1000 年到约 2700 年时有一明显的峰值,发生由干向湿的转变。

五、地下水的循环深度

降水补给地下水以后,从补给区到达排泄区的温度变化见图 10-103(Herzberg and Mazor,1979)。图中,*T*1 为补给区雨季的平均气温;*T*2 为补给区的年平均气温;*T*3 为在包气带底、地下水面以上的温度,即由惰性气体推求得到的温度,或补给温度;*T*4 为在地下水循环过程中所达到的最高温度,可认为是循环所达到的最深部的温度;*T*5 为在井或泉采样时的地下水水温;*T*6 为采样时的环境温度。其中,只有 *T*4 测不到,但在承压条件下 *T*5 可等于或与略低于 *T*4,*T*5,可考虑为 *T*4 的最低值(Herzberg and Mazor,1979)。但是如果 *T*5>*T*3,则表明地下水径流较深而得到增温。以色列 Taninim 泉的水温为 23.5℃,由惰性气体 Ar,Kr,Xe 所推求得到的补给温度平均为 21±1℃。已知该地的地温梯度为 3℃/100 m,因此可推求其循环深度约为 80 m。

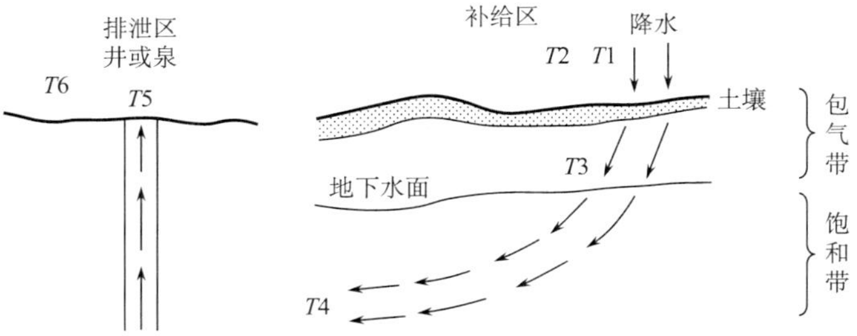

图 10-103　地下水由补给区到排泄区的温度(Herzberg and Mazor,1979)

第七节　地下水补给区识别:惰性气体氦、氖及锶、碳同位素的应用

一、应用氦、氖同位素

应用氦同位素研究地下水的基础是,氦的两个同位素 ^{3}He 和 ^{4}He 的相对丰度在不同圈层的氦储库中有着很明显的差别,分述如下。

1. 大气储库

大气储库的氦有内部产生的和外来的两部分。内部产生的是由宇宙射线与大气圈气体原子核发生相互作用所形成；外部产生的又有由地壳散逸进入大气的壳源氦，从地幔来的幔源氦以及宇宙尘来源的氦。宇宙尘部分连同上述因宇宙射线而形成的，也统称为宇宙性成因氦。所有这些不同来源的氦，在大气中的体积浓度为 5.239×10^{-6} ml(STP) He/ml air，而且直到 100 km 高度都不变(Mamyrin and Tolstikhin，1984)。氦是唯一可向宇宙空间散逸的惰性气体，在大气层中的平均滞留时间在 10^6 年数量级。大气组成中占有 5.24 ppm 的氦，主要是由 ^{4}He 所构成，且 ^{3}He/^{4}He 几近常数为 1.384×10^{-6} (Clarke et al.，1976)，但在大气降水中，因氦溶解于水的分馏影响而稍有所减小，在 10℃ 时为 1.360×10^{-6} (Benson and Krause，1990)，可称为降水氦。

2. 地壳储库

地壳储库的壳源氦也有内部产生的和外来的两部分。内部产生的氦即前述放射性成因氦。有两类：

1）*岩石圈天然放射系衰变产生*

$$
\begin{aligned}
{}^{238}\mathrm{U} &\rightarrow {}^{206}\mathrm{Pb} + 8\,{}^{4}\mathrm{He} \\
{}^{235}\mathrm{U} &\rightarrow {}^{207}\mathrm{Pb} + 7\,{}^{4}\mathrm{He} \\
{}^{232}\mathrm{U} &\rightarrow {}^{208}\mathrm{Pb} + 6\,{}^{4}\mathrm{He}
\end{aligned}
\qquad (10\text{-}82)
$$

不同类型的岩石圈有不同的天然放射系含量，岩石中这些天然放射系不断地衰变，也就连续地释出 ^{4}He。这些天然放射性元素在地球各圈层中的分布情况约如表 10-11(高万林等，1980)，主要富集在地壳特别是在花岗岩圈内，并向地核明显减少。这实际上说明，放射性成因氦或核源氦主要产生在地壳。天然放射性元素在不同岩石中的平均含量也很不相同，值得注意的是，母岩为沉积岩的黏土也有较高的含量。

表 10-11　放射性元素在地球圈层中的分布(高万林等，1980)

地球圈层	镭(10^{-10}%)	铀(10^{-4}%)	钍(10^{-4}%)
花岗岩圈	1.40	4.00	13.5
玄武岩圈	0.34	1.00	4.00
橄榄岩圈	0.0046	0.014	0.056
中心层	0.0040	0.012	0.048
中心核	0.0010	0.003	0.013

赋存于不同类型围岩中的地下水，将不同程度地接受由围岩释出的 ^{4}He，即前述非大气源氦，它在地下水中的年积聚量 He(ccSTP/cc 水)有如下式(Bosch，1990)：

$$\mathrm{He} = 10^{-7}t(\xi\mathrm{He})(1.21\mathrm{U} + 0.287\mathrm{Th})\cdot d\cdot r \qquad (10\text{-}83)$$

式中：U 和 Th 分别是围岩中天然放射性元素 U 和 Th 的浓度，例如 U＝3 ppm，Th＝

12 ppm(Mazor,2004);t 为地下水在围岩中储存的时间,以年计,本例为 1 年;ξHe 为 He 从岩石中释放出来的效率,一般为 1;d 为围岩密度(g/cc),本例为 2.5 g/cc;r 为岩石与水之比,本例为 4。则有

$$\mathrm{He} = 10^{-7} \cdot (1) \cdot (1) \cdot [1.21(3\times10^{-6}) + 0.287(12\times10^{-6})] \cdot (2.5) \cdot (4)$$
$$= 7.074\times10^{-12}\,\mathrm{ccSTP/cc}\ 水$$

因此,地下水中^{4}He 非大气源浓度随围岩不同而有很大变化,但深层地下水中非大气源^{4}He 浓度一般却随深度增加而增大(图 10-104),于是地下水就成为当地围岩形成此类非大气源氦的汇。这难以用围岩中天然放射系组成来解释,也不可能是下伏含水层或圈层中的氦扩散而来。这只能用其滞留时间长来解释,一般越深其年龄越老,非大气氦浓度也越大(图 10-105)。有时含水层已深达平均海平面之下,此类封存地下水就更为古老。事实上在已知非大气源^{4}He 浓度时,也就可以由式(10-83)估算其年龄。例见东澳大利亚大自流盆地(Mazor,2004),氦浓度为 1000×10^{-8} cc/cc,深 1421 m,成井为侏罗纪地层的一个井,已知 U=1.7 ppm,Th=6.1 ppm,d=2.6,有效孔隙率为 μ=0.2,岩石与水之比 $r=(1/\mu)-1=4$,(ξH)=1,则此地下水年龄 t 由式(10-83)估算为 2.5×10^6 年。

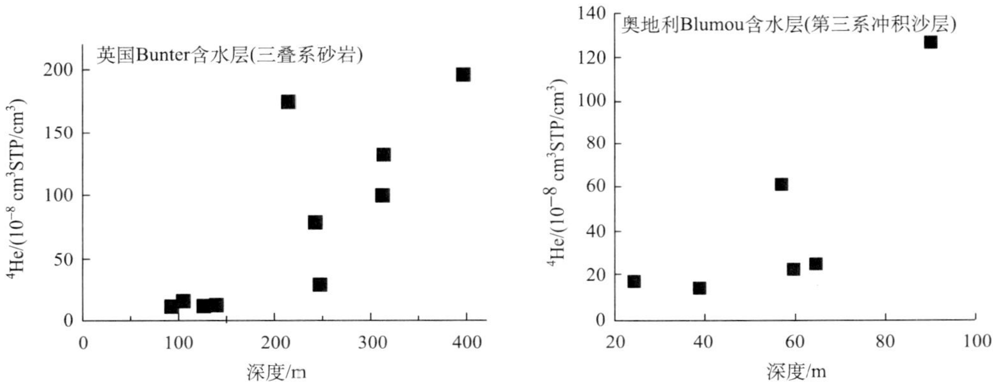

图 10-104　两个含水层地下水氦浓度与深度的关系(Andrews et al.,1984)

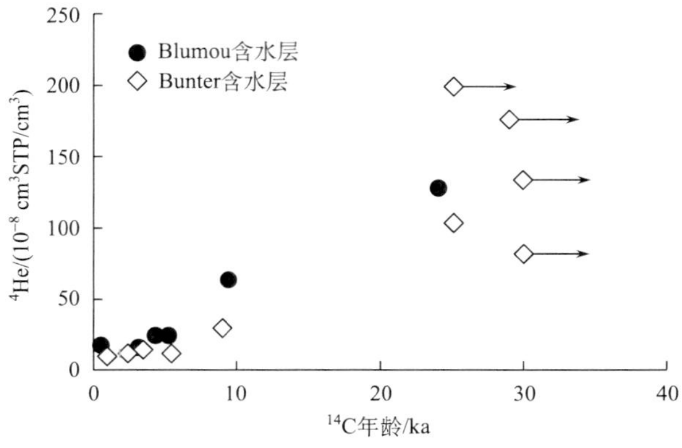

图 10-105　图 10-104 中两个含水层地下水氦浓度与^{14}C 年龄的关系

(Clark and Fritz,1997;据 Andrews et al.,1984)

2) 氚衰变产生或氚生^3He

地壳中氚的来源有几种情况：一是第四章所述达到地面的宇宙辐射与土壤空气发生$^{14}N(n,^{12}C)^3H$或$^{16}O(p,^{14}C)^3H$反应产生氚；地壳中的天然放射系在衰变过程中所产生的α射线，诱发其他如轰击铍等轻原子核的核反应(α,n)而产生中子n，该中子又轰击锂而产生^3H，^3H又发生β衰变并生成^3He，称为氚生^3He或氚成因^3He，即$^6Li(n,\alpha)^3H \xrightarrow{\beta} {}^3He$。其生成率一方面取决于地壳中发生$\alpha$衰变的天然放射物质（主要是天然放射系），以及作为产生中子的轻元素靶核的丰度；另一方面还取决于地壳中所存在的那些对于快中子吸收截面大的元素特别是硼的丰度。由于氚生^3He的积累与经历的时间成正比，因而可据此对地下水测年。

地壳储库外来的有两部分，即从下渗来的大气降水氦和来自地幔的幔源氦。由水循环带来的氚，在其衰变过程中也产生^3He，也属于氚生氦。

在地壳储库中的这些氦，其$^3He/^4He$在10^{-7}到10^{-9}范围内，典型值例如有2×10^{-8}（Mamyrin and Tolstikhim，1984）。

总之，地壳储库以在岩石和矿物中所发生的核反应即放射性成因产生的氦重同位素为主，即第四章所述的原地产生的核源同位素。一般而言，其$^3He/^4He<10^{-7}$（Mamyrin and Tolstikhim，1984）。鄂尔多斯盆地分析为3.10×10^{-8}到1.2×10^{-7}（戴金星等，2005）。

3. 地幔储库

地幔储库的氦，其外来部分可以不计，但也有两部分。一是上述的核源放射性成因氦。另一部分则是在地幔中还储存着的初（原）生氦。它起源于宇宙大爆炸后，在主星序阶段由氢核聚变，或由质子链式反应经过^3He而最后由4个氢核聚合形成一个^4He核，或由碳氮氧旋回反应最后由4个质子聚合形成一个^4He核，它们是地球的原始氦组分。^4He也可由衰变而生成^3He（Mamyrin and Tolstikhim，1984）。它们都属于前述的陆源氦。按代表地幔物质的橄榄岩所做的理论分析，$^3He/^4He$约为1×10^{-9}（Andrews，1985）。但是，代表地幔喷出物质在不同地区的海洋玄武岩，都相似地为$(1.10\pm0.03)\times10^{-5}$（Kurz and Jenkins，1981），或认为地幔储库中$^3He/^4He$的范围在1.1×10^{-5}到1.4×10^{-5}之间（Ozima and Podosek，1983）。这些都表明初生氦的存在，因为初生氦$^3He/^4He$的数量级约在10^{-4}（Solomon，2000）。

氦在各储库中的存在情况和规律是用以研究地下水的基础。常使用以下表示方法和指标：

1) 对于^4He

$$\Delta^4He=\left[\frac{(^4He)_S}{(^4He)_{eq}}-1\right]\times100\% \tag{10-84}$$

式中：$(^4He)_S$为水样的^4He浓度；$(^4He)_{eq}$为前述^4He与大气的平衡浓度。

2）对于^3He

令
$$R = {}^3He/{}^4He \tag{10-85}$$

$$\delta^3 He = \left(\frac{R_S}{R_A} - 1\right) \times 100\% \tag{10-86}$$

式中：R_S 为样品的 R 值；R_A 为大气的 R 值，如前所述可取常数为 1.384×10^{-6}。兰州气体地球化学国家重点实验室以兰州皋兰山顶大气定为标准样，实测 R_A 为$(1.40 \pm 0.05) \times 10^{-6}$，应用中采用 1.40×10^{-6}（史基安等，1999）。

3）$^3He/^{20}Ne$ 比值

原始^{20}Ne 是地球形成时$^{17}O(\alpha, n)^{20}Ne$ 反应的产物。所以使用氖的原因是氖与氦不同，基本上没有上述氦在地壳中的那些放射性成因来源。

应用$^3He/^4He$ 作为氦源示踪剂以研究地下水补给条件例见图 10-106，由 δ^3He 与$^3He/^{20}Ne$ 关系，识别了地下水补给条件不同的三个区带（史基安等，1999）：①大气降水补给区，见图 10-106 中Ⅱ。地下水 δ^3He 在 0 附近波动，在 −20% 和 +20% 之间，$^3He/^{20}Ne$值在 4.65×10^{-7} 和 7.43×10^{-7}之间，稍高于空气，而且其 δD 和 $\delta^{18}O$ 均值也与当地降水的相应均值接近，都表现了大气降水补给的特征。②基岩裂隙水和卤水混合区，见图 10-107 中Ⅲ。地下水 δ^3He 极负在 −60% 和 −90% 之间，分析有两种情况。第一类区域是地下水$^3He/^4He$ 较之大气值，前者要低 1～2 个数量级，明显是由于存在大量放射性成因氦，解释为基底的花岗岩和变质岩深度不足 300 m，而且周围分布和出露有花岗岩体（主要是花岗闪长岩、斜长花岗岩和黑云母花岗岩）及变质岩（主要是砂岩、板岩和硅质岩），富含铀、钍放射系元素的矿物如黑云母、角闪石等，且裂隙发育。再因含水层颗粒细使得地下水流速趋缓，从而延长了基岩裂隙水与上层地下水的混合时间，也有利于^4He 的

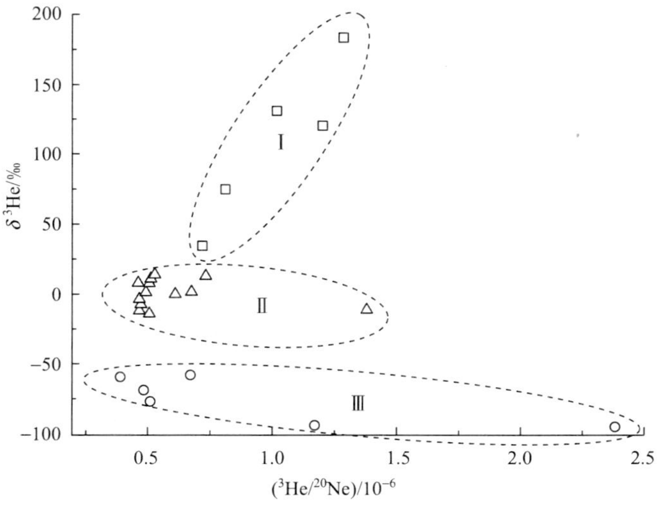

图 10-106　地下水 δ^3He 与$^3He/^{20}Ne$ 的关系（史基安等，1999）

积累。另一类区域则曾是内陆盐湖。第四系化学沉积物中大量的蒸发岩矿物易于捕获周围基岩产生的放射性成因氦，地下水为 Cl-Na 型，总溶解固体量高达 5～10 g/L，有的达 20 g/L，明显存在有卤水混合。③幔源氦混入带，见图 10-106 中Ⅰ。地下水 δ^3He 极正，在 70%和 180%之间，在研究区内的分布见图 10-107。认为显示了断裂带附近地下水中幔源氦的贡献。如在河西走廊沿祁连山前发育着一系列深大断裂和为第四系冲积物覆盖的隐伏断裂，可以是深部幔源氦向上运移的通道。地下水中存在有幔源氦也进一步说明这些断裂带非但切割深，而且直到近期断层活动并未停止。

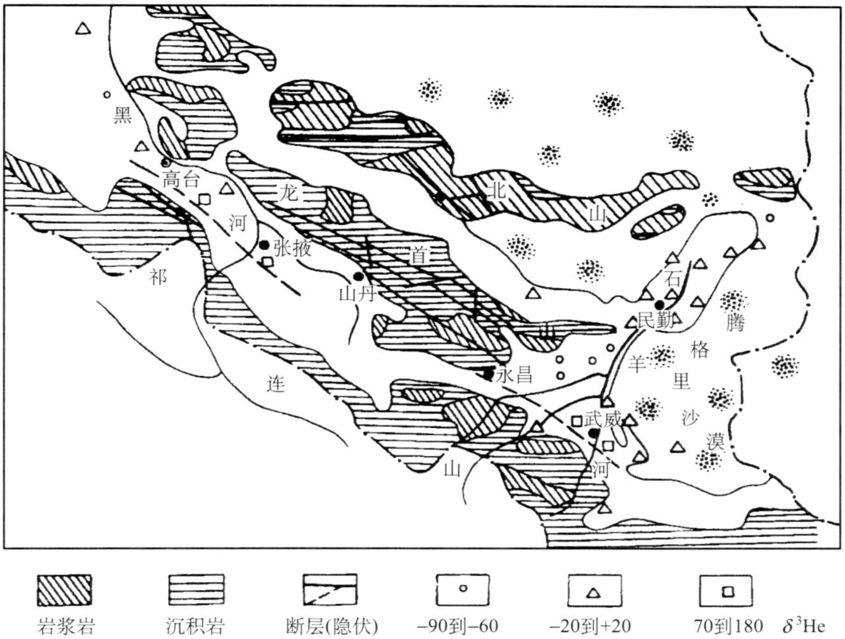

图 10-107　氦同位素分布与区域地下水补给特征（史基安等，1999。增加了 3 个数据点）

此外，在上例研究区内，曾测得永昌泉、高台黑泉、张掖东泉的 δ^3He 分别为 675%，150%，59.3%（赵霞，2007）。与上例一样，表明隐伏断裂带地下水中幔源氦的贡献。

本章第二节阐述了地下水研究必须考虑宏观背景的观点，以上关于幔源氦通过断层进入地下水的讨论，也是重要例证。

二、应用锶同位素

碱土金属锶是一个分散元素，在大多数常见岩石中都有浓度可观的锶，从百万分之几十到百万分之几百，在碳酸盐岩中甚至可高达 2000 ppm 以上。锶也有两种成因：一种是地球形成时就已存在着的初生原始锶；另一种是从半衰期为 48.8×10^9 年的放射性同位素 ^{87}Rb 经由 β 衰变而来的 ^{87}Sr，称为放射性成因锶。锶有 4 个天然稳定同位素 ^{84}Sr，^{86}Sr，^{87}Sr 和 ^{88}Sr，都是初生锶。不过 ^{87}Sr 有两类，除了初生来源以外，还有上述放射性成因来源，并以后者为主。

由于锶广泛存在，其地球化学性质与 Ca 极为相像而易溶，而且不像许多轻元素，锶同位素在地质过程中几乎不发生分馏（准确而言，是没有可以探测到的分馏）。再由于 ^{87}Rb 特长的半衰期，放射性成因的 ^{87}Sr 其丰度就不断发生变化，$^{87}Sr/^{86}Sr$ 比值也就会有很大的差异，因而在同位素地质学和同位素水文学中有很大的应用潜力。在地质学中用以对矿物测年，在地下水系统中则用以识别不同含水层，研究补给水源区及其组成或是不同水源的混合。

$^{87}Sr/^{86}Sr$ 一般用比值表示，例如 0.710317。小数点后的位数太多，因而也用 δ 值表示：

$$\delta^{87}Sr(‰) = \left[\frac{(^{87}Sr/^{86}Sr)_{水样}}{(^{87}Sr/^{86}Sr)_{标准}} - 1\right] \times 1000 \qquad (10\text{-}87)$$

这里 δ 表示方式所存在的问题是还没有统一标准，目前有以现代海水为标准，也有以当地降水作为标准的，较多应用的有美国 SRM987 标准，其 $^{87}Sr/^{86}Sr$ 为 0.71024（Thomas and Kendall，1998）。

1. 演化过程

现在地球所有圈层的 $^{87}Sr/^{86}Sr$，都是从地球初生时的 $^{87}Sr/^{86}Sr$ 演化而来，此地球初始值以 46 亿年的陨石代表（～0.699）（图 10-108）（Faure，1977）。此后地幔沿着相对较窄的锶同位素演化线演化，而地壳由于 Rb/Sr 的变化幅度大，因而导致 $^{87}Sr/^{86}Sr$ 演化幅度较宽，这一范围也反映了不同岩石的演化过程。对于现代地壳、地幔中锶同位素的分布，可由此得到一些总的概念。

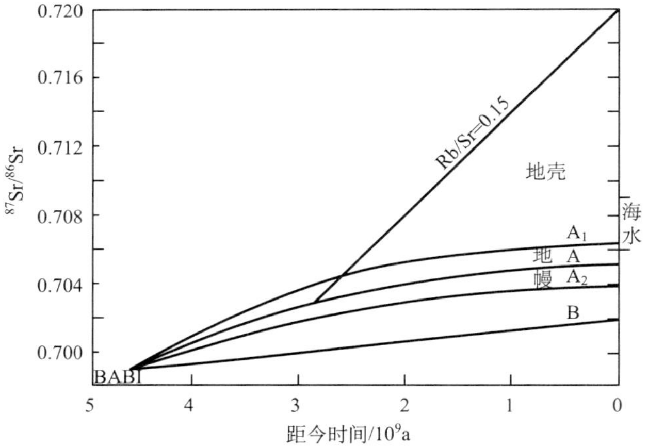

图 10-108 地球锶同位素的演化过程（Faure，1977，加海水范围）

BABI——$^{87}Sr/^{86}Sr$ 初始值；直线 B——铷受到亏损的地幔区域

2. 海水

经过漫长的地质时期，海水 $^{87}Sr/^{86}Sr$ 约为 0.7060～0.7092（Veizer，1989），参见

图 10-108。

3. 岩石圈

绝大部分镁铁岩和地幔$^{87}Sr/^{86}Sr$约为 0.703～0.706。花岗岩、变质岩、碎屑沉积岩等约为 0.709～0.725，海相碳酸盐岩为 0.708(Faure，1977)，石灰岩约为 0.7119(Palmer and Edmond，1989)，玄武岩类约为 0.703(Spooner，1976)，陆壳硅酸盐平均为 0.7216(杨杰东等，2005)。

4. 水圈

(1) 降水$^{87}Sr/^{86}Sr$。认为接近于现代海水，而美国实测结果还有一定变幅(Tomas and Kendall，1998)。

(2) 地表水$^{87}Sr/^{86}Sr$。地表水的总溶解固体是其流域中各类溶解矿物的质量平衡结果，如果没有幔源岩石的影响，其$^{87}Sr/^{86}Sr$约在 0.706～0.725 范围内，而如果流域中幔源岩石占有相当比重，则其$^{87}Sr/^{86}Sr$将在 0.703～0.706 范围内，一般流经高山冰川地区的地表水$^{87}Sr/^{86}Sr$趋高(Bierman et al.，1998)。

(3) 地下水$^{87}Sr/^{86}Sr$。一方面含水层所赋存的围岩往往有其特有的锶发生和演化史，另一方面，地下水往往是几类水源的混合结果，其组合往往有较大的变幅。源于不同母质的矿质土壤或不同母岩含水层的地下水，或源于不同岩石系统的裂隙水，或经由浅循环或深循环流经不同岩层，或有不同年龄而发生不同类型的水-岩关系，或有壳源或幔源的组分，都会各自有其$^{87}Sr/^{86}Sr$印记，因而可以指望应用$\delta^{87}Sr$来识别不同类型的含水层，也可藉以识别地下水补给区或端元水源。有以下各例。

美国一例见图 10-109。识别出大致以深度约 100 m 为界的两个含水层。最浅的含水层具有高$\delta^{87}Sr$值，主要来自母质是黑云母花岗岩的锶($\delta^{87}Sr > +200$)，形成此含水层的下渗水滞留时间很短也最年轻，因而不可能与围岩有锶同位素平衡。而 100 m 以深的含水层则具有很低的$\delta^{87}Sr$值，年龄也更老，地下水与围岩中包括花岗岩在内的其他矿物发生了相互作用。此含水层围岩的$\delta^{87}Sr$为－4.6 到－3.9，这表明地下水滞留时间很长并已与围岩接近锶同位素平衡了。因此也表明，这一深含水层并非本地降水的补给而是由更大区域补给所形成。

瑞士一例见图 10-110。对一些深层地下水$^{87}Sr/^{86}Sr$和 Sr(mg/L)分析，识别了三类不同岩性的含水层及其补给时期(Matter，1988)：石炭—二叠系结晶岩裂隙水含水层，从深度约 500～2224 m 采样所得地下水$^{87}Sr/^{86}Sr$的一般范围为 0.7166～0.7178；三叠系硅质沉积岩含水层，深度 95～1500 m，$^{87}Sr/^{86}Sr$为 0.7134～0.7163；泥质岩含水层，深度 54～1227 m，$^{87}Sr/^{86}Sr$为 0.7087～0.7097。

内蒙古一例见图 10-111。巴丹吉林沙漠各测点地下水$^{87}Sr/^{86}Sr$的一次测验范围为 0.710 317～0.711 811)，落在海相碳酸盐岩与陆壳硅酸盐的比值范围内，反映了其地下水源区的信息(赵霞，2007)。图 10-111 分析了该地下水与其西、北两面古日乃和温都高勒草原地下水的关系。这一关系，也曾由铀系不平衡求得巴丹吉林沙漠地下水补给此两

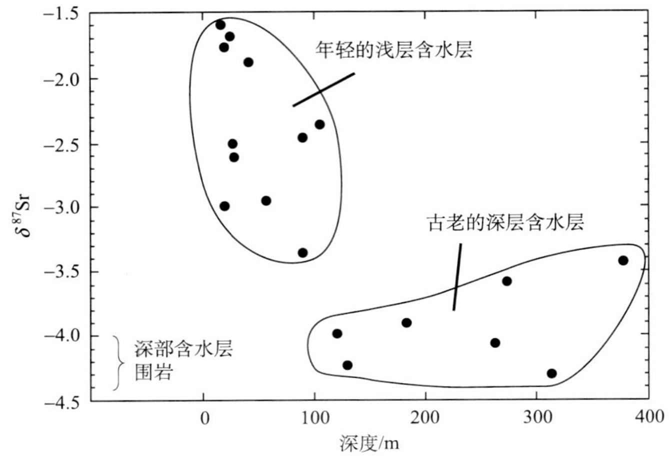

图 10-109　由 δ^{87}Sr 识别的两个含水层（美国）（Nimz et al.，1992）

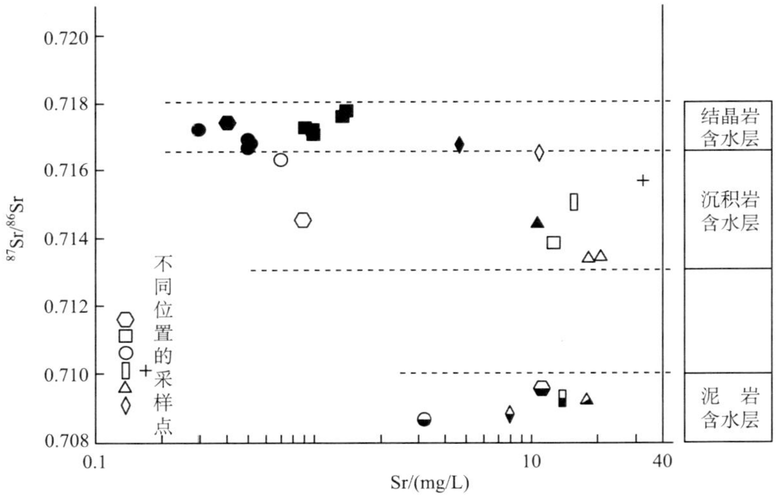

图 10-110　含水层识别（瑞士）（Matter et al.，1988）

草原地下水的结果（Gu，1990；Gu et al.，2007）。该图进一步表明了在地下水流程中 ^{87}Sr/^{86}Sr 有相当大的增幅，明显是地壳放射性成因氦的贡献，从而表明了其深循环性质，而图中相应的氦同位素 R/R_A 变化也正表明了这一点。

三、应用碳同位素

如果不计寿命极短以分、秒计的人工放射性碳同位素之外，碳在自然界有三种同位

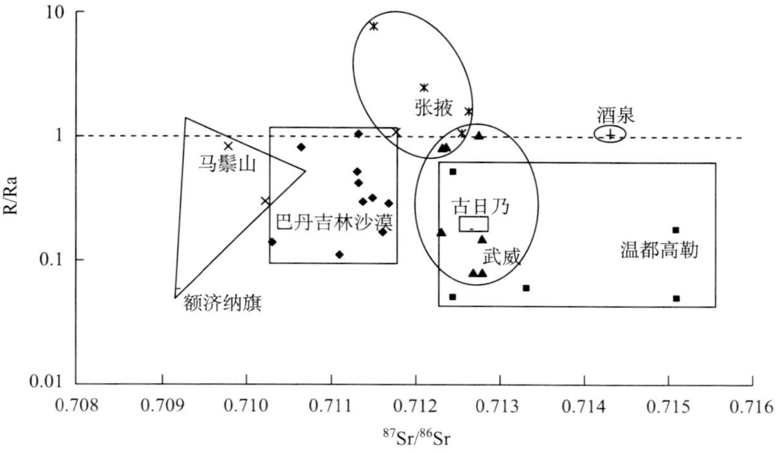

图 10-111　巴丹吉林沙漠及其周边地区地下水锶、氦同位素特征和演化（赵霞，2007）

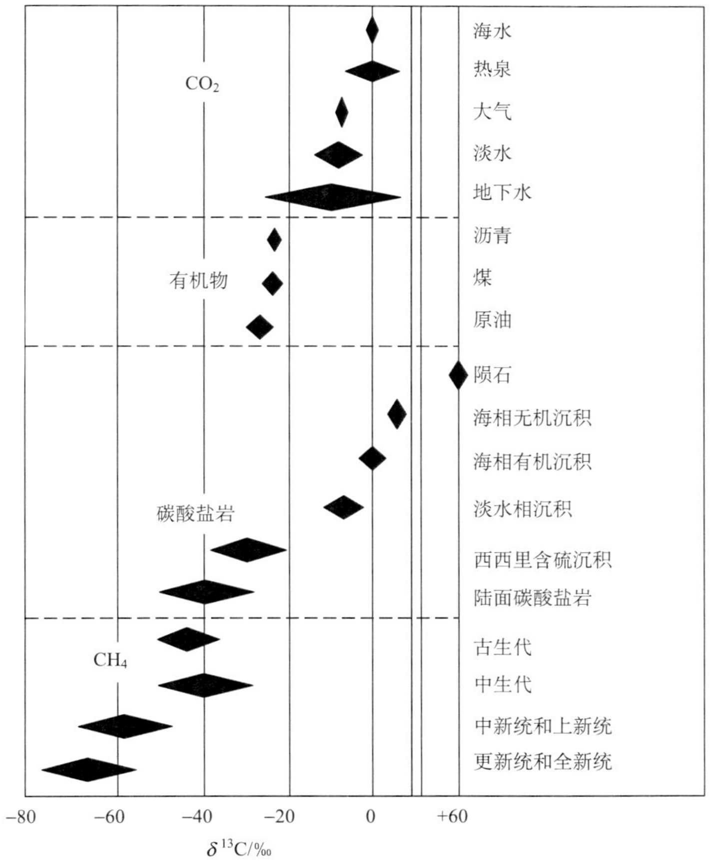

图 10-112　$\delta^{13}C$ 在其各类天然存在形式中的变化（Hathaway and Degens，1969）

素:稳定同位素^{12}C,^{13}C和放射性同位素^{14}C,其相应丰度为98.89%,1.108%和1.2×10^{-10}%。碳广泛分布于地球各圈层,除了有以自然元素形式存在的石墨等外,还包括各种成因的碳酸盐类矿物以及以氧化和还原形式出现的碳,前者如CO_2,H_2CO_3,HCO_3^-,CO_3^{2-}等,后者如CH_4和碳氢化合物及煤等化石燃料。^{14}C则有天然和人工来源两类,前者有宇宙性成因的和地壳性或岩石圈成因两种,后者则主要是热核成因(见第四章)。在地下水测年一章中还要对碳同位素特别是^{14}C作进一步的讨论。

碳可形成不同价态的化合物,而^{13}C则趋向于富集在高价碳化合物中,$\delta^{13}C$值由贫趋富有以下顺序(陈骏等,2004):

$$CH_4 < C < CO < CO_2 < CO_3^{2-}$$

$\delta^{13}C$在其各类存在形式中的变化,略如图10-112。这就成为用以区分不同含水层的一种依据。再由于含水层与围岩之间的同位素交换程度或平衡,与地下水滞留时间有关,因而可使用^{13}C和^{14}C两者进行区分。例见图10-113(Geyh and Michel,1982),使用$\delta^{13}C$和^{14}C(pMC)用以区分源于灰岩和砂岩的含水层,并对未知含水层围岩的地下水作出判定。

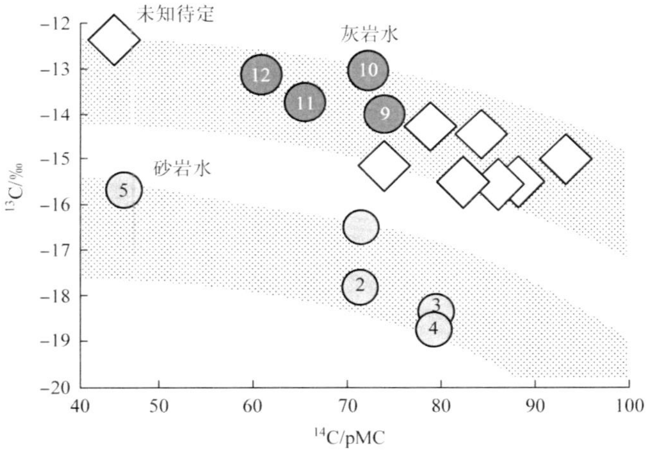

图10-113 据$\delta^{13}C$的含水层水文地质分类(Geyh and Michel,1982)

第八节 地下水补给源识别:铀放射系不平衡的应用

地下水补给源识别是继地下水补给率估算之后的另一重要问题,而在水资源科学管理中,这也许还是一个严重的问题,之所以严重,是因为由于忽视而已经产生了诸多后果。在地下水开发利用中,少有考虑前述开采“红线”是一方面。另一方面在设计开采井的开采量方面,主要是根据抽水试验,按规范抽水、降深、恢复若干次所得到的24小时出水量。而很少或没有考虑到这出水量从何而来,是有源之水还是“水矿”开完就没了,还是劫夺别的泉域或其他已开发井的水源。《山海经》中叙述的“悬之山晋水出焉”的晋祠泉,据分析认为:其补给主要是接受大气降水的入渗及汾河地表径流的渗漏，其泉流量的衰减是山西岩溶大泉中衰减量最大者之一，因降水量和汾河径流量的减少所构成的影响约为20%，而人为开采量的影响约占57.5%(韩行瑞等，1993)。1978年一年有4个开采井给晋泉造成极大危害(图10-114)，这不能不认为新开采井在建设之初根本就没有考虑其水源。

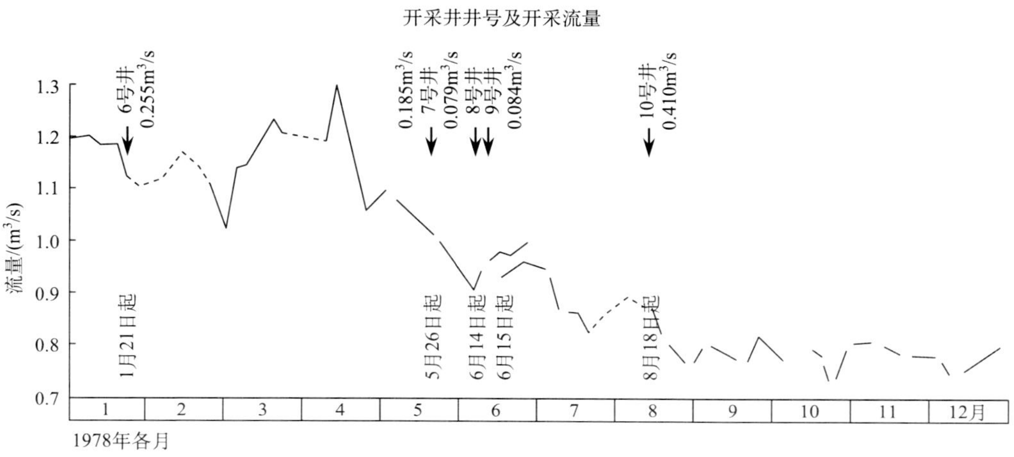

图 10-114　1978年井群建井前后的晋祠流量过程线(张金贵，转引自韩行瑞等，1993)

地下水补给往往来自几个或多个水源。作为水源而言，由于其补给位置、赋存环境、围岩条件、滞留时间、循环强度等的差异，会构成其环境同位素和水化学的独特印记。绝大部分地下水都是混合系统，是几个或多个水源以不同比例混合的结果。因而，地下水补给源识别实际上是从混合后的地下水中识别其水源。第五章已讨论过二元混合，而水源识别则是混合的逆向问题，即从地下水混合系统识别诸端元，但大多数情况下，不仅是二元混合，而且却往往是多元问题，这就需要采用多元环境同位素方法，且一般都从识别三水源开始。以下讨论利用铀放射系不平衡的一些应用。

一、铀和铀放射系不平衡

1. 铀放射系和铀

在第二章中讨论了自然界存在的3个天然放射性衰变系。铀系是其中最长的衰变系，由原子序数(质子数)Z为92的^{238}U开始(图2-2)。它是天然铀的主要组分，其丰度达99.27%，作为铀放射性衰变系的母元素，^{234}U就是其衰变产物，它历经α-β-β顺序，最终成为稳定铅同位素^{206}Pb。

在超铀元素发现以前，铀是周期表中最后一个天然元素($Z=92$)，连同超铀元素($Z>92$)同属锕系元素，它们是宇宙间最重的一组元素。虽然在富铀矿中发现有微量的超铀元素镎(Np)和钚(Pu)，但一般还是认为它们是^{235}U裂变中的产物。而超铀元素很不稳定，难以作为原始元素保留至今，只能是合成制备的。铀是地壳中最重的天然元素(以^{12}C为基准的原子量为238.03),其同位素有^{238}U,^{234}U,^{235}U和^{233}U。其基本特征如表10-12。

表10-12　天然铀同位素的基本特征

同位素	半衰期/a	丰度/%
^{238}U(U Ⅰ)	4.51×10^9	99.2714
^{234}U(U Ⅱ)	2.44×10^5	0.0055
^{235}U(AcU)	7.10×10^8	0.7204
^{233}U	1.60×10^5	0.0027

锕系元素的化学键构成中,其P和Q层电子与外层电子一样,都可以是价电子,因此造成有些元素电价状态的多样化。铀在周期表中在VIB族,具有6个价电子,而且分布在几个电子轨道上,因此它可以存在不同的氧化状态。它有六价、五价、四价和三价化合物,而天然化合物中则只有铀的四价和六价化合物,其最大稳定价为六价。

四价铀的离子半径与钍、镧、铈和钙相近,因而和它们有类质同像现象,如钍石($ThSiO_4$)中的钍会被铀置换,于是形成含铀矿物,有时还可以置换锆、钨、钼等阳离子,这种铀都难以溶解。四价铀只存在于强酸性介质中,例如在强酸性硫酸盐水中,但是在其流动中很快会被中和和氧化,所以四价铀在水中只发生短距离迁移。而且,四价铀的离子也不稳定,其化合物在水溶液中会很快被水解,U^{4+}被氧化为六价态,生成为两价的铀酰(UO_2^{2+})阳离子。四价铀只有其化合物UCl_4和$U(SO_4)_2$易溶于水。

六价铀是地下水研究中最重要的铀化合物,特别是上述六价态铀的铀酰离子。它体积大,很容易被带负电荷的胶体物所吸附,特别是黏土矿物,而且,它的氯化物和硫酸盐易溶于水,但其碳酸盐和磷酸盐却相对难溶。由于铀酰离子的极化特性较弱,容易形成比较稳定的络合物,其中,铀酰硫酸盐和碳酸盐络合物都易溶于水,它们无论是在酸性、中性和碱性水中,都能强烈迁移。另外,铀酰硫酸盐和碱金属硫酸盐形成的复盐和络盐,也易溶于水。

另一方面,铀还具有亲石性,它的亲氧性强而亲硫性弱,能在地壳岩石圈内积聚(高万林等,1980)。

铀的上述易溶性和亲石性,使得铀特别是六价铀,能够在地球表生带水圈中发生迁移,并且广泛参与各种水文过程。

因而,铀几乎是无处不在,几乎在所有地表和地下水体中都可以观测到。

2. 铀放射系不平衡

第二章中讨论了铀放射系是从母体核素^{238}U开始的衰变链,或是所谓的递次衰变或级联衰变。由于母体核素^{238}U衰变所生成的子体核素^{234}U也是放射性核素,于是在它产生时刻起,将按^{234}U自身的衰变规律开始衰变,而且由于母体核素^{238}U还在不断进行衰变而生成^{234}U,因此^{234}U还不断得到新的补充,它与^{238}U衰变不断地在衰变着不同,^{234}U

一面在衰变,同时还有生长,这已在第二章中描述了这样的级联衰变过程和规律。由表10-12可见,母核^{238}U的半衰期远长于其子核^{234}U的半衰期,即母核^{238}U的衰变常数$\lambda_{^{238}U}$远小于^{234}U的$\lambda_{^{234}U}$。N_A,N_B相应为t时刻各该核素的原子核数。因此,在经历很长时间以后,单位时间内^{234}U衰变的原子数将趋近于^{238}U衰变的原子数,即两核素的放射系活度相等,有

$$N_{^{234}U}\lambda_{^{234}U} = N_{^{238}U}\lambda_{^{238}U} \tag{10-88}$$

此时,子体核素^{234}U与母体核素^{238}U之间即达到了所谓的放射性平衡,这种状态即称为久期平衡。整个放射系达到久期平衡的时间,可近似为^{234}U半衰期的约10倍。

当以水文循环为核心的地球化学条件发生变异时,会导致一种或几种子体产物的分馏,则式(10-88)不成立,从而发生放射系的不平衡现象。

二、地下水中的铀和铀放射系不平衡

(一)地下水中铀的来源

在特定地区、从含水层到具体位置地下水中的铀,无论铀浓度或是铀放射系不平衡,实际上取决于两方面:铀在地下水围岩中的分布和存在形式和铀在地下水中的迁移和变化条件。前者是“先天”条件,后者则是“后天”变化。

1. 铀在地下水围岩中的分布和存在形式

铀在岩石圈中的克拉克值为$2.5\times10^{-4}\%$(高万林等,1980)。在周期表中位于第92位的铀,其克拉克值却在第54位,它在岩石圈中属于低克拉克值。这表明,除了铀矿床外的一般地下水围岩中的铀,在地球化学体系中还不能成为标型元素,这意味着不能影响介质的氧化还原条件和迁移条件,而且还要去适应其他元素如氧等所形成的地球化学环境。这一方面恰好成为用以识别不同地球化学环境条件地下水的有利基础,另一方面也为识别提示了必要的辅助条件,例如使用氧、硫、氯等同位素。

由于铀的离子半径大,主要与后期结晶的伟晶岩和花岗岩伴生,因而铀主要富集在地壳上部的花岗岩圈内,其含量大大高于岩石圈平均克拉克值。在沉积岩和变质岩中,铀含量接近克拉克值,一般以比较均匀的状态分布。然而,在砂岩、泥岩、页岩和黏土中,由于吸附、沉淀和还原等作用的影响,铀含量有所增高,也是以比较均匀的分散状态存在。在围岩中的这些分布是识别不同地下水系统的必要背景,可参见表10-13。

表10-13　铀在围岩中的平均含量(高万林等,1980)

围岩	火成岩			沉积岩				
	酸性花岗岩	基性	超基性	石灰岩	白云岩	砂岩	黏土质页岩	黏土
铀含量/$10^{-4}\%$	4	1.2	0.7	1.5	0.3	<4	3.0	4.3

铀在上述各类岩石中的存在方式直接影响地下水中的铀浓度。如果按其与地下水的关系分类，则其存在方式有二，即易溶和难溶类型。前者是主要的，包括：①原生的和表生的铀矿物，它们都会在地下水中产生特殊的铀水晕。②以溶解的铀酰（UO_2^{2+}）组分，分散存在于孔隙和毛细管中，此类铀最易被酸性、碱性和含碳酸盐的地下水溶滤。③以吸附状态存在于泥质类、黏土类围岩特别是其裂隙中，或吸附于有机物质表面，极易被地下水溶滤而使地下水中的铀得到富集。后者是以类质同像存在于其他矿物晶格中的铀，只有晶格被破坏、并形成易溶新矿物时，才能够被溶滤进入地下水。以上这些存在方式也是水体中或多或少普遍存在铀成分的原因。

2. 铀在地下水中的迁移和变化条件

（1）铀由围岩进入地下水：铀进入地下水的原始迁移。这类原始迁移包括氧化、溶滤、溶解、扩散等作用。地下水物理、化学和生物学性质包括温度、pH、Eh、离子成分，有机物等对此有直接影响。

（2）铀在地下水中的变化：铀在地下水中的二次迁移。这类二次迁移包括还原、沉淀、吸附、混合等作用。除了气候条件外，与地下水补给有密切关系的因素有地质构造和水文地质动力条件。

（二）地下水中铀放射系不平衡的机制

在自然环境的地球化学过程中，重核的同位素分馏本来是微不足道的。然而，对于铀放射系而言，却远非如此。虽然作为两个铀衰变系母体的^{235}U和^{238}U，在天然物质中，其比值除一个特例外，都不偏离 137.5±0.5。但是，无论在矿物、或岩石中，却发现^{234}U与^{238}U包括与^{235}U明显偏离放射性平衡，而在水圈中，它们几乎总是不平衡的，其不平衡程度也最高。事实上，迄今在自然界观察到的铀放射系不平衡，绝大多数是发生在水圈中，特别是在地下水和含水层中。这正是因为造成铀放射系平衡的铀分馏机制主要是以水文条件为核心之故。

铀在水圈中的分馏发生在两个过程中，即铀由岩、土介质进入地下水中的初始迁移过程，以及它随地下水运动的在岩、土介质中的迁移过程。其分馏机制主要有：

1. α 反冲移位

这是铀放射系中（图 2-2），母核^{238}U在其放射性衰变成为^{234}Th时，因为是 α 衰变，发射出一个 α 粒子，其衰变放射的总能量达到 4.2 MeV，因动量守恒，子核^{234}Th接受到的反冲能量是〔4/(4+234)〕×4.2 MeV＝71 keV（Mook，2000），足以能够损伤 Th 原子晶格，而使其在原来的位置上被反冲移位，可达到 20 nm 甚至更大。这样，相对而言，子核就易于被雨水、地下水淋溶和淋滤，而最终使得地下水中的铀发生不平衡。这种因 α 反冲损伤晶格的机制，也称为“热原子”效应。这种不平衡的反冲模式见图 10-115（Osmond and Cowart，1982；Osmond，1980），表示了从^{238}U起的几个衰变链子体。图中的 α 衰变都会发生反冲移位，可引起原子从固相移入液相或相反。

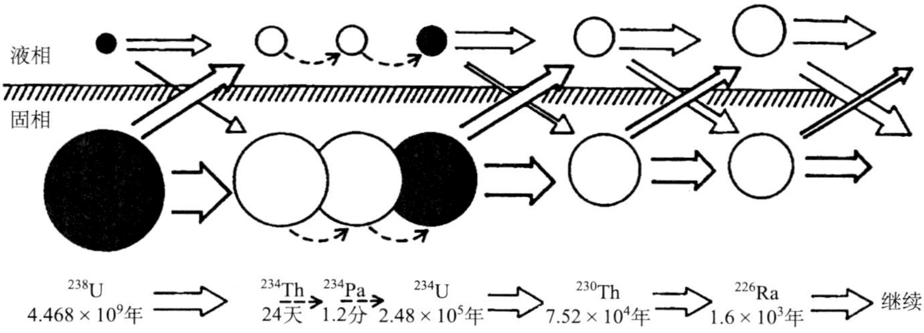

图 10-115 铀放射系不平衡的 α 反冲模式(Osmond and Cowart,1982)

2. 溶滤和沉淀

地下水在其赋存空间和流动过程中,总是不断与周围岩、土介质接触,地下水对于这些介质所含有的铀同位素,会有选择性溶滤。由于铀及其衰变系子体,在不同的水环境条件下,如 pH,Eh 不同而有不同的溶解度,造成易溶子核在液相中富集,而在固相表层则相对亏损。这些溶解的核素遇到地下水环境条件变化,又可能被吸附或沉淀。在地下水流动和运移过程中,补给区和排泄区的水环境条件不同,这样的富集或亏损会有明显的差异。地下水的氧化还原环境,也直接影响铀系不平衡。在氧化环境下,^{234}U 相对易溶,而且,氧化反应对于铀的迁移过程也起主要作用。由于在铀衰变过程中发射 α 或 β 粒子时丢失了轨道电子,可使氧化态提高,从 U^{4+} 到 U^{6+},这样的氧化作用所形成的铀酰阳离子,也更易溶解,使得^{234}U 优先进入地下水,而且六价铀在地下水中的迁移能力也很大。然而在封闭还原系统中,或者遭遇水体 Eh 在+0.15V(pH=4.0) 和-0.15 V(pH=8) 时,也可发生地下水中六价铀的还原,并发生吸附或沉淀。在富含有机物的水环境中,在高于上述 Eh 的条件下,也可发生光化还原而使地下水中六价铀还原。

三、地下水系统和地下水补给源的铀放射系不平衡识别

1. 地下水中的铀浓度和放射性活度比

常用以下指标描述和研究地下水中铀放射系不平衡:

——铀浓度即单位体积水中的铀含量 UC(也常简化以 U 表示),常用单位 μg/L 或 ppb。

——铀放射系活度比 AR=^{234}U/^{238}U。

——^{234}U 盈亏$^{234}U_{ex}$。定义$^{234}U_{ex}$=U×(AR-1)≈^{238}U×(AR-1),单位为 ppb eU,即^{234}U 盈亏以对^{238}U 平衡为单位,相当于 ppb。作为铀放射系不平衡的一种尺度,$^{234}U_{ex}$ 实际上表示如果达到放射性平衡时,^{234}U 需要超过或低于^{238}U 的量。

U 与 AR 和$^{234}U_{ex}$的关系,一般既反映了铀在地下水迁移中溶滤、沉淀和 α 反冲过程中的分馏机制,也反映了在地下水二次迁移中所发生的稀释、混合等过程(图 10-116)。

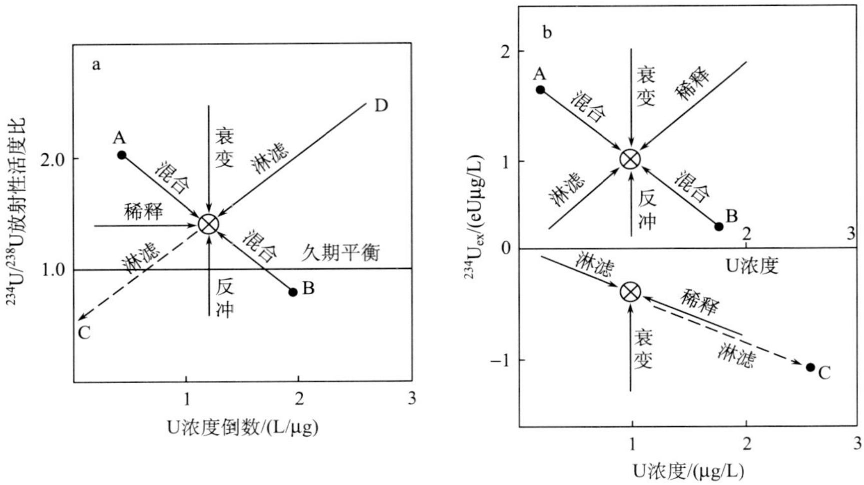

图 10-116　反映铀在地下水迁移过程中变化机制的 U 与 AR 和$^{234}U_{ex}$的关系
(Osmond et al.,1968)

由于上述铀进入地下水的二次迁移所涉及的从气候、水文到地质的众多因素,因此不同地区的地下水系统,其 U 与 AR 有很大的变幅,如图 10-117。

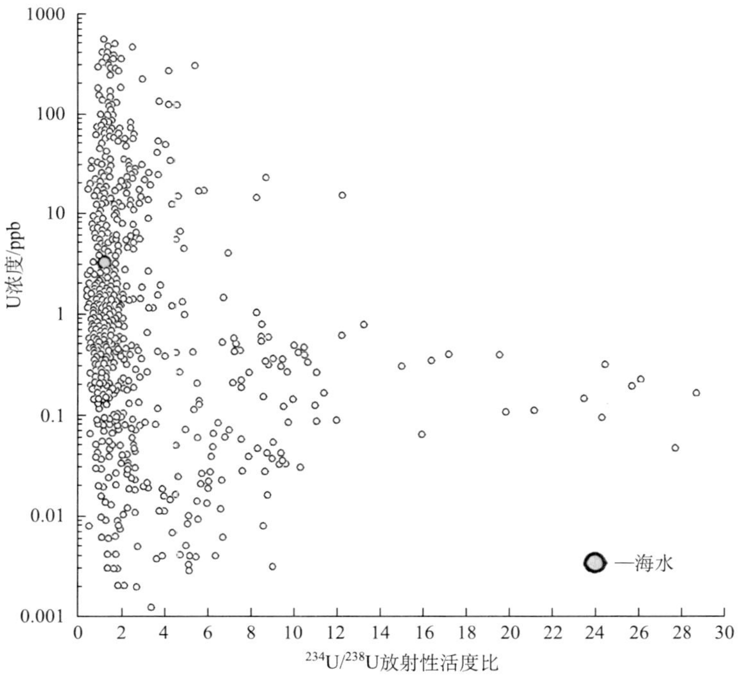

图 10-117　地下水中铀浓度和$^{234}U/^{238}U$放射系活度比的一般范围
(Osmond and Cowart,1982)
铀矿地区地下水中的铀含量可超过图中最大值一个数量级

2. 地下水系统

利用上述铀放射系不平衡指标识别和研究地下水系统，有一个前提是，用以研究的地下水水点的这些指标在长时期内应该没有什么变化或变化很小，或换言之必须尽量减少其在时程上的抽样误差。例如，测得某深井 U 和 AR 分别为 15.6 ppb 和 3.89，一年后却分别是 67.5 ppb 和 1.33 了，这说明该开采井在大量取水后，已经引起浅层地下水或其他与该井位所属含水层不同的其他含水层越流，这就失去了用以研究其所属含水层的意义。

图 10-118 为山西口泉沟南泉域深层地下水的 U 与 AR 关系。水样取自终孔在寒武—奥陶系深度 500～854 m 的勘探孔和供水井或泉，选用 1994 年和 1995 两年内 U 与 AR 变化很小的水点（部分有一定变化，在图中标出其变化范围）。表明在地面面积750 km^{2}的该泉域中，寒武—奥陶系碳酸盐岩地下水的 U 和 AR 都有相当大的变幅，而且有多种类型：

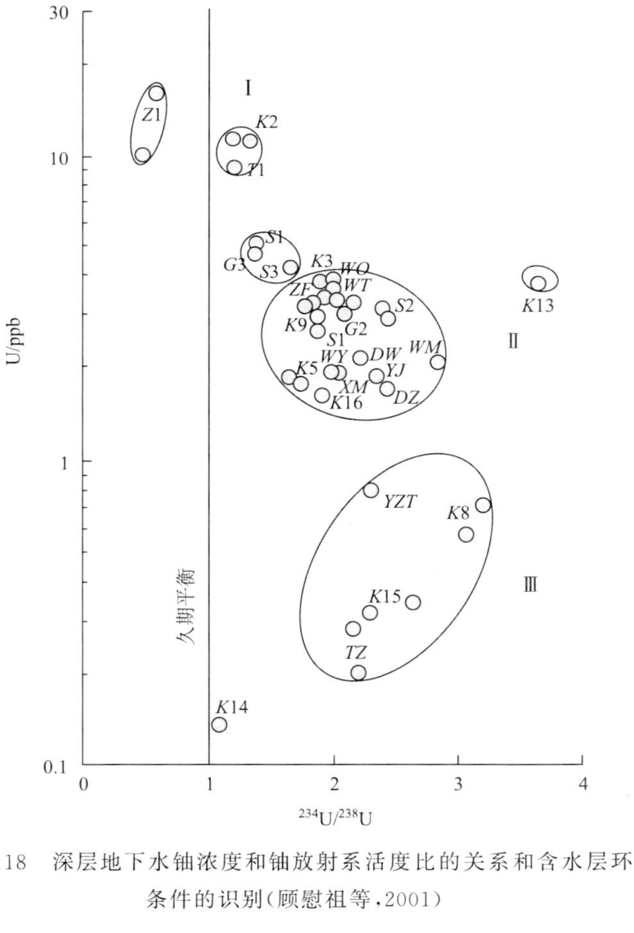

图 10-118　深层地下水铀浓度和铀放射系活度比的关系和含水层环境条件的识别（顾慰祖等，2001）

Ⅰ组以高 U、低 AR 为特点。高铀浓度反映含水层环境具氧化性条件，有高 Eh，含氧和 CO_2，可促使形成具有高溶解度和更具活动性的六价铀及其各种络合物，相对于液-固相之间的同位素交换，淋滤为主要过程。反复多次淋滤可有较多的^{238}U 进入液相而^{234}U

淋出率变化不大，使得 AR 降低。所以本组含水层具高导水率，处在高渗透区，相对而言是水分强烈交替带，有高降水补给，为强径流条件。

Ⅲ组以低 U、高 AR 为特点。反映含水环境具还原性条件，导致形成四价亚铀，在正常 Eh 和 pH 条件下相对难溶，或可使所溶的铀酰离子还原沉淀。地下水和围岩的液-固相之间的同位素交换成为主要过程，而淋滤作用相对很弱或实际上不发生。本组中较高的 AR 可由 α 反冲解释。以上表明，本组含水层具低导水率，处在低渗透区、水分弱交替带，只有低或极低降水补给，为地下水滞流条件。特殊的是，具有本区最低铀浓度的 K14 岩溶地下水其活度比已接近于久期平衡，而不是一般认为的应有较高活度比。这可能是由于其太古界基底的裂隙水因相应于断层束的深度区域断裂而渗进到了岩溶水中。

Ⅱ组介于Ⅰ，Ⅲ组之间，淋滤和液-固相间同位素交换并存，且互有消长，含水层环境和径流条件也介于两者之间。本组其实还包含了不同的地下水系统，如 K13。

图中有高 U 浓度达 16.5 ppb、而 AR 小于久期平衡的岩溶地下水 Z1，为紧邻本区的神头泉泉域的岩溶地下水，可能的解释是遇到了本章第二节中讨论的在低海平面时期所遗留的地下水。

由图可划分出基本上处于还原条件的深部岩溶含水层范围，大体上可以铀浓度1 ppb 为界，如图 10-119 中的阴影部分。

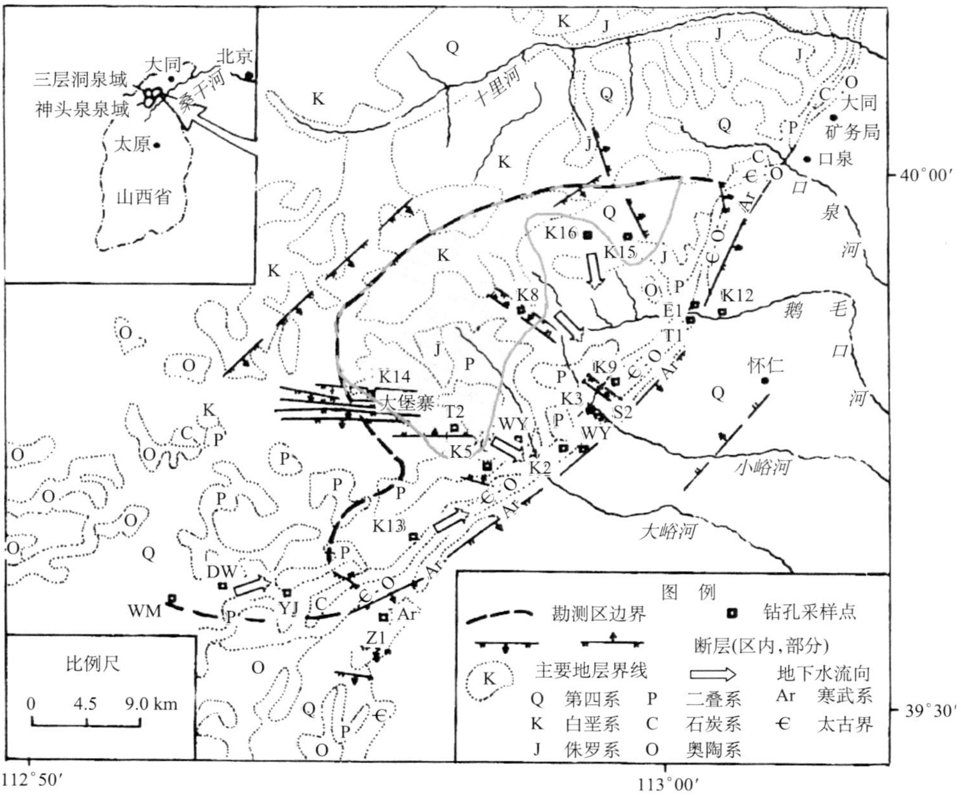

图 10-119 深部岩溶含水层还原条件环境的识别和大致分界

根据所有符合条件的地下水 U 和 AR，结合使用其他环境同位素^{18}O，^{2}H，^{13}C，^{14}C和^{34}S等，可得到泉域深层岩溶地下水补给、径流和排泄关系的概念模型（图 10-120）。有趣的是，沿补给和径流方向上的 U 和 AR 分布有两种不同的类型见图 10-121。

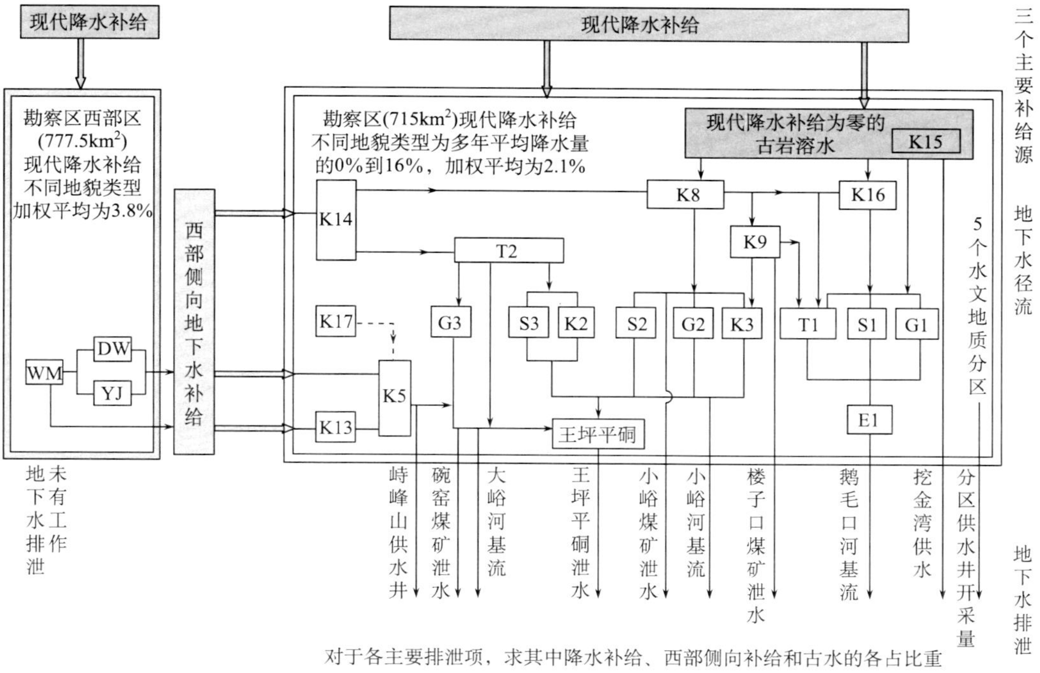

图 10-120　由铀同位素和结合其他环境同位素识别的深层地下水补给-径流-排泄的概念模型

图 10-122 是干旱地区阿拉善高原地下水的 U 与 AR 关系，由此识别了 4 个地下水系统：主要是以高 AR（平均达 2.11）与高 U（平均达 9.85 ppb）为特点的戈壁地下水和以低 AR（平均为 1.22）与更高 U（平均达 13.07 ppb）为特点的沙漠地下水，以及与戈壁地下水

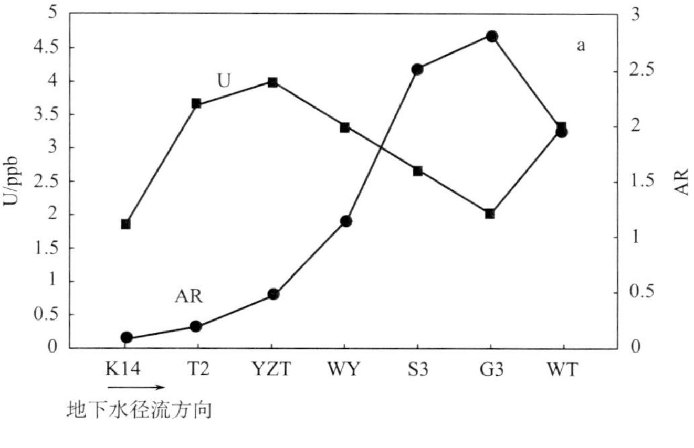

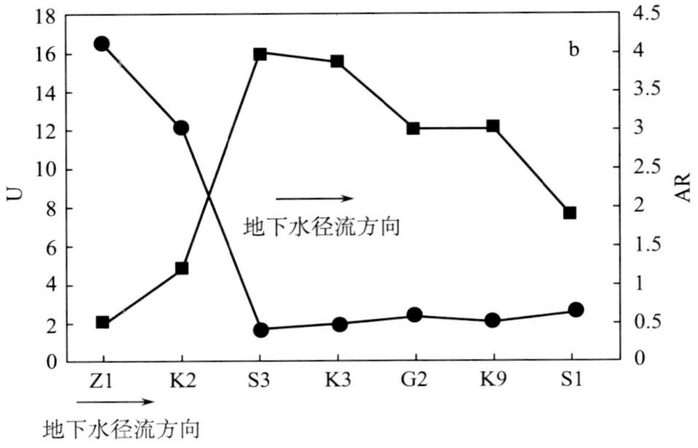

图 10-121　沿深层地下水补给-径流方向铀浓度和铀放射系活度比的分布

更具密切补给关系的温都高勒草原地下水和与沙漠地下水更具密切补给关系的古日乃草原地下水。这在其他环境同位素关系中也可得到印证,例如^{18}O与^{2}H的关系(图 10-123)和$^{234}U_{ex}$与^{34}S的关系(图 10-124)。后者还进一步提示了这些地下水系统相互之间都有一定关系。

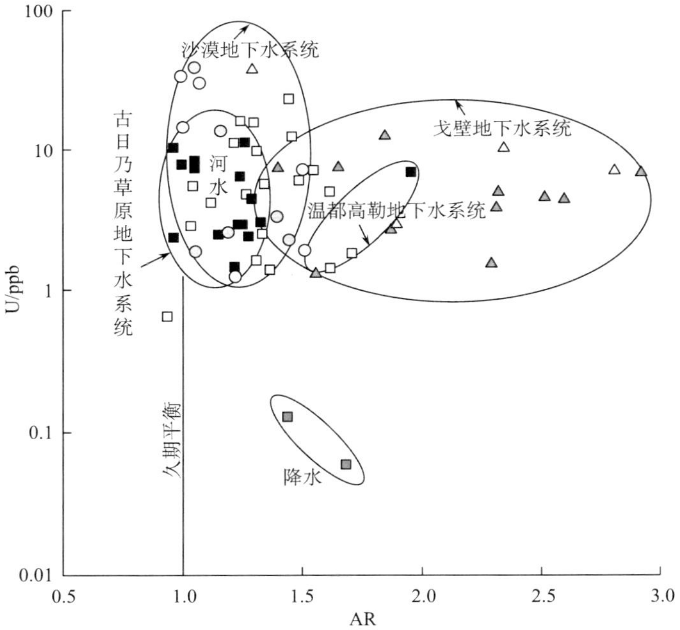

图 10-122　干旱地区阿拉善高原地下水 U 与 AR 的关系和地下水系统

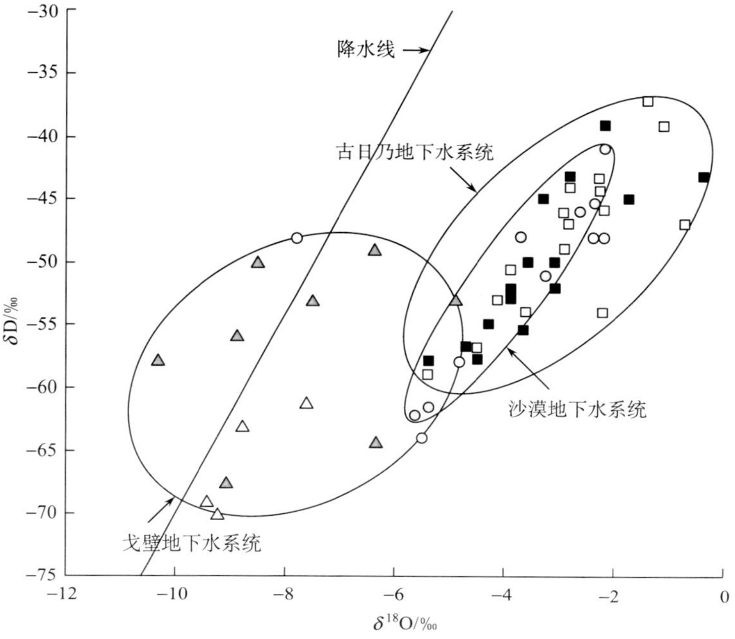

图 10-123　干旱地区阿拉善高原地下水^{18}O与^{2}H的关系和地下水系统

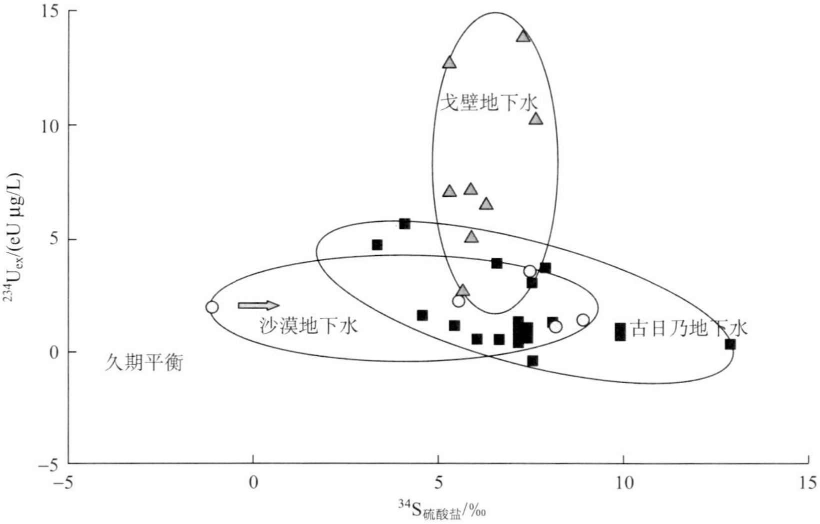

图 10-124　干旱地区阿拉善高原地下水$^{234}U_{ex}$与^{34}S的关系和地下水系统

3. 地下水补给源

1）地下水补给水源的识别

$^{234}U_{ex}$在分析含水层和不同类型地下水的可能补给水源方面，较之活度比它包含有更多的信息。在(1/U)和AR的关系图中，$^{234}U_{ex}$理论上应是通过AR=1的直线簇，阿拉善高原地下水之例见图10-125。由于使用了对数坐标，不同$^{234}U_{ex}$都是趋近于久期平衡线AR=1的曲线。由于工作区内没有富铀介质，因此可由此得出深层地下水补给方向的一些概念。

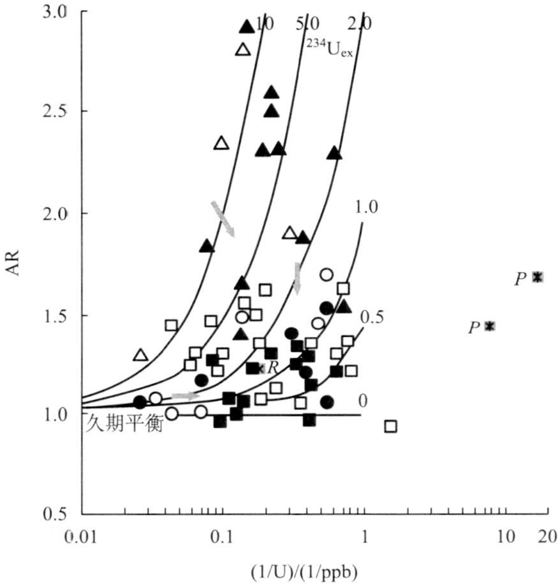

空心点据为浅层地下水；实心点据为深层地下水；
*P*为降水；*R*为河水；箭头为流向

图 10-125　阿拉善高原地下水以$^{234}U_{ex}$为参数的AR与1/U的关系

$^{234}U_{ex}$应用于识别地下水可能的补给水源，首先需要有足够数量和符合要求的水样，由于地下水补给源的水源对于不同地下水会有所不相同，可能是降水、地面水，也可能是冰川融水。对于潜水，有可能会是古地下水越流，而对于深层地下水也会有潜水补给，沿海地区还可能有海水入侵。因而采样必须覆盖对研究系统所有可能成为补给水源的水体。

另一方面需要说明的是，对于地下水补给源的识别，并不是一定要找到这些水源水。实际上所取得的地下水水样大都是混合水样或可以说是中间样品。识别地下水补给源，其实是要根据这些中间样品反演识别其端元水。当然有些样本本身就是水源水（如降水就是），但是对于地下水就很难，多半只能从中间水样推求水源水的特征，但是需要中间水样的分布尽可能地接近于端元水。特别对于所研究的未知的地下水系统而言，绝对不可能只取几个水样就来求解，而需要在空间上覆盖与所研究系统有关的尽可能大的范围，在时间上需要有若干个水文年。

图 10-126 为尝试识别阿拉善高原古日乃浅层地下水补给水源的 U 与 $^{234}U_{ex}$ 关系。所有点据有连续 3 年样本，大部分另包括有 10 年前若干年历史数据，只蒙古国水样为单次样品，只能作参考。图中每条直线为两个水源的混合线，用前述方法推求端元水，然后拼合。求得古日乃潜水的三个水源分别是降水（U＝0.1 ppb，$^{234}U_{ex}=0$），戈壁地下水（U＝15 ppb，$^{234}U_{ex}=11$）和深层古地下水越流（U＝10 ppb，$^{234}U_{ex}=0$，^{14}C 年龄＞10 000 年为末次冰期极盛期之后的地下水）。同时，还识别了其深层地下水的可能水源是：戈壁潜水、古地下水和巴丹吉林沙漠深层地下水。

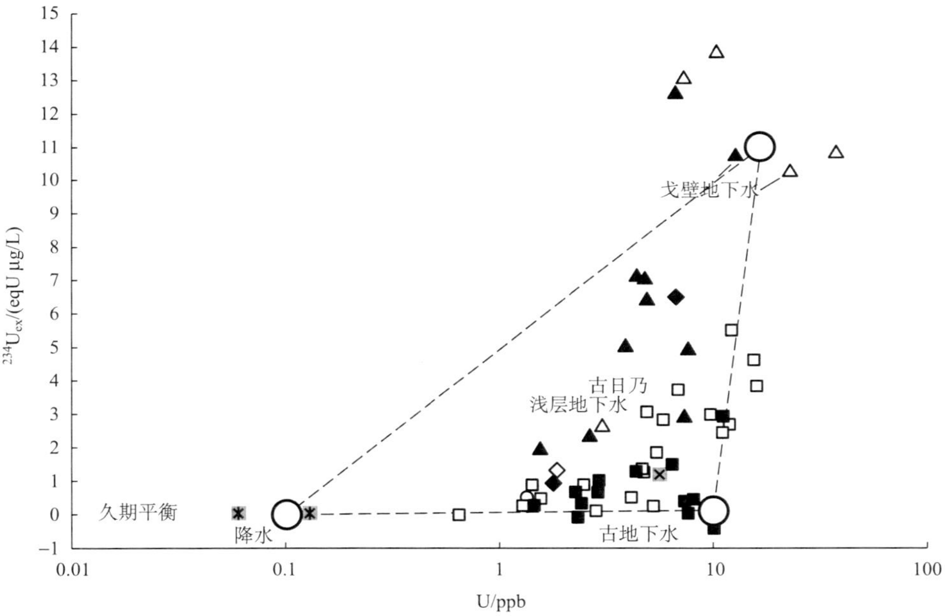

图 10-126　识别阿拉善高原古日乃草原潜水水源的 U 与 $^{234}U_{ex}$ 关系

2）地下水补给源组成估算

从以上识别的古日乃浅层地下水和深层地下水的各个补给源，可以利用铀系不平衡参数，估算出不同位置地下水中各该补给源的贡献即其所占比重（顾慰祖等，2001）。

设补给源 A，B，C 的铀含量分别为 U_A，U_B，U_C，其 ^{234}U 盈亏（$^{234}U_{ex}=E$）分别为 E_A，E_B，E_C。某地地下水相应有 U_X，E_X，则各该补给源对此地下水的所占比重分别为 α_A，α_B，和 α_C 如下。

$$\alpha_A=\frac{(E_B-E_C)(U_X-U_C)-(U_B-U_C)(E_X-E_C)}{(E_B-E_C)(U_A-U_C)-(U_B-U_C)(E_A-E_C)} \tag{10-89}$$

$$\alpha_B = \frac{(E_A - E_C)(U_X - U_C) - (U_A - U_C)(E_X - E_C)}{(E_A - E_C)(U_B - U_C) - (U_A - U_C)(E_B - E_C)} \tag{10-90}$$

$$\alpha_C = 1 - \alpha_A - \alpha_B \tag{10-91}$$

由此，可对古日乃草原各地地下水的水源组成作出估算，其典型位置的估算结果见表10-14、表10-15。

表 10-14　古日乃草原浅层地下水水源组成估算举例和平均组成

浅层地下水位置	各补给源所占比重/%		
	降水	戈壁地下水	深层地下水越流
BUL	77.0	0	23.0
S4	54.9	25.7	19.4
TAB	48.0	33.8	18.2
GJA	16.6	27.3	56.1
20 处平均	60.7	11.9	27.4

由表 10-12 可见，古日乃草原浅层地下水的水源组成相当复杂，降水补给普遍存在，戈壁地下水补给随其补给方向减小，深层地下水越流也相当普遍并占有相当重要的份额。这是在测验中常常发现不到 10 m 深的人工挖掘浅井，其水温偏低，而其^{14}C年龄较古老的原因。

表 10-15　古日乃草原深层地下水水源组成估算举例和平均组成

深层地下水位置	各补给源所占比重/%			地下水^{14}C年龄* /aBP
	沙漠地下水	戈壁地下水	古地下水	
CAN	15.5	0	84.5	7625
GRD	6.0	13.6	80.4	5485
GRIXJ	0.4	9.1	90.5	—
13 处平均	6.0	7.1	86.9	—

* 德国汉诺威 GDR^{14}C 实验室分析。

由此可见，古日乃干旱草原区深层地下水主要来自古地下水，并有来自巴丹吉林沙漠的补给。

然而，以上分析中出现的作为古日乃浅层和深层地下水两者补给水源的戈壁地下水，其来源和组成较为复杂，还没有能够作出定量估算。但是从稀有气体所作的初步分析，可定性地认为，它有黑河渗漏补给，也有来自蒙古国的补给，或还有其他尚未明了的补给源。需要进一步的工作。

第九节 地下水硫源和补给系统识别:硫同位素的应用

一、地下水中的硫同位素

硫循环是生物地球化学循环的主体,是以大气中气态和气溶胶以及水圈中溶质方式为主体的循环。然而,如本章第一节讨论过的,在西方"产业革命"之后,与地史时期自然环境变化相比较,这一循环发生了剧变。因人为因素而使大气中硫浓度发生了很大变化,把自然储库中的硫人为地、大量地释入了大气圈和水圈。这种类型的硫,一方面增加了地下水研究复杂性,另一方面却也可以是一种另类工具,第一节在地下水成因类型的划分中,就用以作为一种指标。但是,不像放射性同位素那样,可以有人工制造出来的和天然存在的,硫却都是天然存在的,不过是人为地制造了硫化合物,如燃烧化石燃料、合成化肥等等。为与天然条件的硫(天然来源硫)有所区别,也称为人为来源硫。

硫有四个稳定同位素^{32}S,^{33}S,^{34}S,^{36}S,其近似丰度分别为95.02%,0.75%,4.21%和0.02%(Faure,1977)。硫同位素组成使用$\delta^{34}S$,以CDT为参照标准。

自然界的硫以单质硫并主要以化合态硫广泛存在于大气圈、水圈和土壤及岩石圈中。硫有多种价态,可有+6,+4,+2,0,-1,-2等存在形式。例如,其常见的水溶态有+6价的SO_4^{2-}与HSO_4^-,+4价的SO_3^{2-},+2价的$S_2O_3^{2-}$,-2价的HS^-和S^{2-}(H_2S)等。其中SO_4^{2-}和HS^-和S^{2-}则是地下水同位素研究中主要讨论的对象。

在各种物质中的$\delta^{34}S$有很大的变幅,可达150‰,最重的是硫酸盐中的$\delta^{34}S$达+90‰,而最轻的则是硫化物中的达-65‰(Hoefs,1987)。一般认为,常见变幅范围为-40‰~+40‰(Krouse,1980;Krouse and Mayer,2000),或-50‰~+40‰(Clark and Fritz,1997)。有关物质中$\delta^{34}S$一般变幅范围见图10-127。对于硫酸盐中相应的$\delta^{18}O$,Mayer(1998,2005)归纳了主要硫源形成的SO_4^{2-}其$\delta^{18}O$的一般范围。

地下水中硫的来源主要有三类:

(1) 来自岩石圈的天然硫和硫化合物。包括硫酸盐矿物(如石膏)溶解、硫化物(如黄铁矿)氧化、有机硫氧化、溶解H_2S等。

(2) 来自土壤圈中的天然无机和有机硫化合物。包括土壤圈中存在的硫酸盐和硫化物风化产物,以及土壤圈中生物循环的产物。其中通过大气降水和大气沉降及气溶胶进入土壤圈的各种硫化合物,只有一部分是天然硫化合物,实际上有相当一部分是下述人为产生的。

(3) 来自人为产生的各种硫化合物,包括工业点源污染物和农业硫酸铵等化肥的非点源污染物。人为来源硫对硫循环影响的空间尺度越来越大,而对地下水造成的影响也越来越深远。对于以降水补给为主的地下水,其降水输入实际上是天然源和人为源硫在不同程度上的混合,其同位素组成也深受由复杂组合的人为源同位素组成的影响,需要系统测验和研究。图10-128为刘丛强等(2007)对贵州一些人为源硫同位素组成以及受其影响的地下水硫同位素组成的变化范围。

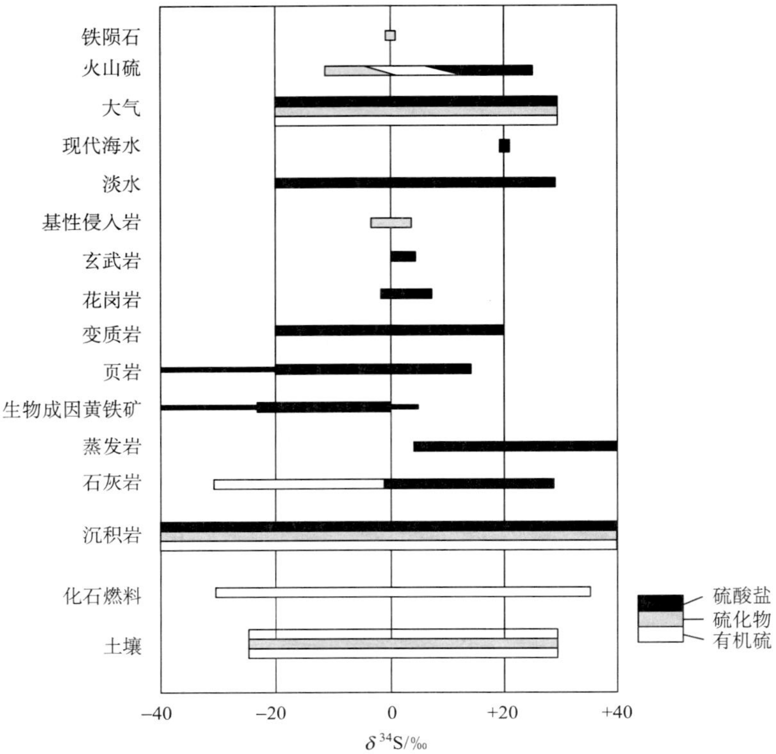

图 10-127　自然界物质硫同位素组成的一般范围(Krouse,1980;Hoefs,1987;Clark and Fritz,1997;Mitchell and Krouse,1998)

有些物质的范围有−50‰和+50‰,图中从略未标出;海相硫酸盐未标出,请参见 Faure(1977)

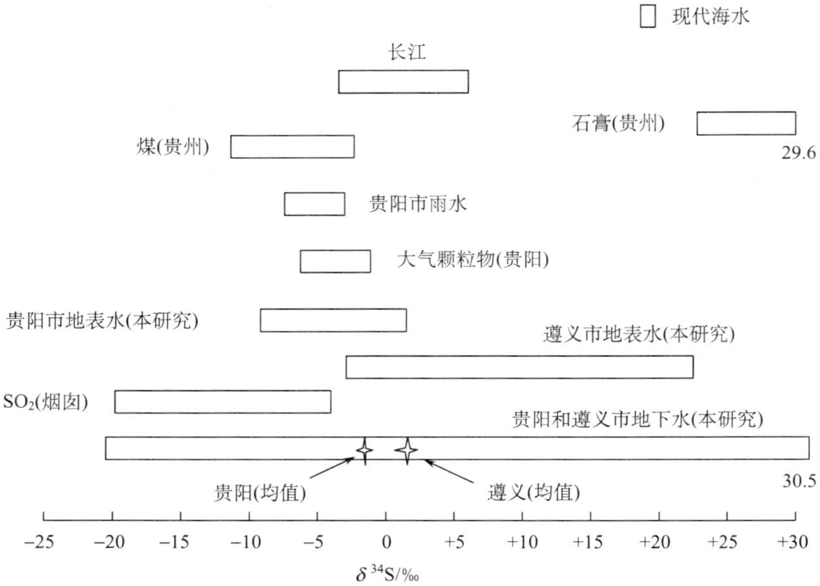

图 10-128　贵州人为源硫同位素组成的一般范围及其对地表水和地下水的影响(刘丛强等,2007)

在地下水演化过程中，作为生物元素的硫，有着更复杂的同位素分馏过程，即不仅发生常见的无机分馏过程，还特别发生有生物参与的分馏过程，且更为明显和重要。与第三章讨论的一般同位素分馏类型相同，硫同位素分馏有平衡分馏和动力分馏两类。由于 SO_4^{2-} 是硫同位素地下水研究的主要对象，因此既有硫同位素分馏，也需要应用硫酸盐的氧同位素分馏及其相互关系。

地下水中硫同位素分馏，参见地下水污染一章中的讨论。表现为同位素交换反应的平衡分馏，在 250℃以上热液流体中有此类平衡交换的典型体系（陈道公等，1994），常温条件下对大多数地下水环境条件而言，对于硫同位素并不重要，对氧同位素也需要很长时间。动力分馏有三类：一是硫酸盐矿物的沉淀、溶解和吸附/解吸，其分馏效应很小。二是氧化反应，包括硫化物氧化为硫酸盐的无机过程和有机过程，前者发生的分馏效应较小，后者则相对要大。三是还原反应，包括硫酸盐还原为硫化物的无机过程和有机过程，前者的分馏效应比较明显，但有实际意义的反应都发生在热液系统中（陈道公等，1994），后者则是低温地下水硫循环中所有上述各种同位素分馏中，无论对硫或氧同位素都是最具重要意义、也是最大的分馏。以上有关反应式等见地下水污染一章。

二、以人为硫源为主的地下水系统

1. 天然硫源和人为硫源的混合

使用水中 $\delta^{34}S$ 研究水体中硫酸盐来源和人为硫源的影响。图 10-129 是遵义研究区内枯水期和丰水期两季地表水和地下水多次测验的 $\delta^{34}S$ 和总溶解固体 TDS 关系（刘丛强等，2007）。由此判断水体中硫酸盐来源于四组分的混合：①蒸发岩溶解。来自含膏白云岩和细脉状石膏，以区内水体中 $\delta^{34}S$ 最高为特点。②硫化物氧化。来自煤系地层，以 $\delta^{34}S$ 最低为特点。③降水。以 TDS 最低、$\delta^{34}S$ 接近零为特点。④人为硫源。以 $\delta^{34}S$ 接近零或+5、高 TDS，特别是高 Cl^-/SO_4^{2-} 为特点。

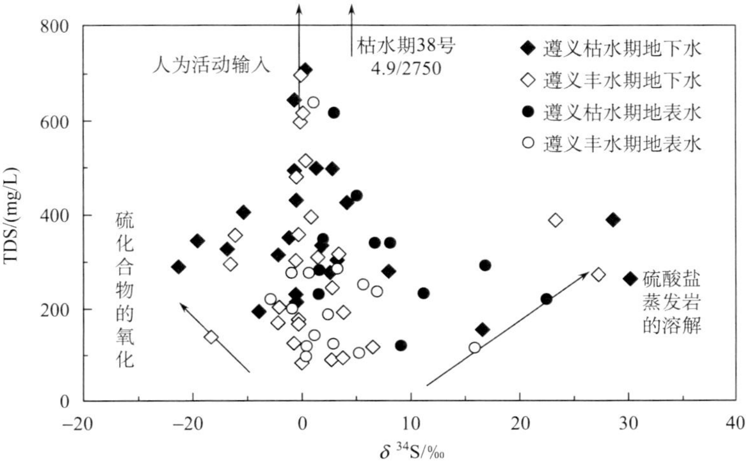

图 10-129　遵义枯水期和丰水期两季地下水和地表水 $\delta^{34}S$ 和 TDS 关系（刘丛强等，2007）

2. 不同条件人为硫源的混合

图 10-130 是淮北平原中、北部地下水中硫酸根离子与相应 $\delta^{34}S$ 的关系。工作区为冲积洪积平原，新近系和第四系松散堆积，最厚处为 3000 余米，第四系沉积物最厚为 300 m，主要由砂质黏土、黏土、亚砂土、砂土、粉砂土组成。工作区均为松散岩类孔隙含水层，常有多层条带状分布，不同深度含水层往往有越流现象。由于地下水补给源主要是降水，因此特别有利于研究人为硫源及其向深部的发展。图 10-130 中包括三组不同深度（＜60 m，60～200 m，200～500 m）的水井、勘探孔和开采井。由此识别了地下水硫的 A，B，C 三个源。

（1）A 源地下水。具有最低的 SO_4^{2-} 浓度和最低的 $\delta^{34}S$，例如井深 10 m 的 GYA 浅井地下水，SO_4^{2-} 为 8.6 mg/L，$\delta^{34}S$ 为 3.2‰，硫源明显是降水。

（2）B 源地下水。具有最高的 SO_4^{2-} 浓度和很低的 $\delta^{34}S$，是人为硫源。工作区地面水污染严重，污水河、沟普遍发育，汇集城市工业污水、垃圾污染和农业污染形成的污水，向下游广为传播，而垂向则造成地下水污染。此类典型水如井深 55 m 的 DCB，SO_4^{2-} 浓度达 500～700 mg/L，$\delta^{34}S$ 为 5.7‰，其 Cl^-/SO_4^{2-} 高达 1.82。

（3）C 源地下水。具有最高的 $\delta^{34}S$，井深 214.8 m 的 JCD 地下水 $\delta^{34}S$ 达 34.4，竟接近于蒸发岩的最高值，从冲积洪积平原和松散堆积背景而言，不可能是天然硫酸盐来源。有意义的是，其 SO_4^{2-} 浓度由典型人为污染地下水的 500～700 mg/L，降低为 42.1～65.5 mg/L，而 $\delta^{34}S$ 却发生很大富集，这只有上述硫酸盐发生细菌还原过程，才能有如此大的硫同位素分馏。从上节的铀同位素不平衡也研究了这些地下水，结果表明 JCD 具有最低的 E_{ex}，的确处于强烈的还原条件。

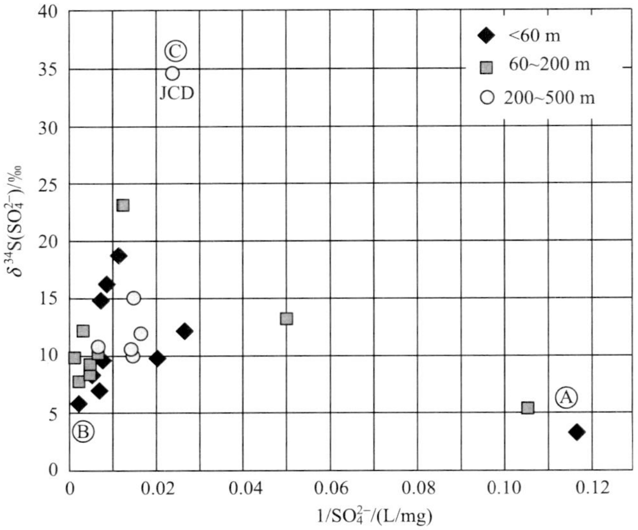

图 10-130　淮北平原地下水（$1/SO_4^{2-}$）与 $\delta^{34}S$ 的关系

三、以天然硫源为主的深层地下水系统

如前例所述，地下水中硫及其同位素隐含有不同硫源的信息，从而可设法识别地下水中的天然硫或人为硫及其来源。但另一方面，既然硫有着不同来源的信息，岂不是也隐含着有地下水来源的信息，因而，也应该可以用以识别不同的地下水系统，这对于以天然硫源为主的地下水系统特别是深层地下水系统两者在理论上更为近似。通过硫化合物载体的地下水所识别出来的硫源，也可很近似地反映地下水补给机制的端元。于是，就可进一步对识别出来的地下水系统分析其水源组成。

1. 硫酸盐和硫化物离子并存时深层地下水系统识别

在地下水径流过程途中发生不同程度的氧化还原反应，可使两种类型的硫同位素并存，这既可发生在由处于氧化条件的裸露补给区向处于还原条件的含水层组的径流过程中，也还可以发生在还原环境下的地下水向氧化环境排泄的径流过程中。图 10-131 据此对不同泉域的深层地下水系统作了识别。三个泉域大体位置见图 10-119。三泉域有 $\delta^{34}S(HS^-)$ 为零而 $\delta^{34}S(SO_4^{2-})$ 约为 +10‰的共同类型，在进一步的分析中得出是奥陶系裸露灰岩的降水补给，表明三个泉域都存在着这样的当地降水补给。但是三个泉域还有另外的、硫来源不同的水源，而正是由于各泉域三个源的组合、径流、演化不同，于是在图 10-131中才出现明显的区别。表明了这三个泉域是相互独立的泉域，或者说，由此识别出了不同的泉域。但只此而已，此图还不足以进一步识别其硫源和水源，还需要有其他方面的工作。实际上，对口泉沟南泉域，已尽可能对所能找到的钻孔和开采井进行了工作，图中硫酸盐和硫化物分馏影响的分布范围大体上可信。对其他两个泉域，实测资料太

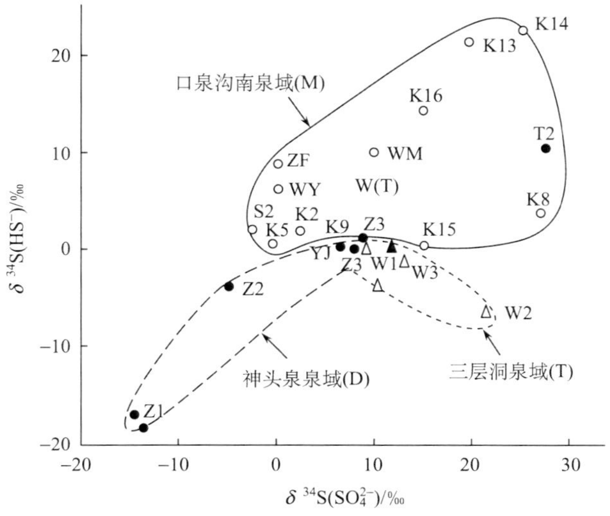

图 10-131 大同口泉沟南泉域地下水硫同位素的相互关系和其他泉域若干资料的比较(顾慰祖等,2000)

少，在图中并不足以得到其可信的分布范围，但得到了关键性的点据，如神头泉的 Z1，其 $\delta^{34}S(SO_4^{2-})$ 和 $\delta^{34}S(HS^-)$ 两者均为负，分别达 $-14.7‰$ 和 $-17.1‰$（中国地质科学院同位素实验室白瑞梅先生分析），实为罕见。表明在地下水系统中硫化物的优势以及硫化物细菌氧化的优势，虽然并不能肯定 Z1 是否是极值，但这样大的 ^{34}S 贫化，而且其 $^{234}U/^{238}U$ 竟小于 1，也很少见且原因未明。从这些事实可以大体上判定神头泉泉域地下水确有与众不同的特点了。

2. 深层地下水水源组成的识别

如上所述，对于经不同同位素方法识别的地下水系统，其硫同位素演化、循环和分馏，必定与其载体地下水的循环有密切关联。这样，如果对系统内所施测的地下水，能涵盖系统内所有硫源，及其类型、发生深度、分馏程度等，那么，也就有可能在识别地下水系统硫来源的同时，进一步讨论其水源组成。图 10-132 为口泉沟南泉域主要勘探孔地下水的 $\delta^{34}S(SO_4^{2-})$ 关系。终孔都在奥陶系或寒武系灰岩，灰岩上覆地层均封闭止水，最深的出水段在地下近 700～800 m。这是以天然硫源为主的地下水系统，只有降水包含了一些人为影响的人为硫源在内。由图得到这些深层地下水绝大部分都是三个硫源的混合。

(1) 源 A 是裸露区降水。以硫酸根最低，约为 10 ppm，而 $\delta^{34}S(SO_4^{2-})$ 接近于 0‰。在工作区 750 km^2 范围内碳酸盐岩的裸露面积约占 15%，图中 WM 即是较为靠近裸露区的一个钻孔。

(2) 源 B 是氧化区地下水。以硫酸根最高，可达 2000 ppm，而 $\delta^{34}S(SO_4^{2-})$ 为最低，在 0‰～$-5‰$ 之间。本区所有钻孔未见石膏，但在寒武系长山组发育有铁质氧化晕，奥陶系亮甲山组和下马家沟组都含黄铁矿，因而地下水中硫酸根离子主要来自 FeS_2 氧化，既有

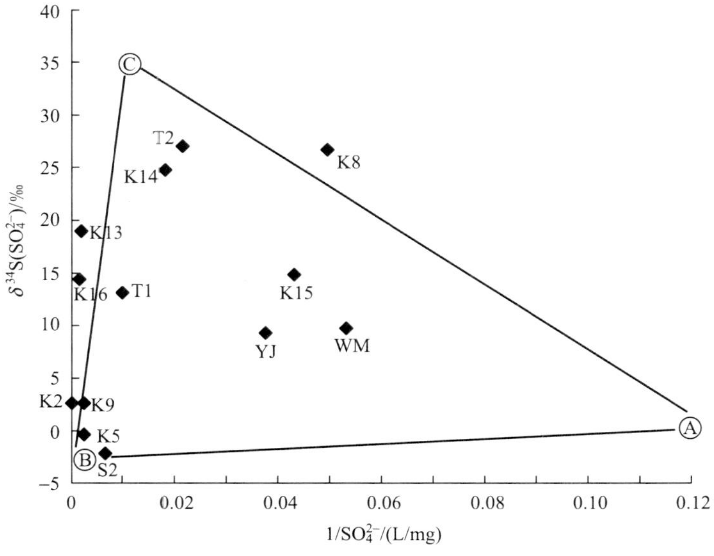

图 10-132 大同口泉沟南泉域地下水（$1/SO_4^{2-}$）与 $\delta^{34}S$ 的关系

物理氧化也有细菌氧化，并继承了黄铁矿贫 $\delta^{34}S$ 的性质。

(3) 源 C 则是还原带地下水。K8，K14，T2 钻孔即是位于用铀系不平衡所识别出的深层地下水还原区内。因厌氧细菌还原作用，发生了强烈的同位素动力分馏，因此使地下水 $\delta^{34}S(SO_4^{2-})$ 有大幅度富集。由图 10-132 可见，大部分钻孔的地下水是三类源的混合结果。

从以上硫源的分析，可以联系到水源组成，或也可使用上节式(10-89)、式(10-90)、式(10-91)估算。

第十一章　地下水污染

张翠云

地下水是维持人类生存和生态环境的基础资源。水质的好坏直接关系到人类健康和生态环境质量。工业及生活污水大量排放、城市垃圾滤液下渗、农业化肥农药过度使用、集中式畜禽养殖产生的粪便不合理处置、采矿排水以及人类活动诱发的污染物形成和迁移等，不仅使地表水普遍遭受污染，而且导致地下水污染日益凸显，个别地区污染严重，水致疾病蔓延，生态环境遭到极大破坏。因此，地下水污染已成为国际社会普遍关注的问题。

地下水污染来源复杂，污染途径多样，污染物进入地下或在含水层中，受到各种物理、化学和生物化学作用的影响。地下水管理需要确定实际的污染源，了解影响污染物浓度的作用，特别是需要了解污染物进入供水井的水流路径和污染来源。同位素在地下水污染研究中起到重要作用。根据同位素分析，可以帮助人们确定污染的来源和途径，以及发生的生物地球化学作用，计算混合比，进行地下水污染敏感性分析等。

对已污染的含水层，需要评价污染物在含水层中的自然衰减作用，以便采取有效措施和治理方案。而污染物自然衰减的作用很多，包括挥发、稀释、吸附和生物降解作用等。稀释作用只是浓度被稀释，污染物没有被去除；挥发和吸附作用也只是从一种相态转移到另一种相态；只有生物降解作用才是真正意义上的去除作用。因此，评价生物降解作用的发生和量化生物降解的程度是监测自然衰减最重要的问题。对解决这些问题，同位素技术具有独到之处。在污染物生物降解过程中，由于轻重同位素相对质量的差异，导致同位素分馏，并随着降解作用的进行，同位素比值发生规律性变化，留下同位素比值变化的印迹，从而提供了追踪污染物降解的线索。根据同位素比值的变化和分馏程度，可识别生物降解作用的发生和定量评价生物降解程度。因此，同位素又可作为识别污染物自然衰减机制和量化生物降解程度的有效工具。

在地下水污染研究中，常用的同位素是原子量较轻的稳定同位素，如$^{2}H/^{1}H$，$^{18}O/^{16}O$，$^{15}N/^{14}N$，$^{34}S/^{32}S$，$^{13}C/^{14}C$，$^{11}B/^{10}B$，有时也结合锶同位素$^{87}Sr/^{86}Sr$，在有机污染生物降解研究中也用到氯同位素$^{37}Cl/^{35}Cl$。除了稳定同位素外，还利用放射性同位素^{3}H，^{14}C和^{3}H-^{3}He进行测年，评价含水层对污染的敏感性和再造污染物补给历史等。本章重点介绍常用的水分子中氢氧稳定同位素、氮、硫、硼和碳稳定同位素在地下水污染研究中的应用。详细了解可参考 IAEA(1981)，IAEA(1983)，Clark and Fritz(1997)，Kendal and McDonnell(1998)，IAEA(1998)，Cook and Herczeg(1999)，马致远和钱会(2004)等文献的有关章节。

第一节　水分子同位素在地下水污染研究中的应用

稳定同位素分为水分子同位素和水中溶质同位素。其中前者是研究水的起源和运动极好的示踪剂。由于溶解性污染组分一般是随补给水入渗而进入含水层的，因此水的来源和运动间接提供了污染物的来源和污染途径。

一、应用原理

在地下水系统中，水分子的氢氧同位素分馏主要发生在大气圈中的蒸发和冷凝过程中，导致大气降水在时空上的同位素分布不同。带有特定同位素组成特征的大气降水入渗补给含水层时，补给水在含水层中运移时其同位素组成不变，除非在浅表受到蒸发影响，或在高温下水与岩石的相互作用，或与不同同位素组成的水混合，才能使其同位素组成发生变化，而这些变化又是可预测、有规律的变化。因此，水的氢氧同位素可识别水的起源和混合作用，计算混合比。在地下水污染研究中，主要利用下面的同位素效应：

1. 高程效应

随着高程的增加，大气降水愈来愈贫重同位素。来自高海拔地区的河流补给的地下水，可区别于低海拔地区大气降水补给的地下水。如果河流受到污染，那么分析河水、未污染地下水和污染地下水的氢氧同位素组成，可确定地下水与河水是否有水力联系，进而确定污染物是否来自河流以及混合比。

2. 蒸发效应

全球大气降水的 δD 和 $\delta^{18}O$ 具有线性关系：$\delta D=8\delta^{18}O+10$。在 $\delta D-\delta^{18}O$ 关系图上为一直线，称为全球大气雨水线(GML)。随着水的蒸发，轻同位素进入气相，残余液相将富集重同位素。凡是未经受大量蒸发的水样，均落在 GML 线附近，而经受明显蒸发的水样，将偏离 GML 线，斜率变小，约 4～6。在干旱-半干旱地区，地表水因暴露在大气中，常常经历显著的蒸发作用。受到污染的河水、湖水和水库水以及沟渠中的污水或灌溉的污水，若受到强烈蒸发，则其同位素组成与当地地下水存在明显差别。利用这种差别可识别地下水的污染源，计算混合比，圈出地下水污染晕范围等。

3. 混合效应

水分子的氢氧同位素分馏是由于蒸发和冷凝，进入地下以后，使水的氢氧同位素组成改变的作用通常是混合作用。混合作用常常导致地下水盐化。地下水盐化是地下水污染类型之一。常见的盐化机制有三种：蒸发浓缩作用、蒸发盐的溶解和海水的入侵。利用水的氢氧同位素很容易区别这些机制。由蒸发浓缩作用导致的盐化，水样在 δD 和 $\delta^{18}O$ 关系图上分布在斜率为 4～6 的蒸发线附近；由蒸发盐溶解导致的盐化，随着盐度的增加，氢氧同位素组成不变；由海水入侵导致的盐化，由于海水的氢氧同位素组成在0‰附近，而地下水的氢氧同位素组成由于起源于大气降水，通常很负，海水的入侵导致地下水的δD和$\delta^{18}O$值增加，在δD和$\delta^{18}O$关系图上，水样分布在以海水和当地地下水为端元组分的混合线上。利用氢氧同位素可计算混合比，划出海水入侵的范围。

除了上述效应外，还有季节效应。大气降水同位素组成受温度的影响，夏季富重同位素，冬季贫重同位素。利用季节效应，可精细地分析地下水补给来源，进而分析不同季节污染物的来源。

二、应用实例

1. 含水层地下水污染的补给作用

利用水分子氢氧稳定同位素可以了解农业区各种补给作用的相对大小，条件是季节性同位素信号明显，补给率较高。这种补给作用与污染物如盐分、NO_3^-、杀虫剂和除草剂进入饮用地下水系统有关。Darling和Bath(1988)利用这种方法研究了英格兰东部和南部Chalk含水层，进行了降水、包气带剖面土壤水、渗漏仪排出水和地下水中的D和^{18}O监测。结果显示，某些地块的包气带上部土壤剖面同位素组成季节性变化明显，贫D的土壤水对应着冬季的降雨，而富D的土壤水对应着强度较低的夏季降雨。他们认为，这种类型的土壤同位素分布剖面指示的是活塞流补给。因此，可能污染物的入渗速率可以通过简单的溶质平衡计算或者是通过水与反应溶质运移的耦合模型预测。而土壤特征稍有不同的另一些地块，包气带上部土壤同位素组成没有季节性变化特征，指示补给机制是优先流补给。在这样的地区，预测补给的模型应该更复杂，污染物出现在地下水中的时间较活塞流模型预测的早得多。该研究另一个重要成果是地下水的D和^{18}O含量等于年降水的加权平均值，指示所有的大气降水均对地下水补给有贡献。

2. 地下水盐化机制

Mexicali流域位于墨西哥西北部，来自美国的Colorado河流入墨西哥。该流域气候干旱，年平均大气降水36 mm。用于农业的地下水开采始于20世纪50年代，随后导致地下水位持续下降。与此同时，在靠近Colorado河的NE-E部，出现高盐度带(>2200 ppmTDS)。另外，在该流域NW部20世纪60年代高盐度带就已加大了。Payne等(1979)研究了该流域不同地区的盐化机制。

地下水样品采自NE-E部和NW-W部。同时也采集了地表水系样品。流入该流域的地表水系主要有两个，一个是Presa Morelos运河，另一个是Wellton-Mohawk排水渠。排水渠输运的是来自灌溉区水质差的排出水。1960～1972年间渠水部分排入了运河。运河水的$\delta D=-99.0‰$，$\delta^{18}O=-12.14‰$；渠水的$\delta D=-90.2‰$，$\delta^{18}O=-11.03‰$。所有地下水样均较地表水系贫D和^{18}O，稳定同位素值的变化指示，这是由于运河水或渠水与更贫的一种水的混合。这种贫D和^{18}O的水是20世纪30年代拦河建水库之前的Colorado 河水。建库以后导致从水库流出的 Colorado 河水具有蒸发的同位素效应。地下水稳定同位素组成的变化反映了最近来自运河的 Colorado 河水与更老的 Colorado 河水的混合。

对于 NE-E 部的高盐度带，地下水样品的 $\delta^{18}O$ 与 δD，$\delta^{18}O$ 与 Cl^- 和 $\delta^{18}O$ 与 SO_4^{2-} 的相关系数均很高，而且地下水样点分布在老的 Colorado 河水与渠水的混合线上。地下水样品的混合线方程为：$\delta D=6.08$，$\delta^{18}O-23.12$，$R^2=0.99$。尽管这条相关线的斜率与蒸发作用的斜率没有明显差别，但是 ^3H 的数据证明是由于混合作用的结果。一些地下水样偏离混合线，表现为贫 ^{18}O 而富 SO_4^{2-}，指示 SO_4^{2-} 来自蒸发岩溶解。总之，NE-E 部地下水盐度的增加是由于来自排水渠劣质水的入渗，而较少受此影响的样品，其过量的 SO_4^{2-} 是来自蒸发岩的溶解。

NW-W 部地下水样的 $\delta^{18}O$ 与 δD，$\delta^{18}O$ 与 SO_4^{2-} 的相关系数很高，而 $\delta^{18}O$ 与 Cl^- 缺少相关性可以排除作为盐度来源的蒸发作用和与海水的混合。地下水样分布在老的 Colorado 河水与地表水混合线上，混合线方程为 $\delta D=4.86$，$\delta^{18}O-40.48$，$R^2=0.88$。通过化学组分对比，这种地表水主要是 Presa Morelos 运河水。氚的数据也定量支持了这种混合模型。

3. 人工补给地下水引起的水质问题

地下水是美国加利福尼亚州尤加谷（Yucca Valley）镇的唯一供水水源。由于超量开

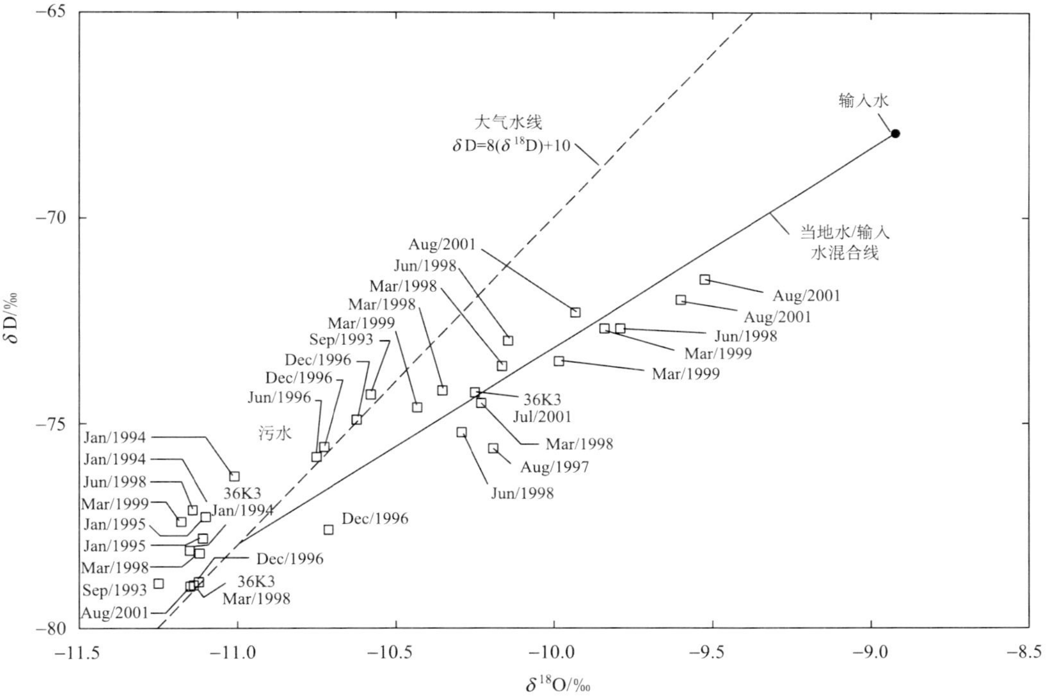

图 11-1　人工补给地下水后中东部地区分层监测井不同时期采集样品的 $\delta^{18}O$ 与 δD 关系图（Nishikawa et al.，2003）

采地下水，导致地下水位持续下降。为了阻止地下水位继续下降，采取了人工补给地下水措施。人工补给后，地下水位上升了，但是地下水中 NO_3^- 浓度也上升到超过饮用水标准。为了有效地管理地下水，Nishikawa 等(2003)采取了多种方法，包括水分子氢氧稳定同位素的监测进行 NO_3^- 污染源和污染途径的识别。当地地下水和人工补给水(输入水)差别明显，前者贫重同位素，$\delta^{18}O$ 的值域 −10.58‰～−11.25‰，δD 值域 −74.3‰～−79.0‰，这些值反映了当地大气降水特征；后者富重同位素，$\delta^{18}O$ 值 −8.92‰，δD 值 −68.0‰，反映了不同来源的水以及在储运过程中蒸发浓缩作用的历史。人工补给工程位于中东部和中西部水文地质单元，氢氧同位素地下水样品大部分分布在以当地地下水和人工补给水为端元的混合线上(图 11-1)。在 $\delta^{18}O$ 与 NO_3^- 关系图上，人工补给后采集的样品大部分分布在输入水与污水的混合线上(图 11-2)。地下水 NO_3^- 浓度的增高是由于输入水驱动滞留在包气带中高浓度 NO_3^- 污水向下运动的结果。

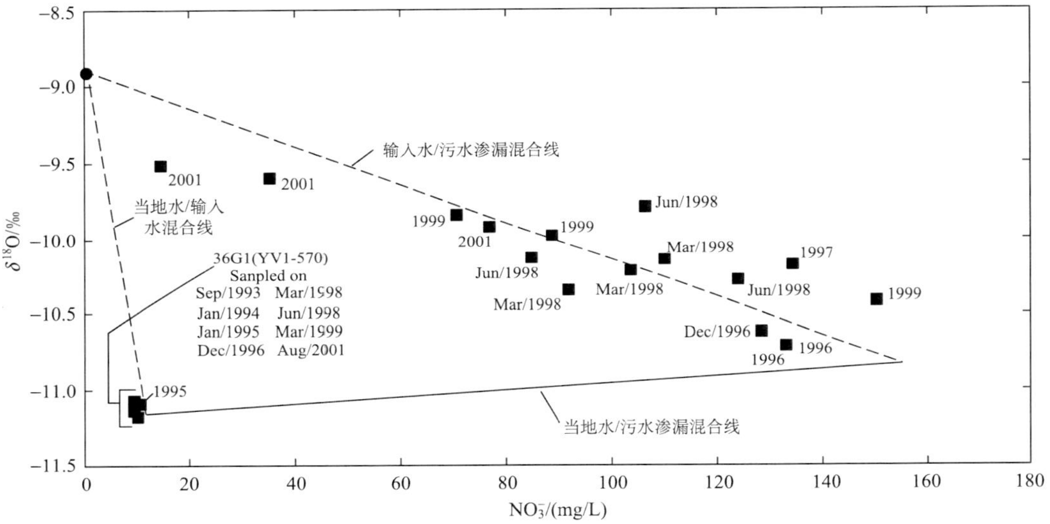

图 11-2　人工补给地下水后中东部地区分层监测井不同时期采集样品的 $\delta^{18}O$ 与 NO_3^- 关系图(Nishikawa et al.,2003)

第二节　氮同位素在地下水硝酸盐污染研究中的应用

硝酸盐(NO_3^-)是地下水中最常见的污染组分。饮水中过量的 NO_3^- 是婴幼儿的致命因素，也是成人多种疾病的诱发因子(Gilli et al.,1984；Rademach et al.,1992；Fan and Steinberg,1996)。此外，含高浓度 NO_3^- 的地下水排泄到地表会导致水体富营养化。因此，世界卫生组织和许多国家均对地下水中的 NO_3^- 含量作了限制，限制值相近，NO_3^- 含量为 50 mg/L，NO_3^--N 含量为 10 mg/L。

地下水 NO_3^- 污染来源复杂，既有天然来源，也有人为来源。不同来源的硝酸盐在化学上难以区分，因为它们的化学形式都是 NO_3^-；而在同位素水平上，NO_3^- 可进一步区分为 $^{15}NO_3^-$ 和 $^{14}NO_3^-$，不同来源的 NO_3^-，^{15}N 与 ^{14}N 的相对比值不同；此外，各种来源的 NO_3^- 在含水层运移过程中有可能遭受各种物理化学作用，特别是生物化学作用，可进一步改变氮同位素比值，留下反应进程的同位素印迹。因此，氮同位素提供了源和反应识别的直接手段。

一、氮同位素基础

氮是元素周期表中第二周期第五族的第一个元素。该元素的原子核由 7 个质子和数目不定的中子组成。氮同位素是指质子数为 7 而中子数不同的各种氮原子。每一种氮同位素的质子数加上中子数等于该同位素的质量数，因此，氮同位素也可以看作是质量数不同的氮原子。氮原子的质量数有 7 种，因此，氮有 7 种同位素：^{12}N，^{13}N，^{14}N，^{15}N，^{16}N，^{17}N，^{18}N，左上角的数字代表各种氮同位素的质量数，其中质量数为 14 和 15 的氮同位素为氮的稳定同位素，其余为氮的放射性同位素。由于氮的放射性同位素半衰期很短（11μs～10 min），它们在环境中的应用受到限制。相反，氮的稳定同位素 ^{14}N 和 ^{15}N 因具有示踪作用而被广泛地应用在医学、农学、地球科学等领域。因此，氮同位素的研究和应用主要针对这两种稳定同位素。

一般认为，元素的化学性质取决于原子核外的电子数和电子结构。氮同位素 ^{14}N 和 ^{15}N 具有相同的电子数和电子结构，因而它们具有极为相似的化学性质，但是这种相似性却是有限的。^{15}N 和 ^{14}N 的质量差异可在一定程度上使氮元素的物理化学性质发生变化。在氮转化的物理、化学和生物化学反应过程中，^{15}N 和 ^{14}N 的质量差异，不会改变氮的物理化学作用方向或化学、生物化学反应类型，但会影响分子扩散速率和化学反应速度，轻同位素 ^{14}N 较重同位素 ^{15}N 运动快，导致 ^{15}N 与 ^{14}N 分离，从而使不同物质 ^{15}N 含量不同。

物质中的 ^{15}N 含量通常用氮同位素组成表示，即氮元素的各种同位素在物质中的相对含量，并以各同位素原子的个数为计量单位。样品的氮同位素组成通常采用氮的相对同位素比值 $\delta^{15}N$ 来表示，即待测样品的同位素比值 $(^{15}N/^{14}N)_{sample}$ 相对于标准物质空气的同位素比值 $(^{15}N/^{14}N)_{air}$ 的千分偏差：

$$\delta^{15}N_{air}(‰)=\left[\frac{(^{15}N/^{14}N)_{sample}}{(^{15}N/^{14}N)_{air}}-1\right]\times 1000$$

$\delta^{15}N_{air}$ 值为正，说明样品较空气富重同位素 ^{15}N；反之，则说明样品较空气贫重同位素 ^{15}N。

二、氮同位素分馏

物理、化学和生物化学作用可看作是可逆平衡反应，或者是不可逆单向的动力学反应。反应过程中都会发生显著的同位素分馏。分馏的过程通常用瑞利方程来模拟。

平衡交换反应（A－B）的分馏因子（α）和富集因子（ε）定义如下：

$$\alpha_{B-A}=R_B/R_A$$

$$\varepsilon_{B-A} = (\alpha_{B-A} - 1) \times 1000$$

其中 R 为$^{15}N/^{14}N$。这种反应在与大气有关的反应中同位素分馏程度高。如水圈中重要的一个反应是 NH_3 溶解于水，与水中 NH_4^+ 之间的同位素交换平衡反应为：

$$NH_3(g) \Leftrightarrow NH_4^+(aq)$$

同位素富集因子 $\varepsilon_{B-A} = +25‰ \sim +35‰$（Kirshenbaum et al.，1947；Mariotti et al.，1984）。

在氮转化过程中，绝大部分反应都是单向的生物化学反应，如生物固氮、矿化、硝化和反硝化等过程所发生的反应。而氨挥发、水中分子 N_2 的离解和 NO_3^- 的扩散、吸附和解吸属物理化学反应，在未达到平衡之前也属于单向的化学反应。动力学同位素分馏的大小取决于反应路径、反应速率以及同位素分子结合键能的大小。生物参与的同位素动力学分馏程度变化很大，取决于反应速率、产物和反应物的浓度、反应条件和微生物的种类等。通常，动力学同位素分馏程度大于同位素平衡分馏程度，且动力学同位素分馏的结果总是使产物贫重同位素，残余反应物富重同位素，而平衡反应生成的产物较反应物或贫或富重同位素。动力学分馏因子采用反应物 p 和生成物 s 的符号标注下标，表示此系数代表单向反应，是非平衡分馏系数，以区别平衡分馏系数 α_{A-B}。

$$\alpha_{p-s} = R_p / R_s$$

动力学同位素富集系数 ε_{p-s} 定义如下：

$$\varepsilon_{p-s} = (\alpha_{p-s} - 1) \times 1000$$

如果反应物浓度很大，而分馏很小，则可用 δ 值近似表示 ε_{p-s}

$$\varepsilon_{p-s} \approx \delta_p - \delta_s$$

瑞利分馏是动力分馏的一个特例。瑞利分馏描述的体系是一个开放体系，生成物形成之后立即被分离出去，促使反应不断进行。平衡反应和动力学反应过程中，剩余反应物的同位素组成可以用瑞利分馏方程描述。在反硝化作用过程中，描述残余 NO_3^- 同位素组成变化的瑞利方程表达式如下：

$$\delta_t \approx \delta_0 + \varepsilon_{p-s} \ln(C_t / C_0) \tag{11-1}$$

δ_t 为基质在时刻 t 的同位素组成；δ_0 为基质的初始同位素组成；C_0 为基质的初始浓度，C_t 为 t 时刻的基质浓度；$C_t/C_0 = f$ 表示反应进程。

根据质量守恒关系，可得到产物 N_2 的同位素组成 δ_p 为：

$$\delta_p \approx \frac{(\delta_{p_0} + 1000)(1 - f^{\alpha_{p-s}})}{(1 - f)} - 1000$$

对于反硝化作用，累积产物 N_2 总是较剩余反应物 NO_3^- 贫^{15}N。反应物和生成物的 $\delta^{15}N$ 演化规律是：在反应开始（$f=1$）时，反应物的 $\delta^{15}N$ 为 0‰，而生成物 N_2 刚产生时其 $\delta^{15}N$ 值较反应物低许多，取决于 α_{p-s} 值的大小；剩余反应物和生成物的 δ 值随反应进程不断增加，直至反应物全部消耗（$f=0$），生成物的 $\delta^{15}N$ 值等于反应物的初始值 $\delta_0^{15}N$。因此，生成物的同位素组成与富集系数大小和剩余反应物的多少关系很大。

研究野外反硝化作用时，常常需要计算反硝化作用过程中残余 NO_3^- 浓度 C_t。由于实测浓度除了受反硝化作用影响外，还可能受其他非生物化学作用的影响，如稀释。通过计算浓度与实测浓度对比，可以说明反硝化作用对浓度降低的贡献。此外，常常也需要估计反硝化作用程度 B。有关同位素分馏作用的数学描述(Mariotti et al.,1981;Rayleigh,1896;Meckenstocka et al.,2004)如下：

$$R_t/R_0 = (\delta_t + 1000)/(\delta_0 + 1000) \tag{11-2}$$

$$R_t/R_0 = (C_t/C_0)^{(\alpha-1)} \tag{11-3}$$

$$B = (1-f)\times 100 = [1-(R_t/R_0)^{(1/\alpha-1)}]\times 100 \tag{11-4}$$

计算时，首先通过室内实验求取富集系数 ε_{p-s}。在反硝化实验过程中，通过连续监测，实测溶液中 NO_3^- 的初始浓度 C_0 和初始 $\delta_0^{15}N$ 值、不同时间的 $\delta_t^{15}N$ 值和相应时间的残余 NO_3^- 浓度 C_t，代入方程(11-1)，$\delta_t^{15}N$ 与 $\ln(C_t/C_0)$ 的直线斜率即为 ε_{p-s}。再采集源区样品，作为反硝化作用初始值，测定 NO_3^- 浓度 C_0 和 $\delta_0^{15}N$ 值，测定源区下游样品的 NO_3^- 浓度 C_t 和 $\delta_t^{15}N$ 值，根据方程(11-2)、(11-3)，求得理论上计算的残余 NO_3^- 浓度 C_t。最后根据源区实测的 $\delta_0^{15}N$ 和源区下游各井测得的 $\delta_t^{15}N$，据方程(11-4)求取各井的反硝化作用程度 B。

许多生物化学作用由多步反应构成(如从有机质的矿化到 NO_3^- 的形成：有机 N→NH_4^+→NO_2→NO_3^-)，每一步都可能分馏，总反应的分馏则取决于反应过程和环境条件，包括中间步骤的个数、类型即反应途径、参与反应的各种化合物总量的大小、土壤 pH、微生物种类等。因此，多步反应的总分馏非常复杂。但是有一条经验法则，就是大多数分馏是由所谓的速率控制步即最慢的反应速率决定，这个反应通常是基质总量很大，而相对基质总量来说实际消耗量很小的反应。相反，反应物的总量很小，反应物很快且几乎全部转化为生成物，则产生的分馏很小，这一步就不是速率控制步。在多步反应中，净分馏主要受单个速率控制步的限制，反应物和生成物的同位素组成可以用瑞利方程模拟。

三、影响氮同位素组成的作用

自然界中的氮以分子态氮、无机氮化合物(NH_3,NH_4^+,NO_2,NO_3^-,N_2O,NO)和有机氮等形式存在。各种形式的氮通过生物化学作用(固氮、同化、氨化、硝化和反硝化作用)和物理化学反应(氨的挥发以及吸附和解吸反应)相互转化。这种转化构成自然界中的氮循环(图 11-3)。在氮循环过程中均会发生氮同位素分馏，但是每一种作用的分馏程度不同，从而直接影响物质的氮同位素组成。自然界中物质的氮同位素组成见图 11-4。

1. 固氮作用

固氮作用是固氮菌和固氮蓝藻将空气中的 N_2 转化为 NH_3 的生物化学过程。N-N 键的断裂需要大量能量，所以此过程很缓慢。所需能量由有机碳源和丙酮酸提供。此过程可描述为：

$$N_2 + 3H_2O \longrightarrow 2NH_3 + 3/2O_2$$

1960 年，Hoering 和 Ford 首先用实验方法研究了生物固氮过程的氮同位素分馏。

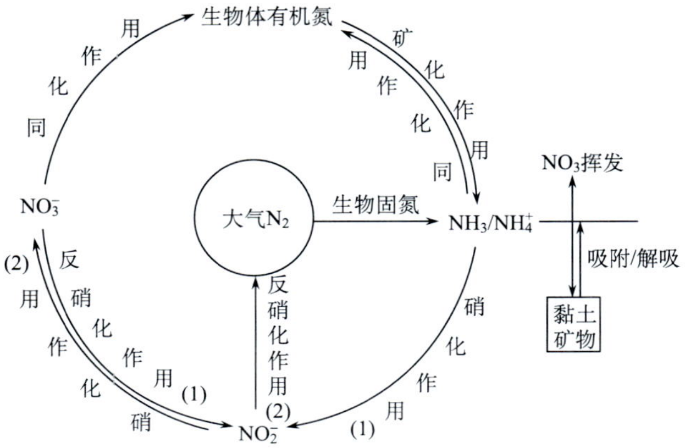

图 11-3　自然界中的氮循环(周德庆,1993。略有改动)

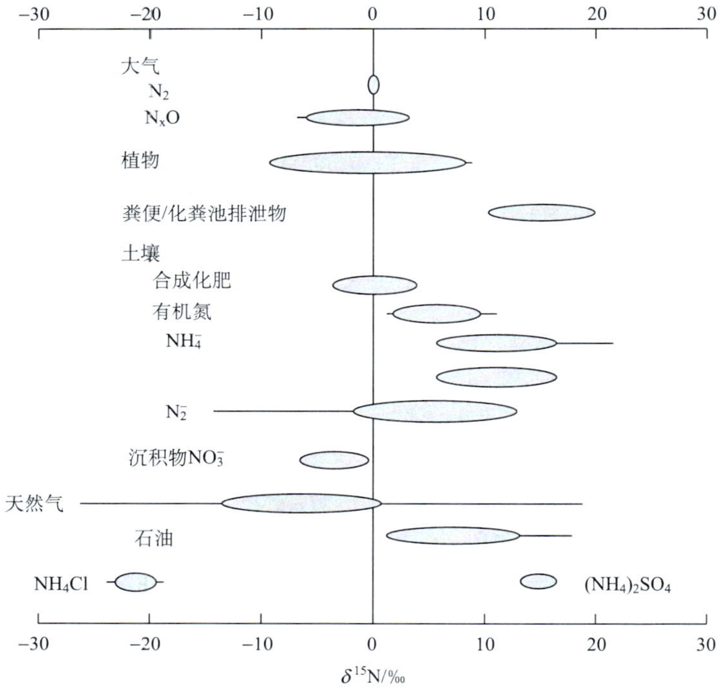

图 11-4　氮同位素分布(Clark and Fritz,1997)

经过 19 天的固氮实验,由固氮菌 *Vindadii* 固定下来的 14.3 mg 氮的 δ^{15}N 平均值为 −2.2‰,比大气 N_2 降低 2.2‰。由其他几种固氮菌固定下来的氮,δ^{15}N 值与大气 N_2 的值更加接近。随后,Delwiche 和 Steyn(1970),Wada 等(1975),Bardin 等(1977),Amarger 等(1979),Mariotti 等(1980)和 Kohl 等(1980),先后对大豆、苜蓿、三叶草等豆科植物及固氮菌进行了实验测定,发现这些豆科植物和固氮菌所固定的氮与大气 N_2 之间只存在微小的氮同位素分馏，23 个分馏系数的平均值为 1.000 72±0.001 77（α 为大气 N_2/固定 N），说明固定氮的 $\delta^{15}N$ 值比大气 N_2 平均降低 0.72‰。这一变化幅度落在目前的分析误差（±1‰）范围内（邵益生，纪衫，1993）。Fogel 等汇编的固氮作用富集系数 ε_{p-s} 变化在 −3‰～+1‰之间（Kendall，1998）。上述数据均说明由固氮作用引起的分馏是很小的。

2. 同化作用

同化作用指所有绿色植物和许多微生物吸收营养氮（NH_4^+，NO_3^-，NO_2^-）转化为生物体中的有机氮的过程。这种转化首先是含氮氧化物通过硝酸盐或亚硝酸盐还原酶的作用还原为 NH_4^+，然后将 NH_4^+ 最终同化成有机氮，表达式如下：

$$NO_3^-/NO_2^- \xrightarrow{\text{还原酶}} NH_4^+$$

$$NH_4^+ + CO_2 + \text{绿色植物} + \text{太阳光} \longrightarrow \text{有机氮}$$

$$NH_4^+ + \text{微生物} \longrightarrow \text{有机氮}$$

同化作用也能区分不同的同位素而较 ^{15}N 优先同化 ^{14}N，从而引起同位素分馏。由 Delwiche 和 Steyn（1970），Wada 和 Hattori（1978），Brown 和 Drury（1967）等测定的 16 个分馏系数的平均值为 1.0082，说明同化使微生物中的 ^{15}N 较无机氮化合物贫 8.2‰；Hubner（1986）对 30 件双叶子植物和 6 件单叶子植物样品进行了测定，结果只有少数样品比营养氮富集 ^{15}N，多数样品是贫 ^{15}N 的，全部样品的平均贫化程度为 0.25‰（邵益生和纪衫，1993）。Hubner（1986）汇编的土壤微生物同化引起的分馏 $\delta^{15}N$ 值变化在 −1.6‰～+1‰范围内，均值 −0.52‰；Mariotti 等（1980）测得维管植物引起的分馏相对于土壤有机质 $\delta^{15}N$ 值变化在 −2.2‰～+0.5‰，均值 −0.25‰（Kendall，1998）。总体来说，同化作用使生物体较营养物贫 ^{15}N，但是分馏很小。这种作用对残余化肥或土壤有机质的同位素组成影响很小。

3. 矿化作用

矿化作用是指含氮有机物经微生物降解转化为 NH_3 的过程，又叫作氨化作用。含氮有机物的种类很多，主要有蛋白质、尿素、尿酸和几丁质等。能分解蛋白质的微生物种类和数量也很多，包括好氧、厌氧和兼性厌氧微生物的某些种类。好氧微生物对有机质的降解过程为：

$$CH_2NH_2COOH + 3/2O_2 \longrightarrow 2CO_2 + H_2O + NH_3$$

大多数土壤呈中性或酸性，矿化形成的 NH_3 很快变成 NH_4^+（$NH_3 + H^+ — NH_4^+$；$k = 9.34$）。氨化形成的 NH_4^+ 将比原来的有机氮贫 ^{15}N。土壤孵化实验表明，氨化形成的 NH_4^+，其 $\delta^{15}N$ 值要比原来的有机氮降低 5‰～7‰；Mariottiet 等（1977）通过模拟实验预测，氨化产物 NH_4^+ 的 ^{15}N 贫化程度可达 10‰；Focht（1973）通过理论计算得到 ^{15}N 的贫化程度为 4.6‰。而 Kendall（1998）的总结认为，矿化作用通常在土壤有机质和土壤 NH_4^+ 中只引起很小的分馏（±1‰）。因为 NH_4^+ 在土壤中的积累主要发生在由于硝化作用停止的厌氧环境中，而在一般土壤环境中，NH_4^+ 很容易经微生物作用转化为 NO_3^-；对 NO_3^-

的详细研究结果表明，形成的 NO_3^- 与总有机氮之间的 ^{15}N 没有系统的差别；孵化实验结果表明，开始形成的 NO_3^- 具有较低的 $\delta^{15}N$ 值，但是最终趋于总土壤有机氮的值，它们之间分馏较大的值仅仅代表暂时的现象(Létolle，1989)。

4. 硝化作用

硝化作用是铵氧化成硝酸盐的过程，主要是自养型有机体为获取代谢能量而进行的一个多步氧化过程。不同的反应产生的中间组分氮氧化物不同(如 NO_2，NO，N_2O)。硝化作用可简化为如下两个氧化反应来描述：

$$NH_4^+ + 3/2O_2 \longrightarrow NO_2^- + H_2O + 2H^+$$

$$NO_2^- + 1/2O_2 \longrightarrow NO_3^-$$

总体反应为：

$$NH_4^+ + 2O_2 \longrightarrow NO_3^- + H_2O + 2H^+$$

硝化过程的第一步主要由亚硝化细菌将 NH_4^+ 氧化成 NO_2^-，第二步则是硝化细菌将 NO_2^- 氧化成 NO_3^-，两者均为自养型细菌，需要 O_2 作为电子供体。总体反应会产生酸 H^+。异养型细菌也能完成硝化反应，但与自养型相比，在量上不占优势(Bremner and Blackmer，1981)。

Hubner(1980)根据统计力学和动力学分馏原理从理论上计算得出，第一步硝化产物 NO_2^- 较反应物 NH_4^+ 约贫 ^{15}N 28‰，而第二步则富 ^{15}N 约 11‰，但是总的过程硝化产物 NO_3^- 贫 ^{15}N 约 18‰。已获得的实验和经验数据支持了上面的理论计算结果。Delwiche 和 Steyn(1970)发现由 NH_4^+ 硝化形成的 NO_2^-，^{15}N 贫 26‰～38‰；Freyer 和 Aly(1975)观测到 NH_4^+ 硝化形成的 NO_2^-/NO_3^- 贫 ^{15}N18‰，与理论计算结果一致。但是也有变化较大的情况，如 Myake 和 Wada(1971)发现 NH_4^+ 在海洋细菌作用下氧化成 NO_3^- 以后，^{15}N贫化了 5‰～21‰(邵益生和纪衫，1993)；Shear 和 Kohl(1986)测得土壤中硝化作用的产物比反应物 NH_4^+ 贫 ^{15}N，变化在＋12‰～＋29‰范围(Kendall，1998)。

硝化作用引起的同位素分馏程度关键取决于反应物 NH_4^+ 含量大小。根据同位素动力分馏理论，残余反应物 NH_4^+ 含量越多，同位素分馏越大。当 NH_4^+ 含量有限时，在硝化作用下，NH_4^+ 几乎全部转化为 NO_3^- 导致分馏很小。在天然条件下，土壤 NH_4^+ 浓度通常很低，不能满足硝化作用的需要，而成为一个限制因子，有机氮的矿化成为后续硝化过程中的速率控制步，由有机氮矿化、硝化形成的土壤 NO_3^- 的 $\delta^{15}N$ 值则与土壤有机氮的同位素组成相近。如果土壤中可获得大量的 NH_4^+(如施化肥)，则同位素分馏很大，硝化形成的 NO_3^- 较 NH_4^+ 会贫 ^{15}N 许多。但是当化肥 NH_4^+ 全部消耗时，NO_3^- 与 NH_4^+ 之间的净分馏为 0，形成的 NO_3^- 的 $\delta^{15}N$ 值与化肥 NH_4^+ 的值相近。因此，硝化作用的分馏程度与 NH_4^+ 残留量的大小关系很大。由于硝化速率受多种因素影响，如温度、水分、C/N 比、被降解的有机物种类以及其他环境因素，导致暂时分馏的范围变化较大。

5. 反硝化作用

反硝化作用是指反硝化菌硝酸盐还原为氮气的过程。它是一个多步反应过程，中间

形成各种氮氧化物(如 N_2O,NO)。常见的反应途径如下:

$$NO_3^- \longrightarrow NO_2^- \longrightarrow NO \longrightarrow N_2O \longrightarrow N_2$$

反硝化作用的发生需要 4 个条件:①氮的氧化物(NO_3^-,NO_2^-,NO 和 N_2O)作为最终电子受体。②存在具有代谢能力的细菌。③可用的 e 供体。④厌氧条件或 O_2 获取受到限制(Korom,1992)。反硝化作用通常是在微生物参与下完成的。绝大多数反硝化微生物是异养型细菌,它们以有机碳作为电子供体,在厌氧条件下,以 NO_3^- 作为电子受体,将 NO_3^- 还原为 N_2。常见的反应式为:

$$5/6C_6H_{12}O_6 + 4NO_3^- + 5CaCO_3 + 4H^+ \longrightarrow 10HCO_3^- + 2N_2 + 5Ca^{2+} + 2H_2O$$

少数反硝化微生物为自养型细菌,它们以还原性无机组分如 Mn^{2+},Fe^{2+} 和 HS^- 作为电子供体将 NO_3^- 还原为 N_2。典型的自养型细菌反硝化反应式如下:

$$5FeS_2 + 14NO_3^- + 4H^+ \longrightarrow 7N_2 + 10SO_4^{2-} + 5Fe^{2+} + 2H_2O$$

$$NO_3^- + 5Fe^{2+} + 6H^+ \longrightarrow 1/2N_2 + 5Fe^{3+} + 3H_2O$$

反硝化作用由于贫 ^{15}N 的 N_2 的损失使剩余硝酸盐的 $\delta^{15}N$ 值随 NO_3^- 浓度的减少而呈指数增加,同时系统的酸度下降。如化肥 NO_3^- 最初的 $\delta^{15}N$ 值近于 0‰,反硝化作用后剩余硝酸盐的 $\delta^{15}N$ 值比来自厩肥和粪便的硝酸盐的 $\delta^{15}N$ 值还高,达到 +15‰～+30‰(Kendall,1998)。对于地下水中发生的反硝化作用,Vogel 等(1981)和 Heaton(1984)测得的富集系数 $\varepsilon_{N_2-NO_3^-} \approx -35‰$;对海洋反硝化作用,Cline 和 Kaplan(1975)测得相似的大小,为 −40‰～−30‰;Mariotti 等(1982)总结实验室测得的值变化在 −33‰～−10‰之间,分馏程度受细菌代谢的实验条件控制(Heaton,1986)。不同研究者在不同条件下得到的分馏系数存在很大差异,$\beta(^{14}N/^{15}N)$变化在 1.0065～1.075 之间,说明在反硝化过程中,氮同位素分馏非常复杂,影响因素很多,如有机碳、氧分压、NO_3^- 浓度、温度、pH 等。

6. 氨挥发作用

氨挥发指 NH_3 从表层土壤挥发到大气中的过程。氨挥发是一个物理化学过程,在水溶液中,NH_4^+ 与 NH_3 和 OH^- 存在如下的化学平衡关系:

$$NH_4^+ + OH^- \longrightarrow NH_3 \uparrow + H_2O$$

水溶液中的 NH_4^+ 转化为 NH_3 的 pH 为 9.3(Korom,1992)。在此临界值,pH 增加有利于氨挥发,而 pH 降低氮主要以离子态 NH_4^+ 存在而不利于氨挥发。因此,氨挥发受 pH 影响很大。

氨挥发涉及多步引起分馏的反应,包括:

(1) 溶液中 NH_4^+ 和 NH_3 之间的平衡分馏:

$$^{14}NH_4^+(aq) + ^{15}NH_3(g) = ^{15}NH_4^+(ag) + ^{14}NH_3(g)$$

(2) 贫 ^{15}N 的 NH_3 扩散挥发引起的动力分馏:

$$^{14}NH_4^+(aq) + ^{15}NH_3(g) \longrightarrow ^{15}NH_4^+(ag) + ^{14}NH_3(g)\uparrow$$

每一步都引起很大的同位素分馏，使得液相中的 NH_4^+ 富 ^{15}N，Urey(1947)通过理论计算平衡分馏系数 $\alpha_{NH_4^+-NH_3}$ 为 1.034，Hubner(1986)报告分馏系数 $\alpha_{NH_4^+-NH_3}$ 均大于 1.02 (Kendall 1998)。Kirshenbaum 等(1947)和 Mariotti(1984)测定的富集系数 $\varepsilon_{NH_4^+-NH_3}=+25‰\sim+35‰$(Heaton,1986)。实际分馏取决于 pH 和其他因素。在施化肥和厩肥的农田以及堆肥处，氨挥发可导致有机质的 $\delta^{15}N$ 值大于+20‰(Kendall,1998)。

动物排泄物包括液体和固体均含有大量的氮化合物，但是大部分 N 为尿素形式。尿素可以水解成 NH_3 而后氧化(硝化)成 NO_3^-(Kreitler,1975;Heaton,1986)：

$$\begin{array}{c} \qquad\quad NH_3(g) \\ \qquad\quad\uparrow \\ CO(NH_2)_2 \rightarrow NH_3 \rightarrow NH_4^+ \rightarrow NO_3^- \end{array}$$

上面的反应既有可逆的平衡反应，又有不可逆的动力学反应，但是总反应是单向反应，尿素氧化成 NO_3^- 是不可逆的。尿素水解导致 pH 临时增加，有利于 NH_3 挥发损失。总的单向反应使得贫 ^{15}N 的 NH_3 相对于溶液中的 NH_4^+ 优先挥发。NH_3 挥发后酸度恢复，溶液中剩余的 NH_4^+ 富 ^{15}N，由此硝化形成的 NO_3^- 也富 ^{15}N。富集程度取决于影响挥发的各种环境因素(如土壤 pH、风速、水分和温度等)。

7. 吸附和解吸反应

吸附和解吸反应是指含 N 离子与黏土、土壤有机质或其他带电荷物质的表面发生同位素吸附或解吸。负电荷有几种起源：一是黏土内部晶格中的个别原子发生的同晶替代，正高价原子代替正低价原子导致晶格内部产生负电荷，而且是永久性电荷，不能被中和；二是黏土矿物边缘上暴露的羟基(—OH)原子团在一定土壤溶液 pH 下与金属阳离子交换时可以失掉 H^+，留下带有负电荷能吸附阳离子的—O^-，这样形成的负电荷即所谓的 pH 依赖电荷，是可逆的，存在于土壤黏粒表面与溶液中离子浓度达成平衡的系统中；第三种来源是由于铝/硅单元边缘上的断键产生的不饱和电荷。不同黏土矿物的阳离子交换能力不同，其中蒙脱石的能力最大。许多温带土壤中，相当部分的阳离子交换量来自土壤有机质的贡献。这类电荷也是 pH 依赖电荷，它起源于土壤腐殖质上的羟基(—OH)和有机酸羧基(—COOH)。

阴离子吸附是发生在酸性土壤环境中，因为多余的 H^+ 和矿物表面的水合氧化物结合，使得土壤带有正电荷，能够吸附阴离子，如在以 Fe 和 Al 氧化物及其水合氧化物为主要矿物的热带土壤会发生阴离子吸附。而在中性至碱性土壤一般不会发生阴离子吸附。

自然界中与氮有关的离子交换主要发生在 NH_4^+，NO_3^-，NO_2 等离子与黏土或土壤之间，其中以 NH_4^+ 与黏土或土壤的交换最为容易。许多研究结果表明，黏土优先吸附 ^{15}N，使交换后剩余溶液中的 NH_4^+ 贫 ^{15}N，交换系数变化在 1.001～1.0257 之间，与 Lordon (1961)的实验结果一致。他得出交换到树脂上的 NH_4^+ 约富集 5‰～25‰(邵益生，纪衫，1993)。阳离子交换树脂对 NH_4^+ 的吸附与黏土相似，优先吸附重同位素的 NH_4^+，交换系数为 1.00078；而阴离子交换树脂则优先吸附轻同位素的 NO_3^-，使交换后溶液中的 NO_3^- 富 ^{15}N，交换系数为 0.9970(Kreitler,1975)。

在水土环境中，上述7个过程都可能引起氮同位素的分馏，从而控制土壤和地下水中硝酸盐的同位素组成变化，其中固氮、同化、矿化和离子交换等过程引起的分馏较小，对水土环境中硝酸盐的同位素组成没有明显的影响，而硝化、反硝化和氨挥发则是影响水土环境中硝酸盐同位素组成变化最直接和最重要的过程(邵益生，纪衫，1993)。由于这些作用都属动力学同位素分馏反应，分馏程度颇受环境条件的影响。因此，在研究具体问题时，只是简单地测定 NH_4^+ 化肥的 $\delta^{15}N$ 值是不可能预测渗漏到地下水中 NO_3^- 的 $\delta^{15}N$ 值的。需要充分考虑当地的环境条件，采集当地潜在污染源样品确定氮同位素组成范围，同时应避免在施肥后不久采样，因为这时分馏很大，源的 $\delta^{15}N$ 变化很大，却又是暂时的现象，最好采集施肥或堆肥农田下伏土壤或土壤溶液样品，以得到较稳定源的 $\delta^{15}N$ 变化范围。

四、潜在污染源的氮同位素特征

地下水中的氮主要以硝酸盐的形式存在，其来源可分为天然来源和人为来源。其中前者构成地下水硝酸盐天然背景值，其大小取决于氮在地球上特别是地壳中的天然分布以及氮本身的物理化学性质。下面简述氮在各圈层中的分布，论述地下水中硝酸盐的天然背景特征，在此基础上，分析地下水硝酸盐人为来源，总结各种潜在污染源的氮同位素组成特征，并进行土壤有机氮作为地下水硝酸盐污染源的条件分析。

1. 氮的天然分布

氮的宇宙丰度很大，仅次于氢、氦、氧和氖而居第五位。而氮在地球上的丰度很小，仅为0.03%，其中97.7%的氮分布在岩石圈，2.01%的氮分布在大气圈，剩下不到0.3%的氮分布在水圈和生物圈中(Kendall，2000)。以贮存量计，岩石圈氮贮量 16360×10^{13} TgN ($1Tg=10^{12}g$，即 100×10^4t)，大气圈氮贮量 386×10^{13} TgN，生物圈氮贮量 $(0.028\sim0.065)\times10^{13}$ TgN，水圈氮贮量变化较大，其中溶解在海水中的 N_2 为 $(2\sim19)\times10^{13}$ TgN，化合态氮 0.11×10^{13} TgN(表11-1)。各层圈中的氮通过氮循环相互联系。

表11-1　地球各圈层氮的分配(朱兆良和邢光熹，2002)

圈　层	氮贮存量/TgN
岩石圈	$16\ 360\times10^{13}$
火成岩	
地壳	100×10^{13}
地幔	$16\ 200\times10^{13}$
地核	13×10^{13}
沉积岩	$(35\sim55)\times10^{13}$
煤	0.007×10^{13}
海底有机物结合的氮	0.054×10^{13}

续表

圈　层	氮贮存量/TgN
大气圈	386×10^{13}
水圈	
溶解的 N_2	$(2\sim19)\times10^{13}$
化合态氮	0.11×10^{13}
生物圈	$(0.028\sim0.065)\times10^{13}$
土壤圈	
土壤有机物质结合的 N	0.022×10^{13}
黏土矿物固定的 NH_4^+	0.002×10^{13}

岩石圈中的氮 99%分布在 16 km 以下的地幔中，主要是结合在火成岩的金属矿物中，这部分氮很少参与氮循环。不到 1%的氮分布在地壳中，在三大岩类中，以沉积岩中的页岩丰度最大。地壳中的氮主要以固定铵的形式置换钾、钠、钙、铷和锶等存在于长石类、云母类、矾类和黏土类矿物中，其中云母中的含量最高；氮也以吸附态 NH_4^+ 的形式存在于黏土矿物中。

地壳中的氮也以 N_2 形式存在于卤水、石油、天然气中。有些地下卤水存在大量的 N_2，原油中通常也溶解有大量的 N_2。其原因：一是有机质生油过程中会产生大量的 N_2；二是原油的高黏度圈闭大量的 N_2（罗泰义，1997）。

地壳中的含氮矿物非常少见，在一些特殊环境下，可见到的矿物主要有钠硝石（$NaNO_3$）、硝石（α-KNO_3）、鸟粪石（$NH_4MgPO_4\cdot6H_2O$）和磷酸镁钠石（$NH_4MgPO_4\cdot H_2O$）等（郑永飞，陈江峰，2000）。地壳贮存的氮只有最表层风化壳所含的氮在矿物分解时才能释出，但是数量很少。一般地说，岩石中的氮因被固定而成无活性的氮，不参与氮循环，只有火山喷发时喷出的某些氮化合物变成活性氮才参与氮循环（朱兆良，邢光熹，2002）。

虽然地球上的氮主要分布在岩石圈中，但是就近地表环境而言，大气圈是最大的氮贮库，主要以气态 N_2 形式存在，占大气总体积的 79%。此外，还有 NH_3 以及各种氮的氧化态。大气圈中的 N_2 虽然为惰性，但它可通过固氮作用变为活性氮成为氮循环的主要参与者。

水圈和生物圈中的氮所占的份额很小，水圈中的氮主要以溶解的 N_2，NH_4^+，NO_3^- 和有机氮的形式存在。生物圈中的氮主要以有机氮形式存在，且主要赋存在土壤中。以相对丰度 ppm 计，土壤是仅次于太阳系的相对丰度而居第二，如太阳系的相对丰度为 3000 ppm，而土壤为 1000 ppm。虽然海水中氮储量很大，但是其相对丰度只有 0.5 ppm。水圈和生物圈中的氮化合物都是活性氮，它们积极参与氮循环，而土壤中的微生物是主要驱动者。

2. 地下水中硝酸盐天然背景特征

地下水中分布最广、含量较多的化学组分主要为：K^+，Na^+，Ca^{2+}，Mg^{2+}，HCO_3^-，

SO_4^{2-} 和 Cl^-，这些组分中的化学元素在地壳中的丰度均比 N 高，而且这些组分在地壳中主要以易溶解的盐类（如 NaCl 和 KCl）或在 CO_2 作用下可水解的盐类（$CaCO_3$，$CaMg(CO_3)_2$，$CaSO_4$）形式存在。而 N 虽然在岩石圈中的贮量很大，但是它主要分布在地幔中，在地壳中的丰度很小，只有 18 ppm（南京大学地质系，1984），而且其在地壳中主要以固定 NH_4^+ 的形式存在，不易风化水解，因此岩石中的氮很少进入地下水中。

地下水中的氮主要形成于生物地球化学循环作用。大气圈、水圈、生物圈和岩石圈中的氮起源于前寒武纪早期地球的去气作用。在地球早期阶段的脱气过程中，氮气不断从内圈层中脱出，进入大气圈（罗泰义，1997）。大气中的 N_2 通过生物固氮作用进入土壤，再通过矿化、硝化作用进入水圈，土壤和水圈中的氮通过反硝化作用返回到大气圈。在天然氮循环作用下，地下水中的硝酸盐主要来自土壤有机氮转化形成的 NH_4^+ 和土壤固定态 NH_4^+ 的释放，而后形成易迁移的 NO_3^- 在补给区随大气降水进入地下水中。由于这种转化和释放量有限，因此，在天然条件下，地下水中的硝酸盐含量通常很低。如欧洲和美国地下水硝酸盐背景值为 2.0～9.0 mg/L，澳大利亚为 5.0～10.0 mg/L。石家庄市地下水在 1959 年 NO_3^- 最高浓度为 4.4 mg/L。

3. 潜在污染源的氮同位素特征

天然氮循环条件下，地下水中的硝酸盐浓度通常很低。然而随着人口剧增和工农业的迅速发展，人类活动正在改变氮循环，影响地球上氮的存在形态和分布，使更多无活性的 N_2 变成有活性的化合态氮。据估计，在工业化前，陆地上生物固氮量每年约为 90～130 TgN。而至 20 世纪 90 年代，人为活化氮的数量已超过陆地自然生物固氮量，达到每年 140 TgN。从而使陆地每年进入地球系统氮循环的氮比工业化前增加了一倍多，达到 230～270 TgN（朱兆良，邢光熹，2002）。活化了的氮特别是 NO_3^- 很容易随水入渗进入地下水，导致地下水硝酸盐浓度不断增加。

影响氮循环的人类活动包括：人工固氮生产化肥、种植豆科植物和其他固氮作物、煤、石油和天然气燃烧、工业废水和生活污水排放、人口剧增和畜禽养殖业发展排放大量粪便、森林砍伐和焚烧、垦荒造田灌溉。这些活动释放的以及自然作用产生的各种形式的氮在土壤微生物作用下均有可能形成 NO_3^-（图 11-5），成为地下水硝酸盐污染的潜在污染源。污染源可归纳为以下几种主要的污染源，每一种污染源具有各自的氮同位素特征。

1）土壤有机氮

土壤氮以有机氮和无机氮的形式存在。其中有机氮占土壤氮的 95％以上，包括易矿化可被生物吸收的有机氮和难矿化不可被生物吸收的有机氮，即土壤腐殖质。无机氮主要是 NH_4^+ 和 NO_3^- 。天然条件下，土壤中的 NH_4^+ 来自土壤有机氮的矿化，尔后在好氧条件下硝化形成土壤中的 NO_3^- 。来自土壤有机氮转化形成的 NO_3^- 一般称为土壤天然 NO_3^-，而土壤 NO_3^- 包括土壤天然 NO_3^- 和施肥产生的 NO_3^-，后者常称为化肥 NO_3^- 或厩肥 NO_3^- 。

有些地区地下水中高浓度硝酸盐可能来自土壤有机氮。在澳大利亚某一干旱带地下

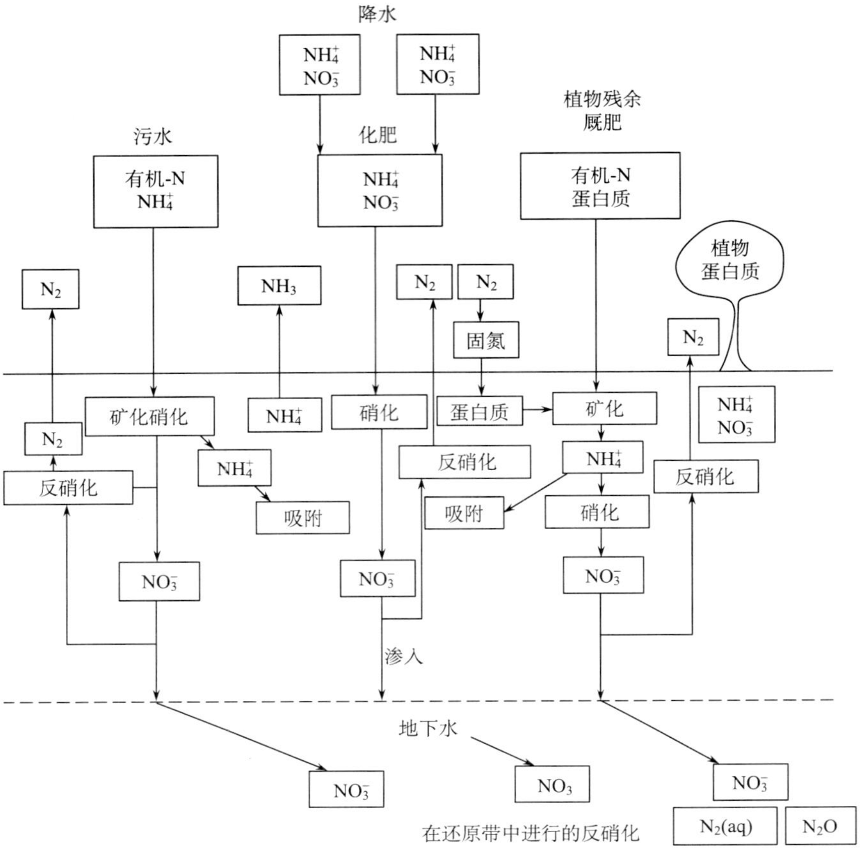

图 11-5　地下环境中氮的来源及循环途径(引自焦鹏程,1993。略有改动)

水 NO_3^- 浓度高达 354 mg/L。该地区人口稀少,没有农业和工业活动,NO_3^- 来自人为活动被认为是不可能的,合理的解释是滞留在包气带中的土壤天然 NO_3^-,被 20 年一遇的暴雨冲击淋滤进入地下水中(Barnes et al.,1992)。许多未施化肥的农业区,地下水高浓度硝酸盐也被认为是来自滞留在土壤和包气带中的天然 NO_3^-,因耕作灌溉淋失进入地下水中(Heaton,1986)。

Cheng 等(1964)和 Bremner 等(1973)调查发现,不同起源的土壤其 $\delta^{15}N$ 变化范围很大(－4.5‰～＋17‰),后来许多研究者发现该值范围更窄(Letolle,1989)。Broadbent 等(1980)的调查发现,土壤有机氮的 $\delta^{15}N$ 范围在－10‰～＋15‰,大部分土壤在＋2‰～＋5‰之间(Broadbent et al.,1980)。上述很宽的 $\delta^{15}N$ 范围可能正是动力学分馏的特点,很轻的值可能代表表层新鲜的土壤有机质。也有可能,这种很宽的 $\delta^{15}N$ 范围代表的是来自化肥或厩肥的 NO_3^- 和 NH_4^+ 被植物吸收后转化为有机氮的氮同位素特征,即较低一端的值可能是吸收了大量化肥的植物同化形成的有机氮的氮同位素特征,而较高的值可能是吸收了大量厩肥的氮同位素特征。这个观点得到 Yoneyama 等(1990)和 Choi 等

(2001)的研究成果支持。另据^{15}N示踪研究结果，施入农田的氮化肥约有20%～40%的肥料氮以有机态的形式存在于土壤中（朱兆良，邢光熹，2002）。土壤有机氮的氮同位素变化正是反映了其来源和作用，因此在数据解释之前充分了解土地利用情况是必须的。

通常深部土壤有机氮的$\delta^{15}N$有一个较稳定的值域。实测数据表明，尽管土壤表层有机氮的$\delta^{15}N$值变化很大，甚至为负值，但是达到一定深度以后均趋于稳定，为+5‰～+7‰。Mariotti等(1977)认为，这是由于长期矿化分馏使剩余有机质不断富^{15}N演化的结果(Mariotti and Létolle，1977)。

土壤有机氮矿化、硝化后形成土壤天然硝酸盐，其$\delta^{15}N$值与土壤有机氮的氮同位素组成相近，因为有机氮矿化速率低，形成的NH_4^+有限，有限的NH_4^+使得硝化作用彻底，硝化分馏很小，因此有机氮转化形成的硝酸盐的氮同位素组成与土壤有机氮的相近。Gormly和Spalding(1979)在野外采集的未施肥区土壤有机氮的$\delta^{15}N$值变化在+5.9‰～+9.0‰范围，均值为+6.5‰±1.3‰，萃取的土壤NO_3^-的$\delta^{15}N$值变化在+4.3‰～+9.0‰范围，均值为+6.5‰±2.0‰。可见，土壤天然NO_3^-的$\delta^{15}N$值与土壤有机氮的值极为相近(Barnes et al.，1992)。在许多农业耕作区的研究表明，土壤有机氮与其转化形成的NO_3^-之间$\delta^{15}N$没有系统的差别。

但是室内孵化试验结果表明，土壤有机氮开始形成的NO_3^-的$\delta^{15}N$值很低，随后趋于稳态，稳态值不是趋于土壤有机氮的常见值+4‰～+8‰，而是+2‰～+3‰。这种差别的原因被认为是实验孵化形成的低$\delta^{15}N$值的NO_3^-是有机氮转化形成的新鲜的NO_3^-，而从野外萃取的NO_3^-代表的是长期的、达到稳态的、可能经反硝化或有一些NO_3^-被同化或淋滤的硝酸盐，因为这些作用均可使NO_3^-的$\delta^{15}N$值增加(Broadbent et al.，1980)。

一些地区地下水中NO_3^-的$\delta^{15}N$值与土壤有机氮的常见值相近。Kreitler(1975)，Mariotti(1977)，Heaton(1984，1985)等发现，在未施化肥区NO_3^-浓度很高的地下水中，NO_3^-的$\delta^{15}N$值变化在+4‰～+8‰范围，认为这些地下水的NO_3^-均来自土壤有机氮的转化。另外一个纯天然的、NO_3^-来自土壤有机氮转化的例子是，南非喀拉哈里沙漠西部非耕作区地下水NO_3^-浓度达88 mg/L，其$\delta^{15}N$值也为+4‰～+8‰(Heaton，1986)。Mariotti等(1975，1977)调查了巴黎东部约50km处一个几平方公里的农业区地下水硝酸盐污染，一年逐月监测数据表明，地下水NO_3^-的$\delta^{15}N$值稳定在+7‰～+8‰范围内，当施化肥和厩肥后$\delta^{15}N$值瞬间变化很大，但是随后又趋于+7‰～+8‰的稳态范围内(Létolle，1989)。

此外，耕作土中通常比天然土即荒地中的NO_3^-含量和有机氮的氮同位素值都高。原因是翻耕土壤有利于好氧矿化和硝化细菌的生长，土壤有机氮矿化更快，形成更多的NH_4^+，由此硝化形成更多的NO_3^-；矿化分馏增强使土壤有机氮更富^{15}N(Kreitler，1975)。

综上所述，+4‰～+8‰是土壤有机氮的氮同位素组成特征，也是由土壤有机氮转化形成NO_3^-的氮同位素组成特征。

2）化肥

在有利的条件下，有些地区的土壤含有大量有机氮，但是大部分土壤是贫有机氮的，特别是沙性土壤和长期耕作的土壤。因为氮是植物生长的常量营养元素，植物从土壤中吸收氮，如果不补充 N，土壤中的氮将愈来愈少。施肥是补充土壤 N 的重要措施之一。

由于化肥是将大气中的 N_2 通过人工固氮合成的，固氮分馏小，因此，化肥的 $\delta^{15}N$ 值近于 0‰。但是可能是由 NH_3 合成其他化肥时由于物理化学处理发生了同位素分馏，导致不同的化肥氮同位素特征有些差异：①尿素 = +0.18±1.27‰；② NH_4^+ = −0.91±1.88‰；③ NO_3^- = +2.75±0.76‰（Kendall，2000）。在南非所测化肥的数据是，NH_4^+ = −3.8‰～+0.9‰，NO_3^- = −3.9‰～+1.8‰。Heaton（1986）确定化肥的氮同位素特征范围在−4‰～+4‰。曹亚澄等普查了中国主要含氮化肥的 $\delta^{15}N$ 特征，测得：①尿素 = −1.12±1.44‰；② $(NH_4)_2SO_4$ = −1.48±1.38‰；③ NH_4Cl = −1.35±2.28‰；④ NH_4NO_3 中 NH_4^+ = −0.98±1.42‰；⑤ NH_4HCO_3 = +0.91±1.05‰，而 NO_3^- = +8.69±5.61‰（Cao et al.，1991）。除含 NO_3^- 化肥外，其他化肥均落在上述典型值域内，且范围更窄，更接近于 0。Flipse 等（1984）对 4 种含 NO_3^- 化肥的氮同位素测定结果是，除一种化肥偏负（−7.5‰）外，其余三种含 NO_3^- 化肥的值也较大，即分别为 +6.1‰，+3.9‰和 +6.6‰。含 NO_3^- 化肥的 $\delta^{15}N$ 值较大，说明在化肥制造过程中发生了很大的分馏，这可能是化肥中的 NO_3^- 来自 HNO_3，HNO_3 在生产过程中 NH_3 氧化时发生了同位素交换反应（Cao et al.，1991）。

野外条件下，施化肥土壤中硝酸盐的 $\delta^{15}N$ 值变化范围很大。在中国农业科学院原子能研究所苗圃施用化肥的实验土中，NO_3^- 的 $\delta^{15}N$ 值高达 +9.9‰。另外在长期施用化肥的得克萨斯州某冲积扇土壤中 NO_3^- 的 $\delta^{15}N$ 值变化范围也很大，为 +2‰～+14‰，均值 +8.8‰。河南范县金村施肥土中 NO_3^- 的 $\delta^{15}N$ 为 +6.92‰（杨琰，2003）。主要原因是，施肥时易发生氨挥发，使残余 NH_4^+ 富 ^{15}N，硝化形成的 NO_3^- 也富 ^{15}N。对于含 NH_4^+ 化肥，施在碱性土壤特别是石灰性土壤中 NH_3 易挥发。因为 $CaCO_3$ 含量高的土壤，pH 较高，且 $CaCO_3$ 在土壤中起到缓冲物质的作用，有利于 NH_3 持续挥发。对于尿素，其水解后本身就形成碱性溶液有利于 NH_3 挥发。尿素水解方程如下：

$$CO(NH_2)_2(aq) + H_2O(aq) = CO_2(g) + 2NH_3(g)$$

25℃时，$\Delta G^0 = -1.21$ kJ，表明该反应能自发进行。CO_2 和 NH_3 溶于水后形成弱酸（CO_3^{2-}，HCO_3^-）和弱碱（NH_4^+），每形成 1 mol CO_3^{2-} 或 HCO_3^- 便同时产生 2 mol NH_4^+，溶液中 H^+ 的大量消耗使 pH 值升高，从而引起 NH_3 的挥发并导致强烈的同位素分馏，使残留在体系中的 NH_4^+ 以及由此硝化形成的 NO_3^- 明显富集 ^{15}N（杨琰，2003）。有试验表明，碳酸氢铵经过近 3 个月的放置，由于氨挥发，$\delta^{15}N$ 值可由近 −4‰增加到约 +8‰（Cao et al.，1991）。施肥时氨挥发损失量取决于环境条件，其变化范围 0.n%～38%，也可高达 40%～50%（朱兆良，邢光熹，2002）。

当氨挥发强烈时，化肥的 $\delta^{15}N$ 值有可能与土壤有机氮的值重叠，这时分析地下水中 NO_3^- 是来自化肥还是土壤有机氮，需要调查研究区土壤是否存在大量有机氮以及在研究区是否施用了大量化肥；或者考虑到一般土壤都是贫有机氮的，较高含量的 NO_3^- 而较低的 $\delta^{15}N$ 值（<6‰）反映的是化肥来源硝酸盐的特征（Heaton，1986）；如果研究区土壤富有

机氮，又是化肥施用区，则地下水 NO_3^- 就可能是来自土壤有机氮与化肥的混合。

综上所述，由于化肥由人工固氮作用形成，氮同位素分馏小，化肥的 $\delta^{15}N$ 值趋于 0，典型值域是 −4‰～+4‰。NO_3^- 化肥的值较大，可达 +6‰。在野外条件下，由于氨挥发，施化肥土壤的 $\delta^{15}N$ 值增加很多，有可能与土壤有机氮来源的重叠，这时需结合当地条件加于区分。

3）粪便

人或动物粪便常见的处理方式或贮存在化粪池中，或随其他污水排放到下水道，或用作厩肥。由于化粪池、管道渗漏或农田灌溉淋滤，粪便是地下水 NO_3^- 的一个潜在来源。

粪便中的有机氮主要是尿素，它与人工合成化肥尿素不同，最大特点是氨挥发强烈，挥发率可高达总有机氮的 80%。

粪便中尿素水解转化为 NH_3，然后再转化为 NO_3^-，这种转化的化学图解如下：

$$\begin{array}{c} \qquad\quad NH_3(g) \\ \qquad\quad\uparrow \\ CO(NH_2)_2 \rightarrow NH_3 \Leftrightarrow NH_4^+ \rightarrow NO_3^- \end{array}$$

尿素水解使 pH 临时上升，有利于贫 ^{15}N 的 NH_3 挥发，溶液中的 NH_4^+ 富 ^{15}N，由此形成的 NO_3^- 极富 ^{15}N。由于动物代谢途径优先消耗贫 ^{15}N 的小分子有机氮，动物排泄物粪便中的有机氮较植物有机氮富 ^{15}N（Rivers et al.，1996），再加上氨挥发，使得来源于粪便的 NO_3^- 的 $\delta^{15}N$ 值很高，如得克萨斯州某地牛圈和饲养场附近土壤中，NO_3^- 的 $\delta^{15}N$ 值很高，为 +13.8‰～+19.5‰（Kreitler，1975）。

粪便的堆放时间影响不同形态的氮含量和氮同位素组成。新鲜的动物固体粪便有机氮的 $\delta^{15}N$ 范围 +4.0‰～+4.8‰；正在发酵的粪便，粪堆下伏土壤萃取液 NO_3^- 很少（不超过 3 mg/L），而 NH_4^+ 含量很大，高达 500 mg/L，其 $\delta^{15}N$ 范围 +18.4‰～+26.4‰；堆放 10 年以上的粪便，下伏土壤萃取液 NO_3^- 含量增为 3～21 mg/L，$\delta^{15}N$ 范围 +12‰～+18‰，而 NH_4^+ 几乎无检测（Gormly and Spalding，1979）。由此可见，正在发酵的粪便提供了大量的 NH_4^+，是受粪便污染地下水 NO_3^- 的主要来源，其 $\delta^{15}N$ 值也很高，由此硝化形成的 NO_3^- 的 $\delta^{15}N$ 值也会很高。

综上所述，尽管粪便氨挥发程度与环境条件和气候有关，但是无论土壤环境和气候如何，其形成的 NO_3^- 的 $\delta^{15}N$ 值都较大，典型值域 +8‰～+22‰（Heaton，1986；Wassenaar，1995）。

4）污水

污水分生活污水和工业污水。生活污水含有大量的粪便、泔水等，其中的有机质都是易降解的，因此含氮化合物以 NH_4^+ 为主，约占总氮的 80%～90%；其次是有机 N，约占 10%～15%；而 NO_3^- 和 NO_2^- 含量均很低。由于污水中铵含量很高，易发生氨挥发，导致来源于污水的 NO_3^- 富 ^{15}N，其 $\delta^{15}N$ 典型值域与来源于粪便的相近，即 +8‰～+22‰相近。但是，有些污水的 $\delta^{15}N$ 较低。例如，英国某污水厂的污水 NH_4^+-N 含量为

25.7 mg/L，NH_4^+ 的 $\delta^{15}N$ 为 +4.57‰～+4.89‰（Rivers et al.，1996），指示氨挥发程度低。北京丰台污水灌溉区菜地土壤中硝酸盐的 $\delta^{15}N$ 值变化范围为 +3.1‰～+5.6‰，也指示氨挥发程度低。

工业污水主要有轻工业所产生的富含有机质的污水和冶金工业所产生的多含汞、砷、锡、铬等贫有机质的污水。工业污水一般以难降解的有机质为主，NH_4^+ 含量较低，氨挥发有限，由此形成的 NO_3^- 贫 ^{15}N，如北京石景山工业污水中 NO_3^- 的 $\delta^{15}N$ 值为 +2.9‰。但是化肥厂污水却含有大量的 NH_4^+，其初始氮同位素组成应与化肥相近，尔后随氨挥发而富集 ^{15}N。其富集程度主要取决于污水的 pH 和气候，形成的 NO_3^- 的 $\delta^{15}N$ 值变化范围很大。

4. 土壤有机氮作为地下水硝酸盐污染源的条件分析

如前所述，来源于化肥的 NO_3^- 的典型值域是 −4‰～+4‰，来源于土壤有机氮的典型值域是 +4‰～+8‰，来源于粪便的典型值域是 +8‰～+22‰。在粗颗粒氧化环境的含水层系统中，地下水的氮同位素组成反映了源的特征。如果地下水硝酸盐的氮同位素组成在 +4‰～+8‰范围内，这个值域指示的污染源是来自土壤有机氮，还是化肥与粪便的混合？经典的解释认为，该范围指示地下水硝酸盐来自土壤有机氮（Heaton，1986；Kreitler，1975；Rivers et al.，1996；Ging et al.，1996）。但是，有人认为指示化肥与粪便的混合（Stogner，1997；Townsend et al.，2003；Katz & Hornsby，1998）。土壤有机氮是否作为地下水硝酸盐污染源，其前提条件分析对利用氮同位素技术进行源识别至关重要。

分析对比前人研究资料，不难发现，地下水中硝酸盐是否来自土壤有机氮的转化，其前提条件是研究区土壤有机氮是否丰富，特别是包气带中是否积累了大量有机氮转化的 NO_3^-。Macdonald 等（1989）利用 ^{15}N 标注化肥试验研究结果表明，当施肥量为 68.5～203.6 kg N/hm^2 时，收割后 0～23 cm 土壤中总无机氮含量均值为 31.42kg N/hm^2，而标注的化肥氮均值仅为 2.12 kg N/hm^2，占土壤总无机氮的 7.8%（表 11-2），说明将被淋滤

表 11-2　^{15}N 标记化肥示踪冬小麦中氮的去向（Macdonald et al.，1989）

化肥类型	施用的标记氮化肥 /（kg N/hm^2）	收割时土壤中（0～23cm）标记的无机氮		土壤中（0～23cm）标记的无机氮占总无机氮的百分数/%
		总量 /（kg N/hm^2）	标记 /（kg N/hm^2）	
$^{15}NH_4{}^{15}NO_3$	68.5	20.5	1.2	6
	135.6	12.2	1.8	14.6
	203.6	17.2	3.3	19
$^{15}NH_4{}^{15}NO_3$	68.5	8.6	0.4	5.1
	203.6	7.2	1.2	16.5
$^{15}NH_4{}^{15}NO_3$	68.5	38.5	1.1	2.9
	135.6	47.9	2.2	4.6
	203.6	44.1	5.1	11.5

续表

化肥类型	施用的标记氮化肥/(kg N/hm^2)	收割时土壤中(0～23cm)标记的无机氮		土壤中(0～23cm)标记的无机氮占总无机氮的百分数/%
		总量/(kg N/hm^2)	标记/(kg N/hm^2)	
$^{15}NH_4{}^{15}NO_3$	68.5	34.3	1.6	4.8
	135.6	34.8	1.7	4.9
	203.6	35.7	2.9	8.2
$^{15}NH_4{}^{15}NO_3$	68.5	46.6	1.2	2.5
	135.6	38.8	2.1	5.4
	203.6	48.9	5.1	10.3
$^{15}NH_4{}^{15}NO_3$	68.5	26.8	1	3.8
	135.6	35.2	1.7	4.9
	203.6	36.9	2.5	6.8
			平均	7.8±1.2

到地下水的 NO_3^- 绝大部分是土壤有机氮转化形成的 NO_3^- 。也就是说，由于土壤含有大量有机氮转化的 NO_3^-，所施化肥 NO_3^- 的量不能改变土壤 NO_3^- 来源的性质，地下水 NO_3^- 的 $\delta^{15}N$ 将显示土壤有机氮的氮同位素特征。

但是在沙性土壤，长期耕作地区，土壤常常是贫有机氮的，由此转化形成的 NO_3^- 很有限，施化肥或粪便将显著提高土壤 NO_3^- 含量。如 Gormly 和 Spalding(1979)的分析测试结果表明，土壤有机氮的氮同位素组成不受施化肥的影响，但是施化肥与不施化肥土壤中的硝酸盐含量及其氮同位素组成有明显区别(表 11-3)。不施化肥土壤 NO_3^- 含量均值为 3.2μg/g，$\delta^{15}N$ 值均值为+6.5‰，该值与土壤有机氮相近；而施化肥土壤 NO_3^- 含量均

表 11-3　土壤中氮含量与 $\delta^{15}N$(Gormly and Spalding，1979)

土壤名称	土地利用	总土壤 N		萃取的 NO_3-N	
		含量/%	$\delta^{15}N$/‰	μg/g	$\delta^{15}N$/‰
未施化肥土壤					
壤土	草地	0.11	+5.9	3.7	+4.3
细砂壤土	玉米	0.07	+7.6	2	+7.0
细砂壤土	玉米	0.06	+8.0	2.4	+5.7
黏性壤土	果园	0.13	+9.0	4.9	+9.0
均值		0.09+/−0.03	+7.6+/−1.3	3.2+/−1.3	+6.5+/−2.0
施化肥土壤					
砂质壤土	玉米	0.03	+7.0	2.1	0
砂质壤土	玉米	0.08	+7.6	14.7	−2.1
细砂壤土	玉米	0.07	+8.3	5.5	+1.6
黏性壤土	玉米	0.09	+7.7	18	+2.1
均值		0.07+/−0.03	+7.7+/−0.5	10.1+/−7.5	+0.4+/−1.9

值为 10.1$\mu g/g$，是未施化肥土壤的 3 倍，$\delta^{15}N$ 均值为+0.4‰，反映了化肥的氮同位素特征。可以推测，在贫土壤有机氮地区，施入的化肥成为土壤硝酸盐的主要来源，被淋滤到地下水的 NO_3^- 也主要是化肥来源的 NO_3^-，地下水中 NO_3^- 的 $\delta^{15}N$ 将显示化肥的氮同位素特征。如果所施的肥料是厩肥，或研究区附近有畜禽养殖场、化粪池等，那么被淋滤到地下水的 NO_3^- 将主要是粪便来源的 NO_3^-，地下水中 NO_3^- 的 $\delta^{15}N$ 将显示粪便的氮同位素特征。可以推测，如果贫有机质地区潜在污染源既有化肥又有粪便，那么值域+4‰～+9‰将指示化肥与粪便的混合。

综上所述，地下水中硝酸盐是否来自土壤有机氮的转化，前提条件是研究区包气带土壤有机氮及其转化的 NO_3^- 是否丰富。因此，在研究过程中分析土壤有机氮含量，对比施肥区与未施肥区土壤 NO_3^- 含量，判断研究区土壤有机氮及其转化的 NO_3^- 是否丰富，是氮同位素技术应用非常重要的一步。

五、应 用 研 究

在地下水硝酸盐污染研究中，氮同位素主要用于污染源和硝酸盐衰减机制的识别。此外，还可结合其他方法用于农业区硝酸盐补给历史的重建。

1. 源的识别

Kohl 等(1971)最早利用天然 ^{15}N 研究地表水中 NO_3^- 污染来源，根据地表水、化肥和土壤 NO_3^- 的 $\delta^{15}N$ 值计算，得出地表水中的 NO_3^- 大约一半来自化肥。这种方法在当时引起学术界广泛争议，争议的焦点是氮循环会改变 NO_3^- 的 $\delta^{15}N$ 值。后来的大量研究表明，在有利的条件下，利用 ^{15}N 能够识别污染源。Kreitler(1975，1979)开展了详细的工作，考虑了土壤 NO_3^- 中氮同位素组成的空间变异性，采集不同土壤类型样品确定源的氮同位素组成的变化范围；他的研究证实，利用氮同位素比值能够区分耕作区天然土壤 NO_3^- 与来自动物粪便降解形成的 NO_3^-，因为它们具有显著的氮同位素组成差异，前者为+2‰～+8‰，后者为+10‰～+20‰；通过将地下水 NO_3^- 的 $\delta^{15}N$ 值与源对比，他确定出美国得克萨斯州 Runnels 郡南部地下水中 NO_3^- 主要来自土壤有机氮的矿化，而密苏里州 Macon 郡地下水 NO_3^- 来自动物粪便的污染。

Heaton(1986)总结了前人研究成果，得出三种主要污染源的氮同位素组成典型值域是：化肥−4‰～+4‰，土壤有机氮+4‰～+9‰，粪便或污水+10‰～+20‰。他的总结大大提高了氮同位素技术在实际应用的可操作性。随后的许多研究都是在上述典型值域背景下结合研究区实际情况细化源的氮同位素值域和实际应用。例如，Komor 等(1993)测定了 5 种不同土地利用背景下土壤 NO_3^- 的 $\delta^{15}N$ 值，确定研究区地下水 NO_3^- 的 $\delta^{15}N$ 值<+2‰为化肥污染，+10‰～+22‰为粪便污染，+22‰～+43‰为受反硝化作用的影响。

Aravena 等(1993)研究了加拿大 Cambridge 地区化粪池下部地下水硝酸盐污染来源。区域农业氮输入包括 NH_4NO_3 化肥、厩肥和土壤有机氮，为可能的污染源。区域地下水硝酸盐污染背景浓度为 160 mgNO_3^-/L，δ^{15}N 为 4.6‰±0.8‰，指示化肥为主要污染源。化粪池下伏地下水 NO_3^- 浓度变化在 50mg/L 到 167 mg/L 之间。从硝酸盐浓度无法区分农业硝酸盐和化粪池污水 NO_3^-。但是化粪池下伏地下水 NO_3^- 氮同位素值(8.1‰～13.9‰)明显高于化肥，并形成高 δ^{15}N 值污染晕，据此可划分出受化粪池污水污染范围(图 11-6)。

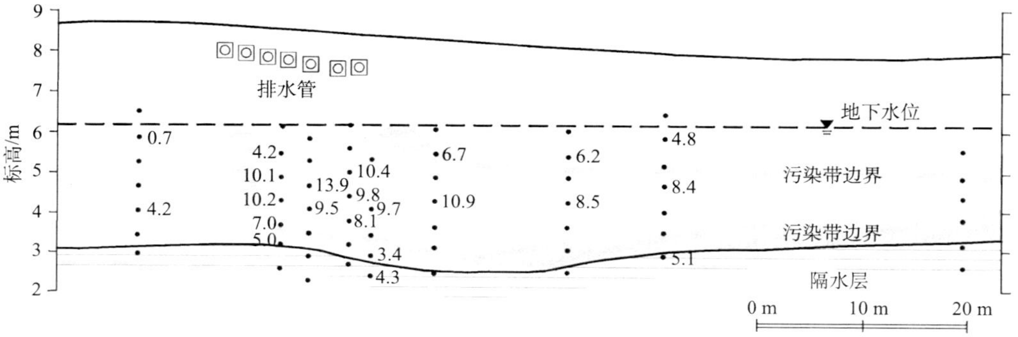

图 11-6　加拿大 Cambridge 地区化粪池下部地下水 NO_3^- 的 δ^{15}N 分布(Aravena et al.,1993)

Wassenaar(1995)在研究加拿大 Abbotsford 含水层 NO_3^- 污染时，测定固体禽粪有机氮的 δ^{15}N 值变化为+7.9‰～+8.6‰，禽粪粪堆下土壤 N 的 δ^{15}N 值变化为+7.4‰～+13.6‰，土壤溶液 NO_3^- 的 δ^{15}N 值变化为+12.4‰～+16.4‰，确定受禽粪污染地下水 NO_3^- 的 δ^{15}N 值变化为+8‰～+16‰；根据地下水 NO_3^- 的 δ^{15}N 值，他确定出研究区含水层中 NO_3^- 主要来自禽粪厩肥的污染。Rivers(1996)等通过测定研究区 7 种潜在补给源的 NO_3^- 浓度及其 δ^{15}N 值，识别英国诺丁汉市(Nottingham)砂岩含水层氮污染源，确定出大部分深层水中 NO_3^- 来自土壤有机氮矿化。

张翠云和郭秀红(2005)利用氮同位素研究了石家庄市地下水 NO_3^- 污染来源。她们通过包气带岩性、有机质和 NO_3^- 含量、施肥区与未施肥区灌水试验对比，认为土壤有机氮不是石家庄市地下水 NO_3^- 的一个主要污染源。根据实测的潜在污染源的 δ^{15}N 值，并参考国内外污染源分析结果和研究区实际情况，确定的石家庄市地下水硝酸盐潜在污染源的 δ^{15}N 值是，化肥源为－4‰～＋6‰，粪便或污水源＋8‰～＋25‰，而化肥与粪便的混合源为＋6‰～＋8‰。2001～2002 年采集的地下水样品 δ^{15}N 值域为＋4.5‰～＋25.3‰，均值＋9.9‰±4.40‰(n＝34)，65％的样品 δ^{15}N 值大于＋8‰，指示石家庄市地下水 NO_3^- 污染源主要是粪便或污水，而该市西北农业灌溉区地下水的 δ^{15}N 值变化在＋4‰～＋6‰之间，指示地下水 NO_3^- 主要来自农田施用的化肥。与 1991 年相比，当时采集了 35 个样品，85.7％的样品的 δ^{15}N 值变化在＋6.1‰～＋8.4‰之间(焦鹏程，1996)，指示当时污染源主要为化肥与粪便的混合。不同时期地下水 NO_3^- 浓度与 δ^{15}N 值关系图显示，石家庄市地下水 NO_3^- 污染源随时间发生了变化，由 20 世纪 90 年代初期的化肥与粪便的混合，变为近年来以粪便或污水为主。

在识别地下水硝酸盐污染源时，除了利用氮同位素外，近年的显著进展是同时利用硝酸盐中的氮氧同位素以及采用多同位素方法。Fukada 等(2004)利用双同位素方法研究了英国 Sherwood 砂砾含水层地下水硝酸盐污染。选择两个研究区,其中一个研究区地下水 NO_3^- 浓度变化在 31.7‰～66.7 mg/L 之间,$\delta^{15}N$ 为+9.2‰～+11.4%,$\delta^{18}O$ 为 8.2‰～+10.9%,指示地下水硝酸盐来自污水输入。相反,另一研究区地下水 NO_3^- 浓度低,变化在 7.6～31.4 mg/L,而氮氧同位素值很高,$\delta^{15}N$ 为+24.3%～+42.2%,$\delta^{18}O$ 为+20.5%～+29.4%,指示在含水层中发生了反硝化作用。Widory 等(2004)联合利用 N,B 和 Sr 同位素研究了法国 Brittany 地区地下水硝酸盐污染。他们分析了各种可能污染源的同位素特征,并与地表水和地下水相比,结果表明主要污染源是动物粪便,点源污水也有贡献。

2. 地下水中硝酸盐衰减机制的识别

沿着水流方向,有时可观测到地下水中硝酸盐浓度不断下降。其原因可能是混合作用,也可能是反硝化作用。利用氮同位素可计算混合比以及区别这两种作用。

混合作用:当含大量 NO_3^- 的入渗水进入不含硝酸盐的地下水时,入渗水硝酸盐浓度受到稀释,但是氮同位素组成不变,这时地下水硝酸盐的 $\delta^{15}N$ 值反映了入渗水氮同位素组成特征。如果地下水含有硝酸盐,且具有与入渗水不同的氮同位素组成,则不仅地下水浓度发生变化,而且氮同位素组成也发生变化。在这种情况下,根据质量和同位素守恒定律,存在如下关系:

$$Q_m = Q_a + Q_b$$

$$Q_m\delta^{15}N_m = Q_a\delta^{15}N_a + Q_b\delta^{15}N_b$$

可得混合水同位素组成表达式:

$$\delta^{15}N_m = Q_a(\delta^{15}N_a - \delta^{15}N_b)/Q_m + \delta^{15}N_b$$

其中 δ 和 Q 分别表示同位素组成和硝酸盐含量($Q=V\times C$,V 代表水的体积,C 代表 NO_3^- 浓度),a 和 b 代表端元组分,m 代表混合组分。

表 11-4 是两种水按不同比例混合的理论计算结果。从中可以看出,混合比越大,混合水氮同位素组成越趋向于所占份额大的端元组分,直到以相等比例混合时,混合水的同位素组成反映的是 NO_3^- 浓度大的端元的同位素组成特征。

表 11-4　两种水混合过程中 NO_3^- 浓度和 $\delta^{15}N$ 的理论变化(Mariotti et al.,1988)

V_b/V_a	C_m/(mg/L)	δ_m/‰
未混合的"b"型水	10	4.0
100	9.9	4.0
20	9.5	4.0
10	9.1	4.0
5	6.7	4.1
1	5.1	4.3
0.2	1.8	5.5
0.1	1.1	6.7

续表

V_b/V_a	C_m/(mg/L)	δ_m/‰
0.02	0.4	12.0
0.01	0.3	14.7
未混合的“a”型水	0.2	20.0

注：a，b 代表两端元组分，V 代表水的体积。a：C_a＝0.2 mg/L，δ^{15}Na＝20‰；b：C_b＝10 mg/L，$\delta^{15}N_b$＝4‰。

若分别测定混合前后体系中硝态氮的 δ^{15}N 值，由质量守恒定律也可计算两种来源的硝态氮在混合体系中各自所占的比例 F_a 和 F_b：

$$F_a = Q_a/Q_m = (\delta^{15}N_m - \delta^{15}N_b)/(\delta^{15}N_a - \delta^{15}N_b)$$

$$F_b = 1 - F_a$$

对于三元或多元混合体系，同样存在水量、水质和同位素的平衡问题。

邵益生和纪杉(1993)总结了判断地下水 NO_3^- 混合源的图解法(图 11-7)：

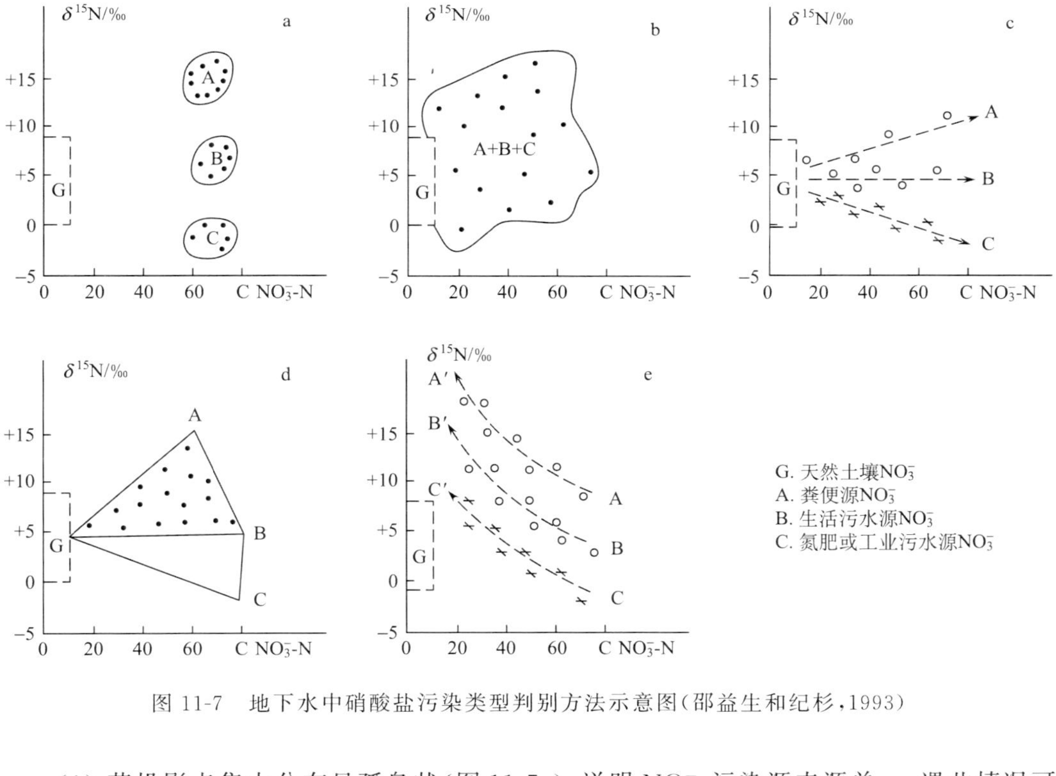

图 11-7　地下水中硝酸盐污染类型判别方法示意图(邵益生和纪杉，1993)

(1) 若投影点集中分布呈孤岛状(图 11-7a)，说明 NO_3^- 污染源来源单一，遇此情况可直接应用 δ^{15}N 值简单对比法确定污染源类型：落在 A 区为粪便型，落在 B 区为污水型，落在 C 区为氮肥型；

(2) 若投影点呈不规则面状分布，说明 NO_3^- 的污染是面状点源混合型的(图 11-7b

中的 A+B+C)。此时可先用统计分析法求出 $\delta^{15}N$ 值的频率分布，然后根据频率大小依次确定污染源及各自的比重；

(3) 若投影点呈直线状或带状分布(图 11-7c)，说明地下水中存在两种 NO_3^- 的混合。根据线(带)的不同取向可分别确定污染源的类型，并据杠杆原理求出混合比例；

a. 当污染源的 $\delta^{15}N$ 值高于 G 区时，投影点的分布表现为 A 型取向，随着污染程度的加重，NO_3^--N 含量与 $\delta^{15}N$ 值同步升高，这是粪便型污染的典型特征。

b. 当污染源的 $\delta^{15}N$ 值与 G 区相似时，投影点的分布表现为 B 型取向，随着污染程度的加重，NO_3^--N 含量升高，$\delta^{15}N$ 值基本保持不变。这是生活污水型污染的一般特征。

c. 当污染源的 $\delta^{15}N$ 值低于 G 区时，投影点的分布呈 C 型取向，随着污染程度的加重，NO_3^--N 含量升高，$\delta^{15}N$ 值反而下降。由氮化肥造成的污染有可能出现这种情况。

d. 若投影点呈规则面状分布(图 11-7d)，说明地下水中存在多源 NO_3^- 的混合。呈三角形面状为三源 NO_3^-(如 ABG 或 ACG)混合，呈四边形面状为四源 NO_3^-(如 ABCG)混合。虽然此种情况比较复杂，但根据多元组分的混合规则仍可判别 NO_3^- 的污染类型及来源，并计算出各种 NO_3^- 来源的混合比例。

e. 若投影点呈弧线(带)状分布，说明地下水中存在反硝化作用。图 11-7e 中 AA′，BB′和 CC′分别表示受三种不同来源的 NO_3^- 污染情况下的分馏线(带)，根据分馏线的特征，通过图解或回归分析可恢复反硝化作用前污染源 NO_3^- 的初始 $\delta^{15}N$ 值。显然在同一分馏线(带)上，NO_3^--N 含量最高的样品，其 $\delta^{15}N$ 最能反映 $\delta^{15}N$ 的初始特征。但在实际中要与二元组分混合时的情况(图 11-7c)相区别。

反硝化作用：反硝化作用发生的两个最重要的条件是缺氧环境和有机碳源。一般反硝化作用都发生在承压含水层中，然而在非承压含水层即潜水含水层的微环境也可能发生反硝化作用。有机碳源是地下水中发生反硝化作用最受限制的因子。土壤、污水和含水层沉积物是地下水中有机碳的潜在来源。当地下水贫有机碳时，有可能发生自养反硝化作用，即 Fe^{2+} 或还原性 S 如 FeS_2 将 NO_3^- 还原为 N_2。但是地下水发生的反硝化作用大多是异养反硝化作用。反硝化作用的结果使地下水 NO_3^- 浓度减少，而 $\delta^{15}N$ 值增加。

反硝化作用和混合作用均改变地下水 NO_3^- 浓度和 $\delta^{15}N$ 大小，并且在 $\delta^{15}N-NO_3^-$ 图上有相似的变化趋势(图 11-8a)。区分这两种作用，可采用图解法。由前所述，混合作用可表示为：

$$\begin{aligned}\delta^{15}N_m &= (Q_a\delta^{15}N_a + Q_b\delta^{15}N_b)/Q_m \\ &= (V_aC_a\delta^{15}N_a + V_bC_b\delta^{15}N_b)/V_mC_m\end{aligned}$$

反硝化作用可表示为：

$$\delta_s \approx \delta_{s0} + \varepsilon_{p-s}\ln(C/C_0)$$

如果以$[NO_3^-]$和 $\delta^{15}N$ 代替混合后或反硝化作用发生后地下水中的硝酸盐浓度及其氮同位素组成，则混合作用在 $\delta^{15}N$ 与 $1/[NO_3^-]$关系图上为一条直线，而反硝化作用则在 $\delta^{15}N$ 与 $\ln[NO_3^-]$关系图上为一条直线(图 11-8b)。

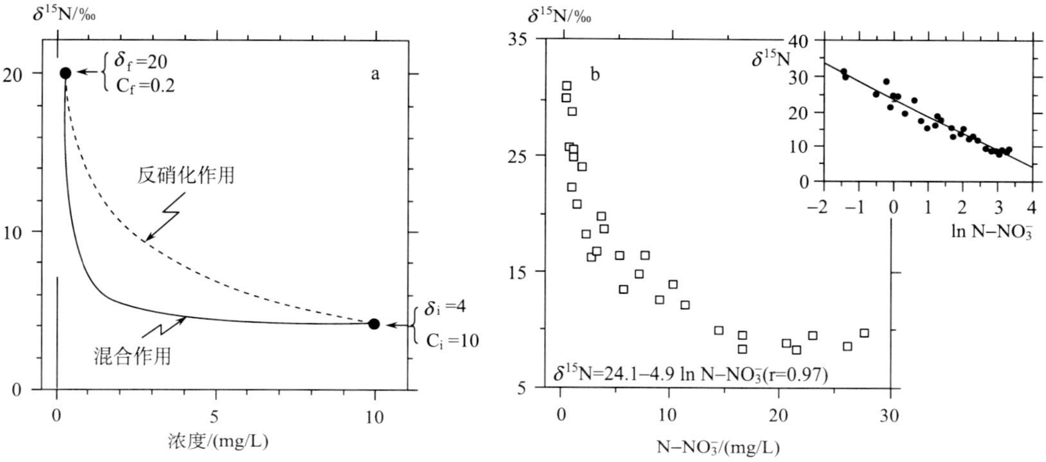

图 11-8 地下水中氮同位素组成与硝酸盐浓度之关系(Mariotti et al.,1988)

图 11-8b 数据来自法国北部一个含水层,沿地下水流方向地下水的 $\delta^{15}N$ 与 $\ln(NO_3^- \text{-} N)$ 呈直线关系,NO_3^- 浓度从 28mg/L 降到 3.0 mg/L,同时 O_2 含量和 Eh 值随之下降,这些是含水层发生反硝化作用的有力证据。相反,有两口井与无 NO_3^- 的河流有水力联系,井水的 $\delta^{15}N$ 值不随 NO_3^- 浓度下降而增加,地下水 NO_3^- 浓度下降是由稀释作用引起的。

除了利用图解法外,还可通过同时测定硝酸盐中的氮氧同位素等方法识别地下水中发生的反硝化作用。

地下水中的 NO_3^- 既可能来自大气中形成的 NO_3^-,也可能来自土壤中通过微生物硝化作用由 NH_4^+ 转化形成的 NO_3^-。大气中形成的 NO_3^- 和土壤中通过硝化作用形成的 NO_3^- 具有显著的氧同位素组成差异。室内试验研究表明,由微生物硝化作用形成的 NO_3^-,其中的两个氧来自水分子中的 O,第三个氧来自大气中的 O_2(Andersson and Hooper,1983)。由于土壤水的 $\delta^{18}O$ 通常为负,在土壤中由硝化作用形成的 NO_3^- 较大气源的 NO_3^- 显著地贫 ^{18}O,在 $\delta^{15}N-\delta^{18}O$ 关系图上具有明显的分布特征(图 11-9)。因此,同时测定硝酸盐中的氮氧同位素组成,在某些情况下,不仅能弥补单独使用氮同位素的不足,而且可以更有效地识别反硝化作用。

Böttcher 等(1990)最早应用 NO_3^- 的 $\delta^{15}N$ 和 $\delta^{18}O$ 研究地下水中的反硝化作用。在德国的一个农业区,地下水的 NO_3^- 浓度沿水流方向递减,他们分析了地下水 NO_3^- 的 $\delta^{15}N$和 $\delta^{18}O$,以确定这种减少是由反硝化作用还是混合稀释引起。结果发现,低浓度 NO_3^- 与高 $\delta^{15}N$ 和 $\delta^{18}O$ 值相关,反之亦然。而且,$\delta^{15}N$ 和 $\delta^{18}O$ 值沿水流方向的变化具有线性关系,斜率为 1∶2.1。

Mohamed 等(2003)研究了日本中部 Kakamigahara 盆地地下水天然反硝化作用。沿地下水流方向采集地下水样用于氮同位素和化学分析。分析结果显示,随 NO_3^- 浓度的

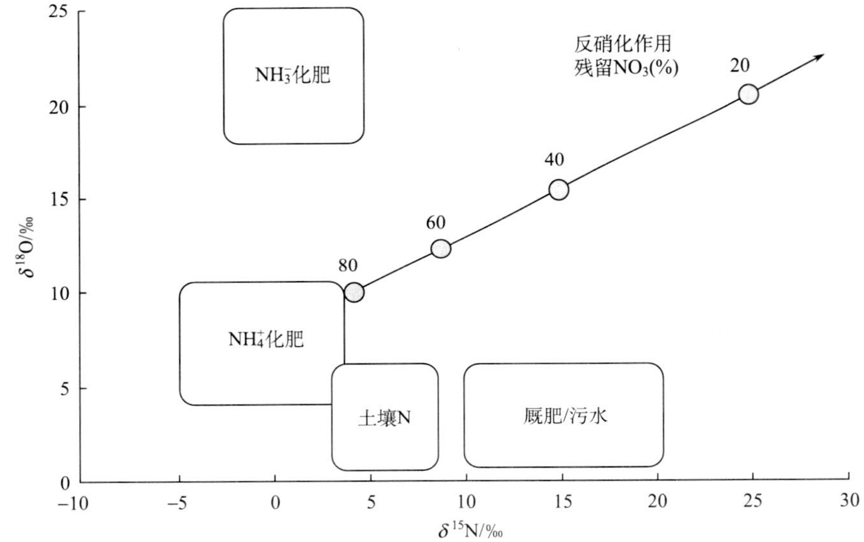

图 11-9　各种来源 NO_3^- 的氮氧同位素分布以及反硝化作用的同位素变化趋势(Clark and Fritz,1997。略有改动)

下降,NO_3^- 的 $\delta^{15}N$ 升高,并伴随着反硝化产物 HCO_3^- 含量的增大和 pH 的升高,证明含水层中发生了反硝化作用。

Fukada 等(2003)利用 NO_3^- 中的^{15}N 和^{18}O 研究了德国 Torgau 砂砾含水层中的反硝化作用。通过对比溶解氧、溶解有机氮和双同位素数据,证明反硝化作用的发生。结果显示很高的 NO_3^- 浓度对应很低的 $\delta^{15}N$ 和 $\delta^{18}O$。反之亦然。反硝化作用的氮同位素分馏富集系数 $\varepsilon_{N_2-NO_3^-}=-13.62‰$,氧同位素分馏富集系数 $\varepsilon_{H_2O-NO_3^-}=-9.8‰$,$\delta^{15}N$ 较 $\delta^{18}O$ 富集 1.3 倍。这个值与其他作者的 1.5,1.7 和 2.1 倍(Aravena and Robertson,1998;Cey et al.,1999;Mengis et al.,1999;Devito et al.,2000)相似。倍数不一致认为是场地条件不同造成的。

对于浅层地下水,河岸带是地下水与地表水相互作用的过渡带。含硝酸盐地下水向河流排泄将对河流硝酸盐浓度产生重要影响。对于湿地类型河岸带,由于沉积物中富含有机质,有利于反硝化作用的发生,使硝酸盐浓度衰减,但是衰减的程度取决于地质、水文地质条件和生物化学条件。

美国马里兰州 Delmarva 岛屿上的一个农业区,两侧各有一条河流,一条河流中的 NO_3^- 浓度很低,为 2～3mg N /L,另一条河流的 NO_3^- 较高,为 9～10mg N/L,是什么原因使两条河的 NO_3^- 浓度不同呢? Böhlke 和 Denver(1995)利用 NO_3^- 和 N_2 的 $\delta^{15}N$、水分子中的^3H、溶解无机碳的 $\delta^{13}C$ 和 SO_4^{2-} 中的 $\delta^{34}S$ 调查了硝酸盐衰减机制。同位素和水化学数据显示发生了反硝化作用(图 11-10)。浓度较低的河流,其 NO_3^- 的 $\delta^{15}N$ 却较高,为 7‰～10‰,而浓度较高的河流,其 $\delta^{15}N$ 值却较低。控制因素是下伏海相地层埋藏深度,埋藏浅,较多的地下水流通过海相地层,由于海相地层富含有机质,反硝化作用显著,导致

排向河流的地下水 NO_3^- 浓度降低；而海相地层埋藏深，通过海相地层的地下水流少，反硝化作用弱，导致接受地下水补给的河水硝酸盐浓度高。

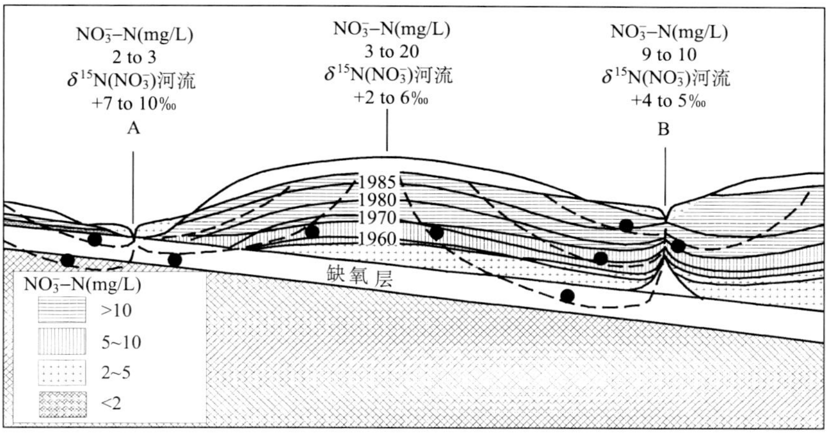

图 11-10　美国马里兰州农业区不同年龄地下水 NO_3^- 浓度与 $\delta^{15}N$ 分布(Böhlke and Denver,1995)

3. 农业区硝酸盐补给历史重建

在农业区，农田施用的化肥是地下水硝酸盐的主要污染源。估计硝酸盐补给量，对评价地下水 NO_3^- 污染是必需的，特别是利用数值模拟方法评价地下水硝酸盐污染时，NO_3^- 补给浓度是模型中的一个重要输入项。估计方法通常是统计历年化肥的使用量，再乘以化肥淋滤系数。对难以获得这些信息的地区，测年地下水中 NO_3^- 初始浓度的估计是另一种有效方法。

该方法是从补给区到排泄区分层取样，测定地下水年龄，分析相应年龄水中 NO_3^- 浓度，校正反硝化作用后确定补给水中 NO_3^- 浓度随时间的变化。影响地下水中 NO_3^- 浓度的作用之一是反硝化作用。为了获得补给时的初始浓度，需要对这种作用进行校正，获得这种作用发生前的 NO_3^- 浓度。校正反硝化效应有两种方法。一种方法是基于水中溶解气体 Ar 和 N_2，估算出在反硝化作用中消耗的 NO_3^- 浓度。另一种方法是据溶解气体 N_2 的 $\delta^{15}N$ 估计样品的初始 NO_3^- 浓度及其 $\delta^{15}N$ 值。厌氧反硝化作用通常发生在还原环境中，因此，在还原环境中需校正反硝化作用。而在氧化环境中不发生厌氧反硝化作用，则不需要校正。

Böhlke 等(1995,2002,2003)采用上述方法重建了美国一个农业区滨海平原地下水硝酸盐补给历史负荷。该研究区含水层浅部岩性是砂砾石，深部岩性是海相地层。地下水从补给区到排泄区流过海相地层时发生了反硝化作用。在不同位置分层取样，采用 CFC 测年，基于水中溶解气体校正反硝化效应，重建了 1940～1990 年地下水补给 NO_3^- 浓度历史变化趋势(图 11-11)。此趋势与统计的区域化肥使用量变化趋势一致，估计化肥使用量的 30％淋滤到了地下水中。

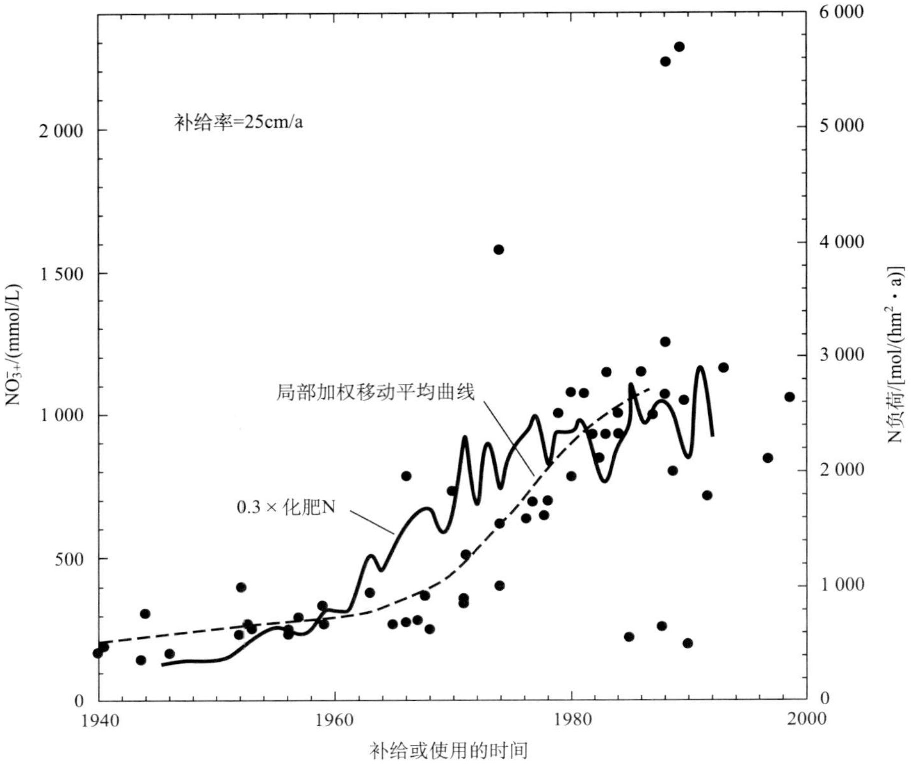

图 11-11　美国一个农业区估计的 NO_3^- 补给输入负荷与化肥使用流失量之对比(Böhlke,2003)

4. 农业区厚层包气带硝酸盐运移转化机制的识别

地表之下至地下水位之上的包气带通常是 NO_3^- 进入地下水的必经途径。分析包气带沉积物 NO_3^- 氮同位素组成特征可以了解 NO_3^- 在包气带中的运移转化机制,但是测定沉积物 NO_3^- 氮同位素组成常常受到测定方法的限制,如沉积物预处理繁琐;下部包气带沉积物 NO_3^- 含量有的很低,难以满足常规分析方法(如蒸馏法、扩散法和高温燃烧法)所需的氮含量。最近,张翠云等(2010a)引进了一种新技术——反硝化细菌法测试技术(Sigman et al.,2001;Casciotti et al.,2002)用于地下水和沉积物 NO_3^- 氮氧同位素分析。该技术的原理是利用无 N_2O 还原酶的反硝化细菌将 NO_3^- 转化为 N_2O,再以 N_2O 作为同位素质谱分析气体,分析其中的氮氧同位素组成(张翠云等,2006;张翠云等,2010b)。这种技术有许多优点,其中最重要的优点是免去了繁琐的预处理和能够分析 NO_3^- 含量低至微克级的水土样品。张翠云等(2008)已将反硝化细菌法测试技术用于测定石家庄市近郊一个农业区厚达 30m 的包气带剖面沉积物 NO_3^- 的 $\delta^{15}N$ 值。结果显示(图 11-12),在包气带上部土壤层(5～20 cm)$\delta^{15}N$ 值变化较大,由 6.03‰增加到 7.47‰;相应地,土壤

NO_3^- 含量下降,由 137.9 mg/kg 减少到 64.3 mg/kg,指示土壤层有反硝化作用发生;而土壤层下伏包气带沉积物的 $\delta^{15}N$ 值与 NO_3^- 含量变化基本一致,指示没有或很少有反硝化作用发生。下部包气带没有或很少有反硝化作用的发生具有两方面的意义:一是来自农业活动的 NO_3^- 流入下部包气带不会由于反硝化作用而衰减,而是直接进入地下水,导致地下水遭受 NO_3^- 污染;二是可以利用地下水氮同位素与污染源下伏一定深度土壤 NO_3^- 的氮同位素对比,用于识别地下水 NO_3^- 污染源。

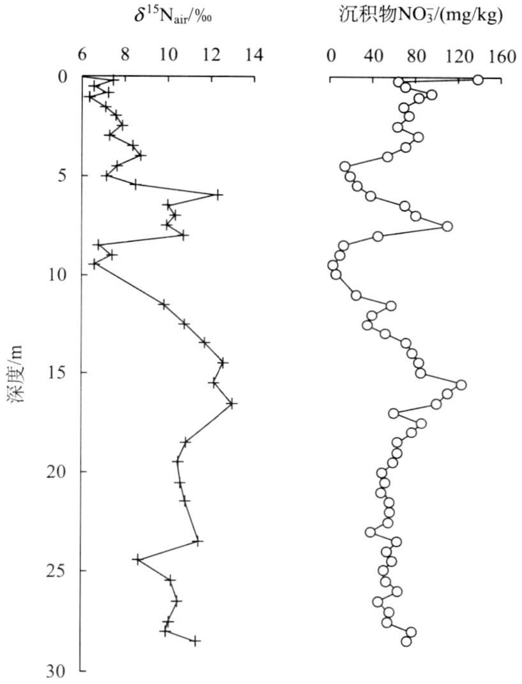

图 11-12 石家庄市近郊农业区包气带剖面沉积物 $\delta^{15}N$ 值和 NO_3^- 含量随深度的变化

第三节 硫同位素在地下水硫酸盐污染研究中的应用

硫酸盐(SO_4^{2-})是地下水中的宏量组分,是毒性最低的阴离子之一。但是大量摄入 SO_4^{2-} 后会导致腹泻、脱水和胃肠道紊乱等。SO_4^{2-} 过高,也会使锅炉和热水器结垢,增加对金属的腐蚀。因此,世界卫生组织和许多国家对饮用水中 SO_4^{2-} 含量作了限制,限制值大部分为 250 mg/L。地下水中过高的 SO_4^{2-} 可来自天然源和人为污染。SO_4^{2-} 中的硫同位素(^{34}S),有时也结合 ^{18}O 提供了识别地下水中 SO_4^{2-} 污染来源和作用的直接手段。Krouse 和 Mayer(2000)对此进行了系统的总结。

一、硫同位素分馏

S同位素的分馏机制与N同位素相似，可分为平衡同位素分馏和动力学同位素分馏。前者存在于同位素交换反应中，交换的结果，重同位素总是在化合价高的含氧化合物(如 SO_4^{2-})中富集；后者主要发生在硫化合物的微生物转化过程中，分馏的结果总是使未反应的 SO_4^{2-} 富^{34}S。

(1)同位素交换反应。存在于平衡化学反应中，如 SO_4^{2-} 与 HS^- 之间的同位素交换可用下式表示：

$$^{32}SO_4^{2-} + H^{34}S^- = ^{34}SO_4^{2-} + H^{32}S^-$$

交换的结果，理论上计算显示在25℃条件下 SO_4^{2-} 较 HS^- 富^{34}S达70‰(Sakai, 1968)。然而，实际上，这种交换作用进行得非常慢，并随着温度的增加、pH下降而加快。因此，室内实验证据表明，在大多数地下水环境中 SO_4^{2-} 与 HS^- 或 H_2S 之间的S同位素交换是不显著的。

在硫酸盐矿物形成过程中，当形成的 SO_4^{2-} 矿物与溶液中的 SO_4^{2-} 达到平衡时，沉淀物稍富重同位素。如石膏($CaSO_4 \cdot 2H_2O$)与溶液中的 SO_4^{2-} 之间存在如下同位素交换反应：

$$^{34}SO_4^{2-} + 2H_2O + Ca^{32}SO_4 \cdot 2H_2O \longrightarrow Ca^{34}SO_4 \cdot 2H_2O + ^{32}SO_4^{2-} + 2H_2O$$

测得沉淀物 $CaSO_4 \cdot 2H_2O$ 较溶液中的 SO_4^{2-} 富1.7‰的^{34}S，同时也富3.6‰的^{18}O(Holser and Kaplan, 1966；Szaran et al., 1998)。这些值可能代表的是平衡交换值和/或动力同位素效应。然而在矿物溶解过程中和 SO_4^{2-} 的吸附/解吸过程中，硫同位素的分馏效应很小，可忽略。

(2)动力同位素分馏。存在于单向的化学、生物化学作用过程中。达到平衡之前的单向化学反应常见于硫酸盐矿物的沉淀、溶解和吸附/解吸过程中，但是这类反应的动力同位素分馏效应很小，如石膏或硬石膏的溶解，没有显著的 SO_4^{2-} 的同位素分馏。因此，在这种情况下，SO_4^{2-} 的同位素组成可作为 SO_4^{2-} 起源的示踪剂。在 SO_4^{2-} 的吸附过程中，溶解的 SO_4^{2-} 与吸附的 SO_4^{2-} 之间硫同位素和氧同位素分馏估计分别只有−0.3‰和0.1‰(Van Stempvoort et al., 1990；Van Stempvoort and Krouse, 1994)。

单向的化学反应还见于还原态硫(S^0, HS^-, H_2S, FeS_2)的氧化作用，如黄铁矿(FeS_2)中S在低pH条件下，可化学氧化为 SO_4^{2-}：

$$FeS_2 + 14Fe^{3+} + 8H_2O \longrightarrow 15Fe^{2+} + 2SO_4^{2-} + 16H^+$$

这类化学氧化作用的硫同位素分馏相对较小。如 HS^- 的非生物氧化作用形成的 SO_4^{2-} 的 $\delta^{34}S$ 较反应物 HS^- 低约5‰(Fry et al., 1988)。

常见的微生物转化作用是黄铁矿在硫杆菌作用下发生如下的氧化作用：

$$2FeS_2 + 7O_2 + 2H_2O \longrightarrow 2Fe^{2+} + 4SO_4^{2-} + 4H^+$$

实验室结果表明，其分馏影响较上述无机氧化要大，生成硫酸盐的 $\delta^{34}S$ 较反应物

HS^- 的甚至要低约达 18‰(Kaplan and Rittenberg,1964)。

另一重要的微生物转化作用是硫酸盐还原作用。当存在有机碳源时,脱硫菌将 SO_4^{2-} 还原为 H_2S 或 HS^-:

$$2CH_2O + SO_4^{2-} \longrightarrow 2HCO_3^- + H_2S$$

$$\text{或 } CH_4 + SO_4^{2-} \longrightarrow CO_3^- + H_2S + H_2O$$

硫化合物的微生物还原作用将导致很大的硫同位素分馏。如 SO_4^{2-} 还原为 H_2S 时产生硫同位素分馏达 40‰,富集因子 $\varepsilon_{SO_4^{2-}-H_2S}$ 近于 25‰(Krouse et al.,1970)。

二、潜在污染源的硫同位素特征

地下水中的 SO_4^{2-} 可来源于大气圈、土壤圈、岩石圈和人为污染源。大气圈、生物圈和人为污染的 SO_4^{2-} 可通过补给水进入含水层,而岩石圈的硫则通过水-岩相互作用进入。每一种来源具有各自的硫同位素特征。

1. 大气硫化合物

据报道,大气中硫的 $\delta^{34}S$ 变化范围 −5‰~+25‰。海相成因的大气 SO_4^{2-} 的 $\delta^{34}S$ 值为 +15‰~+21‰,取决于 SO_4^{2-} 是来自海水溅喷(Nielsen 1974,Wadleigh et al.,1994,1996),还是来自有机硫气体(Calhoun et al.,1991)。陆地天然来源的大气硫通常较海相硫贫 ^{34}S。来自陆地生态系统排放的还原性生物成因含硫气体(如 H_2S)具有非常负的 $\delta^{34}S$ 值。火山喷发的硫化物的 $\delta^{34}S$ 通常近于 +5‰(Lein,1991)。人类起源的硫排放到大气中是由于化石燃料的燃烧和冶炼以及矿石的融化。煤、石油、天然气和含硫矿石的 $\delta^{34}S$ 值可变化在 −40‰~+30‰之间(Newman and Forrest,1991;Nielsen,1974),但是每次实测的范围窄得多。在北半球工业化国家,降水和降雪中主要来自人为污染成因的 SO_4^{2-} 的 $\delta^{34}S$ 通常变化在 −3‰~+9‰之间(Mayer,1998)。

大气 SO_4^{2-} 的 ^{18}O 组成取决于氧化条件和 SO_2 氧化为 SO_4^{2-} 时参与反应的水的 $\delta^{18}O$ 值。工业排放的 SO_4^{2-} 具有非常高的 $\delta^{18}O$ 值,超过 +40‰,因为参与反应的 H_2O 中 O 来自大气中的 O_2。来自 SO_2 氧化形成的次生 SO_4^{2-} 具有较低的 $\delta^{18}O$ 值。在温带地区,由于 SO_2 的多步转化,大气降水中 SO_4^{2-} 的 $\delta^{18}O$ 值通常变化在 +7‰~+17‰范围。雪中由工业排放 SO_2 形成的 SO_4^{2-} 具有低至 −20‰的 $\delta^{18}O$ 值(Norman and Krouse,1992)。在欧洲中部,大气 SO_4^{2-} 沉降的 $\delta^{18}O$ 年平均值 +10‰~+12‰。

2. 土壤硫化物

土壤中的硫以有机和无机态的形式存在。无机硫包括易溶硫酸盐、吸附态硫酸盐、与碳酸钙共沉淀的难溶硫酸盐和还原态无机硫化合物。如果雨水是它们的主要来源的话,则它们的同位素组成与大气沉降中 SO_4^{2-} 的相似。因为在 SO_4^{2-} 的吸附、矿物的沉淀过程中同位素分馏很小。

土壤中的硫 80%以上以有机态硫存在。通过同化作用，植物和微生物吸收 SO_4^{2-}，然后将其还原形成有机态硫。这种作用的同位素分馏效应很小。通过矿化作用，土壤中的有机硫被微生物分解形成 SO_4^{2-}。在土壤中矿化形成的 SO_4^{2-}，其中的 O 可来自 H_2O 和大气中的 O_2，由于土壤水的 $\delta^{18}O$ 通常为负值，因此矿化形成的 SO_4^{2-} 较大气沉降中的 SO_4^{2-} 较贫 ^{34}S。

总之，土壤 SO_4^{2-} 的硫同位素经过土壤带的硫循环之后基本上不会发生改变，但是氧同位素可改变很大。

3. 岩石圈中的硫化合物

岩石中的硫存在于火成岩、变质岩和沉积岩中。后者通常是地下水中 SO_4^{2-} 的最重要的来源，因为沉积岩中含有大量氧化和/或还原性的硫矿物。溶解性大，而易获得的沉积硫化合物是蒸发类硫酸盐（如石膏和硬石膏）。地球历史上，海相蒸发岩中 SO_4^{2-} 的 $\delta^{34}S$ 变化在 +10‰～+35‰之间，$\delta^{18}O$ 值变化在 +7‰～+20‰。现代海洋 SO_4^{2-} 的 $\delta^{34}S$ 近于 +21‰（Reea et al.，1978），$\delta^{18}O$ 值为 +9.5‰。除了蒸发岩类外，灰岩也含有大量的 SO_4^{2-}，能够在水岩相互作用或风化过程中释放出来。

许多细颗粒沉积岩含大量的还原性无机硫。黄铁矿（FeS_2）通常是由细菌硫酸盐还原形成的，这个过程伴随很大的硫同位素分馏。沉积物中的硫化物，常常分散在海相沉积物中，相对于海洋 SO_4^{2-} 是贫 ^{34}S 的。依据环境条件，细菌性硫酸盐在还原过程中产生的硫矿物的 $\delta^{34}S$ 值可以较初始 SO_4^{2-} 低 50‰以上（Chambers and Trudinger，1979），通常在 −30‰～+5‰之间（Migdisov，1983；Strauss，1997）。在氧化条件下，这些硫化物是地下水中 SO_4^{2-} 的主要来源。

在火成岩中，SO_4^{2-} 中的 $\delta^{34}S$ 通常高于硫化物，总的范围很窄，变化在 0‰～+5‰之间（Migdisov，1983）。相似的范围也常见于火山岩中。变质岩的 $\delta^{34}S$ 与火成岩相似，然而，对于富含硫化物的变质岩，其 $\delta^{34}S$ 值变化很大，典型值为 −10‰～+25‰。

火成岩如花岗岩和玄武岩通常硫含量很低，因此很少是地下水 SO_4^{2-} 的来源。而火山岩和沉积岩含有蒸发类 SO_4^{2-}、还原性无机硫化合物或有机硫，构成地壳的主要硫贮存库，是地下水 SO_4^{2-} 的主要贡献者。此外，矿床、含硫（H_2S）气体和地热水也是局部或区域范围硫的地质来源。

4. 工业 SO_4^{2-} 来源

在北半球的重工业区，大气沉降中的 SO_4^{2-} 2/3 以上是源于人类活动，$\delta^{34}S$ 值通常变化在 −3‰～+9‰之间。来自工业生产的技术成因硫以 SO_4^{2-} 形式排入到地下，如通过废物堆放场地的渗漏或渗坑进入地下。工业上的点源污染会引起局部地下水 SO_4^{2-} 浓度的显著增加，其 $\delta^{34}S$ 值是变化的，取决于工业生产情况。$(NH_4)_2SO_4$ 形式的化肥也是地下水 SO_4^{2-} 的显著来源，因为 SO_4^{2-} 与 N 一样不会被作物有效地吸收。因此 SO_4^{2-} 在非饱和土壤带中更容易淋失。化肥的 $\delta^{34}S$ 值当硫来源于矿石焙烧时为 0‰，而来源于天然气精炼时为＋10‰～＋15‰。

三、应用研究

硫同位素主要也是用于地下水中 SO_4^{2-} 的来源和转化。尽管地下水中 SO_4^{2-} 污染源的 $\delta^{34}S$ 值变化很大，而且物理、化学和微生物作用会改变 SO_4^{2-} 的 $\delta^{34}S$ 值和 $\delta^{18}O$ 值，如 $\delta^{34}S$ 值变化在－30‰～＋50‰之间，$\delta^{18}O$ 值变化在－20‰～＋30‰之间，但是在一个具体的研究区，地下水中 SO_4^{2-} 的 $\delta^{34}S$ 值和 $\delta^{18}O$ 值变化范围还是很窄的，而且具有独特的变化范围，特别是联合 $\delta^{34}S$ 和 $\delta^{18}O$ 能更有效地识别源和发生的作用。

1. 酸性矿山废水

酸性矿山废水中的 SO_4^{2-} 主要是由黄铁矿（FeS_2）和其他硫化物氧化形成的。SO_4^{2-} 的浓度常常大于 3000 mg/L。由于在硫化物氧化过程中同位素分馏很小，SO_4^{2-} 的 $\delta^{34}S$ 常常相似于来源硫化物的 $\delta^{34}S$ 值（Taylor et al.，1984）。SO_4^{2-} 的 $\delta^{18}O$ 值取决于环境中水的 $\delta^{18}O$ 值和氧化时的条件，后者影响新形成 SO_4^{2-} 中的 O 来自 H_2O 和大气 O_2 的 O 的比例。在饱和状态下，若产生的 SO_4^{2-} 的 $\delta^{18}O$ 值与环境中 H_2O 的 $\delta^{18}O$ 值相似，则指示 SO_4^{2-} 中的 O 很少来自大气中的 O_2。在氧化亚铁硫杆菌和氧化硫硫杆菌存在的条件下，$\delta^{18}O$ 值常常指示 SO_4^{2-} 中的 O 50%～80%来自 H_2O。而很高的 $\delta^{18}O$ 值常常是非生物作用形成的 SO_4^{2-}，可能是溶解性 SO_4^{2-} 与低 pH 的酸性水之间交换的结果。

2. 大气沉降

在潮湿地区，来自大气沉降的 SO_4^{2-} 通常在补给区进入地下水中，成为地下水中唯一的硫源，SO_4^{2-} 浓度变化在＜10 mg/L～＞50 mg/L 不等。Robertson 等（1989）利用硫同位素和质量平衡计算显示了加拿大斯特金福尔斯（Sturgeon Falls）地区地下水中的 SO_4^{2-} 完全是大气起源，而不是来自非承压含水层中沉积物的硫。年龄小于 30 年的地下水的 $\delta^{34}S$ 平均为＋6.3‰，与大气降水中 SO_4^{2-} 的 $\delta^{34}S$ 相似。而同一含水层中年龄更老的地下水常常是贫氧的，SO_4^{2-} 的 $\delta^{34}S$ 大于＋34‰，指示发生了细菌硫酸盐还原作用。

在英格兰东部三叠纪红层砂性含水层，以不存在硫化矿物和有机碳为特征（Edmunds et al.，1996）。O_2 存在于含水层已有几千年，因此，氧化还原反应被认为可以忽略。岩石中的硫混入也很少。沿水流路径的地球化学变化识别出地下水是工业时代以前入渗的，因为 SO_4^{2-} 浓度低至 5 mg/L，SO_4^{2-} 的 $\delta^{34}S$ 约为＋9‰。作者认为，这些数据是全新世工业革命前降水中 SO_4^{2-} 的特征，水岩相互作用也未被显著改变。相反，20 世纪起源的 SO_4^{2-} 不仅来自大气沉降，而且来自农业、工业和人类，导致 $\delta^{34}S$ 值变化很大，为＋3‰～＋21‰。同一含水层中晚更新世地下水具有很高的 SO_4^{2-} 浓度和 $\delta^{34}S$ 值（＋14‰～＋22‰），指示 SO_4^{2-} 是蒸发岩起源。

3. 岩石来源

在地下水 SO_4^{2-} 浓度超过 100mg/L 的地区，硫的岩石来源主要是蒸发硫酸盐矿物或者黄铁矿的氧化，或者是有机物的氧化。在加拿大亚尔伯他省(Alberta)南部浅层地下水中的 SO_4^{2-} 浓度通常超过 1000 mg/L，$\delta^{34}S$ 值集中在$-10‰\sim-12‰$范围，而 $\delta^{18}O$ 值变化在$-15‰\sim+5‰$之间(Hendry et al.，1989)。这个地区的土壤是在冰渍层上发育的。自从间冰期以来，冰渍层被风化到几米深。在风化过程中，有机硫化合物和还原性无机硫矿物如黄铁矿能够被氧化。由这两种硫源产生的 SO_4^{2-} 的氧同位素比值相似，因此不能区分不同的硫源。但是地下水 SO_4^{2-} 的 $\delta^{34}S$ 值为负，认为是黄铁矿氧化为该地区某含水层的主要硫源，而在其他地区认为是有机质氧化为主要硫源，因为 $\delta^{34}S$ 值近于 0‰(Van Stempvoort et al.，1994)。尤其需要注意的是浅层地下水中农业 NO_3^- 的还原也能促进黄铁矿的氧化。在脱氮硫杆菌的化学-自养呼吸过程中，黄铁矿按下面的反应被氧化(Koelle et al.，1983)：

$$5FeS_2+14NO_3^-+4H^+\rightarrow 7N_2+10SO_4^{2-}+5Fe^{2+}+2H_2O$$

在这个反应中，产生的 SO_4^{2-} 的浓度越来越大，但是 SO_4^{2-} 的 $\delta^{34}S$ 值很低；与此同时，由于反硝化作用，NO_3^- 浓度越来越小，而 $\delta^{15}N$ 值越来越大(Kendall，1998)。这就导致 $\delta^{15}N$值与 $\delta^{34}S$ 呈负相关关系。

4. 技术成因与天然来源

在工业区许多地下水体和饮用供水区，SO_4^{2-} 的浓度在最近几十年不断增加。在一些场地，工业源被认为是贡献者。如在加拿大亚尔伯他省(Alberta)酸(富含 H_2S)处理过程中，元素硫常常堆积起来，SO_2 排放到大气中，$\delta^{34}S$ 变化在$+15‰\sim+25‰$之间，取决于地质来源。而该地区天然地下水 SO_4^{2-} 的 $\delta^{34}S$ 值变化在$-30‰\sim+10‰$之间。这就提供了识别这些工厂排放的技术成因硫的理想的同位素标记。在距离酸性天然气处理厂 2km 处井水 SO_4^{2-} 的 $\delta^{34}S$ 值稍负，SO_4^{2-} 浓度为 34mg/L。这些值代表了主要来自大气沉降 SO_4^{2-} 背景条件，随着 SO_4^{2-} 浓度增加接近于该工厂，$\delta^{34}S$ 值增加，趋于工业排放和堆积的元素硫的值，地下水 SO_4^{2-} 的 $\delta^{34}S$ 值与 $1/SO_4^{2-}$ 浓度关系图产生一条直线，指示两种源的混合。Y 轴的斜率为+23‰，与排放的 SO_2 和元素 S 的 $\delta^{34}S$ 值相同，识别出酸性天然气工业为当地地下水浓度大于 2000 mg/L 的 SO_4^{2-} 的来源(Mayer et al.，1995)。

灰场灰水含有很高浓度的硫、硼和溶解固体，同时可检测出微量的砷、铬等污染物。朱莉娜等(2002)利用硫同位素和水分子氢氧同位素研究灰场灰水渗漏对周围地下水的影响。研究区区域地下水和灰场灰水的 δD、$\delta^{18}O$ 和 $\delta^{34}S$ 存在明显差别，据此建立了端元组分区域地下水和灰水的 $SO_4^{2-}-\delta^{34}S$ 值分别为$+10.4‰\sim+15.2‰$和$+5.2‰\sim+5.3‰$。根据样品的 $\delta^{34}S$ 值鉴别出采集的样品有无灰水混入，并据同位素混合原理，计算出灰水混合比例，圈定灰水影响范围，确定入渗途径。

硫同位素研究不总是识别出人类起源的硫为地下水 SO_4^{2-} 浓度增加的原因。在德国西南部饮用供水区，地下水 SO_4^{2-} 浓度在过去的 30 年越来越大。当地补给水的 SO_4^{2-} 浓度为 40～140 mg/L，$\delta^{34}S$ 值为＋2‰。当地下水 SO_4^{2-} 浓度增加到 240 mg/L 时，$\delta^{34}S$ 值下降到－9‰。$\Delta^{34}S$ 值与 SO_4^{2-} 浓度的关系揭示 SO_4^{2-} 浓度的增加是由两种不同硫源的混合引起，它们的 $\delta^{34}S$ 值分别为－7‰和－12‰。沉积物的同位素分析识别出还原性硫化合物的岩石来源为地下水 SO_4^{2-} 浓度增加的原因。这种额外的硫源是天然存在的，主要是由于人类扰动而释放的。地下水持续抽水，降低了地下水位，使得沉积物中的还原性硫化物暴露在充气条件中，黄铁矿和一硫化物的氧化引起地下水中 SO_4^{2-} 浓度的增加。

5. 农业与天然来源

少数几个研究利用硫同位素来确定 SO_4^{2-} 化肥淋滤到地下水的程度。在意大利北部地下水中的 SO_4^{2-} 来自两种主要的源：一种是蒸发岩，另一种是农业使用的化肥（Olivero et al.，1987）。来自前者的 SO_4^{2-} 的 $\delta^{34}S$ 值为＋22.5‰，$\delta^{18}O$ 值为＋12.5‰，与蒸发岩的值相似。而溶解 SO_4^{2-} 的 $\delta^{34}S$ 值为＋10‰，$\delta^{18}O$ 值为＋6‰～＋11‰，指示 SO_4^{2-} 贡献来自化肥。很明显，硫同位素较氧同位素更适合于识别两种不同的硫源。

6. 含水层中细菌硫酸盐还原

含水层中 SO_4^{2-} 浓度减少的一种有效方式是通过细菌 SO_4^{2-} 还原，由于生成气态分子 H_2S，结果是残余 SO_4^{2-} 富 ^{34}S 和 ^{18}O。在加拿大安大略省（Ontario）斯特金福尔斯（Sturgeon Falls）地区含水层上部地下水中的 SO_4^{2-} 最初主要接受大气沉降，浓度为 6～27 mg/L，$\delta^{34}S$ 值变化在＋1.6‰～＋9.3‰，在含水层下部（10～18m）SO_4^{2-} 浓度剧减，而 $\delta^{34}S$ 值增加到＋46‰。作者认为，这是由于在 SO_4^{2-} 还原过程中发生同位素分馏（Robertson et al.，1994）。相似现象也在德国汉诺威（Hannover）Fuhrberger 浅层含水层中发现（Strebel et al.，1990）。不同的是前者 SO_4^{2-} 的半衰期只有 3 年，而后者为 75～100 年。还原的速率受到当地条件如温度、SO_4^{2-} 浓度、可降解的有机质的获得等因素控制。因此，细菌硫酸盐还原的同位素分馏程度在不同的场地变化很大。

第四节　硼同位素在地下水污染研究中的应用

天然条件下，地下水中 B 含量很低，但是受污染地下水 B 含量剧增。饮水中过量的 B 是有害的。世界卫生组织制定的 B 指导值为 0.3 mg/L，欧盟国家的 B 饮用水标准也是 0.3 mg/L，我国城市供水水质标准为 0.5 mg/L。由于不同来源的硼同位素组成差别大，易于识别，以及近年来硼同位素分析技术的提高，硼同位素在地下水污染研究中成为很有用的天然同位素示踪剂。

一、硼同位素基础

B 有两种稳定同位素：^{11}B（80.1%）和 ^{10}B（19.9%）。样品的 B 同位素组成以同位素比值$^{11}B/^{10}B$相对于标准物质的千分差($\delta^{11}B$)表示。

B在水溶液中主要以分子团$B(OH)_3^0$和阴离子$B(OH)_4^-$形式存在。两者含量主要受溶液的pH和B浓度的影响。此外,温度、盐度和阳离子浓度也有影响。在低pH时,B主要以$B(OH)_3^0$形式存在;高pH时,主要以$B(OH)_4^-$形式存在。

B同位素分馏只发生在分子团$B(OH)_3^0$和阴离子$B(OH)_4^-$之间的平衡交换反应中。^{11}B优先富集在$B(OH)_3^0$中,^{10}B优先富集在$B(OH)_4^-$中。由于pH、B浓度、温度、盐度和阳离子浓度等因素会影响$B(OH)_3^0$与$B(OH)_4^-$平衡系统:$B(OH)_3^0 + H_2O \rightarrow B(OH)_4^- + H^+$,因此这些因素也会影响B同位素分馏。

在地下水系统中,影响B同位素分馏的作用主要是吸附作用。黏土矿物优先吸附^{10}B,从而使地下水富集^{11}B,$\delta^{11}B$增大。尽管如此,在源识别上,由于B同位素分馏大(达到+90‰),因此不同的源B同位素组成差别大,这种增大仍然可将不同的源区别开来,如图11-13所示。废水中B同位素组成与海水差别很大,废水中的B被吸附后,其同位素组成仍然较海水低许多。此外,许多同位素如H,O,S,C,N等同位素,因受蒸发、挥发、化学氧化还原反应和生物化学作用等影响而发生同位素分馏。而B由于没有价态变化,在常温下也不存在气态物质,上述物理化学和生物化学作用不会引起B同位素分馏,因此B同位素可视为保守示踪剂,在源识别上具有独到之处。

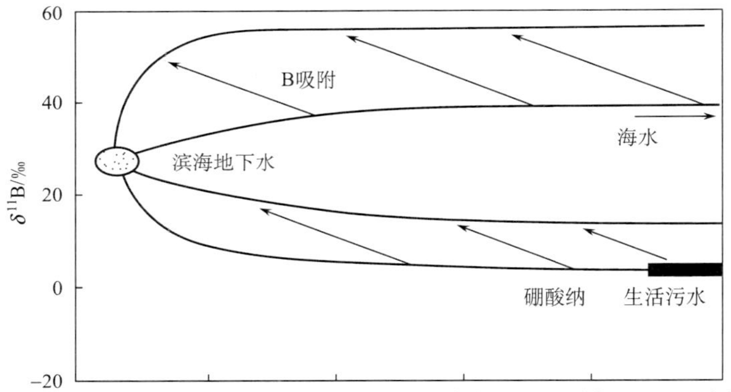

图11-13　未污染地下水与各种潜在污染源在$\delta^{11}B$-B关系图上的分布以及被吸附后的变化趋势(Vengosh et al.,1998)

二、潜在污染源的硼同位素特征

B在地壳中的含量很低,仅为0.001%,因此,未污染地下水B含量也很低(<0.05 mg/L)。天然地下水中B主要来自围岩。由于围岩的B同位素组成差别大,因此天然地下水的B同位素组成变化也很大。如结晶基底岩石区地下水$\delta^{11}B$值变化较大,为−10.2‰~+33.0‰,花岗岩、片麻岩地区为−3.5‰~+17.6‰;二叠纪沉积岩地区较

高，为+13.7‰～+33.0‰；早三叠世岩层区为+6.4‰～+22.2‰，中三叠世岩层区较低，为-10.2‰～+7.7‰；晚三叠世沉积岩区为+26.3‰(Barth，1997)。

污染地下水中的B可来自天然源和人为源。天然源主要为海水、卤水、地热水和硼矿石；人为源主要为污水、含硼化肥、煤灰淋滤液、垃圾渗滤液等。

海水是B的主要载体，其含量为4.6 mg/L，B同位素组成均匀稳定，且δ^{11}B值高，为+39.5‰(Barth 1993)。海相起源的卤水、地热水等δ^{11}B值高，如位于以色列死海B含量高，为37.0～44.3 mg/L，δ^{11}B+55.7‰～+57.4‰(Vengosh et al.，1991)；位于以色列Urania盆地卤水B含量为9.51～88.64 mg/L，δ^{11}B值+25.3‰～+35.9‰(Vengosh et al.，1998)；以色列Galilee海滨地热水δ^{11}B为+31.6‰～+44.0‰；死海西部海岸带热泉水B含量为20.5～31.3 mg/L，δ^{11}B值+51.7‰～+54.9‰(Vengosh et al.，1991)；冰岛以海水源为主的地热田热水δ^{11}B值高，为+29.6‰～+30.7‰(Aggarwal et al. ，2000)。陆相起源的卤水和地热水δ^{11}B值较低，如中国的柴达木湖δ^{11}B值为+2.52‰～+10.81‰(Xiao et al.，1992)；美国犹他州大盐湖的δ^{11}B值为+13.3‰～14.0‰(Tomascak et al.，2001)。在美国黄石公园，热水δ^{11}B值为-9.3‰～+4.4‰(Palmer and Sturchio，1990)；冰岛以雨水源为主的地热田热水δ^{11}B为-6.7‰～+3.1‰(Aggarwal et al.，2000)。在日本中部地区发育的热泉水δ^{11}B值为-5.8‰～+27.1‰(Musashi et al.，1988)。

地壳中的B主要以硼酸盐形式存在于矿石中，如硼酸钠、硼酸钙，其中以硼酸钠最为重要。海相硼酸盐δ^{11}B=+18‰～+32‰，平均值+25‰，而非海相硼酸盐的δ^{11}B值很低，变化在-31‰～+10‰，平均值-4‰(Swihart and Moore，1987；Oi et al.，1989)。硼矿石的δ^{11}B值很低，且每一种矿石的δ^{11}B值变化范围很窄，如土耳其的硼酸钠+7.6‰(Vengosh et al.，1998)，土耳其西部的硼酸钙-17‰～-9‰(Palmer and Sturchio，1995)。

在工业上硼化合物应用范围广。如用在玻璃及陶瓷制造业、制革、纺织品及化妆品的生产；合成显(定)影液、肥料、防冻液中的缓蚀剂、杀虫剂、除草剂、绝缘纤维、染料、高能燃料(用于火箭或导弹)、食品与木材防腐剂、润滑剂等产品；还可用于金属焊接(助熔剂)、电镀、核工业、有机反应的催化等方面。而最广泛使用的是利用过硼酸钠($NaBO_3 \cdot 3H_2O$)作为漂白剂添加到洗衣粉和去污粉中，因此污水、含硼化肥、垃圾渗滤液中B含量高。相对于海水来说，硼矿石及其加工产品的δ^{11}B值较低，如土耳其硼酸钠δ^{11}B值为+7.6‰。来自硼酸钠的硼酸和硼酸铵等加工产品δ^{11}B值为-2.0‰～+6.7‰，而来自硼酸钙加工的硼酸和来自美国、土耳其和智利的硼酸钙加工产品，主要用于化肥添加剂，这些加工产品的δ^{11}B值更低，为-13.4‰～-12.8‰；秘鲁的含硼化肥为-4.9‰(Vengosh et al.，1998)。由于污水、含硼化肥、垃圾渗滤液中的B均来自硼矿石及其加工产品，B同位素在常温下又不易分馏，因此这些污染源的δ^{11}B值也低。如尽管去污粉中的B含量变化大，为2.7～25.3 mg/g，但是δ^{11}B值低，而且变化范围窄，为-3‰～+3‰(Eisenhut et al.，1996；Xiao et al.，1988；Barth，2000)。以色列的原生污水和处理过的污水δ^{11}B=+5.5‰～+12.9‰，与非海相的硼酸钠矿物重叠(-0.9‰～10.2‰)(Vengosh et al.，1994)。

B 也富集在煤矿石中。煤矿石燃烧后废弃的固体物质为粉煤灰。粉煤灰渗滤液 B 含量很高(达 14 mg/L),成为地下水 B 污染的又一来源。其 B 同位素组成变化很大,为 −19.2‰～+15‰,与区域地下水明显不同(Davidson and Basset,1993)。

各种潜在污染源不但具有各自的 B 同位素特征,而且有些源还具有 B/Cl 比值特征(Vengosh et al.,1998):

(1) 滨海含水层海水入侵和海相起源的卤水:$\delta^{11}B \geqslant +39‰$,$B/Cl \leqslant 8\times10^{-4}$。

(2) 非海相起源地层中的卤水:$\delta^{11}B \approx 0‰$,$B/Cl > 8\times10^{-4}$。

(3) 与淡水含水层接触的地热水 $\delta^{11}B \approx 0‰$,B/Cl 比值极高($\gg 8\times10^{-4}$)。

(4) 来自含硼酸钙化肥污水:$\delta^{11}B = -13‰$,B/Cl 比值高($> 8\times10^{-4}$)。

(5) 生活污水和处理后的污水以及 B 来自硼酸钠的其他人为来源(如化肥、杀虫剂和垃圾淋滤液):$\delta^{11}B = 0 \sim +10‰$,B/Cl 比值高($> 8\times10^{-4}$)。

(6) 粉煤灰:$\delta^{11}B = -19.2‰ \sim +15.8‰$。

(7) 垃圾渗滤液:$\delta^{11}B = -5.7‰ \sim +9.6‰$。

(8) 洗衣粉:$\delta^{11}B = -2.6‰ \sim -1.1‰$。

(9) 硼砂和去污粉:$\delta^{11}B = -3‰ \sim +3‰$。

上述各种污染源可分为两大类。第一大类为海水和海相起源的卤水;第二大类为非海相起源的卤水、粉煤灰、硼矿石及其加工产品。前一类富 ^{11}B,$\delta^{11}B$ 值高,B/Cl 比值低,而后一类贫 ^{11}B,$\delta^{11}B$ 值低,B/Cl 比值高。因此,利用 $\delta^{11}B$ 很容易区分海水和陆源天然水,以及计算以它们为端元组分的混合水比例和示踪水流路径等。硼矿石及其加工产品的 $\delta^{11}B$ 值尤其低,往往与区域地下水不同,利用 $\delta^{11}B$ 可圈定污染范围。如果几种源叠加,由于 $\delta^{11}B$ 范围的部分重叠,因此还需要其他约束条件,如 B 含量、Cl 含量、B/Cl 比值、Na 含量等。

三、应用研究

B 同位素在地下水污染研究中主要用于 B 污染源的识别以及示踪其他污染源。如城市污水、垃圾淋滤液、粉煤灰渗滤液和农田回归水等。

意大利托斯卡纳区地下水 B 含量高,为 0.15～6.5 mg/L,大部分样品浓度超过欧共体饮水标准 1 mg/L。此处的 B 可来自天然源和人为源。前者为富 B 的泉水、地热水和蒸发岩的淋滤液;后者是使用过的地热水和生产硼酸的残余泥浆排放。硼酸最初从地热水中提取,后来转移到从土耳其进口硼矿石提取。加工硼酸后废弃的泥浆排放到一条支流中。Pennisi 等(2006)利用 B 和 Sr 同位素调查了该区地下水中 B 的来源,分析了地下水、地表水、硼矿石、残余泥浆、井底沉积物的 B、Sr 含量和同位素组成。发现交汇前河水的 $\delta^{11}B$ 为 $+10‰ \sim +15‰$,在支流与主流汇交处,地下水的 $\delta^{11}B$ 为 $-20‰ \sim -15‰$,离开 15km 处,上升到 +10‰,离开 17～18 km 处又下降到 −27‰,B 含量也发生相应的变化。支流附近井水的 $\delta^{11}B$ 值($-19‰ \sim -13‰$)与土耳其矿石(−13‰)相近,指示地下水中的 B 来自硼矿石。在 $\delta^{11}B$ 与 B 关系图上,在地热水与硼矿石混合线上,地热水(+7‰～

+17‰)的贡献不明显。随后下降到−27‰,B含量上升,认为是由于黏土吸附的B缓慢释放到水中之故。到达河口处又上升到+21‰,表明此处地下水没有受到工业B污染。底部沉积物为−4‰,落在海相沉积物范围内。此处地下水中B吸附与解吸达到平衡。Sr同位素分析结果也支持这个结论。

降雨或地表径流等因素,对固体垃圾、粉煤灰、施硼肥土壤的淋滤并渗漏到地下,导致土壤和地下水的污染,而污染范围将随水体的流向逐步扩大。对水样中某些化学元素的增加量进行监测,只适用于污染较重的地下水;而且因水体的稀释作用,无法确定污染范围。硼同位素作为一种灵敏的示踪剂在这方面得到很好应用:已知一种粉煤灰的硼同位素组成,当水样中含0.04%~0.2%的粉煤灰沥滤液时,即可检测出地下水是否受到沥滤液的污染。Eisenhut等(1997)发现,不同垃圾淋滤液B含量很高(1.8~6.7 mg/L),而δB值很低(−5.7‰~+9.6‰)。未受污染地下水的$\delta^{11}B$含量很高(46.6‰),B含量很低(3.6μg/L)。受污染地下水$\delta^{11}B$(−6‰~+10‰)与垃圾淋滤液相似,从而可利用B同位素识别污染源。受污染地下水不仅B含量高,而且Li含量也高。Li和B同位素具有相似的性质,因此,这两种同位素均可用于污染源示踪(Hogan and Blum,2003)。由于过硼酸钠常常作为洗涤剂中的漂白剂,因此污水中的B含量很高。污水中人为起源的B与天然来源B的同位素具有明显差别,因此B同位素可用于识别污水来源。Vengosh等(1994)利用B同位素示踪以色列滨海平原地下水受污染情况。原生污水和已处理污水的$\delta^{11}B$=+5.3‰~+12.9‰,这一变化与天然非海相硼酸钠矿石范围(−0.9‰~+10.2‰)重叠,但是与区域未受污染的地下水(−30‰)和海水(+39‰)明显不同。受污染的地下水具有很高的B/Cl比值和人为来源的同位素特征(+7‰~+25‰),指示污染来自已处理的污水。地下水中的B和$\delta^{11}B$的变化趋势,反映区域地下水与污水的混合以及B被黏土矿物吸附导致的同位素分馏。

西班牙Nevada北部流域供水井地下水NO_3^-浓度近于国家饮水标准10 mg/L,多数居民认为污染源应该是污水处理厂排放的废水,但是也可能是草坪施用的化肥。联合利用B和NO_3^-中的N,O同位素可以识别地下水硝酸盐污染源和发生的作用,因为在许多环境下NO_3^-和B是共同迁移的,化肥和污水具有不同的N,B同位素特征;反硝化作用会使氮氧同位素分馏,导致初始同位素值变化,而B同位素除了受黏土吸附影响外,不受氧化还原反应和微生物作用的影响,有利于污染源的识别。Seiler(2005)利用这些同位素区分出地下水中的硝酸盐是来自化肥还是污水,以及识别出发生的混合和反硝化作用。

第五节　碳同位素在地下水无机和有机污染研究中的应用

天然条件下,碳化合物是地下水中的常量组分,主要以无机碳DIC(HCO_3^-,CO_2,CO_3^-)和有机碳DOC(主要是腐殖质)的形式存在。尽管腐殖质本身不是有毒物质,但是过量的腐殖质可以提高微量元素、重金属和其他有机污染物的活性,以及使水呈黄色,影响感观,从而使水质下降。因此,腐殖质的来源和转化是近年来污染水文地质学研究的一个新领域。受污染的地下水,不但无机碳和有机碳含量增加,而且会出现环境中原本没有的人工合成的有机污染物，如石油烃、有机氯溶剂和农药等。这些污染物具有毒性，而且大部分具有三致性，因此，国内外饮用水标准的限值都很低，均在 μg/L 含量水平，如我国 2005 年制定的生活饮用水卫生标准的限值是，苯 10 μg/L，1,1-二氯乙烯 30 μg/L，三氯乙烯 70 μg/L，阿特拉津 2 μg/L。识别有机污染的来源和评价生物降解程度对污染场地风险评价和设计修复方案都很重要。各种组分的碳同位素，如 DIC-$\delta^{13}C$，DOC-$\delta^{13}C$，CH_4-$\delta^{13}C$ 和特定有机化合物的 $\delta^{13}C$ 都已应用在污染源识别和污染物迁移转化上。

一、应 用 原 理

碳同位素分馏机制与 N 和 S 同位素相似，分为平衡分馏和动力学分馏。平衡分馏发生在 $CO_2+HCO_3^-$ 体系中，而动力分馏主要发生在有机物的生物降解反应中。

1. 无机碳和甲烷的 $\delta^{13}C$ 应用原理

地下水中的 HCO_3^- 有三种来源，即大气 CO_2 溶解、土壤或沉积物中有机质降解产生的 CO_2 溶解和碳酸盐溶解产生的 HCO_3^-。其中大气 CO_2 的 $\delta^{13}C$ 值约为 −6.4‰(Friedli，1986)，土壤 CO_2 的 $\delta^{13}C$ 值，来自 C_3 循环植物平均为 −27‰，来自 C_4 循环植物平均为 −12.5‰(Vogel，1993)；碳酸盐溶解产生的 HCO_3^- 的 $\delta^{13}C$ 值近于 0‰。各种来源的 CO_2 或 HCO_3^- 在地下水中发生如下的同位素平衡交换反应：

$$^{13}CO_2(g)+H_2CO_3(aq)={}^{12}CO_2(g)+H_2^{13}CO_3(aq)$$

交换的结果，使 HCO_3^- 富 ^{13}C。在土壤 CO_2-HCO_3^- 系统中，HCO_3^- 的 $\delta^{13}C$ 值约为 −15‰；当有 $CaCO_3$ 溶解时，HCO_3^- 的 $\delta^{13}C$ 值将上升；在开放系统上升幅度大，而在封闭系统上升幅度小。由于不同来源的 CO_2 或 HCO_3^- 的 $\delta^{13}C$ 不同，根据地下水中的 CO_2 或 HCO_3^- 的 $\delta^{13}C$ 值可推测 CO_2 或 HCO_3^- 来源，进而推测污染来源。

甲烷(CH_4)是污染物来源的指示性气体。地下水中 CH_4 的来源有三种：生物来源、热分解来源和非生物的地幔来源。生物来源主要是有机物生物降解形成乙酸，乙酸发酵形成 CH_4；或者是有机物降解形成的 CO_2(或 HCO_3^-)利用 H_2 还原 CO_2 形成 CH_4。主要的反应(Klass，1984)如下：

$$6CH_2O \longrightarrow CH_3CH_2CH_2COOH+2CO_2+2H_2 \quad \text{有机物降解}$$

$$CH_3COOH \longrightarrow CH_4+CO_2 \quad \text{乙酸发酵}$$

或　$$CO_2+4H_2 \longrightarrow CH_4+2H_2O \quad CO_2\ \text{还原}$$

或　$$HCO_3^-+4H_2 \longrightarrow CH_4+2H_2O+OH^- \quad HCO_3^-\ \text{还原}$$

总反应式：

$$2CH_2O \longrightarrow CO_2+CH_4$$

由生物成因形成的 CH_4 的 $\delta^{13}C$ 值很负，达到 −80‰～−50‰。而热分解和地幔来源的 CH_4 的 $\delta^{13}C$ 值相对较高，分别大于 −50‰和大于 −40‰。据地下水 CH_4 的 $\delta^{13}C$ 值可识别 CH_4 的来源，进而识别污染来源。此外，当发生 HCO_3^- 还原时，产物 CH_4 的 $\delta^{13}C$

值很负，为$-75‰$，而残余反应物 HCO_3^- 富^{13}C，$\delta^{13}C$ 值达到$+31.6‰$（Aravena and Wassenaar，1993）。

生物成因 CH_4 的碳同位素组成也会受 CH_4 氧化的影响。当含 CH_4 的地下水运移到排泄区，或与浅层地下水混合时，会发生 CH_4 氧化，电子受体为 O_2 或 SO_4^{2-}。反应式如下：

$$CH_4 + 2O_2 \longrightarrow HCO_3^- + H_2O + H^+$$

或

$$CH_4 + SO_4^{2-} \longrightarrow HCO_3^- + HS^- + H_2O$$

反应的结果，使 CH_4 的 $\delta^{13}C$ 值上升，而 HCO_3^- 的 $\delta^{13}C$ 值下降。

总结上述分馏机制可用于如下地下水污染研究中：

（1）地下水中的 HCO_3^- 有三种潜在来源：大气 CO_2、土壤 CO_2 和碳酸盐溶解。这些源具有各自的碳同位素特征。大气 CO_2 通常为$-7‰$；土壤 CO_2 由于生物成因，$\delta^{13}C$ 很低，为$-25‰$；碳酸盐分为海相碳酸盐和陆相碳酸盐，其中前者的 $\delta^{13}C$ 为 0，后者变化范围较大，为$-2‰\sim-10‰$，与有机成因 CO_2 介入有关。通过测定水中 HCO_3^- 的 $\delta^{13}C$ 可以判断补给水的来源，进而推测污染物的来源。

（2）来自 C_3 和 C_4 循环的植物的碳同位素组成差异很大，前者为$-23‰\sim-38‰$，后者为$-12‰\sim-13‰$。据此判断地下水是否受到上覆层不同种植作用的影响，进而判断污染物是否来自农业污染源。

（3）管道输送的污水由于有机质含量高，有机质降解形成的 HCO_3^- 含量也较高，其^{13}C含量低，有别于当地地下水。通过污染水的 HCO_3^- 的碳同位素测定，可判断污染物是否来自污水管道的渗漏。

（4）在垃圾填埋场，由于淋滤液中含有大量有机质，有机质还原生成贫^{13}C 的 CH_4，水中的 HCO_3^- 由于发生 CO_2 还原则富^{13}C。据此可判断地下水是否受到垃圾淋滤液的污染。

2. 有机污染物的 $\delta^{13}C$ 应用原理

有机污染物的碳稳定同位素应用研究是随同位素测试技术的发展而开展起来的。过去对有机物的 $\delta^{13}C$ 的测试是将所有有机物完全燃烧转化为 CO_2，再测试 CO_2 中的 $\delta^{13}C$ 得到。随着同位素测试技术的发展，现在可以针对某一有机化合物测定其同位素组成，该技术称为特定化合物同位素分析（Compound-Specific-Isotope-Analysis）技术，简称为 CSIA 技术。

对于可生物降解的有机污染物，在生物降解过程中发生的同位素分馏机制与无机污染物不同。由于有机污染物通常是大分子化合物，参与反应的可能是其中的一部分，只有那些参与反应的原子才有同位素分馏，未参加反应的原子同位素组成不变，而 CSIA 技术测定的同位素组成是单个分子的所有原子。因此分子中反应部位的同位素效应会高于由 CSIA 测定的同位素比值计算的所有同位素分馏，而且每个分子原子数越多，分析的同位素分馏被稀释的程度越大。对 C 元素而言，总同位素富集因子 ε 大约为内在稳定同位素富集因子ε_i的$1/n$，即$\varepsilon=\varepsilon_i/n$，其中$n$为每个分子的原子数。因此，总体稳定同位素分馏因子可表示为$\alpha=(\alpha_i-1)/n+1$，其中α_i是内在同位素分馏因子。由此可见，分子量越大，总体同位素分馏因子越小，当n大到一定程度时，$\alpha=1$，即无分馏。在大分子有机污染物发生生物降解时往往观测不到同位素分馏，而小分子有机污染物如石油烃和卤代烃可观测到明显的同位素分馏。可观测到同位素分馏的分子量大约是含12～14个C原子。大于12个C原子的分子，由CISA测定的同位素变化与分析误差没有显著差别，即观测不到同位素分馏。因此，可利用大分子有机污染物的^{13}C识别污染源，利用小分子有机污染物显著的同位素分馏评价生物降解效果，计算衰减速率。但是，对小分子有机污染物如燃油，如果没有经历生物降解，由于在产品生产和加工过程中的物理、化学反应，会改变产品的同位素组成。因此，燃油的同位素组成差别很大(Smallwood et al.，2002)。利用这种差别可识别污染场地燃油的起源(Coffin et al.，2001；Drenzek et al.，2002)。总结^{13}C在有机污染研究的应用原理如下：

(1) 由于石油产品在加工过程中物理化学反应导致不同厂家生产的燃料的^{13}C含量不同，据此可识别燃油的污染源。

(2) 大分子有机污染物如原油，经生物降解后，由于未反应原子的"稀释"作用，测定的C同位素分馏不明显，保持了污染源的碳同位素特征。据此，又可识别大分子有机污染的来源。

(3) 小分子有机污染物(每个分子所含的C原子数目小于12个)，如卤代烃、烷烃，经生物降解后，可产生明显的C同位素分馏。分馏留下的同位素富集的指纹可追踪生物降解过程，评价生物降解效果，计算生物降解程度。

二、应用研究

利用碳同位素研究最多的污染物是有机污染物，这是有机地球化学的一个新领域。识别原油类有机污染来源，是进行客观的环境评价、准确预测长期风险、制定适当的应对方式和修复方法及有效的清理措施的基础，同时也是确定环境责任归属、解决责任纠纷的前提(Wang et al.，2004；刘国卿等，2004)。目前国际上出现"环境法医学"概念。传统的环境法医学是利用化学指纹、生物标志物和化学统计学方法区分环境有机污染。然而，利用单个化合物的同位素组成识别有机污染来源是该领域近年来正在探索的问题(Schmidt et al.，2004)。不同生产厂家的产品由于原料来源和制造工艺的不同，导致同位素组成上存在差别。这些差别已在BTEX、MTBE和有机氯溶剂等有机化合物上发现。Kvenvolden等(1993)利用原油的总碳同位素判别了发生在阿拉斯加前后间隔25年的两次原油泄漏事件；Page等(1998)利用同位素指纹技术追踪了1989年发生在美国阿拉斯加的著名的Exxon原油泄漏残余；Mazeas等(2002)通过分析原油残留物和被污染的鸟类羽毛上的原油分子同位素组成，探讨了Erika原油泄漏事件(1999)对法国大西洋沿岸的环境影响。而在地下水有机污染研究中，主要是利用碳同位素分馏识别污染物生物降解作用和量化生物降解程度。Meckenstock等(2004)进行了室内外研究的详细总结。

1. 室内试验生物降解过程中的同位素分馏

最近调查的同位素分馏主要集中在环烃类(BTEX)和有机氯溶剂这两类最常见的污染物上。

(1) 环烃的好氧降解。1969 年,Lebedew 等记录了烃氧化导致剩余基质富^{13}C 的同位素效应。Stahl(1980)调查了海水中原油的生物降解过程中的同位素效应,发现环部分没有同位素分馏,但是脂肪部分存在显著的同位素分馏。Lollar 等(1999)也发现甲苯的好氧降解不会导致碳同位素分馏。但是,Meckenstock 等(1999b,2002)发现某种菌株参与的甲苯好氧降解显示显著的碳同位素分馏。这些相反的结论可以用不同氧化酶的作用结果来解释(Morasch et al.,2002)。多环芳烃的生物降解没有同位素分馏(Cerniglia,1992;Trust et al.,1995)。原油也缺少同位素分馏(Mansuy et al.,1997)。由于在好氧降解中不同酶系统的变化,因此同位素分馏程度从强到中等再到检测不到的变化。在不了解不同的降解途径对整体生物降解的贡献时,环烃的同位素分馏只能作为生物降解的指示,而不能定量生物降解作用。相反,在野外没有同位素分馏,也不能解释为什么没有发生生物降解。

(2) 环烃的厌氧降解。当好氧降解将 O_2 耗尽时,污染物只能被厌氧生物降解。研究最多的污染物是甲苯。甲苯在硫酸盐还原菌作用下发生的厌氧生物降解具有显著的同位素分馏(图 11-14),碳同位素富集因子 $\varepsilon=-1.7‰$。不同的厌氧菌株由于酶系统的差异具有不同的碳同位素分馏因子。二甲苯可在硫酸盐还原条件下或反硝化条件下厌氧降解。二甲苯在反硝化菌株作用下发生的厌氧反应显示很大的同位素分馏,富集因子 $\varepsilon=2.1‰$。苯在反硝化、硫酸盐还原和产甲烷条件下发生的厌氧降解具有显著的碳同位素分馏(Mancini et al.,2003)。多环芳烃(PAH)的厌氧降解相对较小,但可分辨碳同位素分馏(Griebler et al.,2004b)。

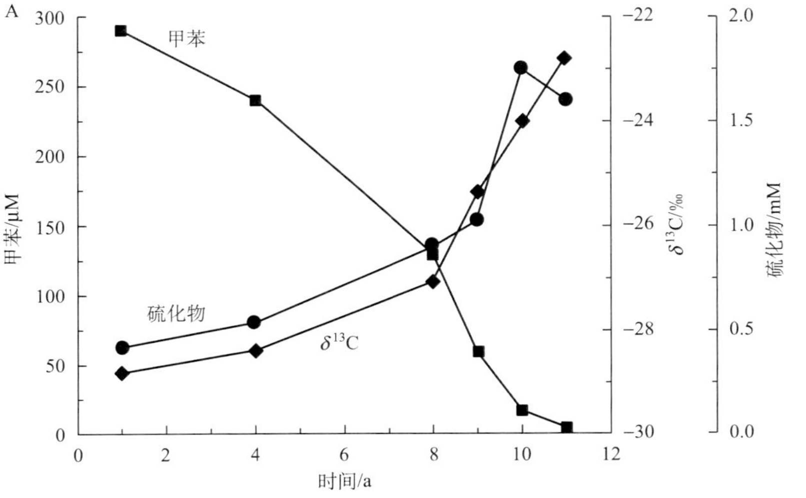

图 11-14　在硫酸盐还原菌作用下甲苯的碳同位素分馏(Meckenstock et al.,1999a)

(3) 含氯脂肪族化合物的含氧降解。氯代烃是地下水有机污染最常见的有机污染物。对它们极大的关注是由于这些化合物本身及其降解物具有毒性以及致癌性(Wiedemeier et al.,1999)。在好氧和厌氧条件下,有机氯溶剂如四氯乙烯 PCE、三氯乙烯 TCE 和四氯化碳 CT 长久存在几公里长的污染晕。在好氧条件下,三氯乙烯 TCE 和 1,2-二氯甲烷 VC 在降解过程中发生极显著的碳同位素分馏,TCE 的富集因子 $\varepsilon=-18.2‰$,1,2-二氯甲烷 VC 的富集因子 $\varepsilon=-32‰$(Barth et al.,2002;Hunkeler and Aravena,2000b)。

(4) 含氯脂肪族化合物的还原性脱卤反应。在缺氧条件下,四氯乙烯 PCE 和三氯乙烯 TCE 在厌氧呼吸中作为电子受体释放出 Cl^-。这种脱卤反应是在细菌作用下发生的。在降解试验中,一般含氯脂肪族化合物较环烃富集^{13}C。PCE 的还原性脱卤试验中碳同位素富集因子从 $\varepsilon=-2‰$(Hunkeler et al.,1999)变化到 $\varepsilon=-5‰$(Slater et al.,2001)。TCE 的降解较 PCE 脱卤更富集碳同位素(Bloom et al.,2000; Hunkeler 1999; Lollar et al.,1999;Slater et al.,2001)。二氯乙烷 DCE 降解中残余 DCE 的碳同位素富集程度是已知所有污染物厌氧降解中最大的,富集因子 ε 达到 $-19.9‰$(Slater et al.,2001)。

(5) 燃料氧化剂的降解。基叔丁基醚 MTBE 是一种燃料添加剂,可在好氧和缺氧条件下被细菌降解(Hanson et al.,1999)。MTBE 在好氧降解中的碳同位素分馏因子变化范围为 $-1‰\sim2.4‰$(Gray et al.,2002;Hunkeler et al.,2001b),而在厌氧降解中可达 $-9.16‰$(Kolhatkar et al.,2002)。

2. 利用同位素分馏定量室内生物降解

许多室内试验的主要目的是获得同位素分馏因子,用于定量单个污染物的原位生物降解程度。Meckenstock 等(1999a)利用室内柱试验模拟在地下水流条件下芳香烃的同位素分馏情况。加入柱中的苯和二甲苯在以硫酸盐作为电子受体下发生降解作用。两种烃的浓度沿柱的水流方向而下降,而碳同位素分馏随之加大(图 11-15)。生物降解程度和理论上残余基质的浓度可据瑞利分馏理论计算得出。输入参数是柱中各点的同位素组成和初始基质浓度。计算得浓度可与实测的浓度相匹配,指示批试验的分馏因子可用于计算基于初始基质浓度和实测的同位素变化的生物降解。

3. 野外污染场地定量芳香烃的生物降解

利用同位素分馏定量原位降解最早应用在德国汉堡市(Hamburg)一个焦油污染场地(Meckenstock and Richnow,2000;Richnow et al.,2003a)。该场地含水层的 BTEX 和 PAH 污染晕长达 900m。所有分析的污染组分浓度随地下水流方向而下降,但是只有其中一部分污染组分具有显著的同位素分馏。甲苯的生物降解程度可根据室内厌氧批试验获得的同位素分馏因子、实测的同位素变化和污染源附近甲苯的初始浓度计算得到(图 11-16)。计算结果显示大部分下游水井的甲苯降解了 95%。相反,一些化合物显示尽管浓度下降但是同位素组成不变,这也指示含水层介质通道和与隔水层介质的相互作用不会影响同位素组成到显著程度。此外,基于同位素分馏的石油污染含水层的生物降解评价应用于其他几个污染场地,如德国储油罐卡车意外事故导致的石油溢出污染场地

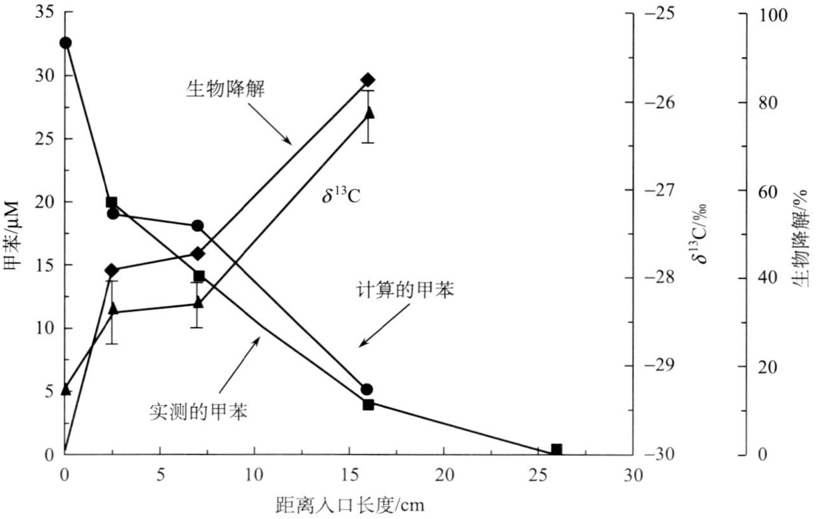

图 11-15　室内缺氧柱试验芳香烃降解过程中碳同位素分馏及估计的分馏程度

(Richnow et al. , 2003a)

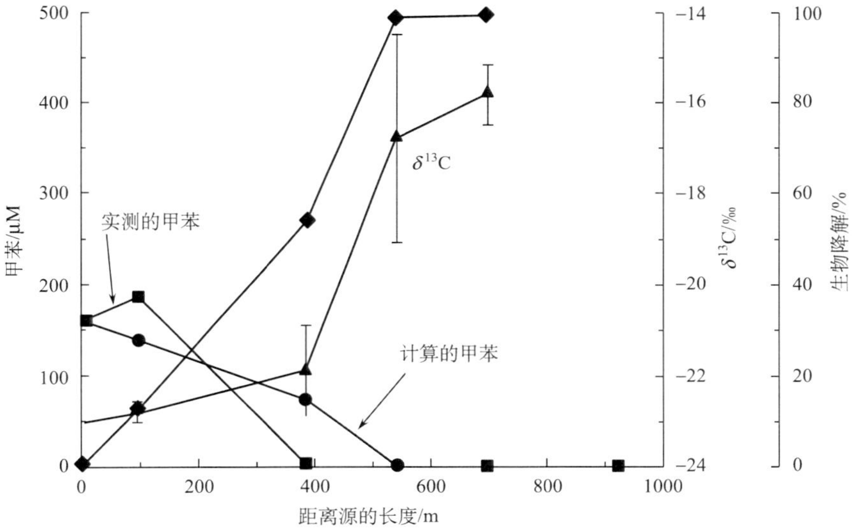

图 11-16　野外污染含水层沿监测剖面甲苯浓度和碳同位素变化

(Richnow et al.,2003a)

(Meckenstock et al.,2002)和丹麦垃圾渗滤液含有大量 BTEX 的污染场地(Richnow et al.,2003b)等。

4. 野外污染场地氯代烃厌氧降解作用的评价

PCE 和 TCE 还原性脱卤作用测定的分馏因子最近已用于测定氯乙烯污染场地原位

生物降解作用(Hunkeler et al.,1999;Lollar et al.,2001;Song et al.,2002;Vieth et al.,2003b)。沿地下水流方向残余基质的同位素组成变化很大,指示发生了生物降解作用。实测的同位素组成变化指示,下游水井实测的PCE和TCE生物降解了40%以上(Lollar et al.,2001)。

5. 影响野外污染场地同位素分馏的因素

野外同位素分馏影响因素主要有:氧化还原条件、温度和生长动力学、吸附和蒸发以及化学反应。各种因素影响程度不同。

生物化学降解途径对同位素分馏程度的影响很大。而好氧和厌氧降解途径是不同的,因此有必要了解是好氧条件占优,还是厌氧条件占优。在氧化带,环烃降解的不同酶系统产生的分馏变化范围很大,从检测不出到比厌氧系统还强的同位素效应。因此,至少对环烃,在好氧条件下,定量生物降解是不可能的。然而,检测同位素分馏可以定性指示生物降解的发生。在含水层的厌氧带,甲苯降解的碳同位素分馏因子在不同的厌氧带之间是相对恒定的,因此,可以定量生物降解程度。由于受BTEX污染的含水层通常会转化为厌氧条件,由于在好氧降解过程中需氧量很大,因此在许多条件下利用稳定同位素分馏是可能的。氯乙烯在好氧和厌氧条件下的反应同位素分馏因子变化很大。氯代化合物也一样,因此在利用稳定同位素分馏分析评价降解作用时,有必要考虑含水层的氧化还原环境。

当厌氧条件占优时,其他因素如温度或降解动力学对环烃生物降解的量化不是很重要(Morasch et al.,2001)。甲苯好氧降解的同位素分馏取决于生长温度,但是碳同位素分馏程度不及氢同位素。生长动力学对分馏影响没有系统变化规律。3个月与两周的分馏是一样的。最近的研究证明,苯厌氧降解的富集因子对蛋白质浓度和降解速率高10倍的培养与对照是一样的。在浅层含水层季节性温度波动很小,深部含水层可忽略,因此,温度变化对同位素分馏的显著影响是不可能的。

一些作者认为,吸附不会显著影响污染物的同位素分馏(Harrington et al.,1999),挥发性有机化合物的平衡吸附也不会影响碳同位素组成(Slater et al.,2000)。如苯和PCE作为模式化合物,在平衡试验中,初始量的90%被吸附到活性炭中,残余在水中化合物的同位素组成几乎不变(Slater et al.,2000)。然而,在反渗透高效液相色谱仪分析时显示吸附对同位素分馏影响明显(Caimi and Brenna, 1997)。通常利用Rp-HPLC时,重同位素迁移比轻同位素快,导致同位素分馏。吸附作用可以明显地滞留含水层中的污染物,从而至少部分地控制同位素组成的时空分布。在沉积物柱状试验中,调查了环烃在迁移过程中与沉积物介质的相互作用是否对同位素组成有影响。结果表明不会引起同位素变化(Meckenstock et al.,1999b)。

污染物蒸发作用伴随着同位素分馏效应,重的碳同位素富集在气相中,然而在含水层中,蒸发导致的在气相和溶剂相中的分配不可能导致污染物同位素组成的变化,因为层流阻止了紊流混合和蒸发。但是在包气带和毛细管带中,这种效应是明显的。

化学反应也会引起有机污染物的降解。如四氯甲烷可以通过还原性铁的氧化物作为电子供体被还原脱氯(Haderlein et al.,1999)。这种化学反应引发的同位素分馏可与生物降解相比(Dayan et al.,1999)。

金属铁(Fe^0)可用于通过非生物还原性脱氯作用清除受氯乙烯污染的地下水。在室内试验中,利用零价铁的还原性脱氯显示很大的碳同位素分馏效应(Bill et al.,2001)。稳定同位素分析也用于在室内模拟反应墙中量化 TCE 化学还原(Schuth et al.,2003)。

*　　　*　　　*

水分子同位素和溶质同位素的应用,是研究地下水污染来源和污染物运移转化的一种潜在的有力工具。水分子同位素主要利用同位素高程效应、蒸发效应、混合效应和季节效应识别污染地下水的来源,研究地下水盐化机制和污染机制,其前提条件是污染水体与未污染的地下水或区域地下水在同位素组成上差别明显。溶质同位素主要是^{15}N,^{34}S,^{11}B和^{13}C,它们的分馏机制不尽相同,其中^{15}N,^{34}S和^{13}C具有相似的同位素分馏机制,即平衡交换同位素分馏和动力学同位素分馏。有许多物理、化学和生物化学作用影响^{15}N,^{34}S和^{13}C同位素组成,特别是生物化学作用影响最大。这些溶质同位素用于识别污染源的前提条件是各种潜在污染源的同位素组成差别明显,而且在污染物运移过程中没有显著改变污染物同位素组成的各种作用,特别是生物化学作用。满足后者条件的地区常常是水文地质条件简单的地区,如地下水浅埋粗颗粒含水层地区。B同位素只有平衡交换分馏,其同位素组成不受物理化学和生物化学作用的影响,是识别^{11}B污染源极好的示踪剂。其前提条件是各种潜在的污染源具有可分辨的^{11}B同位素组成差别。

关于地下水硝酸盐污染源的识别。化肥、土壤有机氮和粪便或污水是地下水硝酸盐污染的主要来源,氨挥发作用使来自粪便或污水的NO_3^-富^{15}N而明显区别于来自化肥或土壤有机氮的NO_3^-。利用氮同位素很容易将它们区别开来。特别是在沙性土壤中,来自土壤有机氮的NO_3^-很有限,化肥或粪便常常是地下水高浓度NO_3^-的潜在来源,利用^{15}N同位素很容易将它们区别开来。

在水文地质条件复杂地区,污染物进入地下以后由于各种物理、化学和生物化学作用,会改变污染物或化合物的同位素组成,其中显著改变同位素组成的作用是生物化学作用,如反硝化作用、硫酸盐还原作用、甲烷生成作用和氧化作用和有机污染物的生物降解作用。但是,这些作用是可预测的。随着反应进程,留下同位素组成有规律的变化,利用这种变化可识别污染物衰减机制,计算生物降解速率和降解程度。也可利用瑞利模型恢复污染物的初始同位素组成,从而可在水文地质条件复杂地区识别污染源,结合测年同位素,还可重建污染负荷历史。

不同来源的污染物,不同的同位素可能具有不同的同位素特征;污染物的生物降解,也常常导致多种同位素分馏。因此,双同位素如NO_3^-中的^{15}N和^{18}O,SO_4^{2-}中的^{34}S和^{18}O,CH_4中的^{13}C和^{2}H以及多同位素(^{15}N,^{18}O,^{11}B,^{34}S,^{13}C等)的应用可以提供更多的信息,有利于源的识别和污染物迁移转化机制的识别。

有机污染物的碳同位素分馏机制与无机污染物不同,只有小分子有机污染物的生物降解才有显著的碳同位素分馏。在生物降解过程中,不同种类细菌的作用导致的碳同位素分馏程度不同,在不了解污染物降解途径时,碳同位素分馏只能作为污染物生物降解作用的识别,而不能定量生物降解程度。

污染物生物降解作用的发生是在有利的地质、水文地质条件下发生的,并且伴随着化学组分的改变;降解微生物的存在是污染物生物降解的前提。因此,同位素数据的解释常常需要地质、水文地质和水文地球化学数据以及微生物数据的支持。如何应用数学模型将这些数据综合在一起来刻画污染物在地下水中的迁移转化规律,是同位素污染水文地质学的前沿课题。

第十二章 地下水年龄测定

张之淦

第一节 基本概念和方法

一、地下水测年的基本概念

（一）意义

地下水年龄测定是水文地质学一项重要命题。识别地下水体的标志有两大类：一是赋存条件，二是地下水特性。“年龄”和数量、质量同为地下水基本标志性特性。它既是识别地球上形形色色天然地下水体的重要标志，又是追索地下水起源和演化的坐标轴线。

从某种意义上，水文学的主要任务是研究水循环。年龄则是描述地下水循环的基本参数之一。研究地下水循环的主要难点在于认识其流动（运动）过程。在这方面当前常用的方法有两大类：

一是动力学方法，建立在认识流动过程中驱动力（水头压力）、阻力（渗透性）和流速的动力学关系上，如达西定律：

$$V = K \cdot I$$

式中：V，K，I 分别代表流速、渗透系数和水力梯度。

二是运动学方法，建立在追踪水质点运动轨迹的基础上。而“年龄”正是表征水运动轨迹最主要和测量难度最大的参数。运动学方法的基本公式是：

$$L = V \cdot T$$

式中：L，V 表示水质点的移动距离和移动速度；T 是移动时间，也就是水质点的年龄。

尽管测定地下水年龄如此重要，但在水文地质学发展的最初二三个世纪中，限于手段不足，领域发展十分缓慢，致使动力学方法几乎成了认识地下水运动仅有的方法。同位素技术的出现开辟了一个新的时代。不仅出现了一些有前景的同位素测年方法，还带动了另外一些化学测年方法的发展。目前它们统称为同位素和化学测年方法，成为水文地质学的一个新兴领域，同时也把运动学方法提升到和动力学方法同等重要的地位。

（二）定义

地下水年龄是指水在地下存留的时间，也就是水进入地下这一“事件”至今的时间。但是，不同测年方法测定的“事件”不尽相同，如氚法测定的是大气降水到达地面的事件；^{14}C法测定的是水与土壤隔绝的事件等。因此在应用一种具体测年方法时，首先应弄清它测定的是什么事件，这样才能给所测定的地下水年龄下一个确切的定义。

（三）水质点年龄与水体年龄

地下水动力学一般假设渗流场是非混合系统。但是当追踪水质点运动时人们发现，由于流场中存在水力弥散和流线混合，现实中很难找到一滴水是由单一年龄入渗水组成的。含水层的混合能力介于地表某些全混水体和树木年轮、纹泥等非混型固态地质体之间。因此测定地下水年龄需要区分水质点年龄和水体年龄两种不同的概念。

水质点年龄指单个质点在地下存留的时间。地下水体的年龄则指水体中所有质点的平均年龄，也就是它们在水体中平均存留的时间，数值上等于水体更新交替一次所需的时间。这样一来，地下水测年技术就分成原理完全不同的两个组成部分。一是水质点年龄测定，文献中多简称为地下水测年方法，一般属地球化学范畴；二是水体（平均）年龄的计算，也称水混合模拟（简称 Modelling），纯属一种数学处理技术。因此要掌握或开发地下水测年技术，既要具备必要的地球化学修养，也要求有一定的数学知识功底。

（四）方法精度评估

地下水年龄测定技术的快速发展是近半个世纪以来的事。可以说，在此期间它经历了从“无”到有的质变过程，为认识水运动提供了一种十分宝贵的“新技术”。但今天它已经发展到什么水平？已能够解决哪些问题？总的说来，答案是：现有地下水测年技术一方面已经能够解决一些传统方法无法解决的关键问题；另一方面在解决不同问题时方法的精度相差很多，精度问题在很大程度上仍困扰着应用领域的拓展和广大水文地质人员使用的信心。

具体来说，地下水年龄测定的精度取决于取样、检测、水文地质和地球化学因素的校正、混合模型反映实际情况的程度等四个环节产生的误差。因此，四个环节都必须精心设计、精心操作，任何一个环节上的疏漏都能导致整个测年工作的失败。在最有利的组合情况下，如用核爆氚方法（通过测定峰值位置）测定黄土剖面雨水入渗速度（和入渗量），一般可达到±10%的精度；但很多方法，如用氚、氟利昂、SF_6 等方法测定年轻的岩溶潜水的年龄，往往因水混合模型不能准确描述实际情况，误差可以大于±100%，仅有半定量参考价值。用^{14}C方法测定1万年至2～3万年段第四系地下水年龄，与稳定同位素方法相互印证，有时能够达到±20%左右的精度。使用多种古老水测年手段相互印证，配合过细的水文地质和地球化学解释和校正，用来测定大型台向斜边缘几十万年到几百万年的地下水年龄也能达到±100%的精度。但用^{14}C方法来测定峰林平原区岩溶水年龄随深度分布时，苦于对地下水与含水层基岩和次生方解石之间溶解—沉淀交换以及水混合情况了解不透，目前尚难给出确切的精度判断，甚至得不到令人信服的半定量效果。

同先进国家相比，当前我国在取样、检测、校正、模型四个精度环节都有很大的完善和提升空间。中国同位素水文地质工作者面临的一项重大挑战，是如何从这四个方面着手，使测年工作的精度整体上再上一个台阶，以提高广大水文地质工作者对测年技术的信心，为中国水文地质事业发展做出应有的贡献。如中国地质科学院水文地质和环境地质研究所，最近几年通过引进、消化、再创新和自主创新，在一些至关重要的取样、检测技术上取得了突破性进展，可以说已基本上达到国际先进水平，不仅为我国同位素水文地质工作质量的提高做出了实实在在的、重大的贡献，也为如何完善和改进工作提供了方向性和方法性范例。

二、地下水测年方法分类

（一）原理分类

亚利桑那大学 Davis 和 Bentley（1982）梳理当时有前景的地下水测年方法，把它们按原理归纳成 8 类（表 12-1）。

表 12-1 地下水测年方法的原理分类（Davis and Bentley，1982。整理，修改）

序号	方法名称	原 理	研究程度
1	地下水动力学方法	达西定律：$v=kI$	成熟，误差大
2	短寿命放射性同位素法	放射性衰变：$N=N_0e^{-\lambda t}$	成熟，误差＜±100％
3	稀有气体积累法	放射性衰变产物（^4He 等）在地下水中的积累	20 世纪 80 年代以来发展较快，误差＞±100％
4	不平衡铀系法	不平衡部分的衰变 $^{234}U_{AX}={}^{234}U^0_{AX}e^{-\lambda 234t}$	半定量
5	化学物质不平衡法	亚稳态化合物的演化 $V=f(t-\tau^0)$ 用作记时	探索阶段
6	人工合成化合物环境标记法	地下水中氟利昂（Freon-11 及 Freon-12）、六氟化硫（SF_6）浓度的与日增长可以用做时间标记	进入 21 世纪氟里昂法逐渐淡出应用，并被六氟化硫法代替
7	古气候信息相关分析法 ①^2H 与 ^{18}O 法 ②稀有气体法	古气候变迁与水中存储的古气候信息相关分析	成熟，和其他方法相互印证使用效果好
8	区域水文地质历史法	传统自然历史方向各种方法，是解释各种数理方法所获得结果的基础	成熟，半定量

（二）年龄分类

随着地下水测年工作的进展，人们开始把地下水按年龄大小分成年轻水（young water）或现代水（modern water）和古地下水（old ground water）两大类。相应地，地下水测年方法也分成年轻地下水测年方法和古地下水测年方法两大组（表 12-2）。

表 12-2 地下水测年方法的年龄分类

分组	方法	半衰期	最佳测年时段
现代水组(<100a)	氡-222 法(^{222}Rn)	3.9d	1～20d
	氦-4 法		<10a
	六氟化硫法(SF_6 法)		<20a
	氪-85 法(^{85}Kr)	10.76a	<50a
	氚法(^3H)	12.43a	<60a
	氚-氦法(^3H-^3He 法)		<60a
	氟利昂法(CFCs 法)		公元 1950～2000a
	稳定同位素法(δ^3H,$\delta^{18}O$)		全时段
	水力学法(流网法,活塞流法)		全时段
过渡组(100～1000a)	硅-32 法(^{32}Si)	133a?	30～1000a
	氩-39 法(^{39}Ar)	269a	100～1000a
	水力学法(流网和活塞流法)		全时段
古水组(>1ka)	碳-14 法(^{14}C)	5730a	1～40 ka
	氪-81 法(^{81}Kr)	210ka	20～1000 ka
	铀-234 法($^{234}U/^{238}U$)	248ka	20～1500ka
	氯-36 法	301ka	60～2000 ka
	碘-129 法(^{129}I)	15.7Ma	>3Ma(极古水,油气)
	氦-4 聚集法(^4He)		10～100Ma
	稳定同位素(δ^3H,$\delta^{18}O$)		<3Ma
	稀有气体古气温法(Ar,Ne,Kr,Xe)		全时段
	水力学法(活塞流法,水流输入和输出及补给速率校正)		全时段

所谓“年轻水”(现代水)系指最近数十年入渗补给的地下水,它们的存在意味着地下水交替十分活跃;而“古地下水”则指 1000a 以前入渗补给的地下水,显示地下水交替非常缓慢。

这种地下水按年龄段的划分产生于地下水测年实践。在同位素水文学发展初期(20 世纪五六十年代)比较成熟的测年方法只有氚法和^{14}C 法两种。氚法的测年时段小于 50～60a;^{14}C 法测年时段大于 1000a。围绕它们形成了可以相互对比和印证的两组地下水测年方法。氚法和^{14}C 法测年时段之间尚有 50～1000a 一段空白,主要由氩-39 法和硅-32法填补,也称为过渡组测年方法。

古地下水测年方法的开发主要是结合测定第四纪承压水(confined aquifer,formation water 等)年龄进行的,其时段上限一般为第四纪开始时间,即 2～3Ma 前。因此文献中有时也把大于 3Ma 的地下水从古水中剥离出来,称为极古地下水(very old ground water),其测定方法如碘-129 法等。

三、地下水测年方法概述

下面按原理分类对现有方法作一简介(Davis and Bentley,1982)。

(一) 地下水动力学法

1. 均匀入渗的潜水

这是最古老的,也是过去最常用的办法。其原理是解达西公式和水运动连续方程的联立方程,对于二维稳定流来说(图 12-1),达西公式如下:

$$Q = Km\Delta W(\Delta h/\Delta L) \tag{12-1}$$

式中:Q 为地下水流量;K 为渗透系数(或称水力传导系数);m 为二维水流的宽度;ΔW 为流网的宽度(流线间距);Δh 为 ΔL 距离上的水头损失。若地下水及含水层均为不可压缩的,则水运动连续方程如下;

$$Q = (\Delta L/\Delta t)Pm\Delta W \tag{12-2}$$

式中:P 为给水度(有效孔隙度);Δt 为水流过 ΔL 距离所需时间;其他符号同上。

解式(12-1)和式(12-2)的联立方程:

$$\Delta t = P(\Delta L)^2/K\Delta h \tag{12-3}$$

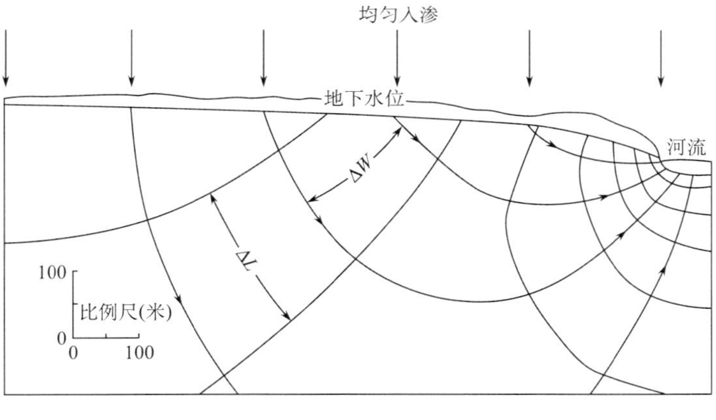

图 12-1　均匀入渗潜水稳定流示意图

根据公式(12-3)可以求出渗流场等年龄面来。图 12-2 示出一均匀无限延伸含水层的等龄面;其水文地质参数如下:$K=2.5$ m/a;$P=0.25$;年补给量 120 mm(大致相当于粉土层)。

但是自然界含水层具有明显的不均匀性。由于水流的非稳定性,水头变化也很大;水头 Δh 的变化,要引起 ΔL 的变化。这些都会影响等龄线(面)的分布。因此,用动力学方法测定地下水年龄往往只有理论上的参考意义,很难直接用于解决实际课题。

2. 承压水

对于活塞流还常用简单的达西公式计算地下水水力年龄。这种方法的缺点是无法考虑历史时期因入渗量变化产生的地下水流速变化。计算时,首先分段求出地下水流速 V_n:

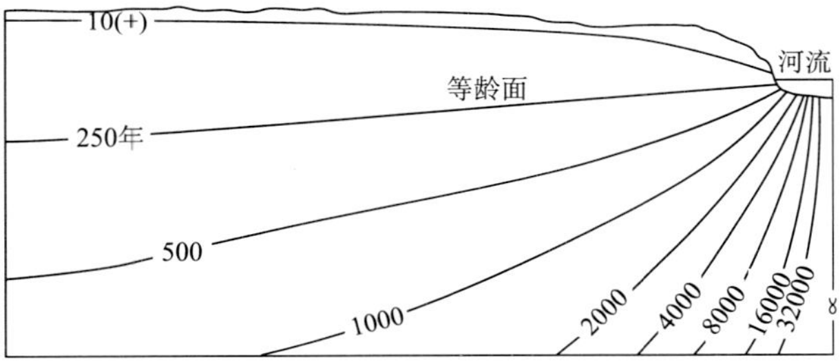

图 12-2　均匀入渗渗流场等年龄面

$$V_n = I_n k_n$$

式中：I_n 为地下水平均水力梯度（第 n 段）；k_n 为含水层平均渗透系数（第 n 段）。

再分段求出地下水流动时间 T_n（第 n 段）：

$$T_n = L_n / V_n$$

式中：L_n 第 n 段水流的流程。

各段流动时间相加，即为地下水水力学年龄（τ）：

$$\tau = \sum_1^n T_n$$

（二）大气成因短寿命同位素衰变法

宇宙射线照射高空大气生成一系列短寿命同位素，部分也生成于地表水体或土壤层中。当它们随着降雨进入地下水时，可以用来测定地下水年龄。这是目前应用最广的测定地下水年龄的方法。其中已经使用或者有前景的同位素列于表 12-3。

表 12-3　可用于测定地下水年龄的大气成因的放射性同位素

同位素		半衰期/a	雨水中浓度/(dpm/L)	取样量/L
氪-85	^{85}Kr	10.7	$10^{-8}\sim10^{-3}$	10^2
氚	^3H	12.43	10	0.5
氩-39	^{39}Ar	270	10^{-5}	$>10^4$
硅-32	^{32}Si	133	10^{-3}	5×10^3
碳-14	^{14}C	5 730	10^{-1}	10^1
氪-81	^{81}Kr	210 000	10^{-8}	50
氯-36	^{36}Cl	301 000	$10^{-5}\sim10^{-4}$	10^1
碘-129	^{129}I	15 700 000	—	50

表 12-3 中所列同位素测年时段可由其半衰期判断（上限约 5 个半衰期），而其应用前景在很大程度上取决于它们在雨水中浓度的大小。浓度越小，就需要处理更多的水，以富集必要的同位素物质。由于测试技术的发展，取样量不断减小，使更多的方法可以用于日

常水文地质工作。

1. ^{14}C 方法

^{14}C 方法目前应用最广，分溶解无机碳(DIC)和溶解有机碳(DOC)两种。DIC 方法的问题主要是如何建立最佳水文地球化学校正模型。方法误差在±20％到±100％，甚至更多。取决两方面因素：一是同位素水文地球化学条件的复杂程度，以及由此决定的“死碳”校正准确性；二是水样的古老程度。DIC 方法测年时间段为 1～40ka。当死碳只来自 $CaCO_3$ 溶解时，年龄越古老，误差越小；对于 2～3×10^4a 的水常可达到±20％到±30％的误差。但古老地下水 ^{14}C 浓度低，又存在硫酸盐还原和 CH_4 校正问题，使误差增大。

2. 氚方法

氚(^3H)的半衰期是 12.43a。如果它的时空分布比较均匀，本来可以成为十分理想的测年同位素。但遗憾的是准确恢复一个地区入渗水的氚输入函数是极困难的事。造成困难的因素有：①雨水氚浓度的动态变化(季节变化达 10 倍)；②雨水入渗量的时空变化；③入渗后到达地下水面的时间不等。因此，利用一般简化的模型测定地下水系统的年龄，多数只能得到半定量的评价。

在土壤和含水层中也生成一部分 ^3H。主要作用是 ^{238}U 的天然裂变和 ^6Li 捕获热中子放射 α 粒子生成 ^3H。据研究(Zito and Davis ,1980)一般含水层生产 ^3H 不大于 0.5TU，仅个别 ^{238}U 和 ^6Li 富集地带可达 1.5TU。这是和当前测试误差很接近的数量级，一般对氚法测定年龄影响不大。不过当我们发现十分古老的地下水中含有微量氚时，不一定要解释为现代水的混入。寻找无氚水样(做对比用)，应注意到 ^{238}U 和 ^5Li 含量低的地区去找。

近几十年中，核爆氚法是氚测年最重要的一种方法。但随核爆氚峰值渐行渐远，这一方法也日渐退出历史舞台。

提高氚法测年精度的一个途径是利用 ^3H-^3He 联合方法。^3He 是一种氦的稳定同位素，地下水中 ^3He 的起源，主要有 4 种：一是大气 ^3He 溶解于地下水；二是 ^3H 衰变的产物；三是捕获空气泡中的过量空气 ^3He；四是深部热水中地幔成因的 ^3He。对于冷水来说，深部起源的 ^3He 可以忽略不计，大气起源的 ^3He 是一个常数；除可能发生深层 ^3He 富集的深大断裂带外，^3He 总量减去大气起源的 ^3He 并进行过量空气氚校正，便可得出放射成因的 ^3He，即来自 ^3H 衰变的 ^3He。放射起源的 ^3He 与水中 ^3H 之和，应为 ^3H 之初始浓度。因此，同时测定水中 ^3He 和 ^3H 的含量可以提高 ^3H 法测年的精度。为了发展 ^3H 和 ^3He 联合方法，需要对 ^3He 的水文地球化学做深入研究。

放射 ^3He 会从地下水逸散，年龄越老逸失越多。随着核爆氚峰值远去，^3H-^3He 方法的价值也要下降。但有人认为，方法至 2025 年前还是有效的。

近年来，北半球雨水氚浓度逐渐降至全球核爆炸(1953～1966)前的水平(在 5～10TU 之间)。这仅比一般检出精度仅高几倍，用于测年，效果已大为逊色。

3. 氯-36 方法

^{36}Cl 的半衰期为 3.01×10^5 a，一般说来与围岩不发生地球化学反应，是 $5\times10^4\sim2\times10^6$ a 时段理想的测年同位素。问题是雨水中浓度小，解决这一问题的办法之一是提高质谱计的测量精度。20 世纪 70 年代末，Bentley(1978)和 Elmore 等(1979)开始利用串联式加速器质谱计测定 ^{36}Cl。此后 20 世纪 80 年代方法取得了重大进展。

4. 硅-32 方法

硅-32 的半衰期处于 ^3H 和 ^{14}C 之间，为 133a(?)，适合于测定 30～1000a 时段的地下水年龄，恰好填补了氚和 ^{14}C 之间的空白，并可与两者相互验证。

印度学者 Lal 等(1970)做了初步尝试，与 ^{14}C 法测定结果相比较，^{32}Si 测年结果往往偏年轻好多倍。Lal 等用年轻水混合模型解释 ^{14}C 和 ^{32}Si 法不符合的现象。

Davis 等(1982)认为，目前对 ^{32}Si 的同位素地球化学性质研究还不够，譬如可能存在核爆 ^{32}Si 和土壤起源的 ^{32}Si。宇宙射线照射土层顶部(几厘米)的 ^{35}Cl 生成 ^{32}Si。这种额外的 ^{32}Si 补给源可能是造成年龄偏低的重要原因(使浓化)。再如硅本身是一种在低温地球化学条件下比较活泼的元素，与围岩的化学交换也较复杂，这些都是有待解决的问题。因此，^{32}Si 法测年还处于探索之中。

5. 氩-39

半衰期与 ^{32}Si 接近(270a)，因为是稀有气体，地球化学性质比较简单。瑞士学者 Loosli 和 Oeschger(1978)，尝试从同一地区采样测定地下水 ^{39}Ar 年龄，相互之间的关系比较理想。但是当与 ^{14}C 测年结果对比时，^{39}Ar 年龄总是偏年轻很多。他们认为土壤层中 ^{39}K 含量较高，由于 $^{39}K(n,p)^{39}Ar$ 核反应可能在土壤中生成较多的 ^{39}Ar，这样就会使氩-39年龄测定值偏低。

6. 氪-85

由于人工核反应产生大量 ^{85}Kr，近 50 年 ^{85}Kr 在大气中的含量增加了 6 个数量级。^{85}Kr 的半衰期与 ^3H 接近(10.7a)。不同之处是 ^{85}Kr 在大气中的含量增长速度比较均匀，^{85}Kr 输入函数要比 ^3H 简单得多，结果，^{85}Kr 法测年要准确得多。在核爆氚峰渐趋平缓的今天，大气中 ^{85}Kr 却稳定增长，^{85}Kr 有代替氚成为年轻水测年重要手段的趋势。

7. 碘-129

碘-129 是当前大气成因短寿命放射性同位素中寿命最长的一种。其半衰期为 1.57×10^7 a，适于测定 1.5Ma～300Ma 时段地下水和石油的年龄。作为一种卤素，碘的地球化学性质与氯相似：碘的起源也与 ^{36}Cl 有相似之处，既有大气成因的，也有地下成因的。因此，其测年原理和氯-36 一样也建立在大气成因 ^{129}I 衰减和地下成因 ^{129}I 积累两种计时功能之上。

作为测年手段碘-129有如下两条优点：①大气输入量比较容易确定；②因属卤素，碘对水的亲和性极强，地球化学性质简单，极少被吸附或与阳离子化合沉淀。用加速器质谱计(AMS)测定时，样品约需2mg碘。只须处理几升(几千克)水样或石油样品即可满足要求。碘-129方法尚处于积极探索阶段，是测定极古老地下水和石油的一种很有前景的手段。

（三）稀有气体积累法

1. 基本概念

稀有气体累积法的原理比较简单。地壳中的长寿命放射性核素在衰变中产生的稳定子体将在地层中不断累积；当衰变产物是稀有气体时，由于他们不与其他物质反应，因此积累速度只受母体核素在地壳中的丰度支配。

用稀有气体积累法测定地下水的年龄，需要知道：①放射性起源稀有气体的生成速率；②它们从固相岩体向水中扩散的速率；③它们和水做相对运动的流体力学关系。

稀有气体积累法的优点是气体越积越多，适于测定较古老的水。目前主要用^{4}He方法较多，对于^{3}He和^{40}Ar也在积极探索。在测定地下水年龄方面具有前景的稀有气体列于表12-4。

表12-4 用于测定地下水年龄的稀有气体(Davis and Bentley，1982。简化)

核素		成因	测年时段/a
氦	^{3}He	^{3}H衰变产物	5～50
	^{4}He	α粒子捕获电子	10^{4}～10^{7}
氖	^{21}Ne	^{18}O捕获α粒子	10^{6}～10^{7}
氩	^{40}Ar	^{40}K衰变	10^{5}～10^{7}
氙	^{130}Xe	铀-238天然裂变	10^{6}～10^{7}
	^{135}Xe	铀-238天然裂变	10^{6}～10^{7}

2. ^{4}He

应用^{4}He积累法测定深层地下水年龄，1936年由原苏联学者萨甫琴科(Савченко)最先提出；20世纪六七十年代在我国有过一些应用。20世纪七八十年代，亚利桑那大学Davis曾给予更多关注。但方法一直与^{14}C等方法的测年结果不一致(偏老)(Davis and Bentley，1982)。从20世纪80年代中期，开始注意将铀系放射成因的^{4}He同其他成因^{4}He分开，从而取得了重大突破。

3. ^{40}Ar

^{40}K衰变生成^{40}Ar。从铀、钍和^{40}K的克拉克值(地球化学丰度)来看，^{40}Ar的生成速

度大约为^{4}He的1/2弱，但是，^{40}Ar从矿物中扩散出来的概率小得多，所以在地下水中积累的速度要慢得多。因此，至少要1Ma以上的水才能够有效地用^{40}Ar法测定其年龄。

(四) 铀系法(不平衡铀系法)

我们知道，不平衡铀系方法测定海相碳酸盐、铁锰结核等的年龄效果较好，测定一些陆相堆积，如钟乳石等年龄也取得一些进展。但是用来测定地下水年龄，目前还存在着一系列问题，只能取得一些半定量的成果。

最有前景的方法是$^{234}U/^{238}U$法，测年时段为$2\times10^{4}\sim150\times10^{4}a$。测定地下水年龄的原理如下(Osmond and Cowart ,1976)：

U元素的地球化学活泼性在氧化环境和还原环境完全不同。在氧化环境中，6价铀以$UO_2(CO_3)_2^{-2}$及$UO_3(CO)_2^{-4}$离子形式存在，在水中的溶解度较大；在还原环境中，含铀矿物的溶解度都很小。因此，在氧化环境中^{238}U和^{234}U不断从矿物中淋滤出来。由于^{234}U在生成过程中受反弹作用影响而离开正常晶格位置，较^{238}U易于遭受淋滤，所以水中$^{234}U/^{238}U$比值以一定速度增加，直到氧化还原界面处。进入还原带后，6价铀被还原成为4价铀，开始在裂隙中沉积下来，水中的$^{234}U/^{238}U$比值也因衰变不断减小。

如果$^{234}U/^{238}U$值在氧化带增长和在还原带衰减的速度为一常数，那么就可用这种增长和衰减来测定地下水年龄。

(五) 化学物质不平衡法

有些化学作用进行得十分缓慢，从而可以用做时标，特别是有些亚稳态化合物向稳态化合物的转化过程效果最好。目前在这一方面还没有人做过实际试验。有人从理论上预测水中溶解的氨基酸的左消旋作用，可能是较为理想的计时器(Davis et al.,1982)。消旋作用速度只与温度有关，用这种方法测定地下水年龄，需要知道地下水温度的变化历史，并证实所测定的氨基酸起源于地表并测出消旋速率。

应用这一方法目前还存在着一系列困难。由于水在运动过程中往往经历不同的温度阶段，而且不易定量恢复，因此这种测年方法大概只能对地下水年龄进行半定量评价。

(六) 人工化合物环境标记法

近几十年来有一些人工合成的化合物在水中的浓度不断增长。1990年代以前，氟利昂-11和氟利昂-12是最有测年前景的人工化合物。氟利昂(CFCs)是在冰箱中用的制冷剂。这种物质与岩层的交换和吸附等作用都不明显，因此是一种理想的标记地下水的示踪剂。此外，作为制冷剂，氟利昂-12比氟利昂-11生产早得多。因此，Freon-12/Freon-11比值也随时间变化。这一比值的输入函数及输出函数也可用来测定地下水年龄。

自20世纪90年代末起CFCs已停止生产和使用，因它们对臭氧层起破坏作用。CF-Cs测定地下水年龄的方法也随之走下坡路。

1990年以后，六氟化硫法发展很快，当前已成为测定年轻水最有前景的方法。

（七）古气候信息相关分析法

应用古气候信息相关分析法研究冰层的沉积速度，已取得良好效果。理论上，同样方法可以应用于测定地下水的年龄和流动速度。

如果沿地下水流线方向，某些古气候信息被记录下来，我们就能够通过和地区已知古气候事件进行相关分析，测定地下水年龄及流动速度。理论上至少有三类“指示剂”可提供地下水的古气候信息。

（1）水的氢氧同位素。

（2）水中的稀有气体。

（3）水中的氯离子。

应当说以上三类指示剂，指示地下水古气候信息的性能通常都是非常理想的，但由于含水层的弥散作用，使其定量性能较差。古气候相关分析法须与其他方法配合使用。

应用氢氧同位素进行古气候信息分析时，应注意下列地理和气象因素也能够影响补给水的同位素组成：

（1）古地形变化。

（2）古海岸线变迁。

（3）气团性质和成雨类型的变化。

（4）蒸发量的改变。

地下水中溶解的稀有气体含量，反映地下水入渗时的温度。各种稀有气体有着不同的溶解度和温度溶解系数，一般说重气体溶解度大；如在 20℃时，氙比氦的溶解度大 400 倍。同时，重气体的溶解度受温度影响较大。如从 5℃到 20℃，氙（Xe）的溶解度减小 40%，氦（He）只减少 6%。因此，要多测几种气体，使一个地下水样品同时给出三个至四个（Ar，Kr，Xe，有时 Ne）古气候信息。20 世纪 90 年代以来，稀有气体法测定古气温工作取得了重大进展。

（八）区域水文地质法

应用传统的、自然历史方向的各种地质和水文地质方法，对地下水年龄及古气候变迁历史做出初步估计，是应用各种数理方法解决问题的基础。

第二节　氚　　法

一、地球上的氚

1. 氢的同位素

氢有 3 种同位素，两种是稳定同位素（^{1}H，^{2}H）；一种是放射性同位素（^{3}H 或 T），其半衰期为 12.43a。

2. 氚的起源

天然水中的氚主要有两种起源：宇宙射线氚和人工氚。此外，地层里也有一些天然核反应产生氚(Zito and Davis，1980)，但数量不多，对地下水测年影响较小。

1) 宇宙射线氚

宇宙射线成因的氚生成在平流层高空，由宇宙射线快中子轰击氮原子而成：

$$^{14}_{7}N + ^{1}_{0}n \longrightarrow ^{3}_{1}H + ^{12}_{6}C$$

同时^{3}H又衰变生成^{3}He：

$$^{3}_{1}H \rightarrow ^{3}_{2}He + \beta + \gamma$$

两个反应达到动态平衡后，地球上氚的总量成为一个固定量。一般说，近几万年来宇宙射线强度变化不大，宇宙射线氚生产速度也稳定在0.25～0.75atom/(cm^2·s)水平上。地球上氚总量保持在5～20kg。

平流层的氚氧化后生成氚水(HTO)，以降水形式降落到地表。在北半球不同季节和纬度，天然雨水氚变化在5～10TU之间。

2) 人工氚

人工氚可以来自各种各样的人工核反应，如反应堆、核电站等，但主要还是来自1952～1963的核爆炸。据统计，截至1968年核爆炸共向大气圈注入220 kg氚，是平时地球保有量的几十倍。这导致北半球高纬地区的降水中，氚含量最高增加2～3个数量级(渥太华站曾达7000～8000TU)(图12-3)。

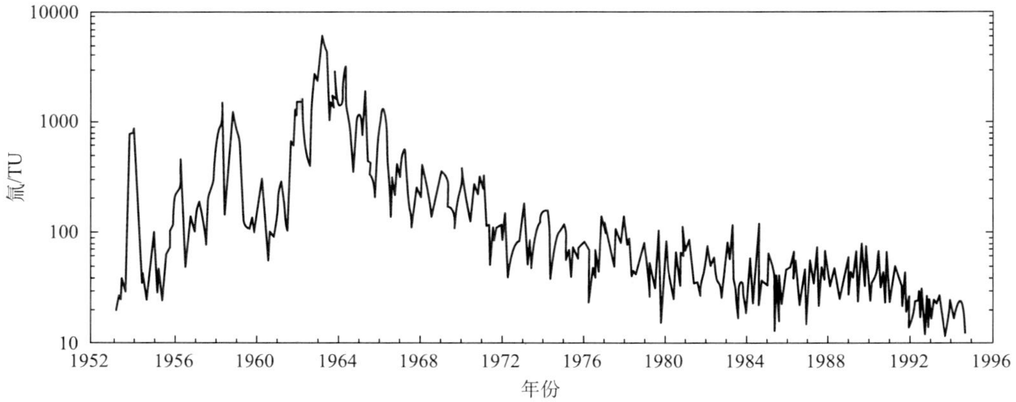

图12-3　加拿大渥太华历年雨水氚浓度变化曲线

(加拿大AECL，R. M. Brown监测记录，见Clark et al.，1997)

3. 雨水氚的地理分布

大气降水氚浓度是一个因地而异的随机量，因而需要设站观测，进行数理统计，找出统计学规律。为此，IAEA 从 1960 年开始在全球设立雨水同位素观测台站网络，系统观测全球雨水氚的分布特征。此后不断有统计学研究结果发表，显示全球雨水氚分布与地理和气象因素密切相关。

1）季节效应

雨水氚明显随季节发生变化。每年 6～7 月出现高峰值，12 月至次年 1 月降至最低，变化可达 5～6 倍。这种变化是大气休止层发生季节性断裂引起的。

在大气圈的平流层和对流层之间有一个休止层，阻隔两层之间气流的交换。休止层一般在 3～4 月发生断裂，贮存在平流层的氚大量泄入对流层。冬季断裂重新弥合，氚重新在平流层聚集，到来年春天再次大量涌入对流层。季节效应在图(12-3)上表现为氚浓度动态曲线剧烈的季节振荡。

2）纬度效应

南北半球雨水氚浓度不同，北半球高于南半球。这是因为①核爆炸主要发生在北半球(南北半球间大气混合一次需花费 10a 以上)；②南半球海水面积大于北半球，大量吸收大气中的氚。

在同一纬度上雨水氚浓度相差不多，因为同一纬度上大气环流周转一次只花费不到 1 个月，大气氚混合得比较均匀。

纬度效应是指不同纬度上雨水氚浓相差很多，且随纬度发生有规律的变化。平时高纬度的雨水氚浓度(10TU)比低纬度(5TU)高 1 倍；1963 年高峰期，高纬度氚高出约 300 倍(图 12-4)。平时雨水氚的纬度效应由地球磁场屏蔽作用所致；核爆炸时则主要和核爆炸地点有关。

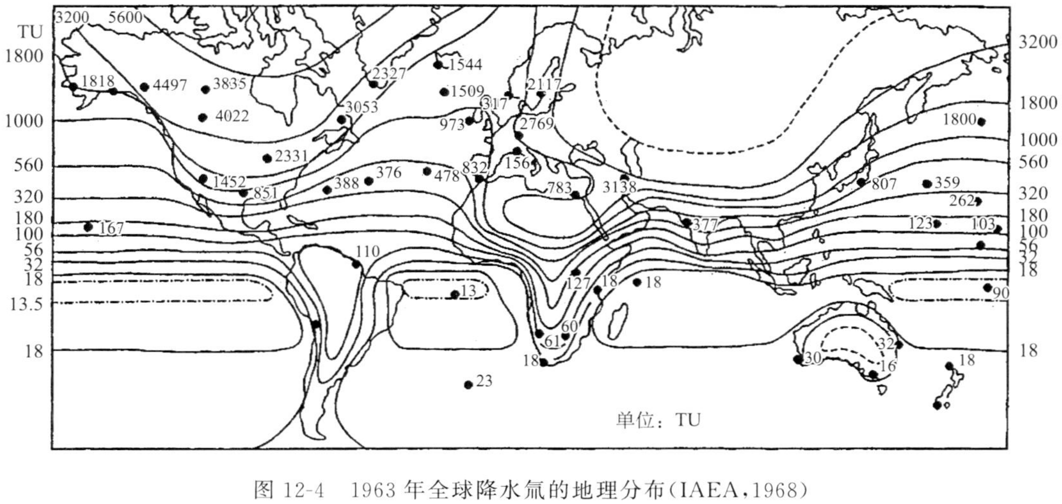

图 12-4　1963 年全球降水氚的地理分布(IAEA，1968)

20 世纪七八十年代我国在罗布泊爆炸氢弹，从 20 世纪 70 年代起在其以东地区（沿新疆—内蒙古—北京—黑龙江一线）形成一个纬向雨水氚异常带（＞200TU），高出两侧背景值 100TU 1 倍多（图 12-5）。详情见核爆氚一节。

3）大陆效应

从图（12-4）可以看到，在同一纬度上雨水氚浓度从沿海向内陆递增。由于大陆效应和纬度效应联合作用，我国雨水氚有规律地从东南向西北方向大约呈指数增长（图 12-5、图 12-6）。

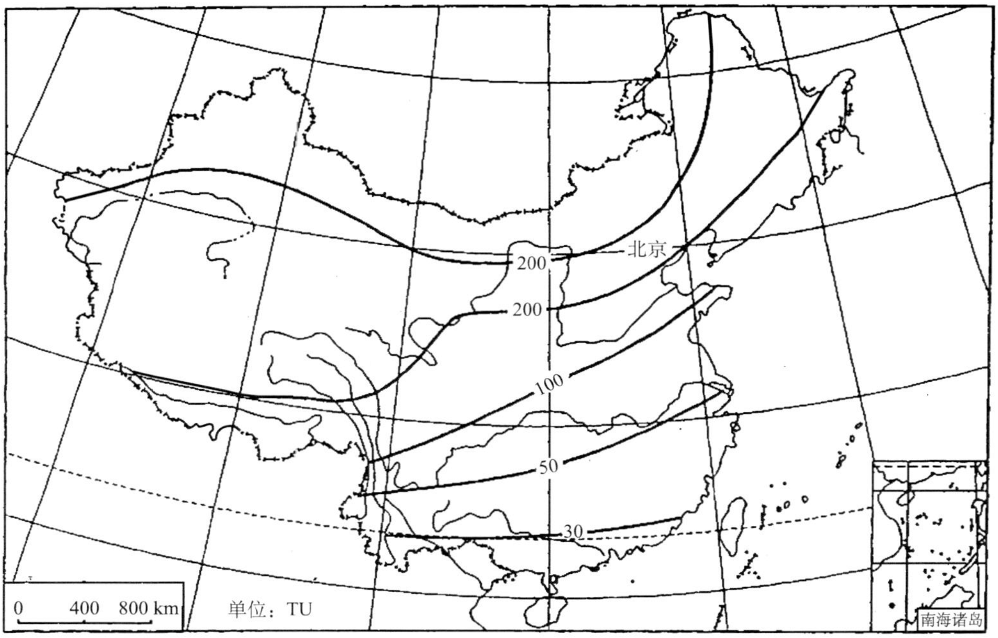

图 12-5 1978 年 5 月我国降水氚的地理分布（卫克勤等，1980）

大陆效应的产生和海水吸收氚有关。由于被海水吸收，海域上空云团中的氚不断被低氚海水蒸气所稀释，浓度极低。这一过程又称海洋稀释效应。

4）高程效应

指在山区随着高程增加，雨水的氚浓度不断增加。效应的形成机制和雨水稳定氢氧同位素的高程效应相似。

5）核爆氚

1952～1963 年的全球热核爆炸向大气层注入了大量核爆氚，使北半球中高纬度的雨水氚浓度升高了 2～3 个数量级（图 12-3）。

我国雨水氚在新疆—内蒙古—北京—黑龙江一线有一条脊状高峰带。1978 年时脊柱雨水氚浓度＞200TU（图 12-5）；至 1990 降至＞40TU，但脊柱并未消失（图 12-6）。它记录了中国在新疆罗布泊进行的核爆炸。其轨迹和西风带大气环流方向吻合。

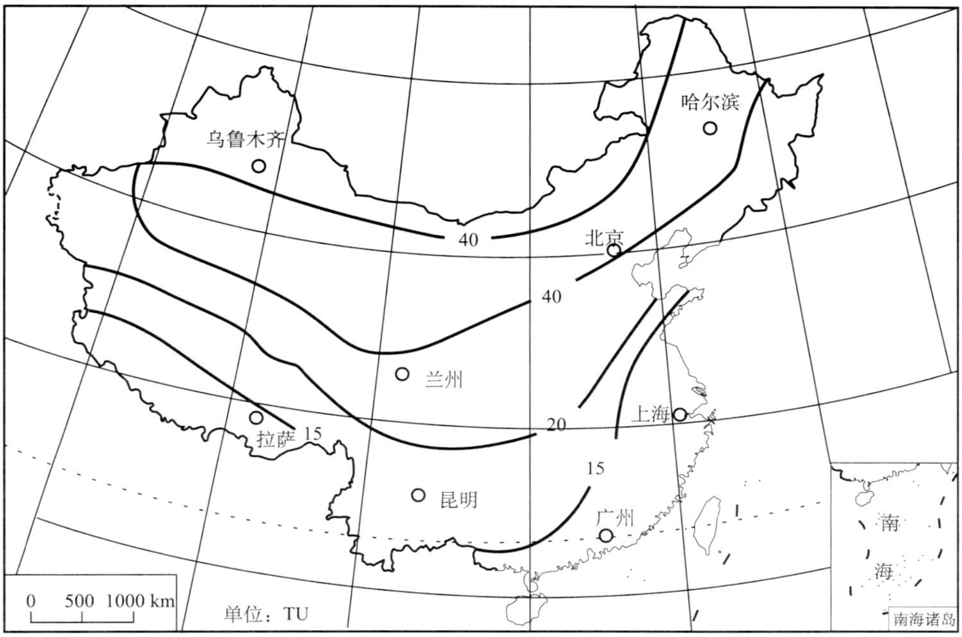

图 12-6 中国降水氚地理分布（1990 平均）（王东升，1993。简化）

我国没有更早的雨水氚记录。从当前雨水氚分布格局看来，纬度效应和大陆效应之上叠加有浓重的人工核爆氚效应的烙印。核爆氚应该是 1970 年代以来支配我国雨水氚分布至关重要的因素。从同位素水文地质学角度对这一问题迄今研究得还很不够。

20 世纪 60 年代中期（1964～1966 年）的雨水氚高峰，因全球混合、海水吸收而迅速降低；经过 50 多年（4 个多半衰期）的衰减，雨水中的核爆氚已减少几十到几百倍。一些重建工作显示，我国华北和华南地区，高峰期雨水氚浓度曾达 100～600TU，至 2008 年已降至 10～15TU，高出平时氚浓度已不多。

二、地下水氚年龄测定

Clark 和 Fritz（1997）把和地下水氚年龄有关的应用课题归为 5 类：

（1）利用 1963 年峰值记录地下水年龄。

（2）利用放射性衰变（通常意义上的计时功能）测定活塞型水流的运动速度。

（3）利用全混模型通过输入和输出曲线拟合确定地下水年龄。

（4）时间序列分析。

（5）定性解析。

下面用实例予以说明。其中,全混型实例参见本书第十七章相应部分内容。

(一) 峰值示踪

1. 概况

1952～1963 年期间的核爆炸实际上相当一次全球性人工投放示踪试验。其雨水氚含量最高比平时高出 2～3 个数量级,并在活塞型水流中形成清晰的高峰。活塞水流不可避免存在相邻年份水流间的弥散混合。这使雨水高峰值变宽,但仍保存清晰的峰值形态。

20 世纪 60 年代中期,Zimmermann 等(1967)应用人工和环境氚示踪方法研究包气带水分运移,提出入渗水在下渗中呈层状推进,属活塞运动,从而为应用同位素方法研究地下水补给奠定了基础。

随后的工作使方法日臻完善,并测得许多地区的年均入渗量,显示它们和气候、地貌及岩性有密切关系:丹麦冰缘堆积入渗量为 358 mm;德国莱茵河谷冲积层 160 mm;南非一湿润地区为 300 mm;澳大利亚南部 40～100 mm 等。中国地质科学院水文地质研究所在半干旱的山西平定黄土梁上,测得入渗量为 52.6 mm。

2. 实例一(丹麦 Gronhoj 地区冰缘沉积)

1966～1972 年 Anderson 和 Sevel(1974)在丹麦的 Gronhoj 地区对一冰水沉积物的包气带土壤水剖面进行了 4 次连续观测,得出该区年均入渗量为 358 mm。含水层由粉、细砂组成,包气带厚 22 m。

取样:

观测工作包括对 1 个钻孔中子水分测定和 4 次(1966,1968,1970、1972 年)氚剖面测定。每测定一次氚剖面,要求打 1 个新钻孔。每 20 cm 取一个土样,密封后送实验室用真空泵抽取土壤水分做氚分析。

每个土样 5～6 kg,按平均湿度 10%计,可取水样 500～600 mL。

数据:

1966 年数据见图 12-7。图中①号曲线为氚实测数据。又用活塞模型和弥散模型(活塞式水流经弥散校正)模拟了氚剖面,分别为②号和③号曲线。为了计算水分入渗量,还用中子仪测定了水分剖面(④号曲线),并计算其垂向总积累量(⑤号曲线)。

土壤水运动速度和年入渗量:

据分析,1966 年实测氚剖面中 4 m,7.5 m 和 13 m 的高峰分别对应 1963 年、1964 年和 1965 年夏季入渗雨水的氚输入。得出土壤水平均运移速度 4.3 m/a;3 年中其入渗水分积累量为 1074 mm,得年均入渗量 358 mm。

3. 实例二(山西平定黄土剖面)

水文地质:

工作地区位于平定县张庄以北阳胜河和松溪河分水岭的黄土梁上,属娘子关泉径流

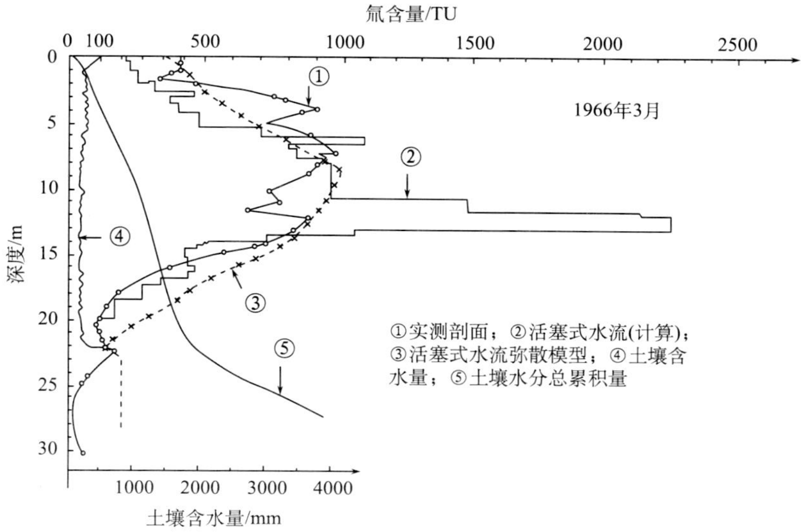

图 12-7　丹麦 Gronhoj 地区 1966 年 3 月钻孔(No.1)氚剖面

(Anderson and Sevel,1966)

区(图 12-8),年平均气温 8.6～10.7℃,年平均降雨量 538～578 mm。黄土剖面厚 25 m 左右。地形平缓。中奥陶系水位很深,埋深超过 300 m。

取样与测试:

取样时间为 1985 年 7 月选用了探坑取样的方法。探坑断面为 1 m×1 m 的正方形,坑深 20 m,坑内岩性:0～15.8 m 为第四系上更新统马兰黄土;15.8～16.0 m,有 0.20 m 厚棕红色亚黏土;16.0～16.6 m 含有砂砾,并夹有少量碎块状硬土;16.6～17.2 m 为红色黏土;17.2～20 m 黏土,且黏性逐渐增强(图 12-9)。

从上至下每 0.40 m 取一土样。当含水量 10%时,可取水样量 5～6 kg,用大号饭盒取两盒左右即可满足测试时水样的用量(350～500 mL);土干多取,土湿少取,本次实验从 0.40 m 开始取样,到地表以下 20 m 处共取样 50 个,取得的土样密封后送实验室。

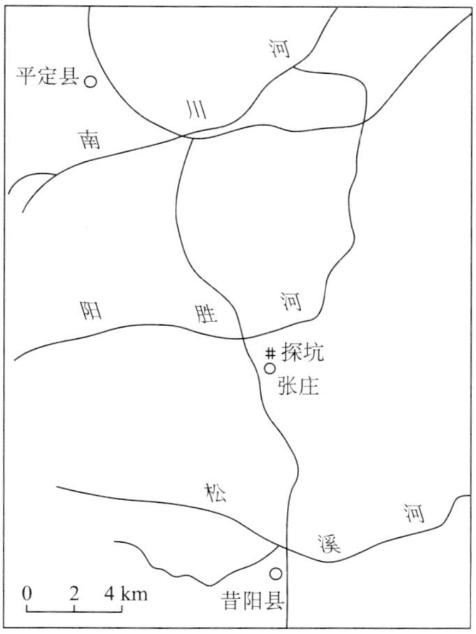

图 12-8　平定县取样探坑位置

(张之淦等,1990)

在试验室用蒸馏装置取水。蒸馏时注意以下三点:①蒸馏温度控制在 105℃;②蒸馏时重同位素滞后于轻同位素,因此,土样中的水必须全部蒸出;③蒸馏装置密封要好,避免因水逃逸而发生同位素分馏。

得到的蒸馏水,储于玻璃瓶中,然后用液体闪烁计数法进行氚分析。

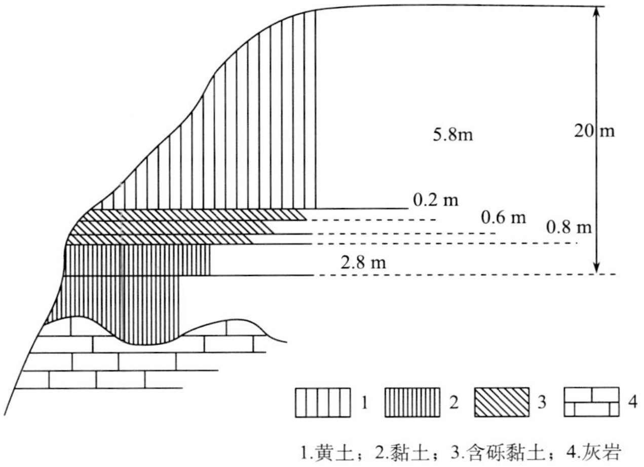

图 12-9　山西平定张庄黄土剖面(张之淦等,1990)

在取样的同时,沿剖面每 5 m 取原状土 1 块(共 6 块),测量其容重值,见表 12-5。

表 12-5　土壤容重测定

取土深度/m	0.2	5	10	15	19.8	20
容重/(g/cm²)	1.45	1.46	1.59	1.56	1.81	1.98

根据容重分别计算出不同深度段的重量含水量,重量含水量转换成体积(%)含水量,然后绘制土壤含水量曲线(图 12-10)。

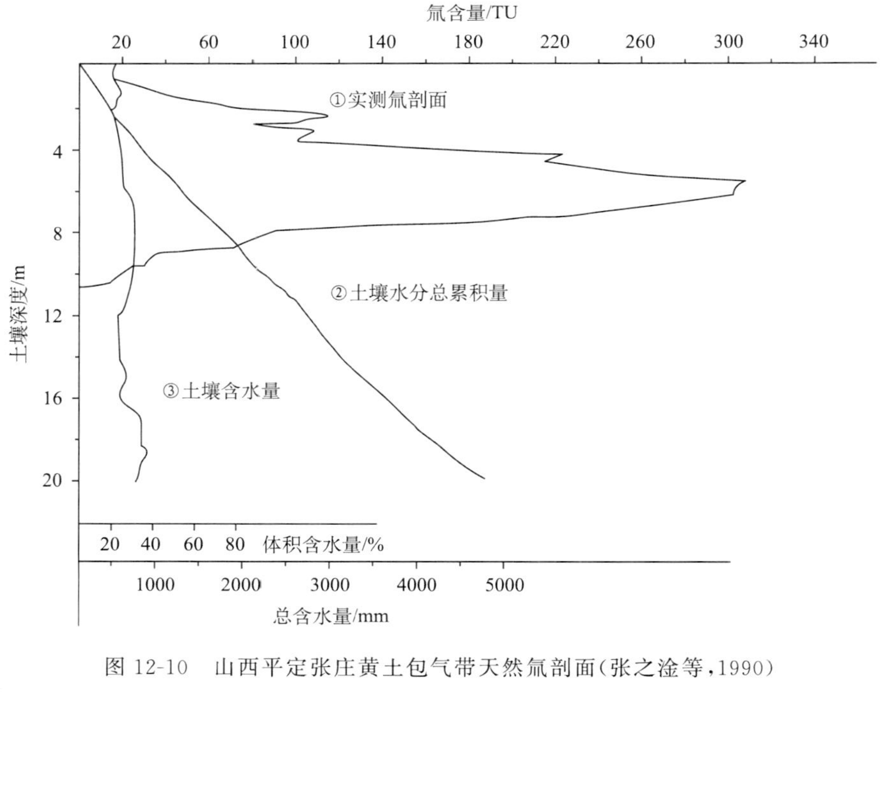

图 12-10　山西平定张庄黄土包气带天然氚剖面(张之淦等,1990)

测试结果：

测试结果见表 12-6 和图 12-10。从中可以看到黄土包气带中保存了非常理想的氚剖面。1963 年和其后的三个核爆峰值保存十分完好，可以用做土壤水分运移的标记。

表 12-6　氚剖面测试结果

取样深度/m	样品氚浓度/TU	取样深度/m	样品氚浓度/TU
0.4	14.95	6.0	304.06
0.8	23.67	6.4	303.15
1.2	33.99	6.8	253.67
1.6	58.48	7.2	236.60
2.0	71.63	7.6	177.38
2.4	115.68	8.0	97.12
2.8	76.09	8.4	76.43
3.2	111.46	8.8	69.06
3.6	100.02	9.2	36.94
4.0	151.50	9.6	34.03
4.4	226.94	10.0	23.01
4.8	212.63	10.4	17.08
5.2	241.45	10.8	<本底
5.6	310.63	11.2～20	<本底

1953 年以来总共移动了 11 m，最显眼的 1963 年峰值位于 5.6～6.4 m 区间。氚峰值较宽是因为土壤水在下渗过程中发生垂向弥散。因此取其中值(6 m)为 1963 年入渗水到达的位置。在 1963～1985 年(取样时间)的 22 年间黄土剖面土壤水分共移动 6 m，得年平均运移速度 0.273 m/a。

黄土剖面土壤水分(3 号曲线)变化在 20%～30%间，前 6 m 累计总水量 1157 mm，分配到 22 年得年平均入渗量 52.6 mm。

讨论：

(1) 我国黄土包气带中，至 1985 年仍保存有完好的核爆氚剖面。其形状较国外已发表的曲线更为清晰和理想。这可能和黄土类土壤的岩性比较均匀有关。

(2) 山西平定张庄地区土壤水平均运移速度 27.3 cm/a，年平均入渗补给量 52.6 mm/a。

(3) 1953 年至 1985 年，含有核爆氚的土壤水在平定张庄一带仅下渗 11 m。但在黄土地区饱水带地下水中往往含有较多氚。据分析，其来源有两种：①沟谷水混入；②黄土中沿裂隙流动的地下水混合。因此，从区域上看黄土地下水补给共有 3 个来源，总补给量应大于单一包气带土壤孔隙水的入渗量(52.6 mm/a)。

（二）活塞式水流示踪

1. 原理

在理想的活塞流条件下，利用氚法测定地下水年龄的数学计算可大大简化。

设已知雨水氚浓度 C_R，地下水氚浓度 C_w，就可用衰减公式直接计算地下水年龄 $\tau(a)$。

$$\tau = \frac{1}{\lambda}\ln\left(\frac{C_R}{C_w}\right)$$

式中：λ 为氚的衰变常数(0.05577)。

代入 λ 值：

$$\tau = 17.93\ln\left(\frac{C_R}{C_w}\right)$$

对于活塞式地下水流，可以绘制半衰期等值线图(图 12-11)，相邻两等值线间的水流时间(年龄差)为 12.43a。再有两条等值线间的流程长度，即可求出地下水平均流速。

要特别注意，这样做的前提条件是井水的氚值能够代表断面水流的氚平均值。

2. 实例——长治市隐伏岩溶水资源

1）问题的提出

长治市为晋东南政治、经济和商业中心，煤炭、铁矿等资源丰富，有建设重化工和能源基地的优越条件。1983 年人口已达 24 万。城市供水一直依靠建于漳河南支的漳泽水库(图12-11)，多年平均入库流量 5.8 m^3/s，水源当称充足。但近年来污染严重，危害群众身体健康。

区内第四系地下水水质较差，供应农业用水后，资源剩余不多，不能作为城市供水和生活用水的后备资源。石炭二叠系地下水因煤炭开采已被破坏。因此马家沟隐伏岩溶水成为区内最有前景的城市供水水源。初步确定在市区开采隐伏岩溶水 3×10^4 t/d(0.35 m^3/s)。1985 至 1986 年中国地质科学院水文地质研究所和山西省 212 队用氚法测定了该地区隐伏岩石溶水的资源量(张之淦等，1989)。

2）水文地质条件

长治市地处长治盆地(上党盆地)，位于我国北方第二大岩溶泉辛安村泉域内。泉域由马家沟(O_2)灰岩组成，底板为相对隔水的下奥陶统白云岩，地层产状平缓，在 10～15°之间，泉水多年平均流量为 9.6 m^3/s。盆地隐伏灰岩水水位埋深 200～300 m，灰岩水井井深一般 400 多米。

3）取样与测试结果

从盆地所有灰岩井取水样，两批共 14 组进行了氘、氧－18 和氚三种同位素化验。第

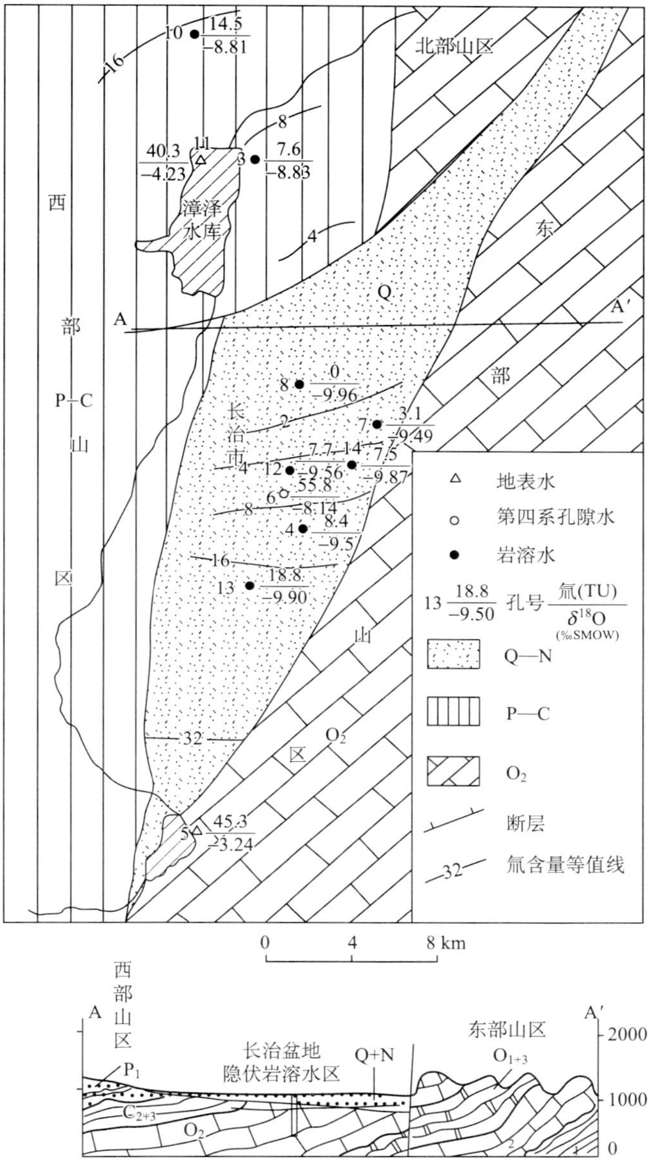

图 12-11　山西长治盆地同位素水文地质简图(张之淦等,1989)

一批(1985 年 6 月 29 日至 7 月 1 日)11 组;第二批(1986 年 7 月)3 组。包括库水 2 组,浅层地下水(第四系孔隙水)1 组,中寒武岩溶水 1 组(只分析 D 和 ^{18}O 两项),马家沟灰岩水 10 组。灰岩水中辛安村主排泄点—王曲泉 1 组,平顺壶关亚区马家沟灰岩水 1 组,北径流带 2 组(3 号井、4 号井),南径流带 6 组(4 号、6 号、7 号、8 号、12 号、13 号等井)。化验结果见表 12-7。分布情况见图 12-11。

表 12-7 长治地区天然水同位素分析成果

地下水类型	水点名称	编号	含水层	取样日期（年月）	同位素分析结果								
					T/TU	δD/‰				$\delta^{18}O$/‰			
						x_i	n	$\bar{x}$	δ	x_i	n	$\bar{x}$	δ
地表水	淘清河水库	5	—	85.6	45.3	−28.4	2	−45.9	24.41	−3.24	2	−3.74	0.64
	漳泽水库	11	—	85.6	40.3	−62.9				−4.23			
浅层潜水	长治南关	6	Q	85.6	55.8	−63.1				−8.14			
隐伏岩溶水（北径流带）	漳泽电厂	3	O_2	85.6	7.6	−73.7	2	−72.07	2.31	−8.81	2	−8.81	0
	史家庄	10	O_2	85.6	14.5	−70.4				−8.81			
隐伏岩溶水（南径流带）	慧丰中学	4	O_2	85.6	8.4	−72.4	6	−74.04	1.82	−9.5	6	−9.5	0
	自行车厂(1)	7	O_2	85.6	3.1	−76.9				−9.49			
	114 队	8	O_2	85.6	（本底）	−73.1				−9.47			
	212 队	12	O_2	86.7	7.7	−73.1				−9.96*			
	苏店	13	O_2	86.7	18.8	−72.9				−9.90*			
	自行车厂(2)	6	O_2	86.7	7.5	−74.4				−9.87			
裸露山区岩溶水	白水站泉	2	$\in_2$	85.6	—	−71.6	2	−74.05	3.31	−10.08	2	−9.96	0.16
	壶关修善	9	O_2	85.6	4.6	−76.5				−9.85			
辛安村泉水	王曲泉	1	O_2	85.6	29.9	−70.5				−9.12		−9.12	

4）数据解释

从区域水文地质条件分析，盆地隐伏岩溶水主要有 2 种补给来源：①长治盆地东部裸露灰岩区雨水入渗；②淘清河水库渗漏补给。

隐伏岩溶水取样 8 件，氚含量沿流程依次降低，表现出良好的规律性。按半衰期绘制的等值线间距相当稳定，显示出清晰的活塞流特征（图 12-11），这可能和马家沟灰岩具相对均匀的含水性有关。氚数据还显示，本区灰岩水以长治市以北大断裂为界分成南、北两个经济带。

从图 12-11 可见，南径流带氚等值线共有 5 条，活塞流流动时间约为 5×12.4a=62a，流动距离约 20 km，岩溶水平均流速 0.33 km/a。由南向北径流带变宽，流速变慢。

5）资源评价

有了地下水流动速度（v）和水流的几何参数，就能够对地下水天然径流量作出定量评价。取南径流带平均宽度 $B=10$ km；含水层平均厚度 $H=400$ m；岩层有效孔隙度（给水度）$P=0.01$，可得南径流带隐伏岩溶水径流量。

$$Q = H \times B \times v \times P = 1.32 \times 10^7 \text{m}^3/\text{a} \text{ 或约 } 3.6 \times 10^4 \text{m}^3/\text{d}$$

据中国地质科学院水文地质工程地质研究所、地质力学研究所等单位在北方岩溶地区工作经验，马家沟灰岩含水层的有效孔隙率均大于 0.01，且大小均匀。由于计算使用了有效孔隙率而非岩石全孔隙率,考虑结合水校正因素(见 488 页),若使用全孔隙率径流量还会成倍增加。因此 $3.6\times10^4 m^3/d$ 可视为十分可靠的资源量,可以完全满足市供水需求。

6) 1988 年检验结果

1988 年又从隐伏岩溶水深井取样检测氚浓度(龚自珍等,1994),氚半衰期等值线的良好规律性未能重现,而是氚值普遍升高,且无规律。这是因为隐伏水机井没有采取隔水措施,1985 年深井刚刚建成投产,地下水尚保存原始状态。至 1988 年,即 3 年后,第四系地下水已通过井筒对隐伏水造成严重的氚污染。

可见,为了使同位素工作取得成功,细致分析水文地质条件并正确取样,也和工作的其他环节一样至关重要。

(三) 时间序列分析

Fritz 等(1991)提出借助在一个水点上取系列样品,根据取样时间是处于氚峰的上升支还是下降支,可以取得地下水平均滞留时间的重要信息。其原理比较简单。从同一水点先后取两个水样,将测得氚数据进行时间校正后对比:

$$R = \frac{{}^{3}H_{先} \cdot e^{\lambda\tau}}{{}^{3}H_{后}}$$

式中:R 为两个样品氚浓度的比值;$^{3}H_{先}$ 为先期水样的实测浓度;$^{3}H_{后}$ 为后取水样的实测浓度。如果 $R<1$,表明该点地下水年代位于全球氚样上升支,即 1963 年之前;如果 $R>1$,则表明氚峰值已经过去,所取水样已处于氚峰下降支。由此可半定量判断该点地下水的年龄。

Fritz 等(1991)在加拿大安大略省的滑铁卢附近,从被黏土覆盖的半承压冰积层的几个井孔中,于 1976 年、1979 年、1981 年、1988 年连续 4 次取样,多数井孔的 ^{3}H 浓度呈下降趋势($R>1$)。显示 1976 年时,^{3}H 全球峰值已流过该点。即该处地下水的平均滞留时间(平均年龄)小于 1976－1963＝13a。先前用传统水文地质学方法曾确定该地区地下水平均年龄(滞留时间)小于 30a;借助氚序列分析法将此数据进一步准确化到小于 13a。

(四) 定性解释

全球核爆炸使大气氚浓度于 1963 年升到峰顶。此后的 40 多年里,由于核爆氚被海洋吸收和自身衰减,大气氚目前已接近核爆前的天然水平。

根据我国现有雨水氚分布情况(我国实验室氚分析精度约为±1TU),对当前(2010 年前后)实测地下水氚数据可以做如下定性年龄判断:

<1TU	老水(1953 年前补给)
1～3TU	老水有新水(0～10 年)混入
3～10TU	新水(0～10 年内补给)
10～20TU	仍残留一些核爆 ^{3}H
>20 TU	以 20 世纪 60 年代补给为主

第三节　人工化合物标记法

近半个世纪以来有一些人工合成的化合物在水中的浓度不断增长。比较重要的有氟利昂(CFCs)和六氟化硫(SF_6)。

CFCs是纯人工合成物,天然本底值为零。SF_6 是一种比空气重5倍的不活泼的气体,一般在大气和水中本底含量极低。

由于CFCs和 SF_6 浓度在大气和地下水中稳定增长,这就提供了一些理想的年龄输入函数;它们和岩层的交换、吸附等作用都不明显,因此成为理想的标记地下水年龄的示踪剂。但氟利昂破坏臭氧层,为害环境,近年逐渐停止生产使用;大气中浓度也逐年降低,从长远看很快要淡出测年领域。相反,SF_6 有很好的前景。

一、氟利昂法

(一)概况

1. 起源

CFCs(氟利昂)没有天然来源。1930年首次生产出CFC-12(CCl_2F_2),后又生产出CFC-11(CCl_3F)。目前全球每年大约生产CFCs 10^9 kg,广泛用于制冷剂、烟雾剂、清洁剂、溶剂、泡沫橡胶和塑料充填剂。

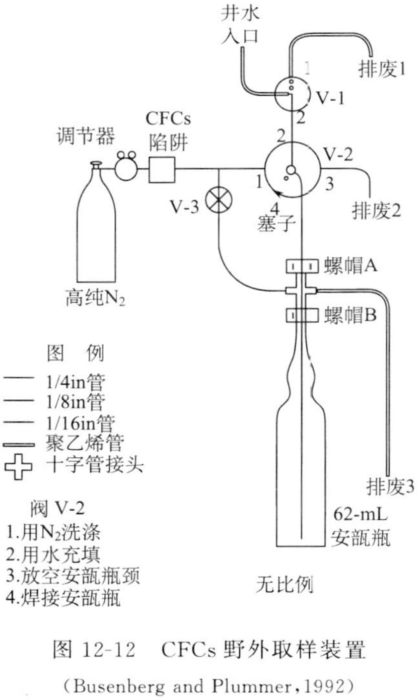

图12-12　CFCs野外取样装置

(Busenberg and Plummer,1992)

2. 水文学应用历史

1974年Thompson等提出可把CFCs用于地下水年龄示踪(Thompson et al.,1979),此后在北美很快广泛应用用于测定年轻水的年龄。

在我国,中国科学院地质与地球物理研究所率先开展了CFCs地下水测年工作(Han Liang-feng et al.,2001;Qin Dajun et al.,2001);2002年他们又引进测定CFCs的整套气相色谱设备,为开展CFCs测年创造了更好条件。

3. 样品采集

(1)野外水样收集装置如图12-12。

(2)样品须储放在由硼硅酸盐玻璃制造的安瓶里。据研究,这种玻璃瓶可保存水样1年,不会发生CFCs气体逸散。

（二）年龄测定方法

美国地调局(USGS)的 Busenberg 和 Plummer(1991，1992)对 CFCs 方法测定地下水年龄做了系统的开发研究；在我国，韩良丰等(2001)、秦大军等(2001)、万军伟等(2003)进行了详细介绍。

1. 原理

用 CFCs 测定地下水年龄的原理十分简单。因为大气中 CFCs 浓度在最近 50 年里增长近 2 个数量级，所以在这段时间内不同年份入渗水的 CFCs 浓度显著不同，成为其年龄标记。只要测出地下水质点的 CFCs 浓度就等于确定了它的入渗时间；入渗事件至今的时间间隔就是地下水年龄。

使用 CFCs 测定地下水年龄要求满足下列条件：

(1) 土壤包气带 CFCs 分压与大气中分压相等。

(2) 地下水没有受到局部 CFCs 污染。

(3) 土壤水与包气带空气已达到 CFCs 平衡(土壤水 CFCs 达到饱和)。

(4) 进入地下水后 CFCs 没有发生水文地球化学变化。

2. 大气 CFCs 历年浓度曲线

图 12-13 示出 CFC-12 和 CFC-11 在大气以及在 13℃水中饱和时的历年浓度曲线。可知自 1950 年至 1989 年，大气中 CFC-12 和 CFC-11 分别增长 60 倍和 38 倍。据 Busenberg 和 Plummer(2000)，1990 年后大气中 CFCs 浓度趋于稳定，并有逐年下降趋势。这样就破坏了单一增长的信号曲线，使信号的单一解受到损害，CFCs 测年方法因此可能要逐渐淡出历史舞台。

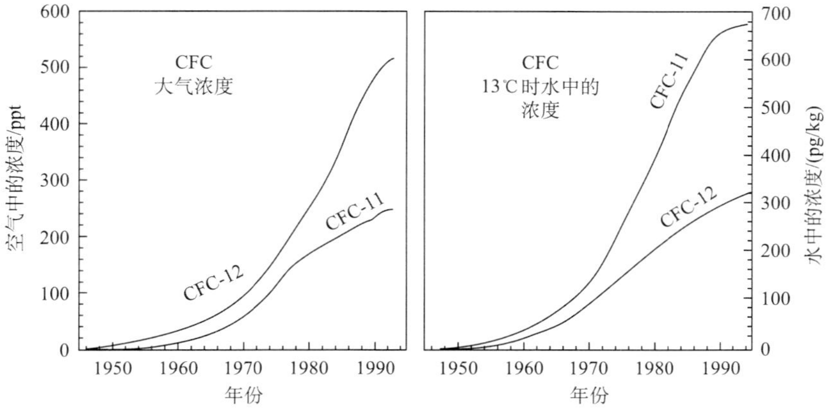

图 12-13　大气中 CFC-12 和 CFC-11 历年浓度曲线(Michel，1989)

3. CFCs在水中的溶解度

在0～40℃和0‰～40‰盐度区间的水中,CFCs的溶解度服从亨利定律:

$$\ln K = a_1 + a_2\left(\frac{100}{T}\right) + a_3\ln\left(\frac{T}{100}\right) + S\left[b_1 + b_2\left(\frac{T}{100}\right) + b_3\left(\frac{T}{100}\right)^2\right] \quad (12\text{-}4)$$

式中:K为溶解度[mol/(kg·atm)],即亨利常数;S为盐度(‰);T为温度(K);a_1,a_2,a_3,b_1,b_2,b_3为溶解常数。

CFC-12和CFC-11的溶解常数见表12-8。

表12-8　CFC-12和CFC-11的溶解常数(Warner and Weiss,1985)[单位:mol/(kg·atm)]

氟利昂	a_1	a_2	a_3	b_1	b_2	b_3
CFC-11	−133.268 5	206.115	57.280 5	−0.148 598	0.095 114	−0.0163 396
CFC-12	−124.439 5	185.429 9	51.638 3	−1.149 779	0.094 668	−0.016 004

4. 入渗水CFCs浓度的影响因素

入渗水CFCs的浓度主要取决于大气CFCs的浓度。同时还存在一些其他影响因素需要校正。

1) 入渗温度

入渗温度指包气带和饱水带边界处的温度。温度影响气体的溶解度[亨利定律,见公式(12-4)]。在使用水中CFCs实测浓度反算空气CFCs浓度值时,必须知道入渗水温度。

因为CFCs法测定的地下水年龄不超过50a,一般可用现今入渗水的温度进行计算。最简单的办法是把当地浅层水温度视为现今入渗水的温度。复杂一些的办法可用氮气(N_2)或惰性气体在水中的浓度反算环境温度。为了提高精度,有必要针对补给区入渗水温度做过细的工作。1～2℃的误差,可造成1～2a的年龄误差。

有了补给温度和水中CFC-12的浓度即可从图12-14查出地下水的补给年份。

2) 过量空气

当地下水位上升时,可能捕获一部分来自土壤的空气泡;气泡中含有的CFCs最终会溶解进入水中,称为过量气体。

水位季节变化带的岩性是决定过量气体捕获数量的关键因素。黏土等细粒沉积有利于捕获气泡;砂、砾等粗粒沉积,也就是联通性好的含水层极少有气泡被捕获。研究表明,一般过量气体很少超过30 cm^3/kg(溶液),而在渗透性能较好的含水层内通常<5 cm^3/kg(溶液)。

有了过量空气数量,可以用图12-15对年龄进行校正。即在测定的年龄上加上若干年,这是因过剩空气增加了水的CFCs浓度,使表现年龄(apparent age)偏年轻。

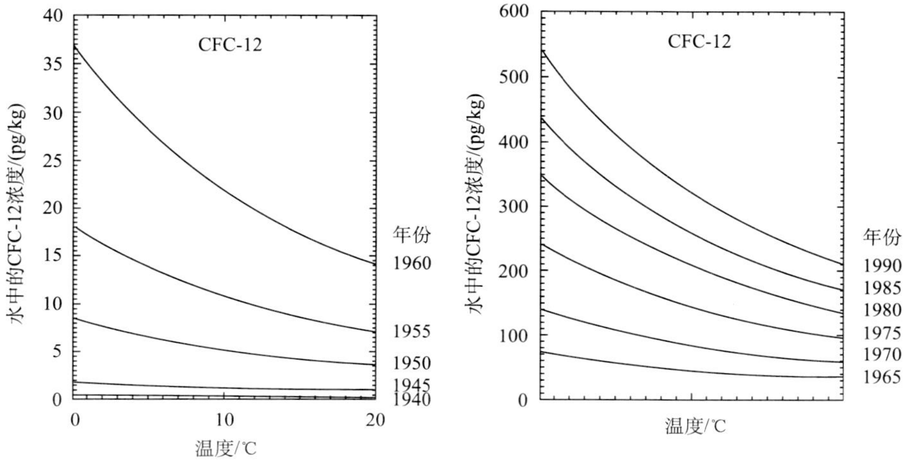

图 12-14　地下水 CFC-12 浓度与补给温度的关系(1940～1990)
(Busenberg and Plummer,1992)

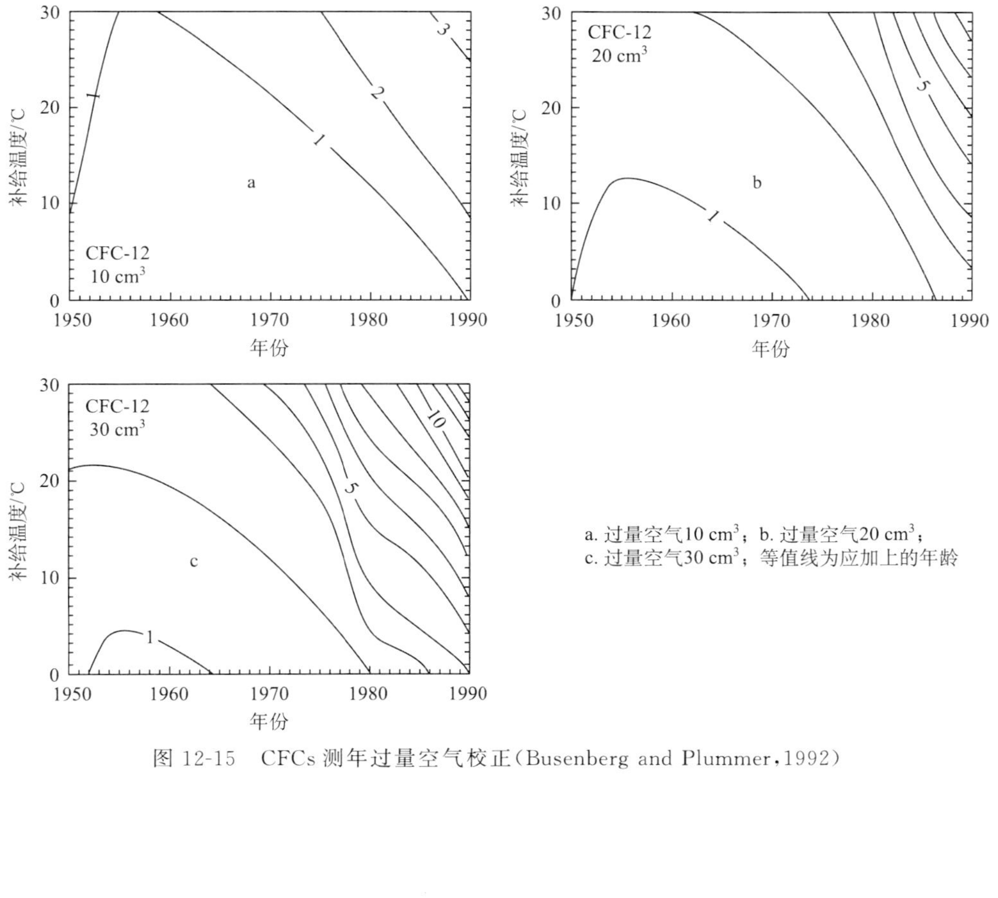

图 12-15　CFCs 测年过量空气校正(Busenberg and Plummer,1992)

5. 生物降解作用

地下水 CFCs 能够在微生物参与下发生降解，从而使地下水 CFCs 表观年龄(apparent age)偏老。

实验研究显示，如向含水层加入醋酸盐以激活细菌的生物活性，在高度还原的环境(厌氧环境)中，会发生明显的 CFCs 生物降解(Semprini et al.，1990)。有证据表明(Loveley and Woodward，1992)，存在甲烷的还原性土壤中也发生 CFCs 降解，而且 CFC-11 比 CFC-12 降解速度快。

在野外 CFCs 地下水测年工作中还发现，含有大量溶解有机碳(DOM)的地下水中，出现地下水 CFCs 的降解；然而在氧化环境，如水中有溶解 O_2 时，没有发现 CFCs 明显减少，甚至在一些缺氧的浅层地下水中，只要不是高度还原环境，CFCs 浓度也没有明显下降迹象(Busenberg and Plummer，1992)。

(三) 实例：美国俄克拉荷马州中部(第四系冲积层及三叠系砂岩含水层)

1. 水文地质条件

工作区地处落矶山东麓的美国中部大平原山前地带，分布在阿肯瑟河上游 5 条支流的河谷地区(图 12-16)。每条河谷宽 5～13 km 不等，平均高程 365m。地区年均气温 15～16℃，年均降水量 760 mm。分布有上宾夕法尼亚统(C_{2+3})、下三叠统(T_1)、更新统(Q_{1-3})和全新统(Q_4)地层。阶地沿锡马龙(Cimarron)河、北加拿大人河和加拿大人河谷地展布，由 Q_{1-3} 洪积组成(未胶结的砂、砾石、淤泥和黏土)，最宽处 13 km，厚度0～30 m。Q_4 为现代河床冲积物，也由砂、淤泥、黏土和砾石透镜组成。冲积物宽 0～5 km，厚可达30 m以上。

第四系冲洪积层地下水的化学成分与下伏三叠系砂岩层相似。

2. 样品采集

1989～1991 年，Busenberg 和 Plummer(1992)取地表水样 57 个，潜水样 40 个(取样深度 7.4～40.5m)分析 CFCs。取样前，先抽出 3 倍于井筒体积的水。同时实地监测 pH、电导率、水温和溶解氧；待各项指标稳定后再取样。为了获得有代表性的水样，连续抽水 1～2 个小时，分间隔取 3～6 个 CFCs 样品。同时尽可能收集其他同位素测年成果，如水的 ^3H 浓度。

3. CFCs 的区域分布与地下水年龄

(1) 区内 Q_{1-3} 地下水 CFCs 的浓度变化很大。从小于 325 pg/kg(相当于气温 9℃时地下水与 1989 年大气平衡时的 CFC-12 浓度)至大于 100 000 pg/kg(图 12-16)。可见，地下水已被工业 CFC-12 严重污染。污染源主要分布在俄克拉荷马市区，并已影响到河水和第四系浅层水：在俄克拉荷马市区下游沿北加拿大人河河谷形成了污染晕。

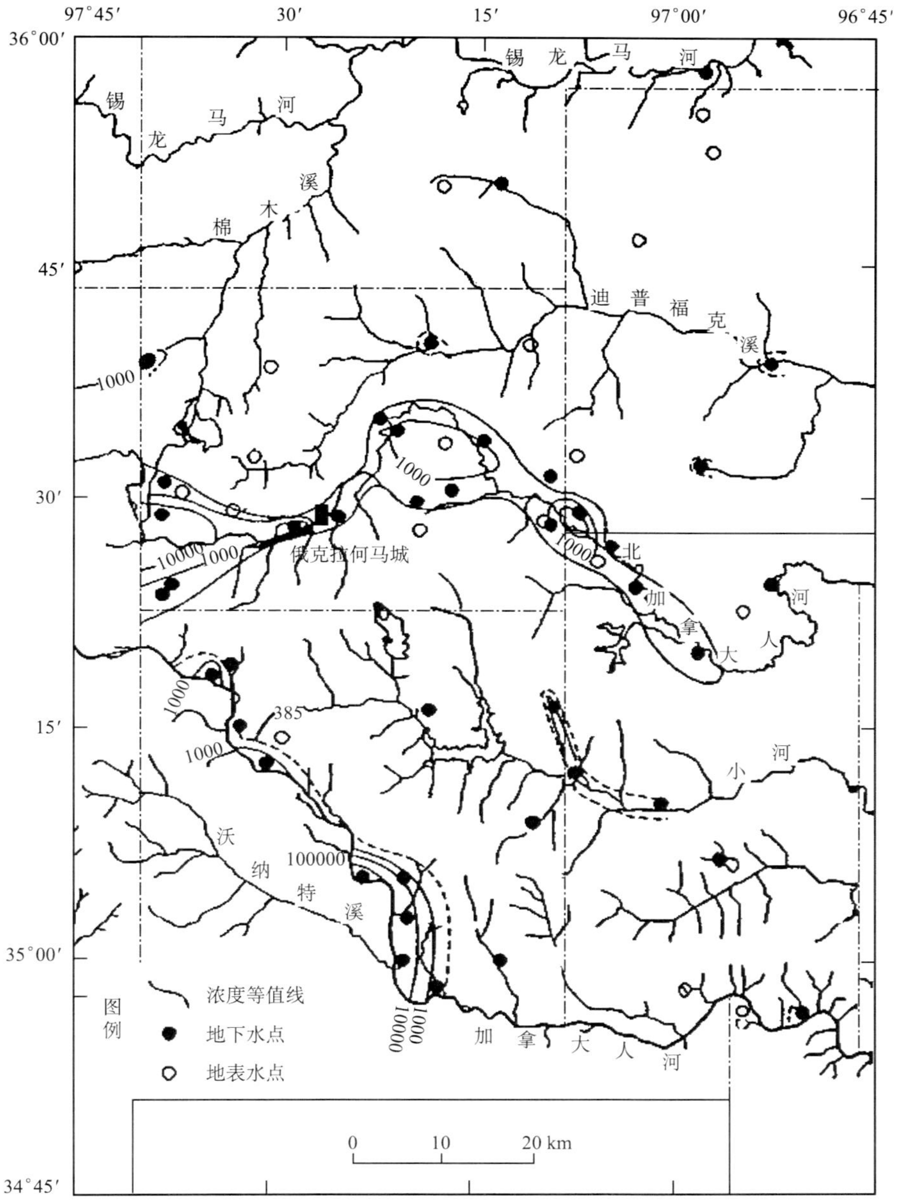

图 12-16　美国俄州中部地下水 CFC-12 分布(Busenberg and Plummer,1992)

(2) 污染主要发生在河谷区,远离河床两岸,污染程度降低。

(3) 从各井水样中选取 CFCs 浓度值最低的样品看作未被污染的水,计算其 CFCs 年龄。结果显示:①最老的年龄为 40a 左右(取样在 1990 年前后);②沿主河道地下水年龄最老(1950 年前后),向上游和支流以及分水岭地区地下水年龄变新(1960 年、1970 年、1980 年等)(图 12-17)。

(4) 随埋藏加深,地下水年龄变老。

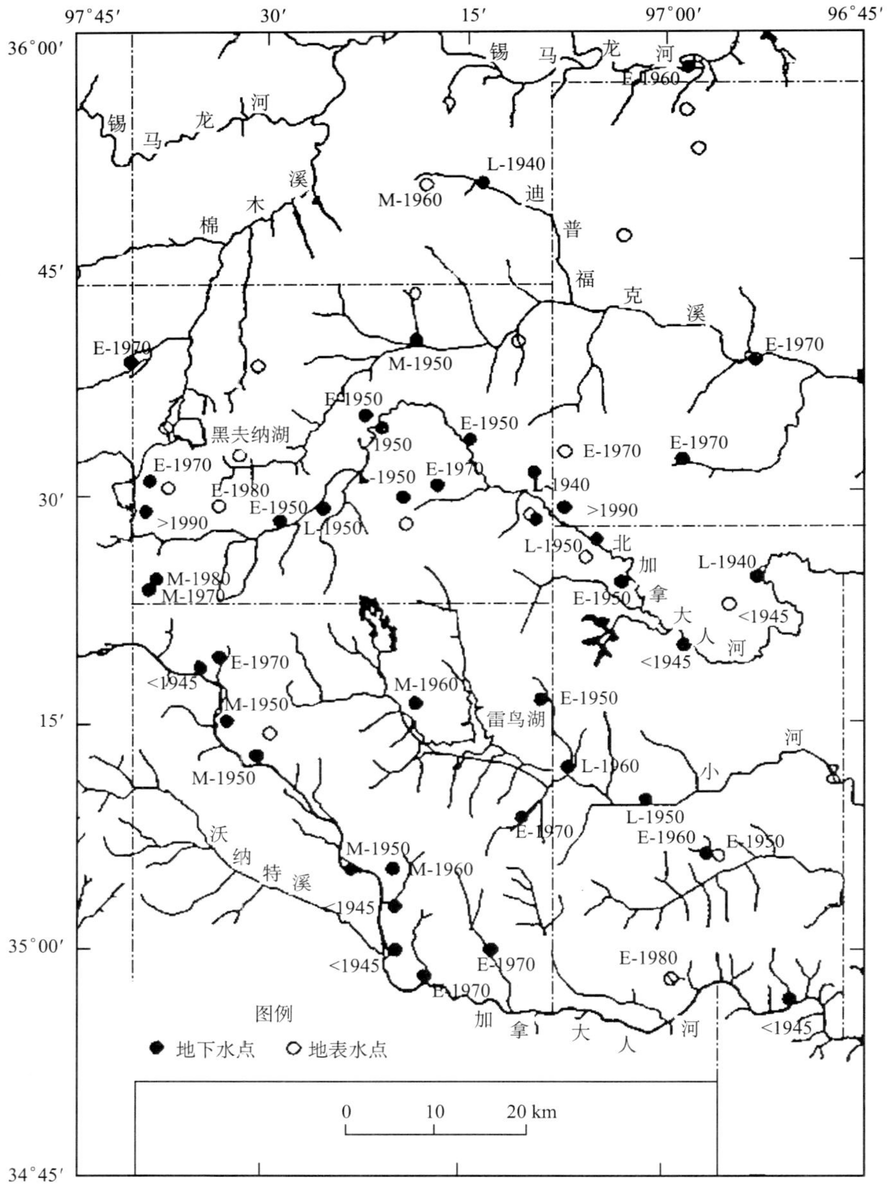

图 12-17　美国俄州中部地区水年龄(Busenberg and Plummer，1992)

二、六氟化硫法

(一) 概况

六氟化硫是一种无色、无毒、不易发生化学变化和化学反应的气体，比空气重约 5 倍。

20世纪50年代初，在西方开始用做高压电气的绝缘材料，随后工业用途不断增加，年生产量和消耗量日益增长，大气浓度大约以每年7%的速度增长（Geller et al.，1997）（图12-18）。

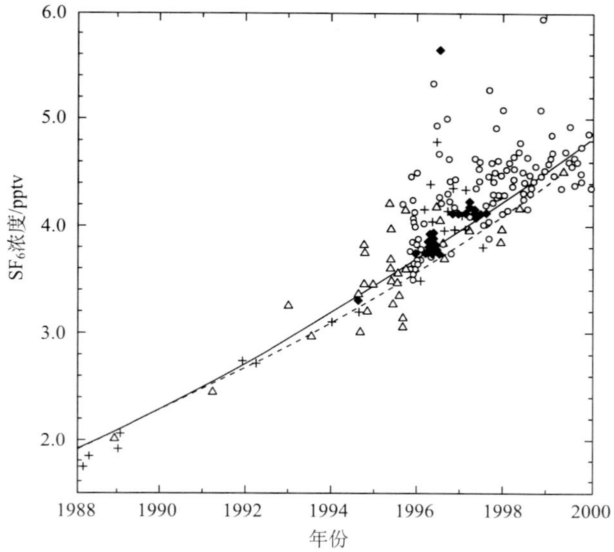

图12-18 北美大气中SF_6浓度历年曲线
（Busenberg and Plummer，2000）

其测年优势在于：

（1）1970年以来在大气中的浓度增长很快，适于测定近40年来年轻水的年龄，特别是1990年以后的年轻水。

（2）在含水层中不与介质发生化学反应，不被吸附，不被生物降解。

（3）地下水SF_6的人工污染，与CFCs相比，即使在城市附近也很轻微。

（4）检测方法相对简单（气相色谱法）。

在6类年轻水测年（^3H法、CFCs法、^3H-^4He法、^4He法、^{85}Kr法和SF_6法）手段中，SF_6方法最有前景。其发展历史只有10年多，尚有许多需要改进完善之处，值得大力开展研究和普及应用。在我国，万军伟等（2003）有详细的综述。

（二）SF_6的起源

1. 天然成因

研究显示（Harnisch and Eisenhaur，1998；Busenberg and Plummer，2000），天然成因的SF_6主要来自火成岩地区和热液活动。酸性火成岩SF_6浓度最高。从花岗岩和萤石分别检出9000×10^{-18}mol/g和7600×10^{-18}mol/g高浓度的SF_6。基性火成岩低，已测定的辉长岩和火山渣SF_6浓度均不到1×10^{-18}mol/g。从一些大理岩、白云岩和盐岩等沉积岩中也检测到少量 SF_6，浓度在 10～30(10^{-18}mol/g)之间，但百慕大砂屑灰岩中却未能检出 SF_6。

测定距今 60a～400a 大西洋滨海平原地下水 SF_6 浓度并换算成当时大气 SF_6 浓度，Busenberg 和 Plummer(2000)计算出 SF_6 大气天然本底浓度为 0.054±0.009 pptv。总之多数地下水中 SF_6 天然本底值极低。

2. 人工成因

工业生产 SF_6 始自 1953 年。1995 年全球生产量 8.57×10^4t，至 2000 年可能突破 20×10^4t。工业 SF_6 生产和使用快速增长，使大气 SF_6 浓度从 20 世纪 80 年代几乎检测不到，到 1990 年代末约为 4 pptv(图 12-18)，增长近 100 倍。

(三) 地下水 SF_6 样品采集

采集地下水 SF_6 样品是一种从水中采集气体样品的技术。大气 SF_6 浓度很低(1999 年比 CFC-12 低 130 倍)，而且在水中溶解度很小，加大了从地下水中采集 SF_6 样品的难度。目前，已经研制出多种提取装置和方法，供野外或实验室采集地下水 SF_6 样品使用。

1. 野外水样采集

一般推荐使用 2.5L 或 4L 带塑料盖的玻璃瓶收集 SF_6 水样(图 12-19)。取样时把进水管置于瓶底，以便随瓶内水升高时将空气排走。待从瓶中溢出 3～4L 水后，轻轻把进水管移走。用带有圆椎衬套的螺丝帽密封安瓶(图 12-19)，顶部不留空气。帽内圆锥状衬套用于水温变化导致安瓿体积变化时进行体积调整。要注意适时调整(拧松或拧紧)螺丝帽，以适应水样从地下温度向环境温度转变时水体积发生变化，避免玻璃瓶破碎。

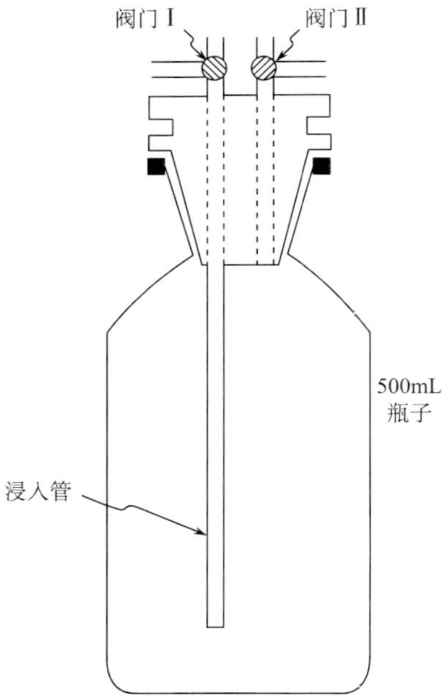

图 12-19 SF_6 取样瓶
(万军伟等，2003)

2. 野外直接采取气样

现在已开发出多种基于不同原理的野外现场采取气样的装置。装置及采样方法的详细介绍可以在 Busenberg 和 Plummer(2000)以及万军伟等(2003)等文献中找到。

(四) 天然水中 SF_6 的浓度

Busenberg 和 Plummer 在美国采集近 3000 个天然水样品分析 SF_6，研究其水文地球化学分布。结果显示，其分布主要受岩性、火山活动历史以及人为污染决定。

3000 多个样品中多数 SF_6 浓度＜2fmol/L（＜2×10^{-15} mol/L），属于和现代大气 SF_6 处于平衡状态的正常浓度。也有一部分＞2 fmol/L，即含有过量 SF_6 的水。过量 SF_6 主要来自火山和热液活动以及人为污染。

例如，含过量 SF_6（这里指超出与大气平衡的那部分）较多的水样（2～10 fmol/L），来自酸性火成岩地区以及沉积岩和结晶岩接触带的断裂带附近的泉水。在爱达荷（Idaho）州南部的 Snake 河流域的爱达荷国家工程与环境实验室（INEEL）一带（长 320 km，宽 110 km 范围内），大多数水样 SF_6＜1 fmol/L（图 12-20小黑点），少数＞2 fmol/L（图 12-20 较大的黑点），都分布在高于 16℃的水温异常带内，显然是由于地热水混入的结果。因为该地区尚未开发，这里还没有规模较大的人工 SF_6 污染源。

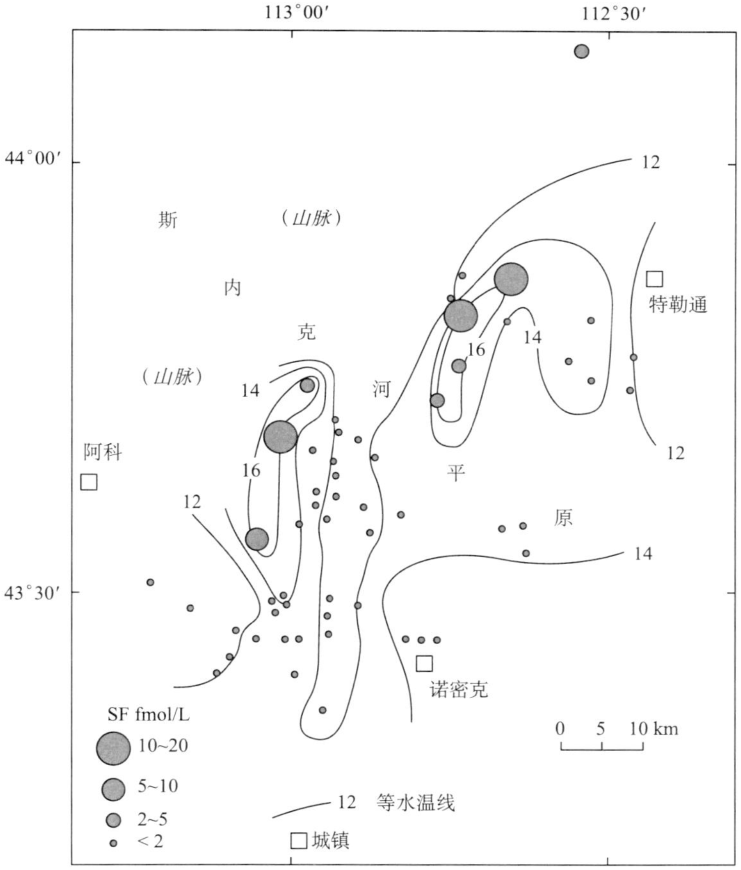

图 12-20　爱达荷州南部 Snake 河平原地下水温度与 SF_6 浓度关系
（Busenberg and Plummer，2000 简化）

从新墨西哥州格兰德盆地 Santa Fe 组（圣菲）含水层取样 272 个分析 SF_6，其中大于 2 fmol/L 和小于 2fmol/L 的样品各占一半（图 12-21）。污染（大圆圈）区均分布在州府阿尔伯克基（Albuguerque）等几个大城镇附近。平行的 He 测定（用于识别深层热液水）显示没有热液水混入；大量（最高达 753fmol/L）过量 SF_6 应该来自人工污染。

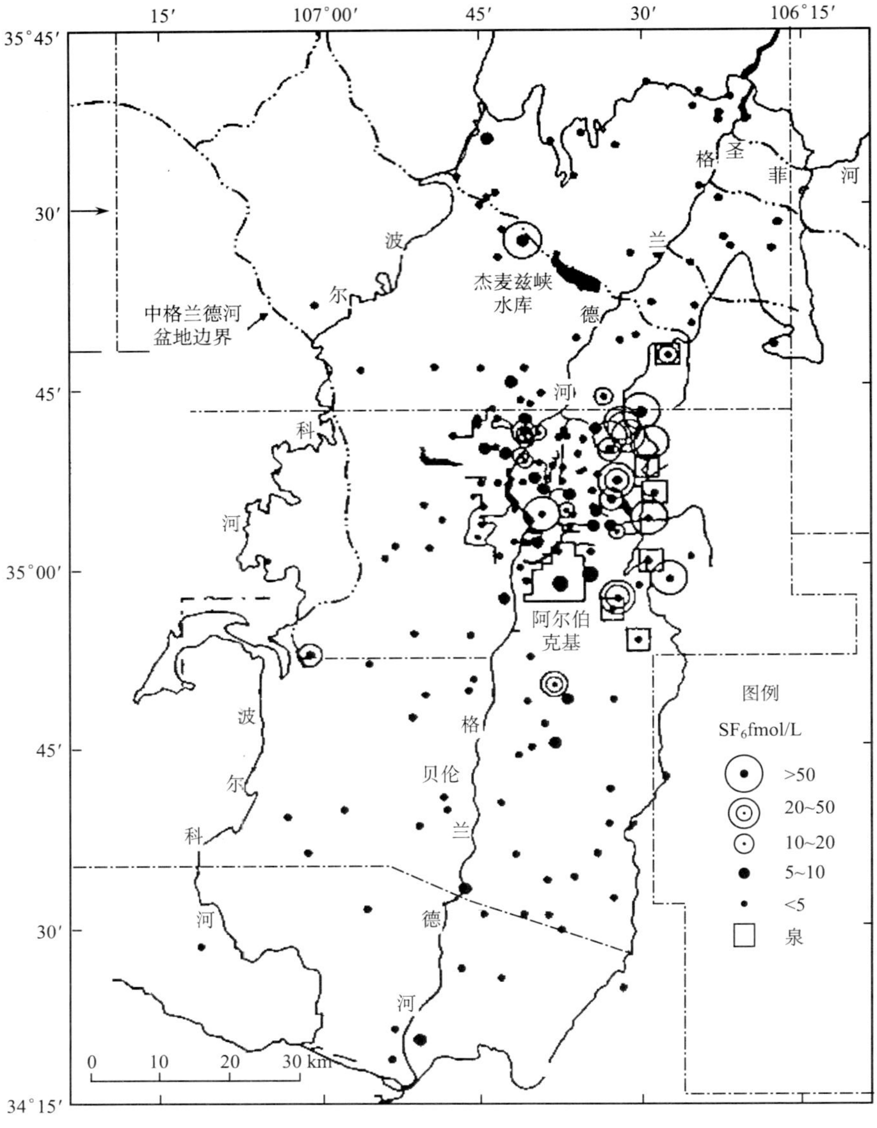

图 12-21　新墨西哥州中格兰德河盆地地下水 SF_6 分布

(Busenberg and Plummer, 2000)

上述水文地球化学特征表明，严重的 SF_6 污染仅限于局部地区，且易于识别。对于大多数未受过量 SF_6 污染的地下水，可以使用 SF_6 方法测定年龄。

（五）地下水年龄测定

作为一种气体示踪剂，SF_6 测定地下水年龄的原理和 CFCs 相似。校正因素也类似，主要有温度、过量空气、生物降解等。

(1) 按照亨利定律,气体在水中的溶解度是气体分压(大气 SF_6 分压)和温度(补给水温度)的函数,可用公式(12-4)求出。测得地下水 SF_6 浓度后,可用公式反求已知温度下与之平衡的大气 SF_6 浓度。后者即成为一种补给水年龄标记,直接给出地下水年龄。

(2) 包气带厚度校正(SF_6 浓度下降)。包气带厚度小于 10m 时,对于多数含水层来说其土壤空气与大气之间的扩散-对流交换比较充分。超过 10m 时,大气 SF_6 向土壤空气的扩散-对流迁移就抵消不了 SF_6 不断溶于水的消耗而使水中 SF_6 浓度下降,从而使表现年龄偏老。这一浓度换算成年龄标记称为"补给水的滞后"时间。与 CFCs 相比 SF_6 的滞后时间略小。例如当包气带厚度等于 40m 时,SF_6 的滞后时间约 11.5a;CFC-11 则达 17a(图 12-22)。实际年龄等于表观年龄减去滞后时间。

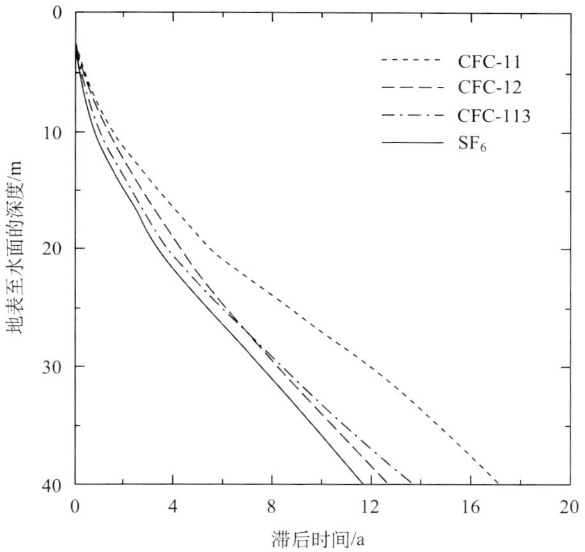

图 12-22 气体示踪剂补给水滞后时间与包气带厚度的关系

(Busenberg and Plummer, 2000)

(3) 过量气体校正(增加 SF_6 浓度)。地下水位上升时,从包气带捕获部分土壤空气。捕获量大小与含水层岩石粒度以及水位上升速度有关。在粗粒砂卵石层中捕获几乎不发生;在细粒黏土质透镜体中就会大量捕获。水位上升缓慢时,捕获量少;骤升时捕获量大。据 Busenberg 等(1997),对于 1970 以后的地下水,因捕获过量气体,需在表观 SF_6 年龄加上 1~2a,1990 年以后的水需加 1~2.5a。

(4) 补给区温度校正。如前所述,补给区温度可取当地地下水平均温度,也可用 N_2 等气体在水中的浓度计算。补给水温度 1~2°C 的误差造成地下水 SF_6 年龄误差只有 ≤0.5a。

(5) 补给高程校正。随高程增加,大气压力下降,相应 SF_6 含量减少。如果补给高程估计偏高,则表观年龄会偏大。估计入渗高程每偏高 100m,将导致空气 SF_6 浓度偏低 1.3%;每偏高 300m 将造成表观年龄偏老 0.5 a。

(6) 生物降解校正。CFCs 的生物降解较明显；而 SF_6 即使在高度还原水中也很少发生降解。不需要校正。

第四节　氚-(氦-3)法

从 21 世纪开始随着核爆氚峰值渐远，氚法测定地下水年龄的价值日益下降。但氚衰变后产生等量的 ^3He 气体保存在水中，同时测定地下水 ^3H 和 ^3He，可以避免恢复雨水氚的原始输入函数。我国系统监测雨水氚始自 1985 年，缺少 1985 年前的系列数据，这给氚法带来负面影响。^3H-^3He 法在很大程度上弥补了氚法的这些不足。

^3H-^3He 法的另一优点在于：只用氚测定年龄，随氚峰值远去，核爆氚在剖面中很快变得平滑，不易识别；有了 ^3He 的补充，$^3H+^3He$ 输出曲线上的氚峰值得到加强，位置变得容易识别(参见图 12-24)。

^3H-^3He 法的缺点是要求氚衰变产生的 ^3He 气体不要从水质点附近逸失，这就要求地下水属 ^3He 封闭系统。但对于含水层来讲，理论上不存在这种理想条件。实践表明，充其量也就是属于半闭封状态。^3He 的逸失随时间推移而增加，随着氚峰值远去，这一问题同样变得日益严重。不过，Schlosser 等(1989)认为，如果使用 ^3H-^3He 方法，至少 2025 年以前核爆氚峰值在剖面中的位置还能够辨认。

^3H-^3He 方法 1969 年最初由苏联学者 Tolstikhin 和 Kamenskiy(1969)提出；Jenkin 等(1972)首次用于海洋研究；1979 年首次用于野外水文地质工作(Torgersen et al., 1979)。但 ^3He 属于惰性气体，需用昂贵的惰性气体质谱计测量，因此总起来说方法发展比较缓慢。在我国 ^3H-^3He 方法起步较晚。1993 年刘恩凯对方法做了较详细介绍；2002 年前后韩庆之等发表了研究成果(万军伟等，2003)，并对方法做了全面介绍。

氦气是地球上丰度最大的惰性气体。在大气中含量为 CO_2 含量的 1%强。氦元素有 ^3He 和 ^4He 两种稳定同位素。氦气以及 $^3H/^4He$ 比值在大气中都十分稳定，因而氦被用作 He 同位素标准。

一、氦-3 同位素地球化学

氦气的化学性质不活泼，使其地球化学比较简单。但 ^3He 在地球上的起源有多种，在校正中还涉及与 ^4He 的关系，这使其同位素地球化学复杂化。地下水中的 ^3He 主要有 4 种成因来源。

1. 大气成因 ^3He($^3He_{air}$)

大气中的 He 主要起源于地壳、海洋的气体释放以及太阳风和星际物质沉淀。因为 He 在地球上的平均滞留时间近 100 年，而全球大气混合只需 10a 左右，所以在大气中氦气混合得十分均匀，且 $^3He/^4He$ 比值基本为一常数。大气中氦气浓度只有 5.24×10^{-6}(体积)，其 $^3He/^4He$ 比值约为 1.384×10^{-6}(体积比)，即 100×10^4 个 He 原子中只有 1 个多^{3}He，由此可知^{3}He在大气中的浓度（体积）只有7.25×10^{-12}。考虑氦气在水中的溶解度又很低，故^{3}He在地下水（雨水、地表水）中含量极小。

^{3}He在空气和水之间的分馏很小；与大气平衡的雨水，其$^{3}He/^{4}He$比值约为1.37×10^{-6}（10℃），分馏系数$\alpha_{空气-水}=0.983$。

地下水中大气成因^{3}He（$^{3}He_{air}$）分为两部分，一部分与大气中^{3}He平衡（$^{3}He_{eq}$）；另一部分为地下水位上升时捕捉到气泡中的^{3}He，即过量^{3}He（$^{3}He_{exc}$）。

2. 核成因^{3}He（$^{3}He_{nuc}$）

锂（^{6}Li）被宇宙射线照射，吸收1个中子，放出1个α粒子形成1个氚原子；氚衰变形成^{3}He后，进入地下水。

3. 衰变成因^{3}He（$^{3}He_{tr}$）

专指由降水氚衰变产生的^{3}He；也就是用来与^{3}H联合测定地下水年龄的那部分^{3}He。

4. 地幔成因^{3}He（$^{3}He_{m}$）

这是一种深成He，指在地幔中保留的原始成因He，它不断向地壳释放而进入地下水。如在东太平洋海岭活动区测得多余的He，其$^{3}He/^{4}He$比值高出大气值22%，据认为属于地幔成因的He。但在大多数地区这种成因的He数量很小，可以忽略。

因为地下水中的^{3}He有多种来源，故用^{3}H-^{3}He法测定地下水年龄时，须从^{3}He总量中把由降水氚衰变形成的^{3}He分离出来。

这部分工作称^{3}He测年校正。

二、测年原理

（一）基本公式

测年基本公式如下：

$$\tau = 17.93\ln\left(1+\frac{[^{3}He]}{[^{3}H]}\right)$$

式中：$[^{3}He]$为水中氚衰变成因^{3}He的浓度（TU）；$[^{3}H]$为水中氚浓度（TU）；τ为地下水年龄（α）。

公式推导：

公式的推导基于衰变过程中母核（^{3}H）的衰减量等于子核（^{3}He）的积累量这一数学关系。母核氚从初始浓度$^{3}H_{0}$经过时间τ衰减至$^{3}H_{\tau}$：

$$^{3}H_{\tau}={}^{3}H_{0}e^{-\lambda\tau}$$

经过时间τ子核^{3}He的累积量为：

$$^{3}He_{\tau}={}^{3}H_{0}(1-e^{-\lambda\tau})$$

合并两式可消去氚初始输入浓度 H_0：

$$^3He_\tau = ^3H_\tau(e^{-\lambda\tau} - 1)$$

上式为经过 τ 时间后，系统中母核^3H 和子核^3He 含量的关系式：式中包含$^3H_\tau$，$^3He_\tau$，τ 三个变数和 λ 一个参数（常数）。转换上式，用氚的半衰期（$T_{1/2}$）代替其衰减常数 $\lambda\left(\lambda=\frac{\ln 2}{T_{1/2}}\right)$得：

$$\tau = \frac{T_{1/2}}{\ln} \times \ln\left(1 + \frac{[^3He_\tau]}{[^3H_\tau]}\right)$$

$T_{1/2}=12.43a$，$\ln=0.693$；代入上式得

$$\tau = 17.9\ln\left(1 + \frac{[^3He]}{[^3H]}\right)$$

再次强调式中单位，^3He 和^3H 浓度均为 TU，年龄为 α。

上式显示，只要测得水中^3H 浓度和氚成因^3He 的浓度就可以计算出水的年龄，从而避免使用原始氚输入信号$^3H_0$。^3He-^4He 法测年的优势也在于此。

（二）基本公式使用的前提

要使测年基本公式成立，必须满足如下 2 个前提条件：

（1）氚成因^3He（$^3He_{tr}$）不从地下水系统中逸出。

（2）氚成因$^3He_{tri}$能够从^3He 总量（He_{tot}）中分离出来。

实际上对于非承压含水层来说，只要水中^3He 总浓度大于大气成因^3He 的浓度，多余的^3He 就要慢慢地穿过地下水面向包气带空气扩散。扩散速率取决岩性、含水层厚度、水温以及地下水年龄。岩性粒度越粗，^3He 在水中的扩散系数越大；温度越高扩散速度越快；含水层越薄形成的^3He 梯度越大；地下水年龄越老，扩散丢失时间越长，丢失量越多。由此可知，^3H-^3He 法只是减缓^3H 法输入信号快速减弱的不利影响，但从长远看其测年价值也在不断降低。

把氚成因$^3He_{tr}$从^3He 总量中分离出来是一项复杂的工作。但一般来说，氚成因^3He 占总量的份额越高，分离的难度越低。分离工作是通过各种校正完成的。

（三）氚成因^3He（$^3He_{tr}$）的校正

如上所述，地下水有 4 种成因的^3He。其中大气成因^3He 又分成平衡$^3He_{eq}$和过量$^3He_{exc}$2 种。地幔成因^3He 浓度极小，可以忽略不计。因此地下水中^3He 总量（$^3He_{tot}$）由 4 种成因的组分构成：

$$^3He_{tot} = ^3He_{tr} + ^3He_{eq} + ^3He_{exc} + ^3He_{nuc}$$

$^3He_{tot}$用化验方法取得。为了求得氚成因$^3He_{tr}$的浓度，还需要找出大气平衡$^3He_{eq}$，过量空气$^3He_{exc}$和核成因$^3He_{nuc}$3 项浓度值。

与大气^3He 平衡的$^3He_{eq}$，理论上可以用^3He 在水中的溶解度求出。^3He 在大气中的浓度可以看作是个常数，因此它在水中浓度只受温度和水的盐度影响。对于雨水，盐分因

素可以忽略。入渗水$^3He_{eq}$浓度理论上可用下述几条关系求出。

(1) 大气^4He浓度为5.24 ppmv。

(2) 大气$^3He/^4He$比值为1.384×10^{-6}。

(3) ^3He在淡水中的溶解度是温度的函数,10℃时为$4.75\times10^{-8}\ cm^3STP/cm^3\ H_2O$(见图12-23)。

(4) ^4He在水中的溶解度略大于^3He,其分馏因子为$\alpha_{水-气}=0.983$(10℃)。

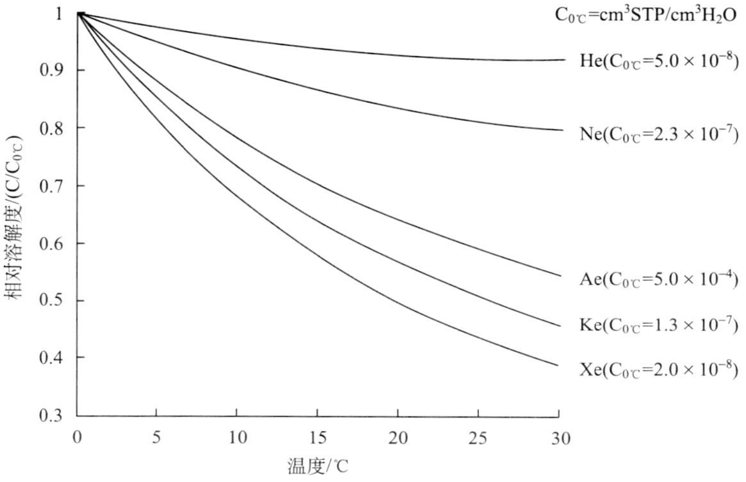

图12-23 惰性气体在水中的溶解度

(Andrews,1992;Clark et al.,1997。略加修改)

使用上述方法需要知道入渗水温度。

同位素水文学工作者还开发出另一种校正方法,可以同时校正空气成因$^3He_{air}$的两部分($^3He_{eq}$和$^3He_{exc}$)。这种方法借助大气中He/Ne比值及He同位素比值($^3He/^4He$)关系用氖气示踪氦气行为。方法的稀有气体同位素化学关系比较复杂,这里不进行推导。需要者可参考Solomon等(1996)以及万军伟等(2003)。

核成因$^3He_{nuc}$采用平均氦同位素比值R_{rad}($=2\times10^{-8}$)近似求出:

$$^3He_{nuc}={}^4He_{rad}\cdot R_{rad}$$

$^4He_{rad}$是铀系衰变过程产生的α粒子转变而成的,其数值可从放射性水文地球化学手册中选取。在不同地区$^4He_{rad}$比大气^4He大$10^2\sim10^3$倍(Mamyrin and Tolstikhin,1984)。

通过这些校正,得出氚成因^3He($^3He_{tr}$)计算公式:

$$^3He_{tr}={}^4He_{tot}\times R_{tot}-({}^4He_{tot}-{}^4He_{rad})R_{air}+{}^4He_{eq}\times R_{air}(1-\alpha)-{}^4He_{rad}\times R_{rad} \quad (12\text{-}5)$$

式中:R_{tot}为水样中实测$^3He/^4He$比值;α为有效的氦同位素溶解系数(=0.983)。将$^3He_{tr}$浓度计算值和实测^3H浓度值代入式^3H-^3He法基本公式,即可求出地下水年龄。

(四) 实例:德国 Liederm/Bocholt 地区浅层地下水

Schlosser 等(1988,1989)在德国 Liederm/Bocholt 地区使用$^{3}H/^{3}He$方法测定浅层地下水年龄,并与核爆氚峰信息进行验证对比取得较好效果。

他们从 3 个深度近 50m 的钻孔中分层采取地下水样。其中一个孔的数据列于表 12-9和表 12-10(见刘恩凯,1993;万军伟等,2003)。

表 12-9　DFG7 孔同位素测试结果(取样 1986 年 8 月)

(Schlosser 等,1988;见刘恩凯,1993)

深度/m	3H/TU	$\delta^{3}He$/‰	$^{4}He_{tot}$ /($10^{-3}cm^{3}STP/gH_2O$)	Ne_{tot} /($10^{-8}cm^{3}STP/gH_2O$)
0.5	23.1±1.4	63	6.37	27.1
1.5	26.7±2.1	192	5.09	22.4
2.5	37.8±2.3	579	6.12	25.9
4.5	55.3±1.6	1407	5.23	21.9
5.5	53.0±2.1	2335	5.63	21.8
10.5	29.71.4	1828	5.82	20.3
12.5	30.5±2.0	1244	6.32	21.1
16.5	20.5±1.9	640	7.56	21.7
21.5	6.4±1.8	−359	10.6	21.8
27.5	3.0±1.8	−232	15.6	—
31.5	≤2.5	−420	15.6	—
33.5	≤2.1	−623	16.2	—
42.5	≤2.1	−593	15.5	23.6
47.0	≤2.1	−649	16.2	21.3

表 12-10　同位素校正结果及年龄

(Schlosser 等,1988;见刘恩凯,1993)

深度/m	$^{4}He_{rad}$ /($10^{-3}cm^{3}STP/gH_2O$)	$[^{3}He_{tr}]$ /TU	$[^{3}H]+[^{3}He_{tr}]$ /TU	$^{3}H-^{3}He$ 年龄 /a
0.5	0	2.7	25.8	2.0±0.9
1.5	0	5.9	32.6	3.6±0.3
2.5	0	20.2	58.0	7.7±0.4
4.5	0.15	42.2	97.5	10.2±0.3
5.5	0.55	76.6	129.6	16.0±0.5

续表

深度/m	$^4He_{rad}$ /($10^{-3}cm^3STP/gH_2O$)	[$^3He_{tr}$] /TU	[^3H]+[$^3He_{tr}$] /TU	$^3H-^3He$年龄 /a
10.5	1.17	66.1	98.5	21.0±0.7
12.5	1.37	51.7	82.2	17.8±0.9
16.5	2.49	41.0	61.5	19.7±1.2
21.5	5.40	8.9	15.3	15.6±30
27.5	6.07	13.6	16.6	30.7±10.5
31.5	7.33	4.2	<6.7	—
33.5	10.80	3.5	<5.6	—
42.5	9.88	3.5	<5.6	—
47.5	11.20	3.3	<5.4	—

另一钻孔的^3H浓度、$^3H+^3He_{tr}$浓度和δ^3He值绘于图12-24。

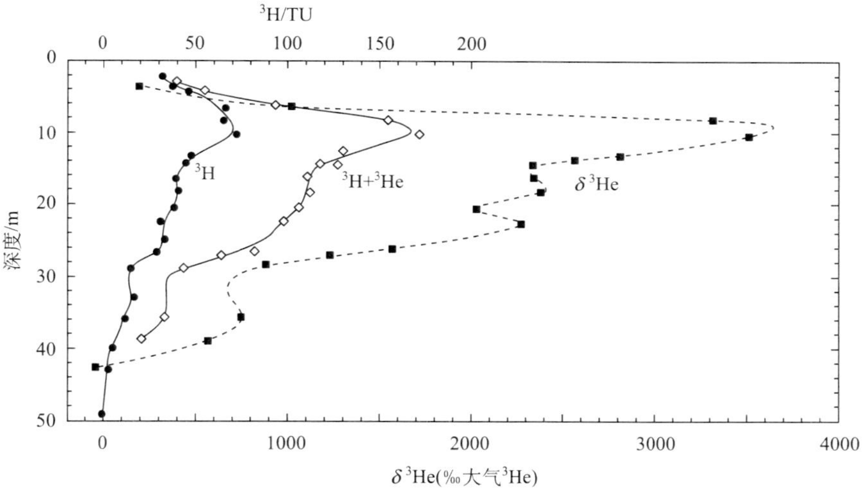

图 12-24　德国 Liederm/Bocholt 地区浅层地下水氚和氦-3 剖面
(Schlosser et al.,1988;见 Clark et al.,1997)

图12-24显示,$^3H+^3He_{tr}$曲线明显地跟随着^3H曲线走。统计结果表明,有77%~85%的氚成因氦仍保留在地下水中(随着水质点移动),其余部分大概通过扩散作用从水中逸失。用^3H-^3He方法测定的年龄同1963核爆氚法测定的年龄相比,只有3年的差别,误差约30%。这在地下水测年中是相当好的精度。

第五节 碳-14 法

一、地球上碳-14 的起源与分布

（一）自然界的^{14}C

1. 碳的同位素

碳元素有 6 种同位素，其中 3 种半衰期很短。自然界主要存在 3 种（表 12-11）。

表 12-11 自然界的碳同位素

同位素	丰度%	半衰期/a
^{12}C	98.89	稳定
^{13}C	1.11	稳定
^{14}C	1.2×10^{-10}	5730

2. 地球上^{14}C的起源

地球上的环境^{14}C主要有两种来源。

一种起源于大气层。由宇宙射线活化大气氮而成：

$$^{1}_{0}n + ^{14}_{7}N \longrightarrow ^{14}_{6}C - ^{1}_{1}p$$

^{14}C生成的同时，自身又发生衰变：

$$^{14}_{6}C \longrightarrow ^{14}_{7}N + \beta^{-}$$

生成和衰变反应之间很快达到动态平衡，这时地球上的^{14}C总量成为一个稳定的常数。通过计算可以得出这个总量约为 80t，或每年生成^{14}C约 9.8 kg。

另一种来源于人工核反应。主要是 1952～1963 年的大规模核爆炸。它们使地球一些地方的大气^{14}C浓度最高增加约 100%。但未达到全球平衡，各地有所不同。

此外，地下的一些天然核反应也能产生少量^{14}C，数量有时可达 1pmc，只对测定古老地下水年龄产生一定影响。

（二）地球上^{14}C的分布

1. 全球碳循环与碳库

地球上的碳元素存在于各种各样的含碳物质里。在全球循环中这些物质都称为碳储存库，简称碳库（carbon reservoir）。全球碳循环就是指在宏观尺度上碳元素在碳库之间的转换和循环。

从^{14}C循环角度，碳储存库分两大类。一类和环境^{14}C发生交换，从而储存地球上的一部分^{14}C，称交换库。另一类不和环境^{14}C交换，称非交换库。地球上的^{14}C储存在交换储存库以及其刚刚从交换库转移过来的非交换库（如死亡植物、陆地水圈等），它们的碳数量见表12-12。

表12-12 地球上^{14}C的储存库和含碳量(Berner and Lasaga, 1989)

名称	碳含量/10^{18}g	生命物质的倍数	百分含量/%
海洋DIC	42	75	90.75
死亡植物	3	5.4	6.48
大气CO_2	0.72	1.3	1.56
生命物质	0.56	1	1.21

绝大多数非交换储存库不含^{14}C，如岩石圈的各种碳库（煤炭、石油、海相碳酸盐岩石）和深层地下水等，称为死碳库。地球上碳元素的总量约为3.2×10^{16}t，含碳-14碳库的含碳量只占1/1000强，死碳库占99.9%。

2. ^{14}C在交换库的分布

^{14}C在地球各交换库中和之间分布得是否均匀，最终须通过实际测量解决(Libby, 1955)。但是有了基本预测，也可借助地球化学计算做些半定量评估。评价的原则是，如果每一种交换储存库完成一次全球周转的时间比^{14}C平均寿命(8268a)短得多，那么^{14}C在所有交换库中及其之间将达到均匀分布。在地球上，情况正是如此。

通过地球化学计算，我们可得出一些初步认识。碳元素在生物圈中平均滞留时间为10a；生物圈把全球交换碳周转一次所需的时间约250a。大西洋环流周转一次所需的时间约750～1000a；太平洋环流周转一次时间约1000～2000a。大气环流在同一纬度带上周转一次只要不到一个月；全球混合（南北方向，特别是南北半球间混合缓慢）需要10a以上。可见，不论碳在一个交换库内部混合，还是在交换库之间循环的周期，都大大小于^{14}C的平均寿命，从而使地球上的^{14}C混合得相当均匀。这为^{14}C测年提供了十分有利的条件。

3. ^{14}C的循环和同位素分馏

^{14}C混合均匀是相对的。它在全球的循环过程中发生物理、化学和生物分馏（同时伴生^{13}C分馏）（图12-25），从而使相对均匀的各碳库之间出现^{14}C浓度的微小变化。这些变化可借助^{13}C分馏值预测。

地球上碳循环最活跃的子系统是大气圈无机碳(CO_2)和生物圈有机碳（生物机体）之间的循环。这是一种在相当短的时间内完成的固碳—矿化循环。^{14}C在大气中被氧化成$^{14}CO_2$，借助光合作用被植物吸收，转化成植物机体的一部分。这一过程在碳循环中称为固碳作用(immoblization)。植物又通过呼吸利用有机体的养分和能量维持自身的生命，同时释放CO_2，使有机碳又转化为无机碳，称为矿化作用(mineralization)。植物的^{14}C还

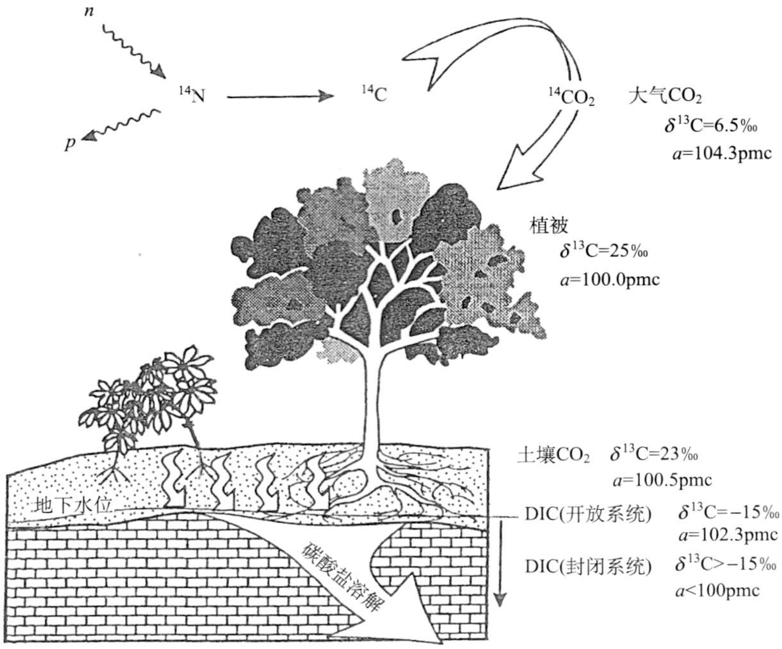

图 12-25　^{14}C 在交换库间的循环与分馏(Clark et al.,1997)

借助食物链分散到整个生物圈。在反复交换中^{14}C和^{13}C也分别达到分馏平衡(图 12-25)。结果大气CO_2的$\delta^{13}C$值约为$-6.5‰$,^{14}C浓度为 104.3 pmc。在乔本植物中$\delta^{13}C=-25‰$,^{14}C为 100 pmc。土壤CO_2的$\delta^{13}C=-23‰$,^{14}C浓度为 100.5 pmc。在含CO_2的土壤水作用下,碳酸盐矿物的溶解分开放系统和封闭系统两种条件。开放系统的 DIC(溶解无机碳),其$\delta^{13}C\approx-15‰$;^{14}C浓度为 102.3 pmc。封闭系统的 DIC,$\delta^{13}C$大于$-15‰$,^{14}C浓度小于 100 pmc。

上述^{14}C浓度和$\delta^{13}C$值是一个平均估算值,对于每一具体地点,还有微小变化。在^{14}C测年操作中每次都需要在实验室做专门校正。

4. 在非交换库的分布

如上所述,非交换库分两类。一类是从交换库转移过来不久的非交换库,还保存一部分残留^{14}C。^{14}C方法正是通过精确测定这类非交换库中^{14}C的残留浓度测定其年龄。

另一类是从交换库转移过来已经很久的非交换库。由于年代久远,已不含^{14}C,称“死碳”库。但“死碳库”有时也含有一些地下成因的^{14}C,它们数量极少,只对 $5\sim6\times10^4$a 以上年龄段的测定产生影响。

二、固体样品^{14}C年龄测定

(一) 基本公式

1. 公式

某一含碳物质一旦从交换库转移到非交换库(如生物组织死亡、碳酸钙沉淀、地表水或土壤水达到地下水面等),^{14}C得不到新的补充,该物质的^{14}C浓度就要按照放射性衰减定律不断下降:

$$A_{\tau} = A_0 e^{-\lambda\tau} \tag{12-6}$$

式中:A_0 为停止交换前的^{14}C浓度(初始浓度);A_{τ} 为停止交换 τ 年后,残留的^{14}C浓度;τ 为停止交换事件距今的年代;λ 为^{14}C的衰变常数(1.20910^{-4}/a)。

将 λ 值代入式(12-6)得:

$$\tau = 19.035 \times 10^3 \log \frac{A_0}{A_{\tau}}(\text{年}) \tag{12-7}$$

式中符号含义同前式。

2. 应用条件和测年时段

用^{14}C方法测年时,系统需满足如下条件:

(1) 含碳物质^{14}C初始浓度 A_0 已知。

(2) 系统是封闭的,即没有^{14}C和碳的其他源(source);除放射性衰变外,也没有其他汇(sink)。

^{14}C测年的下限一般在其半衰期的 1/5～1/10 之间,即大约 500～1000a。用能谱仪测定^{14}C浓度时,视实验室测量精度测年上限为$(3\sim4)\times10^4$a。使用质谱计后,上限拓展至$(5.5\sim6)\times10^4$a。也有人从理论上预测,如果做些改进可把上限拓展到 7.5×10^4a。但更多人认为,这一目标当前很难实现。因为尚难把一些和^{14}C有类似质量-电荷比的离子与之分离开来。此外,测定地下水年龄时,受地下生产^{14}C影响,测定上限下降到$(2\sim4)\times10^4$a。

(二) 现代碳标准与实验室年龄数据

要测定一个样品的^{14}C年龄,在实验室里需要测定一组(3 个)^{14}C数据:①样品;②标准;③背景值。这是一项比较复杂和精度要求很高的工作,实验室操作人员可参考专用手册。对于只使用数据的普通地质人员,只需要对其中一些关键情节有所了解即可。

(1) ^{14}C年龄是根据样品中^{14}C的残存浓度(A_{τ})和初始浓度 A_0 用公式(12-7)求出的。由于在各交换库中^{14}C初始浓度(A_0)大致均匀而又有微小差别,为此人为规定了一个绝对现代碳标准(absolut modern carbon standard)用来衡^{14}C分布的差别,简称现代碳(modern carbon)。规定 1890 年木头的^{14}C浓度为现代碳,并采用现代碳百分点(percent of modern carbon,简写 pmc)作为^{14}C的浓度单位。选定 1890 年的木头是因为此时尚未

开始工业革命，大气^{14}C浓度还没有受到矿物燃料的稀释。

(2) 实验室使用的标准用现代材料制备，以便能大量取材和精确标定。现行的实验标准分两类：一类是国际(通用)标准；另一类是二级标准，由一些实验室自己制备，经与国际标准对比标定后由实验室自己使用。

20世纪中叶放射碳测年国际会议决定采用美国国家标准局的NBS草酸Ⅰ为国际标准。后来这一标准的库存告罄，又制备了NBS草酸Ⅱ标准。比较有名的二级标准有澳大利亚国立大学用蔗糖制备的ANU标准等。

1980年中国自己制备了糖碳标准，经过中国社会科学院考古研究所、北京大学历史系考古专业和中国科学院贵阳地球化学研究所共同标定，在中国使用。

(3) 实验室测量数据得出后，先做背景校正(背景值有时可达1% pmc，须去除)得出样品的^{14}C浓度(pmc)，并用公式(12-7)求出^{14}C年龄。得到的年龄还须进一步做年龄的“分馏校正”和“年代较正”才能作为实验室数据提出。

正式年龄数据用放射碳年代坐标系表示。人为把公元1950年定为放射碳年代坐标系的0年，用距今0年(0 Before Present 或 0 BP)表示。与公元坐标系的换算关系是：

$$公元年代(公元年) = 1950 - 放射碳年代(aBP)$$

如放射碳年代500aBP：1950－500＝公元1450年；再如放射碳年代4000aBP：1950－4000＝公元前2050年。

选定公元1950年为坐标0点，单纯是为了纪念世界上第一个^{14}C年龄数据取得的时间在1949年12月。

一般地质人员通常很少进实验室。须强调指出，普通地质人员如有机会也需要对实验室操作有一个初步了解，只有这样才能加深对^{14}C方法的感性理解。最好在研究生的同位素课程中加入相应的实验课内容。

(三) 大气^{14}C的长期变化及^{14}C年龄的“时间校正”

同位素年龄的“分馏校正”在测定工作中已经完成。这里讨论后续的“时间校正”。

1. 大气^{14}C的长期变化

^{14}C方法的先决条件之一是，在过去$(5\sim7)\times10^4$a，大气^{14}C浓度从未发生过变化。但大量实测数据显示，事实并非如此，而是在约50%的范围内系统地变化。

1) 天然变化

大气^{14}C的天然变化分短期变化和长期变化。短期变化可由雷电、太阳黑子活动等现象引起，对^{14}C测年影响不大。长期变化主要由三方面原因引起：①宇宙射线强度变化。②地球磁场变化。③地球交换库状态变化，如第四纪气候变化使海水储存量变化5%，从而改变了大气CO_2含量等。长期变化必须校正。

研究过去大气^{14}C的变化，主要借助测定已知年龄含碳物质的^{14}C浓度来实现。这类物质有：①树木年轮。②冰川纹泥。③珊瑚礁。

借助树木年轮已取得全新世(距今 1 万年)以来大气^{14}C变化的确切数据,其变化幅度达 10%;纹泥可扩展至数万年;珊瑚礁则用热离子质谱计(TIMS)测定,可取得至(6~7)×10^{14}a 的^{14}C变化数据(图 12-26)。三种方法的分辨率依次降低。

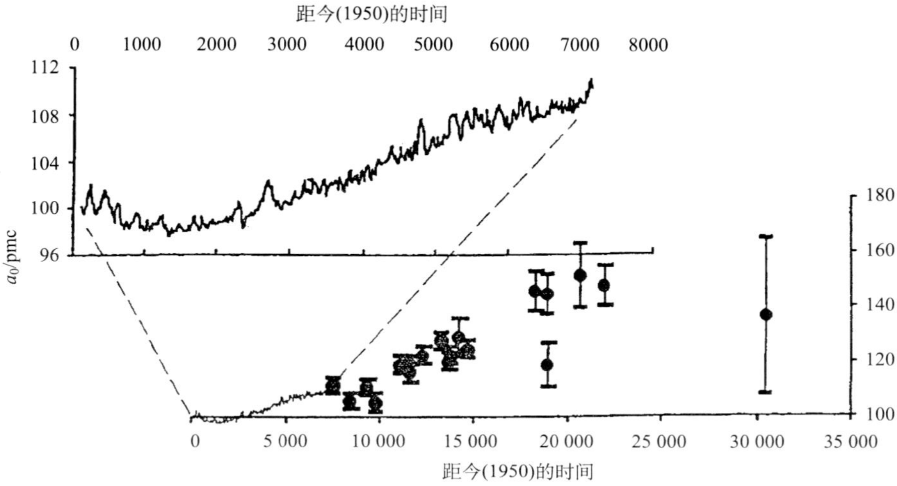

图 12-26　用树木年轮和珊瑚礁测定的大气^{14}C长期变化

(Pearson et al.,1986;Bard et al.,1993; 见 Clark et al.,1997)

2) 人类活动

(1) 工业效应(矿物燃料稀释)。自 19 世纪 70 年代工业革命开始以来,人类在 100 多年中燃烧矿物燃料(煤炭、石油等)使大气 CO_2 浓度从万分之 2.9 atm(或 290 ppm)升至万分之 4 atm(400 ppm)。由于向大气圈注入大量不含^{14}C的碳(死碳),就像往溶液中加入蒸馏水那样,冲淡了大气^{14}C浓度,这一现象也称工业效应。虽然这一过程使大气 CO_2 浓度增加 38%;但通过与其他交换库(特别是海水 DIC)交换,大气^{14}C浓度实际只降低了 2%~3%。

(2) 人工^{14}C生产(添加^{14}C)。一般核反应堆、核电站都能向大气注入^{14}C,但主要注入事件还是 1952~1963 年期间的全球大规模核爆炸,特别是 1963 年亿吨级(TNT)氢弹爆炸(图 12-27)。大气^{14}C浓度受此影响最高增加了约 100%。由于时间较短,^{14}C并没有在各交换库间分散均匀。即使在不同纬度、甚至同一纬度距离爆炸点不同的地点也有一些差别。对于树木年轮的影响只有 1%~2%。

大气^{14}C首先在和全球最大交换库(海洋 DIC)的交换中很快衰减,今天已降低到不足 120pmc 水平(图 12-27)。这一过程可以有效地示踪大气和海洋 DIC 两个 CO_2 碳库之间的转移以及海水(洋流之间)的混合。

核爆^{14}C只存在于 1953 年以后的新水(年轻水)中,其鉴别标志是水中有核爆氚。测定地下水^{14}C年龄时可以借助这种办法排除年轻水的混入。

核爆^{14}C可以帮助研究补给区地下水死碳稀释过程。例如,测得某地大气^{14}C浓度为

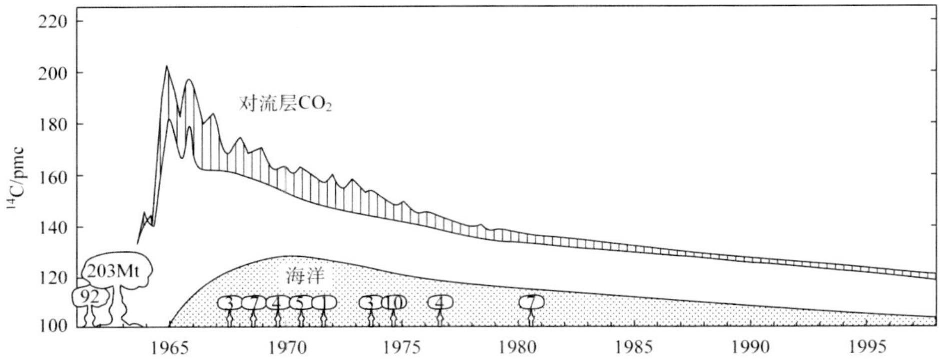

图 12-27　核爆炸以来对流层大气 CO_2 以及浅层海水 DIC 的 ^{14}C 变化过程曲线 (Clark et al.,1997)

160pmc,土壤 CO_2 的 ^{14}C 浓度为 110pmc,浅层地下水 DIC 的 ^{14}C 浓度为 104.5pmc,可以大致得出如下判断:①土壤 CO_2 和大气 CO_2 之间的 ^{14}C 交换尚未达到平衡。②借助 ^{14}C 平衡可知,该地区地下水死碳稀释因子 $f\approx0.95$。

^{14}C 年龄的时间校正对于考古年代学十分重要。下面将看到,对于地下水年龄测定其重要性要差一些。

2. ^{14}C 年龄的时间校正

如上所述,在过去$(5\sim7)\times10^4$a 间大气 ^{14}C 浓度发生过变化,因此不同年代"出生"的有机含碳物质应有不同 ^{14}C 初始浓度。实验室数据是在假设样品初始浓度等于 1850 年木头浓度的前提下得出的,因此样品的年龄还要根据其'出生年代'进行校正。因为这种校正针对样品'出生年代',所以称"年代校正"或"时间校正"。为此人们根据大气 ^{14}C 长期变化曲线计算出校正图(图 12-28)。用图(12-28)进行年代校正的具体操作比较简单:

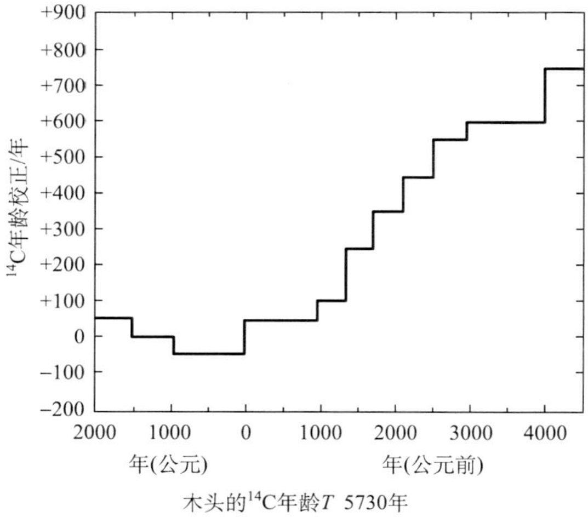

图 12-28　^{14}C 年龄的时间校正(Michael and Ralph,1970)

在初步求得的^{14}C年龄上，按年龄段加上或减去若干年。如对公元前3000～4000年段(距今4950～5950年)的样品需要加上600年。校正后的年龄为5550～6550a BP。

三、地下水DIC年龄测定

（一）基本概念

用^{14}C测定地下水年龄，是通过测定水中溶解含碳物质的^{14}C年代来实现的。如果含碳物质(及其中^{14}C)随水分子同步移动，就可以把水中含碳物质的年龄看成地下水的年龄。在这里，地下水年龄的涵义是含碳物质从交换库(土壤水)转移到非交换库(饱和带地下水)这一事件至今的时间。这大致相当于土壤水到达地下水面的时间。

地下水溶解的含碳物质有两类：溶解无机碳(DIC)和溶解有机碳(DOC)。因此^{14}C地下水年龄测定方法也分成地下水DIC年龄测定和地下水DOC年龄测定两种。DOC年龄测定方法将在下节讨论。

1957年Munnich(1957)首次把^{14}C用于地下水DIC年龄测定，并建立了基本方法。和固体样品不同，不同起源的溶解无机碳(DIC)具有不同的^{14}C初始浓度；且在水流动时，DIC的起源结构会随新的来源参与而变化。为此在测定地下水年龄时，必须弄清每一个水样DIC的成因以及“死碳”的来源和数量，以进行相应的校正。这样一来，碳酸盐水文地球化学知识成为进行死碳校正的基础。

（二）地下水DIC的起源

Mook(1980)曾列出多种地下水DIC来源以及它们的^{14}C和$\delta^{13}C$值(表12-13)。

1. 土壤CO_2溶解海相$CaCO_3$

其DIC之^{14}C浓度为50 pmc，$\delta^{13}C$较复杂。

由不同类型光合作用衍生的土壤CO_2具有不同的$\delta^{13}C$值。已知有三种光合作用：

① Calvin光合作用衍生的土壤CO_2，其$\delta^{13}C=-27\pm5‰$(C_3类植物)。

② Hatch Slack光合作用，$\delta^{13}C=-13\pm4‰$ (C_4类植物)。

③ Crassu Lacean酸作用，$\delta^{13}C=-17‰$，并有很大的散发值。

树木的$\delta^{13}C$较稳定，等于$-25‰\sim-26‰$；其^{14}C浓度为100 pmc。

由于不同气候区植物类型不同，土壤层CO_2的$\delta^{13}C$也有很大差别。据大量实测资料，在潮湿温带，土壤CO_2的$\delta^{13}C$值大致稳定在$-25‰$左右。在半干旱地区，土壤CO_2的$\delta^{13}C$变化幅度较大，一般为$-12‰\sim-17‰$。其^{14}C浓度为100.5 pmc。

海相$CaCO_3$多数年龄超过$(6\sim7)\times10^4$a，不再含有^{14}C，其$\delta^{13}C$平均为$+1‰$，常粗略取$0‰$。

在溶解过程中一个分子CO_2与一个$CaCO_3$分子化合生成两个HCO_3^-离子。在这种情况下，HCO_3^-以及整个DIC的$\delta^{13}C$值对于温湿气候地区约为$-12‰$；对于半干旱地区，

表 12-13　地下水 DIC 的几种来源以及它们的 ^{14}C 浓度和 $\delta^{13}C$ 值（Mook，1980 资料编制）

编号	地下水中 DIC 来源	CO_2		$CaCO_3$		水中 DIC		化学反应方程式
		A_0/pmC	δ^{13}/‰	A_0/pmC	$\delta^{13}C$/‰	A_0/pmC	$\delta^{13}C$/‰	
1	土壤 CO_2＋海相灰岩	100	−25 −15	0	+1	50	−12 −7	$CaCO_3+CO_2+H_2O \rightarrow Ca+2HCO_3^-$
2	大气 CO_2＋海相灰岩	100	−7	0	+1	50	−3	$CaCO_3+CO_2+H_2O \rightarrow Ca+2HCO_3^-$
3	土壤 CO_2＋硅酸盐矿物	100	−25 −15	—	—	100	−25 −15	$CaAl_2(SiO_4)_2+2CO_2+H_2O \rightarrow Ca^{2+}+Al_2O_3+2SiO_2+2HCO_2^-$
4	腐质酸＋海相灰岩	—	—	0	+1	0	+1	$2CaCO_3+2H^+(Hum) \rightarrow Ca(Hum)+Ca^{2+}+2HCO_3^-$
5	有机质氧化生成的 CO_2＋海相灰岩	0	−25	0	+1	0	−12	$6nO_2+(C_6H_{10}O_5)+nH_2O \rightarrow 6nH^++6nHCO_3^-$ $6nH^++6nCaCO_3 \rightarrow 6nCa^{2+}+6nHCO_3^-$
6	去硫酸盐作用中生成的 DIC	—	—	—	—	0−100	−100	$SO_4^{2+}+CH_4 \rightarrow HS^++H_2O+HCO_3^-$
7	岩浆 CO_2＋海相灰岩	0	−3	0	+1	0	−1	$CaCO_3+CO_2+H_2O \rightarrow Ca^++2HCO_3^-$
8	Ca-Na 交换反应中新溶解的海相灰岩	—	—	0	+1	0	+1	$CaCO_3+CO_2+H_2O \rightarrow Ca^++2HCO_3^-$

$\delta^{13}C$ 值变化较大，平均为$-7‰$(表 12-13)。由此可知，用^{13}C 方法对^{14}C 初始浓度进行校正时，对于温湿地区效果较好，对于半干旱地区则因土壤 CO_2 的 $\delta^{13}C$ 值不稳定而产生较大误差。使用时，须在 $\delta^{13}C$ 示踪模型中考虑这个因素。

2. 大气 CO_2 溶解海相灰岩

其 DIC 之^{14}C 浓度应为 50pmc，$\delta^{13}C=-3\%$(表 12-13)。当研究区的植被稀薄，地下水矿化度很小时，大气 CO_2 成因的 DIC 能够占很大比重。

3. 土壤 CO_2 风化硅酸盐矿物

岩浆岩和变质岩中的硅酸盐矿物风化时，在土壤 CO_2 的参与下，风化产物中生成一部分溶解无机碳。这一部分 DIC 完全来自土壤 CO_2，因之与其同位素成分完全相同。不含碳酸盐矿物的地层这种来源可以起主要作用。

4. 腐殖酸溶解碳酸岩矿物

水的碳酸盐侵蚀性还可以来自有机酸。由此生成的 DIC 全部来自矿物和腐殖酸，所以其同位素组成比较复杂。腐殖酸溶解产生的 DIC 占 DIC 总量中的份额在不同气候区变化较大。在热带可占碳酸盐溶解总量的 40%以上，潮湿温带 25%左右，高寒地带 15%左右，沙漠为 0(Jakucs，1977)。这种碳源在灰岩地区地下水 DIC 构成中应起十分重要的作用。但目前，死碳校正工作基本上还没有考虑这个问题，是一个疏漏。

5. 含水层有机物氧化

当地下水在深部循环时，水中的各种氧化剂能够在细菌参与下氧化含水层中的有机质(如泥炭)，产生 CO_2。这种 CO_2 多数不含^{14}C，$\delta^{13}C$ 变化较大。

6. 硫酸盐还原作用

在去硫酸盐作用中，在硫还原细菌的参与下把烃类氧化成重碳酸根。这是含水层有机物氧化的一种类型。这一作用生成的 DIC，其^{14}C 浓度较烃类更低(生物分馏)，$\delta^{13}C$ 值也低于烃类。通常，烃类多是生物作用的产物，其 $\delta^{13}C$ 已经很低(可低达-70%或更低)，硫还原菌进一步作用(生物分馏)的结果，往往使 $\delta^{13}C$ 变得很低。但具体还要看初始烃类的初始 $\delta^{13}C$ 值以及反应速度(动力分馏)而定。

7. 深部 CO_2 的混入

水的碳酸盐侵蚀性也可以来自深部岩浆的 CO_2。显然岩浆的 CO_2 不含^{14}C；而 $\delta^{13}C$ 则变化在$-2‰$至$-6‰$间。

8. 离子交换

当含水层中发生 Na-Ca 离子交换时(如硬度较大的水以 Ca^{2+} 交换黏土中的 Na^+)，由

于 Ca^{2+} 离子浓度减少，要新溶解一部分 $CaCO_3$。这一部分补充溶解的 DIC 全部来自灰岩。

下面可以看到，大多数“死碳”校正方法都建立在这些碳酸盐同位素水文地球化学知识基础上。

（三）“死碳”校正

1. “死碳”与稀释因子

如果地下水 DIC 的碳全部来自交换库（如土壤 CO_2），就能用式（12-7）求出地下水的 ^{14}C 年龄：

$$\tau = 19.035 \times 10^3 \log \frac{A_0}{A\tau}(\text{年}) \tag{12-7'}$$

式中：A 为样品 DIC 的 ^{14}C（残存）浓度（pmc）；A_0 为（未经稀释的）土壤水 DIC 的 ^{14}C（初始）浓度（102.3 pmc）。

土壤水 DIC 的 ^{14}C 浓度为 102.3pmc。这是因为，降水通过土壤层时，其 DIC 有充足时间与土壤 CO_2 进行充分的同位素交换。多数土壤 CO_2 的 ^{14}C 浓度为 100.5pmc（图 12-25）。当同位素交换达到平衡时，水中 DIC 的 ^{14}C 浓度受分馏常数 αHCO_3-CO_2 决定，富集约 1.8%，达到 102.3pmc；^{13}C 富集约一半，即 9‰（20℃）。

问题在于，地下水 DIC 还来自不含 ^{14}C 或少含 ^{14}C 的非交换库。不含 ^{14}C 的那部分 DIC 称为“死碳”。为了获取地下水真实年龄，必须确定 ^{14}C 被“死碳”稀释的程度。“死碳校正”的全部任务在于确定交换碳（如土壤 CO_2）和“死碳”在 DIC 样品中各自所占份额。为此，引进了稀释因子（dilution factor）的概念，并用 f 表示（文献中有的还用 q、a 等符号表示）：

$$f = \frac{A_\Sigma}{A_0} \tag{12-8}$$

式中 A_Σ 为地下水 DIC（被死碳稀释后）的 ^{14}C 浓度；A_0 为土壤水 DIC 的 ^{14}C 浓度（102.3pmc）。

由此可见，f 因子的物理含义是，经“死碳”稀释后初始交换库碳源在 DIC 中所残留的份额。

在补给区和承压区的水文地球化学作用及其系统的封闭性有所不同。补给区一般属氧化条件下的开放系统，地球化学作用相对简单。

承压区比较封闭，承压地下水向下游流动时，不断有还原环境下的水文地球化学反应发生，使地下水 DIC 的来源结构进一步变化；或使“死碳”增加，或使 ^{14}C 移出，从而使 f 因子不断变小。最典型的稀释作用有 4 类：

（1）碳酸盐矿物（方解石和白云石等）溶解（“死碳”增加）。

（2）在微生物参与下含水层古老有机质氧化（“死碳”增加）。

（3）深成 CO_2 加入（“死碳”增加）。

（4）优势水流中的 ^{14}C 向不流动或缓慢流动水体的扩散（^{14}C 移出）。

2. 校正方法

1）方法原理分类

校正“死碳”的核心问题是确定稀释因子 f。为了确定 f 因子，针对不同情况提出了多种校正方法。按原理大致分三组：

① 统计学组，直接测定大量新水的稀释因子 f，找出其统计值。

② 地球化学组，研究导致地下水 DIC 形成的地球化学过程。根据反应式进行物质（离子）平衡，据此确定交换库和非交换库碳源对地下水 DIC 的贡献率，求出 f 值。

③ ^{13}C 示踪组，是一种同位素示踪方法。由于 ^{13}C 是 C 元素的稳定同位素，因此能够示踪不同地球化学过程对地下水 DIC 的贡献。具体做法是：写出某种形成地下水 DIC 的地球化学反应式；用同位素方法确定所有参与该反应含碳物质的 $\delta^{13}C$ 值；按反应式（用 $\delta^{13}C$）进行 ^{13}C 平衡，找出各种“死碳”源对 DIC 的贡献；利用简单算数方法求出 f 因子。

从校正原理可以看出，做 ^{14}C 年龄测定时，一定要平行测定 $\delta^{13}C$ 以及地下水简分析，并在野外测定 pH。此外，还须平行做氚分析，以识别古水中是否含有年轻水混入。

按产生“死碳”源的地球化学作用，方法也可分三组：①在土壤 CO_2 参与下的岩石风化与溶解；②还原环境中的硫酸盐还原与甲烷生成；③深层 CO_2 溶解碳酸盐矿物。

2）氧化环境下岩石的风化与溶解

方解石溶解：

(1) 地球化学模型法（Munnich-Tamers 法）。这种方法校正 $CaCO_3$ 在封闭系统中与 CO_2 化合时进入 DIC 的“死碳”。1957 年 Munnich 首次测定地下水 ^{14}C 年龄时使用了这一方法。后来 Tamers(1975)推导了校正公式：

$$f = \frac{a + 0.5b}{a + b} \tag{12-9}$$

式中：a 为水样中溶解 CO_2 的浓度；b 为水样中 HCO_3^- 离子的浓度。

地下水系统的封闭程度对 DIC 及其同位素的组成影响很大。以方解石在 CO_2 水中溶解为例，在完全封闭的系统中大致可以看成碳（C）原子从 CO_2 气体和岩石（$CaCO_2$）各来自一半，即 $f=0.5$。在完全开放系统中，$f=1$。自然界还存在从完全封闭到完全开放之间各种不同开放度的系统。这种方法简单，但往往忽略其他侵蚀性来源（如有机酸、黄铁矿氧化产生的硫酸等等），也会造成误差。

(2) ^{13}C 示踪法（Ingerson 和 Pearson 法）。该方法于 1964 年由 Ingerson 和 Pearson 提出（Pearson，1965），解决了溶解系统封闭性问题，稀释因子 f 由下式确定：

$$f = \frac{\delta_{DIC} - \delta_{CaCO_3}}{\delta_{土壤CO_2} - \delta_{CaCO_3}} \approx \frac{\delta_{DIC}}{-25}$$

式中：δ 为 ^{13}C 的 δ 值（‰）；DIC 为水中溶解无机碳。

还存在一些其他方解石类矿物溶解的校正方法，比上述方法更复杂些。

白云石溶解的校正

因方解石的溶解速度比白云石快(Clark et al.,1997;张之淦,2006;等),常常遇到这种情况:方解石已处于饱和状态,而白云石尚未饱和。如果系统没有其他 CO_2 源,则方解石一直处于饱和状态,而白云石在流动过程中逐渐达到饱和。这一部分来自白云石补充溶解的 DIC 可用取样地点和补给区 Mg^{2+} 离子之差计算求得。假设继续溶解在封闭系统里进行,校正白云石溶解的稀释因子由下式确定:

$$f_{白} = \frac{m\mathrm{DIC}}{m\mathrm{DIC} + 2m\mathrm{Mg}_{增}}$$

式中:mDIC 为 DIC 的摩尔数;$m\mathrm{Mg}_{增}$ 为因白云石继续溶解,Mg^{2+} 离子增加的摩尔数。

实际上,这里作了很大简化,因为通常即使在承压含水层也有微生物起源的 CO_2 不断产生,使之成为半封闭系统。校正公式有待改进。

统计法(Vogel 法)

人们很快注意到,并非所有地下水系统属于 CO_2 封闭系统,也不是所有地下水的硬度都来自碳酸盐矿物溶解。20 世纪 70 年代初期做了大量统计工作:Vogel(1970)统计了西北欧及南非 200 多个水样的 ^{14}C 测量结果,大部分浓度在 80～90pmc,建议采用 f=0.85。Geyh(1972)统计中欧和巴仑支地区 400 多个水样,认为岩溶地区可采用 f=0.5～0.7;黄土地区 f=0.85;结晶岩地区 f=0.9～1.0。稍后 Mazor 统计博茨瓦纳 Kalahart 平原 93 个潜水水样,得出 f>0.85。Hufen(1974)测定夏威夷欧胡岛 20 多个火山碎屑岩地下水透晶体的多个水样,得到 f=0.98～1.0。

20 世纪 70 年代初期对补给区年轻水进行的这些统计工作清楚地表明:

(1) 所有的样品属核爆炸前的年轻水。

(2) 土壤和含水层的碳酸盐矿物是“死碳”最主要的来源;其次来源于有机物氧化。

(3) 不含碳酸盐矿物“死碳”的年轻水,f=0.85～1.0。

(4) 不含碳酸盐矿物和有机质“死碳”的年轻水,f≈1.0。

3)硫酸盐还原与甲烷生成

硫酸盐还原的校正

最新研究显示,在常温常压条件下有机物的化学氧化速度十分缓慢。但在微生物参与下这一过程非常活跃。美国东海岸砂岩承压含水层微生物水文地球化学研究表明,沿水流方向微生物依次从地下水中吸取溶解 $O_2 \longrightarrow NO_3^- \longrightarrow Fe^{3+} \longrightarrow SO_4^{2-}$ 作为氧化剂,从氧化有机物来维持自身生命,同时产生 CO_2 和有机酸。显然,由此所产生的 DIC 都是不含 ^{14}C 的“死碳”。这样一来,随着承压水 DIC 含量的增加,f 值应不断降低。

硫酸盐还原是上述系列作用中一种最常见、对地下水 DIC 贡献最大的地球化学作用(Clark et al.,1997)。这是因为地下水中 SO_4^{2-} 离子的来源途径多、数量大:①黄铁矿(H_2S)氧化。②海水或陆地咸水混入。③土壤或地层硫酸盐矿物溶解等。

Clark 等(1996)认为,硫酸盐还原对地下水 DIC 的贡献量,可用水中 H_2S 的增加数量予以衡量。指出,因有机质中碳元素的离子价不同,硫酸盐还原的稀释因子(f)有所不同。一种是当碳元素为0价时（如腐殖质等碳水化合物），水中每增加1 mol的H_2S，其DIC增加2 mol；另一种是当碳元素为-Ⅳ价时（如甲烷或其他碳氢化合物），水每增加1 molH_2S，其DIC只增加1mol。化学反应式分别如下：

$$2CH_2O + SO_4^{2-} \longrightarrow H_2S + 2HCO_3^-$$

$$CH_4 + SO_4^{2-} \longrightarrow HS^- + HCO_3^- + H_2O$$

其稀释因子的计算公式分别为：

$$f = \frac{m\mathrm{DIC}}{m\mathrm{DIC} + 2mH_2S}（C 为 0 价时）$$

$$f = \frac{m\mathrm{DIC}}{m\mathrm{DIC} + mH_2S}（C 为 Ⅵ 价时）$$

式中：mDIC为水中溶解无机碳的摩尔数；mH_2S为水中溶解硫化氢的摩尔数。

实际上，这里直接使用稀释因子只能评估一个数量级，因为硫酸盐还原通常伴随着方解石沉淀，使部分DIC从水中移出。此外，这一过程还伴随着有机物的^{13}C进入DIC。也可用^{13}C对全过程示踪，公式为：

$$\delta^{13}C_{\mathrm{DIC-最终}} = \frac{\delta^{13}C_{\mathrm{DIC-补给区}} \cdot m_{\mathrm{DIC-补给区}} + \delta^{13}C_{有机质} \cdot mH_2S}{m\mathrm{DIC}_{补给区} + mH_2S}$$

式中：$\mathrm{DIC}_{最终}$为硫酸盐还原反应后的DIC；$\mathrm{DIC}_{补给区}$为硫酸盐还原反应前的DIC（补给区地下水的DIC）；$m\mathrm{DIC}_{补给区}$为补给区DIC的摩尔数；mH_2S为实测H_2S的摩尔数；$\delta^{13}C_{有机质}$项可采用-25‰到-30‰。

计算出的$\delta^{13}C_{\mathrm{DIC-最终}}$值应与样品的测量值很好地吻合，否则表明伴随硫酸盐还原过程还存在着其他地球化学作用。实际上，使用^{13}C均衡法也只能给出半定量评估结果，因为细菌氧化有机质时发生生物分馏，有时$\delta^{13}C_{有机质}$会低于－30％。

甲烷生成的校正

地下水中的甲烷有多种成因，最常见的一种是微生物参与下有机物发酵合成CH_4。反应式如下：

$$2CH_2O + 2H_2O \xrightarrow{发酵} 2CO_2 + 2H_2 \xrightarrow{甲烷合成} CH_4 + CO_2 + 2H_2O$$

最终结果，每生成1mol的CH_4同时生成1mol的CO_2；生成的CO_2又溶解1mol的方解石，结果产生2mol HCO_3^-。总反应式为：

$$2CH_2 + H_2O + CaCO_3 \longrightarrow CH_4 + 2HCO_3^- + Ca$$

也就是地下水中每生产1mol的CH_4，就伴随来自有机质和方解石的各1mol“死碳”进入DIC。

因为CH_4属于溶解度小、挥发和扩散性强的物质，所以只有部分生产出来的CH_4溶入水。Clark等(1997)建议用水中CH_4浓度定性地判断因甲烷形成向地下水DIC增添的“死碳”。为此，他们提出用下式求甲烷稀释因子：

$$f_{CH_4} = \frac{m\mathrm{DIC}_{样} - 2mCH_4}{m\mathrm{DIC}_{样}}$$

式中：mDIC$_{样}$ 为样品 DIC 的实测摩尔数；mCH$_4$ 为样品(地下水)中 CH_4 的摩尔含量。

甲烷生成也可用 $\delta^{13}C$ 定量地予以校正。因为每生成 1molCH_4，相应生成 2molHCO_3^-。进行^{13}C 物质平衡可得：

$$\delta^{13}C_{DIC-甲烷生成} = \frac{\delta^{13}C_{方} + \delta^{13}C_{有} + \frac{1}{2}\varepsilon^{13}C_{CO_2-CH_4}}{2}$$

式中：$\delta^{13}C_{DIC-甲烷生成}$ 为甲烷生成过程中 DIC 增添部分的 $\delta^{13}C$(5‰)；$\delta^{13}C_{方}$ 为方解石的 $\delta^{13}C$(0‰)；$\delta^{13}C_{有}$ 为有机质的 $\delta^{13}C$(−25‰)；$\varepsilon^{13}C_{CO_2-CH_4}$ 为甲烷生成过程中 CO_2 和 CH_4 之分馏因子(70‰)。

设方解石的 $\delta^{13}C=0$，有机质的 $\delta^{13}C=-25‰$，分馏因子 $\varepsilon^{13}C_{CO_2-CH_4}=70‰$，可得增添部分 DIC 的 $\delta^{13}C=5‰$。

如果补给区地下水的 DIC $\delta^{13}C$ 已知，再测定样品的 $\delta^{13}C$ 值，即可用下式计算稀释因子 f：

$$f_{CH_4} = \frac{\delta^{13}C_{DIC样} - \delta^{13}C_{DIC甲烷}}{\delta^{13}C_{DIC补} - \delta^{13}C_{DIC甲烷}} \qquad (12\text{-}10)$$

式中：$\delta^{13}C_{DIC样}$ 为样品 DIC $\delta^{13}C$ 值(实测)；$\delta^{13}C_{DIC补}$ 为补给区地下水 DIC 的 $\delta^{13}C$ 值(已知)；$\delta^{13}C_{DIC甲烷}$ 为甲烷生成过程中新添 DIC 的 $\delta^{13}C$ 值，一般约 5‰。

可知，用式(12-10)计算甲烷生成校正因子，需要知道补给区地下水 DIC 的 $\delta^{13}C$ 值。

4）深成 CO_2 的校正

高温高压地质环境一般产生一组特征性含碳气体，包括 CO_2，CH_4 和其他烃类等含碳物质。它们主要来自地球的火山和变质活动。其中研究较多的是碳酸盐矿物在热变质过程中产生的 CO_2。这些 CO_2 与碳酸盐矿物相比发生几个千分点的富集，其典型的 $\delta^{13}C$ 值为 5‰～10‰。如果没有其他来源的 CO_2，可用^{13}C 均衡办法测定土壤源 CO_2 与深成 CO_2 的混合比例。同时，可用下式找出 f 值：

$$f_{深} = \frac{\delta^{13}C_{样} - \delta^{13}C_{深}}{\delta^{13}C_{补} - \delta^{13}C_{深}}$$

式中：$\delta^{13}C_{样}$ 为样品的实测值；$\delta^{13}C_{深}$ 为深成 CO_2 值；$\delta^{13}C_{补}$ 为补给区土壤 CO_2 值(湿润地区 −26‰，干旱地区 −15‰)。

5）联合效应的稀释因子

当地下水 DIC 被来自多种地球化学作用的“死碳”稀释时，其联合效应的总稀释因子等于各单项因子之积。例如，对于经受方解石溶解、白云石溶解和硫酸盐还原等三种“死碳”联合稀释的地下水来说，其总稀释因子为：

$$f_{总} = f_{方} \times f_{白} \times f_{硫}$$

由此可见，地下水越古老，由于其^{14}C 浓度经受死碳稀释的种类越多，这将使总稀释因子($f_{总}$)越小，并使^{14}C 年龄误差越大。但是下面将看到，如果没有径流区还原带各种稀同。一种是当碳元素为 0 价时(如腐殖质等碳水化合物),水中每增加 1 mol 的 H_2S,其 DIC 增加 2 mol;另一种是当碳元素为-Ⅳ价时(如甲烷或其他碳氢化合物),水每增加 1 molH_2S,其 DIC 只增加 1mol。化学反应式分别如下:

$$2CH_2O + SO_4^{2-} \longrightarrow H_2S + 2HCO_3^-$$

$$CH_4 + SO_4^{2-} \longrightarrow HS^- + HCO_3^- + H_2O$$

其稀释因子的计算公式分别为:

$$f = \frac{m\text{DIC}}{m\text{DIC} + 2mH_2S}(\text{C 为 0 价时})$$

$$f = \frac{m\text{DIC}}{m\text{DIC} + mH_2S}(\text{C 为 Ⅵ 价时})$$

式中:mDIC 为水中溶解无机碳的摩尔数;mH_2S 为水中溶解硫化氢的摩尔数。

实际上,这里直接使用稀释因子只能评估一个数量级,因为硫酸盐还原通常伴随着方解石沉淀,使部分 DIC 从水中移出。此外,这一过程还伴随着有机物的^{13}C 进入 DIC。也可用^{13}C 对全过程示踪,公式为:

$$\delta^{13}C_{\text{DIC-最终}} = \frac{\delta^{13}C_{\text{DIC-补给区}} \cdot m_{\text{DIC-补给区}} + \delta^{13}C_{\text{有机质}} \cdot mH_2S}{m\text{DIC}_{\text{补给区}} + mH_2S}$$

式中:$\text{DIC}_{\text{最终}}$为硫酸盐还原反应后的 DIC;$\text{DIC}_{\text{补给区}}$为硫酸盐还原反应前的 DIC(补给区地下水的 DIC);$m\text{DIC}_{\text{补给区}}$为补给区 DIC 的摩尔数;mH_2S 为实测 H_2S 的摩尔数;$\delta^{13}C_{\text{有机质}}$项可采用-25‰到-30‰。

计算出的 $\delta^{13}C_{\text{DIC-最终}}$值应与样品的测量值很好地吻合,否则表明伴随硫酸盐还原过程还存在着其他地球化学作用。实际上,使用^{13}C 均衡法也只能给出半定量评估结果,因为细菌氧化有机质时发生生物分馏,有时 $\delta^{13}C_{\text{有机质}}$会低于－30‰。

甲烷生成的校正

地下水中的甲烷有多种成因,最常见的一种是微生物参与下有机物发酵合成 CH_4。反应式如下:

$$2CH_2O + 2H_2O \xrightarrow{\text{发酵}} 2CO_2 + 2H_2 \xrightarrow{\text{甲烷合成}} CH_4 + CO_2 + 2H_2O$$

最终结果,每生成 1mol 的 CH_4 同时生成 1mol 的 CO_2;生成的 CO_2 又溶解 1mol 的方解石,结果产生 2mol HCO_3^-。总反应式为:

$$2CH_2 + H_2O + CaCO_3 \longrightarrow CH_4 + 2HCO_3^- + Ca$$

也就是地下水中每生产 1mol 的 CH_4,就伴随来自有机质和方解石的各 1mol“死碳”进入 DIC。

因为 CH_4 属于溶解度小、挥发和扩散性强的物质,所以只有部分生产出来的 CH_4 溶入水。Clark 等(1997)建议用水中 CH_4 浓度定性地判断因甲烷形成向地下水 DIC 增添的“死碳”。为此,他们提出用下式求甲烷稀释因子:

$$f_{CH_4} = \frac{m\text{DIC}_{\text{样}} - 2mCH_4}{m\text{DIC}_{\text{样}}}$$

式中：mDIC$_{样}$ 为样品 DIC 的实测摩尔数；mCH_4 为样品（地下水）中 CH_4 的摩尔含量。

甲烷生成也可用 $\delta^{13}C$ 定量地予以校正。因为每生成 1molCH_4，相应生成 2molHCO_3^-。进行^{13}C 物质平衡可得：

$$\delta^{13}C_{DIC-甲烷生成} = \frac{\delta^{13}C_{方} + \delta^{13}C_{有} + \frac{1}{2}\varepsilon^{13}C_{CO_2-CH_4}}{2}$$

式中：$\delta^{13}C_{DIC-甲烷生成}$为甲烷生成过程中 DIC 增添部分的 $\delta^{13}C$(5‰)；$\delta^{13}C_{方}$ 为方解石的 $\delta^{13}C$(0‰)；$\delta^{13}C_{有}$为有机质的 $\delta^{13}C$(−25‰)；$\varepsilon^{13}C_{CO_2-CH_4}$ 为甲烷生成过程中 CO_2 和 CH_4 之分馏因子(70‰)。

设方解石的 $\delta^{13}C=0$，有机质的 $\delta^{13}C=-25‰$，分馏因子 $\varepsilon^{13}C_{CO_2-CH_4}=70‰$，可得增添部分 DIC 的 $\delta^{13}C=5‰$。

如果补给区地下水的 DIC $\delta^{13}C$ 已知，再测定样品的 $\delta^{13}C$ 值，即可用下式计算稀释因子 f：

$$f_{CH_4} = \frac{\delta^{13}C_{DIC样} - \delta^{13}C_{DIC甲烷}}{\delta^{13}C_{DIC补} - \delta^{13}C_{DIC甲烷}} \tag{12-10}$$

式中：$\delta^{13}C_{DIC样}$为样品 DIC $\delta^{13}C$ 值(实测)；$\delta^{13}C_{DIC补}$为补给区地下水 DIC 的 $\delta^{13}C$ 值(已知)；$\delta^{13}C_{DIC甲烷}$为甲烷生成过程中新添 DIC 的 $\delta^{13}C$ 值，一般约 5‰。

可知，用式(12-10)计算甲烷生成校正因子，需要知道补给区地下水 DIC 的 $\delta^{13}C$ 值。

4）深成 CO_2 的校正

高温高压地质环境一般产生一组特征性含碳气体，包括 CO_2，CH_4 和其他烃类等含碳物质。它们主要来自地球的火山和变质活动。其中研究较多的是碳酸盐矿物在热变质过程中产生的 CO_2。这些 CO_2 与碳酸盐矿物相比发生几个千分点的富集，其典型的 $\delta^{13}C$ 值为 5‰～10‰。如果没有其他来源的 CO_2，可用^{13}C 均衡办法测定土壤源 CO_2 与深成 CO_2 的混合比例。同时，可用下式找出 f 值：

$$f_{深} = \frac{\delta^{13}C_{样} - \delta^{13}C_{深}}{\delta^{13}C_{补} - \delta^{13}C_{深}}$$

式中：$\delta^{13}C_{样}$ 为样品的实测值；$\delta^{13}C_{深}$ 为深成 CO_2 值；$\delta^{13}C_{补}$ 为补给区土壤 CO_2 值(湿润地区−26‰，干旱地区−15‰)。

5）联合效应的稀释因子

当地下水 DIC 被来自多种地球化学作用的“死碳”稀释时，其联合效应的总稀释因子等于各单项因子之积。例如，对于经受方解石溶解、白云石溶解和硫酸盐还原等三种“死碳”联合稀释的地下水来说，其总稀释因子为：

$$f_{总} = f_{方} \times f_{白} \times f_{硫}$$

由此可见，地下水越古老，由于其^{14}C 浓度经受死碳稀释的种类越多，这将使总稀释因子($f_{总}$)越小，并使^{14}C 年龄误差越大。但是下面将看到，如果没有径流区还原带各种稀释作用，而只有补给区的稀释作用，则情况相反，水越古老，死碳校正不准确可能带来的误差会越小。

3. “死碳校正”效果评估

(1) 已有测年工作经验显示，补给区大气 CO_2 溶解 $CaCO_3$、硅酸盐矿物风化、土壤 $CaCO_3$ 溶解等“死碳”来源对地下水 DIC 贡献率比较小，其 f 因子一般≥0.85，岩溶地区可升至 $f=0.5\sim0.7$。

(2) 影响较大的是补给区海相碳酸盐矿物的溶解，理论上 $f=0.5$。但是即使在 $f=0.5$ 的情况下，“死碳”稀释效应只对相对年轻的古水产生较大影响（表 12-14，图 12-29）。这种情况下，如果不进行“死碳”校正，对于真实年龄为 1 个半衰期（5730a）的地下水，^{14}C 表观年龄为 1.1460×10^4 a，其误差为 +100%；对于真实年龄为 4 个半衰期（2.292×10^4 a）的地下水，^{14}C 表观年龄为 2.865×10^4 a，误差只有 +25%。一般说，用水动力方法测定的地下水流速，误差也可达 ±60%，即和 ^{14}C 的 DIC 法不做校正造成的误差属同一级别。上述

表 12-14　随地下水年龄增长“方解石溶解”效应的减弱（$f=0.5$）

地下水真实年龄	（半衰期）	1	2	3	4	5	6
	10^4 aBP	0.573	1.146	1.719	2.292	2.865	3.438
样品 ^{14}C 浓度	pmc	25	12.5	6.25	3.125	1.563	0.782
^{14}C 表观年龄	10^4 aBP	1.146	1.719	2.292	2.865	3.438	4.011
误差	绝对，a	+5730	+5730	+5730	+5730	+5730	+5730
	相对，%	+100	+50	+33	+25	+20	+16.7

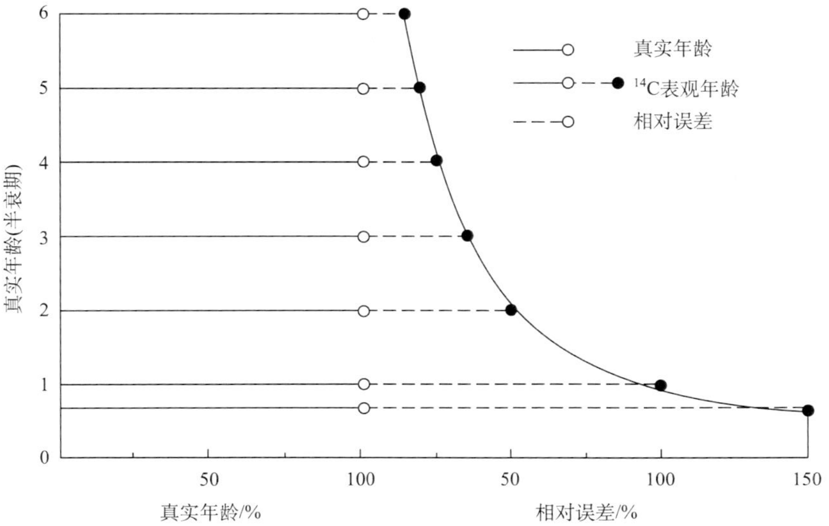

图 12-29　随地下水年龄增长方解石溶解“稀释效应”的减弱（$f=0.5$）

关于补给区死碳校正的认识有很重要的使用价值。当前存在众多校正补给区海相碳酸盐溶解和硅酸盐风化等死碳来源的方法，有的还十分复杂。它们校正的最终结果 f 因子大都落在 0.5～1.0 之间。这样，其校正误差最大也就在地下水动力学方法的范围之内，似不必把主要精力用到复杂模型的计算上。

(3) 补给区的硫酸盐还原和 CH_4 生产等“死碳”来源，因有机质属土壤有机质，其 ^{14}C 平均含量大于 50pmc(Stevenson，1986)，所以对 DIC 死碳的贡献不大，即 $f>0.5$，这一点已由统计法取得的大量证据所证实。

(4) 对于碳酸盐矿物溶解—沉淀可逆反应活跃的地区(如湿润地区海相碳酸盐地层)，如果地下水 DIC 经历了反复的溶解—沉淀—再溶解—再沉淀过程，则 $f<0.5$，而且目前对此的校正工作还不成熟。这就是为什么 ^{14}C 方法测定峰林平原地区岩溶水年龄常常得不到理想效果的原因之一。

(5) 当地下水进入承压层径流带后，问题变得更复杂些。在这里土壤有机物已被古老有机物代替，硫酸盐还原和 CH_4 生产两种 DIC 来源常可使 f 因子变得很小，只能用 Clark 等(1997)建议的方法进行半定量估算。

如 Clark 等(1996)在阿曼南部地区 Ummer Radhuma 承压含水层做的同位素工作显示，距今 15 000a 至 4000a 期间这一地区为湿润期，按理说地下水应属这一时期入渗的古水。但使用碳酸盐矿物溶解模型校正后得到的 DIC 地下水年龄落在距今 2.5×10^4a～1.5×10^4a 期间(未经校正的表观年龄为距今 3.5×10^4a 至 2.5×10^4a)，与古气候资料矛盾(图 12-30)。在碳酸盐矿物溶解校正基础上，再用硫酸盐还原法做进一步校正，结果使承压水 ^{14}C 年龄落入距今 1.5×10^4a 至 4000a 范围，和古气候数据吻合。

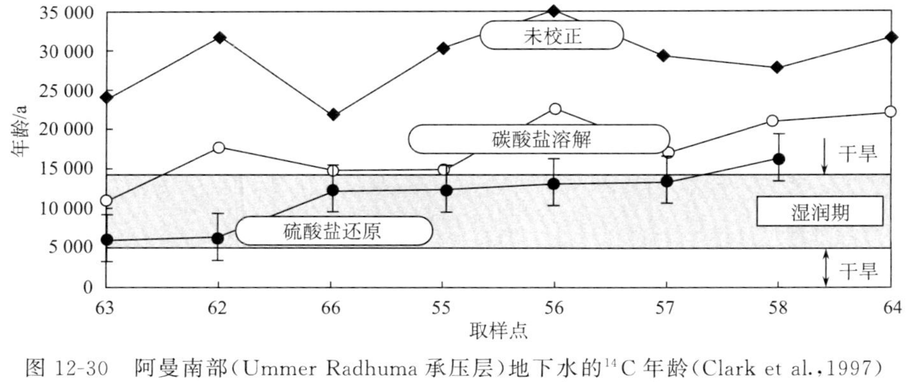

图 12-30　阿曼南部(Ummer Radhuma 承压层)地下水的 ^{14}C 年龄(Clark et al.，1997)

上述实例说明，和补给区相反，进入径流区后不管是碳酸盐矿物的重复沉淀-溶解，或者硫酸盐还原和氨生成作用，都会导致 f 值降低至<0.5 很多，使 ^{14}C 表观年龄产生 ±200%～±300% 的误差，并导致错误的水文地质结论。进行死碳校正时，必须建立在深入认识径流区的地球化学作用的基础之上。

(6) 综上所述，虽然目前 DIC“死碳”校正办法还不能针对所有情况全部进行校正，但只要做过细工作，大多数情况下已能够做出合理校正。目前，地下水 ^{14}C DIC 测年属于比较成熟的测年方法。此外，其特有的优势是可以和水的稳定同位素及第四纪古气候数据进行对比，得到更加合理的地下水测年结果。

4. 微机计算软件

地下水 DIC 年龄的“死碳”校正主要建立在物质平衡原理的基础上。为此，美国地质调查局水资源处开发了一种建立在物质综合地球化学平衡原理上的计算模型，并研制出计算机软件 NETPATH，用于地下水 DIC 年龄的“死碳”校正（Plummer et al., 1994）。有兴趣者可以索取使用（<http://h2o.usgs.gov/software>）。

（四）^{14}C 逸失（稀释）

1. 概述

除了向系统输入“死碳”外，^{14}C 从系统逸出也要改变系统 ^{14}C 浓度，从而影响 DIC 的年龄测定。目前研究较多的是地下水“优势通道”校正问题。

进行 ^{14}C 测年时，通常假定地下水做活塞运动。当地下水沿优势通道做纵向流动时，虽然运动速度比非优势通道要快许多，但整体上仍十分缓慢，这就使其有足够时间向四周或两侧非优势通道进行 ^{14}C 横向扩散。这一过程使 ^{14}C 从系统（优势通道）逸失，降低优势水流的 ^{14}C 浓度，因而导致同位素年龄偏大。

Sudicky 和 Frind（1981）讨论了从含水层向隔水层发生 ^{14}C 扩散的例子。他们假设有一个很薄的承压含水层（近似一维），水流的 ^{14}C 向两侧隔水层扩散。模拟结果显示，向隔水层扩散可以显著改变承压水的 ^{14}C 浓度（图 12-31）。可以看到，即使扩散系数很小（如 $10^{-7}cm^2/s$）在 50 km 距离上 ^{14}C 浓度也会多降低 40%（^{14}C 丢失 40%），显然对于 ^{14}C 地下水年龄测定将产生极大影响。

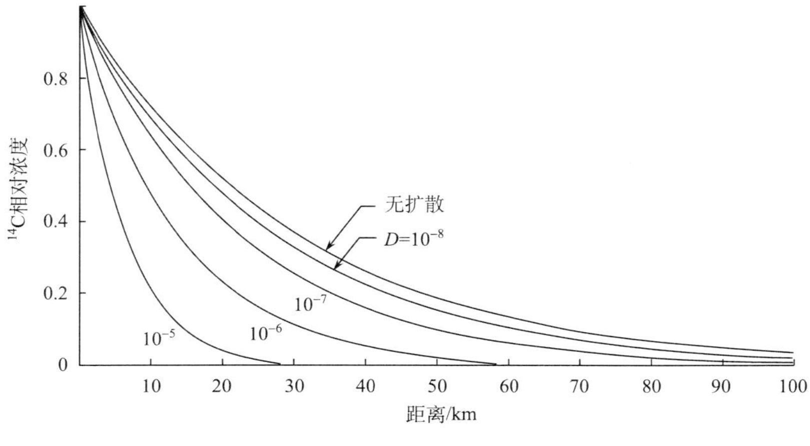

图 12-31　稳态下横向扩散时 ^{14}C 浓度的下降（Sudicky and Frind, 1981）

扩散系数 $D=10^{-5}$, 10^{-6}, 10^{-7}, 10^{-8} 和 $0cm^2/s$

Geyh(1979)的研究表明，在具双重介质特征的裂隙介质中，水流沿裂隙流动时，示踪剂可以借助扩散进入孔隙，使同位素年龄偏大。模拟显示，随裂隙宽度减小，^{14}C 视年龄偏大的数量增加。

2. 结合水校正(^{14}C 丢失)

中国地质科学院水文地质研究所青年学者崔玉龙(1988,1990)，讨论了松散沉积承压水中^{14}C 从重力水通道向结合水扩散对^{14}C 测年的影响。

1) 物理模型

把孔隙水的流线拉直为理想流管(图 12-32)。

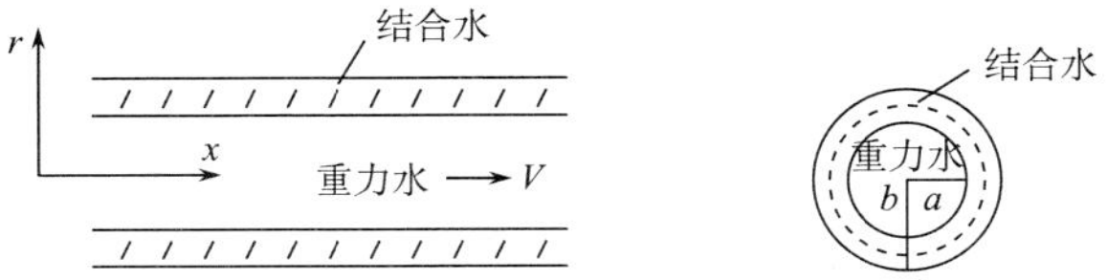

图 12-32　结合水校正的物理模型(崔玉龙,1988,1990)

设水流沿 x 轴以 V 速度流动，重力水流管(内管)半径等于 a。结合水外壁(外管)半径为 b。重力水做等速活塞流运动，结合水停滞不动。

2) 数学模型

重力水部分：

$$D\frac{\mathrm{d}^2C}{\mathrm{d}^2x}-V\frac{\mathrm{d}C}{\mathrm{d}x}-\lambda C=\frac{2q}{a}\qquad 0\leqslant x\leqslant\infty$$

$$C(0)=C_0$$

$$C(\infty)=0\tag{12-11}$$

式中：C 为^{14}C 浓度；C_0 为^{14}C 的初始浓度；D 为动力弥散系数；V 为水流速度；λ 为^{14}C 衰变常数；a 为内管半径；b 为外管半径；q 为向结合水的扩散通量；x 为流程距离。

方程左边第一项表示由动力弥散效应引起的^{14}C 浓度变化；第二项为由水流动引起的^{14}C 浓度变化；第三项为^{14}C 衰变项；右边一项为^{14}C 向结合水扩散造成的^{14}C 浓度变化。

结合水部分：

$$D'\frac{\mathrm{d}^2C'}{\mathrm{d}r^2}-\lambda C'=0$$

$$C'(a,x)=C(x)$$

$$\left.\frac{\partial C'}{\partial r'}\right|_{r=b}=0\tag{12-12}$$

式中：D'为分子扩散系数；C 为^{14}C 浓度；γ 为流管截面上任一点到中心的距离。

求解：

因边界条件设定，在结合水和流动水界面处^{14}C 浓度相等，同时通过外管壁的^{14}C 通量等于零，从而通过结合水与重力水边界的^{14}C 通量相等，得：

$$q = -D'\frac{\partial C'}{\partial r}\Big|_{r=a}$$

解方程得年龄 τ 和流程 x 间的关系式：

$$\tau = \frac{1}{\lambda}\left[\sqrt{\frac{V^2}{4D^2}+\frac{\lambda}{D}+\frac{2A}{Da}}-\frac{V}{2D}\right]x \tag{12-13}$$

其中 $D=L\cdot V+D'$

式中：A 表示外管与内管面积的参数，$A=\pi b^2$；τ 为同位素年龄；x 为流程距离；D 为动力弥散系数；V 为水流速度；λ 为^{14}C 衰变常数；D'为扩散系数；L 为纵向弥散系数；a 为重力流管（内管）半径；b 为外管半径；γ 为外管与内管断面面积比。

① 在含水层中，动力弥散系数（D）实际是由机械混合和分子扩散综合作用的结果：$D=L\cdot V+D'$。

L 为纵向弥散系数；D'为扩散系数。据已有文献资料，L 一般在 1.0m～100m 之间（Sudicky and Frind，1981）。对于像 CO_2^{2-} 和 HCO_3^- 这些小离子，D'大约为 2×10^{-10} m/s（Ivars Neretnicks，1981）。现随机选取一些参数，计算年龄随 x 的变化：取 $V_2=5$m/a，$L=1$m，$D'=10^{-9}$ m^2/s，$b=0.25\times10^{-4}$ m，并设$\frac{b^2}{a^2}=\gamma$，求得结果示于图 12-33。

② 计算时，b 进入 $\gamma=\frac{b^2}{a^2}$。

3）讨论

公式（12-13）的一种特殊情况是，^{14}C 扩散足够快，以至重力水和结合水的^{14}C 浓度相等。这时相当于^{14}C 衰减在整个水体中进行，而水的流动却只在重力水部分进行。表观同位素年龄偏大的数量与不流动水体体积成正比。

比如，实际同位素年龄为 1×10^4 a 和 $\gamma=2$（重力水占 1/2）的水，表观同位素年龄为 2×10^4 a，偏大 1 倍；$\gamma=3$ 时（重力水占 1/3）时，表观同位素年龄为 3×10^4 a，偏大 2 倍。可见，对结合水进行校正十分重要。考虑地下水优势通道的普遍存在，这一问题更加突出。

同时，崔玉龙指出，结合水效应只导致地下水表观（视）同位素年龄偏大，对于地下水通量计算却基本上没有影响。如，计算地下水储量时，虽然用表观（视）同位素年龄计算出的水流速度偏小 γ 倍，但计算储量时若水流断面积用含水层全孔隙度，这时断面面积比优势通道也大 γ 倍，两者恰好抵消。崔玉龙的研究十分重要，它表明用^{14}C 测年结果计算地下水径流量时，必须使用全孔隙度，而非有新孔隙度。

Maloszewski 和 Zuber（1984）在讨论双重介质含水层的地下水^{14}C 测年时认为，其^{14}C

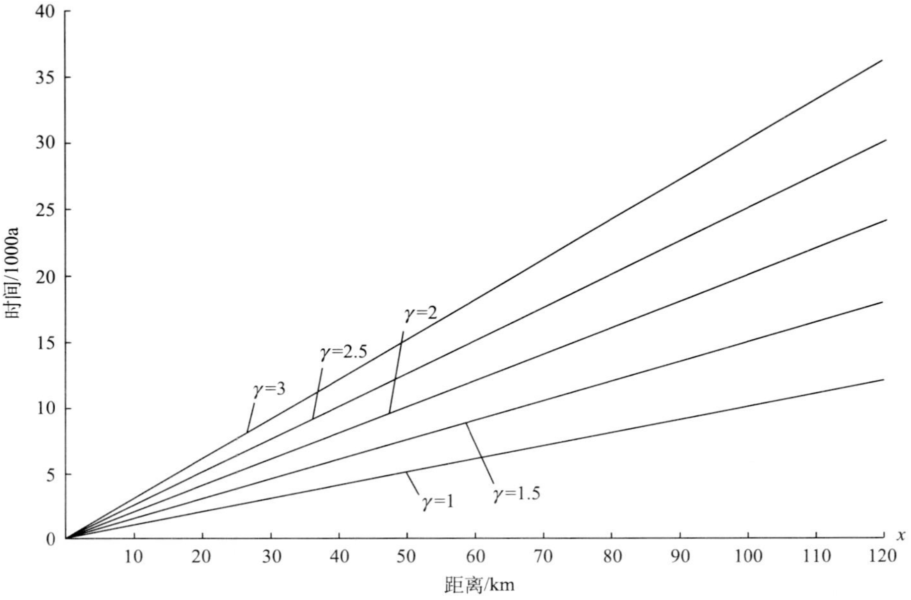

图 12-33　结合水校正的年龄与距离关系图(崔玉龙,1988,1990)

年龄(真实年龄)和传统水力学年龄之间的关系可由下式计算:

$$T_{\mathrm{real}} = \frac{T_{\mathrm{hyd}}}{\left(1+\dfrac{n_{\mathrm{p}}}{n_{\mathrm{f}}}\right)}$$

式中:T_{real} 为 ^{14}C 年龄(真实年龄);T_{hyd} 为水力学年龄;n_{p} 为岩石的全孔隙度;n_{f} 为岩石的裂隙孔隙度。

显然,崔玉龙(1988,1990)关于结合水校正的推导从理论上解决了这一问题。Maloszewski 等所谓的裂隙孔隙度相当于重力水占据的那部分孔隙度;而全孔隙度和裂隙孔隙度之差,则是结合水占据的那部分孔隙度。

(五) 地下水 DIC^{14}C 样品采集问题(现代碳稀释)

近 20 多年,我国地下水 DIC^{14}C 样品采集多使用 20 世纪 80 年代初期从国外引进的一些方法,如国际原子能机构(IAEA)专门设计的沉淀法提取地下水 DIC 的装置。最近中国地质科学院水文地质环境地质研究所齐继祥、彭玉荣等在贵阳举行的同位素水文学全国会议上(2009)指出,这些装置及其采样程序存在多种污染途径,常使古老地下水 ^{14}C 测年成果大幅度偏低(表 12-15)。我国操作人员使用不当更加剧了污染。通过改进和创新,他们开发了一套新的装置和采样程序。

表 12-15　现代碳污染对表观^{14}C年龄的影响(齐继祥,彭玉荣等,2009)

真实^{14}C年龄/ka	真实现代碳含量/pmc	不同程度污染样品的表观同位素年龄/ka		
		1%	5%	10%
1	88.6	0.99	0.95	0.89
5	54.6	4.93	4.66	4.34
10	29.8	9.81	9.08	8.25
20	8.9	19.2	16.6	14.2
30	2.6	27.4	21.4	17.3
40	0.79	33.3	23.6	18.5
50	0.24	36.3	24.4	18.9
100	5.6×10^{-4}	38.1	24.8	19.0
—	0	38.1	24.8	19.0

据齐继祥、彭玉荣等研究,使用传统^{14}C取样装置,很难避免1%～2%的现代碳污染。如果操作不当,5%～10%的碳污染也经常发生。越是古老的地下水,其^{14}C浓度越低,对于现代碳污染越敏感。他们认为,过去大于2×10^4a的^{14}C年龄数据,一般都需要使用新开发的装置重新评估。如河北平原第四系地下水(孔深300～600m),在沧州一带过去测定的数据为1.8×10^4a左右,新测定已达到4×10^4a或更多;向东至黄骅市,过去年龄为$(2.1\sim2.2)\times10^4$a,新结果显示全部大于4.7×10^4a(能谱仪测定上限)。

这些工作显示,样品采集环节的改进,同样可为同位素工作精度和可信度的提高做出重大贡献。

(六) 测定地下水相对年龄

两个样品的年龄之差称为它们的相对年龄。测定相对年龄的公式为:

$$\Delta T = 19.035 \times 10^3 \log(A_k/A_{k+1}) \tag{12-14}$$

式中:A_k和A_{k+1}分别为k号样品和k+1号样品的^{14}C浓度。

公式推导:

根据年龄基本公式有:

$$T_k = 19.035 \times 10^3 \log(A_0/A_k)$$

$$T_{k+1} = 19.035 \times 10^3 \log(A_0/A_{k+1})$$

两式相减

$$\Delta T = T_{k+1} - T_k = 19.035 \times 10^3 (\log \frac{A_0}{A_{k+1}} - \log \frac{A_0}{A_k})$$

整理得:

$$\Delta T = 19.035 \times 10^3 \log(A_k / A_{k+1}) \quad (12\text{-}14')$$

公式(12-14)表明,测定相对年龄不需预先知道^{14}C的初始浓度,前提条件是两个样品的^{14}C初始浓度是相等的。由于避免了初始浓度(A_0)的确定,相对年龄的测定精度要高许多,并且容易测定。地下水流线上两点之间的年龄差,就是水在两点之间的流动时间。有了流动时间 ΔT 不难求出水的流速 V。

$$V = L/\Delta T$$

式中:L 为两点间距离。

一般来说,对于很难测定地下水年龄的地区测定相对年龄相对容易一些。需要注意,用这种方法得到的年龄同样是水质点的^{14}C年龄,计算径流量须用岩石全孔隙度。

(七) 实例一(英国伦敦盆地白垩系含水层)

中国地质科学院地质力学研究所王瑞久(1981)介绍了 Smith 等(1976)在伦敦盆地用^{14}C方法测定白垩系地层地下水年龄的工作,属我国首批介绍西方同位素水文学最新成就的学者之一。引录如下:

1. 地质

伦敦盆地位于英国东南部,系由白垩系和始新统地层构成的一个向斜构造(图 12-34)。主要地层及其厚度如下:

始新统	伦敦黏土	60～160 m
	下伦敦第三系	12～40 m
白垩系	白垩系	180～250 m
	海绿石砂	6 m
	高尔特阶	50 m

白垩系岩性为松软的细粒灰岩,含水层中地下水主要顺裂隙流动。海绿石砂和高尔特阶构成含水层底板,后者为泥质沉积。

岩石在盆地北翼和东翼出露,为地下水补给区,并通过含水层承压区向泰晤士河谷排泄。自 18 世纪以来,白垩系灰岩和下伦敦第三系砂层的地下水一直是城市供水水源,故盆地中心地下水位已下降 70 m 之多。补给区地下水化学类型为 HCO_3-Ca 型水,向承压区下游变为 HCO_3-Na 型水。

2. 环境同位素数据

该项研究做了氚样 41 个、碳-14 和碳-13 各 22 个、氘和氧-18 各 18 个(图 12-34)。主要数据列于表 12-16。

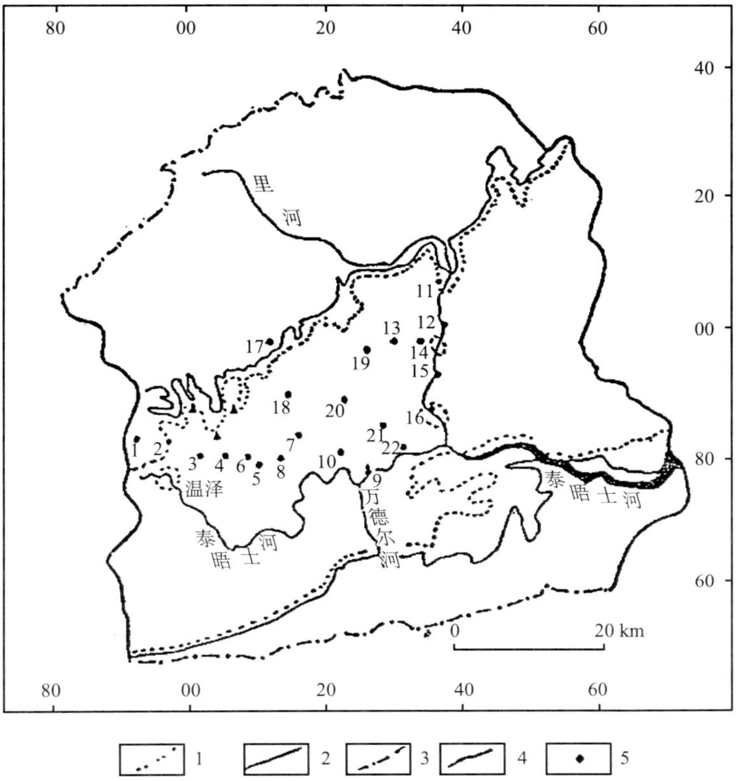

图 12-34　伦敦地下水盆地同位素取样位置(Smith et al.,1976)

表 12-16　伦敦盆地氚、碳-14 及稳定同位素测定值

井号	氚/TU	碳-14 年龄/10^3a	碳-14/pmc	碳-13/δ‰	氧-18/δ‰	氘/δ‰
1	57	M*	60.8	−13.2	−7.1	−46
2	13	3.9	31.4	−11.9	−7.1	−45
3	19	9.1	6.8	−3.5	−7.4	−48
4	0	22	1.0	−1.8	−7.9	−50
5	0	19	1.1	−0.8	−7.7	−50
6	0	>20	0.8	−0.5	−7.9	−51
7	3	20	1.1	−1.1	−7.8	−50
8	1	>20	0.5	−0.9	−7.8	−51
9	4	15	4.1	−4.5	−7.4	−48
10	0	14	2.2	−0.9	−7.9	−51
11	37	0.8	49.1	−13.0	−7.2	−47

续表

井号	氚/TU	碳-14年龄/10^3a	碳-14/pmc	碳-13/δ‰	氧-18/δ‰	氘/δ‰
12	3	7.0	13.0	−6.3	−7.1	−46
13	2	20	1.7	−3.3	−7.2	−48
14	2	8.2	14.9	−9.1	−7.1	−46
15	12	4.3	21.5	−7.9	−7.2	−46
16	53	M*	41.4	−8.3	−6.6	−44
17	45	M*	58.5	−13.1	—	—
18	1	11	3.8	−1.7	−7.8	−47
19	1	17	3.3	−4.9	−7.8	−48
20	0	>25	0.7	−1.5	—	—
21	1	>25	1.2	−4.0	—	—
22	1	>25	0.6	−1.7	—	—

M* 表示现代。

3. 数据解释和讨论(图 12-35)

氚：露头区地下水的氚浓度和包气带厚度有关，埋深大于 20m 的地方氚值总是很低，说明 1953 年后补给的水像活塞一样运动，尚未到达潜水面。有些井像 1 号、16 号和 17 号氚值约为 50TU，说明 50%左右的地下水系 1953 年后的降水补给。

关于 0～4TU 的低值区，单靠数据不好解释。从表面看，9 号和 7 号井有近代水混入，因为 9 号井靠近万德尔河谷下方，水的流速比较快，而 7 号可能是井周围有上方水入渗。

16 号井高达 53TU，为本区最高值。它位于下里河谷，因伦敦黏土受到侵蚀形成天窗，有浅层水下渗。

氘和氧-18：氘和氧-18 的关系线为

$\delta D = 6\delta^{18}O - 3$

说明降水入渗地下时，同位素已有所变化，但还不属于强烈蒸发。

用 $\delta^{18}O = 0.69t - 13.6$ 高程效应关系式计算，补给区年平均气温为 8.4℃。当前补给区年均气温 9.3℃，说明补给时期的气候较现今冷。考虑当时因冬季受结冰限制，补给主要发生在夏季，根据同位素温度，夏季平均温度可能为 8℃。

年龄小于 1×10^4a 的地下水起源于冰期后大气水入渗。入渗主要发生在秋冬季节和早春，按同位素资料当时温度可能为 9℃，较现今略暖。

碳-13 和碳-14：

用下式计算稀释因子：

$$f = -\left(\frac{\delta^{13}C - 2.35}{28.45}\right)$$

式中：f 为死碳稀释因子；$\delta^{13}C$ 为样品的碳-13 浓度；2.35 为白垩层的 $\delta^{13}C$ 值；28.45 为土壤 $CO_2\delta^{13}C$ 减去白垩的 $\delta^{13}C$，即 $-26‰-2.35‰=-28.45‰$。

年龄由下式求出：

$$\tau = 8267\ln\left(\frac{100f}{A}\right)$$

式中：A 和 τ 分别为样品的 ^{14}C 浓度(pmc)和 ^{14}C 年龄(a)。

利用放射性碳解释伦敦盆地地下水流速和传输形式，一定要考虑原始的水头分布，因为现状是近代地下水运动的结果(图 12-35)。在里河河谷靠近承压区边沿的流速大约 0.9 m/a，在西部和靠近露头区可能稍低于 0.8 m/a。从西北部露头区向盆地中心的大部分水流，由于中部承压区含水层渗透性差，可能向东北部和西南部转移，沿着里河河谷和靠近温泽附近的泰晤士河谷排泄。

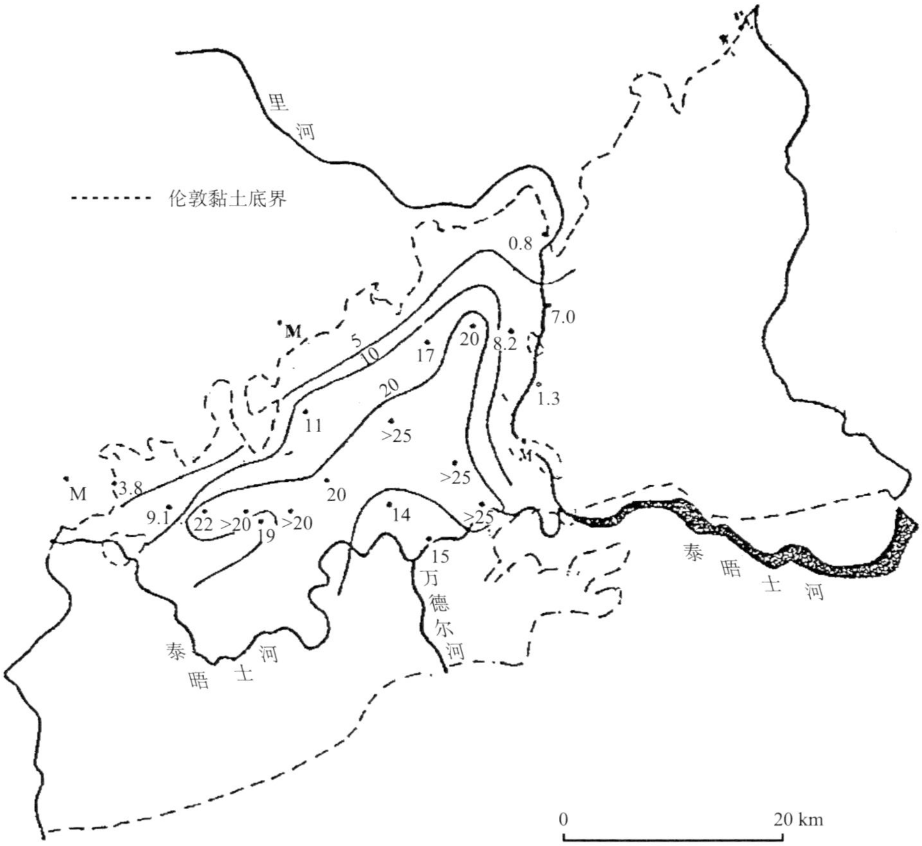

图 12-35　伦敦盆地白垩系地下水年龄($\times 10^3$ a)及等值线(Smith et al.,1976)

(八) 实例二(河北平原第四系地下水)

1985 年，中国地质科学院水文地质研究所技术人员在 IAEA 水文科负责人

B. R. Payne 先生指导下，应用同位素方法研究了河北平原第四系地下水的年龄、水流系统和入渗补给量(张之淦等，1987)。

1. 水文地质

河北平原地处太行山和渤海之间，第四系陆相碎屑沉积厚 400～600 m，隔水底板为巨厚第三纪陆相沉积。气候半干旱，年均降水量 400～600 mm。西部沿太行山麓为滹沱河冲积-洪积扇裙，宽 80～90 km；中部为海河和古黄河下游冲积平原，宽 100～120 km；东部滨海平原宽约 70 km。沿此方向沉积物泥质成分增加，厚度增大，构成一复杂的山前地下水盆地(图 12-36，图 12-37)。

区域水文地质的一个显著特征，是具有明显的水平和垂直分带性。冲积-洪积扇裙发育淡水，其以东广大地区具反向水化学垂直分带。上部因大陆盐碱化作用为一咸水层(带)，其上局部漂浮有淡水透镜体。其下为深层淡水，咸淡水分界面埋深从西部 30～50 m向东递增至 200～350 m。

2. 取样与测定结果

沿一条从山麓到海边长约 280 km 的剖面(石家庄—衡水—献县—沧州—黄骅)，从 62 眼机井取样，共测定了同位素样氧-18、氘各 62 个，氚 32 个，^{14}C 和^{13}C 各 9 个。同时，做了简易水质分析并在机井出水口测定了 pH 值。深层水取样深度 300～600 m。由于公路交通问题，取样剖面略呈折线，绘制水文地质图时将其拉直，做了相应纠正(图12-36，表 12-17)。

同位素测定在新建的水文所实验室完成。奇数编号的稳定同位素样品(共 31 组)取两份，一份送 IAEA 实验室进行平行测定。一半氚样品(16 个，表中注有 * 符号)也送 IAEA 实验室测定。这样做是为了检查水文所新建实验室的测试精度和准确度。结果显示，氚含量差别在 1～2TU 之内；稳定同位素绘成雨水线后，IAEA 数据基本上是一条直线而水文所数据则是 IAEA 直线两侧±1‰($\delta^{18}O$)的一个条带。表明水文所测试精度较低，仅可勉强满足精度要求不高的同位素水文学研究的需要(图 12-36，表 12-17)。

3. 地下水年龄和水流系统

1) 地下水年龄

氚：

深层淡水和咸水都不含氚。Nc 52 样是一例外，疑与采样失误有关。冲积洪积扇地下水以及东部淡水透镜体含有大量氚，最高达 90TU。它们属于 1950 年以后补给的水(图 12-37)。

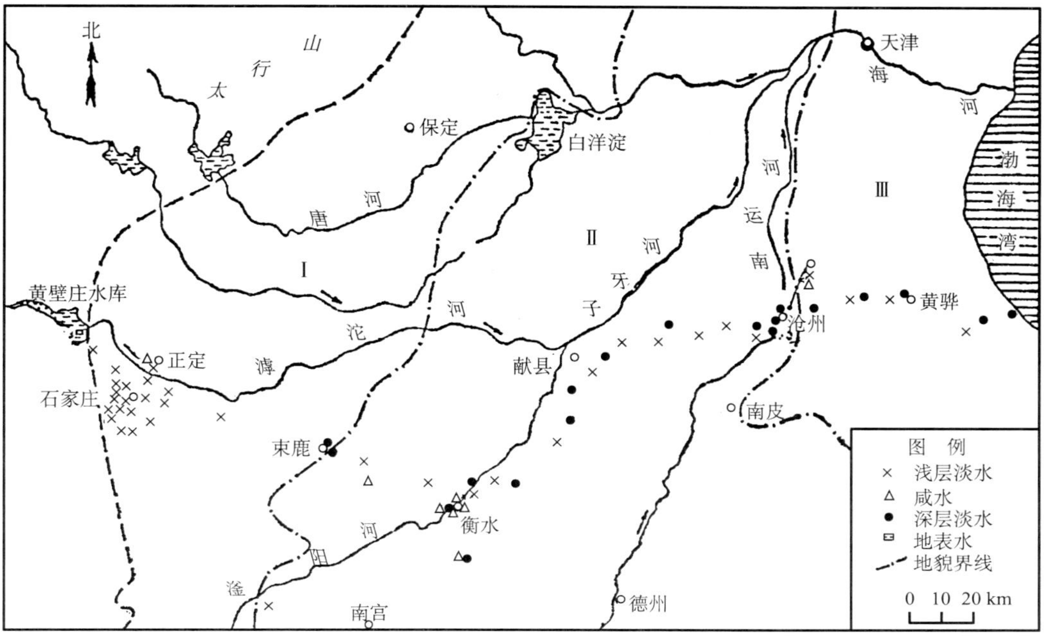

Ⅰ. 滹沱河；Ⅱ 海河、古黄河冲积平原；Ⅲ. 渤海滨海平原

图 12-36　河北平原第四系地下水同位素取样位置图(张之淦等,1987)

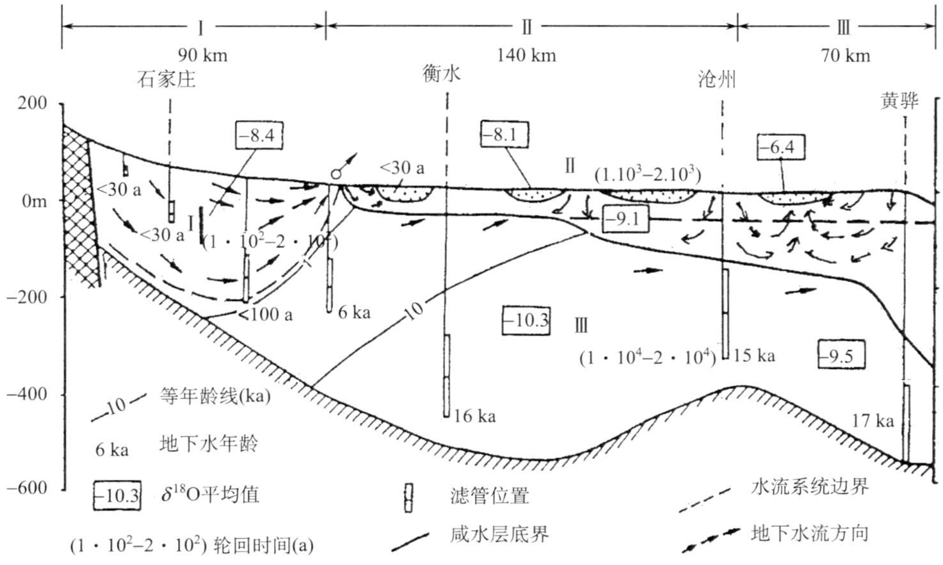

Ⅰ. 扇地局部水流系统；Ⅱ. 浅层局部水流系统；Ⅲ. 区域水流系统

图 12-37　河北平原第四系地下水年龄与水流系统(张之淦等,1987)

表 12-17　地下水同位素和水化学测定结果(河北平原第四系)

序号	井水位 /m	井深 /m	地区和含水层	稳定水面 /m	D /‰	^{18}O /‰	d /‰	T /TU	^{13}C /‰	^{14}C /pmc	水化学分析								
											Ca^{2+} (mg/L)	Mg^{2+} /(mg/L)	$Na^{+}+K^{+}$ /(mg/L)	HCO_3^- /(mg/L)	SO_4^- /(mg/L)	Cl^- /(mg/L)	M /(g/L)	pH	T /℃
Nc-1	80	60	Ⅰ1	24.92	−61.10	−8.39	6.02	96.04*			96.0	25.0	30.0	305.0	107	31.0	0.600	7.46	15.0
Nc-2	85	50	Ⅰ1	14.05	−61.00		5.16				103.0	25.0	27.0	300.0	108	31.0	0.614	7.94	15.0
Nc-3	115	—	Ⅰ1	—	−55.50		2.50	71.05*											
Nc-4	105	45	Ⅰ1	9.5	−61.30	−8.27	4.30	73.40	−9.56	93.50	152.0	30.0	24.0	354.0	156	45.0	0.804	7.33	15.0
Nc-5		30	Ⅰ1	10.5	−61.25	−7.25	3.47												
Nc-6	88	16	Ⅰ1	10.92	−60.60	−8.20	4.20				98.0	25.0	21.0	283.0	95	33.0	0.572	7.39	15.0
Nc-7	80	50	Ⅰ1	24.5	−62.80	−8.09	5.20	95.99*			98.0	24.0	22.0	300.0	88	33.0	0.576	8.06	15.0
Nc-8	65	—	Ⅰ1	17.7	−62.50	−8.10	5.42				122.0	29.0	51.0	288.0	147	94.0	0.745	7.73	15.0
Nc-9	65	31	Ⅰ1	17.00	−61.30	−8.50	6.94	89.10			88.0	24.0	32.0	254.0	104	48.0	0.553	7.66	15.5
Nc-10	85	20	Ⅰ1	11.0	−59.40	−8.49	1.24				138.0	34.0	48.0	366.0	202	52.0	0.842	7.83	15.0
Nc-11	73	84	Ⅰ1	27.66	−63.60	−8.53	5.28	26.28*			95.0	24.0	28.0	268.0	96	47.0	0.568	7.42	16.5
Nc-12	70	110	Ⅰ1	25.5	−66.40	−7.58	6.16	9.60			88.0	21.0	22.0	395.0	44	34.0	0.529	8.09	17.0
Nc-13	—	40	Ⅰ1	20.0	−62.90	−8.61	2.78	68.70			369.0	56.0	90.0	321.0	102	670.0	1.647	7.35	16.5
Nc-14	—	—	Ⅰ1	15.0	−62.60	−9.07	4.60				62.0	29.0	34.0	247.0	46	57.0	0.494	7.72	15.5
Nc-15	—	30	Ⅰ1	11.0	−63.30	−8.21	4.22												
Nc-16	—	30	Ⅰ1	9.5	−63.40	−8.40	6.36	12.65*			82.0	60.0	60.0	383.0	48	146.0	0.790	7.26	15.0
Nc-17	—	60	Ⅰ1	12.04	−62.40	−8.44	4.64				88.0	35.0	23.0	278.0	42	94.0	0.577	7.30	15.0
Nc-18	—	250	Ⅰ2	13.36	−65.60	−8.72	6.40	1.50	−9.22	67.50	68.0	19.0	20.0	234.0	65	21.0	0.429	7.58	16.0
Nc-19	2	560	Ⅲ3	60.0	−68.80	−8.38	4.08	0.50	−12.08	7.50	11.4	18.0	566.0	351.5	175.8	602.00	1.558	7.98	
Nc-20	3	132	Ⅲ3	—	−70.80	−9.00	4.72				22.0	14.6	438.2	341.6	146.5	446.7	1.242	8.00	24.0
Nc-21	3	<10	Ⅲ1	1.5	−49.70	−9.11	−0.66	62.95*			114.2	104.6	616.4	768.9	115.3	925.2	2.26	7.3	11.0
Nc-22	4	481.2	Ⅲ3	37	−71.40	−9.44	4.68	6.93*			16.00	13.4	439.3	335.4	148.9	432.5	1.224	8.0	24.0

续表

序号	井水位 /m	井深 /m	地区和含水层	稳定水面 /m	D /‰	^{18}O /‰	d /‰	T /TU	^{13}C /‰	^{14}C /pmc	水化学分析								
											Ca^{2+} (mg/L)	Mg^{2+} /(mg/L)	$Na^{+}+K^{+}$ /(mg/L)	HCO_3^- /(mg/L)	SO_4^- /(mg/L)	Cl^- /(mg/L)	M /(g/L)	pH	T /℃
Nc-23	5	4	Ⅲ1	1.5	−50.60	−6.13	−1.72	41.20			114.2	104.6	616.4	768.9	115.3	925.2	2.26	7.3	11.0
Nc-24	5	400	Ⅲ3	40	−71.60	−9.51	7.04				15.00	6.1	391.1	317.2	168.1	327.9	1.085	8.2	19.0
Nc-25	6	4	Ⅲ1	1.5	−55.40	−6.11	−0.44				196.4	248.1	746.4	680.4	153.7	1712.2	3.397	7.5	12.0
Nc-26	7.3	354	Ⅲ3	40	−75.3	−9.83	5.42				14.0	9.7	323.4	335.3	204.1	196.7	0.925	8.4	22.0
Nc-27	10	105.5	Ⅲ2		−68.50	−6.87	5.18				100.2	190.9	1491.5	735.2	1354.4	1598.8	5.122	7.7	15.0
Nc-28	10	18.9	Ⅲ3		−71.40	−10.09	4.60				10.0	3.7	526.8	365.8	170.5	489.2	1.411	8.2	25.0
Nc-29	10	350	Ⅲ3	60	−74.70	−9.21	4.74				11.0	10.3	308.2	356.7	184.9	163.1	1.04	8.0	19.0
Nc-30	11.7	307	Ⅲ3		−64.00	−9.50	6.00				9.0	7.9	285.2	371.9	151.3	140.0	0.788	8.3	18.0
Nc-31	12	300	Ⅲ3	40	−75.40	−9.93	5.32				12.0	9.1	270.3	350.9	136.9	145.4	0.761	8.2	
Nc-32	12	10	Ⅲ1	4	−58.90	−8.75	3.42	44.60			111.2	123.4	686.5	622.4	571.6	522.9	2.127	7.4	13.0
Nc-33	11	>10	Ⅲ1	4	−61.60	−10.09	5.60				24.1	28.0	269.1	451.5	172.9	147.1	0.869	7.8	14.0
Nc-34	10	9.5	Ⅲ1	4	−60.10	−7.79	3.42	32.40			24.1	28.0	269.1	451.5	172.9	147.1	0.869	7.8	14.0
Nc-35	13	220	Ⅲ3		−75.10	−8.40	6.02				6.0	3.7	222.0	283.5	120.1	102.8	0.602	8.1	20.0
Nc-36	14	9	Ⅲ1	4	−62.70	−7.94	4.58				64.1	74.2	216.2	585.8	216.1	163.1	1.027	7.5	14.0
Nc-37	15	9	Ⅲ1		−63.00	−10.14	3.88				92.2	149.6	351.0	610.2	494.7	421.9	1.815	7.6	12.0
Nc-38	10	350	Ⅲ3		−74.70	−8.41	5.14	0.10	−9.53	6.40	15.2	14.5	281.9	377.9	175.8	151.0	0.83	7.87	
Nc-39	10	10	Ⅲ1		−60.90	−8.36	1.82	20.40*			30.1	88.2	190.9	890.9	7.2	81.5	0.834	7.5	14.5
Nc-40	10	58.2	Ⅲ2		−70.60	−9.98	3.00	1.47*	−6.38	40.80	190.8	405.0	2140.0	484.9	2547.0	2650.0	8.181	7.7	
Nc-41	13	350	Ⅱ3		−78.00	−7.84	4.24	0.00*			8.0	3.6	261.1	298.5	180.1	104.6	0.72	8.1	25.0
Nc-42	15	9	Ⅱ1		−61.90	−9.20	4.42	12.30			108.2	86.9	174.8	418.0	302.6	248.2	1.13	7.50	15.0
Nc-43	16	267	Ⅱ3	20	−77.50	−10.28	6.90	0.00*			9.0	1.2	167.9	158.4	96.1	106.4	0.467	8.10	24.0
Nc-44	18	300	Ⅱ3	20	−79.50	−8.29	4.42				6.0	6.1	181.7	143.1	129.7	120.5	0.523	8.20	
Nc-45	19	15	Ⅱ1	3	−60.50	−10.55	6.38				334.0	229.0	405.0	482.0	963.0	912.0	3.057	7.30	16.0
Nc-46	20	300	Ⅱ3		−78.00	−10.49	4.96	0.40			8.0	7.0	235.0	259.0	161.0	128.0	0.67	8.20	21.0

续表

序号	井水位 /m	井深 /m	地区和含水层	稳定水面 /m	D /‰	^{18}O /‰	d /‰	T /TU	^{13}C /‰	^{14}C /pmc	水化学分析								
											Ca^{2+} (mg/L)	Mg^{2+} /(mg/L)	$Na^{+}+K^{+}$ /(mg/L)	HCO_3^- /(mg/L)	SO_4^- /(mg/L)	Cl^- /(mg/L)	M /(g/L)	pH	T /℃
Nc-47	20	10	Ⅱ1	4	−61.10	−8.36	3.54	7.40											
Nc-48	21	230	Ⅱ3		−80.30	−10.37	5.86				9.0	5.0	199.0	168.0	127.0	142.0	0.569	8.30	22.0
Nc-49	22	15	Ⅱ1	2	−60.70	−8.08	4.74	37.46*			128.6	94.2	115.9	499.1	141.2	286.8	1.017	7.50	
Nc-50	22	472.03	Ⅱ3		−76.30	−10.35	6.50	0.70	−10.37	4.50	10.4	4.6	225.4	201.4	153.2	195.7	0.72	6.50	
Nc-51	23	54.5	Ⅱ2		−69.10	−8.98	3.74	0.00*	−8.38	52.20	362.5	873.8	2498.0	544.9	3020.0	4495.0	11.5	7.00	
Nc-52	24	50	Ⅱ2		−68.80	−9.24	5.12	24.22*											
Nc-53	24	270	Ⅱ3		−80.60	−10.94	6.92	0.00			62.0	34.0	175.0	88.0	204.0	275.0	0.794	7.90	20.0
Nc-54	24	36	Ⅱ2	6	−58.90	−7.88	4.14	0.50	−9.05	62.20	324.4	572.8	1247.0	450.3	2284.0	2220.0	6.873	7.00	
Nc-55	22	270	Ⅱ3	6	−78.10	−10.52	6.06				19.0	10.0	176.0	156.0	154.0	130.0	0.567	8.10	22.0
Nc-56	22	47.2	Ⅱ2		−71.40	−9.75	6.60				176.0	325.7	1223.8	524.6	1891.2	1441.3	5.337	7.40	14.5
Nc-57	25	30	Ⅱ2		−67.80	−9.25	5.88				380.0	1067.5	3364.2	61.0	4440.0	5768.8	15.15	6.00	15.0
Nc-58	26	4	Ⅱ1	1.2	−54.10	−7.30	4.30	46.32*			402.0	145.0	437.0	525.0	595.0	1065.0	2.906	7.30	14.5
Nc-59	27	4	Ⅱ1	2	−57.10	−7.93	6.34				402.0	145.0	437.0	525.0	595.0	1065.0	2.906	7.30	14.5
Nc-60	35	260	Ⅱ3	30	−67.60	−9.68	9.84	0.20	−8.99	16.10	9.6	26.0	75.9	281.9	52.4	7.4	0.312	7.60	
Nc-61	67	100	Ⅰ1	17.82	−58.90	−8.07	5.66				66.0	18.0	15.0	215.0	61.0	20.0	0.397	7.74	16.0
Nc-62	70	97	Ⅰ1		−61.70	−8.44	5.82												

* IAEA 测定结果。

碳-14：

使用三种“死碳”校正模型对 9 组^{14}C数据计算了稀释因子 f(表 12-18)。不同模型得出的地下水年龄差别小于 3000～6000a。9 组水样中,1 组含有核爆^{14}C;4 组是年龄小于 1000～2000a 的近代水;4 组年龄从 6000a 到 21×10^3a。

表 12-18　地下水^{14}C年龄计算

编号	$\delta^{13}C$/‰	$A^{14}C$/pmc	T/TU	皮尔逊法		IAEA 法		甘鹤尼埃法	
				f/%	年龄/ka	f/%	年龄/ka	f/%	年龄/ka
Nc-4	−9.56	93.5	73.4	38.2	AN	91.8	AN	34.7	AN
Nc-18	−9.22	67.5	1.5	36.9	R	73.8	<0.1	34.5	R
Nc-19	−12.18	7.5	0.5	48.7	15.5	97.4	18.8	60.7	17.3
Nc-38	−9.53	6.4	0.1	38.1	14.8	76.2	18.1	38.9	15.0
Nc-40	−6.38	40.8	1.5	25.5	R	51.0	<0.2	13.1	R
Nc-50	−10.37	4.5	0.7	41.5	18.4	83.0	21.7	30.0	15.7
Nc-51	−8.38	52.2	0	33.5	R	67.0	<0.2	23.2	R
Nc-54	−9.05	62.2	0.5	36.2	R	72.4	<0.2	28.7	R
Nc-60	−8.99	16.1	0.2	36.0	6.6	71.9	10.0	32.7	5.9

注:表内 R=Recent AN(After thermal nuclear test)。

2) 水流系统

根据地下水年龄和水化学成分将该剖面的第四系地下水分成 3 个水流系统(图 12-37)。

(1) 冲积扇系统。发育淡水,周转一次的时间约 100～200a。由地表河水和大气降水入渗共同补给。

(2) 浅层水流系统。为咸水,发育在东区顶部,厚度 50～300m,为大陆盐碱化产生的咸水层。其上漂浮的淡水透镜体由现代河床水以及古河床地下水补给。因地表河床周期性淤高并改道,使地下水补给(河水渗漏)区和排泄(河间低洼带蒸发)区在地质历史中发生频繁翻转,从而使盐分的沉淀和清洗交替出现,属一种动态大陆盐碱化过程。

(3) 深层水流系统。淡水,发育在东区深部,厚 300～550m。年龄在<100a 到 2×10^4a 之间。分年龄小于 1×10^4a 和$(1\sim2)\times10^4$a 间两个区段。其中小于 1×10^4a 地下水的体积较小(为前者的 1/3～1/4)。似说明,距今$(1\sim2)\times10^4$a 间地下水补给量较现今约大 3～4 倍。曾用冰期海平面下降,在渤海出现新的排泄点解释。

最近齐继祥等(2009)提出过去^{14}C取样可能存在现代碳污染,据最新成果,在沧州一带深层地下水年龄已接近 4×10^4a;到黄骅市更是超过^{14}C测年下限。显然,更像是 1985 年^{14}C样品采集不当,致使深层水有一大片$(1\sim2)\times10^4$a 的水,需重新做工作加以纠正。

3）地下水资源

张之淦等(1987)用同位素方法求出了区域水资源量。结果与传统水动力学方法有5～10倍的巨大差别(表 12-19)。

表 12-19 河北平原地下水流量

测定方法	单宽流量/[m^3/(d·m)]		
	滹沱河冲积扇	浅层水流系统	深层水流系统
传统水动力学	1.0～3.0	0.01～0.1	0.05～0.1
同位素水文学	＞30	＞0.2	0.2～0.5

现在讨论起来，出现上述差别的主要原因是：①因现代碳污染，1985 年取样检测的 ^{14}C表观年龄偏年轻 1～2 倍(齐继祥等，2009)；②冲积扇资源是按活塞流计算的，未使用全混模型；③含水层厚度取了剖面岩石沉积厚度，未割除其中的隔水层部分。

从三个水流系统的径流量可以看到，只有不到 5％的冲积扇地下水进入深层水流系统继续东进。在天然条件下超过 95％的水量从冲积扇前缘(与黄河冲积平原交界处)溢出地表。在大规模开发地下水以前(1950 年代)，这里曾分布有宁晋泊(在白洋淀以南)以及泉水溢出带。开发地下水后，这些水点水量锐减或已完全消失。

四、地下水 DOC 年龄测定

(一) 地下水 DOC 的成分

地下水溶解有机碳(dissolved organic carbon，简称 DOC)分为非腐殖化和腐殖化两类(Stevenson，1986)。

1. 非腐殖化有机碳

为溶于水中的简单有机分子，主要有 4 种：

碳水化合物(carbonhydrate)；

脂肪(fat)；

腊(wax)；

蛋白质(protein)。

它们在地下水中的含量甚微，是地下水 DOC 的次要成分。

2. 腐殖化有机碳

即溶于水中的腐殖质。腐殖质占土壤或泥炭有机质的绝大部分。其中，只有胡敏酸溶于水，是一组成分不详的大分子聚电解质(polyectrolytes)，具有很高的酸性(highly acidic)，呈黄—黑色。它们由生物残骸的有机物质经多次分解—合成转变而来，其成分和性质已完全不同于土壤(或泥炭)的生物残骸。腐殖质化物质首先分为胡敏素和胡敏酸两大组。其中胡敏酸(广义的腐殖酸)又分为富里酸和腐殖酸(狭义的)两组。它们不是具有严格意义上分子式和分子量的化合物,而是在萃取过程中分离出来的三组化学物质。萃取分离过程如图 12-38。

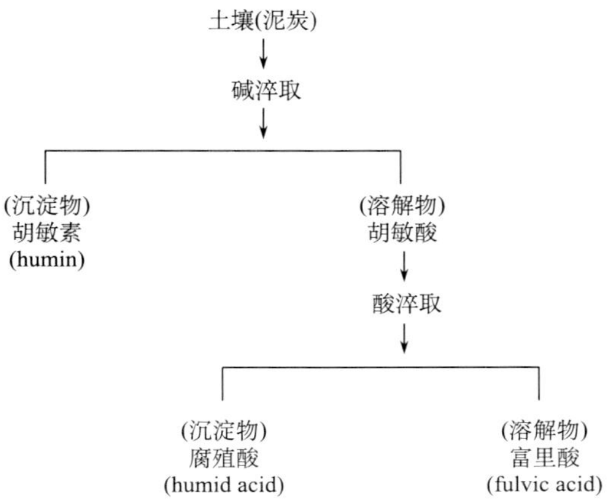

图 12-38　土壤有机质分组(Stevenson,1986)

综上所述,土壤(泥炭、褐煤等)的绝大部分有机质为腐殖质,由胡敏素和胡敏酸构成。胡敏素不溶于水;胡敏酸溶于水,又分成腐殖酸和富里酸两组。每组都是成分十分复杂(且尚不了解)的高分子酸的混合物。胡敏素、腐殖酸、富里酸不是因化学分子式不同,而是按化学性质不同,通过萃取过程分离出来的 3 种腐殖质。

3. 腐殖化作用(humification)

指土壤有机质在微生物参与下形成复杂、较稳定的大分子有机化合物(腐殖质)的过程。作用分两个阶段。第一阶段各种原始有机物质的混合物经过微生物分解成为各种各样的简单化合物,即制造腐殖质的原始材料。第二阶段仍然在微生物参与下把原始材料合成为腐殖质的个体分子,再通过聚合作用产生分子量各不相同的复杂的环状有机物,其混合体即为腐殖质。因此腐殖质实际是一些分子式不明的复杂大分子有机化合物的混合体,并在土壤中通过微生物反复利用而不断改变自己的成分。

(二) 土壤有机质的平均年龄

土壤有机质的平均年龄系指生物死亡后其残骸在土壤中平均存留的时间,土壤学中更多称为"土壤有机质的平均滞留时间(mean residence time of organic matter in soil),其涵义与人群的平均寿命相同。一些典型土壤有机质的平均年龄见表 12-20。

表 12-20　若干典型土壤的有机质平均年龄(Stevenson,1986)

土壤名称	平均年龄/a
1. 美国北达科达州草地土壤(Cheyenne grasslandsoil)	
生土	1175±100
种植土	1900±120
加肥种植土	880±74

续表

土壤名称	平均年龄/a
2. 美国怀俄明州壤土(Bridgeport loam)	
玉米地	3280
生土(黏土)	6690
洼地	1815
3. 加拿大萨斯喀彻温省黑土(软土)	1000
4. 加拿大萨斯喀彻温省黑土(软土)	870±50(据 Campbell 等)
5. 加拿大萨斯喀彻温省灰色灰化土	250±60
6. 加拿大萨斯喀彻温省黑土(软土)	
表层	现代～545
B层	700～4000
埋藏层	5900 和 8410

上述土壤取自美加边境一带，它们的形成时间始于末期冰盖后退以后，即距今 1×10^4～8000a前后。从表 12-20 数据可知，多数表层土中腐殖质的平均年龄小于 2000a；埋藏较深者可达 6000a，古老土壤达 8000a 以上。这表明，土壤胡敏酸的 ^{14}C 浓度多数应在 70～80 pmc 之间，最低可降至 30 pmc 左右。

胡敏酸中的腐殖酸(HA)稳定性较富里酸(FA)强，其平均年龄较富里酸古老。地下水 DOC 年龄主要使用 DOC 中的富里酸(FA)进行测定。

（三）地下水 DOC 测年方法

1. 地下水中的 DOC

20 世纪 80 年代美国地调局(USGS)成功研制出用离子交换法从地下水提取胡敏酸的方法，为开展地下水 DOC 研究奠定了基础。地下水中 DOC 浓度很低，一般不足 1 mg/L。因此只有用加速器质谱计(AMS)才能完成测定，还需要从 100L 或更多地下水中提取试样。

如上所述，测定地下水年龄主要使用 DOC 的富里酸(FA)。测定地下水 DOC 年龄时，要区分两种不同的含水层：

(1) 含有古老沉积有机碳(sediment organic carbon，简称 SOC)，如泥炭、褐煤等，SOD 可提供一部分不含 ^{14}C 的富里酸(FA)。

(2) 不含沉积有机碳(SOC)，DOC 的富里酸(FA)只来自土壤。

2. 富里酸的 ^{14}C 浓度

图 12-39 表示德国(Geyer et al.，1993)和加拿大(Wassenaar et al.，1991)一些年轻水中富里酸(FA)的 ^{14}C 浓度随埋藏深度的变化。

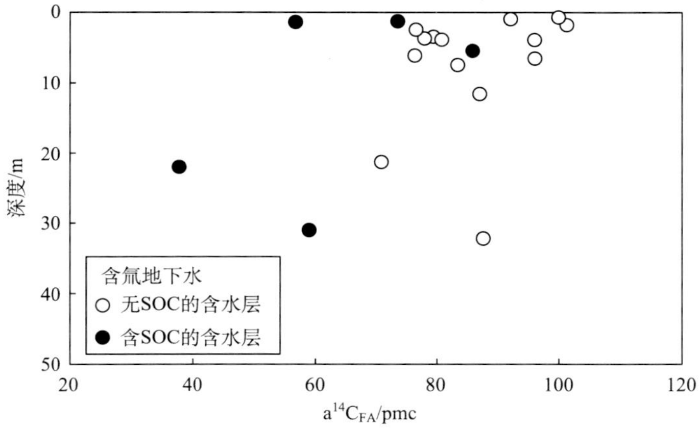

图 12-39 德国和加拿大一些年轻水中 DOC(FA)^{14}C 浓度随深度的变化

(Clark et al.,1997)

分析图 12-39 可知:

(1) 这些水都含氚,属年轻水,其富里酸(FA)的^{14}C 浓度应代表补给区初始^{14}C 浓度。

(2) 其^{14}C 浓度变化在 38～100 pmc,大部分在 75～100 pmc 之间。

(3) 考虑水中含有核爆^{14}C,大气^{14}C 浓度应在 100～130 mpc 左右;根据地下水富里酸(FA)^{14}C 浓度等于 75～100 pmc,可以反算出核爆前土壤富里酸(FA)的^{14}C 浓度平均70～100 pmc。

(4) 含有沉积有机碳(SOC)的含水层,较不含 SOC 的^{14}C 浓度低 20～30 pmc。这清楚地表明,在腐殖化过程(humidification)中,细菌不仅从新死亡的生物残骸中吸取有碳,而且还分解 SOM 中的简单有机分子,再进一步合成各种腐殖质。图 12-39 所示数据的 SOC 均来自冰后期淤泥,因较年轻(<距今 8000～10 000a),其富里酸(FA)^{14}C 浓度为 40%～60%。随埋深增加,富里酸(FA)^{14}C 浓度还要进一步降低。

DOC 和 DIC 测年不同之处是,深部 SOC 在微生物参与下氧化只释放 CO_2,很少释放富里酸(FA)。由此 DIC 的^{14}C 浓度不断被新的"死碳"稀释,"死碳"校正复杂,带来的误差大;而 DOC 中富里酸(FA)的含量基本上不受此影响,其^{14}C 浓度只随时间衰减。这是 DOC 测年方法比 DIC 测年的优势所在。

(四) 实例两则

1. 加拿大 Milk River 含水层

Milk River 含水层为白垩系砂岩,厚度 20～30m,上下为页岩隔水顶底板(参见图 12-47)。露头区位于美加边界地区美国一方的 Sweetgrass 低山丘陵区,向北倾斜成为阿尔伯达台向斜的一个承压含水层。沿倾向延伸 80～100 km,宽 150 km 左右,形成一个面积约 15 000 km^2 的自流单斜(参见图 12-46)。由于水文地质研究程度高、条件相对简单,因而成为许多水文地质新方法的试验场地(如同中国河北平原第四系地下水单斜)。

Murphy 等(1989)和 Wassenaar 等(1991)在这里做了 DIC 和 DOC 地下水测年对比研究。Murphy 等在地区西部 5 眼井中取样,Wassenaar 等在东部 2 眼井中取样(参见图 12-46),将 DOC 分离为高分子量和低分子量两种成分,分别测定了 DIC、高分子量(HMW)DOC 和低分子量(LMW)DOC 三种含碳物质的年龄(表 12-21)。

表 12-21 加拿大 Milk River 含水层^{14}C 测年成果(Clark et al.,1997。简化)

地区	井号	DIC			高分子量 DOC			低分子量 DOC			参考文献
		^{14}C /pmc	$\delta^{13}C$ /‰	年龄 /ka	^{14}C /pmc	$\delta^{13}C$ /‰	年龄 /ka	^{14}C /pmc	$\delta^{13}C$ /‰	年龄 /ka	
西部	5	28.1	−11.8	6.5～9.6	20±0.5	−25.8	13.3	0.4±0.2	−40.0	45.7	Murphy et al.,1989
	7	18.6	−6.8	5.3～7.4	37.6±1.1	−26.0	8.1	1.5±0.1	−40.2	34.7	
	8	3.0	−12.61	19.0～22.8	7.2±0.3	−25.7	21.8	63.5±0.7	−20.2	3.8	
	4	0.4	+5.5	—	0.7±0.2	−24.3	—	0.8±0.1	−35.3	—	
	11	0.0	−16.4	—	7.3±0.3	−25.8	21.7	0.6±0.2	−36.5	42.3	
东部	85	9.2	−12.4	15.0～17.6	30.6	−30.0	9.8	46.8	−11.0	6.3	Wassenaar et al.,1991
	52	1.7	−12.5	20.0～30.7	6.5	−30.0	22.6	7.4	−11.6	21.5	

除^{14}C 外,每个样品还测定了 $\delta^{13}C$ 值以及若干辅助性项目。结果显示:

(1) 高分子量 DOC 的成分主要是富里酸(FA),含腐殖酸很少。^{13}C 数据显示,高分子量 DOC(即 FA)主要来自土壤层($\delta^{13}C= -25‰$左右),适宜用来做^{14}C 年龄测定,测得^{14}C 年龄在 8ka～22ka 之间。低分子量 DOC 主要是短链脂肪族化合物,推测它们来自含水层中的油母岩($\delta^{13}C=35‰-40‰$),不宜用于测定^{14}C 年龄(测得年龄偏高,在 35ka～45ka)。只有 8 号井样品年龄为 3.8ka,δ13C=−20.2‰;据认为属于来自土壤的短链脂肪族化合物的局部污染,不能完全代表该处地下水的正常年龄。

(2) 东部地区两个水样的低分子量 DOC,测年效果也较好。Wassenaar 等根据 $\delta^{13}C$ 数据判断($\delta^{13}C=11.0‰-11.6‰$),它们主要来自土壤层,地下水年龄数据基本可靠。只有向地下水下游,油母岩低分子量 DOC 的贡献量才变得较高,但是那里地下水已很古老,水中已不含^{14}C。

(3) 在西区,来自油母岩的部分低分子量 DOC,会在微生物参与下释放少量 FA。因它们已不含^{14}C,释放的 FA 已属“死碳”,可能会导致 FA(高分子量 DOC)年龄略有偏大。根据这一假设,校正后的年龄同古气候和水动力学数据拟合更好。

2. 德国 Gorleben 核废料处理场

为了选择可靠的核废料储层,通常使用多种新技术详尽地研究储存场地的水文地质条件,以避免发生核废料外泄的重大事故。德国 Gorleben 处理场选择三叠纪盐丘做储层。利用氚和^{14}C 测定地下水年龄成了水文地质调查的工作内容之一。

根据此前完成的 DIC 地下水测年已初步了解到盐丘上覆盖的第四系含水层中存在

接近 3×10^4a 的古水。为了验证这一看法，又使用 DOC 方法测定这些水的年龄。为此，Geyer 等(1993)和 Artinger 等(1996)把提取的 DOC 分成富里酸(FA)和腐殖酸(HA)两种组分，分别测定了它们的 ^{14}C 和 $\delta^{13}C$。由此计算出地下水年龄(其 ^{14}C 浓度数据见图 12-39)。成果显示：

(1) DIC 年龄偏老许多。

(2) 腐殖酸(HA)主要来自第四系沉积中的褐煤，因而不宜用于 ^{14}C 年龄测定。

(3) 富里酸(FA)给出的年龄从<1000a 到 25 000a 不等。经分析认为，古老水年龄在 10 000a 左右是比较可信的。因为比 10 000 年更古老的水 DOC 含量极高，其分子量也较大。据信这可能是两种"死碳"污染的结果：①部分分子量较低、与富里酸(FA)接近的腐殖酸(FA)分子混入(源自分离和萃取工作的不完善)；②褐煤可能提供了少量富里酸(FA)。这些"死碳"的混入使 DOC 测年结果偏高。

该项工作显示，DOC 测年解决了 DIC 年龄偏高的问题。但是又提醒人们，不能使用全部 DOC，而需设法剔除来自腐殖酸和褐煤的污染，只提取来自土壤的那部分富里酸(FA)用于测年，才能取得较好的结果。

第六节　氯-36 法

氯共有 21 种同位素，18 种半衰期<1h。因此，自然界只存在 3 种氯的同位素，其中两种稳定同位素(^{35}Cl，^{37}Cl)，一种放射性同位素(^{36}Cl)。

无论在地球上还是氯元素中，^{36}Cl 的丰度都很小。氯在地壳的丰度仅 0.017%；而 ^{36}Cl在各种天然物质的氯元素中仅占 $10^{-6}\sim10^{-10}$。

因属于放射性物质，^{36}Cl 的含量可用浓度和放射强度两种方法表达。早期用能谱计检测时，结果曾用放射强度单位表示；改用质谱计后，主要使用浓度单位。

考虑 ^{36}Cl 在天然物质中的含量极小，人为规定了一些特殊的天然 ^{36}Cl 的浓度表达方法。常用的有 3 种：

(1) ^{36}Cl atom/(g · Cl)。每克 Cl 元素含有的 ^{36}Cl 原子个数。

(2) $\frac{^{36}Cl}{Cl}\times10^{15}$。每 10^{15} 个 Cl 原子中含有的 ^{36}Cl 原子个数，常用字母 R 表示。

(3) ^{36}Cl atom/L。每升水中含有的 ^{36}Cl 原子个数，常用字母 A 表示。

前两种浓度表示 ^{36}Cl 在单位氯元素中的含量，它们存在如下换算关系：

$$1\left[\frac{^{36}Cl}{Cl}\times10^{15}\right]=1.7\times10^{7}\,[^{36}Clatom/(g\cdot Cl)]$$

第三种方法表示 ^{36}Cl 在单位水样中的含量。

正确理解和运用不同浓度单位，对于掌握氯-36 测年方法至关重要。

^{36}Cl 的半衰期为 301 ka，适于测定 $(5\sim150)\times10^4$a 时段的地下水年龄。氯具有很强的地球化学活泼性和对水的亲和性，易溶于水形成地下水 6 大离子之一的 Cl^- 离子；除成因和分布极易确定的蒸发盐矿物外，在围岩介质中很少生成难溶矿物或被胶体吸附或在生物体

内积累，属于地球化学"守恒型"(conservative)元素。氯的这些地球化学特性，不仅使得在测年时易于进行水文地质和地球化学校正，而且也使它成为一种理想的水循环示踪剂。

在国外，很早人们就注意到^{36}Cl可能成为很好的地下水测年手段(Davis et al., 1982)，主要困难是它在水中的含量极低，用液闪仪测量时，通常需要处理成吨的水样。20世纪70年代末、80年代初，随着加速器质谱计(Acceleration Mass Spectrometer，简称AMS)技术进入商业使用，美国亚利桑那大学水文地质学家开始使用罗彻斯特大学的质谱计测量北美、澳大利亚等地年轻天然水(核爆前)的^{36}Cl含量。欧美学者很快把这些成果用于澳大利亚大自流水盆地和加拿大Milk River含水层等地的地下水年龄测定。

1986年前后Bentley和Davis(1986)在方法开发方面做了很多工作。显示，测定10^5～10^6a段地下水年龄，^{36}Cl方法是当前效果最好的；但与^{14}C方法相比其限制因素较多，必须和其他方法联合使用、相互印证，才能取得较好效果。

国内在自然科学基金支持下，北京大学和中国原子能科学研究院于20世纪80年代末90年代初，相继建成可为地学提供服务的商用加连器质谱计，检测精度基本达到国外同类水平，时间上只落后国外10年左右。同时中国地质大学(武汉)试制成功地下水^{36}Cl制样系统，并在河北平原等地进行了应用研究(万军伟等，2003)。

一、地下水的^{36}Cl浓度

^{36}Cl法测定地下水年龄的原理基于它的两种计时功能：①初始宇宙成因^{36}Cl的衰减；②本地生产(in situ produced)^{36}Cl的积累。下面将讨论这两种成因^{36}Cl的形成机制和生产速率，为计算^{36}Cl年龄奠定基础。

(一) 地球上的^{36}Cl

由于和地球年龄相比^{35}Cl半衰期很短，当今地球上的^{36}Cl全部来自正在进行的天然或人工核反应。它们最终都和Cl^-离子结合进入地球水循环。按核反应性质和发生地点，地球上现有的^{36}Cl可分以下几种成因类型：

(1) 天然^{36}Cl
- 宇宙成因^{36}Cl
  - 大气成因^{36}Cl
    - 平流层成因^{36}Cl
    - 对流层成因^{36}Cl
  - 表生成因^{36}Cl
- 岩石成因^{36}Cl(lithogenic^{36}Cl)

(2) 人工^{36}Cl。

1. 宇宙成因的氯-36(cosmogenic^{36}Cl)

它们起源于宇宙射线在地球不同部位轰击各种轻元素(Cl,Ar,K,Ca 等)的稳定同位素,因反应地点不同又分 3 个亚类:

(1) 平流层氯-36(stratosphere producld ^{36}Cl)。起源于宇宙射线在平流层顶部(距地面约 50～60 km)轰击氩的稳定同位素。核反应为:

$$^{40}Ar + p \longrightarrow {}^{36}Cl + n + \alpha(\text{裂变占 }67\%)$$

$$^{36}Ar + n \longrightarrow {}^{36}Cl + p(\text{中子活化占 }33\%)$$

该处空气压力只有海平面大气的 1/1000;氩气在其中占有的份额升至 1%左右。根据这些参数以及宇宙射线强度可以计算平流层^{36}Cl 生产速率[单位:个原子/(m^2 · s)]。

(2) 对流层氯-36(troposphere produced^{36}Cl)。起源于宇宙射线的中子流使对流层中的^{35}Cl 活化:

$$^{35}Cl + n \longrightarrow {}^{36}Cl + \gamma$$

中子流还可与对流层的^{36}Ar,^{39}K,^{40}Ca 等轻元素的稳定同位素发生核反应,产生少量^{36}Cl。但^{35}Cl 的活化截面大,活化效率最高,是对流层^{36}Cl 的主要来源。

平流层和对流层的^{36}Cl 也称为大气成因^{36}Cl(atmospheric^{36}Cl)。

(3) 表生氯-36(epigenic^{36}Cl)。指在海洋或岩石表面以下数十米范围内宇宙射线中子轰击轻元素生成的^{36}Cl。核反应和对流层相似,也是以^{35}Cl 活化为主。与对流层的差别在于,除了来自宇宙射性的中子流外,这里还存在另一类中子流,来自岩层中 U,Th 以及^{40}K 等长寿命放射性核素的衰变,称为本地中子流(in situ neutron flux)。

宇宙射线被水和岩石吸收很快,到地面以下数十米处影响已基本消失。但在表层几米其强度比本地中子流大 n 个数量极,而在地下 10m 至几十米区间两种成因中子流的强度对比在某个深度上发生翻转,这一深度即被看作表生^{36}Cl 生成的下界,其上本地中子流产生的^{36}Cl 可忽略不计。

2. 岩石成因氯-36(lithogenic^{36}Cl)

当本地中子流强度成数量级大于宇宙成因中子流时,氯-36 的生产主要来自本地中子流引起的核反应。它们称为岩石成因的^{36}Cl(lithogenic^{36}Cl),有时也称深部成因^{36}Cl(^{36}Cl produced in deep)。

(二) 地下水^{36}Cl 分布的影响因素

1. ^{36}Cl 大气沉降的时空分布

平流层和对流层生成的^{36}Cl 同大气尘埃以及水汽中 Cl^- 离子结合,降至地面称为大气^{36}Cl 沉降(atmospheric^{36}Cl fallout),其中与尘埃结合落到地面的部分称干沉降(dry fallout)。它们最终都进入水圈,成为地下水最主要的^{36}Cl 来源。

大气^{36}Cl 沉降的数量用大气^{36}Cl 沉降速率表示。常用单位为:原子/(m^2 · s)。需要注意的是，在英文文献中^{36}Cl atmospheric fallout 一词有两种涵义：①大气^{36}Cl 沉降；②大气^{36}Cl 沉降速率。因此，需借助上下文识别。

大气^{36}Cl 沉降速率是一个因地而异的量，各地相差很多，主要受纬度、大陆、季节三方面时空因素支配（Lal et al.，1967；Oeschger et al.，1969；Bentley and Davis，1982 等）。

1）纬度效应

大气^{36}Cl 沉降率的纬度效应，源自地球磁场对宇宙射线产生的屏蔽作用。不同磁纬度上变化可达 10 倍以上（图 12-40）。和氚不同，^{36}Cl 沉降率的变化在南北半球基本对称。此外，磁场对宇宙射线的屏蔽作用对于平流层、对流层和表生带也是一样的。

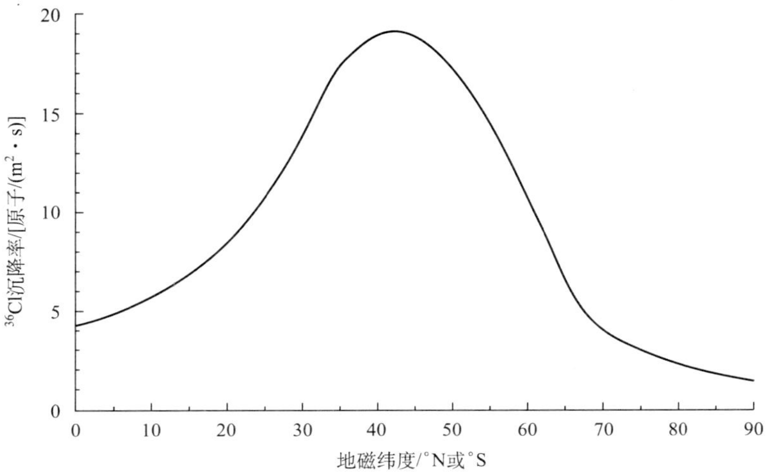

图 12-40　大气^{36}Cl 沉降率随磁纬度的变化（Andrews and Fontes，1992）

2）大陆效应

从滨海地区向内陆方向，大气^{36}Cl 的沉降率呈指数减少，仅局部受山脉、大型湖泊以及强大气流影响有所改变（Eriksson，1959）。大陆效应源自对流层^{36}Cl 的形成过程。对流层的^{35}Cl 原子受宇宙射线衍生的中子流轰击形成^{36}Cl。形成数量与 Cl^- 离子在空气中的含量成正比。对流层的 Cl^- 离子主要存在于“气溶胶”（airosols）中。室内试验显示，由海水飞沫破裂产生的微粒水滴（$d<10\mu m$）可被蒸发气流携带到高空，形成气溶胶并分散到整个对流层。气溶胶的化学成分接近原始海水成分（Monahan，1986），这使得滨海地区雨水的 Cl^- 离子含量增高，并向内陆递减。荷兰雨水化学成分实测数据显示，Cl^- 离子等值线可从沿海的 30 mg/L 向内陆在 200 km 距离上降至 2 mg/L（图 12-41）。

在干旱和半干旱地区，因广泛发育咸水体和盐碱化土壤，对流层空气含 Cl^- 离子较多，大气成因^{36}Cl 也随之明显增多。

20 世纪 80 年代初，Bentley 和 Davis 在北美测定了大量（20 世纪 50 年代大规模全球

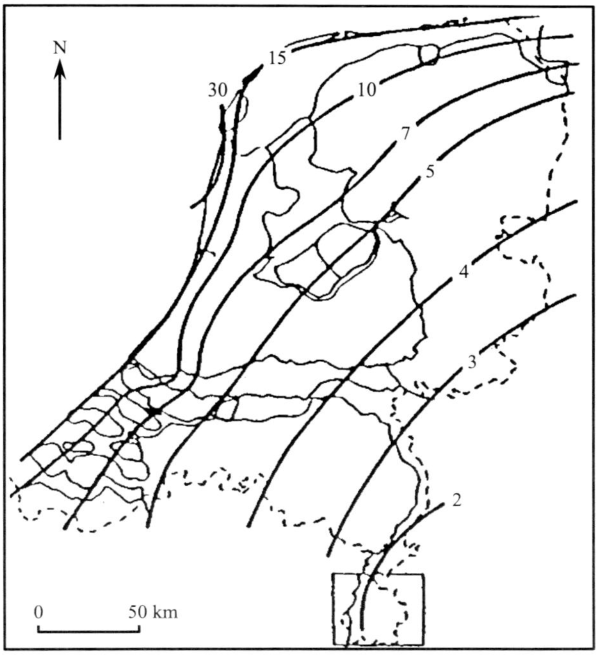

图 12-41　荷兰雨水 Cl^- 离子含量的地理分布(单位:mg/L)(Ridder,1978)

核试验以前)年轻水的 ^{36}Cl 含量,并与大气 ^{36}Cl 沉降率理论计算结果进行对比,两者吻合程度很高(表 12-22)。

表 12-22　美国大气 ^{36}Cl 沉降率计算和核爆前地下水 ^{36}Cl 实测值对比(Bentley et al.,1986)

地区	实测 $\frac{^{36}Cl}{Cl}$ 平均值($\times 10^{15}$)	$\frac{^{36}Cl}{Cl}$ 计算值($\times 10^{15}$)
美国亚利桑那州东南部地区	365±78	400
西班牙马德里盆地	254±78	250
美国得克萨斯州东南部地区	32±3	30
加拿大阿尔伯达省南部地区	453±111	500
美国新墨西哥州中部地区	707±37	>640

基于这一结论,他们进一步利用理论计算数据绘制成美国大气 ^{36}Cl 沉降率分布图(图 12-42),用以表示美国浅层年轻水大气成因 ^{36}Cl 的浓度及其地理分布。这种方法被广泛用来初步评价一个地区年轻水的大气成因 ^{36}Cl 浓度。后来针对这种作法,Andrews 等(1994)指出:在一些地区土和水中含有大量氯离子;表生 ^{36}Cl 对测年结果产生重要影响;地下水 ^{36}Cl 浓度应是大气成因 ^{36}Cl 计算结果和表生 ^{36}Cl 之和。

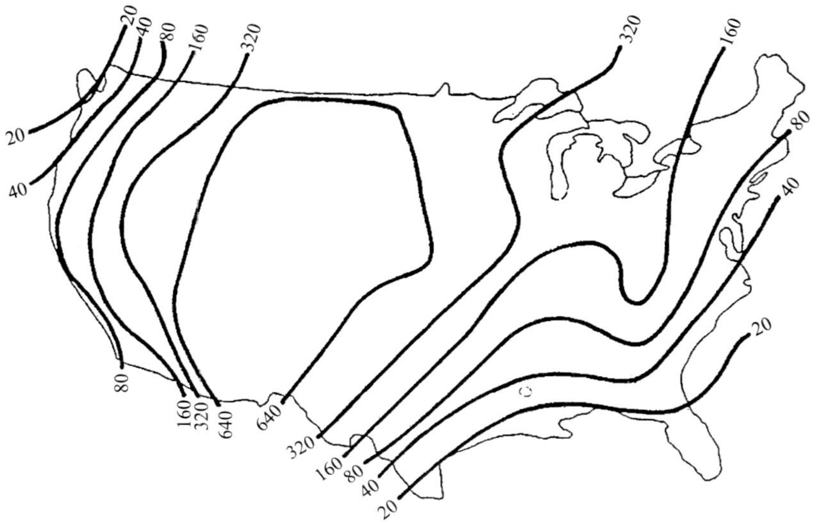

图 12-42　美国降水^{36}Cl浓度(R)的地理分布(单位：$\frac{^{36}Cl}{Cl}\times 10^{15}$)

(Bentley and Davis, 1982)

3) 季节效应

它与平流层和对流层间的休止层发生断裂有关。通常发生在夏季的5～6月。休止层出现裂口时，积累了几个月的平流层^{36}Cl泄入对流层，引起对流层^{36}Cl沉降率发生季节变化。

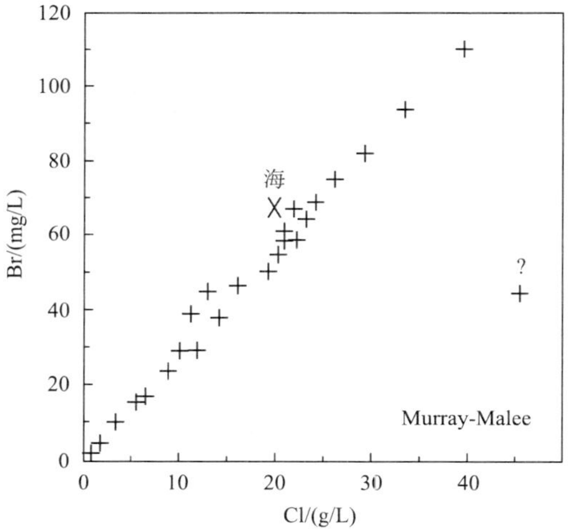

图 12-43　澳大利亚墨累河流域 Murray Malee 地区地下水 Br^- 和 Cl^- 含量对比

(Mazor, 1992，见 Mazor, 2004)

(海水 Cl/Br 比值为 293 左右)

2. 地下水 Cl^- 的富集途径与^{36}Cl浓度

1) 潜水

造成浅层地下水 Cl^- 富集的水文地球化学作用主要有3种，它们对^{36}Cl浓度的影响形式各不相同。

(1) 蒸发与蒸腾。水面或土壤蒸发以及植物蒸腾都使水体部分水分返回大气层，使盐分浓缩。Mazor研究澳大利亚大自流盆地补给区蒸发作用对补给水^{36}Cl浓度的影响时发现，在墨累河流域的 Murray-Malee 平原区几百平方公里范围内，虽然地下水 Cl^- 离子含量从几个 mg/L 变化到 40g/L(图 12-43)，但其 Cl/Br 比值却保持在293(海水值)附近不变。他认为，这是海源 Cl^- 与 Br 离子

(如海水飞溅、气溶胶等)在蒸发过程中的化学行为相同所致,规律是全球性的(Mazor,2004)。

如果借助 Cl/Br 值研究,确定补给水 Cl^- 离子含量增加是由蒸发作用产生的,则用 $R\left(\frac{^{36}Cl}{Cl}\times 10^{15}\right)$表示浓度就可解决补给水^{36}Cl 浓度(*A* 值)变化达 3~4 个数量级的问题。

(2) 石盐溶解。潜水 Cl^- 离子增长也可以由石盐溶滤引起。若石盐矿物生成年代足够古老(>200×10^4a),它所提供的 Cl^- 离子属于不含^{36}Cl 的"死氯",如果用 A 值(每升中^{36}Cl 个数)表达,随 Cl^- 离子浓度增加,补给水^{36}Cl 浓度不发生变化。

海相石盐的 Cl/Br 比值>3000,而蒸发成因的小 10 倍(293),所以可以借助 Cl/Br 值区别蒸发成因和溶滤成因的两种 Cl^- 离子来源。

(3) 海水混合。可用水的稳定同位素变化检查是否发生过海水混合及其混合比例。海水的 Cl^- 离子和^{36}Cl 浓度都比较稳定,可以按混合比例进行校正。

2) 承压水

承压水交替缓慢,出现一些其他水文地球化学作用使地下水 Cl^- 离子富集。

(1) 半透膜的透析。水分子能够透过而离子不能透过的薄膜称半透膜。黏土类地层对含水层能够起到半透膜作用。当上覆或下伏含水层含高矿化水时,含水层的水即可透过上覆或下伏隔水层进入相邻含水层。在透析中含水层只丢失水分子,此时,虽然 Cl 离子浓度增加,但使用 $R\left(\frac{^{36}Cl}{Cl}\times 10^{15}\right)$浓度单位时,地下水的^{36}Cl 浓度不变。从而满足 Cl 离子封闭条件。

(2) 石盐溶解。承压水遇到的石盐矿物均属"死氯"。校正方法与潜水石盐溶解相同。

(3) 和含水层内部高矿化水混合。如果补给水在含水层优势通道中做活塞式流动,将把含水层原始高矿化水一步步挤走,此时残留在次要通道的高矿化水将借助离子扩散与优势通道水发生混合。

(4) 相邻含水层高矿化水的越流补给。这种补给通常发生在顶底板隔水层出现越流天窗的部位,从而引起含水层间地下水混合。

(5) 相邻隔水层及含水层高矿化水的离子扩散。不论顶底板隔水层,还是其上和其下的含水层,如果它们含高矿化水,Cl^- 就有可能借助离子扩散进入含水层,在扩散中 *R* 值因同位素分馏而发生变化,校正比较复杂。

对于各种 Cl^- 离子的起源,Bentley 等(1986)推导出不同的^{36}Cl 年龄计算公式(见下文)。

3. 岩石成因^{36}Cl 的生产

岩石成因^{36}Cl 的生成源于本地中子流对轻元素稳定同位素的轰击,其生成速率是一个重要但又不容易准确测定的参数。它主要由介质中 U 和 Th 的含量、轻元素成分、Cl^-

离子含量以及介质的孔隙度决定。因^{36}Cl为U与Th三大放射系列所产生的中子流与轻元素进一步反应的结果，如果在给定地区轻元素成分、地下水Cl^-离子含量和孔隙度可以看作常数，则随着时间推移，大约经过5个^{36}Cl半衰期，反应系统将达到核反应的长期平衡(图12-44)。Bentley等(1986)计算了不同岩石条件下达到长期平衡后的R值(表12-23)。

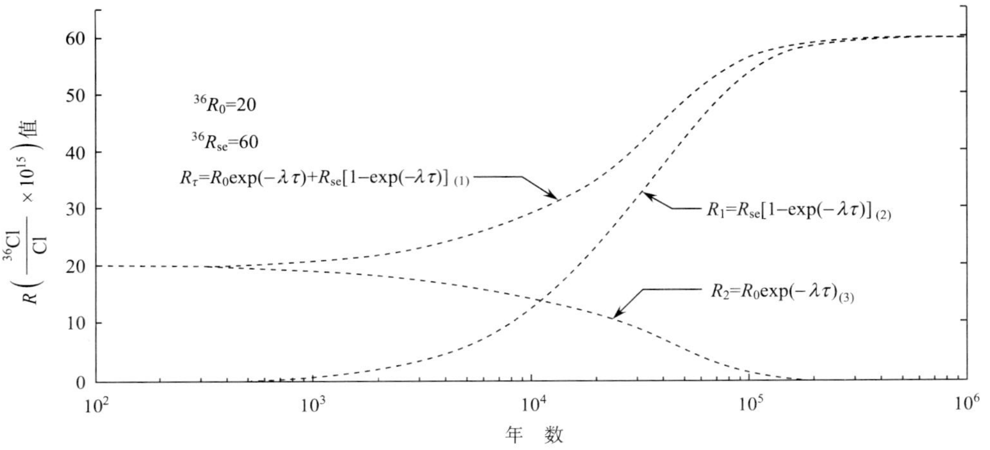

图12-44　地下水中^{36}Cl积累及衰变的计算曲线(Fontes,1985。略有改动)

$^{36}R_0$为初始大气成因^{36}Cl浓度；$^{36}R_{se}$为达到长期平衡时岩石成因^{36}Cl浓度；(1)线为地下水水中^{36}Cl浓度(岩石成因和大气成因之和)的过程曲线；(2)线为岩石成因^{36}Cl的浓度过程曲线；(3)线为大气成因^{36}Cl浓度过程曲线

表12-23　岩石的U·Th中子流及长期平衡点的*R*值

(Bentley et al.,1986)

岩石类型	中子形成总量/[中子数/(kg·a)]	长期平衡点的$R\left(\frac{^{36}Cl}{Cl}\times10^{15}\right)$值
花岗岩	15 837	30.1
砂岩	2 884	4.68
页岩	11 789	12.5
石灰岩	2 482	10.9

这些数据是直接进入^{36}Cl年龄计算的重要参数，但目前还只能使用一些半定量值。

4. 核爆炸

发生在20世纪五六十年代的全球性大规模核爆炸，引起地下水^{36}Cl含量增加数十个百分点。但是，这对于古老水的^{36}Cl年龄测定影响不大，因为古老水中不含核爆^{36}Cl。识别不含核爆^{36}Cl的地下水比较容易：只要地下水不含氚(^3H)或者其^{14}C含量低于50pmc，它们就是核爆前的入渗水，也不会含核爆^{36}Cl。

二、地下水年龄计算公式

^{36}Cl 测定地下水年龄的方法建立在：①宇宙成因 ^{36}Cl 的衰减和②岩石成因 ^{36}Cl 累积两种计时原理之上。综合考虑两个过程，Bentley 等(1986)针对不同 Cl^- 离子起源的地下水系统，推导出一系列年龄计算公式。通过这种办法对地下水进行 Cl^- 离子的水文地球化学校正。

1. 氯元素的封闭系统(以及半透膜透析系统)

对于氯元素既不向系统输入，也不从系统输出的地下水系统，计算公式如下：

$$\tau = \frac{1}{\lambda_{36}} \ln \frac{R_0 - R_s}{R_\tau - R_s} \tag{12-15}$$

式中：τ 为地下水年龄；R_0 为大气成因(补给水)^{36}Cl 的初始浓度；R_τ 为样品实测浓度；R_s 为给定含水层岩石成因 ^{36}Cl 的长期平衡浓度；λ_{36} 为 ^{36}Cl 的衰变常数(2.303×10^{-6})。

该公式也适用于存在半透膜透析作用的地下水系统。

Fontes(1985)用图解法形象地表示了公式(12-17)的物理涵义和推导方法(图 12-44)。从图 12-44 可见

$$R_\tau = R_1 + R_2 = R_0 e^{-\lambda\tau} + R_s(1 - e^{-\lambda\tau}) = e^{-\lambda\tau}(R_0 + R_s) + R_s$$

转换上式得

$$e^{-\lambda t} = \frac{R_\tau - R_s}{R_0 - R_s}$$

取积分得

$$\tau = -\frac{1}{\lambda_{36}} \ln \frac{R_\tau - R_s}{R_0 - R_s} = \frac{1}{\lambda_{36}} \ln \frac{R_0 - R_s}{R_\tau - R_s}$$

最终得

$$\tau = \frac{1}{\lambda_{36}} \ln \frac{R_0 - R_s}{R_\tau - R_s}$$

2. 石盐(死氯)的溶解

因溶解石盐富集 Cl^- 时，由于蒸发岩 U，Th 含量低，可不考虑岩石成因 ^{36}Cl，公式如下：

$$\tau = \frac{1}{\lambda_{36}} \ln \frac{R_0 A_0}{R_\tau A_\tau} \tag{12-16}$$

式中：τ 为地下水年龄；A_0，R_0 为分别用 A 和 R 两种方法表示的大气成因 ^{36}Cl 的初始浓度；A_τ、R_τ 为分别用 A 和 R 两种方法表示的样品实测 ^{36}Cl 浓度。

3. 与高矿化水的混合

沿流程和相邻高矿化水或海水混合时，需考虑岩石成因 ^{36}Cl，公式如下：

$$\tau = \frac{1}{\lambda_{36}} \ln \frac{A_0(R_0 - R_s)}{A_\tau(R_\tau - R_s)} \quad (12\text{-}17)$$

式中：τ 为地下水年龄；A_0，R_0 为补给水的^{36}Cl 初始浓度；A_τ，R_τ 为样品的^{36}Cl 实测浓度；R_s 为达到长期平衡时的 R 值；λ_{36} 为^{36}Cl 的衰变常数。

三、实　　例

（一）澳大利亚大自流盆地

大自流盆地(Great Artestion Basin)位于澳大利亚地台东北部，面积 1.7×10^6 km^2，占澳大利亚大陆总面积 1/5(图 12-45)，是世界上面积最大的地下水盆地。这里的陆相沉积总厚近 3000m，分成若干含水层和隔水层。主要含水层为 Cr_1—J 陆相英石砂岩，简称 J 层。除补给山区外，流域大部分地区十分干旱。1880 年发现自流水后，依靠地下水供水的牧场在内陆陆续出现。迄今已开发 130 年，在主含水层打井 4700 眼，平均单井流量 100 L/s。早期全部自流；近来部分停止自流需机械提水。在其上的白垩纪含水层中还打了非承压井 20 000 眼。主含水层(J 层)地下水的总溶解固形物(TDS)变化在 500～1500 mg/L，属 Na-HCO_3-Cl 型水。

Bentley 等(1986)用^{36}Cl 测定了 J 层的地下水年龄。在补给区(东部山区)潜水的 R 值等于 95～125。计算采用 $R_0=110$。R_τ 值等值线如图 12-45 所示。已知砂岩的 U 和 Th 含量分别为 1ppm 和 3ppm，求得 $R_s=2$。J 层地下水 Cl^- 含量变化不大，用公式(12-15)求出地下水年龄和此前用水力学方法求出年龄(Airey et al.，1979)吻合较好，Bentley

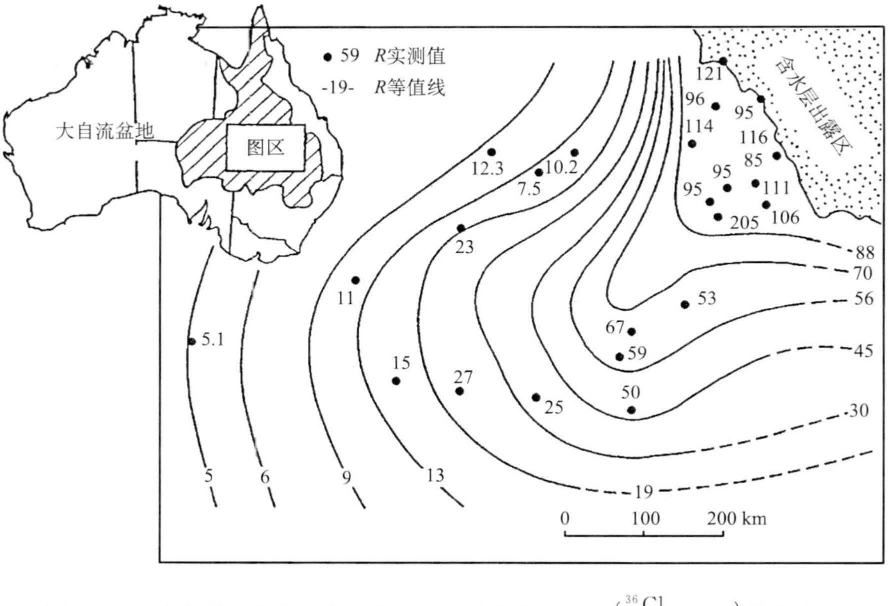

图 12-45　澳大利亚大自流盆地侏罗纪砂岩含水层的 $R\left(\frac{^{36}Cl}{Cl}\times10^{15}\right)$ 等值线图

(Bentley et al.，1986)

等(1986)认为,这表明^{36}Cl方法测年是有效的。

(二) 加拿大 Milk River 含水层(古地下水年龄测定方法研究)

1. 概况

20 世纪 80 年后期,国际原子能机构在加拿大组织了一个用多种方法测定古老地下水年龄的大型项目,地点选在阿尔伯达台向斜南翼的 Milk River 承压水含水层,以评估各种古水年龄测定方法的适用性。工作区位于美国和加拿大边境的加拿大一侧,面积 $1.5\times10^4\ km^2$(图 12-46)。Milk River 承压含水层由厚 30～75m 的砂岩组成;上下分别是厚 120m 的海相页岩(顶板)和厚 500～650m 的 Colorado 组隔水层底板(图 12-47)。含水层的露头(补给)区位于 Stweet Grass 低山丘陵带,在该地段以宽 50 km 左右的弧形带平面上向北伸入到含水层承压区,使得水流向北流动的同时,部分也向东西两侧流动(图 12-46)。

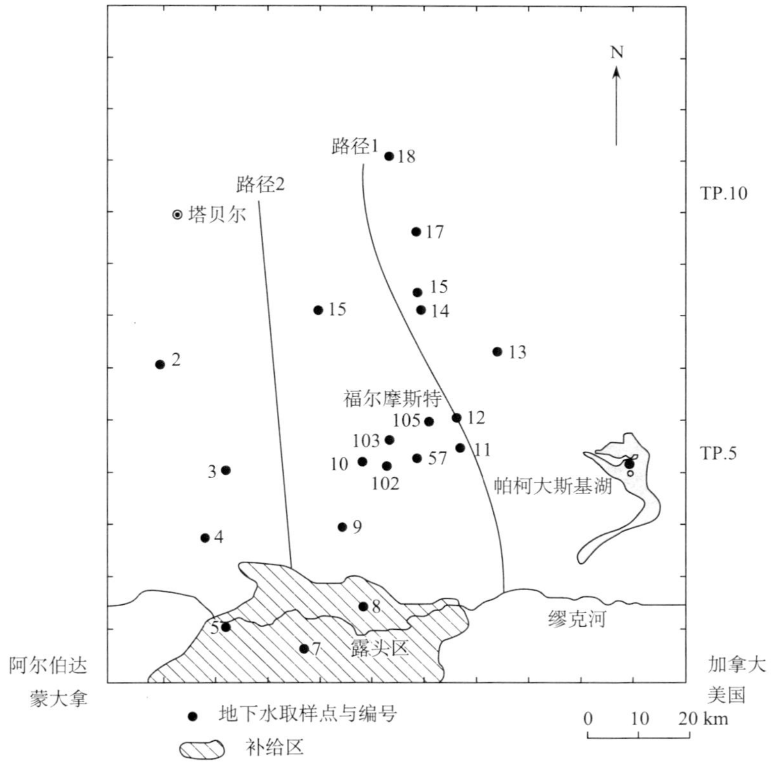

图 12-46　加拿大 Milk River 含水层(同位素)取样孔位置图

(Ivanovich et al.,1992)

两条实线为用$^{36}Cl/Cl$值勾绘的优势水流路径(1 和 2)

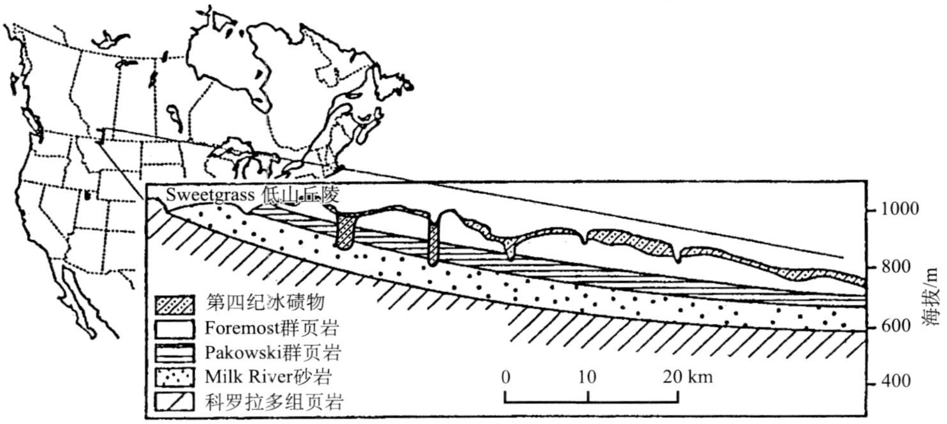

图 12-47　Milk River 含水层地质剖面图(Clark et al.,1997)

借助$\frac{^{36}Cl}{Cl}\times 10^{15}$等值线图得以勾画出 1# 和 2# 两条优势水流方向,简称 1# 和 2# 水流(图 12-46)。地下水年龄计算主要沿这两条水流进行,并用多种同位素方法与水力学方法对比、验证。

采样由各子课题于 2～3a 内多次完成的,不同程度地测定了主要离子(major ions)、微量离子(minor ions)、稳定同位素(δ^2H,$\delta^{18}O$,$\delta^{13}C$),放射性同位素(^3H,^{14}C,^{36}Cl,^{39}Ar,^{81}Kr,^{85}Kr,^{222}Rn,^{129}I 和^{235}U,^{238}U)以及稀有气体。其中^{14}C 法用了溶解无机碳(DIC)和溶解有机碳(DOC)方法。

结果测得最北端(距承压水起点 80 km)的地下水年龄为 0.2～1Ma,取得约±100%的测定精度。并得出结论:测定古水年龄需要同时使用多种方法进行对比验证,"绝对不能"只用一种方法;如果再配合以过细的水文地质解释工作,用现有同位素方法测定古地下水年龄具有良好的前景。

2. 水力学年龄

Swanick(1982)把 Milk River 含水层看成活塞流,用水力学方法计算出沿 1# 水流和 2# 水流方向的平均流速分别为 0.3m/a 和 0.2m/a,得出北端地下水年龄为 0.3Ma。计算中考虑了由南向北含水层透水性有所下降,因为其厚度变薄、页岩成分有所增加。

3. 据物质传输模型测定的年龄

承压水的 Cl^- 离子和 I^- 离子浓度沿水流方向逐渐增加。在承压水起始处分别为 0.05 mmol/L 和 0.001 mmol/L,至北端分别增加到＞140 mmol/L 和 0.15 mmol/L(图 12-48)。

在补给区至承压水以北 20 km 距离内地下水的 δ^2H 和 $\delta^{18}O$ 值落在现代地区雨水线上。再向北逐渐偏离这一雨水线,至北端 $\delta^{18}O$ 已编离＋5‰以上。各水点偏离程度和

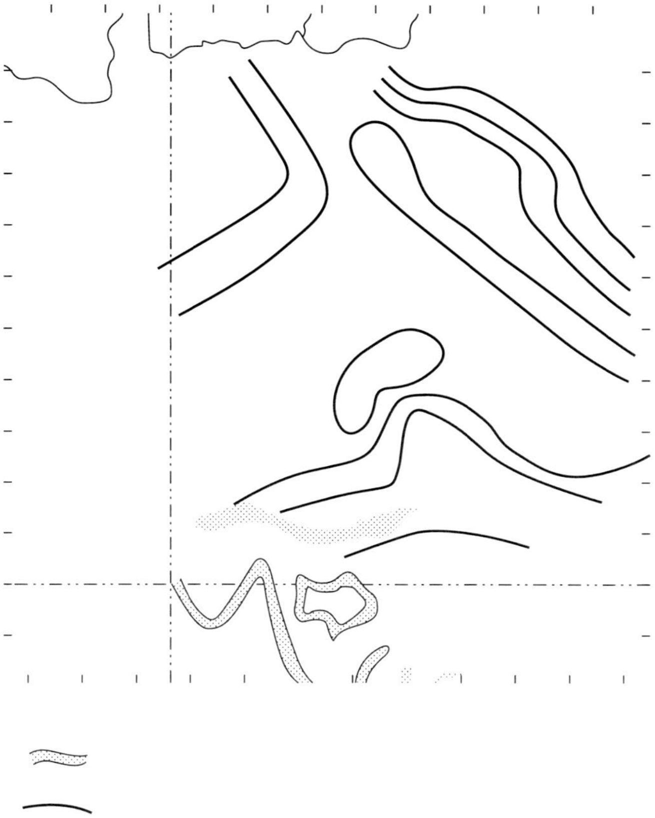

图 12-48　Milk River 含水层的离子浓度
(Bentley et al.,1986)

Cl^-、I^- 离子浓度增加程度呈高度正相关关系。已有 5 种模型(假说)提出来解释上述水化学和水同位素成分的演化特点:

(1) 下伏含水层的海相沉积同生水(connate water)通过隔水层天窗(隔水性能以各种形式被破坏)侵入(Schwartz et al.,1979,1981)。

(2) 由于不完全的活塞式流动,入渗水在运动过程中和含水层沉积同生水发生部分混合(Domanico et al.,1985)。

(3) 下伏含水层的同生水借助离子滤透作用(ion filtration)穿过隔水层侵入(Bentley et al.,1986)。

(4) 下伏隔水层(Colorado 组)中 $\delta^{18}O$,δ^2H 值较重的高浓度咸水借助水化学和同位素梯度向含水层扩散(Hendry and Schwartz,1988)。

(5) 含水层中透水夹层中的同生水与入渗大气水的化学和同位素物质平衡交换。

Hendry 和 Schwartz(1988)利用第四种假说中的物质传输模型测定了地下水年龄。

他们通过给定一系列流速(年龄)以及模型的其他参数与当前沿剖面 Cl^- 离子和 $\delta^{18}O$ 分布曲线进行拟合,也就是用配线法,得出最佳拟合结果的(Cl^-,$\delta^{18}O$)有效扩散系数 $D=6\times10^{-12}m^2/s$;从而得出沿 1# 水流方向流速 $V=0.3m/a$,得到北端地下水年龄 0.25Ma;沿 2# 水流方向 $V=0.15m/a$,得出北端距补给区 80 km 处,地下水年龄 0.51Ma。

4. 稳定同位素和 ^{14}C 年龄

在 δ^2H-$\delta^{18}O$ 图上可分出 3 个(A,B,C)同位素水点聚集区;A 区 $\delta^{18}O$ 聚集在-19‰左右;B 区聚集在－16‰左右;C 区在－9‰左右。A 区各点落在现代地区雨水线上,补给区样品都落在 A 区,且在 20 世纪 90 年代初都含有核爆氚。此外,补给区下游 20 km 以内的水点也落在 A 区,而且稳定同位素值相当均匀,未见末次冰期的气候信号。据认为,这表明在补给区附近 20 km 的承压含水层中都是末次冰盖融化后补给的水,也就是年龄小于距今 $1\times10^4\sim1.3\times10^4a$ 的水。1.3×10^4a 以前的入渗水基本缺失。由此得出这一区间承压水的流速为 1.5～2m/a:

$$V=\frac{20\times10^3m}{(10\sim13)\times10^3a}\approx1.5\sim2m/a$$

^{14}C 只在承压段最初 20 km 范围内检测到。从沿水流方向相距 12 km 的两眼水井中专门取样,测定其溶解无机碳(DIC)和溶解有机碳的两种组分 DOC-HMW 和 DOC-LMW 的 ^{14}C 浓度。结果显示,DIC 的 ^{14}C 浓度(pmc)比 DOC 的浓度低许多,但经 $\delta^{13}C$ 法校正“死碳”后,得出的 DIC 和 DOC ^{14}C 年龄对两眼水井都十分接近;平均年龄分别为 0.2×10^4a 和 1.4×10^4a,由此得出地下水流速为 1m/a。对比显示,^{14}C 与稳定同位素结果吻合程度高得惊人。进一步分析地下水测年全部结果,可以得出两个流速数据。一是在承压水最初 20 km 范围内 $V=1\sim1.5m/a$;二是 20～80 km 段 $V=0.1\sim0.15m/a$。这表明,第一段(0～20 km)含水层的过水通量(flux of water)至少比第二段(20～80 km)大 10 倍。后来发现在距补给区 20 km 处有一条承压水排泄带,90%以上的地下水在这里排泄到覆盖在隔水页岩之上的冰碛层中。后经调查发现,该处隔水层中存在侵蚀天窗,致使 Milk River 含水层与冰碛层直接接触。值得一提的是,这一排泄带的规模与河北平原冲积扇前缘排泄带大致相当。

B 区各点偏离现代地区雨水线不多,但检测不出 ^{14}C,应属于末次冰期以前各次间冰期的入渗水。考虑它们分布在 20～70 km 区间,其北端(距补给区 70 km 左右)的承压水年龄应该在 0.4～0.6Ma 之间。

C 区的水点主要分布在最北端(70～80 km 处)。因为其氢氧同位素偏离雨水线的程度与 Cl^-、I^- 离子含量的相关度很高,被认为是大气入渗水与某一高 δ^2H 和 $\delta^{18}O$ 值的咸水混合的产物(见前文)。

5. ^{36}Cl 年龄

不同作者在工作区先后两次(1989 和 1991)取样测定 ^{36}Cl(Ivanovich et al.,1992),结果见图 12-49。

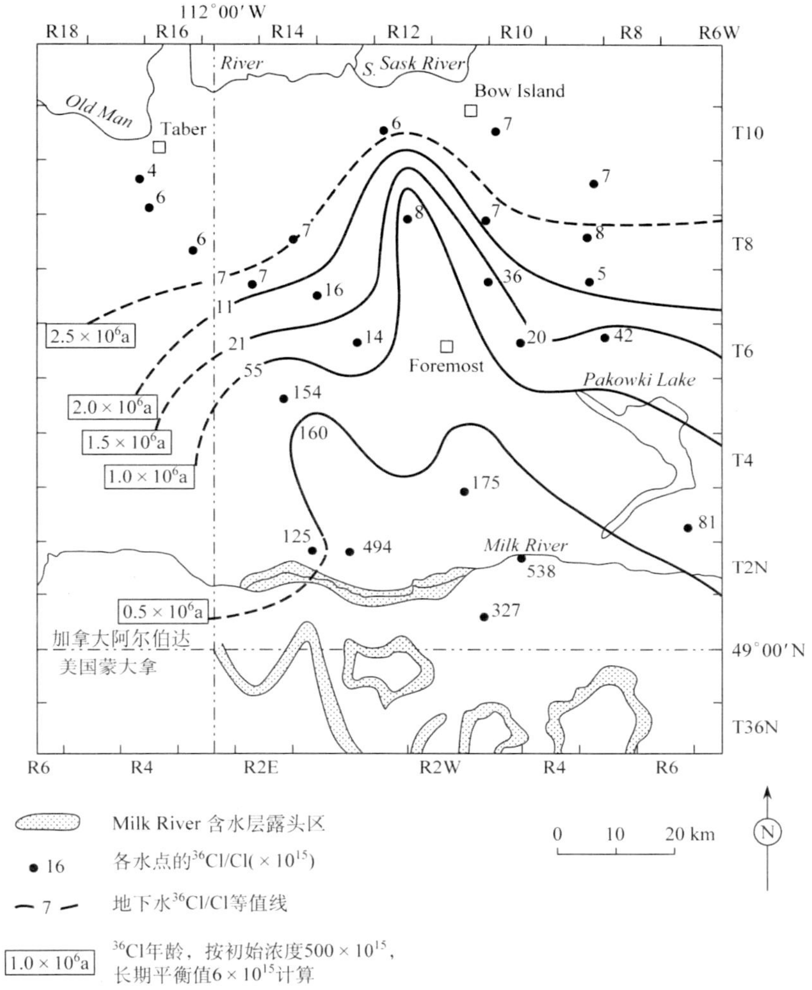

图 12-49　Milk River 含水层^{36}Cl/ Cl 等值线（Ivanovich et al.,1992）

（汇总不同作者数据,故水点编号有重复）

在 Milk River 河附近有一条$\frac{^{36}\mathrm{Cl}}{\mathrm{Cl}}=500\times10^{15}$的半圈闭的等值线,大致勾画出了 Milk River 含水层露头区的范围。本区实测地下水$\frac{^{36}\mathrm{Cl}}{\mathrm{Cl}}$值与 Bentley 和 Davis 根据大氯沉降速率计算值绘制的美国(未考虑表生成因$^{-36}$Cl)地下水$\frac{^{36}\mathrm{Cl}}{\mathrm{Cl}}\times10^{15}$分布图(图 12-42)数据吻合极好,表明在这里表生成因^{36}Cl 的贡献可以基本上忽略不计。根据等值线分布形态可以勾绘出 1 线和 2 线的走向(对比图 12-46 和图 12-49)。在 70～80 km 的距离上,$\frac{^{36}\mathrm{Cl}}{\mathrm{Cl}}\times10^{15}$值从 500 降至 4,相当衰减 7 个半衰期,如果不进行“死氯”校正,北端地下水年龄应为

210Ma。但是地下水在流动途中 Cl^- 离子含量增加了 9～10 倍，经过“死氯”校正，北端地下水 ^{36}Cl 年龄降低到 20 多万年。研究中还使用了其他模型对一些地球化学因素进行校正，如当地岩石成因的 ^{36}Cl 以及含水层和下伏 Colorado 隔水层的 ^{36}Cl 和 Cl^- 离子扩散交换等。校正后最北端地下水的 ^{36}Cl 年龄基本上在 20×10^4～100×10^4a 之间，可以认为与其他方法的结果基本一致。

6. ^{81}Kr 年龄

只有一个 ^{81}Kr 数据，取自距离补给区 14 km 处的 9 号水井（图 12-46）；还平行测定了 ^{85}K。^{85}Kr 的放射强度为 0.3% 现代大气 ^{85}Kr，这证实该处承压水未受现代水污染。根据 ^{81}Kr 数据计算，该井承压水年龄约为 14×10^4a，与该处 ^{14}Cl 法和 U 系法测定的年龄数据完全吻合。因为 9 号水井位于 1 号水流和 2 号水流之间的部位，地下水年龄比两条水流（1 号和 2 号）线的水年龄古老许多。

7. U 系法年龄

同时测定了地下水的铀浓度（U）及 ^{238}U 和 ^{234}U 的放射强度，求出 $^{234}U/^{238}U$ 放射强度比。

总体上，沿水流方向水中铀（U）浓度不断降低。“氧化还原锋”两侧 U 浓度相差悬殊，并分成两组（参考图 12-50）。少数水井属有氧组（oxic group），U 浓度为 10^{-3} mmol/L 数量级；分布局限于补给区附近的氧化环境（“氧化还原锋”上游）。多数归缺氧组（anoxic group），U 浓度为 10^{-7} mmol/L 数量级，分布在还原环境（“氧化还原锋”下游）。$^{234}U/^{238}U$ 放射强度比的分布格局则不同。沿水流方向，开始一段 $^{234}U/^{238}U$ 强度比增加，数值从 2 递增至 11；最大值（11.8）位于氧化还原锋处，然后向下游递减至 4。递减由两种原因造成，一是 ^{234}U 盈余的衰变，二是岩石介质表面吸附 U 引起的吸附损失。Frohlich 等（1987）提出的一种模型同时考虑了衰变和吸附两种原因，用该模型处理 $^{234}U/^{238}U$ 和 U 浓度数据得出两条水流的地下水流速：1 号水流平均流速 $V_1=0.2-0.6$m/a；2 号水流的平均流速 $V_2=0.1-0.4$m/a。显然，U 系法测年结果与其他方法也大致一致。各种方法测年结果汇总于表 12-24。

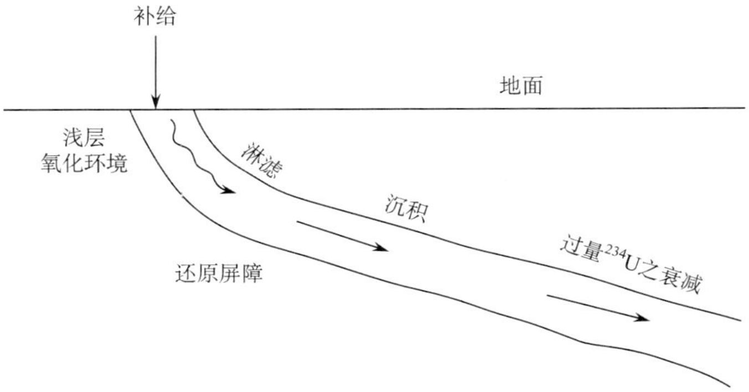

a. 含水层中铀地球化学作用

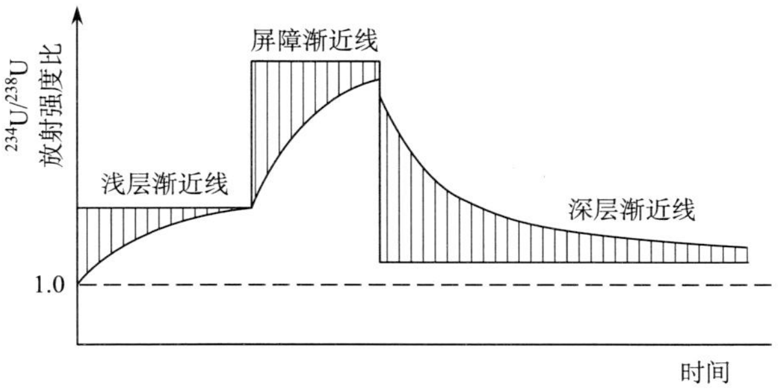

b. 含水层中$^{234}U/^{238}U$比值随时间的变化

图 12-50　不平衡铀系法测定地下水年龄原理示意图(Davis et al.,1982)

表 12-24　Milk River 承压含水层(加拿大阿尔伯达省)地下水年龄测定结果一览

(Ivanovich et al. ,1992。整理)

编号	测年方法	地下水年龄与流速 流速/(m/a) 水流 1	流速/(m/a) 水流 2	北端年龄/Ma 水流 1	北端年龄/Ma 水流 2	参考文献	备　注
1	水力学方法	0.3	0.2	0.3		Swanick,1982	活塞式水流模型
2	物质传输法	0.3	0.2	0.25	0.51	Hendry and Schwartz,1988	有效扩散系数 $D=6\times10^{-12}m^2/s$
3	稳定同位素法 (δD 和 $\delta^{18}O$)	1—1.5*		——		Drimmie et al.,1991	* 距补给区 20 km 以内平均流速
4	^{14}C 方法 DIC	~1*		——			
	^{14}C 方法 DOC	~1*		——			
5	氯-36	0.1—0.5		0.2—1**		Phillips el al,1986	** 年龄结果的差异源自不同的"死氯"校正模型
6	氪-81	>0.1***		<0.14***		Lehmann et al., 1991	*** 只有距补给区 14 km 处一眼水井的数据,地下水年龄<140×10³a。该井位于 1 # 水流和 2 # 水流之间,流速应略慢
7	U 同位素	0.2—0.6	0.1—0.4	0.15—0.4	0.25—1.0	Ivanovich et al.,1992; Flohlich et al.,1987	

8. 讨论

(1) 本项研究,使用的主要手段是^{14}C法和^{36}Cl法。同时,还使用了^{81}Kr法、$^{234}U/^{238}U$法、稳定同位素和稀有气体环境温度法以及水力学计算成果,进行对比和相互验证。在一个台向斜边缘地带，水平方向深入承压含水层近100 km，测定了150 km×100 km范围内地下水年龄的二维分布状况，进而得出地下水流速和补给是时空分布函数的定量评价成果。年龄和地下水流速数据的精确度总体上达到±100%。

(2) 成果展示了同位素和化学测年手段作为一种“新技术”，已经能够以令人可以接受的精度，解决一些传统手段根本无法解决的水文地质关键理论和技术问题。反观水力学方法，在最理想的情况下，也只能给出建立在现代水流速基础上的年龄空间分布。由于第四纪时期内存在气候变化，引起地下水入渗剧烈变动，水力学方法解决时间分布问题显然软弱无力。

(3) 在 Milk River 含水层的承压段识别了流速1～1.5m/a和0.1～0.15m/a两个区段。它们沿水流方向分别延伸20 km和60～70 km。工作模型假设两段内部流速不变。这一概化将给测年法结果带来一定误差。研究显示，尽量考虑地下水流速的时空不均一性，是提高方法精度的一条重要途径(Ivanovich et al.，1992)。

(4) 在校正模型中注入更多的水文学元素，可以进一步提高测年精度。如“结合水校正”可使优势通道中水的真实年龄(和同位素表观年龄相比)年轻50%以上(崔玉龙，1988，1990)。“优势通道”现象在(非均质的)含水层中普遍存在，使用运动学方法时须注意用“结合水”方法予以校正。本项研究未考虑“结合水”是一项不足，会使其同位素(^{14}C，^{36}Cl，^{81}Kr，$^{234}U/^{238}U$)实测年龄比优势通道中水的真实年龄偏老1～2倍；相应水流测定速度小于真实流速1～2倍。

* * *

总之，使用^{36}Cl的地下水年龄测定方法：

(1) ^{36}Cl具备一系列优点，是一个很有前景的同位素计时器，可用于测定10^5～10^6a时段的地下水年龄。

(2) 但是，由于水文地球化学校正工作复杂，除一些理想情况外，^{36}Cl方法常常只具半定量意义；须和其他方法联合使用，相互印证，才能取得可靠的结果。

(3) 地下水Cl^-离子的起源对测年至关重要。不仅不同起源Cl^-地下水须使用不同公式计算，而且所测定的地下水只能有单一类型(用同一公式)的氯离子起源。如有两种或两种以上的起源，则无法使用现有公式计算。进一步校正工作也十分复杂。

第七节 铀 系 法

一、不平衡铀系法

(一) 原理

大家知道，不平衡铀系法测定海相碳酸盐、铁锰结核年龄的效果较好。热离子质谱仪(TIMS)问世以来，测定一些陆相碳酸盐，如钟乳石等的U系年代取得了积极进展，对地下水测年也提供了技术支撑。但是，由于铀水文地球化学规律的复杂性(如铀易于被裂隙中黏土等充填物吸附)，不平衡铀系测定地下水年龄只取得了一些半定量成果。它们主要是和其他测年方法一起测定古老地下水年龄，相互检验和印证。

不平衡铀系指铀系三大放射系列中(^{238}U，^{235}U，^{232}Th 系列)存在母核与子核放射性比值不等于 1 的现象。苏联学者切尔登采夫(Cherdynstev)最先在天然水中发现$^{234}U/^{238}U$比值不平衡，很快西方国家许多科学家(如美籍华人学者顾德隆)继续进行了深入研究，在这一基础上开发出不平衡铀系方法，用于测定沉积物年龄。地下水铀系测年方面，佛罗里达州立大学 Osmond 和 Cowart 教授(1976)做了大量工作，使不平衡铀系法得以应用于地下水年龄测定。

破坏铀系平衡的原因是所谓的"热原子"效应，当^{238}U 衰变成^{234}U 放出 α 粒子时，因 α 粒子质量较重，对母核^{238}U 周围的矿物晶格造成机械性损伤，^{234}U 由于衰变反冲作用(recoil)一部分脱离原位，更容易被水带走，使水中$^{234}U/^{238}U$ 比值大于 1。

大家知道，U 元素的地球化学活泼性在氧化环境和还原环境完全不同。在氧化环境中，6 价铀以 $UO_2(CO_3)_2^{-2}$ 及 $UO_3(CO)_2^{-4}$ 化合物(矿物)形式存在，在水中溶解度较大。在还原环境中，含铀矿物的溶解度都很小，两者相差 4 个数量级(万倍)。因此，在氧化环境中^{238}U 和^{234}U 从矿物中大量淋滤出来。^{234}U 在衰变过程中受反弹(recoil)作用影响，更易进入水中，所以水中的$^{234}U/^{238}U$ 比值从补给区开始就以一定速度增加(图 12-50)，直至达到氧化带和还原带界面处(也称氧化—还原垒—Oxidation-reduction barier)。进入还原带后，六价铀被还原成为四价铀，开始在裂隙中沉淀下来，因没有新进入地下水的^{234}U支持，水中$^{234}U/^{238}U$ 比值开始按放射性规律衰减，趋向 1。利用过量^{234}U 的衰减过程可以测定地下水年龄(Osmond and Cowart，1976)。

(二) 实例：加拿大 Milk River 含水层

在 IAEA 组织下，Ivanovich 等(1992)在加拿大阿尔伯达省南端的 Milk River 含水层用铀系法测定了古老地下水的年龄。其地区水文地质条件参见图 12-46、图 12-47。详情见本章"第六节四(二)7"部分。$^{234}U/^{238}U$ 值大致由 2 升至 11；至氧化还原界面处达到最大值(11.8)。然后比值逐渐下降至 4。

二、氦-4 积累法

^4He 积累法属于稀有气体积累法的一种；原理比较简单。地壳中长寿命放射性同位素在衰变过程中会产生一些稀有气体子体，由于不和环境发生化学反应而在地层中不断积累。其积累速度只受母体在地壳中的丰度决定。为了用稀有气体积累速度测定地下水的年龄，需要知道：

(1) 放射性起源稀有气体的生成速率。

(2) 它们从矿物和岩石向水扩散的速率。

(3) 它们和水做相对运动的流体力学关系。

稀有气体积累法的优点是气体越积越多，适于测定较古老的水。目前用得最多的是^{4}He法，^{3}He与^{40}Ar也在积极探索。具有测年前景的稀有气体列于表12-25。

表12-25　可用于测定地下水年龄的稀有气体

同位素		成　因	测定时段/a
氦	^{3}He	^{3}H衰变产物	5～50
	^{4}He	α粒子(捕获电子)	10^{1}～10^{8}
氖	^{21}Ne	^{18}O捕获α粒子	10^{6}～10^{9}
氩	^{40}Ar	^{40}K衰变	10^{5}～10^{9}
氙	^{130}Xe	铀-238天然衰变	10^{6}～10^{9}
	^{135}Xe	铀-235天然衰变	10^{6}～10^{9}

1. 20世纪80年代中期以前的成果

1) ^{4}He

用^{4}He积累法测定地下水年龄最早由苏联学者萨甫琴科(Савченко,1936)提出，并被苏联和20世纪80年代中期以前的中国水文地质人员多次用来测定深层层间水的年龄。由于没有可以对照的其他测年数据，积累法^{4}He年龄的可靠性一直没有定论。20世纪六七十年代西方国家对^{4}He积累法也给予了很多关注，如美国亚利桑那大学水文地质学家Davis和Bentley(1982)对这方面的工作进行了全面归纳。

铀系三大放射系列(^{238}U,^{235}U和^{232}Th)在衰变时释放α粒子(带2个正电荷的^{4}He)，是地壳中^{4}He积累的主要来源；其他来源的α粒子占总量不到1%。

$$^{238}U \longrightarrow {}^{206}P_b + 8\,^{4}He$$

$$^{235}U \longrightarrow {}^{207}P_b + 7\,^{4}He$$

$$^{232}Th \longrightarrow {}^{208}P_b + 6\,^{4}He$$

据计算，当前地壳中1g铀可年产$2.3\times10^{-7}cm^{3}$STP的^{4}He。如果取地壳平均铀含量32ppb，全球将年产$4.4\times10^{13}cm^{3}$STP的^{4}He。由于α粒子的辐射距离较短，因此多数新生^{4}He原子保留在矿物晶格内。作为气体，^{4}He原子会不断从矿物中向地下水扩散；目前对这一过程的速率了解不多。不过曾有人试图利用矿物中^{4}He的浓度测定矿物年龄未获成功。说明，^{4}He在矿物晶格中保存情况不是太好。有一系列因素影响晶体中的^{4}He向水中扩散，包括温度、^{4}He浓度梯度、孔隙度、原始α粒子的辐射能等。

如果上述因素在地质时期里变化不大，则可以近似地认为^{4}He的释放具有稳定的速率。这样一来，在流动十分缓慢的水中，^{4}He的增长与时间将成直线关系。一般来说，对于$<10^{7}a$的地下水直线关系较好，因为主要放射性同位素(^{238}U,^{235}U和^{232}Th)的半衰期超过$10^{7}a$两个数量级；至10^{8}～$10^{9}a$时直线关系因扩散而变差。

自^{14}C测定地下水年龄方法日臻成熟以来，不少学者用^{14}C方法检查了^{4}He积累方法的精确程度(表12-26)。

表 12-26　^{14}C 法及 ^{4}He 测年成果对比(Davis and Bentley,1982)

地　点	14C 法年龄/a	4He 法年龄/a	资料来源
瑞典	~30 630	900 000	Fritz,1979
美国	<20 000	840 000	Marine,1976
英国	1500~4300	27 000	Bath et al.,1979
英国	7300~10 600	10 600	Bath et al.,1979
英国	4000~7 300	17 600	Bath et al.,1979
英国	33 000~36 100	42 100	Bath et al.,1979
英国	24 900~28 200	65 600	Bath et al.,1979

Davis 等(1982)指出,^{4}He 积累法年龄总是比 ^{14}C 年龄老一些,认为可能是因为有其他成因的 ^{4}He 进入地下水。

2) ^{40}Ar

^{40}K 衰变生成 ^{40}Ar。从铀、钍和 ^{40}K 的地球化学丰度(克拉克值)来看,^{40}Ar 的生产速率大约是 ^{4}He 的 1/2 弱。但是 ^{40}Ar 从矿物中扩散出来的几率小得多,所以在地下水中积累的速率也小得多。

大气起源的 $^{40}Ar/^{36}Ar$ 为 295.9。当放射成因 ^{40}Ar 加入时,该比值会升高。据 Davis 等(1982)计算,放射成因(或称地下成因)的 ^{40}Ar 积累 10^5 年后,$^{40}Ar/^{36}Ar$ 值将升至 297;10^6 年后至 313。因此可以认为,至少要几百万年的水才能有效地用 ^{40}Ar 积累法测定其年龄,而 10^5a 或更年轻的水根本不可能用这种方法测定年龄。

2. 20 世纪 80 年代中期以来的新进展

在测定技术方面,20 世纪 70 年代以前稀有气体主要用气相色谱计或色谱-质谱计测量。70 年代中期,Craig 等(1976)开创了用稀有气体质谱计测量的新时代,大大促进了稀有气体在地质学和水文学中的应用。在国内,中国科学院兰州地质研究所于 1980 年引进了第一台稀有气体质谱计,此后不同单位又陆续引进,为普及包括 ^{4}He 在内的稀有气体应用研究创造了条件。

20 世纪 80 年代中期以后惰性气体地球化学研究取得突破性进展,^{4}He 法随之发展很快。一是将放射成因的 ^{4}He 从其他成因的 ^{4}He 中分离出来;二是考虑区域水流和 ^{4}He 的相对迁移模型,把放射成因 ^{4}He 的迁移放到盆地地下水运动背景上一起考虑。这样一来,使 ^{4}He 积累法的理论基础更加系统化,测年精度也随之提高。在我国,蔡鹤生等就截至 2000 年前这一方法取得的新成就做了详细的综述(见万军伟等,2003)。

1) 分割理论和方法

指将放射成因(也称地壳 U、Th 成因)的 ^{4}He 和其他成因的 ^{4}He 分割开来的理论和方法。

(1) 地下水中 He(^{3}He 和^{4}He)的组成。地下水中 He(^{3}He 和^{4}He)有 5 种起源。它们是:①大气成因的 He 又分平衡 He 和过量 He 两部分,分别记为 He_{eq} 和 He_{air};②氚成因的^{3}He—$^3H_{tr}$;③锂成因(核反应成因)的 He—He_{nuc};④地壳 U,Th 成因的 He(分本地和外来两部分)—He_{cis} 和 He_c;⑤地幔成因 He—He_m。

因为^{3}He 的丰度极小,只有^{4}He 的约 10 万分之一,计算 He 气体的浓度时可以忽略不计。但是,$^3He/^4He$ 比值是用来分割不同成因 He 的主要手段,必须予以测定。

(2) 分割方法。测定地下水年龄用的是地壳本地放射成因^{4}He($^4He_{cis}$),要将$^4H_{cis}$ 从地下水(样品)He 浓度(He_s)中分割出来,需要借助不同成因 He 同位素比值($^3He/^4He$,一般简写为 R)的差别来完成。这是一项比较繁琐的数学处理工作,操作一般分两步走。第一步求出地下水 He 浓度中的大气 He 平衡分量(He_{eq}),在这一特定情况下也称大气成因 He,余为非大气成因;第二步将本地地壳成因的^{4}He($^4He_{cis}$)从非大气成因 He 中分割出来。

(3) 大气成因 He(He_{eq})和非大气成因 He 的分割。Stute(1992)建议使用 4 种稀有气体(Ne、Ar、Kr、Xe)代替传统使用一种 Ne 气的作为示踪剂进行分割,使分割更加可靠。

为此,除了测定 He 气和 He 气的浓度及其同位素比值(R)外,还要多测 3 种稀有气体(Ar、Kr、Xe)的浓度及其同位素比值,即测定 5 种稀有气体的浓度及其同位素比值。而决定地下水中大气成因稀有气体浓度的未知参数只有两个。一是补给区温度;二是捕获过量空气的数量。5 种稀有气体可以写出 5 个方程式,用来求 2 个未知数(区域性补给温度和过量空气的捕获量)可靠性很强。多数情况下 5 种稀有气体给出的结果比较一致。

有了补给区温度和过量空气捕获量,即可以计算出水中大气成因^{4}He 的数量(He_{eq})。

地下水中大气成因$^4He_{eq}$的典型浓度在$(5\sim10)\times10^8$ an^3 · STP/g。

(4) 本地地壳成因的 He(He_{cis})的分割。本地地壳(in situ)成因的 He 是指地壳中 U,Th 放射系列在原地衰变产生的^{4}He,记作 He_{cis},以区别于同是地壳 U,Th 衰变成因的 He,但属于水混合等外部水流带来的地壳 He(记作 He_c)。这两部分只在理论上可以分开;因其$^3He/^4He$ 比值差别极小,实际上并无法分开。这给^{4}He 积累法测年带来一定的不确定性。

计算地壳成因 He($He_{cis}+He_c$)的公式建立在对不同成因的^{3}He 和^{4}He 进行物质均衡关系式的基础上。基本均衡公式为:

$$R_s=\left.\frac{C^3\text{He}}{C^4\text{He}}\right|_s=\frac{C^3\ \text{He}_{eq}+C^3\ \text{He}_{air}+C^3\ \text{He}_{cis}+C^3\ \text{He}_C+C^3\ \text{He}_m+C^3\ \text{He}_{tr}}{C^4\ \text{He}_{eq}+C^4\ \text{He}_{air}+C^4\ \text{He}_{cis}+C^4\ \text{He}_C+C^4\ \text{He}_m}\tag{12-18}$$

式中:C 为浓度;s 为样品(实测);R_s 为实测$^3He/^4He$ 比值;eq 为平衡;air 为过量空气;cis 为地壳(本地);c 为地壳(非本地);m 为地幔;tr 为氚成因。

为了用图解法求解水中地壳成因 He 的浓度,Stute(1992)做了一些数学转换。首先将式(12-18)两边的分子、分母分别减去 C^3He_{air} 和 C^4He_{air} 得:

$$\frac{C^3\ \text{He}_s-C^3\ \text{He}_{air}}{C^4\text{He}_s-C^4\ \text{He}_{air}}=\frac{C^3\ \text{He}_{eq}+C^3\ \text{He}_{cis}+C^3\ \text{He}_c+C^3\ \text{He}_m+C^3\ \text{He}_{tr}}{C^4\ \text{He}_{eq}+C^4\ \text{He}_{cis}+C^4\ \text{He}_C+C^4\ \text{He}_m}$$

$$= \frac{C^4\ He_{eq} \cdot R_{eq} + C^4\ He_{cis} \cdot R^4\ He_{cis} + C^4\ He_c \cdot R_c + C^4\ He_m \cdot R_m}{C^4\ He_s - C^4\ He_{air}} \tag{12-19}$$

人为设定：

$$R_{exc} = \frac{C^4\ He_{cis} R_{cis} + C^4\ He_c R_c + C^4\ He_m R_m}{C^4\ He_{cis} + C^4\ He_c + C^4\ He_m}$$

已知：

$$C_{ex_c} = C^4\ He_{cis} + C^4\ He_c + C^4\ He_m$$

将其代入上式得：

$$R_{exc} = \frac{C^4\ He_{cis} R_{cis} + C^4\ He_c R_c + C^4\ He_m R_m}{C^4\ He_{exc}} \tag{12-20}$$

再将公式(12-20)代入式(12-19)，归并得：

$$\underbrace{\frac{C^3\ He_s - C^3\ He_{air}}{C^4\ He_s - C^4\ He_{air}}}_{y} = \left(R_{eq} - R_{exc} + \frac{C^3\ He_t}{C^3\ He_{eq}}\right) \underbrace{\frac{C^4\ He_{eq}}{C^4\ He_s - C^4\ He_{air}}}_{x} + R_{exc} \tag{12-21}$$

式内符号同上。公式(12-21)具 $y = Ax + B$ 形式，可给出如下数据。

(1) 考虑地幔源 He 的浓度(CHe_m)一般很小，C_{exc}就是本地产生的和外源地壳放射成因氦的浓度之和；R_{exc}则是其同位素比值($^3He/^4He$)；

(2) y 是除去过量空气后的地下水(样品)He 同位素比值。

(3) x 则是水中大气平衡 He(He_{eq})和除去过量空气后的水样 He_s 之间的比值。

公式(12-21)可以图解(图 12-51)，以求出相关参数。

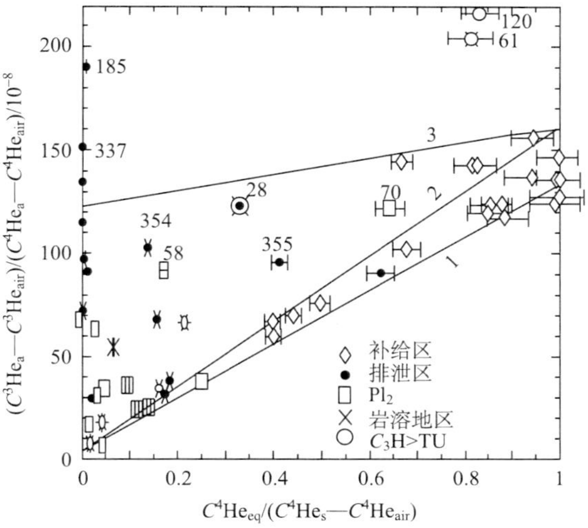

图 12-51　匈牙利大平原 $y = Ax + B$ 公式图解(Stute et al., 1992)

2) 数学模型

有了$^4He_{exc}$值即可进一步求出盆地^4He 的通量(流量)以及水流系统的水动力信息。

这一工作可以通过把地下水盆的三维流简化为二维流 He 迁移模型来完成(图 12-52)。二维流模型要求把径流区、排泄区、补给区区分开来。模型的求解及其在匈牙利大平原(GHP)以及美国得克萨斯等地的应用情况可参见文献(Stute et al., 1992; Castro et al., 2000;万军伟等,2003)。

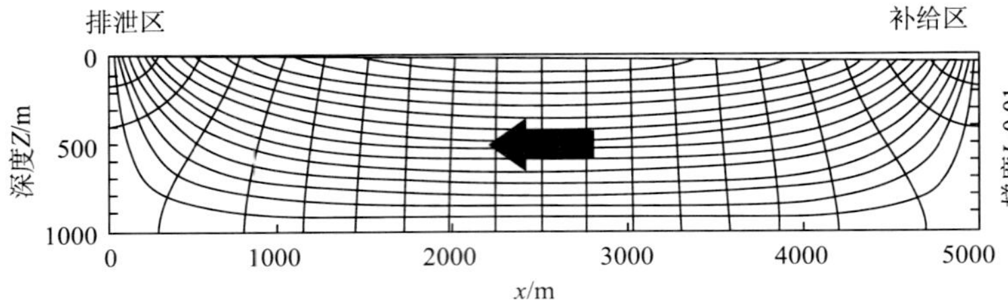

图 12-52 二维流^{4}He 迁移模型的流网示意图(Stute et al.,1992)

第八节 其他方法

一、氪-85 法

1. 概况

^{85}Kr 半衰期 10.7a,与氚接近,适于测定近 40 年来年轻地下水的年龄。天然成因^{85}Kr在大气中浓度很低,它形成于宇宙射线照射^{84}Kr 时发生的中子活化反应:

$$^{84}\mathrm{Kr}(n,r)^{85}\mathrm{Kr}$$

目前大气中^{85}Kr 的库存量主要来自人工核反应。在生产过程中,各类核反应堆产生大量^{85}Kr,致使自 20 世纪 50 年代至今大气^{85}Kr 浓度已增长 6 个数量级(100 万倍)(图 12-53)。由于氚峰值渐行渐远,^{85}Kr 作为一种年轻水测年手段日益受到人们重视,有可能成为代替氚法的重要手段。但收集地下水稀有气体样品,特别是浓度较低的 Kr 样品,技术上比较复杂。复杂的样品制备和测量技术也妨碍^{85}Kr 法像氚法那样迅速普及。

Smethie 等(1992)将^{85}Kr 方法用于加拿大安大略省 Bonden 地区地下水年龄测定;之后,Ekwurzel 和 Smethie 等(1994)又在美国大西洋沿岸的 Delmarva 半岛用^{85}Kr 方法和 CFCs,^{3}H-^{3}He 方法对比测定了浅层地下水年龄。在我国,丁彦慧(1993)介绍了 Smethie 等 1992 年的工作;万军伟等(2003)进一步综合介绍了国外^{85}Kr 测年技术的进展。

2. 原理

^{85}Kr 方法的原理和人工化合物(CFCs,F_6S 等)环境标记方法类似。由于近半个多世纪以来大气^{85}Kr 浓度增长了 6 个数量级(图 12-53),致使这段时间入渗的地下水每年的^{85}Kr 浓度都显著不同,从而成为年龄标记。其中近 40 多年以来入渗水的^{85}Kr 浓

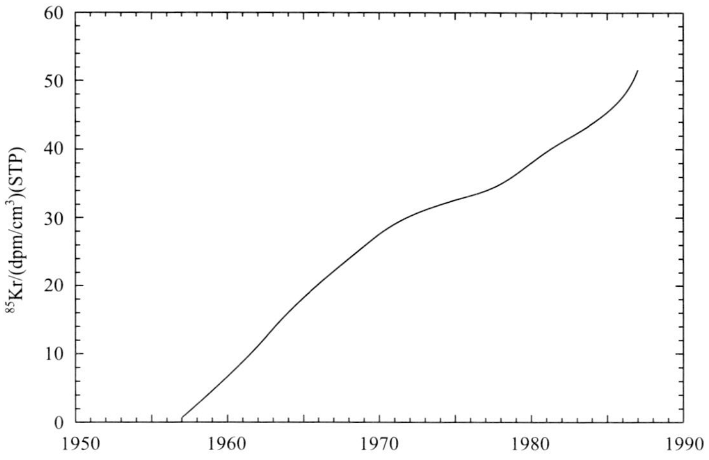

图 12-53　大气^{85}Kr 浓度历年增长曲线(Loosli et al.,1991)

度已能够用现有通用的技术测定,这样就可对号入座,确定其入渗年代,进而计算地下水年龄。不同之处在于,对于每一年份入渗水的^{85}K 浓度还需要进行放射性衰减校正。

3. 优点

(1) Kr 属于惰性气体,在含水层中有良好的"守恒性"(conservative),且在含水层尺度上对弥散作用相对不敏感。

(2) 地下水中的^{85}Kr 基本上只有大气一个来源。

(3) 近半个多世纪以来,大气^{85}Kr 浓度大幅度稳定增长,其浓度可以提供直接和误差相对较小的年龄信息。

4. 方法

Smethie 等(1992)结合加拿大安大略省 Bonden 地区地下水年龄测定,首次建立起^{85}Kr地下水测年方法。

1) 地区水地质条件

Bonden 地区的潜水含水层由冰水沉积的中细砂组成,底板是厚度 15～30m 的区域性黏土和淤泥物质,含水层在研究区厚 8.5～27m(图 12-54)。平均渗透系数约 8.6m/d。

2) 取样与测定结果

共取^{85}Kr 样 7 个。其中大气样和土壤空气样各 1 个,水样 5 个。测定结果见表 12-27。

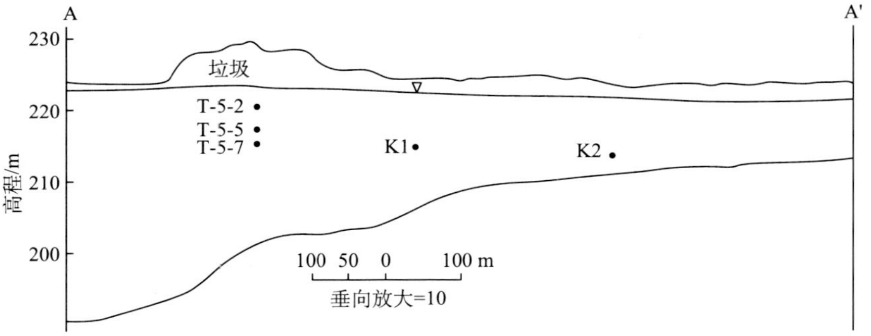

图 12-54　加拿大 Bonden 地区第四系潜水层剖面图(Smethie et al.,1992)

表 12-27　Bonden 地区冰水沉积层地下水^{85}Kr 样品测定结果(1989 年 10 月)

(据 Smethie et al.,1992。简化)

样品类型	水点编号	^{85}Kr 比放射性/dpm	年龄/a
大气	—	52.0±2.0	—
土壤空气	—	53.6±1.8	—
地下水	T-5-2	44.9±3.8	2.0±1
地下水	T-5-5	38.5±3.7	3.5±1
地下水	T-5-7	27.2±2.5	6.5±1
地下水	K_1	16.2±2.0	11.5±1
地下水	K_2	9.5±1.9	17.2±2

3)讨论

(1)研究区大气^{85}Kr 浓度 52.0±2.0dpm/cm^3 Kr,与当时(1989 年)北半球大气^{85}Kr 浓度大致吻合。土壤空气中^{85}Kr 浓度 53.6±1.8dpm/cm^3 Kr,与大气^{85}Kr 处于交换平衡状态。

(2)地下水样品的^{85}Kr 浓度沿水流方向下降,符合随地下水年龄增大入渗水^{85}Kr 浓度减小以及衰减量增加的规律。

(3)如果下列条件成立,则^{85}Kr 的检测数据可以直接用来计算地下水年龄:

a. 补给水的^{85}Kr 与大气平衡;

b. ^{85}Kr 呈活塞式移动,弥散作用可以忽略不计;

c. 含水层对于溶解气体属于的封闭系统。

这时,地下水^{85}Kr 浓度只受入渗水年份和^{85}Kr 衰变两个因素决定。因各年份入渗水的^{85}Kr 浓度可根据大气^{85}Kr 历年变化曲线确定,故将该值进行放射性衰减校正后即可得出某一具体年份地下水的^{85}Kr 浓度。

4）图解

Smethie 等用图解形式表达了上述关系（图 12-55），从而使^{85}Kr 法计算地下水年龄的操作变得更直接、简单。图 12-55 使用方法如下：

横坐标为地下水样^{85}Kr 测定年份；纵坐标为水样^{85}Kr 浓度值。曲线为历年大气^{85}Kr 浓度曲线，斜线为^{85}Kr 衰减线。

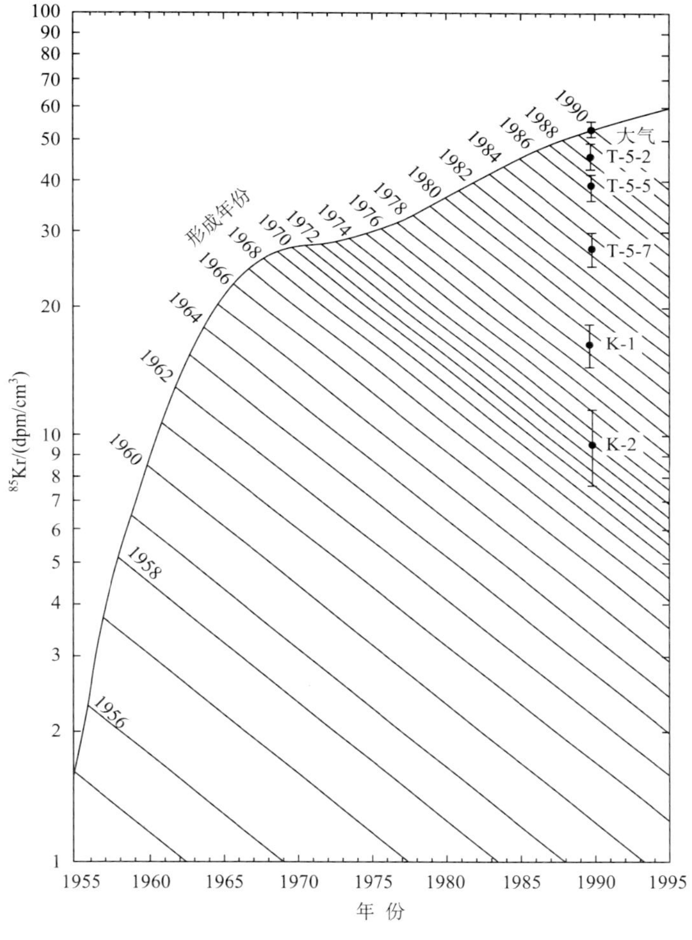

图 12-55　^{85}Kr 地下水年龄测定图（Smethie et al.，1992）

某一年份测定的地下水样^{85}Kr 浓度在图上为一点（或一条浓度"变化棒"）。通过该点的衰减斜线和历年浓度增长曲线的交汇点所标记的年份即为地下水入渗年份。如水样 K_1 的^{85}Kr 浓度（浓度变化棒）为 16.2±2.0，其入渗年代相应为 1977 年和 1979 年之间，1989 年 10 月份的年龄为 11.5±1a（图 12-55）。

5）绘制专用年龄测定图

与大气或土壤空气^{85}Kr平衡的地下水^{85}Kr浓度，除大气^{85}Kr浓度外，还是水温的函数。因此对于每一具体研究地区，需要根据当地地下水温绘制自己专用的^{85}Kr年龄测定图。

二、硅-32法

1. 方法的优势

硅-32是一种为数不多的可用于测定过渡时段地下水年龄的同位素。

2. ^{32}Si的半衰期

测定一种放射性同位素的半衰期，要求具备足够数量的提纯物质。而^{32}Si较难做到这一点。因此，长期以来没有能够测到^{32}Si准确的半衰期。不同学者的结果变化在100～700a之间，多数认为应在330a左右。

20世纪70年代末加速器质谱计（AMS）普及以来，样品的需要量降低了几十倍，^{32}Si半衰期测量工作有了一些新进展。1980年代以后测定结果，^{32}Si半衰期降至100～200a之间；多数学者的结果接近133a。

使用加速器质谱仪计后，要求处理水样的数量降低了数十倍。

3. 测年公式

如果地下水^{32}Si初始浓度C_0已知，测出样品中（衰变）残留的^{32}Si浓度$C_{样}$，就可用放射性衰减公式求出地下水年龄τ：

$$\tau = 191.9\ln\frac{C_0}{C_{样}}$$

公式使用^{32}Si半衰期为133a。

4. 存在问题

在^{32}Si法测定地下水年龄方面，印度学者Lal等（1970）早期做了大量工作。做一个样品需要处理10多吨水样，工作十分冗长。他们测定的地下水^{32}Si年龄大多比对比的^{14}C年龄偏年轻许多。

Davis等（1982）认为，问题主要出在两方面：

（1）表生带^{32}Si同位素地球化学比较复杂，很难校正。除了大气^{32}Si沉降外，宇宙射线还可在地面以下几十厘米以内的表层，通过轰击^{35}Cl产生大量^{32}Si，其数量较难确定；核爆炸和核电站可以产生一定数量的^{32}Si，其定量评价还十分薄弱。

（2）表生带，特别是土壤层Si元素地球化学也十分复杂。譬如，硅可以在植物体内积累；在表生带形成次生蛋白石等。大家知道，在土壤包气带和饱水带地下水的 Si 浓度总是随 pH 值和温度不断变化，且以增加为主，这将导致入渗水 ^{32}Si 浓度大幅高于雨水，使得用大气 ^{32}Si 输入值计算的地下水 ^{32}Si 年龄大幅度偏年轻。

当前，应该说 ^{32}Si 地下水测年方法尚不成熟。但在一定程度上可用于地下水相对年龄测定，即测定某一活塞流上下游两点的 ^{32}Si 年龄，计算其间地下水平均流速。即使如此，水流途中可能发生 SiO_2 溶解或沉淀，过程复杂，目前还很难校正。

三、氩-39 法

氩-39 半衰期 270a，属于一种大气成因短寿命放射性同位素，适于测定 50～2000a 过渡过时段地下水年龄。

Loosli 和 Oeschger(1978)最早探讨了使用 ^{39}Ar 测定地下水年龄的可行性。结果显示，使用 ^{39}Ar 方法，在同一批样之间对比，年龄之间关系比较合理；说明可以用于地下水测年。但是与 ^{14}C 法平行测定结果相比却都年轻许多倍。

他们认为，^{39}Ar 年龄和 ^{14}C 年龄不一致，原因主要在于钾在表生带是一种丰度很高的元素。因此 ^{39}K 经中子活化(在宇宙射性成因和本地成因的中子流作用下)产生过量 ^{39}Ar，导致 ^{39}Ar 地下水年龄偏年轻。

四、氪-81 法

1. 概况

大气 ^{81}Kr 生成于宇宙射线轰击大气中的氪气。^{81}Kr 在大气和地下水中的浓度都很低。大气中氪气作为一种惰性气体，浓度十分稳定。知道氪气在大气中的分压，可根据下列数据计算出地下水中溶解的大气 ^{81}Kr 的浓度：

(1) 大气 $Kr/^{81}Kr$ 比值 $=19\times10^{12}$。

(2) Kr 在水中溶解度 $=9.2\times10^{-12}$ STP $cm^3/L_{水}$(10℃)。

计算结果显示，10℃的入渗水中 ^{81}Kr 浓度为 1300 atom $^{81}Kr/L_{水}$。

但是，用液体闪烁计数方法测定 ^{81}Kr 需要处理上百吨水样；加速器质谱计方法(AMS)也因一些原因不能解决测量问题。自共振电离质谱技术(RIMS)在 20 世纪 80 年代中期普及以来，测定地下水 ^{81}Kr 浓度所需水样已降至 50L 左右。这使 ^{81}Kr 法测定地下水年龄进入了“山穷水尽又一村”的新境地。

2. ^{81}Kr 法的优势

用 ^{81}Kr 测定地下水年龄具有如下优势：

(1) 其半衰期 21×10^4 a，可以延伸 ^{14}C 测年的时间段，适于测定 $(2\sim100)\times10^4$ a 时段古地下水年龄。

(2) 属于稀有气体,地球化学不活泼。

(3) ^{81}Kr 只有宇宙成因一种,即宇宙射线照射大气中氪气生成的 ^{81}Kr,因此大气 ^{81}Kr 也十分稳定,而且照射表生带氪元素生成的地下成因以及其他成因的 ^{81}Kr 极少。

3. 应用实例

截至 2000 年,^{81}Kr 方法只在加拿大 Milk River 含水层(参见图 12-46、图 12-47)和澳大利亚大自流盆地使用过。

测定工作的一个重要环节是确定补给水的水温。加拿大 Milk River 含水层(砂岩)属于末次大陆冰川覆盖地区。其降水补给主要发生在间冰期期间。用稀有气体法(He,Ne,Ar,Kr,Xe)以及 $^{36}Ar/^{40}Ar$ 比值和稳定同位素等多种方法对比,得到 100 多万年来入渗水温度比现今低 4～5℃。有了入渗水温度可以计算出入渗水 ^{81}Kr 初始浓度 C_0;再有实测水样 ^{81}Kr 浓度($C_{样}$),便可用放射性衰变公式计算 ^{81}Kr 年龄 τ:

$$\tau = \frac{1}{\lambda}\ln\frac{C_0}{C_{样}}$$

可见,因为 ^{81}Kr 方法的自身优势,避免了一系列复杂的校正工作。

在 Milk River 含水层,只测定了 9# 孔一个水点的 ^{81}Kr 年龄(Ivanovich et al.,1992)。9# 孔位于补给区和含水层北端之间位置(参见图 12-46)。^{81}Kr 年龄为 14×10^4 a,与其他方法的结果吻合极好。

2000 年,Collon 等用 ^{81}Kr 在澳大利亚大自流盆地测定侏罗系主含水层测定地下水年龄,也取得了与其他方法相当吻合的结果。两个实例表明,用 ^{81}Kr 测定地下水年龄很有前景。

五、碘-129 法

碘-129 是碘元素的一种放射性同位素,半衰期 1.57×10^7 a,属于大气成因短寿命放射性同位素中半衰期最长的一种,碘-129 释放 1 个 β 粒子衰变成氙-129。

$$^{129}I \xrightarrow{\beta^-} {}^{129}Xe$$

^{129}I 可用于测定 300×10^4～8000×10^4 a 时段的地下水(极古水)和石油的年龄。

^{129}I 有三种起源:大气成因、人工成因和地下成因。

大气成因 ^{129}I 生成于宇宙射线(中子流)轰击高空大气的氙气(Xe)。受地球磁场屏蔽作用,最大生成速率出现在南北半球的中纬度(45°左右)地区。在对流层,宇宙射线成因的 ^{129}I 和(海水)气溶胶结合,随雨水降落到地面,进入水圈。大气中 $^{129}I/I$ 比值比较稳定,变化在 0.3×10^{-12}～3×10^{-12} 之间。在澳大利亚大自流盆地和加拿大 Milk River 含水层补给区的地下水实测 $^{129}I/I$ 比值平均约为 1.2×10^{-12},落在大气 $^{129}I/I$ 比值变化范围之内。

人工成因 ^{129}I 主要来自全球核爆炸和核反应堆(核电站)。随着全球核爆高峰远去,雨水氚已恢复到爆炸前的水平,但雨水 ^{129}I 却仍比核爆前高出 1～2 个数量级。其原因是：①海水吸收^{129}I比较缓慢。②^{129}I半衰期长。③核电站发生过较大泄漏事故。

地下起源的^{129}I主要来自U，Th元素衰变。

由表12-28可以看到，页岩和花岗岩中U，Th含量较高，相应其^{129}I浓度也较高；灰岩虽有较高^{129}I浓度，但作为海相沉积岩含有较多碘离子，使得其^{129}I/I比值反而很小。

表12-28　某些岩石中(处于长期平衡状态的)**^{129}I浓度和^{129}I/I比值**

(Fabryka-Martin等1987，见万军伟等，2003)

岩石类型	U/ppm	Th/ppm	I/ppm	^{129}I/(atom/g)	^{129}I/I/$\times10^{-15}$
页岩	4.5	13.0	10	6800	140
花岗岩	2.8	11.0	0.2	4200	4400
灰岩	2.2	0.2	20.0	3300	35
砂岩	1.0	3.9	0.1	1500	3200
玄武岩	1.0	—	0.2	1500	1600
岩盐	0.01	—	0.1	15	32

岩石中的^{129}I通过淋滤进入地下水，并随其年龄增长而积累。一般在百万年尺度上可积累到大气^{129}I的水平(图12-56)。Milk River含水层在距离补给区80～100 km处，地下水年龄约50×10^4a(表12-24)；^{129}I浓度已积累增长到$(2\sim3)\times10^{-6}$个原子/L。

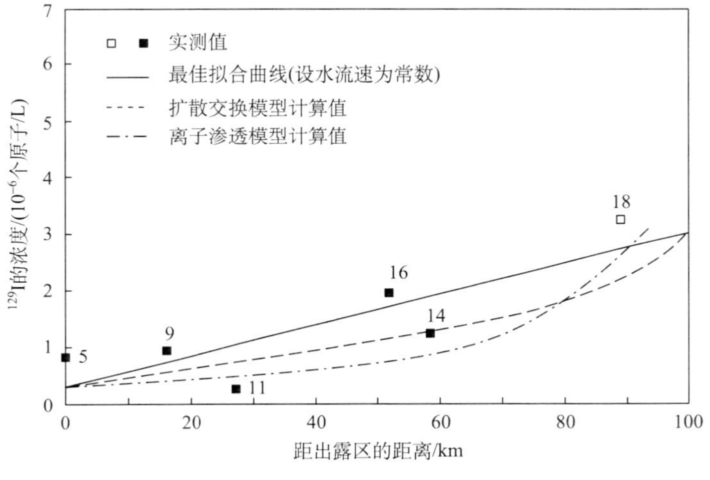

图12-56　加拿大Milk River含水层沿地下水流程^{129}I的积累

(Ivanovich et al.，1992。简化)

和^{36}Cl法相似，需要根据大气成因^{129}I的衰减和岩石成因^{129}I的积累两个计时因子计算地下水年龄。如公式：

$$\tau = \frac{1}{\lambda}\ln\frac{R_0 - R_s}{R_\tau - R_s}$$

式中：τ 为样品碘^{129}I 年龄；R_0 为大气成因（补给水）^{129}I 初始浓度；R_s 为给定含水层岩石成因^{129}I 的长期平衡浓度；R_τ 为样品^{129}I 浓度；λ 为^{129}I 的衰变常数（1.01×10^{-7}）。

应用^{129}I 方法已测得美国加州 Cherry 地区地热水属原生水，年龄约为 6000×10^4a（Rochester 大学核结构实验室，1990）；美国路易斯安那州 WCBB 油田和 Newton 油田的卤水年龄分别为 25～28Ma 和 236M～300Ma。后者不一定正确，因为它已超过方法测年时段的上限 8000×10^4a。

第九节　同位素测年的数学模拟

一、基 本 概 念

（一）概述

地下水同位素测年分为水质点测年和水体测年两大部分。水体测年的任务相当于测定人群的平均寿命。如果把水体看成一个处于代谢中的系统，不同年龄（标记）的水质点不断输入和输出，它就成了一种类型的示踪系统。

示踪试验是一大类技术方法，它通过向系统输入某种物质或信号（示踪剂），再于系统任一点上观察其输出动态，从而获取系统输入点与输出点之间的水文信息。对于这样一个处于代谢（水交替）中的系统，示踪技术开发出一套数学模型，用于提取水文信息。运用这套模型解决水体年龄测定问题的技术，称为同位素测年的数学模拟。

（二）方法类型

质点测年技术建立在地球化学知识基础上；水体测年数学模拟（Modelling）则是一套数学处理方法（Yurtsever，2001）。和地下水动力学方法一样，这套方法也分解析法（analytical method）、数值法（numerical method）、差分法（compatmental method）3 大类求解办法。其差别仅在于，一套为处理水质点的压力传递数据；另一套为处理示踪剂传输数据。

（三）黑箱（black box）法原理

解析法又分为分散参数法和集合参数法。

集合参数法（lumped parameter method）不考虑参数空间变化，把地下水体看成黑箱。通过对输入和输出曲线进行拟合取得水文信息（Zuber and Maloszewski，2001）。本书主要介绍集合参数法（黑箱法）。

黑箱法涉及两个基本概念：周转时间（turnover time）和系统响应（system response）。有了输入、输出函数，再根据水文地质条件设定物理（概念）模型，求出相应的系统响应函数（权函数），即可用褶积法求出周转时间。

周转时间等于水体的体积 V 除以水流通量 Q。它还有许多其他称谓，如平均滞留时间(mean residence time)、平均传输时间(mean travel time)、平均年龄(mean age)、水力学年龄(hydraulic age)等。

向系统输入信息(示踪剂)后,系统对此产生的反响,称系统响应(图 12-57)。如向水体输入示踪剂后,水体内发生示踪剂浓度变化(信息),就是一种水体的系统响应。

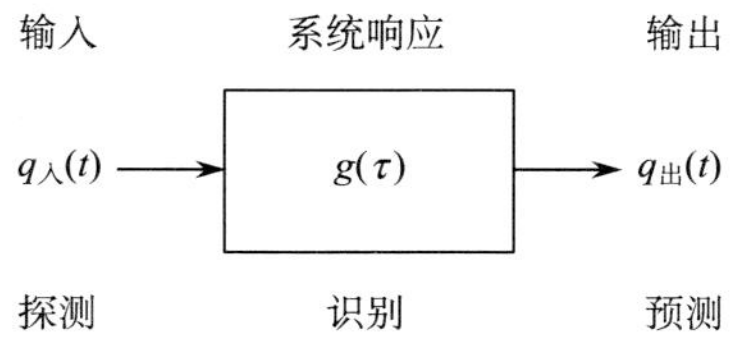

图 12-57　系统响应分析

黑箱法把系统的内在结构归纳成一个响应函数($g_{(\tau)}$)(图 12-57)。响应函数 $g_{(\tau)}$ 是根据系统内发生的过程导出的数学函数,又称权函数。其中含有系统的若干重要参数。

使用水年龄质点示踪时,权函数就是水体内质点的年龄分布函数,记为 $f(\tau)$。

(四) 同位素物理数学模型(水混合模型)

如上所述,测定水体的同位素年龄是一种用水质点的年龄作示踪剂的示踪试验。用来处理试验数据的模型是种种水混合模型,又称同位素物理数学模型。每个模型由物理模型(概念模型)和数学模型两个部分构成。

1. 物理模型(水混合模式)

渗流理论把地下水渗流场看成非混合系统。但当研究质点运动时人们发现,由于扩散和水力弥散作用,小至含水层中任何一滴水,中至一件水样,大至任何一个尺度的地下水体,都是不同年龄水的混合体。物理模型(概念模型)通过定量描述水体的几何形态、介质特征、流动方式,描述水体中质点的混合模式。

2. 数学模型(年龄分布函数)

数学模型用数学公式描述不同年龄水质点在水体中所占份额,也称年龄分布函数。记为 $f(\tau)$。数学模型有时从概念模型通过数学推导得出,如指数模型;有时根据概念模型选择某个数学函数,通过拟合证实它能最佳描述该概念模型,如二项式模型。

有了年龄分布函数,如果地下水系统又可以概化成为线性集合参数系统,便可运用同位素(示踪剂)物质平衡原理,用数学中的褶积法求出年龄分布函数中的水文参数及其衍生参数(地下水平均年龄、平均流速、年补给量、含水层给水度、水力传导系数、弥散系数等)。

3. 褶积公式

地下水体(黑箱系统)在输入信息(x)的激发下产生输出信号(Y),如下式:

$$Y = kx$$

式中:x 为输入信号;k 为系统响应函数。

如果以间断性降水为输入信号,可以把输入过程看成是时间段无限小($\Delta\tau\to 0$)的一系列柱状脉冲信号(图 12-58a)。因为特定地下水体(黑箱系统)的内部结构是恒定不变的，所以每个脉冲信号产生的响应过程曲线也是相似的(图 12-58b)。至 τ 时刻系统对于全部输入信号的总响应，等于 τ 时刻及其以前脉冲信号全部响应曲线的叠加(图 12-58c)。

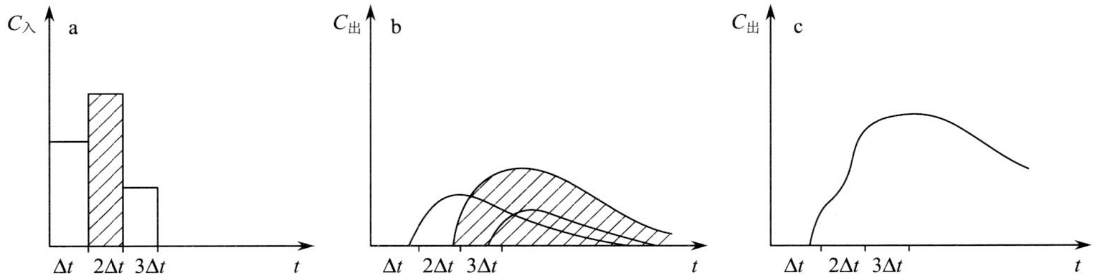

图 12-58　地下水体(黑箱)输入与输出信号叠加关系

如果水体(黑箱系统)信息传输符合线性关系，并在整体上能把黑箱的内部结构概化成线性集合参数系统，这种系统的信息传输，数学上可以用褶积公式描述：

$$Q_{out}(t)C_{out}(t) = \int_0^{\infty} Q_{in}(t-\tau)C_{in}(t-\tau)f(\tau)d\tau \tag{12-22}$$

式中：t 为同位素输出年系列年代；τ 为同位素传输系列年代(即年龄系列)；$(t-\tau)$为同位素输入系列年代；$Q_{out}(t)$为水量输出函数(曲线)；$Q_{in}(t-\tau)$为水量输入函数(曲线)；$C_{out}(t)$为同位素输出函数(同位素输出浓度曲线)；$C_{in}(t-\tau)$为同位素输入函数(同位素输入浓度曲线)；$f(\tau)$为系统响应函数(地下水年龄分布函数)。

需要注意的是，公式(12-22)中有三个时间序列。它们之间关系是，τ 为水质点年龄系列，t 为输出时间系列，$t-\tau$ 为输入时间系列。譬如，输出时间为 2003 年，水质点年龄 50 年，输入时间应为等于 2003－1953＝50a。公式推导建立在简单的物质均衡基础上。在稳定流条件下 $Q_{out}=Q_{in}$，式(12-22)简化为：

$$C_{out}(t) = \int_0^{\infty} C_{in}(t-\tau)f(\tau)d\tau$$

考虑放射性衰变，应在年龄分布函数上乘以 $e^{-\lambda\tau}$，得：

$$C_{out}(t) = \int_0^{\infty} C_{in}(t-\tau)e^{-\lambda\tau}f(\tau)d\tau \tag{12-23}$$

式中：$e^{-\lambda\tau}$ 为同位素衰变因子；λ 为衰变常数。

公式(12-23)就是描述稳定流条件下放射性同位素输入、输出函数与地下水年龄之间关系的褶积公式。

二、同位素物理数学模型个论

如上所述，水混合模型由物理模型(概念模型)和数学模型两部分构成。建立一种模型的关键问题，在于根据水体的混合情况提炼出混合模式(建立物理模型)，并推导或选择数学表达式。同位素水文工作者已开发出若干集合参数模型，它们有的用混合模式(物理模型)，有的用年龄分布函数(数学模型)命名。如全混模型又称指数模型；弥散模型可选择多种年龄分布函数，选择二项式函数时又称二项式模型。下面介绍 7 种模型。其中最基本的有 3 种：活塞型(PFM)、指数型(EM)、弥散型(DM)。

(一) 活塞流模型(piston flow model，PFM)

活塞流模型(简称活塞型)假定地下水在含水层中流动时，像在活塞筒中在活塞推动下运动一样，水流完全不发生混合(图 12-59a)；在每个断面上水质点年龄相等，输出水具单一年龄。

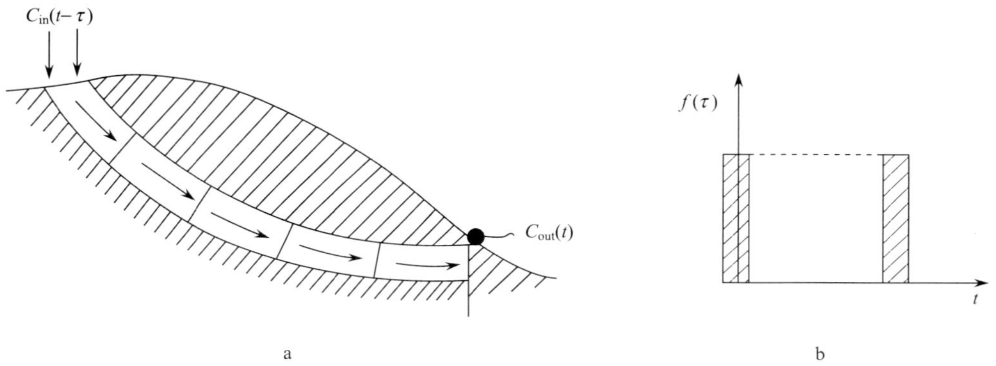

图 12-59　活塞流模型

其年龄分布函数在数学上用狄拉克 δ 函数描述(图 12-59b)：

$$f(\tau)=\delta(t-\tau)$$

代入式(12-23)，积分得：

$$C_{out}(\tau)=C_{in}(t-\tau)e^{-\lambda\tau} \tag{12-24}$$

活塞型年龄只近似于地下水真实年龄。严格地说地下水体中并不存在典型的活塞流，但 PFM 常用来近似地解决一些实用问题，如包气带土壤水分运移、承压水运动等。

(二) 指数模型(exponential model，EM)

指数模型假设水体中不同年龄的水质点在任何时刻都混合得均匀；其输出浓度等于水体(容器水)的平均浓度。这种混合模式称全混模型，其年龄分布符合指数函数，可以比较直观地从流动容器装置导出(图 12-60)。

1. 年龄分布函数

当容器的输入量和输出量相等并为常数时，系统成为稳定流。通过同位素平衡可以得到水体(及其输出水流)的年龄分布函数：

$$f(\tau)=\frac{1}{\tau_m}e^{-\frac{\tau}{\tau_m}} \tag{12-25}$$

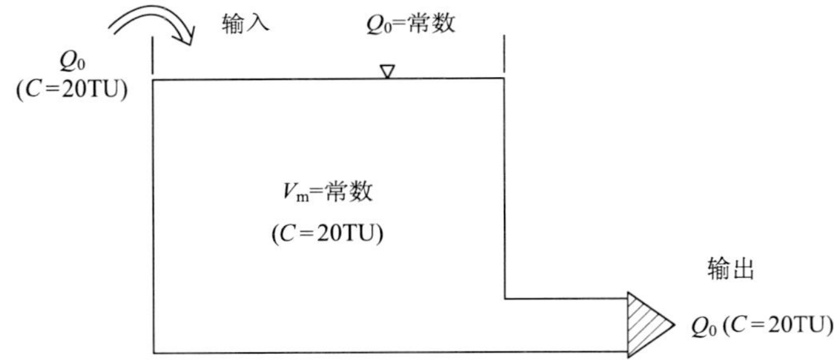

图 12-60　全混容器装置示意图

式中：$f(\tau)$为年龄 τ 的水在体积中占有的份额；τ_m 为水在容器（水体）中的平均滞留时间。其中

$$\tau_m = \frac{V}{Q}$$

式中：V 为容器体积；Q 为水流流量。

2. 公式推导

1）容器公式

考察 τ_1 时刻流量为 Q 的输入水在容器中存留和衰减的过程（图 12-60）。

（1）τ_1 时刻的输入水于 τ_1 时刻年龄为 0。它们在容器中占有的份额可视为一种浓度，记为 C。

在 $\tau_1+\Delta\tau$ 时刻，即 $\tau=0+\Delta\tau$ 时刻，其浓度为：

$$C = \frac{Q}{V} = \frac{1}{\tau_m}$$

式中：Q 为输入和输出通量（水流流量）；V 为容器体积；τ_m 为某一具体年龄水质点在容器中的平均滞留时间，或容器中水的平均年龄。

（2）$\tau=0+\Delta\tau$ 年龄时段的水在容器总水量中占有的份额（C）随时间推移或年龄增长不断减小，是时间的函数，记为 $C=f(\tau)$。τ 年龄段的水在任何时刻从容器的输出量为：

$$\Delta CV = f(\tau)Q\Delta\tau$$

用微分方程表达：

$$\frac{\mathrm{d}c}{\mathrm{d}\tau} = C\frac{Q}{V} = \frac{C}{\tau_m}$$

式中：Q 为水通量；V 为水体积；τ_m 为该年龄段水的平均寿命（平均年龄）；$C=f(\tau)$为该年龄段水占据总水量的份额（浓度）。

积分有：

$$C = C_0 e^{\frac{1}{\tau_m}}$$

因 $C=f(\tau)$ 和 $C_0=f(\tau_0)=\frac{1}{\tau_m}$，代入上式得公式(12-25)：

$$f(\tau)=\frac{1}{\tau_m}e^{-\frac{\tau}{\tau_m}}$$

我们知道，从混合能力看，含水层不可能是全混型水体。但是同位素水文学家找到了一些常见的水文地质系统符合全混模型条件。这是同位素测年(示踪)工作的一项出色成就。

据马致远等(2004)，Eriksson(1959)首次用指数模型描述了含水层渗透性随深度减弱，使其成为传输时间呈指数减弱的潜水体。后来，Bredenkamp 和 Vogel 也提出了类似的观点；Vogel(1970)通过严密的数学推导，证明平面上无限延伸，具有一定厚度且具均匀线状补给的二维水流，其任一断面上的水流具指数年龄分布特征。这意味着，当地下水全部排泄到地表时，或者当从完整井抽取全剖面的地下水流时，所取得的水样实际上都具有指数型年龄分布。因此，只要取样设计合理，从全排型泉水取样(图 12-61a)、从排泄区取样或从穿透整个含水层的完整井取样(图 12-61b)，水样的年龄分布都接近于指数模型。

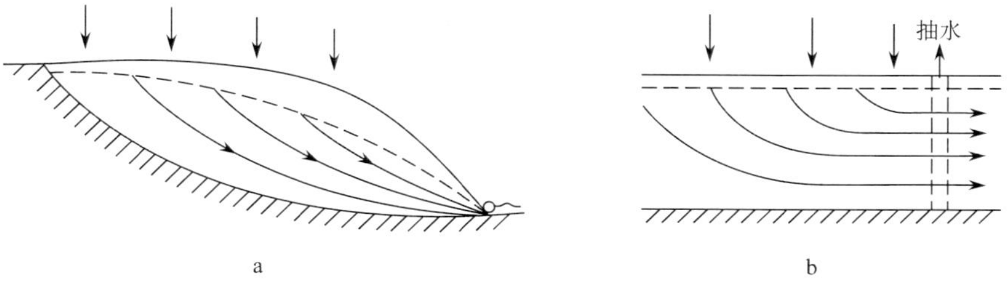

图 12-61　全混模型的两个实例

2) Vogel 公式及其推导

设有一平面无限延伸的二维水流(图 12-62)；厚度为 H，入渗补给量为 w；孔隙度为 p。在底板以上 h 高程上的地下水年龄 τ 可由下式求出：

$$\tau=\frac{pH}{w}\ln\frac{H}{h} \tag{12-26}$$

式中符号见(图 12-62)。

公式推导：

据流量公式可知，通过断面 S 之流量：当 u 为水流真实流速，$u=v/p$；p 为孔隙度。

所以
$$q=vS=puS=p\frac{\mathrm{d}l}{\mathrm{d}\tau}HB \tag{12-27}$$

已知：$\mathrm{d}l\times B=\mathrm{d}a$

将 $\mathrm{d}l\times B$ 值代入式(12-27)得

$$q=pH(\mathrm{d}a/\mathrm{d}\tau)$$

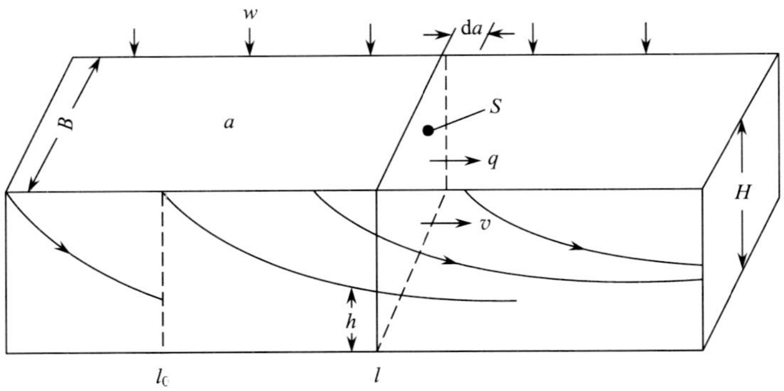

图 12-62 潜水全混数学模型推导(Vogel,1970)

H. 含水层厚度;h. 取样点距含水层底板高度;S. 横断面面积,$S=B\times H$;B. 横断面宽度;l_0. 流线起始点断面位置;l. 流线到达 h 高度时的断面位置;a. 入渗面积,$a=l\times B$;q. 断面流量;v. 水流渗透流速;w. 入渗补给强度

断面 l 上游的补给面积为 a,故入渗补给为:

$$q_l = wa$$

据水量平衡原理,$q=q_l$,因得

$$wa = pH(\mathrm{d}a/\mathrm{d}\tau) \text{ 或 } \mathrm{d}\tau = \frac{pH}{w}\frac{\mathrm{d}a}{a}$$

解微分方程

$$\tau = \frac{pH}{w}\int_{a_1}^{a}\frac{\mathrm{d}a}{a} = \frac{pH}{w}\ln\frac{a}{a_1} \tag{12-28}$$

式中:τ 为地下水从断面 l_1 流至断面 l 所需的时间,即剖面中位于 h 点高度上的水点的年龄。

另外,断面流量等于其上游补给区入渗量之和:

$$wa = q = S\times v = B\times H\times v \tag{12-29}$$

$$wa_l = q_l = B\times h\times v \tag{12-30}$$

用式(12-30)除式(12-29)得

$$\frac{a}{a_1} = \frac{H}{h} \tag{12-31}$$

将式(12-31)代入(12-28),得公式(12-26):

$$\tau = \frac{pH}{w}\ln\frac{H}{h}$$

公式(12-26)是确定含水层断面 l 中点 h 地下水年龄的公式。可以看到,h 点年龄与 l 断面的位置无关,只取决于 h 点在断面的相对位置(H/h)。

根据指数函数特性，在断面一半深度处地下水年龄为：

$$\tau_{1/2} = (pH/w)\ln 2 = 0.693(PH/w) \tag{12-32}$$

断面的平均年龄为：

$$\tau_m = pH/w \tag{12-33}$$

因此，只要能够取到断面的均匀水样，用实测办法得到 τ_m 值，并知道含水层厚度 H 和孔隙度 p；便能根据下式求出地区平均入渗补给量 w：

$$w = pH/\tau_m \tag{12-34}$$

如果沿断面的深度方向实测一组年龄值，就能够检验渗透性是否均匀。

最后，当潜水层的地下水以全排型泉水形式排出地表时（图 12-61a），泉水的年龄分布函数接近指数函数。

可知，如果运用得当，借助潜水盆地全混模型，可以用经济上十分合理的质点示踪方法取代成本昂贵的抽水试验，并获取全部所需的水文地质参数。

（三）指数-活塞流组合模型（EPM）

模型由指数型和活塞型两部分组合而成（见图 12-66 中 3）。例如，当潜水层向下游转为承压含水层。EPM 的年龄分布函数见图 12-63。其数学表达式为：

$$f(\tau)=\begin{cases}\dfrac{\eta}{\tau_m}e^{-\frac{\eta\tau}{\tau_m}+\eta^{-1}-1}, & \tau \leqslant \tau_m(1-\eta^{-1})\\ 0, & \tau > \tau_m(1-\eta^{-1})\\ \eta = V_z/V_e\end{cases} \tag{12-35}$$

式中：η 为含水层总体积（V_z）和全混型水体体积（V_e）之比；τ_m 为水质点平均年龄；

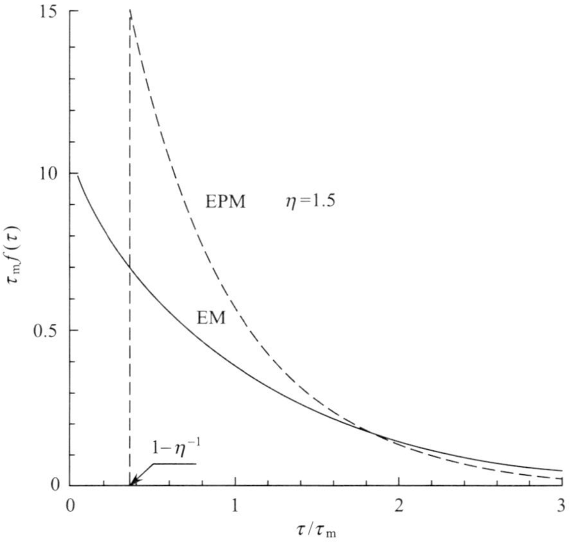

图 12-63　EM 及 EPM 年龄分布函数图

（四）线性模型(LM)

线性模型从全混合模型推导而来。假设所有流线的流速相同，则运移时间呈线性分布。年龄分布函数的表达式如下：

$$f(\tau)=\begin{cases}\dfrac{1}{2\tau_m}, & \tau\leqslant 2\tau_m\\ 0, & \tau>2\tau_m\end{cases} \tag{12-36}$$

（五）线性-活塞流组合模型(LPM)

模型由线性模型和活塞模型两部分组合而成。年龄分布函数为：

$$f(\tau)=\begin{cases}\dfrac{\eta}{2\tau_m}, & \tau_m-\dfrac{\tau_m}{\eta}\leqslant\tau\leqslant\tau_m+\dfrac{\tau_m}{\eta}\\ 0, & \text{其他 }\tau_m\end{cases} \tag{12-37}$$

（六）弥散模型(diffusion model,DM)和二项式分布模型

活塞模型和指数模型是水流不混合和完全混合的两种极端情况。它们仅在某些水文地质条件下，用于近似解决问题。地下水在含水层流动时，不可避免地发生水力弥散。如果考虑弥散作用造成的混合时，则需采用弥散模型。弥散模型年龄分布函数的公式为：

$$f(\tau)=\frac{2}{\sqrt{\pi\tau}}\exp\left[-\frac{(\tau-\tau_0)^2}{D\tau}\right]-\frac{2\exp\left(\dfrac{4\tau_0}{D}\right)}{D}\times\operatorname{erfc}\frac{\tau+\tau_0}{\sqrt{D\tau}} \tag{12-38}$$

式中 D 为扩散系数；τ 为年龄；τ_0 为初始年龄。

对于复杂的边界条件和不均质含水层，还可选用各种统计学函数进行拟合。如当地下水在一年的某个季节集中补给时（如欧洲的冬季、我国北方的秋季），可以用高斯二项式分布函数作为地下水年龄分布函数（图 12-64），并可用下式求其值：

$$f(\tau)=\frac{1}{2^N}\binom{N}{\tau} \tag{12-39}$$

式中：τ 为年龄（1，2，3，…）；N 为整数（0，1，2，3，…，N）

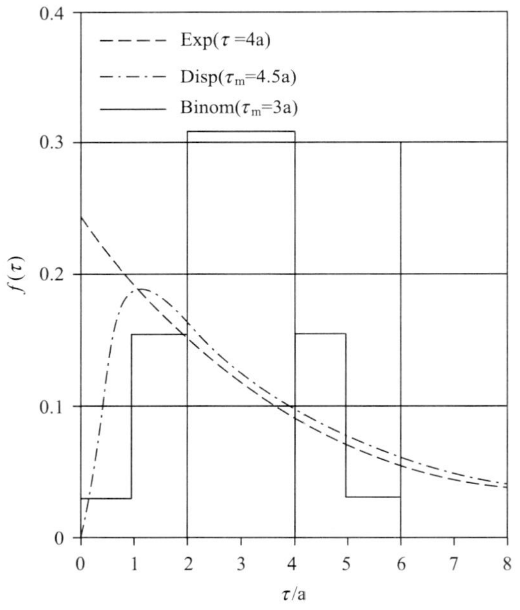

Exp. 指数型；Disp. 弥散型；Binom. 二项式分布型

图 12-64　Dischma 地区弥散模型和二项式模型年龄分布曲线对比（Nartime et al.，1974）

此时平均年龄为：

$$\tau_{\mathrm{m}} = \frac{N+1}{2}$$

（七）年轻水混入模型

对同一水样平行做^{14}C和氚分析时，往往发现有一些^{14}C浓度较低的古老地下水中含有相当数量的氚。如某水样中^{14}C浓度为40%现代碳，其^{14}C年龄应为5000a左右；同时水样又含有10TU的氚（图12-65a）。这种现象一般是古老水中混入了年轻水，要用年轻水混入模型（图12-65b）来描述。

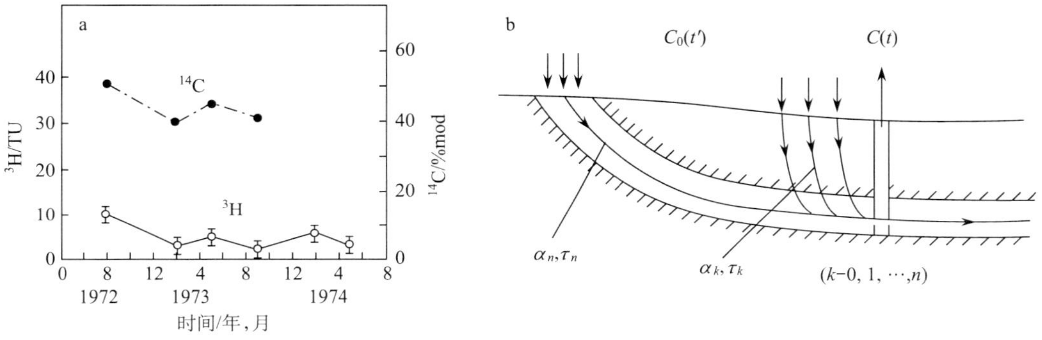

图12-65　年轻水混入模型

一般氚浓度超过3TU，而^{14}C浓度又很小时即可采用这一模型。

取样点的地下水年龄分配函数为：

$$f(\tau) = \sum_{i=1}^{n} P_i \delta(\tau - \tau_i) \tag{12-40}$$

公式推导：

当地下水体总体积为V，单一种水分体积为V_i（$V = \sum_{i=1}^{n} V_i$），则单一种水在总体积中所占份额为$P_i = V_i/V$（$\sum P_i = 1$）。如设单一种水的初始同位素浓度为c_{0i}，混合时浓度应为：

$$c_i = c_{0i} e^{-\lambda\tau_i}$$

地下水系统中混合水浓度为：

$$c_{oR} = \sum_{i=1}^{n} P_i C_i = \sum_{i=1}^{n} P_i c_{0i} e^{-\lambda\tau_i}$$

对于活塞流，其年龄分布函数简化为：

$$f(\tau) = \sum_{i=1}^{n} P_i \delta(\tau - \tau_i)$$

式中：$\delta(\tau-\tau_i)$为狄拉克(δ)函数。因此混合水传输到取样点的时间为：

$$\tau=\frac{1}{\lambda}\ln\frac{c_{oR}}{c}=\frac{1}{\lambda}\lg\left[\frac{\sum P_i c_{oi} e^{-\lambda\tau_i}}{c}\right]$$

式中 c 为取样点的同位素浓度。

三、同位素测年数学模型的应用

（一）主要模型汇总

一些主要的水混合集合参数模型、它们的年龄分布函数以及进入分布函数的水文地质参数列于表(12-29)；相应水文地质应用示意图见图 12-66。进入分布函数(模型)的参数主要有水体平均年龄(周转时间)(τ_m)，D/V_x 弥散参数，η 系统总体积与指数分布水体体积之比。

表 12-29　同位素测年水混合模型及其水文地质参数

(万军伟等，2003)

模　型	年龄分布函数 $f(\tau)$	参数	示踪剂平均传输时间
活塞流模型(PEM)	$\delta(t-\tau)$	$\tau_m=\tau$	τ_m
指数(或全混合)模型(EM)	$\tau_m^{-1}\exp(-\tau/\tau_m)$	τ_m	$T\tau_m$
指数-活塞流组合模型或实际系统(EPM)	$\begin{cases}(\tau_m/\eta)^{-1}\exp\left(-\dfrac{\eta\tau}{\tau_m}+\eta-1\right), & \tau\geqslant\tau_m(1-\eta^{-1})\\ 0, & \tau<\tau_m(1-\eta^{-1})\end{cases}$	τ_m，η	τ_m
线型模型(LM)	$1/2\tau_m$，　$\tau\leqslant 2\tau_m$ 0，　$\tau>2\tau_m$	τ_m	τ_m
线型-活塞流组合模型(LPM)	$\eta/2\tau_m$，$\tau_m-\tau_m/\eta\leqslant\tau\leqslant\tau_m+\tau_m/\eta$ 0　　其他 τ	τ_m，η	τ_m
弥散模型(DM) (a)CFF 流动浓度 (b)CFR 滞留浓度	$A\tau^{-1}$① $(2A-B)\tau_m^{-1}$②	τ_m，D/V_x τ_m，D/V_x	τ_m $\tau_m(1+D/V_x)$

①$A=(4\pi\tau D/V_x\tau_m)^{-\frac{1}{2}}\exp[-(1-\tau/\tau_m)^2V_x\tau_m/4D\tau]$；

②$B=(V_x/2D)\exp(V_x/D)\operatorname{erfc}[(1-\tau/\tau_m)(4D\tau/V_{x\tau_m})^{-\frac{1}{2}}]$。

（二）衍生参数

直接参数还可以和物理模型配合衍生出一些非常有用的参数。例如，讨论 Vogel 公式时提及的线性入渗量(ω)[见本章第九节，二，(二)部分]。但最主要的衍生参数还是含水层渗透系数(K)。此时要特别注意同位素年龄和水力学年龄之间的关系。

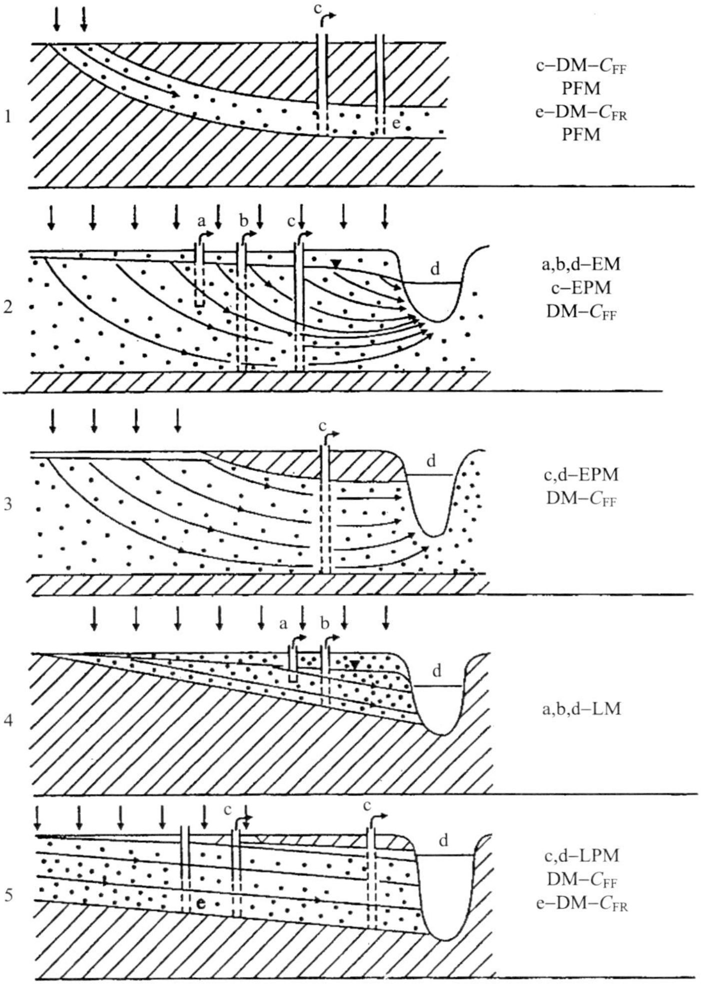

图 12-66 同位素测年水文地质剖面(Maloszewski and Zuber,1982)

1. 承压含水层(小补给区);2. 潜水层(指数分布);3. 潜水层(下游部分承压);4. 潜水层(向下游厚度渐增);5. 潜水层(向下游厚度渐增,部分转为承压)

a. b. c. d. e 为取样点位置

PFM. 活塞型;EM. 指数型;EPM. 指数-活塞组合;LPM. 线性-活塞组合;DM-C_{FF}. 弥散型(流动浓度);DM-C_{FR}. 弥散型(滞留浓度)

Maloszewski 等指出,用同位素年龄(t_t)推导含水层渗透系数(K),推导方法可以简化(Maloszewski and Zuber,1985; Zuber and Maloszewski,2001)。示踪水体(地下水系统)规模较大时,可以近似地用室内标本的岩石孔隙度代替岩体总空隙度。他们认为裂隙含水层和岩溶含水层的裂隙和洞穴的体积很难实测,而它们占据岩体总空隙度的份额又极小,因此可以近似地用岩石标本的孔隙度(n_p)代替岩体总空隙度。这样一来,含水层渗透系数(K)可由下式计算:

$$K = l\frac{n_p}{t_t \cdot i}$$

式中：l 为示踪距离；t_t 为示踪（同位素）年龄；n_p 为岩石孔隙度；i 为地下水水力坡度。

从理论上，Maloszewski 等提出的这一问题可用结合水校正理论予以解释（崔玉龙，1988，1990）。结合水校正问题已在地下水 DIC 年龄校正一节讨论过。这里只提醒，在地下水流动比较缓慢的大尺度示踪系统中，如用同位素测定地下水年龄时，重力水中的放射性同位素不断向结合水扩散，造成同位素表观（视）年龄偏老、地下水流速偏小，需要用岩体总空隙度代替重力水给水度进行校正。

四、解决水文地质问题的前景

综上所述，环境同位素测年的物理数学模拟，是用来处理一种特定示踪数据的数学方法，这种示踪试验以不同年龄的水质点作示踪剂。只要运用得当，它们能够解决相当复杂的地下水资源以及物质传输问题。解决问题的理想程度取决于选择的模型描述地区水文地质条件的准确程度，如含水层的几何形态、非均质性和各向异性等。具有较好数学基础的同位素水文地质人员，必要时可以设法掌握建模原理或与数学人员合作，自行设计最接近研究地区条件的模型。这可能是提高工作精度，使公众乐于接受环境同位素水文地质学方法的一条便捷而又十分重要的途径。

但是，难以回避的是，这样做会遇到两个方面的技术难题，需要付出艰苦的努力予以解决。以氚为例：

一是，一段时间以来通常使用的“年龄示踪剂”为环境氚。而在中国，氚雨水输入信号的重建在时空两个方面都不够理想。“氚年龄示踪”的基础条件不够完善。

二是，近年来有越来越多的证据显示，我国许多地下水体（特别是岩溶水体）的渗透非均质性对氚信号的传输产生极大影响，模拟校正的难度很大。

总之，同位素年龄示踪工作既有良好的前景，也面临重大挑战。

第十三章　矿区地下水

桂和荣　陈陆望

煤矿五大灾害“水、火、瓦斯、煤尘、冒顶”，水害居首位。水害事故往往伴随着煤炭资源开发的全过程，国内外都如此。我国煤矿水文地质条件复杂，无论是受水威胁的面积、类型，还是严重程度，都是世界罕见的。随着煤矿开采范围的扩大，开采水平的延伸，煤矿水文地质问题也越来越突出。据1992年核定的矿井水文地质条件分类，复杂、极复杂的矿井占29.1%(不包括受洪水和小窑水威胁的矿井)。其中华东地区和河北、河南、湖南等省复杂水文地质条件矿井占41%，安全问题非常严重(顾文灿，1998)。1955～1965年11年间，全国统配煤矿平均每年发生突水事故14.6次，而1977～1983年6年内平均每年曾达52.1次之多。不仅突水频率在增加，而且突水水量也越来越大。20世纪50～60年代，突水涌水量为300～1200 m^3/h，到70年代以后，多数在3000 m^3/h以上。

所谓突水，是指大量流水突发性地涌入矿坑，其最大突水水量大于井下排水能力而造成水淹事故。按照突水水源的不同，水害事故有地表水水害和地下水水害两大类。前者是地表水溃入矿井所造成。后者则有四类：①松散层水水害。在华北型隐伏煤田范围内都覆盖有厚度不等的第四纪松散层(也称“冲积层”)，通常发育有4～5个含水层，最底部的含水层(“底含”)覆盖于煤系地层之上，离采煤工作面最近，通常认为是矿井的直接充水水源。当采动裂隙或构造裂隙导通“底含”，就会造成水害。此类水害在我国水害事故中所占比例不大。②灰岩岩溶水水害。由石炭系太原组灰岩岩溶水和奥陶系灰岩岩溶水突入矿井所造成的水害。统称为灰岩岩溶水水害。通常石炭系太原组灰岩(简称“太灰”)和奥陶系灰岩(简称“奥灰”)赋存于煤系地层之下，它们或构成统一的含水体，或相互之间有比较密切的水力联系，因而“太灰”和“奥灰”灰岩岩溶水突水也统称为“底板突水”。这是威胁最大的突水水害。据不完全统计，在1956～1994年间，中国北方煤矿底板突水达1300余次。目前很多煤矿开采水平正在向－600 m以下延伸，煤层底板承受的裂隙岩溶水水压加大，底板突水也日益严重。③煤系砂岩水水害。由二叠系煤系砂岩本身富含的承压裂隙水突入矿坑所造成，这在煤矿是常见的。一般情况下，在没有稳定、充足、通畅的补给水源情况下，其突水水量可逐步减少直至疏干，所以也统称“疏干型”突水水源。④老空水水害。这是一种特殊的地下水水害，主要是由于过去采煤留下的采空区和老巷道积水突然溃入矿井。

水害的严重性受多方面因素的影响，如矿井地质及构造条件、水文地质条件以及矿井开拓开采方式对地下水平衡条件的破坏等。在突水预兆期获取水文地球化学信息，建立地下水识别模式，借以综合判别突水水源以及突水的可能性，在理论上是可行的，但必须建立在对整个矿区而不是某个井田的地下水径流场和水文地球化学场的充分掌握基础之上，特别还要从整体上研究其时、空变化特征。这样，不仅有望用作突水预测，而且还可用以评价因受水体威胁的“呆滞”煤炭资源的开发利用。本章从煤矿区地下水氢氧同位素特征入手，探索矿区地下水含水层系统的演化规律、其判别模式，以及环境同位素与常规水化学指标的综合识别模式、试图为煤矿突水的预测预报及煤矿进行合理防治水方案设计奠定基础。

第一节　矿区含水层氢、氧同位素水文地球化学特征：以皖北矿区为例

一、矿区水文地质条件

皖北矿区位于安徽省北部，在东经114°55′～118°10′，北纬32°25′～34°35′之间，东接江苏，南临淮河，西与河南相邻，北与山东接壤。包括阜阳、蚌埠、徐州部分地区、宿州市及淮北市的全部，矿区总面积约20 000 km^2

（一）区域含水层和隔水层

根据皖北矿区地层岩性及含水层赋存空间的分布情况，矿区含水层可分为三大类（图13-1）（桂和荣等，2007）。

1. 新生界松散层孔隙含水层

皖北矿区新生界松散层的沉积厚度受古地形控制，厚度变化大。含水层主要为第四系、第三系砂层、砾石层夹黏土层组成。其中，第四系松散层自上而下可划分为第一含水层、第二含水层、第三含水层、第四含水层（分别简称为“一含”、“二含”、“三含”、“四含”），局部地区发育第五含水层。位于上部的一、二含，受大气降水及地表水补给，水质较好，富水性较强。其中二含通常是矿区内供水水源地。第四含水层（四含）直接覆盖于二叠系煤系地层之上，为煤矿开采的直接充水含水层。

2. 碎屑岩和局部地区分布的岩浆岩类裂隙含水层

主要由二叠系沉积岩和燕山期火成岩组成，一般富水性较弱，对应各主要煤层，可有三个砂岩裂隙含水层，但一般将其作为一个整体含水层来研究，称“煤系砂岩裂隙含水层”，或简称为“煤系含水层”，也是皖北矿区煤矿开采的直接充水含水层。

3. 碳酸盐岩类裂隙溶隙含水层

包括三个层位，一是石炭系地层，碳酸盐岩厚度占总厚度40%左右，由中上石炭统地层组成，为太原组石灰岩岩溶裂隙含水层（简称“太灰”含水层）；二是奥陶系地层，碳酸盐岩厚度占总厚度90%以上，由寒武系上统和奥陶系中统组成，以奥陶系石灰岩为主（简称

“奥灰”含水层)；三是寒武系地层，碳酸盐岩厚度占总厚度60%甚至90%以上，主要由寒武系中下统组成，在矿区内小范围分布。通常情况下，太灰和奥灰岩溶含水层是皖北矿区煤矿开采的直接或间接充水含水层。因为它们赋存于煤系地层底部，所以它们所造成的突水，习惯称为“底板突水”。

综上所述，第四系第四含水层(四含)、二叠系煤系砂岩裂隙含水层(煤系含水层)、石炭系太原组灰岩岩溶含水层(太灰)、奥陶系灰岩岩溶含水层(奥灰)是皖北矿区内各开采矿井的四个主要突水含水层。

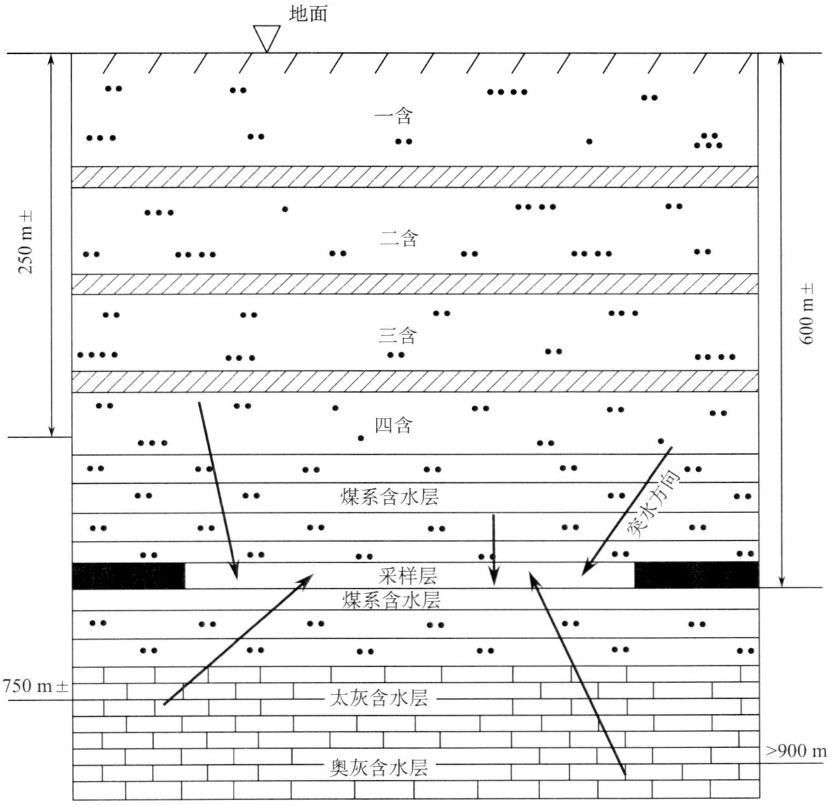

图 13-1　区域含水层和采样层位示意图

4. 区域隔水层

根据地层年代、岩性及隔水层水文地质特征，皖北矿区隔水层可分为两大类。

(1)新生界松散层隔水层。除第四含水层直接覆盖在煤系地层之上外，新生界第一含水层、第二含水层、第三含水层之下分别发育有第一隔水层、第二隔水层、第三隔水层(简称为“一隔”、“二隔”、“三隔”)分布。它们主要由黏土、砂质黏土及钙质黏土组成，隔水性能较好，尤其是第三隔水层，有效地阻隔了三含及以上含水层对四含的越流补给以及对矿坑充水的影响。

(2)二叠系隔水层。主要由泥岩、煤层及粉砂岩夹少量砂岩组成,对应各主采煤层砂岩裂隙含水层可划分为若干个煤层隔水层和煤层下铝质隔水层,其隔水性能一般较好。

(二) 区域地下水循环

1. 松散层水

新生界松散层第一含水层(一含)以大气降水补给为主,水平径流补给次之,排泄方式为垂直蒸发和人工抽取。松散层第二、第三含水层(二含、三含)以区域层间径流补给为主,局部在第一、二隔水层较薄地段,一、二、三含之间将产生越流补给,地下水向黄淮盆地中部径流和排泄。第四系第四含水层组(四含)直接覆盖于煤系地层之上,在煤矿开采过程中是向矿坑充水的主要水源。

2. 煤系砂岩水

二叠系煤系砂岩裂隙含水层在浅部受新生界四含补给,区域层间径流补给微弱,处于半封闭的水文地质环境。皖北矿区由于受矿井排水影响,各主采煤层砂岩裂隙含水层地下水位呈逐年下降趋势。由于巷道的揭露和煤层的开采,各煤层组间砂岩裂隙水直接涌入矿坑,成为矿井的直接充水水源。此外,砂岩裂隙发育地带与上覆松散层第四含水层组有直接水力联系,突水点有一定的补给水源,能形成较长时间的涌水。

3. 太灰水

石炭系太原组灰岩岩溶裂隙含水层在皖北矿区北部裸露区接受大气降水补给,向南部平原地区径流和排泄。它们一般浅部灰岩(1～4 灰)岩溶裂隙发育,富水性较强,但向深部减弱。这是矿坑深部煤层采掘中有潜在威胁的突水水源。

4. 奥灰水

奥陶系灰岩岩溶含水层浅部岩溶发育,富水性极强。奥陶系第一层灰岩虽上距煤层 200 m 到 270 m 左右,正常情况下奥灰水不会对煤层开采构成水害威胁。但由于本区奥陶系灰岩在距古剥蚀面 100 m 范围内岩溶发育,溶洞高达数十米,有的发育至煤层底板,为岩溶陷落柱的形成提供了有利条件。当采掘巷道遇岩溶陷落柱时,有可能会导通奥灰水涌入矿坑。陷落柱属于"管状通道",井下揭露后水量大,易产生特大型突水及淹井事故。

二、矿区地下水氢、氧稳定同位素特征

根据上述四个主要突水含水层即第四系第四含水层(四含)、二叠系煤系砂岩裂隙含水层(煤系含水层)、石炭系太原组灰岩岩溶含水层(太灰)和奥陶系灰岩岩溶含水层(奥灰)定期采集地下水水样进行水化学和环境同位素分析。这些突水含水层地下水的氢、氧稳定同位素特征如下。

（一）各水体氢氧稳定同位素组成

1. 浅层地下水（一含）

皖北矿区第四系第一含水层（“一含”）被表土层所覆盖，其底界面埋深 24.8～36.40 m，被视为浅层地下水。一含接受地表水体（如浍河水等）的补给（浍河年平均水位为 14.73～26.56 m）。其氢、氧稳定同位素关系为

$$\delta D = 6.74\delta^{18}O - 3.33 \tag{13-1}$$

与大气降水线（地质矿产部水文地质工程地质研究所等，1989）的比较见图 13-2。

图 13-2 反映了大气降水形成地表水和浅层地下水体后，不同程度地产生了蒸发效应（Leone，2000；Barth，2000）。由以下奥灰水、太灰水、煤系水、四含水氢、氧稳定同位素的 δD-$\delta^{18}O$ 关系（图 13-3，图 13-4，图 13-5，图 13-6）可见，各类型水点绝大部分均落在大气降水线下部和地表水线之上或其下部。这说明，它们的主体都由大气降水或地表水补给（张人权，1983）。

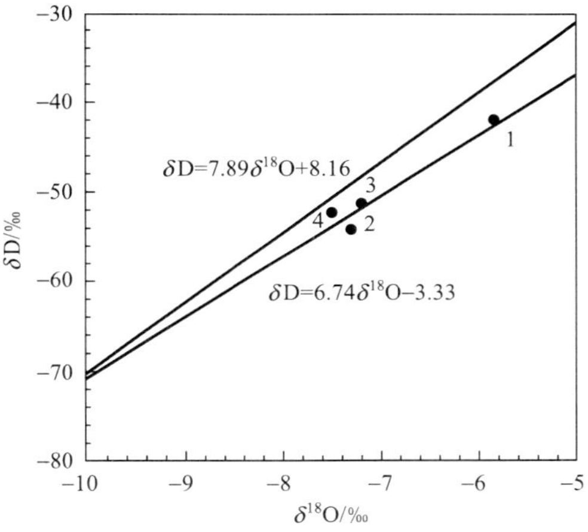

图 13-2　大气降水线和矿区浅层地下水 δD 与 $\delta^{18}O$ 关系比较

1. 浍河河水；2～4. 一含浅层地下水

2. 四含水

皖北矿区四含水 $\delta^{18}O$ 值介于 −9.50‰～−7.08‰之间。四含水 8 个水样点中有 7 个落在大气降水线的下方（图 13-3），1 个正好落在大气降水线之上。说明该区四含水绝大部分接受有蒸发影响的大气降水补给，其中也有部分区域的大气降水直接补给四含水的情况（如 8 号水样点）。在 δD-$\delta^{18}O$ 图上，$\delta^{18}O$ 值明显增高，δD 值变化不大，各水样点大体上以大气降水线为起点向右沿水平或近于水平的方向平移，即产生 ^{18}O 漂移，其中方框内的水样点 ^{18}O 漂移表现更加明显。图中还可以看出，少数水样点 $\delta^{18}O$ 值变化范围较小，δD 值变化范围较大，表现了一定的 D 漂移特征。

3. 煤系水

皖北矿区煤系砂岩裂隙水 $\delta^{18}O$ 值介于 −9.20‰～−8.76‰之间，δD 值介于 −87.4‰～−64.9‰之间。该区 5 个水样点全部落在大气降水线的下方（图 13-4），其中 1 个落在地表水体线之上部。说明煤系砂岩水绝大部分接受有蒸发影响的大气降水补给，其中也有大气降水补给煤系砂岩水的情况（如 15 号水样点）。与四含水相反，在 δD-$\delta^{18}O$ 图上，δD 值明显增高，$\delta^{18}O$ 值变化不大，以大气降水线为终点向上沿垂直或近于垂直的方向移动，即产生 D 漂移，方框内的水样点（13 号、14 号、15 号、16 号、17 号、18 号）D 漂移明显。

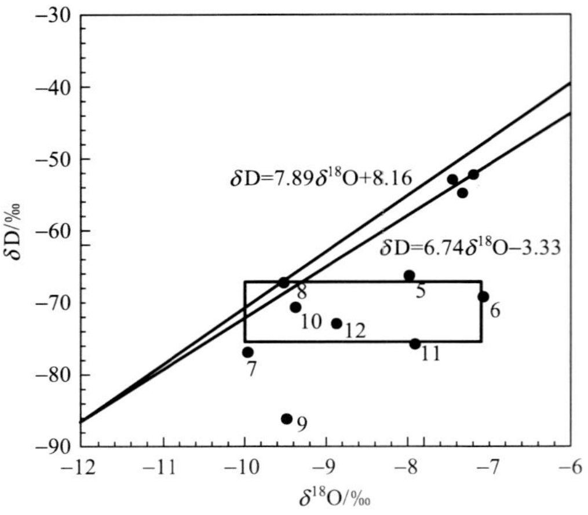

图 13-3　四含水 δD-$\delta^{18}O$ 关系

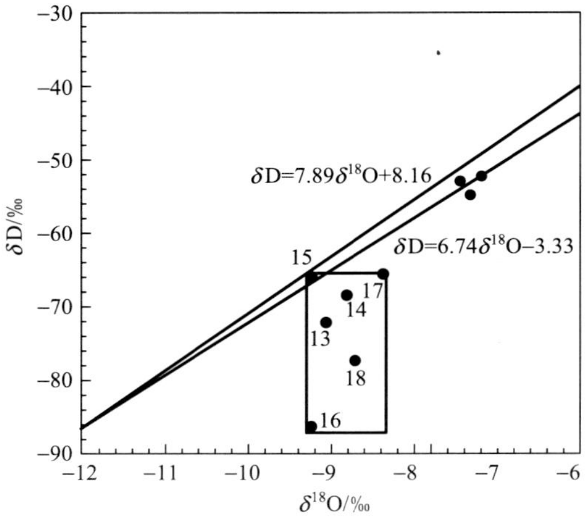

图 13-4　煤系水 δD-$\delta^{18}O$ 关系

4. 太灰水

皖北矿区太灰水 $\delta^{18}O$ 值介于−10.43‰～−5.13‰之间，δD 值介于−92.6‰～−56.4‰之间。太灰水 12 个水样点中有 11 个落在大气降水线的下方(图 13-5)，1 个正好落在大气降水线之上。说明该区太灰水如同四含水一样绝大部分接受有蒸发影响的大气降水补给，其中也有大气降水直接补给太灰水的情况(如 28 号水样点)。同位素组成在 δD-$\delta^{18}O$ 图上产生 ^{18}O 漂移的同时，也产生了 D 漂移，方框内或附近的水样点更明显。

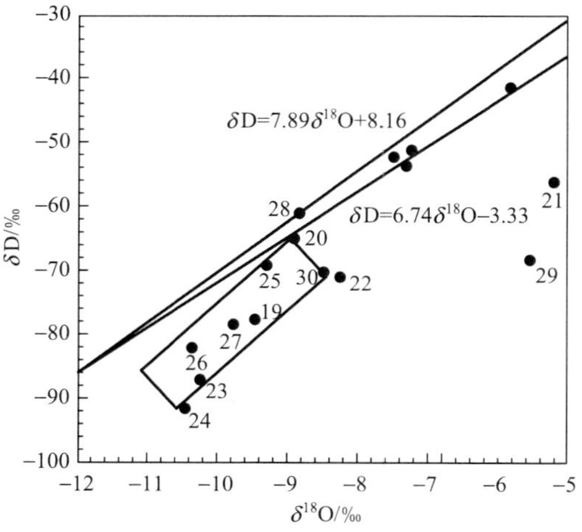

图 13-5　太灰水 δD-$\delta^{18}O$ 关系

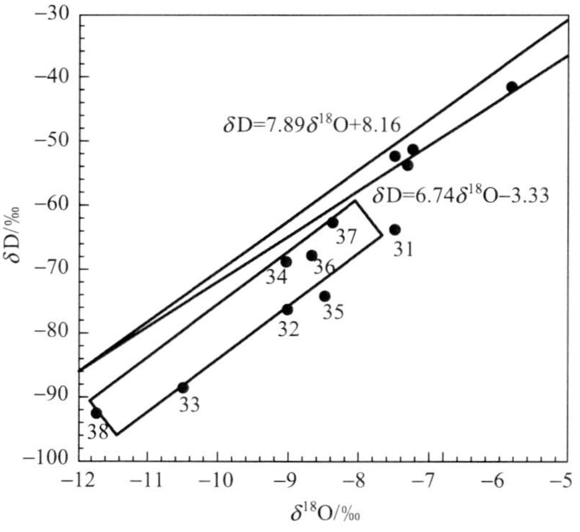

图 13-6　奥灰水 δD-$\delta^{18}O$ 关系

5. 奥灰水

皖北矿区奥灰水 $\delta^{18}O$ 值介于 $-11.78‰$～$7.48‰$ 之间，δD 值介于 $-92.8‰$～$-62.6‰$ 之间。奥灰水 8 个水样点全部落在大气降水线的下方(图 13-6)。说明该区奥灰水接受大气降水补给。奥灰水的漂移特征与太灰水的特征类似，同位素组成在 δD-$\delta^{18}O$ 图上产生 ^{18}O 漂移的同时，也产生了 D 漂移，方框内或附近的水样点也更明显。

(二)影响水体氢氧稳定同位素组成的因素

1. 同位素交换平衡反应

皖北矿区大气降水在地质作用下形成各种类型水体的过程中，氢氧稳定同位素主要发生三种同位素交换平衡反应：

(1) 硅酸盐交换。地下水与松散土体中的硅酸盐矿物以及与裂隙发育的含硅酸盐矿物岩石长时间充分接触而发生氧同位素交换平衡反应(简称"硅酸盐交换")，反应式如下：

$$Si^{18}O_2 + 2H_2^{16}O \rightleftharpoons Si^{16}O_2 + 2H_2^{18}O \tag{13-2}$$

该矿区四含水根据水样点在 δD-$\delta^{18}O$ 图上分布所绘方框长对称轴平行于 $\delta^{18}O$ 轴，产生 ^{18}O 漂移，主要是硅酸盐交换的结果。

(2) 烃基交换。煤系水通过煤系砂岩裂隙构成相对孤立的导水网络，地下水与各煤系地层充分接触，由于煤为生物成因，因此在煤系地层中总是含有各种烃基类等含氢物质，而煤系地层又处于还原环境，故在氧同位素交换已达平衡的基础上，氢同位素交换反应更显突出，即

$$H_2O + D_{煤系} \rightleftharpoons HDO + H_{煤系} \tag{13-3}$$

从而发生氢同位素交换平衡反应(简称"烃基交换")。很显然，煤系砂岩裂隙水根据水样点在 δD-$\delta^{18}O$ 图上分布所绘方框轮廓长对称轴趋于垂直。说明该区煤系砂岩裂隙水主要发生 D 漂移，是烃基交换的结果。

(3) 碳酸盐交换。地下水与岩溶碳酸盐岩长时间充分接触而同样发生氧同位素交换平衡反应(简称"碳酸盐交换")。皖北矿区碳酸盐岩主要是奥陶系和石炭系灰岩。李定龙(1998)对皖北刘桥井田奥陶系灰岩进行了 $\delta^{18}O$ 的测定(表 13-1)，其均值为 $-6.23‰$。这不仅与现代海相碳酸盐岩原始同位素的均值(0‰)差别很大，而与近代研究得出的泥盆系至寒武系海相碳酸盐岩原始氧同位素的均值($-4‰$～$-5‰$)也有明显差别。其原因解释有多种，一种解释是奥灰在成岩过程中明显受到大气成因的淡水的影响。但从水文地质条件变化看，皖北矿区在数十年的开采历史中，发生重、特大型灰岩突水多次，而且矿井涌水量中灰岩水占有相当大的比例。多数井田灰岩水位下降幅度较大，从而引起新生的大气水通过地表露头区直接补给或在水压差作用下新生界及煤系砂岩水间接补给灰岩，造成同位素交换反应，反应式如下：

$$CaC^{18}O_3 + 3H_2^{16}O \rightleftharpoons CaC^{16}O_3 + 3H_2^{18}O \tag{13-4}$$

表 13-1　皖北矿区刘桥井田奥陶系灰碳酸盐岩 $\delta^{18}O$ 测定结果(李定龙,1998)

序号	样品原编号	$\delta^{18}O/‰$	序号	样品原编号	$\delta^{18}O/‰$
1	238-15(25)	−7.71	10	267-24(H-1)	−9.93
2	239-6(24)	−5.77	11	267-24(H-2)	−4.06
3	251-5(22)	−7.29	12	272-1(B-1)	−6.75
4	261-9(18)	−6.50	13	272-1(B-2)	−5.67
5	262-3(I)	−14.8	14	273-4(7)	−7.19
6	265-1(13)	−6.50	15	276-4(A-1)	−6.87
7	267-1(12)	−5.33	16	276-4(A-2)	−7.14
8	267-17(D-1)	−4.21	17	277-10(4)	−6.26
9	267-17(D-2)	−6.36			

这些非灰岩水相对于碳酸盐岩而言,是贫^{18}O的,因而反应是向右进行的。因此,该区太灰水和奥灰水根据水样点在δD-$\delta^{18}O$图上分布所绘方框轮廓长对称轴平行分量(^{18}O漂移线)是碳酸盐交换的结果。

此外,石炭系太原组地层中含有多层薄煤层或煤线,而且通常情况下,在皖北矿区,奥灰水和太灰水已构成统一的含水体。因此,奥灰水和含有煤层的太灰水相混合,在还原环境下,同样发生"烃基交换",从而导致太灰水和奥灰水在发生^{18}O漂移的同时,也发生D漂移。

2. 古溶滤渗入水作用

第四纪研究表明,全球范围最后一次冰期开始于7万年前,于1.2万年前开始退却,并于约0.8万年前完成。各种资料表明,冰期形成的古溶滤渗入水δ值比现代水低(刘存富,1997)。本区太灰水和奥灰水在地下水循环中与古溶滤渗入水存在不均匀性混合,部分水样点δ值偏低,在δD-$\delta^{18}O$图上表现^{18}O漂移的同时又具有D漂移的特征。随着埋深的加大,古溶滤渗入水在漫长的地下水循环中受阻的概率加大,与现代地下水循环混合程度随矿区的地理分布表现出不均匀性(Darling,et al,1997)。

三、与华北其他矿区地下水氢、氧稳定同位素特征的比较

(一)平顶山矿区

1987～1988年该矿区对雨水、地表水、第四系水、太灰水、寒武灰岩水进行了氢氧稳定同位素监测(表13-2)。各地下水、地表水及雨水中$\delta^{18}O$分布的次序为:第四系孔隙水＞地表水＞L_7灰岩水＞上第三系泥灰岩水＞雨水＞L_2灰岩水＞二叠系砂岩裂隙水＞寒武系灰岩水。δD分布的次序为:地表水＞雨水＞第四系孔隙水＞上第三系泥灰岩水＞L_2灰岩水＞L_7灰岩水＞二叠系砂岩裂隙水＞寒武系灰岩水(图13-7a)。蒸发效应规律是:地表水＞地下水,地下水中、上部含水层大于下部含水层(《中国煤矿防治水技术经验汇编》编委会,1998)。

表 13-2 平顶山矿区氢氧稳定同位素测试结果及相关性分析

水类型	点数	δD/‰	$\delta^{18}O$/‰	相关式	标准差 s	相关系数 r
雨水	10	−47.29	−7.06	$\delta D=7.36\delta^{18}O+4.69$	3.88	0.995
水库、干渠水及河水	15	−46.43	−5.69	$\delta D=3.76\delta^{18}O-25.07$	3.24	0.680
第四系孔隙水	4	−50.22	−5.31	$\delta D=3.19\delta^{18}O-33.30$	4.28	0.810
上第三系泥灰岩水	7	−51.31	−6.91	$\delta D=4.91\delta^{18}O-17.26$	2.80	0.780
二叠系砂岩水	7	−55.80	−7.43	$\delta D=6.83\delta^{18}O-5.08$	7.03	0.810
L_2 灰岩水	13	−52.64	−7.15	$\delta D=4.20\delta^{18}O-22.6$	6.35	0.700
L_7 灰岩水	17	−53.51	−6.87	$\delta D=6.38\delta^{18}O-9.68$	3.42	0.915
寒武系灰岩水	25	−62.72	−8.17	$\delta D=6.44\delta^{18}O-10.0$	2.94	0.965

该矿区地下水稳定同位素的动态特征是:①枯水季节(4～5月份)氢氧稳定同位素值增高,雨季(8～9月份)则降低,降雨量效应的影响明显。②以降雨入渗补给为主的矿井水稳定同位素动态变化小,以地表水体入渗补给为主的矿井水动态变化大。③地表水和雨水中氢氧稳定同位素值动态变化大,而地下水则较小。

(二)开滦矿区

该矿区在进行煤矿防治水过程中,选择有代表性的点和不同含水层进行取样,测试氕,氘(D),氚(T),^{18}O,^{234}U,^{235}U 等同位素。其中 δD,$\delta^{18}O$ 及 T 实测值见表 13-3。由此可以看出,岩溶水中的 δD,$\delta^{18}O$ 值与浅层孔隙水相近。说明岩溶水与浅层孔隙水有同源关系,并且水力联系较强(图 13-7b)(钟亚平,2001)。

表 13-3 开滦矿区各地下水及地表水、降水中氢氧稳定同位素实测值

序号	采样位置	水类型	地层年代及代表性	采样时间/年、月	δD/‰	$\delta^{18}O$/‰	T/TU
1	赵各庄矿地震台	大气降水	雨水	1988.6	−71.6	−10.17	20.4
2	陡河水库	地表水	水库水	1988.6	−40.2	−3.44	47.2
3	大沙河上游新集	浅层孔隙水	第四系冲积层	1988.6	−63.9	−8.57	40.1
4	赵各庄矿四水平井口	岩溶水	奥陶系	1988.6	−61.9	−8.38	17.8
5	赵各庄矿五水平井口	岩溶水	奥陶系	1988.6	−63.2	−8.47	17.3
6	赵各庄矿七水平井口	岩溶水	奥陶系	1988.6	−62.2	−8.47	23.9
7	赵各庄矿九水平东1道	岩溶水	奥陶系	1988.6	−63.0	−8.43	21.4

(三)三个矿区的比较

皖北矿区地层属于华北型煤系地层,含水层赋存状况与华北其他矿区基本一致。由各类地下水及地表水中氢氧稳定同位素平均值(表 13-4),可以看出 $\delta^{18}O$ 分布的次序为:地表水>第四系一含孔隙水>第四系四含孔隙水及太灰水>二叠系砂岩裂隙水>奥灰水。δD 分布的次序为:地表水>第四系一含孔隙水>二叠系砂岩裂隙水>第四系四含孔

隙水及太灰水>奥灰水(图 13-7c)。与平顶山矿区 $\delta^{18}O$ 及 δD 分布次序基本一致,无论是 $\delta^{18}O$ 还是 δD 在地表水和浅层地下水中含量都较高,向深部逐渐减小。而且,第四系第四含水层孔隙水与石炭系太灰水中的 $\delta^{18}O$ 和 δD 值相近。说明石炭系地层在第四系覆盖层之间的隐伏露头区接受了第四系第四含水层的补给。这在开滦矿区也得到了验证。

表 13-4　皖北矿区各地下水及地表水中氢氧稳定同位素平均值

水类型	样品数量/个	δD/‰	$\delta^{18}O$/‰
地表水(浍河)	1	−42.10	−5.81
一含水(第四系)	3	−52.70	−7.33
四含水(第四系)	8	−73.18	−8.76
煤系水(二叠系)	6	−72.10	−8.99
太灰水(石炭系)	12	−73.56	−8.71
奥灰水(奥陶系)	8	−74.63	−9.18

从图 13-7 可以看出:地下水中,δD,$\delta^{18}O$ 值向深部逐渐减小,地层越老,其值越低。若老地层中 δD,$\delta^{18}O$ 值增大或与较新含水层相近,则说明有新生水的混合,或含水层之间产生水力联系。如平顶山矿区上第三系泥灰岩水、二叠系煤系砂岩裂隙水与石炭系太

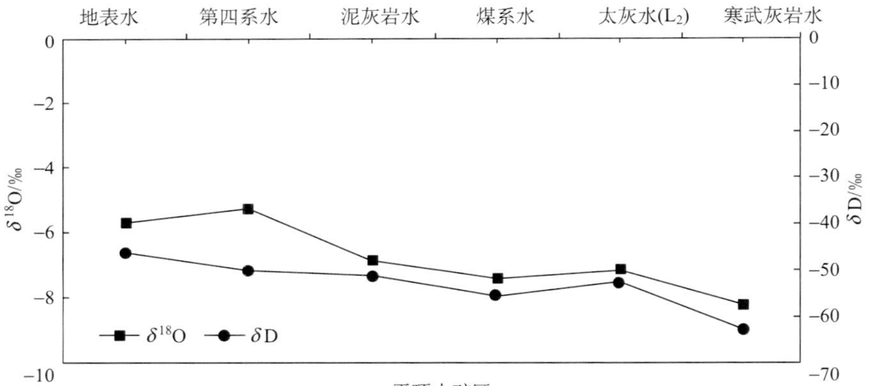

a.平顶山矿区

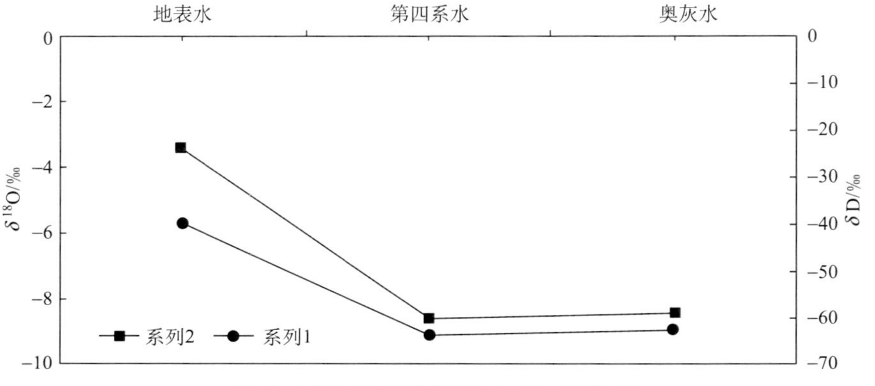

b. 开滦矿区(奥灰水同位素值是多水平实测值的平均)

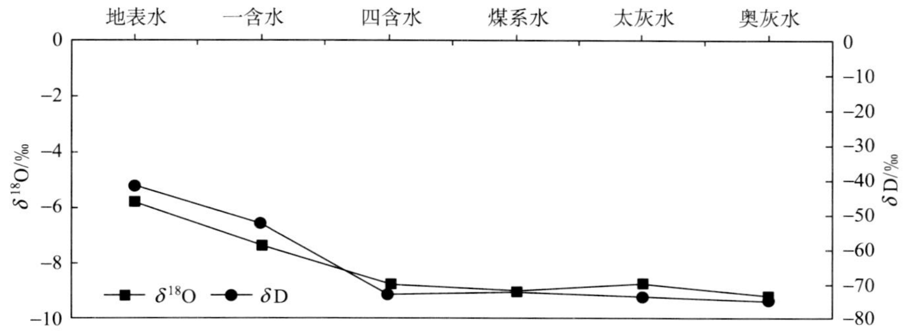

c.皖北矿区

图 13-7 华北三矿区各类地下水及地表水 δD,$\delta^{18}O$ 分布特征比较

原群灰岩水(L_2)中 δD,$\delta^{18}O$ 值基本接近,两含水层地下水在长期的开采过程中已构成相对统一的含水体,水的来源基本相同。开滦矿区奥灰水中 δD,$\delta^{18}O$ 值比第四系水大,二者的水力联系较强,具有相同来源。皖北矿区第四系四含水、二叠系煤系砂岩裂隙水、石炭系太原群灰岩水与奥陶系灰岩水中的 δD,$\delta^{18}O$ 值基本接近,各含水层水力联系密切。从 20 世纪 80 年代到 21 世纪初,在皖北矿区曾发生过多次特大型突水淹井事故,其中杨庄煤矿、任楼煤矿均为灰岩突水,因此这四个含水层水的混合是难免的。

第二节 含水层具有水力联系的氢、氧稳定同位素分析

一、含水层水力联系的宏观分析

随着矿区内大面积疏排地下水以及煤矿开采突水,各含水层在矿区内并不是一个孤立的系统,而是彼此之间构成了不同程度水力联系的地下水循环系统。它们的氢、氧稳定同位素组成表现了各自的漂移特征。四含水总体上表现 ^{18}O 漂移,但其水样点在 δD-$\delta^{18}O$ 图上分布相对比较分散,同时表现了一定的 D 漂移。煤系砂岩水表现 D 漂移,水样点 $\delta^{18}O$值变化幅度不大。这与该含水层在本矿区内含水量小、封闭性相对较好、水力联系不畅有关。太灰水和奥灰水有类似趋势的漂移线,两者方框轮廓长轴水平分量相对较大,主要表现 ^{18}O 漂移,同时也有一定程度的 D 漂移。说明太灰水和奥灰水具有相似的水循环特征,这也是往往把太灰与奥灰作为统一个含水体进行研究的主要原因。但是太灰水水样点在 δD-$\delta^{18}O$ 图上分散,缺少奥灰水水样点分布的凝聚力,可推断出本区地下水循环过程中,矿区其他突水含水层对奥灰含水层影响较小,保持了奥灰水的原始状态。但是,太灰水除了奥灰水对其影响外,四含也是对太灰水循环产生影响的含水层之一。

二、含水层水力联系的局部分析

任楼矿 1996 年 3 月 4 日发生特大型底板突水淹井事故,最大突水量达 34 571 m^3/h,

为奥灰及第四系底含混合水通过岩溶陷落柱突入矿井，在任楼矿及其附近区域奥灰水对四含水影响较大，表现在水样点（如 9 号水样点）偏离方框区域较远，出现很低的 δD 值。在这次特大型底板突水事故中，低 δD 值的奥灰水与该地区原水循环中的四含水出现了较大规模混合。临涣分矿区内的临涣矿、海孜矿、童亭矿虽然三对矿井相距较近，但该区四含水水样点（9 号、7 号、8 号）在方框内沿水平方向变化范围较大，说明四含与其他含水层水力联系微弱，该含水层接受地表水体或浅层地下水的补给速度在该地区快慢不均匀。根据 6 号、7 号、8 号水样点在 δD-$\delta^{18}O$ 图上的分布，可以看出，童亭矿四含水相对其他两对矿井四含水具有较长的滞留时间。宿县分矿区的桃园矿、朱仙庄矿、芦岭矿四含水受其他含水层影响较小，在该区每对矿井范围内，地表水体或浅层地下水补给四含相对均匀，且滞留时间较短。

煤系砂岩裂隙水从测试的水样点看，$\delta^{18}O$ 值的变化幅度不大，只是表现 D 漂移。该含水层在皖北矿区广大范围内以静含量为主，其他含水层对其影响极小。濉萧分矿区太灰水样点（19 号、20 号、21 号、25 号、26 号）分散，与这一带的构造相对复杂有关。也就是说，四含水、煤系水、奥灰水通过这些复杂的构造裂隙与太灰水有较好的水力联系。临涣分矿区太灰水样点（22 号、23 号、24 号）类似皖北矿区奥灰水样点总体分布规律，在水样点方框范围内变化，说明奥灰水是该区太灰水的主要补给水源。宿县分矿区太灰水样点（19 号、20 号、21 号、25 号、26 号）与濉萧分矿区太灰水样点一样分散，同样也说明四含水、煤系水、奥灰水通过复杂构造裂隙与太灰水有较好的水力联系。杨庄矿太灰水样点（21 号）和祁南矿太灰水样点（29 号）的 δ 值偏大，说明地表水体或浅层地下水在这两对生产矿井的局部区域有直接补给太灰水的可能性。奥灰水在皖北矿区各取样点没有较大异常，虽然矿区发生了几起奥灰重、特大型突水事故，但在本矿区，奥灰水氢氧稳定同位素依然只表现与古溶滤渗入水不均匀混合作用，说明奥灰水含水量丰富，水头压力大。

第三节 突水含水层水循环的氚含量分析

一、四 含 水

四含在皖北矿区的南部发育，北部局部地区缺失。水样测试氚含量在临涣分矿区一般都在 10TU 以上（图 13-8）；宿县分矿区以桃园矿为界，向东逐渐开始小于 5TU；矿区的北部绝大部分地区小于 5TU。随着矿区煤炭的开采，矿井涌水量的加大以及其他工业用水与农业灌溉等，打破了四含水在矿区地下水循环中的天然平衡，在临涣分矿区出现了宿北断裂附近和板桥断裂附近氚含量等值线密集区（表示氚含量较高，一般大于 10TU），濉萧分矿区的东北部和宿县分矿区的东南部出现了较稀疏的氚含量等值线（表示氚含量较低，一般小于 8TU）。在宿北断裂附近和板桥断裂附近，由于受临涣矿、海孜矿、童亭矿、任楼矿等矿井煤炭开采和两大断裂构造带的影响，地下水交替迅速，导致新近大气降水补给充分，形成的四含水在地层中滞留时间较短，四含水的氚在该区域组成较新；

在濉萧分矿区东北部，煤炭开采及附近构造带对四含水影响较小，四含水氚含量逐渐变小，地下水滞留时间较长，直至其北部灰岩山区，四含不发育；宿县分矿区以桃园矿、祁南矿为界，至东部朱仙庄矿、芦岭矿，四含水氚含量逐渐变小，地下水循环不畅，滞留时间较长，四含水的氚在该区域组成较晚。另外，根据氚含量等值线所示氚含量递减梯度，矿区的四含水径流方向总体趋势是由临涣分矿区的西南流向濉萧分矿区东、北和宿县分矿区东、南，其径流路径长，水流滞缓，同时在径流路径上接受其他含水层的渗流补给。

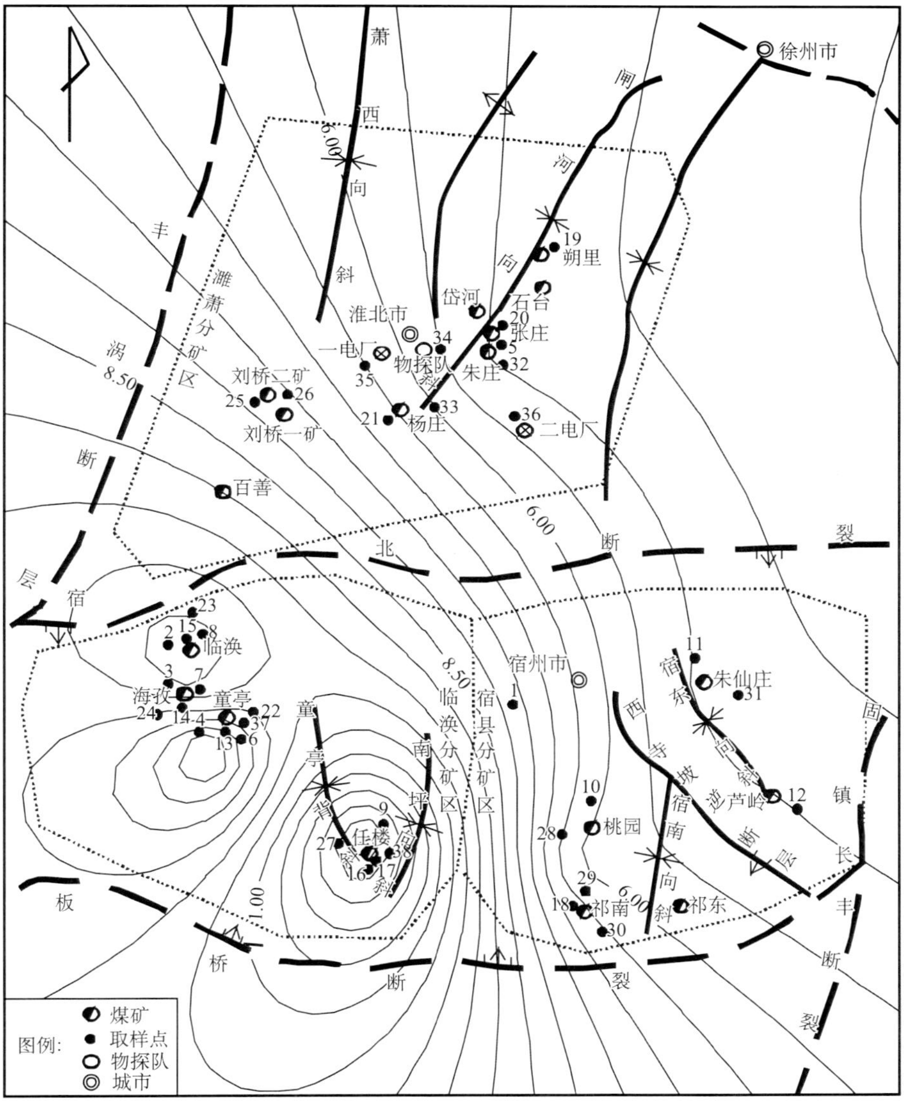

图 13-8　四含水氚含量等值线

二、太　灰　水

整个皖北矿区的含水层都发育太灰，水样分析过程中，各水样点氚含量一般都大于5TU(图 13-9)。濉萧分矿区在萧西向斜的东南及闸河向斜附近一带，构造复杂，灰岩大面积出露并形成低山群，直接接受大气降水补给的奥灰水或太灰水在该区有较好的水力联系，各水样点氚含量一般都大于 18TU。太灰水像奥灰水一样受断裂构造带导水通道的影响，地下水交替强烈，新近大气降水补给太灰充分，形成的太灰水在含水层中滞留时

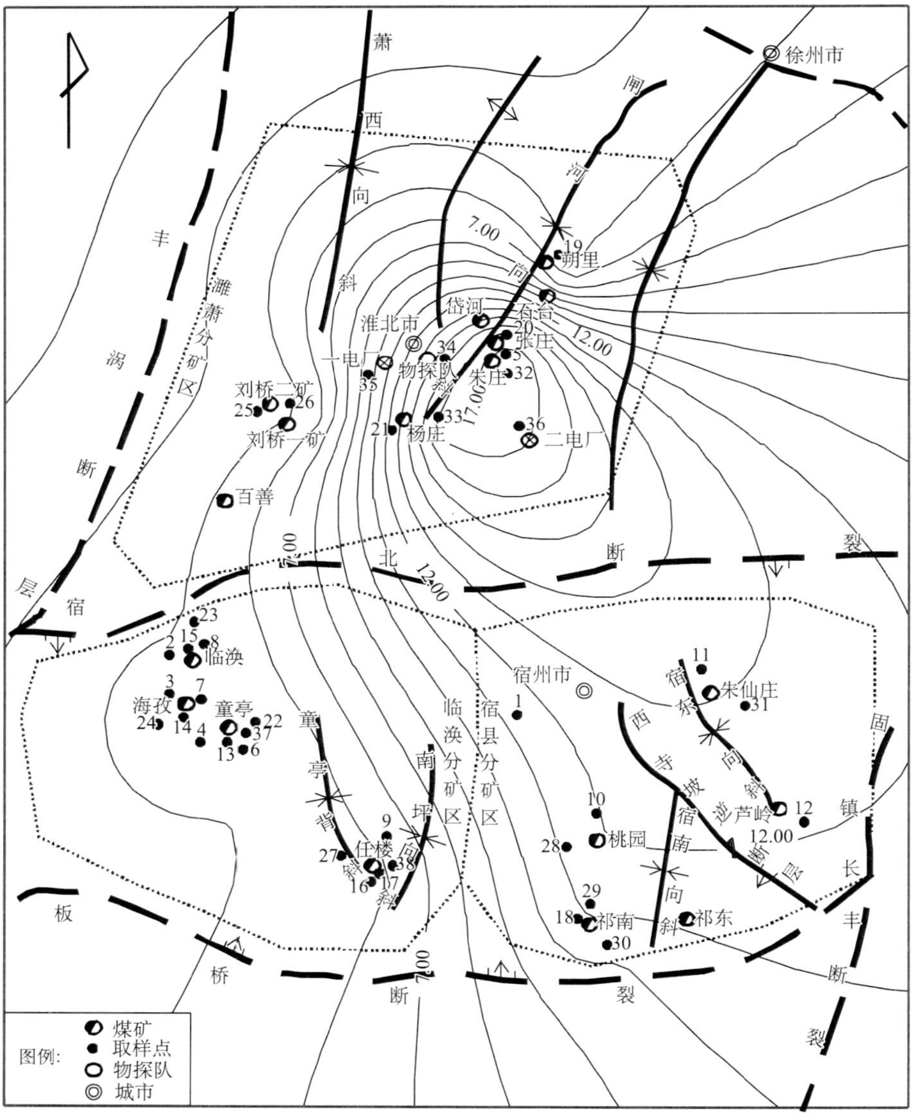

图 13-9　太灰水氚含量等值线

间短,太灰水的氚组成较新。在整个皖北矿区西北和西南,太灰水水样点氚含量偏低,一般都小于 8TU,丰涡断裂带、宿北断裂带、板桥断裂带在该区域对太灰含水层地下水循环影响较小,大气降水不能与太灰水构成直接的水力联系。宿县分矿区太灰水氚含量中等。从整个皖北矿区水样点氚含量所反映的地下水循环来看,太灰水的补给区、径流区、滞流区或排泄区明显。萧西向斜的东南及闸河向斜附近一带接受奥灰水补给;在临涣分矿区西南角以及宿县分矿区的东南角滞流或排泄;濉萧分矿区南部、宿县分矿区西北、临涣分矿区的北部为一广大的径流区域。

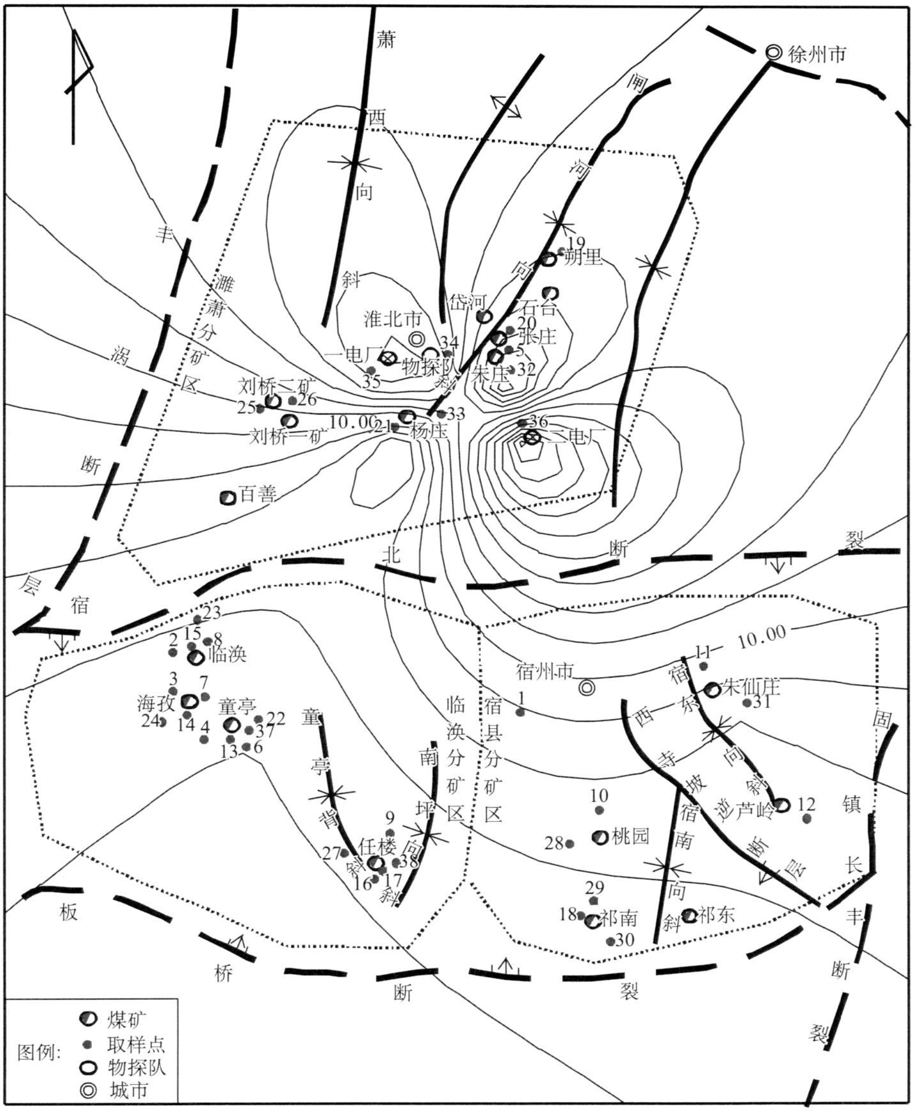

图 13-10　奥灰水氚含量等值线

三、奥 灰 水

在皖北矿区煤炭开采过程中的四个主要突水含水层中，区内奥灰含水层极其发育，各水样点氚含量同太灰水一样，一般都大于5TU（见上页图13-10）。矿区的萧县、濉溪、宿县北部有震旦、寒武、奥陶系岩层出露形成剥蚀残丘低山，奥灰含水层直接接受大气降水补给，在闸河向斜的南部发育四个氚含量等值线密集成点状分布的奥灰补给源。这四个成点状分布的奥灰补给源和上述分析太灰补给源几乎相重合，这也进一步说明奥灰水与太灰水在矿区内，特别是在矿区的北部，其水文地球化学特征几乎是一致的，水力联系比较密切。从整个皖北矿区来看，奥灰和太灰两含水层地下水循环特征类似，从北向南分别发育补给区、径流区、滞流区或排泄区。这也进一步说明了皖北矿区的太灰和奥灰作为一个统一的岩溶含水体是有根据的。

四、煤 系 水

四含、煤系、太灰与奥灰这四个含水层是皖北矿区煤炭开采过程中的主要突水含水层，其中煤系含水层地下水氚含量在各采样点一般都小于5TU，并且在矿区内含量分布比较均匀。根据法国J. Ch. 丰特的经验估算，煤系砂岩裂隙水补给源可追溯为40年前大气降水（庄稼，1997；葛晓光，1999）。在水样分析过程中，矿区内四含、太灰、奥灰水样点氚含量一般都大于5TU，在矿区内分布极不均匀。这说明煤系含水层和四含、太灰与奥灰含水层不会构成直接的水力联系，充其量以渗流补给为主。从这一点来看，这与氢氧稳定同位素分析其水力联系是一致的，这一结论从矿区所有矿井的煤系含水层涌水量远小于四含、太灰与奥灰含水层涌水量这一客观事实也可以得到证实。

第四节　矿区地下水氢、氧同位素组成的水化学判别模式

一、氢、氧稳定同位素δ值与常规水化学指标的关系

地下水中的氢、氧稳定同位素虽然在识别水源方面有独特的效果，但由于其测试比较复杂，对取样要求比较高，测试单位离矿区又比较远，因此，通常在煤矿发生涌水或突水时，很难在短时间内获得测试结果。但是，可以找出地下水中氢、氧稳定同位素与常规离子以及常规水化学指标之间的相关性。尽管这些相关关系目前为止尚不能解释其物理意义，但是在辅助识别突水水源时仍具有重要意义。

（一）δ值与pH值的关系

皖北矿区地下水pH值一般呈中—碱性，大部分水样点pH值分布在7.5～9.0之间。pH值对地下水δ值的影响主要表现在δD值。在pH值小于8时，δ值随着pH值的

增大而增大；大于 8 时，δ 值随着 pH 值的增大而减小。拟合直线判别方程为：

$$\begin{cases} \delta D = \dfrac{78.124 \times (pH) - 689.16}{1000} (pH < 8)(r = 0.90) \\ \delta D = \dfrac{-56.861 \times (pH) + 395.3}{1000} (pH \geqslant 8)(r = 0.91) \end{cases} \tag{13-5}$$

两直线复相关系数 $R > 0.8$（图 13-11a）。但 $\delta^{18}O$ 值并不随着 pH 值的增大而出现规律变化，水样点在近于水平趋势线上下作随机离散分布（图 13-11b）。

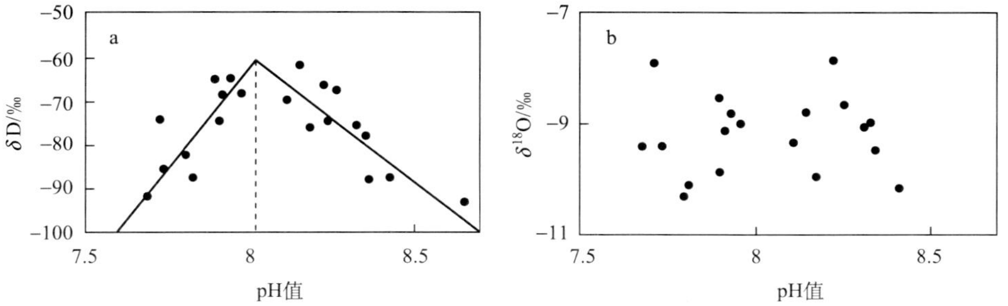

图 13-11　矿区地下水 δ 值与 pH 值的关系

（二）δ 值与 TDS 的关系

总溶解固体（TDS）值的大小不仅与地下水在含水层内滞留时间长短有关，而且还与含水层水质来源有关（张宗祜，2000），所以 TDS 对各含水层地下水 δ 值的影响是相当复杂的。从图 13-12a 上可以看出，皖北矿区地下水 δD 值随着 TDS 的增大变化规律不明显。但是，由于含水层中的地下水在循环过程中，与围岩含氧矿物发生 $\delta^{18}O$ 同位素交换反应相对较显著，因此在 $\delta^{18}O$-TDS 关系图（图 13-12b）上，水样点趋势线为一条相关系数为 0.82 的直线，其直线方程为：

$$\delta^{18}O = \frac{-5 \times 10^{-4} \times (TDS) - 8.859}{1000} (r = 0.90) \tag{13-6}$$

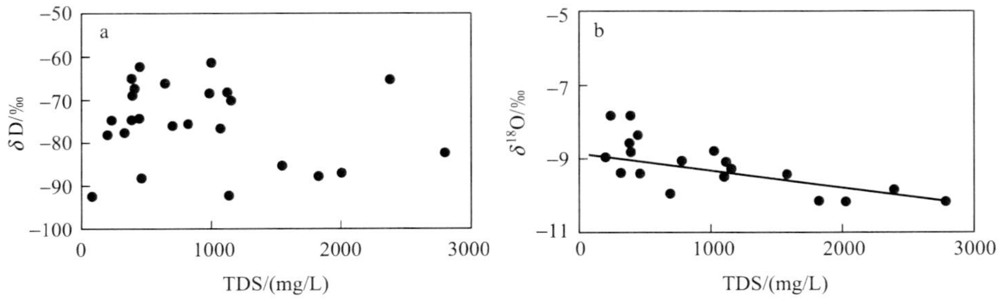

图 13-12　矿区地下水 δ 值与总溶解固体（TDS）关系

（三）δ 值与电导率(ρ)的关系

水的电导率(ρ)反映水中所含电解质的导电性能，是水质测试的重要指标。皖北矿区地下水 δ 值随电导率的变化关系见图 13-13。从图 13-13 中可以看出，四含水 δ 值随电导率的增加而减小。根据其水样点随电导率的变化趋势线(粗线表示 $\delta^{18}O$ 随电导率变化的趋势线，细线表示 δD 随电导率变化的趋势线，下同)可知，δD 的变化幅度大于 $\delta^{18}O$ 的变化幅度。煤系水 δ 值随电导率的增加而减小，$\delta^{18}O$ 和 δD 随电导率变化幅度几乎相等。太灰水 δ 值随电导率的增加而减小，与四含水不同的是 δD 的变化幅度小于 $\delta^{18}O$ 的变化幅度。奥灰水 δ 值随电导率的增加而增大，δD 的变化幅度小于 $\delta^{18}O$ 的变化幅度。根据四个突水含水层地下水与电导率的变化关系，可得出以电导率为参数的直线方程如下：

$$\text{四含水}\begin{cases}\delta^{18}O = \dfrac{-3.0\times 10^{-4}(\rho)-7.0012}{10000}(r=0.81)\\ \delta D = \dfrac{-1.7\times 10^{-3}(\rho)-7.1992}{1000}(r=0.90)\end{cases} \tag{13-7}$$

$$\text{煤系水}\begin{cases}\delta^{18}O = \dfrac{-1.1\times 10^{-3}(\rho)-6.5304}{10000}(r=0.94)\\ \delta D = \dfrac{-1.5\times 10^{-3}(\rho)-7.4110}{1000}(r=0.95)\end{cases} \tag{13-8}$$

$$\text{太灰水}\begin{cases}\delta^{18}O = \dfrac{-1.1\times 10^{-3}(\rho)-6.3100}{10000}(r=0.82)\\ \delta D = \dfrac{-5.0\times 10^{-4}(\rho)-8.8724}{1000}(r=0.87)\end{cases} \tag{13-9}$$

$$\text{奥灰水}\begin{cases}\delta^{18}O = \dfrac{5.6\times 10^{-3}(\rho)-9.3899}{10000}(r=0.92)\\ \delta D = \dfrac{3.3\times 10^{-3}(\rho)-10.0330}{1000}(r=0.85)\end{cases} \tag{13-10}$$

（四）δ 值与常规离子的关系

地下水中的氢氧稳定同位素(δD,$\delta^{18}O$)与常规离子都属于水文地球化学的研究范畴。它们在水中的演化机理是非常复杂的，它们的变化反映了多种水文地球化学作用(沈照理，1993；武强，1995；葛亮涛，2001)。所以，在皖北矿区，突水水源的 δD,$\delta^{18}O$ 值能够在常规离子中选取一种或多种作为分析指标，采用某一数学模型建立特定关系式，从而能够对矿区地下水 δD,$\delta^{18}O$ 的大小进行估计。选取皖北矿区四个主要突水含水层水质测试指标中的常规离子 Ca^{2+},Mg^{2+},$K^{+}+Na^{+}$,Cl^{-},SO_4^{2-},CO_3^{2-},HCO_3^{-} 浓度与 δD,$\delta^{18}O$，分别作 R 型聚类(分析指标作为变量进行聚类)分析(图 13-14)。不同的含水层，不同的常规离子与不同的 δ 值具有不同的 R 型聚类形式。有些常规离子与 δ 值相关性较差，相

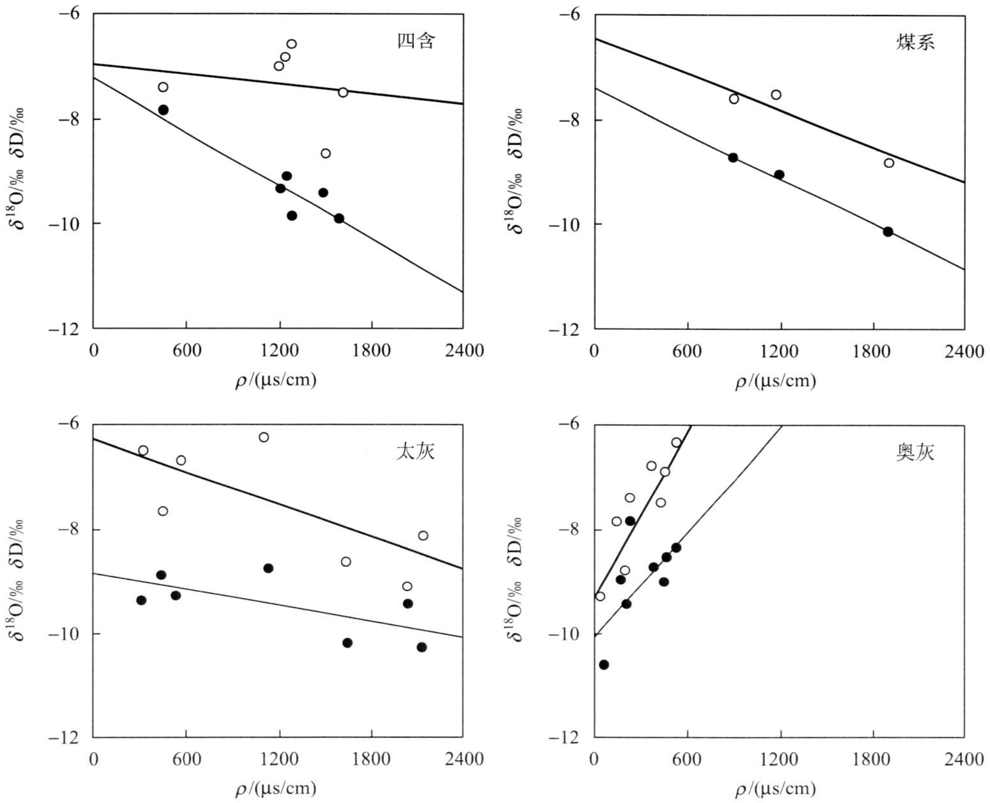

图 13-13　矿区地下水 δ 值与电导率(ρ)的关系

关系数(r)极小,说明这些常规离子对 δ 值影响较小,它们之间并不存在因果关系或必然联系。但是,有些常规离子与 δ 值具有较好的相关性,相关系数(r)较大,说明这些常规离子对 δ 值影响较大,它们之间存在某种因果关系或必然的联系。

所以,选取相关系数 r 大于 0.6,且在每一含水层中与 δD 或 $\delta^{18}O$ 聚类的相关系数为最大 r 值的一种常规离子与 δD,$\delta^{18}O$ 作一元线性拟合,得出四含、煤系、太灰、奥灰四个含水层地下水中氢氧稳定同位素 δ 值的直线方程式如下:

(1) 四含,常规离子为 SO_4^{2-},则有:

$$\delta D = \frac{0.019 \times [SO_4^{2-}] - 78.407}{1000} (r = 0.92) \tag{13-11}$$

(2) 煤系,常规离子为 HCO_3^-,Cl^-,则有:

$$\delta D = \frac{0.0225 \times [HCO_3^-] - 61.666}{1000} (r = 1.00) \tag{13-12}$$

$$\delta^{18}O = \frac{-0.0054 \times [Cl^-] - 8.2688}{1000} (r = 0.76) \tag{13-13}$$

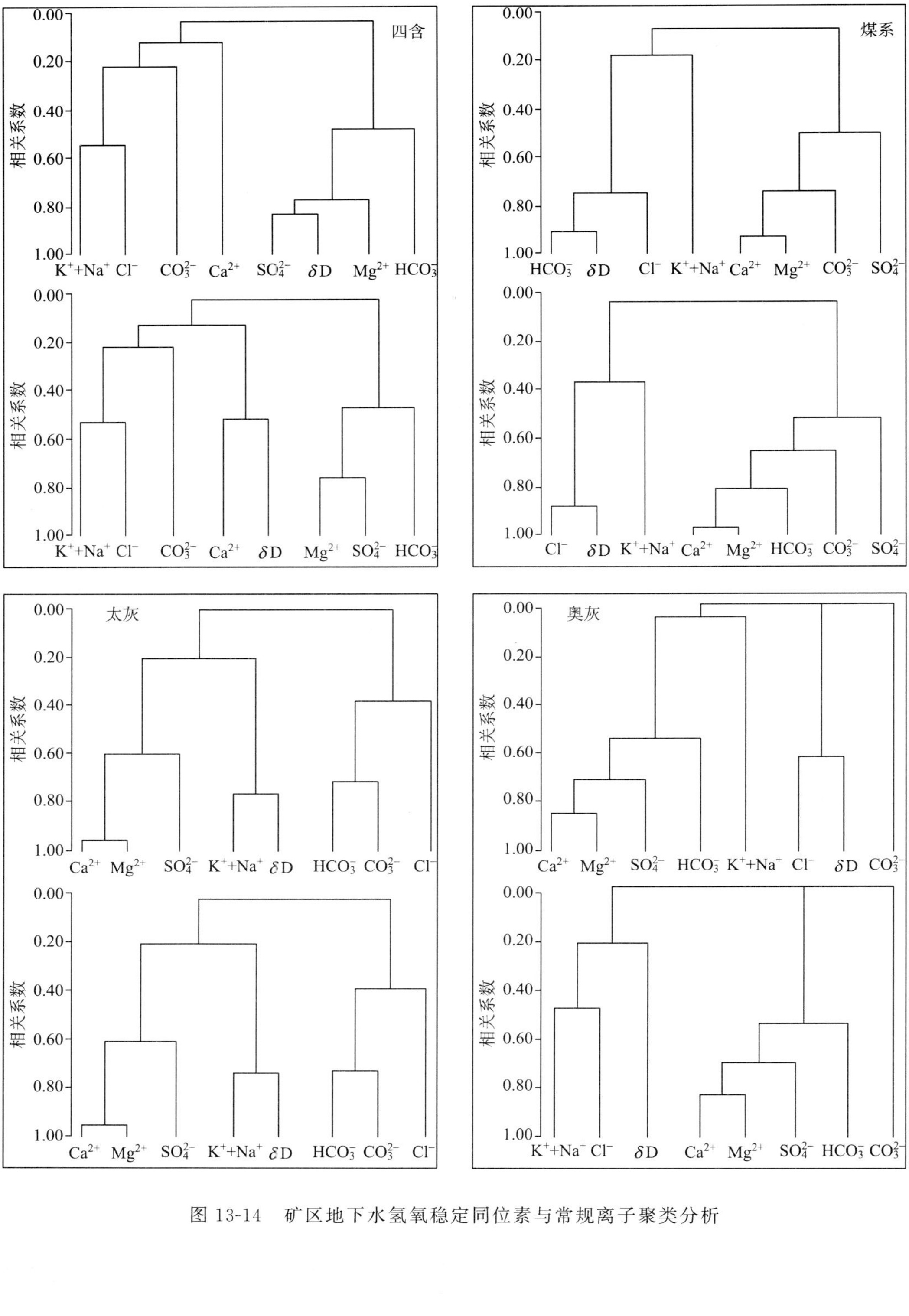

图 13-14　矿区地下水氢氧稳定同位素与常规离子聚类分析

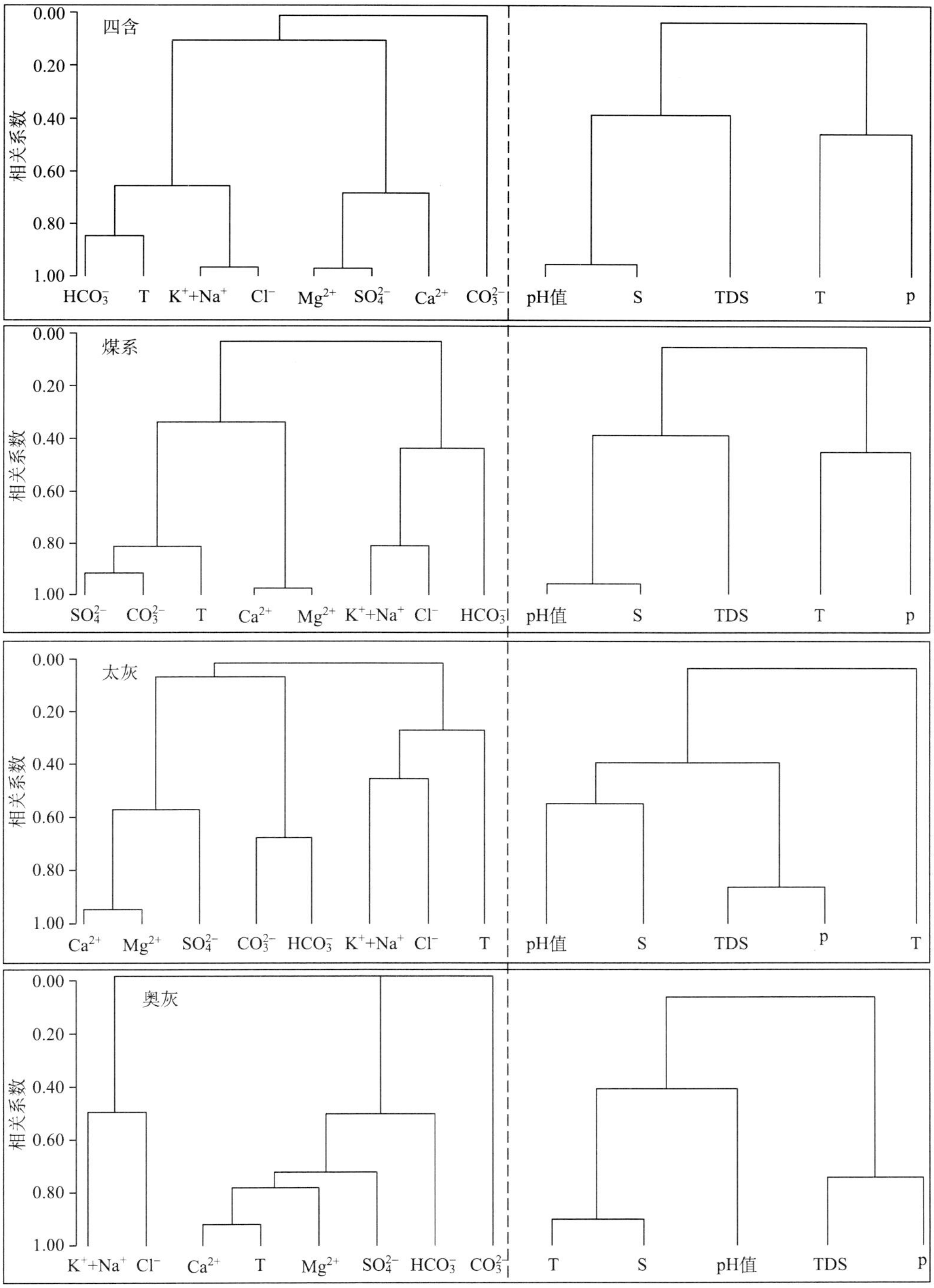

图 13-15　矿区含水层氚(T)含量与常规水化学指标聚类

(3) 太灰，常规离子为 $K^{+}+Na^{+}$，则有：

$$\delta D=\frac{0.0106\times[K^{+}+Na^{+}]-74.862}{1000}(r=0.84) \tag{13-14}$$

$$\delta^{18}O=\frac{-0.0026\times[K^{+}+Na^{+}]-8.5527}{1000}(r=0.82) \tag{13-15}$$

(4) 奥灰，常规离子为 Cl^{-}，则有：

$$\delta D=\frac{0.1221\times[Cl^{-}]-79.039}{1000}(r=0.79) \tag{13-16}$$

式(13-11)～式(13-16)中的[ ]表示离子浓度，单位为 mg/L。

二、氚含量与常规水化学指标的关系

前面已经提到，氚在地下水的循环中不会生成易沉淀的化合物，也不易被释放，也不与围岩产生同位素交换反应，一般只遵循放射性规律变化（王恒纯，1991）。虽然含氚的水分子可以发生同位素分馏，但这种效应与它的增长率的变化及 β 衰变速率相比较，一般可忽略不计（刘存富，1984）。所以，大气降水补给地下水后，氚的变化具有相对独立性，不像稳定环境同位素与若干水化学指标那样具有较好的线性关系。但是，皖北矿区四个主要突水含水层地下水补给、径流、滞流或排泄特征具有相对独立性，某些水化学指标必然与参与地下水循环的氚具有较好的相关性。选取常规离子和水化学综合指标 pH 值、总溶解固体(TDS)、电导率(ρ)、总硬度(S)分别与各含水层氚含量作 R 型聚类分析(图 13-15)。可以看出：四含水氚含量与常规离子 HCO_3^- 相关系数大于 0.8，与水化学综合指标 pH 值，TDS，ρ，S 等相关性较差；煤系水氚含量与常规离子 SO_4^{2-}，CO_3^{2-} 相关系数大于 0.8，与水化学综合指标相关性也较差；太灰水氚含量与常规离子、水化学综合指标不存在较好的相关性；奥灰水氚含量与常规离子 Ca^{2+} 和水化学综合指标之一的 S 的相关系数都大于 0.8。选取相关性比较大的常规水化学指标对每一含水层 T 含量作多元线性回归分析，可得到判别方程如下：

$$四含水：T=7.6400-1.4655\times10^{-2}\times[HCO_3^-]+4.6725\times10^{-3}\times(\rho),(r=0.9997) \tag{13-17}$$

$$煤系水，T=4.9758-6.5\times10^{-3}[SO_4^{2-}],(r=0.8231) \tag{13-18}$$

$$奥灰水，T=4.8743+1.4079\times[Ca^{2+}]-9.5045\times10^{-2}(S),(r=0.9920) \tag{13-19}$$

式(13-17)～式(13-19)中的[ ]表示离子浓度，单位 mg/L；TDS 单位 mg/L；ρ 单位 μs/cm；S 单位H°(德国度)。这些方程复相关系数 r 比较接近 1，说明利用常规水化学指标对氚含量作多元线性回归的效果是显著的。

第五节　矿区突水水源的氢、氧稳定同位素识别模式

一、氢、氧稳定同位素地下水混合模式

根据氢、氧稳定同位素 δ 值分析，如果两种水发生混合，那么在 δD-$\delta^{18}O$ 关系图的直角坐标系中，沿着“混合直线”将有两个变量在同时发生变化，混合直线的两个端点分别代表未混合前水的同位素组成(谢建滨等，2000)。皖北矿区奥灰与太灰具有相同的混合模式(图 13-16a，b)，它们的混合直线斜率几乎相等。奥灰水和太灰水中的这两条混合直线代表古溶滤渗入水与经过蒸发效应的大气降水相混合，下部端点代表古溶滤渗入水同位素组成，上部端点(与蒸发直线相交的交点)代表经过蒸发的大气降水的同位素组成。奥灰水蒸发直线斜率大于太灰水蒸发直线斜率，大气降水补给奥灰水前蒸发强度明显大于太灰水。一方面说明皖北矿区北部奥灰补给源灰岩大面积出露，大气降水受蒸发影响较大。另一方面说明奥灰含水层在矿区的大规模补给区补给其他含水层速度相对较慢，导致奥灰水在地表浅部停留时间较长，与空气直接接触，增大了其蒸发速度。奥灰水和太灰水蒸发直线与降水线的交点 P 点的值，可表示为大气降水不经蒸发作用而直接补给奥灰或太灰时的水体平均氢氧稳定同位素组成。沿煤系的 D 漂移线只有一个变量 δD 发生变化(图 13-16c)，$\delta^{18}O$ 几乎不变，煤系砂岩裂隙水主要与煤系围岩发生氢同位素交换平衡反应，几乎不与其他含水层混合。D 漂移线与降水线的交点 P 点的值可表示为大气降水不经蒸发作用而直接补给煤系水时的平均氢氧稳定同位素组成。四含水与奥灰水、太灰水一样，既有蒸发线，也有混合线(图 13-16d)，但其混合线的下部端点是与降水线相交的交点，代表 δ 值较低的大气降水(如夏季降水)同位素组成。如同奥灰水和太灰水，蒸发线与降水线的交点 P 点的值也可表示为大气降水不经蒸发作用而直接补给四含水时的平均氢氧稳定同位素组成。四含水蒸发线的斜率与太灰水蒸发线斜率几乎相等，可推测经过蒸发的大气降水渗流补给四含水的速度与补给太灰的速度大体相等。总之，除了奥灰水、太灰水有古溶滤渗入水的混合外，奥灰水、太灰水和四含水这三个含水层地下水混合模式存在很多相似之处，进一步证实了它们之间地下水循环特征的统一性和复杂性。

二、氢、氧稳定同位素地下水成因模式

皖北矿区主要突水水源的主要补给源是大气降水。根据大气降水高度效应的原理，可确定含水层补给区大气降水的同位素入渗高度模型(刘存富，1984；沈照理，1991；王怀颖，1994)如下：

$$H=\frac{\delta_s-\delta_p}{k}+h \tag{13-20}$$

式中：H 为同位素入渗高度(补给区标高，m)；h 为取样点的标高(m)；δ_s 为地下水的同位素组成(‰)；δ_p 为取样点附近大气降水的同位素组成(‰)；k 为同位素高度梯度，根据中

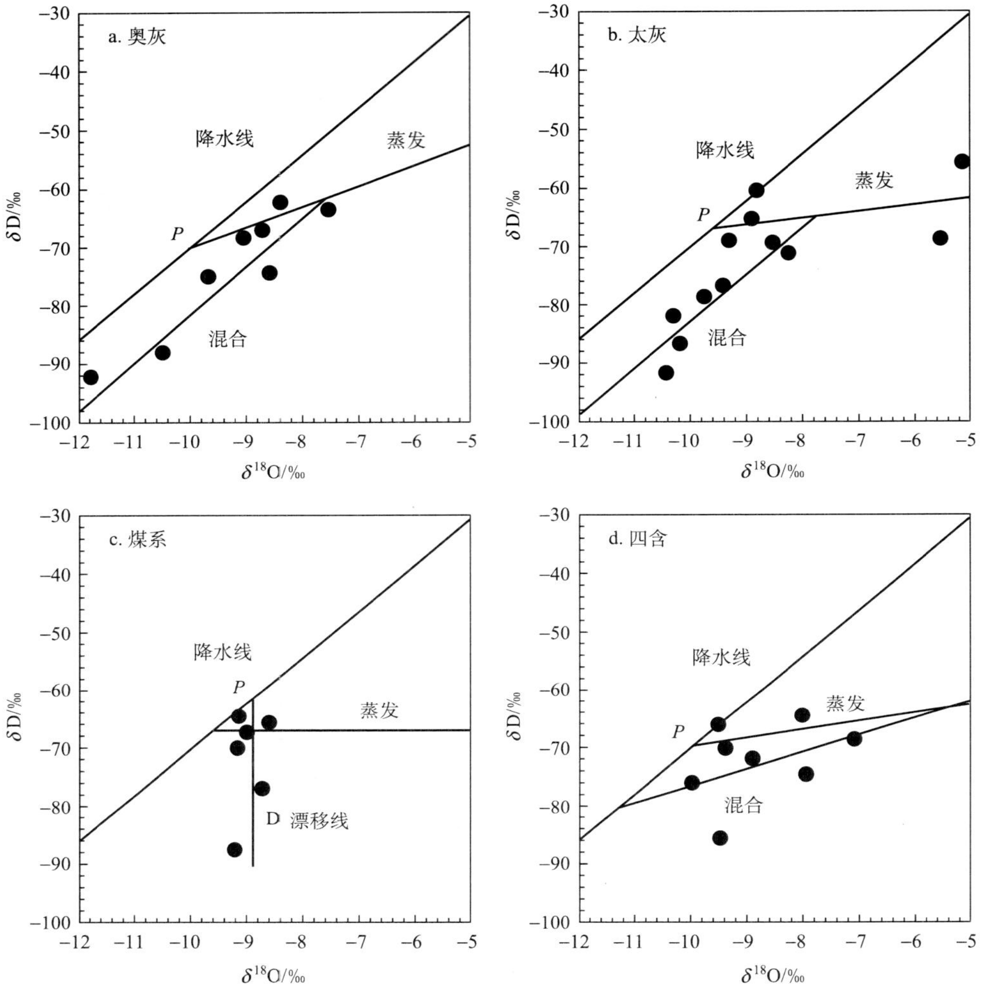

图 13-16　主要含水层地下水混合模式

国科学院贵阳地球化学研究所，取 $k=-0.3‰/100\ \mathrm{m}$。

大气降水的平均同位素组成与温度存在着正相关关系。Dansgard(1964)根据北大西洋沿海地区的资料得出，在中—高纬度滨海地区，降水的年平均加权 δ 值与年平均气温(t)的直线关系为：

$$\delta^{18}\mathrm{O}=\frac{0.695t-13.6}{1000} \tag{13-21}$$

$$\delta\mathrm{D}=\frac{5.6t-100}{1000} \tag{13-22}$$

根据放射性氚同位素分析，皖北矿区每一个主要突水含水层从整体上看都有明显的补给区、径流区、滞留区或排泄区(图 13-8～13-10)。虽然矿区内零星发育了较小规模的地下水循环系统，但不影响整个矿区的水循环特征，故使用大气降水高度效应与温度效应模型分析地下水成因模式是可行的。然而，根据氢氧稳定同位素分析，四含水、煤系水、太灰水和奥灰水在含水层系统中都不同程度地产生氧同位素交换平衡反应或氢同位素交换平衡反应，从而在 $\delta^{18}O$-δD 关系图上表现 ^{18}O 漂移或 D 漂移，若含水层补给区标高和大气降水年平均气温的计算使用各水样点 δ 值，并直接代入模型，将会带来较大的计算误差，判断不准确。在地下水混合模式分析中，蒸发直线或 D 漂移线与矿区大气降水线有一交点 P（图 13-16）。该点表示大气降水直接补给各个含水层的水样点，其 δ 值能够代表大气降水补给含水层前平均同位素组成，同时取大气降水 δD 为 $-70‰$，$\delta^{18}O$ 为 $-10‰$，应用 P 点 δ 值计算各个含水层补给区平均标高和大气降水年平均气温是合适的。取大气降水 δD 为 $-70‰$，$\delta^{18}O$ 为 $-10‰$，计算皖北矿区主要突水含水层补给区平均标高与年平均温度，其结果见表 13-5。

表 13-5　主要突水含水层补给区平均标高与降水温度计算结果

成因指标	四含水			煤系水			太灰水			奥灰水		
	根据 $\delta^{18}O$	根据 δD	平均	根据 $\delta^{18}O$	根据 δD	平均	根据 $\delta^{18}O$	根据 δD	平均	根据 $\delta^{18}O$	根据 δD	平均
标高/m	22.3	29.4	25.85	26.1	31.3	28.70	139.3	137.7	138.50	136.2	129.6	132.9
温度/℃	5.2	5.4	5.30	5.6	5.7	5.65	5.9	5.5	5.70	5.0	4.9	4.95

从表 13-5 可以看出，四含水和煤系水补给区平均标高都不超过 30 m，与区内平均地形标高相近，两含水层均由大气降水形成的地表水体或浅层地下水渗流补给。其中四含在地形标高相对较小的矿区西南方向的板桥断裂附近，由于构造带裂隙导水性好，大气降水新近形成的水体在这一带与四含水力联系强烈，因此四含水平均补给区标高低于煤系水。太灰水与奥灰水补给区平均标高均大于 130 m，结合本区地形推测，两含水层均由北部灰岩山区补给，与水样点放射性氚同位素分析其补给特征相吻合。四个突水含水层大气降水补给温度均在 5℃左右，可推测除了有冰期形成的古溶滤渗入水补给各含水层之外，冬季降水补给各含水层占有较大比例。

第十四章 地 热 水

庞忠和

第一节 地热水概述

根据测量，地球表面以平均 60 mW/m^2 的大地热流量不断向大气层散热，热量相当于目前世界总能耗的 2.5 倍。地球的温度以大约 30℃/km 的增温率随深度增加而升高。据估算，地球内部存在的热能量远比化石能源多。因此人们说，地球是一个巨大的热库。在气候变化问题日益受到关注的今天，地热能作为一种清洁的可再生能源在世界各国备受重视。

地热能可分为四种类型：①水热型，即在地壳浅部，一般为 3000 m 以浅的热水或蒸汽，包括陆上和海底的地热系统以及沉积盆地中与天然气相伴而生的所谓地压地热系统；②干热型，高温但无水的岩体中的热能，需用人工循环的方法才能将其采出；③岩浆型，即储存在高温（700～1200℃）熔融岩浆体中的热能；④浅层型，即地球表层 200 m 以浅的土壤和地下水中的热能。目前人们开发利用的主要是水热型地热能和浅层地热能。研究水热型地热能少不了要与地下水打交道。同位素技术因此得到了广泛的应用。

全球的高温地热系统主要分布在地球岩石圈板块的边缘及其内部的“热点”地区。这些地方常常也是火山、地震活动频繁的地质构造活动带。图 14-1 中表示了全球主要的地热带和典型的地热系统。

我国处于两个全球性地热带上。其中藏-滇地热带可以看作地中海-喜马拉雅地热带的组成部分；而台湾地热带则属于环太平洋地热带。两个地热带的代表性地热田有：西藏羊八井地热田、云南腾冲热海地热田、台湾大屯地热田、福建漳州地热田等（图 14-2）。

地热水同位素的研究其实早于地下水同位素的研究。人们早期对温泉水成因的探索显示出大气降水同位素研究的重要性，继而导致了大气降水方程的发现。长期以来，成因复杂的地热水主要靠同位素加以区分。近年来，人们对“酸性水”、“高矿化度水”等特殊类型地热水的形成机理开展了研究。中低温环境下的“氧漂移”等现象的研究体现了地热系统水岩相互作用的丰富多彩。同位素地热温度计的应用也不断增多。此外，新的同位素不断被引入地热研究中来。这些都在一定程度上丰富了地热水同位素信息与地热系统成因的理论。国际地热协会（IGA）主办的《地热学》（*Geothermics*）杂志 2005 年出版了地热水同位素专辑，汇集了新世纪以来地热水同位素研究的部分代表性成果（Pang and Truesdell，2005）。

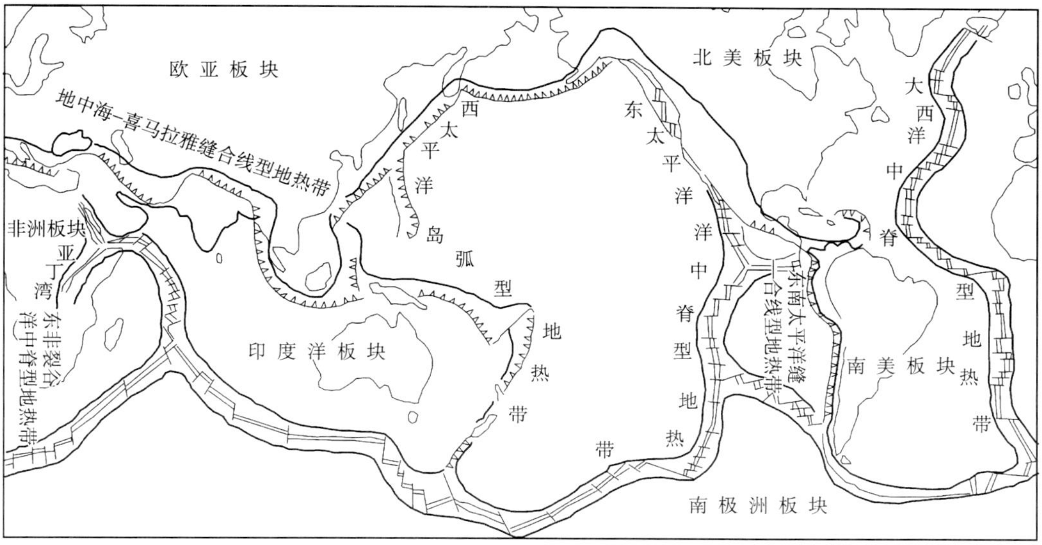

图 14-1 全球高温地热资源分布示意图

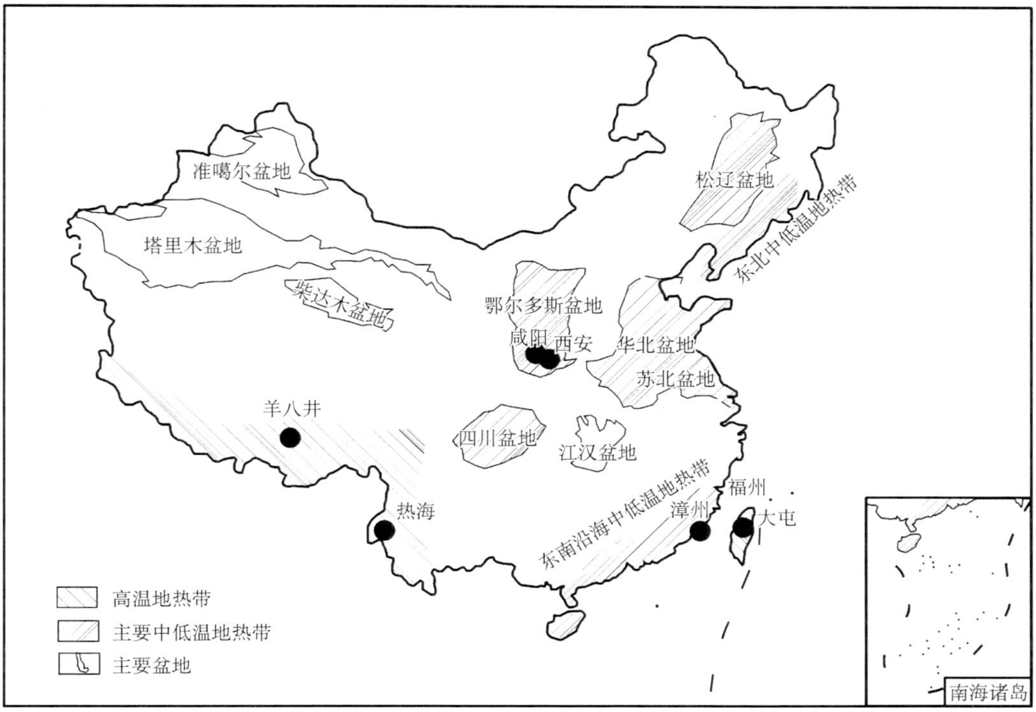

图 14-2 中国地热资源分布示意图(图中黑点为本章讨论所涉及的地热田)

第二节　不同成因地热水的同位素

地热系统是地下水的博物馆，不同类型的水都可以在这里找到。迄今在现代地热系统中所发现的地热水成因类型主要有以下几种。

(1) 大气降水以及直接源于降水的各种天然水(雨水、雪水、河水、湖水以及地下水等)。

(2) 海水，包括大洋和内海的咸水。

(3) 岩浆水，即从岩浆分离出的水。

一、大气成因的地热水

最初人们认为温泉来自岩浆热液。直到1961年Craig报道了在不同地区采集到的地热水与本地大气降水的同位素组成，指出它们之间并无二致，地热水主要来自降水补给的认识才得以广泛认可。

大气降水成因的地热水，其同位素组成与大气降水类似，如果之前受到蒸发作用影响，可能表现为沿蒸发线分布。如果出现偏离大气降水线的现象，则可能源自热储层中的水-岩相互作用。大气降水的同位素受多种因素影响，从而产生了不同的地理效应和季节效应。既然地热水的补给来源主要是大气降水，那么自然会受到这些同位素效应的控制或影响，导致不同地区的地热水表现出不同的同位素组成特征。

但是，应该注意时间尺度的差异，地热系统水循环的时间尺度比一般地下水要长得多。季节变化往往被掩盖，气候变化的影响则会反映出来。

二、海水成因的地热水

有很多地热系统分布在海岸带上，在海底涌出的地热水更是很普遍。这些地热系统中的水一般有来自海水的贡献，或者完全由海水补给。

因为天然水同位素组成的表示是以海水为参照物的，所以海水的同位素组成理论上讲应该是(0,0‰)。然而，我们平常遇到的海水由于离陆地较近，或多或少受到来自大陆的淡水影响，因而其同位素组成也表现出混合水的特征。

实例：漳州地热田

漳州地热田位于福建省南部的漳州盆地中部，东距厦门约90 km。漳州地热田是我国东南沿海地区温度最高的地热田，井口温度为105℃，90 m深处温度为121.5℃。

研究发现，在同位素特征上表现为$\delta^{2}H$-$\delta^{18}O$，或者Cl-$\delta^{18}O$之间的混合线，以及Cl/Br比值。根据质量平衡所做的计算结果表明，该热田热水的来源为1/3的海水与2/3的大气降水的混合物(庞忠和，1987)。

三、岩浆成因的地热水

岩浆水是与岩浆—火山作用关系密切的地热系统中的重要补给水源。由于在岩浆温度下控制同位素交换的分馏系数很小,因此岩浆水的 $\delta^{18}O$ 值与岩浆母体的 $\delta^{18}O$ 值接近(+5‰到+10‰)。

安山水(andesitic water)是经过安山质岩浆作用的再循环变质海水,分布在聚敛板块边缘岛弧安山质火山岩分布的地区。$\delta^{18}O$ 和 $\delta^{2}H$ 值分别约为+10±2 和−20±10‰,氯离子浓度与海水相似(Sakai and Matsubaya, 1977; Taran et al., 1988; Giggenbach, 1992),其氧同位素的偏移通常是由当地地下水与富集^{18}O 的岩浆水的混合所致。

环太平洋地热带上的地热水,包括菲律宾、印度尼西亚等国家的地热系统,热水中有安山质岩浆水的混入。特别是酸性流体,热水的同位素组成表现为与 pH 值相关,这种现象是大气降水与安山水混合造成的(Pang et al., 2006)。见图 14-3。

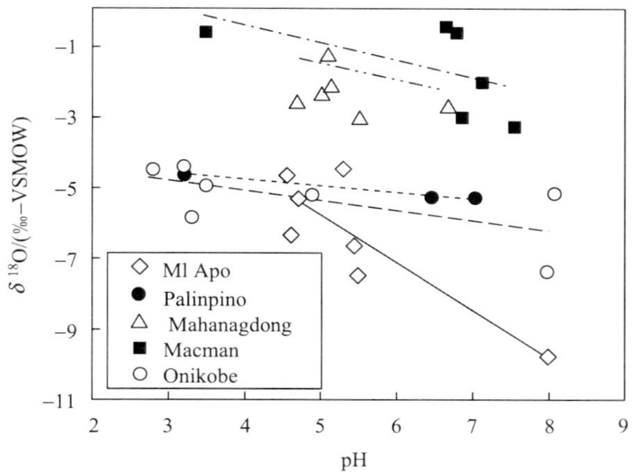

图 14-3 环太平洋地热带上的酸性地热水 pH 值与氧同位素相关性(Pang, 2006)

四、亚太地区地热水的同位素特征

亚洲大陆上的地热水基本上是大气降水深循环成因,热水同位素趋于大气降水的特征。特殊之处在于水岩相互作用造成的同位素漂移现象。

大陆地区的地下水深循环型的地热系统和西太平洋地区火山型地热系统在同位素组成上表现出显著的差异。前一类地热水的同位素组成相对稳定,并与当地高程较大的大气降水相似。后一类地热水的同位素明显表现出受到岩浆水的影响。见图 14-4。

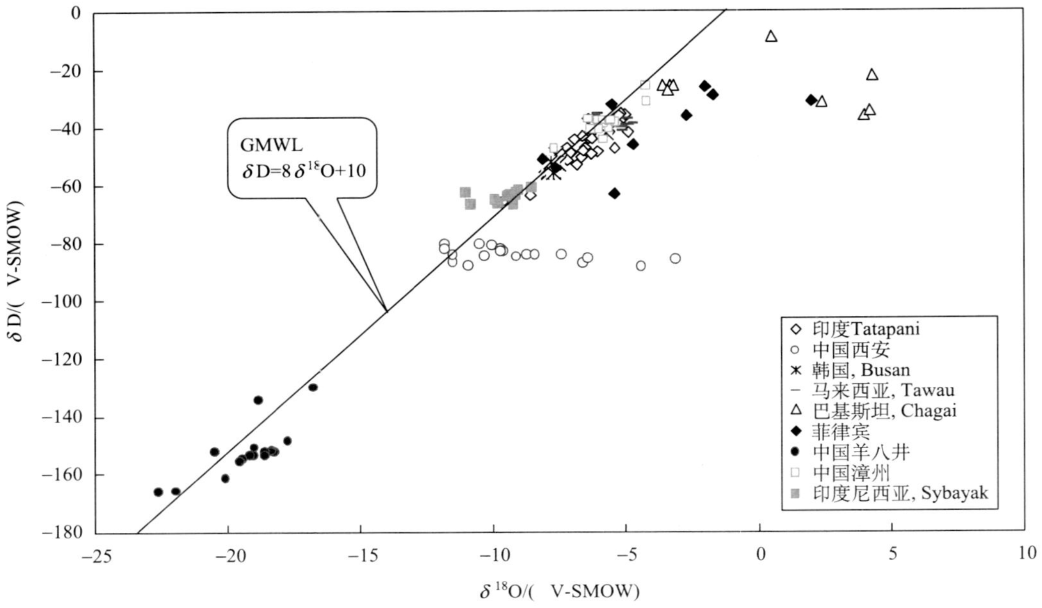

图 14-4　亚太地区地热水的同位素特征

第三节　地热水同位素分馏

一、地热系统的水循环

为了了解地热水的同位素特征，必须对地热系统中水循环基本格局有一个认识。有火山参与的地热系统，其水循环格局十分独特。一方面，大气降水由地面上不断补给，另一方面，岩浆水由深部不断加入。人们在地热系统采集到的水往往是它们之间的混合水。靠近海边的地热系统，水循环很可能有海水的直接参与(图 14-5)。

地热系统中复杂的水热过程，比如，沸腾、混合、水岩反应、水气相互作用等等，都可改变水的同位素组成。这可能是地热水同位素研究与普通地下水研究的最大区别。为了利用同位素组成解决实际问题，必须了解地热水同位素的形成作用。

二、水-汽分离作用

在地热系统中常常出现热水沸腾的情况。这时，气、液两相之间的同位素交换速率很高，两者的同位素分馏接近达到平衡。因此，分馏系数 α 与气、液两相中同位素 δ_l 和 δ_v 可以表达为下式：

$$\delta_l - \delta_v \approx \varepsilon_{lv} = (\alpha_{lv} - 1) \cdot 10^3‰ \approx \ln\alpha_{lv}(\times 10^3‰) \tag{14-1}$$

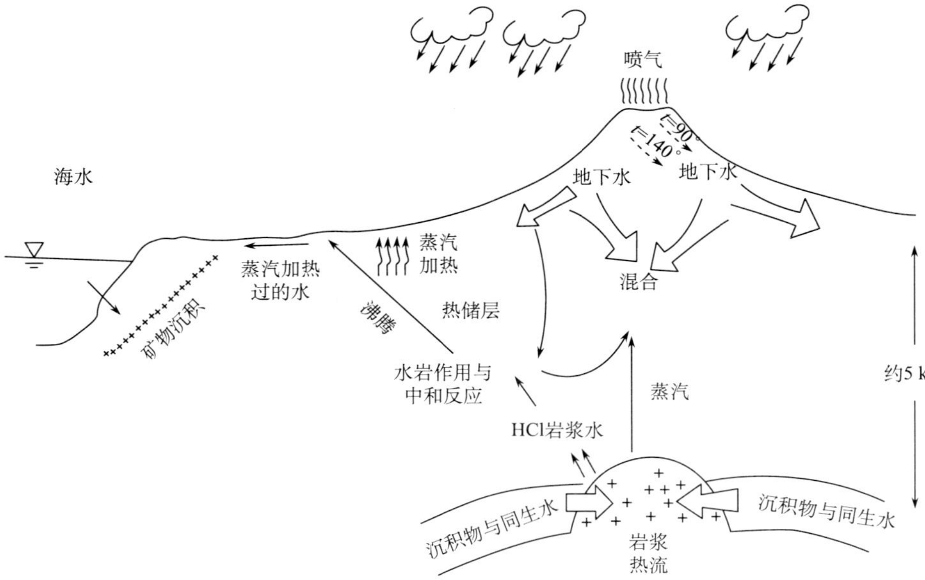

图 14-5 火山地热系统中的水循环模式

水-汽氧同位素分馏 $\delta^{18}O$ 与温度的关系已经由实验确定。当温度升至一定值时，地下热水开始沸腾。蒸汽分离过程伴随发生，继而出现同位素分馏。^{18}O 在液相中变得富集，在逸出的气相中贫化。

除了温度，分离液体的同位素组成决定于形成气体的比例，对给定温度下蒸汽分离的单个模式、不断的蒸汽分离以及用瑞利分馏或等温批量蒸发描述的分离过程，可以计算出分离液体的同位素组成。后面的过程在突然的减压中或在以气体为主的系统中是活跃的，其悬浮在孔隙中的液体系数很小(D'Amore and Truesdell，1979)。

当温度为 220℃时，水-汽同位素交换表现为类似于氧同位素"漂移"的现象，氢同位素保持不变(图 14-6)。

$\delta^{18}O/\delta^{2}H$ 关系图中线的斜率由蒸汽分离时的温度控制。黑点和空白圆圈分别代表初始水及蒸汽损失 20%和 40%后的残留的液态水。虚线代表分离后蒸汽的同位素组成。另见表 14-1。

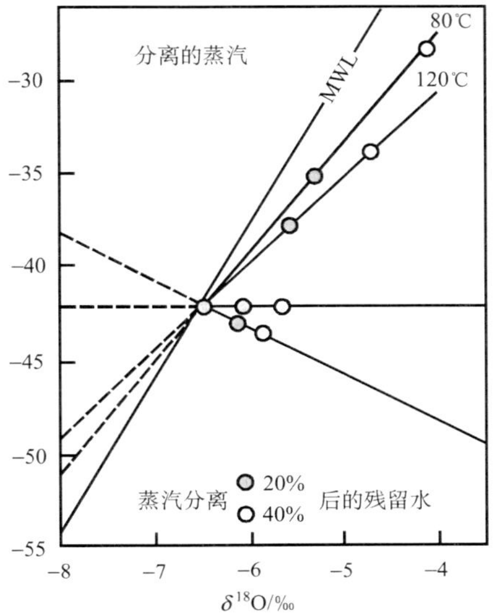

图 14-6 地热水沸腾后水和蒸汽的同位素组成(Truesdell et al.，1977；Majoube，1971)

表 14-1　水蒸气分离过程中的同位素分馏

温度/℃	残余液体		斜率	蒸汽			
				20%	40%	20%	40%
	$\delta^{18}O$	$\delta^{2}H$		$\delta^{18}O$		$\delta^{2}H$	
80	6.03	36.8	5.8	−5.3	−4.1	−34.8	−27.6
120	4.54	21.7	4.6	−5.6	−4.7	−37.7	−33.4
220	2.10	0.1	0.0	−6.1	−5.7	−42.0	−42.0
260	1.05	−3.6	−2.4	−6.2	−5.9	−42.7	−43.5

实例：新西兰怀拉开地热田

新西兰的怀拉开(Wairakai)地热田天然排泄的水和蒸汽，理论预测的和实际观测到的蒸汽分离效应(Giggenbach and Stewart，1982)，见图 14-7。

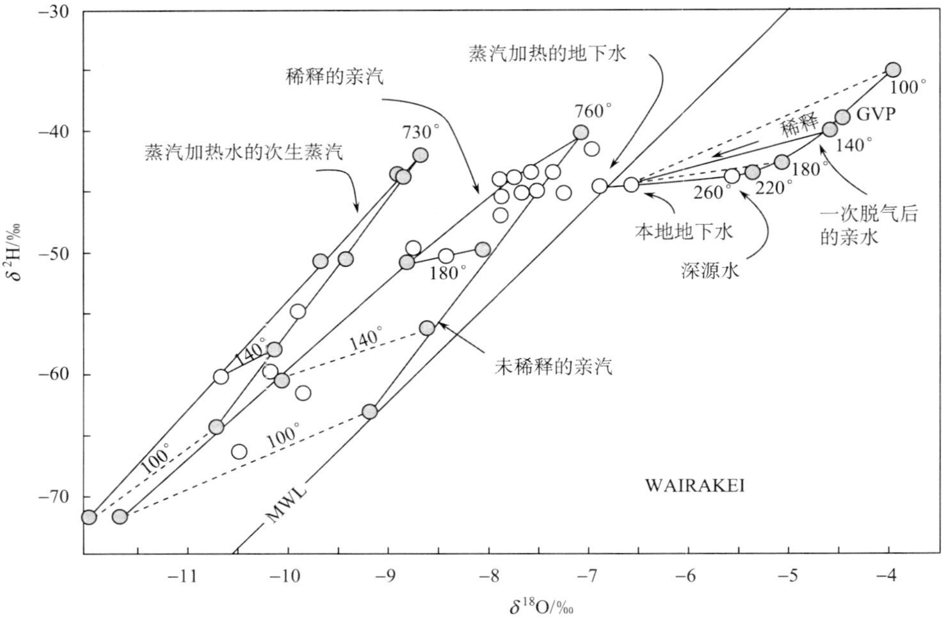

图 14-7　新西兰 Wairakai 地热田，初始温度为 260℃的深层地下热水，被当地地下水稀释后，形成的蒸汽和液体的同位素组成。假设单阶段蒸汽分离。圆圈是喷气孔蒸汽样本的数据点(Giggenbach and Stewart 1982，有修改)

三、不同水源的混合效应

如前所述，地热系统由大气降水、海水、岩浆水等不同来源的水组成。在一些系统中会出现深层古海水，如美国加利福尼亚州的索尔顿海(Salton Sea)。靠近海岸的系统可由大气降水和海水共同补给，在这些情况下可见氧同位素的富集现象。

实例：漳州地热田

福建漳州地热系统的雨水、泉水和河水等样品的同位素数据所代表的该地区大气降水线，然后分析了常温孔隙水、淡水温泉、热田中心热水(＞90℃)的 δD、$\delta^{18}O$。结果表明，漳州热田的地下热水起源于大气降水与海水的混合水，热水的补给高程为 900～1050 m，初步确定补给区在漳州盆地周边的天宝大山及其毗邻山地，热水不存在明显的"氧"漂移现象；第四系热水和基岩热水的矿化度都随温度的升高而增大，说明基岩热水为咸水，第四系的热水也来源于基岩热水，在热田的相对高温中心，基岩热水补给充足，矿化度也较高，从中心向外围由于冷水的混入，热水的温度与矿化度也随之降低，另外，从热水与冷水中 Cl^- 与 Na^+ 含量之间以及 Cl^- 与 $\delta^{18}O$ 之间的线性关系可以进一步证明两者之间的混合作用，及混合比例（庞忠和等，1990；Pang，2005）。

四、地热水-岩石反应

$\delta^{18}O$ 通常表现为相对于当地大气降水同位素组成的重同位素("氧同位素漂移")富集的特征。氧同位素漂移无论是在高温还是在中低温地热系统中都会发生。入渗到地下深部形成热储的大气降水，与岩石的同位素不平衡，从而导致岩石骨架矿物与运动其中的水之间的发生氧同位素交换。水与围岩的同位素交换导致初始水中重同位素富集，富集程度受地下热水温度的控制。重同位素快速不断的去除会导致岩石 ^{18}O 的稳定亏损(Clayton and Steiner，1975)。在 300℃时，与石英和钠长石处于同位素平衡的地下水的 $\delta^{18}O$ 分别约为＋3‰和＋4.5‰。Taylor(1977)建立了估算氧同位素漂移的定量方法。

对某一特定矿物来说，矿物-水 ^{18}O 交换反应的热力学平衡分馏系数 α 随着氧键强度的增大而增大。对主要的"地热"矿物石英、方解石和两种长石，Matsuhisa 等(1979)确定了温度函数的 α 值(Giggenbach，1991)。最高的分馏表明，氧牢固地结合在石英中；而长石的分馏系数较小。

图 14-8 表示地表水和深层地下热水的氢氧同位素组成，以及相应的来自地热系统的蚀变和未蚀变岩石的同位素组成。岩石的 δ^2H 值等于相应地下热水的 δ^2H 值，而不反映任何含氢矿物的 δ^2H 值。平行于大气降水线的线簇属于可能对地下热水形成有贡献的安山岩气体的一部分。图 14-8 可用来比较实测的地下热水和共存蚀变岩石间的同位素分馏，与假定的于深层地下水测量温度下同主要矿物达到同位素平衡时的同位素分馏。

水和岩石间氧同位素交换速率随温度的降低而快速减小。因此，水中 ^{18}O 漂移的出现曾经被认为是地热系统内当前或以前存在高温(＞250℃)的证据。然而，氧同位素漂移程度不仅决定于温度，还决定于同位素交换程度、水岩比及各端元的 $\delta^{18}O$ 值。近来，在中低温地热系统中，氧同位素漂移现象也被发现(秦大军等，2005；Pang et al.，2010)。

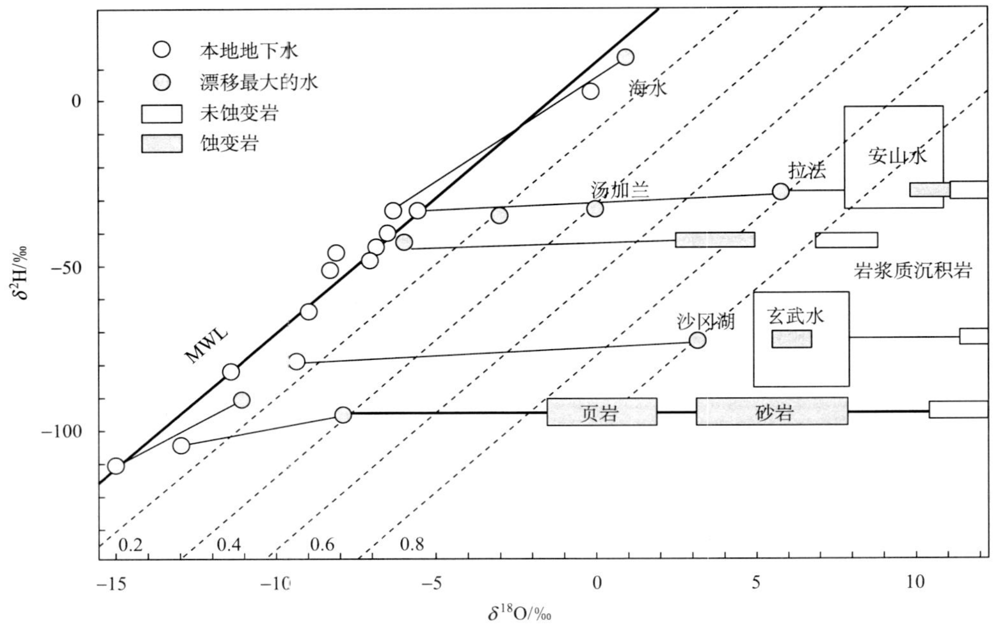

图 14-8　地下热水的氧和氢同位素组成

在地热系统中的蚀变岩石中也检测到了同位素组成的变化。岩石的 δ^2H 值与附近地下热水的 δ^2H 值相似。平行于大气降水线的虚线表示不同程度的安山水贡献(根据 Giggenbach and Lyon,1977,修改)。

在不同的地热系统中观测到的水岩相互作用同位素分馏有较大区别。这些系统可以分为两大类。

(1) 岩石主导的系统,水/岩比值较大。发生较大的 δ^{18}O 漂移。地热水的同位素组成趋于未蚀变的、通常为沉积岩的同位素组成。比如,我国关中盆地的西安、咸阳地热田,美国加州索尔顿海地热田。

(2) 流体主导的系统,水/岩比值较小。热水发生较小的 δ^{18}O 漂移。热水同位素趋于本地地下水的同位素组成。比如,我国西藏羊八井地热田。

因此,在钻孔较浅处遇到的蚀变岩石的 δ^{18}O 值,可能是与具 δ^{18}O 漂移的同位素组成已发生改变的水发生相互作用的产物。为上升地下水同位素组成所反映的主要水-岩同位素交换,似在钻孔深度以下很深之处已经发生,可能在初始岩浆流体初步中和带或其他水-岩平衡的深部、高温带(Giggenbach, 1988)。

这个例子是许多地热系统的代表。造成水中 δ^{18}O 漂移的主要过程出现在目前可及深度以下很深之处。在许多实例中,实际观测到的变化范围很宽的 δ^{18}O 漂移仅反映了某一高度漂移的端元为当地大气降水所稀释的程度。

实例：关中盆地地热田

高温热水系统地下水由于与围岩发生同位素交换，导致地下热水的^{18}O比当地降水或浅层地下水的^{18}O富集，但^{2}H由于在岩石中相对较少，地下热水的$\delta^{2}H$变化不明显，这种现象称为"氧漂移"。根据已有的研究，它一般发生在热储温度大于250℃的地热系统中（如图14.8）。而西安热水热储温度最高在130℃，大都在40～120℃，却发生强烈的^{18}O漂移，达到10‰（秦大军等，2005；），在同类型体系中罕见。继而，在咸阳地热田又发现很高的^{18}O漂移（马致远等，2008）。一般来说，影响^{18}O漂移的主要因素有热储温度、水岩作用时间和水岩比。

石油天然气地质勘探证实，关中盆地是一个新生代裂谷盆地，其发育经历了一个从走滑裂解到抬升拉张的过程。裂谷构造提供了异常高的背景热流，是地热系统的主要热源。秦岭山前东西向的和北东东向的主干断裂对于地热流体的形成、补给与运移起到了主控作用，巨厚的砂岩储层提供了有利的赋存空间。

热水水化学资料，指示了热水补给来源和热储中特殊的水岩相互作用过程。根据水化学组分比判断，地下热水中的钙（Ca）来自白云石、方解石和硅酸盐类的溶解。另外一个重要的特征是，除个别情况外，热水样品的mCa/HCO_3均小于1，说明地下热水可能与岩石发生了阳离子交换。

热水同位素样品中的HCO_3含量随着无机碳-13（$\delta^{13}C$）的贫化而线性增加（秦大军等，2005），两者的相关性很好。地下热水与碳酸盐的交换反应更清楚地反映在氧同位素组成上面。根据同位素分馏原理，热水$\delta^{18}O$漂移量很高，如此规模的水岩相互作用只有在储层骨架成分以碳酸盐为主的情况下才会发生。

根据地下热水水化学特征分析，选择Fontes-Garnier ^{14}C校正模型确定了热水地下驻留时间，或^{14}C校正年龄，除三个样品年龄低于$1\times10^{4}a$，其他都在$1.0\sim2.5\times10^{4}a$。说明地下热水循环缓慢。

根据影响水岩相互作用的温度、年龄和水岩比三个因素的分析，多元线性回归方法统计了热水^{18}O漂移量Δ（‰）与热储温度T（石英法，℃）和^{14}C校正年龄A（$10^{4}a$）的相关关系为$\Delta=0.102T+0.128A-6.887$，方程通过$F$检验。由此得出，在忽略水岩比的情况下，温度与年龄的氧同位素梯度分别为0.102‰/℃和0.128‰/$10^{4}a$。热储温度和水岩作用时间与^{18}O偏移量之间的回归方程基本上刻画了西安热水^{18}O漂移的特征，根据此梯度，热储温度与年龄对^{18}O漂移起了相当的作用（Pang et al.，2010）。见图14-9。

在比较了西安和咸阳的地热水同位素组成之后，发现两者差异很大，明显看出二者不是同源的。这种差异也从另一个方面印证了盆地地热成因上断裂构造的控制作用。

根据以上研究结果，要实现关中盆地地热资源可持续开发利用，必须实行回灌式开采模式。必要时可考虑利用注入添加剂强化水岩相互作用的方法来改进储层的水力学属性，提高孔隙率和渗透率，实现有效的回灌。

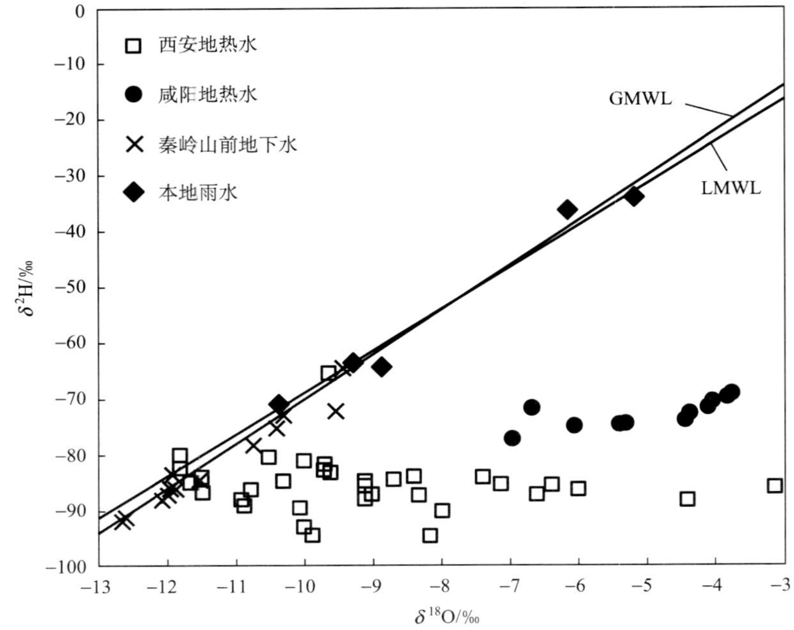

图 14-9　关中盆地地热水的氧漂移(Pang et al.,2010)

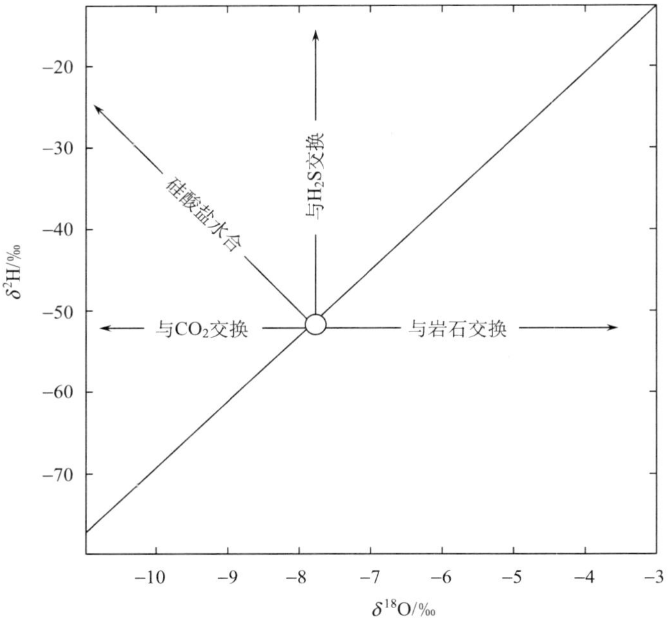

图 14-10　不同的水岩气相互作用的同位素效应

五、地热水与气体作用

在地热系统中往往有大量的气体存在，其中主要的是二氧化碳和硫化氢气体。当二氧化碳气体相对于液相的水占主导地位时，水-气相互作用会导致地热水同位素的负向漂移现象，即地热水同位素氧-18 贫化。硫化氢的作用则是使地热水同位素氘富集。

综上所述，地热系统中水岩气相互作用所产生的同位素效应可以归纳为几个主要方面。如图 14-10 所示。

第四节　水同位素地温计

由于实际利用的需要，水热型地热资源按温度被分为高温（>150℃）、中温（90～150℃）和低温（<90℃）地热资源。高温和中温地热资源主要用于发电，而低温地热资源主要用于热能的直接利用。比如，房屋采暖、制冷、工农业用热、康体浴疗等。

为了进行这种分类，需要确定地热储的温度。除了化学地热温度计以外，同位素温度计有时也用来预测温度。

对所有的地温计以及组分Ⅰ和Ⅱ，广义的温度关系式为：

$$\ln\alpha_{\mathrm{I-II}} = \ln\frac{R_{\mathrm{I}}}{R_{\mathrm{II}}} = A + \frac{10^3 B}{T} + \frac{10^6 C}{T} \tag{14-2}$$

对最常见的地温计，表 14-2 给出了方程 14-2 中的系数 A、B 和 C。

表 14-2　常用的同位素地温计的系数

类型		温度范围/℃	相态	依据	A	B	C
H_2O-H_2	δ^2H	100～400	汽	理论值	−217.4	396.8	11.76
			液		−294.0	396.8	25.196
CO_2-H_2O	$\delta^{18}O$	100～400	汽	理论值	−8.87	784.9	2.941
			液		1961	18.29	7.626
SO_4-H_2O	$\delta^{18}O$	0～300	液	Lloyd，1968	−5.6	0	3.251
				Mizutani 和 Rafter，1969	−4.1	0	2.880

一、水溶硫酸盐氧同位素地温计

H_2O-SO_4 的氧同位素温度计是地热研究中常用的同位素温度计。它是基于水分子中氧与硫酸盐分子中的氧同位素之间的分馏平衡对于温度的依赖而确定的。

$$S^{16}O_4^{2-} + H_2^{18}O \leftrightarrow S^{16}O_3^{18}O^{2-} + H_2^{16}O$$

$$^{32}SO_4^{2-} + H_2{}^{34}S \leftrightarrow {}^{34}SO_4^{2-} + H_2{}^{32}S$$

对于以水为主的地热田，应用硫酸盐—水地质温度计是合理的。由 Lloyd(1968)、Mizutani 和 Rafter(1969)提出的两个方程适用于 0～300℃的温度范围。结果差别仅约10℃。由于同位素交换反应速率与 pH 值成反比，因此在中性条件下，100℃和 300℃时，达到 90%同位素平衡所需的时间分别为 500 年和 2 年。在大部分地热储存地热水的滞留时间符合这些要求。

这种地质温度计的缺陷是与含有硫酸盐的浅层地下水的混合、H_2S 被大气 O_2 氧化以及蒸发作用都可能改变溶解硫酸盐的同位素组成。这时，同位素标记将不再反映深层地热硫酸盐的特征。见图 14-11。

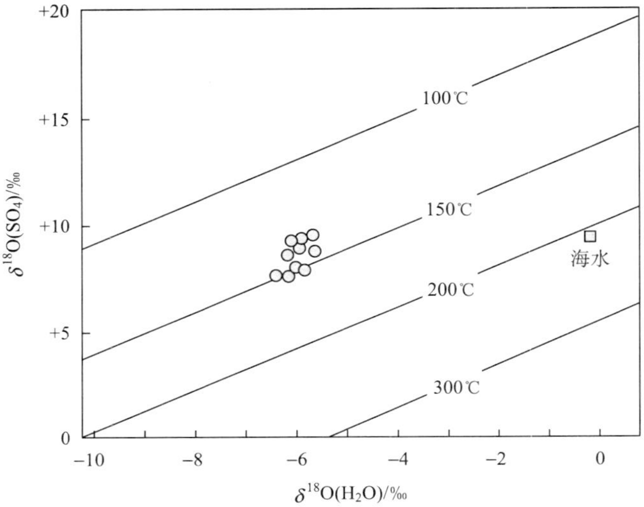

图 14-11 基于 SO_4—H_2O 的氧同位素地质温度计(Mizutani and Rafter,1969)
(圆圈代表来自中国漳州地热田的地下热水样品)

实例：漳州地热田

漳州地热田位于第四纪断陷盆地，基底为中生代花岗岩。其深循环地下热水在井口的温度为 114℃，在 90 m 深处为 122℃。该水高度盐化：矿化度为 12 g/L，Cl^- 的浓度为 6 g/L。SO_4 主要为海相起源。图 14-11 表明了基于 SO_4-H_2O 的 $\delta^{18}O$ 值得到的地质温度计计算结果。估算的水体温度(140～150℃)(Mizutani and Rafter,1969)和用地球化学模拟得到的温度相当一致(Pang and Reed,1998)。

二、气体-水同位素温度计

地热流体中的气体成分总是包含二氧化碳、甲烷、氢气及水蒸气。由于地球化学系统组分间同位素的相对分布仅为温度的函数，理论上其中任何一对组分都可以作为同位素地质温度计。应用此方法，必须知道同位素交换反应的平衡分馏系数 α。用任何同位素地温计来解译地热系统的热历史，关键取决于被考虑组分间是否已达到了同位素平衡，必须满足以下要求：

（1）在研究的温度范围中，同位素分馏系数 α 对于正常温度的梯度必须足够大，以便测量；应排除与不同来源的相同化学组分的混合。

（2）在地下热水中达到的同位素平衡在采样点处不发生变化，同位素交换速率要足够低，以避免在采样和分析期间发生同位素再平衡。

以下同位素地质温标得到了很好的发展：

$$^{12}CO_2 + ^{13}CH_4 \leftrightarrow ^{13}CO_2 + ^{12}CH_4$$

$$C^1H_3^2H + ^1H_2O \leftrightarrow ^1H^2HO + C^1H_4$$

$$^1H^2H + C^1H_4 \leftrightarrow ^1H_2 + C^1H_3^2H$$

$$^1H^2H + ^1H_2O \leftrightarrow ^1H_2 + C^1H_3^2H$$

$$C^{16}O_2 + H_2{}^{18}O \leftrightarrow C^{16}O^{18}O + H_2{}^{16}O$$

例如，CO_2—H_2O 系统的动力学反应十分迅速。因此，连续进行的同位素再平衡导致系统的最高温度无法确定。对 CO_2—CH_4 地温计来说，其反应速率最低。

一般来说，一个同位素体系的分馏系数对温度越敏感，作为地热温度计就越好。

不同温度下 CO_2—CH_4 同位素地质温度计的同位素平衡分馏系数（图 14-12），已由 Richet 等人（1977）从光谱学数据计算出来。Lyon 和 Hulston（1984）发现，对于温度范围在 150～500℃时，可按下式估算，精度约为 2℃。

$$T = -173 + \frac{15.79}{\delta^{13}C_{CO_2} - \delta^{13}C_{CH_4} + 9‰} \tag{14-3}$$

式中温度单位用℃；δ 值是非常小的数（单位‰；9‰＝0.009）。这个地热方法已应用于全世界大部分主要地热田（Lyon and Hulston，1984；Nuti et al.，1985；等）。

由于^{13}C 平衡反应比二氧化硅地质温度计的平衡反应要慢几个数量级（Truesdell and Hulston，1980），因此^{13}C 温度很可能反映了比已开采地热田现状更早的气体历史（Lyon and Hulston，1984）。实验确定，在温度为 600℃，500℃，400℃ 及 300℃时，CO_2—CH_4 地质温度计的反应半衰期分别为 3 a，75 a，3000 a 和 10 Ma。由于速率很慢，由此地质温度计所确定的温度归因于在实际生产层位以下很深部位所存在的正在冷却的岩浆体。

由 Richet 等（1977）在理论数据基础上建立的 H_2O—H_2 地质温度计，已被实验和理论很好地校正，在地热勘查中，其估算值与观测到的地下温度最为符合。这可能是由于水和氢气之间相对较高的交换速率，只需不到一年的时间就可达到 90％的平衡程度。

实例：菲律宾帕力品罗地热田

菲律宾帕力品罗 Palinpinon 地热田，由 H_2O—H_2 和 CO_2—CH_4 算得的温度之间具有良好的相关关系，尽管由 CO_2—CH_4 算得的温度可高出 70℃。由二氧化硅含量和 H_2O—H_2 算得的温度则相一致。

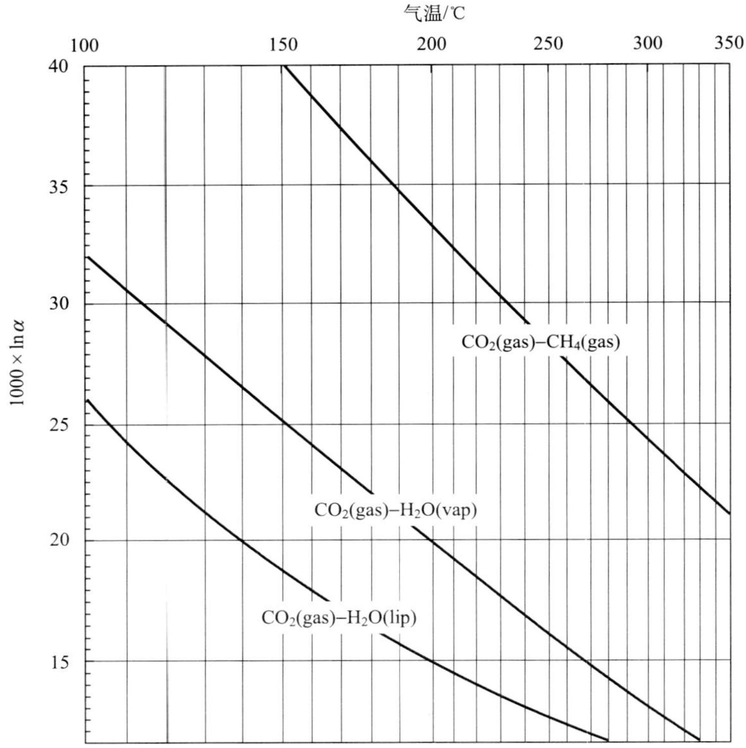

图 14-12　$CO_2—H_2O$ 和 CO_2-CH_4 地质温度计的同位素平衡分馏系数 1000×lnα 作为温度函数的计算值(Richet et al.,1977)

对于以蒸汽为主的拉德瑞罗(Larderello)地热田,由 $CO_2—H_2O$ 地质温度计(Richet et al.,1977)给出的温度与井口实测到温度相近。这是由于同位素交换反应的速率很高所致。

*　　　　*　　　　*

热水的起源与补给源可以通过其 δD、$\delta^{18}O$ 值与大气降水 δD、$\delta^{18}O$ 值之间的关系来判断。在高温地热系统中部分热水来源于岩浆水的水汽。典型的例子是岛弧型火山区地热系统中的安山水混入。据估算,安山水的比例在环太平洋地热田可以达到 24%(Pang,2006)。另外一个现象是"氧"漂移,即地下热水中 $\delta^{18}O$ 相对富集的现象。以往这种现象多见于高温地热系统,近年来在中低温地热系统中也有发现,如关中盆地的西安和咸阳地热田(秦大军等,2005;马致远 et al.,2008;Pang et al.,2010)。

同位素温标可用来计算热储的温度。比较常用的方法有硫酸盐中的 $\delta^{18}O$ 地热温标。放射性同位素(^{3}H,^{14}C,^{36}Cl 等)可用来测定热水的年龄,了解其天然循环周期以及在开采条件下判断冷水的入侵影响等。人工同位素(^{131}I,^{125}I,^{35}S),可以用来示踪地热水的运动,为优化地热开采方案提供依据。在地热气体成分研究中,惰性气体及其同位素 $^{3}He/^{4}He$,近年来也受到重视。较之水相组分,研究地热气体的同位素具有其特殊优势。这是因为气体源于深部,较少受到近地表过程的影响,具有显著指示意义。

第十五章　地 下 卤 水

王东升　王　坤

第一节　地下卤水概述

一、地下卤水的概念

在自然界不存在化学上的纯水(H_2O)。与其他天然水一样，地下水中溶解有各种固体物质和气体，构成成分和浓度各异，性质和用途不同，因而具有不同名称的流体。地下水的浓度通常用单位体积水中所有溶解固体物质的总质量(g/L)来表示，称为溶解固形物总量(TDS)或者叫做矿化度。地下水 TDS 的值域很宽($n\times10^{-1}$ g/L～$n\times10^{2}$ g/L)。其中，TDS 小于 1 g/L，是天然水作为生活饮用水的一个标准，人们通常称符合此标准的水为“淡水”；海洋水的 TDS 平均值约为 30 g/L，人们常把接近这个浓度定义为盐水；П. М. 布德科从盐业和化学工业角度出发，把 TDS ＝ 50～150 g/L 者称作淡卤，把 TDS＝150～320 g/L 者称作浓卤，把 TDS＝320～500 g/L 者称作饱和卤，把 TDS＞500 g/L 者称为过饱和卤。饱和卤和过饱和卤统称为超浓卤。有时人们把盐水和卤水统称为盐卤水。按照上述观点，从盐业和化学工业角度出发，地下卤水通常是指地下水中 TDS 达 50 g/L到 500 g/L 以上者。

近年来，在同位素地球化学领域，建造水(formation water)一词用得较多。什么是建造水？Jchen Hoefs(1997)认为：建造水属于含盐水(saline water)，水中盐的浓度从接近海水的值到高浓度的 Cl-NaCa 型卤水(brine)。关于建造水的来源和演化存在着不同的观点，这是由于沉积作用过程中卤水发生了明显的变化，这就使得含盐建造水的发展过程变得非常复杂。这就是说，建造水不是别的，它就是封存于岩石孔隙或裂隙中的地下盐水(saline groundwater)、含盐流体(saline fluids)和地下卤水(brine)。建造水的 TDS 标准是接近和大于海水浓度。本章重点讨论地下卤水同位素，不妨把 П. М. 布德科卤水分级中的淡卤的下限向下延伸到接近海水浓度，这样地下卤水和建造水的 TDS 标准就一致了。虽然，作为研究对象，地下卤水就是建造水，但是，作为研究方向，地下卤水和建造水依然有所区别。正如在许多地区，地下卤水和建造水具有较高的温度，可以被列入热卤水范畴。但是，地下卤水、建造水和热卤水，依然是不同的概念，代表着不同的地质流体研究方向。

二、地下卤水的类型和分布

中国地下卤水分布于从沿海到内陆，从上元古界至中新生界的四维空间。其中，中新生界为地下卤水的重要储集层（见表 15-1 和 图 15-1）。地下卤水主要分布在地台区，其次分布在褶皱系，埋藏于从地表以下 50～3000 m 以深的沉积岩孔隙或者结晶岩裂隙之中。在地台区断陷盆地、拗陷盆地、地台周缘盆地和弧后盆地，浅部以 C-N 型（Cl-Na 型）水为主，深部以 C-NC 型（Cl-Na · Ca 型）和 C-C 型（Cl-Ca 型）水为主。在褶皱系范围内，中—新生代断陷盆地中赋存类型复杂的卤水：C-N 型，C-NC 型，H-N 型（HCO_3-Na 型），CS-N 型（Cl-SO_4-Na 型），S-N 型（SO_4-Na 型）等。上述分类是按舒卡列夫分类法，取阴离子和阳离子各自当量百分浓度≥25％者参加命名。

另外，根据地下卤水与水文循环的关系，可以把地下卤水区分为循环型地下卤水和封存型地下卤水。根据地下卤水与沉积矿床的伴存或伴生关系，可以把地下卤水划分为盐矿床水和烃矿床水。根据研究对象和目的的不同，还有其他分类。例如，盐矿床水包括盐上层水、盐间层水和盐下层水，烃矿床水包含边水和底水等，不一一赘述。

表 15-1　中国地下卤水分布表（王东升，1987）

地下盐卤水区	省（自治区）	震旦系	寒武系	奥陶系	志留系	泥盆系	石炭系	二叠系	三叠系	侏罗系	白垩系	第三系	第四系
东南区	冀	+		+				+				+	
	鲁			+								+	+
	豫											+	
	皖												
	苏											+	
	浙												
	赣										+		
	鄂		+	+			+	+	+	+	+	+	
	川	+	+	+			+	+	+	+	+		
	黔		+						+				
	湘											+	
	粤											+	
	桂					+							
西南区	川西								+		+		
	滇				+					+	+		
	青									+		+	—
	藏										+		—
西北区	新		+	+			+	+	+			+	—
	甘				+							+	
	宁												

续表

地下盐卤水区	省（自治区）	震旦系	寒武系	奥陶系	志留系	泥盆系	石炭系	二叠系	三叠系	侏罗系	白垩系	第三系	第四系
东北区	晋												—
	陕							+	+				—
	吉										+		—
	黑										+		
	辽										+		+
	内蒙古												—

注："+"为地下盐卤水，"—"为盐湖。

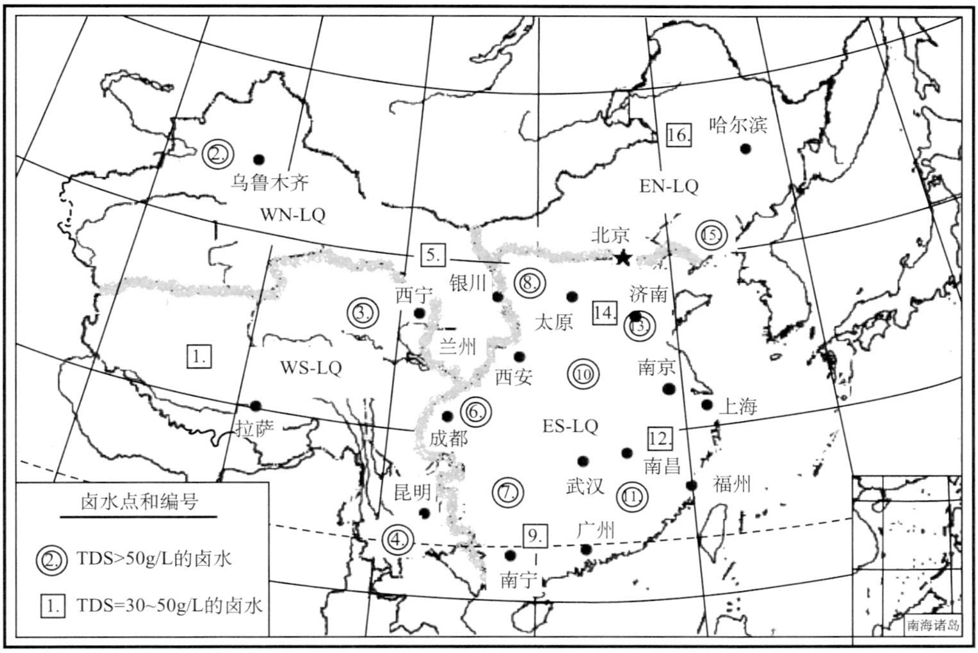

图 15-1　中国地下卤水分布图（王东升，1987）

图例：WS-LQ：西南卤区，地下卤水主要分布于滇青藏和川西 4 省区，以白垩系为主（1 和 3 号卤水），次为上古生界和中新生界（4 号卤水）；WN-LQ：西北卤区，地下卤水主要分布于新疆，次为甘肃和宁夏，以第三系为主，三叠系、石炭系和二叠系多层位赋存超浓卤水（2 号卤水）和淡卤水（5 号卤水）；ES-LQ：东南卤区，计 13 个省区和 11 个层位发现卤水。其中，四川盆地（6 号卤水）和江汉盆地（7 号卤水）为下古生界和中新生界浓卤水和超浓卤水，东部盆地主要是中新生界卤水（10 号、11 号和 12 号卤水），局部赋存上古生界淡卤水（9 号卤水），而华北盆地（8 号、13 和 14 号卤水）为古生界和中新生界卤水；EN-LQ：东北卤区，赋存辽东湾第四系卤水（15 号卤水），和白垩系油气田卤水（16 号卤水）

三、地下卤水的地质-地球化学特征

在中国地下卤水中，已经检测出化学元素70余种，其中浓度达g/L级者有：Cl^-，Na^+，SO_4^{2-}，HCO_3^-，Ca^{2+}，K^+，Fe^{2+}，Mg^{2+}，Br^-，Ba^{2+}，Sr^{2+}，B，He；浓度达mg/L级者有：NO_3^-，F^-，Li^+，I^-，NH^{4+}，Ar，Mn^{2+}，Si^{4+}，Al^{3+}，Zn^{2+}，Zr^{4+}，Rb^+；浓度达μg/L者有：Cu^{2+}，Pb^{2+}，Ni^{2+}，Ti^{3+}，Cs^+，Be^+，U^{4+}，Cr^{3+}，Cd^{2+}，Co^{2+}，Au^+，Tl^+，Ga^{3+}，Ge^{2+}，Th^{3+}，V^{2+}，Ta^{5+}，W^{4+}，Hf^{4+}，Ag^+，Bi^{5+}；浓度达ng/L者有：La、In^{3+}，Ce^{3+}，Pr，Nd，Sm，Eu，Gd，Tb，Dy，Ho，Er，Tm，Yb，Lu，Ra等。

中国地下卤水中溶解固体物质总量(TDS)最高达614g/L。其中，与烃矿床伴存的地下卤水简称烃矿床卤，烃矿床卤多是淡卤，且54%为C-N型和C-C型；与盐矿床伴存的地下卤水简称盐矿床卤，盐矿床卤多是浓卤(TDS=320～500g/L)和过饱和卤，且86%为C-N型。

在大型沉积盆地，如四川盆地，自古剥蚀面向下往往由单组分工业水如溴水、碘水变化为多组分工业水(溴碘水、溴碘硼水、溴硼锂钾碘水)，为宝贵的液态矿。中国烃矿床卤含碘最高达290 mg/L，且TDS较低，便于提取。中国盐矿床卤含钾最高达52 g/L(川西，平落坝4井)，次为25 g/L(川东，川25井)，均为饱和卤。四川盆地(Z，T_1j^5，T_2l^1)、江汉盆地(E_2)和塔里木盆地(O，P_1，N_1)卤钾浓度均达到工业钾水标准，具有液态钾矿开发远景和固态水溶性钾盐矿床的找矿指示意义。

四、地下卤水研究的意义、焦点和方法

在地球水圈的地表部分中，占3/4优势的是大洋水，加上大陆盐湖，简单的计算表明，地表水的主体(90%以上)是卤水。在水圈地下部分中，淡水带的厚度从几米到几百米，个别情况下达1～2 km。但是，即使淡水带的平均厚度达0.5 km，也不及水圈地下部分厚度的千分之一，而二者孔隙率的变化仅为一个数量级。因此，可以认为，地下水的主体(90%以上)也是卤水。由此，研究地下卤水，对于深化人们对于水圈形成和行星地球演化的认识，科学评价与合理开发自然资源具有多方面的意义。

地下卤水是一种宝贵的液态矿，原苏联学者称之为“工业原料水”或“工业水”。地下卤水中除含有NaCl之外，还含有溴、碘、硼、锂、钾、铷和铯等多种有用元素。中国开采地下卤水，从中提取石盐(谓之“井盐”)，已有2000多年历史。地下卤水在地球水圈中的重要地位，它所赋含的矿物原料、热能，它对于盐类、烃类和层状金属矿床的找矿指示意义，更引起现代地学界多学科(矿床学、沉积学、地球化学、水文地质学等)的重视。

当代研究地下卤水的几个焦点问题是：地下卤水中水和盐分的来源、形成作用；地下卤水的分布和富集规律；地下卤水资源评价的理论和方法；地下卤水的勘察、开发和综合利用技术；地下卤水与盐类矿床、烃类矿床和金属矿床的时-空关系和综合找矿理论等。本章遵循全书主题，主要讨论环境同位素的应用在地下卤水研究中引起的变化，氢和氧的

稳定同位素在地下卤水中的分布特征与影响因素，地下卤水的年代学研究等。

同位素技术是研究地下卤水起源和形成的先进手段。根据地下卤水与全球大气降水线的关系，地下卤水 TDS 与 $\delta^{18}O$ 的关系，可以评价大气降水参与地下卤水形成的程度，区分“循环型地下卤水”和“封存型地下卤水”。

在封存型地下卤水中，根据氢氧同位素分布特征和影响因素研究（本章对此作了重点讨论）、年代学研究（本章仅进行了初步讨论）、地球化学和构造古水文地质研究（本章未及讨论）等多方面综合研究，可以获得“溶滤卤水”和“沉积卤水”的信息，甚至在沉积卤水中获得识别“内生卤”的信息。所谓内生卤，是指形成于硅酸岩熔融体或岩浆分异作用、变质岩脱水作用或地幔脱水-排气等深成作用的地下卤水。与之相对的是“外生卤”，其生成与天然水循环过程和表生作用（风化作用、淋滤作用、沉积作用、水岩作用等）息息相关。

关于内生卤信息，引人瞩目的是赋存于沉积盆地内带 Cl-Na 型卤水之下的 Cl-Ca 型卤水，具有较高的 Ca/Na 比值。天然水蒸发的结果是倾向于最终形成 Cl-Mg 型过饱和卤。自流盆地内带的 Cl-Ca 型过饱和卤的成因，迄今尚无定论。它可能是深部次生白云化作用由 Cl-Mg 型卤演化而成或斜长石的钠长石化作用由 Cl-Na 型卤演化而成。但是，氢和氧的稳定同位素值域接近于内生卤值域，溶解或逸出气体 $^{40}Ar/^{36}Ar$ 和 $^{3}He/^{4}He$ 比值为海岭型或火山型值域的 Cl-Ca 型卤，极可能与深成作用有关。

第二节　氧-18 和氘在地下卤水中的分布

一、氧-18 和氘在地下卤水中分布的基本特征

地下卤水中氘和氧-18 的分布，作为多数情况下的一般规律，有下列基本特征：一是随着地下卤水埋藏深度增加，它的 TDS 和 $\delta^{18}O$ 值，以及它与大气降水线（MWL）之间的距离都随之增大。二是地下卤水的 $\delta^{18}O$ 值高于平均大洋水，而 δD 则低于平均大洋水。三是地下卤水的氢和氧同位素组成记录着它的起源和形成过程的信息。例如，参与四川盆地自贡黑卤形成的石膏结晶水的信息，与红海热卤水起源有关的红海海水信息，与美国大陆地下卤水混合的大气降水的信息以及萨尔屯地下卤水中水-岩作用的信息等。下面对几例著名地下卤水的氘和氧-18 的分布情况作扼要介绍。

二、氧-18 和氘在国内地下卤水中的分布

（一）四川黄卤和黑卤

四川盆地多层赋存地下卤水，最为著名的是黄卤和黑卤。侏罗系和三叠系上统陆相地层中的卤水，因色棕黄，俗称“黄卤”。三叠系中统、二叠系、石炭系、奥陶系和震旦系等海相地层中的卤水，因色黑俗称“黑卤”。黄卤中富含钡，无硫酸根和硫化氢，黑卤无钡，含硫酸根和硫化氢，富含微量组分溴碘硼锂锶等。在图 15-2 上可以看到：分布于盆地周

边山区和内部山区的淡泉水、盐泉水和热泉水与大气降水线分布基本一致，说明它们属于与现代大气降水有明显的水交替关联的"盆地外带循环水"(Xw)；在盆地内部埋藏于 50 m 到 3000 m 以深的卤水，都不同程度的远离 MWL，属于基本上与现代大气降水无关联的"盆地内带封存水"。在内带封存水中 Q_j(川中地区侏罗系黄卤)埋藏较浅，TDS 较低，为淡卤水，在开采卤水过程中有浅层淡水的混入，导致其 δD 和 $\delta^{18}O$ 沿直线展布，δ 值与 TDS 成正相关；Ps (川中地区三叠系上统与气田伴存的黄卤) 埋深逾 3000 m，是浓卤水和超浓卤水，具有较低的 δD 和较高的 $\delta^{18}O$；Zs (自贡地区三叠系中下统与盐矿床烃矿床伴存的黑卤)也是浓卤水和超浓卤水，其 δD 和 $\delta^{18}O$ 接近参与卤水组成的石膏结晶水，$\delta^{18}O$有显著漂移；只有 Wz (威远地区震旦系与气田伴存的黑卤)为淡卤水。总之，在四川盆地中，地区和层位不同的地下卤水具有不同的同位素组成，离散化和远离 MWL 是其基本分布特征。这提示它们的起源、形成和影响因素较为复杂。

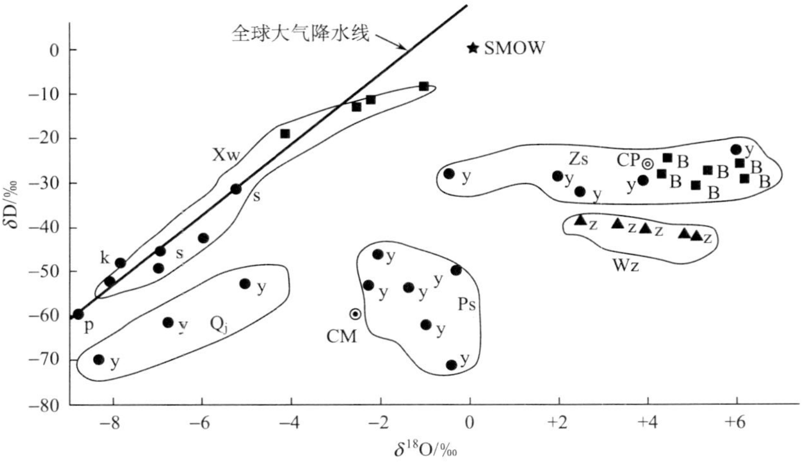

图 15-2　四川盆地卤水的同位素组成图(王东升，1988，1989)

SMOW 为平均大洋水；*CP* 为在硬石膏过程中从石膏中脱出的结晶水；CM 为析出石盐后的残余海水；Xw 为参与现代大气水循环的盆地外带水；Q_j 为川中地区侏罗系淡卤水；Ps 为川中地区三叠系上统与气田伴存的浓卤水；Zs 为自贡地区三叠系中下统与盐矿床烃矿床伴存的浓卤水；Wz 为威远地区震旦系与气田伴存的淡卤水；k 为川西地区白垩系淡卤水；s 为泉水；p 为二叠系露水；z 为震旦系卤水；y 为黄卤；B 为黑卤

(二) 塔里木盆地地下卤水

塔里木盆地地下卤水赋存于陆相中新生代地层和海相古生代地层。其中，与盐类矿床有关者(第三系和满加尔拗陷石炭系)TDS 较高，达到 220～320。而与烃类矿床伴存者 TDS(g/L)较低，例如，上第三系为 180～260 g/L；下第三系为 180～260 g/L；白恶系为 179 g/L；侏罗系为 170 g/L；三叠系为 150～210 g/L；石炭系为 80～180 g/L；志留系为 50～140 g/L，寒武奥陶系为 90～180 g/L。

塔里木油田地下卤水 δD 的值域为－73‰～－27‰，$\delta^{18}O$ 为-12‰～-5‰。在主体上地下卤水具有比海水富氧-18 而贫氘的封存水属性，即在 δD -$\delta^{18}O$ 关系图(图 15-3)上，地下卤水点位于 GMWL 右侧，海水点(SMOW)下方。从图 15-3 的塔里木全图上可以看出，与四川盆地地下卤水不同，塔里木盆地不同地区和不同层位卤水氢和氧同位素值域的分布具有密集和重叠特征。但是，图 15-3 的其他三图则给出了具体的信息，轮南(LN)地区的侏罗系、三叠系、奥陶系和寒武系卤水，以及塔中地区的石炭系卤水，皆属于氘变化小而氧－18 变化大的类型。轮南(LN)地区的石炭系卤水属于氘随氧-18 增大而增大的类型。至于塔中(TZ)地区的寒武奥陶系卤水和东河塘地区的第三系和石炭系卤水属于氘和氧－18 变化较复杂的类型。

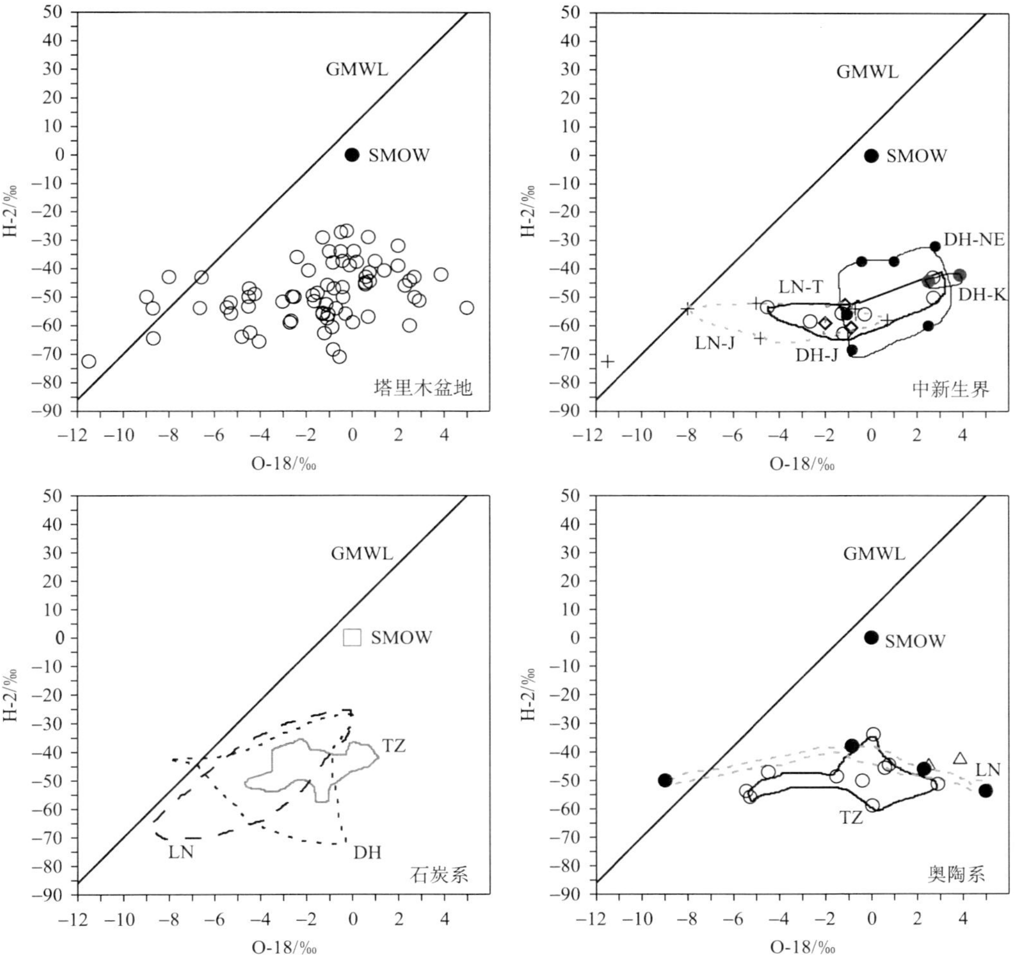

图 15-3　塔里木盆地地下卤水同位素组成图(蔡春芳，1988)

纵坐标-δD(‰)，横坐标-$\delta^{18}O$(‰)，字符：GMWL 为大气降水线，SMOW 为平均大洋水

DH 为-东河塘地区地下卤水，LN 为轮南地区地下卤水，TZ 为-塔中地区地下卤水

据蔡春芳(1998)研究,在不同层位的含卤层中,卤水同位素组成的控制和影响因素不尽相同。例如,蒸发作用之对应于第三系白垩系陆相干盐湖和红色河流相地层中的卤水,水与铝硅酸盐、碳酸盐矿物间的氧同位素交换作用之对应于侏罗系、三叠系含碳质泥岩和煤系的湖相地层中的卤水,以及寒武奥陶系地层中的卤水,后期淡水混合作用之对应于石炭系地下卤水,烃-水同位素交换作用之对应于寒武-奥陶系地下卤水。此外,导致氧-18在水中富集的作用还有黏土矿物的脱水作用和方解石和白云石的重结晶作用等。而可以导致贫氘作用,除了烃-水相互作用和黏土矿物的脱水作用外,还有 H_2S 气体与水的氢同位素交换作用。无机成因 H_2S 与地层水的相互作用可导致水的氢同位素发生正漂移,来自烃类物质和分散有机质的微生物硫酸盐还原和热化学还原所生成的 H_2S 气体则使氢的同位素发生负漂移。

(三)莱州湾地下卤水

在莱州湾滨海平原,从莱州到广利,东西长 120 km,南北宽 10～20 km,面积达 1500 km^2 的范围内,平行海岸带连续分布三层地下卤水。上层卤水是潜水,底板埋藏深度 8～15 m;其下两层卤水是承压水,底板埋深分别为 20～42 m 和 30～80 m。

卤水赋存在全新世间冰期海进相砂类沉积物中。在垂直方向上,承压卤水被埋藏在由连续分布的黏土和亚黏土陆相红色沉积构成的顶板和底板之间,处于完全封存状态。在水平方向上,在靠近内陆一侧地下卤水与地下淡水接触;在靠海一侧地下卤水与海水接触。在卤水与地下淡水的接触带,以及在卤水与海水的接触带,发生机械的和化学的混合、分子扩散、离子交替吸附以及同位素交换等作用。作用的总体方向是卤水的 TDS 被稀释。因此,垂直地下卤水的走向,地下卤水可划分为三个水文地球化学带:中部浓卤、陆侧淡卤和海侧淡卤。

据检测(张翠云,1993),在中部浓卤中氚无检出($T<05$TU),说明它属于古水范畴;在陆侧淡卤和海侧卤水中都检测到 1952 年以来热核爆炸产生的人工氚($T=18\sim20$TU),说明它们属于新水范畴,都受到了 1952 年以来的大气降水的直接或间接影响。至于地下卤水的 δD 和 $\delta^{18}O$ 值,则是以中部浓卤(－32‰和－2.8‰)为起点,一方面向地下淡水方向(－57‰和－9.0‰)降低,另一方面向海水方向(－7‰和－1.9‰)升高(图 15-4)。可见,分带是莱州湾地下卤水同位素分布的一个基本特征。

莱州湾地下卤水同位素分布的另一个特征是,在 δD 和 $\delta^{18}O$ 关系图上(图 15-5),地下卤水与承压地下水近似的沿着直线分布:$\delta D=5.1\times\delta^{18}O-14.4$。其中,包含了地下卤水初始形成和后期演变的信息。关于莱州湾地下卤水的初始形成,有滨海沼泽说(陈爱光和徐绍利,1959),海岸带潮滩蒸发说和冰冻说(韩有松等,1996;王珍岩等,1998;马龙等,2006)。

(四)内蒙古达拉特旗芒硝矿卤水

内蒙古达拉特旗(下称达旗)下更新统芒硝矿,分布于华北地台内蒙古地轴南缘和鄂尔多斯台拗北缘两条东西向深大断裂带之间,第三纪末形成的黄河断陷,俗称河套盆地。那里是早更新世区域地下水的汇水区。在干燥寒冷与相对湿润温暖交替的古气候条件下,

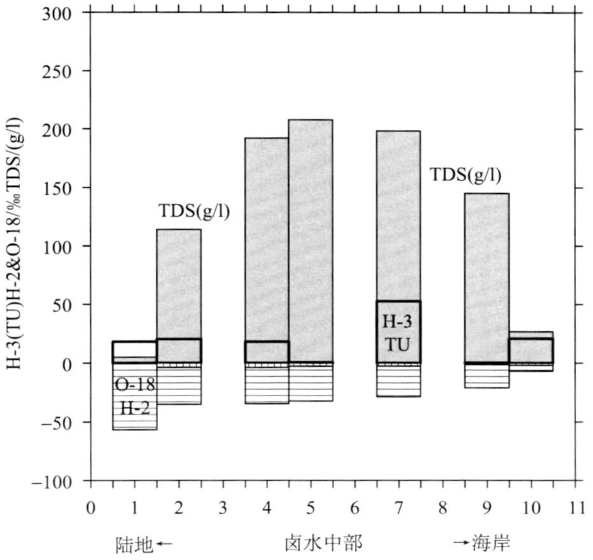

图 15-4　莱州湾地下卤水同位素水文地球化学分带略图(张翠云,1993)

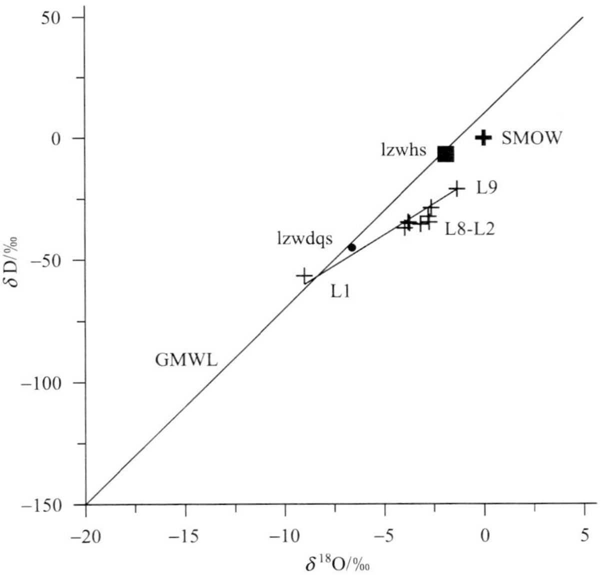

图 15-5　莱州湾地下卤水氢氧同位素组成分布图(据张翠云数据绘制,1993)

SMOW- 平均大洋水;lzwhs- 莱州湾海水，为河口海水,δ 值低于平均大洋水，落在大气降水线上；lawdqs- 区域大气降水;GMWL-全球大气降水线;L1- 与卤水同层的承压淡水;L2～L9- 地下卤水,其主体是古海岸带海水和侧向补给的承压地下淡水,在干旱炎热的古气候条件下形成的古盐沼成盐残余卤水,在随后埋藏阶段发生变质作用,在陆侧发生与同层承压淡水的混合作用和同位素交换作用,在海侧发生与海水的相互作用分别形成了芒硝矿层和碎屑夹层。下更新统(Q1)芒硝矿分布面积约 450 km^2。

据调查(田孝先等,1993),芒硝矿有三组可采层,由下至上称为Ⅰ,Ⅱ,Ⅲ矿组。其矿物成分以芒硝($Na_2SO_4 \cdot 10H_2O$)为主,含量大于 95%,其余为无水芒硝(Na_2SO_4),石膏($Ca_2SO_4 \cdot 2H_2O$),重碳钠盐($NaHCO_3$),钙芒硝($Na_2Ca(SO_4)_2$)。

含卤层主要由粉砂质黏土组成,夹于芒硝矿矿层内部,其矿物成分主要是黏土矿物、硅酸盐碎屑矿物和碳酸盐矿物(包括自析和碎屑),以及少量芒硝和石膏。

Ⅰ矿组呈致密块状,矿层厚度最大,达 23 m,其间含卤层累厚达 4～13 m,顶板埋深 236～273 m。Ⅱ矿组矿层累厚为 3 m,含卤层累厚 0～4 m,顶板埋深 228～265 m。Ⅲ矿组矿层累厚约 4 m,含卤层累厚 13 m,顶板埋深 194～226 m。含卤层南薄北厚,下厚上薄。

下层部卤水对应于Ⅰ、Ⅱ矿组的碎屑层,自流量为 0.069～0.35 L/S、卤水呈棕褐色,有 H_2S 恶臭,水温 12℃,pH=8.9±0.1,TDS=159±5g/L,为 CS-N 型,在阴离子中 Cl^- 占 60%,SO_4^{2-} 占 30%,在阳离子中 Na^+ 占 94%。上层卤水对应于Ⅲ矿组及Ⅲ矿组底板碎屑层,涌水量为 5.62 L/S,pH=9.1,TDS 为 40-50 g/L,为 SC-N 型,在阴离子中 Cl^- 约占 20%,SO_4^{2-} 约占 60%,在阳离子中 Na^+ 占 99%。地下层卤水具有较高的压力水头高度,井口压力大于 29 bar(1 bar=10^5 Pa)。

为查明地下卤水的成因,1990 年在王东升等协助下开展了同位素水文学研究,主要数据示于表 15-2 和图 15-6。

表 15-2　达旗地下卤水的氢氧稳定同位素组成表

孔名	$\delta^{18}O$(‰ SMOW)	δD(‰ SMOW)	检测单位和时间
上层卤水	−9.1	−69	原地质矿产部水文地质工程地质研究所同位素水文地质研究室,1990
下层卤水	+0.6	−13	

如图 15-6 所示,上层卤水和下层卤水都位于斜率为 5.7 的直线上。沿 δ 值增大的方向,在这条线上依次分布有承压水,上层卤水、潜水、河水和下层卤水。由此得到一个提示和三个推测。提示该直线具有蒸发-混合线性质,即在地下卤水的形成过程中,可能并列或者单独的存在蒸发浓缩作用、淡水的混合作用与溶盐作用。推测:①下层卤水位于蒸发线末端,其中可能含有较多的残余卤水;②上层卤水接近潜水和承压水的临界处,其中可能含有较大比例的溶滤卤水;③承压水位于蒸发线和大气降水线交点($\delta D=-85‰$,$\delta^{18}O=-12‰$),形成芒硝矿的早更新世大气水的同位素组成可能与之相近,较低的 δ 值可能与早更新世古气候干燥寒冷有关。已得到孢粉组合资料(草本植物占 70%～97%)的证实。芒硝晶体粒度有粗细似层状韵律变化,指示芒硝结晶温度的季节变化和气候的大陆性特征。

推测有待求证。对达旗地下卤水进行的历时近半年的等温蒸发实验(表 15-3)显示,随着等温蒸发过程的进行,所有离子的浓度都在不断增加,当 TDS 超过 300 g/L 时,即剩余卤水体积小于原始卤水体积 1/3 后,首先结晶的盐矿物是泡碱;随后当剩余卤水体积为 3.7 升时是无水芒硝;最后当剩余卤水体积小于 2.8 升时,为无水芒硝与石盐共同沉积,这种情况一直到剩余卤水为 0.5 升,实验停止。从实验结果可以看出,实验卤水结晶的矿

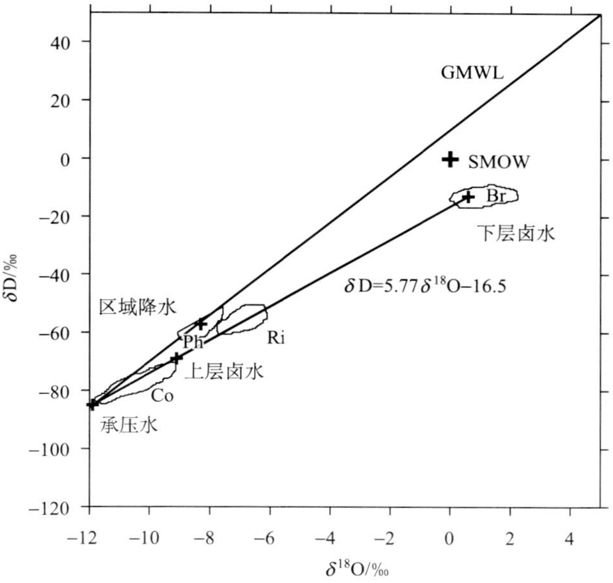

图 15-6 达拉特旗芒硝矿地下卤水氢氧同位素组成图

GMWL 为全球大气降水线；SMOW 为平均大洋水；Co 为承压地下水；Ph 为潜水；Ri 为河水；Br 为卤水

物组成不同于达旗芒硝矿石的矿物组成。后者矿物单一，主要是芒硝，其化学成分主要为 Na^+ 和 SO_4^{2-}。前者较复杂，除含有 Na^+ 与 SO_4^{2-} 外，还含有相当数量的 Cl^-，CO_3^{2-}，HCO_3^-。这表明芒硝矿地下卤水不完全是芒硝矿层的淋滤水，而下层卤水为 CS-N 型与芒硝沉积阶段卤水的类型（S-N）不同，也表明其中含有残余卤水成分。至此，同位素资料给出的关于下层卤水中含有较多残余卤水的第一个推测得到证实。

表 15-3 达旗芒硝矿地下卤水 25℃ 等温蒸发实验结果（陈郁华，1990 年）

编号	K^+	Na^+	Ca^{2+}	Mg^{2+}	HCO_3^-	CO_3^{2+}	SO_4^{2-}	Cl^-	析出固相	剩余卤水体积/L
1	0.46	46.23	0.039	0.27	18.42	1.66	48.1	33.45	—	12
2	0.59	65.13	0.049	0.33	21.15	4.66	58.6	43.35	—	9.6
3	0.77	92.30	0.073	0.45	27.84	8.79	81.1	61.5	—	6.5
4	0.97	106.48	0.086	0.46	30.05	13.09	99.4	72.4	—	5.5
5	1.31	142.30	0.108	0.67	38.49	19.63	132.0	95.0	—	4.0
6	1.51	155.78	0.124	0.71	43.05	22.26	137.2	107.6	泡碱	3.7
7	1.69	158.96	0.130	0.43	44.42	24.71	120.7	115.1	无水芒硝	3.0
8	1.87	159.63	0.084	0.65	58.73	39.45	90.1	125.8	无水芒硝＋石盐	2.8
9	2.33	158.96	0.084	0.65	58.73	39.45	90.1	125.8	无水芒硝＋石盐	2.0
10	3.09	158.96	0.084	0.51	84.02	48.79	79.6	121.1	无水芒硝＋石盐	1.2

注：化学分析由李兴承担。

芒硝是易于溶解水的盐矿物之一。在室温条件下芒硝矿石的溶解实验(表 15-4)显示,芒硝溶解过程呈现吸热反应,溶解 1 克芒硝矿石所吸收的热量为平均约为 188 焦耳。在水温低于 32～38℃时,随温度的上升芒硝溶解度增加比较明显。在恒温条件下芒硝矿石的溶解实验(表 15-5)显示,恒温条件下矿石的溶解量显著增加,在等于和高于 35℃的恒温条件下,芒硝矿石被大量溶解。

表 15-4 室温条件下芒硝矿石的溶解实验

编号	室温/℃	水温/℃	用水量/mL	加入矿样重/g	矿样溶解时溶液温度下降最低点/℃	溶液温度开始回升时液量/mL	比重	波美度/°Be
1	27	27.5	500	215	14.8	650	1.09	12
2	27.3	30.0	500	224	16.2	650	1.09	12
3	29	32.5	500	210	18.9	630	1.09	12.3
4	28	35.0	500	220	19.05	650	1.09	12.5
5	26.5	37.5	500	230	18.84	660	1.10	14
6	27	40.0	500	300	19.04	690	1.125	16.5
7	27	42.5	500	310	19.6	720	1.135	17.3

表 15-5 恒温条件下芒硝矿石的溶解实验

编号	水温/℃	用水量/mL	加入矿样重/g	溶解达平衡时溶液体积/mL	比重	°Be
8	20	250	160	340	1.1300	17
9	25	250	171.5	370	1.1500	19
10	30	250	350	450	1.2400	28
11	35	250	1150	1000	1.3200	35
12	40	100	1300	950	1.3200	35

在垂直剖面上芒硝矿-碎屑夹层-芒硝矿-碎屑夹层的韵律性变化,说明芒硝矿沉积过程与淡化过程的交替。携带泥沙的古地表径流形成了矿层间的淡化夹层,并改造了析出芒硝后的残余卤水。芒硝矿在结构上除有沉积结构和早期成岩变质结构,还有各种后期溶蚀结构,如浑团状溶蚀结构(淡水沿芒硝颗粒边缘溶解使芒硝呈浑圆状)、港湾状溶蚀结构(芒硝进一步溶解,呈现出凹角港湾状颗粒)、交代残余溶蚀结构(芒硝溶解殆尽,泥质充填,有少量芒硝残余)说明存在孔隙水的溶滤作用。随着芒硝矿盖层厚度的增加,温度和压力增高,淡化夹层中孔隙水在深埋封闭条件下,溶滤芒硝矿的可溶盐,使孔隙水中 SO_4^{2-} 和 Na^+ 浓度升高。后生溶滤作用的另一个佐证是在淡化夹层中含有部分可溶盐。对矿层顶底板和淡化夹层物质组分的研究表明,石膏含量在酸溶或水溶物中都较低(多在 0.5—5%,个别含量达 12%左右),唯独在Ⅰ、Ⅱ矿段顶板部位出现峰值,指示沉积间断期间古地表水参与溶硝作用和卤水形成。可见,在深埋封闭条件下的孔隙水和在沉积间断期间的古地表水,都对芒硝矿起到了淡化作用和溶滤作用。上层卤水 TDS 较低(40-50 g/L)且为 SC-N 型,表明它受到了更多的淡化作用和溶滤作用。至此,同位素信息给出的关于

上层卤水中含有较大比例的溶滤卤水的第二个推测得到证实。

参与卤水形成的有：形成芒硝矿的富 Cl^-、D 和 ^{18}O 的残余卤水；沉积间断期间因对下伏芒硝矿发生溶滤作用而富 SO_4^{2-} 和 Na^+，贫 D 和 ^{18}O 的古地表水；在封存条件下，因温度和压力升高对芒硝矿发生进一步溶滤作用的孔隙水。芒硝矿内含卤层中的卤水是成硝原生卤和溶硝次生卤的混合。上部卤水以次生卤为主，下部卤水以原生卤为主。

三、氧-18 和氘在国外地下卤水中的分布

（一）红海热卤水

红海含矿热卤水发现于 1964 年，它赋存于红海轴向地堑的几个深海渊中，其中 AtlantisⅡ号海渊最大，达到 5 km×14 km，含有大致 5 km^3 的饱和卤水。卤水沉积物呈层状的含金属泥，沉积年龄在 2.5 万年以上。堆积速度大约 50 cm/1000 a，超过正常外海深渊海洋沉积物的 3 倍。红海海水遭受炎热和干燥环境下的强烈蒸发影响（$\delta D = 6\delta^{18}O$），所以比平均大洋水相对地富集重同位素。红海热卤水氢、氧同位素组成，位于正常红海水同位素组成的变化范围内（表 15-6 和图 15-7）。

对于红海热卤水成因，有学者认为是由 $\delta D = -13.2‰$ 和 $\delta^{18}O = -2.9‰$ 的淡水沿斜率为 5 的轨迹蒸发所致；或者是由 $\delta D = 7.5‰$ 和 $\delta^{18}O = -0.3‰$ 的淡水经"氧同位素漂移"而形成。但是，这两种解释都假设淡水具有特殊的同位素组成。Craig(1966)用海水的深循环来解释。他认为红海卤水来源于红海南端 Bab el Mandeb 海峡附近的表面海水，通过断裂渗透进入海底岩石体系，通过溶解中新世蒸发岩而达到高盐度，并受近代轴向地堑带中玄武岩侵入影响而加热，导致硬石膏沉积和 pH 值下降，可溶性金属呈络合物搬运；当卤水上升和冷却时，造成金属络合物分解和沉积硫化物。

表 15-6 红海热卤水同位素组成表(Craig，1966)

样品	Cl/(g/kg)	δD /‰，(SMOW)	$\delta^{18}O$/ ‰，(SMOW)
发现海渊	155.4	7.6	1.22
发现海渊	155.6	7.8	1.22
大西洋Ⅱ海渊	155.3	7.4	1.18
大西洋Ⅱ海渊	155.5	7.6	
平均	155.5	7.5	1.21

（二）萨尔屯热卤水

加利福尼亚州萨尔屯地下卤水赋存于 1400 m 以下填满沉积物的萨尔屯海凹。位于加利福尼亚海湾向内陆延伸部分。井底温度达 340℃。这种热卤水富含重金属和微量元素（Cu-10 ppm，Pb-104 ppm，Zn-970 ppm 和 Ag-1ppm），为 Cl-Na・Ca・K 型浓卤水。图 15-8 显示出萨尔屯地热区周围各种水体系的氢、氧同位素组成。四个大气降水和湖水

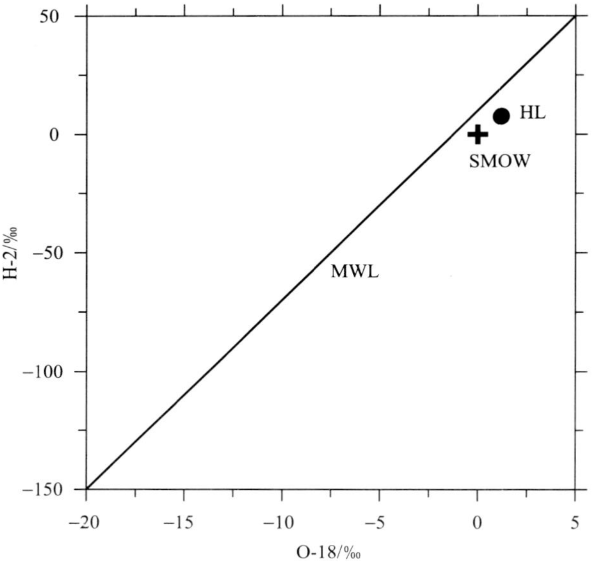

图 15-7　红海热卤水同位素组成

HL 为红海热卤水；SMOW 为平均大洋水；MWL 为大气降水线

样品经受强烈蒸发作用，沿斜率为 5 的直线展布。地下卤水 δD-$\delta^{18}O$ 的分布是“氧同位素漂移”的典型例子，O-18 随温度升高而增加，D 很稳定，Cl^- 浓度和 $\delta^{18}O$ 之间成正比关系。萨尔屯地下卤水的形成，由进入地下岩石体系的局部大气降水，可能是沿萨尔屯海东部 Chocolate 山脉的基底断裂带渗入，溶解富 NaCl 蒸发岩，然后将卤水加热到至少 360℃，并从三角洲沉积物中淋滤出重金属、钙、钾和其他组分。

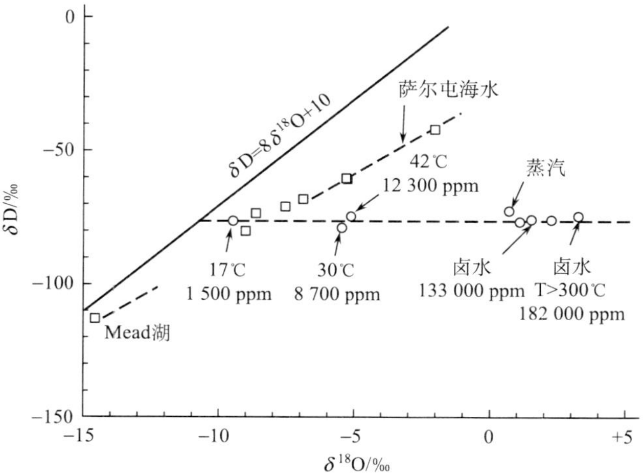

图 15-8　萨尔屯地下卤水 δD-$\delta^{18}O$ 坐标图

四、氧-18 和氘在地下卤水中分布的控制和影响因素

（一）水的来源

地下卤水的水可能是以某种水为主的单源水，也可能为几种水难分伯仲的多元水。地下卤水中水的同位素组成不仅取决于它的初始起源，而且还与水的任何来源有关。

1. 大气水

大气水是指大气降水和起源于大气降水并保持其基本属性的其他水体，大气水的基本属性是以其 δD 和 $\delta^{18}O$ 符合下列线性关系为特征：$\delta D = 8\delta^{18}O + 10$。该直线被称作大气水线(MWL)。过去，人们一度认为，海相地层中的地下卤水来源于海洋，陆相地层中的地下卤水来源于大气水。这一公认的观点先后受到古水文地质学和同位素水文学资料的质疑。在现代剥蚀区或者古剥蚀期，大气水可能驱替海相地层中的流体；而现代海水或者古海水，则可以因气候变化和地壳运动侵入陆相地层。因此，无论在陆相地层和海相地层中，大气水和海洋水都可能参与地下卤水的形成。

2. 海洋水

海水在蒸发过程中，质量数较小的水分子优先进入大气，较重的水分子留在液相。然而，由于海水量大，并与雨水、大陆水不断循环而保持相对恒定的同位素组成。但是，海水同位素组成在地质历史时期是变化的。冰期中海水的同位素组成会发生短周期变化。假定全球所有现存的冰盖都得到融化，那么海洋的 $\delta^{18}O$ 值会大约降低 1‰。但是，据 Fairbanks(1989)的计算结果，在末次盛冰期(the last maximum glaciation) $\delta^{18}O$ 增加了 125‰。另据 Brand 和 Veizer(1980)研究，奥陶纪大洋水 $\delta^{18}O$ 值比现代大洋水轻约 55‰。

如上所述，红海裂谷热卤水的 δD 与红海海水相同，约为 +72(‰,SMOW)，$\delta^{18}O$ 约为 +121(‰,SMOW)略有飘移，Craig(1966)据此认为红海热卤水来源于入渗的红海水。此外，意大利 Campi Flegnei 热卤水的同位素组成与地中海水相当一致，显示地热水主要来源于深循环海水与地区大气降水的混合。

3. 矿物结晶水

由于石膏的产出范围很广，为石盐的 30～100 倍，加之在石膏转化为硬石膏过程中体积缩小 62%，同时释放出 48.6%倍体积的结晶水，因此，石膏脱水对地下卤水水的形成具有不可忽视的贡献。石膏脱出水具有特殊的同位素组成。综合 Steware(1974)，Gonfiantini 和 Fontes(1963) 以及 Horita(1989)的资料，在 25℃时，石膏($CaSO_4 \cdot 2H_2O$)结晶水相对于母液的分馏系数：$\alpha D = 0.980 \sim 0.985$，$\alpha^{18}O = 1.004 \sim 1.0041$；芒硝($Na_2SO_4 \cdot 10H_2O$)：$\alpha D = 1.0118 \sim 1.017$，$\alpha^{18}O = 1.0014 \sim 1.0015$。这就是说，石膏脱出的结晶水比之母液 $\delta^{18}O$ 高出 4‰～41(‰,SMOW)，δD 减少 15‰～20(‰,SMOW)。

四川盆地三叠系中统和下统的盐矿床地下卤水(Zs)，如图 15-2 所示，它的氢氧同位素组成接近石膏结晶水的同位素组成，表明石膏在转化为硬石膏过程中脱出的巨量结晶水，参与了地下卤水的形成(王东升，1989)。

4. 内生水

人们对内生水(深成水)的认识尚不一致。属于内生水的范畴的概念有：地幔水、岩浆水和变质水等。

地幔水：直接来源于地幔脱水作用的水称为“地幔水”。据对洋中喷出流体、地幔成因金云母检测，其 $\delta D \approx -60‰ \sim -50‰$，$\delta^{18}O \approx +7‰$(查洛，1972)。

岩浆水：指来源于高温(700～1100 ℃)硅酸岩熔融体或由岩浆分异作用形成的，从未接触地表的液态水。至于与岩浆相平衡的水，不属于本文的岩浆水之列，因为，它包含各种来源的水，不具有成因意义。根据地幔成因的含 OH 根的矿物云母和角闪石的资料，通过计算得到的岩浆水的同位素组成：$\delta D = -40‰ \sim 80‰$，$\delta^{18}O = 55‰ \sim 95‰$(Sheppard，1977)。

变质水：来源于在 300～600 ℃温度下变质岩的脱水作用。据对液态包体的实测或计算，其 $\delta D \approx -65‰ \sim -20‰$，$\delta^{18}O \approx 8‰ \sim 15‰$。

在长时间里，人们误认为高温地热水起源于岩浆水。其实，如果地热水在岩浆水中的比例很大，那么，在 δD-$\delta^{18}O$ 关系图上，所有地热水点都会向岩浆水点聚集(Giggenbach 和 Gonfiantini，1983)。但是，不排除岩浆水可能参与少数地热水、特别是地下卤水的形成。意大利 Larderello 地热田的地热蒸汽主要来源于入渗的大气水，另有小于 10%的岩浆水成分(Goguel，1953)。日本 Arima 热卤水是岩浆水和冷水的混合(Sakai 等，1974，1977)。

(二) 溶盐作用

由易溶盐的溶解和溶滤(简称溶盐作用)形成的地下卤水，称为“溶滤卤水”或者次生卤水。按被溶盐的种类溶滤卤水可划分为：溶芒硝淡卤、溶天然碱淡卤、溶石盐饱和卤、溶钾石盐饱和卤等。溶滤卤水的化学成分取决于原始水体性质、被溶盐的成分和水文地球化学作用的性质。溶滤卤水的氢氧稳定同位素组成反映水(溶剂)的来源，因此，它的 δ 值与 TDS 无线性关系。

(三) 蒸发析盐作用

由形成盐类矿床的母液演化而来的卤水，谓之“沉积卤水”。沉积卤水按成盐阶段可划分为：成石膏浓卤、成石盐饱和卤、成钾盐饱和-过饱和卤、残余过饱和卤。沉积卤水的化学成分和同位素组成取决于因原始水体性质、地面气温、空气湿度和大气压力等环境条件、蒸发浓缩阶段和水文地球化学作用的方向等因素。其中，析盐作用，即固体盐类矿物从母液中的结晶析出，对沉积卤水的化学成分和同位素组成会产生重要影响。

母液化学成分在蒸发过程中发生变化：一些元素在液相中的浓度随着 TDS 升高而增

大的趋势，伴随有关盐类的析出发生逆转，并趋向贫化。例如，钠在石盐析出后，钙在石膏析出后，钾在钾石盐析出后，以及硫酸根离子在石膏和泻利盐析出后，都发生在液相中浓度降低现象；另一些元素如氯离子、溴、锂和镁等在液相中浓度随 TDS 持续增高而增加直至共结点。

母液同位素组成在蒸发过程中发生下列变化：在液相中 δD、$\delta^{18}O$ 和 TDS 同步升高的趋势，发展到石膏析出阶段（TDS＝167 g/L）达到顶峰，之后重同位素开始贫化。如图 15-9 所示，曲线出现一个拐弯，重同位素急剧减小。拐弯形状取决于当地的湿度、温度、平均风速及其他气候因素。湖泊及河水中的淡水在蒸发过程中，氢、氧同位素演化趋势与海水的相近，且也受气候或湿度控制。

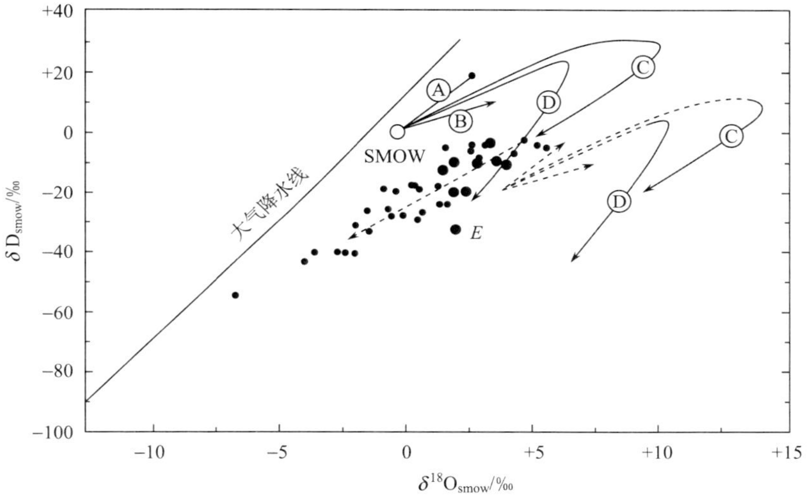

图 15-9　美国 Palo Duro 盆地二叠系岩盐层流体包裹体的 $\delta D-\delta^{18}O$ 关系（据 Knauth 和 Beeunas，1986）

曲线 A、B、C、D 为海水蒸发轨迹，其中 A、B 分别代表相对潮湿和干旱气候下的海水蒸发趋势。E 为石膏结晶水

实际上，溶盐作用和蒸发析盐作用可能相伴或相随。例如，在海岸带地下卤水成生的初始阶段，海水在潮间浅滩上蒸发浓缩成卤，析出的盐分不断存积在包气带中，当潮水再次漫滩时，下渗的潮水将溶解这些盐分，变为高浓度的卤水继续下渗，混入沉积卤水。在含卤层的埋藏-封存阶段，由于水-岩相互作用，盐分继续从固相转入液相，并发生一系列变质作用。卤水的 δD 与 $\delta^{18}O$ 值随矿化度的增加作上下波动，表明卤水的盐分既有蒸发成因又有溶盐成因（张翠云，1993）。

（四）冰冻析盐作用

冰冻析盐作用和蒸发析盐作用不同，前者导致氘在液相中贫化，后者使氘在液相中趋向富集。据研究（Herut et al.，1990），地下卤水中常见的高浓度（＞300 g/L）可以在冰川环境中通过结冰带走水而获得。芒硝($Na_2SO_4 \cdot 10H_2O$)和冰盐($NaCl \cdot 2H_2O$)的先后结晶,导致 Na/CL 比值降低。芒硝的析出和细菌还原作用,会降低卤水中 SO_4^{2-} 浓度。

中国东部沿海地区在第四纪，特别是晚更新世，发生多次冰期与间冰期的交替。在冰期,由于年平均气温下降 7～10℃,导致渤海和黄海发生海退,使得大部分陆架平原成为多年冻土,在陆架平原上的残留海水由于结冰而浓缩成卤；原来在间冰期潮滩蒸发生成的浅层卤水因结冰被进一步浓缩。这些卤水可能在下一次海侵到来前被陆相沉积地层埋藏后得以保存下来(韩有松、孟广兰等,1996)。

(五) 超滤作用

页岩和致密黏土具有半透膜(semipermeable mambranes)性质。半透膜允许水分子通过,而阻挡水中离子通过的作用称为超滤作用(ultrafiltration)或者薄膜渗滤作用(membrane filtration)。黏土材料的薄膜特性是由黏土颗粒表面和边缘上电荷不平衡所产生的。Coplen 和 Hanshaw(1973)通过实验证实,超滤作用可导致同位素分馏,在残留卤水中稍稍富集氘和氧－18。在稀 NaCl 溶液中的单阶段分馏系数:氧-18 为 0.9993,氘为 0.9980。超滤作用的影响比蒸发作用几乎小一个数量级。但是,在地下卤水中,埋藏深度大于 1000 m,处于高压和超高盐状态,运动极为滞缓等条件,都有利于薄膜渗透作用发挥效力,即提高其“滤过比”(输入浓度/输出浓度)①。在大型自流盆地中沿含卤层倾没方向,地下卤水 TDS、氧-18 和氘趋向富集的原因之一,可能是超滤作用。

(六) 水-岩作用

水-岩交换作用的性质、方向和强度取决于水-岩系统的封闭性、水和岩石的性质、水/岩比例以及围岩的渗透性等。在封闭体系的水-岩交换过程中,水和岩石的同位素变化遵守质量守恒关系:

$$W \cdot \delta^{18}O_W^i + R \cdot \delta^{18}O_R^i = W \cdot \delta^{18}O_W^f + R \cdot \delta^{18}O_R^f \quad (15\text{-}1)$$

式中:W 和 R 分别为体系中水和围岩的氧摩尔数;i 和 f 分别代表交换前和交换后的状态。设水-岩交换后体系达到同位素平衡,则有

$$\Delta^{18}O_{R-W} = \delta^{18}O_R^f - \delta^{18}O_W^f \quad (15\text{-}2)$$

在热力学平衡条件下 $\Delta^{18}O = 10^3 \ln\alpha$,即为在化学反应发生的温度下矿物与水间的分馏系数(表 15-7)。将式(15-2)代入式(15-1)并移项处理,得

$$(W/R)_{封闭} = [(\delta^{18}O_R^r) - \delta^{18}O_R^i]/[\delta^{18}O_W^i - (\delta^{18}O_R^f - \Delta^{18}O_{R-W})] \quad (15\text{-}3)$$

因此围岩的 $\delta^{18}O$ 值为:

$$\delta^{18}O_R^i + \frac{W}{R}(\delta^{18}O_W^i + \Delta^{18}O_{R\text{-}W})]/(1 + \frac{W}{R})$$

而水的 $\delta^{18}O$ 值为:

---

① 就滤过比来说,双价阳离子大于单价阳离子,低流速状态大于高流速状态,蒙脱土大于高岭土。

$$\delta^{18}O_W^f = [\delta^{18}O_R^i + \frac{W}{R}\delta^{18}O_W^i + \Delta^{18}O_{R-W}]/(1 + \frac{W}{R})$$

由式(15-1)和式(15-2)可见，围岩和水的 $\delta^{18}O^f$ 取决于温度和水/岩比值。在高水/岩比值($W/R>10$)的情况下，温度高 $\Delta^{18}O$ 小，围岩的 $\delta^{18}O^f$ 接近于水，因此较低，而水的 $\delta^{18}O^f$ 变化不大。在低水/岩比值($W/R<03$)情况下，温度低 $\Delta^{18}O$ 大，水的 $\delta^{18}O^f$ 变得接近于围岩，甚至高于围岩的 $\delta^{18}O^f$，而围岩的 $\delta^{18}O^f$ 变化不大。

地下卤水通常埋藏深度很大，而随埋深增加及地温升高，水/岩体积比降低，成岩作用加强。因此，水-岩作用对地下卤水的影响通常属于第二种情形。例如，地下卤水与铝硅酸盐、碳酸盐矿物间的氧同位素交换，低温下形成的矿物。例如，黏土矿物和碳酸盐矿物(方解石和白云石)在高温条件下发生重结晶、或溶解一再沉淀，可以导致地下卤水富集氧－18。反之，低温条件下形成的钠长石交代高温、火成的斜长石后，相应的水介质贫氧－18(Fisher 和 Boles，1990)。碎屑岩中的黏土岩在较低的地温条件下与地下卤水发生氢同位素交换，可导致 δD 在黏土中增大，在水中减小(O Neil 和 Kharak1976；Yeh，1980；Suckecki 和 Land，1983)。另外，加拿大地盾的 Cl-Na-Ca 型热卤水，TDS≥200 g/L，埋藏深度大于 1000m，$\delta D = 0‰$，$\delta^{18}O = -10‰$，水点位于大气降水线的左边。其成因被认为是古海水与岩石相互作用，或者来源于原生硅酸盐脱水，并与次生黏土矿物的形成时优先俘获富氧－18 和贫氘的水有关(Fonters，1983)。

据研究(蔡春芳，1988)，塔里木盆地寒武-奥陶系地下卤水 δD 为－66‰～－34‰，$\delta^{18}O$为－55‰～＋49‰。氧同位素的变化幅度显著大于氢同位素的，表明可能存在水-岩作用，但是，与部分地下卤水 $\delta^{18}O$ 值低于平均大洋水相悖。考虑奥陶纪大洋水比现代大洋水轻约 55‰(Brand 和 Veizer，1980)，则所有地下卤水 $\delta^{18}O$ 值均高于古大洋水，说明水-岩作用确实存在。表 15-7 列出了矿物-水体氧同位素分馏方程参数。

表 15-7　实验测定的常用矿物-水体系氧同位素分馏系数

矿物	$10^3 \ln\alpha$	温度/℃	参考文献
碱性长石	$2.91\times10^6/T^2-3.41$	350～800	O'Neil and Taylor (1967)
钙长石	$2.15\times10^6/T^2-3.27$	350～800	O'Neil and Taylor (1967)
白云母	$2.38\times10^6 T^2-3.89$	400～650	O'Neil and Taylor(1969)
石英	$3.38\times10^6/T^2-2.90$	200～500	Clayton et al. (1972)
石英	$2.51\times10^6/T^2-1.46$	500～750	Clayton et al. (1972)
石榴子石	$1.27\times10^6/T-3.65$	500～750	Lichtenstein and Hoernes(1992)
绿泥石	$2.69\times10^9/T^3-6.34\times10^6/T^2+2.97\times10^3/T$	170～350	Cole and Ripley(1999)
菱锶矿	$2.69\times10^6/T^2-3.24$	0～500	O'Neil et al. (1969)
碳钡矿	$2.57\times10^6/T^2-4.23$	0～500	O'Neil et al. (1969)
菱铁矿	$3.13\times10^6/T^2-3.50$	33～197	Carothers et al. (1988)
菱镉矿	$2.76\times10^6/T^2-3.96$	0～500	Kim and O'Neil(1997)
白云石	$3.06\times10^6/T^2-3.24$	252～295	Matthews and Katz(1977)

续表

矿物	$10^3\ln\alpha$	温度/℃	参考文献
原白云石	$16.24\times10^3/T-22.86$	25～79	Fritz and Smith (1970)
方解石	$2.78\times10^6/T^2-2.89$	200～700	O'Neil et al. (1969)
文石	$20.41\times10^3/T-41.42$	0～70	周根陶和郑永飞(2000)
重晶石	$3.01\times10^6/T^2-7.30$	110～350	Kusakabe and Robinson(1977)
硬石膏	$3.21\times10^6/T^2-4.72$	100～550	Chiba et al. (1981)
溶解硫酸盐	$2.88\times10^6/T^2-4.10$	100～200	Mizutai and Rafter(1969)
黑钨矿	$3.13\times10^6/T^2-6.42\times10^3/T-0.12$	200～420	Zhang et al. (1994)
锡石	$10.13\times10^6/T^2-26.09\times10^3/T+12.58$	250～500	Zhang et al. (1994)
金红石	$-4.72\times10^6/T^2+1.62$	500～700	Matthews et al. (1979)
金红石	$1.62\times10^6/T^2-12.53$	22～50	Bird et al. (1993)
三水铝石	$1.31\times10^6/T^2-0.78$	8～51	Bird et al. (1994)
针铁矿	$1.66\times10^6/T^2-12.7$	25～62	Yapp(1987)
Ag-磷酸盐	$18.35\times10/T-32.29$	75～135	Lecuyer et al. (1999)
水镁石	$1.56\times10^6/T^2-14.1$	15～120	Xu and Zheng (1999)

(七) 同位素交换

地下卤水与围岩的同位素交换，主要是与铝硅酸盐、碳酸盐矿物间的氧同位素交换，其结果是导致地下卤水发生氧-18的正漂移。此外，在含油气盆地的成岩过程中，泥质岩脱出的水与干酪根生成的烃类混合，并与沉积卤水发生同位素交换，可导致地下卤水 δD 值降低。不过，在沉积温度下，水与甲烷和含碳更多的碳氢化合物之间的交换反应速率较低，其影响可能仅限于局部。

(八) 混合作用

在地下卤水的形成和演化过程中，不同来源的水的混合，谓之混合作用。在盆地剥蚀阶段的大气降水、在盆地埋藏阶段地层压力下的黏土岩释水，以及含水矿物的脱出水，都可能与不同成因的地下卤水混合，从而改变地下卤水的物理性质、化学成分和同位素组成。混合作用可能引起溶盐作用或者析盐作用。然而，Knauth 和 Beeunas(1986)以及Knauth(1988)认为，在解释地下卤水的同位素资料时不需要认为整个沉积盆地都遭受到大气降水的冲蚀，而应当用沉积卤水的残留水与大气降水混合来解释。

据报道(Clayton 等，1966；Kharaka 等，1985)，伊利诺伊、海湾沿岸、加利福尼亚和阿尔伯塔盆地地下卤水都曾与淡水混合。如图 15-10 所示，淡水不同程度的稀释，使得氢、氧同位素 δ 值分布呈现线性关系，直线外延与全球大气降水线的交点接近淡水的同位素值。混合作用同时改变水的化学成分和同位素组成，使二者的变化具有相关性，据此可确定混合比例和端元水的性质。大气降水的影响可导致地下卤水的 δ 值从低纬度向高纬度降低。

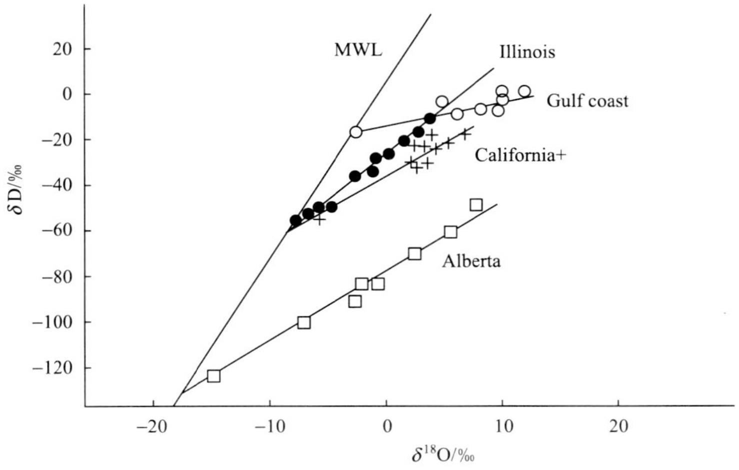

图 15-10 美国大陆地下卤水氢、氧同位素的分布(根据 Taylor,1974)
MWL 为大气降水线;Illinois 为伊利诺斯;Gulf coast 为海湾沿岸;Clalifornia 为加利福尼亚;Alberta 为阿尔伯塔

(九) 脱硫作用

在沉积盆地的深部常常发生以分散有机质为还原剂的硫酸盐还原作用:

$$CH_2O + 1/2\ SO_4^{2-} = 1/2HS^- + HCO_3^- + 1/2H^+$$

脱硫作用产物 H_2S,在地下卤水中作为溶解物质存在:$HS^- + H^+ = H_2S$。深层地下卤水 pH 值通常小于 7,H_2S 是占统治地位的物质,它与地下卤水相互作用可导致地下卤水贫氘。

第三节 地下卤水的稀有气体年代学研究

一、方法与原理

应用稀有气体氦/氩比值和氦—4 确定地下卤水年龄的原理,是计算地下水-岩石系统中氦-4 的聚集速度。如果已知岩石生成氦-4 的速率(k,cm^3/a),那么,根据地下卤水中氦-4 的累积量([He],cm^3)可以求得地下卤水的年龄:

$$T = [He]/k$$

对[He]要在空气中氦/氖比值的基础上和没有地壳氖补给的条件下进行校正。k 是年剂量,它的影响因素为:岩石中铀钍及其衰变子体的含量(g/g),衰变常数,岩石的总孔隙度(%)和密度(g/cm^3),岩石中的氦向水中迁移的系数(%)和水中氦的散失系数(%)等。

二、年龄的物理意义

由于氦在地壳上部主要呈溶液形式迁移，在气田中气藏体积远小于水，气体弹性基本上取决于其在地下水中的弹性，因此，应用稀有气体方法得到的数据，不是气体的年龄，而是析出这些数量惰性气体的地下卤水的年龄。年龄的物理意义，主要是水-岩作用时间，并含有地下卤水的成因信息。

三、地下卤水和围岩年龄的关系

对四川盆地多层地下卤水进行的稀有气体年代学研究（王东升和田荣和，1982）发现，地下卤水年龄（均值）与围岩的同位素年龄（据中国地质科学院全国 1/400 万地质图，1973）具有良好的线性关系（表 15-8 和图 15-11）。该线性关系可用直线方程描述：

$$T_{水} = -1.52 + 2.53 \times T_{岩}\,(\text{Ma})$$

表 15-8　四川盆盆地地下卤水氦-氩法年龄

构造或地区	氦-氩年龄/100Ma						
	Z	Є	*P*	T_1j	T_{21}	T_3x	J
雾中山、苏码头					4.4	2.2	
威远	16	12	5.8	4.6	3.7		
自贡、孔滩等			3.8	4.2			
蓬莱、南充等						3.15	2.9
纳溪、石油沟等			6.75	4.8		3.2	2.5
卧龙河				1.9	1.4		
平均值	16	12	5.45	3.88	3.16	2.85	2.7

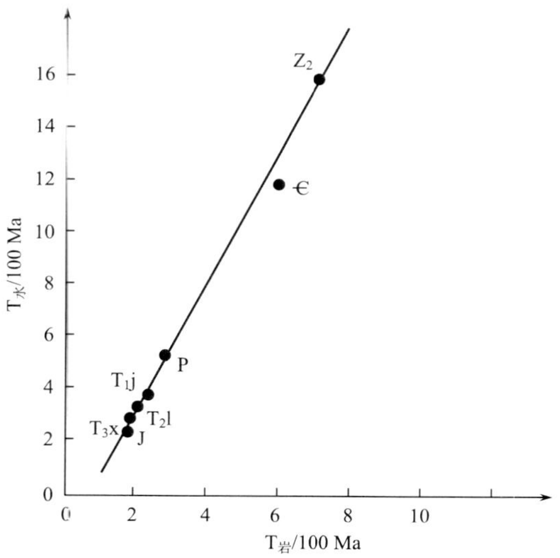

图 15-11　四川盆地下卤水和围岩年龄的关系

四、地下卤水的深部成因信息

四川盆地稀有气体年代学研究发现，大型自流盆地内带的超高压热卤水年龄以数亿年计，近似于含卤层的地质年代。多层卤水的形成作用和影响因素虽然多种多样，但是在成因上主要是沉积卤水。这就是说，在地球表面温度和湿度不同的时期，干冷的晚元古代、湿暖的早古生代、湿冷的晚古生代和干热的中-新生代都有地下卤水形成。显然，在地下卤水表成作用和环境的多样性背后，可能是其深部成因的一致性。

四川盆地威远地区震旦系烃矿床淡卤水，稀有气体年龄达 1600 Ma，氢和氧的稳定同位素组成($\delta D=-40‰\sim-45‰$，$\delta^{18}O=3.2‰\sim5.2‰$)接近于深成水值域，它的$^{40}Ar/^{35}Ar$比值(4440～9255)属于海岭型值域。上述特征说明，卤水-盐类矿床-烃类矿床虽然具有二级起源和形成作用的多样性，但是，在行星地球的演化历史上，它们都具有初始起源(一级起源)的共同性，即上地幔的脱水排气作用。

第十六章 盐 湖 水

焦鹏程 张建伟

我国是世界上盐湖众多的国家，在幅员辽阔的土地上，从西部边疆的西藏、新疆经青海、甘肃、内蒙古、宁夏、陕西、山西直至东北边陲的吉林、黑龙江等省区，广泛发育着数以千计的盐湖。

盐湖是湖泊中的特殊类型，在形成过程中，经历了淡水湖、半咸水（微咸水）湖、咸水湖的发展过程，是湖泊演化到最后阶段的产物，因此，盐湖也称为末期湖泊、晚期湖泊或老年期湖泊。

根据盐湖形成的地质年代，将盐湖划分为古代盐湖和现代盐湖两大类型。古代盐湖，简称古盐湖，是指第四纪（Q）地质时期以前形成的盐湖，包括第四纪以前各个地质历史时期形成的盐湖，我国主要的成盐期有震旦纪、寒武纪、奥陶纪、石炭纪、白垩纪及第三纪。现代盐湖，简称盐湖，是指第四纪（Q）地质时期或现代形成的盐湖，按成盐时代，大约是100万年以来形成的盐湖。

我国许多科研院所、高等学校的盐湖科学工作者经过长期野外综合考察、专题研究和室内实验，在现代盐湖同位素的研究方面取得了许多重大的成果。自20世纪七八十年代起，张之淦研究员创立了我国环境同位素水文地质学（张之淦，1985），其中，涉及了（盐湖）卤水的同位素组成特征及成因和机理等内容。张彭熹院士、郑喜玉研究员等开始对我国盐湖的自然环境、地形地貌、水系气候、地域分布等特征进行研究（张彭熹，1987；张彭熹等，1999；郑喜玉等，1988，1992，2002）；中国地质科学院王弭力研究员、中国地质科学院矿产资源研究所刘成林、焦鹏程、赵元艺等人对柴达木盆地盐湖、新疆罗布泊盐湖以及西藏扎布耶等盐湖开展同位素应用研究（王弭力等，1997，2001；刘成材等，1999；焦鹏程等，2003，2004，2006；赵之艺等，2006a，2006b），并据此在矿产勘查领域取得了一系列成果；中国科学院青海盐湖研究所于升松（2000）肖应凯、刘卫国、祁海平等人在察尔汗、马海以及西北地区其他盐湖同位素进行研究的基础上，还对同位素测试法、同位素应用思路以及盐湖同位素化学特征进行了探讨；李文鹏、张保珍等人借助同位素手段研究盐湖区环境地质和水文地质变化规律。吉林大学、中国地质大学、厦门大学等高校和其他研究所的科研工作者也在现代盐湖同位素研究中取得成果。

通过对中国现代盐湖同位素的研究，可以了解现代盐湖的水化学特征和水文地质变化，据此实现对盐湖区域的沉积演变、气候变化以及古环境的深入研究，进而深入分析盐湖矿产资源的成因机制，建立成矿模式。盐湖同位素水文学研究对盐湖成因等科学问题及对其所蕴藏矿产资源的评价、开发均具有重要的意义。

第一节 中国现代盐湖的分布和一般特征

我国盐湖星罗棋布，是世界上盐湖分布最多的国家之一。据《中国盐湖志》(郑喜玉等，2002)资料，面积大于 1 km² 的现代内陆盐湖有 813 个，占全国 1 km² 以上天然湖泊总数量的 20.04%；盐湖面积约 4×10^4 km²，占全国 1 km² 以上天然湖泊总数量的 50.04%。盐湖数量占全国湖泊总数量的 1/4，但盐湖面积占全国湖泊总面积的一半以上。这些盐湖分布于大兴安岭—太行山—黄土高原—念青唐古拉山—冈底斯山一线以北，国境线以南的广大干旱—半干旱荒漠戈壁、沼泽草原、山间盆地和高原，大致介于东经 74°～125°，北纬 25°～50°之间，涵盖了我国青藏高原、内蒙古高原和新疆等广大地区。在行政划分上，包括内蒙古自治区、吉林省、河北省、山西省、陕西省、宁夏回族自治区、甘肃省、青海省、西藏自治区和新疆维吾尔自治区等 10 个省区，分布范围约占全国总面积的一半(表 16-1)。

表 16-1 我国盐湖分布概况(彭喜玉等，2002)

地区＼项目	盐湖数目/个	占盐湖总数/%	盐湖面积/km²	占盐湖总面积/%
西藏	234	28.78	8 150.18	20.53
新疆	112	13.78	10 789.56	27.18
青海	71	8.73	18 986.38	47.82
内蒙古	375	46.12	1 441.20	3.63
吉林	2	0.25	63.80	0.16
河北	2	0.25	54.70	0.14
山西	1	0.12	92.00	0.23
陕西	9	1.11	52.10	0.13
宁夏	4	0.49	19.38	0.05
甘肃	3	0.37	53.00	0.13
合计	813	100.00	39 702.20	100.00

其中，西藏、新疆、青海和内蒙古四大盐湖区，1 km² 以上的盐湖占全国 1 km² 以上盐湖总数量的 97.42%，盐湖面积占全国 1 km² 以上盐湖总面积的 99.16%，是我国盐湖主要分布区，也是对现代盐湖进行研究的主要对象。

一、中国现代盐湖分布特征

中国现代盐湖的分布具有明显的地带性和区域性特征。

1. 盐湖分布的地带性

盐湖分布的地带性,包括水平分布地带性和垂直分布地带性。我国盐湖水平分布地带性,主要反映在东西向呈串珠状排列的经向地带性和南北向排列的纬向地带性,以及北东—南西向或北西—南东向展布的斜向地带性的分布规律。盐湖分布的垂直地带性,主要是受地形和地势变化的影响,盐湖分布的高程亦由高到低或由低到高,呈明显的阶梯状分布趋势。我国盐湖分布,从西南往东北,从西藏高原经青海柴达木盆地、内蒙古高原,到东北的松嫩平原或海拉尔盆地,随着地势的依次降低,盐湖分布亦由 4500 m 以上,逐渐下降为 3000 m,1000 m,最后到 400 m 左右,形成了明显递降的趋势,显示了盐湖分布上的垂直地带性特征。

2. 盐湖分布的区域性

盐湖分布的区域性是盐湖分布的又一明显特征。我国盐湖数量多,但分布很不均匀,有些地区盐湖密集成群,如青藏高原的藏北(羌塘)盆地,青海柴达木盆地,内蒙古高原的海拉尔盆地、鄂尔多斯盆地,新疆准噶尔盆地、塔里木盆地、吐鲁番盆地等;也有些地区,面积虽然很大,但盐湖数量却寥寥无几,如新疆塔里木盆地是我国最大的荒漠盆地,面积 5.6×10^5 km^2,仅有盐湖 13 个,平均 4×10^4 km^2 才有一个盐湖,比新疆其他地区盐湖平均数都少,显示了盐湖分布疏密不均的区域性特征。

中国现代盐湖的地带性和区域性分布特征,是由许多因素决定的,主要的控制因素是地理环境和气候条件。

二、中国盐湖区地理环境特征

中国盐湖区内的冈底斯山、念青唐古拉山、唐古拉山、可可西里、昆仑山、巴颜喀拉山、阿尔金山、祁连山等山脉构成了青藏高原的主体,其北为东西走向的天山山脉、北西走向的阿尔泰山脉,其东和东北为秦岭、阴山、燕山山脉和东北走向的大兴安岭、太行山、吕梁山、贺兰山等。这些山系的存在,在山与山之间构成了一些巨大的盆地,如柴达木盆地、塔里木盆地、准噶尔盆地等。在这些山地高原之中,由于长期的地质作用,形成了许多断裂谷地和断陷、侵蚀盆地。前者如班公-班戈-东巧断裂谷地;后者如青海湖、吐鲁番断陷盆地等。

这种高、中、低山地与高原盆地交错分布的地形地貌特征,为我国众多盐湖的生成和存在提供了条件。

三、中国盐湖区气候特征

气候是现代盐湖形成和演化的重要因素之一。中国盐湖区深居内陆,地形起伏,山脉高耸,严重地影响着气流的运行,阻碍了太平洋和印度洋湿润气流的深入,致使空气含水量很低，形成的降水很少，因此，中国现代盐湖区具有降水量少、蒸发量高、温差大等典型的大陆性干旱气候特征和高原寒带、半干旱的草原气候特点，这为盐湖的形成和生存创造了气候条件。

1. 云量和日照辐射

中国盐湖区内年平均总云量小于 60%，年平均日照百分率大于 60%。一般来讲，山区云多、日照时数少，高原、盆地云少、日照时数多。

中国盐湖区的空气尘埃对日光的散射、吸收作用很强，特别是春季大风季节，西部比东部少 5%～10%，有力的削弱了太阳直接辐射。地面所接受的太阳辐射还有散射辐射，散射辐射约占所接收太阳能的一半。

2. 气温

现代盐湖区气温分布较为复杂，年平均气温最低值分布在藏北高原，最高值分布在吐鲁番盆地和塔里木盆地。青藏高原大部分地区年平均温度 0℃以下，北部新疆、内蒙古等省区除山区外大部分地区在 0℃以上，塔里木、吐鲁番盆地大部分地区年平均气温大于 10℃。通常高原山地气温低，地形闭塞的盆地、谷地气温高。

3. 降水、蒸发

中国盐湖区的降水量总的分布趋势是以塔里木盆地、柴达木盆地和藏北高原为中心，向东南方向、西北方向递增。年降水量最少的是西部的柴达木盆地、塔里木盆地和吐鲁番盆地，年降水量不足 50 mm，察尔汗、若羌、吐鲁番等地甚至少于 20 mm。全年降水多集中于夏季 7～9 月，降水量约占年降水量的 50%～75%。

蒸发量与降雨量的分布正好相反，蒸发量最大的地区集中在塔里木盆地和柴达木盆地等地区，年蒸发量高达 3000 mm 以上。察尔汗地区平均年蒸发量(30 年统计)为 3550 mm，是世界上最干旱的地区之一。从塔里木盆地、柴达木盆地向东、向南蒸发量逐渐递减。

四、中国盐湖区地表水与地下水特征

地理环境和气候条件决定了盐湖区内地表、地下水相对贫乏，该区域囊括了我国内陆流域的全部地区。内陆流域面积占全国总面积的 36%，水量仅占总水量的 4%，因此该区是一个干旱少水的地区。

1. 地表水

中国盐湖区内地表径流分布很不均匀，除黄河水系、塔里木河以及伊犁河等大河外，其他内陆河流的流域面积、径流量和长度都较小。地表湖泊多为半咸水-咸水湖和盐湖，且多数为非外流的闭流湖，在干旱气候条件的长期作用下，初步浓缩而由淡水湖发展演化到咸水湖，最终发展为盐湖，有些现在已成为干盐湖(高华中等，2005)。

藏北高原由于山山相间和断裂构造的作用，在内部形成了一些相对高差不大的盆地和沿深大断裂带存在的一些断陷谷地，夏季融雪水形成短促的地表径流在盆地低洼处集中而形成湖泊。

河西走廊和新疆境内，自北而南排列着阿尔泰、天山、昆仑、祁连山等数条大山。这些大山一般都腹地宽广，山区降水也相对较丰，尤其是在冰雪融水补给下发育了一些较长的河流。如源于天山的孔雀河，不仅在天山南侧的山间盆地中形成了博斯腾湖，而且流经盆地北缘东端注入罗布泊。从南疆喀什、叶城到若羌有众多地表径流注入塔克拉玛干大沙漠，其中较大的径流有克里雅河、车尔臣河等。

柴达木盆地四周为阿尔金山、祁连山、昆仑山所围绕，是一个封闭的高原盆地。故而地表径流从盆地四周向中心汇聚。由于干旱的气候条件和新生代含盐沉积的广泛分布，当地表径流进入冲湖积平原后，河水矿化度急剧上升，大部分河流注入盆地内的湖泊和盐泽。

内蒙古高原内陆流域地形平缓，补给水源主要靠夏季降水，地表河流稀少、短促，往往局限在一个小型的汇水区内。高原东部湖泊较发育，河流尾闾成为湖泊或沼泽洼地，水质较咸；西部降水稀少，出现广大的无流区。

2. 地下水

中国盐湖区的地下水主要是大气降水的渗入水，除大部分为多年冻土地下水外，其余补给源均为基岩地下水，包括基岩裂隙水和孔隙水，水型一般为重碳酸盐型，矿化度西部小于1 g/L，中东部略高。在盐湖区的北部和西南部，地下水为高纬度山地裂隙、孔隙水、中低纬度高原多年冻土裂隙、孔隙水；东部的低山丘陵区多，裂隙发育程度较差。基岩裂隙水和孔隙水向低洼的盆地和谷地径流，并以下降泉、溢出带的形式补给地表径流或湖泊，或以地下水的形式与湖泊产生程度不同的水力联系。

此外，在盐湖区的山地之间分布着塔里木、准噶尔、柴达木等内陆盆地，盆地中广布有由第四纪碎屑沉积物组成的山前倾斜平原和冲积、湖积平原，其中广泛地发育着内陆盆地冲积平原松散碎屑沉积孔隙水和晶间卤水。

五、中国盐湖卤水的地球化学特征

西藏盐湖多为高矿化卤水，一般是无色无臭，具有咸辣味，透明度好，多呈碱性，pH7.0～9.3，相对密度 1.030～1.329 g/cm^3，矿化度 50～350 g/L，最高 365 g/L，卤水大多已进入自析盐阶段。据目前获得的水质分析数据可知，西藏盐湖卤水中，赋存有近 40 种化学成分，常量元素 Na^+，K^+，Mg^{2+}，Ca^{2+}，Cl^-，SO_4^{2-}，HCO_3^- 和 CO_3^{2-} 含量占卤水化学组成的 98%，其余 2%微量元素主要有 B，Li，Rb，Cs。钾及这些微量组分是西藏盐湖卤水具有开发前景的优势矿产资源。

新疆盐湖卤水属高矿化卤水密度变化范围 1.023～1.284 g/cm^3，矿化度 50～375 g/L，多数达 300 g/L 以上，也达到了自析盐阶段。卤水中 Na^+，Mg^{2+}，Cl^-，SO_4^{2-} 占绝对优势，钾、硼、锂、溴、碘具有开发价值，如新疆塔里木盆地罗布泊盐湖 KCl 含量达 1.40%，目前钾盐已进入大规模开发阶段(李浩，2008)。其余组分仅占 0.2%。

青海盐湖卤水属于高矿化卤水，矿化度平均为 212 g/L，相对密度 1.020～1.338 g/cm³，pH 值 6.1～8.7。盐湖卤水化学成分，以 Na^+，K^+，Mg^{2+}，Ca^{2+}，Cl^-，SO_4^{2-}，HCO_3^- 和 CO_3^{2-} 为主；此外，还富含 B，Li，U，Th 等 50 多种微量元素。B，Li，K，Mg 等在卤水中形成富集，构成了青海盐湖的优势资源，青海盐湖集团目前是我国最大的钾肥生产企业，锂、硼、镁也得到不同程度的开发。

内蒙古盐湖卤水为饱和或过饱和的高矿化度卤水，一般是无色无臭，具有苦咸味；有些盐湖呈黄色、棕红色、灰色，透明度差；pH6.2～10.1，矿化度 100 g/L 以上，最高达 500 g/L。由于气候干燥，蒸发量大，补给水量少，多数盐湖处在半干涸-干涸状态。卤水的成分复杂多样，既有 Na^+，K^+，Mg^{2+}，Ca^{2+} 等普通盐类离子，也有重要的 B，Li，Rb，Cs，U，Th 等稀有、分散元素以及 F，Cl，Br，I 卤族元素等，但以富含 NaCl 为共同特征。

六、中国盐湖矿产资源

盐湖是一种近代的盐矿，蕴藏着取之不尽的盐类资源和伴生多种有益元素，所以是盐类化学工业和农业、轻纺、建材、国防以及尖端技术与综合利用所必需的宝贵原料和重要的物质基础。

我国是个盐湖资源大国，盐类资源种类齐全。其中，有规模巨大的石盐、芒硝、天然碱等普通盐类资源，亦有稀缺的钾盐、镁盐、硝酸(钾)盐、硼盐、锂盐以及铷(Rb)、铯(Cs)、铀(U)、钍(Th)等贵重金属的盐湖资源。尤其是青藏高原盐湖的硼(B)、锂(Li)和青海、新疆的钾(K)、镁(Mg)等盐湖资源，不仅含量很高，而且储藏量大。

预计我国四大盐湖区盐类矿产资源的远景储量，石盐、芒硝、镁盐、钾盐都约为数亿吨到数十亿吨，硼酸盐、锂盐、天然碱、锶盐都在数十万乃至数千万吨。

第二节　中国现代盐湖的同位素特征

环境同位素普遍存在于现代盐湖区的地表水、地下水、大气降水以及晶间卤水等各类水体中，记录了盐湖演化的很多重要信息，对现代盐湖的降水与蒸发等气候特征具有表征作用，为揭示盐湖物质来源及成因机制提供有效的技术手段。本节主要以常见的氢、氧、氯、硼同位素为例，概述中国现代盐湖同位素的特征。

一、稳定同位素 δD 与 $\delta^{18}O$ 研究

1. 各类天然水 δD 与 $\delta^{18}O$ 的分布概况

中国盐湖区内天然水稳定同位素 δD 与 $\delta^{18}O$ 的分布范围为：δD 为 −137.8‰～

+34.6‰，$\delta^{18}O$ 为 −19.95‰～+8.87‰。在各类天然水中以大气降水中的 δD 与 $\delta^{18}O$ 值最低。最高者为盐湖卤水，但其变化范围较大。其他如河水、地下水、淡水湖泊、咸水湖泊等 δD 与 $\delta^{18}O$ 的变化均在上述两者之间。

2. 河水和地下水中的 δD 与 $\delta^{18}O$

我国盐湖区内河流 δD 与 $\delta^{18}O$ 的平均值分别为 −59.8‰和 −9.46‰，地下水 δD 与 $\delta^{18}O$ 的平均值分别为 −72.3‰与 −9.58‰。各湖区的 δD 与 $\delta^{18}O$ 的平均值见表 16-2。

表 16-2　我国各湖区河流、地下水的 δD 与 $\delta^{18}O$ 的平均组成(张彭熹，1999)

地区	河流		地下水	
	δD/‰	$\delta^{18}O$/‰	δD/‰	$\delta^{18}O$/‰
新疆湖区	−65.6	−9.28	−69.7	−11.37
内蒙古湖区				−8.47
青海湖区	−45.7	−7.91	−49.2	−8.25
西藏湖区	−105.9	−15.33	−100.6	−12.85

从表 16-2 可以看出，通常地下水 δD 与 $\delta^{18}O$ 值略低于地表河水，产生同位素分馏的主要成因是蒸发作用，即河流裸露地表，轻组分较重组分易于蒸发而转移到大气中。同理，干旱地区河水和地下水的 δD 与 $\delta^{18}O$ 值通常高于邻区。对比上述 4 个湖区，以西藏湖区的 δD 与 $\delta^{18}O$ 值最低，这主要归因于高度效应。最高值出现在青海湖区，主要由强烈的蒸发作用所致。

3. 湖泊水中的 δD 与 $\delta^{18}O$

我国盐湖区内淡水湖湖水的 δD 与 $\delta^{18}O$ 平均含量分别为 −76.6‰和 −6.90‰；咸水湖湖水 δD 与 $\delta^{18}O$ 的平均含量分别为 −47.7‰和 −3.89‰；卤水湖湖水 δD 与 $\delta^{18}O$ 平均含量分别为 −31.1‰和 −1.48‰。从上述数据可清楚看出，随湖水含盐量增高，δD 与 $\delta^{18}O$ 值增加。尽管总的变化趋势十分明显，但是我国盐湖分布面积十分辽阔，各地的气象、水文条件有较大的差异，因此，即便是同一湖区由于其地质、水文地质条件的不同，特别是不同来源地下水的掺杂混合，使得盐度和 δD 或 $\delta^{18}O$ 的有规律变化被掩蔽。如柴达木盆地的牛郎织女湖含盐量高达 500 g/L，理应有较高的 δD 或 $\delta^{18}O$ 值，但其卤水的 δD 仅为 −64.1‰，$\delta^{18}O$ 为 −11.19‰，该数值与盆地边缘的降水 δD 与 $\delta^{18}O$ 值相当，且该湖位于深断裂带上，推测该卤水湖是地下水(山区降水入渗补给)溶解老沉积盐类而成的盐湖所致。

根据各类湖泊水体中的 δD 与 $\delta^{18}O$ 平均值(表 16-3)，可以得出湖泊水体 δD 与 $\delta^{18}O$ 分布的一般规律：除青海湖区外，其他湖区 δD 与 $\delta^{18}O$ 值随盐度的增高而升高。通过对青海湖区水同位素 δD 与 $\delta^{18}O$ 和近代沉积物中介形虫化石的研究证实，青海湖现代湖水初始水同位素组成 δD 为 −55‰，$\delta^{18}O$ 为 −10‰，与现代当地的平均降水值(δD 为 92.1‰，

$\delta^{18}O$ 为 13.47‰)有很大区别。化石微量元素研究证实,更新世末期的宿生水体的盐度高于现今湖水的盐度,由此可见青海湖在玉木盛冰期时可能经历了枯水阶段,现今青海湖水体的初始水具有较高盐度和较高氢氧稳定同位素组成。

表 16-3　中国盐湖区内各类湖泊水体中 δD 与 $\delta^{18}O$ 的平均值(张彭熹等,1999)

名称	淡水湖		盐水湖		盐湖	
	δD/‰	$\delta^{18}O$/‰	δD/‰	$\delta^{18}O$/‰	δD/‰	$\delta^{18}O$/‰
新疆湖区	−76.9	−11.54	−45.6	−4.75	−31.6	−2.19
青海湖区	−30.4	−2.72	−7.25	+2.03	−22.8	−0.05
西藏湖区	−69.4	−6.33	−58.03	−4.73	−53.2	−3.75
内蒙古湖区				−0.71		−1.20
全区平均值	−67.6	−6.90	−47.7	−3.89	−31.3	−1.48

4. 大气降水中的 δD 与 $\delta^{18}O$

郑淑惠等(1982)研究认为我国的降水分布存在高度效应,于津生等(1980)对西藏东部地区雨水溶液的研究,获得海拔每升高 100 m$\delta^{18}O$ 降低 0.31‰,δD 降低 2.6‰的记录。在中国盐湖区内由于降水稀少,δD 与 $\delta^{18}O$ 随高程增加的下降值要比藏东小得多,如乌鲁木齐 1980 年降水的 δD 平均值为−66.2‰、拉萨为−71.7‰,海拔高差 2000 余米,而 δD 平均值只差 5.5‰。这个差值不仅是高度效应的反映,同时也是纬度效应的结果。值得指出的是,纵观我国盐湖区降水中的 δD 与 $\delta^{18}O$ 分布,除了高程效应、纬度效应外,在我国盐湖区内蒸发效应十分明显(见表 16-4),柴达木盆地边缘的祁连山年蒸发量为 1800 mm,降水中δD与 $\delta^{18}O$ 分别为−69.5‰和−14.36‰,而大柴旦盐湖年均蒸发量为 2080 mm,δD 与 $\delta^{18}O$增高到−40.6‰和−8.83‰;藏北湖区的年蒸发量在 2300 mm 以上,班戈湖、达瓦错、洞错的降水中 δD 为−21.7‰~−29.9‰;我国最干旱地区之一的达布逊湖区年蒸发量在 3300 mm 以上,其降水中 δD 增高为+1.9‰。可见降水的蒸发效应在我国盐湖区内是十分明显的。

表 16-4　青藏高原湖区蒸发量与降水中 δD 与 $\delta^{18}O$ 对比表(张彭熹,1999)

湖区		青海			西藏		
		青海湖	大柴旦	达布逊	班戈湖	洞错	达瓦错
组成/‰	δD	−92.1	−40.6	+1.9	−29.9	−27.9	−21.7
	$\delta^{18}O$	−12.54	−8.83	+0.34	−1.23	−5.51	−3.86
年蒸发量/mm		1354	2080	3300	2065~2300		

二、氯同位素研究

1. 盐湖氯同位素概述

盐湖作为第四纪的产物，是在极其干旱和强烈蒸发的气候环境下形成的，作为盐湖中主要成盐元素的氯在盐湖的演化过程中扮演着重要的角色，记录了很多重要的信息。

自然界氯有两种稳定同位素^{37}Cl与^{35}Cl，它们具有相对大的质差(5.4%)，自然界发生的许多化学及地质过程都能引起氯同位素的分馏。在盐湖的形成、演化过程中，受补给水来源、蒸发作用及构造作用等因素的影响，盐湖卤水中的氯同位素组成产生相应的差异，这样氯同位素作为地球化学标识物，对研究盐湖的变化、发展提供了良好的手段。

2. 盐湖氯同位素的研究

近年来，随着氯同位素提取、分离纯化和同位素测定技术的不断完善和提高，对盐湖氯同位素地球化学的研究得到了快速发展，形成了一个独具特色的研究领域，在盐湖卤水、沉积物和盐类沉积物的氯同位素地球化学研究方面取得了可喜的进展。

各国学者相继对海水、温泉、火山湖水、油田卤水、地下水、盐湖、冰雪、造岩矿物和造矿矿物流体包裹体中氯同位素进行了测定，我国学者对氯同位素的分布规律也有比较深入的研究(韩风清等，1996；刘卫国等，1999；肖应凯等，1995；王庆忠等，1995)。在此基础上对各类水体及矿床的成因与物质来源进行了有益的探索。肖应凯和刘卫国等(1994a，1994b)在实验中还发现了 NaCl 结晶时出现了氯同位素与自然界相反的情况，即^{35}Cl从液相优先进入固相，^{35}Cl在固相中富集。

3. 卤水氯同位素地球化学

目前已开展的盐湖氯同位素工作，主要是对氯同位素在盐湖地质条件下的分馏机制、同位素组成的变化及所反映的地球化学问题。

氯在盐湖卤水和盐类矿物中相对富集。盐湖卤水的氯同位素组成与卤水的蒸发和补给水的同位素组成有关，更多地取决于卤水的蒸发程度(肖应凯等，2000)。以柴达木盆地为例，研究其河水、地下水、盐湖卤水和石盐矿物氯同位素组成，结果表明，河水的$\delta^{37}Cl$值最高，卤水的$\delta^{37}Cl$值最低，盐湖卤水的氯同位素组成与卤水的 pH 值、盐度及氯离子含量具有较密切的相关性。

表 16-5 列出了柴达木盆地各盐湖卤水 pH 值和氯同位素组成特征。

表 16-5 柴达木盆地盐湖卤水 pH 值和氯同位素组成

样品地点	柴凯	小柴达木	巴龙马海	德宗马海	尕斯库勒	柯柯	茶卡	昆特依
pH	7.65	8.14	6.50	7.98	7.11	7.25	7.31	6.65
$\delta^{37}Cl$/‰	−0.32	1.01	0.53	0.02	−0.53	0.06	0.21	−0.42

由表16-5可见，卤水中的$\delta^{37}Cl$随pH的增高而逐渐增大。$\delta^{37}Cl$值与pH值总体上呈现正相关性。氯化物型盐湖的$\delta^{37}Cl$值较低，而硫酸盐型盐湖的$\delta^{37}Cl$较高。

在盐湖卤水受外来补给及蒸发等因素作用过程中，卤水中的$\delta^{37}Cl$值可以反映卤水蒸发程度。当卤水以NaCl析出为主而尚未达到KCl与MgCl析出的阶段，卤水的Na/Cl比值会随蒸发的持续进行而降低，即此阶段卤水的K/Cl与Mg/Cl比值不断升高，而其$\delta^{37}Cl$值逐渐降低。

蒸发析盐是引起盐湖卤水氯同位素组成变化的主要因素。现代盐湖目前处于化学沉积阶段，伴随卤水存在的是大量的石盐等盐类矿物的析出，这一过程产生的氯同位素分馏导致了相对质量较重的^{37}Cl在卤水中相对贫化，卤水中氯同位素向$\delta^{37}Cl$值变小的方向演化。

通过对盐湖卤水的氯同位素组成变化的综合调查及分析，可为示踪盐湖卤水受蒸发和补给作用的程度提供参考。

4. 盐类沉积物氯同位素的古环境意义

氯同位素地球化学特征可以为盐湖古环境演化提供新的启示。氯同位素组成受盐湖卤水蒸发作用所控制，而盐湖卤水的蒸发又与当时的气候环境有关，因此盐湖卤水及其盐类沉积物的氯同位素组成可以作为气候环境的指标。但是由于盐湖卤水很难长期地封闭保存，因此盐类沉积物的氯同位素组成成为反映古气候环境的有效手段。以察尔汗、马海和昆特依等地区为例，王庆忠等(1995)对该地区钻孔盐类沉积的氯同位素组成的古环境意义进行过探讨性研究，将察尔汗地区同一钻孔的石盐氯同位素组成与该钻孔的氢氧同位素组成进行比较，以及取得马海钻孔中一套连续沉积的盐类矿物的$\delta^{37}Cl$数据，均显示出气候变化的特征。从Q_3晚期以来，马海地区发生过两次较大气候变化，45 m至33 m盐类沉积期，气候相对暖湿；33 m至22 m的盐类沉积时期，气候则多为相对干旱、寒冷。昆特依钻孔盐类沉积物$\delta^{37}Cl$值呈现自下而上逐渐降低的趋势，表明了该地区盐湖80×10^4 a以来尽管经历了几次淡化，但总的是处于干旱、强烈蒸发的环境，盐湖的演化主要受蒸发作用所控制。

三、硼同位素研究

1. 盐湖卤水硼同位素组成

近年来，由于天然样品中硼分离技术及硼同位素分析技术的改进，为进一步提高硼同位素测定的准确度和精度以及硼同位素的地球化学研究提供了更为可靠、有效的研究手段(肖应凯等，2000)。随着天然水体的迁移，硼在水体中相对富集并在海洋、湖泊积聚。在盐湖卤水受外来补给及蒸发等因素作用过程中，硼同位素更多的反映了卤水的来源，因为在卤水蒸发过程中吸附作用并不明显，主要是盐类矿物的析出。

祁海平等(1993)对中国现代盐湖卤水的硼同位素组成进行了初步研究。结果表明，中国盐湖均属于陆相成因，但各地区盐湖卤水的 $\delta^{11}B$ 比值存在明显的差别，其规律是新疆(11.8‰)＞内蒙古(11.6‰)＞青海(8.9‰)＞西藏(1.3‰)。这种变化趋势与盐湖的演化有关，而且与外围各种补给水密切相关。新疆、内蒙古等地区盐湖地表补给水系不甚发育，主要靠大气降雨补给，湖体比较封闭，具有较高的固液比，造成卤水 $\delta^{11}B$ 值的升高。

2. 硼同位素水文地球化学研究

以柴达木盆地盐湖为例，柴达木盆地盐湖卤水中硼的含量很高(平均含量为184.52 mg/L)，是海水硼含量的40倍。柴达木盆地盐湖卤水的 $\delta^{11}B$ 值受卤水蒸发作用所控制，其 $\delta^{11}B$ 值具有明显的区域分布特征，盆地西部及北部地带最高(22.2‰)，中部及南部的盐湖最低(3.4‰)，盆地东部及东北地带除了个别盐湖外，其余盐湖平均的 $\delta^{11}B$ 值为7.8‰。这主要与卤水补给来源有关。盆地西部及北部地区，地表补给水源很不发育，主要靠地下承压水和油田水补给，这些水源均具有较高的 $\delta^{11}B$。在盆地的中部和南部的盐湖则有丰富的来自昆仑山融雪水的补给，这些水体在搬运过程中溶蚀了围岩中的硼，它们具有低的 $\delta^{11}B$ 值。

表16-6给出了柴达木盆地盐湖卤水的硼同位素组成和pH值的变化关系。卤水中的硼同位素组成随pH值的增高而逐渐降低，硼在溶液中主要以 $B(OH)_3$ 和 $B(OH)_4^-$ 形式存在，轻质量的 ^{10}B 在 $B(OH)_4^-$ 相对富集并易进入到沉积相中，重质量的 ^{11}B 在 $B(OH)_3$ 中相对富集并保留在溶液中。而 $B(OH)_3$ 和 $B(OH)_4^-$ 在溶液的分配比例受溶液的酸碱度所控制。有关卤水硼同位素分馏的实验研究表明，卤水温度对氯同位素分馏的影响不明显，但卤水pH值的影响却十分显著，特别是在高pH值下出现了反分馏，即 ^{11}B 富集在沉积物中。这种反分馏现象有时也出现在硼酸盐矿物的沉积过程中，这种现象可对某些具有大量硼酸盐矿物沉积的盐湖出现的 $\delta^{11}B$ 低值进行解释。

表16-6 柴达木盆地盐湖卤水pH值和硼同位素组成特征(刘卫国等，1999)

样品地点	柴凯	大柴达木	巴龙马海	德宗马海	尕斯库勒	东台	茶卡	昆特依
pH	7.65	7.78	6.50	7.98	7.11	6.99	7.31	6.65
$\delta^{11}B$/‰	9.9	5.3	31.4	−4.0	17.9	2.6	4.6	29.6

3. 盐湖沉积物硼同位素

20世纪80年代以来，我国许多科学家开展了盐湖沉积物硼同位素的研究(孙大鹏等，1988；Xiao et al.，1992；祁海平等，1993；李俊周等，1996；刘卫国等，1998；王庆忠等，2001；宋粤华，2004)。盐湖黏土沉积物的主要成分是高岭土、伊利石、蒙脱石和绿泥石等，不同地区的盐湖这些成分含量的比例有所变化。这些黏土矿物，特别是伊利石对硼具有很强的吸附力。

西藏盐湖硼酸盐矿物分布广泛，硼酸盐类的析出是在碳酸盐沉积阶段的后期开始出现。扎仓茶卡盐湖和班戈湖是西藏主要的富硼盐湖。前者属硫酸盐型盐湖，后者为碳酸盐型盐湖。钠硼解石是扎仓茶卡盐湖硼矿床的主要硼酸盐矿物。硼砂是班戈湖等湖的主要硼矿物(郑喜玉等,1988)。沉积物中硼同位素组成的研究对探讨青藏高原地区硼的物质来源、硼的迁移聚集以及盐湖中硼酸盐的形成等具有重要意义。收集测定的硼酸盐矿物硼同位素结果表明,西藏地区硼酸盐矿物的$^{11}B/^{10}B$比值为4.0051～4.0535,$\delta^{11}B$值为−11.1‰～+0.85‰,明显低于海水的$^{11}B/^{10}B$值(约4.2),说明这些地区的硼酸盐沉积属于陆相成因(王庆忠等,2001)。

在青海现代盐湖沉积物中普遍有硼。大、小柴旦湖属硫酸盐型的盐湖,主要天然硼酸盐矿物是柱硼镁石和钠硼解石(张彭熹,1987)。收集到的青海地区的硼酸盐矿物的$^{11}B/^{10}B$值为3.9307～4.0420,$\delta^{11}B$值为−29.5‰～−2.0‰。说明青海盐湖区的硼酸盐沉积亦为陆相成因。大柴达木湖所产出的钠硼解石、三方硼镁石和水碳硼石的$\delta^{11}B$值分别为−7.8‰,−8.0‰和−9.2‰,它们均明显地低于该湖卤水的$\delta^{11}B$值(5.1‰),平均同位素分馏系数为0.987,盐湖卤水具有很宽的变化范围,这主要受控于硼同位素的来源及随后产生的硼的吸附过程的影响。

第三节 中国主要现代盐湖区的同位素研究

近年,在现代盐湖同位素水文地质学研究方面取得了许多成果和进展。本节概述有代表性的西藏扎布耶盐湖区、新疆罗布泊盐湖区、青海察尔汗盐湖区和昆特依盐湖区以及内蒙古盐湖区的同位素水文学研究。

一、西藏扎布耶盐湖区氢、氧同位素研究

1. 概况

扎布耶盐湖地处东经84°04′,北纬30°21′,隶属西藏自治区仲巴县。湖面海拔4421 m,现代盐湖面积243 km^2,是一个干盐滩与表卤共存的半干盐湖。该湖位于西藏冈底斯山脉西段北麓,冈底斯喜马拉雅褶皱带,为南北向延伸的构造湖。在全新世以前曾和其南面的大型湖泊塔若错及北面的拉果错相连,后逐步退缩形成今天的面貌,现仍保存有完好的多级古通道。盆地内部沉积了晚第四纪以来淡水—咸水—盐湖相沉积。

湖区气候属高原亚寒带气候,辐射强、气温低、降水少、蒸发量大。流域内陆地平均海拔约4500 m,年均气温0℃。据1990～2000年该湖长期观测数据,湖区气温2℃,年日照率71%,地面上10 m处年均风速4.8 m/s,年降水量144 mm。

扎布耶盐湖主要补给水源以大气降水为主,其次为地下水,再次为地表水,分别占78.8%,19.92%,0.28%。盐湖区淡水年蒸发量约为2269 mm,卤水在全年大部分时间内均位于地表盐层之下,其蒸发量远小于淡水(郑锦平等,1989)。

2. 天然水氢、氧稳定同位素

表16-7中列出了扎布耶盐湖及各种天然水的氢氧同位素数据。

表 16-7　扎布耶盐湖区卤水氢氧同位素组成(郑锦平等,1989)

编号	地点	水类	δD/‰	$\delta^{18}O$/‰
246	扎布耶盐湖查布野岛	冰雹	−106.535	−15.55
111	扎布耶盐湖南岸	雨水	−203.68	−24.21
69	查布野岛	上升泉水	−132.4	−17.58
192	扎布耶盐湖北湖钙华岛	上升泉水	−119.177	−17.76
57	扎布耶盐湖南湖南岸	下降泉	−131.23	−16.73
62	扎布耶南湖	晶间卤水	−50.943	−1.54
75	扎布耶南湖	地表卤水	−56.555	−2.95
176	扎布耶南湖	晶间卤水	−62.145	−2.86
80	扎布耶盐湖查布野湖湾	地表卤水	−59.38	−6.77
84	扎布耶盐湖查布野湖湾	地表卤水	−61.72	−6.47
201	扎布耶北湖	地表卤水	−49.613	−3.06
202	扎布耶北湖水深 1.40 m	地表卤水	−62.779	−1.52
104	塔若错西北(W_4)水深 38 m	湖水	−73.81	−6.27
105	塔若错西北(W_4)水深 129 m	湖水	−71.55	−6.19
106	塔若错西北(W_4)水深 87.5 m	湖水	−72.72	−6.17
155	脚布曲	河水	−92.634	−9.27
247	扎布耶周边湖-鸭湖	湖水	−111.538	−13.87
248	扎布耶周边湖-吓拔巴错	湖水	−82.562	−8.13
112	扎布耶外围湖-加波湖	湖水	−53.225	−1.97
144	日弯茶卡	地表卤水	−6.43	−3.99

扎布耶盐湖同位素组成特征及成因分析如下:

降水:扎布耶地区雨水的氢和氧含量均较冰雹为低,这证明结冰时发生水的同位素分离,较重的氢氧同位素留于冰雹中。

河水:流入扎布耶盐湖南湖的脚布曲河水,河水同位素组分点位于降水线下方反映出河水经历了明显的蒸发作用(图 16-1)。

湖水:在扎布耶湖区的水样中,采样点海拔 4650～4419.5 m。湖水的氢和氧测试结果表明,δD 与 $\delta^{18}O$ 数据是受物质来源、盐度及湖水发展阶段的差异所影响的。在 δD-$\delta^{18}O$ 图上,可将湖水及与其相关的天然水分为北湖和南湖两类。北湖区样品的 δD-$\delta^{18}O$ 直线斜率为 4.89(图 16-1),其中采集地表卤水和晶间卤水的 4 件样品,3 件样品的 δD 与 $\delta^{18}O$ 组成与北湖钙华泉水和冰雹呈线性相关,只有 1 件底层湖水样(样品偏号为 202)向右偏离,较其上层水(表 16.7 中编号为 201)"氧漂移"1.5‰。究其原因,同夏季湖水强烈蒸发、重氧同位素趋向下部有关。以上说明,北湖湖水主要由来自钙华裂隙泉水系统补给水的掺杂混合,亦即说明来自西部高山融雪水补给为现代北湖水的主要补给水源。在南湖采集地表卤水和晶间卤水 3 件,在 δD-$\delta^{18}O$ 相关图上,均与其东南派生湖鸭湖、吓拔巴湖和补给湖塔若错湖水成线性相关，直线斜率 4.90。同时，南湖南岸泉水和脚布曲河水也具有较好的相关性(见图 16-1)，证明南湖卤水与来自塔若错——富含 B,Li,Cs,F 水系的补给有密切关系。

扎布耶盐湖南、北湖卤水 δD 平均值分别为 $-56.55‰$ 和 $-58.37‰$，$\delta^{18}O$ 平均值分别为 $-2.45‰$ 和 $-2.29‰$，周缘湖泊的同位素值也与此相近，明显的低于海水及与海相有关的卤水。而处于其北部海拔和纬度略高的高原盐湖日弯茶卡，有较高的 δD 与 $\delta^{18}O$ 数值，说明扎布耶盐湖卤水氢和氧同位素的特征主要反映了补给来源的差异。

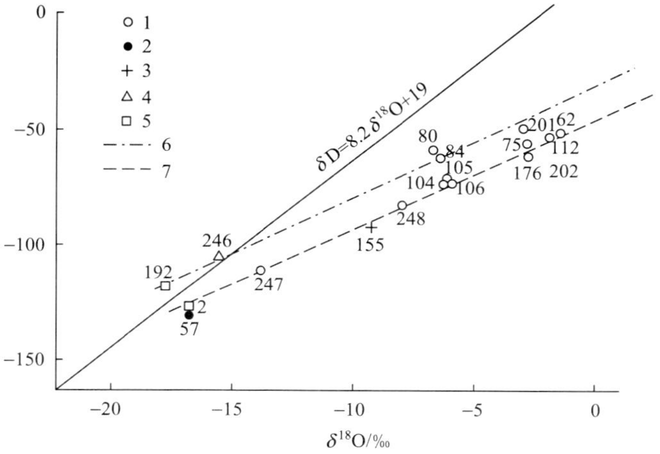

图 16-1 扎布耶湖区天然水 δD-$\delta^{18}O$ 图解(郑锦平等，1989)

1. 地表卤水；2. 晶间卤水；3. 河水；4. 冰雹；5. 泉水；6. 北湖区相关线；7. 南湖区相关线

二、新疆罗布泊盐湖区氢、氧、氚、硫同位素研究

(一)概况

新疆罗布泊盐湖位于塔里木盆地的东端，呈北东走向，地面高程约 780 m，周边高山区的海拔一般都在 4000～6000 m 以上。该区夏季酷热，7 月份平均气温 26～28℃，最高 47℃，昼夜温差 20℃左右；冬季严寒，1 月份平均气温 -8℃，最低 -23℃；降水极少，蒸发强烈，地表无径流。

罗布泊曾是塔里木盆地中的塔里木河、孔雀河、车尔臣河等的归宿地，孕育了延绵千年的楼兰文明。受自然环境变化和人类活动的影响，罗布泊水面逐步萎缩，植被退化，荒漠化加剧，楼兰古城废弃，至 1972 年完全干枯，形成现在的罗布泊。在罗布泊逐渐干涸过程中，湖水浓缩，盐类物质结晶，地表产生变化，形成了不同地貌类型的盐碱土和盐壳(赵元杰等，2005)。

（二）氢氧同位素地球化学

罗布泊盆地属于塔里木盆地的一个次级断陷盆地，罗布泊超大型钾盐矿床位于罗布泊东北部的罗北凹地（图 16-2）。刘成林等（1999）将罗布泊地区各种水体氢、氧同位素比值投到图上（图 16-3），可以看出罗北凹地卤水（卤水矿化度平均为 353 g/L）δD 平均值为 －30.5‰，$\delta^{18}O$ 平均为 5.10‰；大耳朵湖区北端及南小团（盐度与罗北卤水相当）δD 与 $\delta^{18}O$ 平均值分别为 －35.4‰ 和 5.16‰；铁板河三角洲北部山前的珍珠湖（可能为暂时性小湖泊，盐度 13.83 g/L）湖水氢、氧同位素值分别为 －4‰ 和 2.7‰；甘草膏厂（位于库尔勒与罗布泊中间，孔雀河北部大约 7 km 处）小溪淡水分别为 －35‰ 和 －7.3‰；罗北雨水为 －59‰，－9.3‰；罗布泊东部阿齐克谷地两个微咸水（盐度 3.6 g/L），δD 为 －70‰ 与 －65‰，$\delta^{18}O$ 为 －10.0‰ 与 －9.6‰，咸水（盐度 53.7gL）δD 与 $\delta^{18}O$ 为 －65‰，－5.9‰。由图 16-3 可知，罗北雨水及阿齐克谷地两个微咸水点位于全球大气降水线之上，甘草膏

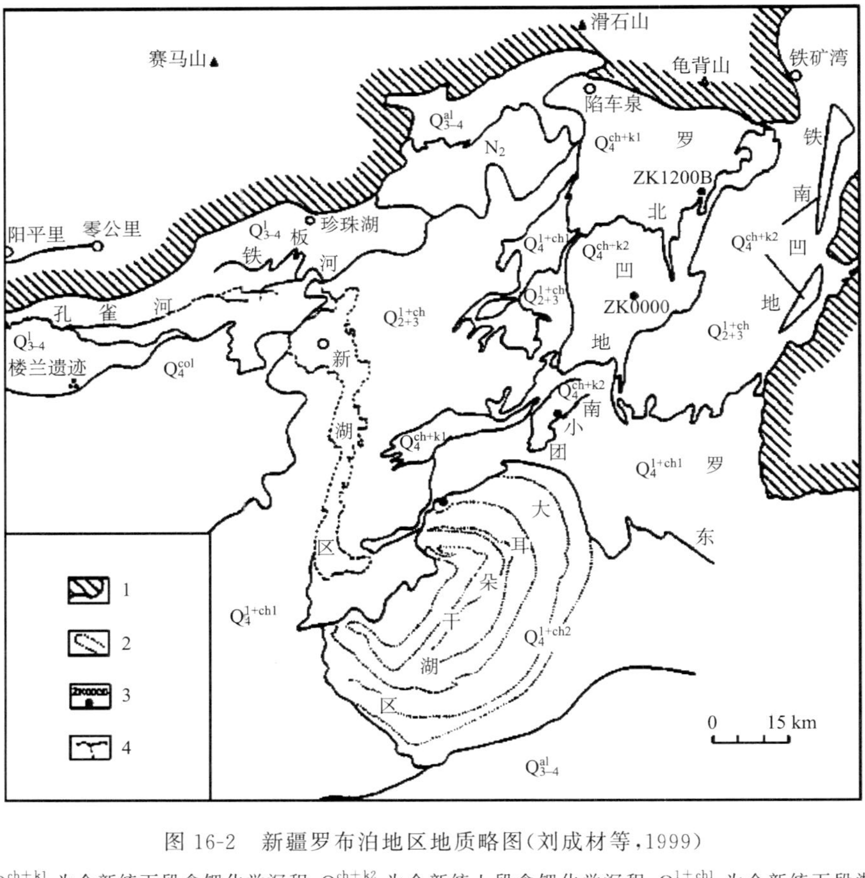

图 16-2　新疆罗布泊地区地质略图（刘成材等，1999）

Q_4^{ch+k1} 为全新统下段含钾化学沉积；Q_4^{ch+k2} 为全新统上段含钾化学沉积；Q_4^{1+ch1} 为全新统下段湖相及化学沉积；Q_4^{1+ch2} 为全新统上段湖相及化学沉积；Q_4^{eol} 为全新统风成沉积；Q_{3-4}^{al3} 为上更新统和全新统洪积；Q_{2+3}^{1+ch} 为中更新及上更新统湖相及化学沉积；N_2 为第三系

1. 前第三系；2. 遥感图像显示的湖水退缩线；3. 钻孔及编号；4. 河流水系

厂小溪淡水有一点偏离全球大气降水线。总体来看，它们具有大气降水的性质。而阿齐克咸水则是经一定蒸发作用形成。

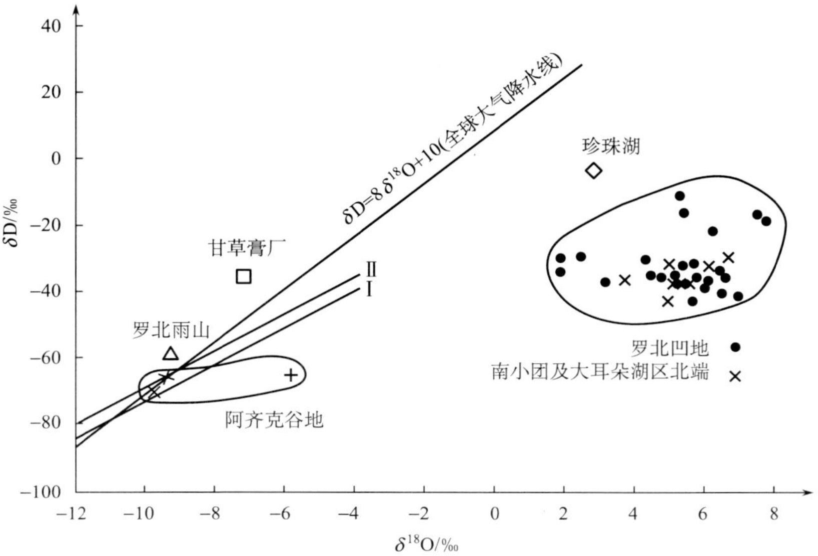

图 16-3　罗布泊地区地表及地下水 δD-$\delta^{18}O$ 图解

Ⅰ. 塔里木盆地南部河流；Ⅱ. 塔里木盆地北部河流

塔里木盆地南北部河流的水线斜率小于全球大气降水线，表明源于山区的大气降水、融雪水及泉水在汇集形成这些河水时受到一定的蒸发(陈玮，1992)。位于铁板河北部的珍珠湖淡咸水，分布于全球大气降水线右下方，距罗北凹地卤水点区有一定距离，这表明它受到一定的蒸发作用，但不很强，其显然来自北部的天山。罗北凹地卤水投影点分布于全球大气降水线右下方，比较集中；南小团及大耳朵湖区北端卤水点分布区与罗北卤水重叠，表明它们具有相似的成因。两者均位于阿齐克谷地蒸发线和盆地内沙漠南北部河水线延长线夹角内，似乎与阿齐克谷地水有一定距离，而与塔克拉玛干沙漠南北部河流关系更密切，即这些河流水进一步蒸发就可落入罗北凹地卤水分布区。

由上述氢氧同位素分析表明，该区卤水主要由塔里木地区大气降水补给，尤其罗布泊西部的塔克拉玛干沙漠南北部河流水补给很重要，这些河流水在进入罗布泊前已受到了一定的蒸发。

通过对罗布泊地区地表及地下水氢、氧同位素的比值分析，认为罗布泊地区湖水主要由地表水(河水，如塔里木河)补给，罗北凹地卤水则是由这些补给水经较强烈的蒸发浓缩形成。

(三) 氚同位素地球化学

1995 年 10 月在罗布泊北部的罗北凹地发现了大型的卤水钾矿床。1996 年和 1997 年的野外调查研究揭示出罗北凹地存在 1 个潜卤层和 5 个承压富钾卤水层，确定罗布泊钾矿区的资源量达到超大型规模(王弭力等,2001)。罗北凹地地下卤水主要赋存于盐类矿物晶间及盐溶孔隙中。储卤层岩性主要为钙芒硝及石膏等盐类沉积物。潜卤水水位埋深 0.38～2.68 m,一般为 1.2～2.2 m。潜卤水层厚度 2.83～25.14 m,由南往北逐渐增加。承压含水层顶板埋深约 30 m,底板最大埋深 157 m。

1. 潜卤水氚的分布特征

研究区氚的 15 个取样点见图 16-4(焦鹏程等,2004)。测试结果表明,罗北凹地潜卤水均含有较高量的氚,氚含量在 21.1～68.9 TU 之间,平均为 40.6 TU(表 16-8)。氚值较高,表明表层卤水含有大量的核爆氚,即自 1952 年大量氚首次进入大气层以来通过干盐湖发生过大气降水的补给。

表 16-8　罗北凹地潜卤水氚含量(焦鹏程等,2004)

序号	样品编号	采样深度/mm	氚含量/TU
1	YK2003W1	1.98	55.8
2	YK2001W1	2.19	21.1
3	YK1605W1	1.97	28.0
4	YK1205W1	1.82	22.8
5	ZK1200W1	1.82	68.9
6	ZK0800W1	1.85	27.8
7	YK0802W1	1.77	43.0
8	YK0009W1	2.92	54.5
9	ZK0400W1	1.62	43.0
10	ZK0003W1	1.95	40.8
11	ZK95-1W1	1.89	30.5
12	ZK0000W1	1.56	31.0
13	YK0305W1	1.93	65.4
14	ZK0004W1	1.52	40.6
15	YK0903W1	1.26	36.3

潜卤水氚含量平面分布的规律是:周边高,中部低,如临近西部边界的 ZK0305 与 YK0009 潜卤水氚含量分别为 65.4 TU 和 54.5 TU,靠近北部边界的 YK2003 氚含量高达 55.8 TU,东北部边界处 ZK1200 孔卤水氚含量为 68.9 TU(取样深度 1.82 m,潜水位埋深 1.65 m);而盆地中部氚含量较低,一般为 20～40 TU。垂直方向随着深度的增加,卤水的氚含量减少,呈现出较明显的垂直分带性。

2. 潜卤水表层含高浓度氚的成因

该区卤水分布于干盐湖地下盐层中,储卤层岩性主要为钙芒硝,卤水盐度平均值

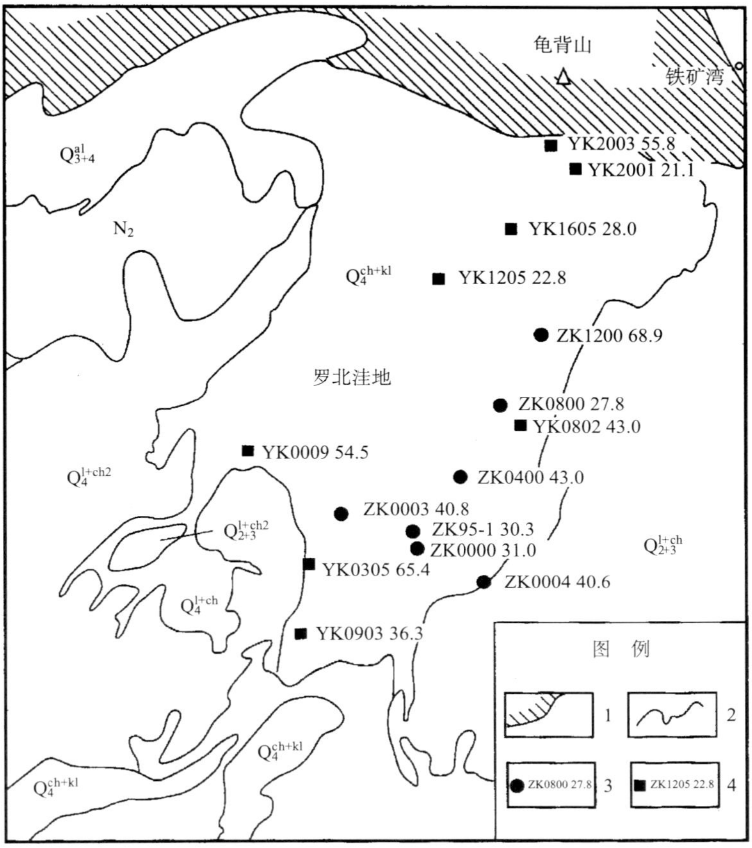

图 16-4　罗布泊钾矿区氚同位素取样位置及氚含量

353.5 g/L，通常认为高盐度的卤水是长期盐化作用（主要为蒸发作用和淋滤作用）的结果，由此推得卤水应无氚或低氚，但实测浅部卤水水样均含有较高的氚，说明有大量现代大气降水的补给。

引用与罗布泊距离最近、气候相近的若羌观测站资料来进行讨论。尽管干旱区降水量很小，但降水随机性较大，分配极不均匀，表现为降水季节分配不均匀和年际间降水量的差异，一年之中降水多集中于 7，8，9 月，3 个月的降水量之和约占全年降水量的 70%；若羌站多年平均降水量为 23.1 mm（1953～1988 年），但年最大降水量达 100 mm 以上。降水的另一个特点是多为暴雨，如 1981 年 7 月至 1988 年 7 月，在不到 10 年的时间里，若羌发生了两场罕见的大暴雨（林振耀等，1992）：1981 年 7 月，在短短十几小时内，降水量达到 73.5 mm；1988 年 7 月的大暴雨，在 20 多小时内降水量达 48.2 mm。这样的降水分配特点和降水形式，能对极端干旱地区潜卤水产生有效的入渗补给，而且研究区地表盐壳及包气带盐岩层盐溶喀斯特十分发育，可能是大气降水入渗过程中形成的。含氚的现代降水渗入地下后与浅层卤水均匀混合，卤水的蒸发作用缓慢，蒸发过程中发生同位素分馏，“轻水”蒸发，氚在残余水体（潜卤水）中富集。卤水的稳定同位素组成证实潜卤水发生了强烈的蒸发作用(刘成林等,1999)。潜卤水氚含量在研究区表现为周边高、中北部低的特征,主要揭示了罗北凹地地下水流网的特征,即湖周边蒸发排泄的地下水年龄轻,中心蒸发排泄的地下水年龄老(焦鹏程等,2004)。

根据罗北凹地潜卤水氚含量分布规律及降水分配特点和降水形式,确定现代降水的入渗及卤水蒸发过程中的同位素分馏是导致卤水中氚较高的主要原因。

(四)硫同位素地球化学

将罗布泊及相关地区卤水和硫酸盐矿物的硫同位素比值投影于图 16-5 上(刘成林等,1999),可见,卤水中硫酸根的硫同位素比值变化在 7.8‰~12.5‰之间,平均为 9.9‰;固体硫酸盐矿物的硫同位素比值在 7.4‰~11.5‰之间,平均为 10.13‰。卤水及沉积物硫同位素比值相近。其中一个固体硫酸盐样品采于罗北凹地湖岸阶地上更新统地层,其时代相当于 $80\times10^3\sim90\times10^3$ a,说明自晚更新世以来,罗布泊水体的补给源、沉积环境及卤水蒸发条件变化不大。25℃溶解的 SO_4^{2-} 与沉淀硫酸盐之间硫同位素分馏系数很小,世界其他一些盆地中现代石膏的结晶作用中硫的同位素分馏作用非常弱,这进一步说明硫酸盐的硫同位素比值可以代表古湖水硫同位素比值。

现代海洋硫酸盐的 $\delta^{34}S$ 约为 20.0‰,现代海相蒸发岩与海水中的硫酸盐 $\delta^{34}S$ 相似。一般认为,海相蒸发岩的 $\delta^{34}S$ 代表了海水硫酸盐的硫同位素。由此类推,罗布泊地区硫酸盐类沉积物的 $\delta^{34}S$ 值也可以代表盐湖卤水中硫酸盐的硫同位组成。由上面讨论可知,固体硫酸盐与卤水硫的同位素是一致的。此外,一般认为,影响硫同位素变化的因素主要有两个,即物质来源和细菌还原。由于罗北凹地第四纪沉积物中未发现硫化物沉积,可以认为该地区硫同位素没有受到细菌活动的影响。

柴达木盆地昆特依卤水与罗北凹地卤水均主要为硫酸镁型,也都为蒸发作用形成。但由图 16-5 可见,前者的 $\delta^{34}S$ 值从 17.3‰~19.9‰,平均为 18.83‰(王弭力等,1997),比罗北凹地高出 8.0‰,而该区淡水为 7.2‰,罗北凹地卤水介于两者之间,甚至接近淡水。从图 16-5 还可知,罗布泊卤水 $\delta^{34}S$ 值也低于美国西尔斯湖卤水。由此说明,物质来源对盐湖卤水硫同位素变化影响很大,不同地区盐湖,尽管水化学类型及蒸发强度相似,但湖水硫同位素值差异很大。

塔里木河上游流域内小海子石炭系海相石膏 $\delta^{34}S$ 为 17.0‰~20.2‰,平均为 19.1‰,南天山石膏岩从 14.6‰~17.4‰,平均为 16.3‰;新疆库车盆地第三系的 E_{2+3} 地层由下向上,$\delta^{34}S$ 比值从 13.5‰~7.7‰,平均为 10.94‰(刘群等,1997)。可见,石炭系海相 $\delta^{34}S$ 明显高于罗布泊硫酸盐 $\delta^{34}S$,第三系硫同位素值则与罗布泊硫同位素相近。

由于塔里木盆地广泛分布有第三系膏盐层,从天山南麓的库车凹陷至南部的莎车凹陷均广泛出现石膏、钙芒硝石盐及卤泉点,有的已证实为大型石膏矿和石盐矿。25℃时溶解 SO_4^{2-} 与沉淀硫酸盐之间硫同位素分馏系数很小,相应地推断,地表水对硫酸盐的溶解不会对硫同位素组成造成很大影响,河湖水中 SO_4^{2-} 的同位素组成基本代表了被溶解硫酸盐的组成。由此推论,罗布泊地区湖水硫酸根主要来源于塔里木盆地中西部的中新生代石膏、钙芒硝层风化产物。

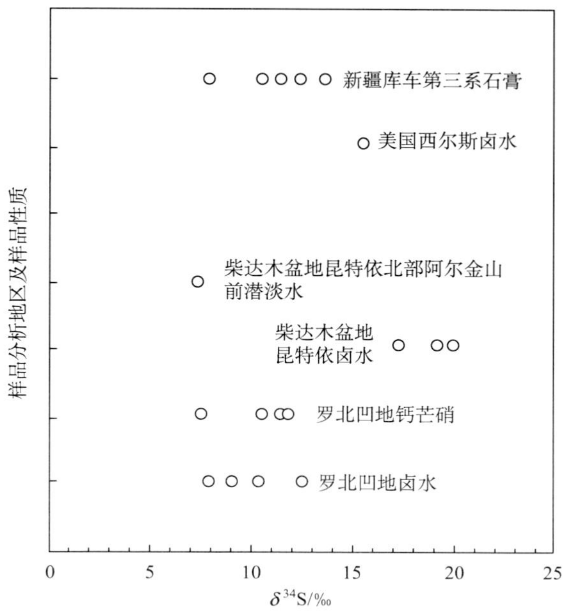

图 16-5　罗布泊等地区卤水及硫酸盐矿物硫同位素分布(刘成林等,1999)

硫同位素研究表明,第四纪罗布泊湖水硫酸根主要来自塔里木中西部及南天山中新生代地层,尤其第三系石膏、钙芒硝层风化产物。第四纪时期,塔里木盆地中西部普遍抬升,而罗布泊则快速沉降成为塔里木盆地的最终汇水中心,从而导致盆地西部大量第三系等含盐地层出露地表,并被风化释放出硫酸根,最终汇集于罗布泊地区。塔里木盆地区域范围内由于地表水对古代含盐膏地层或矿床的淋漓溶解,并汇集于罗布泊,最终导致罗布泊湖水中硫背景含量较高。

三、青海察尔汗盐湖区氢、氧、氚、硫、锂同位素研究

(一) 概况

察尔汗盐湖位于青海西部的柴达木盆地,盐湖外围为山前戈壁、沙丘、沼泽或盐泥坪所环绕,呈南宽北窄不对称分布。盐湖面积达 5856 km^2,是我国第二大盐湖(仅次于罗布泊盐湖),也是世界上最著名的内陆盐湖之一,距西宁 750 km。青藏铁路穿行盐湖而过。

察尔汗盐湖海拔 2675～2680 m,盐湖属高原温带干旱气候区,日温差大,干旱多风,多年平均降水量 24.5 mm,而蒸发度高达 3495.8 mm。南部昆仑山区山体高大,垂直气候分带明显,降水充沛,是整个流域水资源的重要形成区。察尔汗盐湖汇水盆地地形封闭,现今流入盐湖的 14 条河流均为内陆河流。察尔汗盐湖卤水虽直接受周边河流、地下水补给,但湖区水力坡度极小,天然条件下几乎处于停滞状态。湖区是区域地下水流的最终排泄地,也是盐分最终聚集地,湖区地下水主要是垂直向上运动,消耗于卤水表面和干

盐滩蒸发。

察尔汗盐湖地处柴达木盆地强烈凹陷带（张彭熹，1987），以干盐滩为主，由东至西分为霍布逊、察尔汗、达布逊和别勒滩四个区段，见图 16-6。

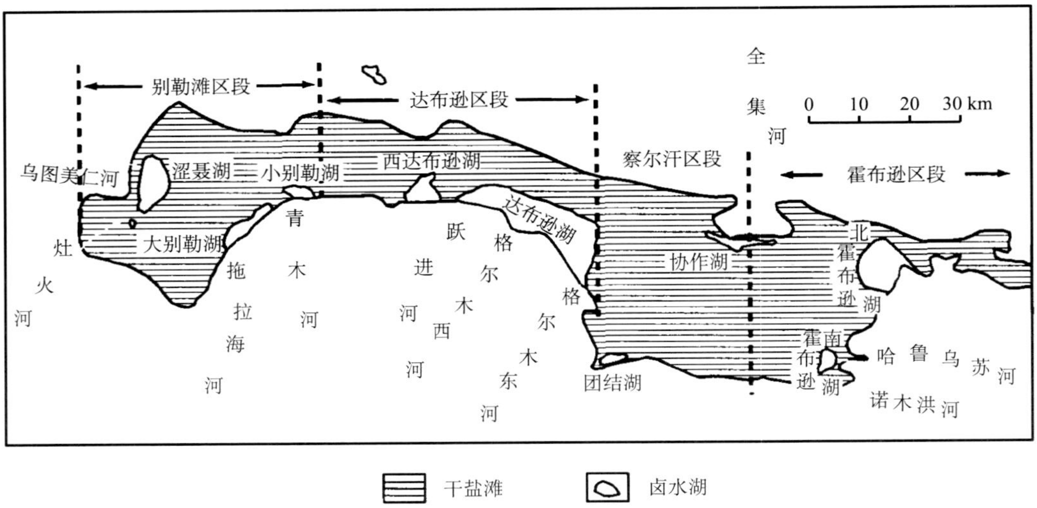

图 16-6　察尔汗盐湖在柴达木盆地的位置和分区（张彭熹，1987）

察尔汗盐湖是我国已探明储量达特大型的钾镁盐矿床，以液体钾镁矿为主，固液体并存，并伴有硼、锂、溴、碘、铷及铯等，为有用化学元素的综合性矿床。可采钾资源是以地下晶间卤水的形式赋存于湖盆的沉积岩盐层中，是柴达木盆地盐湖中钾盐蕴藏量最大的盐湖，其钾盐储量占柴达木盆地盐湖的 85%以上。其中氯化钾资源总量为 5.40×10^8 t，其中固体钾盐矿为 2.96×10^8 t，液体钾盐矿为 2.44×10^8 t。

2000 年 5 月开工建设的 100×10^4 t 钾肥项目，作为西部大开发的标志性工程之一，在 2006 年建成达产后，察尔汗盐湖的钾肥产量已超过 200×10^4 t。

（二）δD 与 $\delta^{18}O$ 环境同位素的特征研究

察尔汗盐湖湖区为断块深盆的低洼部位，属新生代中央凹陷带，新生界覆盖于元古界—古生界以至海西期花岗岩岩体之上，上部为晚更新世晚期以来形成的石盐层，成盐期距今约 25000～8000 a 间，自上而下分成 S_1，S_2，S_3 三个盐层，其中蕴藏丰富的晶间卤水，分别被湖积碎屑层所分割（李文鹏等，1993a，1993b）。

1. 区域地下水环境同位素特征

察尔汗盐湖主要接受南部昆仑山形成的地表河流及地下水的补给。

为了了解湖区地下水的运动规律，在格尔木河流域内，沿昆仑山口至达布逊湖剖面采集地下水及地表水体环境同位素样，其 δD 与 $\delta^{18}O$ 的测定值呈 A，B，C 三区域分布（图 16-7），说明格尔木河流域存在三种不同气候条件下形成的地下水体。

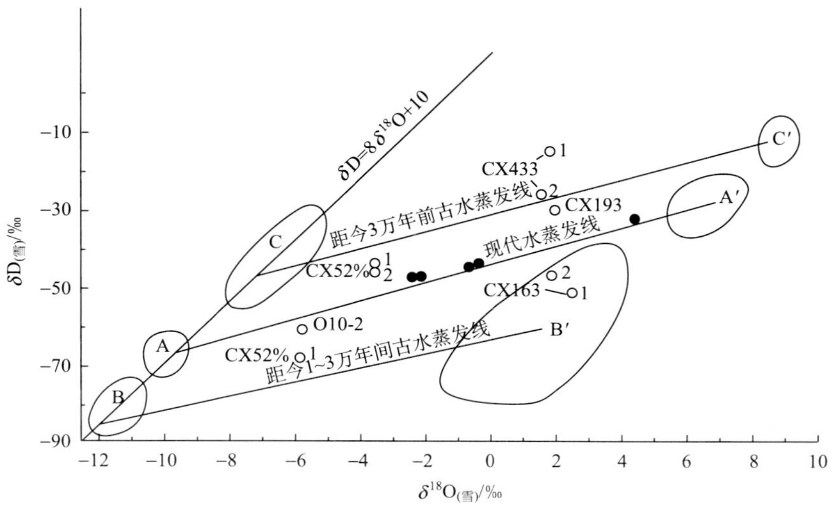

图 16-7　察尔汗盐湖不同水域间的关系(李文鹏等,1993)

A,B,C 为格尔木河流域的地下水域;A′,B′,C′为原生石盐流质包裹体水域

A 区域样品主要取自河水及冲积扇上部戈壁带大厚度潜水含水层中,是现代山区降水或冰雪融水通过出山河流大量渗漏补给而形成的,含氚量高,说明它是近年补给的,地下水循环快,交替迅速。

B 区域样品主要取自溢出带以下细土平原带承压水,测量值表明它是在比现代较寒冷的气候条件下形成的古地下水,形成于距今约(1～3)×10^4a 间。

C 区域取自盐湖首采区,结合地下水运动规律,推测是 3 万年前比现代更温暖的气候条件下形成的地下古水体。

由图 16-7 可见,格尔木河流域地下水是在三个气候条件下形成的三种不同同位素特征的水体,据测定资料和地下水运动速度估算,大致分为三个不同的气候期:距今 1 万年以来、1～3 万年、3 万年以前。

张保珍等(1990)利用察尔汗盐湖原生石盐中流质包裹体同位素特征,推测 5 万年以来存在三个不同的气候期。原生石盐是指由湖水蒸发而析出的石盐,虽然现代盐湖沉积剖面中大部分是岩石表面卤水垂直或侧向渗入含黏土的松散碎屑沉积层后而形成的石盐,但原生石盐具有人字形包体带、漏斗晶、盐船等结构特征。他们据此在达布逊湖北岸 CK88-01 孔 40m 岩心中发现至少 16 层原生石盐,认为察尔汗盐湖至少经过 16 次表面湖水析盐阶段。

通过测定 40m 厚岩心中 16 个代表性原生石盐流质包裹体同位素 D 和^{18}O 值,在 δD 与 δ^{18}O 关系图上,样点也成三个环状分布,其中 A'域取自 0～3.30 m,B'域取自 6.50～14.40 m,C'域取自 24.33～38.36 m。据地层^{14}C 测年资料,这三段地层分别形成于距今 1×10^4 a,(1～3)×10^4 a,(3～5)×10^4 a,至少说明察尔汗盐湖经历了三个不同析盐环境。

原生石盐包体水的 δD 与 $δ^{18}O$ 反映了古卤水湖各析盐阶段时古湖水的同位素组成，将其与格尔木河域剖面同位素的分布比较，不难发现两者具有一一对应关系，与时间上对应关系相吻合，推测察尔汗盐湖湖水与格尔木河流域淡水或咸水具有相同的同位素分布特征，只是后者发生了蒸发漂移。这首先证实，无论淡水体还是卤水湖都接受了三个不同气候条件下山区大气降水的补给，即两者同出一源；其次说明，古水湖和现代湖一样，它是由当时山区大气降水形成的河流或地下潜流补给后经蒸发浓缩而形成的。

2. 盐湖晶间卤水环境同位素研究

通过首采区卤水样品点、S_3 盐层下部水样品点的 δD 与 $δ^{18}O$ 组成和大气降水线进行比较，可以说明上部晶间卤水和渠道水是下部卤水经蒸发而形成的。表明首采区 S_3 盐层晶间卤水主要为 C 区域古水，只有表层才有现代水混入。

据黄麒等(1987)的研究，S_3 盐层中的晶间卤水不是同生卤水，而是比同生卤水更为古老的水向上运动、取代其间同生卤水的结果，出现了“新盐层”中充斥着“老水”的奇观，但这种交替速度是非常缓慢的。

3. 湖区晶间卤水的运动

将达布逊湖至北霍布逊湖剖面的样点与区域地下水环境同位素值域比较，两边晶间卤水位于 C 区域古水蒸发区，中间样品位于 B 区域古水蒸发区。由此推测，20 世纪 60 年代以前，湖区地下水以达布逊湖为排泄中心，自东向西缓慢径流途中消耗于蒸发，来自东部 C 区域古水交替同生卤水速度自东向西渐弱。自 20 世纪 60 年代以来，东部水系减弱，格尔木河流量渐增，加之首采区人为降压疏干开采，打破了原来地下水的运动模式，使首采区一带地下水垂直运动加快，侧向或下部(西部下部为亚砂土，东部下部为黏土、亚砂土)的 C 区域充斥 S_3 盐层，形成如今水的分布格局。

总之，察尔汗盐湖区卤水大多为 C 区域古水，不是 S_3 盐层同生卤水，而是比盐层更老的古水，这是地下水向上缓慢运动的结果。

(三) 水中氚含量及其变化

放射性氚同位素应用于察尔汗盐湖卤水动态变化，同时结合水动态的其他测试方法和长期观测资料，为揭示整个察尔汗盐湖水动态及化学变化规律提供重要的依据。

1. 河水、湖水中氚含量

察尔汗盐湖氚主要来源于河流和潜水。察尔汗盐湖氚主要是由大气降水通过河水和潜水汇集湖区。也就是说，此区河流中的测量结果除察尔汗盐场附近深井井水氚含量低于本底外，其他淡水的氚含量都在 50～70TU 左右，平均为 57.9±12TU(表 16-9)(于升松，2000)。

表 16-9 察尔汗盐湖区的井水及河水氚含量(于升松,2000)

取样地点	格尔木盐场井水	格尔木井水	格尔木河水	察尔汗小桥河水	格尔木西河水	盐场溶洞水
氚含量/TU	<本底	70.4±12.0	66.4±11.9	44.5±12.0	50.6±11.7	本底

2. 地下晶间卤水氚含量

察尔汗盐湖首采区地下晶间卤水按不同深度分两个年度取样。经测试证明,不同深度晶间卤水氚含量变化规律是:3 m 以上平均氚含量在 45TU 左右;3~6 m 氚平均含量为 25TU;6 m 以下氚含量近似本底(10TU)(表 16-10、表 16-11),由浅到深逐渐降低。在平面上晶间卤水氚含量西高(铁路西)东低(铁路东)(图 16-8)。

表 16-10 第一年度察尔汗盐湖首采区氚含量(于升松,2000)

钻孔	埋深/m	取样深度/m	比重	氚含量/TU
Ⅰ7	1.470	0.5	1.245	20.4±11.9
Ⅰ7	1.470	3.0	1.252	61.1±12.2
Ⅰ12	1.160	0.5	1.230	66.7±12.0
Ⅰ12	1.160	3.0	1.233	50.1±12.1
Ⅱ3	1.160	3.0	1.243	本底
Ⅱ10	1.900	0.5	1.230	38.6±10.5
Ⅱ10	1.900	3.0	1.266	57.9±10.0
Ⅱ18	1.300	0.5	1.224	80.4±12.5
Ⅱ18	1.300	3.0	1.228	54.9±10.3
Ⅱ22	0.960	3.0		本底
Ⅲ2	1.750	0.5	1.225	54.2±10.5
Ⅲ2	1.750	3.0	1.252	19.1±10.5
Ⅲ6	2.600	0.5	1.233	45.8±10.4
Ⅲ6	2.600	6.0	1.262	45.6±10.5
Ⅲ11	1.550	0.5	1.221	19.1±10.4
Ⅱ-湖	1.040	0.5	1.245	72.3±10.1
Ⅲ11	1.550	3.0	1.221	41.8±10.4
Ⅳ2	1.950	3.0	1.213	55.0±10.0
Ⅳ8	2.380	0.5	1.226	本底
Ⅳ11	0.860	3.0	1.270	本底
Ⅴ4	0.865	0.5	1.275	32.2±10.7
Ⅴ4	0.865	6.7	1.281	本底
Ⅴ8	0.745	0.5	1.256	18.4±10.0
Ⅴ8	0.745	6.0	1.257	24.7±10.6

续表

钻孔	埋深/m	取样深度/m	比重	氚含量/TU
Ⅵ3	0.960	3.0	1.290	本底
Ⅶ3	1.410	0.5	1.266	本底
Ⅶ3	1.410	3.0	1.266	本底
Ⅸ2	0.640	0.5	1.222	56.8±10.3
OⅠ2	0.770	0.5	1.225	61.0±13.0
OⅨ3	1.990	0.5	1.227	38.4±10.0
OⅨ3	1.990	3.0	1.227	42.8±9.9

表 16-11 第二年度年察尔汗盐湖首采区深部晶间卤水氚含量(于升松,2000)

钻孔位置	Ⅰ7	Ⅰ13	Ⅱ22	Ⅲ11	OⅠ2
取样深度/m	7.20	14.50	13.00	11.00	14.00
水温/℃	15	12	12	14	12
比重	1.271	1.282	1.300	1.264	1.298
氚含量/TU	本底	本底	<本底	<本底	<本底

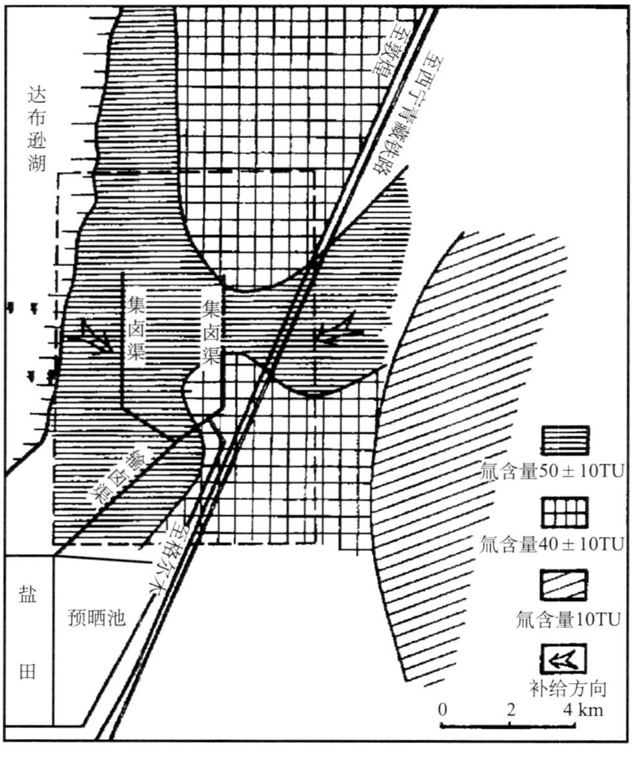

图 16-8 察尔汗盐湖首采区晶间卤水氚的分布趋势图(于升松,2000)

察尔汗盐湖首采区在采卤过程中，由于开渠引入湖水，首采区铁路东很大区域不同程度受到湖水影响。达布逊湖以西 3 km 或更远地段晶间卤水流动较快，受湖水影响较大。这些地段晶间卤水中氚含量在 40～50TU 左右，与达布逊湖平均氚含量接近。铁路附近东侧出现氚浓度在 50～60TU 的区域，也可能受潜水影响。铁路东 3 km 以远氚含量普遍接近于本底值 10TU，从测试结果及水位观测资料分析，这一地段晶间卤水流动缓慢，埋藏时间较长，受抽卤开采影响不明显。

察尔汗盐湖首采区垂直方向上卤水中氚含量变化比较明显，其变化规律是随深度增大而氚含量降低。在采卤过程中，晶间卤水动态变化 7 m 以下晶间卤水中氚含量均近于或小于本底。从测试结果和氚浓度在垂直方向上的变化分析，在采卤过程中，晶间卤水动态变化大约在 6 m 以上，6 m 以下晶间卤水动态变化不大，比较稳定。可认为，察尔汗盐湖深部卤水的补给来源为地下水和周边水。

（四）锂同位素的研究

肖应凯等采用锂同位素示踪技术，对察尔汗首采区采卤过程中晶间卤水的流向、流速和流量进行测定（肖应凯等，1999）。采用离子交换法分离测定锂同位素的组成，通过 VG354 质谱计用双带法测量，采用峰跳扫的方法测定$^{7}Li^{+}$和$^{6}Li^{+}$离子流强度，直接计算$^{7}Li/^{6}Li$比值。结果表明，锂同位素示踪技术在地下水动态研究中具有较好的应用前景。

1. 采卤时晶间卤水流向和流速的测定

利用青海盐湖集团在察尔汗干盐滩上开挖的东集卤渠（长宽约 5 km 和 20m）东侧进行钻井测量。两组钻井分别距东采卤渠 1300 m 和 660 m，每一钻井组由一中心钻井和 8 个侧面钻井组成，8 个侧面钻井均匀地分布在中心钻井四周，与中心钻井的距离均为 1.0 m。所有钻井的孔径均为 10 cm，井深 3～5 m。

将高纯^{6}Li同位素示踪剂投放于中心钻井中，在扩散及水力作用下，^{6}Li将会沿盐类沉积的孔隙向四周方向渗透而影响四周侧面钻井的$^{7}Li/^{6}Li$比值。在相同的水化学条件下，^{6}Li向四周扩散的速率是相同的，因此^{6}Li向四周方向渗透速率的差异主要由水动力作用，即水的流速的不同所决定。

在抽卤时地下卤水朝着采卤渠方向流动，而在背向采卤渠的方向上卤水基本上不流动，这表明采卤渠的卤水聚集作用是明显的。各方向上卤水的流速可以从各个侧面钻井$^{7}Li/^{6}Li$比值开始变化的时间进行计算，实测不同方向流速的变化范围为 0～33.3 cm/h。

2. 采卤时晶间卤水流量的估算及误差

根据同位素稀释法的原理，利用中心钻井所加入的^{6}Li示踪剂量、^{6}Li的同位素丰度以及中心钻井所测定的$^{7}Li/^{6}Li$比值，可以计算出在一定时间内流经中心井的卤水量。但所获结果可能有较大的误差，因为实际情况是一动态过程，在抽卤时卤水是在流动中，所以中心钻井的$^{7}Li/^{6}Li$比值和锂的含量都在不断地变化，计算流量时需采用积分的方法求取某一段时间内的平均$^{7}Li/^{6}Li$比值和锂量。另外，由于现场的情况复杂，在进行各种简化计算的处理中，特别是样品稀释剂未均匀混合，将会带来较大的测定误差；如果能事先进行预研究，确定^{6}Li示踪剂的投放量和把握住采样的时间，就可以获得流向和流速的准确测定结果。

四、青海昆特依盐湖区氢、氧、锶、硫同位素研究

1. 概况

昆特依地处青藏高原柴达木盆地的北部，行政隶属青海省海西蒙古族藏族自治州管辖(图 16-9)，地理位置：东经 92°46′～93°27′，北纬 38°13′～39°01′。

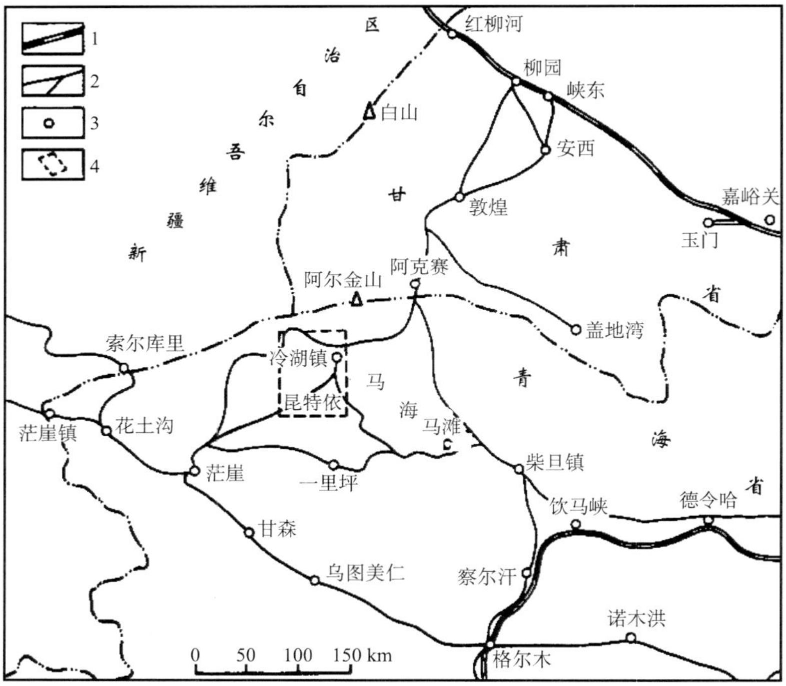

图 16-9　昆特依地理位置图(王弭力等，1997)

1. 铁路；2. 公路；3. 城镇；4. 矿区

昆特依盐湖面积达 1382 km^{2}。矿区由大盐滩、俄博滩、大熊滩、钾湖及北部新盐带 5 个矿床组成。

本地区具典型的内陆寒冷干旱气候特点，夏季短而凉爽，冬季长且寒冷。有限的降水主要集中在 6 月份，占全年降水量的 40.13%，6,7,8 三个月的降水量占全年的 73.89%。蒸发量随气温升高显著增加。最高气温出现在 7 月份，月均达 16.9℃，蒸发量高达 519.3 mm/月。

昆特依地区由降水和冰雪融水补给形成的河流，一般都流程短、流量小、水质差，大多为季节性的暂时性水流，且多数是戈壁带前缘地下水溢出形成的泉集河。汇入昆特依盆地的河流除清水河外均为暂时性水流，只有较大的雨洪才能到达盆地北部的新盐带。

2. 氢氧同位素地球化学

昆特依地区淡水、卤水的氢氧同位素组成见表16-12及图16-10。

表16-12　昆特依地区淡水、卤水氢氧同位素组成(王弭力等，1997)

样品编号	水的类型	$\delta^{18}O$/‰	δD/‰	取样位置
WY92-1	卤水	−8.2	−81	钾湖
WY92-2	卤水	−0.7	−61	钾5湖以北
WY92-3	卤水	−7.8	−66	钾湖
WY92-4	卤水	−7.8	−64	钾湖
WY92-5	卤水	−7.8	−71	钾湖
WY92-6	卤水	+7.4	−53	钾5湖以东
WY92-7	淡水	−12.8	−71	阿尔金山前洪积扇潜水
WY92-8	咸水	+1.0	−59	清水河
WY92-9	卤水	+3.8	−29	“盐湖”
WY92-10	卤水	+6.8	−37	“盐湖”南侧盐坑
WY92-11	卤水	−2.6	−55	冷湖Ⅳ号冷大公路旁
WY92-12	卤水	−2.1	−52	大盐滩潜卤水
WY92-13	卤水	+1.1	−44	大盐滩
WY93-2	卤水	−4.2	−47	大盐滩3208孔西浅坑
WY93-4	卤水	−2.1	−53	大盐滩3212孔旁浅坑
WY93-5	卤水	−0.1	−48	大盐滩3208孔潜卤水
WY93-5′	卤水	−3.4	−46	大盐滩3208孔西北浅坑
WY93-6	卤水	−0.1	−52	冷大公路旁盐坑
WY93-8	卤水	+0.1	−48	冷湖Ⅳ号冷大公路旁
WY93-9	卤水	+3.5	−44	双气泉
A	油田水	+3.36	−35.2	红柳泉深6井
B	油田水	+2.99	−39.7	冷湖Ⅴ号58井
C	油田水	+6.06	−32.5	冷湖Ⅴ号5井
D	油田水	+2.30	−43.3	冷湖2区深61井

由图16-10可见，区内淡水、卤水的氢氧同位素比值分布呈现一定的规律：

(1) 山前洪积扇中的淡水，其$\delta D=-71‰$，$\delta^{18}O=-12.8‰$，投影点位于大气降水线之左侧，有一定的氢“漂移”。

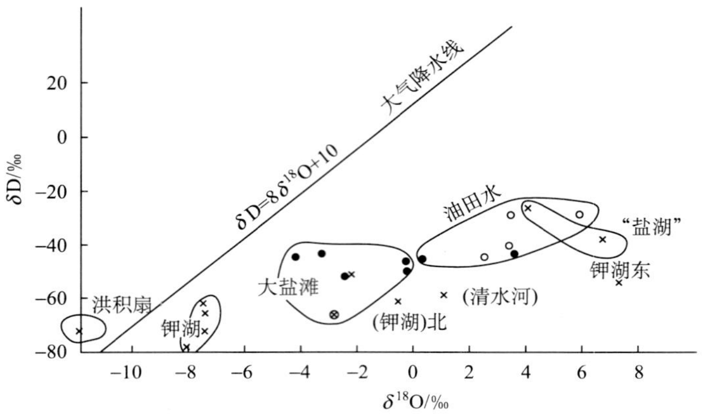

图 16-10　昆特依地区卤水氢氧同位素比值分布图(王弭力等,1997)

× 1992年样品1；● 1993年样品2；○ 油田水样；⊗ 1987年样品3

(2) 钾湖干盐湖晶间卤水 $\delta^{18}O$ 的平均值为 −7.9‰,δD 的平均值为 −70.5‰,位于大气降水线右侧。

(3) 大盐滩近地表潜卤水 δD 平均值为 −52.57‰,$\delta^{18}O$ 平均值为 −2.13‰,较集中分布于大气降水线右侧,位于蒸发区范围。

(4) 第三系油田水、冷湖Ⅳ号、冷大公路旁钻井中油田水样 $\delta^{18}O$ 值 +0.1‰,δD 值 −48‰,双气泉潜卤水(氯化物型)$\delta^{18}O$ 为 +3.5‰,δD= −44‰,与红柳泉、冷湖Ⅴ号等地第三系油田水的结果($\delta^{18}O$=3.88‰,δD= −39.5‰)相似。

(5) 昆特依北部的构造湖"盐湖"卤水 $\delta^{18}O$ 值为 +5.3‰,δD 含量 −33‰。

(6) 钾湖北、东地表晶间卤水 $\delta^{18}O$ 值 +3.1‰,δD 值 −58.33‰。

通过对上述数据的分析,可以看出大盐滩潜卤水的氢氧同位素值大致位于地区大气降水的蒸发线上,与其由古湖水蒸发浓缩的地质成因一致;钾湖卤水氢氧同位素值接近该区大气降水值,它是大气降水沿断裂下渗并溶解围岩中的盐分而形成的具一定盐度的卤水,即大气循环淋滤水,在一定的构造条件下又返回地表并补给盐湖。现在干盐湖内仍有许多正在冒水的小泉眼就是很好的例证。此外,钾湖卤水水化学类型属氯化物型,亦证明其成因与大盐滩卤水不同;钾湖北部的构造湖"盐湖",其湖水氢氧同位素比值与第三系地层中的油田水值一致,与大盐滩潜卤水相比,其 δD 与 $\delta^{18}O$ 比值要高得多,但其盐度仅为 284 g/L,明显小于大盐滩卤水盐度多大于 300 g/L,均值约 350 g/L。由此可见,"盐湖"卤水的成因与大盐滩卤水的成因不一致,它是由深部水补给,而后又受蒸发浓缩而形成。

3. 锶同位素地球化学

自然界中 Sr 有 4 个同位素,^{84}Sr,^{86}Sr,^{87}Sr,^{88}Sr。它们的相对丰度分别是 ^{84}Sr 为 0.56%,^{86}Sr 为 9.86%,^{87}Sr 为 7.02%,^{88}Sr 为 82.56%。其中 ^{87}Sr 是 ^{87}Rb 天然衰变的产物,故在含铷岩石矿物中 ^{87}Sr 的含量随着时间的推移而增加。自然界中 $^{87}Sr/^{86}Sr$=

0.71197。硅铝层(大陆区)岩石$^{87}Sr/^{86}Sr$比值大于0.71,而玄武岩、碱性岩的$^{87}Sr/^{86}Sr$比值要小于0.71。所以,根据$^{87}Sr/^{86}Sr$比值可以判别物质来源。

表16-13列出了昆特依地区卤水及大风山天青石的$^{87}Sr/^{86}Sr$比值,从中可看出:

表16-13 卤水、天青石$^{87}Sr/^{86}Sr$比值(王弭力等,1997)

样号	水类	地点	$^{87}Sr/^{86}Sr$(标化值)
WY92-2	卤水	钾5湖以北	0.70953
WY92-5	卤水	钾湖	0.71196
WY92-11	油田水	冷湖Ⅳ号冷大公路	0.71135
WY92-12	卤水	大盐滩	0.71178
WY92-8	咸水	清水河	0.71245
WY92-9	卤水	"盐湖"	0.70853
WY93-9	卤水	双气泉	0.71196
WY92-8	咸水	清水河	0.71234
DF-1	天青石	大风山	0.71191

(1) 该区$^{87}Sr/^{86}Sr$最高值为0.71245,最低值为0.70853,代表了两个不同的端元补给源区。具最高值的清水河河水(来自冷湖)可能与地表水在其中占优势有关,而具最低值的"盐湖"卤水可能主要与地壳较深部的补给有关。

(2) 在平面上,由北向南,即由构造湖"盐湖"向南至钾湖,$^{87}Sr/^{86}Sr$值变化为0.70853,0.70953,0.71196,其比值呈增加趋势,表明深部水相比于地表水,其混合比例降低。换言之,深部水对钾湖的贡献较弱,即地表水的混入比例增加。

(3) 大盐滩潜卤水的$^{87}Sr/^{86}Sr$比值为0.71178,与钾湖晶间卤水的$^{87}Sr/^{86}Sr$比值0.71196相近,它们基本代表了该区两种端元最终的混合结果,大盐滩潜卤水的代表性更好。另外,油田水的$^{87}Sr/^{86}Sr$值为0.71135,比大盐滩和钾湖的$^{87}Sr/^{86}Sr$比值略低,反映了其受深部水的影响程度强于前两者。

(4) 大风山天青石的$^{87}Sr/^{86}Sr$比值为0.71191,与双气泉卤水的$^{87}Sr/^{86}Sr$比值0.71196相近,说明两者有密切的成因联系,双气泉卤水中的锶可能来源于天青石矿层,或者天青石矿的沉积与类似双气泉富锶地下卤水的补给有关。据此还可推测,在察汗斯拉图、昆特依地区可能还有隐伏的天青石矿层分布。

(5) 深部水与地表水对盐湖的补给量或它们混合程度的计算。假设两个端元补给源的$^{87}Sr/^{86}Sr$值分别为0.70853和0.71245,最终产物的$^{87}Sr/^{86}Sr$比值为0.71178(大盐滩潜卤水),m_1为第一端元提供的锶量,m_2为第二端元提供的锶量,由此得出如下混合方程:

$$0.70853\ m_1 + 0.71245\ m_2 = 0.71178(m_1 + m_2)$$

整理得出:

$$m_2/m_1 = (0.71178 - 0.70853)/(0.71245 - 0.71178) = 0.00325/0.00067 = 4.85$$

$$m_1/(m_1+m_2)=17.09\%$$

由上述计算可知，深部来源锶占总盆地中总锶量的17.09%。可见，深部水对盐湖沉积的贡献不可忽视。

4. 硫同位素地球化学

表16-14是昆特依地区近地表水及硫酸盐矿物中所测定的 $\delta^{34}S$ 值，其值变化于7.2‰～28.4‰，大致可分为4组：①淡水组，$\delta^{34}S$ 值为7.2‰；②低值组，$\delta^{34}S$ 值为10‰～10.9‰；③中值组，$\delta^{34}S$ 值为17.3‰～19.9‰；④高值组，$\delta^{34}S$ 值为28.4‰。

表16-14　卤水、淡水、硫酸盐矿物 $\delta^{34}S$ 比值(‰)（王弭力等，1997）

样号	样品性质	采样地点	$\delta^{34}S$(CDT‰)
W92-9	卤水	"盐湖"	10.9
W93-9	卤水	双气泉	10.0
W93-8	卤水	冷湖Ⅳ号冷大公路	28.4
W93-5	卤水	大盐滩ZK3208	17.3
W93-4	卤水	大盐滩ZK3212	19.3
W93-6	卤水	大盐滩冷大公路	19.9
W92-7	淡水	阿尔金山前	7.2
93-S-1	天青石	大风山	25.9
93-大-1	天青石	大风山	1.3
93-察-1	芒硝	察汗斯拉图	9.6

淡水组样品采自阿尔金山前冲洪积扇潜水，其 $\delta^{34}S$‰值在昆特依地区属最低。低值组的两个样品分别采自昆特依北部的"盐湖"湖水及西侧双气泉潜卤水，它们同为氯化物型水，锶含量高，硫同位素接近淡水组，因此，其成因与生物作用不明显。第三组样品均属大盐滩潜卤水，在成因上属蒸发浓缩成因。第四组 $\delta^{34}S$‰值最高，为典型的第三系油田水。

五、内蒙古盐湖区硼同位素研究

（一）概况

内蒙古地处中纬大陆，海拔较高，漫长的内外地质营力的作用，使内蒙古高原的内部结构具有明显的差异，高平原、平原与山地彼此相间，其间多分布草原、沼泽、戈壁、沙漠等。东部和中部地区熔岩台地面积较大，这些熔岩为该区盐湖的形成，提供着重要的物质来源。

内蒙古高原从东北而西南绵延数千公里，跨越四个不同的干、湿气候区。大部分地域属于多风少雨、蒸发作用强烈、日照时间长的中温带高原半干旱-干旱大陆性干燥气候区，为盐湖的形成提供了气候条件(郑喜玉等,2002)。

内蒙古高原湖泊众多,其中绝大多数为盐湖,主要分布于呼伦贝尔高原、锡林郭勒高原、鄂尔多斯高原和阿拉善高原。

内蒙古盐湖特点是数量多、面积小、类型全、分布广。

内蒙古盐湖矿产资源丰富,不仅储有大量的石盐、芒硝、天然碱等固体蒸发盐类沉积,而且还赋存有含丰富的金属和非金属元素的天然卤水。具有较高的经济价值,目前,内蒙古盐湖已经成为我国重要的天然碱生产基地。

(二)硼同位素地球化学研究

硼作为盐湖中主要成盐元素,在盐湖的演化过程中扮演着重要的角色,记录了很多重要的信息。对盐湖硼同位素地球化学的研究形成了一个独具特色的研究领域,近几年来发展很快,在盐湖卤水、盐类沉积物的硼同位素地球化学研究方面取得了可喜的进展。

内蒙古高原盐湖卤水,包括碳酸盐型盐湖卤水和硫酸盐型盐湖卤水,经过处理分离测试,硼同位素比值含量列于表 16-15。

表 16-15　内蒙古盐湖卤水 B 同位素比值含量(郑喜玉等,1992)

编号	取样湖名	类型	pH	矿化度/(g/L)	比重	B^{11}/B^{10}/%
1	查干诺尔	晶间水	9.77	71.149	1.0791	4.069944±0.005
2	查干诺尔	晶间水	9.98	290.227	1.1383	4.063136±0.006
3	二连诺尔	湖表水	7.50	351.178	1.2350	4.083851±0.006
4	硝泡子	湖表水	7.69	292.090	1.2027	4.066428±0.005
5	阿拉善淖	湖表水	7.67	312.775	1.2027	4.034806±0.004
6	哈达图淖	湖表水	9.88	238.769	1.1818	4.041554±0.006
7	哈达图淖	湖表水	10.00	222.276	1.1723	4.040727±0.003
8	大克泊	湖表水	9.99	209.705	1.1652	4.022438±0.003
9	乌杜淖	湖表水	9.96	331.297	1.2470	4.036795±0.005
10	察汗淖	晶间水	10.21	76.186	1.0622	4.026077±0.009
11	湖洞察汗淖	晶间水	8.95	103.765	1.0002	4.059111±0.013
12	湖洞察汗淖	晶间水	10.65	403.367	1.2890	4.032289±0.008
13	湖洞察汗淖	湖表水	10.80	423.367	1.3037	4.040560±0.004
14	雅布赖湖	晶间水	7.36	359.547	1.2394	4.071168±0.009
15	哈马太淖	湖表水	10.36	120.367	1.1369	4.027365±0.005
16	吉兰泰湖	晶间水	6.71	295.183	1.2017	4.077273±0.007
17	额吉淖尔	湖表水	7.66	227.934	1.2240	4.090255±0.010
18	额吉淖尔	湖表水	7.45	199.393	1.2255	4.094481±0.013

由表16-15可见，内蒙古盐湖地表补给水系不甚发育，主要靠大气降雨补给，湖体比较封闭，具有高的固/液比，造成卤水$\delta^{11}B$值的升高。内蒙古盐湖卤水硼同位素比值的分布特征为：

(1) B同位素比值含量同盐湖水化学类型有一定关系。一般来说，碳酸盐型盐湖中B同位素比值含量，低于4.050000%，而硫酸盐型盐湖中B同位素比值含量又高于4.050000%。

(2) B同位素比值含量与pH值有一定的相关性。内蒙古盐湖卤水B同位素比值含量较高者，集中于pH7.2～7.8和9.6～10.8两个区间里。

(3) B同位素比值含量高峰值位于盐湖卤水密度1.1500～1.3000之间，构成一个不对称的高峰值图形。

(4) B同位素比值含量与盐湖卤水B_2O_3含量有一定相关性，其离差值并不成规则的正比关系。

综合上述可知，内蒙古高原盐湖卤水B的来源是多方面的，但数量都是微量的，因为背景值比较偏低，难以形成地球化学集中，其B同位素比值含量也没有形成明显的规律性。

第十七章　同位素水文地质研究的方法论*

王瑞久

环境同位素用于水文地质研究，在我国已有近30年的历史，归纳为以下几条经验：①环境同位素用于地下水研究，要立足于传统水文地质工作基础上进行，因为它不能替代正常的水文地质工作，而是对基础工作方法的一项补充和提高。②同位素水文学，以实测数据结合地质环境条件进行解释和理解，所以实测数据是解释一切水文地质现象的基础。这就要求在野外取样时注意数据的代表性。③每个样品及其数据会存在不同程度的代表性，所以分析实测数据时至少要了解以下二点(Dincer and Davis，1982)：一是同位素的输入位置和输入值(或可能的初始值)；二是了解水流过程中，直至取样前发生混合的情况。④ 根据以往40年的经验，稳定和放射性同位素技术已深入到水文地质工作的流程之中，Edmunds(2005a)认为其应用有以下诸方面：a. 确定概念模型；b. 建立地下水循环过程；c. 水质的演化；d. 对水(溶剂)和溶质的来源进行示踪；e. 地下水滞留时间研究；f. 古水文学研究。

本章内容分成两部分：

第一部分：同位素技术应用于水文地质的发展趋势。主要讨论近10余年来这项技术的应用和思路走向。简单而言，发展趋势有二：a. 同位素技术和地质、水文、地球化学信息结合；b. 从古气候变化和环境影响去理解地下水的补给、径流和排泄过程。

第一部分内容通过消化整合文献的方式，主要介绍近些年来同位素水文学和水文地质学之间相关联的一些概念。

第二部分：主要是实例介绍。采用国内例子，并且都是笔者参与的项目内容，并在实例前加写一段导读，阐述研究思路和方法。其中实例8未测同位素项目，仅为化学成分，按主编意见列入供参考。实例均按年份排列。

---

* 致谢：本章编写曾酝酿很长时间，拟编提纲数次，终无定论。后来根据主编顾慰祖老师的明确意见，要求把实例介绍研究方法。在编写过程中感谢顾老师自始至终的指点和启发，才得以顺利完成。感谢张人权老师审阅了文章的第一部分，并从内容编排和逻辑上提出了多条宝贵意见，使文章通顺易读。涉及中荷合作项目的实例5,6,7内容编写，感谢万利勤博士和郑跃军博士的参与，减轻了笔者的工作。最后要感谢杨巧凤同学，在过去的一年里担任笔者的助手，对全文的编写，包括图件修改、数据核实、参考文献查找、文字修饰以及全文内容编排，在计算机上承担了全部的具体而细致的工作。

第一节　同位素技术和地质、水文、地球化学信息相结合

一、径流和滞留

Mazor(1995)提出含水层基本定义为所有孔隙充满水的透水岩体并能维持有经济效益的井采。它包括二种主要类型的含水层：

(1) 径流含水层(through-flow)。既有补给区又有排泄区。例如，潜水和径流承压含水层(图 17-1)。

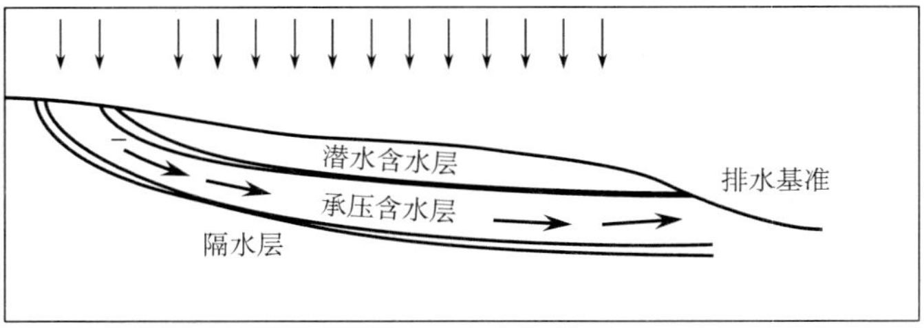

图 17-1　潜水含水层和径流承压含水层略图(Mazor，1995)

(2) 滞留含水层(stagnant)。无流动，缺失补给和排泄带。例如，滞留承压含水层(aquitraps)：有露头无排泄通道(图 17-2)；含水层包裹体(aquipockets)：地下水捕获体(类似岩浆的包裹体)四周边界全被封闭(图 17-2)。

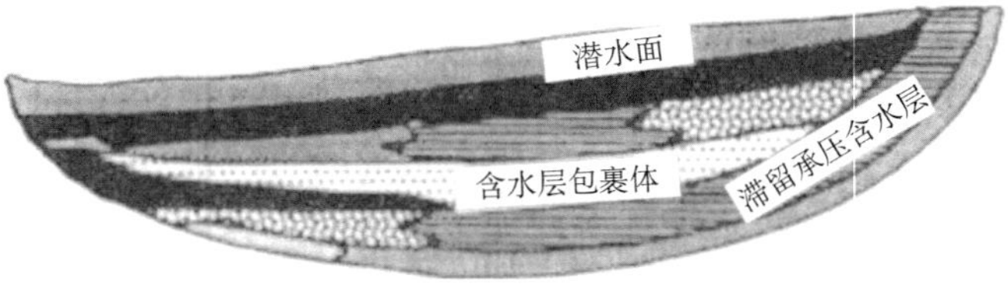

图 17-2　滞留含水层图解(Mazor，1995)

通常情况下，含水层所有部分普遍存在水力联系，长期径流会直接导致含水层水质的均匀化，含水层表现为水质变动小，并呈渐变趋势；反之，水质的明显差异，表明分属不同的含水层。同时径流含水层的特征是含年轻的水，说明处在流动之中。而滞留含水层的特征是含古老的水，说明以前流动过，但现在处于不流动或流动极缓慢之中，与近代地面污染源是隔离的，同样也不受大气污染的影响，因为缺失补给。

很明显，Mazor(1995)引入径流和滞留的问题，证据来自古水文学的研究，随着同位素水文学应用的深入，人们理解一些水文地质的传统习惯将会发生改变。

二、补给空间位置

关于地下水体补给空间位置分布，Wilson 和 Guan（2004）以及 Scanlon 等（2006）对地下水补给的概念和意义作了如下介绍：

（1）补给（Recharge），系指来自上覆包气带或地面水体的水加入到含水层中。

（2）扩散式（直接）补给（diffuse (direct) recharge）。分布在平面上的补给，像降雨或大面积灌溉。

（3）集中式（非直接、或局部）补给（focussed，indirect，or localized recharge）。来自地面低洼地段（像河流、湖泊和干洼地）的集中补给。

（4）山前和山区补给（mountain front and mountain block recharge）。山前和山区的水进入到填充在临近山间盆地的含水层中。

关于山前和山区有关细节说明如下：

（1）山区包括所有组成山体的物质，像植被、土壤、基岩（裸露和非裸露）和水体。山区水文学检测山区内全部水文学过程。包括降水的时空分布、植被分布、雪和融雪、ET、洪水、土层的穿流（interflow，throughflow）、水流穿越基岩孔隙和裂隙，还有地表水和地下水的相互作用。

（2）山前位置指山区和盆地平原之间某个地段（目前尚缺乏确切定义）。山前带可以考虑采用自然形成的界线来划分，像植物边界、土壤边界（裸露基岩边缘）、斜坡边界、山区边界断层甚至雪线。

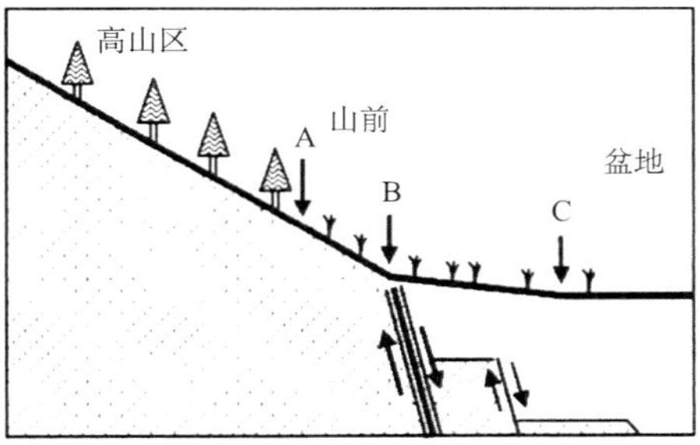

图 17-3　三种山前位置推荐方案图解
（Wilson and Guan，2004）
沿山前和冲积扇的下面有多条正断层
嵌入盆地下方

文中推荐了三种方案（图 17-3）：

A 点：存在植物变动的点。

B 点：位于山区山麓地带的点，常常和土壤类型改变和存在山区边界断层位置一致。

C 点：在山麓地带和盆地平原边沿相接位置的底面交角处。

（3）在研究干旱、半干旱地区山前补给时，相信山麓带（点 B 和 C 之间地段）可能是山前的较好定义。B 点的河水表明来自山区的地表水径流，在 B 和 C 点之间河水流失表明：①水经过蒸发蒸腾返回大气圈，以及②补给到山前地带（甚至盆地含水层），这里注意，山前补给的水和盆地降水补给的差异可以经过稳定同位素的高程效应区别。

（4）同时根据地形变化可以划分出四个水文学的各自区段（平面图和剖面图 17-4）：①山区；②山前；③盆地平原；④排泄带（潜水干盐湖和盆地河岸区）。

（5）把山前补给（mountain front rechange）定义为进入盆地含水层的全部水体，包括山区和山前带的水源。

通过立体剖面（图 17-5）又细分如下分量：

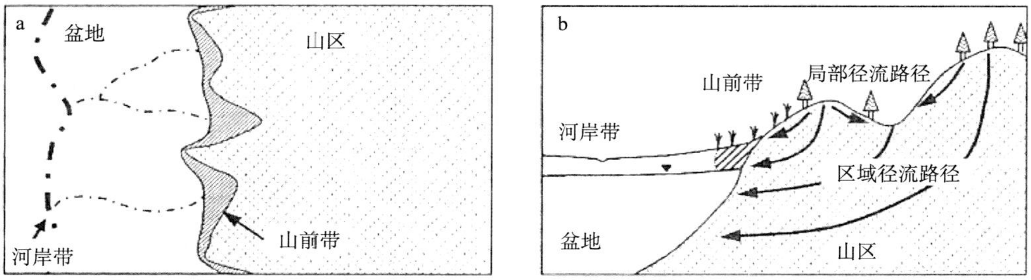

图 17-4 a. 水文学四类地形单元简介：山区、山前、盆地（平原）、河岸排泄带（含潜水干盐湖和盆地河岸区）；b. 表示山区不同地下水流路径的剖面（Wilson and Guan，2004）

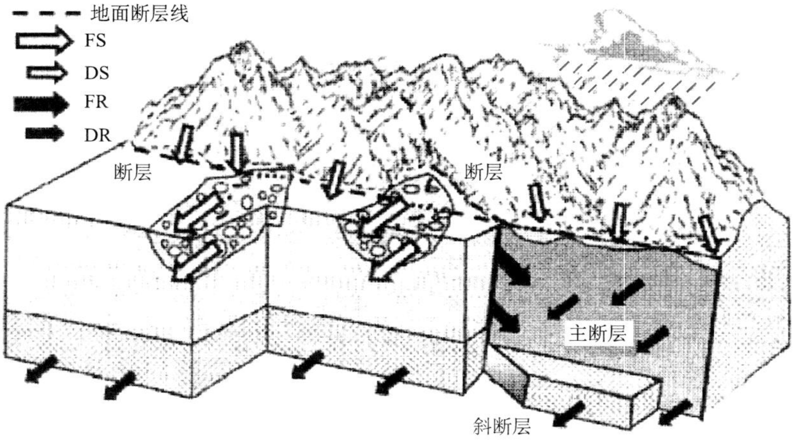

图 17-5 山前补给分量略图（Wilson and Guan，2004）

FS. 近地面集中补给；DS. 近地面分散补给；FR. 地下集中补给；DR. 地下分散补给

• 近地面的集中分量（FS，focused near-surface rechange）

——山前地表河水；

——河岸沉积物输送的浅层地下水（当河道干涸时成为重要地下水排泄场，来自基岩面之上河道以下的沉积物）。

• 近地面的分散分量（DS，diffuse near-surface rechange）

——沿陡坡通过的暂时性地面径流（细小，未在图上表示河道）；

——通过薄层土壤带的壤中流（interflow），直接源自山前带的水，流域包括降水直接落在山前带的入渗补给。

• 地下集中分量（FR，focused subsurface rechange）

——沿基岩张开裂缝，包括裂隙（主要构造成因或非荷载扩张）断层和管道（熔岩管道和碳酸盐岩的溶蚀裂缝），存在地下水输送，把山区地下水和盆地含水层联系起来。这在结晶岩山区是常见现象。

• 地下分散分量(DR，diffuse subsurface rechange)

——沿山区基岩和盆地含水层沉积物之间接触带存在地下水输送的分散分量，在高介质渗透性的山区，像火山熔岩、玄武岩，地下水分散分量是山前补给的主要组成部分。

三、地球化学/同位素方法

Edmunds(2005a)简单评述了近40年来同位素水文学用于水文地质学研究理念的演进。已有技术的强项是对年轻或非常老地下水的绝对(和相对)年龄估算，用来表征干旱、半干旱区域的地下水，用于古水文学研究和用于径流模型的确认。

同位素技术明显有助于理解在非饱和带发生的水文作用过程，和补给含水层的水量和水源。

在实际中同位素和化学方法还常用来解决一些物理问题，像补给量和水流速度的估计。在几乎所有的研究中，凡把地球化学和同位素示踪剂结合起来的使用都被证实有高度的效率。

关于地球化学/同位素方法用于大盆地系统地球化学的评价以及每种技术的应用领域做了一些概括(表17-1)。表17-1内容是目前在已有实践基础上归纳出来的一个框架，其中许多内容还可以细化和扩展，这方面内容在已出版的文献资料中已有很多介绍。

表17-1　地球化学/同位素用法(Edmunds, 2001)

项目		1	2	3	4	5	6	7	8	9	10	注解
惰性示踪剂	Cl		•		•				•		•	1. 绝对年龄测定； 2. 补给估算； 3. 相对年龄指标； 4. 盐分成因； 5. 相变(化学相改变)； 6. 古环境指标； 7. 氧化还原指标； 8. 污染指标； 9. 地热测温； 10. 饮用和健康指标
	Br(Br/Cl)				•		•					
	^{36}Cl	•	•									
	$^{37}Cl/^{35}Cl$				•							
	^{3}H	•	•									
	$\delta^{18}O,\delta^{2}H$			•	•		•			•		
	惰性气体比率			•			•			•		
	惰性气体同位素	•										
反应示踪剂	主要离子/比率			•	•	•				•	•	
	Si									•		
	微量碱金属			•		•			•	•		
	营养物						•	•			•	
	金属(Mn,Fe,Cr,As,U…)			•			•				•	
	$^{87}Sr/^{86}Sr$						•					
	$\delta^{34}S$				•			•	•			
	$\delta^{11}B$				•				•			
	$^{14}C,\delta^{13}C$	•										
	有机物						•				•	

地球化学/同位素方法，主要用于地下水流动路径的识别。通常的做法就是对一束流线进行识别，因为在同束流线上的监测点上、下游之间是存在联系的，包括地下水的水头、水温、化学成分以及同位素特征的分布(Wallick and Toth，1976)。除水头和水温外，笔者认为至少还可以同时满足以下三个条件：

• 输入值在流线上始终保持稳定，像水分子的稳定同位素 δD 和 $\delta^{18}O$，还有惰性气体温度等(Gat，1971；Sigbjarnarson and Theodorsson，1976；Mazor，2005)。

• 输入值在流线上表现为不断衰变，测试值减小，像常用的氚、^{14}C 等放射性同位素(Fontes，1985；Geyh，2005)。

• 输入值沿流线发生累进的水-岩化学反应的演化趋势，或者说具有一定方向性的化学反应及其限度，包括水中主要化学成分和微量元素(Edmunds and Smedley，2000)。

一些大型盆地的研究总是先用广泛的手段进行综合研究，像加拿大 Milk 河含水层，澳大利亚大自流盆地和英国东中部含水层。一个含水层一旦用多种示踪方法去充分理解，从中可以寻找出一些敏感的因素，以后就归结出比较简单的手段，例如用 Cl 去监测水质变化，包括混合和污染物向自然系统的迁移(图 17-6)。从图 17-6 可以看出：

(1) 在英国中东部和澳大利亚大自流盆地含水层中，从露头区的低盐度水(Na/Cl≈1)开始演化(○,▲)。

(2) 在中东部含水层中，来自现代不同污染的 Cl 源(含低 Na/Cl)输入可以区别出来(●)。

(3) 当 Cl 不增大情况下，Na/Cl 比值增大，是钠长石的反应过程，而不是离子交换(当然可包含钾长石溶解)(○)。

(4) 当 Milk 河含水层中沿流向 Na 是在增大的，原因为来自上覆科罗拉多组页岩中 Na 和 Cl 的扩散。这里初始水呈现高 Na/Cl 值，当含相同当量的 Na 和 Cl 的咸水加入进去，沿流线监测到 Na/Cl 值稍有减小(■)。

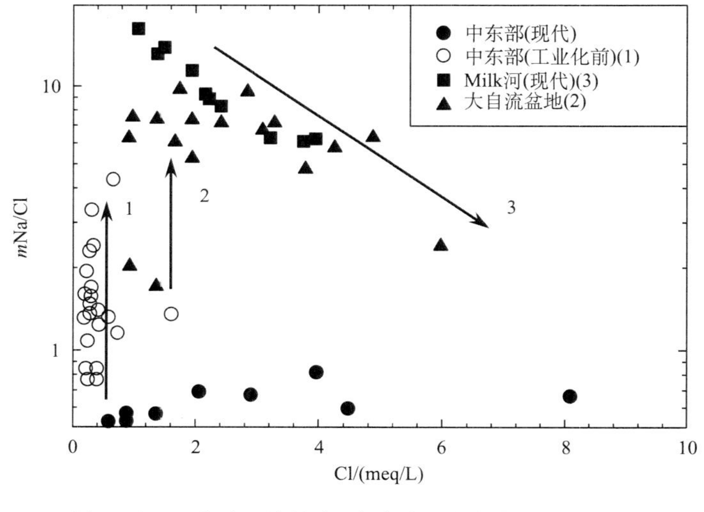

图 17-6 用 Na/Cl 比表示三处淡水，非碳酸盐岩含水层的水-岩相互作用，箭头指向沿入渗初始的流线上水化学演化路径(Edmunds，2001)

第二节　从古气候变化和环境影响去理解地下水的补给、径流和排泄过程

一、冰 芯 档 案

在格陵兰冰盖及邻近几个小冰盖，打了 6 口深度达到基岩的冰芯。

第一根深部冰芯位于格陵兰西北部的世纪营地（Camp Century）。

冰芯中的同位素比值（$^{18}O/^{16}O$，D/H）在所有冰芯研究中作为主要的参考参数，它反映的是云层蒸汽转换为冰晶或雪的温度。所以对重建古气温（假定初始水汽源区的温度和湿度不变）来讲是最重要的代表。这样的话，极地的冰芯成了保存古气候变化的一项大陆档案。其实大陆档案还有湖积物、珊瑚、地下水、有机质等的同位素数据。它们直接或间接地跟过去降水的同位素组成挂上关系，这样也就跟气候演变挂上关系。

同样道理，全球不同地区的降水稳定同位素值，和冰芯一样在不同时间段会有相应的变化。但降水的历史变化，在地下水中可以保留下来，所以地下水是保存古气候变化的一项大陆档案。我们可以把极地冰芯（即极地降水）比作一个古气候变化的标准“地层”剖面，而用地下水（降水补给）剖面去和它进行对比，判读。它们的区别在于冰芯是冰雪的连续沉积，为一个完整剖面，而地下水存在排泄，属于不连续沉积，相当于存在“地层缺失”现象。

现在国际上通常都把世纪营冰芯作为古气候变化重建的样本。

Dansgaard 等（1971）介绍了其中二段冰芯的研究：

一段冰芯（296～1150 m）年龄可能已包括了冰芯形成的最后 1.5×10^4 a。下面从这段冰芯可以读到一些重要细节（图 17-7）：

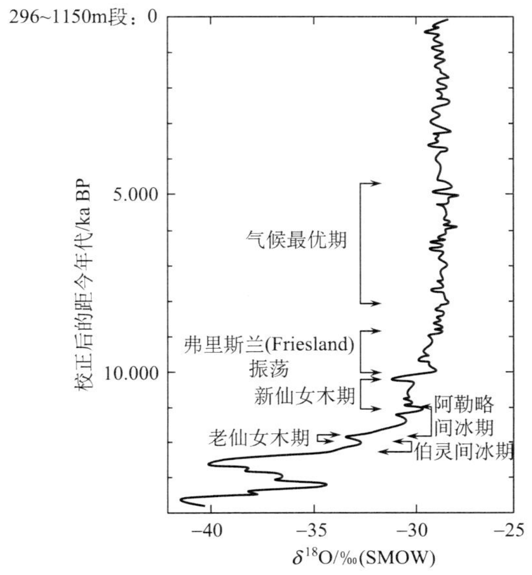

气候分期	距今年代/a
气候最优期	4700~8200
弗里斯兰振荡期	8900~10500
新仙女木期	10500~11500
阿勒略间冰期	11500~11900

图 17-7　世纪营地冰芯（296～1150 m）的最近 1.4×10^4 a（Dansgaard et al.，1971）

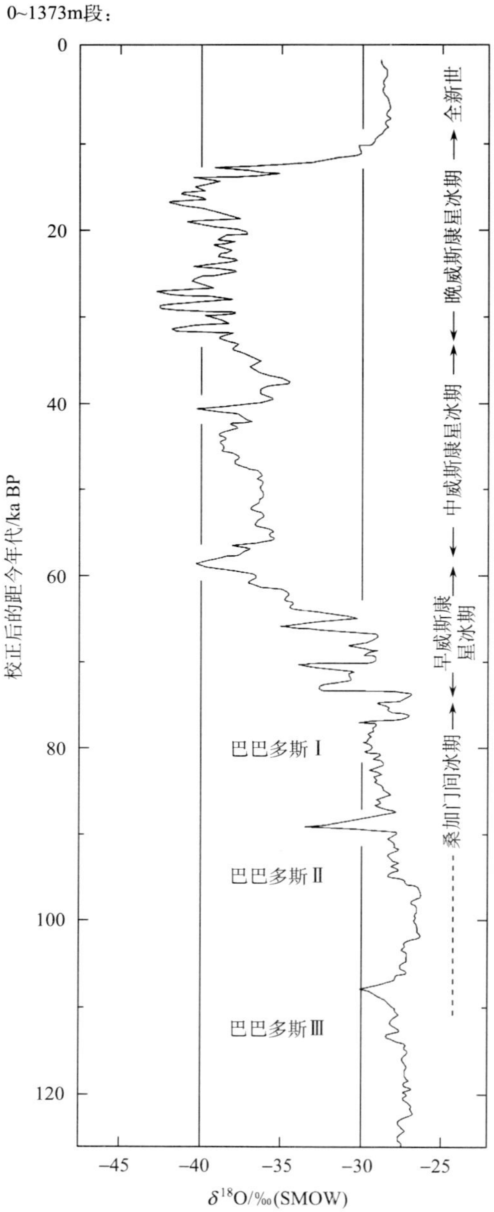

图 17-8 世纪营冰芯 $\delta^{18}O$ 完整记录
(Dansgaard et al., 1971)

• 更新世样品明显向较低 $\delta^{18}O$ 值漂移。

• 最后一千年看上去比先前一千年要冷一些。

• 冰后期的最优气候期是距今 4700～8000 a，$\delta^{18}O$ 值要高于其他任何时间。

• 新仙女木期结束(威斯康星冰期结束)清晰可见。

• 更新世的快速振荡是因为冰川事件。

另一段冰芯(0～1373 m)的年龄分层明显地随年龄增长而冰芯压缩，但仍可以看出冰芯底部已超出距今 12.6×10⁴ a。该结论通过和其他格陵兰冰芯的对比已得到支持。明显的特征有：

• 在更新世结束看到快速转暖，在威斯康辛开始阶段看到逐渐变冷。

• 整个威斯康星冰期从距今 7.3×10^4 a 到 1.3×10^4 a，可以划分出早、中、晚三个阶段。

• 在图(图 17-8)的下半部分，桑加门间冰期巴巴多斯高海平面Ⅰ，Ⅱ，Ⅲ段明显。

• 在更新世—全新世边界有一次快速、突然的变动，达到很高的 $\delta^{18}O$ 值。

以上两个剖面突出了不同时间段的稳定同位素变动趋向和范围。冰期到间冰期的同位素漂移在西北部的 Camp century 冰芯出现最大值 14‰；在东部 Renland 冰芯出现最小值 4‰。可见变动幅度并不一致。

气候对地下水的影响(稳定同位素含量、惰性气体含量以及保守的化学成分)可以保存在含水层中，因为这种含水层保留了在晚更新世到全新世之间的连续或者断续补给的地下水，这些气候标记和含水层所在位置的区域气候变化相联系，同位素标记在地下水系统内保存当然会受到地质背景和水动力弥散两方面的影响(Stute and Schlosser, 1993)。在实际应用中地下水稳定同位素组成变化，从末次大冰期到全新世存在着明显的转换，这在许多含有不同年龄段水体的含水层中已经得到鉴别和对照。

二、地下水档案

古水研究主要是 20 世纪 60 年代和 70 年代早期在北非开始的，在^{14}C测年的地下水中首次确认有各自稳定同位素贫化的标记(Sonntag et al.，1979；Edmunds，2005b)。

这些以及后续研究，在潜水含水层与承压含水层之间的对比中突出了稳定同位素的差异。地下水缓慢流动，意味着地下水在封闭含水层中停留一个相当长的时间，可能非常有别于现今气候条件下的补给。这样的水常被称为古水。确切点讲水不是在现今气候条件下补给的(非现今气候条件下的补给或全新世前的补给)(Fontes，1981)。而环境同位素就被用来鉴别古水的特征，像年龄、补给条件，以及和其他水体的相互联系等。

Rozanski 等(1997)认为，在古地下水中保留的过去降水与包括冰川在内的其他档案，提供了早期气候环境的证据，在不同气候条件下，地下水的 δD 和 $\delta^{18}O$ 的变化反映为：

- 参照大气水线，古水的同位素值较现代地下水明显减小。
- 氘剩余变化，表明主要海洋水源向上空干燥区域运移形成气团的大气湿度变化。
- 在云雾或降水过程中，局部的冷凝和蒸发效应。

欧洲大陆更新世和现代地下水中 δD 和 $\delta^{18}O$ 与当地大气水线的关系见图 17-9。说明在温带地区，现代水和古水的同位素值差异主要反映在大气水线上的位置，晚更新世古水的同位素值比现代水要小，沿着当地大气水线向下位移。

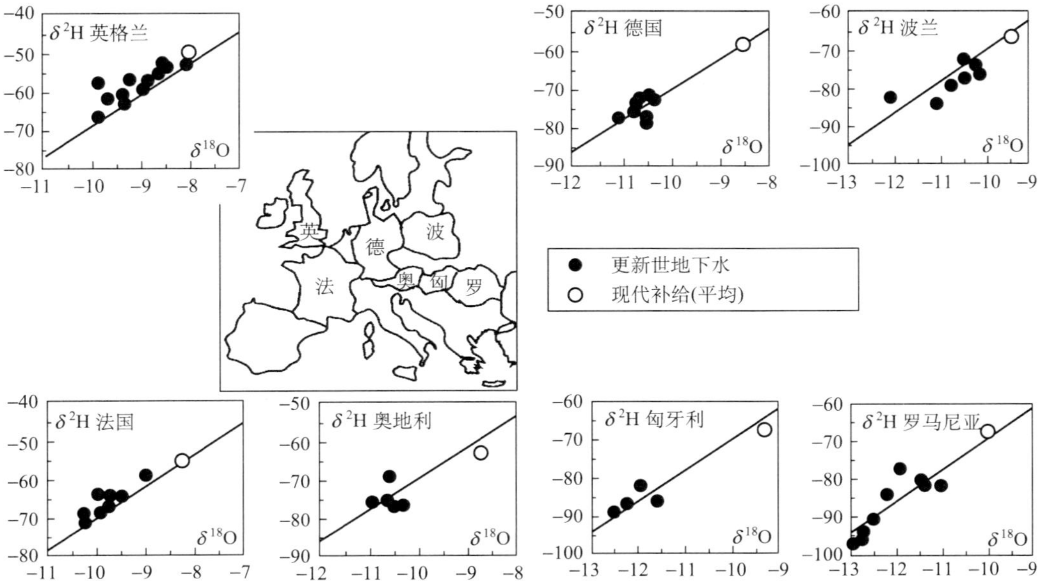

图 17-9 欧洲更新世地下水的 $\delta^{18}O$ 和 δD 组成，和当地现代降水平均值及全球大气水线的对比(Rozanski，1985；Clark and Fritz，1997)

与温带地区不同，干旱地区的古气候效应还表现为大气水线的平移。在地中海东部和北非等干旱地区现代大气降水线的氘剩余（$d=\delta D-8\delta^{18}O$）在 15‰～30‰，而过去（晚更新世）这些地区处在湿润多雨气候，当地大气降水线接近全球大气水线（$d=10‰$），甚至位于该线下方。当地许多深层自流地下水（曾用^{14}C测年）已被证实为古水。根据 1972～1987 年间在非洲和阿拉伯半岛广泛的含水层研究结果归纳在图 17-10 上表示。

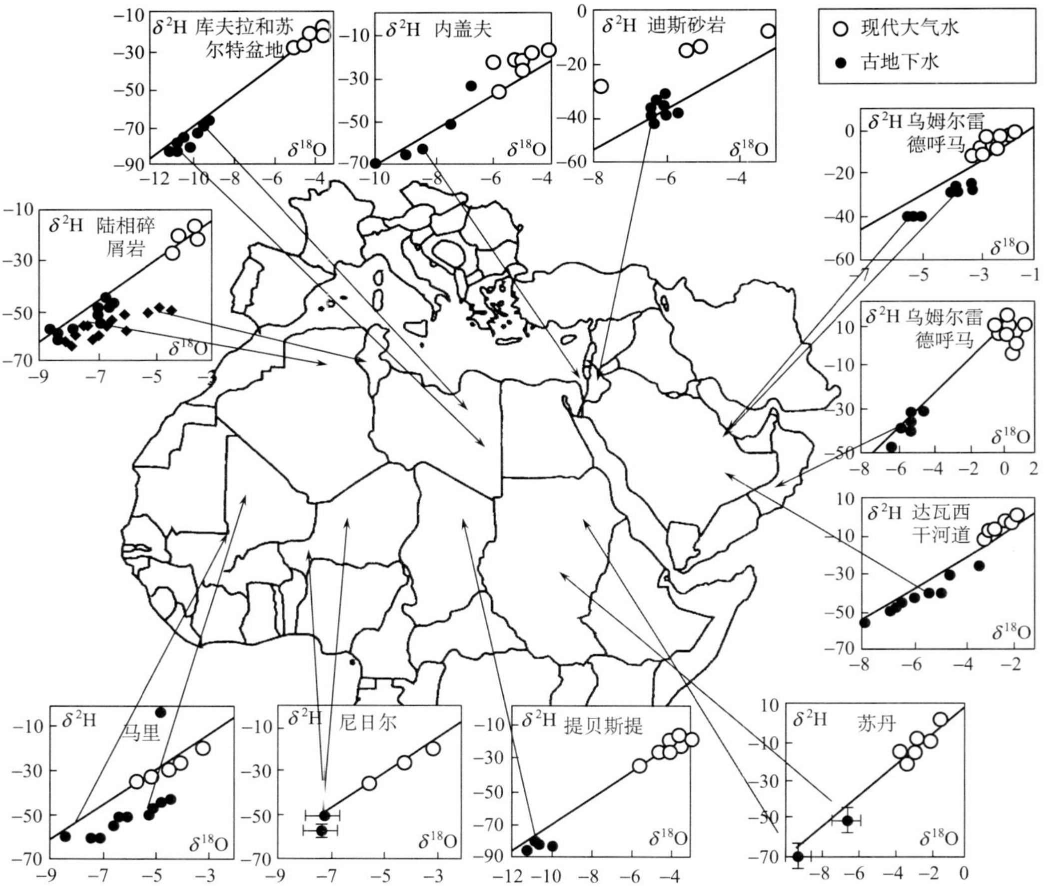

图 17-10　北非和中东地区不同位置古地下水的稳定同位素标记（Clark and Fritz，1997）

当然，也有一些例外情况。因为在晚更新世冰川期，海水有 2%～3%的水体积以冰的形式沉积在大陆，同时海水的 $\delta^{18}O$ 被富集，大约相当于 1.3‰（Shackleton，1987）。有的沿海地区，那里第四纪气侯变化对降水同位素的组成具有一定程度的影响，来自海水重同位素富集的标记完全掩盖了较低温度引起的降水重同位素的贫化。像葡萄牙阿威尔沿海含水层中的地下水同位素组成，承压含水层部分的重同位素反而有轻微富集，而^{14}C测年却相当于晚冰川时期（Carreina et al.，1996）。类似的富集情况，还在南非（Vogel et al.，1982）和美国佛罗里达（Plummer，1993）的含水层中监测到。

三、地下水的年龄分段

在研究欧洲地下水的地球化学基线中，为确定基线的定义，Edmunds 和 Shand (2004)把地下水划分为四组年龄段来认识和定义：

(1) 现代水(Modern water)。含氚、CFCs(氟利昂)或其他主要特征的人为活动加入成分(例如城镇化、工业化以及土壤化学等方面)。

(2) 核爆前的全新世水(Pre-thermonuclear era, Holocene water)：无氚水。

(3) 工业化前的全新世水(Pre-industrial Holocene water)：无任何人为活动加入成分(该水样可视为当地背景值或基线值)。

(4) 古水(Palaeowater)：末次冰期或之前补给的水。

在研究波兰克拉可夫西北部侏罗系灰岩地下水中，Zuber 等(2004)对地下水年龄段提出定性的定义如下：

(1) 现代水(modern water)。稳定同位素组成接近研究区的平均年降水值，并含有相当量的氚。

(2) 核爆前的全新世水(Pre-thermonuclear era, Holocene water)。稳定同位素组成和现代水相同，但不含氚。

(3) 冰期—全新世过渡期水(Water of the Glacial-Holocene transition period)。稳定同位素组成和惰性气体温度值低于现代水的值，高于冰期水的值。

(4) 冰期水(Glacial water)。稳定同位素组成和惰性气体温度值明显低于现代水的值。

(5) 早于冰期的水(Older water)。其稳定同位素值高于冰期水，补给区位于更远位置或者比冰期水埋深更大。

我们可以把上述二者年龄分段的定义综合到一起，列于表 17-2：

表 17-2　地下水年龄分层

时代	年龄分组	特征
全新世水	现代水 Modern water	稳定同位素值接近当地年平均降水的值；含氚、含氟利昂、含其他人工加入的成分
	核爆前的全新世水 Pre-thermonuclear era Holocene water	和现代水的稳定同位素值相同；不含氚
	工业化前的全新世水 Pre-industrial Holocene water	和现代水的稳定同位素值相近；无任何人工加入的成分
更新世水	冰期—全新世过渡期水 Water of the Glacial-Holocene transition period	稳定同位素值和 NGT 低于现代水的值，高于冰期水的值(NGT 即惰性气体温度)
	冰期水 Glacial water	稳定同位素值和 NGT 明显低于现代水的值
	早于冰期的水 Older water	稳定同位素值高于冰期水；补给区位于更远位置或者比冰期水埋藏更深

表 17-2 是理论上地下水年龄分组(分层)的一种方案。

在实际应用中全新世水和晚更新世冰期水之间因为稳定同位素差异明显,比较容易区别开来,这在区域地下水调查中是常见的(图 17-9、图 17-10)。关于全新世水的再细分,适合在小范围内对地下水进行对比研究,尤其是用在混合研究。更新世水的再细分,主要针对不同深度的地下水进行对比。

在实际应用中会遇到很多困难。通常在平原第四系松散含水层系统,像冰期—全新世过渡期水因为跨越时段仅 4000 a 不到,再加上水质在含水层内弥散,在野外条件下要去识别这个过渡带会比较困难。像比冰期更老的水,实际很难保存,因为经历冰期的海平面下降(也即是排泄基准面下降)大量水体已经排泄,同时被冰期水更替。

表 17-2 的地下水年龄分层还有另外一个主要用途,是鉴别混合水。如果水样的特征跨越不同年龄段,正说明是不同时期水的混合。关于混合问题,当另行研究。

第三节　环境同位素和地球化学研究实例和研究方法分析

一、汤庙热水的环境同位素和地球化学*

导读:工作第一步是需要了解热水的地质资料。1973 年地面调查时,泉水 47.5℃,流量 0.33 L/s,产于花岗岩风化带。后来勘探孔热水 Dg16 孔资料孔深在 129～169 m 之间温升最大,水温由 42.6℃上升到 64℃,但在 169～180 m,210～240 m 和 290～300 m 之间都有较低温水涌出。地质资料分析得出可能存在二种情况:一种是单股热水因为遇到花岗岩(不透水、不含水)阻水,沿岩体裂缝向上涌出,而当地浅层的地下冷水向下运动,二者在地下不同位置发生混合,不同的混合比例得到了不同的水温。另一种是多股热水,循环深度和途径不同,沿各自路径上涌和冷水混合。在此地质条件背景下,当地浅层地下冷水受降水补给,当地降水的水分子稳定同位素和 Cl^- 浓度平均值应该是常数,构成混合成分的一个端元值,另一端元热水是不明的,因为所有样品都可视为混合水。因此,样品采集时必须考虑浅层地下冷水的代表样品以及不同水温的样品。前者表明混合的一个端元,后者可以表示混合线的形状,若从冷水端元引出来是一根近似直线,则该线指向单股热水源。若不同水温样品呈发散分布则可能出现二种情况:一种是单股热水源的氧同位素发生漂移;另一种可能是高温热水多源。在解决了热水来源问题以后,余下可以按照地球化学方法再去细化。

汤庙温泉位于江苏省东海县之西北 11 km,东距连云港市 54 km。1973 年经地面调查,泉水出自燕山期花岗岩侵入体(罗庄岩体)的风化带。实测泉水温度为 47.5℃。流量为 0.33 L/s。江苏省地矿局水文地质大队和东海县打井队先后于温泉附近施工 4 个钻

* 本文根据王瑞久、黄金生、顾宏群、常大奇(1990)的文章补充改写。该项目由中国地质科学院地质力学研究所和江苏省第二水文地质工程地质队于 1985 年合作完成。

孔,其中 Dg16 孔水位高出地面 4.31 m,自流量为 50 t/d,水温高达 72.5℃,用于养殖及洗澡。

(一) 区域地质及温泉区水文地质概况

研究区范围,西界为郯庐断裂带,东界为濒临黄海的沉降带,均呈北北东向带状分布。由此产生的北西向断裂导致台地的相对升降,自北而南有营南地垒、临沭地堑,区域出露地层见图 17-11。

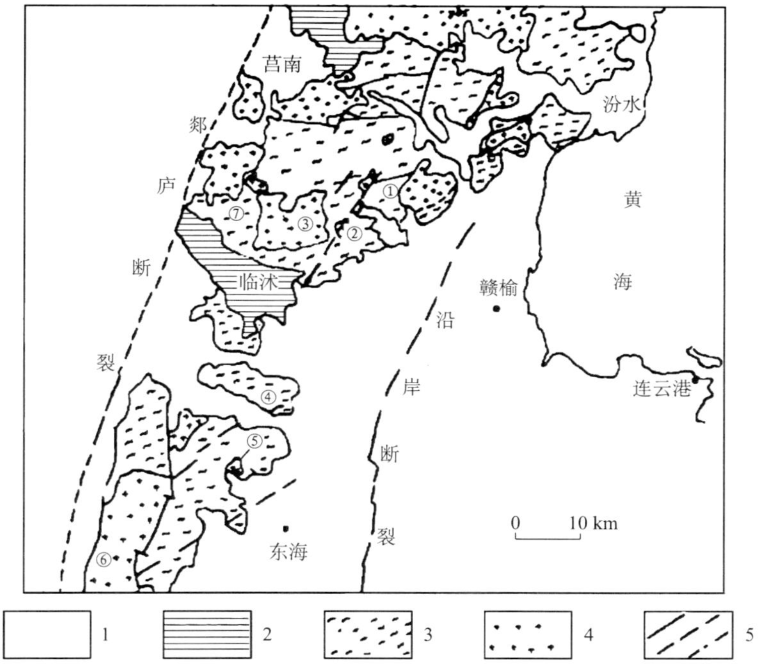

1. 第四系(15~25m);2. 白垩系青山组、王氏组;3. 泰山群侏边组;4. 燕山期花岗岩;5. 实测、推测及隐伏断裂。图内地名:① 大吴山;② 徐山;③ 玉山;④ 米山;⑤ 罗庄岩体;⑥ 桃林岩体;⑦ 苍山

图 17-11　江苏汤庙地区地质略图

汤庙温泉区(大致为燕山期罗庄花岗岩体及其周围)地下水按不同深度及其岩性可划分为以下三层:

1. 第四系松散层孔隙潜水

含水层岩性由冲、洪积砂黏土和砂砾层组成,厚 2～5 m,最大厚度达 18 m,受基岩起伏控制,分布不连续。水量较贫乏,单井涌水量 10 t/d 左右,水质较好,均属低矿化度,HCO_3-Na 及 HCO_3-Ca 型水。水温存在季节性变化,13～19℃。

2. 燕山期花岗岩类风化壳裂隙潜水

本区以花岗闪长岩风化壳裂隙-孔隙潜水为主，风化裂隙的发育强度及深度随岩性出露条件而异。据井、孔测温资料推断，一般深度可达 50 m 左右，富水性好，单井涌水量可达 2000t/d 以上，水质较好，多属较低矿化度的 HCO_3-Na-Ca 型水。水温接近当地年平均气温，无季节性变化，约 15℃左右。

3. 燕山期花岗岩类构造裂隙承压-半承压水

据物探推测，本区有一北东 40～50°的断层通过岩体，另一条北西 60°的断层带在 Dg16 与 Dg15 孔之间通过。这两组断层和区域构造是一致的，并且与断层共生的二组裂隙系统分割岩体呈块体结构，形成导水的裂隙带。在局部富水地段，单井涌水量可达每日 100 t 以上。地下水矿化度均小于 1 g/L，属 HCO_3-Cl-Na-Ca 型水。水温无季节性变化，约在 16℃ 左右，在某种程度上水质和水温易受热水扩散晕的影响。

本区地下热水据 Dg16 孔资料，在 548.42 m 深度上大致可以划分出三个含水段，深度分别在 174 m，514 m，533 m。其中各含水段之间各有约 6 m 厚的闪斜煌斑岩体构成隔水层，在 533 m 见有断层破碎带。从 Dg16 钻进时所测温度来看，孔深在 129～169 m 之间温升最大，水温由 42.6℃上升到 64℃。169～370 m 之间情况较为复杂，310～330 m 有股高温水涌出，但在 169～180 m，210～240 m 和 290～300 m 之间都有较低温的水涌出，导致温升较慢。370 m 以后水温趋于稳定。

由于地下热水溢出，干扰了原来层状地下水的分布。从水动力学看，形成了一个以热水扩散晕为中心的地下水丘，将周围地下水推向外围流动，主要排泄到地面河沟。同时扩散晕本身形成一个热水和冷水的过渡带，原先出露的温泉(图 17-12)正是过渡带地下水向河沟斜坡排泄的现象。

(二) 取样点位置和数据

汤庙地下水(包括冷水和热水)的化学成分已累积多次取样数据，水化学性质较为稳定，所以本项研究只择其中一次数据以为代表。同位素取样 1～8 号样点均在 1984 年 8 月 27 日取样，同时又作化学简分析。6～11 号样点都分散在不同时间取样。因取样量小，故未做氚的分析。7,9 号样点，Na 和 K 未分开，在热力学计算中均以 Na 计。δD 和 δ^{18}O 单位采用对 SMOW 值的偏差(‰)表示，分析误差分别为小于 2‰和 0.2‰。氚浓度数据是水样浓缩 50 倍以后，在低本底闪烁仪上测定。样点数据见表 17-3，样点位置见图 17-12。

(三) 数据解释和讨论

1. 氢和氧的稳定同位素

所有样品的稳定同位素成分如图 17-3 所示。从图 17-13 看出，样点基本沿全球大气降水线分布。

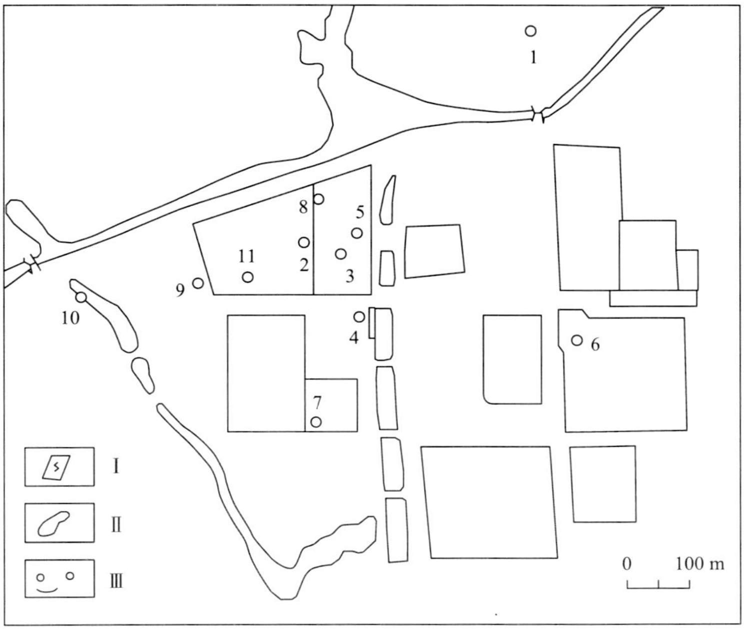

图 17-12　汤庙热水取样点位置

Ⅰ. 鱼塘；Ⅱ. 河道或洼地；Ⅲ. 温泉出露点、取样点(1～11)及热水开采井

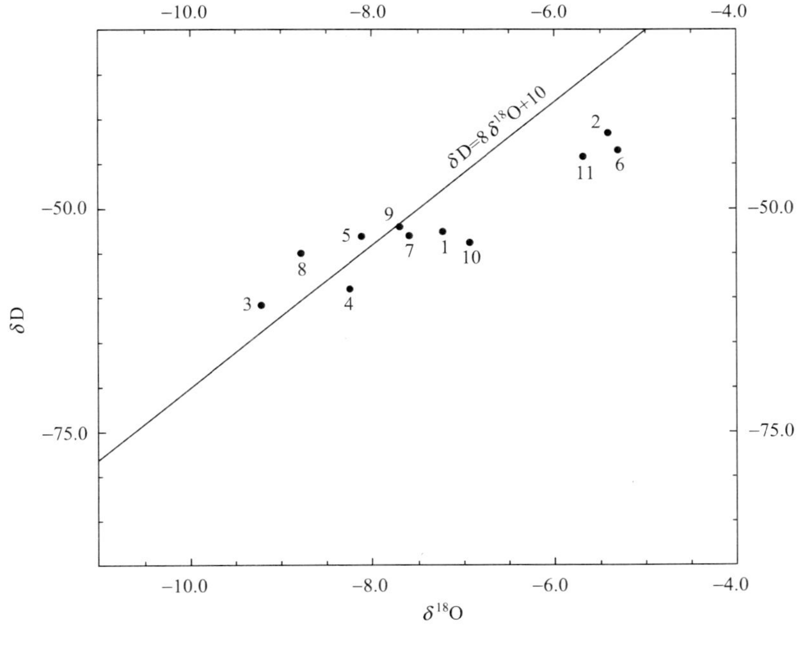

图 17-13　水样的氘和氧-18 的关系

表 17-3　江苏汤庙热水的同位素及化学成分

编号	取样日期/年.月.日	温度/℃	pH	含量/(mg/L)									$\delta^{18}O$/‰	δD/‰	T/TU
				Na	K	Ca	Mg	HCO_3+CO_3	Cl	SO_4	SiO_2	TDS			
1	1983.10.15	16.5	7.4	12.7	1.0	32.1	3.8	115.3	13.5	8.6	33.0	231	−7.22	−52.61	8.53
2	1984.03.06	20.2	8.0	72.0	3.6	6.0	0.7	169.0	11.3	13.4	15.4	294	−5.41	−41.48	44.23
3	1983.10.15	74.0	8.5	506.0	27.6	119.4	1.0	21.3	872.1	247.4	87.6	1882	−9.22	−60.78	0.91
4	1983.10.15	50.5	8.2	384.0	20.0	74.3	1.2	54.9	602.7	188.3	72.4	1398	−8.26	−58.90	7.92
5	1984.03.06	34.2	8.3	308.0	14.2	54.5	1.2	58.5	453.4	155.6	74.0	1060	−8.12	−53.08	4.19
6	1984.03.06	13.0	7.0	15.0	0.6	29.7	4.1	106.2	11.0	12.0	14.6	193	−5.30	−43.47	28.74
7	1984.08.21	19.0	7.2	373.5		131.5	2.4	258.7	417.6	324.7	58.7	1581	−7.61	−52.92	1.52
8	1984.04.27	60.0	8.3	316.3	15.8	56.1	1.2	61.0	449.5	157.5	70.0	1127	−8.78	−54.93	11.43
9	1984.07.27	31.6	8.0	62.8		57.9	9.7	151.9	116.6	27.9	34.8	466	−7.71	−51.90	
10	1985.03.22	15.6	6.6	13.5	0.7	34.1	12.2	134.2	15.6	7.2	22.6	253	−6.94	−53.74	
11	1985.04.12	17.0	7.0	19.6	1.7	30.1	6.4	123.3	16.0	10.1	32.5	251	−5.68	−44.19	

第四系松散层或风化壳浅层冷水(2,6,11 号)位于大气降水线右侧,略有偏离,系因潜水埋深小、水位浅,地下水蒸发的结果。

风化壳较深层的裂隙-孔隙冷水(1,10 号)相对大气降水线稍向右偏移,一般说来存在二种原因:入渗前的蒸发或露头处混有浅层潜水。

余下不同水温的样点(3,4,5,7,8,9 号)均沿大气降水线近似作有规律的直线排列,说明不同温度的地下水均起因于大气降水。若以同位素值与水温关系来看,水温最高的 3 号样点在大气降水线上位于点群的下端,而水温较低的冷水却位于上端,那么中间视为上述二者的混合。

所以,稳定同位素测定可以得出以下几点结论:

(1) 研究区内所有地下水,包括浅层冷水、风化壳冷水以及不同温度的地下热水,均系大气降水作为补给来源。

(2) 沿大气降水线上不同温度的热水点群排列,水温高的点列在下端,说明热水中并不存在任何来自海水的成分,所以热水中的盐度主要来自矿物的溶解。

(3) 热水点群沿大气降水线分布,没有出现 $\delta^{18}O$ 漂移现象。

(4) 风化壳冷水(1,10 号)理应来自当地的降水补给,而"净" 热水部分(不混有冷水的热水)的稳定同位素值相应要低得多,其补给应当来自远处或远处高地形区的降水入渗。

浅层地下水中 2 与 6 号样的氚量分别高达 26 和 45TU,而水温最高的水样 3 号低于 1TU,余下水样均变化在 1.5 到 11.5TU。

据图 17-14,若连接 2 与 3 号样点或者 6 与 3 号样点为直线的话,则除 8 号样点外,均落在该线的右下方,相对混合线氚值偏低(水体曾在地下滞留而衰变),说明冷水和热水不是在浅层位置发生简单混合。

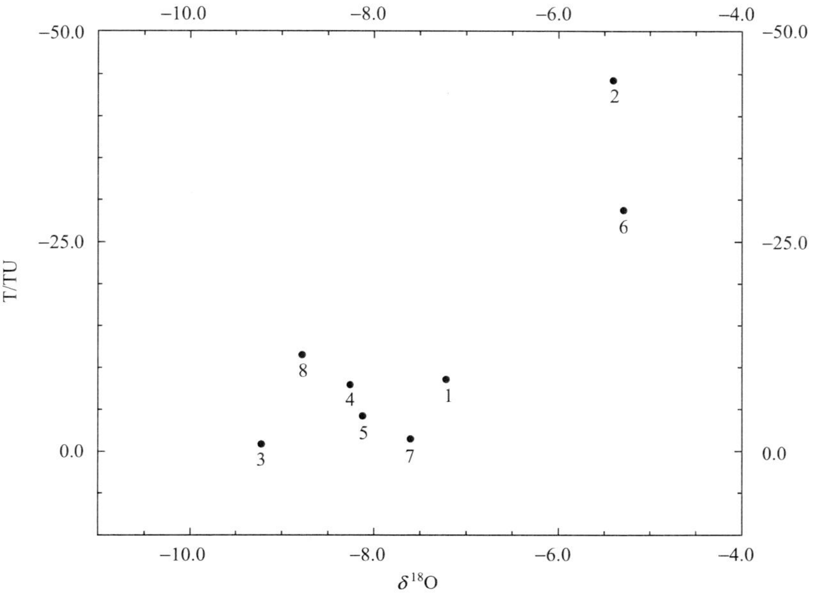

图 17-14　水样的氚和氧-18 的关系

若连接 2 与 8 号样点或 6 与 8 号样点为直线的话，分别和氚值为零的横坐标相交，$\delta^{18}O$值分别为−10.02‰和−11.30‰，可视为“净”热水的氧同位素最小值，进而证明 3 号样仍然是混有冷水的。

2. 同位素和水化学的联合分析

利用 $\delta^{18}O$ 和 Cl 以及 $\delta^{18}O$ 和水温的关系可以得出以下结论（图 17-15、图 17-16）：

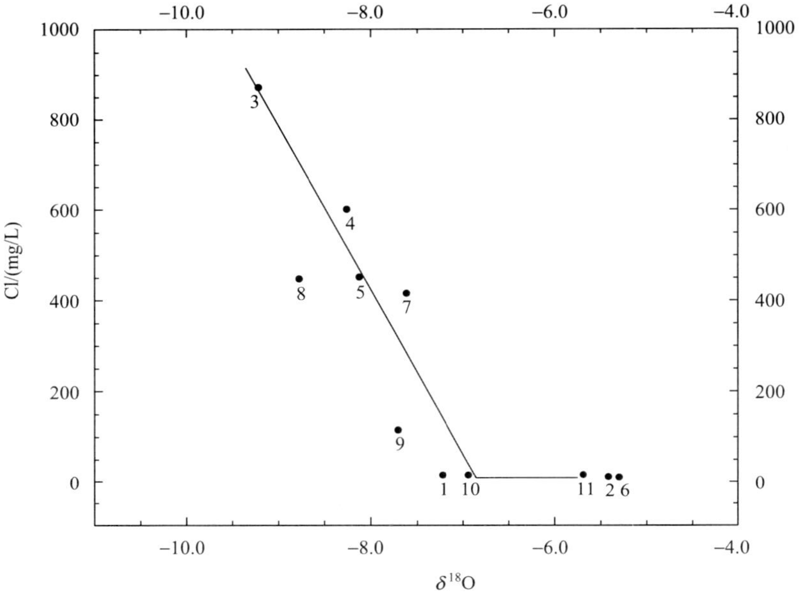

图 17-15　水样的 Cl^- 和氧-18 的关系

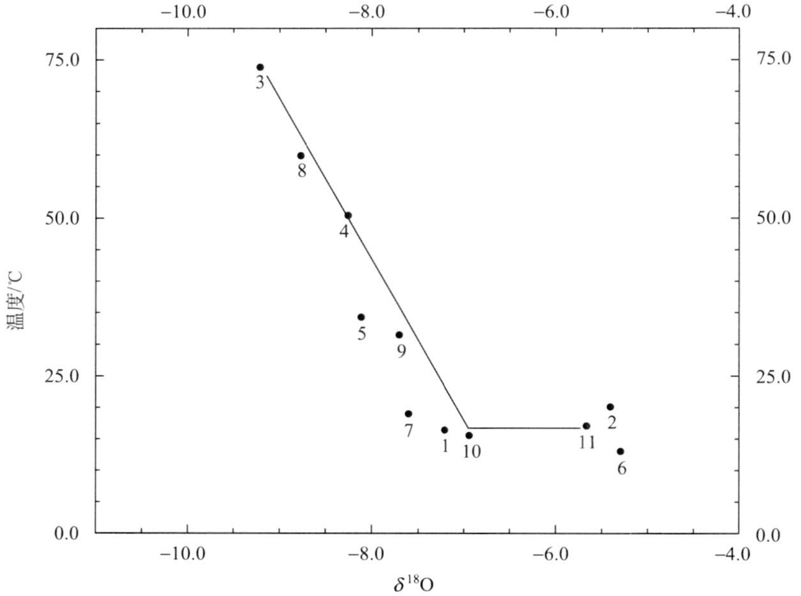

图 17-16　水样的温度和氧-18 的关系

(1) 所有地下热水(3,4,5,7,8,9 号样)均为混合水,混合的基本成分分为三部分组成:浅层冷水(2,6,11 号样)、风化壳深层冷水(1,11 号样)和"净"热水。

(2) 地下热水点群分布在一条直线上,所以"净"热水可视为单股热水。

(3) 热水混合线和冷水混合线相交,交点靠近风化壳较深层冷水一侧,说明冷水的组成比例应以风化壳深层冷水为主,这和上述的混合不是发生在浅层位置是一致的。

(4) 从混合线上的点位排列来看,$\delta^{18}O$ 和 Cl 图上的位置和 $\delta^{18}O$ 和 δD 图是一致的,均为 3,4,5,7,8,9 号,水样的 $\delta^{18}O$ 和 δD 值越低 Cl 值越高。

(5) $\delta^{18}O$ 和水温图上位置和上述比较,出现二个样点错位,导致 8 号样水温偏高,7 号样水温偏低,进而暗示"净"热水的地下出露位置在现有的样点中应靠近 3 号和 8 号样点,而 7 号样点离得最远。

为了进一步研究上述结论,利用二氧化碳的计算平衡分压 P_{CO_2} 和结晶岩类岩石中地下水的钠离子含量进行分析。计算的基本公式如下(Paces,1972):

$$P_{CO_2} = [HCO_3^-] \times 10^{PK-PH}$$

$$[HCO_3^-] = \gamma \cdot (HCO_3^-)$$

$$PK = 7.689 + 4.22 \times 10^{-3} T + 3.54 \times 10^{-5} T^2 (℃)$$

式中:方括弧为活度;圆括弧表示摩尔值;γ 为计算的活度系数;PK 为反应平衡常数的负对数。

$$CO_{2(g)} + H_2O_{(l)} = HCO_3^- + H^+$$

将计算结果绘制成图(图 17-17)。从图 17-17 上可以看出,Ⅰ类水为就地补给的冷水(1,6,10,11 号样),包括浅层和风化壳深层的冷水,Na 含量低系因地下循环路径短,而 P_{CO_2}(二氧化碳分压)高,系和土壤空气接触或者从土壤空气获得的 CO_2 尚未大量消耗有关。而冷水 2 号样点却例外,显然 Cl 低而 Na 偏高,经证实属硅酸矿泉水。

当补给区地下水(Ⅰ类水)向地下深处渗透时,因不断溶解矿物成分而消耗大量的 CO_2。在封闭条件下 P_{CO_2} 不断下降而 Na 不断增长,该过程应沿着 A 线进行。由于存在地热梯度,当地下水循环随深度加大,不断和地下温度取得平衡,致使水温不断上升,所以理想的"净"热水将位于Ⅱ类水区内,一般来说 P_{CO_2} 小于 10^{-4} 大气压。

若"净"热水因压力水头向上溢出时必然要和上层冷水相混合。当这部分混合水排泄到浅层或风化壳含水层后,Na 变化不会太大而 P_{CO_2} 却相应增大,这与当地土壤层接近重新获得 CO_2 有关。这部分水位于图 17-17 的上部属Ⅳ类水,又称混合冷水(图 17-17 上未注编号的样点为参考数据)。它们是地下热水垂向排泄的证据,也是划定热水勘探目标区的重要标志,在平面上相当热水扩散晕范围。

最后,我们把所有的混合热水样标到图 17-17 上属Ⅲ类水,恰好处在Ⅱ类水与Ⅳ类水之间。所以,从动力系统来分析,已开采的地下热水(Ⅲ类水)主要是混合冷水(Ⅳ类水)和"净"热水之间的混合,而不是浅层或风化壳冷水(Ⅰ类水)直接和"净"热水的混合。这种混合机制,仅从组成成分包括化学成分和稳定同位素成分来分析是不可能得出的。

3. 地球化学温标

根据上述研究，本区地下热水系混合成因，温标估算方法(Rybach et al., 1981)分述如下：

(1) 二氧化硅混合模型。混合水的溶解硅浓度可以用来确定“净”热水的温度。据上述研究结果，主要是混合冷水和“净”热水之间的混合。因此，利用7号样点(混合冷水)作为冷水样代表比较切合实际情况，同时主要热水样点(3,4,5,8号样)的位置和它同处一条直线上(图17-18)。利用图解可以得到无蒸气损失条件下为140℃，最大蒸气损失条件下为130℃。

(2) 钠-钾-钙地热温标。该地热温标的经验公式用下式计算(Fournier and Truesdell, 1973)：

$$T(℃)=\frac{1640}{2.21+\log k}-273.16$$

$$\log k=\log\left(\frac{Na}{K}\right)+\beta\cdot\log\left(\frac{\sqrt{Ca}}{Na}\right)$$

式中：Na,K和Ca系天然水中溶解成分的摩尔值；β为经验系数，取值1/3或4/3，和水与岩石平衡温度大于或者小于100℃有关。

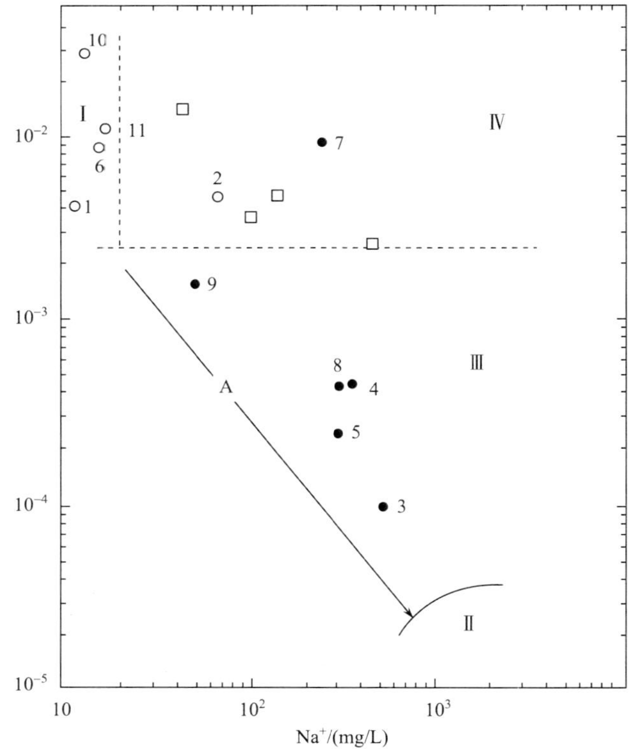

图17-17　水样的计算平衡CO_2分压和钠浓度的关系

Ⅰ. 潜水(降水补给)；Ⅱ. “理想”的净热水；Ⅲ. 地下混合热水；Ⅳ. 混合冷水

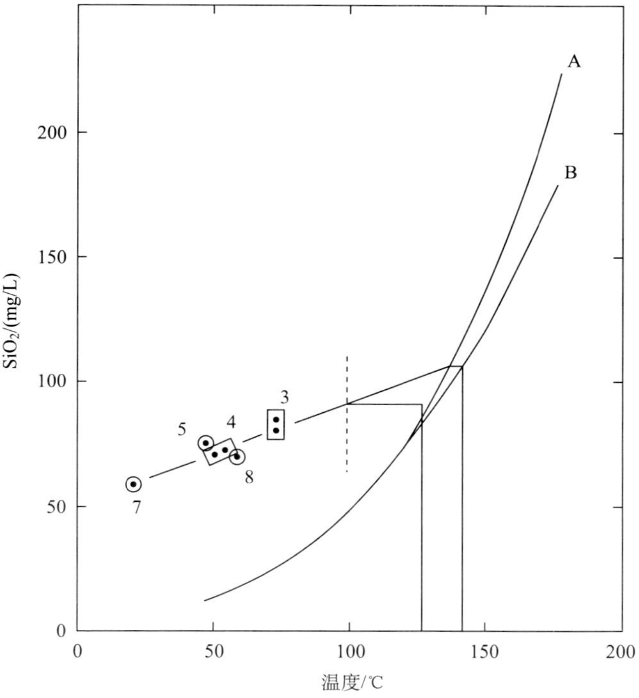

图 17-18　水样的二氧化硅浓度和温度的关系

A. 最大蒸汽损失；B. 石英溶解度

经计算结果，3 号样点为 155℃，4 号样点为 152℃，8 号样点为 150℃。这项计算，当冷水和热水混合时，只要后者所占比例超过 30%一般不会带来太大影响。

综合以上地下热水的各种温度信息，列于表 17-4。

表 17-4　各样点的温度

样点号	1	2	3	4	
	井口实测水温/℃	井内实测最高水温/℃	Na-K-Ca 温标/℃	二氧化硅混合模型	
				无蒸汽损失/℃	最大蒸汽损失/℃
3	74	92	155	140	130
4	52		152		
8	60	75.5	150		

第 4 项无蒸汽损失条件下是符合当地具体情况的，计算值当考虑取 140℃。若再考虑到 Na-K-Ca 温标计算值，地下“净”热水的温度取值在 140～150℃较为适当。这个温度值和氧同位素值没有发生漂移是不矛盾的。

（四）结论和讨论

上述研究提供了有关“净”热水的众多信息。归结如下：

（1）据估算，“净”热水的温度约为 140～150℃。

（2）据稳定同位素推断，当地降水的 $\delta^{18}O$ 值为约 −7.5‰，按温度 − $\delta^{18}O$ 关系图（图 17-16）估计，“净”热水的 $\delta^{18}O$ 值应在 −11.80‰～12.10‰。

（3）据热水化学成分和同位素分析，没有任何海水成分混入。

（4）热水出露地带地形高程约在 40 m。

（5）由于花岗岩和变质岩均系结晶岩类，因此“净”热水的渗透途径和储存的裂隙空间主要位于花岗岩和变质岩的接触带以及一些断层带。

“净”热水的 $\delta^{18}O$ 值和当地降水值相差 4.3‰～4.7‰。若按气温每 1℃相差 $\delta^{18}O$ 为 0.7‰计，补给区平均气温比排泄区低 6～7℃ 。若按全球平均高程效应 0.15‰～0.50‰/100 m 计，补给区和排泄区的平均高程相差值为 850～2860 m。汤庙热水出露点外围地形，以其北部山区稍高，就其补给平均高程而言不超过 300～400 m，所以“净”热水的 $\delta^{18}O$ 值不仅仅是补给高程引起的差异，而且还有补给时间引起的差异。一般推测，补给时间当在离今大约 8000a 以前（相当晚更新世和全新世过渡时间），气温恰好由冷转暖。另外，热水成分中未见海水痕迹，可见全新世的海侵未能波及本区。

以地形地质条件而论，西侧郯庐断裂带和桃林岩体因地势低，高程一般在 50～70 m，它和热水出露区之间不足以形成水头差引起地下水的深部循环。所以，补给区主要分布在北面的大吴山（364 m）—徐山（256 m）—玉山岩—苍山一带（图 17-11），自东而西形成一个地形分水岭。地下水入渗后沿断裂带自北向南运移，导致在变质岩带深部进行循环。

从温泉出露区地质构造来看，罗庄岩体以北部分，岩体作零星分布，并处在同一构造单元，在深部可能会有不同程度连接。其中，西侧和东南侧均以断层为界，侵入岩体有向罗庄岩体逐渐收缩之势，当地下水自北向南在岩体间隙的裂隙带内运动时，因渗透途径受阻随沿罗庄岩体北缘断裂带溢出。

二、苏州市地下水的环境地质研究*

导读：由于 20 世纪 80 年代改革开放后苏锡常地区乡镇企业蓬勃发展，排出的工业废水和生活污水充斥河道，在此背景下，大家很关心地下水处于什么情况，这是当时立项的意图。考虑到同位素和水文化学研究的二个基础：一个是统计性质，单个数据往往缺乏代表性；另一个是对比性质，数据判读依赖于不同环境下的比较。

当时取样设计重点在潜水样，在苏州吴江密集取 9 个样（一个村子三个样），都在潜水面下 0.5～1.0 m 之间采取，同时布置一批对比样。从水分子的氢氧同位素而言，可以区

* 本节根据地矿部资源与环境科技“九五”攻关项目“苏锡常地区地下水资源利用与重大地质环境问题防治研究”报告的第五章缩编而成。该项目由中国地质环境监测院、江苏地矿局和石家庄经济学院于 2000 年合作完成。

分全新世和晚更新世冰期(古水)补给,所以对比样要求在相同位置取Ⅰ承压水和Ⅱ承压水。

从 SO_4 的 S-34 同位素而言,可以区别 SO_4 的不同来源,为了建立苏锡常地区的 S-34 对比图谱,主要考虑如下方面:

(1) 来自灰岩中石膏矿物溶解,在南京仙鹤门灰岩水水源地集中取了 5 个样。

(2) 来自硫化物的氧化,在苏州当地取了铜矿洗矿水及潜水以及煤矸石堆放地潜水 3 个样。

(3) 来自海洋起源降水,未受任何污染的样品,$\delta^{34}S$ 全球标准值 20‰左右,在常州样品中有 2 个样符合条件:H13 样(取样深度 30 m)和 H19(取样深度 100 m)。

通过 $\delta^{18}O$-δD 关系图很容易划分出二个分布域:一组是潜水样 9 个,代表现代降水入渗;另一组是Ⅱ承压 4 个样,代表晚更新世冰期古水。在此对比样板上可以判别读出,H32 处于上述二个分布域之间为二者混合水,13 号太湖水显然有蒸发效应,Ⅰ承压 S10 号样归入现代降水补给域。

通过 SO_4^{2-}-$\delta^{34}S$ 关系图,第一步确定天然降水值 $\delta^{34}S \approx 20‰$ 二个样品,证明当时还没有大气污染(相当当地的工业化之前),也没有地面污染;其次确定来自石膏溶解的 $\delta^{34}S$ 值为 26‰～31‰,来自硫化物氧化溶解的 $\delta^{34}S$ 值,其中当地煤层中黄铁矿氧化值为 −7.6‰,硫铜矿的值为 1‰～2‰。有了三个已知的 $\delta^{34}S$ 分布域,先解释潜水 9 个样品,其中 7,8 号样和硫化物氧化三个对比样呈直线分布,并且和Ⅰ承压 10 号样相交,说明是一条混合线一个混合端元,10 号样接近天然降水,另一端元为 12 号样,它们代表着水样的混合。余下 7 个潜水样和太湖水(13 号)样的分布,代表了降水溶解大气污染物 SO_2 的结果,因为 $\delta^{34}S$ 值和 SO_4^{2-} 含量之间不相关。而承压含水层因为 SO_4^{2-} 还原而发生 $\delta^{34}S$ 值富集。所以,任何解释都要通过已知去解未知,文中已知部分相当于对比样板,所以解释时要分层次、分步推理。

以苏州吴江地区为重点研究对象,对本区地下水的研究结果如下:

本区地下水不同含水层处在不同介质(在化学上指不同矿物)环境中,必然会形成不同的化学成分类型。以此建立了本区不同含水层中地下水 SO_4 的 $\delta^{34}S$ 值分布谱系,区分了不同地下水层之间的差异。用氢氧同位素证实本区浅层地下水向河道排泄,除了洪水泛滥期之外一般情况下不受太湖水和其他地面水的补给。存在酸雨对地下水的污染,主要靠通过雨水稀释而被净化。

1. 取样布置

进行了加密取样,共有 9 个样点。对比样点选择了太湖水、Ⅰ承压水和Ⅱ承压水进行研究。同时,为了解释浅层地下水经受酸雨污染的研究,对比样点选择了煤矸石堆、铜矿的样品。取样点分布见图 17-19:

(1) 浅层地下水样品加密采取,在吴江市南部选择三个村子,同一村子选取 3 个样点,一般距离不超过 100 m,共 9 个取样点。

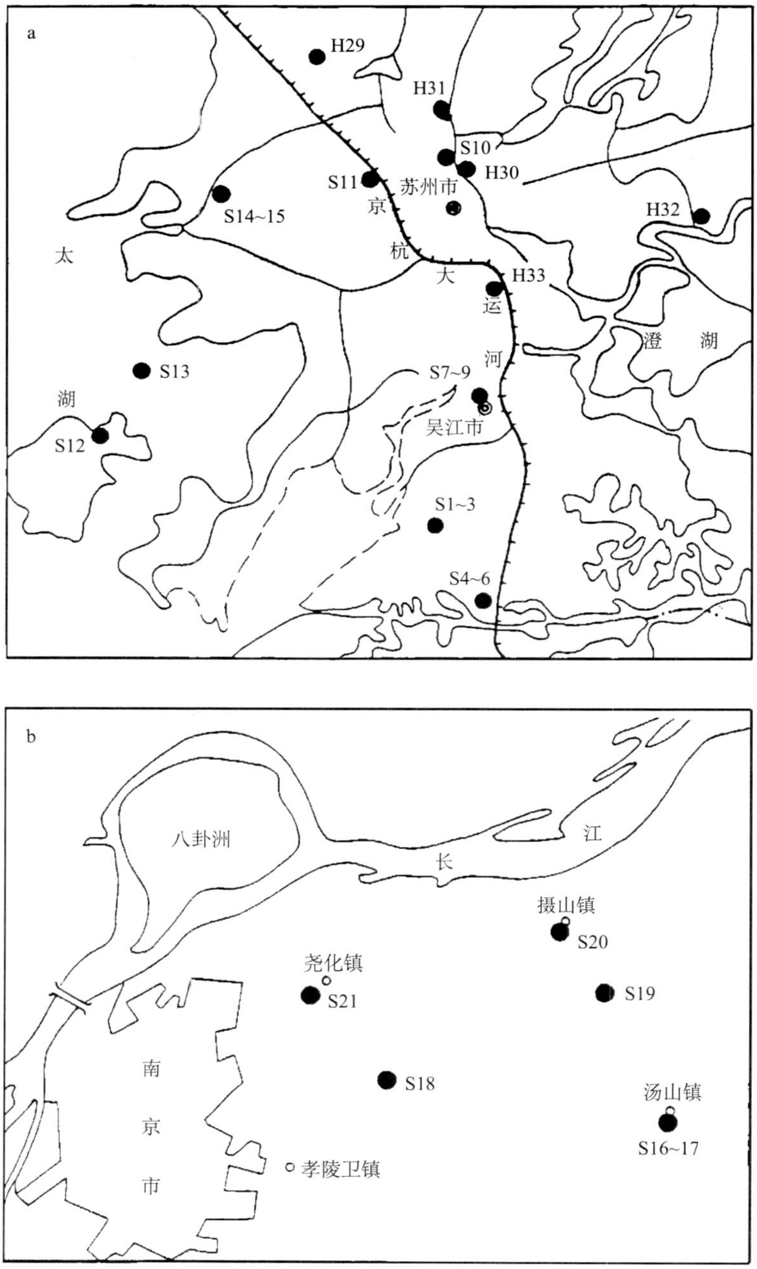

图 17-19　取样点位置图(1998 年 12 月 2～5 日)

a. 苏州地区；b. 南京地区

(2) 为了解释这些样点的补、排关系，设置了对照样点(苏州地区)共 8 个，包括Ⅰ承压，Ⅱ承压水，太湖水。

(3) 为研究酸雨而设置的对照样点(苏州地区)共 3 个,包括吴江(吴县)铜矿洗矿水、潜水以及西山废弃煤矸石堆放地潜水以及南京地区灰岩露头区。

(4) 为研究本区硫同位素而设置的对照样点(南京地区)共 6 个。

本次取样层位大致可分为五类;

(1) 地面水体(包括太湖水、洗矿水)。S13,S15。

(2) 浅层地下水。S1～9,S12,S14,S17。

(3) Ⅰ承压水。S10。

(4) Ⅱ承压水。S11,H29～33。

(5) 灰岩地下水。S16,S18～21。

2. 水化学分析

(1) 灰岩地下水 S18～21 和热水 S16 共 5 件样品,近似分布在一条直线上,这在灰岩地区是一种正常和普遍现象,称为脱白云石化过程(图 17-20)。

(2) 矿区地下水和洗矿水,S12,S15,S14 三件样品,分布在废弃煤矿和铜矿地段,由于金属硫化物氧化后,SO_4 不断进入水中,使得这些地段浅层地下水和洗矿水中 SO_4 达到很高值。

(3) Ⅱ承压水 S11,H29～33 共 6 件样品,除 H33 外,全部分布在阴离子以 HCO_3+CO_3 为主的范围。而 H33 号样点位置异常,SO_4+Cl 很高,明显受到地面污染,样品已失去代表性。

(4) Ⅰ承压水 S10 共 1 件样品,分布位置在对照三线图(图 17-20)上,相当Ⅰ承压和浅层地下水的过渡带。

(5) 浅层地下水和太湖水,S1～9,S17,S13 共 11 件样品,所处浅层地下水位置一致。

以上分类说明,本次研究样品化学成分的不同形成过程。

3. 硫同位素分析

本次样品的硫同位素分布(图 17-21)一共划分为五组(Pearson and Rightmire,1980;Krouse,1980):

(1) 灰岩地下水 S16,S18～21 共 5 件样品,SO_4 的 $\delta^{34}S$ 分布在 26‰～31‰之间,反映出地层中石膏矿物的 $\delta^{34}S$ 也在此分布范围,所以该分布值成了本区灰岩地下水的一个特征值。

(2) Ⅰ承压水,区内只取了一个样品 S10,另外把常州市二个样品放在一起研究(H13 和 H19),这样共为 3 件样品,SO_4 中 $\delta^{34}S$ 值分布在 16‰～21‰之间,代表了近代降水的 $\delta^{34}S$ 值的分布范围。由于现代海洋表面蒸发的水汽,其 SO_4 中 $\delta^{34}S$ 值约为 20‰,因此降水和地下水的值接近±20‰的话,应该认为是基本上未受近代大气污染,像 H13 和 H19 就是很好的代表。

(3) 矿区地下水和洗矿水 S12,S14,S15 共 3 件样品。S12 样点来自西洞庭煤矿废弃煤矸石堆放地,该浅层地下水溶解了黄铁矿氧化而形成 SO_4,所以该数据基本上可以代表当地煤层中黄铁矿氧化后 SO_4 的 $\delta^{34}S$ 值,相当于－7.6‰。

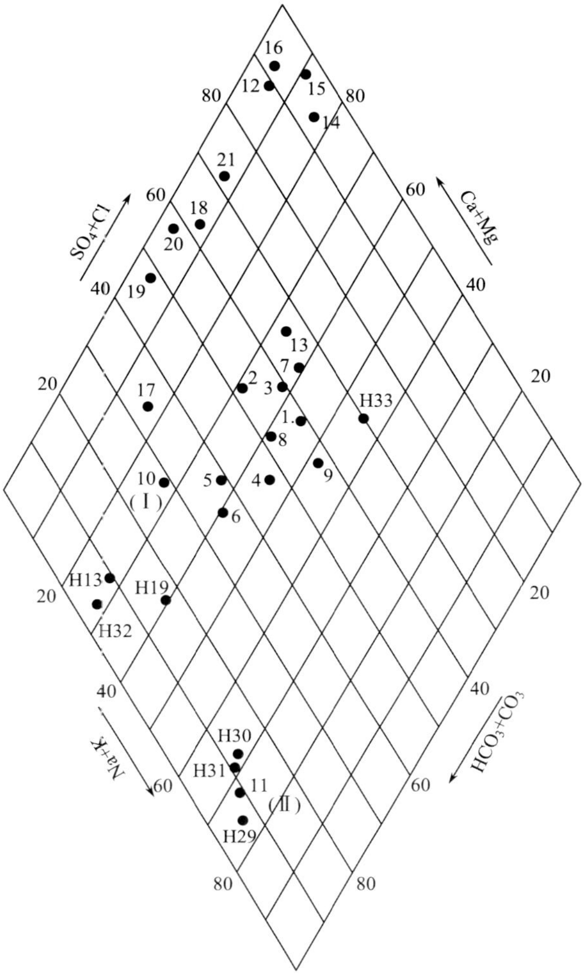

图 17-20 三线图

图中 S1～S21 号样品前省略 S 表示

S14，S15 都是吴县铜矿洗矿厂采取的样品，硫化铜的氧化经雨水进入地下水，SO_4 中 $\delta^{34}S$ 分布值范围大致在 1‰～2‰之间。由于雨水稀释，使得这些点可以描出一根近似的混合线（或稀释线），得到现代雨水中 SO_4 的 $\delta^{34}S$ 值大约在±16‰左右，受到轻微污染。

（4）浅层地下水和太湖水 S1～9，S13 共 10 件样品，这些样点 SO_4 的 $\delta^{34}S$ 值分布在 3‰～15‰区间，进而说明：

a. 分布区间明显小于不受污染的现代降水值+20‰，证明浅层水已受污染。

b. 和蒸发盐类石膏矿物的溶解无关，因为石膏的 $\delta^{34}S$ 值和第一组灰岩水分布值相同。

c. 分布区间明显受到金属硫化物氧化形成的 SO_4 的影响，主要是燃煤，使 SO_2 进入大气，然后溶入降水之中而到达地下，因此 $\delta^{34}S$ 值明显向第三组数据靠近，所以这组浅层地下水和太湖水，明显受到过酸雨影响。

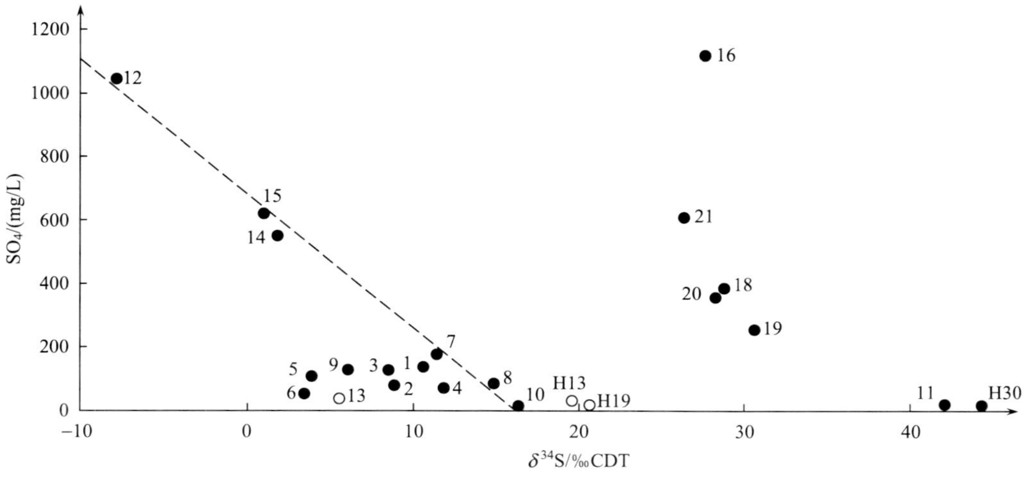

图 17-21　SO_4-$\delta^{34}S$ 关系(H29，H31，H32 未测出 $\delta^{34}S$)

图中 S1～S21 号样品前省略 S 表示

(5) Ⅱ承压水 S11，H29～32(H33 无代表性，去除)共 5 件样品。SO_4 的 $\delta^{34}S$ 值分布在 42‰～45‰之间。这组水除了 $\delta^{34}S$ 值分布明显变大以外，还有一个特点就是 SO_4 值特别低，以致 H29，H31，H32，无法测得 $\delta^{34}S$。

4. 氢、氧稳定同位素分析

根据样点的 δD-$\delta^{18}O$ 图(图 17-22)分析如下(Gat，1971，1980，1996)：

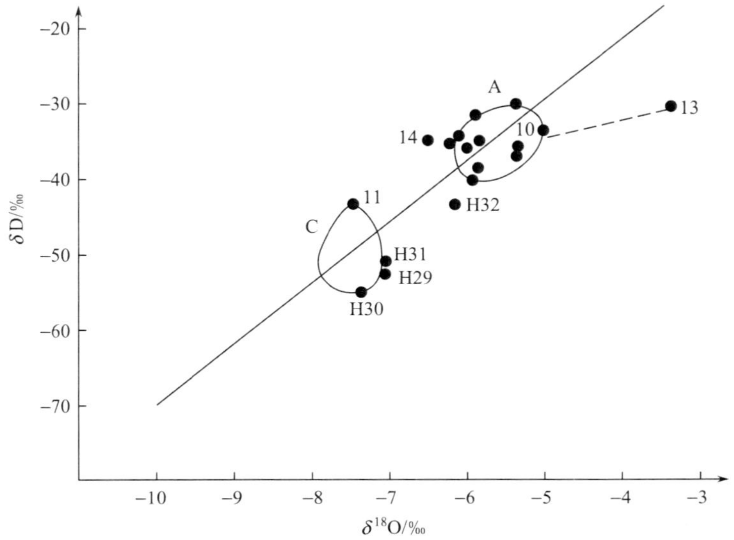

图 17-22　δD-$\delta^{18}O$ 关系

图中 S1～S21 号样品前省略 S 表示

A. 苏州浅层水；C. 苏洲Ⅱ承压水

(1) 吴江市浅层地下水 S1～9,共 9 个样点在图上构成一个椭圆形域(A 域),代表了苏州地区现代降水的分布范围。

(2) 苏州地区Ⅱ承压水 5 个样点中除 H32 外,S11,H29～31,共 4 个样点,基本上构成一个椭圆形域(C 域),代表了苏州地区Ⅱ承压水的分布范围。

以上二组样点(A 域,C 域)分布范围在图上的分离,证明Ⅱ承压水的补给环境和现代不同,当时气候条件下的平均气温比现在要低。据 $\delta^{18}O$ 值平均差值为约 2‰来看,估计要比现代低 3℃(据平均差 1℃,$\delta^{18}O$ 值差 0.7‰来估计)。

H32 数据处于 A 域和 C 域之间过渡带,H32 样点位于苏州市胜浦镇水厂,Ⅱ承压水,1996 年新井,含水层顶板埋深 110 m。该点地下水样是 A 域和 C 域水体的混合,所以胜浦镇水厂Ⅱ承压水源井在抽水时可以接受近代水(8000 年以来)的补给,显然水位下降速度就要放慢。同样,这个问题在三线图(图 17-20)上也已证明,H32 和其余 4 个点所处位置相距甚远,而且更接近于Ⅰ承压水的分布区。这种区别可以认为胜浦镇的水文地质条件和苏州市区以北是不同的,从供水条件而言,显然胜浦镇要好。

(3) 太湖水 S13,其位置处于 A 域的右上方,代表了太湖地面水体经受过大面积的蒸发效应。

(4) Ⅰ承压水 S10,其位置落入 A 域,证明该样点地下水补给条件同浅层地下水,也即补给期气候条件和现代相同。

(5) 矿区浅层水 S12,S14,共 2 个样点。S12 落入 A 域内,证明为现代降水补给。S14 落在 A 域左侧附近,因存在多解性,暂不讨论。

关于苏州地区Ⅱ承压地下水长期封闭于地层深处,在自然状态下既不补给也不排泄,而且其中三个样点 SO_4 含量极低,以致测不到 $\delta^{34}S$,这种条件需要考虑 SO_4 还原和 $\delta^{34}S$ 富集的问题。由于 SO_4 还原程度不同,可能导致 $\delta^{34}S$ 值的偏离。下面引用 Robertson 等(1989)的研究成果来说明。

Robertson 等(1989)通过砂质含水层研究硫酸盐还原现象,在深度为 19 m 的剖面中分层测试了氚,SO_4^{2-},Cl^-,$\delta^{34}S(SO_4^{2-})$和 DO(溶解氧)的数据(图 17-23)。

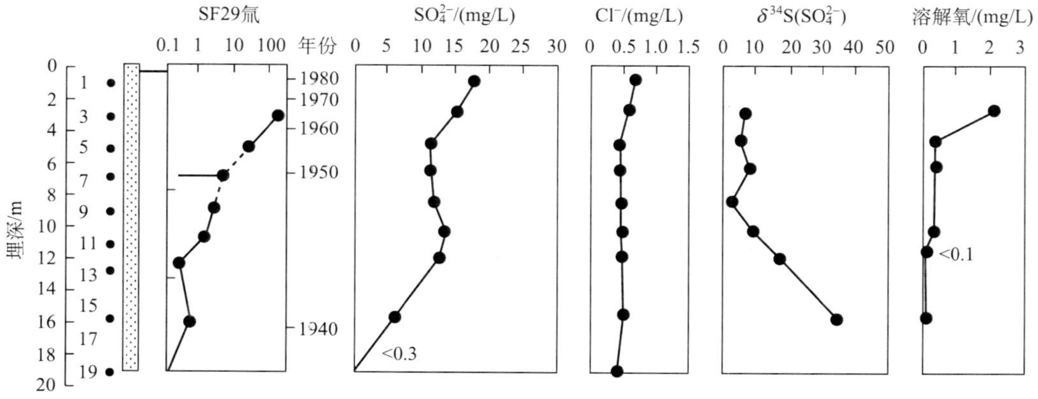

图 17-23 通过砂质含水层 $\delta^{34}S$ 变化表示的硫酸盐还原(Robertson et al., 1989)

这种还原反应是因为有机质通过含水层骨架弥散而引起 SO_4^{2-} 还原。

$$2CH_2O + SO_4^{2-} \rightarrow 2HCO_3^- + H_2S$$

因为在 SO_4^{2-} 还原过程中，^{32}S 相对于 ^{34}S 优先损耗，也即是 ^{32}S 优先进入 H_2S，而余下的 SO_4^{2-} 中 ^{34}S 反而增大，这样就造成 $\delta^{34}S$ 趋向更大值。类似的研究结果很多。进而证实 S11，H30，二个样点 SO_4 的 $\delta^{34}S$ 值偏大的缘故，同时也解释了 H29，H31，H32 三个样点 SO_4 含量太低的原因。

在所有浅层地下水和地面水样品中，以太湖水 SO_4 的 $\delta^{34}S$ 值最为接近大气降水的值，因为雨水在经过土壤带渗透时要溶解土层中因蒸发而积聚的可溶盐，以及有机质降解而形成的无机盐。虽然太湖水受强烈蒸发，但这并不影响 SO_4 的 $\delta^{34}S$ 值。所以本地区受酸雨影响的大气降水最可能的平均值相当 S13 值，$\delta^{34}S = +5.5‰$。

而不受酸雨影响的大气降水，最可能的平均值相当 Ⅰ 承压水样 S10，H13，H19 的值，$\delta^{34}S = +16 \sim +20‰$。

这里讨论 Cl /SO_4-$\delta^{34}S$ 关系分析（图 17-24）。当酸雨向土壤层渗透时出于有机物质氧化而降解，降解的无机物质 Cl 和 SO_4 溶入地下水中，这样 S1-9、S13 和 S10 之间总体上呈现了一种稀释关系。由于有机质降解物质 SO_4 的 $\delta^{34}S$ 更接近无污染的大气降水值（相当 S10），所以这根稀释线可以简单地看成是 S10 和 S13 之间的混合线，因为 S10 代表无酸雨影响下的大气降水，S13 代表酸雨影响下的大气降水。而中间样点 S1-9（S5 例外）代表了酸雨入渗后又溶解部分有机质降解物 SO_4 后的混合值。

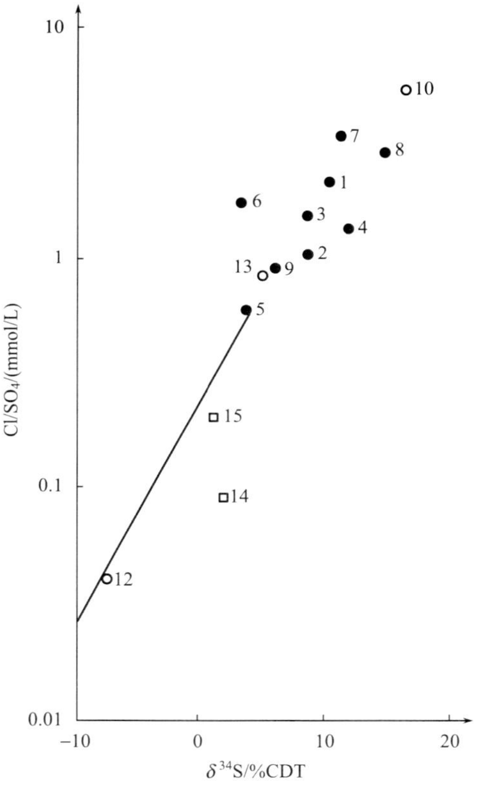

图 17-24　Cl/SO_4-$\delta^{34}S$ 关系

图中 S1～S10，S12～S15 样品前省略 S 表示

由于 S13 近似代表当地酸雨的均值，它应该处于无酸雨的大气降水（S10）和引起酸雨中 SO_2 来源（S12）之间混合线的中间（图 17-24）。而 S12，S14，S15 三件水样，受到当地酸性水排放的影响。

三、常州市II承压地下水的环境地质研究*

导读:常州市经济发展始于20世纪80年代,大量开发II承压地下水,水位急剧下降,当时针对II承压水的补给问题展开研究。通过当地地理地貌条件分析,可能的来源有当地降水、长江江水、滆湖湖水以及全新世前补给的古水。研究方法包括:

(1) 利用相同开采区1983年和1999年水化学数据进行对比研究,重点在区域开采和环境变迁而引起的水质变化影响。

(2) 利用1999年的环境同位素数据(δD,$\delta^{18}O$,氚和$\delta^{34}S$)在不同地理空间的分布,从古气候和环境影响进行分析。

所有II承压地下水样品均取自生产井,通过研究认为,从1983年和1999年水化学数据比较以及样品的含氚量都明确说明存在现代水的混入。造成混入原因可能和生产井结构(过滤器位置和回填层)以及长期开采有关。而稳定同位素δD和$\delta^{18}O$值的影响相对不同补给源之间的差值来说却是有限的。

常州市地下水研究,采取水样33件,其中常州市28件,苏州市5件。在常州市28件样品中,I承压水3件,灰岩水2件,砂岩水2件,Ⅱ承压水21件。本项研究主要对象是II承压水,其余均提供作对比研究。

(一) 取样点分布和调查简况

取样点位置见图17-25,数据见表17-5。

根据氚值的测定,我们可以比较污染程度进行分组:

第一组,水样氚值小于3TU样品,共5件:H6,H22,H26,H27,H28;

第二组,水样氚值介于3～5TU的样品,共7件:H3,H5,H15,H17,H20,H21,H23;

第三组,水样氚值介于5～10TU的样品,共10件:H1,H2,H7,H10,H11,H12,H14,H18,H19,H25;

第四组,水样氚值大于10TU的样品,共6件:H4,H8,H9,H13,H16,H24。

(二) 地下水化学成分特征

1. 区域地下水的三线图解

本次取样共计28件样品,包括I承压、II承压、灰岩水和砂岩水四类。

(1) II承压水样总的分布位置和对比图资料基本符合,和苏锡常区域地下水II承压水样的背景相似(图17-26)。

* 本节根据地矿部"九五"攻关项目"苏锡常地区地下水资源利用与重大地质环境问题防治研究"报告的第六章缩编而成。该项目由中国地质环境监测院、江苏地矿局和石家庄经济学院于2000年合作完成。

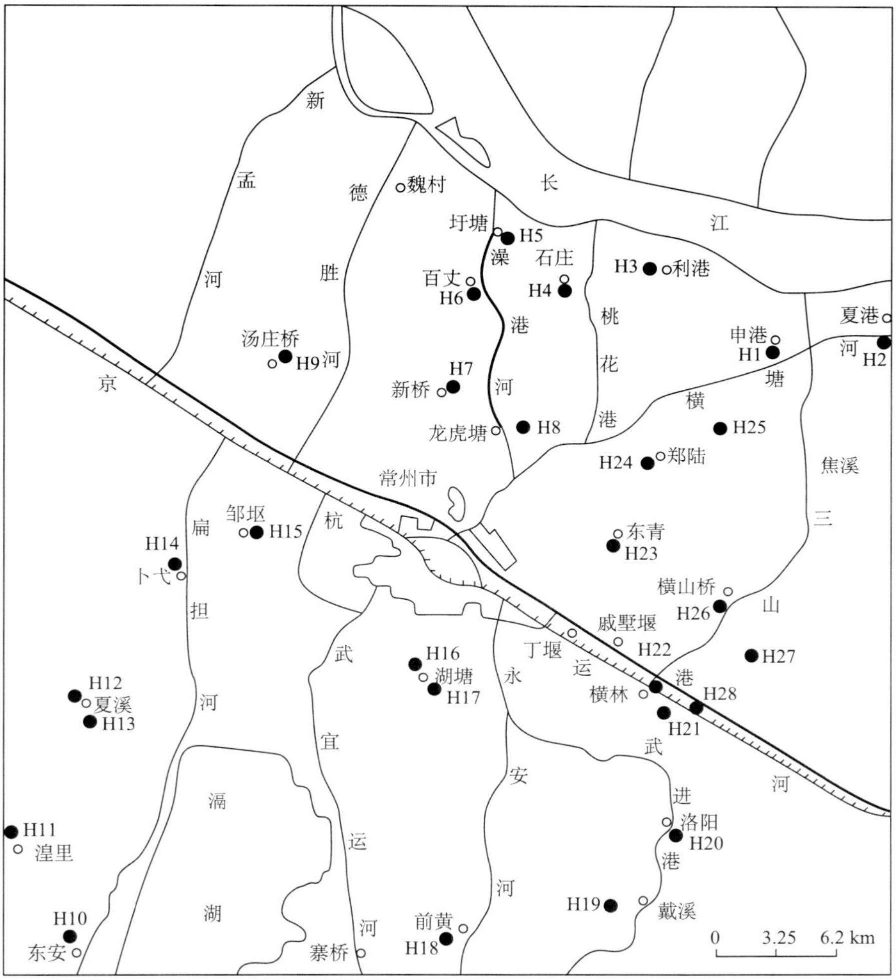

图 17-25　取样点位置

表 17-5　常州市地下水化学成分

样号	Na	Ca	HCO_3	CO_3	Cl	SO_4	M/(mg/L)	SiO_2/(mg/L)
H1	2.53	2.70	5.53	0.75	0.60	0.15	546	27.7
H2	2.64	2.86	6.01	0.34	0.31	0.03	542	23.64
H3	1.21	3.13	5.17	0.20	0.35	0.03	463	24.38
H4	1.02	2.71	4.63	0.25	0.21	0.02	415	25.40
H5	1.03	3.12	5.14	0.10	0.34	0.02	454	24.60
H6	1.04	3.36	5.35	0.10	0.51	0.03	480	25.14
H7	1.30	3.69	5.51	0.15	1.24	0.12	538	23.38
H8	0.75	2.32	3.65		0.52	0.29	352	18.75

续表

样号	Na	Ca	HCO_3	CO_3	Cl	SO_4	M/(mg/L)	SiO_2/(mg/L)
H9	2.62	2.00	5.87		0.22	0.02	506	25.50
H10	4.05	2.25	7.69		0.17	0.05	654	23.02
H11	2.83	3.36	8.47		0.06	0.05	700	23.14
H12	4.65	2.33	8.15		0.30	0.27	724	30.34
H13	2.41	4.50	8.41		0.44	0.27	730	21.73
H14	5.12	2.02	7.40		0.92	0.57	718	29.96
H15	6.09	2.12	8.29		1.03	1.05	823	27.97
H16	2.05	5.23	6.02		2.25	1.54	720	24.12
H17	4.47	2.68	7.36		0.94	0.63	714	26.78
H18	3.99	2.19	7.55	0.26	0.07	0.03	647	22.03
H19	1.91	3.19	5.51		0.85	0.23	521	22.92
H20	6.75	1.53	7.63		1.28	0.56	760	24.66
H21	4.29	2.57	6.82		1.20	0.53	672	16.30
H22	3.87	2.44	6.65		0.84	0.31	625	17.32
H23	4.40	2.06	7.02	0.20	0.59	0.02	641	26.02
H24	2.73	2.21	4.94	0.20	0.53	0.33	480	17.60
H25	0.35	1.64	2.18		0.34	0.11	209	10.80
H26	2.89	2.86	5.86		0.48	1.00	584	16.77
H27	4.16	2.34	7.02		1.03	0.30	667	26.05
H28	4.34	2.56	7.21		1.29	0.54	710	26.00

* 表中数据未注单位者均为 mmol/L。

(2) 砂岩水和Ⅱ承压水处于相同位置,证实二者水样的矿物溶解和水化学演化途径是相似的,代表了一种铝硅酸盐矿物的溶解过程,主要是长石类和云母类矿物溶解。

(3) I 承压水处于 II 承压水和浅层地下水的过渡位置,属于正常情况。但根据 δD-$\delta^{18}O$ 数据分析认定(下面将会讨论到),H7 不属于 I 承压水体,而 H19 属于 I 承压水体。所以 I 承压水样共 3 件,H13,H16,H19。

(4) 本次样品中灰岩水 H21 和 H22 二件样品,处在 II 承压水的分布范围,并没有处在灰岩水的位置,属于异常情况。肯定该水体不是由灰岩露头区降水入渗补给形成,而是提示我们可能来自 II 承压水的补给。

2. HCO_3+CO_3 -矿化度关系分析

本次样品根据地下水产状不同分为四组水体:

第一组,I 承压水,H13,H16,H19;

第二组,砂岩水,H25,H26;

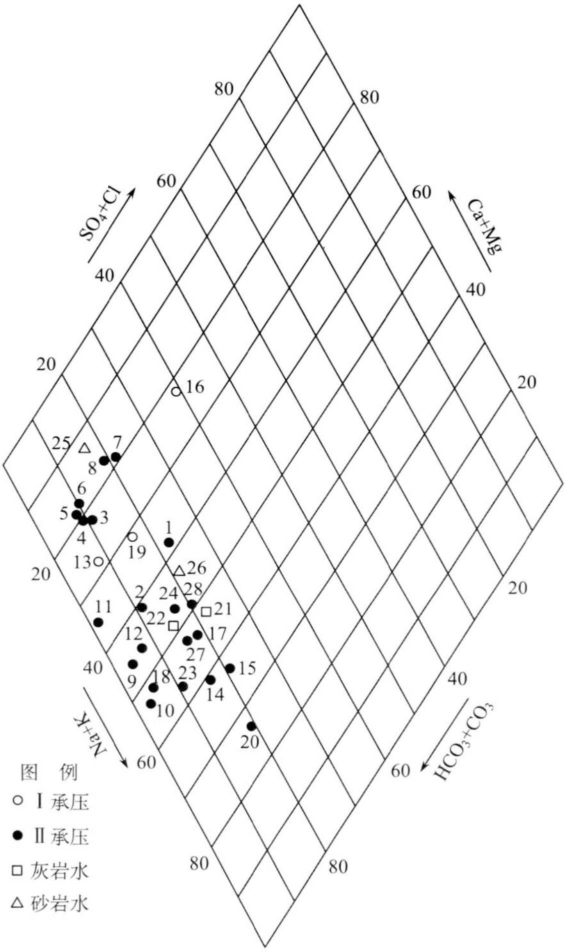

图 17-26　三线图解

H1～H28 号样品前省略 H 表示

第三组，灰岩水，H21，H22；

第四组，II 承压水，余下 21 件样品均为 II 承压水体。

除了第一组以外，利用 1983 年常州 II 承压水样资料进行对比，通过图 17-27 的分析，可以看出：

(1) 1983 年和 1999 年数据对比，后者的矿化度存在一次明显的增长。

(2) 相比于 1983 年数据，1999 年本次样品大致可以分为二组。

A 组，$M\leqslant 550$mg/L，矿化度明显增长，但 HCO_3+CO_3 没有增长；

B 组，$M>550$mg/L，矿化度和 HCO_3+CO_3 均有明显增长。

(3) A 组水样受土壤层有机物降解影响比较小，污染程度较轻(Freeze and Cherry, 1979)。B 组水样 受土壤层有机物降解污染影响比较清楚，污染程度相对较重。这里所指的污染显然是指浅层混入水体的污染程度。

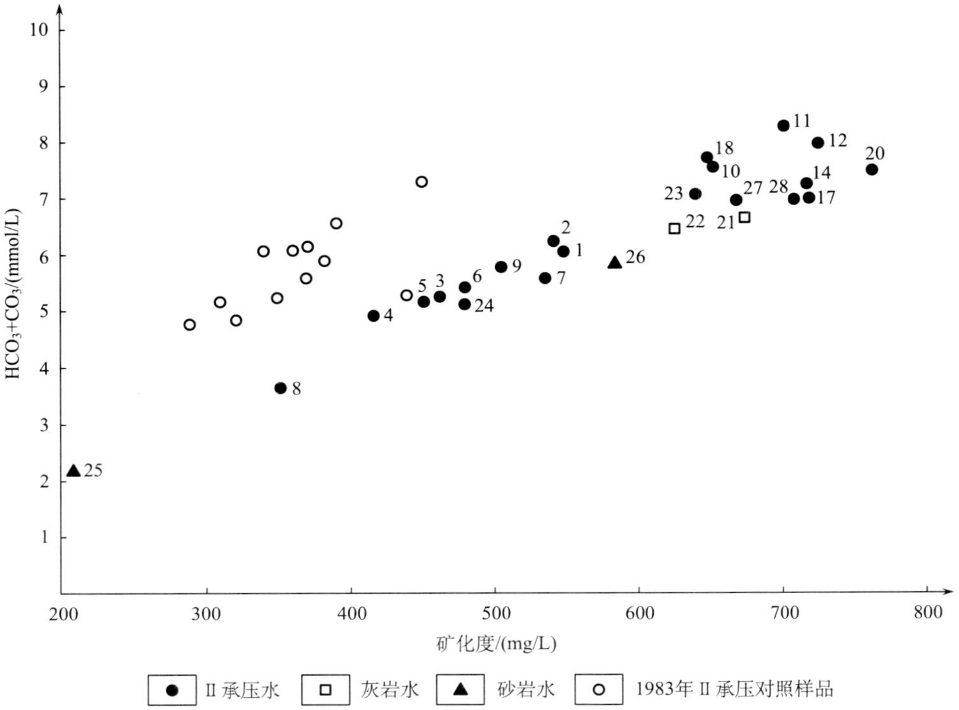

图 17-27　$HCO_3^- + CO_3^{2-}$-矿化度关系

图中 H1～H28 号样品前省略 H 表示

(4) 1983 年和 1999 年水样的对比，最大区别是开采条件不同，后者代表在加剧开采条件下的样品，意味着浅层水体的混入程度增大。一般可以把混入的水体由深到浅分为以下四种来考虑：

· I 承压水(较深部分，未受污染的水样)；

· 潜水(一定深度以下受污染较轻的水体)；

· 浅层地下水(潜水的表层部分，受地面和土壤带污染影响水体)；

· 地面水体(污染程度不同的水体，包括洪水和工农业污水)。

每件样品的混合情况由具体位置和开采条件来决定。

3. Na/Ca-SiO_2 关系分析

根据图 17-28 上的分布位置，先来分析上面部分($HCO_3 + CO_3$-M 关系分析)提出的 A 组样品，指受污染较轻的一组样品，H1～6，H7～9，H24，共 10 件样品。

H3～6，H7～8 聚集在位置的下沿，相对应的位置处于图的下方称为 N_1 域。除了 H1～2，H11 三件样品以外，其余均在 $Na/Ca \geqslant 1$ 以上位置，称为 N_2 域，假定这个域为正常的背景区。余下 H1～2，H11 三个样点处于 N_1 和 N_2 域之间过渡带。

如果和 1983 年资料进行对比，发现相类似地理位置的样品存在明显位移，原 SK21～23，30，41，5 个样点向左下方移至 N_1 域。这种位置体现了 Na 和 SiO_2 值的同步降低，存在着两种可能性：

（1）Na 长石的溶解减少。

（2）原有地下水中存在地面水体补给。

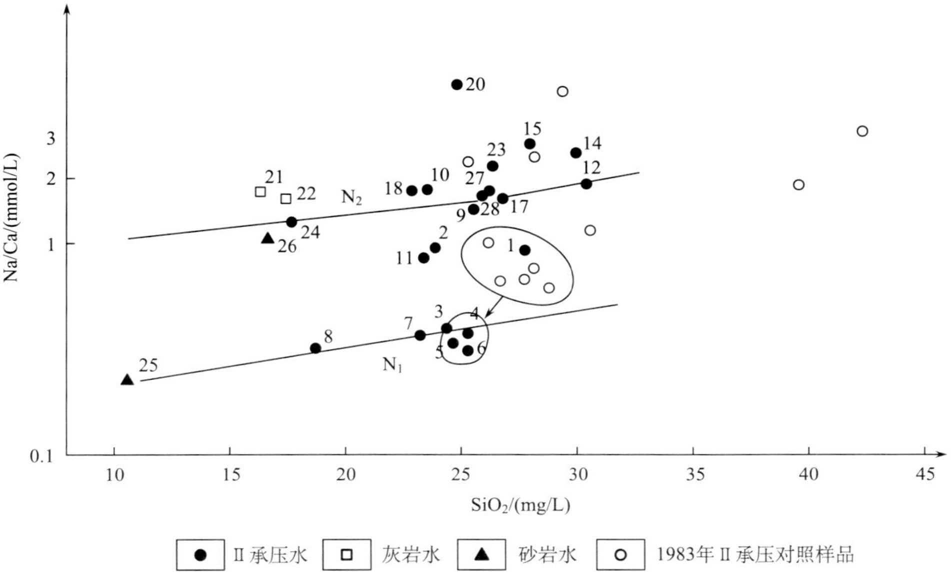

图 17-28　Na/Ca-SiO_2 关系

图中 H1～H28 号样品前省略 H 表示

4. Na/Ca-HCO_3+CO_3 关系分析

从图 17-29 上看出，1999 年数据和 1983 年的对比，明显存在二种趋势：

（1）对于图 17-27 上 M≤550mg/L 的 A 组样点，相比于 1983 年数据，Na/Ca 比值明显下降，而 HCO_3+CO_3 变化不大。

（2）对于图 17-27 上 M>550mg/L 的 B 组样点，相比于 1983 年数据，Na/Ca 比值变化不大，HCO_3+CO_3 明显增长。

这组图示对比反映出，A 组样品不像是 Na 长石溶解减少，而应该是未受污染的上层水体或地面水体的混入，像湖泊和长江水。

5. Cl/SO_4-SO_4 关系分析

因为 1983 年数据中有 4 件样品未测到 SO_4，包括 K14，K25，SK23，SK29，其他全部数据 SO_4≤0.15 mmol/L。1999 年数据分成两部分(图 17-30)：

（1）一部分和 1983 年数据分布变化不大，包括 H1～6，H7，H9，H10，H11，H18。

（2）余下数据全部 SO_4≥0.15 mmol/L，明显受到 SO_4 的污染，来源可能有二：

a. 大气降水中的酸雨。

b. 地面浅层有机物的降解。

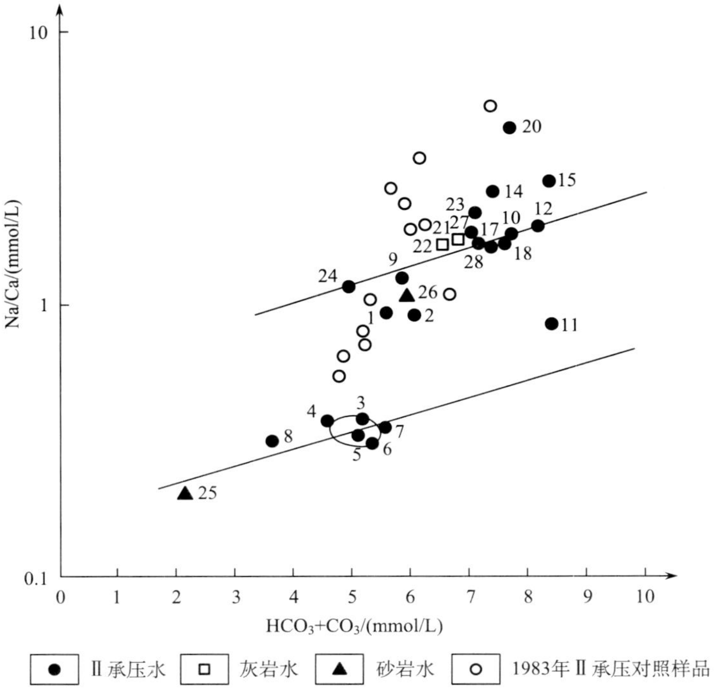

图 17-29　$Na/Ca-HCO_3+CO_3$ 关系

图中 H1～H28 号样品前省略 H 表示

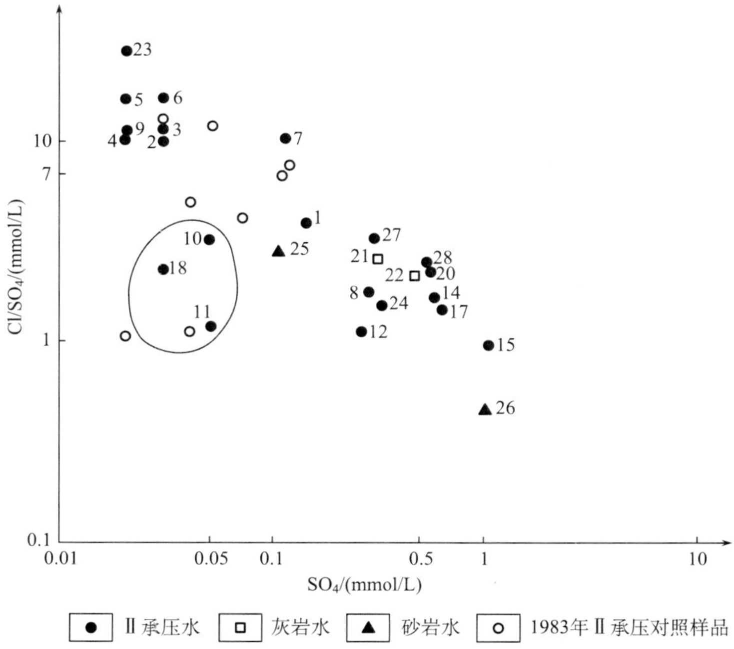

图 17-30　Cl/SO_4-SO_4 关系

图中 H1～H28 号样品前省略 H 表示

相比于图 17-27 中的分组，显然 H8，H24 属于大气降水中 SO_4 增大引起；而 H10，H11，H18 三样品存在有机物降解，只不过 SO_4 含量并不高。

6. 小结

根据和 II 承压水 1983 年数据进行对比可以小结如下：

(1) 1999 年数据，根据矿化度可以分为 2 组。

A 组，M≤550 mg/L，H1～6，H7～9，H24 共 10 件样品；

B 组，M>550 mg/L，H10～13，H14～15，H17～18，H20～23，H26～28，共 14 件样品。

(2) A 组样品的特征。

a. 污染程度很小。

b. 受到未污染的上层水或地面水体的混入，包括湖泊、长江水。

c. H8，H24 表明有酸雨混入痕迹。

(3) B 组样品的特征：

a. 受土壤层有机物质的降解物污染比较明显。

b. H10，H11，H18 虽存在有机物质的降解物，但 SO_4 含量却不高。

(4) 有的水样污染严重，而氚值却很低，说明污染源是从地层不同部位(不同埋深)垂直入渗的。

(三) 地下水的环境同位素

常州市地下水同位素的特征值，包括氚、硫-34、氘和氧-18。28 件样品测到的详细数据见表 17-6。

表 17-6 常州市地下水同位素

样号	氚(TU)	$\delta^{34}S$	δD	$\delta^{18}O$	样号	氚(TU)	$\delta^{34}S$	δD	$\delta^{18}O$
H1	6.59	38.9	−59	−7.8	H15	4.86	26.4	−62	−7.4
H2	8.71	27.8	−56	−8.1	H16	23.57	10.4	−44	−5.8
H3	3.85		−56	−7.9	H17	4.42	15.2	−57	−7.3
H4	11.12		−59	−7.9	H18	8.39	16.1	−55	−7.1
H5	4.98		−58	−7.8	H19	7.95	20.5	−46	−5.4
H6	2.69		−53	−7.8	H20	4.65	20.4	−57	−7.9
H7	8.76	10.1	−62	−7.4	H21	4.02	29.4	−57	−7.9
H8	12.29	5.1	−62	−7.0	H22	2.77	30.3	−55	−7.7
H9	10.72	42.7	−62	−7.6	H23	3.90		−59	−7.5
H10	7.5	24.6	−65	−7.0	H24	12.90	14.9	−51	−6.9
H11	6.61		−63	−7.1	H25	9.09	14.1	−54	−7.3
H12	6.65	28.3	−60	−7.0	H26	2.25	27.6	−67	−8.3
H13	12.36	19.7	−43	−5.7	H27	1.57	43.4	−58	−7.8
H14	5.44	22.6	−60	−7.2	H28	1.83	33.8	−53	−7.6

1. 氚-$\delta^{34}S$关系分析

(1) Ⅰ承压水样 H13，H19 的 $\delta^{34}S$ 值基本处于+20‰附近(Pearson and Rightmire，1980；Krouse，1980)，属于降水补给；H16 的值处于+10‰，明显受酸雨影响，这和 H16 的 SO_4 值偏大是相符的。

样点	SO_4/(mmol/L)	$\delta^{34}S$ /‰
H13	0.27	19.7
H19	0.23	20.5
H16	1.54	10.4

(2) 灰岩水虽然受第四系 II 承压水补给，但其 $\delta^{34}S$ 处于 30‰附近。

样点	SO_4/(mmol/L)	$\delta^{34}S$ /‰
H21	0.53	29.4
H22	0.31	30.3

这组数据基本上和南京取得的灰岩地下水的值 28‰～30‰相接近，同时反映了 II 承压水补给到灰岩中后，仍溶解了矿物，主要是石膏，使 SO_4 值增大。

(3) 砂岩水 H25，H26。

其中 H25 处在砂岩露头区受到现代酸雨影响，使 $\delta^{34}S$ 值处于 14‰左右。而 H26 属于隐伏砂岩区，但从其反映的数据来看，尚须了解该位置的灰岩水情况，因为 $\delta^{34}S$ 27.6‰相当接近灰岩水的分布区。

样点	SO_4/(mmol/L)	$\delta^{34}S$ /‰
H25	0.11	14.1
H26	1.00	27.6

(4) Ⅱ承压水体，当 T≤3TU 的样品有二件。

样点	SO_4/(mmol/L)	$\delta^{34}S$/‰
H27	0.30	43. 4
H28	0.54	33. 8

这组数据和苏州地区相似，属于 SO_4 还原、$\delta^{34}S$ 增大的情况。

(5) II 承压水体，当 T>3TU 的样品中测到 $\delta^{34}S$ 值的共 13 件。

从样点的分布情况看，存在多种解释。不过其中 H9 号样点 SO_4^{2-} =0.02 mmol/L，$\delta^{34}S$=42.7‰，可以归入 SO_4^{2-} 还原、$\delta^{34}S$ 增大一类中。其余 12 件样品(图 17-31)，大致可以分成两组：4～6TU 的四个样点(H14～15，H17，H20)似乎氚和 $\delta^{34}S$ 没有关系；>6TU 的 8 个样点表现了氚和 $\delta^{34}S$ 呈反比的趋向。

2. 氚-$\delta^{18}O$和氚-δD的关系分析

(1) I 承压水体 H13，H16，H19 三件样品，$\delta^{18}O$ 值处在−5.6‰～−5.8‰，相对比较稳定。δD 值处在−43‰～−46‰。

(2) 砂岩水体，H25，H26 二件样品，由于 H26 属隐伏砂岩层，$\delta^{18}O$ 在−8 3‰，δD 为

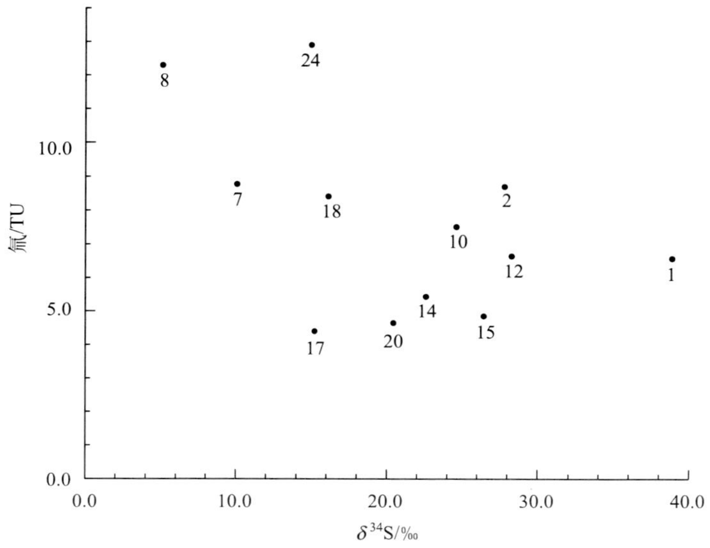

图 17-31　氚-$\delta^{34}S$关系

图中 H1～H28 号样品前省略 H 表示

－67‰，其值明显低于所取的其他水样。

(3) 余下样品氚-$\delta^{18}O$的关系，可以分为 2 组(图 17-32)。

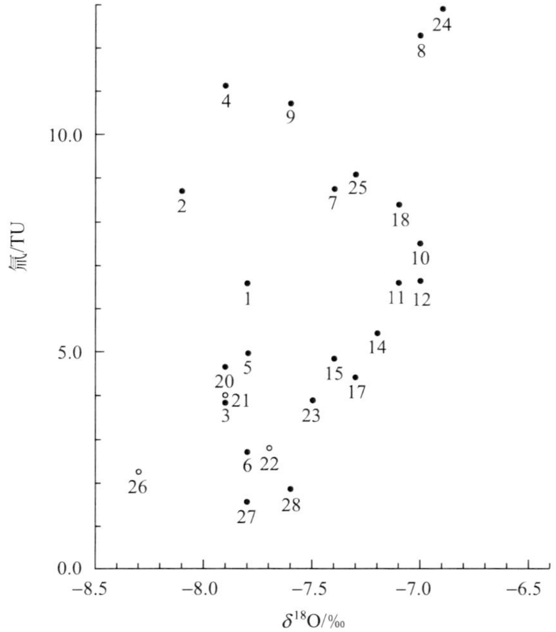

图 17-32a　氚-$\delta^{18}O$关系

图中 H1～H28 号样品前省略 H 表示

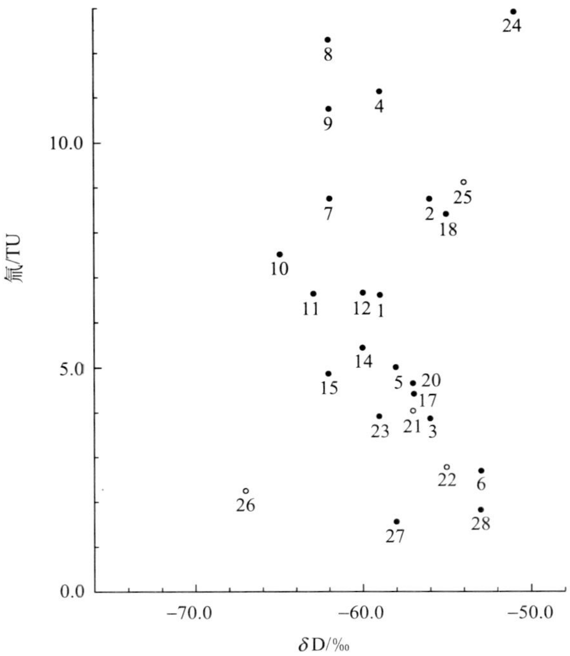

图 17-32b　氚-δD 关系
图中 H1～H28 号样品前省略 H 表示

(a) $\delta^{18}O$ 值稳定在－7.8‰～－7.9‰之间，不随氚而变化。这组样品包括 H3～6，H1，H20，H21。

(b) 余下样品 $\delta^{18}O$ 值处于－6.8‰～－7.8‰之间，$\delta^{18}O$ 和氚大致呈正比状态分布。

(4) 余下样品氚-δD 的关系可以分为 2 组(图 17-32ab)

(a) δD 值稳定在－60‰～－65‰之间，一般不随氚而变化。这组样品包括 H7～12，H14～15；

(b) 余下样品 δD 值处于－53‰～－59‰之间，δD 和氚大致呈反比状态分布。

3. δD-$\delta^{18}O$ 关系分析

从图 17-33 上可以看出(Gat，1971，1996)：

(1) Ⅰ承压水体，H13，H16，H19 三件样品相对比较集中；位于大气水线 $\delta D=8\delta^{18}O+10$ 线的下方，处于图的右上角。

(2) 灰岩水体，H21，H22 二件样品比较集中，位于大气水线附近，处于图的中间部分。

(3) 砂岩水体，H25，H26 二件样品，其中 H25 靠近大气水线附近，由于处于露头区，代表了一种降水入渗的特征。而 H26 处于大气水线的下方，处于图的左下角，说明隐伏砂岩水和其他水样的补给环境(指不同的平均气温或时间)明显不同。

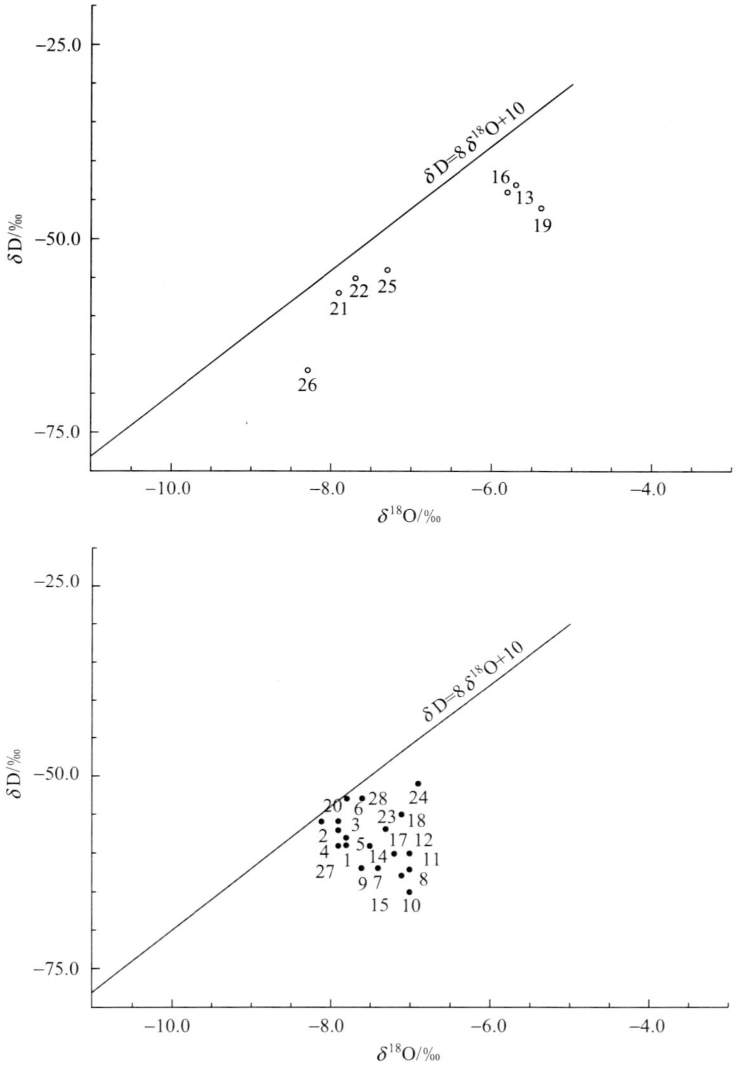

图 17-33　δD-$\delta^{18}O$ 关系

图中 H1～H28 号样品前省略 H 表示

(4) II 承压水体,根据水样的地理位置和水文地质条件,大致可以分为三组:

(a) 紧靠大气水线的样品,包括 H1～6,H20,H27～28,共 9 件样品。

(b) 处于大气水线的下方,相距较远的密集区样品,包括 H7～12,H14～15,共 8 件样品。

(c)处于二者过渡带位置的样品,包括 H17～18,H23～24,共 4 件样品。

(5) 现在我们可以归并一下常州市样品的位置(图 17-34)。

I 承压水样,3 个样品归纳为 D 域。

Ⅱ承压水样沿长江地区 6 个样品(H1～6)归纳为 E 域。

II 承压水样在横林地区 5 个样品(H20～22,H27～28)归纳为 F 域。

Ⅱ承压水样滆湖西北 8 个样品(H7～12,H14～15)归纳为 G 域。

II 承压水样 H17～18,H23～24,4 件样品,处于 F 和 G 域的过渡带。

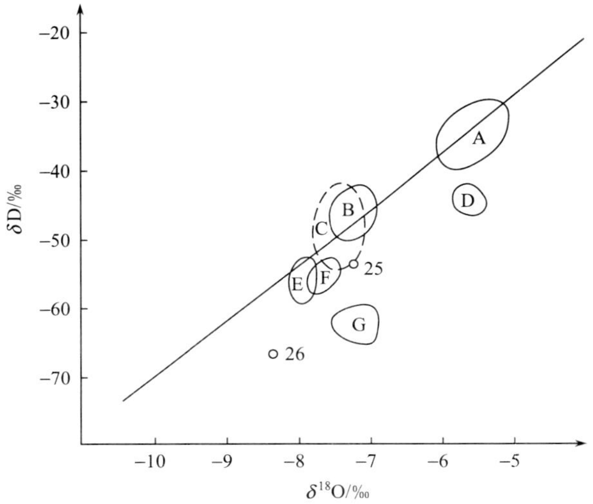

图 17-34　δD-$\delta^{18}O$ 关系对比(H29、H31、H32 未测出 $\delta^{34}S$)

图中 S1～S21 号样品前省略 S 表示

(四) 讨论

(1) I 承压水样 D 域,水体明显存在蒸发效应,故偏离了大气水线,而且是现代补给的原因,故位于图的右上角。

(2) II 承压水样 F 域包括了横林地区二个灰岩水样 H21～22,由于分布范围一致,进而证明灰岩水是由 II 承压水补给的,这一点和三线图 17-20 上的证明是一致的。

(3) II 承压水样 E 域,包括沿长江地区 6 件样品 H1～6。这组数据的氚-$\delta^{18}O$ 关系,证明 $\delta^{18}O$ 不随氚而变化,所以从补给环境上来讲存在长江水的补给,只有江水 $\delta^{18}O$ 平均值相对稳定,而氚可以随时间变化。因此说 E 域水体在现代环境条件下是存在补给的。

(4) II 承压水样 G 域,包括滆湖西北周围环绕的 8 件样品,水体明显存在蒸发效应,偏离大气水线较远,故位于图的中下方。G 域样品和 E,F 域样品最大的不同之处,是前者水体是蒸发过的,然后再补给地下;而后二者却不是这种现象:一种可能降水直接入渗,另一种可能是长江水的入渗。

(5) 所以 G 域水体,没有可能接受长江水的补给,而只能是湖水的补给,因为湖泊水体是经受蒸发的。从 G 域位置来看,又不可能是现代气候条件下的湖水蒸发,而显然是比现代气候寒冷环境下的湖水。从以上二点来看,G 域地下水是不存在现代补给条件的(Rozanski, 1985)。

(6) 关于 F 域水体，靠近大气水线，显然不是经过蒸发效应的湖水补给，只能来自二种可能，一个是天然降水，一个是长江江水。

如果和现代降水对比，苏州地区处在 A 域，南京地区处在 B 域，依据大陆效应，常州地区应该处在二者之间，对比证明 F 域不可能是现代的降水补给。

如果和接受现代长江水补给的 E 域对比，位置靠近，可是现在的地理位置并不允许存在这种关系。不过根据古地理位置，现在的横林地区相当 2000 年前古代芙蓉湖①低地，而且芙蓉湖在历史上和长江是相通的。推测芙蓉湖的前身应该是长江的一个弯道，后来因为弯道逐渐被淤堵，退化为古芙蓉湖(从历史考证估计发生在 4000 年之前)。所以，推测 F 域水体大约是 4000 年前②长江水补给的，相当于全新世的最佳气候期，而现在这种补给已经不存在。

(7) 稳定同位素反映了过去气候环境的变化过程，目前全球常用的对比曲线是格陵兰和南极的冰芯数据(图 17-35)，包括 16 万年以来气候的变化和振荡。其中近 8000 年以来的气候基本上是相对稳定的(Fontes, 1981; Rozanski et al., 1997)。

地下水的同位素含量总的反映了补给区降水的加权平均值。而地下水系统中保存的同位素标记受两个方面的影响，一个是地质背景，另一个是水动力弥散。

根据上述原则，我们可以小结如下：

(a) A 域代表苏州市现代降水范围，相当于浅层地下水和 I 承压水的补给水源；B 域代表南京市现代降水范围，灰岩露头区为灰岩水的补给水源；对比之下，常州市滆湖地区 I 承压水的补给水体存在蒸发现象，处于 D 域，相当于当地降水和地面湖水的补给。

(b) E 域代表现代长江水常州段的特征范围，相当于近代长江边岸的江水补给水源；F 域代表横林地区 II 承压水的特征范围，相当于长江水常州段“某个时期”的江水补给水源。据考古资料“某个时期”相当于 4000 年之前，据图 17-35 上证实相当于 8000 年以来。

(c) G 域代表滆湖西北周围Ⅱ承压水的特征范围。如果 G 域消去蒸发效应的话，同位素值远低于 B 域，那么补给条件明显处在 8000 年以前的气候环境，受到当时地面洼地湖水的补给。

(d) H17～18，H23～24，四件样品相当 G 域和 F 域的中间，从地理位置上讲恰好相当于滆湖和横林地区的过渡地带上。有一点可以肯定，和 G 域 F 域一样，现在气候条件下不存在明显的补给，或许可能从 I 承压水得到部分越流水。

(e) C 域代表苏州市 II 承压水的特征范围，和 B 域靠近。显然不是现代气候条件下的补给，推计是 8000 年以前的补给环境。当然在现代条件下不存在补给。

---

① 芙蓉湖，因湖中生长芙蓉(莲荷别名)而得名，古称“上湖”、“射贵湖”，地处常州东、无锡西北、江阴南三地交界，面积达“一万五千三百顷”。

② 在冰期，长江水量明显减小，河水偶尔枯竭，裸露出 3～10 km 宽的砂质河底。在长江下游，河流下切，以响应冰川期较低的海平面。在早全新世沉积物下面，都存在河谷下切。据近代调查的全新世气候最佳时段，在长江中、下游大约在距今 7000～5000 年，当时河水流量最大，热带气旋发生频率增加，出现高海平面，而陆地减少。在南京附近，长江大洪水和冲刷作用的证据有大量连根拔起的树木，它们的 ^{14}C 年龄在距今 6000～4500 年(Kale, et al., 2003)。

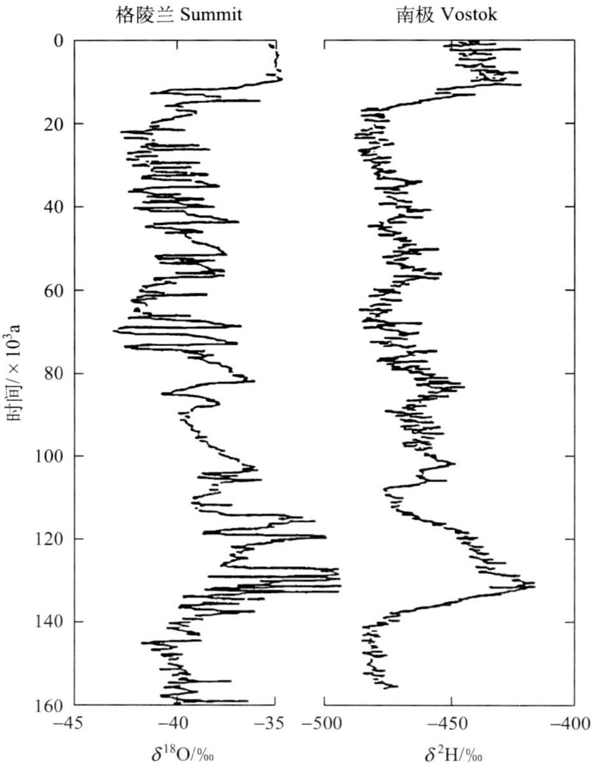

图 17-35　格陵兰和南极冰芯的 $\delta^{18}O$ 和 $\delta^{2}H$ 值(Rozanski et al., 1997)

(8) 常州市 II 承压地下水形成过程主要和长江河道的变迁直接相关。当长江古河道侵蚀南岸(常州段)时,当侵蚀到某个深度的含水层,该层地下水就向长江排泄,由此引发该含水层上面的水体垂向入渗进行补给。

根据同位素数据结合地质背景推测,本研究区第一阶段,在全新世之前,更新世晚期,由于全球发生海平面下降,导致河道下切,使现在的滆湖地区(当时应当是洼地)Ⅱ承压含水层地下水可以向长江排泄,这样含水层可以接受地面湖水和浅层地下水体的入渗补给。

第二阶段是随着更新世结束,全新世的到来,海平面不断快速上升,直接导致:

(1) 长江河道沉积速度加快。

(2) 长江水位不断上升。

(3) 常州段江岸开始向北移动。

当时把现滆湖地区的 II 承压含水层的排泄通道堵塞,这样就保留了该含水层水体。而横林地区的长江弯道开始退化,形成低洼地,成为历史上古芙蓉湖范围。显然当时古芙蓉湖和长江是相通的。横林地区 II 承压水层随着向长江排泄口的逐渐淤堵而保存下来①。

第三阶段，随着全新世的发展，长江南岸（常州段）不断沉积新的沉积层（特点是顺河岸而沉积），并且河岸不断向北移动。这样，在沿江地区形成新的含水层，这就是现在魏村—利港—申港—夏港的位置。

关于 H17～18，H23～24 过渡带的形成过程，目前尚无更多的资料来进行讨论。

（五）结论

（1）灰岩水 H21，H22 来自 II 承压水的补给，不是由灰岩露头区降水入渗补给的。

（2）1983 年和 1999 年Ⅱ承压水的数据对比，表明 1999 年矿化度存在一次明显的增长。其中 A 组样品受污染程度小，存在地面水体混入包括湖水、长江水；B 组样品受到有机质降解物的污染。

（3）同位素研究证明常州市 II 承压水可以划分为四组：一组位于滆湖西北 8 件样品，表明是非现代气候条件下的补给，所以现在没有补给；一组位于横林地区 5 件样品，证明是距今 4000～8000 年间的补给，所以现在没有补给；一组位于长江沿岸 6 件样品，证明是 8000 年以来的补给，所以现在存在补给；一组界于滆湖和横林地区之间 4 件样品，处于二者过渡带，因为二者现在均没有补给，所以过渡带样品现在没有补给。

四、灰场灰水对地下水的影响*

导读：我国火电厂的粉煤灰处理存在两种方法，一种是干灰储存，另一种是水灰储存。早期电厂多用水灰储存，在储存场水和灰分离，水入渗地下，干灰用作他途（像高速公路路基以及有关建筑材料）。灰水本身含有多种有害元素，入渗地下会污染当地地下水。当时对这个问题的做法，一种是用粉煤灰放在实验室里做淋滤，看能渗出什么有害物质；另一种是在区域上画等水位线或某种化学成分的等值线，企图从水动力角度去论证。实际上这两种方法都是间接的行为，实验室方法只是一种理论认识，和在含水层中发生什么情况无关。后者是把大尺度区域性地下水流动用到场地问题，显然精度不够。本例储灰场历史只有 20 余年，入渗的灰水主要分布在当地地下水的上部，因此潜水存在明显的分层性。另外，在储灰场的东北方向很多煤矿都在排水，所以场地四周情况非常复杂。

当时考虑在储灰场四周全部民井（饮水井）中取样，在地下水下游方向沿河道的民井增加取样。实际上相对储灰场为中心存在两个圈，外圈样品主观上认为是自然状态下的

---

① 本项研究涉及历史地理知识二点：①样品位置处于古芙蓉湖（现为横林地区）的Ⅱ承压水样的稳定同位素值分布（图上 F 域），鉴定为全新世长江水补给。从历史地理资料记载上溯，古芙蓉湖的前身曾为长江自然河道的组成部分，而现今河道是受人类筑堤约束所致。②滆湖地区的浅层地下水和深层水样品对比（图上 D 域和 G 域）具有相似的蒸发效应，说明晚更新世（冰期）的补给环境和全新世相同。

* 本节根据朱莉娜、王瑞久、柯昌麟（2002）文章补充改写而成。该项目由中国地质环境监测院和河南电力试验研究所于 2000 年合作完成。

对比样品，内圈样品主要研究受灰水入渗影响的程度。

根据生产流程灰水在入渗地下前经受过数次蒸发，而天然降水补给很少蒸发。这个区别可以从水分子的稳定同位素来进行。根据当地灰岩分布和冲积扇地形地下水中 SO_4^{2-} 来源于石膏溶解和近代酸雨影响，而灰水的 SO_4^{2-} 主要来源黄铁矿氧化，因为石膏和黄铁矿的稳定同位素 S-34 存在明显不同，所以结合化学成分 SO_4^{2-}，应用硫同位素是可以区别的。利用这些稳定同位素再辅以常规化学成分的组合分析，足以把当地地下水和灰水区别开来。

（一）储灰场概况

该储灰场位于古河道上，为一平地灰场，占地 43.87 hm^2，为长方形。灰场南、北、东侧均有村庄，西侧有一季节性河流，流向由北向南，由于水源量少、渗漏等原因，上游常年为干河，下游受纳工矿企业的排污水，但无灰场灰水排入。

据 1979 年提交的浅层地质勘测报告，上层为砂卵石，厚度 2.8～5.8 m，成分以石灰岩为主，磨圆度较好，并混有砂和漂石；下层为黄土状亚黏土，土质均匀，结构松散，有明显虫孔及白色细条状碳酸岩结晶，渗透系数一般在 2.03×10^{-5}～3.23×10^{-5} cm/s。灰场西部卵石较大，渗透性强，东部卵石较小，渗透性稍弱。灰场附近地下水位埋深一般在 40 m。

灰场无防渗措施，排入灰场灰水量约 200～300 m^3/h，灰水除蒸发外，大量下渗，无灰水外排。该研究共设 15 个取样点，灰场周围所有取样民井都取自第四系松散堆积层地下水。具体取样位置见图 17-36，各取样点的样品编号见表 17-7，主要测试数据见表 17-8。

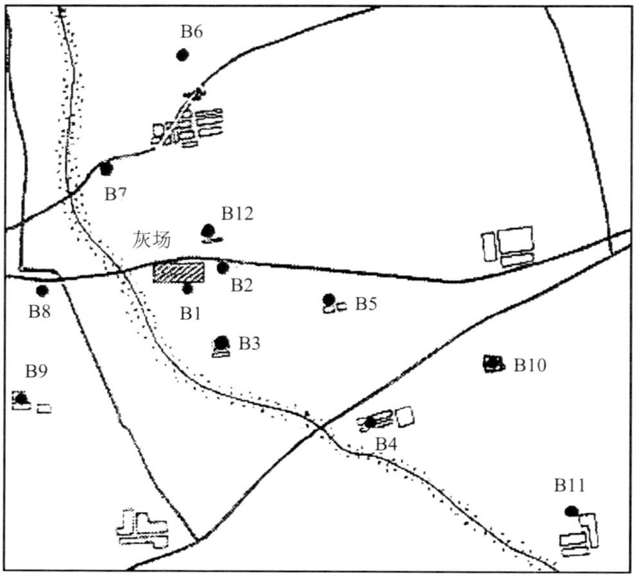

图 17-36　储灰场周围地下水取样点分布图

表 17-7 各取样点样品编号*

点号	取样位置	样号	点号	取样位置	样号
A1	电厂水源地来水(中奥陶统碳酸盐岩)	3,17	B5	村吃水井(井深 60 m)	18
A2	灰场灰水	1,9	B6	村吃水井(井深 200 m)	19
A3	灰场的积水	2,10	B7	变电站吃水井(井深 100 m 余)	21
B1	灰场南浇田井(抽水试验,距灰场约 50 m,井深 100 m,水位埋深 40 m)	7,11,14	B8	工厂供水井(井深约 100 m)	22
			B9	村吃水井(井深 70 m 余)	23
B2	灰场东院机井(抽水试验,距灰场约 100 m,井深 100 m)	8,13,15	B10	村供水井(泵管下止 50 m 余)	24
B3	村吃水井(抽水试验,灰场南约 500 m)	4,6,12	B12	村东吃水井(井深 90 m)	26
B4	村吃水井(原水位埋深 20 m 余,现下降到 40 m 余)	5,16	B11	村北新吃水井(井深 56 m)	25

* 样品 1～5 取样时间为 1999 年 8 月,其余样品取样时间为 1999 年 10 月。

表 17-8 样品数据*

样品号	$\delta^{18}O$	δD	$\delta^{34}S$	SO_4^{2-}	HCO_3^-	Cl^-	电导率
1	−5.6	−53	6.1	133.6	0	130.0	
2	−4.4	−49	6.0	172.7	0	110.0	
3	−7.4	−62	10.0	25.3	292.9	42.0	
4	−6.6	−59	6.7	166.2	207.5	96.4	
5	−7.6	−61	9.7	187.0	292.9	81.4	
6	−5.7	−54	6.1	180.1	140.3	108.1	1190
7	−5.8	−49	6.6	174.3	122.0	187.9	1404
8	−6.4	−52	7.9	144.1	183.1	132.9	1198
9	−4.3	−47	6.7	168.1	0	113.4	>2000
10	−3.3	−40	6.9	149.9	0	118.8	>2000
11	−6.4	−51	8.3	138.3	173.3	147.1	1372
12	−5.8	−52	6.5	175.3	144.0	106.4	1214
13	−6.6	−52	8.1	150.3	191.6	122.3	1278
14	−7.2	−54	8.6	152.3	186.7	141.8	1321
15	−7.2	−55	8.0	144.1	195.3	111.7	1239
16	−8.2	−57	10.5	200.8	241.6	83.3	1277
17	−9.2	−61	10.8	41.8	246.5	49.6	801
18	−9.4	−64	10.8	198.8	296.6	42.5	1188
19	−9.4	−65	11.7	158.5	274.6	31.9	1045

续表

样品号	$\delta^{18}O$	δD	$\delta^{34}S$	SO_4^{2-}	HCO_3^-	Cl^-	电导率
20	－6.3	－52	6.2	174.8	142.8	106.4	—
21	－9.3	－63	12.7	163.3	300.2	42.5	1172
22	－9.8	－66	15.2	208.9	353.9	304.2	＞2000
23	－9.5	－64	12.5	123.9	313.6	36.2	1076
24	－9.1	－62	10.4	169.1	356.4	54.9	1246
25	－9.2	－60	11.3	151.3	294.1	35.4	1048
26	－9.0	－63	11.4	191.2	311.2	54.9	957

（二）水样测试结果分析

1. 不同水体的环境同位素特征

1）地下水背景值和灰水的 δD-$\delta^{18}O$ 分布特征

从图 17-37 看出，电厂水源地来水样 17，和周围村子样 24，25，23，19 和 21 等 6 个样点紧挨大气水线 $\delta D=8\delta^{18}O+10$ 分布，密集在一起，说明地下水在相同补给环境下形成，代表了当地区域地下水分布特征值，即 $\delta^{18}O$ 为－9～－9.5；δD 为－60～－65，称 N 域，这证明相应水体没有经历过明显的蒸发过程，不含灰水成分（Gat，1971，1980）。

样 9 和样 10 则远离大气水线，样 17（水源地来水）演变到样 9（灰水）的间距代表了同位素第一次分馏路径，样 9（灰水）演变到样 10（灰场积水）的间距代表了同位素第二次分馏路径。

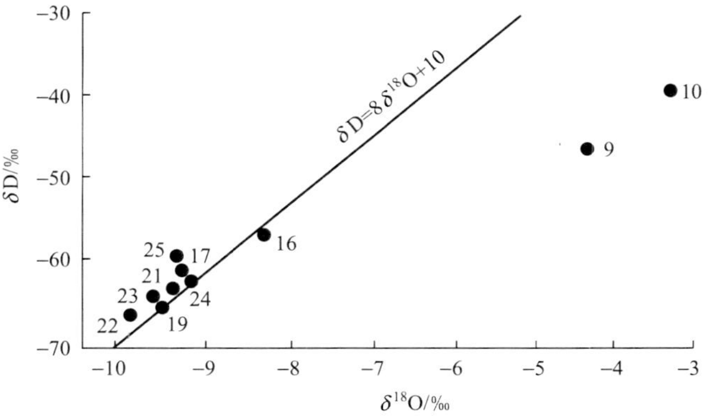

图 17-37　δD 与 $\delta^{18}O$ 关系图

2）地下水背景值和灰水 $\delta^{34}S$ 分布特征

从图 17-38 看出，分布于大气水线上 8 个样点的 $\delta^{34}S$ 值分布范围在 10.4‰～

15.2‰,除了 22 样点外,其余样点都主要分布在 10.4‰～12.7‰。反映了区域地下水中 SO_4^{2-} 的 ^{34}S 的平均值分布特征(Pearson and Rightmire, 1980; Krouse, 1980)。

以上分析证实,22 样点未受任何灰水的影响,由于其化学成分和区域背景差异较大,以下讨论不再列入对比样品。

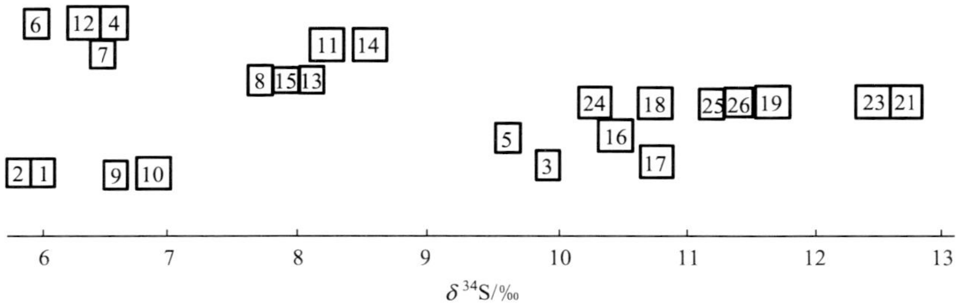

图 17-38　$\delta^{34}S$ 分布图

根据电厂水源地来水(样 17)和灰场灰水(样 9)的 SO_4^{2-} 含量分别为 41.8 mg/L 和 168.1 mg/L,$\delta^{34}S$ 值分别为 10.8‰和 6.7‰,可估算出粉煤灰中可溶硫酸根的 $\delta^{34}S$ 值平均为 5.2‰～5.3‰。

2. 灰水混入的鉴别

在图 17-39 与图 17-40 中,N 域代表了总的环境特征,可视为区域地下水背景值;从 N 域到样 16 到样 5 和样 3 的三角形区域代表了当地地下水的季节性变化范围,可称为 R 域;而样 1 至样 2 至样 9 至样 10 的长条状范围,代表灰水的特征,可称为 F 域。

样 18 和样 26 归入 N 域范围,其 $\delta^{34}S$ 分别为 10.8‰和 11.4‰,显然符合区域地下水背景值,证明 B5 和 B12 两村供水井没有灰水影响。

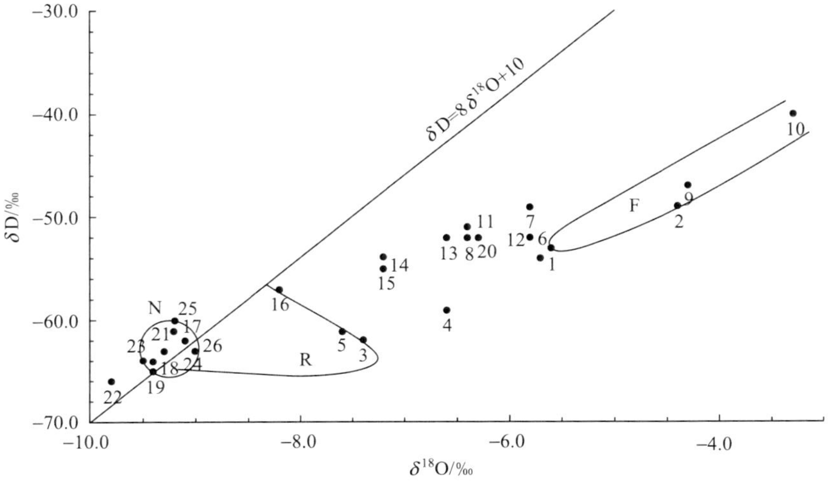

图 17-39　δD 与 $\delta^{18}O$ 关系图

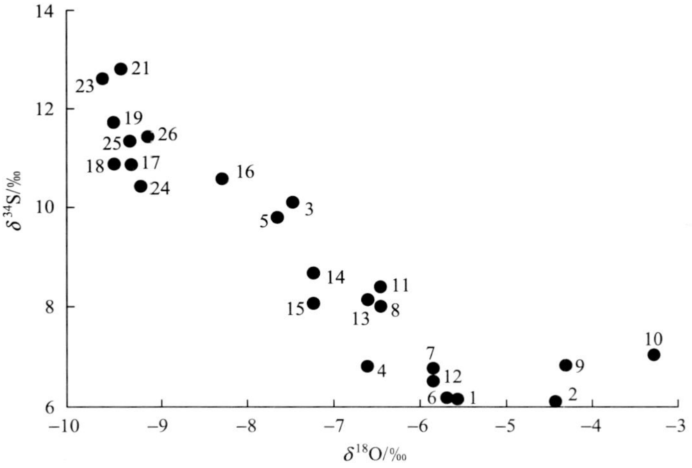

图 17-40　$\delta^{34}S$ 与 $\delta^{18}O$ 关系图

B3 村供水井(6,12,4)、灰场东院井 B2(8,13,15)和灰场南农灌井 B1(7,11,14)共 9 件样品全部落入 R 域和 F 域之间,同样它们的 $\delta^{34}S$ 值位于 6.1‰~8.6‰之间,证明这三口井的地下水样中混入了灰水成分。

3. 灰水混入比例估算

δD-$\delta^{18}O$ 变化主要与水体的蒸发有关,$\delta^{34}S$ 与水样中硫酸根的溶解和沉淀有关。用 $\delta^{34}S$ 来估算混入比例:灰水平均 $\delta^{34}S$ 值取 6.0‰,区域地下水背景 $\delta^{34}S$ 值取 9.7‰。灰水比例与 $\delta^{34}S$ 之间的关系如表 17-9 所示。

表 17-9　灰水混入比例与 $\delta^{34}S$ 的关系

灰水比例/%	100	90	80	70	60	50	40	30	20	10	0
$\delta^{34}S$/‰	6.0	6.37	6.74	7.11	7.48	7.85	8.22	8.59	8.96	9.33	9.7

根据 B1,B2,B3 三口井的抽水试验 $\delta^{34}S$ 结果可估算出,B3 村井灰水混入比例大于 80%,B2 井约 40%~50%,B1 灰场南农灌井抽水开始约 85%,2h 后降到 30%~40%。从理论上讲,灰场下渗水通过粉煤灰层和饱气带的砂卵石层后,就漂浮在原地下水面之上,形成水丘,由于高出周围地下水位就会向外侧流动,离灰场越远,井水中灰水比例应越低。而实际上,距灰场远的水井灰水混入比例大,距灰场近的井反而比例小,这显然是一种异常现象。

（三）讨论

1. 灰水影响的分层现象

1）灰水含量及 $\delta^{18}O$ 变化

（1）B1 灰场南农灌井。从抽水开始时样品 7 演变到样品 11（抽水 2 h 后取）灰水含量由＞80％降至≤40％，从样品 11 演变到样品 14（抽水 6.5 h 后取），灰水含量的变化相对较小，而 $\delta^{18}O$ 相对有较大幅度的变小，说明灰水含量高的部分漂浮在地下水面上部，灰水局部入渗，水体蒸发程度比较高，其开始和下面地下水体混合时，存在一次明显的 $\delta^{18}O$ 值变小。

（2）B2 灰场东院井。样品 8，13 和 15 抽水取样间隔 2 h 和 4 h，$\delta^{34}S$ 值变化不大，后几个小时 $\delta^{18}O$ 却明显减小，表明垂直入渗水体呈层状分布，上层水体较下层遭受蒸发的程度要高。

（3）B3 大家作吃水井。样品 6 和 12 抽水取样间隔 3 h，$\delta^{34}S$ 变化不大，$\delta^{18}O$ 有所减小，对照先前取的样品 4，出现与 B1 和 B2 相似的分层现象。

2）HCO_3^--Cl^- 和 Cl^--电导率的变化

图 17-41 显示：区域地下水背景值的 HCO_3^- 和 Cl^- 呈正比；从地面垂向入渗水因携入大量可溶盐，Cl^- 含量明显高于地下水背景值；入渗灰水的 HCO_3^- 量由于从地面垂向入渗后发生中和作用，明显低于区域地下水背景值。

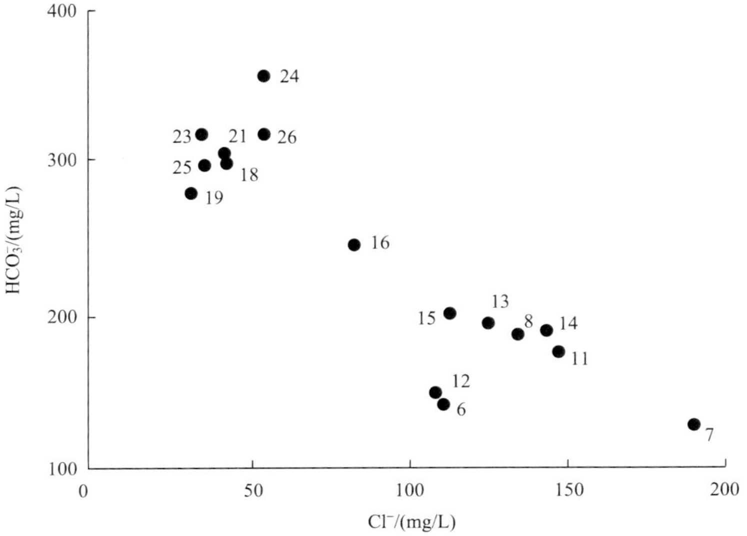

图 17-41　HCO_3^- 与 Cl^- 关系图

图 17-42 显示：当地地下水 Cl^- 含量平均在 50 mg/L 左右，电导率 950～1280 μS；灰水水样 Cl^- 含量平均在 110 mg/L 左右，电导率≥2000 μS；浇地垂直入渗水体 Cl^- 含量变化在 100～190 mg/L，电导率在 1180～1400 μS。

以上 $\delta^{18}O$，HCO_3^--Cl^-，Cl^--电导率的变化均显示地下水体存在分层现象。

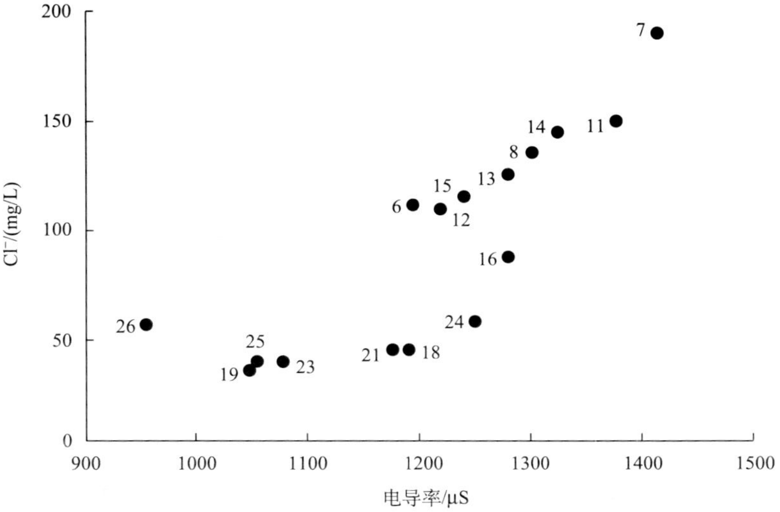

图 17-42　Cl^- 与电导率关系图

2. 灰水入渗路径分析

地下水体存在的分层现象，以及离灰场越远、井水中灰水比例越高的反常现象，均说明这三口井的地下水主要是由于地面水体（浇田灰水、降水、民用污水等）在不同时期垂直入渗引起的，属点状污染。

3. 灰场附近区域地下水的流动

从 SO_4^{2-}-$\delta^{34}S$ 资料（图 17-43）来看，背景数据部分 $\delta^{34}S$ 值和 SO_4^{2-} 含量呈反比，可解释为在有机质参与和细菌作用下，SO_4^{2-} 的还原反应，由于析出 H_2S 而使 $\delta^{34}S$ 值增大（Appelo and Postma，1993）。由于各取样点数据的分散性，证明地下水基本上处于流动缓慢状态。因此确认区域地下水背景的特征是补给条件相同，但流动缓慢。

（四）结论

（1）该灰场附近仅有 3 口井（B1 灰场南农业井、B2 灰场东院井、B3 村吃水井）混入灰水，其余水井均无灰水混入。这 3 口井水样灰水混入比例大约为：B1 灰场南农业井为 30％～40％；B2 灰场东院井为 40％～50％；B3 村吃水井为＞80％。

（2）灰水混入地下水主要是由于垂直入渗造成的，属地面点状污染。离灰场越近，灰

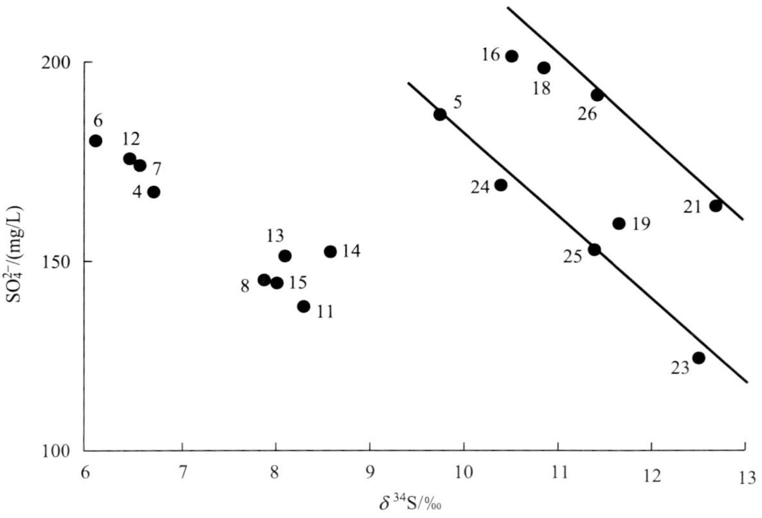

图 17-43　SO_4^{2-} 与 $\delta^{34}S$ 关系图

水比例反而越低。在该区域，垂直入渗的水体来源主要包括浇田灰水、降水、河流污水等。

(3) 该地区地下水资源评价报告显示，在灰场北侧有一断裂带，形成了一个阻水边界，断裂沿线附近存在一个浅层地下水下降漏斗和天窗区，储灰场处在该"漏斗区和天窗区"内，北界 B12 村东井无灰水痕迹，南界 B5 村和 B8 水井无灰水痕迹。同时，根据当地环保部门调查资料，灰场北沿和东北部分有 3 个塌陷区，更利于雨水、河水、矿坑水的汇集，积水直接补给第四系松散岩类孔隙水，并沿地裂缝下渗，以井筒水、顶板水的形式进入矿坑，形成矿坑水。从灰场附近一些村子的供水井更替情况来看，近些年地下水位连续下降已影响到水井出水。因此，灰场灰水在地下没有可能向北或向南远距离扩散。

五、济南泉域地下水的地球化学和稳定同位素*

导读：济南泉域的监测井和生产井主要分布在北部平原地下水的排泄区，按照水源厂分布大致可以分成四个区，自西向东为平安店、西郊、市区和东部。取样时要求灰岩取生产井，同时上面松散覆盖层取民用井。灰岩水代表南部露头区补给，松散层潜水代表当地降水，也可以受灰岩水顶托补给。氢氧稳定同位素的高程效应是可以区别补给源的。

在天然状态下济南泉域灰岩水可以直接溢出地面成泉，也可以顶托补给上覆松散层，通过河道或泉水排泄。但在大量开采条件下各个开采井周围情况都在改变，不同程度受到地面的污染影响。所以样品首先要检验受污染的情况。通常采用 Cl^- 和 NO_3^- 分析，从野外数据中识别出平安店和西郊灰岩水受污染程度相对较小。第二步利用西郊 5 口生产

* 本节根据中荷合作项目"中国地下水信息中心能力建设"济南泉域示范区报告缩编而成，万利勤博士参与编写。该项目由中国地质环境监测院和山东省地质环境监测总站 2007 年合作完成。

井数据，拟合水—岩石相互作用的化学平衡方程式，得到西郊灰岩水从补给区到排泄区途径中 Mg^{2+} ∶ SO_4^{2-} ＝0.61∶0.32，保持稳定比值。

利用市区四大泉水 1984～1985 年数据（中国地质科学院岩溶研究所样品）在 Mg-SO_4 关系图上都分布在上述稳定比值线上，说明泉水未受污染。而 2005～2006 年化学数据都偏离对比线，泉水受到了污染，同时稳定同位素数据介于当地降水和灰岩水之间，系由二者的混合。说明因开采水位下降引起附近覆盖层受污染的潜水下渗补给。

（一）济南泉域地形及地质构造

济南岩溶泉域位于鲁中山地的北缘和山前倾斜平原的交接带，地势南高北低，南部为绵延起伏的山区，高程在 500～600 m；北部为山前倾斜平原及黄河冲积平原，高程 25～50 m。

该区属泰山北部单斜构造区，总体上是一个以古生代碳酸盐类岩层为主的北倾单斜构造（图 17-44）。岩溶水由南向北沿地层和构造带流动，到市区遇火成岩体后以泉的形式出露地表，形成著名的泉群。

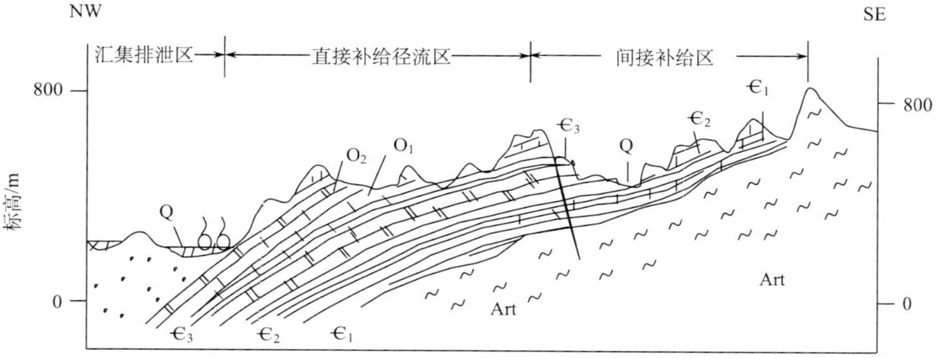

Q. 第四系；O_2. 中奥陶统灰岩；O_1. 下奥陶统白云质灰岩；$€_3$. 上寒武统灰岩页岩；$€_2$. 中寒武统鲕状灰岩；$€_1$. 下寒武统灰岩页岩；Art. 太古界变质岩

图 17-44　济南岩溶水分带及地质剖面图［据李铁锡、邢立亭、康凤新等(1998)修改］

（二）地下水流场状况

在自然状态下（非开采状态），济南泉域南部为补给区，中部为径流区，北部为排泄区（图 17-45）。这三个带中地下水化学成分的形成，相应源于以下三种情况（Edmunds，2001）：

（1）补给带，通过输入源（指降水）获得。

（2）径流带，通过累进的水-岩石相互作用（water-rock interaction）获得。

（3）排泄带，通过和其他层位水（上或下层）的混合获得。

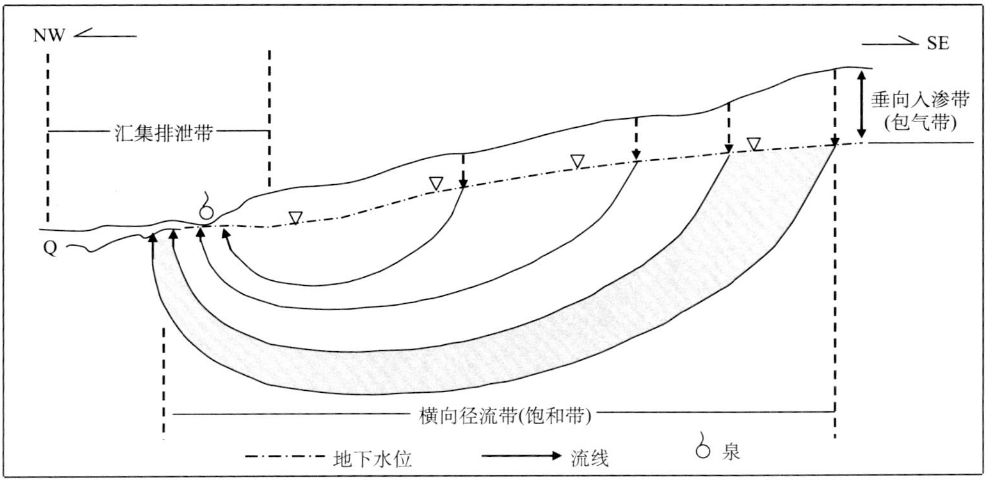

图 17-45　济南岩溶泉域纵剖面流场示意图

（三）垂向渗流补给带的输入分析

选取 Cl^- 和 NO_3^- 作为示踪组分进行补给带输入分析。这两项指标用在济南岩溶泉域，不但可以用来进行污染鉴别，而且能反映出岩溶水补给区大气降水的 Cl^- 输入值和降水通过土壤带后的 NO_3^- 含量，反映出地面植被的环境状况。

采用排泄区 2006 年的 21 件岩溶水化学分析样品进行 Cl^- 和 NO_3^- 含量分析。其中，平安店 3 件(样品号 16,17,18)，西郊 5 件(样品号 02,19,20,41,42)，市区 7 件(样品号 48,49,50,51,52,53,55)，东郊 6 件(样品号 27,29,30,32,33,34)。样点分布位置如图 17-46 所示。

如图 17-47 所示，西郊和平安店的 8 件样品，Cl^- 浓度范围为 14.9～22.8 mg/L，NO_3^- 浓度范围为 8.6～18.1 mg/L。尽管取样点在空间上位置分散，但数据却相对集中，近似地反映出岩溶水补给区的输入值。同时表示降水输入携有大气 Cl^- 来源，把 $Cl^- \leqslant 22.8$ mg/L 定义为济南地区轻微大气污染下的降水 Cl^- 输入值。

市区和东郊排泄区的 13 件样品，Cl^- 浓度范围为 25～54 mg/L，NO_3^- 浓度范围为 15～55 mg/L。以上数据分布与西郊、平安店排泄区对比，Cl^- 含量明显发散，数据偏高，可能来自浅层第四系地下水或近地面土壤的污染(混合)。一方面不同的混合比取决于岩溶水开采水头和第四系地下水位之差；另一方面浅层地下水或近地面土壤污染程度在不同位置存在差别。

西郊和平安店排泄区样品的 NO_3^- 输入值相对集中，数据相对偏低，表示补给区地面环境的特征值；而市区和东郊却明显不同，NO_3^- 值分布发散，数值相应偏高，这样的分布数据不可能是来自补给区植被的土壤输入，而是在地下水集中排泄区发生混合或污染的结果。

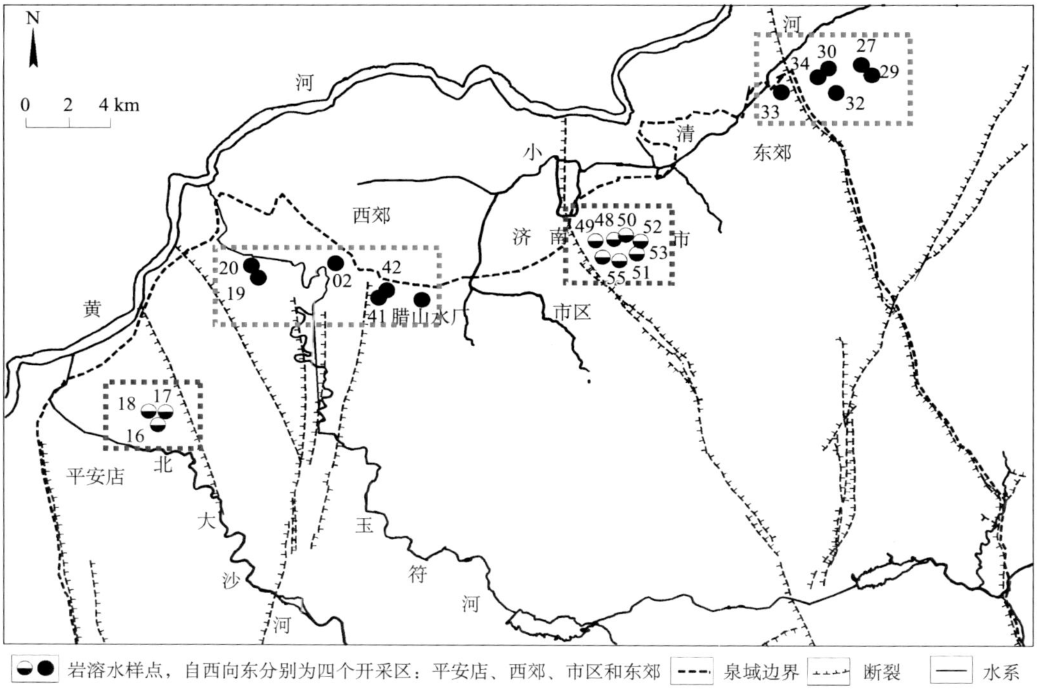

图 17-46 2006 年济南泉域排泄区岩溶水部分取样点分布图

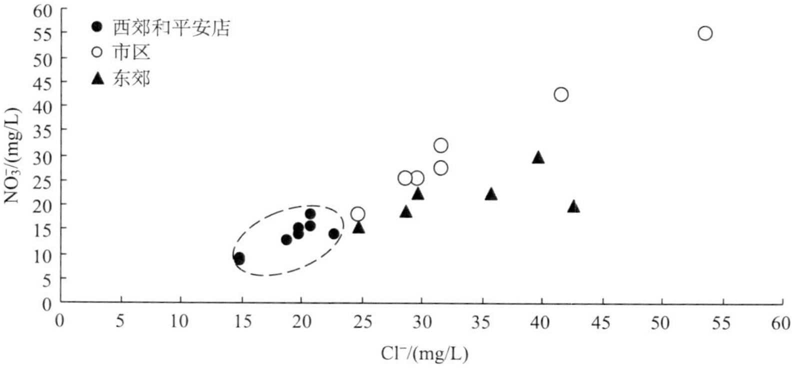

图 17-47 济南排泄区岩溶水 Cl^- 和 NO_3^- 关系图

所以，西郊和平安店排泄区样品的 Cl^- 和 NO_3^- 含量反映了南部补给区的输入值，地下水在排泄区没有明显受到浅层地下水的混合，基本上代表了岩溶地下水的化学成分组成；市区、东郊排泄区样品反映出地下水在排泄区已明显受到浅层第四系地下水或近地面土壤的污染。

（四）横向径流带的水-岩作用分析

济南岩溶泉域构成主要含水层的碳酸盐岩地层对地下水有影响的矿物主要有三种：方解石（$CaCO_3$）、白云石（$CaMg(CO_3)_2$）和石膏（$CaSO_4 \cdot 2H_2O$）；从地下水化学成分平衡出发，含水层地下水化学成分的演化主要受到三项化学反应的影响：

方解石溶解反应：$p\ CaCO_3 + p\ H_2O + p\ CO_2 = p\ Ca^{2+} + 2p\ HCO_3^-$　（17-1）

石膏溶解反应：$n\ CaSO_4 \cdot 2H_2O = n\ Ca^{2+} + n\ SO_4^{2-} + 2n\ H_2O$　（17-2）

白云石溶解反应：$m\ CaMg(CO_3)_2 + m\ Ca^{2+} = m\ Mg^{2+} + 2m\ CaCO_3 \downarrow$　（17-3）

其中，白云石溶解反应过程中，生成方解石沉淀，又称"脱白云石化"作用（王瑞久，王怀颖，1984）。

把上面三个平衡式改为电荷平衡方程（charge-balance equation）表示（Freeze and Cherry，1979）。

$$2(p+n-m)[Ca^{2+}] + 2m[Mg^{2+}] = 2p[HCO_3^-]^+ 2n[SO_4^{2-}] \quad (17\text{-}4)$$

所有样品中，西郊排泄区 5 件样品受混合影响最轻，可选作化学平衡的计算数据。为减轻偶然性影响，采用西郊 5 件样品实测数据的平均值来计算，得到：

$Ca^{2+} = 1.65$，$Mg^{2+} = 0.61$，$HCO_3^- = 3.78$，$SO_4^{2-} = 0.32$（以上单位均为 mmol/L）

代入公式（17-4），进行系数计算。得到：

$m=0.61$，$p=1.89$，$n=0.32$，$p+n-m=1.60$，实际上，Ca^{2+} 的实测值为 1.65，相对误差为：$Er = 0.05/1.65 = 3.0\%$，也在允许误差范围之内。

由此可将计算所得系数放入反应方程中，得到化学平衡方程式为：

$$1.89\ CaCO_3 + 1.89\ H_2O + 1.89\ CO_2 = 1.89\ Ca^{2+} + 3.78\ HCO_3^-$$

$$0.32\ CaSO_4 \cdot 2H_2O = 0.32\ Ca^{2+} + 0.32\ SO_4^{2-} + 0.64\ H_2O$$

$$0.61\ CaMg(CO_3)_2 + 0.61\ Ca^{2+} = 0.61\ Mg^{2+} + 1.22\ CaCO_3 \downarrow$$

因此得出，目前情况下（轻微大气污染存在）研究区脱白云石化过程中主要离子比值：

$$Mg^{2+} : SO_4^{2-} = 0.61 : 0.32$$

此比值提供了济南泉域岩溶水径流过程中经水-岩（或矿物）相互作用后形成的 Mg^{2+}，SO_4^{2-} 离子固定比例的参考值。如样品未受污染，则 Mg^{2+}/SO_4^{2-} 比符合此比值；反之，则样品已受到污染。

（五）氢氧稳定同位素分析

1. 北部平原浅层地下水的同位素特征

泉域排泄区浅层地下水 2005 年和 2006 年 6 月共采取水样 17 件，采样点分布位置如图 17-48 所示。

如图 17-49 和图 17-50 所示，浅层地下水样品明显分为两部分：东郊与市区周边的 7 件（样品号分别为：430，26，28，31，251′，54，N04）样品中，除 430 号外，其余 6 件样品均具有

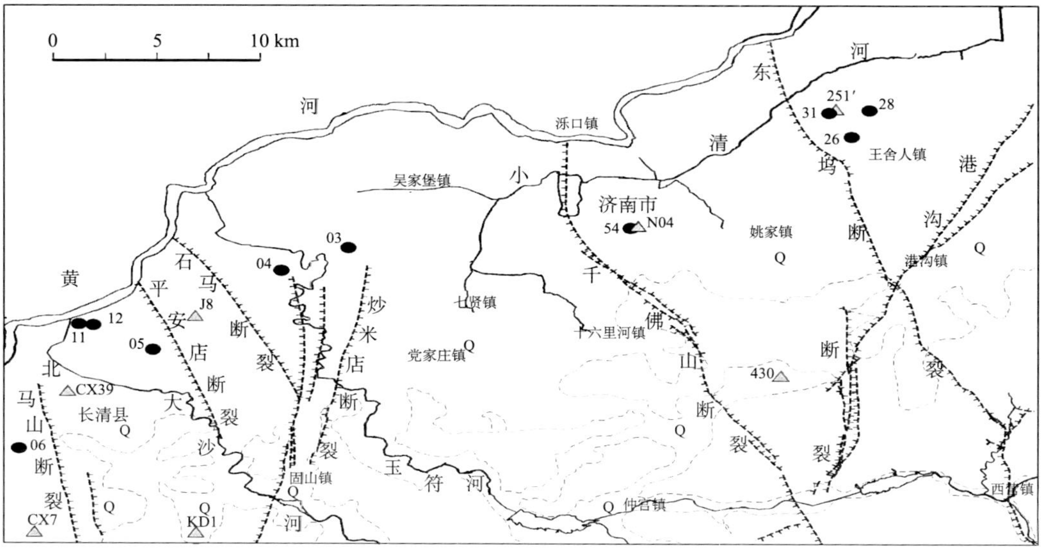

图 17-48　济南泉域浅层地下水取样点分布图

TDS>1000 mg/L，δD>−60‰，水化学类型分散等共同特征，明显反映了这组水样是降水在地面的垂向入渗，因为地面污染因地而异，同时近地面均处在氧化带，在入渗过程中部分污染物溶解进入地下水中所致，统称这组样品为A组；西郊和平安店周边的10件(样品号分别为03，04，05，06，11，12，KD1，CX7，CX39，J8)样品中，除CX39号外，其余的9件样品均分布在TDS<1000 mg/L，δD<−60‰的区域内，水化学类型相对集中，称为B组。结合δD-$\delta^{18}O$图(图17-51)作进一步分析。

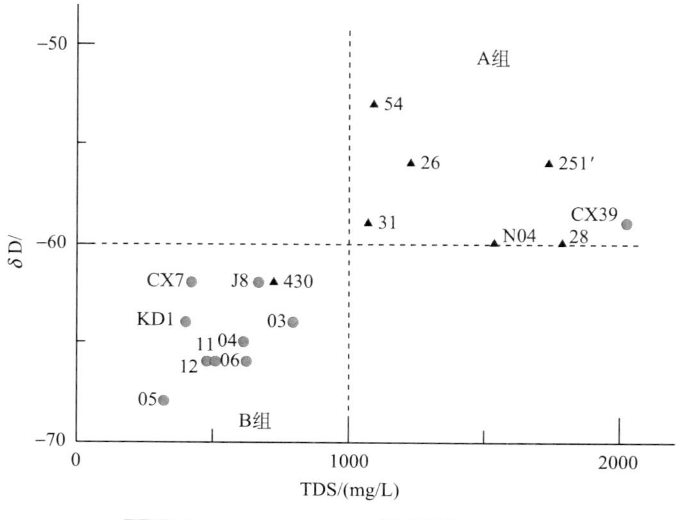

图 17-49　济南泉域排泄区浅层地下水 δD-TDS 关系图

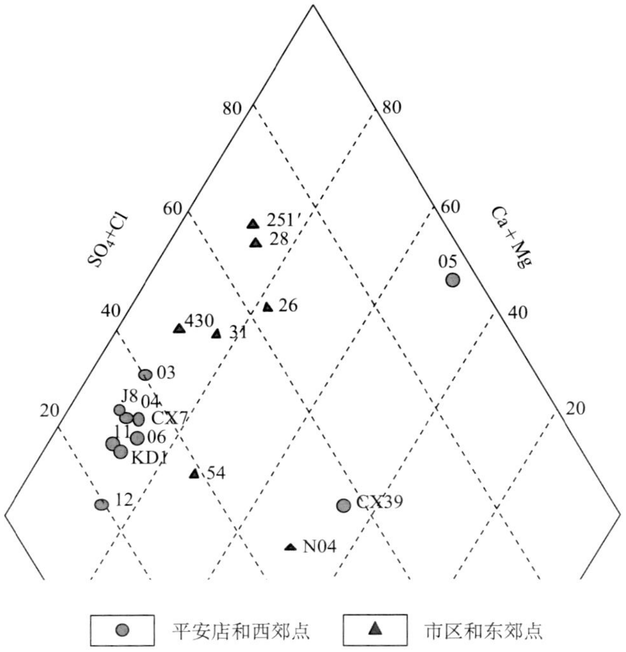

图 17-50　济南泉域排泄区浅层地下水化学三线图

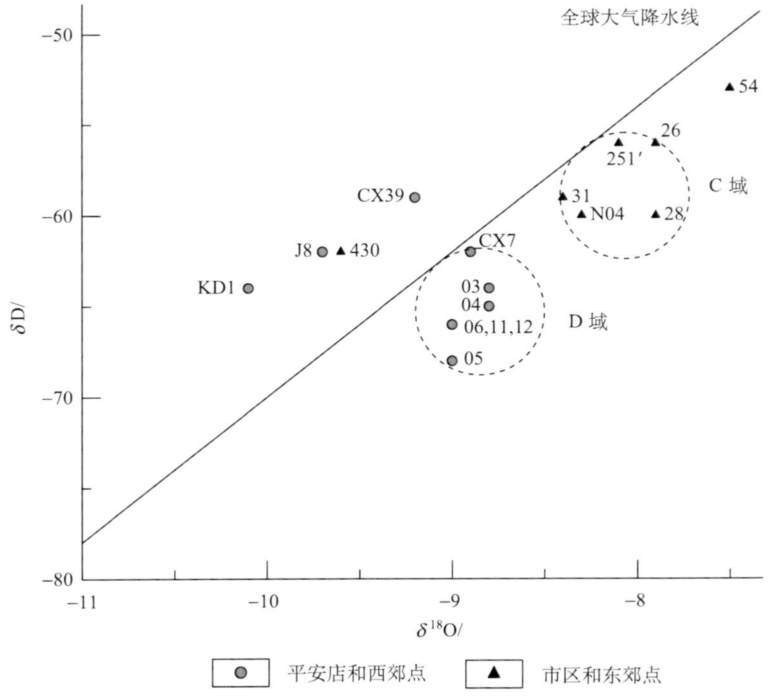

图 17-51　济南泉域北部平原浅层地下水的氢氧稳定同位素图

在图 17-51 上，A 组样品 δD 值趋于接近，其中 CX39 位于大气水线的左边，疑有地表水补给；其他 6 个样品均位于大气水线的右边，54 号 δD 和 δ^{18}O 值偏高，查其原因井深仅为 5 m，水体混合程度差，因潜水多呈层状分布，可能是受季节性影响所致；26，28，31，04 和 251′等 5 件样品明确代表了东郊和市区开采区浅层地下水的同位素特征：主要来自当地大气降水补给，定义为 C 域。

B 组样品中，J8，KD1 和 430 位于大气水线的左边，可能受到降水或地表水影响，即受到山区洪水或河水的入渗影响；剩余 05，06，11，12，CX7，03 和 04 等 7 件样品在三线图上和 δD-δ^{18}O 图上都显示与岩溶水相似，但前 5 件样品基本上没有明显的地面污染物带入，后 2 件样品明显受到污染。总之，这 7 个样品在 δD-δ^{18}O 关系图（图 17-51）上归纳为一组，反映出西郊和平安店开采区当地浅层地下水的同位素特征值，表明当地浅层地下水以南部岩溶水顶托补给为主，当地降水补给为辅（影响较小），定义为 D 域。

2. 南部岩溶水同位素特征

2006 年在 4 个开采区共取岩溶地下水样品 45 件，采样点分布位置见图 17-52。

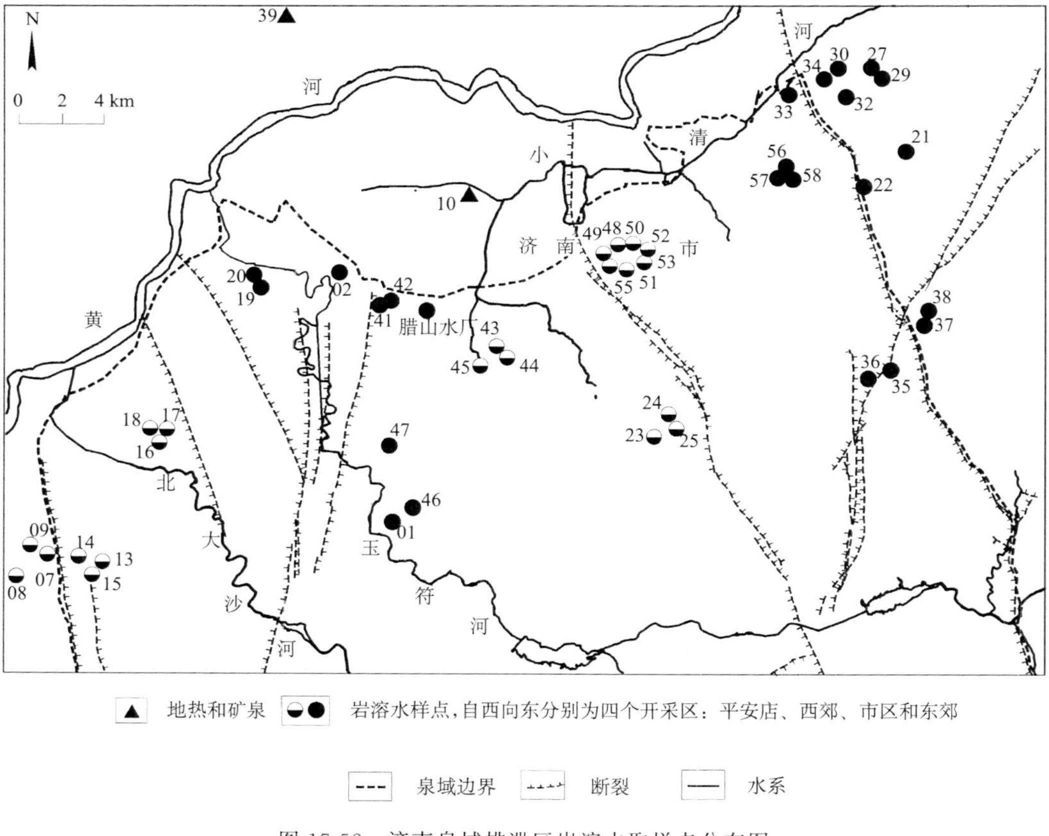

图 17-52　济南泉域排泄区岩溶水取样点分布图

在图 17-51 中识别出 7 件岩溶水顶托补给为主的浅层地下水样品(样品号为:03,04,05,06,11,12,CX7),这些样点均位于西郊和平安店开采区,且处于泉域西北部边界附近,基本保留了天然状态下来自南部山区补给的岩溶水的信息。

在分析 4 个排泄区岩溶水的 Cl^- 和 NO_3^- 含量时得到,与市区和东郊相比,西郊和平安店的岩溶水样品基本未受污染或混合。因此,选择西郊和平安店开采区的岩溶水样品进行岩溶水氢氧稳定同位素分析。选择原则如下:

第一,水源井长期处于开采状态;

第二,井深约在 200 m,开采层位在中奥陶统灰岩(O_2);

第三,$Cl^- \leqslant 22.8$ mg/L。

符合上述条件的样品,平安店开采区有 3 件(样品号为:16,17,18),西郊开采区有 5 件(样品号为:02,19,20,41,42)。根据样点分布的地理位置和氢氧稳定同位素值,将这 8 件样品分为两组:第一组为 16,17,18,19,20,第二组为 02,41,42。但第二组样品 δD 值比较大,明显向 D 域上方的全球大气雨水线靠近(图 17-53),显示已经受到当地大气降水直接入渗补给的水体影响,已有混合,不能作为岩溶地下水的对比数据。

经 $Cl^- \leqslant 22.8$ mg/L 鉴别,7 件第四系浅层地下水样品中有 3 件可近似代表岩溶水,分别为 04,12 和 CX7 号。

因此,5 件岩溶水样品(样品号为:16,17,18,19,20)和受岩溶水顶托补给的第四系地下水的 3 件样品(样品号为:CX7,04,12)一起,确定了一个稳定同位素值分布区域,这 8 件样品所确定的区域代表西郊和平安店开采区来自南部补给的岩溶水氢氧稳定同位素值。和岩溶水顶托补给的区域(D 域)相比,此区域范围有所缩小,为方便起见,仍沿用原来的名称,仍称其为 D 域(图 17-53)。

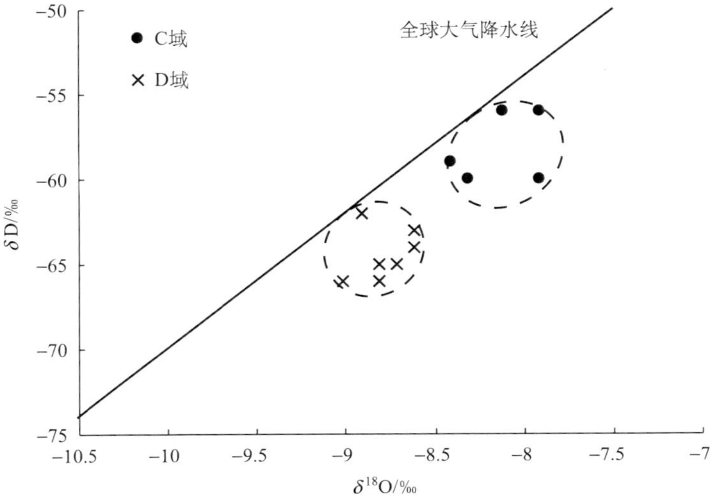

图 17-53　济南泉域浅层地下水、岩溶地下水和古水氢氧稳定同位素特征图

（六）四大泉水的水化学和同位素分析

趵突泉群、珍珠泉群、黑虎泉群和五龙潭泉群是济南最为著名的四大泉群（分布位置见图 17-52）。将 2005 年和 2006 年在四大泉群采集的水化学和稳定同位素样品，与相同地段 20 世纪 80 年代的水质资料[原始数据见贺庆昌、蔡玉田、贺殿彬等（1992）]进行对比，对 20 多年来四大泉群的水化学和同位素变化进行分析。

1. Mg^{2+}/SO_4^{2-} 分析

如图 17-54 所示，四大泉水 1984 年和 1985 年的数据基本都靠近 $Mg^{2+}:SO_4^{2-}=0.61:0.32$ 对比线分布，表明泉水在自流溢出期间，尚未受到当地浅层水或地面污染物的影响，基本上符合不同矿物溶解的比例。与 20 世纪 80 年代相比，2005 年和 2006 年四大泉群的 Mg^{2+} 和 SO_4^{2-} 含量都在增加，而且偏离岩溶水径流过程中水-岩相互作用的 Mg^{2+}/SO_4^{2-} 对比线，说明排泄区的环境已经发生很大变化，泉水受到一定的污染或混合。

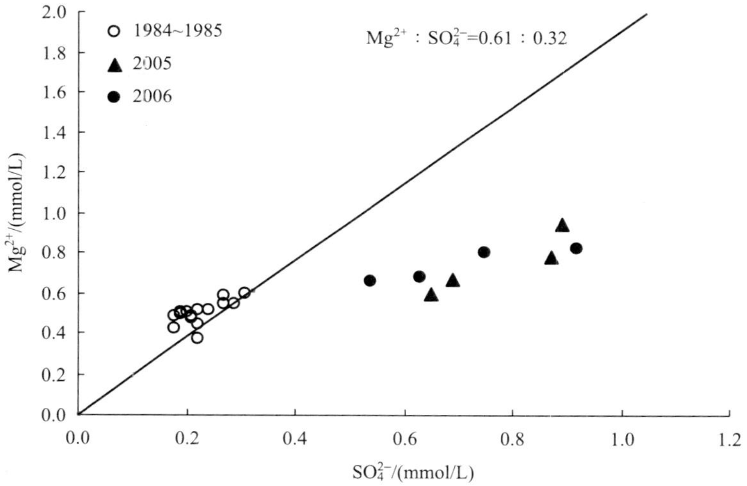

图 17-54　济南中心城区四大泉群 Mg^{2+} 和 SO_4^{2-} 关系图

2. 氢氧稳定同位素分析

因为不同补给来源的地下水会表现出不同的氢氧稳定同位素特征值，如果四大泉水全部为当地降水直接入渗补给，溶解了地面污染物，或者当地降水形成径流，成为污染水体后入渗，则样品的氢氧稳定同位素值应该落入 C 域；如果四大泉水仍由南部山区的岩溶水露头入渗补给，稳定同位素值应该落入 D 域；如果四大泉水在排泄区由上述两种补给水体混合形成，则稳定同位素值应该界于 C 域和 D 域之间。

如图 17-55 所示，2006 年四大泉水稳定同位素值落在 C 域和 D 域之间的混合区域，表明目前四大泉水为当地浅层地下水和来自南部山区岩溶水的混合。与 Mg^{2+}/SO_4^{2-} 离子比例分析结果一致。

以上过程说明，当岩溶水处于自然状态时，排泄区的水流垂直向上补给浅层地下水并溢出地面；当岩溶水水头不断下降以后，必定诱导引发浅层地下水、地表水或当地降水的垂直向下入渗，导致二者水体的混合。这种混合不但使岩溶水的氢氧稳定同位素值发生改变，而且因携带了地面污染物导致水质遭受一定的污染。目前四大泉水的补给主要为当地降水、当地浅层地下水与岩溶水的混合，西郊和平安店开采区的大部分岩溶水仍为来自南部补给区的岩溶水，小部分受到了当地降水补给水体的混合。

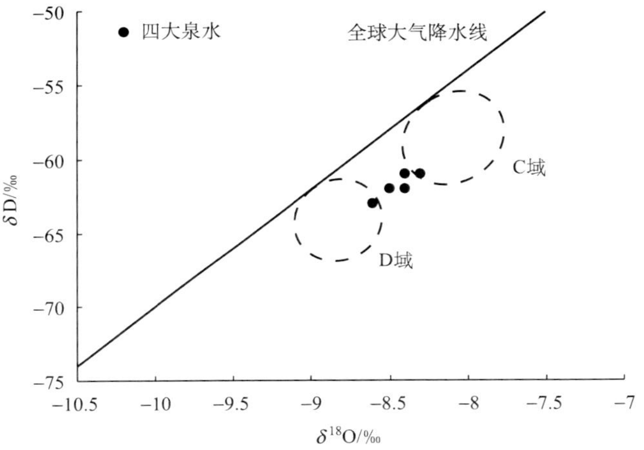

图 17-55　济南中心城区四大泉群 δD-$\delta^{18}O$ 关系图

六、北京平原周边基岩水和地表水的同位素和地球化学*

导读：北京地表水（主要指水库）的化学成分近似地反映近期大气降水的污染状况，其稳定同位素 δD 和 $\delta^{18}O$ 值可以反映水库蓄水过程的蒸发效应。

北京平原周边基岩开采井的地下水主要由就地降水入渗补给，其 Cl^- 浓度和 T 含量均近似于地表水。这就很容易得出基岩开采井地下水的 δD 和 $\delta^{18}O$ 分布域代表了北京平原山前地带现代降水的平均补给高程。依据高程效应，平原地区的现代降水平均补给值应该略大于基岩开采井的值域。而山区内现代降水平均补给值应该略低于基岩开采井值域。如果平原河渠周边生产井受到水库放水的诱导补给，那么 δD 和 $\delta^{18}O$ 值将分布在这些地表水的连线上。

实际上，这项研究得出的 δD-$\delta^{18}O$ 关系图可视为北京平原区地下水研究的比对样板。

---

* 本节根据中荷合作项目“中国地下水信息中心能力建设”北京平原示范区报告缩编而成，郑跃军博士参与编写。该项目由中国地质环境监测院和北京市地质环境监测总站 2007 年合作完成。

（一）取样和测试

2006 年 6 月至 9 月，在北京平原区开展了同位素和水化学的取样工作，其中共取山前地带基岩水样品 6 组，地表水（大型水库）样品 6 组（图 17-56），测试结果分析见表 17-10。

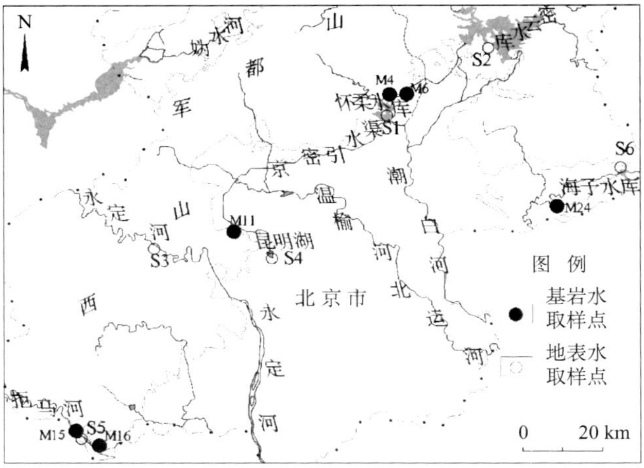

图 17-56　北京市平原区基岩水与地表水取样点分布图

表 17-10　北京市平原区基岩水与地表水测试结果一览表（简化）

样品编号	孔深/m	Na^+/(mg/L)	Cl^-/(mg/L)	NO_3^-/(mg/L)	铁/(mg/L)	T/TU	δD/‰	$\delta^{18}O$/‰
M4	285	10.4	17	33.8	0.004	12.1	−64	−8.4
M6	300	9.74	8.6	26.1	0.004	10.6	−62	−8.4
M11	850	17.6	12.7	14.1	0.008	6	−69	−9.3
M15	300	10.5	8.5	18.6	0.004	15	−64	−8.9
M16	300	8.69	10.4	14.3	0.016	17.9	−61	−8.5
M24	310	4.28	6.8	13.6	0.004	6.8	−64	−9
S1		11.6	10.7	0.45	0.004	16.1	−52	−6.7
S2		11.8	10.5	<0.05	0.004	17.2	−27	−1
S3		93.7	81.7	<0.05	0.004	12.6	−52	−6.2
S4		12.7	11.2	2.21	0.008	14.4	−49	−6.3
S5		7.24	7	3.3	0.004	16.3	−60	−8.2
S6		5.45	7.6	1.16	0.004	14.7	−49	−6

（二）数据解释和讨论

1. 氚值分析

从表 17-10 可以看出，本次取样地表水 6 个样品，除去永定河样点（S3）严重受污染外，其余 5 个样品基本上反映了近年就地降水的化学组分，特别是近 50 年来山区水库越建越多，河流断流时间越来越长，在水库水样中，降水直接就地补给的比例越来越高。基岩井水 6 个样品，取样井深均达到 300 m，其中 M11 号井深为 850 m。这些样品均含有氚，而且基岩水样和地表水样的氚值基本上处于相近的范围，都表现为核爆炸试验后的补给。反映出基岩山区降水的快速入渗补给。从以上 12 个样品的含氚量和 Cl^- 浓度比较看，非常近似，总体代表了近期当地降水的输入值。

2. Cl^- 与 Na^+ 关系分析

Cl^- 很少有分馏现象，当雨水单纯由海洋起源时，雨水主要化学成分基本可视为海水成分的强烈稀释。这一点已在欧洲、美国以及亚马孙河沿海地区得到证实（Appelo and Postma，1993）。例如，海水的 Cl^- 浓度为 19410 mg/kg，Na^+ 浓度为 10800 mg/kg，它们的比值近似为：$\left(\frac{Cl^-}{Na^+}\right)=1.8$。

当气团和云雾在陆地上空行进时，不断吸收大陆上空的尘土和气体，包括天然的和工业的来源，它们会改变雨水中 Cl^- 浓度和 Na^+/Cl^- 的比值，因为气体流动使污染物的分布趋于均匀，所以在较大范围内数据比较接近，分布集中。来自与人类活动有关的一些地表污染源，如垃圾场渗滤液、生活废水、城市道路溶雪等，为点状污染，点与点之间差别很大，数据分散远比大气污染大，非常不稳定，没有规律性。

图 17-57 为北京平原区 11 个基岩水与地表水样品的 Cl^--Na^+ 关系图。从图中可以看出，Cl^- 和 Na^+ 基岩井水样 M4，M11 有所偏离外，其他样点分布比较集中，且呈正比关系。

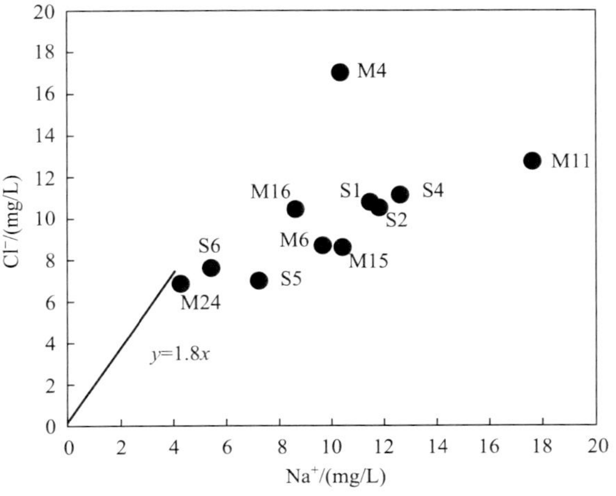

图 17-57　地表水和基岩井水样的 Cl^--Na^+ 关系图

如果以斜率为1.8划一条通过原点的直线，M24样点最接近于这条直线，而M24样点的Cl^-浓度为6.8 mg/L。以现有的样点出发可以得出，M24样点的Cl^-值最逼近工业化前的Cl^-输入值，也即是基本上没有受到人为的污染。因此，把Cl^-浓度小于6.8 mg/L的样品定位工业化前没有受人为污染的Cl^-输入值(Edmunds and Shand，2004)。

图17-57上11个样点分布均位于北京平原周边(图17-56)，离市区和工业区较远，但在图17-57上点群又相应集中，如果为地面污染，则Na∶Cl的差异较大且在Na^+-Cl^-关系图上会分散，因此，根据现有的样品数据，我们可以近似地把$Cl^- \leqslant 20$ mg/L定为区域性(北京地区)大气轻微污染条件下的降水Cl^-输入。

3. D-^{18}O关系分析

6个地表水样点(4个水库样2个河水样)稳定同位素分析，在δD-$\delta^{18}O$关系图上(图17-58)近似分布在一条直线上，其实每一个样点各自反映了蒸发效应，它们和大气水线上的起点位置连线的斜率可能是完全不同的。

6个基岩井水样，分布在大气水线右下方附近，和大气水线距离不等，各自反映了一定的蒸发效应(入渗前可能存在地面小范围的汇水过程)和降水补给的高程效应及大陆效应。

其中除M11号样点为山前和山区补给外，其他5个样点的地理位置沿山前分布，均为山前补给。根据北京平原地形、东西宽度和南北长度，大部分地段都在100 km距离以上，而边山的分水岭高程多在500 m以上，其中M4,M6与M16,M24和M25之间的距离均在100 km以上，而数据却汇集在一起，说明稳定同位素在区内变化的高程效应比大陆效应要灵敏。Sonntag等(1979)等对西欧的地下水和冬季降水建立了一个大陆的同位素梯度，自大西洋沿岸起，每100 km距离的梯度^{18}O和D分别为−0.33‰和−2.4‰。同样的梯度，在撒哈拉地下水(阿尔及利亚和利比亚)中亦有发现。为此，相比之下研究区分析范围划分得越小，则高程效应越明显。为此，北京平原地区稳定同位素研究要分片进行，便于数据比对。

从5个基岩井水样品的分布(图17-58)$\delta^{18}O$值分布在−8.4‰～−9‰一线，δD值分布在−61‰～−64‰，划分为A域，表示本区山前补给的均值范围(山前补给域)。同时提示我们，平原地区降水就地入渗值应该位于山前补给域的右上方或上方，因为补给高程相对要低；而山区补给的河水流到平原河道入渗值应该位于山前补给域的左下方或下方，因为补给高程相对要高。

(三) 结论

北京平原周边基岩水的氚值基本上处于相近的范围，都表现为核爆炸试验后的补给，其补给来源是大气降水的快速入渗；北京平原区工业化前的地下水中Cl^-的输入值小于6.8 mg/L；北京地区大气轻微污染条件下的降水Cl^-输入在6.8 mg/L至20 mg/L之间；在北京平原区，δD和$\delta^{18}O$的高程效应要远比大陆效应显著，所以研究区分析范围划分越小，高程效应越明显；在δD-$\delta^{18}O$关系图上，平原区降水直接入渗补给的位置推测应该在

A 域的上方或右上方，山区补给的河水进入平原河道后其入渗位置推测应该在 A 域的下方或左下方。所以，这张 δD-$\delta^{18}O$ 关系图（图 17-58）可视为北京平原区地下水研究的比对样板。所以北京平原周边基岩水和地表水的分析相当于该地区的补给环境的背景分析。

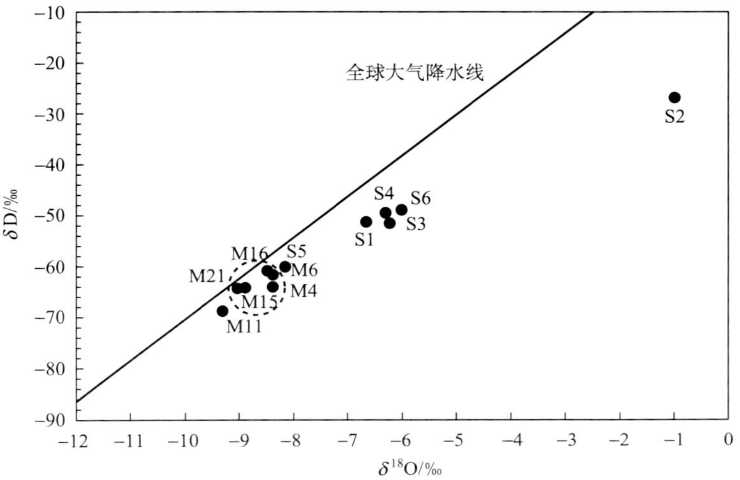

图 17-58 地表水和基岩井水样的 δD -$\delta^{18}O$ 关系图

七、北京平原昌平地下水的同位素和地球化学*

导读：昌平地区的研究引进了 Edmunds 和 shand（2004）有关地下水补给时间分段的理论，在北京北部平原区可以建立一个时间框架，采用的指标包括 Cl^- 浓度、氚含量以及 δD和 $\delta^{18}O$。同时引进 Wilson 和 Guan（2004）和 Sumlon 等（2006）关于不同空间位置补给方式的定义和概念，包括扩散（直接）补给、集中（非直接或局部）补给、山前和山区补给。分析步骤如下：

（1）用化学数据进行三线图分析，划分为四组。

（2）对每一组水先用氚含量进行划分。含氚水为 1952 年后现代水；不含氚（以测试误差 1TU 为限，≤1TU 计为不含氚）水为 1952 年前核爆前的降水补给。在不含氚水中以 Cl^-＜6.8 mg/L 为限划分出工业化前（相当 1780 年前）降水补给。

（3）在 δD-$\delta^{18}O$ 关系分析上，引用北京平原周边基岩水和地表水值作为对比样本，可以划分全新世水和晚更新世水（古水或冰期水）。

根据地下水样品的组分划分不同时间段和补给方式后，再讨论各样品之间的相互关系和分类。

* 本节根据中荷合作项目“中国地下水信息中心能力建设”北京平原示范区报告缩编而成，郑跃军博士参与编写。该项目由中国地质环境监测院和北京市地质环境监测总站 2007 年合作完成。

（一）取样和测试

北京平原西北部的昌平地区，位于温榆河冲洪积扇的顶部（图 17-59 所示）。中国地质环境监测院与北京市水文地质队于 2006 年 6 ～ 9 月在此开展了同位素水化学取样工作，样品主要取自专业的地下水观测孔，在少数没有观测孔的地方选用生产井取样（样品编号前用 M 标识）。在专业观测孔中取样时，都对观测孔进行了清洗。观测孔清洗采用了两种方法：一种为用潜水泵抽水，时间都在 2 h 以上，样品编号前用 T 标识；一种为空压机洗井，样品编号前用 E 标识。共取样品 14 件，其中基岩井水 1 件（M11），余下 13 件均为第四系松散层地下水（民井样品 2 件、专门监测孔样品 11 件）。水化学样品由北京市地质工程勘察院测试，同位素样品 δD 和 $\delta^{18}O$ 由中国地质科学院矿床研究所测试，T（^3H）同位素由中国地质科学院水文地质环境地质研究所测试。同位素样品取样点位置和分析数据见图 17-59 和表 17-11。

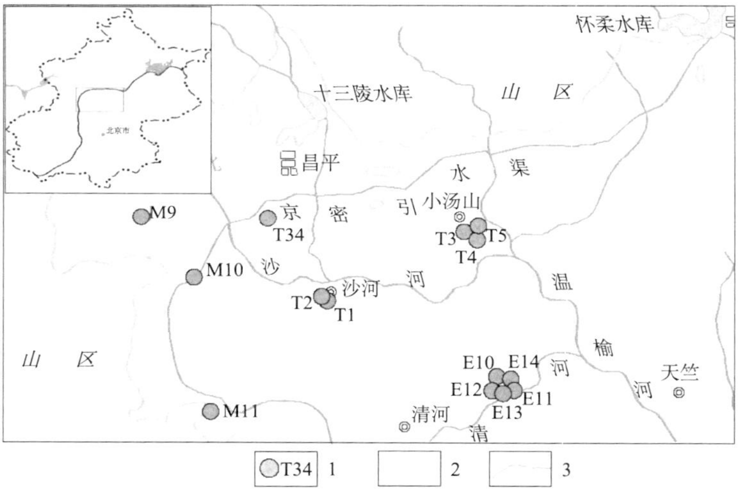

图 17-59　昌平地区取样点分布图

1. 取样点及其编号；2. 山区和平原区界线；3. 河流

表 17-11　昌平地区水化学同位素数据表

样品编号	孔深/m	pH	水化学成分/(mg/L)									T/TU	δD/‰	$\delta^{18}O$ /‰
			K^+	Na^+	Ca^{2+}	Mg^{2+}	HCO_3^-	Cl^-	SO_4^{2-}	NO_3^-	Fe^{2+}			
T1	29	7.85	0.07	78.5	87.2	61.1	525	76.8	90.2	4.38	1.04	1.1	−67	−9.4
T2	150	8.42	1.01	94.1	5	0.6	171	36.2	16.6	0	0.064	1	−70	−10
T3	29	7.69	26.8	140	89.2	99.6	879	59	153	0.62	5.8	7.1	−56	−7.7
T4	107	7.98	4.17	105	35.5	10.9	342	21.5	52.3	0.74	0.73	<1	−70	−10.1
T5	127	8.44	2.54	105	20	11.5	281	17	34.3	0.43	0.73	<1	−72	−9.8
T34	118	7.85	1.1	12.2	52.1	19.4	256	6.3	15.2	8	0.004	5	−66	−8.9

续表

样品编号	孔深/m	pH	水化学成分/(mg/L)									T/TU	δD/‰	$\delta^{18}O$/‰
			K^+	Na^+	Ca^{2+}	Mg^{2+}	HCO_3^-	Cl^-	SO_4^{2-}	NO_3^-	Fe^{2+}			
M9	100	7.9	1.03	12.5	52.1	22.7	250	11.8	19.7	14.6	0.008	8.6	−68	−9.6
M10	80	7.96	1.61	5.62	57.1	25.9	236	10.4	30.8	36.8	0.004	16	−65	−9.4
E10	30.19	8.06	1.01	75.2	33.1	38.5	207	81.1	113	0.22	1.32	3.7	−68	−8.9
E11	63.17	8.12	1.81	144	16	7	186	23.3	177	3.1	0.73	<1	−82	−11.7
E12	98.02	7.69	2.08	52.3	48.1	19.4	266	21.4	71.5	3.64	1.35	<1	−81	−11
E13	190	7.61	2.17	147	20	7.9	189	33.9	179	0.76	1.05	<1	−81	−11.6
E14	195	7.58	1.09	144	17	7.3	177	38	178	0.91	1.1	<1	−80	−11.3

（二）数据解释和讨论

通过三线图（沈照理，朱苑华等，1990）（图 17-60）分析以上样点可以划分为 4 组：

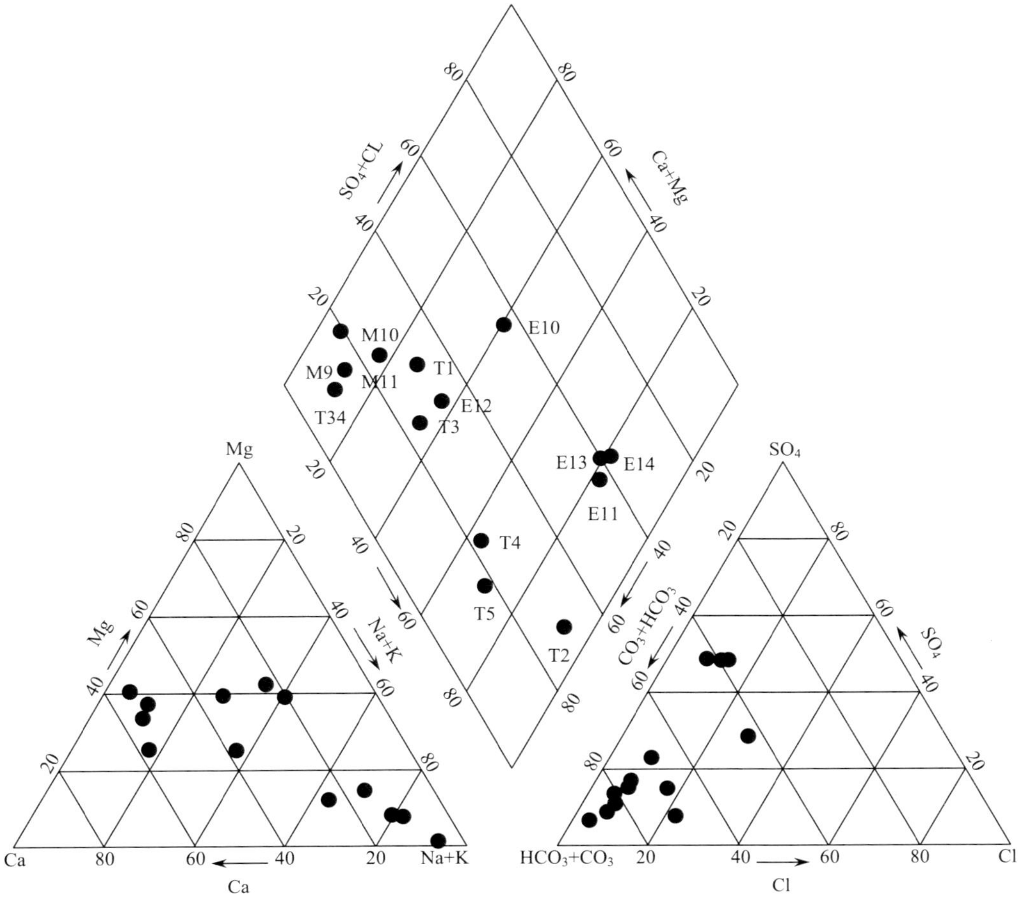

图 17-60　昌平地区样点的水化学三线图

第一组为 E11，E13，E14；

第二组为 T2，T4，T5；

第三组为 M9，M10，M11，T34；

第四组 T1，T3，E10，E12 位于过渡带的样品。

1. 第三组样品

第三组样品均为有氚水亦为现代水（Ⅳ型水），Cl^- 浓度为 6.3～12.7 mg/L，NO_3^- 浓度为 8～36 mg/L，显然全都处在有氧条件下（图 17-61）。以上数据说明这些样品轻微污染，尤其是 T34（Cl^- 浓度为 6.3 mg/L）非常接近天然条件下的输入值，反映出垂向入渗的补给特征。在 δD-$\delta^{18}O$ 关系图上（Gat，1971，1996）（图 17-62），这 4 个样点的分布位置反映出各自的高程效应，而且 M11 和 T34 具有一定程度的蒸发效应。结合各点的具体地理位置，再和全区基岩水井的就地入渗补给进行对比，除了 M11 样点为山前和山区补给外，其余 3 个样点均可归入山前补给形式。

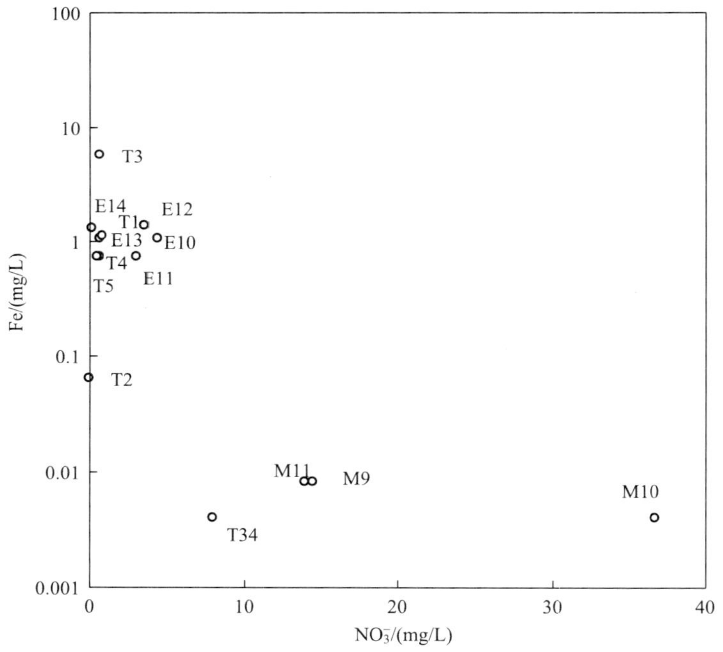

图 17-61　昌平地区地下水 Fe-NO_3^- 关系图

2. 第一组样品

第一组样品共 3 件：E11，E13，E14，同时把相同地理位置的 E10，E12 二件样品也放在一起分析。这 5 个样品取自同一位置的不同深度，但 E10 和另外 4 件样品在水化学和同位素成分上存在明显不同。

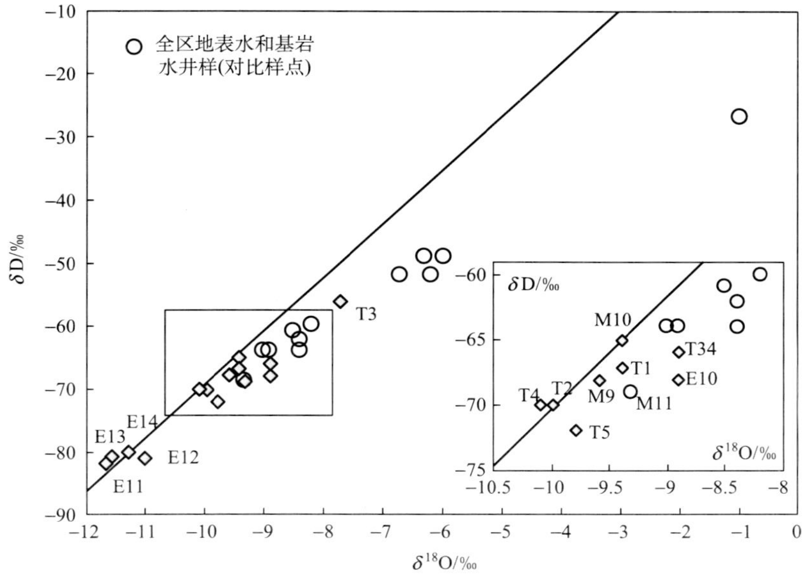

图 17-62　昌平地区水样的 δD-δ18O 关系图

(1) 在三线图上(第三组样点),E12-(E11,E13,E14)近似分布在一条直线上,而 E10 明显偏离(图 17-60)。

(2) E10 为有氚水(3.7TU),而其余 4 件样品均为无氚水(<1TU)。

(3) 从 Cl^- 浓度与孔深关系分布图(图 17-63)看出,E10 井深 30 m 的 Cl^- 浓度达到 81.1 mg/L,明显受到地面的严重污染,其余 4 件样品 Cl^- 浓度在 21～38 mg/L 之间。

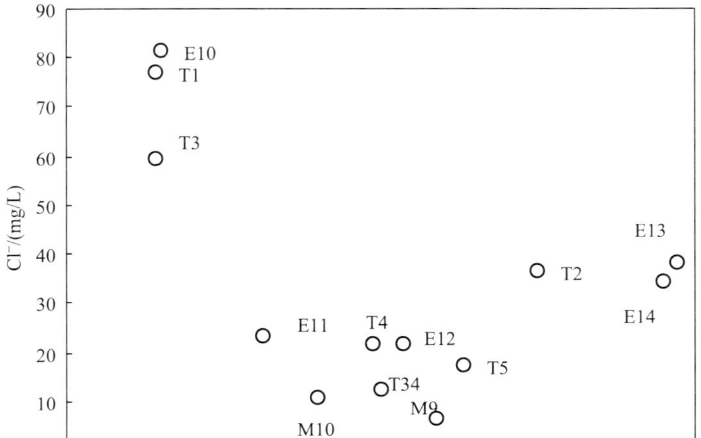

图 17-63　Cl^- 浓度与孔深关系分布图

(4) 从稳定同位素来看(图 17-62),E10 的 $\delta^{18}O$ 处在 −8.9‰,具有明显的蒸发效应,而 E11,E12,E13 和 E14 4 个点 $\delta^{18}O$ 值小于 −11‰,更靠近大气水线。

以上差异说明,E10 样品具有明显的垂向入渗特征,并且在 δD-$\delta^{18}O$ 关系图上,和第三组样品位置靠近,具有相似的补给特征,属山前补给(Scanlon, et al., 2006)。

下面对 E11,E13,E14 样点进行分析。该组样品和第三组样数据对比见表 17-12 和表 17-13。

表 17-12　第一组样品和第三组样品数据对比

样点编号	E11,E13,E14	M9,M10,M11,T34
SO_4^{2-}/(mg/L)	177～179	15～37
偏硅酸/(mg/L)	14～14.9	22～26
Ca^{2+}/(mg/L)	16～20	52～57
Na^{+}/(mg/L)	144～149	12～17
$\delta^{18}O$/‰	<−11.00	−9.4～−9.6

根据表 17-12 数据讨论如下:

(1) M9,M10,T34 的化学和同位素数据,基本上可以代表当地第四系含水层(大约 100 m 深度)接受垂直向下入渗水体的化学成分变化范围。E11(井深 63 m)和上述三井资料完全不同,同时和 E10(30 m 井深)数据也完全不同,证明 E11 样品在本区不可能来源于垂直向下入渗的结果。

表 17-13　典型样品水温表

样品编号	孔深/m	温度/℃
E10	30.19	15.54
E11	63.17	15.58
E12	98.02	15.39
E13	190	15.53
E14	195	15.38

(2) E11,E13,E14 三孔井深分别为 63 m,190 m,195 m,但化学成分和温度极为相似,尤其是稳定同位素相似,表明 63 m 和 190～195 m 这二层水,虽然深度相差 120 m 以上,但属同一补给来源。所以推断为当地第四系含水层下面基岩水的顶托补给。

(3) 根据 Ca+Mg-K+Na 关系分析(图 17-64),E11,E13,E14 和 M9,M10,M11,T34 之间存在离子交换现象,显然在基岩顶托补给水体进入到第四系含水层中发生。E12 所处位置说明不仅存在离子交换现象,还伴有和第四系含水层水体一定程度的混合。同样在三线图(图 17-60)和稳定同位素关系图(图 17-62)上也有混合反应。

(4)根据 Fe-NO_3 关系图(图 17-61),尽管 E11,E13,E14 样品均处于还原环境(Fe>0.1 mg/L),但 NO_3^- 浓度仍有 0.76～3.1 mg/L,进一步说明和 E12 有相同之处;E11,E13,E14 样品存在少量第四系含水层水体的混合。它们的稳定同位素值分布(图 17-62)没有集聚也是一种证明。

(5)E11,E13,E14 三样品尽管处在还原环境,但 SO_4^{2-} 浓度仍高达 177～179 mg/L,推测在离子交换之前,基岩顶托补给的水体中可能存在石膏矿物的溶解,同时简接地反映了这股水体在地层中滞流的时间比较长。

(6)E11,E12,E13,E14 四件样品均为无氚水,当属山前和山区补给型式。从稳定同位素值来看,存在二种可能:一为表达高程效应的全新世水;另一为表达高程效应的晚更新世古水。目前资料尚不足以确认。

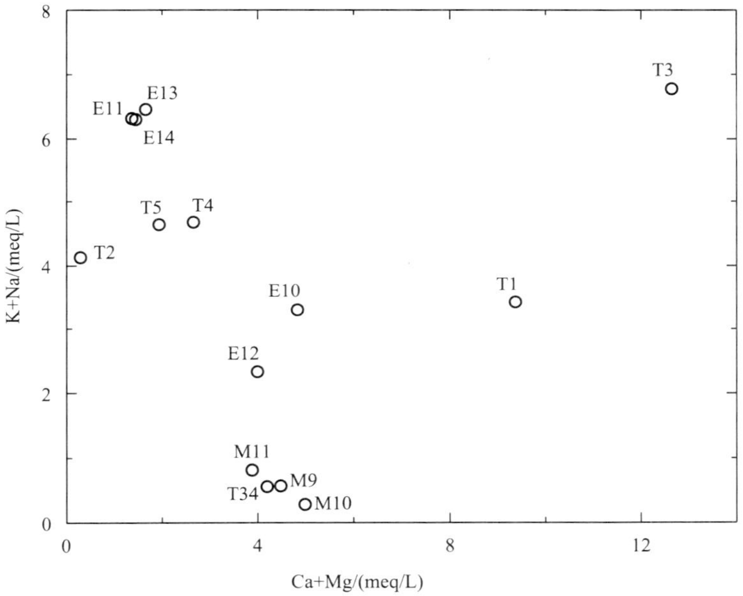

图 17-64　K+Na-Ca+Mg 关系图

3. 第二组样品

第二组 T2,T4,T5 三样品,井深分别为 150 m,107 m,127 m,考虑到地理位置,结合 T1(井深 29 m)和 T3(井深 29 m)二孔一起分析。根据主要离子浓度 MIC(major ionic concentration,主要阳离子和阴离子浓度),Cl^- 和 SO_4^{2-} 浓度以及氚值的对比(表 17-14),讨论如下:

(1) T1 与 T3 样品明显受到地面严重污染,均属全新世现代水;T2,T4,T5 样品存在轻微污染,基本上可以划为无氚水,属全新世核爆前水。

表 17-14　第二组样品主要离子和氚数据对比表

样点编号	MIC/(mg/L)	SO_4^{2-}/(mg/L)	Cl^-/(mg/L)	T/TU
T1	924	90.2	76.8	1.1
T2	427	16.6	36.2	1
T3	1460	153	59	7.1
T4,T5	499～576	52.3～34.3	21.5～17	<1

(2) 根据三线图(图 17-60)和 K+Na-Ca+Mg 关系图(图 17-62),T2 和 T4,T5 样品存在两种可能性,一为结晶岩(类)含水层的化学演化,另一为离子交换。

(3) 根据稳定同位素分析,T1 位于 M9,M10,M11 分布域之中属于山前补给型式,T3 明显受到地表水体的蒸发效应影响,归入河渠的集中补给(Scanlon, et al., 2006)。T2,T4 和 T5 分布位置靠近,不同于本区的山前补给分布域(T1 所在位置),相比之下,补给高程还要高些,推测存在三种可能性:一为山前和山区补给(顶托补给);一为山区河流出山口后在平原的集中补给;一为和古水的混合。到目前为止,关于 T2,T4,T5 的补给型式尚无法确认。

(三) 结论

(1) 第三组样品(M9,M10,M11,T34)解读以北京平原区地表水和基岩水井作为对比标准,证实为当地大气降水垂向入渗水体的特征。

(2) 第一组样品(E11,E13,E14)解读以第三组样品作为对比标准,排除样品来自当地垂向入渗水体的可能,并从水的化学成分、稳定同位素以及温度变化,证实为下伏基岩向上覆第四系含水层的顶托补给,这股基岩水可能出自碳酸盐含水层。

(3) 第二组样品(ET2,T4,T5)三件样品提出可能的三种补给方式,目前尚无足够的数据讨论。

(4) 第四组样品中,埋深在 30 m 左右的三件样品(T1,T3,T10)证实为当地垂向入渗水体的补给,另外一件样品 E12 为第一组样品顶托补给和原位垂向入渗水体的混合。

(5) 昌平地区第四系含水层地下水分布及其补给方式情况各异,实际上说明了半干旱地区山前倾斜平原地区地下水分布的复杂性。

八、深圳大沙河河水的水文地球化学*

导读:深圳大沙河在靠近深圳湾出口 5.5 km 长的河段上,密集取样 17 组,主要了解入海河流的水质分段情况,系深圳市海水入侵课题的一个组成部分。数据分析采用方法如下:

* 本节根据杨巧凤、李文鹏、王瑞久(2010)文章缩编改写而成。该项目由中国地质环境监测院和深圳市勘察测绘院有限公司于 2009 年合作完成。

(1) Br/Cl 比值：该法近 10 年来在英国、西班牙、葡萄牙和意大利的沿海地区均有大量研究成果，主要从环境角度判断水中盐分来源。例如，海水比值为 3.47×10^{-3}，石盐溶解为 1×10^{-3}，随水中有机质增加，Br/Cl 趋大，当入渗水通过地面植被时被吸收掉部分 Br，等等。

(2) 主要离子/Cl 关系：自 20 世纪 90 年代在沿海地区水质研究中早已成为常规分析方法。通常在关系图上出现线状分布时不外乎三种情况：累进的水-岩相互作用(未受溶解度控制影响)、水体之间的保守混合以及蒸发作用过程。

(3) 三线图解：三线图是一种古老而实用的分析图件，可以把大量分析数据放在一张图上，根据图面分布的变化用不同记号去表示盐度差异和水流方向。通过主要化学成分之间的关系和演化，常常可以指明水体之间的流向或者混合。

值得指出的是，三种分析方法的结果大同小异，其中以 Br/Cl 比值图数据反映最为敏感，差异清楚。

大沙河发源于深圳市西部的羊台山，流域面积 90.69 km^2，干流长 18.0 km，河道纵向较平直，横断面较规则，左岸地形略有起伏，右岸地形平坦，主要含水层为砂砾石，近入海段为填海区。河流下游入海口段(约 2.0 km)污染较严重，海水涨潮时可沿河上溯至距入海口约 1.6 km 处的橡胶坝前，大潮时甚至可越过橡胶坝进入河道更远的位置，但退潮时海水可全部退出河道。

(一) 样品数据

2007 年枯水期对大沙河河水自入海口上溯至 5.5 km 段内密集取样，总共取 17 组水样，样品的位置分布见图 17-65。橡胶坝位于样品 304 号和 305 号之间。样品由深圳市勘察测绘院有限公司测试，对所有水样做水化学分析，包括 Ca^{2+}，Mg^{2+}，Na^{+}，K^{+}，SO_4^{2-}，HCO_3^{-}，Cl^{-} 和 Br^{-}，水样分析数据如表 17-15 所示。

对水样的分析数据由电荷平衡做误差分析(Freeze and Cherry, 1979)。根据误差 E 的结果，将 17 件样品划分为三组：

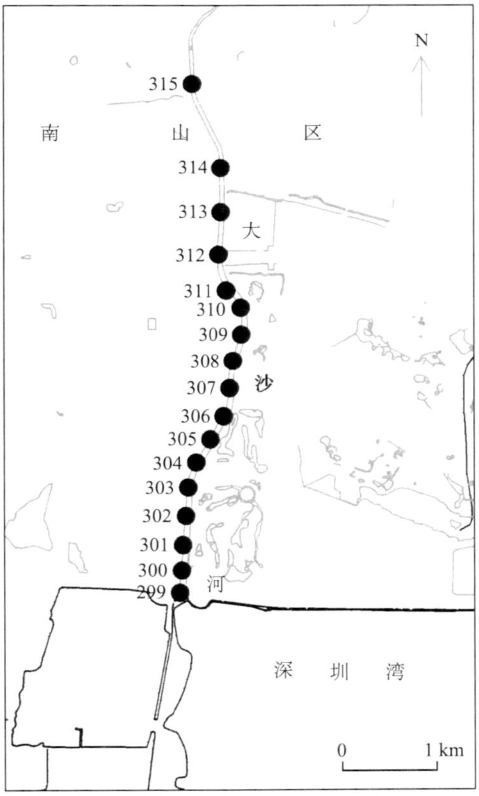

图 17-65　大沙河取样点位置图

Ⅰ. 299，300，302，303，304，313 和 315 七件样品 $E<5\%$，在离子关系图和 piper 三线图中均用●表示；

Ⅱ. 301,305,307 和 312 四件样品 5%<E<10%,图上用○表示;

Ⅲ. 306,308~311 和 314 六件样品 E>10%,图上用×表示。

5%<E<10%的样品,在分析中与 E<5%的样品结合起来做参考,而 E>10%样品明显受污染影响,保留进行对比。以上三部分样品编号和表示符号(前文已有叙述)详见图 17-66 中 Na-Cl 离子关系图,而离子关系图(Cl^- 与余下 5 种离子的关系)和 piper 三线图(图 17-68)中,只标出Ⅰ组样品编号。

表 17-15 大沙河取样点水化学数据(单位:mg/L)

序号	Ca^{2+}	Mg^{2+}	Na^+	K^+	SO_4^{2-}	HCO_3^-	Cl^-	Br^-
299	193.76	717.06	5520.00	234.00	1000.00	184.52	9773.14	32.00
300	208.5	692.77	6210.00	234.00	1250.00	214.18	10050.08	27.00
301	200.08	713.22	4370.00	234.00	1000.00	303.14	9871.41	30.00
302	189.54	424.36	3450.00	156.00	900.00	207.59	6521.38	24.00
303	155.85	420.52	3450.00	156.00	800.00	224.07	6476.71	21.00
304	141.11	400.07	3220.00	156.00	500.00	210.88	5806.71	20.00
305	103.20	246.68	2300.00	156.00	300.00	230.65	3707.36	6.00
306	73.71	107.36	163.30	26.52	150.00	224.07	1608.01	3.00
307	88.45	190.44	1725.00	58.50	150.00	263.60	2814.02	6.00
308	69.50	100.97	147.20	20.67	150.00	253.72	1487.41	0.60
309	58.97	43.45	89.70	18.33	90.00	190.99	437.73	0.20
310	63.18	47.29	89.70	17.55	80.00	227.36	485.97	0.30
311	35.80	19.17	57.50	10.53	40.00	138.39	160.80	0.10
312	31.59	8.94	34.50	10.14	30.00	164.75	53.60	0.10
313	42.12	2.55	34.50	11.31	30.00	138.51	53.60	0.10
314	33.69	20.45	36.80	11.70	20.00	52.47	64.32	0.10
315	31.60	14.06	29.90	8.97	20.00	144.98	42.88	0.10

(二)数据解释与讨论

1. Br-Cl 与 Na-Cl 关系

Br/Cl 比值作为鉴别盐分来源的示踪剂(Edmunds, 1996; Alcala and Custodio, 2008),在图 17-67 上全部数据可以划分四组:

A 组:299,300,301,302,303 和 304 六个样点紧靠 3.47×10^{-3} 海水稀释线(seawater dilution line),沿线的离子/Cl 比值等于海水比值(marine ratio),所以又称海水比值线(Vengosh and Ben-Zvi, 1994; Yamanaka and Kumagai, 2005),在样点分布图(图 17-65)上位于河口以上橡胶坝以下。该组样品为淡水(系降水或地表水)与海水的混合,海水约占

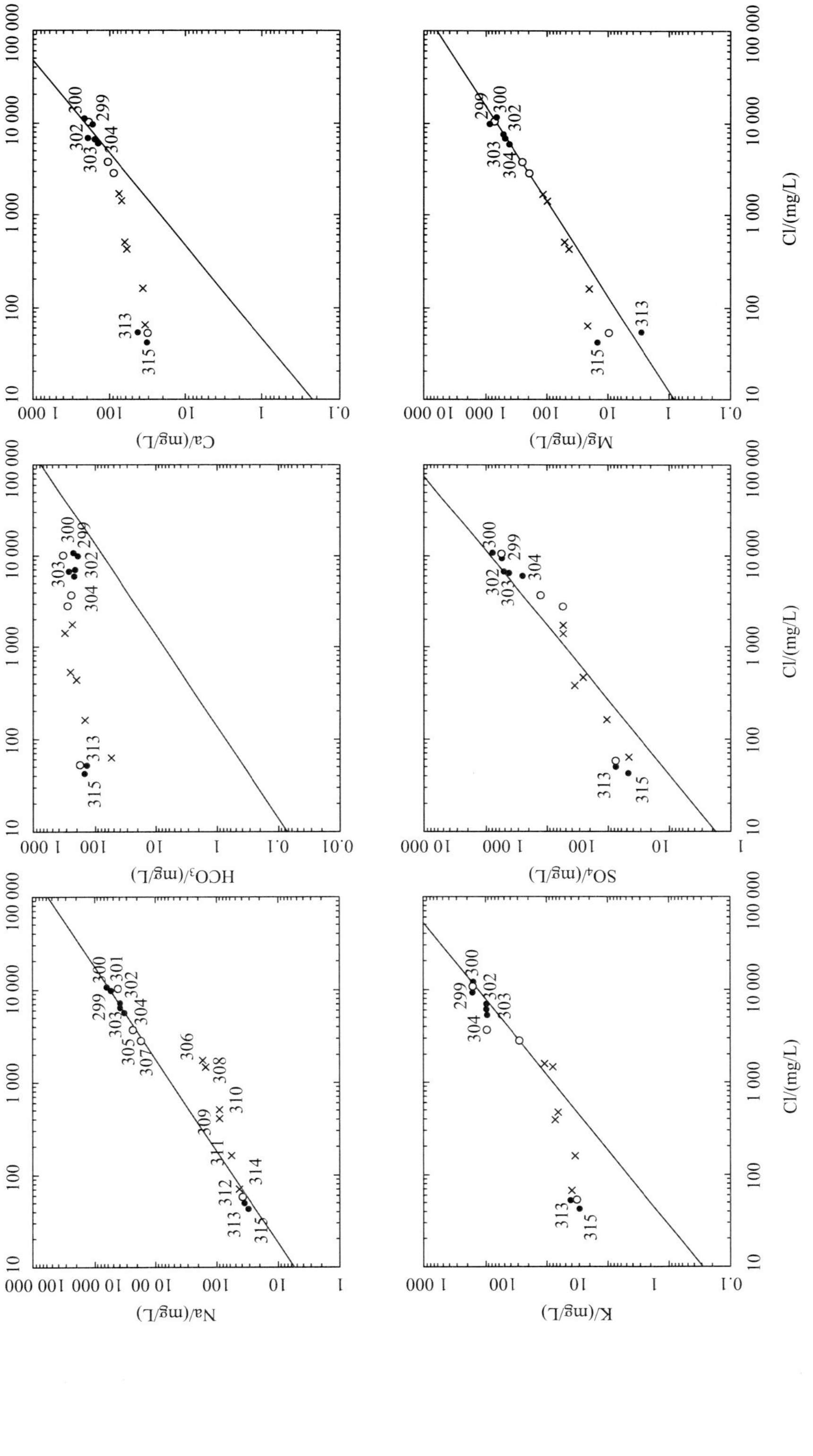

图 17-66 主要离子关系图

30%～52%(海水的 Cl^- 浓度以 19 400 mg/L 计)(Hiroshiro and Berndtsson，2006)。

B 组：312，313，314 和 315 四个点，Cl^-<100 mg/L，分布在海水稀释线下方附近，而且距离河口位置最远。近海地区降水的 Br/Cl 比值应该和海水相当。但在入渗过程中，溶解了大气与地面的部分蒸发盐而使 Cl^- 浓度增大(Hiroshiro and Berndtsson，2006；Appelo and Postma，1993)，加上植物根部转移部分 Br(Edmunds，1996)，导致 Br/Cl 比值适度偏小。

C 组：308，309，310 和 311 低于 1×10^{-3} 石盐溶解线(Edmunds，1996)，表明主要盐分来源于陆相，通常受到含 NaCl 的城市生活污水和工业废水的加入或固体垃圾渗液加入，明显反映为污染的影响(Alcala and Custodio，2008)。

D 组：余下 3 个样品，305，306 和 307，分布介于 A 组和 C 组之间，并且在地理位置上与 A 组样点由橡胶坝隔开，因此，该组样品系为一个过渡带，是 A 组和 C 组样品之间混合的结果。

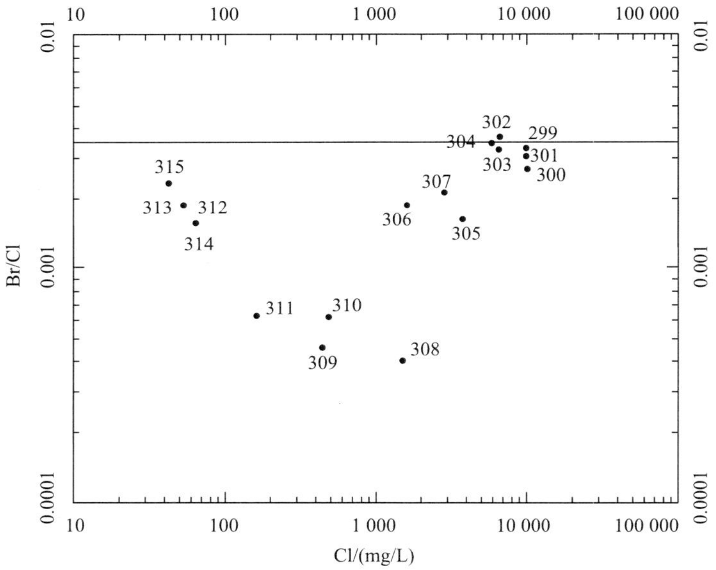

图 17-67　Br/Cl-Cl 关系

所有样点的 Na-Cl 关系分布见图 17-66，从图上可以看出：

A 组样品都紧靠海水稀释线分布，表示了海水和淡水的混合。

B 组样点分布在海水稀释线上，基本代表未明显污染的河水，因为近海降水的 Na/Cl 比例近似于海水(Appelo and Postma，1993)；

C 组样品，随 Cl^- 浓度的增大，逐渐偏离海水稀释线，反映为受污染的影响，使得样品中的 Cl^- 浓度增高，并分布于海水稀释线下方，越往下游污染越严重。

同样，D 组三个样点介于 A 组和 C 组之间，是为二者的混合。

2. HCO_3-Cl,K-Cl,Ca-Cl 关系

Ca^{2+},Mg^{2+},K^{+}、SO_4^{2-},HCO_3^{-} 与 Cl^{-} 的关系分布见图 17-66 所示。

从 HCO_3-Cl 关系来看,17 组样点分布均高于海水稀释线,尤其是 B 组淡水样点,其 HCO_3/Cl 比值远远高于其他点,说明这部分 HCO_3^{-} 来源于土壤带的 CO_2 溶解(Freeze and Cherry, 1979; Salama et al., 1999)。所以 B 组样点经由降水入渗地下,以地下水形式排入地表河道。

从 Ca-Cl,K-Cl 关系来看,A 组样品基本上分布在海水稀释线上,系为海水和淡水的混合。

B 组样点分布都高于海水稀释线,同时无明显污染,说明和当地花岗岩分布有关,因为花岗岩富含长石类矿物,补给河流的大气降水入渗经过土壤带,其中的钾长石和钙长石溶解于入渗水中,增加了水中 Ca^{2+} 和 K^{+} 的浓度。

C 组样品依然表现为污染的影响,Ca^{2+} 和 K^{+} 少量增加,而 Cl^{-} 浓度快速增大。

D 组样品在此仍然为 A 组和 C 组之间的混合。其中 K^{+} 变化稍有不同,有些许跳动。

以上分析可以看出,$E>10\%$的样品主要受到生活污水和工业污染的影响,估计 Cl^{-} 和 NO_3^{-} 浓度明显增长,直接导致了电荷不平衡(Appelo and Postma, 1993)。但它并不影响主要离子与 Cl^{-} 之间的关系分析。

3. Mg-Cl,SO_4-Cl 关系

相对淡水而言,海水的 Mg/Cl 比值明显要高(Yamanaka and Kumagai, 2005; Appelo and Postma, 1993)。图 17-66 中样点分布基本位于海水稀释线上,对环境条件变化不敏感。B 组样品略有跳动,与溶解风化矿物有关。

SO_4-Cl 关系分布与 Mg-Cl 关系一样,对环境改变反应比较迟钝,基本位于稀释线附近,在 Cl^{-} 浓度较小时,稍微高于海水稀释线,可能和轻微的大气污染有关,比如酸雨。

4. 三线图解

在 piper 三线图(图 17-68)上(Appelo and Postma, 1993),样点可以分为三组:

A 组样品都分布在海水点附近,代表了淡水和海水的混合。

B 组样品,除 314 外,312,313,315 三样点分布在降水补给区附近,表明受污染影响微弱。

D 组样品,除 306 外,305 与 307 也分布在海水点附近。

C 组样品和 306、314,正好是 $E>10\%$的样点,都沿着阴离子轴往 $SO_4^{2-}+Cl^{-}$ 增大方向位移,偏离了(2)组和(1)组的连线(相当未污染条件下的淡水和海水混合),证明样品污染,其中氯化物的比例明显增大(Salama et al., 1999)。

(三) 结论

综合以上分析,Br-Cl 关系、主要离子与 Cl^{-} 关系和三线图三类分析方法的结果基本

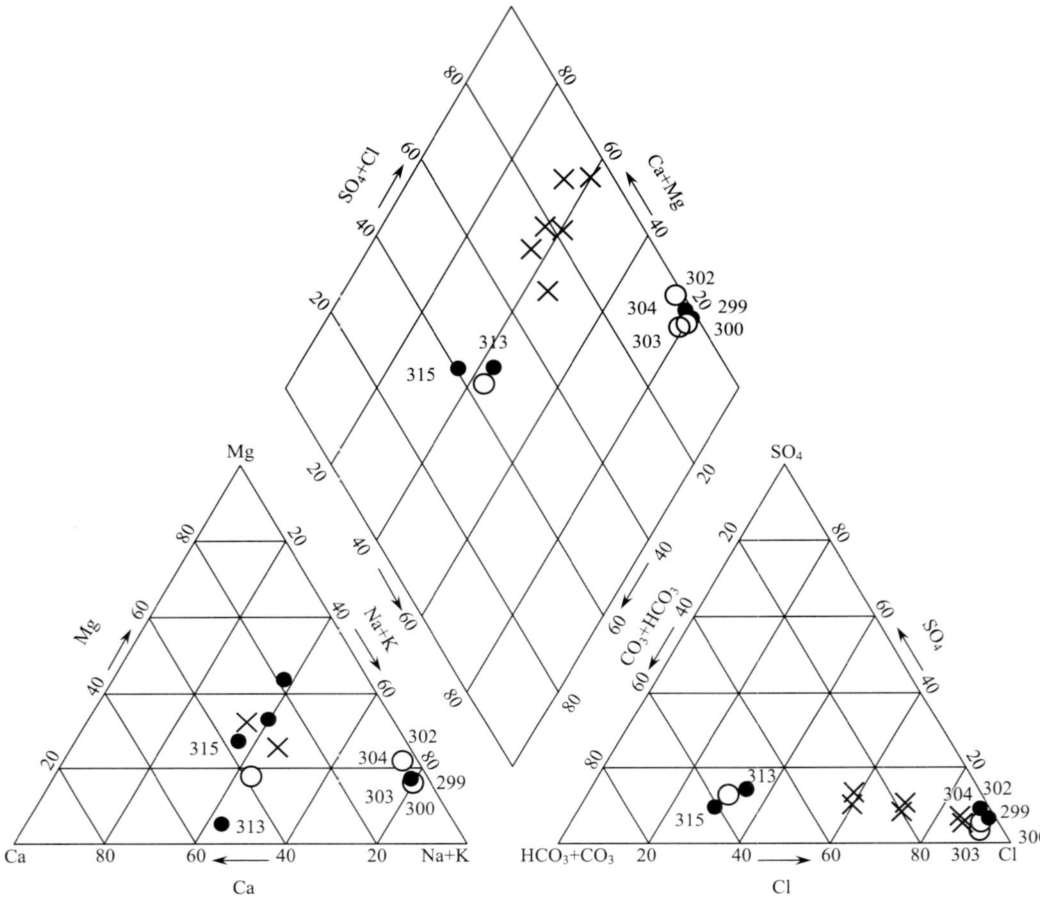

图 17-68　piper 三线图

一致。以上述三种分析为基础，结合现场实际位置，在样品 304 和 305 之间有一个橡胶坝，针对图 17-65 我们划分如下：A 组样品 299 至 304 位于橡胶坝下，归入海水和淡水的混合，淡水包括降水和地表水；B 组 312 至 315 属于大气降水和上游地下水补给河道，污染程度很小；C 组 308 至 311 归入严重污染段，其西岸恰好为商业和居民区；D 组 305，306，307 三件样品处在过渡带，向上游去和污染河水相接，向坝下和海水相接。这一河段，水质分布并不均匀，因为三件样品的化学成分含量和分布位置存在交叉。

第十八章 淡水生态水文系统

Carol Kendall

I 淡水生态系统有机物天然源的稳定同位素示踪

第一节 有机物质来源的一般同位素组成

一、有机物质来源的类型

淡水生态水文系统的稳定同位素示踪，主要的是通过其营养流和能量流进行，而其基础则是食物网。河流是淡水生态系统的主角，作为河流系统，则不仅是河流本身，还必然涉及河流及其集水区环境的各种界面。而其他淡水系统其实也与此类似，但一般都比河流系统要简单。可以想见，河流从上游到下游其生态流的空间和时间变化会有多么复杂，所以可以从河流开始讨论。

河流系统有机物质有两方面的来源：由河流内产物所派生形成的自生有机物，以及主要是陆源性形成和迁移来的外生有机物。进入河流系统的这两种存活的或非生命的有机物，大体上有五种类型（图 18-1），包括属于上述自生有机物的两种，即藻类以及肉眼可见

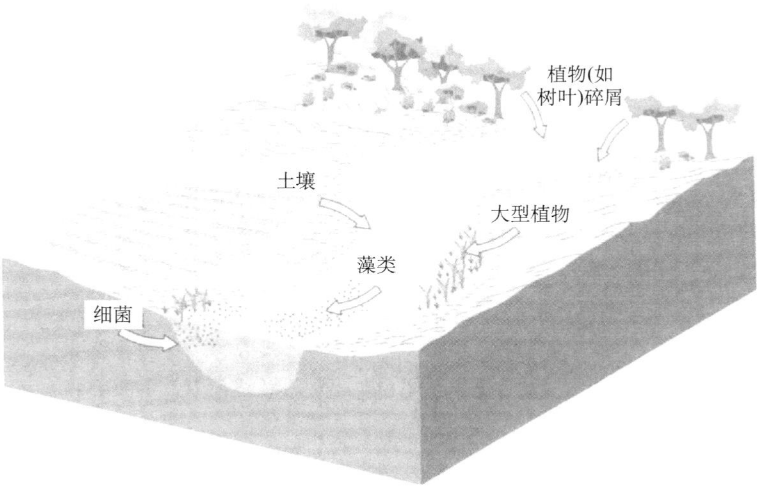

图 18-1 河流生态系统有机物的 5 种主要来源（Finlay and Kendall，2007）
细菌包括底栖的和浮游的异养细菌，藻类也包括底栖的和浮游的藻类以及蓝藻细菌

的水生大型植物。属于上述外生有机物的两种，即陆生植物碎屑、腐屑，以及土壤。第五种则是水生异养细菌和真菌。

二、河流连续体概念

以上所述（图 18-1），实际上只是相应于一个河段而并非是河流系统，或者说仅是河流生态系统特征的一个方面。另一个方面则是，与此有关的动植物多样化生境，却通过河流水系网而发生水文上的联结，这样，各种有机物随水流的输送和运移，对于食物网的结构和生产力都发挥着重要作用（Vannote et al, 1980；Woodward and Hildrew, 2002）。因而引出了河流连续体的概念（Vannote et al, 1980）。

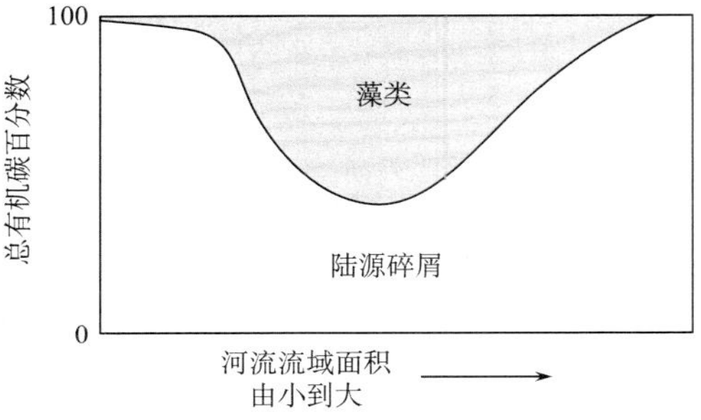

图 18-2　河流连续体表达的自生和外生有机物贡献随河流尺度的变化（Vannote et al, 1980；Finlay and Kendall, 2007）

河流连续体（RCC）概念表达了随着河流和流域尺度的不同，各种有机源相对于总有机碳的相对贡献（图 18-2）。这一模型表明大河与河源溪流相似，外生形成有机物即外源型有机碳可能主导着食物链能量流。河源溪流往往有茂密林冠遮阴，从而阻碍藻类生长，而大河则往往由于河水混浊度增高和水流涡动加大，同样也阻碍藻类生长。随着河流尺度增大，因光照和水流条件变化，可不同程度地促进藻类生长，包括小尺度河流的固着型藻类到较大尺度河流的浮游型藻类。但近期工作却表明一些大尺度河流如密西西比河，也有相当程度的藻类生产力（Kendall et al, 2001；Delong and Thorp, 2006）。

对于各种有机源生产力定量评价之类的难题，稳定同位素可望发挥其重要作用。

三、天然有机物质的一般同位素组成

对于天然有机物和食物链的同位素示踪，一般应用 $\delta^{13}C$、$\delta^{15}N$、$\delta^{34}S$ 和 C∶N。

^{13}C 是淡水生态系统中研究各种 C 源和能量流最有效的示踪同位素（Finlay and Kendall, 2007）。作为河流中食物链基础的藻类，其 $\delta^{13}C$ 一般有较宽的范围，然而其他有机源如陆源碎屑、腐屑等的范围则小得多，所以这两类有机碳源就易于识别（Finlay, 2001）。而且，有机碳在被植物固定的营养转移过程中，$\delta^{13}C$ 所发生的分馏极小（McCutchen et al, 2003），在有机物腐败分解过程中，也几乎没有什么变化（Finlay and Kendall, 2007）。^{15}N 是淡水生态系统中研究氮源、氮循环和食物网相互关系最有用的示踪同位素。而 ^{34}S 则类似于 ^{13}C，也是求定食物网各种源的示踪同位素。另外，应用 C∶N 的比率是因为这一比率对于同时探讨生态系统中有机物的源和量，有其独到的优势（Finlay and Kendall，2007）。

图 18-1 中河流有机物的各种主要类型，上述示踪同位素有较宽的变化范围，归纳如表 18-1。对于河流系统，这些示踪同位素和 C∶N 的比率都有着相当大的变化范围，而且还彼此有些重叠（图 18-3）。然而需要注意的是，对于个别河流而言，有机物悬浮微粒（POM）上述这样的变幅往往要小得多（图 18-3）。由图可见，C∶N 的比率在识别有机物的不同来源时，确实可以对同位素方法有所补充，有时还更有效（Kendall，et al，2001）。参见图 18-4。

表 18-1　淡水生态系统主要有机物源的同位素和 C∶N 比率的典型组成范围（Finlay and Kendall，2007）

有机物源	$\delta^{13}C/‰$*	$\delta^{15}N/‰$	$\delta^{34}S/‰$	C∶N（原子比）
异养细菌	与基质相似	−15～+20	−15～+20	4～8
淡水自养有机物		−15～+20	−10～+33	5～12
周丛生物	−35～−18			5～8
	（−47～−8）			
浮游植物	−32～−23			
	（−42～−19）			
大型植物**	−27～−20	−15～+20	−10～+33	5～>50
土壤有机物		0～+5	0～+5	8～>25
C3 植物	−27		（−30～+35）	
	（−32～−22）			
C4 植物	−13			
	（−16～−9）			
陆生植物		−3～+7	0～+5	15～>50
C3 植物	−27	（−10～+10）	（−10～+20）	
	（−32～−22）			
C4 植物	−13			
	（−16～−9）			

* 括弧内是观测值范围；** 不包括苔藓植物。

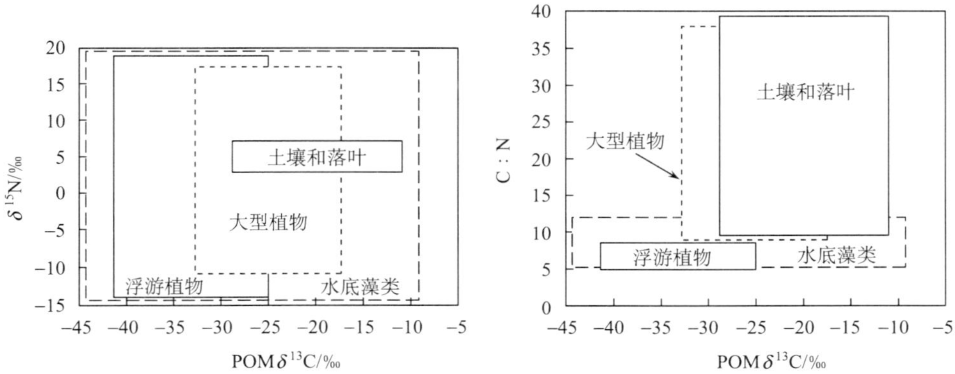

图 18-3　河流不同有机物悬浮微粒 $\delta^{13}C$、$\delta^{15}N$ 和 C∶N（原子比）的典型范围（Finlay and Kendall，2007）

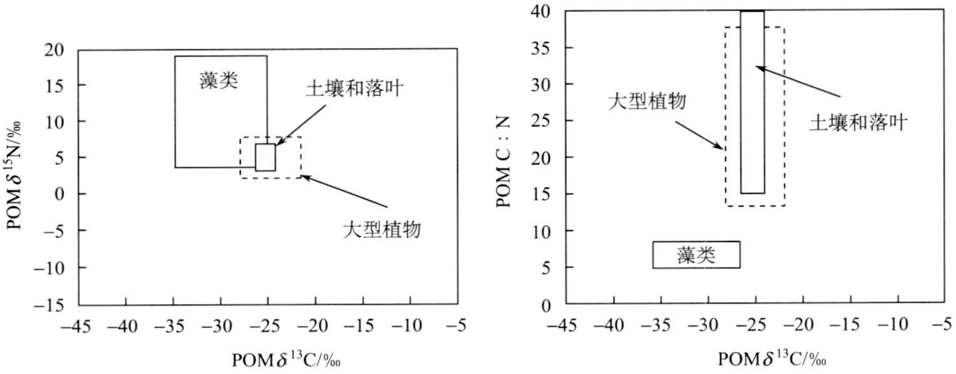

图 18-4　美国 San Joaquin 河不同有机物悬浮微粒 $\delta^{13}C$、$\delta^{15}N$ 和 C : N(原子比)的典型范围(Finlay and Kendall, 2007)

第二节　土壤有机物的同位素组成

一、$\delta^{13}C$

土壤有机物的同位素组成,在很大程度上反映了生长在该土壤上相应植物的同位素组成。在以 C3 和 C4 植物为主导的地区,土壤有机物的 $\delta^{13}C$ 约有 −27‰～−13‰的变化范围(Finlay and Kendall, 2007)。

值得注意的是,关于土壤垂向剖面中 $\delta^{13}C$ 的分布。常见的是 $\delta^{13}C$ 随着土壤深度的增加而增大。其机制可能有多方面,如土壤微生物的适宜选择性分解的影响,有机物分解过程中的分馏影响,历史时期或地质时期大气 CO_2 发生变化的影响,与具有不同 $\delta^{13}C$ 的老土壤有机物发生混合的影响等等(Nadelhoffer and Fry, 1988; Ehleringer et al, 2000)。对于森林土壤的有些研究,认为在土壤有机物分解过程中 $\delta^{13}C$ 有所增大(Henn and Chapela, 2000; Santruckova et al, 2000; Fernandez and Cadisch, 2003; Fernandez et al, 2003)。另一方面,土壤垂向剖面中的 $\delta^{13}C$ 和土壤 C 浓度之间的关系,可以应用于探讨土壤有机物分解速率及其滞留时间。

二、$\delta^{15}N$

土壤中的氮,包括有机氮和溶解的无机氮,总氮 $\delta^{15}N$ 的变化范围约为 −10‰～+15‰,从地区的或全球尺度来看,土壤 $\delta^{15}N$ 随年平均降水量的增大和年平均气温的减小而减小(Amundson et al, 2003)。耕作土壤的 $\delta^{15}N$ 略低于未耕作土壤,例如 +0.65±2.6‰和 +2.73±3.4‰(Broadbent et al, 1980)。土壤中大部分的 N 结合于有机物中,对于各种作物并非直接有效,因而土壤总氮的 $\delta^{15}N$,还不能近似为对作物生长有效氮的 $\delta^{15}N$。

土壤中的溶解无机氮(DIN)主要是 NO_3^-,仅占土壤总氮的约 1%,这是一个很小的土壤氮库，但是相比于较之大得多的有机氮库而言，前者对于环境变化的响应却更灵敏。土壤硝酸盐的 $\delta^{15}N$ 范围约为 $-10‰\sim+15‰$，但大部分土壤硝酸盐 $\delta^{15}N$ 的变化范围要小得多，为 $+2‰$ 到 $+5‰$（Kendall，1998）。非耕地土壤水中硝酸盐的 $\delta^{15}N$ 大约要比耕地的高 1.5‰，但较之土壤有机物的 $\delta^{15}N$，两者都要低到 4‰以上（Ostrom et al，1998）。无论是土壤硝酸盐或是有机氮，其 $\delta^{15}N$ 都受到许多因素的强烈影响，包括其所处地形位置、排水条件、植被覆盖、植物凋落物、土壤利用、气温和降水等（Shearer and Kohl，1988；Amundson et al，2003；Kendall and Aravena，2000）。

土壤中由化肥和动物废物两者所产生的 NO_3^- 一般易于由其 $\delta^{15}N$ 识别，前者的平均 $\delta^{15}N$ 约为 $+4.7\pm5.4‰$，而后者则为 $+14.0\pm8.8‰$。但两者与降水和天然土壤中硝酸盐的 $\delta^{15}N$ 却有所重叠（Kendall et al，2007）。

地形对于土壤中硝酸盐的 $\delta^{15}N$ 有相当大的影响。在平坡或缓坡地以及谷底的土壤，往往发生相对有较高程度的固化或发生较强的硝化作用（Shearer et al，1974）。土壤中的硝酸盐较之土壤氨基盐，前者更易于被树木根系所同化（Nadelhoffer and Fry，1994）。在灌木和树林下表土的 $\delta^{15}N$，要比开敞地的为低。土壤总氮和溶解无机氮的 $\delta^{15}N$，一般都随深度增加而增大。

土壤 $\delta^{15}N$ 实际上取决于三方面的因素，即氮输入的同位素组成，氮的输出损失，在氮转化过程中的分馏。困难是在土壤过程中所发生的分馏很难测定，因而常用观测到的分异（$\delta^{15}N_{基质}$-$\delta^{15}N_{产物}$）来代替（Evans，2007）。图 18-5 是一个土壤氮转化的概念模型（Schimel and Bennet，2004），与此相应所发生的分异则列于表 18-2（Evans，2007）。

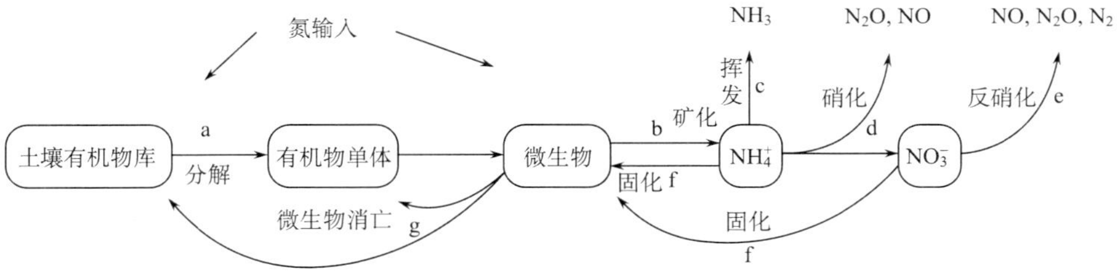

图 18-5 土壤氮转化的概念模型（Schimel and Bennet，2004）

表 18-2 氮循环过程中的实测分异（Evans，2007）

转化作用	相应于图 18-5 的过程	分异/‰
总矿化作用	b	0～5
硝化作用	d	0～35
$NH_4^+ \longleftrightarrow NH_3$ 平衡作用		20～27
挥发作用	c	29
硝化过程中的 N_2O 和 NO 生成	d	0～70
反硝化过程中的 N_2O 和 N_2 生成	e	0～39
NO_3^- 固化作用	f	13
NH_4^+ 固化作用	f	14～20

三、$\delta^{34}S$

大部分土壤有机物的 $\delta^{34}S$ 有 0‰～+5‰的范围(Finlay and Kendall，2007)，它很大程度上受到大气输入的影响。例如，有的因受海水飞溅的影响，土壤 $\delta^{34}S$ 可接近于海水的+20‰(Kusakabe et al，1976)；有的则受硫化物风化或有机硫矿物的影响，土壤 $\delta^{34}S$ 可达到很低的－30‰(Krous et al，1991)。

四、C∶N

大部分耕地表层 15 cm 中有机物的 C∶N 比率约为 10～12，即中等比值，其中大部分为 8～25 的范围(Brady，1990；Aitkenhead and McDowell，2000)。湿润地区的一般要高于干旱地区，寒冷地带的要高于温暖地带。大部分土壤的小型有机物，此比率在 4～9 之间。(Brady，1990)。

第三节　陆生植物的同位素组成

一、$\delta^{13}C$

陆生植物所需的无机碳(CO_2)，来自 $\delta^{13}C$ 约为 －8‰的混合均匀而巨大的大气库，因此，碳源对其 $\delta^{13}C$ 的影响，相对而言就并不重要了。因而 $\delta^{13}C$ 的变化主要是由于在 CO_2 的同化过程中所发生的分馏所造成，这就与植物光合作用获取碳的结合途径有关，也与其生长率和耗水情况有关(Finlay and Kendall，2007)。C3 植物 $\delta^{13}C$ 的平均值在－27‰左右(Bender，1968；Smith and Epstein，1971；Troughton，1972)，变幅约为 15‰。C4 植物 $\delta^{13}C$ 的平均值在－13‰左右，其变幅较小，一般要高于绝大部分河流碳源的 $\delta^{13}C$。另外，无论是 C3 或 C4 植物，其 $\delta^{13}C$ 的变幅一般都小于自养生物如水生光合植物 $\delta^{13}C$ 的变幅(Finlay and Kendall，2007)。

二、$\delta^{15}N$

氮代谢一般也有两类。固氮植物如豆类，某些草类特别是苜蓿，此类植物同化大气氮，因而其 $\delta^{15}N$ 变幅就很小，约为－3‰～+1‰，与大气氮的 $\delta^{15}N$ 相近(Fogel and Cifuentes，1993)。非固氮植物则只使用对植物有效的其他类型的氮，包括无机氮(NH_4^+，NO_3^-)和有机氮(如氨基酸)，$\delta^{15}N$ 就有较大的变幅。但是对大多数陆生植物而言，$\delta^{15}N$ 的变化范围约为－6‰～+5‰(Fry，1991)。

有许多研究表明，在天然的有限氮系统中，陆生植物在摄取和同化氮的过程中所发生的分馏，一般可以忽略不计(Nadelhoffer and Fry，1994；Hogberg，1997)。然而，树木组织及其废弃物，其 $\delta^{15}N$ 的特点是往往略低于氮源的 $\delta^{15}N$。而在高营养条件下，树木会优先摄取 ^{14}N，这就使得在植物与溶解氮之间会发生千分之几的分馏。另外，许多过程如挥发、硝化、反硝化等，可改变最终由植物所利用的氨基盐的 $\delta^{15}N$(Handly et al, 1999)。凡此种种，如植物 $\delta^{15}N$ 有大于+10‰或小于−10‰的值，不能算不正常，特别是那些近河生长的或生长在湿地中的植物，由于那里的反硝化或富营养条件，其溶解无机氮的 $\delta^{15}N$ 都会比较高(Finlay and Kendall, 2007)。

三、$\delta^{34}S$

陆生植物和土壤 $\delta^{34}S$ 相当宽的变化范围(表 18-1)，一般归因于大气硫输入、当地硫矿来源，或是在无氧条件下的还原过程等所造成(Krous et al, 1991)。在大气硫输入低的地区，植被 $\delta^{34}S$ 一般是土壤硫的反映，但是在输入高的地区，植被 $\delta^{34}S$ 一方面也还反映了二氧化硫通过叶面气孔的直接结合，另一方面则还反映了由于对贫 ^{34}S 气体的生物排放，导致 ^{34}S 富集(Krous et al, 1991; Wadleigh and Blake, 1999)。

四、C∶N

多品种的陆生植物，对于河流中消费者的生长而言，其营养质量有相当宽的变化范围，而 C∶N 比率则提供了有关营养质量特别是对于异养生物营养质量的一个一般性指标。鲜活的和衰老的树叶，其 C∶N 比率的变化范围相当大，平均值在 20 左右(Sterner and Elser, 2002)。低 C∶N 凋落物对于局部河流的消费者是重要食物源，然而高 C∶N 有机物如木屑、土壤有机物、和那些低营养植物的凋落物，在没有经过实质性的细菌作用前，都没有什么营养价值。

第四节　水生植物的同位素组成

一、水生植物同位素组成的复杂性

水生植物包括由此所生成的有机物，其同位素组成的变化范围比起陆生植物来，前者要大得多，也更难预测(Finlay and Kendall, 2007)。究其原因，一方面是由于在淡水系统中，溶解的无机碳(DIC)、无机氮(DIN)和无机硫(DIS)，无论是浓度还是稳定同位素组成，变化范围都比较大。另一方面的原因则还由于水生自养生物的生理多样性，其各种物理的和生物地球化学过程对同位素组成所发生的影响，这些过程控制着 $\delta^{13}C_{DIC}$ 和 $\delta^{15}N_{NO_3}$，而最终也控制着水生植物和有机物悬浮微粒(POM)的 $\delta^{13}C$ 和 $\delta^{15}N$，见图 18-6。图中的箭头方向，表明特定过程的量的增加，由此对于 $\delta^{13}C_{DIC}$ 和 $\delta^{15}N_{NO_3}$ 的影响，也是生态系统中水生植物生长对 $\delta^{13}C$ 和 $\delta^{15}N$ 的影响。例如，由于 NH_4^+ 硝化作用使得 NO_3^- 增加，可能就会引起 $\delta^{15}N_{NO_3}$ 的减少，但通常对 $\delta^{13}C_{DIC}$ 则几乎没有什么影响。又如同化作用可使得

$\delta^{13}C_{DIC}$和$\delta^{15}N_{NO_3}$两者都发生明显增大。图中也标出了若干 C 和 N 的主要源，包括 C3、C4 植物、化肥和粪肥等的$\delta^{13}C$和$\delta^{15}N$范围(Finlay and Kendall，2007)。

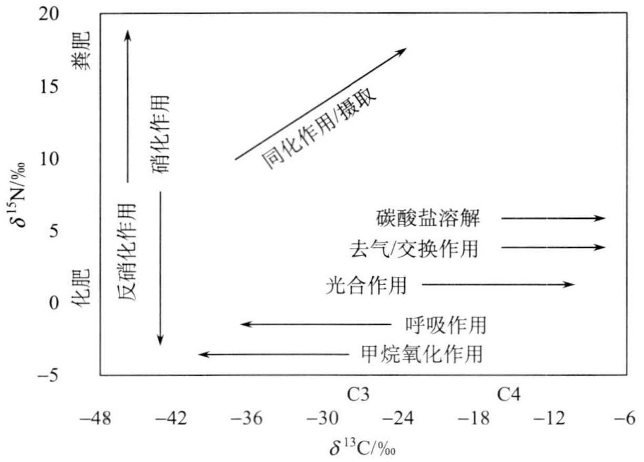

图 18-6　主要生物地球化学过程控制和影响水生植物及 POM$\delta^{13}C$和$\delta^{15}N$的概念模型(Finlay and Kendall，2007)

二、$\delta^{13}C$

对于淡水水生植物和藻类的$\delta^{13}C$，有很大的变化，文献报告的范围在−47‰～−8‰之间。但典型范围要小得多，为−30‰～−20‰(LaZerte and Szalados，1982；Hamilton and Lewis，1992；Schlacher and Wooldridge，1996；Cloern et al，2002；Finlay，2004)。其中大型植物的$\delta^{13}C$会更小，可能是由于它们只分布在河系网的某些特定位置(如静水水域)的缘故。

与陆生植物不同，水生自养生物由 DIC 获取有机碳，并因河水 pH 条件而不同，DIC 主要是水成CO_2(pH<6.4)、HCO_3^-(pH 介于 6.4 和 10.3 之间)和CO_3^{2-}(pH>10)(Finlay and Kendall，2007)。在温带河流观测到$\delta^{13}C_{DIC}$的一般范围在−12‰～−8‰(Mook and Tan，1991；Kendall，1993；Bullen and Kendall，1998；Finlay，2003)。

淡水河流中 DIC 主要的各种源是，大气CO_2，碳酸盐岩溶解和呼吸作用。由海相碳酸盐岩($\delta^{13}C$约为 0‰)形成的碳酸所生成的 DIC，其$\delta^{13}C$的一般范围为 −15‰～−5‰。呼出CO_2的$\delta^{13}C$一般与有机物基质相似(例如对 C3 植物为−27‰)，因而当 DIC 低时，呼吸作用的影响较大，反之就较小(Fry and Sherr，1984)。

影响河水$\delta^{13}C_{DIC}$的因素既有在河流内的过程也有集水区尺度的过程(Finlay and Kendall，2007)。前者包括：CO_2去气以及与大气的交换，河中碳酸盐矿物的溶解和沉淀，光合作用所发生的分馏，以及呼吸作用。后者包括集水区内的植物种类(C3、C4 等)，河床和土壤中的碳酸盐矿物，地下水所占径流的比重。此外还有与上述两类过程都有关的是河水 pH，对 DIC 类型的影响已见前述。

三、$\delta^{15}N$

淡水水生植物的 $\delta^{15}N$ 范围约是 $-15‰\sim+20‰$（Hamilton and Lewis，1992；Angradi，1993；Thorp et al.，1998；Cloern et al.，2002；USGS 在佛罗里达 Everglades 的未刊资料），天然条件在水边带的水生植物以及草本沼泽，其 $\delta^{15}N$ 可能达到极端值，范围在 $-1‰\sim+7‰$。在 Everglades 超过 1000 种水生植物中，周丛植物和附生植物类型的藻类，其 $\delta^{15}N$ 平均值与大型植物的相同为 $+2‰$，这两者都有 $\delta^{15}N$ 的高值达 $+15‰$，然而 $\delta^{15}N$ 的低值却不同，大型植物低到 $-13‰$，而藻类的最低值只有 $-7‰$（USGS 未刊资料）。

非固定型淡水水生植物的只有氮源是 DIN 即 NH_4^+ 和 NO_3^-，其 $\delta^{15}N_{DIN}$ 在环境中有很大的变幅（Kendall et al.，2007）。其典型低值是从固氮或燃烧化石燃料造成的 N 而来，$\delta^{15}N_{DIN}$ 达 $-10‰\sim+5‰$，其典型高值是从动物废弃物或经受强烈反硝化作用所造成的 N 而来，$\delta^{15}N_{DIN}$ 可超过 $+30‰$（Heaton，1986）。DIN 源和汇的变化，实际上控制着河水的 $\delta^{15}N_{DIN}$。

和 $\delta^{13}C_{DIC}$ 类似，影响 $\delta^{15}N_{DIN}$ 的也有河流内的过程和集水区尺度的过程两类（Finlay and Kendall，2007）。前者包括同化作用、硝化和反硝化作用以及矿化作用等。后者包括温度、降水量等气候因素，土地利用，集水区内固氮植物的分布情况，地下水所占径流的比重，使地下水发生还原的条件，河岸带、河底生物带的分布情况等。此外，也有与上述两类过程都有关的是氧化还原情况，对 $\delta^{15}N_{DIN}$ 有着深刻影响，因为它控制着 DIN 的主导类型，是 NO_3^-，NO_2^-，还是 NH_4^+。

四、$\delta^{34}S$

水生植物的 $\delta^{34}S$ 主要被 DIS 的 $\delta^{34}S$ 所控制，受植物分馏的影响较小，据 Everglades 研究的结果，水生植物 $\delta^{34}S$ 有 $+5‰\sim+33‰$ 的范围（Kendall，USGS 未刊资料），与该地另外的研究所得 $\delta^{34}S_{SO_4}$ 的范围相似（Bates et al.，2002）。水生植物 $\delta^{34}S$ 的最高值发生在受硫还原影响的缺氧地带（Kendall et al，2000）。

对湖泊水生生态系统的一个研究表明，其 $\delta^{34}S$ 的变化范围从 $+3.5‰\sim+87‰$，低值发生在深水中，相应的 $\delta^{34}S_{H_2S}$ 变化范围为 $-32‰\sim-11‰$（Nriagu et al，1991）。河水 $\delta^{34}S_{SO_4}$ 也有很宽的范围（$-20‰$ 到 $>+30‰$），但河水的平均值，对北美、欧洲和全球相应为 $+4‰$，$+6‰$ 和 $+7‰$（Nriagu et al，1991）。其他有关硫源如海洋硫的 $\delta^{34}S$ 约为 $+20‰$，大气 $\delta^{34}S_{SO_4}$ 的典型值有 $-5‰\sim+25‰$ 的范围（Wadleigh et al.，1996；Krous and Mayer，2000）。

与 $\delta^{13}C_{DIC}$ 和 $\delta^{15}N_{DIN}$ 类似，影响 $\delta^{34}S_{DIS}\delta$ 的也有河流内的过程和集水区尺度的过程两类（Finlay and Kendall，2007）。前者包括：硫的还原作用和硫的氧化作用。后者包括：土

地利用，土壤、泥沙或基岩中存在硫酸盐或硫化物的情况；地下水所占径流的比重，使地下水发生还原的条件，河岸带、河底生物带的分布情况等。此外，也有与上述两类过程都有关的是氧化还原情况及河水 pH，这两者对 $\delta^{34}S_{DIS}$ 有着深刻影响，因为它控制着 DIS 的主导类型，是 SO_4^{2-}，或是 H_2S。

五、C∶N

淡水浮游植物 C∶N 的文献报告值为 5～8，接近于 Redfield 的海洋浮游植物 C∶N 比值 6.6(Redfield，1958；LaZerte，1983；Harris，1986)。美国俄亥俄(Ohio)河 C∶N 比值为 11～12 的范围(Thorp et al，1998)。密西西比河沿岸带微生物的 C∶N 比值则有 5～15 的范围(Rostad et al，1997)。该河上游在早期 1998 年 8 月采了 70 条小河的悬浮物和藻类样本，悬浮物 C∶N 比值的均值为 9.4(±1.8，样本数 $n=68$)，*Spirogyra* 和 *Cladophora* 的精选样本比值是 11.7(±2.3，$n=68$)，树丛礁岛的周丛植物为 14.6(±3.5，$n=42$)(Kendall，USGS 未刊资料)。上述 Everglades 研究，各种沉水大型植物和周丛植物，其 C∶N 比值的中值相应为 22($n=490$)和 16($n=640$)，那些老的、木质的或还有部分已退化的水生植物，C∶N 比值可大于 80(Kendall，USGS 未刊资料)。对旧金山湾淡水、微咸水和咸水生态系统约 900 个植物样本的研究表明，C∶N 重量比值范围从 10 到大于 100(Cloern et al，2002)。总而言之，对于各种类型的水生植物，C∶N 比值的范围相当宽，但一般情况下浮游生物为 5～8 的比值范围，远低于周丛植物和大型植物的 10～30范围。然而，水生植物和陆生植物的 C∶N 比值范围有相当部分是彼此重叠的(Finlay and Kendall，2007)。

第五节　河系天然有机源稳定同位素组成的变化

河流和河边(水边)带中各种天然有机源的稳定同位素组成，由于受到发生在集水区内各种物理的、生物地球化学的和生物生理过程的诸多影响，再加上环境条件、有机物源类型和丰度等方面的种种影响，往往发生很大变化，综合反映为水系空间的和季节性时程的明显变化(Finlay and Kendall，2007)。

一、空 间 变 化

空间变化主要有三种类型：与流域尺度有关的纵向变化，与流速有关的水流坡降变化，以及与人为活动有关的变化。这些类型也反映着系统中溶解无机物的同位素组成，因为那些生活于河系中的各种有机物，正是由这些溶解无机物积聚演变而来。

(一) $\delta^{13}C$

前述河流连续体概念(图 18-2)表达了河系中有机 C 随集水面积的系统性变化。图

18-7 是这一概念的具体化，从面积很小的河源小集水区直到流域面积很大的江河。对于河流有机物库而言，陆源碎屑、腐屑是其主要来源，对 C3 类作物其 $\delta^{13}C$ 有着相对固定的值为－28.2±0.2‰，与河流流域面积没有确定性关系，因为水中腐屑库是陆源腐屑 $\delta^{13}C$ 在时间和空间上的积分结果。但是其他有机源却并非如此。例如，温带一些小流域河流中藻类的 $\delta^{13}C$，其含量可从上游溪流和泉中的－47.0‰到下游成为江河水的－8‰，正是如图 18-7 那样的类型。河流 $\delta^{13}C$ 的这种纵向变化，实际上与河系 CO_2 浓度的纵向变化有关。换言之，是 CO_2 掌控着上述陆源有机物和藻类 $\delta^{13}C$ 的差异。在河源溪流中，CO_2 浓度因为有土壤和地下水输入而较高，藻类生长率以及 $\delta^{13}C_{DIC}$ 就都较低，这导致藻类 $\delta^{13}C$ 低于上述陆源腐屑的 $\delta^{13}C$ 值。随着流域面积加大，藻类 $\delta^{13}C$ 值也随之增大。这是由于发生了其他一些过程而形成综合影响的结果，包括：低 CO_2 浓度发生的分馏作用较低；藻类生长率加大；因汲取 DIC 而使 $\delta^{13}C_{DIC}$ 加大；或许还与大气 CO_2 发生交换等。而对于更大流域面积的大江大河而言，由于大量异养生物得到发展，在这种情况下，藻类 $\delta^{13}C$ 反而可能会降低。图 18-7 中数据所依据样本的代表性经过严格选择。藻类都是采集生态系统中的可食用藻类，通常是岩石或石块面上所生的硅藻或固着于水中基质上的周丛生物。在有些情况下，并不直接采集藻类进行测验，而是使用某些食草小生物作为代替，因为实际上有些藻类如苔藓、红藻等都不为所食(Finlay and Kendall，2007)。

沿河而下，河床形态和断面平均流速会有很大不同，这是由于基岩地质、流域坡度、泥沙条件等许多因素综合影响的结果。流速对藻类 $\delta^{13}C$ 的影响往往是负相关，即流速越大，藻类 $\delta^{13}C$ 会趋小。

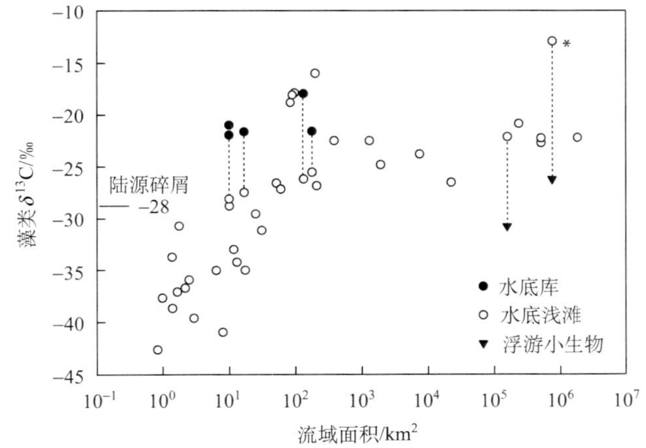

图 18-7　温带河流和河边带中自养天然有机源 $\delta^{13}C$ 在夏季的空间变化(Finlayand Kendall，2007)
点线为成对的样本；* 为不同时间和采样位置

(二) $\delta^{15}N$

有许多因素可导致河流和河边带水生生物 $\delta^{15}N$ 产生沿河的纵向变化。实际上，对于氮循环的任何天然和人为的变动，都会引起其 $\delta^{15}N$ 的变化甚至会是剧烈的变化。

人为活动影响在河系中往往是无处不在的，这在以下各节还要作进一步的讨论。除了污水排放和农田径流等这些有时对水生生物 $\delta^{15}N$ 起决定性作用的因素外，需要注意的是，水库塘坝使氧化还原条件发生变化，对此也有一定影响(Kendall et al, 2000, 2001)。

天然因素中，除了沿河因水力条件、河床条件的影响外，还有海洋影响的因素。

$\delta^{15}N$ 空间变化一个实例(图 18-8)，是 San Joaquin 河从上游溪流开始向下游经其三角洲湿地直到旧金山海湾口金门大桥总距离超过 100 km 中，硝酸盐浓度、其 $\delta^{15}N$，以及以藻类为主的有机物悬浮微粒(POM)$\delta^{15}N$ 的比较(Kendall，USGS 未发表资料)。由图可见，在河系部分(包括河流和河边带)河水硝酸盐浓度较高，有机悬浮物(POM)的 $\delta^{15}N$ 较之硝酸盐的 $\delta^{15}N$($\delta^{15}N_{NO_3}$)，一般要低 4‰～5‰，很可能就是由于农业活动的输入而造成的。与此不同的是在海湾口部分，硝酸盐浓度很低，会使光合作用受限(Wankel et al, 2006)。表现为上述两者之间的差异缩小。在三角洲湿地范围内，其间的关系就复杂得多了，这是由于三角洲有多汊河床，因潮汐而有海水混合，再加上有未经充分氧化处理的废水排放(在图中 WWTP 处)而增加了氨输入，氨的硝化使硝酸盐的 $\delta^{15}N$ 减小，于是藻类在汲取了 ^{15}N 发生富集的剩余物后，其 $\delta^{15}N$ 则大为增高。图中 23 号位置处 NO_3^- 减小和随后 $\delta^{15}N$ 的峰值，则是由于在与支流汇合处藻类生长繁盛所致。

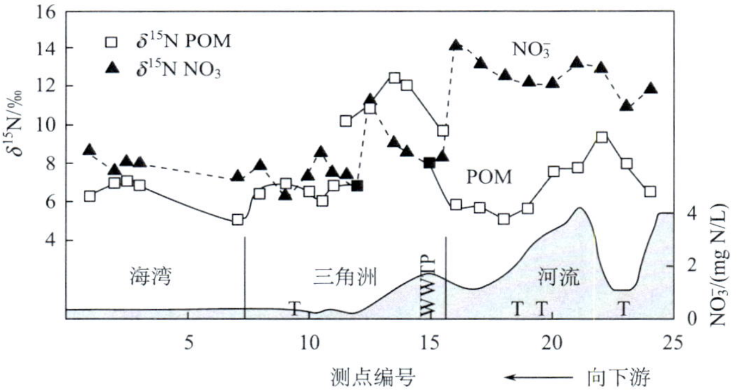

图 18-8　San Joaquin 河河水 NO_3^- 浓度、硝酸盐和有机物悬浮微粒(POM)的 $\delta^{15}N$

(Kendall C，USGS 未发表资料)

T 为支流汇入处；WWTP 为废水处理厂

(三) $\delta^{34}S$

相对于上述 $\delta^{13}C$ 和 $\delta^{15}N$，对 $\delta^{34}S$ 的空间分布就了解得很少了。有一点是肯定的，即河流中使得 $\delta^{34}S$ 发生沿河纵向变化的原因，可能有以下三方面：近海影响；基岩地质条件；氧化还原条件(Finlay and Kendall, 2007)。

硫同位素对于示踪海-陆交界处有机物分布还是很有效，这是因为富 ^{34}S 的硫酸盐往往可深入内陆达几百公里之遥。例如靠近海洋的海相硫酸盐和植被其 $\delta^{34}S$ 约为＋20‰，但在深入内陆约 100 km 后，降为＋6‰(Wadleigh and Blake, 1999)。因而，正由于 $\delta^{34}S$ 存在这样大的反差，才用以区分在近海环境下食物链中的陆源和海源组成(Connolly et al, 2003)或海源养分对近海集水区有机物的贡献(MacAvoy et al, 1998)。

沿河而下由于河流流经不同的地质单元，特别是遇有硫化物矿时，可对河水 $\delta^{34}S$ 产生重要影响。硫化物氧化可引起河系中以及与之有关的水生植物中 $\delta^{34}S$ 趋贫(Hitchon and Krouse, 1972)。中国乌江、沅江水系河水不同季节的 $\delta^{34}S$，则是碳酸盐岩的硫酸风化、碳酸风化和石膏溶解这三者组合影响的结果(刘从强等，2007)。

还原条件下因硫酸盐还原而产生具有低 $\delta^{34}S$ 值的 H_2S，它可能就被同化而进入植被和水生生物(Nriagu et al, 1991)。这形成了常规概念，即随着硫酸盐还原和贫 $\delta^{34}S$ 的 H_2S 增强，有关生物区系会有较低的 $\delta^{34}S$ 值。这样的还原条件既可发生在湿地、湖沼、水库，也可发生在地下水中，最终影响河水。然而与此相左的是，在对 Everglades 的实验中，却发现藻类和鱼类的 $\delta^{34}S$ 却因富营养程度和硫酸盐还原过程的增强而增大(Kendall et al, 2000)。

二、时程变化

(一) 藻类 $\delta^{13}C$ 的季节变化和分馏影响

溪流和河流中 $\delta^{13}C_{DIC}$ 一般都有明显的季节变化，一方面是源于各种外源，另一方面还源于水生植物自身的代谢作用。从而对于 $\delta^{13}C$ 的分馏影响，主要发生在对碳的摄取以及在发生同化作用的过程中，且水生和陆生植物两者也有着很大差异。这些是在河、湖中观测到藻类 $\delta^{13}C$ 有很大季节变化的根本原因。

藻类等水生植物通常使用两类 DIC 即溶解 CO_2 和 HCO_3^-。这两者的 $\delta^{13}C$ 受控于与温度有关的平衡反应，当温度在 0～35℃时，相应溶解 CO_2 的 $\delta^{13}C$ 要比 HCO_3^- 的小 6‰～11‰之多(Mook et al, 1974)。在 CO_2 不足时，有些藻类如在流水中生长的硅藻、绿藻等看来能自动转向使用 HCO_3^- (Raven and Beardall, 1981)，从而发生分馏。有些如蓝藻可自动收集 CO_2 来应用，发生的分馏就很小(Goericke et al, 1994)。而红藻、苔藓等则固性地应用 CO_2。所以，由于应用 DIC 的不同类型，可使其 $\delta^{13}C_{DIC}$ 有很大变幅(Finlay and Kendall, 2007)。

水生植物在光合作用过程中所发生的同位素分馏，主要取决于水中 CO_2 浓度和扩散率以及水生植物的生长速率(Laws et al, 1995)。一般而言，当生长速率低下即所需 CO_2 较少、而此时溶解 CO_2 的有效性还高时，则 $\delta^{13}C_{DIC}$ 和水生植物之间的分馏最大。但当生长速率很高而水中 CO_2 显得不足时，如前所述有些藻类转而利用高 $\delta^{13}C$ 的 HCO_3^-。这也许可解释图 18-9 中藻类在春、夏时其 $\delta^{13}C$ 的增大，此时藻类生长快而 CO_2 则由于被不断汲取而不足。对此还有一种机制是当藻类不断增殖繁盛时，因光合作用使 DIC 库不断消耗，从而使得其剩余 DIC 因分馏而富集 $\delta^{13}C$，其结果就有相应的 $\delta^{13}C$ 增大，而构成有约 5%的变幅。

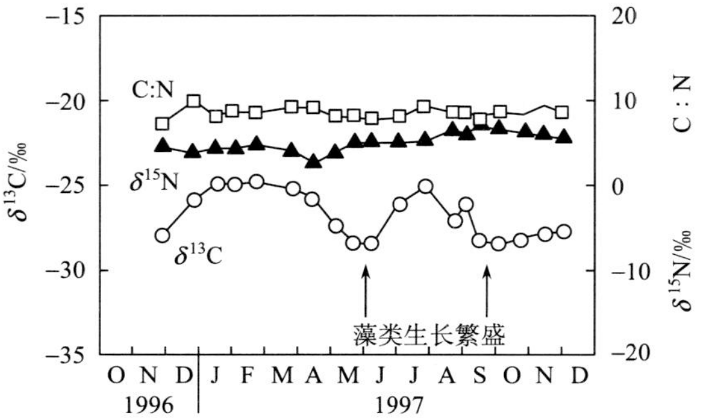

图 18-9　美国 Yazoo 河中 POM 的 $\delta^{13}C$、$\delta^{15}N$ 和 C∶N(原子比)的时程变化(Kendall et al，2001；Finlay and Kendall，2007)

图 18-9 还有在同时段内 POM 的 C∶N 和 $\delta^{15}N$ 的时程变化。有意义的是，其 C∶N 的时程变化很小，平均为 8.5。从上节讨论可见，这 POM 主要是由藻类构成。相比于 $\delta^{13}C$ 的时程变化，$\delta^{15}N$ 的时程变化也相当小而几近常数，这反映了在同化过程中 DIC 库和 NO_3^- 库不同的分馏影响(Kendall et al.，2001)。

上例讨论的是河流中的生物作用即上述藻类生长过程与代谢作用有相当强势的情况，这时从流域外源来的 $\delta^{13}C_{DIC}$ 的季节影响可能就被掩盖了。但是，对于流域上游的那些溪流流域而言，就不是这样了。那里外源生物碎屑、腐屑的输入相对较高，而藻类的同化代谢仅以呼吸为主，那么夏季呼吸率最高时，藻类 $\delta^{13}C$ 将趋低下，例见图 18-10(Kendall，1993；Finlay and Kendall，2007)。图中具有约 1.5 水文年的流量过程(图中 a)，相应的河水溶解无机碳 DIC 每周一次的 $\delta^{13}C_{DIC}$ 过程(图中 b)，而碱度过程(图中 c)即近似为河水的 DIC 过程，图中 d 则是 DIC 中来自 CO_2 和方解石的相对贡献，是按 CO_2 的 $\delta^{13}C$ 为 −21‰、方解石($CaCO_3$)的 $\delta^{13}C$ 为 −5‰进行估算的结果。图 18-10 的结果，表明该流域在降雨径流过程中，其流量过程与 $\delta^{13}C_{DIC}$ 过程有密切的相关关系，反映了土壤水和地下水对流域流量过程贡献的相对比例关系。然而图中 d 则表明了 DIC 中由土壤 $\delta^{13}C_{DIC}$ 与方解石贡献的相对比例。还可以看到一个现象是，在夏季时当河水中 $\delta^{13}C_{DIC}$ 值升高时(图中 b)，河水中 CO_2 浓度则下降(图中 d)，这正是由于光合作用强烈的影响，因而在深秋时节，光合作用减弱、呼吸作用增强、CO_2 浓度升高，而 $\delta^{13}C_{DIC}$ 值则下降(Kendall，1993；Atekwana and Krishnamur-

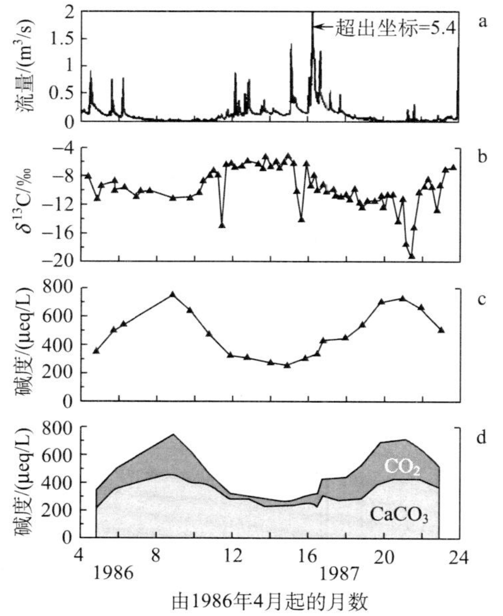

图 18-10　美国 Hunting 溪 1986～1987 年的流量过程、河水溶解无机碳 $\delta^{13}C$ 和碱度过程(Kendall et al，2001；Finlay and Kendall，2007)

thy, 1998; Finlay, 2003)。这里就没有上例藻类生长的影响了。

(二) 藻类 $\delta^{15}N$ 的季节变化和分馏影响

由于河流中水流、溶解无机氮 DIN 及其 $\delta^{15}N_{DIN}$ 的时程变化，以及河流中一些生物地球化学过程的参与，因而河水 $\delta^{15}N_{DIN}$ 通常也都有其时程变化。

如同上述碳同位素那样，水生植物 $\delta^{15}N$ 的分馏，也与其对氮的需求以及 DIN 的供应情况有关。然而对淡水系统藻类的氮同位素分馏，却远没有对陆源植物或海源植物了解得那么多(Finlay and Kendall, 2007)。在氮源有限的情况下，无论是陆源或水源植物在汲取 DIN 的过程中，对 $\delta^{15}N_{DIN}$ 一般不引起分馏或只有很小的分馏，但是在氮源富足的条件下，这一情况会很快发生变化(Casciotti et al, 2002; Granger et al, 2004; Needoba et al, 2004)。在美国大湖区曾提出了一个概念模型，认为生物悬浮物的 $\delta^{15}N$ 受控于两个过程的平衡情况，汲取 NH_4^+ 则增大 $\delta^{15}N$，而汲取 NO_3^- 则使之减小(McCusker et al, 1999)。

在山区溪流中藻类的影响相对要小，如 McCutchan 和 Lewis (2002)在落基山 4 个不同高度和不同面积的集水区进行的研究，只有一个有藻类 $\delta^{15}N$ 的季节性变化，在融雪前达最高值而整个夏季都在下降。而在美国的一些大河中，以藻类为主的 POM 中，其 $\delta^{15}N$ 虽有季节性变化，却较轻微(Kendall et al, 2001)。而随后对该地 40 条河流多年的研究，却发现有不少河流存在有 $\delta^{15}N$ 的明显季节变化，但 $\delta^{15}N$ 的变幅往往与河流的流量变化相应(Kendall, USGS 未刊资料, 1998-2005)。在有些情况下(前例，图 18-9)，DIN 浓度相当高，这些 DIN 源如此充足且接近常数，因而即使庞大的藻类生长繁盛，也不至于引起 DIN 库减小而使得藻类 $\delta^{15}N$ 发生变化。

(三) 水生植物 $\delta^{34}S$ 的季节变化和分馏影响

植物利用的溶解无机硫 DIS 主要是硫酸盐，特别在硫化物浓度低的环境条件下更是如此。但是在硫化物浓度明显高的环境条件下，H_2S 却抑制植物去汲取硫酸盐(Brunold and Erismann, 1975)。在大多数情况下，因同化作用发生的硫酸盐减少，并没有明显的分馏发生。对于水生植物，分馏的典型范围仅在 0%～3‰之间(Nriagu et al, 1991)。

(四) 藻类 $\delta^{13}C$ 和 $\delta^{15}N$ 的昼夜变化

温度、氧化还原势、光合作用和呼吸作用的昼夜周期变化，必能导致水中许多要素如 pH、DIC、电导度、O_2 和 CO_2 等溶解气体、各种大量与痕量元素的周期变化。很有意义的是，$\delta^{18}O_{O_2}$ 和 $\delta^{13}C_{DIC}$ 昼夜周期变化的关系，例如 Monata 州一条小河 $\delta^{18}O_{O_2}$ 和 $\delta^{13}C_{DIC}$ 的昼夜周期变化幅度相应为 14‰和 2‰，其最低值 $\delta^{18}O_{O_2}$ 出现在正午而 $\delta^{13}C_{DIC}$ 却是在破晓时分(Parker, et al, 2005)。美国 San Joaquin 河中藻类的 $\delta^{13}C$ 和 $\delta^{15}N$、硝酸盐的 $\delta^{15}N$ 和 $\delta^{18}O$ 以及 $\delta^{13}C_{DIC}$ 的变幅都是 2‰，但 $\delta^{18}O_{O_2}$ 的却大于 10‰。还有工作表明，$\delta^{18}O$ 的昼夜周期变化样式可由一些参数包括光合作用与呼吸之比、气体交换率、温度、分馏等得到解释(Venkiteswaran et al, 待印)。看来，$\delta^{18}O_{O_2}$ 以及其他组分的同位素组成，可能会是水生生态系统有用的生物地球化学信息(Finlay and Kendall, 2007)。

(五) 湿地藻类的同位素变化

在美国 Everglades 湿地藻类 $\delta^{13}C$ 和 $\delta^{15}N$ 的时程变化研究中发现，$\delta^{13}C$ 值和 $\delta^{15}N$ 值之间有肯定的反比关系，其空间分布也是这样(Kendall et al, 2000)。其成因可能是一连串的耦联反应，包括：呼吸和反硝化、呼吸和矿化、甲烷形成和氧化及反硝化等。当湿地水位低时，藻类 $\delta^{13}C$ 比在水位高时要低，即旱季时呼吸作用的影响会超过与大气交换的影响。另外，在富营养化面积发展时，低 $\delta^{13}C$、高 $\delta^{15}N$ 和高 $\delta^{34}S$ 同时发生，这就支持了这样的理论：在湿地环境中，氧化还原的时程和空间变化是生物区系同位素组成的主要控制因素，见图 18-11(Kendall et al, 2000)。

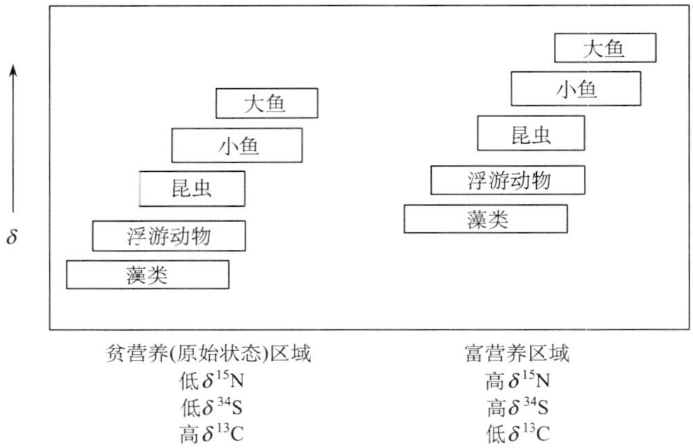

图 18-11　贫营养化(原始状态)和富营养化条件下初级生产者 $\delta^{13}C$、$\delta^{15}N$ 和 $\delta^{34}S$ 对整个食物链同位素组成的影响示意图(美国 Everglades 湿地)(Kendall et al, 2000)

Ⅱ　淡水生态系统有机物人为源的稳定同位素示踪

第六节　氮源的同位素组成

进入生态系统的各种氮源其 $\delta^{15}N_{NO_3}$ 和 $\delta^{18}O_{NO_3}$ 值有着相当宽的范围。早先只有降水 $\delta^{15}N$ 资料，此后实验室分析方法有了很大改进，20 世纪 90 年代中期 Kendall 首先发展和应用了硝酸银方法(Kendall et al, 1995a, b; Wassenaar, 1995)，十几年后的 2000 年代中期，又发展了脱氮剂方法(Sigman et al, 2001;Casciotti et al, 2002)，于是就有了更多 $\delta^{15}N_{NO_3}$ 和 $\delta^{18}O_{NO_3}$ 的分析资料，特别是 Kendall(1998)和 Fogg 等(1998)的许多资料，使得对各种氮源其 $\delta^{15}N_{NO_3}$ 和 $\delta^{18}O_{NO_3}$ 值的一般关系，特别是对大气氮的这一关系有了新的认识(图 18-12)。图中把使用上述两种方法所得到的大气氮的范围都标出了(对其不同结果的讨论见本节之二)。图中两个箭头是表示当起点为 $\delta^{15}N$ 为+6‰、$\delta^{18}O$ 为−9‰时，硝酸盐反硝化时，$\delta^{15}N_{NO_3}$ 和 $\delta^{18}O_{NO_3}$ 变化的可能斜率。

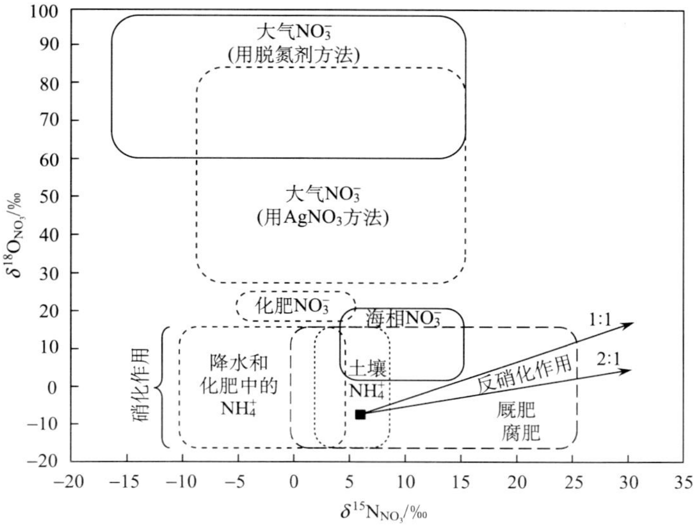

图 18-12 各种氮源 $\delta^{15}N_{NO_3}$ 和 $\delta^{18}O_{NO_3}$ 的典型值(Kendall et al.，2007)

一、大气氮氧化合物各类源的同位素组成

许多天然过程和人为活动都将各种类型的氮氧化合物 NO_x 释入大气。而各种 NO_x 的 $\delta^{15}N$,则是几十年来已经认定了的是一个识别大气污染的有用指标(Kendall et al.，2007)。

进入大气 NO_x 的各种人为源,是全球输入大气的最大宗 NO_x 来源。有移动和固定的两类,燃烧化石燃料。其 $\delta^{15}N$ 一般有正值,汽车废气报告为＋3.7‰(Moore,1977),由路边植物得＋3.8‰(Person et al,2000),由路边裸土得＋5.7‰(Ammann et al.，1999)等,只 Heaton (1990)得出汽车废气为－13‰～－2‰。对燃煤电厂废气,$\delta^{15}N$ 为＋6‰～＋13‰(Heaton，1990),＋4.8‰～＋9.6(Kiga et al，2000)。一般认为 NO_x 的 $\delta^{15}N$ 值,主要与燃料初始的含氮量以及氮在高温时氧化而产生热 NO_x 的过程中所发生的分馏有关。一般也认为,移动源如汽车排放 NO_x 的 $\delta^{15}N$ 要低于固定源如电厂排放的。

进入大气 NO_x 的各种天然源,包括闪电生成、土壤生物作用排放和生物体转化的排放等。其 $\delta^{15}N$ 并不如人为源的那么肯定。但认为原有状态地区的 $\delta^{15}N_{NO_3}$ 要低于高污染地区的。伴随闪电高温形成的 NO_x 是天然 NO_x 的另一主角,由实验室得出其 $\delta^{15}N_{NO_3}$ 范围为－0.5‰到＋1.4‰(Hoering，1957)。对于土壤生物作用排放和生物体转化排放虽无直接资料,但可从硝化或反硝化过程所得的挥发性副产品中,推断其 $\delta^{15}N<0‰$,因为挥发过程优于 ^{14}N。

总之,现有研究一般认为,NO_x 天然源的 $\delta^{15}N$ 较之人为源的 $\delta^{15}N$,前者要低。

二、大气湿沉降(降水)中的 $\delta^{15}N$ 和 $\delta^{18}O$ 及其变化

(一) 大气湿沉降(降水)中的 $\delta^{15}N$ 及其变化

湿沉降指的是以降水(包括雨、雪、雾等)的方式将大气氮转移到地球表面的所有过程(Seinfeld and Pandis, 1998)。大气中复杂的化学反应使得含氮化合物的 $\delta^{15}N$ 有相当大的变幅,这取决于许多因素。包括:所参与的反应物,季节和气候条件,降水中 NH_4^+ 与 NO_3^- 的比值,人为输入的类型,是否临近污染源,离海距离等等(Kendall et al., 2007)。

一些早期研究表明,降水的 $\delta^{15}N_{NO_3}$ 有其季节周期,一般春、夏季有低值而冬季有高值(Freyer, 1978, 1991; Freyer et al., 1993; Russell et al., 1998; Heaton, 1986, 1990)。在格陵兰的研究,则是春、夏雪盖的 $\delta^{15}N$ 较高而秋、冬季雪盖的为低(Hastings et al., 2004)。对纽约超过 100 场降水的研究(Elliott et al., 2004,未发表),发现 $\delta^{15}N$ 不仅有相当大的季节变化,而且还有降水过程中的变化。冬季降水的平均 $\delta^{15}N$ 要比夏季的高出约 5‰,而在降水过程的变化则认为与气团的源地有关。另有百慕大群岛 65 个降水水样的研究(Hastings et al, 2003),却是冬季 $\delta^{15}N$ 较低(−5.9‰)而暖季较高(−2.1‰)。

美国于是对其 150 个雨量站降水中 $\delta^{15}N_{NO_3}$ 的空间和时间变化作了有 883 个水样的研究(Elliott et al, 2006)。即使在这样大的范围中,季节性变化还是很明显,1 月到 2 月的平均 $\delta^{15}N$ 较之 5 月到 6 月的平均 $\delta^{15}N$,要高出 3‰。并在全国范围发现了一些低值和高值区。

(二) 大气湿沉降(降水)中 NO_3^- 的 $\delta^{18}O$ 及其变化

对此,在 1980 年前还没有分析方法。此后降水中硝酸盐 $\delta^{18}O$ 的一些数据 $\delta^{18}O_{NO_3}$ 的范围为+14‰~+75‰(Kendall,1998)。近期在上述全美 150 个测站、883 个降水数据的分析中,其 $\delta^{18}O_{NO_3}$ 的范围为+63‰~+94‰,平均值是+76.3‰(Elliott et al., 2006)。迄今所有应用脱氮剂方法的降水 $\delta^{18}O_{NO_3}$ 都大于+60‰(见图 18-12)。这有相当部分高于以前应用 $AgNO_3$ 方法所得到的结果(图 18-12)。究其原因,可能是在低降水时应用 $AgNO_3$ 方法过程中,与玻璃中的 O 发生了交换,或是在过程中受了其他含 O 材料的污染,从而使得测验所得范围偏低(Revesz and Bohlke, 2002)。

三、大气干沉降中的 $\delta^{15}N$ 及其变化

干沉降定义为,不通过降水而直接迁移到陆面的大气气态浮质和液、固态微粒(Seinfeld and Pandis, 1998)。这可包括干气和干气溶胶,前者有 HNO_3 烟雾、NH_3、NO_2、硝酸过氧化乙酰硝酸盐(PAN)等,后者包括 NO_3^- 和 NH_4^+。干沉降是干旱地区氮沉降的主要形式,但在美国东部也占有总氮沉降的 20%~50%之多(Butler et al., 2005)。

干沉降中 NO_3^- 和 NH_4^+ 的 $\delta^{15}N$ 通常要比湿沉降的为高。NO 或 NO_2 气体与溶解 NO_3 发生平衡交换反应时,将使 NO_3 富集 ^{15}N。近期在法国的研究(Widory,2007),分析

了直径小于10μM微粒中其氮主体(NO_3^- + NH_4^+)的$\delta^{15}N$,求得由不同燃料所形成的微粒以重油的为最低(−7.8‰),无铅柴油的为+4.6‰,煤的为+5.3‰,天然气的为+7.7‰,而垃圾焚烧形成的则为+6.7‰。Yeatman等(2001)对英国和爱尔兰沿海气溶胶的测验结果,表明气溶胶的$\delta^{15}N_{NH_4}$和$\delta^{15}N_{NO_3}$在不同环境条件下有所不同,靠近畜牧场的都相似,分别为+13.5‰和+10.6‰,靠近公路的分别为+3.6‰和+11‰,而在旷野与此相近分别为+4.5‰和+11‰(Kendall et al, 2007)。

四、大气沉降中的$\delta^{17}O$和$\Delta^{17}O$

在第三章中讨论的同位素分馏与同位素的质量有关,这种分馏称为同位素的质量相关分馏(MDF),$\delta^{18}O$和$\delta^{17}O$有着肯定的关系即$\delta^{17}O = 0.52 \times \delta^{18}O$。然而臭氧($O_3$)形成却显示有其独特的动力分馏效应,其产生的$\delta^{17}O$不遵循上述关系而更高(接近于$\delta^{17}O = \delta^{18}O$),这样的质量不相关分馏(MIF),具有$\delta^{17}O$异常(或过量)。图18-13为用以说明此概念的所谓三氧同位素图。图中$\delta^{17}O = 0.52 \times \delta^{18}O$线实际上是所有含氧过程的质量相关分馏的相互关系,在硝化过程产生的NO_3^-等,也可近似于上式。与此不同,MIF过程将偏离此线并位于此线之上,形成$\Delta^{17}O$偏离。所以,MDF的$\Delta^{17}O = 0$,而MIF的$\Delta^{17}O \neq 0$,其值则>0‰,这成为涉及源于大气过程而与氧有关的一种有效示踪方法(Kendall et al, 2007)。

近来的看法是,大气硝酸盐在与对流层具有$\Delta^{17}O$约为+35‰的臭氧发生化学反应,由此得到了较高的$\delta^{17}O$和$\delta^{18}O$(Johnston and Thiemens, 1997),实际上已经测到过大气硝酸盐$\Delta^{17}O$为+30‰的高值(Wankel, 2006)。南加州气溶胶硝酸盐$\Delta^{17}O$有+20‰～+30‰的季节变化,对此的解释是,春、夏主导的是产生硝酸的$OH^* + NO_2$反应,而冬季则转为以N_2O_5为主的水解反应(Michalski et al, 2003)。图18-14为两月一次的降水水样得到的$\Delta^{17}O$季节变化样式,$\Delta^{17}O$与$\delta^{18}O_{NO_3}$之间有很好的相关关系(Wankel, 2006),这表明NO_x因不同季节与OH^*或O_3发生了不同比例的氧化作用。

大气NO_3^-不为零的$\Delta^{17}O$,也是一种对氮循环的独特示踪方法(Kendall et al, 2007)。另见本章第九节。

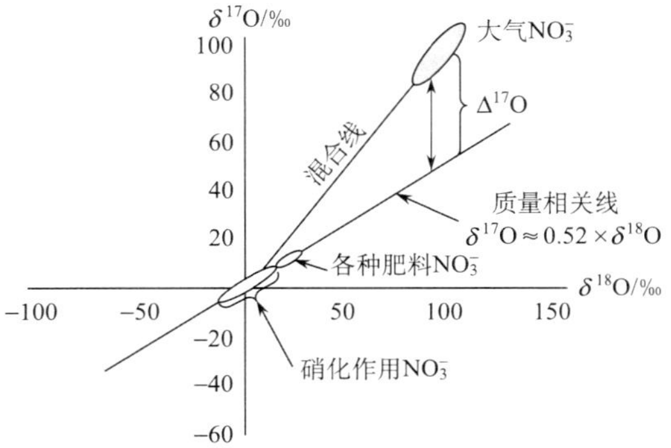

图18-13　$\delta^{18}O$和$\delta^{17}O$关系示意图(Michalski et al, 2002; Kendall et al, 2007)

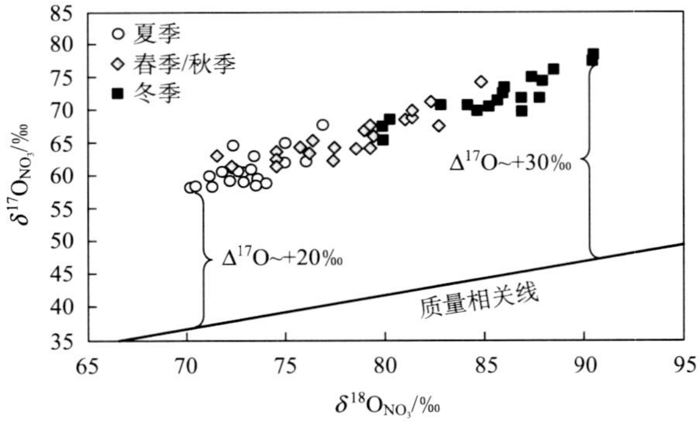

图 18-14　美国东北部降水 $\Delta^{17}O$ 的季节变化（Wankel and Kendall，USGS 未刊资料）

五、非燃料氮源的 $\delta^{15}N$ 和 $\delta^{18}O$ 及其变化

前已讨论了因燃烧化石燃料进入大气 NO_x 的人为氮源。此外，还有几种非燃料氮源，包括各种肥料、人畜垃圾等。

无机化肥的 $\delta^{15}N$ 值较低也较均匀，反映了其大气氮的性质（图 18-12），一般范围为 −4‰～+4‰，但也有的在 −8‰～+7‰范围（Vitoria et al.，2004）。硝态氮肥的 $\delta^{15}N$ 一般略高于铵态氮肥。

有机肥包括肥田农作物、作为堆肥、液态和固态的动物粪便等垃圾等，与无机肥相比，前者一般有较高的 $\delta^{15}N$ 值和相当宽的变幅，如 +2‰～+30‰。

关于肥料中硝酸盐的 $\delta^{18}O$，由于合成化肥中的 O 主要地是来自大气氧，其 $\delta^{18}O$ 的变幅为 +17‰～+25‰（Bohlke et al.，2003）。铵态氮肥有较低的 $\delta^{18}O$，一般变幅为 −5‰～+15‰。

六、影响溶解无机氮同位素组成的过程

要对水生系统各种氮源有效地应用同位素示踪，必须要了解生物地球化学循环是如何影响各种形式无机氮同位素组成的。

关于同位素分馏的基本原理，已在本书第三章和第七章讨论了。关于控制生态系统氮动态的主要中间生物反应包括：固氮、同化、矿化、硝化、反硝化等作用。有关这些过程及其对同位素组成的分馏影响，在本书第十一章地下水污染中已有讨论。以上均不再赘述，请读者参阅相关章节。

第七节　氮循环中天然和人为混合氮源的同位素划分

对氮循环中各种混合组分的划分，在理想情况下，可以使用图 18-12 的关系直接进行。一种情况是：不同氮源其 $\delta^{15}N_{NO_3}$ 值有明显区别，如化肥和粪肥；或是其 $\delta^{18}O_{NO_3}$ 值有

明显区别，如大气的和细菌的 NO_3^- 。另一种情况则是：两者的 $\delta^{15}N_{NO_3}$ 值相互重叠，但其 $\delta^{18}O_{NO_3}$ 值却明显不同，如由硝态化肥发生的和大气源的 NO_3^-，或两者的 $\delta^{18}O_{NO_3}$ 值相互重叠，但其 $\delta^{15}N_{NO_3}$ 值却明显不同，如铵态化肥和动物粪的硝酸盐。虽然如此，这些其实都只是不同源的简单混合。因为氮循环一般并不仅是一些源的简单混合，许多生物过程就有各自的反应步骤，而有一系列的同位素分馏影响。因此，对这样的混合系统进行同位素划分，除了上述不同氮源其同位素组成往往相互重叠之外，还有时程和空间上的变化，特别是同位素分馏会把本来可以相互区分的同位素组成变得模糊不清。这一方面说明，图 18-12 可以是、也必然是进行同位素划分的一个有用途径，有些混合系统也许就可以直接由此得到划分，但在许多情况下，图 18-12 只能作为起点，要解决分布影响和分馏影响，只有使用除 $\delta^{15}N_{NO_3}$ 和 $\delta^{18}O_{NO_3}$ 以外更多其他同位素的帮助即多元同位素方法，然而必须要从 $\delta^{15}N_{NO_3}$ 开始。这将另节讨论。

以下关于一些不同氮源的划分讨论，一方面对划分是否能成功，实际上还是有条件的；而另一方面，所谓“成功”，是指对划分如果能获得约有±20%的估算，就算是成功定量了（Kendall et al.，2007）。

一、地下水和土壤水中化肥和垃圾组分的划分

垃圾组分主要是指动物垃圾、人们的生活垃圾，另外也包括了从化粪池和污水处理厂排出的污水。在中国农村，地下水和土壤水中的氮源，可能主要是化肥，也有些堆肥组分，很少有上述另外的部分。而在城市，则主要的是后者了。

一般情况下，应用 $\delta^{15}N_{NO_3}$ 就可以成功进行划分（Kendall et al.，2007）。成功的条件是：①化肥是硝态、氨态或尿素，而不是绿肥或堆肥（堆积的粪肥）；②土壤有机物里的 NO_3^- 相对而言不重要；③在地下水和土壤水中，不发生反硝化作用。这意味着地下水中需要有足够的氧化条件，否则就需要考虑发生反硝化作用的可能性。

这样，$\delta^{18}O_{NO_3}$ 就并不重要，由于 $\delta^{15}N_{NO_3}$ 已经有足够大的差异（图 18-12），如果所用化肥主要是氨态的话，$\delta^{18}O_{NO_3}$ 就不一定有用。但是在以下情况下，建议要施测 $\delta^{18}O_{NO_3}$：①地下水和土壤水的 $\delta^{18}O_{H_2O}$ 之间有相当的差异；②地下水和土壤层的 $\delta^{18}O_{O_2}$ 之间有相当的差异，此时将发生硝化作用。

当然，如果再加上与这些源有关的其他同位素（见下节）或水化学示踪剂，则可对划分定量有进一步的改善（Curt et al.，2004；Victoria，2004；Vitoria et al.，2004；Widory et al.，2004）。

二、地面水中化肥和垃圾组分的划分

要在溪水、河水和排水中划分化肥和垃圾组分，只使用 $\delta^{15}N_{NO_3}$ 能提供半定量到定量的估算结果（Kendall et al，2007）。其条件是：①化肥是硝态、氨态或尿素同上；②土壤有

机物里的 NO_3^- 相对而言不重要，同上；③排除在水边带和交错带中存在有反硝化作用，与上述类似；④浮游植物汲取的硝酸盐为最低（或加分馏校正）；⑤溪流和河流中的硝化作用为最低（或加分馏校正）(Sebilo et al., 2003, 2006)。

与以上相同，使用水化学示踪剂或其他同位素，可得以改进(Battaglin et al., 2001a, b; Silva et al., 2002; Kratzer et al., 2004; Panno et al., 2006; Sebilo et al., 2006)。

三、地下水和地面水中牲畜垃圾和人类垃圾的划分

（一）牲畜垃圾和人类垃圾

这里的人类垃圾主要指粪便。这两者几乎难以单独使用 $\delta^{15}N_{NO_3}$ 进行划分，但也有成功的(Fogg et al., 1998)。一般可同时使用其他同位素来成功划分(Kendall et al., 2007)，其条件是：①人类和牲畜的食物平均而言有不同的营养水平，例如后者是食草的，其结果是食物中和排泄物中的 $\delta^{15}N_{NO_3}$ 以及 NO_3^- 不同，会有几个‰的差异；②人类和牲畜的食物种类不同而使其他同位素发生差异，如中国湿润和半湿润地区农村，主要是 C3 类作物，而主要的牲畜垃圾来自猪，其食物源往往是以玉米、玉米秸等为原料的饲料和一些草类，这样，就很有可能使用 $\delta^{34}S$ 来进行划分；③如果饮用水不同，即人们从公共供水系统取得饮用水而牲畜则从浅井、水塘等处取水，因而这两者的 $\delta^{18}O_{H_2O}$ 有所不同，就可使用 $\delta^{18}O_{NO_3}$ 划分。以上参见：Tucker et al., 1999; Hebert and Wassenaar, 2001; DeBruyn and Rasmussen, 2002)。

（二）不同牲畜的垃圾

由于这些源其 $\delta^{15}N_{NO_3}$ 值相互重叠，因而单独使用 $\delta^{15}N_{NO_3}$，就几乎不可能对此进行划分(Kendall et al, 2007)。唯一的方法是使用多种水化学和同位素设法识别。例如，不同牲畜由于其食物习性有些不同，或饮用水不同（如喂猪使用与人们相同的地下水，而放养的牛羊，也许是野外水塘或其他地表水，因而其 $\delta^{18}O_{H_2O}$ 将不同，从而可尝试寻找其 $\delta^{18}O_{NO_3}$ 是否会有不同；对于不同牲畜的不同食物源，其 $\delta^{15}N$、$\delta^{13}C$、$\delta^{34}S$ 可能有所差异。例见：Spruill et al., 2002; Victoria, 2004; Widory et al., 2004; Otero, 2004。

（三）牲畜垃圾的氨和其他氨源

对于由牲畜垃圾（如来自养殖场）的氨和来自其他源如汽车废气、发电厂废气、化肥挥发等形成的氨，在以下情况下有望得到定量划分(Kendall et al., 2007)：①垃圾有大量挥发的 NH_3，其 $\delta^{15}N_{NH_4}$ 一般很低，而其他源的则较高；②当 NH_4^+ 发生硝化，此两类源的 $\delta^{15}N$ 仍有明显差别；③其平均 $\delta^{15}N$ 值的空间和时程变化都相对较小。例见：Heaton, 1986; Karr et al., 2003。

第八节　人为污染氮源的多种同位素示踪方法:同位素生态监测

从以上讨论可见,在研究氮循环中天然和人为组分时,主要的困难有三方面:不同氮源的同位素组成往往在数值上会有一部分彼此相同或重叠;在空间和时程上往往会有相当大的变化;会因分馏的发生而使各个源本来彼此有明显区别的同位素组成变得模糊不清。在以上的讨论中,也提到了可以使用多种同位素方法,再配合水文和水文化学资料,来应对和克服这些困难,或至少可以部分地使这些问题得到解决。也许今后的发展还可以更为定量化而不仅是定性地去解决问题(Kendall et al, 2007)。

一、水同位素

对于水中硝酸盐和其他溶质,$\delta^{18}O$ 和 $\delta^{2}H$ 肯定能提供很有用的信息(McMahon and Bohlke, 2006)。河水和地下水或由于来自地理和地质条件很不相同的区域,或由于蒸发等条件的影响,使得河水和地下水中不同硝酸盐的来源也往往与 $\delta^{18}O$ 和 $\delta^{2}H$ 有关(Kendall and McDonnell, 1998; Kendall and Coplen, 2001)。

二、硫同位素

陆源物质的稳定硫同位素 $\delta^{34}S$ 值,一般在−50‰~+50‰之间,罕见有很高或很低的值。硫酸盐中的 $\delta^{34}S$ 和 $\delta^{18}O$ 以及有机物中的 $\delta^{34}S$,可提供以下有用信息(Kendall et al, 2007)。

(1) 酸雨的各种大气来源(Wadleigh et al, 1996; Wadleigh and Blake, 1999)。

(2) 肥料来源(Bates et al, 2002; Victoria et al, 2004)。

(3) 垃圾的人类和动物来源(Bol and Pflieger, 2002)。

(4) 废水处理工厂或洗涮动物造成的洗涤剂(Victoria et al, 2004; Widory et al, 2004)。

(5) 在沉积物中或在水体中发生的一些水文化学过程(Widory et al, 2004)。

典型的大气 $\delta^{34}S$ 值,其范围一般在−5‰~+25‰之间(Krouse and Mayer, 2000)。降水受海水飞沫影响其硫酸盐的 $\delta^{34}S$ 值达+21‰其 $\delta^{18}O$ 达+9.5‰,源于远程大陆而产生的降雨,其硫酸盐的 $\delta^{34}S$ 值仅约为+4‰、其 $\delta^{18}O$ 却约为+11‰(Wadleigh et al, 1996)。加拿大中部降水 $\delta^{34}S$ 随季节变化约在+2‰~+9‰范围,其低值认为主要由生物硫引起,而其高值则归咎于化石燃料(Nriagu and Coker, 1978)。

有人为影响的陆源和海源 $\delta^{34}S$ 的相对贡献包括其空间分布,曾使用了对降水和附生植物地衣的测验(Wadleigh et al, 1996; Wadleigh, 2003)。通过地衣研究得出了加拿大 Newfoundland 地区像牛眼形的 $\delta^{34}S$ 值等值线,表现在该岛中部为低值,向海边逐渐加大。研究认为该地既受海源(高 $\delta^{34}S$)也受到陆源(低 $\delta^{34}S$)的影响,后者则很可能是受化石燃料发电厂的影响(Wadleigh and Blake, 1999)。

^{35}S是由天然产生的放射性核素(半衰期=87天),可用于示踪环境中大气硫的运动。^{35}S是在大气中由宇宙射线与^{40}Ar发生散裂反应而形成,通过降水或干沉降来到地面,既可用以示踪大气硫在水圈中运动的时间尺度,在理想情况下,还可用以示踪年龄小于1年的年轻水的运动,这对于那些离海洋较远而其硫浓度相对为低的地区特别有用(Michel et al, 2000; Novak et al, 2003; Shanley et al, 2005)。

三、硼同位素

硼(B)有天然稳定同位素^{10}B和^{11}B,由于其同位素的相对质量差较大,因而导致^{11}B值的天然变幅很大,可达约90‰(Barth,1993)。B广泛应用于工业、农业、化妆品及一些日用品,因而$\delta^{11}B$对于求定污染物包括硝酸盐的各种源是一有用工具(Barth,2000)。B进入水圈的主要工业源是高硼酸盐($NaBO_3$),主要用为洗衣粉中的漂白剂和家用洗洁剂,因而B为住宅排水中所常见。污水处理工厂在对水的净化过程中,一般很少或并不除去B,于是$\delta^{11}B$是污水的一个持恒示踪剂。硼同位素不受反硝化的影响,其分馏主要是通过吸附等过程如黏土吸附而发生(Kendall et al, 2007)。本书第十一章中对此有精辟的讨论。

已经证明硼同位素可有效识别地表水和浅层地下水中的人为硼源如下(Kendall et al, 2007)。

(1) 城市废水和污水(Vengosh,1998; Seiler,2005)。

(2) 灌溉回归水(Basset et al,1995)。

(3) 各种农业设施受化肥影响的灌溉水(Komor,1997)。

(4) 从国内堆填区沥出的垃圾渗滤液(Barth,2000)。

(5) 以动物垃圾为主的农业混合源(Widory et al,2004)。

(6) 燃煤发电厂沥出的粉煤灰堆积(Davidson and Basset,1993)。

另外也证明,联合使用$\delta^{11}B$和$\delta^{15}N$,对于示踪地面水和地下水中各种农业硝酸盐源,也属有效方法(Widory et al, 2004)。有研究利用$\delta^{11}B$对单独使用$\delta^{11}B$无法区别的两类污水作出了划分,一类是来自洗衣粉的污水有高B/低NO_3/低$\delta^{11}B$的特点,另一类是具有中等B/中等NO_3而其$\delta^{11}B$值则接近于人、畜粪肥的污水。有时对不同的牛、猪、家禽等动物源和污水也用$\delta^{11}B$和(1/B)的关系进行划分(Widory et al, 2004)。

四、锶同位素

锶同位素(^{86}Sr和^{87}Sr)是有关硝酸盐人为污染源的另一种有用的示踪剂。锶同位素可用于区分磷酸盐化肥中的磷灰石源或是碳酸盐岩源(Victoria et al, 2004)。有些研究得出,在天然地下水和人为输入之间,以$\delta^{87}Sr$或$\delta^{87}Sr/\delta^{86}Sr$表示的锶同位素组成有明显的差异(Bohlke and Horan 2000)。与N和B同位素不同,在天然过程中锶同位素不发生分馏,这是因为在^{87}Sr和^{86}Sr之间的差别很小之故,所以理论上Sr可用于区别混合过程以及在含水层中发生的水-岩关系,但实际上却因水-岩关系发生的通量常常大于人为发生的通量,这样就把同位素信号掩盖了(Widory et al, 2004)。

另一项对污染地下水的试验是,将地球化学数据与同位素示踪剂(N,B和Sr)组合应用,是否能对地下水中的NO_3^-源提供一种灵敏的方法(Widory et al, 2004)。思路是这样的:N同位素作为NO_3^-分子的一种固有的示踪剂,应该可以既反映NO_3^-的源、也可反映NO_3^-在其过程中(如反硝化)的信息。与此相反,B同位素不受反硝化过程的影响,那么就可以对各种源的信号给以同位素标记。所以,N和B同位素一起,对于一些农业源之间的区分,也是很有用的。研究还表明,单单使用锶同位素不可能对不同动物源作出区分,但区分化肥却是可以的(Widory et al, 2004;Kendall et al, 2007)。

五、锂同位素

锂有两个天然稳定同位素^{6}Li和^{7}Li。在一些天然物质中,已发现δ^7Li有可观的变幅,海相成因的水和矿物,较之火成岩和变质岩及其缔合水,前者的δ^7Li要高得多(Bullen and Kendall, 1998)。核电需要高度富集的^{6}Li,提炼过的Li就有高^{7}Li值,其变幅常有+200‰~+400‰的范围。因而δ^7Li对于废水的人为源而言,是一个很有价值和潜力的示踪剂(Kendall et al, 2007)。

例如美国宾州的一项研究,在一些溪流中,河水δ^7Li值受锂加工厂排水的影响,而且在该厂下游的地下水,其δ^7Li值也明显高于其天然背景值(Bullen and Senior,1992)。在该州一个心理健康设施的下游,地下水中的δ^7Li值明显大于天然物质中的δ^7Li值,这是药物影响,因锂常用于治疗郁燥症,此类药物经由废水进入了这个未有污水设施地区的地下水(Bullen,私人通信)。

六、磷酸盐氧同位素

磷是水生生态系统必要的一种宏量营养素。如果人为造成的正磷酸盐(PO_4^{3-})形式的磷过量地输入水环境,就可发生富营养化。虽然磷只有一个稳定同位素,近期由于分析技术的进步,还有可能利用无机磷或有机磷磷酸盐中的δ^{18}O作为磷源的示踪剂(McLaughlin et al, 2004, 2006a;Kendall et al, 2007)。由于磷酸盐的δ^{18}O可很快与水中的氧取得平衡,因此$\delta^{18}O_{PO_4}$作为磷酸盐源的示踪剂,一般只用于某些类型对磷没有什么限制的水中,或是伴有$\delta^{18}O_{H_2O}$有几个‰差异的废水和天然水两类磷源的水中,在河口或沿海地区常有这种情况(McLaughlin et al, 2006b)。另外还有些地区其$\delta^{18}O_{H_2O}$与用$\delta^{18}O_{PO_4}$标记的废水处理厂或废水氧化池等排水的$\delta^{18}O_{H_2O}$有相当差异,或有些地区其公共给水是来自地理位置很不相同或高程很不相同的地区,其$\delta^{18}O_{H_2O}$与当地土壤水和地下水的$\delta^{18}O_{H_2O}$本来就有相当差异,都可使用$\delta^{18}O_{PO_4}$作为磷酸盐源的示踪剂;还认为在上述这些地区,也可以区分出化肥与动物垃圾、化粪池垃圾以及化肥与土壤有机物等等之间的磷酸盐(Gruau et al, 2005; McLaughlin e al, 2006b)。

近年来还从磷酸银方法研究了许多人为磷源磷酸盐的 $\delta^{18}O_{PO_4}$ 值(McLaughlin et al, 2004),他们得到:污水为+7‰~+12‰,洗涤剂为+13‰~+19‰,化肥为+16‰~+23‰,Young 等(2006)也得到此值。污水的这些数据低于早前用其他方法得到的值+16‰~+19‰(Gruau et al, 2005)。这提示,在某些地理区域就有可能去划分垃圾与洗涤剂,或垃圾与化肥等这些磷酸盐磷源,而在另外的一些地区这些磷源一般是不可能进行划分的(Young et al,2006)。

第九节 不同环境河流和流域中的应用

一、森林小流域

$\delta^{18}O_{NO_3}$ 的一个主要应用是,对河水和浅层地下水中 NO_3^- 的大气源和土壤源进行划分,求出其相对贡献。如果单是应用 $\delta^{15}N_{NO_3}$,这一划分就会很棘手。因为大气源和土壤源的 $\delta^{15}N_{NO_3}$ 有所重叠,而其 $\delta^{18}O_{NO_3}$ 值却有着很明显的差别,见图 18-15。对于 NO_3^- 的那些源,$\delta^{18}O_{NO_3}$ 值作为一种指标是如此之灵敏,即使例如发生融雪的日变化,在河水中甚至还能测得相应 $\delta^{18}O_{NO_3}$ 值的日变化,从而求得因融雪日变化所引起的硝酸盐对河水贡献的相应变化(Ohte et al, 2004; Kendall et al, 2007)。

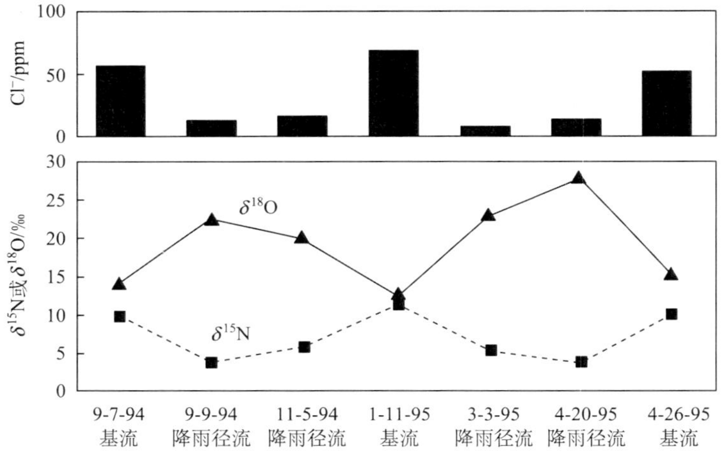

图 18-15 美国德州 Austin 都市溪流在 Cl^- 浓度低的暴雨径流期间和 Cl^- 浓度高的河流基流期间的平均 $\delta^{18}O$ 值和 $\delta^{15}N$ 值(Silva et al, 2002)

有些研究求得森林小流域径流中的 NO_3^- 是由细菌引起的,即是由硝化作用所引起,而不是大气来源(Burns and Kendall, 2002; Campbell et al, 2002; Sickman et al, 2003; Pardo et al, 2004; Ohte et al, 2004; Piatek et al, 2005)。例如,对美国科罗拉多州 Loch Vale 森林流域的研究发现,在融雪期间河水中一半或更多的 NO_3^- 是源于细菌作用的结果(Kendall et al, 1995a,b)。这很可能是在岩屑堆积(岩锥堆积土)中的地下水所造成,看来从雪盖中冲洗提出来的 NO_3^-，首先进入堆积土中，然后由于在堆积土中反复的细菌作用，原有大气源的同位素信号就被改变，在河水中看到的绝大部分的 NO_3^-，即河水的酸化过程，反映的却是前融雪时期的这种水源(Campbell et al，2002)。

$\Delta^{17}O$ 在此类研究中也是颇有价值的，甚至在对大气 NO_3^- 的示踪中，其确定性就比 $\delta^{18}O_{NO_3}$ 为高(Michalski，2004)。理论上由于非大气源的所有氮源其 $\Delta^{17}O=0$，因而各种生物地球化学过程都不影响 $\Delta^{17}O$ 值。值得注意的是，在流域中即使没有任何大气硝酸盐循环，由于 $\Delta^{17}O$ 有 0.1‰的分析解析度，这使得对于大气 NO_3^- 的总硝酸盐有 0.5%的检测极限。

二、都市集水区

对于都市集水区河水中 NO_3^- 的来源，或大气 NO_3^- 是否是其主要的氮源有一些研究。例如对美国德州 Austin 一些郊区集水区降雨径流中研究，在 Cl^- 浓度高的河流基流期间，$\delta^{15}N$ 高、$\delta^{18}O$ 低，而在 Cl^- 浓度低的暴雨径流期间，却是 $\delta^{15}N$ 低、$\delta^{18}O$ 高，见图 18-15(Ging et al，1996；Silva et al，2002)。在流量变化过程中 $\delta^{15}N$ 和 $\delta^{18}O$ 密切相关。另外也还求得 $\delta^{18}O_{NO_3}$ 与都市不透水面积也呈正相关。看来河水中 NO_3^- 组成是两个来源的混合，一个是以大气 NO_3^- 或也是化肥硝酸盐为主的源；另一个则是污水与其他 NO_3^- 在一起的混合源，如果对河水 NO_3^- 使用 $\Delta^{17}O$，则对大气源可有更为肯定的证据。

在美国 Neuse 河上一个都市小集水区中，暴雨径流过程中河水 NO_3^- 的 $\delta^{18}O$ 和 $\Delta^{17}O$ 对流量变化的响应各不相同(图 18-16)。由图可见，在流量过程中 $\delta^{18}O$ 有较宽的峰形而 $\Delta^{17}O$ 则较尖瘦，在流量过程线落水段更为明显。对此流域的两个研究结果，都得出 $\delta^{18}O$ 低估了大气 NO_3^- 对径流的贡献，使用 $\Delta^{17}O$ 得出径流中含有大量来自大气的 NO_3^-，也意味着应用 $\delta^{18}O$ 对河水 NO_3^- 的估算是太过于保守了(Michalski et al，2004；Showers and DeMasters，2005)。

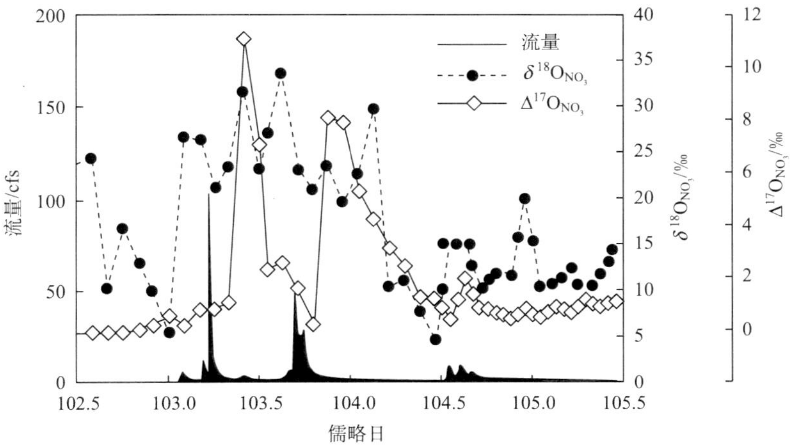

图 18-16　美国 Neuse 河流域都市集水区溪流流量与硝酸盐的 $\Delta^{17}O$ 和 $\delta^{18}O$ 的时程变化

(Showers and DeMasters，2005)

在美国东北部和亚特兰大16个大流域中，得到河水 $\delta^{15}N_{NO_3}$ 值与以人口密度代表的废水输入有正相关关系（Mayer et al，2002），人口低密度时也得到类似关系，这是通过重建集水区废水的氮负荷和湿地地层沉积中有机氮的关系而得（Elliott and Brush，2006），见图18-17。

以上 $\delta^{15}N$ 与废水输入之间的正相关说明了 $\delta^{15}N$ 是废水污染源的一个特别有效的指标。硼同位素实际上也是废水的一个有用示踪剂（已见前述）。

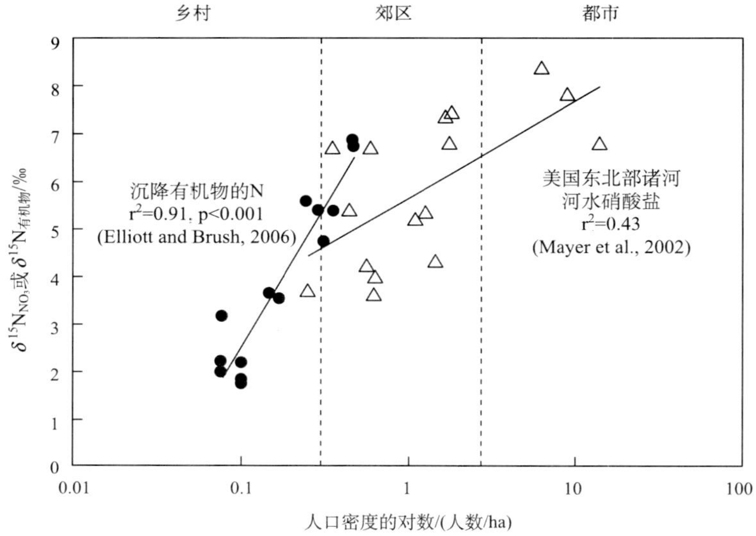

图18-17　人口密度与 $\delta^{15}N$ 的关系，包括与硝酸盐 $\delta^{15}N$ 的关系（Mayer et al，2002）和与有机物 $\delta^{15}N$ 的关系（Elliott and Brush，2006）

三、农业小流域

近期有些研究使用组合示踪剂方法，可对农业流域系统 NO_3^- 的动力过程有更为深入的了解。美国 Maryland 一个农业集水区的地表水 NO_3^- 研究（Bohlke and Denver，1995），以及在科罗拉多农业地区对 Platte 河的研究（McMahon and Bohlke，1996），使用 $\delta^{15}N$ 数据去定量河水与含水层之间的混合情况与反硝化影响。虽然从 $\delta^{15}N$ 值可知 NO_3^- 来自动物垃圾和堆肥，但并不用以评估划分这些来源。反硝化是通过 N_2 的过量和溶解 N_2 的 $\delta^{15}N$ 来定量。而河水与含水层之间的混合关系及混合流型则借助 CFC 和水力关系的资料来求定。实际上反硝化作用只在 Maryland 含水层的深部还原区内发生。在湿地和靠近溪流有机土较浅的地方，看来反硝化作用就比较有限，这是因为深部地下水流线直接在河床底部汇入并快速向上排泄，从而避开了河边那个缓冲带（Bohlke and Denver，1995）。而在上述 Platte 河，其伏流区则是发生反硝化作用的主要地段。

在密西西比河上游印第安纳州一高硝酸盐的潜水补给河中，曾使用 Br^- 和富集 $\delta^{15}N$ 的 NO_3^- 做了示踪实验，以确定其反硝化率和其他过程。河水的 $\delta^{15}N_{N_2}$ 顺河而下系统地递增，表明了河中发生的高反硝化率过程。然而，除此以外的其他过程，其反应速率虽然可能比反硝化过程的要小，但也会消耗氮，此时溪流 N_2 的总质量流主要受硝化的地下水补给流量以及因温度而异的氮的水-气交换等过程所支配(Bohlke et al, 2004)。结论是，河水的同位素示踪对反硝化过程和其他过程可提供灵敏的测验，而其他如质量平衡等方法却不能适用。

四、大 河 流 域

密西西比河流域的一些研究表明，有各种不同土地利用(农田、畜牧、都市、未开发地等)的大面积流域，其水生态营养物的同位素组成，例如 NO_3^- 的 $\delta^{15}N$，$\delta^{18}O$，POM 的 $\delta^{15}N$，$\delta^{13}C$ 等，往往其值相互会有些叠置，其间的相互差异也就不那么分明，但也并非那么不清楚。对于流域中的未开发集水区和都市区域，大气是 NO_3^- 的重要来源(Battaglin et al, 2001a，b；Chang et al, 2002)。对美国东北部 16 条大河的研究，得出河水 $\delta^{15}N_{NO_3}$ 与从废水量统计的 N 之间有密切的正相关关系，还求得此 $\delta^{15}N$ 与人口密度的关系(图 18-17)，这里以人口密度作为废水量的代用指标(Mayer et al, 2002)。而加州的 Joaquin 河却求得其河水 NO_3^- 的主要来源是地下水 NO_3^-，这可能是来自河边那些牛奶场，何况此河本身就是加州中央河谷的主要农业流域(Kratzer et al, 2004)。又加拿大 Oldman 河流域，其西部一些支流是流域中相对而言还是原始森林的部分，其河水硝酸盐的主要来源是土壤硝酸盐，而其东北的一些支流则是流域中的农业地区和都市区，其河水硝酸盐则主要是源于肥料和污水(Roch and Mayer, 2004)。

先前对密西西比河流域和美国东北部河流的研究曾认为，经由反硝化过程而损失的氮相当可观，特别是流域源区的那些溪流更是如此。现在看来，这些研究实际上并没有得到反硝化的同位素证据，这也许是因为存在着与新硝酸盐连续不断的混合，或是反硝化过程的范围不大，或是扩散控制的(如发生在水底的)反硝化过程其分馏本来就不大(Brandes and Devol, 1997；Sebilo et al, 2003)。近期在密西西比河 Illinois 的河流和排水管沟中采样，得到的结果表明，这两者的 $\delta^{18}O_{NO_3}$ 与 $\delta^{15}N_{NO_3}$ 之间有 1∶2 的关系，这说明大部分反硝化过程可能是在排水进入密西西比河之前发生的。但这还取决于采样位置和季节。总之，河水和管沟排水都会有明显的反硝化过程发生，其范围约为 0%～55%(Panno et al, 2006)。

法国对塞纳河氮的源和汇进行的研究，也表明反硝化是 NO_3^- 的一个主要的汇，特别是在夏季(Sebilo et al, 2003, 2006)。在该河不同等级支流的河流中，夏季低水时发生在河边带中的反硝化作用，其消耗的由农田土壤输出而来的 N，可高到 50%。然而需要注意的是，在求定反硝化作用的这种范围时，如果只从剩余硝酸盐 $\delta^{15}N$ 的变化来推求的话，其结果只是该范围的最低估算(Sebilo et al, 2003)。随后对于从巴黎废水处理厂进入塞纳河的排放水，使用 $\delta^{15}N_{NH_4}$，$\delta^{15}N_{NO_3}$ 和 $\delta^{18}O_{NO_3}$ 来研究硝化作用和反硝化作用的范围，结果发现在夏季低水条件下由废水厂排出的 NH_4^+，绝大部分都在河流下游和河口的上部被硝化了，而水体中却没有反硝化的迹象(Sebilo et al, 2006)。

对于示踪水生系统硝酸盐各种氮的源和汇，一个有用的助手是对 POM 分析其 $\delta^{15}N$，$\delta^{13}C$ 和 $\delta^{34}S$。在许多河流中，即使有相当一部分的 POM 是陆源碎屑，绝大部分的 POM 还是来自当地所产生的藻类，POM 的 C∶N 比值，在顺利的情况下可用于估算 POM 来自藻类的百分数。POM 的 $\delta^{15}N$，$\delta^{13}C$ 和 $\delta^{34}S$ 反映了水体中溶解无机 N，C 和 S 的同位素组成，反过来，这些同位素组成又反映了系统中 N，C 和 S 的各种源以及有关的生物地球化学过程。例如，光合作用、呼吸作用、反硝化作用、硫酸盐还原作用等，而这些过程又可改变溶解物的同位素组成。因此，同位素组成的变化可用于评价各种各样的河流过程，而这些都会影响到硝酸盐 $\delta^{15}N$ 和 $\delta^{18}O$ 的解释（Kendall et al，2001；Finlay and Kendall，2007）。当 POM 是当地所产藻类占优势时，$\delta^{15}N$ 可以作为 $\delta^{15}N_{NO_3}$ 的指标。POM 的 $\delta^{15}N$ 要比密西西比河（Battaglin et al，2001a，b）和 San Joaquin 河（Kratzer et al，2004）各河河水综合硝酸盐的 $\delta^{15}N$ 都要低约 4‰。在 San 河下游所发生的 $\delta^{15}N_{NO_3}$ 的变化（见图 18-8），反映了 NO_3^- 源的变化，即使如此，由于有机物的同化分馏作用，下游 $\delta^{15}N_{POM}$ 仍还有约 4‰的变化（Kendall et al，2007）。

五、湿　　地

湿地中受人为活动影响的有机物质积累，实际上也是一种历史档案，提供了土地利用和各种生物地球化学过程的时程变化信息。再则，由于反硝化和硫酸盐还原伴随着相当大的同位素分馏，因此联合应用 N 和 S 同位素就很有用，如可用以研究湿地环境条件下的各种氧化还原反应等等（Kendall et al，2007）。例如，在佛罗里达州 Okechobee 湖周围农业地区流入 Everglades 的沼泽和沟渠中的高硫酸盐水，引起起始为＋16‰的 $\delta^{34}S_{SO_4}$ 大为增高，因为硫酸盐不断在还原成 H_2S（Bates et al，2002）。显然，高硫酸盐浓度也会刺激沼泽中硫酸盐还原物的增殖，使得低氧沼泽中的藻类和鱼类也被高 $\delta^{34}S_{SO_4}$ 所标记，可高达＋33‰。在此类缺氧条件“热点”中的生物区系也同时被低 $\delta^{13}C$ 和高 $\delta^{15}N$ 所标记（Kendall et al，2000）。然而，在 Everglades 低氧地区有机物这样高的 $\delta^{34}S$ 却是异常的，在缺氧沼泽和缺氧沉积中的硫酸盐还原通常会造成生物区系的低 $\delta^{34}S$，这是因为会有一部分贫 ^{34}S 的 H_2S 发生同化作用（Trust and Fry，1992）。

湿地环境的沉积物常常可用以延长环境观测的时程系列（Elliott and Brush，2006），包括：氧化还原的历史条件（由有机物中 $\delta^{34}S$ 和 $\delta^{15}N$ 的组合推断），湿地植物无机 N 的各种来源（使用有机 N 的 $\delta^{15}N$），植物分布（由孢粉学记录推断），土地利用变化（由沉积率和孢粉记录推断）。使用这些方法得出的结论是，地层 $\delta^{15}N$ 的变化，多半是由于湿地植物各种 N 源的变化，而不是氧化还原状况或是成岩作用的变化所致。特别是由于人口密度在以往 300 年来的变化，使得废水增加，从而造成了沉积有机 N 中 $\delta^{15}N$ 的高值。

六、沿海和河口地区

沿海和河口生态是极度动态的、高生产力的，存在着各种生物地球化学梯度（例如盐度、温度、初级生产力等）的系统（Kendall et al，2007）。几十年来，应用河口系统 NO_3^- 和 NH_4^+ 中的 $\delta^{15}N$，有了不少对 N 污染源的研究（McClelland and Valiela，1998；Kroeger et al，2006）。如前所述，随着脱氮剂的出现，使得同位素如 $\delta^{18}O_{NO_3}$ 的分析方法有所改观，就有条件去研究水流循环以及多种源发生混合这些现象对河口系统的影响了。

对于像旧金山海湾那样的两个分叉型的河口，其同位素的变化，大都可用各种源的混合来解释。使用了 $\delta^{15}N_{NO_3}$ 示踪海湾南支的废水排放，而对于北支海湾则使用了 $\delta^{18}O_{NO_3}$ 来区分海相和河相的各种氮源。再则，$\delta^{18}O_{NO_3}$ 的变幅是 $\delta^{15}N_{NO_3}$ 变幅的两倍还要多，而且，$\delta^{18}O_{NO_3}$ 与 $\delta^{18}O_{H_2O}$ 还密切相关。对此的解释是，由于 NO_3^- 相对较低，因而 N 库的周转时间相对也较快，于是 NO_3^- 的循环就造成把水的 O 结合进了 $\delta^{18}O_{NO_3}$。虽然其循环影响难以独立地作出验证，但仍然证明了对于循环的示踪而言，$\delta^{18}O_{NO_3}$ 比 $\delta^{15}N_{NO_3}$ 更为有用，特别是海湾中 $\delta^{18}O_{H_2O}$ 有较大梯度时更是如此（Wankel et al，2006）。法国对塞纳河河口的研究，水体中硝化和反硝化两者很可能是造成 $\delta^{15}N_{NO_3}$ 值偏离通常海相和河相简单混合趋势的原因（Sebilo et al，2006）。

第十九章　同位素土壤侵蚀研究

李占斌　侯建才　王全九

土壤资源是土地资源的重要组成部分。土壤侵蚀是土壤质量和土地生产力下降的重要原因，是农业土壤退化的主要形式(Basher et al.,1995)，是水体污染、富营养化、下游河床抬升、生态系统恶化的主要因素。在自然因素和不合理人为活动的共同作用下，人类赖以生存的土壤正遭受着越来越严重的侵蚀，水土流失已经成为我国社会经济发展所面临的重要环境问题。黄土高原面积约 $62.4\times10^4\ km^2$，属于黄河流域中游的一部分，以其黄土分布广、厚度深、地层全而著称于世界，是世界上水土流失最严重的地区之一。由于土壤侵蚀受到多种因素影响，揭示内在机制，寻求科学合理的水土保持措施成为一项重要研究任务。一个世纪以来，土壤侵蚀研究方法在不断推陈出新，由最初的水文调查法、直接观测及测量法等比较定性、单一的方法，向径流小区定位观测、遥感方法、地球化学方法及侵蚀模型预报法等多学科发展。而同位素示踪方法可以判定侵蚀泥沙来源，便于度量不同地区、不同坡位和土壤剖面侵蚀强度，因此近年来得到了长足的发展。

第一节　放射性核素示踪原理与方法

地球化学方法包括稳定性稀土元素示踪-中子活化分析法(REE-INAA)和放射性核素示踪法。稀土元素示踪-中子活化分析法是近二三十年来开始使用的新技术、新方法。其示踪基本原理为，将不同的稀土元素分别与土壤均匀混合后，布设在需要观测的部位，使其在整个土壤侵蚀过程中随泥沙运移，通过采样分析泥沙样品中稀土元素的浓度，便可计算出不同部位的相对侵蚀量。Knaus(1989)利用稳定性稀土元素和中子活化分析技术，成功地进行了野外沼泽地的侵蚀和沉积速率测量，为稀土元素示踪技术在土壤侵蚀研究中的应用开辟了新途径。田均良等(1992)对 Knaus 的研究方法作了改进，通过室内模拟实验，测定不同地形部位的侵蚀量，并揭示了不同地形部位侵蚀量的变化趋势。

REE 示踪法由于不受背景值和元素衰减期的制约，因此其方法不受空间和时间的限制，具有应用的适应性和结构的可靠性，以及监测精度高(相对误差$<15\%$)等特点。田均良(1997)、刘普灵等(1997)、周佩华等(1997)、李勉等(2002,2003)等还用该方法在室外进行了试验。结果表明，稀土元素示踪法成功地解决了土壤侵蚀、沉积-空间分布的定量观测中的关键问题，初步解决了坡面暴雨侵蚀过程的泥沙输移问题，并提出了对细沟侵蚀的新认识。在细沟侵蚀率、坡面沉积等研究方面有所突破，为坡面侵蚀的基本理论研究奠定了基础，为坡面土壤侵蚀过程、小流域泥沙来源、土壤侵蚀预报模型等研究开拓了新方法、

新途径。杨武德等(1998)采用土壤侵蚀定位土芯 Eu 示踪法,研究了红壤坡地不同土地利用方式下土壤侵蚀的垂直分布规律,结果表明该方法对以片蚀和细沟侵蚀为主的红壤坡地是适用的;在复合坡面,随坡面的陡、缓,土壤侵蚀表现强、弱或沉积,反映了坡地土壤侵蚀的垂直分布规律。REE 示踪结果比较准确,但应用时应注意 REE 元素与土壤充分、紧密结合;然而,由于 REE 法的中子活化分析需特殊的实验分析设备,试验成本高,对于大区域或长时段土壤侵蚀的研究受到限制。

常用于土壤侵蚀研究的环境放射性核素有人为产生的^{137}Cs,^{241}Am,^{90}Sr 以及自然界中存在的、由大气沉降的核素^{7}Be,^{210}Pb,另外,土壤和土壤母质中存在的^{226}Ra 及^{232}Th 等也常用来示踪泥沙来源。这些示踪技术中,以^{137}Cs 技术应用最为广泛,也比较成熟。它是通过^{137}Cs 输入的基准值(即背景值)与之相邻的研究区内土壤中的^{137}Cs 含量对比,建立核素损失量和土壤流失量之间的定量关系,确定 1954 年以来研究区内土壤的再分布情况。该方法最大的特点是应用比较简单,能较快的了解一个坡面乃至一个流域中长期的土壤侵蚀、沉积的空间特征。但这种方法也存在一些问题,如^{137}Cs 背景值因各种因素的影响导致其变异性较大。^{7}Be 可示踪坡面的侵蚀过程和季节性的土壤侵蚀,而^{210}Pb 可示踪长期(约 100 年)的平均土壤侵蚀速率。但应用^{7}Be,^{210}Pb 示踪土壤侵蚀需要进一步的检验和探索。

一、^{137}Cs 与^{210}Pb$_{ex}$放射性核素示踪原理

(一)人为放射性核素^{137}Cs 的来源与地球化学特性

1. ^{137}Cs 的来源

用于土壤侵蚀示踪研究人为放射性核素主要有^{137}Cs,^{134}Cs,^{241}Am,^{90}Sr 等。人为放射性核素的最大特点是自然环境中原不存在,由于人类活动产出后才释放到自然环境中。主要存在于地球的最表层,极适于表层过程的环境示踪。又由于没有环境本底值的干扰,因此在环境示踪分析和建立示踪模型时,方法更加简便、精确。核武器爆炸是环境中人为放射性核素的主要来源。1945 年 8 月美国首先进行了核爆炸。全球大气核试验主要集中在 1952～1958 年和 1961～1962 年。1963 年之后原苏联和美国、英国签订了禁止核武器试验的条约。考虑到散落量、比活度强度、半衰期和测试技术等原因,目前应用最广的是^{137}Cs,其他如^{134}Cs,^{241}Am,^{90}Sr 和$^{239\sim240}$Pu 等的应用也有报道,但相对较少。在流域环境中,人工核素的主要来源是 20 世纪五六十年代大规模的大气层核武器试验,以及其他对区域性环境有重大影响的核事故、核装置废弃物产生的人工核素在环境中的散落等。

2. ^{137}Cs 地球化学特性及其在流域土壤中的蓄积

^{137}Cs 在土壤中的蓄积始于全球性广泛沉降的 1952 年,1954 年土壤中达到可检测水平,1956～1965 年是核尘埃的主要产出期,1963～1964 年出现核尘埃沉降峰值,1970 年后核尘埃沉降极微。1986 年原苏联切尔诺贝利核泄漏事件使北半球的局部地区遭受较

严重的核污染。北半球^{137}Cs沉降的时间模式如图 19-1 所示(Owems et al.,1997)。

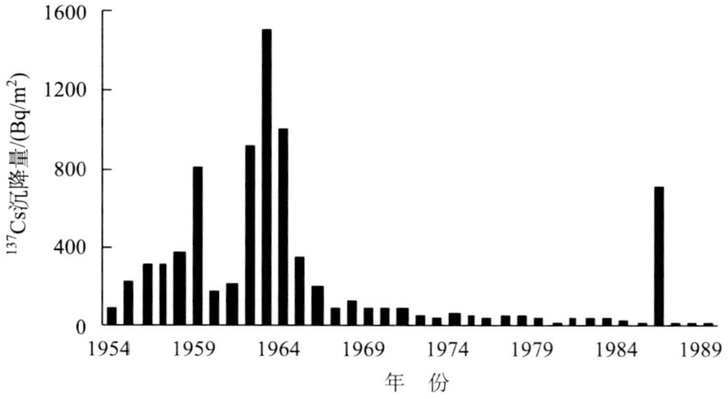

图 19-1 北半球 1954～1989 年^{137}Cs年沉降量变化情况

^{137}Cs在大气平流层作全球传播，主要以降水方式降落到地表，极少部分是以干沉降方式降落的。降到地表的^{137}Cs和土壤颗粒中的黏粒及有机质颗粒结合紧密，并在土壤表层聚集，难以被水淋溶，植物和动物摄取的量极微，它只随土壤颗粒的移动而发生再分布(Bruckmann et al.,1994;Cornett et al.,1994;John et al.,1988;Papaste et al.,1999;Wallage et al.,1982)。在非侵蚀土地上，沉降的^{137}Cs主要集中于土壤表层，并随土壤深度的增加而急剧减少；在耕种土壤中，^{137}Cs一般在耕作层中均匀分布。^{137}Cs由于测定方便、简单，半衰期长达 30.17 a，研究地块不需扰动，可同时提供侵蚀与沉积数据，既可由单次取样来评价侵蚀过程，也可通过周期性取样进行土壤侵蚀动态长期监测。20 世纪 70 年代，美国最早将^{137}Cs用于土壤侵蚀的研究，其后英国、澳大利亚、加拿大、中国等国也相继开展了这方面的研究。

(二)天然核素$^{210}Pb_{ex}$的来源与地球化学特性

1. $^{210}Pb_{ex}$的来源

用于土壤侵蚀示踪研究的天然核素主要是^{238}U放射衰变系列的中间子体核素，其中半衰期较长的^{226}Ra(半衰期 1622 a)、^{232}Th(1.41×10^{10} a)和^{210}Pb(半衰期 22.3 a)是主要用于土壤侵蚀示踪研究的天然核素。^{226}Ra主要存在于地壳的土壤和岩石中，但其衰变子体^{222}Rn为惰性气体，^{226}Ra衰变的^{222}Rn会不断由地表逸散到大气层中，再经由一系列短寿命子体衰变形成^{210}Pb，它将在大气中滞留 5～10 d，然后随降雨或尘埃到达地面，成为土壤中^{210}Pb的大气来源。这部分来源称为外源性或过量^{210}Pb(unsupported ^{210}Pb or excess ^{210}Pb)，表示为$^{210}Pb_{ex}$，以区别于土壤中原有的^{210}Pb。同时土壤中的^{226}Ra也还会不断产生^{222}Rn，并衰变为^{210}Pb。样品中与所含^{226}Ra处于放射性平衡状态的^{210}Pb被称为补偿性^{210}Pb(supported ^{210}Pb)，其比活度大小与样品中^{226}Ra的含量有关。由于大气沉降的$^{210}Pb_{ex}$才有示踪意义，因此，能否准确测定过量^{210}Pb的比活度是流域土壤侵蚀及沉积

$^{210}Pb_{ex}$核素示踪研究的基础。

2. $^{210}Pb_{ex}$的地球化学特性及在流域土壤中的蓄积

$^{210}Pb_{ex}$与^{137}Cs一样，能和土壤颗粒紧密结合，半衰期又较长，为22.3 a，在初始示踪土壤侵蚀的研究中主要作为一种计时器用于沉积速率的测定。在未扰动土壤剖面中，$^{210}Pb_{ex}$的含量主要集中在10 cm以上，其中50%以上集中在表层5 mm以上，且随着土壤剖面深度的增加，$^{210}Pb_{ex}$的值呈指数衰减，当到达一定深度时，^{210}Pb的值为一常数，说明土壤中^{226}Ra衰变成的^{210}Pb成为土壤中^{210}Pb的来源。

准确可靠的^{210}Pb沉降量确定是应用^{210}Pb进行土壤侵蚀定量化示踪研究的基础，因为对土壤中^{210}Pb蓄积量的研究目前主要集中于与大气沉降有关的$^{210}Pb_{ex}$蓄积上。几乎所有土壤中都含有^{226}Ra，在土壤空气中^{222}Rn往往以分子扩散的形式向土壤表面逃逸，而形成垂直浓度梯度，并向大气中扩散。但对土壤中$^{210}Pb_{ex}$的研究表明，虽然$^{210}Pb_{ex}$渗透深度取决于土壤容重，但没有明显的向下淋洗的迹象，也不被植物所吸收，所以主要集中于土壤表层。Graustein等(1986)认为，$^{210}Pb_{ex}$的沉降量随海拔高度而增加，$^{210}Pb_{ex}$的平均沉降通量与年降水量呈相关关系，因此大范围内$^{210}Pb_{ex}$的空间沉降特征与降水总量的空间分布特征有关，而局部地域$^{210}Pb_{ex}$的沉降通量通常取决于局部地域的地形和地方性气候；但Dörr等(1991)对欧洲的研究结果显示，$^{210}Pb_{ex}$的沉降通量与海拔高度及年降水量不呈显著相关关系，在空间上呈随机分布。

某一特定区域$^{210}Pb_{ex}$的大气沉降量主要与降水有关，因此存在季节性差异，但长时期内$^{210}Pb_{ex}$的年沉降通量是相对一致的(Turekian et al.，1977；Nozaki et al.，1978)。$^{210}Pb_{ex}$的年沉降通量可通过收集雨水样品或通过采集百年来未扰动的土壤样品来分析测定，大多数研究者采用后一种方法。在以年为时间尺度的范围内，$^{210}Pb_{ex}$的沉降通量可以认为基本不变，所以可以通过土壤柱样中$^{210}Pb_{ex}$蓄积量(A)利用下式确定$^{210}Pb_{ex}$的大气沉降通量(P)：

$$A = \lambda P \qquad (19\text{-}1)$$

式中：$\lambda=0.031\ 14$a，为^{210}Pb的衰变常数。

^{210}Pb是自然界中存在的天然放射性核素。土壤中的^{210}Pb一部分由^{238}U经衰变产生，即$^{238}U \rightarrow \cdots {}^{226}Ra \rightarrow {}^{222}Rn \rightarrow \cdots {}^{210}Pb \rightarrow {}^{210}Po \rightarrow \cdots {}^{206}Pb$，所以主要来自成土母质。天然放射性同位素示踪法作为一种间接估算土壤侵蚀的方法，利用$^{210}Pb_{ex}$等流失程度反映土壤侵蚀量，克服了径流小区法的局限性，可提供不同时间、地域尺度范围的土壤侵蚀分布状况及变化趋势。

3. ^{137}Cs与$^{210}Pb_{ex}$示踪土壤侵蚀的基本原理

利用^{137}Cs与$^{210}Pb_{ex}$示踪法研究土壤侵蚀的基本原理可以概括如下：研究区某一土壤剖面^{137}Cs与$^{210}Pb_{ex}$的浓度低于或高于研究区的^{137}Cs与$^{210}Pb_{ex}$背景值，则表明该土壤剖面所在位置有侵蚀或沉积发生。根据^{137}Cs与$^{210}Pb_{ex}$的流失量或沉积量，可以定性分析或定量估算该处的土壤流失量或沉积量。对于非农耕地来说，根据土壤剖面中^{137}Cs与$^{210}Pb_{ex}$的赋存深度，可以分析侵蚀或沉积状况，小于或大于背景值土壤剖面赋存深度，表明有侵蚀或沉积发生，其差值为1954年(^{137}Cs剖面)或100年($^{210}Pb_{ex}$剖面)以来的总侵蚀或沉积量。对于长期稳定的农耕地来说，不管发生侵蚀与否，^{137}Cs与$^{210}Pb_{ex}$都均匀分布于犁耕层深度内，根据^{137}Cs与$^{210}Pb_{ex}$面积浓度的差异，定性判别或定量计算土壤流失量；但在有沉积发生的土壤剖面，^{137}Cs与$^{210}Pb_{ex}$的分布深度大于犁耕层深度，两者的差值为堆积的总厚度(对^{137}Cs来说，该厚度为自1954年以来的总堆积厚度；若为$^{210}Pb_{ex}$，则为100年来的土壤堆积总厚度)。侵蚀、沉积复合发生的土壤剖面，^{137}Cs与$^{210}Pb_{ex}$的面积浓度可能低于背景值，但其分布深度往往大于背景值剖面的分布深度。^{137}Cs与$^{210}Pb_{ex}$示踪方法得到的土壤侵蚀量是土壤净侵蚀量，即表示某土壤剖面所在部位土壤净流失量(该部位可能同时发生侵蚀与沉积，净侵蚀量表示侵蚀与沉积之差)。

二、放射性核素示踪土壤侵蚀的研究方法

(一)野外调查与采样

1. 小流域选择原则

根据研究目的、工作量大小和^{137}Cs与$^{210}Pb_{ex}$示踪研究的需要，所选小流域的面积既不能太大，又要有代表性，尽可能包含各种地貌类型、土地利用类型，并有该小流域或附近小流域以往的常规研究资料。

2. 野外资料的收集

根据研究需要，收集该流域的地形图、土地利用类型情况资料、以往的径流小区侵蚀观测资料、流域侵蚀产沙观测资料及降雨等气象资料。

3. 采样点的布设

1) 背景值样点选择

背景值样品的采集是应用^{137}Cs与$^{210}Pb_{ex}$示踪法研究土壤侵蚀非常关键的一步，所采的样品能否代表该区域输入水平，直接影响到该研究的精度和成败。背景值采样点应满足下列条件：

(1) 侵蚀要轻微或无侵蚀。

(2) 从^{137}Cs沉降开始起，土壤无大的扰动。

(3) 在研究区域内或距离较近，以满足与研究区域输入总量一致。

国外研究者多选侵蚀轻微的草地、平整的大块耕地和坟地等为背景值样点，国内研究者多选择在侵蚀较轻的峁顶、坟地庙宇附近和老梯田为背景值取样点。

2）不同用地采样点选择

不同用地采样点的布设遵循以下几点要求：

（1）所选取的各个样点必须能代表黄土高原丘陵沟壑区的特点。

（2）所选取的各个样点尽量覆盖研究区，并考虑不同的坡度、坡向、坡长以及不同的坡位。

（3）样点基本以丘陵顶部为中心，分几条线路发散分布。

（4）样点顺水流的方向自上而下布设。

（5）在满足研究需要的情况下尽量减少采样点数。

4. 样品采集

（1）首先确定样点位置，并对样点位置及周围状况进行描述记录。

（2）可采取不同方法提取土样。取样深度一般为 30 cm，林地为 20 cm，可根据研究需要确定。

（二）土样的测试与分析

1. 土样的测试

所有土样装入测试样品盒，用胶带纸密封后放置 28 天后开始测量。可以根据实验条件来选择测定仪器。通常可利用美国 MCA 软件进行测量，采用 ORTEC 公司生产的 8192 道低本底多道 γ 射线能谱仪在 46.5 keV 和 661.62 keV 能量处，分别测定每一样品中^{210}Pb 和^{137}Cs 的全峰面积，^{210}Pb 的母体同位素^{226}Ra 则通过分析 351.99 keV 处，其子体同位素^{214}Pb 的 γ 射线能谱得到。测定时间为 28 800 s。探测器对^{60}Co 的 1332 keV 的 γ 射线能量分辨率为 1.9 keV，仪器具有较好的稳定性（道漂小于 1 道/月）和较低的本底。

2. ^{137}Cs 与^{210}Pb$_{ex}$面积浓度的计算

由于土壤中^{137}Cs 与^{210}Pb$_{ex}$的活度差异较大，为保证研究的需要，通常可采用固定道宽的方法取得核素的峰面积，即所有核素特征能量处的峰面积所对应的道宽应与用于计算标准源技术效率的道宽完全相同，以保证条件的一致性。下面简单介绍^{137}Cs 活度的计算方法，而^{210}Pb 与^{226}Ra 计算方法基本相同。

子样品（指除去植物根系、石块等不能过筛部分后的细颗粒部分）中^{137}Cs 的未校正含量可以根据峰面积、计数时间、探测效率来进行计算：

$$\mathrm{UCSS} = \mathrm{AP}/(T \times \mathrm{DE}) \tag{19-2}$$

式中：UCSS 为样品中未校正的^{137}Cs 含量（Bq）；AP 为^{137}Cs 的峰面积；T 为计数时间（s）；DE 为仪器对某一核素的探测效率。

对未校正的^{137}Cs 含量进行放射性衰变校正可得到子样品的校正含量：

$$\mathrm{CCSS} = \mathrm{UCSS} \times e^{\lambda t} \tag{19-3}$$

式中：CCSS 为样品中^{137}Cs的校正含量(Bq)；λ 为^{137}Cs的放射性衰变常数；t 为从采样到分析所用的时间。

因此子样品的校正放射性活度(Bq/kg)可以表示为：

$$CASS = CCSS/SSW \tag{19-4}$$

式中：CASS 为样品中^{137}Cs的校正放射性活度(Bq/kg)；SSW 为所测样品的重量(kg)。

假设子样品中^{137}Cs的放射性活度等于过筛后整个样品的^{137}Cs比活度，即粗粒部分(植物根系、石块等不能过筛部分)应不含^{137}Cs，计算核素的重量浓度时应加以修正。本研究中所采的黄绵土，稍加研磨均能过 1 mm 筛孔，因此不需校正。一般用^{137}Cs的面积浓度(Bq/m^2)来代表样点土壤中^{137}Cs的分布情况。

测定出样点各层土样^{137}Cs的放射性活度后，可根据公式(19-5)计算出该样点相应的面积浓度(Bq/m^2)：

$$Cs = \sum_{i=1}^{n} Ci \cdot BDi \cdot DIi \cdot 1000 \tag{19-5}$$

式中：Cs 为样点单位面积^{137}Cs的含量，即样点的面积浓度(Bq/m^2)；i 为采样层数序号；n 为采样层数；Ci 为采样层序号 i 的^{137}Cs浓度(Bq/kg)；BDi 为采样层序号 i 的土壤容重(t/m^3)；DIi 为采样层数序号 i 的土壤厚度(m)。

$^{210}Pb_{ex}$的计算有直接、间接法两种。直接法是测定不同深度的$^{210}Pb_{总}$量，直至^{210}Pb总量不再随土壤剖面深度而变化为止，此时，$^{210}Pb_{ex}$已达到在土壤中的最大分布深度，即$^{210}Pb_{ex}=0$，$^{210}Pb_{总}={}^{210}Pb_{附}$，剖面中$^{210}Pb_{ex}={}^{210}Pb_{总}-{}^{210}Pb_{附}$。间接法是测定土样中$^{226}Ra$量($^{214}Pb$)，因土样中$^{226}Ra$与$^{210}Pb_{附}$处于平衡状态，故$^{226}Ra$量等于$^{210}Pb_{附}$量。鉴于$^{226}Ra$半衰期长达 1600 a，故在近百年时间内可以认为其含量不受土样深度的影响。本项研究中采用间接法求$^{210}Pb_{ex}$，同时，采用直接法推求部分样品中$^{210}Pb_{ex}$量，并将两种方法作了对比、验证。表明两种方法求出的$^{210}Pb_{ex}$量非常一致，两种方法在$^{210}Pb_{ex}$量的计算方面没有明显差别，如图 19-2 所示。

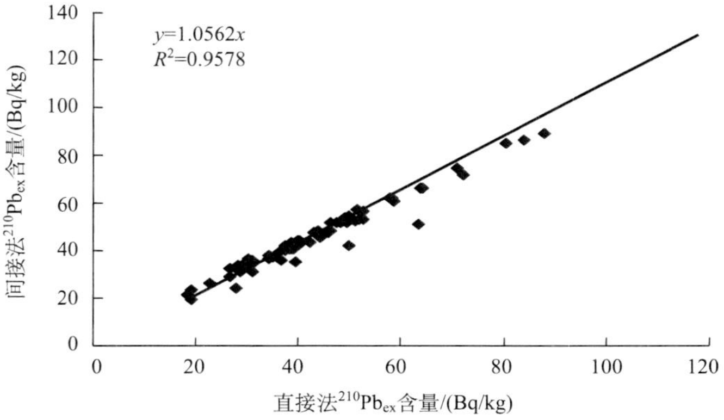

图 19-2 直接法与间接法计算的$^{210}Pb_{ex}$含量之比较

测定出各层土样^{210}Pb和^{214}Pb的放射性活度后，同样可根据公式(19-5)计算出该样点相应的^{210}Pb和^{214}Pb面积浓度值(Bq/m^2)。

第二节　示踪核素在土壤中的分布特征

许多学者的研究表明，放射性核素在土壤剖面的分布及其活度与研究剖面土壤颗粒组成、土壤剖面位置、土地利用类型密切相关。核素在不同土壤颗粒、不同深度土壤剖面、不同土地利用类型和不同地貌部位土壤中的分布及活度反映了核素在土壤中的性质特征，研究这些特征有助于分析核素在示踪土壤侵蚀方面的适用性，同时也是利用放射性同位素研究土壤侵蚀的基础。根据研究的目的、工作量的大小和^{137}Cs，$^{210}Pb_{ex}$示踪研究的需要，所选小流域的面积不能太大，又要有代表性，尽可能包含各种地貌类型、土地利用类型，并有该小流域或附近小流域以往的常规研究资料，而且该流域淤地坝建设较早、坝系完整、资料齐全。通过野外广泛的考察和室内预研究，选定黄土高原丘陵沟壑区一副区陕西省榆林市绥德县韭园沟流域的王茂沟小流域作为本研究的对象。

一、土壤颗粒中^{137}Cs与$^{210}Pb_{ex}$的分布特征及土壤与泥沙颗粒分析

^{137}Cs作为放射性沉降物降落到地面之后，其中一小部分从地面流失或飞扬出去，大部分进入土壤里。^{137}Cs一方面能被土壤黏土矿物紧密吸附，吸附量及吸附的可逆性与土壤黏土矿物的含量和组成有关，在土壤黏土矿物组成相似的情况下，黏土矿物含量越高，吸附^{137}Cs的能力越强。土壤中蛭石、伊利石及蒙脱石等黏土矿物含量越多，^{137}Cs吸附量越大且越不易解吸。这是因为蛭石有适合固定^{137}Cs的晶格结构，对^{137}Cs有很强的亲合力，所以能强烈吸附或固定^{137}Cs。另一方面，土壤有机质能对^{137}Cs进行紧密吸附，它是通过阳离子交换或络合等作用强烈吸附或固定，$^{210}Pb_{ex}$也有类似的性质。一般研究中都认为^{137}Cs与$^{210}Pb_{ex}$能和土壤中的细颗粒紧密结合且与泥沙颗粒一起移动，但^{137}Cs与$^{210}Pb_{ex}$在土壤不同粒径颗粒中的分配关系如何仍需要研究证实，这也是^{137}Cs与$^{210}Pb_{ex}$示踪技术在该区研究应用的前提。

侯建才等(2007a,b,c,d,e,f)对王茂沟流域进行了研究。王茂沟是黄河水利委员会绥德水土保持科学试验站的试验性治理小流域之一，也是我国最早的治理试验小流域之一。王茂沟流域是陕北绥德县韭园沟中游左岸的一条支沟，是无定河的一条二级支沟。在研究区地势平坦的梁顶草地采集0～5 cm的5个原状土进行颗粒分析(筛分法结合吸管法)，提取出的土壤溶液经烘干后，磨细，加入石蜡制成待测样品；同时，对王茂沟流域关地沟3号坝坝地剖面两个沉积较厚的23层、27层沉积旋迴层的泥层和沙层分开分别采样，也制成待测样品。样品放置一个月后用8192道低本底多道γ射线能谱仪测定核素的含量，分析核素在不同粒径颗粒中的富集状况，以探讨示踪核素与不同粒径土壤颗粒的结合程度。

（一）^{137}Cs 与 $^{210}Pb_{ex}$ 示踪核素在土壤颗粒中的分布

经多道 γ 射线能谱仪分析测定，^{137}Cs 与 $^{210}Pb_{ex}$ 含量和土壤颗粒组成的关系见图 19-3 和图 19-4。由图可以看出，^{137}Cs 与 $^{210}Pb_{ex}$ 含量随着土壤颗粒的变细而增大，^{137}Cs 与 $^{210}Pb_{ex}$ 主要存在于小于 0.01 mm 的土壤物理性黏粒中，大于 0.25 mm 的颗粒中基本不含 ^{137}Cs 与 $^{210}Pb_{ex}$，这与国内外的研究相一致。$^{210}Pb_{ex}$ 与 ^{137}Cs 等大气沉降示踪核素主要是被土壤中的细颗粒所吸附，其在土壤剖面中的含量高低可以反映出样点土壤侵蚀或沉积发生与否及程度。

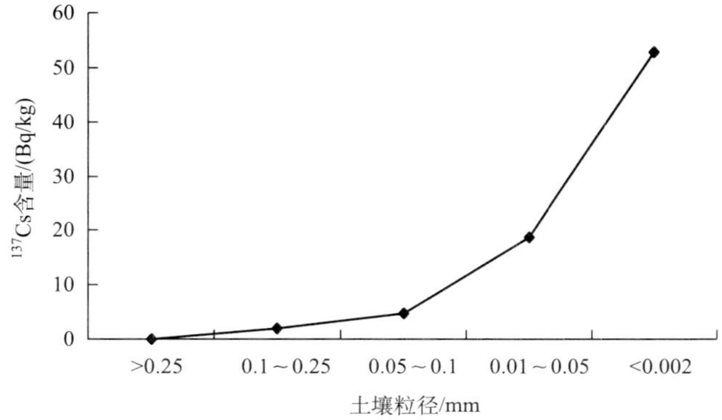

图 19-3　黄绵土 ^{137}Cs 含量与颗粒组成的关系

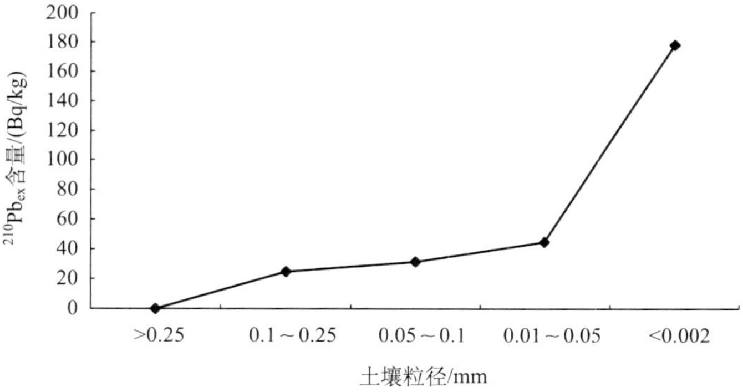

图 19-4　黄绵土 $^{210}Pb_{ex}$ 含量与颗粒组成的关系

（二）土壤与泥沙颗粒组成分析

对所采集不同土地利用类型、不同深度的土壤样品和沉积泥沙样品进行了颗粒组成分析，结果见表 19-1。

表 19-1 草地、坡耕地、梯田土壤和沉积泥沙的颗粒组成

采样点	土样号	各级颗粒含量百分比/%				
		>0.25 mm	0.25~0.05 mm	0.05~0.005 mm	<0.005 mm	<0.05 mm
草地	1	0.2	14.0	62.3	20.4	81.3
0~20 cm	2	0.5	16.1	64.5	22.3	82.4
坡耕地	1	0.8	17.2	62.8	19.6	79.5
0~20 cm	2	0.5	19.1	61.2	18.5	78.0
坡耕地	1	0.7	18.6	60.5	19.2	78.8
20~40 cm	2	0.8	19.0	62.3	18.6	79.2
梯田	1	0.9	18.7	60.6	19.4	80.3
	2	0.7	19.1	63.8	18.8	78.9
沉积泥沙	1	0.8	18.3	63.2	19.8	79.6
	2	0.6	19.2	61.4	18.7	77.4

由表 18-1 可以看出，除草地的颗粒组成略有差异外，坡耕地不同深度、梯田、不同旋迴层沉积泥沙的颗粒组成没有明显变化，表明该研究区土壤在侵蚀、运移过程中无分选性，适于使用^{137}Cs与$^{210}Pb_{ex}$示踪技术研究土壤侵蚀。这也验证了张信宝等(1988)所言："黄土颗粒组成细，质地均一，黄土高原是世界上运用^{137}Cs等核素示踪技术研究土壤侵蚀的最佳地区之一"。

二、^{137}Cs与$^{210}Pb_{ex}$示踪核素在土壤剖面中的分布特征

^{137}Cs与$^{210}Pb_{ex}$在沉降到地表与土壤结合后，在不同土地利用类型的土壤剖面中的分布也有很大差异性，了解并研究这些差异性是利用示踪核素研究土壤侵蚀的基础，也是正确选择估算模型的关键。

(一) ^{137}Cs与$^{210}Pb_{ex}$在扰动土土壤剖面中的分布特征

1. ^{137}Cs在扰动土壤剖面中的分布

在不同土地利用方式下，土壤剖面中^{137}Cs的分布有着不同的特点。在扰动土壤剖面中(农耕地)，由于耕作等物理性的翻耕作用，使得耕作层中土壤混合比较均匀，因而^{137}Cs在农耕地土壤剖面中的分布呈现表层和次表层基本无差别、在耕层内相对均一的特征(图19-5)。由图 19-5 可知，^{137}Cs主要分布在 0~20 cm 内，20 cm 以下深度的剖面范围内含量很少，且在 0~20 cm 土层中分布比较均匀。这主要是由于黄土高原地区耕地的耕层深度较浅，大多在 20 cm 左右，因此耕作等物理性扰动使耕作层内土壤混合比较均匀；而 20 cm 以下被犁耕的机会较少，其中被测到的^{137}Cs是由 20 cm 以上土壤中的一小部分^{137}Cs在犁耕过程中迁移到 20 cm 以下土层中的缘故。因此，^{137}Cs在扰动土壤剖面中基本上是均匀分布，这一分布规律也被其他研究人员证实。

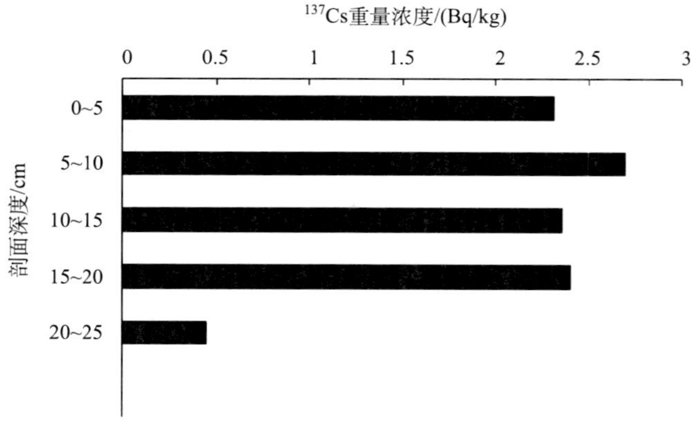

图 19-5　^{137}Cs 在农耕地土壤剖面中的分布

2. $^{210}Pb_{ex}$在扰动土壤剖面中的分布

在扰动土壤剖面中，虽然$^{210}Pb_{ex}$是连续沉降的，但由于耕作混合的影响，$^{210}Pb_{ex}$的分布与^{137}Cs 的分布特征基本一致（图 19-6）。但在扰动的土壤剖面中（农耕地），$^{210}Pb_{ex}$在表层 0～10 cm 范围内分布较均匀，而在 10 cm 以下有逐渐减少的趋势。这可能由于$^{210}Pb_{ex}$是大气连续沉降的，表层土壤接受空气中的$^{210}Pb_{ex}$相对较多，再加上常见的除草、锄地、施肥等农业措施主要也发生在表层 0～10 cm 范围内的缘故。

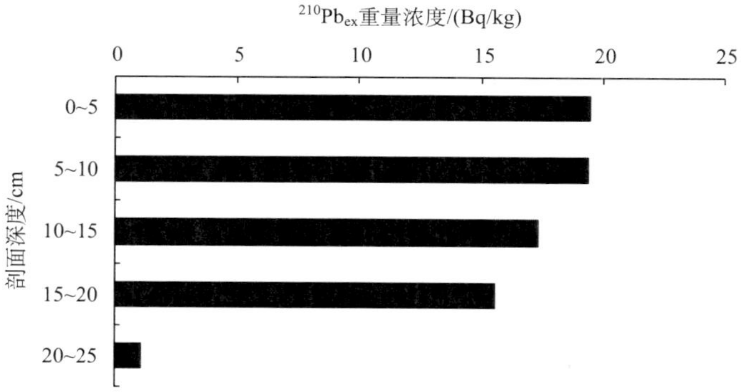

图 19-6　$^{210}Pb_{ex}$在农耕地土壤剖面中的分布

（二）^{137}Cs 与$^{210}Pb_{ex}$在未扰动土壤剖面中的分布特征

1. ^{137}Cs 在未扰动土壤剖面中的分布

与在扰动土壤剖面中的分布特征相比，^{137}Cs 在未扰动土壤剖面中的分布明显不同（图 19-7）。在未扰动土壤剖面中，^{137}Cs 主要分布在 0～10 cm 的土壤表层中，15 cm 以下已无

^{137}Cs；其中在 2～4 cm 范围内出现有一个^{137}Cs的"富集层"，4 cm 以下随土壤深度的增加呈指数减少趋势。"富集层"出现在亚表层可能有以下几方面的原因：一是表层土壤（0～2 cm）中富含^{137}Cs的黏粒长期向下的物理性淋溶迁移；二是降雨后地表虽然产流，但没有明显的侵蚀现象，但土壤表层中的部分细颗粒被径流挟带而去，因而导致表层土壤中^{137}Cs含量较次表层土壤含量略小；三是风蚀作用使表层吸附^{137}Cs较多的土壤细颗粒被吹走。

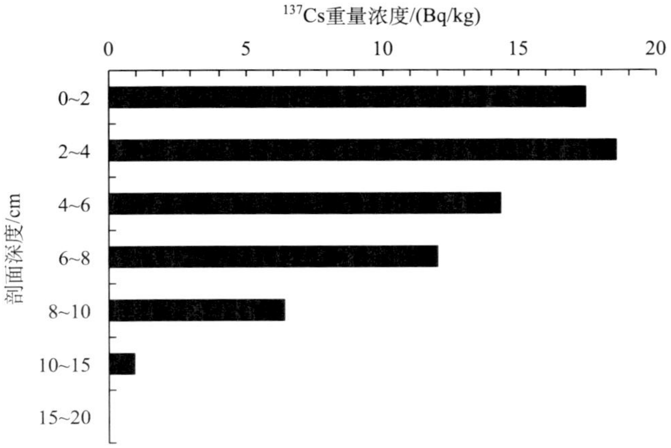

图 19-7 ^{137}Cs在未扰动土壤剖面中的分布

2. $^{210}Pb_{ex}$在未扰动土壤剖面中的分布

与在扰动土壤剖面中的分布特征相比，$^{210}Pb_{ex}$在未扰动土壤剖面中的分布也明显不同（图 19-8）。与^{137}Cs在未扰动土壤剖面中的分布相类似，$^{210}Pb_{ex}$主要分布在土壤剖面表层 0～10 cm 范围内，此范围内$^{210}Pb_{ex}$含量占土壤剖面中$^{210}Pb_{ex}$总量的 88.2%；在土壤剖面 0～20 cm 内，$^{210}Pb_{ex}$含量随剖面深度的增加呈指数下降趋势。

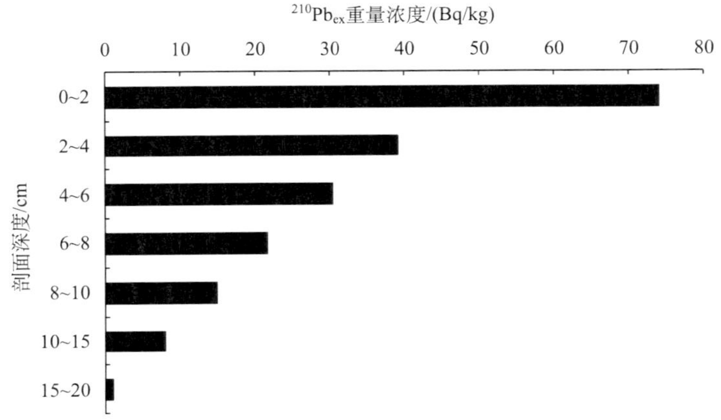

图 19-8 $^{210}Pb_{ex}$在未扰动土壤剖面中的分布

三、^{137}Cs与$^{210}Pb_{ex}$含量随坡度的变化特征

(一) ^{137}Cs 含量随坡度的变化特征

在研究坡度与土壤侵蚀关系方面，^{137}Cs 示踪技术也发挥了很大作用。张信宝等(1988)在研究黄土高原羊道沟小流域时发现，在农耕地中，^{137}Cs 含量为 0°坡＞10°坡＞20°坡；汪阳春等(1991)认为黄土高原峁坡坡面侵蚀，^{137}Cs 含量随坡度的变化比较复杂，由上而下，有的呈逐渐增加的趋势，有的呈逐渐增加后突然减少的趋势。说明^{137}Cs 含量与坡度关系密切。侯建才等(2007 a～f)研究结果也显示，王茂沟小流域坡地土壤^{137}Cs 含量随着坡度增大而减少。图 19-9 显示了坡面^{137}Cs 含量随坡度的变化情况。从图 19-9 可以看出，^{137}Cs 含量与坡度之间具有很好的相关性，坡度大的地方^{137}Cs 浓度低，表明其流失较多，坡度小的地方^{137}Cs 浓度高，即^{137}Cs 流失少。坡度在 5°～26°范围内，^{137}Cs 含量与坡度呈指数负相关。这可能是在同样流量时，坡面越陡水流具有的能量越大，侵蚀潜力越大，引起细沟侵蚀的可能性越大，坡面侵蚀量越大，^{137}Cs 流失越多的缘故。

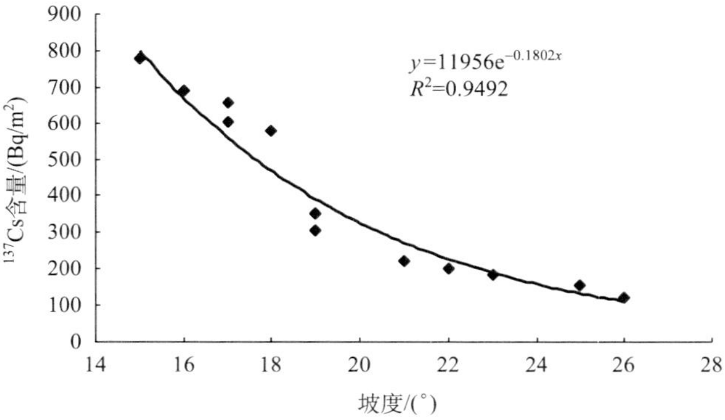

图 19-9 农耕地坡面^{137}Cs 含量与坡度的关系图

(二) $^{210}Pb_{ex}$含量随坡度的变化特征

侯建才等(2007 a～f)研究了王茂沟小流域坡地土壤$^{210}Pb_{ex}$ 含量随坡度变化。图 19-10 显示了坡面$^{210}Pb_{ex}$含量随坡度的变化情况。从图中可以看出，$^{210}Pb_{ex}$含量与坡度之间也具有很好的相关性，坡度大的地方$^{210}Pb_{ex}$浓度低，表明其流失较多，坡度小的地方$^{210}Pb_{ex}$浓度高，即$^{210}Pb_{ex}$流失少。坡度在 5°～26°范围内，$^{210}Pb_{ex}$ 含量与坡度呈指数负相关。究其原因，可能是在同样流量时，坡面越陡水流具有的能量越大，侵蚀潜力越大，引起细沟侵蚀的可能性越大，坡面侵蚀量越大，$^{210}Pb_{ex}$流失越多的缘故。

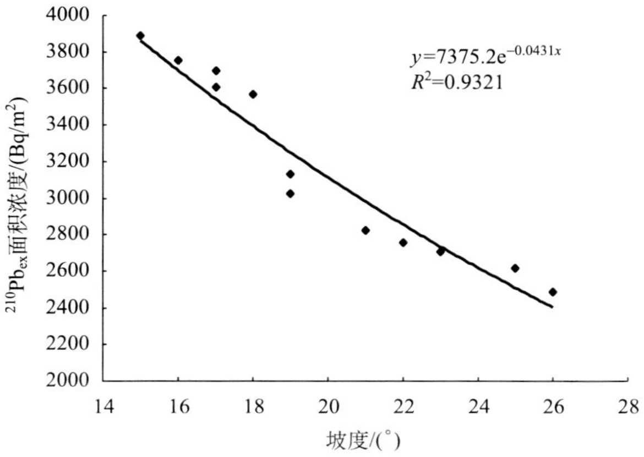

图 19-10　农耕地$^{210}Pb_{ex}$含量与坡度关系图

四、不同土地利用方式土壤核素含量的分异特征

不同土地利用方式与核素含量密切相关。研究该区域不同土地利用方式与核素含量的关系，对进一步了解区域土壤侵蚀状况、研究水土流失规律、制定水土保持规划都有重要意义。张信宝等(1992)用^{137}Cs方法在研究蒋家沟小流域泥沙来源时发现，^{137}Cs含量林地>荒草地>农耕地>裸坡地；Ritchie 等(1978)在研究 Mississipi 北部流域土壤中的^{137}Cs分布特征时发现，沟谷地的^{137}Cs含量<耕地<荒地<牧草地<林地；同时，Ritchie 等在研究同地区三个不同覆盖类型的小流域土壤侵蚀时，得出^{137}Cs的含量是：林地>草地>农耕地>裸地。侯建才等(2007 a～f)研究结果显示，王茂沟小流域不同土地利用方式与土壤中^{137}Cs与$^{210}Pb_{ex}$含量密切相关。小流域内坡耕地的^{137}Cs平均含量 297Bq/m^2，$^{210}Pb_{ex}$平均含量 3204Bq/m^2；林地^{137}Cs平均含量 311 Bq/m^2，$^{210}Pb_{ex}$平均含量 3285 Bq/m^2；草地^{137}Cs平均含量 578 Bq/m^2，$^{210}Pb_{ex}$平均含量 3862 Bq/m^2。各类用地按照^{37}Cs与$^{210}Pb_{ex}$含量的大小，依次是草地>林地>坡耕地。通过以上分析，可以认为：在黄土高原丘陵沟壑区，坡耕地^{137}Cs含量只有 297 Bq/m^2，是流域的主要侵蚀区。

第三节　示踪核素确定土壤侵蚀速率

一、^{137}Cs示踪核素确定土壤侵蚀速率方法

^{137}Cs作为示踪核素研究土壤侵蚀已有近 40 年的历史。它具有半衰期长(30.17 a)，分析技术量化程度高，不需要特殊野外设施，方法简单、易于操作，不需扰动整个地块便可测得数据，可同时示踪土壤侵蚀和沉积，而且在较大区域内沉降相对较为均匀，适合于各种地貌类型等方面优点。沉降于土壤表层的^{137}Cs会很快被土壤中的细颗粒吸附，在土壤

表层聚集。尽管生物和化学作用会使少量^{137}Cs发生迁移，但大部分^{137}Cs将依附于土壤颗粒，随土壤的迁移而移动。因此，^{137}Cs在流域的空间分布与表层土壤的迁移和运动密切相关。这使^{137}Cs成为一种研究表层土壤侵蚀和沉积的良好示踪剂。

通过^{137}Cs含量的分异特征能定性的表征土壤侵蚀强度；应用^{137}Cs示踪土壤侵蚀速率的数学模型，可以定量地研究流域土壤侵蚀分异特征。利用^{137}Cs含量研究流域土壤侵蚀量，一方面是通过分析^{137}Cs蓄积量在流域的空间分布来确定流域内土壤侵蚀区与沉积区，研究被侵蚀土壤的侵蚀和搬运的空间迁移特征；另一方面是通过分析特定土壤或土壤类型中^{137}Cs蓄积量与土壤侵蚀量的关系，建立^{137}Cs含量与土壤侵蚀强度之间的关系方程，计算土壤侵蚀量、沉积量。

由于土壤是复杂的自然综合体，不同地区、不同类属土壤的^{137}Cs含量和剖面分布差异较大，再加上影响土壤侵蚀的因素众多，因此根据土壤剖面^{137}Cs的分布建立或选用^{137}Cs含量与土壤侵蚀量之间关系的计算模型，是应用^{137}Cs示踪法定量研究土壤侵蚀的基础和关键。不同的模型计算出的土壤侵蚀量相差很大，可达几倍、甚至十几倍。国内外研究者通过对大量土壤侵蚀量和^{137}Cs剖面分布数据的对比研究，提出了各种各样的土壤侵蚀量估算模型。这些估算模型可大致分为两大类：一类为经验模型，它是通过对现有数据进行统计分析而得出的土壤^{137}Cs含量与土壤侵蚀量的简单经验函数关系；另一类为理论模型，它是在对土壤侵蚀机理进行理论分析并综合考虑各种土壤侵蚀影响因子的基础上，建立的土壤侵蚀量与土壤剖面^{137}Cs含量之间的关系。

1. 农耕地土壤侵蚀量^{137}Cs计算模型

1）经验模型

结合前人的径流小区测得的土壤侵蚀量或通过通用土壤流失方程求得土壤流失率和侵蚀地块^{137}Cs流失量进行回归分析。美国 Ritchie 等（1974b）于 1974 年，首次建立起土壤^{137}Cs流失百分比与土壤侵蚀量之间的小区经验公式：

$$Y = 1.6X^{0.68} \tag{19-6}$$

式中：X为^{137}Cs的流失百分比（%）；Y为年平均土壤流失量[t/(hm^2 · a)]。

1987 年，Wan 等认为，由于 1970 年以后，核尘埃降落量极微，该公式已不适用于 80 年代；Kachanoski 等在评价这一关系时，认为有许多问题，尤其是^{137}Cs的剩余量与时间有明显关系。

Menzel 等根据通用土壤流失方程回归分析，假定放射性核素流失量与输入量百分比不随预测的土壤流失量（X）而变化，那么公式可变为

$$Y = 0.88X^{1.18} \tag{19-7}$$

其后，许多研究者都得到了类似的关系式，因此这类模型均可用下式表示：

$$Y = \alpha X^{\beta} \tag{19-8}$$

其中X,Y的含义与式(19-6)相同，且$X=(A_{ref}-A)/A_{ref}\times 100$；$A_{ref}$为研究区$^{137}Cs$背景值；$A$为采样点$^{137}Cs$含量；$\alpha$,$\beta$为待定参数。

尽管这种经验模型易于运用，对试验小区内的估算结果比较准确，并被许多研究者广泛采用，但该模型的缺陷是显而易见的：用于推导此类经验公式的土壤侵蚀速率，一般仅能代表侵蚀小区内的平均净土壤流失量，与用于估算土壤侵蚀率的采样点的^{137}Cs损失测定值无法直接比较；建立关系式的数据反映的时期有长有短，它们不能有效地结合，即使此问题可以忽略，由于关系式建立于特定时间和特定的地点，使得关系式仅适用于数据收集期和相似的环境中；由于土壤的空间变异相当大，不同的经验土壤侵蚀估算模型亦具有较强的空间对应关系，这就使得此类模型难以在不同地理空间的土壤侵蚀估算中有效应用；小区内不同研究点土壤的^{137}Cs损失率反映的是自从^{137}Cs开始沉降以后的整个较长时间内的土壤侵蚀率，而它们所测得的往往只是较短时期内的平均土壤侵蚀量；如果径流试验小区是在^{137}Cs主要沉降后才建立的，则建立的模型有可能同时采用了耕作土壤和非耕作土壤的测定结果。因而，对耕作土壤而言，可能偏低；对非耕作土壤而言，则可能偏高。正是因为经验公式的这些缺点，限制了其自身的进一步发展和应用。但经验公式也有其不可替代的优点：由于其数据来源包括从沉降开始到取样期间侵蚀小区的长期试验结果，因此在提供地面实况方面有许多潜在的优势可以开发，同时经验公式也为其他模型方法的产生奠定了基础。

2）理论模型

(1)比例模型。比例模型是一种较为简单的理论模型，是在质量平衡模型出现之前^{137}Cs示踪法估算农耕地土壤侵蚀速率的常用模型，并被许多研究者应用。该模型的假设前提为：^{137}Cs的沉降在研究区域内是均匀的，其输入全部经混合后在耕作层中均一分布，层间^{137}Cs含量无差异；自从^{137}Cs沉降开始后，土壤流失量与土壤剖面的^{137}Cs含量流失率成比例。

该模型可表示为以下形式：

$$Y = 10 \cdot BdX/100T \tag{19-9}$$

式中：Y为土壤流失量(kg/m^2)；B为土壤容重(kg/m^3)；d为耕作层深度(m)；X为^{137}Cs流失百分比(%)；T为自^{137}Cs开始累积以来经历的时间(a)。

考虑到不同地区的情况，不同研究者对该公式进行了不同的修改，但其基本形式是一致的。由公式(19-9)可见，该模型的各参数和变量值的确定是相当容易的，因而其使用相当方便。然而，该模型的假设前提显然过于简单化，而且该模型具有以下缺陷：对于实际土壤而言，沉降到地表的^{137}Cs需要借助耕作才能均匀混入耕层，在两次耕作活动的间隙中，^{137}Cs沉降到地面后往往在表层富集，此时，^{137}Cs在土壤耕作层剖面中的分布是不均一的，而此期间的土壤侵蚀必然带走部分富集层内的^{137}Cs，结果用此模型必然会过高估算侵蚀量，尤其是在侵蚀量较小的地区；该模型在表层土壤发生侵蚀的同时，并未考虑因原耕作层以下土壤的混入而导致的新耕作层中^{137}Cs浓度的稀释作用(即浓度降低)，因此，该模型有可能明显过低估算了耕作土壤的侵蚀量；另外，该模型没有考虑^{137}Cs的年际沉降分量变化对估计土壤侵蚀量的影响。

(2)重量模型。Brown 等(1981)和 Lowrance 等(1988)采用重量法估算土壤侵蚀量。

该模型建立的原理是：沉积区^{137}Cs的净增量应该等于侵蚀区^{137}Cs的净流失量，其公式如下：

$$Y = 10(A_{ref} - A)CsT \tag{19-10}$$

式中：Y为土壤流失量(kg/m^2)；Cs为侵蚀区域土壤当前^{137}Cs平均含量(Bq/m^2)；A为侵蚀点土壤的^{137}Cs总量(Bq/m^2)；A_{ref}为背景值点土壤中^{137}Cs总量(Bq/m^2)；T为自^{137}Cs开始累积以来经历的时间(a)。

该模型的使用也具有以下缺陷：由于该模型是为了估算特定侵蚀地区的平均土壤侵蚀率而建立的，因此其关键的一步是通过足够的侵蚀小区实验来确定^{137}Cs含量，而^{137}Cs含量的确定本身就具有一定的不确定性；该模型在忽略了^{137}Cs沉降富集于地表时的侵蚀，也未考虑因原耕作层以下土壤的混入而导致的新耕作层中^{137}Cs浓度的稀释作用(即活度降低)，因此有可能明显过高估算耕作土壤的侵蚀损失率；该模型对不同采样点仅用一个参数^{137}Cs含量，而没有考虑^{137}Cs的年沉降分量变化对估计土壤侵蚀量的影响。

(3)幂函数模型。Kachanoski(1993)提出了形式较为简单的幂函数模型。该模型考虑了耕作活动对耕作层^{137}Cs活度的稀释作用，其估算模型如下：

$$Y = MR^{-1}[1 - (A_n/A_0)^{1/n}] \tag{19-11}$$

式中：Y为年土壤侵蚀速率[kg/(m^2·a)]；A_0为t_0年的土壤^{137}Cs浓度(Bq/m^2)；A_n为t_n年的土壤^{137}Cs浓度(Bq/m^2)；M为耕作层的土壤重量(kg/m^2)；R为侵蚀迁移土壤与耕作层土壤的^{137}Cs浓度比；n为自t_0年计起到t_n年经过的年数(a)。

该模型未考虑t_0年以来的^{137}Cs沉降量，只能用于近似地估算历史上主要的^{137}Cs沉降时期以后发生的土壤侵蚀量；R值较难准确测定。

(4)质量平衡模型。在各种^{137}Cs估算土壤侵蚀模型中，以质量平衡模型较为可靠。其模型的建立是基于对侵蚀机理的理论分析基础之上的，综合考虑了影响土壤侵蚀的诸多因子，模型估算结果更为准确，符合实际情况。

对于耕作土壤，质量平衡模型首先是由Kachanoski等(1993)根据农耕地^{137}Cs流失的物理模式提出的^{137}Cs流失量与农耕地土壤侵蚀量之间的理论关系式(即质量平衡模型)：

$$S_t = (S_{t-1} + F_t - E_tC_t)K \tag{19-12}$$

式中：S_t，S_{t-1}为t年底和$t-1$年底^{137}Cs的面积浓度(Bq/m^2)；F_t为t年^{137}Cs沉降量；C_t为耕作层土壤中^{137}Cs重量浓度(Bq/kg)；E_t为年侵蚀速率(kg/m^2)；K为^{137}Cs衰变系数。

随后，许多研究者在此基础上进行了深入的研究，并提出了不同形式的质量平衡模型。张信宝等(1988)在研究黄土高原的土壤侵蚀速率时改进了Kachanoski等的模型，提出了如下公式：

$$X = Y_r(1 - \Delta H/H)^{N-1963} \tag{19-13}$$

式中：X为土壤剖面中^{137}Cs总量；Y_r为^{137}Cs的背景值；H为犁耕层厚度；ΔH为年均土壤流失厚度。

该模型将^{137}Cs沉降的时间模式处理为^{137}Cs沉降均发生在1963年，从而使模型大大简化,应用非常方便。据周维芝(1996)的研究证明,该模型与江忠善的小区资料回归值法差异较小。

Walling 等(1999)考虑了耕作之前因降雨导致的^{137}Cs 活度较高的表层土的侵蚀流失、侵蚀迁移土壤的颗粒粒径分布与原土壤的差异,以及不同粒径的土粒的^{137}Cs 含量和移动性的差异,提出了以下改进的侵蚀估算模型:

$$\mathrm{d}A(t)/\mathrm{d}t = (1-\Gamma)I(t) - (\lambda + PR/d)A(t) \tag{19-14}$$

式中:Γ 为新沉降的^{137}Cs 在混入耕作层之前的侵蚀流失率,$\Gamma = P\gamma(1-\mathrm{e}^{-R/H})$;$A(t)$为单位面积土壤的^{137}Cs 总量(Bq/m^2);$I(t)$为在某一年份的^{137}Cs 沉降量[Bq/(m^2 · a)];t 为^{137}Cs 沉降开始到采样时的年数(a);P 为颗粒校正因子,即沉积土壤与侵蚀迁移土壤的^{137}Cs 活度之比,一般大于 1.0,因为^{137}Cs 易吸附在易迁移的颗粒粒径较小的土壤颗粒表面;γ 为在耕作活动之前耕作土壤上的^{137}Cs 年沉降量易受到侵蚀的比例,其值决定于耕作时间和当地的降雨时间分布;d 为耕作层土壤累积质量深度;R 为年侵蚀速率[kg/(m^2 · a)];H 为^{137}Cs 在整个土壤剖面的初始分布累积质量深度(kg/m^2);λ 为^{137}Cs 衰变常数(a)。

该模型虽然考虑了诸多影响土壤侵蚀的因素,但仍有它的局限性:该模型的上述重要假设的可行性有待商榷;该模型并未考虑耕作活动对土壤不同粒径颗粒的移动性的影响。该模型过于复杂,涉及参数太多且不好确定,因此实际使用价值并不大。

周维芝(1996)在前人研究的基础上,考虑了 1956～1970 年^{137}Cs 大量沉降期,耕层既有^{137}Cs 输入,又有^{137}Cs 流失,1970 年以后^{137}Cs 输入量很少,可认为无降尘,^{137}Cs 变化仅由土壤侵蚀引起。设 ΔX 为年均^{137}Cs 沉降量,$a\%$为^{137}Cs 年流失比率,则每年土壤中^{137}Cs 含量为

$$X_n = \frac{X_0}{15}(1-a\%)^{n-70}\ \frac{(1-a\%)-(1-a\%)^{16}}{1-(1-a\%)} \tag{19-15}$$

式中:X_n 为采样时土壤中总的^{137}Cs 含量(Bq/m^2);X_0 为^{137}Cs 背景值(Bq/m^2);n 为采样年份(a)。

周维芝的模型结构简明,不包含任何经验系数,只需测得^{137}Cs 流失量即可计算土壤侵蚀量,但是周维芝将^{137}Cs(1956～1970)年间的沉降按均匀沉降处理,且未考虑^{137}Cs 在沉降期间因衰变而减少的事实,也就是任意 1a 沉降的^{137}Cs 因衰变作用的减少是不考虑的,这就使^{137}Cs 在早期的沉降值偏大化,导致计算结果要小于实际值。

杨浩等(1999)则建立了与 Walling 等不同的质量平衡模型。该模型假设^{137}Cs 在耕作土壤耕作层中是均一分布的(第 $t-1$ 年),同时产生地表富集作用(第 t 年)的情况下,考虑了^{137}Cs 年沉降分量以及在地表富集层中的分布特征、耕作层厚度、^{137}Cs 的衰变常数和采样年份的影响。该模型假设地表富集层中^{137}Cs 的分布函数有以下 3 种形式:

$$\text{指数型:}C_{\mathrm{st}} = A_t\mathrm{e}^{-xz} \tag{19-16}$$

$$\text{线性型:}C_{\mathrm{st}} = A_t(1 - Z/Hs) \tag{19-17}$$

$$\text{均一型:}C_{\mathrm{st}} = A_t \tag{19-18}$$

式中：C_{st}为当深度为 z 时^{137}Cs 的活度(Bq/kg)；x 为系数；A_t 为当 $z=0$ 时^{137}Cs 的活度；其余符号意义同前。

该模型形式较为简单，参数少且易于确定，使用比较方便，且考虑的因素较多。但是，^{137}Cs 在土壤表面的富集状况并不能由以上 3 种函数完全代表和准确描述。该模型没有考虑土壤颗粒粒径分选对侵蚀和沉积行为的影响；另外模型未考虑^{137}Cs 沉降的年际变化情况，用土壤中的背景值来代替沉降总量却未考虑^{137}Cs 沉降时的瞬间流失。

2. 未扰动土壤侵蚀量^{137}Cs 计算模型

^{137}Cs 的剖面分布在未扰动土壤与扰动土壤中有显著的差异，其侵蚀估算模型自然不同，但土壤侵蚀量估算模型同样可分为经验模型和理论模型两类。

1）经验模型

对于未扰动土壤，Elliott 等(1990)提出了估算土壤侵蚀的^{137}Cs 经验模型：

$$Y = \alpha\beta^{X} \tag{19-19}$$

式中：Y 为年土壤侵蚀损失量[kg/(hm^2 · a)]；X 为土壤中^{137}Cs 的损失百分率[$X=(A_{ref}-A)/A_{ref}\times 100$]；$\alpha$、$\beta$ 为待定系数；其余符号意义同前。

它是利用^{137}Cs 的流失量与通过其他方法获得的土壤侵蚀量进行统计而得到的经验方程，仅适用于小研究区，无普适性。此类模型具有与扰动土壤的经验估算模型有相似的缺点。

2）理论模型

(1)剖面分布模型。Zhang 等(1990)基于许多研究者所报道的非耕作土壤剖面^{137}Cs 的指数分布形式，给出^{137}Cs 剖面分布函数表达式为

$$A_h = A(1 - e^{\lambda h}) \tag{19-20}$$

式中：h 为土层深度(m)；A_h 为土壤剖面中某一深度(h)以上土壤中^{137}Cs 的总量(Bq/m^2)；A 为^{137}Cs 背景值(Bq/m^2)；λ 为^{137}Cs 深度衰减系数。

而某研究点土壤侵蚀损失的厚度可由测定该点的土壤剖面的^{137}Cs 总量计算得到。土壤侵蚀量可由下式求得：

$$X = X_0 e^{-\lambda H} \tag{19-21}$$

式中：X 为研究点的面积浓度(Bq/m^2)；X_0 为研究区^{137}Cs 的背景值(Bq/m^2)；H 为 1963 年以来土壤侵蚀总厚度(cm)；λ 为意义同上。

该模型的特点是形式较为简单，使用简便。但其局限性在于：模型忽略^{137}Cs 沉降输入的时间变化的影响，而将其简化为 1963 年 1 年；集中输入模型没有考虑^{137}Cs 在土壤中的再分配过程；土壤剖面^{137}Cs 活度最大值很可能并不是出现在土壤表层，而是在土壤表层以下数厘米处，因而有关土壤剖面^{137}Cs 活度的指数型分布假设可能并不总是成立，在呈不同函数分布的地区，计算公式也必须随之改变；该模型并未考虑水力侵蚀过程中土壤

颗粒分选及其对迁移的影响。

(2)质量平衡模型。为了更好地反应^{137}Cs随时间的沉降输入变化及其随后在土壤中的再分配情况，同时避免模拟影响再分配状况的物理、物理化学、生物学等复杂过程，Pegoyev等(1978)在扩散迁移模型中引入了扩散系数$D[kg^4/(m \cdot a)]$和迁移速率$v[kg/(m^2 \cdot a)]$用于计算未扰动土壤的侵蚀速率。

$$C_u(t) \approx \frac{I(t)}{H} + \int_0^{t-1} \frac{I(t')e^{-\frac{R}{H}}}{\sqrt{D\pi(t-t')}} e^{-v^2(t-t')/4D-\lambda(t-t')} dt' \tag{19-22}$$

$$A_{ts}(t) = \int_0^t PRC_u(t')e^{-\lambda(t-t')} dt' \tag{19-23}$$

式中：H为^{137}Cs沉降后的释放质量深度(kg/m^2)；$C_u(t)$为t时的^{137}Cs浓度(Bq/kg)；$A_{ts}(t)$为^{137}Cs的减少量(Bq/m^2)。

扩散系数D和迁移速率v描述了^{137}Cs剖面随时间的变化状况，其值越大表明^{137}Cs在土壤剖面中下渗得越深。

考虑到^{137}Cs在土壤剖面移动中的质量守恒、^{137}Cs沉降输入的时间变化及其在土壤表层中的最初分布状况、在土壤中的再分配作用对^{137}Cs在土壤剖面分布的影响，Walling等(1999)采用了一维运移模型、有效扩散系数D和迁移速率$v[kg/(m^2 \cdot a)]$表征土壤剖面^{137}Cs的再分配作用；Owens等(1998)也采用一维运移模型、有效扩散系数和迁移速率描述^{137}Cs沉降到地表后在土壤剖面中的迁移过程，建立了相应的模型。

Walling等和Owens等的质量平衡模型的主要不足之处在于：模型形式较为复杂，参数众多，而且其参数难以确定，从而影响估算结果的精确性和可靠性。

Yang等(1998)认为^{137}Cs在土壤剖面中分布形式的不同，其相应的土壤侵蚀量的计算模型也不同，并根据^{137}Cs在土壤剖面中的分布形式建立了一些估算未扰动土壤的侵蚀模型。

对于土壤剖面分布符合函数$C_s = ae^{-bz}(a>0, b>0)$，土壤侵蚀量可由下式求得：

$$E_R = 1000D\ln(1-\lambda)/b \tag{19-24}$$

对于剖面分布符合函数$C_s = a[1-(k-z/H)^b](k-z/H)^{b-1}(a>0, b>0$，且$k \leqslant 1)$，则土壤侵蚀量可由式(18-26)求得：

$$E_R = 10\,000DH\{k-[1-\sqrt{\lambda[10(1-k)^b]^2+(1-\lambda)(1-k^b)^2}]^{1/b}\} \tag{19-25}$$

对于剖面分布符合函数$C_s = a(1-z/H)^b(a>0, b>0)$，则土壤侵蚀量可由式(19-27)求得：

$$E_R = 10\,000DH[1-(1-\lambda)^{1/b+1}] \tag{19-26}$$

式中：E_R为年均土壤侵蚀量(kg/hm^2)；D为土壤容重(kg/m^3)；C_s为土壤剖面某一深度的^{137}Cs浓度(Bq/m^2)；Z为土壤剖面的某一深度(m)；H为土壤剖面中^{137}Cs的最大分布深度(m)；λ为侵蚀常数，即土壤剖面^{137}Cs年损失百分率；a、b和k均为系数。则

$$Y = 100 - [R_1(1-\lambda)^{28} + R_2(1-\lambda)^{27} + R_3(1-\lambda)^{26} + \cdots + R_{29}](1-\lambda)^{M-1982}] \tag{19-27}$$

式中：Y 为采样年份的土壤剖面^{137}Cs损失百分率，Y 可由实际测定得出；R 值可由文献查得，给定年份 $M(M\geqslant1983)$，即由上式求得 λ 值；$R_1,R_2,\cdots,R_{29}$ 分别为自^{137}Cs沉降始第 1 年(1954)、第 2 年(1955)……第 29 年(1982 年)的年沉降百分比(%)。

该模型的形式较为简单，易于掌握和使用，但需要对^{137}Cs土壤剖面分布形式做进一步的研究验证，其模型估算的土壤侵蚀精度也有待验证。此外，该模型仍需进一步考虑侵蚀迁移土壤颗粒分选的影响。

侯建才等(2007a～f)研究结果显示，王茂沟小流域坡地土壤^{137}Cs流失量随坡度而变化。随着坡度增大，土壤^{137}Cs流失量增大，土壤侵蚀模数随之增大(图 19-11)。

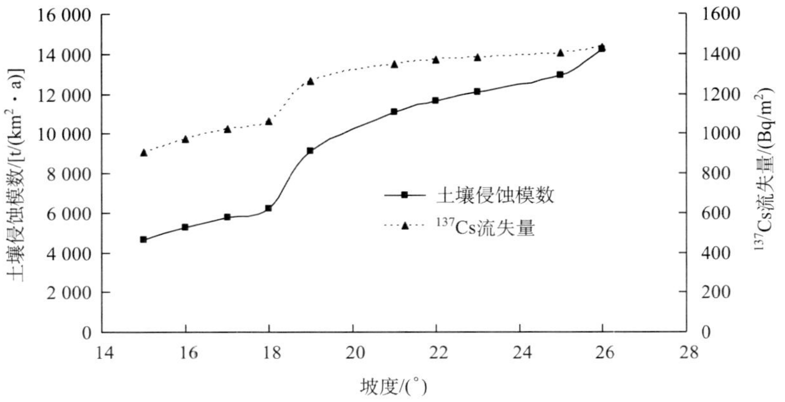

图 19-11 坡耕地土壤^{137}Cs流失量、土壤侵蚀模数与坡度的关系

二、土壤侵蚀产沙的$^{210}Pb_{ex}$示踪方法

(一) $^{210}Pb_{ex}$示踪研究土壤侵蚀与沉积的特点

^{210}Pb是自然环境中存在的天然放射性核素，土壤中的^{210}Pb主要来自于成土母质，而$^{210}Pb_{ex}$则同^{137}Cs一样主要来自于降水，和^{137}Cs一样，$^{210}Pb_{ex}$与土壤和泥沙中的细颗粒具有强烈的亲和力，能迅速被黏土矿物和有机物质吸附，并有伴随被吸附的泥沙和土壤的迁移而迁移的能力。二者最大的差别是：^{137}Cs的沉降量由于受人类核试验的影响，每年都有较大变化；而$^{210}Pb_{ex}$的沉降基本不受人类活动的影响，大气中的$^{210}Pb_{ex}$浓度在短时间内(天、月)变化很大，但年际之间没有明显变化，因而每年各地的沉降量基本是固定的。用$^{210}Pb_{ex}$可以研究^{137}Cs沉降之前(1954 年)更长时间的侵蚀状况，同时通过研究$^{210}Pb_{ex}$与^{137}Cs比值的变化可以进一步校正^{137}Cs估算侵蚀量的模型，提高估算精度。$^{210}Pb_{ex}$作为一种示踪剂有其得天独厚的优势，即每个地区它每年的大气沉降通量能很容易地从发布的数据中查到或通过直接在未扰动地土壤中测量出来。这些数据对研究水域系统泥沙输移过程极其重要。

^{210}Pb示踪技术始于南极冰雪年龄的测定，20 世纪 70 年代同^{137}Cs一样被广泛用于示

踪研究湖泊、水库的泥沙沉积率及湖泊沉积物测年，并获得了前所未有的发展。其计算模式主要有两种：作图法和积分法。作图法也称恒定初始浓度法（Constant Initial Concentration，简称 CIC 法）；积分法也称恒定供给速率法（Constant Rate of Supply，简称 CRS 法）。此外，Wasson(1987)提出了这两种方法的混合模式，称作恒定$^{210}Pb_{ex}$通量或恒定沉积速率法（Constant $^{210}Pb_{ex}$ Flux and Constant Sedimentation Rate，简称 CF：CS 法）。Wasson 在研究 Burrinjuck 水库的沉积物时，就这三种模式在研究中的优缺点作了比较，认为：CIC 模式反映了$^{210}Pb_{ex}$的分散情况，但计算的沉积速率比实际要小；CRS 模式相对来说应用范围较广，但估测的年代要比沉积物的基本年龄偏大，只有知道了每层沉积物的沉积速率，才能克服该模式的缺点；CF：CS 模式估算最为准确，且能很好的估计年代，缺点是仅适于小范围研究，对海湾等处不适用，且不能反映 20 世纪 40 年代以来不断降低的沉积率。

与$^{210}Pb_{ex}$示踪水库、湖泊泥沙沉积率研究相比，$^{210}Pb_{ex}$示踪技术用于土壤侵蚀研究起步较晚，最早的研究见于 20 世纪 70 年代末。Nozaki 等(1978)最早研究了$^{210}Pb_{ex}$在土壤中的分布，Quine(1997)等也研究发现$^{210}Pb_{ex}$与^{137}Cs一样，在未扰动土壤剖面中，随深度下降都呈指数衰减。Helmut Dorr(1995)和 Quine 等(1997)研究了$^{210}Pb_{ex}$的物理和化学特性及其在土壤中的迁移性质，都认为$^{210}Pb_{ex}$很适宜作为土壤侵蚀研究的一种示踪剂，并认为^{137}Cs应用的假设条件对$^{210}Pb_{ex}$也同样成立，而且$^{210}Pb_{ex}$由于是长期固定沉降，因而还可以用来研究^{137}Cs沉降发生以前时期的土壤侵蚀状况；尤其是切尔诺贝利核泄漏事故发生后，其对大气中^{137}Cs浓度的增加量因受^{134}Cs半衰期较短(2a)的影响而难以测定，但利用$^{210}Pb_{ex}$就可以克服这一难点。而且$^{210}Pb_{ex}$相比^{137}Cs而言，更易被土壤颗粒吸附，因而更适于用来示踪研究土壤侵蚀状况。$^{210}Pb_{ex}$不足之处同^{137}Cs一样，也需要建立核素流失量与土壤侵蚀量间的定量关系。

近些年来，关于$^{210}Pb_{ex}$在土壤剖面中分布特征，及其在示踪土壤侵蚀方面的研究逐渐多起来。$^{210}Pb_{ex}$自大气沉降于地表被土壤颗粒吸附后，其分布深度很浅。He 等(1997)通过模拟试验研究发现，$^{210}Pb_{ex}$的初始分布特征是，90%的$^{210}Pb_{ex}$分布在表层 1.5 cm 内，且在此深度内，随深度增加核素含量迅速减少，并指出$^{210}Pb_{ex}$在土壤中的初始分布受雨强、降水特性、降水持续时间、土壤物理化学性质及土壤前期含水量的影响。

在农耕地土壤剖面中，$^{210}Pb_{ex}$虽然是连续沉降的，但由于耕作混合的影响，$^{210}Pb_{ex}$在土壤层中基本上是均匀分布的。农耕地土壤剖面中的$^{210}Pb_{ex}$比活度随时间的变化主要受以下因素的影响：沉降通量、新沉降的在与犁耕层混合之前被侵蚀搬运掉的比例 Γ、土壤侵蚀速率及放射性衰变损失。Γ 是很难测定的，一般是个估计值。

（二）$^{210}Pb_{ex}$示踪研究土壤侵蚀的定量数学模型

由于$^{210}Pb_{ex}$的物理、化学性质及在土壤中的行为特征，使其成为研究土壤侵蚀的良好示踪剂。和^{137}Cs一样，示踪土壤侵蚀时，也基于以下三个假设：局部地域的大气输入量一致，且已知或者通过参照点可以测得；核素能快速、有效地固定在土壤颗粒上，只有通过泥沙运移、土壤混合、侵蚀造成核素的重新分布，而没有其他过程造成流失；土壤流失（或沉积)量可通过核素流失量来推算,即可以建立两者之间的校正模型。其中建立核素流失量与土壤流失(或沉积)量之间的关系模型是应用示踪土壤侵蚀的关键。关于估算土壤侵蚀量的经验关系式目前还没有,$^{210}Pb_{ex}$方法计算土壤侵蚀量的模型可以借鉴^{137}Cs的模型。目前用到的类似侵蚀模型有下列两类。

1. $^{210}Pb_{ex}$示踪研究土壤侵蚀重量逼近模型

Helmut(1995)在欧洲 Wilhelmsfeld Heinelberg 通过分析,计算了该地坡面林地和草地的$^{210}Pb_{ex}$的大气输入通量和侵蚀流失通量,并根据 Walling 等(1990)提出的重量逼近原理(重量逼近模型的原理是土壤中的输入量应与输出量之间达到平衡,受大气沉降通量、衰变损失量及侵蚀通量几个因素的影响),提出假设土壤处于稳定状态(即保持 50～100 年不变),土壤侵蚀速率 $R[g/(m^2 \cdot a)]$可以表述为:

$$R = \lambda(A_{ref} - A)/C \tag{19-28}$$

式中:A_{ref}为参照点$^{210}Pb_{ex}$的存量(Bq/m^2);A 为土壤中$^{210}Pb_{ex}$的存量(Bq/m^2);λ 为 ^{210}Pb 衰变常数;C 为 土壤$^{210}Pb_{ex}$的平均浓度(Bq/g)。

上述模型的主要局限性是地点平均浓度的代表性问题,随着侵蚀的进行,平均浓度将降低。因此,用测得的浓度计算将导致平均侵蚀速率结果偏高;而且,土壤侵蚀主要发生在土壤表面,而平均浓度比土壤表面浓度低,这也将导致侵蚀速率的偏高。Helmut 的研究也证明,根据公式(19-28)计算的侵蚀量与实际值有较大误差。但也表明,$^{210}Pb_{ex}$在研究林地土壤的水分入渗、混合、迁移和侵蚀方面是一种有价值的示踪剂,并指出结合其他多种天然、人为核素示踪,以及传统侵蚀研究方法,可以进一步调查、验证$^{210}Pb_{ex}$方法的适用性。

2. $^{210}Pb_{ex}$示踪研究土壤侵蚀质量平衡模型

He 和 Walling(1997)建立了农耕地土壤侵蚀与沉积速率的理论模型,即质量平衡模型。对侵蚀点来说,单位面积上的$^{210}Pb_{ex}$比活度 $A(t)$随时间的变化可以表达为:

$$dA(t)/dt = (1 - \Gamma)I(t) - (\lambda + PR/D)A(t) \tag{19-29}$$

式中:Γ 为新沉降的$^{210}Pb_{ex}$在与犁耕层混合之前被侵蚀搬运掉的比例;$I(t)$为$^{210}Pb_{ex}$的年沉降通量$[Bq/(m^2 \cdot a^{-1})]$;λ 为 ^{210}Pb 衰变常数;R 为土壤侵蚀速率$[kg/(m^2 \cdot a)]$;D 为平均犁耕层厚度(cm);P 为土壤粒径校正系数,定义为运移泥沙中的$^{210}Pb_{ex}$浓度与源地土壤中的$^{210}Pb_{ex}$浓度的比值。

由于$^{210}Pb_{ex}$强烈吸附于细土壤颗粒,考虑粒径校正系数 P 是非常必要的,它反映了运移泥沙和其源地土壤的粒径组成。P 通常大于 1。He 和 Walling 推导出 P 等于运移泥沙的比表面积(S_{ms},m^2/g)与源地土壤的比表面积(S_{os},m^2/g)之比的 V 次幂。其中 V 是常数,反映了$^{210}Pb_{ex}$与土壤颗粒之间的相互作用。He 和 Walling 在运用估算农耕地土壤侵蚀速率时,V 均取 0.76。假设研究的农耕地耕垦时间超过 100 年,处于稳定状态,则上述质量平衡方程的解可以简化成下式:

$$A = I(1-\Gamma)/(PR/D+\lambda) \tag{19-30}$$

倘若进一步假设 $R\Delta t \ll H$，则 $\Gamma \approx \gamma P\Delta t/H$。其中 Δt 为时间(a)；γ 表示$^{210}Pb_{ex}$每年在被耕作混合之前，由于侵蚀损失掉的部分；参数 γ 取决于耕作时间和当地降雨的特点：H 表示大气沉降的^{210}Pb在土壤中的初始渗透深度(kg/m^2)，一般根据研究区的试验结果而定。则侵蚀速率 R 可以用下列方程表示：

$$R = (I-\lambda a)/(AH+\Gamma ID)\cdot DI/P\Delta t \tag{19-31}$$

上述模型比较完善，但参数 γ 等难以获取，Γ 的取得必须要了解核素沉降在土壤中的初始分布深度 H，由于沉降是连续性的，H 很难确定。但忽略了颗粒分选因素，其中 γ 的确定有以下几种情况：当一年中只有一次能产生径流的高强度降雨事件发生，而侵蚀发生在每年唯一的一次耕作之前，这时所有的已经富集在地表，同时降水中的大气沉降^{210}Pb可能被侵蚀带走，这时 γ 可看作是 1；当高强度的降水时间发生在刚刚耕作完之后，在这次降水之前的富集在土壤表层的^{210}Pb被混匀在耕作层中，则这次降水中的^{210}Pb只有保持在近地表的部分被侵蚀带走，这种情况下，γ 值可用次降雨量与年总降水量的比率表示：当一年中耕作次数和强降水次数不止一次时，γ 的估计需要考虑降水输入时间与耕作的关系。

Quine 等(1997)深入地研究了$^{210}Pb_{ex}$在未扰动地和农耕地的剖面分布特征，并建立了用$^{210}Pb_{ex}$估算土壤侵蚀量的模型：

$$R_C = (I_{Pb}-\lambda_{Pb}A_{c,Pb})D_pH_{Pb}/(A_{c,Pb}H_{Pb}+I_{Pb}D_p) \tag{19-32}$$

式中：R_C 为年侵蚀率(g/cm^2)；I_{Pb}为$^{210}Pb_{ex}$年沉降通量(mBq/cm^2)；λ_{Pb}为$^{210}Pb_{ex}$衰变常数(a)；$A_{c,Pb}$为土壤剖面中$^{210}Pb_{ex}$面积浓度(mBq/cm^2)；D_p 为耕层质量深度(g/cm^2)；H_{Pb}为$^{210}Pb_{ex}$在土壤中的入渗质量深度(g/cm^2)。

Quine 等(1997)通过在一个研究区的对比计算，发现用^{137}Cs方法求得的年侵蚀率(0.04 g/cm^2)略高于用$^{210}Pb_{ex}$得出的侵蚀率(0.03 g/cm^2)，并认为这是由于近几十年来侵蚀速率增加的缘故。

图 19-12 显示了侯建才等用$^{210}Pb_{ex}$与^{137}Cs两种示踪方法研究王茂沟小流域五个耕地坡面得到的年均净侵蚀速率。由图可知，$^{210}Pb_{ex}$示踪法计算的土壤净侵蚀速率小于^{137}Cs示踪法计算的土壤净侵蚀速率。用^{137}Cs示踪法得到的五个耕地坡面 50 年来的年均净侵蚀速率在 1288 t/km^2～13 465 t/km^2 之间，而用$^{210}Pb_{ex}$示踪法得到的五个农耕地坡面近 110 年来的年均净侵蚀速率为 596 t/km^2～9045t t/km^2。$^{210}Pb_{ex}$法和^{137}Cs法计算的净侵蚀速率分别是坡面近 110 年来和 50 年来的平均值，而且用近 110 年来的平均净侵蚀速率对过去各个时段的年均净侵蚀速率进行了平均，因而可以推断，过去 110 年来的土壤侵蚀速率小于过去 50 年来的土壤侵蚀速率。在过去 110 年中，后 50 年这些坡面土壤被扰动的程度比前 50 年要剧烈。由此可见，流域内随着人口增加，林地毁坏、开垦，耕地面积增加，侵蚀强度尤其是人为活动产生的侵蚀强度加剧。用$^{210}Pb_{ex}$数据所得到的值是过去 110 年的年平均净侵蚀速率，该值小于^{137}Cs法的值。说明自有^{137}Cs沉降(1954 年)以来，该流域土壤侵蚀程度有增加的趋势，这可能与新中国成立后该流域人口增加、耕地面积增加、坡度越垦越高以及林地面积减少等有关。

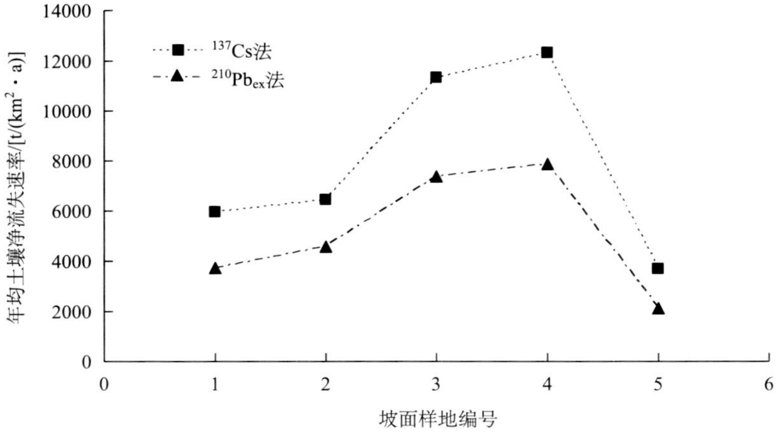

图 19-12　$^{210}Pb_{ex}$和^{137}Cs示踪方法计算的农耕地土壤年净侵蚀速率

三、^{137}Cs与$^{210}Pb_{ex}$复合示踪研究土壤侵蚀

$^{210}Pb_{ex}$和^{137}Cs的单核素示踪由于受到自身特点的限制，对土壤侵蚀研究的一些方面难以胜任。如$^{210}Pb_{ex}$是近10多年来才开始用于土壤侵蚀示踪研究的，有许多问题亟待解决，比如目前仅有个别计算模型用于农耕地土壤侵蚀量的估算，而对于林地的侵蚀量及沉积区的沉积量的估算，至今还没有一个比较公认的、被广泛接受的模型。而多核素示踪技术在这些方面表现出了优越性，并且其定量研究结果也更为精确。由于$^{210}Pb_{ex}$独特的沉降特点和其他优势，其在土壤侵蚀示踪研究领域的作用正越来越受到人们的关注，国内外许多学者已经在探讨如何利用$^{210}Pb_{ex}$和^{137}Cs复合示踪技术，来研究土壤侵蚀规律及提高侵蚀量估算精度。

Wallbrink等(1993)通过研究两个受不同程度侵蚀的森林砍伐区和相应的两个参照区(非侵蚀区)土壤剖面中$^{210}Pb_{ex}$和^{137}Cs的面积浓度，发现两参照区^{137}Cs的总相对标准差(RSD)高达47%，而$^{210}Pb_{ex}$含量RSD竟达57%；两个侵蚀区两核素含量的变异也很大，其中侵蚀轻微区$^{210}Pb_{ex}$和^{137}Cs的RSD分别为38%，66%，侵蚀较重区$^{210}Pb_{ex}$和^{137}Cs的RSD分别为49%，35%。而通过计算参照区$^{210}Pb_{ex}/^{137}Cs$，两核素比值的RSD下降至28%，这就为减少核素空间分布的不均匀性而引起的估算误差提供了新的思路。Wallbrink等(1993)同时也发现，参照区所有样品中不管$^{210}Pb_{ex}$和^{137}Cs的变异性如何，两者的累积面积浓度之间存在很强的相关性，说明两者的比率相对稳定，而这种相关性正好可以解释为什么与单个核素相比较，使用两核素比率能降低其变异性的原因。因此，Wallbrink等提出了用$^{210}Pb_{ex}$和^{137}Cs的比值来示踪土壤侵蚀的思想。

^{137}Cs沉降主要发生在1963年(或1964年)，它在未侵蚀的土壤剖面中以多项式的分布形式存在，自土壤表层向下至亚表层^{137}Cs含量达到最大值，之后，随深度增加，^{137}Cs含

量呈指数衰减；$^{210}Pb_{ex}$在土壤剖面中自表面以下以指数形式衰减。两种核素在土壤中的渗透深度不同，$^{210}Pb_{ex}$比^{137}Cs更接近于地表，因此，在土壤剖面某一特定深度下面，$^{210}Pb_{ex}$与^{137}Cs累积含量的比值是唯一的。利用这一特点，建立相关的曲线，可以计算土壤流失的厚度。与应用单个核素侵蚀示踪相比较，$^{210}Pb_{ex}$与^{137}Cs比率能大大降低因$^{210}Pb_{ex}$与^{137}Cs含量的空间变异性而导致的不确定性。但核素比率法也存在很多缺陷，如$^{210}Pb_{ex}/^{137}Cs$只能限于土壤剖面含有$^{210}Pb_{ex}$的深度范围内，对于无$^{210}Pb_{ex}$分布的土壤深度，比率法则无能为力。同时，由于取样层次间隔不可能非常小，得到的结果实际上为一概值，因此也存在一定的误差。由此可见，复合示踪技术是一个比较新的领域，也是目前核素示踪技术领域的一大热点，但目前大都还处在理论探索阶段，应尽快在野外实地研究中应用。但复合核素示踪研究的区域范围很小，不能在大流域内使用。另外，它的研究精度同样需要其他方法加以验证。尽管用比值方法估算的侵蚀量与用单一核素估算的侵蚀量有较大差异，但这毕竟是一个大胆而有益的尝试，是对土壤侵蚀核素示踪研究方法的发展和创新。至于 Wallbrink 等提出的用$^{210}Pb_{ex}$和^{137}Cs的比值来减少各自空间变异性的程度，还有待于进一步验证研究，而要建立用$^{210}Pb_{ex}$和^{137}Cs的比值来估算侵蚀量的、同时又具有一定物理意义的土壤侵蚀模型，更需要更多学者做大量艰苦细致的工作。

第四节　示踪核素确定流域泥沙来源

一、小流域泥沙来源研究

小流域径流泥沙来源的研究主要有传统的水文站径流泥沙测定法、遥感普查法和现代的示踪法。前者要根据大量水文站资料进行分析，用大面积调查，径流场和典型小流域观测资料分析相结合的方法，求得不同地貌类型及部位、不同土地利用类型产生径流泥沙的数量。该方法最早始于 20 世纪 60 年代，龚时旸、蒋德麒等(1978)根据南小河、吕二沟等四个小流域坡面径流场和小流域观测资料，结合调查资料，得出各小流域不同地貌部位、不同土地利用类型在不同雨强条件下的产沙量，为定量研究小流域侵蚀与产沙提供了思路。此外，朱震达提出可依据谷坊塘堰所淤积沙子数量来推算其集水面积的水土流失量(1995)；席承藩等通过测量古墓基距地面的高差、树根暴露情况和新近下切黄土沟的体积，得出韭园沟的侵蚀量(1953)；罗来兴等根据“聚湫”淤积量推算出无定河和清涧河流域的侵蚀量(1955)；加生荣在黄丘一区根据径流小区观测资料，分析了不同地貌类型、不同土地利用类型及不同侵蚀形态的泥沙来量(1992)；张平仓等(1990)研究指出基岩产沙为皇甫川流域泥沙的主要来源；江忠善等(1996)以安塞纸坊沟流域内的两个小流域为例，进行了小流域次降雨土壤侵蚀空间变化的定量计算，并进而研究了流域内侵蚀强度的空间变化规律及其与地貌和土地利用的关系。

20 世纪 60 年代，Frere 和 Roberts(1963)就通过对 Coshocton 小流域土壤中^{90}Sr流失量的测量估算了小流域泥沙量。20 世纪 70 年代，Ritchie 等(1978)用^{137}Cs法研究了密西西比河北部三个小流域泥沙来源，得出不同土地利用类型所占比例。80 年代，Walling

(1990)，Loughran 等(1987)，Soileau 等(1990)都用^{137}Cs法研究了小流域泥沙来源，并与用 USLE 及 RUSLE 估算的侵蚀量进行了比较。90 年代，Wallbrink 等(1993)在 Canberra 用^{7}Be，$^{210}Pb_{ex}$和^{137}Cs复合示踪法研究了小流域泥沙来源；Murray 等(1993)用^{226}Ra和^{232}Th的比值，根据比例分配的方法测算了不同源区迁移到沉积区的泥沙百分含量，为小流域泥沙来源的研究提供了新思路。

80 年代末，张信宝等，首次用^{137}Cs法对黄土高原小流域泥沙来源进行了研究，并根据坝库淤积泥沙和梁峁坡产出的泥沙的^{137}Cs含量，利用配比公式，求得了梁峁坡和沟壑区的相对来沙量，且与实测值基本一致(1988)。此后，杨明义等(1999)也应用这种方法研究了黄土高原小流域泥沙的来源。石辉等(1997)用 REE 示踪法研究了模拟降雨条件下小流域模型不同部位的泥沙来源。李少龙(1995)用自然界泥沙中比较稳定的^{226}Ra作为标识物，很好地解决了黄土高原易侵蚀基岩地区的泥沙来源问题。

二、小流域泥沙来源分析方法

以往一些学者对小流域泥沙来源的研究大都是根据坡面径流小区资料的观测推算得出的，黄土丘陵沟壑区第一副区沟谷地产沙量占流域总量的 38.2%～69.8%，大多数流域的产沙量是沟谷地大于沟间地；另外一些研究人员采用^{137}Cs示踪技术研究了黄土丘陵区沟间地和沟谷地的相对产沙量，也得出了类似结论。

参照 Murray、张信宝、文安邦和李少龙等的研究方法，当流域内不同源地产出的泥沙的^{137}Cs含量存在差异时，根据流域沉积泥沙的^{137}Cs含量和不同源地来沙的^{137}Cs含量的对比，可以计算出两种不同源地的相对来沙量，一般采用以下配比公式计算：

$$f_m \cdot C_m + f_g \cdot C_g = C_d \tag{19-33}$$

$$f_m + f_g = 1 \tag{19-34}$$

式中：f_m是源地 A 的相对来沙量(%)；f_g是源地 B 的相对来沙量(%)；C_m是源地 A 产出的^{137}Cs含量(Bq/kg)；C_g是源地 B 产出泥沙的^{137}Cs含量(Bq/kg)；C_d是流域输出泥沙的^{137}Cs含量(Bq/kg)。

由于野外采样时间和淤地坝沉积时间有一定差异，因此在计算淤地坝相对产沙量时根据侵蚀产沙观测资料对坡面和沉积泥沙^{137}Cs的衰变量进行了校正。侯建才等根据配比公式(19-33)和(19-34)计算得出王茂沟流域泥沙来源，并把淤地坝的沉积泥沙量近似地作为流域产沙量，并根据淤地坝拦蓄泥沙的时间，可以大致推算出小流域这一时期内的沉积速率。图 19-13 显示了关地沟 3 号淤地坝坝控流域次降雨侵蚀产沙模数变化。

同时，可根据确定的各沉积层的沉积发生日期和次洪水侵蚀产沙量，更为准确地估算出该流域不同运行阶段的侵蚀产沙强度。

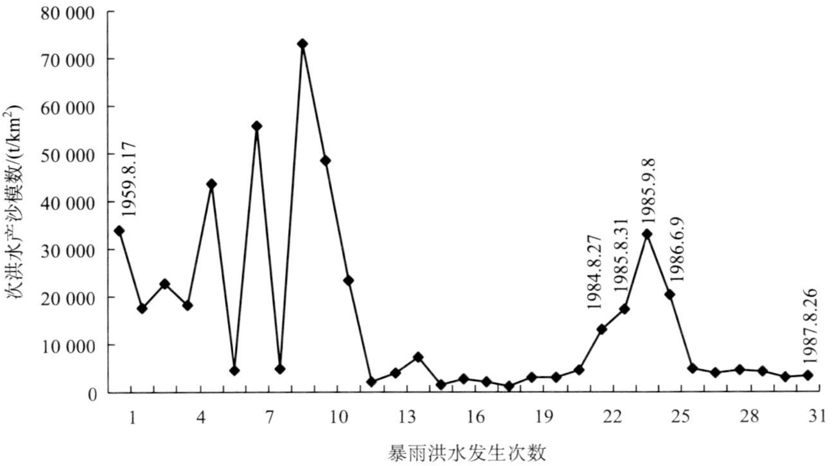

图 19-13　关地沟 3 号坝坝控流域次降雨产沙模数变化过程

第二十章　同位素水文测验

顾慰祖　张　钰　陆家驹

中国水文测验从最早的雨量观测和水位观测起，已有约 2200 多年历史（水利部水文司，1997）。从 20 世纪中叶起，开始了它的现代化进程，建立起了世界上最大的水文测验站网，进行从降水到地表水、地下水包括水量和水质多方面水文因素的测验。

同位素水文测验是利用同位素和核技术对水文因素进行观测的特殊测验方法。它或可弥补常规方法的不足，或可发展测验领域、提高观测精度而更新测验技术。但是，同位素水文测验只是水文测验学的一部分而不是全部。虽然在有些方面它远较常规方法为优，但它只能是常规方法的补充而不是取而代之，而且许多同位素测验方法还必须以常规方法作为其率定的基础。例如土壤水测验，任何“新”方法还必须依靠最原始的称重法来标定。

第一节　雪的同位素测验

同位素方法的主要优点有四：一是对难以达到的边远地区、高寒地区、流域上游，用常规方法极难工作的地区，可设法用此法取得较好结果；二是施测时可以不扰动雪盖，从而有可能连续、长期施测，并用以研究雪盖积累和消融的全过程；三是对雪水当量和雪密度等的测验，可获得较好的定量值；四是可使用机载测验，从而得到其空间分布数值。因此，该方法可能是积雪流域水文测验和水资源调查方面具有特殊优势的有效方法。

一、雪水当量的同位素测验

一般使用第二章中所述放射性同位素中的 γ 源，有关 γ 射线与物质的相互作用，参见本章土壤水一节。1950 年 Gerdel 等首先试用放射性锌及便携式 G-M 探测器测量水层厚度，此后发展为用 ^{60}Co 作雪测验（Ferronsky，1968）。

利用 γ 辐射穿透雪盖被吸收而衰减的原理。设 γ 辐射穿过厚度为 h、密度为 ρ 的雪层，则

$$I = I_0 \exp(-\mu\rho h) = I_0 \exp(-\mu D) \tag{20-1}$$

式中：I_0，I 相应为 γ 源的初始（入射）强度及测验得到的、由于雪吸收而衰减了的 γ 射线强度，一般以探测器计数率计；μ 为水的质量吸收系数（cm^2/g）；ρh 为单位面积上的雪质量（g/cm^2），亦即雪水当量 D(cm)。式(20-1)即

$$D = \frac{1}{\mu}\ln\left(\frac{I_0}{I}\right) \tag{20-2}$$

由式(20-2)即可通过测定 γ 辐射强度 I_0 推求雪水当量。γ 源通常用 ^{60}Co 或 ^{137}Cs。

利用上述原理设计的固定 γ 源测雪有三种类型:①地面型。其特点是 γ 源设置在紧贴地表之下,探测器悬空。如早期设计即将 ^{60}Co 封在铅室中,γ 射线通过缝隙向上辐射,探测器离地面 4.5 m 并与 γ 源中心准直。也可只在每天几分钟的短时间内打开钴源上的铅屏蔽进行观测,平时则自动封死以减少辐射危害事故。②悬空型。其特点是 γ 源悬置于地面上空,探测器放在紧贴地表之下。这样设计的目的主要是想避免和减少气温剧变对探测器的影响,事实上有些探测器即使气温低到 -30℃ 时也不受影响,因而只在特殊条件下才有需要。③多点遥测型。其特点是同时设置多个测点用地面型或悬空型施测雪水当量,以减少测雪抽样误差,同时用遥测方法传送信息。

可测到的最大积雪深,取决于放射源的强度。对于式(20-1)的应用,需要先行测定水的质量吸收系数 μ 值,可在 γ 源到探测器之间,用一定深度的水作为介质作出计算(参见土壤水节)。也有避开使用式(20-1),直接推求计数率和 D 的经验关系。事实上如果有很好的线性的率定关系,其斜率即反映了式(20-1)中的 μ 值。但需要注意的是,有时宇宙射线所造成的本底影响不能忽视,需要对实测计数率加本底改正。

影响测验精度的因素主要有:γ 源与计数器的准直、源强度、μ 的误差、测验布置和使用条件、测验历时等。

二、雪水当量的天然 γ 辐射机载测验

本法利用大地发射的天然 γ 射线,经雪盖吸收衰减原理,用飞机在一定高度上沿着专用的固定航线通过若干个探测器记录该天然 γ 辐射的强度变化,设法进行雪水当量测验。原苏联于 1971 年起,用标准化方法定期进行测验(IAEA,1983)。现时为改变地面站点不可能测准面降水量的问题,转而使用在空间的大范围雷达测验,但是它对于雪测验却有许多难以克服的问题,转而使用本法,对难以到达的雪盖地区作出雪水资源的估算,已成为有实用意义的测雪方法(IAEA, 1991;Kasi,1980)。

(一) 陆面天然 γ 辐射

陆面存在着天然 γ 辐射场,土壤和岩石普遍存在着天然放射性。这是由于存在着地壳成因核素或地壳性核素(lithogenic nuclides)(见第四章)。有两类:一是原始(天然)放射系,即钍系、铀系和锕系元素(见第二章);二是此外的天然成因核素。它们几乎无处不在,但其分布在不同地理位置有很大不同,以钍系、铀系和此外的放射性钾而言,它们在地壳表层丰度分别达到(1～100)×10^{-4}%,(1～100)×10^{-5}%和(0.1～4)%,所以,陆面天然 γ 辐射的最大来源其实是来自 ^{40}K,因为它属于地壳中丰度在 1%以上的 8 种元素之一。陆面天然 γ 辐射即来自它们或其子代,有着相当宽的能谱。其主角是:属于钍系的 ^{208}Tl、铀系的 ^{214}Bi 以及此外的 ^{40}K。实际应用的主要有它们的三个能量窗口即:^{40}K 为 1.461

MeV，称 K 窗口，^{214}Bi 为 1.765 MeV，称 U 窗口，^{208}Tl 为 2.614 MeV，称 Th 窗口，或同时使用其综合窗口（图 20-1），在特殊情况下也使用^{137}Cs。

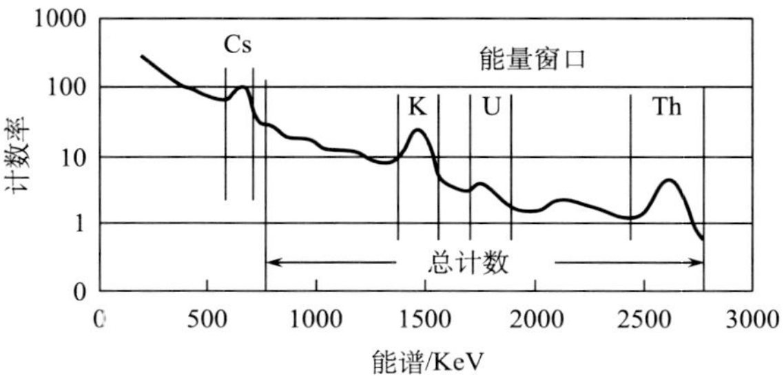

图 20-1　雪水当量天然 γ 辐射机载测验所用的能谱窗口（据 Kasi，1980）

此外，在大气中由于钍系、铀系的子代放射性元素^{222}Rn 的存在，还有 γ 辐射产生，另外还有来自宇宙的 γ 辐射，这两者在应用中将作为误差项设法扣除。

（二）基本方法

1. 前后比较法（长时段比较法）

用于天然 γ 辐射的机载探测器控制在高度 H 上，在无雪盖时和有雪盖时，严格按事先设计好的同一飞行路线和高度进行测验，可对上述窗口能量分别进行，或使用综合能量（图 20-1 中总计数部分），然后比较综合。

当无雪覆盖时，相应于一定能量窗口，探测器测得的 γ 辐射强度 I_0 为（Loijen et al.，1973）：

$$I_0 = I\int_1^{\infty} \frac{\exp(-\mu_A Hx)}{x^2}\,dx = IE_2(\mu_A H) \tag{20-3}$$

当有雪覆盖时，探测器测得的 γ 辐射强度 I_0 为：

$$I_S = I\int_1^{\infty} \frac{\exp[-(\mu_A H + \mu_W D)x]}{x^2}\,\mathrm{d}x = IE_2(\mu_A H + \mu_W D) \tag{20-4}$$

式中：I 为地面天然 γ 辐射强度；μ_A，μ_W 分别为空气和水的线性吸收系数；D 为雪水当量；E_2 为第二类指数积分函数，包括计算参量 x。则有下式

$$\frac{I_S}{I_0} = \frac{E_2(\mu_A H + \mu_W D)}{E_2(\mu_A H)} \tag{20-5}$$

由上式即可直接推求 D 了，但是其前提是，前述大气和宇宙的 γ 辐射必须已经扣除（在以下讨论），探测器必须球面对称，在任何方向上维持相同。

美国在 1900 条飞行路线测验中，使用以下简化式推求雪水当量（SWE），认为所测得的 SWE 还包括了雪盖下的一部分土壤水在内（图 20-2）。

将式（20-3）、式（20-4）两式近似简化为：

$$I_0 = I\exp(-\mu_A H) \tag{20-6}$$

$$I_S = I\exp[-(\mu_A H + \mu_W D)] \tag{20-7}$$

得

$$D = \frac{1}{\mu_W}\ln\left(\frac{I_0}{I_S}\right) \tag{20-8}$$

认为构成雪水当量测验的主要误差来源为，γ 辐射本身的统计波动约有 1%，在确定和保持飞行高度方面约有 2.5%，设备不稳定性方面约有 2.5%，各种本底影响约有 5%，飞行路线选择方面约有 3%～4%（Nikiforov，1980）。

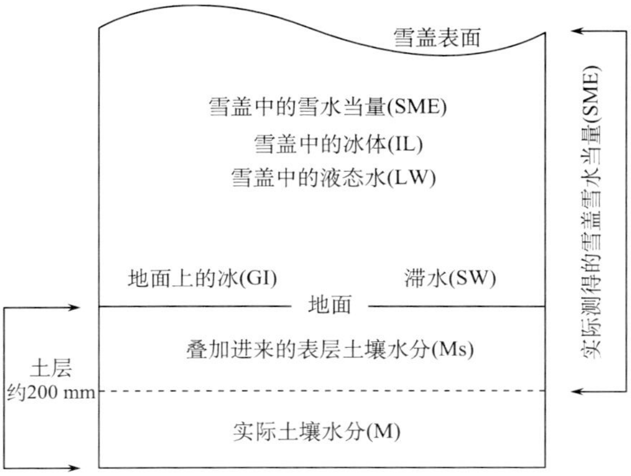

图 20-2　天然 γ 辐射机载测验雪水当量的组成

2. 条件比较法（短时段比较法）

上述前后比较法是在较长时间间隔条件下所进行的比较而求出结果。本类方法则是在较短时间间隔下，仅更换不同测验条件以求得结果而不需作较长时段的间隔，有三种途径：

（1）不同高度比较法。在两个不同高度 H_1，H_2 上测得天然 γ 辐射强度分别为 I_1，I_2，类似于式(20-6)有下式：

$$\frac{I_1}{I_2} = \frac{E_2(\mu_A H_1 + \mu_W D)}{E_2(\mu_A H_2 + \mu_W D)} \tag{20-9}$$

由于测验是在较短时段内完成的，因而土壤水分等的影响相对而言就不那么重要。但当雪水当量值很高时不适用。

（2）不同角度比较法。在同一位置上同时用两个 γ 辐射探测器以不同张角进行独立的 γ 辐射测验。其一在垂直方向上以小于 θ 张角作测验，而另一则以（180°－θ）的张角测验。测得 γ 辐射强度分别为 I_1，I_2，有下式：

$$\frac{I_1}{I_2} = \frac{E_2(\mu_A H + \mu_W D)}{\cos\theta E_2[(\mu_A H + \mu_W D)/\cos\theta]} - 1 \tag{20-10}$$

此时宇宙辐射、大气氡及土壤水分等的影响也相对减弱，但下垫面地形条件不规则和雪覆盖分布不均匀时有很大影响。

(3)不同能谱比较法。在同一条件下用不同能谱进行独立的 γ 辐射测验，测得 γ 辐射强度分别为 I_1，I_2，有下式：

$$\frac{I_1}{I_2}=\alpha\frac{\mu_{G1}E_1(\mu_{A1}H+\mu_{W1}D)}{\mu_{G2}E_2(\mu_{A2}H+\mu_{W2}D)} \tag{20-11}$$

式中：μ_G 为地面的线性吸收系数；α 为与探测器有关的系数。

第二节　河流流量的同位素测验

利用化学制品作示踪剂，用稀释法(溶液法)进行较大尺度的流量测验，已有 100 多年历史，J. Joly 于 1922 年首次将放射性同位素作为此类方法的特殊形式开始了试验，但直到 20 世纪 50 年代才逐步进入实用阶段并不断有所发展，同位素水文学从这里起步。

在常规流量测验方法难以进行或达不到一定精度的情况下，同位素方法正可填补而不失为一重要途径。①流速：常规流速仪方法所难以适应的测验条件，包括汹涌的湍流、特高和极低的流速；②水流：高污染，高悬沙或漂浮物过多；③河床断面：杂草灌木丛生或河床本身是杂乱石块，断面本身难以测定，或水深过浅。核方法流量测验还可用于对量水建筑的率定，或对其他水力设施如溢洪道等进行流量测验或率定。

同位素方法流量测验包括直接使用放射性物质和不直接使用放射性物质的两类方法。对于前者，一般使用半衰期很短的医疗饮用核素，并将测验河段中的用量控制在饮用水标准的允许浓度范围之内。后者需要应用中子活化方法，只在特殊情况下使用。

一、基本方法

同位素稀释法类似于水文测验溶液法，有四种类型。

1. 恒速注入法

将浓度为 C_1 的放射性示踪溶液以已知的稳定流率 q 注入待测河流的一个断面中，在离此一定距离，经一定时间以后，示踪溶液被河水完全混合后的下断面中，水中同位素示踪溶液浓度为常数 C_2，设如河中原有相应的放射性浓度为 C_0，待测流量为 Q，则示踪剂平衡关系可有下式：

$$qC_1+QC_0=(q+Q)C_2 \tag{20-12}$$

所以

$$Q=q\frac{C_1-C_2}{C_2-C_0} \tag{20-13}$$

通常由于 C_1 远大于 C_2，C_2 一般也远大于 C_0，则

$$Q=q\frac{C_1}{C_2} \tag{20-14}$$

浓度比 $\frac{C_1}{C_2}$ 则由探测器测定。

这一方法的主要优点是，在下断面（采样断面）只要有少数测验即可。但有以下缺点：①放射性溶液以稳定速率注入河段，需要相当长的一段时间以在下游断面建立起平衡条件，这就需要有较下述各法相对较多的放射性示踪物；②在野外条件下，如何准确地控制匀速注入率，操作比较困难；③本法的一项重要前提是采样时示踪剂浓度趋于常量，这除非连续监测，否则难以掌握此浓度坪的时机（图 20-3）。

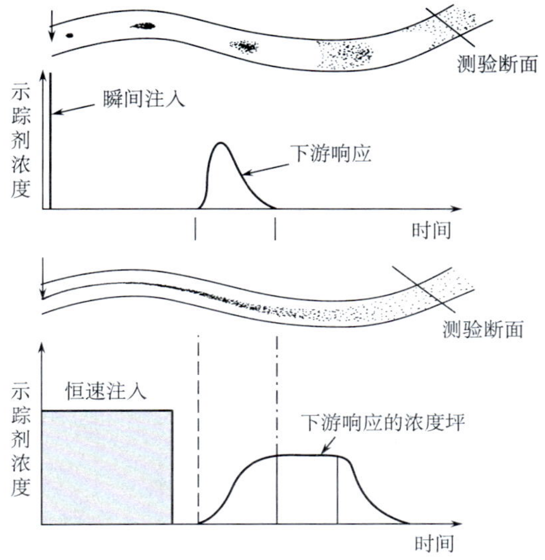

图 20-3　恒速注入法和瞬间注入法放射性示踪剂浓度与时间的关系

2. 瞬时注入法（积分法、总计数法）

将一定体积 V_1、浓度 C_1 的放射性示踪液，一次瞬间注入于水流中，在示踪液被河水充分混合的下游断面上，用探测器连续探测，或将此河水用恒速泵抽入固定容器内进行探测，则由示踪剂平衡，可得

$$C_1V_1 = \int_0^{\infty} C\mathrm{d}V \tag{20-15}$$

式中：C 为河水中示踪剂浓度。在断面某点上时间为 t 的总水量为 $V=Qt$，故

$$C_1V_1 = Q\int_0^{\infty} C\mathrm{d}t \tag{20-16}$$

但 C_1V_1 即为加入到河流中去的总放射性 A (μCi)，故

$$Q = \frac{A}{\int_0^{\infty} C\mathrm{d}t} \tag{20-17}$$

因此，如果在采样断面上求出$\int_0^\infty C\mathrm{d}t$后，即可求得 Q(图 20-3)。当示踪波通过时，以一定时段测得的探测器总计数 N 与此可建立一定关系，即

$$N = F\int_0^\infty C\mathrm{d}t \tag{20-18}$$

式中：F 为待率定常数，它随计数方式和设备灵敏度等而有不同，可按实际应用条件对已知放射性浓度和在 A 的条件下进行率定。也可用下式计算：

$$Q = \frac{AF}{N} \tag{20-19}$$

3. 连续采样法

与上法相似，将一定数量的放射性示踪物快速注入河中，然后也在充分混合的下游以一定时段采取水样，并加以混合后求得其平均浓度$\overline{C}$，则上法中

$$\int_0^\infty C\mathrm{d}t = \overline{C}t \tag{20-20}$$

式中：t 为采样时间，则

$$Q = \frac{A}{\overline{C}t} \tag{20-21}$$

为获得理想精度，最好是以很短的时段采集很多个水样。主要问题是必须掌握采样的开始和终了时间，亦即开始采样时间必须正好在示踪剂到达之时或稍前，终止采样时间则必须在所有放射性示踪剂通过采样断面时或稍后。这样，实际上必须在采样断面上作出计数率监测。

4. 单个水样法

此法实际上也是瞬间快速注入示踪剂，但只在充分混合后的测验断面上连续监测计数率，从示踪剂到达直至示踪云全部通过，平均计数率为 $\overline{N}$，其间当计数率达到最大值时或接近于最大值时($N\mathrm{s}$)，即在此时快速采集较大量的水样，求得其平均浓度为 $C\mathrm{s}$，则

$$\frac{N\mathrm{s}}{\overline{N}} = \frac{C\mathrm{s}}{\overline{C}} \tag{20-22}$$

$\overline{C}$即相当于上述连续采样法中所求得的平均浓度，于是

$$Q = \frac{AN\mathrm{s}}{C\mathrm{s}\,\overline{N}t} \tag{20-23}$$

本法具有上述连续采样法的大部分优点。此外，本法又省去了连续采样设备和相应的操作工序，同时采样计数由于集中于峰值，因而可望有较高的精度。

二、放射性示踪剂选择

一般而言，半衰期短的 γ 示踪剂较宜于流量测验，在水中探测较简、效率较高。可供选择的 γ 示踪剂见表 20-1。

表 20-1　流量测验常用放射性核素(Ellis，1967。修改)

核素	半衰期	允许浓度/(μCi / cm^3)	使用情况
^{131}I	8.04 d	2×10^{-5}	可用于高污染或高悬沙水流
^{82}Br	35.3 h	4×10^{-5}	可用于高污染或高悬沙水流
^{24}Na	15.0 h	3×10^{-5}	可用于高污染或高悬沙水流
^{32}P	14.3 d	2×10^{-5}	可被泥质河床强烈吸附。有的试验表明，在 1460 m 长的河段中^{32}P 可全部被吸附
^{3}H	12.26 a	3×10^{-5}	可用于高污染或高悬沙水流，便于储存备用于突发洪水
^{198}Au	2.7 d	5×10^{-5}	可被泥沙河床吸附，但石质河床可以应用

三、混 合 长 度

如前所述，示踪稀释法的重要基础是测验断面处必须达到充分混合(完全混合)。这一充分混合长度 L 与河床条件、流量条件等很多因素有关，因而最好是通过实地试验。另有一些经验方法进行估算，但不应无条件使用，例如：

1. ISO 建议方法

$$L=[0.13b^2c(0.7c+2\sqrt{g})]/gh \tag{20-24}$$

式中：b 为平均河宽；h 为平均水深；c 为测验河段的谢才系数($15\leqslant c\leqslant 50$)；$g$ 为重力加速度(ISO，1974)。

2. Hull 方法

示踪剂在邻近岸边处注入时

$$L=200Q^{1/3} \tag{20-25}$$

示踪剂在河中泓附近注入时

$$L=50Q^{1/3}\ 或\ L=10\sqrt{\frac{b^3}{h}} \tag{20-26}$$

从建立完全混合条件的观点而言，应包括纵断面方向的纵向扩散和传输以及横断面上的横向和深度方向的扩散和传输，但大部分研究局限于前者，这是以上各种方法在实践中往往发生与实况不符的一大原因。混合长度问题事实上是使用放射性示踪物进行流量测验的一项主要问题，它必须长短合宜，因 L 如估计过短，则肯定不可能得出正确结果，但如取过长的 L，则浓度坪较低，计数率也低，历时过长，于是计算误差也加大，且吸附可能也增大。在野外工作中可考虑同时在不同距离的几个断面上测验，通过这样的比测，以校验其是否达到完全混合。另外，是否能改变注入方式设法缩短这一距离，也值得考虑。

四、安 全 用 量

一般而言，用于流量测验的放射性同位素示踪液，其数量远小于河流水量，因而可望在注入后较短时间内使河水中的放射性浓度低于国家规定的饮水标准。也可以从这点出发推算出一些同位素的安全用量，当然也可从所允许的放射性示踪剂的最大浓度 C_M，推求流量测验中应用此放射物的最大容许量 Am(居里)。根据注入示踪剂后任何点处示踪物的以下浓度(C)方程：

$$\frac{\partial c}{\partial t} = K\frac{\partial^2 c}{\partial x^2} - \mu\frac{\partial c}{\partial x}$$

可求得

$$A_M = \left(2a\sqrt{\pi}kx/\sqrt{\mu}\right)(C_M) \tag{20-27}$$

式中：t 为注入后的时间；a 为水流断面面积；x 为注入点起算的距离；μ 为线性流速；k 为扩散系数。此法中 a，x，μ 可由测验或估算求得，但 k 则必须通过试验推求，因此在实际应用中仍有相当难度。一个实例是曾使用总量达 140 Ci(居里)的氚，测得常规方法所无法施测的急流洪水达 2338.9 m^3/s，但水流中的最大氚浓度只达到饮用水标准允许浓度的 30%(David，et al，1972)。今后，还是可以使用氚作高流量测验(Moser，2005)。

第三节　河流悬移质输沙率的同位素测验

河流悬移质输沙率测验是水文测验中一项重要的基本工作，然而用常规悬沙采样器方法测验，工作十分繁重，而又难以避免众多的误差，其相对误差很难低于 10%，有的估计在采样和分析过程中累计误差可达 20%甚至更大。特别当流域侵蚀的空间变化情况复杂，水、沙有不同源地，水峰、沙峰不同期出现时，常规方法往往造成更大误差。1955 年开始使用同位素方法进行悬沙测验，包括直接使用放射性物质和不直接应用放射性物质两类方法，但各有一些不同类型的处理(Singh，2005)。

一、直接应用放射性同位素的测验方法

1. 基本原理

依据单能级电磁辐射穿透水沙介质后有所衰减的现象，设法推求含沙浓度。设放射

源在无水、无沙情况下的射线强度为 I_0，它穿过 x cm 纯水后衰减减至 I_w，则

$$I_w = I_0 \exp[-\mu_w \rho_w x] \tag{20-28}$$

式中：μ_w，ρ_w 分别为水的质量吸收系数和水的密度。设此 I_0 穿过 x cm 厚的水沙两相的浑水后，射线强度衰减至 I，以重量计的含沙浓度为 C、水沙浑水的密度为 ρ_m，可导出

$$I = I_0 \exp\{-\rho_m x[\mu_s C + \mu_w(1-C)]\} \tag{20-29}$$

式中：μ_s 为泥沙的质量吸收系数，由式(20-1)可得

$$I = I_w \exp\{-\rho_m x[\mu_s C + \mu_w(1-C)] + \mu_w \rho_w x\} \tag{20-30}$$

当泥沙颗粒的密度为 ρ_s 时，有

$$\rho_m = \frac{\rho_s \rho_w}{\rho_s - C(\rho_s - \rho_w)} \tag{20-31}$$

于是

$$\frac{I}{I_w} = \exp\left\{-C\rho_m x\left(\mu_s - \mu_w \frac{\rho_w}{\rho_s}\right)\right\} \tag{20-32}$$

或消去 ρ_m，有

$$\frac{I}{I_w} = \exp\left\{-C\rho_w x\left[\frac{\rho_s \mu_s - \rho_w \mu_w}{\rho_s - C(\rho_s - \rho_w)}\right]\right\} \tag{20-33}$$

以上说明，射线穿透浑水和纯水衰减后的强度比值，只与含沙浓度 C、水和沙本身的特性即其密度和质量吸收系数有关，而当 x 固定、这些特性是常量时，可概化为下式

$$R_c = \frac{I}{I_w} = a\exp(-bC) \tag{20-34}$$

以上可由某种类型的射线探测器测定衰减后的强度比，这通常表现为计数率形式，可经过实验室和野外率定 a，b 参数，以求出悬沙含沙量 C。

2. 两种应用类型

对以上基本原理的具体应用，有以下两种类型。

(1)透射吸收型(直对式)。射线由放射源直接穿过水沙两相介质到达探测器。因放射源及探测器的不同选择，可有 X 透射吸收和 γ 透射吸收两种型式。典型设计通过铅屏蔽的设置，只获取准直到达探测器的射线并进行测验。可取悬吊(手提式)测验或固定(自记式)测验的不同方式。常用放射源有 ^{109}Cd，^{241}Am，^{137}Cs，^{133}Ba(Tazioli，1980；鲁智，1982；IAEA，1983；吴永进等，1986；顾慰祖，1989；Singh，2005)。黄河水利委员会还曾用过 ^{238}Pu(刘雨人等，1982)。对放射源与探测器的间距，大都取可调方式。透射型测验例见图 20-4，其中图 20-4，a，b 附设于铅鱼上，可与流量测验同步进行，但测点输沙显然会受到铅鱼的干扰，所以透射型测验主要用于固定点的测验，如图 20-4c。

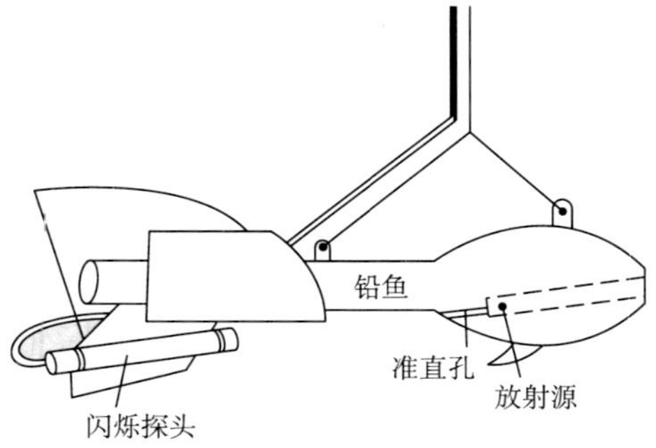

图 20-4a　透射型测验（据王其俊，1984）

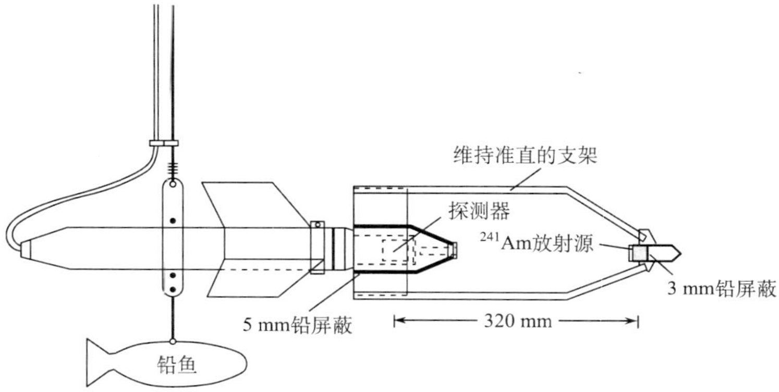

图 20-4b　透射型测验（据 Rakoczi，1973 修改）

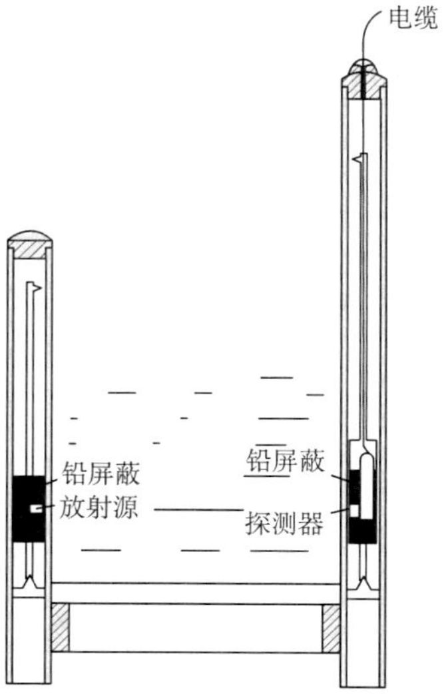

图 20-4c　透射型测验（据 Tazioli，1980 修改）

(2)散射衰减型(散射式)。放射源射线散射穿过水沙介质,放射源与探测器之间由铅屏隔开,因而只接受在影响球体范围内的散射射线,进行含沙测验。实际上也可取悬吊(手提式)及固定(自记式)测验方式,也有 X 和 γ 散射衰减两种型式(Rakoczi, 1973)。散射型测验例见图 20-5。

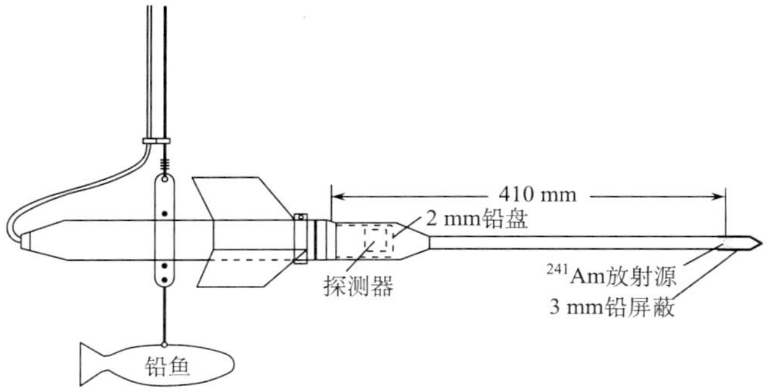

图 20-5a 散射型测验(据 Rakoczi,1973 修改)

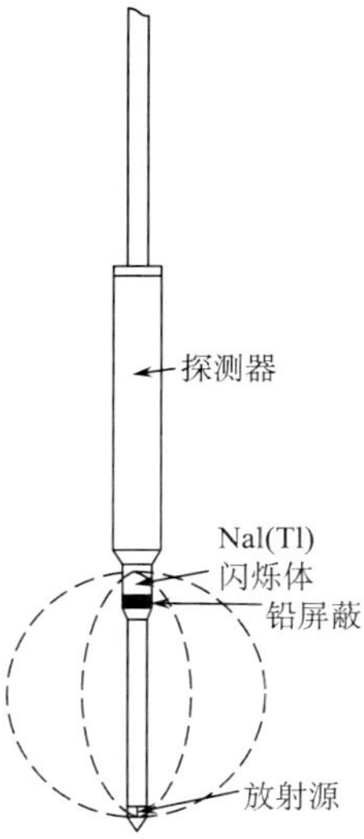

图 20-5b 散射型测验(据 Moser,1980)

3. 率定

以上各种类型工作原理,均归结为由式(20-34)求含沙量,一般实用形式为

$$C = A - B\lg\frac{I}{I_w} \tag{20-35}$$

式中:C 为含沙量,可取 kg/m^3,或 ppm;$\frac{I}{I_w}$为浑水计数率与清水计数率之比例。由于放射源不同,率定参数 A、B 和率定曲线常有较大差异。

以上率定曲线的获得,有实验室和野外率定两种方式,常互相配合,但应以野外率定为主,而且对某一具体测站所作出的率定曲线只能用于该测站,不能用于其他河段。由于野外率定的复杂性、精度问题和含沙量变幅等,有时实验室率定仍属必要。这有两种类型:一类是以化学盐类($NaCl$,Na_2SO_4 等)溶液模拟含沙量(等效含沙量),如以 0.03%至 3.39%(重量比)的 Na_2SO_4 模拟率定(David et al,1972),但结果难以与野外测验匹配。认为此种模拟方法不应直接应用于野外实际工作,只宜用于研究各种影响因素的影响程度、比较不同仪器的性能、考核仪器的稳定性等。例如,用溶液模拟等效含沙量,表明所试验仪器的源与探测器距离较大时灵敏度较高,且散射型的灵敏度高于透射型。由于野外率定的困难而片面应用实验室率定,可造成严重后果,必须引起重视。另一类则在实验室水箱或水槽内以测验河段实际含沙样或模拟测验河段沙样的颗粒分配,加入定量泥沙进行率定。这种方式所用水槽必须有足够尺度，而且必须保持充分混合。例如，USDA 用 30 m 长、1.2 m 宽的水槽，水沙流量 0.5 m^3/s，并在槽内不同位置同步采样分析。

对于散射型的实验室和野外率定，由于影响球体的存在而趋于复杂，更须慎审进行。这是因为在放射源和探测器之间，只知道存在于源和探测器之间某种形状的散射球体，而这一想象球体半径本身也需要测定，特别还因为此球体明显地受到周围界面(侧壁、槽底、水面等)的制约和影响，所以此种率定试验离槽底、河底、河边、水面都不能小于一定距离。顾慰祖等(1980)应用 100mCi ^{241}Am 散射型探头所作的野外试验研究表明，必须离开敞水面 20 cm、离河底 30 cm、离侧壁则必须有 60 cm。而在实际应用中则必须符合率定条件。这也表明，虽然散射型探头有很多优点，但其野外应用却受到很大限制，例如难以测得近河底的悬沙量。

由以上各式，可求得核方法含沙测验的灵敏度 S，为测验射线强度(计数)的相对变化与含沙浓度绝对变化之比：

$$S = \frac{\mathrm{d}I/I}{\mathrm{d}C} = -\left(\mu_s - \mu_w \frac{\rho_w}{\rho_s}\right)x \tag{20-36}$$

或以相对灵敏度 S' 表示为计数相对变化与含沙浓度相对变化之比：

$$S' = \frac{\mathrm{d}I/I}{\mathrm{d}C/C} = \left(\mu_s - \mu_w \frac{\rho_w}{\rho_s}\right)\frac{\rho_m^2}{\rho_w}Cx \tag{20-37}$$

看来增大源与探测器间距 x，似可提高灵敏度，但实际上过大的 x 值将使计数率迅速降低，因而可产生另外一些问题，使某些影响因素(如泥沙化学成分、水中可溶性盐类等)的作用加强。因而 x 有一优化选择问题。

4. 影响因素

悬沙的放射性同位素测验的精度和准确度受多种因素影响，除仪器本身以外，主要有如下方面。

(1)水中含盐量的影响。当水中含沙浓度为零而含盐浓度(含盐量)为 C_s 时，类似于式(20-34)，可有

$$R_{C_S} = a_1 e^{-b_1 C_1} \tag{20-38}$$

因而，对水中既含沙又含盐时可有

$$R = R_C R_{C_S} = a e^{-bc} a_1 e^{-b_1 c_1} \tag{20-39}$$

此式常用于实际简化率定。

(2)水温影响。水温变化引起水密度变化、探测器响应的变化等。一般认为以后者为主。例如有研究表明，^{241}Am 探头在水温 2～30℃范围内，每变化 1℃所构成的影响，对黏性泥沙可达 0.07 g/L，而由于密度所构成的相应影响可达 0.03～0.05 g/L。

(3)泥沙化学成分(矿物组成)的影响。由于测沙一般采用低能电磁辐射等原因，因此各种类型的放射性同位素测沙都受泥沙化学成分的影响。早期有一种看法，认为在一个固定位置上(河段、断面)，泥沙化学成分可认为不变，或只在极小的范围内变动，它所构成

的影响，在仪器本身约 10%的相对准确度之内。然而，后来很多试验表明，这种设想可能不切实际。如对面积较大的流域，通过固定测沙断面的泥沙，其源地可能有变化，从而使泥沙本身的矿物组成发生差异，而这对于用本法测沙常有意想不到的误差产生。为考虑泥沙化学成分，Florkowski(1970)提出了类似于土壤密度的放射性同位素测验中所应用的参数，用物质参数 P 表示：

$$P = \sum p_i \frac{Z_i^5}{A_i} \tag{20-40}$$

式中：Z 为原子序数；A 为质量数；p_i 为某组分的权重。大多数泥沙的物质参数约为 8000(高岭石)至 33 000(方解石)，最常见的石英约为 10 000。物质参数对测沙有很大影响，例见图 20-6，物质参数对率定关系有很大变化，不同放射源的此种影响也有不同，如^{241}Am 源的影响幅度比图 20-6 为小。值得注意的是，当泥沙中含有铁成分时，对物质参数有较大影响，当铁含量达 10%时，P 可成倍增大。例如，当铁含量由 0 增至 10%，高岭土质泥沙的 P 可由 8000 增至 28 000，方解石泥沙测由 33 000 增至 51 000，可见其影响之大。因而为推求正确的率定关系，其物质参数必须已知，并定期检测泥沙化学成分，校正 P 值。应用 P 值，也是实验室使用溶液模拟率定的依据，如常用 Na_2SO_4 模拟悬沙率定，是由于它的 P 为 10 571 近似于上述石英，有时用 P 为 27 045 的 NaCl 模拟某些泥沙。由于实际泥沙组成的复杂性，因此难以应用某一种盐类作出符合实际的模拟率定，所以放射性同位素测沙率定曲线必须有野外率定。然而，由于野外率定的幅度和难度等问题，应用已知 P 的模拟率定还是必要的，特别对研究仪器性能、有关因素的影响等，更是如此。

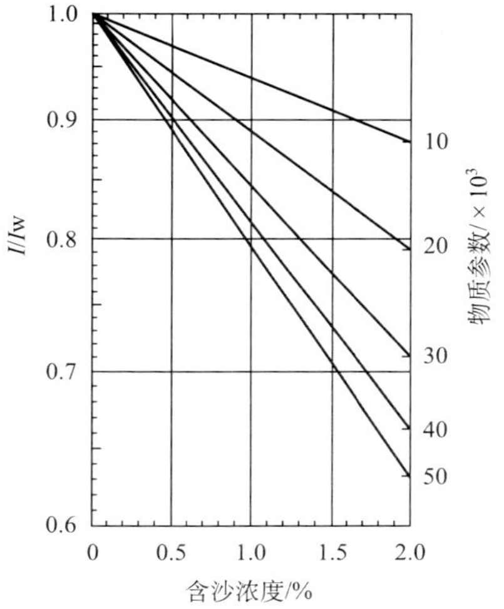

图 20-6　不同物质参数对^{109}Cd 探头率定曲线的影响(Florkowski，1970)

5. 最低可测含沙量(MDC)

通常定义为

$$\text{MDC} = 3\sigma = \frac{3}{S\sqrt{nt}} = \frac{3}{S\sqrt{N}} \tag{20-41}$$

式中：S 为灵敏度[式(20-36)]；n 为计数率；N 为时段 t 内的总计数。由于 S，N 受其他一些因素的制约，例如式(20-37)式中 x 增大，S 可增加，但同时 n 会迅速降低，在使用低能 γ 源时 x 又不宜很大，因此，$S\sqrt{N}$需要有一最大优选值，对 MDC 起决定作用。

6. 对两种类型的讨论

散射型探头受泥沙化学组成的影响相对较小，且灵敏度一般也较高，为其主要优点。但由于影响球体的限制，一般认为，探头离河底和水面都不能小于 50 cm，因而它只能用于大河测验或水深大的水体测验。透射型一般有 10 cm 左右的水深即可工作，因此，可应用于水深较浅的小河测验，事实上离河底的最小距离，主要决定于仪器本身的尺度结构。两种类型的放射源均趋于应用 ^{241}Am。^{137}Cs 虽广泛应用于土壤密度测验，但由于其强穿透能力，因而对低悬沙浓度测验，其灵敏度和最低含沙量测验要求均难以达到。^{109}Cd 虽有利于低悬沙测验，但由于其半衰期相对较短(470 天)，因此差不多两年就要更换一次，实际应用很不方便。

不论对何种类型，必须十分注意野外率定和室内率定的结合，注意分析施测断面泥沙的化学组成特别是铁含量，对自记型也必须注意监测泥沙成分。

二、应用天然放射性的核方法

本法的基本原理是设法通过对悬沙本身放射性的直接测验以推求含沙量，通过率定浸没在水沙介质中 γ 探测器的计数率与相应含沙量的关系进行悬沙测验。地表水体中悬沙主要源于各种类型的流域侵蚀，因而悬沙放射性主要即来源于表层土壤本身的天然放射性，包括其中的放射性同位素及其衰变产物的 γ 辐射，起主要贡献的仍是 ^{208}Tl，^{214}Bi 和 ^{40}K。

在水沙介质中 γ 探测器的计数率 R 由本底 R_i 及泥沙天然放射性的 S_i 两部分组成：

$$R = R_i + S_i = R_0 + \lambda + \alpha\tau + \beta K \qquad (20\text{-}42)$$

式中：R_0 为探测器固有本底；λ 为宇宙辐射所构成的本底；$\alpha\tau$ 即为泥沙天然放射性的贡献；τ 为含沙量(g/L)；α 为 1 g/L 含沙量所构成的计数率；βK 为水沙介质中由钾溶质所构成的贡献；K 为钾溶液浓度(g/L)，它主要是由于 ^{40}K 在输移过程中形成 KCl 溶解于水所形成；β 则为 1 g/L 溶解 K 所构成的计数率。

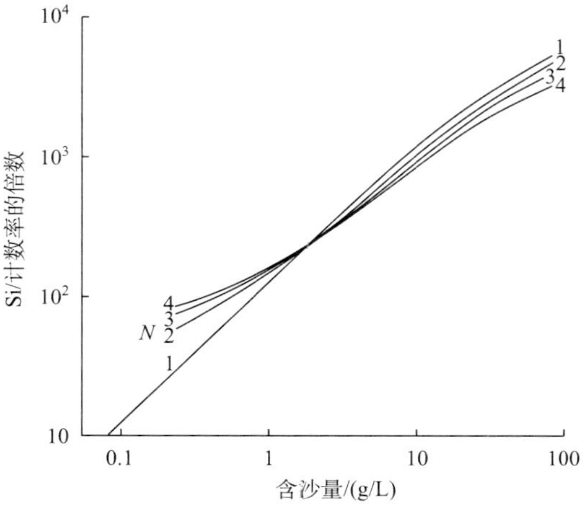

图 20-7　天然放射性率定曲线一例

参数 N：1. 0 g/L，2. 10 g/L，3. 20 g/L，4. 30 g/L

实验研究表明，简化式(20-42)有两个主要问题。一是水沙介质密度变化有较大影响，二是在野外条件下几乎不可能测定溶质钾的定量影响。因而将式(20-42)修改为：

$$R = R_0 + \lambda + (\alpha\tau + \beta K)(1 + \alpha\tau + bN) \qquad (20\text{-}43)$$

式中：N 为溶质 NaCl 的浓度，再考虑 K 的影响，取其与 N 近似相关关系即 $K = 10^{-2}N$，则

$$R = R_0 + \lambda + (\alpha\tau + \beta' N)(1 + \alpha\tau + bN) \qquad (20\text{-}44)$$

上式有以下实例，$R_0=2.3$ 计数/s，$\alpha=0.67$ 计数/s/(1 g/L)，$\beta'=2.8\times10^{-2}$ 计数/s/(1 gNaCl/L)，$\alpha=-4\times10^{-2}$，$b=-10^{-2}$，于是

$$S_i = R-\lambda-2.3=(0.67\tau+2.8\times10^{-2}N)(1-4\times10^{-3}\tau-10^{-2}N)$$

可得率定曲线如图 20-7。

这一应用天然放射性作悬沙测验的方法，有以下主要优点：①不应用人工放射源，从而避免了实用方面的很多问题；②对水沙介质的含盐量不像应用人工放射源那么敏感，因此，对含盐量有较大变化的水体如河口就很有利；③由于它可完全避免透射法及散射法所不可避免的放射源与探测器的相对布局，因此无论对测验尺度、测点布置等具体测验方面，或是对测验精度都有很多优点；④已有一些试验表明，对悬沙测验的准确度和精度可以符合要求，其测验范围，可由约 0.2 g/L 的悬沙含沙量直至 200 g/L 左右。本法的主要缺点是：①泥沙天然放射性有较大差异，因而本法有相当大的局限性，它主要宜用于黏土质悬沙，因为其他类型的悬沙放射性一般较低；②宇宙线本底、水本身和^{40}K 含量的放射性本底都必须作修正，而这一工作是相当复杂的；③要对测验河段泥沙作多次率定；④同一类型的泥沙，当其颗粒较大时，所测得的计数率会有一定的变化。

因此，这一方法虽然不失为很有前途的一种方法，但由于对数据解释相当复杂，影响因素的率定困难以及受天然放射性条件的限制等等，离实际应用还有相当距离。

第四节　河流推移质输沙率的同位素测验

河流推移质输沙率(底沙)是一个十分复杂的水文测验问题。这主要是由于：①运动方式不同于悬沙，有时不连续，并且对床沙有分选作用，对沙波表面泥沙还有间歇作用；②它不一定在全断面上出现，在横面上也可能不连续；③其运动方向不一定与水流断面垂直；④不同粒径的底沙有不同的运动方式；⑤沿程变化剧烈，不同支流的底沙情况可能相差十分悬殊。器测法是目前推移质测验广泛应用的常规基本方法。但是，当机械型仪器放到床面后，水流可受到干扰，引起床面流速变化，从而改变底速，使推移质输沙率发生变化，因此测验结果往往难以符合实际情况，而且取样效率也较低，测点代表性和测验操作方面问题也不少。

利用同位素方法研究河流底沙运动和推移质输沙率测验，可在不破坏和不干扰其基本运动方式的条件下，作以下测验和研究：①河床上底沙总的运移方向；②底沙在断面上横向和纵向的分布及其宽度、长度和深度；③底沙沉积范围，其平均运移距离和最大所能达到的范围；④底沙的平均运移速度；⑤底沙输沙率等。此类方法始于 1954 年英国泰晤士河的底沙研究。

河流底沙测验和研究的核方法，可大体上分为两类，即示踪“晕”法和示踪颗粒法，并各有不同的示踪物。但目前仍有一些新的试验和发展(Singh，2005)。

一、示踪晕法

这是进行底沙测验和研究的基本方法，即向所研究河床范围内撒布放射性示踪物，它们随底沙一起运动，分布于底沙运动所及的整个范围内，形成连续活性区及放射"晕"或示踪"晕"，可通过对它的探测进行各项测验研究。

1. 底沙平均运移方向

用特制探头顺河底以某一速度牵引（图 20-8），测出河床上不同位置处的放射性强度，以计数率表示，由此即可求出分布于河床上放射晕计数率的等值线图（图 20-9）。显然，由投入点（A）为起点的放射晕的轴方向 AB 即为底沙的平均运移方向。也可分别由各测点计算底沙运移的平均方位角$\bar{\theta}$：

$$\bar{\theta} = \frac{\sum_{i=1}^{n} n_i \theta_i}{\sum_{i=1}^{n} n_i} \tag{20-45}$$

式中：n_i 为等值线图上各测点的计数率；θ_i 为该测点相应的方位角。

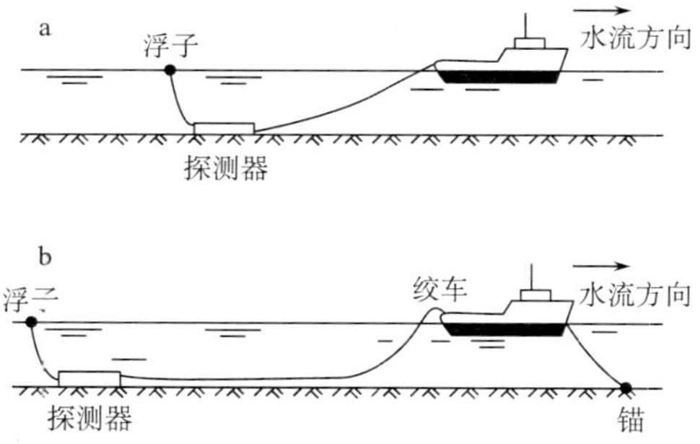

图 20-8　底沙放射晕测验方式

a. 动船牵引式；b. 定船牵引式

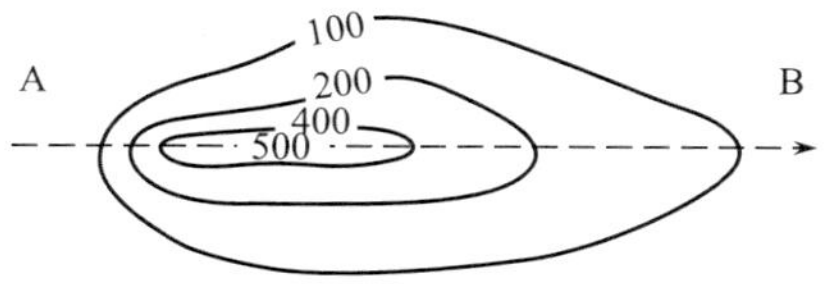

图 20-9　放射晕计数率等值线

2. 底沙平均运移速度

（1）矩心法。设不同时间测次 1，2，3 的相应计数率等值线图为图 20-10，并以投放点作为坐标原点，以磁北方向为 Y 轴、东为 X 轴，则对测次 1 的所有测点可求得其等值图的矩心坐标 $\overline{X}_1$，$\overline{Y}_1$ 为：

$$\overline{X}_1=\frac{\sum_{i=1}^{n} n_i x_i}{\sum_{i=1}^{n} n_i}\quad \overline{Y}_1=\frac{\sum_{i=1}^{n} n_i y_i}{\sum_{i=1}^{n} n_i}$$

式中：x_i，y_i 为测点坐标。

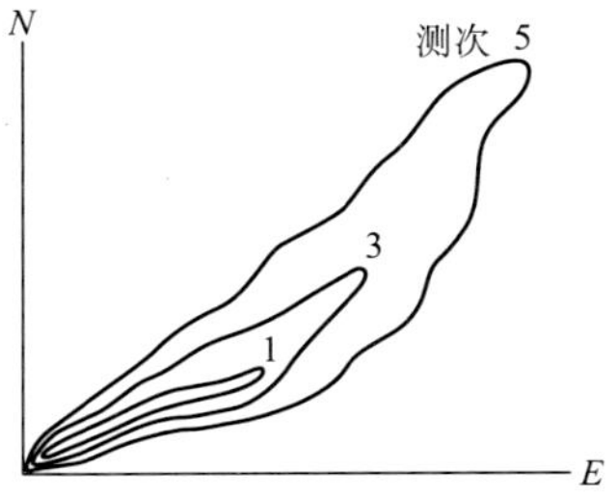

图 20-10　不同测次的放射晕计数率等值线

同理可求得 $\overline{X}_2$，$\overline{Y}_2$。则从投放起到第 1 测次的时段 t_1 小时内，底沙的平均运移速度为

$$\overline{V}_1=\frac{\sqrt{\overline{X}_1^2+\overline{Y}_1^2}}{t_1} \tag{20-46}$$

对第 1 测次至第 2 测次、时间间隔 t 小时内的平均运移速度为

$$\overline{V}=\frac{\sqrt{(\overline{X}_2-\overline{X}_1)^2+(\overline{Y}_2-\overline{Y}_1)^2}}{t} \tag{20-47}$$

对第 2，3 测次可依次求得 $\overline{V}_2$，$\overline{V}_3$。由 $\overline{X}$，$\overline{Y}$ 也可求得底沙的平均运移方向，即其与 Y 轴（磁北）的夹角即方位角 $\bar{\theta}$ 为

$$\bar{\theta}=\tan^{-1}\frac{\overline{X}}{\overline{Y}} \tag{20-48}$$

值得注意的是，以上所用都是计数率等值线，但事实上计数率只是放射性水平的反映，它与实际放射性强度分布仍有一定差别，因而所得各项结果均包含了这一误差，特别当下述运移层厚度较大时尤甚。

（2）重心法。由图 20-11，当平均运移方向已初步确定，则可取此线作为参考轴线，并用图 20-9 方式测定垂直于此轴线的横向各剖面上（图 20-11a 中 1～13）的计数率分布（图 20-11b），由此求出该测次在底沙运移方向上的放射性强度分布曲线（图 20-11c），对此可求得投放示踪剂 t_1 时间后相应分布曲线的重心位置 X_{G1}，其相应轴向距离 L_1，则 $V_1=L_1/t_1$。以上方法求得的底沙平均运移速度往往随时间而变，一般近似于指数衰减方式（图 20-12a），但有时也有复杂的变化（图 20-12b）。很明显，这与当时的水流条件有密切关系。

3. 底沙运移层厚度

有三种方法：

（1）采样法。采集不同位置的底沙土柱，直接分析不同深度的放射性分布以求出运移厚层度。这种方法无疑存在代表性问题，实际操作即钻取水下土样非常困难，特别当床沙为沙、粗砾或淤泥时，几乎不可能准确取样。

（2）标记探测法。当以少量标记颗粒掺入底沙跟踪其运移时常用此法，事实上这对示踪物较粗时（如直径 2 mm 至 2 cm）才较适宜。当标记颗粒的放射性强度为已知或彼此

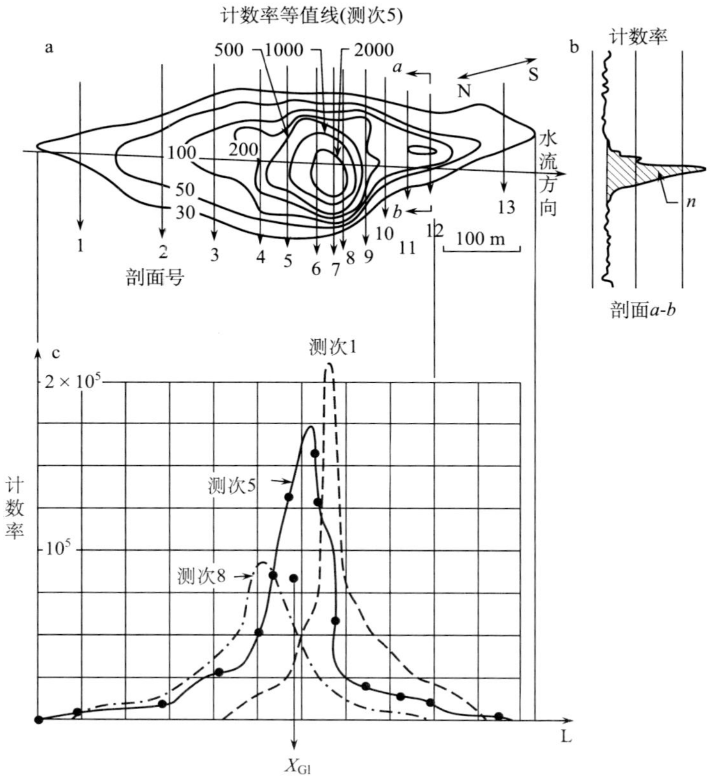

图 20-11　底沙运移速度的重心法(IAEA,1968)

a. 计数率等值线;b. 剖面放射性强度分布曲线;c. 底沙运移方向上各个测次的放射性强度分布曲线

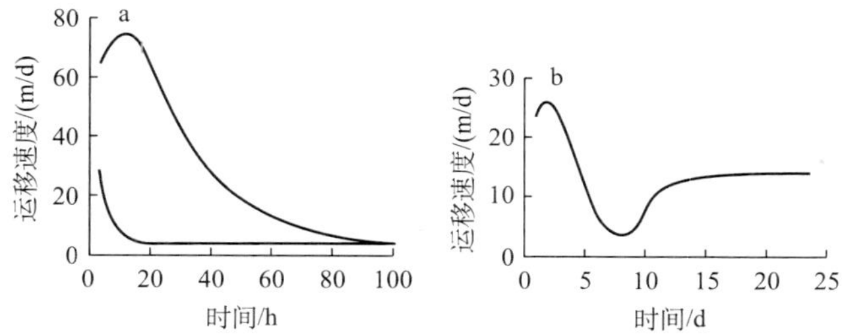

图 20-12　底沙平均运移速度随时间的变化

相同时(图 20-13),设用两支探测效率、有效长度、面积均相同的探测器测得计数率分别为 R_1,R_2,则可由下式求解深度 Z:

$$R_1 = \frac{K}{4\pi Z^2} e^{-aZ}$$

$$R_2 = \frac{K}{4\pi(Z^2 + l^2)} e^{-a\sqrt{Z^2+l^2}} \tag{20-49}$$

式中：K 为常数，包括了探测器效率、有效面积及示踪颗粒放射强度等在内；a 为线性吸收系数。由不同位置的 Z，可求出断面平均 Z_m。

(3) 示踪平衡法。此法在底沙研究中曾有广泛应用(参见 Courtois et al.,1966)。其考虑因素较多，但也因而引入了较多难以正确确定的参数，使得成果的不确定度增大，因此在使用时对关键性参数的选用必须审慎。

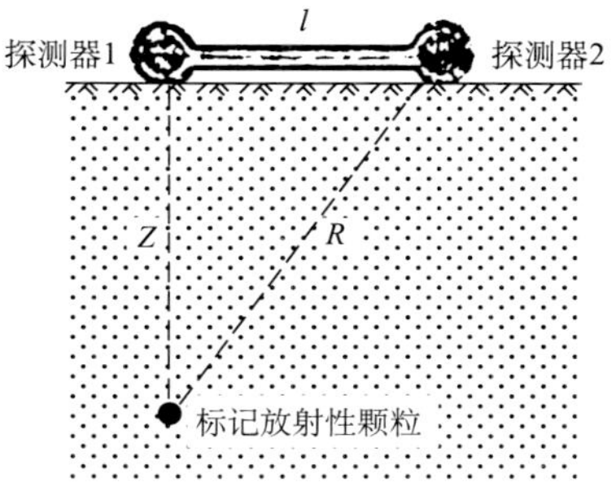

图 20-13　用标记颗粒确定运移层厚度

4. 底沙输沙率

如上所述，当 $\overline{V}$，Z_m 已知后，则底沙输沙率(推移质输沙率)Q_S 为

$$Q_S = B\overline{V}Z_m \tag{20-50}$$

式中：B 为底沙运移宽度，有些河床上 B 并不等于整个断面上河床的宽度，甚至不连续，均需由示踪晕测定后推求。上式也可用于其他水体(河口、湖泊等)的底沙测验研究。

应用上式时应注意它涉及一些基本要求，除示踪物和探测器本身以外，在选定轴线以及测验操作等，均需审慎。例如，探测器在用图 20-8 方式进行活性区测验时，其移动速度不应过大，否则与静止条件下所得的 N 会有相当大差异。因此，对 Q_S 的不确定性的评价，事实上还涉及操作水平。一般总的看法认为 Q_S 按上法计算的误差范围仍较大，最大可达 20%。

二、示踪颗粒法

与上法不同的是仅在河床上撒布一定数量的标记颗粒，探测其随床沙运动的动态，因此它只形成一些个别的活性测点而不是一个连续的活性区，但只适用于大粒径床沙条件(例如粒径大于 2 mm)。

令标记颗粒数为 n，在投放 t_1 时间后它随底沙运移分布类似于图 20-11，由此可求出这些标记颗粒的重心位置：

$$x_G = \frac{1}{n}\sum_{i=1}^{n} x_i \quad y_G = \frac{1}{n}\sum_{i=1}^{n} y_i$$

则 t_1 时间内的平均运移速度为

$$v_1 = \frac{\sqrt{x_G^2 + y_G^2}}{t_1} \tag{20-51}$$

如直接取平均运移方向为 X 轴，则 $v_1 = \frac{x_G}{t_1}$。

其平均运移深度 Z_a 可通过对个别颗粒的探测用类似于图 20-13 的方法求得 Z_i，于是 $Z_a = \frac{1}{n}\sum_{i=1}^{n} Z_i$，则各时段的输沙率为 $Q_S = Bv_1Z_a$。

用本法推求 Q_S 时，似不宜用 Z_m，因为这并不完全能反映底沙运移的厚度，除非有很多测点都达到相同的 Z_m。但也有认为应取该时段内平均最大厚度，而这实际上难以有明确的概念。

三、放射性示踪沙

放射性示踪沙是以上两类底沙研究的基本手段，即以放射性同位素标记泥沙使之跟踪底沙运动，有人工和天然放射性示踪沙两类。

对人工制作的放射性示踪沙，从示踪物标记方法、有效性、安全等因素考虑，适于底沙测验和研究的放射性同位素有 ^{32}P，^{46}Sc，^{51}Cr，^{65}Zn，^{110}Ag，^{131}I，^{140}La，^{147}Nd，^{132}Ta，^{192}Ir 和 ^{198}Au 等，也有应用 ^{52}Mn，^{58}Co，^{59}Fe，^{86}Rb，^{89}Sr，^{91}Y，^{95}Zr，^{95}Nb，^{103}Ru，^{112}Sb，^{124}Sb，^{140}Ba 等的。对底沙运移特强的常使用极短半衰期的放射性同位素如 ^{110}Ag，对一般底沙运动测验常取中等半衰期 ^{51}Cr，^{198}Ir 和 ^{46}Sc 等，对研究砾石等粒径大的底沙运动，则常用 ^{182}Ta。

放射性示踪沙所必须具备的基本条件是，应与所研究的底沙在动力学特性方面充分相似。因此，其颗粒组成、比重、硬度、形状等应与原体沙一致，为此有多种示踪沙的制备方法。

1. 物质标记法

此法即将放射性同位素作为泥沙本身的一部分质量与之相结合，实际应用的有以下几种：

(1)原体沙活化法。取所研究地段的纯净床沙进行中子辐照活化，被激活的是沙中的 ^{30}Si。由于它与研究对象完全协调，无疑是底沙测验和研究中最理想的示踪沙。但困难在于活化后的放射性同位素 ^{31}Si，其半衰期只有 2.6 h，因此可利用它进行试验研究的时间不超过 24 h，这大大限制了本法的使用。此法对含磷床沙较为有利，因它经中子辐照后生成 ^{32}P，有较长的半衰期，其应用期可达 30 天。本法的另一缺点是由于活化技术和设备的限制，很难制出大量示踪沙以作较大规模的试验。另外对颗粒特细的黏土、淤泥等也难以使用。

(2)烘干标记法。将原体沙用放射性示踪剂溶液浸泡，然后在 500℃ 条件下烘干，使沙粒充分吸附放射性物质。有些试验表明，1 g 沙可吸附 7 μg ^{110}Ag，8 μg ^{192}Ir 和 150 μg ^{58}Co。其缺点是在水中浸泡较长时间后，标记物质会有所损失。

(3)人工示踪沙法。以上两种方法的主要优点是与原体沙相同，但共同缺点是难以获得较高的放射性比度。本法用玻璃或任何玻璃材料，经过破碎、筛分，设法模拟原体沙的颗粒级配和组成。事先采用中子辐射激活截面较高的元素如 Ta，Sc，La，Ir，Au 等，以其氧化物或盐类方式溶入玻璃内，然后将配好的玻璃沙经中子辐射活化，成为放射性示踪沙，所需放射性比度可事先进行设计，只需注意在玻璃配方中避免对于中子有强吸收作用的元素如硼等。例如，钪玻璃沙(李樟苏，1983)，以百分比含量为 1% 的 Sc_2O_3 与其他材料制成无硼钪玻璃沙，经过中子活化后生成放射性 ^{46}Sc。

2. 表面标记法

此法以尽可能薄的一层放射性物质覆盖于原体沙沙粒之上，但需满足探测和试验所要求的放射性比度。这主要应用^{110}Ag，^{192}Ir，^{198}Au，^{140}Ba，^{140}La或^{51}Cr。此类标记法除用放射性液体浸泡外，还有一些特殊方法，如用类似于镀银的方法使具有 Si 特性的沙使用^{110}Ag标记。本法的主要缺点是原体沙的比重有些改变，附着于泥沙颗粒上的放射性物质与泥沙质量本身也不成比例，而且往往因水流和底沙运移而有所损失且难以控制。

3. 特殊标记法

有两种：

(1)大颗粒标记。在卵石、钻石上钻孔，然后放进放射性物质并加严密封闭。

(2)特细颗粒标记。粒径小于 0.04 mm 的淤泥、黏土等床沙本身往往是多变的，例如它可因 pH 或含盐量、密度等的变化而发生絮凝或絮散，从而改变其动力性质。因此，对此类床沙的标记一般采用表面标记法，例如使用 $HAuCl_4$ 在 pH 为 1～2 的条件下与淤泥接触，使 Au 自然被还原而成为表面标记物；又如使用 $ScCl_3$ 溶液淋洒，可形成为 $Sc(OH)_3$ 并与泥沙颗粒相结合。又有双重标记法，即首先将^{46}Sc固定于泥沙颗粒上以作底沙测验研究，而在同一颗粒上又将与污染物质有关的放射性同位素如^{65}Zn，^{51}Cr，^{203}Hg等作表面标记，以研究在底沙运移中与污染物的关系。

4. 天然放射性示踪沙

这可有三种类型：泥沙颗粒本身含有天然放射性同位素，放射性沉降物被泥沙所固定，核工业的放射性废物被泥沙所吸附。后两种都只在特定条件下存在，主要是第一种，因有时泥沙本身(如含 Th)具有放射性。问题是它们的存在往往是某种特殊母质系统的反映，而不是所研究河床所具有的床沙质，因而往往只在床沙颗粒级配和组成的某一部分存在，而难以反映整个床沙的运移过程。

第五节　土壤水的同位素测验

一、中子土壤水分测验

(一) 基本原理

1. 中子源

中子的静止质量为 1.00866520 原子质量单位，或 1.674920×10^{-24} g，其电荷的上限为10^{-18}电子电荷，因而可以认为它是中性不带电粒子。其半衰期为 11.7±0.3 min，所以自然界中几乎不存在自由中子。它与质子相结合则可形成稳定的原子核，也可把中子和质子作为核子不同的两个状态，已见前述。要使被束缚于原子核中的中子释放出来成为自由中子，则必须使用某些核反应方法。用这样的方式所产生出来的自由中子是人为成因，而用以构成此类核反应并产生中子的装置则称为中子源。中子源是将具有一定动能的粒子如 α 粒子（即氦核 ^4_2He）、氘核（d）、质子（p）和 γ 光子等轰击选定的原子核，从而通过（α，n），（d，n），（p，n），（γ，n）等类型的核反应而产生中子。此外，也可利用重原子核自发裂变而释出中子，而这是与上述核反应完全不同的中子产生机制。

中子源有三类，即同位素中子源、加速器中子源和反应堆中子源。同位素水文测验中一般只使用同位素中子源，活化分析（第二十二章）则使用后两种中子源，以产生远比同位素中子源产额为高的各种能量的中子。

同位素中子源是利用放射性同位素衰变所放出的射线去轰击所选定的原子核（靶核）而产生中子，因而也称为放射性中子源。其装置比较简单，但一方面必须使其中的靶核能得到足够的能量，这只有在 α 和 γ 衰变过程中所放射出的 α 或 γ 射线才有可能，所以同位素中子源通常为（α，n）和（γ，x）两类。另一方面，作为靶核的稳定同位素在发生此种核反应时要有较大的几率，这样才能获得足够的中子产额。在（α，n）中子源中，α 放射体与靶物质互相混合，或也制成合金。而在（γ，x）中子源中，则通常将靶物质放置在发射 γ 射线的放射体周围。

1）（α，n）中子源

发射 α 粒子的放射性同位素有天然放射系中的 α 发射体，另外也有一些在衰变时发出 α 粒子的人造重同位素，其 α 粒子的能量范围在 4～6 MeV。靶核一般使用轻核，这是因为（α，n）反应与 α 粒子穿透靶核库仑位垒的几率有关，而重核的库仑位垒要高得多，实际上几乎所有的（α，n）中子源都使用铍作为靶材料，因为在所有轻元素中铍在（α，n）反应中的中子产额最高，其核反应为

$$^9_4Be + ^4_2He \rightarrow ^1_0n + ^{12}_6C + 5.707\ MeV$$

常用（α，n）中子源见表 20-2。

表 20-2　常用(α,n)中子源及其特性表（袁汉镕等，有修改）

中子源	半衰期	中子能量/MeV		中子产额 /[10⁶ 中子/(s·居里 α)]	γ 产额 /[毫伦/(h·m·10⁶ 中子)]
		最大	平均		
^{210}Po-Be	138.4 天	10.87	4.2	2.3～3.0	0.04
^{226}Ra-Be	1620 年	1308	3.9～4.7	10.0～17.1	60
^{227}Ac-Be	21.8 年	12.79	4.0～4.7	15～26	8
^{228}Th-Be	1.913 年			17～20	30
^{238}Pu-Be	87.75 年	11.30	5.0	2.2～4.0	<0.5
^{239}Pu-Be	24390 年	10.74	4.5～5.0	1.5～2.7	1.7
^{241}Am-Be	433 年	11.50	5.0	2.2～2.7	1
^{242}Cm-Be	163 天	11.5		3.0～7.0	<1
^{244}Cm-Be	18 年			6.0	<1

表中^{239}Pu-Be是早期使用的源，但因^{239}Pu的放射性比度太低，因而需要的体积太大，现已被^{238}Pu-Be所取代。^{226}Ra-Be源是利用天然镭的中子源，在现时应用的中子源中，它的半衰期很长、中子产额也高，但其γ辐射却很强，而且还要防止其子代产物氡的泄漏，所以现时只作为标准中子源使用。^{241}Am-Be是最常用的中子源，它有足够长的半衰期，γ辐射相当低而易于防护，唯一缺点是^{241}Am的放射性比度不高，源的体积不能做得很小。^{242}Cm-Be与^{228}Th-Be源有中子产额高的优点，可达10^8中子/s，而且放射性比度也最大，因而在需要高强度和特小体积时有其优势。与此相似，^{210}Po-Be源的放射性比度也相当大，其体积较小，而且γ强度最低，问题是其半衰期太短而需频繁更换。

所有(α,n)中子源所发射的中子并非单一能量而是具连续分布的能谱，这是由多种原因所造成，而且α粒子本身的能量就有很大变幅，所以其能谱会因中子源结构和测量方法不同而有所不同。

2）(γ,n)中子源

它又称光中子源，此类源的中子能量一般低于大约1 MeV。γ发射体有天然放射性同位素，如^{226}Ra的子代^{214}Bi，^{228}Ra和^{228}Th的子代^{208}Tl，人造同位素如^{124}Sb等。其主要特点是能产生单一能量中子，但产额低、半衰期短且有强γ辐射，因而只作标准使用。如^{124}Sb-Be即是能够产生千电子伏能区单色中子最主要的中子源。

3）自发裂变中子源

此为利用自发裂变现象产生中子的中子源，某些重偶-偶核在能量上是有可能发生自发裂变的。其产生中子的机制与上述两类中子源完全不同，但为方便起见，一般也归入同位素中子源中。具自发裂变的多种重核中，能作为中子源使用的，必须一方面有足够长的半衰期，另一方面又需要有较高的中子产额。如由^{239}Pu在反应堆中产生的^{252}Cf，其自发裂变的半衰期达85.5年，用1μg的^{252}Cf即可获得10^6中子/s，而且其γ辐射的强度相当低，因而可能会成为特具优势的新型实用中子源。

2. 中子与原子核的相互作用

首先有两个与此有关的重要概念，即中子能量和相互作用截面。

中子能量通常指其动能E，它与中子源所发射中子的速度v有关，当v与光速之比远小于1时，即在非相对论性条件下，动能$E=\frac{1}{2}mv^2$，以电子伏(eV)为单位，m为中子的静止质量。E可从毫电子伏到几十兆电子伏约10个数量级。习惯上对中子有以下分类：能量在0.1 MeV以上的称为快中子；在0.1 MeV以下、1000 eV以上的称为中能中子；1000 eV以下的称为慢中子；在0.025 eV以下的中子，它相当于与原子近似处于热平衡的能量，称为热中子；较热中子能量更低的称冷中子。上述各类中子的能量区分并不严格，如也有认为大于0.5 MeV以上能量的中子才能称为快中子，而在10^{-2}eV附近的中子才是热中子。

核反应截面 σ 定义为(杨福家等,2002)

$$\sigma = \frac{\text{出射粒子数}}{\text{入射粒子数} \times \text{单位面积的靶核数}} \tag{20-52}$$

它实际上代表了一个入射粒子与靶上一个核发生作用,产生出射粒子的概率,但具有面积量纲,所以称为截面,其单位即定为靶(b),1 靶(b)$=10^{-24}cm^2$。

上述概念可引申为在一个立体角内产生出射粒子,那么这样的概率称为微分截面,单位是靶/球面度。对于下述有关中子所引起的不同核反应,可有不同的反应"道",对此将微分截面积分,可得到相应于反应道的积分截面,称为分截面,而各分截面之和则是总截面。

中子与物质以其独特的方式产生相互作用,完全不同于 γ 射线和其他带电粒子。由于中子的电中性,与核外电子不发生库仑作用,而主要是与原子核发生相互作用(见第二章所述核反应过程的三阶段,中子可与靶核形成或不形成复合核),从而可有各种类型的核反应:在不形成复合核的情况下,有势散射;在形成复合核的情况下,则有弹性共振散射(n,n)、非弹性散射(n,n′)、中子俘获反应 (n,γ) 、粒子放出反应(n,x)、裂变反应(n,f)以及散裂反应和爆裂反应等(柴之芳,1982)。

(1) 弹性散射(n,n)。弹性散射的特点是,在散射前后中子与靶核的动能之和保持不变,即服从能量守恒和动量守恒。上述不形成复合核的势散射和形成复合核的弹性共振散射可统称为弹性散射。从能量守恒而言,这两者没有区别,但是其机制则根本不同。势散射仅因核力场作用而使中子在核的四周被散射并改变原来的运动方向。而当中子先为靶核所俘获而形成复合核,然后被散射,则称为弹性共振散射。所谓共振是因为当复核处于激发态,只有当入射中子的动能恰好等于量子化状态的某一能级时才发生散射。散射后剩核处于基态,入射中子的动能仅在反冲核和散射中子之间分配。

(2) 非弹性散射(n, n′)。与上述不同,非弹性散射过程的特点是中子与靶核的动能之和在作用前后不相等。此能量差即被用于复合核的激发而引发散射,散射后剩核处于激态,称为非弹性散射。这时可生成为靶核的同质异能素。非弹性散射过程中中子损失的能量较弹性散射时为大。但是这一过程仅对重核才有意义,因为发生非弹性散射时,中子能量必须超过一定的阈值才会发生,对于氢核则不会发生非弹性散射,所以在中子测水系统中不重要,但是可利用它作地层中碳/氧比的测验。

(3) 辐射俘获(n,γ)。靶核俘获吸收一个低能中子形成复合核,并发射出一个光子,其结果是生成比原原子核大一个质量数的同位素,它在第二十二章所述活化分析中具重要意义。

(4) 粒子放出反应(n,x)。与上述相似,但当靶核俘获中子形成复合核后,放出质子、α 粒子或其他粒子。中子测水系统中的慢中子探测器即利用(n,α)或(n,p)反应。

(5) 裂变反应(n,f)。它只在中子与重核相互作用时才可发生。核燃料即是在任何中子能量下都能发生裂变反应的一些重核素,而有些重核素如 ^{238}U,^{232}Th 则只在能量较高的中子作用下才发生裂变,存在着阈能。^{235}U(n,f)反应则是核反应堆最基本的依据。当中子能量很高时,还可能引起散裂反应与爆裂反应。

上述除裂变反应外的各种反应大体都可分别归入散射和吸收两类机制。对于不同的中子能量，这些反应的作用截面各有所异。

（二）中子测水系统

土壤水分的中子测验即是利用上述中子与原子核的作用。而所用中子源已见前述为同位素中子源，其发射的中子具有特定能谱，平均能量约为几个兆电子伏，例如^{241}Am-Be 中子源的平均中子能量为 4.3 MeV，所以实际上只涉及简单的核反应，主要是弹性散射。

同位素中子源所发射的中子均属能量高、速度也高的快中子，它在土壤介质中经过多次弹性散射，将不断损失能量，快中子最终减速慢化为热中子，称为中子慢化。热中子在介质中扩散直至最后被吸收，很明显，热中子强度与土壤介质条件有直接关系。以下将说明，在土壤中，这一过程的主要贡献是来自氢原子核，而土壤水则是土壤中最主要的含氢物质，所以它可通过对热中子的测验转而求出土壤水分含量（体积含水量）。

1. 中子慢化

速度为 v 的入射中子与靶核碰撞，偏离方向减速为 v'。理论推导时将实验系统改以质心坐标描述如下式。则弹性散射表现为图 20-14b。

$$Ax_0 = m(x - x_0) = 1(x - x_0) \tag{20-53}$$

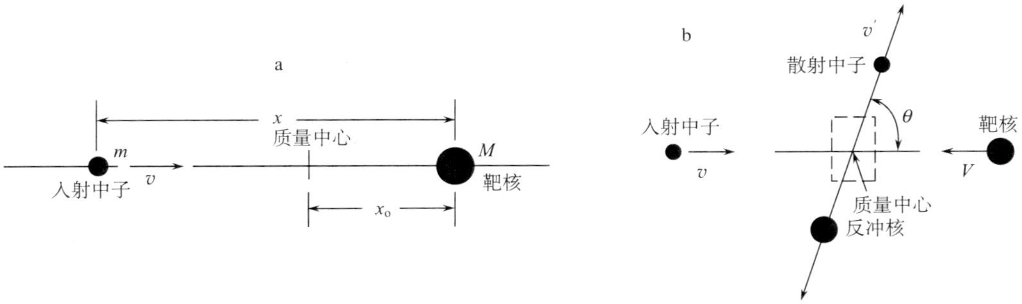

图 20-14　质心坐标系和弹性散射（Ellis，1987）

a. 质心坐标系；b. 质心系中的弹性散射，中子和核有等值而方向相反的速度

式中，A 为靶核质量，m 或 1 为中子质量；对发生角度为 θ 的弹性散射，由图 20-14b 各参数及能量守恒分析导出下式（参见 Rydin，1977）。

$$\frac{E}{E_0} = \frac{A^2 + 2A\cos\theta + 1}{(A+1)^2} \tag{20-54}$$

碰撞后的能量很不相同，但最小能量（$\theta=180°$）是初始能量的一小部分为 α，有以下关系

$$\alpha = \left[\frac{A-1}{A+1}\right]^2 \tag{20-55}$$

那么，经过一次弹性散射的碰撞后，中子能量所可能减小的范围可定性地表达为图 20-15。对常见的地层元素，每次碰撞的中子能量损失最小可为 10%～25%，然而对氢元

素却可能损失其全部能量。在土壤中 A 为 10 以下的元素丰度一般较低，因而土壤水中氢元素对中子慢化的贡献就占了主导地位。

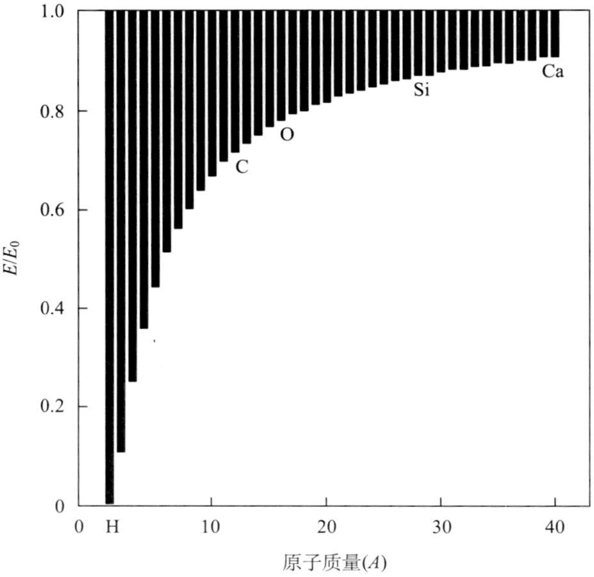

图 20-15　与原子质量范围从 H 到 Ca 的原子核发生一次弹性散射后，中子能量的可能分布（据 Ellis，1987）

黑粗线为能量可能减小的最大程度

图 20-15 也可认为是一次碰撞后中子能量可能减少的比重，常用平均对数能量缩减 ξ 表示：

$$\xi \equiv \overline{\ln \frac{E_i}{E}} = 1 + \frac{(A-1)^2}{2A} \ln \frac{A-1}{A+1} \tag{20-56}$$

式(20-56)系由中子能量分布推求而得，可见当中子与氢核碰撞时（$A=1$），ξ 为 1，当 $A>10$ 时可有以下概化关系。对中子测土壤水有关元素或化合物的 ξ 求得如表 20-3。

$$\xi \approx 2 / (A + 2/3) \tag{20-57}$$

于是对于原子质量为 A 的原子核，由 ξ 可估算出中子从初始能量 E_i 减低为某一较低能量 E 时所经历的平均碰撞次数 $\bar{n}$ 为

$$\bar{n} = \frac{1}{\xi} \overline{\ln\left(\frac{E_i}{E}\right)} \tag{20-58}$$

如果将平均能量为 4.2 MeV 的中子慢化到 1 eV，则 ξ 和所需碰撞次数 n（表 20-3）。

表 20-3　使中子从能量 4.2 MeV 减至 1 eV 的平均对数能量缩减和平均碰撞次数（Ellis，1987。修改）

元素或化合物	ξ	$\bar{n}$
H	1.0	14.5
C	0.158	91.8
N	0.136	107

续表

元素或化合物	ξ	$\bar{n}$
O	0.120	121
Na	0.084	173
Mg	0.081	179
Al	0.072	202
Si	0.070	207
K	0.050	290
Ca	0.049	305
Fe	0.035	415
H_2O	0.92	15.8
碳酸盐岩(孔隙率20%)	0.514	29.7
碳酸盐岩(孔隙率0%)	0.115	132

在概化条件下,中子在水和碳酸盐岩中的随机慢化轨迹和慢化到 1 eV 时的长度(称慢化长度 L_s)见图 20-16。

以上近似分析可定性地说明,土壤中对中子慢化贡献最大的是氢和水。但这也同时表明,在中子测土壤水系统中,当土层中具有高贡献的其他元素时,应采取一定措施,否则将引起很大误差。

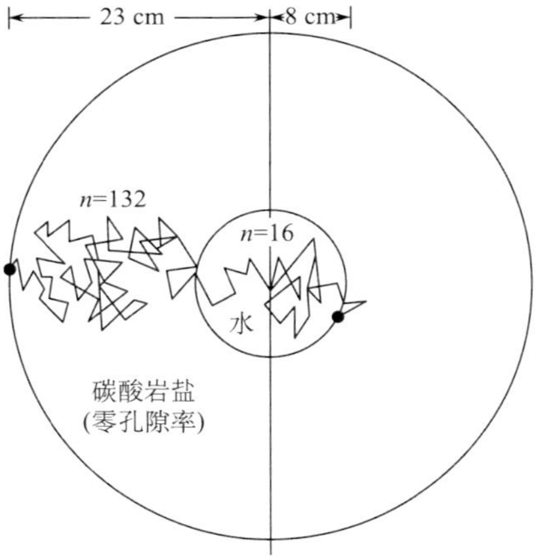

图 20-16　中子在水中和在碳酸盐岩中的随机慢化轨迹和慢化长度示意图(据 Ellis,1987)

2. 热中子空间分布

中子慢化到其能量约 1 eV 以下时,即进入热化区,对于中子源周围因慢化而形成的热中子空间分布,是土壤水分测验的基本问题之一。但热化是一个复杂的过程,其概化求解是应用所谓三组理论,将中子慢化划分为快和慢两组,另加热中子扩散组,对于每个组都应用单速扩散方程,于是求得热中子空间通量的密度分布为三组有关参数的函数关系:

$$\varphi(r) = f(S, D, L, L_1, L_2) \tag{20-59}$$

式中:r 为离中子源的距离;S 为源强;D 为热中子扩散系数;L 为热中子扩散长度;L_1 为快中子慢化长度;L_2 为慢中子慢化长度。这些参数实际上都与土壤介质的成分有关,按上式可得出如图 20-17 的热中子分布样式。

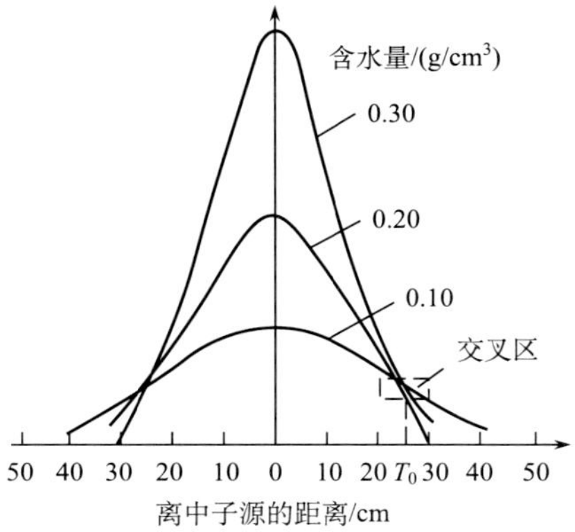

图 20-17　概化条件下热中子密度空间分布示意图(王其俊,1984)

3. 热中子探测

对于实用的热中子探测,需要满足一些条件,包括:用于作探测器的材料必须有很大的反应截面,其靶核素应有高同位素丰度,伴随中子吸收反应所释出的能量要易于被探测等。目前符合条件的主要有^{10}B,^{6}Li和^{3}He。现常用^{10}B为探测器靶核的(n,α)反应和以^{3}He为靶核的(n,p)反应,如下:

$$^{10}_{5}B + ^{1}_{0}n \rightarrow ^{7}_{3}Li + ^{4}_{2}He + 2.8\ MeV \tag{20-60}$$

$$^{3}_{2}He + ^{1}_{0}n \rightarrow ^{3}_{1}H + ^{1}_{1}P + 760\ keV \tag{20-61}$$

使用式(20-60)设计的BF_3探测器应用广泛,但由于其热中子探测效率相对较低,因而其体积也较大。

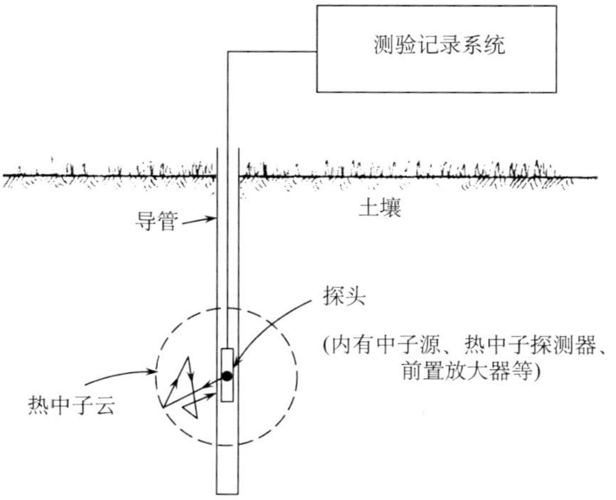

图 20-18　中子土壤水分测验装置示意图(插入型)

利用上述中子慢化原理作土壤水分测验的一般装置见图 20-18。主要包括中子源、热中子探测器及数据采集装置。可用以测定从表层至地面以下不同深度的土壤含水量,并有不同类型。该图为插入型,可施测地面一定深度以下的土壤含水量,需要设置导管。表面型则可施测表层土壤含水量,常与 γ 源结合同时施测土壤密度(参见下节附图)。

其实,作为测定土壤水分的仪器,还需要综合考虑其准确度、精确度、灵敏度等许多问题。例如,根据图 20-17 那样概化条件下的关系,热中子探测器当然要避免交叉区,但如何与中子源配置,则是需要考虑多种因素的一个优化问题。

(三) 土壤水分测验

上述装置进行土壤水分测验的核心问题,是如何由探测器及数据采集装置所得到的热中子计数率 n 推求所需要的土壤含水量 θ,亦即寻求联系这两者的所谓率定(标定)关系或称率定曲线。

1. 率定曲线型式

理想的率定曲线需要有线性型式 $\theta = a + bn$。式中 a,b 为所需率定的仪器常数,a 为截距常数,而斜率 b 通常也称为率定系数。线性关系也是仪器优化设计的目标之一。然而如上所述,土壤对于中子慢化的贡献,除了氢原子发挥着主要作用以外,还有其元素组成、有机物质、物理条件等多种因素也有不同程度的影响,因而不可能事先建立起一个通用的线性率定曲线,而只能建立一个基本的线性率定曲线,相应于某种类型的测验设计(中子土壤水分仪)、标准设置以及一般类型的土类和土壤。然后在必要时作补充率定或校正。

基本的线性率定关系包括两个主要参数 n 和 θ。

探测器及数据采集装置(中子仪)所得到的热中子计数率,一般用每分钟计数表示。然而在率定曲线中,却使用计数率比值,即中子仪观测到的计数率 c 与它在某种标准介质中测得的计数率 c_s 之比 n,$n=c / c_s$。一般使用水作为标准介质,这就意味着 n 是相对于水中计数率的一个分数。之所以需要使用 n 而不直接使用计数率 c,主要是可用以消除一些不同应用条件下的影响,如仪器本身所发生的不可预见和不可避免的变化等。

应用热中子探测器的中子仪,实质上是测氢,它测定的是包括于土壤中自由水、结合水以及其有机物质中的氢总量。因而所测得的是包括了吸湿水、薄膜水、毛管水、重力水以及结合水等在内的总土壤水分。然而水文测验和农业水文中需要的土壤水分往往是主要与重力势和毛管势相关的所谓自由水,即是相应于土壤在 105℃ 烘干条件下所获得的土壤含水量,而不包括其他相对于自由水而言的束缚水以及结合水,这对于黏粒和有机质含量高的土壤当有一定影响。对此,率定曲线有两种情况,一类是由此求得的 θ 已经是相应于上述自由水的土壤体积含水量(cm^3/cm^3),另一类则是相应于总土壤水分的体积含水量(cm^3/cm^3),这在必要时需要进行校正,在以下还要另作讨论。

2. 率定曲线的影响因素

率定曲线其实是对于中子仪响应的综合结果,对它产生影响的因素有三类,即探头参数、土壤参数和测验参数。

1）探头参数

主要是中子源和探测器的几何布置，一方面涉及探测器的截面、长度、有效体积，另一方面则是它与中子源的距离。它们的综合影响有三方面：率定曲线的线性、探头的相对灵敏度和探测效率。源与探测器的距离，会直接影响率定曲线的线性。相对灵敏度指相对于被测土壤水分变化的计数率变化，研究表明，最好是把源设置于探测器中央。而探测效率则对于源的能量有一定的要求。这三者无疑都相互关联着，于是只好从中作出优选。这就是为什么不同的仪器会有不同特性的原因。

2）土壤参数

土壤组成极为复杂多变，在土壤水分测验中，可有效地概化为三项参数：①土壤干容重；②含有对于中子慢化具有高贡献的其他元素，主要是 B，Cl，Mn，Fe，K 等的含量；③非自由水含量。其实，土壤干容重的影响，一方面包括了土壤密度对于散射和吸收截面的影响，另一方面还包括了束缚水含量一般因干容重增大而增大的影响。这些其实是对于基本率定曲线需要进行补充标定的最根本原因。

对于这些因素的影响程度，可从某些典型研究得到一些概念。对于土壤干容重，当发生＋0.1 g/cm 的变化时，因束缚水含量增大对于土壤体积含水量绝对值的影响约为＋0.01，而因密度本身所造成的影响则约为＋3.5%（Creacen，1976）。对于中子慢化具有高贡献的其他元素的影响，理论研究表明，当慢化总截面增加 0.001/cm 时，计数率降低约 4%，在率定系数为 0.85 时，对土壤体积含水量绝对值所造成的影响则约为－0.01。而对于干容重为 1.5 g/cm^3 的土壤，能够形成慢化总截面增大 0.001/cm 的这些元素的含量是：B 为 0.0016 g/100 g，Cl 为 0.113 g/100g，Fe 为 2.5 g/100 g（Creacen et al.，1979）。这也意味着，虽然土壤中这些元素达到了以上浓度，但只有在所要求的土壤体积含水量测验精度为 1%时，才需要作出补充标定。所以对于一般土壤而言，①②两项的影响不会很大，然而对于③的影响却需要注意。前已说明，从实用要求的土壤含水量是指相应于在 105℃烘干条件下所求得的自由水含水量。而包括非自由水含量在内的土壤水分和其他被中子仪所测得的氢，可合并作为水当量 W_e 来处理，1g H_2O/cm^3 约相当于 0.111g H/cm^3。这可通过在 850℃条件下设法推求，它因土壤而异。例如，在有机质含量不高的条件下，曾求得它与黏粒含量 C(g/ g)有线性关系（Creacen et al.，1979）：

$$W_e = 0.124(\pm 0.012)C + 0.015 \tag{20-62}$$

这当然不是通用关系，但从中可以看到，只有在土壤 C 含量相当高的条件下，才需要对 W_e 作出专门校正。

3）测验参数

这包括：导管设置条件、测验位置的土壤和土层条件以及仪器本身随应用时间所发生的变化。

对于导管，管径要尽可能细，其材质要避免上述对于中子慢化具有高贡献的元素,以合金铝最好,管内需要悬挂干燥剂并有密封盖,导管与土壤之间不能有空隙。对于不同土类,当化学组成无特殊差别时,土质的影响不大,如对于南京砂壤土、滁州黏壤土、苏南黏土等7种土壤,按体积含水量分别为11.0%,28.5%和48.9%比测,差别很小,实际上可采用同一率定曲线(顾慰祖等,1983)。仪器本身,前已说明,使用计数率比即是用以消除一些不同应用条件下包括仪器本身所发生的不可预见和不可避免的变化。

3. 率定曲线的校正

由以上讨论可见,在必要时特别是土壤条件有很大差异时或在水文实验中需要有高精度水量平衡时,需要对率定曲线进行校正,或对中子探头作出标定。南京水文研究所滁州基地曾建立了专用实验室,包括各级体积含水量从100%到5%的7组11个水分标准器,直径1.5 m至0.5 m,按以下理论关系率定参数,并寻求与两参数线性型式之间的关系。

$$n = (\alpha\rho + \beta)\theta + r\rho + \delta \quad (20\text{-}63)$$

式中:α,β,r,δ为与扩散截面和吸收截面有关的土壤物理性参数,需要完整的土壤化学分析;ρ为土壤干容重。

4. 水分测验的体积

值得注意的是,由于热中子云的分布,由图20-18所测得的是图中球体范围内的平均含水量。实际上的热中子云球是中子源所发射的中子在无限大土壤介质中散射、慢化的结果,不过由于土壤水分的影响,热中子更为密集于中子源附近罢了。但是,这涉及测定水分所代表的土壤介质体积,因而有"重要性球体"概念,定义在这个球体中心测得的热中子计数率为在无限介质中所求得的95%,称为精度为5%的球体,如果达到99%,则称为精度1%的球体。由理论计算有两个结果可供参考(图20-19,表20-4)。图是用不同类型的土壤计算,表则是由理想的水沙混合物计算,所以有些差别。此外,还有对一般土壤干容重1.3g/cm^{3}时球体半径R的经验公式

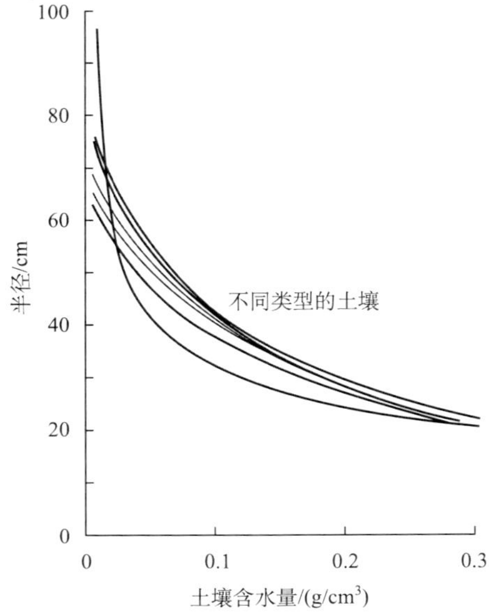

图 20-19 水分含量与球体半径的关系(IAEA, 1970)

$$R = \frac{100}{1.4 + 10\theta} \quad (20\text{-}64)$$

由此可见,实际上不同土壤水分条件下有不同的R值。

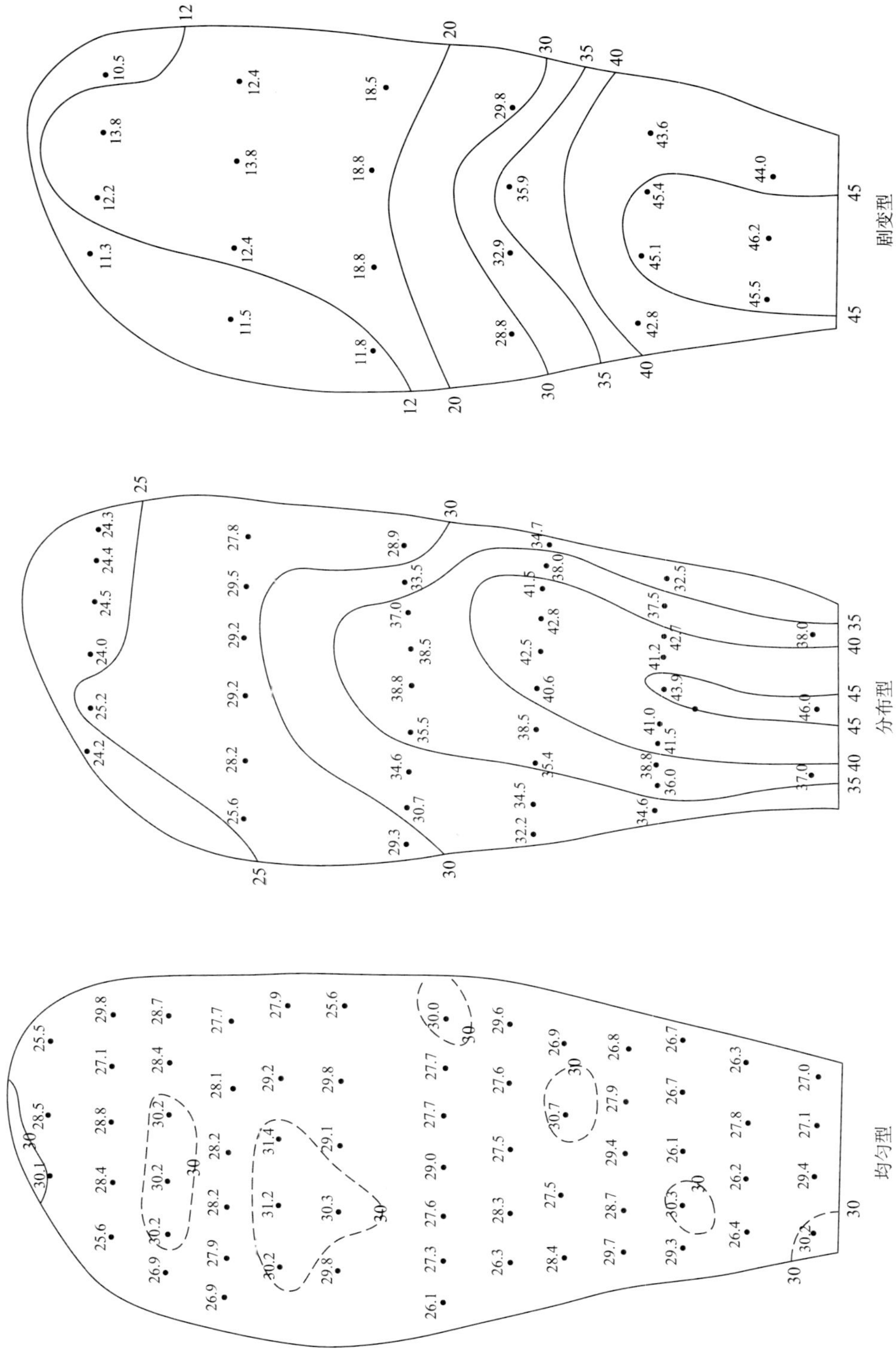

图 20-20 实验流域土壤水分布的三种类型

以上是对于插入型的研究。表面型则难以有理论计算，主要还是野外和实验室率定。

表 20-4 水分含量与球体半径的关系(IAEA，1970)

含水量/V%	0	5	10	20	30	40	50
1%精度半径/cm	165	109	80	55	44	37	33
5%精度半径/cm	108	72	53	37	29	25	22

5. 安全防护

中子有很强的穿透能力，在同样吸收剂量条件下，中子辐射所产生的生物效应要比 γ 辐射强得多，因而需要重视应用中的防护。在水分测验中常用的镅铍中子源仪器，辐射相对较低，防护较为简单，而且工厂在其设计中已经作了考虑。对于常用的插入型，在野外工作结束从导管内提出时，已经进入防护体，除非刻意要去看它，一般而言按规定使用是没有问题的。

对于经常使用中子法作水文测验时，需注意防护。这包括控制使用时间、与中子源保持距离、注意屏蔽，需要有专用库房储存和专人保管。当按规程要求进行工作时，即使长期经常使用，有健康记录表明，对使用者的健康也不会造成影响(顾慰祖等，1983)。

6. 应用实例

图 20-20 与图 20-21 为使用中子法在实验流域中的测验实例。

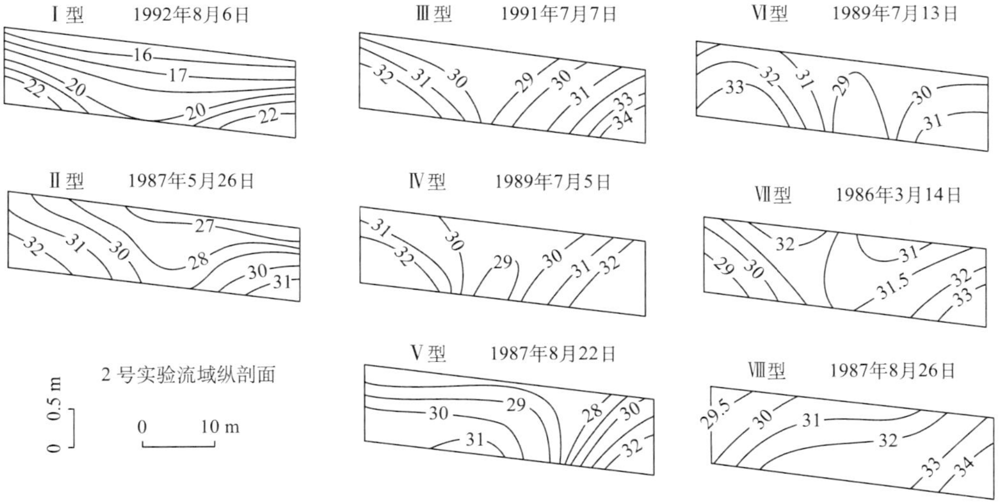

图 20-21 实验流域土层剖面内水分分布的 8 种类型

二、γ射线土壤水分测验

(一)基本原理

1. γ射线与物质的相互作用

γ射线与物质的相互作用主要有三种形式,即光电效应、康普顿效应和电子对效应,而其发生的概率,则取决于物质的原子序数及γ射线的能量,这可示意如图20-22(杨福家等,2006)。光电效应发生在原子的内层电子上,入射光子的能量都被原子吸收而用于形成和发射光电子,一部分用于光电子脱离原子束缚所需的电离能,另一部分则是光电子的动能了。康普顿效应却总是发生在原子的外层电子上,与它发生非弹性散射,入射光子只损失其部分能量,一部分用于该电子脱离原子而成为反冲电子,另一部分则使自己作为散射光子并改变运动方向,这好像是γ光子与处于静止状态的电子发生了弹性散射。电子对效应则保持了原子的完整性,在γ光子经过时,原子核的库伦场把光子转化为了一个正电子和一个负电子。

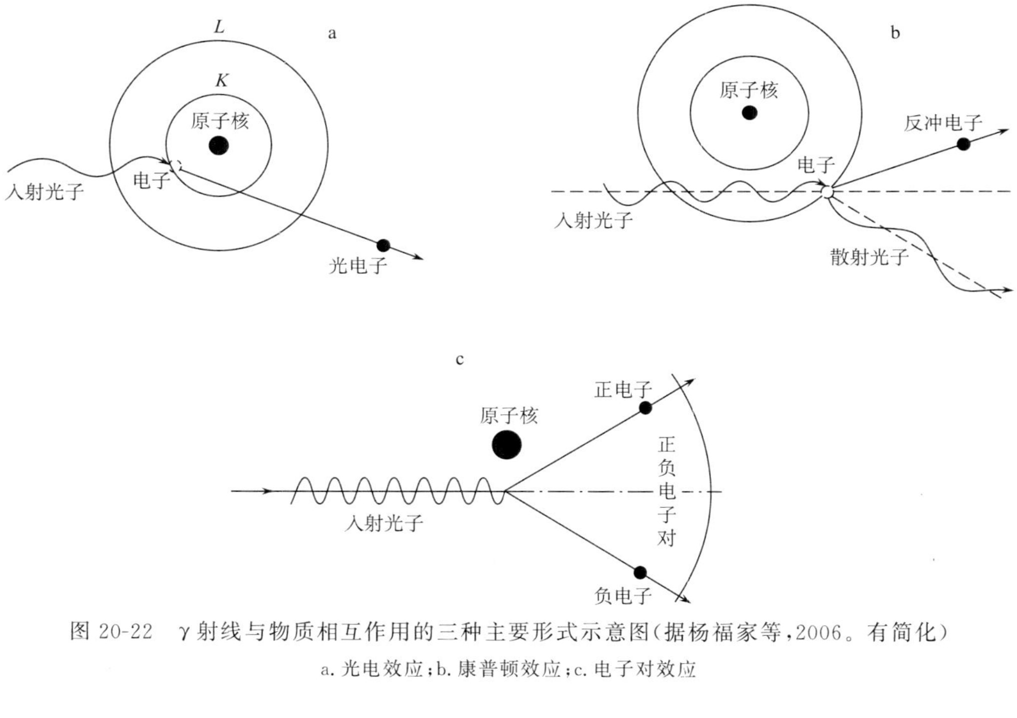

图20-22 γ射线与物质相互作用的三种主要形式示意图(据杨福家等,2006。有简化)

a. 光电效应;b. 康普顿效应;c. 电子对效应

γ射线与物质的原子发生上述三种相互作用的概率取决于其能量和物质的原子序数,见图20-23。这对于选择γ源作土壤水测验至为重要,因为希望不要落入光电效应和电子对效应区内,否则会很复杂,在以下还要进行讨论。

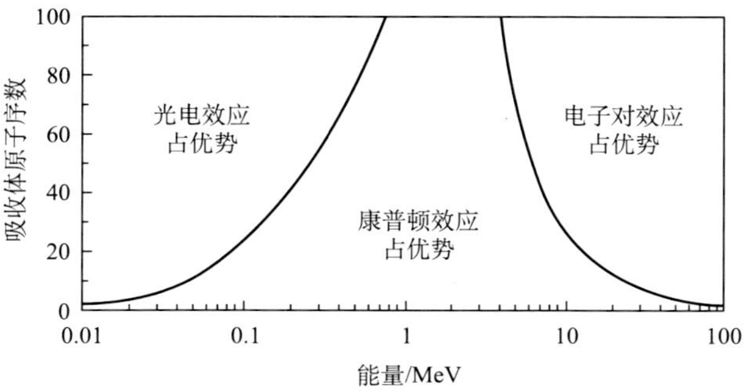

图 20-23　γ 射线与物质相互作用的三种主要过程的优势区(据 Evans,1967)

2. γ 射线强度的衰减

γ 射线与物质相互作用时,因上述三种主要效应的结果,其强度将减弱并遵循指数衰减规律,没有射程概念,这可由前述截面定义导来。设一单能 γ 射线准直通过物质层(图 20-24),其密度为 ρ,单位体积中的原子数为 N,入射 γ 射线的强度为 I_0,则有

$$dI = -\sigma I N dx \tag{20-65}$$

式中:负号表示 γ 射线强度减弱,σ 即为上述三种效应的总截面,在测水系统中,在选择 γ 源时希望其能量主要落在图 20-23 中的康普顿效应优势区内,所以此时 σ 实际上是与它相应的截面。由上式可得

$$I = I_0 e^{-\sigma N x} \tag{20-66}$$

定义线性吸收系数 $\mu = \sigma N$,其单位为 cm^{-1},则上式为

$$I = I_0 e^{-\mu x} \tag{20-67}$$

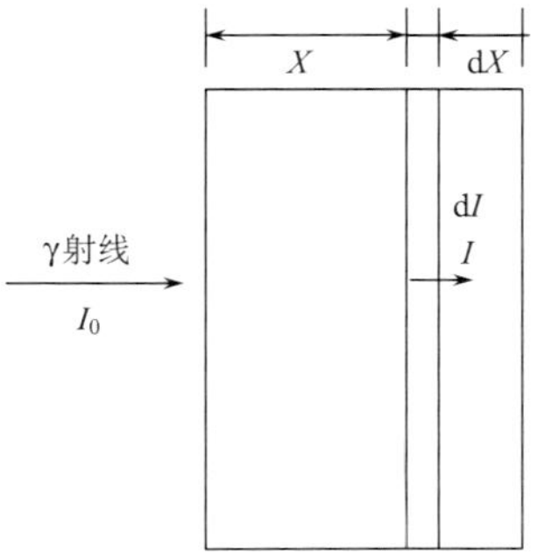

图 20-24　γ 射线通过物质层(据杨福家等,2006。有改动)

又因 $N = (\rho/A) N_A$,A 为原子量,N_A 为阿佛伽德罗数,因此 μ 应与吸收物质的密度 ρ 有关。为此,又定义质量吸收系数 $\mu_m = \mu/\rho$,单位为 cm^2/g。于是,式(20-67)改为

$$I = I_0 e^{-\mu_m \rho x} \tag{20-68}$$

上式即是使用 γ 射线进行土壤水测验的基本公式,而在测水系统中,γ 射线所通过的物质层则是具有一定厚度的土、水、气的三相介质。在以下的应用中,为方便起见,相应于土、水、气的质量吸收系数 μ_m 分别用 μ_S、μ_W、μ_A 表示。

(二)单源法土壤水测验

1. 水分测验的一般布置

最常用的 γ 源是 ^{137}Cs 和 ^{241}Am,早期曾用过 ^{60}Co,^{109}Cd 等。这主要从测验精度、应用要求、安全防护、半衰期等多方面衡量。事实上它们往往是相互矛盾着的而必须寻求一个优化

可能。例如，如果要测得土壤水分的较小变化，γ 源的能量越高越好，然而其防护就越困难。

主要的应用方法是使 γ 射线准直通过测验土层，然后通过对 I 的测定推求水分含量，称为 γ 透射法。在野外应用时，需要有两根导管，分别放置 γ 源和 γ 辐射探测器，以及在不同深度上使之准直于附属设施，用以施测两导管之间的土壤水分，其间距按需要和 γ 源条件斟酌(图 20-25a)。如果需要施测的深度较大，则还需要有专门设施(图 20-25b)。实验室应用例见图 20-26 与图 20-27，为对土体多条垂线和测点实测土壤水分的动态变化，需要有专门设计的控制系统(沈晋等，1991)。

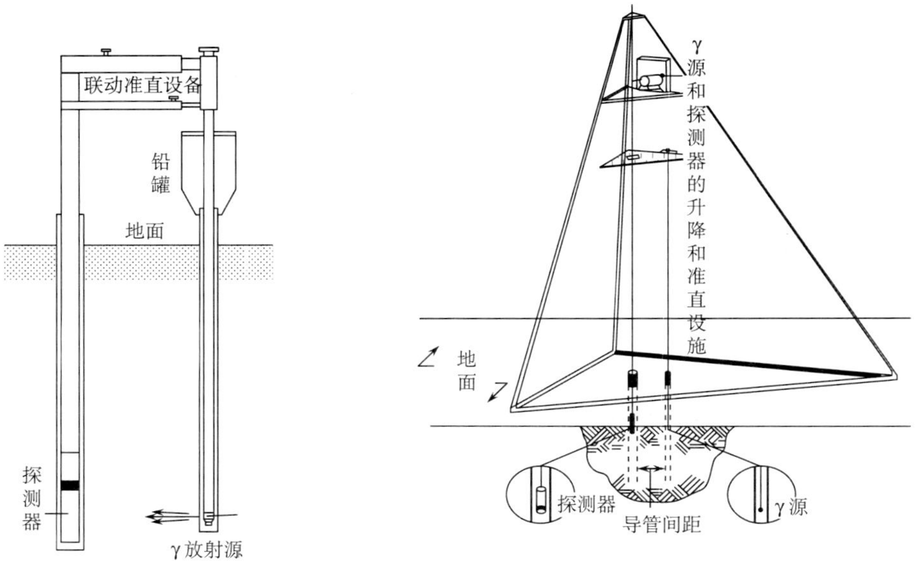

a　　　　b

图 20-25　单源透射法野外测验的一般装置

a. 一般装置；b. 测验深度较大时的装置

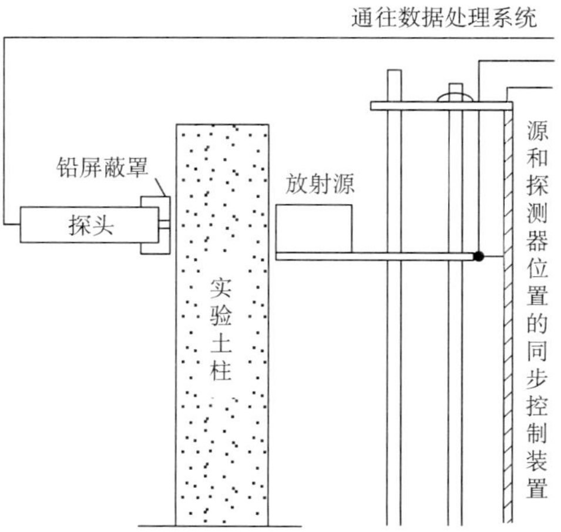

图 20-26　单源透射法实验室测验的一般装置(沈晋等，1991)

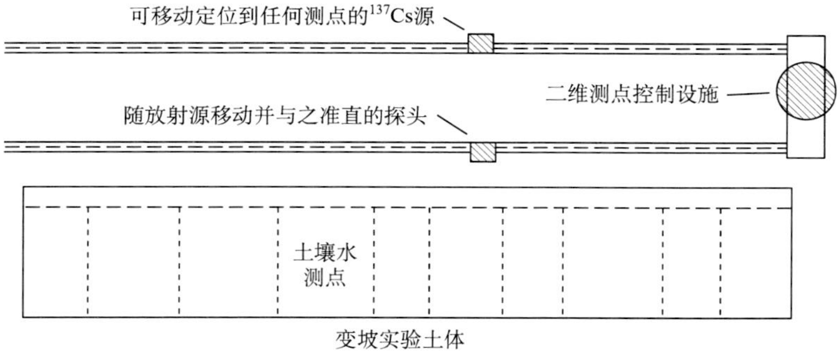

图 20-27　实验室土体多点测验(王文焰等,1991)

2. 土壤水分和土壤密度

参见图 20-24,γ 射线所通过的物质层是具有一定厚度 X 的土、水、气的三相介质,此外在野外条件下还有导管,在实验室条件下还有土体的容器,一般要通过两层厚度 d 的器壁。相应于土、水、气、导管或容器各有其质量吸收系数 μ_S、μ_W、μ_A 和 μ_C,这些吸收物质的密度相应为 ρ_S、ρ_W、ρ_A 和 ρ_C。式(20-68)就引申为

$$I = I_0 \exp(-2\mu_C\rho_C d - \mu_S\rho_S X - \mu_W\rho_W X - \mu_A\rho_A X) \tag{20-69}$$

或

$$\ln I_0 - \ln I = 2\mu_C\rho_C d + \mu_S\rho_S X + \mu_W\rho_W X + \mu_A\rho_A X \tag{20-70}$$

式中:ρ_W、ρ_S 分别为单位土壤容积中的水量和干土重,即是以 g/cm^3 计的土壤容积含水量和土壤干容重。

上式中若一方面忽略在土壤空气中的衰减,另一方面可就空容器施测 I_0,于是可有 $K=(\ln I_0-2\mu_C\rho_C d)$,则有

$$\rho_W = \frac{K - \ln I - \mu_S\rho_S X}{\mu_W X} \tag{20-71}$$

$$\rho_S = \frac{K - \ln I - \mu_W\rho_W X}{\mu_S X} \tag{20-72}$$

以上是推求 ρ_W、ρ_S 的基本公式,然而在实际操作中,ρ_W、ρ_S 均为未知。

需要从式(20-71)求土壤容积含水量时,X 为已知,K 系事先测定,I 为实时测验(常用计数率表示),水和土的质量吸收系数 μ_S、μ_W 需要事先设法推求,在下节讨论。对于土壤干容重,可有以下处理:

(1)野外测验(例见图 20-25)。测验前、后在测点邻近取剖面实测 ρ_S,用以推求各测点的 ρ_W。

(2)实验室土体。如果只要求测点土壤水分的变化,那么对于固定深度的测点,当其 ρ_S 可认定不变的话,则式(20-71)可由前、后两次测验的 I_1 和 I_2 求得变化值为

$$\Delta\rho_W = \frac{\ln(I_1 - I_2)}{\mu_W X} \tag{20-73}$$

对于小型土柱，需要 ρ_S 时，可将其充水饱和，然后推求 ρ_S。

3. 质量吸收系数

影响质量吸收系数的主要因素有：γ 源的能量，γ 射线从源到探测器所取的方式，它们的尺度，分辨率，还有被测土体包括土壤固相和液相的化学组成。

水和土的质量吸收系数，有理论计算结果，主要是根据源的种类及其能量作出的，并有许多测验结果，例见表 20-5。一般认为，测验结果往往小于理论计算。实际上，各种测验条件差别很大，也难以达到理论条件，包括是否发生散射，是否有较大的空隙等，但认为 μ_S/μ_W 应有一定范围。在使用本法时需要对此进行测定，表中数据可以作为实测结果的比照，一般情况不应差别太大。

表 20-5　质量吸收系数 μ_S 和 μ_W 举例*

来源	γ 源类型	μ_W	μ_S	μ_S/μ_W
理论计算	^{137}Cs	0.086 2	0.077 5	0.899
Reginato-Van Bavel	^{137}Cs	0.074 8	0.069 9（9 种土壤平均）	0.934
Corey 等 6 作者	^{137}Cs	0.085 7，0.085 6，0.085 4	…，0.077 85，…	…，0.909，…
		0.086 2，0.086 0，0.085 7	…，0.078 03，0.076 9	…，0.907，0.897
Fritton 等 3 作者	^{137}Cs	0.081 5，0.080 2，0.081 7	0.076 9，…，0,077 3	0.943 6，…，0.946
Corey 等 5 作者	^{241}Am	0.198 0，0.193 5，0.197	…，0.261 7，…	…，1.352，…
		0.204 9，0.203 6	…，0.271 0，0.305	1.322 6，1.498

＊据 Rawitz，1982；姜永清，1982。

测定方法有两类：一是试算拟合，即设法先用常规方法测定几组有大变幅的 ρ_W，ρ_S，然后用大量测验进行拟合或反推。二是实验测定，由空容器在盛水前后的 $\Delta\rho_M=1$，由式(20-73)，可求得 μ_W（王文焰等，1991）。之后再从已知 ρ_W 用多次测验，优选 μ_S。

土壤化学成分对质量吸收系数的影响与 γ 源的能量有关（图 20-28）。由图可见，除非使用能量低于 0.2MeV 的源，否则土壤固相化学成分的影响一般很小。

（三）双源法土壤水测验

1. γ 双源

为能在野外和实验室同时测得土壤水分和土壤干容重，避免上节所述在测定 ρ_W 时需要先设法处理 ρ_S 的问题，使用两个 γ 源包括 ^{241}Am 和 ^{137}Cs 以及与此相应的两个不同的探测器。例如图 20-29，用 70 mCi ^{137}Cs 以及 29 mCi ^{241}Am 的两个 γ 源，其能量相应为 662 keV 和 59.6 keV。测得相应于 ^{137}Cs 源的水和两类土壤的质量吸收系数分别为 0.085 65 cm^2/g、0.078 63 cm^2/g 和 0.078 87 cm^2/g，而相应于 ^{241}Am 的则是 0.204 93 cm^2/g、0.271 00 cm^2/g 和 0.334 80 cm^2/g，这样不小的差别将有利于同时测验。

类似于式(20-69)，省去其气态和器壁部分，则有

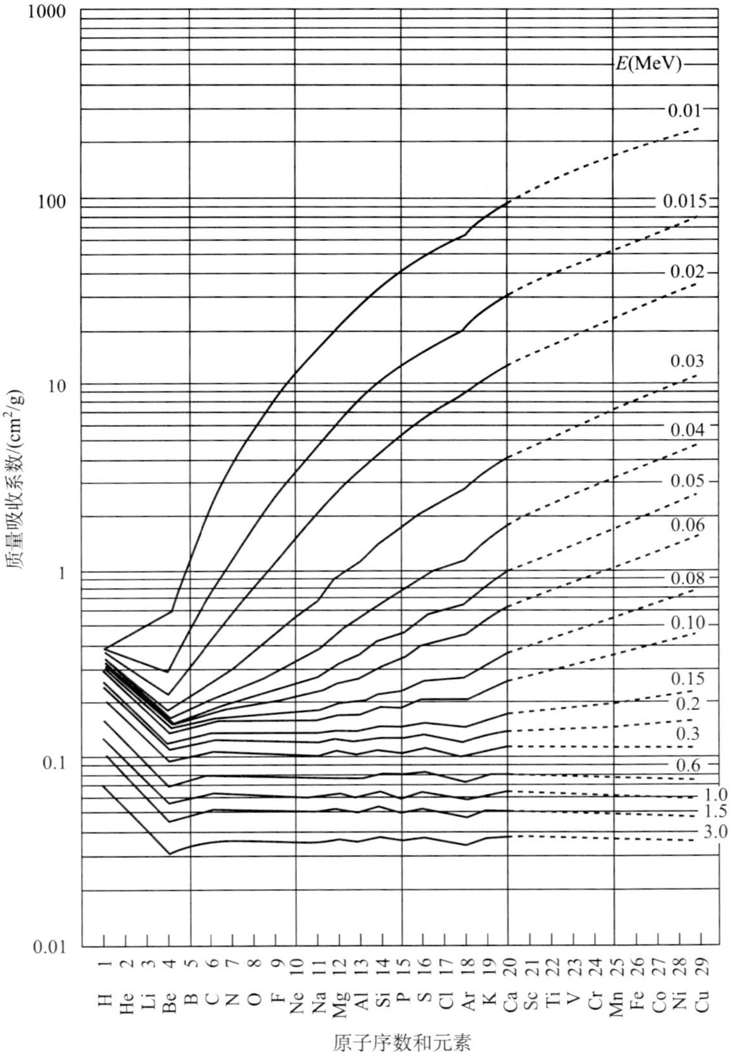

图 20-28　原子序数 29 以下的元素和 γ 射线能量对质量吸收系数的影响(据 Coppola，1974)

$$(I/I_0)_{Am} = \exp(-\mu_{S\,Am}\rho_S X - \mu_{W\,Am}\rho_W X) \tag{20-74}$$

和

$$(I/I_0)_{Cs} = \exp(-\mu_{S\,Cs}\rho_S X - \mu_{W\,Cs}\rho_W X) \tag{20-75}$$

于是有

$$\rho_S = \frac{\mu_{W\,Am}\ln(I/I_0)_{Cs} - \mu_{W\,Cs}\ln(I/I_0)_{Am}}{\mu_{W\,Cs}\mu_{S\,Am}X - \mu_{S\,Cs}\mu_{W\,Am}X} \tag{20-76}$$

$$\rho_W = \frac{\mu_{S\,Am}\ln(I/I_0)_{Cs} - \mu_{S\,Cs}\ln(I/I_0)_{Am}}{\mu_{W\,Am}\mu_{S\,Cs}X - \mu_{S\,Am}\mu_{W\,Cs}X} \tag{20-77}$$

因此，只要测定了$(I/I_0)_{Cs}$和$(I/I_0)_{Am}$，即可直接得到 ρ_W 和 ρ_S。

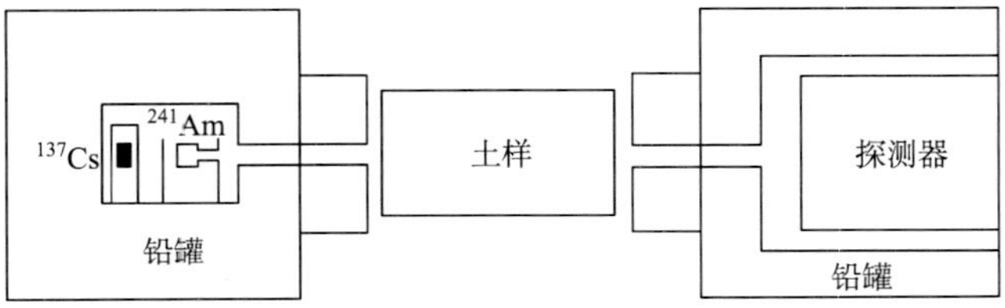

图 20-29　γ 双源法的一般布置

2. γ 源和中子源

这实际上是一个中子水分测验的表面型加进一个 γ 源，用于地面表层几十厘米内的水分和密度测验。用中子施测表层土壤水分，用 γ 作土壤密度测验。因为中子插入型有球体影响，例如某含水量条件下，该球体半径为 30 cm，那么最上一个测点只能在地面以下 30 cm 位置处，实际上测到的是该半径球体内的平均含水量。如果要得到 30 cm 以上土层的含水量，只有应用表面型，或使用 γ 法。见图 20-30，当 γ 源处在地面位置时，是通过 γ 散射达到探测器以测定在散射范围内的密度，当它通过测杆插入地面以下时，则是通过透射达到其探测器以测定透射区内的土壤密度。

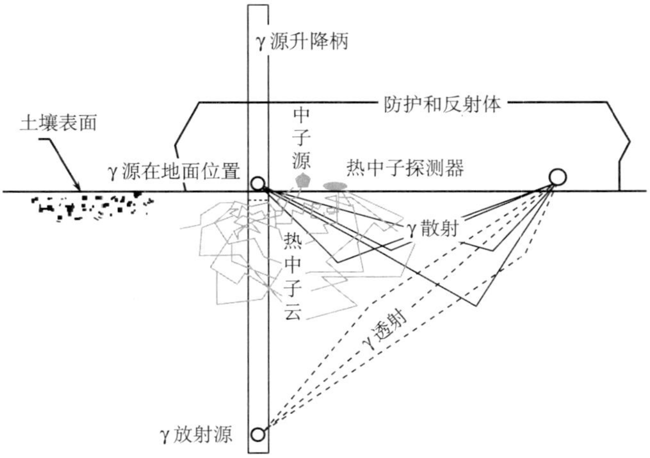

图 20-30　联合应用中子源和 γ 源的土壤表层水分和密度测验

(四)天然 γ 射线土壤水分测验

陆面天然 γ 辐射场及其在测雪中的应用已见前述。实际上利用它测雪和测土壤水是原理相同的同一类方法，不过具体处理上各有侧重而已。上述测雪方法中，尽量设法减少土壤水的影响。其实，也可以综合考虑，还是从天然 γ 辐射经过一定深度的土层和雪盖这样的一般情况出发，在飞行高度为 H 测得的辐射强度为 I，则有下式(Nikiforov，1980)

$$I = \frac{I_{00}}{1 + c\theta} \exp[-\mu_W (S + H)] \tag{20-78}$$

式中：S 为雪盖水分当量；θ 为土壤含水量；这里的 H 是按地面到观测点间的空气层，用水的当量深度表示；c 为考虑土壤基质和水对于 γ 辐射吸收性质差异的常数，为 1.1；μ_W 为水的线性吸收系数；I_{00} 为 $S = H = \theta = 0$ 时的天然辐射强度，这是理想的、所谓参数零水平的 γ 辐射场，有两种方法推求，一是实测土壤水反推，二是采取土样到实验室分析其放射性同位素，通过实测和理论计算推求。

用吸收系数不同并且其差别较大的两种 γ 能量光峰 M_1 与 M_2，例如可调整为接受 ^{40}K 和 ^{208}Tl 的 γ 能量光峰进行测验。这样，从上式就可解得：

$$S = \frac{1}{\mu_{M1} - \mu_{M2}} \ln \frac{I_{001} I_2}{I_1 I_{002}} - H \tag{20-79}$$

$$\theta = \frac{1}{C} \frac{I_{001}{}^{\mu_{M2}/(\mu_{M2}-\mu_{M1})}}{I_1} \frac{I_{002}{}^{\mu_{M1}/(\mu_{M1}-\mu_{M2})}}{I_2} \tag{20-80}$$

工作经验可测得表层约 30 cm 土层的含水量，雪水当量可达 300～400 mm。地形复杂的山区需要考虑地形的不均匀性。

三、中子法和 γ 法土壤水分测验的比较

中子土壤水分测验的主要优点是：①不需要取样，不破坏或扰动土壤；②可对各种相态的水进行测验；③它所测定的是一定体积内的平均含水量，因而减小了常规方法中的测点抽样误差，而有较好的代表性；④没有土层深度限制；⑤可在同一位置重复连续施测，不需取出土样而直接测定，数据可以存储；⑥对于土壤水分的剧烈变化反应灵敏；⑦可用在大面积或整个实验流域全面的土壤水分测验。其主要缺点是：①不可能作分层测验，即它不可能测出一薄层即使是 10 cm 或某一点的土壤水分，因而不能用于土柱研究；②对于接近地面、相当于球体半径例如 20～30 cm 的土层，需要用另外设计的仪器例如表面型作测验；③不能直接区分自由水或结合水；④需要防护和专门储存。

γ 法的主要优点是：①具有中子法上述优点 2 以外的所有优点；②可测得很薄土层的含水量，而且是源和探测器之间土层的平均值，可用于实验室土柱和土体实验。其主要缺点是：①需要有两根导管，而且其间距有一定限制；②野外应用当施测深度大时有困难；③难以大面积应用；④需要防护和专门储存。

第六节　土壤蒸发的同位素测验

长期以来，土壤蒸发主要是应用器测法，所用的是隔离土柱，为直接测量方法，但存在着代表性问题，即土柱内的水分分布和运动与陆面有相当大的差异，虽然可采取一些措施加以改善，包括频繁更换土柱，但终究只能代表土柱本身。同位素方法和其他如能量平衡等方法都属间接测量方法，相对繁琐，但可得到更接近实际的陆面和土壤蒸发量。

一、同位素土壤蒸发测验的基本原理

主要使用同位素土壤水分测验的方法，从土壤水分的变化推求土壤蒸发。对于流域内由于自然地理条件而有复杂的陆面蒸发组合，可通过聚类分析的各个分区选择测点。对某一测点，在时间 t_1 至 t_2 的无降水期间，土层深度 Z 内土壤水分 θ 的分布剖面如图 20-31，那么在蒸发条件下就很简单，水量变量 ΔW 即是在 t_1 至 t_2 时段内的土壤蒸发量，ΔW 可应用上述联合插入型和表面型的中子测验方法求得。

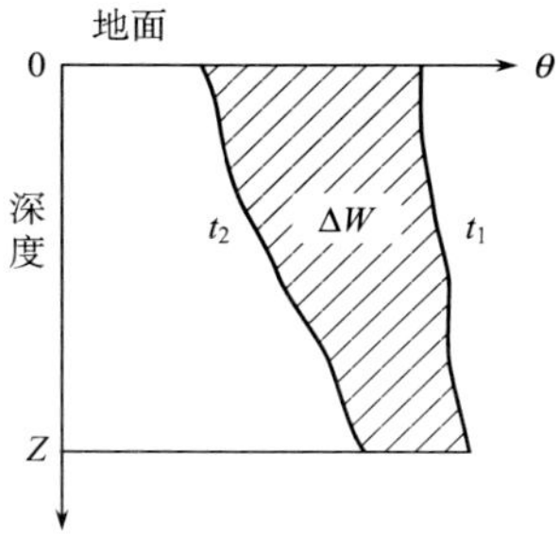

图 20-31　土壤水分变化

然而这只是理想情况，实际上这涉及土壤水分运动的各种过程，ΔW 既可能是蒸发，也可能是下渗，甚或还可能包括了部分“上渗”，即由饱和带发生的向上补给。一般而言，这涉及土壤水分运动的各种通量。

土壤水运动的基本方程从单元体内土壤水质量守恒原理导出，即流入和流出单元体的水分质量之差，等于单元体内土壤水分 θ 的质量变化。如果把测点剖面的土壤水分运动近似为一维垂向流动，在深度 Z 方向上的土壤水分运动通量为 q_Z，则有

$$\frac{\partial \theta}{\partial t}=-\frac{\partial q_Z}{\partial Z} \tag{20-81}$$

由位置 Z^* 到 Z 积分，可得

$$q(Z^*)-q(Z)=\int_{Z^*}^{Z}\frac{\partial \theta}{\partial t}\mathrm{d}Z \tag{20-82}$$

式中：$q(Z^*)$ 和 $q(Z)$ 分别为位置 Z^* 和 Z 处的土壤水分运动通量。由此，在时间 t_1 至 t_2 时段内就有：

$$Q(Z^*)-Q(Z)=\int_{Z^*}^{Z}\theta(Z,t_2)\mathrm{d}Z-\int_{Z^*}^{Z}\theta(Z,t_1)\mathrm{d}Z \tag{20-83}$$

式中：$Q(Z^*)$ 和 $Q(Z)$ 分别为位置 Z^* 和 Z 处的土壤水分运动水量。在剖面中任一位置 Z 处的土壤水分运动通量 $q(Z)$ 或水量 $Q(Z)$，可由以上求得。然而，其具体应用则还需要进一步引入识别蒸发或是下渗等条件的土壤水分势。在以下讨论。

二、零通量面法

1. 土壤水势和零通量面

土壤水有其形态和能态。前者决定其存在状态，如重力水、毛管水、薄膜水、吸湿水；后者决定其运动规律。而任一物体的能量均由动能和势能组成，土壤水的动能可以忽略，它所具有的主要是势能即土水势，是土壤水分运动的驱动力。土水势有其热力学解释，并

有各种分势(雷志栋等,1988)。对于非饱和土壤水,从水量研究而言,主要涉及重力势和基质势。流域内任一剖面中测点位置上的土壤水,其重力势 ψ_g 由垂向坐标 Z 定,基质势 ψ_m 则可由张力计施测,于是该点的总水势 $\psi=\psi_m+Z$。而该点位置上的土壤水分通量由达西定律,为 $q=-K(\psi_m)(\frac{\partial\psi}{\partial Z})$。这里,$K(\psi_m)$ 为非饱和土壤导水率,负号表示水流方向与水势梯度方向相反。很明显,当水势梯度 $(\partial\psi/\partial Z)$ 为零时,该位置的土壤水分通量为零。从剖面上总土水势 ψ 的分布(图 20-32)可见,水势梯度为零的点,必定是分布曲线上除两端(地面和潜水面)外的极值位置,它在剖面上相当于一个水平面,称为零通量面 ZFP。

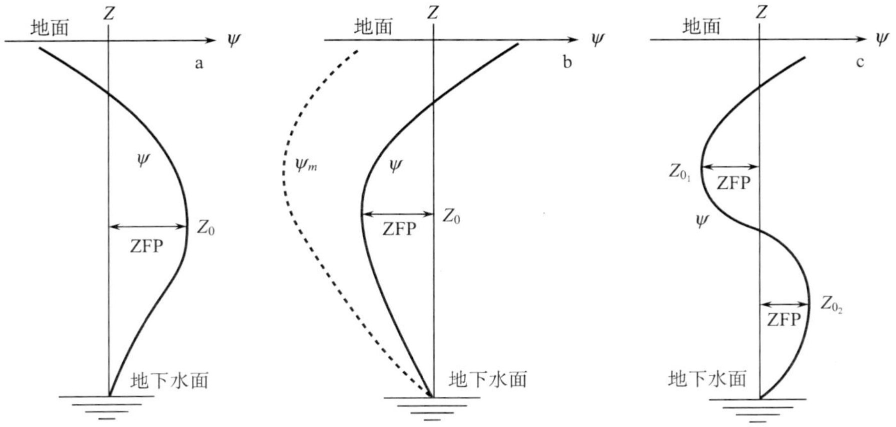

图 20-32　土壤剖面中的土水势分布类型和零通量面(雷志栋等,1988)

a、b、c 各型意义见正文

由图 20-32 可见,土水势的分布有几种类型。按照水分是从土水势高处向低处运移的规律,其中 a 型在 ZFP 以上,土壤水分向上运动,是为蒸发,在以下则为向下运动,是为向地下水的补给。此型因此称为发散型(雷志栋等,1988)。b 型则与此相反,在 ZFP 以上,土壤水分向下运动,是为下渗,在以下则为向上运动,是为地下水通过其毛管边缘层向上供水("上渗")。此型称为聚合型。c 型则是几种类型的组合。

2. 零通量面存在条件下的土壤蒸发

图 20-33,由测得的土水势剖面求定了其零通量面位置 Z_0 后,如果它的位置基本不变,那么由式(20-83),可有

$$Q_S=\int_{Z_0}^{H}\theta(Z,t_1)\mathrm{d}Z-\int_{Z_0}^{H}\theta(Z,t_2)\mathrm{d}Z \tag{20-84}$$

式中:Q_S 为流过地表处的土壤水的水量,它大于零时为蒸发,在数值上即是图中 $abcd$ 的面积,可由中子法测定。事实上即是上述图 20-32 的 a 型。

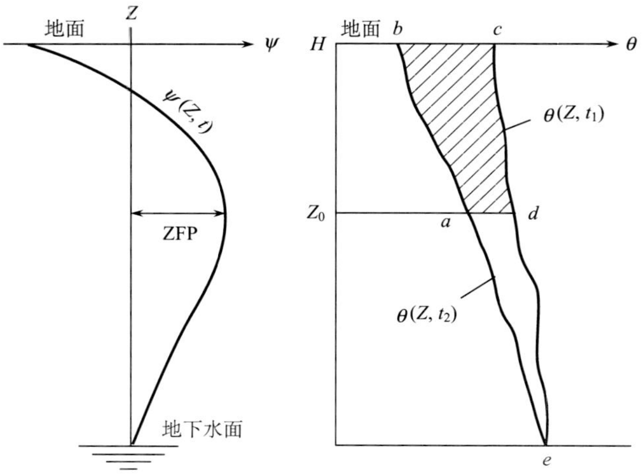

图 20-33　零通量面不变时土水势(发散型)和土壤含水量的分布(雷志栋等,1988)

在零通量面发生变化时,仍可使用上法,但土壤含水量测定深度应与此相应。有时候在发生单纯的蒸发剖面时,并不存在零通量面,此时需要进行判断,或使用定位通量等其他方法(荆恩春等,1994)。

三、同位素土壤蒸发测验的实验

该实验在南京水文研究所滁州 2 号实验流域(面积 512 m^2)上进行。一方面使用张力计对零通量面作出判断,特别是由于分层测定了壤中流和地下水径流,因而可判定在实验期间是否发生了向下的补给。在蒸发过程中,使用分布在实验流域中的中子导管网,测定土壤水变化。有以下结果(Gu,1997)。

测得分层土壤蒸发率。典型的土层蒸发率有 4 种类型,包括表层无蒸发而有内层蒸发的一种特殊类型(图 20-34)。不同季节流域面上的土壤蒸发率也有不同类型(图 20-35)。从全流域 0～0.1 m,0～0.5 m,0～1 m 各测点分层平均后,求得点部分面积上的蒸发率与该层全流域中的最大蒸发率 E_m 之比,按部分面积 f 上的蒸发率小于或等于 E_f/E_m 求得它们的流域分配曲线有以下平均关系(图 20-36):

$$f/F = 1 - \left(1 - \frac{E}{E_m}\right)^n$$

式中:F 为全流域面积;n 为常数,近似为 1.8。

对冬、夏两季面上蒸发率的分布,各取 27 及 25 个相互独立的时段点蒸发率标本,分析在一定置信水平下对于要求的误差百分数范围所应取采样数。对夏季样本和冬季样本分析结果表明,冬季蒸发率较夏季为小,因而采样数较夏季为少,可是要达到一定允许误差的范围,对仅为 512 m^2 的均匀坡面流域而言,仍需 6 个以上的采样数。对夏季而言,要达 10 个左右。由此可见,用一个点或一个土柱的蒸发率代表流域平均蒸发率,即使不考虑它本质上由于土壤水分所带来的问题，就其测点代表性而言，误差将会很大，从以上两季试验来看，可达 50%以上。所以，这对陆面蒸发用浅土柱的蒸发器而言，其代表性和可信性似乎是很差的。

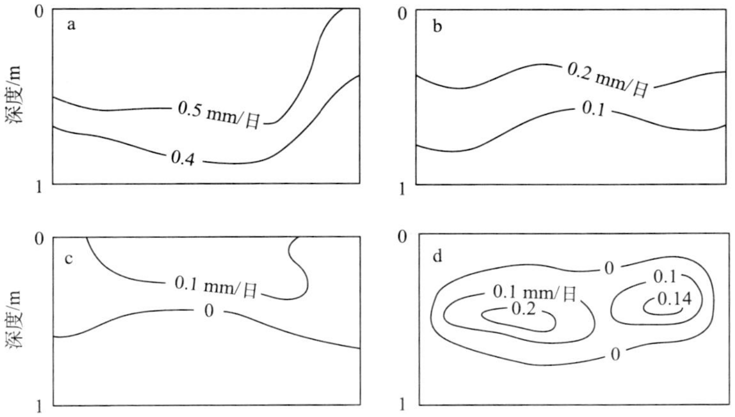

图 20-34 由中子法求得的实验流域土层平均陆面蒸发分布类型

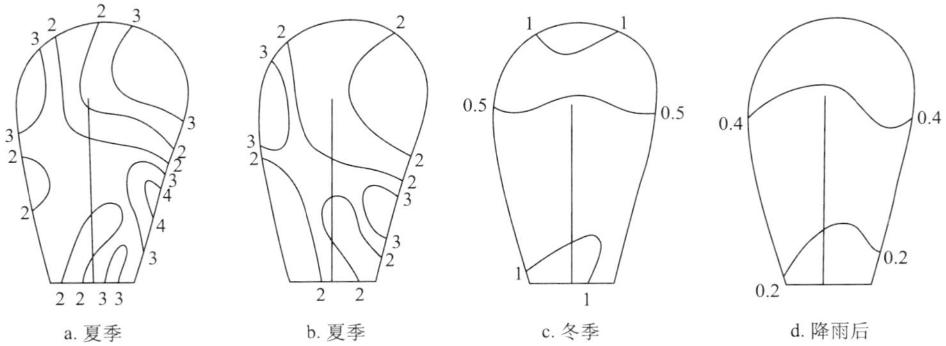

图 20-35 由中子法求得的实验流域陆面蒸发空间分布类型

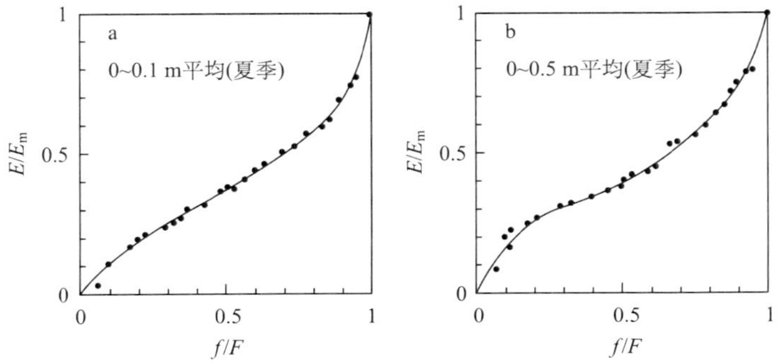

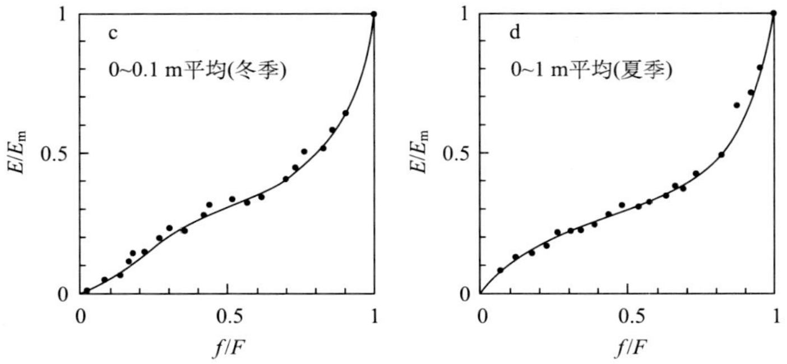

图 20-36 由中子法求得的实验流域分层陆面蒸发分布曲线

第二十一章　同位素水文实验:流域水文研究

顾慰祖

第一节　水文学危机和水文实验

一、水 文 实 验

水文学看来有三方面的问题(或危机):一是作为自然科学的一门学科,它还缺乏严密的科学基础。现有的一些有实验基础的传统水文学原理,在面临水资源、水环境的全球问题中,虽然不是完全无能为力,也显得捉襟见肘。就以往而言,这既是因为那时的实验手段、更是因为当时所面临水问题的局限性,何况有些已经受到新实验结果的挑战。二是还存在着许多不正确和不准确概念,它们已经根深蒂固(Yevjevich, 1968)。甚至认为,要像对付蚊子那样,需要从源头加以清除而不只是使用除虫剂就可以奏效的了(Klemes,1986)。三是满足于构筑包含更多参数的水文数学模型而并不认真考究其物理过程,而且未经率定和检验就用以外延(Klemes 1986)。对于缺乏物理机制的此类模型,甚而被称之为是“黑板水文学”(blackboard hydrology)。

和其他自然科学一样,水文学具有描述性、实验性和理论性,而它的发展还取决于实验。对于水文现象而言,观测好像一阶微分而实验犹如二阶微分。现在的水文学还多半是应用科学,就是应用过去知识的科学。但它必将成为一门实验的科学。

二、中国50年流域水文实验的基本经验:水文示踪

到2003年,中国水文流域研究(曾称为“径流实验”)已经历了50年,作为全程参与者,回顾它蒙古双峰骆驼型的坎坷过程(顾慰祖等,2003),在方向、策略、途径、方法和管理方面,虽然有许多经验和教训(Gu, 1990, 1993),但在它兴起之初,确有其明确的目标和研究方向,是“探求自然地理条件与水文因素之间的关系,从成因上揭示径流形成的本质,以便根本上解决复杂的水文计算和水文预报问题”(水利电力部水文局,1963)。这是一个很高的起点,其实也是水文学的一个重要基础。因为当时对很多水文现象的认识,还停留在定性阶段或只有不很准确的定量,相当大的部分则是经验的、构思的、假想的(雒文生等,1988)。基于20世纪30年代经典实验方法所得到的水文传统概念,在许多方面已经表明必须修改。然而无论如何努力,所

得到的只能是对此进行推测、推理和拟合的经验性结果。看起来，几十年实验流域研究，最根本的教训之一也许是：企图用系统理论模型（即“黑箱”）的概念，以及只具备与之相应的手段，却企图得到确定性模型的要求。事实上这不仅在中国，也是国外实验流域长期存在着的问题。例如，实验流域所测到的只是总流量，因此不管测得如何精、准，永远不可能明白径流组成，流量过程线还得用经验或半经验方法去划分（Gu，1990，1993）。

南京水文研究所滁州水文实验基地1979年起的20年工作，对于水文流域研究最根本的经验之一也许是：必须改革水文实验方法，必须应用水文示踪方法。而同位素方法和核技术则是有效的、有时还是唯一的途径。这包括两方面：一是对于各种水文因素的观测研究，以应用人工放射性同位素为主，到20世纪70年代进入实用阶段；二是对于流域水文循环和水文过程的研究，或者还回到50多年前许多前辈们的希望：从成因上揭示径流形成的本质，则必须以应用环境同位素水文示踪为主，包括溶质示踪。实际上，也只有到20世纪70年代当质谱仪质量和其应用价格达到一定程度时，环境同位素才能进入水文领域的实用阶段。

第二节　流域降水径流关系

一、径流组成

径流是流域整体（不仅是地表）对降水事件的响应。由于地面系统和地面下系统特别是其非饱和带及饱和带的性质和条件，才综合构成不同存在形态、滞留时间和运动方式的径流。对水文实验而言，要研究径流组成，必须用水文测验方法直接测定这些组分（顾慰祖等，1982；Gu，1988）。结果表明，存在有地面径流、地面下径流包括非饱和带（包气带）的壤中流和饱和带的地下水径流3种径流组分。它们有着明显的环境同位素和水化学差异，表明了它们是独立存在的组分（图21-1）。它们互为消涨，有条件地发生转化。从多年实测结果表明，实验流域径流成分有不同组合的4种类型：以地面径流为主的S型，包括按有无壤中流和地下水径流的三种亚型；以地面下径流为主的SS型，也按径流组分的贡献分有三种亚型；地面和地面下径流比重相当的M型；上述各型在连续过程中变换更迭的V型（图21-2），图中地面径流由小到大，壤中流由大到小，而地下水径流则从无到有。

对这些径流组成的主要类型S和SS型，例见滁州1号实验流域的实测结果（图21-3，图21-4）。该流域地面集水面积7897 m^2，安山岩基岩地形图表明地下分水线与地面类似，经钻孔岩芯探测和多年测验表明基底无深循环流域外裂隙水进入流域。

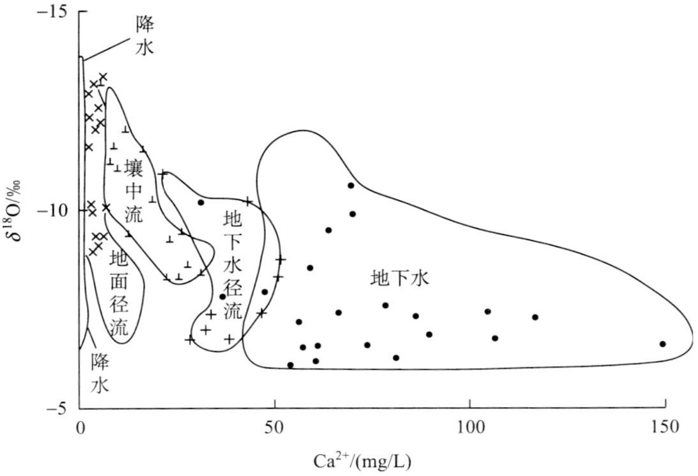

图 21-1 不同径流组分的 Ca^{2+} 和 $\delta^{18}O$ 关系

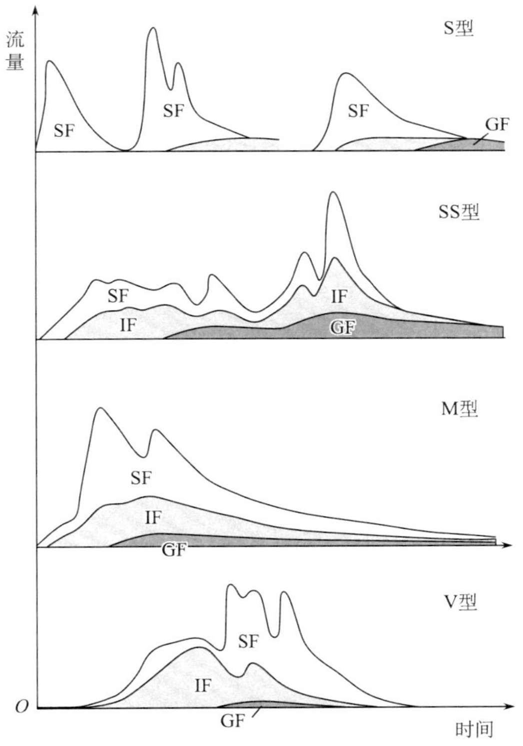

图 21-2 实测径流成分组合的不同类型

SF. 地面径流;IF. 壤中流;GF. 地下水径流

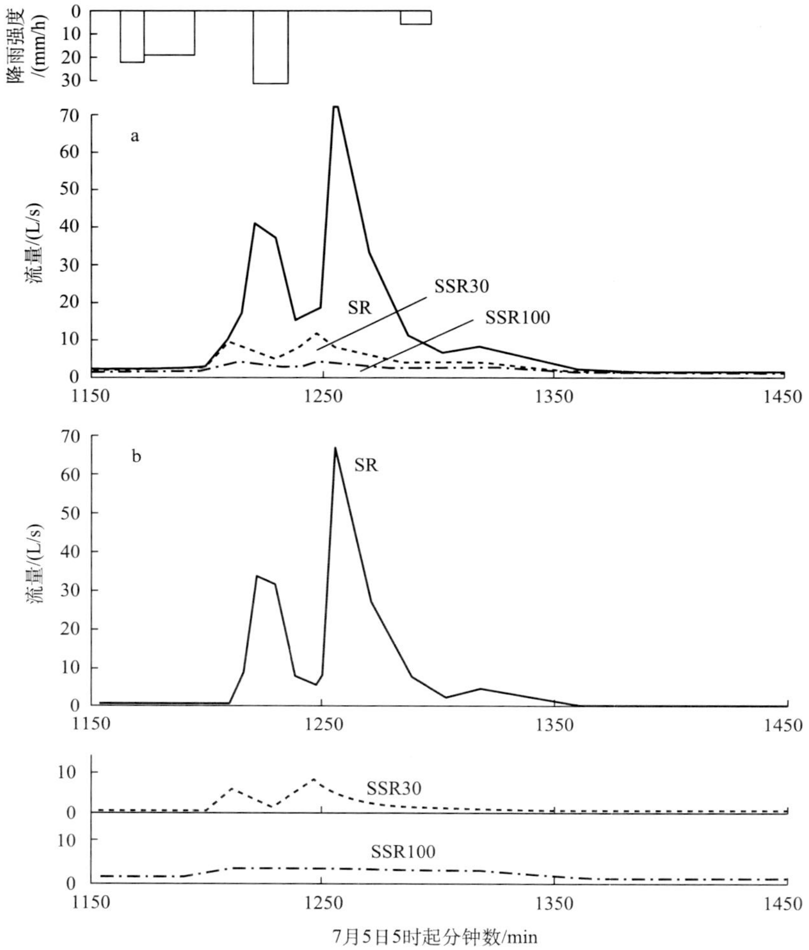

图 21-3　天然实验流域实测地面径流为主的类型(S 型)(顾慰祖等,2010)

a. 不同径流组成的综合;b. 实测各种径流组成。SR. 地面径流;SSR30. 地面下径流(地面下 30 cm 集流槽)主要是壤中流;SSR100. 地面下径流(地面下 100 cm 集流槽)主要是地下水径流

二、径流组分中的非本次降水

(一) 地面径流

长期以来,概念上认为天然流域地面径流必源于本次降水,以致国外所发展的利用环境同位素进行径流组成研究的方法中,将本次地面径流中的同位素含量假定为与当次降水的同位素含量相等,并以此为依据分析径流组成。1986 年对 2 号水文山实验流域降水及其径流响应的同位素测验中,发现降水及其地面径流中氚含量的明显差异,开始对此发生疑问。为此连续几年使用氚和 $\delta^{18}O$ 作了进一步的检验和比较,并研究了不同雨型和不同径流成分组成条件下 $\delta^{18}O$ 的差异。1986 年至 1989 年试验的一些实例如表 21-1 所示。

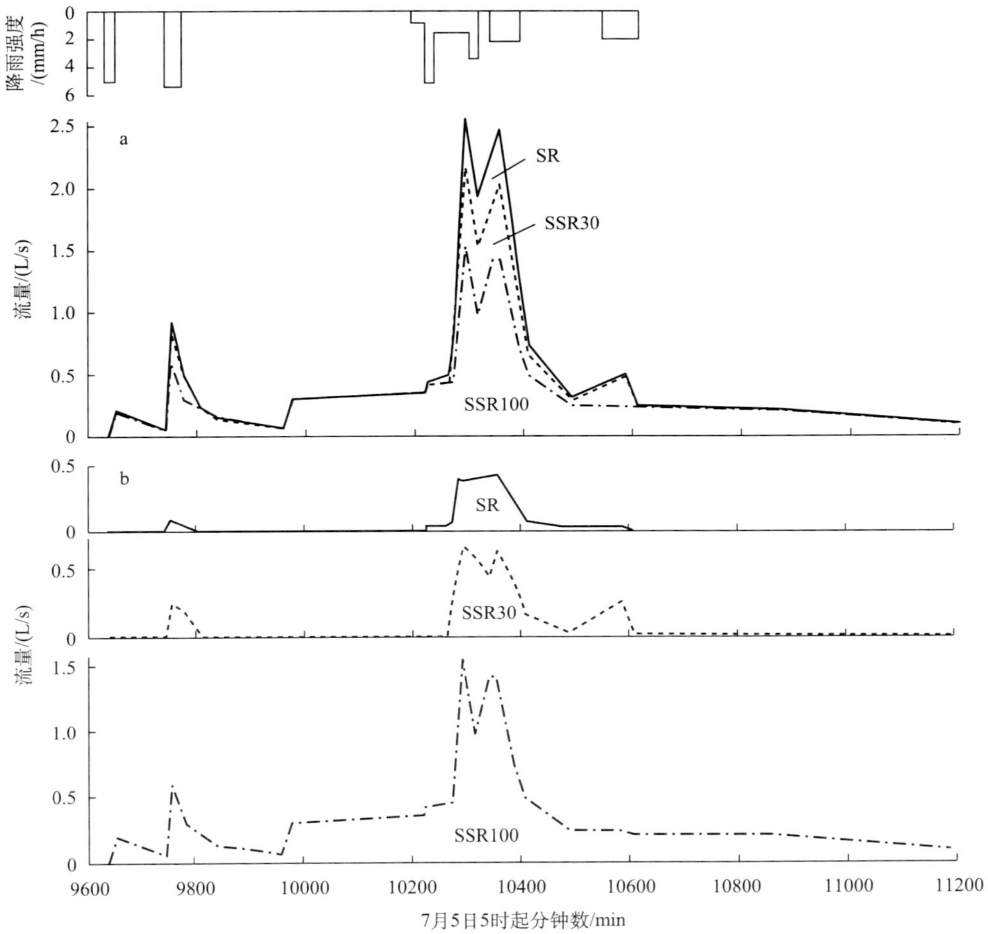

图 21-4 天然实验流域实测地面下径流为主的类型(SS 型)(顾慰祖等,2010)

图例同图 21-3

降水和地面径流中的同位素含量氚或 $\delta^{18}O$ 有以下情况:

(1) 基本相同。表明地面径流源于本次降水。

(2) 有明显不同。地面径流中的含量高于降水中的或相反,表明地面径流中有其他水源贡献,即并不完全源于本次降水。

(3) 在连续降水所构成的连续径流过程中,可由相异趋于相同或反之、或反复转换。

(4) 在不同集水区有所不同。如表 21-1 中序号 1 为同次降雨分别在 1,2 号实验流域测得的地面径流 $\delta^{18}O$。表明南大洼 1 号天然实验流域(表中①),与降雨 $\delta^{18}O$ 的差异趋于加大。

以上情况的发生反映了非本次降水参与了地面径流的产生,这可解释为留存于土壤水中的非本次降水("旧水")因新的降水事件而被裹挟、置换或驱替,并与本次降水("新水")共同构成地面径流。旧水的组成因受降水条件和集水区下垫面及前期水分条件而异。这一方面因为降水中的同位素组成受水汽来源、降水成因和过程等影响而往往有相当大的变化；另一方面前期旧水因土壤水蒸发的富集影响而受下垫面条件的制约。表21-1各例还表明，降水和地面径流的同位素差异随降水强度增大而趋于减小，甚至没有差异，而低强度降水则往往伴有较大的差异。在连续降水过程中，还可因旧水不断减少而使差异减小或在高强度降水过后，旧水渐被驱替而使差异增大。

地面径流实测结果表明，地面径流必源于本次降水的概念不准确，其中往往含有非本次降水，由环境同位素得出的这一结果，还经多种水化学离子作了验证。

对地面径流中新、旧水之间的数量关系，可估算如下：

设某时间的地面径流 Q_S 由本次降水部分 Q_N 和非本次降水部分 Q_0 组成，其相应的同位素浓度为 C_S，C_N 和 C_0，则地面径流中由旧水贡献的组分 X_0 为

$$X_0 = \frac{Q_0}{Q_S} = \frac{C_S - C_N}{C_0 - C_N} \tag{21-1}$$

式中同位素浓度，对氚可直接使用 TU，对 ^{18}O 可直接使用 $\delta^{18}O$（顾慰祖，1992）为

$$X_0 = \frac{(\delta^{18}O)_S - (\delta^{18}O)_N}{(\delta^{18}O)_0 - (\delta^{18}O)_N} \tag{21-2}$$

对1986～1989年试验结果计算表明，X_0 随不同雨型、集水区前期水分条件不同而有很大差异，除因有些场次的 $(\delta^{18}O)_0$ 不明等原因无法计算外，X_0 由 0%～50.5%，表明最大的一次其地面径流中有一半左右是非本次降水的贡献。

表 21-1　降水和地面径流中的环境同位素含量

序号	时　间（年-月-日）	降水量 /mm	降水强度 /(mm/min)	TU 降　水	TU 地面径流	$\delta^{18}O$/‰ 降　水	$\delta^{18}O$/‰ 地面径流
1	1986-05-01	9.5	0.03			−5.36	−6.34
						−6.07	−8.32①
2	06-12	13.7	0.60	≤12.7	≤12.7	−5.48	−5.81
3	06-16	7.5	0.47	≤12.7	≤12.7		
4	06-28	6.1	0.17	32.1±16.0	≤12.7		
5	07-04-A②	4.9	0.05	45.6±22.8	77.7±27.0		
	-B	11.4	0.10		57.4±25.3		
	-C	4.8	0.10		≤12.7		
6	07-11	26.6	0.56	≤12.7	≤12.7		
7	07-20	10.1	0.51	≤12.7	≤12.7		
8	08-03	18.5	0.69	≤12.7	≤12.7		
9	08-20	12.3	?	126±38.0	≤12.7		
10	09-09	2.1	0.13	56.6±23.6	≤12.7		
11	12-18	?	?（降雪）	29.6±23.6	≤12.7		
12	1987-02-17-A	15.9	?			−2.88	−4.98
	-B		（积雪）			−2.91	−5.13
13	04-20-A	3.1	0.13			−2.84	−4.78
	-B	2.4	0.11			−1.41	−2.92
14	05-01-A	5.5	0.78			−4.64	−3.41

续表

序号	时间（年-月-日）	降水量/mm	降水强度/(mm/min)	TU		δ18O/‰	
				降水	地面径流	降水	地面径流
	-B	3.5	0.29			−3.35	−2.76
	-C	2.1	0.42			−3.35	−2.87
15	1989-07-05-A	40	0.40			−12.0	−12.1
	-B	15	0.11			−13.3	−12.7
	-C	10	0.10			−13.1	−11.8
	-D	10	0.17			−11.1	−10.5
	-E	17	0.25			−10.0	−9.7

①1 号集水区;②连续洪峰。

(二) 地面下径流

本章所指地面下径流(subsurface runoff)是相对于地面径流(surface runoff)而言,指在地面以下因降水而发生的各种径流响应,包括由非饱和带产生的壤中流(或称表层流)以及由饱和带产生的地下水径流(通称地下径流)。地面下径流与降水之间的同位素差异,例见表 21-2,有以下情况:①降水与地面径流无同位素差异时,与地面下径流之间的差异却往往存在。②当降雨强度较大时,这种差异并不像地面径流与降水之间的同位素差异那样有减小的趋势,有时仍相当明显。③当降雨强度较低时,也有加大的趋势。④也有随集水面积加大而增大的趋势。

表 21-2 降水和地面下径流中的环境同位素含量

序号①	TU			δ18O/‰	
	降水	壤中流	地下水径流	降水	地下水径流
1					
2	≤12.7	≤12.7	130.9±26.2	−5.36	−6.81
3	≤12.7	39.7±20.3	21.1±16.9		−7.32②
4	32.1±16.0	67.6±30.4	81.9±27.0		
5	45.6±22.8	(A)36.3±29.6	56.6±25.3		
		(B)179.1±29.6	≤12.7		
		(C) ≤12.7	≤12.7		
6	≤12.7	?	231.4±27.9		
7	≤12.7	≤12.7	≤12.7		
8	≤12.7	45.6±22.8	≤12.7		
9	126.7±38.0	≤12.7	?		
10	56.6±23.6	?	?		
11	29.6±23.6	≤12.7	≤12.7		

①序号日期同表 21-1;②1 号实验流域。

进一步的研究还发现,在这样一个土层厚仅 1 m、坡面长度最大仅 7.5 m 的小集水区,其地面下径流与降水之间的同位素差异，与地面径流和降水之间的同位素差异类似，也有明显的时程变化。图 21-5 为试验期间测到的最大一次降水量为 113.8 mm 时，降水和径流响应各组分的 $\delta^{18}O$ 过程(图 21-5 a)，由此可以求得地面及地面下径流响应中非本次降水组分的时程变化(图 21-5b)。图中地面径流在高强度降水时同位素差异减小，即旧水组成接近于零，而地面下径流却并非如此，尤以地下水径流为甚，它由于有前期地下水径流，因而其旧水组分由 100%开始，此后因高强度降水，也因大孔隙(包括观测设施漏水等因素)影响而增大新水的组分。壤中流的同位素组成则介于地下水径流和地面径流的同位素组成之间。

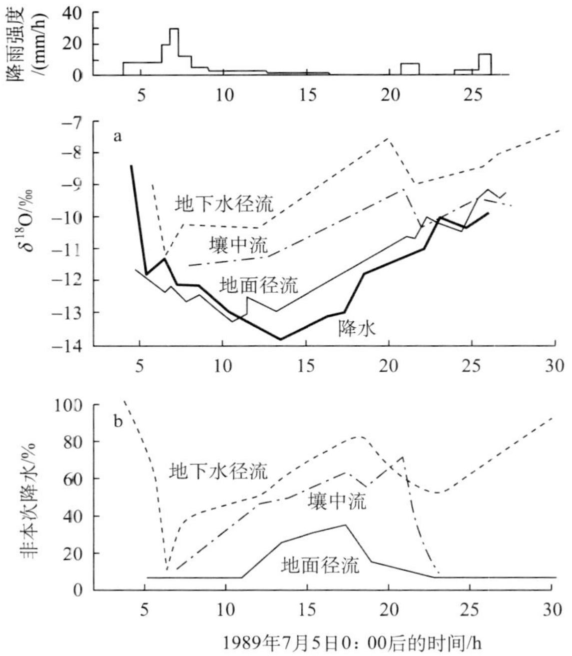

图 21-5　降雨及其径流响应的 $\delta^{18}O$ 过程(a)和径流响应中非本次降水组分的过程(b)

(三) 不同径流组合类型

对于径流成分不同组合的 4 种类型(图 21-2)，其非本次降水在流量过程中的比重，1986～1989 年的试验结果见表 21-3。S 型一般以新水为主，但在有些条件下旧水也可能占相当比重；SS 型明显为旧水占优势；V 型随 S 型与 SS 型的比重而变，新旧水比例有较大变幅，M 型则大体介于 S 型与 SS 型之间。

表 21-3　不同径流组合类型的非本次降水(1986～1989 年)

类　　型	S	SS	V	M
降雨范围/mm	10.1～40.0	6.1～15.9	2.1～13.7	4.8～11.4
降雨强度范围/(mm/min)	0.25～0.69	0.17～0.47	0.29～0.60	0.05～0.10
非本次降水所占比重/%	0～36	47～77	21～75	≈60

对于天然流域非本次降水组分在各种径流组成中的过程和总过程,例见图 21-6,图 21-7,前者为 S 型,后者为 SS 型。图中分别列出了各径流组分的非本次组成以及相应于总径流的非本次组成。

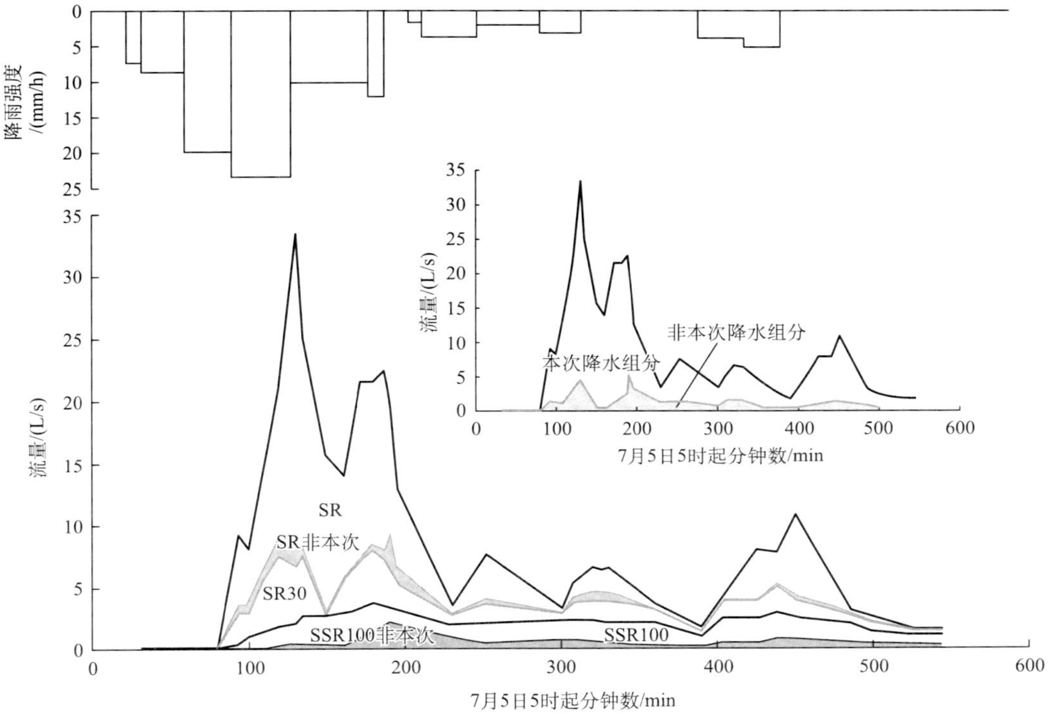

图 21-6　天然实验流域非本次降水组分在各种径流组成中的过程和总过程:地面径流为主的类型(S 型)
阴影面积为非本次降水组分

(四) 代表流域流量过程

以上系从特殊设计的小面积实验流域求得,为进行比较,选择滁州实验基地两个流域面积相近而下垫面条件有明显差异的代表流域 R1(黄洼,4.5 km^2,岩石露头众多的幼林灌木覆盖)和 R2(汪郢,3.3 km^2,有茂密森林覆盖)作了连续 4 个月的试验,以类似于式(21-2)的方式推求非本次降水在流量过程中所占比重,即

$$X_0 = \frac{Q_0}{Q} = \frac{C_Q - C_N}{C_0 - C_N} \tag{21-3}$$

式中:Q 为某时间的流量;C_Q 为相应于 Q 的同位素浓度。结果见图 21-8。由图 21-8 可见:①旧水所占组分一般较上述实验集水区中的为高;②该组分当遇高强度降水时明显减小;③森林区旧水组分较高,这是 R2 较 R1 有较厚土层和蓄水能力所致。

上述分析表明,国外迄今为止,关于径流组成的同位素研究方法中的有关假定(Sklash et al,1982),包括:地面径流的同位素组成与降水中的相等;地面下径流的同位素

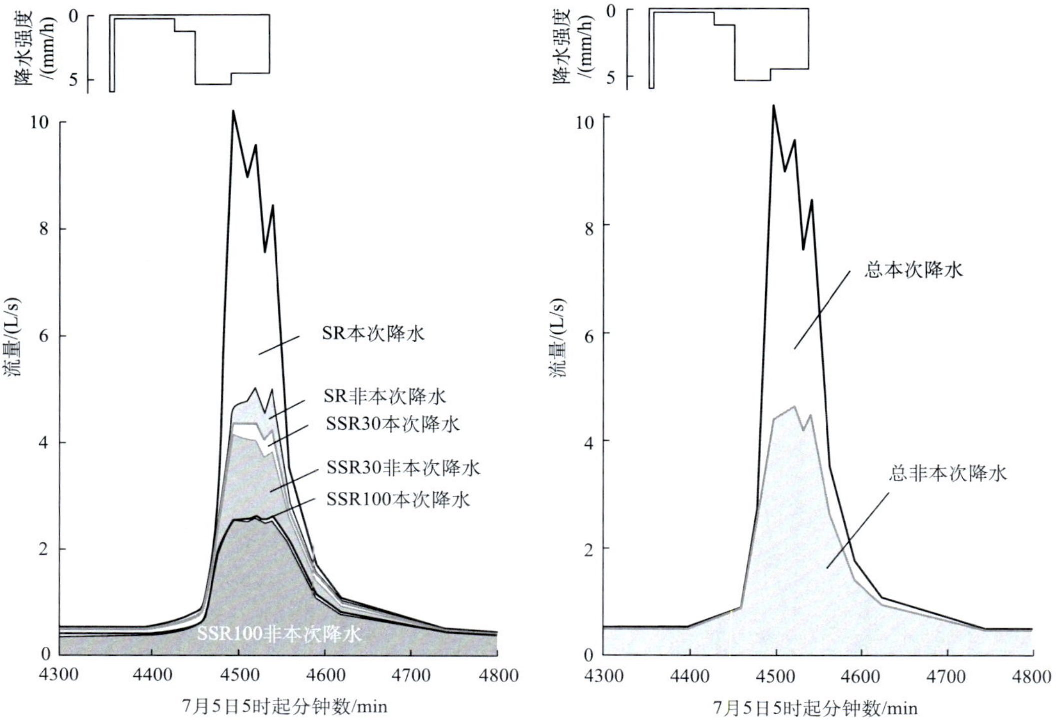

图 21-7　天然实验流域非本次降水组分在各种径流组成中的过程和总过程：地面下径流为主的类型（SS 型）阴影面积为非本次降水组分

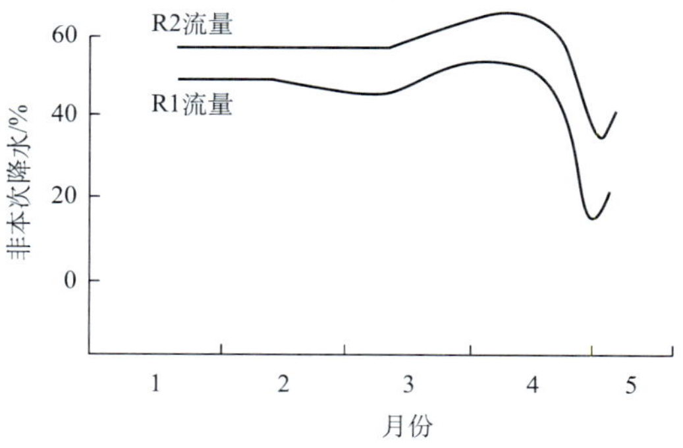

图 21-8　代表流域（R1，R2）不同时期径流成分中的非本次降水组分（1987 年）

组成中，非饱和带的贡献忽略不计，而以地下水径流的同位素组成为代表，它们的时程变化一般不考虑等，看来都是不正确的，据此所进行的流量过程线划分并由此得出的许多结论，定有谬误。

三、降水径流关系

(一) 次对应关系

传统概念认为,次降水与次径流有一一对应关系。由此出发,在工程水文中长期应用降水径流的图解关系,对相关图中的每一个点据,认为是本次降水及与之相应的本次且仅是本次"洪峰"的直接径流,即每一个点据的降水及其径流为一一对应关系,对于常常表现散乱的点据,则寻求雨强等各种参数来解释其离散,甚而产生一些多变数相关关系(林斯雷等,1981)。由 $\delta^{18}O$ 试验表明(图 21-9),一次降水事件所相应的直接径流响应,从水源而言,不仅对应于本次,而且对应于后次峰,可称为"降水与径流的分离滞后对应现象"。一般而言,"一一对应"只在特殊情况下发生。降水事件 A 的径流响应是本次峰的 A-1 部分和下次峰的 A-2 部分,而并非仅仅是本次峰所表现的径流响应,降水事件 B 则与此类似,有 B-1, B-2。一般而言,由于不同雨型和条件,实际上还会有 A-3,4;B-3,4 等发生。

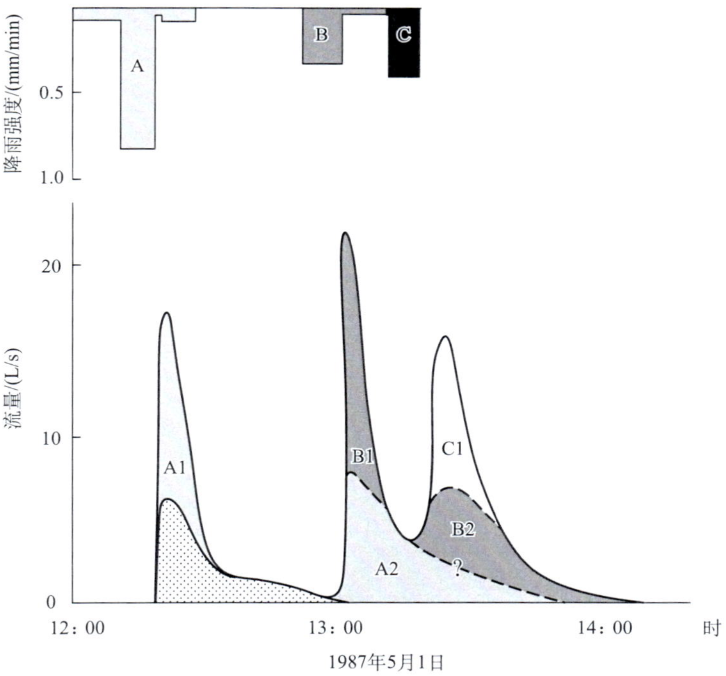

图 21-9　实验流域次降雨与其对应的径流过程

如果按照传统的工程水文方法,即从上述一一对应关系的概念出发,则对于代表流域 R6(流域面积 82.1 km^2),对应于降雨事件 A,B 的径流响应,由图解划分方法得到图 21-10a。而由 $\delta^{18}O$ 所得到的则为图 21-10b,而且非本次降雨的贡献,即旧水占了相当大的比重(图中 X 部分)。由此可见,传统降水径流相关图上的各个点,往往反映着各种不同水源类型的多样化组合,这样的随机场当然会是散乱的。而强之以多变数相关(林斯雷等,1981),虽然有时也可获得较好的拟合,但却并非是真正的物理概念了。

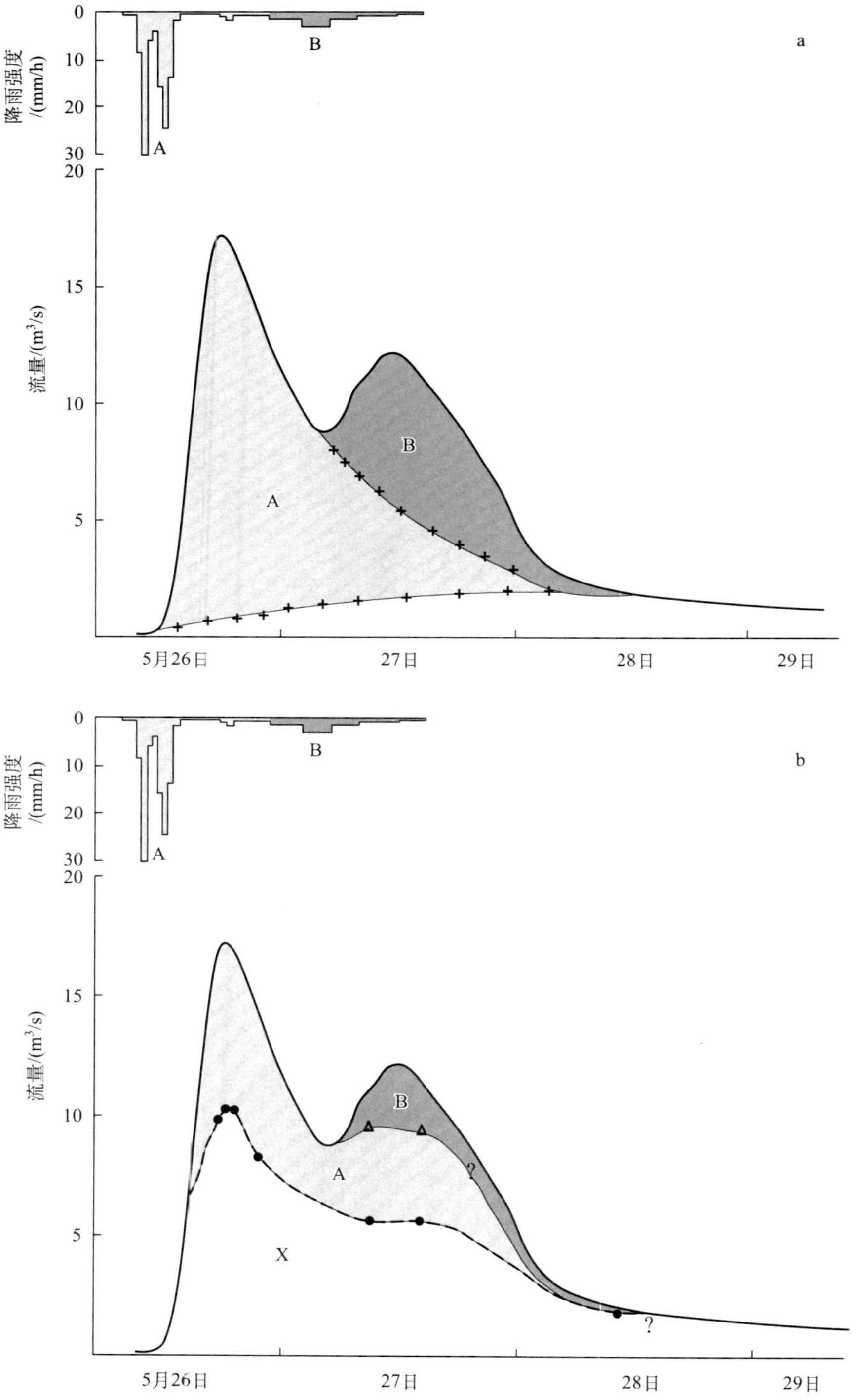

图 21-10　代表流域的次降雨与其对应的径流过程(1987 年)

a. 图解划分方法;b. 同位素划分方法

（二）洪峰形状

一次降水所对应的流量过程，是由不同径流成分组合的结果，而这些成分由于其形成机制的复杂性而有很大的时空变异，因此其最后组合不一定、也没有必要表现为整齐、光滑的铃形曲线，图 21-10 即是一例。水文分析中例如在单位线分析中，往往首先需要对峰形不整齐的过程线加以分割，认为是另一次降水所致，此种概念可能是一误区。

第三节　流域产流

为探讨水文过程物理机制包括产流现象以及水文示踪和同位素方法应用，在总结水文实验方法经验教训的基础上，专门设计建造了水文所滁州实验基地的 3 个实验流域，其地面及地下的各项径流成分均可直接测定。这包括：1 号南大洼实验流域，为集水面积 7897 m^2、覆有杂草和小树的天然流域；2 号水文山实验流域，为集水面积 512 m^2 的只有草被的实验集水区，它既具有物理模型特点又属天然条件，有两个相向坡面的人工不透水层，按接近于野外实际容重剖面分层填充的均质壤土，闲置 3 年以便使土壤条件接近实际，然后设置实验设备，用各种方法对集水区径流因素作定量测验；集水面积为 4573 m^2 的 3 号牵牛花实验流域，设计为产流研究专门使用的一个特殊实验集水区，要求只发生地面径流和非饱和带壤中流，不发生地下水径流。实践表明，这些特殊设计的实验流域，虽然可以实测各种径流组分，较之传统实验流域只有总流量项，已有本质上的改进，但是如果没有水文示踪特别是环境同位素示踪，那么也还只能在量的方面进一步表现集水区水文系统的状态，而仍难以识别其机制，这因此也成了上述水文实验 50 年来最主要的经验教训之一（顾慰祖等，2003）。依托以上条件进行了流域产流研究（顾慰祖，1995）。

一、地面径流

在 12 年内（1981～1992 年），对发生地面径流、即各集水区地面径流集流设施发生响应的 37 次事件，在它刚开始发生、或在产生过程中或已结束的短时间内，用中子法测定了全集水区土壤水分分布（为弥补中子法的缺点，另有 25 次用取土法施测表层及一定深度的土壤水分），相应于集水区由蒸发状态到排水状态共 8 种水分分布类型。对于地面及不透水层均为两个相向 14°坡面的 2 号实验流域及微地形条件复杂的 1 号实验流域，在地面径流产生时，就集水区整体而言均处于非饱和状态。图 21-11 为 2 号水文山实验流域 12 年的流域土壤水分布的上、下限，其平均含水量范围由饱和含水量的 59.4％至 87.7％，后者已超过田间持水量。

另一方面，凡产生地面径流的各次事件，都无例外地在地表建立有饱和薄层，见图 21-12。由取土法、张力计或目测所得饱和薄层厚度为 5～50 mm，由于地面情况的复杂性，此厚度实际上不可能准确测得。此饱和层的建立是由于降雨进入地表后，因薄层内孔隙率和导水率向下急剧减小，以及雨滴撞击、团粒崩解、粉粒和黏粒造成孔隙的临时性黏

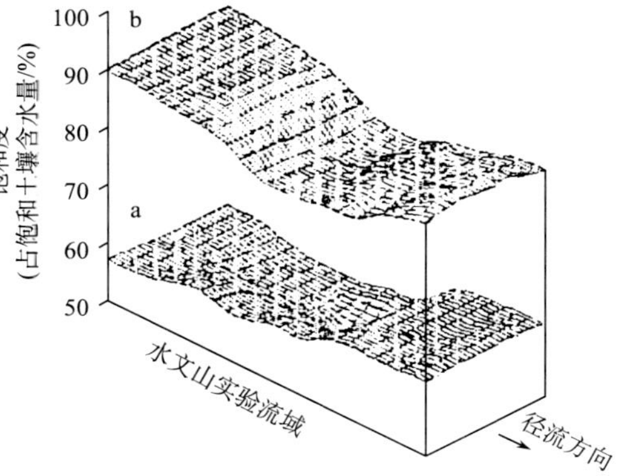

图 21-11　12 年内地面径流产流时实验流域土壤水分分布(占饱和含水量%)的上、下限

a. 全流域平均 59.4%,1992 年 8 月 6 日,11:00;b. 全流域平均 87.7%,1989 年 7 月 5 日,11:55

闭、土壤空气被部分禁锢、引起压力变化而构成类似于能障作用等原因,促使它趋于饱和。图 21-12 中饱和薄层的体积含水率也表明了上述薄层内孔隙率向上急剧增大的现象。

以上表明:①降雨后在地表饱和层未建立前不产生地面径流。一经建立,不论其厚度如何,地面径流立即产生。因而,对集水区而言,产生地面径流的必要条件是降雨,充分条件则是建立地表饱和层。②地面径流产流时,除非下伏土层已接近饱和,土壤水水分分布一般不连续。③此饱和层随降雨持续逐步向下扩充其厚度(图 21-12a),随供水停止而收缩、消失。④由于它的存在,使得集水区降雨下渗接近于积水下渗,并在一定程度上阻断了降雨强度的影响。

由于在地面径流产生时必定建立饱和层,它在本次降雨发生时或已存在或由本次降雨以不同水量促成,因而由此引发的地面径流的同位素组成,可反映是否与饱和层发生混溶、混溶程度和如何混溶,亦即地面径流的产生方式和机制。可识别出以下四种产流方式:

(1)不透水面上的坡面流(DO)。同位素组成与降雨相同,在不透水面上产生(表 21-4)。

表 21-4　不同产流方式的地面径流举例

日　期 (年-月-日)	地面饱和层 厚度/mm	TU 或 $\delta^{18}O$/‰*			产流方式
		土壤水	降　雨	地面径流	
1986-06-12	10	−6.81	−5.48	−5.81	SO
07-04	10	120TU	45.6TU	77.7TU	MS
1987-02-17	40	−4.98	−2.91	−5.13	ES
1989-07-05(22:40)	0**	—	−10.00	−9.90	DO
1991-07-07	15	−7.62	−10.50	−8.10	ES/MS

* 凡未注明 TU 者均为 $\delta^{18}O$;

* * 3 号实验流域不透水面。

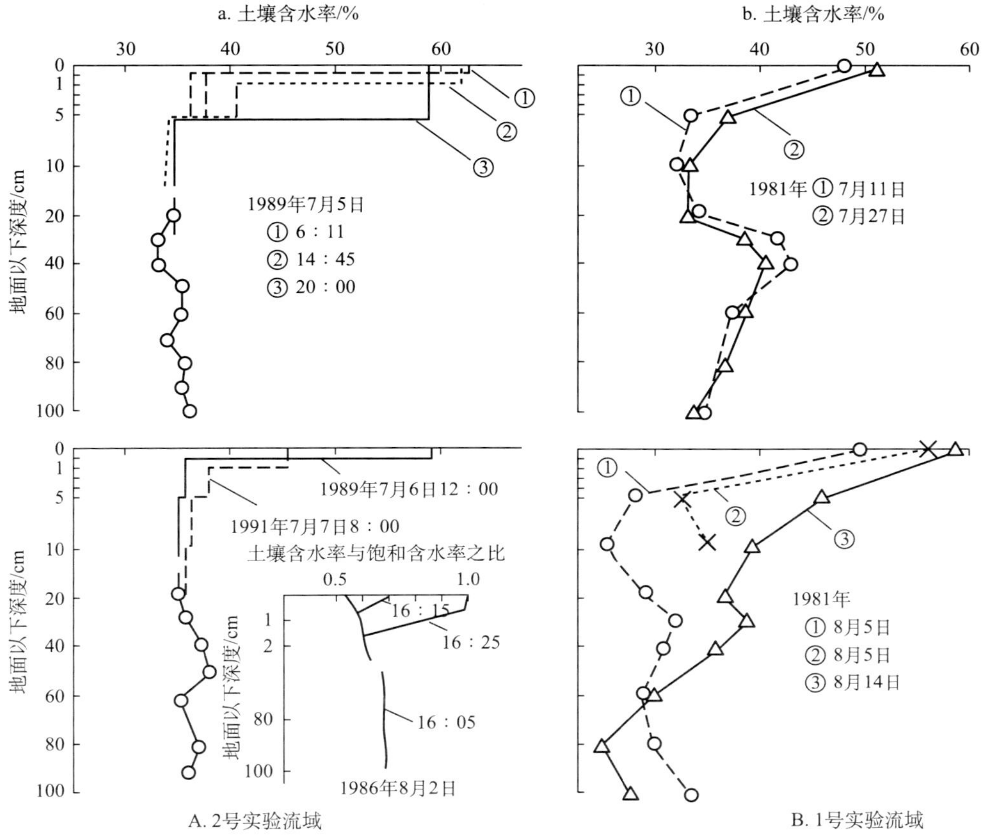

图 21-12　地面径流产生时地表及土层剖面土壤水分布(体积含水率)

(2)饱和坡面流(SO)。同位素组成与降雨相同。必是在已有的或本次降雨建立的饱和层之上、没有或很少混溶情况下的坡面流,称为饱和坡面流(SO),见表 21-4。

(3)饱和混溶地面径流(MS)。同位素组成与降雨和土壤水均不同。表明地面径流是两者的混溶,这是由于饱和层有一定坡度特别是其中存在着远大于垂向的侧向导水率,促使连续降雨在饱和层中发生混溶水流,即降雨裹挟饱和土壤水所形成,称为饱和混溶地面径流(MS),见表 21-4,表 21-5。被裹挟的非本次降雨可达约 20%。

(4)饱和驱替地面径流(ES)。同位素组成接近于雨前饱和层土壤水。表明它既非本次降雨也没有与旧水发生混溶。这是在厚饱和层条件下发生低强度降雨,将非本次降雨的水量以活塞水流方式驱替而出,称为饱和驱替地面径流(ES)。表 21-4 中,1987 年 2 月前期融雪构成了地面饱和薄层,降水引发了 $\delta^{18}O$ 与此相近的地面径流,它主要是非本次降水所形成。

上述 4 种地面径流产流方式,实际上往往难以截然分开而常混同一起。可见地面径流是在一个变动着的地面饱和层之上或之中发生的,因此即使不考虑以下将讨论的特殊类型的地面径流,在本工作这样小而较均匀的集水区内,严格而言,地面径流正如同地面本身那样实际上仍是难以准确得到的。

表 21-5　降雨和各种径流成分的同位素和水化学组成一例(1989 年 7 月 5 日 13：30)

项　目	降　雨	地面径流	地面下径流		土壤水
			壤中流	地下水径流	
$\delta^{18}O$/‰	−13.40	−12.20	−10.00	−9.40	−7.65
Cl^-/(mg/L)	0.18	0.22	0.97	1.41	1.53
NO_3^-/(mg/L)	0	0	0	0.04	0.27
SO_4^{2-}/(mg/L)	1.90	2.62	2.27	13.72	14.11
PO_4^{3-}/(mg/L)	0	0	0	0	0
F^+/(mg/L)	0.03	0.05	0.11	0.23	0.23
Na^+/(mg/L)	0.06	0.38	0.52	5.45	3.55
K^+/(mg/L)	0.05	0.59	1.22	1.35	2.20
NH_4^+/(mg/L)	0.03	0	0	0	0
Ca^{2+}/(mg/L)	0.17	2.00	8.98	32.65	77.20
Mg^{2+}/(mg/L)	0.01	0.24	1.04	6.55	6.70
SiO_2/(mg/L)	0.17	0.61	13.40	14.87	37.21
pH	6.41	6.90	7.56	8.19	7.71
电导率/μS	9.5	18.4	53.8	222	394

二、地面下径流

前已说明，这里的地面下径流是指因降水而在流域地面以下土层包括非饱和带和饱和带内所发生的各种径流响应，需要与现时常用的“地下径流”一词在概念上相区别。

（一）壤中流

指地面下径流在非饱和带中形成、流出的部分。研究了 1989～1992 年 1，2 号实验流域产生壤中流的各次事件表明，产生壤中流的必要条件是非饱和带相应土层达到毛管最大持水量（即通称田间持水量 FC）并有连续补给，如图 21-11b。当全集水区土壤水分均超过 FC，地面径流正在发生，有通过地面饱和薄层的渗入补给，此时壤中流在深度上将连续发生。实例还表明，即使地面径流停止，当集水区内土壤水分超过 FC 时，由于重力水运动，仍可产生壤中流；有时地面径流虽在产生而集水区内土壤水分未达 FC 时，仍不产生壤中流（图 21-11a）。

1. 非饱和驱替壤中流（EI）

此种类型的壤中流响应较快，但其 ^3H 和 ^{18}O 含量一般与降雨的含量不同。值得注意的是，它也有时程变化。如图 21-5a，它一方面与本次降雨过程中的 ^{18}O 变化有类似趋势，表明它肯定与本次降雨有关。但另一方面其 ^{18}O 则较降雨的为富，表明其水源除降雨渗入外还包括有前期土壤水，本例中非本次降雨组分可达 40%～70%，它的形成是由于通过地面饱和薄层的降雨渗入，以压力波方式施加于达到或大于 FC 的面上，使水力势增大而破坏 FC 土层的相对平衡状态，结果是新水混溶并驱替原土层中的旧水向排泄面方向积聚并渐趋饱和或在部分面上达到饱和，但此时壤中流不一定能发生，仅当克服在排泄面这一水气界面处的负基质势时，壤中流瞬即发生，并随着排泄面附近饱和范围的扩大而增大。在 2 号流域尺度条件下，旧水被混溶和驱替将随持续降雨而减少，图 21-5a 中壤中流的 ^{18}O 最终与降雨相近。由非饱和条件开始的此种方式称为非饱和驱替壤中流（EI），见表 21-6。

表 21-6　不同产流方式的地面下径流举例

日　期（年-月-日）	TU 或 $\delta^{18}O$/‰			产流方式	
	降　雨	壤中流	地下水径流	壤中流	地下水径流
1986-06-12	−5.48	−5.91	−5.86	MI	MG
1986-06-28	32.1TU	67.6TU	81.9TU	EI	EG
1986-12-18	29.6TU	12.7TU	12.7TU	EI	EG
1987-05-01	−3.35	−2.79	−5.60	MI	DG
1989-07-06*	−11.30	−9.25		RS	
1991-07-07	−10.50	−9.25	−7.55**	EI	DG

* 3 号实验流域；** 本次测井内地下水的 $\delta^{18}O=-8.00$‰。

2. 饱和侧向壤中流（LI）

从 1 号实验流域 9 处剖面的土壤物理分析，有 6 处在地面下 30 cm 附近有一干容重明显增大的层次，是表层壤土下伏的黏壤土层。例如，3 号剖面 0～30 cm 的干容重（g/cm^3）及孔隙率（%）为 1.31 g/cm^3 和 51%，30～100 cm 相应为 1.59 g/cm^3 和 42%；4 号剖面 0～20 cm 相应为 1.44 g/cm^3 和 46%，20～65 cm 则相应为 1.69 g/cm^3 和 38%。在此孔隙率及导水率发生较大垂向变化的位置处，下渗水将可积聚至饱和（见图 21-12b ①），并因水力坡降产生壤中流，称为饱和侧向壤中流（LI）。但 7 年来在 2 号实验流域未发现此种类型，表明人工填土、植草后虽经许多年，尚不足以形成这种明显的层次。

3. 大孔隙壤中流（MI）

在地面下径流形成中一个不可忽略的因素是大孔隙（当量直径数十到数千 μm）的作用。在天然条件下，因具土壤结构性孔隙、植被根系通道和生物孔穴等而必定存在大孔隙，且往往由地面穿达不同深度直至底土层。如 1 号实验流域在 900 cm^2 范围内记录了水平裂隙总长 60 cm，垂向裂隙总长 60～100cm，最宽达 2 mm（南京大学地理系，1979）。这些大孔隙一方面加速地面下径流的形成，另一方面则因水势差由隙壁向非饱和带供水，在 1 号实验流域使用 ^{131}I 所作示踪下渗试验表明了这种作用（Gu et al，1987），同位素组成与本次降水相近的壤中流即是此种机制，成为大孔隙壤中流（MI），见表 21-6，图 10-32。

4. 回归地面径流（RS）

天然集水区有复杂的坡面条件，当坡面内土壤水分运移积聚，使下部特别是凹形坡面趋于饱和时，与上述 EI 机制类似造成壤中流溢出，在较长坡面上会有多个这样的溢出点(1 号实验流域实例见图 21-13)，有的在途中重新渗入，有的参与地面径流，其同位素组成与壤中流接近，表明为降雨与前期土壤水的混溶，称为回归地面径流(RS)，见表 21-6。

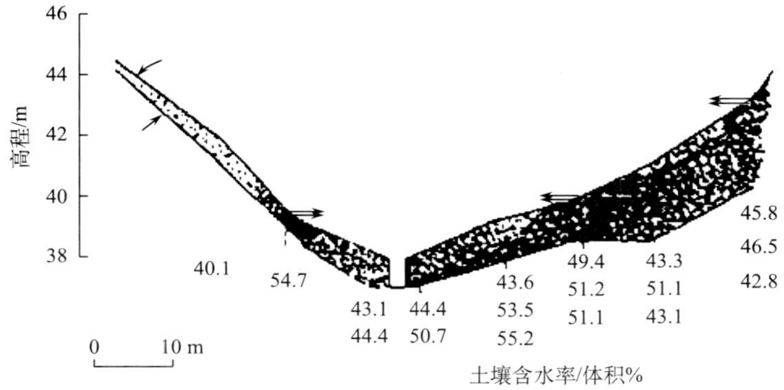

图 21-13　坡面壤中流泄出(1 号实验流域)

上述壤中流在集水区内的产生往往不均匀。如 EI，在不同条件下有不同的产流区，而且不同深度上的产流区也有不同，见图 21-14a(30 cm)，b(60 cm)。

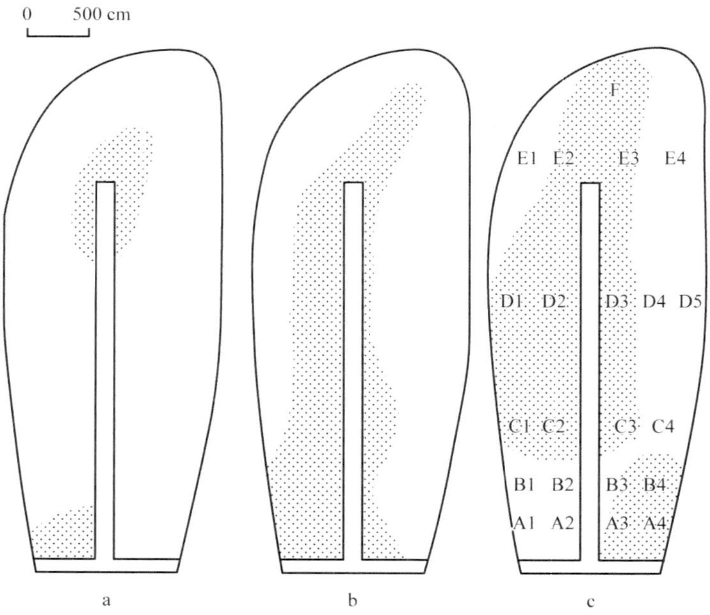

图 21-14　地面下径流的产流区

(二) 地下水径流

指地面下径流在饱和带中形成、流出的部分。非饱和带和饱和带是连续水流系统的两部分,事实上难以截然分开,而只有想象中的基质势为零的理想界面。野外条件下的自由水面(地下水面),只有在土层中有空穴或井、渠等水气界面后才发生。

1. 饱和驱替地下水径流(EG)

地下水面以上存在有一饱和的、但基质势为负的毛管边缘层(或毛管水活动区,capillary fringe),当接受到来自非饱和带包括大孔隙的补给,使水力势增大到大于零,并能突破水气界面"能障"时,此层内所蓄积的饱和水将迅即被驱替而出,成为地下水径流。由图 21-5a 中^{18}O的过程可见,在地下水径流过程中,较之壤中流有更多的旧水混溶。以饱和带水分为主的旧水同位素浓度可由测井中地下水代表。由图 21-15 可见,集水区中各测井(其位置见图 21-14c)的^{18}O过程有较大差异,这是由于各位置处有不同的前期蒸发影响(Gu, 1987),因受本次降雨中^{18}O过程的影响,它渐趋缩小。模拟 2 号实验流域中单元面积的 4 号蒸渗仪(面积 1.3 m×1.7 m),其同期地下水径流的^{18}O表明类似于某一位置测孔的饱和带水,而模拟 2 号实验流域单元坡面的 1 号蒸渗仪(面积 4 m×8 m),其相应地下水径流的^{18}O表明系由不同位置的组合,集水区地下水径流的^{18}O则是较此更为复杂的各位置饱和带水在不同时间以不同权重的组合。此类称为饱和驱替地下水径流(EG),见表 21-6。它在径流过程中由于多种不均匀因素的制约而有不同的产流区,如图 21-14c,它直到 18 h 以后才发展为全集水区产流。

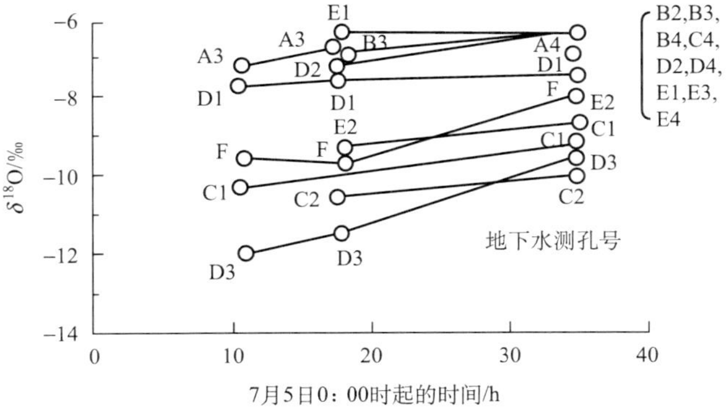

图 21-15　2 号水文山实验流域内地下水 $\delta^{18}O$ 的空间和时程变化(测孔位置见图 21-14c)

2. 达西型地下水径流(DG)

当渗入、排泄的相对关系使地下水面上升时,在地下水中明显产生 Darcy 型渗流,称达西型地下水径流(DG)。

3. 大孔隙地下水径流(MG)

与壤中流相似,也有大孔隙地下水径流(MG)。

三、产 流 方 式

对于以上各种产流方式归纳如表 21-7。表中列举了 11 种产流方式以及基流(BF)和降水河槽直接径流(CR)。列举了各种类型水流的来源,包括来自不透水层(I)、地表饱和薄层(T)、非饱和带(U)、饱和毛管边缘层(SC)、地下水面以下的饱和带(SG)、大孔隙(M);是以本次降水为主(N),还是以非本次降水为主(O)、或兼而有之(O+N)。还列举了用以描述不同产流方式的基本原理,水力学(H)、Darcy 水流(D)或土壤水力学(S)。

表 21-7　实验流域径流组分的各种产流方式

径流组成				来源	本次降水或非本次降水	原理
实验流域河流流量	SR	OF	DO	I	N	H
			SO	T	N	H
			MS	T	N+O	D
			ES	T	O	S
	SSR	IF	EI	U	O/O+N	S
			LI	U	N+O	D
			MI	UM	N	H
			RS	U	O+N	H
		GF	EG	SC	O/O+N	S
			DG	SG	O	D
			MG	SM	O/O+N	H
		BF		SG	O	D
	CR			CR	N	H

注:表中径流组成的 11 种类型中,迄今未能直接观测到的有 LI 和 MG。

对于以上各种径流组分,综合示意于图 21-16,其中还有历经 7 年在各实验流域、蒸渗仪中还都没有能直接观测到的径流组分有 LI、MG。地面和地面下的各种产流方式所形成的径流,加上不属于以上产流方式的河流基流 BF,以及在河槽水面上形成的降水槽面径流 CR,最终形成实验流域流量过程 BR,如框图 21-17。

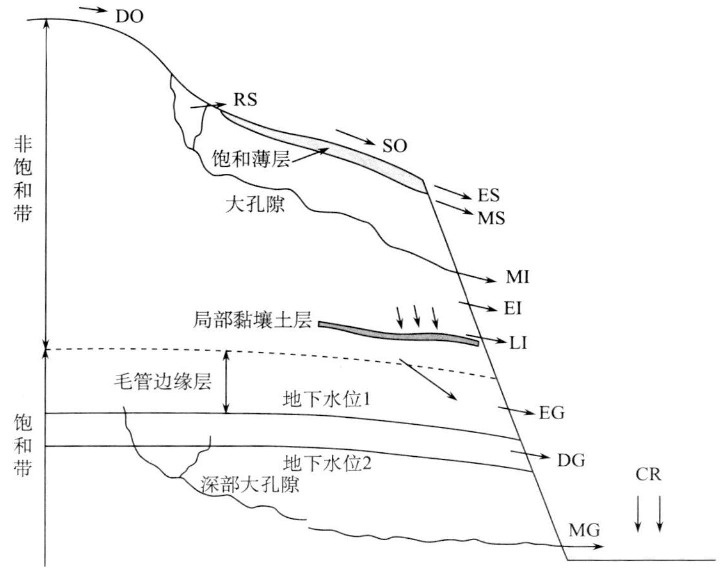

图 21-16　实验流域各种产流方式及其同位素组成举例(Gu and Freer, 1995)

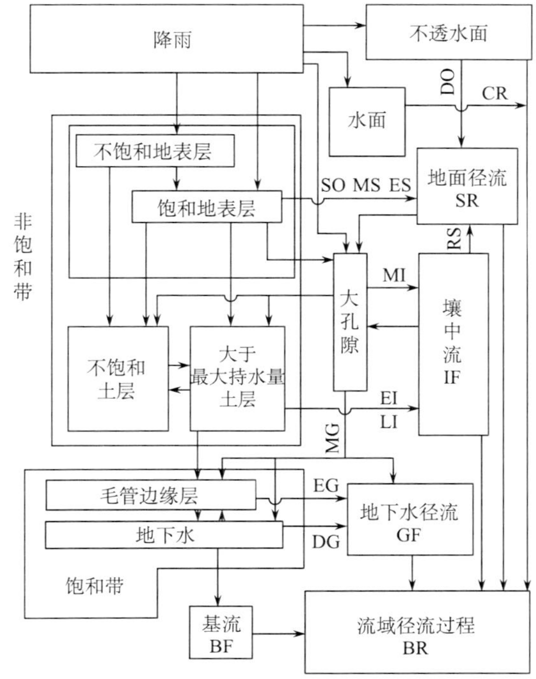

图 21-17　水文山实验流域产流方式框图(蒸发未列入)

第四节　流量过程线划分

对于流量过程线，自 1929 年 Folse 提出基流划分、1940 年 Barnes 提出利用退水规律分步划分地面、地下径流的方法后，数十年来普遍沿用于应用水文学中。此类方法实质上是带有相当任意性的图解经验法，以此作为降水径流数量关系和时程分配（单位线）研究的基础，不能不认为是水文学的一大薄弱环节。

构成流量过程线不同径流成分的物理基础涉及这些成分的产流方式，但就本质而言是由于水质点在流域内取不同的途径并有不同的滞留时间所致，这将导致其发生同位素或水化学差异。这一现象成为改变不合理的经验图解而用分析方法划分流量过程线的基础。1963 年 Gonfiantini 等使用环境同位素对意大利两条河流流量组成的研究以及原苏联 Voronokov 与 Zekster 的工作，开始了此类分析方法，但直到 70 年代发展了性能好且较经济的质谱仪后，才有较广泛的应用，我国也曾对此法作了试验（Gu and Longinelli，1993）。

流行的此类方法一般为两种径流组分的混合模型。认为在降雨或融雪径流过程中，某时刻的流量 Q 系由不同水源贡献的组合，即本次降水所形成的地面径流 Q_s 和经由地下途径出流的地下径流 Q_g 组合而成，由于它们有同位素（或水化学）差异，其相应的同位素（或离子）浓度分别为 C，C_s 和 C_g。则由质量平衡方程可有：

$$Q_g/Q=(C-C_s)/(C_g-C_s) \tag{21-4}$$

$$Q_s/Q=1-(Q_g/Q) \tag{21-5}$$

迄今在应用中常以降水的单一同位素浓度 C_p 代表 C_s，而以雨前河水中的 C_o 代表 C_g。使用氚时，其浓度直接以氚单位（TU）表示，使用 ^2H 及 ^{18}O 时，其浓度已证明可用其相应的 δ 值表示。这一方法又发展为以上式为基础使用几种同位素或水化学离子划分两种以上径流成分的类似方法，已在许多国家应用，流域面积由 0.3 km^2 直至 620 km^2，并得出了一些结果。例如，大多数分析结果认为，地下水贡献常主导次降雨径流过程。但值得注意的是，式(21-4)的导来及其应用，事实上隐含了一些基本假定，由此得出的划分结果和有关概念，不可避免地也是以这些假定为基础。

一、环境同位素法包含的基本假定

该法所含基本假定有以下 8 项，其中前 5 项由 Sklash 等（1982）所归纳，其余为实验结果的补充（Gu，1994；顾慰祖，1996）。

（1）基流和地下水以均一的同位素含量表征。

（2）降雨或融雪水也以均一的同位素含量表征或其变化为已知。

（3）本次降水与基流或地下水之间有明显的同位素差异。

（4）非饱和带对河流流量的贡献可以忽略。

（5）地表蓄水对河流流量的影响也可忽略。

(6) 地面径流的同位素含量必与本次降水的含量相同。

(7) 各种水源的汇集过程中的同位素分馏影响忽略不计。

(8) 简化的产流机制。

二、基本假定的实验检验

针对以上各项假定，在滁州实验流域、代表流域和其他地区实验站做了 7 年工作(1987～1993 年)，对这些基本假定的内涵及其合理性使用环境同位素氚、^{18}O 和水化学离子进行了检验。

(一)降水中的环境同位素含量

1. 时程变化

在次降水过程中受雨滴形成的瑞利分馏和雨场结构等影响，降水中环境同位素含量往往有反复降、升的过程。测得了不同气候区、不同类型和不同强度的次降水过程中 H，O 同位素含量的时程变化。以 $\delta^{18}O$ 的变幅为例：江西藤桥山区由 −6.0‰至 −12.5‰(顾慰祖等，1997)；乌鲁木齐河实验站(高寒山区)4 h 降水中由 −7.11‰至 −16.79‰，12 h 内低降水强度 0.3 mm/h 过程中其变幅约达 4‰(Gu and Longinelli，1993)；湖南宝盖洞(森林山区)中由 −8.0‰至 −14.4‰；水文所滁州基地历时仅约 1h 的对流雨过程中，由 −5.2‰至 −10.0‰，已见前述。

2. 空间分布

天然流域中降水同位素含量的空间变化，一方面受高程影响，另一方面还受降水面分布样式的影响。前者是由于绝热冷却和等压冷却过程中的同位素分馏所致，后者则因雨场空间结构及雨滴形成的瑞利分馏有空间分异等原因造成。仍以 $\delta^{18}O$ 为例：乌鲁木齐河实验站随高程变化的垂向梯度，每升高 100m 可降低 0.1‰～0.4‰，并有少数个例为负值。另在滁州丘陵区代表流域 R6 内，测得次降水过程中明显的 $\delta^{18}O$ 空间分布，最大差值达 8.2‰，由于测点间最大高差约 80 m，因此其高程影响可以忽略。以同次降水中分布在流域中各测点 $\delta^{18}O$ 的变差系数 C_v 表达其空间分布：

$$C_v = \sqrt{\frac{1}{n-1}\sum_{1}^{n}(x_i - \bar{x})^2} \tag{21-6}$$

式中：i 为测点数 1 至 n；x_i 为 i 测点的 $\delta^{18}O$ 或 I；$\bar{x}$为相应均值。求得的 C_v 最高达 2.95，并表现为与降水强度 I 的空间分布 C_v 有正相关趋势。

(二) 产流方式和划分对象

现行两组分划分方法的典型模型概化如图 21-18，它实际上对应于 Horton 下渗产流概念，土壤表面有如筛子，把降雨筛成两部分：其一形成坡面流，而另一部分则进入土壤或

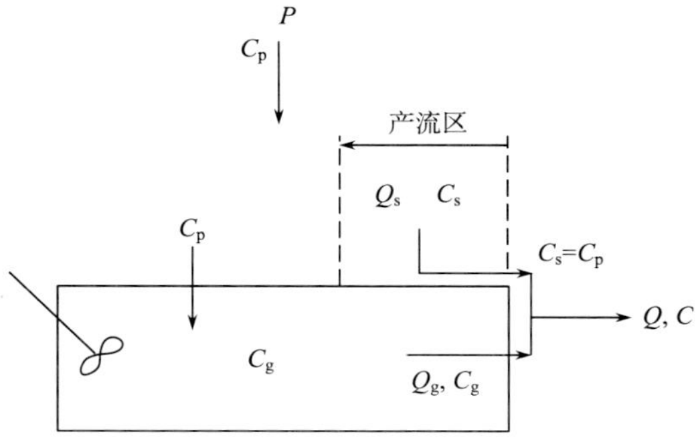

图 21-18 现行划分方法的概化模型
(据 Rodhe, 1987)

蒸发或渗透而为地下水(赵人俊,1984)。由图 21-18 及式(21-4)与式(21-5)划分得出的两种径流成分却有各种事实上是含混的解释。例如,相应地称为本次的和前次的径流组分(Fritz 等,1976;Sklash 等,1979;Durand 等,1993);本次水和地下水组分(Sklash 等,1982);雨水和地下水组分(Rodhe,1984;Leopoldo 等,1987);地面径流和地下水流量(Crouzet 等,1970);地面径流与地下径流(Wels 等,1991);更多地将之解释为新(N)和旧(O)组分(Pinder 等,1969;Pearce 等,1986;Hooper 等,1986;Moore,1989;Nolan 等,1990)。两组分划分结果解释之所以含混,其主要原因是将地面下的径流贡献简化为 Q_g,且具有均一的同位素浓度 C_g(图 21-18),并进而以雨前水流中的同位素浓度代替 C_g 而求解式(21-4)与式(21-5),于是就难以有确定性的径流组分可与之对应了。

由以上产流研究可见,组成流量过程的径流成分为地面径流和地面下径流。后者包括来自非饱和带的壤中流和饱和带的地下水径流,具有多种产流方式和机制,不同产流方式所构成的径流成分,其同位素组成有复杂的因果关系,特别是非饱和带,不仅有其独特的产流方式和径流成分,而且其水分状况对包括地面径流在内的多种径流成分的形成和同位素组成都有重要影响,不能忽视。如果将地面下径流的两部分合为一个水源(图 21-18),认为非饱和带的径流贡献已包括于地下水中(Rodhe,1987),显然过于概化。这导致对图 21-18 和式(21-4)中的 C_g 如何包括非饱和带贡献、以及由此得出的划分结果,都难以自圆其说。国外对此较广泛应用的解释是新、旧水组分,即解释为由本次降水量形成的径流组分和非本次降水形成的组分。据上述产流实验,对应于各种径流成分的情况见表 21-7。由表可见,新、旧水或本次、非本次组分究竟等价于哪一个径流组分,实在是难以说明白,仅当 C_g 准确取自河流基流时,Q_g 才可以近似于地下径流。

(三) 地面径流中的环境同位素含量

国外所有对式(21-4)的应用,如图 21-18,均以 C_p 作为 C_s,实际上还是基于古典产流概念,认为地面径流必全部源于本次降水水量。实验结果表明:①1986~1991 年测得降雨地面径流与融雪地面径流中的 $\delta^{18}O$ 在很多情况下与当次降水中的 $\delta^{18}O$ 不同,已见前述,最大差别达 2.96‰(1986 年 5 月 1 日滁州实验流域)。1992 年 8 月 6 日,1 号实验流域降雨和地面径流的 $\delta^{18}O$ 分别为 −9.5‰及 −6.22‰ ~ −6.63‰,差别接近 3‰。两者仅在饱和坡面流的产流方式中有相同的同位素含量。②地面径流中的同位素含量有明显的时程变化,如 1989 年 2 号实验流域 7 月 5 日洪峰,地面径流中 $\delta^{18}O$ 由 −11.5‰降至 −13.0‰而又渐升至 −9.2‰。③地面径流由于坡面情况不同,在相同降雨情况下有不同的同位素含量。如上述 1986 年 5 月 1 日降雨中 $\delta^{18}O$ 为 $-5.36‰$。1,2 号实验流域地面径流中 $\delta^{18}O$ 分别为 $-8.32‰$ 及 $-6.34‰$。当地面为水田时,其差别更为显著(图 21-19),这也表明了地面蓄水的影响有时还是很明显。

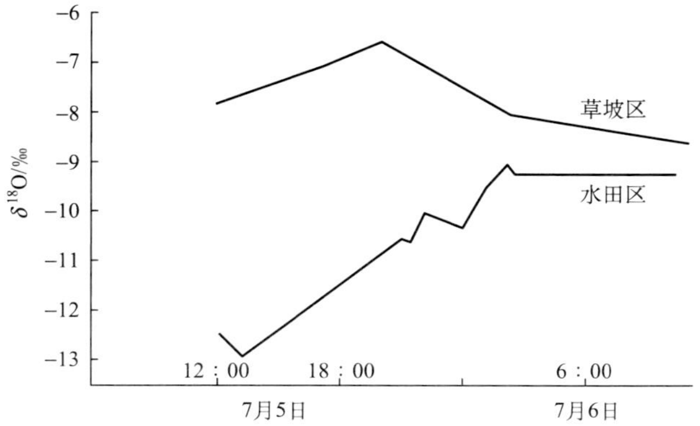

图 21-19　草坡区和水田区地面径流过程中 $\delta^{18}O$ 的时程变化

曾对三个条件不同的实验流域同时对其地面径流 ^{18}O 过程作了测验,并与降水 ^{18}O 过程作了比较,见图 21-20,在所有地面径流过程中,各流域 ^{18}O 过程有明显的差异。流域基本情况和研究期间其地面径流平均和降水平均 $\delta^{18}O$ 的比较见表 21-8。

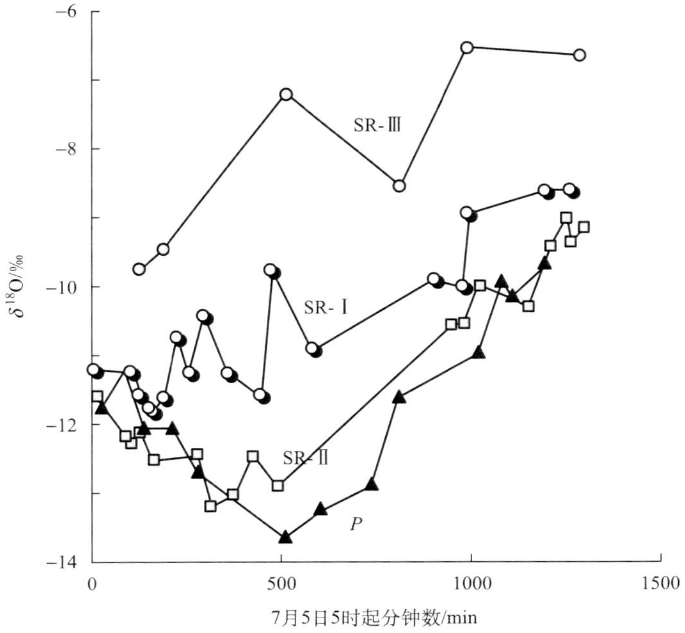

图 21-20　不同实验流域降水中和地面径流中 $\delta^{18}O$ 的时程变化过程

P 为降水;SR-Ⅰ为 1 号实验流域(南大洼);SR-Ⅱ为 2 号实验流域(水文山);SR-Ⅲ为 3 号实验流域(牵牛花)

表 21-8 不同实验流域同期降水和地面径流平均 $\delta^{18}O$ 的比较

项目	降水	地面径流		
流域		SR-Ⅱ 2 号实验流域(水文山)	SR-Ⅰ 1 号实验流域(南大洼)	SR-Ⅲ 3 号实验流域(牵牛花)
集水面积/m^2		512	7897	4573
下垫面		壤土,30 年前人工填土,草地	重壤土、黏壤土,第四系沉积物,杂草、灌木、少量小树	安山岩风化碎屑
平均厚度/m		1.0	2.46	0.2
1400 min 降水径流过程中平均 $\delta^{18}O$/‰	−12.10	−11.32	−10.65	−8.01

由表 21-8 可见,3 个流域的平均 $\delta^{18}O$ 有明显的规律性变化,且均较降水同位素为富,这明显说明了实验流域地面径流的产流机制,是以前述饱和混溶地面径流(MS)为主。虽然如此,还反映了两类现象:一是 1 号流域南大洼和 2 号流域水文山的差别,主要是反映了形成地面径流的流域坡面条件特别是尺度的影响。二是 3 号流域与 1,2 号流域有非常突出的差别。3 号是为产流研究专设的不发生饱和带的实验流域,当时其主体是基岩面上的风化碎屑,降雨径流主要是地面径流,其特富的 $\delta^{18}O$ 与其他实验流域不同,并非由于在产流过程中与地面孔隙水的混溶,而是由于下垫面高温而在降雨径流过程中发生强烈的分馏所致。

以上说明,把 C_p 作为 C_s 实在是差之千里了。

(四)地面下径流中的环境同位素含量

1. 基流

定义基流为无降水径流期间的地下水出流,即此时各次降雨的地面和地面下径流均为零。在各场降雨径流事件之间的基流主要由流域内广布的潜水含水层或具有出流条件的深层或承压含水层所补给。在各代表流域的研究表明,它有稳定的同位素组成,如江西藤桥流域(303 km^2)的 $\delta^{18}O$ 由 −5.20‰～−5.70‰(8 月)至 −5.70‰(12 月),在 1989 年 1 月 11～16 日对全流域所有支流(沟)包括出口断面共 33 个点采集基流水样,$\delta^{18}O$ 由 −4.80‰～−6.20‰。但在降雨径流事件之内则另有本次降雨引发的地下水径流量叠加。

2. 地下水和地下水径流

即使在 2 号实验流域那样小的范围内,饱和带潜水的 $\delta^{18}O$ 还是有着强烈的时间和空间变化。例见图 21-21。所以某时刻地下水径流的 $\delta^{18}O$ 应表现为它们的卷积。对天然流域而言,它叠加于 $\delta^{18}O$ 稳定的基流之上,不可能用雨前基流的 $\delta^{18}O$ 作为代表。

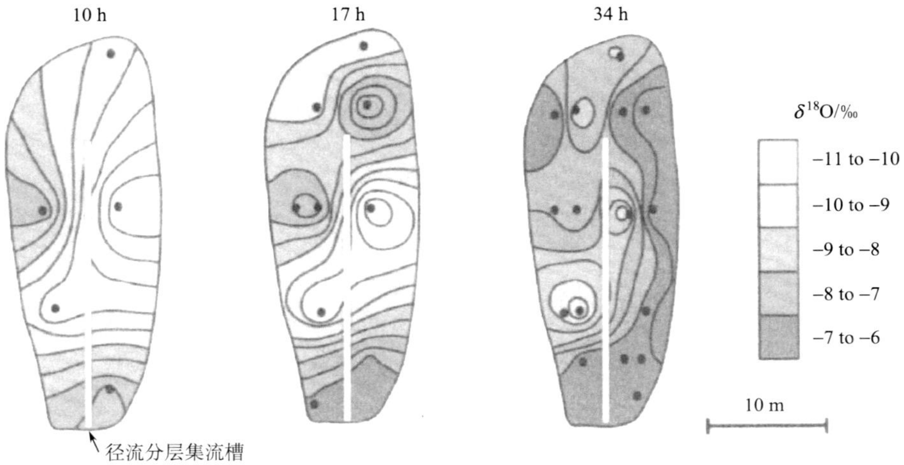

图 21-21　水文山实验流域内地下水中 $\delta^{18}O$ 的分布和变化

综上所述,现行同位素划分方法所包含的上述 8 项假定中,(1),(2),(4),(6),(8)各项均不符合实际,(5),(7)两项在某些条件下可以成立,仅(3)是正确的。

三、现行同位素划分方法的不合理性

(一) 现行同位素划分方法的不合理性

对于同位素划分方法,在实验流域和代表流域作了多年工作,因为它涉及径流产流,所以必须从产流开始,并需要等待各种类型径流的发生,而有的类型迄今还没有找到,有些方面还有很多缺陷,得到的还只能是很初步的结果。但遗憾的是,却发现了现行同位素流量过程线划分方法存在着严重的不合理性。按照流行的参数同位素浓度获取方法和简单的求解方法,不可能得出有明确物理意义的划分结果(Gu,1994,1996,顾慰祖,1996)。以图(21-18)和式(21-4)、(21-5)为代表的现行同位素方法主要存在两方面问题:

1. 基本假定

如上所述,绝大部分不符合实际或本身就是不正确概念,后者如假定(1),(4),(6)。

2. 质量平衡方程

现行方法基于简单的质量平衡方程 $CQ=C_SQ_S+C_gQ_g$。首先,对天然流域而言,在任一时刻 t,上式应为 $C(t)Q(t)=C_S(t)Q_S(t)+C_g(t)Q_g(t)$,相应于流域出口断面处的 $Q(t)$ 的 $C(t)$ 可以直接测定,但即使使用上述假定(6),令 $C_S(t)=C_P(t)$,设流域汇流历时为 $n\tau_0$,净雨历时为 $m\tau_0$(长江流域规划办公室,1979),则有

$$C_{P}(t)=\left[\sum_{i=1}^{m}(I_i)(C_i)(F_{t-i+1})\right]/\left[\sum_{i=1}^{m}(I_i)(F_{t-i+1})\right]\qquad(m\leqslant n)\qquad(21\text{-}7)$$

或

$$C_{P}(t)=\left[\sum_{i=1}^{n}(I_{t-i-1})(C_{t-i+1})(F_i)\right]/\left[\sum_{i=1}^{n}(I_{t-i+1})(F_i)\right]\qquad(m>n)\qquad(21\text{-}8)$$

式中：I_i，C_i 为 i 时段的雨强及相应同位素浓度；F_i 则为贡献于某时段 $Q(t)$ 的流域部分面积。如考虑降雨同位素的空间分布，I_i，C_i 应相应于该时段贡献于出口断面流量的流域部分面积之上的雨强和同位素浓度。这表明，$C_p(t)$ 为其时程和空间分布浓度的某种组合，且随 t 而异。同理，C_g 也是某时段贡献于出口断面处的流域部分面积上的 C_g 之卷积。因此式(21-4)严格而言，只适合于图 21-18 那样没有汇流历时的理想条件。即使像滁州 2 号实验流域集水面积仅为 512 m^2 的情况也不成功。

(二)同位素划分方法的必要条件

总结实验研究结果，在天然流域中应用环境同位素划分流量过程线应有以下必要条件：

(1)对 n 种径流成分需使用相互独立的$(n-1)$种环境同位素或配合使用守恒性水化学离子，并有足够的分析精度。

(2)具有降雨(或融雪)过程中所用于划分的环境同位素的时程和空间分布，并考虑相应的产流面积。

(3)具有一定代表性的地面径流、非饱和带和饱和带的同位素(或水化学离子)浓度过程，或由专门试验获取，或取相应有效的简化方法。

(4)当流域内水面或水田面积较大及蒸发率较高时，有必要的同位素分馏校正。

四、对图解方法的否定之否定

流量过程作为流域降水(或融雪)的响应，是水源状况包括其成因、类型、强度和分布等的综合表现，对于组成它的各种径流成分的划分，显然不可能是单一模式。图解划分方法基于推理而非实验，基于经验而难有定规，作为降水径流数量关系和时程分配的基础，不能不认为是水文学的一大薄弱环节，当然备受批判。国外试图以同位素方法、认为是更具物理基础的方法来代替它，因而备受青睐，并在广泛地使用着。

按现行方法即式(21-4)、(21-5)以及承认其基本假定包括对不同径流组分同位素浓度获取方法，对天然流域 R5 一次孤独洪峰用 $\delta^{18}O$ 作了两种径流成分的划分。同时用 $\delta^{18}O$ 与 ^3H 按上述 4 项必要条件作了三种径流成分即地面径流(Q_S)、壤中流(Q_i)和地下水径流(Q_g)的划分，但在有些方面还只能是近似处理，并未能完全按必要条件去做，结果见图 21-22。由图 21-22 可见，现行同位素方法划分出的地下径流部分，在本例中其前期相应于地下水径流、末期为地下水径流的一部分，而中期则为地下径流和一部分壤中流之和。现行图解划分方法在本例中则大体上相当于基流，但在后期则包括了一部分由本次降雨所引发的地下水径流在内，这正是“高割”、“低割”较具任意性的部分。

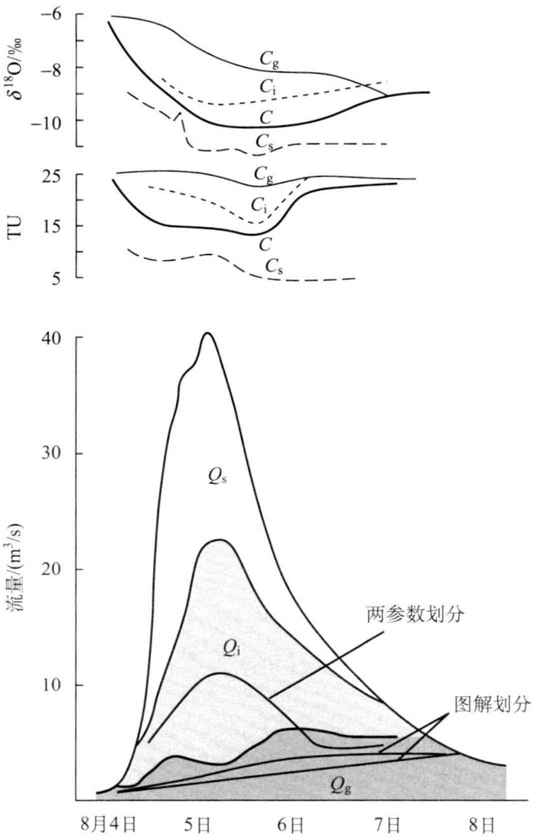

图 21-22　现行同位素划分方法的比较

利用环境同位素方法划分流量过程线,是从经验方法走向更具物理基础的分析方法的一大进步。然而各项试验表明,国外现行的两种或三种径流成分划分方法,其所依据的基本假定绝大部分是不合理的甚至是根本错误的,由此所得出的一些划分结果包括某些结论。例如,认为雨洪过程中地下水贡献常占较大份额、甚或是主要部分等,是可疑的。在那样一些假定下的运作,可发生根本性的失误,而且还难以估计其误差范围。

没有疑问的是,利用环境同位素并结合水化学参数进行流量过程线划分,是使水文研究脱离其经验方向的一大进步。然而,现行方法却也无疑是不正确的,必须改进使之建立在确定的流域产流和汇流理论基础之上,而不仅是形式上的物理基础。

图解经验划分(分割),确有一定的任意性和很大不确定性,作为降水径流研究的基础,必须改进。然而,由于基本推理的制约,其划分结果代表了什么却比较清楚,而有一定的近似性,与现行看似有物理基础的同位素划分方法,图解经验划分,反倒有较明确的物理解释和较为接近实际的结果。图解经验划分方法现时常用斜线法,或称直线斜割法(水利电力部水文局,1987)。此法见于早期水文学著作(Wisler et al),如图 21-23a 中 ac,由于 c 点的任意性,国内有一些不同类型的方法,试图在一定地区范围内加以规范。另有曲线法(图 21-23b 中 *ABC*)(林斯雷等,1975),此法我国早期在水文分析中曾有广泛应用(顾慰祖,1954)。比照以上实测径流组成可见,对于小流域以地面径流为主的降雨径流类型,曲线法似较优。斜线法意味着流域地下径流渐次增大,而天然小流域则否。林斯雷等(1975)则认为,“在地下水比较丰富,而且到达河流比较快的地方”,曲线法有其优点。而对于小流域以地面下径流为主的降雨径流类型,由于其产流机制与图解法所依据的流量过程线各种拐点的概念不符,两种方法与之都相去甚远,虽然曲线法看来还有点形似。

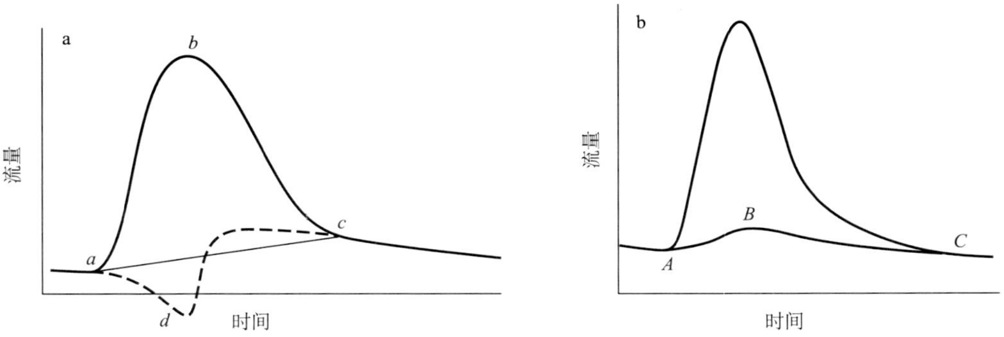

图 21-23　流量过程线图解划分方法

a. 斜线法(Wisler et al, 1949);b. 曲线法(林斯雷等,1975;顾慰祖,1954)

第二十二章　陆地水的元素组成

顾慰祖　陆家驹

陆地水元素组成是指组成各种天然水的元素种类及各元素组分的浓度。由此可有两类元素组成概念，一类为泛指在各种环境条件下天然水的元素组成，另一类则特指未受人为活动影响、未受任何污染干扰条件下，天然水所固有的物质组成和各组分元素的自然含量水平。为加以区别，定义前者为天然水的元素浓度组成，后者则为天然水的元素背景组成。事实上，全球水环境已直接、间接地普遍受到人为活动的污染影响，因而严格而言已难以找到能完全代表真正的天然水元素自然背景组成的水样。而所谓的元素背景组成，只能是在一定条件下的相对概念，即寻找和使用受人为活动影响相对最少的天然水作为分析元素背景值的依据。

天然水组成特别是其背景值研究是一项重要的基础性工作。它是水资源评价、水环境质量评价、水污染趋势及防治等方面所依据的本底。对水环境医学包括元素丰、缺与健康的关系，和地方病等也具重要意义。天然水组成实际上涉及陆地水中数十种元素的常量、半微量、痕量，甚至超痕量分析。

第一节　中子活化分析方法的应用

活化分析是以核反应（第二章）为基础的核分析方法。核反应的结果可生成稳定核素或放射性核素，活化分析则是利用其所生成的放射性核素的核性质，对待测核素作出定性和定量分析。当使用具有一定能量和通量的粒子照射待测核素（靶核）时即可发生核反应。此类方法即活化分析或称激活分析、放射化分析。按不同的照射粒子，活化分析有：使用热中子、快中子的中子活化分析，使用 γ 光子的光子活化分析和使用质子、氘子等的带电粒子活化分析。最常用的则是中子活化分析（neutron activation analysis）。

自 1936 年首例中子活化试验后，直到 20 世纪 60 年代起，作为一种高灵敏度的方法，中子活化分析才逐步被确认。并随着核反应堆的发展、高分辨率探测器的出现、电脑技术和特效放射化学分离方法的应用，直到 20 世纪 70 年代后才得到迅速发展并趋成熟，并从主要用于高纯材料中痕量杂质测定，开始进入包括环境科学和地球科学在内的多类领域中，20 世纪 80 年代起进入水文学研究。有关中子活化分析从照射到数据包括堆中子的核反应、活化方程式、放化分离、核辐射测量、γ 能谱的定性和定量分析等理论问题，请参见文献（柴之芳，1982；索埃脱等，1978）。

一、基本步骤

中子活化分析方法研究天然水元素组成的基本步骤如下。

(1) 水样采集。在野外采集水样，同时作必要的基本处理。包括水样过滤、酸化处理和运输包装。

(2) 样品制作。在普通实验室内对水样进行预浓集，配合照射作适当的初步包装。

(3) 活化准备。由活化分析实验室对有初步包装的预浓集样品进行适合于辐照的包装。因方法性需要，实验室还需制作各种标准。

(4) 活化照射。将包装样品和标准以及必要的参照物送入反应堆等照射装置中，由一定注量率的中子根据设计要求对样品进行短照射和长照射。

(5) 照射后处理。需要一定的冷却时间，在必要时使用包括放射化学分离等各种必要措施。

(6) 核辐射测量和数据处理。使用各种核测量设备获取谱数据，然后由电脑进行数据处理，包括一系列专门方法，最后求出样品中的各种元素及其含量。

二、天然水水样采集和制作

用于活化分析的水样取样，由于活化过程的复杂性，至今尚未有标准方法。由于待分析元素浓度组成往往很低，因而一般概念所认为比较简单的水样采集，也许正是最易引入误差和影响成果质量的首要关键，必须充分注意。

(一) 水样采集

1. 水样代表性

活化分析的一大优点是只需较少的样本量，但也因此带来样本对研究客体的代表性问题。相对于固态物质而言，水样品的不均匀性问题即组成元素在研究客体中的分布不均匀性要小得多。然而正因为活化分析的高灵敏度，这种不均匀性在野外采样过程中还必须十分谨慎。例如在地下水采样时，必须避免直接采集在钻孔中或井中的地下水，它们或因滞留时间较长、或因经过了一段时间的蒸发、或因有地表水或地表有机物等混入等因素，使它并不能真正代表含水层地下水。河水在断面的不同位置也常有所不同，而降水则还必须注意雨量器集水系统的性质。

2. 取样容器

由于水样易受容器壁的污染和吸附，使得待测水样的元素组成发生变化丢失。有些水样因具有生物活性而产生氧化还原作用，这可导致某些元素发生沉淀或被吸附到器壁上。因而水样容器问题通常比固态样品要严重得多。

取样容器不宜用普通玻璃器，需用高纯石英、聚四氟乙烯（熔点约 300℃）或优质聚乙烯（熔点 70～100℃）容器。最好事先对容器材料作一些分析，这有助于解释分析成果。例如，石英通常含 Fe，Na，聚乙烯材料有时有较高的 Na、Al、Zn、Ti 等。

对取样容器必须先行清洗。除反复使用蒸馏水清洗浸泡外，需要在 8N 的 HNO_3 中浸泡三天。避免使用洗洁液清洗，它有可能在活化中因含有 ^{51}Cr 而产生强烈干扰。

3. 介质接触

采集水样时防止使用金属物质。采集降水时需在集水漏斗中衬聚乙烯膜，这正与采集冰芯时钻机也需加衬塑料一样。对于露水采集，也只能使用聚乙烯毛管。国外曾有因个人习惯在工作中触摸其金丝眼镜而产生金污染的实例。

4. 水样过滤

陆地水水样特别是河、湖水，必须立即过滤，因水样中的悬浮态物质如泥沙等会造成很大误差。

5. 水样酸化

目的是改善水样储存，防止上述容器问题，然而在酸化过程中还必须注意避免引入新的污染。专门研究表明（李岫霞等，1980），国产聚乙烯容器储存水样的最适宜条件为 pH 1.5，此时容器器壁对水样中微量元素的污染和吸附最不显著，因而水样酸化必不可少。如在近中性溶液中，Se^{4+} 吸附损失可达 10%～20%，Se^{3+} 可达 5%～10%。pH 为 8 时，金属离子的吸附损失显著增大，试验水样中 Co^{2+} 与 Sb^{3+} 10 天吸附损失可达 10%～20%，而 Zn^{2+} 则可达 30%～70%。水样酸化一般使用 HNO_3，应尽量避免使用 HCl，因其 Cl 易被中子活化而产生 ^{36}Cl 的强烈干扰。

6. 取样量

虽然中子活化可对几毫克的样本进行分析，但对天然水而言却必须有相当数量的取样量，这一方面因为需要测定几十种元素的含量，但有的含量却低于活化分析的灵敏度，所以必须使用大量水量浓缩后再进行活化分析。另一方面，在水样量增大时，可在一定程度上抵消上述器壁等的影响。天然水的一般取样量需在 500 mL 以上。

（二）水样制作

水样制作是将所采集的水样，使用一些物理、化学方法将其制成适宜于进行活化辐照的样品形式，亦即水样预处理。当然在特殊情况下也可直接对样品进行照射，如冰样在冻至液氮温度后可直接由中子照射，其实这也包含了一定的预处理。水样预浓集必须在采样后立即进行，主要方法如下。

1. 冷冻干燥法

其基本原理是零下低温和低压的蒸馏过程（李岫霞等，1980；钱杏珍等，1986），水从冰的表面升华，在冷阱中冷凝，留下粉末，其关键在于需要有良好的真空度。本法可基本消除在预浓集过程中样品被玷污和痕量元素丢失问题。冷冻干燥水样时，痕量元素的保留额，除^{203}Hg，^{126}I的平均值分别为(61±9)%和(68±21)%外，其余各种痕量元素均可接近全额保留在预浓集后的残渣(固体盐)中(柴之芳，1982)。操作实例，如陈廷扬等(1992)取过滤澄清水样500 ml，放入内衬尼龙膜的不锈钢容器中，置入－10℃的冷冻室使水样快速冷冻为冰，再将容器放入10^{-3} mm Hg的真空室，使冰升华干燥，待全部蒸发干后，将薄膜连同残渣卷成小包。所得残渣量，不同水样差别较大，从40 mg至150 mg以上。为防止污染，在收集残渣过程中，不再接触任何其他物质，否则在残渣移置过程中，若再次接触容器，其影响可直接施加于残渣而比水样接触容器更为敏感。

2. 低温蒸发法

与上述方法的区别在于，本法原理是在零上较低温度下的蒸发过程。即保持在60～70℃左右加热浓缩至较小体积后，再进一步烘干。对处理大量样品时本法较上法简便，除个别元素如Th，Eu，Fe等误差较大外，其余大部分元素与冷冻干燥法分析的结果较为一致，但存在一定的相对误差(可达10%左右)，因而对重要的水样分析还需慎重选择。

3. 活性炭吸附法

本法是将水样在现场由活性炭吸附后进行中子活化。高纯度活性炭本身不被中子所活化而它又可吸附多种痕量元素，特别是活性炭不吸附钠，正好可免除^{24}Na所可能构成的强烈干扰。这对含盐量很高的干旱地区地表水和地下水特别适宜，因高盐度水在预浓集后可产生大量混合盐，它在活化过程中会产生很强的^{24}Na。在活性炭上除Ba，Ca，K，Na的吸附效率小于1%外，其余多种痕量元素的吸附率一般都大于85%。但本法在具体操作时还需十分谨慎，推荐流程为：1 L水在pH 5.5时，加入1 mL丙酮(含1 mg二乙基二硫代甲谷氨酸钠)，用30 mg活性炭吸附，过滤后在滤液中加0.1M氨水，调pH至8.5，再加30 mg活性炭和1 mL丙酮(含1 mg打萨宗)吸附痕量元素。将两份活性炭合并、干燥后置入石英瓶中照射(柴之芳，1982)。

4. 离子交换树脂法

本法通过离子交换树脂作选择性的预浓集，但需先期进行条件性实验，研究吸附效率，针对选择性元素使用不同类型的树脂。例如，用硫化苯胺树脂(ASH)预浓集汞，阴离子交换树脂预浓集金等，对有些痕量元素还可使用离子交换膜。

三、活化照射

(一) 制作标准

当采用相对法时，需要配制各种标准。在天然水活化分析中，有对应标准和混合标准两类。前者对每一种待测元素都有其特定的标准，例如对砷，其标准的化学状态为As_2O_3，银为$AgNO_3$，锶为$Sr(NO_3)_2$，铀为U_2O，等等。后一类标准则指在一份标准中含有相应于多种待测元素的化合物。

（二）照射包装

样品制作后在进行中子辐照时，需加以包装，因而与采样容器相似也有照射包装的材料问题。最常用的照射包装材料为铝、石英和聚乙烯。

聚乙烯因不耐高温，耐辐照能力也较差，不适用于积分中子通量为10^{17}中子/cm^2（相当于中子注量率3×10^{13}中子/(cm^2·s)照射 1 h）和 80℃以上温度。任何用于包装样品作照射用的聚乙烯容器也需作专门清洗，包括反复用纯HNO_3浸泡和蒸馏水清洗等。石英是目前使用最广的照射包装材料，特别对那些需长时间辐照的样品或具挥发性组分（如 Hg，As，Se，Br，I，F 等）的样品时，均由石英瓶封装。但石英在照射后有^{34}Si的干扰，需加处理。石英瓶也需反复清洗，也有使用HNO_3或 HF 蚀刻掉其 20～30 μm 的表层，以保证驱除可能沾染的杂质。铝箔、铝罐也常用于照射包装。铝的主要缺点是可能产生^{24}Na干扰。铝包装使用前也需反复使用乙醇、丙酮等清洗。短时间照射时，有时也可用木罐代替。

（三）照射设备

中子活化分析对样品进行活化照射的设备主要有三类。

1. 反应堆

它是使裂变物质（^{235}U，^{239}Pu）的原子核发生自持链式裂变反应的装置。裂变物质在反应堆内因俘获中子而发生裂变，放出大量中子和巨大能量。堆中子有很宽的能谱，除维持其链式裂变的一部分外，还可用为制备同位素和活化分析等用。中国用于中子活化分析的反应堆主要是建于 1958 年的重水反应堆，其活性区的中子通量在3×10^{13}至9×10^{13}中子/(cm^2·s)之间，以重水作为减速剂和冷却剂，在堆的活性区和反射层区设有许多照射孔道，可供活化分析使用。

2. 中子发生器

为活化分析所需的中子，也可通过由加速器产生的高速带电粒子与某些靶物质发生作用来获得。加速器是用电磁方法产生高速带电粒子的设备，各种类型的加速器所产生的质子、氘子、α 粒子、轫致辐射等可与靶核发生核反应产生中子。它与反应堆中子不同，是一种点源，并可产生单能中子。例如，目前应用最广的高压倍加器或称低能氘子加速器，它可将氘核加速至 100～200 keV，轰击氘靶获得 2.6 MeV 的中子，轰击氚靶则可获得近于单能的 14 MeV 中子。此类装置通称中子发生器。此外，还有密封式中子发生器、高通量中子发生器等。

3. 同位素源

主要是辐射中子源，即利用放射性核素发出的 α 粒子或 γ 光子轰击某些靶物质，通过核反应产生中子。但它较反应堆和加速器的中子输出要低得多。这包括(α，n)中子源、(γ，n)中子源及自发裂变中子源如^{252}Cf 等。其中尤以^{252}Cf 在中子活化中有重要前景，它可有极高的中子输出达 2.31×10^{12} 中子/s，且体积小，特别适合于远离反应堆的工作应用(柴之芳，1982)。

四、样 品 照 射

中子活化分析样品时，核反应堆孔道照射位置处的中子注量率决定着水样品中可测出元素的种类和其浓度的探测极限。所以要根据被测元素的核性质采取不同的照射、衰变时间和测量计数时间。操作实例如下(杨绍晋等，1982，1987)。

(一) 利用短寿命核素进行测定的短照射

在微型反应堆中以中子注量率 9×10^{11} 中子/($cm^2\cdot s$)照射 10 min，冷却(衰变)1 min，测量计数时间 500 s，再测量以下核素：^{28}Al，^{38}Cl，^{66}Cu，^{49}Ca，^{131}I，^{116m}In，^{80}Br，^{51}Ti，^{27}Mg，^{56}Mn，^{24}Na 和^{52}V。

(二) 利用中、长寿命核素进行测定的长照射

将经过短照射测量后的样品，一周后在重水型反应堆中以中子注量率 6×10^{13} 中子/($cm^2\cdot s$)照射 20～40 h，冷却 5～6 天，测量计数时间 2000 s，先测定^{76}As，^{198}Au，^{82}Br，^{72}Ga，^{42}K，^{140}La，^{99}Mo，^{24}Na，^{122}Sb，^{153}Sm，^{187}W，^{175}Yb。当冷却 15～16 天后，以测量计数时间 4000 s，再测以下核素：^{141}Ce，^{131}Ba，^{58}Co，^{51}Cr，^{134}Cs，^{152}Eu，^{59}Fe，^{181}Hf，^{147}Nd，^{233}Pa，^{86}Rb，^{124}Sb，^{46}Sc，^{75}Se，^{85}Sr，^{110m}Ag，^{203}Hg，^{182}Ta，^{160}Tb，^{169}Yb，^{65}Zn 和^{95}Zr。

由以上工作，经放射性测量和电脑数据处理，包括寻求各种核素的特征峰(图 22-1)，

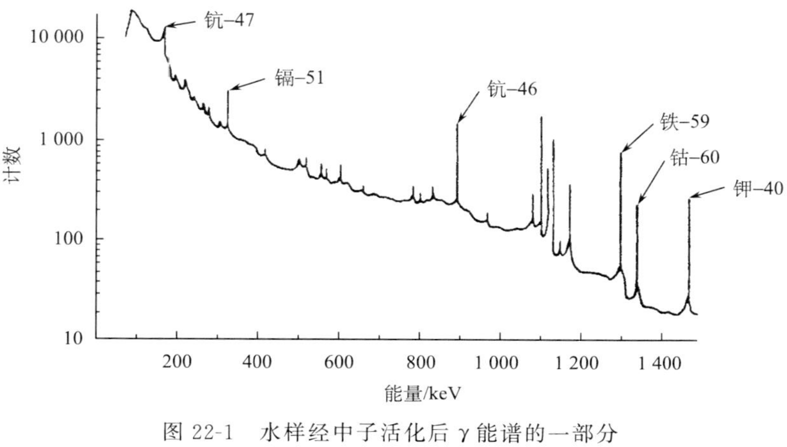

图 22-1 水样经中子活化后 γ 能谱的一部分

同位素分析鉴别，净峰面积计算，经干扰校正、标准比较等，最后求出天然水样品中元素组成及各组分的含量。

五、中子活化方法的特点

（一）中子活化分析方法的优点

（1）多种元素测定。中子活化分析可测定周期表中的绝大部分元素，包括原子序数1至83之间除H，He，Li，Be，B，C之外的77种元素，还包括一些放射性元素Tc，Pr，Ra，Ac，Th，Pa，U，Pu等。

（2）多元素同步分析。可在同一份水样样品中，同时测定多种元素，一般在30种以上最高曾达56种元素。

（3）高灵敏度。对大多数元素的分析灵敏度在10^{-6}g至10^{-13}g之间。表22-1列出了中子活化方法对各种元素探测下限的一般概念。

表22-1　中子活化方法对各种元素的探测下限（袁汉镕等，1978）

探测下限/ppb	元　素
0.00003	Dy
0.00009	Eu
0.0003	—
0.0009	Mn，In，Lu
0.003	Co，Rh，Ir
0.009	Br，Sm，Ho，Re，Au
0.03	Ar，V，Cu，Ga，As，Pd，Ag，I，Pr，W
0.09	Na，Ge，Sr，Nb，Sb，Cs，La，Er，Yb，U
0.3	Al，Cl，K，Sc，Se，Kr，Y，Rn，Gd，Hg，Tm
0.9	Si，Ni，Rb，Cd，Te，Ba，Tb，Hf，Ta，Os，Pt，Th
3	P，Ti，Zn，Mo，Sn，Xe，Ce，Nd
9	Mg，Ca，Tl，Bi
30	F，Cr，Zr
90	Ne
300	S，Pb
900	Fe

（4）高准确度和高精密度。在痕量元素分析方法中活化方法的准确度较其他方法为高。分析精度一般为±5%，当对各个步骤采取严密措施的条件下，可达±1%。活化方法

不像其他痕量分析方法那样，往往需要事先对样品作不同的化学处理，因而无试剂空白，避免引入分析误差。这也是活化方法准确度高的一个原因。

(5) 基体效应小。可分析各种化学组成复杂的样品，可测定普通化学分析难以进行的那些化学性质相似的元素，如稀土元素、卤族元素、碱金属元素等。

(6) 少量样品测定。必要时可对为量很少的样品作出上述分析测定。

(二) 中子活化分析方法的缺点

(1) 局限性。只能分析元素含量而不能给出其化学状态和结构，如不能鉴别各种价态的铀，而只能得出其总含量。

(2) 灵敏度。因不同元素而异，如对 Pb 的灵敏度特低，而对 Au 则很高。

(3) 轻元素。中子活化方法未能解决好 H，He，Li，Be，B，C 等轻元素的痕量分析问题，需要使用其他种类的活化粒子(如光子、质子、氘核等)。

(4) 费用高。从采样到分析处理技术复杂，费用高。

(5) 需时长。提供分析成果所需的时间往往较长。

综上所述，可以认为，要分析天然水中数十种元素的浓度组成和背景组成，中子活化方法是目前唯一的最优可行方法。

第二节　降水元素组成

一、影响因素

降水中元素类型及其浓度变化，是多种因素综合的结果。首先是不同气候带、气候区和水文区，存在水汽源地、途径、降水成因等差异和地理环境条件及不同程度人为活动的影响。事实上，历史上各种自然活动如火山喷发所释出的气体，人为活动所释出的物质如长期以来的燃料燃烧和核爆、核泄漏产生的各种气体和同位素，还有近代文明的许多化学产物，都滞留在大气圈内。所以降水元素组成不仅反映当地当时的条件，也还包含了历史影响。城市地区降水还更多地包含了人为活动特别是工矿污染的影响，沿海则还直接受到海洋气溶胶的影响。这些历史和近代因素综合影响的结果，构成降水元素组成的空间分布和时程变化。严格而言，不受人为活动特别是近代文明发展影响的完全天然状态的降水，实际上几乎是不存在的，在经济发达地区更是如此。所以，对个别年份的测验，只能是个例，只能一般性地反映降水的元素组成。

降水元素组成从其来源而论，粗略地可以认为有以下类型。

(1) 海水元素。由水文循环带入降水，例如 Cl，Na，Ca，Mg，K，Br，I 等。

(2) 地壳元素。它们或由风沙尘暴、或由火山喷发等地壳活动带入大气。例如 As，Al，Ba，Ca，Ce，Fe，Ga，La，Mn，Mg，Si，Sb，Sc，Th，Ti，U，V，Zn 等。

(3) 人为活动的标致性元素。例如燃煤的标致性元素为 As，Se，燃油为 V，Ni，Pb，工业污染为 Cr，Zn，扬尘为 Al，Ca 等。

(4) 易挥发元素。包括在以上各类中的一些易挥发元素则更易进入降水，如 As，Br，Cl，Cu，Ga，Pb，I，In，Sb，Se，Zn 等。

二、降水元素浓度组成实例

在中国水文站网和专设试验站(表 22-2，图 22-2)中，选了 12 站对其 1989～1990 降水作了元素组成中子活化研究。它们分布在全国各主要水文区和主要气候区(湿润、亚湿润、干旱、极干旱区)内，其年平均降水量由 35 mm 至 1389 mm。

表 22-2　中子活化研究陆地水元素组成的测站分布(顾慰祖，2003)

气候带*	气候区*	流域-水系-河流	测站	高程/m	年降水量/mm
寒温带-中温带	亚湿润	黑龙江-嫩江-嫩江	齐齐哈尔**(富拉尔基)	147	432
中温带	亚干旱-亚湿润	内陆诸河-乌鲁木齐河-乌鲁木齐河	跃进桥**	1670	356
	亚干旱-亚湿润	内陆诸河-乌鲁木齐河-波尔钦河	跃进桥	1670	356
	干旱-极干旱	内陆诸河-努尔河-努尔河	和田(努尔)**	1375	35
	干旱-极干旱	内陆诸河-黑河-黑河	水文所实验站(古日乃)**	1050	50
暖温带	亚湿润	海滦河-海河-海河	天津**	5	540
	干旱-亚干旱	黄河-黄河-黄河	银川**	208	1112
北亚热带	湿润	长江-滁河-滁州西涧	水文所滁州实验基地**	37	1000
	湿润	长江-乌江-乌江	遵义**	1070	1191
中亚热带	湿润	长江-洞庭湖-湘江	长沙**	70	1377
南亚热带	湿润	浙闽沿海诸河-闽江-闽江	福州**	16	1389
边缘热带	湿润	海南岛诸河-南渡江-南渡江	海口**	14	1571
青藏高原	亚湿润	西南诸河-雅鲁藏布江-拉萨河	拉萨**	3659	453

* 据《中国自然地理》，1984。

** 兼有降水、河水、地下水测验，降水为月平均方法(赵珂经等，1995)。上述所有站的河水和地下水都在同时采样，前后不超过几天。

(一) 一般组成

综合各站所检出的元素共 35 种，地区分布以东北及西北干旱区和沿海检出元素较多，以拉萨检出元素最少为 19 种，齐齐哈尔最多为 31 种。稀有元素和稀土元素均在齐齐哈尔检出最多，分别为 15 种和 7 种，以长沙检出最少分别为 6 种和 1 种。各气候区降水

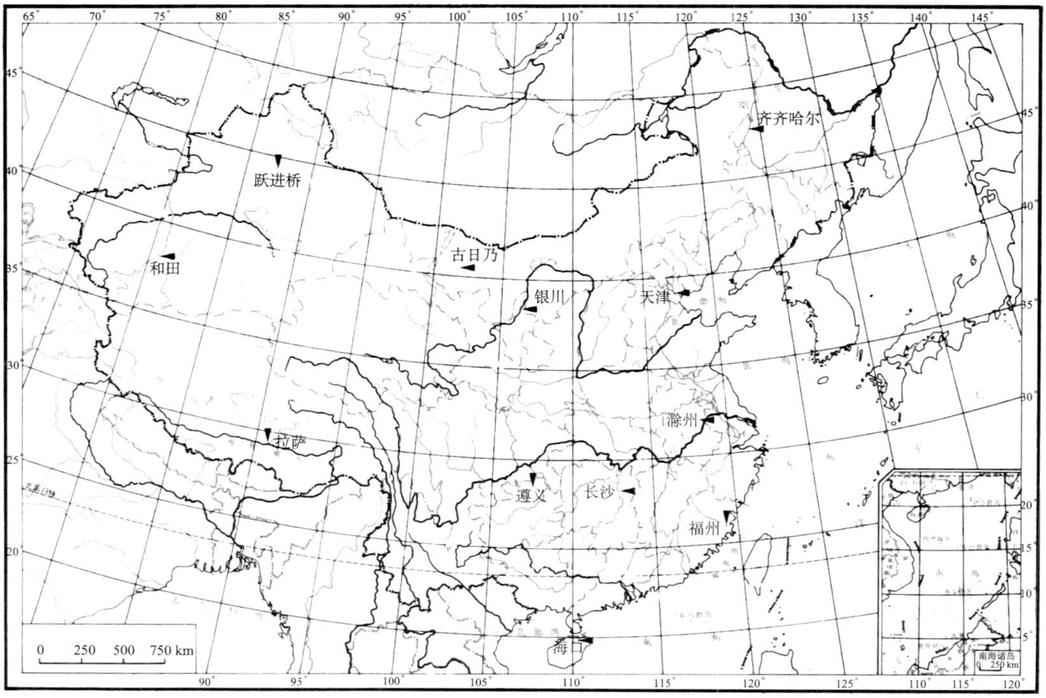

图 22-2　中国陆地水元素组成中子活化研究测站分布

中的各种元素有不同的浓度组成，由各站元素浓度分级，可综合得出上述 12 站降水元素浓度组成的一般情况如下：

≥1000μg/L	Cl，Ca，Na，Zn，K
100～1000μg/L	Al，Mg，Fe，K
10～100μg/L	Ba，Mn，Br，Fe，Sr，(Cu)*，I
1～10μg/L	(As)，Rb，Cr，(I)，(Ti)
0.1～1μg/L	Co，V，Sb，Se，Ce，Cs，La，(Nd)
0.01～0.1μg/L	Lu，Sc，La，Th，Cs，(Hf)，(U)
<0.01μg/L	Sm，Lu，Sc，(Eu)，(Ta)

注：括号内元素仅在部分测站或大部分测站检出。

（二）与世界淡水的比较

各气候区降水中元素浓度世界淡水浓度范围(Bowen，1979)的比较见图 22-3。由图可见，降水中大部分元素的浓度范围在世界淡水浓度范围之内，但从本例测验，有些元素则高出所报道的淡水浓度最高值。需要说明的是，本节及以下各节所列举的浓度范围，仅为本次试验性工作结果，有一定的偶然性，尚不足以代表其实际情况。

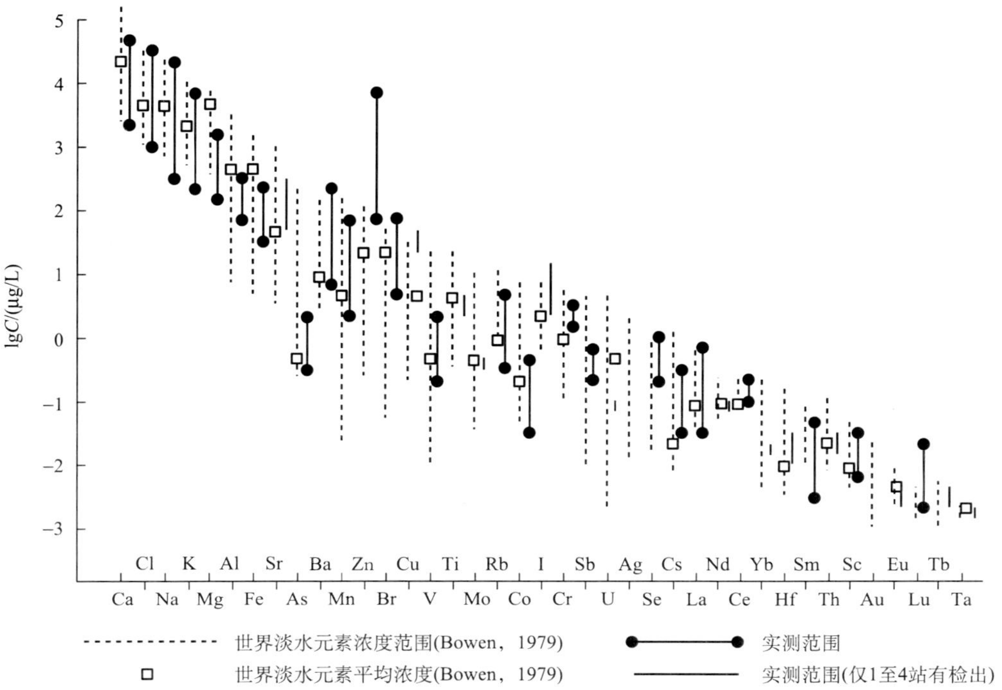

图 22-3　降水中元素浓度 *C*(包括稀土元素及稀有元素)与世界淡水浓度范围的比较

第三节　地表水元素组成

一、影 响 因 素

影响各类地表水元素组成的主要因素，一方面与上述影响降水元素的因素相似，另一方面则还有与其相关的下垫面因素，它们均有一定的尺度条件。影响某位置降水元素的因素难以用某种尺度来表述，然而影响江河湖水的尺度一般是其全部或部分流域，以及与之有补给关系的地下含水层。

1. 土壤和岩性条件

河流流域的土壤条件及地质岩性，对河水元素组成有直接影响。这是因为在不同生物-气候条件下所发生的降水径流过程，有不同类型的土壤淋溶，而不同岩类也往往有其特有的易溶元素。如花岗岩常富含稀土元素特别是 Rb，Cs，石灰岩中 Sr，Ca 常高于其他岩类，作为岩石风化产物的 Sr 为强迁移元素而易被淋溶。例如，洞庭湖水系石灰岩区河水中的 Ca 背景值比其他沉积岩区高 3～4 倍，且为花岗岩区的 7 倍，而板岩区的 Sr 与 Rb 则高于其他岩类地区，砂岩区 Rb 与 Sb 则仅次于花岗岩区(钱杏珍、李岫霞，1988)。

2. 水源条件

河水特别是干旱地区河水的水源组成，对河水元素有明显的影响，因为干旱地区和内陆河流河水有时大部分为地下水排泄，因而常有较高的微量元素组分。水中迁移性强的一些元素 U，Sb，Sr，Ba 等，常因干旱条件发生强烈蒸发富集。如内蒙古黑河河水 U 含量高出长江流域滁河河水 2 个数量级之多。

3. 矿床影响

与岩性条件相似，矿床的存在对河水元素的浓度组成有明显影响。如滁州西涧西源，其林区极少人为活动影响，但河水中本次测验的 Zn 浓度却为世界淡水 Zn 浓度最高值的几十倍。

4. 地壳元素丰度

流经一般天然地区的江河水，其稀有元素与稀土元素的浓度组成往往与这些元素在地壳中的丰度顺序大体对应，即：Sr＞Ba＞Rb＞Ce＞La＞Nd＞Sc＞Sm＞Th＞Yb＞U＞Cs＞Eu＞Tb＞Lu＞Sb，但其中以溶解态存在的 U，Sb，Cs，因易在水中迁移富集而会有不同程度的前移。

5. 水体条件

湖泊、沼泽、水库水的元素组成除受上述有关条件的影响外，还因其特有的水体条件和水循环样式包括水库水停留时间、湖泊成因的影响等。如沼泽中因有机质的大量存在，它易与铁族元素形成络合物，因而使沼泽水中常有很高的 Fe，Co，Cr 等，嫩江上游沼泽则还有较河、湖水高出 1～3 倍的稀土元素 La，Ce，Sm，Lu，Yb 和 Th，Sc（钱杏珍、李岫霞，1986）。洞庭湖水系一些水库水的元素背景值普遍较全水系平均浓度高，其中，Sc，Na，U，Lu，Nd 和 Rb 高 1～1.5 倍，Cr，Co，Eu，Ca，Au 和 Mo 高 1.5～2 倍，Yb，Zn，Cs，Th 和 Se 高 2～4 倍，稀土元素 Ce，La 和 Sm 则高出 5～10 倍，Sb 高 14 倍（钱杏珍、李岫霞，1988），认为这是因为水库水停滞时间长，而使多种金属元素和微量元素富集，稀土元素浓度则系矿床影响。

江河水洪水期和低水期的元素浓度组成往往也有所不同。低水期河水，如前所述它一般较多地受地下水补给影响，而洪水期则更多地受地表物质和污染物影响。洪水期和低水期元素组分不同可提示某元素的来源。例如，对海河天津 1988 年、1989 年两年平水、洪水期所作的测验，河水元素组成只在退水期检出的有 Al，Mg，Nd，Ce，Th，洪水期所特有的为 Hf，Lu，Mo，Eu，Mn。1989 年洪水期中所检出的 Br，Mn，V，Hf，Lu，Mo，Eu 诸元素均为 1988 年洪水期所无。而 1989 年退水期中的 V，As，Br 也是 1988 年退水期所无。元素浓度方面，1988 年退水期中 17 种元素的浓度均较洪水期为高。1989 年退水期也有相同的 11 种元素其浓度大于洪水期（顾慰祖等，2003）。

6. 人为活动影响

如拉萨河拉萨站1988年、1989年河水连续采样测验表明，1989年河水中浓度明显增高的元素有Cs，Zn，V，Rb，U，Sc，Br，Sb，Ca，Mg，Lu，Na，其中Cs增大约1倍，为Bowen世界淡水浓度最高值的8倍，明显受人为活动影响。

7. 悬浮物影响

天然水中悬浮物质往往占水中某些元素总量的一定比例。一般定义悬浮态为不能通过0.45 μm孔径滤膜的物质，反之则为溶解态。钱杏珍等(1988)研究了湘江桂东河水中元素的赋存状态，活化分析了其过滤水和原水，从而求得河水和悬浮态中元素浓度及其分配比(图22-4)，溶液中浓度大于悬浮物中浓度，呈溶解态，悬浮物中浓度大于溶液中浓度，则呈悬浮态。

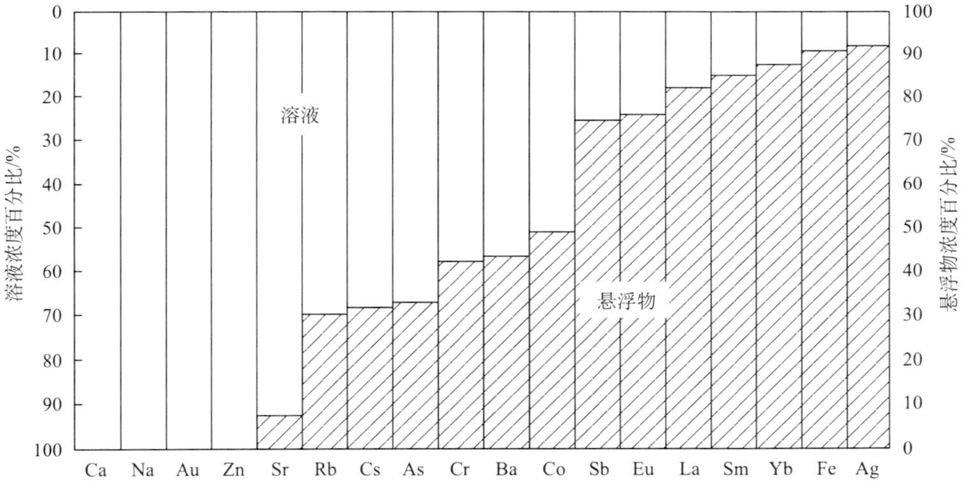

图22-4　湘江河水元素在溶液和悬浮物之间的浓度分布(据钱杏珍、李岫霞，1988)

二、地表水元素浓度组成实例

对中国各主要江河的元素浓度组成作了比较研究。包括嫩江富拉尔基、海河天津、黄河银川、湘江长沙、长江南京、闽江福州、南渡江海口、拉萨河拉萨、努尔河努尔和黑河狼心山等(见表22-2)，均为具有一定人为活动影响的河段。

(一) 一般组成

综合各河河水检出的元素共35种，以黑河检出最少为21种。稀土元素在嫩江检出最多达9种，努尔河最少为1种，但稀有元素却在努尔河检出最多也为9种。U、Th各河均有不同程度检出。由各站元素浓度分级，可综合得出上述各河河水浓度组成的一般情况如下：

≥1000μg/L	Cl，Ca，Na，Mg，K，Zn
100～1000μg/L	Al，Sr，Fe，Zn，Ca，Cl，Na，Mg
10～100μg/L	Zn，Ba，Br，Al，Sr，Fe，U，Rb
1～10μg/L	Br，V，Cr，Rb，Mn，As，Mo，U，Sb
0.1～1μg/L	V，Ce，Sb，Sc，Co，Rb，U，Mo，Se，Sm，Cs，As，La，Cr
0.01～0.1μg/L	Sc，Co，Hf，Se，Sm，Th，Cs，La，Ce
＜0.01μg/L	Lu，Eu，Hg，Au，Ag，La，Th

注：以上同一元素出现在不同的分级中，表示它有较大的浓度范围。

（二）与世界淡水的比较

各地江河水元素包括其稀土元素及稀有元素，其浓度组成与世界淡水浓度组成（Bowen，1979）的比较见图 22-5。元素浓度在世界淡水浓度范围内的有 16 种，即 Ca，K，Al，Fe，As，Ba，Mn，V，Mo，Co，Sb，Ag，Se，Yb，Hf，Hg，其最高浓度超过 Bowen 世界淡水最高值的达 19 种，即 Cl，Na，Mg，Sr，Zn，Br，Rb，Cr，U，Cs，La，Nd，Ce，Sm，Th，Sc，Eu，Lu，Tb，尤以稀土元素为甚，所检出的 9 种稀土元素中有 7 种超过了最高值。干旱沙漠地区

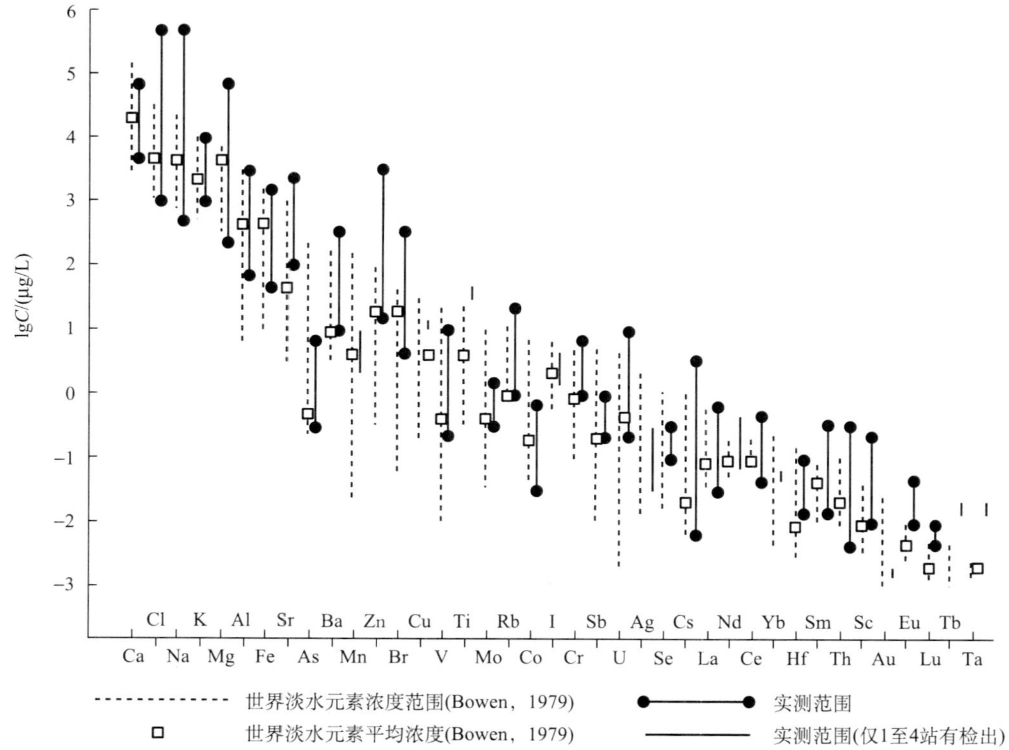

图 22-5　江河水中元素浓度 C 与 Bowen 世界淡水浓度的比较

表 22-3 地表水元素背景值组成举例(μg/L)

元素	洞庭湖水系①				松花江水系②				长江水系③		新疆天池④	乌鲁木齐河③天山波尔钦	努尔河③	海南岛⑤五指山河源	大田顶山⑤高山水
	湘江	资水	沅水	澧水	松花江	堰塞湖	天池		江淮丘陵荒山	江淮丘陵林区					
							5m	300m							
Ag						0.34	0.22	0.29	—	0.028				0.041	0.12
As	2.5	1.0	0.9	2.0	1.5	2.2	0.61	0.61	0.237	0.293	0.65			3.3	2.0
Au	4×10^{-4}	4×10^{-4}	3×10^{-4}	3×10^{-4}			0.018	0.0024				1.27×10^{-3}	—	—	—
Ba	13	13	37	28	16	19	—	—	33.2	16.2		15.6	10.6	9.2	8.1
Br							—	55			0.2			4.6	12.0
Ca	2.1×10^4	1.5×10^4	2.0×10^4	2.6×10^4			1.2×10^4	1.2×10^4	6.77×10^4	6.58×10^4	1.7×10^4	2.22×10^4	3.7×10^4	3600	2700
Cd														0.29	2.2
Ce		0.11	0.10		0.16	0.16	0.35	0.79							
Co	0.07	0.05	0.04	0.06	0.10	0.089	0.10	0.21	0.577	0.541	0.03	0.09	0.397	0.10	0.033
Cr	0.42	0.48	0.56	0.53	0.32	0.22	0.38	0.35	2.11	0.96	0.90	3.23	2.08	—	0.44
Cs	0.10	0.07	0.03	0.05	0.05	0.04	2.3	2.2	—	—	0.04	0.022	0.868	0.096	0.21
Cu											4			0.28	3.3
Eu	0.006	0.004	0.003	0.004	0.007	0.01	0.023	0.013			0.02				
Fe	19	32	52	10	136	82	36	49	106	121	23	104	98		46
Hf	0.005	0.005	0.006	0.003	0.018	0.070	0.039	0.029			0.01	0.1	0.0151	—	0.040
K							1.1×10^4	1.3×10^4						3.9	—
La	0.08	0.03	0.03	0.02	0.20	0.15	0.21	0.45	0.343	0.468	0.02	0.08	—	0.014	0.028
Lu	0.002	0.003	0.002	0.002	0.004	0.003	0.0023	0.0030			0.01	0.005	—		
Mo	0.23	0.18	0.32	0.25	1.7	0.66	0.52	0.69	—	—	1.2	2.06	—	—	—
Na	3.0×10^3	1.0×10^3	1.5×10^3	2.0×10^3			5.4×10^4	5.8×10^4	1.35×10^3	1.71×10^3	2400	4.3×10^3	7.4×10^3	6100	3500

续表

元素	洞庭湖水系①				松花江水系②				长江水系③		新疆天池④	乌鲁木齐河③天山波尔钦	努尔河③	海南岛⑤五指山河源	大田顶山⑤高山水
	湘江	资水	沅水	澧水	松花江	堰塞湖	天池		江淮丘陵荒山	江淮丘陵林区					
							5m	300m							
Nd	0.5	0.2	0.3		0.41	0.36						—	—		
Ni							1.0	3.0			0.8				
Rb	3.8	2.3	0.96	1.3	1.3	1.9	43	47	—	—		1.1	27.6	1.4	3.1
Sb	0.20	0.20	0.50	0.20	0.10	0.18	0.24	0.15	0.136	0.178	0.08	0.165	0.182	0.27	0.075
Sc	0.006	0.0035	0.0036	0.0044	0.02	0.01	0.0018	0.0058	0.0103	0.0132		0.028	0.0271	0.0019	0.0047
Se	0.06	0.09	0.07	0.07	0.09	0.09	0.25	—	0.191	0.086	0.1	0.11	0.107	—	—
Sm	0.008	0.02	0.0015		0.03	0.03	0.020	0.052				0.05	—	0.0024	0.0017
Sr	38	37	42	174	94	99	—	—	297	97	40	150	325	9.7	—
Tb					0.008	0.005									
Th	0.006	0.006	0.006	0.002	0.014	0.012	0.023	0.069	0.008	0.005	0.01	0.0224	0.8	0.017	—
U	0.26	0.10	0.22	0.20	0.018	0.08	0.34	0.25	0.318	0.288	0.13	0.343	4.83	—	—
V							—		0.328	0.752					
W							1.1	7.9						0.0085	0.86
Yb	0.007	0.008		0.005	0.020	0.013	—	0.062						—	—
Zn	3.5		2.6		24	10	15	63	192	8350	15	12	179	18	—
Zr							—	12							

① 据钱杏珍、李岫霞(1988)；② 据李岫霞等(1987)、朱颜明等(1981)；③据顾慰祖等(2003)；④据居树德等(1983)；⑤据王景华等(1981)。

河水有 15 种元素高于 Bowen 最高值，其 U 及 Th 在所有江河水中也属最高。

三、地表水元素背景组成实例

对分布于湿润区、半湿润区及干旱区江河水、湖水元素背景值组成的部分研究实例综合于表 22-3。

第四节　地下水元素组成

一、影 响 因 素

地下水元素组成，无论潜水或层间水、泉水都受其补给源包括降水以及其流经区域围岩的影响。其主要因素有：

（1）土壤条件。潜水较之深层地下水更多地受降水、地表水的影响，但特别还受到在其补给过程中非饱和带土壤元素的影响。这实际上是前述水土相互关系的结果。土壤中各类元素，一方面源自其母岩，另一方面源自降水、降尘、地表水渗透、生物作用和人为影响。母岩在物理、化学和生物作用的各类风化过程中及相应的成土过程和随后的土壤发育过程中，由于其不同的岩性，元素组成会有很宽的变化范围。并由于不同自然、气候条件即水、热条件的分异而形成不同的土壤，使其元素组成发生明显的地带性分异。此外，土壤中各类元素又可因淋溶、迁移、淀积以及生物富集等各种因素而在剖面中发生再分配，从而还发生分层分异。与天然水相似，土壤也有其背景元素组成或称为土壤中元素的背景值，即未受人为活动影响条件下其固有的物质组成和各种化学元素的自然含量水平。这是影响地下水特别是潜水元素组成的最根本的条件。

（2）围岩条件。此即前述水岩相互关系的结果，包括与围岩发生的同位素交换。

（3）元素的易迁移性。地下水元素组成中，U 含量往往大于 Th。这主要是由于 U 易于以可溶性铀酰离子的形式溶入地下水，而 Th 则属不易移动元素而被吸附在土壤中。又如火山活动所形成的 CO_2 上溢溶入地下水后，可对围岩产生强烈的溶解、过滤作用，致使岩石中 K，Na，Ca，U 等水中易迁移元素在一些矿泉中富集，并进而保持 Sr，Ba 等的溶解状态。

（4）不同水源的混合。例如有些矿泉水是由深部原生矿泉水和浅部裂隙水混合而形成的次生型低温矿泉水系，从而有其独特的元素组成。潜水由于不同地表水源的混合，其元素浓度组成往往也可发生季节性变化。

二、地下水元素浓度组成实例

对分布在各气候区和各种地形条件的地下水，用中子活化方法作了元素浓度组成的比较研究，见表 22-2。

1. 一般组成

综合各区地下水检出的元素共35种，与地表水检出的元素数相同。一般而言，沙漠地区地下水元素浓度普遍较高，明显是由于干旱条件使之富集所致，24种元素浓度的最高值均出现在沙漠地下水中。由各区地下水浓度分级，可综合得出地下水浓度组成的一般情况如下：

$>10^4\mu g/L$	Cl,Na,Ca,Mg
$10^3\sim10^4\mu g/L$	Sr,Mg,K,Fe
$10^2\sim10^3\mu g/L$	Sr,Fe,Zn,Br,Ba
$10\sim10^2\mu g/L$	Ba,Br,Fe,U,Zn,Rb,Cr
$1\sim10\mu g/L$	Cr,U,Zn,Rb,Mo,As,Cs,Se
$0.1\sim1\mu g/L$	Ce,Co,Nd,Rb,Sb,Se,Sm,Cs,Th
$0.01\sim0.1\mu g/L$	La,Cs,Sc,Th,Sm
$<0.01\mu g/L$	Au,Eu,Tb,Yb,Ta

2. 与世界淡水的比较

各区地下水元素包括稀土元素和稀有元素的浓度组成与Bowen世界淡水浓度范围的比较见图22-6。地下水中大部分稀土元素和稀有元素其浓度范围均超过世界淡水的

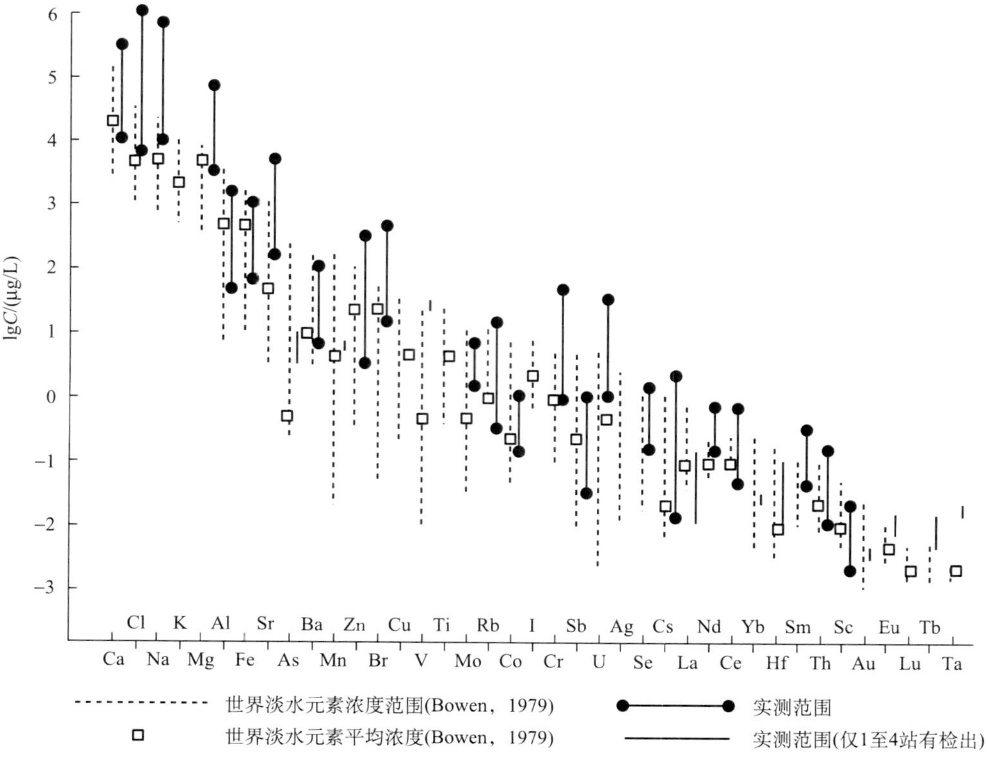

图22-6 地下水中元素浓度C与Bowen世界淡水浓度的比较

浓度范围。沙漠地区地下水中 Tb,Ce,Cl,Mg,Br,U,Ta,Cs,Th,Eu,Na,Rb,Sr,Tb,Sc 等 15 种元素的浓度均高出其最高值。如 Ta 为其 13 倍。沙漠地区地下水中 As,Ce,Nd,Cl,Mg,Br,U,Ba,Ca,Co,Cr,Hf,Na,Sc,Sr,Mo,Al,Cs,Sb,Sc,Tb,Rb,Eu,Th,Fe,Ta 等 26 种元素高于其平均浓度,例如 Cs 为其 71 倍。

三、地下水元素背景组成实例

使用中子活化方法对分布于湿润区、半湿润区、干旱区及沙漠内地下水元素背景组成的部分研究实例,综合为表 22-4。沙漠地下水中有极高的 Ca,Na,U,Sr,特以 U 为高,巴丹吉林沙漠地下水中的多种元素其浓度远高于世界淡水浓度(图 22-7)。

表 22-4　地下水元素背景组成举例(μg/L)

元素	新疆天池入口裂隙水①	新疆葡萄沟泉水①	新疆坎儿井水①	乌鲁木齐河英雄桥地下水②	滁河浅山丘陵区地下水②	海南岛温泉水③	巴丹吉林沙漠努日盖地下水②	塔克拉玛干沙漠通古孜地下水②
Ag					—	0.16		
As	0.79	4.3			3.69	34.0		
Au	0.0001	0.0003		0.003		0.00063		
Ba			38	7.8	119	—	71.0	40.8
Br	0.2	3				130		
Ca	24000	22000	31000	36000	5.98×10^4	5400	22.4×10^4	3.98×10^4
Cd						7.8		
Co	0.05	0.08	0.51	0.146	0.09	0.29	0.106	0.0683
Cr	1.0	2.9	9.5	5.71	2.64	0.33	1.67	2.27
Cs	0.06	0.04	0.08	0.0294	0.188	8.2	0.0183	0.606
Cu	3	2				2.7		
Eu	0.03	0.03						
Fe	32	15	870	165	126	19	76.4	81.7
Hf			0.01	0.01		—		
K						—		
La	0.02	0.02		0.12	—	0.056		
Lu				0.005				
Mo	1.2	2.4		3.95	—	0.52	—	5.3
Na	3800	19000		9900	33.6×10^3	170000	720×10^3	216×10^3
Nd							0.59	—
Ni								
Rb		1.0	0.7	0.687	4.08	25	—	13.8

续表

元素	新疆天池入口裂隙水①	新疆葡萄沟泉水①	新疆坎儿井水①	乌鲁木齐河英雄桥地下水②	滁河浅山丘陵区地下水②	海南岛温泉水③	巴丹吉林沙漠努日盖地下水②	塔克拉玛干沙漠通古孜地下水②
Sb	0.04	0.08	0.1	0.264	0.185	0.075	0.228	0.154
Sc	0.005	0.004	0.22	0.0113	0.0247	0.0038	0.0056	0.0121
Se	0.2	0.9	5	0.51	0.426	—	1.5	0.751
Sm	0.009	0.02		0.0923		—		
Sr	64	320	4500	362	832	100	4370	1308
Th			0.16	0.0145	0.019	0.028	—	—
U	0.26	0.65		0.847	2.07	0.40	38.4	8.86
V					31.5			
W	0.04	0.08				630		
Zn	5	13	2020	21.4	226	5.8	155	189

①据屠树德等，1983；②据顾慰祖等，2003；③据王景华等，1981。

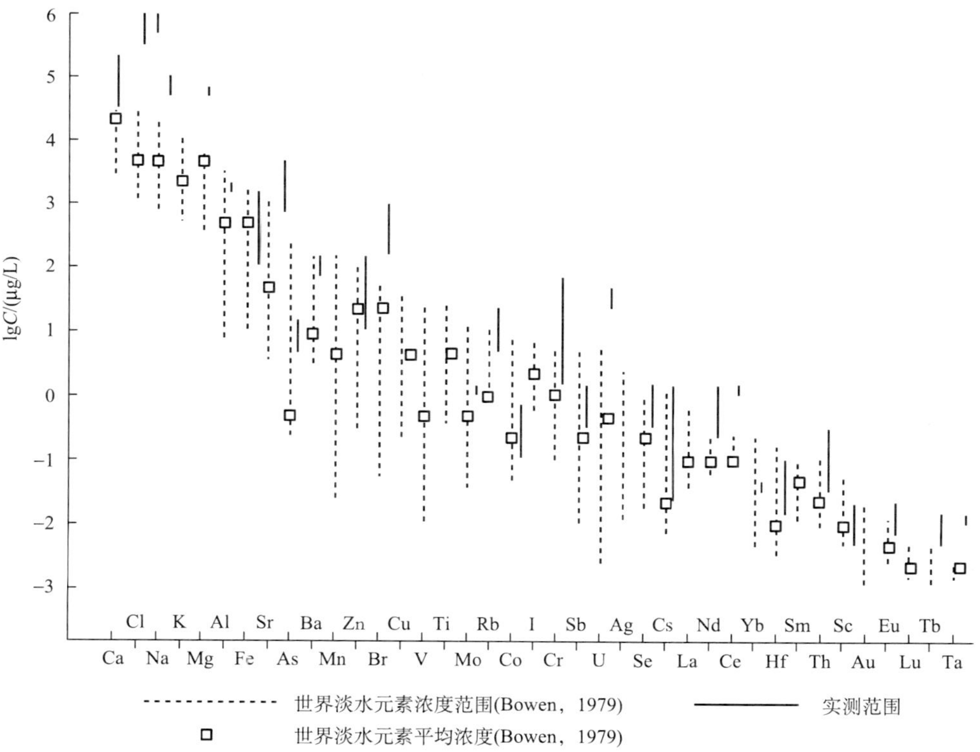

图 22-7　巴丹吉林沙漠努尔盖地下水元素背景组成 C 与 Bowen 世界淡水浓度的比较

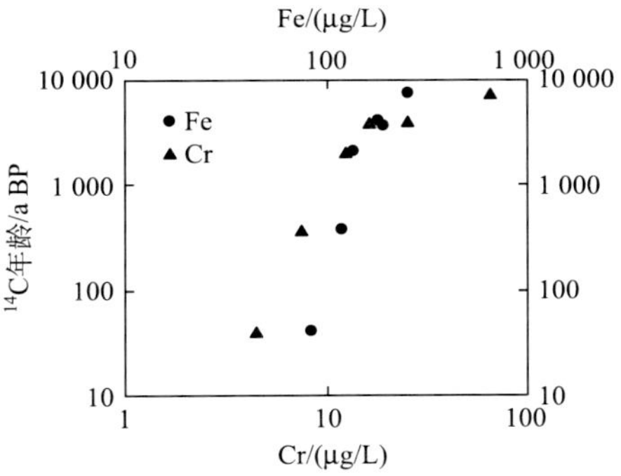

图 22-8 ^{14}C 年龄与地下水中 Fe,Cr

(据 Gu and Peters, 1995)

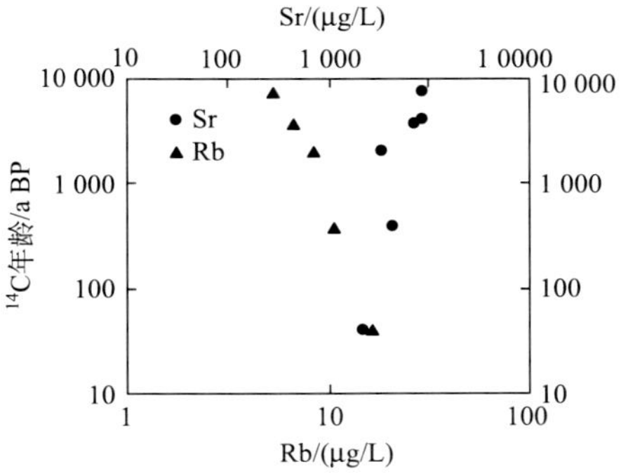

图 22-9 ^{14}C 年龄与地下水中 Sr, Rb

(据 Gu and Peters, 1995)

对戈壁、沙漠地区地下水元素背景组成的比较研究还发现,许多元素的背景组成与地下水年龄有关。大部分元素其背景组成随地下水的^{14}C 年龄增大而有所增大,如 Fe, Cr (图 22-8),Sr (图 22-9)等。也有与此相反,随地下水的^{14}C 年龄增大而有所减小,如 Rb(图 22-9),也有的则因地区而异,随地下水的^{14}C 年龄增大或有所增大,或有所减小,如 Cl, Na (图 22-10)。然而,其地球化学原因还不很明了。

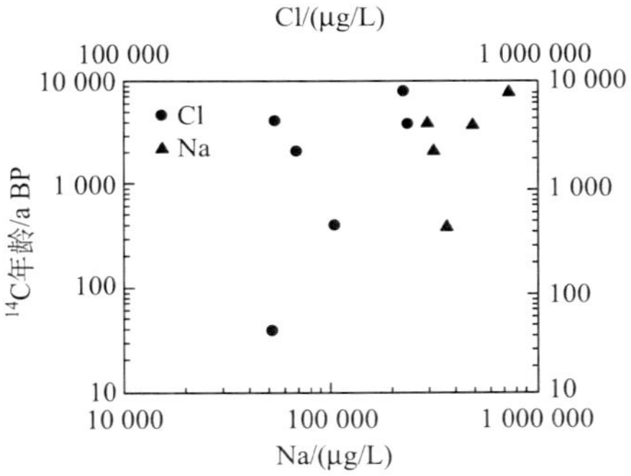

图 22-10 ^{14}C 年龄与地下水中 Na, Cl 关系

(据 Gu and Peters, 1995)

四、地下水元素组成与降水和地表水的关系

降水、河水和地下水元素组成之间存在复杂的相互关系。大体上受到以下一些条件的制约:

(1) 流域尺度,包括地面尺度特别是地下水系统的尺度。

(2) 流域自然地理条件,包括其地质和水文地质条件。

(3) 流域中土壤和地下水系统围岩的元素组成,以及元素本身的地球化学性质。

(4) 径流形成过程,包括降水径流关系。

(5) 河水水源组成及其所占比重。

(6) 地下水补给源及其组成。

(7) 地下水类型及其空间分布。

(8) 人为影响。

在以上试验研究中,全国 12 个站的降水、河水和地下水均为同期取样,前后不超过几天，因而对其元素组成可作出比较。对于同一种元素在降水、河水和地下水中的浓度而言，有三种类型，即：

(1) 地下水＞河水＞降水，如图 22-11。这提示此类元素主要来源于土壤和岩石圈。

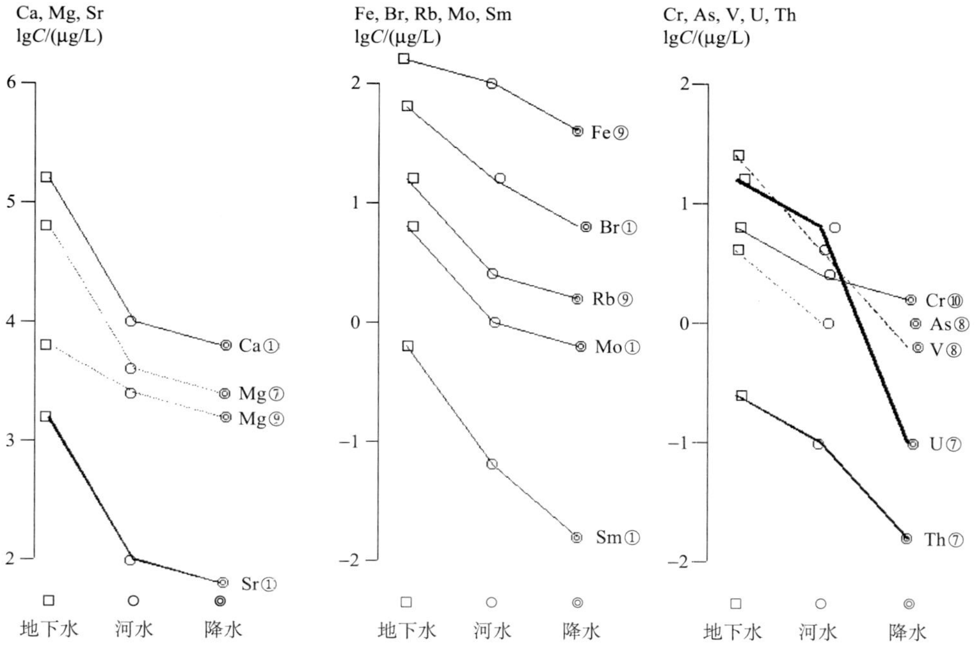

图 22-11　降水、河水和地下水元素组成的关系(1)

①～⑨为测站编号，下同

(2) 地下水＜河水＜降水，如图 22-12。

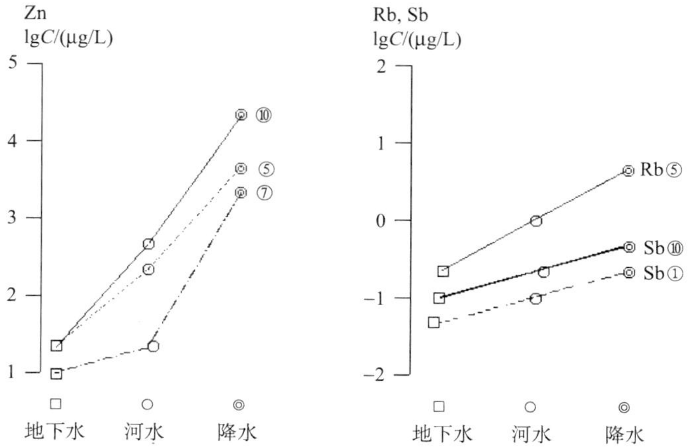

图 22-12　降水、河水和地下水元素组成的关系(2)

(3) 以河水为最小或为最大，如图 22-13。它们的形成实际上是上述许多条件综合的结果。

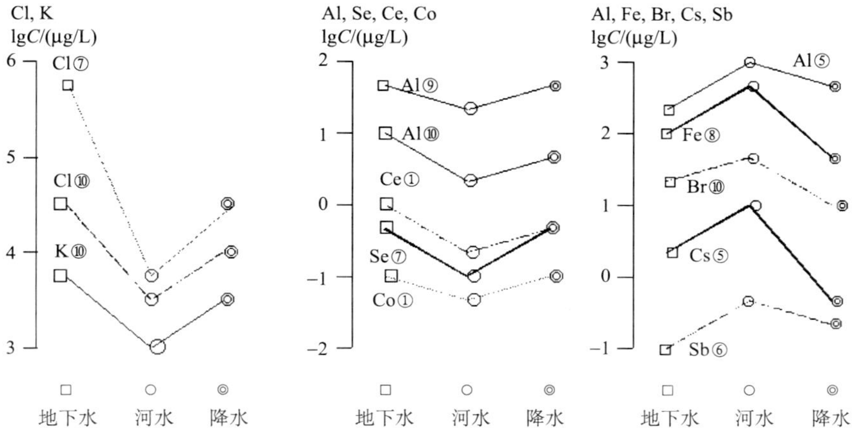

图 22-13 降水、河水和地下水元素组成的关系(3)

第二十三章　地下水中的同位素异常与地震前兆

赵　霞

地震是地球内部突发事件引起的大地震动。地球内部岩石的孔隙或晶格缺陷内充满了流体，这些深部流体在孕震过程中起着重要作用。在地震活动过程中，经常能观察到井水水位陡增、水中冒泡、水质变化及地下水中化学和同位素组分异常的现象，这些常可看作地震前兆的一个重要表征。

迄今有关同位素地球化学信号与地震关系的研究工作，已受到广泛关注，涉及的内容包括：Rn，He，Hg，CO_2，N_2，Ar，CH_4，Na，F，Cl，Ra 及 Pb 等；同位素比值 D/H，$^{13}C/^{12}C$，$^{208}Pb/^{206}Pb$，$CH_4/^{40}Ar$，$^{18}O/^{17}O$ 和 $^{234}U/^{238}U$ 等。同时，对有关地下水、泉水的水质特性也作了广泛的研究，包括温度、混浊度、盐度、碱度、氯化物含量、电导及 pH 值等的测量（王先彬，1989）。

本章我们仅探讨地下水中的同位素“示踪”剂异常与地震前兆的关系。

第一节　同位素示踪剂指示地下流体的成因与迁移

一、氢、氧同位素

氢氧同位素是研究地壳中水和其他流体起源与迁移的一套最有效的示踪方法。氢有一个稳定同位素氘（D 或 ^2H），在自然界水中的丰度约为总氢量的 0.16%。氧有三个稳定同位素，^{16}O，^{17}O 和 ^{18}O，在自然界水中的相应丰度依次约为总氧量的 99.76%，0.074% 和 0.20%。

不同相态的 H_2O 中，氢、氧原子及水分子的结构不同。液相中构成水分子的原子是在不断变化的，每个氧原子可以吸引 2 个以上的氢原子，每个氢原子被几个氧原子所包围。在固相中 2 个氢原子键合 1 个氧原子，2 个氢氧键角为 105°，构型为六角形。

自然界的水一般认为是海水、大气水和岩浆水三部分的混合物。大部分岩浆水认为是再循环水，是深部地壳和地幔与周围岩石/硅酸盐融液的化学成分和同位素都达到平衡的水。

构造活动，包括地震孕育过程与大规模的地下水运移是密切相关的，通过测定和研究水中的氢氧同位素比值可以判断水的补给、异常原因，识别地震前兆异常（杜建国和刘丛强，2003）。

二、碳 同 位 素

碳有两个稳定同位素：^{12}C 和 ^{13}C；放射性同位素 ^{14}C 是 ^{14}N 经中子轰击后生成的。在碳循环中，碳经历了各种各样的物理、化学过程，从而造成了不同含碳物质之间碳同位素组成有很大差别。地下流体中碳的主要储存形式是 CO_2，CO，HCO_3^-，CO_3^{2-}，CH_4 等。当 CO_2，HCO_3^-，CO_3^{2-} 在一个体系内达到同位素交换平衡后，CO_2 和 CO_3^{2-}、HCO_3^- 和 CO_2，CO_3^{2-} 和 HCO_3^- 之间的碳同位素分馏分别为 8.2%，5.5%和 2.6%。含碳的流体经过岩石孔隙运移，当温度、压力等条件改变时，发生碳酸盐沉淀，形成岩脉、钙化。因此，可以通过分析流体（泉水、流体包裹体）和固相（钙化、碳酸盐脉）中共生的含碳物质的稳定碳同位素组成，利用碳同位素温度计方法估算流体温度，结合地质年代等资料可探讨水-岩反应对孕震介质物理性质的影响及孕震介质的演化（杜建国、刘丛强，2003）。

三、惰性气体同位素

（一）氡同位素

氡是天然存在的一种无色无味的惰性放射性气体，原子序数是 86，是元素周期表中第六周期的零族元素。氡的密度为 9.96 kg/m^3，约为空气的 7.5 倍。地面上氡的质量百分比平均为 $6.53\times10^{-17}\%$，氡浓度为 4.44 Bq/m^3。大气中氡浓度随高度增加而迅速减少。

氡具有较强的扩散能力，在空气中的扩散系数为 0.105 cm^2/s，在水中扩散系数为 0.82 cm^2/s。氡在水中的溶解度随温度升高而降低。同时，氡的吸附能力较强，几乎可被所有固体尤其是松散的多孔介质所吸附。

氡的衰变子体最初是自由带电离子，这些离子极其迅速地与水、氧或其他痕量气体形成簇，几秒钟至几分钟后这些簇附着到气溶胶粒子上。

自然界中氡有三种同位素（^{222}Rn，^{220}Rn，^{219}Rn），它们分别来源于三个天然放射性衰变系：铀系、钍系和锕系。因为 ^{219}Rn 的母体（^{235}U）在地壳中的丰度很小，加之 ^{219}Rn 本身的半衰期很短（3.9 s），故在空气中几乎显示不出它的存在。^{220}Rn 就是通常说的钍射气（Thoron），一般情况下，^{220}Rn 在空气中的含量仅为 ^{222}Rn 的百分之几，且半衰期短（55.6 s），其重要性远不如 ^{222}Rn。这里讨论的范围主要是 ^{222}Rn，即通常所说的氡（Radon）。^{222}Rn 来源于地壳中的铀衰变系列，该系列的第一个衰变核素是 ^{238}U，它的半衰期是 45×10^8 a。经一系列衰变后，生成 ^{226}Ra，其半衰期为 1602 a，它是 ^{222}Rn 的直接母体。^{222}Rn 的半衰期为 3.82 d，接下去的衰变顺序为 $^{218}Po\rightarrow^{214}Pb\rightarrow^{214}Bi\rightarrow^{214}Po$，再衰变生成 ^{210}Pb，其半衰期为 22.3 a，最后衰变成稳定的 ^{206}Pb。现在一般把 ^{218}Po，^{214}Pb，^{214}Bi，^{214}Po 统称为氡的短寿命衰变子体，简称为氡子体（库克，2003）。

（二）氦同位素

氦有两个同位素，^{3}He 和 ^{4}He，固体地球脱气释放的 ^{3}He 绝大部分是原始的，而大部分放射性的 ^{4}He 是地壳中的含铀钍等放射性元素的岩石在地球演化的历史过程中不断衰变产生的。

由于氦的原子量较小，地球大气圈中的氦不断向外层空间逃逸，故大气中剩余氦的丰度较低，约 5.24×10^{-7}。地下水中观测到的 $^{3}He/^{4}He$ 值在 $10^{-8}\sim10^{-5}$ 范围内变化，一般认为其值是由大气氦（1.4×10^{-6}）、壳源氦（2×10^{-8}）和幔源氦（1.2×10^{-5}）三种氦组分混合的结果。

由于氦自身在岩石中扩散的速度相当慢，因此地球上氦的运移实质上由溶解氦的流体的运移来控制，因而溶解氦能作为研究包括地下水在内的大规模地壳流体的起源与运移的一种有效的示踪方法（金继宇，2006）。

（三）氩同位素

氩有三个稳定同位素：^{36}Ar，^{38}Ar 和 ^{40}Ar，含量最大的 ^{40}Ar 是 ^{40}K 的衰变产物（半衰期为 1.25×10^{9} a），其他两个同位素被认为是地球形成初期大量脱气作用而形成的。

放射性同位素 ^{37}Ar 和 ^{39}Ar 有三种来源：宇宙辐射反应形成、^{40}Ar 衰变的产物和地下 U、Th 裂变中子反应产生的。产生 ^{39}Ar 的几种反应过程为：$^{38}Ar(n,\gamma)^{39}Ar$，$^{39}K(n,p)^{39}Ar$，$^{42}Ca(n,\alpha)^{39}Ar$ 和 $^{40}Ar(n,2n)^{39}Ar$。^{39}Ar 通过 β 衰变形成 ^{39}K。

由于 ^{37}Ar 的半衰期短（35.1 d），所以在地质研究方面未得到应用。^{39}Ar 的半衰期为 269 a。

现代大气中 $^{40}Ar/^{36}Ar$ 值为 295.5，因为 ^{40}K 衰变产生的 ^{40}Ar 的积累，一般比地球内部的 $^{40}Ar/^{36}Ar$ 值高。和 ^{4}He 一样，地球内部的 ^{40}Ar 主要依靠地下流体的运移来传输，因此，$^{40}Ar/^{36}Ar$ 比可作为研究大规模地壳流体运移的一种有效的示踪方法（金继宇，2006）。

四、铅同位素

铅有 4 种稳定的同位素，分别是 ^{204}Pb，^{206}Pb，^{207}Pb 和 ^{208}Pb，只有 ^{204}Pb 不是放射性产物，而其他 3 种分别是 ^{238}U，^{235}U 和 ^{232}Th 放射性衰变的最终产物，被称为放射产生的同位素。由于地质结构、地质年龄与矿质含量以及地区降水分布的铅存在差异，不同来源的铅同位素丰度比也不同，因此可以把铅的同位素丰度比作为一种指纹技术来研究铅的来源及其贡献，一般选择精度较好的 $^{206}Pb/^{207}Pb$ 和 $^{206}Pb/^{208}Pb$（陈成详等，2007）。

第二节　地下水中同位素异常与地震前兆的关系

地震发生前后，常伴有流体元素和同位素地球化学异常（Dubinchuk，1993）。因而，将氢、氧、碳、铅、惰性气体等同位素作为地震前兆的指示剂，可以为震前监测、地震预测等方面的研究和应用提供重要的信息。

作为地震前兆的指示剂，同位素观测信号一般具备以下一些特征（Dubinchuk，1993）：

（1）同位素地球化学的异常在空间尺度上距震中几十到几百公里范围内不等，在时间尺度上表现为一定的阶段性，并以中期、短期、临震异常作为阶段划分的标志。这种异常贯穿了整个地震事件的始末。也有一些强震在震前观测不到异常。

（2）异常幅度与震级或震中距之间关系复杂，并与观测点所处的构造部位、岩石类型以及水文地质条件有关。异常可发生在浅层地下水、深层承压水、泉水及土壤气中。随地质构造、水化学特征的不同，可能是冷水、矿物水或地热水，可能在断裂、裂隙、沉积含水层中被发现。

（3）前兆的延续时间、分布范围、出现数量一般与震级成正比。观测资料表明，一般情况来讲，地震震级越大，同位素能记录的距离越远，信号发生的越早，信号频率越强。

（4）在同一区域的类似地震事件中，元素信号的峰形、持续时间和频率变化很大，可能有单个或多个峰值，可能在主震前浓度平稳增长或缓缓上升，也可能呈现无明显规律的波形或混乱的振荡波形，如图 23-1、图 23-2 和图 23-3 所示。预报时间短则几小时，长则几天、几个月甚而全年。不同时段地下流体前兆异常特点不同：中期异常以长趋势的异常变化为特点；短期表现为趋势异常的转折或加速，以及短趋势异常变化；临震异常则表现为突发性变化及单点突跳。

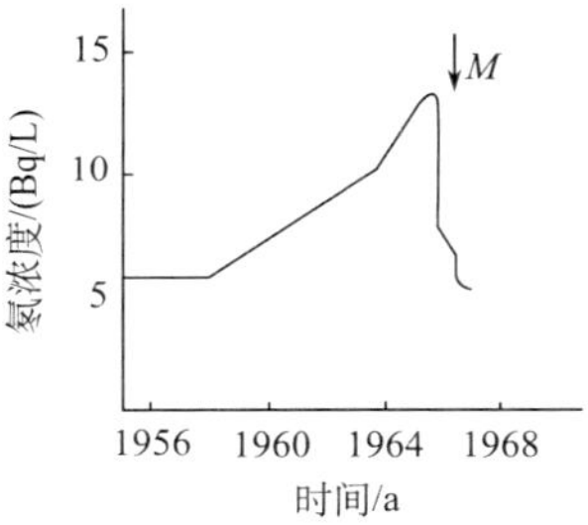

图 23-1　Tashkent 地下水中氡的变化分布

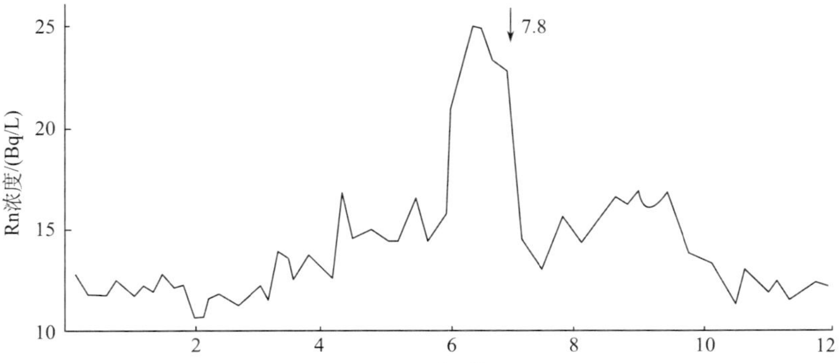

图 23-2　1976 年唐山 7.8 级地震前矾山台的水氡异常（1976 年）

（5）许多地震地质断层，包括一些隐伏断层上，地下水中的氡气、氦气、二氧化碳气体、同位素比等均表现出高浓度的异常，这些深部气体的逸出可能代表应力突变发生的位置。参见图 23-4 与图 23-5。

（6）全世界不同断裂带地区，这些气体及其同位素的数值有相似的分布特征。

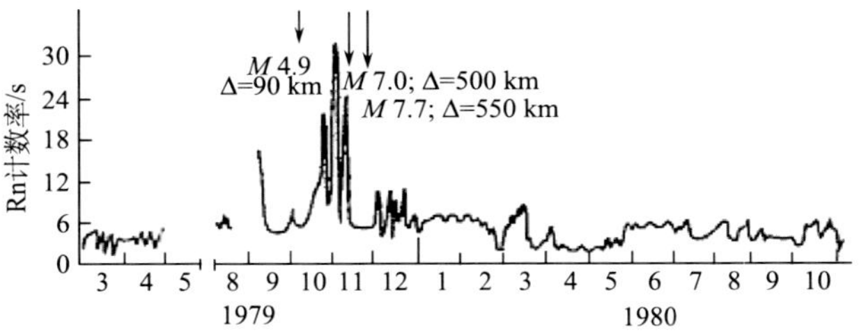

图 23-3　1979 年 11 月 14 日和 27 日 Kopet-Dag 地震区地下热流中观测到的氡浓度变化

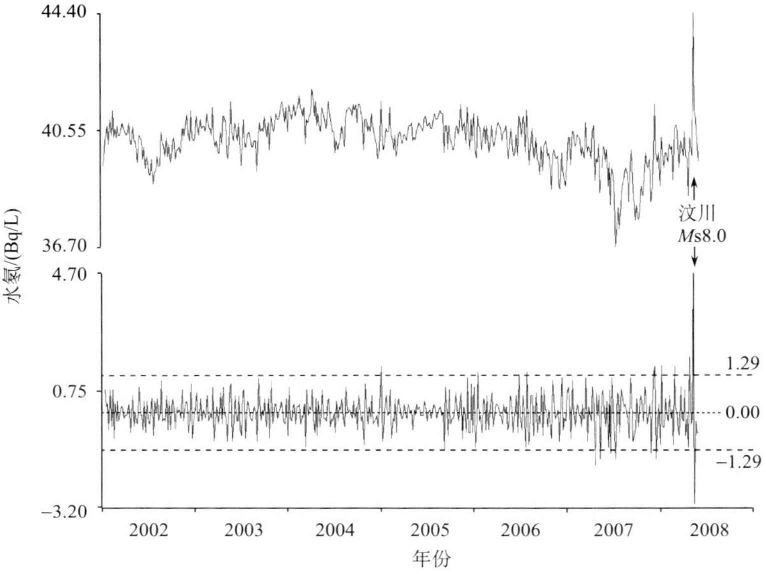

图 23-4　2008 年 5 月 12 日汶川地震前后宁波地震台的水氡异常(5 日均值图)

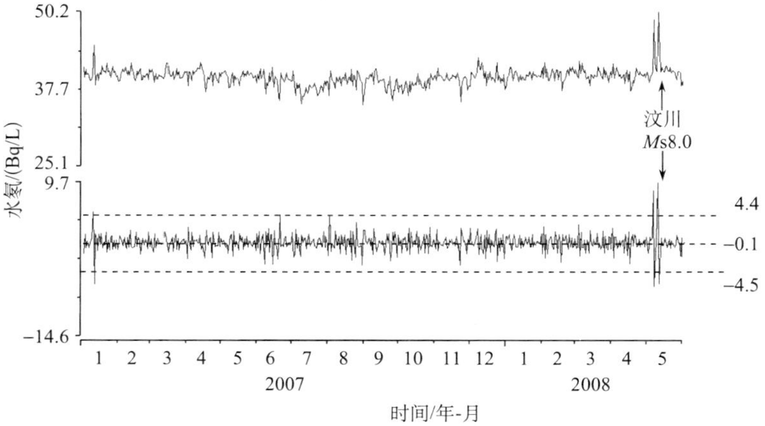

图 23-5　2008 年 5 月 12 日汶川地震前后宁波地震台的水氡异常(日值图)

(图 23-3、图 23-4 由宁波地震台邱永平提供)

一、氡异常与地震前兆

在地下水中，氡主要以溶解氡和气氡的形式存在。当地壳中某一处孕育地震时，特别是到了临震阶段，随着其应力应变状态的变化，地下水中氡的含量将发生显著的变化。所以观测水中氡含量的变化有可能捕捉到地震孕育与发生的前兆信息。自20世纪50年代发现了近地表大气中氡浓度变化与地震活动有关，60年代发现了地下水中氡的浓度变化与地震活动密切相关以来，氡在地震监测预报中的应用被逐步推广（杜建国、刘丛强，2003）。

（一）氡异常及其解析

我国在1966～1976十年地震期间，开展了大规模探索地震预报的地球化学方法等工作。如在海城地震（1975-02-04，$M=7.3$）、龙陵地震（1976-05-29，$M=7.4$）和松潘地震（1976-08-16，$M=7.2$）发生前后对地下水进行监测时，都发现了水中氡异常（王先彬，1989）。由图23-6可见，松潘地震期间地下水中氡异常可分为两组，即长期异常和短期异常。长期异常氡的异常持续时间达数月或1年以上，且多数情况下在大震前氡浓度有增长的特征，但在某些站也发现氡值有下降趋势。相对于长期异常而言，短期异常显然对地震预报更为有利。观测结果显示，大震发生前古丈、兰州和西吉站均发生了氡浓度异常增加的现象，异常幅度最高达140%。类似这样的预报在原苏联和日本同样获得了成功。

1976年唐山7.8级地震观测资料（King，1993）显示，记录到中、短期氡异常的台站大多在主、从断裂带附近，离震中大约500 km。中期异常从1973年末开始增强，并持续了几年时间。短期异常值在唐山主震和一些强余震之前几天到几星期在井水中观测到有增加。但这些异常很少在震中区出现。短期和中期异常幅度的变化范围从10%到100%，与震中距基本没关系，如图23-7、图23-8、图23-9、图23-10所示。

2008年5月12日四川汶川地震后，安徽庐江地震台水氡测值5月13日开始升高，最大升幅2.5Bq/L（25%），10月3日恢复正常。汶川地震前，庐江台水氡没有出现显著异常变化（图23-11）。

庐江台数字化气氡震后升高10Bq/L左右（5%），5月13日基本恢复正常，震时效应比较明显（图23-12）。

汶川地震后，安徽临泉台水氡测值5月14日升高6Bq/L（24%），最大升幅10Bq/L（40%），至10月31日，临泉水氡测值仍在高值波动。震前，水氡没有出现显著异常变化（图23-13）。

这些异常在世界其他地震区也能观测到。震级越大，异常分布的范围越广。但异常幅度变化并不主要依赖震中距或震级（图23-14）。

上述诸例说明，地震（尤其是震前）常同异常稀有气体的喷气作用相联系。然而实际上，在许多地震发生时并未观察到氡气的喷气效应，而许多喷气效应显然与地震不相关。明显的氡异常有时也不会发生在强震中，相反，在一些弱震中有所体现（图23-15、

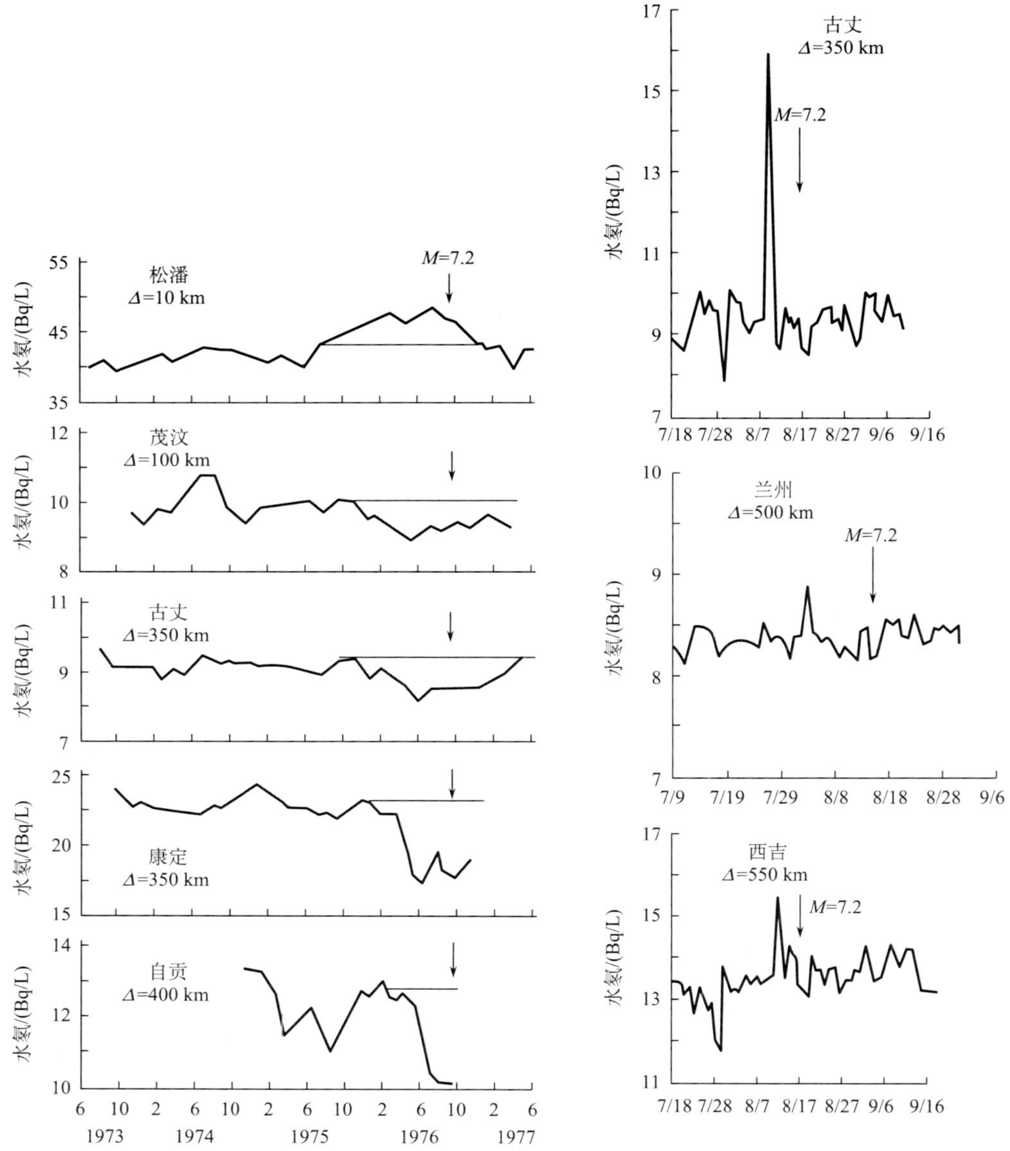

图 23-6　松潘地震($M=7.2$)地下水氡浓度分布

图 23-16)。甚至在一些距离震中几百公里远的区域也能观测到氡的明显异常。由于氡的半衰期(3.85d)很短,氡气通过土壤、岩石、裂隙向外扩散,或通过地下水迁移的速度都很慢,很难想象产生于震中区的气体在很短的时间内运移数百公里后,能观测到异常。

为了解释这种远距离地震对氡喷气的影响,已提出了多种模式。通常认为这种影响是由于大范围的应变作用导致的。Fleischer 认为,如果在 1 个弹性体的应变中心具有一延伸到整个弹性体的应变场,则在远离此中心的流体的运移将会受其影响(王先彬,

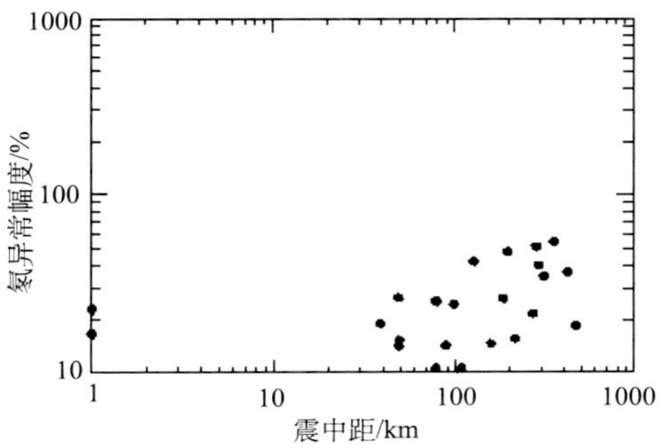

图23-7　1976年唐山地震地下水中氡浓度中期异常幅度范围随震中距的变化

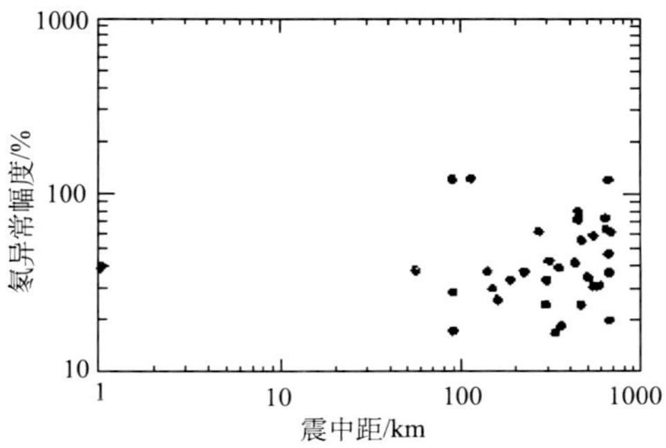

图23-8　1976年唐山地震地下水中氡浓度短期异常幅度范围随震中距的变化

1989)。他对此提出了一个高度简化的与地震相关的弹性应变模式,并推导出地震震级与它所影响的范围之间的经验关系式:

$$X_m = 10^{0.48M} \qquad M \geqslant 3$$

可根据氡观测站获得的氡异常信号,得出氡异常区域的直径,再用上式推断出即将发生的震级 M(王先彬,1989)。

Dubinchuk(1993)认为,很小的区域应力强度变化就可能导致氡异常。由于地质体的结构差异,会产生应力集中,颗粒(如 Rn,He 分子)的内部自由能的释放使这些元素更容易从固相岩体往孔隙流中迁移。这种岩体的应变状态是导致地震来临的内因。而由于应力的增大,将增大扩容性,导致氡、氦等气体的释放(图 23-17),它们以气态形式或溶解在地下水中,通过裂缝和孔隙到达地表。因而可用以预报地震的发生。

此外,氡的逸出也会受气象因素的影响,导致对地震前兆的干扰。如 Yamanouchi 和 Shimo 对氡浓度变化实施长达 4 年的监测后认为,降雨是引起氡浓度变化的主要原因,水的渗透作用使氡的喷气增高,同时氡的逸出还随季节不同而变化(王先彬,1989)。

因此,若要得到可靠的氡测量数据来监测及预报地震,深入理解影响喷气作用的地质构造学机理和学会剔除干扰因素等是极为必要的。同时,选择合适的观测点、观测技术及数据处理方式也很重要。

(二) 氡观测技术及数据处理

世界范围内地下流体观测技术的快速发展是在 20 世纪 60 年代开始的,其中尤以中国、原苏联、日本等国研究最为深入。中国结合地震预报对地下流体进行了多方面(其中包括氡浓度观测)的地震监测研究,并建立了庞大的观测台网。

对与地震有关的氡浓度的观测主要从泉水、井水或土壤中获得。国内最先使用的是模拟水氡的观测仪器,如 FD-105 K 型静电计。但由于这类仪器灵敏度低、不利于现场使用,采集与处理样品时完全采用人工操作,会产生较大误差,因此它已经逐渐被 SD-3A 数字测气氡仪所取代。

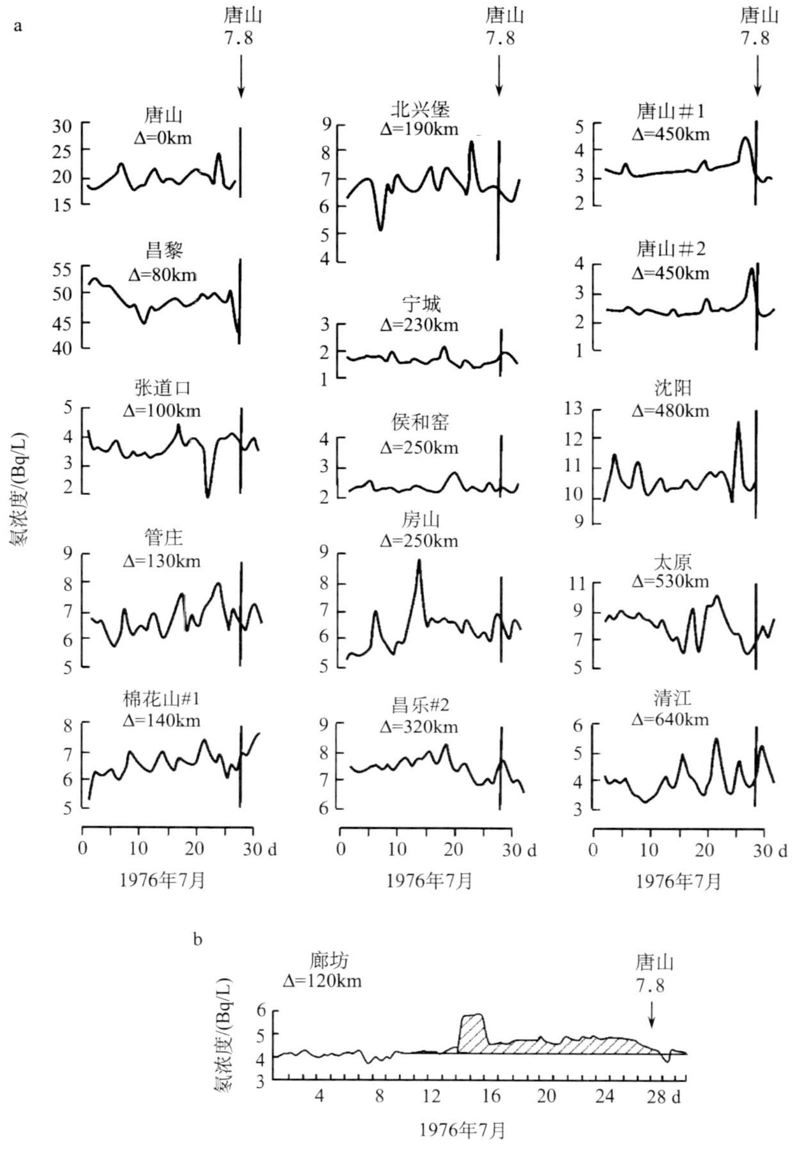

图 23-9　1976 年唐山地震地下水氡浓度短期变化的时间序列

a. 不同观测站的日记录；b. 廊坊观测站的连续记录值

考虑到模拟水氡长期以来所形成的观测资料积累了丰富的地震前兆信息，在地震分析预报领域占有独特的地位。因此，模拟水氡仍旧可以与数字气氡共存，以发挥它应有的作用。对于两种方法并行观测时模拟水氡采样对数字气氡的干扰问题，可以采取整点之前采集水样的办法使影响降低(杨光和李志雄，2005)。

尽管氡观测仪器越来越精细化，但有两个问题受到普遍关注。其一是观测物理量响

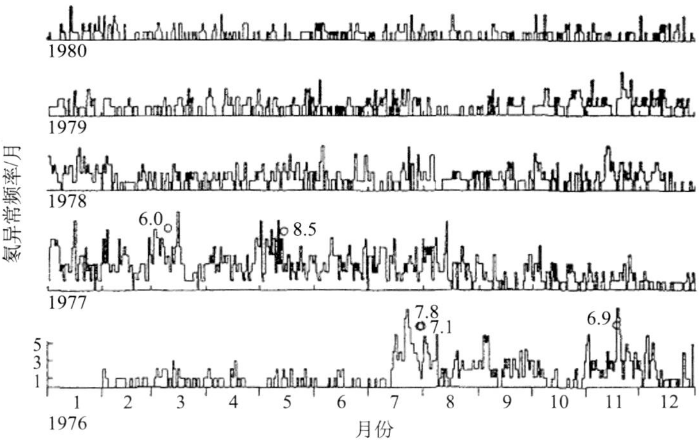

图 23-10　唐山地震和余震期间观测井水的短期氡异常记录

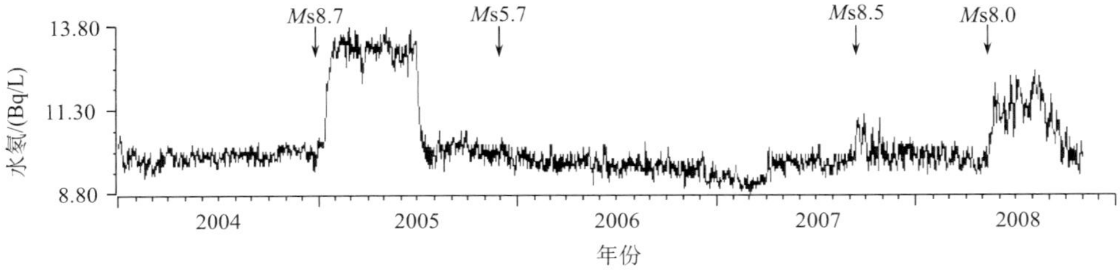

图 23-11　庐江台水氡日值曲线

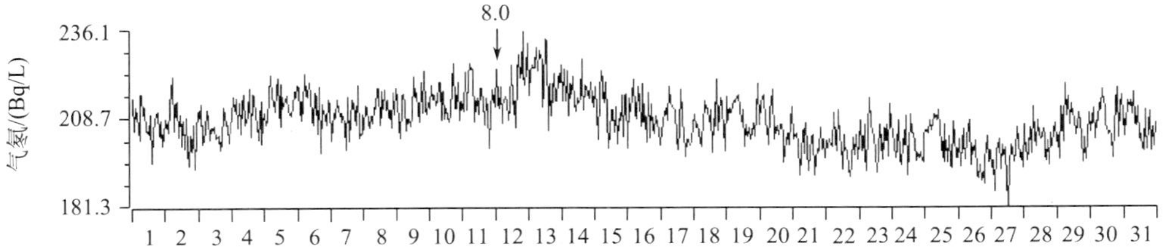

图 23-12　庐江台数字化气氡整点值曲线(2008 年 5 月)

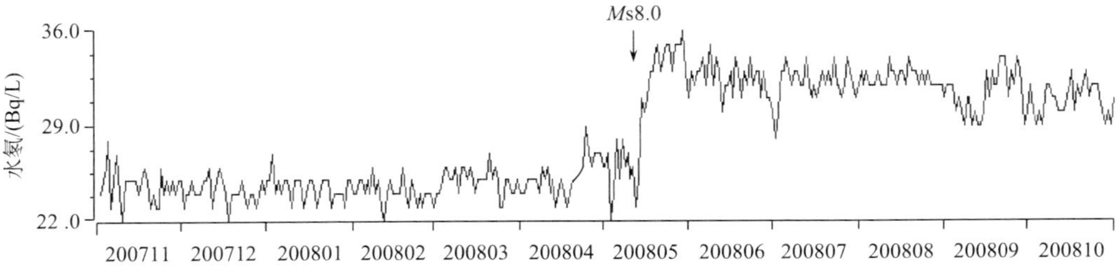

图 23-13　临泉台水氡日值曲线

(图 23-10～23-12 由安徽省地震局陶月潮提供)

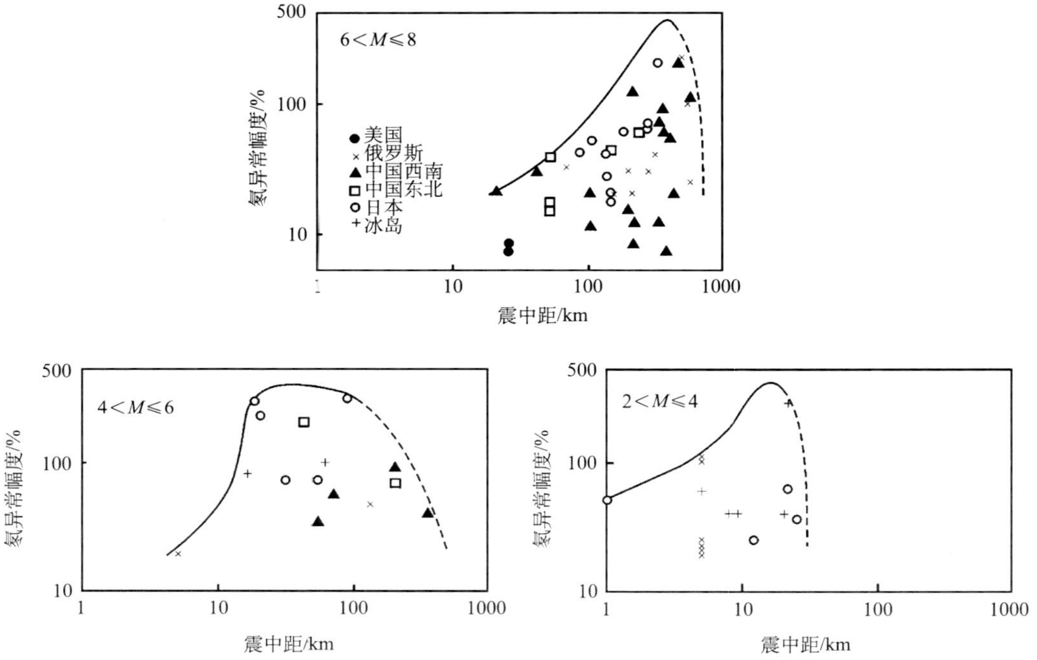

图 23-14　世界范围内地下水中氡浓度异常幅度随震中距、震级变化图

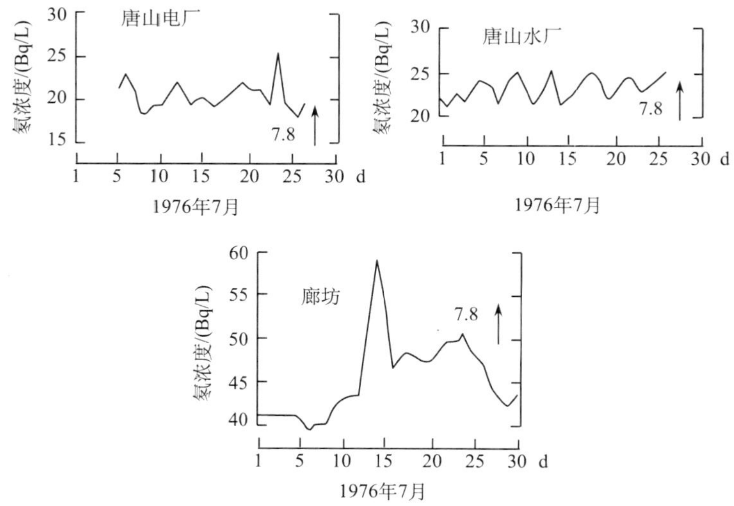

图 23-15　1976 年唐山 7.8 级地震三个不同观测站地下水中氡异常

上面两个观测站位于震中区，下面一个离震中 130 km

应地应力变化的能力，进而作为前兆观测方法的力学基础问题。在此方面，通常以观测物理量能否响应地球固体潮汐现象伴随的微弱应力-应变信号作为一种标志。关于地下水氡浓度变化的潮汐现象，由于观测技术及数据处理的局限，所得结果尚不知能否真实

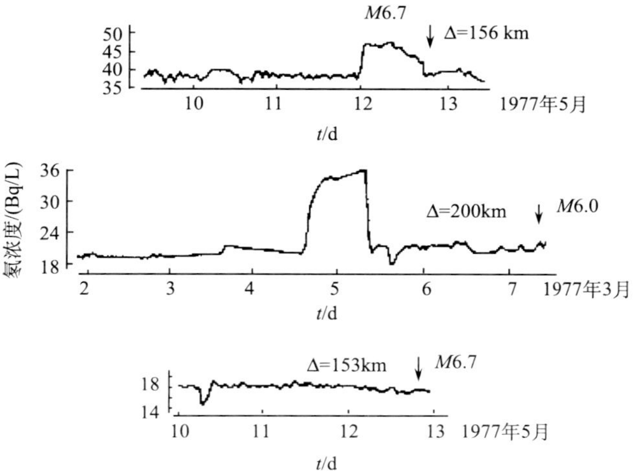

图 23-16　北京两个不同观测站地下水中氡变化

（前两个在震前都有氡异常的发生，而最后一个则基本没有明显的变化）

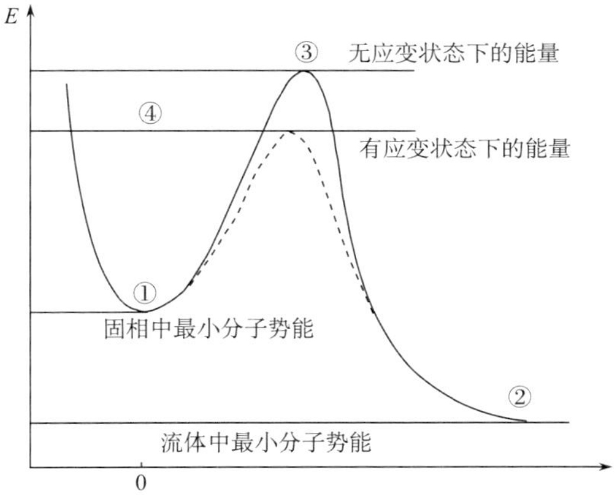

图 23-17　颗粒在不同应变状态下的能量曲线图

反映含水层氡浓度变化的实时动态。另一问题是，由于受多种因素共同作用下地壳和观测系统的综合影响，观测数据中普遍存在干扰以及如何加以识别的问题。为此，学者们已经对这两方面问题开展了许多探索性研究工作。

Friendmann(1993)对奥地利 5 个泉中的氡浓度进行了连续观测，发现其中有 4 个泉由于受气象的或人为的影响，不适合做进一步的观测，只有 Warmbad Villach 的 Freibadquelle 泉自 1977 年开始对其进行连续观测，见图 23-18。该泉位于奥地利与意大利交界处的东西向的 Periadriatische Naht 横向断裂处。

图 23-18 中显示两个不同时期的氡峰值。首先，影响氡浓度的一个非常重要的指标

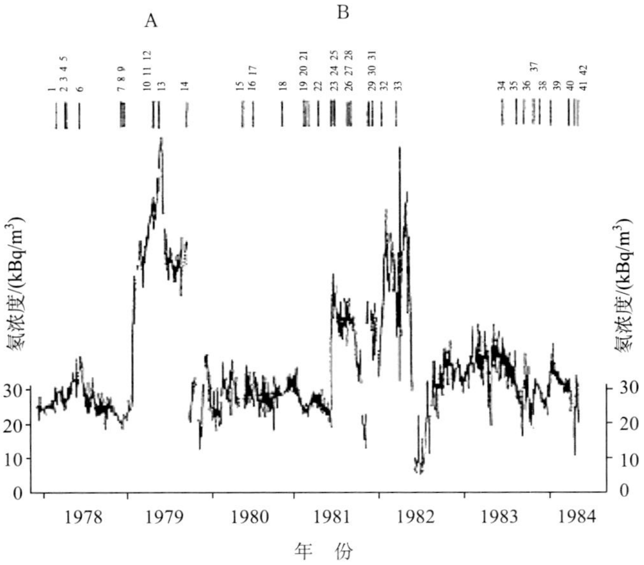

图 23-18　Freibadquelle 泉水中氡浓度时程变化图

是气象因素，如降雨、气压、孔隙水的影响，尤其是温度和水位。

第一步是检验孔隙水是否会引起高氡浓度。Freibadquelle 泉周围一些井水中的水位接近地表。这些水可能全是雨水或混有小部分的地下水。水位和温度呈现季节性变化，没有明显的异常(图 23-19)。图 23-18 中第一个峰值对应了相对较高的水位，而第二个峰值对应的水位中等甚至偏低。对气压进行观测后也没有发现异常。

图 23-19　泉水水温及水位随季节变化分布图

峰值 A 发生之前和期间没有发生过人工抽水、钻井等行为，而 B 峰值发生前曾在离泉 100 m 的地方对一口深 268 m 的新钻井进行抽水试验，时间发生在 1981 年 6 月 9～12 日，这一动作可能是导致 6 月 13 日氡异常的原因之一。但这样短时期的抽水不可能引起长达 1 年半的氡浓度异常。1983 年 4 月 18 日～5 月 5 日同样的抽水事件就没有引起高氡值。

第二步是鉴别哪个是真正的氡异常，哪个是统计上数据的振荡或干扰。图 23-20 显示的是氡数据的时频分布计算图。

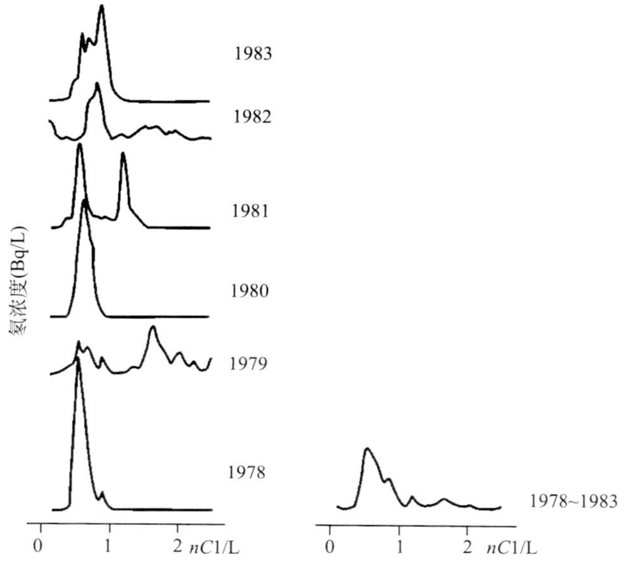

图 23-20　氡的时频分布计算图

假定异常只是小概率事件，那么氡浓度应该围绕一个平均值上下分布。因此，如果一个时频分布图的主峰顶能清楚地显示出，那么这个峰的最大值就可以叫做“正常值”。如果这个峰顶呈现为不规则形状，那么就会产生一个统计意义上的偏差。要找到一个标准来定义这个“统计意义”无疑是比较困难的。由于氡浓度的大小与时间有很大的关系，因而只有相对于整个观测时间而言，才能找到一个标准来对显著异常的氡浓度和历时进行取值。这意味着，随着观测时间的不断增长，极端氡浓度的相对历时会缩短，最终其数值和历时会下降。如果我们知道两个相互独立的氡浓度间距的时间 τ，振幅 R，就可以计算出概率 $W(R, T)$。

$$P(R) = \int_{-\infty}^{R} P(r) \cdot \mathrm{d}r$$

$$W(R,T) = [1 - P(R)]^{T/\tau}$$

所以，如果它的概率值低于标准的预定极限值，则 R 和 T 就被看作异常。

这样定义的第一个缺陷是它的幂阶 T/τ，就是 τ 的估计。从短时间振荡看，可以假定 τ 是一天的阶。对于非常短促的显著异常氡值，只要一个观测值有一个极端幅值(两次观测的时间大于 τ)，T/τ 就可看成 1。

第二个缺陷是，可能有非随机的本底值不能被之前的数学处理所消减。这个本底值会使正常值发生漂移，并导致错误的概率偏差。

最后，这种定义下的氡值的网络分析会使检测异常遭受一定的延迟。

因此，Friendmann(1993)尝试应用一种更直观的定义来说明氡观测值的异常。正常值同上述定义的一致。长时期异常一般可认为是经过 Filter 算法平滑过的正常值与对统计偏差进行三次以上平滑的偏差值。短时期的是实际正常值与对统计偏差进行三次以上平滑的偏差值。

虽然我们不能确定不同地震区域内的泉水中大致的地震敏感带，但是，可以认为相同震级、深度、地区的地震对观测泉的影响程度相当。而统计表明，氡异常时段选取的地区发生地震的概率与氡正常时段选取的同样地区发生地震的概率的随机性是很不同的。

Friendmann(1993)对 K 天中发生地震的可能性得出一个经验公式：

$$W_K = 1 - (1 - W_1)^K$$

统计偏差为

$$\delta W_K = K \cdot (1 - W_1)^{K-1} \cdot \delta W_1$$

例如在该例的 Freibadquelle 泉中，20 天内泉水中正常氡值时段内发生的概率只有 2%($W_{n20} = 0.022 \pm 0.014$)，而异常期发生的概率就达到 20%($W_{a20} = 0.20 \pm 0.06$)。

郑文俊等(2006)认为，水氡浓度随着压力载荷的增加而变化。由于各地区含水层岩石的镭含量、孔隙度及围压等条件的不同，各地区的水氡浓度往往差别很大。因此，水氡震兆异常幅度不仅与岩石受力的大小有关，同时因地区而异。即使在同一区域应力状态下，由于不同观测点的水氡异常变化幅度往往相差很大，故难以相互比较。为了尽可能减少这一差异对“趋势面”分析可能带来的影响，他选用月均值多点滑动与相对稳定时期年平均值比较的处理方法，抑制高频和年动态变化，突出短期性异常，同时采用变化率(即无量纲参数)处理方法，建立起各观测点水氡的相对变化率，以降低因“背景”条件不同而造成的“本底差”。具体算法如下：

(1) 以 13 点滑动平均法，求出月均值的滑动平均值，计算公式为

$$\overline{X_t} = \frac{1}{13}(X_t + X_{t-1} + X_{t-2} + \cdots + X_{t-12})$$

(2) 以滑动平均值与基值(可选观测数值相对稳定时期的年平均值) 之差再除以基值，其结果即为水氡变化率。其数学表达为

$$K_i = \frac{\overline{X_t} - X_0}{X_0}$$

式中：K_i 为变化率；X_0 为基值。

当水氡滑动平均值大于基值时，K_i 为“+”，表示观测数据为高值异常变化，反之，则表示低值异常变化。

蔡作馨等(2006)在宁德地震台进行的地下水数字化单井综合观测实验中，采用“恒流式”单井综合观测方法，配套相应的技术系统，实现了对地下含水层氡浓度和水位实时动态的连续综合观测，同时清晰记录到两者具有与固体潮相对应的同步性半日波微动态。

观测结果显示，水氡和水位的微动态明显具有与固体潮相对应并呈同步变化的半日

波形态。从图 23-21、图 23-22 可见，水温动态似乎也含有半日波信号，但不如水位和氡浓度明显，而且相位也不尽一致，其半日波信号是否客观存在还有待继续观察。

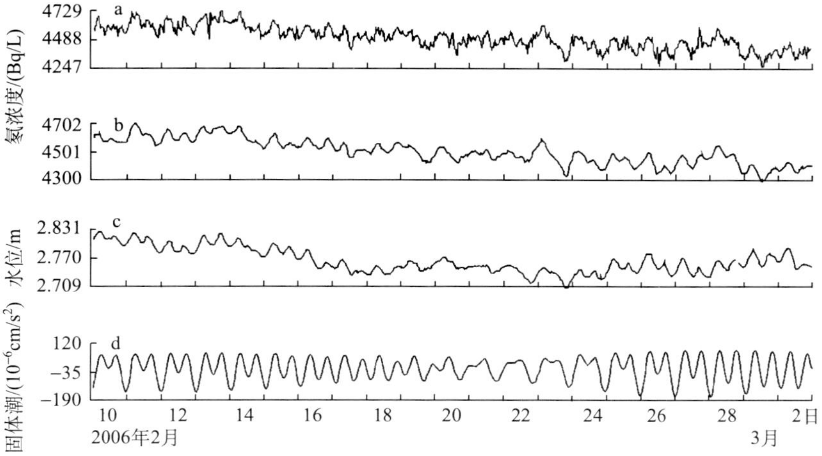

图 23-21　宁德台数字化单井综合观测氡浓度和水位微动态对比

a. 氡原始数据；b. 氡时值数据 5 点滑动；c. 水位原始数据；d. 固体潮理论值

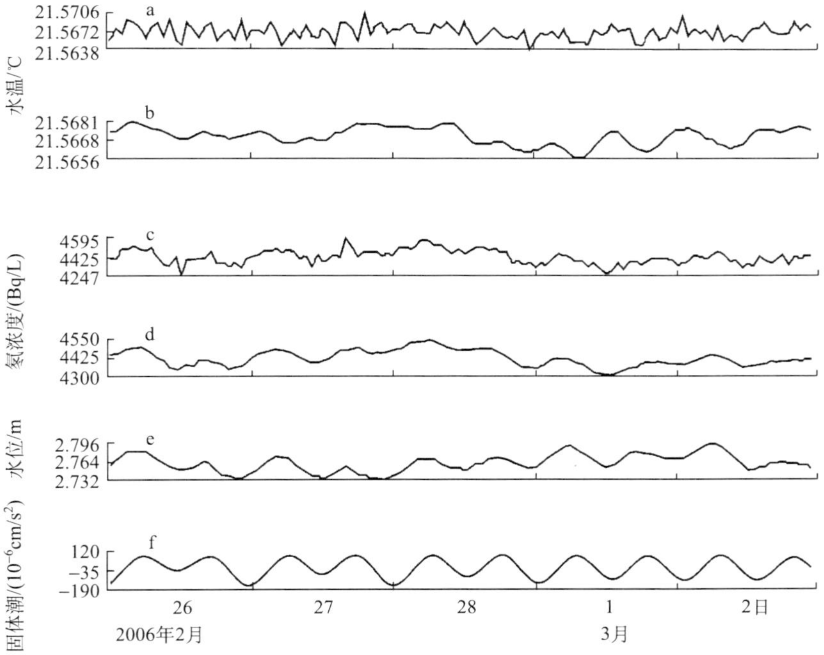

图 23-22　宁德台数字单井综合观测水温、氡浓度和水位微动态对比

a. 水温原始时值数据；b. 水温时值数据二次 5 点滑动；c. 氡浓度原始时值数据；

d. 氡浓度时值数据 5 点滑动；e. 水位原始时值数据；f. 固体潮理论值

观测结果的记录表明，诸如水位、水氡这些观测指标的变化在某些方面具有同源性。虽然目前对其机理尚不是十分清楚，但初步可以认定都与固体潮的引潮力存在某种关系。这为除水位外的其他测项预报地震力学基础的研究提供了新的观测事实。

刘箐华(2006)在对位于长春市的南湖活断层上的实测土壤气氡浓度剖面曲线进行预处理时，考虑到实测氡浓度除受覆盖层中地质结构参数、断层参数、覆盖层厚度等影响外，还受到气象条件和测量误差的影响。因此采用了肖维纳数值舍去标准化方法，将这些非断层因素的随机误差消除。

$$1 - F\tilde{x} = 1 - \frac{n}{\sqrt{\pi}}\int_{-\tilde{x}}^{\tilde{x}} e^{-\frac{1}{2}\sigma^{-2}} \cdot x^2 \cdot dx = \frac{1}{2n}$$

然后，利用多点平滑处理法将随机误差进行压制，分别采用 5 点和 7 点谢帕德公式：

$$y(n) = \frac{1}{35}[-3x(n-2) + 12x(n-1) + 17x(n) + 12x(n+1) - 3x(n+2)]$$

$$y(n) = \frac{1}{21}\{7x(n) - 2[x(n-3) + x(+3)] + 3[x(n-2) + x(n+2)] + 6[x(n-1) + x(n+1)]\}$$

使曲线经多点滤波圆滑处理。

图 23-23 中，③、④号峰经 5 点、7 点处理后，峰几乎拉平了，呈平缓波动。所以可判断③、④号峰为上盘裂隙存在，是地层结构疏松而产生的局部干扰。

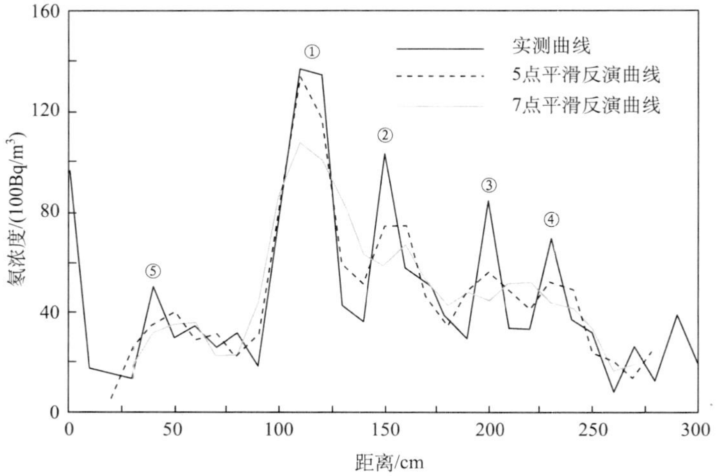

图 23-23　南湖断层原始测量与经多点滤波处理后对比曲线

地震本底值依赖于区域地质、水文地质、地球化学特性及地震背景。若不去除本底的干扰，会破坏有用的前兆信息。在分析氡浓度曲线时，常会因无法正确判断异常峰和确定本底而影响数据的分析，因而可能导致错误的地震预报。在分析时，单峰异常一般较为简单，能明显判断出为异常峰，但多峰异常就较为复杂，必须由多峰的分布特征来判断活断层的可能构成，以便正确判断异常峰。当将异常峰提取出来后，求出两侧本底，取异常峰两侧有限的测区，使异常峰完整。图 23-24 中，①、②、③号峰判断为主断层及上盘裂隙引起的，故取区域 A 为断层拟合计算区域。

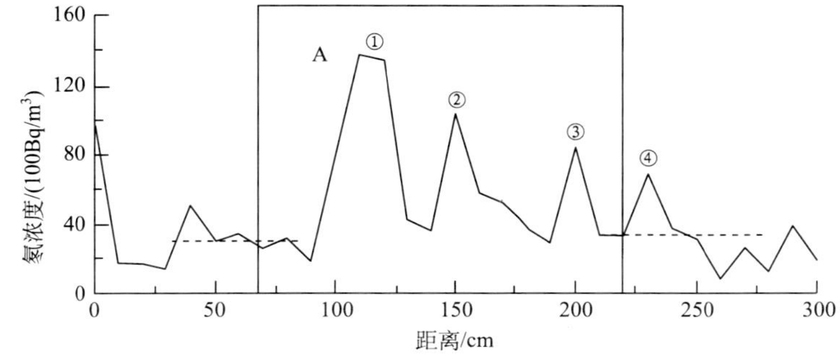

图 23-24　南湖断层实测氡浓度剖面曲线

对于异常峰两侧本底的确定，较简单的方式是统计方法，求两侧稳定氡浓度的平均值作为测区围岩的本底，异常峰两侧本底应分别确定。另一种方法是采用概率分布的方式统计，作异常峰两侧测量值的直方图，求出众值为测区围岩的本底。

结果显示，拟合得出的断层参数为：埋深 20 m，断裂宽度 102 m，主断层宽度为 26 m，主断层氡浓度为 34 000Bq/m^3。此结果与南湖活断层实际情况基本相符(图 23-25、图 23-26)，与高密度电阻的测量结果也很接近。

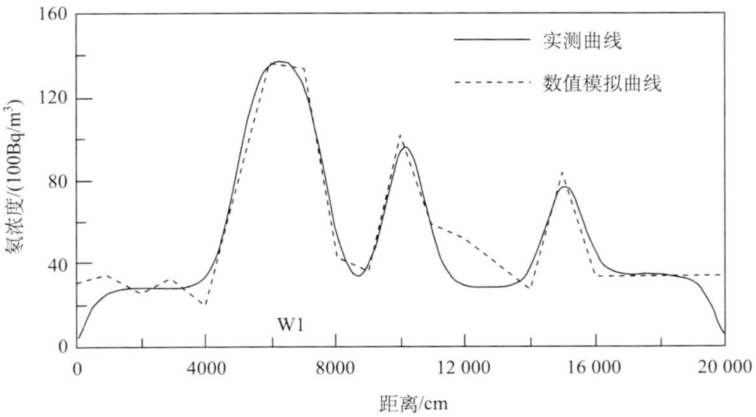

图 23-25　南湖断层原始测量反演拟合曲线

(三) 氡的运移机理

自氡被发现以来，氡气的释放和运移机理一直是重要的研究内容。最早提出的氡运移模式认为氡运移是扩散引起的，这一模式是建立在 Fick 定理基础上用于解释氡气运移的一种理论，至今仍被认为是氡运移的重要机制。然而，随着氡气测量的广泛应用与深入

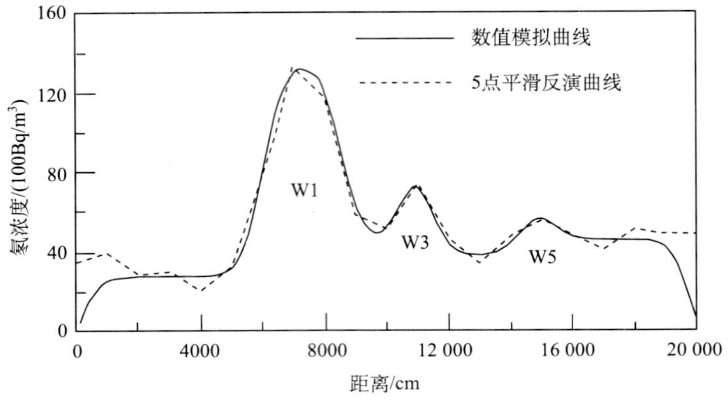

图 23-26　南湖断层 5 点圆滑处理后反演拟合曲线

研究，专家发现仅用扩散理论并不能对观测到的所有现象进行解释。为此，国内外又提出了其他一些假说，认为对流作用、地下水的作用、潮汐作用、抽吸作用、伴生气体的拖曳作用、渗流作用、地热作用、地应力作用等，也在氡运移过程中起着重要作用。

在进行理论研究的同时，人们也进行了一些实验研究和数值模拟，以便弄清氡的真实运移规律。为此，在实验室理想模型条件下进行了一些实验，将过去认识不足，或未发现的现象进行了归纳总结，并逐步将实验研究成果上升到理论的高度，为氡的运移机制研究提供了新的思路。

1. 引起氡运移的外因

概括来讲引起氡运移的外因主要有：扩散对流、孔隙流体运移、应力应变、温度压力、接力传递等作用（曹玲玲等，2005）。

G. Martinnelli 认为，仅用扩散运移机制来解释氡的长距离迁移在物理意义上是行不通的，一定存在其他的起主导作用的运移机制。他阐述了氡运移的对流机制，认为如果地壳内部存在地热梯度，则可能存在对流，对流与水力渗透系数、对流单元的大小、流质的黏滞系数和热扩散系数等因素有关。也介绍了氡气以其他深部气体如 CO_2，CH_4，N_2，NH_3，H_2S 和 H_2 等为载体向上运移的机制。还解释了气泡运移机制，认为氡原子具有附着到气泡表面的能力，尽管附着力很弱，但当氡原子离开一个气泡后，很快又能附着到另一个气泡表面；当气泡在水中以一定的速度向上运移时，氡也随之向上运移（乐仁昌，2001）。

李韧杰根据氡在多孔介质中迁移的理论，导出氡在充满流体的空隙中行进的动力有体积活动梯度和压力梯度两种，即扩散和对流。扩散是低渗透性土壤中氡迁移的主要方式，而对流是较高的可渗透性土壤中氡迁移的主要方式。多数情况下氡迁移是这两种方式的结合（乐仁昌，2001）。

车用太（1997）提出了水氡异常的水动力学机制。他认为，含水岩层是多空隙介质，其力学属性接近于岩体，而不同于岩石，因此在很低的应力水平下可以发生变形，从而改变岩体的空隙率及相应的孔隙压力，并导致水动力状态或条件的变化，由此引起井水或泉水中氡或其他化学组分的异常变化。

当饱水岩体中有水流运动时，化学组分也要随之发生变化。其变化一般存在 4 种机制，即浓度差引起的扩散作用、水流引起的水动力弥散作用、产生新组分的水-岩相互作用与新的水流混入引起的平流作用。由于在较短的时间尺度内，水-岩相互作用的影响极为微弱，在岩体变形阶段也不会产生新的水流混入，因此，多数情况下化学组分的变化是扩散与弥散及水流迁移引起的。在这一情况下，化学组分的变化可以表述如下：

$$\frac{\partial}{\partial x_i}\left(D_{ij}\ \frac{\partial C}{\partial x_i}\right)-\frac{\partial}{\partial x_i}(CV_i)=\frac{\partial C}{\partial t}$$

式中：D_{ij} 为弥散系数，该系数为机械弥散系数与分子扩散系数的总和，但在许多实际应用中，分子扩散系数远小于机械弥散系数，因此该系数大体上等于机械弥散系数；C 为化学组分的浓度；V_i 为水流速度。

因此，当地震孕育过程的力学作用影响到含水层，含水层发生变形并改变水流状态时，有可能引起化学组分如水氡的浓度变化。

氡析出率不仅依赖于岩性和晶体结构，而且随孔隙水压力和应力的改变而变化。这些外力的改变可以借助地球物理手段诸如电信号、磁信号等参数测得。而其变化与含水层的渗透率、孔隙度以及电动力过程的瞬态变化有响应。Stoker 和 Kruger 于 1975 年提出一个较为贴切的氡运移模式，公式如下：

$$C/E=(1/p)\left(1-\exp\left(\frac{-\pi ph\lambda}{Q}(R_e^2-R_w^2)\right)\right)$$

式中：C 为流体中每立方厘米氡的活度（pCi/cm^3）；E 为每立方厘米氡从岩石中析出的活度（pCi/cm^3）；λ 为 Rn-222 的衰变常数；R_w 为柱状裂隙的半径（cm）；h 为深度（cm）；R_e 为岩石裂隙面的半径；Q 为流量（cm^3/s）。

这一模型的计算结果可以用来与其他地震预报的现场监测数据进行对比。Gasparini 和 Mantovani 于 1978 年证实了这一点。他们将 Stoker-Kruger 模型应用于北亚平宁地区泥火山历时一个月喷发过程的研究。结果显示，计算出的氡逸出量与现场观测的值很接近，达 15～30 L/h，逸出速率达 150～300 m/d（Dubinchuk，1993）。

程业勋等对我国各地氡的测量研究结果发现，空气中氡浓度的日变、地下 1 m 以下的年变与气温存在很好的相关性，即每天的气温最高时间段 12：00～14：00 氡浓度最低，夜间温度最低的 2：00～3：00 氡浓度最高；每年温度最高的 6～8 月空气中氡浓度最低，温度最低的 12 月到来年 1 月浓度最高。气温日较差大的季节和年较差大的地区空气中氡浓度变化幅度较大（除此之外，风的影响不可忽视）。地下 1 m 以下土壤中氡浓度的日变化不明显，而年变化差不多滞后半年，故 1，2 月才是浓度的最低值。这主要由于太阳辐射大部分被反射，少部分进入土壤；另一方面由于土壤的导热率很低，太阳辐射传到地下深处要经历较长时间，地表温度的年变化传入深部要滞后大约半年。这说明地下氡浓度的年变化也主要是温度变化所致（曹玲玲等，2005）。

刘泰峰等提出镭的迁移是氡作垂直长距离运移的重要机制。他认为，如果将氡的扩散作为其重要迁移方式，那么理论计算表明，若周围介质的扩散系数为0.04 cm^2/s，则离氡气源10 m处氡气浓度已降到原来的1‰，如果氡气运移10多米，则几乎衰变完；若以地下流体迁移作为其动力来源，地下水在地层中的运动速度一般为每天几米或十几米。地下水从地下深处(如几百米处)，将氡在20 d左右的时间内带到地表基本上是不可能的。因此他认为氡的长距离迁移是靠其母体铀、镭的接力传递过程进行的(曹玲玲等,2005)。

Rn放射源物质如何衰变释放出氡气这一研究及讨论已经定量化。Andrews于1977年计算了含放射性Ra-226的岩石颗粒发生衰变后Rn-222的释放量，如下式：

$$\log(\%Rn_{Release}) = 0.5\log D + C$$

式中：D为颗粒直径；C为常数。这一公式适用于大多数沉积岩(如灰岩和页岩等)。

氡气沿着岩石的晶间距从水-岩界面逸出到水中时氡的分布规律依赖于水的流速与氡在水中的弥散度。弥散过程非常缓慢，一般认为不会影响氡的分布。那么，在大尺度的水系统中，尤其对渗透性很好的地层而言，水的流速就成为决定氡的分散状态的一个非常重要的因素。Andrews认为，流经多孔的含氡放射源的岩石时，水中氡的浓度为：

$$Rn = (AdRa/f)\left(1-\exp\left(-\frac{x}{v}\right)\right)\exp\left(-\frac{x'}{v'}\right) \quad (pCi/L)$$

式中：Ra为岩石中镭(或铀)的活度值；d为岩石的密度；f为裂隙宽度；v和v'分别代表含水层中和离开含水层后水的流速；x和x'分别代表在含水层中和离开含水层后水流经的距离；A为逃逸到水中的氡含量与岩石中生成的氡含量之比，它的大小依赖于岩石孔隙度的大小及其矿物组成。当含水层中的水动力参数可以充分获取时，这一公式是较令人满意的(Martinelli,1993)。

2. 引起氡迁移的内因

上述氡气运移的假说，多是就外部环境对氡气运移所起的作用进行研究的。内因引起氡迁移的机理研究是近几年才开始的，还处在探索阶段，得出的结论大多偏理想化。

Baretto认为，氡的逸失可能是由于蜕变时的反冲作用引起的。^{222}Rn形成时的反冲能量大约为100 keV，这一能量可以使氡穿过数百个晶格位置，进入矿物结构的微细毛细管或裂缝中。氡是气体，可以运移较大的距离，由于铀-钍体系放射性蜕变引起的辐射损伤使氡能以相当快的速度进行区域扩散，这对于氡的喷气作用是很重要的。在各种地质过程中喷出的氡可作为地球化学示踪剂。氡的运移引起铀-钍蜕变系列不平衡，一旦氡从它的矿物源中被释放出来，它可运移达到宏观的距离，有时甚至可达非常大的距离。这种运移或是通过孔隙空间中的气体进行扩散，或是溶解在地下水或海水中被传递(王先彬,1989)。

PorstendÖrfer提出，氡在空气中与空气中的微量气体或水蒸气形成团簇或吸附在大气气溶胶颗粒上，迁移机制为扩散和对流，氡浓度变化或氡的释放与昼夜更替有关。乐仁昌(2001)在此扩散和对流运移机制的基础上，建立了室内室外放射性气溶胶浓度分布数学模型，并对室内室外放射性气溶胶浓度进行了实测和计算。结果是：室内室外放射性气溶胶浓度随时间呈无规律变化，主要与气象参数密切相关。

贾文懿应用高灵敏度、高精度、静态累积、易于重复观测的测氡技术，在室内较理想的条件下，进行了氡及其子体的运移规律及机理研究，发现：①氡及其子体的纵向运移能力远大于横向运移能力；②氡及其子体比重很大，但其向上运移的贡献大于向下运移的贡献；③氡及其子体和母体衰变放出的α粒子减速后形成^{4}He，能与它们形成团簇，当其密度小于空气时，能自行上行。而这种现象具有阵发性。这是由于铀矿物内部孔隙发育各异，Ra经α衰变放出Rn及He等，并形成团簇，待其在矿物内部聚集到一定压力时，才能由铀矿物裂隙释放到外部，氡释放后压力减小，气体开始重新聚集，这是铀矿物释放氡具有阵发性和自发性的内在原因(曹玲玲等,2005)。

刘鸿福等将上、下及水平各100cm和200cm的PVC管固定在室内,PVC管的顶端封闭,中间与氡源(铀矿石)相连接,利用α杯测氡方法测定PVC管上、下及水平顶端位置氡及其子体的计数。结果发现,氡及其子体在向上方向的计数略大于或等于向下方向的计数,但向上向下方向的计数明显大于水平方向的计数,并提出了氡及其子体团簇运移机制(曹玲玲等,2005)。

二、氩对地震前兆的预示

高小其等(2001)曾结合19年震例资料,对位于乌鲁木齐南部(87°37′E,43°42′N)柳树沟-红雁池断裂带上的10号泉水中CH_4/Ar(甲烷/氩气)比值的映震特征进行分析。结果显示,与甲烷的映震特征相比,CH_4/Ar的映震特征更为明显(图23-27至图23-30)。因而在一些地震前,若甲烷有前兆异常,那么CH_4/Ar则一定也有前兆异常;若甲烷无明显前兆异常,而CH_4/Ar则可能有。

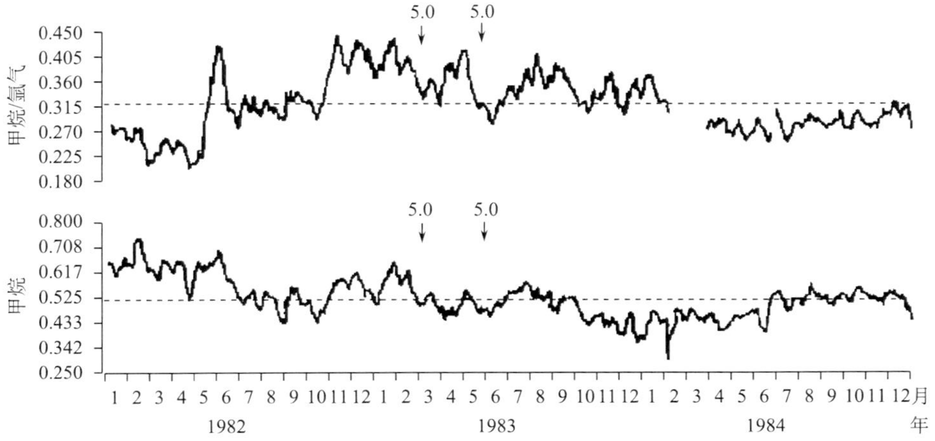

图23-27　乌鲁木齐10号泉甲烷/氩气、甲烷10日均值图(1982～1984)

而且,近场中强地震的前兆异常以趋势性变化为主:本底值—趋势性上升—最高值—趋势性下降—恢复至本底值。地震一般发生在CH_4/Ar值由高到低的恢复过程中。异

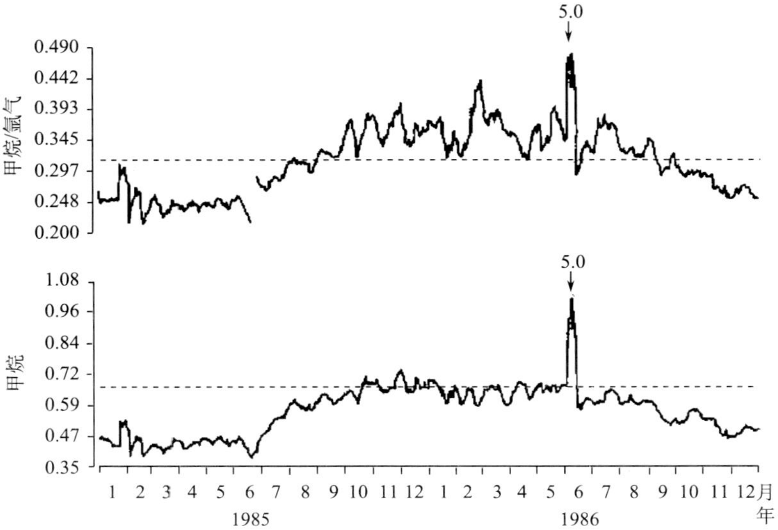

图 23-28　乌鲁木齐 10 号泉甲烷/氩气、甲烷 10 日均值图(1985～1986)

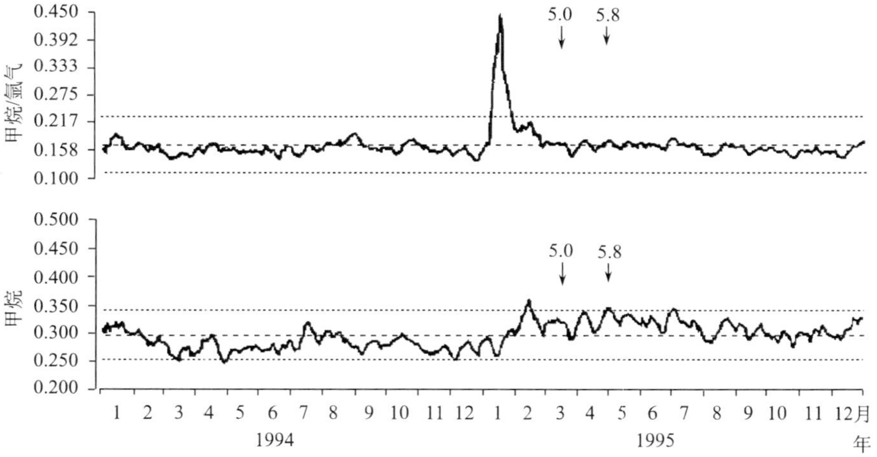

图 23-29　乌鲁木齐 10 号泉甲烷/氩气、甲烷 10 日均值图(1994～1995)

常从开始至发震约需数月至数 10 个月。同一观测点的绝大多数观测项目会有类似的同步性异常变化。

远场中强地震的映震特征一般以短临突跳为主:背景值—脉冲式高值异常突跳—本底值,或短时间、小幅度的趋势性异常变化,而地震常常在脉冲突跳结束后数天至数十天或小幅度趋势性变化过程中发生。同一观测点的部分映震灵敏性较好的观测项目可能会有类似异常变化。

对日本中部 Omaezaki 地区一口深 100 m 的井中地下水气体组分进行持续监测发现,$CH_4/^{40}Ar$ 值能清楚地显示出日波动和半日波动(图 23-31)。频率分析也得出两个容

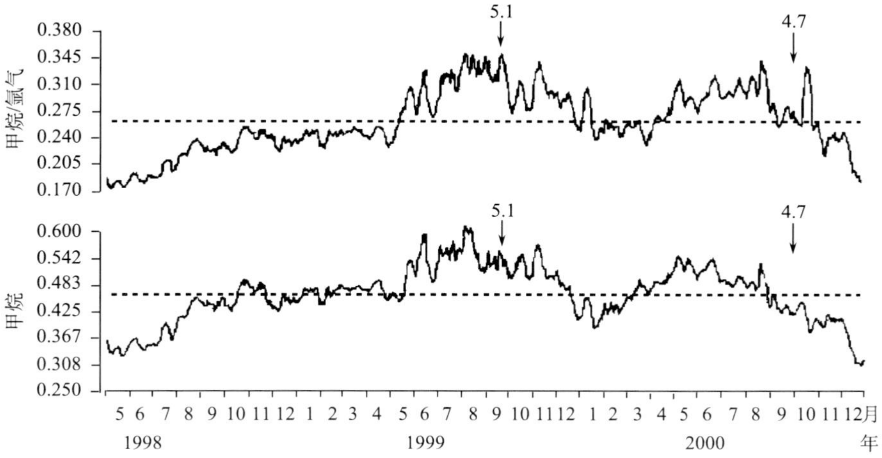

图 23-30　乌鲁木齐 10 号泉甲烷/氩气、甲烷 10 日均值图(1998～2000)

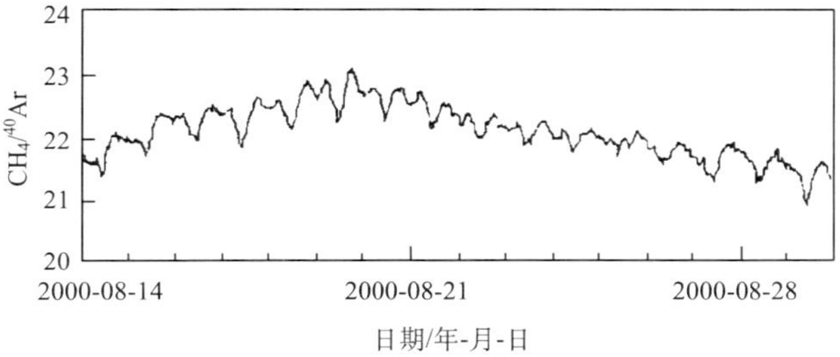

图 23-31　$CH_4/^{40}Ar$ 比的时间序列

易分辨的潮汐变化(图 23-32)。说明这两种气体组分可以成为监测地震活动的有用参量(Tsunomori 等,2006)。

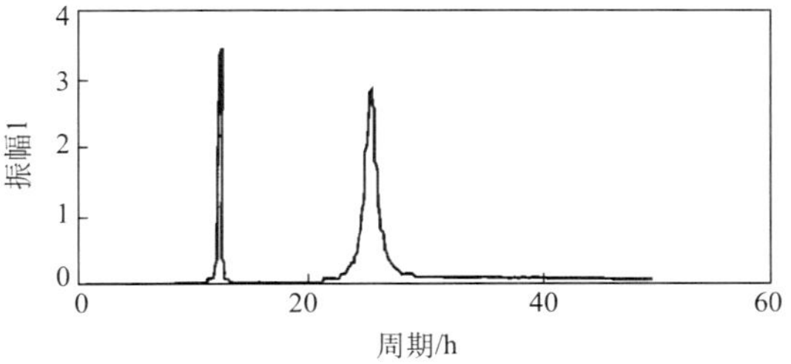

图 23-32　$CH_4/^{40}Ar$ 比的振幅谱

三、地震中的铅同位素异常

F. Poitrasson 等于 2000 年对法国比利牛斯东部地区 5.2 级地震发生时段，利用铅同位素分析了泉水的化学组分，发现震前 4 天铅浓度增加了 10 倍，铅同位素$^{208}Pb/^{207}Pb$和$^{208}Pb/^{206}Pb$的组成也明显低于平均本底值(图 23-33)。从铅含量的异常增大推断相互隔离且地球化学特征相异的含水层由于水动力条件变化发生了混合作用，而$^{208}Pb/^{206}Pb$和$^{207}Pb/^{206}Pb$的线性关系进一步说明了铅异常的产生仅是一简单的混合作用，如图 23-34 所示。借鉴之前的研究，受人类影响的地表水在被地下水混合补给后，$^{208}Pb/^{207}Pb$会下降，铅浓度则显著升高。因而结合当地水文地质条件，认为产生铅异常的原因是受污染的白垩纪砂岩水和泥盆纪砂岩阿莱含水层有一定程度上的混合，推断的依据是该地区存在一条 NE—SW 向的活动断层。通过异常持续时间与地震的时间间隔估计出孕震过程中应变积累值超过了含水层发生地球化学混合作用的阈值，再考虑到地震发生前 15 d 研究区附近河水发生的喷气现象，说明地震前地震离心应变波从震中发出，沿路释放地壳中圈闭的气体，重新激活了活动断层，使含水层混合，并随地震的来临而范围不断扩大(张培仁和张肇诚，2000)。

四、二氧化碳特征与地震活动

火山地震活动会导致稀有气体与碳同位素的同步变化，可以用来判断地震活动的特征。美国亚利桑那州的朗瓦利(Long Valley)火山口地震排出的气体中$^{3}He/^{4}He$及CO_2的$\delta^{13}C$变化均表明，地震过程中有幔源气体释出，该地区地震系深达地幔的断裂活动所致(金继宇，2006)。

四川西部汶川-康定-石棉一带存在三条活动频繁的深大断裂带，分别为：龙门山断裂带、鲜水河断裂带和安宁河断裂带，并在这三条断裂带附近形成了三个地震带，在 20 世纪发生过多次 6 级以上的地震。杜建国(2002)对这三个地震带沿线的温泉中氦、碳同位素进行了分析，见图 23-35。

由图 23-36 可知，温泉CO_2的碳同位素组成($\delta^{13}C$)与 He 同位素比值具有弱的正相关关系($n=13, r=0.46$)，意味着温泉的CO_2和 He 可能具同源性。

数据表明，鲜水河地震带、龙门山地震带和安宁河地震带温泉的$^{3}He/^{4}He$值分别在 0.48～2.59Ra，0.22～1.07Ra 和 0.01～0.82Ra 的范围内，推断康定地区温泉中的氦有相当一部分来源于地幔。然而，鲜水河断裂带西北段甘孜、泸定和安宁河地震带石棉南-普格与龙门山地震带的温泉样品具有很低的$^{3}He/^{4}He$值，说明这些温泉的氦主要来自地壳，并有部分受大气氦的混染作用。显然，鲜水河断裂带、龙门山断裂带和安宁河断裂带温泉中的氦具有多源性，显现出不同深度地下热流的混合作用。

温泉中CO_2的$\delta^{13}C$值分布在$-17.09‰\sim-3.34‰$的范围内，游离气样中的CO_2比水溶气样中的CO_2富集重碳同位素^{13}C。鲜水河地震带内温泉中CO_2的$\delta^{13}C$值在

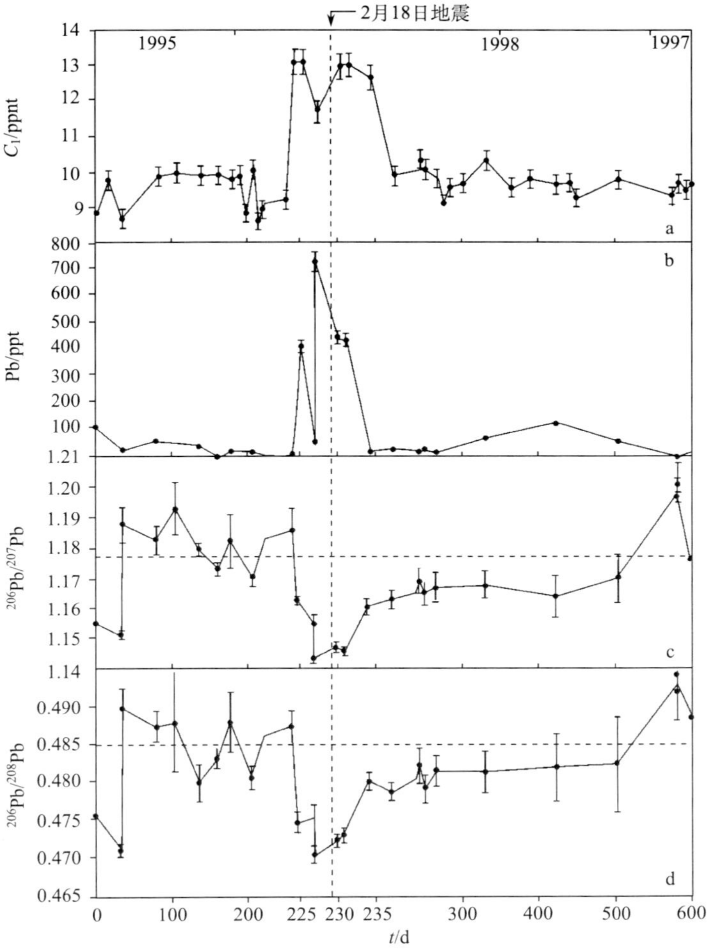

图 23-33　阿莱泉地震地球化学异常时间序列

−3.34‰～−9.45‰范围内，推断鲜水河断裂带内温泉 CO_2 主要来源于地幔。龙门山断裂带温泉中 CO_2 的 $\delta^{13}C$ 值小于−10‰，基本属于有机成因的 CO_2 源，推断该断裂带温泉中 CO_2 主要来自地壳中。康定地区温泉处碳酸盐岩的 $\delta^{13}C$ 值在 3‰左右，温泉钙华的 $\delta^{13}C$值在 0.9‰～6.9‰范围内，考虑 H_2O-CO_2-HCO_3-CO_3 系统中碳的分馏值可达 5‰左右，认为碳酸盐岩也是康定温泉气中 CO_2 的来源之一。

杜建国认为，四川西部研究区不同构造带温泉气体的主要来源不同，意味着不同构造带的热能来源和供给速率不同。四川西部地热区热储的主要能量源为上地幔，地下流体中的 He 与 CO_2 是反映地震活动的有效指标。他指出火山、地热区的地震与中、深源地震的孕育机制为：深部流体向上逸散，同时带入地壳大量的热。当深部流体在地壳内局部富集时，地体内产生的空隙压力和热应力能使流体富集区的围岩破裂产生地震。

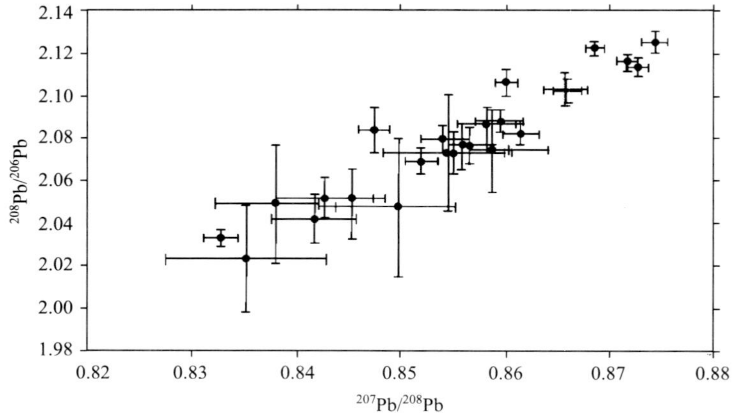

图 23-34　$^{208}Pb/^{206}Pb$ 和 $^{207}Pb/^{206}Pb$ 的线性关系(相关系数 $r=0.95$)，表明阿莱泉铅及其同位素

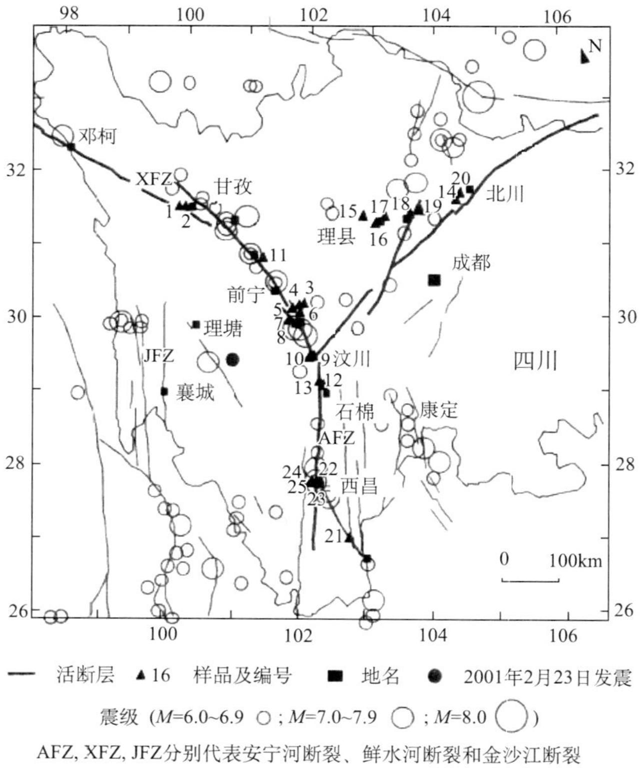

图 23-35　四川西部活动断裂、地震和采样位置图

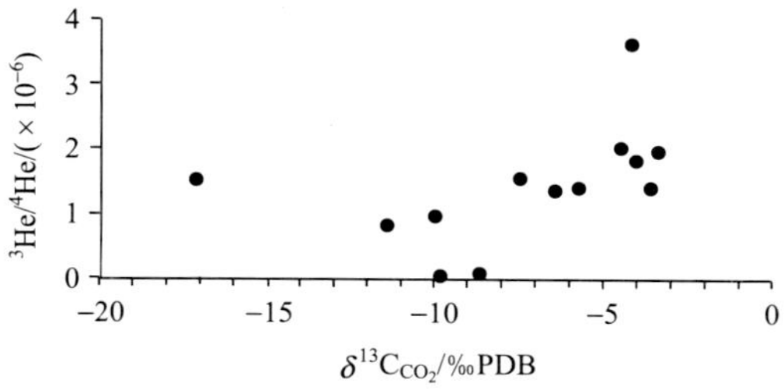

图 23-36　四川西部温泉$^{3}He/^{4}He$与$\delta^{13}C_{CO_2}$关系图

五、其他同位素在地震前兆中的应用

除上述之外，氢、氧、氦、氮等同位素也可用于地震前兆工作中。

由于岩石圈和天然气中的 He/Ar 和 N_2/Ar 值远大于空气中的值，因此任何岩石或地层中储存气体的释放将引起被观察气体中 He/Ar 和 N_2/Ar 值本底水平的变化。如果上述气体的释放与地震发生有关，则可以根据地下水中 He/Ar 和 N_2/Ar 值的变化，探索地震发生的可能性。

Sugisaki 测定了地震期间断层带流出水中气泡的 He/Ar 和 N_2/Ar 值(图 23-37)，结果表明地震的发生似乎与气体特性的变化有联系。对于大地震而言，高比值持续的时间较长。在所有观察的地震事件中，He/Ar 峰值的出现先于 N_2/Ar 的峰值，可认为是氦气与氮气在通过震前应力所形成的毛细管裂缝时因扩散速率不同而产生的，氦的运移速率要优于氮。与大地震对应的 N_2/Ar 峰值的时间滞后于其他较小的地震，因此，根据 N_2/Ar峰值的时间滞后和高比值持续的时间期限，可预报地震发生的时间和震级(王先彬，1989)。

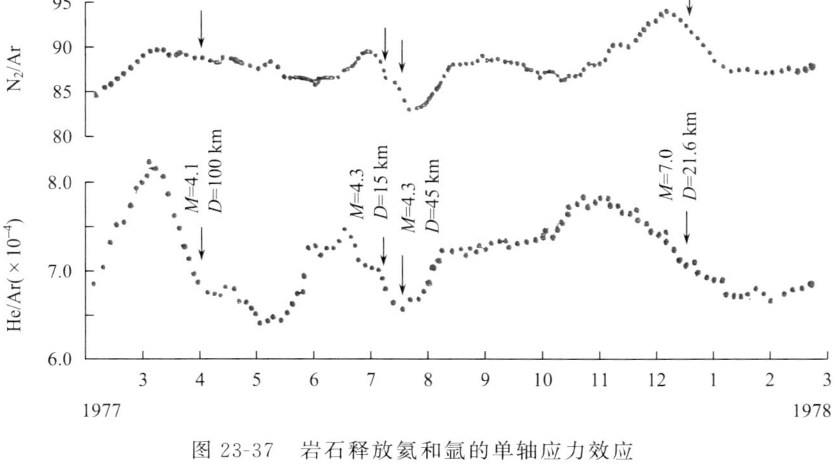

图 23-37　岩石释放氦和氩的单轴应力效应

1984 年 9 月 14 日在日本本州的长野郡发生了 6.8 级地震。震前对距震中 50 km 的一个活动断层处的一个喷气孔和三个泉进行了长达 3 个月的气体异常监测。温泉气泡中的 He/Ar,N_2/Ar,CH_4/Ar 浓度比特征值见图 23-38。Sugisaki 和 Sugiura 认为,气泡中 He/Ar,N_2/Ar,CH_4/Ar 比的异常升高是由于震前区域应力增加,岩体扩张,促使孔隙水压力的上升,从而使深部气体的逸出速率大增。而震前一个月时也观测到气泡中 H_2 浓度的异常升高,这归因于地下水与新生成的岩石裂缝表面之间发生水岩反应下的同位素交换作用。Sano 等还在震后观察到距一条新形成的断层约 10 km 处的一些热泉气泡中 $^3He/^4He$ 比值的增大,并由此认定地震是由岩浆侵入作用下富 ^3He 流体的上迁而诱发的(King,1993)。

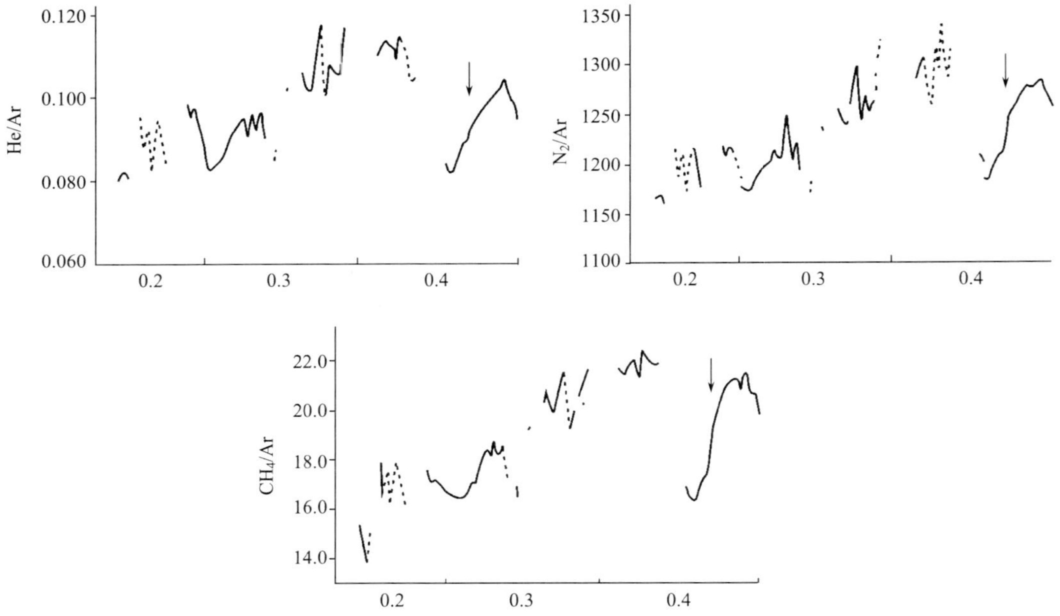

图 23-38　日本本州长野郡震前温泉气泡中的 He/Ar、N_2/Ar 及 CH_4/Ar 值分布图

原苏联在杜尚别试验场的雅甫洛兹(Yavroz)热水井观测溶解气中 He 浓度的变化。在 1978 年 10 月 8 日奥什地震、10 月 24 日阿富汗地震及 11 月 2 日阿赖 3 个地震前观测到 He 的高值异常。如图 23-39 所示，3 个地震前 He 浓度(C_{He})与 He 浓度平均值(C'_{He})之比有显著的异常，这种异常在排除观测值中的趋势变化(数字滤波)后更为明显(车用太等,2002)。

日本在 1981～1984 年断断续续地对位于中央构造线上的汤屋矿泉(水温 22℃)进行了逸出气中的 H_2 浓度观测。结果表明,平时 H_2 的浓度多在仪器检出限(0.5×10^{-4})%以下,但附近的大野震群(震级 0.9～2.5)5 个活动期(1981.5.1～10.15;1981.11.5～12.25;1982.2.3～4; 1982.6.10～10.10;1983.5.10～11.15)H_2 的浓度升到(0.5～200)$\times10^{-4}$%,显示出地震活动期与非活动期 H_2 浓度上的显著差异,如图 23-40 所示(车用太等,2002)。

1976 年 11 月 15 日宁河 M_S 6.9 强余震前后对北京光华井进行 H_2 的地震前兆异常观测。该井位于北京崇文门-呼家楼断裂带上,深度 824.8 m,观测层为 712.5 m 深度以下的中上元古界蓟县系雾迷山组灰岩岩溶裂隙水层,井口水温 48℃,一年四季连续抽水。井震距为 140 km。

自 1975 年开始观测井水气体组分的变化以来,H_2 的背景值一般约为 0.001%,但 1976 年 8～10 月达到 0.01%,高出背景值

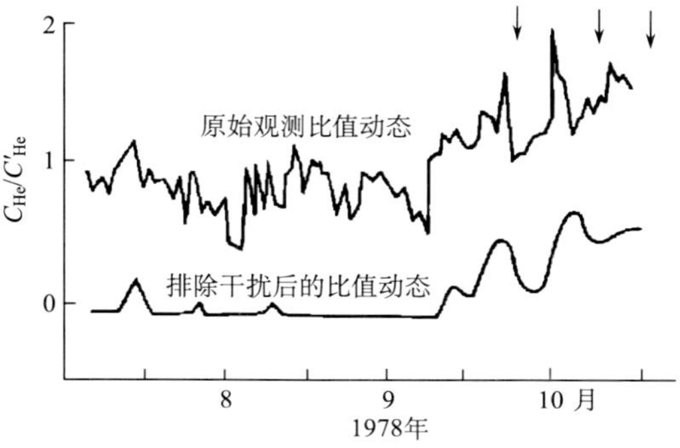

图 23-39　原苏联雅甫洛兹热水井的 He 异常

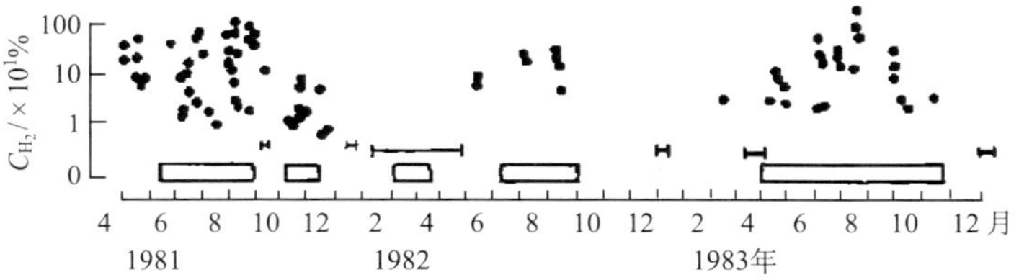

图 23-40　日本汤武矿泉水的 H_2 异常

10 倍,特别是 11 月 2 日突升到 0.0983%,11 月 6 日再次升到 0.1856%,11 月 15 日发生地震。震后 11 月 19 日升到峰值(0.2466%),然后逐渐变小,直到 1977 年 4 月恢复正常。如图 23-41 所示,异常的信噪比很高,异常与地震的对应关系极好。

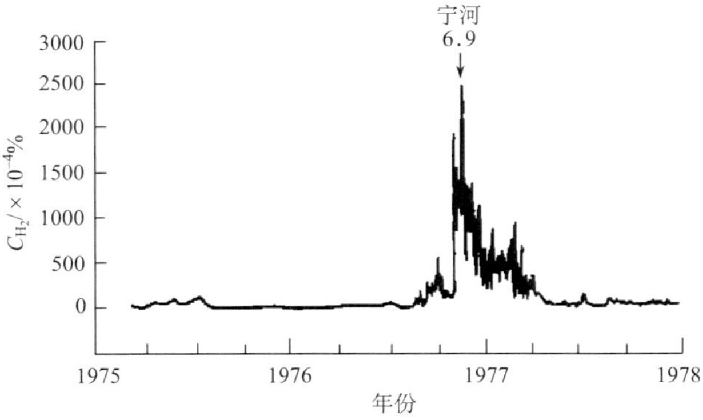

图 23-41　宁河 6.9 级地震前北京光华井水 H_2 异常

1989 年 10 月 19 日大同 M_S6.1 地震前,北京小汤山井 H_2 异常较明显。该井深 76.5 m,观测层为中上元古界蓟县系雾迷山组灰岩岩溶裂隙含水层,水温 54℃,为常年抽

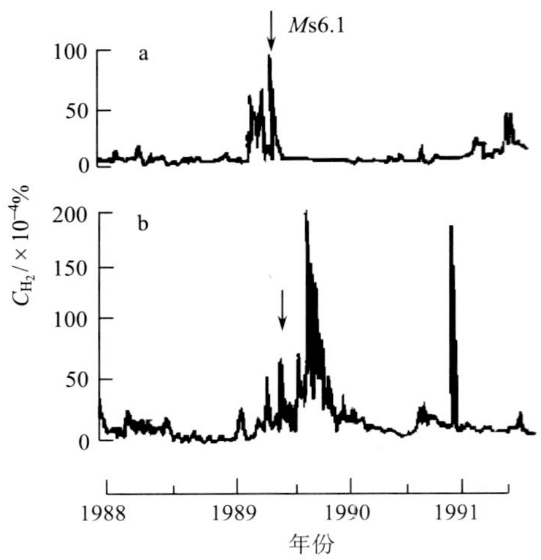

图 23-42　大同 6.1 级地震前北京小汤山井(a)与光华井(b)的 H_2 异常

水井。井震距为 210 km。该井水的 H_2 背景值为 0.0013%，平时测值多在仪器的检出限以下，但 9 月 1 日开始几乎每次取样均可检测到 H_2，而且高达(96×10^{-4})%，约为正常背景值的 10 倍，然后发生地震，震后异常很快消失(图 23-42a)。这次地震前后光华井(井震距 220 km)H_2 的异常也较为明显，但异常持续时间较长，如图 23-42b 所示(车用太等，2002)。

1976 年唐山 7.8 级地震之后，到 1991 年底，首都圈地区先后发生了宁河 6.9 级、大同 6.1 级等 6 次 5 级以上中强地震和一系列 3.5 级以上中小地震，每次中强地震和部分中小地震前后，北京地区水化监测井网均能监测到地下热水中氢气含量有明显的异常上升变化，其幅度达正常背景值的几倍、十几倍、几十倍甚至更高，震后均逐渐恢复正常。这表明，地下氢气是反应地下应力应变灵敏的地球化学组分，也是地震预报很有希望的前兆手段之一(张培仁等，1993)。

第三节　同位素在其他地震研究中的应用

同位素地球化学方法除了在地震监测预报方面有重要作用，还可以用来判定地下流体来源、建立古地震和历史地震活动的时间序列等。

一、判识地下流体来源

硼容易进入海相黏土中，同时产生明显的同位素分馏。利用$^{10}B/^{11}B$值，并结合$^{6}Li/^{7}Li$值，可研究地下流体与海水的关系。在一些沿海的地震地下流体监测台站，可利用该方法进行地下流体异常和地震前兆的研究，确定是否有海水加入监测的淡水层或淡水注入监测的海水层(杜建国、刘丛强，2003)。

Sr 同位素组成在一系列地球化学过程中几乎不发生任何显著分馏，其变化主要反映了迁移过程中的物质来源变化(陈骏等，2005)。因此，Sr 同位素被广泛用来研究地表与地下水系统的水岩作用、物质来源(包括污染物的来源)、不同水体混合等。$^{87}Sr/^{86}Sr$ 比值除了可以作为水岩反应很好的指示剂，还可用以识别地下水的不同来源及流动过程中所携的围岩矿物等信息。而 He 作为地下水的一种稳定示踪剂，同样可用以了解有关地下水的来源、水岩反应速率和混合作用等重要信息。

河西走廊张掖、武威、酒泉盆地地下水中的锶、氦同位素特征(图 23-43)分析表明，三个区域的地下水经历了三种不同的循环路径，其地下水分别来自黑河、石羊河、疏勒河的发源地祁连山降水在出山前的补给，经深大断裂循环后出露于地表。地下水流经地壳深部的硅铝质岩层，溶解如花岗岩、长石、云母等硅酸盐矿物中的放射性成因 Sr，导致出露的地下水中$^{87}Sr/^{86}Sr$值偏高。河水中$^{87}Sr/^{86}Sr$值高于地下水的值是由于溶解了$^{87}Sr/^{86}Sr$比值更高的矿物（如山前碎屑岩，黏土矿物等）所致。表明河西走廊地区的构造极为发育，活动性仍然很强。尤其是“5·12”汶川 *Ms* 8.0 地震后，玉门、高台、民乐、永昌这些位于断裂带交汇处的区域未来发生中强震的可能性较大，应加强对这些地区地下水的实时观测（赵霞等，2009）。

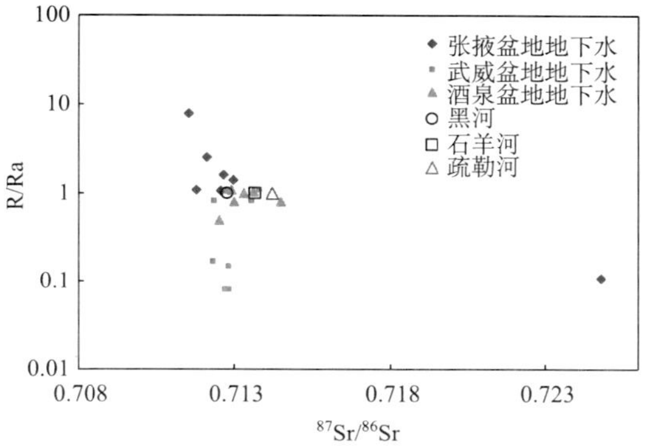

图 23-43　河西走廊盆地地下水中$^{87}Sr/^{86}Sr$与 R/Ra 值关系图
（图中数据由陈建生提供）

不同来源的二氧化碳具有不同的碳同位素组成，故利用稳定碳同位素方法能判别流体中 CO_2 的来源、认识碳同位素异常的原因。

氦同位素与碳同位素的结合分析可用于判断深部气体的来源。陈建生等（2004，2006）对巴丹吉林沙漠伊和吉格德、诺尔图和音德日图 3 个湖泊中的钙华进行了碳、锶同位素研究。伊和吉格德湖中的钙华位于湖泊中心（E102°09′30″，N39°46′6″），钙华中间存在上升泉。X 射线衍射（XRD）结果显示，钙华主要成分为文石。钙华的 $\delta^{13}C$ 值为 3.175‰，与四川黄龙沟的钙华 $\delta^{13}C$ 值（2.03‰～3.657‰）接近，后者被认为该数值的^{13}C来源于地层深部的 CO_2，因此推断这些钙华的 $\delta^{13}C$ 值可能受地层深部的明显影响。巴丹吉林沙漠泉水与地下水中的$^{87}Sr/^{86}Sr$值在 0.7103～0.7115 之间；伊和吉格德湖泊钙华中的$^{87}Sr/^{86}Sr$ 值为 0.7104；根状结核的值在 0.7114～0.7132 之间；沙漠砂粒中次生碳酸盐的值在 0.7112～0.7118 之间，这些值都很不同于沙漠周边地区河水及地下水的$^{87}Sr/^{86}Sr$比值（0.7125～0.7162）。

这一发现对于重新认识巴丹吉林沙漠地下水的补给来源非常重要。结合沙漠中泉水和湖水的$^{3}He/^{4}He$，$^{4}He/^{20}Ne$，$\delta^{18}O$，δD，pH，TDS 和水化学成分分析，发现地下水中有放射性铀和钍元素衰变成因^{4}He 的介入，从而确定湖泊水来源于深部断裂带的补给，同时推断巴丹吉林沙漠之所以为孔隙水量随深度而增大（顾慰祖等，2004）的固定沙山，系内部存

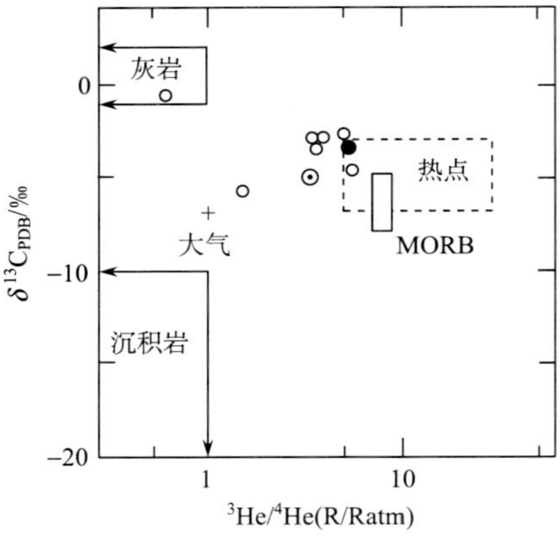

图 23-44　Nyos 湖、Monoun 湖及附近泉水中 $\delta^{13}C$ 与 $^3He/^4He$ 比值关系图

在钙华和钙质胶结层组成沙山的"内核"，深层地下水从"内核"中涌出，然后补给到沙山周围的湖泊所致。Kusakabe(1993)对 Nyos 湖、Monoun 湖及附近泉水中的氦、碳同位素特征进行了分析，其氦组分显示出典型的大洋中脊玄武岩（MORBs）和热点的特征值。对照灰岩与沉积岩这两个端元 $\delta^{13}C$ 值，可以得出 Nyos 湖和泉水中的气体除一个样品受大气混染外，其余都混有高比例（50%～80%）的地幔气与低比例地壳气组分。这说明 Nyos 湖中的 He 和 CO_2 主要来自地幔岩浆。Monoun 湖水中的 $\delta^{13}C$ 值低于 Nyos 湖水的值，这是由于湖底富含腐植酸、浮游生物的分解产物和土壤有机质，可导致其 $\delta^{13}C$ 值的偏低，如图 23-44 所示。

位于土耳其西部 Bursa 地区的北安纳托利亚地震带附近活动断裂较为发育。地热、温泉分布在断裂出口处。由图 23-45 可见，Cekirge 地热水中的氘氧值落在当地大气降水线上。其氚含量在＜1.3TU 到 6.3TU 的范围内，认为是不同季节当地降水形成的地下水经不同比例混合后的结果。Kŭkŭrtlŭ 地热水中氘氧值偏离了大气降水线，说明深部高温导致水中的 ^{16}O 与围岩矿物中的 ^{18}O 发生了水岩交换，估算其热储温度超过了 100℃（Balderer，1993）。

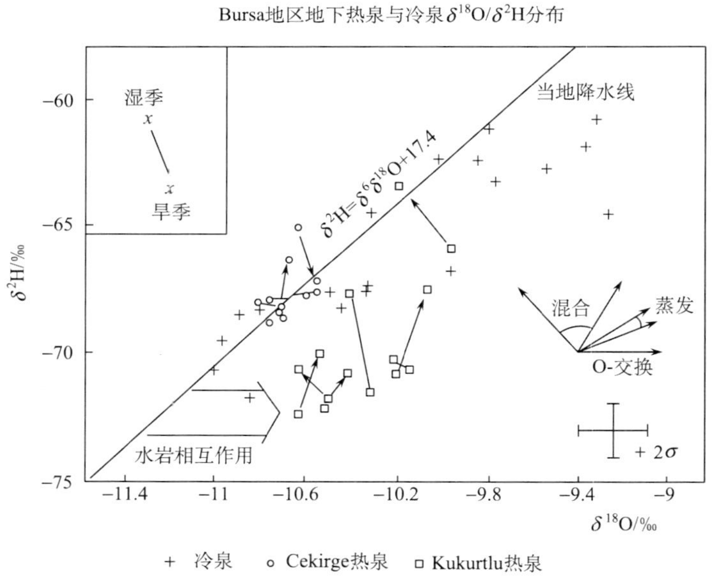

图 23-45　Bursa 地区地热水与冷泉中的 δ^2H-$\delta^{18}O$ 分布图

二、古地震和历史地震的年龄测定

^{10}Be常用来确定沉积物的年龄，在环境、水循环和地震活动断裂研究方面有广阔的应用前景。譬如，在多次活动的断裂带内，古地震产生了多期的地裂缝，可利用^{10}Be测年方法确定不同时期地裂缝内沉积物的年龄，进而确定地震活动周期。

中、浅源强震一般都会导致明显的地表破裂。如2001年11月14日昆仑山口西8.1级地震造成长达400 km的破裂带，最大水平位移达到16 m。较早的历史地震和古地震也伴有断裂活动，如1679年三河8级地震、1786年四川康定南7.5级地震，都造成了地表破裂。地震断裂的测年常依据错动松散沉积物的层位来确定活动时间，沉积物的年龄可以通过地质方法和同位素^{14}C测年法确定。

但是，古地震形成的地表地质现象容易被沉积物覆盖、侵蚀破坏或后期地震的改造使其模糊，因此给古地震断裂的年龄确定带来困难。实际上，地震不仅在松散沉积物覆盖区造成地面位错，同时在基岩区也引起地表位错。根据基岩断层坎上积累的宇宙成因的^{36}Cl，可以确定古地震活动时间。此外，通过测定断层三角面上的宇宙成因同位素^{10}Be和^{26}Al，也能获得过去地震断层的年龄(杜建国和刘丛强，2003)。

第二十四章　质谱学原理与同位素质谱分析方法

霍卫国　张福松

第一节　质谱学概论

一、质谱学的发展

质谱学在现代科学仪器领域中占有重要位置，质谱仪器已成为推动科学技术发展的最重要工具之一。在近百年发展历史中，科学家们以质谱仪器作为主要研究工具和手段，先后在不同的科学研究领域中造就出10名诺贝尔奖获得者，从而反映出质谱技术在整个科学技术发展中所做出的重要贡献。

质谱学是1898年英国著名物理学家J. J. Tnomson"阴极射线"研究的产物。他采用短的横电场和横磁场的平行组合作为质量分析器，利用辉光放电得到离子，采用照相法记录，给出了抛物线形的质谱图，第一次发现了氖的两种同位素^{20}Ne与^{22}Ne的存在。1918年美国芝加哥大学物理学家A. J. Dempster研制成功第一台采用180°均匀磁场作为质量分析器的方向聚焦型质谱仪，并发现了Ae，Zn，Ca元素的同位素，他于1918年至1924年先后分析了53个元素的同位素，并制定出了第一个同位素丰度表。与此同时，英国剑桥大学物理学家F. W. Aston于1919年发表了他的第一台速度聚焦型质谱仪，用高频火花源给出单一方向的离子束，得到了与光谱相似的质量谱图，并于1924年至1937年三次改进了自己的仪器，使其质量分辨本领从130提高到2000，第一次证明了原子质量亏损，证实了爱因斯坦相对论的公式。

1940年尼尔(A. O. C. Nier)发表了第一台应用60°扇形磁场作为质量分析器的文章，并采用了双离子接收器和较完善的供电与测量系统，使质谱仪器的灵敏度和精确度大大提高。他用该类型仪器进行了大量的元素同位素测定，现代同位素表中50%的非放射性元素的同位素相对含量都是采用尼尔的数据，尼尔型质谱仪成为现代工业型磁式质谱仪的基础。

1957年Holmer和Morell首次实现了色谱-质谱联用法(GC/MS)，把色谱仪器的高分离能力和质谱仪器的高鉴别能力结合起来，利用质谱仪器作为色谱的定性探测器，而色谱则作为质谱仪器的进样装置，成为分析复杂化学组分的最有效的方法之一。不仅具有很高的灵敏度，而且可以迅速得出定量与定性的分析结果，在有机化学、生物化学、地球化学、石油、化工、医学、环境等领域发挥了巨大作用。可以说色谱-质谱联用法，极大地推动了质谱技术的发展。

质谱技术另一引人注目的成果是离子探针质谱仪[SIMS]的出现。R. Castaing 等人(1949 年电子探针的创始者)关于离子探针质谱的研制报告,提出了利用高能聚焦的一次离子束作为“探针”轰击被分析固体样品而产生二次离子并引入质谱仪,进行固体表面及深度三维空间分析的技术。这是一种应用于元素及同位素的高灵敏度的微区分析方法,离子探针质谱仪兼顾了电子探针(EPMA)和火花原质谱仪(SSMS)的工作特性,已经成为电子、半导体、地质等部门及固体物理、表面科学、材料科学、地球科学、环境科学等基础科学及应用科学领域的重要研究手段。

建立在以鉴别物质的质量这一基本特性上的质谱分析技术,由于它具有高灵敏度、高鉴别能力可以与多种分离、分析方法相兼容的明显优势,使之在现代分析技术领域中占据着重要的位置,成为发展最迅速、仪器类型最多、功能最齐全的分析仪器。

二、质谱分析技术的应用

质谱仪器在应用上可分为三大类:同位素质谱、有机质谱、无机质谱。质谱技术目前在原子能、有机化学、生物学、环境科学、地质科学、石油化工、食品科学、医药学、刑侦科学、航天科学等十分广泛的科学研究领域中已成为不可缺少的有效地分析手段。下面仅简要地予以介绍:

(1) 质谱法是测定同位素丰度最为准确可靠的常用方法,至今天然元素的同位素丰度的全部主要数据均来自质谱测定结果。由于同位素质谱测定精度的不断提高和测定方法的改善,使得在化学发展历史进程中有十分重要意义的化学元素的原子质量测量的进一步精确化得以实现。这在核物理、核化学和天体物理学科中具有重要意义。

(2) 同位素质谱技术广泛地应用于核工业的各个关键部门,包括铀矿同位素地质学研究,核燃料的分离分析,核裂变过程及产率的监测,放射性同位素的裂变和高能反应的研究等。

(3) 在有机质谱技术方面,由于电喷雾和基辅助激光解吸等软电离技术的发展,使质谱分析进入到生物大分子的领域并形成了一个新的分支——生物质谱学。这在高分子研究过程中,高分子分子量及其分布的测定具有极其重要的作用。

色谱/质谱同位素稀释方法被公认为是一种测量微量及痕量有机物的基准方法,被列为五个化学测量基准方法的首位。

(4) 在无机质谱技术方面,电感耦合等离子体质谱技术(ICP/MS)已发展成具有广阔应用前景的分析技术。它具有灵敏度高、图谱简单、分析元素范围宽,分析速度快等特点。被广泛地应用于金属材料、岩石矿物、环境医学、半导体等领域,成为元素分析的最有力工具。

(5) 在地球科学和空间科学研究中,同位素质谱、无机质谱、有机质谱均在不同领域发挥着重要作用。

在同位素地质年代学方面,包括^{40}K-^{40}Ar 法、^{39}Ar-^{40}Ar 法、^{40}K-^{40}Ca 法、U-Th-P_b 法、^{87}Rb-^{87}Sr 法、^{143}Sm-^{147}Na 法等质谱技术,则是年代学测定的前提条件。

在稳定同位素地球化学研究方面，由于气体同位素质谱分析技术的快速发展，使得H，C，O，N，S等元素的稳定同位素丰度变化的测定精度大大提高，促进了矿床同位素地球化学、水同位素地球化学、油气资源同位素地球化学、同位素地层学及地质事件研究、古温度古气候研究的发展。

稀有气体的组成以及同位素丰度的测定是探索一些天体和地质体的物质来源、成岩机理和各种地质及物理化学过程的钥匙。利用稀有气体同位素变化研究种种地球化学过程和演化历史具有重要的理论意义和应用价值。稀有气体同位素质谱计以高丰度灵敏度、高分辨本领、静态超高真空技术为特点，满足了氦(He)、氖(Ne)、氩(Ar)、氪(Kr)、氙(Xe)同位素分析的需求，成为稀有气体同位素地球化学和宇宙化学的重要实验工具。

色谱/质谱[GC/MS]的应用，带动了分子有机地球化学研究的发展，使之成为有机地球化学的一个极其活跃的分支领域。不仅在新的生物标志物，如各种陆源萜类烃、含硫化合物的检出，生物标志物的定性与定量技术等基础研究，而且在应用生物标志物进行陆相油气勘探评价方面，积累了大量有价值的宝贵资料。热解/色谱/质谱[C/Gc/MS]分析方法进入有机宇宙化学，为探索生命起源和天外生命提供了重要信息，曾被用于星球土壤样品和大气中的有机成分测定。

(6) 近年来，世界各主要环境科学分析杂志大量报道了质谱技术在环境科学领域如环境化学、环境地质学、环境生物学、环境地理学、环境病毒学、环境监测、环境治理、环境评价等方面的应用。例如，有机污染的质谱分析，重金属污染的质谱分析，水质无机有机定性定量的质谱分析，农药残留分析，城市大气监测等方面。

(7) 质谱技术在法庭科学中具有极为广阔的应用前景并扮演着愈来愈重要的角色。例如，分析违禁药物及毒性物质在体液中的活性、代谢过程和产物，爆炸物及其残渣和可疑物的鉴别，海洛因产地的调查，兴奋剂的监测及同位素标记示踪等。质谱技术可以灵敏、准确并在很短时间内从复杂的物证基底中鉴别出极微量的目标化合物，从而提出准确的法庭证据。

(8) 质谱技术在钢铁、石油、化工、真空设备等工业流程控制中发挥重要作用。既是中间生产过程中的监测仪器，又是生产终端质量监测的重要手段。是工业生产流程自动化的关键环节。

(9) 应用同位素质谱进行的C，N，O，S，H同位素示踪技术，是农业科学的前缘课题之一。涉及N元素循环、最佳施肥方法选择、植物光合作用研究、营养转化、农药残留量检测、水在植物、土壤中的迁移和传输、农业污染源的追踪等研究领域。

(10) 质谱技术在医学研究方面也有十分广泛的应用。例如在医学诊断方法上碳-13呼气质谱仪用于人体胃部幽门螺旋扦菌的诊断，既快速、准确，又对人体无副作用，被国际上称为“黄金”检测手段。

三、质谱分析技术与同位素水文学

同位素水文学是地球科学研究中最为活跃的领域之一。在同位素水文学的发展过程中很多重要的研究成果都与质谱技术密切相关，质谱技术的快速发展，有力地促进了同位素水文学的不断创新。目前，质谱仪器已成为同位素水文学实验室中备受关注的主要研究工具。

我国从 20 世纪 80 年代同位素水文学活跃时期开始，先后完成大量水中 δ_D 和 $\delta^{18}O$ 的测定，相续建立了水中 $\delta^{13}C$，$\delta^{34}S$，$\delta^{15}N$ 实验分析方法，并从轻元素稳定同位素质谱测定扩展到重元素的同位素质谱测定，例如硒（Se）中 $^{82}Se/^{76}Se$，锶（Sr）中 $^{87}Sr/^{86}Sr$，铬（Cr）中 $^{53}Cr/^{52}Cr$ 分析。稀有气体氦（He）、氖（Ne）、氩（Ar）、氪（Kr）、氙（Xe）的组成和同位素丰度的测量，也有效地应用于同位素水文学的研究之中。近年来开展的水中有机化合物与同位素丰度测定及特定化合物稳定同位素分析技术（CSIA），将会为同位素水文学研究带来更深入和更丰富的信息。

应用于同位素水文学的质谱仪器类型主要有以下三种：

（1）气体稳定同位素质谱仪。

（2）热表面电离同位素质谱仪。

（3）稀有气体同位素质谱仪。

其他类型的质谱仪，例如可进行微量、痕量元素和同位素测定的多接收电感耦合等离子体质谱计（MC—ICP/MS），进行气体组分及同位素测定的微量气体质谱计（GCGIMS），还有可进行微量样品中 ^{10}Be，^{14}C，^{36}Cl，^{26}Al，^{129}I 等测定的加速器质谱计（AMS），都在同位素水文学研究中发挥着独特的作用。

第二节　质谱仪的工作原理、结构和主要性能指标

一、质谱仪的工作原理

质谱仪器是利用电磁学原理使带电离子按照质荷比进行分离，从而测定样品质量或含量的分析仪器。

采用一块磁铁实现离子按质荷比分离的质谱仪器称为单聚焦仪器，它是最早出现，并至今仍广泛使用的质谱仪器。常见的单聚焦仪器有半圆形（180°）或扇形（60°与 90°）的均匀磁场。下面以 180°均匀磁场的单聚焦质谱计为例，简要讲述质谱仪器的基本概念。半圆形磁式单聚焦质谱计原理如图 24-1 所示。

图 24-1 表示带电离子在 180°均匀磁场中的受力运动情况：

设质量分别为 M_1，M_2，M_3 带有相同电荷 e 的正离子在电离室出口缝 S_0 和离子源出口缝 S_1 之间受到电压 V 的加速（在忽略离子初始能量的情况下），分别获及 v_1，v_2，v_3 的速度，那么质量为 M_1 的离子动能与电场能关系为

$$\frac{1}{2}M_1 v_1^2 = eV \tag{24-1}$$

在没有外界电磁场作用下，离子将通过 S_1 狭缝沿正前方作等速运动并产生磁场 h。若在外磁场 H（方向垂直于图中纸面，亦指向读者）的作用下，改变该离子的运动方向，使

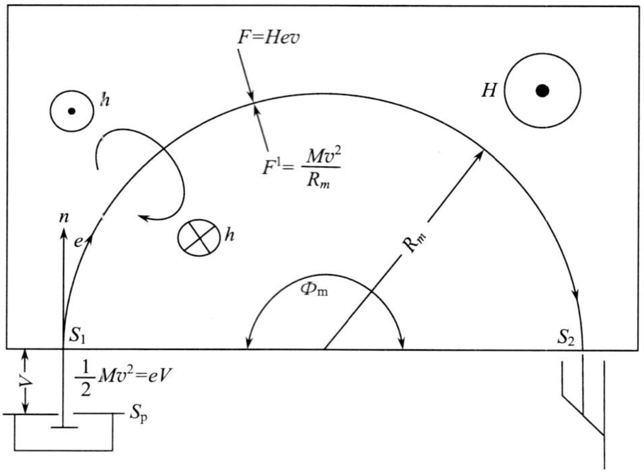

图 24-1　质谱计原理图

之进行圆周运动，其离心力 $M_1v_1^2/R_1$ 必然和磁场力 F 相等，则

$$\frac{M_1v_1^2}{R_1}=eHv_1 \tag{24-2}$$

其中 R_1 是质量为 M_1 的离子运动的轨道半径。

由以上两式，消去 v_1 可得：

$$\frac{M_1}{e}=\frac{R_1^2H^2}{2V} \tag{24-3}$$

同样，对于 M_2，M_3 等质量不同的离子，可有类似公式：

$$\frac{M_2}{e}=\frac{R_2^2H^2}{2V} \tag{24-4}$$

$$\frac{M_3}{e}=\frac{R_3^2H^2}{2V} \tag{24-5}$$

其一般公式可写为

$$\frac{M}{e}=\frac{R_m^2H^2}{2V} \tag{24-6}$$

如果上式均取静电单位制，即 M 为原子质量单位，电荷 e 以一个电子所带电荷为单位(对于一次离子 $e=1$、对于二次离子即双电荷离子 $e=2$)，离子加速电压 V 以伏特为单位，磁场强度 H 为高斯，离子轨道 R 以厘米为单位，则式(24-6)可转为：

$$\frac{M}{e}=4.82\times10^{-5}\frac{R^2H^2}{V} \tag{24-7}$$

或

$$R=\frac{144}{H}\sqrt{\frac{MV}{e}} \tag{24-8}$$

式(24-7)与式(24-8)表示了磁式质谱计工作原理，通称为质谱计的基本方程。

从该方程式中可得出如下结论：

(1) 在加速电压 V 不变的情况下，可以通过连续改变磁场强度 H 而得到同一 R 而不同 M 的扫描质量谱图，此即为磁扫描。

(2) 在磁场强度 H 不变的情况下(例如永磁铁)，可以通过改变加速电压而得到同一 R 而不同 M 的扫描质量谱图，此即为电压扫描。

二、同位素质谱仪的基本结构

同位素质谱仪由进样系统、离子源、质量分析器、离子检测器、真空系统、电器系统、计算机系统组成。其基本结构如图 24-2 所示。

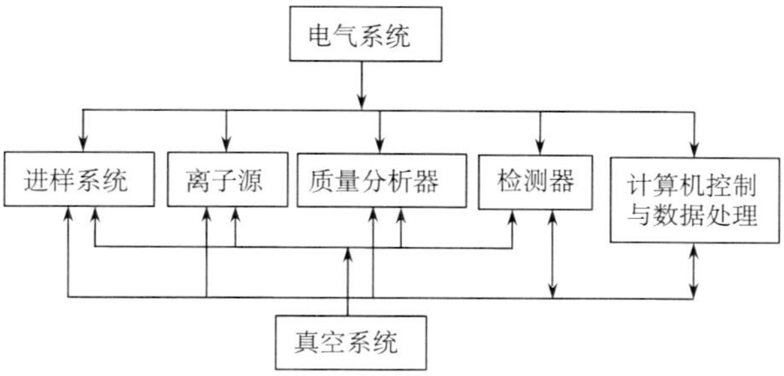

图 24-2　同位素质谱仪基本结构方框图

进样系统将被分析的物质即样品送入离子源；离子源将样品中的原子、分子电离成离子；质量分析器使离子按照质荷比不同而分离开；接收器用以接收、测量、记录离子流强度。为了保证以上四部分的正常工作，还要配备必要的真空系统、供电系统以及用于数据记录处理和仪器控制的计算机系统。

不同类型的质量分析器与不同形式的送样系统、离子源、接收器组合，可以构成多种不同类型和功能的质谱仪器。

下面分别对质谱仪器的 7 个基本组成部分作简要介绍：

1. 进样系统

由于样品种类不同(气、液、固体)、压力不同(高压、低压)以及所连接的质谱仪器的特殊要求等，产生了不同结构特点的进样系统。但总的来说，对进样系统有如下要求：

(1) 进样过程中要尽量避免引起样品的同位素分馏、分解、吸附等现象，以及减少送样中的“记忆效应”。

(2) 在整个质谱分析过程中能保证向离子源输进稳定的样品流量，能控制使离子源正常工作的样品压力。

(3) 进样系统能引起的时间滞后不得超过质谱分析允许的时间。

与质谱仪器连接的进样系统一般包括气体进样系统、液体进样系统、固体进样系统三种类型。在有机分析中，也可以把气相、液相色谱仪当做特殊进样系统，使复杂样品单一分离，再送入电离室。

下面主要介绍用于同位素分析的气相样品进样系统。

一般质谱计电离室体积约为 1 mL，流导约为 0.3～3 L/s，高真空系统在离子源的抽速约 30～100 L/s，电离室气压不超过 10^{-4} Pa。这些条件限定了进入电离室的气体流量。气流状态则根据以上条件和实际需要采用分子流或黏滞流。

1）分子流进样系统

在分子流进样系统中，低压强气体通过分子漏孔进入电离室时，气体分子的平均自由程λ大于气体流通的管道直径 d（即 $\lambda/d\geqslant1.5$），这时气体流动状态为分子流状态。在分子流中，气体分子彼此互不影响，轻组分流动速度较重组分大，储样容器中容易富集重同位素。

这种进样系统中，气体的流量 Q_m 以下式计标：

$$Q_m = K_m dp / \sqrt{M} \tag{24-9}$$

式中 dp 为进样系统中两点（例如漏孔两端）的压力差；M 为气体分子量；K_m 为与系统结构、温度有关的常数。

设在气体储样瓶中包含分子量分别为 Ma，Mb 的两种气体，这些气体流出储样瓶的速率分别为 Sa，Sb，那么在分子流进样过程中存在如下关系：

$$\frac{Sa}{Sb} = \frac{\sqrt{Mb}}{\sqrt{Ma}} \tag{24-10}$$

假若以 Ia，Ib 分别表示两种气体所给出的离子强度，Pa，Pb 分别为储样瓶内两种气体的分压强，那么：

$$\frac{Ia}{Ib} = \frac{Pa}{Pb} \tag{24-11}$$

这一公式即为气体质谱定量分析的基础。

2）黏滞流进样系统

在黏滞流进样系统中，气体分子的平均自由程 λ 远小于管道直径 d（即 $\lambda/d\leqslant5\times10^{-3}$），这时气体的流动状态为黏滞流状态，在这种系统中储样瓶和离子源之间压力的减低是通过一根可以调节的长毛细管来实现的。在黏滞流状态中，气体分子之间不像分子流那样互不干扰，而是相互形成一个整体，从而大大减少了分析过程中的分馏效应。

设气体的黏滞系数为 η，储样瓶中总压强为 P，漏孔中平均压强为 Pc，漏孔两端压力差为 dPc，则通过漏孔的黏滞流气体的流量 Q_v 为：

$$Q_v = \frac{K_v Pc dPc}{\eta} \tag{24-12}$$

并且

$$Q_v \propto P^2 \tag{24-13}$$

式中 K_v 为与进样系统结构、温度有关的常数。

气体稳定同位素质谱仪一般采用黏滞流双路进样系统，如图 24-3 所示。

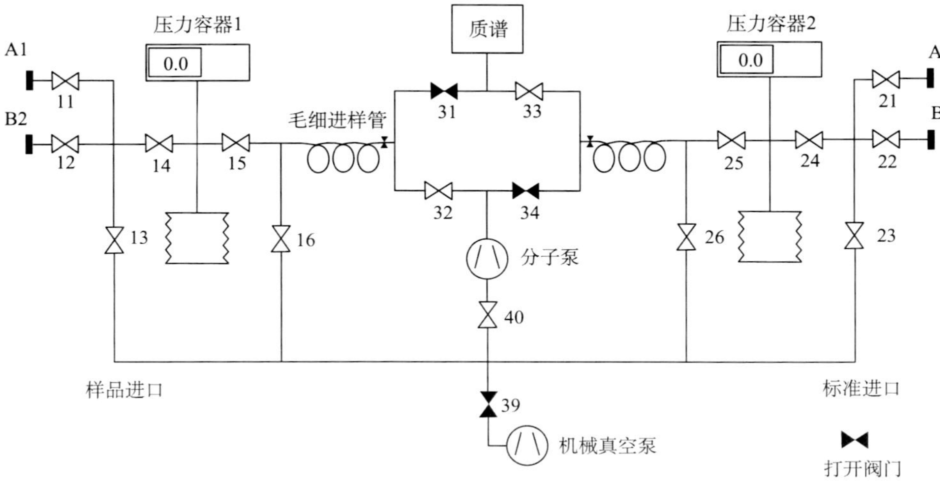

图 24-3　黏滞流双进样真空系统

这种进样系统是由样品进样和标准进样完全对称的双路系统组成，样品和标准分别送入压力调节容器再经可压缩毛细管交替地送入离子源，以满足同位素比值高精密度测定的要求。

2. 离子源

在质谱仪器中，离子源的作用是将被分析的物质电离成正离子，并将这些离子会聚成一定几何形状和一定能量的离子束。通常，我们对离子源一般有如下要求：

(1) 离子束能量分散范围小。

(2) 对一定样品而言，能给出满足测量精度要求的离子流强度。

(3) 离子束散角小。

(4) 离子流稳定性高。

(5) 记忆效应及本底质谱小。

(6) 样品利用率、离子流通率及电子利用率要高。

(7) 工作压强范围宽。

(8) 质量歧视效应小。

在质谱仪器中，常见的电离方法有以下几种：

(1) 电子轰击。利用一定能量的慢电子轰击气体(或蒸气)的原子(或分子)，可使后者失去电子成为正离子，或得到电子成为负离子。

(2) 离子轰击。一定能量的离子轰击固体表面，即能溅射出电子、离子、光子、原子

(分子)等二次粒子。其中二次离子直接利用,或将其溅射出的原子(分子)再用电子轰击。离子探针质谱计即采用这种离子源。

(3) 真空放电。将被分析的金属样品加工成棒状电极,在样品电极和参考电极之间(相距约 0.5 mm)施加脉冲高频电压(约 1 兆赫 50 千伏),在真空中发生火花放电,因而产生离子。目前固体双聚焦一般采用这种类型的离子源。这种源对不同样品的电离效率大致相同,适用于固体物质成分分析。

(4) 表面电离。当原子(或分子)在撞击灼热金属表面时,一部分原子(分子)改变运动方向飞离金属表面,另一部分原子(分子)则损失(或得到)电子成为正离子(或负离子)并飞离金属表面,即为表面电离现象。表面电离型离子源是分析固体样品同位素组分的常用离子源,这种源的离子能量分散小,灵敏度高。

(5) 场致电离。在两个距离很近(通常小于 1 mm)的电极之间采用强电场(上万伏的直流电压),将其附近的原子(分子)中的电子拉出去,从而得到离子。这种电离方法的离子源,可以获得很强的分子峰强度,而碎片峰较弱。质谱图十分容易辨认,有利于分析复杂的化合物样品。

(6) 化学电离。由离子—分子反应来产生离子。即将反应气体和样品气体混合物送入电离室,用电子轰击使反应气体电离,然后所产生的离子与样品分子反应产生正离子,检测这些离子,就可以研究离子—分子反应过程,得出定性、定量的分析数据。它在色谱-质谱联用仪中有很大用途。

还有多种电离方法的离子源,不一一介绍。下面着重讲述质谱仪器中最常见,应用最广泛的离子源——电子轰击型气体离子源。

它的结构简图如图 24-4 所示:

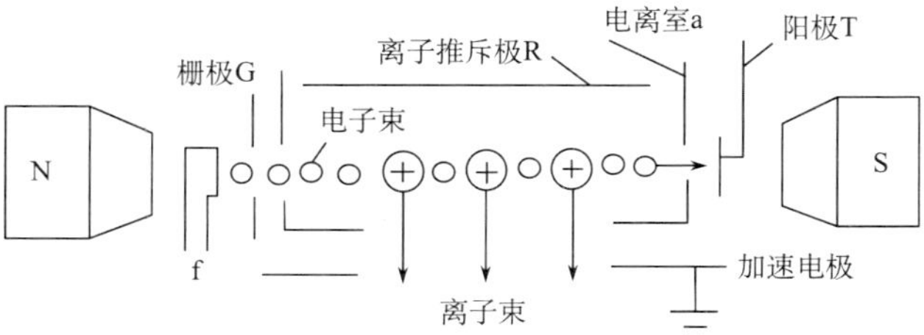

图 24-4 电子轰击型离子源

图 24-4 中,电子由直热式阴极 f 发射,在电离室 a(正极)和阴极(负极)之间施加直流电压 V_e($V_e = V_a - V_f$),使得电子加速进入电离室中轰击气体分子产生离子。其中栅极 G 可以用来控制进入电离室的电子流;阳极 T(正极)和电离室之间施加适当电位,使电子通过电离室到阳极。加速电极(处于地电位)使电离室中正离子得到加速。离子推斥极 R 用来改善电离室内的电位分布,因而可能增大离子流强度,减少离子能量分散。电子聚焦磁铁(N,S)的作用是使电子在磁场作用下进行螺旋运动,从而提高了电离效率。

3. 质量分析器

质量分析器的功能是将从离子源中加速出来的不同质荷比的正离子,按其质荷比的大小进行单一分离并实现同质荷比离子的良好聚焦。

所有质谱仪器的质量分析器可以分为两大类：

(1) 静态质量分析器。采用稳定的电磁场，并且按照空间位置把不同质荷比离子区分开。

(2) 动态质量分析器。采用变化的电磁场按照时间或空间区分不同质荷比的离子。

主要根据质量分析器工作原理的不同，可以将质谱仪器分类示于图 24-5。

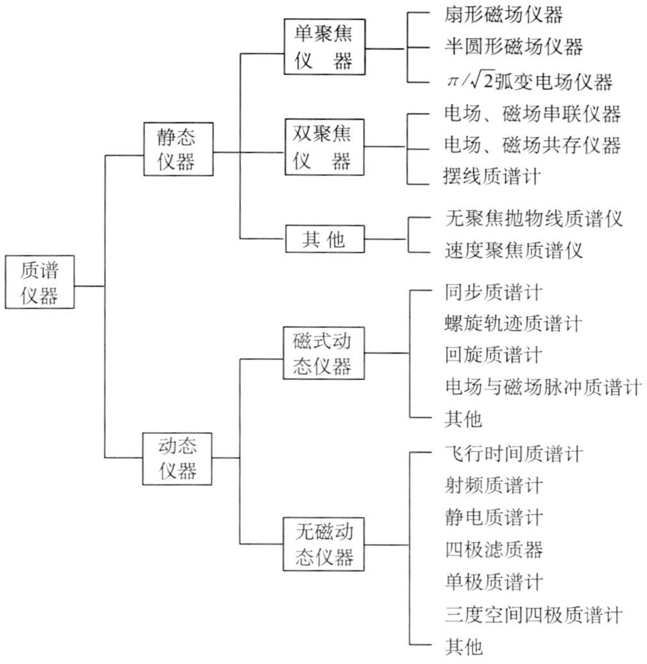

图 24-5　质谱仪器分类

在单聚焦类型质谱仪器中，其质量分析器采用开度角为 60°或 90°的扇形磁场或半圆形磁场。当单能离子束以一定散角进入磁场时，如果磁场安排得当，会使离子束一方面按质荷比大小分离开，同时在到达离子接收缝时，相同质荷比的离子能聚焦起来。这称为方向(角度)聚焦，即单聚焦。

在相同质荷比的离子束，以一定能量分散进入磁场时，如果能把相同能量的离子束会聚起来，称为能量(速度)聚焦。

同时实现方向(角度)聚焦和能量(速度)聚焦，称为双聚焦。

适当地组合静电分析器和磁分析器，使磁分析器发挥质量色散作用，同时使磁分析器的能量色散被静电分析器的能量色散所抵消，这种形式的组合，被称为双聚焦型质量分析器。

以上所讲的单、双聚焦型质谱仪器都属于静态仪器。在这类仪器中，电场、磁场、离子轨道半径等参数在不同时间里都是稳定的。随时间改变这些参数，只是为了连续记录质谱，而不是质量分离原理所必需。

而在另一类型动态质谱仪器中，其质量分析器采用了随时间而周期变化的电场(有的同时使用静态磁场)而实现质量分离的原理。

在同时使用静态磁场的磁式动态仪器中，有的使离子束作回旋式运动，有的使离子束形成螺旋状或摆线状运动轨迹。

在使用交变电场的动态仪器中，有的按照离子在一定空间里的飞行时间进行质量分离，有的使离子束具有不同能量或不同振荡形式而实现质量分离。

在同位素质谱仪器中，一般采用单聚焦质量分析器、双聚焦质量分析器及四极杆质量分析器三种类型。

4. 离子接收器

在质谱仪器中，离子源所产生的离子，经质量分析器分离后，被离子接收器所收集，再经放大和测量，以实现样品组成和同位素测定。

同位素质谱仪常用的离子接收器主要有两种类型：

1) 直接电测法

离子流直接为金属电极能接收，并用电学方法记录离子流。

利用金属电极的接收器主要分为单接收、双接收、多接收三种。按其电极形状又可分为平板型和法拉第筒型。

(1) 单接收器。图 24-6 为两种适用于低加速电压情况下(1 kV 以下)的离子接收器。a 为平板型接收；b 为法拉第筒型接收。

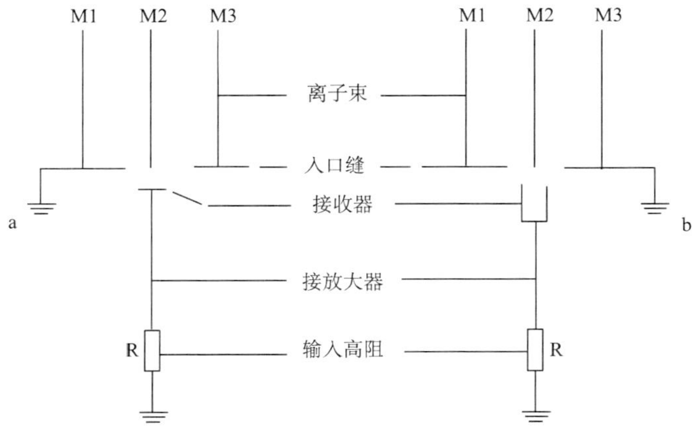

图 24-6　两种简单结构的单接收器

在加速电压较高的情况下，由于离子能量大，碰撞入口缝和接收器时会产生相当数量的二次电子及二次离子，并随离子流强度及离子质量大小而发生变化，会严重影响质谱测量甚至出现负峰。为了减少这种影响，设计了图 24-7 所示的带有二次离子抑制极(加正压)和二次电子抑制极(加负压)的接收器,以起到抑制二次电子和二次离子的逸出,有时还在接收器外施加可调磁场,以更好的消除二次电子。

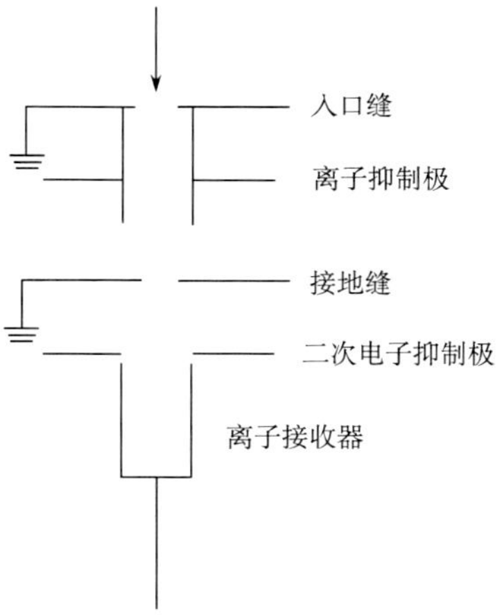

图 24-7　较完善的单接收器

(2) 多接收器。为了在同位素比值测定中,减少先后进样过程中由于质谱仪器各部分的不稳定因素所引起的误差,采用了同时接收所需的多种质量离子流的多接收器系统,从而有效地提高了测量精度。图 24-8 为气体稳定同位素质谱仪的离子流多接收器系统。

图 24-8 所示的多接收器系统可以满足测定 CO_2 中 $\delta^{13}C$,$\delta^{18}O$ 时需要同时接收 ^{44}M,^{45}M,^{46}M 的要求,测定 N_2 中 $\delta^{15}N$ 时需要同时接收 ^{28}M,^{29}M,^{30}M 的要求,测定 SO_2 中 $\delta^{34}S$ 时需要同时接收 ^{64}M,^{66}M 的要求。

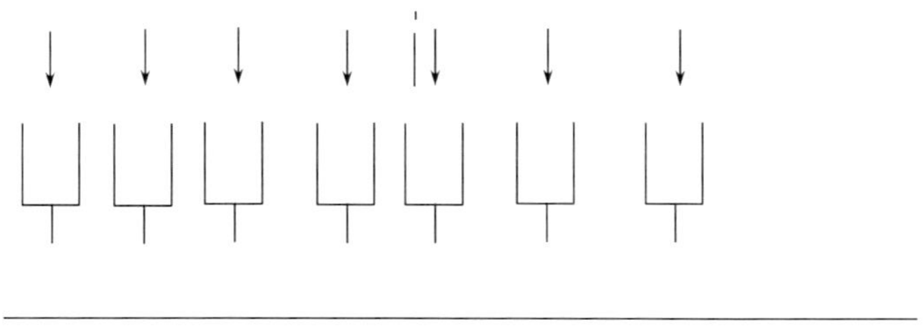

	1	2	3	4	5	6	7
CO_2	44		45		46		
N_2	28			29			
SO_2			64			66	
CH_3Cl			50				52
SiF_4	85	86	87				
CO_2	$3*10^8$		$3*10^{10}$		$1*10^{11}$		
N_2	$3*10^8$			$3*10^{10}$			
SO_2			$3*10^8$			$1*10^{11}$	
CH_3Cl			$3*10^8$				$1*10^9$
SiF_4	$3*10^8$	$1*10^{10}$	$1*10^{10}$				

图 24-8　气体稳定同位素离子流多接收系统

2) 二次效应电测法

利用离子接收时产生二次电子或光子,经电子倍增器或光电倍增器多级放大后再检测,其灵敏度可高达 10^{-19} A。该类型的接收器广泛应用在热表面电离同位素质谱仪和稀有气体同位素质谱仪上。以实现痕量样品和低丰度同位素分析。

5. 真空系统

质谱仪器的进样系统、离子源、质量分析器、离子接收器均需在一定的真空条件下正常工作，以保证离子光学系统的良好状态和质谱本底强度的理想水平。一般情况下，进样系统真空度要求优于 10^{-2} Pa，离子源、质量分析器和离子接收器真空度优于 10^{-5} Pa。而对于稀有气体同位素质谱仪，为了提高分析灵敏度，使用静态分析方法时，其真空度必须优于 10^{-7}～10^{-8} Pa，达到超高真空状态，从而大大降低样品用量。

常用的真空获得装置有机械真空泵、涡轮分子泵、扩散泵、离子泵和不同类型的吸附泵。真空技术是同位素实验室中，包括同位素样品分离制备、同位素质谱分析中的一门必备的基础技术。

6. 计算机系统

计算机系统在同位素质谱仪中主要发挥以下作用：

（1）信号采集和数据处理。根据不同的分析对象，设定所需采集的质谱信号，按照一定的技术规范进行数据处理，包括数据采集的组数、质谱本底的扣除、干扰离子的校正、标准值的设定及互换标准后的计算，最终给出分析所要求的测量结果和测量误差。

（2）质谱仪各功能单元的转换和质谱仪各测量参数的选择和监控。随着同位素质谱仪的不断发展，其分析功能和外部联机设置愈来愈丰富和多样化，计算机系统则起着中心控制的重要作用。例如，在气体稳定同位素质谱仪运行中，可通过计算机设定不同功能的连续流装置，自动进行 EA/Ms，TC/EA/MS，GC/C/MS 等在线装置的转换，以完成不同样品的测定。在质谱同位素测量时，可以根据不同的分析对象，设定和选择仪器工作条件和测量参数。例如离子接收方式的选择、谱峰强度的设定、压力调节参数的选择、所允许的标准与样品谱峰强度的差值、质谱峰中心的自动调整、^{3}H 系数的校正等。这些在过去人工手动选择及设定的分析流程，如今完全由计算机操作专用分析软件得以实现。

（3）质谱仪基本性能检查和故障分析。计算机系统可根据需要完成同位素质谱仪基本性能，包括多接收叠加峰的谱图显示、仪器分辨本领的测定、峰形稳定度的测定、系统稳定性的测定等，以保证高精度的同位素测定结果。

计算机系统还可以通过对结构复杂的质谱仪各功能单元的主要技术指标进行监测。例如，加速电压的稳定度、磁场电流的稳定度、离子源灯丝电流的稳定度以及各系统的真空度的显示，以帮助操作人员及时判断仪器故障的位置和排除办法。

三、同位素质谱仪的主要性能指标

同位素质谱仪的性能指标是其应用范围和分析能力的标志，也是我们选择仪器和调试仪器的主要技术根据。定期对仪器的主要性能指标进行检验和校准是保证分析数据可靠性的关键。同位素质谱仪的主要性能指标有以下四项：

1. 质量范围

质量范围表示质谱仪所能测量样品的质量由最小到最大的区间，单位为原子质量单位 u。不同用途的质谱仪具有不同的质量范围要求，气体稳定同位素质谱仪的质量范围一般在 1～250u 之间，热表面电离同位素质谱仪质量范围一般在 3～380u 之间。

2. 分辨率

分辨率表征质谱仪鉴别两个相邻质量的离子束的能力，定义为在质谱仪的质量范围内某一特定质量 M 位置与 $M+\Delta M$ 位置的两个离子束分开的程度，并以 $M/\Delta M$ 表达质谱仪的分辨率（或称为分辨本领）。

以气体稳定同位素质谱仪为例，记录 CO_2 的 ^{44}M，^{45}M 的质谱图，取两峰中心之间距离 b 和 ^{44}M 峰高 5%处的峰宽 a（如图 24-9），按公式(24-14)计算分辨率。

$$R=\frac{(M_1+M_2)}{2(M_2-M_1)}\times\frac{b}{a} \tag{24-14}$$

式中：R 为分辨率；M_1，M_2 为分别为 ^{44}M 和 ^{45}M 两离子峰的质量数；b 为两峰中心的距离；a 为 ^{44}M 峰高 5%处的峰宽。

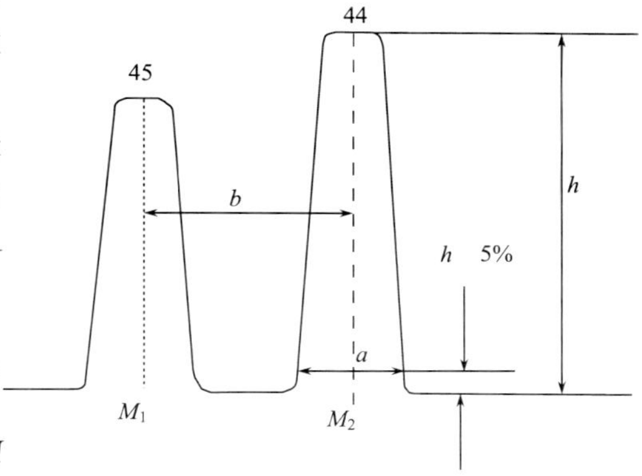

图 24-9　分辨率计算示意图

3. 灵敏度

灵敏度表征质谱仪在输入一定量样品时，所能检测到的质谱峰强度。也可以用离子产率来表示。例如气体同位素质谱仪，对于 CO_2 的灵敏度 S 可按公式(24-15)计算：

$$S=\frac{V_2-V_1}{(P_2-P_1)R\cdot K}[\mathrm{A/mbar}] \tag{24-15}$$

式中：S 为灵敏度；V_2 为离子源压力为 P_2 时 ^{44}M 的峰强度；V_1 为离子源压力为 P_1 时 ^{44}M 的峰强度；P_2 为第二次进 CO_2 时离子源的压强(mbar)；P_1 为第一次进 CO_2 时离子源的压强(mbar)；R 为质量 ^{44}M 所对应的放大器高阻(Ω)；K 为二氧化碳相对空气的电离率校正系数(0.69)。

4. 测量的内重复性和外重复性

一次进样所得测量结果的单次测量标准偏差称为内重复性；多次进样（连续流时还应包括在线装置）所得结果的平均值标准偏差称为外重复性。

内重复性按式(24-16)计算

$$S_i=\sqrt{\frac{\sum_{i=1}^{n内}(\delta-\delta_i)}{n_i-1}} \tag{24-16}$$

式中：δ 为一次进样取 $n_i=6$ 组数据的平均值；δ_i 为每组数据的测量结果；S_i 为一次进样的单次测量的标准偏差。

外重复性按式(24-17)计算

$$S_e = \sqrt{\frac{\sum_{i=1}^{ne} \bar{\bar{\delta}} - \bar{\delta}}{n_e(n_e - 1)}} \tag{24-17}$$

式中：$\bar{\bar{\delta}}$ 为六次重复测量结果平均值；$\bar{\delta}$ 为一次进样取 6 组数据结果平均值；S_e 为六次重复测量结果的平均值标准偏差。

第三节　气相轻元素的稳定同位素分析概要

自然界中同位素丰度涨落的测定数据和理论计算表明：元素越轻同位素质量上差异越显著，则同位素丰度的涨落越大。所以稳定同位素地球化学研究中所涉及的同位素主要是轻元素的同位素，目前主要以元素 H，O，C，N，S 的 δD，δ^{18}O，δ^{13}C，δ^{15}N，δ^{34}S 为分析对象。下面对气相轻元素的稳定同位素分析作以概要论述。

一、气相稳定同位素质谱仪

气相稳定同位素质谱仪是稳定同位素分析的主要工具。它的特点是：进样系统采用完全对称的双进样装置，标准和样品交替的进入离子源，离子接收系统采用多接收器，同时接收所设定的多道离子流，从而有效降低了进样分馏和测量时间不同等因素所带来的测量误差，大大提高了测量精度。

气相稳定同位素质谱仪工作原理如图 24-10 所示。

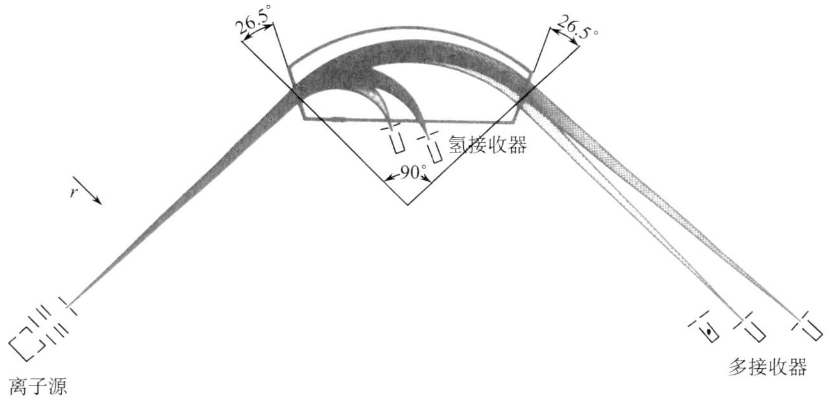

图 24-10　气相稳定同位素质谱仪工作原理图

由图 24-10 可看出，离子接收为两组系统，一组为氢同位素接收系统，另一组为 C，N，O，S 等元素的同位素接收系统。

气相稳定同位素质谱仪在 20 世纪 80 年代以后得到迅速发展，从原来的制备装置与质谱分离的双进样模式，发展到不同功能的连续流装置与质谱仪联机的在线测量模式。

例如色谱燃烧装置和质谱联机[GC/C/MS]可直接分析混合物中个别化合物的 $\delta^{13}C$。在其接口中设计了还原炉和 CO_2 冷阱后，又增加了 $\delta^{15}N$ 分析功能。当在[GC/C/MS]的色谱柱前增加预浓缩装置之后，可以分析气体中痕量(PPM 级含量或更纸)组分的同位素比，例如大气中痕量甲烷[CH_4]的 $\delta^{13}C$ 值和 NO_2 的 $\delta^{15}N$ 值。近期又开发出所谓顶部空间技术，即在色谱柱前的一个小体积中进行某种物理(如气-液间同位素交换)、化学(气-液相间或气-固相间化学反应)甚至某种生物反应(如光合作用)，将反应后的气相产物用氦(He)气载入色谱柱中，然后将柱后流出的每种组分经燃烧装置转化成 CO_2 或 N_2，最后用同位素质谱仪测定 C，N，O 的同位素比值。这一技术可以在线地分析量级极小(Pmol)的样品，因之可以推广应用到更多的科学研究领域。

方框图 24-11 描绘了一套较完整的气相稳定同位素质谱测定系统。该系统由两大功能块组成：一为不同功能的同位素样品制备装置与双进样同位素质谱测量系统；二为不同功能的连续流装置与同位素质谱仪的在线测量系统。

下页图 24-11 所示的两种类型的系统，各有不同的功能和特点，适用于不同的范围。连续流系统分析速度快，需要样品量少，可进行元素组分与相应同位素丰度的同时测定及混合物中某特定化合物的元素同位素丰度测定。例如，常规水平衡法系统中所需水量为 2 mL，而连续流的水平衡法系统中所需水量仅为 50～100 μL。该系统的不足之处是，需要高纯氦(He)作为载气，高纯氦的消耗费用昂贵。另外，数据收集时间短，系统气密性较差以及样品的相互干扰等因素，使其测量精度和数据稳定性不如双进样测量系统。传统的双进样测量系统，能给出高精度和重现性良好的分析数据，尤其在实验方法建立阶段，标准样品的测定和实验室工作标准的标定方面，双进样测量具有明显的优越性。

除了外围设备，同位素质谱仪本身也有很大改进，由于电离效率和离子聚焦性能的改善，使得仪器灵敏度得到很大提高。离子检测范围从 0～10V 扩展到 0～50V，并具有较宽的线性度。为适应于连续流装备分析氢同位素的需要，在氢接收系统前端设置了能量过滤装置(PRQ)，有效地消除了氦(He)在氢(H)同位素分析过程中所带来的影响。

总之，气相稳定同位素质谱仪在科研需求的推动下，无论外围设备或主机都在迅速发展，新的实验技术和方法不断出现，因此，它将会迅速地深入到更广泛的科学技术领域之中。

二、δ 值 概 念

在稳定同位素研究中，主要是依据元素中某一特定的同位素丰度与该元素中最大的同位素丰度之比的微小变化，去解释某些自然现象的。例如，对于氢、碳、氮、氧、硫元素，分别要求测量其 D/H，$^{13}C/^{12}C$，$^{15}N/^{14}N$，$^{18}O/^{16}O$，$^{34}S/^{32}S$ 的变化量。为了方便起见，在实际测量中引入了一个称为“富集度”的概念，以 δ 值表示，它的定义为

$$\delta‰ = \left[\frac{R_{SA} - R_{ST}}{R_{ST}}\right] \times 10^3 \tag{24-18}$$

δ 值一律用千分数表示，式中 R 为被研究元素中某特定同位素丰度与最大同位素丰度之

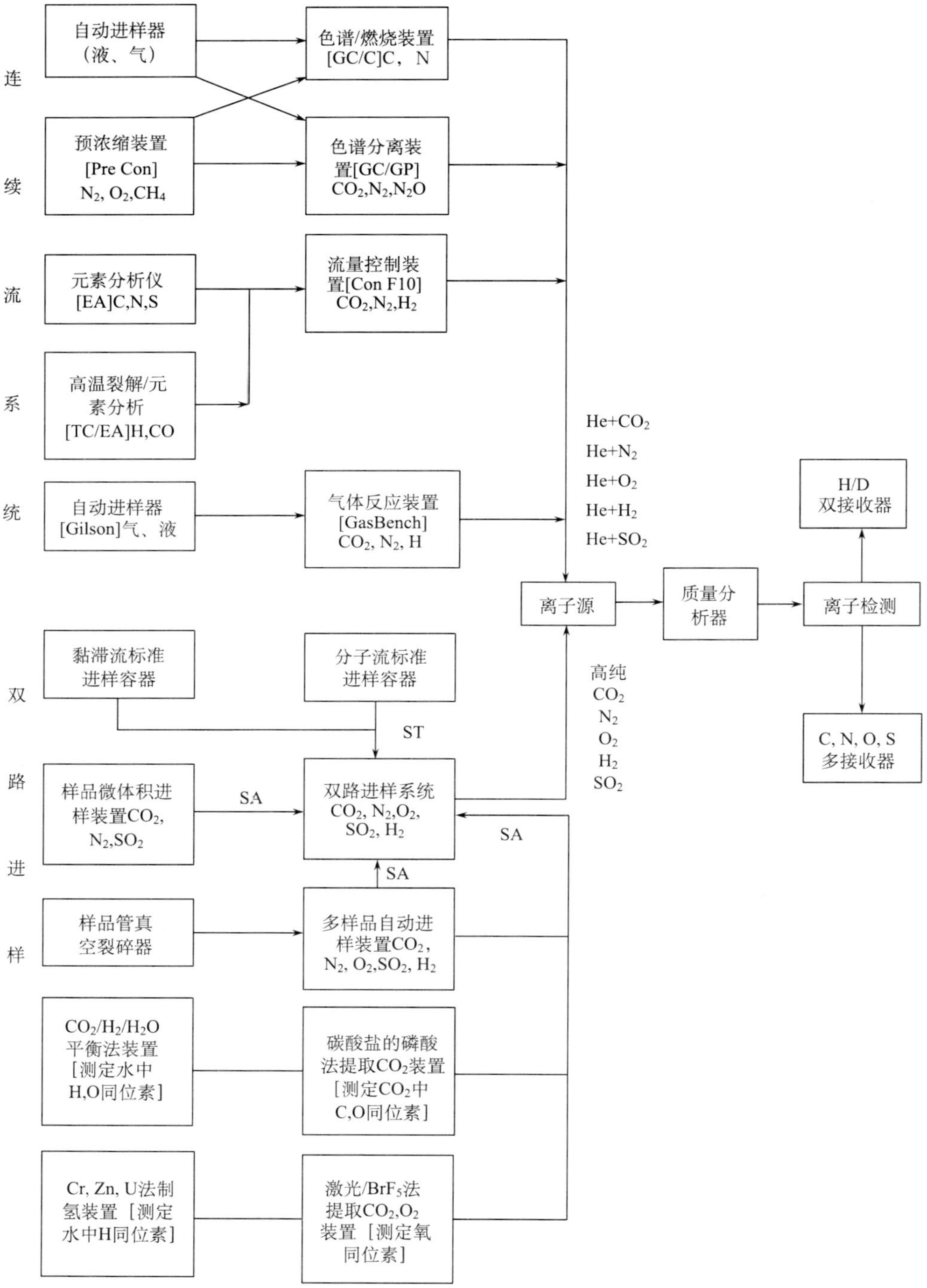

图 24-11　较完整的气相稳定同位素测定系统

比，下标 SA 表示样品，ST 表示标准。

对于 H，C，N，O，S 同位素分析，其 δ 值分别以下式表示：

$$\delta D‰ = \frac{(D/H)_{SA} - (D/H)_{ST}}{(D/H)_{ST}} \times 10^3 \tag{24-19}$$

$$\delta^{13}C‰ = \frac{(^{13}C/^{12}C)_{sA} - (^{13}C/^{12}C)_{ST}}{(^{13}C/^{12}C)_{ST}} \times 10^3 \tag{24-20}$$

$$\delta^{15}N‰ = \frac{(^{15}N/^{14}N)_{sA} - (^{15}N/^{14}N)_{ST}}{(^{15}N/^{14}N)_{ST}} \times 10^3 \tag{24-21}$$

$$\delta^{18}O‰ = \frac{(^{18}O/^{16}O)_{sA} - (^{18}O/^{16}O)_{ST}}{(^{18}O/^{16}O)_{ST}} \times 10^3 \tag{24-22}$$

$$\delta^{34}S‰ = \frac{(^{34}S/^{32}S)_{sA} - (^{34}S/^{32}S)_{ST}}{(^{34}S/^{32}S)_{ST}} \times 10^3 \tag{24-23}$$

若 $\delta^{34}S_A > \delta^{34}S_B$，就可以认为 $\delta^{34}S_A$ 比 $\delta^{34}S_\beta$ 富集 ^{34}S。

从公式(24-18)可看出，δ 值与标准有关，不同实验室会采用自己的工作标准，但正式发表的数据都必须采用国际标准。若令样品 $\delta_{样品-工作标准}$ 为样品相对于工作标准的 δ 值；$\delta_{工作标准-国际标准}$ 为工作标准相对于国际标准的 δ 值；$\delta_{样品-国际标准}$ 为样品相对于国际标准的 δ 值。根据 δ 值的定义有：

$$\frac{R_{样品}}{R_{工作标准}} = \delta_{样品-工作标准} + 1 \tag{24-24}$$

$$\frac{R_{工作标准}}{R_{国际标准}} = \delta_{工作标准-国际标准} + 1 \tag{24-25}$$

$$\frac{R_{样品}}{R_{国际标准}} = \delta_{样品-国际标准} + 1 \tag{24-26}$$

已知：

$$\frac{R_{样品}}{R_{国际标准}} = \frac{R_{样品}}{R_{工作标准}} \times \frac{R_{工作标准}}{R_{国际标准}} \tag{24-27}$$

将公式(24-24)，(24-25)，(24-26)代入公式(24-27) 中，并经整理后得出：

$$\begin{aligned}\delta_{样品-国际标准} &= \delta_{样品-工作标准} + \delta_{工作标准-国际标准} \\ &\quad + \delta_{样品-工作标准} \times \delta_{工作标准-国际标准}\end{aligned} \tag{24-28}$$

公式(24-28)即为样品相对于工作标准测量之值，换标到样品相对于国际标准之值的 δ 值互换公式。

三、关于稳定同位素标准

为了使不同的实验室和研究人员能相对于同一个参考点报道他们的数据，以便相互对比其所测定的同位素结果，并校正他们不同类型质谱仪，必须建立公认的同位素标准，所选取的标准应满足以下几个条件：

(1) 要求组成均一，数量大，标准同位素比值应为天然同位素比值变化中间值。

(2) 要适于长期保存,同位素组成要求不随时间或由于样品处理及制备方法的不同而发生变化。

(3) 必须给出同位素丰度的精确测定值。

可以将同位素标准物质分为三类:

1. 国际或国家有证标准物质

各国实验室所选取的公认的国际或国内统一制定的标准,并以此作为同位素丰度变化的基点。目前国际通用的同位素标准是由国际原子能组织(IAEA)和美国国家标准局(NBS)所提供的。我国同位素标准物质由国家计量局提供,一级标准物质代号为(GBW),二级标准物质代号为(GBWE)。

2. 在常规的样品分析中所经常应用的工作标准

该标准与国际、国内标准进行过严格而又精确的对比测量,所选取的工作标准的同位素比值应尽量接近国际标准值,并能满足长期使用的要求。在各稳定同位素实验室中一般都建立有本实验室的工作标准,对于轻元素稳定同位素测定来说,选取高纯二氧化碳(CO_2)、氢气(H_2)、二氧化硫(SO_2)及氮气(N_2)作为实验室气体工作标准。这对于监控和判断同位素样品制备装置和同位素质谱仪工作稳定性及数据可靠性具有重要意义。

3. 系列标准

是指以零为基点,所选取的具有适当间隔的$\pm\delta$值的一系列标准。系列标准的建立有两方面的意义:一是用来校正和检验仪器,使分析数据在较大的同位素组成变化范围内保证所需测量精确度及长期分析数据的重现性。二是根据每次所分析的一批样品中同位素δ值的大小,而从系列标准中选取适合的工作标准,使工作标准与样品之间δ值相差在合理范围之内,以保证测量数据的精确度。

适用于同位素水文学实验室的稳定同位素常用标准可参考表 24-1。

表 24-1 稳定同位素实验室常用标准(适用于同位素水文学实验室)

代号	产状	同位素	δ/‰	相对标准	备注
V-SMOW	平均海洋水	^{18}O	0	V-SMOW	IAEA-CM
		^{2}H	0	V-SMOW	
SLAP	南极粒雪样品	^{18}O	−55.5	V-SMOW	IAEA-CM
		^{2}H	−428.0	V-SMOW	
GISP	格陵兰粒雪样品	^{18}O	−24.8±0.05	V-SMOW	IAEA-RM
		^{2}H	−189.5±1.0	V-SMOW	
NBS-1A	美国黄石公园雪水	^{18}O	−24.9	V-SMOW	NBS
		^{2}H	−183.2	V-SMOW	
GBW04401	称重法配制纯水	^{18}O	0.32±0.19	V-SMOW	GBW
		^{2}H	−0.40±1.0	V-SMOW	

续表

代号	产状	同位素	δ/‰	相对标准	备注
GBW04002	称重法配制纯水	^{18}O ^{2}H	−8.79±0.14 −64.8±1.1	V-SMOW V-SMOW	GBW
GBW04003	称重法配制纯水	^{18}O ^{2}H	−24.52±0.2 −189.1±1.1	V-SMOW V-SMOW	GBW
GBW04004	称重法配制纯水	^{18}O ^{2}H	−55.16±0.24 −428.3±1.2	V-SMOW V-SMOW	GBW
IGGCAS-H-1	高纯钢瓶氢气	^{2}H	−150.6±1.2	V-SMOW	IGGCAS-H
NBS-18	碳酸岩	^{13}C ^{18}O	−5.01±0.06 −23.0±0.1	V-PDB V-PDB	IAEA-RM
NBS-19	大理岩	^{13}C ^{18}O	1.95 −2.20 28.6	V-PDB V-PDB V-SMOW	IAEA-CM
IAEA-CO-1	$CaCO_3$	^{13}C ^{18}O	2.48±0.03 −12.44±0.08	V-PDB V-PDB	IAEA-RM
IAEA-CO-9	$BaCO_3$	^{13}C ^{18}O	−47.1±0.2 −15.3±0.1	V-PDB V-PDB	IAEA-RM
GBW04405	北京周口店灰岩	^{13}C ^{18}O	0.57±0.03 −8.49±0.14	V-PDB V-PDB	GBW
GBW04406	碳酸钙试剂	^{13}C ^{18}O	−10.85±0.05 −12.40±0.15	V-PDB V-PDB	GBW
NBS-16	美国高纯钢瓶 CO_2	^{13}C ^{18}O	−41.8 −36.0	V-PDB V-PDB-CO_2	NBS
IGGCAS-CO_2-1	中国佛山 CO_2 气井	^{13}C ^{18}O	−28.3 −12.44	V-PDB V-PDB-CO_2	IGGCAS-CO_2
IGGCAS-CO_2-2	中国高纯钢瓶 CO_2 气	^{13}C ^{18}O	−12.63 30.28	V-PDB V-SMOW	IGGCAS-CO_2
NBS-127	$BaSO_4$	^{34}S ^{18}O	20.32±0.36 9.34±0.32	CDT V-SMOW	IAEA-CM
IAEA-S-1	Ag_2S	^{34}S	−0.30	CDT	IAEA-RM
IAEA-S-2	Ag_2S	^{34}S	21.7	CDT	IAEA-IC
IAEA-S-3	Ag_2S	^{33}S ^{34}S	−30.7	CDT	IAEA-IC
GBW04414	Ag_2S	^{33}S ^{34}S	−0.02±0.11 −0.07±0.13	CDT	GBW
GBW04415	Ag_2S	^{34}S	11.36±0.14 22.15±0.14	CDT	GBW
IGGCAS-SO_2-1	高纯钢瓶 SO_2 气	^{34}S	−5.29	CDT	IGGCAS-SO_2
NBS-14	大气氮	^{15}N	0.00	air N_2	IAEA-CM
IAEA-N-1	$(NH_4)_2SO_4$	^{15}N	0.538±0.186	air N_2	IAEA-RM

续表

代号	产状	同位素	δ/‰	相对标准	备注
IAEA-N-2	$(NH_4)_2SO_4$	^{15}N	20.343±0.0473	air N_2	IAEA-RM
IAEA-N-3	KNO_3	^{15}N	4.63±0.191	air N_2	IAEA-RM

注：(1) 本表为中国科学院地质与地球物理研究所稳定同位素实验室工作标准系列表之一。

(2) 备注索引：

IAEA—CM 为 IAEA 确定标准；

IAEA—RM 为 IAEA 参考标准；

IAEA—IC 为 IAEA 交换标准；

GBW 为中国国家标准；

IGGCAS—CO_2，IGGCAS—SO_2，IGGCAS—H 分别为中国科学院地质与地球物理所稳定同位素实验室工作气体参考标准。

(3) 标准同位素丰度比值取值为：

SMOW：$D/H=(155.76\pm0.10)\times10^{-6}$；

SMOW：$^{18}O/^{16}O=(2005.20\pm0.34)\times10^{-6}$；

$^{17}O/^{16}O=(373\pm15)\times10^{-6}$；

PDB：$^{13}C/^{12}C=(11237.2\pm90)\times10^{-6}$；

CDT：$^{34}S/^{32}S=0.0450045\pm93$；

airN：$^{15}N/^{14}N=(3676.5\pm8.1)\times10^{-6}$。

(4) POB 标准与 SMOW 标准转换公式(Coplen et al.，1983)如下：

$$\delta^{18}O_{SMOW} = 1.03091\delta^{18}O_{POB} + 30.91$$

$$\delta^{18}O_{POB} = 0.97002\delta^{18}O_{SMOW} - 21.98$$

四、稳定同位素分析基本流程和测量结果的误差分析

由原始样品的采集，到同位素质谱测定数据的获得，经历如图 24-12 所示的一套基本流程：

由原始样品的采集到样品前处理与化学制备这一过程，目的是将样品高效提纯并转化为适于同位素质谱分析要求的元素或化合物。例如稳定同位素质谱分析，要求提供高

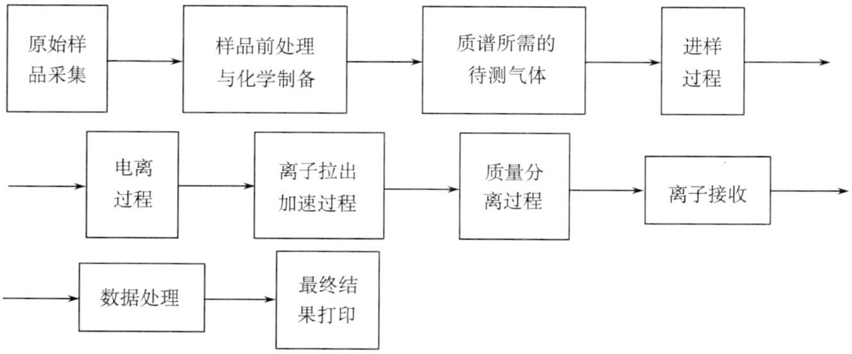

图 24-12　稳定同位素分析基本流程

纯度的 H_2，CO，CO_2，SO_2，N_2。杂质成分会严重干扰所要测定的质谱图，因而造成测量误差。由进样过程到离子接收则完成了同位素质谱测定的主要流程，数据处理过程将最终反映出测量结果。为了获取高精度的数据，必须对稳定同位素分析全部过程进行严格认真的监控。任何看来很小的失误，都会造成错误的测量结果。下面我们将对测量误差的来源，影响测量结果的众多因素进行基本分析。

(1) 样品采集上的问题：严格规范的样品采集方法，是全部分析流程的关键。否则样品分析数据将毫无意义。样品采集要注意其样品的代表性、稳定性和样品的采集量。研究人员应深入了解同位素分析的全过程，制定合理的样品采集方案。众所周知，样品的稳定同位素值在一定条件下是会改变的。例如水样品的蒸发以及同位素平衡反应都会改变原始水样的同位素丰度值，因此在采集水样时应使用密封性能好并经严格清洗的容器来完成。

(2) 影响同位素测定精度的主要因素一般都是来源于样品前处理和化学制备过程。这里包括了样品转化率（即回收率或产率）、样品制备纯度、制备过程中的同位素分馏效应、多次样品制备过程中的记忆效应等。例如，水中氢同位素分析中，水中氢的不完全转化，对 δD 值有十分明显的影响，δD 的变化可达百分之几。在进行 δ 值相差较大的不同样品制备时，记忆效应十分严重，甚至会影响到以后多次样品制备的数据稳定性。样品制备的不纯，可直接干扰离子流测定。CO_2 分析时，有机物的存在会干扰质量为[45]峰的强度，从而改变 $\delta^{13}C$ 的测定值。在氮同位素分析时，CO_2 或 CO 的存在会与质量[28]、[29]峰叠加，使 $\delta^{15}N$ 测定失去意义。

(3) 在被分析样品或标准通过气体双进样系统送入离子源的过程中同样存在带来测量误差的因素，应该注意进样系统的真空静态保持，经常测定系统的本底变化情况。进样毛细管要注意加热去气，并经常检查双毛细管的通导平衡，使其在同一压力状态下得到相同强度的离子流。要注意标准 δ 值的变化，尤其在氢同位素分析时，基本是分析一个样品则重新更换一次标准。标准进样最好采取大体积毛细管进样装置，从而保证标准 δ 值的相对稳定性。

(4) 在中性分子或原子被电子轰击的电离过程中，在离子拉出、加速过程中，会产生质量歧视效应，而且不同元素的电离效率也不一样，因此根据不同的分析对象，选择不同的最佳电参数是十分重要的。例如，由 CO_2 中 $\delta^{13}C$，$\delta^{18}O$ 测定转换为 H_2 中的 δD 测定，需仔细调整离子源各离子透镜的电压值（包括电子发射）并使其保持稳定。离子源的污染和质谱分辨本领的降低也直接影响到数据结果的稳定性。

(5) 注意经常观察质谱峰的变化，包括峰形、峰中心、峰稳定性、套峰情况以及强峰的拖尾影响。磁铁位置的变化、质量分析器和离子接收器的污染、真空度的改变、供电电压的不稳，都会体现在质谱峰的变化上，并使测量结果精度降低。在离子检测系统中，离子流放大器线性范围需要通过实验来标定，确定出不同离子流强度与 δ 值的变化关系，以制定最佳分析条件。

(6) 在连续流系统中，同样会有许多因素带来分析误差，载气氦气及各种标准气的纯度直接影响测量数据。系统的密封性能，多次样品分析形成的积叠效应会使峰形变坏，峰拖尾加长，以至影响峰面积积分的取值合理性。

在连续流系统中，样品的裂解、氧化还原时间很短，反应不完全会造成同位素分馏，所以对气体流量的控制、反应温度的设定、试剂的选取等方面都有严格要求。

总之，认真掌握同位素分析的每一步环节，仔细分析造成测量误差的所有因素，经常定期用标准样品检查制备系统与质谱系统测量数据的长期稳定性，以保证获得高精度的可靠的分析结果。

第四节　用于同位素测定的样品制备系统和质谱分析方法

本节主要结合同位素水文学研究的需要，将实验室中经常遇到的同位素样品制备系统的基本原理，简单结构和同位素质谱分析的基础方法作概要介绍。

一、同位素样品的制备

1. 水中 δD 与 $\delta^{18}O$ 测定的样品制备

为了进行水中 δD 测定，需要将水转化为氢气，以提供质谱分析。常用的转化方法有金属铀(U)法、锌(Zn)法、镁(Mg)法、铬(Cr)法。利用活泼的金属元素做还原剂，在一定温度下将水转化为氢气。

铀法反应原理：

$$U + 2H_2O \xrightarrow{600 \sim 700℃} UO_2 + 2H_2$$

锌法反应原理：

$$Zn + H_2O \xrightarrow{400℃} ZnO + H_2$$

镁法反应原理：

$$Mg + H_2O \xrightarrow{550℃} MgO + H_2$$

铬法反应原理：

$$2Cr + 3H_2O \xrightarrow{850℃} Cr_2O_3 + 3H_2$$

以上四种方法中，铀法制氢效率最高，在 600～700℃时与水的反应几乎是在瞬间完成，与其他方法相比，δD 数据最稳定。但是由于原料的来源，反应废物的处理与系统污染等问题的存在，一般实验室逐渐放弃了该方法而改用金属锌法。锌法具有操作简单，适用于批量样品制备等优点，曾一度被广泛使用。它与铀法相比，由于反应温度低(400℃反应)，所以水还原生成氢的速度也较慢，加之金属锌与水反应的同位素动力学分馏常数比较大，所以操作条件严格，需要反复进行反应才能获得高的回收率。

金属铬法是近年成功开展的水中氢的制备技术，铬(Cr)为 VIB 族元素，单质铬是金属中硬度最大的金属，抗腐蚀强。在高温下(800～850℃)可与水直接反应生成氢气。该方法操作条件较宽，温度控制要求不像锌法严格，在一定真空条件下，温度设定为 850℃，注射 2 μL 水样，静态反应 5 s，水中的氢气就可以完全转化。

由中国科学院地质与地球物理研究所稳定同位素实验室研制的铬法制氢的 IRMS 联机系统如图 24-13 所示。

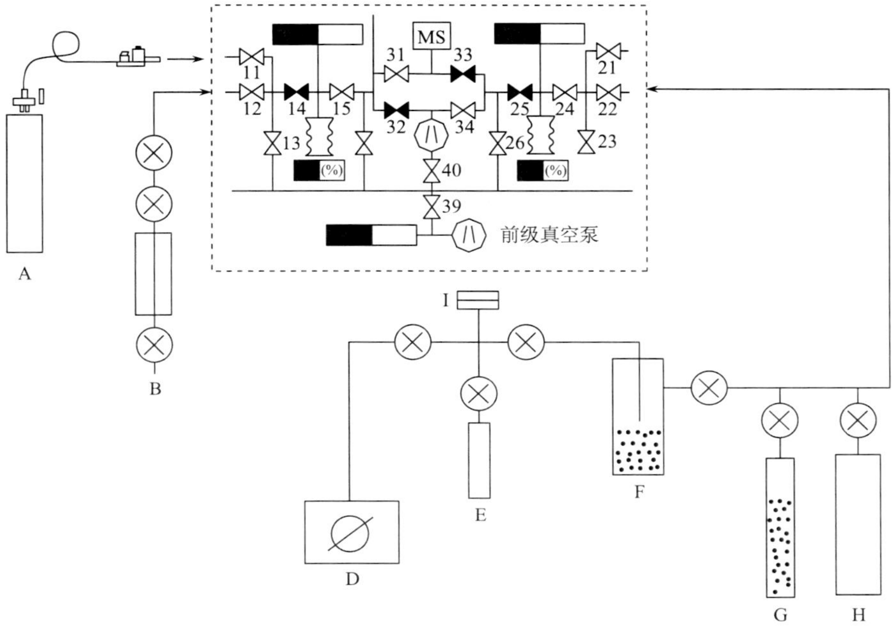

图 24-13　铬法制氢的 IRMS 联机系统示意图

A. 氢标准气 1(黏滞流型)；B. 氢标准气 2(分子流型)；C. MS 双进样系统；D. 制氢系统真空获得装置；E. 冷阱；F. C_r 炉(850℃控温)；G. 活性炭管；H. 氢扩散标准体积容器；I. 样品注入

该系统主要包括：内装金属铬的石英反应器，带有金属高真空阀门的真空系统，用于铬反应炉的精密温度控制仪，氢气扩散标准容器，活性炭吸收管，与 IRMS 联机的标准接头。在双进样系统的标准端，配置有两个工作标准容器，一个是带有黏滞流进样毛细管的实验室气体工作标准容器，另一个是能够灵活更换的带有三个阀门的不锈钢型实验室工作标准容器。

氢制备的基本方法为：植物、土壤、矿物包体等含水样品，在设定的温度下加热脱水，经冷阱吸收并排除其他杂质，然后加热扩散到铬反应器中。水样可直接通过微量注射器注入反应器内，水的进样量可控制在 0.5～2 μL 之间。铬反应器加热温度控制在 850℃，静态反应时间大于 5 s。氢气转移可采取大体积扩散或活性炭吸收法。大体积扩散法速度快，数据稳定。但由于氢气未完全转移，残留在反应器中的重同位素相对富集，从而引起 δD 值的系统偏差，经质谱测定，残存氢的 δD 值明显偏正。活性炭吸收法可将所制备的氢气完全吸收转移。但活性炭本身的吸附—解析作用同样也会造成同位素分馏，所以两种方法均应严格控制实验条件，并利用系列标准进行数据校正。另外需要十分注意，制备系统和铬反应器存在着明显的同位素记忆效应，尤其是在测定 δD 相差很大的样品时，例如在进行国际标准水样 SLAP($\delta D_{V\text{-}SMOW}=-428‰$)制备之后，再进行样品 SH-1($\delta D_{V\text{-}SMOW}=-64.48‰$)制备，三次测定结果分别为：$-71.53‰$，$-68.28‰$，$-64.48‰$。在两个样品之间 δD 值相差愈大时，记忆效应愈明显。为了消除以上影响，有计划地进行标准样品的插入是十分必要的。

总之，在样品制备过程中，同位素质量的不同是造成同位素分馏的根本原因，同位素质量的相对差越大，同位素分馏效应越明显。在稳定同位素测定中，氢同位素相对质量差最大，从而导致同位素分馏效应和质量歧视效应最为明显，这就是氢制备技术中需要认真对待的主要问题。

为了进行水中 $\delta^{18}O$ 测定，需要将水中的氧转化为二氧化碳或一氧化碳以提供质谱分析。

目前主要有三种方法可供选择。

(1) 水—二氧化碳平衡法[H_2O/CO_2]：

$$C^{16}O^{16}O(\text{气})+H_2^{18}O(\text{液})\rightleftharpoons C^{16}O^{18}O(\text{气})+H_2^{16}O(\text{液})$$

(2) 五氟化溴法[BrF_5]：

$$2BrF_5+2H_2O\longrightarrow 2BrF_3+4HF+O_2\uparrow$$
$$C+O_2\longrightarrow CO_2$$

(3) 石墨炉高温裂解法：

$$C+H_2O\xrightarrow{1300℃}H_2+CO$$

其中五氟化溴法由于实验程序比较复杂，不适合大量水样品的测定。石墨炉高温裂解法可同时获得 δD 与 $\delta^{18}O$ 结果，但生成的一氧化碳气在质谱双进样方法测定中，由于氮气本底影响，会带来 $\delta^{18}O$ 的分析误差。但利用该方法原理建立的连续流装置[TC/EA]在水同位素分析中具有一定的优越性。

目前在稳定同位素实验室中水—二氧化碳平衡法是水中 $\delta^{18}O$ 测定的最简便、可靠的方法。到目前为止，该实验方法仍被普遍应用。

该系统如图 24-14 所示。

该系统主要包括：高纯钢瓶 CO_2 平衡气，金属高真空阀门(为了实现自动控制，可选用电磁真空阀)，真空机组以及压力测量装置。水—二氧化碳平衡器可选用多重组合，一次可平衡几十到上百个水样品。毛细管型平衡器使用比较方便，可以在不冷冻水样的情况下抽真空。整个平衡系统与真空管线采取可移动的波纹管式连接，在完成平衡条件之后可直接进入恒温水浴振荡器中进行平衡交换反应。

基本实验方法为：在平衡器内放入水样品 3～10 mL 后接入真空系统抽真空至优于 10^{-1}Pa 后关闭真空阀。将高纯 CO_2 平衡气调解到所需要压力，一般控制在 12～50Pa 范围内并均衡地放入到所有毛细管平衡器内。将平衡器置于 25℃恒温控制的水浴振荡器中振荡 4h。完成以上实验步骤之后，依次将平衡后的 CO_2 引入－70℃冷阱中排除 H_2O

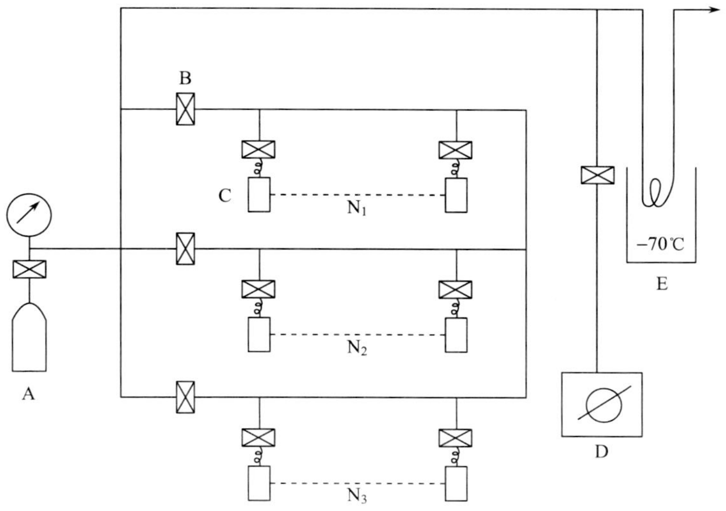

图 24-14 水—二氧化碳平衡法系统示意图

A. 高纯钢瓶 CO_2 平衡气；B. 金属真空阀门；C. 多组毛细管型平衡器；D. 高真空机组；E. −70℃水吸附冷阱

并送入质谱测定。

在一定温度下，二氧化碳和水达到氧同位素交换平衡后，两者$^{18}O/^{16}O$的比值为一定值，即分馏系数 α 为常数。α 的表达式如下：

$$\alpha=\frac{R_{CO_2}}{R_{H_2O}}=\frac{(^{18}O/^{16}O)_{CO_2}}{(^{18}O/^{16}O)_{H_2O}} \tag{24-29}$$

基于这一关系，即可利用与水相平衡的二氧化碳中$^{18}O/^{16}O$值来确定出水的氧同位素组成。

根据 Craig 推导的公式：

$$\delta^{18}O_{H_2O}=\left(\frac{1}{\alpha}+\frac{1}{\rho}\right)\delta^{18}O''_{CO_2}-\frac{1}{\rho}\delta^{18}O'_{CO_2}+\left(\frac{1}{\alpha}-1\right)\times 1000 \tag{24-30}$$

式中：$\delta^{18}O_{H_2O}$为待测水样的 $\delta^{18}O$ 值；$\delta^{18}O''_{CO_2}$ 为平衡后的二氧化碳 $\delta^{18}O$ 值；$\delta^{18}O'_{CO_2}$ 为钢瓶二氧化碳原始的 $\delta^{18}O$ 值；α 为分馏系数；ρ 为参与交换平衡的 H_2O 和 CO_2 中氧的克原子数（物质的量）之比。

其中：

$$\rho=\frac{M_{H_2O}}{M_{CO_2}}=\frac{W_{H_2O}/M_{H_2O}}{2P_{CO_2}\cdot V_{CO_2}/RT}$$

M_{H_2O}，M_{CO_2} 分别为 H_2O 和 CO_2 中氧的克原子数（物质的量），W_{H_2O}，M_{H_2O} 分别为 H_2O 的重量(g)和克式量，P_{CO_2}，V_{CO_2} 和 T 分别为钢瓶 CO_2 充气时的压力、体积和温度；R 为气体常数。

在本实验的实际操作中，严格统一和控制平衡器的体积、注入的水样品量、充进的二氧化碳的压力以及平衡温度（一般设定为 25℃）等，可以大大简化测定程序并获得十分稳定的数据。

2. 水中 $\delta^{13}C$ 测定的样品制备

通常水中溶解的无机碳(包括 CO_3^{2-}，HCO_3^-，H_2CO_3，CO_2 和各种碳酸盐混合物)含量很低，约在 50～500 ppm 左右，需根据其含量的大小，采集足够的水样品，利用沉淀法获取一定量的碳酸盐来测定 $\delta^{13}C$。

沉淀法制备 $SrCO_3$ 的基本流程：

取 500 mL 去离子蒸馏水，煮沸后加入 500 g 分析纯的 $SrCl_2 \cdot 2H_2O$，再加入 125 mL25％的浓氨水配制成沉淀液。一般 100 mL 水需加入 25 mL 沉淀液。实验时将样瓶上层的清液倒掉，再加入煮沸的蒸馏水，将瓶底的 $SrCO_3$ 充分晃动起来，然后一并倒入细菌漏斗进行过滤，用无 CO_2 的热蒸馏水冲洗 4～5 次，至滤液不呈碱性为止。取下漏斗放在 80～100℃烘箱内烘干，然后刮下漏斗上的样品并研磨成 200 目的粉末，称重 5～20 mg 待用。

由于同位素质谱测定 $\delta^{13}C$ 需要特定 CO_2 气体，其相应制备方法选用了简便、可靠的磷酸法来完成。磷酸与碳酸锶反应按下式进行：

$$3SrCO_3 + 2H_3PO_4 \xrightarrow{25℃} Sr_3(PO_4)_2 + 3H_2O + 3CO_2$$

磷酸法碳酸盐样品中 CO_2 提取系统如图 24-15 所示。

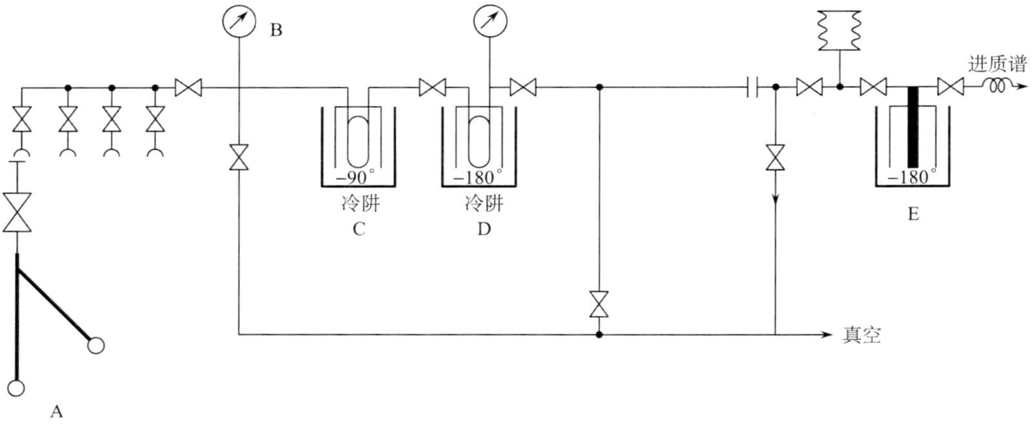

图 24-15　磷酸法碳酸盐样品中 CO_2 提取系统示意图

A. 反应管；B. 真空规管；C，D. 冷阱；E. 样品收集管

基本实验方法为：称量 5～20 mg 样品放入反应管底部，再用注射器将约 5 mL 百分之百纯磷酸注入反应管支管内。将反应管接在真空系统上抽真空并用吹风机加热磷酸去气直至磷酸清澈透明，真空度优于 10^{-2} Pa 为止。然后关闭反应管真空阀并从系统上取下置于恒温水浴中设定 25℃反应半小时后将反应管倾料，把磷酸倒入主反应管内与样品反应。之后将反应管继续在 25℃恒温水浴中放置 10 h。反应完全后，把反应管从水浴中取

出并接入系统抽真空至优于 10^{-2} Pa，然后打开反应管真空阀门，反应生成的 CO_2 经干冰阱 C 分离水后被液氮冷阱 D 吸收。取下 D 冷阱的液氮，可将 CO_2 转移到样品收集管 E 中，送质谱分析。

从该方法的化学反应式可看出，碳酸盐样品中的氧只有 2/3 转化为二氧化碳，所析出的二氧化碳和碳酸盐样品中氧存在同位素分馏。在实验过程中，一般将标准和样品置于温度和反应时间等完全相同的条件下反应，这样使标准和样品的同位素分馏系数相同，在计算 $\delta^{18}O$ 时可相互抵消。

3. 水中 $\delta^{34}S$ 测定的样品制备

水中 $\delta^{34}S$ 测定，需要先将水中 H_2S 和 SO_4^{2-} 分别转化为 CdS 和 $BaSO_4$ 后，再经制备系统提取 SO_2 供同位素质谱分析。

当水中硫酸盐浓度大于 50 ppm 时，可采用沉淀法将其转化为硫酸钡，水中的 H_2S 和 SO_4^{2-} 分别采用 $Cd(CH_3COO)_2$ 和 $BaCl_2$ 进行沉淀。沉淀剂配制：取 350 g 分析沌 $Cd(CH_3COO)_2$ 溶于少量水中，加入 400 mL 冰醋酸作缓冲剂，再用蒸馏水稀释至 1000 mL。野外采样时，一般 5000 mL 水需加 150～200 mL 沉淀剂，静置 1～2 天后，弃去上层澄清液，晃起黄色沉淀物，用分析滤纸过滤。然后，将沉淀的 CdS 带回实验室备用。

水中 SO_4^{2-} 沉淀剂的配制和使用：用适量水溶解 100 g $BaCl_2$，再加入 400 mL 1∶1 的 HCl 用蒸馏水稀释至 1 L 即可，一般 5000 mL 水可加入 250 mL 沉淀剂，放置 1～2 d，直至 $BaSO_4$ 沉淀，用滤纸过滤，烘干备用。

当水中 SO_4^{2-} 含量小于 50 ppm 时，可采用阴阳离子交换树脂进行富集。然后再用常规法制备 $BaSO_4$。

CaS 和 $BaSO_4$ 样品可采用直接氧化法和分解法制备 SO_2，氧化剂可选用氧气、氧化铜(CuO)、氧化亚铜(Cu_2O)、或五氧化二钒(V_2O_5)。建议选用氧化效果更好的五氧化二钒。其反应原理如下：

$$CaS + 3V_2O_5 \xrightarrow{1000℃} SO_2 + CdO + 3V_2O_4$$

$$BaSO_4 \xrightarrow{1000℃} BaO + SO_2 + \frac{1}{2}O_2$$

$BaSO_4$ 的直接分解需要很高的温度，而且会产生 SO_3，引起同位素分馏，通常采用将 $BaSO_4$(20 mg)与 V_2O_5(60 mg)、SiO_2(80 mg)、Cu(200 mg)均匀混合，在 1000℃下反应提取 SO_2。

该提取系统如图 24-16 所示。

制备基本流程为：将转化好的样品 5～20 mg 与 V_2O_5 按比例混合并均匀研磨后放入瓷舟内，打开石英反应器前端的快速真空密封装置，将瓷舟通过磁铁送入石英反应器内。真空密封之后将管式高温炉逐渐加热至 1000℃并保持 15 min。

经纯化后的 SO_2 收集到样品瓶内，也可直接与同位素质谱仪双进样系统联机。

4. 水中 $\delta^{15}N$ 测定的样品制备

水中 $\delta^{15}N$ 测定的样品制备，第一步是将水中硝酸根离子(NO_3^-)提取并转化为

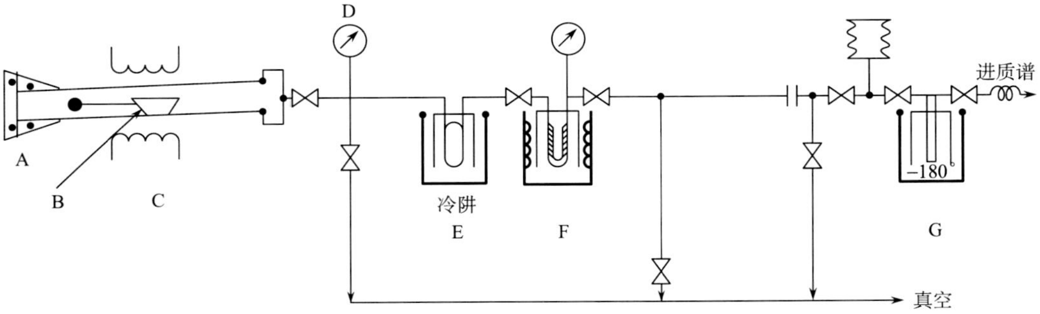

图 24-16　硫化物与硫酸盐中 SO_2 提取的燃烧法系统示意图

A. 带有快速真空密封装置的石英反应管；B. 装样品和反应物的瓷舟；C. 管式高温炉；D. 真空规；E. 冷阱；F. 铜炉；G. SO_2 收集管

$AgNO_3$，然后经制备系统再转化为 N_2 后送同位素质谱分析。

水中硝酸根离子的提取方法，主要有微扩散法和凯氏蒸馏法以及阴离子树脂交换法三种。离子交换法具有试剂易于纯化、分离简便快速、效率高等优点，而且使用该方法处理的水样能够同时进行 $\delta^{15}N$、$\delta^{18}O$ 两项测定，所以阴离子树脂交换法列为首选方法。

树脂可采用国产的 201×7(717)型强碱性苯乙稀系阴离子交换树脂。应用阴离子树脂交换法处理水样成功的关键，在于阴离子交换树能否有效地吸附水中硝酸银离子。可以先用 KNO_3 标准溶液进行洗脱率的条件实验，以制定出最佳的树脂处理方法和洗脱流程。

水样要先用 0.45 mm 的聚碳酸酯膜过滤，以去掉水中的颗粒物，然后过柱以盐酸洗脱提取 NO_3^-。选用 Ag_2O 中和脱洗液，其反应原理为：

$$HCl + HNO_3 + Ag_2O \longrightarrow Ag_2Cl + AgNO_3 + H_2O$$

其中 Ag_2O 与洗脱液 HCI 反应生成的 Ag_2CI 沉淀可进行过滤去除，经充分干燥处理的 $AgNO_3$ 收集保存待制备系统转化为 N_2 后供同位素质谱分析。

由 $AgNO_3$ 提取 N_2 可采用真空裂解法。该方法与其他化学方法相比，操作简便、密封性能好，可将空气污染降到最低水平。$AgNO_3$ 裂解可释放出 N_2，NO，NO_2，其中 NO_2 在 600℃时又能可转化为 NO 和 O_2。利用温度为 650℃的铜反应炉，可以有效地将 O_2 转化为 CuO，将 NO 转化为 N_2。真空裂解法系统如图 24-17 所示。

制备基本流程为：将 5～15 mg$AgNO_3$ 样品放入瓷舟(B)中，打开石英反应器真空密封装置，将瓷舟通过磁铁送入石英反应器内，真空密封之后将石英反应器抽真空至优于 10^{-3}Pa，启动管式高温炉加热至 1100℃并保持 15 min，观察真空计(D)压力变化，同时冷阱加液氮排除杂质气体，开启铜炉加热至 650℃，将 NO 和 O_2 分别转化为 N_2 和 CuO，最后将转化的纯 N_2 扩散平衡到扩散容器(I)中，或全部收集到活性炭收集管内，以供同位素质谱分析。

保证 N_2 提取的真空裂解法系统的良好真空性能，尤其是反应过程中的静态真空保

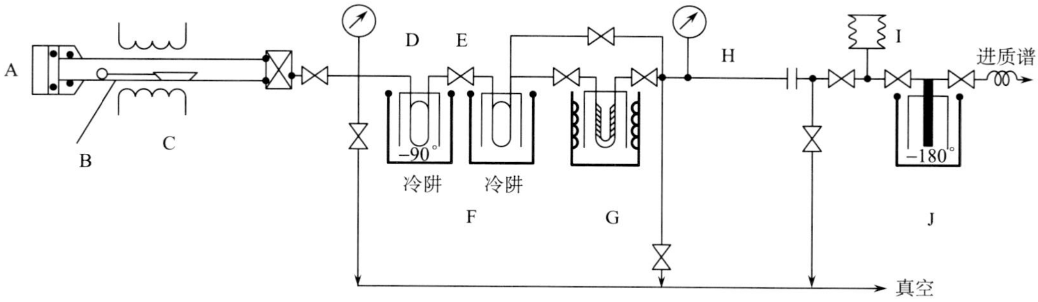

图 24-17　硝酸盐中 N_2 提取的真空裂解法系统示意图

A. 带有快速真空密封装置的石英反应管；B. 装样品及反应物的瓷舟；C. 管式高温炉；D. 真空针；E. 真空阀门；F. 冷阱；G. 铜反应炉；H. 真空计；I. N_2 扩散容器；J. 活性炭收集管

持，是十分重要的。因为空气中 N 的干扰会使测量结果变得毫无意义。

二、同位素质谱分析

根据样品特点，采用不同原理和方法的样品制备系统，分别转化为同位素质谱分析所特定要求的 H_2，N_2，CO_2，SO_2 等高纯气体，最终通过质谱分析给出 δD、$\delta^{15}N$、$\delta^{13}C$、$\delta^{18}O$、$\delta^{34}S$ 值。下面将逐项对同位素质谱分析的基本方法、最终结果换算公式以及分析过程中需要注意的问题进行重点介绍。

1. H_2 中 δD 的质谱分析

氢同位素的质量是元素中最小的，而其相对质量差值又最大，因之质谱分析过程中会产生较大的同位素分馏，使得测量精度较其他同位素测量精度低一个数量级。

氢在质谱仪离子源中产生的离子类型如表 24-2 所示。

表 24-2　氢被电离后的离子类型

质量数	离子类型
^{1}M	H
^{2}M	H_2，D
^{3}M	HD，H_3
^{4}M	D_2，H_2D
^{5}M	HD_2
^{6}M	D_3

据表 23-3，氢气中 δD 测定选取质量数为 2 和 3 的两组离子：

$$\frac{^{3}M}{^{2}M}=\frac{HD+H_3}{H_2+D} \tag{24-31}$$

式中:D 含量极微,可忽略不计;H_3 是离子—分子反应产物;$H_2^+ + H_2 \rightarrow H_3^+ + H$。

H_3^+ 的产生是氢同位素质谱分析的主要特征,严重影响测量结果,必须进行 H_3^+ 校正。

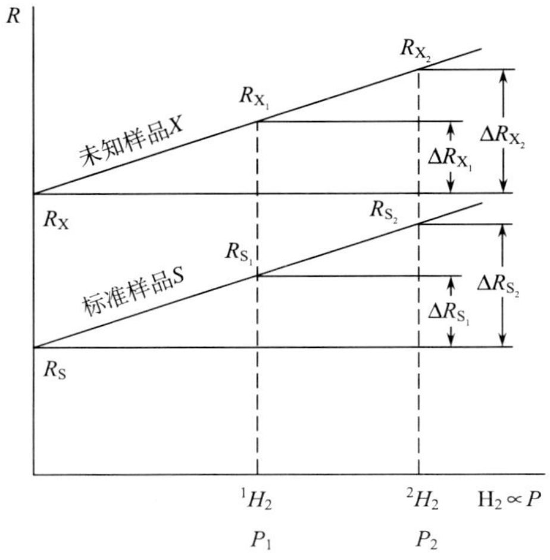

图 24-18　H_3^+ 校正曲线 R-P

从反应式可知,HD^+ 只与 HD 的浓度有关,即与其压强成比例,而 H_3^+ 是由于 H_2^+ 碰撞 H_2 后产生,其碰撞几率与这两种粒子浓度有关,所以 H_3^+ 正比于氢分子压强的平方,即 $H_2^+ \propto p$,$H_2 \propto p$,所以 $H_3^+ \propto p^2$。

在测量计算 $HD^+ + H_3^+/H_2^+ = R$ 时,其中 HD^+/H_2^+ 与压强无关,而 H_3^+/H_2^+ 与压强有关,即 $H_3^+/H_2^+ \propto P$。

图 24-18 中角标 X 和 S 分别表示未知样品和标准样品,R 表示 HD^+/H_3^+;Ri 表示 $HD^+ + H_3^+/H_2^+$;P 表示氢的分压强;ΔR 表示 H_3^+/H_2^+。

由图 24-18 可知

$$R_{x_1} = R_x + \Delta R_{x1} \tag{24-32}$$

$$R_{x_2} = R_x + \Delta R_{x_2} \tag{24-33}$$

设

$$K = \frac{^2H_2}{^1H_2} = \frac{P_2}{P_1}$$

则

$$\Delta R_{x_2} = \frac{P_2}{P_1} = \Delta R_{x_1} = K\Delta R_{x_1}$$

代 ΔR_{x_2} 入式(24-33)得:

$$R_{x_2} = R_x + K\Delta R_{x_1} \tag{24-34}$$

用 K 乘式(24-32)

$$KR_{x_1} = KR_x + K\Delta R_{x_1} \tag{24-35}$$

式(24-34)-式(24-35)得:

$$R_{x_2} - KR_{x_1} = R_x - KR_x = R_x(1-K)$$

所以

$$R_x = \frac{R_{x_2} - KR_{x_1}}{1-K} \tag{24-36}$$

同理可得

$$R_S = \frac{R_{S_2} - KR_{S_1}}{1-K} \tag{24-37}$$

由式(24-36)与式(24-37)可得

$$\delta = \frac{R_X - R_S}{R_S} = \frac{(R_{X_2} - KR_{X_1}) - (R_{S_2} - KR_{S_1})}{R_{S_2} - KR_{S_1}} \tag{24-38}$$

由式(24-38)可知，可将两种(或两种以上)的进气压力测得的未知样品和标准样品的 R 值，以及压力的比值 K 代入式内，即可计算出校正了 H_3^+ 影响的 δ 值。

在稳定同位素质谱分析中，获得高精度的 δD 测定是比较困难的，主要有三个方面的原因：①氢同位素质量相对差较大，在进样和电离过程中会造成明显的同位素分馏；②受与压强成正比的 H_3^+ 干扰；③氢同位素 δD 值变化范围很宽。

考虑以上因素，可采用下列实验方法：

(1) 使用实验室系列气体工作标准监控 δD 的变化。气体工作标准，不受制备系统的影响，其 δD 值相对不变，可常期检查质谱系统的分析稳定性。

(2) 标准采用毛细管式的黏滞流进样方法，大大减少进样过程中的同位素分馏，并保证了标准的长期稳定性。

(3) 严格调整和控制质谱工作参数。例如，离子源中电子聚焦磁铁能引起的质量歧视效应、定期进行 H_3^+ 校正、离子光学透镜拉出电压的调整、双路毛细管通导的平衡、毛细管中 H_2O 残留的影响及清除等。

(4) 在 δD 相对差值较大的情况下，采用双标准测量方法对于氢同位素分析十分必要，双标准计算公式如下：

$$\delta_{X-SMOW(‰)} = \frac{\delta_{X-工作标准} - \delta_{SMOW-工作标准}}{\delta_{SLAP-工作标准} - \delta_{SMOW-工作标准}} \times (-428)(‰) \tag{24-39}$$

2. N_2 中的 $\delta^{15}N$ 质谱分析

N_2 气体在质谱仪离子源中所产生的离子类型如表 24-3 所示。

表 24-3　N_2 被电离后的离子类型

质量数	离子类型
^{14}M	$(^{14}N\,^{14}N)^{2+}$
$^{14.5}M$	$(^{14}N\,^{15}N)^{2+}$
^{15}M	$^{15}N^+$ $(^{15}N\,^{15}N)^{2+}$
^{28}M	$(^{14}N\,^{14}N)^+$
^{29}M	$(^{14}N\,^{15}N)^+$
^{30}M	$(^{15}N\,^{15}N)^+$

在进行 N_2 的质谱分析时，选用 ^{28}M，^{29}M，^{30}M 三组离子峰。根据氮同位素在研究工作中应用特点，其最终分析结果采用两种形式给出。

(1) 氮同位素自然丰度变化的 $\delta^{15}N$ 值：

由于：

$$1 + \delta_{(29)} = \frac{R_{(29)_X}}{R_{(29)_S}} \tag{24-40}$$

$$1 + \delta_{(15)} = \frac{R_{(15)_X}}{R_{(15)_S}} \tag{24-41}$$

所以：

$$\delta_{(29)}=\frac{\left(\dfrac{^{14}N^{15}N}{^{14}N^{14}N}\right)_X}{\left(\dfrac{^{14}N^{15}N}{^{14}N^{14}N}\right)_S}-1=\frac{\left(\dfrac{^{15}N}{^{14}N}\right)_X}{\left(\dfrac{^{15}N}{^{14}N}\right)_S}-1=\frac{R_{(15)_X}}{R_{(15)_S}}-1=\delta_{(15)} \tag{24-42}$$

在氮气的同位素测量中，直接取^{28}M，^{29}M 峰，不必做任何较正，即可获得 δN^{15} 值。

(2) 氮同位素示踪样品的^{15}N 原子%值。当^{30}M 离子峰达到可测量程度时，选取(28)、(29)、(30)三组离子峰，其^{15}N 原子百分数由下式计算：

$$^{15}N\text{ 原子 }\%=\frac{(29)+2(30)}{2[(28)+(29)+(30)]}\times 100 \tag{24-43}$$

当^{30}M 离子峰强度很小，未达到可测量强度时，取(28)、(29)二组离子峰，其^{15}N 原子百分数由下式计算：

$$^{15}N\text{ 原子 }\%=\frac{1}{2\left(\dfrac{28}{29}\right)}\times 100 \tag{24-44}$$

氮同位素质谱分析中的主要干扰因素有：

(1) 空气本身的影响。空气中主要由氮、氧和一定量的稀有气体(主要为氩气)组成，研究表明，氮本底直接干扰样品中 $\delta^{15}N$ 测定，而氧的存在会在离子源中产生离子—分子反应生成 CO^+ $(M/e=28,29,30)$，NO^+ $(M/e=30)$等，可使 $\delta^{15}N$ 值变化 1‰。氩气(Ar)在离子源中与 N_2 之间的电荷交换过程动力学同位素效应也会对 $\delta^{15}N$ 值测定带来 0.1‰ 左右的影响。所以尽量降低空气的干扰，是氮同位素分析首要注意的问题，无论对样品制备还是质谱仪的真空性能都提出了严格要求。

(2) 标准的选取及制备也影响 $\delta^{15}N$ 值的精度和可靠性。国际上公认以大气氮中 $\delta^{15}N$ 作为基准，推荐用大气氮作为氮同位素标准物质。那么大气中氮的提取、纯化、保存会直接影响到样品 $\delta^{15}N$ 测定结果。建议利用经过严格标定的高纯钢瓶氮气作为工作标准，以避免在大气中氮的提取过程中因各种因素而造成的同位素分馏致使标准不稳定而影响到样品 $\delta^{15}N$ 值的波动。

3. CO_2 中 $\delta^{13}C$，$\delta^{18}O$ 的质谱测定

二氧化碳气体在离子源中被电离后主要形成四组离子：$[CO_2]^+$，$[CO]^+$，$[C]^+$，$[O_2]^+$。由于$[CO]^+$组离子受到$[^{28}N]^+$干扰较大，因此一般选用$[CO_2]^+$组离子来测定 $\delta^{13}C$，$\delta^{18}O$。它具有表 24-4 所示的离子类型。

表 24-4　$[CO_2]^+$ 组的离子类型

质量数	离子类型
^{44}M	$^{12}C\,^{16}C\,^{16}O$
^{45}M	$^{13}C\,^{16}C\,^{16}O$，$2^{12}C\,^{16}C\,^{17}O$
^{46}M	$2^{12}C\,^{16}C\,^{18}O$，$2^{13}C\,^{16}C\,^{17}O$，$^{12}C\,^{17}C\,^{17}O$
^{47}M	$2^{12}C\,^{17}C\,^{18}O$，$^{12}C\,^{17}C\,^{17}O$
^{48}M	$2^{13}C\,^{17}C\,^{18}O$，$^{12}C\,^{18}C\,^{18}O$
^{49}M	$^{13}C\,^{18}C\,^{18}O$

根据表 24-5 所示，测定 $\delta^{13}C$ 选用 ^{44}M，^{45}M 两组离子，测定 $\delta^{18}O$ 选用 ^{44}M，^{46}M 两组离子。同位素质谱仪 CO_2 接收器可以同时接收以上三种离子类型。但由于 ^{45}M，^{46}M 是由不同同位素离子组成，必须经过相应校正。经数学推导(省略)，最后可以给出以下方程式：

$$\begin{cases} \delta^{18}O = 1.0010\delta^{46}M - 0.0021\delta^{13}C \\ \delta^{13}C = 1.0676\delta^{45}M - 0.0338\delta^{18}O \end{cases} \tag{24-45}$$

这样，质谱仪通过直接测定 $\delta^{45}M$，$\delta^{46}M$ 即可根据联立方程(24-45)求解出 $\delta^{13}C$，$\delta^{18}O$ 值。

二氧化碳的同位素质谱分析，可以给出精度很高的 $\delta^{13}C$ 值，但 $\delta^{18}O$ 的测定精度相对要低一些。这主要是进样毛细管残留 H_2O 和质谱仪离子源 H_2O 本底带来的影响，需要经常进行加热去气。样品和标准气不纯，尤其是碳氢化合物的存在，会影响 ^{45}M 强度，从而使 $\delta^{13}C$ 值偏正。

4. SO_2 中 $\delta^{34}S$ 的质谱测定

二氧化硫在离子源中被电离后主要形式四组离子：$[SO_2]^+$，$[SO]^+$，$[S]^+$，$[O_2]^+$。出于质谱强度和本底干扰的考虑，通常选用 $[SO_2]^+$ 组离子作为测量对象。它具有表 24-5 所示的离子类型。

表 24-5　$[SO_2]^+$ 组的离子类型

质量数	离子类型
^{64}M	$^{32}S\,^{16}O\,^{16}O$
^{65}M	$^{33}S\,^{16}O\,^{16}O$，$^{32}S\,^{16}O\,^{17}O$
^{66}M	$^{34}S\,^{16}O\,^{16}O$，$^{32}S\,^{16}O\,^{18}O$，$^{33}S\,^{16}O\,^{17}O$，$^{32}S\,^{17}O\,^{17}O$

根据表 24-6 所示，测定 $\delta^{34}S$ 可选用 ^{64}M，^{66}M 两组离子峰，与 CO_2 中同位素分析相似，其中都有干扰离子的存在，需要经过相应离子校正。经数学推导(省略)最后给出下列计算公式：

$$\delta^{34}S = 1.09\delta^{66}M - 0.1\delta^{18}O \tag{24-46}$$

当样品制备过程中，若未知样品和标准都采用同一氧而转化 SO_2，那么 $\delta^{18}O=0$，则

$$\delta^{34}S = 1.09\delta^{66}M \tag{24-47}$$

二氧化硫是腐蚀性气体，具有较大的黏滞性，长期进行二氧化硫的同位素质谱测定，会造成一定的双进样系统和离子源的污染，所以 $\delta^{34}S$ 测定最好使用专用质谱。

第二十五章　水中氚、碳同位素、惰性气体及其同位素和氯氟烃的测定方法

韩良峰

测定水中的同位素是同位素水文实验室的主要任务之一，也是同位素水文研究中的一门重要实验技术。在同位素水文研究中应用最广泛的是水分子中的稳定同位素氧-18和氘，因此测定水分子中的稳定同位素氧-18和氘在同位素分析中占有独特的地位。除了氧-18和氘以外，自然界的水中还含有其他多种稳定及放射性同位素，其中在同位素水文研究中应用较多的有氢的放射性同位素，碳以及惰性气体的稳定及放射性同位素。除了同位素以外，自然界的水中还含有许多在水文研究中具有重要性、以元素或化合物形态存在的物质，如惰性气体元素和有机卤素化合物。本章以基本原理及有关知识为重点，介绍水中的氚、碳同位素、惰性气体及其同位素，以及氯氟烃的测定方法。

第一节　常用概念及术语

为了便于叙述，这里先介绍一些常用的概念及术语。

一、活　　度

通过计数测量得到的是对样品的计数率，即单位时间内记录到的信号数。从计数率中扣除本底，经过效率校正后可得到衰变率，即活度(activity)：

$$活度 = 衰变数 / 时间$$

即

$$a = \frac{n_s - n_b}{\eta} \tag{25-1}$$

式中：a 为活度；n_s 和 n_b 分别为样品和本底的计数率；η 为总计数效率，η 与许多因素有关，如计数器分辨时间、源的自吸收、化学产额等。活度的单位用贝克勒尔(Bq)表示：

$$1\ 贝克勒尔 = 1\ 次衰变 / 秒$$

活度的旧单位是居里(Ci)，1居里约为1克镭的放射性活度：

$$1\ 居里 = 3.7 \times 10^{10}\ 贝克勒尔$$

二、比　活　度

比活度(specific activity)表示的是单位物质量中的放射性活度：

比活度 = 活度 / 物质量

即

$$A = \frac{a}{Q} \tag{25-2}$$

式中：A 为比活度；a 为活度；Q 为物质量(重量或体积等)。

比活度表示的是放射性浓度，通过换算，还可以用物质丰度表示：

$$\frac{{}^{n}X}{{}^{t}X} = k \cdot A \tag{25-3}$$

式中：${}^{n}X$、${}^{t}X$ 分别为放射性同位素 n 的原子数和该元素的总原子数；k 为换算因子(物质量/活度)。

可以利用放射性衰变的基本公式进行比活度和物质丰度(含量)的换算，例如：

(1) 已知 1 g 碳每分钟衰变 13.56 次，要求计算：该样品中碳-14 的丰度为多少？

解：

每衰变一次减少一个 ^{14}C 原子，故每年减少的原子数为	$-\frac{dN}{dt}=\frac{13.56\times60\times24\times365.24}{1}=\frac{7.13\times10^{6}}{1}$ (^{14}C 原子数/年)
^{14}C 的衰变常数为	$\lambda=\frac{\ln2}{T_{1/2}}=\frac{0.693}{5730}=1.21\times10^{-4}$ (/年)
利用衰变的基本公式 $-\frac{dN}{dt}=\lambda N$，得	$N=\frac{7.13\times10^{6}}{1.21\times10^{-4}}=5.89\times10^{10}$ (^{14}C 原子数)
该样品中总原子数为	$\frac{1}{12}\times6.02\times10^{23}=5.02\times10^{22}$ (碳原子数)
该样品中 ^{14}C 的丰度为	$\frac{5.89\times10^{10}}{5.02\times10^{22}}=1.17\times10^{-12}$

(2) 已知某水样中每 10^{18} 个氢原子中含有 25 个氚原子，要求用放射性衰变的基本公式计算：该水样的放射性比活度为多少？

答：比活度=2.95Bq/kg(水)。

三、活　度　比

活度比(activity ratio)表示的是两个比活度的比率，常用来表示样品对参照物的相对比活度：

$$\frac{A_2}{A_1}=\frac{\dfrac{a_2}{Q_2}}{\dfrac{a_1}{Q_1}}=\frac{\dfrac{\dfrac{(n_s-n_b)_2}{\eta_2}}{Q_2}}{\dfrac{\dfrac{(n_s-n_b)_1}{\eta_1}}{Q_1}} \tag{25-4}$$

式中：下标 2 和 1 分别表示样品和参照物。

根据式(25-3)，有

$$\frac{A_2}{A_1}=\frac{\dfrac{{}^nX_2}{{}^tX_2}}{\dfrac{{}^nX_1}{{}^tX_1}} \tag{25-5}$$

故活度比等于放射性同位素的丰度比(abundance ratio)。因总物质量相等，即${}^tX_2={}^tX_1$，所以有

$$\frac{A_2}{A_1}=\frac{{}^nX_2}{{}^nX_1} \tag{25-6}$$

故活度比也等于放射性同位素的原子数量之比(isotopic ratio)。

四、相对比率差和 δ-标度法

相对比率差表示方法适用于比较两个差别不大的比率值，其定义用下式表示：

$$\delta_{2/1}=\frac{R_2-R_1}{R_1}=\frac{R_2}{R_1}-1 \tag{25-7}$$

式中：R 为两个体系之间进行对比的量，可以是任意的比率值，如放射性活度比、同位素丰度比等；下标 2 和 1 表示不同的体系，例如试样(2)和参照物(1)；下标 2/1 表示对比是以 1 为参照体系。

相对比率差是同位素测定中一个比较重要的概念，对初接触者来说这种“比率之比率”的概念有时会显得比较“绕”，故在此作些详细的讨论。

衡量两个值差别的大小，例如 a_2 和 a_1，可以用绝对偏差 D 表示：

$$D=a_2-a_1 \tag{25-8}$$

绝对偏差因观察值大小不同而直接影响其大小，经常不具对比性。例如，某人在配制一种溶液时比规定的少加了 5 g 盐，因为不知道应该加入的总盐量是多少，所以很难说偏差大还是不大。为此可用 a_2 对 a_1 的相对偏差表示，例如，用 D 在 a_1 中所占的百分比(d)表示：

$$d=\frac{D}{a_1}\times 100\%=\frac{a_2-a_1}{a_1}\times 100\%=\left(\frac{a_2}{a_1}-1\right)\times 100\% \tag{25-9}$$

若某人应该加 5000 g 盐($=a_1$)，此时少加了 5 g 盐，相当于只加了 4995 g 盐($=a_2$)，用公式(25-9)计算，相当于少加了 0.1%。而若某人应该加 10 g 盐，此时少加了 5 g 盐，相当

于少加了50%。由此可见，同样是少加了5 g盐，用相对偏差表示，可看出后者对溶液含盐量的影响远大于前者。

若偏差很小，用千分比(习惯上用δ)表示比较便利：

$$\delta=\frac{a_2-a_1}{a_1}\times 1000‰=\left(\frac{a_2}{a_1}-1\right)\times 1000‰ \tag{25-10}$$

例如，上面的加盐问题，若某人在应该加入的5000 g盐里少加了5 g盐，相当于少加了1‰。因为比规定的少，所以是负值：

$$\delta=\frac{4995-5000}{5000}\times 1000‰=-1‰ \tag{25-11}$$

在上面的加盐问题里，如果盐已经加到溶剂中才想起来，要算一下a_2对a_1的相对偏差。假如不可能将盐从溶液中回收，而只能测溶液的浓度，这时，将式(25-10)作一些改动，变为

$${}^{a}\delta_{2/1}=\left(\frac{\dfrac{a_2}{B}}{\dfrac{a_1}{B}}-1\right)\times 1000‰=\left(\frac{{}^{a}R_2}{{}^{a}R_1}-1\right)\times 1000‰ \tag{25-12}$$

式中：上标a表示溶质；下标2/1表示将溶液2和溶液1作对比；B为溶剂量；${}^{a}R_2$和${}^{a}R_1$分别为溶液2和1的浓度。知道了两个溶液的浓度，就不难求出${}^{a}\delta_{2/1}$了。

公式(25-12)中的${}^{a}\delta_{2/1}$和公式(25-10)中的δ在数值上相等，都表示了a_2对a_1的相对偏差，但它不是直接用a_2和a_1的绝对量，而是用溶液的浓度求出的。

假若不但无法测溶质的量，甚至连溶液的绝对浓度都无法测定，这时还可用测相对浓度的方法求δ值。如图25-1所示，选定某一溶液作为参照溶液，只要知道了未知溶液和参照溶液浓度之间的倍数(比率)关系，就可以用相对比率差来表示溶液浓度的高低。

在上面的例子里看到，无需直接测定盐的量，甚至无需测定溶液的浓度，用和参照溶液对比的方法仍然能将溶液中盐量的多少定量表示出来。

在讨论式(25-12)时使用的是浓度的概念，实际上，浓度(常用concentration的首字母C表示)就是一种量的比率。所以式(25-12)适用于一切有量的比率的情况(因此用Ratio的首字母R代替C)。这种用δ值作为尺度来衡量测量值大小的方法称作δ-标度法(δ-notation)(参看第三章)。

若条件不允许将两个体系直接对比，而必须通过第三者时，例如可将体系1和2对比，也可将体系2和3对比，但不能直接将体系1和3对比，此时要借助下面的公式来求得体系1和3的偏差值${}^{n}\delta_{1/3}$：

$${}^{n}\delta_{1/3}={}^{n}\delta_{1/2}\times({}^{n}\delta_{2/3}+1)+{}^{n}\delta_{2/3} \tag{25-13}$$

上式中${}^{n}\delta_{1/2}$，${}^{n}\delta_{2/3}$均为已知值。下面来推导公式(25-13)。根据定义，有

$${}^{n}\delta_{1/2}=\frac{{}^{n}R_1}{{}^{n}R_2}-1 \quad \text{体系 1 和 2 对比(可通过直接对比得出)} \tag{25-14}$$

$${}^{n}\delta_{2/3}=\frac{{}^{n}R_2}{{}^{n}R_3}-1 \quad \text{体系 2 和 3 对比(可通过直接对比得出)} \tag{25-15}$$

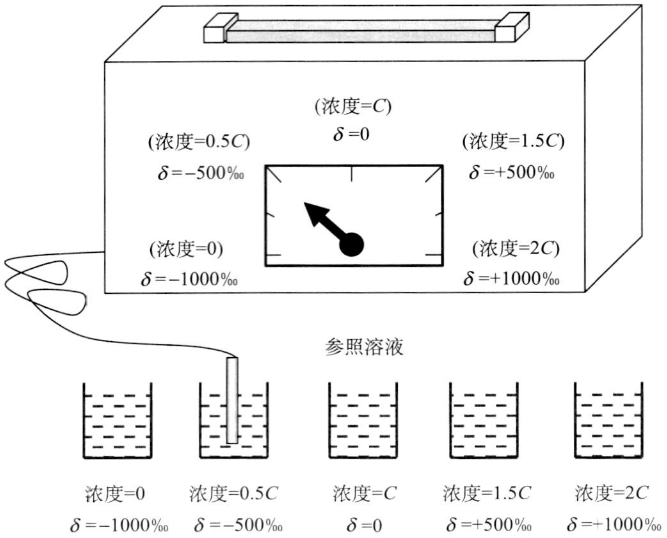

图 25-1　当溶液的浓度和测量仪器的电信号成正比时，可通过比较测量得到溶液的 δ 值。虽然仪器不能测出浓度的绝对值，例如无法得到 $0.5C$，C，$1.5C$，$2C$ 所对应的绝对值，但由于每一个 δ 值都和唯一确定的浓度值相对应，故可用 δ 值作为衡量测量值大小的一种尺度，来表示溶液的浓度

$$^{n}\delta_{1/3}=\frac{^{n}R_{1}}{^{n}R_{3}}-1 \qquad \text{体系 1 和 3 对比（不可直接对比，待求）} \tag{25-16}$$

根据公式(25-14)：

$$^{n}R_{1}=(^{n}\delta_{1/2}+1)\times{}^{n}R_{2}$$

根据公式(25-15)：

$$^{n}R_{3}=\frac{^{n}R_{2}}{^{n}\delta_{2/3}+1}$$

将上面两个公式代入(25-16)，得

$$^{n}\delta_{1/3}=(^{n}\delta_{1/2}+1)\times(^{n}\delta_{2/3}+1)-1={}^{n}\delta_{1/2}\times(^{n}\delta_{2/3}+1)+{}^{n}\delta_{2/3} \tag{25-17}$$

为了简略，在上面的推导中略去了千分比表示法。

五、丰度和浓度

丰度(abundance)是指混合物中某一组分的量(质量、体积、粒子数等)与混合物的总量之比。丰度可以是同位素丰度，例如某一元素中特定的同位素的原子数目对该元素总原子数目之比，也可以指分子或离子丰度(表 25-1)。文献中也常用含量(content)表示丰度。丰度和浓度(concentration)定义不同，前者是没有量纲的、小于 1 的分数；后者是指体系中两个量之间的比率，数值上可以大于 1。因为是两个量互比，所以浓度有单位，其单位取决于两个互比量的量纲，例如 g/L，mol/kg，体积/体积，粒子数/粒子数，%(重量/重量)等。

表 25-1　不同质量数的二氧化碳分子及丰度

质量数	分子	丰度1)/%	丰度2)/%	用如下同位素丰度计算表中的数据： 碳-12：0.98889 碳-13：0.011112 碳-14：10^{-12} 氧-16：0.99755 氧-17：0.00037902 氧-18：0.0020740
44	$^{12}C^{16}O^{16}O$	98.40	100	
45	$^{13}C^{16}O^{16}O$	1.106	93.67	
	$^{12}C^{17}O^{16}O$	0.0748	6.33	
46	$^{12}C^{18}O^{16}O$	0.4092	99.79	
	$^{13}C^{17}O^{16}O$	$8.4 \cdot 10^{-4}$	0.205	
	$^{12}C^{17}O^{17}O$	$1.4 \cdot 10^{-5}$	0.0035	
	$^{14}C^{16}O^{16}O$	$1 \cdot 10^{-10}$	$2 \cdot 10^{-8}$	

1）在总分子中的丰度；2）在相同质量数的分子中的丰度。

当用同位素的比率表示浓度并且其值比较低时，丰度和浓度的概念有时容易混淆（参看公式(25-20)）。可以通过下面的比较看出二者的区别：在提炼重水时，随着过程的进行，水中的氘在元素氢中的丰度将不断增高，但其值只能小于 1；反之，氘的浓度值，当用同位素比率$[^2H]/[^1H]$表示时，却可以从接近 0 的值变到大于 1 的值。

一个体系中元素 X 的两个同位素 a 和 b 的数量之比率可用二者的相对丰度（丰度比）表示：

$$\frac{{}^aX}{{}^bX}=\frac{\dfrac{{}^aX}{{}^tX}}{\dfrac{{}^bX}{{}^tX}}={}^aR \tag{25-18}$$

式中：${}^tX$ 为元素 X 的总量；${}^aX$，${}^bX$ 分别为同位素 a 和 b 的数量。一般是将丰度较高的同位素作为分母，将分式简写为${}^nR$，其中 n 是丰度较低的同位素的质量数，例如

$$ {}^{13}R=\frac{{}^{13}C}{{}^{12}C}，{}^{17}R=\frac{{}^{17}O}{{}^{16}O}，等 \tag{25-19}$$

根据公式(25-18)可知，两个同位素的丰度之比在数值上等于两个同位素的数量之比率。

可将同位素体系和溶液作对比，其中的高丰度同位素相当于溶剂，低丰度的同位素相当于溶质（对比公式(25-12)）。当${}^bX \approx {}^tX$ 时，即${}^aX \ll {}^bX$ 时，公式(25-18)变为

$$\frac{{}^aX}{{}^tX}\approx\frac{{}^aX}{{}^bX} \tag{25-20}$$

此时用式(25-19)表示的同位素的比率（＝浓度）在数值上即等于丰度较低的同位素的丰度。由式(25-5)可知，此时两个体系中放射性同位素的活度比也等于其浓度的比率。

六、同位素比率

文献中常见的各种表达法有：

(1) 同位素比率（isotopic ratio）。指同位素原子数之比。两个互比的同位素可以是不同体系中的同种同位素，例如体系 1 和 2 中的碳-14 原子数互比（参看式(25-6)）；也可

以是一个体系中两种不同的同位素互比(也称同位素浓度)[参看式(25-19)]。

(2) 丰度比/含量比(abundance ratio/content ratio)。指一个体系中的同位素丰度和另一体系中同一种同位素丰度之比[参看式(25-5)];或者是一个体系中的两个不同的同位素的丰度之比[参看式(25-18)]。

(3) 浓度比(concentration ratio)。指一个体系中的同位素浓度[参看式(25-19)]和另一体系中的同位素浓度之比。

(4) 活度比(activity ratio)。指一个体系中的放射性同位素的比活度和另一体系中相应的放射性同位素的比活度之比[参看式(25-4)]。

两个体系中某一元素的低丰度的同位素之间有如下的关系:

$$\text{活度比} = \text{丰度比} = \text{原子数比} \tag{25-21}$$

七、同量异位素和同分异质体

质量数相同而质子数不同的一类核素,叫做同量异位素(isobar)。同量异位素虽然质量数相同,但其中的质子数不同,所以化学性质不同,属于不同的化学元素,例如氮-14和碳-14、氚和氦-3就互为同量异位素。除了化学元素以外,有些不同的分子或分子基团也可以有相同的质量数,例如$^{12}CH_2$和^{13}CH,这些分子或分子基团称作同量异分体(molecular isobar)。在质谱分析中同量异位素和同量异分体会干扰同位素的测定,排除其干扰是质谱测量中的关键环节。

表25-1中的二氧化碳分子虽然化学分子式相同,但其中所含的同位素不同,这种分子称作同分异质体(isotopologue)。同分异质体的质量数可以不同,如$^{12}C^{16}O^{16}O$和$^{13}C^{16}O^{16}O$,也可以相同,如$^{13}C^{16}O^{16}O$和$^{12}C^{17}O^{16}O$。同分异质体的物理和化学性质有微小的差别,常以同位素分馏的形式表现出来。

文献中常把同位素异构体(isotopomer)和同分异质体相混淆。根据IUPAC(International Union of Pure and Applied Chemistry)的定义,同位素异构体是具有相同的同位素组成,但各种同位素在分子中所处的位置不同的物质。例如,乙醛的同位素异构体$CH_2DCH{=}O$和$CH_3CD{=}O$,其中的同位素组成相同,均为DH_3C_2O,但氘在分子中的位置不同。反之,水分子由于结构简单,故其只有同分异质体,例如H_2O,HDO,$H_2^{18}O$等,但没有同位素异构体。

同位素测定中经常要遇到同分异质体的丰度比和同位素的丰度比的换算问题,实践中往往采用近似的方法,例如用同位素丰度比计算二氧化碳同分异质体的丰度比,可用下面的近似方法。

根据概率理论,某一低丰度同位素n伴随高丰度同位素出现的几率等于其丰度比(^nR),即原子数比,例如^{13}C:

$$\frac{[^{13}C]}{[^{12}C]} = {}^{13}R \tag{25-22}$$

式中的方括号“[ ]”表示数量。由于一个二氧化碳分子中只有一个碳原子,因此有[C]=

$[CO_2]$，将式(25-22)中的$[C]$用$[CO_2]$代替，可得$^{13}CO_2$和$^{12}CO_2$的分子丰度比：

$$\frac{[^{13}CO_2]}{[^{12}CO_2]} = {}^{13}R \tag{25-23}$$

现在考虑^{17}O的情况。^{17}O和^{16}O的同位素丰度比为

$$\frac{[^{17}O]}{[^{16}O]} = {}^{17}R \tag{25-24}$$

由于一个二氧化碳分子中有两个氧原子，因此

$$[^{16}O] = 2[C^{16}O^{16}O] \tag{25-25}$$

$$[^{17}O] \approx [C^{17}O^{16}O] \quad (忽略[C^{17}O^{17}O],[^{13}C^{17}O^{16}O]等) \tag{25-26}$$

可得$C^{17}O^{16}O$和$C^{16}O^{16}O$的分子丰度比为

$$\frac{[C^{17}O^{16}O]}{[C^{16}O^{16}O]} \approx 2{}^{17}R \tag{25-27}$$

类似地可以得到

$$\frac{[C^{18}O^{16}O]}{[C^{16}O^{16}O]} \approx 2{}^{18}R \tag{25-28}$$

以及

$$\frac{[^{13}C^{17}O^{16}O]}{[C^{16}O^{16}O]} \approx 2{}^{17}R{}^{13}R \tag{25-29}$$

和

$$\frac{[C^{17}O^{17}O]}{[C^{16}O^{16}O]} = ({}^{17}R)^2 \tag{25-30}$$

反之，若能测得同分异质体的丰度比，也可以求得相应的同位素丰度比(见碳-13的测定)。

八、同位素的分馏、富集和贫化

具有一定同位素比例关系的两个物质体系在参与物理和/或化学过程、体系间发生物质交换时，由于同位素的质量不同而影响交换速度，在过程前后两个体系中的同位素比例关系会发生变化，这种变化称作同位素的分馏(fractionation)，其数学定义如下：

$$^{a}\delta_{2/1} = \frac{^{a}R_2}{^{a}R_1} - 1$$

其中，下标2和1分别表示体系2和1，$^{a}R_2$和$^{a}R_1$分别是体系2和1中的低丰度同位素(a)对高丰度同位素的比例关系，$^{a}\delta_{2/1}$的下标表明该混合物发生的同位素分馏是以体系1为参照。

将上式和公式(25-12)比较可看出，同位素a的分馏是物质中的同位素a在两个体系1和2中的浓度的差异。若以体系1为参照，当$^{a}\delta_{2/1}>0$时，同位素a在体系2中的浓度大于其在体系1中的浓度，此时称同位素a在体系2中富集(enrichment)。反之，当

${}^{a}\delta_{2/1}<0$ 时，则称同位素 a 在体系 2 中贫化(depletion)。

九、标定、校正和标准化

任何测试仪器都不能确保检测器响应和被测值之间的关系不发生改变，为了确立测量系统的检测器响应与被测值之间的关系，需要对测试仪器进行标定(calibration)。最常用的标定方法是采用标准样品(以下简称标样)。标定的基本原理是：首先测定标样，得到检测器对标样的响应(计数率、电信号幅度等)，将检测器的响应和标准值(标样的已知值)进行比较，得到比率关系：

$$\frac{B}{B_0}=\eta \tag{25-31}$$

式中 B 为检测器对标样的响应；B_0 为标样的标准值；η 为检测器的响应因子。

得到了公式(25-31)的关系，再测定未知样品。若保持测定条件相同，应有(图25-2a)。

$$\frac{X}{X_0}=\frac{B}{B_0}=\eta \tag{25-32}$$

式中：X 为检测器对未知样品的响应；X_0 为未知样品的欲测值，由此可得

$$X_0=X\frac{B_0}{B}=\frac{X}{\eta} \tag{25-33}$$

式中：X,B_0,B，以及 η 均为已知量，故可求出 X_0。

由式(25-33)可知，若要得到测量的绝对值，则必须知道 B_0。反之，由式(25-32)还可以得到如下的关系：

$$\frac{X_0}{B_0}=\frac{X}{B} \tag{25-34}$$

若所关心的只是相对测量的结果，例如 X_0/B_0，则只需得到检测器对未知样品和标样的响应，利用二者之比，X/B，可直接求出 X_0/B_0。此时由于无需知道 η 和 B_0，故原则上也无需对仪器进行标定。

以上是样品的欲测值和标样的标准值接近线性关系的情况。当样品的欲测值和标样的标准值相差较大时，由于检测器的响应与被测值的大小有关，因此检测器对样品和标样的响应会偏离线性关系。这就需要在不同的标准值范围内测定检测器的响应因子，以得到不同测量值范围内的 η 值。这样，根据未知样品的响应值(X)，选用不同的 η 值，可达到对欲测值(X_0)的准确测定，如图 25-2b 所示。

在没有足够多标样的情况下，为了保证测定的准确性，也可以用双标样法，如图 25-3 所示。这种方法是图 25-2b 的一个特例。

采用双标样法时，样品的测量值应落在两个标样的测量值之间(故此法也称内插法)。测量值可以是绝对的量，也可以是相对的量。

若用绝对的测量值表示，根据图 25-3a，可得如下公式：

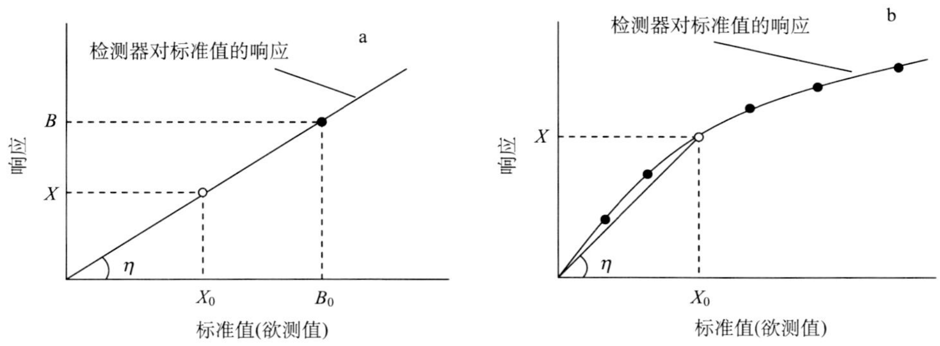

图 25-2 测量仪器的标定

$$\frac{X_0 - X_1}{Y_0 - Y_1} = \frac{X_2 - X_1}{Y_2 - Y_1} \tag{25-35}$$

即

$$X_0 = (Y_0 - Y_1) \cdot \frac{X_2 - X_1}{Y_2 - Y_1} + X_1 \tag{25-36}$$

式中：X_1 和 X_2 分别为第一个和第二个标样的标准(公认)值；Y_1 和 Y_2 为第一个和第二个标样的响应值，X_0 和 Y_0 分别为未知样品的欲测值和响应值。

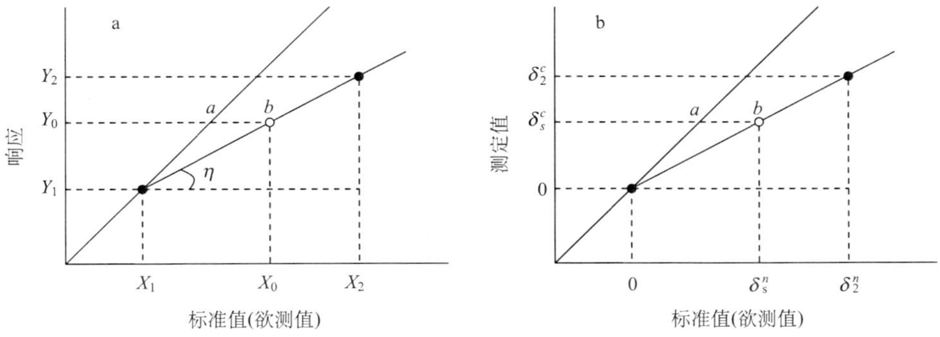

图 25-3 双标样法

若用相对比率差 δ 表示，假设第一个标样的 δ 值为 0，根据图 25-3b，可得如下公式：

$$\frac{\delta_s^n}{\delta_s^c} = \frac{\delta_2^n}{\delta_2^c} \tag{25-37}$$

即

$$\delta_s^n = \delta_s^c \cdot \frac{\delta_2^n}{\delta_2^c} \tag{25-38}$$

式中：δ_s^c 和 δ_2^c 分别为样品和第二个标样相对于第一个标样的 δ 值，为仪器的测量值；δ_2^n 为第二个标样相对于第一个标样公认的 δ 值，即标准值；δ_s^n 为样品的欲测值。

从图 25-3 可看出，若只用一个标样作标定，则只能通过 a 点而不是 b 点得到测定结果，从而使测定结果出现偏差。当测量值距第一个标样的值越远时，偏差也越大。这就是在测水中的氢氧稳定同位素时，当样品的 δ 值和标样 VSMOW 偏离较远时，一定要用第二个标样（例如 SLAP）作标定/校正的原因。

注意到式（25-33）和式（25-38）在形式上完全相同。不同的是在式（25-33）中 X 是检测器对样品的响应，而在式（25-38）中 δ_s^r 相当于式（25-33）中的 X_0，是根据标定从检测器的响应得到的测量值。因此，图 25-3 所示的标定方法实际上涉及两种操作：

（1）假设检测器在两个标样值的范围内对测量值的响应为线性关系，将数据在此范围内按比例缩放，这种操作称作标准化（normalization）[式（25-37）]。[如果不是通过假设，而是实测得到线性（或非线性）关系，则称该操作为标定]。

（2）对在以往标定的基础上测得的数据，根据追加的信息作适当的修正，使测定更加准确，这种操作称作校正（correction）[式（25-38）]。

第二节　测定同位素常用的方法及原理

这里集中地介绍测定同位素的方法，其他方法（例如测定氯氟烃）将在有关节段中介绍。水文研究中测定同位素的方法主要分辐射探测法和质谱法两大类；光谱法出现较晚，实际应用远不如前两种方法普及。

一、辐射探测法

放射性同位素发出的射线与物质相互作用，会直接或间接地产生电离和激发等效应。利用这些效应可以探测放射性的存在、测定放射性同位素的量。利用这些效应检测放射性同位素的仪器主要有电离检测器和闪烁检测器两类。在同位素水文研究中应用最广的正比气体计数器（Proportional Gas Counter，简称 PGC）和盖革-弥勒计数器（Geiger-Müller counter，简称盖革计数管，或 GM 计数管）就属于前者，而液体闪烁计数仪则属于后者。

（一）气体电离检测器

气体电离检测器是以气体作为探测介质的辐射探测器，检测器的核心部分是计数管，一般由圆筒状的阴极和装在轴线上的阳极丝组成，管内充以一定量的气体。辐射粒子穿过气体时使气体发生初级电离，形成电子和正离子，产生的离子对数目与辐射粒子的能量有关。计数管工作时，在细丝和管壁间保持一定的电位差，在电场的作用下离子对中的正负离子就会向两极运动。电子在向阳极运动的过程中不断被加速，又可引起新的气体电离，称为次级电离。次级电离使电子数目急剧倍增，形成“雪崩”现象，信号得到放大。电子到达阳极后放电，触发检测器计数。

根据计数管工作时在细丝和管壁间保持的电位差的不同，气体电离检测器还分两类：正比计数管和盖革-弥勒计数管。

1. 正比计数管

在正比计数管工作的电压范围内,测量信号的幅度不仅与辐射粒子的能量有关,而且还和工作电压有关。若在正比计数管工作的电压范围内维持电压值不变,则信号幅度便只和被检测粒子的能量有关。因此,正比计数管可以根据信号的幅度分辨被检测粒子的能量和性质。因为它测量的信号幅度与工作电压有关,故对供电电压的稳定度要求较高。

普通的气体电离检测器都有一极薄的窗口,放射粒子只有通过窗口进入检测器才能被检测到。由于氚和碳-14 放射的射线能量低,为了提高探测效率,一般都是先将被测样品制成气体,如甲烷、二氧化碳等,再将制备的气体直接充到正比计数管中检测。这种方法的优点是可以保证辐射粒子周围都有气体存在,可达到全方位立体角的测量条件。但因为这种检测方法操作较复杂,对实验人员的技术水平要求较高,所以正比计数管的用途不如液体闪烁计数仪普遍。

2. 盖革-弥勒计数管

盖革-弥勒计数管和正比计数管在结构上类似,不同之处是盖革-弥勒计数管在两个电极间施加的电压高于正比计数管的工作电压,此时只要产生离子对,即使只有一对离子,都会使"雪崩"达到极大值,触发检测器计数。因此,在盖革-弥勒计数管工作的电压范围内,凡能在管内造成电离的射线都将被记录下来。由于输出的信号已放到最大,与放射粒子的能量和性质无关,因此计数管的信号只能用于记录放射性衰变的次数,不能用来分辨被检测粒子的能量和性质。盖革-弥勒计数管对供电电压的稳定度要求不高,且因其对离子"来者不拒"、探测灵敏度高,常用来作为反符合探测器,和正比计数器结合使用(参看反符合测量技术)。

(二)液体闪烁计数仪

液体闪烁计数仪(Liquid scintillation counter)是闪烁检测器的一种,是近几年来发展较快,应用最广泛的辐射探测检测器。它利用射线照射在某些闪烁体上能使其发生闪光的原理对射线进行测量。其基本原理是:从放射源发出的射线能量被闪烁体吸收,引起闪烁体内原子或分子激发,受激的原子或分子回到基态时发射出光子,光子被光电倍增管接收并放大,最后形成电脉冲被记录下来。

液体闪烁计数所用的闪烁液,是将闪烁体溶解在溶剂中配制的溶液。和气体计数类似,应用液体闪烁计数,可以直接将待测的样品与闪烁液相混,保证辐射粒子周围都有闪烁体存在,不仅可达到全方位立体角的测量条件,而且源的自吸收也最小,对于能量低、射程短、易被空气和其他物质吸收的低能射线有较高的探测效率。

在液体闪烁计数中使用的光电倍增管非常灵敏,这对于探测低能量的射线是极为重要的,但如果只使用一个光电倍增管作为检测器,光电倍增管本身的热噪声会产生较高的本底计数,影响探测效率。使用两个光电倍增管,做成双管符合型液体闪烁计数仪,可以有效地降低仪器本底,提高探测效率(参看符合测量技术)。

和正比气体计数器类似，闪烁体分子释放的光子数和射线的能量成正比关系，因此液体闪烁计数能够作能谱分析，区分不同能量的射线。

（三）气体计数器和液体闪烁计数仪的比较

和气体计数器相比，液体闪烁计数仪有如下几个优点：

• 可以直接获得商品设备，而气体计数器一般都要实验室自制。故液体闪烁计数仪的应用更为普及。

• 可以自动更换样品。其好处是除了每次能分析多个样品外，由于更换样品快，对样品、本底以及标样的分析可在比较短的时间内完成（quasi-simultaneous counting），更有利于保证分析条件的接近。这一点在作相对测定时尤其重要（见碳-14 测定一节）。相比之下，由于只能分析单个样品，气体计数器测定两个样品之间的时间相对比较长。

• 设备对物质屏蔽的要求不高。

气体计数器最大的优点是制造简单，成本低廉，性能可靠。尤其当样品是气体时，例如氪-85、氩-39、二氧化碳、甲烷、乙烷等，用气体计数器测定较为便利。

应该说，这两种检测技术各具特点，都不会被另一种技术所取代，而是相互补充，共同发展。

（四）低水平放射性测量技术

在同位素水文研究中，除了人工投放的示踪剂外，绝大多数样品所含的均为环境示踪剂，因此，水文实验室测定放射性同位素的基本手段为低水平测量技术（low-level counting）。在低水平放射性测量中，最低检测限是衡量检测技术的一个重要指标。

低水平放射性测量装置的最低检测限取决于本底计数。所谓本底是指被测样品之外的信号输出，换句话说就是测量设备中不是由辐射源（即测量对象）而是由周围环境（包括设备本身）引起的计数或信号的记录。因此，在测量到的样品计数率中要扣除本底计数率，这样才能获得样品的净计数率[参看公式（25-1）]。由于被测样品中的氚、碳-14 等的放射性活度和辐射能量普遍较低，因此本底对测量结果的影响很重要，特别是对放射源的活度作绝对测定时，本底的高低更会直接影响测定结果。

降低仪器本底的方法很多，这里只就最常用的两个方法作一简要介绍。

1. 物质屏蔽

在探测器的周围加屏蔽层（见图 25-4）。一般多用 5～10 cm 厚的重金属（例如铅）作外屏蔽材料，靠近探测器部分用放射性很低的金属作内屏蔽材料。这种方法可以屏蔽所有的 β 射线和大部分 γ 射线。石蜡可以有效地减低高能中子的速度，硼对低能中子有很强的吸收作用。对超低水平的计数（ultralow-level counting），除了对探测器加屏蔽层外，还可以对整个测量系统加屏蔽层（例如用金属铁屏蔽），也可以将测量系统置于地下建筑内以减低宇宙射线引起的本底。

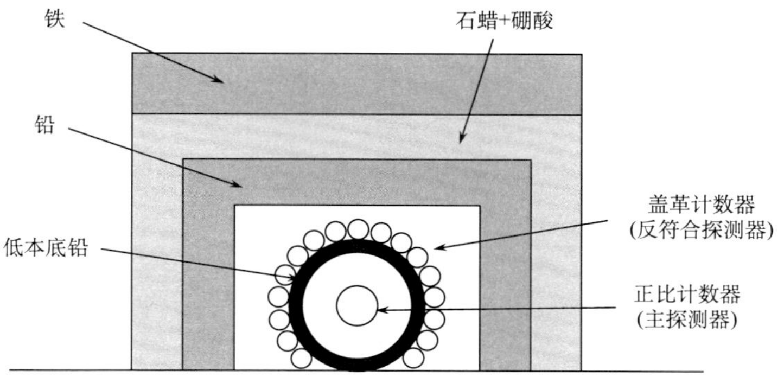

图 25-4　探测器屏蔽防护配置示意图

2. 电子学屏蔽

用物质屏蔽法可以排除大部分宇宙射线的干扰，但很难消除宇宙射线的硬成分产生的本底。此外，物质屏蔽法也无法消除探测器自身由于热噪声引起的信号。这一部分本底一般可以用符合和反符合测量技术消除。

1）符合测量技术

两个或两个以上同时发生的事件称为符合事件。符合测量（coincidence measurement）技术就是利用符合电路来识别符合事件，排除干扰，对辐射进行计数的方法。如图25-5（左）所示，即为利用两个探测器捕获被测样品的衰变信号（例如闪烁体发出的光信号）。当宇宙射线（长箭头）穿过其中的一个探测器（乙）时，或者当这个探测器由于本身的热噪声检测到了信号，但由于另一个探测器（甲）没有同时捕获到信号，此事件不属于符合事件，所以仪器不对该信号做记录。反之，如果两个探测器同时捕获到信号（短箭头），表明信号来自被测样品，因为此事件属于符合事件，所以信号被仪器记录下来。

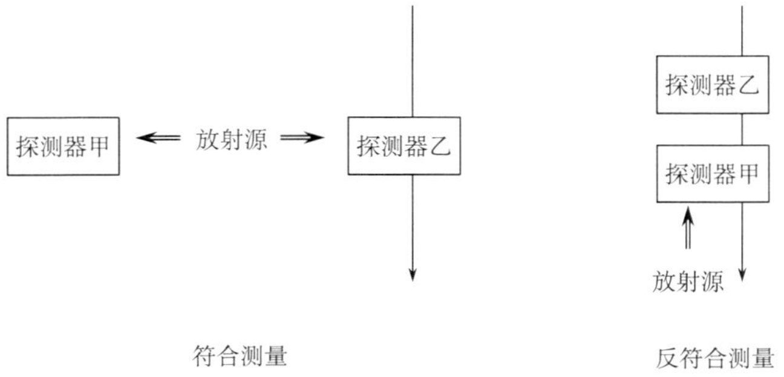

图 25-5　符合和反符合测量技术示意图

在左图所示的符合测量技术中，由长箭头代表的事件不属于符合事件，不被仪器记录。
在右图所示的反符合测量技术中，由长箭头代表的事件属于符合事件，不被仪器记录

2）反符合测量技术

反符合(anticoincidence)电路与符合电路的逻辑功能恰好相反。如图 25-5(右)所示，可在主探测器(甲)的顶部配置反符合探测器(乙)(或者在周围配置。见图 25-4)。当宇宙射线穿过主探测器时(长箭头)，必然要首先穿过反符合探测器，此时两个探测器均有信号输出，表明信号不是来自被测样品，和符合测量技术恰好相反，因为此事件属于符合事件，所以仪器不对该信号做记录。

二、质　谱　法

对非放射性的同位素，例如惰性气体中的氦-3、氦-4、氖-20、氖-22，以及碳的同位素碳-13，一般都是用质谱法测定。对放射性同位素氪-85，虽然可用辐射探测法测定活度，但为了计算比活度也要用质谱法测定气体中氪的含量。近年来随着新技术的出现，对放射性同位素碳-14 和氪-81 也可用质谱法测定。质谱仪的种类很多，水文实验室分析同位素主要用同位素比率质谱仪、四极质谱仪和加速器质谱仪。

(一) 同位素比率质谱仪的工作原理

同位素比率质谱仪(Isotope ratio mass spectometor，IRMS)是扇形磁场质谱仪。它是根据带电粒子在电磁场中能够偏转的原理，对样品中的物质组分按其粒子的质量差异进行分离和检测，从而确定样品同位素组成的仪器。

如图 25-6 所示，质谱仪主要由双通道进样器、离子源、质量分析器和离子检测器四大部分组成。在分离和检测同位素时，待测气体被引入到离子源中，气体分子在离子源中被转化为带电荷的气态离子，经高压电场加速后获取动能进入质量分析器。不同质量的离子在质量分析器内的磁场中偏转不同，到达检测器时聚焦在不同的位置。检测器在不同

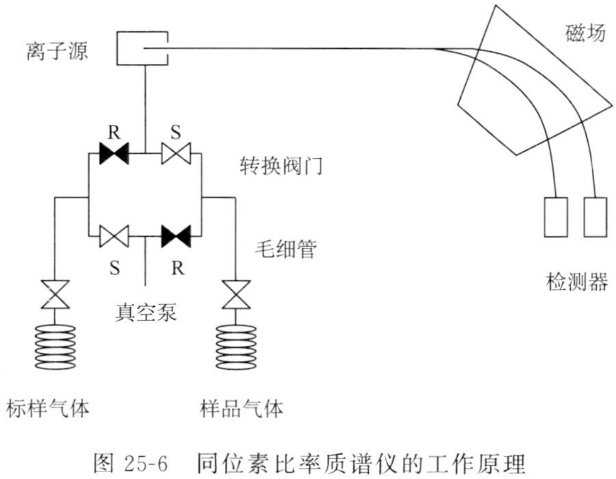

图 25-6　同位素比率质谱仪的工作原理

当转换阀门 S 打开时，阀门 R 关闭(黑色表示关闭)，此时样品气体进入离子源，标样气体被真空泵抽走；当转换阀门 R 打开时，阀门 S 关闭，此时标样气体进入离子源，样品气体被真空泵抽走

的位置采集到离子信号，根据信号的强度可以精确测定不同质量的离子的比率，经过校正和换算后可以得到同位素之间的比率(见图 25-15)。

采用双通道进样器，在测定同位素比率时，试样和标样气体被交替引入到质谱仪中，使对试样和标样的测量重复进行多次，根据式(25-7)，求出两样品间的相对比率差。为了保证测量条件尽可能相同，进入离子源的标样和样品气体量应相等。此外，无论是进入离子源或被真空泵抽走，在整个测量过程中气体始终通过毛细管流动。毛细管的作用是避免气体反向扩散，保证在稳态流动条件下进入和流出毛细管的气体的同位素组成不变。

(二) 四极质谱仪的工作原理

四极质谱仪(Quadrupole Mass Spectrometer)的结构如图 25-7 所示。它主要由离子源、质量分析器(又称质量过滤器)和离子检测器三部分组成。在分离和检测同位素时，试样分子在离子源中被转化为带电荷的气态离子进入质量分析器。质量分析器由四根平行排列的极杆组成，两对极杆之间加直流电压和高频电压。当电压低时，低质量的离子可以通过四极杆空间，打到离子检测器上。当电压高时，高质量的离子可以通过四极杆空间。当电压由低逐渐增高时，质量不同的离子，从质量低到质量高，依次通过分析器到达检测器。因此，根据电压和检测器的电信号变化，可以判断气体的组成和相对多少。

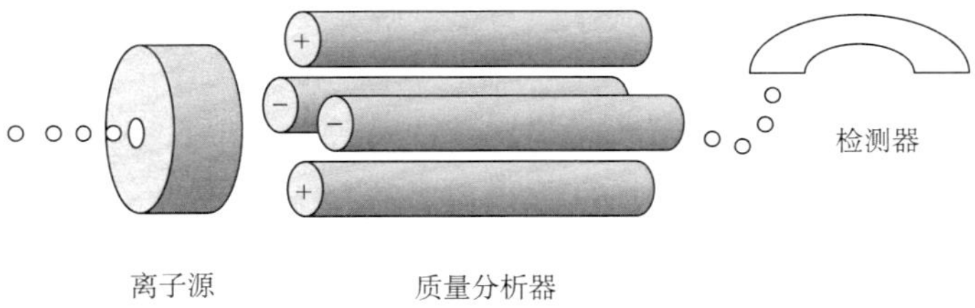

图 25-7　四极质谱仪的工作原理

和同位素比率质谱仪相比，用四极质谱仪测定同位素比率精度较低。但它体积小，价格低廉，在不需要精密测定的情况下有广泛的用途，如对气体组分的分析等。

(三) 加速器质谱仪的工作原理

加速器质谱技术(Accelerator Mass Spectrometry，AMS)是近年发展的质谱分析技术，它的出现使碳-14 的测定取得了革命性的进步。在此技术出现前，一直是用辐射探测法测定碳-14。由于辐射计数法的工作原理是记录放射性碳原子的衰变，而 1 g 现代碳每分钟的衰变次数大约只有十几次，所以用辐射计数法测碳-14 不仅耗时多，而且需要较多的碳(相当于 60～200 L 水中的碳)。

曾有人尝试用常规的质谱仪测定碳-14，但都没有成功。用常规的方法测定碳同位素，是先将碳制备成二氧化碳气体，气体分子在质谱仪中离子化，得到一系列产物，其对应的分子如表 25-1 所示。由表 25-1 可见，用同位素比率质谱仪虽然可以将质量数为 44，45，以及 46 的离子分成离子束，但不能分辨质量数为 46 的不同离子，例如，

$(^{14}C^{16}O^{16}O)^+$，$(^{12}C^{18}O^{16}O)^+$，$(^{13}C^{17}O^{16}O)^+$，等等。由于碳-14 的丰度太低，所以很难在质量数为 46 的离子信号中检测到它的存在。

直到 1977 年，在做了以下三方面的改进后，用质谱法测定碳-14 才成为可能：

• 用元素碳（石墨）代替二氧化碳作为被分析物质，直接测同位素的比率，而不是测 CO_2 的同分异质体，解决了氧同位素的干扰问题；

• 将粒子加速器和质谱仪结合起来，使加速电压从普通的几千伏提高到几百万伏，这不仅极大地提高了仪器的质量分辨率，使丰度极低的碳-14 和高丰度的碳同位素达到分离，而且还为粒子检测器的应用提供了可能性；

• 将测量离子束的电信号强度变为粒子计数。用粒子检测器，原理和辐射探测类似，在碳-14 的轨道半径上检测粒子数。因为检测的不是衰变的碳-14 原子，而是全部碳-14 原子，故检测灵敏度极高。

加速器质谱仪的工作原理如图 25-8 所示：固体碳样品首先在离子源里被转变成带负电荷的碳离子。这一步很重要，因为体系中不可避免地会有少量氮，故必须除去氮-14 的干扰。由于氮负离子极不稳定，在进入加速器之前即失去电荷，因此将分子转变成负离子可使氮-14 和碳-14 分离，排除同量异位素的干扰。离子在第一个磁场中被分离，用斩光器除去大部分碳-12，再通过第二个磁场聚合，进入加速器。带负电荷的离子到达加速器中部时，离子所携的电子被高速流动的氩气剥离，转变成正离子，此过程消除了对碳-14 测定有干扰的 $^{13}CH^-$。转变成正离子后碳离子在加速器右半部继续加速，在第三个磁场里按质量数 12，13 和 14 分离，最后进入检测器。

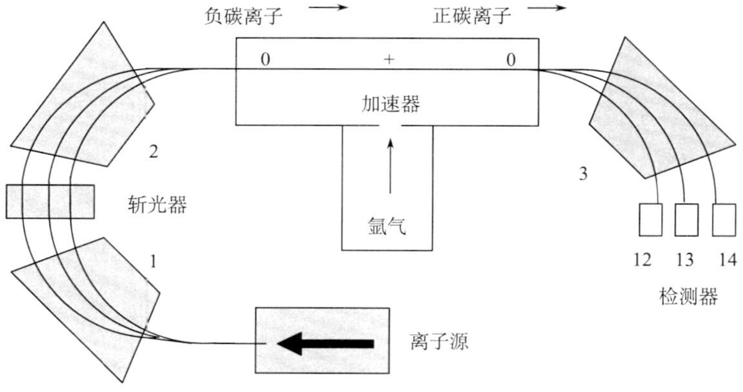

图 25-8　加速器质谱仪工作原理示意图

和辐射探测法相比较，加速器质谱法有两个最突出的优点：①所需样品量很少。一般只需不到 1 mg 的样品就能完成测试；②测试时间短。例如，用加速器质谱仪测定现代碳，若要达到 1%的精度，只需几十分钟，而用辐射检测手段大约需要一天的时间。

加速器质谱法的主要缺点是设备昂贵、投资高。此外，加速器质谱法对碳-14 的测量精度目前还没有超过最好的辐射检测手段，对 $^{13}C/^{12}C$ 比率的测量精度也不如同位素比率质谱仪。

除了可用于测定碳-14 以外，在水文研究中还用加速器质谱仪测定其他同位素，例如氪-81，近年来也有了成功的例子。

三、光　谱　法

（一）光谱法的一般概念

利用分子吸收光谱测定某一特定气体的浓度，也可以对同位素组分做定量分析，原理如下。

当一束具有连续波长的红外光通过物质，物质分子中某个基团的振动（或转动）频率和红外光的频率一样时，分子就吸收能量，跃迁到能量较高的能级。分子吸收红外辐射后发生能级的跃迁，该波长处的光就被物质吸收，和入射光相比较，这一波长的光就会显得较暗。将分子对红外光的吸收用仪器记录下来，以波长为横坐标，以信号强度为纵坐标，作出图来，就得到了该样品的红外吸收光谱图（图 25-9）。

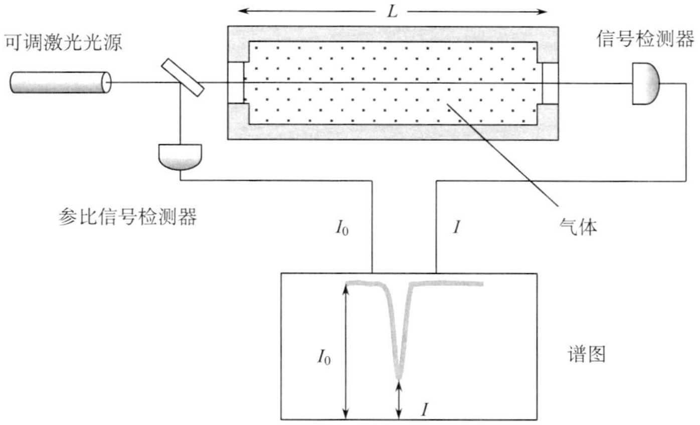

图 25-9　分子吸收光谱的工作原理

分子中的某一原子被其同位素取代，质量发生变化，从而使其特征振动/转动频率发生变化，导致分子吸收光谱的峰位置发生偏移，这就是分子振/转光谱的同位素效应。利用这一效应可以对不同的同分异质体作选择性测定。分子中由于同位素不同引起的差异极小，因此必须使用可调（谐）激光光源，使光的波长范围（能量范围）尽可能地小，以达到所需的检测分辨率。

光被物质吸收，衰减规律可用下式表示

$$\frac{\mathrm{d}I}{\mathrm{d}L}=-\sigma NI \qquad (25\text{-}39)$$

式中：I 为光的强度；N 为样品中吸收光的物质的浓度；L 为样品的厚度；σ 为比率常数。

积分式是

$$\frac{I}{I_0} = e^{-\sigma NL} \tag{25-40}$$

其中 I_0 为入射光的强度，I 为检测器检测到的光强度。这就是光被物质吸收所遵从的比尔定律。

图 25-9 所示的装置只能用来测定丰度比较高的气体分子，在对同位素组分做定量分析时因待测样品中低丰度的气体分子浓度太低，故很难用常规的技术手段提高检测灵敏度、从噪声中提取微弱信号。

从比尔定律可知[式(25-40)]，可以用增大样品厚度(L)的办法增大 I 和 I_0 的差别。

（二）Off-Axis ICOS 的测定原理

Off-Axis ICOS 是离轴积分振腔输出光谱技术(Off-Axis Integrated Cavity Output Spectroscopy)的简称，是近几年才出现的新方法，可用于测定水及二氧化碳中的同位素组成。

Off-Axis ICOS 技术将激光谐振腔和气体测量室合为一体，激光在谐振腔两端的反射镜中反复震荡，其中有少部分透过反射镜，到达检测器(图 25-10)。利用这种装置，进入测量室的激光必先在气体中反复通过上万次，才能到达检测器，这相当于增加了测量室的厚度(若测量室厚度为 25 cm，则激光在到达检测器之前相当于透过 2.5 km 的气体厚度！)，从而使吸收信号明显增强，使测定含量极低的气体成为可能。

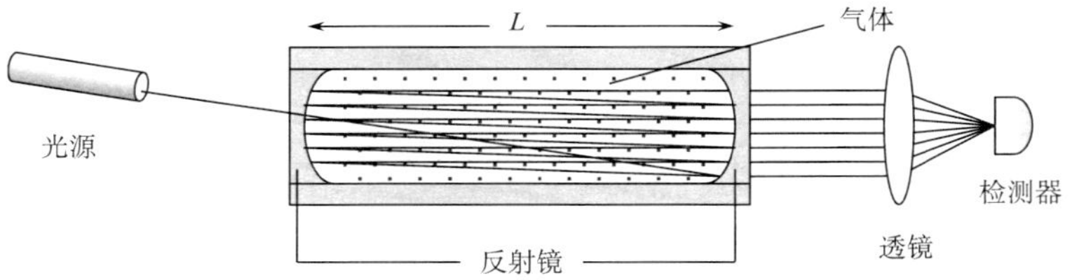

图 25-10　Off-Axis ICOS 的工作原理

用 Off-Axis ICOS 技术测定 CO_2 中的 $^{13}C/^{12}C$ 比率，精度不如同位素比率质谱仪。但它的优点是仪器体积小、重量轻，价格相对比较低，机动性强。这一技术在同位素水文研究中的应用刚起步，效果尚待评估。

（三）CRDS 的测定原理

CRDS 是振腔衰荡光谱(Cavity Ring-Down Spectroscopy)的简称，又称作 CRLAS (Cavity Ring-down Laser Absorption Spectroscopy)，也是近几年出现的测定水样和气体样中的同位素组成的新方法。

如图 25-11(左)所示，激光进入谐振腔后在镜片间反射震荡，其强度不断增加，其中有少部分光透过镜片到达检测器。当检测器中的光信号达到一定的稳定值后，停止照射激光。光照停止后，体系在检测器方向的漏光将使检测器检测到的光强度随时间按指数规律衰减[图 25-11(右)][1]。若体系内存在某种气体分子并且能吸收该频率(波段)的光，光的衰减由于气体分子对光有吸收而变快，也就是说，光衰减到某一确定程度所需的时间将变短。气体分子越多，光的衰减越快，从而可以用光的衰减速度计算体系内气体的含量。和 Off-Axis ICOS 技术一样，由于光在镜片之间的无数次反射，进入测量室的光一般都要在气体中反复通过几千甚至几万次才能到达检测器，使光子在振腔内的平均运动距离高达几十公里，因此利用这种装置可以检测低至 ppt(parts per trillion[2])浓度级的气体。

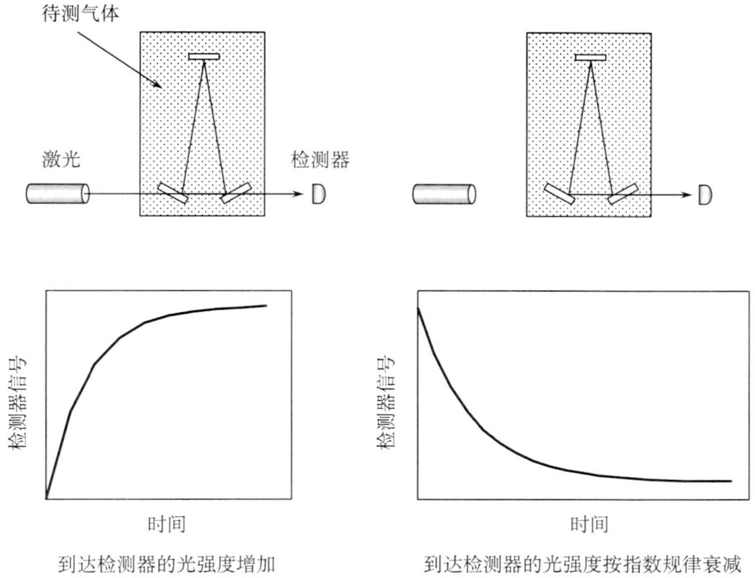

图 25-11 CRDS 的工作原理

(四) 光谱法和 IRMS 法的比较

和 IRMS 法相比较光谱法的优点很多。

(1) 一台 IRMS 其大小一般相当于一个写字台，而光谱仪的体积则仅相当于一个旅行箱。由于体积小重量轻，光谱仪可作为流动测量仪使用于野外，汽车，船只，甚至飞机上。这不仅可节约传统采样的费用，缩短采样和分析的时间间隔，而且还可进行实时监测(例如水文实验)。

(2) 用 IRMS 法分析水，需要分别测定 $\delta^{18}O$ 和 $\delta^{2}H$，分析方法差别比较大。分析 $\delta^{18}O$，首先要将水和二氧化碳混合，待其达到同位素交换平衡后测二氧化碳气体。分析 $\delta^{2}H$，首先要将水还原成氢气，再测氢气中的同位素比率。因此一般实验室都使用两台 IRMS 仪，

① 正如一个上端进水下端出水的桶，在停止进水后水位的下降将按指数规律下降一样。

② 相当于一万亿个气体分子中仅有一个分子吸收该频率(波段)的光。

分别测定 $\delta^{18}O$ 和 δ^2H，这就使分析成本成倍增加。而用光谱法测水，不需分别处理水样，一次测定既可得到 $\delta^{18}O$ 和 δ^2H 值。

(3) 和 IRMS 法相比，光谱法测样所需的成本低。首先，光谱仪的价格远较 IRMS 设备低廉，其次，光谱仪的运行成本也远低于 IRMS 设备（包括能源、人工、零备件、维修费用等）。

(4) 光谱仪操作简单，对操作人员的要求不高，因此，可作为共用设备使用。

在光谱法出现之前，IRMS 法是用来测定稳定同位素比率的唯一标准方法，光谱法的出现使这一状况发生了变化。目前光谱法在性能方面已经接近 IRMS 法，例如测 $\delta^{13}C$，CRDS 方法的精度为 0.2‰～0.3‰。又如测水，其精度已达 <0.07‰($\delta^{18}O$)和 <0.2‰(δ^2H)。尽管光谱法有很多优点，但目前在同位素水文实验室，光谱法还不能完全取代质谱法，例如测定惰性气体目前还仍然要用扇形磁场质谱仪和四极质谱仪。

第三节　水中氚的测定

对水样品的分析测定，即使采用相同的技术，不同的实验室在操作细节上也会各有出入，所以以下各节的内容以介绍原理为主，读者在需要时可进一步查阅有关的文献资料。

一、概　　述

氚是氢的一种放射性同位素，氚在自然衰变过程中转变为氦-3，同时发射出 β^- 射线 ($^3H \rightarrow {}^3He + \beta^-$)，半衰期为 12.32a，衰变能量为 18.6 keV。

水中氚的量一般用浓度表示，单位为氚单位(Tritium Unit，TU)。1 氚单位相当于每 10^{18} 个氢原子中含有 1 个氚原子。水中的氚浓度一般是通过测定氚的放射性比活度间接求出的，可以利用下面的关系从放射性比活度求出氚单位[参看式(25-3)和(25-20)]：

$$1\ \text{氚单位} = 0.119\text{Bq/kg(水)}$$

和碳-14 测年法不同，测定氚必须用绝对测量法，也就是要测定水中氚的绝对量。之所以不能像碳-14 那样用相对测量法，是因为在碳-14 测年法中所作的基本假定对氚测年法不适用。在氚测年法中，样品中氚的原始浓度是未知的，既取决于时间又和地理位置有关。举例来说，假如公元 2000 年某地采到一个样品，氚浓度是 10 个氚单位，这既可能是本年降水的氚浓度(未经过衰变)，也可能是若干年前降水的氚浓度经过衰变达到的值。

测定氚的放射性比活度，常用的设备是气体计数器和液体闪烁计数仪。用计数法测定水中的氚，最低检测下限可达 10^{-1} 氚单位。除此之外，还可以测定水中的氦-3，用间接的方法测定氚的浓度。这种方法称为氦-3 内生法(^3He ingrowth)，需要用质谱仪，测定周期较长，但它能达到更低的检测下限(0.003 氚单位)。

为了降低检测下限，在水样足够多的条件下，可以在测定前将水中的氚浓缩富集。若待测样品中氚浓度较高，也可以不经过同位素富集，直接测量。由于目前大多数地下水中氚浓度都比较低，因此对样品中的氚进行浓缩富集已经成为许多实验室必不可少的样品预处理程序。

二、实 验 方 法

1. 样品纯化

未经纯化的水一般都不适于电解，也不适于用液体闪烁法测定，尤其是样品透明度不好或者有颜色时对液体闪烁计数的影响更大，因此在测定前要对水样进行蒸馏，使样品纯化。为了不改变样品的同位素组成，应使蒸馏尽可能完全，处理过程中避免和外界大气接触，以防样品水和大气中的水蒸气发生同位素交换。

2. 实验室同位素富集

主要有两种方法：热扩散法和电解法。

用热扩散法富集氚首先要把水转变为氢气，这一方法不适合常规分析用，限于篇幅，这里不再详细介绍，有兴趣的读者可参看有关的文献材料。

水电解法是浓缩富集氚最常用的手段，目前绝大多数实验室采用这种方法。水电解法分两种：一种是在水中加碱，电解在碱性条件下进行；另一种不加碱，采用离子交换膜作导电材料，电解在中性条件下进行。水电解法需 200～2000 mL 左右的水。

1）在碱性条件下电解

电解前在水中加碱，目的是为了提高水的导电性。注意，如果加 NaOH，一定要保证其中的 H 不含氚。也可以加 Na_2O 或者 Na_2O_2，和加 NaOH 的结果一样，但引进氚的可能性小些，反应如下：

$$Na_2O + H_2O \rightarrow 2NaOH$$

或

$$2Na_2O_2 + 2H_2O \rightarrow 4NaOH + O_2\uparrow$$

将水加入电解室后通入直流电，OH^- 在阳极失去电子，被氧化成氧气放出；H^+ 在阴极得到电子，被还原成氢气放出，电化学反应式如下（图 25-12，左）：

阴极：$4H^+ + 4e^- \rightarrow 2H_2\uparrow$

阳极：$4OH^- - 4e^- \rightarrow O_2\uparrow + 2H_2O$

总反应式：$2H_2O \rightarrow 2H_2\uparrow + O_2\uparrow$

2）在中性条件下电解

电解前无需在水中加碱。为了提高水的导电性，在多孔材料制成的两电极间置一阳离子交换膜。水中的 H^+ 和交换膜中的阳离子交换后在阴极得到电子，被还原成氢气放出，OH^- 在阳极失去电子，被氧化成氧气放出（图 25-12，右）。该方法的优点是不

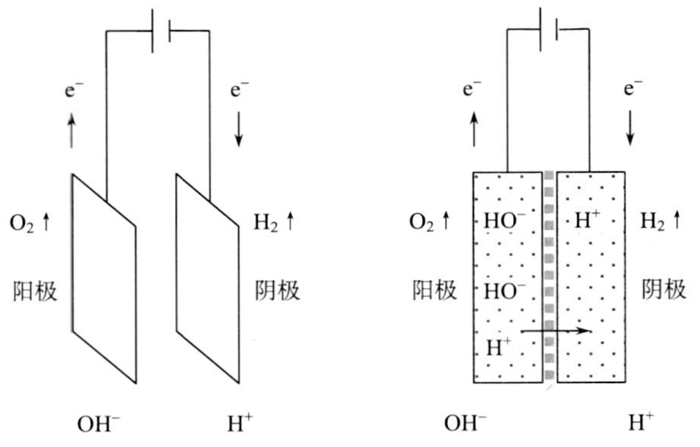

图 25-12　电解水浓缩富集氚

需加碱，释放出的氧气和氢气被交换膜分隔，安全性高。

在电解的过程中由于同位素分馏效应，重同位素氚在残留的水中得到富集。由于氢的同位素分馏效应强，电解后大约 90%的氚留在水中，也就是说，如果电解后的水量是电解前的 1/10，则其中的氚浓度约为电解前的 9 倍左右。可以用如下的方法求得这个倍数（富集因子）：

- 在电解样品水的同时，电解氚浓度已知，作为参照物的水，从电解前后参照物中氚浓度的比值可以得到富集因子。
- 测定电解前后氘的富集，根据氘的富集求氚的富集。这个方法的优点是不需电解含氚的水，有利于控制污染；缺点是需要用质谱法测定。

电解浓缩富集法可以将水中氚的最低检测限降低一至两个数量级。

电解后的水还要经过蒸馏，方可用液体闪烁计数法测量，或制备成气体用气体计数器测量。

3. 液体闪烁计数法

将 10～40 mL 左右的水样和闪烁液配制样品并乳化，乳化好的样品用低本底液体闪烁计数仪对 β 放射性计数。

还可以把水转变成氢（需要 50 mL 左右的水样），用氢合成苯，再用液体闪烁计数仪测量。这一方法比较陈旧，现已被淘汰。

4. 气体计数法

这种检测方法适合水样不多的情况（5～10 mL 水），需要把水转变成氢、甲烷、乙烷、丙烷等气体。

制备氢：

$$H_2O + Mg \xrightarrow{500℃} MgO + H_2$$

氢气不能作为计数器的工作气体，必须和一定量的其他气体混合，例如氩气、丙烷等，才能用于计数测量。

用上法制备的氢还可用于制备乙烷和丙烷。用铅作催化剂：

$$C_2H_4 + H_2 \xrightarrow{Pb} C_2H_6$$

$$C_3H_6 + H_2 \xrightarrow{Pb} C_3H_8$$

制备甲烷，反应为：

$$Al_4C_3 + 12H_2O \xrightarrow{150℃} 3CH_4 + 4Al(OH)_3$$

甲烷、乙烷和丙烷既是试样，也是计数器的工作气体，可直接充入计数管测量。

5. 质谱法

这个方法需水 40 mL 至 1 L 左右。将水中的氦除净，密封存放（参看惰性气体一节），若水中有氚，会随着时间的推移逐渐积累衰变产物氦-3。测定氦-3 的量，根据存放（衰变）时间，可用衰变公式求出氚的原始浓度。这个方法常和惰性气体的测定结合：对同一个样品先测定氦-3，再测定氚，用比值 $^3H/^3He$ 推测水龄。

测定结果表示法：标准体积（氦-3）/g（水）。

在测年应用中还需利用下式将氦-3 的测定结果换算成氚单位（忽略水的矿化度）：

$$1TU = 2.488 \times 10^{-15} cm^3 STP/g$$

换算关系的导出如下：

1 g 水中的氢原子数为	$2\times\frac{1}{18}\times6.02\times10^{23}$
因氦-3 是氚衰变产生的（1∶1），故氦-3 的原子数等于衰变的氚的原子数，当氚单位等于 1 时，为	$\frac{2\times\frac{1}{18}\times6.02\times10^{23}}{10^{18}}$
氦-3 的摩尔数为	$\frac{\frac{2\times\frac{1}{18}\times6.02\times10^{23}}{10^{18}}}{6.02\times10^{23}}$
在标准状况下，每摩尔气体的体积为 22 400 mL，故当氚单位等于 1 时每克水中的氦-3 为［单位：mL（氦-3）/g（水）］	$\frac{\frac{2\times\frac{1}{18}\times6.02\times10^{23}}{10^{18}}}{6.02\times10^{23}}\times22400=2.488\times10^{-15}$

*　　　　*　　　　*

可以将测定水中氚的方法总结如图 25-13。

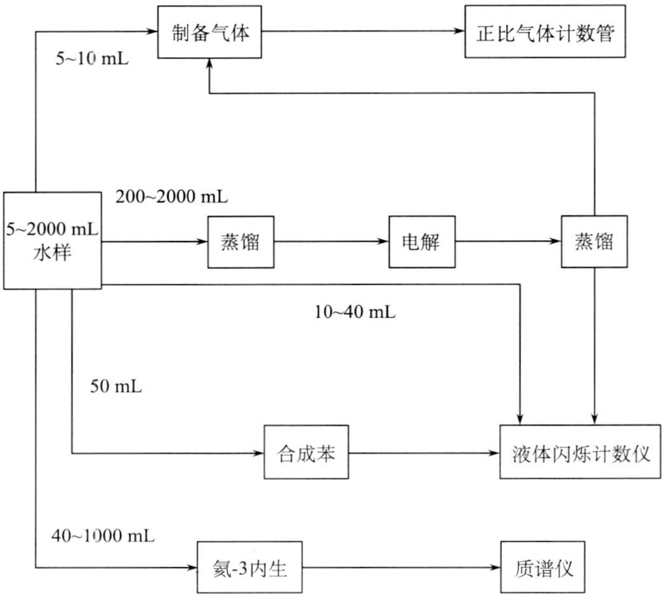

图 25-13　测定水中氚的方法

第四节　水中碳同位素的测定

实验室里测定的碳同位素，碳-14 和碳-13，主要是以无机碳的形式存在于水中，包括溶解的物质 CO_2，H_2CO_3，HCO_3^-，CO_3^{2-}，以及非溶解的物质，即以气态形式存在于水中的 CO_2 和以固态形式存在于水中的 $CaCO_3$。

一、水中碳-14 的测定

1. 概述

碳-14 是碳的一种放射性同位素。碳-14 在自然衰变过程中转变为氮-14，同时发射出 β^- 射线（$^{14}C \rightarrow {}^{14}N + \beta^-$），半衰期为 5730 a，平均衰变能量为 50 keV。

碳-14 测年法是根据碳-14 的衰变产生的自然衰减而建立的计时方法。依据碳-14 测年法的基本原理，当一个体系处于开放状态时（例如生物体在存活期间），由于交换作用，体系内碳-14 的丰度与外界环境基本一致。而体系由开放状态转为封闭状态后（例如生物体在死亡后），体系内的碳-14 由于不再和外界环境交换会因为衰变而随时间减少。因此，只要测定某一封闭体系中的样品，根据样品中碳-14 的丰度就可得到碳-14 的衰变量，按放射性衰变公式计算便可推出该体系转为封闭状态的年代。

和氚类似，测定水中的碳-14 主要用辐射计数法，常用的测定设备为气体计数器和液体闪烁计数仪。碳-14 的测定结果可用三种方法表示：①比活度；②活度比；③相对活度差。

用活度比表示测定结果在碳-14 测年法中最常用，故在此作为重点讨论。

碳-14 测年法和氚测年法有一个重要的不同之处，即：在氚测年法中，体系内氚的原始浓度未知，是待求的；而在碳-14 测年法中体系内碳-14 的原始丰度是已知的（其值相当于自然界植物中的平均水平）。碳-14 测年法的这一特点使相对测量成为可能，下面是碳-14 相对测量法的原理。

若用 ${}^{14}A_s$ 表示待测样品中碳-14 的比活度，用 $\overline{{}^{14}A}$ 表示自然界植物中碳-14 的平均比活度，根据式(25-6)和衰变公式，有

$$
{}^{14}A_s = \overline{{}^{14}A}e^{-\lambda t} \tag{25-41}
$$

或

$$
\frac{{}^{14}A_s}{\overline{{}^{14}A}} = e^{-\lambda t} \tag{25-42}
$$

有了测量值 ${}^{14}A_s$，代入式(25-41)，可求出样品的年龄。显然，对同一个样品，如果选用不同的 $\overline{{}^{14}A}$ 值，得到的分析结果也不会相同。为了便于数据对比，国际上用一个最能反映自然界植物中碳-14 平均比活度的数值作为碳-14 的原始值，以此值代替式(25-41)中的 $\overline{{}^{14}A}$，称为标准比活度。采用了统一的数值，式(25-41)里的 $\overline{{}^{14}A}$ 成为一个常量，变为

$$
\frac{{}^{14}A_s}{0.226} = \mathrm{e}^{-\lambda t} \tag{25-43}
$$

公式中的 0.226 是标准比活度，单位为 Bq/g(碳)。有了标准比活度，不同的实验室对同一样品的测定结果就有了可比性。

然而在实践中若直接用式(25-43)，就不可避免地要测定比活度的绝对值，这是因为在公式(25-43)中只有 ${}^{14}A_s$ 是唯一可测的。为了避免测定比活度的绝对值，就需要把式(25-43)中的标准比活度变为可测的量，测相对比活度[式(25-4)]，换句话说，就是要找一个可以测量的实物标准来代替式(25-43)中的文字标准。OX2 就是国际上用来代替标准比活度的许多种实物标准之一种。OX2 是经过专门制备用作标准物质的有机物草酸，经过精确测定，得到了 1950 年时该物质中碳-14 的比活度，和标准比活度之间有如下的对应关系：

$$
\text{标准比活度} = 0.7459\,{}^{14}A^0_{\mathrm{OX2}} \tag{25-44}
$$

${}^{14}A^0_{\mathrm{OX2}}$ 中的上标“0”表示此值是 OX2 在 1950 年时的比活度。将上面的对应关系代入式(25-43)，可得

$$
\frac{1}{0.7459} \times \frac{{}^{14}A_s}{{}^{14}A^0_{\mathrm{OX2}}} = \mathrm{e}^{-\lambda t} \tag{25-45}
$$

在相对测量法中，样品和参照物都在尽可能相同的条件下测定。因为，许多对测量有影响的因素不仅对样品有影响，而且也对参照物有同样的影响，在理想的情况下，$Q_s = Q_r$，$\eta_s = \eta_r$，式(25-4)变为

$$\frac{A_s}{A_r}=\frac{n_s-n_b}{n_r-n_b}=\frac{N_s}{N_r} \tag{25-46}$$

式中：下标 s 和 r 分别表示样品和参照物；n_s 和 n_r 分别为样品和参照物的计数率；n_b 为本底计数率；N_s 和 N_r 分别为样品和参照物的净计数率。因此，只要在相同操作条件下测量未知样品和标准物质，原则上甚至无需知道$^{14}A^0_{OX2}$ 的具体数值，只要知道了因子 0.7459，将得到的比值 N_s/N_r 代入式(25-45)计算，就可以确定样品的年龄。

显然，因为标准物质也在衰变，所以公式(25-45)还应改写成下面通用的形式：

$$\frac{1}{0.7459}\times\frac{^{14}A_s}{^{14}A_{OX2}}=e^{-\lambda t} \tag{25-47}$$

式中$^{14}A_{OX2}$不再具有上标“0”，表明标准物质 OX2 自公元 1950 年“出生”至今，已经有了年龄。用式(25-47)计算样品的年龄，所得到的仍然是样品相对于标准物质的年龄，这一点和式(25-45)并无区别，所不同的是，因为此时标准物质也有了年龄，所以这时得到的已经不是样品的绝对年龄，此时样品的绝对年龄要用下式计算：

$$\text{样品的绝对年龄}=\text{样品相对于标准物质的年龄}+\text{标准物质的年龄} \tag{25-48}$$

例如，在公元 2000 年测样品和标准物质，若计算得到 $(1/0.7459)\times(^{14}A_s/^{14}A_{OX2})=0.5$，则可知样品相对于标准物质多衰变了 5730 a(图 25-14 中的 t_s-t_r)。因为标准物质自 1950 年以来本身已经衰变了 50 a(t_r)，故样品的绝对衰变时间应等于 5730 a 再加上标准物质的衰变时间 50 a，为 5780 a(t_s)。

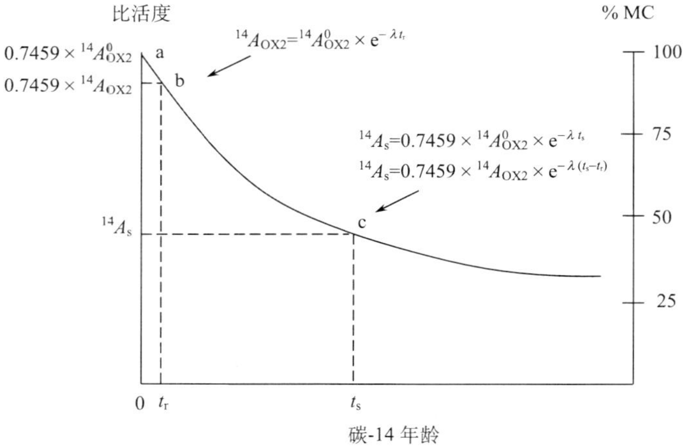

图 25-14　碳-14 的衰变曲线(示意图)

碳-14 的含量分别用比活度(纵坐标，左)和现代碳的百分数(纵坐标，右)表示。其中 t_r 和 t_s 分别为标样和样品的绝对年龄。样品中的碳-14 活度既可以看作是从现代碳(100％MC)衰变得到(a—c 段，衰变时间＝绝对年龄)，也可以看作是从标样衰变得到(b—c 段，衰变时间＝相对年龄)

除了辐射计数法外，也可以用加速器质谱法测定碳-14。加速器质谱法不是测定样品的比活度，而是测定其中的碳同位素比率，但它所用的仍然是相对测量法，因此上面所有的讨论对质谱法也适用，只不过用同位素的丰度比(或浓度比)代替活度比而已[参看式

(25-20)、式(25-21)和式(25-12)]。

2. 碳-14 测定结果的表示及校正

1) 碳-14 测年中的数据表示及校正

在地质、考古等学科中应用碳-14 法测年，得到的一般是样品的“常规碳-14 年龄”(Conventional Radiocarbon Age，CRA)，是在如下条件下得出的结果[公式(25-47)]：

• 假设所有的碳-14 储库均不变。换句话说，就是环境中碳-14 的浓度值不变，始终为 0.226 Bq/q(碳)。

• 用 $T_{1/2}=5568$ a 计算碳-14 的衰变。由于历史的原因，以前很大一部分碳-14 测年数据是用 $T_{1/2}=5568$ a 计算的。为了能够和以前的数据对比，尽管后来将碳-14 的半衰期修正为 5730 a，但在计算常规碳-14 年龄中仍然沿用 $T_{1/2}=5568$ a。

• 用相对年龄。一般碳-14 测年实验室并不给出样品的绝对年龄，而是给出样品相对于 1950 年的年龄，用“距今”(before present，简写为 BP)表示。

• 根据 $^{13}\delta$ 值对数据作校正。即，将碳-14 的原始丰度根据样品中碳-13 的分馏，统一校正到参照物的水平(称作标准化，normalization)(参看碳-13 校正的基本原理)。

常规碳-14 年龄还要经过校正(例如用树轮年代校正)才能得到样品的真实年龄(real age)，即，用样品“出生”的纪元年代(例如公元前 9000 年)计算的年龄(图 25-15)。

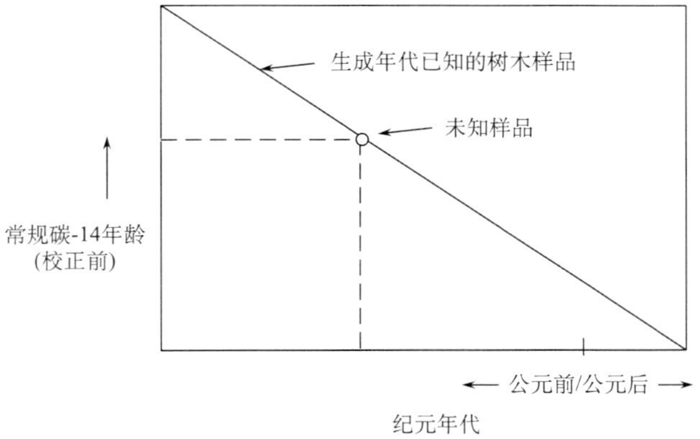

图 25-15　将测得的常规碳-14 年龄对样品的已知生成年代作图，可得碳-14 年龄的校正曲线(示意图)

根据校正曲线不难通过样品(圆点)的常规碳-14 年龄求出其“出生”的纪元年代以及真实年龄。由于测定校正曲线(类似于测定“已知不同朝代的木制家具中的碳-14”)时使用的是 $T_{1/2}=5568$ a，因此测未知样品(类似于测“年代不详的木椅中的碳-14”)时也必须用 $T_{1/2}=5568$ a。这样才能使数据有互比性

2）水文研究中的数据表示及校正

水文研究中应用碳-14，和常规的碳-14 测年有几点不同之处：

• 用样品的绝对年龄而不是相对年龄。在水文研究中所关心的不是样品统一计算到 1950 年的相对年龄，而是样品的绝对年龄，即样品水变为封闭体系的时刻与采样（或分析样品）时刻的时间差。

• 不必用树轮年代数据作校正。因为不必用图 25-15 所示的方法作校正，所以可直接用 $T_{1/2}=5730$ a 计算碳-14 的衰变。

• 有时并不需要知道水样的年龄。例如定性研究新、老水的混合问题时，感兴趣的只是样品中的碳-14 丰度和现代水平的比值。

• 水中^{14}C 含量越低，并不表明水龄越老。例如，当新补给的地下水中溶解了许多不含^{14}C 的碳酸盐时，所测得的^{14}C 含量就会很低。

• 用$^{13}\delta$ 值校正碳-14 的起始含量没有统一的方法（参看下一节）。

由于这些原因，因此水文实验室报数据，是将样品的比活度和标准比活度作对比，用现代碳的百分比表示，记为%MC (per cent of modern carbon)：

$$\%\ \text{MC} = \frac{^{14}A_s}{0.226} \times 100\% \tag{25-49}$$

因为实验室测定的是$\frac{^{14}A_s}{^{14}A_{OX2}}$，所以上式不能直接应用。利用下式：

$$0.7459\,^{14}A_{OX2} = 0.7459\,^{14}A_{OX2}^0 \times e^{-\lambda t_r} = 0.226 \times e^{-\lambda t_r}$$

式中 t_r 是标样的年龄。由上式可得

$$0.7459\,^{14}A_{OX2} \times e^{\lambda t_r} = 0.7459\,^{14}A_{OX2} \times e^{\lambda(t-1950)} = 0.226$$

式中，t 是采样（或分析样品）的时刻。将上式代入式(25-49)，得

$$\%\text{MC} = \frac{1}{0.7459} \times \frac{^{14}A_s}{^{14}A_{OX2}} \times e^{-\lambda(t-1950)} \times 100\% \tag{25-49$'$}$$

用这种表示法，直接将采样（或分析样品）时刻的碳-14 浓度和统一的碳-14 浓度对比，也未作碳-13 校正，给解释者留有更多的发挥空间。

3. 实验方法

实验室的样品一般为碳酸盐（例如测本底用的石灰岩 $CaCO_3$ 以及从水样中沉淀得到的 $SrCO_3$）和草酸（例如标准物质 OX2）两种。无论是什么样品，在实验室中首先要将样品中的碳转化成 CO_2。

对碳酸盐可以用酸处理，制成 CO_2，例如：

$$CaCO_3 + H_3PO_4 \rightarrow CO_2 + H_2O + CaHPO_4$$

如果样品为草酸，可以用燃烧法或者高锰酸钾氧化法制备 CO_2，例如：

$$5(COOH)_2 \cdot 2H_2O + 2KMnO_4 + 3H_2SO_4 \rightarrow 10CO_2 + 2MnSO_4 + K_2SO_4 + 10H_2O$$

1）液体闪烁计数法

用液体闪烁计数仪，可以测定 CO_2，也可以测定苯。

测定 CO_2，要将其吸收到含有机胺的闪烁液中：

$$RNH_2 + CO_2 \rightarrow RNHCOOH$$

测定苯，要将碳转化到有机化合物苯中。可通过如下的反应用 CO_2 合成苯：

$$2CO_2 + 10Li \xrightarrow{700℃} Li_2C_2 + 4Li_2O$$

$$Li_2C_2 + 4Li_2O + 10H_2O \rightarrow C_2H_2 + 10LiOH + 4H_2O$$

$$3C_2H_2 \xrightarrow{催化剂} C_6H_6$$

反应需要 1～10 g 碳，可制得 1～10 mL 苯。

用液体闪烁计数仪测定样品与标样，由计数结果得出碳-14 的相对比活度，以现代碳的百分数(%MC)给出分析结果[式(25-49′)]。

2）气体计数法

可以直接用二氧化碳，也可以将 CO_2 转化成甲烷、乙烷等气体：

$$CO_2 + 4H_2 \xrightarrow{300℃(Ru)} CH_4 + 2H_2O$$

$$C_2H_2 + 2H_2 \xrightarrow{Pd} C_2H_6$$

将制备的气体充入正比气体计数器，测定样品与标样，由计数结果得出碳-14 的相对比活度，以现代碳的百分数(%MC)给出分析结果[式(25-49′)]。

3）加速器质谱法

和碳-13 不同，碳-14 在样品中丰度极低，所以不能用常规的质谱法测定。

用加速器质谱仪测定碳-14，一般只需几毫克碳。若水中的碳酸氢盐或碳酸盐含量为 250 ppm 左右，则 100 mL 水样中将有 5 mL 左右的碳。因此，可采集 1 L 水样直接送交实验室分析而无需进行野外预沉淀处理。

实验室内首先用沉淀法处理，得到碳酸盐；将碳酸盐转化成二氧化碳气体，再将收集的二氧化碳气体通过 600℃高温的金属铁，与氢气反应，得到石墨(图 25-16)：

$$CO_2 + 2H_2 \xrightarrow{Fe(600℃)} C + 2H_2O$$

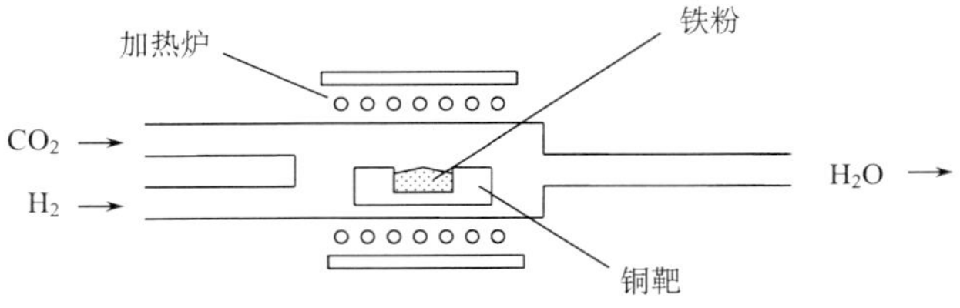

图 25-16 二氧化碳和氢在铁催化剂上反应生成石墨，反应完成后将铜靶内的粉末压实制成样品

测定时，将用试样制备的石墨置入加速器质谱仪内，同时置入用标样制备的石墨。用交替进样法测量，得到二者的碳-14 浓度(例如[^{14}C]/[^{13}C])。二者进行比较后以现代碳百分数(%MC)给出分析结果[公式(25-49′)]。

二、水中碳-13 的测定

1. 概述

碳-13 是元素碳的一种稳定同位素，在自然界的碳原子中碳-13 约占 1%。在同位素水文研究中碳-13 主要用于校正碳-14 的测年结果。

1）碳-13 校正的基本原理

前面讨论了碳-14 测年的基本原理。为了讨论方便，假设碳-14 的原始量和环境中的平均水平相同。实际上，由于存在分馏效应，即使是开放体系，体系与外界环境的碳-14 水平也不会一样，或多或少有所偏离，这就需要对碳-14 的原始量进行校正。在发生分馏时，碳-13 变化与碳-14 变化之间存在一定的对应关系，因此如果知道了碳-13 对外界环境的偏离，就可以求得碳-14 的偏离，进而反推出碳-14 的原始值。

可以打一个通俗的比方阐述上面的原理：假设大多数生物对碳同位素无选择能力，这样，在死亡之前，生物体内的碳-14 丰度和外界环境相同。对这些生物，只要测定它们体内的碳-14 丰度，就很容易确定其死亡的年代。然而有一种生物，它们拒绝吸收碳-14，这种生物在死亡之前，体内的碳-14 必然比其他大多数生物中的碳-14 少。若不把这种生物和其他大多数生物加以区别，用碳-14 法测定其死亡年代，结果可能会谬之千里：对这些拒绝吸收碳-14 的生物，即使它们还活着，也有可能被定为死了几万年。所幸的是，这种生物在拒绝吸收碳-14 的同时，也以一定的比例拒绝吸收碳-13。因为碳-13 是稳定同位素，不会随时间变化，这样就可以将这种生物体和外界环境(参照物)比较，根据两者之间碳-13 的差异来推测这种生物死亡前体内的碳-14 原始量。

2）碳-13 测定结果表示法

采用相对测量法测定碳-13，结果用相对比率差(δ)表示。此时式(25-12)成为

$$^{13}\delta_{2/1}=\left(\frac{\left(\frac{^{13}\mathrm{C}}{^{12}\mathrm{C}}\right)_2}{\left(\frac{^{13}\mathrm{C}}{^{12}\mathrm{C}}\right)_1}-1\right)\times 1000‰=\left(\frac{^{13}R_2}{^{13}R_1}-1\right)\times 1000‰ \tag{25-50}$$

和测定碳-14 类似，为了便于数据对比，大家都用统一的标准值和标准物质作为参照，将式(25-50)变为

$$^{13}\delta_{s/r}=\left(\frac{^{13}R_s}{0.0112}-1\right)\times 1000‰=\left(\frac{^{13}R_s}{f\cdot{}^{13}R_r}-1\right)\times 1000‰=\left(\frac{^{13}R_s}{^{13}R_{PDB}}-1\right)\times 1000‰ \tag{25-51}$$

式中：下标 s 表示样品；r 表示参照物；f 为比例系数，与选用的参照物（$^{13}R_r$ 值）有关。当参照物为 PDB（一种碳酸盐物质）时，$f=1$。实际上，标准值就是根据 PDB 中的碳-13 丰度定的。这样只需将测定值和参照值作对比，便可得到统一的可以互比的结果了。

需要指出的是，一种物质被指定为参照物，并不是因为此种物质中的$^{13}C/^{12}C$ 比值为 0。例如国际标准物质 PDB 中普遍公认的$^{13}C/^{12}C$ 绝对比率为 0.0112372。根据定义，PDB 的相对比率差（$^{13}\delta_{PDB/PDB}$）为 0。这是因为当参照物和自己相比时，由于比率$^{13}C/^{12}C$ 无偏差，所以 δ 值为 0（参看图 25-1。图中参照溶液的浓度$=C\neq 0$）。

经过精确测定，得到了 OX2 中的$^{13}C/^{12}C$ 比率比 PDB 低千分之二十五，即$^{13}\delta_{OX2/PDB}=-25‰$。因此，若以 OX2 为参照物测定碳-14，为了数据的可比性，要以$^{13}\delta=-25‰$为基准校正样品中碳-14 的原始量。

3）碳-13 校正

前面说过，为了避免在碳-14 测年中出现“活见鬼”的结果，有必要根据样品和参照物中碳-13 水平的差异校正样品中碳-14 的原始量。因此，碳-14 测年实验室所报的常规碳-14 年龄都是经过$^{13}\delta$ 校正的数据。然而在同位素水文研究中，这种校正可能是“画蛇添足”的做法。

按照原理，碳-13 之所以能对碳-14 数据做校正，是因为在碳-14 发生分馏时，伴随有碳-13 的分馏，二者之间有较为固定的比例关系。然而碳-13 进入地下水的过程，可能并不是伴随碳-14 共同参与的化学或物理的过程。例如地下水中的碳-13，有可能是从石灰盐溶解而来，由于年代久远，这些碳酸盐可能并不含碳-14。这就要求在解释碳-14 数据时结合水化学等其他数据，具体问题具体分析。因此，在水文学中，更有意义的是校正前而不是校正后的碳-14 数据。

如果得到的是校正后的碳-14 数据，则需要在数据解释前先将数据“恢复原貌”（denormalize），为此，有必要对校正公式的导出及用法作一了解。下面就来推导$^{13}\delta$ 的校正公式。

若样品和标样的碳-14 起始活度存在差别，可根据分馏的定义，将此差别表示为：

$$^{14}\delta=\frac{^{14}A_s^0}{^{14}A_r^0}-1 \tag{25-52}$$

式中：$^{14}A_s^0$ 和$^{14}A_r^0$ 分别为样品和标样中碳-14 的起始活度。

显然，经过一定时间（t）的衰变，样品和标样中的碳-14 活度都发生了变化，即

$$^{14}A_s={}^{14}A_s^0e^{-\lambda t} \tag{25-53}$$

$$^{14}A_r={}^{14}A_r^0e^{-\lambda t} \tag{25-54}$$

其中，$^{14}A_s$和$^{14}A_r$分别为衰变后样品和标样中碳-14 的活度。

将式（25-53）和式（25-54）相除，令$^{14}A_r={}^{14}A_{s,N}$，则有

$$\frac{^{14}A_s}{^{14}A_{s,N}}=\frac{^{14}A_s^0}{^{14}A_r^0}=\frac{^{14}R_s^0}{^{14}R_r^0}\qquad［参见式(25\text{-}21)］ \tag{25-55}$$

式中：$^{14}R_s^0$ 和$^{14}R_r^0$ 分别为样品和标样用同位素比率表示的起始值。由上式可见，若能从

测量值$^{14}A_s$求出$^{14}A_{s,N}$(即$^{14}A_r$)，则可根据已知的$^{14}A_r^0$值求出样品中碳-14的起始值$^{14}A_s^0$，或者利用公式(25-54)求出衰变时间t。

从式(25-55)可得

$$^{14}\delta = \frac{^{14}R_s^0}{^{14}R_r^0} - 1 = \frac{^{14}A_s}{^{14}A_{s,N}} - 1 \tag{25-56}$$

式(25-56)中，$^{14}A_s$为校正前的碳-14测定结果，$^{14}A_{s,N}$为校正后的结果。

样品和标样除了碳-14含量有差别，碳-13含量也有差别：

$$^{13}\delta = \frac{^{13}R_s}{^{13}R_r} - 1 \tag{25-57}$$

式中：$^{13}R_s$和$^{13}R_r$分别为样品和标样中碳-13的含量。

一般情况下，在发生同位素分馏时，重同位素的分馏大约是轻同位素的一倍，即

$$^{14}\delta \approx 2^{13}\delta \tag{25-58}$$

又由于$^{13}\delta$很小，故可得出下面的关系：

$$\begin{aligned}\frac{^{14}A_s}{^{14}A_{s,N}} &= 1 + {}^{14}\delta \approx 1 + 2^{13}\delta \approx 1 + 2^{13}\delta + ({}^{13}\delta)^2 \\ &= (1 + {}^{13}\delta)^2 = \left(\frac{^{13}R_s}{^{13}R_r}\right)^2\end{aligned} \tag{25-59}$$

将上式左右两端作如下变换，

$$\frac{\dfrac{^{14}A_{s,N}}{^{14}A_{OX2}}}{\dfrac{^{14}A_s}{^{14}A_{OX2}}} = \left(\frac{\dfrac{^{13}R_r}{^{13}R_{PDB}}}{\dfrac{^{13}R_s}{^{13}R_{PDB}}}\right)^2 \tag{25-60}$$

可得

$$\frac{^{14}A_{s,N}}{^{14}A_{OX2}} = \frac{^{14}A_s}{^{14}A_{OX2}}\left(\frac{1 + {}^{13}\delta_r}{1 + {}^{13}\delta_s}\right)^2 = \frac{^{14}A_s}{^{14}A_{OX2}}\left(\frac{1 + (-0.025)}{1 + {}^{13}\delta_s}\right)^2 = \frac{^{14}A_s}{^{14}A_{OX2}}\left(\frac{0.975}{1 + {}^{13}\delta_s}\right)^2 \tag{25-61}$$

即

$$^{14}A_{s,N} = {}^{14}A_s\left(\frac{0.975}{1 + {}^{13}\delta_s}\right)^2 \tag{25-62}$$

式(25-62)就是用来校正碳-14数据的公式。因为校正是根据$^{13}\delta$值按比例缩放碳-14的起始含量，故所用的方法称作标准化法(normalization)，下标N表示该值是校正后的结果。校正后式(25-47)变为

$$\frac{1}{0.7459} \times \frac{^{14}A_{s,N}}{^{14}A_{OX2}} = e^{-\lambda t} \tag{25-47$'$}$$

式(25-47′)就是用来计算常规碳-14年龄的公式(其中$\lambda = \ln 2/T_{1/2} = 0.693/5568 = 1.24 \times 10^{-4}$)。

式(25-62)经过变换即可用来恢复数据的“原貌”：

$$^{14}A_s = {}^{14}A_{s,N}\left(\frac{1+{}^{13}\delta_s}{0.975}\right)^2 \tag{25-63}$$

假设 2008 年采得一水样，分析得到样品中碳-14 的放射性比活度相对于标样 OX2 的值，又测得样品的$^{13}\delta=-10.82‰$，经过碳-13 校正，用半衰期 5568 a 计算后报出的结果为

样品的常规碳-14 年龄：距今 5100 a

要求将分析结果用现代碳的百分比(%MC)表示。

解：

根据式(25-47)，已知 t=5100 a，可得	$\frac{1}{0.7459}\times\frac{^{14}A_{s,N}}{^{14}A_{OX2}}=e^{-5100/8033}=0.53$
由于$^{14}A_{s,N}$是经过碳-13 校正后的结果，所以还要用式(25-63)将数据恢复原貌，即	$\frac{1}{0.7459}\times\frac{^{14}A_s}{^{14}A_{OX2}}=\frac{1}{0.7459}\times\frac{^{14}A_{s,N}}{^{14}A_{OX2}}\left(\frac{1-0.01082}{0.975}\right)^2=0.546$
代入式(25-49)，得	$\frac{1}{0.7459}\times\frac{^{14}A_s}{^{14}A_{OX2}}e^{-\lambda t}\times 100\%$ $=0.546\times e^{-(2008-1950)/8267}\times 100\%$ $=54.2\%$ MC

2. 实验方法

测定碳-13 的主要手段是质谱法。和碳-14 不同，自然界里碳-13 的丰度比较高，约为 0.01，因此可用常规的质谱法测量。

1）样品制备

测定碳-13 大约需要 200～500 mL 水样。首先从水中制取 CO_2（参看前面制取 CO_2 的方法）。

2）测定方法

实践中一般不是将试样和国际标准物质直接对照测定，而是将试样和工作标准物对照测定。工作标准物(working standard)，或称实验室标准物(laboratory standard)，是实验室自己制备、经过精确标定，和国际标准物质有确定的量值关系的参照物质。采用工作标准物的好处之一，是可以在大量的样品测定中节约国际标准物质。

测量时，通过一个双进样系统，试样和标样被交替引入到质谱仪中。气体被离子化后，经过质量检测器分离，得到 3 个信号，分别与质量数为 44，45，46 的离子束相对应（图 25-17，参看表 25-1）。

图 25-17 中，η 为检测器的响应因子。因为样品是和标样作对比测量，而标样的同位素组成是已知的，故通过测标样可得到检测器的响应因子 η_{44}、η_{45}、η_{46}[参看式(25-31)]。

质谱仪测定的是 CO_2 的同分异质体，还要通过下面的方程组和同位素的比率建立联

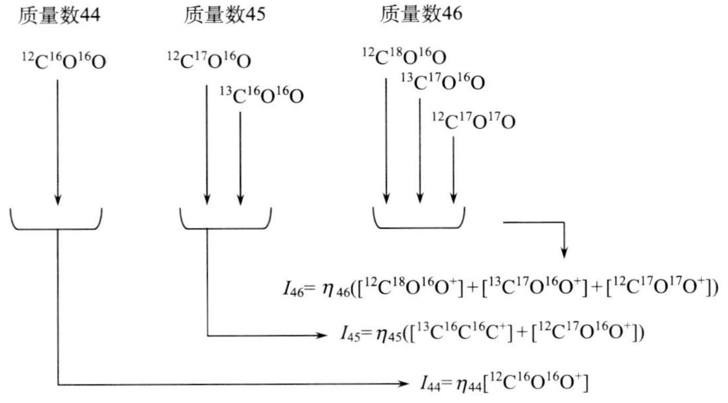

图 25-17　每种离子都对检测器信号有贡献，但检测器只能检测到三个信号：I_{44}，I_{45}，I_{46}

系[参看式(25-22)～(25-30)]：

$$\left(\frac{\eta_{44}}{\eta_{45}}\right)^{45}R=\left(\frac{\eta_{44}}{\eta_{45}}\right)\left(\frac{I_{45}}{I_{44}}\right)=\frac{[^{13}C^{16}O^{16}O^+]+[^{12}C^{17}O^{16}O^+]}{[^{12}C^{16}O^{16}O^+]}={}^{13}R+2{}^{17}R \quad (25\text{-}64)$$

$$\left(\frac{\eta_{44}}{\eta_{46}}\right)^{46}R=\left(\frac{\eta_{44}}{\eta_{46}}\right)\left(\frac{I_{46}}{I_{44}}\right)=\frac{[^{12}C^{18}O^{16}O^+]+[^{13}C^{17}O^{16}O^+]+[^{12}C^{17}O^{17}O^+]}{[^{12}C^{16}O^{16}O^+]}$$

$$=2{}^{18}R+2{}^{17}R{}^{13}R+({}^{17}R)^2 \quad (25\text{-}65)$$

$$({}^{17}R)^2={}^{18}R \quad (25\text{-}66)$$

式(25-66)是基于如下的假定：在发生同位素分馏时，重同位素的分馏大约是轻同位素的1倍。

在上面的方程组里，$\left(\frac{\eta_{44}}{\eta_{45}}\right)^{45}R$ 和 $\left(\frac{\eta_{44}}{\eta_{46}}\right)^{46}R$ 为可测值，另外 3 个未知量(^{13}R，^{17}R，^{18}R)，可用迭代法解出：

- 首先设$^{17}R=0$。根据式(25-64)，得^{13}R 的第一步近似值：$^{13}R=\left(\frac{\eta_{44}}{\eta_{45}}\right)^{45}R$；
- 根据式(25-65)，得^{18}R 的第一步近似值：$^{18}R=\frac{1}{2}\left(\frac{\eta_{44}}{\eta_{46}}\right)^{46}R$；
- 根据式(25-66)，得^{17}R 的第一步近似值：$^{17}R=\sqrt{^{18}R}=\sqrt{\frac{1}{2}\left(\frac{\eta_{44}}{\eta_{46}}\right)^{46}R}$；
- 将^{17}R 的第一步近似值代入式(25-64)，求得^{13}R 的第二步近似值：$^{13}R=\left(\frac{\eta_{44}}{\eta_{45}}\right)^{45}R-2{}^{17}R$；
- 将^{17}R 的第一步近似值和^{13}R 的第二步近似值代入式(25-65)，得^{18}R 的第二步近似值；
- 重复以上过程，直至^{13}R，^{17}R 和^{18}R 的值不再改变。

解出样品和标样的$^{13}R_s$，$^{13}R_r$ 值，可算出$^{13}\delta_{s/r}$。因为$^{13}\delta_{s/r}$是样品对实验室标准物的相

对比率差，所以还要用式(25-13)，将$^{13}\delta_{s/r}$换算成样品对国际标准物质的相对比率差，统一用$^{13}\delta_{s/PDB}$表示结果(参看第一节对相对比率差的讨论)。

*　　　　*　　　　*

可将测定水中碳同位素的方法作一小结，如图 25-18 所示。

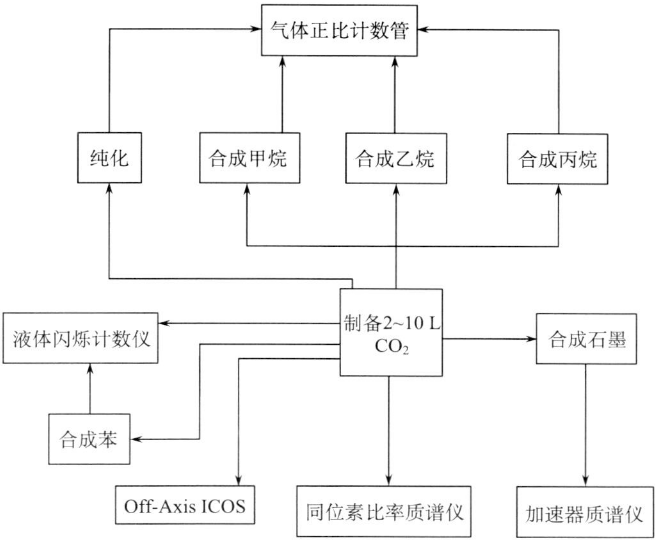

图 25-18　测定水中碳同位素的方法

第五节　水中惰性气体的测定

一、水中氦和氖同位素的测定

1. 概述

氦在空气中的浓度为 5×10^{-6}(体积/体积)。氦有两种稳定的同位素：氦-3、氦-4。自然界中存在的氦-4 多是从其他放射性物质的 α 衰变而来，与氦-4 相比，氦-3 的浓度极低。

氖在空气中的浓度为 1.5×10^{-5}(体积/体积)。氖有十几种同位素，其中丰度最高的是两种稳定的同位素：氖-20(90.48%)和氖-22(9.25%)。

测定水中的惰性气体同位素氦-3、氦-4、氖-20 和氖-22，主要是为了得到水中由于氚的衰变产生的氦-3 的浓度：

$$^{3}H \rightarrow {}^{3}He_{tri} + \beta^{-}$$

下标 tri 表示此部分氦-3 是由氚衰变产生的，所以水中这部分氦-3 被称为氚生氦-3(tritigenic helium-3)。

测定水中的氚生氦-3 主要有三个用途：

• 和水中的氚浓度结合,推测地下水的年龄。地下水由开放状态转为封闭状态后,由于不再和外界环境进行物质交换,所以随着时间的推移,水中的氚将逐渐减少,而氚生氦-3 逐渐增多,由此可根据地下水中的氚生氦-3 和氚的比例关系推测地下水的年龄。

• 间接测定样品中的氚的浓度。利用氦-3 内生法可以间接测定水中的氚的浓度,检测下限可达 0.003 氚单位,比目前最灵敏的辐射测量法至少低一个数量级。

• 识别“事件”。20 世纪 60 年代以后引入环境的核爆氚在很长一段时间内给自然界的水打上了明显的标记,使氚成为一种“事件标识物”(event marker)。由于氦-3 是氚的衰变产物,所以在今后很长一段时间内,当核爆氚彻底衰变完以后,此时尽管水中不再能测到氚,但仍然能通过氚生氦-3 测定水中氚的原始浓度,识别“核爆期”的水。

地下水中的氚生氦-3 不可以直接测得,这是因为水中的氦-3 有多种来源:

$$^{3}He_{t} = {}^{3}He_{tri} + {}^{3}He_{eq} + {}^{3}He_{air} + {}^{3}He_{ter}$$

其中$^{3}He_{t}$为水中的氦-3 总量,$^{3}He_{tri}$来源于氚的衰变,$^{3}He_{eq}$来源于和水平衡的大气,$^{3}He_{air}$来源于水中的过量空气,而$^{3}He_{ter}$不是来源于大气,是地下的放射性物质,通过核反应产生的(见图 25-19)。

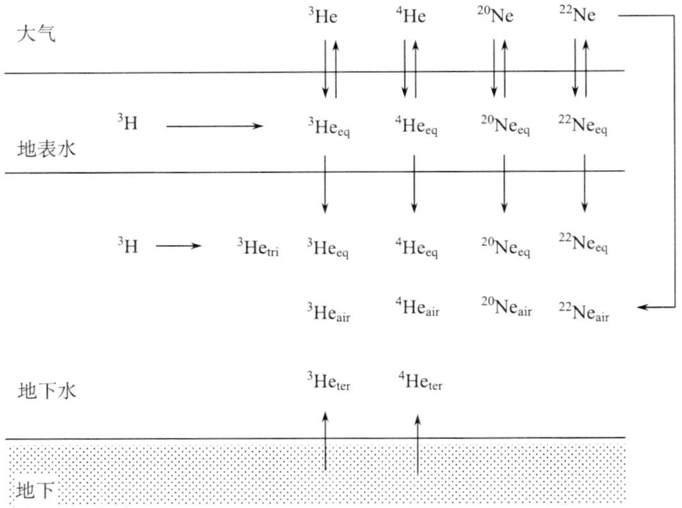

图 25-19　水中氦、氖同位素的来源。对来源于地下的氦通常情况下只考虑来自地壳的^{3}He和^{4}He,其比例关系为$^{3}He_{ter}=2\times10^{-8}\cdot{}^{4}He_{ter}$

可以用下面的方法求出地下水中的氚生氦-3:

(1) 首先测出水中氦-3、氦-4 以及氖的总量:$^{3}He_{t}$,$^{4}He_{t}$,Ne_{t},其中

$$^{3}He_{t} = {}^{3}He_{tri} + {}^{3}He_{eq} + {}^{3}He_{air} + {}^{3}He_{ter}$$

$$^{4}He_{t} = {}^{4}He_{eq} + {}^{4}He_{air} + {}^{4}He_{ter}$$

$$Ne_{t} = Ne_{eq} + Ne_{air}$$

因为氖的来源只有大气，所以有上面最后一个公式。

(2) 再求出水中$^3He_{eq}$，$^4He_{eq}$，Ne_{eq}的值。可以利用水温、大气压、大气中惰性气体的分压以及溶解度常数算出水中$^3He_{eq}$，$^4He_{eq}$，Ne_{eq}的值。

(3) 由上面的公式可得 $Ne_{air}=Ne_t-Ne_{eq}$。

(4) 根据 Ne_{air}可算出地下水中的过量空气，由水中的过量空气可得出$^3He_{air}$和$^4He_{air}$。

(5) $^4He_{ter}={}^4He_t-{}^4He_{eq}-{}^4He_{air}$。

(6) 利用关系$^3He_{ter}=2\times10^{-8}\cdot{}^4He_{ter}$可得到$^3He_{ter}$的量。

用上法求解$^3He_{tri}$，是假定了氖只来源于大气并且水中的过量空气和大气的成分相同。这些假定是否正确，还可以用氖-20 和氖-22 的比值验证。其原理是：来源于大气的氖，若未发生组分分馏，其中的比值$^{20}Ne/^{22}Ne$，应和大气的相应值接近。

2. 实验方法

测定水中的惰性气体，分以下四个步骤：

- 从水中提取气体(约需 40 mL 水样，得到约 1mL 气体)；
- 从气体中分离惰性气体(得到约 0.01 mL 惰性气体)；
- 分离惰性气体(得到约 5×10^{-6} mL 氦)；
- 测定惰性气体的绝对及相对量(5×10^{-6} mL 氦中氦-3 约为 5×10^{-12} mL)。

1) 从水中提取气体

水样是采集在铜管内，两端用钢夹密封(见图 25-20)。为了准确测定水中的惰性气体量，气体的提取率必须达到很高(大于 99.9%)。从水中提取气体的原理见图 25-20：

打开阀门 1，将体系抽至真空(至少 10^{-5} bar)。关闭阀门 1，打开铜管下端的钢夹 2，将水放入到水容器中。由于气体收集器的温度(液氮温度)低于水温，内外气体的压力差使水中溶解的气体以及水蒸气离开水容器，进入气体收集器。在气体收集器内顶部装有一个毛细管，其作用是使气体以较高的速度进入收集器，造成气体分子的单向运动，以减低气体的反向扩散，达到高效提取的目的。提取完成后(约 45 min)，用钢夹 4 将气体收集器密封。打开阀门 1，将水容器中残余的氦抽出，用钢夹 3 将水容器密封。此时样品水已不含氦(残留量小于原始量的 0.001%)，可存放起来，待其中的氚衰变一定的时间，测定水中的氦-3，间接求出水中的氚含量。质谱测量前气体收集器中的气体还需进一步分离。

2) 质谱分析

^{20}Ne 和^{22}Ne 丰度比较高，可以用四级质谱仪定量测定。对丰度极低的^3He，为使^3He 和 HD 达到分离，必须使用扇形磁场质谱仪。用扇形磁场质谱仪测定^3He 和^4He 时，由于^3He 和^4He 丰度差异大，需用两种不同的检测器：其中一种用来检测^4He，原理是测量质量数为 4 的离子的电流量。另一种用来检测^3He，原理是对质量数为 3 的粒子进行粒子计数。

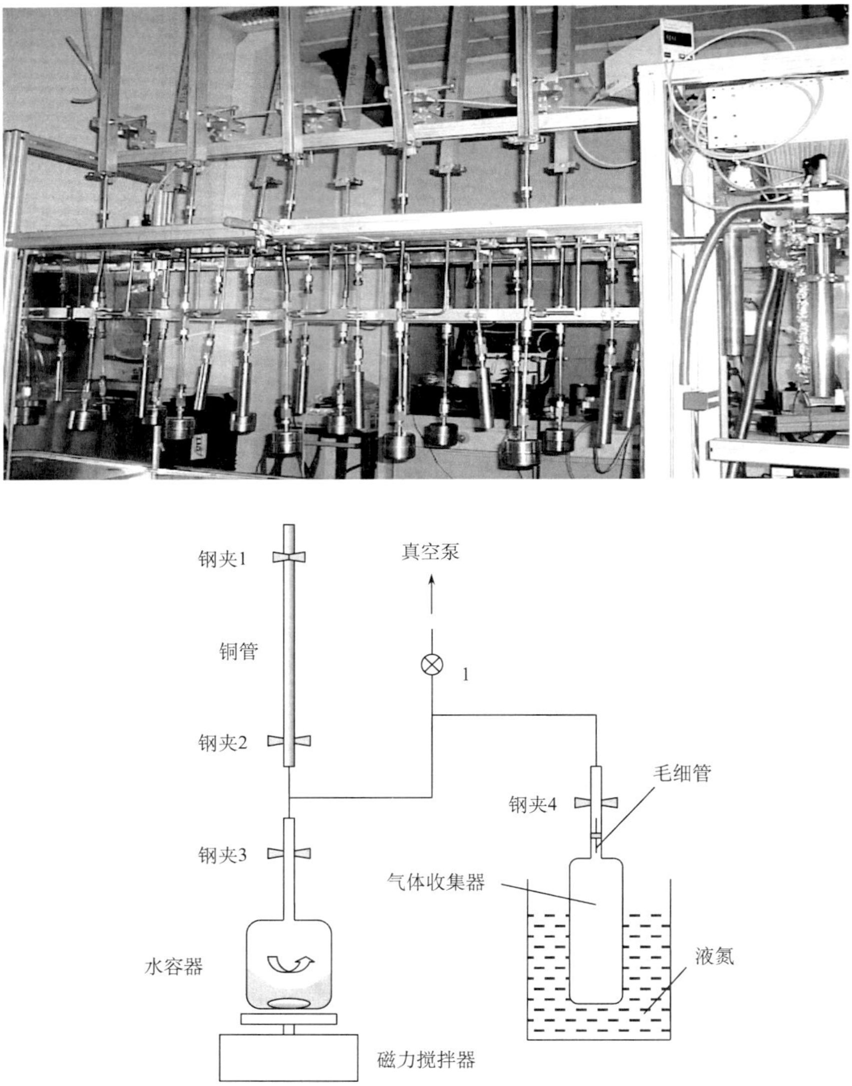

图 25-20　从水中提取气体的装置[国际原子能机构同位素水文实验室(上图)及流程示意(下图)]

将气体分离系统和质谱分析系统联机,分离后的气体直接引入质谱仪分析。流程如下(图 25-21):

打开样品(1)的钢夹和阀门 3、6、7。气体向真空膨胀时其中的水汽和二氧化碳被第一个冷阱(I, 190 K)捕获,氩、氪、氙以及其他永久气体被第二个冷阱(II, 90 K)捕获,只有氦和氖到达第三个冷阱(III, 14 K)。关闭阀门 6、7,将第三个冷阱的温度升至 35 K,解析氦气。打开阀门 8,将氦气引入扇形磁场质谱仪测定^{3}He 和^{4}He。

关闭阀门 8,将第三个冷阱的温度升至 110 K,解析氖气。打开阀门 12,将氖气引入四极质谱仪测定^{20}Ne/^{22}Ne 以及氖气总量(Ne_t)。

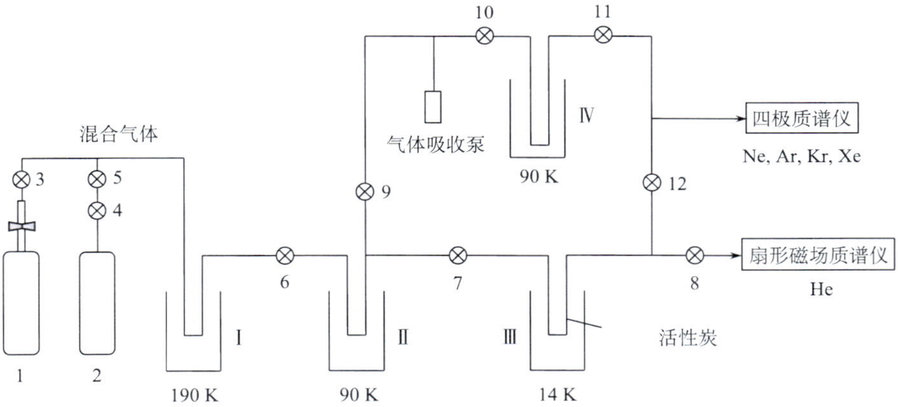

图 25-21 测定惰性气体的设备(国际原子能机构同位素水文实验室,上图)及流程示意(下图)

容器 1 为样品气体,容器 2 为标样气体。标样气体的进气量由阀门 4 和 5 控制

实验室报测定结果,用标准状况下(指温度为 0°C,压强为 101.325 kPa,简写为 STP)每克水中的气体体积表示,即 mL(标准状况)/g(水)。

在测年应用中还需将氦-3 的测定结果换算成氚单位(参看氚的测定)。

二、水中氩、氪和氙的测定

1. 概述

利用水中的氩、氪和氙的浓度可以推测水和大气平衡时的温度和矿化度以及大气的压力。

2. 实验方法

用前述方法分析完氦和氖之后，将 90 K 的冷阱加热（图 25-21），解析出被捕获的气体，将气体通过气体吸收泵除去非惰性气体，最后通入四极质谱仪测定氩、氪和氙。

实验室报测定结果，用标准状况下每克水中的气体体积表示，即 mL（标准状况）/g（水）。

三、水中氪-85 的测定

1. 概述

氪-85 是氪的放射性同位素，半衰期为 10.76 a。氪-85 在自然衰变过程中转变为铷-85，主要衰变方式（99.57%）为发射 β^- 射线（$^{85}Kr \rightarrow ^{85}Rb + \beta^-$），最大衰变能量为 687 keV，平均衰变能量为 251 keV。

测定水中的氪-85 的比活度，主要目的是推测地下水的年龄。用氪-85 作为地下水的年龄指示剂有如下特点/优点：

• 氪-85 的半衰期与氚的半衰期以及许多天然地下水的再生时间（renewal time）接近，因此氪-85 不仅适合用来研究地下水的停留时间（residence time），而且还可以和氚结合，作为相互补充的测年手段。

• 氪-85 的输入函数（input function）为单调上升的曲线，因此氪-85 的数据解释比较简单。

• 氪是惰性气体，化学性质极其稳定，不会因为化学（氧化、还原等）反应或生化过程（细菌、藻类等）而发生变化。

• 地下水采样时常会发生脱气（degassing），使某些常用的年龄指示剂发生分馏，影响测年结果。此外，地下水受到有机物质污染后会产生大量的甲烷和二氧化碳气体，形成气-液两相，两相的形成也会使某些常用的年龄指示剂发生分馏，影响测年结果。因为氪不易发生同位素分馏（氪同位素在质量上的差异相对比较小），故氪-85 更适合在上述情况下应用。

• 因为测定的是水中的氪-85 的比活度，故水中氪气的总量不影响测定结果，从而减小了数据解释中诸如地下水的补给温度、高度、水中的过量空气、采样时发生脱气以及实验室中气体提取率等带来的不确定性。

• 氪-85 主要是人类活动的产物，来源于核设施的排放物，因此地下水以及采样过程中的水样不易受到污染。

• 在未来一段时间内，大气中的氪-85 含量还会上升，暂无减缓的趋势。

用氪-85 为地下水测年由于需水量大，测一个样品需要几百升水，因此采样比较难。此外，这一方法需要较大规模地从水中提取气体，而且基本上只能用辐射测量法测定，计数测定一个样品需 3～6 d 时间，所以目前只有个别实验室能够应用。

对水文研究来说，氪-85是非常理想的年龄指示剂，因此，降低测定成本、缩短测定周期是未来主攻的重点(近年出现的激光谐振离子化质谱技术(Laser-based resonance ionization mass spectrometry)，用于分析氪-85可将水样量减少到几升。相信此技术达到应用阶段后，氪-85将成为浅层地下水测年的主要工具)。

2. 实验方法

1) 从水中提取气体

从水中提取气体氪，首先要将水中的总气体提取出来。和测定氦、氖气体不同，由于测定的是氪-85的比活度，且氪不易发生同位素分馏，因此气体的提取率不影响测定结果，原则上能达到50%～80%即可。

所用的方法原理如图25-22所示。水以一定的流速喷入负压的容器，由于减压作用水中溶解的各种气体与水分离，连同水蒸气一起被气泵压缩到气瓶内备用。

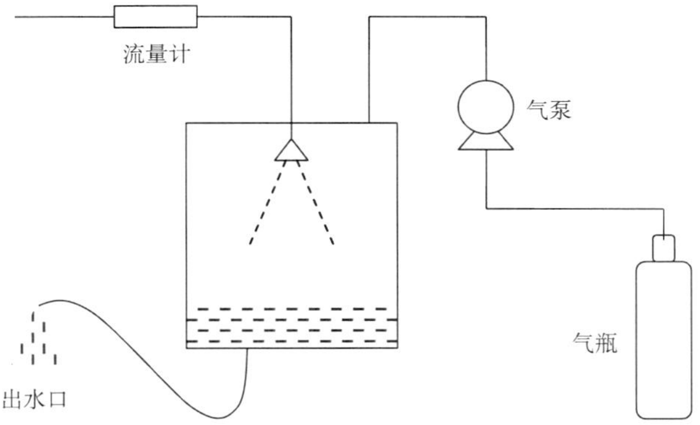

图25-22 从水中提取气体流程示意

2) 气体分离

可以用制备气相色谱法从混合气体中分离氪气。制备气相色谱法的工作原理和分析用的气相色谱一样(参看水中氯氟烃的测定)，因其目的是要制取纯组分，故有一些特殊之处：

- 为了得到分离后的组分，要求有收集系统；
- 要求色谱柱有较大的容量；
- 只有少量组分进入检测器供监测用，绝大部分组分进入收集系统。

分离氪气的流程如图25-23所示。步骤如下：

首先将系统在高温下(300℃)抽至真空；将A，B和C降至液氮温度(77 K)；打开阀门1，2，3，利用真空泵将混合气体抽至分离柱B吸附。关闭阀门1，2，3；将分离柱B的温度升高(100℃)后打开阀门4和两个调节阀，用氦作为载气洗脱吸附在B中的气体。当检

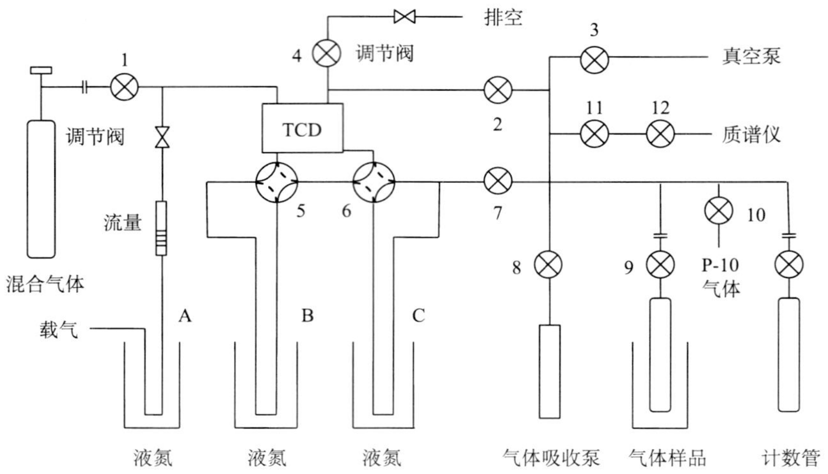

图 25-23　从混合气体中分离氪的流程示意

A、B、C 三个柱内添有活性炭；TCD 为热导检测器；气体吸收泵只吸收非惰性气体，可用来除去残余的非惰性气体；P-10 气体为氩气(90%)和甲烷(10%)的混合气，是常用的计数管工作气体

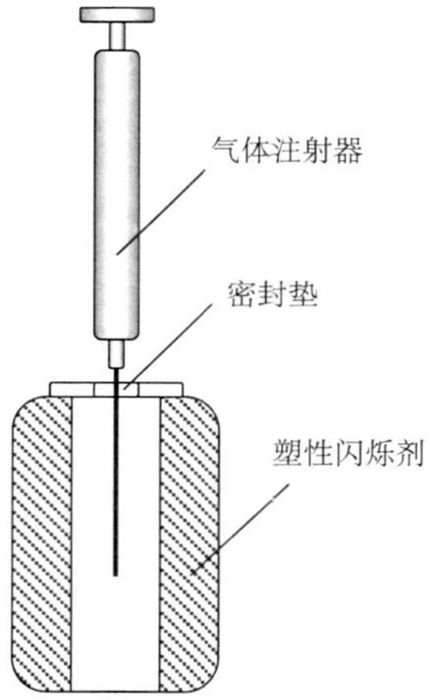

图 25-24　用于测定氪-85 的液体闪烁计数瓶。塑性闪烁剂是将固体闪烁体溶于透明塑料中，在常温下呈固态。闪烁剂制成中空柱形，其厚度可将氪-85 辐射的射线完全吸收

测器检测到氪时，将四通阀门 6 转到虚线所示的通道，把氪收集到 C 中。待收集完毕，将阀门 6 转回到实线所示的通道，打开阀门 7 和 3，抽走氦气。关闭阀门 3，打开阀门 8，将分离柱 C 的温度升高，用气体吸收泵除去残余的非惰性气体。关闭阀门 8，打开阀门 9 和 11，将气体收集到气样瓶内。关闭阀门 7，打开阀门 10，通入一部分 P-10 气体，和氪混合成检测气体。关闭阀门 10，11，取阀门 11 和 12 之间的气体，用四极质谱仪分析气体中氪气的浓度。

3) 测定

(1) 气体计数法。将分离出的氪和一定量的 P-10 气体混合后，充入正比气体计数管进行测定(图 25-23)。

(2) 闪烁计数法。用液体闪烁计数仪测定氪-85，可将氪吸收到含芳香烃化合物的闪烁液中测定；也可以直接测定气体氪，此时需要将闪烁瓶如图 25-24 进行改造。

最后再根据气体中氪的浓度，计算出氪-85 的比活度。测定结果表示方法：衰变数/(分钟 · 毫摩尔)(氪)。

四、水中氪-81的测定

1. 概述

氪-81是氪的放射性同位素，半衰期为21×10^4 a。氪-81以电子捕获的方式衰变，在衰变过程中转变为溴-81($^{81}Kr\rightarrow^{81}Br$)。天然水中氪-81的浓度极低，约为1200原子/L(水)。测定水中的氪-81，主要目的是推测地下水的停留时间(时间尺度：$5\sim100\times10^4$ a)。

2. 实验方法

为了得到足够的氪气，必须采集15 m^3的水样，所以气体的提取只能在采样现场实施(参看图25-22)。实验室里用制备气相色谱法将氪从混合气中分离出来(参看图25-23)。氪-81虽然是放射性同位素，但它在天然水中的含量太低(每升水大约每300 a才能有一次放射性衰变)，所以测定氪-81不能用辐射探测法而必须用加速器质谱仪测定。

五、水中氩-39的测定

1. 概述

氩-39是氩的放射性同位素，半衰期为269 a。氩-39在衰变过程中转变为钾-39，发射β^-射线($^{39}Ar\rightarrow^{39}K+\beta^-$)。天然水中氩-39的浓度极低，约为8500原子/L(水)。测定水中的氩-39，主要目的是推测地下水的停留时间和再生速度(时间尺度：50～1000 a)。

2. 实验方法

制备氩气的方法，原理和制备氪气相似，气体的提取只能在采样现场实施(采集15 m^3的水样)。实验室里用制备气相色谱法将氩分离出来，用正比气体计数法测定(参看图25-23)。

第六节　水中氯氟烃的测定

一、概　　述

水文研究中用有机卤素化合物作为环境示踪剂，是20世纪末以来发展的一门新技术。这一技术虽然发展较晚，但它在水文研究中的应用越来越普及，已经成为当今多重示踪技术(multitracer technique)中不可缺少的手段之一。

作为示踪剂的有机卤素化合物主要有SF_5CF_3，SF_6，氢氯氟烃-22(HCFC-22)以及氯氟烃(CFCs)等。这类化合物主要是人类活动的产物，在一般条件下化学性质很稳定，易挥发，在水中有一定的溶解度。目前水文研究中应用最多的有机卤素化合物，是在大气和水中含量最高的三种氯氟烃，如表 25-2 所示。

表 25-2　水文研究中应用的氯氟烃

化合物	CFC-11	CFC-12	CFC-113
分子式	CCl_3F	CCl_2F_2	CCl_2FCClF_2
大气浓度1)	260×10^{-12}	550×10^{-12}	80×10^{-12}
水中的溶解度 2)	2.11×10^{-2}	5.48×10^{-3}	6.53×10^{-3}
水中浓度3)	5.5×10^{-12}	3.0×10^{-12}	0.5×10^{-12}

1) 数值为 2000 年北美大陆上空的气体浓度，单位为体积(氯氟烃)/体积(空气)。

2) 假设温度为 10℃，水中矿化度为 0，单位为 mol(氯氟烃)/kg(水)/101.325 kPa。

3) 和大气平衡的水。基于 2000 年北美大陆上空的气体，温度为 10℃，海拔高度为 0 m，水中矿化度为 0，单位为 mol(氯氟烃)/kg(水)。

本章介绍的是分析上述三种氯氟烃的方法，对分析水中其他有机卤素化合物的方法感兴趣的读者可参看有关文献。

1. 气相色谱法的分析检测原理

测定水中的氯氟烃既不能用辐射探测技术，也不能用质谱技术，而是用气相色谱法分析。

色谱法是一种高效的分离、分析技术。其原理是利用样品中各组分在两相间的分配系数不同，当两相做相对运动时，样品中各组分在此两相间进行反复多次的分配，这样，即使组分的分配系数只有微小的差异，在经过一定距离的相对运动后，各组分也会相互分离。应用这种分离技术对组分进行测定的方法，称为色谱分析法。色谱法的两相做相对运动时，其中一相是移动的，另一相是固定的，若移动的一相是气体，则称为气相色谱法。

2. 水中的氯氟烃——仪器分析的难点及解决办法

上面介绍了气相色谱法的分析原理。实践中，欲用气相色谱法分析水中的氯氟烃，还有几个难点需要解决。

从表 25-2 可看到，与现代大气平衡的水其中的氯氟烃含量极低。由氯氟烃的输入函数可知，所测样品的年龄越大，水中的氯氟烃浓度也越低，这一点和其他示踪剂测年法相似，即样品测定多是在被测值低于当前环境背景值的条件下进行的。因此，欲用气相色谱法分析水中的氯氟烃，在提高仪器检测灵敏度的同时，还要降低仪器的本底值。

用气相色谱仪对组分含量作常规定量分析，检测限一般在百万分之几(10^{-6}，part per million，简称 ppm)和十亿分之几(10^{-9}，part per billion，简称 ppb)之间。欲用气相色谱法分析水中的氯氟烃，仪器的检测限必须达到万亿分之几(10^{-12}，part per trillion，简称 ppt)的数量级。用气相色谱仪检测氯氟烃之所以成为可能，是由于对常规方法所作的三个方面的改进：

1）采用吹扫捕集技术

将氯氟烃从水中分离出来，所用的方法称为吹扫捕集技术（purge-and-trap technique）。吹扫捕集技术是 20 世纪 70 年代发展的一种新技术，它的出现使实验室分析挥发性有机物的方法取得了革命性的进步。吹扫捕集技术的原理是：将吹扫气体以细密的泡状形式通过待分析的样品基体（例如水），样品中的易挥发物被吹扫气带出，浓集在捕集阱中。吹扫过程完成后，加热捕集阱，使被捕集物解吸。将解吸后的被捕集物送至气相色谱仪，用色谱法作进一步分离并检测。

2）采用电子俘获检测器

电子俘获检测器（Electron Capture Detector，ECD）是放射性离子化检测器的一种，用于常规的色谱仪检测限可达十亿分之几。电子俘获检测器的原理是：在检测器内安放一 β^- 放射源（例如 ^{63}Ni），放射源放射的粒子与通过检测器的气体碰撞产生离子对，在电场作用下离子对中的正负离子分别向两电极运动，形成检测器本底电流。此时，若有欲测组分进入检测室，且其具有俘获电子的能力（例如含氯、氟等的物质），由于电子被欲测组分俘获，使得检测室本底电流减少，产生信号变化。通过检测器的欲测组分越多，信号变化也越大，从而可达到对欲测组分的定量分析（不妨将探测辐射的气体电离检测器和 ECD 做一对比：前者是利用不变的气体量来检测放射性的强与弱；后者是利用不变的放射性强度来检测气体量的多与少，被测物正好相反，原理都是相似的，参见第二节）。

3）采用屏蔽技术

仪器中所有的管路和接头都采用金属材料；除此之外，所有的阀门都被密封在夹套内。夹套和阀门间始终流动着高纯度的气体，采用这种结构的密封装置，能将体系和环境隔绝，避免环境过高的本底的影响。经屏蔽后电子俘获检测器对氯氟烃的检测限降低了三个数量级，由十亿分之几降为万亿分之几。

图 25-25 为分析装置的气流切换示意。

二、实验方法

在作准确的色谱定量分析时，首先要对检测器作标定，得到进入检测器中组分的量（Q）与检测器响应信号（A）之间的关系。一般是用标准样品进行色谱分析，由于其中各组分的物质量已知，因此可得到色谱峰面积（或峰高）和组分量的关系：

$$Q = f \cdot A \tag{25-67}$$

或

$$\frac{A}{Q} = \eta$$

从式（25-67）可算出校正因子 f 和 η。得到了式（25-67）的关系，再测定未知样品。若保持

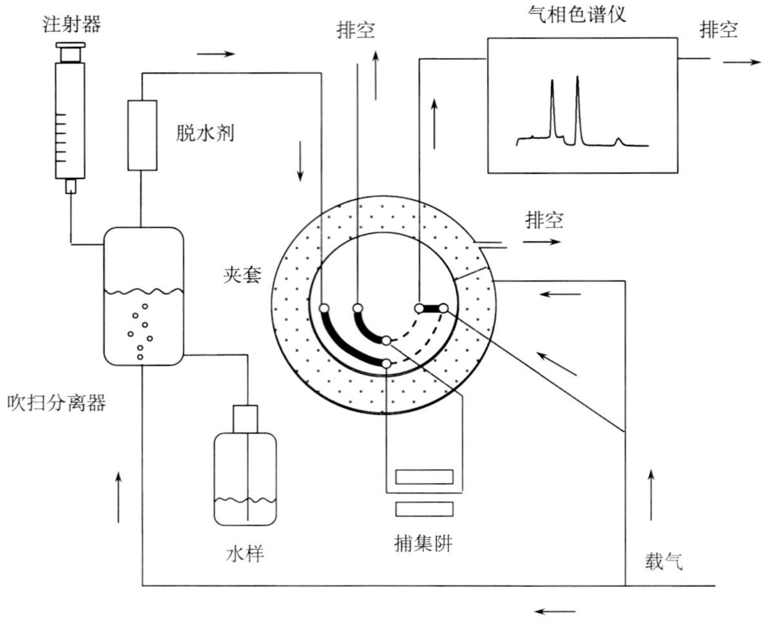

图 25-25　分析水中氯氟烃的装置及气流切换示意

测定条件相同，应有

$$\frac{A_s}{Q_s}=\frac{A_r}{Q_r}=\eta \tag{25-68}$$

式中：A_s 和 A_r 分别为未知样品和标样的测量值(面积或峰高)；Q_s 和 Q_r 分别为未知样品和标样的物质量，由此可得[参看式(25-33)]

$$Q_s=A_s\times\frac{Q_r}{A_r}=\frac{A_s}{\eta} \tag{25-69}$$

式中：A_s，Q_r，A_r，以及 η 均为已知量，故可求出 Q_s。

也可以在不同的标准值范围内测定检测器的响应因子 η，再根据未知样品的响应值，选用不同的 η 值，以达到对欲测值的准确测定(参看图 25-2b)。

测定样品分三个步骤：①从水中分离挥发性物质；②色谱分离氯氟烃；③定量检测。具体如下。

首先用高纯载气吹扫各通路，使仪器达到最低本底值。将水样(约 30 mL 左右)用注射器吸入到吹扫分离器中；由于打开瓶盖后上层水样很快被环境污染，因此应注意从瓶底吸入水样，并且不要将瓶中的水全部吸入到吹扫分离器中。如图 25-25 所示，按粗实线所示的六通阀通道，欲测组分被流经水样的载气带出，吹扫到捕集阱，在低温下(－30℃左右)被捕集阱内的吸附剂捕获。吹扫完毕后，将捕集阱的温度升高(90℃左右)，断开六通阀的实线通道，按虚线所示的通道，将解吸后的欲测物质送入色谱仪。氯氟烃在色谱仪内被分离后依次进入检测器，检测器记录下信号随时间变化的关系。用式(25-69)计算，求出氯氟烃的含量。

测定结果表示方法：mol(氯氟烃)/kg(水)。

三、基本计算方法

用测定氯氟烃确定地下水年龄的基本依据是亨利定律，即在平衡条件下水中溶解的气体浓度和与之平衡的气体的分压成正比：

$$[CFC] = K_H \cdot p(t) \tag{25-70}$$

式中，[CFC]是水中某一氯氟烃的浓度(mol/kg)由实验测定得到，K_H 是该种氯氟烃的溶解度常数(mol/kg/atm)，p 是该种氯氟烃在与水处于平衡条件下的空气中的分压(所有气压单位均为 atm)，$p(t)$表示 p 是时间的函数(input function)。

式(25-70)中的溶解度常数 K_H 可用下式计算：

$$\ln K_H = a_1 + a_2\left(\frac{100}{T}\right) + a_3 \ln\left(\frac{T}{100}\right) + S\left[b_1 + b_2\left(\frac{T}{100}\right) + b_3\left(\frac{T}{100}\right)^2\right] \tag{25-71}$$

式(25-71)中的常量见表 25-3。

表 25-3　计算三种含量最高的氯氟烃的溶解度常数所用的常量

氯氟烃	a_1	a_2	a_3	b_1	b_2	b_3
CFC-11	−136.2685	206.1150	57.2805	−0.148598	0.095114	−0.0163396
CFC-12	−124.4395	185.4299	51.6383	−0.149779	0.094668	−0.0160043
CFC-113	−136.129	206.475	55.8957	−0.02754	0.006033	—

求出 $p(t)$后还要换算成氯氟烃在干燥空气中的摩尔分数 $x(t)$，才能推测地下水的年龄，这是因为前人所测定的都是不同年代氯氟烃在干燥空气中的摩尔分数。例如表 25-4 中的无量纲数值即是氯氟烃在干燥空气中的摩尔分数(参看图 25-26)：

表 25-4　不同年代氯氟烃测定数

年份	北半球	南半球	北半球	南半球	北半球	南半球
	CFC-12	CFC-12	CFC-11	CFC-11	CFC-113	CFC-113
1960	34.5	28.2	10.3	8.51	1.38	1.13
1970	129.3	108.0	58.5	48.6	5.73	4.74
1980	311.2	283.3	168.6	154.3	22.59	18.78

求 $x(t)$可以用下式：

$$p = x(t) \cdot (P - p_{H_2O}) \tag{25-72}$$

式中，$x(t)$是该种氯氟烃在干燥空气中的摩尔分数($x \ll 1$)，是不同年代的函数，P 是总的大气压，p_{H_2O}是空气中水蒸汽的分压。P 与海拔高度有关，p_{H_2O}与水的温度和矿化度有关：

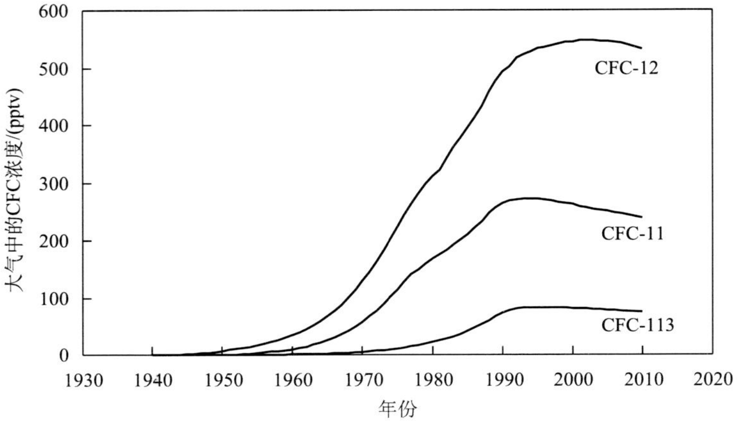

图 25-26　北美大陆上空气体中氯氟烃的含量随时间的变化

$$\ln P = -\frac{H}{8300} \tag{25-73}$$

$$\ln p_{H_2O} = 24.4543 - 67.4509\left(\frac{100}{T}\right) - 4.8489\ln\left(\frac{T}{100}\right) - 0.000544S \tag{25-74}$$

式中，H 是地下水的补给高度（m），T 是绝对温度（K），S 是水的矿化度（‰）。

例：假设测得水中的 CFC-12 的浓度为 1.654×10^{-12} mol/kg，并且知道

补水温度＝10℃＝283.15 K

补水高度＝1000 m

水中的矿化度＝1 g/L＝1‰

要求计算：和该水平衡的大气中 CFC-12 的浓度以及该水的表观补水年代（＝假设地下水的流动遵循活塞式模型）。

解：

空气中水蒸气的分压为　$p_{H_2O}=0.0121$ atm

总的大气压为　$P=0.886$atm

溶解度常数为　$K_H=0.00543$ mol/kg/atm

CFC-12 在干燥空气中的摩尔分数（＝浓度）为　$x=3.48\times10^{-10}=348$pptv

348pptv 相当于 1982 年北美上空大气的 CFC-12 的浓度，故表观补水年代为 1982 年。

根据氯氟烃的数据进行计算，目前最方便的软件是国际原子能机构同位素水文实验室编制的 QCFC。QCFC 可用于进行以下快速计算：

- 根据测得的氯氟烃在水中的浓度数据以及所知参数（包括补给温度、海拔高度，水的矿化度，补给地区大气中氯氟烃相对于全球背景值的增量），求基于氯氟烃的表观补水年代；
- 假设基于氯氟烃的表观补水年代，求氯氟烃在水中的浓度数据；
- 求各种影响参数，包括补给温度、海拔高度，水的矿化度，补给地区大气中氯氟烃相对于全球背景值的增量，对氯氟烃法测年结果准确度的影响；
- 利用氯氟烃含量的比值关系求表观补水年代。

第二十六章　同位素水文研究采样方法

韩良峰

在同位素水文研究中，采样(sampling)是指从被分析的体系采集能够反映该体系可靠信息的一小部分样品供分析测定用。采集的对象一般是液态水或其他状态的水如蒸汽、雪或冰，此外还有水中溶解的气体和其他有机、无机溶质以及土壤等。

采样是同位素水文研究中的重要环节之一，实践表明，一般情况下采样所带来的误差远大于分析误差，分析数据质量不好以及解释错误很大程度上与采样质量不好有关。除了采样误差以外，样品缺乏代表性也可导致得出错误的结论。由于采样引入的误差以及样品代表性的好与差不易识别，并且是发生在获取数据的早期阶段，故采样所造成的损失远较分析测定大①。从这个意义上来看，说采样的重要性高于实验室的分析精度一点也不为过。

整个采样实施过程(sampling campaign)一般包括三个主要阶段：

• 前期准备阶段。此阶段的主要工作任务包括制定详细合理的采样方案，再根据采样方案确定并准备所需的材料、设备等。最后，在条件许可时采方法空白(对比)样品(method blank sample，method comparison sample)，以检验采样方法的可靠性。

• 样品采集阶段。此阶段的主要工作任务包括根据制定的方案在采样点按照规范的方法进行现场测量工作，采集样品并作记录，标记样品。

• 后期处理阶段。此阶段的主要工作任务包括统一整理样品，按照技术规定登记、保存和管理样品，并将需要测试的样品送交实验室进行分析测试。

第一节　采样的前期准备和要求

一、制定采样方案

采样方案是对采样实施过程的整体规划与设计，主要内容包括确定采样点(数量、位置)、采样时间、采样间隔、样品源种类、采样方法以及测试项目等。

制定采样方案时要考虑样品的代表性，即样品代表的点、线、面、体和时间的问题(表26-1)。显然，地点A采集的样品也许代表不了地点B的样品，同一地点夏季采集的样品

---

① 例如测水中的$\delta^{18}O$和δD，按惯例，采样量为50 mL，远大于分析测定所需样品量。有条件的实验室一般都要将测定后剩余的水样保存数年之久，以供复测之需。然而测定结果再精确也无法弥补采样的不足，和复测相比较，重复采样所消耗的时间、人力、物力资源要大得多。

可能与冬季不同。此外，样品的代表性是相对的，例如从某一湖中不同水平位置、不同深度采集的水，其综合数值指标可以代表该湖的水(体)，但在考虑该地区的全盘问题时也许只能代表该地区的一个局部(点)。同样，若从整体看一条河流，则河流某一截面只能代表该河流的一个点。最后，所采集的样品可能甚至连点的代表性都不具备，例如采样过程中(或采样后)样品被污染，蒸发损失，和环境进行了物质交换等。

表 26-1 样品在空间、时间上的代表性

举例	代表性
样品在采样过程中(或采样后)被污染、蒸发损失和环境进行了物质交换等	无
水域表面某一点采集的水、井管中的存水、河边滞水、某一观测点采集的降水	点
从湖中某一点(经、纬度)不同深度采集的水、从河中各段采集的水、沿湖岸线采集的水	线
水域表面不同点采集的水、邻近不同点采集的同一层的地下水、某一地区所有观测点采集的降水	面
湖中不同水平位置、不同深度采集的水	体
不同时间某一观测点采集的降水(点-时间关系)、不同时间河中各段的水(线-时间关系)、不同时间某一地区所有观测点采集的降水(面-时间关系)	空间-时间

采样方案的制定取决于研究目的。例如采河水，根据研究目的可以采上游、中游、或者下游的水，书本上的某些原则像“泉水采样向前靠，河水采样向后靠”；“浅水采样中层取，深水采样分层取”，只是对大多数情况而言的，不能盲目照搬。同样，尽管目前在应用环境示踪剂上提倡多种示踪剂并用(multitracer technique)，并且有“多多益善”的提法，但在应用上也要考虑具体情况。例如，若要了解地下水中是否含有较年轻的组分(水龄小于 50 a)，为了节约经费，采水样测其中的氚即可①。反之，若要了解地下水的年龄及年龄分布，则要分析多种年龄指示剂(氚、氯氟烃、惰性气体等)，在这种情况下为了节约经费而只测单独一种年龄指示剂就很有可能犯盲人摸象的错误，反而造成更大的经济上的浪费。

采样方案的制定取决于所掌握的研究区域的资料，包括地形、地貌、水文、地质等。在确定采样点时要考虑的因素包括含水层和阻水层的岩性、厚度与分布，断裂构造，水文地质边界，水力梯度，地表分水岭以及各含水单元之间(可能)的横向联系和纵向联系等。为了使制定的方案尽可能地合理，所掌握的资料越多、越详尽，越好。

最后，制定采样方案时还应考虑如下一些问题如：是否需要储存、寄送样品，用什么样的技术手段处理、分析样品，采样和样品分析之间的时间间隔等。

二、设备和材料

(一)采样瓶

在同位素水文研究中采集的样品绝大多数是水，为了保证分析结果的可靠性，采样容

① 古人用盲人摸象的故事告诫人们看问题不要以点代面、以偏概全，这在大多数情况下是对的。但有时我们并不需要了解大象的形状，而只是想知道大象是不是像鸟类一样长着羽毛，这样，摸一个部位也就基本解决问题了。

器的材料和封口都要经过特别的选择和设计，以避免采样后样品被容器污染，或者同外界发生物质交换导致样品组成发生变化。

实践证明，采样瓶应符合下列条件：

- 使用细颈瓶。
- 封口应采用螺纹盖，盖内用密封性好的衬垫或塞子密封。
- 如果存贮时间比较长（例如几年），采样瓶最好选择密封性好的棕色玻璃瓶。
- 选择采样瓶大小，原则上应按照分析实验室的惯例，即根据测试项目要求的采样量选择采样瓶。例如，稳定同位素 $\delta^{18}O$ 和 δD 的实际测定虽然需要不足 10 mL 水样，但许多同位素水文实验室要求采样量为 50 mL；测定 ^{3}H，若需要在分析前电解浓缩，则需要 500 mL 水样；分析水中的阴离子和阳离子也需采 500 mL 水样；用传统的辐射测量法分析 ^{14}C 活度，通常以 50 L 水样为采样量单位。由于分析 ^{14}C 需水量大，因此需要在现场对采集的水样进行处理，将水中的碳以 $CaCO_3$ 或 $SrCO_3$ 的形式沉淀出来，再收集到 1 L 的瓶内。若用加速器质谱法分析 ^{14}C（AMS 法），则可直接采水样而无需在现场对采集的水样进行处理，一般测试要求采集 1 L 水样。
- 由于玻璃瓶在运输过程中或温度变化比较大时容易破碎，因此若样品存放的时间不长（例如几个月），除了特殊要求以外——例如分析氯氟烃（CFCs）和六氟化硫（SF_6）一定要用玻璃瓶——一般也可使用塑料瓶。塑料瓶的种类繁多，选择时应注意：水及水中溶解的气体很容易通过普通的塑料材质扩散，故普通的塑料瓶不适于采样，例如不能用普通的装饮料的瓶子装样品（图 26-1，左）[①]。实践证明可使用阻水和阻气性较好的高密度线性聚乙烯瓶（high-density polyethylene，HDPE）（图 26-1，右）。高密度线性聚乙稀瓶也不能完全防止水及水中溶解的气体和外界进行物质交换，不适于长期储存样品。

图 26-1　左：用于饮料包装的普通塑料瓶。和 HDPE 容器相比较，这种塑料瓶阻水和阻气性都很差，不能用于装样品。由于阻气性差，某些饮料在存放几星期后就由于其中二氧化碳气的逸散而变味。右：HDPE 容器

① 普通装饮料的瓶子是用 PET 材料制造的（polyethylene terephthalate，聚对苯二甲酸乙二醇酯），有研究表明，用这种瓶子装可乐，其中的二氧化碳大约每半年损失一半[见 http://www.composite-agency.com/messages/Carbon_Dioxide_Diffusion_PET.pdf（最后访问日期 2009-01-11）]。

其他应注意的事项：

• 没有用过的采样瓶(factory-new)一般可直接使用而无需进行预处理。若需要预先处理，可用高纯的硝酸(5%) 浸泡 24 h，再用去离子水冲洗，晾干备用。

• 原则上塑料瓶只使用一次。若要多次使用，则要在使用后用高纯的硝酸(5%) 浸泡 24 h，再用去离子水冲洗，晾干备用①。

• 一般情况下，玻璃容器对极性物质如金属离子等有吸附性，塑料容器对非极性物质如有机物和矿物油等有吸附性，在选择容器材质时应予考虑。

除了采水以外，采其他类型的样品如气体、土壤等对容器也有特殊的要求，具体将在后面样品采集一节讨论。

最后，不同的实验室或分析项目对采样容器可能会有特殊的要求，因此在无把握的情况下应在采样前征询实验室有关人员的意见，以避免不必要的浪费②。

（二）化学试剂

采样过程中经常要使用化学试剂，为了避免污染，使用时应选择合适的试剂纯度。一般情况下所用的化学试剂至少应该是“分析纯”的(analytical reagent, A. R.)。由于试剂的纯度分级不统一，选择时除了考虑纯度级别外还应考虑其他附加信息(参看表 26-2)③。此外，在配制制剂时也应避免污染。例如，从水中采碳酸盐时要用饱和 NaOH 溶液，若所配制的 NaOH 溶液含碳酸盐，则会影响^{14}C 的分析结果(配制剂所用的水未煮沸会含少量 CO_2，NaOH 溶液也极易吸收空气中的 CO_2 生成碳酸盐，参看图 26-23)。

表 26-2　常见的化学试剂纯度分级(国标以及 Merck 公司、Sigma 公司标准)纯度自上而下递减

GB	Merck	Sigma	备　注
G. R.	p. a.	puriss	除纯度级别外许多试剂还有附加信息供用户参考，如 puriss (p. a.; ACS; ≥95.0%)。其中 p. a 表示分析用；ACS 表示符合美国化学学会标准；≥95.0%表示主含量等
A. R.	reinst	purum	
C. P.	rein	techn.	

若水中有机物含量比较高，有时还需考虑加生物抑制剂，以防止在储存过程中样品组成发生变化。表 26-3 是常用的各种生物抑制剂。

此外，pH 试纸、甲基橙试剂、HCl(HNO_3)溶液、去离子水等也是必备的。

---

① 我们也许都有这样的经验，即，和金属或玻璃容器不同，装过有特殊气味食品的塑料容器一般很难洗去其中的气味。这是因为有些物质渗透到塑料材质中，要经过很长时间才能释放完。

② 例如分析 CFCs，有些实验室不接受用铜管采的水而只接受用玻璃瓶采的水。又如分析某些极性物质(如离子)，有些情况下要求用玻璃容器采样，此时样品要加酸酸化；另有些情况下要求不加酸，此时必须用塑料容器(见第二节概论部分)。

③ 有些英文文献建议试剂的纯度不应低于“reagent grade”。由于不同的生产公司纯度分级不统一，“reagent grade”是一个不确定的纯度概念。

表 26-3　抑制水中生物生长的各种制剂

制剂	配制浓度(水溶液)	每升样品水中的加入量/mL	备注
$HgCl_2$	约 6% (20℃下的饱和溶液)	1～3	有些文献引用 Clark 和 Fritz(1997)的方法，建议加 NaN_2，实际上 NaN_2 应为 NaN_3
NaN_3	约 25%	2	
I_2+KI	1.5% (I_2)+3% (KI)	0.5	
磷酸	85%	1	

(三) 地图和 GPS 定位仪

为了了解采样点位置和精确确定采样点的地理坐标，地图和 GPS 定位仪是必不可少的。目前的手持 GPS 定位仪都有同时测温度和海拔高程的功能，某些还具有防水功能，能够在水上漂浮，更适合野外采样用。

(四) 野外分离、分析手段

许多参数都需要在采样现场测定，如温度、大气压、电导率、氧含量、pH 值、氧化-还原电动势等。理想的测定仪能同时测定多种参数，例如同时测温度、大气压、电导率、氧含量、溶解的气体总量、水深度等。采样前有时需要分析待采的样品，以确定采样量，便携式分光光度计、滴定分析和离子选择性电极等都是较常用的分析手段。如果水样需要过滤，还需要准备过滤装置如滤膜、抽滤瓶、电动或手动真空泵等。近年来一次性过滤器的应用越来越普及(图 26-2)，使用一次性过滤器有许多优点：

- 采样时可将过滤器直接串联到水流线路中，操作简单，可避免水和空气接触。
- 过滤器外壳对滤膜有一定的保护作用，防污染性强。
- 和普通的平板式滤膜相比较，一次性囊式滤膜的表面积要大得多，不易被堵塞。
- 不需要换膜和清洗，既省时省力也可避免污染。

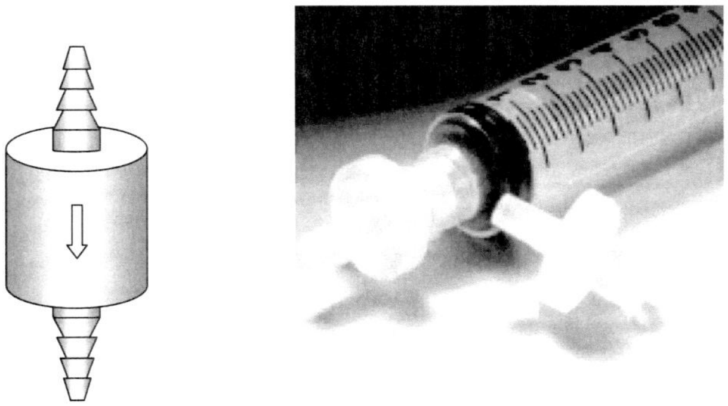

图 26-2　常用的一次性过滤器左：囊式过滤器。右：针式过滤器

（五）水泵、小型发电机、蓄电池

采样时经常要用水泵。水泵的种类很多，比较适合采样的水泵为潜水式正压推液泵[①]（submersible possitive displacement pump），而地面式利用抽水原理工作的泵（suction-lift pump）则不适合采样。潜水式正压推液泵又分很多类型，如齿轮泵（gear pump）、螺旋泵（rotor pump）、离心叶轮泵（centrifugal impeller pump）、叶片泵（bladder pump）、往复（活塞）泵（reciprocating piston pump）、递进空腔泵（progressive cavity pump）等，可根据需要选用。若水泵在前次采样时提取过污染的水，则需要进行清理。通过采空白样品很容易检验水泵是否符合采样要求。根据野外作业时移动用电设备的需要配备小型发电机、蓄电池。

（六）测绳或测尺

用测绳或测尺确定地下水埋深或采样深度。

（七）采样桶

很多场合下都要用到采样桶（参看图 26-14，图 26-27，图 26-28）。除了采地表水可直接用采样桶提水采样外，在现场测定水样的理化参数时用采样桶也很方便。采样桶应该专为采样所用，选择采样桶时应考虑测试对容器材质的要求（参看前面对采样瓶材质的讨论）。

（八）标签、记录笔、采样记录本

用于给样品编号、记录采样信息。建议准备各种不同的笔如黑/蓝色防水记录笔（permanent marker）、圆珠笔、铅笔等。根据经验，和黑/蓝色相比较，红色防水记录笔的颜色受光照射后容易褪色，也容易被擦洗掉。一般情况下不允许用铅笔做记录，但在野外的特殊环境下有时候最普通的铅笔反而是最可靠的书写工具[②]。对采样记录本应采取一定的防水、防风措施，例如可将记录本装在塑料袋内，避免使用未装订的纸片（如活页本），以防记录本被水打湿或纸张被风刮走丢失信息。

（九）定深采样器

可用定深采样器在不同层位、不同深度采集水样品。采样器的种类很多，可根据尺寸、结构、材质选用。较常用的有凯末尔采样器（Kemmerer sampler）、范多恩采样器（van Dorn sampler）、双止回阀采样器（Double check-valve bailer）等。若是采集井水，还可用双栓塞（或单栓塞）封隔采样器（Packer，图 26-3）。也可以用自制的采样器（参看图 26-10，图 26-34）。

---

① 说到水泵，人们首先想到的也许是“抽水”。在用潜水泵提取地下水时，实际上水是通过“泵送”过程（pumping）“推”压到水面（地面）上的。

② 据说 NASA 曾招标开发一种可满足太空条件下使用的笔。在众多的标书中有一封简短的信，信上说：“建议你们试一下铅笔。”

（十）冷藏箱

有些情况下，特别是环境温度比较高时，需要将样品临时保存在低温下。例如：

• 测碳同位素时，水中溶解的有机碳（dissolved organic carbon，DOC）含量比较高。

• 测水中营养盐的同位素组成时（例如 NO_3^-，NH_4^+）。

• 当水温远低于环境温度但又必须不留顶空（headspace）地旋紧瓶盖时。

在前两种情况中，低温有利于抑制微生物的活动；而在后一种情况中，低温则可防止玻璃瓶爆裂。

因为是临时性的，若样品不多，用普通的家用型野餐冷藏箱即可（在箱内放置几块冰或冷冻过的水以维持低温）。

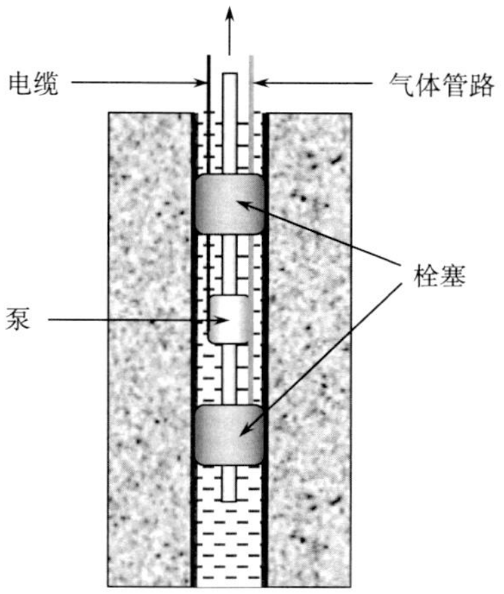

图 26-3　双栓塞封隔定深采样器的工作原理
将栓塞降到一定深度后用压缩气充胀，堵塞井管上下部分后提取一定深度的水。Packer，意为"打包机"

（十一）其他

各种规格的管材、管接头、注射器、漏斗、胶带、绳子、小刀、扳手、螺丝刀、钳子、手电筒、相机、手机、笔记本电脑、遮阳伞、回收垃圾的环保袋等。

三、采方法空白（对比）样品

采样引入误差的几率不仅远大于样品测试，而且也比较难以觉察，因此，若条件允许最好能在采样之前进行一次方法空白（对比）采样。方法空白（对比）样品（以下简称空白样品），是考虑到整个采样过程中样品可能会被污染或发生改变，为了进行监测而设计的不含待测物质或待测物质含量已知的样品。采空白样品时，找一个不含待测物质的水源，或其中的待测物质含量已知，按照规范的方法进行采样，运送，储存，并分析所采样品中的待测物质。

通过测定空白样品，和样品的已知值进行对比，有助于评估采样引入误差的大小，以便采取必要的措施减低采样引入的误差。在采集样品分析 CFCs，SF_6 以及惰性气体时采空白样品尤其重要。例如，采空白水样分析水中的 SF_6，如果已经知道在水源中不含 SF_6，若在采集的水样中未测出 SF_6，表明所用的方法（包括技术操作和所用的材料如水泵、管路、样品瓶等）不会引入 SF_6 污染。有了空白样品的结果，若在实际采到的样品中分析到 SF_6，就会在数据解释时有更大的把握，认为所检测到的 SF_6 是在采样前即存在于水中而不是后来被污染所致。

从空白样品的分析结果，还可获知样品在运送或储存过程中是否发生了变化。

采空白样品也是一种采样演练，它可以使采样人员更好的熟悉采样规程和所需设备的操作运行特性；发现材料、设备上的缺陷和组织工作上存在的问题，以及规程中不足的部分；检查采样人员处理事故的能力；对现场采样的时间进度做到心中有数。

四、其他要求

采样时，具体技术、方法的选择要依具体情况而定，这既取决于样品源种类，也取决于分析测试的项目。此外，不同的分析实验室对采样的要求也可能不同。以下为一般性的、总的要求。

采样前的测量（绘制）工作取决于研究目的，主要包括以下一些内容：

- 对降水样品，记录降水量、气温情况。
- 对地表水（河流、湖）样品，记录天气情况、水位、河面宽度、水深、河水流量、汇流情形、岸边地形等。
- 在地图或航空照片的基础上，利用 GPS 定位仪确定采样点的位置。如有必要，还应测定采样点的海拔高程。
- 测量采样井地下水位/埋深，采样深度（距井口或地表水面）。
- 采样井为自流井或采泉水样时，还需测定出水流量。
- 测定水样的物理化学性质，如水温、pH 值、总碱度、电导率和其他化学组成等。
- 绘采样点草图。除了采样点的相对位置外还要包括地图上未标出的可能会影响数据解释的内容如垃圾场、污水排放口、建筑工地以及建筑物等的规模和位置。
- 现场拍照。

样品的编号方法虽无统一的规定，但每一样品只能有唯一的编号。较常用的方法是字母加数字，如：GZH-03-02。其中，字母可代表研究项目或样品的采集地点，数字用来表示水源号、序列号等。

样品标签填写内容一般包括样品编号、日期、时间、样品源/类型、分析项目、样品预处理方法、采样地点、采样者姓名等。在样品瓶上贴上标签并用透明胶带将标签完全盖住，防止水浸湿，见表 26-4。

表 26-4　标签（样表，供参考）和容器上的序列号

样品编号	GZH-03-02
日期（时间）	2003-06-15（14:45）
样品源/类型	湖水
分析项目	$\delta^{13}C$
样品预处理	过滤（0.45 μm），$HgCl_2$
采样地点	李家村
采样者姓名	张君

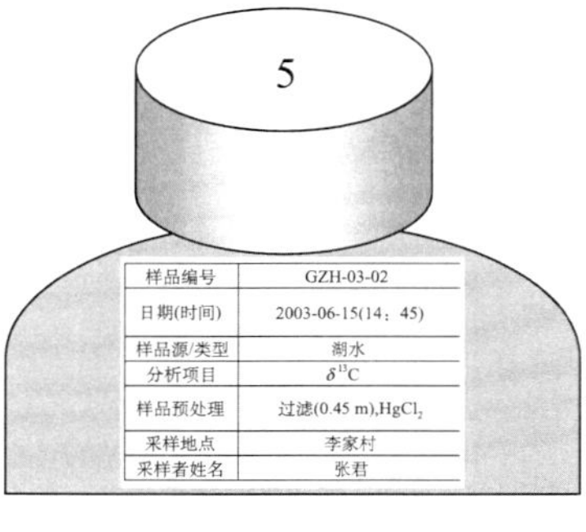

标签也可以是临时性的。如果是临时性的，采样后还需用正式的标签代替(参看后面第四节)。根据具体情况，不必完全照搬表 26-4 所示的标签内容，可自上而下增加内容(重要性自上而下递减)。在某些条件下，例如需将容器长时间浸泡在水中或标签容易脱落时，除标签外还应在容器上用防水记录笔写上样品序列号。一旦标签丢失，可根据采样记录(参看表 26-5)补做详细的标签。

和标签不同，采样记录应尽可能详尽，表 26-5 列出的是较常见的地表水采样记录项目。若要在记录中作修改，按惯例是划一道线删除原记录，签名后写上新纪录。

表 26-5　地表水采样记录表(样表，供参考)

研究项目	ABCD	样品编号	GZH-03-02
序列号	5	采样日期/时间	2003-06-15 /14:45
样品源/类型	湖水	采样地点	李家村
分析项目	$\delta^{13}C$ (AMS)	采样点经/纬度	120°34′52″E/35°21′46″N
气象条件	晴，二级风	样品量/mL	1000
气温/℃	15	水温/℃	~~11.2~~　9.2(签名)
采样深度/m	3(距水面)	采样方法	潜水泵(0.5 L/min)
pH	7	电导率/(μS/cm)	97
总碱量/(mg/L)	4.1	溶解氧/(mg/L)	7.5
预处理方法	$HgCl_2$ 溶液；过滤(0.45 μm)	氧化还原电动势/mV	100
水位或水流量	水位 370.5 m	样品外观	少量悬浮物
水的主要用途	~~饮用~~　农业灌溉(签名)	有无特殊气味	无
备注	采样点总水深 6 m，水面有较多水藻，测定参数在水面以下 3m 处进行		

除特殊情况外(例如采上层地表水、河水等)，采样时应避免样品和空气接触[①](参看图 26-14)。样品和空气接触，许多重要的参数如温度、酸碱度、挥发性组分、氧化-还原电动势等都会发生变化。若用管子引水，引水管路不应过长[②]。在接近采样瓶的一端最好用透明软管。使用透明管的好处是可以观察水中是否有气泡，管路中一旦出现气泡，用软管也比较容易排出。

无论是洗井管或采样，用泵提水不能中断，流速应尽量保持均匀，不应过大，也不应过小。这是因为：①不同部位的水在流动时遇到的阻力不同，提水采样所得到的是不同部位的水根据流量的加权平均结果，故流速不同，水的组成也可能不同；②流速大，水的紊流度高(扰动大)；③流速小，水离开水体后在管中停留的时间长。以上这些因素都会影响采样结果(见图 26-4)。

---

① 我们都有这样的经验，即，在隔绝空气的条件下保存了很久并且完好的食品一旦暴露于空气，很快就会“变质”。

② 曾见过有人提取地下水采样，地面上的管道直接暴露在阳光下，足有 50 m 长。在这样的条件下，即使所得到的水样不是“面目全非”，至少水温也是“今非昔比”了。

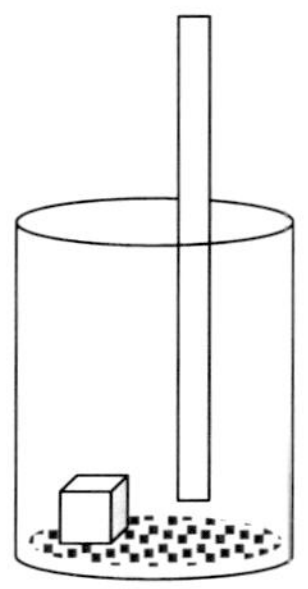

图 26-4　不妨将体系设想为一杯加了方糖的热茶水，其中比重较大的组分（例如盐分较高或温度较低的水、水中的沉积物等）类似于茶渣，迁移速度较慢的组分（例如通过弱透水性岩层的水）类似于糖分子。用吸管吸水时，如果吸得快，吸入的水将含较多的茶渣，糖分较低，水比较烫；反之，如果吸得慢，吸入的水将含较少的茶渣，糖分较高，水比较凉

采样顺序，对不同的水源应从待分析物含量比较低的开始，对同一水源一般先采供常规水化学分析的水样，再采需要进行专项分析的样品。

采样前，用样品水清洗采样瓶，一般要求洗2～3次。如无特殊要求，采样瓶一般情况下应装满，不留空隙。但分析氧-18、氘和氚冬季采样时，或者采样后样品需保存在冷冻柜中，例如分析水中 NO_3^- 和 SO_4^{2-} 的同位素组成时，采样瓶中可保留一定的空间，以防止水结冰冻裂采样瓶。采样时还应考虑采备份样，以备需要重复测定使用。水样采好后，要立即封好瓶口（有条件的情况下最好再用防水胶带封口或蜡封）。

根据分析项目或实验室的要求，有些样品需要在采样现场进行预处理，常用的预处理方法有：

• 富集——将水中含量比较低的待分析物浓缩，使采样体积减小。比较常用的富集手段有沉淀法、共沉淀法、离子交换法、反渗透法。

• 酸化——用酸将 pH 值调到 1～2。H^+ 可以和水中带负电荷的基团结合，如无机离子 OH^-，HCO_3^-，CO_3^{2-} 以及有机物如腐殖酸等，也能和容器器壁结合。因此酸化可以防止阳离子（如重金属离子）和负离子结合发生沉淀，也能防止其与有机物发生络合反应，以及被容器器壁吸附。

• 过滤——除去水中悬浮的颗粒物。按照定义，直径小于 0.1～1 μm 的颗粒属于胶体，因此一般以 0.2～0.45 μm 的孔径来大致区分可过滤态物质（粗分散体系）与不可过滤态物质（胶体分散体系和溶液）（参看图 26-5）。

• 加保护剂——例如加生物抑制剂以抑制水中的生物活动（参看表 26-3）。

注意事项：

• 过滤和酸化的顺序可能会影响分析结果。例如，酸化后许多原本不溶于水的悬浮物可能会溶于水，若要使水相的原始组成不变，则应该在酸化前过滤。又如，若水样先酸化再过滤，此时吸附在悬浮颗粒物上的离子被 H^+ 置换游离于水中，所分析的是总离子；反之，若水样先过滤再酸化，此时吸附在悬浮颗粒物上的离子也随悬浮颗粒物被除去，所分析的是溶解的离子。

• 和粗分散系相比，溶液和胶体分散系中的物质迁移规律比较接近，因此很多情况下可不加区分。例如用 0.45 μm 的孔径过滤，可除去颗粒状有机碳（particulate organic carbon，POC），尽管所得到的样品不仅含 DOC（dissolved organic carbon），而且还有 COC（colloidal organic carbon），但通常将 DOC 和 COC 都统称为 DOC。如有特殊的分析要求则还需将 COC 和 DOC 分离，分别分析。

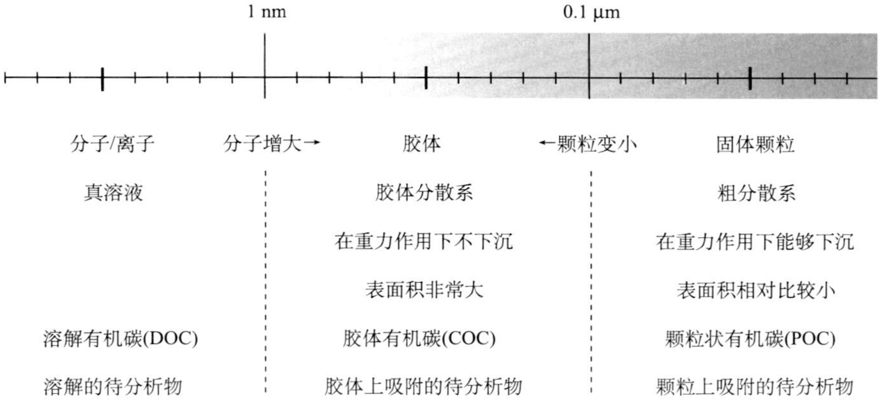

图 26-5　真溶液、胶体分散系和粗分散系

由于预处理方法不同可能会影响分析结果，而有些生物抑制剂毒性很强，因此预处理过的样品一定要在标签上和采样记录中加以说明，供实验室分析人员参考(参看表 26-4)。

第二节　从不同的样品源采集样品的方法

样品源主要包括降水(雨水、雪水)、地表水(河、湖等)、土壤水、地下水(泉水、井水等)、地热流体(水、蒸汽、气体)大气水以及植物水等。对不同类型的样品源，采样方法也各不相同。

一、降　　水

降水样品需要测试的项目主要是稳定同位素^{18}O,^{2}H和放射性同位素^{3}H。采降水样品要根据研究目的制定相应的采样方案。例如不同的研究目的可能会要求采样的时间间隔为几个月，几个星期，几天或几个小时。为监测目的采样通常是以月为时间间隔，每个月分别采样，月初开始采集，月末收集样品。

降水的同位素组成是随时间变化的，同位素水文研究通常用一定时期内的加权平均值，因此在采样的同时要测量降水量。可以使用雨量计，也可以根据采集到的水样量估计降水量：将采集到的水倒入量筒，用水量(单位为 L)除以采样器漏斗的截面积(图 26-6)(单位为 m^2)，由此即得降水量(mm)。

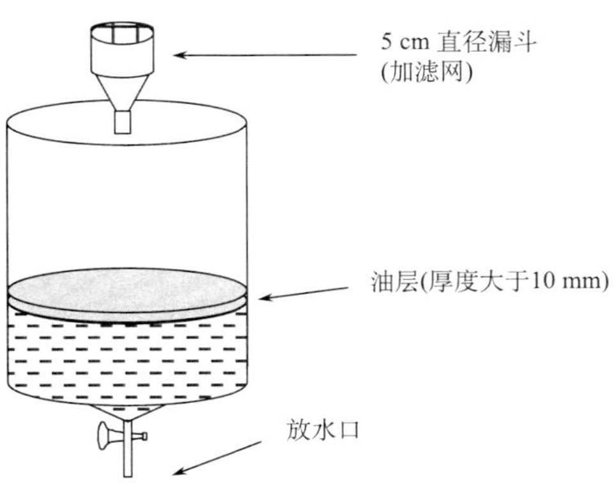

图 26-6　常用的油封式降水采样装置

1. 雨水

对收集时间较长的降水样品(例如按月采

集的降水样品)，要采用特殊的采样装置(Scholl，2006；Adar et al.，1980；Friedman et al.，1992)。最常用的是油封式采样装置，如图 26-6 所示。采样器上用漏斗收集降水，预先在采样器内装入至少 10 mm 厚的液态石蜡或矿物油。液态石蜡或矿物油浮在水上可阻止水分蒸发。收集降雨样品时，尽量不要使矿物油进入采样瓶中。这种采样装置的优点是制造简单，实践证明可以有效地采集降水并避免水分蒸发。其缺点是使用液态石蜡或矿物油，在收集样品时要使水-油分离有时会费些功夫。

除了图 26-6 中的油封式采样器以外，还有其他几种类型的采样器。如图 26-7 所示的是球封式降水采样装置，图 26-8 所示的是袋-管式降水采样装置。

球封式采样器利用乒乓球防止水分蒸发。降水后漏斗中的乒乓球浮起，使水流入采样器，无降水时乒乓球落下盖住漏斗底部(图 26-7 左)。由于漏斗内落入脏物容易使乒乓球的密闭作用降低，Kazahaya 和 Yasuhara(1994)在设计上作了改进，如图 26-7 右所示。

袋-管式降水采样器用塑料袋集水，塑料袋只通过一根截面积很小的导管和外界相通，因此密闭性很好。此外，塑料袋仅在有水的地方张开，所以这种装置的顶空(head-space)比较小，减小了水的蒸发空间。

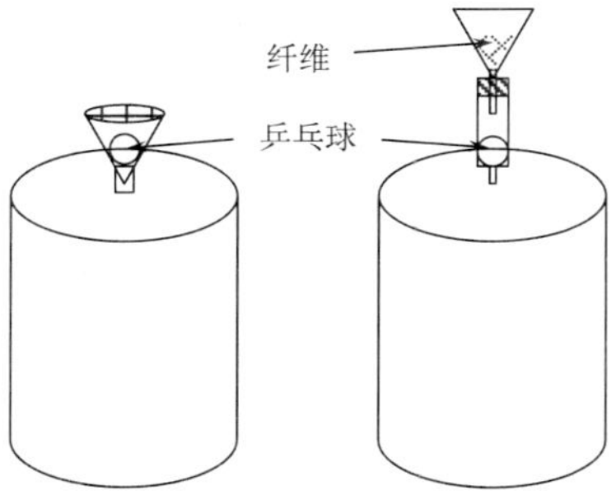

图 26-7　球封式降水采样器

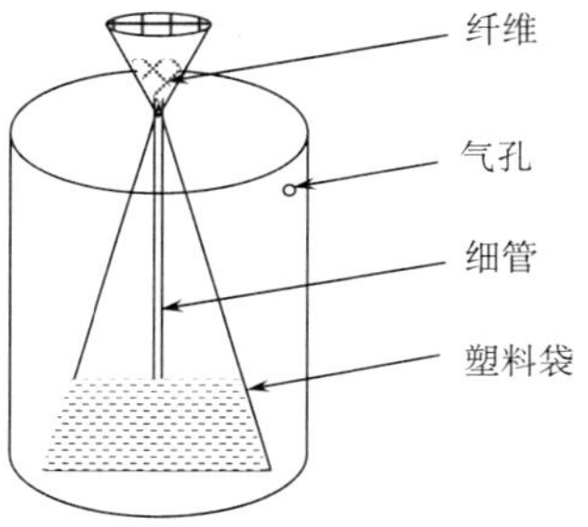

图 26-8　袋-管式降水采样器

设置采样器时应考虑的因素主要有：

- 避开污染源。
- 四周应无遮挡雨、雪的高大树木或建筑物。
- 采样器应具有一定的抗风能力。
- 应避免阳光直接照射在采样器上。
- 采样口离地面的距离不应小于 1 m。

使用中应注意的事项：

- 直接收集降水而不允许间接接取其他物体上流下来的雨水。
- 样品装瓶过程中要防止水分蒸发。
- 收集样品后要将采集器干燥后再继续使用。

2. 雪水

采集雪样可以用桶式容器，也可以用平板。

和采集雨水不同，采集雪水的桶式容器需要有较大的口径，由于是敞口容器，因此要经常将降雪收集起来，以防水分蒸发影响测定结果。

用平板采集降雪时，要标记平板的位置以便寻找（例如用小旗）。最好不要让平板上的雪积累过多，当雪积累到一定深度时，就需要将平板上的积雪收集起来。可以用金属容器（例如罐头盒），向下插到雪中，将整个厚度的雪收集到容器内。待容器内的“雪芯”融化后，计算降水量（融水量除以雪芯截面积，参看前面降水量的计算方法），再将融雪装入样品瓶密封。融雪时的温度应尽可能地低，以减少水分蒸发。采集完降雪之后，要除去平板上的旧雪，将平板放置在旧雪层之上收集新雪，如图 26-9 所示。

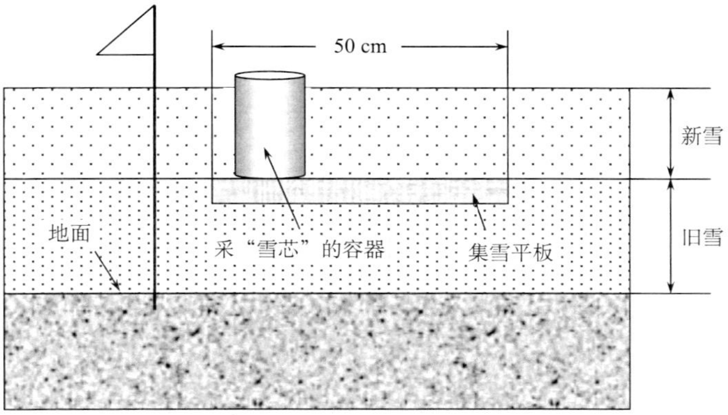

图 26-9　从集雪平板上采集“雪芯”

如前所述，降水的同位素组成是随时间变化的，因此采集降雪时不应只采某一层（或某一深度）的雪装瓶，而应将整个降雪过程中的雪用统一截面积的容器采集起来（采“雪芯”的容器的截面积不统一会影响加权平均值）。

用桶式容器采降雪，降雪过程中雪若发生融化，不会影响采集结果。但桶式容器易受风的影响，一般情况下，风越强，进入容器的雪越少。用平板采雪，风对采集的影响相对比较小，但降雪过程中雪若发生融化则会影响样品采集和分析结果。可以用两种方法同时采雪，再将采到的样品量互相比较，以雪量多者作为样品。

二、地　表　水

采集地表水时，原则上应注意的事项主要有：

- 对同一水体，即使不是很开阔的水体，所采集的样品也可能会由于地点不同有很大的差异。
- 对具有一定深度的水，要考虑分层现象可能会引起水中某些参数以及同位素组成发生变化。
- 要考虑季节的影响因素。
- 采河水时，由于靠近岸边的水易受蒸发和污染影响，因此要避免采河岸边的滞水。

在河上或河边有建筑的情况下(例如桥梁、公路),采样点应选上游以避免污染。采样点的上、下游最好能有河宽数倍长的直流段,无漩涡、激流等。若要作定期监测(时间系列),应选择能够重复采样的位置。

• 要考虑天气的影响因素(连续高温、干旱、降雨、大风等)。

• 采样时间的选择,一般选择采样前连续晴天,天气较稳定的日子(特殊需要除外)。

虽然采集的是地表水,但仍需注意:

• 避免采表层水(特殊需要除外)。原则上采样点应选在水面 0.3～0.5 m 以下,距水底 0.3～0.5 m 以上(必要时需要分层采样)。若水深不足 1 m,采样点应选在实际水深的 1/2 处。

• 水样离开水体后温度会变化,故取水和装瓶之间的等待时间不要过长。

• 同一天内不同时间的温差有时会很大,故应记录采样的时间(参看表 26-4)。

可将采样瓶置入水中用排气法取水(参看图 26-15A)。当需要采某一确定深度的水时,可用定深采样器,或者用泵提取,此时原则上要按地下水采样的操作要求进行采样(参看地下水采样)。用泵提水的缺点是不容易控制采样的深度,不适合对采样深度要求比较高的情况。为了避免水和空气接触,可以用类似于图 26-10 所示的采水装置。

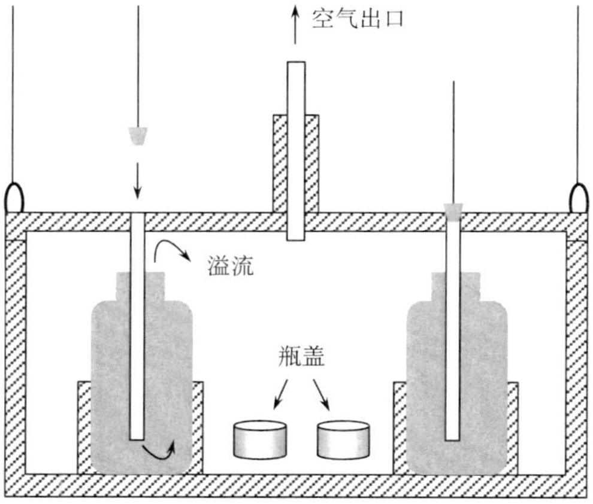

图 26-10　为了避免水和空气接触所用的采水装置[在 Shelton(1997)原设计的基础上作了部分改造]。将采样装置用吊绳放到一定深度后拉开橡胶塞,水进入采样器的同时逐出空气。将采样器从水中拉出后在水下盖紧瓶盖

三、土　壤　水

一般来讲,从包气带中采集水样而不影响其原始组成是相当困难的,和其他样品类型相比较,土壤水的分析结果更易受采样质量的影响。为了减小采样引入的误差,Hsieh 等(1998)提出了另一种可能性,即,不需要提取土壤水,直接以含水的土壤作为样品,用 CO_2 平衡法测定土壤水中的 $\delta^{18}O$ 值。用这种方法虽然解决了测 $\delta^{18}O$ 的问题,但要测氢同位素(氘和氚)以及其他溶质则必须提取土壤水。

土壤的含水量差别非常大，当土壤含水量高时，可以在现场直接采土壤水(非破坏性采样)，否则，只能采含水的土壤供分析用(破坏性采样)。

在现场采土壤水，可以用专用的土壤水采集器，如图 26-11 所示的是吸杯式采样器(suction cup)(Close et al.，2004)。将吸杯插入土壤中，通过抽气使管内保持负压，在压力的作用下，土壤水通过吸杯底部具微孔的陶瓷端渗入到管中，再上移进入到采样瓶中。

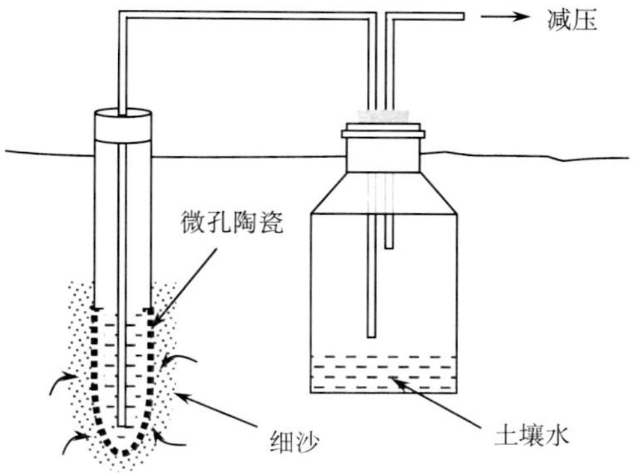

图 26-11 吸杯式土壤水采集装置示意图

用吸杯式采样器采土壤水时应注意：

• 微孔陶瓷的孔径应该与周围介质的孔隙尺寸接近，一般选择 20 μm 的孔径可满足大多数条件下的应用。

• 由于微孔陶瓷的表面积大，在表面发生的某些物理(化学)过程对样品可能会产生影响，因此使用前需要用水对微孔陶瓷做预处理，做预处理用的水应尽量和待采集的水相似。

• 为了避免发生脱气现象，所施加的负压不应过高。脱气可以使某些和气体平衡的组分发生改变(如 HCO_3^-，CO_3^{2-})，也可以使挥发性组分丢失(如 CO_2，CFCs，SF_6 等)。

• 考虑到包气带可能存在的非均匀性，应在同一深度的不同位置采集多个样品，以保证样品具有代表性。

• 环境温度不能低于零度。

• 采样瓶和吸杯应处于同一水平位置，以减小压力差和温度差(图 26-11)。

若没有采土壤水的设备，或者当土壤含水量很低时，则只能采含水的土壤，此时要根据土壤的含水量采集土壤量，以保证在实验室内能够提取出足够的水量供分析用。在野外采集土壤样品，应尽量缩短样品暴露在大气中的时间，样品可封装在广口瓶内送交实验室提取其中的水分供分析用。

实验室提取土壤水测定同位素组成常用的方法有：

(1) 挤榨法。原理类似于用手拧干湿毛巾，只适合土壤含水量比较高的情况。因为只是简单的机械分离，所以这种方法对水的同位素原始组成(尤其是容易分馏的氢、氧稳定性同位素)影响很小。

(2) 离心分离法。原理类似于用洗衣机甩干湿毛巾，适合土壤含水量不太高，不能用挤榨法分离水的情况。这种方法采用的也是机械分离手段，对水的同位素原始组成影响也很小。

(3) 真空干燥法。原理类似于晾干湿毛巾。为了加快干燥速度，过程都是在真空条件下进行(真空干燥)。根据干燥过程中试样温度的不同可分两种方法：

• 热干燥法。在真空条件下加热土壤(图 26-12)。这种方法比较简单，和低温法相比较干燥速度快，但它对温度的选择和控制要求比较高，温度的选择和控制不当会触动土

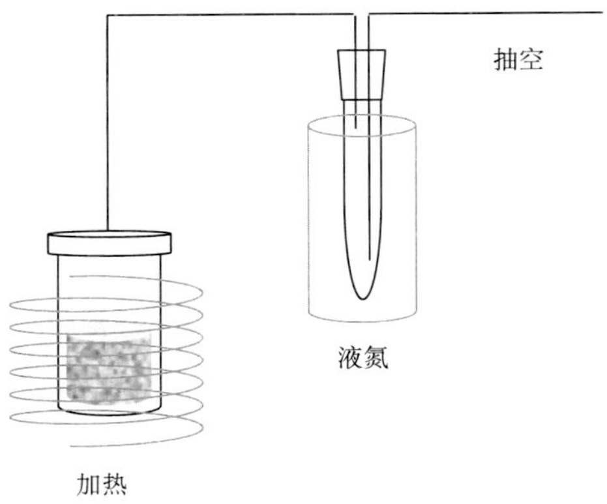

图 26-12　真空条件下加热，提取土壤水示意。为了不使水分子被真空泵抽走，必须用液氮冷阱捕集蒸出的水

壤水中的非游离部分，改变游离土壤水的原始同位素组成（见下面）。

• 冷冻干燥法（freeze-drying，lyophilization，cryodesiccation）。冷冻干燥和热干燥的原理类似，区别在于冷冻干燥是在水的冰点以下进行，此时水分子不是从液态蒸发，而是从固态冰直接升华为气态水。和热干燥法相比较，冷冻干燥法的优点是对土壤水中的非游离部分触动比较小（见下面）。其缺点是需时较长，样品提取费用较高。

注意：水在蒸发过程中会发生同位素分馏，故用干燥法提取水，不能只提取一部分水而必须提取全部游离水。土壤中的水并非都是游离水，其中有一部分是相对固定的，例如吸附在土壤矿物质和有机质表面的水以及土壤所含矿物中的结晶水。尤其是结晶水，这部分水是土壤所含物质的化学组成的一部分，在许多情况下不参与自然界中的水循环（Hsieh et al.，1998）。所以在提取土壤水时应注意：①避免提取非游离水；②避免非游离水和游离水在提取过程中发生同位素交换。因此，用热干燥法提取土壤水时温度不能过高（一般不能高于 110℃），并且要避免局部过热。关于真空加热干燥的详细方法，有兴趣的读者可参看有关文献，例如 West 等（2006）以及其中所引的文献资料。

（4）共沸蒸馏法。在试样中加入一种与水不相溶的有机溶剂，例如甲苯、石油醚、己烷等，可以使体系中的液体形成共沸物，即一种不能通过常规的蒸馏或分馏手段分离的、沸点低于水的混合物。将混合物加热，有机溶剂和水按固定的比例蒸出，冷却后得到两相分离的液体。这种方法称为共沸蒸馏法。装置如图 26-13 所示（Revesz and Woods，1990）。

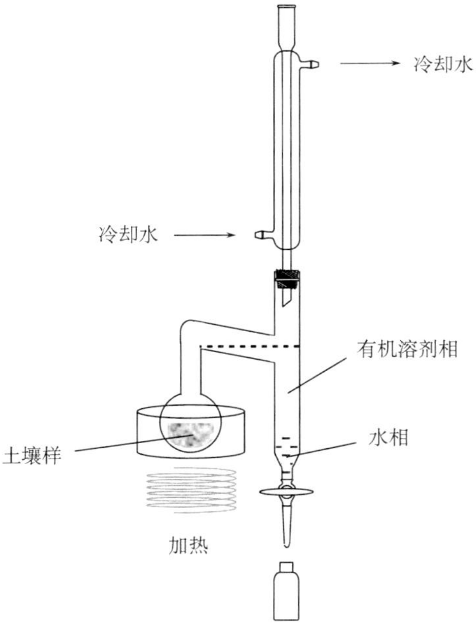

图 26-13　共沸蒸馏法提取土壤水示意
（由于生成共沸物，在蒸出有机溶剂的同时也携带出水分）

共沸蒸馏法的优点是蒸馏温度比较低，对土壤水中的非游离部分触动相对小些。因为蒸馏温度不高，所以可以用油浴法加热。用油浴法加热温度比较均匀，可避免局部过热。和干燥法一样，用共沸蒸馏法提取水，不能只提取一部分水而必须提取全部游离水。

如图 26-13 所示，在蒸馏过程中有机溶剂和水分离后返流到土壤中，故蒸馏时间不受有机溶剂加入量的影响。

(5) 同位素稀释法。将一定量已知同位素含量的水加到试样中,待混合均匀(交换完成)后分离出一部分水,分析测定其中的同位素含量,可得到土壤水中的同位素含量。

根据体系的同位素组成具有加和性的特点,可得公式

$$m_x\delta_x + m_k\delta_k = (m_x + m_k)\cdot\delta_{mix} \tag{26-1}$$

式中:m_x 和 m_k 分别是土壤水量和加入的水量,δ_x、δ_k 和 δ_{mix} 分别是土壤水、加入的水以及提取的水的同位素含量。

若土壤的含水量已知,公式(26-1)中只有一个未知量 δ_x,此时只要稀释一次即可求出 δ_x。若土壤的含水量未知,由于公式中有两个未知量,m_x 和 δ_x,因此至少要进行两次稀释[两次加入的水量不同以及(或者)加入的水的同位素含量不同]:

$$\begin{aligned} m_x\delta_x + m_{k(1)}\delta_{k(1)} &= (m_x + m_{k(1)})\cdot\delta_{mix(1)} \\ m_x\delta_x + m_{k(2)}\delta_{k(2)} &= (m_x + m_{k(2)})\cdot\delta_{mix(2)} \end{aligned} \tag{26-2}$$

解上面的二元一次方程组即可求出 m_x 和 δ_x。

这种方法的特点是不需将土壤水全部定量地分离出来,而只要分离出一部分水就能测定其中的待测物含量。当土壤含水量低时,可以用这种方法先加水,再用挤榨法或离心分离法收集稀释后的水样供分析用。

吸杯式采样法的缺点是只适合土壤含水量高的情况,采样时间比较长。其优点是可在同一地点反复采样,比较适合采集时间系列样品。采集土壤则正好相反:采样不受土壤含水量影响,所需时间短,但由于采样引起的破坏所以不能在同一地点反复采样,在采集时间系列样品时会由于采样位置变化而引起误差。

四、地　下　水

和采集地表水、包气带水不同,采集地下水样品时,要考虑如下一些可能发生的情况:

- 样品从地下采出时,温度可能会变化,而许多水化学测定参数都与温度有关(例如电导率、酸碱度、电动势等)。
- 水暴露于大气环境中,由于和大气交换 CO_2,可能会导致碳同位素组成发生变化。
- 丢失或吸收 CO_2 也会导致水样的 pH 值改变。
- 某些物质可能会发生氧化作用。
- 某些极易和大气进行交换的气体也会在样品取出地表时挥发。
- 水和大气接触也可能被污染,例如大气中的 CFCs 可能会进入水样。
- 由于压力降低导致脱气,出现气泡。
- 若采集的是井水,还需考虑所采的水是某一特定深度的水或是不同深度的混合水。
- 若采集的是泉水,还需考虑泉水的类型以及季节因素等。

地下水可选在泉水露头(出口)、水井、观测井出水口等处进行采样。

1. 泉水

天然泉水是理想的地下水采样点。为了避免水和空气接触或者脱气，最好用管道将还未流出地表的泉水引出再采集，这一点对采样分析 CFCs，SF_6 或者惰性气体尤其重要。若无法做到这一点，必须注意采样点应尽可能靠近泉水出水口。图 26-14 和 26-15 分别为泉水出水口位置较高和较低时的水样采集法（参看图 26-27）。

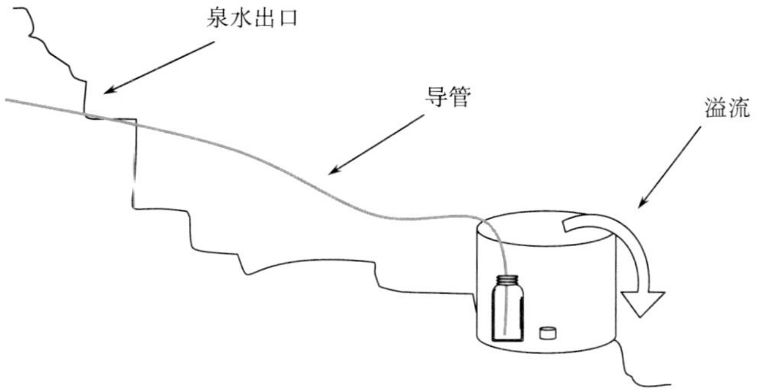

图 26-14　泉水出水口位置较高时水样采集法

某些分析项目要求采样时水不能接触大气（例如测水中溶解的氧、CFCs 等），对这类样品，若简单地将采样瓶置入水中用排气法取水，水在进入瓶中的时候必然要和排出的空气相遇，从而使水样受到污染，如图 26-15A 所示。为了避免污染，可用一漏斗扣在泉水出口处，或者用注射器，将水导入瓶内置换出接触过空气的水，在水下盖住瓶盖（参看测 CFCs 采样法）。

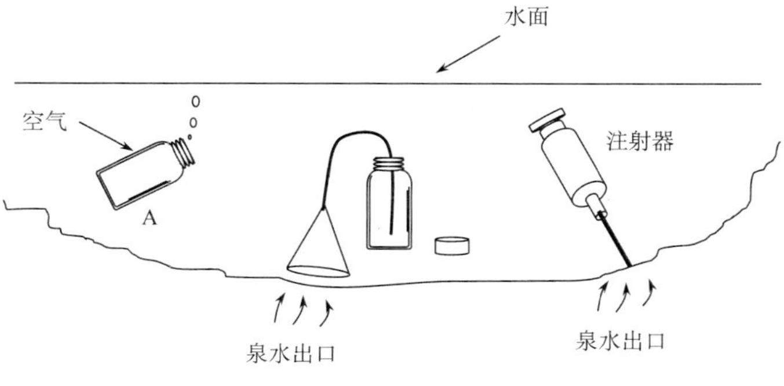

图 26-15　泉水出水口位置较低时水样采集法

2. 井水

从井中采地下水样品前，要了解采样井的结构，滤管或滤网的情况，井深，井泵的类型以及含水层的情况，在此基础上确定采样水层和采样深度。

民用井、工业井和市政水井都可作为采样井。利用这种井虽然有省经费、采样方便的优点。但这种井并非理想的采样井，因为这种井无法控制采水层，采得的水样可能为多个含水层的混合水。若井正在使用，采样前不必洗井，长时间不用或可能受污染的井要在采样前排出存水（洗井），排水量应为井管内存水体积的 2～3 倍（标准洗井法）[①]。排水过程中应观察一些基本参数如温度、pH 值、电导率等的变化，待这些参数达到稳定时再采样。参数达到稳定的标准：测量值不再持续升高或降低，而是在某一示值附近波动，波动幅度与所用仪器的测量精度一致（表 26-6）。

表 26-6　洗井过程中常测定的参数以及达到稳定的标准（供参考）

测定项目	达到稳定态的标准
pH	±0.1
温度	±0.2℃（半导体温度计）；±0.5℃（玻璃-液体温度计）
电导率	±5% ≤100 μS/cm；±3% >100 μS/cm
溶解的氧	±0.3 mg/L

为了比较准确地把握参数达到稳定的时间，可用作图法（图 26-16），最好用半对数坐标（比较图 26-16 中的两种作图方法）。

时间/min	电导率/(μS/cm)
0	4000
1	3275
3	2195
7	986
10	541
15	199
20	60
25	27
30	10
35	6.7
40	6.3
45	6.0
50	5.7

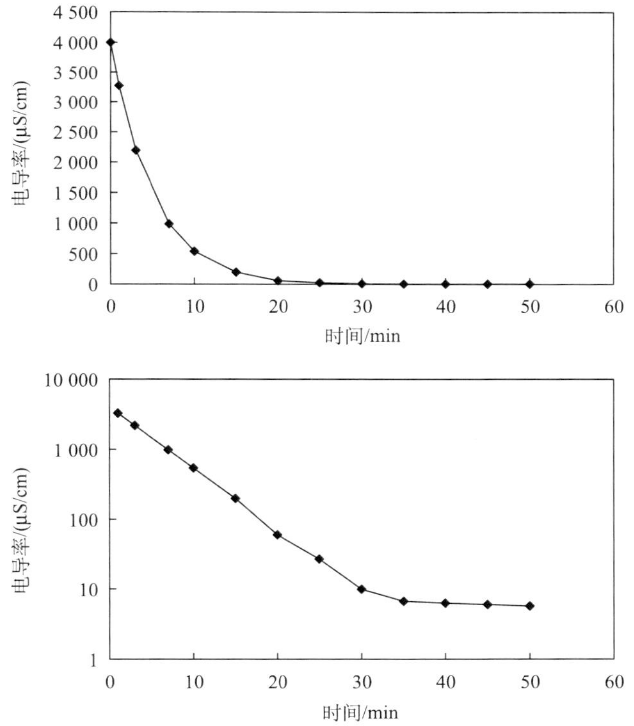

图 26-16　洗井过程中电导率随时间的变化（上图：迪卡尔坐标；下图：半对数坐标）

① 计算存水体积时井管内存水的高度应该用水面到井底的距离，而不是水面到滤管或滤网的距离。

分层观测井或钻井是比较理想的采样井，是获得不同含水层水样品的重要途径。同样，采样前也应排出井管内的存水（排水量为管内存水体积的 2～3 倍）。这类井的缺点是水流量通常较小，采样比较费时。此外，管内存水对采样质量的影响比较大，需格外注意。

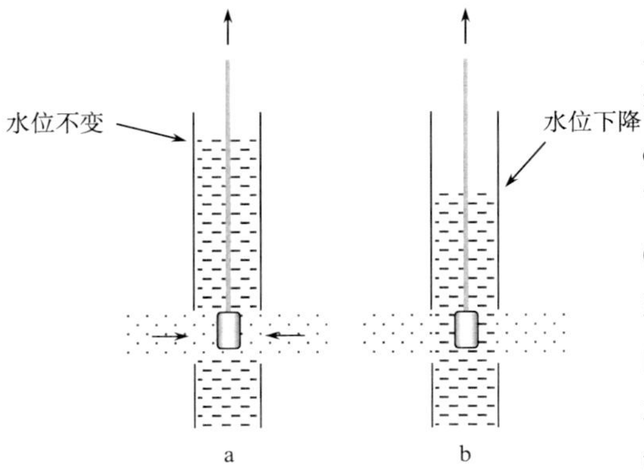

图 26-17　低排水量洗井法示意
a. 采样层位的水被新补入的水置换；b. 采样层位的水仍然是井管内的存水，未被新补入的水置换

除了用上述标准方法洗井外，近年来还发展了一种低排水量洗井法（或称微扰洗井法）（low-flow purging, minimum draw-down purging）。具体如下：将水泵置于井下入水口处，控制排水流速为 0.1～0.5 L/min，缓慢排走入水口附近的存水。理论上，由于排水缓慢，井水水位不会下降，因此洗井的排水体积应该和新补入的地层水体积相当（图 26-17a）（ASTM International, 2005）。

用此法洗井需注意：①测量参数达到稳定，并不表明提取的是新的地层水（深度变化不大时井内存水的水化学参数也许变化不大）；②要观察井水水位，若水位下降，则不能认为所提取的是新的地层水（图 26-17b）。

应记录洗井的排水量和流速。如果是重复采样（例如采时间系列样品），为了使结果有较好的对比性，应参考前次采样的条件以便确定提水流速（理由见图 26-4）。

为了达到定深采样的目的也可以使用各种定深采样器如“Packer”（栓塞封隔器）（参看图 26-3 和图 26-34）。

采井水和泉水类似：①应尽量靠近出水口采样；②为了不使水温变化过大，使用的管道不应太长，避免阳光直接照射在管道上；③装瓶方法参看图 26-14 和图 26-27。

五、地 热 流 体

地热流体的样品源主要为湿蒸汽井、喷气孔和泉。和前面的样品源相比较，采地热流体样品时需要考虑以下一些特殊性：

- 水温比较高，水容易蒸发，水中的气体更容易逸出，因此需要使用冷却装置使水温降到 30℃以下。
- 水和蒸汽两相通常共存，一般要求采集热水的同时还要采集蒸汽，将同一时刻、地点采集的水和蒸汽看作是一个样品，使用同一个编号。
- 气相中气体含量比较高（CO_2，H_2S，H_2，CH_4，惰性气体等），可直接采集气体。
- 水中溶解物质含量比较高，腐蚀性比较强。

如果采气体，建议用嵌环塞阀（threaded plug valve，文献中也常称作 louwers-hapert o-ring sealing valve）密封容器，如图 26-18 所示。

1. 湿蒸汽井

采样时将井中的水和汽(气)体通过汽(气)-液分离器,分离后的液体和汽(气)体经冷却后分别采集,如图 26-19 所示。

2. 喷气孔

从喷气孔可以采总气体,即水蒸气和除水蒸气以外的其他气体(干气),也可以将水蒸气和干气分开采。如果采总气体,可按图 26-20 中的虚线连接采样瓶,采样时要在采样瓶上浇冷水降温。如果将水蒸气和干气分开采,可按图 26-20 中的实线连接采样瓶。

若要采样品分析惰性气体,可将铜管连接到漏斗上方的软管上,用类似于图 26-31 所示的方法采集气体。

3. 泉

采水样的方法参看图 26-14,图 26-15,若水温过高则需要将温度降到 30℃以下。除了采水以外还可以采气体。采气体可用排水集气或真空吸气两种方法。

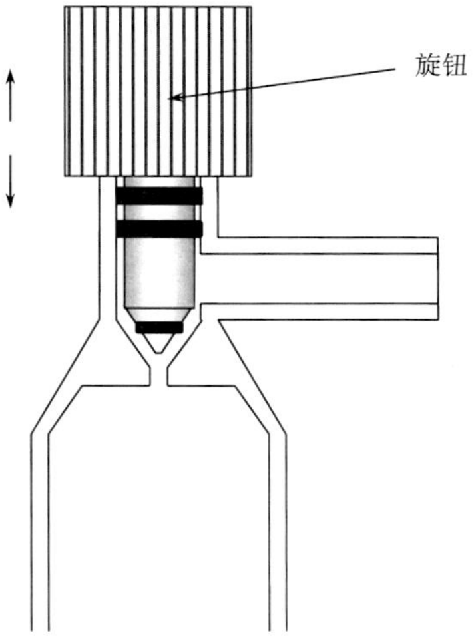

图 26-18　嵌环塞阀密封容器

塞阀用聚四氟乙烯材料(PTFE)制成,共嵌有三个 O 形环,其中上部的两个环使三通管上部与大气隔绝。采气体时将阀门旋开,此时阀门下部的 O 形环开启,采样完毕旋紧阀门,此时阀门下部的 O 形环关闭。除了三通管以外还可以使用四通管(见图 26-21)。这种容器的优点是密封性好,可以直接将容器连接到测试仪器上分析样品

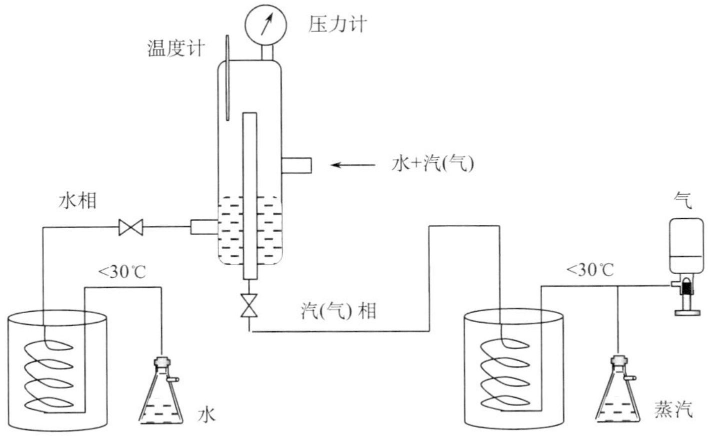

图 26-19　采水相和汽(气)相样品的流程示意

采气瓶预先加 4M NaOH 后抽真空,采样时倒置,打开后气体在吸入到瓶内的同时大部分被液体吸收(例如 CO_2、H_2S),其余以气态形式存在

用排水集气法采样操作步骤如下(见图 26-21 左):①将 B 端转到上部,打开阀门 A

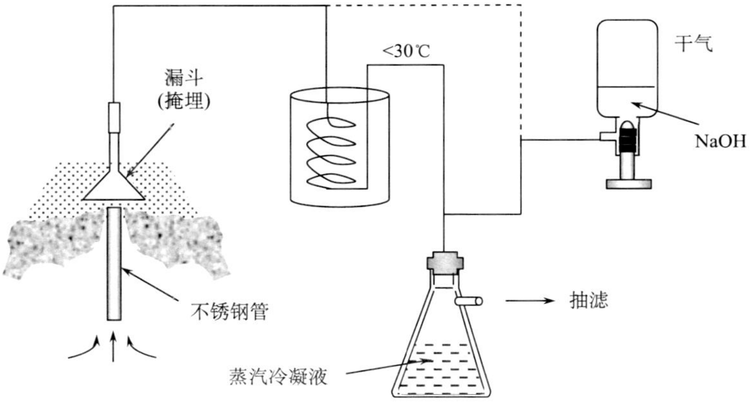

图 26-20　从喷气孔采集样品的流程示意

（采气瓶预先加 4M NaOH 后抽真空，采样时倒置，打开后吸入气体）

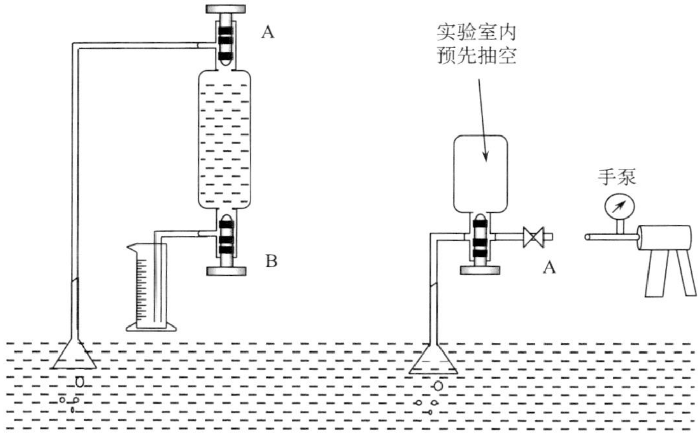

图 26-21　排水集气和真空吸气法采水中气体示意

和 B；②从 B 端用手泵将水抽到容器内，充满后关闭阀门 B；③将 B 端转到下部并将出水管插到量筒底部；④打开阀门 B，水在流出的同时吸入气体；⑤调节阀门 B 的流量以避免漏斗内的水被吸入到容器内；⑥采样完毕后关闭阀门 A 和 B。

用真空吸气法采样操作步骤如下（见图 26-21 右）：①用手泵将水通过 A 端抽出使漏斗上部的管中充满水；②关闭 A 端；③用水中的气体置换管中的水后旋开塞阀，调节阀门的流量以避免漏斗内的水被吸入到容器内；④待气体充满容器后旋紧塞阀。

关于采地热流体样品的详细方法，有兴趣的读者可参看有关文献（例如 Arnórsson et al.，2000）。

六、大气水汽

在激光光谱技术出现之前，测大气中的水的同位素组成要用同位素比率质谱仪(IRMS)，需要从大气中分离足够的水供测定用。

采大气中的水，可以用三种方法：

• 采一定体积的空气(例如采 20～30 L 甚至更多的空气)，送交实验室分离其中的水汽。这个方法的缺点是采样体积大，因此只适合空气湿度大、不需要远途运送样品的情况。

• 用吸水性极强的干燥剂，吸收水分后送交实验室提取吸附的水分。例如在常温下，分子筛可将空气干燥到含水量＜0.1 ppm 的水平。这个方法的优点是样品体积小。缺点是干燥剂的分子结构中一般都含氧，实验室提取水时若温度过高会导致同位素交换，对氧同位素的测定有干扰。

• 在采样现场用冷冻干燥法分离大气水。可以用干冰或者液氮提供冷源，也可以用制冷设备。由于水在相变时会发生同位素分馏，因此用冷冻法分离水必须彻底。根据计算，将空气冷冻到－70℃以下，同位素的分馏效应便可忽略(低于仪器的测量精度)。如果温度达不到－70℃以下，则需要做相应的校正(Schoch-Fischer et al.，1984)。

用激光光谱技术测水中的同位素组成(Off-Axis ICOS)，因为测定的是气体样品，所以只需要采集少量气体供测定用，可以省去许多在现场或实验室分离大气水的工作。

七、植　物　水

一般所说的植物水主要是指植物内的游离水(“流动水”)。所谓植物内的游离水，是指植物组织内具有水的一切特性、可以用水力学方法研究的水。例如，被植物从环境里吸收、传输到植物体内其他部位、再通过蒸腾返回环境的水就属于这种游离水。除了游离水以外，植物中还有另一种“水”即非游离水(“束缚水”)。非游离水不具有水的特性，不属于植物水。例如植物中的碳水化合物以及其他有机物中的“水”就属于这一类水。碳水化合物是由碳、氢、氧三种元素组成的一类化合物，其中氢和氧的比例与水分子中氢和氧的比例相同。在一定的条件(例如高温)下碳水化合物可以按 2∶1 的比例脱去氢和氧，即脱去 H_2O，失去分子结构中的“水”，保留分子结构中的碳，使有机物“变焦了”或“炭化了”。

因此，提取植物中的“游离水”，分析其中的氢氧同位素组成，有两个关键点需要注意：①对游离水部分要尽量提取完全，以减小因同位素分馏引起的误差；②不能提出植物中的非游离水部分。因此，提取温度的控制很关键，一般都控制在水的沸点 100℃以下。由于提取温度低于水的沸点，所以提取植物水都是用真空蒸馏法，原理和设备与提取土壤水相似(参看图 26-12)。目前使用最普遍的是用水浴加热，其优点是不需要复杂的控温设备，提取结果有较好的互比性。

注意：提取植物水之前样品(叶、茎等)应冷冻保存。从冷冻室取出样品后应使其解冻至室温后再打开包装以防样品表面凝聚大气水，影响分析结果。

第三节　按不同分析项目采集样品的方法

一、测水中的$\delta^{18}O$，δD和^3H

采集水样分析$\delta^{18}O$和δD比较简单，一般用样品水洗几次采样瓶后可直接装瓶，装满后应立即密封、标记，防止蒸发。

采集水样测^3H的程序同上，不同的是测$\delta^{18}O$和δ^2H采样量为50 mL，而后者的采样量取决于测试要求：若需要在测定前电解浓缩，则采500 mL，若不需要浓缩则采50 mL。

采集土壤样，若只测土壤水中的$\delta^{18}O$，也可以不提取土壤水，直接用土壤测定（CO_2平衡法）（Hsieh et al.，1998）。若需要测土壤水中的氢同位素（氘和氚）以及其他溶质，则必须提取土壤水（采土壤以及提取土壤水的方法见第二节，土壤水）。

二、测DIC中的^{14}C

水中溶解的无机碳（dissolved inorganic carbon，DIC）是指水中的$CO_{2(aq)}$，HCO_3^-和CO_3^{2-}。测DIC中的^{14}C活度，所用的采样方法取决于测定方法。用常规的计数法测^{14}C（气体正比计数法或液体闪烁计数法），需要3 g左右碳，大约相当于50～200 L水中的碳；而用加速器质谱法（AMS法）测^{14}C，则仅需不足10 mg碳。

1. 计数法测^{14}C

采用最小采水量法。最小采水体积取决于水中的DIC含量，采水体积可根据下式确定：

$$V = 12500/Y \tag{26-3}$$

式中：V为最小采水量（L）；Y为水中的DIC含量（mg/L）。例如：水中的DIC含量为250 mg/L，则所需最小采水量为50 L。

为了确定最小采水量，需预先收集研究区水质分析资料，将采样点或附近地区地下水中的DIC含量代入式（26-3）计算采水量。若缺乏这方面的资料，则需在现场测定总碱度（除了地热水以外，大多数情况下可将总碱度看作是水中的DIC含量）。

由于采水量大，运输比较困难，因此一般都在现场处理水样。处理方法有两种。一种是将水中的无机碳转变成碳酸盐，再采集水中的碳酸盐；另一种是将水中的无机碳转变成CO_2，再采集CO_2。

1）采水中的碳酸盐（采水量以及试剂用量、配制浓度仅供参考）

（1）测定总碱度，计算最小采样量。取水样于三角烧瓶中（约50 mL），加几滴甲基橙指示剂，摇匀；用HCl（例如0.1 N）滴定，使溶液由黄色变为红色。记下HCl用量，按下式计算总碱度：

$$\text{总碱度} = \frac{V_1 \cdot X \cdot 61 \cdot 1000}{V_2} \tag{26-4}$$

式中：V_1 为消耗的盐酸量(mL)；X 为盐酸的当量(例如 0.1 N)；V_2 为水样量(L)。

知道了 DIC 含量后，再用式(26-3)算出最小采样量。

(2) 采水量一般以 50 L 为单位，例如，若计算得到最小采水量小于 50 L 则采 50 L 水，若计算得到最小采水量介于 50～100 mL 之间则采 100 mL 水。

用待采集的水洗沉淀桶后(图 26-22)，将水缓慢注入桶内，注意不要激起水泡，以避免空气混入水中。

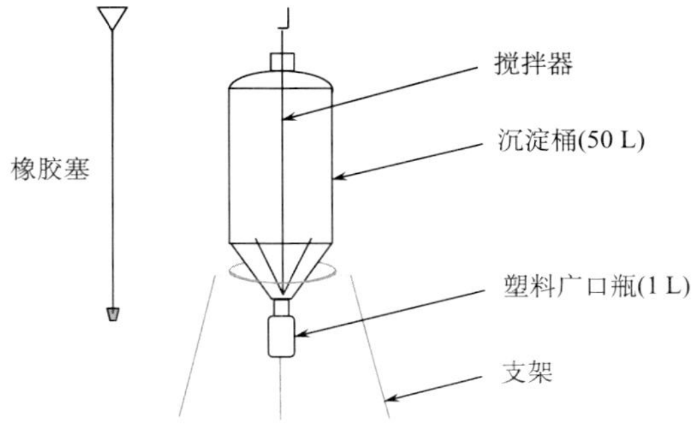

图 26-22　采水中溶解的无机碳的装置示意图

(3) 在沉淀桶中加 5 g 硫酸亚铁($FeSO_4 \cdot 7H_2O$)，搅拌使混合均匀。注意：若水中含硫化氢(可根据气味判别)，则不要加硫酸亚铁，加入硫酸亚铁会产生黑色沉淀物(硫化亚铁)，干扰实验室制备 CO_2。

(4) 向桶中加 50 mL 饱和 NaOH 溶液，搅拌均匀。检测 pH 值，必要时增加少量饱和 NaOH 溶液，使溶液的 pH 值>8。此时，水中溶解的无机碳全部转变成 CO_3^{2-}：

$$CO_2(aq) + HCO_3^- + 3OH^- \rightarrow 2CO_3^{2-} + 2H_2O \tag{26-5}$$

迅速盖好容器盖子，防止空气中的 CO_2 进入水中。

(5) 将 170 g $SrCl_2 6H_2O$ 溶于 800 mL 水样中，留 30 mL 作检查沉淀用，其余加到桶中，迅速盖好盖子，搅拌均匀，此时有大量沉淀生成：

$$CO_3^{2-} + Sr^{2+} \rightarrow SrCO_3 \downarrow \tag{26-6}$$

(6) 为了加快 $SrCO_3$ 的沉淀速度，向桶中加 40 mL 聚丙烯酰胺溶液(将 5 g 聚丙烯酰胺溶于 1000 mL 煮沸的蒸馏水中配制)，此时沉淀物变成絮团下沉。

(7) 停放一定时间后，在不搅拌的条件下向桶内上清液中再加少许 $SrCl_2$ 溶液，检查沉淀是否完全。若上清液中出现浑浊，说明沉淀不完全，需要继续加 $SrCl_2$(必要时加 NaOH 调节 pH 值)。如沉淀完全则静放至全部沉淀完毕(至少 4 h)。

(8) 用固定在长杆上的橡胶塞塞住桶底出口，旋下采样瓶，盖好密封，做标记。

(9) 洗净采样设备，以备下次使用。

除了图 26-22 所示的采样装置外，也可以用其他小口容器如 Carboy(Kosler et al., 2004)以及可折叠式厚壁聚乙烯塑料袋(collapsible heavy-walled polyethylene bag)(Milton and Brown, 1983; Agarwal et al., 2006)。这种塑料袋的最大优点是携带轻便，价廉，尤其适合野外运输条件不好、需要同时处理多个样品的情况。

制备饱和 NaOH 溶液：将 800 mL 去离子水煮沸除去 CO_2，加入约 650 g NaOH。将饱和 NaOH 溶液(仍含有少部分未溶解的 NaOH)在隔绝外界空气的条件下储存 2～3 星期，待其中的悬浮物沉淀后再将上清液装入塑料瓶中(不能用玻璃瓶)，密封备用。

注意：若水中 SO_4^{2-} 含量很高，要加大 $SrCl_2$ 的投入量。SO_4^{2-} 和 Sr^{2+} 能够生成 $SrSO_4$ 沉淀，若消耗的 Sr^{2+} 过多会使 $SrCO_3$ 沉淀不完全，导致碳同位素分馏，影响 $\delta^{13}C$ 的分析结果。

检验 SO_4^{2-} 含量的办法是：用烧杯取 500～1000 mL 水样，加入 HCl 溶液，使 pH 值≤4，再向水中加少许 $SrCl_2$ 溶液，若水变成乳白色或有白色沉淀产生，说明 SO_4^{2-} 含量较高，需加大 $SrCl_2$ 的用量。

也可以用 $BaCl_2 \cdot 2H_2O$ 代替 $SrCl_2$，虽然 $BaCO_3$ 的沉淀速度较快，但由于其毒性大，因此用量不能太大。应根据水中的 SO_4^{2-} 含量和总碱度准确计算，得出 $BaCl_2 \cdot 2H_2O$ 的合适加入量。

2）采水中的 CO_2

若水中溶解的无机碳浓度很低，或者硫酸根浓度很高时，也可以将水中溶解的无机碳全部转变成 CO_2，再用碱吸收法采集 CO_2（Woo et al.，1999）。方法如下：

采 50 L 水，加 H_2SO_4 使 pH 值达到 1～3，此时水中的碳酸盐和重碳酸盐转变成 CO_2。将 CO_2 吸收在装有碱性液体的（50 或 500 mL）瓶内（见图 26-23）。

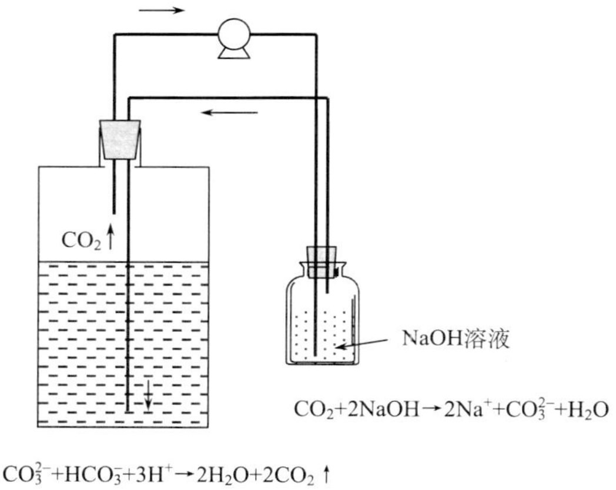

图 26-23　将水中溶解的无机碳转变成 CO_2 采集 DIC 的原理

2. AMS 法测 ^{14}C

用传统的辐射探测法分析 ^{14}C 需要较大量的碳，若受条件限制不能采到足够水样（如深层孔隙水等），或从水中分离不出足够的碳酸盐（如 HCO_3^- ＜10 mg/L 的水），或条件不允许在现场分离碳酸盐，可考虑采用 AMS 分析技术。用 AMS 法分析 ^{14}C 一般仅需 5 mg 碳，相当于不到 500 mL 水样，不仅使采样体积（重量）大大减少，使野外工作变得简单，同时也能降低对环境的污染。最后，由于分离 DIC 的工作从野外转到实验室，因此分析误差相对比较小。

采样通常用 1 L 的高密度塑料瓶或玻璃瓶，用密封性能好的盖子封口。样品应避免长时间暴露在空气中，应存放在避光和阴凉处。如果水中溶解的有机碳（DOC）含量较高，需加入少量饱和 $HgCl_2$ 溶液（或 NaN_3）（参看表 26-3），以抑制生物活动。

三、测 DIC 中的 $\delta^{13}C$

用前述方法采水中溶解的无机碳时，除大部分用于分析 ^{14}C，可分装出一小部分沉淀的碳酸盐晶浆（1%即可）用于分析 $\delta^{13}C$。因碳酸盐沉淀时会发生分馏，故应采集所有的沉淀，充分混合后再分装。

由于分析 $\delta^{13}C$ 所需样品量比较小，因此也可直接采水样送交实验室处理、分析。采样量取决于水中 DIC 的浓度，分析 $\delta^{13}C$ 一般需要 5 mg HCO_3^-，在保证重复分析需要的前提下，可以采 500 mL 或 1 L 水。采水样通常用高密度塑料瓶或玻璃瓶，用密封性好的盖子封口（避免与空气接触）。

如有必要，例如采地表水，其中的有机碳含量相对比较高，为了抑制生物活动可在样品中加少量饱和 $HgCl_2$ 溶液。对大多数地下水来说，由于其中溶解的主要为无机碳而有机碳含量相对比较低，因此样品中不用加 $HgCl_2$。

四、测 DOC 中的 $\delta^{13}C$ 和 ^{14}C

地表水中溶解的有机碳大约为 1～10 mg C/L①，地下水中的有机碳含量一般则低于 1 mg C/L。水中溶解的有机碳，其中约有一半为腐殖质，腐殖质中绝大部分是棕黄酸，其余部分为腐殖酸。测定 $\delta^{13}C$ 和 ^{14}C 的方法有以下几种：①测溶解的总有机碳（total dissolved organic carbon，TDOC）中的 $\delta^{13}C$ 和 ^{14}C；②测腐殖酸中的 $\delta^{13}C$ 和 ^{14}C；③测棕黄酸中的 $\delta^{13}C$ 和 ^{14}C。前一种方法只需采集溶解的总有机碳，不需要进一步分离；后两种方法需要从溶解的有机碳中分离出腐殖质，再从腐殖质中分离腐殖酸和棕黄酸（Davisson，2002）。

采 DOC 分析碳同位素时应注意：①塑料容器对有机物有吸附性（用玻璃容器）；②生物活动能改变有机碳的组成从而影响分析结果（加生物抑制剂，用棕色瓶）；③水中经常会有悬浮的有机物（例如低等浮游生物）（过滤除去悬浮物）。

若用 AMS 法测碳同位素，可以直接采集水样供实验室分析用。可用 1 L 的棕色硼化玻璃瓶采水。为了除去有机物质，采样前应将样品瓶在 500℃下烧 2～4 h。采样后在水中加饱和 $HgCl_2$ 溶液或其他生物抑制剂（参看表 26-3），样品需保存在低温阴暗处。

当水中溶解的有机碳含量极低时（例如 < 0.1 mg C/L），则需要在现场处理水样。Artinger（1995）等利用反渗透法（reverse osmosis，RO），首先将含 DOC 的水浓缩，再将浓缩后的溶液通过树脂吸附有机物，最后将吸附了有机物的树脂送交实验室继续处理，分离腐殖酸和棕黄酸。

反渗透是利用渗透膜只能透过溶剂（通常是水）而截留溶液中其他物质的选择透过性，实现分离液体组分的过程②。采样时，将过滤后的地下水通过两个串联的反渗透膜组件，使溶液失去水分（每小时失去约 300 L 水），待溶液浓缩后加盐酸使 pH 值达到 2 左右，再将浓缩液中的 DOC 吸附在树脂柱上（图 26-24）。

---

① 水中溶解的总有机碳（TDOC）：将水样在高温下燃烧，使有机碳氧化成 CO_2，测定所产生的 CO_2 量即可求出水样中的有机碳量，单位常用每升水中碳的重量表示（mg C/L）。

② 反渗透法和普通的过滤法都是利用选择透过性达到对体系组分的分离。二者的区别主要有两点：①反渗透法必须在高压下进行（压力通常为几十个大气压），而过滤法一般在常压下进行（压力介于 0～1 个大气压之间）；②反渗透法可以分离溶解的物质，而普通的过滤法只能分离悬浮的物质。

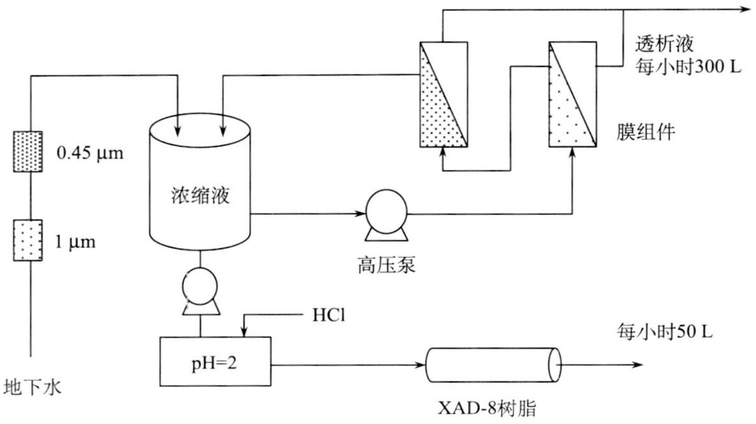

图 26-24　水中 DOC 非常低时，用反渗透法将水浓缩并从浓缩液中分离 DOC 的装置及流程示意

关于实验室分离腐殖酸和棕黄酸的方法，有兴趣的读者可参看有关文献资料（Aiken，1985）。

五、测硝酸盐中的 $\delta^{15}N$，$\delta^{18}O$ 和 $\delta^{17}O$

采水中的硝酸盐既可以分析 $\delta^{15}N$，也可以分析 $\delta^{18}O$ 和 $\delta^{17}O$。若水中硝酸盐含量足够高，可直接采水供分析用，否则，必须提取水中的硝酸盐以满足分析需要量。提取水中的硝酸盐一般用阴离子交换法。

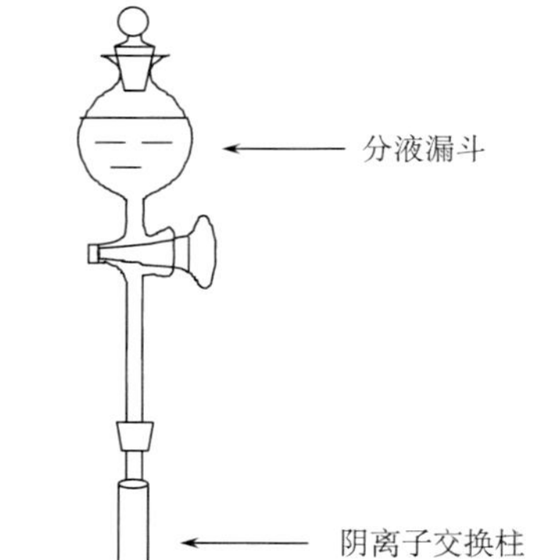

图 26-25　用阴离子交换树脂从水中提取硝酸根的装置示意

1. 采水

直接采水时，先用样品水洗 3 遍注射器（60 mL），注射器抽满水后套上过滤器（图 26-2）（孔径 0.2 或 0.45 μm），通过过滤器将水注入 50 mL 的塑料瓶内。瓶内约留 20% 的顶空。样品在采样现场应保存在临时冷藏箱内，采样结束后立即转移到冷冻柜中保存。

2. 离子交换法

用阴离子交换树脂，如杨琰等人（2005）用国产 201X7（717）型强碱性苯乙烯系阴离子交换树脂（粒度 80～100 目，氯型），Silva 等人（2000）用 Bio-Rad（Hercules，California）AG1-X8 型树脂（粒度 200～400 目，氯型）制备阴离子交换柱。Silva 等人的交换柱尺寸为 12 cm×2 cm，装填树脂 2 mL，相当于交换容量 2.4 meq。使用前可在柱内加 2 mL 1.25 *M* 的 $CaCl_2$ 溶液，以保证树脂被氯离子饱和(若树脂已被氯离子饱和此一步骤也可省略)，再加 2 mL 去离子水，洗出游离的氯离子，柱内应保留 0.5 mL 水以保证交换树脂完全饱水。预处理后的交换柱用橡皮塞密封，在室温下保存备用。

采样时，首先测定水中的 NO_3^- 含量，以便确定采水量，保证阴离子交换树脂能够吸附 100～200 μmol NO_3^-。为了防止水中的颗粒物阻塞交换树脂，需要用 0.45 μm 的聚碳酸酯膜过滤水样。将过滤后的水样通过如图 26-25 所示的交换装置，调节分液漏斗上的活塞阀门控制交换柱的流速为 500～1000 mL/h(约为 8～16 mL/min)。若流速过慢可用泵抽滤，还可将多个交换装置连接到一个泵上，同时处理多个水样。水样处理结束后，用橡皮塞密封交换柱，送交实验室作进一步处理。

注意事项：常温下各种氮化合物通常不稳定，采集的样品要在低温下保存(采样现场用冷藏箱)，分析前要将样品冷冻在 −20 ℃的冷冻柜中。

实验室分析 NO_3^- 中的 $\delta^{17}O$ 和 $\delta^{18}O$，分以下几个主要步骤(Michalski et al.，2002)：

- 将 NO_3^- 转变成 HNO_3。
- 再将 HNO_3 转变成 $AgNO_3$：$2HNO_3 + Ag_2O \rightarrow 2AgNO_{3(aq)} + H_2O$。
- 通过热分解制取氧：$AgNO_3 \xrightarrow{520℃} \frac{1}{2}O_2 + NO_2 + Ag_{(s)}$。
- 将热分解产物纯化，除去少量杂质(N_2，NO 等)，用同位素比率质谱仪测气体氧，和标样对比、校正后得到 NO_3^- 中的 $\delta^{17}O$ 和 $\delta^{18}O$。

六、测硫酸盐中的 $\delta^{34}S$，$\delta^{18}O$ 以及硫化物中的 $\delta^{34}S$

水中的硫主要以硫酸盐(SO_4^{2-})和硫化物(H_2S 和 HS^-)两种形态存在，其中硫化物遇氧后极易被氧化，生成 SO_4^{2-}。

分析水中的硫一般是测 SO_4^{2-} 中的 $\delta^{34}S$ 和 $\delta^{18}O$，以及硫化物中的 $\delta^{34}S$，采水量需根据水中的硫酸盐/硫化物含量以及分析实验室的要求确定。由于实验室所需的样品量出入比较大(例如测 SO_4^{2-}，所需样品量为 20～700 mg 不等)，因此采样前最好咨询一下分析实验室的有关人员。

根据水中是否含硫化物确定采样方法。

1. 水中不含硫化物

水中不含硫化物时，采样相对比较简单。若水中硫酸根含量足够高，可将水过滤后直接装瓶(<0.45 μm；1 L 塑料瓶)。瓶内约留 20%的顶空。样品在采样现场应保存在临时冷藏箱内，采样结束后立即转移到冷冻柜中保存。也可以从水中分离硫酸钡，方法如下：

- 测定 SO_4^{2-} 和 HCO_3^- 的浓度。
- 将样品水过滤(<0.45 μm)。
- 加稀盐酸使 pH 值介于 4～5 之间，以除去 HCO_3^- 和 CO_3^{2-}，防止 $BaCO_3$ 共沉淀。

• 加 $BaCl_2$。

• 沉淀完成后(约 3～6 h),倾弃或滤弃上清液,将沉淀物转移到样品瓶内。

注意:$BaCl_2$ 毒性较强,不要吸入。

若水中的 SO_4^{2-} 浓度太低,可以用阴离子交换树脂采集水中的 SO_4^{2-}(例如用 Bio-Rad AG-1-X8 阴离子交换树脂,参看图 26-25)。

2. 水中含硫化物

硫化物遇空气容易被氧化成硫酸盐,使水中的硫酸盐/硫化物原始组成发生改变,因

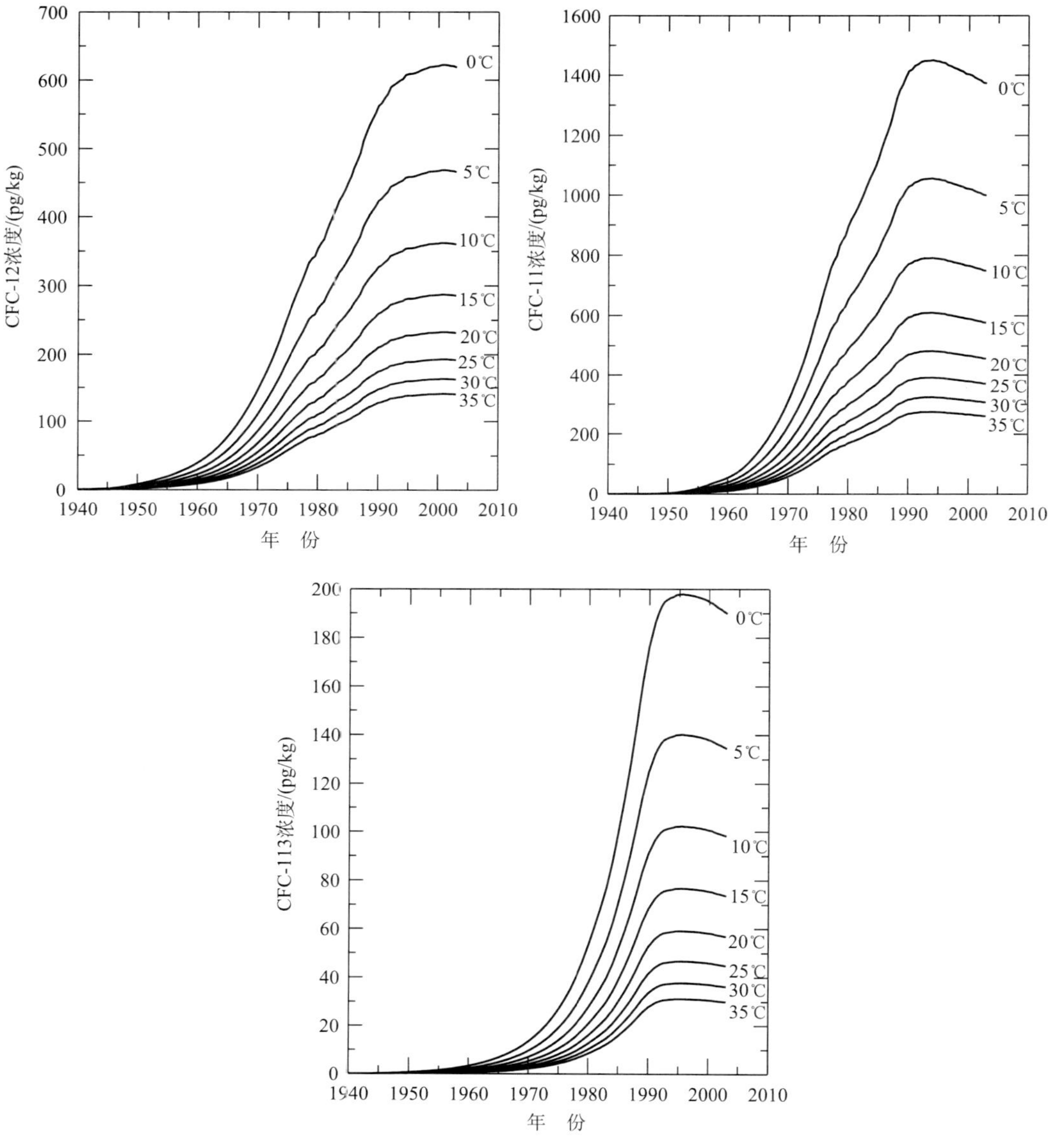

图 26-26　不同温度下与北美洲海平面的大气平衡的水中的 CFCs 浓度(IAEA, 2006)

此采样时需注意不要让水接触空气。采样时先采硫化物，再采硫酸盐。具体方法如下：

- 在 2 L 的采样瓶内放 1～2 g 醋酸镉(CdAc)或醋酸锌(ZnAc)。
- 用 Tygon 软管[①]将水从瓶内底部引入，注意速度要慢，不要激起气泡(1.5～2 L)。
- 随着醋酸镉或醋酸锌不断溶解，水中逐渐产生浅黄色的 CdS(或 ZnS)。
- 待沉淀完全，滤去(倾去)上清液，将沉淀物装入采样瓶。
- 上清液中已不含硫化物，可按方法 1 从水中采集硫酸盐。

七、测水中的 CFCs

地下水若未受到点污染源的影响，其中的 CFCs 含量通常都比地表水低，总的趋势是：地下水越老 CFCs 含量越低，1950 年以前补给的地下水则不含 CFCs(图 26-26)。和氚不同，CFCs 的污染源很多，除了现代大气以外，许多工业制品中都含 CFCs，因此，采水样分析 CFCs，最重要的是要避免样品在采集过程中受到污染。

CFCs 非常容易进入有机物质，因此要避免采样设备(泵、管道和采样瓶等)受油脂类物质污染，采样人员禁止在手部使用护肤化妆品并避免用手接触瓶口和瓶盖内侧。

采样设备要使用合适的材质。金属材质(铝、铜或不锈钢)能很大程度地降低污染危险。如果使用塑料管，则建议使用 Tygon 管。Tygon 管是供理化实验、分析、医疗使用的管材，其主要特点是低气体渗透性，内壁光滑，不易吸附挥发性有机物，冲洗后不留污物，透明清晰，柔韧性好。

较早的采样方法是在高纯的氮气保护下将水样封装在安瓿瓶内(Busenberg and Plummer, 1992)，或用铜管方法(见测水中的惰性气体部分)，目前普遍采用玻璃瓶法。玻璃瓶可以用较大的(500 mL)，也可以用较小的(50 mL)。大瓶可以用磨口玻璃瓶塞；小瓶则要用螺旋盖，螺旋盖内要有带金属箔的内衬。

为了避免被大气污染，采样时不可用排气法直接装水(如图 26-15 中的 A)，而要用水置换法。以下是用小玻璃瓶采样的具体步骤：

- 将采样瓶和瓶盖放在金属桶中，金属桶要高于采样瓶，但不应过大，以保证桶中的水可以被较快地置换。把金属或 Tygon 细管插到瓶底，向瓶内注水(见图 26-27)。
- 水注满采样瓶后向金属桶溢流，注满金属桶后开始向外溢流。等待一段时间(在采第一个样品前等待的时间应略长些)，以保证有足够的水(数倍于桶容量)冲洗玻璃瓶和金属桶，去除吸附在容器表面的空气和 CFCs。
- 保持水流，在水下慢慢拉出细管，盖好瓶盖。
- 从桶内取出采样瓶后，将采样瓶倒转，观察瓶内是否有气泡(有气泡需要重新采样)。确认瓶内没有气泡以后用胶带固定瓶盖(顺瓶盖旋紧方向缠绕胶带)，以防瓶盖松动。
- 每个样品应采 3 个以上复样，记录每个复样的采样顺序。

---

① 关于 Tygon 管材参看测水中的 CFCs。

注意事项：

• 在野外应避免阳光照射样品，避免样品过热（例如夏天汽车后备箱中）。条件允许时可使用家用型野餐冷藏箱临时保存和运送样品。

• 盖紧瓶盖经过一定时间后，气体会从水中溢出形成气泡，这是正常现象，不需要重复采样。

用 500 mL 大玻璃瓶采样的步骤和小瓶基本相同，区别在于大瓶是用磨口玻璃塞封口，封口后将玻璃瓶封装在 1 L 的金属罐内（图 26-28）。实践表明，用这种方法采集的水可以存放至少半年而不会受到环境气体的污染（IAEA，2006）。

这种采样方法的缺点是样品的重量比较大，保存时间短，只适合样品数量不多、采样后能够很快分析的情况。

注意事项：样品瓶不要横放或倒放。

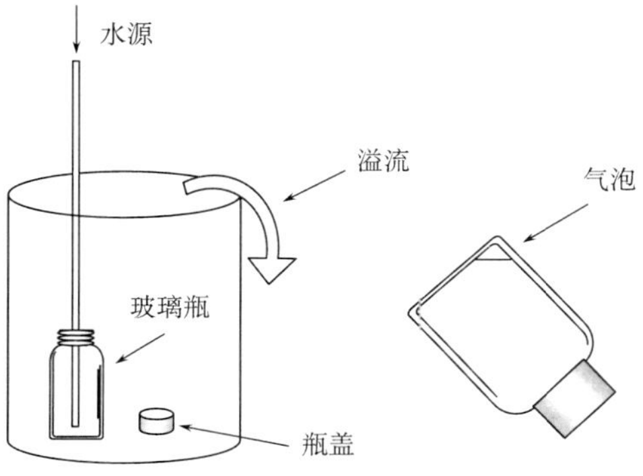

图 26-27　用小玻璃瓶采水样分析 CFCs 的方法示意

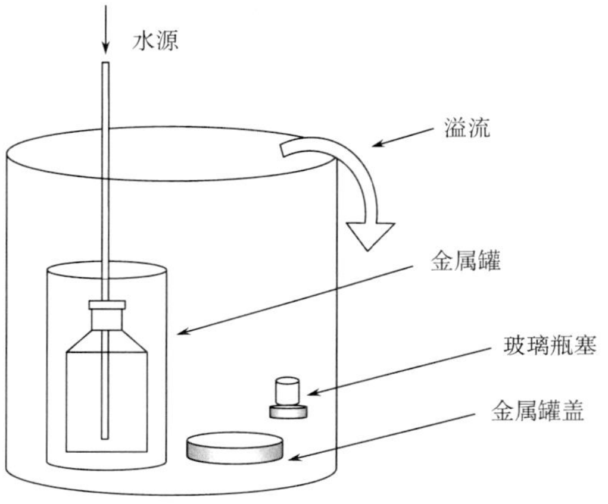

图 26-28　用大玻璃瓶采水样分析 CFCs 的方法示意（金属罐内的样品水包围着样品瓶，可防止外部大气和瓶内的样品水接触）

八、测水中的 SF_6

和 CFCs 类似，一般情况下水越老，水中的 SF_6 含量越低。因此，前述防止 CFCs 污染的措施也同样适用于采样测 SF_6。

SF_6 在水中的浓度非常低，因此分析需要样品量较大，一般需 1 L 水样。采水测 SF_6 要用玻璃瓶，最好用带塑料套的棕色瓶，并用带圆锥形内衬的螺旋瓶盖封口（polyseal screw-caps）（图 26-29）。瓶盖内的圆锥形内衬除了起密封作用外，在瓶内压力增高时可起缓冲作用。瓶外的塑料套可防止玻璃瓶在温度变化时破裂。

采样时将水管插到瓶子底部，用水置换空气（即排气法）。瓶满后使水溢出，轻敲瓶子侧面赶出气泡，至少溢出 3 L 水后，慢慢抽出水管，用螺旋瓶盖不留顶空地密封玻璃瓶。将瓶倒转，观察瓶内是否有气泡（有气泡需要重新采样）。确认瓶内没有气泡以后用胶带

图 26-29　带塑料套的棕色瓶(plastic coated glass, 1 L,左图),
以及带圆锥形内衬的螺旋瓶盖(polyseal screw-caps,右图)

顺瓶盖旋紧方向缠住瓶盖,以防瓶盖松脱(注意:如不采取这一措施瓶盖极易在运送过程中松脱!)。

每个样品至少采 2 个复样,记录每个复样的采样顺序。

注意事项:见测水中的 CFCs。

九、测水中的惰性气体

这里介绍的方法主要适用于测水中的^{3}He,^{4}He,^{20}Ne,^{22}Ne等惰性气体,不包括惰性气体中的^{39}Ar,^{81}Kr,^{85}Kr,^{222}Rn。分析后面这几种惰性气体同位素需要用其他专门的采样方法。

由于玻璃对氦气的阻隔性差,因此采样要用铜管,可以采水样,也可以直接采气体。

1. 采水样

提取水中溶解的气体分析惰性气体,大约需要 40 mL 水样。水样采在铜管中,装置如图 26-30 所示。

采样时将引水(软)管套在铜管一端,让具有一定压力的水通过铜管。引水管上要接三通接头使水通过另一出口减压。将铜管出水口端向上倾斜,使气泡向上运动并溢出(图 26-31)。注意进入铜管的水中不应有气泡,若有气泡,检查管路的密闭性。确认管路中没有气泡后,保持铜管的倾斜角度,用工具敲击铜管,赶出铜管内的气泡。逐渐拧紧铜管上端的螺丝,待铜管上端的螺丝拧紧后再拧紧下端的螺丝。在整个拧紧螺丝的过程中应始终保持铜管向上倾斜的角度。待全部螺丝拧紧后,取下软管,进行下一个样品的采集。

用铜管法采水样分析惰性气体是比较成熟的方法。用这种方法根据水样量和提取的气体量可直接得到水中溶解的气体浓度(参看下面气体扩散采样器方法)。这个方法的主要缺点是:①样品的重量比较大,运送比较困难;②实验室分析时要从水中提取气体,费力费时。

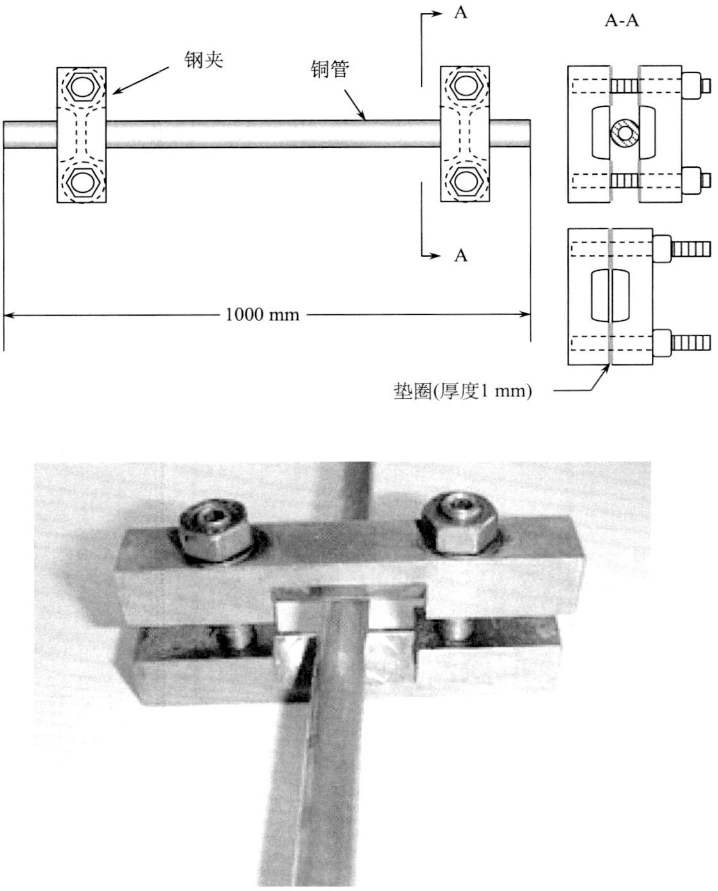

图 26-30　采水样分析惰性气体的铜管方法
(上图:部件/装配图;下图:局部照片)

2. 采气体

也可以用气体扩散采样器(gas diffusion sampler)采气体供分析惰性气体用。这种方法不是直接采水中溶解的气体,所采的是和水中溶解的气体处于平衡态的气体。该方法所利用的是半透膜的分离技术。其原理是借助于只允许气体分子通过而不允许水分子通过的半透膜的选择截留作用,使采样器中的气体和水中溶解的气体充分交换(图 26-32),通过分析采样器中的气体,可获得有关水中溶解的气体的信息如气体含量、组成等。

采样时只需将采样器置入水中(河水、湖水、井水等)。置入水中之前,首先要将两个采样器的 A 端封闭(图 26-33)。待气体交换平衡后(约 24 h),从水中取出采样器,迅速封闭两个 B 端,将得到的两个样品送交实验室分析。

和用铜管采水不同,由于不知道水量,气体在水中的浓度必须用间接的方法求出。可

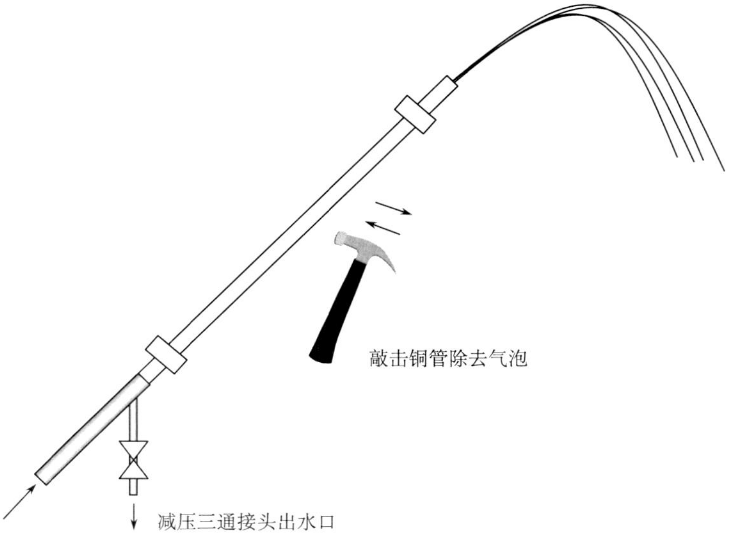

图 26-31　调节三通接头出水口的流量控制通过铜管的水流量
（铜管应向上倾斜，并用工具敲击以除去气泡）

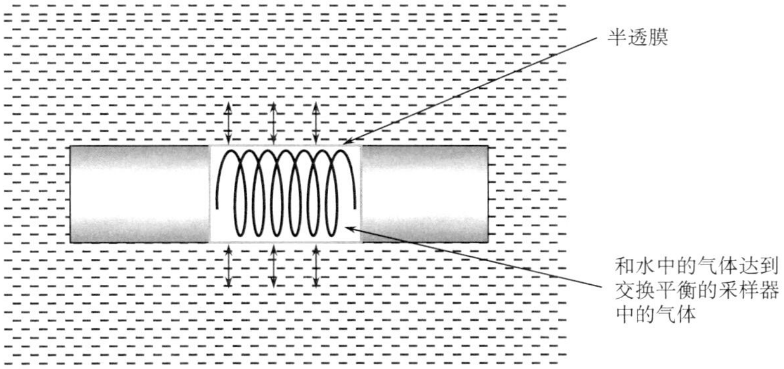

图 26-32　气体扩散采样器采气体分析惰性气体的原理(Solomon)。气体交换平衡后采样器中的气体反映了与水平衡的大气的成分（半透膜左边和右边各与一个铜管采样器相连）

以利用亨利定律求气体在水中的溶解度：

$$C_{i,\mathrm{aq}} = \frac{p_i}{H_i} \tag{26-7}$$

其中：p_i 为气体 i 在气相中的分压；$C_{i,\mathrm{aq}}$ 为该种气体在水中的浓度；H_i 为亨利定律常数，H_i 与水的温度和矿化度有关。

气体扩散采样器的主要优点是体积小、重量轻，运送比较方便；实验室中分析惰性气体时，只需直接分析采到的气体而不必从水中提取气体。该方法的缺点是：采样耗时较长；只能用间接的方法求出水中溶解的气体量，因此需要较准确地测定采样器所在位置的温度；不适合采压力变化大的样品，例如从深井中提出的水（减压后水会脱气）。

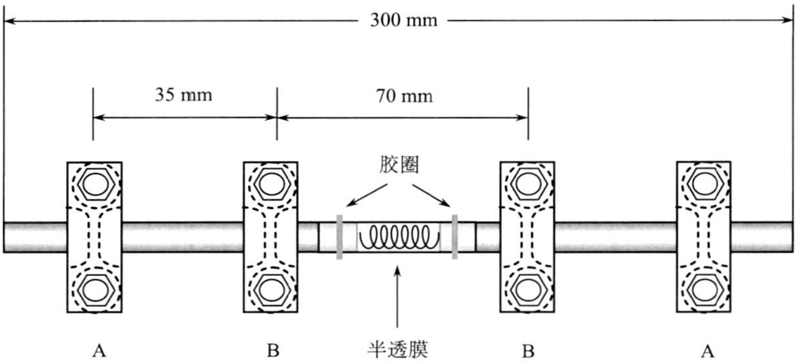

图 26-33　半透膜气体扩散采样器。半透膜将两个采样器联结起来，其中的弹簧起支撑作用(Suckow)

铜管和气体扩散采样器也可作为定深采样器使用：

- 铜管采样器。将铜管下端套上塑料止回阀，上端套一段透明塑料管(图 26-34

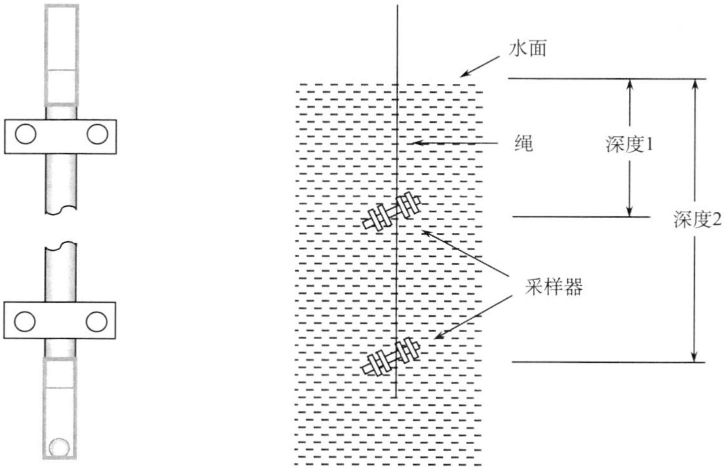

图 26-34　用铜管和气体扩散采样器定深采样示意(Suckow)

左）。将铜管以较快的速度放到一定深度，停留片刻后拉出水面。用手指堵住下端的阀门，迅速用夹子封紧上端的软管。将铜管倒转 180 度，旋紧螺丝。

- 气体扩散采样器。将采样器的两个 A 端（图 26-33）封闭后放到一定深度（图 26-34 右），待气体交换平衡后（约 24 h）从水中取出采样器，迅速封闭两个 B 端。

注意：用铜管作为定深采水器属于破坏性采样方法，只能采一次，不能在短时间内重复使用。

十、测水中$^{36}Cl/Cl$

用 AMS 法测$^{36}Cl/Cl$，需要从水中制备 AgCl。分析一般需要 10 mg AgCl（最低不能低于 4 mg），相当于 1～5 L 水中的氯离子含量。计算采水量可用下式：

$$Y = 10/C \tag{26-8}$$

其中：Y 为采水量（L）；C 为水中的氯离子含量（mg/L）。

样品水可采在高密度塑料瓶内，不需进行预处理。

十一、测水中$^{32}Si/^{28}Si$

测$^{32}Si/^{28}Si$ 可以用低本底计数法（测^{32}Si 衰变生成的放射性子同位素^{32}P）或 AMS 法。无论用低本底计数法或 AMS 法测环境水中的^{32}Si，需要约 1 m^3 水样，因此必须在采样现场处理水样，提取其中的硅（Gellermann et al.，1988；Morgenstern et al.，1996）。由于玻璃材质含硅，因此采样分析^{32}Si 一律用塑料材质（包括装反应试剂的容器）。有两种采样方法：①化学沉淀法；②离子交换法。

1. 化学沉淀法

- 采集约 1 m^3 的水，分析水中的硅含量。
- 若水中的硅含量小于 1 g/m^3（例如降水），加 20 g Na_2SiO_3 作为载体。
- 加盐酸使 pH 值达到 4 除去 CO_2，HCO_3^- 和 CO_3^{2-}。
- 每立方米水中加 1～2 L 10%的 $FeCl_3$，搅拌均匀。
- 加氨水使 pH 值达到 8～9，搅拌均匀，此时有 $Fe(OH)_3$ 生成。
- 加助沉剂（聚丙烯酰胺），搅拌均匀，静置 1～2 h。
- 倾去上清液，将下部 5～10 L 的沉淀物采集到瓶内，送交实验室分析。

2. 离子交换法

用离子交换法将水中的硅酸吸附可使硅得到富集，装置如图 26-35 所示（Fröhlich et al.，1973）。

将三个交换柱串联起来，其中 A 是阳离子交换柱，其目的是除去钙和镁离子，以防止在阴离子交换柱内产生氢氧化物沉淀；B 是弱碱性阴离子交换柱，其目的是除去强酸性的

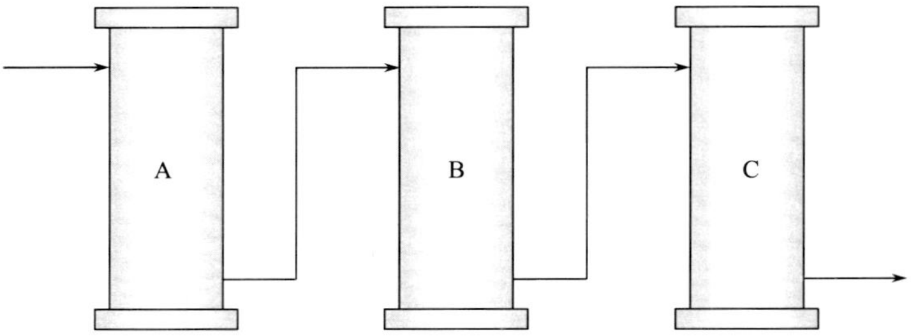

图 26-35　用离子交换树脂法富集水中微量硅的装置示意

阴离子如氯离子、硫酸根等；C 是强碱性阴离子交换柱，主要和弱碱性离子如硅酸和碳酸发生交换。

实验室内将采集在交换柱 C 上的硅酸解析，纯化后测 ^{32}Si。

十二、测水中 $\delta^{11}B$

用同位素比率质谱仪测 $\delta^{11}B$ 需样品 20 μg 左右，一般采 50 mL 水样。水样经过滤后（0.45 μm）装入塑料瓶，环境温度下保存（Buszka et al.，2004）。

注：玻璃可能会含硼，故玻璃瓶不适于采样用。

十三、测水中 $^{87}Sr/^{86}Sr$

用同位素比率质谱仪测 $^{87}Sr/^{86}Sr$ 需样品大约 10 μg，一般采 500 mL 水样。水样经过滤后（0.45 μm）装入塑料瓶，在环境温度下保存（Buszka et al.，2004）。

十四、测水中 $^{234}U/^{238}U$

用辐射探测法（α 谱仪）测比率 $^{234}U/^{238}U$ 需要大约几十升水。

铀在水溶液中主要以 4 价态和 6 价态存在。水中若有 Fe^{3+}，会使 4 价铀氧化为 6 价铀（碱性介质中，铀更容易被氧化）。铀在水溶液中的形态与 pH 值有关，当 pH<2.5 时，UO_2^{2+} 可以稳定存在；当 pH>2.5 时，UO_2^{2+} 开始水解，形成一系列聚合产物，如 $U_2O_5^{2+}$，$U_3O_8^{2+}$，$UO_2(OH)^+$，$U_3O_8(OH)^+$，$U_3O_8(OH)_2$，$U_3O_8(OH)_3^-$ 等。随着溶液的 pH 值升高，水解产物的种类也越来越多。

用化学沉淀法采集水中的铀，其作用机理除了上述化学水解外，更重要的是借助于载体的表面吸附共沉淀作用把铀从溶液中分离出来，最常用的载体是铁的氢氧化物胶体。

因铀的吸附受很多因素的影响，如 pH 值、温度、$Fe(OH)_3$ 胶体表面积大小、容器壁材料(表面积)等,故铀的回收率与沉淀条件有关,需要准确测定。如果在采样现场浓缩样品,为了计算回收率,需要加入已知量(即已知放射性活度)的放射性同位素^{232}U①。可用如下方法在采样现场浓缩样品(Bonotto, 2006; Osmond et al., 1974; Labidi et al., 2002):

- 采 15～25 L 水,酸化使 pH<2(酸化可除去对铀的吸附有干扰作用的CO_3^{2+})。
- 加^{232}U(加入后样品中^{232}U的放射性浓度约为 0.1～1 dpm/L)。
- 加 500 mg $FeCl_3$。
- 加浓氨水(NH_4OH)使 pH 值达到 7～8,此时铀和$Fe(OH)_3$共同生成沉淀。
- 采集沉淀物送交实验室。

若采集水样送交实验室处理,可不加^{232}U,将水样采集到塑料瓶中,酸化后密封(用 HCl 或 HNO_3 将 pH 值调到 2 以下)。

注意:不仅玻璃材质,塑料也能吸附铀,此外,pH 值高时UO_2^{2+}容易水解,生成不溶物,因此样品必须酸化。

十五、测水中溶解的气体氧($\delta^{17}O$,$\delta^{18}O$)

用同位素比率质谱仪测水中溶解的气体氧($\delta^{17}O$,$\delta^{18}O$),可将水采到带嵌环塞阀的容器内(参看图 26-18)。操作步骤如下:预先在 300 mL 的容器中加饱和 $HgCl_2$ 溶液(250 μL～1 mL),抽空。采样时在水下打开阀门,吸入半瓶样品水后密封(约 150 mL)(Luz et al., 2002)。

注意:水下打开采样瓶之前要除去进水管内的空气。

十六、测^{222}Rn

采水样分析^{222}Rn,关键是要防止氡气逸失。一般用辐射探测法测^{222}Rn,很多情况下可在采样现场分析,即使在实验室分析也可以很快完成,所以样品采在密闭的容器内即可,不需要保存样品。

若采样后能够很快分析,可以用以下两种方法采样:①用 500 mL 带塑料或磨口玻璃瓶塞的玻璃瓶,按图 26-27 所示的方法采水;②用注射器采 10 mL 水,再将水注射到预先称重、含 10 mL 液体闪烁剂的玻璃管中,测定前再称重以确定水量。

若采样后不能很快分析,采样和分析之间有一定的时间间隔,可将水样采在预先装有液体闪烁剂的玻璃容器的底部(Freyer et al., 1997)。具体方法如下:

在 1 L 的容量瓶内预先加 20 mL 液体闪烁剂。采样时将地下水缓慢引入到容量瓶

---

① 为了计算待分析核素的回收率,可在分离体系中加入数量已知的待分析核素的放射性同位素,使样品成为"加标样品"。由于加入的同位素数量(活度)已知,因此其回收率可求[回收率=(加入的放射性活度/回收的放射性活度)100%]。又由于所加物质和待分析物化学性质相同,因此可用所加物质的回收率代表待分析物的回收率。

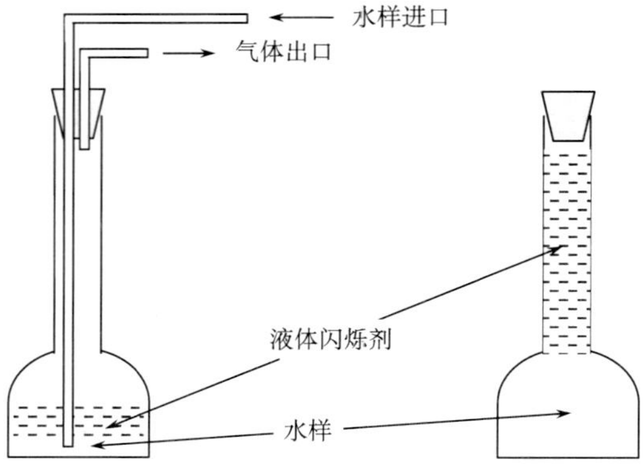

图 26-36　采地下水分析氡气的方法示意

内，注意要用玻璃管将水引到液体闪烁剂的下方，不要搅起气泡（图 26-36 左）。待容量瓶满后，用密闭性好的瓶塞密封（图 26-36 右）。运输和存放过程中瓶颈内的液体闪烁剂可以在一定程度上起封闭气体的作用（氡比较容易溶解在有机溶剂中）。

根据文献资料，用这种方法采集的水样可存放 5 d，其中的氡含量不会发生变化。

其他采集样品分析 ^{39}Ar，^{81}Kr，^{85}Kr 等方法需要的水量很大，也需要在采样现场处理样品，有关方法的原理在第二十五章已经介绍，此处不再重复。

十七、测水中无机磷酸盐中的 ^{18}O

用常规方法分析水中溶解的无机磷酸盐（DIP，dissolved inorganic phosphate）中的氧同位素组成（$\delta^{18}O$），一般需要 4 μmol 左右的氧（约 1 mg PO_4^{3-}）。由于水中的磷酸盐浓度普遍比较低，一般需要采几十升水，在现场处理后将富集了 DIP 的水样送交实验室继续处理、制备分析试样。现场处理水样可用塑料容器（高密度线性聚乙烯容器，参看第一节中的（二）设备和材料），若条件允许可用类似于图 26-22 的设备在现场处理水样（参看采水样测 DIC 中的 ^{14}C 一节）。

用共聚沉淀法富集水中的无机离子，其作用机理是借助于载体的表面吸附共沉淀作用把浓度极低、无法自身形成沉淀的无机离子从溶液中分离出来。操作步骤如下：

（1）根据水中磷酸根的浓度计算采水量。

（2）将待处理的水样采到用酸洗法处理过的塑料桶内。

（3）在水中加入约 75 g $MgCl_2$（50 L），待 $MgCl_2$ 溶解后缓慢加入 0.5 升浓度 1 *M* 的 NaOH 溶液（50 L 水）。此时水中的无机离子被沉淀物 $Mg(OH)_2$ 吸附，缓慢沉降到容器底部。

（4）弃去上清液，将沉淀物采集到较小的塑料瓶内送交实验室处理、分析。

注意：

（1）采样前需要用酸洗法处理容器内表面以避免容器对微量无机离子的吸附（先用 10％的硝酸水溶液浸泡，再用去离子水淋洗）。

（2）磷酸盐属于营养盐，为了防止微生物活动影响分析结果，采样后应采取措施抵制微生物的活动，例如将样品水冷藏保管（参看第一节中的（二）设备和材料）。

第四节　样品的整理、保存和管理

对采集到的样品要进行整理。样品整理包括检验样品和记录的一致性和完好性，完善样品的标签(用正式标签替换在采样现场做的临时标记)，去除不符合标准的样品(编号不详、标签脱落、样品瓶破损等)，必要时进行补采。

除了在第一节提到的样品编号外，许多实验室还有另一套样品唯一性标识法，即与研究项目、样品源种类、分析内容等无关的统一编号。对需要进行统一编号的样品在送样之前还要对样品进行编号。

应尽量缩短采样和送样之间的时间间隔，以防止样品由于脱气、光化学或生物反应等发生变化。

送样时，要填写送样单，标明送样单位、送样人、样品数量、样品编号、分析项目和分析要求。有些实验室要求附简短扼要的有关样品的信息如，研究目的、样品源种类、待分析值的可能范围等。这些信息有助于实验室分析工作。例如，有时待分析值过高，若不在分析之前将样品稀释会污染分析设备；仪器的标定范围不能与待测值的范围相差过远，等等。

寄送(运送)样品时有时也要考虑季节和地理位置变化的影响，例如水样的温度在夏季可能会变得过热而在冬季又变得过冷。有时温度会随地理位置发生很大的变化，使样品经历冷热交替变化。水温变高、结冰都可能导致玻璃瓶破裂。如果样品装箱作远途寄送(运送)，样品瓶周围应有填充物，瓶盖上端应有适当的压力，防止样品瓶盖松动导致样品溢漏或被污染。

对于需要复检和留样的样品应按照规定的要求保存。样品的保存条件原则上应达到密封、防潮、防光、防热、防污染。留样期满后应及时销毁。

参 考 文 献

安芷生.1990.最近2万年中国环境变迁研究.见:黄土·第四纪地质·全球变化.北京:科学出版社:1-26.

安芷生,Porter SC,Chapell J 等.1994.最近13万年洛川黄土堆积序列与格陵兰冰芯记录.科学通报,39(24):2254-2256.

奥尔列诺克·维.1991.自然界水的循环.中国科学报,07-09,第三版.

彼得 G.库克.2003.地下水文学中的环境示踪剂.钱云平译.郑州:黄河出版社.

蔡春芳,梅博文,马亭等.1998.塔里木盆地流体-岩石相互作用研究.北京:地质出版社:35-43.

蔡德陵,石学法,周卫健等.2001.南黄海悬浮体和沉积物的物质来源和运移:来自碳稳定同位素组成的证据.科学通报,46(增刊):16-23.

蔡作馨,杨鼎鸿,程庆斌等.2006.地下含水层氡浓度和水位实时动态的潮汐现象与数字化单井综合观测.地震,26(4):9-14.

曹励明.1989.地球化学环境与生命.见:赵懿英,方一亭主编.现代地质学讲座.南京:南京大学出版社.

曹玲玲,王宗礼,刘耀炜.2005.氡迁移机理研究进展概述.地震研究,28(3):302-306.

曹兴山,赫明林,曹炳媛.2001.武威药王泉地热田水文地质条件及水化学特征.甘肃地质学报,10(1):75-82.

柴之芳.1982.活化分析基础.北京:原子能出版社.

长江流域规划办公室主编.1979.水文预报方法.北京:水利电力出版社.

车用太,鱼金子,刘五洲.1997.水氡异常的水动力学机制.地震地质,19(4):353-753.

车用太,鱼金子,张培仁等.2002.H_2与He的映震灵敏性及其干扰初析.地震,22(2):94-103.

陈爱光,徐绍利.1959.山东潍北沿海卤水的形成及其分布规律.北京地质学院学报,(4):16-22.

陈成详,庄峙厦,刘海波等.2007.不同赋存形态土壤铅同位素比值用于判别地域性差异的研究.分析化学研究简报,35(1):103-105.

陈道公,支霞臣,杨海涛.1994.地球化学.合肥:中国科学技术大学出版社.

陈法锦,李学辉,贾国东.2007.氮氧同位素在河流硝酸盐研究中的应用.地球科学进展,22(12):1251-1257.

陈宏芳.1997.原子物理学.合肥.中国科学技术大学出版社.

陈家琦,王浩.1996.水资源学概论.北京:中国水利水电出版社.

陈家琦,王浩,杨小柳.2002.水资源学.北京:科学出版社.

陈家琦.2003.水文与水资源文选.北京:中国水利水电出版社.

陈建生.2005.青藏高原断裂带补给河西走廊与阿拉善高原地下水的同位素证据.见:曹楚生,谢世楞主编.新世纪水利工程科技前沿(院士)论坛.天津:天津大学出版社:196-202.

陈建生,李孝泽.2005.青藏高原南北向断裂带向阿拉善高原/贝加尔湖输水的同位素证据(摘要).见:郑度,姚檀栋主编.青藏高原地质过程与环境灾害效应文集.北京:地震出版社:155.

陈建生,赵霞,盛雪芬等.2006.巴丹吉林沙漠湖泊群与沙山形成机理研究.科学通报,51(23):2789-2796

陈建生.2009.青藏高原冰川融水深循环及其环境效应.见:中国科协学会学术部编.青藏高原冰川融水深循环及其环境效应.北京:中国科学技术凸版社.

陈骏,王鹤年.2004.地球化学.北京:科学出版社.

陈陆望,桂和荣,胡友彪等.2003.皖北矿区煤层底板岩溶水环境同位素判别模式.煤炭科学技术,31(2):44-47.

陈陆望,桂和荣,许光泉等.2003.皖北矿区煤层底板岩溶水氢氧稳定同位素特征.合肥工业大学学报,26(3):374-378.

陈泮勤.1998.温室气体与全球变化.见:陈述彭主编.地球系统科学:中国进展,世纪展望.北京:中国科学技术出版社.

陈思亮,刘丛强,肖化云.2002.地表环境氮循环过程中微生物作用及同位素分馏研究综述.地质地球化学,30(4):

40-45.

陈廷扬. 1992. 私人通信.

陈玮. 1992. 塔克拉玛干沙漠地下水环境同位素研究. 干旱地区地理,15(1):18-19.

陈兆炎,苏文智,郑世书等. 1989. 煤田水文地质学. 北京:煤炭工业出版社.

储雪蕾. 2000. 北京地区地表水的硫同位素组成与环境地球化学. 第四纪研究, 20(1): 87-97.

褚圣麟. 1979. 原子物理学. 北京: 高等教育出版社.

崔玉龙. 1990. 结合水对地下水^{14}C视年龄影响的探讨. 中国地质科学院水文地质工程地质研究所所刊,6 号:195-201.

戴金星,李剑,侯路. 2005. 鄂尔多斯盆地氦同位素的特征. 高校地质学报,11(4):473-478.

地矿部水文地质工程地质研究所. 1989. 大气降水稳定同位素背景值的研究. 勘察科学技术,(1):6-13.

杜方,吴江. 2002. 昆仑山口西 8.1 级地震远场异常. 高原地震, 14 (1):52-60.

杜建国. 2002. 深部流体对岩石物性的影响及其地震地质意义. 中国科学院地球化学研究所博士学位论文.

杜建国,刘丛强. 2003. 同位素地球化学在地震研究方面的作用. 地震,23(2):99-107.

段玉成,黑磊,解光新. 1994. 环境同位素在邢台煤矿放水试验中的应用. 煤田地质与勘探,22(1):33-37.

弗隆斯基. 1982. 天然水的同位素及地球与水圈的起源问题. 孙杉译. 世界地质,(2).

福蒂斯丘 JAC. 1980. 环境地球化学. 李世玢译. 北京:高等教育出版社.

福尔 G. 1977. 同位素地质学基础. 潘曙兰, 乔广生译. 北京:科学出版社.

盖保民. 1991. 地球演化. 北京:中国科学技术出版社.

高华中,贾玉连. 2005. 西北典型内陆湖泊近 40 年来的演化特点及机制分析. 干旱区资源与环境,19(5):93-96.

高前兆,李福兴. 1990. 黑河流域水资源合理开发利用. 兰州:甘肃科学技术出版社.

高万林等. 1980. 放射性水文地球化学找矿. 北京:原子能出版社.

高小其,李艳萍,李新勇等. 2001. 地下水溶解气 CH_4/Ar 比值的映震特征的研究. 内陆地震,15(3):252-258.

高小其,许秋龙,王道. 2002. 昆仑山口西 8.1 级地震前后地下流体远场效应的研究,高原地震,14(3):12-20.

高志友,王小丹,尹观. 2007. 雅鲁藏布江径流水文规律及水体同位素组成. 地理学报,62(9):1002-1007.

葛亮涛,叶贵钧,高洪烈. 2001. 中国煤田水文地质学. 北京:煤炭工业出版社.

葛晓光. 1999. 临涣矿区地下水的环境同位素研究. 安徽地质,9(4):268-271.

龚时旸,蒋德麒. 1978. 黄河中游黄土丘陵沟壑区沟道小流域的水土流失及治理. 中国科学, 11(6):671-678.

巩同梁, 田立德, 刘东年等. 2007. 羊卓雍湖流域湖水稳定同位素循环过程研究. 冰川冻土,39(6):914-920.

顾慰祖. 1954. 单位过程线之分析. 工程建设,(6):18-30.

顾慰祖主编. 1984. 水文学基础. 北京: 水利电力出版社.

顾慰祖. 1989. 地表水的同位素测验和研究. 黑龙江水专学报,(2):1-8.

顾慰祖. 1992. 集水区降雨径流响应的环境同位素研究. 水科学进展,3(4):246-254.

顾慰祖. 1995. 利用环境同位素及水文实验研究集水区产流方式. 水利学报,(5): 9-17.

顾慰祖. 1996. 论流量过程线划分的环境同位素方法. 水科学进展,7(2):105-111.

顾慰祖. 1997. 同位素水文水资源研究二十周年文集. 南京:水利部南京水文水资源研究所: 101-110.

顾慰祖. 2007. 未发表资料.

顾慰祖. 2009. 关于内陆河治水的发言. 青藏高原冰川融水深循环及其环境效应. 北京:中国科学技术出版社:124-126.

顾慰祖,温灼如. 1982. 实验流域系统和滁州实验流域研究. 见:水文研究论文集. 南京:水利电力部南京水文水资源研究所:214-233.

顾慰祖, 吕明强. 1983. 实验流域非饱和带土壤水分的中子散射法研究. 南京大学学报 · 地理学: 84-100.

顾慰祖,谢民. 1997. 同位素示踪划分藤桥流域流量过程线的试验研究. 水文,(1): 29-32.

顾慰祖, 林曾平, 费光灿等. 2000. 环境同位素硫在大同南寒武-奥陶系地下水资源研究中的应用. 水科学进展,11(1): 14-20.

顾慰祖，陆家驹，费光灿等．2001．铀系不平衡在大同南寒武-奥陶系地下水资源研究中的应用．水科学进展，12(2)：177-184．
顾慰祖，陆家驹，陈廷扬等．2003．中国陆地水元素组成的中子活化分析试验．水科学进展，14(5)：535-541．
顾慰祖，卞传恂，宋家常．2003．探索水文现象和流域水文过程——纪念安徽水文实验研究50年．安徽水利科技，2．
顾慰祖，陆家驹，唐海行等．2003．水文实验求是传统水文概念．水科学进展，14(3)：368-378．
顾慰祖，陈建生，汪集旸等．2004．巴丹吉林高大沙山表层孔隙水现象的疑义．水科学进展，15(6)：695-699．
顾慰祖，陆家驹，赵霞等．2007．无机水化学离子在实验流域降雨径流过程中的响应及其示踪意义．水科学进展，18(1)：1-7．
顾慰祖，尚熳廷，翟劭炎等．2010．天然流域降雨径流现象发生的悖论．水科学进展，21(4)：471-478．
桂和荣，陈陆望．2004．皖北矿区主要突水水源水文地质特征研究．煤炭学报，29(3)：323-327．
桂和荣，陈陆望，宋晓梅．2004．利用氚含量研究皖北矿区深层地下水循环特征．地学前沿，11(2)：351-352．
桂和荣，陈陆望．2005．皖北矿区深部地下水环境同位素混合模式研究．煤炭科学技术，33(9)：68-71．
桂和荣，陈陆望，宋晓梅．2005．皖北矿区地下水中氢氧稳定同位素的漂移特征．哈尔滨工业大学学报，37(1)：111-114．
桂和荣，陈陆望．2007．矿区地下水水文地球化学演化与识别．北京：地质出版社．
韩风清，刘卫国．1996．稳定氯同位素在地球科学研究中的进展．盐湖研究，4(1)：46-50．
韩良峰．2007．私人通信．
韩同林．2004．发现冰臼．北京：华夏出版社．
韩行瑞，鲁荣安，李庆松．1993．岩溶水系统——山西岩溶大泉研究．北京：地质出版社：340．
韩有松，孟广兰．1996．中国北方沿海第四纪地下卤水．北京：科学出版社：1-193．
何开辉．2000．中国核科技报告．2002：193-202．
贺庆昌，蔡玉田，贺殿彬等．1992．济南泉域西郊岩溶水系统水力联系研究报告．济南：山东省地矿局八0一队，地矿部岩溶地质研究所．
洪业汤，顾爱良，王宏卫等．1995．黄河硫同位素组成与青藏高原隆起．第四纪研究，(4)：360-366．
侯建才，李占斌，崔灵周等．2007a．黄土高原典型流域次降雨径流侵蚀产沙规律研究．西北农林科技大学学报(自然科学版)，35(8)：51-55．
侯建才，李占斌，李勉．2007b．紫色丘陵区小流域土壤侵蚀产沙空间分布的^{137}Cs法初步研究．农业工程学报，23(3)：46-50．
侯建才，李占斌，李勉等．2007c．基于淤地坝淤积信息的小流域泥沙来源及产沙强度研究．西安理工大学学报，23(2)：1-5．
侯建才，李占斌，李勉．2007d．黄土高原丘陵沟壑区一副区小流域淤地坝系效益分析．水土保持研究，14(2)：34-36．
侯建才，李占斌，李勉等．2007e．小流域和土地利用类型对侵蚀产沙影响的^{137}Cs法研究．水土保持学报，21(2)：36-39．
侯建才，李占斌，李勉等．2007f．流域次降雨侵蚀产沙的BP神经网络模拟．水土保持通报，27(3)：16-19．
胡圣标，何丽娟，汪集旸．2001．中国大陆地区大地热流数据汇编．地球物理学报，44(5)：611-626．
环境放射性监测方法编写组．1977．环境放射性监测方法．北京：原子能出版社．
黄春长．1989．渭河流域全新世黄土与环境变迁．地理研究，8(1)：20-31．
黄春长．2000．环境变迁．北京：科学出版社．
黄达峰等．2006．同位素质谱技术与应用．北京：化学工业出版社．
黄麒，蔡珀琴．1987．察尔汗盐湖沉积年代学的初步研究．见：中国科学院中澳第四纪合作研究组编．中国-澳大利亚第四纪学术讨论会论文集．北京：科学出版社：106-114．
黄锡荃，李惠明，金伯欣．1993．水文学．北京：高等教育出版社．
晃念英等．2006．同位素水文学最新研究进展．北京：中国地质大学出版社．
霍恩 RA．1969．海洋化学(水的结构与水圈的化学)．北京：科学出版社．

霍明远主编. 1993. 地下水资源系统勘查技术与综合评价方法. 北京:科学出版社.

季峻峰. 2004. 风化作用地球化学. 见:陈骏、王鹤年主编. 地球化学. 北京:科学出版社.

季欧. 1978. 质谱分析法. 北京:原子能出版社.

加弗里连科 EC. 1981. 构造圈水文地质学. 孙杉译. 北京:地质出版社.

加生荣. 1992. 黄丘一区径流泥沙来源研究. 中国水土保持, 1: 20-23.

江藤秀雄,熊取敏之,飯田博美等. 1978. 辐射防护(第三版). 崔朝晖译. 北京:原子能出版社.

江忠善,王志强,刘志. 1996. 黄土丘陵区小流域土壤侵蚀空间变化定量研究. 土壤侵蚀与水土保持学报,2(1):1-9.

姜永清. 1982. γ辐射测定土壤密度和含水量的研究近况. 中国科学院西北水土保持研究所集刊.

蒋德麒. 1978. 黄河中游丘陵沟壑区沟道小流域的水土流失及治理. 中国科学, 11(6):671-678.

蒋高明. 1994. 运用油松年轮揭示承德市硫及重金属污染的历史. 植物生态学报,18(4):314-321.

焦鹏程. 1993. 水文地质研究中氮同位素方法应用原理. 见:王东生,徐乃安主编. 中国同位素水文地质学之进展(1988-1993). 天津:天津大学出版社: 25-29.

焦鹏程. 1996. 环境氮同位素方法示踪石家庄市地下水中硝酸盐来源. 地球学报-中国地质科学院院报, 17(增刊): 181-188.

焦鹏程,王弭力,刘成林. 2004. 新疆罗布泊盐湖卤水的氚同位素特征及其地质意义. 核技术,27(9):710-715.

金光炎. 2003. 水文水资源分析研究. 南京:东南大学出版社:168-192.

金继宇. 2006. 与地震有关的水文及地球化学变化. 国际地震动态,7:41-50.

金胜,叶高峰,魏文博等. 2007. 青藏高原西缘壳幔电性结构与断裂构造:札达-泉水湖剖面大地电磁探测提供的依据. 地球科学-中国地质大学学报,32(4):474-480.

荆恩春. 1992. 瞬时剖面法计算土壤水分通量研究. 地质矿产部环境地质开放实验室年报. 北京:地震出版社.

荆恩春等. 1994. 土壤水分通量法实验研究. 北京:地震出版社.

科恩 FP. 1976. 天然放射性本底. 见:布拉茨 H 主编. 辐射卫生手册. 辐射卫生手册翻译组译. 北京:原子能出版社.

科兹洛夫斯基 ФИ. 1972. 景观地球化学迁移过程的结构-功能和数学模型. 见:李世玢译. 地理学论文集. 广州:中山大学出版社.

克拉克,弗里茨. 2006. 水文地质学中的环境同位素. 张慧,张新基译. 郑州:黄河水利出版社.

堀部纯男,坪田博行,松尾祯士等. 1970. 海水化学. 崔清晨等译. 北京:科学出版社.

乐仁昌. 2001. 氡及其子体的释放和运移规律及机理研究. 成都理工大学博士学位论文.

雷志栋,杨诗秀,谢森传. 1988. 土壤水动力学. 北京:清华大学出版社.

李百祥. 2002. 狼山—武威—共和断裂带和地热分布. 甘肃地质学报,11(1):83-88.

李定龙. 1998. 皖北奥陶系灰岩古岩溶地球化学特征及其成因模式研究. 中国矿业大学博士论文.

李福兴,姚建华. 1998. 河西走廊经济发展与环境整治的综合研究. 北京:中国环境科学出版社.

李勉,李占斌,丁文峰等. 2002. 黄土坡面细沟侵蚀过程的 REE 示踪. 地理学报,57(2):218-223.

李勉,李占斌,丁文峰. 2003. 中子活化分析方法在细沟侵蚀过程中的应用. 核技术,26(6):425-428.

李少龙, 苏春江, 白立新等. 1995. 小流域泥沙来源的^{226}Ra分析法. 山地研究,13(3):199-202.

李铁锡,邢立亭,康凤新等. 1998. 济南保泉供水系统研究. 济南:山东地矿工程勘察院.

李文鹏,何庆成. 1993a. 察尔汗盐湖区晶间卤水运动规律的环境同位素研究. 见:王东升,徐乃安主编. 中国同位素水文地质学之进展. 天津:天津大学出版社: 107-113.

李文鹏,何庆成. 1993b. 察尔汗盐湖物质来源的讨论. 河北地质学院学报,16(3):254-263.

李岫霞,柴之芳,钱杏珍. 1980. 冷冻干燥预浓集技术在天然水中子活化分析中的应用. 环境学丛刊,4:14.

李岫霞, 钱杏珍, 佘中盛. 1987. 松花江水系地表水中若干微量元素的背景值. 见:第三届环境地球化学与健康文集: 223.

李学礼. 1988. 水文地球化学. 北京:原子能出版社.

李樟苏. 1983. 镇江港放射性示踪沙试验. 水利水运科学研究, (4):47-54.

林景星,张静,剧远景等. 2005. 罗布泊地区第四纪岩石地层、磁性地层和气候地层. 地层学杂志,29(4):317-322.

林斯雷 RK，寇乐 MA，保罗赫斯 JLH. 1981. 工程水文学(1975 版). 刘光文，周之豪，沈曾源等译. 北京：水利出版社.
林振耀，郑度. 1992. 新疆塔里木盆地东缘水汽输送探讨. 干旱区研究，9(2)：1-6.
刘成林，王弭力，焦鹏程. 1999. 新疆罗布泊盐湖氢氧锶硫同位素地球化学及钾矿成矿物质来源. 矿床地质，18(3)：268-275.
刘丛强等. 2007. 生物地球化学过程与地表物质循环——西南喀斯特流域侵蚀与生源要素循环. 北京：科学出版社.
刘存富. 王恒纯. 1984. 环境同位素水文地质学基础. 武汉地质学院.
刘东生，陈正明，罗可文. 1987. 桂林地区大气降水的氢氧同位素研究. 中国岩溶，6(3)：225-231.
刘国卿，张干，彭先芝. 2004. 单体同位素技术在有机环境污染中的研究进展. 地球与环境，32(1)：23-27.
刘国纬. 1997. 水文循环的大气过程. 北京：科学出版社.
刘普灵，田均良，周佩华等. 1997. 土壤侵蚀稀土元素示踪法操作技术研究. 水土保持研究，4(2)：10-16.
刘箐华. 2006. 活断层上覆盖层中氡迁移的数值模拟及反演拟合. 吉林大学博士学位论文.
刘群，杜之岳，陈郁华等. 1997. 陕北奥陶系和塔里木石炭系钾盐找矿远景. 北京：原子能出版社：206-208.
刘卫国，肖庆凯. 1998. 硼、氯同位素测定方法及地球化学研究进展. 地球科学进展，13(6)：547-554.
刘卫国，肖应凯，彭子成. 1999. 柴达木盆地盐湖卤水硼、氯同位素的水化学特性探讨. 盐湖研究，7(3)：8-14.
刘雨人，王永海，杨玉敬等. 2002. 利用钚-238 测量临河底含沙量. 黄河水利委员会水利科学研究所(油印).
卢耀如等. 1999. 岩溶水文地质环境演化及其效应研究. 北京：科学出版社.
鲁智. 1982. FT-1 型核子低含沙量计的野外实验. 人民黄河，(3)：50-54.
罗来兴，祁延年. 1955. 陕北无定河、清涧河黄土区域的侵蚀地形与侵蚀量. 地理学报，21(1)：35-44.
罗泰义. 1997. 岩矿中元素氮的地球化学. 中国科学院地球化学研究所博士学位论文.
雒文生，王祥三. 1988. 试论水文科学的发展前景：1-7.
马东升. 2004. 岩浆作用地球化学. 见：陈骏，王鹤年主编. 地球化学. 北京：科学出版社.
马金珠，陈发虎，赵华. 2004. 1000 年以来巴丹吉林沙漠地下水补给与气象变化的包气带地球化学记录. 科学通报. 49(1)：22-26.
马龙，于洪军，王树昆等. 2006. 渤海地区晚第四纪环境演化与第四纪滨海相地下卤水的形成. 海岸工程，25(4)：1-6.
马致远，钱会. 2004. 环境同位素地下水文学. 西安：陕西科学技术出版社：82-123.
马致远，余娟，李清等. 2008. 关中盆地地下热水环境同位素分布及其水文地质意义. 地球科学与环境学报，3 (4)：396-401.
南京大学地理系. 1979. 城西径流实验站南大洼实验流域土壤物理性分析.
宁爱凤，尹观，刘天仇. 2000. 拉萨河地区的大气降水同位素分布特征. 矿物岩石，20(3，总 81)：95-99.
潘曙兰，马凤山. 1997. 海水入侵的同位素研究. 地球学报，18：310-312.
庞忠和. 1987. 漳州盆地地热系统：成因分析、热水分布规律与热能潜力. 中国科学院地质研究所博士论文：305.
庞忠和，樊志成，汪集旸. 1990. 漳州盆地地下热水成因及海水混合的同位素证据. 地球化学，(4)：296-302.
皮科克 TAH. 1978. 放射化学理论与实验. 王榕树译. 北京：原子能出版社.
祁海平，王蕴慧，肖应凯等. 1993. 中国盐湖中的硼同位素的初步研究. 科学通报，38(7)：634-637.
钱会，窦妍，李西建等. 2007. 都思兔河氢氧稳定同位素沿流程的变化及其对河水蒸发的指示. 水文地质工程地质，(1)：107-112.
钱杏珍，李岫霞. 1986. 嫩江上游天然水的自然背景值和赋存状况研究. 科学通报，5(1)：175.
钱杏珍，李岫霞. 1988. 洞庭湖水系河水中 28 种元素背景值研究. 地理科学，8(1)：79.
秦大军，庞忠和，Turner JV 等. 2005. 西安地区地热水和渭北岩溶水同位素特征及相互关系. 岩石学报，21(5)：1489-1500.
邱泽华，张宝红. 2007. 关于地壳中存在大规模虚空区的问题. 地质科学，42(1)：58-69.
区永和，陈爱光，王恒纯. 1988. 水文地质学概论. 武汉：中国地质大学出版社.
饶文波. 2005. 中国干旱-半干旱地区风尘 Sr-Nd 同位素地球化学研究. 南京大学博士后论文.
芮孝芳. 2004. 水文学原理. 北京：中国水利水电出版社.

邵益生，纪杉. 1993. 水土环境中的氮同位素分馏机理. 见：王东生，徐乃安主编. 中国同位素水文地质学之进展(1988～1993)第二届全国同位素水文地质方法学术讨论会论文集. 天津：天津大学出版社.

沈晋，王文焰，沈冰等. 1991. 动力水文实验研究. 西安：陕西科学技术出版社.

沈显杰，李国华，汪缉安等. 1994. 青海柴达木盆地热流测量和统计热流计算. 地球物理学报，37(1)：56-65.

沈照理，朱宛华，钟佐燊. 1993. 水文地球化学基础. 北京：地质出版社.

施成熙，华士乾，陈道宏等. 1987. 水文科学. 见：中国大百科全书：大气科学、海洋科学、水文科学卷. 北京：中国大百科全书出版社.

石辉，田均良，刘普灵等. 1997. 小流域泥沙来源的REE示踪研究. 中国科学(E辑)，40(1)：12-20.

史基安，王先彬，王琪等. 1999. 地下水补给、循环和混合作用的氦同位素证据——以石羊河、黑河流域为例. 沉积学报，17(增刊)：815-819.

水利部水文司. 1997. 中国水文志. 北京：中国水利水电出版社.

水利电力部水文局. 1963. 关于径流实验研究工作的现状和今后工作的意见. 水利水电技术(水文副刊)，(1)：11-16.

水利电力部水文局. 1987. 中国水资源评价. 北京：水利电力出版社.

斯米尔诺夫·弗·伊. 1985. 矿床地质学. 矿床地质学翻译组译. 北京：地质出版社.

宋春青，张振春. 1996. 地质学基础. 北京：高等教育出版社.

宋家常，王兵，尚新红等. 2004. 水文地质参数报告. 安徽省水利科学研究院：6-33.

宋献方，柳鉴容，孙晓敏等. 2007. 基于CERN的中国大气降水同位素观测网络. 地球科学进展，22(7)：738-747.

宋献方，刘鑫，夏军等. 2009. 基于氢氧同位素的岔巴沟流域地表水-地下水转化关系研究. 应用基础与工程科学学报，17(1)：8-20.

苏小四，林学钰，廖资生等. 2003. 黄河水$\delta^{18}O$，δD和^{3}H的沿程变化特征及其影响因素研究. 地球化学，32(4)：349-357.

索埃脱 D等. 1978. 中子活化分析. 伍任译. 北京：原子能出版社.

陶明信，徐永昌，史宝光等. 2005. 中国不同类型断裂带的地幔脱气与深部地质构造特征. 中国科学，35(5)：441-451.

田均良. 1997. 侵蚀泥沙坡面沉积研究初报. 水土保持研究，4(2)：57-63.

田均良，周佩华，刘普灵等. 1992. 土壤侵蚀REE示踪法研究初报. 水土保持学报，6(4)：23-27.

田立德，姚檀栋，沈永平等. 2002. 青藏高原那曲河流域降水及河流水体中氧稳定同位素研究. 水科学进展. 13(2)：206-210.

童海滨. 2007. 同位素浓度场-流场耦合微分方程模型. 河海大学博士论文.

童海滨，陈建生，汪集旸. 2007. 河道水体中氢氧稳定同位素组成的微分方程模型. 水科学进展，18(4)：552-557.

屠树德，毛雪瑛，李岫霞等. 1983. 新疆天山和吐鲁番盆地天然水自然背景值. 地理科学，3(1)：89.

万永芳，叶东华，杨向东. 2006. 2004年12月26日印尼8.7级强震广东地区同震效应分析. 华南地震，26(4)：67-73.

汪阳春，张信宝，李少龙. 1991. 黄土峁坡侵蚀的^{137}Cs法研究. 水土保持通报，11(3)：34-37.

王大纯，张人权，史毅虹等. 1995. 水文地质学基础. 北京：地质出版社.

王东升. 1984. 四川盆地地下水稀有气体年龄研究. 水文地质工程地质，(1)：36-39.

王东升. 1987. 中国地下盐卤水的类型与分布. 中国地质，(2).

王东升. 1987. 川25井富钾卤水的水文地球化学特征及找钾指示意义研究. 见：中国地质科学院水文地质工程地质研究所所刊(3). 北京：地质出版社：34-55.

王东升. 1988a. 关于同位素技术在水资源研究中应用的理论与原则. 中国地质，(12)：21-23.

王东升. 1988b. 四川盆地地下盐卤水的水文地球化学特征. 华东地质学院学报，11(4)：401-410.

王东升. 1989. 现代水资源学与同位素技术. 中国地质，(8)：27-28.

王东升. 1990. 大气降水核素组成与水-环境科学. 核电子学与探测技术，(1)：55-59.

王东升. 1991. 环境放射性同位素氚在水资源开发中的应用原理和要点. 勘察科学技术，(5)：34-38.

王东升. 1993a. 应用环境核素研究地下水污染问题. 勘察科学技术，(5)：20-23.

王东升. 1993b. 中国大气降水氢氧同位素浓度场的时间-空间展布及其环境效应. 见：王东升，徐乃安主编. 中国同位素水文地质学之进展(1988-1993). 天津:天津大学出版社:5-12.
王东升. 1997. 氮同位素比 $^{15}N/^{14}N$ 在地下水污染研究中的应用基础. 地球科学,18(2):220-223.
王东升,刘恩凯,孙继朝等. 1989. 应用环境氚估算娘子关泉域地下水年龄和储存量. 勘察科学技术,(40):1-4.
王东升,王经兰. 1996. 中国地下热水的基本类型和成因特征. 第四纪研究,(2):139-146.
王根绪,程国栋,钱鞠等. 2003. 中国干旱内陆流域水体 N、P 负荷特征与动态变化——以黑河为例. 地球科学进展,18(3): 338-344.
王鹤年. 2004. 地壳及地幔中化学元素的分布. 见:陈骏,王鹤年主编. 地球化学. 北京:科学出版社.
王恒纯主编. 1991. 同位素水文地质概论. 北京:地质出版社.
王景华,李岫霞,毛雪瑛等. 1981. 试用中子活化分析法测我国华南热带和亚热带某些地表水地球化学背景值. 科学通报,7: 426.
王军,刘天仇,尹观. 2000. 西藏雅鲁藏布江中、下游地区大气降水同位素分布特征. 地质地球化学,28(1,总 239): 63-67.
王磊,章光新. 2007. 扎龙湿地地表水与浅层地下水的水文化学联系研究. 湿地科学,5(2): 166-173.
王弭力,杨志琛,刘成林等. 1997. 柴达木盆地北部盐湖钾矿床及其开发前景. 北京:地质出版社: 64-68.
王其俊. 1984. 同位素仪表. 北京:原子能出版社.
王庆忠,肖应凯,刘卫国等. 1995. 第四纪察尔汗地区石盐沉积中的氯同位素组成. 盐湖研究,3(1):40-44.
王庆忠,肖应凯,张崇耿等. 2001. 青海和西藏的某些天然硼酸盐矿物的硼同位素组成. 矿物岩石地球化学通报,20(4):364-366.
王瑞久,王怀颖. 1984. 西山中奥陶统脱白云石化定量研究. 中国岩溶,(2):1-11.
王瑞久,黄金生,顾宏群等. 1990. 江苏汤庙热水的环境同位素和地球化学研究. 水文地质工程地质,(3):8-14.
王瑞久,杨巧凤. 2009. 私人通信.
王文焰,张建丰,汪志荣. 1991. 水的质量吸收系数 μ 对 γ 透射法测定土壤含水量精度影响的研究. 见:沈晋,王文焰,沈冰等. 动力水文实验研究. 西安:陕西科学技术出版社.
王先彬. 1989. 稀有气体同位素地球化学和宇宙化学. 北京:科学出版社.
王亚平,王小莺. 1998. 扫荡地球的厄尔尼诺. 天津:百花文艺出版社:1-150.
王永森,陈建生,汪集旸等. 2009. 降水过程中氢、氧稳定同位素理论关系研究. 水科学进展,20(2): 204-208.
王珍岩,韩有松. 1998. 第四纪滨海相地下卤水的研究. 海洋科学,(1):22-24.
卫克勤,林瑞芬,王志祥等. 1980. 我国天然水中氚含量的分布特征. 科学通报,(10):467~470.
吴秉钧. 1986. 我国大气降水中氚的数值推算. 水文地质工程地质,(4):38-41.
吴永进,曹更新,李樟苏. 1986. NKY-84 型 γ 射线测沙仪研制总结. 南京水利科学研究院水工研究所.
席承藩,程云生,黄直立. 1953. 陕北绥德韭园沟土壤侵蚀情况及水土保持办法. 土壤学报,2(3): 148-166.
夏树芳. 1989. 地球的沧桑变迁史. 见:赵懿英,方一亭主编. 现代地质学讲座. 南京:南京大学出版社.
夏正楷. 1997. 第四纪环境学. 北京:北京大学出版社.
向光中,吕德徽. 1987. 青藏块体内北东向构造及其地震活动(以陕甘宁地区为例). 西北地震学报,9(1):62-68.
肖化云,刘丛强. 2004. 氮同位素示踪贵州红枫湖河流季节性氮污染. 地球与环境,32(1): 71-75.
肖序常,汤耀庆,高延林. 1986. 再论青藏高原的板块构造. 中国地质科学院院报. 14:7-19.
肖应凯,王蕴慧,曹海霞. 1981. 盐湖卤水中硼同位素丰度比值的质谱法测定. 盐湖科技资料,(2):57-62.
肖应凯,王蕴慧,曹海霞. 1983. 离子交换法分离硼. 分析化学,(11):604-606.
肖应凯,金琳,刘卫国等. 1994. 大柴达木湖的氯同位素组成. 科学通报,39(14):1319-1322.
肖应凯,刘卫国,张崇耿. 1994. 盐湖中盐类矿物沉积过程中氯同位素效应的初步研究. 盐湖研究,2(3):35-40.
肖应凯,肖云,Swihart GH 等. 1997. 硼特效树脂离子交换分离 B 的研究. 地球学报,18(增刊):286-289.
肖应凯,刘卫国,王蕴慧等. 1999. 锂同位素测速法在察尔汗水动态中的应用. 盐湖研究,7(4):1-8.
肖应凯,魏海珍,尹德忠. 2000. 盐湖硼氯同位素地球化学研究进展. 盐湖研究,8(1):30-40.
肖应凯,周引民,刘卫国. 2001. 海水的氯同位素组成特征. 矿物岩石地球化学通报,20(4): 406-408.

谢鸿森,侯渭,周文戈等. 2000. 地球深部物质科学——在静高压大腔体实验研究方面的某些进展. 地学前缘,7(1):217-228.

刑光熹,曹亚澄,施书莲等. 2001. 太湖地区水体氮的污染源和反硝化. 中国科学(B辑),31(2):130-137.

徐柏青,姚檀栋. 2001. 达索普冰芯记录的过去 2 ka 来大气中甲烷浓度的变化. 中国科学(D辑),31(1):54-58.

徐常芳. 2003. 中国大陆壳内与上地幔高导层成因及唐山地震机理研究. 地学前缘,10(特刊):101-111.

徐辉龙,孙金龙,丘学林等. 2006. 日本信浓川地震带超压热水系的喷溢作用与地震活动. 华南地震,26(1):106-117.

徐馨,沈志达. 1990. 全新世环境——最近1万多年来的环境变迁. 贵阳:贵州人民出版社.

羊八井地热专题研究组. 1986. 西藏羊八井地热资源评价. 见:中国地质科学院水文地质工程地质研究所所刊,第2号. 北京:地质出版社.

杨福家,王炎森,陆福全. 2006. 原子核物理(第二版). 上海:复旦大学出版社.

杨光,李志雄. 2005. 海南兰洋温泉模拟水氡观测与数字气氡观测的对比分析. 华南地震,25(4):78-82.

杨浩,杜明远,赵其国等. 1999. 基于^{137}Cs地表富集作用的土壤侵蚀速率的定量模型. 土壤侵蚀与水土保持学报,5(3):42-48.

杨杰东,陈骏,张兆峰等. 2005. 距今7Ma以来甘肃灵台剖面和同位素特征. 地球化学,34(1):1-6.

杨杰东,徐士进. 2007. 同位素与全球环境变化. 北京:地质出版社.

杨明义,田均良,刘普灵. 1999. 应用^{137}Cs研究小流域泥沙来源. 土壤侵蚀与水土保持学报,5(3):49-53.

杨巧凤,李文鹏,王瑞久. 2010. 深圳大沙河河水与海水关系的水文化学识别. 水文地质工程地质,2:32-35.

杨绍晋,倪骏. 1982. 仪器中子活化分析测定大气悬浮颗粒中的微量元素. 环境科学,3(2):40-43.

杨绍晋,杨亦男,钱琴芳等. 1987. 京津地区大气颗粒物的表征及来源鉴别. 环境科学学报,7(4):411-423.

杨武德,王兆骞,眭国平等. 1998. 红壤坡地土壤侵蚀定位土芯EU示踪法研究. 土壤侵蚀与水土保持学报,1(4):61-65.

杨琰. 2003. NO_3^-中^{15}N和^{18}O同位素测试新技术及其在安林地下水氮污染研究中的应用. 中国地质大学(武汉)硕士学位论文.

杨琰,蔡鹤生,刘存富等. 2005. 地下水中NO_3^-的^{15}N和^{18}O同位素测试新技术——密封石英管燃烧法. 水文地质工程地质,32(2):20-25.

姚檀栋,Thompson LG,施雅风等. 1997. 古里雅冰芯中末次间冰期以来气候变化记录研究. 中国科学(D辑),27(6):662-668.

于津生. 1987. 中国东部大气降水氢氧同位素组成. 地球化学,(1):22-26.

于津生,张鸿斌,虞福基等. 1980. 西藏东部大气降水氧同位素组成特征. 地球化学,(2):113-121.

袁汉镕,俞安孙,王连璧. 1978. 中子源及其应用. 北京:科学出版社.

袁学诚. 1995. 论中国大陆基底构造. 地球物理学报,38(4):448-458.

张保珍,施海波,张彭熹等. 1990. 察尔汗盐湖石盐的流质包体氢氧稳定同位素分析及其地球化学意义. 沉积学报,8(1):3-17.

张翠云. 1963. 莱州湾滨海平原地下卤水的环境同位素组成特征研究. 见:王东升,徐乃安主编. 中国同位素水文地质学之进展. 天津:天津大学出版社:102-106.

张翠云,钟佐燊,沈照理. 2003. 地下水硝酸盐中氧同位素研究进展. 地学前缘,10(2):287-290.

张翠云,王昭,程旭学. 2004. 张掖市地下水硝酸盐污染源的氮同位素研究. 干旱区资源与环境,18(1):80-85.

张翠云,郭秀红. 2005. 氮同位素技术的应用:土壤有机氮作为地下水污染源的条件分析. 地球化学,34(5):533-540.

张翠云,毕二平,张胜等. 2006. 反硝化细菌法测定硝酸盐中氮氧同位素研究. 地球学报,27(特刊):372-376.

张翠云,张俊霞,马琳娜等. 2010. 硝酸盐氮氧同位素反硝化细菌法测试研究. 地球科学进展,25(4):360-364.

张家诚. 1976. 气候变迁及其原因. 北京:科学出版社.

张进,马宗晋. 2004. 西藏高原西、中、东的分段性及其意义. 地质学报,78(2):218-229.

张培仁,王基华,孙凤民. 1993. 氢——预报地震的灵敏元素. 地震地质. 15(1):69-77.

张培仁,张肇诚. 2000. 泉水中与地震有关的化学组分和铅同位素异常. 世界地震译丛,2:76-81.

张彭熹. 1987. 柴达木盆地盐湖. 北京:科学出版社: 5-10.
张平仓,唐克丽,郑粉丽等. 1990. 皇甫川流域泥沙来源及其数量分析. 水土保持学报, 4(4): 29-36.
张倩,张保珍. 1994. 青海湖浅层沉积物中介形虫及湖底泉华 C、O 同位素组成及其古环境意义. 地球化学,1(23): 386-391.
张人权等. 1983. 同位素方法在水文地质中的应用. 北京:地质出版社.
张荣华,张雪彤,胡书敏等. 2007. 中地壳温度压力条件下的水-岩作用化学动力学实验. 岩石学报,23(11):2933-2942.
张生春. 1989. 陕西省现代大气降水氢氧同位素组成特征研究. 陕西地质,7(2):57-66.
张新平,姚檀栋,田立德. 2003. 水体蒸发过程中稳定同位素分馏的模拟. 冰川冻土, 25(1):65-71.
张信宝,李少龙,王成华等. 1988. ^{137}Cs 法测算梁峁坡农耕地土壤侵蚀量的初探. 水土保持通报,8(5):18-22.
张信宝,汪阳春,李少龙等. 1992. 蒋家沟流域土壤侵蚀及泥石流细粒物质来源的^{137}Cs 法初步研究. 中国水土保持,(2):28-31.
张应华,仵彦卿,丁建强等. 2005. 运用氧稳定同位素研究黑河中游盆地地下水与河水转化. 冰川冻土, 27(1): 106-110.
张远辉,尹明端. 2007. 黄海、东海上层海水磷循环的同位素示踪研究. 海洋学报, 29(1): 49-57.
张之淦. 1984. 环境同位素水文地质概论. 桂林:中国地质学会岩溶地质专门委员会, 中国地质科学院岩溶地质研究所.
张之淦,刘芳珍,张洪平等. 1990. 应用环境氚研究黄土包气带水分运移及入渗补给量. 水文地质工程地质,(3):54.
张宗祜等. 2000. 华北平原地下水环境演化. 北京:地质出版社.
章申,唐以剑,毛雪瑛. 1983. 京津地区主要河流的稀有分散元素的水化学特征. 科学通报,3:175.
赵珂经, 顾慰祖, 顾文燕等. 1995. 中国降水同位素站网. 水文,(5): 25-27.
赵人俊. 1984. 流域水文模拟. 北京: 水利电力出版社.
赵霞. 2007. 巴丹吉林沙漠地下水补给源的同位素水文地球化学研究. 河海大学博士论文:145.
赵霞,陈建生,饶文波等. 2007. 河西走廊盆地地下水的氦同位素指示. 地质学报,81(4):563-569.
赵霞,张贵霞,潘红芹等. 2009. 锶、氦同位素指示河西走廊中西部地震活动性. 地学前缘,待刊.
赵元杰,夏训诚,王富葆等. 2005. 罗布泊现代盐壳地貌特征与成因初步研究. 干旱区地理,28(6):795-799.
赵云章, 邵景力, 阎振鹏等. 2002. 黄河下游影响带地下水资源评价及可持续开发利用. 北京:中国大地出版社.
赵云章,朱中道,刘玉梓等. 2003. 河南省环境地质基本问题研究. 北京:中国大地出版社.
郑度, 姚檀栋等. 2004. 青藏高原隆升与环境效应. 北京: 科学出版社.
郑锦平,向军,魏新俊等. 1989. 青藏高原盐湖. 北京:北京科学技术出版社: 192-270.
郑淑蕙. 1982. 同位素地球化学. 北京大学地质系.
郑淑惠,侯发高,倪葆龄. 1982. 我国大气降水的氢氧稳定同位素研究. 见:第二届全国同位素地球化学学术讨论会论文汇编: 323-326.
郑淑蕙,侯发高,倪葆龄. 1983. 我国大气降水的氢氧同位素研究. 科学通报,28(3):801-806.
郑淑惠等. 1986. 稳定同位素地球化学分析. 北京:北京大学出版社.
郑文俊,邵永新,田山等. 2006. 华北构造区强震短期水氡异常空间图像演化及其前兆判别标志的研究. 地震,26(4): 29-36.
郑喜玉,唐渊,徐昶等. 1988. 西藏盐湖. 北京:科学出版社: 16-38.
郑喜玉,张明刚,徐旭等. 2002. 中国盐湖志. 北京:科学出版社: 1-415.
郑永飞,陈江峰. 2000. 稳定同位素地球化学. 北京:科学出版社.
郑有业,高顺宝,张大权等. 2006. 西藏驱龙矿床不同成因水的 δ^{18}O-δD 组成. 中国地质大学学报,31(3):349-354.
中国科学院《中国自然地理》编辑委员会. 1984. 中国自然地理 · 历史地理. 北京:科学出版社.
中山大学,兰州大学,南京大学等. 1978. 自然地理学. 北京:人民教育出版社.
周福俊,李绪谦, 杜全友. 1993. 水文地球化学. 长春:吉林大学出版社.
周佩华,田均良,刘普灵. 1997. 黄土高原土壤侵蚀与稀土元素示踪研究. 水土保持研究,4(2):2-9.

周维芝. 1996. ^{137}Cs法研究不同地貌类型土壤侵蚀强度分异. 中国科学院水土保持研究所.

朱莉娜,王瑞久,柯昌麟. 2002. 用环境同位素研究灰场灰水对周围地下水的影响. 环境科学研究,15(4):31-34.

朱颜明, 佘中盛, 富德义等. 1981. 长白山天池水化学. 地理科学, 1(1): 58.

朱震达. 1995. 南阳盆地边缘花岗岩丘陵地区侵蚀地形的初步观察. 地理学报, 21(1): 45-51.

庄稼. 1997. 环境同位素方法在判定矿井水源中的应用. 中国煤田地质,9(2):48-49.

左其亭. 2006. 近代水文学. 郑州:黄河水利出版社.

Aagaard P,Jahren JS. 1992. North Sea clastic diagenesis and formation water constraints. In: Kharaka, Maest eds. 7th International Water-rock Interaction. Rotterdam:Balkema: 1147-1152.

Abercrombie HJ,Fulmer EG. 1992. Regional hydrogeology and fluid geochemistry of the Mannvile Group, Western Canada Sedimentary Basin: Synthesis and Reinterpretation. In: Kharaka, Maest eds. 7th Water-Rock Interaction. Rotterdam:Balkema: 1101-1104.

Adams JAS. 1962. Radioactivity of the lithosphere. In: Israel H, Krebs A eds. Nuclear Radiation in Geophysics. New York: Academic Press.

Adar E, Levin M, Barzilai A. 1980. Development of a self-sealing rain sampler for arid zones. Water Resources Research, 16(3):592-596.

Aeschbach-Hertig W, Peeters F, Beyerle U, et al. 2000. Palaeotemperature reconstruction from noble gases in ground water taking into account equilibration with entrapped air. Nature, 405: 1040-1044.

Agarwal M, Gupta SK, Deshpande RD,et al. 2006. Helium, radon and radiocarbon studies on a regional aquifer system of the North Gujarat-Cambay region. India Chemical Geology, 228: 209-232.

Aggarwal JK, Palmer MR, Bullen TD, et al. 2000. The boron isotope systematics of Iceland geothermal waters: 1. Meteoric water charged systems. Geochimica et Cosmochimica Acta, 64: 579-585.

Aggarwal PK, Tanweer A, Groening M, et al. 2006. Laser spectroscopic analysis of stable isotopes in natural waters. Vienna:AGU poster, Abstract H51D-504, Vienna.

Aiken GR. 1985. Isolation and concentration techniques for aquatic humic substances. In: Aiken G R, McKnight D M, et al. eds. Humic Substances in Soil, Sediment and Water: Geochemistry and Isolation. New York:Wiley-Interscience.

Aitkenhead JA, McDowell. 2000. Soil C : N ratio as a predictor of annual riverine DOC flux at local and global scales. Global Biogeochemical Cycles, 14:128-138.

Alcala FJ, Custodio E. 2008. Using the Cl /Br ratio as a tracer to identify the origin of salinity in aquifers in Spain and Portugal. Journal of Hydrology, 359: 189-207.

Allison GB. 1982. The relationship between ^{18}O and deuterium in water and sand columns undergoing evaporation. J Hydrol, 55: 163-169.

Allison GB, Hughes MW. 1978. The use of environmental chloride and tritium to estimate total recharge to an unconfined aquifer. Aus J Soil Res, 16: 181-195.

Allison GB, Hughes MW. 1983. The use of natural tracers as indicators of soilwater movement in a temperate semi-arid region. J Hydrol, 60:157-173.

Allison GB, Bernes CJ, Hughes MW. 1983. The distribution of deuterium and oxygen-18 in dry soils: II. Experimental. J Hydrol, 64: 377-397.

AmbergerA, Schmidt HL. 1987. Naturliche isotopengehalte von nitratals indikatoren fur dessen Herkunft. Geochimica et Cosmochimica Acta, 51: 2 699-2 705.

Ammann M, Siegwolf R, Pichlmayer F, et al. 1999. Estimating the uptake of traffic-derived NO_2 from N-15 abundance in Norway spruce needles. Oecologia, 118(2): 124-131.

Amundson A, Austin AT, Schuur EAG, et al. 2003. Global patterns of the isotopic composition of soil and plant nitrogen. Global Biogeochemical Cycles, 17: 31-1-31-10.

Anati DA, Gat JR. 1989. Restricted marine basins and marginal sea environments. In: Fritz P, Fontes J Ch eds. Handbook of Environmental Isotope Geochemistry, Volume 3, The Marine Environment A. Amsterdam: Elsevier: 29-73.

Andersen LJ, Sevel T. 1974. Profiles in the unsaturated and saturated zones, Gronhoj, Denmark. Isotope Techniques in Groundwater Hydrology, Volume1. Vienna: IAEA: 3-20.

Andersson KK, Hooper AB. 1983. O_2 and H_2O and each the source of one O in NO_2 produced from NH_3 by Nitrosomonas: ^{15}N evidence. FEBS Letters, 164: 236-240.

Andrews JN. 1985. The isotopic composition of radiogenic helium and its use to study groundwater movement in confined aquifers. Chem Geol, 49: 339-351.

Andrews JN. 1993. Isotopic composition of groundwater and palaeoclimate at aquifer recharge. In: Isotope Techniques in the Study of Past and Current Environmental Changes in the Hydrosphere and the Atmosphere. Vienna: IAEA: 271-292.

Andrews JN, Lee DJ. 1979. Inert gases in groundwater from the Bunter sandstone of England as indicators of age and palaeoclimatic trends. J Hydrol, 41: 233-252.

Andrews JN, Balderer W, Bath AH, et al. 1984. Environmental isotope study in two aquifer systems. In: Isotope Hydrology 1983. Vienna: IAEA: 535-576.

Andrews JN. Fontes JCh. 1991. Importance of the in situ production of ^{36}Cl, ^{36}Ar and ^{14}C in hydrology and hydrogeochemistry. In: Isotope Techniques in Water Resources Development 1991. Vienna: IAEA: 245-269.

Angradi TR. 1993. Stable carbon and nitrogen isotope analysis in a regulated rocky mountain river, USA. Regulated Rivers: Research and Management, 8: 251-270.

Appelo CAJ, Postma D. 1993. Geochemistry, Groundwater and Pollution: 22-24.

Araguas-Araguas L, Froehlich K, Rozanski K. 2000. Deuterium and oxygen-18 isotope composition of precipitation and atmospheric moisture. Hydrological Processes, 14: 1341-1355.

Aravena R, Evans ML, Cherry JA. 1993. Stable isotopes of oxygen and nitrogen in source identification of nitrate from septic system. Ground Water, 31: 180-186.

Aravena R, Wassenaar LL. 1993. Dissolved organic carbon and methane in a regional confined aquifer: evidence for associated subsurface sources. Applied Geochemistry, 8: 483-493.

Aravena R, Robertson WD. 1998. Use of multiple isotope tracers to evaluate denitrification in ground water: study of nitrate from a large-flux septic system plume. Ground Water, 36(6): 975-982.

Arnórsson S, Gerardo-Abaya J, D'Amore F. 2000. Isotopic and Chemical Techniques in Geothermal Exploration, Development and Use. Vienna: IAEA: 351.

Artinger R, Buckau G, Kim JI, et al. 1995. Influence of sedimentary organic matter on dissolved fulvic acids in groundwater: significance for groundwater dating with ^{14}C in dissolved organic matter. In: Isotopes in Water Resources Management, Proceedings of a Symposium. Vienna, 1: 57-72.

ASTM International. 2005. Standard Practice for Low-Flow Purging and Sampling for Wells and Devices Used for Ground Water Quality Investigations.

Atekwana EA, Krishnamurthy RV. 1998. Seasonal variations of dissolved inorganic carbon and $\delta^{13}C$ of surface waters: application of a modified gas evolution technique. Journal of Hydrology, 205: 265-278.

Baccar M B, Fritz B. 1993. Geochemical modelling of sandstone diagenesis and its consequences on the evolution of porosity. Applied Geochemistry, 8: 285-295.

Baedecker MJ, Cozzarelli IM, Eganhouse DI, et al. 1993. Crude oil in a shallow sand and gravel aquifer: I biogeochemical reactions and mass balance modeling in anoxic ground water. Appl Geochim, 8(6): 569-586.

Baertschi P. 1976. Absolute ^{18}O content of standard mean ocean water. Earth Plant Sci Lett, 31: 341-344.

Bailey NJL, Krouse HR Evans CR, et al. 1973. Alteration of crude oil by water and bacterial; evidences from geochemical and isotope studies. AAPG Bull, 57:1267-1297.

Balderer W. 1993. Conclusions on the possible variations of chemical and isotopic composition of groundwater systems in response to changed hydrodynamic conditions (based on investigations of deep groundwater systems and thermal-mineral waters and brines in tectonic active areas). In: Proceedings of an Advisory Group Meeting: Isotopic and Geochemical Precursors of Earthquakes and Volcanic Eruptions. Vienna: IAEA.

Bao HM, Campbell DA, Bockheim JG, et al. 2000. Origins of sulphate in antarctic dry-valley soils as deduced from anomalous ^{17}O compositions. Nature, 407: 499-502.

Barnes BS. 1940. Discussion on analysis of run-off characteristics by O H Meyer. Trans Am Soc Civil Engrs, 105: 104-106.

Barnes CJ, Allison GB. 1988. Tracing of water movement in the unsaturated zone using stable isotopes of hydrogen and oxygen. J Hydrol, 100: 143-176.

Barnes CJ, Jacobson G, Smith GD. 1992. The origin of high-nitrate ground waters in the Australian arid zone. Journal of Hydrology, 137: 181-197.

Barth I, Borgund AE, Riis M. 1988. Organic acids in reservoir waters relationship with inorganic ion composition: amount, composition and role in migration of oil. Org Geochem, 13:461-465.

Barth I, Bjq-rlykke K. 1993. Organic acids from source rock maturation: generation potentials, transport mechanisms and relevance for mineral diagenesis. Applied Geochemistry, 8:325-337.

Barth JAC, Slater G, Schuth C, et al. 2002. Carbon isotope fractionation during aerobic biodegradation of trichloroethene by Burkholderia cepacia G4: a tool to map degradation mechanisms. Appl Environ Microbiol, 68 (4): 1728-1734.

Barth S. 1993. Boron isotope variations in nature: a synthesis. Geologische Rundschau, 82: 640-651.

Barth S. 1997. The boron isotope systematics of groundwater from crystalline basement and sedimentary aquifers (southwestern Germany-Northern Switzerland), 7th VM Goldschmidt Conference. Lunar and Planetary Institute, Houston: 18-19.

Barth S. 2000. Boron isotopic compositions of near-surface fluids: a tracer for identification of natural and anthropogenic contaminant sources. Water, Air and Soil Pollution, 127:49-60.

Barth T. 1987. Quantitative determination of volatile carboxylic acids in formation waters by isotachophoresis. Analyt Chem, 59:223-237.

Barth T, Borgund AE, Hopland AL. 1989. Generation of organic compounds by hydrous pyrolysis of a Kimmeridge oil shale bulk results and activation energy calculations. Org Geochem, 14:69-74.

Basher LR, Matthews KM, Zhi L. 1995. Surface erosion assessment in the South Canterbury down-lands, New Zealand using Cs-137 distribution. Australian Journal of Soil Research, 33:787-803.

Basset RL, Buszka PM, Davidson GR, et al. 1995. Identification of groundwater solute sources using boron isotopic composition. Environmental Science and Technology, 29: 2915-2922.

Bates AL, Orem WH, Harvey JW, et al. 2002. Tracing sources of sulfur in the Florida Everglades. Journal of Environmental Quality, 31: 287-299.

Bath AH, Edmunds WM, Andrews JN. 1979. Palaeoclimatic trends deduced from the hydrogeochemistry of a Triassic sandstone aquifer, United Kingdom. In: Isotope Hydrology, 1978, VII. Vienna: IAEA:545-567.

Battaglin WA, Kendall C, Chang CCY, et al. 2001a. Chemical and isotopic composition of organic and inorganic samples from the Mississippi River and its Tributaries, 1997-98. In: Water Resources Investigation Report 01-4095. US Geological Survey: 57.

Battaglin WA, Kendall C, Chang CCY, et al. 2001b. Chemical and isotopic evidence of nitrogen transformation in the Mississippi River, 1997-98. Hydrological Processes, 15: 1285-1300.

Becker B, Clayton R. 1976. Oxygen isotope study of a Precambrian banded iron-formation. Geochimica et Cosmochimica Acta, 40: 1153-1165.

Becker JS, Dietze HJ. 2000. Inorganic mass spectrometric methods for trace, ultratrace, isotope, and surface analysis. International Journal of Mass Spectrometry, 197:1-35.

Begemann F. 1960. Natural tritium. In: Nuclear Geology. Vienna:109-128.

Bender MM. 1968. Mass Spectrometric studies of carbon-13 variations in corn and other grases. Radiocarbon, 10: 468-472.

Benkovitz CM, Scholtz MT, Pacyna J, et al. 1996. Global gridded inventories of anthropogenic emissions of sulfur and nitrogen. J Geophys Res, 101(D22): 29239-29253.

Bennett PC, Melcer ME, Siegel DE, et al. 1988. The dissolution of quartz in dilute aqueous solutions of organic acids at ^{25}C. Geochimica et Cosmochimica Acta, 52:1521-1530.

Bennett PC. 1991. Quartz dissolution in organicrich aqueous systems. Geochim Cosmochim Acta, 55:1781-1797.

Bennett PC, Siegel DE, Baedecker MI, et al. 1993. Crude oil in a shallow aquifer: I aquifer characterization and hydrogeochemical controls on inorganic solutes. Appl Geochem, 8(6): 529-550.

Benson BB, Krause DJr. 1980. Isotopic fractionation of helium during solution. A probe for the loquid state. J Solu Chem, 9: 895-909.

Bentley HW, Phillips FM, Davis SN, et al. 1982. The thermonuclear ^{36}Cl pulse in natural water. Nature, 300: 737-740.

Bentley HW, Phillips FM, Davis SN. 1986. Chlorine-36 in the terrestrial environment. In: Fritz P, Fontes JCh eds. Handbook of Environmental Isotope Geochemistry, V2. Amsterdam: Elsevier:427-480.

Bernes CJ, Allison GB. 1982. Interpretation of stable isotope profiles in arid zone dunes. In: Hydrol Water Resour. Symp. Melbourne: IEA:98-101.

Bernes CJ, Allison GB. 1983. The distribution of deuterium and oxygen-18 in dry soils: I. Theory. J Hydrol, 60: 141-156.

Bernes CJ, Allison GB. 1988. Tracing of water movement in the unsaturated zone using stable isotopes of hydrogen and oxygen. J Hydrol, 100: 143-176.

Bevan J, Savage D. 1989. The effect of organic acids on the dissolution of K-feldspar under conditions relevant to burial diagenesis. Mineral Mag, 53:415-425.

Beyerle U, Aeschbach-Hertig W, Hofer M, et al. 1999. Infiltration of river water to a shallow aquifer investigated with $^3H/^3He$, noble gases and CFCs. J Hydrol, 220: 169-185.

Bierman PR, Albrecht A, Bothner MH, et al. 1998. Erosin, weathering ans sedimentation. In: Kendall C, McDonnell eds. Isotope Tracers in Catchment Hydrology. Amsterdam: Elsevier: 647-678.

Bill M, Schqth C, Barth JAC, et al. 2001. Carbon isotope fractionation during abiotic reductive dehalogenation of trichloroethane (TCE). Chemosphere, 44 (5): 1281-1286.

Billen G, Garnier J. 1999. Nitrogen transfers through the Seine drainage network: A budget based on the application of the 'R IVERSTRAHLER' model. Hydrobiologia, 410: 139-150.

Biswas AK. 1970. 水文学史. 刘国纬译. 北京:科学出版社.

Bjqrlykke K, Aagaard P, Egeberg PK, et al. , 1995. Geochemical constraints from formation water analysis from the North Sea and the Gulf Coast Basins on quartz, feldspar and illite precipitation in reservoir rocks. In: Cubitt JM, England WA eds. The Geochemistry of Reservoirs. Geological Society Special Publication, 86:33-50.

Bjqrlykke K, Gran K. 1994. Salinity variations in North Sea formation waters: implications for large-scale fluid movements. Marine and Petroleum Geology, 11(1).

Blavoux B, Dray M Fehri A, et al. 1993. Palaeoclimatic and hydrodynamic approach to the Aquitaine basin deep aquifer (France) by means of environmental isotopes and noble gases. In: Isotope Techniques in the Study of Past and Current Environmental Changes in the Hydrosphere and the Atmosphere. Vienna: IAEA: 293-305.

Bloom Y, Aravena R, Hunkeler D, et al. 2000. Carbon isotope fractionation during microbial dechlorination of trichloroethene, cis-1,2-dichloroethene, and vinyl chloride: implications for assessment of natural attenuation. Environ Sci Technol, 34 (13): 2768-2772.

Bohlke JK, Denver JM. 1995. Combined use of ground-water dating, chemical, and isotopic analyses to resolve the history and fate of nitrate contamination in two agricultural watersheds, Atlantic coastal plain, Maryland. Water Resources Research, 31(9): 2319-2339.

Bohlke JK, Harvey JW, Voytek MA. 2004. Reach-scale isotope tracer experiment to quantify denitrification and related processes in a nitrate-rich stream, midcontinent United States. Limnology and Oceanography, 49:821-838.

Bohlke JK, Horan M. 2000. Strontium isotope geochemistry of ground waters and streams affected by agriculture, Locust Grove, Maryland. Applied Geochemistry. ,15: 599-609.

Bohlke JK, Mroczkowski SJ, Coplen TG. 2003. Oxygen isotopes in nitrate: New reference materials for ^{18}O:^{17}O:^{16}O measurements and observations on nitrate-water equilibration. Rapid Communications in Mass Spectrometry, 17: 1835-1846.

Bol R, Pflieger C. 2002. Stable isotope (C-13, N-15, S-34) analysis of the hair of modern humans and their domestic animals. Rapid Communications in Mass Spectrometry, 16: 2195-2200.

Bonotto DM. 2006. U-Ages in Groundwater From Guarani Aquifer Evidencing Wet Periods At 600,000 Years ago in Southeast Brazil, V South American Symposium on Isotope Geology. Punta del Este, Uruguay.

Bortolami GC, Ricci B, Suzella GF,et al. 1978. Isotope hydrology of the Val Coraglia, Maritime Alps, Piedmont, Italy. In: Isotope Hydrology V1. Vienna: IAEA:327-350.

Bosch A. 1990. Atmospheric and non-atmospheric noble gases in the geohydroderm. PhD diss. Weismann Institute of Science, Rehovot, Israel.

Bottomley DJ, Gregoire DC, Raven KG. 1994. Saline groundwater and brines in the Canadian Shield: Geochemical and isotopic evidence for a residue evaporite brine component. Geochimica et Cosmochimica,58(5):1483-1498.

Bouwer H, Rice RC. 1984. Renovation of wastewater at the 23rd Avenue rapid-infiltration project. Phoenix. Arizona. J Water Pollut Contr Frd, 56(1): 76-83.

Bouwer H, Maddock T. 1997. Making sense of the interaction between groundwater and streamflow: lessons for watermasters and adjudicator. Rivers, 6(1).

Bouwer H. 1999. Artificial recharge of groundwater systems: design and management. In: Mays LW ed. Hydraulic Design Handbook. New York: McGraw-Hill:24,1-24,44.

Bouwer H. 2000. The recharge of groundwater. Proc Natural Recharge of Groundwater Symp. Arizona Hydrol Soc: 89-95.

Bowen HJM. 1979. Environmental Chemistry of Elements. London: Academic Press.

Bowen R. 1966. Paleotemperature Analysis. Elsevier, Amsterdam.

Bowman RS. 1984. Evaluation of some new tracers for soil water studies. Soil Sci Soc Am J, 48:987-993.

Brady NC. 1990. The Nature and Properties of Soil. New York:Macmillan.

Brandes JA, Devol AH. 1997. Isotopic fractionation of oxygen and nitrogen in coastal marine sediments. Geochimica et Cosmochimica Acta, 61: 1793-1801.

Brassard P, Waddington JM, Hill AR, et al. 2000. Modelling groundwater-surface water mixing in a headwater wetland: implications for hydrograph separation. Hydrological Processes,14: 2697-2710.

Bremmer JM. 1965. Isotope-ratio analysis of nitrogen in nitrogen-15 tracer investigations. In:Black C A ed. Methods of Soil Analysis. Agronomy: 256-286.

Bremner JM, Blackmer AM. 1981. Terrestrial nitrification as a source of atmospheric nitrous oxide. In: Delwiche C C ed. Denitrification, Nitrification and Atmospheric Nitrous Oxide. New York: John Wiley. 151-170.

Broadbent FE, Rauschkolb RS, Lewis KA, et al. 1980. Spatial variability in nitrogen-15 and total nitrogen in some virgin and cultivated soils. Soil Sci Soc Amer J, 44:524-527.

Brown RB, Kling GF, Cutshall NH. 1981. Agricultural erosion indicated by ^{137}Cs redistribution: II. Estimates of erosion rates. SSSAJ, 45:1191-1197.

Brown RM. 1970. Distribution of hydrogen isotopes in Canadian waters. In: Isotope Hydrology. Vienna:IAEA:3-21.

Bruckmann Axel, Volkmar Wolters. 1994. Microbial immobilization and recycling of ^{137}Cs in the organic layers of forest ecosystems: relationship to environmental conditions, humification and invertebrate activity. The Science of the Total Environment, 157: 249-256.

Brunold C, Erismann KH. 1975. H_2S as sulfur sources in Lemma minor L: direct incorporation in to cysteine and inhibition of sulfate assimilation. Experientia, 31: 508-510.

Brutsaert W. 2005. Hydrology: An Introduction. Cambridge University Press.

Buhl D, Neuser RD, Richter DK, et al. 1991. Nature and nurture: environmental isotope story of the Rhine River. Naturwissenschaften, 78(8): 337-346.

Bullen TD and Senior LA. 1992. Lithogenic Sr and anthropogenic Li in an urbanized stream basin: isotopic tracers of surface water-groundwater interaction. EOS, 73:F130.

Bullen TD, Kendall C. 1998. Tracing of weathering reactions and water flowpaths: a multi-isotope approach. In: Kendall C and McDonnell JJ eds. Isotope Tracers in Catchment Hydrology: 611-646.

Burdon BJ. 1977. Flow of fossil groundwater. Q J Eng Geol, 10: 97-124.

Burley SD. 1986. The development and destruction of porosity within Upper Jurassic reservoir sandstones of Piper and Tartan Fields, Outer Moray Firth. North Sea Clay Mineralogy, 21:649-694.

Burns DA, Kendall C. 2002. Analysis of delta N-15 and deltaO-18 to differentiate NO_3-sources in runoff at two watersheds in the Catskill Mountains of New York. Water Resources Research, 38(5): 1051.

Busenberg E, Plummer LN. 1992. Use of Chlorofluoromethanes (CCl_3F and CCl_2F_2) as hydrologic tracers and age-dating tools: Example-The alluvium and terrace system of Central Oklahoma. Water Resour Res, 28: 2257-2283.

Buszka PM, Fitzpatrick J, Watson LR, et al. 2004. Evaluation of Ground-Water and Boron Sources by Use of Boron Stable-Isotope Ratios, Tritium, and Selected Water-Chemistry Constituents near Beverly Shores, Northwestern Indiana, Prepared in cooperation with the US Environmental Protection Agency, Scientific Investigations Report Series 2007-5166, US Department of the Interior, US Geological Survey.

Butler MJ, Verhagen BT. 2001. Isotopes studies of a thick unsaturated zone in a semi-arid area of South Africa. In: Yurtsever Y ed. Isotope Based Assessment of Groundwater Renewal in Water Scarce Regions. Vienna: IAEA:45-70.

Butler TJ, Likens GE, Vermeylen FM, et al. 2005. The impact of changing nitrogen oxide emissions on wet and dry nitrogen deposition in the northeastern USA. Atmospheric Environment, 39(27): 4851-4862.

Böhlke JK. 2002. Groundwater recharge and agricultural contamination. Hydrogeology Journal, 10:153-179.

Böhlke JK. 2003. Sources, transport, and reaction of nitrate. In: Lindsey BD et al. Residence times and nitrate transport in ground water discharging to streams in the Chesapeake Bay Watershed: US Geological Survey Water-Resources Investigations Report: 03-4035: 25-39.

Böttcher J, Strebel O, Voerkelius S, et al. 1990. Using isotope fractionation of nitrate-nitrogen and nitrate-oxygen for evaluation of microbial denitrification in a sandy aquifer. J Hydrol, 11: 413-424.

Cai Chunfang, Mei Bowen, Ma Ting, et al. 1996. Hydrocarbons-water-rock interactions in diagenetically altered system nearby major uncomformities in Tarin basin. Chinese Science Bull, 41(19): 1631-1635.

Cai Chunfang Mei Bowen, Zeng Fangang, et al. 1997. Water-rock interaction in Tarin basin: Constraints from oilfield geochemistry. Chinese Geochemistry Journal, (4).

Caimi RJ, Brenna JT. 1997. Quantitative evaluation of carbon isotopic fractionation during reversed-phase high-performance liquid chromatography. Journal of Chromatography A, 757 (1-2): 307-310.

Calhoun JA, Bates TS, Charlson RJ. 1991. Sulfur isotope measurements on submicrometer sulfate aerosol particles over the Pacific Ocean. Geophys Res Lett, 18: 1877-1880.

Campbell DH, Kendall C, Chang CCY, et al. 2002. Pathways for nitrate release from an alpine watershed: Determination using delta N-15 and delta O-18. Water Resources Research, 38(5): 1052.

Cao Yacheng, Sun Guoqing, Xing Guangxi, et al. 1991. Natural abundance of ^{15}N in main N-containing chemical fertilizers of China. Pedosphere, 1(4):377-382.

Carreinra PM, Monge Soares AM, Marques da Silva MA, et al. 1996. Application of environmental isotope methods in assessing groundwater dynamics of an intensively exploited coastal aquifer in Portugal. In: Isotopes in Water Resources Management, Vol. Ⅱ: Vienna: IAEA:45-58.

Casciotti KL, Sigman DM, Hastings MG, et al. 2002. Measurement of the oxygen isotopic composition of nitrate in seawater and freshwater using the denitrifier method. Analytical Chemistry, 74: 4905-4912.

Cerniglia CE. 1992. Biodegradation of polycyclic aromatic hydrocarbons. Biodegradation, 3: 351-368.

Cey EE, Rudolph DL, Aravena R, et al. 1999. Role of the riparian zone in controlling the distribution and fate of agricultural nitrogen near a small stream in southern Ontario. J Contam Hydrol, 37:45-67.

Chambers LA, Trudinger PA. 1979. Microbiological fractionation of stable sulfur isotopes: a review and critique. Geomicrobiol J, 1: 249-293.

Chang CCY, Kendall C, Silva SR, et al. 2002. Nitrate stable isotopes: tools for determining nitrate sources among different land uses in the Mississippi River Basin. Canadian Journal of Fisheries and Aquatic Science, 59: 1874-1885.

Chen JH, Edwards RL, Wasserburg GJ. 1986. ^{238}U, ^{234}U and ^{230}Th in seawater. Earth And Planetary Science Letters, 80: 241-251.

Choi WJ, Lee SM, Kim KC, et al. 2001. Natural d ^{15}N abundances of corn treated with urea or composted pig manure in a pot experiment. Korean Journal of Soil Science and Fertilizer, 34: 292-301.

Clark ID, Fritz P. 1997. Environmental Isotopes in Hydrogeology. Boca Raton: Lewis Publishers.

Clark ID, Fritz P. 1997. 水文地质学中的环境同位素. 张慧, 张新基译. 郑州: 黄河出版社.

Clarke WB, Jenkins WJ, Top Z. 1976. Determination of tritium by mass spectrometric measurement of ^{3}He. International Journal of Applied Radiation and Isotopes, 27:217-225

Claypool GE, Holser WT, Kaplan IR, et al. 1980. The age curves of sulfur and oxygen isotopes in marine sulfate and their mutual interpretation. Chemical Geology, 28:199-260.

Clayton RN, Grossman L, Mayeda TK. 1973. A component of primitive nuclear composition in carbonaceous meteorites. Science, 182:485-488.

Clayton RN, Steiner AS. 1975. Oxygen isotope studies of the geothermal system at Wairakei, New Zealand. Geochimica et. Cosmochimica Acta, 39: 1179-1186.

Cloern JE, Canuel EA, Harris D. 2002. Stable carbon and nitrogen isotope composition of aquatic and terrestrial plants of the San Francisco Bay estuarine system. Limnology and Oceanography, 47:713-729.

Close ME, Bright JC, Stanton G, et al. 2004. Sampling the vadose zone in stony alluvial gravels using suction cups. Journal of Hydrology (NZ), 43 (2): 77-94.

Coffin RB, Miyares PH, Kelley CA, et al. 2001. Stable carbon and nitrogen isotope analysis of TNT: two-dimensional source identification. Environ Toxicol Chem, 20 (12): 2676-2680.

Collon P, Kutschera W, Loosli HH, et al. 2000. ^{81}Kr in the Great Artesian Basin, Australia: a new method for dating very old groundwater. Earth Planet Sci Lett, 182: 103-113.

Connan I. 1984. Biodegradation of crude oils in reservoirs. In:Brooks ed. Advances in Petroleum Geochemistry.

Connan I. 1992. Advances in our knowledge of biodegradation in reservoirs. In: Abstacts of the 29th International Geological Congress. Kyoto, Japan, 3:816.

Connolly CA, Walter LM, Baadsgaard H, et al. 1990. Origin and evolution of formation waters, Alberta Basin, Western Canada Sedimentary Basin Ⅰ Isotope systematics and water mixing. Applied Geochemistry, 5:375-395.

Connolly RM, Guest MA, Melville AJ, et al. 2003. Sulfur stable isotopes separate producers in marine food-web analysis. Oecologia, 138: 161-167.

Cook PG, Walker GR, Jolly ID. 1989. Spatial variability of groundwater recharge in a semiarid region. J Hydrol, 111: 195-212.

Cook PG, Jolly ID, Leaney FW, et al. 1994. Unsaturated zone tritium and chlorine-36 profiles from southern Australia, their use as tracers of soil water movement. Water Resour Res, 30. 1709-1719.

Cook PG, Solomon DK. 1997. Recent advances in dating young groundwater: chlorofluorocarbons, $^{3}H/^{3}He$ and ^{85}Kr. J Hydrol, 191:245-265.

Cook PG, Herczeg AL. 1999. Environmental Tracers in Subsurface Hydrology. Boston: Kluwer Academic Press.

Coplen TB, et al. 2002. Compilation of minimum and maxium isotope ratios of selected elements in natural occurring terrestrial materials and regents. USGS.

Coppola M, Reiniger P. 1974. Influence of the chemical composition on the Gamma-ray attenuation by soils. Soil Science, 117 (6):331-335.

Corey J C, Peterson SF, Wakat MA. 1971. Measurement of attenuation of ^{137}Cs and ^{241}Am gamma rays for soil density and water content determinations. Soil Sci Soc Amer Proc, (35):215-219.

Cornett RJ, Chant LA, Risto BA, et al. 1994. Identifying resuspended particles using isotope ratios. Hydrobiologie, 284: 69-77.

Courtois G. 1967. Emploi des radioelements en sedimentologic. In: Isotopes in Hydrology. Vienna: IAEA: 117- 165.

Craig H. 1957. Isotopic standards for carbon and oxygen and correction factors for mass-spectrometric analysis of carbon dioxide. Geochimica et Cosmochimica Acta, 12: 133-149.

Craig H. 1961a. Isotopic variations in meteoric waters. Science, 133: 1702-1703.

Craig H. 1961b. Standard for reporting concentrations of deuterium and oxygen-18 in natural waters. Science, 133: 1833-1834.

Craig H. 1963. The isotopic geochemistry of water and carbon in geothermal areas. In: Tongiorgi ed. Nuclear Geology on Geothermal Areas. CNR Lab Geol Nucl Pisa: 17-53.

Craig H, Gordon L. 1965. Deuterium and oxygen-18 variations in the ocean and the marine atmosphere. In: Tongiorgi E ed. Stable Isotopes in Oceanographic Studies and Paleotemperatures (Proc. Meet, Spoleto). CNR Lab, Geol Nucl Pisa:9-130.

Craig H. 1966. Isotopic composition and origin of the Red Sea and Salton Sea geothermal brines. Science, 154: 1544-1548.

Creacen EL, Schrale G. 1976. The effect of bulk density on neutron meter calibration. Aust. J Soil Res, 14:159-169.

Creacen EL, Hignett CT. 1979. Sources of bias in the field calibration of a neutron meter. Aust J Soil Res, 17: 405-415.

Crossey LI, Surdam RC, Lahann R. 1986. Application of organic/inorganic diagenesis to porosity prediction. In: Grautier DL ed. Roles of Organic Matter in Sedimentary Diagenesis. SEPM Special Publications, 38:147-1551.

Crouzet E, Hubert P, Olive P, et al. 1970. Le tritium dans les mesures d'hydrologie de surface. Determination wxperimentale du coefficient de ruissellement. Jour of Hydrol, 11: 217-219.

Curt MD, Aguado P, Sanchez G, et al. 2004. Nitrogen isotope ratios of synthetic and organic sources of nitrate water contamination in Span. Water, Air and Soil Pollution, 151:135-142.

Daniel Hillel. 1980. Fundamentals of Soil Physics. Academic Press, New York.

Dansgaard W. 1954. The O^{18}-abundance in fresh water. Geochimica et Cosmochimica Acta, 6: 241-260.

Dansgaard W. 1964. Stable isotopes in precipitation. Tellus, 16: 436-468.

Dansgaard W, Johnsen SJ, Clausen HB, et al. 1971. Climatic record revealed by the camp century ice core. In: Truekian KK ed. The Late Cenozoic Glacial Ages. New Haven: Yale Univercity Press: 37-56.

Dansgaard W, Clausen HB, Gundestrup N, et al. 1982. A new Greenland deep ice core. Science, 218: 1273- 1277.

Dansgaard W. 2004. Frozen Annals. Greenland Ice Cap Research. Denmark: Navayana Press.

Darling WG, Bath AH. 1988. A stable isotope study of recharge processes in the English Chalk. Journal of Hydrology, 101: 31-46.

Darling WG, Edmunds WM, Smedley PL. 1997. Isotopic evidence for palaeowaters in British Isles. Applied Geochemistry, 12:813-829.

David SL,Chu, et al. 1972. Measurement of Flood Flow and Suspended Sedimentation by Radioisotope Method, Final Report. 644/RB, IAEA.

Davidson GR, Bassett RL. 1993. Application of boron isotopes for identifying contaminants such as fly ash leachate in groundwater. Environmental Sciences & Technology, 27: 172-176.

Davisson ML. 2002. Isotopic Tracers in Surface Water. American Water Works Association (AWWA): 115.

Dayan H, Abrajano T, Sturchio NC, et al. 1999. Carbon isotopic fractionation during reductive dehalogenation of chlorinated ethenes by metallic iron. Org Geochem, 30 (8A): 755-763.

DeBruyn AMH, Rasmussen JB. 2002. Quantifying assimilation of sewage-derived organic matter by riverine benthos. Ecological Applications, 12(2): 511-520.

Deines P,Inter J. 1970. Mass Spectrom Ion Phys,4:283-295.

Delong MD, Thorp JH. 2006. Significance of instream autotrophs in trophic dynamics of the Upper Mississippi River. Oecologia, 147: 76-85.

Devito KJ, Fitzgerald D, Hill AR, et al. 2000. Nitrate dynamics in relation to lithology and hydrologic flow path in a river riparian zone. Journal of Environm ental Quality, 29: 1 075-1 084.

Dewalle DR, Swistock BR, Sharpe W E. 1988. Three component tracer model for stormflow on a small Appalachian forest catchment. Journal of Hydrology, 104: 301-310.

Dincer T. 1968. The use of oxygen-18 and deuterium concentration in the water balance of lakes. Water Resources Research,4:1289-1306.

Dincer T, Davis GH. 1982. Application of environmental isotope tracer to modeling in hydrology. Journal of Hydrology, 68: 95-113.

Dooge JCI. 1973. Linear Theory of Hydrologic Systems. Technical Bull No 1468, USDA, ARS, Washington, DC.

Drenzek NJ, Eglinton TI, Heraty LJ, et al. 2002. Stable chlorine and carbon isotopic compositions of selected semi-volatile organochlorine compounds. Org Geochem, 33 (4): 437-444.

Dubinchuk VT. 1993. Radon as a precursor of earthquakes. Proceedings of an Advisory Group Meeting: Isotopic and Geochemical Precursors of Earthquakes and Volcanic Eruptions. Vienna:IAEA.

Duke HR. 1972. Capillary properties of soils-influence upon specific yield. Trans Am Soc Agric Eng, 15: 688-691.

Duplessy JC, Moyes J, Pajol C. 1980. Deep weater formation in the North Atlanyic Ocean during the last ice age. Nature, 286: 479-482.

Durand P, Neal M, Neal C. 1993. Variations in stable oxygen isotope and solute concentrations in small submediterranean montane streams. Jour of Hydrol, 144: 283-290.

Durka W, Schulze ED, Gebauer G, et al. 1994. Effects of forest decline on uptake and leaching of deposited nitrate determined from ^{15}N and ^{18}O measurements. Nature, 372: 765-767.

Dörr H, Munnich KO. 1991. Lead and Cesium transport in European forest soil. Water Air and Soil Pollution, 57: 809-818.

D'Amore F,Truesdell AH. 1979. Models for steam chemistry at Larderello and The Geysers. Geothermics, 11: 71-80.

Eagleson PS. 1986. The emergence of global-scale hydrology. Water Resour Res, 22(9S): 65-145.

Edmunds WM. 1996. Bromine geochemistry of british groundwater. Mineralogical Magazine, 60: 275-284.

Edmunds WM. 2001a. Investigation of the unsaturated zone in semi-arid regions using isotopic and chemical methods abd applications to water resources problems. In. Isotope Based Assessment of Groundwater Renewal in Water Scarce Regions. Vienna: IAEA:7-22.

Edmunds WM. 2001b. Significance of geochemical signatures in sedimentary basin aquifer systems. Water-Rock Interaction, 29-36.

Edmunds WM. 2005a. Contribution of isotopic and nuclear tracers to study of groundwater. In: Aggarwal PK, Gat JR, Froehlich KFO. eds. Isotopes in the Water Cycle: Past, Present and Future of a Developing Science. Netherland: IAEA:171-192.

Edmunds WM. 2005b. Groundwater as an archive of climatic and environmental change. In: Aggarwal P K, Gat JR., Froehlich KFO, eds. Isotopes in the water cycle: past, present and future of a developing science. Netherland: IAEA: 341-352.

Edmunds WM, Darling WG, Kinniburgh DG. 1988. Solute profile techniques for recharge estimation in semi-arid and arid terrain. In: Simmers ed. Estimation of Natural Groundwater Recharge. Reidel, Dordrecht: 139-157.

Edmunds WM, Smedley PL, Spiro B. 1996. Controls on the geochemistry of sulphur in the East Midlands Triassic aquifer, United Kingdom. In: Isotopes in Water Resources Management, 2. Vienna:IAEA: 107-122.

Edmunds WM, Smedley PL. 2000. Residence time indicators in groundwater:the East Midlands Triassic sandstone aquifer. Applied Geochemistry, 15: 737-752.

Edmunds WM, Shand P. 2004. Geochemical Baseline as Basis for the European Groundwater Directive. London: Tayor and Francis Group: 393-397.

Egeberg PK, Aagaard P. 1989. Origin and evolution of formation waters from oil fields on the Norwegian shelf. Applied Geochemistry,4:131-142.

Ehleringer JR,Osmond CB. 1989. Stable isotopes. In:Pearcy RW,Ehleringer JR,Mooney HA,Rundel PW,editors. Plant Physiological Ecology:Field Methods and Instrumentation. London:Chapman & Hall:281-300.

Ehleringer JR,Dawson TE. 1992. Water uptake by plants:perspectives from stable isotope composition. Plant Cell Environment,15:1073-1082.

Ehleringer JR, Buchmann N, Flanagan LB. 2000. Carbon isotope ratios in belowground cardon cycle process. Ecological Applications, 10:412-422.

Eisenhut S, Heumann KG, Vengosh A. 1996. Determination of boron isotopic variations in aquatic systems with negative thermal ionization mass spectrometry as tracer for anthropogenic influences. Anal Chem, 354: 903-909.

Elliot EM, Brush GS. 2006. Sedimented organic nitrogen isotopes in freshwater wetland record long-term changes in watershed nitrogen source and land use. Environmnetal Science and Technology. 26(40): 2910-2916.

Elliot EM, Kendall C, Harlin K, et al. 2004. Mapping the spatial and temporal distribution of N and O isotopes in precipitation nitrate across the northeastern and mid-Atlantic United States. EOS: 85.

Elliott GL, Campbell BL, Loughran RJ. 1990. Correlation of erosion measurements and soil caesium-137 content. Appl Radiat Isot, 41(8):713-717.

Ellis DV. 1987. Well Logging for Earth Scientists. Elsevier Science Publishing Co.

Ellis WR. 1967. A review of radioisotope methods of stream gauging. J Hydrol,5: 233- 257.

Elsbury KE. Paytan A,Ostrom E, et al. 2009. Using oxygen isotopes of phosphate to trace phosphorus sources and cycling in Lake Erie,Environ. Sci. Technol., 43:3108-3114

Emiliani C. 1970. Pleistocene paleotemperature. Science, 168:822-824.

Epstein S, Mayeda T. 1953. Variations of O-18 content of waters from natural sources. Geochimica et Cosmochimica. Acta, 4: 213-224.

Epstein S, Taylor HP. 1967. Variation of $^{18}O/^{16}O$ in minerals and rocks. In: Abelson PH. ed. Research in Geochemistry, V2. New York:Wiley.

Eremeev VN. 1972. On the oxygen isotopic composition of sea surface waters in the Atlantic Ocean. In: Sea Hydrophysics Research, N1. Izd. MGI AN USSR, Sevastopol:172-178.

Eriksson E. 1966. Major pulses of tritium in the atmosphere. Tellus, 17: 18-130.

Eriksson E, Khunakasen V. 1969. Chloride concentration in groundwater, recharge rate and rate of deposition of chloride in the Israel Coastal Plain. J Hydrol, 7: 178-197.

Evans RD. 1967. The Atomic Nucleus. New York: McGraw.

Evans RD. 2007. Soil nitrogen isotope composition. In: Michener R and Lajtha eds. Stable Isotopes in Ecology and Environmental Science. Second Edition. Oxford:Blackwell Scientific Publishers.

Fairbridge RW. 1964. The importance of limestone and its Ca/Mg content to paleoclimatology. In: Problems in Paleoclimatology. London: Interscience:431-478.

Fan AM, Steinberg VE. 1996. Health implications if nitrate and nitrite in drinking water: an update on methemoglobinemia occurrence and reproductive and developmental toxicity. Regulatory Toxicology and Pharmacology, 23: 35-43.

Farrington P, Bartle GA. 1989. Water and chloride balances of Banksia woodland on coastal deep sands of south western Australia. In: Sharma ML ed. Groundwater Recharge. AA Balkema: 185-196.

Faure G, Hurly PM. 1965. The isotopic composition of strontium in surface water from the north Atlantic Ocean. Geochimica et Cosmochimica Acta, 29: 209-220.

Faure G. 1977. 同位素地质学原理. 潘曙兰，乔广生译. 北京:科学出版社.

Faure G. 1977. Principles of Isotope Geology. New York:John Wiley & Sons:589.

Fay M. 2004. Chemistry. Pearson Education Inc. USA.

Fein JB. 1991. Experimental study of aluminium-oxalate complexing at 80℃: implications for the formation of secondary porosity within sedimentary reservoirs. Geology, 19: 1037-4040.

Fein IB. 1994. Porosity enhancement during clastic diagenesis as a result of aqueous metal-carboxylate complexation: experimental studies. Chemical Geology, 115: 263-279.

Fernandez I, Cadisch G. 2003. Discrimination against ^{13}C during degradation of simple and complex substrates by two white rot fungi. Rapid Communications in Mass Spectrometry, 17: 2614-2620.

Fernandez I, Mahieu N, Cadisch G. 2003. Carbon isotopic fractionation during decomposition of plant materials of different quality. Global Biogeochemical Cycles, 17.

Ferrara GC, Gonfiantini R, Panichi C. 1965. La composizione isotopica delta vapore di alcuni soffioni di Larderello e della'acqua di alcune sorgenti e moffete della Toscana. Atti Soc Tosc Sci Nat, 75: 570-588.

Ferronsky VA, et al. 1968. Radioisotope Research Methods in Engineering Geology and Hydrogeology. Moscow: Atomizdat.

Ferronsky VI, Polyakov VA. 1982. Environmental Isotopes in the Hydrosphere. Chichester, New York:John Wiley & Sons.

Ferronski VI, Brezgunov VS. 1989. Stable isotopes and ocean mixing. In: Fritz P, Fontes J Ch eds. Handbook of Environmental Isotope Geochemistry (3):1-28.

Finkel RC, Nishiizumi K, Elmore D, et al. 1990. ^{36}Cl in polar ice, rainwater and seawater. Geophys Res Lett, 7(11): 983-986.

Finlay JC. 2001. Stable-carbon-isotope ratios of river biota: Implications for energy flow in lotic food webs. Ecology, 82:231-252.

Finlay JC. 2003. Controls of streamwater dissolved inorganic carbon dynamics in a forested watershed. Biogeochemistry, 62: 231-252.

Finlay JC. 2004. Patterns and controls of lotic algal stable carbon isotope ratios. Limnology and Oceanography, 49: 850-861.

Finlay JC, Kendall C. 2007. Stable isotope tracing of temporal and spatial variability in organic matter sources to freshwater ecosystems. In: Michener R, Lajtha eds. Stable Isotopes in Ecology and Environmental Science. Second Edition. Oxford: Blackwell Scientific Publishers.

Fisher J B. 1987. Distribution and occurrence of aliphatic anions in deep subsurface waters. Geochimica et Cosmochimica Acta, 9: 2459-2468.

Flint AL, Flint LE. 2000. Near surface infiltration monitoring using neutron moisture logging, Yucca Mountain, Nevada. In: Looney B. Falta R eds. Vadose Zone, Science and Tecnology Solutions. Battelle Press: 457- 474.

Flint AL, Flint LE, Kwicklis EM, et al. 2002. Estimating recharge at Yucca Mountain, Nevada, USA: Comparison of methods. Hydrological J, 10: 180-204.

Florkowski K. 1970. Potable radioisotope gauges for suspended sediments. In: Isotope Hydrology 1970. Vienna: IAEA: 545-554.

Fogel ML, Cifuentes LA. 1993. Isotope fractionation during primary production. In: Engel MH, Macko SA eds. Organic Geochemistry. Plenum Press: 73-94.

Fogg GE, Rolston DE, Decker DL, et al. 1998. Spatial variation in nitrogen isotope values beneath nitrate contamination sources. Ground Water, 36: 418-426.

Folse JA. 1929. A new method of estimating stream flow based upon a new evaporation formula. Part II: A New Method of Estimating Stream Flow. Carnegie Inst Wash Pub Washington DC: 400.

Fontes JC, Letolle R, Marce A. 1965. Some results for oxygen isotope studies of marine water. In: Tongiorgi E ed. Stable Isotopes in Oceanographic Studies and Paleotemperatures. Cons Naz Delle Ric Pisa Italy: 131-142.

Fontes JCh, Gonfiantini R, Roche E. 1970. Deutrium et oxygen-18 dans les eaux du. Lac Tschad. In: Isotope Hydrology 1970. Vienna: IAEA: 387-402.

Fontes JCh. 1981. Palaeowaters. In: Gat JR, Gonfiantini R eds. Stable isotope hydrology, deuterium and oxygen-18 in the water cycle. Vienna: IAEA: 273-302.

Fontes JCh. 1983. Isotope techniques in the hydrogeologicaa assessment of potential sites for the disposal of highlevel radioactive waste. STI/DOC/10/228, Conclusions. Vienna: 151: 1-146.

Fontes JCh. 1985. Some considerations on ground water dating using environmental isotopes. In: Hydrogeology in the Service of Man, Memoires of the 18th Congress of the International Association of Hydrogeologists, Cambridge.

Fontes JCh, Yousfi M, Allison GB. 1986. Estimation of the long term, diffuse groundwater disharge in the Northern Sahara using stable isotope profiles in soil water. J Hydrol, 167: 149-166.

Foster SSD. 1990. Impacts of urbanization on groundwater. In: Massing H, et al eds. Hydrological Processes and Water Management in Urban Areas. IAHS Publ: 198: 187-207.

Foster SSD, Morris BL, Chilton PJ, 1999. Groundwater in urban development-a review of linkages and concerns. In: Ellis JB ed. Impacts of Urban Growth on Surface Water and Groundwater Quality. IAHS Publ: 259: 3-12.

Fournier RO, Truesdell AH. 1973. An empirical Na-K-Ca geothermomter for natural waters. Geochim Cosmochim Acta, 37: 1255-1275.

Franklin SP, Hajash JrA, Tieh TT. 1994. The role of carboxylic acids in albite and quartz dissolution: An experimental study under disgenetic conditions. Geochimica et Coschimica Acta, 58(20): 4259-4280.

Freeze RA, Cherry JA. 1979. Ground Water. America: Prentice - Hall, Inc: 96-97, 269-273.

Frere MH, Roberts H. 1963. The loss of strontium-90 from small cultivated watersheds. Soil Sci Soc Am Proc, 27: 82-83.

Freyer HD. 1978. Seasonal trends of NH_4^+ and NO_3^- nitrogen isotope composition in rain collected at Julich, Germany. Tellus, 30: 83-92.

Freyer HD. 1991. Seasonal variation of $^{15}N/^{14}N$ ratios in atmospheric nitrate species. Tellus, 43B:30-44.

Freyer HD, Kley D, Volz-Thomas A, et al. 1993. On the interactions of isotopicexchange processes with photochemical reactions in atmospheric oxides of nitrogen. Journal of Geophysical Research, 98(D8): 14791-14796.

Freyer K, Treutler HC, Dehnert J, et al. 1997. Sampling and measurement of radon-222 in water. Journal of Environmental Radioactivity, 37(3): 327-337.

Friedli H, Lotscher H, Oeschger H, et al. 1986. Ice core record of the $^{13}C/^{12}C$ ratio of atmospheric CO_2 in the past two centuries. Nature, 324: 237-238.

Friedman I. 1953. Deuterium content of natural waters and other substances. Geochimica et Cosmochimica Acta, 4: 83-103.

Friedman I, Machta L, Soller R. 1962. Water vapour exchange between a water droplet and its environment. J Geophys Res, 67: 2761-2766.

Friedman I, Redfield B, Schoen, et al. 1964. The variation of the deuterium content of natural waters in the hydrologic cycle. Rev Geophys, 2:117-224.

Friedman I, Smith GI, Gleason JD, et al. 1992. Stable isotope composition of waters in southeastern California, 1. modern precipitation. J Geophysical Research, 97(5):5795-5812.

Friendmann H. 1993. Radon measurements in Austria and some basic problems in earthquake prediction research, Proceedings of an Advisory Group Meeting: Isotopic and Geochemical Precursors of Earthquakes and Volcanic Eruptions. Vienna:IAEA.

Fritz P, Drimmie RJ, Render FW. 1974. Stable isotope contents of a major prairie aquifer in central Canada. In: Isotope Techniques in Groundwater Hydrology. Vienna. IAEA: I: 378-398 .

Fritz P, Hennings CS, Suzolo O, et al. 1979. Isotope hydrology in nothern Chile. In: Isotope Hydrology 1978. Vienna: IAEA: 2: 525-544.

Fritz PJ, Cherry A, Weyer KU, et al. 1976. Storm runoff analyses using environmental isotopes and major ions. In: Interpretation of Environmental Isotope abd Hydrochemical Data in Groundwater Hydrology. Vienna:IAEA:111-130.

Froehlich K. 2000. Evaluating the water balance of inland seas using isotopic tracers: the Caspian Sea experience. Hydrologic Processes, 14: 1371-1383.

Fry B, Sheer EB. 1984. ^{13}C measurements as indicators of carbon flow in marine and freshwater ecosystems. Contributions to Marine Science, 27: 13-47.

Fry B, Ruf W, Gest H, et al. 1988. Sulfur isotope effects associated with oxidation of sulfide by O_2 in aqueous solution. Chem Geol, 73: 205-210.

Fry B. 1991. Stable isotope diagrams of freshwater foodwebs. Ecology, 72: 2293-2297.

Fröhlich K, Kater R, Hebert D, et al. 1973. Über die Verwendung von Ionenaustauschern zur Probenuntersuchung für ^{32}Si-Grundwaseraltersbestimmungen. Zetschrift für Angewandte Geologie, Bd, 19 (8).

Fukada T, Hiscocka KM, Dennisa PF, et al. 2003. A dual isotope approach to identify denitrification in groundwater at a river-bank infiltration site. Water Research, 37: 3070-3078.

Fukada T, Hiscock KM, Dennis PF. 2004. A dual-isotope approach to the nitrogen hydrochemistry of an urban aquifer. Applied Geochemistry, 19: 709-719.

Garcia LS, Benavente JJ, Cruz SJJ. 1997. Analysis of excess deuterium in groundwater from southeastern Sierra Nevada. America Geogaceta, 21:109-112.

Gat JR, Tzur Y. 1967. Modification of the isotope composition of rainwater by processes which occur before groundwater recharge. Isotope Hydrology 1966. Vienna: IAEA:49-52.

Gat JR. 1970. Environmental isotope balance of Lake Tiberias. In: Isotope Hydrology 1970. Vienna: IAEA: 109-127.

Gat JR, Carmi I. 1970. Evolution of the isotope composition of atmospheric waters in the Mediterranean Sea area. Journal of Geophysical Research, 75: 3039-3048.

Gat, JR. 1971. Comments on the stable isotope method in regional groundwater investigations. Water Resources Research, 7(4): 980-993.

Gat JR, Dansgaard W. 1972. Stable isotope survey of the fresh water occurrences in Israel and Northern Jordan rift valley. J Hydrol, 16:177-212.

Gat JR. 1975. Elucidating salination mechanisms by stable isotope tracing of water sources. In: Brackish Waters as a Factor in Development: 15.

Gat JR. 1980. The isotopes of hydrogen and oxygen in precipitation. In:Fritz P, Fontes JCh. eds. Handbook of Environmental Isotope Geochemistry, Vol 1. Amsterdam/Oxford/New York: Elsevier:21-47.

Gat JR,Gonfiantini R eds. 1981. Stable Isotope Hydrology, Deuterium and Oxygen-18 in the Water Cycle. Vienna: IAEA:340.

Gat JR. 1981. Isotopic fractionation. In: Gat JR , Gonfiantini R eds. Stable Isotope Hydrology. Vienna:IAEA: 21-33.

Gat JR. 1995. Stable isotopes of fresh and saline lakes. In: Lerman A, Imboden D, Gat JR eds. Physics and Chemistry of Lakes. Berlin:Springer-Verlag.

Gat JR, Shemesh A, Tziperman E, et al. 1996. The stable isotope composition of waters of the eastern Mediterranean Sea. Journal of Geophysical Research,101(3): 6441-6451.

Gat JR. 1996. Oxygen and hydrogen isotopes in the hydrologic cycle. Annual Review of Earth and Planetary Sciences, 24: 225-262.

Gat JR, Bowser C. 1991. The heavy isotopes enrichment of water in coupled evaporative systems. In: Taylor H, O'Neil J, Kaplan LR eds. Stable Isotope Geochemistry: A Tribute to Samuel Epstein. Spec Publ 3. The Geochemical Soc: 159-168.

Gat JR, Mook WG, Meijer HAJ. 2001. Volume II. Atmospheric water. In: Mook WG ed. Environmental Isotopes in the Hydrological Cycle, Principles and applications. UNESCO and Paris, Vienna:IAEA.

Gat JR. 2005. Some classic concepts of isotope hydrology. In: Aggarwal PK, Gat JR, Froehlich KFO eds. Isotopes in the Water Cycle. Netherlands: Springer:127-137.

Gates J, Edmunds WM, Ma Jinzhu. Groundwater recharge rates to the Badain Jaran Desert: Preliminary results from environmental tracer studies.

Gee GW, Fayer MJ, Rockhold ML, et al. 1992. Variations in recharge at the Hanford Site. Northwest Sci, 66: 237-250.

Geiger KW,Hargrove CK. 1964. Neutron spectrum of an ^{241}Am-Be (α,n) source. Nuclear Physics,53: 204.

Gellermann R, Börner I, Franke T, et al. 1988. Preparation of water samples for ^{32}Si determinations. Isotopepraxis, 24(3): 114-117.

Gerdel RW,Hansen BL,Cassidy WC. 1950. The use of radioisotopes for measurement of the water equivalent of snow pack. Trans Am Geophys Union, 31 (3).

Germann PF. 1990. Macropores and hydrologic hillslope processes. In: Anderson MG, Burt TP eds. Process Studies in Hillslope Hydrology: 327- 363.

Gestsdottir K, Manning DAC. 1992. An experimental study of the dissolution of albite in the presence of organic acids In:Kharaka YK, Maest A eds. Water-rock Interaction. Rotterdam:Balkema:315-318.

Geyh MA, Gu Weizu. 1999. Highly isotopically enriched shallow groundwater below overlying dry sediments. In: Isotope Techniques in Water Resources Development and Management 1999. Vienna, CD-ROM:IAEA.

Geyh MA, Michel G. 1982. Isotopical differentiation of groundwater of different hydrogeological origin. J Hydrol, 59: 161-171.

Geyh MA,Kantor W. 1998. Zusammenspiel zwischen isotopenhydrologie und numerischer stromungsmodellierung am beispiel der dubener heide. In: Proc. 4 GBL-Kolloquium. Hannover: 5:111-121.

Geyh MA,顾慰祖,刘涌等. 1998. 阿拉善高原地下水的稳定同位素异常. 水科学进展,9(4),333-337.

Geyh MA. 2000. Volume IV. groundwater. saturated and unsaturated zone. In: Mook WG ed. Environmental Isotopes in the Hydrological Cycle, Principles and Applications. Paris, Vienna:UNESCO and IAEA.

Geyh MA. 2005. Dating of old groundwater-history, potential, limits and future. In: Aggarwal PK, Gat JR, Froehlich KFO. eds. Isotopes in the Water Cycle: Past, Present and Future of a Developing Science. Netherland: IEA: 221-241.

Geyh MA. 2008. 私人通信.

Gieske ASM. 1992. Dynamics of Groundwater Recharge:A Case Study in Semi-arid Eastern Botswana. PhD Thesis. Amsterdam:Vrije Universiteit: 289.

Giggenbach WF,Lyon GL. 1977. The chemical and isotopic composition of water and gas discharges from the Ngawha geothermal field, Northland. (Dept Sci Ind Res, Chem Div) Geotherm Circ CD 30/555/7-WFG: 37.

Giggenbach WF,Stewart MK. 1982. Processes controlling the isotopic composition of steam and water discharges from steam vents and steam-heated pools in geothermal area. Geothermics, 11: 71-80.

Giggenbach WF, Gonfiantini R, Panichi C. 1983. Geothermal Systems, in Guidebook on Nuclear Techniques in Hydrology. 359-380.

Giggenbach WF. 1988. Geothermal solute equilibria. Derivation of Na-K-Mg-Ca geoindicators. Geochimica et. Cosmochimica Acta, 52: 2749-2765.

Giggenbach WF. 1991. Isotopic composition of geothermal water and steam discharges. In: D'Amore F ed. Application of Geochemistry in Geothermal Reservoir, UNITAR-UNDP: 119-144.

Giggenbach WF. 1992. Isotopic shifts in water from geothermal and volcanic systems along convergent plate boundaries and their origin. Earth Planet Sci Letters, 113: 495-510.

Gilli G, Corrao G, Favilli S. 1984. Concentrations of nitrate in drinking water and incidence of gastric carcinomas: First descriptive study of the Piemonte region, Italy. The Science of Total Environment, 34:35-48.

Ging PB, Lee RW, Silva SR. 1996. Water chemistry of Shoal Creek and Waller Creek, Austin Texas, and potential sources of nitrate. US Geologocal Survey, Water Resources Investigations Report 96-4167. 1-24.

Giordano TH, Drummond SE. 1991. The potentiometric determination of stability constants for zinc acetate complexes in aqueous solutions 295C. Geochimica et Cosmochimica Acta,55:2401-2415.

Giordano TH, Kharaka YK. 1994. Organic ligand distribution and speciation in sedimentary basin brines, diagenettc fluids and related ore solutions In:Parnell ed. Geofluids:Origin,Migration and Evolution of Fluids in Sedimentary Basins. Geological Society Special Publication, 78: 175-202.

Glass RJ, Oosting GH, Steenhuis TS. 1989. Preferential solute transport in layered homogenerous sands as a consequence of wetting front instability. J Hydrology, 110: 87-105.

Glass RJ, Cann S, King J,et al. 1990. Wetting front instability in unsaturated porous media: A three-dimentional study in inmtially dry sand. Transp Porous Media,5: 247-268.

Goericke R, Montoya JP, Fry B. 1994. Physiology of isotope fractionation in algae and cyanobacteria. In: Lajtha K, Michener B eds. Stable Isotopes in Ecology and Environmental Science: 199-233.

Goldstein SJ, Jacobsen SB. 1987. The Nd and Sr isotopic systematics of river-water dissolved material: Implication for the sources of Nd and Sr in seawater. Chemical Geology, 66:245-272.

Gonfiantini R, Dincer T, Derekoy AM. 1974. Environmental isotope hydrology in the Honda region, Algeria. In: Isotope Techniques in Groundwater Hydrology. Vienna:IAEA: I: 293-316.

Gonfiantini R. 1965. Effetti isotopici nell'evaporazione di acque salate. Atti Soc Tosc Sci Nat, Serie A, 72: 550-588.

Gonfiantini R. 1986. Environmental isotopes in lake studies. In: P Fritz, Fontes JCh eds. Handbook of Environmental Isotope Geochemistry. Vol. 2. The Terrestrial Environment. Amsterdam, The Netherlands: Elsevier: 113-168.

Gonfiantini R. 1996. On the isotope composition of precipitation. In: Jean Charles Fontes (1936-1994) Un Souvenir. European Geologist, 2: 5-8.

Goni IB. 2001. Chloride method in the unsaturated zone. In: UNEP, A Survey of Methods for Analysing Groundwater Recharge in Arid and Semi-arid Regions: 17-27.

Gormly JR, Spalding RF. 1979. Sources and contents of nitrate-nitrogen in ground water of the central platte region, Nebraska. Ground Water, 17(3): 291-301.

Gourcy LL, Groening M, Aggarwal PK. 2005. In: Aggarwal PK, Gat JR, Froehlich FO eds. Isotopes in the Water Cycle. Vienna: IAEA: 39-51.

Graf L. 1982. Chemical osmosis, reverse chemical osmosis, and the origin of subsurface brines. Geochimica et Cosmochimica Acta, 46: 1431-1448.

Granger J, Sigman DM, Needoba JA, et al. 2004. Coupled nitrogen and oxygen isotope fractionation of nitrate during assimilation by cultures of marine phytoplankton. Limnology and Oceanography, 49(5): 1763-1773.

Grasso DA, Jeannin PY, Zwalen F. 2003. A deterministic approach to the coupled analysis of krast spring hydrographs and chemographs. J Hydrol, 271: 65-76.

Graustein WC, Turekian KK. 1986. ^{210}Pb and ^{137}Cs in air and soil measure the rates and vertical profile of aerosol scavenging. Journal of Geophysical Research, 91: 14355-14366.

Gray JR, Lacrampe-Couloume G, Gandhi D, et al. 2002. Carbon and hydrogen isotopic fractionation during biodegradation of methyl tert-butyl ether. Environ Sci Technol, 36: 1931-1938.

Gremillion P, Wanielista M. 2000. Effects of evaporative enrichment on the stable isotope hydrology of a central Florida (USA) river. Hydrological Processes, 14: 1465-1484.

Griebler C, Safinowski M, Vieth A, et al. 2004. Combined application of stable carbon isotope analysis and specific metabolites determination for assessing in situ degradation of aromatic hydrocarbons in a tar oil-contaminated aquifer. Environ Sci Technol, 38: 617-631.

Gruau G, Legeas M, Riou C, et al. 2005. The oxygen isotopic composition of dissolved anthropogenic phosphates: A new tool for eutrophication research? Water Research. 39: 231-238.

Gu Weizu, Lu Mingjiang, Chen Tingyang, et al. 1987. A systematic study of distribution characters of infiltration parameters in an experimental basin by nuclear methods. In: Isotope Applications in Hydrology in Asia and the Pacific. Beijing: IAEA: 265-276.

Gu Weizu. 1987. Measurement of spatial evapotranspiration characteristics of an experimental basin using a neutron probe. In: Isotope Techniques in Water Resources development 1987, Vienna: IAEA: 789-793.

Gu Weizu. 1988. Field research on surface water and subsurface water relationships in an artificial experimental catchment. In: Interaction Between Groundwater and Surface Water. Ystard, Sweden: Lund University: 33-41.

Gu Weizu. 1990a. Experimental and representative basin studies in China. In: Hooghart JC. Posthumus CWS. Warmerdam PMM eds. Hydrological Research Basins and the Environment. Hague, The Netherlands: 175-186.

Gu, Weizu. 1990b. Wetland hydrologic systems with special reference to the Gurinai wetland within the Gobi desert. In: Simpson E S, Sharp JM Jr. eds. Selected Papers on Hydrogeology from the 28th International Geology Congress. Verlag Heinz Heise GmbH: 271-282.

Gu Weizu. 1992. Challenge on some rainfall-runoff conceptions traced by environmental isotopes in experimental catchments. In: Tracer Hydrology 1992. Rotterdam, Netherlands: Balkema Publishers: 397-403.

Gu Weizu. 1993. Basin studies in China over the last four decades. ERB/Breves. 9. Wallingford, UK: 12.

Gu Weizu, Longinelli A. 1993. A case study on the hydrological significance of stable isotope data on alpine catchments with snow cover and glaciers, Xinjiang, China. In: Yong GJ ed. Snow and Glacier Hydrology. IAHS Publication

No. 209: 371-383.

Gu Weizu. 1994. Experimental Research on Isotopic Hydrograph Separation (国际原子能机构内部研究报告, No. 5001/RB): 1-71.

Gu Weizu, Peters NE. 1995. Spatial variation in background geochemistry of the Gurinai Wetland, Gobi Desert, Inner Mongolia. In: Models for Assessing and Monitoring Groundwater Quality. IAHS Publication No. 227:85-90.

Gu Weizu, Jim Freer. 1995. Patterns of surface and subsurface runoff generation identified hydrologically and isotopically within experimental basins. In: Tracer Technologies for Hydrological Systems. IAHS Publication No. 229: 265-273.

Gu Weizu. 1996. Unreasonableness of the current two-component isotopic hydrograph separation for natural basins. In: Isotopes in Water Resources Management 1995. Vienna: IAEA:261-264.

Gu Weizu, Tudeng-Xiangpei, Li Daiming. 1996. A neutron activation study of the geochemistry in the natural waters of Lhasa, Tibet, China. In: Ecohydrology of High Mountain Areas. Kathmanda: ICIMOD: 573-577.

Gu Weizu. 1997. Measurement of spatial evapotranspiration characteristics of an experimental basin using a neutron probe. In: Isotope Techniques in Water Resources Development. IAEA, Vienna:789-793.

Gu Weizu, Lu J. J. 2007. The disposition of water resources of arid area with special reference to the Alxa Plateau, Inner Mongolia. In: Translating Scientific Results into Conservation Actions: New Roles, Challenges and Solutions for 21st Century Scientists. Boston: Earthwatch Institute, 19-21.

Gu Weizu, Lu Jiaju. Wu Yongxiang. 2007. Identification of groundwater recharge sources by using excess 234U and 34S for the arid Ejina-Badain Jaran interior basin of Alxa Plateau, Inner Mongolia. In: Advances in Isotope Hydrology and Its Role in Sustainable Water Resources Management. Vienna:IAEA: V2:121- 131.

Gui Herong, Song Xiaomei, et al. 2001. Forcasting the underground waters regime in the pitching aquifers in Huainan mining area. Journal of Coal Science & Engineering, 7(1):46-51.

Haag FM, Reinhard M, Mccarty PL. 1991. Degradation of toluene and p-xylene in anaerobic microcosms: Evidence for sulfate as a terminal electron acceptor. Environ Toxicol Chem 1991,10: 1379-1390.

Haderlein SB, Pecher K. 1999. Pollutant reduction in heterogenous Fe(II)-Fe(III) systems. In: Sparks DL,Grundl TJ eds. Mineral-Water Interfacial Reactions. Kinetics and Mechanisms. AC0S Symposium Series. Washington: American Chemical Society: 342-356.

Hamilton SK, Lewis Jr WM. 1992. Stable carbon and nitrogen isotopes in algae and detritus from the Orinoco River floodplain, Venezuela. Geochimica et Cosmochimica Acta, 56: 4237-4246.

Handley LL, Austin AT, Robinson D, et al. 1999. The ^{15}N natural abundance ($\delta^{15}N$) of ecosystem samples reflects measures of water availability. Australian Journal of Plant Physiology, 26: 185-199.

Hanor IS. 1994a. Physical and chemical controls on the composition of waters in sedimentary basins. Marine and Petroleum Geology,11:(1),31-45.

Hanor IS. 1994b. Origin of saline fluids in sedimentary basins. In: Parnell ed. Geofluids: Orign, Migration and Evolution of Fluids in Sedimentary Basins. Geological Society Special Publication, 78: 151-174.

Hanson JR, Ackerman CE, Scow KM. 1999. Biodegradation of methyl tert-butyl ether by a bacterial pure culture. Appl. Environ Microbiol, 65 (11): 4788-4792.

Harrington RR, Poulson SR, Drever JI, et al. 1999. Carbon isotope systematics of monoaromatic hydrocarbons: vaporization and adsorption experiments. Org Geochem, 30 (8A): 765-775.

Harris GP. 1986. Phytoplankton Ecology. London:Chapman and Hall.

Harrison WJ. 1989. Modeling fluid/rock interactions in sedimentary basins. In: Cross ed. Quantitative Dynamic Stratigraphy Prentice Hall: 195-231.

Harrison WI, Thyne GD. 1992. Predictions of diagenetic reactions in the presence of organic acids. Geochimica et Cosmochimica Acta,56:565-586.

Harrison WJ, Thyne GD. 1995. Reply to comment by Kettler RM, Palmer DA, and Wesolowski DJ on "Predicions of diagenetic reactions in the presence of organic acids." Geochimica et Cosmochimica Acta, 59(18):3853-3856.

Hastings MG, Sigman DM, Lipschultz F. 2003. Isotopic evidence foe source changes of nitrate in rain at Bermuda. Journal of Geophysical Research-Atmosphere, 109(D24):4790.

Hastings MG. Steig EJ, Sigman DM. 2004. Seasonal variationsnin N and O isotopes of nitrate in snow at Summit, Greenland: Implications for the study of nitrate in snow and ice cores. Journal of Geophysical Research-Atmosphere, 109(D20).

Hathaway JC, Degens ET. 1969. Methane-derived marine carbonates of Pleistocene age. Science, 165:690-692.

He Q, Walling DE. 1997. The distribution of fallout ^{137}Cs and ^{210}Pb in undisturbed and cultivated soils. Appl Radiat Isot, 48(5):677-690.

Heaton THE, Vogel JC. 1981. "Excess air" in groundwater. J Hydrol, 50:201-216.

Heaton THE, Talma AS, Vogel JC. 1986. Dissolved gas paleotemperature and ^{18}O variations derived from ground water near Uitenhage, South Africa. Quat Res, 25: 79-88.

Heaton THE. 1986. Isotopic studies of nitrogen pollution in the hydrosphere and atmosphere: A review. Chemical Geology, 56: 87-102.

Heaton THE. 1990. $^{15}N/^{14}N$ ratios of NO_x from vehicle engines and coal-fired power stations. Tellus,42B: 304-307.

Hebert CE, Wassenaar LI. 2001. Stable nitrogen isotopes in waterfowl feathers reflect agricultural land use in western Canada. Environmental Science and Technology, 35:3482-3487.

Heidenreich JE, Thiemens MH. 1983. A non-mass-dependent isotope effect in the production of ozone from molecular oxygen. J Chem Phys, 78: 892.

Helgeson HC,Knox AM, Owens CE, et al. 1993. Petroleum,oil field brines,and authigenic mineral assemblages:are they in metastable equilibrium in hydrocarbon reservoirs? Geochimica et Cosmochimica Acta,57:3295-3340.

Helmut Dorr. 1995. Application of ^{210}Pb in soils. Journal of Paleolimnology, 13:157-168.

Hendry MJ, Krouse HR, Shakur MA. 1989. Interpretation of oxygen and sulfur isotopes from dissolved sulfates in tills of southern Alberta, Canada. Water Resour Res, 25: 567-572.

Henn MR, Chapela JV. 2000. Dufferential C isotope discrimination of C3-and-C4 derived sucrose. Applied and Environmental Microbiology, 66: 4180-4186.

Herczeg AL,Edmunds WM. 2000. Inorganic ions as tracers. In: Cook PG, Herczeg AL eds. Environmental Tracers in Subsurface Hydrology. Kluwer Acad Publ: 31-77.

Herut B,Starinsk A,Katz A, et al. 1990. The role of sea-Water freezing in the formation of subsurface brines. Geochimica et Cosmochimica Acta,54(1):13-21.

Herzberg O, Mazor E. 1979. Hydrological application of noble gases and temperature measurements in underground water systems, examples from Israel. J of Hydrology, 41: 217-231.

Hill AR, Devito KJ, Campagnolo S, et al. 2000. Subsurface denitrification in a forest riparian zone: Interactions between hydrology and supp lies of nitrate and organic carbon. Biogeochemistry, 51: 193-223.

Hillel D. 1980. Fundamentals of Soil Physics. Academic Press, New York.

Hillel D, Baker RS. 1988. A descriptive theory of fingering during infiltration into layered soils. Soil Sci, 146: 51-56.

Hiroshiro Y, Jinno K, Berndtsson R. 2006. Hydrogeochemical properties of a salinity-affected coastal aquifer in western Japan. Hydrological Processes, 20: 1425-1435.

Hitchon B, Krouse HR. 1972. Hydrogeochemistry of the surface waters of the Mackenzie River drainage basin, Canada. -III. Stable isotopes of oxygen, carbon and sulphur. Geochimica et Cosmochimica Acta, 36: 1337-1357.

Hoefs J. 1987. Stable Isotope Geochemistry. Berlin: Springer-Verlag.

Hoefs J. 2002. 稳定同位素地球化学. 刘季花,石学法,卜文瑞译. 北京:海洋出版社:1-120.

Hoering T. 1957. The isotopic composition of ammonia and the nitrate ion in rain. Geochimica et Cosmochimica Acta,

12:97-102.

Hogan JF,Blum JD. 2003. Boron and lithium isotopes as groundwater tracers: A study at the Fresh Kills Landfill, Staten Island, New York, USA. Applied Geochem, 18: 615-627.

Hogberg P. 1997. ^{15}N natural abundance in soil-plant systems. New Phytologist, 137: 179-203.

Hohmann R,Hofer M, Kipfer R, et al. 1998. Distribution of helium and tritium in Lake Baikal. J Geophys Res, 103: 12823-12838.

Holland H D, Turekian KK. 2003. Treatise on Geochemistry. Oxford: Elsevier-Pergamon: 5: 348-349.

Hollocher TC. 1984. Source of the oxygen atoms of nitrate in the oxidation of nitrite by Nitrocacter agilis and evidence against a P-O-N anhydride mechanism in oxidative phosphorylation. Archives of Biochemistry and Biophysics, 233: 721-727.

Holser WT, Kaplan IR. 1966. Isotope geochemistry of sedimentary sulfates. Chem Geol, 1: 93-135.

Hooper RP. Shoemaker CA. 1986. A comparison of chemical and isotopic hydrograph separation. Water Resour Res, 22(10): 1444-1454.

Horita J. 1988. Chemical Geology (Isotope Geosciene Section). 72:801-805.

Horita Y, Gat JR. 1989. Deuterium in the Dead Sea: re-measurement and implications for the isotope activity correction in brines. Geochimica et Cosmochimica Acta, 53: 131-133.

Horita J. 2005. Saline waters. In: Aggarwal PK, Gat JR, Froehlich FO eds. Isotopes in the Water Cycle. Vienna: IAEA:271-287.

Horton RE. 1931. The field, scope and status of hydrology. Tran Am Geophys Union, V12:189-202.

Hossain TZ. 1988. Measurement of the $^{36}Ar(n,p)^{36}Cl$ capture cross section. In: Annual Report of the Nuclear Research Laboratory. New York:University of Rochester. 157-159.

Howarth RW, Billen G, Swaney D, et al. 1996. Regional nitrogen budgets and riverine N and P fluxes for the drainages to the North Atlantic Ocean: Natural and human influences. Biogeochemistry, 35: 75-139.

Hsieh JCC, Savin SM, Kelly EF, et al. 1998. Measurement of soil-water $\delta^{18}O$ values by direct equilibration with CO_2. Geoderma, 82: 255-268.

Hull DE. 1962. Dispersion and persistence of tracer in river flow measurement, Int. J Appl. Radiat Isot, 13:63.

Hunkeler D, Aravena R, Butler BJ. 1999. Monitoring microbial dechlorination of tetrachloroethane (PCE) in groundwater using compound-specific stable carbon isotope ratios: Microcosm and field studies. Environ Sci Technol, 33: 2733-2738.

Hunkeler D, Aravena R. 2000. Evidence of substantial carbon isotope fractionation among substrate, inorganic carbon, and biomass during aerobic mineralization of 1,2-dichloroethane by Xanthobacter autotrophicus. Appl Environ Microbiol, 66 (11): 4870-4876.

IAEA. 1968. Guidebook on Nuclear Techniques in Hydrology. Vienna:IAEA.

IAEA. 1970. Neutron Moisture Gauge, Technical Reports Series No. 112. Vienna:IAEA.

IAEA. 1973. Bulletin N4. Vienna:10-16.

IAEA. 1981. Stable Isotope Hydrology, Technical Reports Series No. 210. Vienna:IAEA.

IAEA. 1983. Guidebook on Nuclear Techniques in Hydrology. Vienna:IAEA.

IAEA Working Group. 1983. Guidebook on Nuclear Techniques in Hydrology. Vienna (STI/DOC/10/91/2): 439.

IAEA. 1990. Environmental Isotope Data No. 9: World Survey of Isotope Concentration in Precipitation (1984-1987). Technical Reports Series No. 311. Vienna:IAEA.

IAEA. 1991. Airborne Gamma Ray Spectrometer Surveying. TECDOC No. 323. Vienna:IAEA.

IAEA. 1992. Statistical Treatment of Data on Environmental Isotopes in Precipitation. Technical Reports Series 331. Vienna:IAEA.

IAEA. 1993. Isotope Techniques in the Study of Past and Current Environmental Changes in the Hydrosphere and the

Atmosphere. Vienna.

IAEA. 1994. Environmental Isotope Data No. 10: World Survey of Isotope Concentration in Precipitation (1988-1991). Technical Reports Series No. 371. Vienna:IAEA.

IAEA. 1998. Application of Isotope Techniques to Investigate Groundwater Pollution. Vienna.

IAEA. 2006. Use of Chlorofluorocarbons in Hydrology, a Guidebook. Vienna:IAEA:277.

IAEA. 2007. Water and Environment News, Newsletter of Isotope Hydrology Section, No. 23. Vienna:IAEA.

IAEA. 2008. Water and Environment News. No. 24.

IOS,1973, 1974. Liquid Flow Measurement in Open Channels-Dilution Methods for Measurement of Steady Flow. ISO-555 1973, ISO-555/II 1974.

Ivanovich M, Harmon KS. 1992. Uranium-series Disequilibrium: Application to Earth, Marine and Environmental Sciences. Oxford:Clarenden Press.

Ivars Neretnicks. 1981. Age dating of ground water in fissured rock:Influence of water volume in micropore. Water Resources Research,17(2).

Izraehl YA. 1990. Study of radioactive contamination of the environment caused by the Chernobyl nuclear power plant accident: Main results. In: Environmental Contamination Following a Major Nuclear Accident. Vienna: IAEA:3-22.

Jacobes Jde Vries, Ian Simmers. 2002. Groundwater recharge: an overview of processes and challenges. Hydrlogical Journal, 10: 5-17.

Jasiulions A, Gudelis A, Savickaite I. 1995. Investigation of radionuclide flows between ecosystem components in the environment of Ignalina nuclear power plant. In: Isotopes in Water Resources Management. Vienna:IAEA: 223-233.

Jaworowski Z. 1990, Sources and the global cycle of radium. In: The Environmental Behaviour of Radium. Vienna: IAEA:129-142.

Jian Sheng Chen, Ling Li, Ji Yang Wang, D. A. Barry, Xue Fen Sheng, Wei Zu Gu, Xia Zl Liang Chen. 2004. Groundwater maintains dune landscape. Nature,432,459

John MR, James NB, Keeley DF, et al. 1988. Radio-nuclides in Louisiana Soils. J Environ Qual,17(4):562-568.

Johnsen SJ, Dansgaard W, Clausen HB, et al. 1972. Oxygen isotope profiles through the Antarctic and Greenland ice sheets. Nature,235: 429-434.

Johnson JW, Oelkers EH, Helgeson. 1992. A software package for calculating the standard molal thermodynamic properties of minerals, gases, aqueous species, and reaction from 1 to 5000 bars and 0 to 1000℃. Computer & Geosciences, 18:898-947.

Johnston JC, Thiemens MH. 1997. The isotopic composition of troposphere ozone in three environments. Journal of Geophysical Research, 102: 623-625.

Kachanoski RG, Jong Ede. 1984. Predicting the temporal relationship between soil Cesium-137 and erosion rate. J. Environ Qual,13(2):301-304.

Kachanoski RG. 1993. Estimating soil loss from changes in soil Cesium-137. Can J Soil Sci,73:629-632.

Kale VS, Gupta A, Singhvi AK. 2003. Late Pleistocene-Holocene Palaeohydrology of Monsoon Aaia. In: Gregory and G Benito eds. Palaeohydrology: Understanding Global Change. John Wiley & Sons, Ltd.

Karr JD, Showers WJ, Jennings GD. 2003. Low-level nitrogen export from confined daily farming detected in North Carolina streams using $\delta^{15}N$. Agriculture Ecosystems and Environment, 95: 103-110.

Kasi SSH. 1980. Airborn gamma survey in snow mass determination. In: IRRMA 6, Paper 106, Ontario, Canada.

Katz BG, Hornsby HD. 1998. A preliminary assessment of sources of nitrate in springwater, Suwannee river basin, Florida. US Geological Survey Open File Report: 69-98:1-15.

Kawanable Y, Yasuhara M, Marui A, et al. 1999. An isotopic study on the groundwater regime of a seepage caldera lake district, southern Japan. In: Integrated Methods in Catchment Hydrology. IAES Publ: 258: 183-192.

Kay RW, Kay SM. 1991. Creation and destruct ion of lower continental crust. Geologische Rundschau, 80: 259-278.

Kazahaya K, Yasuhara M. 1994. A hydrogen isotopic study of spring waters in Mt. Yatsugatake, Japan, application to groundwater recharge and flow processes. J Japanese Association of Hydrological Sciences, 24(2): 107-119.

Kellman LM, Hillaire MC. 2003. Evaluation of nitrogen isotopes as indicators of nitrate contamination sources in an agricultural watershed agriculture. Ecosystems and Environment, 95: 87-102.

Kendall C. 1993. Impact of Isotopic Heterogeneity in Shallow Systems on Stormflow Generation. PhD dissertation. University of Maryland: 310.

Kendall C, Campbell DH, Burns DA, et al. 1995. Tracing sources of nitrate in snowmelt runoff using the oxygen and nitrogen isotopic compositions of nitrate. In: Tonnessen K, Williams MW, Trantor M. eds. Biogeochemistry of Seasonally Snow-covered Catchments. IAHS Publication: 228: 339-347.

Kendall C, Silva SR, Chang CY, et al. 1995. Use of the delta 18-O and delta 15-N of nitrate to determine sources of nitrate in early spring runoff in forested catchments. In: Isotopes in Water Resources Management1995. Vol 1. IAEA: 167-176.

Kendall C. 1998. Tracing nitrogen sources and cycling in catchment. In: Kendall C, Mcdonnell JJ eds. Isotope Tracers in Catchment Hydrology. Elsevier.

Kendall C, Caldwell EC. 1998. Fundamentals of isotope geochemistry. In: Kendall C, McDonnell JJ eds. Isotope Tracers in Catchment Hydrology. Elsevier.

Kendall C, Silva SR, Chang CY, et al. 2000a. Spatial changes in redox conditions and foodweb relations at low and high nutrient sites in the Everglades. US Geological Survey Open File Report. 00-449: 61-63.

Kendall C, Aravena R. 2000b. Nitrate isotopes in groundwater systems. In: Cook PG, Herczeg AL eds. Environmental Tracers in Subsurface Hydrology. Boston, Mass., Kluwer Academic Publishers: 261-297.

Kendall C, Silva SR, Kelly VJ. 2001a. Carbon and nitrogen isotopic compositions of particulate organic matter in four large river systems across the United States. Hydrological Processes, 15: 1301-1346.

Kendall C, Coplen T B. 2001b. Distribution of oxygen-18 and deuterium in river waters across the United States. Hydrological Processes, 15: 1363-1393.

Kendall C, Elliott EM, Wankel SD. 2007. Tracing anthropogenic inputs of nitrogen to ecosystems. In: Michener R, Lajtha eds. Stable Isotopes in Ecology and Environmental Science. Second Edition. Oxford: Blackwell Scientific Publishers.

Keren R, Bingham SN. 1985. Boron in water, soil and plants. Advances in Soil Science, 1: 229-276.

Kettler RM, Palmer DA, Wesolowski DI. 1995. Comment on Predictions of diagenetic reactions in the presence of organic acids. Geochimica et Cosmochimica Acta, 59 (18):3843-3851.

Kharaka YK, Berry AF, Friedman I. 1973. Isotopic composition of oil-field brinsfrom Kettleman north Dome, Califoria, and their geologic implications. Geochimica et. Cosmochimica Acta, 37:1899-1903.

Kharaka YK, Hull RW, Carother WW. 1985. Water-rock interactions in sedimentary basins In: Gautier DC, et al eds. Relationship of Organic Matter and Mineral Diagenesis Soc Econ Geol Paleont Short Course, No 17:79-272.

Kharaka YK, Law LM, Carothers WW, et al. 1986. Role of organic species dissolved in formation water from sedimentary basins in mineral diagenesis. In: Gautier DL ed. Roles of Organic Matter in Sediment Diagenesis Soc Econ Paleontol Mineral Spec Publ: 38:111-122.

Kharaka YK, Maest AS, Carpenter WW, et al. 1987. Geochemistry of metal-rich brines from central Mississipi Salt Dome basins, USA Applied Geochemistry, 2:543-561.

Kharaka YK, Gunter WD, Aggarwal PK, et al. 1988. SOLMINEQ 88: A computer program for geochemical modelling of water-rock interactions. U S Geological Survey Water-resources Inves Report 88-4227: 1-120.

Kharaka YK, Lungedard PD, Ambats G, et al. 1993. Generation of aliphatic acid anions and carbon dioxide by hydrous pyrolysis of crude oils. Applied Geochemistry, 8:317-324.

Kiga T, Watanabe S, Yoshikawa K, et al. 2000. Evaluation of NO_x Formation in Pulverized Coal Firing by Use of Nitrogen Isotope Ratios. ASME 2000 International Joint Power Generation Conference. American Society of Mechanical Engineers.

King Chiyu. 1993. Gas-geochemical approaches to earthquake prediction. Proceedings of an Advisory Group Meeting: Isotopic and Geochemical Precursors of Earthquakes and Volcanic Eruptions. Vienna:IAEA.

Kinzelbach W. 2001. The most common methods of recharge estimation. In: UNEP, A Survey of Methods for Analysing Groundwater Recharge in Arid and Semi-arid Regions: 3-14.

Kipfer R, Aeschbach-Hertig W, Peeters F, et al. 2002. Noble gases in lakes and ground water. In: Porcelli D, Ballentine CJ, Wieler R eds. Noble Gases in Geochemistry and Cosmochemistry. Geochemical Socity, Mineralogical Socity of America.

Kirkland DW, Denison E, Rooney MA. 1995. Diagenetic alteration of Permian strata at oil fields of south central Oklahoma. USA Marine Petroleum Geology, 12:629-644.

Kirshenbaum I, Smith SS, Crowell T, et al. 1947. Separation of the nitrogen isotopes by the exchange reaction between ammonia and solutions of ammonium nitrate. J Chem Phys, 15: 440-446.

Kitching R, Shearer TR, Shedlock SL. 1977. Recharge to Bunter sandstone determined from lysimeter. J Hydrol, 56: 267-277.

Klass DL. 1984. Methane from anaerobic fermentation. Science, 223:1021-1028.

Klemes V. 1986. Dilettantism in hydrology, transition or destiny? Water Resources Research, 22(9): 177-188.

Klotz D, Seiler KP. 1998. Die GSF-Lysimeteranlage Neuherberg. Institut fur Hydrologie. GSF-Bericht 23/98.

Knaus RM. 1989. Accretion and canal impacts in a rapidly subsiding wetland: II. A new soil horizon maker method for measuring recent accretion. Estuaries, 12(4): 269-283.

Knauth LP, Epstein S. 1976. Hydrogen and oxygen isotope ratios in nodular and beded cherts. Geochimica et Cosmochimica Acta, 40: 1095-1108.

Knauth LP, Beeunas MA. 1986. Isotope geochemistry of fluid inclusions in Permian halite with implications for the isotopic history of ocean water and origin of saline formation waters. Geochimica et Cosmochimica Acta, 50:419-433.

Koeniger P, Link TE, Marshall JD. 2007. Do what isotopes reflect differences in timber harvest practices? Isotope ecohydrology in the Mica Creek watershed, Idaho, USA. In: Advances in Isotope Hydrology and Its Role in Sustainable Water Resources Management. Book of Abstracts. Vienna: IAEA.

Kohl DH, Shearer GB, Commcner B. 1971. Fertilizer nitrogen: Contribution to nitrate in surface water in a corn belt watershed. Science, 174: 1331-1334.

Kolhatkar RV, Kuder T, Philp P, et al. 2002. Use of compound-specific stable carbon isotope analyses to demonstrate anaerobic biodegradation of MTBE in groundwater at a gasoline release site. Environ Sci Technol, 36: 5139-5146.

Kolodny Y, Epstein S. 1976. Stable isotope geochemistry of deep sea charts. Geochimica et Cosmochimica Acta, 40: 1195-1209.

Komor SC, Anderson HWJ. 1993. Nitrogen isotopes as indicators of nitrate sources in Minnesota Sand-Plain Aquifers. Ground Water,1993,31:260-270.

Komor SC. 1997. Boron contents and isotopic compositions of hog manure, selected fertilizers, and water in Minnesota. Journal of Environmental Quality, 26:1212-1222.

Korom SF. 1992. Natural denitrification in the saturated zone: a review. Water Resources Reseach, 28(6): 1657-1668.

Kosler J, Silar J, Jelinek E. 2004. Application of environmental radionuclides in radiochronology. In: Tykva R,Berg

D eds. Man-made and Natural Radioactivity in Environmental Pollution and Radiochronology. Springer:416.

Krabbenhoft DP, Bowser CJ, Anderson MP, et al. 1990. Estimating groundwater exchange with lakes. 1. The stable isotope mass balance method. Water Resour Res, 26: 2445-2453.

Kratzer CR, Dileanis PD, Zamora C, et al. 2004. Sources and Transport of Nutrients, Organic Carbon, and Choloro-phyll-a in the San Joaquin River Upstream of Vernalis, Carifornia, during Summer and Fall, 2000 and 2001. WRI 03-4127. US Geological Survey.

Kreft A. 1974. Calculation of the neutron slowing down length in rocks and soils. Nukleonika,19.

Kreitler CW. 1975. Determining the source of nitrate in groundwater by nitrogen isotopes. Univ of Texas. Austin, Texas. Bur Econ Geol, Rep Invest, (83):1-57.

Kreitler CW. 1979. Nitrogen-isotope ratio studies of soils and groundwater nitrate from alluvial fan aquifers in Texas. J Hydrol, 42:147-170.

Kroeger K, Cole ML, York J, et al. 2006. Nitrogen loads to estuaries from waste water plumes: Modeling and isotopic approaches. Ground Water. 44: 188-200.

Krouse HR, Cook FD, Sasaki A,et al. 1970. Microbial isotope fractionation in springs in Western Canada. In: Ogata K, Hayakawa T eds. Recent Developments in Mass Spectrometry. Chicago:University Park Press.

Krouse HR. 1980. Sulphur isotopes in our environment. In: Fritz P, Fontes J eds. Handbook of Environmental Isotope Geochemistry. Amsterdam, Oxford, New York, Tokyo: Elsevier Scientific Publishing Company:435-472.

Krouse HR, Grinenko VA. 1991. Stable Isotopes in the Assessment of Natural and Anthropogenic Sulphur in the Environment. Chichester, New York, Brisbane, Toronto, Singapore: John Wiley&Sons Ltd: 225-229.

Krouse HR,Stewart JWB, Grinenko VA. 1991. Pedosphere and biosphere. In: Krouse HR , Grinenko VA eds. Stable Isotopes: Natural and Anthropogenic Sulphur in the Environment: 267-306.

Krouse HR, Mayer B. 2000. Sulphur and oxygen isotopes in sulphate. In: Cook PG, Herczeg AL eds. Environmental Tracers in Subsurface Hydrology: 195-231.

Kurz MD, Jenkins WJ. 1981. The distribution of helium in oceanic basalt glasses. Earth Planet Sci Lett, 53: 41-54.

Kusakabe M, Rafer JD, Stout J, et al. 1976. Isotopic ratios of sulphur extracted from some plants, soils and related materials. New Zealand Journal of Science, 19: 433-440.

Kusakabe M. 1993. Buildup of CO_2 in lake Nyos and evaluation of recurrence of future gas outbursts. Proceedings of an Advisory Group Meeting: Isotopic and Geochemical Precursors of Earthquakes and Volcanic Eruptions. Vienna:IAEA.

Kvenvolden KA, Carlson PR, Threlkeld CN, et al. 1993. Possible connection between two Alaskan catastrophes occurring 25 yr apart (1964 and 1989). Geology, 21(9): 813-816.

Labidi S, Dachraoui M, Mahjoubi H, et al. 2002. Natural radioactive nuclides in some Tunisian thermo-mineral springs. Journal of Environmental Radioactivity, 62(1): 87-96.

Lal D, Peters B. 1967. Cosmic-ray-produced radioactivity on the Earth. In: Handbuch der Physik. 46/2: 551-612.

Lamb HH. 1977. Climate: Present, Past and Future. Vol 2. Climate History and the Future. London:Methuen.

Lambs L, Balakrishna K, Brunet F, et al. 2005. Oxygen and hydrogen isotopic composition of major Indian rivers: a first global assessment. Hydrological Processes, 19:3345-3355.

Lamouroux C, Hani A. 2006. Identification of groundwater flow paths in complex aquifer systems. Hydrlogical Processes, 20: 2971- 2987.

Land LS,Macpherson GL. 1989. Geochemistry of formation water, Plio-Pleistocene reservoirs, offshore Louisiana In: Croft W, Smith J eds. Transactions Gulf Coast Association of Geological Societies, Vol XXXIX,Corpus,Texas.

Land LS, Macpherson GL. 1992. Origin of saline formation waters, Cenozoic section. Gulf of Mexico Sedimentary Basin AAPG Bull, 76(9):1344-1362.

Land LS. 1995. Na-Ca-Cl saline formation waters,Frio Formation (Oligocene),south Texas,USA:Products of diagenesis. Geochimica et Cosmochimica Acta, 59(11),2163-2174.

Lane SL, Flanagan S, Wilde FD. 2003. Selection of equipment for water sampling (ver. 2.0): US Geological Survey Techniques of Water-Resources Investigations, book 9, chap. A2, March, accessed 2009-01 at http://pubs.water.usgs.gov/twri9A2/.

Lawrence JR, Taylor Jr HP. 1971. Deutrium and oxygen-correlation clay minerals and hydroxides in Quaternary soils compared to meteoric waters. Geochimica et Cosmochimica Acta, 35: 993-1003.

Laws EA, Popp BN, Bidigare RR, et al. 1995. Dependence of phytoplankton isotopic composition on growth rate and $[CO_2]_{aq}$: theoretical considerations and experimental results. Geochimica et Cosmochimica Acta, 59: 1131-1138.

LaZerte BD,Szalados JE. 1982. Stable carbon isotope ratio of submerged freshwater macrophytes. Limnology and Oceanography, 27(3): 413-418.

LaZerte BD. 1983. Stable carbon isotope ratios: Implications for the source sediment carbon and for phytoplankton carbon assimilation in Lake Memphremagog, Quebec. Canadian Journal of Fisheries and Aquatic Science, 40: 1658-1666.

Leaney FW, Allison GB. 1986. Carbon-14 and stable isotope data for an area in the Murray basin: its use in estimation recharge. J Hydrol, 88: 129-145.

Lebedew WC, Owsjannikow WM, Mogilewskij GA, et al. 1969. Fraktionierung der Kohlenstoffisotope durch mikrobiologische Prozesse in der biochemischen Zone. Angew Geol, 15: 621-624.

Leduc C. Favreau G, Schroeter P. 2001. Long-term rise in a Sahelian water table: the Continental Terminal in southwest Niger. J Hydrol, 243: 43-54.

Lehmann BE, Davis SN, Fabryka-Martin JT. 1993. Atmospheric and subsurface sources of stable and radioactive nuclides used for groundwater dating. Water Resour Res, 29: 2027-2040.

Lein AY. 1991. Flux of volcanic sulphur to the atmosphere and isotopic composition of total sulphur. In: Krouse HR, Grinenko VA eds. Stable Isotopes: Natural and anthropogenic sulfur in the environment, SCOPE 43. Chichester: Wiley & Sons: 116-125.

Lemarchand D, Gaillardet J, Lewin E, et al. 2000. The influence of rivers on marine boron isotopes and implications for reconstructing past ocean pH. Nature, 408: 951-954.

Leopoldo PR, Martinez JC, Mortatti J. 1987. Runoff hydrograph analysis in agricultural watersheds by oxygen-18. In: Isotope Techniques in Water Resources Development. Vienna: IAEA:521-538.

Lerner DN. 1986. Leaking pipes recharge groundwater. Ground Water, 24(5): 654-662.

Lerner DN, Issar AS, Simmers I. 1990. Groundwater Recharge. A Guide to Understanding and Estimating Natural Recharge. IAH.

Lerner DN. 1997. Groundwater recharge. In: Saether OM, de Caritat P eds. Geochemical Processes, Weathering and Groundwater Recharge in Catchment. Rotterdam: AA Balkema:109-150.

Levley DR, Baedecker MJ, Lonergan DI, et al. 1989. Oxidation of aromatic contaminants coupled to microbial iron reduction. Nature,339:297-299.

Leybourne MI,Clark ID, Goodfellow WD. 2006. Stable isotope geochemistry of ground and surface waters associated with undisturbed massive sulfide deposits; constraints on origin of waters and water-rock reactions. Chemical Geology, 231:300-325.

Lloyd RM. 1968. Oxygen isotope behavior in the sulfate-water system. J. Geophys Res, 73:6099-6110.

Loijens HS, et al. 1973. Airborne Measurement of Snow-Water Equivalent Using Natural Gamma Radiation over Southern Ontario, 1972-1973. Scientific Series No. 34. Water Resources Branch. Ottwa, Canada.

Lollar SB, Slater GF, Ahad J, et al. 1999. Contrasting carbon isotope fractionation during biodegradation of trichloroethylene and toluene: Implications for intrinsic bioremediation. Org Geochem, 30 (8A): 813-820.

Lollar SB, Slater GF, Sleep B, et al. 2001. Stable carbon isotope evidence for intrinsic bioremediation of tetrachloroethene and trichloroethene at area 6, Dover Air Force Base. Environ Sci Technol, 35(2): 261-269.

Loughran RJ, Newcastle, Campbell BL, et al. 1987. Soil erosion and sedimentation indicated by Caesium-137: Jackmoor Brook Catchment, Devon, England. Catena, 14: 201-212.

Lowrance R, Sherwood M, Clarence L. 1988. Erosion and deposition in a field/forest system estimated using Cesium-137 activity. Journal of Soil and Water Conservation, 2:195-199.

Lu G, Zheng C, Donahoe RJ, et al. 2000. Controlling processes in a $CaCO_3$ precipitating stream in Huanglong Natural Scenic District, Sichuan, China. Journal of Hydrology, 230:34-54.

Lucas LL, Unterweger MP. 2000. Comprehensive review and critical evaluation of the half-life of tritium. J Res Natl, Stand Technol, 105 (4): 541-549.

Lundegard PD, Land LS. 1986. Carbon dioxide and organic acids: Their role in porosity enhancement and cementation. Paleogene of the Texas Gulf Coast SEPM Special Publication, 38:129-146.

Lundegard PD, Senftle IT. 1987. Hydrous Pyrolysis: A Tool for the Study of Organic Acid Synthesis. 2:605-612.

Lundegard PD, Trevena AS. 1990. Sandstone diagenesis in the Pattani Basin (Gulf of Thailand): History of water-rock interaction and comparison with the Gulf of Mexico. Applied Geochemistry, 5:669-685.

Lundegard PD, Kharaka YK. 1990. Geochemistry of organic acids in subsurface waters. In: Melchiar DC, Bassett RL eds. Chemical Modelling of Aqueous Systems 2 American Chemical Society Symposium Series, 416:170-189.

Lundegard PD, Land LS. 1993. Carboxylic acid anions in formation waters, San Joaquin Basin and Louisiana Gulf Coast, U S A implication for clastic diagenesis discussion. Applied Geochemistry, 8: 297-300.

Luz B, Barkan E, Bender M, et al. 1999. Triple-isotope composition of atmospheric oxygen as a tracer of biosphere productivity. Nature, 400: 547-550.

Luz B, Barkan E, Sagi Y, et al. 2002. Evaluation of community respiratory mechanisms with oxygen isotopes: A case study in Lake Kinneret. Limnol Oceanogr, 47: 33-42.

Lyon GL, Hulston JR. 1984. Carbon and hydrogen isotopic compositions of New Zealand geothermal gases. Geochimica et Cosmochimica Acta, 48: 116-1171.

Létolle R. 1989. Nitrogen-15 in the natural environment. In: Fritz, Fonten JC eds. Hankbook of Environmental Isotope Geochemistry. New York.

Ma JZ, Edmunds WM. 2006. Groundwater and lake evolution in the Badain Jaran Desert ecosystem, Inner Mongolia. Hydrogeology Journal, 14: 1231-1243.

MacAvoy SE, Macko SA, Garman GC. 1998. Tracing marine biomass into tidal freshwater ecosystems using stable sulfur isotopes. Naturwissenschaften, 85: 544-546.

Macdonald AJ, Powlson DS, Poulton PR, et al. 1989. Unused fertilizer nitrogen in arable soil—Its contribution to nitrate leaching. J Sci Food Agric, 46: 407-419.

MacGowan DB, Surdam RC. 1990. Carboxylic acid anions in formation waters, San Joaquin Basin and Louisiana Gulf Coast, U S A implications for clastic diagenesis. Appl Geochim, 5:687-701.

Machel HG, Krouse HR, Sassen R. 1995. Products and distinguishing criteria of bacterial and thermochemical sulfate reduction. Applied Geochemistry, 8:373-389.

Macpherson GL. 1992. Regional variational trends in water Chemistry: Major and minor elements, Frio formation fluids. Texas AAPG, 76(5):740-757.

Major DW, Mayfield CI, Barker IF. 1988. Biotransformation of benzene by denitrification in aquifer sand. Groundwater, 26:8-14.

Majoube M. 1971. Fractionnement en Oxygene-18 et en deuterium entre l'eau et sa vapeur. J Chim Phys, 68: 1423-1436.

Maki Tsujimura. 2001. Stable isotopic composition in soil water. In: Naohiro Yoshida ed. Hydrogen and Oxygen Isotopes in Hydrology. The Textbook for the Eleventh IHP Training Course in 2001. UNESCO: 89-107.

Mamyrin BA, Tolstikhin IN. 1984. Helium Isotopes in Nature. New York: Elsevier: 273.

Mancini SA, Ulrich AC, Lacrampe-Coulome G, et al. 2003. Carbon and hydrogen isotopic fractionation during anaerobic biodegradation of benzene. Appl Environ Microbiol, 69: 191-198.

Manning DAC, Rae EIC, Small JS. 1991. An exploratory study of acetate decomposition and dissolution of quartz and Pb-rich potassium feldspar at 150℃, 50MPa(500 bars). Mineral Mag, 55: 183-195.

Mansuy L, Philp RP, Allen J. 1997. Source identification of oil spills based on the isotopic composition of individual components in weathered oil samples. Environ Sci Technol, 31: 3417-3425.

Mariotti A, Létolle R. 1977. Application de l'etude isotopique de l'etude isotopique de l'azote en hydrologie et en hydrogeology-analyse des resultats obtenus sur un exemple precis: Le Bassin de Melarchez(Seine-et-Marne, France). J Hydrol, 33: 157-172.

Mariotti A, Germon JC, Hubert P, et al. 1981. Experimental determination of nitrogen kinetic isotope fractionation: some principles; illustration for the denitrification and nitrification processes. Plant Soil, 62: 413-430.

Mariotti A, Lancelot C, Billen G. 1984. Natural isotopic composition of nitrogen as a tracer of origin for suspended organic matter in the Scheldt estuary. Geochimica et Cosmochimica Acta, 48: 549-555.

Mariotti A, Landreau A, Simon B. 1988. ^{15}N isotope biogeochemistry and natural denitrification process in groundwater: Application to the chalk aquifer of northern France. Geochimica et Cosmochimica Acta, 52: 1869-1878.

Marley NA, Bennett P, janecky DR et al. 1989. Spectroscopic evidence for organic diacid complexation with dissolved silica in aqueous systems. I Oxalic acid Org Geochim, 14: 525-528.

Marson B. 1966. Principles of Geochemistry. 3rd ed. New York: Wiley.

Martinec J, Siegenthaler U, Oeschger H T. 1974. New insights into the run-off mechanism by environmental isotopes. In: Isotopes Techniques in Groundwater Hydrology Vol 1. Vienna: IAEA: 129-142.

Masaya Yasuhara. 2002. Environmental isotopes in groundwaters. In: Naohiro Yoshida edi. Hydrogen and Oxygen Isotopes in Hydrology. IHP, UNESCO: 109-132.

Matsuhisa Y, Goldsmith JR, Clayton RN. 1979. Oxygen isotope fractionation in the system quartz-albite-anorthite-water. Geochimica et Cosmochimica Acta, 43: 1131-1140.

Matter A, Peters TJ, Blasi HR, et al. 1988. Sondierbohrung Schafisheim-Geologie: Baden, Switzerland, Nagra. Technischer Bericht 86-03. 350.

Mayer B, Krouse HR, Legge AH. 1995. The fate of sulfur of industrial origin in the pedosphere and hydrosphere near a sour gas plant in Alberta, Canada. In: YK Kharaka and OV Chudaev eds. Water-Rock Interaction: Rotterdam: Balkema: 207-210.

Mayer B. 1998. Potential and limitations of using sulfur isotope abundance ratios as an indicator for natural and anthropogenic induced environmental change. Isotope Techniques in the Study of Past and Current Environmental Changes in the Hydrosphere and the Atmosphere. Vienna: IAEA: 423-435.

Mayer B, boyer EW, Goodale C, et al. 2002. Sources of nitrate in rivers draining sixteen watersheds in the northeastern US: Isotopic constraints. Biogeochemistry, 57: 171-197.

Mayer B. 2005. Assessing sources and transformations of sulphate and nitrate in the hydrosphere using isotope techniques. In: Aggawal K, Gat JR, Froehlich FO eds. Isotopes in the Water Cycle. Netherlands: Springer.

Mazeas L, Budzinski HB. 2002. Molecular and stable carbon isotopic source identification of oil residues and oiled bird feathers sampled along the Atlantic Coast of France after the Erika oil spill. Environ Sci Technol, 36(2): 130-137.

Mazor E. 1972. Paleotemperatures and other hydrological parameters deduced from noble gases dissolved in groundwaters: Jordan Rift Valley, Israel. Geochimica et Cosmochimica Acta, 36: 1321- 1336 .

Mazor E. 1979. Noble gases in a section across the vapour dominated geothermal field in Larderello, Italy. Pure and Applied Geophys, 117: 262-275.

Mazor E. 1995. Stagnant aquifer concept. Part Ⅰ. Large-scale system-Great Artesian Basin, Australia. Journal of Hydrology, 173:219-240.

Mazor E. 2004. Chemical and Isotopic Groundwater Hydrology. New York:Marcel Dekker Inc. Basel: 287-311.

Mazor E. 2005. Chemical and Isotopic Groundwater Hydrology. New York: Marcel Dekker Inc.

Mcarthur JM. 1994. Recent trends in strontium isotope stratigraphy. Terra Nova, 6: 331-358.

McClelland JW, Valiela I. 1998. Linking nitrogen in estuarine producers to land-derived sources. Limnology and Oceanography, 43:577-585.

McCusker EM, Ostrom PH, Ostrom NE, et al. 1999. Seasonal variation in the biogeochemical cycling of seston in Grand Traverse Bay, Lake Michigan. Organic Geochemistry, 30: 1543-1557.

McCutchan JH, Lewis WM. 2002. Relative importance of carbon sources for macroinvertebrate in a Rocky Mountain stream. Limnology and Oceanography. 47: 742-752.

McCutchan JH, Lewis WM, Kendall C, et al. 2003. Variation in trophic shift for stable isotope ratios of carbon, nitrogen and sulfur. Oikos, 102: 378-390.

Mcdonnell JJ, Stewart MK, Owens IF. 1991. Effect of catchment-scale subsurface mixing on stream isotopic response. Water Resources Research, 27(12): 5029-5033.

McDonnell JJ. 2009. 私人通信.

Mcguire KJ. 2005. Water residence time and runoff generation in the western Cascades of Oregon. Oregon State University.

McKenna SA, Ingraham NL, Jacobson RL, et al. 1992. A stable isotopic study of bank storage mechanisms in the Truckee River Basin. Journal of Hydrology, 134: 203-219.

Mckenzie WF, Truesdell A. 1977. Geothermal reservoir temperatures estimated from the oxygen isotope compositions of dissolved sulphate and water from hot springs and shallow drill holes. Geothermics, Vol. 5.

McLaughlin K, Silva S, Kendall C, et al. 2004. A precise method for the analysis of $\delta^{18}O$ of dissolved inorganic phosphate in seawater. Limnology and Oceanography, Methods, 2: 201-212.

McLaughlin K, Paytan A, Kendall C, et al. 2006a. Oxygen isotopes of phosphatic compounds-Application for marine particulate matter, sediments and soils. Marine Chemistry, 98: 148-155.

McLaughlin K, Kendall C, Silva S, et al. 2006b. Phosphate oxygen isotope ratios as a tracer for sources and cycling of phosphate in North San Francisco Bay. Journal of Geophysical Research, 111. GO 03003.

McMahon PB, Chapelle FH. 1991. Microbial production of organic acids in aquitard sediments and its role in aquifer geochemistry. Nature,349:233-235.

McMahon PB, Bohlke JK. 1996. Denitrification and mixing in a stream-aquifer system effects on nitrate loading to surface water. Journal of Hydrology, 186: 105-128.

McMahon PB, Bohlke JK. 2006. Regional patterns in the isotopic composition of natural and anthropogenic nitrate in groundwater, High Plain, USA. Environmental Science and Technology, 40(9): 2965-2970.

McMurry J, Fay RC. 2004. Chemistry. 4th edition. New Jersey:Pearson Education Inc.

Means JL, Hubbard NJ. 1987. Short-chain aliphatic acid anions in deep subsurface brines:a review of their origin,occurrence, properties and importance and new data on their distribution and geochemical implications in the Palo Duro Basin. Texas Organic Geochemistry,11: 177-191.

Meckenstock RU, et al. 1999a. $^{13}C/^{12}C$ stable isotope fractionation of toluene by anaerobic degradation. A new method to monitor biological degradation in situ? In: Fass R, Flasher Y, Reuveny S eds. Novel Approaches for Bioremediation of Organic Pollution. New York: Kluwer Academic Publishers: 219-226.

Meckenstock RU, Morasch B, Warthmann R, et al. 1999b. $^{13}C/^{12}C$ isotope fractionation of aromatic hydrocarbons during microbial degradation. Environ Microbiol, 1 (5): 409-414.

Meckenstock RU, Annweiler E, Michaelis W, et al. 2000. Anaerobic naphthalene degradation by a sulfate-reducing enrichment culture. Appl Environ Microbiol, 66 (7): 2743-2747.

Meckenstock RU, Morasch B, Kästner M, et al. 2002. Assessment of bacterial degradation activities in the environment by analysis of stable carbon isotope fractionation. Water Air Soil Pollut: Focus, 2:141-152.

Meckenstock RU, Morasch B, Griebler C, et al. 2004. Stable isotope fractionation analysis as a tool to monitor biodegradation in contaminated acquifers. Journal of Contaminant Hydrology, 75: 215-255.

Meijer HAJ, Li WJ. 1998. The use of electrolysis for accurate $\delta^{17}O$ and $\delta^{18}O$ isotope measurements in water. Isotopes Environ. Health Stud, 34: 349-369.

Mengis M, Schiff SL, Harris M, et al. 1999. Multiple geochemical and isotopic approaches for assessing ground water NO_3^- elimination in a riparian zone. Ground water, 37:448-457.

Menzel RG, Pil-kyun Jung, Kwan-shig Ryu, et al. 1987. Estimating soil erosion losses in Korea with fallout Cesium-137. Appl Radiat Isot,38(6):451-454.

Merlivat L. 1970. Quantitative aspects of the study of water balance in lakes using the deuterium and oxygen-18 concentration in the water. In: Isotope Hydrology. Vienna: IAEA:89-107.

Meshri ID, Walker JM. 1990. A study of rock-water interaction and simuli-tion of diagenesis in the Upper Almond sandstones of the Red Desert and Washakie basins, Wyoming. In: Melchior and Bassett eds. Chemical Modeling of Aqueous Systems I. American Chemical Association: 416:55-70.

Michalski G, Savarino J, Böhlke JK, et al. 2002. Determination of the total oxygen isotopic composition of nitrate and the calibration of a $\delta^{17}O$ nitrate reference material. Anal Chem, 74 (19): 4989-4993.

Michalski G, Scott Z, Kabiling M, et al. 2003. First measurements and modeling of $\Delta^{17}O$ in atmospheric nitrate. Geophysical Research Letters, 30(16).

Michalski G,Meixner T,Fenn M,et al. 2004. Tracing atmospheric nitrate deposition in a complex semiarid ecosystem using $\Delta^{17}O$. Envir Sci Tech,38(7):2175-2181.

Michel RL, Campell D, Clow D, et al. 2000. Timescales for migration of atmospherically derived sulphate through an alpine/subalpine watershed, Loch Vale, Colorado. Water Resources Research, 36(1): 27-36.

Michener R, Lajtha K, eds. 2007. Stable Isotopes in Ecology and Environmental Science. Second edition. Oxford: Blackwell Scientific Publishers.

Migdisov AA, Ronov AB, Grinenko VA. 1983. The sulphur cycle in the lithosphere. In: Ivanon MV, Freney JR eds. The global Biogeochemical Sulphur Cycle, SCOPE 19. John Wiley and Sons, Chichester: 25-95.

Milton GM, Brown RM. 1983, Uranium series disequilibrium in rock/water systems of the Canadian Shield, in Isotope Hydrology. Proceedings of a Symposium Organized by IAEA in Co-operation with UNESCO, Vienna: 433-445.

Miskel JA. 1973. Production of tritium by nuclear weapons. In: Moghissi AA, Carter MW, eds. Tritium. Messenger Graphics. Phoenix and Las Vegas:79-85.

Mitchell MJ, Krouse HR, Mayer B,et al. 1998. Use of stable isotopes in evaluating sulfur biogeochemistry of forest ecosytems. In: Kendall C, McDonnell JJ eds. Isotopes in Catchment Hydrology. Amsterdam: Elesiver/North Holland Publishing Company: 489-518.

Mizutani Y,Rafter TA. 1969. Oxygen isotopic composition of sulphate, part 3: Oxygen isotopic fractionation in the bisulphate ion-water system. NZJ Sci, 12: 54.

Mohamed MA, Terao H, Suzuki R, et al. 2003. Natural denitrification in the Kakamigahara groundwater basin, Gifu prefecture, central Japan. The Science of the Total Environment, 307(1-3): 191-201.

Moldovanyi EP, Walter LM. 1992. Regional trends in water chemistry, Smackover formation, Southwest Arkansas: Geochemical and physical controls. AAPG Bull,76(6):864-894.

Moldovanyi EP, Walter LM, Land LS. 1993. Stronotium,boron,oxygen and hydrogen isotope geochemistry of brines from basal strata of the Gulf Coast sedimentary basin,USA. Geochimica et Cosmochimica Acta, 57:2083-2099.

Mook WG. 1970. Stable Carbon and Oxygen Isotopes of Natural Waters in the Netherlands. Vienna: IAEA, 163-189.

Mook WG, Bommerson JC, Staverman WH. 1974. Carbon isotope fractionation between dissolved bicarbonate and gaseous carbon dioxide. Earth and Planetary Science Letters, 22: 169-176.

Mook WG, Tan FC. 1991. Stable carbon isotopes in rivers and estuaries. In: Degens ET, Kenoe S, Richey JE eds. Biogeochemistry of Major World Rivers. London, New York: 245-264.

Mook WG. 2000a. Volume I. Introduction. In: Mook WG ed. Environmental Isotopes in the Hydrological Cycle, Principles and Applications. Paris, Vienna: UNESCO and IAEA.

Mook WG. 2000b. Environmental Isotopes in the Hydrological Cycle: Introduction, Theory, Methods and Review. Vienna: IAEA.

Mook WG. 2000c. Environmental Isotopes in the Hydrological Cycle: Surface Water. Vienna: IAEA.

Moore H. 1997. The isotopic composition of ammonia, nitrogen dioxide and nitrate in the atmosphere. Atmospheric Environment, 11: 1239-1243.

Moore RD. 1989. Tracing runoff sources with deuterium and oxygen-18 during spring melt in a headwater catchment, southern Laurentians, Quebec. Jour of Hydrol, 135-148.

Morasch B, Richnow HH, Schink B, et al. 2002. Carbon and hydrogen stable isotope fractionation during aerobic bacterial degradation of aromatic hydrocarbons. Appl Environ Microbiol, 68: 5191-5194.

Morgenstern U, Taylor CB, Parrat Y, et al. 1996. ^{32}Si in precipitation: evaluation of temporal and spatial variation and as dating tool for glacial ice. Earth and Planetary Science Letters, 144: 289-296.

Mortan RA, Land LS. 1987. Regional variations in formationwater chemistry, Frio Formation (Oligocene). Texas Gulf Coast AAPG, 71(2): 19F-206.

Moser H, Stichler W. 1970. Deuterium measurements on snow samples from the Alps. In: Isotope Hydrology 1970. Vienna: IAEA: 43-56.

Moser H, Rauert W. 1980. Isotopenmethoden in der Hydrologie. Gebruder Borntraeger, Berlin.

Moser H, Rauert W. 2005. Isotope tracers for obtaining hydrologic parameters. In: Aggarwal PK, Gat JR, Froehlich FO eds. Isotopes in the Water Cycle. Springer, Netherlands: 11-24.

Munnich KO, Sonntag C, Christmann D, et al. 1980. Isotope fractionation due to evaporation from sand dunes 2. Mitt Zentralinst. Isot Stralenforsch, 29: 319-332.

Murray AS, Olive LJ, Olley JM, et al. 1993. Tracing the source of suspended sediment in the Murrumbidgee river, Australia. Tracers in Hydrology, Proceedings of Yakohama Symposium, Iahs Publ: 215: 293-302.

Musashi M, Nomura M, Okamoto M, et al. 1988. Regional variation in the boron isotopic composition of hot spring waters from central Japan. Geochem J, 22: 205-214.

Musgrove M, Banner JL. 1993. Regional ground-water mixing and the origin of saline fluids: Midcontinent, United States. Science, 259: 1877-1882.

Nadelhoffer KJ, Fry B. 1988. Controls on natural nitrogen-15 and carbon-13 abundances in forest soil organic matter. Soil Science Society of America Journal, 52: 1633-1640.

Nadelhoffer KJ, Fry B. 1994. Nitrogen Isotope Studies in forest ecosystems. In: Michener R, Lajtha eds. Stable Isotopes in Ecology and Environmental Science. Oxford: Blackwell Scientific Publishers.

Nair AR, Pendharkar AS, Navada SV, et al. 1978. Groundwater recharge studies in Maharashtra. In Isotope Hydrology 1978. Vienna: IAEA: 803-826.

National Operational Hydrologic Remote Sensing Center. 1980. Airborne Gamma Survey Programm. Weather Service, NOAA.

Navada SV, Nair AR, Sinha UK, et al. 2001. Application of isotopes and chemistry in unsaturated zone in arid areas of Rajasthan, India. In: Isotope Based Assessment of Groundwater Renewal in Water Scarce Regions. Vienna:

IAEA:119-130.

NCRP. 1976. Environmental Radiation Measurements. National Council on Radiation Protection and Measurements. Washington, DC: 1-49.

Nedkvitne T, et al. 1993. Relationship between reservoir diagenetic evolution and petroleum emplacement in the Ula Fields. North Sea Marine Petroleum Geology,10: 255-270.

Needoba JA, Sigman DM, Harrison PJ. 2004. The mechanism of isotope fractionation during algal nitrate assimilation as illuminated by the N-15/N-14 of intracellular nitrate. Journal of Phycology, 40: 517-522.

Nelson JL, Haushild WL. 1970. Accumulation of radioonuclides in bed sediments of the Columbia River between the Hanford Reactors and McNary Dam. Water Resources Research, 6(1): 130-137.

Newman L, Forrest J. 1991. Sulphur isotope measurements relevant to power plant emissions in the Northeastern United States. In: Krouse HR, Grinenko VA eds. :Stable Isotopes: Natural and Anthropogenic Sulfur in the Environment, SCOPE 43. Chichester:Wiley & Sons: 87-91.

Nielsen H. 1974. Isotopic composition of the major contributors to the atmospheric sulfur. Tellus, 26: 213-221.

Nikiforov MV, Pegoev NN, Stroganov AN. 1980. Aerial gamma survey of snow cover and soil moisture. Hydrological Sciences Bulletin, 25 (1):85-91.

Nimz GJ, Smith DK, Caffee MW, et al. 1992. Isotopic characterization of hydrologic structure and chemical interaction between groundwater and granitic rock in the Wawona basin, Tosemite National Park. Eos, Transaction Am Geophys Union 73: 170.

Nimz GJ. 1998. Lithogenic and cosmogenic tracers in catchment hydrology. In: Kendall C, McDonnell J eds. Isotope Tracers in Catchment Hydrology. Amsterdam:Elsevier.

Nishikawa T, Densmore JN, Martin P, et al. 2003. Evaluation of the source and transport of high nitrate concentrations in ground water, Warren Subbasin, California. USGS Water Resources Investigation Rep, 13-4009.

Nolan KM, Hill BR. 1990. Storm runoff generation in the Permanente Creek drainage basin, west central California: An example of flood-wave effects on runoff composition. Jour of Hydrol, 113:343-367.

Norman AL, Krouse HR. 1992. Stable isotope studies of atmospheric sulphur: Comparison of Calgary and Bermuda. Proceedings of the 9th Clean Air Congress, Montreal, Canada. Air and Waste Management Association, Montreal, Paper IU-8.01 in Atmospheric Chemistry.

Novak M, Buzek F, Harrison AF, et al. 2003. Similarity between C, N and S stable isotope profiles in European spruce forest soils: implications for the use of $\delta^{34}S$ as tracer. Applied Geochemistry, 18(5): 765-779.

Nozaki Y, Demaster DJ, Lewis DM, et al. 1978. Atmosphere^{210}Pb fluxes determined from soil profile. J Geophys Res, 83:348-352.

Nriagu JO, Coker RD. 1978. Isotopic composition of sulphur in atmospheric precipitation around Sudbury Ontario. Nature, 274: 883-885.

Nriagu JQ, Rees CE, Mekhtiyeva VL, et al. 1991. Hydrsphere. In: Krouse HR, Grinenko VA eds. Stable Isotopes: Natural and Anthropogenic Sulphur in the Environment: 177-265.

Nuti S, Caprai A,Noto P. 1985. Hypothesis on the origin of steam and on the deep temperatures of the fluids of Pozzuoli Solfatara (Campania, Italy). In: Proc 9th Geothermal Energy Annual Meeting, Geothermal Resources Council Transactions.

Oana S. 1957. Bestimmung von Argon in besonderem Hinblick auf geloste Gase in naturlichen Gewassern. J Earth Sci Nagoya Univ, 5:103-105.

Ohte N, Sebestyen SD, Shanley JB, et al. 2004. Tracing sources of nitrate in snowmelt runoff using a high-resolution isotopic technique. Geophysical Research Letters, 31: L21506.

Oi T, Nomura M, Musashi M, et al. 1989. Boron isotopic compositions of some boron minerals. Geochimica et Cosmochimica Acta, 53: 3189-3195.

Olivero GF, Zauli M, Zuppi GM, et al. 1987. Isotopic composition and origin of sulfur compounds in groundwater and brines in the Po Valley (Northern Italy). Studies on Sulphur Isotope Variations in Nature. Vienna:IAEA: 49-64.

Orr WL. 1974. Changes in sulfur content and isotopic ratio of sulfur during petroleum maturation study of Big Horn Baisn Paleozoic oils. AAPG Bull,50:2295-2318.

Osamu Matsubaya. 2002. General feature on the hydrogen and oxygen isotopic ratios of natural water. In: Naohiro Yoshida ed. Hydrogen and Oxygen Isotopes in Hydrology. IHP, UNESCO:11-42.

Osmond JK, Rydell HS, Kaufman MI. 1968. Uranium disequilibrium in groundwater: An isotope dilution approach in hydrologic investigations. Science, 162: 997-999.

Osmond JK, Kaufman MI, Cowart JB. 1974. Mixing volume calculations, sources and aging trends of Floridan aquifer water by uranium isotopic methods. Geochimica et Cosmochimica Acta,38: 1083-1100.

Osmond JK. 1980. Uranium disequilibrium in hydrologic studies. In: Fritz Z, Fontes JC eds. Handbook of Environmental Isotope Geochemistry. VI, The Terrestrial Environment. Amsterdam: Elsevier Press:269-282.

Osmond JK, Cowart JG. 1982. Ground water. In: Ivanovich M, Harmon RS eds. Uranium Series Disequilibrium. Oxford: Oxford Univ Press: 202-245.

Ostrom NE, Knoke KE, Hedin LO, et al. 1998. Temporal trends in nitrogen isotope values of nitrate leaching from an agricultural soil. Chemical Geology, 146: 219-227.

Otero N. 2004. Dades isotopiques ($\delta^{34}S$,$\delta^{18}O$) I analisi estadistica aplicades a l'estudi contaminacio a les aiques superficials: el cas del Riu Llobregat. PhD dissertation. University of Barcelona: 283.

Owens PN, Walling DE, He Q, et al. 1997. The use of caseium-137 measurement to establish a sediment budget for the Start catchments. Devon, UK. Hydrological Science, 42:405-423.

Owens PN, Walling DE. 1998. The use of a numerical mass-balance model to estimate rates of soil redistribution on uncultivated land from ^{137}Cs measurement. J Environ Radioact, 40(2):185-203.

Ozima M, Podosek FA. 1983. Noble Gas Geochemistry. Cambridge:Cambridge University Press: 367.

O'Neil JR, Johnson CM, White DL, et al. 1986. The origin of fluids in the salt beds of the Delware Baisn, New Mexico and Texas. Applied Geochemistry,1: 265-271.

O'Brien K, Lerner AD, Shea MA, et al. 1992. The production of cosmogenic isotopes in the Earth's atmosphere and their inventories. In: Sonett CP, Giampapa MS, Mathew MS eds. The Sun in Time. Univ Arizona Press: 317-342.

O'Neil JR, Epstein S. 1966. A method for oxygen isotope analysis of millgram quantities of water and some of its applications. J Geophys Res, 71: 4955-4961.

O'Neil JR, Adomi LH, Epstein S. 1975. Revised value for the ^{18}O fractionation between CO_2 and water at 25℃. U S Geol Survey J Res, 3: 623-624.

O'Neil JR, Kharaka JK. 1976. Hydrogen and oxygen isotope exchange reactions between clay minerals and water. Geochimica et Cosmochimica Acta, 40:214-246.

Paces T. 1972. Flux of CO_2 from the lithosphere in the Bohemian Massif. Nature Physical Science,240: 141-142.

Page DS, Boehm PD, Douglas GS, et al. 1998. Petroleum sources in the western Gulf of Alaska/Shelikoff Strait area. Marine Pollut Bull, 36(12):1004-1012.

Palmer MR, Edmonds JM. 1989. The strontium isotope budget of the modern ocean. Earth and Planet Sci Lett, 92: 11-26.

Palmer MR, Sturchio NC. 1990. The boron isotope systematics of the Yellowstone National Park (Wyoming) hydrothermal system: A reconnaissance. Geochimica et Cosmochimica Acta, 54: 2811-2815.

Palmer MR, Edmond JM. 1992. Controls over the strontium isotope composition of river water. Geochimica et Cosmochimica Acta, 56: 2099-2111.

Palmer M, Helvaci C. 1995. The boron isotope geochemistry of the Kirka borate deposit, western Turkey. Geochimica et Cosmochimica Acta, 59 (17): 3599-3605.

Pang ZH, Fan ZC, Wang JY. 1990. Calculation of reservoir temperature of the Zhangzhou Geothermal Field by using a SiO_2 mixing model. Chinese Science Bulletin (English Edition): 1:57-59.

Pang Z, Reed M. 1998. Theoretical chemical geothermometry on geothermal waters: problems and methods. Geochimica et Cosmochimica Acta, 62(6): 1083-1091.

Pang Z. 2005. Origin of sulfur compounds and application of isotope geothermometry in selected geothermal systems of China. In: Pang Z. ed. Use of Isotopes to Trace the Origin of Acidic Fluids in Geothermal Systems. Vienna, Austria: International Atomic Energy Agency: 270.

Pang Z. 2006. pH dependent isotope variations in arc-type geothermal fluids: New insights into their origins. Journal of Geochemical Exploration, 89:306-308.

Pang Z, Yang F, Huang T, et al. 2010. Genesis analysis of geothermal systems in Guanzhong Basin of China with implications on sustainable geothermal resources development. In: Proceedings World Geothermal Congress 2010, Bali, Indonesia, 25-29 April 2010.

Panno SV, Hackley KC, Kelly WR, et al. 2006. Isotopic evidence of nitrate source and denitrification in the Mississippi River, Illinois. Journal of Environmental Quality, 35(2): 495-504.

Papastefanou C, Manolopoulou M, Stoulos S, et al. 1999. Soil-to-plant transfer of ^{137}Cs, ^{40}K and ^{7}Be. *Journal of Environmental Radioactivity*, 45:59-65.

Pardo LH, Kendall C, PettRidge J, et al. 2004. Evaluating the source of strreamwater nitrate using $d^{15}N$ and $d^{18}O$ in nitrate in two watersheds in New Hampshire, USA. Hydrological Processes, 18: 2699-2712.

Parker SR, Poulson SR, Gammons CH, et al. 2005. Biogeochemical controls on diel cycling of stable isotopes of dissolved O_2 and dissolved inorganic carbon in the Big Hole River, Montana. Environmental Science and Technology, 39: 7134-7140.

Payne BR, Yurtsever Y. 1974. Environmental isotopes as a hydrogeological tool in Nicaragua. In: Isotope Techniques in Groundwater Hydrology 1974. V1. Vienna: IAEA: 193-202.

Payne B R, Quijano L, Latorre C. 1979. Environmental isotopes in a study of the origin of salinity of groundwater in the Mexicali Valley. J Hydrol, 41: 201.

Pearce AJ. Stewart MK. Sklash MG. 1986. Storm runoff generation in humid headwater catchments I: Where does the water come from? Water Resour Res, 22(8): 1263-1272.

Pearson FJ, Rightmire Jr CT. 1980. Sulphur and oxygen isotopes in aqueous sulphur compounds. In: Fritz P, Fontes JCh eds. Handbook of Environmental Isotope Geochemistry, Vol. 1. Elsevier: 227-258.

Pegoyev AN, Fridman SD. 1978. Vertical profiles of cesium-137 in soils (english translation). Pochvove Deniye, 8: 77-81.

Pegram WJ, Al E. 1992. The record of sea water $^{187}Os/^{186}Os$ variation through the Cenozoic. Earth And Planetary Science Letters, 113: 569-576.

Person J, Wells DM, Seller KJ, et al. 2000. Traffic exposure increases natural ^{15}N and heavy metal concentrations in mosses. New Phytologist, 147(2): 317-326.

Peterson DM, Wilson JL. 1988. Variable saturated flow between streams and aquifers. Tech Completion Rep 233. New Mexico Water Resources Research Institute. Socorro.

Petheram C, Zhang L, Walker G, et al. 2000. Towards a framework for predicting inparts of land use on recharge: A review of recharge studies in Australia. CSIRO Land and Water Technical Report, 28/00.

Phillips FM, Mattick JL, Duval TA, et al. 1988. Chlorine-36 and tritium from nuclear weapons fallout as tracers for ling-term liquid and vapor movement in desert soils. Water Resour Res, 11:1877-1891.

Phillips FM. 2000. Chlorine-36. In: Cook PG, Herczeg AL eds. Environmental Tracers in Subsurface Hydrology. Kluwer Acad Publ: 299-348.

Piatek KB, Mitchell MJ, Silva SR, et al. 2005. Sources of nitrate in Adirondack surface waters during dissimilar snowmelt events. Water, Air and Soil Pollution, 165: 13-35.

Pinder GF, Jones JF. 1969. Determination of the groundwater component of peak discharge from the chemistry of total runoff water. Water Resour Res, 5: 438-455.

Plummer LN. 1992. Geochemical modeling of water-rock interaction: Past, present, future. In: Kharaka, Maest eds. 7th International Water-rock Interaction. Rotterdam: Balkema:23-32.

Plummer LN. 1993. Stable isotope enrichment in palaeowaters of the Southeast Atlantic coastal plain, United States. Science, 262: 2016-2020.

Pokrovsky DS, Rogov GM, Kuzevanov KI. 1999. The impact of urbanization on the hydrogeological conditions of Tomsk, Russia. In: Chilton J ed. Groundwater in the Urban Environment-selected City Profiles. Rotterdam: A A Balkema: 217-223.

Powell T G, MacQueen RW. 1984. Precipitation of sulfide ores and organic matter: Sulfide reactions at Pine Point. Canada Science, 224: 63-66.

Prudic DE. 1994. Estimates of percolation rates and ages of water in unsaturated sediments at two Mojave Desert sites, California-Nevada. US Geol Surv, 19: 94-4160.

Prych EA. 1998. Using chloride and chlorine-36 as soil water tracers to estimate deep percolation at selected locations on the US Department of Energy Hanford Site, Washington. US Geol Surv Water-Supply: 67: 2481.

Pyne RDG. 1995. Groundwater Recharge and Wells: A Guide to Aquifer Storage Recovery. Boca Raton, Florida: Lewis Publishers.

Querner EP. 2000. The effects of human interration in the water regime. Groundwater, 38: 167-171.

Quine H, Walling DE. 1996. Use of fallout Pb-210 measurements to investigate longer-term rates and patterns of over-bank sediment deposition on the floodplains of lowland rivers. Earth Surface Processes and Landforms, 21: 141-154.

Quine H, Walling DE. 1997. The distribution of fallout ^{137}Cs and ^{210}Pb in undisturbed and cultivated soils. Appl. Radiat Isot, 48(5): 677-690.

Rademach JJ, Young TB, Kanarek MS. 1992. Gastric cancer mortality and nitrate levels in Wisconsin drinking water. Archives of Environmental Health, 47: 292-294.

Rakoczi L. 1973. Critical review of current nuclear suspended sediment gauges. In: Tracer Techniques in Sediment Transport. Vienna: IAEA: 217-226.

Ramakumar KL, Parab AR, Khodade PS, et al. 1985. Determination of isotopic composition of boron. J Radioanal Nucl Chem, 94: 1297-1302.

Rank D, Adler A, Araguas-araguas L, et al. 1998. Hydrological Parameters and Climatic Signals Derived from Long Term Tritium and Stable Isotope Time Series of the River Danube. Vienna: IAEA, 191-205.

Rankama K. 1954. Isotope Geology. London: Pergamon.

Rankama K. 1963. Progress in Isotope Geology. New York and London: Inter-Science.

Rasmussen TC, Crawford LA. 1997. Identifying and removing barometric pressure effects in confined and unconfined aquifers. Groundwater, 35(3): 502-511.

Raven JA, Beardall J. 1981. Carbon dioxide as the exogenous inorganic carbon source for Batrachospermum and Lemanea. British Phycological Journal, 16: 165-175.

Rawitz E, Etkin H, Hazan A. 1982. Calibration and field testing of a two-probe gamma gauge. Soil Sci Soc Am J, (46): 461-466.

Rayleigh JWS. 1896. Theoretical considerations respecting the separation of gases by diffusion and similar processes. Philos Mag, 42: 493-498.

Redfield AC. 1958. The biological control of chemical factors in the environment. American Scientist, 46: 205-221.

Redfield AC, Friedman I. 1964. Facters affecting the distribution of deuterium in the ocean. In: Schink DR, Corless JT eds. Proc Symp Marine Geochemistry. University of Rhode Island Occasional Publ:149-168.

Redfield A and Friedman I. 1965. Factors affecting the distribution of deuterium in ocean. In: Symposium on Marine Geochemistry. Univ. Rhode Isl. Occas. Publ. 3: 149-168.

Reed CL, Hajash JrA. 1992. Dissolution of granitic sand by j3H-buffered carboxylic acides: A flow-through experimental study at lOOC and 345bars. Am Assoc Pet Geol Bull, 76:1402-1416.

Rees CE, Jenkins WJ, Monster J. 1978. The sulphur isotopic composition of ocean water sulphate. Geochimica et Cosmochimica Acta, 42: 377-381.

Revesz K, Woods PH. 1990. A method to extract soil water for stable isotope analysis. Journal of Hydrology, 115: 397-406.

Revesz K, Bohlke JK. 2002. Comparison of $\delta^{18}O$ measurements in nitrate by different combustion techniques. Analytical Chemistry, 74:5410-5413.

Rice RC, Bowman RS, Jaynes DB. 1986. Percolation of water below an irrigated field. Soil Sci Soc Am L, 50: 855- 859.

Richet P, Bottinga Y, Javoy M. 1977. A review of hydrogen, carbon, nitrogen, oxygen, sulfur and chlorine stable isotope fractionation among gaseous molecules. Ann Reg Earth Planet Sci: 65-110.

Richnow HH, Annweiler E, Michaelis W, et al. 2003a. Microbial degradation of aromatic hydrocarbons in a contaminated aquifer monitored by $^{13}C/^{12}C$ isotope fractionation. J Contam Hydrol, 64: 59-72.

Richnow HH, Meckenstock RU, Reitzel LA, et al. 2003b. In situ biodegradation determined by isotope fractionation of aromatic hydrocarbons in an anaerobic landfill leachate plume (Vegen, Denmark). J Contam Hydrol, 65: 101-120.

Riesenauer AE. 1963. Methods of solving problems of multidimensional, partially saturated steady flow in soils. J. Geophys Res, 68(20): 5725-5733.

Ritchie JC, Mchenry JR, Angela CGill. 1974a. Fallout ^{137}Cs in the soils and sediments of three small watersheds. Ecology, 55:887-890.

Ritchie JC, James A, Spraberry, et al. 1974b. Estimating soil erosion from the redistribution of fallout ^{137}Cs. SSSA-PROC, 38:137-139.

Ritchie JC, Mchenry J R. 1978. Fallout ^{137}Cs in cultivated and noncultivated North Central United States watersheds. J Environ Qual,. 7(1):40-44.

Rittenhouse G. 1967. Bromine in oil-field waters Its use in determining possibilities of origin of these waters. AAPG Bull, 51:2430-2440.

Rivers CN, Barrett MH, Hiscock KM, et al. 1996. Use of nitrogen isotopes to identify nitrogen contamination of the Sherwood sandstone aquifer beneath the city of Nottingham, United Kingdom. Hydrogeology Journal, 4(1): 90-102.

Robertson WD, Cherry JA, Schiff SL. 1989. Atmospheric sulfur deposition 1950-1985 inferred from sulfate in groundwater. Water Resour Res, 25: 1111-1123.

Roch L, Mayer B. 2004. Isotopic assessment of sources of surface water nitrate within the Oldman River Basin, Southern Alberta, Canada. Water, Air and Soil Pollution, 4:545-562.

Rockhold ML, Fayer MJ, Kincaid CT, et al. 1995. Estimation of natural ground water recharge for the performance assessment of a low-level waste disposal facility at th Hanford site. Pacific Northwest Laboratory, Battelle. PNL-10508/UC-702.

Rodhe A. 1984. Groundwater contribution to streamflow in Swedish forested till soil as estimated by Oxygen-18. In: Isotope Hydrology 1983. Vienna: IAEA:55-66.

Rodhe A. 1987. The Origin of Streamwater Traced by Oxygen-18. Uppsala University, Sweden.

Roether W. 1967. Estimating the tritium input to ground water from wine samples: ground-water and direct run-off contribution to central European surface waters. Proc IAEA Conf on Isotopes in Hydrology. Vienna: IAEA: 73-90.

Rostad CE, Leenheer JA, Daniel SR. 1997. Organic carbon and nitrogen content associated with colloids and suspended particules from the Mississippi River and some of its tributaries. Environmental Science and Technology, 31: 3218-3225.

Rozanski K, Florkowski T. 1979. Krypton-85 dating of groundwater. Isotope Hydrology (Proc. Int. Symp. Neuherberg, 1978), Vol 2. Vienna: IAEA: 949-961.

Rozanski K. 1985. Deuterium and Oxygen-18 in European groundwater links to atmospheric circulation in the past. Chemical Geology: Isotope Geosciences Section, 52: 349-363.

Rozanski K, Arans-aragnas L, Gonfiantini R. 1992. Relation between long-term trends of oxygen-18 isotope composition of precipitation and climates. Science, 258: 981-984.

Rozanski K, Araguas-Araguas L, Gonfiantini R. 1993. Isotopic patterns in modern global precipitation. Climate change in continental isotopic records. Geophysical Monograph 78, American Geophysical Union: 1-36.

Rozanski K, Johnsen S J, Schotterer U, et al. 1997. Reconstruction of past climates from stable isotope records of palaeo-precipitation preserved in continental archives. Hydrological Sciences, 47: 725-745.

Rozanski K, Froehlich K, Mook WG. 2001. Volume III. Surface Water. In: Mook WG ed. Environmental Isotopes in the Hydrological Cycle, Principles and Applications. Paris, Vienna: UNESCO and IAEA.

Rushton KR, Tomlinson LM. 1979. Possible mechanisms for leakage between aquifers and rivers. J Hydrol, 40: 49-65.

Russell KM, Galloway JN, Macko SA, et al. 1998. Sources of nitrogen in wet deposition to the Chesapeake Bay region. Atmospheric Environment, 32(14-15): 2453-2465.

Rybach L, Muffler LJP eds. 1981. Geothermal Systems: Principles and Case Histories. John Wiley and Sons Ltd.

Rydin RA. 1977. Nuclear Reactor Theory and Design. University Publications, Blacksburg.

Saito M. 2008. Enrichment reliability of solid polymer electrolysis for tritium water analysis. Journal of Radioanalytical and Nuclear Chemistry, 275(2): 407-410.

Sakai H. 1968. Isotopic properties of sulfur compounds in hydrothermal processes. Geochem. J, 2: 29-49.

Sakai H, Matsubaya O. 1977. Stable isotope studies of Japanese geothermal systems. Geothermics, 5: 97-124.

Salama RB, Utto CJ, Fitzpatrick RW. 1999. Contributions of groundwater conditions to soil and water salinization. Hydrogeology Journal, 7: 46-64.

Sanders LL. 1991. Geochemistry of formation waters from the Lower Siturian Clinton Formation (Albion sandstones). Eastern Ohio, AAPG, 75(10): 1593-1608.

Santruckova H, Bird MI, Lloyd J. 2000. Microbial processes and carbon-isotope fractionation in tropical and temperate grassland soils. Functional Ecology, 14: 108-114.

Sassen R. 1988. Geochemical and carbon isotopic studies of crude oil destruction, bitumen precipitation and sulfate reduction in the deep Smackover. Formation Org Geochem, 12: 351-361.

Sauzay G. 1974. Sampling of lysimeters for environmental isotopes of water. In: Isotope Techniques in Groundwater Hydrology, V2. Vienna: IAEA: 61-68.

Savin SM, Epstein S. 1970. The oxygen and hydrogen isotope geochemistry of ocean sediments and shales. Geochimica et Cosmochimica Acta, 34: 43-63.

Savin SM, Yeh HW. 1981. Stable isotopes in ocean sediments. In: Emiliani C ed. The Sea. V7. The Ocean Lithosphere. New York: Wiley: 1521-1553.

Saxen R, Rantavaara A, Arvela H, et al. 1990. Environmental radioactivity in Finland after the Chernobyl accident. In: Environmental Contamination Following a Major Nuclear Accident. Vienna: IAEA: 23-39.

Saxena RK, Dressie Z. 1983. Estimation of groundwater recharge and moisture movement in sandy formations by tracing natural oxygen-18 and injected tritium profiles in the unsaturated zone. In: Isotope Hydrology 1988. Vienna: IAEA:139-150.

Saxena RK. 1987. Oxygen-18 Fractionation in Nature and Estimation of Groundwater Recharge. Fyris-Tryck AB, Uppsala: 33-47.

Scanlon BR. 1991. Evaluation of moisture flux from chloride data in desert soils. J Hydrol, 128:137- 156.

Scanlon BR. 1992. Evaluation of liquid and vapor water flow in desert soils based on Chlorine-36 and tritium tracers and nonisothermal flow simulation. Water Resour Res,1: 285-297.

Scanlon BR, Healy RW, Cook PG. 2002. Choosing appropriate techniques for quantifying groundwater recharge. Hydrogeology Journal, 10: 18-39.

Scanlon BR, Keese KE, Flint AL, et al. 2006. Global synthesis of groundwater recharge in semiarid and arid regions. Hydrological Processes, 20: 3335-3370.

Schimel JP, Bennet J. 2004. Nitrogen mineralization: Challenges of a changing paradigm. Ecology, 85:591-602.

Schlacher TA, Wooldridge TH. 1996. Origin and trophic importance of detritus-evidence from stable isotopes in the benthos of a small, temperate estuary. Oecologia, 106: 382-388.

Schmidt T, Zwank L, Elsner M, et al. 2004. Compound-specific stable isotope analysis of organic contaminants in natural environments: A critical review of the state of the art, prospects, and future challenges. Anal Bioanal Chem, 378: 283-300.

Schoch-Fischer H, Rozanski K, Jacob H, et al. 1984. Hydrometeorological factors controlling the time variation of D, ^{18}O and ^{3}H in atmospheric water vapour and precipitation in the northern westwind belt. Isot Hydrol Proc. Int Symp Isot Hydrol Water Resour Devel. IAEA-SM-270/19, Vienna, 1983:3-30.

Schqth C, Bill M, Barth JAC, et al. 2003. Carbon isotope fractionation during reductive dechlorination of TCE in batch experiments with iron samples from reactive barriers. J Contam Hydrol, 66: 25-37.

Schrag PD, Hampt G, Murray DW. 1996. Pore fluid constraints on the temperature and oxygen isotope composition of the glacial ocean. Science, 272: 1930-1932.

Schönhofer F. 1995. Liquid scintillation spectrometry in environmental measurements. The Science of the Total Environment, 173/174: 29-40.

Sebilo M, Billen G, Grably M, et al. 2003. Isotopiv composition of nitrate-nitrogen as a marker of riparian and benthic denitrification at the scale of the shole Seine River system. Biogeochemistry, 63:35-51.

Sebilo M, Billen G, Mayer B, et al. 2006. Assessing nitrification and denitrification in the Seine River and Estuary using chemical and isotopic techniques. Ecosystems, 9:564-577.

Seiler KP, Lindner W. 1995. Near surface and groundwater. J Hydrol, 165: 33-44.

Seiler RL. 2005. Combined use of ^{15}N and ^{18}O of nitrate and ^{11}B to evaluate nitrate contamination in ground water. Applied Geochemistry, 20(9): 1626-1636.

Seiler, KP, Gat Y. 2007. Groundwater Recharge from Runoff, Infiltration and Percolation. Springer.

Seinfeld JH, Pandis SN. 1998. Atmospheric Chemistry and Physics: From Air Pollution to Climate Change. Wiley-Interscience, Indianapolis.

Selaolo ET. 1998. Tracer studies and groundwater recharge assessment in the eastern fringe of the Botswana Kalahari-The Letlhakeng-Botlhapatlou area. PhD Thesis. Amsterdam: Free University:229.

Shackleton NJ. Opdyke ND. 1973. Oxygen isotope and paleomagnetic stratigraphy of equatorial Pacific core V. 28-238: Oxygen isotope temperature and its volumes of a 10^5 year and 10^6 year scale. Quat Res, 3: 39-55.

Shackleton NJ. 1987. Oxygen isotopes, ice volume and sea level. Quatern Sci Rev,6: 183-190.

Shanley JB, Mayer B, Mitchell MJ, et al. 2005. Tracing sources of streamwater sulphate during snowmelt using S and O isotope ratios of sulphate and 35S activity. Biochemistry, 76:161-185.

Sharma ML. 1987. Measurement and prediction of natural groundwater recharge-an overview. J Hydrol,25:49-56.

Sharma ML, Bari M, Byrne J. 1991. Dynamics of seasonal recharge beneath a semiarid vegetation on the Gnangara Mound, Western Australia. Hydrol Proc, 5: 383-398.

Sharp Z. 2006. Principles of stable isotope geochemistry. Pearson education. Upper Saddle river. NJ: 40-102.

Shearer GB, Kohl DH, Commoner B. 1974. The precision of determination of the natural abundance of Nitrogen-15 in soils, fertizers, and shelf chemicals. Soil Science, 118: 308-316.

Shearer G B, Kohl DH. 1988. ^{15}N method of estimating N_2 fixing. In: Rundel PW, Ehleringer LR, Nagy KA eds. Stables Isotopes in Ecological Research: 342-374.

Shelton LR. 1997. Field guide for collecting samples for analysis of volatile organic compounds in stream water for the National Water-Quality Assessment Program: U S Geological Survey Open-File Report 97-401:14.

Sheppard SMF, Nielsen RL, Taylor JrHP. 1969. Oxygen and hydrogen ratios in minerals from porphyry copper deposits. Econ Geol, 64: 755-777.

Shi Y, Yao T, Yang B. 1999. 10 a scale climate change during the last 2000 a recorded in Guliya ice core and compared to east China reference records. Sci China Ser D, 29: 79-86.

Shock EL. 1988. Organic acid metastability in sedimentary basins. Geology, 17:572-573.

Shock EL, Koretsky CM. 1993. Metal-organic complexes in geochemical: Calculation of standard partial modal thermodynamic properties of aqueous acetate complexes at high pressures and temperatures. Geochimica et Cosmochimica Acta,57:4899-4922.

Showers WJ, DeMaster D. 2005. Nitrogen transport from atmospheric deposition and contaminated groundwater to surface waters on a watershed scale. Abstracts of the American Geophysical Union, Fall Meeting. B54A-06.

Sickman JQ, Leydecker A, Chang CCY, et al. 2003. Mechanisms underlying export of N from high-elevation catchments during seasonal transitions. Biochemistry, 64: 1-24.

Siegenthaler U. 1979. Stable hydrogen and oxygen isotopes in the water cycle. In: Jager E, Hunziker JC eds. Lectures in Isotope Geology. Berlin: Springer:264-273.

Sigbjarnarson G, Theodorsson P. 1976. The use of environmental isotope techniques together with conventional methods in regional groundwater studies. Nordic Hydrology, 7: 81-94.

Sigman DM, Casciotti KL, Andreani M, et al. 2001. A bacterial method for the nitrogen isotopic analysis of nitrate in seawater and freshwater. Anal Chem, 73: 4145-4153.

Silva SR, Kendall C, Wilkison DH,et al. 2000. A new method for collection of nitrate from fresh water and the analysis of nitrogen and oxygen isotope ratios. Journal of Hydrology, 228:22-36.

Silva SR, Lee PB, Ebbert RW, et al. 2002. Forensic applications of nitrogen and oxygen isotopes of nitrate in an urban environment. Environmental Forensics, 3: 125-130.

Simpson HJ, Cane MA. 1991. Stable isotopes as an indicator of evaporation in the River Murray, Australia. Water Resources Research, 27: 1925-1935.

Singh BP. 2005. Isotopes in Hydrology, Hydrogeology and Water Resources. New Delhi:Narosa Publishing House.

Sklash MG, Farvolden RN. 1979. The role of groundwater in storm runoff. Jour of Hydrol, 43: 45-65.

Sklash MG, Farvolden RN. 1982. The use of environmental isotopes in the study of high-runoff episodes in streams. In: Isotope Studies of Hydrologic Processes. Illinois University Press. USA: 66-67.

Slater GF, Sherwood Lollar B, Sleep BE,et al. 2001. Variability in carbon isotopic fractionation during biodegradation of chlorinated ethenes. Implications for field applications. Environ Sci Technol, 35: 901-907.

Smallwood BJ, Philip RP, Allen JD. 2002. Stable carbon isotopic composition of gasolines determined by isotope ratio monitoring gas chromatography mass spectrometry. Org Geochem, 33 (2): 149-159.

Smith BN, Epstein S. 1971. Two categories of $^{13}C/^{12}C$ ratios for higher plants. Plant Physiology, 47: 380-384.

Sofer Z, Gat JR. 1972. The isotopic composition of evaporating brines: effect of.

Soileau JM, Hajek BF, Touchton JT. 1990. Soil erosion and deposition evidence in a small watershed using fallout cesium-137. SSSAJ,54: 1712-1719.

Solomon DK, Cook PG. 2000. ^{3}H and ^{3}He. In: Cook PG and Herczeg AL eds. Environmental Tracers in Subsurface Hydrology. Kluwer Acad, Publ: 397-424.

Solomon DK. 2000. ^{4}He in groundwater. In: Cook PG, Herczeg AL eds. Environmental Tracers in Subsurface Hydrology. Kluwer Acad Publ: 425-439.

Song DL, Conrad ME, Sorenson KS, et al. 2002. Stable carbon isotope fractionation during enhanced in situ bioremediaton of trichloroethene. Environ Sci Technol, 36: 2262-2268.

Song X , Liu X, Xia J. 2006. A study of interaction between surface water and groundwater using environmental isotopes in Huaisha River basin. Science in China (Series D), 49(12): 1299-1310.

Sonntag C, Klitzsc HE, Lohnert EP, et al. 1979. Palaeoclimatic information from deuterium and Oxygen-18 in carbon-14 dated North Saharan groundwater. Isotope Hydrology 1978,Vol II. Vienna:IAEA:569-581.

Soyfer VN, Brezgunov VS, Vlasova LS. 1967. The role of hydrogen stable isotopes for geologic processes study. Geokhimiya. , 5: 599-606.

Spivack AJ, Edmond JK. 1986. Determination of boron isotope ratios by thermal ionization mass spectrometry of the dicesium metaborate cation. Anal Chem, 58: 31.

Spivack AJ, Edmond JM. 1987. Boron isotope exchange between seawater and the oceanic crust. Geochimica et Cosmochimica Acta, 51: 1939-1949.

Spooner ETC. 1976. The strontium isotope composition of sea water and sea water-oceanic crust interaction. Earth and Planet Sci Lett, 31: 167-174.

Spormann AM, Widdel F. 2000. Metabolism of alkylbenzenes, alkanes, and other hydrocarbons in anaerobic bacteria. Biodegradation, 11 (2-3): 85-105.

Spruill TB, Showers WJ, Howe SS. 2002. Application of classification-tree methods to identify nitrate soyrces in ground water. Journal of Environmental Quality, 31: 1538-1549.

Stahl WJ. 1980. Compositional changes and $^{13}C/^{12}C$ fractionations during the degradation of hydrocarbons by bacteria. Geochimica et Cosmochimica Acta,44: 1903-1907.

Steenhuis TS, Parlange JY, Aburime SA. 1994. Preferential flow in structured and sndy soils: consequences for modeling and monitoring. In: Wilson LG, Everett LG, Cullen SJ eds. Handbook of Vadose Zone Characterization and Monitoring. Lewi, Boca Raton, Florida: 61-77.

Stephens DB. 1996. Vadose Zone Hydrology. Boca Raton:CRC Press-Lewis Publisher.

Sterner RW, Elser JJ. 2002. Ecological Stoichiometry: The Biology of Elements from Molecules to the Biosphere. Princeton University Press.

Stetter KO, Huber R, et al. 1993. Hyperthermophilic archaea are thriving in deep North sea and Alaskan oil reservoirs. Natrue,365(21):743-745.

Stewart GL, Farnsworth RK. 1968. United States tritium rainout and its hydrological implications. Water Resources Research, 4(2): 273-289.

Stewart MK, Fiedman I. 1975. Deuterium fraction between aqueous salt solutions and water vapour. J Geophys Res, 80: 3812.

Stoessell RK, Pittman ED. 1990. Secondary porosity revisited: The chemistry of feldspar dissolution by carboxylic acids and anions. Am Assoc Pet Geol Bull,74:1795-1805.

Stogner RW. 1997. Variability of nitrate concentrations in the shallow ground water in a selected area of the San Luis Valley, South-central Colorado. US Geological.

Strebel O, Boettcher J, Fritz P. 1990. Use of isotope fractionation of sulfate-sulfur and sulfate-oxygen to assess bacterial desulfurication in a sandy aquifer. J Hydrol, 121: 155-172.

Stueber AL, Purhkar P, Hetherington EAA. 1984. Strontium isotopic study of Smackover brines and associated solids, southern Arkansas. Geochimica et Cosmochimica Acta, 48: 1637-1649.

Stueber AM, Walter LM. 1991. Origin and chemical evolution of formation waters from Silurian-Devonian strata in the Illinois Basin, USA. Geochimica et Cosmochimica Acta, 55:309-325.

Stute M. 1989. Edelgase im Grundwasser-Bestimmung von Palaotemperaturen und Untersuchung der Dynamik von Grundwasserfliessystemen. PhD Dissertation, Universitat Heidelberg, Heiderberg.

Stute M, Schlosser P. 1993. Principles and applications of the noble gas paleothermometer. In: Swart PK, Lohmann KC, McKenzie et al eds. Climate Change in Continental Isotopic Records. Geophysical Monograph 78. American Geophysical Union, Washington, DC: 89-100.

Stute M, Forster M, Frischkorn H, et al. 1995. Cooling of tropical Brazil (5℃) during the Last Glacial Maximum. Science, 269: 379-383.

Stute M, Talma AS. 1998. Glacial temperatures and moisture transport regimes reconstructed from noble gases and $\delta^{18}O$, Stampriet aquifer, Namibia. In: Isotope Tecniques in the Study of Environmental Change. Vienna: IAEA: 307-318.

Suckow A., 未发表的资料.

Sulzman EW. 2007. Stable isotope chemistry and measurement: a primer. In: Michener R, Lajtha K eds. Stable Isotopes in Ecology and Environmental Science. 2nd edition. Blackwell Publishing.

Surdam RC, Boese SW, Crossey LJ. 1984. The chemistry of secondary porosity In: McDonald, Surdam eds. Clastic Diagenesis. Am Asso Petrol Geol Mem, 37:127-149.

Surdam RC, Crossey LI, Hagen ES, et al. 1989. Organic-inorganic interaction and sandstone diagenesis. AAPG Bull, 73:1-23.

Swihart GH, Moore PB. 1987. Boron isotopic composition of marine and non-marine evaporite borates. Geochimica et Cosmochimica Acta, 50:1297-1301.

Swihart GH, McBay EH, Smith DH, et al. 1996. A Boron isotopic study of a mineralogically zoned lacustrine bo-rate deposit: the Kramer deposit, California, USA. Chem Geol, 127: 241-250.

Szaran J, Niezgoda H, Halas S. 1998. New determination of oxygen and sulphur isotope fractionation between gypsum and dissolved sulphate. RMZ-Materials and Geoenvironment, 45: 180-182.

Taran YA, Pokrovsky BG, Esikov AD. 1988. Deuterium and Oxygen-18 in fumarolic steam and amphiboles from some Kamchatka volcanoes. "Andesitic" waters. IAVCEI, commission on the chemistry of volcanic gases. News-Letter, 1: 15-18

Tatro SB. 1999. Dam breaching, the rest of the story. Civil Engineering, April: 50-55.

Taylor BE, Wheeler MC, Nordstrom DK. 1984. Isotope composition of salphate in acid mine drainage as a measure of bacterial oxidation. Nature, 308: 538-541.

Taylor HPJr. 1977, Water/rock interaction and the origin of H_2O in granitic batholits. J Geol Soc London, 133: 509-558.

Tazioli GS. 1980. The measurement of suspended sediment transport in natural streams using automatic radioisotope gauges. Journal of Hydrology, 47(1/2):173-185.

Thiemens MH. 1999. Mass-independent isotope effects in planetary atmospheres and the early solar system. Science, 283: 341-345.

Thomas DB, Kendall C. 1998. Tracing of weathering reactions and water flowpaths: a multi-isotope approach. In: Kendall C, McDonnell J eds. Isotope Tracers in Catchment Hydrology. Elsevier: 611-646.

Thonnard N, McKay LD, Cumbie DH, et al. 1997. Status of Laser-Based Krypton-85 Analysis Development for Dating of Young Groundwater. GSA Abstracts with Prog., 29, No. 6, A-78.

Thorp JH, Delong MD, Greenwood KS, et al. 1998. Isotopic analysis of three food web theories in constricted and floodplain regions of a large river. Oecologia, 117: 551-563.

Tomascak PB, Hemming NG, Pedone VA. 2001. Lithium, Boron, and Strontium Isotope Constraints on Solute Sources for the Great Salt Lake, UTAH. Eleventh Annual V M Goldschmidt Conference: 3758.

Townsend MA, Young DP, and Macko SA. 2003. Kansas case study applications of Nitrogen-15 natural abundance method for identification of nitrate sources. Journal of Hazardous Substance Research, 4: 1-22.

Troughton JH. 1972. Carbon isotopic fractionation in plants. Proceedings of the 8th Conference on Radiocarbon Dating. Lower Hutt, 2: 39-57.

Truesdell AH, Nathenson M,Rye RO. 1977. The effects of subsurface boiling and dilution on the isotopic composition of Yellowstone thermal waters. J Geophys Res, 82: 3694-3704.

Truesdell AH,Hulston JR. 1980. Isotopic evidence on environments of geothermal systems. In: Fritz P, Fontes J Ch eds. Handbook of Environmental Isotope Geochemistry, I: 179-226.

Trust BA, Fry B. 1992. Stable sulphur isotopes in plants: a review. Plant, Cell and Environment, 15: 1105-1110.

Trust BA, Mueller JG, Coffin RB, et al. 1995. The biodegradation of fluoranthene as monitored using stable carbon isotopes. In: Hinchee RE, Douglas, GS, Ong SK eds. Monitoring and Verification of Bioremediation. Columbus: Batelle Press:233-239.

Tse RS, Wong SC, Yuen CP. 1980. Determination of deuterium/hydrogen ratios in natural waters by Fourier transform nuclear magnetic resonance spectrometry. Anal Chem, 52: 2445.

Tsujimura M. 1994. Dynamic behavior of soil water movement in a headwater basin. PgD Thesis. Doctoral Program in Geoscience. University of Tsukuba.

Tsunomori F,Kawai K,Igarashi G. 2006. 地下水气体组分的潮汐变化. 孙小龙译. 国际地震动态,7:144.

Tucker J, Sheats N, Giblin AE, et al. 1999. Using stable isotopes to trace sewage-derived material through Boston Harbor and Massachusetts bay. Marine Environmental Research, 48:353-375.

Tuli S. 1985. Nuclear Wallet Cards. Natural Nuclear Data Center. Brookhaven National Laboratory.

Turekian KK, Nozaki Y, Benninger LK. 1977. Geochemistry of atmospheric radon and radon products. Ann Rev Earth Planet Sci, 5:227-255.

Tyler SW, Chapman JB, Conrad SH, et al. 1996. Soil water flux in the southern Great Basin, United States: temporal and spatial variations over the last 120 000 years. Water Resources Research, 32(6): 1481-1499.

Ulrich Schotterer, Oldfield F, Froehlich K, et al. 1996. Global Network for Isotopes in Precipitation. Bern, Switzerland: 15-26.

UNESCO. 1999. World Map of Hydrogeological Conditions and Groundwater Flow. Hydro-Science Press.

US Department of Commerce, National Oceanic and Atmospheric Administration, National Weather Service (NWS), et al. 1996. Snow Measurement Guidelines.

US Geological Survey. 2006. Collection of water samples (ver. 2.0): US Geological Survey Techniques of Water-Resources Investigations, book 9, chap A4.

Van Stempvoort DR, Reardon EJ, Fritz P. 1990. Fractionation of sulfur and oxygen isotopes in sulfate by soil sorption. Geochimica et Cosmochimica Acta, 54: 2817-2826.

Van Stempvoort DR, Krouse HR. 1994. Controls of delta^{18}O in sulfate: review of experimental data and application to specific environment. In: Alpers CN, Blowes DW eds. Environmental Geochemistry of Sulfide Oxidation, ACS Symposium Series 550, Washington, DC: 446-480.

Vannote RL, Minshall GW, Cummins KW, et al. 1980. The river continuum concept. Canadian Journal of Fisheries and Aquatic Sciences, 37: 130-137.

Veizer J. 1989. Strontium isotopes in sea water through time. Ann Review Earth and Planet Sci, 17:141-167.

Ven Te Chow. 1964. Handbook of Applied Hydrology. New York:McGraw-Hill Book Company.

Vengosh A, Starinsky A, Kolodny Y. 1991. Boron isotope geochemistry as a tracer for the evolution of brines and associated hot springs from the Dead Sea, Israel. Geochimicaet Cosmochimica Acta, 55: 1689-1695.

Vengosh A, Starinsky A, Chivas AR. 1994. Boron isotope application for tracing sources of contamination in groundwater. Environmental Science & Technology, 28: 1968-1974.

Vengosh A, Ben-Zvi A. 1994. Formation of a salt plume in the Coastal Plain aquifer of Israel: the Be'er Toviyya region. Journal of Hydrology, 160: 21-52.

Vengosh A, Chivas AR, Starinsky A, et al. 1995. Chemical and boron isotope compositions of non-marine brines fron the Qaidam Basin, Qinghai, China. Chemical Geology, 120:135-154.

Vengosh A. 1998. Boron isotopes and groundwater pollution. Water Environment News, 3: 15-16.

Vengosh A, De Lange GJ, Starinsky A. 1998a. Boron isotope and geochemical evidence for the origin of Urania and Bannock brines at the eastern Mediterranean: Effect of water-rock interactions. Geochimica et Cosmochimica Acta, 62:3221-3228.

Vengosh A, Kolodny Y, Spivack AJ. 1998b. Ground-water pollution determined by boron isotope systematics. In: Application of Isotopic Techniques to Investigate Groundwater Pollution, IAEA-TECDOC-1046. Vienna: IAEA: 17-38.

Venkiteswaran JJ, Wassenaar LI, Schiff SI. 2010. Dynamics of dissolved O_2 isotopic ratio: a transient model to quantify primary production, community respiration and air-water exchange in aquatic ecosystems. Oecologia, (in press).

Verhagen BT. 1991. Detailed geohydrology with environmental isotopes. In: Isotope Techniques in Water Resources Development 1991. Vienna: IAEA:345-362.

Victoria L. 2004. Multi-isotope approach ($\delta^{15}N$, $\delta^{34}S$, $\delta^{13}C$, $\delta^{18}O$, δD, $^{87}Sr/^{86}Sr$) of nitrate contaminated groundwaters by agricultural and stockbreeder activities. PhD Thesis, University of Barcelona.

Victoria L, Otero N, Soler A, et al. 2004. Fertilizer characterization: Isotopic data (N, S, O, C and Sr). Environmental Science and Technology, 120: 3254-3262.

Vieth A, Müller J, Strauch G, et al. 2003. In situ biodegradation of tetrachloroethene and trichloroethene by stable isotope fractionation. Isotopes Environ Health Stud, 39(2): 113-124.

Vogel JC. 1967. Investigation of groundwater flow with radiocarbon. In: Isotopes in Hydrology 1966. Vienna:IAEA: 355-369.

Vogel JC, Van Urk H. 1975. Isotopic compositions of groundwater in semi-arid regions of South Africa. Journal of Hydrology, 25: 23.

Vogel JC, Lerman JC, Mook WG. 1975. Natural isotopes in surface anf groundwater from Argentina. Hydrol Sciences Bull, XX(2):203-221.

Vogel JC, Talma AS, Heaton THE. 1982. The age and isotopic composition of groundwater in Stampriet Artesian Basin, SWA. Report to the Steering Committee for Water Research in SWA. National Physical Research Laboratory, Pretoria: 90.

Vogel JC. 1993. Variability of carbon isotope fractionation during photosynthesis. In: Ehleringer JR, Hall AE, Farquhar GD eds. Stable Isotopes and Plant Carbon-water Relations. Academic Press, San Diego, CA: 29-38.

Vrbka P, Jacob H, Froehlich K, et al. 1993. Identification of groundwater recharge sources in northern Sudan by environmental isotopes. Journal of Environmental Hydrology, 1 (4):98-125.

Wadleigh MA, Veizer J, Brooks C. 1985. Strontium and its isotopes in Canadian rivers: Fluxes and global implications. Geochimica et Cosmochimica Acta, 49: 1727-1736.

Wadleigh MA, Schwarcz HP, Kramer JR. 1994. Sulphur isotope tests of seasalt correction factors in precipitation: Nova Scotia, Canada. Water Air Soil Pollut, 77: 1-16.

Wadleigh MA, Schwarcz HP, Kramer JR. 1996. Isotopic evidence for the origin of sulphate in coastal rain. Tellus, 48B: 44-59.

Wadleigh MA, Blake DM. 1999. Tracing sources of atmospheric sulphur using epiphytic lichens. Environmental Pollution, 106: 265-271.

Wadleigh MA. 2003. Lichens and atmospheric sulphur: what stable isotopes reveal. Environmental Pollution, 126: 345-351.

Wallage A, Romney EM, Wood RA. 1982. The role of stable cesium on plant uptake of cesium-137. Soil Science, 134 (1): 71-75.

Wallbrink PJ, Murray AS. 1993. Use of fallout radionuclides as indicators of erosion processes. Hydrological Processes, 7: 297-304.

Wallick EI, Toth J. 1976. Methods of regional groundwater flow analysis with suggestions for the use of environmental isotopes. In: Interpretation of Environmental Isotope and Hydrochemical Data in Groundwater Hydrology. Vienna: IAEA: 37-64.

Walling DE, Quine TA. 1990. Calibration of Cesium-137 measures to provide quantitative erosion rate date. Land Degrad Rehab, 2: 161-172.

Walling DE, He Q. 1999. Improved models for estimating soil erosion rates from Cesium-137 measurements. Journal of Environmental Quality, 28(2): 611-621.

Walter LM, et al. 1990. Br-Cl-Na systematics in Illinois basin fluids: Constraints on fluid origin and evolution. Geology, 18: 315-318.

Wan GJ, Santschi PH, Sturm M, et al. 1987. Natural (^{210}Pb, ^{7}Be) and fallout (^{137}Cs, $^{239,240}Pu$, ^{90}Sr) radionuclides as geochemical tracers of sedimentation in Greifensee, Switzerland. Chemical Geology, 63: 181-196.

Wang DS. 1987. Origin of the yellow brine and the black brine in Sichuan Basin. In: Isotope Applications in Hydrology in Asia and the Pacific. International Atomic Energy Agency.

Wang DS. 1989. Origin of the yellow brine and the black brine in Sichuan Basin. In: Progress in Geosciences of China: 57-62.

Wang DS. 1990. Application of environmental tritium and carbon-14 to estimating the karst groundwater age and the catchment area of Niangziguan Spring in North China. In: Isotope Methods in Environmental Studies, Hydrology and Geochemistry, Beijing: IAEA.

Wang DS. 1996. Temporal-Spatial Distribution and Environmental Effect of δD and $\delta^{18}O$ in Precipitation of China, Proceedings of Geoscience Facing the Twenty-First Century. Beijing: Oil Industry Publishing House: 200-207.

Wang DS, Wang JL. 1996. Genetic characteristics and basic types of geothermal water in China. Quaternary Sciences, (2): 139-146.

Wang DS. 1997. Basis for the use of nitrogen isotopes to identify nitrogen contamination of ground-water. Acta Geoscientia Sinica Bulletin, 18(2): 220-223.

Wang DS, Wang JL. 1997. Genetic characteristics and basic types of geothermal water in China. World Wide Web of Internet, Url: http://www.collby-usa.com (№. csd-7004).

Wang DS, Liu JD, Wang JL. 1999. Relation between isotopes in precipitation and climate in China, IAEA-SM-361/3P. Vienna, Austria: 107-109.

Wang DS, Wang K. 2001. Isotopes in precipitation in China (1986-1999). Science in China, 44: 48-51.

Wang Kun. 2001. A conceptual model of the Tianjin geothermal system based on isotopic studies. Science in China, Series E.

Wang Kun. 2002. Modeling research in low-medium temperature geothermal field, Tianjin. Science in China, Series B, 45 Supp: 61-69.

Wang Z, Fingas M, Page DS. 1999. Oil spill identification. J Chromatogr A, 1843(1-2): 369-411.

Wankel SD. 2006. Nitrogen Sources and Cycling in Coastal Ecosystems: Insights from a Nitrogen and Oxygen Stable Isotope Approach. Unpublished PhD dissertation, Stanford University: 251pp.

Wankel SD, Kendall C, Francis CA, et al. 2006. Nitrogen sources and cycling in the San Francisco Bay Estuary: A nitrate dual isotopic composition approach. Limnology and Oceanography, 51: 1654-1664.

Ward AL, Gee GW. 1997. Performance of a field-scale surface barrier. J Environ Qual, 26: 694-705.

Wassenaar L. 1995. Evaluation of the origin and fate of nitrate in the Abbotsford Aquifer using the isotopes of ^{15}N and ^{18}O in NO_3^-. Applied Geochemistry, 10:391-405.

Wasson RJ, Clark RL, Nanninga PM. 1987. ^{210}Pb as a chronometer and tracer, Burrinjuck Reservoir, Australia. Earth Surface Processes and Landforms, 12:399-414.

Weisskopf VF. 1957. Rev Mod Phys, 29: 174.

Wellings JR. 1984. Recharge of the upper chalk aquifer at a site in Hampshire, England. J Hydrol, 69: 259-273.

Wels C, Cornett RJ, Lazerte BD. 1991. Hydrograph separation: A comparison of geochemical and isotopic tracers. Journal of Hydrol, 122: 253-274.

West AG, Patrickson SJ, Ehleringer JR. 2006. Water extraction times for plant and soil materials used in stable isotope analysis. Rapid Communications in Mass Spectrometry, 20:1317-1321.

White DE. 1957. Magmatic, connate, and metamorphic waters. Bull Geol Amer, 1659-1682.

White DE. 1965. Saline waters of sedimentary rocks. In: Young A, Galley JE eds. Fluids in Subsurface. Environments AAPG Mem,4:342-366.

WHO. 2003. Right to Water. Health and Human Rights Publication Series No. 3. World Health Organization. Geneva: 44.

Widory D, Kloppmann W, Chery L, et al. 2004. Nitrate in groundwater: An isotopic multi-tracer approach. Journal of Contaminant Hydrology, 72: 165-188.

Widory D. 2007. Nitrogen isotopes: tracers of origin and processes affecting PM_{10} in the atmosphere of Paris. Atmospheric Environment, 41:2382-2390.

Wiedemeier TH, Rifai HS, Newell CJ, et al. 1999. Natural Attenuation of Fuels and Chlorinated Solvents in the Subsurface. New York:Wiley.

Wilkinson M. 1992. Model for the evolution of oxygen isotope ratios in the pore fluids of mudrock during burial. Marine and Petroleum Geology,9:98-105.

Willem G Mook. 2001. Environmental isotopes in the hydrological cycle: theory, methods, Review. In: Mook WG. Environmental Isotopes in the Hydrological Cycle. Vienna: IHS of IAEA: 1-142.

Willey LM, Kharaka YK,Presser TS, et al. 1975. Short chain aliphatic acid anions in oil field waters and their contribution to the measured alkalinity. Geochimica et Cosmochimica Acta, 39:1707-1711.

Wilson JL, Guan H. 2004. Mountain block hydrology and mountain front recharge. Groundwater Recharge in a Desert Environment: The Southwestern United States, Water Science and Applications Series. Washington DC: American Geophysical Union, 9: 113-137.

Wilson TP, Long DT. 1993a. Geochemistry and isotope chemistry of Michigan Basin brines:Devonian formations. Applied Geochemistry,8:81-100.

Wilson TP, Long DT. 1993b. Geochemistry and isotope chemistry of Ca-Na-Cl brines in Silurian strata,Michigan Basin,USA. Applied Geochemistry,8:507-522.

Wisler CO, Brater EF. 1949. Hydrology(2nd ed). New York:John Wiley & Sons, Inc.

Woo HJ, Cho SY, Chun SK, et al. 1999. Sample treatment techniques for the determination of environmental radiocarbon in a nuclear power station area. Journal of Radioanalytical and Nuclear Chemistry, 239(3): 533-538.

Wood WW, Rainwater KA, Tomposon DB. 1997. Quantifying macropore recharge: example from a semi-arid area. Groundwater, 35(6): 458-468.

Woodward G, Hildrew AG. 2002. Food web structure in riverine landscape. Freshwater Biology, 47: 777-798.

Xiao YK, Beary ES, Fassett JD. 1988. An improved method for the high precision isotopic measurement of boron by thermal ionization mass spectrometry. Int J Mass Spectrom Ion Proc, 85:203-213.

Xiao YK, Sun DP, Wang YH, et al. 1992. Boron isotopic compositions of brine, sediments, and source water in Da Qaidam Lake, Qinghai, China. Geochimica et Cosmochimica Acta, 56:1561-1568.

Yamanaka M, Kumagai Y. 2005. Sulfur isotope constraint on the provenance of salinity in a confined aquifer system of the southwestern Nobi Plain, central Japan. Journal of Hydrology, 325: 33-35.

Yang Hao, Du Mingyuan, Chang Qing, et al. 1998. Quantitative model for estimating soil erosion rates using ^{137}Cs. Pedosphere, 8(3):211-220.

Yapp CJ, Epstein S. 1977. Climate implications of D/H ratios of meteoric waters over North America (9500-22000 aB. P.) as inferred from ancient wood cellulose C-H hydrpgen. Earth Planet Sci Lett, 34:333-350.

Ye Nianjun. Gong Jianshi. Ge Weiya. et al. 2007. Environmental isotopic study for groundwater of the north plain of Huaihe River, China. In: Advances in Isotope Hydrology and its Role in Sustainable Water Resouirces Management. Vol 1. Vienna: IAEA:177- 186.

Yeatman SG, Spokes LJ, Dennis PF, et al. 2001. Comparisons of aerosol nitrogen isotopic composition at two polluted coastal sites. Atmospheric Environment, 35(7): 1307-1320.

Yehdegho B, Rozanski K, Zojer H, et al. 1997. Interaction of dredging lakes with the adjacent groundwater field: An isotope study. J Hydrol, 192: 247-270.

Yevjevich V. 1968. Misconceptions in hydrology and their consequences. Water Resources Research, 4(2): 225-232.

Yoneyama T, Kouno K, Yazaki J. 1990. Variations of natural ^{15}N abundance of crops and soils in Japan with special reference to the effects of soil conditions and fertilizer application. Soil Science and Plant Nutrition, 36: 667-675.

Yoshida N ed. 2002. Hydrogen and Oxygen Isotopes in Hydrology. The Textbook for the Eleventh IHP Training Course in 2001, UNESCO.

Young M, McLaughlin K, Donald E, et al. 2006. The oxygen isotopic composition of phosphate of various anthropogrnic sources: Fertilizers, manure, detergent, and sewage treatment products. EOS 87(36). Abstract. OS45J-03.

Yurtsever Y, Payne BR. 1979. Application of environmental isotopes to groundwater investigations in Qatar. Isotope Hydrology 1978, Vol 2. Vienna: IAEA: 465-490.

Yurtsever Y, Gat JR. 1981. Atmospheric waters. In: Gat JR, Gonfiantini R eds. Stable Isotope Hydrology. Vienna: IAEA: 103-142.

Zakhem BA, Hafez R. 2001. General hydroisotopic study of direct infiltration and evaporation process through the unsaturated zone in Damascus oasis, Syrian Arab Republic. In: Isotope Based Assessment of Groundwater Renewal in Water Scarce Regions. Vienna: IAEA: 131-170.

Zhang CY, Zhang JX, Ma LN, et al. 2010. Nitrogen and oxygen isotopic analyses of nitrate in groundwater and sediments using the denitrifier method. In: Birkle P, Torres-Alvarado I S eds. Proceedings of the 13th International Symposium on Water-Rock Interaction. London: Taylor & Francis: 119-322.

Zhang L, Dawes WR, Walker GR. 2001. Response of mean annual evapotranspiration to vegetation changes at catchment scale. Water Resources Research, 37:701-708.

Zhang XB, Higgitt DL, Walling DE. 1990. A preliminary assessment of the potential for using caseium-137 to estimate rates of soil erosion on the Loess Plateau of China. Hydrological Science J, 35:243-252.

Zimmerman U, Ehhalt D, Munnich KO. 1967. Soil-water and evapotranspiration: changes in the isotopic composition of the water. In: Isotopes in Hydrology. Vienna: IAEA: 567-584.

Zimmerman U, Munnich KO, Roether W. 1967. Downward movement of soil moisture traced by means of hydrogen isotopes. In: Glenn ed. Isotope Techniques in the Hydrologic Cycle. Am Geophys Union. Geophys Monograph: 11: 28-36.

Zimmerman U, Baumann U, Imevbore AMA, et al. 1976. Study of the mixing pattern of Lake Kainji using stable isotopes. Catena, 3: 63-76.

Zouari K, Maliki MA, Moumni L, Aranyossy JF. Chemical (Cl) and isotopic (^{18}O, ^{2}H, ^{3}H) study of the unsaturated zone in the arid region of Nefta (South Tunisia). In: Isotope Based Assessment of Groundwater Renewal in Water Scarce Regions. Vienna: IAEA: 71- 99.

Zuber A, Weise SM, Motyka J, et al. 2004. Age and flow pattern of groundwater in a Jurassic limestone aquifer and related Tertiary sands from combined isotope, noble gas and chemical data. Journal of Hydrology, 286: 87-112.

Ферронский ВИ, Дубинчук ВТ, Поляков ВА. 1975. Природные изотопы гидросферы. Недра. Москва.

Вернадский ВИ. 1979. Избранные Соч. Т. 4, Кн. 2, История Лриродных Вод.

Ферронский ВИ, Поляков ВА, Романов ВВ. 1984. Космогенные Изотопы Гидросферы. Наука. Москва.

Чердынцев ВВ. 1969. Ўран—234, М. Атомиздат.

附录 1　国际原子能机构(IAEA)同位素水文学国际讨论会会议论文集书目*

1963　*Radioisotopes in Hydrology*, Tokyo, 5-9 March 1963, IAEA, Vienna, 459 pp. (STI/PUB/71)

1967　*Isotopes in Hydrology*, Vienna, 14-18 November 1966, IAEA, Vienna, 740 pp. (STI/PUB/141)

1970　*Isotope Hydrology*, Vienna, 6-13 March 1970, IAEA, Vienna, 918 pp. (STI/PUB/255)

1974　*Isotope Techniques in Groundwater Hydrology*, Vienna, 11-15 March 1974, IAEA, Vienna, 2 volumes: 504 and 500 pp. (STI/PUB/373)

1979　*Isotope Hydrology*, Neuherberg, Germany, 19-23 June 1978, IAEA, Vienna, 2 volumes of 984 pp. (STI/PUB/493)

1983　*Isotope Hydrology*, Vienna, 12-16 September 1983, IAEA, Vienna, 873 pp. (STI/PUB/650)

1987　*Isotope Techniques in Water Resources Development*, Vienna, 30 March-3 April 1987, IAEA, Vienna, 815 pp. (STI/PUB/757)

1992　*Isotope Techniques in Water Resources Development*, Vienna, 11-15 March 1991, IAEA, Vienna, 790 pp. (STI/PUB/875)

1995　*Isotopes in Water Resources Management*, Vienna, 20-24 March 1995, IAEA, Vienna, 2 volumes: 530 and 463 pp. (STI/PUB/970)

1999　*Isotope Techniques in Water Resources Development and Management*, Vienna, 10-14 May 1999, IAEA, Vienna, CDRom (IAEA-CSP-2C).

2003　*Isotope Hydrology and Integrated Water resources Management*, Vienna, 19-23 May 2003, IAEA, Vienna, 531pp (IAEA-CSP-23)

2007　*Advances in Isotope Hydrology and its Role in Sustainable Water Resources Management*, Vienna, 21-25 May 2007, IAEA, Vienna, 2 volumes: 687 and 696 pp, PUB 1310.

---

* 以水文、水资源为主题每 4 年一次的国际讨论会到 2007 年为此主题系列的第 12 次(IAEA,2008)。中国从 1987 年起参与了历届讨论会,也有大会报告和发表文章。

附录 2　编著者概况

（按姓氏拼音为序）

编著者	现在单位	简　历	信箱
包为民	河海大学水文水资源学院	河海大学 1989 年博士； 爱尔兰 National University of Ireland，Galway 访问学者	wmbao@hhu.edu.cn
陈陆望	n 合肥工业大学 资源与环境工程学院	淮南矿业学院 1997 年学士，2003 年硕士，中国科学院武汉岩土力学研究所 2006 年博士； 曾在淮南矿业（集团）有限责任公司工作	luwangchen8888@163.com
陈廷扬	南京大学	1961 年毕业于南京大学物理系原子核物理专业；南京大学教授； 1979～1982，1985～1988：University of Arizona 物理系访问教授； 1990～1992，美国国立 Femi National Accelerator Laboratories 访问科学家； 1979～1993 年间参加美国费米实验室的 E580，E705 和 E771 的国际协作组； 1998 年开始参加欧洲原子核中心的大型对撞机实验； 曾任中国高能物理学会理事，常务理事	tychen@nju.edu.cn
顾慰祖	南京水利科学研究院水文水资源研究所	上海交通大学 1952 年毕业； 曾在治淮委员会、安徽省水利厅、前滁县地区水利局工作；原水利部南京水文研究所滁州实验基地主任；曾赴德、以、俄、美等国研习；先后兼任黑龙江水利专科学校、合肥工业大学、西安理工大学、河海大学教授，曾兼任南京地质矿产研究所研究员，俄罗斯国立水文研究所瓦尔达依水文实验基地高级科学顾问（1993～1995），国际原子能机构（IAEA）赴蒙古国专家（1998～1999 短期工作）； 2009 年科学技术部“全国野外科技工作突出贡献者”； 退休教授级高级工程师，现继续在南京水利科学研究院水文所工作，兼中国科学院地理科学与资源研究所项目专家，兼河南大学教授	gweizu@163.com
桂和荣	宿州学院/安徽理工大学	淮南矿业学院 1985 年学士、1988 年硕士，中国科技大学 2006 年博士；宿州学院党委书记，安徽省学术与技术带头人； 兼教育部高等学校高职高专资源勘查类专业指导委员会主任委员、安徽省地质学会副理事长、中国煤炭学会资深会员、宿州市地质测量学会理事长	hrgui@163.com
韩良峰	国际原子能机构 核科学暨应用司 同位素水文实验室	北京工业学院（现北京理工大学）1976 年毕业； 奥地利维也纳技术大学 1982 年博士	l.han@iaea.org

续表

编著者	现在单位	简　历	信箱
侯建才	河南省水利厅	南京理工大学 1993 年学士，东南大学 1997 年硕士，西安理工大学 2007 年博士； 河南省水利厅规划计划处工程师	hjc@hnsl. gov. cn
胡海英	华南理工大学	2004 年和 2009 年在河海大学获得水文与水资源工程和水文学及水资源专业学士和博士学位，2009 年 6 月至今在华南理工大学土木与交通学院	cthyhu@scut. edu. cn
霍卫国	中国科学院地质与地球物理研究所	安康大学 1962 毕业； 曾任中国科学院地质所同位素室副主任，中国矿物资源探查研究中心实验室负责人； 中国质谱学会常务理事； 中国科学院研究生院资深教授	wending@mail. iggcas. ac. cn
焦鹏程	中国地质科学院 矿产资源研究所	长春地质学院 1985 年学士，中国地质科学院 1988 年硕士； 曾在中国地质科学院水文地质工程地质研究所工作	jiaopengcheng@263. net
Kendall Carol	US Geological Survey	University of California（Riverside）地质学学士、硕士，University of Maryland 博士； Research Hydrologist in the Water Resources Division, USGS	ckendall@usgs. gov
李占斌	西安理工大学/中国科学院水利部水土保持研究所	武汉水电学院 1984 年学士，西安理工大学 1991 年博士，美国普渡大学访问学者； 西安理工大学教授、中国科学院水利部水土保持研究所研究员中国科学院“百人计划”入选者，博士生导师； 兼任中国土壤学会常务理事，土壤侵蚀与水土保持专业委员会主任；中国水利学会泥沙专业委员会副秘书长；中国水土保持学会科技协作委员会委员；陕西省水土保持学会副理事长	zhanbinli@126. com
刘鑫	中国科学院研究生院	长安大学 2004 年工学学士，中国科学院地理科学与资源研究所 2007 年理学硕士，2010 年理学博士	liux. 045@163. com
陆宝宏	河海大学	河海大学 1986 年学士，香港科技大学 2000 年硕士，2002 年在职攻读博士学位，2003～2004 年加拿大滑铁卢大学客座副教授(Visiting Associate Professor)，国际水文协会(IAHS)会员、国际原子能机构 Fellow、国际水利学会(IAHR)会员，河海大学副教授	lubaohong @126. com
陆家驹	南京水利科学研究院 水文水资源研究所	中山大学 1978 年毕业，瑞典 Lund University 访问学者； 曾在水利部南京水文研究所工作； 兼任江苏省遥感学会常务理事	jjlu@nhri. cn

续表

编著者	现在单位	简 历	信箱
庞忠和	中国科学院地质与地球物理研究所	南京大学 1981 年学士，1984 年硕士，中国科学院 1988 年博士； 1995 年美国 University of Oregon，1994 年法国 University of Paris-Sud，1991 年新西兰 University of Auckland，1988 年冰岛 United Nations University 访问学者； 1988～1996 年中国科学院地质研究所副研究员、研究员，室主任，1997～2005 国际原子能机构（IAEA）同位素水文学家； 曾任中国核学会同位素学会理事； 2005 年至今，中国科学院地质与地球物理研究所资深研究员，博士生导师； IUGG-IAHS 中国委员会同位素水文委员会主席； 中国地球物理学会地热专业委员会主任； 国际地球化学协会（IAGC）理事； 国际地热协会（IGA）理事	z. pang@mail. iggcas. ac. cn
瞿思敏	河海大学 水文水资源学院	河海大学 1998 年学士，2001 年硕士，2004 年博士，美国 Oregon State University 访问学者	wanily@hhu. edu. cn
任立良	河海大学	南京大学 1984 学士，National University of Ireland 1992 年硕士，1999 年河海大学博士； 河海大学教授，博士生导师；教育部高校水利学科水文与水资源工程专业教指分委主任委员，中国地理学会水文地理专业委员会副主任委员，中国水利学会水资源专业委员会副主任委员，IAHS 国际水资源系统委员会（ICWRS）副主席（2007～2011），UNESCO-IHP 中国国家委员会委员，世界气象组织水文委员会 OPACHEs 专家组成员； 美国 ASCE 期刊 *Journal of Hydrologic Engineering*、国际水协会 IWA/英国水文学会 BHS/北欧水文协会期刊 *Hydrology Research* 编委；中国 *Water Science and Engineering*、《水资源保护》、《水文》等期刊编委	RLL@hhu. edu. cn
宋献方	中国科学院地理科学与资源研究所陆地水循环及地表过程重点实验室	1984 年河北地质学院工学学士；1989 年长春地质学院工学硕士；1996 年日本筑波大学理学博士； 中国科学院陆地水循环及地表过程重点实验室常务副主任、中国科学院地理科学与资源研究所水循环与水文过程研究室主任；博士生导师； 中国地理学会水文专业委员会常务委员；中国自然资源学会水资源专业委员会委员； 中国科学院研究生院兼职教授；日本爱知大学、河南理工大学客座教授； 曾任焦作矿业学院地质系助教、讲师，日本国科学技术厅防灾科学技术研究所先端技术研究部科学技术特别研究员、农林水产省农业环境技术研究所地球环境研究部计算科学技术研究员等	songxf@igsnrr. ac. cn

续表

编著者	现在单位	简　历	信箱
谭忠成	河海大学 水文水资源学院	河海大学 2004 年学士，2010 年博士	tanzhongcheng@hhu. edu. cn
童海滨	河南大学环境与规划学院	山东农业大学 2002 年学士，河海大学 2007 年博士； 曾于 2007～2008 年度在中国科学院地质与地球物理研究所以博士后身份从事短期科研工作，2008 年至今在河南大学环境与规划学院工作	lbthb@tom. com
王东升	中国地质科学院水文地质环境地质研究所	长春地质学院 1963 年毕业； 曾任中国地质科学院水文地质工程地质研究所同位素水文地质研究室主任，中国地质学会同位素地质专业委员会委员，中国地质调查局同位素地球化学开放研究实验室学术委员，中国地质调查局同位素地质年代学研究中心学术委员	Wangds@heinfo. net
王坤	天津市国土资源和房屋管理局地热管理处	南开大学 1989 年理学学士，北京大学 2005 地质学博士； 联合国大学地热培训项目 2008 年度国际讲师	Kun1302@sina. com
王全九	西安理工大学水利水电学院	陕西机械学院 1988 年学士；西安理工大学 1991 硕士；1995 年博士； 2000-2001 年美国 Iowa State University 访问学者； 1996-1997 年美国 South Dakota State University 访问学者； 中国土壤学会土壤物理专业委员会副主任，土壤侵蚀与旱地农业国家重点实验室副主任； 中国科学院"百人计划"入选者、"国家新世纪百千万人才工程"入选者、陕西省"三五人才"入选者，博士生导师	wquanjiu@163. com
王瑞久	中国地质环境监测院	1962 年毕业于南京大学地质系水文地质工程地质专业，相继在地质部水文地质工程地质第一大队、中国地质科学院地质力学研究所、地质矿产部地质环境管理司、地质矿产部环境地质研究所、中国地质环境监测院从事专业技术和管理工作； 教授级高级工程师	wangrj@mail. cigem. gov. cn
王永森	济南大学	河海大学 2005 年学士，2011 年博士	wyongsen@163. com
叶念军	中国地质调查局南京地质调查中心（南京地质矿产研究所）	长春地质学院水文地质专业 1982 年学士，长春地质学院 1988 年硕士，中国地质调查局南京地质调查中心（南京地质矿产研究所）研究员，学科带头人	ynj2772@sina. com
张翠云	中国地质科学院 水文地质环境地质研究所	长春地质学院 1986 年学士，中国地质科学院 1991 年硕士，中国地质大学（北京）2005 年博士，1998 年国际原子能机构印度同位素水文学培训，2000 年新西兰 The University of Auckland 研习	cuiyunzhang2000@yahoo. com. cn

续表

编著者	现在单位	简　历	信箱
张福松	中国科学院地质与地球物理研究所	北京大学 1978 年毕业； 曾在地质矿产部河北综合地质研究所任同位素室主任； 曾任中国科学院地质研究所同位素室副主任	wending@mail.iggcas.ac.cn
张建伟	吉林大学地球科学学院	青岛大学 2001 年学士，青岛大学 2007 年硕士，吉林大学 2010 年博士； 曾在青岛西格流体技术有限公司工作	dragonzjw@yahoo.com.cn
张钰	兰州大学资源环境学院	南京大学 1984 年学士，中科院寒区旱区环境与工程研究所 2007 年博士； 曾任甘肃省水文水资源局副总工程师，教授级高工； 现在兰州大学资源环境学院从事本科及研究生教学及水文与水资源研究工作	gszhangyu@126.com
张之淦	中国地质科学院 岩溶地质研究所	莫斯科地质勘探学院 1959 工程师，1963 博士(副博士)； 佛罗里达州立大学以及加拿大 McMaster 大学高级访问学者(1981～1983)； 岩溶地质研究所退休研究员； 曾任中国地质科学院水文地质研究所同位素室主任，岩溶地质研究所副所长； 曾兼任中国地质学会同位素专业委员会水文学组组长	zzgkarst@163.com
赵霞	江苏省地震局	扬州大学 2001 年学士，河海大学 2007 年博士； 曾在江苏省靖江市水利局工作	oldbump@163.com

索　引

（按汉语拼音音节顺序排列）

A

B

C

D

E

F

G

H

I

J

K

L

M

N

T

U

V

W

X

Y

Z

δ

γ